5판

WEAVER

분자생물학

M O L E C U L A R   B I O L O G Y

5판

WEAVER 분자생물학

Robert F. Weaver 지음 | **최준호 외** 옮김

Mc Graw Hill

교문사

Molecular Biology, 5th Edition

2 3 4 5 6 7 8 9 10 GMP 20 24

Original: Molecular Biology, 5th Edition © 2012
By Robert Weaver
ISBN 978-0-07-352532-7

This authorized Korean translation edition is jointly published by McGraw-Hill Education Korea, Ltd. and GYOMOON Publisher. This edition is authorized for sale in the Republic of Korea.

This book is exclusively distributed by GYOMOON Publisher.

When ordering this title, please use ISBN 978-89-3632-191-8

Printed in Korea

지은이 소개

Robert F. Weaver
(출처: Ashvini C. Ganesh)

로버트 위버(Robert F. Weaver) 교수는 미국 캔자스주의 토피카에서 태어나 버지니아주의 알링턴에서 성장하였다. 그는 1964년 오하이오주 우스터(Wooster) 대학교에서 화학 전공으로 학사 학위를 받았고, 1969년에 듀크(Duke) 대학교에서 생화학 전공 박사 학위를 취득하였다. 샌프란시스코 소재 캘리포니아(California) 대학교에서 2년간 박사 후 연수 과정을 수행하면서 윌리엄 러터(William J. Rutter) 교수와 진핵세포의 RNA 중합효소 구조에 관한 연구를 수행하였다.

1971년 캔자스(Kansas) 대학교의 생화학 조교수로 임명된 뒤, 부교수를 거쳐 1981년에는 정교수로 승진하였다. 1984년에는 생화학과 학과장이 되었으며, 1995년 기초과학 교양학부 부학장으로 승진하였다.

위버 교수는 15개 학과 및 프로그램으로 구성된 단과대학에서 기초과학과 수학 분과의 학장으로 재직하고 있다. 생화학과에서는 분자생물학개론과 분자암학을 강의하고 있으며, 그의 연구실에서는 나비 애벌레에 감염하는 바큘로바이러스에 관한 분자생물학 연구를 수행하고 있다.

위버 교수는 미국국립보건원, 국립과학재단, 미국암학회 등에서 연구비를 수혜하여 수많은 과학 논문을 발표하였으며, 2개의 유전학 교과서의 공동 집필과 내셔널 지오그래픽에 발표된 2편의 분자생물학 분야 논문을 집필하였다. 그는 미국암학회 연구 장학생으로 유럽 연구소에서 2년간 연구하였고, 스위스 취리히와 영국 옥스퍼드에서 각각 1년을 보냈다.

PREFACE

지은이 머리말

나의 학창 시절에서 가장 즐거운 경험은 대학원에서 분자생물학 입문 과목을 수강한 것이다. 당시 교수님은 교과서를 사용하지 않았고, 대신 학술지에서 논문을 읽도록 하였다. 그것은 매우 어려운 일이었지만, 실험의 결론을 이해하고, 실험적 증거가 이러한 결론을 이끌어 낸다는 것을 이해하는 것은 매우 만족스러운 것이라는 것을 알게 되었다.

내가 분자생물학 과목을 직접 가르치기 시작하였을 때, 나도 이와 같은 방법을 시도하였으나 대학생에게 적절한 수업 양으로 줄이기로 하였다. 이를 위하여 각 논문에서 가장 중요한 실험에 초점을 맞추고, 수업 시간에서 이것을 자세히 설명하기로 하였다. 따라서 좀 더 효율적으로 수업을 운영하기 위한 방편으로 내가 손수 그린 그림과 논문에 게재된 그림을 복사하여 사용하기도 하였다.

이러한 강의 방법은 매우 성공적이었고, 학생들도 만족스러워했다. 그럼에도 불구하고 분자생물학 개념을 이해시킬 수 있는 실험 내용이 포함된 교과서가 필요하다는 것을 느끼게 되었고, 학생에게 실험과 개념의 상관관계를 분명하게 설명하고 싶었다. 결국 그런 책을 얻을 수 있는 방법은 내 손으로 직접 쓰는 것밖에 없다는 결론에 이르렀다. 이미 실험적 접근 방법이 포함된 유전학 교과서를 성공적으로 출판한 적이 있었기 때문에 내가 교과서의 전체 내용을 직접 집필할 수 있다는 용기를 갖게 되었고, 이러한 집필이 중요한 발견을 위한 필수적인 모험과 같은 것임을 알게 되었다.

책의 구성

이 책은 대다수 학생에게 복습 과정이 될 수 있는 4개의 장으로 시작하고 있다. 1장은 유전학의 개략적인 역사에 대한 언급이고, 2장은 DNA 구조와 화학적 특성, 3장은 유전자 기능의 개요, 그리고 4장은 유전자 클로닝의 근본 바탕을 다룬다. 이 모든 것은 분자생물학을 수강하는 대부분의 학생이 이미 유전학개론에서 배운 내용이다. 그러나 여전히 분자생물학 관련 전공 학생은 이런 개념을 좀 더 잘 이해할 필요가 있기에 여기에 포함시킨 것이다. 나는 강의 시간에 이 장들을 따로 다루지 않는다. 대신 학생이 그런 주제에 대해 좀 더 많은 공부를 하길 원한다면 이 장들을 살펴보라고 권고한다. 이 장들은 다른 교과서보다 훨씬 쉬운 수준으로 기술하였다. 사실 이 부분은 유전학 교과서에서 많은 내용을 발췌한 것이다.

5장은 분자생물학자가 사용하는 여러 가지 실험 기법에 대하여 다루었다. 이 책에 서술된 모든 기법을 한 장에 포함하는 것은 불가능하므로 가장 대표적인 기법이나 다른 곳에서 언급되지 않은 중요한 기법을 포함하려고 노력하였다. 내가 이 과목을 강의할 때 5장에 언급되지 않은 새로운 기법이 5장 이후의 장에서 처음 나올 때는 그것에 대해서 학생에게 설명해 준다. 나는 실험 기법만 지속적으로 설명하여 학생들을 지루하게 만드는 것을 피하기 위해 이 방법을 택하였다. 또한 어떤 실험 기법 뒷면에 숨겨져 있는 개념이 다소 겉멋만 강조하는 느낌을 줄 때도 있으나, 실제로 중요한 것은 학생이 분자생물학을 보다 잘 소화해야만 학문에 대한 올바른 인식이 점점 더 깊어진다는 것이다.

6~9장은 박테리아의 전사 과정을 다룬다. 6장은 프로모터, 종결자, RNA 중합효소를 포함한 기본 전사 기구를 소개하면서, 전사체가 어떻게 개시되고 성장하며 종결되는지 보여 준다. 7장은 4개의 서로 다른 오페론에서 전사조절을 다루며, 8장에서는 박테리아와 파지가 σ-인자의 종류를 달리하며 어떻게 전사를 조절하는지 설명한다. 9장은 박테리아의 DNA 결합단백질(특히 나선-선회-나선 단백질)과 그 표적 DNA 간의 상호 작용을 다룬다.

10~13장은 진핵세포의 전사조절을 설명한다. 10장은 세 종류의 진핵세포 RNA 중합효소와 그들이 인식하는 프로모터를 다루고, 11장은 그 3개 RNA 중합효소와 공조하는 보편전사인자를 소개하며, 3개 중합효소에 의해 수행되는 전사 과정에 참여하는 TATA 상자 결합단백질의 중요성을 강조한다. 12장은 유전자 특이적 전사 조절인자 또는 활성인자의 기능을 설명한다. 이 장에서는 또한 몇몇 대표적인 활성인자의 구조를 설명하며 그들이 어떻게 DNA와 상호 작용하는지 보여 준다. 13장은 진핵세포 염색질 구조를 설명하며, 히스톤을 변형하기 위하여 활성인자와 사일런서가 보조활성인자와 보조억제자와 어떻게 상호 작용하여 전사를 촉진하고 억제하는지를 보여 준다.

14~16장은 진핵세포에서 일어나는 전사후 과정의 일부를 소개한다. 14장은 RNA 스플라이싱을, 15장은 캡 형성과 아데닐산중합반응, 그리고 16장은 rRNA, tRNA 공정 과정, 트랜스-스플라이싱과 RNA 편집 과정 등의 흥미로운 전사후 사건을 소개한다. 이 장에서는 ① RNA 간섭 현상, ② (트랜스페린 수용체 mRNA를 주로 예로 들어) mRNA 안정성의 조절, ③ 마이크로 RNA에 의한 조절 등 유전자 발현의 전사후 조절, ④ 생식세포에서 Piwi-상호작용 RNA(piRNA)에 의한 트랜스포존의 조절 등 네 종류의 전사후 유전자 조절을 기술하였다.

17~19장은 박테리아와 진핵세포 모두에서 발견되는 단백질 해독 과정을 다룬다. 17장은 해독의 개시 과정을, 18장은 폴리펩티드가 어떻게 연장되는지 박테리아를 모델로 한 기작을 설명한다. 19장은 번역 작업의 주요 구성원인 리보솜과 tRNA의 구조 및 기능을 상세하게 다룬다.

20~23장은 DNA 복제, 재조합, 전이 등에 대해 기술하였다. 20장에서는 DNA 복제와 회복에 관한 기본적인 기작과 DNA 중합효소를 포함하는 복제에 관련된 단백질에 대해 소개한다. 21장에서는 박테리아와 진핵생물에서 DNA 복제 과정 중 개시, 신장, 종결 단계에 대해 자세히 다룬다. 22, 23장에서는 세포에서 자연스럽게 나타나는 DNA 재배열에 대해 알아본다. 특히 22장은 상동재조합에 대해, 23장은 부위-특이적인 재조합과 전이에 대해 다루었다.

24장과 25장은 유전체학, 단백질체학, 생물정보학의 개념을 설명하고 있다. 24장은 헌팅턴병 유전자의 위치클로닝에 관한 고전적인 방법으로 시작하여 사람과 다른 생물의 유전체를 가지고 위치클로닝을 수행하는 비교적 쉬운 방법을 비교하고 있다. 25장은 기능적인 유전체학(전사체학), 단백질체학, 생물정보학을 다루고 있다.

5판의 새로운 내용

5판의 가장 대표적인 변화는 4판의 24장(유전체학, 단백질체학, 생물정보학)을 두 장으로 나눈 것이다. 24장은 이미 내용이 가장 길었고, 이 분야가 폭발적으로 성장하고 있어 장을 나누는 것은 불가피한 일이었다. 새로운 24장은 전통적인 유전체학으로, 유전체의 염기서열을 결정하고 서로 비교하는 것이다. 24장에 추가된 내용은 사람과 침팬지의 유전체에서 유사한 점을 분석하는 것이고, 또한 사람과 네안데르탈인 사이의 교배에 관한 최근 증거를 포함하여 사람과 네안데르탈인의 유전체 사이에 가까운 유사성을 조사한 것이다. 또한 미생물체의 유전체를 다루어 가능해진 새로운 분야인 합성생물학에 관한 최신 내용이 추가되었으며, 유전체를 합성하여 마이코플라스마를 창조해 낸 크레이그 벤터(Craig Venter)와 연구팀의 연구 성과를 다루고 있다.

25장은 기능유전체학, 단백질체학, 생물정보학을 통합한 유전체학을 다루고 있다. 25장에 있는 새로운 내용은 ChIP-chip과 차세대 DNA 염기서열 결정법인 ChIP-seq 기법; 단백질의 아미노산 서열을 결정하는 데 사용하는 충돌유발 해리 질량분석법; 질량분석법(MS)을 정량적으로 분석하기 위한 동위원소표지 친화도꼬리법(ICAT)과 안정된 동위원소표지법(SILAC)을 이용하는 것이다. 정량적인 MS는 비교학적 단백질체학을 가능하게 하여, 서로 다른 종 사이에 존재하는 많은 종류의 단백질의 농도를 측정할 수 있게 되었다.

5판에서는 도입 부분의 몇 장을 제외하고 내용이 모두 갱신되었다. 그중에 대표적인 예를 들자면 다음과 같다.

- **5장:** 고속(차세대) DNA 염기서열 기법을 설명하였고, 이 방법은 유전체학 분야에 혁명을 가지고 왔다. 염색질면역침전법과 효모 이중잡종화검사법은 다양하게 이용되고 있어 5장에 포함시켰다. ^{3}H, ^{14}C, ^{35}S, ^{32}P 에서 나오는 β-전자의 에너지를 이용하는 방법이 추가되었고, 저에너지 방출을 이용하는 형광기록법에 대하여 설명하였다.
- **6장:** 단분자 FRET 분석법이 ① σ 회로에서 무작위 분리모델과 ② 부전(실패) 전사를 설명하기 위한 부수기 가설에 대한 모델을 지지하기 위하여 이용되었는지 설명하기 위하여 추가되었다. 이 장에는 박테리아의 전사에서 뉴클레오티드가 추가될 때 2단계 모델이 작용된다는 것과 함께 신장 복합체의 구조에 대한 새로운 내용이 추가되었다.
- **7장:** 고초균 *glmS* 유전자의 산물이 자신의 mRNA를 분해하여 유전자 발현을 억제하는 리보스위치에 대한 내용을 설명하였다. 이 장에서는 또한 포유류에서 유사한 기작으로 리보스위치로 작용하는 망치머리 리보자임에 대하여 설명하였다.
- **8장:** 고초균의 포자 형성 과정에서 전자의 조절자로 작용하는 항-σ-인자와 항-항-σ-인자의 개념을 도입하였다.
- **9장:** 단백질 구조의 역동적인 성질에 대하여 강조하였고, 알려진 결정체 구조가 여러 가지 가능한 단백질 구조의 한 종류에 불과하다는 것을 지적하였다.
- **10장:** RNA 중합효소의 방아쇠 고리가 전사의 특이성을 결정하는 요소이고, 이 효소가 어떻게 리보뉴클레오티드와 데옥시리보뉴클레오티드를 결정하는지에 관한 로저 콘버그(Roger

Kornberg)와 연구팀의 새로운 연구 결과를 설명하였다. 이 장은 또한 핵심 프로모터와 근거리 프로모터의 개념을 설명하였다. 핵심 프로모터는 TFIIB 인식 요소, TATA 상자, 개시자, 하단부 프로모터 요소, 하단부 핵심 요소, 모티브 10 요소의 여러 조합을 의미하고, 근거리 프로모터는 상단부 프로모터 요소를 포함한다.

- **11장:** 다양한 진핵세포의 2급 진개시복합체와 결합하는 핵심 TAF의 개념을 도입하였고, 분자량(예: $TAF_{II}250$)에 기초하여 혼란스러운 예전의 명명법을 대신하는 새로운 명명법(TAF1–TAF13)을 사용하였다. 이 장에서는 전사의 개시점을 결정하는 데 TFIIB의 중요성을 나타내는 실험 결과를 기술하였다. 또한 원시생물에서 TFIIB의 동족체인 전사인자 B에 적용할 수 있는 유사한 기작을 보여 준다.
- **12장:** 염색체 정합 캡처(3C) 기법을 소개하였고, 이 기법이 어떻게 인핸서와 프로모터 사이의 DNA 고리를 검출하는 데 사용되는지 설명하였다. 이 장은 또한 배우자 형성 과정에서 각인의 개념을 소개하였고, 생쥐의 *Igf2/H19* 유전자 자리의 각인 조절 지역에서 메틸화를 예로 들어 각인에서 메틸화의 역할에 대해 설명하였다. 또한 여러 유전자의 전사가 동시에 일어나는 전사 공장의 개념을 소개하였다. 마지막으로 인핸세오솜의 개념을 정의하고, 최신의 내용으로 수정하였다.
- **13장:** 히스톤이 in vivo에서 변형될 수 있는 모든 예를 보여 주는 새로운 표를 보여 주고 있다; 30nm 섬유구조의 후보로 2개의 출발 나선과 함께 솔레노이드를 다시 선보였다; 염색질이 뉴클레오솜의 반복 길이에 따라 서로 다른 구조를 하고 있다는 증거를 제시하였다. 이 장은 또한 전사 개시와 연장의 표지로 특이한 히스톤 메틸화의 개념을 소개하였다. 그리고 어떻게 이러한 정보가 RNA 중합효소 II가 많은 단백질을 만드는 유전자에서 전사 개시와 연장 사이에 균형을 이루는지 추론하는 데 사용하게 되는지 나타내고 있다. 또한 히스톤–DNA 상호 작용뿐 아니라 뉴클레오솜–뉴클레오솜 상호 작용과 히스톤–변형, 그리고 염색질–리모델링 단백질을 끌어들이는 데 영향을 주는 히스톤 변형의 중요성을 강조하였다. 마지막으로 PARP1이 어떻게 자신을 폴리(ADP–리보오스)화하여 염색질에서 뉴클레오솜을 잃게 하는 것을 촉진하는지를 보여 주고 있다.
- **14장:** 핵 안의 스플라이싱 과정에서 mRNA에 결합하는 엑손 연결 복합체(EJC)를 소개하였고, 어떻게 EJC가 mRNA와 리보솜의 결합을 촉진하여 전사를 활발하게 할 수 있는지 설명하고 있다. 이 장은 또한 스플라이싱에서 엑손 한정과 인트론 한정 모드를 소개하였고, 이들이 실험적으로 어떻게 구별할 수 있는지 보여 주고 있다. 실험 결과 고등 진핵세포는 주로 엑손 한정을 사용하지만, 하등한 진핵세포는 주로 인트론 한정을 사용한다는 것을 나타내고 있다.
- **15장:** CPSF의 소단위체인 CPSF–73이 폴리아데닐화 신호에서 mRNA 전구체를 자르는 데 중요하다는 것을 보여 주고 있다. 그리고 가장 큰 RNA 중합효소 소단위체의 CTD에 있는 반복 7량체에서 2번, 5번 세린 외에 7번 세린이 인산화될 수 있고, 7번 세린 인산화가 mRNA 3′–말단의 공정 과정을 조절하여 몇몇 유전자(예: U2 snRNA 유전자)의 발현을 조절한다는 것을 보여 주고 있다.
- **16장:** 진핵세포의 tRNA 전구체의 3′–말단에서 여분의 뉴클레오티드를 절단하는 tRNA 3′ 처리 핵산내부가수분해효소에 대하여 설명하였다; 예쁜꼬마선충에서 트랜스–스플라이싱이 매우 흔하게 일어나는 점을 지적하였다; Ago2에 의하여 이중가닥 siRNA 중 탑승가닥이 절단되는 새로운 모델을 제시하였다; piRNA를 설명하고, 생식세포에서 스스로 증폭하여 트랜스포존을 불활성화하는 핑퐁 모델을 제안하였다; 식물에서 RNA 중합효소 IV, V를 설명하고, 유전자 사일런싱에서 이들의 역할을 기술하였다. 이 장은 특히 miRNA의 영역을 확장하였고, 수백 가지의 miRNA가 수천 종류의 식물, 동물 세포 유전자를 조절하는 것과 miRNA의 돌연변이가 매우 치명적인 결과를 초래한다는 것을 지적하였다. 16장은 miRNA의 생성에 관여하는 두 종류의 드로샤(Drosha) 경로와 미트론 경로에 대하여 최신 정보를 수정하였다. 마지막으로 이 장은 mRNA 붕괴와 번역의 억제에 관여하는 P–바디에 대하여 설명하였다.
- **17장:** 진핵세포에 감염하는 바이러스의 내부 리보솜 도입서열(IRES)에 관한 내용을 최신 내용으로 교체하였다. 어떤 바이러스는 eIF4G를 잘라 p100를 남긴다. 폴리오바이러스의 IRES는 p100에 결합하여 리보솜에 접근할 수 있게 되지만, C형 간염바이러스의 IRES는 eIF3에 직접 결합하고, A형 간염바이러스 IRES는 리보솜에 직접 결합한다. 이 장은 또한 eIF4G의 절단이 포유류 숙주 mRNA의 번역에 영향을 주는지에 관한 모델을 자세히 설명하였다. 여러 가지 세포 타입은 이러한 절단에 서로 다르게 반응한다. 마지막으로, 이 장은 번역의 최초 원정에 관한 개념을 소개하였고, 최초 원정 과정에서 다른 개시인자가 사용된다고 강조하였다.
- **18장:** 워블 위치에 U를 가지고 있는 하나의 tRNA가 마지막 위치에 네 가지 염기를 가지고 있는 모든 코돈을 인식할 수 있다

는 슈퍼워블의 개념을 소개하였고, 슈퍼워블이 작용한다는 증거를 제시하였다. 이 장은 또한 fMet-tRNA$_f^{Met}$을 위한 개시 리보솜의 결합 상태가 잡종의 P/I 상태라는 것을 소개하였다. 이 상태에서 안티코돈은 P 위치에 있고 fMet와 수용자 줄기는 P 위치와 E 위치의 사이에 있는 '개시' 위치에 있다. 이 장은 또한 정지한 리보솜을 가지고 있는 mRNA를 분해하는 '나아가지 않는 분해(no-go decay)'에 대하여 설명하였고, 비효율적인 번역을 설명하기 위한 코돈에 대한 편견의 개념을 소개하였다. 마지막으로, 이 장은 어떻게 희귀한 코돈을 번역하기 위하여 속도를 늦추는 것이 단백질 접힘에 영향을 주는지 설명하였다.

- **19장:** 여러 가지 신장인자와 복합체를 이룬 리보솜의 최근 결정구조에 기초한 새로운 단락을 소개하였다. 이러한 구조는 아미노아실-tRNA, EF-Tu를 포함하고 있고, tRNA가 A/T 복합체를 이루기 위해 30도가량 굽혀진다는 것을 보여 주고 있다. 이러한 굽힘 현상은 정교한 번역 과정에 중요하고, EF-Tu가 리보솜을 떠나는 데 필요한 GTP 가수분해를 촉진한다. 또 다른 결정구조는 EF-G-GDP를 포함하고 있고, 자발적으로 생기는 전좌 전 P/E, A/P 잡종 상태에 반하여 전좌 후 E/E, P/P 상태의 리보솜을 보여 주고 있다. 이 장은 또한 신장 과정과 번역의 개시, 신장, 종결 과정을 요약한 훌륭한 두 가지 동영상을 연결해 주고 있다. 마지막으로 종결코돈을 인식하는 데 RF1과 RF2에 있는 중요한 부분의 기능과 폴리펩티드가 tRNA로부터 잘라지는 과정을 설명하는 결정구조를 소개하고 있다.
- **20장:** 대장균에서 DNA 복제가 2개의 나선 모두에서 불연속적이라는 논란이 많은 제안을 증거와 함께 소개하였다. 또한 PARP-1에 의하여 형성된 폴리(ADP-리보스)에 의한 이중나선 절단 부위에 마크로 영역을 통해 끌려오는 염색질 리모델링 복합체인 ACL1을 소개하였다.
- **21장:** DNA 복제를 시작한 후 DNA 주형에 결합한 β 중합체의 결정구조를 제시하였고, β 집게가 DNA를 둘러싸고 있다는 것을 보여 주고 있다. 그러나 DNA는 수평에서 20도 기울어져 중앙을 지나고 있다. 이 장은 또한 그림 21.17(polIII* 조립의 모델)을 수정하고, 최신 내용으로 수정하였다. 새로운 모델은 하나의 γ 소단위체와 2개의 τ 소단위체가 유연성이 있는 C-말단 영역을 통해 핵심중합효소에 결합한다는 것을 보여 준다. 이 단락은 γ 소단위체와 τ 소단위체가 동일한 유전자의 산물이라는 것을 증명하였다. 그러나 γ 소단위체는, τ 소단위체의 C-말단 영역이 결여되어 있다. 이 장은 또한 쉘터린으로 알려진 말단소체 결합 단백질의 복합체를 소개하고 있으며, 포유류의 여섯 가지 쉘터린과 이들이 말단소립을 보호하고, 정상적인 염색체의 말단에서 적절하지 않은 수선과 세포 주기 정지를 억제하는 이들의 역할을 설명하였다.
- **22장:** 어떻게 다른 틈 생성 패턴이 재조합산물(교차나 비교차 재조합)을 유도하는 RecBCD 경로에서 홀리데이 접합 부위를 해소하는지를 설명하는 새로운 그림(그림 22.3)을 추가하였다.
- **23장:** P 인자 트랜스포존을 겨냥하는 piRNA가 P-M 시스템에서 전이 억제제로 작용할 것이라고 보고하였다. 이와 유사하게 piRNA가 I-R 트랜스포존 시스템에서 억제제로 작용한다고 생각된다.

다음 웹사이트는 이 책에 관련된 디지털 영상 파일, 연습 문제, 애니메이션 퀴즈, 웹사이트 연결, 파워포인트 강의록을 제공하고 있다.

www.mhhe.com/weaver5e

ABOUT THE TRANSLATOR

옮긴이 소개

옮긴이 대표 **최준호** 교수는

서울대학교 자연대학 동물학과를 졸업하고 동 대학원 석사 과정을 이수한 후, 미국 UCLA 생물학과에서 이학박사 학위를 취득했다. 1988년부터 2018년까지 카이스트 생명과학과 교수로 근무하였으며, 현재 명예 교수로 재직 중이다. 2011년부터 2014년까지 카이스트 한전 석좌교수로 임용되었고, 한국과학기술한림원 정회원이며, 2016년 한국분자세포생물학회 회장을 역임하였다.

성명	재직 기관	이메일
김균언	충남대학교 생화학과	kyoonkim@cnu.ac.kr
김동선	경북대학교 의과대학	doskim@knu.ac.kr
김문교	인하대학교 생명과학과	moongyokim@gmail.com
김영상	충남대학교 생화학과	young@cnu.ac.kr
김재범	서울대학교 생명과학부	jaebkim@snu.ac.kr
김찬길	건국대학교 생명공학과	changil.kim@kku.ac.kr
김철근	한양대학교 생명과학과	cgkim@hanyang.ac.kr
박세호	고려대학교 생명과학부	sehopark@korea.ac.kr
박일선	조선대학교 의과대학	parkis@chosun.ac.kr
성노현	서울대학교 생명과학부	rhseong@snu.ac.kr
이명철	충남대학교 생물과학과	mrhee@cnu.ac.kr
이석희	성균관대학교 생명과학과	shlee@skku.edu
이정섭	조선대학교 의생명과학과	jsplee@chosun.ac.kr
이준규	서울대학교 생물교육과	joonlee@snu.ac.kr
이창중	인하대학교 생명과학과	changlee@inha.ac.kr
전성호	한림대학교 생명과학과	sjeon@hallym.ac.kr
정선주	단국대학교 대학원 생명융합학과	sjsj@dankook.ac.kr
정용근	서울대학교 생명과학부	ykjung@snu.ac.kr
정희경	한양대학교 의과대학	hc2n@hanyang.ac.kr
정희용	한양대학교 의생명공학전문대학원	hychung@hanyang.ac.kr
최수영	충북대학교 생물학과	schoe@chungbuk.ac.kr
최준호	카이스트 생명과학과	jchoe@kaist.ac.kr
허성오	한림대학교 의과대학	s0huh@hallym.ac.kr
홍승환	서울대학교 생명과학부	shong100@snu.ac.kr

BRIEF CONTENTS

주요 차례

C O N T E N T S

차례

PART 5

전사후 과정

CHAPTER 16

기타 RNA 공정과정과 유전자 발현의 전사후 조절 501

PART 6

번역

CHAPTER 17

번역기작 I : 개시 557

CHAPTER 18

번역기작 II : 신장과 종결 595

CHAPTER 19

리보솜과 전달 RNA 641

PART 7

DNA 복제, 재조합 및 전이

CHAPTER 20

DNA 복제, 상해와 회복 677

CHAPTER 21

DNA 복제II: 세부 기작 721

CHAPTER 22

상동재조합 755

CHAPTER 23

전이 779

CHAPTER 1

분자생물학사

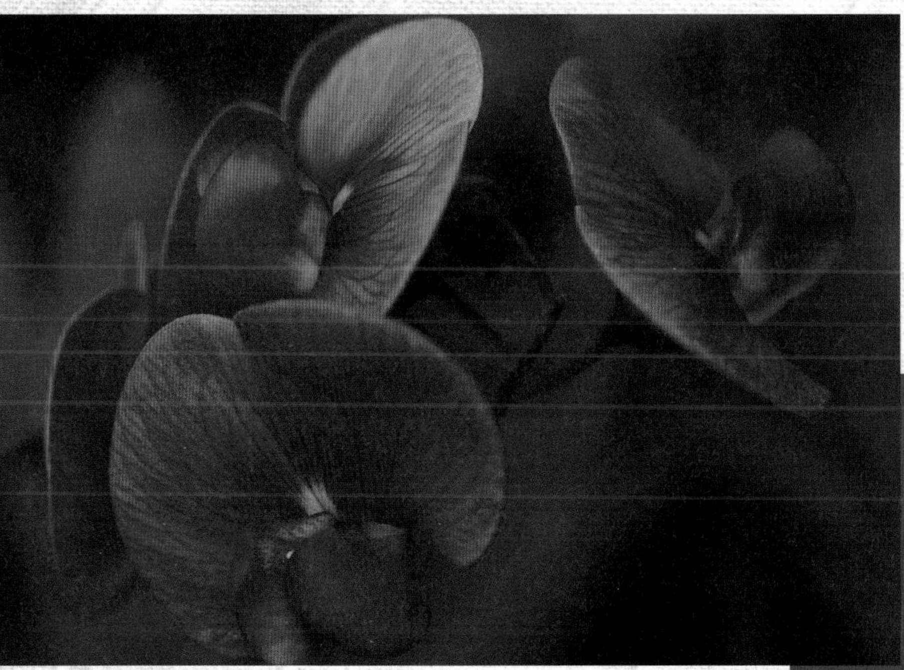

완두콩의 꽃. 꽃의 색깔은 멘델(Mendel)이 완두콩의 유전에 관한 실험을 연구하는 데 사용한 형질의 하나이다. (Shape'n'colour/Alamy, RF.)

분자생물학은 어떤 학문인가? 여러 가지로 정의할 수 있겠지만 사람에 따라서는 광의적으로 해석하여 생물학적 현상을 분자 수준에서 이해하는 학문을 통틀어 말한다. 그러나 이러한 정의는 이미 잘 정립된 생화학과 분자생물학의 구분을 모호하게 하는 경향이 있다. 분자생물학에 대한 다른 정의는 유전자의 구조와 기능을 분자 수준에서 연구하는 것인데, 이는 앞서 정의한 것보다 제한적이고 더 실용적인 면이 있다. 이러한 관점에서 유전자의 구조와 그 기능을 분자론적으로 설명하고자 하는 것이 바로 이 책의 주제이다.

분자생물학은 유전학과 생화학에서 파생되어 발전해 온 학문이다. 이 장에서는 19세기 중엽 그레고어 멘델(Gregor Mendel)이 수행한 유전학적 실험에서 비롯된 잡종 원리의 주요 발전사에 대해 살펴볼 것이다. 2, 3장에서는 이 장에서 언급한 간추린 분자생물학사에 좀 더 부가적인 설명을 할 것이다. 정확히 말해 유전자에 관한 초기 연구를 분자생물학 또는 분자유전학이라 말하기는 어렵다. 이는 초기 유전학자들이 유전자의 분자적 특성을 모르고 있었기 때문이다. 그래서 우리는 초기 유전자 연구를 전달유전학(transmission genetics)이라 부를 것이다. 이는 부모로부터 자손에게 유전적 특성이 전달되는 데에 그 연구의 초점이 맞춰져 있었기 때문이다. 사실 1944년에 이르러서야 유전자의 화학적 조성이 알려졌기 때문에 그 이후로 유전자를 분자 수준에서 연구하는 것이 가능해졌다. 이로 인해 분자생물학이라는 새로운 학문 영역이 탄생한 것이다.

1.1. 전달유전학

1865년 멘델(그림 1.1)은 완두콩에서 7가지 서로 다른 형질이 유전되는 현상을 발견했다. 과학자들은 멘델의 연구가 있기 전에는 유전이라는 현상이 부모의 각 형질이 혼합되어 자손에게 나타난다고 여기고 있었다. 그러나 멘델은 유전 현상이 각 형질이 혼합되어 나타나는 것이 아니라 양친으로부터 우성 유전을 하는 입자적 특성을 나타내는 것으로 결론을 내렸다. 이 말은 부모 각자가 자손의 형질 또는 유전 단위에 모두 독립적으로 기여한다는 것을 의미한다. 현재 우리는 각 유전 단위를 **유전자**(gene)라 부른다. 멘델은 이에 그치지 않고 특정한 **표현형**(phenotype) 또는 관찰 가능한 특성(씨앗의 색깔, 꽃의 색깔)을 지닌 자손 식물의 수를 정밀하게 계산하여 중요한 법칙을 도출했다. 표현형이라는 용어는 본래 '외관(appearance)'을 의미하는 '현상(*phenomenon*)'이라는 그리스어에서 나온 것인데, '외관'이라는 말에는 총체적인 모양이라는 뜻이 암시적으로 내포되어 있다. 그래서 키가 큰 완두는 키가 큰 표현형, 즉 외관을 보이게 되는 것이다. 또한 표현형은 개체의 관찰 가능한 전체적인 특성을 묶어 표현할 때도 쓰인다.

그림 1.1 그레고어 멘델. (출처: © Pixtal/age Fotostock RF.)

1) 멘델의 유전 법칙

멘델은 유전자가 **대립유전자**(allele)라는 몇 가지 다른 형태로 존재하는 것을 발견하였는데, 예를 들어 완두콩이 노란색이나 초록색 중 하나의 색깔을 가질 수 있다는 것이다. 즉, 콩 색깔을 결정하는 유전자의 대립유전자 하나는 노란색 완두콩을 만들 수 있고, 다른 대립유전자는 초록색 완두콩을 만들 수 있다. 그리고 어떤 대립유전자는 다른 **열성**(recessive) 대립유전자에 비해 **우성**(dominant)일 수 있다. 멘델은 초록색 완두콩과 노란색 완두콩을 교배했을 때 노란색 완두콩이 출현하는 것을 보고 노란색 완두콩을 만드는 대립유전자가 우성이라고 결론을 내렸다. 1대(F_1)의 모든 자손은 노란색 완두콩이 되지만, F_1을 자가수정시켜 2대를 얻으면 초록색 완두콩이 나타난다. 이때 2대(F_2)에서 노란색 완두콩과 초록색 완두콩의 출현 비율은 거의 3:1에 근접한 값을 보이게 된다.

앞서 살펴본 '대(filial)'란 용어는 라틴어에서 유래된 말로, 아들을 의미하는 *filius*와 딸을 의미하는 *filia*에 그 어원을 두고 있다. 따라서 1대(F_1)는 최초의 부모 세대에서 번식된 아들과 딸을 모두 포함하는 자손을 말한다. 2대(F_2)는 F_1의 개체로부터 유래된 다음 세대가 된다.

멘델은 초록색 완두콩의 대립유전자가 1대의 완두콩 색깔에는 영향을 미치지 못하지만, 1대에서 초록색을 나타내는 유전자는 반드시 유지된다는 생각을 하게 되었다. 멘델이 조사한 유전적 특성에 따르면, 부모 식물이 각각 2개의 유전자 복사본을 가지므로 부모가 **이배체**(diploid)라는 것이다. 이러한 개념에 따르면 **동형접합자**(homozygote)는 노란색 대립유전자이든 초록색 대립유전자이든 간에 동일한 종류의 대립유전자를 2개 가지며, **이형접합자**(heterozygote)는 서로 다른 두 종류의 대립유전자를 모두 가진다. 동형접합자이면서 동시에 서로 다른 대립유전자를 가진 부모가 교배할 경우 얻어지는 1대(F_1)는 모두 이형접합자가 된다. 또한 멘델은 생식세포가 유전자의 한 복사본만 가지는 **반수체**(haploid)라고 추론했다. 따라서 동형접합자는 한 종류의 대립유전자를 가지는 생식세포, 즉 **배우자**(gamete)를 생성하게 된다. 반면, 이형접합자는 서로 다른 종류의 대립유전자를 가지는 배우자를 만들게 된다.

노란색 완두콩과 초록색 완두콩을 교배할 경우를 생각해 보자: 초록색 완두콩는 초록색 완두콩을 만드는 유전자를 가진 배우자를 만들고, 노란색 완두콩은 노란색 완두콩을 만드는 유전자를 가진 배우자를 만든다. 그 결과 F_1 완두콩은 노란색 대립유전자 하나와 초록색 대립유전자 하나씩을 갖게 된다. F_1은 초록색 대립유전자를 갖고 있지만 노란색 대립유전자가 우성이기 때문에 모든 완두콩은 노란색을 나타낸다. 그러나 F_1 이형접합자를 자가수정할 때 동일한 수의 초록색이나 노란색 배우자가 생기기 때문에 F_2

에서 녹색의 표현형이 다시 나타나게 되는 것이다.

이러한 일이 어떻게 가능한지 한번 생각해 보자. 초록색과 노란색 구슬이 같은 수만큼 들어 있는 2개의 자루가 있다고 하자. 우리가 한 번에 자루 하나에서 1개의 구슬을 꺼내서 다른 자루에서 꺼낸 구슬과 짝을 이루게 하면 다음과 같은 결과를 얻게 된다. 조합의 1/4은 노란색/노란색이고, 1/4은 초록색/초록색, 그리고 나머지 1/2은 노란색/초록색이 된다. 완두콩의 노란색과 초록색의 대립유전자도 같은 방식으로 작용한다. 노란색이 우성이기 때문에 자손의 1/4만(초록색/초록색) 초록색 완두콩이 된다. 나머지 3/4은 노란색을 띠게 되는데 이것은 이들이 노란색 대립유전자를 하나 이상 갖고 있기 때문이다. 따라서 2대(F_2)에서 노란색과 초록색 완두콩의 비율은 3:1이 된다.

멘델은 그가 선택해서 연구한 7가지 다른 특성이 서로 독립적으로 작용한다는 것도 발견했다. 그러므로 두 가지 서로 다른 유전자에 대한 대립유전자의 조합은 9:3:3:1의 표현형의 비를 나타내게 된다. 예를 들어 완두콩의 색깔(노란색과 초록색)과 완두콩의 모양(둥근 모양과 주름진 모양)을 보면(이때 노란색과 둥근 모양이 우성이고 초록색과 주름진 모양이 열성임), 노란색/둥근 모양, 노란색/주름진 모양, 초록색/둥근 모양, 초록색/주름진 모양의 비율이 9:3:3:1이다. 이와 같이 멘델이 발견한 법칙을 따르는 유전을 **멘델의 유전**(Mendelian inheritance)이라 부른다.

2) 유전의 염색체설

1900년에 이르러 세 명의 식물학자가 서로 독립적인 연구를 통해 멘델의 유전법칙을 재발견하고 나서야 학자들은 멘델의 업적과 그 중요성을 인식하게 되었다. 그 후 모든 유전학자들은 유전자의 입자적 특성을 받아들였고 유전학이 꽃을 피우게 되었다. 유전학자들이 멘델의 발견을 받아들이게 된 데에는 19세기 후반에 알려지기 시작했던 염색체의 특성에 대한 이해에 힘입은 바가 컸다. 멘델은 이미 배우자가 각 유전자에 대한 대립유전자를 1개씩 가진다고 예측했다. 만약 염색체가 유전자를 포함하고 있다면 배우자의 염색체는 그 수가 반이 되어야 하는데, 조사한 결과 실제로 그렇게 나타난 것이다. 따라서 염색체는 유전자를 운반하는 물리적인 실체라 할 수 있다.

염색체가 유전자를 지닌다는 개념이 바로 **유전의 염색체설**(chromosome theory of inheritance)이다. 이것은 유전학적 사고에 있어 매우 중요한 개념이었다. 유전자는 이제 상상 속에 존재하는 인자가 아니라 세포핵 속에 존재하는 실존 대상이 된 것이다. 토마스 헌트 모건(Thomas Hunt Morgan, 그림 1.2)을 위시한 일부 유전학자들은 염색체설에 회의적이었지만, 역설적으로 1910년 모건은 이 염색체설에 대한 확고한 증거를 최초로 제시한 사람이 되었다.

그림 1.2 토마스 헌트 모건. (출처: National Library of Medicine.)

모건은 초파리(*Drosophila melanogaster*)를 대상으로 연구하였는데, 초파리는 유전학 연구에 있어 완두콩보다 훨씬 편리한 실험 재료로 크기가 작고, 짧은 세대 기간과 많은 자손을 얻을 수 있는 장점이 있다. 모건은 빨간색 눈(우성 형질)을 가진 초파리와 흰색 눈(열성 형질)의 초파리를 교배하여 얻은 1대 자손은 대부분 빨간색 눈을 가진다는 것을 알았다. 다시 1대의 빨간색 눈을 가진 수컷을 빨간색 눈의 1대 암컷과 교배해 본 결과 수컷의 1/4은 흰색 눈을 갖지만 흰색 눈을 한 암컷은 얻지 못했다. 이는 눈 색깔에 대한 표현형이 **'성 연관**(sex-linked)'되어 있으며, 암수의 성에 따라 눈 색깔이 유전된다는 것을 의미한다. 그렇다면 과연 어떻게 해서 이런 일이 일어날 수 있을까?

우리는 초파리의 성과 눈 색깔을 결정하는 유전자가 X 염색체에 같이 존재하기 때문에 이들 형질이 함께 전달된다는 것을 알고 있다. [**상염색체**(autosome)라 불리는 대부분의 염색체는 세포 안에 쌍으로 존재하며, **성염색체**(sex chromosome)라 불리는 X 염색체는 암컷은 2개, 수컷은 1개를 가짐.] 그러나 모건은 자신의 발견을 발표하기 꺼리다가, 1910년 두 가지의 다른 형질(작은 날개와 노란색 몸통)도 성과 연관되어 유전된다는 사실을 발견하고서야 유전의 염색체설이 타당하다는 것을 확신하게 되었다.

이 주제에 관한 논의를 끝내기에 앞서 두 가지 중요한 점을 언

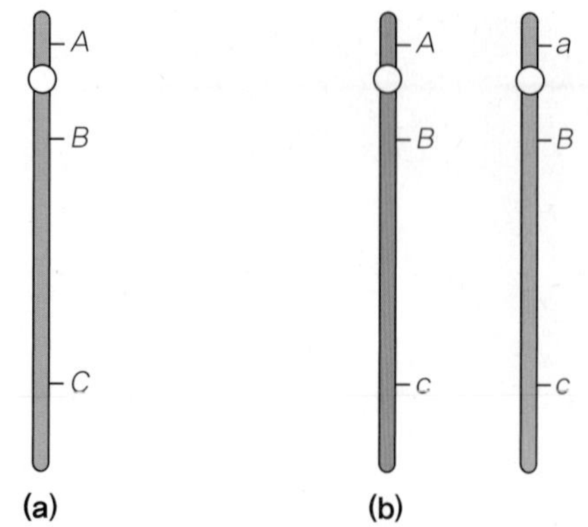

그림 1.3 염색체상의 유전자 위치. (a) 염색체의 모식도로 세 가지 유전자, *A*, *B*, *C*의 위치가 나타나 있다. (b) 이배체 염색체의 모식도. 세 가지 유전자(*A*, *B*, *C*)의 위치가 표시되어 있고, 각 유전자 자리의 유전자형(*A* 또는 *a*; *B* 또는 *b*; *C* 또는 *c*)이 같이 표시되어 있다.

급하고자 한다. 첫째, 모든 유전자가 염색체상의 고유한 위치, 즉 **유전자 자리**(locus)를 갖고 있다는 것이다. 그림 1.3은 가상적인 염색체와 *A*, *B*, *C*로 명명된 세 가지 유전자의 위치를 보여 주고 있다. 둘째, 인간과 같은 이배체 개체는 성염색체를 제외하고 각 염색체가 쌍으로 존재한다는 것이다. 이배체는 거의 모든 유전자를 쌍으로 가지는데, 쌍으로 된 유전자가 같은 대립유전자이면 **동형접합성**(homozygous)이고, 다른 대립유전자를 가지면 **이형접합성**(heterozygous)이다. 예를 들어 그림 1.3(b)는 하나의 유전자 자리에 서로 다른 대립유전자(*Aa*)가 있고, 다른 2개의 유전자 자리에 동일한 대립유전자(*BB*와 *cc*)가 있는 이배체 염색체를 보여 주고 있다. 세 가지의 유전자에 대한 개체의 **유전자형**(genotype) 또는 대립유전자 구성은 *AaBBcc*가 된다. 이 개체는 염색체쌍의 *A* 유전자 자리에 2개의 다른 대립유전자(*A*와 *a*)가 있기 때문에 *A* 유전자 자리에 한해서 이형접합성이 된다(그리스어로 *hetero*는 '다른'을 뜻함). 그리고 이 개체는 염색체쌍의 *B* 유전자 자리에 우성인 *B* 대립유전자만 갖고 있기 때문에 *B* 유전자 자리에 관해 동형접합성 우성이라 한다(그리스어로 *homo*는 '같은'을 뜻함). 그리고 *C* 유전자 자리에는 열성인 *c* 대립유전자만 존재하므로 *C* 유전자 자리는 동형접합성 열성이라 한다. 결과적으로 *A* 대립유전자가 *a* 대립유전자에 대해 우성이므로 이 개체의 표현형은 *A*와 *B* 유전자 자리에 대해서는 우성 표현형을 보이고 *C* 유전자 자리에 대해서는 열성 표현형을 나타낸다.

초파리의 여러 표현형을 논의하는 것은 또 다른 중요한 유전학적 개념, 즉 **야생형**(wild-type)과 **돌연변이체**(mutant)를 설명하기 위해 필요하다. 야생형의 표현형은 가장 흔하거나 어떤 개체의 표준적인 표현형으로 인식되는 형질이다. 야생동물이 자동으로

그림 1.4 초파리에서의 유전자 재조합. 암컷의 X 염색체 2개가 도식화되어 있다. 한 염색체(빨간색)가 2개의 야생형 유전자를 가지고 있어서 정상적인 날개(m^+)와 빨간색 눈(w^+)이 형성된다. 나머지 염색체(파란색)는 2개의 돌연변이 유전자인 작은 날개(m)와 흰색 눈(w)을 갖고 있다. 난자 형성 시에 그림에서 교차선으로 표시된 재조합 또는 교차가 2개의 염색체 사이에서 일어난다. 그 결과 부모의 유전자들이 혼합된 재조합 염색체가 생성된다. 하나의 염색체는 m^+w이고 다른 하나는 mw^+가 된다.

야생형이라고 생각되는 오류를 방지하기 위해 일부 유전학자들은 **표준형**(standard type)이라는 표현을 선호하기도 한다. 초파리의 경우 빨간색 눈과 정상 크기의 날개를 야생형이라고 한다. *white*와 *miniature* 유전자에 돌연변이가 생기면 흰색 눈과 작은 날개를 갖는 돌연변이 초파리가 된다. 이 두 가지의 유전자 돌연변이는 대개 열성이지만 모든 돌연변이 유전자가 항상 열성인 것은 아니다.

3) 유전자 재조합과 유전자 지도작성

서로 다른 염색체에 위치한 유전자는 독립적으로 행동하고, 작은 날개(*miniature*)와 흰색 눈(*white*) 유전자와 같이 같은 염색체상에 있는 유전자는 서로 연관되어 같이 움직이는 것은 이해하기 쉬울 것이다. 그러나 동일한 염색체에 위치한 유전자가 항상 완벽한 **유전적 연관성**(genetic linkage)을 보이는 것은 아니다. 모건은 그가 발견한 성 연관 유전자를 연구하면서 다음과 같은 현상을 발견했다. *white*와 *miniature* 유전자는 같이 X 염색체에 위치하지만 후손에게 전달될 때 연관되어 있는 것은 65.5% 비율에 지나지 않는다는 것이다. 나머지 후손들은 부모 세대에서는 존재하지 않던 완전히 새로운 대립유전자 조합을 가졌고, 이런 뜻에서 이들 후손을 유전자 **재조합체**(recombinant)라고 말한다.

이러한 재조합체는 어떻게 생겨나는 것일까? 1910년 이미 그 답이 나왔는데, 감수분열(배우자 형성) 시에 **상동염색체**(homologous chromosome) 사이에 교차가 일어나는 것이 현미경상에서 관찰되었기 때문이다(상동염색체는 같은 유전자나 같은 유전자에 대한 대립유전자를 가진 염색체). 교차에 의해 2개의 상동염색체 사이에는 유전자 교환이 일어나게 된다. 앞서 언급한 예를 적용하면, 암컷 난자 형성 시기에 *white*와 *miniature* 대립유전자를 가진 X 염색체 하나가 정상적인 대립유전자를 가진 염색체와 교차하게 된다(그림 1.4). 교차가 2개의 유전자 부위에서 일어나기 때문에 *white*와 정상 날개 대립유전자를 가지는 염색체 하나와, 정

그림 1.5 바버라 맥클린톡. (출처: Bettmann Archive/Corbis.)

그림 1.6 프리드리히 미셔. (출처: National Library of Medicine.)

상 눈과 *miniature* 대립유전자를 가지는 염색체를 만들게 된다. 새로운 대립유전자 조합이 생기기 때문에 이 과정을 **재조합**(recombination)이라 한다.

모건은 염주에 있는 염주알처럼 염색체상에 유전자가 직선으로 배열하고 있다고 가정하였다. 그리고 자신의 가정과 재조합에 관한 인식을 바탕으로 모건은 염색체에서 서로 멀리 떨어져 있는 두 유전자가 좀 더 쉽게 재조합될 수 있다고 제안하였다. 이 제안은 떨어져 있는 유전자 사이에 교차가 일어나려면, 유전자 사이의 거리가 멀수록 쉽다는 것을 의미한다. 스터트반트(A. H. Sturtevant)는 이 가설을 더욱 확대하여 염색체에서 2개의 유전자 사이의 거리와 재조합 빈도 사이에 수학적인 관계가 있을 것이라고 가정을 했다. 스터트반트는 초파리에서 재조합에 관한 자료를 수집하여 자신의 가설을 검증했다. 이 가설이 현재 널리 이용되고 있는 **유전자 지도작성**(genetic mapping)의 이론적 근거가 되었다. 간략하게 말하자면, 1%의 빈도로 재조합이 일어나는 서로 다른 두 위치는 유전자 지도상에서 1 **centimorgan**(모건 자신의 이름을 땀)의 거리로 떨어져 있다고 정의한다. 1930년대에는 같은 법칙이 붉은빵곰팡이(*Neurospora*), 완두콩, 옥수수, 사람에 이르는 모든 **진핵생물**(*eukaryote*)에 적용된다는 것이 밝혀졌다. 유전 물질이 핵막으로 분리되어 있지 않은 **원핵생물**(prokaryote)에도 이 법칙은 그대로 적용된다.

4) 재조합에 대한 물리적 증거

1931년 바버라 맥클린톡(Barbara McClintock, 그림 1.5)과 해리엇 크레이턴(Harriet Creighton)은 재조합에 관한 직접적인 물리적 증거를 찾아냈다. 그들은 옥수수의 염색체를 현미경으로 관찰해서 특정 염색체의 구별이 용이한 특성을 보고(염색체의 한끝에 매듭이 있고 반대편 끝은 길게 연장되어 있음) 두 염색체 사이에 일어나는 재조합을 찾아냈다. 또한 그들이 재조합에 관한 물리적인 증거를 찾아낼 때마다 유전학적 증거도 동시에 발견되었다. 염색체상의 특정 부위와 유전자에 대한 직접적인 연관성이 증명된 것이다. 맥클린톡과 크레이턴이 옥수수를 이용해 연구한 직후 커트 스턴(Curt Stern)도 초파리에서 같은 현상을 발견하였다. 즉, 재조합이 물리적, 유전학적 방법으로 식물과 동물 모두에서 발견된 것이다. 맥클린톡은 후에 옥수수에서 이동할 수 있는 유전요소인 트랜스포존(transposon)을 발견하였을 때 이에 관한 더 많은 실험을 수행하였다(23장 참조).

1.2. 분자유전학

앞서 나온 전달유전학에 관한 논의는 유전자가 어떻게 전달되며, 또 염색체상에 유전자 지도는 어떻게 작성되는지를 터득하게 해주지만, 이 유전자가 무엇으로 구성되어 있고 어떻게 작용하는지는 설명하지 못한다. 이런 부분은 분자유전학의 영역으로, 그 뿌리는 멘델의 발견에 기초한다.

1) DNA의 발견

1869년에 프리드리히 미셔(Friedrich Miescher, 그림 1.6)는 세포의 핵에서 복잡한 혼합물을 발견하고 뉴클레인(nuclein)이라 명명했다. 뉴클레인의 주요한 구성 성분은 **데옥시리보핵산**(deoxyribonucleic acid, DNA)이다. 19세기 말 화학자들은 DNA와 DNA 관련 물질인 **리보핵산**(ribonucleic acid, RNA)의 일반적인 구조를 밝혀냈다. 두 화합물 모두 뉴클레오티드(nucleotide)라

그림 1.7 오스왈드 에버리. (출처: National Academy of Sciences.)

고 하는 작은 화합물의 중합체이다. 뉴클레오티드는 5탄당과 인산기, 그리고 염기로 이루어진다. 중합체는 뉴클레오티드 한 분자의 당과 다른 분자의 인산기가 결합하여 형성된다.

(1) 유전자의 구성

유전에 대한 염색체설이 널리 받아들여지면서 유전학자들은 염색체가 어떤 종류의 중합체로 구성되어 있을 것이라는 생각하게 되었다. 이는 염색체가 유전자를 묶는 끈과 같은 역할을 하는 것과 잘 일치한다. 그러면 과연 중합체는 어떤 것일까? 세 가지 예가 있는데, DNA와 RNA, 그리고 **단백질**(protein)이다. 단백질은 미셔가 발견한 뉴클레인의 또 다른 중요한 성분으로, **아미노산**(amino acid)의 중합체이다. 단백질의 아미노산은 **펩티드결합**(peptide bond)에 의해 **폴리펩티드**(polypeptide)를 이룬다.

1944년 오스왈드 에버리(Oswald Avery, 그림 1.7) 등은 DNA가 유전자를 이루는 중합체임을 입증하였다(2장 참조). 일찍이 프레데릭 그리피스(Frederic Griffith)는 유전형질이 한 박테리아 균주에서 다른 균주로 옮겨질 수 있다는 실험 결과를 발표했는데, 이들은 그 가설을 믿고 있었다. 그때 조사한 형질은 치명적인 감염의 원인이 되는 병독성이었는데, 죽은 박테리아를 살아 있는 비감염성 박테리아와 섞었을 때 비감염성 박테리아가 감염성 박테리아로 바뀌었다. 한 번 감염성 박테리아로 바뀐 박테리아는 그 후손에게 형질을 계속 유전하는 것으로 보아 비감염성인 수용자 박테리아를 감염성으로 형질전환시키는 물질이 바로 감염성을 결정하는 유전자라고 할 수 있다.

다음 과제는 죽은 감염성 박테리아 속에 있는 형질전환 인자의 과학적 특성을 알아내는 것이었다. 에버리(Avery) 등은 형질전환 인자에 대해 여러 가지 화학적, 생물학적 조사를 실시하여 형질전환 인자가 RNA나 단백질이 아닌 DNA임을 확인하였다.

그림 1.8 (a) 조지 비들, (b) 테이텀. (출처: (a, b) AP/Wide World Photos.)

2) 유전자와 단백질의 상호 관계

분자유전학의 중요한 과제 중 하나는 유전자가 어떻게 작용하는가를 연구하는 것이다. 이 질문에 대한 설명을 위해 다시 1902년으로 거슬러 올라가 보자. 1902년은 아치볼드 개로드(Archibald Garrod)가 사람의 알캅톤뇨증(alcaptonuria)이 멘델의 열성형질처럼 유전되는 것을 발견한 해이다. 이 질병은 비정상적인 돌연변이 유전자에 의해 일어나는 것이다. 더구나 이 병의 증상은 환자의 오줌에 검은 색소가 축적되는 것인데, 개로드는 이러한 증상이 생화학적 대사 과정에서 생성되는 중간 산물의 비정상적인 축적에서 비롯된다고 믿었다.

이즈음 생화학자들은 모든 생명체가 수많은 화학 반응을 수행하고 이 반응들이 **효소**(enzyme)라는 단백질에 의해 촉진 또는 촉매된다는 사실을 밝혀냈다. 상당수의 반응이 순차적으로 일어나기 때문에 어떤 반응의 생성물은 다음 반응의 기질이 된다. 이러한 반응 순서를 **경로**(pathway)라 하고 경로상의 반응생성물과 기질을 중간 산물(intermediate)이라고 한다. 개로드는 알캅톤뇨증이 중간 산물을 다음 반응으로 전환하는 어떤 효소에 결함이 생겨서 중간 산물이 너무 많이 축적되어 나타나는 질병이라고 가정했다. 이러한 가정과 알캅톤뇨증이 열성형질처럼 유전된다는 사실을 토대로 하여, 그는 결함이 있는 유전자는 결함이 있는 효소를 만들어 낸다고 제안하였다. 즉, 유전자가 효소 생성을 관장한다는 것이다.

개로드가 내린 결론은 부분적으로 추측에 기반을 두고 있는데, 그는 결함단백질이 직접 알캅톤뇨증에 관련된다는 것을 정확히

그림 1.9 제임스 왓슨(왼쪽)과 프란시스 크릭(오른쪽). (출처: © A. Barrington brown/Photo Researchers, Inc.)

알지 못했다. 유전자와 효소 사이의 관계를 실제로 증명한 사람은 조지 비들(George Beadle)과 테이텀(E. L. Tatum, 그림 1.8)이다. 그들은 붉은빵곰팡이(*Neurospora*)를 실험 재료로 사용했다. 유전학 연구에 있어 붉은빵곰팡이는 상당히 많은 장점을 지니고 있다. 학자들이 붉은빵곰팡이를 이용할 때 자연적으로 생기는 돌연변이에만 매달릴 필요가 없고, **돌연변이유발원**(mutagen)을 유전자에 처리하여 돌연변이를 유발시킨 후 생화학적 대사 경로에 미치는 돌연변이의 영향을 조사하면 된다. 비들과 테이텀은 대사 경로의 한 단계마다 결함이 있는 한 효소에 많은 돌연변이체를 얻었다(3장 참조). 이들은 결함이 있는 효소에 의해 만들어지는 중간 산물을 첨가해서 곰팡이가 다시 정상적으로 성장하는 것을 알아냈다. 그리고 여러 중간 산물을 이용해서 어느 단계에 결함이 있는지도 조사했다. 이런 방식으로 그들이 수행한 유전학적 연구는, 1개의 유전자가 결함이 있으면 비정상적인 형질을 보인다는 것을 밝혔다. 따라서 결함유전자는 결함효소를 만든다. 즉, 하나의 유전자가 하나의 효소를 만든다는 것이다. 이러한 가설을 '1-유전자/1-효소설(one-gene/one-enzyme hypothesis)'이라고 한다. 그러나 이 학설은 실제로는 세 가지 오류를 가지고 있다. ① 하나의 유전자는 단지 1개의 폴리펩티드 사슬을 만들 수 있는 데 비해, 하나의 효소는 하나 이상의 폴리펩티드 사슬로 이루어질 수도 있다. ② 여러 유전자가 효소가 아닌 폴리펩티드를 만들 수 있는 정보를 가지기도 한다. ③ 어떤 유전자 산물은 폴리펩티드가 아닌

(a) (b)

그림 1.10 (a) 로잘린드 프랭클린, (b) 모리스 윌킨스. (출처: (a) From The Double Helix by James D. Watson, 1968, Atheneum Press, NY. © Cold Spring Harbor Laboratory Archives. (b) Professor M. H. F. Wilkins, Biophysics Dept., King's College, London.)

RNA일 수 있다. 그래서 현재의 이론은 대부분의 유전자는 하나의 폴리펩티드를 만들 수 있는 정보를 가지고 있다고 수정하여 받아들이고 있다. 이러한 가설은 원핵세포나 하등한 진핵세포에서는 맞지만, 14장에서 다룰 대체 스플라이싱 기작에 의하여 유전자가 여러 종류의 폴리펩티드를 만들 수 있는 사람과 같은 고등한 진핵세포에서는 예외가 생기기도 한다.

3) 유전자의 작용

다시 유전자는 어떤 작용을 하는지에 대한 문제로 돌아가 보자. 이것은 유전자가 한 가지 이상의 작용을 하기 때문에 단순한 질문이 아니다. 유전자는 ① 정확히 복제되어야 하고, ② RNA나 단백질을 만들어 내며, ③ 돌연변이가 일어나서 진화가 가능해야 한다. 그러면 이 세 가지 작용에 대해 간략히 살펴보자.

(1) 유전자의 복제

DNA는 어떻게 정확히 복제되는가? 이 질문에 대한 답을 말하기 위해서 우리는 염색체에서 발견되는 DNA 분자의 전체 구조를 알아야 한다. 로잘린드 프랭클린(Rosalind Franklin)과 모리스 윌킨스(Maurice Wilkins, 그림 1.10)는 DNA 분자에 대한 X-선 회절분석 자료를 수집하고 이를 기초로 하여 DNA에 대한 화학적 물리적 정보를 얻었고, 제임스 왓슨(James Watson)과 프란시스 크릭(Francis Crick, 그림 1.9)은 이를 분석하여 1953년 DNA 분자 구조에 대한 모델을 제시했다.

왓슨과 크릭은 DNA가 2개의 사슬이 서로 꼬인 **이중나선**(double helix)이라고 제안했다. 더 중요한 것은 DNA 각 사슬의

(a) (b)

그림 1.11 (a) 매튜 메셀슨, (b) 프랭클린 스탈. (출처: (a) Courtesy Dr. Matthew Meselson. (b) Cold Spring Harbor Laboratory Archives.)

(a) (b)

그림 1.12 (a) 프랑수아 자코브, (b) 시드니 브레너. (출처: (a, b) Cold Spring Harbor Laboratory Archives.)

염기는 나선구조 안쪽에 위치하여 특정한 방식으로 염기쌍을 이룬다는 것이다. DNA에는 아데닌(A), 구아닌(G), 티민(T), 시토신(C)의 네 종류 염기가 존재한다. DNA 사슬에서 A가 발견되는 반대편 사슬에는 T가 있고, G가 있는 반대편에는 항상 C가 발견된다. 이런 의미에서 이중나선은 서로 상보적이라고 한다. 한쪽 사슬의 염기서열을 알면 자동으로 반대편 사슬의 염기서열을 알 수 있다. 이러한 상보성 덕분에 DNA가 정확하게 복제된다. 두 사슬이 떨어지면 기존의 사슬을 주형으로 하여 왓슨-크릭 염기쌍 규칙(A와 T, G와 C)에 따라 효소가 새로운 사슬을 합성해 나간다. 새로 형성되는 2개의 이중나선 구조에는 모사슬이 각각 하나씩 존재하기 때문에 이를 **반보존적 복제**(semiconservative replication)라 한다. 1958년에 매튜 메셀슨(Matthew Meselson)과 프랭클린 스탈(Franklin Stahl, 그림 1.11)은 박테리아의 DNA 복제가 반보존적임을 증명했다(20장 참조).

(2) 유전자의 폴리펩티드 생산

유전자 발현(gene expression)은 세포가 유전자 산물(RNA나 폴리펩티드)을 만드는 과정이다. DNA상의 유전자에 담겨진 정보에 따라 폴리펩티드가 만들어지기까지 두 단계가 존재하는데, **전사**(transcription)와 **번역**(translation)이 바로 그것이다. 전사는 RNA 중합효소가 DNA 사슬의 복사본을 만드는 것인데, 이 복사본은 DNA가 아니라, DNA와 아주 유사한 RNA로 만들어진다. 번역 단계에서 RNA[**전령 RNA**(messenger RNA, mRNA)]는 **리보솜**(ribosome)이라는 세포의 단백질 생산 공장에 유전 정보를 전달하고, 리보솜은 mRNA에 있는 **유전암호**(genetic code)를 해독해서 그 정보대로 단백질을 만들어 낸다.

실제로 리보솜은 **리보솜 RNA**(ribosomal RNA, rRNA)를 포함하고 있다. 크릭은 리보솜에 있는 rRNA가 유전자로부터 나온 정보를 전달한다고 생각했다. 이 가설에 따르면 각 리보솜은 rRNA에 암호화되어 있는 단지 한 종류의 단백질만을 만든다. 그러나 프랑수아 자코브(François Jacob)와 시드니 브레너(Sydney Brenner, 그림 1.12)는 크릭과 다른 견해를 갖고 있었다. 이들은 리보솜이 특이성을 가지지 않는 번역 기계로 mRNA가 전달하는 지침에 따라 많은 단백질을 만든다고 생각했고, 여러 실험을 통해 이 이론이 올바르다는 것을 증명하였다(3장 참조).

그렇다면 유전암호의 실체는 무엇인가? 마셜 니렌버그(Marshall Nirenberg)와 고빈드 코라나Gobind Khorana, 그림 1.13)는 독립적인 연구를 통해 1960년대 초 유전암호의 실체를 규명했다(18장 참조). 그들은 3개의 염기가 하나의 암호를 이루어[이를 **코돈**(codon)이라 함] 1개의 아미노산을 지정한다는 것을 발견했다. 가능한 64개의 코돈 중에 61개는 아미노산을 지정하고 3개는 종결 신호로 사용된다.

리보솜은 한 번에 mRNA의 3개 염기를 검색(scanning)하여 적합한 아미노산을 폴리펩티드 사슬에 연결한다. 리보솜이 종결 신호에 이르면 리보솜은 완성된 폴리펩티드로부터 분리된다.

(3) 돌연변이를 축적하는 유전자

유전자는 여러 가지 방법으로 변화한다. 가장 간단한 방법은 하나의 염기가 다른 염기로 바뀌는 것이다. 예를 들어, 만약 어떤 유전자의 글루탐산에 대한 코돈이 GAG일 때 이것이 GTG(A→T)로 바뀌면 번역된 아미노산은 발린으로 변하게 된다. 이렇게 돌연변이 된 유전자에서 합성된 단백질은 원래 글루탐산을 가져야 할 부분

그림 1.13 고빈드 코라나(왼쪽)와 마셜 니렌버그(오른쪽). (출처: Corbis/Bettmann Archive.)

에 발린을 가진 단백질이 된다. 이것은 수백 개의 아미노산 중에 단 하나가 변화한 것이지만 큰 영향을 미칠 수 있다. 사람의 혈액 단백질 가운데 어떤 단백질을 암호화하고 있는 유전자에 이런 특정한 변화가 일어나면 낫형 적혈구 빈혈증(sickle cell anemia)이라는 유전질환이 일어난다.

유전자는 대량의 결실이나 삽입에 의해 심각한 변화가 일어날 수도 있다. 또한 DNA의 어떤 부분은 한 유전자 자리에서 다른 유전자 자리로 움직일 수 있다. 변화가 심할수록 유전자는 완전히 불활성화되기 쉽다.

(4) 유전자 클로닝

1970년 이후 유전학자들은 유전자를 분리하여 다른 개체에 이 분리된 유전자를 도입하고 재생산하는 방법을 발견했다. 이런 과정에 이용되는 기법이 바로 **유전자 클로닝**(gene cloning)이다. 분리된 유전자는 유전학자들의 기초적인 실험 재료일 뿐만 아니라 유전자 산물을 만드는 데에도 사용된다. 이런 방식으로 대량 생산된 사람의 인슐린이나 혈액 응고인자는 매우 소중한 물질이다. 다른 개체로 옮겨진 유전자는 수용자의 특성을 바꿀 수 있기 때문에 농업이나 사람의 유전병 치료에 강력한 수단으로 이용될 수 있다. 유전자 클로닝은 4장에서 자세히 다루기로 한다.

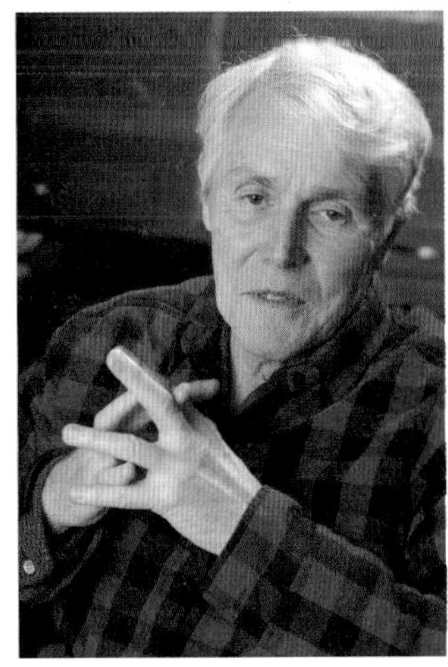

그림 1.14 칼 우즈. (출처: U. of Ill at Urbana Champaign.)

1.3. 생명체의 세 가지 영역

20세기 초반에 과학자들은 모든 생명체를 동물계와 식물계의 두 가지 계(kingdom)로 나누었다. 박테리아(bacteria)는 식물로 분류하였는데, 이것이 우리가 장 속에 있는 박테리아의 종류를 아직도 '식물상(flora)'이라고 하는 이유이다. 그러나 20세기 중반에 이러한 분류체계는 식물계와 동물계에 새로 박테리아, 진균(fungi), 원생생물(protist)을 추가하여 5가지로 분류하기 시작하였다.

그 후 1970년대 후반에 칼 우즈(Carl Woese, 그림 1.14)는 많은 생물체의 rRNA 염기서열을 조사한 끝에 놀라운 결론에 도달하였다. 박테리아로 분류하였던 일련의 생물체의 rRNA 유전자는 대장균(*E. coli*)과 같은 전형적인 박테리아보다 진핵세포에 더 가깝다는 것이다. 우즈는 이러한 생물체를 박테리아와 구별하기 위하여 원시박테리아 또는 고박테리아(*archaebacteria*)나 진정박테리아(*eubacteria*)라 명명하였다. 그러나 더 많은 분자생물학적 증거가 축적됨에 따라 원시박테리아는 겉모양은 비슷하지만 박테리아가 아니라는 사실이 명백해졌다. 이들은 새로운 영역(domain)의 생명체를 대표하므로 우즈는 이들의 이름을 원시세균 또는 원시생물(archaea)로 바꾸었다. 이제는 **생물체의 영역**(domains of life)을 **박테리아계**(bacteria), **진핵생물계**(eukaryota), **원시생물계**(archaea)의 세 가지 영역으로 나눈다. 원시세균은 박테리아와 같이 핵이 없는 **원핵세포**(prokaryote)이지만 이들의 분자생물학적 특성은 박테리아보다 진핵세포와 유사하다.

원시세균은 지구상에서 가장 지내기 힘든 환경 지역에 살고 있다. 어떤 종류는 심해의 분출구나 미국 옐로우스톤 국립공원의 온천과 같이 100℃가 넘는 곳에 살고 있어서 열을 좋아한다는 의미의

표 1.1 분자생물학사 연표

1859	찰스 다윈	『종의 기원(On the Origin of Species)』 출간
1865	그레고어 멘델	분리와 독립의 법칙 제창
1869	프리드리히 미셔	DNA의 발견
1900	휴고 드 브리스(Hugo de Vries), 칼 코렌스(Carl Correns), 에리히 폰 체르마크(Erich von Tschermak)	멘델의 법칙 재발견
1902	아치볼드 게로드	최초로 인간 질병에 대한 유전적 원인 제시
1902	월터 서턴(Walter Sutton), 테오도르 보베리(Theodor Boveri)	염색체설 제안
1910, 1916	토마스 헌트 모건, 캘빈 브리지스(Calvin Bridges)	유전자가 염색체상에 있음을 증명
1913	스터트반트	유전자 지도작성
1927	뮬러(H. J. Muller)	X-선에 의한 돌연변이 유발
1931	헤리엇 크라이톤, 바바라 매클린톡	재조합에 대한 물리적 증거 확보
1941	조지 비들, 테이텀	1-유전자/1-효소설 제안
1944	오스왈드 에버리, 콜린 맥클로드(Colin McLeod), 맥린 매카티(Maclyn McCarty)	DNA가 유전물질임을 확인
1953	제임스 왓슨, 프란시스 크릭, 로잘린드 프랭클린, 모리스 윌킨스	DNA 구조 결정
1958	매튜 메셀슨, 프랭클린 스탈	DNA의 반보존적 복제 규명
1961	시드니 브레너, 프랑수아 자코브, 매튜 메셀슨	mRNA 발견
1966	마셜 니렌버그, 고빈드 코라나	유전부호의 해독
1970	헤밀턴 스미스(Hamilton Smith)	DNA의 특정 부위를 절단하는 제한효소 발견, DNA를 자르고 붙이는 과정이 용이해져 DNA 클로닝의 발전을 가져오게 됨
1972	폴 버그(Paul Berg)	시험관 내에서 최초의 재조합 DNA 제조
1973	허브 보이어(Herb Boyer), 스탠리 코헨(Stanley Cohen)	DNA 클로닝에 플라스미드를 최초로 사용
1977	프레데릭 생어(Frederick Sanger)	DNA 염기분석법 개발과 φ×174 바이러스의 전체 염기서열 결정
1977	필립 샤프(Phillip Sharp), 리차드 로버츠(Richard Roberts) 외	유전자 내 인트론 발견
1993	빅터 암브로스(Victor Ambros)와 연구팀	mRNA와 결합하여 유전자 발현을 감소시키는 세포 내 microRNA 발견
1995	크레이그 벤터(Craig Venter), 해밀턴 스미스	박테리아인 *Hemophilus influenzae*와 *Mycoplasma genitalium*의 전체 유전체의 염기서열 완성, 자유생활 생명체 중에 최초로 염기서열이 밝혀짐
1996	많은 연구자	진핵세포에서 최초로 효모 *Saccharomyces cerevisiae* 유전체의 염기서열 결정
1997	이안 윌머트(Ian Wilmut)와 연구팀	어미 양의 유선세포를 이용한 복제 양(돌리) 탄생
1998	앤드류 파이어(Andrew Fire)와 연구팀	RNAi가 동일한 염기서열을 가지고 있는 mRNA와 이중가닥을 형성하여 분해하는 것을 발견
2003	많은 연구자	사람 유전체의 염기서열을 완전히 결정하였다고 보고함
2005	많은 연구자	사람과 가장 가까운 침팬지 유전체의 염기서열을 대략 결정하였다고 보고함
2007	크레이그 벤터와 연구팀	전통적인 염기서열 결정 방법을 통하여 최초로 개인(크레이그 벤터)의 유전체 서열을 밝힘
2008	진 왕(Jian Wang)과 연구팀	'후세대' 염기서열 결정 방법을 통하여 최초로 아시아인(한족)의 유전체 서열을 밝힘
2008	데이비드 벤틀리(David Bentley)와 연구팀	단일분자 염기서열 결정 방법을 통하여 최초로 아프리카인(나이지리아인)의 유전체 서열을 밝힘

호열생물(thermophile)이라 한다. 다른 종류는 생물체를 쉽게 탈수시키거나 죽일 수 있을 정도의 높은 염분 농도를 견딜 수 있는 **호염생물**(halophile)이다. 또 다른 종류는 메탄가스를 많이 생산하는 소의 위장과 같은 곳에 살고 있는 **메탄생성세균**(methanogen)이다.

이 책에서는 가장 많이 연구된 박테리아와 진핵생물을 주로 다룰 것이다. 그러나 11장에서 원시생물의 전사에 관한 자세한 설명을 포함하여 이 책의 전반에서 원시생물의 분자생물학에 관한 흥미로운 부분을 다룰 예정이다. 그리고 24장에서 처음으로 유전체 염기서열을 결정한 생물체 중 하나인 *Methanococcus jannaschii*에 대하여 공부할 것이다.

그리고 분자생물학 발전의 연표를 간략히 기술했다. 표 1.1은 획기적인 발견 중 일부만 나타낸 것이다. 분자생물학의 역사는 짧지만, 그 역사 속에서 매우 풍부하고 새로운 발견들이 폭발적인 속도로 밝혀지고 있다. 분자생물학에 있어 새로운 발견이 나오는 속도와 기술의 힘은 많은 전문가들이 가히 혁명적이라고 말할 정도이다. 앞으로 수십 년 내에 농업과 의학의 중요한 변화 중 일부는 분자생물학자들이 연구하는 유전자에 의해 일어날 것이 분명하다. 따라서 분자생물학의 혁명적인 발전은 많은 사람들의 삶의 질을 개선시키는 데 여러 방식으로 기여하게 될 것이다. 그러므로 여러분은 매우 매력적이고 우수한 학문일 뿐만 아니라 실생활에도 중요한 분자생물학을 공부하게 된 것이다. 하버드대학교 화학과의 명예 교수인 웨스트하이머(F. H. Westheimer)는 이렇게 말한 바 있다. "지난 40년간 가장 위대한 지적 혁명은 생물학에서 일어났다. 오늘날 분자생물학을 잘 모르는 사람을 누가 교육받은 사람이라 하겠는가?" 다행스럽게도 이 과목을 듣고 나면 여러분은 분자생물학을 잘 모르는 사람의 범주에서 벗어날 수 있을 것이다.

요약

유전자는 대립유전자라고 불리는 몇 가지 다른 형태로 존재한다. 이형접합자는 열성 유전자의 형질이 우성 대립유전자의 형질에 가려 나타나지 않는다. 2개의 열성 대립유전자를 가진 동형접합자에서는 열성 형질이 발현될 수 있다.

유전자는 염색체상에 직선적으로 배열되어 있다. 따라서 동일염색체에 위치한 유전자의 형질은 함께 유전될 수 있다. 그러나 감수분열 도중 상동염색체 사이에서 일어나는 재조합에 의해 배우자는 부모 세대에 없던 새로운 대립유전자의 조합을 가질 수 있다. 염색체상에서 멀리 떨어진 유전자일수록 재조합이 일어나기 쉽다.

대부분의 유전자는 이중나선 구조로 된 DNA로 이루어져 있다. 2개의 DNA 사슬이 상보적이기 때문에 정확한 유전자의 복제가 일어나기 위해서는 두 사슬이 분리되어 다시 상보적인 사슬과 짝을 맺어야 한다. 일반적으로 유전자의 직선적인 염기서열이 단백질을 만드는 정보를 전달한다.

유전자 산물을 만들어 내는 과정을 유전자 발현이라 한다. 발현될 때까지 전사와 번역이라는 두 단계가 존재한다. 전사는 RNA 중합효소가 유전자에 있는 정보의 복사판이라 할 수 있는 mRNA를 만드는 단계이다. 번역 단계에는 리보솜이 mRNA를 해독하여 그 지침에 따라 단백질을 만든다. 따라서 유전자의 염기서열에 변화가 생기면(돌연변이), 단백질 산물에도 상응하는 변화를 가져올 수 있다.

살아 있는 모든 생물은 박테리아계, 진핵생물계, 원시생물계의 세 영역으로 분류된다. 원시생물은 박테리아와 물리적으로 유사하지만 이들의 분자생물학적인 면은 진핵생물과 더 가깝다.

추천 문헌

Creighton, H.B., and B. McClintock. 1931. A correlation of cytological and genetical crossing-over in *Zea mays*. *Proceedings of the National Academy of Sciences* 17:492–97.

Mirsky, A.E. 1968. The discovery of DNA. *Scientific American* 218 (June):78–88.

Morgan, T.H. 1910. Sex-limited inheritance in *Drosophila*. *Science* 32:120–22.

Sturtevant, A.H. 1913. The linear arrangement of six sexlinked factors in *Drosophila*, as shown by their mode of association. *Journal of Experimental Zoology* 14:43–59.

CHAPTER 2

유전자의 분자 특성

컴퓨터로 재현한 DNA의 구조. (© Comstock Images/Jupiter RF.)

유전자의 구조와 특성, 그리고 이러한 개념 형성을 뒷받침한 실험적 증거를 자세히 공부하기 전에, 이런 놀라운 발전이 어떻게 이루어졌는지 그 개요를 알 필요가 있다. 그래서 2, 3장에서는 1장에서 제시한 분자생물학의 역사를 보다 심도 있게 다루고자 한다. 이 장에서는 먼저 분자로서의 유전자의 행동에 대해 살펴볼 것이다.

2.1. 유전물질의 본체

유전자를 화학적으로 분석한 연구는 1869년 독일 튀빙겐에서 처음 시작되었다. 그곳에서 일하던 프리드리히 미셔(Friedrich Miescher)는 외과용 폐(廢) 붕대에 남아 있던 고름(백혈구)에서 핵을 분리했다. 그는 핵이 인과 결합된 어떤 물질을 포함하고 있음을 발견하고, 이를 뉴클레인(nuclein)이라 명명했다. 뉴클레인은 대부분 **염색질**(chromatin)로, **데옥시리보핵산**(deoxyribonucleic acid, DNA)과 염색체 단백질로 구성된 복합체이다.

그 후 19세기 말, 세포 내에서 단백질에 붙어 있던 DNA와 **리보핵산**(ribonucleic acid, RNA)을 선별적으로 분리했다. 이로써 **핵산**(nucleic acid)을 화학적으로 정밀하게 분석하는 일이 가능해졌다. [핵산과 그 유도체인 DNA와 RNA라는 용어는 미셔의 뉴클레인(nuclein)이란 용어에서 유래한 것이다.] 1930년대 초 P. 레빈(Levene)과 제이콥스(W. Jacobs) 등은 RNA가 당(리보오스)과 질소 원자를 포함하는 네 가지의 염기로 구성되어 있고, DNA는 다른 종류의 당(데옥시리보오스)과 네 가지 염기로 이루어져 있음을 발견했다. 그들은 각 염기가 당, 인과 결합하여 뉴클레오티드를 이루고 있다는 것을 밝혔다. DNA와 RNA의 화학적 구조에 대해서는 이 장 뒷부분에서 논의하기로 하고, 여기서는 유전자가 DNA로 구성된다는 증거를 살펴보도록 하자.

1) 박테리아의 형질전환

1928년 프레데릭 그리피스(Frederic Griffith)는 폐렴구균(*Streptococcus pneumoniae*)으로 알려진 박테리아의 **형질전환**(transformation) 실험을 통해 DNA가 유전물질임을 증명했다. 이 박테리아의 야생형은 둥근 형태로 캡슐이라 불리는 점액 피막으로 둘러싸여 있으며, 매끈하고(smooth, S) 큰 반짝이는 군체를 형성한다(그림 2.1a). 이러한 세포들은 **유독성**(virulent)이기 때문에 쥐에 주입하면 치명적인 감염을 일으킨다. 그러나 폐렴구균의 어떤 돌연변이 균주는 캡슐을 형성하는 능력이 없어서 작고 거친(rough, R) 형태의 군집으로 자란다(그림 2.1b). 이들은 해를 끼칠 만큼 충분히 증식하기 전에 숙주의 백혈구에 의해 먹히므로 **무독성**(avirulent)이다.

그리피스의 연구에서 얻어진 중요한 발견은 고온멸균 처리로 죽인 유독성 폐렴구균이 무독성 세포를 유독성 세포로 형질전환시킬 수 있다는 점이었다. 고온멸균 처리로 죽인 유독성 박테리아나 본래 무독성인 살아 있는 세포 단독으로는 쥐에 치명적인 감염을 일으키지 못하나 둘을 동시에 처리하면 치명적이다. 이는 죽은 세포에 있는 유독한 특성이 살아 있는 무독성 세포로 옮겨지기 때문이다. 이러한 형질전환 현상은 그림 2.2에서 보는 바와 같다. 형질전환은 일시적인 것이 아니다. 즉, 캡슐을 만드는 능력과 숙주를 죽이는 능력은 유전적 특성으로 자손에게 전달된다. 다시 말해 무독성 세포에는 없는 유독성 유전자가 어떠한 방식으로든 형질전환이 일어나는 동안 전달되는 것이다. 이것은 고온멸균된 박테리아의 형질전환 물질이 유독성 유전자일 가능성이 있음을 말해준다. 그러나 형질전환 물질의 화학적 특성은 수수께끼로 남아 있었다.

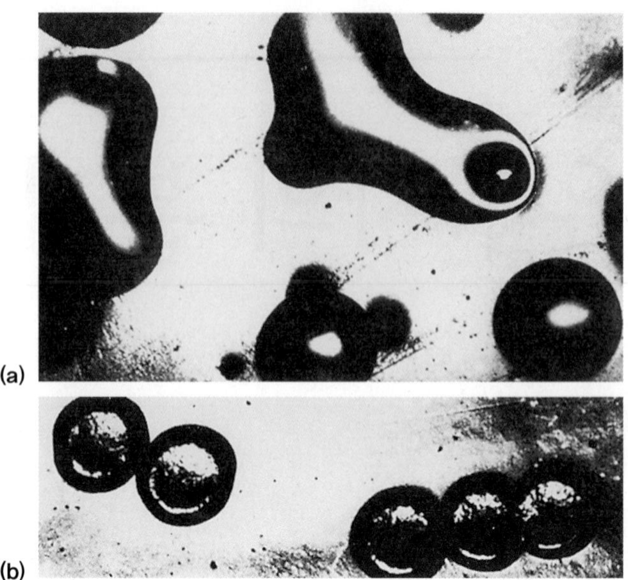

그림 2.1 폐렴구균(*Streptococcus pneumoniae*)의 변형. **(a)** 매끈한(S) 유독성 박테리아를 포함하는 크고 반짝이는 군체와 **(b)** 거친(R) 무독성 박테리아로 구성된 작고 얼룩진 모양의 군체. (출처: (a, b) Harriet Ephrussi-Taylor.)

(1) DNA: 형질전환 물질

1944년 오스왈드 에버리(Oswald Avery), 콜린 맥클로드(Colin MacLeod), 그리고 맥린 매카티(Maclyn McCarty)가 이 수수께끼를 풀었다. 그들은 그리피스가 사용한 것과 유사한 형질전환 실험을 수행했다. 유독성 세포에 존재하는 형질전환 물질의 화학적 특성을 규명하기 위해 여러 단계의 실험을 실시했다. 먼저 유기 용매를 이용해 단백질을 제거했을 때도 그 형질이 여전히 전환되는 것을 알아냈다. 그런 다음 여러 가지 효소를 이용해 세포 추출물을 분해했다. 단백질을 파괴하는 트립신과 키모트립신은 형질전환에 아무런 영향을 미치지 않았다. RNA를 분해하는 리보핵산분해효소(ribonuclease)도 형질전환에 관여하지 않았다. 이로써 단백질과 RNA는 형질전환 물질이 아님이 판명되었다. 반면 에버리 등은

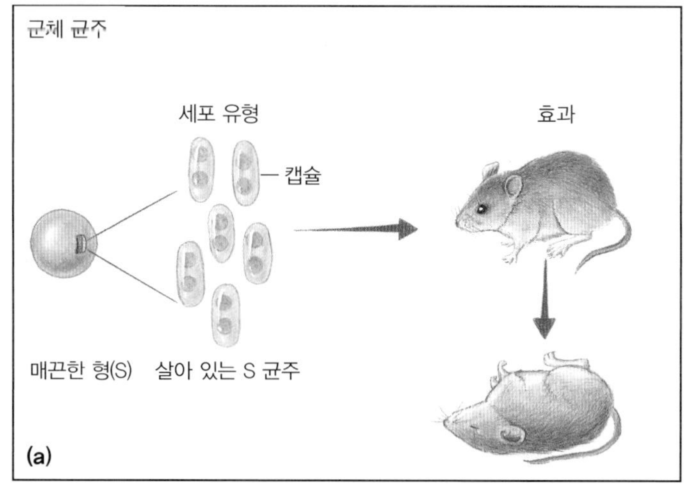

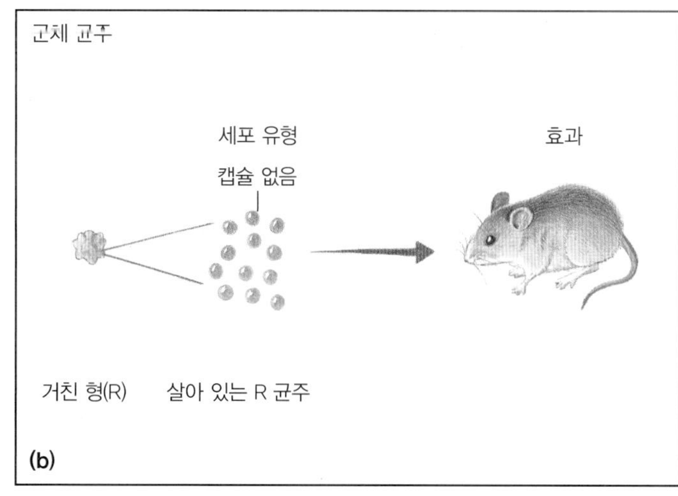

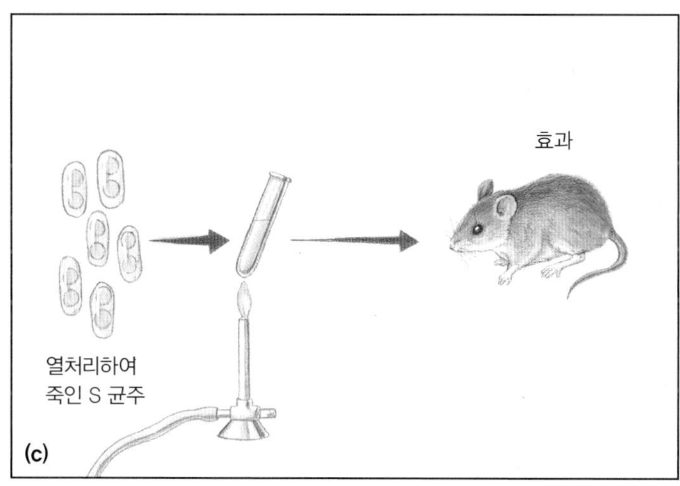

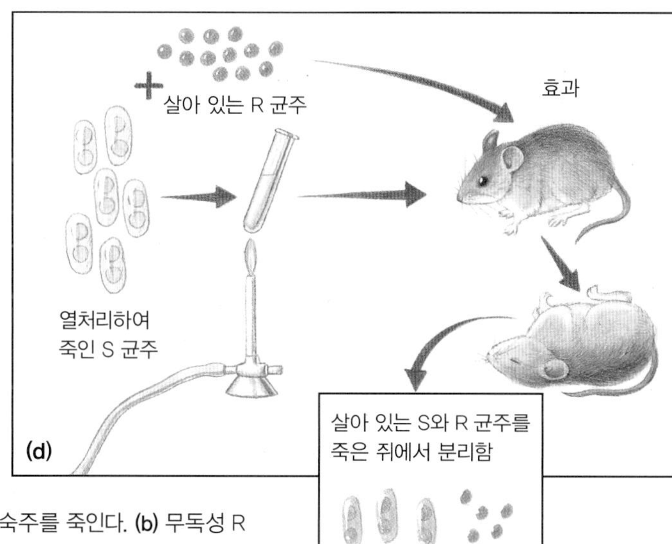

그림 2.2 그리피스의 형질전환 실험. (a) 폐렴구균 중에서 유독성 S 균주는 숙주를 죽인다. (b) 무독성 R 균주는 성공적으로 감염시킬 수 없어서 숙주인 생쥐는 살아남는다. (c) 열처리된 S 균주 박테리아는 더 이상 독성이 없다. (d) R 균주와 열처리된 S 균주 박테리아를 동시에 처리하면 숙주가 죽는다. 이는 열처리된 유독성(S) 박테리아가 무독성(R) 박테리아를 유독성으로 형질전환시킨 결과이다.

DNA를 분해하는 DNA 가수분해효소(DNase)가 유독성 세포의 형질전환 능력을 파괴한다는 것을 알아냈다. 이러한 결과는 형질전환 물질이 DNA라는 것을 암시한다.

보다 직접적인 물리화학적 분석에 의해서 순수분리한 형질전환 물질이 DNA라는 가설이 확인되었다. 에버리 등이 사용한 분석 방법은 다음과 같다.

① **초원심분리기** 형질전환 물질의 크기를 추정하기 위해 초원심분리기(아주 빠른 속도의 원심분리기)를 이용했다. 형질전환 능력을 가진 물질은 빠르게 침전(원심분리관의 바닥으로 빠르게 이동)했는데, 이는 그 물질이 고분자량임을 나타낸다. DNA 또한 고분자량의 특성을 갖는다.

② **전기영동** 형질전환 물질이 전기장에서 얼마나 빠르게 움직이는지 알아보았더니 비교적 높은 이동성을 나타냈다. DNA도 전하 대 질량 비율(charge-to-mass ratio)이 높기 때문에 높은 이동성을 나타낸다.

③ **자외선 흡수 분광광도** 형질전환 물질이 어떤 파장의 자외선(UV)을 가장 강하게 흡수하는지 알아보기 위해 분광광도계로 측정한 결과 260nm의 파장을 가장 강하게 흡수했다. 이는 DNA의 흡광도와 일치하는 것이다. 반면에 단백질은 280nm의 파장을 최고로 흡수한다.

④ **화학적 원소 분석** 형질전환 물질의 질소(N) 대 인(P)의 비율이 평균 1.67로 나타났다. 이 수치는 질소와 인을 모두 풍부하게 지니고 있는 DNA의 예상값과 일치하나, 질소가 풍부하고 인이 적은 단백질의 예상 수치에 비해 아주 낮은 값이다. 분석 과정에서 극소량의 단백질이 불순물로 섞였다면 질소 대 인의 비율이 1.67보

다 높게 나타났을 것이다.

(2) 추가 확인

이러한 발견들이 유전자의 본체를 규명했음에도 불구하고 학계에서 즉각적인 반향을 불러일으키지는 못했다. 이는 이전의 화학적 분석이 잘못 이루어져서 DNA가 ACTG-ACTG-ACTG와 같은 4개의 뉴클레오티드 서열이 반복된 단순한 구조로 이루어져 있다고 잘못 인식되었기 때문이다. 이는 많은 유전학자로 하여금 DNA가 유전물질이 될 수 없다고 생각하게 만들었다. 더불어 형질전환 물질에 단백질 불순물이 포함되었을 가능성, R과 S 형질을 담당하는 유전자 이외의 다른 유전자에 의한 형질전환의 가능성, 고등생물과 박테리아의 유전자가 화학적으로 상이할 가능성에 대한 논란이 끊임없이 제기되었다.

그러나 1953년 제임스 왓슨(James Watson)과 프란시스 크릭 Francis Crick)이 DNA 이중나선 구조의 모델을 발표한 후 대부분의 유전학자들은 유전자가 DNA로 구성되어 있다는 것에 동의하였다. 그렇다면 그 10여 년 사이에 변한 것은 무엇일까? 먼저 1950년 어윈 샤가프(Erwin Chargaff)는 DNA 내의 염기들이 같은 비율로 존재하지 않는다는 것을 밝혔다. 사실 이는 DNA 염기 구성이 종마다 다르다는 것이 밝혀졌을 때 이미 예상되었던 것이다. 나아가 롤린 호치키스(Rollin Hotchkiss)는 에버리의 발견을 더욱 발전시켰다. 그는 형질전환 물질을 정제하여 0.02%의 단백질만이 남아 있을 때도 이것이 여전히 박테리아 세포의 유전적 특성을 변화시킬 수 있다는 것을 증명했다. 또 그와 같이 고도로 정제된 DNA가 R과 S 이외의 유전적 특성도 옮길 수 있다는 것도 밝혔다.

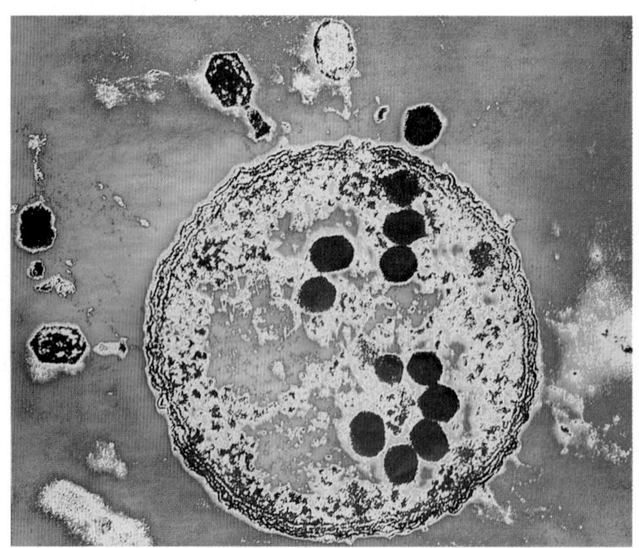

그림 2.3 대장균세포에 감염 중인 T2 파지의 위색 투사전자현미경 사진. 상단부 및 왼쪽에 위치한 파지들이 숙주세포 내로 DNA를 주입하려 하고 있다. 그러나 세포는 이미 다른 T2 파지에 의해 감염되어 자손 파지들이 세포내에서 조립되고 있다. 자손 파지의 머리 부분은 숙주세포 내에서 검은색의 다각형 모양을 하고 있어 쉽게 구별할 수 있다. (출처: © Lee Simon/Photo Researchers, Inc.)

마침내 1952년 허쉬(A. D. Hershey)와 마사 체이스(Martha Chase)는 유전자가 DNA로 이루어져 있다는 보다 결정적인 증거를 제공했다. 이 실험은 대장균을 감염시키는 T2라는 **박테리오파지**(bacteriophage, 박테리아성 바이러스)를 이용해서 이루어졌다(그림 2.3). 박테리오파지는 일반적으로 **파지**(phage)라 줄여 쓰기도 하는데, 감염이 되면 파지유전자는 숙주세포로 들어가 새로운 파지입자를 합성한다. 파지는 단백질과 DNA로만 이루어져 있다. 따라서 파지유전자는 단백질과 DNA 둘 중 하나에 포함될 수밖에 없다. 허쉬-체이스의 실험은 감염 과정에서 대부분의 DNA는 박테리아 안으로 들어가는 반면, 극소량의 단백질만이 박테리아 내에 들어가고 대부분의 단백질은 바깥에 남는 결과를 보였다(그림 2.4). DNA가 숙주세포로 들어가는 주성분이라는 것은 DNA가 파지유전자임을 암시하는 것이다. 물론, 이 결론이 확고한 것은 아니다. 비록 소량이기는 하나 DNA와 함께 들어간 단백질이 유전자를 가지고 있을 가능성도 있기 때문이다. 그러나 이 연구는 앞서 행한 결과들과 함께, 유전학자들에게 단백질이 아닌 DNA가 바로 유전물질이라는 확신을 심어 주었다.

허쉬-체이스는 실험에서 DNA와 단백질을 각각 인-32(^{32}P), 황-35(^{35}S)의 다른 방사성 동위원소로 표지했다. 이는 인이 DNA에는 풍부하지만 파지단백질에는 없고, 황이 파지단백질에는 풍부하지만 DNA에는 없기 때문이다.

허쉬-체이스는 방사능으로 표지된 파지가 박테리아에 붙어 그들의 유전자가 숙주 내로 감염되도록 한 후 파지와 박테리아의 혼합물을 믹서에서 갈아 박테리아 표면에 붙어 있는 빈 파지 외피를 제거했다. 파지유전자는 반드시 숙주세포 내로 들어가므로 ^{32}P로 표지된 DNA와 ^{35}S로 표지된 단백질 중 어느 것이 들어갔는지를 밝히면 된다. 우리가 이미 보았듯이 그것은 DNA였다. 일반적으로 유전자는 DNA로 이루어져 있다. 그러나 이 장의 끝에서도 보겠지만 어떤 바이러스 유전자는 RNA로 이루어져 있다.

2) 폴리뉴클레오티드의 화학적 특성

1940년대 중반에 와서야 생화학자들은 DNA와 RNA의 기본적인 화학구조를 알게 되었다. 생화학자들은 DNA를 각 구성 요소로 분해할 경우 질소가 포함된 **염기**(bases), **인산**(phosphoric acid),

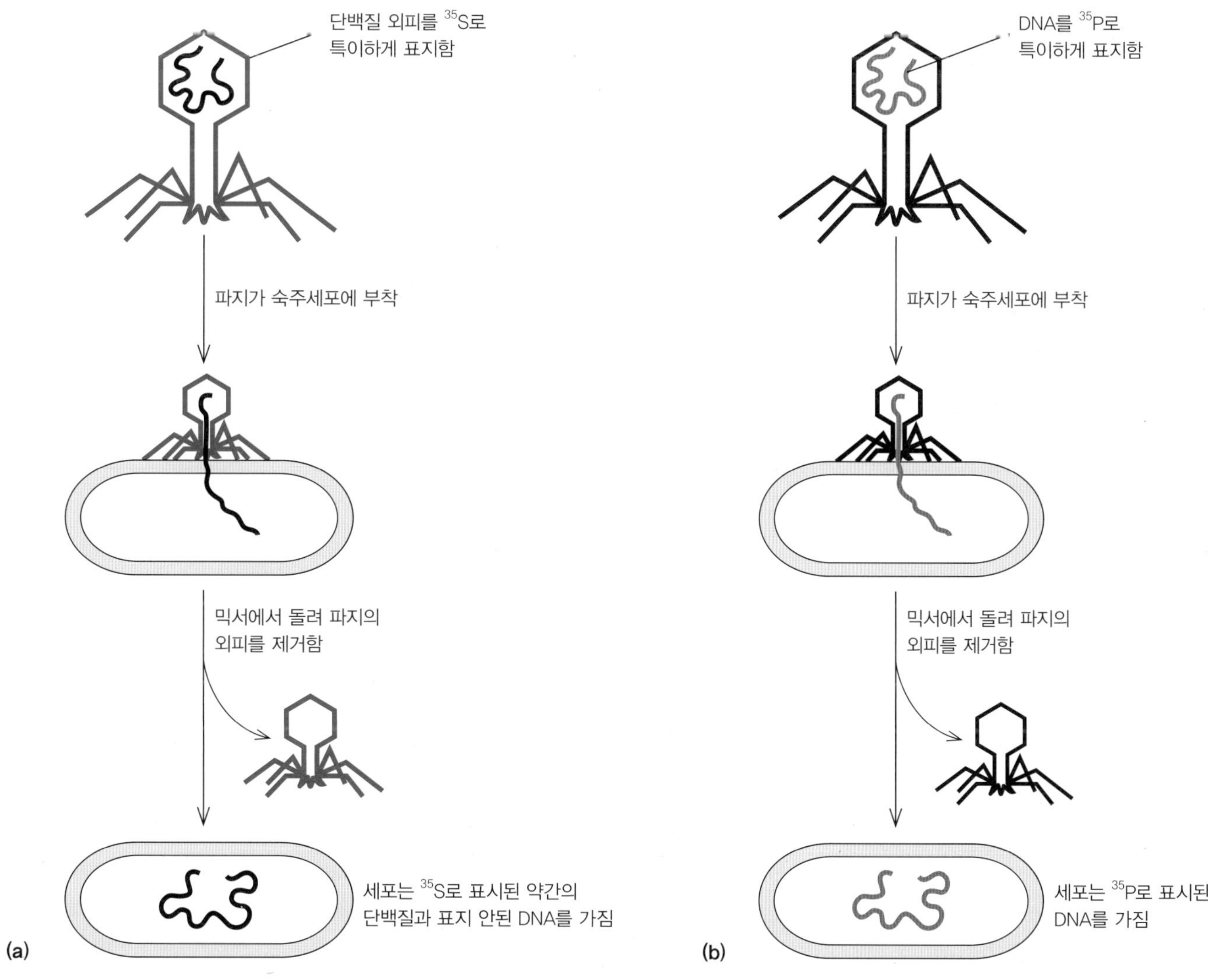
단백질 외피를 35S로
특이하게 표지함
DNA를 35P로
특이하게 표지함
파지가 숙주세포에 부착
파지가 숙주세포에 부착
믹서에서 돌려 파지의
외피를 제거함
믹서에서 돌려 파지의
외피를 제거함
세포는 35S로 표시된 약간의
단백질과 표지 안된 DNA를 가짐
세포는 35P로 표시된
DNA를 가짐
(a)
(b)

그림 2.4 허쉬-체이스의 실험. T2 파지는 대장균 내에서 자신을 복제하는 데 필요한 유전자를 지니고 있다. 파지는 DNA와 단백질만으로 구성되므로 파지유전자는 이 두 물질 중 하나이다. 이를 밝히기 위해 허쉬와 체이스는 2개의 독립된 실험을 수행했다. 첫 실험 **(a)**에서는 파지단백질을 ^{35}S(빨간색)로 표지하고 DNA(검은색)는 표지하지 않았다. 다음 실험 **(b)**에서는 단백질(검은색)을 표지하지 않고 DNA만을 ^{32}P(빨간색)로 표지하였다. 파지유전자들이 세포 안으로 들어가야 하므로 감염된 세포 안에서 발견되는 표지에 따라 유전자를 구성하는 물질을 결정할 수 있다. 표지된 대부분의 단백질은 세포 밖에 남아 있어 믹서로 갈면 세포에서 쉽게 떨어져 나간다(a). 반면 대부분의 표지된 DNA는 감염된 세포로 들어간다(b). 이로써 이 파지의 유전자는 DNA로 구성되어 있다고 결론지을 수 있다.

그리고 당인 **데옥시리보오스**(deoxyribose)로 구성되어 있음을 발견했다. (이런 이유로 DNA의 이름은 데옥시리보핵산으로 명명되었다.) 이와 유사하게 RNA는 염기, 인산, 그리고 다른 당인 **리보오스**(ribose)로 구성된다. DNA를 구성하는 4개의 염기는 **아데닌**(adenine, A), **구아닌**(guanine, G), **시토신**(cytosine, C), **티민**(thymine, T)이다. RNA는 티민 대신 **우라실**(uracil, U)을 포함하나 나머지는 동일한 염기로 구성된다. 이 염기의 구조는 그림 2.5에서 보는 바와 같다. 아데닌과 구아닌은 그 구조가 모분자인 퓨린과 유사하므로 이들을 **퓨린**(purine)이라 일컫는다. 다른 염기들은 피리미딘과 비슷한 구조를 가지므로 **피리미딘**(pyrimidine)이라 부른다. 이러한 구조들은 유전학의 기초를 이룬다.

그림 2.6은 핵산에서 발견되는 당의 구조를 나타낸 것인데, 단 한 자리에서만 그 구조가 다름을 알 수 있다. 리보오스는 2번 탄소 자리에 수산기(OH)를 포함하고 있는 데 반해 데옥시리보오스는 산소가 없이 단순히 수소(H)만 있어 데옥시리보오스(deoxyribose)란 이름이 생긴 것이다. RNA와 DNA의 염기와 당이 결합된 구조를 **뉴클레오시드**(nucleoside)라 부른다(그림 2.7). 뉴클레오시드의 이름은 해당 염기에 의해 결정된다.

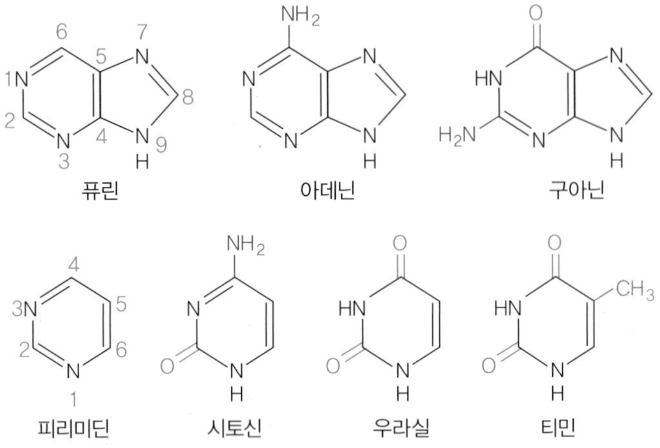

그림 2.5 DNA와 RNA의 염기. 왼쪽에 있는 모염기인 퓨린과 피리미딘은 DNA와 RNA에서 발견되지 않는다. 이 염기들은 다른 5개의 염기와 비교하기 위해 표시한 것이다.

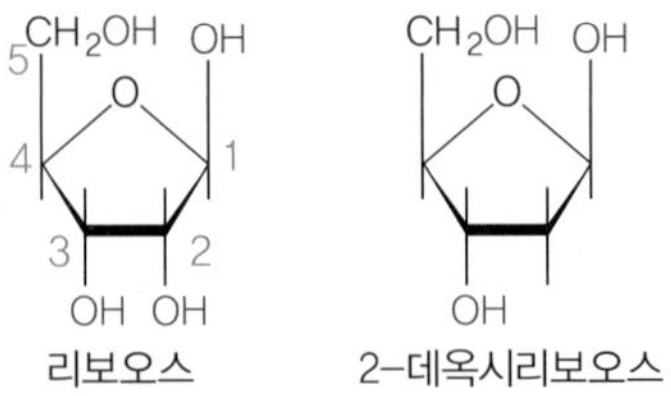

그림 2.6 핵산의 당. 리보오스의 2번 탄소 자리의 OH가 데옥시리보오스에는 없다.

염기	뉴클레오시드(RNA)	데옥시뉴클레오시드(DNA)
아데닌	아데노신	데옥시아데노신
구아닌	구아노신	데옥시구아노신
시토신	시티딘	데옥시시티딘
우라실	우리딘	일반적으로 발견 안됨
티민	일반적으로 발견 안됨	(데옥시)티미딘

일반적으로 티민은 RNA에서는 발견되지 않기 때문에 그것의 데옥시뉴클레오시드형을 간단히 **티미딘**(thymidine)이라 부른다. 뉴클레오시드의 당에 있는 탄소 원자의 숫자 표기가 중요하다(그림 2.7). 염기의 탄소 원자에는 일반 숫자가 사용되는 데 반해 당의 탄소 원자는 프라임된 숫자로 표기한다. 예를 들어 염기는 당의 1′(1프라임)−탄소와 연결되어 있고 데옥시뉴클레오시드의 당은 2′−탄소가 탈산화(OH 대신 H)된 것이며, 이러한 당들은 3′−과 5′−자리를 통해 연결되어 DNA 또는 RNA를 구성한다.

그림 2.5는 구조를 간결하게 나타내기 위해 특정 원자를 생략하고 유기화학적 기호를 이용해 그린 것이다. 그림 2.6과 2.7은 약

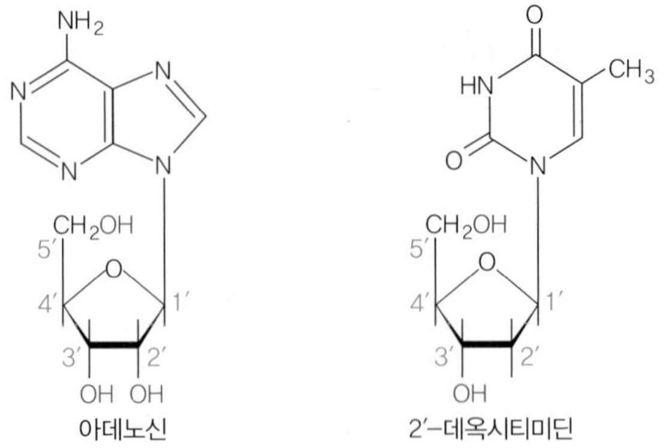

그림 2.7 뉴클레오시드의 두 가지 예.

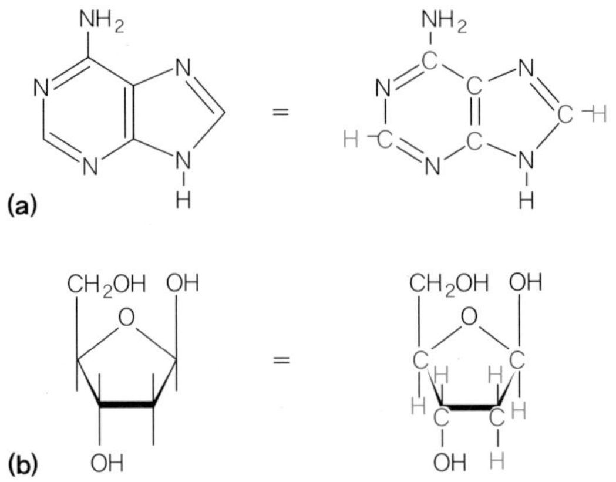

그림 2.8 아데닌(a)과 데옥시리보오스(b)의 구조. 왼쪽의 구조들은 대부분의 탄소와 몇몇 수소가 표기되지 않은 반면, 오른쪽의 구조들은 왼쪽에서 생략된 탄소와 수소를 각각 빨간색과 파란색으로 표시했다.

간 다른 형태로 나타낸 것인데, 자유 말단을 갖는 직선은 수소 원자가 말단에 위치한 C−H 결합을 표시한다. 그림 2.8은 아데닌과 데옥시리보오스의 구조를 두 가지 방식으로 표기한 것인데, 첫 번째는 생략된 형태이며 두 번째는 모든 원자를 표기한 것이다.

DNA와 RNA는 소단위체(subunit)인 **뉴클레오티드**(nucleotide)로 구성되는데, 이는 뉴클레오시드(nucleoside)가 인산에스테르결합(phosphoester bond)을 통해 인산기와 결합한 구조를 갖는다(그림 2.9). 에스테르(ester)는 (히드록시기를 가진) 알코올과 산에서 형성된 유기화합물이다. 뉴클레오티드의 경우 알코올기는 당의 5′−히드록시기이고 산은 인산이므로, 이 에스테르를 인산에스테르(phosphoester)라 부른다. 그림 2.9는 또한 네 가지의 DNA 전구물질의 하나인 데옥시아데노신−5′−삼인산(deoxyadenosine−5′−triphosphate, dATP)의 구조를 보여 준다. DNA 합성 과정 시 2개의 인산기가 dATP로부터 제거되어 데옥시아데노신−5′−일인산(deoxyadenosine−5′−monophosphate, dAMP)이 된다. DNA

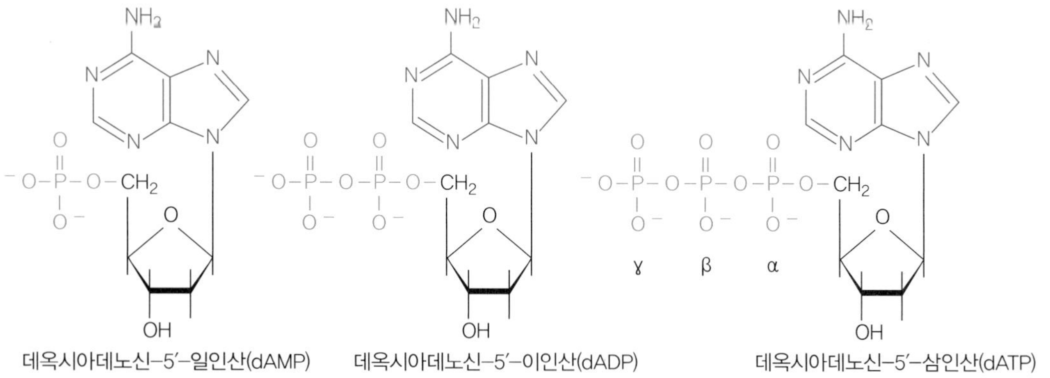

데옥시아데노신-5′-일인산(dAMP) 데옥시아데노신-5′-이인산(dADP) 데옥시아데노신-5′-삼인산(dATP)

그림 2.9 3개의 뉴클레오티드. 데옥시아데노신의 5′-뉴클레오티드는 5′-히드록시기의 인산화에 의해 형성된다. 인산 하나가 첨가되면 데옥시아데노신-5′-일인산(dAMP)이 되고, 2개가 첨가되면 데옥시아데노신-5′-이인산(dADP), 3개가 첨가되면 데옥시아데노신-5′-삼인산(dATP)이 된다.

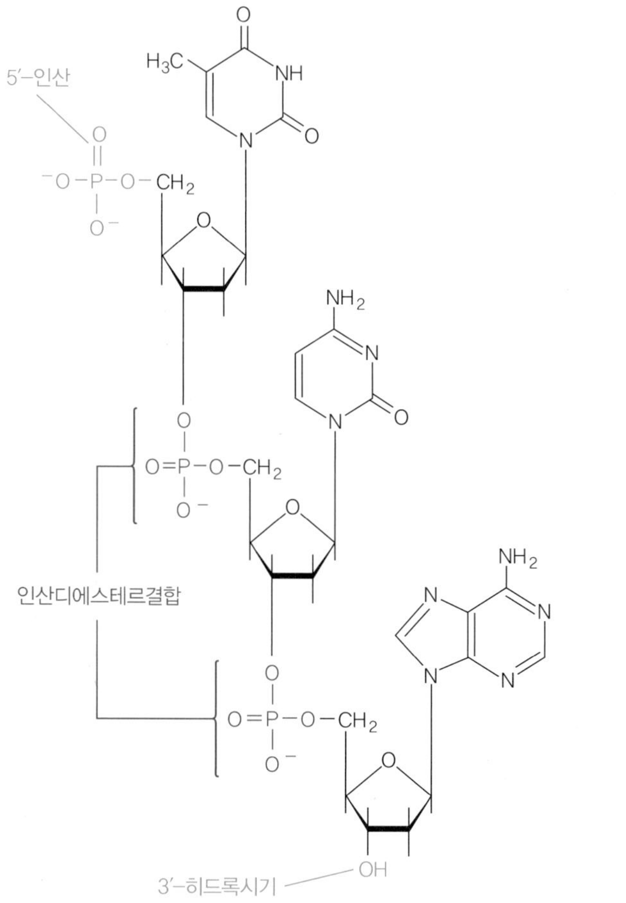

5′-인산

인산디에스테르결합

3′-히드록시기

그림 2.10 삼뉴클레오티드. 이 작은 DNA 조각은 단지 3개의 뉴클레오티드를 포함하고 있으며, 각 뉴클레오티드는 당의 5′-과 3′-히드록시기 사이의 인산디에스테르결합(빨간색)에 의해 연결되어 있다. 이 DNA의 5′-말단은 맨 위쪽에 있고, 여기에는 자유 5′-인산기(위쪽, 파란색)가 있다. 3′-말단은 맨 아래쪽에 있으며, 여기에는 자유 3′-히드록시기(아래쪽, 파란색)가 있다. 이 DNA 가닥을 5′pdTpdCpdA3′으로 표기하며 보통 TCA로 간략히 나타낸다.

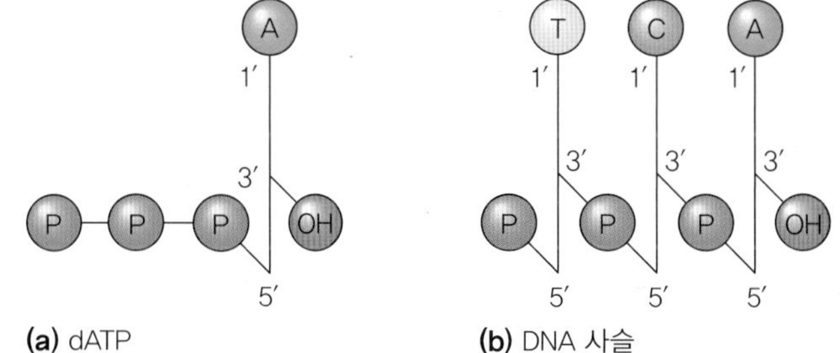

그림 2.11 간단한 DNA 표기법. (a) dATP 뉴클레오티드의 네 부분을 강조했다. ① 데옥시리보오스 당은 수직선(검은색)으로 나타냈다. ② 맨 위쪽에 당의 1′-자리와 연결된 염기가 아데닌(A, 초록색)이다. ③ 중간에 당의 3′-자리에는 히드록시기(OH, 주황색)가 있다. ④ 맨 아래쪽에 당의 5′-자리와 연결된 것이 삼인산기(보라색)이다. (b) 짧은 DNA 가닥. 그림 2.10에 나타난 트리뉴클레오티드인 TCA를 모식화했다. 5′-인산(보라색)과 3′-히드록시기(주황색)가 인산디에스테르결합을 형성한다. 원칙에 따라 이 짧은 DNA 조각은 5′-말단과 3′-말단이 각각 왼쪽과 오른쪽에 놓이도록 그려져 있다.

의 또 다른 뉴클레오티드(dCMP, dGMP, dTMP) 3개도 비슷한 구조와 이름을 갖는다.

DNA 합성 과정은 20, 21장에서 자세히 다룰 것이다. 지금은 DNA나 RNA에서 뉴클레오티드를 서로 연결하는 화학결합의 구조에 대해서만 기억하면 된다(그림 2.10). 이 결합을 **인산디에스테르결합**(phosphodiester bond)이라 한다. 이는 인산이 2개의 당과 결합하기 때문인데, 하나는 당의 5′-탄소와 다른 하나는 당의 3′-탄소와 연결된다. 이 그림에서 염기들이 이전 그림에서의 위치에 비해 상대적으로 회전되어 있는 것을 볼 수 있다. 이것은 DNA나 RNA에서 나타나는 기하학적 구조와 매우 유사하다. 3개의 뉴클레오티드가 연결된 **트리뉴클레오티드**(trinucleotide)는 극성을 갖는다. 이 분자의 맨 위쪽은 유리 5′-인산기가 위치해서 **5′-말단**(5′

-end)이라 부르고, 맨 아래쪽은 유리 3′-히드록시기가 위치하여 **3′-말단**(3′-end)이라 부른다.

그림 2.11은 뉴클레오티드 또는 DNA 사슬을 간단하게 표현하는 방법을 소개하고 있다. 이 표기법에서 데옥시리보오스 당은 수직선으로 표시된다. 당의 1′-자리(맨 위)에 염기가 결합하고, 3′-자리(중간)와 5′-자리(맨 아래)를 통해 이웃하는 뉴클레오티드와 인산디에스테르결합을 하고 있음을 보여 준다.

2.2. DNA 구조

위에서 언급한 DNA와 RNA에 대한 여러 사실들은 1940년대 말까지 알려진 것이다. 그 당시 DNA는 유전물질로 이미 생명 연구의 중심에 서 있었다. 그러나 DNA의 3차원적 구조는 아직 밝혀지지 않았으며 이를 위해 많은 연구자들이 DNA의 구조 규명을 위해 몰두했다.

1) 실험적 배경

라이너스 폴링(Linus Pauling)은 DNA 구조에 관심이 있는 학자 중 한 사람으로, 캘리포니아 공과 대학의 이론 화학자였다. 그는 단백질 구조의 중요한 특징인 α 나선과 화학결합에 대한 연구로 이미 유명했다. 여러 개의 수소결합에 의해 유지되는 α 나선은 왓슨과 크릭이 제안한 이중나선 DNA 모델의 기초가 되었다. 모리스 윌킨스(Maurice Wilkins)와 로잘린드 프랭클린(Rosalind Franklin)을 포함한 영국의 킹스칼리지의 연구자들도 DNA 구조를 알아내기 위해 노력하고 있었다. 그들은 DNA의 3차 구조를 분석하기 위해 X-선 회절을 이용했다. 마지막으로 왓슨과 크릭이 DNA의 구조를 규명하는 경쟁에 뛰어들었다. 인디애나 대학교의 박사 학위를 가진 20대 초반의 왓슨은 DNA를 연구하기 위해 영국의 캠브리지 대학교에 있는 카벤디쉬 연구소로 갔다. 거기서 그는 분자생물학자로 전공 분야를 바꾸고 연구를 하던 35세의 물리학자 크릭을 만났다. 왓슨과 크릭이 직접 실험을 하지는 않았다. 대신 그들은 DNA의 모델을 만들기 위해 다른 연구자들의 자료를 이용했다.

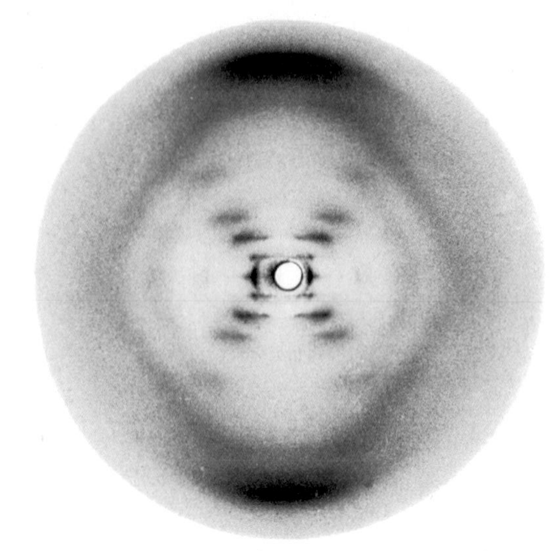

그림 2.12 프랭클린의 DNA X-선 회절 사진. X-선 회절 양상의 규칙성은 DNA가 나선구조임을 보여 준다. 위와 아래에 있는 진한 밴드 사이의 거리는 염기쌍 간의 간격이 3.32Å임을 나타내고, 인접한 짧은 선들 사이의 간격은 나선의 전체적인 반복(한 나선의 회전 길이)이 33.2Å임을 나타낸다.
(출처: Courtesy Professor M.H.F. Wilkins, Biophysics Dept., King's College, London.)

어윈 샤가프(Erwin Chargaff) 또한 매우 중요한 공헌자였다. 우리는 이미 그의 1950년 논문이 DNA가 유전물질임을 확인하는 데 기여한 것을 알고 있다. 더불어 그의 논문에는 더 중요한 다른 정보가 들어 있었다. 즉, 샤가프는 다양한 실험 재료를 가지고 수행한 DNA의 염기 구성에 관한 연구를 통해 퓨린 양이 피리미딘

표 2.1 DNA의 염기 조성(인산 1mol당 염기 몰수)

	사람				효모		조류 결핵 간균	소				
	정자		흉선	간암				흉선			비장	
	#1	#2			#1	#2		#1	#2	#3	#1	#2
A:	0.29	0.27	0.28	0.27	0.24	0.30	0.12	0.26	0.28	0.30	0.25	0.26
T:	0.31	0.30	0.28	0.27	0.25	0.29	0.11	0.25	0.24	0.25	0.24	0.24
G:	0.18	0.17	0.19	0.18	0.14	0.18	0.28	0.21	0.24	0.22	0.20	0.21
C:	0.18	0.18	0.16	0.15	0.13	0.15	0.26	0.16	0.18	0.17	0.15	0.17
회수율:	0.96	0.92	0.91	0.87	0.76	0.92	0.77	0.88	0.94	0.94	0.84	0.88

출처: E. Chargaff "Chemical Specificity of Nucleic Acids and Mechanism of Their Enzymatic Degradation," *Experientia* 6:206, 1950.

양과 동일하다는 것을 밝혔다. 즉, 아데닌과 티민의 양이 일치하였으며 구아닌과 시토신의 양도 거의 같았다. 샤가프의 법칙이라 일컬어지는 이 발견은 왓슨-크릭 모델의 근간을 이룬다. 표 2.1은 샤가프의 실험 결과를 보여 준다. 낮은 회수율에 따른 약간의 편차를 볼 수 있으나 전반적인 양상은 명백하다.

1952년 프랭클린이 찍은 DNA X-선 회절 사진이 DNA 구조를 이해하는 가장 결정적인 단서가 되었다. 즉, 1953년 1월 30일 윌킨스가 런던의 왓슨과 공유하게 된 이 사진에 의해 DNA 구조의 수수께끼가 풀리게 된다. X-선 실험은 다음과 같이 수행되었다. 먼저, DNA를 농축하여 점성인 용액으로 만든 다음 바늘로 한 가닥의 섬유를 뽑아낸다. 이 섬유는 단일 분자가 아니라 뽑아내는 힘에 의해 나란히 정렬된 DNA 분자 덩어리였다. 이 섬유를 적당한 습도 상태의 대기 중에 놓아 두면 결정처럼 X-선을 회절시키게 된다. 프랭클린의 사진에서 보이는 X-선 회절의 양상은 매우 단순하다(그림 2.12). × 모양으로 정렬된 일련의 점들은 DNA의 구조가 매우 단순함을 의미한다. 이에 반해 불규칙적인 구조를 가진 단백질의 X-선 회절 양상은 총으로 난사당한 표면처럼 무수한 점들로 나타난다. DNA 분자는 매우 크기 때문에 규칙적이고 반복된 구조를 가져야만 단순한 X-선 회절 양상을 보일 수 있다. DNA처럼 가늘고 긴 분자가 지닐 수 있는 가장 단순한 반복구조는 나선이다.

2) 이중나선 구조

프랭클린의 X-선 연구는 DNA가 나선구조임을 강력히 시사했다. 그뿐만 아니라 나선구조의 모양과 크기에 대한 중요한 정보를 제공하였다. X-선 회절 사진에서 ×로 배열된 점들의 간격은 나선구조의 전체적 반복 거리(33.2Å)에 반비례하고, ×의 위와 아래에 위치한 검은 띠 간의 거리는 나선의 구성 요소인 염기쌍(base pair, bp) 간의 거리(3.32Å)에 반비례한다. [브레그(Bragg)의 법칙이 어떻게 이러한 반비례 관례를 어떻게 설명하는지를 알려면 9장을 참조하라.] 프랭클린의 사진이 DNA에 대해 많은 것을 설명하지만 역설적인 면도 있다. DNA는 이처럼 규칙적이고 반복된 구조를 갖는 나선구조이지만 DNA가 유전자로 기능하려면 DNA가 불규칙한 염기서열을 가져야 하기 때문이다.

왓슨과 크릭은 이 모순을 해결하면서 동시에 샤가프의 법칙을 만족시키는 방법을 발견했다. 즉, DNA는 **이중나선**(double helix)으로 나선의 바깥쪽은 당-인산의 골격으로 안쪽은 염기로 구성되는 구조를 떠올렸다. 나아가 한쪽 나선의 염기가 퓨린이면 상대 가닥의 염기는 피리미딘이어야 한다고 보았다. 그리하여 이중나선은 균일한 형태를 갖게 된다. 분자가 큰 퓨린끼리 쌍을 이루면 나선이 돌출되고, 분자가 작은 피리미딘끼리 쌍을 이루면 나선이 협착되기 때문이다. 훗날 왓슨은 그가 파악한 이중나선에 대해 재미있는 농담을 남겼다. "나는 이중사슬의 모델을 만들기로 하였다. 프란시스는 동의하지 않을 수 없었을 것이다. 비록 그가 물리학자일지라도 모든 중요한 생물학적 대상은 쌍으로 이루어져 있다는 사실을 알고 있기 때문이다."

그러나 아데닌과 티민의 양이 같고, 구아닌과 시토신의 양이 같다는 샤가프의 법칙은 이보다 더 많은 것을 시사했다. 이 법칙은 왓슨과 크릭의 모델과 교묘하게 일치한다. 즉, 수소결합으로 이루어진 아데닌-티민 염기쌍은 구아닌-시토신 염기쌍과 거의 같은 형태를 갖기 때문에(그림 2.13) 아데닌은 반드시 티민과, 그리고 구아닌은 반드시 시토신과 쌍을 이룬다고 가정하였다. 그리하여 DNA 이중나선은 한쪽 DNA 가닥의 염기서열과는 관계없이 비슷한 형태의 염기쌍으로 구성되어 균일한 구조를 갖게 된다. 이것은 왓슨과 크릭이 간파한 결정적인 발견으로 DNA의 구조를 이해하는 중요한 실마리가 되었다.

꼬인 사다리에 비유되는 이중나선 구조는 그림 2.14와 같이 세 가지 방식으로 표현할 수 있다. 사다리의 곡선 부분은 DNA 가닥의 당-인산 골격이고, 가로축은 염기쌍이다. 염기쌍 간의 간격은 3.32Å이며, 나선이 한 번 도는 거리는 대략 33.2Å인데, 이것은 나선이 한 바퀴 돌 때, 그 사이에 약 10개의 염기쌍(**bp**)이 있음을 의미한다(1Å은 100억 분의 1m, 즉 10분의 1nm). 화살표는 두 가닥이 **역평행**(antiparallel)임을 나타낸다. 만약 한쪽이 위에서 아래로

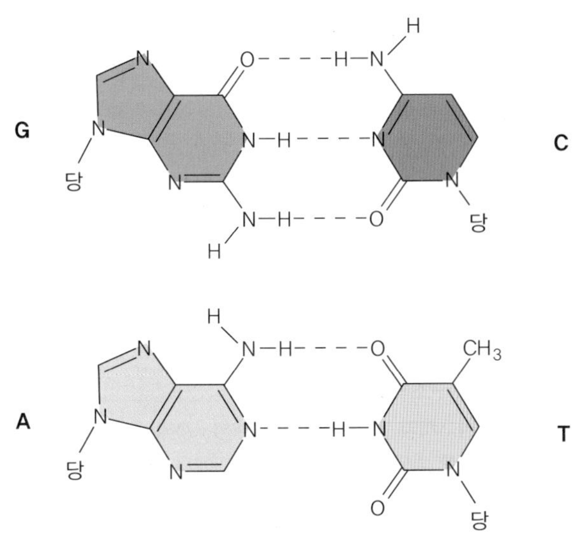

그림 2.13 DNA의 염기쌍. 3개의 수소결합으로 유지되는 구아닌-시토신의 한 쌍(G-C)은 2개의 수소결합으로 이루어진 아데닌-티민의 한 쌍(A-T)과 거의 동일한 모양을 갖는다.

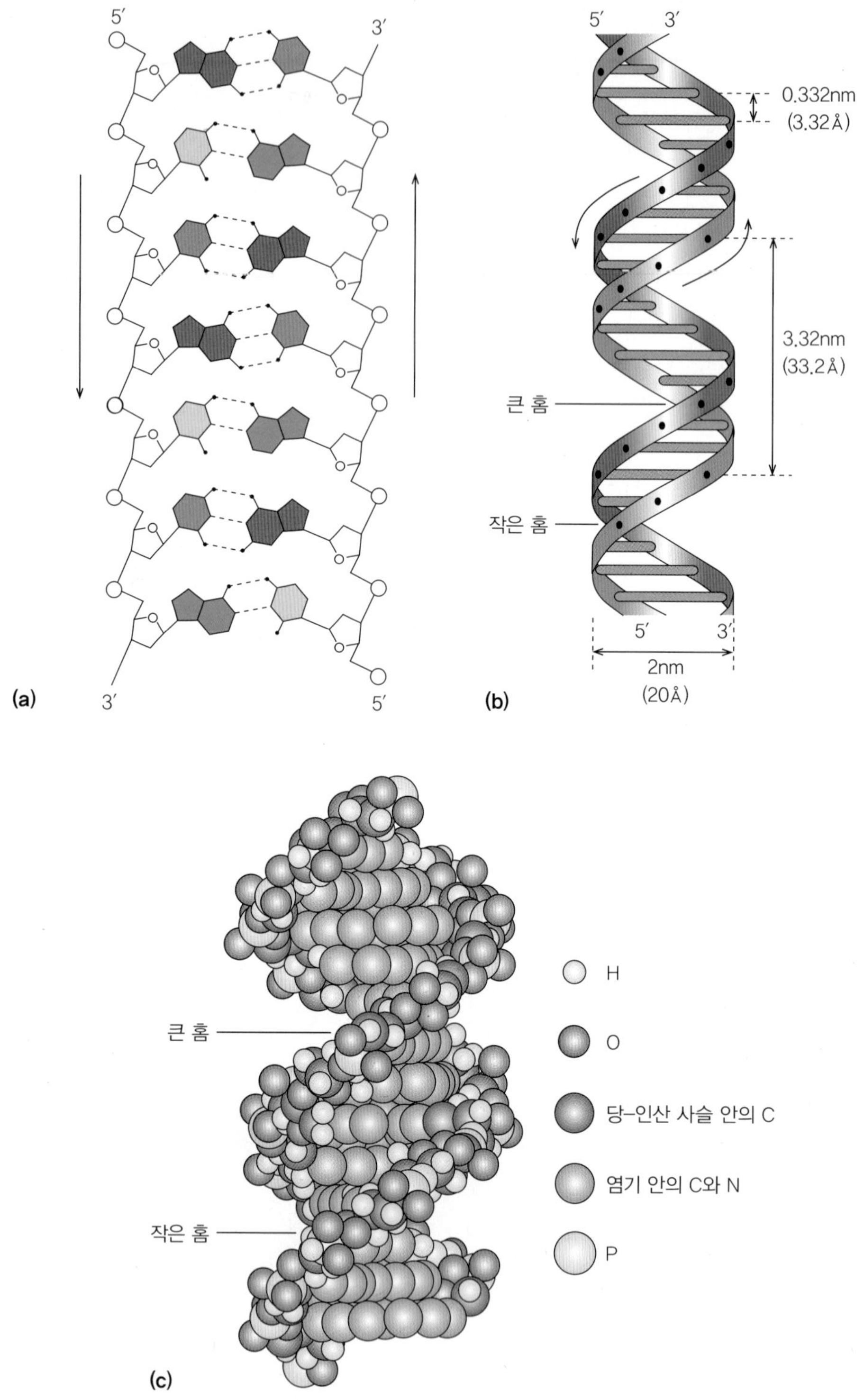

그림 2.14 DNA 구조의 세 가지 모델. **(a)** 나선구조는 염기쌍이 가운데에서 있도록 조정했다. 당-인산 골격은 검은색으로, 각 염기는 각기 다른 색으로 표시했다. G-C쌍의 3개의 수소결합과 A-T쌍의 2개의 수소결합에 주목하라. 각 가닥의 옆에 있는 화살표는 5′→3′ 방향을 가리키며, 두 DNA 가닥의 역평행적 특성을 보인다. 왼쪽 가닥은 5′→3′으로, 즉 위에서 아래로 진행된다. 그리고 오른쪽 가닥은 5′→3′으로, 즉 아래에서 위로 진행된다. 데옥시리보오스 고리(산소를 나타내는 O를 가지고 있는 흰색 오각형)도 두 가닥이 서로 역방향이다. 오른쪽 가닥의 고리는 왼쪽 가닥의 고리와 비교했을 때 거꾸로 뒤집힌 형태를 가진다. **(b)** DNA 이중나선 구조를 꼬인 사다리 모양으로 표시한 것인데, 측면은 두 가닥의 당-인산 골격을, 안쪽은 염기쌍을 가로 막대로 나타낸 것이다. 두 가닥의 옆에 있는 곡선의 화살표는 각 가닥의 5′→3′ 방향을 나타내며 두 가닥은 서로에 대해 역평행하다. **(c)** 공간채움 모형. 당-인산 골격은 진회색, 빨간색, 연회색, 노란색 공이 한 줄로 연결된 형태로 표시된 반면, 염기쌍은 파란색 공으로 구성된 수평의 편평한 판으로 표현되었다. (b)와 (c)에서 묘사된 나선의 큰 홈(major groove)과 작은 홈(minor groove)을 주목하라.

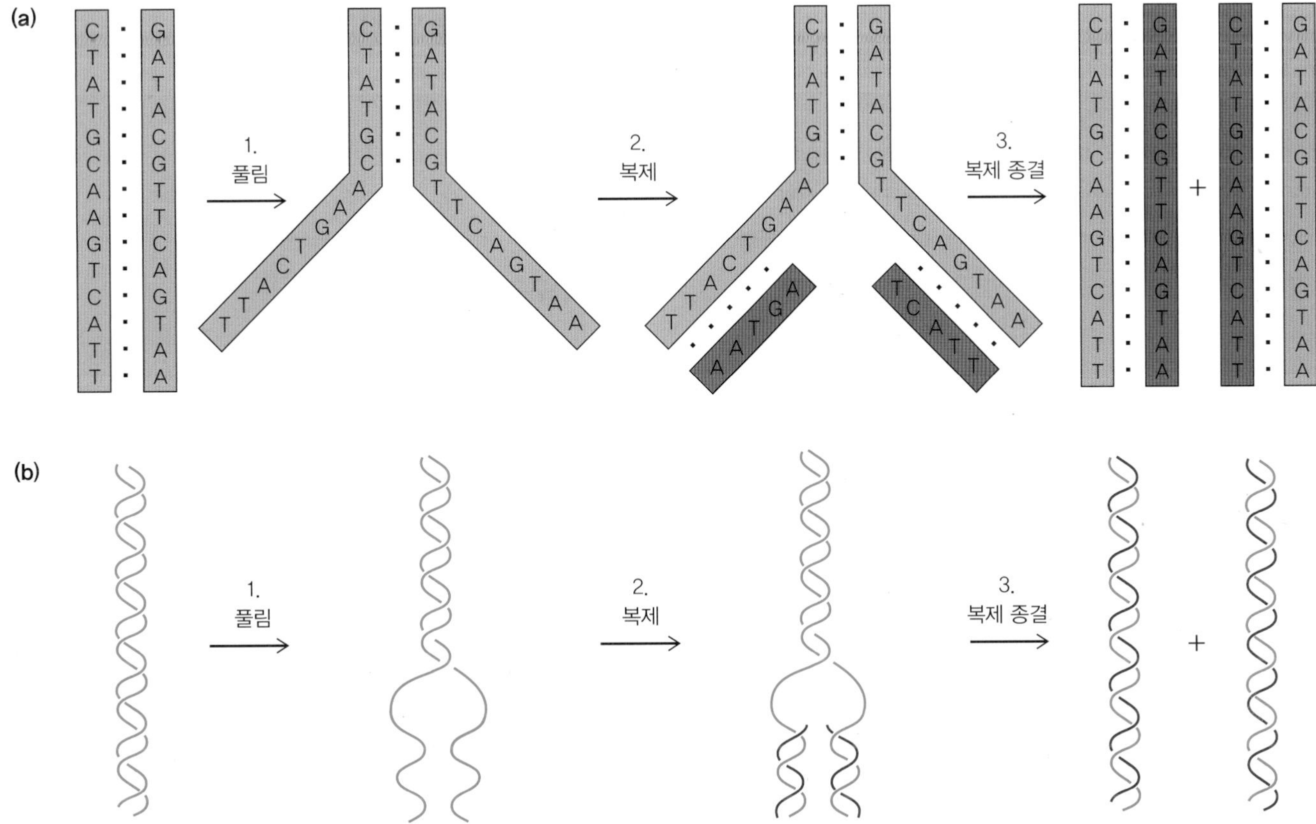

그림 2.15 DNA 복제. (a) 단순하게 나타내기 위해 2개의 DNA 가닥(파란색)을 평행선으로 나타냈다. 1단계: 복제 과정에서 DNA 가닥이 분리되어 풀어진다. 2단계: 분리된 DNA 가닥을 주형으로 해서 서로 상보적인 염기를 가진 새로운 가닥(분홍색)을 만들어 낸다. 이때 주형으로 사용되는 DNA를 부모가닥(parental strand), 새로 생성된 가닥을 딸가닥(daughter strand)이라 부른다. 3단계: 부모가닥은 모두 분리되고 새로운 DNA 가닥이 생겨나며 복제가 끝난다. 그 결과 최초의 것과 동일한 2개의 이중나선 DNA 쌍이 만들어지며, 각각의 이중나선은 하나의 부모 DNA 가닥(파란색)과 하나의 새로운 딸가닥(분홍색)을 갖게 된다. 생성된 이중나선에는 하나의 부모가닥만 유지되기 때문에 반보존적 복제라고 한다. (b) 평행선 대신 이중나선 구조를 사용해 동일한 과정을 보다 실제적으로 묘사한 그림이다. 복제 과정을 통해 하나의 부모가닥(파란색)과 하나의 새로운 딸가닥(분홍색)을 지닌 2개의 DNA 이중나선이 만들어지는 과정을 보여 준다.

5′→ 3′의 극성을 가진다면 다른 한쪽은 반드시 3′→ 5′의 극성을 가진다. 실제 용액 내에서도 DNA가 위에 기술한 것과 아주 유사한 구조를 가지지만 그 나선은 1회 회전당 약 10.4bp를 포함한다.

왓슨과 크릭은 *Nature*지에 그들의 모델을 윌킨스와 프랭클린 등의 X-선 결과에 대한 논문과 나란히 발표했다. 왓슨과 크릭의 논문은 900단어로 되어 있었으며 간신히 한 장을 넘는 간결한 기록이었고, 투고한 후 한 달도 안 되어서 신속하게 출판되었다. 크릭은 이 모델의 생물학적 의미를 자세하게 쓰기를 원했지만 왓슨은 반대했다. 대신 그들은 과학 문헌사에 길이 남을 다음과 같은 단 한 줄의 문장으로 이것을 함축했다. "우리는 DNA가 특이한 염기쌍으로 구성되어 있다는 우리의 모델이 유전물질의 복제기작을 곧바로 설명할 수 있을 것이라는 사실에 주목하고 있다."

이런 도발적인 문장이 예견한 바와 같이 실제로 왓슨과 크릭의 모델로부터 DNA의 복제기작이 제안되었다. 한 가닥이 다른 가닥에 대해 **상보적**(complement)이기에 두 가닥은 분리될 수 있고, 각각의 가닥은 새로운 파트너를 만들기 위한 주형으로 쓰일 수 있기 때문이다. 그림 2.15는 그것이 어떻게 이루어지는지 도식적으로 잘 보여 준다. 이와 같은 반보존적 복제(semiconservative replication)기작에 의해 하나의 DNA 이중나선은 똑같은 2개의 이중나선으로 복제되어 세포가 분열할 때 똑같은 유전자들을 나누어 갖게 되는 것이다. 1958년에 매튜 메셀슨(Matthew Meselson)과 프랭클린 스탈(Franklin Stahl)은 실제로 DNA가 이와 같은 방식으로 복제됨을 실험적으로 증명하였다(20장 참조).

2.3. RNA로 구성된 유전자

허쉬와 체이스가 연구한 유전 체계는 박테리아 바이러스의 일종인 파지였다. 바이러스 입자는 그 자체가 바로 유전자의 덩어리이다. 그 자체로는 생명이 없고 대사활성이 없는 불활성 물질이나 숙주세포를 감염시킬 경우 활성을 띠게 된다. 그리하여 숙주세포는 바이러스 단백질을 만들기 시작해 바이러스 유전자의 복제가 일어나며, 이것이 새로 만들어진 바이러스의 외피단백질들과 조립되어 새로운 바이러스 입자들이 만들어진다. 숙주 밖에서는 불활성 물질이고, 숙주 안에서는 생명체처럼 작용하기 때문에 바이러스를 분류하기가 애매하다. 어떤 학자들은 바이러스를 '살아 있는 물질' 또는 '생물체'로 정의하는 반면, 다른 학자들은 생명체의 지위를 지니지 못한 '감염체(infectious agent)'로 정의한다.

모든 완전한 생명체나 일부 바이러스는 DNA로 이루어진 유전자를 지닌다. 그러나 어떤 파지나 동식물 바이러스(예: HIV, AIDS 바이러스)는 RNA로 이루어진 유전자를 가지고 있다. 이들의 RNA 유전자들은 간혹 이중가닥으로 된 경우도 있으나 대부분은 단일가닥으로 되어 있다.

우리는 이미 분자생물학 연구에서 바이러스를 사용한 유명한 예를 보았다. 앞으로 공부할 다른 장들에서도 더 많은 예들을 보게 될 것이다. 사실 바이러스가 없다면 분자생물학 분야는 지금처럼 발전하지 못했을 것이다.

2.4. 핵산의 물리화학

DNA와 RNA 분자는 여러 가지 구조로 존재할 수 있다. 그 구조 및 두 가닥이 분리되고 다시 합쳐지는 과정에서 나타나는 DNA의 변화에 대해 알아보자.

1) DNA 구조의 다양성

왓슨과 크릭이 제안한 DNA 구조는 매우 높은 상대습도(92%)에서 형성된 섬유상 DNA의 나트륨염을 설명한 것이었다(그림 2.14). 이를 **B형**(B form) DNA라 한다. 비록 이것이 대부분의 세포 내 DNA 형태와 비슷하나 핵산의 유일한 이중나선 구조는 아니다. 만약 상대습도를 75%로 낮추면 DNA 구조는 **A형**(A form)으로 변한다(그림 2.16a). 이는 B형(그림 2.16b)과 몇 가지 점에서 다르

표 2.2 DNA의 형태

형태	피치(Å)	회전당 잔기수	염기쌍의 기울기(°)
A	24.6	10.7	+19
B	33.2	~10	−1.2
Z	45.6	12	−9

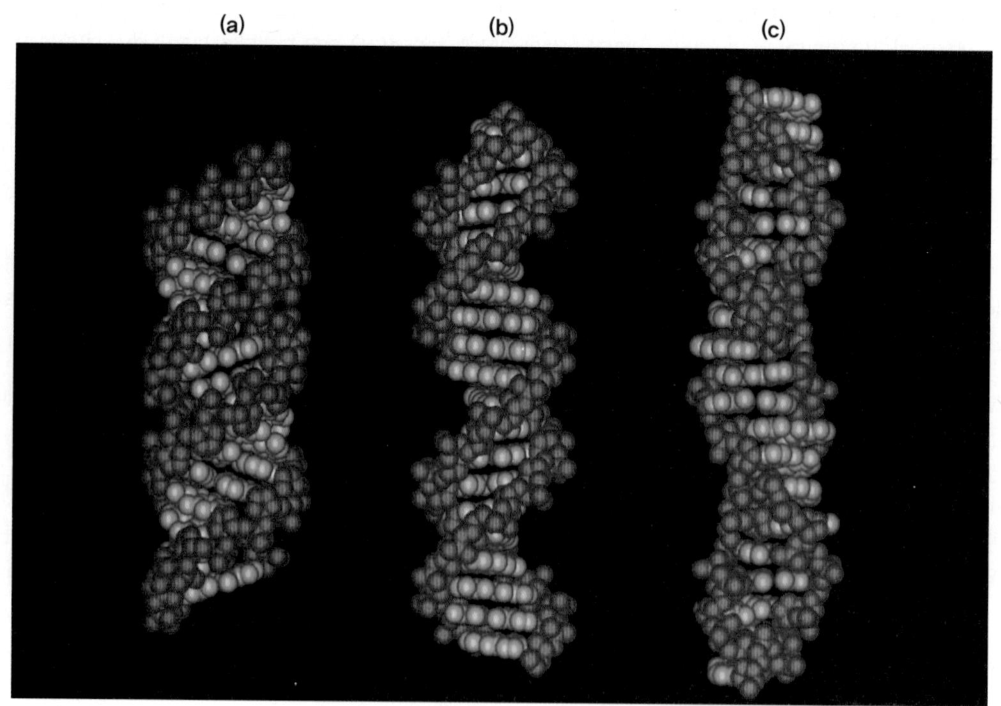

그림 2.16 A형, B형, Z형 DNA의 컴퓨터 그래픽 모형. **(a)** A형 DNA. 염기쌍(파란색)이 오른쪽 위에서 왼쪽 아래로 기울어져 있는데, 특히 위와 아래쪽의 장축의 홈을 뚜렷하게 볼 수 있다. 오른쪽으로 꼬인 나선구조는 당-인산 골격(빨간색)을 관찰함으로써 알 수 있다. **(b)** B형 DNA. 오른쪽으로 꼬인 구조를 가지며 염기쌍이 거의 수평으로 위치한다. **(c)** Z형 DNA. 나선이 왼쪽으로 꼬여 있다. 이상의 세 가지 구조는 모두 같은 수의 염기쌍으로 이루어져 있어 각 구조의 압축된 정도(compactness)를 비교할 수 있다. (출처: Courtesy Fusao Takusagawa.)

다. 가장 뚜렷한 차이점은 염기쌍의 평면이 나선의 축에 수직을 이루지 않고 약 20° 기운다는 것이다. 또한 A형은 나선 1회전당 10bp 대신 10.7bp가 나타나며 1회전의 간격은 33.2Å 대신 24.6Å이다. 따라서 나선이 완전히 한 바퀴를 도는 데 필요한 거리로 정의되는 피치(pitch)는 33.2Å 대신 24.6Å이 된다. 한 가닥의 DNA와 한 가닥의 RNA가 결합한 잡종 폴리뉴클레오티드나 두 가닥의 RNA는 수용액 상태에서 A형을 이룬다. A형과 B형 DNA, 그리고 왼쪽으로 꼬인 Z형 DNA에 대한 나선구조의 수치는 표 2.2에 표시했다.

A와 B형의 DNA는 모두 오른쪽으로 꼬여 있다. 이 나선들은 위나 아래 어느 방향에서 보든지 시계 방향으로 돌면서 관찰 지점으로부터 멀어진다. 1979년 알렉산더 리치(Alexander Rich) 등은 DNA가 항상 오른쪽 방향으로 꼬여 있지만은 않다는 것을 발견했다. 그들은 퓨린과 피리미딘이 번갈아 나타나는 나선들로 이루어진 DNA의 이중나선[아래와 같은 구조를 갖는 폴리(dG–dC)·폴리(dG–dC)]이 왼쪽 방향으로

–GCGCGCGC–
–CGCGCGCG–

꼬여 있는 길게 뻗어난 구조를 갖는다고 밝혔다. 측면에서 볼 때 DNA의 골격이 지그재그의 형태이기에 **Z형 DNA**(Z–DNA)라 부른다. 그림 2.16c는 Z형 DNA를 나타낸 것이다. 이 구조에 대한 수치는 표 2.2에 나타나 있다. 비록 리치가 폴리(dG–dC)·폴리(dG–dC)와 같은 견본 화합물에서 Z형 DNA 구조를 발견했으나 실제 살아 있는 세포 내에도 소량의 Z형 DNA가 존재한다는 증거가 있다. 케지 자오(Keji Zhao)는 조절 서열 부위가 Z형으로 변환되어야 활성되는 유전자의 존재를 발견하였다.

표 2.3 여러 가지 DNA의 상대적인 G+C 함량

DNA 출처	백분율(G+C)
작은 곰팡이(*Dictyostelium*)	22
화농성구균(*Streptococcus pyogenes*)	34
백시니아 바이러스(Vaccinia virus)	36
세레우스균(*Bacillus cereus*)	37
거대균(*B. megaterium*)	38
인플루엔자 호열균(*Haemophilus influenzae*)	39
출아형 효모(*Saccharomyces cerevisiae*)	39
송아지의 흉선	40
쥐의 간	40
황소의 정자	41
폐렴구균(*Streptococcus pneumoniae*)	42
밀의 배아	43
닭의 간	43
쥐의 지라	44
연어의 정자	44
고초균(*B. subtilis*)	44
박테리오파지 T1(T1 bacteriophage)	46
대장균(*Escherichia coli*)	51
박테리오파지 T7(T7 bacteriophage)	51
박테리오파지 T3(T3 bacteriophage)	53
붉은빵곰팡이(*Neurospora crassa*)	54
녹농균(*Pseudomonas aeruginosa*)	68
팔연구균(*Sarcina lutea*)	72
리소덱티구스 구균(*Micrococcus lysodeikticus*)	72
단순 포진 바이러스(Herpes simplex virus)	72
마이코박테리움 플레이(*Mycobacterium phlei*)	73

출처: From Davidson, *The Biochemistry of the Nucleic Acids*, 8th ed. revised by Adams et al., Lippencott.

(1) 이중나선 DNA의 두 가닥 분리

한 생물체의 DNA에서 G:C와 A:T의 비율은 고정된 반면, DNA의 GC 함량(G+C의 백분율)은 상당히 다르다. 표 2.3은 여러 생명체와 바이러스 DNA의 GC 함량을 보여준다. 22~73%까지 다양하게 나타나는데, 이는 각 DNA의 물리적인 특성 차이를 만드는 요인이 되기도 한다.

DNA 용액을 충분히 가열하면 2개의 가닥을 지탱하는 비공유결합이 점점 약해지다가 끝내는 끊어진다. 이런 상황이 되면 두 가닥은 분리되는데, 이를 **DNA 변성**(DNA denaturation) 또는 **DNA 융해**(DNA melting)라 한다. DNA 가닥의 절반이 변성되었

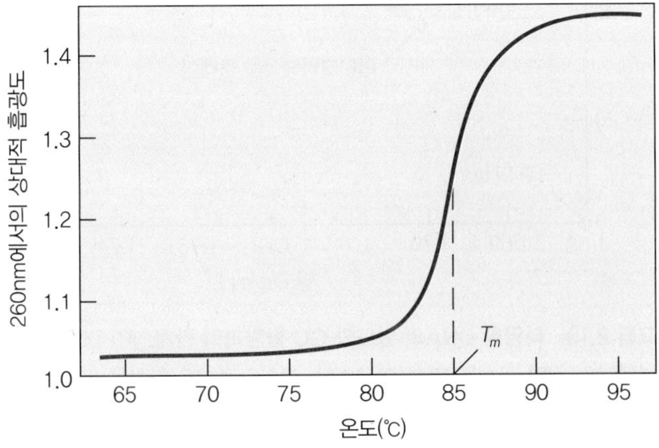

그림 2.17 폐렴구균 DNA의 융해 곡선. DNA가 가열되어 융해되는 과정은 260nm에서의 흡광도 증가로 측정된다. 절반이 융해되는 점을 융해온도 또는 T_m이라 한다. 위 그림에서 T_m은 약 85℃이다. (출처: Adapted from P. Doty, The Harvey Lectures 55:121, 1961.)

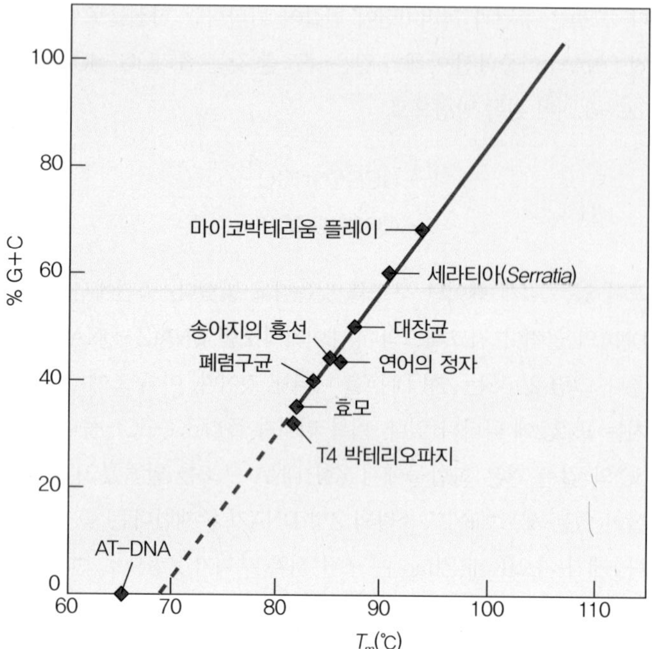

그림 2.18 DNA 융해온도와 GC 함량과의 관계. AT-DNA란 A와 T만으로 구성된 합성 DNA를 일컫는다(GC 함량=0). (출처: Adapted from P. Doty, *The Harvey Lectures* 55:121, 1961.)

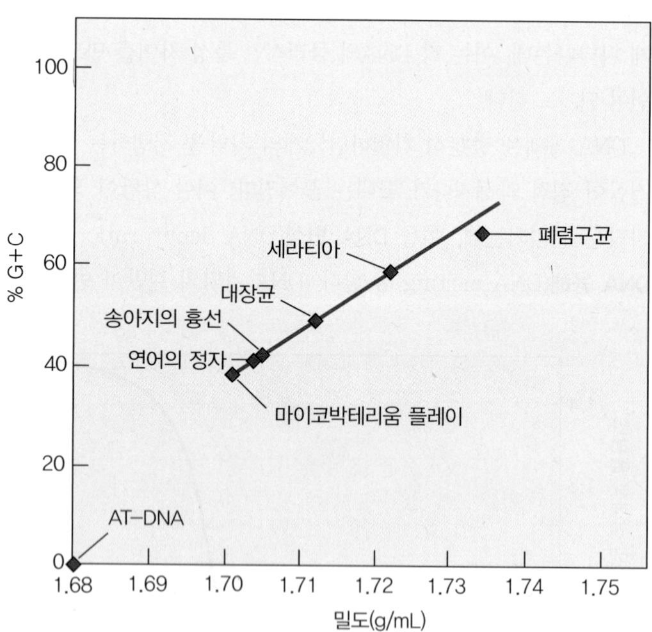

그림 2.19 다양한 DNA의 밀도와 GC 함량과의 관계. AT-DNA는 순수하게 A+T로만 구성된 합성 DNA이다. 그러므로 GC 함량은 0이다. (출처: Adapted from P. Doty, *The Harvey Lectures* 55:121, 1961.)

을 때의 온도를 융해온도 또는 T_m이라 부른다. 그림 2.17은 폐렴구균(*Streptococcus pneumoniae*) DNA의 융해 곡선이다. DNA가 융해된 정도는 260nm에서 DNA 용액의 흡광도를 측정해서 알 수 있다. 핵산은 염기의 전자구조 때문에 이 파장에서 빛을 흡수하지만 2개의 가닥이 이중나선을 이루어 염기끼리 아주 근접하게 되면 흡광도가 감소한다. 반대로 2개의 가닥이 분리되면 흡광도는 30~40% 정도 증가하게 되는데, 이를 **흡광 증가 전환**(hyperchromic shift)이라 한다. 융해곡선에서 흡광도가 급격하게 상승하는 양상은 DNA 가닥이 서로 단단히 결합하였다가 온도가 T_m에 접근하면 순식간에 분리된다는 것을 의미한다.

DNA의 GC 함량은 T_m에 중요한 영향을 미친다. 그림 2.18에서 보듯이 DNA의 GC 함량이 높아지면 T_m도 높아진다. 왜 그럴까? DNA의 결합에서 2개의 가닥을 쥐고 있는 에너지 중 하나가 수소결합인데, G−C쌍은 3개의 수소결합이 있으나 A−T쌍은 단지 2개의 수소결합을 지닌다. 이로부터 G와 C가 많은 DNA 가닥이 A와 T가 많은 DNA 가닥보다 더 단단하게 서로 결합되어 있음을 추론할 수 있다. 서로 포옹하고 있는 두 쌍의 지네를 생각해 보자. 한 쌍은 각각 200개의 다리를, 다른 쌍은 각각 300개의 다리를 가지고 있다면 당연히 후자를 분리시키는 것이 더 힘들 것이다.

가열만이 DNA를 변성시키는 유일한 방법은 아니다. 디메틸황산(dimethyl sulfoxide)과 포름아미드(formamide) 같은 유기 용매나 높은 pH는 DNA 가닥 사이의 수소결합을 약화시켜 변성을 촉진한다. DNA 용액의 염류 농도를 낮추어도 변성이 촉진되는데, 이는 염류가 DNA 가닥의 음전하를 감싸 두 가닥 간의 반발을 무마시키기 때문이다. 그러므로 아주 낮은 이온 강도(ionic strength)에서는 이러한 음전하 사이에 반발하는 에너지가 상대적으로 커져서 비교적 낮은 온도에서도 DNA를 변성시킬 수 있게 된다.

DNA의 GC 함량은 DNA 밀도에도 영향을 미친다. 그림 2.19는 CsCl 용액을 이용한 밀도구배 원심분리(20장 참조)에 의해 측정된 밀도와 GC 함량 사이에 1차 함수 관계가 존재함을 보여 준다. DNA 밀도가 염기 조성에 따라 다르게 나타난다는 결론은 부분적으로는 타당하다. G−C 염기쌍과 비교해 보면 A−T 염기쌍의 몰당 부피가 더 크기 때문이다. 그러나 다른 한편으로는 CsCl을 사용해 밀도를 측정하는 방법의 실험적인 한계에 기인한 결과일 수도 있다. 왜냐하면 G−C 염기쌍은 A−T 염기쌍보다 훨씬 더 강하게 CsCl와 결합하려는 경향이 있어 DNA 밀도를 실제보다 더 높게 보이도록 하기 때문이다.

(2) 분리된 DNA 가닥의 재결합

DNA 두 가닥이 분리된 후 적절한 조건하에서는 다시 본래의 상태로 합쳐질 수 있다. 이것을 DNA **재결합**(annealing) 또는 **재생**

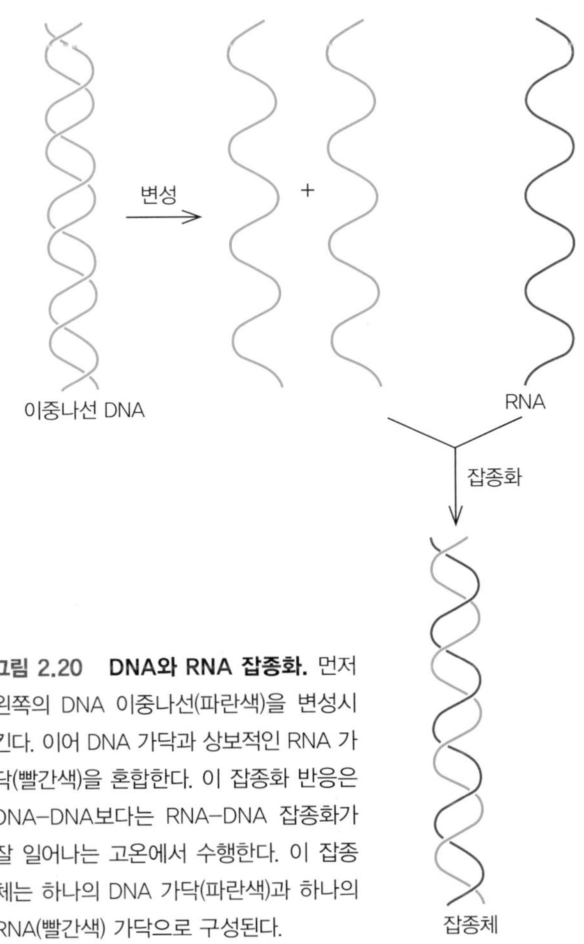

그림 2.20 DNA와 RNA 잡종화. 먼저 왼쪽의 DNA 이중나선(파란색)을 변성시킨다. 이어 DNA 가닥과 상보적인 RNA 가닥(빨간색)을 혼합한다. 이 잡종화 반응은 DNA–DNA보다는 RNA–DNA 잡종화가 잘 일어나는 고온에서 수행한다. 이 잡종체는 하나의 DNA 가닥(파란색)과 하나의 RNA(빨간색) 가닥으로 구성된다.

(renaturation)이라 한다. 여러 가지 요인이 재생 효율에 영향을 미친다. 여기서는 가장 중요한 세 가지 요인만 설명한다.

① **온도** DNA 재생이 가장 잘 일어나는 온도는 T_m보다 25℃가 낮은 온도이다. 이 온도는 DNA가 변성되지 않을 만큼 충분히 낮으면서도, 잘못된 염기쌍 간의 결합이나 단일가닥 내의 염기서열 간의 결합을 약화시키고 DNA 분자가 쉽게 확산할 수 있을 만큼 충분히 높다. 그러므로 DNA를 변성시킨 후 온도를 급격히 냉각하면 DNA의 재생을 방지할 수 있다. 실제로 DNA의 변성 상태를 유지하기 위해 융해된 DNA 시료를 즉시 얼음 속에 보관하는 방법이 흔히 사용된다. 이 과정을 억제과정(quenching)이라 한다.

② **DNA 농도** DNA 용액의 농도도 중요하다. 적절한 범위 내에서는 DNA의 농도가 높을수록 주어진 시간 내에 상보적인 두 가닥이 만날 확률이 더 높아진다. 즉, 농도가 높을수록 더 빨리 재결합한다.

③ **재생 시간** 재결합에 허용된 시간이 길수록 더 많이 일어난다.

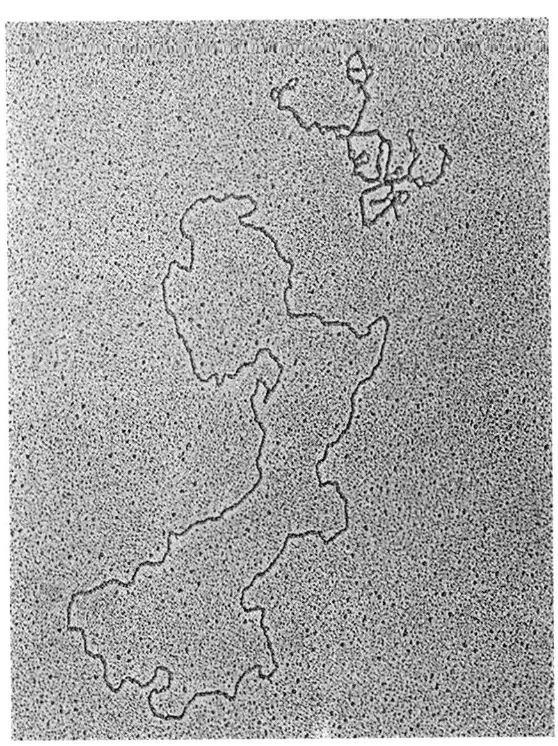

그림 2.21 PM2 파지 DNA의 전자현미경 사진. 왼쪽 아래에는 열린 원형이, 오른쪽 위에는 초나선형이 보인다. (출처: © Jack Griffith.)

(3) 서로 다른 두 폴리뉴클레오티드 가닥의 잡종화

지금까지는 분리된 두 가닥의 DNA가 단순하게 재결합되는 경우만을 살펴보았으나 다른 경우도 생각할 수 있다. 예를 들어 각각 한 가닥의 DNA와 RNA 사슬이 이중나선 형태로 결합한 경우를 생각해 보자. 유전자를 이루는 DNA 이중나선을 각각의 가닥으로 변성시킨 후 한 가닥을 분리하고, 그 가닥과 상보적인 염기서열을 가진 RNA 가닥과 섞어 주면 DNA와 RNA로 이루어진 이중나선을 만들 수 있다(그림 2.20). 이 경우 2개의 다른 핵산의 **잡종**(hybrid)으로 구성했기 때문에 재결합이라 하지 않고 **잡종화**(hybridization)라 부른다. 이때 2개의 사슬은 반드시 DNA와 RNA처럼 다를 필요는 없다. 상보적이거나 거의 상보적인 2개의 다른 DNA 사슬이 합쳐지는 경우라 할지라도 각 사슬이 서로 다른 기원에서 나온 것이라면 이를 잡종화라 한다. 또한 2개의 상보적인 가닥 간의 차이점은 매우 미묘할 수 있는데, 방사성 물질로 표지된 가닥과 그렇지 않은 정상 가닥의 경우를 예로 들 수 있다. 이 책 후반부에서 다시 보게 되겠지만 분자생물학에서 잡종화는 매우 중요한 기술이다.

2) 다양한 크기와 형태의 DNA

표 2.4는 몇몇 생물체와 바이러스의 반수체 유전제 크기를 나타낸

표 2.4 여러 가지 DNA의 크기

출처	분자량(D)	염기쌍(bp)	길이
바이러스와 미토콘드리아			
SV40(포유세포의 종양바이러스)	3.5×10^6	5,226	1.7μm
φX174 박테리오파지(이중나선형)	3.2×10^6	5,386	1.8μm
λ 박테리오파지	3.3×10^7	4.85×10^4	13μm
T2 또는 T4 박테리오파지	1.3×10^8	2×10^5	50μm
인간 미토콘드리아	9.5×10^6	16,596	5μm
박테리아			
인플루엔자 호열균(*Haemophilus influenzae*)	1.2×10^9	1.83×10^6	620μm
대장균(*Escherichia coli*)	3.1×10^9	4.64×10^6	1.6mm
살모넬라균(*Salmonella typhimurium*)	8×10^9	1.1×10^7	3.8mm
진핵생물(반수체 핵당 함량)			
출아형 효모(*Saccharomyces cerevisiae*)	7.9×10^9	1.2×10^7	4.1mm
붉은빵곰팡이(*Neurospora crassa*)	$\approx1.9\times10^{10}$	$\approx2.7\times10^7$	≈9.2mm
초파리(*Drosophila melanogaster*)	$\approx1.2\times10^{11}$	$\approx1.8\times10^8$	≈6.0cm
생쥐(*Mus musculus*)	$\approx1.5\times10^{12}$	$\approx2.2\times10^9$	≈750cm
인간(*Homo sapiens*)	$\approx2.3\times10^{12}$	$\approx3.2\times10^9$	≈1.1m
옥수수(*Zea mays*)	$\approx4.4\times10^{12}$	$\approx6.6\times10^9$	≈2.2m
개구리(*Rana pipiens*)	$\approx1.4\times10^{13}$	$\approx2.3\times10^{10}$	≈7.7m
백합(*Lilium longiflorum*)	$\approx2\times10^{14}$	$\approx3\times10^{11}$	≈100m

것이다. 크기는 분자량, 염기쌍의 수, 그리고 길이 등 세 가지로 표시한다. 이들은 물론 모두 연관되어 있다. 우리는 이미 염기쌍의 수로부터 DNA의 길이를 계산하는 방법을 살펴본 바 있다. 1회전에 약 10.4bp를 포함하는 나선의 길이가 33.2Å임을 알고 있기 때문이다. 염기쌍의 수를 분자량으로 바꾸려면 2개의 뉴클레오티드의 분자량인 660을 곱하면 된다.

그렇다면 실제로 DNA의 크기는 어떻게 측정할 수 있을까? 작은 DNA의 경우는 비교적 간단하다. 예를 들어 이중가닥을 포함하는 원형의 PM2 파지의 DNA를 생각해 보자. 우선 이 DNA가 원형임을 어떻게 알 수 있을까? 가장 직접적인 방법은 전자현미경을 사용해 관찰하는 것이다. DNA를 전자현미경으로 관찰하려면 DNA가 전자의 흐름을 차단할 수 있도록 처리해야 하는데, 이는 X-선 사진을 찍을 때 우리 몸의 뼈가 X-선을 차단하여 뼈를 볼 수 있는 원리와 같은 것이다. 가장 보편적으로 사용하는 방법은 백금과 같은 중금속으로 DNA에 음영을 넣는 것이다. DNA를 전자현미경의 격자판 위에 놓고 낮은 각도에서 미세한 금속입자로 때리면 마치 담 뒤에 눈이 쌓이는 것처럼 DNA 주변에 금속이 쌓이게 된다. 격자판에 있는 DNA를 회전시키면 DNA의 주변이 모두 그늘지게 된다. 전자현미경에서 금속은 전자를 멈추게 하므로 어두운 주변에 대해 DNA가 밝은 선으로 나타나게 된다. 이것을 역으로 인화하면 그림 2.21처럼 나타난다. PM2 파지 DNA의 전자현미경 사진은 열린 원형(왼쪽 아래)과 꼬인 고무줄처럼 보이는 초나선(supercoil, 오른쪽 위)의 두 가지 형태로 나타난다. 이와 같은 사진을 이용해 DNA의 길이를 측정할 수 있다. 이때 이미 길이를 알고 있는 표준 DNA가 같은 사진에 포함되어 있다면 보다 정확하게 DNA 길이를 알아낼 수 있다.

DNA 크기는 겔 전기영동(gel electrophoresis)으로도 측정할 수 있는데, 이것에 대해서는 5장에서 다룰 것이다.

(1) DNA 크기와 유전 정보량과의 관계

어느 주어진 DNA에 얼마나 많은 유전자가 있을까? 그 답을 단지 주어진 DNA의 크기로만 결정하는 것은 불가능하다. 왜냐하면 주어진 DNA 중 얼마만큼이 유전자를 구성하는지, 유전자 사이의 공간이 어느 정도인지, 유전자 내의 개재서열(intervening sequence)이 존재하는지 알 수 없기 때문이다. 그러나 DNA가 수용할 수 있는 유전자 수의 최대값은 추정할 수 있다. 우선 단백질을 암호화하고 있는 유전자만을 논의한다고 가정하고 출발하자. 3장 등에서 많은 유전자들이 RNA를 암호화하고 있다는 것을 공부하게 되겠지만, 여기서는 그러한 경우는 무시할 것이다. 또한 평균적인 단백질이 40,000D의 분자량을 갖는다고 가정하자. 이것은 몇 개의 아미노산으로 구성되어 있을까? 아미노산의 분자량은 차이가 있으나 평균적으로 110D이다. 계산을 간단히 하기 위해 110이라 가정하면 이 평균 단백질은 40,000/110, 즉 364개의 아미노산을 포함한다. 각 아미노산을 만드는 유전암호는 3개의 염기쌍으로 이루어져 있으므로 364개의 아미노산을 포함하는 단백질은 약 1,092bp로 이루어진 유전자를 필요로 한다.

표 2.4에 있는 몇 가지 DNA를 살펴보자. 대장균 염색체는 4.6×10^6bp이므로, 약 4,200개의 단백질을 암호화할 수 있다. 대장균을 감염하는 λ 파지는 겨우 4.85×10^4bp로 44여 개의 단백질을 암호화할 수 있다. 표 2.4에서 가장 작은 이중나선 DNA는 파지 φ×174에 속해 있으며, 5,375bp에 불과하다. 그 크기는 원칙적으로 5개의 단백질만을 암호화할 수 있으나 파지는 유전자를 겹치게 하여 더 많은 정보를 담을 수 있다.

(2) DNA의 양과 C-값 모순

척추동물과 같이 복잡한 생물체는 효모와 같은 단순한 생물보다 더 많은 유전자가 필요하다는 것을 예상할 수 있다. 그래서 복잡한 생물체가 반수체 세포당 더 많은 DNA, 즉 더 높은 **C-값**(C-value)을 가질 것이라 추측할 수 있다. 일반적으로 이러한 예상은 맞다. 생쥐나 인간의 반수체 세포는 효모의 반수체 세포보다 100배 이상 많은 DNA를 포함한다. 효모 세포는 더 단순한 대장균 세포보다 5배 더 많은 DNA를 가진다. 그러나 이와 같은 생물체의 물리적 복잡성과 세포 DNA 양의 관계가 항상 정비례하는 것은 아니다. 개구리를 예로 들어보자. 직관적으로 양서류의 C-값이 인간의 C-값보다 높지 않을 것이라고 생각되지만, 실제로 개구리는 세포당 인간보다 7배나 더 많은 DNA를 가지고 있다. 더 흥미로운 것은 백합은 사람보다 세포당 DNA가 100배나 더 많다는 사실이다.

이 같은 이해하기 어려운 상황을 **C-값 모순**(C-value paradox)이라 한다. 동일 집단의 생물체에서는 설명하기 더욱 어렵다. 예를 들어 양서류 내의 어떤 종은 다른 종보다 100배 더 높은 C-값을 지니고, 현화식물 내의 C-값은 더 큰 차이가 난다. 그렇다면 어째서 어떤 고등식물이 다른 고등식물보다 100배나 더 많은 유전자를 가지고 있을까? 현재의 지식으로는 쉽게 이해하기 힘들다. 이 경우 여분의 유전자가 실제로 어떤 표현형을 암호화하는지, 그리고 왜 두 생물체 간의 외형적 모습에서 커다란 차이가 없는지에 대한 의문이 생기게 된다. C-값 모순에 대한 더 합리적인 설명은 비상식적으로 높은 C-값을 지닌 생물은 단백질로 해독되지 않는 많은 양의 여분의 DNA를 지닌다는 것이다. 이와 같은 여분의 DNA 기능에 대해서는 아직 알려져 있지 않다.

사실 포유류조차도 필요한 유전자보다 많은 DNA를 가지고 있다. 앞에서 사용했던 단순한 규칙(염기쌍의 수를 1,090으로 나눔)을 인간유전체에 적용해 보면, 최대 300만 개의 유전자로 계산되는데 이는 너무 많다.

인간유전체에 대한 연구 결과에 따르면 20,000~25,000여 개의 유전자가 존재할 것으로 추정된다. 이는 필요한 DNA의 양보다도 100배나 더 많은 DNA를 가지고 있다는 것을 의미한다. 여분의 DNA의 대부분은 진핵생물의 유전자 내의 개재서열(intervening sequence)에서 찾을 수 있다(14장 참조). 나머지는 유전자와 유전자 사이의 비암호화부위(noncoding region)에 존재한다.

요약

모든 생물체의 유전자는 DNA로 구성된다. 일부 바이러스는 RNA로 구성된 유전자를 갖는다. DNA와 RNA는 뉴클레오티드라 불리는 소단위체가 사슬처럼 이어진 분자이다. DNA는 바깥쪽은 당-인산 골격, 안쪽은 염기쌍 결합으로 이루어진 이중나선 구조를 가진다. 이들 염기는 특별한 방법으로 쌍을 이루는데, 아데닌(A)은 티민(T)과, 그리고 구아닌(G)은 시토신(C)과 결합한다. DNA가 복제될 때 DNA 가닥은 분리되어 각 사슬은 상보적인 새 사슬들을 만들기 위한 주형으로 사용된다.

자연계에서 나타나는 DNA의 G+C 함량은 22~73%까지 다양하고, 이는 DNA의 물리적 특성, 특히 융해온도를 결정하는 중요한 요소이다. DNA의 융해온도(T_m)는 두 가닥의 절반이 풀어지거나 변성이 시작하는 온도를 말한다. 분리된 DNA 가닥들은 재생되거나 재결합될 수 있다. 다른 기원을 지닌 폴리뉴클레오티드(RNA 또는 DNA)의 상보적인 가닥은 잡종화라는 과정을 통해 이중나선 구조를 형성할 수 있다. 자연 상태의 DNA는 길이 면에서 아주 다양하다. 크기가 작은 DNA의 길이는 전자현미경으로 측정할 수 있다.

세포나 바이러스에서 DNA의 양과 유전자 수 사이에는 개략적인 상관관계가 존재한다. 그러나 이러한 상관 관계는 반수체 세포당 DNA 양(C-

값)이 크게 다른, 가까운 집단 내의 개체 사이에서는 지켜지지 않는다. 이와 같은 C-값의 모순은 단백질을 암호화하지 않는 DNA의 존재로 설명될 수 있다.

복습 문제

1. 허쉬와 체이스가 DNA가 유전물질임을 입증한 실험적 접근 방법을 에버리 등이 사용한 방법과 비교하여 설명하라.

2. 데옥시뉴클레오시드 일인산의 일반적인 구조를 그려라. 상세한 당의 구조를 나타내고 염기와 인이 부착하는 부위를 표시하라. 또한 데옥시의 위치를 나타내라.

3. 2개의 뉴클레오시드를 연결하는 인산디에스테르결합의 구조를 그려라. 또 인산디에스테르결합에 포함된 당의 위치가 명확하도록 2개의 당을 표시하라.

4. 어떤 DNA 퓨린이 상대 DNA 가닥의 염기와 3개의 수소결합을 형성하는가? 어떤 DNA 퓨린이 2개의 수소결합을 형성하는가? 어떤 DNA 피리미딘이 3개의 수소결합을 형성하며, 어떤 DNA 피리미딘이 2개의 수소결합을 형성하는가?

5. 다음의 그림은 *a*, *b*, *c*, *d*로 표시된 염기를 포함하는 2개의 염기쌍이다. 각 염기의 이름은 무엇인가?

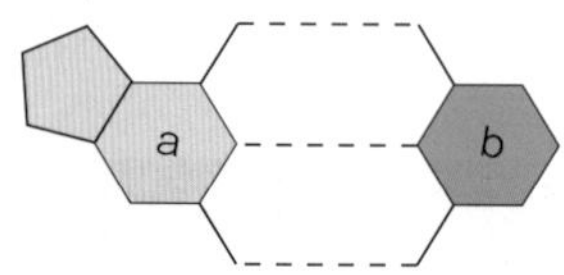

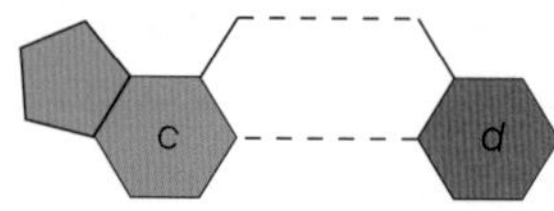

6. 전형적인 DNA의 융해곡선을 그려라. 축을 표시하고 융해점을 표시하라.

7. DNA의 GC 함량과 융해점의 관계를 그래프로 표시하고 그 둘의 관계를 설명하여라.

8. 핵산 잡종화의 원리를 그림으로 표시하라.

분석 문제

1. 인간 단순 헤르페스바이러스 1형의 이중나선 DNA 유전체는 1.0×10^5kD의 분자량을 지닌다.
   a. 이 바이러스는 몇 개의 염기쌍을 지니는가?
   b. 이 DNA는 완전한 회전을 몇 번하는가?
   c. 이 DNA의 길이는 몇 마이크론(micron)인가?

2. 만약 유전자의 중복이 없다고 가정하면 12,000bp를 지닌 바이러스 DNA 유전체는 평균 크기의 단백질을 몇 개 암호화하는가?

추천 문헌

Adams, R.L.P., R.H. Burdon, A.M. Campbell, and R.M.S. Smellie, eds. 1976. *Davidson's The Biochemistry of the Nucleic Acids*, 8th ed. The structure of DNA, chapter 5. New York: Academic Press.

Avery, O.T., C.M. McLeod, and M. McCarty. 1944. Studies on the chemical nature of the substance-inducing transformation of pneumococcal types. *Journal of Experimental Medicine* 79:137–58.

Chargaff, E. 1950. Chemical specificity of the nucleic acids and their enzymatic degradation. *Experientia* 6:201–9.

Dickerson, R.E. 1983. The DNA helix and how it reads. *Scientific American* 249 (December): 94–111.

Hershey, A.D., and M. Chase. 1952. Independent functions of viral protein and nucleic acid in growth of bacteriophage. *Journal of General Physiology* 36:39–56.

Watson, J.D., and F.H.C. Crick. 1953. Molecular structure of the nucleic acids: A structure for deoxyribose nucleic acid. *Nature* 171:737–38.

Watson, J.D., and F.H.C. Crick. 1953. Genetical implications of the structure of deoxyribonucleic acid. *Nature* 171:964–67.

CHAPTER 3

유전자 기능의 개요

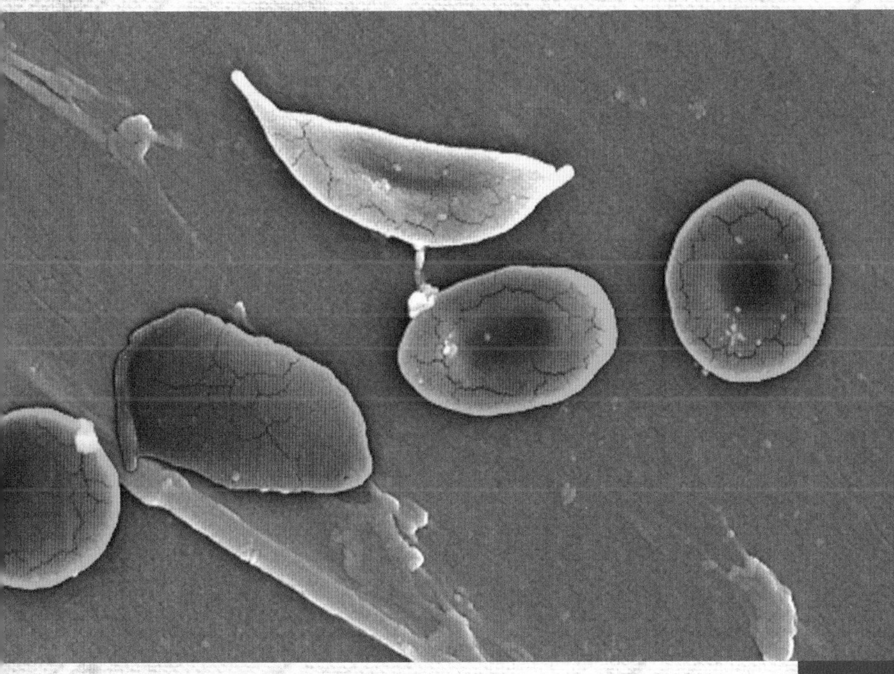

낫처럼 생긴 낫형 적혈구 빈혈증(sickle cell disease) 환자의 적혈구 세포(가운데 위쪽). (© Courtesy Centers for Disease Control and Prevention.)

1장에서 공부한 바와 같이 유전자는 다음과 같은 세 가지 주요 기능을 가지고 있다.

① 유전자는 유전정보의 저장고이다. 즉, 유전자는 생명체의 핵심 분자 중 하나인 RNA를 만드는 정보를 갖고 있다. RNA 염기서열은 유전자의 염기서열에 의해 결정된다. DNA로부터 합성된 RNA는 생명유지에 결정적 세포분자인 단백질을 합성하는 주형으로 작용한다. DNA로부터 RNA와 단백질이 합성되는 과정을 유전자발현(gene expression)이라 한다. 유전자발현에 관해서는 6~19장에서 다룰 것이다.
② 유전자는 복제될 수 있다. DNA 복제는 매우 정확하기 때문에 유전정보가 거의 변화되지 않고 세대 간에 전달될 수 있다. 유전자의 복제에 관해서는 20~21장에서 다룰 것이다.
③ 유전자는 때로 변화(change) 또는 돌연변이(mutation)를 수용한다. 유전자에 일어나는 이러한 변화로 생물체의 진화가 이루어진다. 여기에는 때로 염색체 간에 또는 하나의 염색체 안에서 이루어지는 DNA 교환, 즉 재조합(recombination) 현상이 관여한다. 재조합 현상 중에는 유전체상에서 위치를 이동하는 전이인자(transposable element)라는 DNA 조각이 관여한다. 재조합 및 전이인자에 대해서는 22장과 23장에서 다루기로 한다.

3장에서는 유전자의 세 가지 주요 기능을 대략적으로 살펴보고, 이어지는 장들을 보다 더 깊이 있게 이해하는 데 필요한 몇 가지 기본 정보를 제공하고자 한다.

3.1. 정보의 저장

우선 유전자발현의 개요로부터 시작해서 단백질의 구조, 그리고 유전자발현의 두 단계를 개략적으로 살펴볼 것이다.

1) 유전자 발현의 개요

DNA 유전자에 담겨 있는 정보로부터의 단백질 합성은 두 단계 과정을 통해 이루어진다. 첫 번째 단계는 **전사**(transcription)라 하는데, 이때 두 가닥의 DNA 중 한 가닥과 상보적인 염기서열을 갖는 RNA의 합성이 이루어진다. 두 번째 단계는 **번역**(translation)으로 RNA에 담긴 정보가 폴리펩티드를 합성하는 데 이용된다. 이와 같이 정보를 가지고 있는 RNA를 **전령 RNA**(messenger RNA, mRNA)라 하는데, 이는 RNA가 유전자로부터 단백질이 합성되는 세포 내 공장으로 정보를 마치 전령처럼 전달하기 때문에 붙여진 이름이다.

DNA나 RNA와 마찬가지로 단백질은 긴 사슬처럼 연결된 중합체이다. 단백질 사슬을 이루는 단량체를 아미노산이라 한다. DNA와 단백질 간에는 다음과 같은 정보 관계가 있다. 즉, DNA 유전자의 3개의 뉴클레오티드가 하나의 아미노산을 지정한다.

그림 3.1은 유전자발현의 과정과 DNA 가닥을 부를 때 사용하는 용어를 요약하고 있다. mRNA의 염기서열이 T 대신 U로 치환된 것을 제외하고는 DNA의 위쪽 가닥(파란색)의 염기서열과 똑같다는 사실에 주목하라. mRNA는 폴리펩티드를 합성하는 데 사용되는 정보를 지니고 있기 때문에 "mRNA가 폴리펩티드를 '암호화(code for)'한다" 또는 "mRNA가 폴리펩티드를 '부호화(encoded)'한다"라고 말한다. 따라서 다음과 같이 말할 수 있다. "mRNA는 다음과 같은 아미노산 서열, 즉 메티오닌–세린–아스파라긴–알라닌(약어로는 Met–Ser–Asn–Ala)을 암호화한다." 이 mRNA에서 메티오닌의 암호어[또는 **코돈**(codon)]는 AUG이며 세린, 아스파라긴, 알라닌의 코돈은 각각 AGU, AAC, GCG이다.

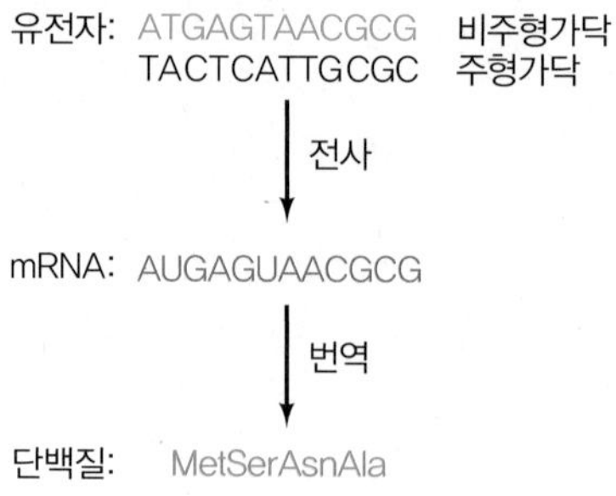

그림 3.1 유전자 발현의 개요. 첫 번째 단계인 전사에서 주형가닥(흑색)이 mRNA로 전사된다. 비주형가닥(청색)의 염기서열이 T가 U로 변환된 것을 제외하고는 mRNA(적색)의 염기서열과 동일함에 주목하라. 두 번째 단계에서 mRNA가 단백질(녹색)로 번역된다. 12개의 염기쌍으로 이루어진 이 작은 유전자는 4개의 아미노산(테트라펩티드)만을 암호화한다. 실제 유전자는 이보다 훨씬 더 크다.

아래쪽 DNA 가닥은 mRNA와 상보적인 염기서열을 가지고 있기 때문에 mRNA 합성에 주형으로 작용했다는 것을 알 수 있다. 따라서 DNA의 아래쪽 가닥을 **주형가닥**(template strand) 또는 전사가닥(transcribed strand)이라 한다. 또한 DNA의 위쪽 가닥을 **비주형가닥**(nontemplate strand) 또는 비전사가닥(nontranscribed strand)이라 한다. 위쪽 가닥은 mRNA 서열에 해당하기 때문에 많은 유전학자들은 이 가닥을 암호화가닥(coding strand)이라 하며, 반대쪽 가닥을 안티–암호화가닥(anticoding strand)이라 하기도 한다. 또한 위쪽 가닥은 mRNA와 똑같은 센스(sense)를 지니고 있기 때문에 센스가닥(sense strand)이라 하고, 아래쪽 가닥을 안티–센스가닥(antisense strand)이라 한다. 그러나 많은 다른 유전학자들은 암호화가닥과 센스가닥을 정반대의 개념으로 사용하기도 한다. 따라서 이러한 혼동을 피하기 위해 이제부터는 주형가닥과 비주형가닥이라는 용어로 통일하여 사용할 것이다.

2) 단백질의 구조

우리는 지금 유전자 발현을 공부하고자 하고 있으며 대부분 유전자의 최종 산물은 단백질이므로 먼저 단백질의 특성에 대해 간단히 살펴보고자 한다. 핵산처럼 단백질은 소단위체로 구성된 사슬형 중합체이다. DNA와 RNA의 경우 뉴클레오티드가 사슬을 연결하고 있으나 단백질 사슬은 **아미노산**(amino acid)이 연결하고 있다. DNA는 네 가지 종류의 뉴클레오티드로 이루어져 있는 반면, 단백질은 20가지의 아미노산으로 구성되어 있다. 그림 3.2는 20가지 종류의 아미노산 구조를 나타내고 있다. 각 아미노산은 1개의 아미노기(NH_3^+), 1개의 카르복실기(COO^-), 1개의 수소 원자(H) 및 1개의 곁사슬을 가지고 있다. 각 아미노산은 서로 다른 곁사슬을 지니고 있다는 점만 차이가 있다. 따라서 서로 다른 곁사슬을 지닌 아미노산들이 배열하여 단백질의 독특한 특성이 결정된다. 그림 3.3에서 보는 바와 같이 아미노산들은 **펩티드결합**(peptide bond)으로 연결된다. 여러 개의 아미노산이 펩티드결합으로 연결되어 **폴리펩티드**(polypeptide)를 형성한다. 단백질은 1개 또는 그 이상의 폴리펩티드로 이루어진다.

DNA 사슬처럼 폴리펩티드 사슬은 극성(polarity)을 띠고 있다. 그림 3.3의 오른쪽에서 보여 주는 바와 같이 2개의 아미노산

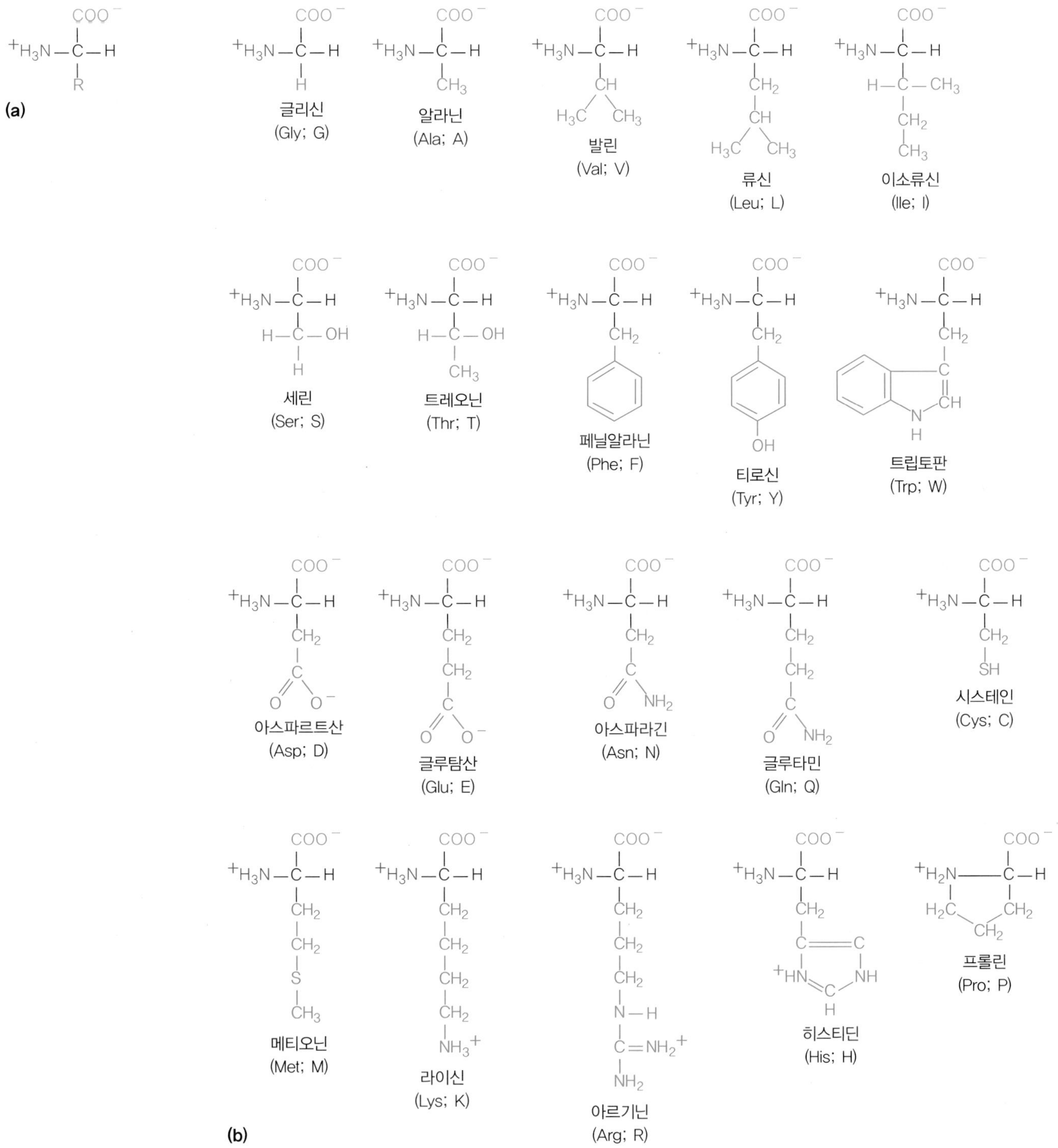

그림 3.2 아미노산의 구조. **(a)** 아미노산의 일반적 구조. 아미노산은 아미노기(NH_3^+, 빨간색)와 산기(acid group)(COO^-, 파란색)를 가지고 있기 때문에 붙여진 이름이다. 아미노산의 또 다른 자리에는 수소 원자(H) 및 곁사슬(R, 초록색)이 존재한다. **(b)** 20가지 아미노산들은 서로 다른 곁사슬을 가지고 있다. 아미노산의 세 글자와 한 글자 약어는 괄호 안에 있다.

이 연결된 디펩티드(dipeptide)는 왼쪽 말단에 1개의 유리 아미노기(amino group)를 가지고 있다. 이 말단을 **아미노 말단**(amino terminus) 또는 **N-말단**(N-terminus)이라고 한다. 이 디펩티드의 오른쪽 말단은 자유 카르복실기(carboxyl group)를 가지고 있기 때문에 **카르복실 말단**(carboxyl terminus) 또는 **C-말단**(C-terminus)이라고 한다.

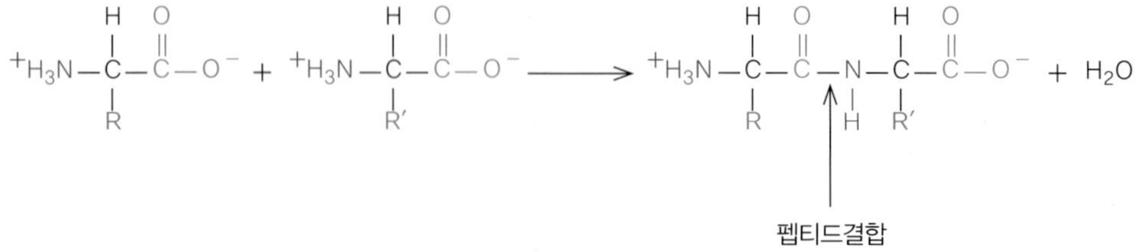

$$^{+}H_3N-\underset{R}{\overset{H}{C}}-\overset{\overset{O}{\|}}{C}-O^- + {}^{+}H_3N-\underset{R'}{\overset{H}{C}}-\overset{\overset{O}{\|}}{C}-O^- \longrightarrow {}^{+}H_3N-\underset{R}{\overset{H}{C}}-\overset{\overset{O}{\|}}{C}-\underset{H}{N}-\underset{R'}{\overset{H}{C}}-\overset{\overset{O}{\|}}{C}-O^- + H_2O$$

펩티드결합

그림 3.3 펩티드결합의 형성. 곁사슬 R과 R′을 갖고 있는 2개의 아미노산이 첫 번째 아미노산의 카르복실기와 두 번째 아미노산의 아미노기가 펩티드결합으로 연결되어 디펩티드가 된다. 이 과정에서 한 분자의 물이 부산물로 생성된다.

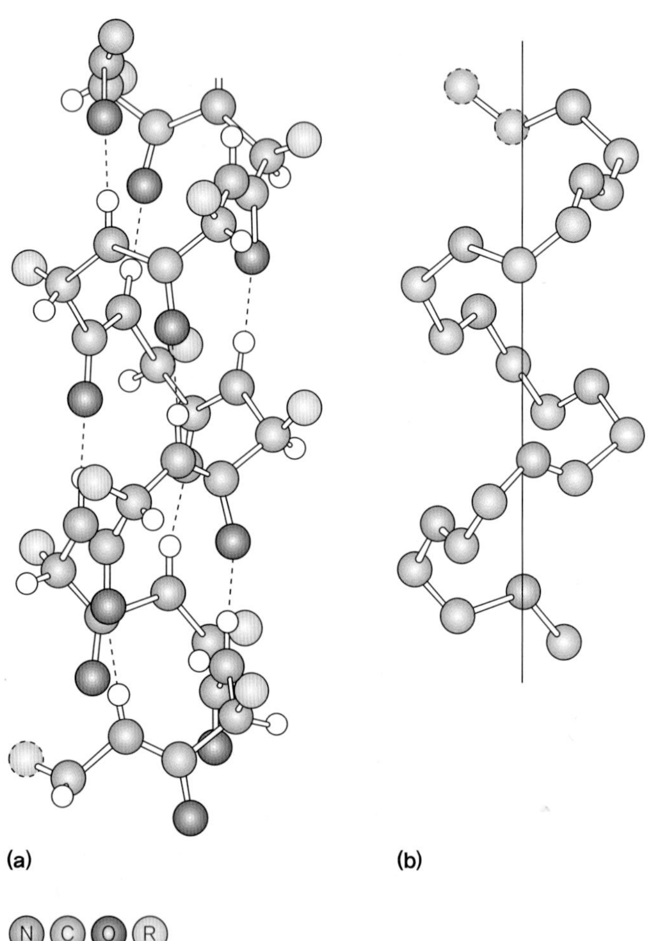

그림 3.4 단백질의 2차구조 중 하나인 α-나선구조. (a) 나선 내 아미노산의 위치를 보여 주고 있다. 나선의 골격은 회색과 파란색으로 표시했다. 점선은 아미노산에 존재하는 수소와 산소 원자 사이의 수소결합을 나타내고, 작은 흰색 원은 수소 원자를 나타낸다. (b) α 나선을 단순화시킨 모식도로 나선의 골격을 구성하는 원자들만 보여 주고 있다.

아미노산의 선상배열을 단백질의 **1차구조**(primary structure)라 한다. 1차구조를 이루고 있는 아미노산들이 이웃하고 있는 다른 아미노산과 상호 반응하여 **2차구조**(secondary structure)를 만든다. α 나선(α-helix)은 가장 일반적인 2차구조이다. 그림 3.4

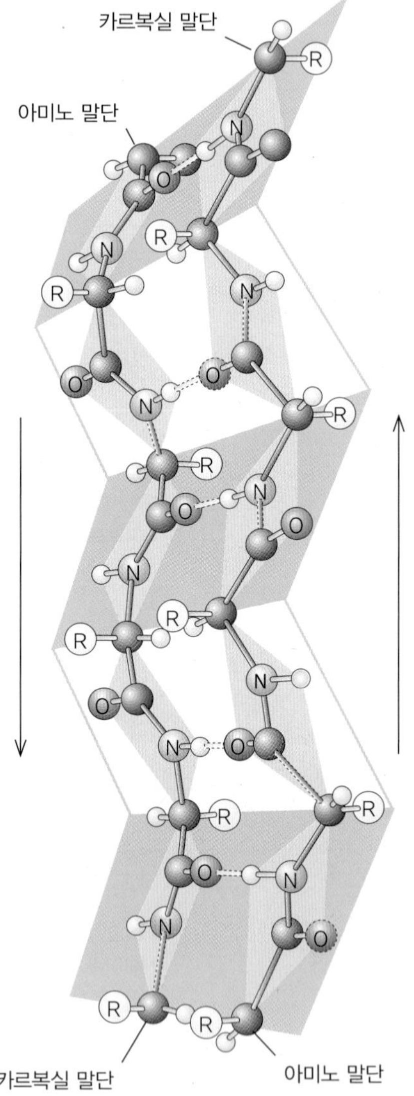

그림 3.5 역평행 β 병풍구조. 2개의 폴리펩티드 사슬은 수소결합(점선)으로 연결되어 측면으로 배열된다. 초록색과 흰색 면은 β 병풍구조가 접혀 있음을 보여 준다. 한쪽 사슬의 아미노 말단과 다른 쪽 사슬의 카르복실 말단이 위쪽 끝에 있다는 점에서 역평행이다. 화살표는 2개의 β 사슬이 역방향에서 아미노 말단에서 카르복실 말단으로 달리고 있음을 표시하고 있다. β 사슬이 같은 방향으로 달리는 평행 β 병풍구조도 존재한다.

에서 보는 바와 같이, α 나선은 이웃하고 있는 근처의 아미노산들이 수소결합하여 만들어진 구조이다. 단백질에서 발견되는 일반

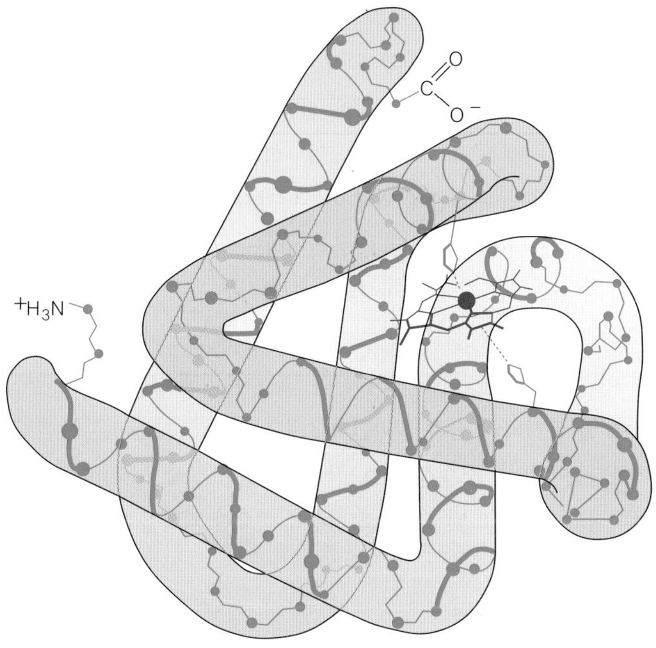

그림 3.6 미오글로빈의 3차 구조. 청록색 나사 모양이 이 단백질의 α 나선 부위를 나타내고 있다. 전체적인 분자의 모양은 공 모양으로 둥그렇게 감긴 소시지와 비슷하다. 빨간색으로 표시된 헴기(hem group)가 2개의 히스티딘(청록색 다각형)에 결합되어 있다.

적인 또 다른 2차구조는 β 병풍구조(β-pleated sheet)이다(그림 3.5). 이 구조는 펼쳐진 단백질 사슬이며, 수소결합으로 상호 작용하여 측면으로 쌓인 것이다. 이 단백질 사슬들이 측면으로 쌓여 판(sheet)과 같은 구조를 형성한다. 비단은 β 병풍구조가 풍부한 단백질이다. 2차구조의 세 번째 유형은 단순한 선회(turn)이다. 이 선회에 의해 한 단백질 내의 α 나선과 β 병풍구조가 서로 연결된다.

폴리펩티드의 전체적인 3차원적 구조를 **3차구조**(tertiary structure)라 한다. 그림 3.6은 어떻게 미오글로빈(myoglobin) 단백질이 3차구조로 접히는지를 보여 주고 있다. 이 그림에는 특히 α 나선과 같은 2차구조가 분명히 나타나 있다. 미오글로빈은 전체적으로 구형의 형태를 지니고 있다. 대부분의 폴리펩티드는 이런 형태를 취하고 있으며, 이를 구형(globular)이라 한다.

그림 3.7은 또 다른 단백질구조의 묘사인 리본모델이다. 이 그림은 구아니딘아세트산 메틸전달효소(guanidinoacetate methyltransferase, GAMT)의 3차구조를 그린 것이다. 이 그림은 세 가지 형태의 2차구조 즉, α 나선(나선형 리본), β 병풍구조(나란히 놓여 있는 납작한 화살표), 선회(구조적 요소 사이의 선)를 보여 주고 있다. 공과 막대들은 단백질에 결합한 2개의 작은 분자들을 묘사하고 있다. 이는 입체뷰어(viewer)나 매직아이(magic eye, 동조 지시용 진공관) 기술을 사용하여 3차원적으로 볼 수 있

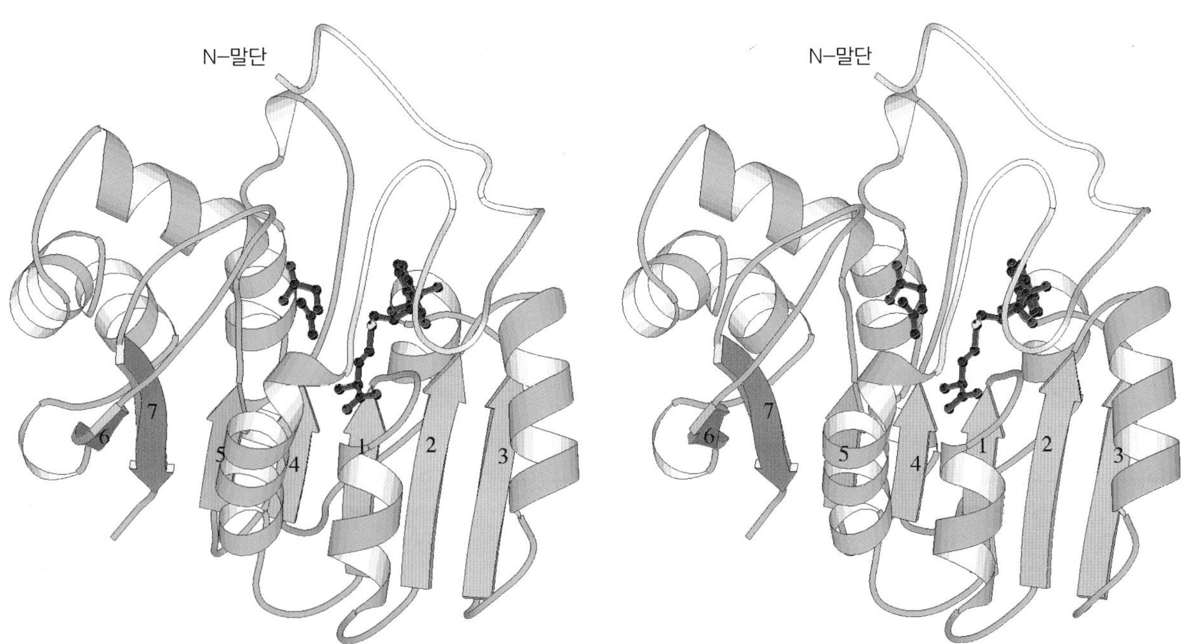

그림 3.7 구아니딘아세트산 메틸전달효소(GAMT)의 3차구조. α 나선(꼬인 리본들), β 병풍구조(숫자가 표시된 납작한 화살표), 그리고 선회(줄)를 포함한 2차구조를 뚜렷이 볼 수 있다. 2개의 결합분자들(공과 막대 그림)은 구아니딘아세트산(왼쪽)과 S-아데노실호모시스테인(오른쪽)이다. 구아니딘아세트산은 이 효소의 기질 중 하나이며, S-아데노실호모시스테인은 산물 저해제(product inhibitor)이다. (출처: Reprinted with permission from Fusao Takusagawa, University of Kansas.)

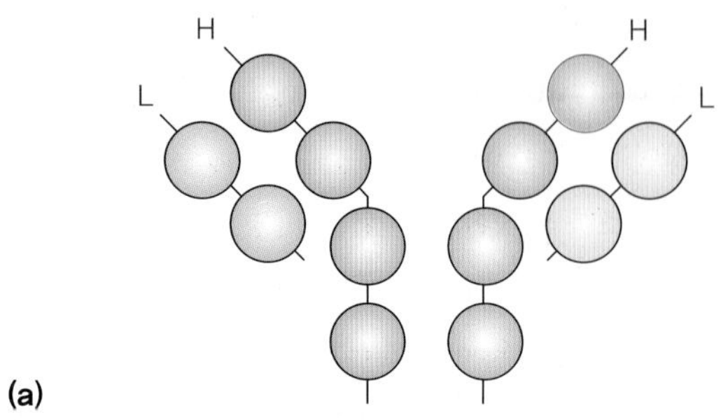

(a)

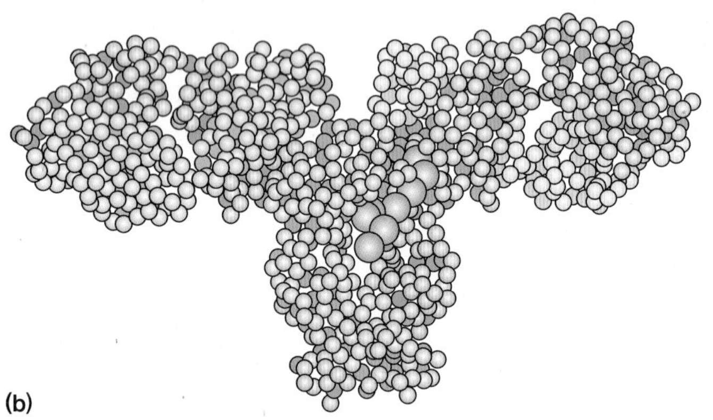

(b)

그림 3.8 면역글로불린의 구형 영역. **(a)** 면역글로불린을 구성하는 4개의 폴리펩티드, 즉 2개의 경사슬(L)과 2개의 중사슬(H)을 보여 주는 모식도. 경사슬과 중사슬은 각각 2개와 4개의 구형 영역을 가지고 있다. **(b)** 면역글로불린의 공간-채움 모형. 색깔은 (a)와 동일하다. 따라서 2개의 H-사슬은 복숭아색과 파란색이고, L-사슬은 초록색과 노란색이다. 회색은 이 단백질과 결합하고 있는 복합당(complex sugar)이다. 각 폴리펩티드의 구형 영역에 주목하라. 또한 어떻게 4개의 폴리펩티드가 서로 맞추어져 4차구조를 형성하는지를 주목해서 보라.

게 하는 입체모형이다.

미오글로빈과 GAMT는 대체적으로 단일 구형구조이지만 다른 단백질은 1개 이상의 조밀한 구조적 부위를 가지고 있을 수 있다. 이러한 구조적 부위를 **영역**(domain)이라 한다. 항체는 이 영역을 이해하는 데 좋은 예가 된다. 그림 3.8에서 볼 수 있듯이 IgG형의 항체를 이루는 4개의 폴리펩티드는 각각 여러 개의 구형영역을 가지고 있다. 9장에서 단백질과 DNA의 결합을 공부할 때에도 영역은 일반적인 구조적-기능적 **모티프**(motif)를 지니고 있음을 알게 될 것이다. 예를 들어 징크핑거(zinc finger)라고 하는 손가락 형태의 모티프가 DNA 결합에 관여한다. 그림 3.8은 또한 단백질의 최상위 구조인 **4차구조**(quaternary structure)를 보여 주고 있다. 4차구조는 2개 또는 그 이상의 폴리펩티드가 서로 잘 끼워져서 복합체 단백질을 이루는 구조이다. 마치 이 책의 선상서열의 글자들이 단어, 문장 그리고 문단을 결정하는 것처럼 단백질의 아미노산 서열이 고차원의 단백질구조를 결정하는 것으로 생각해 왔다. 그러나 이러한 생각은 단백질의 구조결정을 지나치게 단순화시킨 것이다. 왜냐하면 대부분의 단백질은 정상적인 세포 내 환경을 벗어나면 스스로 접히지 못하기 때문이다. 단백질의 정상적인 접힘(folding)에는 단백질 자체뿐만 아니라 세포 내 다른 인자가 필요하며, 폴리펩티드의 합성 과정 중에 접힘이 이루어지는 경우도 있다.

단백질의 모양을 적절하게 만드는 힘은 무엇일까? 단백질 모양은 어떤 경우 공유결합에 의해 이루어지지만, 대부분의 경우는 비공유결합에 의해 이루어진다. 폴리펩티드 안과 사이의 주요 공유결합은 시스테인 사이에 형성되는 이황화(S-S)결합이다. 비공유결합은 주로 소수성결합과 수소결합이다. 예상할 수 있듯이 소수성 아미노산은 폴리펩티드의 안쪽 또는 폴리펩티드 사이에 결집하여 물 분자와의 접촉을 피한다[소수성(hydrophobic)은 물을 싫어하다는 의미]. 소수성 상호 작용(hydrophobic interaction)은 단백질의 3차구조 및 4차구조 형성에 중요한 역할을 한다.

3) 단백질의 기능

단백질이 그렇게 중요한 분자인 이유는 무엇일까? 어떤 단백질은 세포의 보전과 모양을 유지시키는 구조를 만들며, 어떤 단백질은 한 세포에서 다른 세포로 신호를 전달하는 호르몬(hormone)으로 작용하기도 한다. 예를 들면, 췌장은 인슐린이라는 호르몬을 분비하여 간과 근육세포가 혈액으로부터 당을 흡수하도록 한다. 단백질은 또한 기질(substrate)과 결합하여 운반할 수 있다. 헤모글로빈 단백질은 산소를 폐에서 신체의 먼 곳까지 운반한다. 미오글로빈은 근육조직에서 산소가 사용될 때까지 산소를 저장한다. 단백질은 또한 유전자의 활성을 조절한다. 단백질은 생명 유지에 필요한 수백 가지 화학반응을 촉매하는 효소로 작용한다. 따라서 서로 다른 단백질은 세포가 특정한 기능을 갖도록 한다. 즉, 췌장의 섬세포(islet cell)는 인슐린을 만드는 반면, 적혈구는 헤모글로빈을 만든다. 이와 비슷하게, 서로 다른 생물체는 서로 다른 단백질을 만든다. 예를 들면, 조류는 깃털 단백질을 만들고 포유류는 털 단백질(hair protein)을 만든다. 이렇듯 생물체마다 단백질이 서로 다르지만 24장과 25장에서 보는 것처럼 거기에는 상상하는 것 이상으로 미묘한 차이가 있다.

(1) 유전자와 단백질과의 상관성

유전자와 단백질과의 관련성은 외과의사인 아치볼드 개로드(Archibald Garrod)가 1902년에 마치 1개의 열성유전자에 의해 발생한 것처럼 보이는 알캅톤뇨증(alcaptonuria)을 언급한 때로

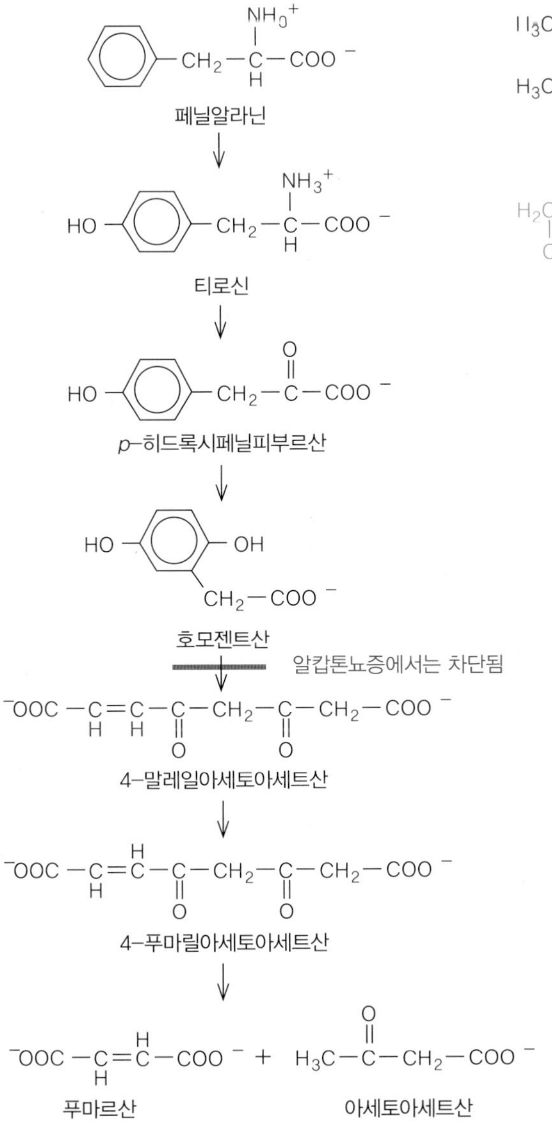

그림 3.9 페닐알라닌 분해경로. 알캅톤뇨증 환자는 호모젠트산을 4-말릴아세트산으로 바꾸는 효소가 결핍되어 있다.

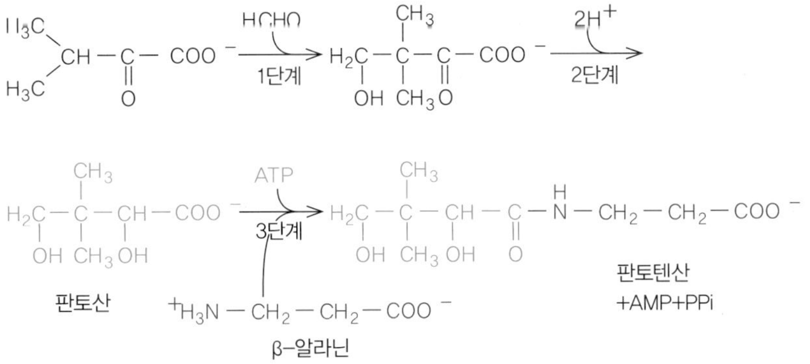

그림 3.10 판토텐산 합성경로. 판토산(파란색)과 β-알라닌(빨간색)이 결합하여 판토텐산이 형성되는 마지막 단계(3단계)가 비들과 테이텀의 돌연변이주에서는 차단되어 있다. 즉, 이 단계를 담당하는 효소에 결함이 있음을 뜻한다.

거슬러 올라간다. 다행히 멘델의 연구 업적이 그보다 2년 전에 재발견되어 개로드의 발견에 대한 이론적 배경을 제공할 수 있었다. 알캅톤뇨증 환자는 다량의 호모젠트산(homogentisic acid)을 분비하여 검은색 오줌을 누게 된다. 개로드는 그 이유를 이 호모젠트산의 대사 이상 때문인 것으로 생각했다. 다시 말하면, 댐이 물을 가두는 것과 마찬가지로 대사 과정의 단절로 비정상적으로 높은 수준의 대사중간체인 호모젠트산이 축적된 결과로 생각한 것이다. 몇 년 후 개로드는 아미노산인 페닐알라닌을 분해하는 대사 과정의 이상으로 알캅톤뇨증이 발생한다고 제안하였다(그림 3.9).

그 당시에는 물질대사 과정이 연구되고 있는 시기였으며, 1개의 효소가 물질대사의 한 단계를 조절함으로써 물질대사가 이루어진다는 사실을 알게 된 시기였다. 따라서 알캅톤뇨증 환자는 결함이 있는 효소를 가지고 있는 것처럼 보였다. 알캅톤뇨증이 단순한 멘델의 유전법칙에 의해 유전된다는 사실에 기초하여, 개로드는 유전자가 효소의 합성을 조절하고 있음이 분명하다고 결론지었다. 유전자에 결함이 발생하면 결함을 지닌 효소가 합성된다. 이는 유전자와 단백질 간에는 결정적인 개념적 연결고리가 있음을 알려주는 것이다.

1940년대의 조지 비들(George Beadle)과 테이텀(E. I. Tatum)은 빵에 흔히 생기는 곰팡이인 **붉은빵곰팡이**(*Neurospora crassa*)를 이용해 위의 논의를 진일보시켰다. 이들이 행한 실험은 다음과 같다. 첫째, 붉은빵곰팡이의 포자를 형성하는 부위인 자낭각(peritheca)에 돌연변이를 유발시키기 위해 X-선을 조사했다. 그런 다음, 포자를 모아 각각 따로 발아시킨 후, 수천 개의 균주 중에서 몇 개의 돌연변이주(mutant)를 얻었다. 이 돌연변이주들은 자당, 염, 무기질소와 비타민인 비오틴(biotin)으로만 이루어진 최소배지에서는 살지 못했다. 야생형 붉은빵곰팡이는 최소배지에서 쉽게 자랐지만, 돌연변이주는 비타민과 같은 물질을 첨가해 주어야만 생존할 수 있었다.

그리고 비들과 테이텀은 그 돌연변이주를 생화학적 및 유전학적으로 분석했다. 여러 가지 물질을 돌연변이주의 배양액에 한 가지씩 첨가하여 배양함으로써 그 균주의 생화학적 결함을 정확하게 찾아냈다. 예를 들면, 비타민 판토텐산(pantothenate)이 합성되는 마지막 단계는 판토산(pantoate)과 β-알라닌이 결합하는 단계이다(그림 3.10). 이들이 얻은 한 돌연변이주는 판토텐산을 함유한 배지에서는 자랄 수 있었지만 판토산(pantoate)과 β-알라닌이 들어 있는 배지에서는 자라지 못하였다. 이는 판토텐산을 합성하

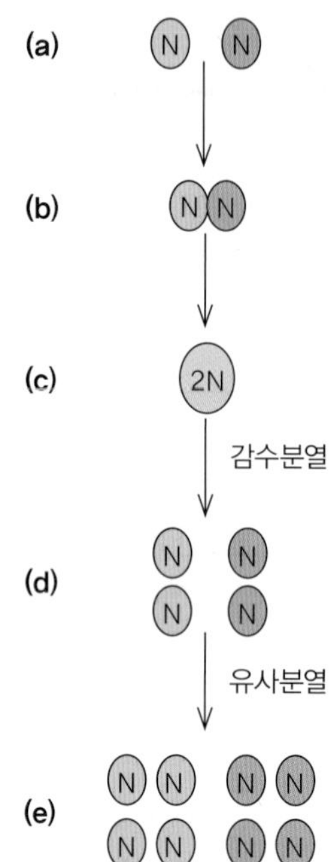

그림 3.11 붉은빵곰팡이의 포자 형성. (a) 2개의 반수체핵(1개는 노란색의 야생형이며, 다른 1개는 파란색의 돌연변이주)이 미성숙한 곰팡이의 자실체에 함께 들어간다. (b) 두 핵이 융합을 시작한다. (c) 융합이 완료되어 1개의 이배체 핵(초록색)이 형성된다. 염색체 중 절반은 야생형에서, 나머지 절반은 돌연변이주에서 온 것이다. (d) 감수분열이 일어나 4개의 반수체 핵이 만들어진다. 만일 돌연변이주의 표현형이 1개의 유전자에 의해 조절된다면 이 핵 중 2개(파란색)는 돌연변이 대립유전자를, 2개(노란색)는 야생형 대립유전자를 가져야 한다. (e) 유사분열(mitosis)이 일어나 최종적으로 8개의 반수체 핵이 만들어져 자낭포자(ascospore)가 된다. 이 핵 중 4개(파란색)는 돌연변이 대립유전자를, 그리고 나머지 4개(노란색)는 야생형 대립유전자를 지녀야 한다. 만일 돌연변이주의 표현형이 1개 이상의 유전자에 의해 조절된다면 결과는 훨씬 더 복잡해질 것이다.

는 생화학적 경로의 마지막 단계(3단계)가 차단되어 있음을 의미하는 것이기 때문에 이 3단계를 수행하는 효소에 결함이 있다는 것을 보여 주는 것이었다.

유전학적 분석은 손쉽게 이루어졌다. 자낭균류(ascomycetes)인 붉은빵곰팡이는 2개의 서로 다른 접합형(mating type)을 가진 핵이 융합하여 감수분열함으로써, 자낭(ascus)이라는 자실체(fruiting body)에 8개의 반수체 자낭포자(ascospore)를 만든다. 그러므로 돌연변이주를 반대의 접합형을 가진 야생형 균주와 교배시켜 8개의 포자를 만들게 할 수 있다(그림 3.11). 만일 돌연변이주의 표현형이 1개의 유전자에 발생한 돌연변이 때문이라면 8개의 포자 중 4개는 돌연변이주일 것이며, 나머지 4개는 야생형이어야 한다. 비들과 테이텀은 포자들을 모아 독립적으로 발아시킨 후, 다 자란 곰팡이의 표현형을 검토했다. 그 결과 8개의 포자 중 4개가 돌연변이주였다. 이러한 결과로부터 돌연변이주의 표현형은 1개의 유전자에 의해 조절됨을 알 수 있게 되었다. 이러한 결과를 반복적으로 얻을 수 있었기 때문에 비들과 테이텀은 생화학적 대사 과정에서 1개의 효소는 1개의 유전자에 의해 조절된다고 결론지었다.

후일의 연구 결과, 많은 효소들이 1개 이상의 폴리펩티드로 이루어져 있으며, 각각의 폴리펩티드는 대부분 1개의 유전자에 의해 암호화된다는 사실이 밝혀지게 되었다. 이와 같이 '1개의 폴리펩티드는 1개의 유전자에 의해 암호화된다'는 가설을 **1-유전자/1-폴리펩티드 가설**(one-gene/one-polypeptide hypothesis)이라 한다. 1장에서 살펴본 바와 같이 이 가설은 tRNA와 rRNA 유전자, 단순히 말하면 RNA들을 암호화하는 유전자들을 설명하기 위해서는 수정이 필요하다. 10여 년 동안 이런 유전자는 적은 수, 즉 100개 이하로 추정되었다. 그러나 21세기에 들어 엄청나게 많은 비암호화 RNA(non-coding RNA)가 발견되었으며, 인간에게서만도 수천 개가 발견되었다. 이런 RNA 중 어떤 것은 기능이 없기 때문에 모두가 말하는 진정한 유전자 산물이라고 정의할 수는 없다. 그러나 많은 다른 RNA는 명백하고 중요한 기능을 지니고 있다. 따라서 '유전자'라고 하는 단어의 진정한 정의는 점점 더 복잡하고 논쟁거리가 되고 있다. 이제 우리는 중첩 유전자, 유전자 내의 유전자, 조각난 유전자뿐만 아니라 보다 더 색다른 유전자가 존재할 가능성이 있음을 알고 있다. 이런 복잡한 문제에 대해서는 차후에 다루어질 것이다. 이 장의 나머지 부분에서는 단백질을 암호화하는 '전통적'인 유전자의 발현을 살펴볼 것이다.

4) 전령 RNA의 발견

왓슨과 크릭의 DNA 모델이 발표된 후, 유전자에서 리보솜으로 정보를 운반하는 전령 RNA(messenger RNA)의 개념이 도입되었다. 1958년에 크릭은 RNA가 유전정보를 운반하는 매개자로 작용한다고 제안했다. 크릭의 이 가설은 DNA는 진핵세포의 핵 내에 존재하는 반면, 단백질은 세포질에서 합성된다는 사실에 근거한 것이다. 이와 같은 사실은 무엇인가가 유전정보를 한 장소에서 다른 장소로 운반해야 함을 뜻하는 것이다. 크릭은 리보솜이 RNA를 가지고 있다는 사실에 주목하여 리보솜 RNA(rRNA)가 정보의 운반체라고 제안했다. 그러나 rRNA는 리보솜의 구성성분이기 때문에 리보솜으로부터 빠져나올 수 없다. 그러므로 크릭의 가설은 각각의 리보솜은 자체의 rRNA로부터 같은 종류의 단백질을 계속해서 만들어 낸다는 것이다.

자코브(F. Jacob) 등은 **전령**(messenger)이라 불리는 불안정

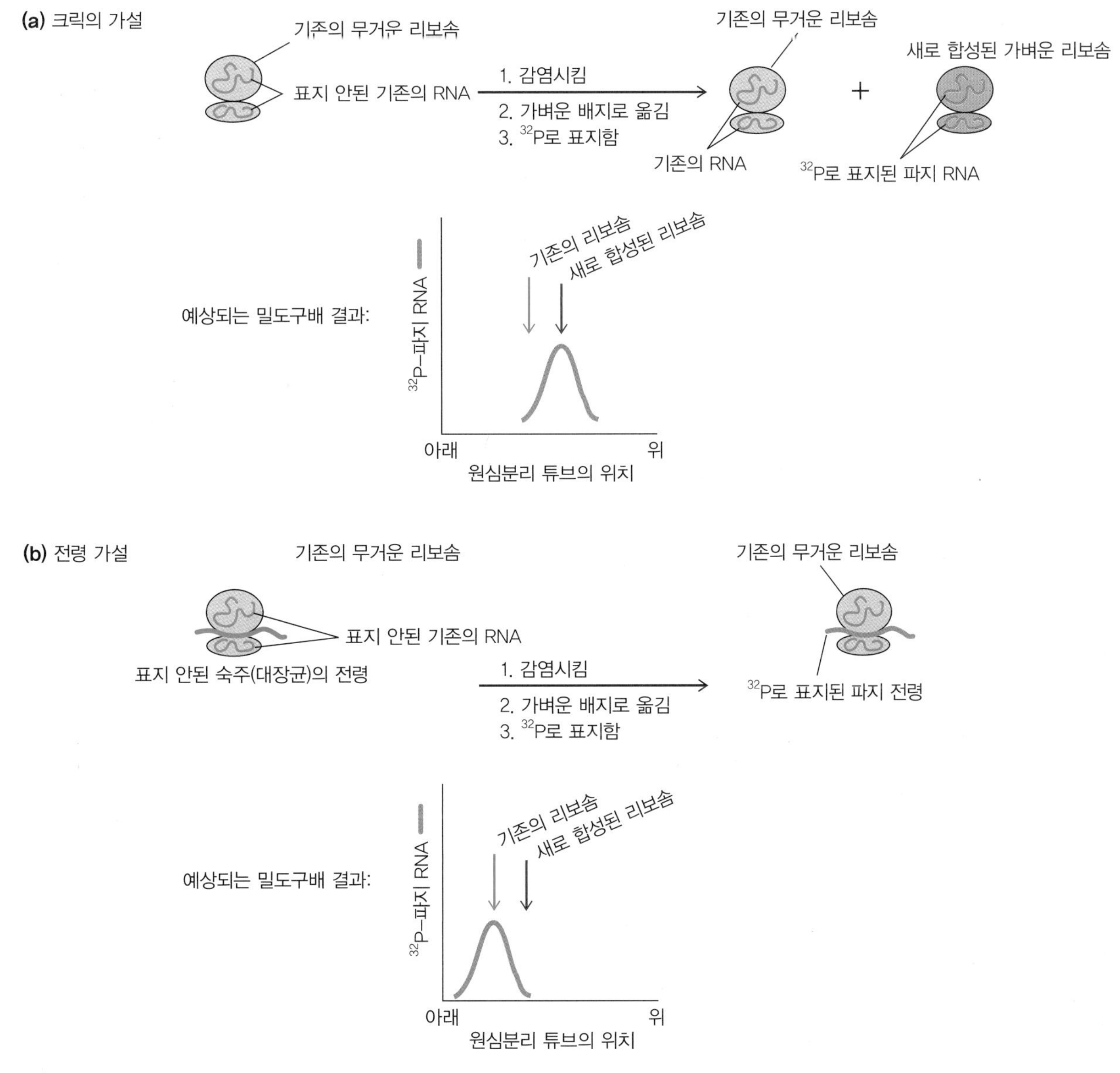

그림 3.12 전령 가설의 실험적 검증. 무거운 탄소와 질소의 방사선 동위원소로 대장균 세포를 표지하여 무거운 리보솜을 만든다. 그런 다음 그 대장균을 T2 파지로 감염시킴과 동시에 탄소와 질소의 보통 동위원소(가벼운 동위원소)가 함유된 배지에 옮긴다. 이때 파지의 RNA는 ^{32}P로 표지한다. **(a)** 크릭은 리보솜 RNA가 단백질을 합성하는 메시지를 운반한다는 가설을 제시했었다. 이 가설이 옳다면, 파지 리보솜 RNA를 가지는 리보솜이 파지 감염 후 새로 합성될 것이다. 이 경우 새로 합성된 ^{32}P로 표지된 RNA(초록색)는 밀도 구배에서 새로 합성된 가벼운 리보솜(분홍색)과 함께 이동할 것이다. 실제로 이런 실험 결과는 나오지 않았다. **(b)** 자코브 등은 전령 RNA가 유전정보를 리보솜으로 운반한다는 가설을 제시했다. 이 가설대로라면 감염 후 새로 합성된 ^{32}P로 표지된 파지 RNA(초록색)는 무거운 리보솜(파란색)에 결합할 것이다. 따라서 방사성 동위원소로 표지된 RNA는 밀도구배에서 새로 합성된 가벼운 리보솜이 아니라 기존에 존재하고 있던 무거운 리보솜과 함께 움직일 것이다. 실제로 이런 실험 결과가 나왔다.

한 RNA를 번역하는 비특정 리보솜이 존재한다는 새로운 가설을 제시했다. 전령은 유전자로부터 리보솜으로 유전정보를 가져오는 독립적인 RNA이다. 1961년에 자코브는 시드니 브레너(Sydney Brenner)와 매튜 메셀슨(Matthew Meselson)과 함께 전령 가설(messenger hypothesis)의 증거를 발표했다. 이 연구에는 허쉬와 체이스가 10여 년 전에 DNA가 유전물질이라는 사실을 입증하는 데 사용한 T2 박테리오파지가 사용되었다(2장 참조). 이 실험의 주요 내용은 다음과 같다. T2 파지가 대장균(*E. coli*)에 감염하면 대장균의 단백질 합성을 중지시키고 파지 단백질을 만들도록 한다. 크릭의 가설이 맞으려면 파지 단백질은 파지 RNA를 가진 새로 생성된 리보솜에 의해 합성되어야만 한다.

기존의 리보솜과 새로 생성된 리보솜을 구별하기 위해 이들은 파지를 감염시키기 전에 대장균의 리보솜을 질소와 탄소의 무거운 방사성 동위원소인 ^{15}N와 ^{13}C으로 표지하였다. 이렇게 하면 기

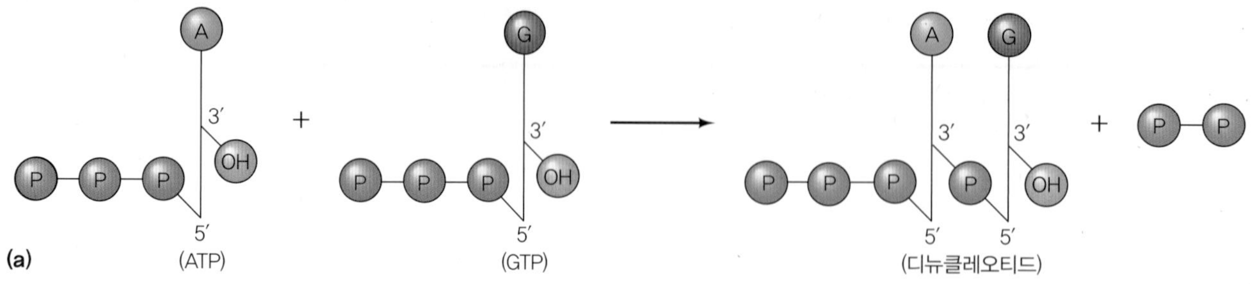

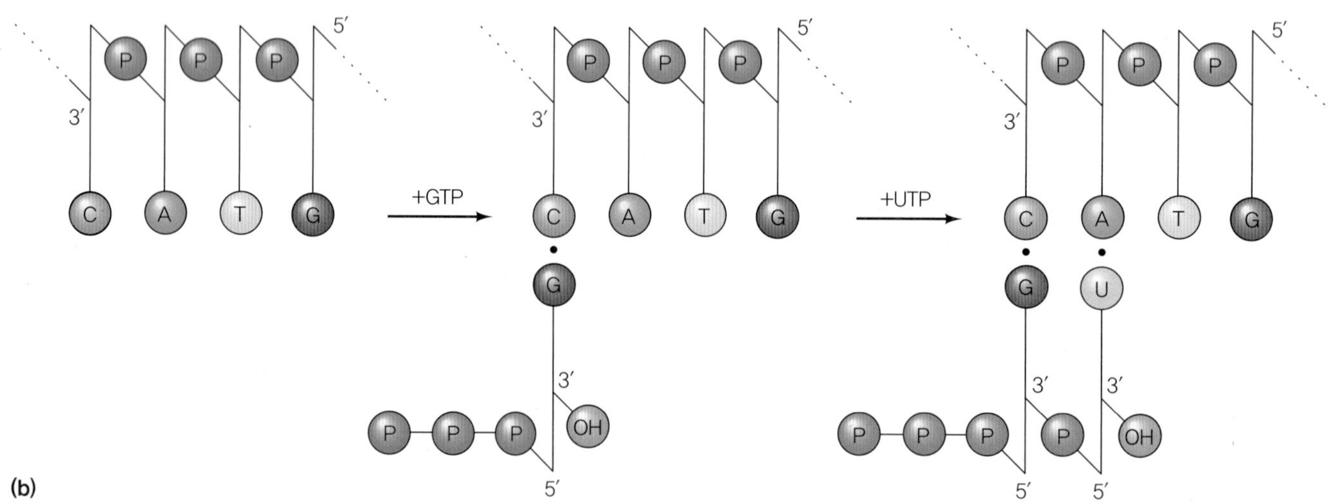

그림 3.13 RNA 합성. (a) RNA 합성에서 인산디에스테르결합의 형성. ATP와 GTP가 연결되어 디뉴클레오티드(dinucleotide)를 형성한다. 구아노신과 가장 가까이 위치한 인 원자가 인산디에스테르결합에 남는다는 것을 주목하라. 나머지 2개의 인산은 피로인산(pyrophosphate)이라고 하는 부산물로 제거된다. **(b)** DNA 주형에서 RNA의 합성. 윗줄에 있는 DNA 주형은 3′-dC-dA-dT-dG-5′의 서열을 가지고 있으며 점선으로 표시한 것처럼 양방향으로 뻗어 있다. RNA 합성은 DNA 주형에 있는 dC 뉴클레오티드와 GTP가 염기쌍을 형성하면서 시작된다. 그다음 UTP의 우리딘 뉴클레오티드가 DNA 주형의 dT 뉴클레오티드와 염기쌍을 만들고 GTP와 인산디에스테르결합을 형성한다. 이로써 GU 디뉴클레오티드가 합성된다. 같은 방식으로 새로운 뉴클레오티드가 전사가 완결될 때까지 성장하는 RNA 사슬에 첨가된다. 부산물인 피로인산은 표시하지 않았다.

존의 리보솜은 무거워진다. 그런 다음, T2 파지로 이 세포를 감염시키고, 동시에 가벼운 질소(^{14}N)와 탄소(^{12}C)를 함유하고 있는 배지로 세포를 옮긴다. 따라서 파지 감염 후에 만들어진 리보솜은 가벼운(light) 리보솜이 되며, 이 리보솜은 밀도구배 원심분리(density gradient centrifugation) 동안 기존의 무거운(heavy) 리보솜과 분리될 것이다. 브레너와 동료는 파지가 합성하는 RNA를 ^{32}P로 표지하였다. 그런 후 다음과 같은 질문을 던졌다. 방사성 동위원소로 표지된 파지 RNA는 새로 생성된 리보솜에 결합할까? 아니면 기존의 리보솜에 결합할까?

그림 3.12는 파지 RNA가 감염 이전에 만들어진 rRNA를 지닌 기존의 리보솜에서 발견됨을 보여 주고 있다. 이 기존의 rRNA는 분명히 파지의 유전정보를 가지고 있지 않을 것이며, 더 나아가 숙주의 유전정보를 가질 가능성도 거의 없을 것이다. 따라서 리보솜은 변함이 없다는 결론을 내릴 수 있다. 폴리펩티드의 특성은 리보솜에 결합하는 mRNA에 의해 결정된다. 이는 DVD 재생기와 DVD와의 관계와 비슷하다. 다시 말해 영화(폴리펩티드)의 특성은 DVD(mRNA)에 달려 있는 것이지 재생기(리보솜)와는 관련이 없다.

다른 연구자들이 이미 전령이 될 수 있는 더 나은 후보 물질을 찾아냈다. 그것은 불안정한 RNA의 일종으로 리보솜과 일시적으로 결합한다. 흥미롭게도 T2 파지에 감염된 세포에서 이 RNA는 박테리아의 DNA 및 RNA와는 완전히 다르고 파지 DNA와 매우 비슷한 염기 조성을 가지고 있었다. 이 RNA가 정확하게 파지 **전령 RNA**(messenger RNA, mRNA)이다. 한편 숙주의 mRNA는 rRNA와는 달리 숙주의 DNA와 비슷한 염기조성을 가졌다. 이러한 결과들은 rRNA가 아니라 mRNA가 유전정보를 운반하는 전

(a) 개시

(a) RNA 중합효소가 프로모터에 결합한다.

(b) 몇 개의 인산디에스테르 결합이 최초로 형성된다.

(b) 신장

ppp

(c) 종결

그림 3.14 전사. (1a) 개시의 첫 번째 단계에서 RNA 중합효소(빨간색)가 프로모터에 강하게 결합하여 DNA 일부를 용해시킨다. (1b) 개시의 두 번째 단계에서 중합효소가 몇 개의 뉴클레오티드를 인산디에스테르결합으로 연결하여 RNA(파란색)를 만든다. 첫 번째 뉴클레오티드는 삼인산기(ppp)를 가지고 있다. (2) 신장기 동안 용해된 DNA 부위도 중합효소와 함께 이동하여 중합효소가 DNA 주형을 읽어 상보성 RNA를 만들게 한다. (3) 중합효소가 종결 신호에 도달하면 RNA와 중합효소가 주형 DNA로부터 떨어지고 전사가 종결된다.

령으로 작용한다는 가설에 더욱 무게를 실어 줬다.

5) 전사

예상할 수 있듯이 전사(transcription)는 DNA 복제에 적용되는 염기쌍의 원칙을 따른다. 즉, DNA의 T, G, C, A는 각각 RNA의 A, C, G, U와 쌍을 이룬다. (RNA에서는 우라실이 DNA의 티민 자리에 있음을 주목하라.) 이와 같은 염기쌍의 생성 양상은 RNA가 유전자의 정확한 복제품이 되도록 보증한다(그림 3.13).

당연히 전사는 우연히 일어나는 것이 아니라 효소에 의해 촉매되는 고도로 통제된 화학반응이다. 전사를 수행하는 효소를 **RNA 중합효소**(RNA polymerase)라 한다. 그림 3.14는 대장균 RNA 중합효소의 작용기작을 모식화한 것이다. 전사는 개시(initiation), 신장(elongation) 및 종결(termination)의 3단계로 이루어진다. 박테리아에서 3단계의 개략적인 과정은 다음과 같다.

① **개시** 먼저 RNA 중합효소가 유전자의 상단부(upstream)에 존재하는 **프로모터**(promoter) 부위를 인지하여 단단하게 결합한 후 프로모터 내의 적어도 12bp를 용해 또는 분리시킨다. 그런 다음 RNA 중합효소가 RNA 가닥을 합성한다. RNA 합성에 사용되는 기질은 **리보뉴클리오시드삼인산**(ribonucleoside triphosphate)인 ATP, GTP, CTP, UTP이다. 맨 처음 사용되는 개시 리보뉴클리오시드삼인산은 항상 퓨린 뉴클레오티드이다. 첫 번째 뉴클레오티드가 자리를 잡으면 중합효소가 두 번째 뉴클레오티드를 첫 번째 뉴클레오티드와 인산디에스테르결합(phosphodiester bond)으로 연결한다. 중합효소가 프로모터를 지나 신장을 시작하기 전에 몇 개의 뉴클레오티드가 연결된다.

② **신장** 신장 단계에서 RNA 중합효소는 5′→3′ 방향(RNA의 5′-말단에서 3′-말단으로)으로 신장하고 있는 RNA 사슬에 리보뉴클레오티드를 순차적으로 결합시킨다. RNA 중합효소가 DNA **주형**(template)을 따라 이동하면서 용해된 DNA 거품도 함께 이동한다. 이 용해된 DNA 부위는 주형 DNA의 염기를 하나씩 노출시켜 들어오는 리보뉴클레오티드의 염기와 쌍을 이룬다. 전사 기구가 지나가면 두 가닥의 DNA는 서로 다시 감겨서 이중나선 구조를 형성한다. 이런 점에서 전사와 DNA 복제는 다음과 같이 두 가지 근본적 차이가 있음을 알 수 있다. ① RNA 중합효소는 전사 과정에서 오직 한 가닥의 RNA를 합성한다. 이는 RNA 중합효소가 특정 유전자의 두 가닥 DNA 중 한 가닥만을 복사함을 의미한다. 그러나 반대편 DNA 가닥, 즉 전사되지 않는 DNA 가닥은 또 다른 유전자에 의해 전사될 수 있다. 따라서 전사는 DNA 양 가닥이 모두 복사되는 반보존적 DNA 복제와는 달리 **비대칭적**(asymmetrical)이라 할 수 있다. ② 전사가 일어나는 동안 DNA의 용해는 매우 제한적이며 일시적으로 나타난다. 두 DNA 가닥은 RNA 중합효소가 주형 DNA 가닥을 겨우 읽을 수 있을 만큼만 벌어진다. 그러나 DNA 복제 때는 두 부모 DNA 가닥이 영원히 분리된다.

③ **종결** 프로모터가 전사의 개시신호로 작용하는 것처럼, 유전자 말단에 존재하는 종결자(terminator)가 전사종결의 신호가 된다. 종결자는 RNA 중합효소와 연대하여 DNA 주형과 RNA 산물의 결합을 느슨하게 만든다. 그 결과 RNA가 DNA와 RNA 중합효소로부터 분리되어 전사과정이 종결된다.

마지막으로 중요한 관례를 살펴보자. RNA 서열은 항상 5′에서 3′ 방향(왼쪽에서 오른쪽으로)으로 쓴다. RNA는 5′에서 3′ 방향으로 합성되고, mRNA 또한 5′에서 3′ 방향으로 번역되기 때문에 이렇게 쓰는 것이 자연스럽다. 리보솜이 5′에서 3′ 방향으로 메시지를 읽기 때문에 RNA 서열을 5′에서 3′ 방향으로 기술하여 문장을 읽듯이 자연스럽게 읽어 나갈 수 있도록 한다.

유전자는 또한 항상 전사가 왼쪽에서 오른쪽 방향으로 진행되도록 기술한다. 한쪽 말단에서 다른 쪽 말단으로 진행되는 이러한 전사의 흐름으로 인해 상단부(upstream)라는 용어가 생기게 되었다. 상단부라는 용어는 전사개시 부위와 가까운 쪽, 즉 통상적으로 유전자의 왼쪽 끝에 가까운 DNA 부위를 일컫는다. 그러므로 대부분의 프로모터는 유전자의 상단부에 위치한다고 할 수 있다. 같은 관점에서 유전자는 일반적으로 프로모터의 하단부(downstream)에 위치한다. 유전자를 기술할 때는 또한 유전자의 비주형가닥이 위쪽에 오도록 한다.

6) 번역

번역기작은 또한 복잡하고 매혹적이다. 자세한 것은 나중에 다시 설명할 것이며, 여기서는 번역에 결정적인 역할을 하는 리보솜과 전달 RNA (transfer RNA)를 개략적으로 살펴볼 것이다.

(1) 리보솜: 단백질 합성기구

그림 3.15는 대장균의 **리보솜**(ribosome)과 그 2개의 소단위체인 50S와 30S의 개략적인 모양을 보여 주고 있다. 50S와 30S는 이 소단위체의 **침강계수**(sedimentation coefficient)이다. 침강계수는 어떤 입자가 초원심분리기에서 원심분리될 때 용액을 통과하는 속도의 측정치이다. 더 큰 침강계수를 가지고 있는 50S 소단위체는 원심분리력이 작용할 때 더 빨리 원심분리 튜브의 바닥쪽으로 이동한다. 계수(coefficient)는 입자의 질량과 모양의 함수이다. 무거운 입자들은 가벼운 입자들보다 더 빨리 가라앉는다. 스카이다이빙을 할 때 팔다리를 펼치고 하강하는 사람보다 몸을 접고 하강하는 사람이 더 빨리 낙하하는 것과 마찬가지로 구형 입자가 펼쳐있거나 납작한 입자보다 더 빨리 침강한다. 50S 소단위체는 30S 소단위체보다 실제로 약 두 배의 질량을 갖고 있다. 50S와 30S 소단위체가 결합하여 **70S** 리보솜을 구성한다. 이는 수를 단순 합산한 것이 아니라는 사실에 주목할 필요가 있다. 왜냐 하면 침강계수는 입자의 질량에 비례하는 것이 아니라 대략 입자질량의 2/3라는 비율로 비례하기 때문이다.

각 리보솜 소단위체는 RNA와 단백질로 구성되어 있다. 30S 소단위체는 침강계수가 16S인 한 분자의 **리보솜 RNA**(ribosomal RNA, rRNA)와 21개의 리보솜 단백질(ribosomal protein)로 이루어져 있다. 50S 소단위체는 23S와 5S의 침강계수를 갖는 두 종류의 rRNA와 34개의 단백질로 구성되어 있다(그림 3.16). 이 모든 리보솜 단백질 역시 유전자 산물이다. 따라서 리보솜은 수십 개의 서로 다른 유전자에 의해 만들어진다고 할 수 있다. 진핵세포 리보솜은 이보다 더 복잡해서 rRNA 종류가 한 가지 더 있으며 훨씬 더 많은 종류의 리보솜 단백질로 구성되어 있다.

rRNA는 단백질의 합성에는 관여하지만 단백질을 암호화하지는 않는다는 점에 유의하라. 만들어진 전사체가 다듬어지는 과정을 제외하면 rRNA 유전자 발현은 전사 한 단계만으로 이루어지며 rRNA는 번역되지 않기 때문이다.

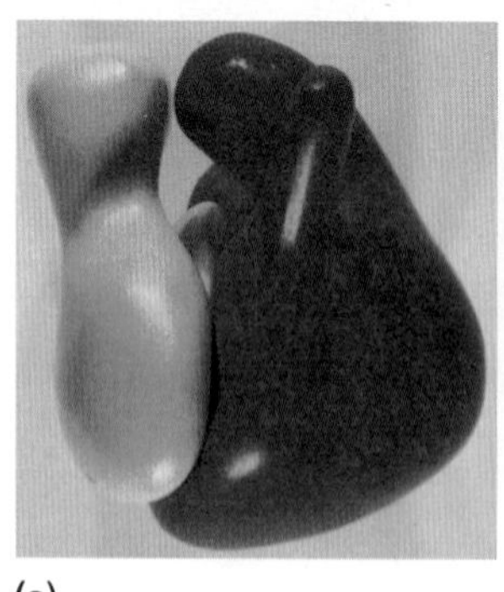
(a)

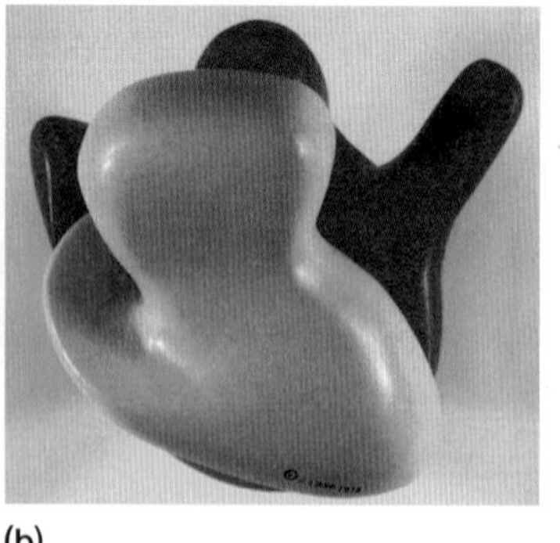
(b)

그림 3.15 대장균 리보솜의 구조. **(a)** 30S(노란색)와 50S(빨간색) 소단위체가 결합하여 형성된 70S 리보솜의 측면. **(b)** (a)를 90°로 회전시킨 70S 리보솜의 모양. 30S(노란색) 소단위체는 앞쪽에, 50S(빨간색) 소단위체는 뒤쪽에 있다. (출처: Lake, J. Ribosome structure determined by electron microcopy of Escherichia coli small subunits, large subunits, and monomeric ribosomes. *J. Mol. Biol.* 105 (1976), p. 155, fig. 14, by permission of Academic Press.)

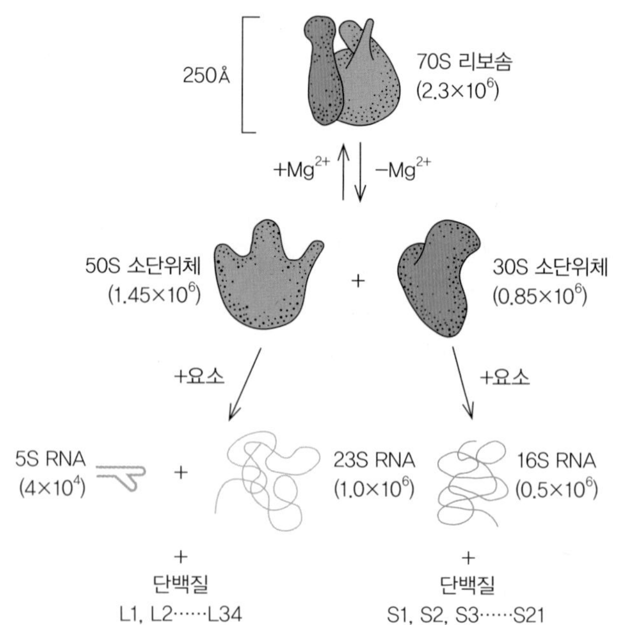

그림 3.16 대장균 리보솜의 조성. 상단의 화살표는 마그네슘 이온이 없을 때 70S 리보솜이 2개의 소단위체로 분리되는 것을 보여 주고 있다. 더 아래쪽 화살표는 단백질 변성제인 요소(urea)와 반응하여 각 소단위체가 RNA와 단백질 성분으로 분해되는 것을 보여 주고 있다. 괄호 안은 리보솜과 그 구성물의 분자량(M_r, 달톤)이다.

(2) 전달 RNA: 수용체 분자

분자생물학자가 전사기작을 예측하는 것은 쉬운 일이다. RNA는 DNA와 매우 유사하여 똑같은 염기쌍 법칙을 따른다. 이 법칙에 따라 RNA 중합효소가 전사 과정을 통해 유전자의 복제품인 RNA를 만든다. 그렇다면 리보솜이 mRNA를 번역하는 데는 어떤 법칙이 적용될까? 이것은 순전히 번역의 문제이다. 핵산 언어가 단백질 언어로 번역되어야 하기 때문이다.

프란시스 크릭(Francis Crick)은 실험적 증거가 뒷받침되기 전인 1958년에 이 문제에 대한 해답을 제시했다. 크릭은 RNA의 뉴클레오티드를 인지할 뿐만 아니라 단백질을 구성하고 있는 아미노산을 인지할 수 있는 일종의 수용체 분자가 필요하다고 추론했다. 크릭의 주장은 옳았다. 크릭은 또한 그 기능이 알려지지 않은 작은 RNA가 수용체 역할을 담당할 것이라고도 했다. 그의 추측은 또 한 번 옳았다. 물론 같은 논문에서 틀린 추측도 있었지만 그것 조차도 중요한 것이었다. 그의 독창적인 생각은 연구를 촉발하여 번역 문제에 대한 해답을 찾도록 했다.

번역에 관여하는 수용체 분자는 실제로 RNA와 아미노산을 인지하는 **전달 RNA**(transfer RNA, tRNA)라는 작은 RNA이다. 그림 3.17은 아미노산 페닐알라닌(Phe)을 인지하는 tRNA의 모식도이다. 19장에서 tRNA의 구조와 기능을 상세히 설명할 것이다. 여기서 보여 주고 있는 tRNA의 클로버 잎 모델은 실제 tRNA 형태와는 많이 다르지만 tRNA가 2개의 작용 말단을 가지고 있음을 보여 준다. tRNA의 한쪽 말단(모델의 위쪽)은 아미노산과 결합한다. 이 tRNA는 페닐알라닌에 대한 특이성을 가지므로($tRNA^{Phe}$) 오로지 페닐알라닌과 결합한다. 페닐알라닌-tRNA 합성효소(phenylanine-tRNA synthetase)가 이 반응을 촉매한다. tRNA에 아미노산을 결합시키는 효소들을 통칭하여 **아미노아실-tRNA 합성효소**(aminoacyl-tRNA synthetase)라 한다.

tRNA의 다른 쪽 말단(모델의 아래쪽)에는 mRNA상에 있는 3개의 염기와 상보적으로 쌍을 이루어 결합하는 3개의 염기서열이 존재한다. 이와 같은 mRNA의 3개의 염기서열, 즉 삼중자(triplet)를 **코돈**(codon)이라 하며 tRNA에 존재하는 상보적인 3개의 염기서열을 **안티코돈**(anticodon)이라 한다. 여기서는 mRNA 코돈이 페닐알라닌을 가지고 있는 tRNA의 안티코돈을 유인한다. 다시 말하면 이 코돈이 리보솜으로 하여금 성장 중인 폴리펩티드에 페닐알라닌을 넣도록 한다. 리보솜에 의해 매개되는 코돈과 안티코돈의 인식은 적어도 처음 두 염기쌍의 경우에는 이중가닥 폴리뉴클

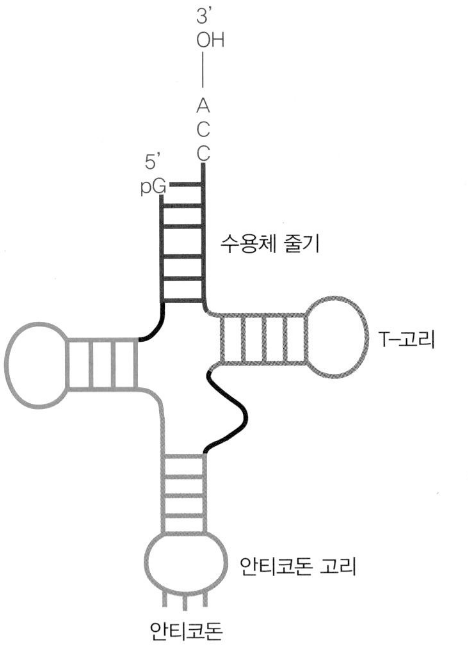

그림 3.17 효모 $tRNA^{Phe}$의 클로버 잎 구조. 맨 위쪽에 있는 수용체 줄기(acceptor stem, 빨간색)의 3'-말단 아데노신에 아미노산이 결합한다. 왼편의 디히드로 U자 고리(D-고리, 파란색)는 적어도 1개의 디히드로우라실(dihydrouracil) 염기를 가지고 있다. 밑면에는 안티코돈을 포함하는 안티코돈 고리(초록색)가 있다. T-고리(오른쪽, 회색)는 항상 TψC 서열을 가지고 있다. 각 고리를 이루고 있는 염기쌍 줄기는 같은 색으로 표시하였다.

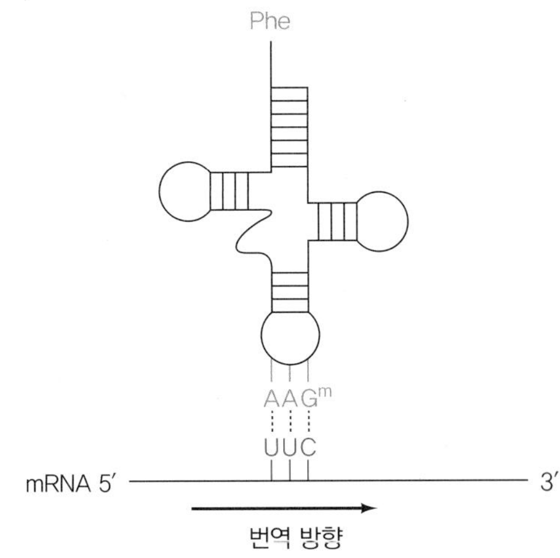

그림 3.18 코돈-안티코돈 인식. mRNA의 코돈과 tRNA상에 존재하는 안티코돈 사이의 인식은 근본적으로 폴리뉴클레오티드에 적용되는 왓슨-크릭 법칙을 따른다. 이 그림에서는 $tRNA^{Phe}$의 3'AAG^{m}5' 안티코돈(파란색)이 mRNA의 페닐알라닌 코돈 5'UUC3'(빨간색)를 인식하고 있다. G^{m}은 메틸화된 G로 보통의 G처럼 염기쌍을 형성한다. 통상적으로 tRNA를 그릴 때 왼쪽에서 오른쪽 방향, 즉 5'→3' 방향으로 그리는 것과는 달리 여기서는 반대 방향(3'→5')으로 그려져 있음에 주목하라. 이렇게 해야 안티코돈이 3'→5' 방향으로 5'→3' 방향의 코돈과 염기쌍을 형성할 수 있다. DNA는 두 가닥이 서로 반대 방향임을 상기하라. 이는 이중가닥 폴리뉴클레오티드에뿐만 아니라 3bp에 불과한 코돈-안티코돈 쌍에도 적용된다.

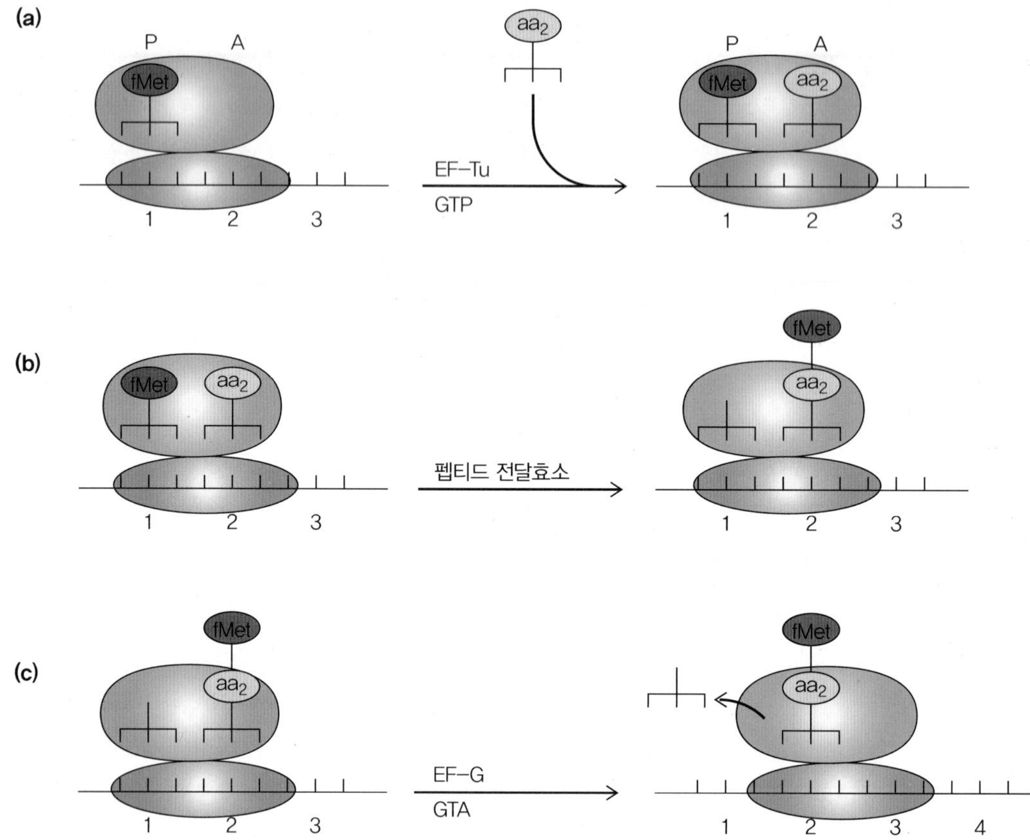

그림 3.19 번역의 신장 요약. **(a)** EF-Tu가 GTP의 도움으로 두 번째 아미노실-tRNA를 A 부위로 이동시킨다. 위쪽에 표시된 것처럼, P 부위와 A 부위는 통상적으로 리보솜의 왼쪽과 오른쪽 절반 부위에 각각 표시한다. **(b)** 50S 소단위체의 큰 rRNA의 필수 구성요소인 펩티드 전달효소는 포르밀메티오닌(fMet)과 두 번째 아미노실-tRNA 사이에 펩티드결합을 형성한다. 그 결과 A 부위에 디펩티딜-tRNA가 만들어진다. **(c)** EF-G가 GTP의 도움을 받아 mRNA를 리보솜에서 한 코돈 길이만큼 이동시킨다. 그 결과 두 번째 코돈과 펩티딜-tRNA가 P 부위로, 그리고 세 번째 코돈이 A 부위로 이동하게 된다. 또한 탈아실화된 tRNA가 P 부위에서 E 부위로 이동하여 방출된다. A 부위는 이제 또 다른 아미노실-tRNA를 받아들여 새로운 신장 주기를 시작하게 된다.

레오티드와 같이 동일한 왓슨-크릭의 법칙을 따른다. 세 번째 염기쌍의 결합은 비교적 자유스러운데, 이에 관해서는 18장에서 공부할 것이다.

그림 3.18은 UUC가 페닐알라닌의 코돈이라는 것을 보여 주고 있다. 실제로 **유전암호**(genetic code)는 3개의 글자로 이루어져 있다. 3개의 염기로 만들어지는 코돈의 수를 다음과 같이 추산해 볼 수 있다. 네 가지 종류의 염기가 3개씩 짝을 이룰 수 있는 조합의 수는 4^3, 즉 64개이다. 그러나 아미노산의 종류는 20개뿐이다. 그렇다면 코돈 중 몇 개는 사용되지 않는 걸까? 실제로 UAG, UGA, UAA, 이 3개의 코돈은 종결코돈(termination codon)이다. 다시 말하면 이 3개의 코돈이 번역을 중지시킨다. 나머지 61개의 코돈은 아미노산을 지정한다. 따라서 대부분의 아미노산은 1개 이상의 코돈을 가지고 있다. 이런 점에서 유전암호는 **퇴화**(degenerate)했다고 할 수 있다. 18장에서는 유전부호가 어떻게 밝혀지게 되었는가를 더 상세히 설명할 것이다.

(3) 단백질 합성의 개시

우리는 앞서 세 가지의 코돈이 번역을 종결시킨다는 것을 배웠다. 반면 AUG 코돈은 항상 번역을 개시한다. 그러나 번역의 개시와 종결기작에는 커다란 차이가 있다. 18장에서 공부하겠지만 3개의 종결코돈은 단백질 인자와 상호 작용하는 반면, 개시코돈은 특정한 아미노아실-tRNA와 상호 작용한다. 진핵세포에서 이 tRNA는 메티오닐-tRNA(methionyl-tRNA: 메티오닌이 연결되어 있는 tRNA)이며, 박테리아에서는 그 유도체인 N-포르밀메티오닐-tRNA(N-formylmethionyl tRNA)이다. N-포르밀메티오닐-tRNA는 메티오닌의 아미노기에 포르밀기(formyl group)가 결합되어 있는 메티오닐-tRNA이다.

AUG 코돈은 mRNA의 시작 부분에 존재할 뿐만 아니라 중간에도 존재한다. 이 코돈이 mRNA의 시작 부분에 있을 때는 개시코돈(initiation codon)으로 작용하지만, 중간에 있을 때는 단순히 메티오닌의 암호가 된다. 그 차이는 AUG 코돈이 어디에 있느

나이다. 박테리아의 mRNA에는 AUG 개시코돈의 바로 앞 상단부에 **샤인-달가르노 염기서열**(Shine-Dalgarno sequence: 이 서열을 발견한 사람들의 이름을 딴 것임)이라고 하는 특별한 서열이 존재한다. 샤인-달가르노 서열은 리보솜을 AUG 코돈 근처로 유인하여 번역이 시작되도록 한다. 이와는 달리 진핵세포의 mRNA는 샤인-달가르노 서열을 가지고 있지 않다. 대신 진핵세포의 mRNA는 5′ 말단에 캡(cap)이라는 특별한 메틸화된 뉴클레오티드를 가지고 있다. **eIF4E**라고 하는 캡-결합단백질(cap-binding protein)이 캡에 결합하여 리보솜의 유인을 돕는다. 이에 관해서는 17장에서 더 자세히 다룰 것이다.

(4) 번역의 신장

번역 개시기의 마지막 단계에서 개시 아미노아실-tRNA가 리보솜의 **P 부위**(P site)에 결합한다. 신장이 일어나려면 리보솜은 개시 아미노산에 한 번에 하나씩 아미노산을 붙여야 한다. 이 과정은 18장에서 자세히 다룰 것이다. 여기서는 대장균에서의 신장과정 전체를 간략히 살펴볼 것이다(그림 3.19). 신장은 두 번째 아미노아실-tRNA가 리보솜의 **A 부위**(A site)에 결합하면서 시작된다. 이 과정에는 **EF-Tu**(EF는 elongation factor의 약어)라는 신장인자와 GTP에서 얻어지는 에너지를 필요로 한다.

그 다음, 두 아미노산 사이에 펩티드결합이 형성된다. 리보솜의 큰 소단위체는 **펩티드 전달효소**(peptidyl transferase)를 갖고 있는데, 이 효소가 P 부위에 있는 아미노산이나 펩티드[이 경우에는 포르밀메티오닌(fMet)]와 A 부위에 있는 아미노아실-tRNA의 아미노산 부위 사이에 펩티드결합을 만든다. 그 결과 A 부위에 디펩티딜-tRNA(dipeptidyl-tRNA)가 만들어진다. 디펩티드는 포르밀메티오닌과 여전히 tRNA에 결합되어 있는 두 번째 아미노산으로 구성된다. 큰 리보솜 RNA는 펩티드 전달효소 활성부위(peptidyl transferase active center)를 갖고 있다.

신장의 세 번째 단계는 mRNA가 리보솜을 따라 하나의 코돈 길이만큼 이동하는 **전좌**(translocation)이다. 이 과정에서 디펩티딜 tRNA가 A 부위에서 P 부위로 이동하고, 탈아세틸화된 tRNA가 P 부위에서 리보솜을 떠날 수 있는 **E 부위**(E site)로 이동한다. 전좌에는 **EF-G**라 불리는 신장인자와 GTP가 필요하다.

(5) 번역의 종료와 mRNA의 구조

3개의 코돈(즉, UAG, UAA 및 UGA)이 번역의 종결을 유도한다. **방출인자**(release factor)라 불리는 단백질 인자가 **종결코돈**[termination codon 또는 **정지코돈**(stop codon)]을 인식하여 번역을 종결하고 폴리펩티드를 방출한다. 한 유전자의 암호화부위(coding region) 한쪽 말단에 존재하는 개시코돈부터 다른 한쪽 말단에 위치하는 종결코돈까지를 **열린 해독틀**(open reading frame, ORF)이라 한다. 이 이름에서 '열린'은 이 부위에는 해당 mRNA의 번역을 중단시킬 수 있는 종결코돈이 없기 때문에 붙여졌으며, '해독틀(reading frame)'은 리보솜이 번역을 시작하는 곳에 따라 세 가지 다른 방식 또는 '틀'로 mRNA가 읽힐 수 있기 때문에 붙여진 것이다.

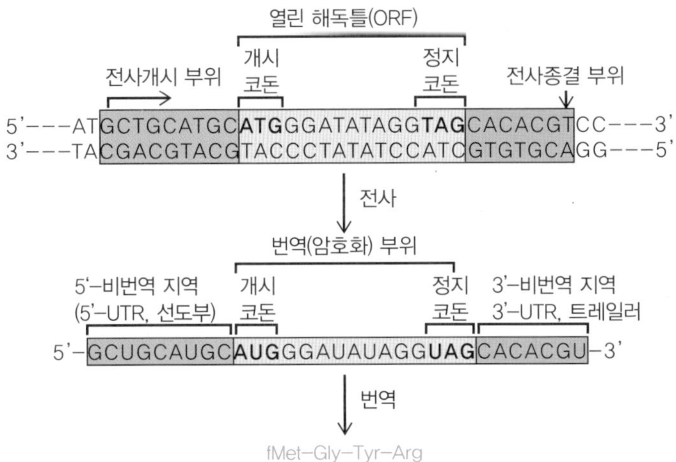

그림 3.20 단순화한 유전자 및 mRNA 구조. 맨 위의 그림은 전사개시 부위에서 시작되어 전사종결 부위에서 끝나는 단순화한 유전자이다. 전사개시 부위와 전사종결 부위 사이에 존재하는 번역 개시코돈과 정지코돈이 열린 해독틀을 이루어 폴리펩티드를 생성하는 번역이 이루어진다(이 경우에서는 단 4개의 아미노산으로 이루어진 매우 짧은 폴리펩티드가 만들어짐). 이 유전자는 개시코돈에서 시작하여 정지코돈에 끝나는 암호화 부위가 전사되어 mRNA가 합성된다. 이것이 유전자에 존재하는 열린 해독틀의 RNA 등가물(equivalent)이다. mRNA의 개시코돈 상단부는 선도부 또는 5′-비번역 지역이다. mRNA의 종결코돈 하단부는 추적부(trailer) 또는 3′-비번역 지역이다. 이 유전자는 네 염기 상단부에서 시작되는 또 하나의 열린 해독틀을 가지고 있다는 점에 주목하라(이 열린 해독틀도 또 하나의 테트라펩티드를 암호화). 또한 이 해독틀은 1bp 왼쪽으로 이동되는 점에 주목하라.

그림 3.20은 해독틀의 개념을 보여 주고 있다. 이 작은 유전자(발견될 수 있는 어떠한 유전자보다도 작음)는 개시코돈(ATG)과 종결코돈(TAG)을 가지고 있다(이 DNA 코돈은 각각 AUG와 UAG 코돈으로 전사됨을 상기하라). 이 두 코돈을 포함하여 이 두 코돈 사이에는 테드라펩티드(tetrapeptide, 4개의 아미노산으로 이루어진 펩티드), 즉 fMet-Gly-Tyr-Arg으로 번역될 수 있는 짧은 열린 해독틀이 존재한다. 원칙적으로 번역은 네 뉴클레오티드 상단부에 존재하는 또 다른 AUG에서부터도 시작될 수 있다. 그러나 이 경우, **해독틀**(reading frame)이 AUG, CAU, GGG, AUA,

UAG로 다르게 번역된다는 점에 주목하라. 이 두 번째 해독틀에 따라 번역이 이루어지는 경우에도 테트라펩티드(즉, fMet-His-Gly-Ile)가 생성된다. 세 번째 해독틀에는 개시코돈이 없다. 천연의 mRNA 또한 1개 이상의 해독틀을 가질 수 있으나 대개의 경우 가장 긴 해독틀이 사용된다.

그림 3.20은 또한 이 유전자의 전사와 번역이 같은 곳에서 시작되고 종결되지 않는다는 것을 보여 주고 있다. 전사는 첫 번째 G에서 시작되고, 번역은 9bp 하단부의 개시코돈(AUG)에서 시작된다. 따라서 이 유전자에서 만들어지는 mRNA는 9bp의 **선도부**(leader)를 가지고 있으며, 이 부위를 **5′-비번역 지역**(5′-untranslated region) 또는 **5′-UTR**이라고 한다. 이와 비슷하게 종결코돈과 전사종결 부위 사이 mRNA 말단에는 **추적부**(trailer)가 존재한다. 이 부위를 **3′-비번역 지역**(3′-untranslated region) 또는 **3′-UTR**이라 한다. 진핵세포 유전자에서 전사종결부위는 더 먼 하단부에 존재하지만 번역 종결코돈의 하단부가 절단되고 여기에 A들이 3′-말단에 첨가되어 폴리(A)[poly(A)]가 형성된다. 이 경우, 종결코돈과 폴리(A) 사이의 RNA 가닥이 추적부가 된다.

3.2. 복제

유전자의 두 번째 특징은 충실히 복제한다는 것이다. 2장에서 소개된 왓슨-크릭의 DNA 복제 모델은 A는 T와, G는 C와 항상 염기쌍을 형성하여 DNA 가닥이 새로 합성된다는 가정하에 만들어진 것이다. 이러한 가정은 근본적으로 필요한 것이었다. 왜냐하면 DNA 복제 기구는 제대로 된 염기쌍과 잘못된 염기쌍을 구별할 수 있어야만 하고, 왓슨-크릭 염기쌍이 여기에 가장 잘 부합하기 때문이다. 이 모델은 또한 두 부모가닥이 분리되어 새로 합성되는 DNA 가닥의 주형으로 각각 작용한다는 것을 가정한 것이다. 이를 **반보존적 복제**(semiconservative replication)라 한다. 왜냐하면 새로 합성된 딸 이중나선 DNA 중 한 가닥은 부모의 DNA 가닥이며 다른 한 가닥은 새로 합성된 것이기 때문이다(그림 3.21a). 즉, 부모 DNA 가닥 중 한 가닥이 새로 합성된 이중가닥 DNA에 보존되어 있다. 그러나 이것이 DNA 복제의 유일한 모델은 아니다. 또 다른 가능한 기작(그림 3.21b)은 **보존적 복제**(conservative replication)로 두 부모가닥이 함께 머물면서 또 하나의 완전히 새로운 딸 이중나선을 만드는 것이다. 마지막 모델은 **분산적 복제**(dispersive replication)로 DNA가 조각나 복제 후 동일한 가닥에 새로 합성된 DNA와 기존의 DNA가 함께 존재하는 것이다(그림 3.21c). 그러나 1장에서 언급한 바와 같이 매튜 메셀슨(Matthew Meselson)과 프랭클린 스탈(Franklin Stahl)이 DNA는 반보존적으로 복제된다는 사실을 증명하였다. 20장에서 그 실험적 증거를 살펴볼 것이다.

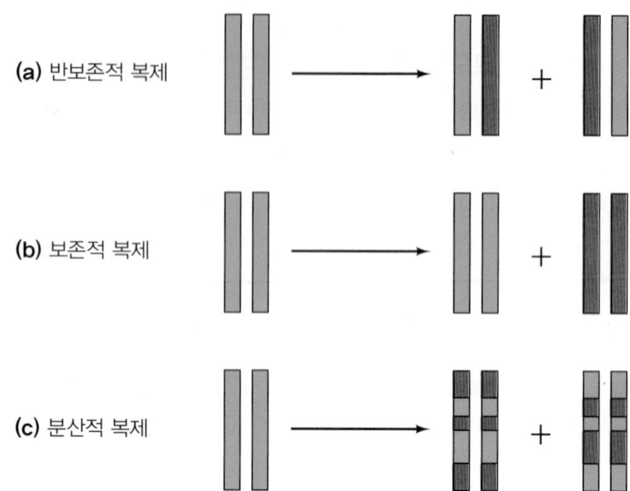

그림 3.21 복제에 대한 세 가지 가설. (a) 반보존적 복제(그림 2.15 참조)는 2개의 딸 이중가닥 DNA를 만든다. 딸 이중가닥 DNA는 모두 다 한 가닥은 부모가닥(파란색), 다른 한 가닥은 새로 합성된 가닥(빨간색)으로 이루어진다. (b) 보존적 복제는 2개의 딸 이중가닥 DNA를 만든다. 이 중 하나는 두 가닥 모두 부모 가닥으로 이루어지며, 다른 하나는 두 가닥 모두 새로 합성된 것이다. (c) 분산적 복제는 부모 이중가닥 DNA와 새롭게 합성된 딸 이중가닥 DNA가 서로 혼합된 2개의 딸 이중가닥 DNA를 만든다.

3.3. 돌연변이

유전자의 세 번째 특징은 유전자는 유전자 내의 변화 또는 돌연변이를 축적한다는 것이다. 이 과정에 의해 생명체는 스스로 변할 수 있다. 왜냐하면 돌연변이는 진화를 위해 필수적이기 때문이다. 뉴클레오티드 사슬로 이루어진 유전자는 아미노산이 연결된 폴리펩티드를 암호화하기 때문에 DNA에 발생한 돌연변이의 결과를 쉽게 예측할 수 있다. 만일 유전자의 뉴클레오티드에 변화가 일어나면 그 유전자에 의해 암호화되는 단백질의 아미노산에도 변화가 일어날 것이다. 때로 유전암호의 퇴화 때문에 뉴클레오티드의 변화가 단백질에 영향을 주지 않기도 한다. 예를 들어 AAA 코돈이 AAG로 바뀌는 것은 돌연변이이다. 그러나 이 돌연변이는 탐지되지 않을 수 있다. 왜냐하면 AAA와 AAG는 모두 라이신을 암호화하기 때문이다. 이런 무해한 돌연변이를 **잠재성 돌연변이**(silent mutation)라 한다. 종종 유전자의 뉴클레오티드 변화는 단백질의

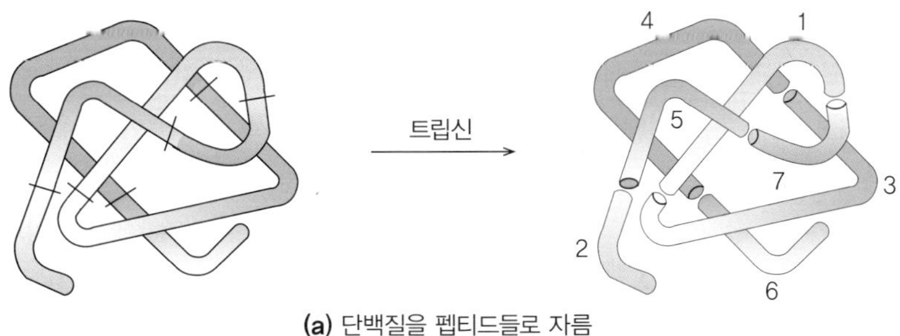

(a) 단백질을 펩티드들로 자름

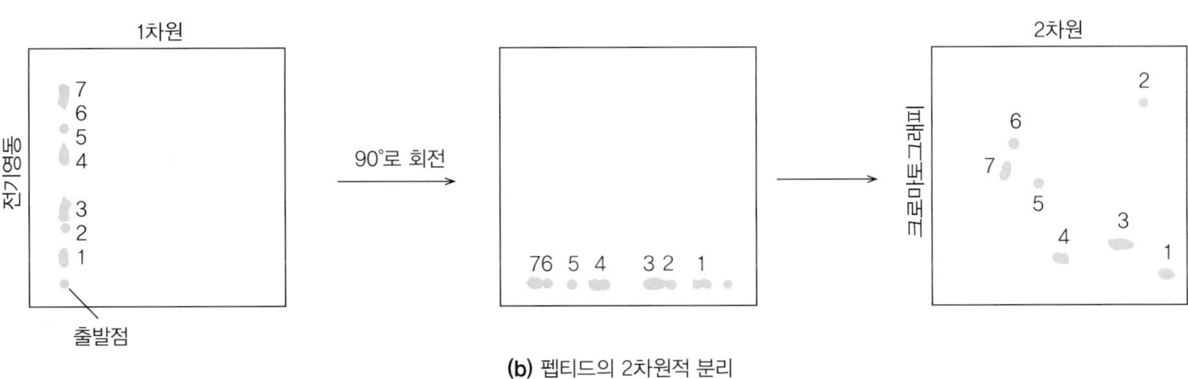

(b) 펩티드의 2차원적 분리

그림 3.22 단백질의 핑거프린팅. (a) 6개의 트립신-절단 자리(사선으로 표시됨)를 가지고 있는 가상의 단백질. 트립신을 처리하면 7개의 펩티드로 분해된다. (b) 이 트립신으로 자른 펩티드들을 1차원적으로 전기영동하여 부분적으로 분리시킨 후, 종이를 90° 회전시켜 2차원적으로 다른 용매를 사용해 크로마토그래피를 수행한다.

아미노산이 바뀌도록 한다. 이러한 아미노산의 치환이 류신이 이소류신으로 바뀌는 경우처럼 **보존적**(conservative)이라면 해가 없을 수도 있다. 그러나 치환된 아미노산이 기존의 아미노산과 크게 다르면 단백질의 기능이 저하되거나 사라질 수 있다.

1) 낫형 세포병

낫형 세포병[sickle cell disease; 낫형 적혈구 빈혈증(sickle cell anemia)이라고도 함]은 결함을 지닌 유전자에 의해 발생하는 유전병의 좋은 예이다. 낫형 세포병을 지닌 사람의 적혈구는 혈액에 산소가 풍부할 때는 정상 형태이다. 정상의 적혈구는 위아래가 모두 오목하게 들어간 판(biconcave disc) 형태이다. 즉, 판의 위아래가 오목하다. 그러나 낫형 세포병을 지닌 사람이 운동을 하거나 혈액에 산소가 고갈되면 적혈구의 형태가 극적으로 낫형(sickle) 또는 초승달(crescent) 모양으로 바뀐다. 이러한 형태 변화는 무서운 결과를 가져온다. 낫형 세포는 작은 모세혈관에 들어갈 수 없기 때문에, 모세혈관을 막거나 파괴되어 신체 일부에 빈혈을 일으키고 체내 출혈과 통증을 유발한다. 게다가 낫형 세포는 깨지기 쉽기 때문에 심각한 빈혈을 일으킨다. 치료를 받지 못하면 낫형이 진행되고 있는 환자는 치명적인 위험에 빠지게 된다.

이 낫형 적혈구가 생기는 원인은 무엇일까? 문제는 적혈구 내에서 산소를 운반하는 단백질인 **헤모글로빈**(hemoglobin)에 있다. 정상 헤모글로빈은 일상적인 생리조건하에서 용해성이지만, 낫형 세포의 헤모글로빈은 혈액 내 산소농도가 떨어지면 적혈구를 낫형으로 뒤틀리게 하는 긴 섬유성 집적물을 형성하여 침전한다.

정상 헤모글로빈(HbA)과 낫형 세포 헤모글로빈(HbS)의 차이점은 무엇일까? 버논 잉그램(Vernon Ingram)은 프레데릭 생어(Frederick Sanger)가 창안한 단백질서열 분석법(protein sequencing)을 이용하여 두 단백질의 일부 아미노산 서열을 결정해서 이 의문을 풀었다. 헤모글로빈은 4개의 폴리펩티드, 즉 2개의 α-글로빈과 2개의 β-글로빈으로 이루어진 단백질이다. 잉그램은 두 단백질의 β-글로빈에 초점을 맞추었다. 잉그램은 먼저 HbA와 HbS의 β-글로빈 단백질이 여러 조각이 나도록 단백질분해효소를 이용해 펩티드결합을 잘랐다. 이 펩티드(peptide) 조각은 **핑거프린팅**(fingerprinting)이라는 2차원 방법으로 분리할 수 있다(그림 3.22). 펩티드 조각을 먼저 종이 전기영동(paper electrophoresis)하여 1차원적으로 분리한 후, 90°로 돌려 2차원적으로 종이 크로마토그래피를 수행하여 1차원 전기영동 때 분리되지 않았던 펩티드 조각을 분리한다. 펩티드는 항상 종이 위에 점(spot)으로 나타난다. 서로 다른 단백질은 아미노산 조성이 서로 다르기 때문에 분포점이 달라진다. 이러한 펩티드의 분포양상을 **핑거프린트**(fingerprint)라 한다.

잉그램은 HbA와 HbS의 핑거프린트를 비교해 본 결과, 한 점을 제외하고는 모든 점이 서로 일치함을 발견했다(그림 3.23). 이 점은 HbS의 핑거프린트에서 정상 HbA의 핑거프린트와는 다른 이동성(mobility)을 보였다. 이는 아미노산의 조성이 달라졌음을 뜻한다. 잉그램은 차이나는 두 점의 아미노산 서열을 검토하였다. 그는 이러한 두 펩티드가 β-글로빈 단백질의 시작 부근인 아미노 말단에 위치하고 있음을 발견했다. 그리고 이 두 펩티드는 오직 1개의 아미노산이 서로 다르다는 사실도 발견했다. HbA의 여섯 번째 아미노산인 글루탐산이 HbS에서는 발린이었다(그림 3.24). 이것이 두 단백질 간의 유일한 차이점이지만 단백질의 기능을 크게 왜곡시키는 원인이 되는 것이다.

유전암호(18장 참조)를 안다면 다음과 같은 질문을 할 수 있다. β-글로빈 유전자의 변화가 어떻게 단백질의 변화를 초래했을까? 글루탐산의 코돈은 2개로 GAA와 GAG이며, 발린의 코돈은 4개 중 2개가 GUA와 GUG이다. HbA 유전자 내의 글루탐산 코돈 GAG에 1개의 염기가 치환되어 GTG로 변환되면, 이 코돈은 mRNA에서 GUG가 된다. 이 GUG는 발린의 코돈이기 때문에 HbS에서 단백질 합성 때 글루탐산 대신에 발린을 넣게 된다. GAA에서 GTA로의 변환도 생각해 볼 수 있다. DNA는 mRNA와 같은 센스, 즉 비주형가닥을 가지고 있음을 상기할 필요가 있다. 실제로 반대편 가닥인 주형가닥 DNA의 CAC는 mRNA에서 GUG로 전사된다. 그림 3.25는 돌연변이와 그 결과를 요약한 것이다. 이 그림에서 우리는 DNA 청사진의 변화가 실제로 어떻게 그 산물을 변화시키는지를 알 수 있다.

낫형 세포병은 중앙아프리카 사람들에게는 매우 흔한 질환이다. 그렇다면 다음과 같은 의문이 자연스럽게 생기게 된다. 이렇게 해로운 돌연변이가 왜 널리 퍼지게 되었을까? 그 해답을 다음과 같이 생각해 볼 수 있다. 비록 동형접합체(homozygote)는 치명적이지만, 이형접합체(heterozygote)에서는 정상의 대립유전자가 낫형 세포병을 방지할 수 있을 만큼 충분한 양의 적혈구를 만들 수 있다면 크게 문제가 되지 않을 수 있다. 또한 이형접합체는 말라리아가 창궐하는 중앙아프리카에서는 유리하다. 왜냐하면 말라리아 기생충이 혈액 세포에 감염될 때 HbS는 이 기생충의 복제를 억제하기 때문이다.

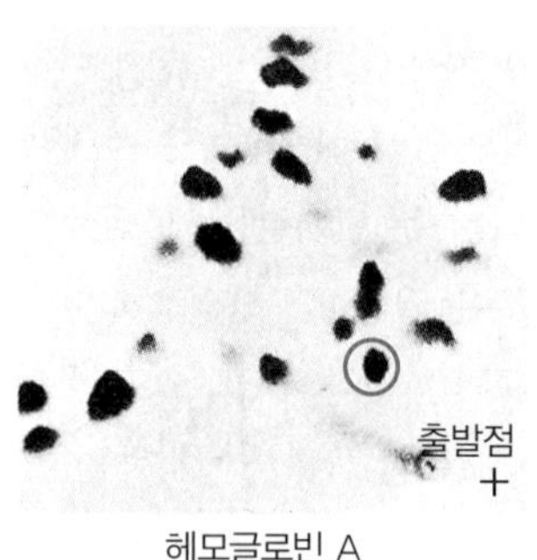

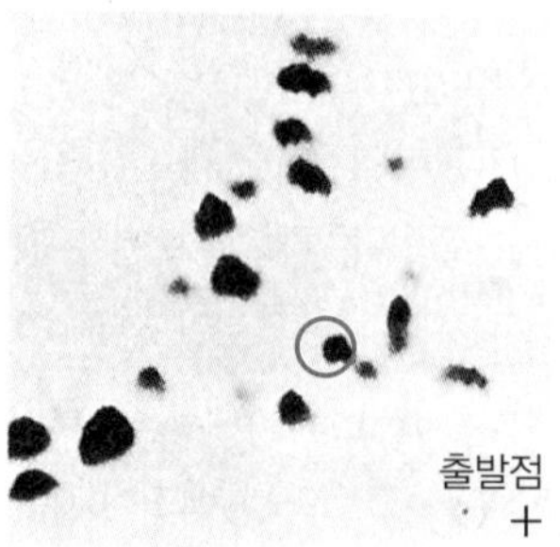

그림 3.23 헤모글로빈 A와 헤모글로빈 S의 핑거프린트. 1개의 펩티드(원으로 표시한 것)를 제외하고 모든 핑거프린트가 동일하다. 헤모글로빈 S에서 이 펩티드는 왼쪽 상단으로 이동되어 있다. (출처: Dr. Corrado Baglioni.)

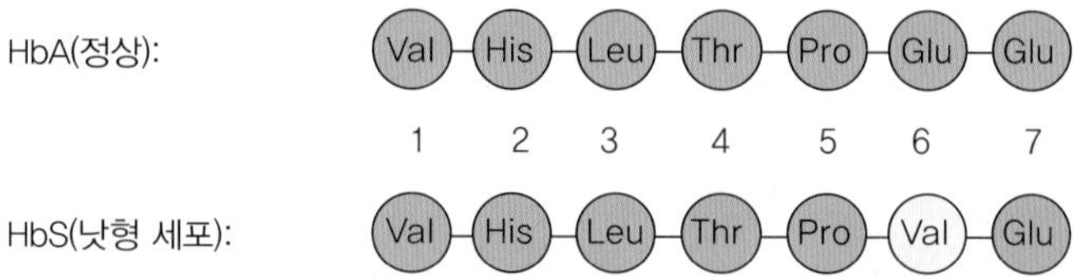

그림 3.24 정상과 낫형 세포 β-글로빈이 가지는 아미노 말단 펩티드의 아미노산 서열. 숫자는 성숙한 단백질의 해당 아미노산 위치이다. 유일한 차이는 HbA의 6번 아미노산인 글루탐산(Glu)이 HbS에서는 발린(Val)으로 바뀐 것이다.

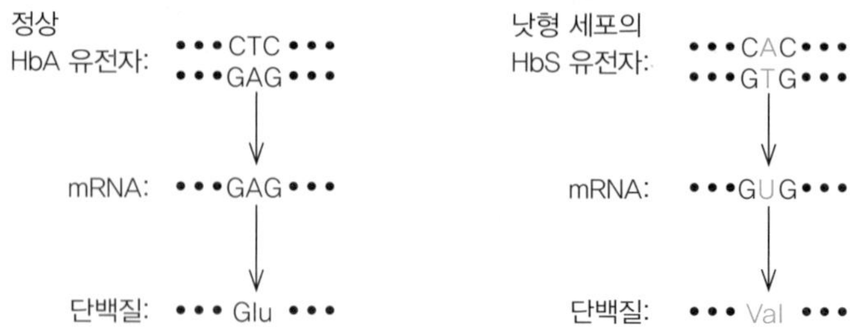

그림 3.25 낫형 세포 돌연변이와 그 결과. 정상 유전자의 비주형가닥 DNA상의 6번째 코돈인 GAG가 GTG로 바뀌었다. 이 돌연변이는 낫형 세포의 β-글로빈 mRNA의 6번째 코돈이 GAG에서 GUG로 바뀌도록 한다. 이 돌연변이 mRNA로부터 합성되는 낫형 세포의 β-글로빈은 6번째 아미노산으로 글루탐산 대신에 발린을 갖게 된다.

요약

유전자의 세 가지 주요 역할은 유전정보의 저장, 복제 및 돌연변이를 축적하는 것이다. 단백질 또는 폴리펩티드는 펩티드결합에 의해 연결된 아미노산의 중합체이다. 대부분의 유전자는 1개의 단백질을 만드는 데 필요한 정보를 가지고 있으며 2단계로 발현된다. 즉, 유전자가 복사되어 mRNA를 합성하는 전사 단계와 mRNA에 담긴 정보가 단백질로 변환되는 번역 단계이다. 번역은 단백질 합성 공장인 리보솜에서 일어난다. 번역에는 mRNA의 코돈을 인지하고 아미노산을 전달하는 수용체 분자가 필요하다. 전달 RNA(tRNA)가 이 역할을 수행한다.

번역의 신장은 다음과 같이 세 단계에 걸쳐 일어난다. ① A 부위로 아미노아실-tRNA를 전달한다. ② P 부위에 있는 아미노산과 A 부위에 있는 아미노아실-tRNA 사이에 펩티드결합의 형성된다. ③ mRNA의 1개 코돈 길이만큼 리보솜이 이동해서 새로이 형성된 펩티딜-tRNA를 P 부위로 가져오는 전좌가 일어난다. 번역은 종결코돈(UAG, UAA 또는 UGA)에서 끝난다. 번역개시코돈, 부호화영역, 그리고 종결코돈을 포함하는 RNA나 DNA 부위를 열린 해독틀(open reading frame)이라 한다. mRNA의 5′-말단과 개시코돈 사이를 선도부(leader) 또는 5′-UTR이라 하며, 3′-말단[또는 폴리(A)]과 종결코돈 사이를 추적부(trailer) 또는 3′-UTR이라 한다.

DNA는 반보존적 방식으로 복제된다. 즉, 두 부모 DNA 가닥이 분리되어 각각 새로운 상보성 DNA가닥을 만드는 주형으로 작용한다. 유전자에 발생한 변화 또는 돌연변이는 종종 그 폴리펩티드 산물의 해당 위치에 돌연변이를 일으킨다. 낫형 세포병은 그러한 돌연변이의 유해한 영향을 보여 주는 한 예이다.

복습 문제

1. 아미노산의 일반적인 구조를 그려라.

2. 펩티드결합의 구조를 그려라.

3. 단백질의 α 나선과 역평행 β 판(antiparallel β-sheet)의 구조를 모식도로 그려 비교하라. 모식도를 단순화시켜 단백질의 골격 원자만 보이게 하라.

4. 단백질의 1차, 2차, 3차, 4차 구조는 무엇을 의미하는가?

5. 알캅톤뇨증을 기초로 개로드는 유전자와 단백질 사이에는 어떤 관련성이 있다고 생각하였는가?

6. 유전자와 단백질과의 관련성을 보여 주기 위해 수행한 비들과 테이텀의 실험적 접근방법을 설명하라.

7. 유전자 발현의 두 가지 주요 단계는 무엇인가?

8. 자코브 등이 mRNA의 존재를 밝히기 위해 행한 실험 결과를 기술하라.

9. 전사의 3단계는 무엇인가? 각 단계를 모식도로 설명하라.

10. 어떤 리보솜 RNA가 대장균의 리보솜에 존재하는가? 각 rRNA는 어느 소단위체에 존재하는가?

11. tRNA의 클로버 잎 구조를 모식화하라. 아미노산이 결합하는 부위와 안티코돈 부위를 지적하라.

12. 어떻게 tRNA는 mRNA의 3개의 염기로 이루어진 코돈과 단백질의 아미노산 사이에서 어댑터로 작용하는가?

13. 유전자에 발생한 단일 염기의 변화로 어떻게 mRNA의 번역이 조기에 종료될 수 있는지 설명하라.

14. 유전자의 중간에 단일 염기의 결실이 발생할 경우, 그 유전자의 해독틀이 어떻게 바뀌는지 설명하라.

15. 유전자의 1개의 염기 변화가 그 유전자의 폴리펩티드 산물에서 어떻게 단일 아미노산을 바꿀 수 있는지 예를 들어 설명하라.

분석 문제

1. 여기 어떤 박테리아 유전자의 일부 서열이 있다.

5′GTATCGTATGCATGCATCGTGAC3′
3′CATAGCATACGTACGTAGCACTG5′

주형가닥은 아래에 있다.

a. 전사가 주형가닥의 첫 번째 T에서 시작하여 끝까지 계속된다고 가정하면 이 DNA 서열로부터 유래되는 mRNA 서열은 무엇인가?
b. 이 mRNA에서 개시코돈을 찾아라.
c. 주형가닥의 첫 번째 G가 C로 바뀌면 번역에 영향이 있을까? 있다면 어떤 영향인가?
d. 주형가닥의 두 번째 T가 G로 바뀌면 번역에 영향이 있을까? 있다면 어떤 영향인가?
e. 주형가닥의 마지막 T가 C로 바뀌면 번역에 영향이 있을까? 있다면 어떤 영향인가? (힌트: 이 문제들을 답하는 데 유전암호를 알 필요는 없다. 다만 이 장에 주어진 개시 및 종결코돈의 특성만 알고 있으면 된다.)

2. 지금 비들과 테이텀이 했던 것과 비슷하게 붉은빵곰팡이로 유전적 실험을 수행하고 있다고 가정해 보라. 판토산(pantoate)을 주지 않으면 판토텐산(pantothenate)을 합성하지 못하는 판토텐산 결핍 돌연변이주를 1개 분리할 수 있을 것이다. 이 돌연변이주는 판토텐산 합성

경로의 어느 단계가 차단되었을까?

추천 문헌

Beadle, G.W., and E.L. Tatum. 1941. Genetic control of biochemical reactions in *Neurospora*. *Proceedings of the National Academy of Sciences* 27:499–506.

Brenner, S., F. Jacob, and M. Meselson. 1961. An unstable intermediate carrying information from genes to ribosomes for protein synthesis. *Nature* 190:576–81.

Crick, F.H.C. 1958. On protein synthesis. *Symposium of the Society for Experimental Biology* 12:138–63.

Meselson, M., and F.W. Stahl. 1958. The replication of DNA in *Escherichia coli*. *Proceedings of the National Academy of Sciences* 44:671–82.

CHAPTER 4

분자 클로닝 방법

배양접시에서 자라고 있는 박테리아를 자세히 본 모습. 대장균을 위시한 여러 박테리아는 유전자를 클로닝하는 데 가장 좋은 생물이다. (© Glowimages/Getty RF.)

지금까지 유전자의 구조와 기능의 기본 원리에 대해 살펴보았다. 이제 분자생물학을 보다 자세하게 공부할 준비가 된 셈이다. 우리가 앞으로 공부할 중요한 핵심은 분자생물학자들이 유전자의 구조와 기능을 규명하기 위해 수행한 실험 방법에 있다. 따라서 여기서는 분자생물학에 자주 쓰이는 중요 실험 기법에 대해 알아볼 것이다. 처음부터 모두 아는 것은 무리이므로 4, 5장에서는 우선 공통적으로 쓰이는 기법을 다루고, 다른 것은 이 책을 공부하면서 필요할 때마다 소개할 것이다. 이 장에서는 분자생물학에 혁명을 가져온 기술인 유전자 클로닝에 대해 설명할 것이다.

여러분이 진핵세포의 기능을 분자 수준에서 연구하고 싶어하는 1972년의 유전학자라고 가정해 보자. 여러분은 특히 사람의 성장호르몬(hGH)에 관심을 가지고 이 유전자의 서열과 프로모터의 구조는 어떠하며, RNA 중합효소가 이 유전자에 어떻게 작용하며, 또한 뇌하수체 호르몬 저하에 의한 난쟁이가 생기는 과정에 이 유전자는 어떻게 변화하는가를 연구하고 싶다고 생각해 보자.

이러한 문제를 해결하기 위해서는 연구하고자 하는 유전자를 충분한 양만큼, 적어도 약 1mg 정도 정제해야 한다. 1mg이라면 그리 많은 양이 아니라고 생각할지 모르나 사람의 전체 DNA에서 이 유전자만을 분리한다고 생각하면 엄청나게 많은 양이다. 1mg을 얻기 위해서는 인간 유전자 몇 킬로그램으로부터 정제해야 하는데, 이렇게 많은 양을 얻을 가능성은 매우 희박하다. 만약 그만큼의 시료를 얻었다 하더라도 전체 DNA에서 여러분이 관심을 가진 유전자를 어떻게 분리해야 할지 모르는 상황이다. 간단히 말하면, 여러분의 연구는 불가능하다고 할 수밖에 없다.

그런데 유전자 클로닝 방법이 이를 간단히 해결해 주었다. 진핵세포 유전자를 박테리아나 파지의 작은 DNA에 연결한 재조합 DNA를 만들어 이 유전자를 박테리아 세포에서 정제된 형태로 다량 증폭시킬 수 있다. 이 장에서는 박테리아와 진핵세포에서 어떻게 유전자를 클로닝하는지를 살펴보고자 한다.

4.1. 유전자 클로닝 방법

클로닝 실험의 목표는 동일한 세포나 개체로 이루어진 집단, 즉 **클론**(clone)을 얻는 것이다. 몇몇 종류의 식물의 경우에는 꺾꽂이만으로도 클로닝할 수 있고(실제로 clone이란 말은 그리스어의 *klon*, 즉 '나뭇가지'라는 말에서 나온 것임), 또 다른 종류는 한 식물체에서 얻은 단 1개의 세포로부터도 식물체 전체를 얻을 수 있다. 척추동물도 클로닝이 가능하다. 존 거든(John Gurdon)은 1개의 개구리 배아에서 얻은 핵을 여러 개의 난핵이 제거된 난자에 주입해서 같은 유전인자를 갖는 개구리 클론을 생산할 수 있었다. 또한 1997년에는 스코틀랜드에서 핵을 제거한 난자와 성체 양의 유선조직에서 얻은 핵을 결합하여 돌리(Dolly)라는 양이 클로닝되었다. 일란성 쌍둥이도 자연적으로 생긴 클론이라고 할 수 있다.

일반적으로 유전자 클로닝은 외부에서 얻은 유전자를 박테리아 세포에 도입하고 각 세포를 분리한 후 콜로니를 키우는 과정을 말한다. 각 콜로니에 있는 모든 세포는 동일하기 때문에 모두 외부 유전자를 가지고 있을 것이다. 그러므로 외부 유전자가 박테리아 안에서 복제될 수 있도록 해준다면 숙주 박테리아를 클로닝함으로써 유전자를 클론화할 수 있다. 스탠리 코헨(Stanley Cohen)과 허버트 보이어(Herbert Boyer) 등이 1973년에 처음으로 클로닝 실험을 했다.

1) 제한효소의 기능

코헨과 보이어가 한 실험의 기본은 **제한효소**(restriction endonuclease)라는 매우 중요한 효소가 있어 가능했다. 1960년대 후반에 스튜어트 린(Stewart Linn)과 베르너 아르버(Werner Arber)가 대장균에서 제한효소를 발견했는데, 이 효소는 바이러스 DNA와 같이 외부에서 들어온 DNA만 절단하여 감염을 막는다는 사실에서부터 그 이름이 유래되었다. 즉, 이 효소는 바이러스의 감염 대상을 '제한'하는 역할을 한다. 또한 이는 침입한 DNA를 바깥부터 자르지 않고 DNA의 안쪽을 절단하므로 핵산말단가수분해효소(exonuclease, 그리스어로 *exo*란 '외부'를 뜻함)가 아니라 핵산내부가수분해효소(endonuclease, *endo*란 '내부'를 뜻함)라 불린다. 린과 아르버는 이 효소가 DNA의 특정 부위를 잘라 DNA를 정확히 절단할 수 있는 칼과 같은 역할을 하리라 기대했으나 그들이 분석한 효소는 이러한 역할을 하지 못했다.

그러나 해밀턴 스미스(Hamilton Smith)가 *Haemophilus influenzae*의 R_d 균주에서 발견한 효소는 DNA의 특정 위치를 자를 수 있었다. 바로 이 효소가 *Hin*dII(Hin-dee-two로 발음함)이다. 제한효소는 이 효소를 생산하는 미생물의 라틴 이름의 앞부분 세 글자를 따서 명명한다. 첫 번째 글자는 속명의 첫 자이고 뒤의 두 글자는 종명이다. (그래서 *<u>H</u>aemophilus <u>in</u>fluenzae*가 *Hin*으로 불린 것이다.) 가끔 균주의 이름이 포함되어 R_d의 경우 'd'가 이름에 첨가되기도 한다. 또한 한 미생물 균주가 한 가지 제한효소를 생산하면 이름의 끝에 로마숫자 I이 들어가고, 만약 1개 이상을 만든다면 II, III와 같은 숫자가 붙는다.

*Hin*dII는 다음과 같은 염기서열을 인지하고 화살표로 표시된 가운데 부분에서 DNA 이중가닥을 절단한다.

```
   ↓
GTPyPuAC
CAPuPyTG
    ↑
```

Py는 피리미딘인 T나 C이고, Pu는 퓨린인 A나 G를 나타낸다. *Hin*dII는 이런 염기서열이 나타날 때마다 이 염기서열만을 골라 잘라낸다. 분자생물학자에게는 다행하게도 *Hin*dII와 같은 제한효소가 수백 가지 존재하고, 이들은 각기 특이한 염기서열을 인식하고 자른다. 표 4.1은 일반적으로 많이 쓰이는 제한효소의 근원과 인식하는 서열을 보여 준다. 이 중 어떤 종류는 일반적인 6개의 염기를 인지하지 않고 4개의 염기를 인지하는 것에 주목하라. 그 결과 이러한 효소는 훨씬 자주 DNA를 인지하고 절단하는데, 이는 4개의 염기는 4^4=256bp마다 한 번 정도로 나타날 수 있고 6개의 염기는 4^6=4,096bp마다 한 번 정도로 나타날 수 있기 때문이다. 따라서 6개의 염기를 인지하는 제한효소는 평균 4,000bp, 즉 4**kb**(4kilobase) 크기의 DNA 절편을 생성한다. 또 *Not*I과 같은 제한효소는 8개의 염기를 인식하여 드물게($4^8 \approx$65,000bp마다 한 번 정도로) 자르기 때문에 드문 절단기(rare cutter)라고 불린다. 사실 *Not*I은 포유동물 DNA를 예상하는 것보다 훨씬 덜 자르는데, 이 효소의 인식서열에는 CG라는 포유동물 DNA에 드물게 나타나는 서열이 두 번이나 있기 때문이다. *Sma*I과 *Xma*I은 비록 다른 부위를 자르기는 하나 그들의 인식서열은 동일하다. 이와 같이 같은 서열의 다른 부위를 인식하는 효소를 **헤테로스키조머**(heteroschizomer, 그리스어로 *hetero*는 '다르다', *schizo*는 '자른다'는 뜻)나 **네오스키조머**(neoschizomer, 그리스어로 *neo*는 '새롭다'는 뜻)라고 한다. 같은 서열을 인식하는 효소를 이소제한효소 또는 **이소스키조머**(isoschizomer, 그리스어로 *iso*는 '같다'는 뜻)라고 한다.

제한효소의 가장 큰 장점은 DNA를 같은 장소에서 정확히 자를

표 4.1 특성 세한효소가 인지하는 염기서열 및 절단부위

효소	인식서열*
*Alu*I	A G ↓ C T
*Bam*HI	G ↓ G A T C C
*Bgl*II	A ↓ G A T C T
*Cla*I	A T ↓ C G A T
*Eco*RI	G ↓ A A T T C
*Hae*III	G G ↓ C C
*Hin*dII	G T Py ↓ Pu A C
*Hin*dIII	A ↓ A G C T T
*Hpa*II	C ↓ C G G
*Kpn*I	G G T A C ↓ C
*Mbo*I	↓ G A T C
*Pst*I	C T G C A ↓ G
*Pvu*I	C G A T ↓ C G
*Sal*I	G ↓ T C G A C
*Sma*I	C C C ↓ G G G
*Xma*I	C ↓ C C G G G
*Not*I	G C ↓ G G C C G C

* 왼쪽에서 오른쪽 방향으로 5′→3′인 한쪽 DNA 가닥만 표시했으나 실제로 제한효소는 양쪽 DNA 가닥을 절단한다. 각 효소의 절단부위는 화살표로 표시했다.

수 있다는 것이다. 이러한 특성을 이용해 유전자와 그 발현을 연구하는 여러 기술이 개발되었다. 그러나 유일한 장점은 이것만이 아니다. 다른 많은 효소들은 DNA 이중가닥을 엇갈리게 잘라 단일가닥으로 이루어진 삐죽 튀어나온 **점착성 말단**(sticky end)을 만들어, 염기쌍이 일시적으로 결합할 수 있도록 한다. 예를 들어 *Eco*RI(Eeko R-1 또는 Echo R-1로 발음)으로 잘린 분자의 점착성 말단부위를 주의해서 보자:

```
     ↓
5′---GAATTC---3′        --- G3′          5′AATTC ---
                   →                  +
3′---CTTAAG---5′        --- CTTAA5′          3′G ---
          ↑
```

*Eco*RI은 잘린 분자의 5′-말단에 4개의 염기로 이루어진 돌출부위를 만든다. *Pst*I은 인지서열의 3′-말단을 자르므로 3′-돌출부위를 만들고 *Sma*I은 인지서열의 가운데를 자르므로 돌출 부위를 만들지 못한다.

대부분의 제한효소는 앞이나 뒤쪽에서 읽어도 같이 읽히는 대칭적인 염기서열을 인지하기 때문에 엇갈린 분자 끝을 만들어 낸다. 즉, 이들 서열은 180° 회전해도 동일하다. 예를 들어 다음과 같은 *Eco*RI 인지서열을 보면 뒤집은 후에도 동일하게 보이므로 앞으로 읽으나 뒤로 읽으나 같다.

```
     ↓
5′---GAATTC---3′
3′---CTTAAG---5′
          ↑
```

그러므로 *Eco*RI은 위쪽의 DNA 줄에서 왼쪽에 있는 G와 A 사이를 절단하고, 아래쪽 DNA 줄에서는 오른쪽에 있는 G와 A 사이를 절단한다.

이러한 대칭적인 서열을 **회문**(palindrome)이라 한다. 즉, 언어학에서 회문이란 앞에서 읽으나 뒤에서 읽으나 같이 읽히는 문장을 말한다. DNA 회문도 역시 앞쪽이나 뒤쪽에서 읽어도 같은 것을 말하나 반드시 5′→3′ 방향으로 읽어야 하는 것에 주의해야 한다. 즉, 위쪽 DNA는 왼쪽에서 오른쪽으로, 아래쪽 DNA는 오른쪽에서 왼쪽으로 읽어야 한다.

제한효소에 관한 매우 중요한 질문은 과연 이 효소가 세포에 침입한 바이러스 DNA를 절단한다면 왜 세포 자신의 DNA는 절단하지 않는가 하는 것이다. 그 이유는 거의 대부분의 제한효소가 같은 DNA 부위를 메틸화시키는 메틸화효소와 짝을 이루고 있기 때문이다. 이러한 제한효소와 메틸화효소를 합쳐서 **제한-변형 체계**(restriction-modification system) 또는 **R-M 체계**(R-M system)라고 한다. DNA 부위가 메틸화되면 이 부위에는 제한효소가 작용하지 않기 때문에 메틸화된 DNA는 숙주세포에서 다치지 않고 오래 존재할 수 있다. DNA가 복제되면 어떻게 될까? 새로 복제된 DNA에는 메틸기가 붙어 있지 않으므로 이 DNA는 제한효소에 의해 잘리지 않을까? 그림 4.1에서는 어떻게 DNA가 복제되는 동안 보호되는지를 설명하고 있다. 세포의 DNA가 복제될 때마다 딸사슬의 한 가닥은 새로 만들어지고 메틸화되지 않는다. 그러나 다른 한 가닥은 모사슬의 가닥이며, 따라서 메틸화된다. 이와 같이 반메틸화된 DNA는 대부분의 제한효소가 절단하지 않아 보호되므로 메틸화효소가 인식부위를 찾아 새로 생긴 DNA를 메틸화시킬 시간이 충분하여 다른 가닥도 완전히 메틸화된다.

코헨과 보이어는 제한효소가 만들어 내는 점착성 말단부위를 클로닝 실험에 이용했다(그림 4.2). 그들은 2개의 서로 다른 DNA를 같은 제한효소인 *Eco*RI으로 절단했다. 이들 DNA는 **플라스미드**(plasmid)라는 작은 원형의 DNA로 숙주의 염색체와는 다른 DNA이다. 첫 번째 DNA인 pSC101은 항생제인 테트라사이클린에 대한 내성을 나타내는 유전자를 지니고 있고, 또 다른 DNA인 RSF1010은 스트렙토마이신과 술폰아미드에 대한 저항성을 함

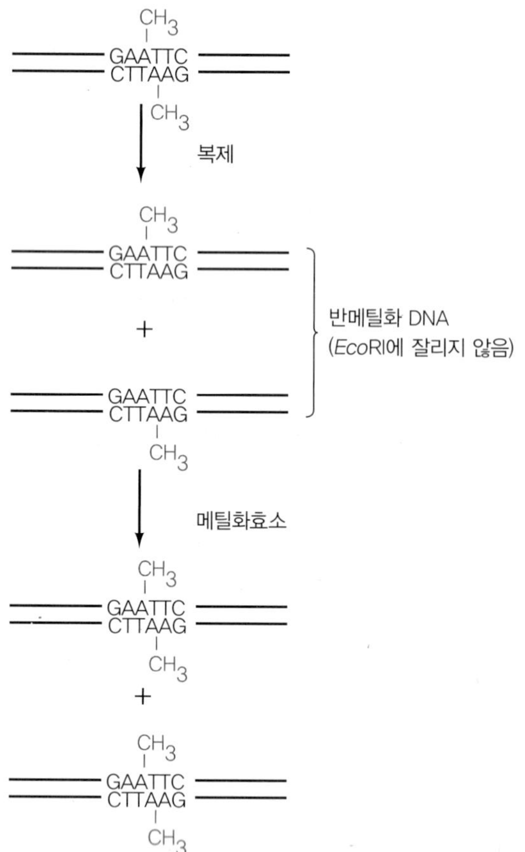

그림 4.1 DNA 복제 후 제한 핵산내부가수분해효소에 대한 저항성 유지. *Eco*RI 부위의 양쪽 가닥이 메틸화(빨간색)된 것으로 시작한다. 복제 후 딸이중가닥 DNA 중 부모가닥은 메틸화되어 있으나 새로 만들어진 DNA 가닥은 아직 메틸화되지 않았다. 이같이 반쪽만 메틸화된 DNA도 *Eco*RI에 의해 절단되지 않고 보호된다. 메틸화효소는 곧 각 *Eco*RI 부위의 메틸화되지 않은 가닥을 인식하고, 그것을 메틸화하여 완전히 메틸화된 DNA를 재생한다.

께 지니고 있다. 이 2개의 플라스미드는 각기 1개의 *Eco*RI **인식부위**(restriction site), 즉 *Eco*RI 절단부위를 가지고 있다. 그러므로 *Eco*RI이 이들 원형의 DNA를 절단하면 이는 선형의 DNA로 바뀌면서 분자의 끝에 같은 점착성 말단부위를 가지게 된다. 이 점착성 말단부위는 서로 다른 분자의 끝끼리 일시적으로 염기쌍을 이루어 결합할 수 있고, 다시 원형으로 봉합된다. 그러나 점착부위의 일부 염기쌍은 서로 다른 2개의 DNA를 일시적으로 연결시킬 것이다. 그리고 마지막으로, **DNA 라이게이즈**(DNA ligase, DNA 연결효소)가 작용하여 2개의 DNA를 공유결합으로 연결한다. DNA 라이게이즈는 DNA 분자의 양 끝을 공유결합으로 연결하는 효소이다.

그 결과 2개의 서로 별개의 DNA가 연결된 **재조합 DNA**(recombinant DNA)가 만들어진다. 이렇게 새로 생긴 재조합 플

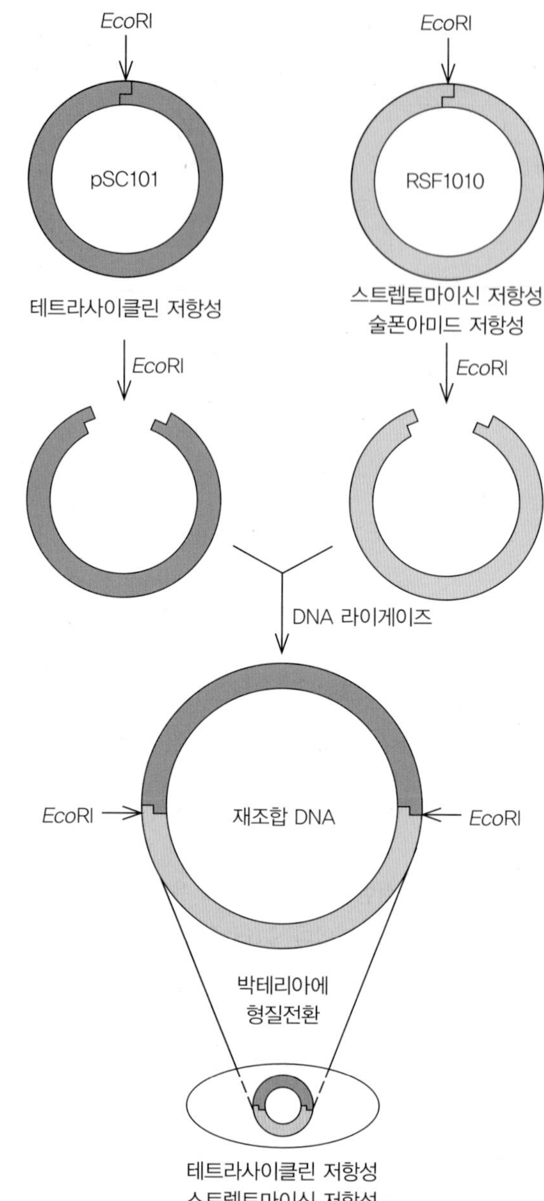

그림 4.2 시험관 내에서 재조합 DNA를 조립한 최초의 클로닝 실험. 코헨과 보이어는 같은 제한효소 *Eco*RI으로 2개의 플라스미드 pSC101과 RSF1010을 잘라서 동일한 점착성 말단을 가진 2개의 선형 DNA를 만들었다. 이들 DNA는 DNA 라이게이즈를 사용하면 시험관 내에서 결합된다. 형질전환에 의해 재조합 DNA를 대장균 세포에 도입하고, 테트라사이클린과 스트렙토마이신에 저항성을 갖는 클론을 찾아낸다. 이러한 클론은 재조합 플라스미드를 가진 것이다.

라스미드는 쉽게 식별할 수 있다. 이를 박테리아 세포에 삽입하면 pSC101의 특징인 테트라사이클린에 대한 저항성을 나타내고, RSF1010의 특징인 스트렙토마이신에 대한 저항성도 나타내기 때문이다. 실제로 자연에는 여러 가지 재조합 DNA가 많지만 이 경우는 자연적으로 세포에서 형성된 것이 아니므로 다른 DNA와는

다르다 분자생물학자에 의해 시험관에서 만들어졌기 때문이다.

2) 벡터

코헨과 보이어가 실험에 이용한 2개의 플라스미드는 대장균에서 복제할 수 있다. 그러므로 이들은 재조합 DNA를 복제할 수 있는 운반자의 역할을 한다. 모든 클로닝 실험에는 이와 같은 운반자가 필요한데, 이를 **벡터**(vector) 또는 매개체라고 하며 일반적인 실험에는 한 종류의 벡터와 이에 삽입할 외부 DNA가 필요하다. 외부 DNA에는 복제가 시작되는 **복제기점**(origin of replication)이 없으므로 복제기점을 가지고 있는 벡터에 끼어들어야만 복제할 수 있다. 1970년대 중반 이후 여러 종류의 벡터가 개발되었는데, 이들은 주로 플라스미드와 파지 중 하나이다. 그러나 벡터의 성격과 상관없이, 재조합 DNA는 형질전환(transformation) 방법으로 박테리아에 주입된다(2장 참조). DNA를 도입하는 일반적인 방법은 세포를 고농도의 칼슘 용액에 담가 세포막을 느슨하게 한 뒤, 이를 DNA와 섞어 DNA가 느슨한 세포막을 통해 들어가도록 하는 것이다. 또는 세포에 고단위의 전압을 주어 DNA가 세포로 들어가도록 하는 **전기천공법**(electroporation)을 쓰기도 한다.

(1) 플라스미드 벡터

클로닝 실험의 초기 단계에 보이어 등이 pBR 플라스미드라는 매우 유용한 여러 가지 벡터를 개발했다. 현재는 pBR 플라스미드 외에도 여러 가지의 클로닝 플라스미드 벡터를 구할 수 있다. 약간 오래 되었으나 유용한 플라스미드 종류로는 **pUC** 계열이 있다. 이 플라스미드들은 pBR322에 바탕을 두고 있으나 약 40%가량을 삭제한 것이다. 또한 pUC 벡터는 클로닝에 필요한 제한효소부위를 한곳에 모아 놓은 **다중클로닝 부위**(multiple cloning site, MCS)라는 작은 부위를 가지고 있다. pUC 벡터는 앰피실린 저항성 유전자를 가지고 있어 벡터가 들어간 세포를 선택할 수 있다. 그 외에도 다른 항생제 저항성 유전자가 없는 대신 재조합 DNA를 스크리닝할 수 있는 매우 편리한 유전자를 가지고 있다.

pUC 벡터의 다중클로닝 부위는 β-갈라토시데이즈 유전자의 아미노 말단부위(α-펩티드)를 암호화하는 DNA 서열(*lacZ′*이라고 불림)에 존재한다. pUC가 들어간 숙주 박테리아가 β-갈락토시데이즈의 카르복실 부분(ω-펩티드)을 가지고 있으나 그 자체로는 기능을 발휘할 수 없다. 그러나 pUC가 소위 α-상보성(α-complementation)에 의해 그 기능을 보완하여 세포에서 β-갈락토시데이즈의 기능을 나타낸다. 다시 말하면, 2개의 미완성 단백질이 상호 작용해서 효소의 기능을 나타낸다. 그러므로 pUC 계열의 플라스미드를 미완성인 β-갈락토시데이즈를 가진 세포에 주입하면 활성화된 β-갈락토시데이즈를 얻을 수 있다. 만약 우리가 이러한 클론을 β-갈락토시데이즈의 활성을 측정할 수 있는 물질을 포함한 배지에 기르면 pUC 플라스미드를 가진 클론은 색깔을 나타낼 것이다. β-갈락토시데이즈의 활성을 나타내는 물질로는 X-gal이라는 무색의 화합물질이 있다. β-갈락토시데이즈가 X-gal을 분해하면 갈락토오스와 세포를 파란색으로 염색하는 물질을 배출한다.

반대로, 만약 우리가 플라스미드의 β-갈락토시데이즈 유전자의 MCS에 외부 유전자를 삽입하면 이 유전자는 더 이상 활성을 가지지 못할 것이다. 이런 유전자는 더 이상 숙주세포의 β-갈락토시데이즈 조각을 보완할 단백질을 만들지 못할 것이므로 X-gal을 분해하지 못할 것이다. 그러므로 외부 DNA를 포함하는 클론은 흰색일 것이고, 나머지는 파란색이므로 원하는 클론을 선택하기는 아주 쉬울 것이다. 이러한 스크리닝은 한 번에 가능한 1단계 과정이다. 우리는 ① 앰피실린 배지에서 살 수 있고, ② X-gal이 존재해도 흰색인 클론을 찾으면 된다. MCS가 아주 세심하게 디자인되었기 때문에 β-갈락토시데이즈의 번역틀이 변하지 않도록 되어 있다. 그러므로 18개의 코돈이 끼어든다고 해도 활성을 가진 단백질이 만들어질 수 있다. 그러나 그보다 큰 DNA가 끼어들면 유전자의 기능이 변화될 것이다.

이러한 색깔 스크리닝으로도 거짓 결과가 나와 흰색 콜로니이면서도 외부 DNA가 끼어 있지 않을 수도 있다. 이는 벡터의 끝이 결합되기 전에 분해효소에 의해 약간 잘려 나간 경우이다. 이러한 약간 분해된 벡터가 연결 과정에서 다시 연결된다면 *lacZ′* 유전자가 변해 흰색 클론이 생길 가능성이 높다. 그러므로 깨끗한 DNA와 핵산가수분해효소 기능이 없는 효소를 이용하는 것이 중요하다.

색깔 스크리닝을 할 수 없는 벡터의 경우, 벡터끼리 재결합하는 것이 큰 문제가 될 수 있다. 왜냐하면 외부 DNA가 끼어들어간 콜로니와 벡터끼리 결합한 콜로니를 구분해 낼 수 없어 각각의 콜로니 DNA를 일일이 분석해야 하기 때문이다. pUC 계열 벡터의 경우에도 벡터끼리 재결합을 최소화하는 것이 좋을 것이다. 한 가지 좋은 방법은 벡터를 알칼리성 인산가수분해효소(alkaline phosphatase)로 처리해서 연결에 필요한 5′-인산기를 제거하는 것이다. 이 인산기가 없으면 벡터끼리 재결합할 수 없고 5′-인산기를 가지고 있는 외부 DNA와만 결합할 수 있다. 그림 4.3b는 이 과정을 설명하고 있다. 여기서 주의할 것은 외부 DNA만이 인산기를 가지고 있으므로 인산디에스테르결합이 완전히 형성되지 않은 2개의 틈이 아직도 존재한다는 것이다. 그러나 이는 세포 내에 들

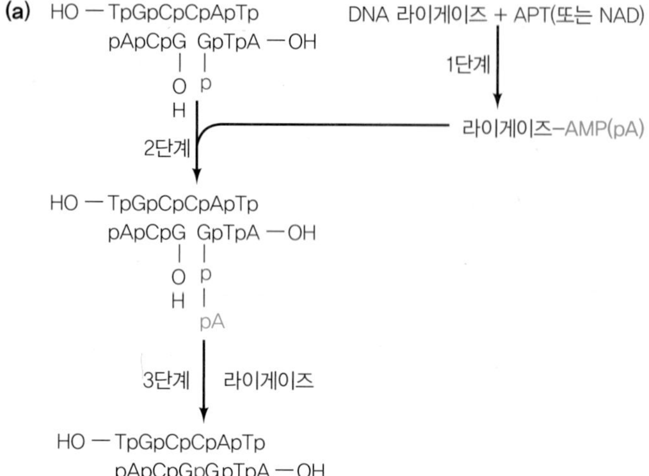

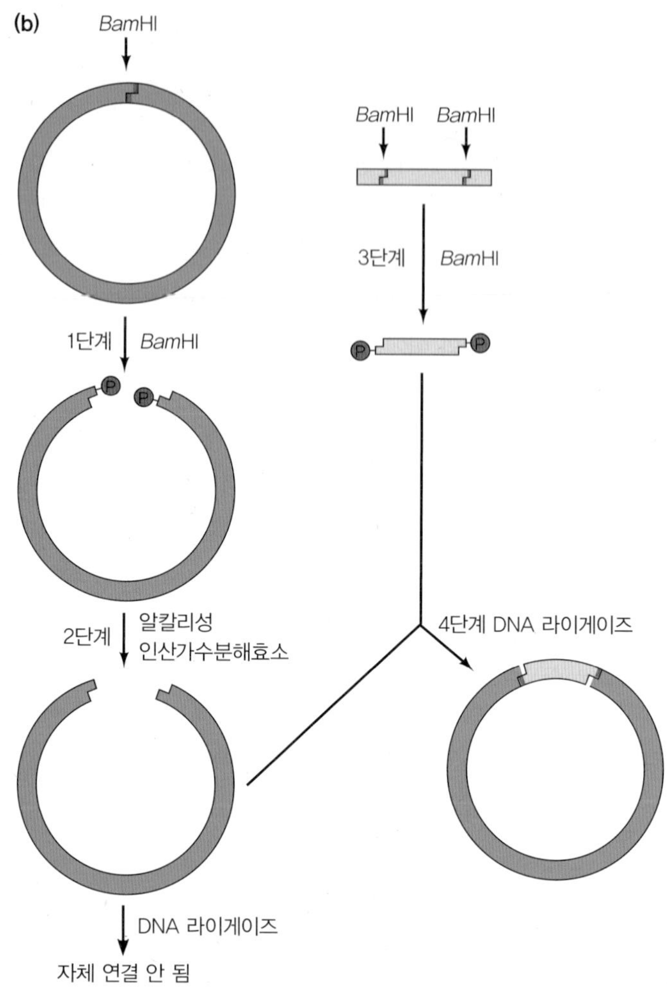

그림 4.3 벡터와 삽입체의 결합. (a) DNA 라이게이즈의 기작. 1단계: DNA 라이게이즈는 AMP 공여자(라이게이즈의 형태에 따라 ATP 또는 NAD)와 반응한다. 이는 활성화된 효소(라이게이즈–AMP)를 생성한다. 2단계: 활성화된 효소는 DNA 이중나선 중 아래 가닥의 틈에 있는 5′–인산기에 인산을 제공하여 높은 에너지를 가진 2개의 인산 그룹을 형성한다. 3단계: 고에너지 인산결합을 절단하여 에너지를 공급하고, 이에 따라 새로운 인산디에스테르결합이 생성되고 DNA에 있는 틈이 봉합된다. 이러한 반응은 양쪽 가닥에서 일어날 수 있으므로 2개의 독립적인 DNA가 DNA 라이게이즈에 의해 결합된다. (b) 알칼리성 인산가수분해효소는 벡터의 재결합을 막는다. 1단계: 벡터(파란색, 왼쪽 위)를 *Bam*HI으로 자른다. 이것은 5′–인산기(빨간색)를 갖는 점착성 말단을 생성한다. 2단계: 알칼리성 인산가수분해효소로 인산기를 제거하여 벡터 자체가 재결합되는 것을 막는다. 3단계: 삽입체(노란색, 오른쪽 위)를 *Bam*HI으로 잘라서 인산기를 갖는 점착성 말단을 생성한다. 4단계: 마지막으로 벡터와 삽입체를 결합한다. 삽입체에 있는 인산기는 2개의 인산디에스테르결합(빨간색)을 형성하고 2개의 형성되지 않은 결합 또는 틈을 남긴다. 이것은 DNA가 박테리아 세포로 형질전환되었을 때 완성된다.

어가면 자연히 연결될 수 있다.

MCS에 있는 2개의 효소인식부위(예를 들어, *Eco*RI과 *Bam*HI)를 이용하면 *Eco*RI과 *Bam*HI을 가진 외부 DNA를 클로닝할 수 있다. 이와 같은 방법을 **방향성 클로닝**(directional cloning)이라고 하는데, 그 이유는 외부 DNA를 벡터 안에 한쪽 방향으로 들어가도록 할 수 있기 때문이다. (외부 DNA의 *Eco*RI과 *Bam*HI 분자 끝은 벡터에 존재하는 같은 종류의 분자 끝과 연결될 수 있기 때문이다.) 이 방법은 외부 DNA가 어떤 방향으로 들어가는지 알 수 있고, 또한 벡터 분자의 양끝이 서로 맞지 않아 벡터끼리 결합하지 않기 때문에 매우 유용하다. 최근에는 이보다 더 유용한 벡터들이 개발되고 있는데, 이에 관해서는 나중에 설명할 것이다.

(2) 파지를 이용한 벡터

박테리오파지는 박테리아의 DNA를 한 세포에서 다른 세포로 전달할 수 있어 그 자체가 좋은 벡터 역할을 한다. 자연에 존재하는 파지나 새로 만든 파지는 모든 종류의 DNA를 옮길 수 있다. 파지는 플라스미드에 비해 몇 가지 장점이 있다. 즉, 파지는 플라스미드에 비해 세포에 대한 감염성이 좋기 때문에 파지 벡터를 이용하면 클론을 얻을 가능성이 높다. 파지 벡터를 이용하는 경우, 클론은 세포로 이루어진 콜로니가 아니라 파지에 의해 박테리아 잔디밭 가운데에 생긴 **플라크**(plaque)이다. 각 플라크는 하나의 세포에 감염된 하나의 파지에서 유래하며, 감염된 세포에서 증식하다가 결국 터져서 그 세포를 죽이고 또 주변의 세포를 감염시킨다. 이러한 과정은 죽은 세포로 인하여 생성된 점 모양의 흔적인 플라크가 생성될 때까지 계속된다. 하나의 플라크 안에 존재하는 파지

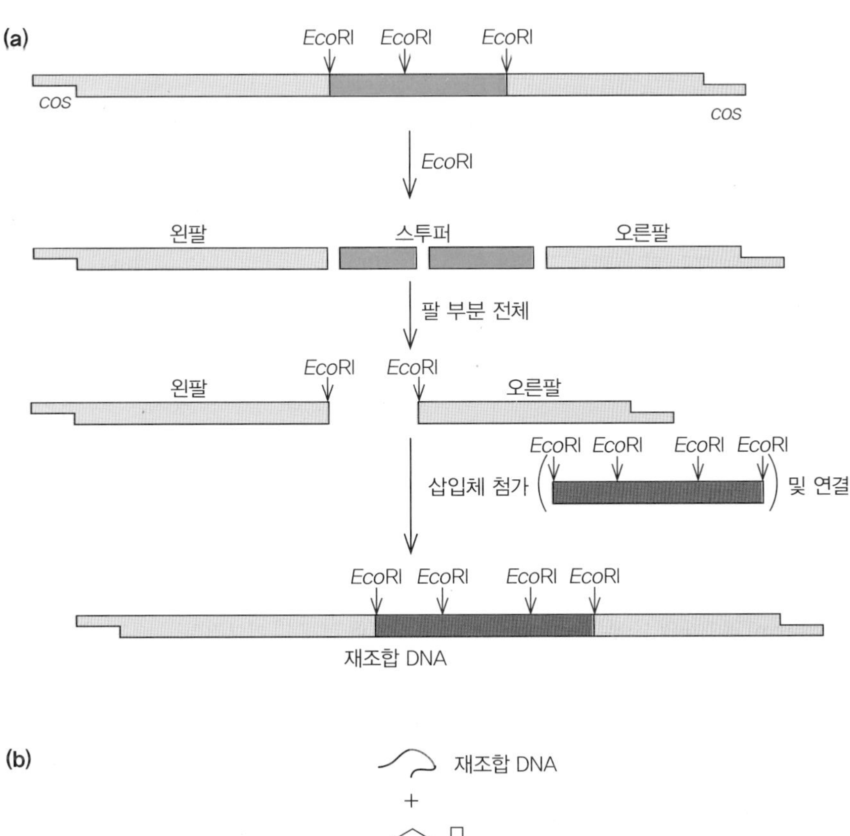

그림 4.4 샤론 4에 클로닝하는 법. **(a)** 재조합 DNA의 제조. 벡터(노란색과 파란색)를 *Eco*RI으로 잘라서 스투퍼 절편을 제거하고 팔 부분은 보관한다. 다음은 부분적으로 절단된 삽입체 DNA(빨간색)를 팔과 결합시킨다. 양쪽 말단의 확장부위는 12염기의 점착성 말단인 *cos* 부위이다. **(b)** 재조합 DNA의 포장과 클로닝. (a)에서 나온 재조합 DNA를 λ 파지 머리, 꼬리, 그리고 기능성 파지로 재조합 DNA를 포장하는 데 필요한 모든 요소들을 포함한 시험관 내 포장 추출액과 섞어 준다. 마지막으로 이러한 파지 입자를 대장균에 깔아 주고 형성된 플라크를 수집한다.

들은 모두 하나의 파지에 기원하기 때문에 그들은 모두 유전적으로 동일한 한 클론이다.

(3) λ 파지 벡터

프레드 블라트너(Fred Blattner) 등은 이미 연구가 많이 되어 있는 λ 파지를 변형시켜 처음으로 파지 벡터를 개발했다(8장 참조). 그들은 파지의 복제에 필요한 부분은 남기고 파지 DNA의 가운데 부분을 잘라냈다. 이렇게 없앤 파지유전자 대신에 외부 DNA가 들어갈 수 있다. 블라트너는 이를 신화에 나오는 스틱스(Styx) 강의 뱃사공의 이름을 따서 **샤론파지**(Charon phage)라 명명했다. 샤론이 영혼을 저승으로 데려가듯이 샤론파지는 DNA를 세균 속으로 데려간다. 뱃사공인 샤론은 '카렌'이라고 읽지만 벡터로는 '샤론'이라고 읽는다. λ 파지인 샤론 4의 경우 일반적으로는 **대체벡터**(replacement vector)라고 하는데, 그 이유는 파지의 일부가 외부 DNA에 의해 대체되었기 때문이다.

λ 파지가 플라스미드에 비해 좋은 것은 크기가 큰 외부 DNA를 받아들일 수 있다는 점이다. 예를 들어 샤론 4는 λ 파지의 머리에 들어갈 수 있는 최대 용량인 20kb까지 DNA를 받아들일 수 있다.

이와는 대조적으로 대부분의 플라스미드 벡터는 큰 DNA를 끼워 넣은 상태로는 복제하기가 어렵다. 그렇다면 어떠한 경우에 이와 같은 대용량 벡터가 필요할까? λ 대체벡터는 **유전체 라이브러리**(genomic library)를 만들 때 주로 이용한다. 만약 사람 유전자 전체를 클로닝하고 싶다고 가정하자. 이를 위해서는 물론 많은 클론이 필요하겠지만 각 클론에 들어가는 DNA의 크기가 크다면 필요한 클론의 숫자가 훨씬 줄어들 것이다. 사실, 이러한 유전체 라이브러리가 사람이나 여러 종류의 생물에서 만들어졌는데 이를 위해 대체벡터가 자주 이용되었다.

λ 벡터는 크기가 큰 DNA를 받아들일 뿐만 아니라 외부 DNA가 최소한의 크기가 되어야 한다는 장점이 있다. 그림 4.4에서는 그 이유를 설명하고 있다. 샤론 4 벡터가 외부 DNA를 삽입하려면 *Eco*RI을 자르는 작업이 필요하다. 이는 파지 DNA 가운데 부분의 세 곳을 절단하여 2개의 '팔(arm)'과 2개의 '스투퍼(stuffer)' 조각을 만들어 낸다. 그 후 전기영동이나 초고속 원심분리법으로 팔 부분은 정제하고 스투퍼 부분은 제거한다. 다음 과정은 팔 부분을 외부 DNA와 연결하는 것인데, 이로써 제거된 스투퍼 부분 대신 외부 DNA가 들어가게 된다.

간단히 생각하면, 이때 2개의 팔끼리 연결되어 외부 DNA가 들어가지 않을 수도 있다. 실제로 이런 가능성이 높기는 하나 이 2개의 팔만으로는 너무 크기가 작기 때문에 파지로 포장되어 들어가지 못하여 클론을 형성할 수 없다. 파지로의 포장은 시험관 내에서 이루어져 간단히 재조합 DNA를 파지 만드는 성분과 섞어 주기만 하면 된다. 현재는 정제된 λ의 팔과 포장에 필요한 성분을 클로닝용 시약으로 살 수도 있다. 이때 포장되려면 DNA의 크기가 정확해야 하는데 λ의 팔과 함께 DNA의 크기가 12kb 이상이고 20kb 이하여야만 파지의 머리에 포장될 수 있다.

유전체 라이브러리를 만들 때 각 클론에 적어도 12kb 이상의 외부 DNA가 들어 있어야 하므로, 이 라이브러리에는 작은 크기의 DNA가 끼어들어간 불필요한 클론은 없다는 것을 알 수 있다. 이는 매우 중요한 요건으로 클론당 12~20kb의 DNA가 있으면 인간 유전자가 적어도 한 번씩 존재하기 위해 약 50만 개의 클론이 필요하다는 것을 알 수 있다. pBR322나 pUC 벡터를 이용해 인간 유전체 라이브러리를 만들기는 어렵다. 그 이유는 박테리아가 작은 크기의 플라스미드를 선택적으로 받아들이기 때문이다. 그러므로 대부분의 클론은 몇천 염기나 심하면 몇백 염기의 외부 DNA만을 가지고 있을 수 있다. 이러한 라이브러리가 완전해지려면 수백만 개의 클론이 필요하다.

*Eco*RI은 대략 4kb 정도의 DNA 조각을 만들어내나 λ 벡터는 12kb 이하의 DNA를 받아들이지 않으므로 DNA를 *Eco*RI으로 완전히 절단하면 DNA의 크기가 너무 작아서 λ에 클로닝할 수 없을 것이다. 더구나 *Eco*RI이나 대부분의 제한효소는 진핵세포 유전자 가운데를 적어도 한 번 이상 절단할 수 있으므로 이 효소로 모든 인식부위를 절단하면 대부분 유전자의 일부만을 얻게 될 것이다. 이러한 문제를 해결하기 위해 *Eco*RI으로 불완전하게 절단할 수 있다. (효소의 양을 줄이거나 시간을 짧게 하는 방법을 이용한다.) 만약 효소가 4~5개의 인식부위 중 하나만을 절단한다면 평균적으로 절단된 분자의 크기는 16~20kb 정도가 될 것이고, 이 정도 크기면 벡터가 받아들일 뿐 아니라 대부분의 진핵세포 유전자를 한 클론에 포함할 수 있는 정도이다. 만약 좀 더 다양한 DNA 조각을 원한다면 제한효소를 이용하는 대신 초음파를 이용해 DNA를 기계적으로 잘라서 클로닝에 이용할 수 있다.

유전체 라이브러리는 매우 유용하다. 일단 한 번 만들어지면 원하는 어떤 유전자라도 찾을 수 있기 때문이다. 그러나 이 라이브러리에는 어떤 목록도 없기 때문에 우리가 관심 있는 유전자를 가지는 클론이 어디 있는지 찾기 위해 탐침을 이용해야 한다. 이상적인 탐침은 찾고자 하는 유전자의 염기서열과 맞는 표지된 핵산 분자이다. 이를 이용해 수천 개의 λ 파지의 DNA에 잡종화시키는 **플라크 잡종화**(plaque hybridization) 방법을 수행한다. 표지된 탐침과 결합하는 DNA를 가진 플라크가 원하는 클론이다.

잡종화 과정은 2장에서 이미 배운 바 있고 5장에서 다시 언급할 것이다. 그림 4.5는 어떻게 플라크 잡종화를 하는지를 설명하고 있다. 각 배양판에 수천 개의 플라크를 키운다. (물론 이 그림에는 간단하게 몇 개만 표시했다.) 다음으로 DNA에 결합할 수 있는 **니트로셀룰로오스**(nitrocellulose)나 나일론으로 만든 필터를 배양판 표면에 살짝 댄다. 이 방법으로 각 플라크에 있는 DNA를 필터로 옮길 수 있다. DNA를 알칼리로 변성시키고 표지한 탐침으로 잡종화하는 것이다. 탐침을 첨가하기 전에 비특이적인 DNA나 단백질로 필터를 포화시켜 탐침의 비특이적인 결합을 막는다. 이 탐침이 원하는 DNA를 가진 클론과 만나면 상보적인 DNA끼리 결합하여 DNA가 있던 곳을 표지할 것이다. 이렇게 표지된 지점을 X-선 필름으로 찾아낼 수 있다. 필름에 나타난 검은 점이 바로 우리가 원하는 유전자를 가진 플라크가 원래 배양판의 어디에 있는지를 나타낸다. 실제로 원래의 배양판에는 많은 수의 플라크가 몰려 있기 때문에 원하는 것을 찾기가 어려우므로 그 주위에서 여러 플라크를 딴 뒤 농도를 낮추어 다시 배양하고 잡종화 작업을 다시 반복하여 맞는 클론을 찾아야 한다.

우리는 λ 파지 벡터가 유전체 클로닝에 유용함을 배웠다. 그러

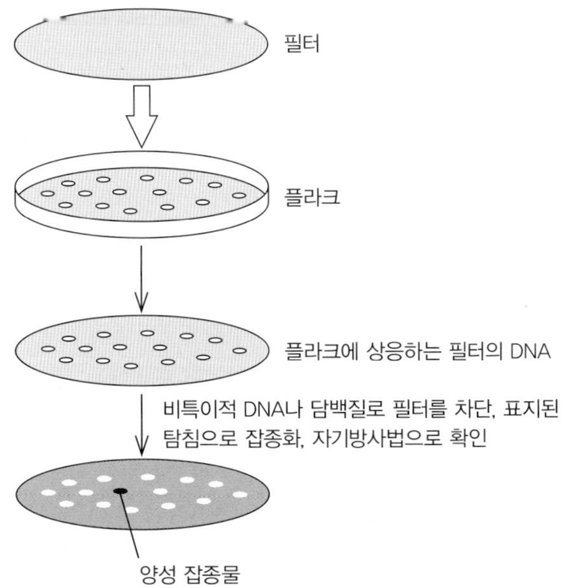

그림 4.5 플라크 잡종화에 의한 양성 유전체 클론의 선별. 먼저 니트로셀룰로오스 또는 유사한 필터를 그림 4.4의 샤론 4 플라크를 포함하는 접시 표면에 접착시킨다. 각 플라크로부터 자연적으로 방출된 파지 DNA는 필터에 붙게 된다. 그리고 알칼리로 DNA를 변성시키고 우리가 알아보고자 하는 유전자에 대한 표지된 탐침을 필터와 잡종화한다. 그리고 표지된 위치를 나타내기 위해 X-선 필름을 사용한다. 필터 중앙 근처에 있는 1개의 플라크로부터 클로닝된 DNA는 잡종화되어 필름에 검은 점처럼 나타난다.

나 다른 종류의 λ 벡터는 cDNA 라이브러리와 같은 다른 종류의 라이브러리를 만드는 데 유용하다.

(4) 코스미드

크기가 큰 DNA를 클로닝하는 또 다른 벡터는 **코스미드**(cosmid) 벡터이다. 코스미드는 플라스미드와 파지의 성격을 가지고 있다. 즉, λ파지 DNA의 점착성 말단(cohesive end)인 *cos* 부위를 가지고 있어 DNA가 λ 파지의 머리로 포장될 수 있다. (cos라는 이름을 따서 'cosmid'라 이름 지었다.) 이들은 또한 플라스미드의 복제원점을 가지고 있어 박테리아에서 플라스미드처럼 복제할 수 있다. ('mid'라는 이름은 plasmid에서 따온 것이다.)

이 벡터는 λ DNA 중에서 *cos* 부위를 제외한 모든 부위가 제거되어 있기 때문에 크기가 매우 큰(40~50kb) 외부 DNA가 들어갈 수 있다. 일단 이러한 DNA가 들어가면 재조합 DNA는 파지 입자로 포장될 수 있다. 그러나 이 파지 입자는 파지 DNA가 없기 때문에 파지로 복제할 수는 없지만, 감염성이 높아 재조합 DNA를 박테리아 안으로 이동시킬 수 있다. 일단 세포 안으로 들어가면 DNA는 플라스미드의 복제원점을 이용해 플라스미드로 복제한다.

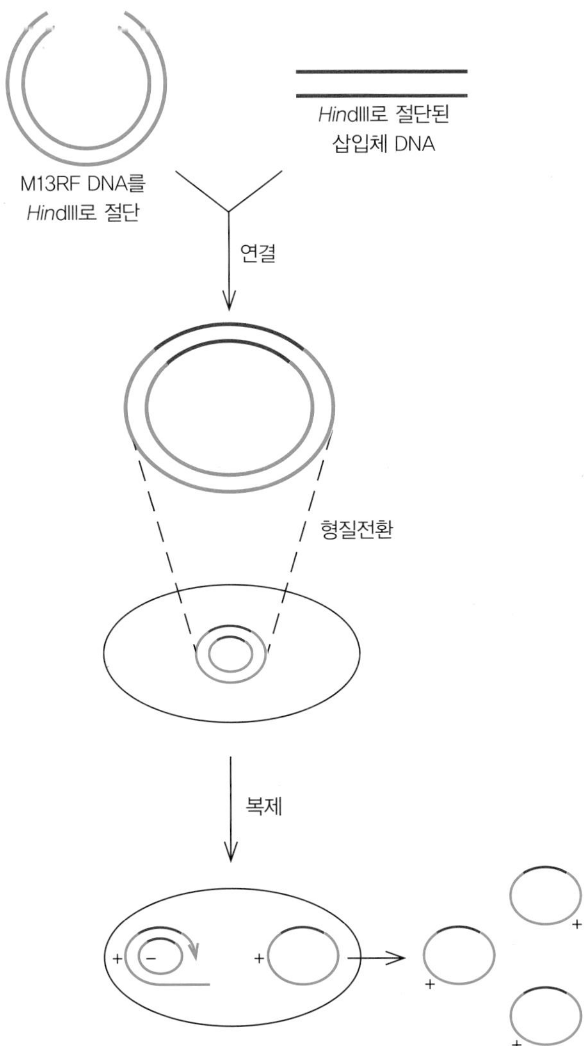

그림 4.6 M13 파지 클로닝에 의한 단일가닥 DNA 획득. 외부 DNA(빨간색)를 *Hind*III로 자르고, 이중가닥 파지 DNA의 *Hind*III 부위에 삽입시킨다. 얻어진 재조합 DNA는 대장균 세포를 형질전환하는 데 사용되고, DNA는 복제되어 많은 단일가닥 DNA를 생성한다. 관례상 생성된 DNA는 양성(+) 가닥이라고 부른다. 그러므로 주형 DNA는 음성(−) 가닥이다.

(5) M13 파지 벡터

클로닝에 이용하는 또 다른 파지는 필라멘트 파지인 M13이다. 요아킴 메싱(Joachim Messing) 등은 파지 DNA에 pUC 벡터에 있는 것과 같은 β-갈락토시데이즈 유전자와 MCS를 넣었다. 실제로 M13 파지를 먼저 제조하고 pUC 플라스미드에 있던 유용한 MCS를 간단히 이동시킨 것이다.

M13 벡터의 장점은 무엇일까? 가장 중요한 것은 이 파지의 유전체가 단일가닥 DNA이므로 이 벡터에 클로닝된 DNA는 단일가닥 상태로 추출할 수 있다. 이 장의 뒤에서 배우겠지만 단일가닥 DNA는 특정한 위치에 원하는 돌연변이를 집어넣는 위치지정 돌

연변이(site-directed mutagenesis)를 제조하는 데 필요하다. 또한 단일가닥 DNA는 DNA의 염기서열을 결정하기 쉽게 한다.

그림 4.6에는 어떻게 이중가닥 DNA를 M13에 클로닝하고 단일가닥 DNA를 추출하는지를 보여 준다. 파지 입자의 DNA 자체는 단일가닥이나 대장균에 감염된 후 이중가닥 복제형(replicative form, RF)으로 전환된다. 이 이중가닥 RF 파지 DNA가 우리가 클로닝에 이용하는 DNA이다. 이 DNA를 MCS에 있는 1~2개의 제한효소로 절단하고 같은 효소부위를 이용해 외부 DNA를 삽입한다. 그 후 이 재조합 DNA를 숙주세포에 감염시키고 단일가닥 형태의 재조합 DNA를 가지고 있는 파지를 만들어 낸다. 파지 DNA를 가지고 있는 이 파지 입자는 세포로부터 분비되므로 이를 배양액에서 추출하면 된다.

(6) 파지미드

단일가닥 DNA를 만들 수 있는 또 다른 종류의 벡터가 개발되었다. 이들은 코스미드와 같이 파지와 플라스미드의 성격을 모두 가지고 있기 때문에 **파지미드**(phagemid)라고 부른다. 매우 자주 쓰이는 종류로 pBluescript(pBS)가 있다(그림 4.7). pUC 벡터처럼 pBluescript는 *lacZ′* 유전자 중간에 MCS가 있어서, 외부 DNA가 들어간 군체는 X-gal이 존재할 때 파란색이 아니라 흰색으로 나타나 구별할 수 있다. 이 벡터는 M13과 같은 단일가닥 파지인 f1의 복제기점을 가지고 있다. 그러므로 재조합 파지미드를 가지고 있는 세포는 f1 헬퍼(helper)파지에 감염되면 단일가닥 파지미드 DNA를 만들어 포장할 수 있다. 또한 이 벡터에는 MCS 양 옆에 두 종류의 파지 RNA 전사효소에 대한 프로모터를 가지고 있다. 예를 들어, pBS는 T3 프로모터와 T7 프로모터를 서로 반대 방향으로 가지고 있다. 이를 이용하면 이중가닥인 파지 DNA를 분리하여 시험관에서 둘 중 한 가지 RNA 전사효소를 이용해 전사시키면 각 방향의 관심 있는 RNA를 순수하게 생산할 수 있다.

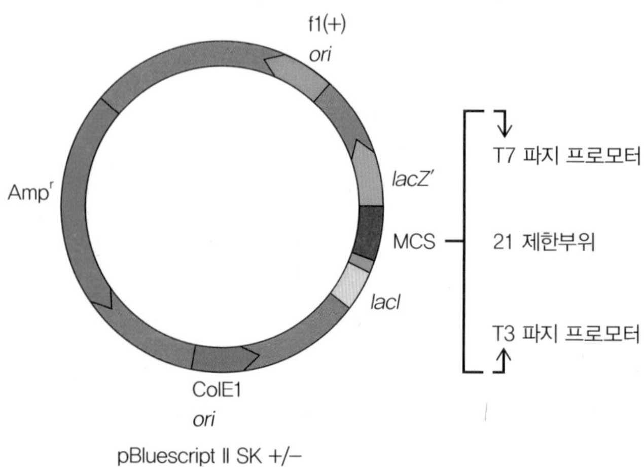

그림 4.7 pBluescript 벡터. 이 플라스미드는 pBR322를 기본으로 하고, 그 벡터의 앰피실린 저항성 유전자(초록색)와 복제기점(보라색)을 가지고 있다. 더구나 파지 f1의 복제기점(주황색)을 가지고 있어 세포가 복제기구를 제공하고, f1 도움 파지에 의해 감염되면 단일가닥 형태로 분비될 수 있다. 다중클로닝 부위(MCS, 빨간색)는 2개의 파지 RNA 중합효소 프로모터(T7과 T3) 사이에 21개의 독특한 제한부위를 가지고 있다. 그러므로 어떤 DNA 삽입체는 파지 RNA 중합효소에 의해 시험관 내에서 전사시키면 두 가닥의 RNA를 얻을 수 있다. 다중클로닝 부위는 대장균 *lacZ′* 유전자(연한 파란색) 안에 삽입되어 있다. 그러므로 플라스미드가 절단되지 않으면 IPTG와 같은 유도자를 첨가했을 때 *lacI* 유전자(노란색)에 의해 만들어지는 억제인자의 기능을 방해하고, 이에 따라 β-갈락토시데이즈 N-말단 절편을 생성할 것이다. 그러므로 절단되지 않은 벡터를 갖는 클론은 지시자 X-gal을 첨가하면 파란색으로 변할 것이다. 반대로 다중제한 부위에 삽입체가 있는 재조합 플라스미드를 갖는 클론은 *lacZ′* 유전자가 절단되어 기능적인 β-갈락토시데이즈를 만들 수 없을 것이다. 그러므로 이러한 클론은 흰색으로 남는다.

(7) 진핵세포 벡터와 고효율 벡터

진핵세포로 유전자를 클로닝할 수 있는 매우 유용한 벡터가 여러 종류 개발되었다. 이 장의 마지막 부분에서는 진핵세포에서 단백질을 만들어 내는 벡터에 대해 알아볼 것이다. 또한 식물세포에 유전자를 전달하는 목적으로 이용하는 *Agrobacterium tumefaciens*의 Ti 플라스미드에 대해서도 소개할 것이다. 24장에서는 크기가 매우 큰 인간 DNA(수십만 개의 염기쌍)를 클로닝하기 위한 효모의 인공염색체(yeast artificial chromosome, YAC)와 박테리아의 인공염색체(bacterial artificial chromosome, BAC)에 대하여 알아볼 것이다.

3) 특이 탐침을 이용한 특이 클론 식별법

앞에서 이미 탐침을 이용해 원하지 않는 수천 개의 클론 중에서 원하는 클론을 찾는 방법에 대해 살펴보았다. 어떤 종류의 탐침을 이용할까? 여러 개의 뉴클레오티드로 이루어진 핵산 분자나 항체 분자가 이용된다. 이 두 가지 분자는 다른 분자에 매우 특이적으로 결합하는 성격을 가지고 있다. 먼저 뉴클레오티드 탐침을 여기서 설명하고, 항체 탐침에 대해서는 이 장의 후반부에서 설명할 것이다.

(1) 폴리뉴클레오티드 탐침

우리가 원하는 유전자에 대한 탐침을 만들기 위해서는 이미 다른 생물체에서 상동유전자를 클로닝했다면 이를 이용할 수 있다. 예를 들어, 우리가 사람의 인슐린 유전자를 클로닝하고 싶은데, 다른 연구자가 이미 쥐의 인슐린 유전자를 클로닝하여 가지고 있다면 이를 구해 탐침으로 이용할 수 있다. 그러기 위해서는 두 유전자가 매우 비슷해서 한 종에서 얻은 유전자가 다른 종의 유전자와 잡종화될 수 있어야 한다. 이러한 가정은 대부분 잘 들어맞는다. 그러나 탐침과 유전자 사이의 약간의 차이를 극복할 수 있을 정도로 잡종화의 **충실성**(stringency)을 낮추어 주는 것이 좋다.

여러 방법으로 충실성을 조절할 수 있다. 고온이나 고농도의 유기 용매, 저농도의 염 용액에서는 DNA 이중나선의 두 사슬이 잘 풀리는 경향이 있다. 따라서 완전히 들어맞는 DNA 가닥이 이중가닥을 형성하도록 여러 조건을 조절할 수 있고, 이런 경우 충실성이 높아진다. 이러한 조건을 완화하면(예를 들어, 온도를 낮추면) 충실성이 낮아져서 약간의 비상동성 DNA끼리도 잡종화될 수 있을 것이다.

만약 다른 생물체에서 찾아낸 상동유전자가 없다면 어떤 방법을 이용할 수 있을까? 만약 이 유전자의 단백질 산물의 서열 일부만이라도 알고 있다면 이를 이용할 수 있다. 실험실에서도 라이신(ricin)이라는 식물 독성 유전자를 클로닝할 때 이런 문제에 봉착했다. 그러나 운이 좋게도 라이신(ricin)의 2개 폴리펩티드 사슬에 대한 전체 서열을 알고 있었다. 이 경우, 유전암호를 이용해서 아미노산 서열을 뉴클레오티드 서열로 바꿀 수 있다. 그 후 뉴클레오티드 서열을 화학적으로 합성하여 이를 이용해 라이신 유전자와 잡종화시킬 수 있다. 이 경우에 사용되는 탐침은 여러 뉴클레오티드로 이루어져 있으므로 **올리고뉴클레오티드**(oligonucleotide)라 불린다. 왜 라이신(ricin) 유전자에 대한 탐침을 여러 개 제작해야 할까? 이는 유전암호가 축중(degeneracy)되어 있어 한 아미노산을 암호화하는 유전암호가 여러 개인 경우가 대부분이기 때문이다. 따라서 대부분의 아미노산에 대해 여러 종류의 뉴클레오티드 서열을 고려해야만 한다.

운 좋게도 이러한 어려움을 피할 수 있었다. 왜냐하면 라이신(ricin)의 폴리펩티드 중 하나가 트립토판–메티오닌–페닐알라닌–라이신(rysine)–아스파라긴–글루탐산이라는 아미노산 서열을 가지고 있었기 때문이다. 앞의 2개 아미노산은 한 종류의 코돈에 의해 만들어지고, 뒤의 3개는 두 종류의 코돈이 만들어 낸다. 여섯 번째 아미노산은 여분의 2개 염기만 이용했는데, 그 이유는 세 번째 염기가 축중하기 때문이다. 그러므로 우리는 8종류의 17개 염기로 이루어진 올리고뉴클레오티드(17mer)를 만들어 이 아미노산을 암호화하는 어떤 유전자와도 일치하도록 했다. 이 축중 염기서열은 다음과 같다.

		U	G	U	
UGG	AUG	UUC	AAA	AAC	GA
트립토판	메티오닌	페닐알라닌	라이신	아스파라긴	글루탐산

8종류의 17mer(UGGAUGUUCAAAAACGA, UGGAUGUUUAAAAACGA 등)로 이루어진 혼합액을 이용해 우리는 쉽게 여러 개의 라이신 클론을 동정할 수 있었다. 최근에는 많은 종의 유전체 서열이 이미 알려져 있으므로 여러 유전자의 서열을 정확히 가지고 있는 탐침을 합성할 수 있다.

문제 및 풀이

문제

여기 클로닝하고자 하는 가상의 단백질 아미노산 서열 일부가 있다.

Arg–Leu–Met–Glu–Trp–Ile–Cys–Pro–Met–Leu

a. 축중이 가장 적은 17mer(다음 코돈에서 오는 2개의 염기 포함)의 탐침을 만들기 위해 어떤 5개의 아미노산을 이용해야 하는가?

b. 원하는 유전자와 완전히 일치하는 탐침을 만들기 위해 얼마나 많은 17mer를 합성해야 할까?

c. 만약 탐침부위를 가장 적절한 곳(a에서 선택한 것)보다 2개만큼 오른쪽으로 이동한 부위를 잡는다면 얼마나 많은 17mer가 필요하겠는가?

풀이

a. 먼저 18장에 있는 유전자 코드표를 참조해서 이 서열에 있는 아미노산들의 암호 축중을 구한다. 그 결과는 다음과 같고, 각 아미노산 위의 숫자는 축중을 말한다.

6	6	1	2	1	3	2	4	1	6
Arg	Leu	Met	Glu	Trp	Ile	Cys	Pro	Met	Leu

다시 말하면, 아르기닌에는 6개의 코돈이 있고, 류신에도 6개, 메티오닌에는 1개 등이 있다. 다음으로 연결된 5개의 코돈 중에서 가장 축중이 낮은 것을 찾아보자. Met–Glu–Trp–Ile–Cys이 가장 좋다는 것을 쉽게 알 수 있을 것이다.

b. 얼마나 많은 17mer가 필요한지 알기 위해 우리가 고안한 탐침이 결합할 부분의 축중을 곱해 주면 된다. 위에서 택한 부분은 $1\times2\times1\times3\times2=12$로 12종류가 필요하다. 다음으로 프롤린을 코딩하는 코돈 앞의 2개 염기(CC)만을 이용해 프롤린을 만들어 내는 4종류 코돈(CCU, CCA, CCC, CCG)의 축중을 만들어 내는 세 번째 염기는 사용하지 않도록 한다.

c. 만약 2개의 아미노산을 오른쪽으로 이동하면 트립토판으로부터 시작되고 축중은 $1\times3\times2\times4\times1=24$가 된다. 그러므로 12개 대신 24개의 다른 탐침을 만들어야 한다.

4) cDNA 클로닝

cDNA[**상보성 DNA**(complementary DNA)나 **복사본 DNA**(copy DNA)의 약자]는 mRNA와 같은 RNA의 DNA 복사본이다. 가끔 일정 시간에 특정한 형태의 세포에 존재하는 mRNA를 가능한 한 많이 가지는 **cDNA 라이브러리**(cDNA library)를 만들 때가 있다. 이러한 라이브러리에는 각기 다른 클론이 수만 가지 들어 있다. 어떤 경우에는 1개의 특별한 mRNA로부터 만들어진 한 종류의 cDNA만 만들 수도 있다. 그러므로 우리가 이용하고자 하는 방법은 어떤 목적이냐에 따라 다를 수 있다.

그림 4.8에 cDNA 라이브러리를 효과적이고 간단하게 만드는 방법이 잘 설명되어 있다. cDNA를 클로닝하는 방법의 핵심은 **역전사효소**(reverse transcriptase, RNA-의존성 DNA 중합효소)를 이용해 mRNA 주형으로부터 cDNA를 합성하는 데 있다. 다른 여타의 DNA 합성효소와 마찬가지로 역전사효소 역시 프라이머 없이는 DNA를 합성할 수 없다. 이러한 문제점을 해결하기 위해 대부분의 진핵생물 mRNA의 3′-말단에 존재하는 폴리(A) 꼬리를 이용해 올리고(dT)를 프라이머로 사용한다. 올리고(dT)는 폴리(A)에 상보적이기 때문에 mRNA의 3′-말단에 존재하는 폴리(A)에 결합하여 mRNA를 주형으로 하는 DNA 합성을 시작할 수 있도록 해준다.

mRNA가 복제된 후 단일가닥의 DNA(첫 번째 사슬)가 형성되며, mRNA는 **리보핵산분해효소 H**(ribonuclease H, RNase H)에 의해 부분적으로 분해된다. 이 효소는 RNA-DNA 잡종에서 RNA만을 선택적으로 분해해서 첫 번째 사슬의 cDNA에 결합되어 있는 RNA를 제거한다. 남아 있는 RNA 조각은 첫 번째 사슬을 주형으로 한 '두 번째 사슬'을 만드는 데 프라이머로 사용된다. 이러한 과정은 그림 4.9에서 설명된 것과 같은 **틈 번역**(nick translation)이라는 현상에 의존적으로 일어난다. 최종적으로 두 번째 사슬의 5′-말단에 RNA 절편이 결합된 상태의 이중가닥 cDNA가 생겨나게 된다.

틈 번역의 핵심은 **틈**(nick, single strand DNA break)의 앞부분에 있는 DNA를 제거하는 동시에 틈의 뒷부분에 새로운 DNA를 합성하는 것이다. 이는 도로포장 기계가 작동하는 것과 같이 기계의 앞에 있는 낡은 포장길은 제거하고, 뒷부분에서는 새로 포장공사를 하는 방법이다. 최종 결과물은 5′→3′ 방향에 생긴 틈이 이동하거나 번역되는 것이다. 일반적으로 틈 번역에 사용되는 효소는 대장균의 DNA 중합효소 I으로서 이 효소는 5′→3′ 핵산말단가수분해효소 활성이 있기 때문에 지나가면서 함께 앞부분의 DNA를 분해한다.

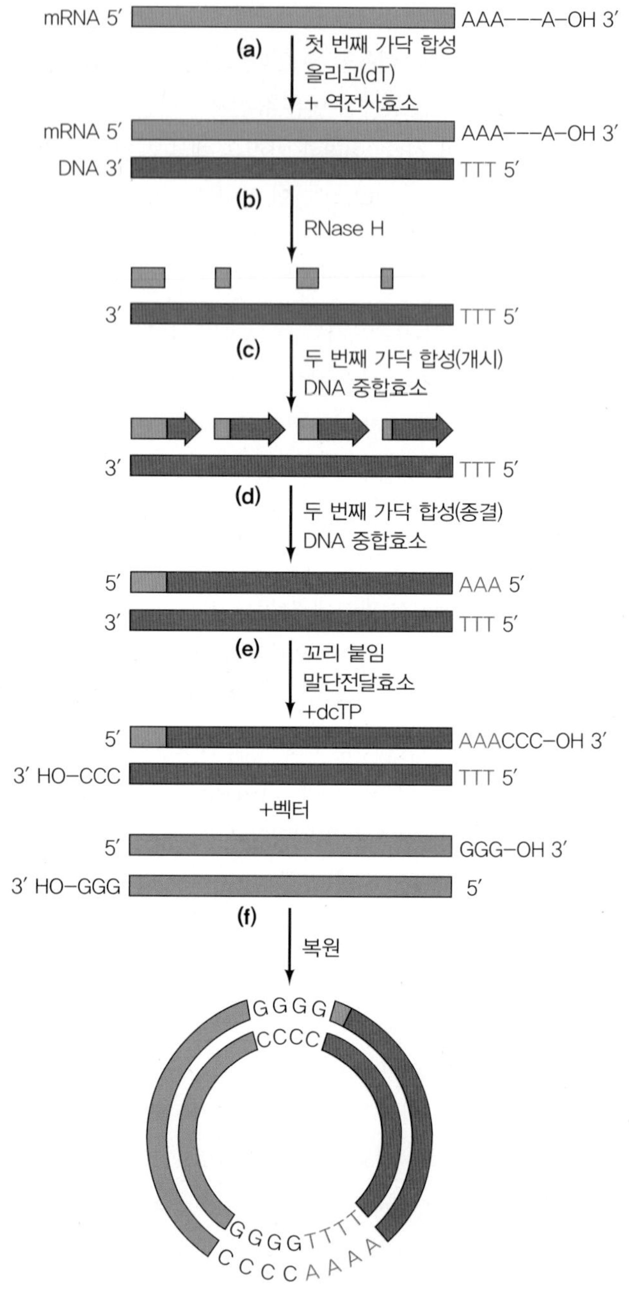

그림 4.8 cDNA 라이브러리 제조법. **(a)** 프라이머로 올리고(dT)와 역전사효소를 이용해 mRNA 주형(파란색)으로부터 cDNA(빨간색)를 합성한다. **(b)** RNase H를 사용해 부분적으로 mRNA를 분해하여 첫 번째 cDNA 가닥과 염기쌍을 이루는 RNA 프라이머 세트를 만든다. **(c)** 앞에서 설명한 틈 번역 반응처럼 대장균 DNA 중합효소 I을 사용해 RNA 프라이머에서 두 번째 cDNA 가닥을 만든다. **(d)** 왼쪽 프라이머(파란색)로부터 연장되는 두 번째 cDNA 가닥은 첫 번째 cDNA 가닥의 올리고(dT) 프라이머에 상응한 올리고(dA) 방향으로 신장된다. **(e)** 이중가닥 cDNA에 점착성 말단을 제공하기 위해 말단 전달효소로 올리고(dC)를 첨가한다. **(f)** cDNA의 올리고(dC) 말단은 벡터(보라색)의 상보적인 올리고(dG)에 결합된다. 재조합 DNA를 박테리아 세포에 형질전환시킨다. 세포 내에 존재하는 효소가 틈을 제거하고 RNA를 DNA로 대체한다.

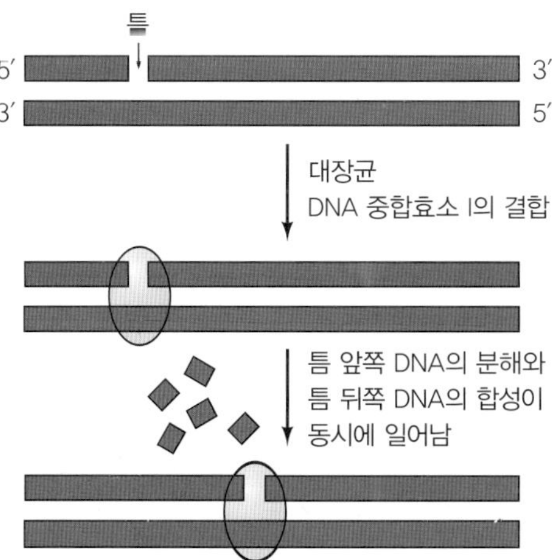

그림 4.9 틈 번역. 이 그림은 DNA 이중가닥인 경우를 예로 보여 주지만 RNA-DNA 이중가닥인 경우에도 마찬가지로 적용된다. 위 가닥의 틈을 지니는 이중가닥 DNA로부터 시작한다. 대장균 DNA 중합효소 I이 틈에 결합하여 5′→3′ 방향(왼쪽에서 오른쪽으로)으로 DNA 절편을 신장시킨다. 동시에 5′→3′ 핵산말단가수분해효소의 작용으로 왼쪽에서 신장되는 DNA 절편을 위한 공간 마련을 위해 오른쪽에서 DNA 절편을 분해시킨다. 빨간색의 작은 직사각형은 핵산말단가수분해효소의 작용에 의해 방출된 뉴클레오티드를 나타낸다.

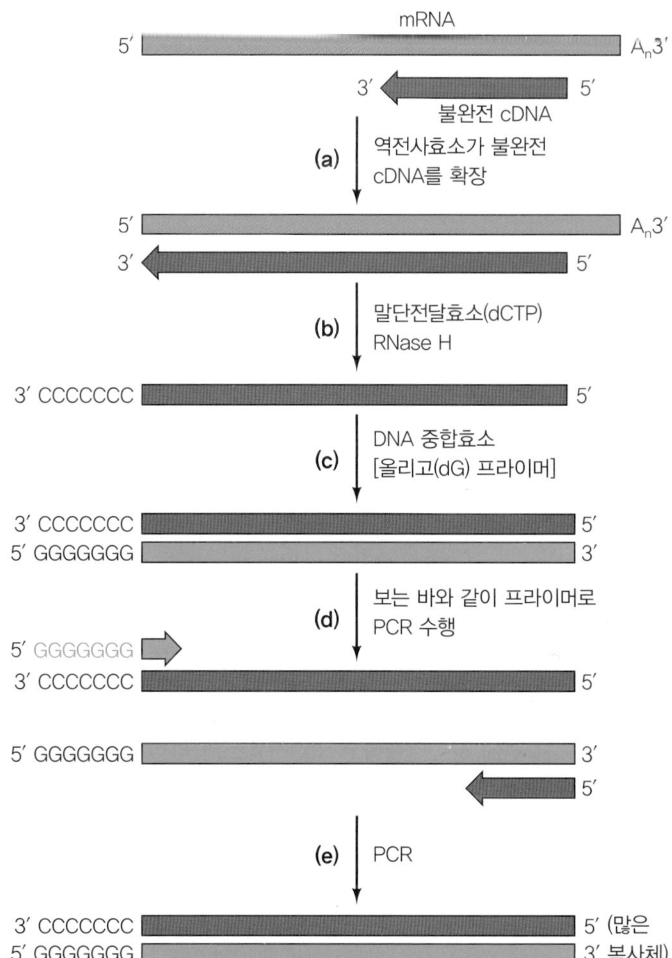

그림 4.10 cDNA 5′-말단을 메우기 위한 RACE 방법. (a) mRNA(초록색)에 불완전한 cDNA 조각(빨간색)이나 이에 해당하는 올리고뉴클레오티드를 잡종결합하고 역전사하여 cDNA를 mRNA의 5′-말단까지 연장한다. (b) 말단 전달효소와 dCTP를 이용해 연장한 cDNA의 3′-말단에 C 염기를 부착한다. 또한 RNase H를 이용해 mRNA를 분해한다. (c) 올리고(dG) 프라이머와 DNA 중합효소를 이용해 cDNA의 두 번째 사슬(파란색)을 합성한다. (d)와 (e) 올리고(dG)를 전진 방향 프라이머로 사용하고 cDNA의 3′-말단에 결합할 수 있는 올리고를 역방향 프라이머로 사용해 PCR을 한다. 그 결과 mRNA의 5′-말단까지 연장된 cDNA가 합성된다. 비슷한 방법으로 3′-RACE를 하여 cDNA를 3′-방향으로 연장할 수도 있다. 이 경우에는 mRNA가 이미 폴리(A)를 가지고 있으므로 cDNA의 3′-말단에 꼬리를 붙이는 말단 전달효소가 필요 없고, 뒤쪽 프라이머는 올리고(dT)를 사용하면 된다.

다음으로는 cDNA를 벡터에 연결하는 일을 해야 한다. 이러한 일은 제한효소로 절단된 유전체 DNA로는 쉬운 일인 반면, cDNA는 점착성 말단(sticky end)이 없기 때문에 어렵다. 평활 말단(blunt end)을 연결하는 방법이 있기는 하지만 비교적 효율이 낮은 방법이다. 고효율로 연결하기 위해서 **말단데옥시리보핵산 전달효소**(terminal deoxynucleotidyl transferase, TdT) 또는 간단히 **말단 전달효소**(terminal transferase)와 데옥시뉴클레오시디 삼인산(deoxyribonucleoside triphosphate) 가운데 하나를 이용해 점착성 말단[이 경우는 올리고(dC)]을 cDNA에 연결해 줄 수 있다. 이 경우 dCTP가 사용되었다. 이 효소들은 한 번에 하나의 dCMP를 cDNA의 3′-말단에 연결해 준다. 같은 방법으로 올리고(dG)도 벡터의 말단에 결합할 수 있다. cDNA의 양 말단에 있는 올리고(dC)를 벡터의 양 말단에 있는 올리고(dG)와 결합(annealing)시키면 바로 형질전환에 쓸 수 있는 재조합 DNA가 된다. 올리고뉴클레오티드 꼬리 사이의 결합은 형질전환 전에 따로 연결반응이 필요 없을 정도로 강력하다. 형질전환된 세포 내의 DNA 라이게이즈는 최종적으로 연결반응을 해주게 되며 DNA 중합효소 I이 남아 있는 RNA를 DNA로 치환시켜 준다.

어떤 종류의 벡터를 이용하여 cDNA를 연결할 수 있을까? 원하는 cDNA를 가지는 클론을 확인하는 데 어떠한 방법을 사용하는가에 따라 다양한 벡터를 사용할 수 있다. 플라스미드나 파지미드 벡터를 사용하는 경우, 일반적으로 방사성 동위원소로 표지된 DNA 탐침을 이용한 **콜로니 잡종화**(colony hybridization) 방법을 이용해 확인한다. 이러한 과정은 앞서 설명된 플라크 잡종화 방법과 유사한 방법이다. 플라크 잡종화에 대해서는 이전에 설명한 바 있다. λgt11과 같은 λ 파지를 벡터로 사용할 수도 있다. 이 벡터는 클로닝된 cDNA를 *lac* 프로모터 조절하에 둬서 클로닝한 유전자의 전사와 번역이 일어날 수 있게 한다. 이후 항체를 사용해 유전자의 단백질 산물이 올바로 생산되었는지 직접적으로 검색할 수 있다. 우리는 이러한 과정에 대해 이 장의 후반부에서 좀 더 구체적으로 살펴볼 것이다. 다른 방법으로 재조합 파지 DNA에 잡종화하기 위해 폴리뉴클레오티드 탐침이 사용될 수 있다.

5) cDNA 말단의 급속증폭법

역전사효소가 mRNA의 끝까지 작용하지 않거나 그 외 여러 이유로 인해 cDNA의 길이가 완전히 길지 않은 경우가 많다. 그렇다고 해서 이런 불완전한 cDNA로 만족할 필요는 없다. **cDNA 말단의 급속증폭법**(rapid amplification of cDNA end, RACE)이라는 방법을 이용하면 cDNA의 불완전한 부분을 메울 수 있다. 그림 4.10에는 cDNA의 5′-말단을 메우는 방법(5′-RACE)을 설명했다. 비슷한 방법(3′-RACE)으로 3′-말단도 찾을 수 있다.

5′-RACE는 관심 있는 mRNA를 포함한 RNA를 준비하여 5′-말단이 없는 부분적인 cDNA를 합성하여 시작한다. 불완전한 cDNA를 mRNA에 잡종결합하고 역전사효소가 나머지 mRNA를 복사하도록 한다. 완전한 크기의 cDNA는 말단 중합효소와 dCTP를 이용해 예를 들면, 올리고(dC)로 꼬리를 단다. 그 후에 올리고(dG)를 프라이머로 이용해 두 번째 사슬을 합성한다. 이 과정에서 올리고(dG)와 3′-특이적 올리고를 프라이머로 써서 증폭시킬 수 있는 이중나선의 cDNA가 만들어진다.

4.2. 중합효소 연쇄반응

지금까지는 제한효소를 사용하거나 물리적으로 DNA를 잘라 원하는 DNA 조각을 클로닝하는 방법을 배웠다. 그러나 최근에 개발된 **중합효소 연쇄반응**(polymerase chain reaction, PCR)으로 클로닝을 위한 DNA 조각을 만들 수 있는데, 이것은 다음 장에서 알 수 있듯이 cDNA를 클로닝하는 데 매우 유용하다. 먼저 PCR 방법에 대해 알아보자.

1) 표준 PCR 방법

PCR은 1980년대에 캐리 멀리스(Kary Mullis) 등이 고안했다. 그림 4.11에서 보듯이, 이 방법은 DNA 중합효소를 이용해 DNA의 일부분을 복제하는 방법이다. 만약 X라는 DNA의 일부를 증폭시키고 싶다면 작은 DNA 조각(프라이머)을 X의 양쪽에 결합시키고, 이로부터 X쪽으로 DNA가 합성되도록 한다. 이렇게 형성된 새로 생긴 X의 양 사슬이나 원래의 DNA를 다음 단계에서 다시 한 번 증폭시킨다. 이러한 방법으로 원하는 DNA 부분을 각 단계마다 두 배로 양을 늘려서 최대한 원래 DNA보다 100만 배가량 증폭시키면 전기영동으로 분석할 수 있을 정도가 된다.

원래는 DNA 중합효소는 각 단계의 복제 과정에서 DNA 사슬을 분리하기 위해 높은 온도(90℃ 이상)를 가할 때 효소의 기능이 파괴되기 때문에 각 단계마다 새로운 DNA 중합효소를 넣어 주어야 했다. 그러나 열에 대한 저항성이 강한 특별한 DNA 중합효소가 발견되어 그 문제가 해결되었다. 그중 하나가 **Taq 중합효소**(Taq polymerase)로 *Thermus aquaticus*라는 온천에 사는 박테리아에 존재하며 열에 대한 저항성이 강한 효소이다. 그러므로 Taq 중합효소와 프라이머와 DNA 주형을 시험관에서 섞어 주고 시험관을 닫은 다음 **온도 순환계**(thermal cycler)에 넣어 주면 반응이 진행된다. 이 기계를 세 종류의 다른 온도를 반복하도록 프로그램하여, 먼저 고온(95℃ 이상)을 주어 DNA 사슬을 풀고 낮은 온도(50℃ 정도)로 프라이머가 DNA 원본에 결합할 수 있도록 하며 중간 정도 온도(72℃ 정도)로 DNA를 합성한다. 각 사이클은

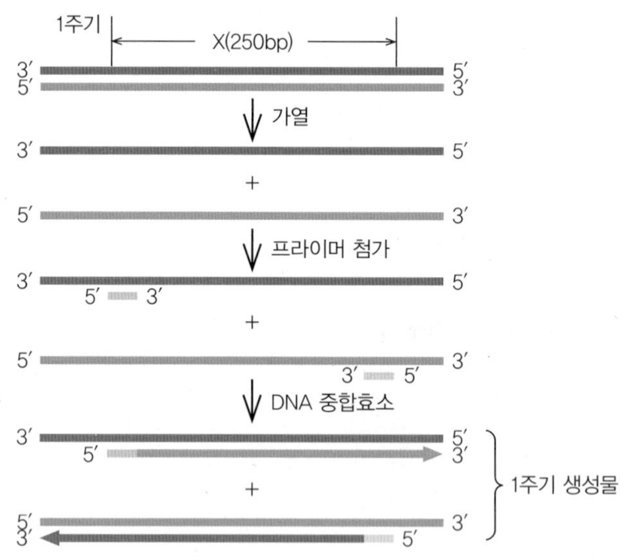

그림 4.11 중합효소 연쇄반응(PCR)에 의한 DNA의 증폭. DNA 이중가닥(위)을 2개의 가닥(빨간색과 파란색)으로 분리하기 위해 열을 가하는 것으로 시작한다. 증폭하고자 하는 부분(X)의 양쪽 서열에 상보적인 짧은 단일가닥의 DNA 프라이머(보라색과 노란색)를 첨가한다. 프라이머는 분리된 DNA 가닥의 맞는 위치와 잡종결합한다. 열에 안정한 특별한 DNA 중합효소가 이 프라이머에서 상보적인 DNA 가닥의 합성을 시작한다. 화살표는 새로 만들어진 DNA를 나타낸다. 비록 1개의 DNA 이중가닥으로 시작했지만 1주기의 마지막에는 증폭시키고자 한 부위를 포함하여 2개의 DNA 이중가닥이 형성된다. 모든 DNA 가닥과 프라이머의 5′→3′ 방향 극성을 첫 번째 주기에 나타내었다. 같은 원리가 모든 주기에 적용된다.

쥬라기 공원: 그저 환상일 뿐인가?

마이클 크라이튼(Michael Crichton)이 쓴 『쥬라기 공원』은 과학자와 사업가가 힘을 합쳐 살아 있는 공룡을 만드는 환상적인 일을 한다는 이야기이다. 그들의 전략은 구하기 힘든 공룡의 화석에서 공룡의 DNA를 직접 얻기보다는 쥬라기 시대에 공룡의 피를 빨아먹고 나무의 진액에 달라붙어 갇힌 호박에 남아 잘 보존된 흡혈 곤충을 찾는다는 것이다. 혈액 안에는 DNA를 가진 백혈구가 존재하기 때문에 그러한 곤충의 위장 내부에는 공룡의 DNA가 남아 있을 것이기 때문이다. 다음 과정은 PCR을 통해 공룡 DNA를 증폭한 후 서로 연결하여 달걀 안에 넣는 것이다. 그렇게 결국, 공룡이 부화되었다!

이러한 시나리오는 비합리적으로 들릴 수도 있다. 또한 특정한 부분에 있어 실제로 기술적인 문제를 안고 있어 그것을 그저 공상과학소설로 남아 있게 한다. 그러나 이러한 이야기 중 일부가 실제로 과학 잡지에 등장하기도 한다. 〈쥬라기 공원〉이 극장에서 개봉한 같은 달인 1993년 6월, 1억 2천만~1억 3천5백만 년 동안 레바논의 호박 속에 갇혀 있던 멸종된 바구미로부터 얻은 유전자의 일부를 PCR로 증폭하고 염기서열을 분석한 내용이 *Nature*지에 실렸다. 그것은 우리를 쥬라기보다는 덜 오래됐지만 공룡이 여전히 널리 분포하고 있던 백악기로 데려간다. 만약 이러한 일이 가능한 것이라면, 흡혈 곤충의 위장에서 보존된 공룡의 DNA를 찾아내는 일도 가능할 것이다. 또한 그러한 DNA가 PCR 증폭 과정을 할 수 있을 만큼 잘 보존되어 있을 수 있다. 결국 PCR 기술은 하나의 분자에서 시작하여 우리가 원하는 정도로 증폭할 수 있는 강력한 방법인 것이다.

그럼 공룡을 만드는 데 무엇이 문제일까? 노출된 DNA로부터 척추동물을 만든다는 미지의 영역은 접어 두더라도 우리는 간단히 PCR 과정 자체에서 오는 한계를 생각해 보아야 한다. 우선 PCR을 통해 증폭할 수 있는 DNA의 길이는 40kb에 불과하다. 이러한 크기는 공룡 유전체 길이의 10만분의 1 정도이고 전체 공룡 유전체 DNA를 얻기 위해서는 PCR 산물을 적어도 10만 번 이상 이어 붙여야 한다는 결론을 도출한다. 또한 그러한 모든 조각들에 대한 PCR 프라이머를 제작하기 위해서는 충분한 공룡 DNA 염기서열 정보도 가지고 있어야 한다.

그러나 우리가 40,000bp 이상을 PCR을 통해 증폭할 수 있다면 어떻게 될까? 만약 우리가 PCR을 통해 한 번에 수억 염기쌍의 전체 염색체를 증폭할 수 있다면 어떨까? 이것이 가능하더라도 DNA가 원래 불안정한 분자이기 때문에 호박 안에서 미라가 된 곤충에 있었다고 할지라도 우리는 수백만 년 동안 전체 길이의 염색체가 살아남아 있을 것이라고 기대하기는 힘들다. PCR은 프라이머가 결합하는 부위가 손상되지 않은 경우 그 한 부위에만 결합하기 때문에 비교적 짧은 길이를 증폭할 수 있다. 그런데 전체가 모두 손상되지 않은 염색체를 찾거나, 심지어 손상되지 않은 수백만 염기로 이루어진 DNA 조각을 찾는다는 것조차 거의 불가능해 보인다.

이러한 생각 때문에 고대의 DNA를 PCR을 통해 증폭했다는 몇 안 되는 사례들은 상당히 불확실해 보인다. 많은 과학자들은 DNA처럼 잘 분해되는 분자가 수백만 년 동안 보존된다는 것은 믿을 수 없다고 주장한다. 그들은 공룡의 DNA가 오래 전에 뉴클레오티드로 분해되어 PCR 주형으로 사용될 수 없게 되었을 것이라고 믿는다. 사실 이것은 호박에 보존된 DNA를 제외하고는 약 1십만 년보다 오래된 모든 고대의 DNA에 해당하는 것으로 보인다.

이와는 반대로, PCR 기계를 통해 고대 곤충의 시료에서 몇 가지 DNA가 증폭된 바 있다. 그것이 고대의 곤충 DNA가 아니라면 무엇이겠는가? 이러한 점은 엄청난 감수성이라는 PCR의 커다란 장점이자 또 다른 한계점을 제시한다. 우리가 보아 왔듯이 PCR은 하나의 DNA 분자를 증폭할 수 있으며, 그것이 우리가 원하는 DNA인 경우 장점으로 작용한다. 그러나 시료에 오염된 하나의 분자까지도 잡아내어 우리가 원하는 시료 대신 증폭할 수도 있다.

이러한 이유에서 백악기의 바구미 DNA을 연구했던 사람들은 비교해 볼 현대의 바구미를 가지고 일하기 전에 모든 백악기 바구미의 DNA에 대한 PCR 증폭과 염기서열 분석 작업을 끝마쳤다. 그러한 방법을 통해 그들은 멸종된 바구미의 DNA를 증폭하는 것이라고 생각하는 동안에 이전의 실험으로부터 오염된 현대 곤충의 DNA를 증폭하고 있을지도 모른다는 걱정을 줄일 수 있었다. 그러나 DNA는 어디나 있는 것이고, 특히 분자생물학 실험실에서는 더욱 그러한 것이어서 모든 DNA를 제거한다는 것은 매우 어려운 일이다.

게다가 곤충의 위장에 있는 공룡의 DNA는 곤충 위장 박테리아의 DNA는 물론이고 곤충 DNA에 의해 대량으로 오염되어 있을 것이다. 그리고 그 곤충이 나무 진액에서 죽기 직전에 한 종류의 공룡 피만 빨았다고 누가 장담할 수 있겠는가? 만약 그것이 두 종류의 공룡 피를 빨았다면 PCR 과정을 통해 두 가지 DNA를 동시에 증폭하게 되는데 그 둘을 분리할 수 있는 방법은 없다.

즉, 실제로 쥬라기 공원을 만들기 위한 몇 가지 방법이 이미 갖추어지기는 했지만 살아 있는 공룡을 보는 것이 흥미로운 일인 만큼 현실적으로 해결해야 할 문제는 여전히 크다. 그래서 이것은 실현 가능성이 없어 보인다.

좀 더 현실성 있는 수준에서 이미 PCR 기술 통해 멸종된 생물의 유전자 염기서열을 현재 살고 있는 멸종 생물의 친척 생물이 가지는 염기서열과 비교할 수 있게 되었다. 이것은 식물학자 마이클 클레그(Michael Clegg)가 말하는 '분자고생물학(molecular paleontology)'이라는 흥미로운 새로운 영역을 탄생시켰다.

몇 분 정도만 소요되는데, 충분한 양의 DNA를 증폭시키기 위해서 20사이클 정도나 그 이하의 사이클을 돌리면 된다. PCR은 매우 강력한 증폭 기술로 『쥬라기 공원』과 같은 공상과학소설의 모태가 되기도 한다(중점 설명 4.1).

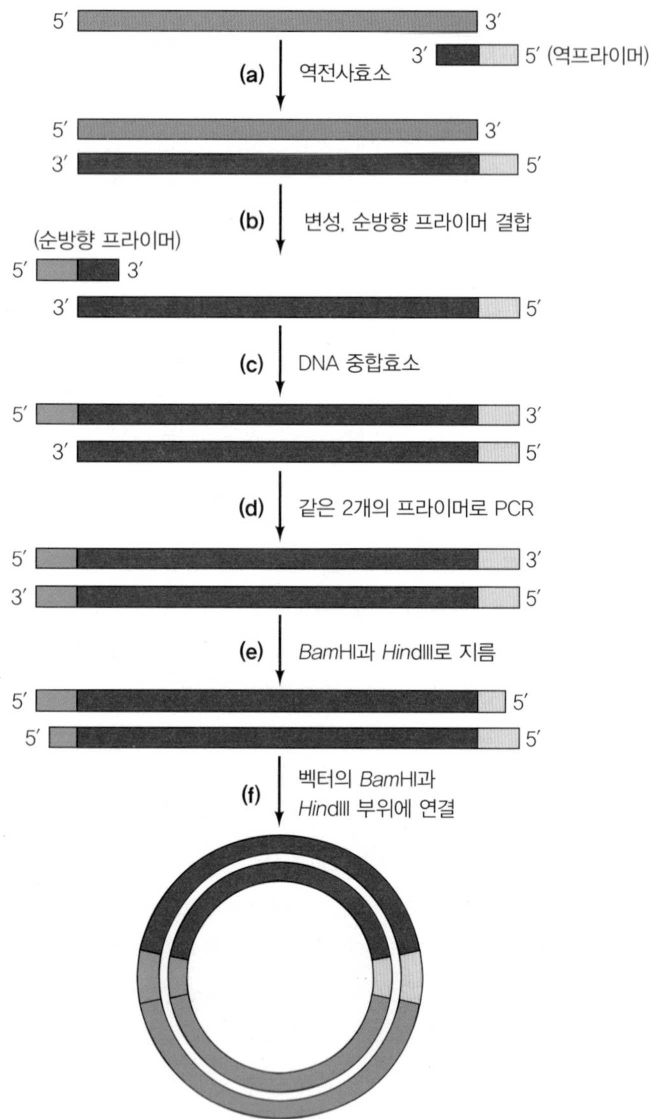

그림 4.12 단일 cDNA의 클로닝을 위한 RT-PCR의 이용. **(a)** 5′-말단에 *Hind*III 부위(노란색)를 포함하는 역방향 프라이머(빨간색)와 역전사효소를 사용해 첫 번째 cDNA 가닥을 합성한다. **(b)** mRNA-cDNA 혼합물을 변성시키고 5′-말단에 *Bam*HI 부위(초록색)를 포함하는 순방향 프라이머(빨간색)를 결합시킨다. **(c)** 순방향 프라이머는 DNA 중합효소 촉매반응에 의해 두 번째 가닥 cDNA를 합성하기 시작한다. **(d)** 두 가닥 cDNA를 증폭시키기 위해 앞서 사용한 두 종류의 프라이머를 이용해 PCR을 시작한다. **(e)** *Bam*HI와 *Hind*III로 cDNA를 잘라서 점착성 말단을 형성한다. **(f)** cDNA를 적절한 벡터의 *Bam*HI과 *Hind*III 부위에 연결시킨다(보라색). 마지막으로 재조합 cDNA로 세포를 형질전환시켜 클론을 얻는다.

2) cDNA 클로닝을 위한 RT-PCR의 이용

염기서열이 알려져 있는 하나의 mRNA로부터 cDNA를 클로닝하고자 한다면, 그림 4.12에 설명한 것 같은 **역전사 효소 PCR**(reverse transcriptase PCR, RT-PCR)이라 불리는 PCR 방법을 사용할 수 있다. 이 장의 앞부분에서 설명된 다른 PCR 방법과 이 방법의 가장 큰 차이점은, 이 RT-PCR에서는 이중가닥의 DNA가 아닌 mRNA로부터 시작한다는 점이다. 따라서 mRNA를 DNA로 전환시키는 것으로 시작할 수 있다. 일반적으로 이러한 RNA→DNA의 과정은 역전사 효소를 통해 이루어진다. 즉, mRNA를 역전사시켜 DNA를 만든 후, 만들어진 단일가닥 DNA를 프라이머를 이용해 이중가닥 DNA로 전환하는 것이다. 그런 후 일반적인 PCR 방법을 통해 클로닝에 필요한 만큼의 cDNA를 증폭할 수 있다. 이 과정에서 프라이머가 제한효소에 의해 인식되는 서열을 포함하는 경우, 제한효소 부위를 cDNA의 양 말단에 첨가할 수도 있다. 그림의 예를 보면, 하나의 프라이머에는 *Bam*HI 인식부위가 있고 다른 하나의 프라이머에는 *Hind*III 인식부위가 있다. (이때 제한효소가 효율적으로 자르게 하기 위해 프라이머의 양끝에 몇 개의 뉴클레오티드를 더 붙인다.) 따라서 PCR 산물은 양 말단에 이러한 제한효소 부위를 가진 cDNA가 된다. PCR 산물을 그 2개의 제한효소로 자르면 cDNA의 양 말단에는 원하는 벡터에 붙여 넣을 수 있는 점착성 말단이 생기게 된다. cDNA가 2개의 서로 다른 점착성 말단을 가지는 경우 방향성 있는 클로닝이 가능하여 벡터에 삽입되는 과정에서 가능한 두 가지의 방향 가운데 한쪽 방향으로만 들어가게 된다. 이러한 방법은 특히 발현벡터에 cDNA를 클로닝할 때 매우 유용한데, cDNA가 전사되는 방향과 같은 방향으로 삽입되어야 하기 때문이다. 그러나 이 과정에서 주의할 점은 cDNA 내부에 두 가지 제한부위가 모두 없어야 한다는 것이다. 그렇지 못했을 경우 제한효소는 양 말단부위뿐만 아니라 cDNA 내부를 절단하게 되어 그 산물을 쓸모없게 만든다.

3) 실시간 PCR

실시간 PCR(real-time PCR)은 DNA가 증폭되는 것을 실시간으로 정량화하는 방법이다. 그림 4.13은 실시간 PCR의 기본을 설명하고 있다. DNA의 두 선이 분리되면 이들은 순방향 프라이머나 역방향 프라이머에 결합할 뿐 아니라 형광이 표지된 올리고뉴클레오티드가 DNA의 한 선의 일부에 상보적으로 결합하여 **리포터 탐침**(reporter probe)으로 작용한다. 리포터 탐침은 형광꼬리(F)를 5′-말단에 가지고 있고 3′-말단에 형광억제꼬리(Q)를 가지고 있다.

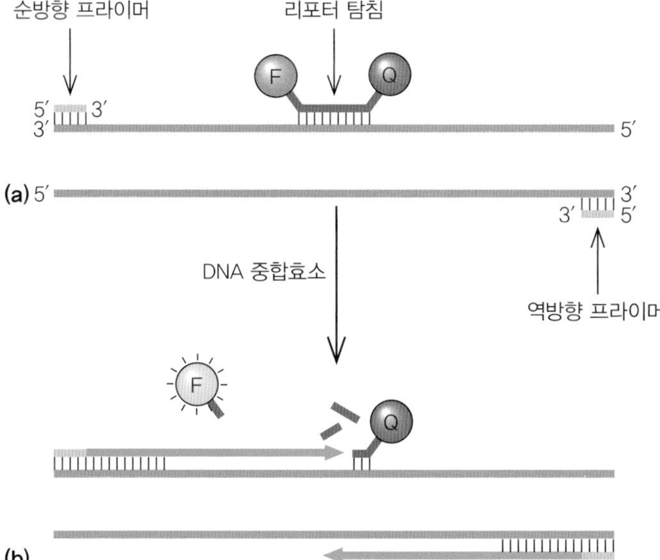

그림 4.13 실시간 PCR. (a) 순방향 프라이머와 역방향 프라이머(보라색)는 나뉜 두 가닥의 DNA(파란색)에 붙고, 리포터 탐침(빨간색)은 위 가닥의 DNA에 붙는다. 리포터 탐침은 5′-말단에 형광표지(회색)를, 3′-말단에는 형광억제 표지(갈색)를 가지고 있다. (b) DNA 중합효소가 프라이머를 연장하여 초록색으로 표시된 새로운 DNA를 만든다. 위 가닥을 복제하기 위하여 DNA 중합효소는 리포터 탐침의 부분을 분해한다. 이에 따라 형광억제 표지로부터 형광표지를 분리시키고 형광표지가 정상적인 형광(노란색)을 분출하게 만든다. 더 많은 DNA 가닥이 복제될수록 더 많은 형광이 관찰된다.

PCR 복제 단계에서 DNA 복제효소가 순방향 프라이머를 연장시켜서 리포터 탐침과 만나게 된다. 이 경우 복제효소가 리포터 탐침을 분해하여 이 부분에 새로운 DNA를 만든다. 리포터 탐침이 분해되면서 형광꼬리가 형광억제꼬리로부터 분리되고 형광이 갑자기 나타난다. 모든 과정은 형광을 측정하는 형광측정기 안에서 진행되므로 형광 자체가 PCR 반응의 척도가 된다. 충분한 양의 리포터 탐침이 존재하여 매번 새로 만들어진 DNA에 결합하면 증폭 사이클이 증가함에 따라 형광도 증가할 것이다.

불행히도 'real-time'이나 'reverse transcription'을 약자로 쓰면 모두 RT이다. 그래서 과학논문에 나오는 RT-PCR은 어떤 PCR인지 상황에 따라 달리 이해하여야 한다. 어떤 경우에는 DNA가 아닌 RNA로부터 시행하는 실시간 역전사 PCR을 할 수 있고 이를 약자로 표시하면 **실시간 RT-PCR**(real-time RT-PCR)이라고 할 수 있다.

4.3. 클론된 유전자의 발현 방법

도대체 왜 유전자를 클로닝하는가? 이 장의 앞에서도 설명했듯이, 순수 정제된 유전자를 대량으로 얻을 수 있어서 이것을 이용해 더욱 자세히 유전자를 연구하려 함이다. 그러므로 유전자 자체도 유용한 유전자 클로닝 산물이다. 유전자 클로닝의 또 다른 목적은 기초 연구나 산업적 응용을 위해 다량의 유전자 산물을 만드는 데 있다.

클로닝된 진핵생물(특히, 고등 진핵생물) 유전자의 단백질 산물을 박테리아를 이용해 생산하고자 한다면, 유전체에서 직접적으로 잘려 나온 유전자보다는 cDNA가 더 잘 작동할 것이다. 그 이유는 대부분의 고등 진핵생물 유전자의 경우 박테리아와는 달리 유전자 중간중간에 삽입되어 기능하지 않는 인트론(intron)이라는 서열이 존재하기 때문이다(14장 참조). 진핵세포는 대개의 경우 이렇게 인트론을 포함하는 전체의 유전자를 mRNA 전구체의 형태로 전사시킨 후, 인트론 부위는 잘라 나머지 부위(엑손, exon)만 연결시켜서 성숙된 mRNA(mature mRNA)를 만든다. 따라서 mRNA를 복제한 cDNA는 이미 인트론이 제거된 상태이며 박테리아에서도 정상적으로 발현될 수 있다.

1) 발현벡터

현재까지 우리가 배운 벡터들은 주로 클로닝의 초기 단계, 즉 외부 유전자를 박테리아에 집어넣어 복제할 때 이용한다. 대부분의 경우 이들은 대장균에서 잘 복제되어 다량의 재조합 DNA를 만드는 데 사용된다. 이 중 일부는 클론된 유전자를 단백질로 발현시킬 수 있는 **발현벡터**(expression vector)로 작용할 수도 있다. 예를 들어 pUC와 pBS 벡터의 MCS 앞에 있는 *lac* 프로모터 뒤에 DNA를 삽입할 수 있다. 만약 DNA가 *lacZ′* 유전자와 동일한 해독틀(reading frame)에 끼워 들어가면 **융합단백질**(fusion protein)이 생길 것이다. 이 단백질은 아미노 말단(N-말단)에 부분적으로 β-갈락토시데이즈를 가지고 있고, 카르복실 말단(C-말단)에는 외부 DNA를 암호화하는 다른 단백질을 가지고 있다(그림 4.14).

그러나 만약 클론한 유전자를 고농도로 발현하고 싶다면 특별한 종류의 발현벡터가 필요하다. 박테리아에서 단백질을 발현하도록 하는 벡터는 대부분 유전자를 다량으로 발현시킬 수 있는 두 가지 요소인 강력한 프로모터와 AUG 시작 코돈(DNA와 ATG) 근처에 리보솜 결합부위를 가지고 있다.

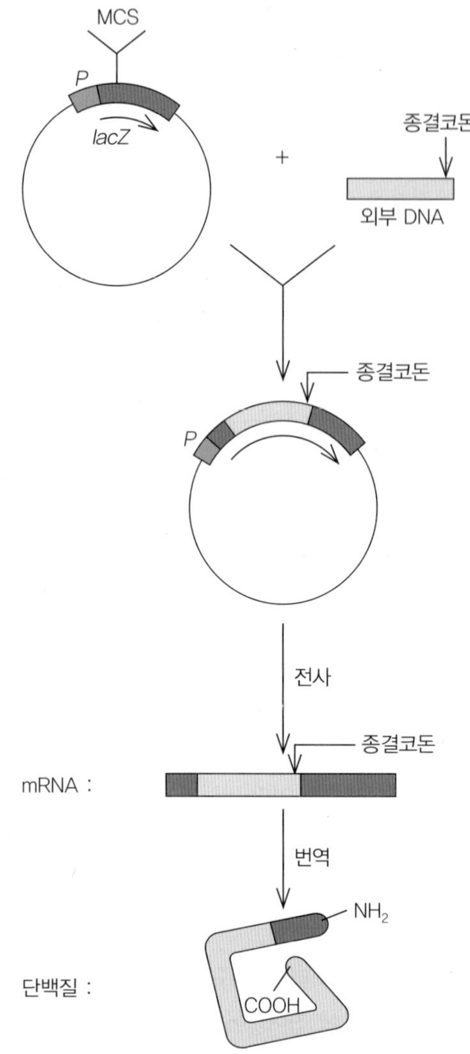

그림 4.14 pUC 플라스미드 클로닝에 의한 융합단백질의 생산. 외부 DNA(노란색)를 다중클로닝 부위(MCS)에 삽입시킨다. *lac* 프로모터(보라색)로부터의 전사는 약간의 *lacZ′* 코돈으로 시작하여 그 뒤로 삽입서열과 *lacZ′*(빨간색)로 이어지는 잡종 mRNA를 만든다. 이러한 mRNA는 시작(아미노 말단)부위에만 약간의 β-갈락토시데이즈 아미노산을 포함하고 나머지는 삽입체의 아미노산이 연결되는 융합단백질로 번역될 것이다. 삽입체에 포함된 정지코돈 덕분에 나머지 *lacZ′* 코돈은 번역되지 않는다.

(1) 유도성 발현벡터

발현벡터의 주기능은 유전자 산물을 되도록 많이 만드는 것이다. 그러므로 발현벡터는 대부분 매우 강력한 프로모터를 가지고 있는데, 그 이유는 많은 mRNA가 생길수록 더욱 많은 단백질이 만들어지기 때문이다.

클론한 유전자를 항상 발현시키는 것보다 필요할 때까지 발현이 억제된 상태로 있는 것이 좋을 것이다. 그 이유는 진핵세포의 단백질이 다량으로 발현되면 박테리아에게 독성이 될 수 있기 때문이다. 비록 그 단백질이 독성이 없다 해도 박테리아의 성장을 방해할 정도로 세포에 많이 쌓일 수도 있다. 이 두 가지 경우 클론된 유전자를 항시 다량으로 발현시키면 이 유전자를 가진 박테리아는 원하는 만큼의 많은 양의 단백질을 생산할 정도로 자라지 못할 것이다. 박테리아에서 과도한 발현이 될 때 생기는 문제점은 불용성의 덩어리인 **봉입체**(inclusion body)가 생긴다는 것이다. 이때는 유전자를 유도성 프로모터의 하단부에 두어 그 유도 발현을 중단할 수 있도록 해야 한다.

lac 프로모터는 어느 정도 유도가 가능하여 IPTG(isopropyl-thiogalactoside)라는 화학물질에 의해 유도되기 전까지는 발현되지 않는다. 그러나 *lac* 억제인자(repressor)는 완전하게 작용하지 못해 유도물질이 없어도 발현되는 경우가 있다. 이 문제를 해결하는 한 가지 방법은 pBS와 같이 스스로의 *lac*I 억제인자를 발현하는 플라스미드나 파지미드를 이용해 유전자를 발현하는 것이다(그림 4.7). 이런 벡터에서 만드는 과량의 억제인자는 IPTG에 의해 유전자를 발현시키기 전까지는 유전자의 발현이 억제된다. (*lac* 오페론에 대한 설명은 7장을 참조하라.)

그러나 *lac* 프로모터는 매우 강력하지 않기 때문에 *trp* 프로모터(트립토판 오페론)의 강력함과 *lac* 프로모터의 유도성을 결합한 융합 ***trc* 프로모터**(*trc* promoter)를 가진 벡터가 많이 개발되었다. *trp* 프로모터는 −35상자(6장 참조) 때문에 *lac* 프로모터보다 매우 강력하다. 그러므로 분자생물학자들은 *trp* 프로모터의 −35상자와 *lac* 프로모터의 −10상자와 *lac* 작동자를 연결하였다(7장 참조). *trp* 프로모터의 −35상자 덕분에 융합 프로모터가 더욱 강력해지고 *lac* 작동자가 IPTG에 의하여 유도성을 갖게 된다.

ara(아라비노즈) 오페론의 프로모터인 P_{BAD}는 전사를 매우 정확히 조절한다. 이 프로모터는 아라비노즈 당에 의하여 유도되므로 아라비노즈가 없으면 전사가 되지 않고 배지에 아라비노즈의 농도가 높으면 전사가 더 많이 된다(7장 참조). 그림 4.15는 이러한 현상을 P_{BAD} 벡터에 클로닝된 GFP(green fluorescent protein) 유전자가 아라비노즈 농도에 따라 단백질 발현이 증가하는 실험 결과로 보여 주고 있다. 아라비노즈가 없을 때는 GFP가 발현되지 않고 0.0004% 이상의 아리비노즈가 있으면 단백질의 양이 증가하는 것을 보여 준다.

발현을 면밀히 조절하는 또 다른 전략은 λ 파지 프로모터인 P_L 프로모터를 이용하는 것이다. 이런 프로모터/작동자를 가지고 있는 발현벡터는 온도에 민감한 λ 억제유전자(*cI857*)를 가지고 있는 숙주세포에 집어넣는다. 이 세포를 낮은 온도에서 키우면(32℃) 억제인자가 작용하여 유전자가 발현되지 않을 것이다. 그러나 온도를 높게 올리면(42℃) 온도에 민감한 억제인자가 더 이상 작용하지

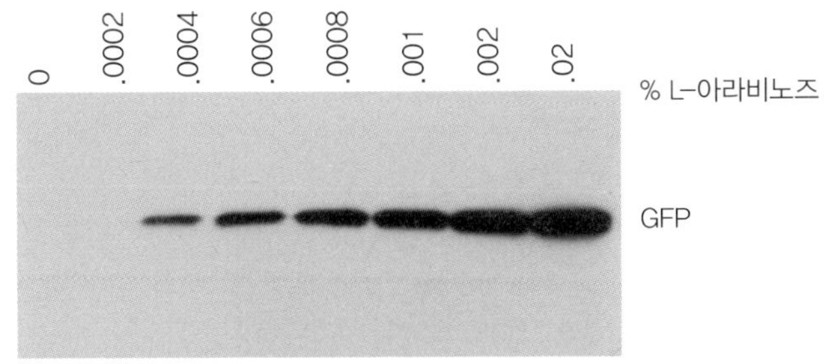

그림 4.15 P_{BAD} 벡터 사용. 초록색 형광단백질(GFP) 유전자가 P_{BAD} 프로모터에 의하여 조절되도록 클로닝하였고 프로모터의 활성은 아라비노즈의 농도 증가에 의해 유도되었다. 사진 위에 농도가 표시된 만큼의 아마리노즈가 주어진 세포로부터 얻은 단백질을 전기영동고 막에 블롯팅한 후 항체를 이용하여 발현된 GFP 단백질을 검출하였다(면역블롯팅, 5장 참조). (출처: Copyright 2003 Invitrogen Corporation. All Rights Reserved. Used with permission.)

않아 유전자가 발현된다.

다량으로 발현시키면서도 유전자 발현을 면밀히 조절을 하기 위해 T7 파지 프로모터로 조절되는 플라스미드(plasmid)에 원하는 유전자를 삽입시키는 방법이 많이 사용된다. 이렇게 제작된 플라스미드는 T7 RNA 중합효소 유전자가 정확히 조절되는 세포에 도입된다. 예를 들어 *lac* 억제인자를 암호화하는 유전자를 가지면서 lac 프로모터에 의해 발현이 조절되는 T7 RNA 중합효소 유전자를 가지는 세포가 있다. 이러한 세포의 경우, T7 중합효소 유전자는 *lac* 유도자가 없으면 발현이 강하게 억제될 것이다. T7 프로모터의 경우 자신의 중합효소에 의해서만 기능하기 때문에 T7 중합효소가 존재하지 않는 한 원하는 유전자의 전사는 이루어지지 않는다. 그러나 *lac* 유도자를 첨가해 주는 경우 그 세포는 T7 중합효소를 만들기 시작하고, 이에 따라 원하는 유전자의 전사도 이루어진다. 또한 T7 중합효소가 다량으로 만들어지기 때문에 원하는 유전자는 높은 수준으로 발현되어 많은 양의 단백질 산물이 만들어진다.

(2) 융합단백질을 생산하는 발현벡터

대부분의 발현벡터는 융합단백질의 형태로 단백질을 만든다. 이는 단순히 생각하면 끼워 넣은 외부 유전자의 정상적인 형태가 아니기 때문에 불리할 것으로 생각된다. 그러나 융합단백질에 있는 다른 부분이 원하는 단백질을 분리, 정제하는 데에 큰 도움이 된다.

예를 들어, 히스티딘이 여러 개 있는 pTrcHis라는 벡터를 생각해 보자(그림 4.16). 이 벡터에는 6개의 히스티딘을 연속으로 암호화하는 부위가 MCS의 바로 앞에 있다. 그러므로 이 벡터에서 만들어지는 단백질은 N-말단에 6개의 히스티딘을 가진 융합단백질이 될 것이다. 도대체 왜 6개의 히스티딘을 단백질에 붙이려 한 것일까? 올리고히스티딘은 니켈(Ni^{2+})과 같은 금속에 높은 친화도로 결합하여 이 단백질을 니켈 **친화성 크로마토그래피**(affinity chromatography)로 분리할 수 있기 때문이다. 이 방법은 특히 간단하고 빠른 것이 큰 장점이기도 하다. 박테리아가 융합단백질을 만들면 박테리아를 깨고 정제되지 않은 박테리아 추출액을 니켈 친화성 칼럼에 첨가하여 결합하지 않은 단백질은 세척하고 제거한 후 결합한 융합단백질은 히스티딘이나 그 유사자인 이미다졸을 이용해 분리한다. 이 방법은 순수한 융합단백질을 단지 한 단계로 분리할 수 있게 한다. 그 이유는 올리고히스티딘 부분을 가진 자연 단백질이 거의 없어 우리가 만든 융합단백질이 이 칼럼에 붙는 유일한 단백질이기 때문이다.

그러면 올리고히스티딘 표지가 없는 단백질을 만들려면 어떻게 하면 될까? 이 벡터를 개발한 사람들은 이 표지를 없애는 방법도 개발했다. MCS의 바로 앞에 단백질 분해효소인 엔테로키네이즈에 의해 인식되는 아미노산 부위를 끼워 놓았다. 그러므로 엔테로키네이즈를 이용해 융합단백질을 두 부분으로 나누어 올리고 히스티딘 표지 부분과 우리가 원하는 단백질로 나눌 수 있다. 엔테로키네이즈에 의해 인식되는 부위는 자연적인 단백질에는 별로 존재하지 않기 때문에 우리 단백질에 이 부위가 있을 확률은 낮다고 볼 수 있다. 그러므로 올리고히스티딘 표지를 떼어 내면서 이 단백질이 같이 절단되지는 않을 것이다. 그 후 엔테로키네이즈에 의해 절단된 단백질을 니켈 칼럼에서 다시 통과시켜 원하는 단백질을 올리고히스티딘 조각과 분리할 수도 있다.

λ 파지도 발현벡터에 이용되는데, 이와 같은 목적으로 개발된 것이 λgt11 벡터이다. 이 파지(그림 4.17)는 *lac* 조절부위와 *lacZ* 유전자를 가지고 있다. 클로닝 부위가 *lacZ* 유전자 중간에 있으므로 이 벡터에 삽입한 유전자는 β-갈락토시데이즈를 가지고 있는 융합단백질이 될 것이다.

발현벡터 λgt11은 cDNA 라이브러리를 만들고 스크리닝하는데 유용한 매개체로 자주 이용된다. 앞에서 표지한 올리고뉴클레오티드나 폴리뉴클레오티드를 탐침으로 이용해 원하는 DNA를 찾는 방법을 설명했다. 그와 반대로 λgt11은 원하는 단백질이 발현된 클론을 직접 검색할 수 있도록 한다. 이 과정에 필요한 주요 물질은 λgt11에 있는 cDNA 라이브러리와 원하는 단백질에 결합하는 항체 혈청이다.

그림 4.18은 어떻게 이를 이용하는지 설명하고 있다. 먼저 여러 cDNA 조각을 가지고 있는 파지를 깔고 각 클론에서 만들어 내는 단백질을 니트로셀룰로즈와 같은 필터에 블롯팅해서 떠낸

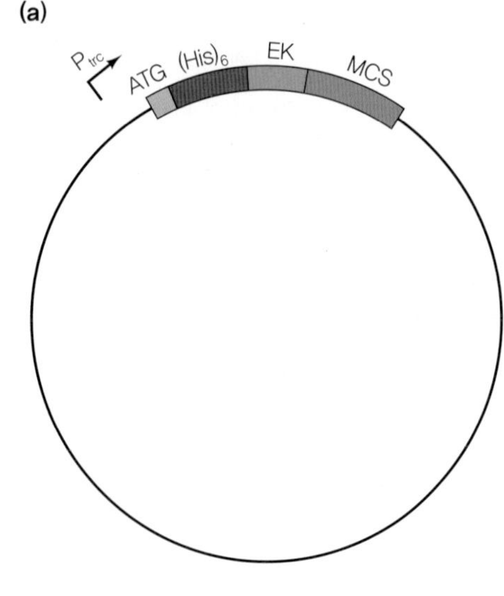

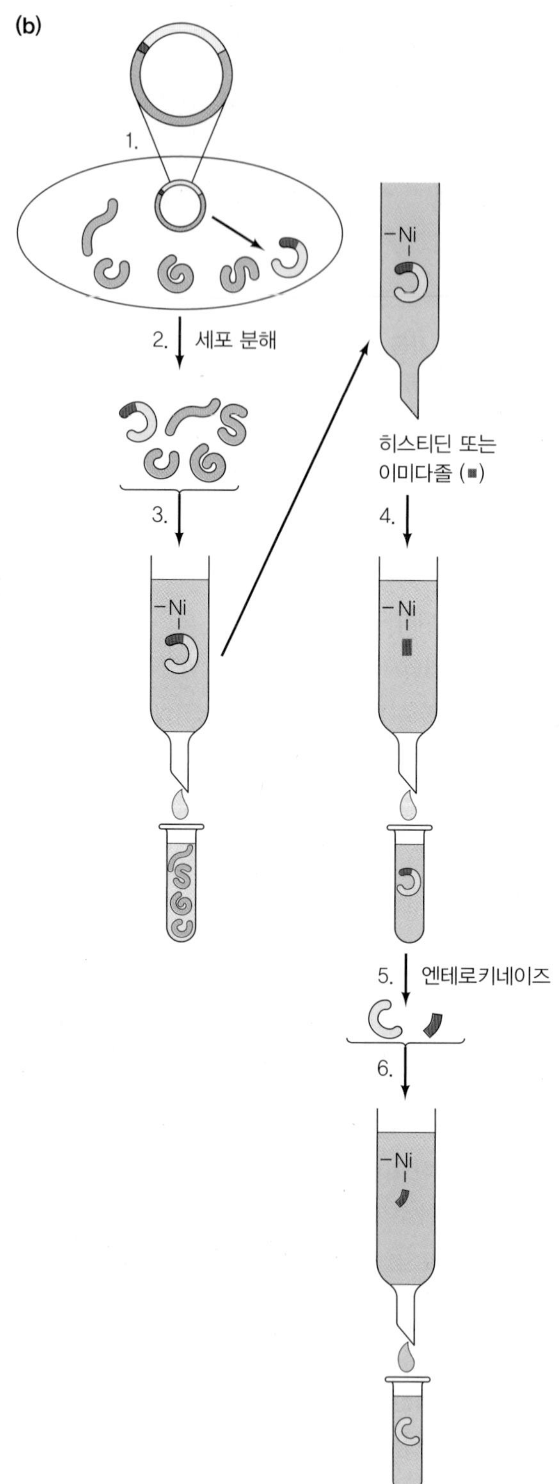

그림 4.16 올리고히스티딘 발현벡터의 이용법. **(a)** 일반적인 올리고히스티딘 벡터의 지도. ATG 개시코돈(초록색) 뒤에 6개의 히스티딘[$(His)_6$]을 암호화하는 부위(빨간색)가 있다. 그다음 단백질분해효소인 엔테로키네이즈(EK)에 대한 인식서열(주황색)이 연결된다. 마지막으로 벡터는 다중클로닝부위(MCS, 파란색)를 갖는다. 보통 벡터는 각 3개의 해독틀마다 MCS가 있는 세 가지 형태로 존재한다. 그러므로 올리고히스티딘 해독틀에 맞도록 벡터를 선택할 수 있다. **(b)** 벡터의 사용. (1) 관심 있는 유전자(노란색)를 올리고히스티딘 암호화부위(빨간색)가 있는 틀이 있는 벡터에 삽입하여 재조합 벡터 상태로 숙주세포를 형질전환시킨다. 세포는 박테리아 단백질(초록색)과 함께 융합단백질(빨간색과 노란색)을 생성한다. (2) 세포를 분쇄하여 단백질 혼합물을 얻는다. (3) 니켈 친화성 크로마토그래피 칼럼에 세포 추출물을 흘려주면 이때 다른 단백질은 제외하고 융합단백질만이 결합된다. (4) 니켈에 결합한 올리고히스티딘과 경쟁하도록 히스티딘 또는 히스티딘 유도체인 이미다졸을 이용해 칼럼에서 융합단백질을 방출시킨다. (5) 융합단백질을 엔테로키네이즈로 절단한다. (6) 원하는 단백질로부터 올리고히스티딘을 분리하기 위해 한 번 더 니켈 칼럼에 통과시켜 절단된 단백질을 얻는다.

다. 각 플라크에서 단백질을 필터에 옮기고 항체를 탐침으로 이용한다. 다음으로, 항체가 결합한 단백질을 가진 특정 플라크를 포도상구균(*Staphylococcus aureus*)에서 얻은 표지단백질 A를 이용해 찾는다. 이 단백질은 항체에 강하게 결합하고 필터에 해당되는 부분을 표지한다. 이 표지를 자기방사법이나 인산영상법(phosphorimaging, 5장 참조)을 이용해 선별하고 원래의 배양판에 있는 해당 플라크를 골라낸다. 여기서 우리는 융합단백질을 골라낸 것이지 원하는 단백질 그 자체를 고른 것이 아님을 주의하라. 더구나 우리가 cDNA 전체를 클로닝하거나 그렇지 않거나 상관없다. 우리가 이용한 항혈청은 단백질의 여러 부위를 인지하는

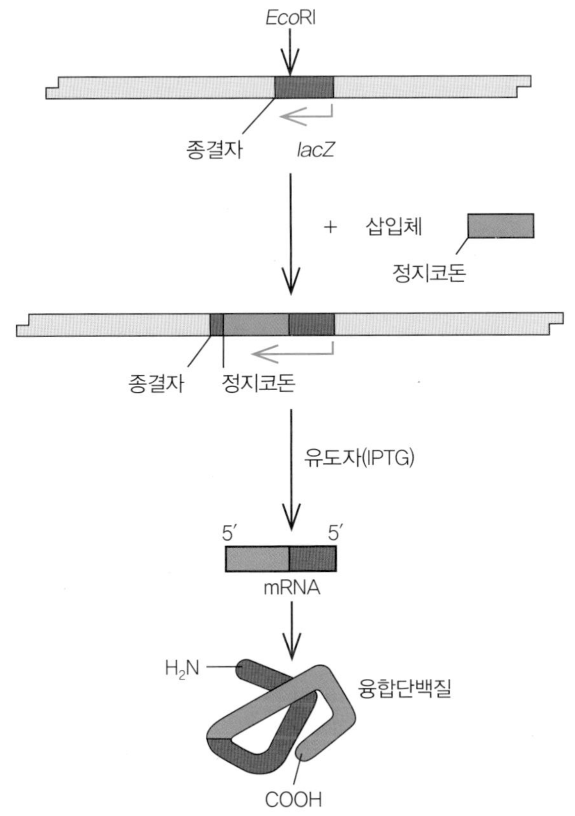

그림 4.17 λgt11을 이용한 융합단백질의 합성. 발현시키고자 하는 유전자(초록색)를 전사 종결자의 바로 상단부에 있는 *lacZ* 암호화부위(빨간색) 말단의 *Eco*RI 부위로 삽입시킨다. IPTG 처리로 *lacZ* 유전자를 유도하면 β-갈락토시데이즈 암호화부위 바로 하단부에 삽입된 암호화부위가 포함된 융합 mRNA가 생긴다. 이 mRNA는 숙주세포에서 번역되어 융합단백질이 형성된다.

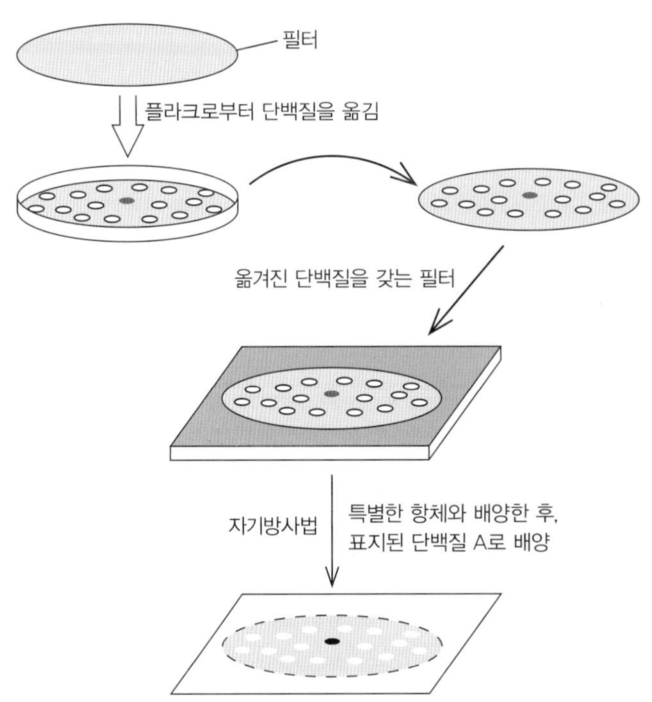

그림 4.18 항체를 이용한 양성 λgt11 클론의 검출. 필터로 페트리접시에 있는 파지 플라크에 포함된 단백질을 필터에 옮겨 고정시킨다. 클론 중 하나(빨간색)는 β-갈락토시데이즈와 관심 있는 단백질의 일부분을 포함한 융합단백질을 갖는 플라크를 생성한다. 옮겨진 단백질이 있는 필터를 찾고자 하는 단백질에 대한 항체와 결합시킨 다음, 그 항체와 선별적으로 결합하는 표지된 포도상구균 단백질 A와 함께 배양한다. 따라서 그것은 양성 클론에 해당되는 곳에 있는 항원-항체 복합체에만 결합할 것이다. 필터와 접촉된 필름의 검은 흔적이 양성 클론을 나타낸다.

여러 종류의 항체가 섞여 있기 때문에 유전자의 일부분만 있어도 β-갈락토시데이즈와 같은 방향으로 해독틀이 맞게 클로닝되어 있으면 항체에 의해 결합될 수 있기 때문이다.

이 장의 초반부에서 보았듯이, cDNA의 일부분일지라도 RACE를 통해 전체를 얻을 수 있기 때문에 중요하다. β-갈락토시데이즈 표지(tag)의 경우 융합단백질을 박테리아 세포 내에서 안정시킬 수 있으며, 또한 항 β-갈락토시데이즈 항체가 들어 있는 칼럼을 이용한 친화성 크로마토그래피(affinity chromatography)를 통해 쉽게 정제할 수 있는 이점이 있다.

(3) 진핵세포 발현 시스템

진핵세포 유전자는 박테리아 프로모터에 의해 박테리아 내에서도 유도 발현된다 하더라도 안전하다고 볼 수 없다. 그 이유는 박테리아가 클론된 진핵세포 유전자의 산물을 외부 침입자로 인식하고 이를 제거하려는 경향이 있기 때문이다. 또 다른 이유는 박테리아가 진핵세포와 같은 방법으로 해독된 단백질을 번역 후 변형(posttranslational modification)시키지는 않기 때문이다. 예를 들어, 진핵세포에서 일반적으로 당과 결합하는 단백질이 박테리아에서 발현되면 이러한 변형이 되지 않는다. 이로 인해 단백질의 활성이나 안정도가 영향을 받거나, 적어도 항체에 대한 결합 정도가 달라질 수 있다. 더 심각한 문제는 박테리아 세포 안에서 진핵세포 단백질이 진핵세포 안에서처럼 쉽게 접히지 못한다는 것이다. 그 결과 불완전하게 접혀 클로닝된 유전자 산물은 활성이 없는 경우가 많다. 이로 인해 우리가 엄청나게 많은 양의 단백질을 박테리아에서 발현시키고도 쓸모없고 활성이 없는 봉입체(inclusion body)라는 덩어리를 만들 수 있다. 여기서 단백질을 녹여 내고 다시 활성을 갖도록 하기 전까지는 이것은 필요 없는 존재이다. 가끔 운이 좋게도 봉입체로부터 단백질을 얻어 다시 접힐 수도 있다. 이 경우 봉입체는 간단히 원심분리만으로도 대부분 다른 단백질과 분리할 수 있으므로 도리어 분리가 용이하다.

클론된 유전자와 숙주세포와의 문제점을 피하기 위해서는 유전자를 진핵세포에서 발현하는 것이 좋다. 이럴 경우, 박테리아와 진핵세포에서 모두 복제되는 **셔틀벡터**(shuttle vector)를 이용해 초기 클로닝을 대장균에서 하기도 한다. 그 후 재조합 DNA를 원하는 진핵세포에 옮길 수 있다. 이러한 목적에 맞는 진핵세포가 효모이다. 효모는 박테리아와 같이 빨리 자라고 배양하기 쉬운 장점이 있으며 진핵세포와 같이 단백질을 접고 탄수화물 성분을 첨가하는 당화작용을 할 수 있다. 더구나 유전자를 단백질을 분비시키는 신호펩티드 뒤에 삽입하면 유전자 산물이 배양액으로 분비되도록 할 수 있다. 이는 단백질을 분리하는 데 아주 큰 장점이다. 효모를 원심분리하여 제거하면 분비된 단백질이 비교적 순수한 형태로 배지에 남아 있어 분리가 용이하다.

효모 발현벡터는 2-마이크론 플라스미드(2-micron plasmid)라는 효모세포에 많이 존재하는 플라스미드를 바탕으로 개발되었다. 이는 효모에서 벡터가 복제하는 데 필요한 복제기점을 가지고 있다. 효모와 박테리아 사이의 셔틀벡터는 pBR322 복제기점을 가지고 있어 대장균에서도 복제할 수 있다. 또한 효모 발현벡터는 강력한 효모 프로모터를 가지고 있기도 하다.

또 다른 성공적인 진핵세포 벡터는 알팔파 루퍼(alfalfa looper)라는 애벌레에 감염하는 **바큘로바이러스**(baculovirus)를 이용해 개발되었다. 이 종류의 바이러스는 130kb나 되는 비교적 큰 원형의 DNA를 가지고 있다. 바이러스의 중요한 구조단백질인 폴리헤드린(polyhedrin)은 감염된 세포에서 상당히 많은 양이 발현된다. 실제로 바큘로바이러스에 감염되어 죽은 애벌레를 분석해 보면 그 무게의 10%가 이 한 종류의 단백질일 정도이다. 이는 폴리헤드린 유전자가 상당히 강력한 프로모터에 의해 발현이 유도되기 때문이다. 맥스 서머즈(Max Summers) 등과 루이스 밀러(Lois Miller) 등은 폴리헤드린 프로모터를 이용해 1983년과 1984년에 처음으로 각각 이 벡터를 개발했다. 그 후 여러 종류의 바큘로바이러스 벡터가 이 포로모터나 다른 프로모터들을 이용해 개발되었다.

이 벡터는 클론된 유전자 산물을 1L당 0.5g 정도되는 엄청나게 많은 양을 만든다. 그림 4.19에는 바큘로바이러스 벡터가 어떻게 작용하는지를 설명하고 있다. 먼저, 이 벡터에서 발현시키고 싶은 유전자를 클로닝한다. 이 경우에는 폴리헤드린 프로모터를 이용한다고 가정한다. (폴리헤드린 암호화부위는 벡터에서 제거되었다. 배양되는 세포 간의 바이러스 전이에는 폴리헤드린이 필요하지 않기 때문에 제거해도 바이러스의 복제에 영향을 끼치지는 않는다.) 대부분의 벡터는 이 프로모터의 하단부에 유일한 *Bam*HI 부위가 있기 때문에, *Bam*HI로 잘라 유전자를 클로닝하여 이 유전가가 폴리헤드린 프로모터에 의해 만들어지도록 한다. 다음으로 벡터와 삽입서열을 연결해서 만든 재조합 플라스미드를 폴리헤드린 유전자와 함께 바이러스의 복제에 필수적인 유전자를 제거하기 위해 절단된 정상 바이러스 DNA와 섞어 준다. 이후 이러한 혼합물을 이용해 배양된 곤충세포에 형질도입한다.

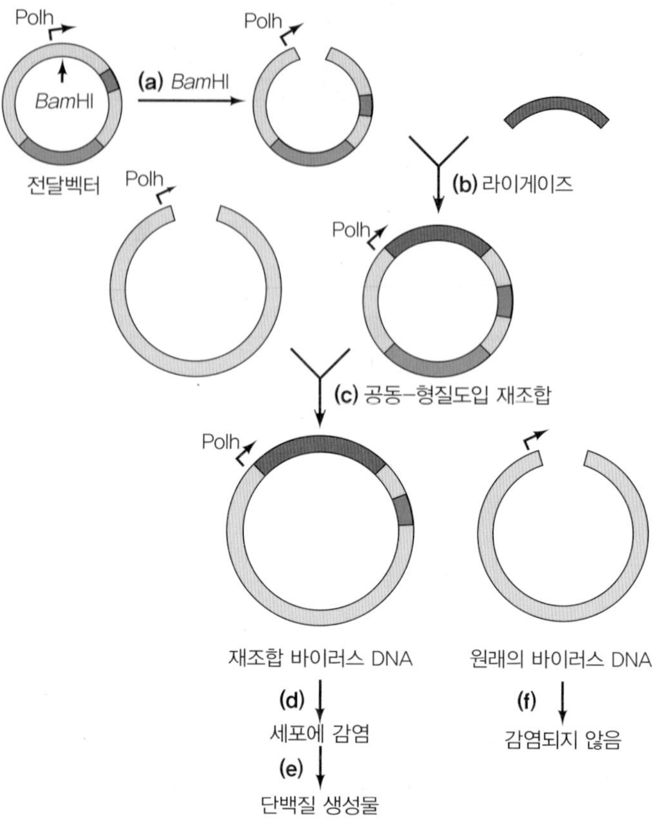

그림 4.19 바큘로바이러스를 이용한 유전자 발현법. 우선 발현시키고자 하는 유전자(빨간색)를 바큘로바이러스 전달벡터에 삽입한다. 이 경우 벡터는 강력한 폴리헤드린 프로모터(Polh)와 바이러스의 복제에 필요한 DNA 서열(노란색)을 가지고 있다. 폴리헤드린 암호화부위 자체는 전달벡터에서 유실되었다. 박테리아 벡터는 파란색으로 나타냈다. 프로모터의 하단부에 있는 *Bam*HI 제한부위는 벡터를 잘라서(a) 외부 유전자(빨간색)를 받아들일 수 있다(b). (c)에서는 재조합 전달벡터와 필수적인 유전자를 제거한 선형 바이러스 DNA를 혼합한다. 두 종류의 DNA를 함께 곤충세포에 형질도입한다. 이 과정을 공동 형질도입이라고 한다. 바이러스 DNA는 벡터의 15배 크기이며, 세포 안에서는 2개의 DNA가 이중교차에 의해 재조합되어 필수 유전자와 함께 발현시킬 유전자가 바이러스 DNA로 삽입된다. 그 결과 재조합 바이러스 DNA의 발현시키고자 하는 유전자는 폴리헤드린 프로모터의 조절을 받게 된다. 그다음 재조합 바이러스로 세포를 감염시킨다. 마지막으로 (d)와 (e)에서 재조합 바이러스를 세포에 감염시키고 세포로부터 만들어진 단백질 산물을 얻을 수 있다. 원래 바이러스 DNA는 선형이고 중요한 유전자가 없기 때문에 감염성이 없음에 주의하자. (f) 이와 같은 무감염성 때문에 감염성이 있는 재조합 바이러스를 자동적으로 선택할 수 있다.

벡터는 폴리헤드린 유전자의 앞, 뒷부분과 높은 수준의 상동성을 가지기 때문에 형질도입된 세포 내부에서 재조합이 일어나게 된다. 이제 이렇게 만들어진 재조합 바이러스는 세포에 형질도입하는 데 사용될 수 있으며 폴리헤드린 프로모터가 가장 활성화되어 있는 감염 후기(very late phase)로 들어선 세포를 채취(harvest)해서 원하는 단백질을 얻을 수 있다. 재조합 벡터와 함께 형질도입된 세포로 들어가는 비재조합 바이러스 DNA는 어떻게 될까? 그들은 벡터에 의해서만 공급되는 필수적인 유전자가 없기 때문에 감염성 있는 바이러스가 되지 못한다.

진핵세포에 DNA를 넣는 것은 박테리아에서 형질전환하는 것과 달리 형질도입한다고 말한다. 이와 같이 구분하는 이유는 진핵세포에서 형질전환이라는 단어는 정상세포가 암세포로 변환하는 과정을 가리키기 때문이다. 이 현상과 구분하기 위해 진핵세포에 새

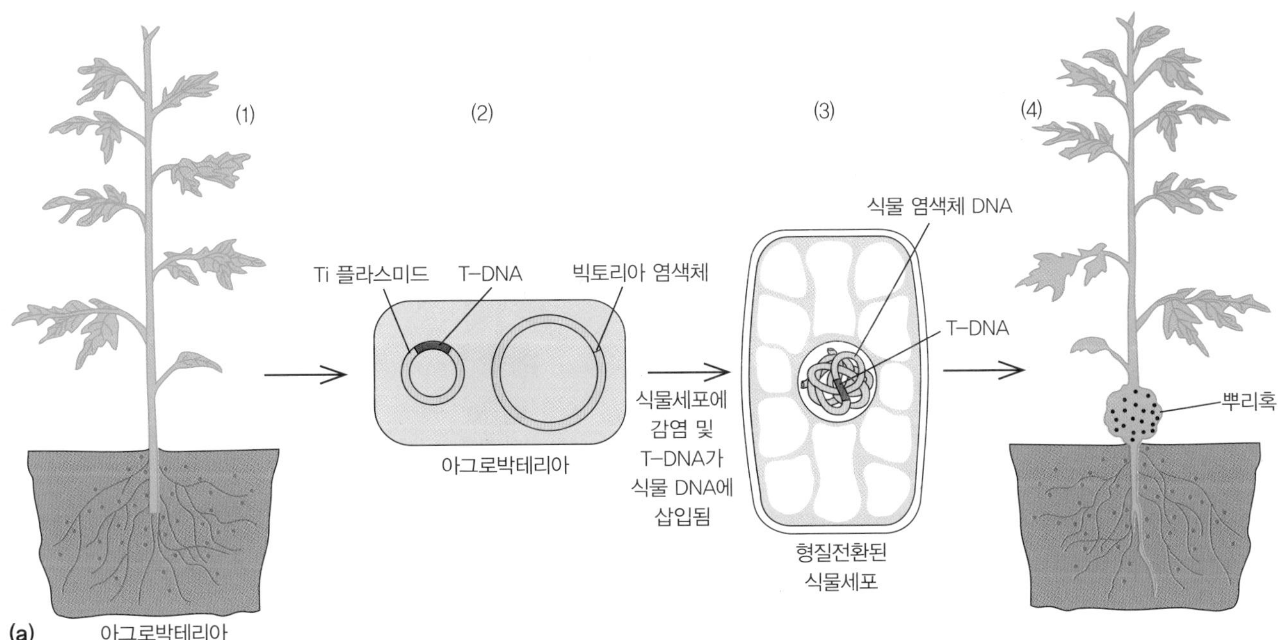

(b)

그림 4.20 뿌리혹. **(a)** 뿌리혹의 형성: (1) 아그로박테리아는 보통 수관부위나 뿌리와 줄기의 접합 부위에 생기는 상처 난 곳으로 침입한다. (2) 아그로박테리아는 큰 박테리아 염색체와 더불어 Ti 플라스미드를 가지고 있다. Ti 플라스미드에는 감염된 식물체 내에 종양 형성을 촉진하는 T-DNA로 부르는 분절(빨간색)이 있다. (3) 박테리아는 Ti 플라스미드를 식물세포에 제공하고 Ti 플라스미드로부터 나온 T-DNA는 식물의 염색체 DNA로 삽입된다. (4) T-DNA의 유전자가 뿌리의 혹을 형성한다. **(b)** 담배나무의 상부를 잘라서 아그로박테리아에 접종하여 뿌리혹이 형성되었음을 보이는 사진. 이러한 뿌리혹은 종양성 조직뿐만 아니라 전상 조직도 만들어내는 기형성 종양이다. (출처: (b) Dr. Robert Turgeon and Drr. B. Gillian Turgeon, Comell University.)

로운 DNA를 집어넣는 것을 **형질도입**(transfection)이라고 한다.

동물세포에서의 형질도입은 적어도 다음의 두 가지 방법을 통하여 손쉽게 이루어질 수 있다. ① 세포를 인산 완충액에 들어 있는 DNA와 섞어준 다음 칼슘염 용액을 첨가하여 $Ca_3(PO_4)_2$의 침전물이 형성되도록 한다. 그러면 세포들은 인산칼슘 결정을 DNA와 함께 세포 안으로 받아들이게 된다. ② DNA를 지질과 섞어줌으로써 DNA 용액을 내부에 포함하는 작은 소낭인 **리포솜**(liposome)을 형성시킬 수도 있다. 이렇게 만들어진 DNA를 포함하는 리포솜은 세포막과 융합하여 DNA를 세포 안으로 운반할 수 있게 된다. 식물세포는 일반적으로 DNA로 코팅된 금속입자를 글자 그대로 세포 안으로 쏘아 넣는 **생물목록작성**(biolistic) 방법을 통해 형질도입한다.

2) 기타 진핵세포용 벡터

잘 알려진 몇 가지 진핵세포용 벡터는 외부 유전자를 발현하는 것 외에 다른 목적에 이용된다. 예를 들어 효모 인공염색체는(YAC), 박테리아 인공염색체(BAC), 그리고 P1 파지 인공염색체(P1 phage artificial chromosome, PAC)는 아주 큰 외부 DNA를 받아들일 수 있기 때문에 인간 유전체 프로젝트와 같이 DNA를 클론하여 염기서열을 분석하는 데 이용되고 있다. 24장에서 인공염색체에 대해서 다룰 것이다. 또 다른 예로, Ti 플라스미드는 외부 유전자를 식물세포에 수송하고 복제시키는 데 이용된다.

3) Ti 플라스미드를 이용해 유전자를 식물에 도입하는 방법

유전자는 식물세포에서 증식할 수 있는 벡터를 이용해 식물체에 도입할 수 있다. 일반 박테리아의 벡터는 이러한 역할을 할 수 없는데, 그 이유는 박테리아 프로모터와 복제기점을 식물세포가 인식하지 못하기 때문이다. 그 대신 **T-DNA**를 가진 플라스미드를 이용할 수 있다. 이것은 **Ti**(tumor-inducing)라는 플라스미드 DNA 중 일부이다.

Ti 플라스미드는 아그로박테리아(*Agrobacterium tumefaciens*)라는 박테리아에 존재하며 쌍떡잎식물에서 **뿌리혹병**(crown gall)이라는 종양을 일으킨다(그림 4.20). 이 박테리아가 식물에 감염하면서 Ti 플라스미드를 숙주세포에 도입하고, 이에 따라 T-DNA가 식물 DNA에 끼어들어 비정상적인 세포분열을 유도하여 식물에 종양이 생긴다. 이 과정은 T-DNA가 특이한 유기산인 **오핀**(opine)을 만들기 때문에 박테리아에는 매우 유용하다. 오핀은 식물에는 무용지물이나 박테리아는 이를 분해할 수 있는 효소가 있기 때문에 박테리아에게만 쓸모 있는 특별한 에너지원을 만드는 셈이다.

오핀을 만드는 효소, 예를 들어 만노핀 합성효소(mannopine synthetase)를 암호화하는 T-DNA 유전자는 강한 프로모터를 가지고 있다. 식물분자생물학자는 T-DNA를 작은 플라스미드로 옮기고 외부 유전자를 이러한 프로모터 조절하에 두도록

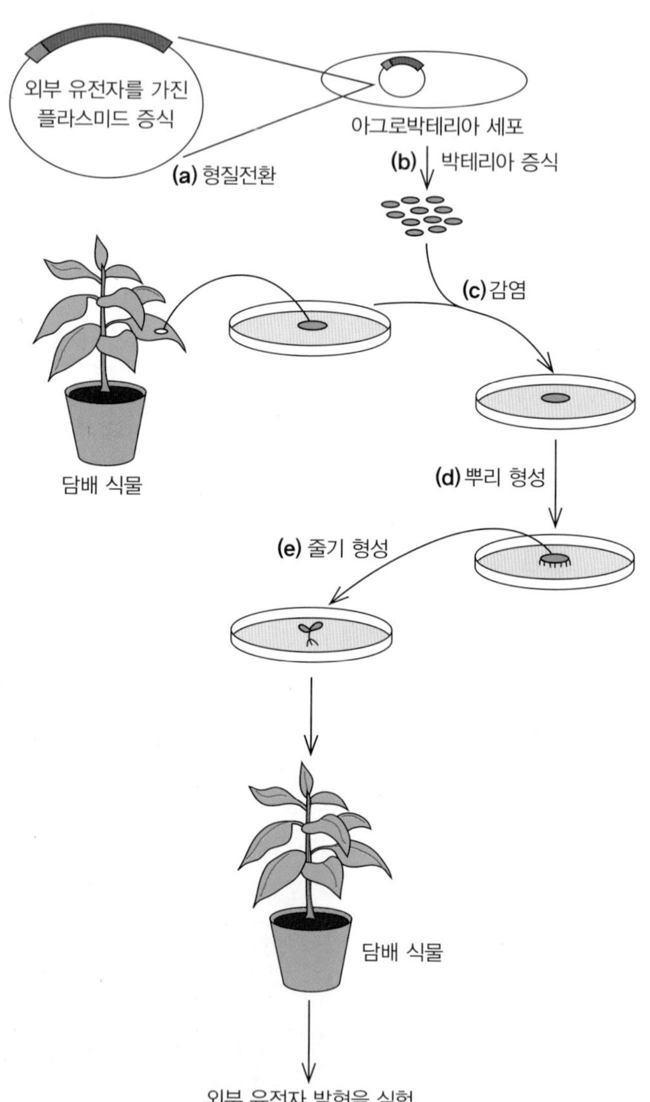

그림 4.21 담배 식물체 내 유전자 도입을 위한 T-DNA 플라스미드의 이용. (a) 플라스미드에는 만노핀 합성효소 프로모터(파란색)의 조절 아래 있는 외부 유전자(빨간색)가 있다. 이 플라스미드는 아그로박테리아 세포를 형질전환시키는 데 사용된다. (b) 형질전환된 박테리아 세포는 빠르게 분열한다. (c) 담뱃잎 조각을 잘라서 형질전환된 아그로박테리아 세포와 함께 영양배지 안에서 배양한다. 이러한 세포는 담배 조직을 감염시켜 클로닝된 외부 유전자를 가지고 있는 플라스미드를 제공한다. (d) 담배 조직의 원반에서 뿌리가 자라 나온다. (e) 이러한 뿌리는 줄기를 형성할 수 있는 또 다른 배지에서 배양한다. 이러한 식물은 이식된 유전자의 발현을 실험할 수 있는 형질전환형 담배로 자란다.

했다. 그림 4.21은 외부 DNA를 담배에 집어넣어 **형질전환 식물**(transgenic plant)을 만드는 방법을 설명하고 있다. 담뱃잎에 구멍을 뚫어 7mm나 그 이하가 되는 작은 원반(disk)을 만들고 이를 영양배지에서 배양한다. 이러한 조건에서 담배 식물은 원반의 바깥 부분에서 자랄 것이다. 다음으로, 클론된 외부 유전자를 지닌 아그로박테리아를 넣어주어 이 박테리아가 자라고 있는 담배 식물을 감염시켜서 클론된 외부 유전자가 식물체에 들어가도록 한다.

담배 식물이 원반의 가장자리에서 뿌리를 만들 때 이를 줄기가 형성될 수 있는 배지로 이식한다. 이 작은 식물은 외부 유전자를 가진 정상적인 크기의 담배 식물이 될 것이다. 이 유전자는 식물에 새로운 형질을 제공하므로 예를 들어 제초제에 대한 저항성이나 가뭄에 대한 저항성, 병원균에 대한 저항성이 좋은 식물이 될 것이다.

아마도 현재까지 가장 큰 성공을 거둔 식물유전공학 제품은 '플라버사버(Flavr Savr)'라는 토마토일 것이다. 칼진(Calgene)이라는 생명공학 회사의 유전학자들은 과일의 숙성 과정에서 과육을 부드럽게 하는 유전자의 안티센스(antisense) 복사본을 가진 식물을 만들었다. 이 안티센스 유전자의 RNA는 정상 mRNA와 상보적으로 세포 내 mRNA와 잡종화하여 이 유전자가 발현되는 것을 막는다. 이에 따라 토마토의 과육이 지나치게 약해지지 않게 익으므로, 파란 토마토를 따다가 인공적으로 익히는 것이 아니라 가지에 달린 상태로 자연적으로 익힐 수 있게 되었다.

다른 식물분자생물학자들은 다음과 같은 여러 가지 시도를 하고 있다. ① 페튜니아와 담배 식물에 제초제에 대한 저항성을 주기, ② 담배 식물에 바이러스 외피 단백질을 암호화하는 유전자를 집어넣어 바이러스에 대한 저항성을 갖기, ③ 옥수수와 무명 식물에 세균 제초제 주기, ④ 담배 식물에 반딧불 루시퍼라아제(luciferase) 유전자 넣기 등이다. 마지막 실험은 실제로 이용될 만한 가치는 없으나 어두울 때 식물 생장이 차단되는 효력이 있다.

요약

유전자를 클로닝하기 위해서는 이 유전자를 숙주세포로 옮겨 세포 안에서 복제시킬 수 있는 벡터에 삽입해야 한다. 그러려면 벡터와 외부 DNA를 같은 제한효소로 잘라 동일한 점착성 말단을 갖게 하면 된다. 박테리아에서 클로닝할 때 이용되는 벡터는 플라스미드와 파지의 두 종류가 있다.

플라스미드 벡터 중에는 pBR322와 pUC 종류가 있다. pUC와 pBS 벡터를 이용하면 스크리닝이 더욱 간단하다. 이들 벡터에는 앰피실린 저항성 유전자가 있고 색깔 조사로 쉽게 재조합 DNA를 알아낼 수 있는 β-갈락토시데이즈 유전자와 그 유전자 중간에 다중클로닝 부위가 있다. 원하는 클론은 앰피실린에 대해 저항성이 있으며 활성화된 β-갈락토시데이즈 효소를 만들지 않는 것이다.

두 종류의 파지가 클로닝 벡터로 자주 이용된다. 첫 번째는 λ 파지로, 불필요한 유전자를 제거하여 외부 DNA가 들어갈 수 있도록 자리를 만들었다. 어떤 경우에는 20kb 정도나 되는 외부 DNA가 들어갈 수도 있다. 파지와 플라스미드 벡터의 교잡종인 코스미드의 경우 50kb나 되는 큰 DNA가 들어갈 수 있다. 그러므로 이런 종류의 벡터는 유전체 라이브러리를 만드는 데 쓰인다. 두 번째 종류의 파지 벡터는 M13 파지이다. 이 벡터는 편리한 MCS를 가지고 있을 뿐 아니라 단일가닥 재조합 DNA를 만들 수 있어 DNA 염기서열을 결정하거나 위치지정 돌연변이에 쓰일 수 있다. 파지미드라고 불리는 플라스미드는 단일가닥 DNA 파지의 복제기점을 가지고 있어 같은 DNA를 단일가닥으로 만들 수 있다.

발현벡터는 클론된 유전자의 단백질 산물을 되도록 많이 만드는 것이 목적이다. 그 발현을 최적화하기 위해 박테리아용 발현벡터는 클론된 진핵세포 유전자에는 없는 박테리아에서 강력하게 작용하는 프로모터와 리보솜 결합부위를 가지고 있다. 대부분의 클로닝 벡터는 발현 유도를 가능하게 하여 외부 단백질을 미리부터 과다하게 발현시켜 박테리아 균주에게 해가 되지 않도록 할 수 있다. 발현벡터는 대부분 융합단백질을 만들어 빠르고 쉽게 분리할 수 있도록 한다. 진핵세포 발현시스템은 단백질 산물의 용해성이 좋고, 원래 진핵세포에서 변형되는 과정을 그대로 따르는 장점이 있다.

클론된 유전자를 식물체에 도입할 때는 식물용 벡터인 Ti 플라스미드를 이용한다. 이 과정은 식물의 특성을 변화시킬 수 있다.

복습 문제

1. 표 4.1을 참조하여 다음 제한효소가 만들어 내는 돌출부(점착성 말단)가 있으면 그 길이와 방향성(5′이냐 3′이냐)을 표시하라.
   a. *AluI* b. *BglII*
   c. *ClaI* d. *KpnI*
   e. *MboI* f. *PvuI*
   g. *NotI*

2. 클로닝하기 위해서는 왜 DNA를 벡터에 연결해야 하는가?

3. pUC18의 *Bam*HI과 *Pst*I 부위에 DNA를 클로닝하는 과정을 설명하라. 외부 DNA를 가진 클론은 어떻게 검색할 것인가?

4. 샤론 4 벡터의 *Eco*RI 부위에 DNA를 클로닝하는 과정을 설명하라.

5. 1kb의 cDNA를 클로닝하고 싶다. 이 장에서 설명한 어떤 벡터를 이용하면 좋을까? 또 어떤 종류는 적당하지 않을까? 그 이유는 무엇인가?

6. 평균 45kb 정도되는 DNA 조각으로 유전체 라이브러리를 만들고자 한다. 이 장에서 설명한 어떤 벡터를 이용하면 좋을까?

7. 평균 100kb 정도 되는 DNA 조각으로 유전체 라이브러리를 만들고자 한다. 이 장에서 설명한 어떤 벡터를 이용하면 좋을까?

8. cDNA 라이브러리를 파지미드에 만들었다. 원하는 유전자를 가진 클론을 어떻게 스크리닝할 것인지 설명하라. 올리고뉴클레오티드와 항체를 탐침으로 이용하는 방법을 설명하라.

9. 어떻게 M13 파지로부터 단일가닥 클론 DNA를 얻을 수 있는가? 파지미드 벡터로부터는 어떻게 얻는가?

10. cDNA 라이브러리를 만드는 방법을 설명하라.

11. 틈 번역을 설명하라.

12. 중합효소 연쇄반응(PCR) 방법으로 DNA의 한 부분을 증폭하는 방법을 설명하라.

13. 역전사효소–PCR(RT–PCR)과 보통의 PCR의 차이점은 무엇인가? 또 어떤 목적으로 RT–PCR을 이용하는가?

14. 올리고히스티딘을 한 끝에 가지고 있는 융합단백질을 만드는 벡터의 이용 방법을 설명하라. 올리고히스티딘을 이용해 단백질을 정제하는 방법의 장점은 무엇인가?

15. λ 삽입 벡터와 λ 대체 벡터의 차이점은 무엇인가? 또 각각의 장점은 무엇인가?

16. 바큘로바이러스 시스템을 이용해 클론된 유전자를 발현하는 방법을 설명하라. 원핵세포 발현시스템에 비해 바큘로바이러스 시스템은 어떤 장점이 있는가?

17. 담배와 같은 식물에 유전자를 도입하기 위해 어떤 종류의 벡터를 이용하는가? 그 방법을 그려 보라.

분석 문제

1. 여기에 클로닝하고자 하는 가상의 아미노산 서열의 일부가 있다.

Pro–Arg–Tyr–Met–Cys–Trp–Ile–Leu–Met–Ser

a. 관심 있는 유전자 라이브러리를 찾기 위해 최소의 축중을 가진 14mer의 탐침을 만들 수 있는 5개의 아미노산은 무엇인가? (주의: 다섯 번째 코돈의 마지막 염기는 축중이기 때문에 사용하지 않는다.)

b. 클로닝하는 유전자와 완전히 일치하는 탐침을 만들기 위해 얼마나 많은 종류의 14mer를 합성해야 하는가?

c. 만약 탐침부위를 (a)에서 선택한 것보다 한 아미노산 왼쪽에서 시작한다면 얼마나 많은 14mer를 만들어야 하는가? (축중을 결정하기 위해 유전암호를 사용한다.)

2. 여러분이 새로운 DNA 바이러스를 pUC18 벡터에 클로닝하고 있다고 하자. 여러분은 X–gal을 포함한 앰피실린 배지에 형질전환된 박테리아를 도포하고 파란색 콜로니와 흰색 콜로니 각각 하나씩을 선택하였다. 각 콜로니가 가지고 있는 플라스미드의 외부 DNA 크기를 확인하여 보니 파란색 콜로니는 매우 작은 60bp 정도의 외부 DNA를 가지고 있고 흰색 콜로니는 외부 DNA가 전혀 없었다. 그 결과를 설명하라.

추천 문헌

Capecchi, N.R. 1994. Targeted gene replacement. *Scientific American 270* (March):52–59.

Chilton, M.–D. 1983. A vector for introducing new genes into plants. *Scientific American 248* (June):50–59.

Cohen, S. 1975. The manipulation of genes. *Scientific American 233* (July):24–33.

Cohen, S., A. Chang, H. Boyer, and R. Helling. 1973. Construction of biologically functional bacterial plasmids in vitro. *Proceedings of the National Academy of Sciences* 70:3240–44.

Gasser, C.S., and R.T. Fraley. 1992. Transgenic crops. *Scientific American 266* (June):62–69.

Gilbert, W., and L. Villa–Komaroff. 1980. Useful proteins from recombinant bacteria. *Scientific American 242* (April):74–94.

Nathans, D., and H.O. Smith. 1975. Restriction endonucleases in the analysis and restructuring of DNA molecules. *Annual Review of Biochemistry* 44:273–93.

Sambrook, J., and D. Russell. 2001. *Molecular Cloning: A Laboratory Manual*, 3rd ed. Plainview, NY: Cold Spring Harbor Laboratory Press.

Watson, J.D., J. Tooze, and D.T. Kurtz. 1983. *Recombinant DNA: A Short Course*. New York: W.H. Freeman.

CHAPTER 5

유전자와 유전자 활성 연구를 위한 분자적 도구

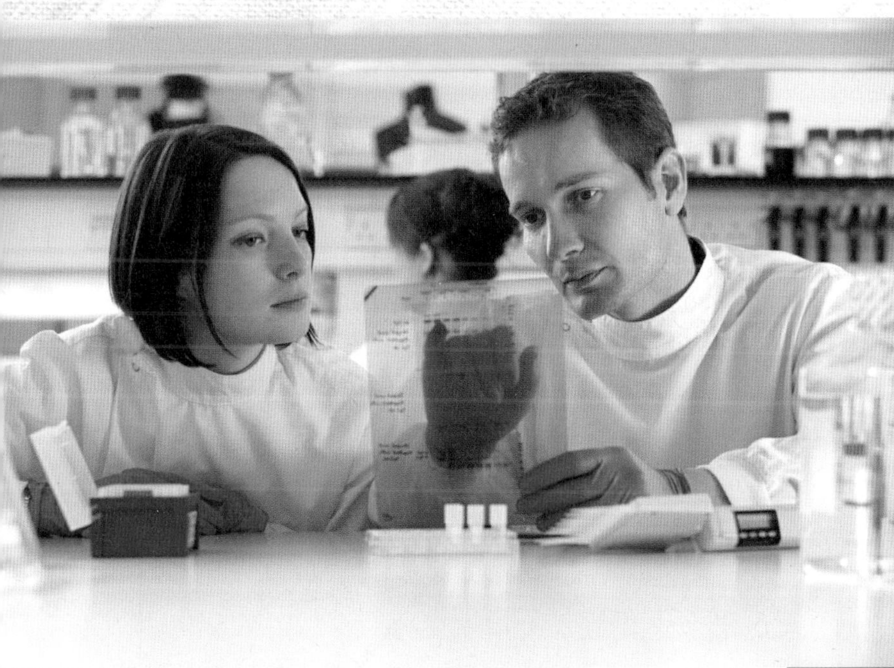

2명의 과학자가 겔 전기영동의 자기방사 사진을 관찰하고 있다.
(© Getty RF.)

이 장에서는 분자생물학자들이 유전자의 구조와 기능을 연구하기 위해 이용하는 가장 일반적인 기법에 대해 설명할 것이다. 이들 대부분은 클로닝된 유전자로 시작하고, 겔 전기영동을 사용한다. 또한 대부분의 기법은 표지된 추적자를 이용하며 핵산잡종화에 의존한다. 우리는 이미 유전자 클로닝 기법을 배운 바 있다. 여기서는 계속해서 분자생물학 연구의 세 가지 주요 줄기를 공부할 것이다. 분자를 분리하는 기술에는 겔 전기영동, 표지추적자와 잡종화가 있다.

5.1. 분자 분리

1) 겔 전기영동

분자생물학 연구에서는 종종 단백질이나 핵산을 각각 서로 분리할 필요가 있다. 예를 들어 특정 효소를 세포 추출액에서 분리하여 이용하거나 또는 그 효소 자체의 기능을 연구할 때가 있다. 혹은 효소 반응에서 생산되거나 변소된 특정 DNA나 RNA 분자를 분리하고, 단순히 다양한 RNA 또는 DNA 조각을 서로 분리해야 할 때도 있다. 여기서 분자의 분리에 쓰이는 가장 보편적인 방법들을 설명하려고 하는데, 여기에는 핵산과 단백질을 분리하는 겔 전기영동, 이온교환 크로마토그래피, 그리고 겔 여과 크로마토그래피가 포함된다.

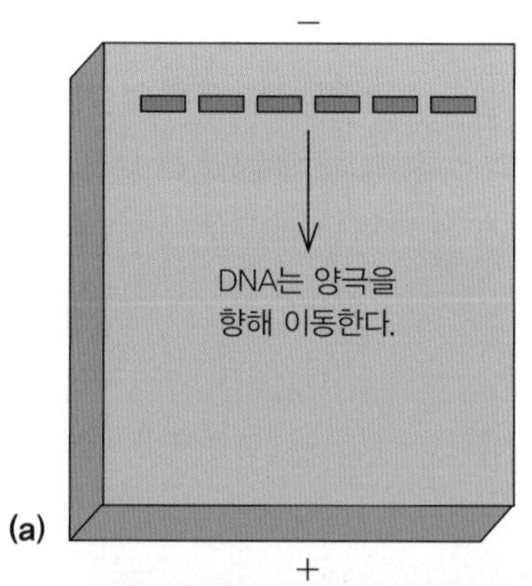

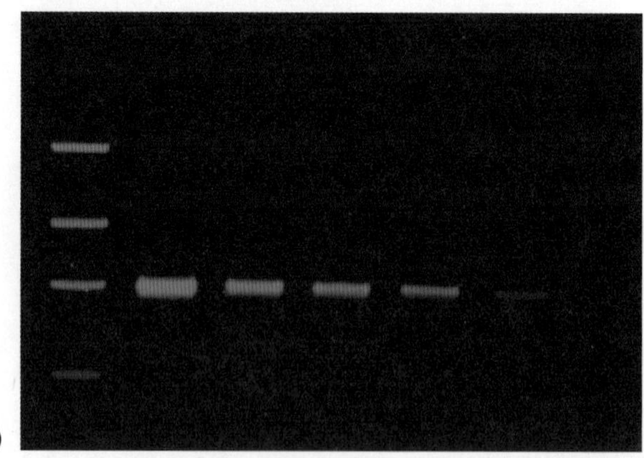

그림 5.1 DNA 겔 전기영동. **(a)** 방법의 개요: 이것은 아가로오스로 구성된 편평한 겔이다. 해초에서 추출된 한천의 주요 성분인 아가로오스를 높은 온도에서 녹이고, 녹은 아가로오스 안에 빗을 꽂고 겔 상태로 굳어질 때까지 식힌다. 겔을 식힌 뒤에 빗을 제거하면 홈이 남게 된다. DNA를 홈 안에 넣고 겔 안에 전류가 흐르게 한다. DNA는 산성이기 때문에 중성 pH 상태에서 음전하를 가지고 전기영동시키면 양극을 향해 이동한다. **(b)** 전기영동 후 DNA 조각이 밝은 밴드로 보이는 겔 사진: DNA는 자외선하에서 주황색 형광을 내는 염색약과 결합하는데, 이 사진에서는 분홍색을 띠고 있다. (출처: (b) Reproduced with permission from Life Technologies, Inc.)

겔 전기영동(gel electrophoresis)은 서로 다른 핵산과 단백질을 분리하는 데 쓰인다. 그러면 먼저 DNA 전기영동에 대해 알아보자. 이 기술은 그림 5.1에서와 같이 먼저 홈이 파인 아가로오스 겔을 만들어야 한다. 아래쪽으로 향한 이빨을 가지며 제거할 수 있는 '빗'이 설치된 얕은 상자에 뜨거운 아가로오스 용액을 부음으로써 홈을 만들 수 있다. 일단 아가로오스가 겔 형태로 굳은 후 빗을 제거하면 직사각형의 구멍 또는 홈이 남게 된다. 소량 DNA를 홈 안에 넣고 중성 pH 상태에서 겔을 따라 전류가 흐르게 한

문제 및 풀이

문제

다음 그래프는 0.3~1.2kb 사이의 이중나선 DNA 조각을 가지고 전기영동 실험을 한 결과이다. 이 그래프에 준하여 다음 질문에 답하라.

a. 이 실험에서 16mm를 이동한 조각의 크기는 얼마인가?

b. 0.5kb의 조각은 이 실험에서 얼마나 이동했는가?

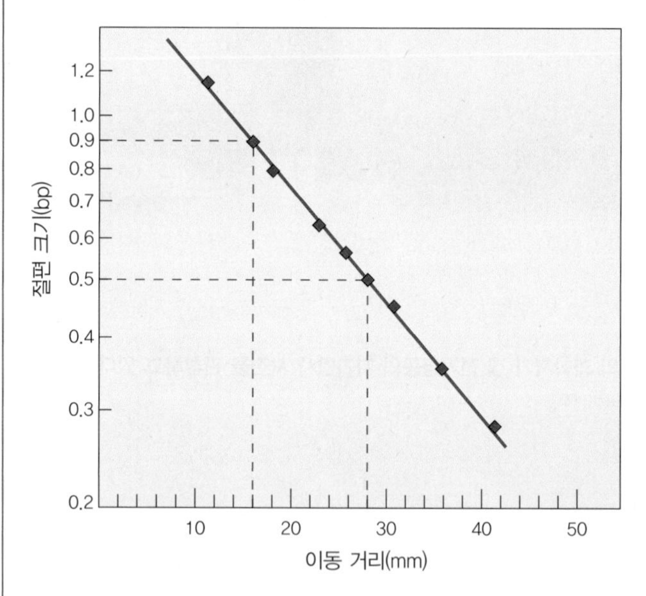

풀이

a. X축 위의 16mm 점에서 실험선에 도달하게 세로 점선을 그려라. 세로로 그은 선이 실험선과 만나는 점에서 Y축에 이르게 가로선을 그려라. 가로선이 0.9kb 점과 만날 것이다. 이 결과는 위 실험에서 16mm를 이동하는 조각은 0.9kb(또는 900bp)의 길이임을 나타낸다.

b. Y축 위 0.5kb 점에서 실험선에 이를 때까지 가로 점선을 그려라. 가로선이 실험선과 만나는 지점에서 수직 점선을 그어서 X축에 이르게 한다. 이 점선이 28mm 지점에 이르면 0.5kb 조각이 이 실험에서는 28mm 이동했다는 것을 나타낸다.

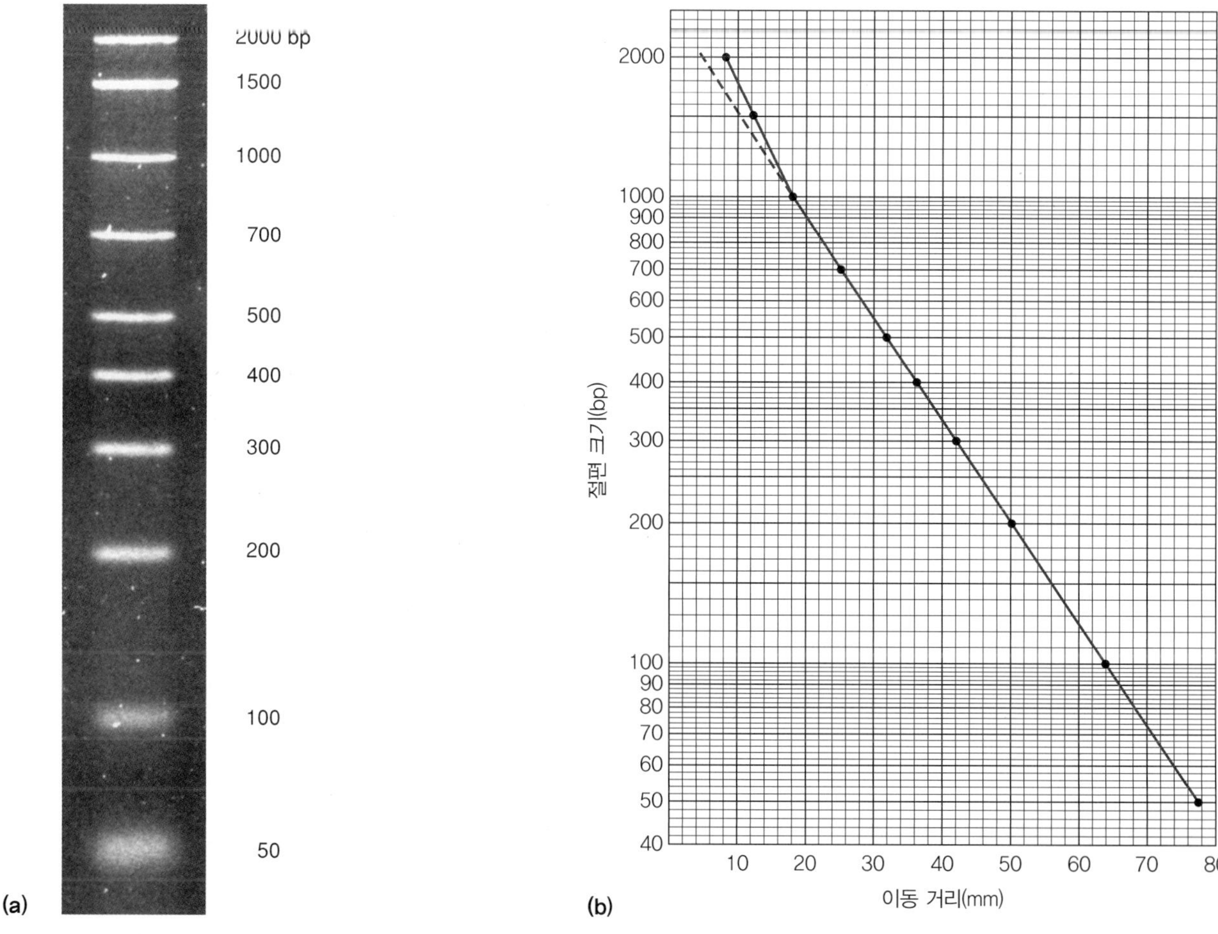

그림 5.2 겔 전기영동에 의한 DNA 조각의 크기 분석. (a) 제품 DNA 조각을 전기영동한 후 염색한 겔 사진: 컬러 사진에서 주황색으로 보이는 밴드가 주황색 필터로 찍은 흑백 사진에서는 흰색으로 보인다. 조각의 크기는 오른쪽에 나타나 있다. 이 사진은 다소 확대되었으므로 밴드들의 이동성은 실제보다 약간 높게 보인다는 점을 주목해야 한다. (b) DNA 조각의 이동도와 DNA 크기(bp)에 대한 그래프: DNA 조각의 전기영동상 이동거리는 크기의 로그값과 비례하기 때문에 수직축은 로그값을 나타낸다. 그러나 실선(실제값)과 점선(이론적인 값)의 차이로 보여진 바와 같이 DNA 조각이 매우 클 때는 이 비례식에서 벗어난다. 이는 긴 DNA의 크기 측정이 일반적인 전기영동으로는 한계가 있음을 시사한다. (출처: (a) Courtesy Bio-Rad Laboratories.)

다. DNA는 인산기 때문에 그 골격에 음전하를 띠고 있으므로 겔의 끝 쪽에 있는 양성축(양극)을 향하여 이동하게 된다. 겔이 서로 다른 DNA들을 분리할 수 있는 비밀은 마찰력이다. 작은 DNA 조각은 용매와 겔 분자에서 약간의 마찰력을 받아 빠르게 이동한다. 역으로 큰 DNA 조각은 비례적으로 큰 마찰력을 받기에 천천히 움직인다. 결과적으로 전류가 DNA 조각들을 각각의 크기에 맞게 분리시키는 것이다. 가장 큰 것은 위에, 가장 작은 것은 아래에 위치하게 된다. 최종적으로 형광 염료로 염색된 DNA를 자외선 하에서 볼 수 있게 된다. 그림 5.2는 이미 크기를 알고 있는 파지 DNA 조각에 대해 이런 분석을 수행한 결과이다. DNA 조각의 이동 정도와 조각의 질량(또는 염기의 수)의 로그값을 두 축으로 하여 그래프를 만들 수 있다. 미지의 DNA를 이미 알고 있는 표준 DNA 조각과 함께 전기영동하고, 미지의 DNA 크기가 표준 범위 안에 들어올 경우에는 이들의 크기를 대략 예측할 수 있다. 예를 들어, 어떤 DNA가 그림 5.2에서 20mm 이동했다면 이 DNA는 약 910bp이다. 같은 법칙이 다양한 크기의 RNA 전기영동에도 적용된다.

커다란 DNA의 크기를 결정하려면 특별한 기술이 필요하다. 왜냐하면 DNA 크기가 너무 클 경우 겔 전기영동상의 이동거리와 DNA 크기의 로그값의 관계가 일직선에서 벗어나는 경향이 있기 때문이다. 이러한 차이는 그림 5.2b의 좌측 상단에 나타나 있다. 또 다른 이유 중 하나는 이중나선 DNA가 길고 얇은 비교적 딱딱한 막대 같다는 것이다. 길수록 더 유연할 것이라 생각되지만, 사실 큰 DNA 조각은 잘 부러진다. 그래서 비커 속에서 젓거나 피펫 작업 등의 부드러운 조작에도 쉽게 절단되어 파손될 수 있다. DNA를 요리되지 않은 스파게티라고 상상하면 쉽게 이해될 것이다. 만약 이것이 1, 2cm 정도로 짧다면 쉽게 망가뜨리지 않고 요리할 수 있겠지만, 그 이상으로 길다면 불가피하게 요리 과정에서 거의 손상될 것이다.

이러한 어려움에도 불구하고 분자생물학자들은 수백만 염기쌍[**메가염기쌍**(megabase pair, Mb)]의 긴 DNA를 분리하고, 그 크기의 로그값과 이동 정도 사이에 비교적 일직선 관계를 갖게 하는 겔 전기영동을 개발하고 유지해 왔다. 이 방법은 지속적으로 겔에 전류가 흐르는 대신 펄스(pulse)를 이용해 전진 방향으로는 상대적으로 긴 자극을, 후진 방향으로는 짧은 자극을 주는 것이다. 이런 **펄스장 겔 전기영동**(pulsed-field gel electrophoresis, PFGE)은 효모 염색체처럼 큰 DNA의 크기를 측정하는 데 유용하다. 그림 5.3은 이 펄스장 겔 전기영동 결과를 보여 주는 것으로 16개의 밴드가 0.2~2.2Mb DNA를 포함하는 염색체들을 나타내고 있다.

전기영동은 단백질에도 적용할 수 있는데, 이 경우에는 겔이 보통 폴리아크릴아미드로 구성되므로 **폴리아크릴아미드 겔 전기영동**(polyacrylamide gel electrophoresis, PAGE)이라 한다. 효소의 구성 폴리펩티드를 알고자 한다면 폴리펩티드나 소단위가 개별적으로 전기영동이 되도록 이 효소를 처리하여야 한다. 이를 위해 효소를 세제[**도데실 황산나트륨**(sodium dodecyl sulfate, SDS)]로 처리해서 효소의 각 소단위체를 변성(denature)시켜 서로 붙지 않게 만든다. 이 외에 SDS는 두 가지 장점이 있는데, ① 폴리펩티드를 음전하로 감싸서 전기영동 시에 양극으로 이들을 이동하게 한다. ② 소단위의 원래 전하를 차단하여 이들이 자신의 전하에 의해서가 아닌 분자량에 따라 전기영동되도록 한다. 작은 폴리펩티드는 겔의 구멍을 잘 통과하여 빨리 이동하나 큰 폴리펩티드는 천천히 이동한다. 연구자는 보통 소단위 간의 공유결합을 없애기 위해 환원제를 사용하기도 한다.

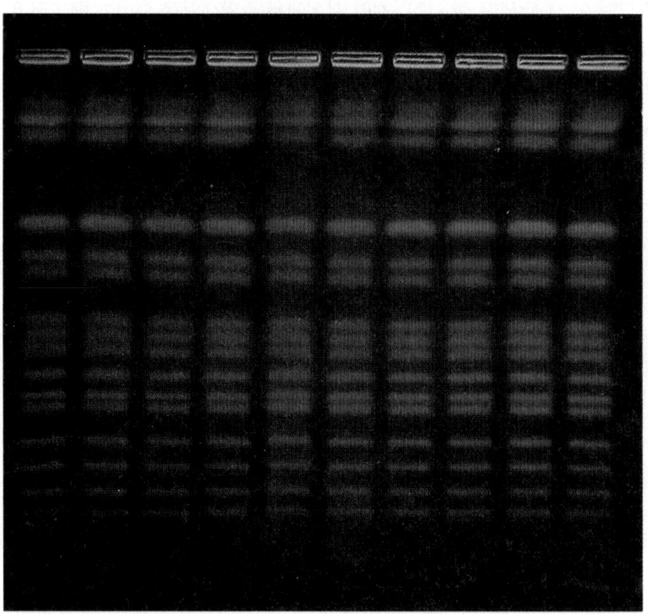

그림 5.3 효모 염색체의 펄스장 겔 전기영동. 동일한 효모 염색체 시료를 10개 레인에서 전기영동한 후에 브롬화에티듐으로 염색했다. 밴드는 0.2Mb(아래)에서 2.2Mb(위) 크기를 지닌 염색체를 나타낸다. 겔의 원래 너비는 13cm, 길이는 12.5cm이다. (출처: Courtesy Bio-Rad Laboratories/CHEF-DR(R)II pulsed-fi eld electrophoresis systems.)

그림 5.4는 혼합된 폴리펩티드들의 **SDS-PAGE** 결과로 각 폴리펩티드가 염료와 부착되어 있어 전기영동 중에 쉽게 보이게 되어 있다. 보통 폴리펩티드는 모두 전기영동 후에 쿠마시블루(Coomassic blue)라는 염료로 염색할 수 있다.

2) 2차원 겔 전기영동

SDS-PAGE는 폴리펩티드에서 좋은 분해능을 보이지만, 때때로 섞여 있는 폴리펩티드는 분해하기에 매우 복잡하여 이를 분리

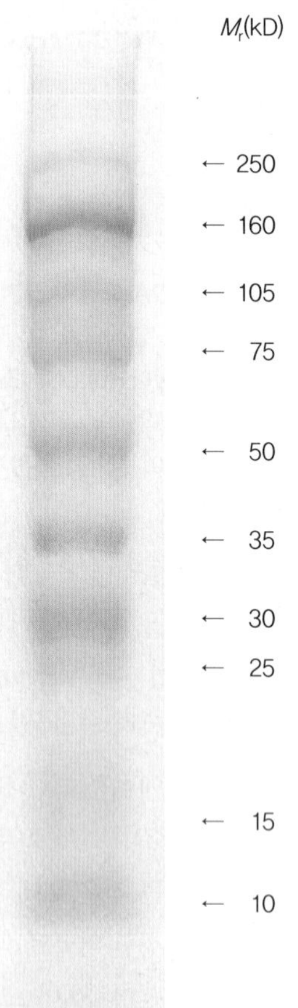

그림 5.4 SDS-폴리아크릴아미드 겔 전기영동법. 오른쪽에 표시된 분자량을 가진 폴리펩티드를 염료에 붙여 SDS-PAGE하였다. 염료는 전기영동 중 또는 그 후에 각 폴리펩티드를 볼 수 있게 해준다. (출처: Courtesy of Amersham Pharmacia Biotech.)

할 더 나은 방법이 필요한 경우가 있다. 한 예로 특정 시간에 특정 세포 내에 존재하는 수천 가지 폴리펩티드 모두를 분리해야 할 때가 있는데, 이런 일은 분자생물학의 한 분야인 단백질체학(proteomics)에서 행해지고 있다(24장 참조).

1차원 SDS-PAGE 방법의 분해능을 증가시키기 위해 분자생물학자들은 2차원 방법을 개발했다. 19장에서 기술되겠지만 첫 번째로 pH와 폴리아크릴아미드 농도에서 1차원 비변성 겔 전기영동(SDS 없이)을 실시한 다음, 두 번째로 다른 pH와 아크릴아미드 농도에서 2차원 전기영동을 실시하는 것이다. 단백질은 그들의 순전하량이 pH에 따라 변하게 되므로 다른 pH에서 서로 다른 정도로 전기영동이 일어나게 된다. 단백질은 다른 폴리아크릴아미드 농도에서 각각의 크기에 따라 다르게 움직이게 될 것이다. 그러나 개별 폴리펩티드를 이 방법으로는 분석하기는 어려운데, 이는 세제 없이 복잡한 단백질을 이루는 폴리펩티드를 분리할 수 없기 때문이다.

보다 강력한 방법은 일반적으로 잘 알려진 **2차원 겔 전기영동**(two-dimensional gel electrophoresis)이다. 첫 단계로 혼합된 단백질을 튜브의 한쪽에서 다른 쪽 끝까지 pH 농도 구배를 만드는 양쪽성 전해질을 포함하는 가느다란 튜브 겔을 통해 전기영동을 실시한다. 음전하를 띠는 분자는 이들이 더 이상 전하를 띠지 않는 pH인 **등전점**(isoelectric point)에 이를 때까지 양극을 향해 움직일 것이다. 순전하를 가지지 않는 단백질은 더 이상 양극 쪽으로도 음극 쪽으로도 이동하지 않고 멈추게 되는데, 이를 **등전점 전기영동**(isoelectric focusing)이라 한다. 이는 단백질을 겔상에서 저마다의 등전점에 맞추어 놓기 때문이다.

두 번째 단계에서는 겔을 튜브에서 꺼내어 보통의 SDS-PAGE를 위해 수평 겔 위에 올려놓는 것이다. 이미 등전점 전기영동에 의해 부분적으로 분리된 단백질이 저마다의 크기에 따라 더욱 분리된다. 그림 5.5는 벤조산이 있는 경우와 없는 경우에서 배양한 대장균 단백질을 2차원 겔 전기영동으로 분리한 결과이다. 벤조산 없이 기른 세포에서 추출한 단백질은 빨간색 형광염료인 Cy3로 염색하고, 벤조산이 있는 상태에서 기른 세포의 단백질은 파란색 형광염료인 Cy5로 염색했다. 이들 두 세트의 단백질 2차원 겔 전기영동은 어느 단백질이 벤조산의 첨가 여부에 따라 많이 분포하는지, 그리고 두 조건에서 동시에 많이 존재하는 단백질은 어느 것인지를 알려 준다.

3) 이온교환 크로마토그래피

크로마토그래피는 종이 위에 색깔 있는 물질을 분리[**종이 크로마토그래피**(paper chromatography)]하는 것을 뜻하는 오래된 용어이다. 최근 생물학적 물질을 분리하는 많은 종류의 크로마토그래피가 있다. **이온교환 크로마토그래피**(ion exchange

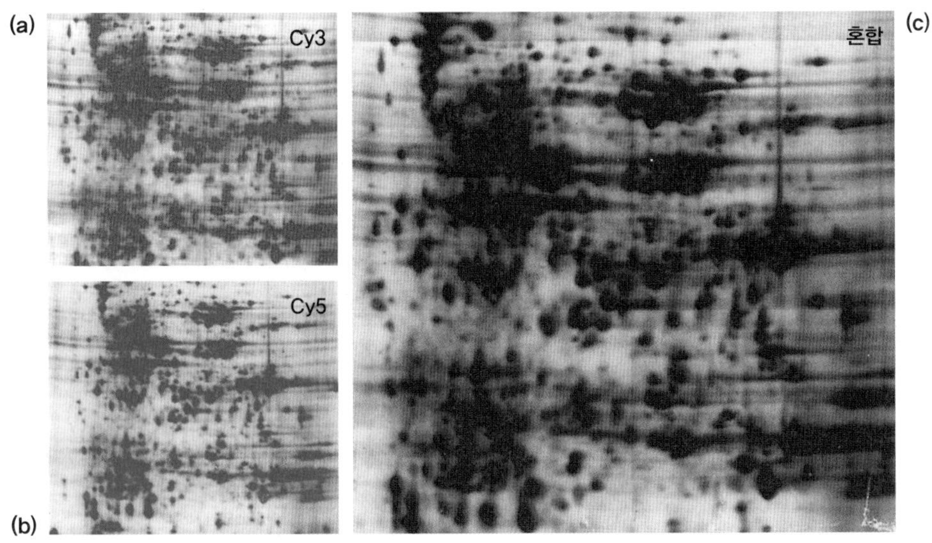

그림 5.5 2차원 겔 전기영동. 이 실험은 연구자가 대장균을 벤조산이 있는 상태와 없는 상태에서 기른 실험이다. 그들은 벤조산 없이 기른 세포의 추출물을 빨간색 형광염료 Cy3로 염색해 이 세포추출물의 단백질이 빨간색 형광을 띠게 했고, 벤조산하에서 기른 세포의 추출물은 파란색 형광염료 Cy5로 염색해 파란색 형광을 띠게 했다. 그리고 염색된 단백질을 2차원 전기영동으로 분리하였다. **(a)**에서는 벤조산 없이 기른 세포의 단백질을, **(b)**에서는 벤조산하에서 기른 세포의 단백질을 2차원 전기영동했다. **(c)**에서는 (a)와 (b)의 단백질을 섞어서 동시에 2차원 전기영동을 수행하였는데, 벤조산 없이 기른 상태에서만 축적되는 단백질은 빨간색 형광을, 벤조산하에서 기른 상태에서만 축적되는 단백질은 파란색 형광을 보인다. 반면 양쪽 상태에서 공통적으로 축적되는 단백질은 빨간색과 파란색 형광을 동시에 띠므로 보라색으로 보인다. (출처: Courtesy of Amersham Pharmacia Biotech.)

chromatography)는 레진(resin)을 이용하여 그들의 전하에 따라 물질을 분리한다. 예를 들어, DEAE-세파덱스 크로마토그래피는 양전하의 디에틸아미노에틸(diethylaminoethyl, DEAE) 이온교환 레진을 이용한다. 이러한 양전하는 단백질을 포함한 음전하 물질을 끌어당기는데, 음전하가 강할수록 당겨서 붙는 힘이 강하다.

10장에서 DEAE-세파덱스 크로마토그래피를 이용해 세 종류의 RNA 중합효소를 분리하는 실험을 보게 될 것이다. 이들은 우선 DEAE-세파덱스 혼합액을 만들어 칼럼에 붓고, 레진이 가라앉아 충진되기를 기다린 다음 RNA 중합효소가 있는 세포 추출물을 위에 붓는다. 결국 이 칼럼 속 레진에 붙은 세포 추출물은 이온 세기(또는 염류 농도)가 점차 강한 용액을 통과시킴에 따라 용출(eluted)되어 제거된다. 이러한 염류구배(salt gradient)의 목적은 염류 용액의 음이온이 단백질과 레진이 붙을 자리를 놓고 서로 경쟁하게 하여, 단백질이 하나씩 분리시켜 제거하기 위한 것이다. 이것을 이온교환 크로마토그래피라 한다.

용출 완충액의 이온성을 증가시키면서 칼럼을 통해 흘러나오는 시료를 분획수집기를 사용하여 모은다. 이 장치는 정해진 시간에 1개씩, 칼럼 아래에 시험관을 놓아 주어진 양의 용액을 모은다. 각 튜브가 용액의 분획 모으기를 끝내면 옆으로 이동하고 새로운 튜브가 이동하여 분획을 수집한다. 최종적으로 각 분획은 얼마나 많은 관심 있는 물질을 포함하는지를 분석하게 된다. 만약 물질이 효소이면 분획은 특정 효소 반응으로 정량된다. 각 분획의 이온 세기를 측정하여 얼마만큼의 염류 농도가 이들 효소 분리를 위해 필요한지를 측정하는 것도 유용한 일이다.

또한 단백질을 포함하여 양전하 물질을 분리하는 데에도 음전하 레진을 사용할 수 있다. 예를 들어, 인산셀룰로오스는 양이온

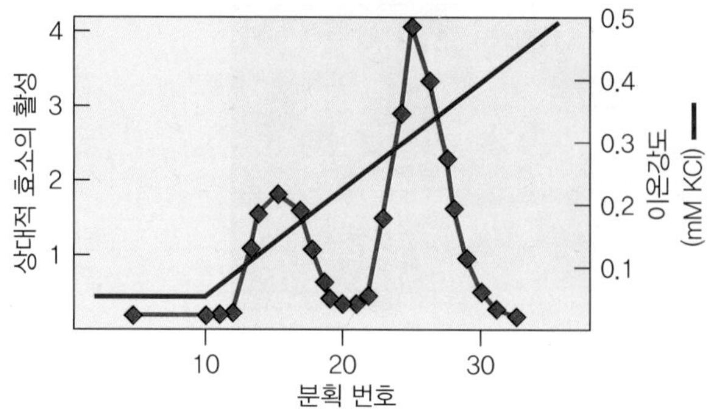

그림 5.6 이온교환 크로마토그래피. 이온교환 칼럼에 두 가지 다른 종류의 효소를 포함하는 세포추출물을 올린 뒤 이온강도를 높여가면서 완충액을 통과시키고, 각 분획을(이 경우는 32분획) 모은다. 각 분획의 효소 활성도(빨간색)와 이온강도(파란색)를 조사한 후 그림과 같은 그래프를 그린다. 두 가지 다른 종류의 효소가 이 방법으로 잘 분리된 것으로 나타났다.

교환 크로마토그래피에 의한 단백질 분리에 많이 쓰인다. 인산셀룰로오스와 같은 양이온교환 레진에 붙기 위해 반드시 단백질의 순전하가 양성일 필요는 없다. 대부분 단백질의 순전하가 음성을 띠지만 그들에게 양전하를 갖는 주요 부위가 있다면 여전히 양이온교환 레진에 붙는다. 그림 5.6은 한 효소의 두 가지 형태를 이온교환 크로마토그래피로 분리한 결과이다.

4) 겔 여과 크로마토그래피

단백질의 표준적인 생화학적 분리는 하나 이상의 과정을 요구하는데, 중요한 단백질이 이 과정에서 많이 손실되므로 각 과정을 최소화해야 한다. 이를 위한 좋은 방법 중 하나는 관심 있는 단백질의 서로 다른 성질을 이용하는 것이다. 즉, 음이온교환 크로마토그래피를 먼저 실시하고, 양이온교환 크로마토그래피를 두 번째로 했다면, 세 번째로는 전하가 아닌 다른 성질을 가진 단백질 분리법을 시도하는 것이 필요하다. 단백질의 크기에 따른 분리는 그 다음 방법으로 좋은 선택일 수 있다.

겔 여과 크로마토그래피(gel filtration chromatography)는 물리적 크기에 따라 분자를 분리하는 방법이다. 세파덱스와 같은 겔 여과 레진은 구멍 난 플라스틱 공(휘플 볼)과 같은 다양한 크기의 다공성 구슬이다. 어떤 칼럼이 작고 가벼운 공으로 가득 찬 것을 상상해 보라. 여러 가지 크기의 분자를 포함하는 용액이 칼럼을 통과할 때 작은 분자들은 쉽게 공의 구멍을 통과하기 때문에 천천히 칼럼을 통과하겠지만, 큰 분자들은 공 안으로 들어가지 못해 결과적으로 칼럼을 빠르게 통과하게 된다. 이들은 소위 **공극부피**(void volume)라 불리며 공 주위의 완충액 부피로 표시되고 공 안의 부피는 포함되지 않는다. 중간 크기의 분자는 공 안으로 일부 들어가고 나머지는 그냥 흐르므로 중간 정도의 흐름 속도를 보인다. 즉, 커다란 분자들은 빨리 칼럼을 빠져나오고 작은 분자들은 나중에 나오는 것이다. 다양한 크기의 레진이 서로 다른 분자들을 분리할 수 있게 생산되고 있다. 그림 5.7은 이 방법을 예시로 든 것이다.

5) 친화성 크로마토그래피

친화성 크로마토그래피(affinity chromatography)는 가장 강력한 방법 중 하나로, 레진은 관심 분자와 강하고 특이적 친화력을 가진 물질(친화제)을 포함한다. 예를 들어, 레진이 특정 단백질을 인식하는 항체와 연결되거나 또는 특정 효소기질의 비반응성 유사물을 포함할 수 있다. 후자의 경우, 효소는 유사물에 강하게 결합하지만 그것을 대사시키지는 못할 것이다. 실제 모든 오염된 단

백질이 친화제에 대한 친화가 없거나 약하면 칼럼을 통해 흘러갈 것이고, 관심 분자와 친화제 간의 결합과 경쟁하는 물질 용액을 사용하여 칼럼에서 관심 분자를 용출시킬 것이다. 가령, 효소 유사물 용액을 사용한다면, 용액에 포함된 유사물은 효소와의 결합을 두고 레진상의 유사물과 경쟁하여 효소가 용출될 것이다.

친화성 크로마토그래피 능력은 레진상의 친화제와 분리될 분자 간의 결합 특이성에 있다. 만약 단백질이 세포 내에서 유일하게 친화제에 결합할 수 있다면 한 단계로 단백질을 분리하기 위하여 친화성 크로마토그래피를 디자인하는 것이 가능하다. 4장에서처럼 올리고히스티딘으로 표지된 단백질을 분리하기 위하여 니켈 칼럼을 사용하는 것이 좋은 예이다. 세포 내의 다른 모든 단백질은 천연으로 올리고히스티딘으로 표지되어 있지 않기 때문에 표지단백질만 유일하게 니켈 친화제에 결합하게 될 것이다. 이런 경우 칼럼으로부터 니켈 용액으로 단백질을 용출시킬 수 있으며, 순수한 단백질이 아니라 오히려 단백질-니켈 복합체로 얻어진다. 그래서 연구자들은 히스티딘 유사물인 이미다졸(imidazole)을 사용하여 관심 단백질과 친화제 간의 결합을 파괴한다.

올리고히스티딘 표지단백질처럼 분리될 분자가 친화성 레진에 결합하는 유일한 것이라면 친화성 크로마토그래피는 더 이상 필요 없다. 대신 연구자들은 레진과 세포 추출물을 단순히 혼합하고 원심 분리기에서 레진을 가라앉힌 다음, **상등액**(supernatant)을 버리면 레진에 결합된 관심단백질은 원심분리 튜브 바닥에 알갱이로 남게 된다. 알갱이를 완충액으로 씻어 낸 후, 관심단백질을 레진에서 분리할 수 있고(가령, 니켈 레진이 사용되었다면 이미다졸 용액으로), 다시 원심분리하면 레진은 침전되고 관심단백질은 상등액에 남게 되므로 회수하여 저장할 수 있다. 이런 방법은 전통적인 크로마토그래피보다 가장 단순하고 빠르다.

5.2. 표지추적자

최근까지 '표지된(labeled)'이란 말은 '방사성(radioactive)'의 동의어로 여겨져 왔다. 이는 방사성 추적자가 수십 년 동안 이용되어 왔을 뿐 아니라 탐지하기 용이하기 때문이다. 방사성 추적자(tracer)는 극소량의 물질을 탐지할 수 있게 했다. 일반 실험을 통해 우리가 찾고자 하는 물질은 매우 적은 양으로 존재하기 때문에 이것은 분자생물학에서 중요하다. 예를 들어 우리가 전사반응에서 RNA 산물을 측정한다고 가정하자. 피코그램(pg, 그램의 10^{-12}에 해당하는 양)보다도 적은 RNA 양을 탐지해야만 한다. 자외선 흡수 또는 염료를 이용한 염색 방법으로는 이들 방법의 감도가 제한적이기 때문에 이렇게 적은 양을 직접 측정하기는 불가능하다. 반면에 만약 RNA가 방사성을 가지고 있다면 방사성을 탐지하는 고감도의 장비 때문에 적은 양이라도 쉽게 측정할 수 있다. 이제 분자생물학자들이 방사성 추적자를 탐지하기 위해 즐겨 사용하는 기법, 즉 자기방사법(autoradiography), 인영상화법(phosphorimaging), 액체섬광계수법(liquid scintillation counting) 등을 알아볼 것이다.

1) 자기방사법

자기방사법(autoradiography)이란 사진 감광유제를 사용해 방사성 화합물을 탐지하는 방법이다. 분자생물학자들이 즐겨 쓰는 감광유제는 X-선 필름이다. 그림 5.8은 방사성 DNA 절편을 겔상에

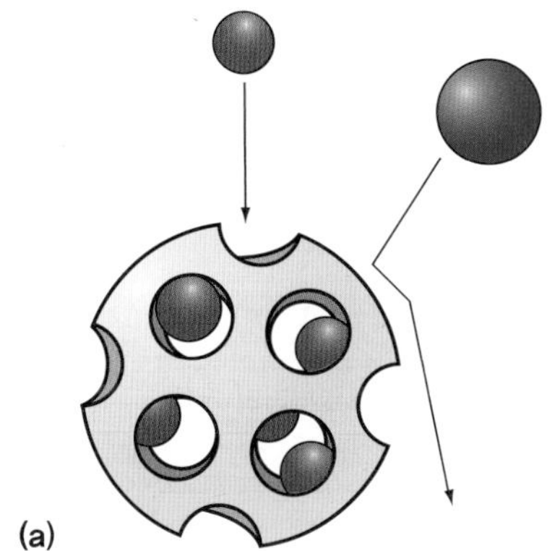

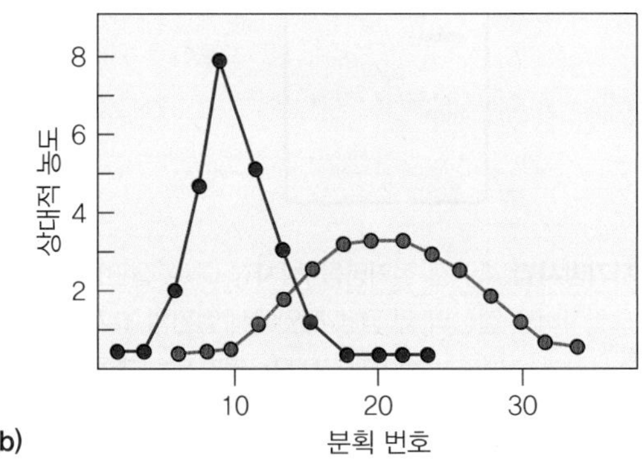

그림 5.7 겔 여과 크로마토그래피. **(a)** 방법 개요: 레진은 휘플공(구멍이 뚫린 가벼운 공)으로 표시했다. 큰 분자(파란색)는 공 안으로 들어가지 못해 상대적으로 적은 부피를 차지하는 공 밖의 완충액에 남아 칼럼을 빨리 통과하게 되고, 반대로 작은 분자(빨간색)는 공으로 들어가 부피가 큰 완충액을 통과하므로 칼럼을 통과하는 데 시간이 걸린다. **(b)** 실험 결과: (a)의 큰 분자와 작은 분자의 혼합물을 칼럼에 올려놓은 다음 칼럼을 따라 완충액을 통과시키면서 혼합물을 분리하였다. 이어 분획을 받아 큰 분자(파란색)와 작은 분자(빨간색) 각각의 농도를 분석하였다. 예상처럼 큰 분자는 작은 분자보다 빨리 칼럼을 통과했다.

서 전기영동한 다음, 겔을 X-선 필름과 접촉하게 놓아 두고 이를 어둠 속에서 수시간 또는 수일 방치하는 예를 보여 준다. DNA 밴드로부터 방사능 방출이 마치 가시광선처럼 필름을 노출시킨다. 이후 필름을 현상하면 겔상의 DNA 밴드에 상응하는 어두운 밴드가 나타난다. 결과적으로 DNA 밴드가 자신의 사진을 가지는데, 이런 이유 때문에 이 기법을 자기방사법이라고 한다.

자기방사법의 감도를 향상시키기 위해 적어도 ^{32}P와 함께 **강화스크린**(intensifying screen)을 사용할 수도 있다. 이것은 저온에서 β선에 의해 흥분될 때 형광을 발하는 화합물로 코팅된 스크린이다. (β선은 분자생물학에서 많이 이용되는 방사성 동위원소인 ^{3}H, ^{14}C, ^{35}S, ^{32}P로부터 방출되는 방사선으로서 고에너지 전자이다.) 따라서 방사성 겔(또는 다른 매질)을 필름의 한쪽 면에 놓고 다른 면에 강화스크린을 놓는다. 몇몇 β선은 필름을 직접 감광시키나, 다른 것들은 필름을 바로 통과하므로 강화스크린을 사용하지 않으면 소실되는 경우도 있다. 이러한 고에너지 전자들이 스크린을 때리면 형광이 발생되며 이것이 필름에 의해 감지된다.

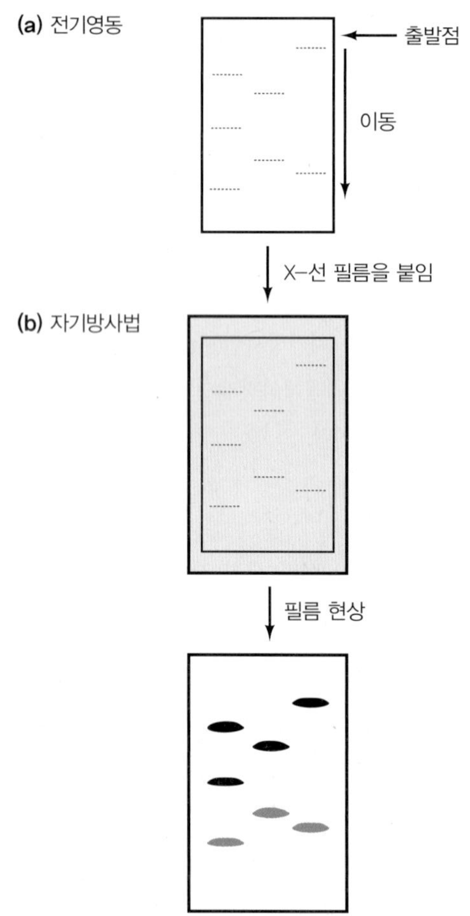

그림 5.8 자기방사법. (a) 겔 전기영동. 방사성 DNA 절편을 아가로오스 또는 폴리아크릴아미드 겔상의 세 평행 레인에서 절편의 크기에 따라 전기영동한다. 이 시점에서 밴드는 보이지 않지만, 여기서는 그들의 위치를 점선으로 표시했다. (b) 자기방사법. 한 장의 X-선 필름을 겔과 접촉한 상태로 수 시간 또는 DNA 절편이 매우 약한 방사성을 가질 경우 수일 동안 방치한 후, 방사능이 필름을 감광한 곳을 보기 위해 필름을 현상한다. 이를 통해 DNA 밴드가 겔상에서 존재하는 위치를 알 수 있다. 이 경우 크고 천천히 이동하는 밴드가 강한 방사성을 띠므로 자기방사 사진에서 이에 해당하는 밴드가 가장 진하게 나타난다.

강화스크린은 고에너지를 가지고 있어 X-선 필름을 쉽게 통과할 수 있는 ^{32}P β선과 잘 작동한다. ^{14}C과 ^{35}S로부터 방출되는 β선의 에너지는 1/10수준이므로 단지 X-선 필름만으로 거의 불가능하다. ^{3}H β선 역시 1/10인 수준으로 유의한 수만큼 X-선 필름에 도달할 수 없다. 이러한 저에너지 방사성 동위원소의 경우, **형광기록법**(fluorography)을 이용하여 영상을 향상시킬 수 있다. 이런 경우, 실험자는 ^{3}H로부터 방출되는 1개의 β선과 충돌로 형광을 내는 화합물인 **형광체**(fluor)에 겔을 담군다. 형광체가 겔 전체에 분산되므로 형광분자는 방사성 동위원소 핵에 항상 매우 가깝게 놓여 약한 그들을 흥분시켜 빛을 만들고, 이 빛이 X-선 필름을 감광시킨다.

만약 DNA 절편 내의 방사능 양을 정확하게 측정하기 원한다면 어떻게 해야 할까? 우리는 자기방사 사진상의 밴드 진하기를 눈으로 대충 짐작할 수 있다. 그러나 **밀도측정기**(densitometer)로 자기방사 사진을 스캔하여 보다 정확히 정량할 수 있다. 이것은 시료(여기서는 자기방사 사진)에 광선을 통과시켜 시료에 의한 빛의 흡수를 측정하는 기기이다. 만약 밴드가 매우 진할 경우, 빛의 대부분은 흡수될 것이며 기기는 높은 피크의 흡수를 기록할 것이다(그림 5.9). 만약 밴드가 연한 경우, 빛의 대부분은 통과할 것이며 기기는 단지 낮은 피크를 기록할 것이다. 각 피크 아래 면적을 측정함으로써 각 밴드들의 방사능을 측정할 수 있다. 그러나 이것은

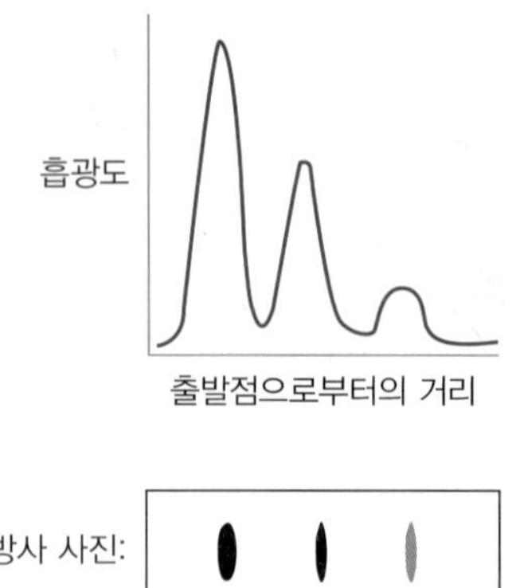

그림 5.9 밀도측정법. 자기방사 사진을 밀도측정기로 읽은 것이 위쪽에 나타나고 있다. 스캔의 세 정점 아래의 면적은 자기방사 사진상의 해당 밴드의 진하기에 비례한다.

여전히 방사능의 간접적인 측정 방법이다. 각 밴드의 방사능을 실제로 정확하게 판독하기 위해서는 인영상기를 사용해 겔을 스캔하든지 또는 DNA를 액체섬광계수로 측정해야 한다.

2) 인영상화법

인영상화법(phosphorimaging)은 자기방사법에 비해 여러 장점을 가지고 있으며 물질 내의 방사능 양을 정량함에 있어 훨씬 더 정확하다. 이는 방사능에 대한 반응이 X-선 필름의 것보다 훨씬 더 직선적이기 때문이다. 표준 자기방사법의 경우, 50,000 **분당붕괴수**(disintegrations per minute, dpm)의 방사성을 가진 밴드는 10,000dpm을 가진 밴드보다 더 어둡게 보이지 않는다. 왜냐하면 필름에 있는 감광유제가 10,000dpm에서 이미 포화되었기 때문이다. 그러나 **인영상기**(phosphorimager)는 방사능 방출을 수집해 전기적으로 이들을 분석하므로 10,000~50,000dpm 간의 차이를 분명하게 한다. 이 기법이 어떻게 작동되는지 예를 들어보자. 가령, 방사성 시료, 즉 표지된 탐침으로 이미 잡종화된 RNA 밴드를 가진 블롯을 가지고 시작한다고 해보자. 이 시료를 인영상기 판과 접촉하도록 놓고서 β선을 흡수시킨다. 이 방사선은 판 위의 분자를 흥분시키는데, 인영상기가 레이저로 스캔할 때까지 분자는 흥분 상태로 유지된다. 이때 판에 잡힌 β선이 유리되어 컴퓨터화된 탐지기에 의해 측정된다. 컴퓨터는 그림 5.10에서 보는 것처럼 탐지된 에너지를 영상으로 전환한다. 이것은 가상의 색상으로 색상 차이는 방사능이 다른 정도에 따라 가장 낮은(노란색) 것부터 가장 높은(검은색) 것까지 다르게 표시된다.

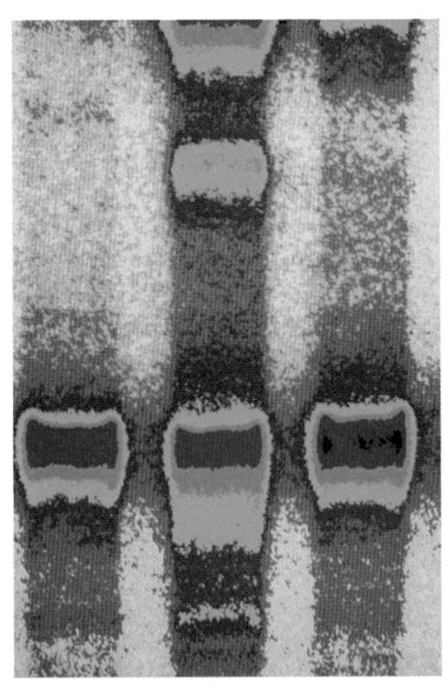

그림 5.10 RNA 블롯의 적외선 인영상기 스캔. 방사성 탐침과 RNA 블롯을 잡종화하고 비잡종화된 탐침을 씻어 낸 후 블롯을 인영상기 판에 노출시켰다. 판은 RNA 밴드에 결합된 방사성 탐침으로부터 방출된 β선의 에너지를 모은 다음, 레이저로 스캔될 때 이 에너지를 넘겨준다. 컴퓨터는 이 에너지를 방출 세기에 상응하는 색으로 영상화한다. 노란색(가장 낮음)〈자주색〈자홍색〈연한 파란색〈초록색〈진한 파란색〈검은색(가장 높음). (출처: © Jay Freis/Image Bank/Getty)

3) 액체섬광계수법

액체섬광계수법(liquid scintillation counting)의 원리는 시료에서 방출되는 방사능을 광증폭기 관으로 측정할 수 있는 가시광선의 광자로 전환하는 것이다. 이를 위해 방사성 시료(예를 들어, 겔로부터 잘라낸 밴드)를 **섬광 용액**(scintillation fluid)이 담긴 유리관에 넣는다. 이 용액은 방사능에 의한 충돌로 형광을 발하는 화합물인 형광체를 포함하고 있는데, 이것이 눈에 보이지 않는 방사능을 가시광선으로 바꾼다. 액체섬광계수기는 시료가 담긴 유리관을 광증폭기관을 가진 어두운 곳에 두게 하여 형광체를 흥분시키는 방사능 방출로 기인된 광선을 측정하는 기기이다. 이 기기는 이러한 폭발적인 광선, 즉 **섬광**(scintillation)을 계수화하여 **분당계수**(counts per minute, cpm)로 기록한다. 이 값은 섬광계수기가 100%의 효율을 가지지 못하므로 dpm과 일치하지 않는다. 분자생물학자들이 빈번하게 사용하는 방사성 동위원소인 ^{32}P에서 방출되는 β선은 고에너지이기 때문에 형광체 없이도 광자를 생성하므로 섬광용액을 사용할 때보다 효율이 낮지만 액체섬광계수기로 직접 측정할 수 있다.

4) 비방사성 추적자

앞서 설명했듯이 방사성 추적자의 탁월한 장점은 감도이다. 그러나 지금은 비방사성 추적자의 감도가 방사성 추적자의 감도에 비교할 만하다. 또한 방사성 물질은 건강상의 잠재적 위험 때문에 매우 조심스럽게 취급해야만 한다. 더욱이 방사성 추적자는 방사능 폐기물을 만들어 이것을 처리해야 하는 문제도 있을 뿐 아니라 비용도 증가하고 있다. 따라서 비방사성 추적자가 안전성 면에서 장점이 있다. 어떻게 비방사성 추적자가 방사성 추적자와 감도 면에서 경쟁할 수 있을까? 대답은 효소의 증폭 효과를 이용하는 것이다. 즉, 우리가 관심 분자를 탐지하는 추적자에 효소를 연결할 수 있다면 효소는 많은 분자의 생성물을 만들어 내어 신호를 증폭시킬 것이다. 가령, 효소의 생성물이 화학발광(반딧불의 꼬리처럼 빛을 방출)을 발하는 경우 특별히 잘 작동한다. 왜냐하면 각 분자가 많은 광자를 방출하여 신호를 다시 증폭시키기 때문이다. 그림 5.11은 이 방법의 원리를 잘 설명하고 있다. 빛은 X-선 필름을 이용한 자기방사법 또는 인영상기를 통해 탐지할 수 있다.

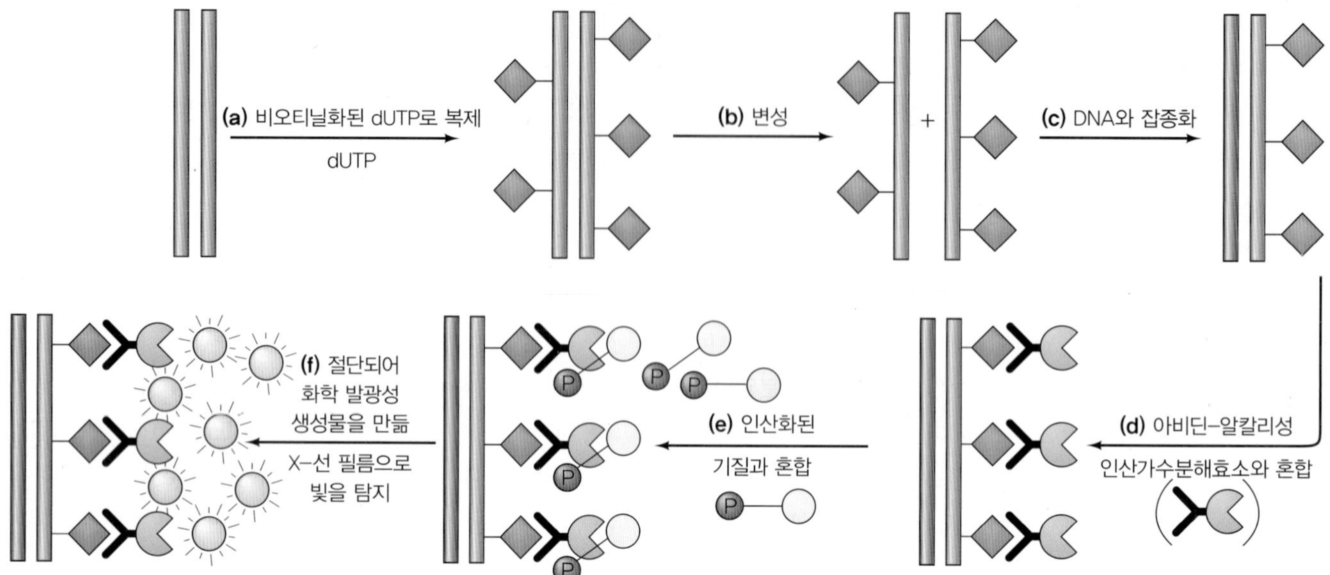

그림 5.11 비방사성 탐침을 이용한 핵산의 탐지. 이런 종류의 기술은 보통 간접적이다. 관심 있는 핵산을 색깔 또는 빛 방출 물질을 만들도록 표지된 탐침과 잡종화한다. 다음과 같은 과정을 통해 탐지를 수행한다. **(a)** 비타민 비오틴(파란색)으로 표지된 dUTP 존재하에 탐침 DNA를 복제하여 비오틴 표지 탐침 DNA를 만든다. **(b)** 이 탐침을 변성시키고, **(c)** 이를 탐지하기 원하는 DNA(분홍색)와 잡종화한다. **(d)** 잡종체를 아비딘과 알칼리성 인산가수분해효소(초록색)를 포함하며 두 가지 기능을 가진 시약과 혼합한다. 아비딘은 탐침 DNA 내의 비오틴에 단단하게 특이적으로 결합한다. **(e)** 인산기가 제거되면 화학발광성으로 변화될 인산화된 화합물을 첨가한다. **(f)** 탐침에 부착된 알칼리성 인산가수분해효소는 기질로부터 인산기를 절단하여 그들을 화학발광체(빛 방출)로 만든다. 화학발광성 물질로부터 방출되는 빛을 X-선 필름으로 탐지한다.

X-선 필름 또는 인영상기의 비용을 절약하기 원한다면 화학발광 대신 색깔을 변화시키는 효소기질을 이용할 수 있다. 이런 **발색성 기질**(chromogenic substrate)은 효소의 위치와 일치하는 색깔 밴드를 만들어서 우리가 탐지하고자 하는 분자의 위치를 알려준다. 색깔의 진하기는 관심 대상인 분자의 양과 직접적으로 연관되므로 정량적인 방법으로도 사용할 수 있다.

5.3. 핵산 잡종화의 이용

잡종화 현상, 즉 단일가닥의 핵산이 이와 상보적인 염기서열을 가진 또 다른 단일가닥과 결합하여 이중나선을 형성하는 능력은 현대 분자생물학의 핵심 골격 중 하나이다. 4장에서 이미 플라크와 콜로니 잡종화를 다뤘으며, 여기서는 잡종화 기법의 몇 가지 다른 예를 설명하도록 한다.

1) 서던블롯: 특정 DNA 절편의 동정

많은 진핵생물의 유전자들은 밀접하게 연관된 유전자군의 한 부분이다. 특정 생물 내에 어떤 형태의 유사 유전자들이 얼마나 존재하는지 알고자 한다고 하자. 만약 그러한 유전자군의 한 일원(비록 부분적인 cDNA일지라도)을 클로닝했다면 이 숫자를 예측할 수 있다.

먼저 생물체로부터 분리된 유전체 DNA를 제한효소를 이용하여 절단한다. 이때는 *Eco*RI나 *Hin*dIII와 같은 6개 염기쌍을 인식하여 절단하는 제한효소를 사용하는 것이 가장 바람직하다. 이러한 효소들은 평균 약 4,000bp 크기를 가진 수천 가지의 유전체 DNA 절편을 만든다. 다음, 이러한 절편을 아가로오스 겔상에서 전기영동한다(그림 5.12). 만약 염색을 통해 밴드를 볼 수 있다면, 그 결과는 서로 전혀 구분할 수 없는 수천 가지 밴드의 흐릿한 줄무늬일 것이다. 결국 그들 중 어느 밴드가 관심 유전자의 암호화 염기서열을 가지고 있는지 알기 위해서는 표지된 탐침을 이들 밴드와 잡종화해야 한다. 그러나 먼저 이 밴드들의 잡종화를 편리하게 할 수 있는 매체로 옮겨야 한다.

에드워드 서던(Edward Southern)은 이런 기법의 선구자였다. 그림 5.12에서 보듯이 그는 확산을 통해 DNA 절편을 아가로오스 겔에서 니트로셀룰로오스로 이전 또는 블롯시켰다. 그때부터 이런 과정은 **서던블롯팅**(Southern blotting)이라 불렸다. 전기영동에 의해 DNA 밴드가 겔에서 블롯으로 옮겨 가게 하는 방법이 자주 사용된다. 그림 5.12는 이 과정을 보여 주고 있다. 블롯팅하기 전 단계에 DNA 절편을 알칼리로 변성시켜 그 결과 단일가닥의

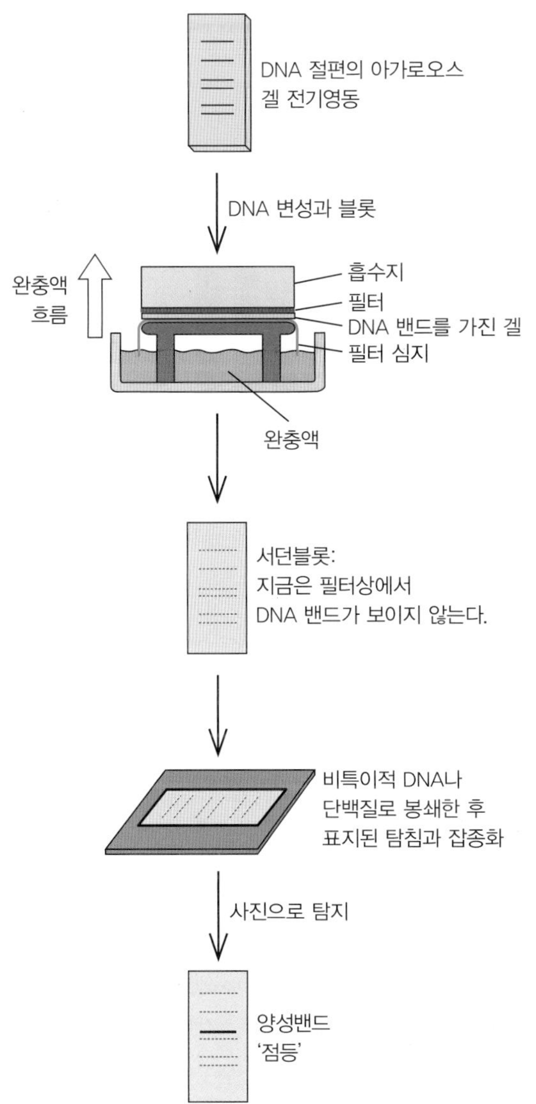

그림 5.12 서던블롯팅. 먼저 DNA 절편을 아가로오스 겔에서 전기영동한다. 그런 다음 알칼리로 DNA를 변성시키고 단일가닥 DNA 절편(노란색)을 겔에서 니트로셀룰로오스 또는 또 다른 DNA 결합 물질(빨간색)에 옮긴다. 이 과정은 완충액이 겔을 통과해 DNA를 운반하는 확산에 의한 것(그림)과 전기영동에 의한 것(여기서는 나타내지 않음)인 두 가지 방법으로 수행할 수 있다. 그리고 표지된 탐침과 블롯을 잡종화해 자기방사법 또는 인영상화에 의해 표지된 밴드를 탐지한다.

DNA가 니트로셀룰로오스에 결합할 수 있게 되어 서던블롯을 만들게 된다. 지금은 니트로셀룰로오스보다 우수한 매질이 이용되고 있는데, 일부에서는 니트로셀룰로오스보다 훨씬 더 휘기 쉬운 나일론 지지체를 사용한다. 다음에는 DNA 중합효소를 이용해 표지된 DNA 전구물질의 존재하에 클로닝된 DNA를 표지한다. 이렇게 표지된 탐침을 변성시키고 서던블롯과 잡종화시킨다. 탐침자가 상보적인 DNA 염기서열과 접촉하는 모든 곳에서 잡종화가 이루어져 우리의 관심 유전자를 포함하는 DNA 밴드와 일치하는 표지된 밴드를 만든다. 최종적으로 이런 밴드를 이 장 앞에서 설명한 X-선 필름을 통한 자기방사법 또는 인영상화를 통해 보게 될 것이다.

만약 단 1개의 밴드만을 발견한다면 비교적 쉽게 cDNA 탐침자와 일치하는 유전자는 1개 존재하는 것으로 해석할 수 있다. 아니면 우리가 가진 유전자(히스톤 또는 리보솜 RNA 유전자)가 앞뒤 일렬로 여러 번 반복되는 유전자로, 각 복사본 내에 1개의 제한효소 절단 위치를 가진다면 1개의 매우 진한 밴드로 나타날 것이다. 만약 여러 개의 밴드가 발견된다면 아마도 다수의 유전자가 존재할 것으로 보이나 정확한 수를 알기는 어렵다. 또 만약 한 유전자가 우리가 사용한 제한효소에 의해 잘리는 여러 부위를 지닌다면 1개 이상의 밴드로 나타날 수 있다. 100~200bp의 cDNA 제한절편처럼 짧은 탐침을 사용함으로써 이런 문제점을 최소화할 수 있다. 매번 평균 4,000bp을 절단하는 제한효소는 그러한 탐침자와 잡종화되는 유전자의 100~200bp 부위 내에서는 새로운 절단을 하지 못할 가능성이 높기 때문이다. 만약 짧은 탐침자를 사용해도 여전히 다수의 밴드가 나타난다면, 이는 탐침자와 잡종화하는 부위 안에서 서열이 유사하거나 또는 동일한 유전자군이 존재한다는 것을 시사하는 것이다.

2) DNA 핑거프린팅과 DNA 타이핑

서던블롯은 단지 연구 방법으로만 이용되는 것이 아니다. 이는 범죄 현장에 남겨진 혈액 또는 DNA를 포함하는 다른 조직에서 범인을 찾아내는 법의학 실험실에서 광범위하게 이용되고 있다. 이런 **DNA 타이핑**(DNA typing)은 1985년 알렉 제프리즈(Alec Jeffreys) 등에 의해 처음 개발되었다. 이들은 인간 혈액단백질인 α-글로빈을 암호화하는 유전자에서 얻은 한 DNA 절편을 연구하던 중 이 절편이 여러 번 반복되는 염기서열을 가지고 있다는 것을 발견하였으며, 이렇게 반복되는 DNA를 **미소부수체**(minisatellite)라고 명명하였다. 더욱 흥미로운 것은 인간 유전체 내의 다른 부위에도 여러 번 반복되는 유사한 미소부수체가 발견되었다는 것이다. 개개인은 염기서열의 반복 양상에 있어서 상이하므로 이런 단순한 발견은 매우 큰 영향을 미치게 되었다. 사실 두 사람이 정확히 동일한 양상을 가질 기회는 매우 적다. 이러한 양상이 지문(핑거프린트)과 비슷하기 때문에 그것을 **DNA 핑거프린트**(DNA fingerprint)라고 한다.

DNA 핑거프린트는 사실 서던블롯이다. 이것을 만들기 위해 연구자들은, 먼저 *Hae*III와 같은 1개의 제한효소로 연구할 DNA를 절단해야 한다. 제프리즈는 그가 찾은 반복서열 안에 이 효소의 인

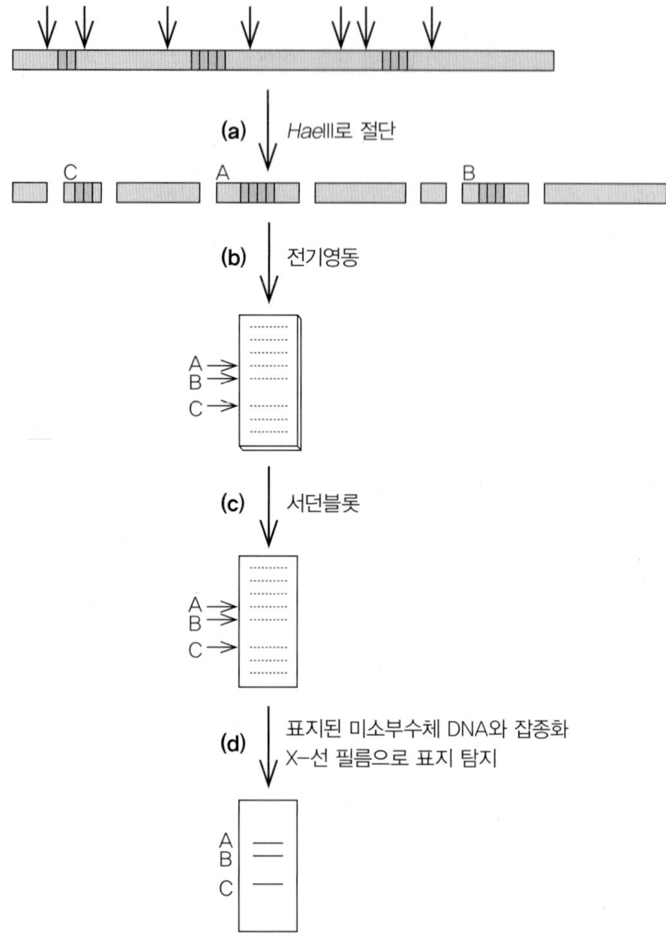

그림 5.13 DNA 핑거프린팅. (a) 먼저 DNA를 제한효소로 절단한다. 이 경우 *Hae*III 효소는 DNA를 짧은 화살표로 표시된 7곳에서 절단하여 8개의 절편을 만든다. 이들 중 단지 3개(크기에 따라 A, B, C로 표지)만이 파란색 상자로 표시된 미소부수체를 포함한다. 다른 절편(노란색)은 관련 없는 DNA 서열이다. (b) (a)의 절편을 전기영동하여 크기에 따라 분리한다. 모두 8개 절편들이 전기영동 겔 내에 존재하지만 그들 중 어떤 것도 보이지는 않는다. 미소부수체를 가지는 3개(A, B, C) DNA 절편을 포함한 모든 절편의 위치는 점선으로 표시되었다. (c) DNA 절편을 변성시키고 서던블롯한다. (d) 서던블롯상의 DNA 절편들을 여러 개의 미소부수체를 가진 방사성 DNA와 잡종화한다. 이 탐침은 미소부수체를 가지는 3개 절편에는 결합하지만 다른 것에는 결합하지 않을 것이다. 마지막으로 X-선 필름을 이용해 3개의 표지된 밴드를 탐지한다.

식부위가 존재하지 않으므로 이 효소를 선택했다. 이는 그림 5.13a에서 보듯이, *Hae*III가 미소부수체의 안쪽이 아니라 양쪽 바깥에서 절단한 것임을 의미한다. 이런 경우, DNA는 각각 네 번, 세 번, 두 번 반복되는 3세트의 반복부위를 갖는다. 따라서 우리는 이런 반복부위를 포함하는 3개의 서로 다른 크기의 절편을 보게 될 것이다.

다음으로 이렇게 만들어진 절편을 전기영동하고, 알칼리로 변성시킨 후 블롯을 하게 된다. 이 블롯은 표지된 미소부수체와 잡종화하고, 표지된 밴드는 X-선 필름 또는 인영상화를 통해 탐지할 수 있다. 이런 경우, 세 가지 표지 밴드가 생기므로 필름상에서 3개의 진한 밴드를 보게 된다(그림 5.13d).

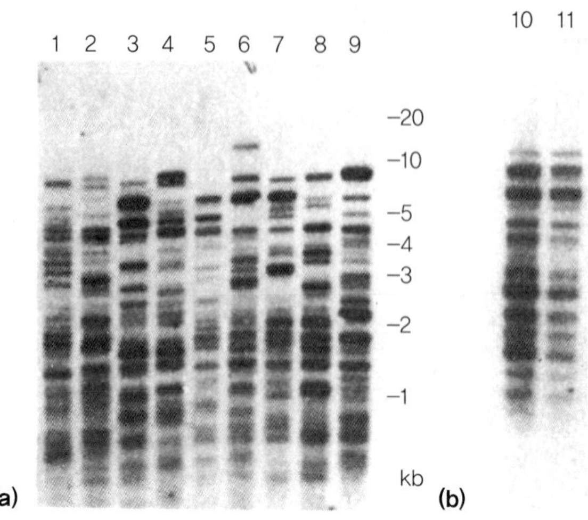

그림 5.14 DNA 핑거프린트. (a) 9개의 평행한 레인은 9명의 서로 상관없는 백인에게서 얻은 DNA를 포함한다. 특히 위쪽 끝에서 두 양상이 같지 않음을 주목하라. (b) 비록 11번 레인보다 10번 레인의 DNA가 많긴 하지만 두 레인들은 일란성 쌍둥이에게서 얻은 DNA를 포함하고 있으며 양상은 동일하다. (출처: G. Vassart et al., A sequence in M13 phage detects hypervariable minisatellites in human and animal DNA. *Science* 235 (6 Feb 1987) p. 683, fig. 1. © AAAS.)

동물은 위의 예로 든 작은 DNA 조각보다 훨씬 복잡한 유전체를 가지므로 탐침과 반응하는 미소부수체 연속을 포함하는 3개 이상의 많은 절편들을 가질 것이다. 그림 5.14는 몇몇 관계없는 사람들과 일란성 쌍둥이 DNA 핑거프린트의 예를 보여 준다. 앞서 언급했듯이, 비록 절편들이 복잡한 양상을 가질지라도 일란성 쌍둥이를 제외하고는 두 사람의 양상은 전혀 동일하지 않을 것이다. 이런 복잡성 때문에 DNA 핑거프린트는 매우 강력한 감정 기술이다.

3) DNA 핑거프린팅과 DNA 타이핑의 법의학적 이용

DNA 핑거프린팅의 중요한 특징은 비록 거의 모든 개인이 상이한 양상을 가지고 있을지라도 패턴의 일부분(밴드의 세트)은 멘델 방식에 의해 유전된다는 사실이다. 따라서 DNA 핑거프린팅은 혈통을 확인하기 위해 이용될 수도 있다. 영국의 한 이민 사례는 이런 기술의 힘을 보여 준다. 영국에서 태어난 가나(Ghana)인 소년이 그의 부친과 살기 위해 가나로 이주했다. 그러나 그가 다시 모친과 함께 살기 위해 영국으로 되돌아가기를 원했을 때 영국 정부는 그가 아들인지 조카인지 확인하고자 했다. 혈액군 유전자에서 얻

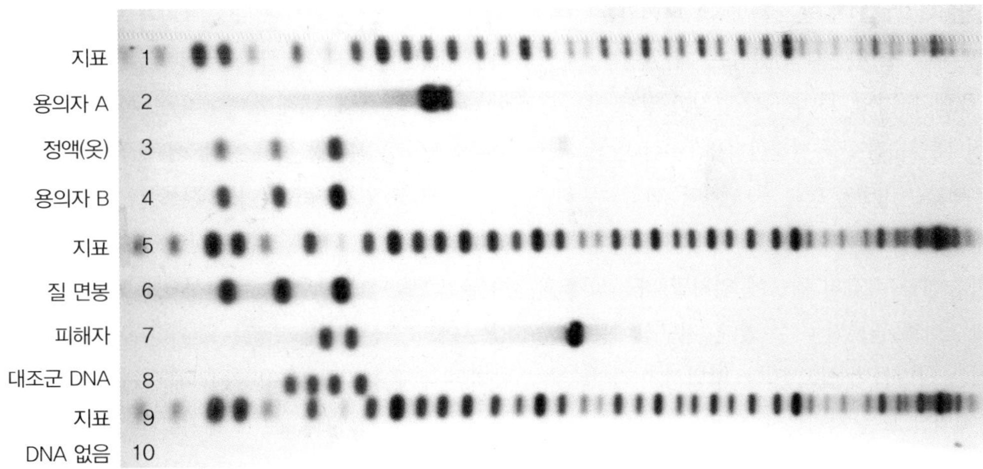

그림 5.15 성폭행범 확인을 돕기 위한 DNA 타이핑의 이용. 두 용의자가 한 젊은 여성을 성폭행한 죄로 고발되어, 용의자와 여성에서 얻은 다양한 샘플에서 DNA 분석이 수행되었다. 1, 5, 9번 레인은 지표 DNA를 포함한다. 2번 레인은 용의자 A의 혈액세포 DNA를 포함한다. 3번 레인은 여성의 옷에서 발견된 정액 샘플에서 추출된 DNA를 포함한다. 4번 레인은 용의자 B의 혈액세포 DNA를 포함한다. 6번 레인은 여성의 질 내강의 면봉 채집에 의해 얻어진 DNA를 포함한다. 7번 레인은 여성의 혈액세포 DNA를 포함한다. 8번 레인은 대조군 DNA를 포함한다. 10번 레인은 어떤 DNA도 포함하지 않는 대조군이다. 이 증거에 부분적으로 근거하여 용의자 B가 유죄임이 판명되었다. 4번 레인의 DNA 절편이 3번 레인의 정액과 6번 레인의 질 면봉에서 얻은 DNA 절편과 일치하는 것에 주목하라. (출처: Courtesy Lifecodes Corporation, Stamford, CT.)

은 정보는 애매했으나 그 소년의 DNA 핑거프린팅은 그가 실제로 그녀의 아들임을 입증해 주었다.

혈통 증명 외에도 DNA 핑거프린팅은 범인을 판별할 수 있는 잠재력을 가지고 있다. 이것은 인간의 DNA 핑거프린트가 이론상 단 하나만 존재하기 때문이다. 따라서 범인이 자신의 세포(예를 들어, 혈액, 정액, 모발 등)를 범행 현장에 남겼다면, 이 시료에서 얻은 DNA를 이용해 범인을 판별할 수 있다. 그러나 그림 5.14에서 보듯이 DNA 핑거프린트는 매우 복잡하여 수십 개의 밴드를 가지고 있으며 그중 일부는 함께 얼룩져 해석하기 어렵다.

이 문제를 해결하기 위해 법의과학자들은 전형적인 DNA 핑거프린트에서 보이는 전체 세트보다는 각 개인마다 다양한 형태를 보이는 1개의 DNA 자리와 잡종화하는 탐침을 개발해 왔다. 오늘날 각 탐침은 단지 하나 또는 수개의 밴드만을 포함하는 훨씬 단순한 패턴을 제공한다. 이것은 24장에서 자세히 언급될 제한효소 절편길이 다형성(restriction fragment length polymorphism, RFLP)의 한 예이다. RFLP는 어떤 유전자 자리에서 제한효소 절편의 크기가 사람마다 다양하기 때문에 생긴다. 물론 각 탐침만으로 전체 DNA 핑거프린트를 동정할 만큼 강력한 방법은 아니지만, 4~5개 탐침을 한꺼번에 사용함으로써 서로 다른 밴드를 충분히 결정할 수 있다. 여전히 이러한 분석을 DNA 핑거프린팅이라고 부르지만, 보다 정확하고 광범위한 용어는 DNA 타이핑이다.

DNA 타이핑의 극적인 사례는 픽업트럭에서 잠자던 남녀를 죽이고 약 40분 후에 되돌아와서 여자를 성폭행한 한 남자를 찾은 사건이 있다. 그 행동은 법의학자들에게 범인을 증명할 수 있는 단서를 제공했다. 법의학자들은 그가 남겨 놓은 정자에서 DNA를 얻어 그 유형을 분석해 그것이 용의자의 DNA와 일치한다는 것을 보였다. 이런 증거는 재판부가 피고에게 유죄를 선고하는 데 확신을 준다. 그림 5.15는 또 다른 성폭행 용의자를 확인하기 위해 사용된 DNA 타이핑의 한 예이다. 용의자에게 얻은 유형은 정자 DNA와 분명히 일치하는데, 이것은 단지 1개의 탐침 결과이다. 다른 탐침에 의한 결과도 정자 DNA와 일치되는 유형을 보여 주었다.

DNA 타이핑의 한 가지 장점은 높은 민감성이다. 단지 몇 방울의 혈액 또는 정액만으로도 실험을 수행하기에 충분하다. 간혹 법의학자들은 피해자가 뽑은 모발과 같이 훨씬 적은 것을 가지고도 분석을 수행할 수 있다. 비록 모발 그 자체는 DNA 타이핑을 실시하기에는 충분하지 못하지만 그 시료가 모근세포를 가지고 있다면 유용하게 이용될 수 있다. 이러한 세포들로부터 얻은 DNA의 특정 절편을 PCR을 통해 증폭시켜 유형을 분석할 수 있다.

DNA 타이핑은 그 잠재적 정확성에도 불구하고 법정에서 그 정확성에 대한 논란이 일어나기도 하는데 1995년 로스앤젤레스의 O. J. 심슨(O. J. Simpson) 재판이 가장 유명하다. 변호사들이 DNA 타이핑이 가진 두 가지 문제점에 초점을 맞추었다. 첫째, 이것은 숙련된 기술을 필요로 하며 의미 있는 결과를 제시하기 위해서는 매우 조심스럽게 수행되어야 한다. 둘째, 결과를 분석할 때 사용되는 통계에 관한 논쟁이다. 두 번째 문제는 DNA 타이핑 결과가 단 1명의 용의자를 판명할 수 있는지 결정하는 데 있어 사용된 곱의 법칙과 관련된 것이다. 가령, 주어진 한 탐침이 일반 인구 100명 중 1명의 주어진 대립유전자를 탐지한다면, 이런 탐침과 주어진 사람과 일치될 확률은 1/100 또는 10^{-2}이다. 만약 우리가 5개의 탐침을 이용해 5개의 모든 대립유전자가 용의자와 일치했다면, 그러한 일치 가능성은 각각의 탐침에 일치될 가능성의 곱인$(10^{-2})^5$ 또는 10^{-10}이라고 결론지을 수 있다. 지구상에는 10^{10}(100억)명보다 훨씬 적은 사람들이 살고 있다. 따라서 이러한 DNA 타이핑은 용의자를 제외한 모든 사람을 통계적으로 제외할 것을 의미한다. 그러나 몇몇 인종 집단의 구성원들은 어떤 탐침과 일치될 확률이 보다 높다는 사실을 고려해야 한다. 실제로 100만분의 1의 확률은 빈번하게 일어나며, 그것은 법정에서 제법 설득력을 가질 수 있다. 물론, DNA 타이핑은 범인을 잡는 것보다 한층 더 많은 일을 할 수 있는데, 용의자의 무죄를 쉽게 증명할 수 있다(그림 5.15에서 용의자 A).

그림 5.16 in situ 잡종화로 염색체 내 한 유전자를 찾기 위한 형광탐침의 이용. 사람 근육의 글리코겐 가인산분해효소 유전자에 특이적인 DNA 탐침을 디니트로페놀(DNP)에 연결했다. 사람의 염색체는 탐침과 잡종화할 수 있는 단일가닥 부위가 노출되도록 부분적으로 변성되었다. DNP–표지 탐침이 잡종화하는 부위는 다음과 같이 간접적으로 탐지된다. 토끼의 항–DNP 항체가 탐침의 DNP에 결합하고, 노란색 형광을 방출하는 형광 이소치오시안염(FITC)이 연결된 염소의 항토끼 항체가 토끼 항체에 결합된다. 형광염료 요드화 프로피디움으로 염색체를 염색한 결과 탐침이 잡종화된 염색체 부위는 빨간색 배경에 대해 밝은 노란색 형광점으로 나타난다. 이 분석으로 글리코겐 가인산분해효소 유전자 부위가 11번 염색체인 것을 확인했다. (출처: Courtesy Dr. David Ward, *Science* 247 (5 Jan 1990) cover. © AAAS.)

4) In situ 잡종화: 염색체 내의 유전자의 위치 결정

관심 대상 유전자를 포함하는 서던블롯상의 밴드를 동정하기 위한 탐침의 사용에 대해 설명했다. 또한 표지된 탐침을 염색체와 잡종화할 수 있는데, 이를 통해 어느 염색체가 우리의 관심 유전자를 가지고 있는지를 알아낼 수 있다. 이러한 **in situ 잡종화**(in situ hybridization)의 전략은 사람 세포로부터 얻은 염색체를 펼쳐 놓고 DNA를 부분적으로 변성시켜 표지된 탐침과 잡종화할 수 있는 단일가닥 부위를 만드는 것이다. 이것을 염색하여 탐침과 잡종화한 후에 표지를 탐지하기 위해 X–선 필름을 이용할 수 있다. 염색을 통해 염색체를 보고 동정할 수 있는데, 사진 감광유제가 검게 변하는 곳이 바로 표지된 탐침이 위치한 곳이며 이것은 잡종화하는 유전자의 위치를 알려준다.

또한 탐침을 표지하는 다른 방법도 이용 가능하다. 그림 5.16은 형광항체로 탐지될 수 있는 디니트로페놀로 표지된 DNA 탐침을 사용해 근육의 글리코겐 가인산분해효소 유전자가 사람 11번 염색체에 위치한다는 것을 보여 주고 있다. 요오드화 프로피디움을 이용한 대비염색을 하면 염색체들은 빨간색 형광을 발하고, 이런 배경에 대해 노란색 형광을 발하는 항체 탐침은 11번 염색체상에서 쉽게 볼 수 있다. 이런 기법은 **형광 in situ 잡종화**(fluorescence in situ hybridization, FISH)로 알려져 있다.

5) 면역블롯(웨스턴블롯)

면역블롯[Immunoblot, 또한 서던의 명명법을 따라 **웨스턴블롯**(Western blot)이라고도 부름]은 서던블롯과 동일한 실험 패턴을 따른다. 연구자는 분자를 전기영동하고 그들이 쉽게 동정될 수 있는 막에 이런 분자들을 블롯팅한다. 그러나 면역블롯은 핵산 대신에 단백질을 전기영동한다. 서던블롯의 DNA는 표지된 올리고뉴클레오티드 또는 폴리뉴클레오티드 탐침과 잡종화를 통해 탐지된다. 그러나 잡종화는 단지 핵산에만 적합한데 그렇다면 블롯된 단백질은 어떻게 탐지될까? 핵산을 대신하여 특정 단백질에 특이한 항체(항혈청)를 사용하는데 이 항체는 블롯상의 표적단백질과 결합한다. 표지된 2차 항체(가령, IgG 군의 모든 토끼 항체를 인식할 수 있는 염소 항체) 또는 단백질 A와 같은 표지된 IgG 결합단백질은 그곳에 이미 부착된 항체와 결합해서 표적단백질에 존재하는 표적단백질과의 밴드를 표지할 수 있다. (항체는 면역계의 산물이란 사실이 '면역블롯'이란 용어를 제공한다.) 면역블롯을 통해 특정 단백질이 혼합물 속에 존재하는지 여부와 그 단백질의 대략적인 양을 알 수 있다.

왜 번거롭게 2차 항체 또는 단백질 A를 사용하는가? 왜 표지된

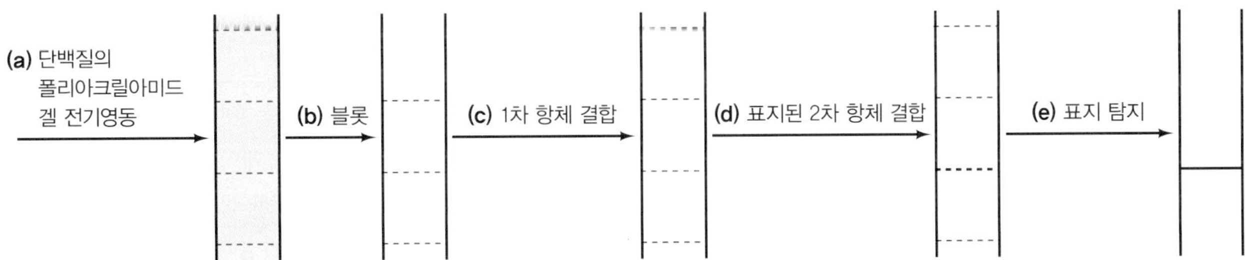

그림 5.17 면역블롯팅(웨스턴블롯팅). (a) 면역블롯은 SDS-PAGE 방법으로 단백질 혼합물을 분리하는 것으로 시작한다. (b) 점선으로 표시된 분리된 단백질은 막에 블롯팅된다. (c) 관심 대상 단백질에 특이적인 1차 항체를 가지고 블롯을 탐침한다. 여기서 항체는 단백질 밴드 중 하나(빨간색)와 반응하지만 반응은 아직 탐지되지 않는다. (d) 표지된 2차 항체(또는 단백질 A)가 1차 항체, 나아가 관심 대상 단백질을 탐지하기 위하여 사용된다. 여기서 1차 항체에 결합한 2차 항체의 존재는 밴드 색깔 변화로 나타나지만 이런 반응은 아직 탐지되지 않는다. (e) 최종적으로 표지된 밴드는 표지가 방사성일 경우 X-선 필름 또는 인영상화기를 이용하여 탐지되고, 표지가 비방사성인 경우 그림 5.11처럼 탐지될 것이다.

1차 항체를 바로 사용하지 않는가? 주된 이유는 일련의 면역블롯의 탐침으로 사용되는 서로 다른 항체들을 각각 개별적으로 표지하는 과정이 필요하다는 것이다. 어떠한 1차 항체를 탐지할 수 있는 표지된 2차 항체 또는 단백질 A를 구입하는 것이 비표지 1차 항체를 사용하는 것보다 간단하며 값싸다. 그림 5.17은 특정 단백질에 대한 면역블롯을 만들고 탐침하는 과정을 보여 준다.

5.4. DNA 서열분석 및 물리적 지도작성

1975년 프레데릭 생어(Frederick Sanger) 등과 알란 막삼(Alan Maxam)과 월터 길버트(Walter Gilbert) 등이 DNA의 정해진 조각의 정확한 염기서열을 결정하는 서로 다른 두 방법을 고안해 냈다. 이러한 눈부신 약진은 분자생물학에 대변혁을 일으켰고 길버트와 생어는 1980년 노벨화학상을 수상했다. 그들은 분자생물학자로 하여금 수천 개의 유전자와 30억 염기쌍의 인간유전체를 포함한 많은 전체 유전체의 염기서열을 결정할 수 있도록 하였다. 현대적인 DNA 서열분석은 여기서 설명되어질 생어 방법에서 유래되었다.

1) 생어 사슬-종결 서열분석

DNA 서열분석 방법의 초기 방법으로 그 원리를 설명하기 위해 생어 방법(그림 5.18)을 나타내었다. 실제로 이 방법은 많이 쓰이지 않는다. 다음 절에서 이 방법이 어떻게 자동화되어 있는지 알아볼 것이다. 초기 방법은 단일가닥 형태로 클로닝된 DNA를 제공하는 M13 파지 또는 파지미드와 같은 벡터에 DNA를 클로닝하는 것이다. 지금은 이중가닥 DNA를 가지고도 간단히 열처리로 염기서열 판독을 위한 단일가닥 DNA를 만들 수 있다. 단일가닥 DNA에 약 20개 염기 길이의 올리고뉴클레오티드 프라이머를 잡종화시킨다. 이 합성된 프라이머는 벡터의 다중클로닝 부위 옆에 잡종화할 수 있도록 고안되어 있고, 그 3′-말단이 다중클로닝 부위 내에 있는 삽입체를 향하게 제작된 것이다.

만약 DNA 중합효소의 클레노우 절편(Klenow fragment, 20장 참조)을 이용해 프라이머를 연장한다면 삽입체에 대해 상보적인 DNA를 만들 수 있을 것이다. 생어 방법은 그러한 DNA 합성을 서로 다른 사슬종결자를 포함하는 4개의 튜브에서 수행하는 것이다. 사슬종결자는 **디데옥시 ATP**(dideoxy ATP, ddATP)와 같은 **디데옥시뉴클레오티드**(dideoxy nucleotide)이다. 이런 종결자는 정상적인 DNA 전구체처럼 2번 위치가 데옥시일 뿐만 아니라 3번 위치도 데옥시이다. 따라서 이것은 결합에 필요한 3번 위치에 히드록시기를 가지고 있지 못하므로 인산디에스테르결합을 형성할 수 없다. 이런 이유로 이것을 사슬종결자로 부른다. 즉, 1개의 디데옥시뉴클레오티드가 신장 중인 DNA 사슬에 끼어들 때마다 DNA 신장은 중단된다.

만약 디데옥시뉴클레오티드만을 첨가한다면 사슬은 전혀 신장되지 않을 것이다. 따라서 무작위적으로 DNA 사슬 신장을 정지할 수 있을 만큼 충분한 디데옥시뉴클레오티드와 함께 과량의 정상 데옥시뉴클레오티드도 넣어 주어야 한다. 이러한 DNA 신장의 무작위적 정지는 어떤 가닥들은 일찍, 다른 가닥들은 늦게 종결됨을 뜻한다. 각 튜브에 다른 디데옥시뉴클레오티드를 넣어 두자. 가령, 1번 튜브에 ddATP를 두면 사슬은 A에서 종결될 것이고, 2번 튜브에 ddCTP를 두면 사슬은 C에서 종결될 것이다. 그리고 모든 튜브에는 방사성의 dATP를 첨가하면 DNA 생성물은 방사성을 가질 것이다.

그 결과 각 튜브에서 일련의 서로 다른 길이를 가진 절편들이 만들어진다. 1번 튜브에서 모든 절편들은 A에서, 2번에서는 모두

C에서, 3번에서는 모두 G에서, 4번에서는 모두 T에서 끝난다. 다음, 모든 네 반응 혼합물을 고해상도 폴리아크릴아미드 겔에서 나란히 전기영동한다. 끝으로, 자기방사법으로 X-선 필름 위에 수평 밴드로 나타나는 DNA 절편을 볼 수 있을 것이다.

그림 5.18c는 도식적인 염기서열 분석 필름을 보여 준다. 먼저 서열을 읽기 위해서는 바닥에서 시작하여 첫 번째 밴드를 찾아야 한다. 이 경우 첫 번째 밴드가 A 레인에 있으므로 이 짧은 절편이 A에서 끝난 것이라고 할 수 있다. 그 후 필름상에서 한 단계 위에 있는 보다 긴 다음 절편으로 이동한다. 이때 겔 전기영동은 좋은 해상도를 가지므로 길이가 단지 1개의 염기 차이가 나는 절편들을 구분할 수 있다. 첫 번째 것보다 한 염기가 긴 다음 절편은 T 레인에서 발견되므로 이것은 T에서 끝난 것이다. 따라서 AT 서열을 결

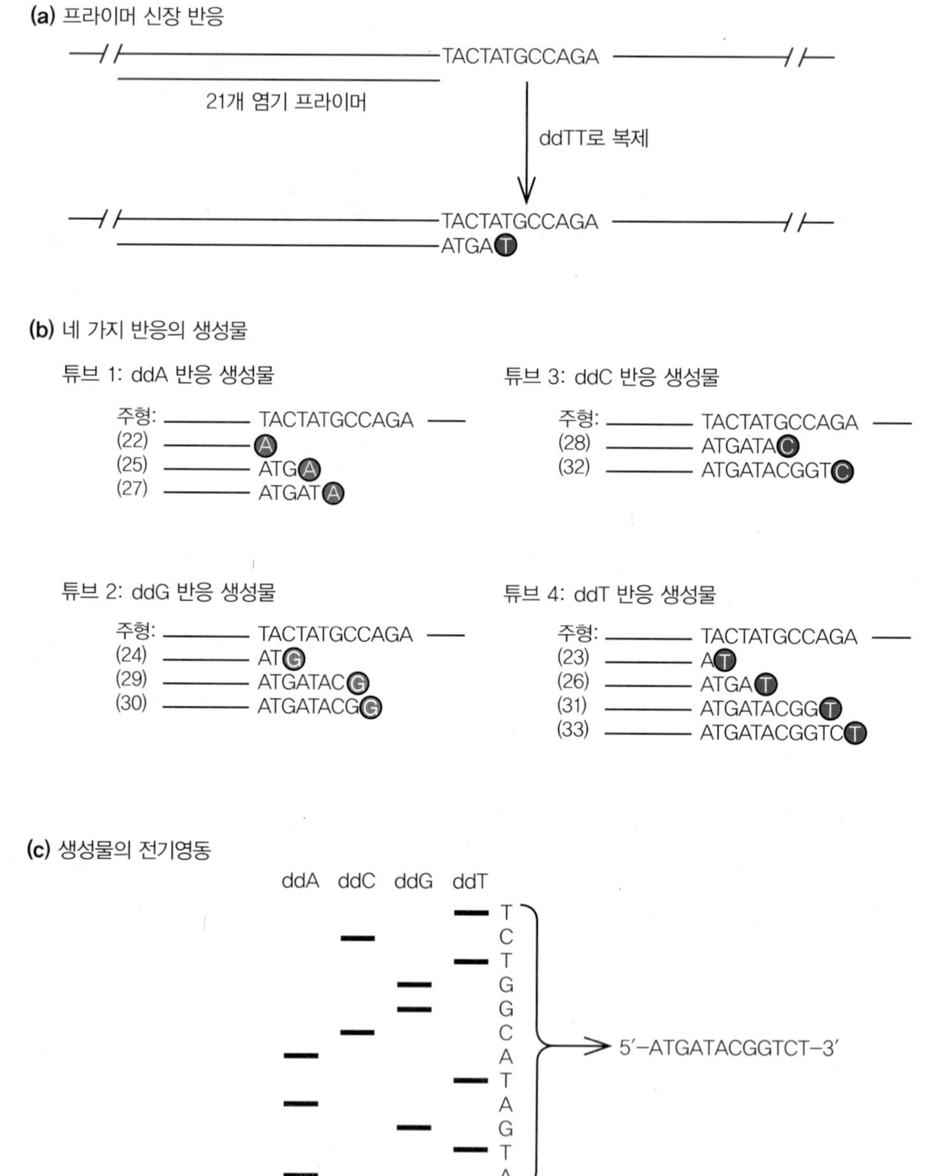

그림 5.18 생어의 디데옥시 방법에 의한 DNA 서열분석. (a) 프라이머 신장(복제) 반응. 이 경우 21nt 길이의 프라이머를 서열분석할 단일가닥 DNA와 잡종화한 다음, DNA 중합효소의 클레노우 절편과 dNTP를 혼합하여 DNA를 복제한다. 한 종류의 디데옥시 NTP가 특정 염기 다음에 복제를 종결시키기 위해 포함된다. 이 경우 ddTTP가 사용되어 dTTP가 요구되는 두 번째 장소에서 종결을 유발한다. (b) 4가지 반응 생성물. 각각의 경우에서 주형가닥은 위에 나타냈으며, 그 아래에는 다양한 생성물들을 나타냈다. 각 생성물은 21nt 프라이머의 3′-말단에 하나 또는 2개의 뉴클레오티드가 첨가된 것이다. 마지막 뉴클레오티드는 항상 사슬을 종결시키는 디데옥시뉴클레오티드(색깔)이다. 각 생성물의 전체 길이는 절편의 왼쪽 끝 괄호 안에 표시되었다. 따라서 22~33nt 길이의 절편이 생성된다. (c) 생성물의 전기영동. 4가지 반응의 생성물은 고해상도 전기영동 겔의 평행 레인에 올려져 크기에 따라 분리된다. 바닥에 있는 것이 가장 짧은 절편(A 레인에 22nt)이고, 그다음 짧은 것(T 레인에 23nt) 등에 의해 생성물 DNA의 서열을 읽을 수 있다. 물론, 이것은 주형가닥에 대해 상보적이다.

정될 수 있었다. 필름을 정리하듯이 이런 방식으로 서열 읽기를 계속하여, 그림의 오른쪽 아래에서 위쪽으로 서열이 표기되었다. 우선 우리는 벡터의 다중클로닝 부위 서열을 읽을 것이며, 머지않아 DNA 사슬들은 삽입체에 의해 연장될 것이다. 숙련된 염기서열 판독자는 한 필름에서 수백 개의 염기서열을 계속해서 읽을 수 있다.

그림 5.19는 전형적인 서열분석 필름이다. 바닥에 있는 가장 짧은 밴드는 C 레인에 있고, 그다음 일련의 밴드 6개가 A 레인에 있다. 따라서 서열은 CAAAAAA로 시작한다. 이 필름에서 보다 많은 염기들을 쉽게 읽을 수 있다.

2) 자동화된 DNA 서열분석

방금 설명한 '수동식' 서열분석 방법은 효과적이지만 비교적 느리다. 인간의 30억 개의 염기쌍과 같은 방대한 양의 DNA 서열을 분석하려면 빠르고 자동화된 서열분석 방법이 요구된다. 사실 자동화된 DNA 서열분석은 이미 현실화되었다. 그림 5.20a는 그러한 기술을 생어의 사슬종결 방법에 근거하여 묘사하고 있다. 이 방법은 수동식 방법과 같이 디데옥시뉴클레오티드를 사용하지만 한 가지 중요한 차이가 있다. 4개의 디데옥시뉴클레오티드(ddA,

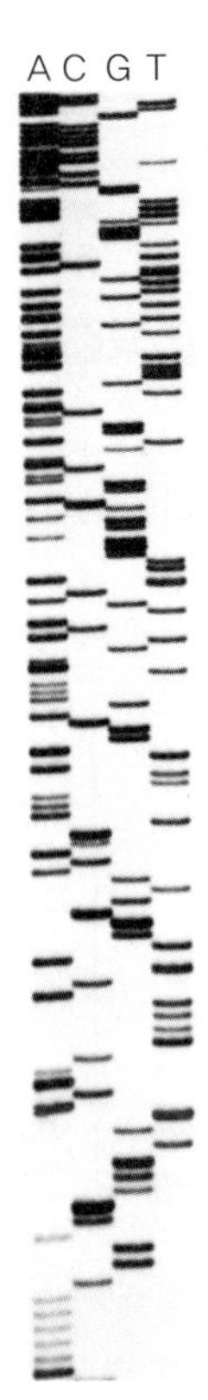

그림 5.19 전형적인 서열분석 필름. 염기서열은 CAAAAAACGG로 시작된다. 필름의 위쪽에서 아마 더 많은 서열을 읽을 수 있을 것이다. (출처: Courtesy Life Technologies, Inc., Gaithersburg, MD.)

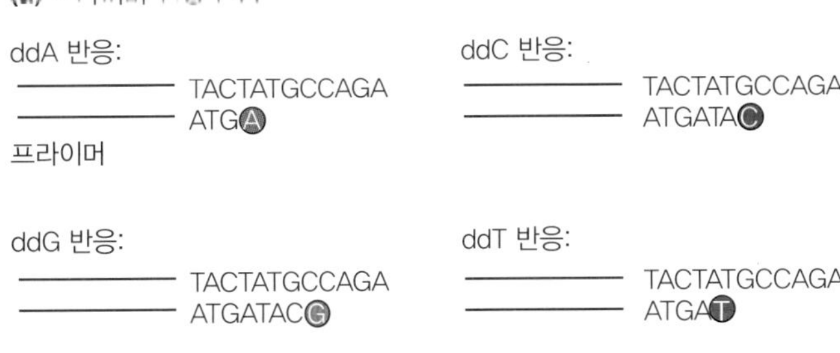

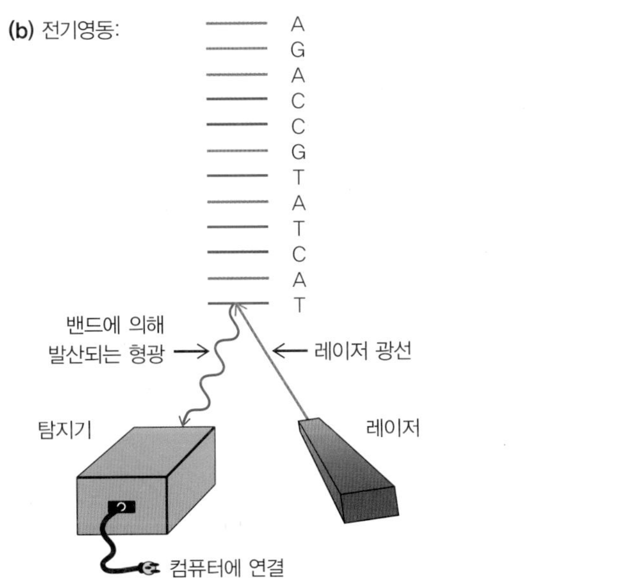

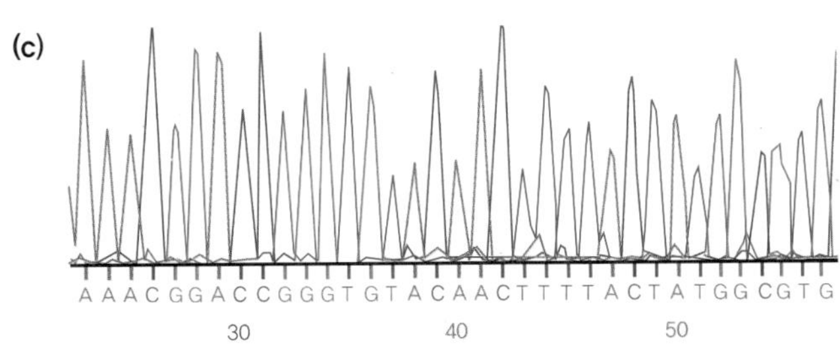

그림 5.20 자동화된 DNA 서열분석. (a) 프라이머 신장 반응은 각 반응의 프라이머가 다른 색깔의 빛을 방출하는 서로 다른 형광 분자로 표지된 것을 제외하고는 수동 방법과 동일한 방식으로 진행된다. 각 반응에서 하나의 생성물만 보이지만 수동 서열분석에서처럼 모든 가능한 생성물이 실제로 생성된다. (b) 전기영동과 밴드의 탐지. 여러 가지 프라이머 신장 반응 생성물이 전기영동 겔상에서 크기에 따라 분리된다. 밴드들은 종결 반응에 따라 색깔로 암호화되었다(검은색은 ddA에서 끝난 올리고뉴클레오티드, 파란색은 ddC에서 끝난 것 등). 레이저 스캐너는 각 밴드가 옆을 통과할 때 이들에 포함된 형광 꼬리표를 흥분시키고, 탐지기는 방출되는 빛의 색깔을 분석한다. 이 정보는 염기서열로 전환되어 컴퓨터에 저장된다. (c) 자동화된 DNA 서열분석 실험의 샘플 인쇄물. 각 색깔 정점은 한 밴드가 레이저빔을 통과할 때 형광 세기의 그림이다. 정점의 색깔, (b) 부분의 밴드 색깔, 그리고 (a) 부분의 꼬리표들은 편의상 선택된 것이다. 그들은 형광 빛의 실제 색깔과 일치하지 않는다.

ddC, ddG, 또는 ddT) 각각이 다른 형광 분자로 꼬리표식 되어, 각각은 빛에 의해 흥분될 때 다른 색깔의 형광을 낸다.

신장반응과 사슬종결이 끝난 후, 모든 네 반응을 혼합하여 한 겔상의 같은 레인에 함께 전기영동한다(그림 5.20b). 분석기가 겔의 바닥 부근에 있어 형광 올리고뉴클레오티드가 통과할 때 레이저 광선을 이용해 그들을 흥분시킨다. 이때 각 올리고뉴클레오티드로부터 방출되는 형광이 탐지기로 결정된다. 이런 정보는 색깔에 해당되는 염기로 전환하도록 프로그램화된 컴퓨터로 넘어간다. 예를 들어, 탐지기가 파란색을 감지한다면 이 올리고뉴클레오티드는 디데옥시 C 반응에서 온 것으며, 올리고뉴클레오티드가 C로 끝난다는 것을 의미할 것이다(실제 ddC는 파란색 형광을 발함). 초록색은 A를, 주황색은 G를, 빨간색은 T를 지칭한다. 컴퓨터는 통과하는 각 형광밴드, 각 염기를 암호화하는 색깔의 윤곽을 출력해 주고(그림 5.20c) 나중 사용을 위해서 이러한 염기서열을 기억장치에 저장한다.

근래에는 자동염기서열기(sequenator)가 단순히 염기서열을 인쇄하거나 분석하기 위해, 이를 컴퓨터로 직접 보낼 수 있다. 거대한 유전체 프로젝트에는 수백만 또는 수억 염기서열을 결정하기 위해 96 또는 384 칼럼을 가진 자동화된 염기서열기가 동시에 많이 가동된다(24장 참조). 384 칼럼 자동염기서열기는 3시간 가동될 동안 20만 개 뉴클레오티드의 서열을 읽을 수 있다.

3) 고속배출 서열분석

어떤 생물의 유전체 서열이 알려지면, 매우 빠른 서열분석 기술들이 동종의 다른 생물의 유전체의 서열을 밝히는데 적용될 수 있다. 이러한 **고속배출 DNA 서열분석**[high-throughput DNA sequencing, 또한 **차세대서열분석**(next generation sequencing)이라고도 부름]은 비교적 짧은 **판독**(read)을 하거나 또는 보통 서열분석 장치가 한 번 운전할 때 획득되는 인접한 서열들을 분석한다. 일반적으로 생어 서열분석이 500염기 길이 이상을 판독하지만, 고속배출 서열분석은 특정 방법에 따라 25~35염기 또는 200~300염기 범위를 판독한다. 이러한 비교적 짧은 염기서열 정보는 판독 간의 중첩을 발견하기 어렵지만, 판독들을 종합하기 위한 안내자 역할인 참고서열을 활용할 수 있다면 문제가 되지 않는다.

1990년대 후반 **파이로시퀀싱**(pyrosequencing)라 일컫는 고속배출 서열분석 방법이 알려졌다. 이 기법은 속도와 정확성에서 상당한 이점을 가지고 있고, 전기영동을 거치지 않는다. 성능 개선을 통하여 2005년에 454생명과학(454 Life Science)이라는 이름의 한 회사가 4~5시간 운전당 2000만 bp를 읽을 수 있는 자동화된 서열분석기를 상업적으로 출시하였다.

파이로시퀀싱 기반 아이디어는 DNA 중합효소(보통 DNA 중합효소 I의 클레노우 절편, 20장 참조)가 서열분석될 DNA를 복제하여 실시간으로 각 뉴클레오티드를 삽입시키는 것이다. 각 뉴클레오티드의 삽입은 파이로인산염(pyrophosphate, PPi)을 방출하는데, 아래의 연속반응을 통하여 빛을 생산하기 때문에 정량적으로 측정할 수 있다:

1) 신장 중인 DNA 절편($dNMP_n$)+dNTP $\xrightarrow{\text{DNA 중합효소}}$ $dNMP_{n+1}$ +PPi

2) PPi+아데노신 인황산염 $\xrightarrow{\text{ATP 설프릴레이즈}}$ ATP+황산염

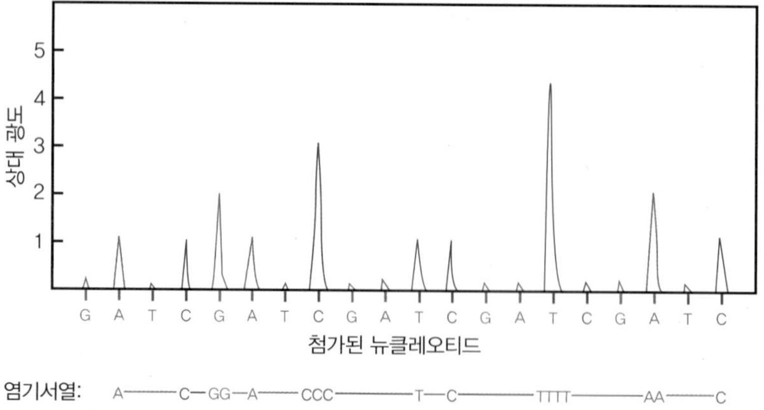

그림 5.21 가상의 파이로그램. 파이로시퀀서 운전에서 각 dNTP의 첨가로부터 생성된 빛이 피크 형태로 기록된다. 삽입되지 못한 뉴클레오티드는 적은 양의 빛만을 만든다. 1개의 뉴클레오티드 삽입은 1의 상대 광도를 내고, 2개, 3개, 4개의 동종 뉴클레오티드의 연이은 삽입은 각각 2, 3, 4의 상대 광도를 생산한다. 따라서 이런 신장 중인 올리고뉴클레오티드에 더해지는 염기서열이 결정되고 아래처럼 ACGGACCCTCTTTTAAC라고 제시된다.

$$3)\ \text{ATP}+\text{루시페린}+O_2 \xrightarrow{\text{루시퍼레이즈}} \text{AMP}+\text{PPi}+\text{옥시루시페린}+CO_2+\text{빛}$$

파이로시퀀싱 시스템은 DNA 중합효소에 4개 데옥시뉴클레오티드 각각을 차례로 공급하도록 자동화되어 있다. 예를 들어, dA, dG, dC, dT 순서로 공급할 수 있다. 고체 상태 시스템에서 DNA와 DNA 중합효소는 레진 구슬과 같은 고형 지지대에 고정되어 있으며, 각 dNMP가 끼어들 만큼의 충분한 시간이 흐른 후 각 dNTP를 포함하는 시약은 재빠르게 씻겨 나간다. 가령 1개 dAMP가 끼어들면 PPi 방출되어 빛 폭발이 일어나고 장치에 의해 탐지되어 1개의 피크로 정량된다. 2개의 dAMP가 연속해서 끼어들면 빛의 피크 높이는 2배가 될 것이다. 이런 선형성은 연이은 8개 dAMP까지 지속된다. 그런 다음, 뉴클레오티드 수와 빛 강도 비율은 감소하여 분석이 점점 어려워진다. 반면에 dAMP가 끼어들지 않으면 다른 뉴클레오티드에 의한 dATP 시약의 오염으로 인하여 단지 1개의 작은 피크만이 보일 것이다.

액체 시스템에서 DNA와 DNA 중합효소는 용액에 있어 구슬에 고정되지 않아 시스템은 다음 것이 첨가되기 전에 각 dNTP를 반드시 제거하여야 한다. 이것은 일반적으로 dNTP를 2단계로 분해시키는 아피레이즈에 의해 완성된다:

$$\text{dNTP} \xrightarrow{\text{아피레이즈}} \text{dNDP} \xrightarrow{\text{아피레이즈}} \text{dNMP}$$

이러한 dNTP 제거를 통해 dNTP가 중간에 세척 없이 매우 빠르고 연속적으로 첨가된다.

각 데옥시뉴클레오티드 삽입반응에 의하여 생성된 빛이 전하결합장치(CCD) 카메라를 자극하고 신호를 컴퓨터에 보내어 그림 5.21에 보여 주는 **파이로그램**(pyrogram)을 만든다. 우리는 피크의 높이로부터 연이어 같은 종류의 1개, 2개, 3개, 4개 뉴클레오티드의 삽입 차이를 쉽게 볼 수 있다. 1개 뉴클레오티드의 삽입과 작은 블립(blip) 같은 비삽입 또한 쉽게 구분된다. 컴퓨터는 일련의 피크를 서열로 변환한다.

파이로시퀀싱 기술의 단점은 현재로는 정해진 DNA 조각이 약 200~300nt까지일 경우에만 판독된 서열정확성이 높다는 것이다. 공정의 액체 형태에서 이런 저하가 나타나는 이유는, 시약의 반복적인 첨가로 인한 시료의 희석, 억제성 산물의 생성과 어떤 사슬은 불가피하게 다수를 앞지르고 몇몇은 뒤지기 때문이다. 사슬 길이가 늘어남에 따라 이러한 비동기 사슬의 신장은 파이로그램을 해석하기 힘든 지점까지 점점 커지게 한다. 고체 상태에서는 각 뉴클레오티드 첨가 전의 세척 단계 때문에 처음 두 가지 문제는 일어나지 않지만, 마지막 문제는 긴 판독에서 정확성을 여전히 제한한다. 파이로시퀀싱은 긴 판독을 수행하지 못하므로 새롭고 거대한 유전체를 서열 분석하는 데 사용되지 못하는데, 이는 250nt 이상의 긴 반복성 DNA가 짧은 판독들이 적절한 순서로 배열될 수 있게 하는 독특한 부위를 가지고 있지 못하기 때문이다.

한편, 파이로시퀀싱의 속도와 경제성 측면에서 이미 알려진 유전체의 서열 재분석에는 강력한 도구이다. 예를 들면, 질병을 유발하는 돌연변이를 탐지하기 위하여 한 개인의 유전자들을 서열 분석하는 데 효과적이다. 사실 이 같은 경우 뉴클레오티드는 알려진 정상적인 서열을 따라 첨가되어 공정 속도를 높인다. 이때 특정 위치에서 정상적인 뉴클레오티드 삽입 실패를 통해 돌연변이는 쉽게 발견된다. 또한 파이로시퀀싱은 전사인자의 결합위치를 찾아내는 ChIPSeq 기법(24장 참조)에 매우 유용하다.

파이로시퀀싱의 개별 분석은 본래부터 빠르지만, 많은 분석을 동시에 할 수 있는 능력으로 인하여 속도 면에서 대단한 장점을 가지고 있다. 예를 들면, 96개 상이한 분석을 96개 홈의 마이크로플레이트에서 동시에 수행할 수 있다. 각 홈으로부터 나오는 빛은

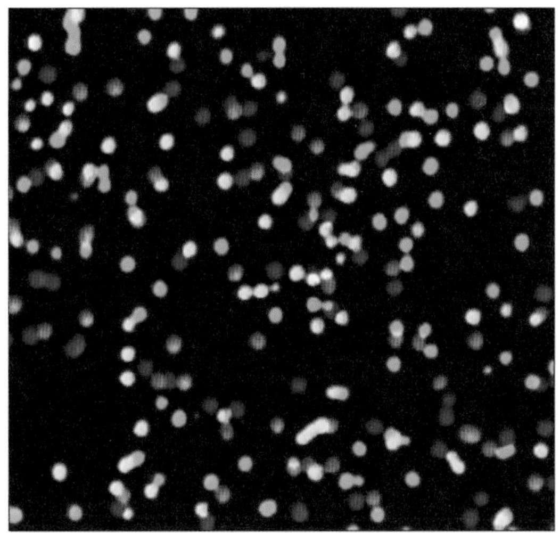

그림 5.22 일루미나 유전체분석기(GA1)에서 신장 중인 DNA 사슬 군집의 영상. 카메라는 실제 4개의 필터를 이용하여 각각 색깔을 개별적으로 탐지하므로 모든 색상이 동시에 카메라에 실제로 도달하지 않는다. 이것은 모의 영상으로 4개 영상의 각각 조각은 인위적으로 색을 입혀 결합시키므로 서열분석 동안 한 지점에서 우리 눈이 볼 수 있는 것과 비슷하다. 결과를 혼돈스럽게 하는 중첩된 조각들은 버려진다. (출처: Reprinted by permission from Macmillan Publishers Ltd: *Nature*, 456, 53–59, 6 November 2008. Bentley et al. Accurate whole human genome sequencing using reversible terminator chemistry. © Macmillan Publishers Ltd

CCD 카메라의 칩 위에 초점화되므로, 카메라는 96개의 모든 반응을 동시에 기록한다. 전체 공정은 자동화되어 있어 사람이 크게 신경을 쓰지 않아도 된다.

다른 고속 배출 방법은 일루미나(Illumina)사에서 개발된 것으로 고체 표면에 짧은 DNA 조각을 먼저 부착하여 각 DNA를 증폭시킨 다음, 형광성의 사슬종결 뉴클레오티드를 이용하여 한 번에 1개씩 신장함으로써 조각들을 함께 서열분석한다. 4개의 사슬종결 뉴클레오티드가 제공되는 각 주기의 뉴클레오티드 첨가 후에 현미경에 부착된 CCD 카메라로 표면을 스캔하여 각각의 조각에 결합된 형광성 꼬리표의 색깔을 탐지한다. 이런 색깔이 방금 첨가된 뉴클레오티드의 정체를 드러낸다. 형광성 꼬리표와 사슬종결기(3'-아지도메틸기)는 화학적으로 쉽게 제거되므로 공정은 DNA 전

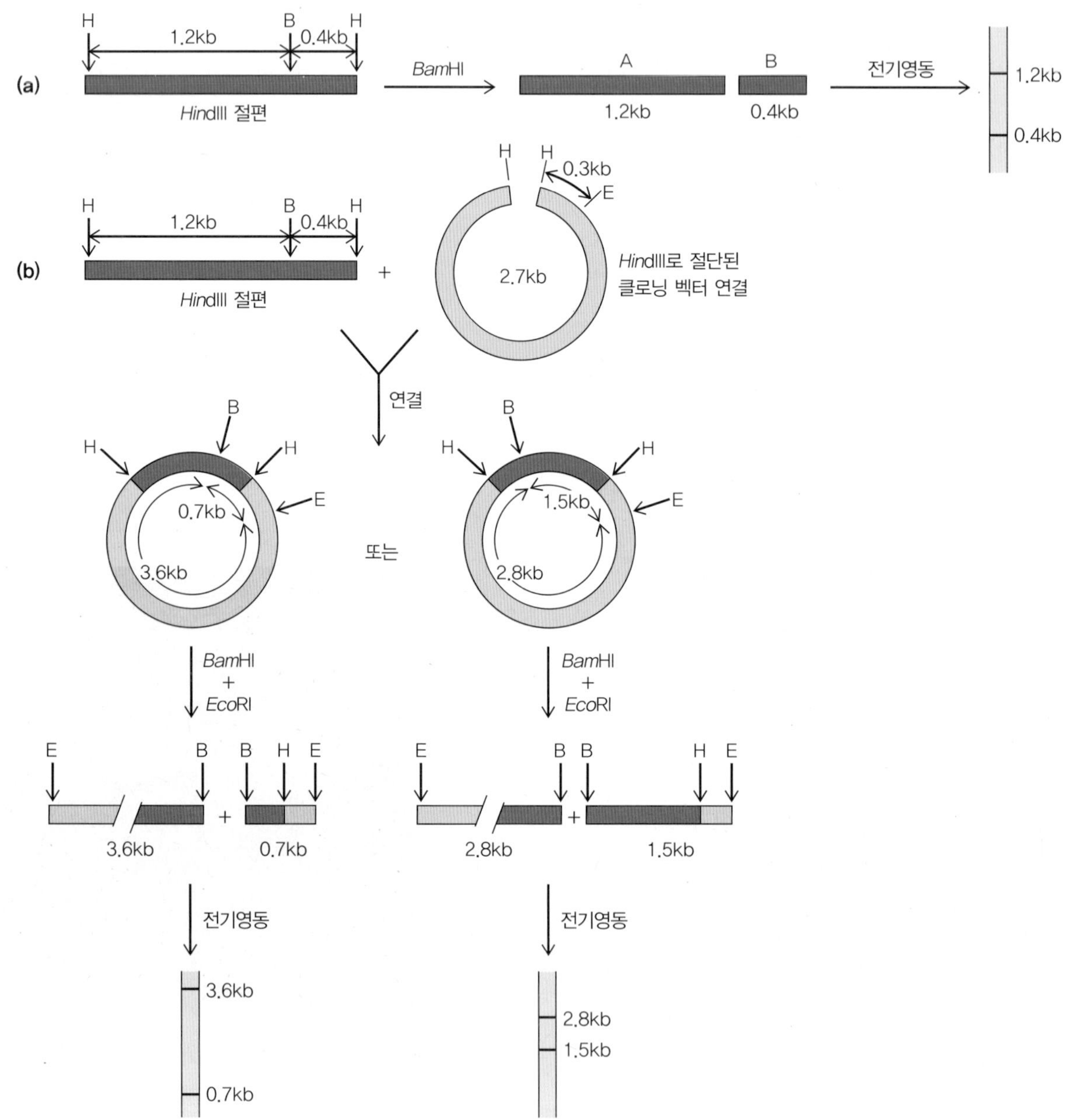

그림 5.23 간단한 제한효소 지도작성 실험. **(a)** *Bam*HI 부위의 위치 결정. 1.6kb *Hind*III 절편이 *Bam*HI에 의해서 잘려서 2개의 아절편을 만든다. 이 절편들의 크기는 전기영동을 통해 1.2kb와 0.4kb인 것으로 결정되었고, 이는 *Bam*HI이 *Hind*III 절편의 한쪽 끝에서 1.2kb, 그리고 다른 쪽 끝에서 0.4kb 떨어진 곳에서 한 번 절단한다는 것을 의미한다. **(b)** 클로닝 벡터 내에서 *Hind*III 절편의 방향 결정. 만약 1.6kb *Hind*III 절편을 클로닝 벡터의 *Hind*III 부위에 클론한다면 다음 두 가지 중 어느 방향으로도 삽입될 수 있다. ① *Bam*HI 부위가 벡터 내의 *Eco*RI 부위 부근, 또는 ② *Bam*HI 부위가 벡터 내의 *Eco*RI 부위에서 먼 곳이다. 이를 결정하기 위해 DNA를 *Bam*HI과 *Eco*RI 모두로 잘라서 생성물을 전기영동해 그들의 크기를 측정한다. 짧은 절편(0.7kb)은 두 부위가 서로 근처에 있음을 보여 준다(왼쪽). 반대로 긴 절편(1.5kb)은 두 부위가 멀리 떨어져 있음을 보여 준다(오른쪽).

체 조각(평균 약 35nt 길이)의 서열이 분석될 때까지 여러 번 반복될 수 있다. DNA의 많은 조각들이 동시에 분석될 수 있으므로 72시간 운전을 통해 10~20억 염기쌍의 서열분석이 가능하다. 그림 5.22는 매우 낮은 밀도의 조각 필드에서 카메라가 잡은 색깔을 띤 조각의 대표를 보여 주고 있다. 중첩된 조각이 있으면 분석을 혼란시키므로 자동적으로 제외된다.

4) 제한효소 지도작성

큰 DNA를 서열분석하기 전에 일반적으로 DNA 분자상에서 위치를 알려 주는 이정표를 정하는 약간의 예비적인 지도작성을 수행해야 한다. 이것은 유전자가 아니라 DNA의 작은 부위, 예를 들면 제한효소에 의한 절단부위이다. 이러한 물리적 특성을 토대로 만든 지도를 **물리적 지도**(physical map)라고 부른다. [만약 제한효소 부위가 유일한 표식으로 관여한다면 이것을 **제한효소 지도**(restriction map)라 한다.]

물리적 지도작성 개념을 소개하기 위해 그림 5.23에 설명된 간단한 예를 생각해 보자. 1.6kb(1,600bp) 길이인 *Hin*dIII 절편을 가지고 시작하자(그림 5.23a). 이 절편을 다른 제한효소(*Bam*HI)로 절단하면 1.2와 0.4kb 길이의 절편 2개가 만들어진다. 이들 절편 크기는 그림 5.23a에서처럼 전기영동에 의해 측정될 수 있다. 이를 통해 *Bam*HI이 1.6kb 크기의 *Hin*dIII 절편의 한쪽 끝으로부터 0.4kb인 위치, 다른 쪽 끝으로부터 1.2kb인 위치를 절단한다는 점을 알 수 있다.

지금 1.6kb *Hin*dIII 절편을 그림 5.23b에 제시된 가상적인 플라스미드 벡터의 *Hin*dIII 부위에 클로닝한다고 가정하자. 이것은 방향성이 있는 클로닝이 아니므로 절편은 두 가지의 가능한 방향

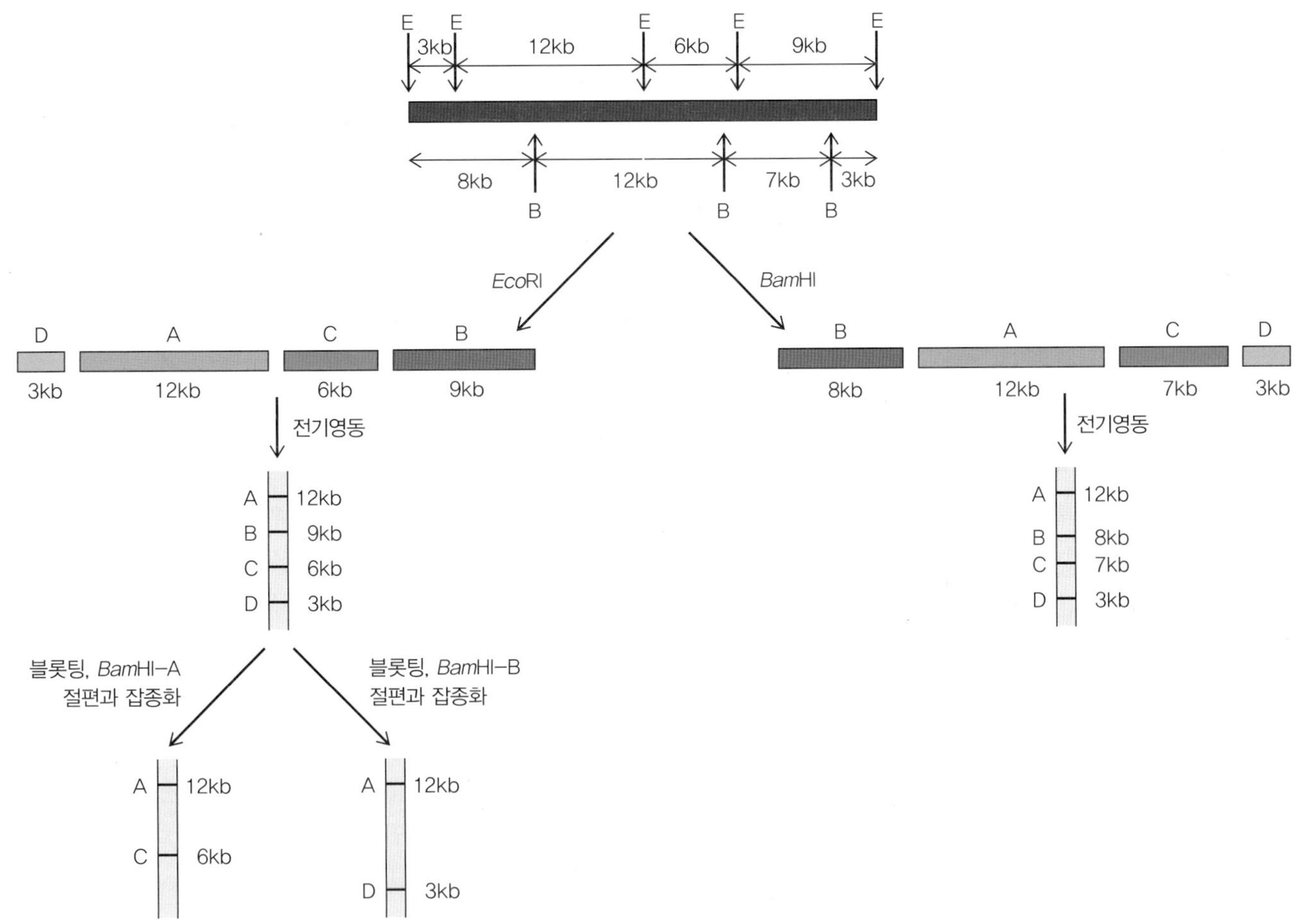

그림 5.24 제한효소 지도작성에서 서던블롯의 사용. *Eco*RI(E)와 *Bam*HI(B)에 의해 각각 세 번씩 절단되는 30kb 절편의 지도를 작성하는 중이다. 지도작성을 위해 먼저 *Eco*RI로 자르고 생성된 네 절편(*Eco*RI–A, –B, –C, –D)을 전기영동한다. 그런 다음 절편들을 서던블롯하여 표지된 *Bam*HI–A와 –B 절편과 잡종화한다. 왼쪽 아래에 보이는 결과는 *Bam*HI–A 절편이 *Eco*RI–A와 –C와 중첩하며, *Bam*HI–B 절편은 *Eco*RI–A와 –D와 중첩한다는 것을 증명한다. 이런 형태의 정보는 *Eco*RI 절편의 *Bam*HI 절단에 의한 정보와 함께(역으로 *Bam*HI 절편의 *Eco*RI 절단에 의한 정보와 함께) 조각들을 모아 전체 제한효소 지도를 만들 수 있도록 한다.

으로 벡터에 삽입될 것이다: *Bam*HI 부위가 오른쪽(그림 5.23의 왼쪽)에 또는 *Bam*HI 부위가 왼쪽에 있을 경우(그림 5.23의 오른쪽)이다. 어떻게 주어진 클론의 방향을 결정할 수 있을까? 이 질문에 대답하기 위해 벡터 내에서 *Hind*III 클로닝 위치와 비교하여 비대칭적으로 위치한 1개의 제한부위를 정한다. 이 경우 *Eco*RI 부위가 *Hind*III 부위로부터 0.3kb 떨어져 있는데, 이것은 왼쪽에 그려진 클론된 DNA를 *Bam*HI과 *Eco*RI으로 절단할 경우 3.6kb와 0.7kb 길이의 두 절편을 만든 것을 의미한다. 이와 반대로 오른편에 그려진 DNA를 동일한 두 효소로 절단할 경우 2.8kb와 1.5kb 크기의 두 절편을 만들 것이다. 그림 5.23b 아래에서 보듯이 절편을 전기영동하여 그들의 크기를 측정하여 이러한 두 가능성을 쉽게 구별할 수 있다. 일반적으로 서로 다른 여러 클론에서 DNA를 추출하여 2개의 효소로 절단해 알고 있는 크기의 표식 절편과 함께 나란히 전기영동한다. 평균적으로 클론의 절반이 한 방향을 가질 것이며, 다른 절반은 반대 방향을 가질 것이다.

이러한 예는 비교적 간단하지만 동일한 유형의 논리를 사용하여 보다 복잡한 지도작성 문제를 해결한다. 간혹 1개의 제한절편을 표지(방사성 또는 비방사성으로)하여 절편들 간의 관계를 분류하는 데 도움을 주는 또 다른 제한효소들에 의해서 만들어진 절편들의 서던블롯과 잡종화하는 것이 유익할 때도 있다. 예를 들어 그림 5.24에서처럼 일직선 DNA를 생각해 보자. 우리는 잡종화를 사용하지 않고 제한부위의 순서를 결정할 수 있지만 이것은 간단하지 않다. 잡종화로부터 우리가 얻는 정보를 생각해 보라. 예를 들어 *Eco*RI 절편 서던블롯을 표지된 *Bam*HI-A 절편과 잡종화한다면 *Eco*RI-A와 *Eco*RI-C 절편이 표지될 것이다. 이것은 *Bam*HI-A가 두 *Eco*RI 절편들과 중첩된다는 것을 증명한다. 만약 우리가 *Bam*HI-B 절편과 잡종화하면 *Eco*RI-A와 *Eco*RI-D 절편이 표지될 것이다. 그러므로 *Bam*HI-B는 *Eco*RI-A와 *Eco*RI-D과 중첩된다. 궁극적으로 A와 B를 제외한 어떤 *Bam*HI 절편들도 *Eco*RI-A와 잡종화하지 못한다는 것을 발견하게 될 것이므로 *Bam*HI-A와 *Bam*HI-B는 *Eco*RI-A 이웃에 있을 것이다. 이러한 방법을 이용해 30kb 절편 전체의 물리적 지도를 이어 맞출 수 있다.

5.5. 클로닝된 유전자를 이용한 단백질 공학: 위치지정 돌연변이

전통적으로 단백질 생화학자들은 연구 대상 단백질에서 어떤 아미노산을 바꾸기 위해 화학적 방법에 의존해 왔으며, 이러한 변화들이 단백질 활성에 미치는 영향을 관찰할 수 있었다. 그러나 화학약품을 사용하는 것은 단백질을 다루기에는 다소 거친 방법이다. 즉, 1개의 아미노산 또는 한 종류의 아미노산만 변화된다고 믿기 어렵다. 클로닝된 유전자는 이런 연구를 보다 정확하게 하여 단백질상에서 미세수술을 수행할 수 있도록 한다. 한 유전자 내의 특이한 염기를 교환하여 단백질 산물에서 상응하는 위치의 아미노산을 바꿀 수 있다. 이때 우리는 단백질 기능에 미치는 변화 효과를 관찰할 수 있다.

바꾸기 원하는 하나의 코돈이 있다고 가정하자. 특별히 그 유전자는 티로신을 포함하는 아미노산을 가지고 있다고 하자. 티로신 아미노산은 페놀기를 가지고 있다.

OH

이런 페놀기의 중요성을 연구하기 위해 티로신 코돈을 페닐알라닌 코돈으로 바꿀 수 있다. 페닐알라닌은 페놀기가 없는 점을 제외하고는 티로신과 똑같다. 대신에 그것은 단순한 페닐기를 가지고 있다.

만약 티로신의 페놀기가 단백질 활성에 중요하다면 페닐알라닌으로의 교체는 활성을 감소시킬 것이다.

예를 들어 TAC(티로신) DNA 코돈을 TTC(페닐알라닌)로 바꾸기로 한다고 가정하자. 어떻게 우리가 **위치지정 돌연변이**(site-directed mutagenesis)을 수행할 것인가? 가장 보편적인 방법은 그림 5.25에서처럼 PCR에 근거한 방법이다(4장 참조). 우리는 페닐알라닌 코돈(TTC)으로 바꾸기를 원하는 티로신 코돈(TAC)을 포함하는 클로닝된 유전자에서 시작한다. CH_3 표지는 대부분의 대장균에서 분리한 DNA와 같이 이 DNA가 5′-GATC-3′ 염기서열에 메틸화되어 있다는 것을 뜻한다. 이 메틸화된 염기서열은 *Dpn*I 제한효소의 인식부위이다. 2개의 메틸화된 *Dpn*I 인식부위가 표시되어 있다. 실제로 GATC는 일반 DNA 염기서열에서 약 250bp마다 위치한다.

첫 번째 단계는 DNA를 열로 변성시키는 것이다. 두 번째는 돌연변이 프라이머를 DNA에 붙이는 것이다. 이들 프라이머 중 하나는 아래 서열을 가진 25개 염기의 올리고뉴클레오티드이다.

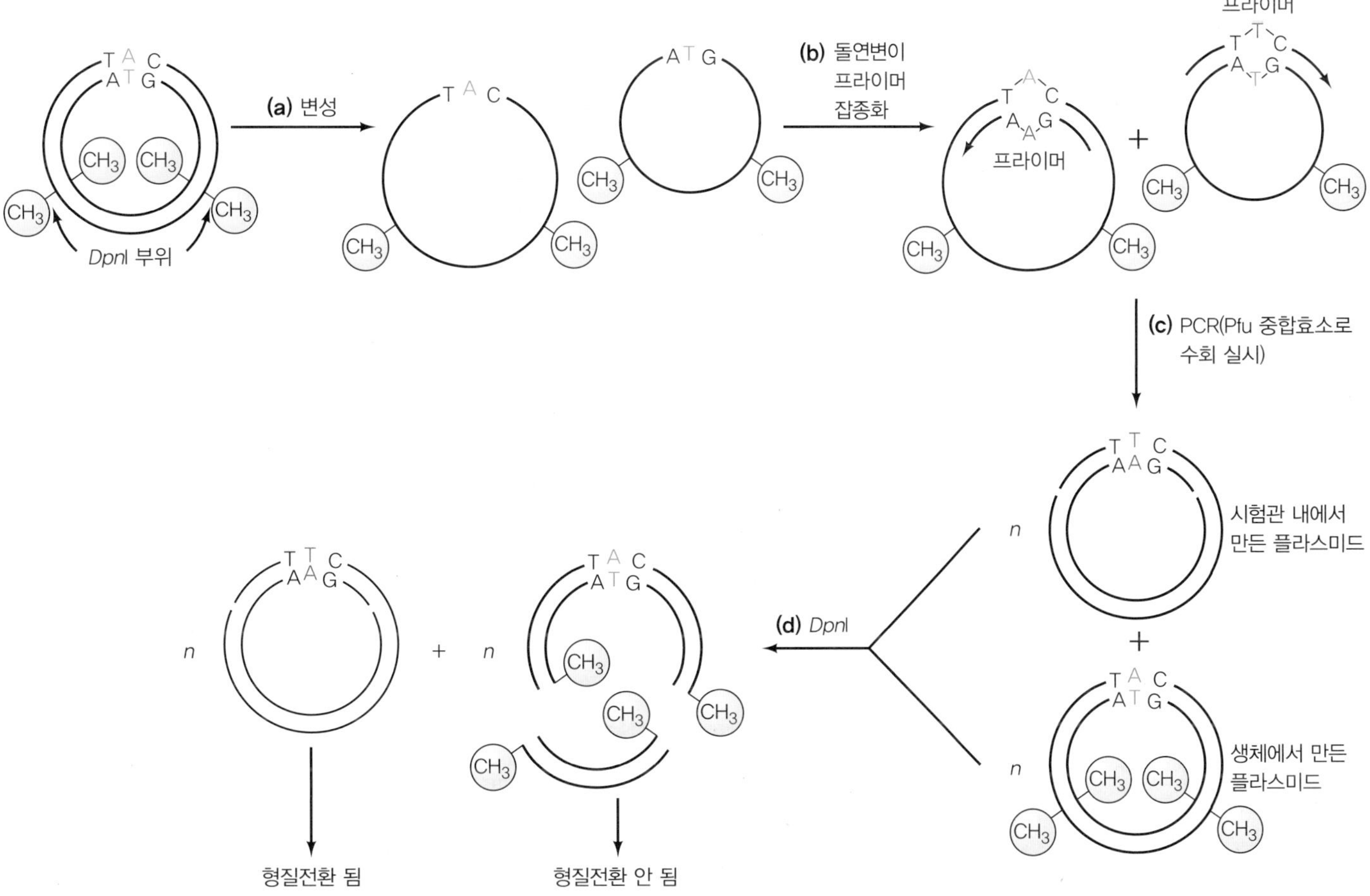

그림 5.25 PCR에 기초한 위치지정 돌연변이. TTC 페닐알라닌 코돈으로 바꾸기를 원하는 TAC 티로신 코돈을 가진 유전자를 포함하는 플라스미드를 가지고 시작한다. 따라서 원형에 있는 A–T 쌍(파란색)을 T–A 쌍으로 바꾸어야 한다. 이 플라스미드는 GATC 서열의 A를 메틸화시키는 정상적인 대장균 균주에서 분리되었다. 메틸기는 노란색으로 표시되었다. **(a)** 플라스미드 가닥을 분리하기 위해 열을 가한다. 원형 플라스미드 가닥은 서로 감겨져 있으므로 완벽하게 분리되지 않는다. 여기서는 그들이 완전하게 분리되어 보이는 것처럼 단순화시켰다. **(b)** TTC 코돈 또는 그 역상보적인 GAA를 포함하는 돌연변이 유발성 프라이머를 결합시킨다. 각 프라이머에서 바뀐 염기는 빨간색으로 표시되었다. **(c)** 돌연변이 유발성 프라이머로 몇 회전의 PCR을 수행해 변화된 코돈을 가진 플라스미드를 증폭시킨다. Pfu 중합효소처럼 정확하고 열에 안전한 DNA 중합효소를 사용해 플라스미드 복제 시의 실수를 최소화한다. **(d)** PCR 반응으로 만들어진 DNA를 메틸화된 야생형 DNA와 분리하기 위해 *DpnI*로 절단한다. PCR 산물은 시험관 내에서 만들어졌기 때문에 메틸화되지 않고 따라서 절단되지 않는다. 마지막으로 처리된 DNA로 대장균 세포를 형질전환시킨다. 이론상 돌연변이된 DNA만이 생존하여 형질전환된다. 여러 클론에서 얻은 플라스미드 DNA를 서열분석하여 돌연변이를 확인한다.

3′–CGAGTCTGCCAAAGCATGTATAGTA–5′

이것은 중심부의 삼중자(triplet) ATG에서 AAG로 밑줄 친 변화된 염기를 제외하고는 유전자의 비원형 사선과 동일한 서열을 가지고 있다. 다른 프라이머는 상보적인 25량체이다. 이 두 프라이머 모두 우리가 원하는 코돈의 변이를 가지고 있다. 세 번째 단계는 이들 프라이머를 가지고 몇 바퀴의 PCR을 수행하는 것이고, 이를 통해 우리가 원하는 변이가 만들어진다. 우리는 최소한의 PCR을 수행하고자 하는데 이는 DNA 전사 동안 사고로 다른 변이가 생기지 않도록 하기 위함이다. 같은 이유로 DNA 중합효소로 Pfu 중합효소를 쓴다. 이 효소는 해저 분화구 주변의 매우 뜨거운 물에서 살고 있는 *Pyrococcus furiosus*(라틴어로 *furious fireball*)라는 박테리아에서 추출한 것으로 DNA 합성 시 교정 능력이 있어 상대적인 실수율이 낮다. 비슷한 효소로 다른 과호열성 박테리아에서 뽑은 벤트 중합효소(vent polymerase)도 있다.

일단 돌연변이 된 DNA가 만들어지면 야생형 DNA로부터 분리하거나 야생형을 파괴해야 한다. 이 단계에서 야생형의 메틸성이 유용하게 된다. *DpnI*은 메틸화된 GATC만을 자른다. 오직 야생형만 메틸화되어 있고 실험관 내에서 만들어진 돌연변이 DNA는 비메틸화되어 있어 야생형만 *DpnI*에 의해 잘리게 된다. 일단 설단된 후 야생형은 대장균에 더 이상 형질전환될 수 없기에 돌연변이된 DNA만 클론을 만들게 된다. 우리는 여러 개의 클론을 조사하여 돌연변이된 염기서열과 야생형 염기서열을 찾을 수 있다. 보통은 돌연변이이다.

5.6. 전사체 지도작성 및 정량화

분자생물학에서 흔히 만나는 한 주제는 전사체 지도작성(전사 개시와 종결점의 위치를 정하는 것)과 정량화(어떤 전사체가 정해진 시간에 얼마나 많이 존재하는가를 측정하는 것)이다. 분자생물학자들은 전사체를 지도를 작성하고 정량화하기 위해 다양한 기법을 이용하는데, 이 책에서는 몇 가지만 설명할 것이다. 실제로 노던블롯에 대해서는 이 장의 앞부분에서 이미 논의한 바 있다.

주어진 시간에 얼마나 많은 전사체가 만들어지는지를 알아보는 가장 간단한 방법은 시험관 또는 생체 내에서 표지된 뉴클레오티드를 넣어서 전사체를 표지한 다음, 이를 전기영동하고 자기방사법으로 겔상에서 하나의 밴드로 전사체를 탐지하는 것이다. 실제로 어떤 전사체에서는 이것이 시험관과 생체 내에서 모두 행해져 왔다. 그러나 생체 내에서 직접 전사체를 표지하는 방법은 궁금해 하는 전사체가 풍부하여 전기영동으로 다른 RNA와 구분이 쉬운 경우에만 가능하다. 전달 RNA와 5S 리보솜 RNA는 이러한 두 가지 조건들을 만족시키며, 그들의 합성은 간단한 전기영동만으로 생체 내에서 추적되어 왔다(10장 참조). 이런 직접적인 방법은 전사체가 분명하게 자르는 종결자를 가지고 있다면 시험관 내에서 성공할 수 있다. 그 결과, 뚜렷하기보다는 난해하고 선명하지 않은 밴드들을 만들어내는 서로 다른 3′-말단을 가진 연속적이기보다는 분리된 RNA 종류가 만들어진다. 이들은 대부분 원핵생물 전사체이며, 진핵생물에서는 그 예가 드물다. 따라서 덜 직접적이지만 보다 더 특이적인 다른 방법이 필요하다. 전사체의 5′-말단을 지도작성하기 위해 몇 가지 방법이 흔히 이용되며, 이 중 하나는 3′-말단의 위치도 결정할 수 있다. 그중 두 가지는 어떤 전사체가 주어진 시간 내에 세포 내에 얼마나 존재하는지도 말해 줄 수 있다. 이런 모든 방법은 수천 가지 중에서 한 종류의 RNA를 탐지할 수 있는 핵산 잡종화의 능력에 의존한다.

1) 노던블롯

1개의 cDNA(RNA의 DNA 복사본)를 클로닝하여 대응하는 유전자(X 유전자)가 Y 생물체의 수많은 다른 조직에서 얼마나 활발하게 전사되는지 알고 싶다고 하자. 여러 방법으로 그 문제의 해답을 얻을 수 있겠지만, 여기서 설명하는 방법으로는 유전자가 만들어내는 mRNA의 크기도 밝힐 수 있다.

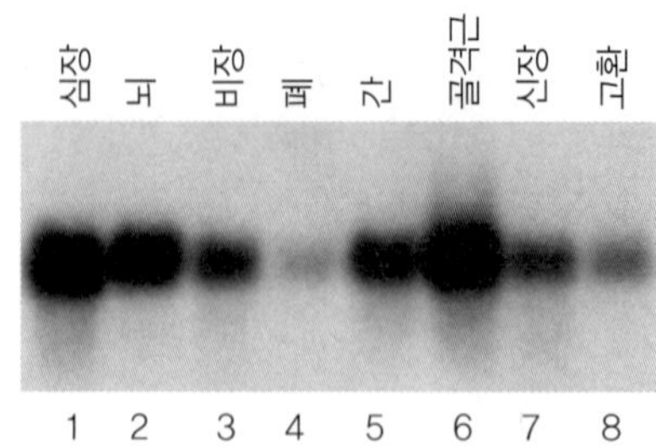

그림 5.26 노던블롯. 상단에 나타낸 바와 같이 쥐의 다양한 조직에서 세포질 mRNA를 분리한 다음, 동량의 RNA를 전기영동해 노던블롯했다. 블롯상의 RNA를 쥐의 글리세르알데히드-3-인산염 탈수소효소(G3PDH) 유전자에 대한 표지된 탐침과 잡종화한 다음, 블롯을 X-선 필름에 노출시켰다. 밴드는 G3PDH mRNA를 표시하며 그들의 진하기는 각 조직 내의 mRNA 양의 척도이다. (출처: Courtesy Clontech.)

궁금해 하는 생물체의 여러 조직에서 RNA를 먼저 모은 다음, 이들을 아가로오스 겔상에서 전기영동하여 적당한 지지대에 블롯한다. DNA의 유사한 블롯을 서던블롯이라 부르기 때문에 RNA 블롯을 **노던블롯**(Northern blot)이라 한다.

그 다음으로 노던블롯을 표지된 cDNA 탐침과 잡종화시킨다. 탐침에 상보적인 mRNA가 블롯상의 어느 곳에 존재하든 상관없이 잡종화는 일어날 것이며, 그 결과 X-선 필름으로 탐지할 수 있는 한 밴드를 표지시킬 것이다. 만약 미지의 RNA를 이미 알고 있는 크기의 표지 RNA와 함께 전기영동한다면 탐침과 잡종화했을 때 나타나는 RNA 밴드 크기를 알 수 있다.

더욱이 노던블롯은 X 유전자가 얼마만큼 활발하게 전사되는지를 알려 준다. 밴드가 많은 RNA를 포함할수록 더욱 많은 탐침이 결합할 것이며, 밴드는 필름상에서 점점 더 진해질 것이다. 우리는 밀도측정기에서 밴드가 흡수하는 빛의 양을 측정함으로써 이런 진함을 정량할 수 있다. 또는 인영상기로 밴드에 있는 표지량을 직접 정량할 수도 있다. 그림 5.26은 당대사에 관여하는 G3PDH(글리세르알데히드-3-인산 탈수소효소)를 암호화하는 유전자에 대한 탐침과 잡종화한 8개의 서로 다른 쥐 조직에서 추출한 RNA의 노던블롯을 보여 준다. 이 유전자는 심장과 골격근에서 가장 왕성하게 발현되며 폐에서 가장 적게 발현된다.

2) S1 지도작성법

S1 지도작성법(S1 Mapping)은 RNA의 5′- 또는 3′-말단의 RNA 위치를 알고, 특정 시간에 세포에서의 주어진 RNA의 양을 측

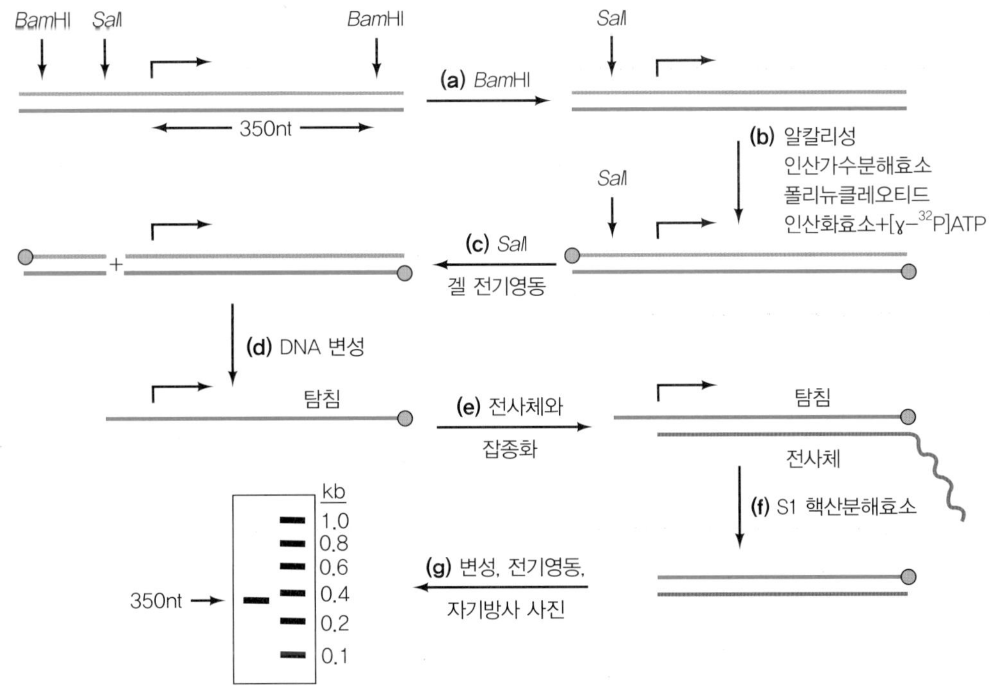

그림 5.27 전사체의 5′−말단의 S1 지도작성법. 몇 개의 알려진 제한부위를 가진 이중가닥 DNA의 클로닝된 조각을 가지고 시작한다. 이 경우 전사개시의 정확한 위치는 모르지만 여기서는 (⌐)로 표시되었다. 전사개시 부위는 2개의 *Bam*HI 부위들이 측면에 위치하며 시작 부위의 바로 위쪽에는 1개의 *Sal*I 부위가 있다. **(a)** *Bam*HI로 절단하여 오른쪽 위에 보이는 *Bam*HI 절편을 만든다. **(b)** 이 절편의 5′−히드록시기에서 비표지된 인산기를 제거한 다음, 폴리뉴클레오티드 인산화효소와 [γ−^{32}P] ATP로 이들 5′−말단을 표지한다. 주황색 원은 표지된 말단을 의미한다. **(c)** *Sal*I으로 잘라서 전기영동으로 생성된 절편 2개를 분리한다. 이를 통해 이중가닥 DNA의 왼쪽 말단 표지를 제거할 수 있다. **(d)** DNA를 변성시켜 **(e)** 전사체(빨간색)와 잡종화할 수 있는 단일가닥 탐침을 만든다. **(f)** 잡종체를 S1 핵산분해효소로 처리한다. 이 과정에서 (e) 단계에서 얻은 잡종체의 왼쪽 단일가닥 DNA와 오른쪽 단일가닥 RNA가 분해된다. **(g)** 남은 잡종체를 변성시키고 탐침의 보호된 조각을 전기영동하여 길이를 조사한다. 알고 있는 길이의 DNA 절편들을 구분된 레인에 표식자로 포함시킨다. 보호된 탐침의 길이를 통해서 전사개시 부위의 위치를 알 수 있다. 이 경우 전사개시 부위는 탐침에서 표지된 *Bam*HI 부위의 위쪽으로 350bp이다.

정하기 위해 사용된다. S1 지도작성 원리는 전사체 자체를 표지한 것보다는 오히려 관심 대상인 전사체와 잡종화할 수 있는 단일가닥 DNA 탐침을 표지하는 것이다. 탐침은 전사체가 시작하거나 종결하는 부위의 서열을 포함해야 한다. 탐침과 전사체를 잡종화한 후 단일가닥 DNA와 RNA만 분해하는 **S1 핵산분해효소**(S1 nuclease)를 처리한다. 따라서 전사체 중 탐침과 잡종화하는 부분만이 분해효소로부터 보호된다. 남아 있는 부분의 크기는 겔 전기영동을 통해 측정될 수 있고 전사체의 개시점 또는 종결점을 말해준다. 그림 5.27은 전사개시점을 찾기 위해 S1 지도작성을 어떻게 이용하는지 자세히 보여 준다. 먼저, 탐침의 5′−말단을 ^{32}P−인산염으로 표지한다. DNA 가닥의 5′−말단은 보통 비방사성 인산염을 이미 가지고 있으므로 표지된 인산염을 첨가하기 전에 알칼리성 인산가수분해효소로 이 인산염을 제거한다. 그다음 DNA 가닥의 5′−히드록시기에 [γ−^{32}P]ATP로부터 ^{32}P−인산염기를 전이하기 위해 폴리뉴클레오티드 인산화효소를 사용한다.

이 예에서 *Bam*HI 절편의 양쪽을 표지했으므로 잠재적으로 2개의 표지된 단일가닥 탐침을 얻을 수 있다. 그러나 이것이 불필요하게 분석을 혼돈스럽게 할 것이므로 왼쪽 끝에 있는 표지를 제거한다. 또 다른 제한효소 *Sal*I으로 다시 절단한 다음 전기영동을 통해 짧은 왼쪽 절편을 우리가 원하는 긴 절편과 구분한다. 지금 이중가닥 DNA는 단지 한쪽 끝에만 표지되어 있으며, 이를 변성시켜 표지된 단일가닥 탐침을 만든다. 그다음, 탐침 DNA를 전사체를 포함하는 세포 RNA와 잡종화시킨다. 탐침과 전사체 사이의 잡종화는 왼쪽에는 단일가닥 DNA를, 오른쪽에는 단일가닥 RNA의 꼬리를 남길 것이다. 다음으로 이 방법의 이름을 제공한 효소인 S1 핵산분해효소를 사용한다. 이 효소는 단일가닥 DNA 또는 RNA를 분해하지만 RNA−DNA 잡종체를 포함한 이중가닥 폴리뉴클레오티드는 그대로 남겨 둔다. 그러므로 말단 표지를 포함한 전사체와 잡종화된 DNA 탐침 부분은 보호된다. 마지막으로, 알고 있는 길이의 표지 DNA와 나란히 고해상도 겔 전기영동을 해서 보호된 탐침 부분의 길이를 결정할 수 있다. 이미 탐침의 오른쪽 끝 위치(표지된 *Bam*HI 부위)를 정확하게 알고 있으므로 보호

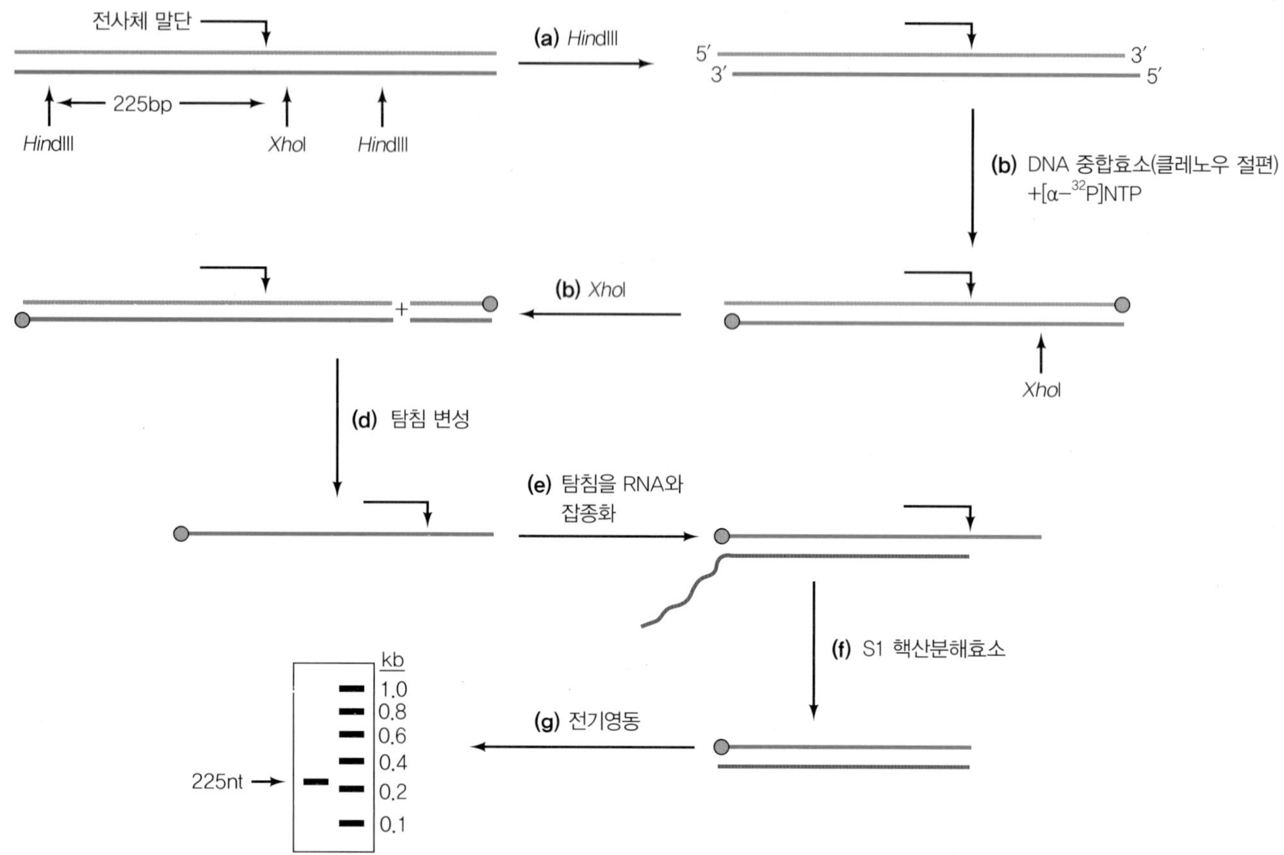

그림 5.28 전사체의 3′−말단의 S1 지도작성법. 원리는 5′−말단 대신 3′−말단에 탐침을 표지하는 것을 제외하고는 5′−말단 지도작성과 동일하다(그림 5.29에서 상세하게 설명). **(a)** *Hind*III로 자른 다음, **(b)** 생성된 절편의 3′−말단을 표지한다. 주황색 원은 이렇게 표지된 말단을 표시한다. **(c)** *Xho*I로 절단하고 왼쪽 표지된 절편을 겔 전기영동으로 분리한다. **(d)** 탐침을 변성시켜, **(e)** 전사체(빨간색)와 잡종화시킨다. **(f)** S1 핵산분해효소로 탐침과 RNA의 비보호된 부위를 제거한다. 마지막으로 **(g)** 전기영동을 통해 보호된 탐침의 크기를 결정한다. 이 경우 보호된 탐침의 길이는 225nt이며, 이는 전사체의 3′−말단이 탐침의 왼쪽 끝에 표지된 *Hind*III 부위의 아래쪽으로 225bp 떨어진 곳에 존재한다는 것을 의미한다.

된 탐침의 길이는 자동으로 전사개시 위치인 왼쪽 끝 위치를 알려준다. 이 경우에서 보호된 탐침의 길이가 350nt이므로 전사개시 부위는 표지된 *Bam*HI 부위로부터 위쪽으로 350bp이다.

또한 한 전사체의 3′−말단 위치를 정하기 위해 S1 지도작성을 이용할 수 있다. 그림 5.28에서 보듯이 오로지 3′−말단에 표지된 탐침을 준비하여 그것을 전사체와 잡종화만 하면 된다. 분석의 다른 모든 측면은 5′−말단 지도작성의 경우와 동일하다. 폴리뉴클레오티드 인산화효소가 핵산의 3′−히드록시기를 인산화할 수 없기 때문에 3′−말단 표지는 5′−말단 표지와 다르다. 3′−말단을 표지하는 한 방법은 그림 5.29에서처럼 **말단채움**(end−filling)를 수행한다. 오목한 3′−말단을 남기는 제한효소로 DNA를 절단하면 그 오목한 끝은 5′−말단과 같은 길이가 될 때까지 시험관 내에서 확장될 수 있다. 만약 이런 끝마무리 반응에 표지된 뉴클레오티드를 첨가한다면 DNA의 3′−말단은 표지될 것이다.

전사체 말단을 지도작성하는 것뿐만 아니라 얼마나 많은 전사

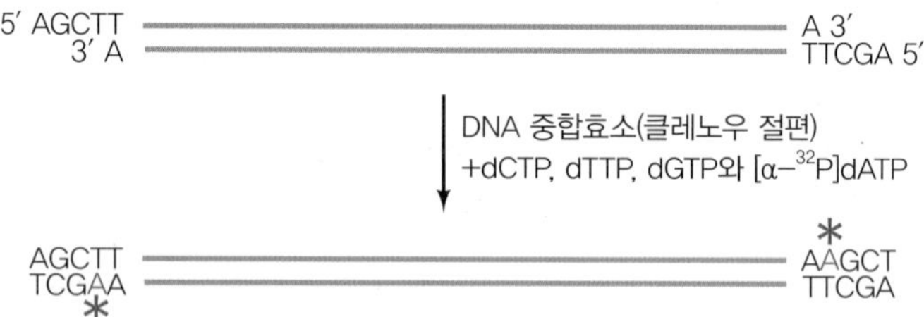

그림 5.29 말단채움에 의한 DNA 3′−말단 표지. 위쪽의 DNA 절편은 보는 바와 같이 각 말단에 5′−돌출부를 남겨 놓은 *Hind*III 절단에 의해 만들어졌다. 이것은 클레노우 절편이라 불리는 DNA 중합효소의 절편으로 채워질 수 있다(20장 참조). 이 효소 절편은 전체 DNA 중합효소에 비해 5′−돌출이 채워지기 전에 그들을 분해할 수 있는 정상적인 5′→3′ 핵산말단가수분해효소 활성이 결핍된 장점을 가지고 있다. 4개 뉴클레오티드[그들 중 하나(dATP)는 표지됨]로 말단채움 반응을 수행하면 DNA 말단은 표지될 것이다. 만약 말단에 보다 많은 표지를 삽입하기 원한다면 1개 이상의 표지된 뉴클레오티드를 포함시킬 수 있다.

체를 가지고 있는지를 알아보기 위해서도 S1 지도작성을 사용할

수 있다. 이는 자기방사 사진 위의 밴드 세기가 탐침을 보호하는 전사체 수와 비례하기 때문이다. 전사체가 많아질수록 표지된 탐침의 보호가 더 많아지고, 자기방사 사진상의 밴드는 더 진해진다. 따라서 일단 어떤 밴드가 원하는 전사체에 해당하는지를 안다면 밴드의 진한 정도를 이용해 전사체의 양을 파악할 수 있다.

S1 지도작성의 중요한 변형 중 하나가 **RNase 지도작성법**[RNase mapping, **RNase 방어분석법**(RNase protection assay)]이다. 이런 과정은 S1 지도작성법과 유사하여 특이 전사체의 5′-와 3′-말단 및 농도에 관한 동일한 정보를 제공한다. 이 방법에 사용되는 탐침은 RNA로 구성되어 S1 핵산분해효소 대신에 RNase에 의해 분해될 수 있다. 이 기술은 분리된 파지 RNA 중합효소로 시험관 내에서 재조합 플라스미드 또는 파지미드를 전사하여, 쉽게 RNA 탐침(**리보탐침**, riboprobe)을 준비할 수 있기 때문에 인기가 높다. 리보탐침 이용의 또 다른 장점은, 그것을 시험관 내 전사반응에서 표지 뉴클레오티드를 첨가하여 매우 높은 특이적 활성으로까지 표지할 수 있다는 것이다. 탐침의 특이적 활성이 높아질수록 매우 적은 양의 전사체를 탐지할 정도로 민감도도 증대된다.

3) 프라이머 신장

S1 지도작성법은 나중에 소개될 몇몇 전통적인 실험에 이용되며, 또 전사체의 3′-말단 지도작성에는 가장 좋은 방법이지만 몇 가지 단점이 있다. S1 핵산분해효소는 RNA-DNA 잡종체의 양쪽 끝이나 A-T가 풍부하여 이중나선이 분리되기 쉬운 부위는 순간적으로 조금씩 갉는 경향이 있다. 간혹 S1 핵산분해효소는 단일가닥 부위를 완벽하게 분해하지 못해 전사체는 실제보다 좀 더 긴 것처럼 보인다. 이는 1개 뉴클레오티드의 정확성으로 전사체의 끝을 지도작성할 경우에는 심각한 문제일 수 있다. 그러나 **프라이머 신장**(primer extension)이라 일컫는 방법은 5′-말단(3′-말단은 아님)을 하나의 뉴클레오티드 수준까지 밝힐 수 있게 한다.

그림 5.30은 어떻게 프라이머 신장이 작동되는지를 보여 준다. 전사 첫 번째 단계는 일반적으로 생체 내에서 자연스럽게 일어난다. 지도작성을 원하는 5′-말단의 전사체를 포함하는 세포 RNA를 추출한 다음, 최소한 18nt 정도의 표지된 올리고뉴클레오티드(프라이머)를 세포 RNA와 잡종화한다. (일반적으로 18nt 이상의 프라이머를 사용한다.) 프라이머를 고안하기 위해서는 적어도 지도작성을 원하는 RNA의 일부분을 알고 있어야 한다. 마치 S1 지도작성이 탐침과 전사체 간의 상보성에서 오는 것처럼 이 방법은 프라이머와 전사체 간의 상보성을 이용한다. 원칙적으로 이 프라이머(또는 S1 탐침)는 지도작성을 하려는 전사체를 수많은 RNA로부터 집어낼 수 있게 한다.

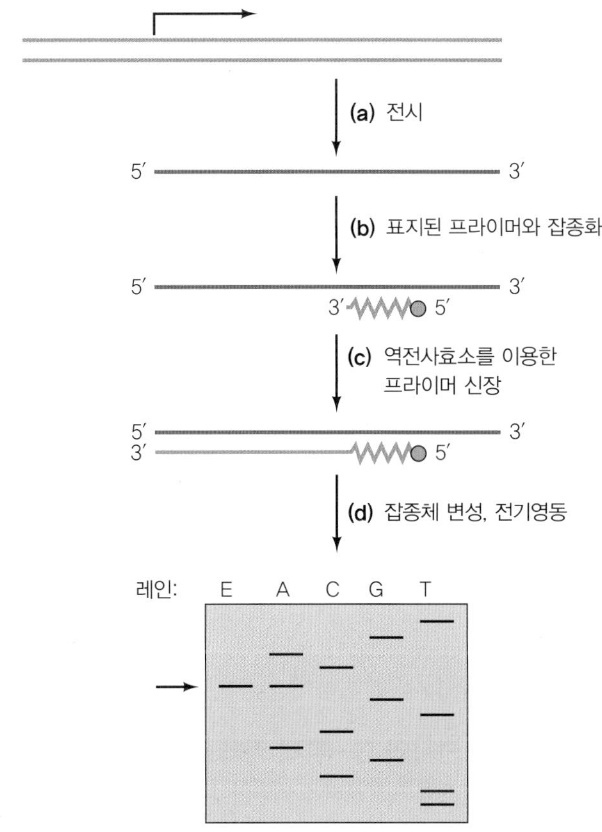

그림 5.30 프라이머 신장. (a) 전사는 세포 내에서 자연적으로 일어나므로 전사 단계를 직접 수행할 필요 없이 단지 세포성 RNA를 수집한다. (b) 만약 전사체의 최소한의 서열을 알고 있다면 추정되는 5′-말단에서 너무 멀리 떨어져 있지 않는 한 부위에 상보적인 DNA 올리고뉴클레오티드를 합성하여 표지한 다음, 전사체와 잡종화시킬 수 있을 것이다. 이 올리고뉴클레오티드는 특별히 이 전사체에만 잡종화하고 다른 것들과는 잡종화하지 못한다. (c) 역전사효소를 이용해 프라이머를 신장하여 5′-말단까지 전사체에 상보적인 DNA를 합성한다. 만약 프라이머 자체가 표지되지 않거나 또는 신장 중인 프라이머에 표지를 도입하기 원하면 이 단계에서 표지된 뉴클레오티드를 포함시킬 수 있다. (d) 잡종체를 변성시켜 표지되고 신장된 프라이머를 전기영동한다. 다른 레인에는 동일한 프라이머로 염기서열 분석반응을 시켜 표지자로 전기영동한다. 이론상 이를 통해 정확한 전사개시 부위를 알 수 있다. 이 경우 신장된 프라이머(화살표)는 서열분석 A 레인에 있는 절편과 함께 전기영동한다. 프라이머 신장반응과 서열분석 반응에 동일한 프라이머가 이용되었기 때문에 이 전사체의 5′-말단은 TTCGACTGACAGT 서열에서 중간 A(밑줄 친)에 해당한다.

그다음으로 전사체의 5′-말단까지 올리고뉴클레오티드 프라이머를 신장하기 위해 역전사효소를 사용한다. 4장에서 설명했듯이 역전사효소는 전사반응을 역으로 수행하는 효소이다. 즉, RNA 주형의 복사본 DNA를 만드는 것이다. 따라서 프라이머 신장은 우리가 지도를 작성하려는 RNA의 복사 DNA를 만드는 과정이다.

일단 이 프라이머 신장반응이 완결되면 RNA-DNA 잡종체를 변성시키고 표지된 DNA를 DNA 서열분석에서 사용된 것과 같은 고해상도 겔상에서 표지자와 나란히 전기영동할 수 있다. 사실 디데옥시뉴클레오티드들을 사용한 한 세트의 서열분석 반응을 수행하기 위해 프라이머 신장 과정에 이용된 똑같은 프라이머를 사용하는 것이 편리하다. 이어서 이러한 서열반응 산물을 표식자로 사용할 수 있다. 여기 설명한 예로, 생성물은 A 레인에 있는 한 밴드와 같이 이동하는데, 이는 전사체의 5′-말단이 TTCGACTGACAGT 서열에서 두 번째 A(밑줄 친)에 해당한다는 것을 의미한다. 이것은 전사개시 부위를 매우 정확히 결정한 것이다.

S1 지도작성과 마찬가지로 프라이머 신장으로도 주어진 전사체의 농도를 짐작할 수 있다. 전사체의 농도가 높을수록 더욱 많은 표지된 프라이머들이 잡종화될 것이며, 따라서 표지된 역전사체가 더욱더 많이 만들어질 것이다. 표지된 역전사체가 많아질수록 전기영동 겔의 자기방사 사진상의 밴드는 진해진다.

4) 런-오프 전사와 G-부재 카세트 전사

만약 어떤 유전자의 프로모터에 돌연변이를 일으킨 뒤 이 돌연변이가 전사 효율과 정확도에 미치는 영향을 조사하고 싶다면 다음 두 가지를 알려 줄 방법이 필요할 것이다: ① 전사가 올바른 장소에서 개시되며 또한 정확한가, ② 이런 정확한 전사가 얼마나 일어나는가. 우리는 S1 지도작성법 또는 프라이머 신장을 사용할 수도 있지만 이런 방법은 비교적 복잡하다. 보다 빨리 해답을 주는 **런-오프 전사**(run-off transcription)라고 불리는 간단한 방법이 있다.

그림 5.31은 런-오프 전사의 원리를 설명하고 있다. 이 방법은 먼저 지도작성을 원하는 유전자를 포함한 DNA 절편의 전사될 부위 중간을 제한효소로 절단한다. 이 잘려진 유전자 절편을 표지된 뉴클레오티드와 함께 시험관 내에서 전사시켜 전사체를 표지한다. 유전자를 중간에서 절단했으므로 중합효소는 절편 끝에 도달하여 단순히 흘러나간다(run-off). 이런 까닭으로 이 방법이 명명되었다. 이어서 런-오프 전사체의 길이를 측정할 수 있다. 왜냐하면 잘린 유전자의 3′-말단에 있는 제한효소 위치를 정확하게 알고 있으므로(이 경우는 *Sma*I 부위), 결과물인 런-오프 전사체의 길이(이 경우는 327nt)는 *Sma*I 부위에서 위쪽으로 327bp에서 전사가 시작된다는 것을 말해 준다.

S1 지도작성법과 프라이머 신장은 생체 내에서 만들어진 전사체의 지도작성에 적합한 반면, 런-오프 전사는 시험관 내 전사에 의존한다. 따라서 이는 시험관 내에서 정확하게 전사되는 유전자에서만 작동할 것이며, 세포의 전사체 농도에 관한 정보는 제공할 수 없다. 반면, 시험관 내 전사 속도를 측정하기에 좋은 방법이다. 전사체가 점점 더 많이 만들어질수록 런-오프 전사 신호는 더욱 강해질 것이다. 실제로 런-오프 전사는 가장 유용한 정량 방법이다. 일반적으로 S1 지도작성법 또는 프라이머 신장을 통해 생리적인 전사체의 개시부위를 결정한 후에 시험관 내 런-오프 전사를 사용한다.

시험관에서 정확한 전사량을 정량하기 위한 유출 실험의 다른 변형으로는 **G-부재 카세트**(G-less cassette) 분석법이 있다(그림

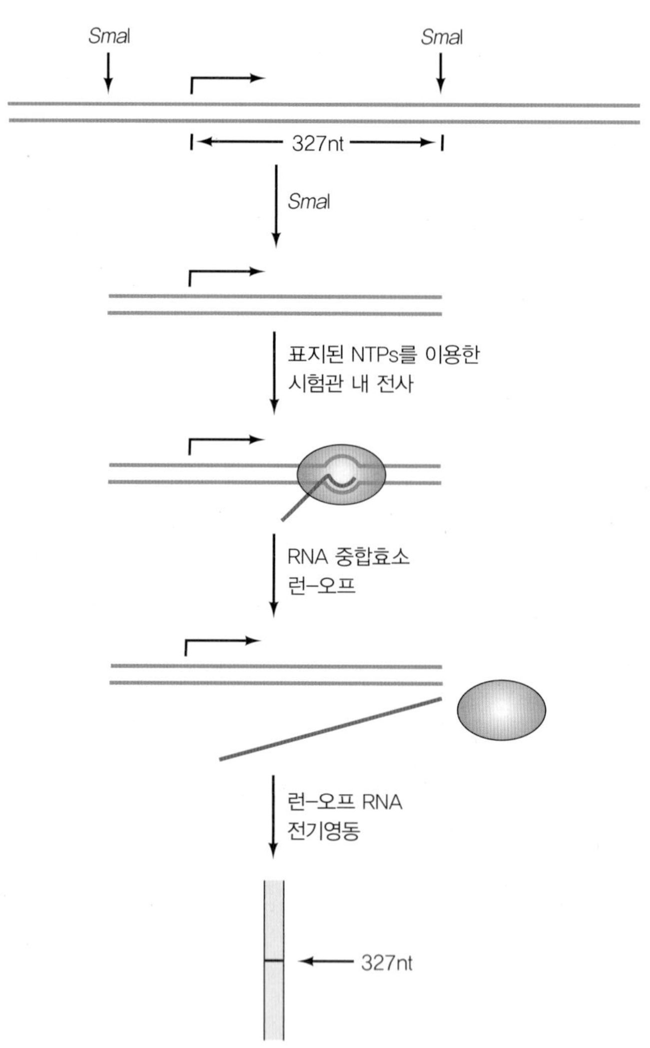

그림 5.31 런-오프 전사. 전사분석을 원하는 클로닝한 유전자를 제한효소로 절단함으로써 시작한다. 그리고 이 절단된 유전자를 시험관 내에서 전사한다. RNA 중합효소(주황색)가 짧아진 유전자의 끝에 도달하면 떨어져 나오면서 런-오프 전사체(빨간색)를 방출한다. 런-오프 전사체의 크기(이 경우 327nt)는 겔 전기영동에 의해 측정되며, 이 크기는 전사개시 부위로부터 짧아진 유전자의 3′-말단 중에서 알고 있는 제한효소 부위(이 경우 *Sma*I 부위) 사이의 거리에 해당한다. 이 유전자가 활발히 전사될수록 327nt 신호는 점점 더 강해질 것이다.

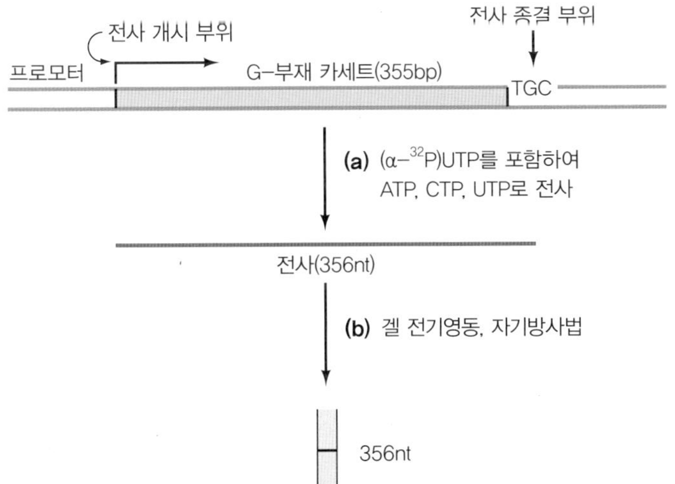

그림 5.32 G-부재 카세트 분석법. **(a)** G-부재 카세트(분홍색)를 프로모터 아래쪽에 삽입하고 시험관에서 이를 주형으로 하여 GTP가 없는 상태에서 전사시킨다. 카세트의 길이는 355bp이고, 그 뒤를 이어서 TGC가 위치하고 비주형가닥에 G가 없으므로 전사가 G 바로 직전에서 종결되어 356nt의 전사체를 만들게 된다. **(b)** 표지된 전사체를 전기영동하고 그 겔을 자기방사하면 강도의 세기를 측정하게 되고, 이는 어느 정도의 활성으로 카세트가 전사되었는지를 알 수 있게 한다.

5.32). 여기서는 유전자를 절단하는 대신에 G-부재 카세트(비주형나선의 염기서열 중 구아닌이 포함되어 있지 않은 부위)를 프로모터 바로 아래쪽에 삽입한다. 이 주형은 시험관 내에서 GTP 없이 CTP, ATP, UTP 중 하나가 표지되어 있는 상태에서 전사된다. 전사는 첫 번째 G를 만났을 때 멈추게 되어 예상 가능한 크기(G-부재 카세트의 크기에 기인하며, 약 몇백 bp 정도)의 산물을 생산하게 된다. 이 전사체는 전기영동되고 자기방사법으로 전사활성 정도가 측정된다. 프로모터가 강할수록 중지된 전사량은 많아지고 자기방사법에 의해 강한 밴드가 나타나게 된다.

5.7. 생체 내 전사 속도의 측정

프라이머 신장과 S1 지도작성법은 한 세포 내에서 주어진 시간에 특정 전사체의 농도를 결정하는 데 유용하지만 전사체의 합성 속도는 알려 주지 못한다. 이는 전사체 농도가 합성 속도뿐만 아니라 분해 속도에도 좌우되기 때문이다. 전사 속도를 측정하기 위해서는 핵의 런-온 전사와 보고유전자 발현을 포함하는 다른 방법들을 사용한다.

1) 핵의 런-온 전사

이 분석(그림 5.33a)의 아이디어는 세포에서 핵을 분리하여 생체 내에서 이미 합성이 시작된 전사체를 시험관 내에서 계속 신장시키는 것이다. 분리된 핵 내에서의 이런 연속적인 전사는 생체 내에서 전사를 이미 시작했던 RNA 중합효소가 단지 계속 달리거나 또는 계속해서 동일한 RNA 사슬을 길게 하기 때문에 **런-온 전사**(run-on transcription)라고 불린다. 표지된 뉴클레오티드 존재하에 런-온 전사를 수행해 전사체를 표지한다. 일반적으로 분리된 핵 내에서는 새로운 RNA 사슬의 시작이 일어나지 않으므로 분리된 핵 내에서 관찰되는 모든 전사는 생체 내에서 이미 일어나고 있는 전사의 연속에 불과하다. 그러므로 런-온 반응에서 얻어진 전사체들은 전사 속도뿐만 아니라 어떤 유전자들이 생체 내에서 전사되는지를 말해 줄 것이다. 만약 시험관 내에서 새로운 RNA 사슬의 개시 가능성을 염려한다면, 유리 RNA 중합효소와 결합하여 재개시를 방지하는 음이온 다당체인 헤파린을 첨가할 수 있다.

일단 표지된 런-온 전사체를 만들었으면 그것을 동정하는 방법이 필요하다. 그들 중 극소수만이 완전한 전사체이므로 그들의 크기를 단순히 측정할 수는 없다. 가장 쉬운 동정 방법은 점블롯이다(그림 5.33b). 알고 있는 변성된 DNA 시료들을 필터 위에 점 찍고 이 **점블롯**(dot blot)을 표지된 런-온 RNA와 잡종화시킨다. RNA는 그것이 잡종화하는 DNA에 의해 동정된다. 주어진 유전자의 상대적인 활성은 DNA와의 잡종화 정도에 비례한다. 또한 런-온 반응에서 조건들을 조정하여 생성물에 대한 그들의 효과를 측정할 수 있다. 예를 들어, RNA 중합효소 저해제를 포함시켜 어떤 유전자의 전사가 억제되는지를 볼 수 있다. 이러한 방법으로 특정 유전자의 전사를 책임지는 RNA 중합효소를 규명할 수 있다.

2) 보고유전자의 전사

생체 내에서 전사를 측정할 수 있는 또 다른 방법은 대용물인 **보고유전자**(reporter gene)를 특정 프로모터의 조절하에 두고 이 보고유전자 산물의 축적을 측정하는 것이다. 예를 들어, 진핵생물 프로모터의 구조를 면밀히 조사하기 원한다고 가정하자. 한 가지 방법은 프로모터를 포함하는 DNA 부위에 돌연변이를 만들고 돌연변이된 DNA를 세포에 도입한 다음, 프로모터 활성에 미치는 돌연변이의 영향을 측정하는 것이다. 이런 측정을 위해 S1 지도작성법 또는 프라이머 신장분석을 이용할 수 있지만, 자연유전자를 보고유전자로 대체하여 보고유전자 산물의 활성을 평가할 수도 있다.

왜 이 방법을 선택하는가? 주된 이유는 보고유전자는 분석하

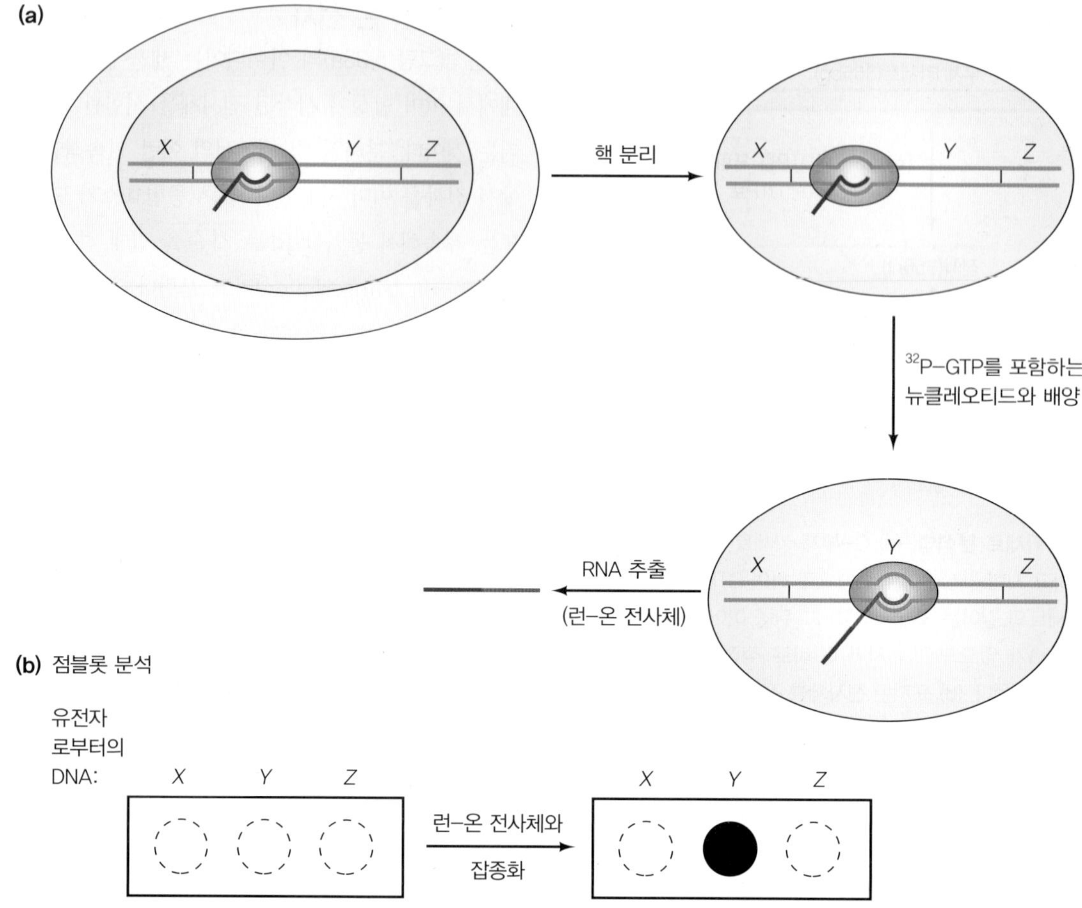

그림 5.33 핵 런–온 전사. (a) 런–온 반응. *Y* 유전자는 전사시키나 *X* 또는 *Z* 유전자는 전사하지 않는 과정에 있는 세포를 가지고 시작한다. RNA 중합효소(주황색)는 *Y* 유전자의 전사체(파란색)를 만드는 중이다. 이들 세포에서 핵을 분리하여 뉴클레오티드와 함께 반응시켜 전사가 계속되도록(런–온) 할 수 있다. 또한 전사체가 표지(빨간색)될 수 있도록 표지한 뉴클레오티드를 런–온 반응에 포함시킨다. 마지막으로 표지된 런–온 전사체를 추출한다. (b) 점블롯 분석. *X*, *Y*, 그리고 *Z* 유전자에서 얻은 단일가닥 DNA를 니트로셀룰로오스 또는 다른 적당한 매질상에 점으로 블롯팅하고 표지된 런–온 전사체들과 잡종화시킨다. *Y* 유전자는 런–온 반응에서 전사되었으므로 표지될 것이고, 따라서 *Y* 유전자 점도 표지될 것이다. *Y* 유전자의 전사가 활발할수록 잡종화된 *Y* 유전자의 점도 진해질 것이다. 반대로 *X*와 *Z* 유전자는 활성이 없기 때문에 표지된 *X*와 *Z* 전사체가 만들어지지 않으며, 결국 *X*와 *Z* 점은 표지되지 않는다.

기 편리한 산물을 가지도록 조심스럽게 선택되었기 때문이다. 즉, 보고유전자는 S1 지도작성법 또는 프라이머 신장보다 편리하다. 가장 인기 있는 보고유전자들 중 하나는 *lacZ* 유전자로, 그의 산물인 β–갈락토시데이즈는 절단에 따라 파란색으로 변하는 X–gal을 기질로 이용해 측정할 수 있다. 또 다른 보고유전자로 **클로람페니콜 아세틸 전달효소**(chloramphenicol acetyl transferase, CAT)를 암호화하는 박테리아 유전자(*cat*)가 널리 사용되고 있다. 대부분 박테리아의 성장은 단백질합성의 중요 단계를 차단하는 항생제, 클로람페니콜(CAM)에 의해 억제된다(18장 참조). 몇몇 박테리아는 이 항생제를 아세틸화하여 활성을 제어할 수 있다. 이런 아세틸화를 수행하는 효소가 CAT이다. 그러나 진핵생물은 이 항생제에 민감하지 않으므로 CAT를 필요로 하지 않는다. 따라서 진핵생물에서 CAT 활성은 없다. 그것은 *cat* 유전자를 이들 세포에 도입하여 진핵생물 프로모터의 조절하에 둘 수 있고, 이때 관찰되는 모든 활성은 도입된 유전자에 기인한다는 것을 의미한다.

어떻게 *cat* 유전자로 형질전환된 세포에서 CAT 활성을 측정할 것인가? 그 방법 중 하나는 형질전환 세포 추출물과 방사성 CAM과 아세틸–공여체(acetyl–CoA)를 섞는 것이다. 그런 다음 박층 크로마토그래피를 이용해 CAM과 그의 아세틸 생성물을 구분한다. 이러한 생성물의 농도가 점점 커질수록 CAT 활성이 높음을 의미하며 따라서 프로모터 활성이 크다는 것을 알 수 있다. 그림 5.34는 이런 과정을 요약한 것이다.

(박층 크로마토그래피는 플라스틱 지지체에 흡착된 실리카겔과 같은 흡수체 물질의 박층을 사용한다. 먼저 분리하고자 하는 물질을 박층판의 바닥 근처에 점을 찍은 다음, 판을 바닥이 담길 정도의 용매를 가진 작은 용기에 넣는다. 용매가 박층을 따라 위쪽

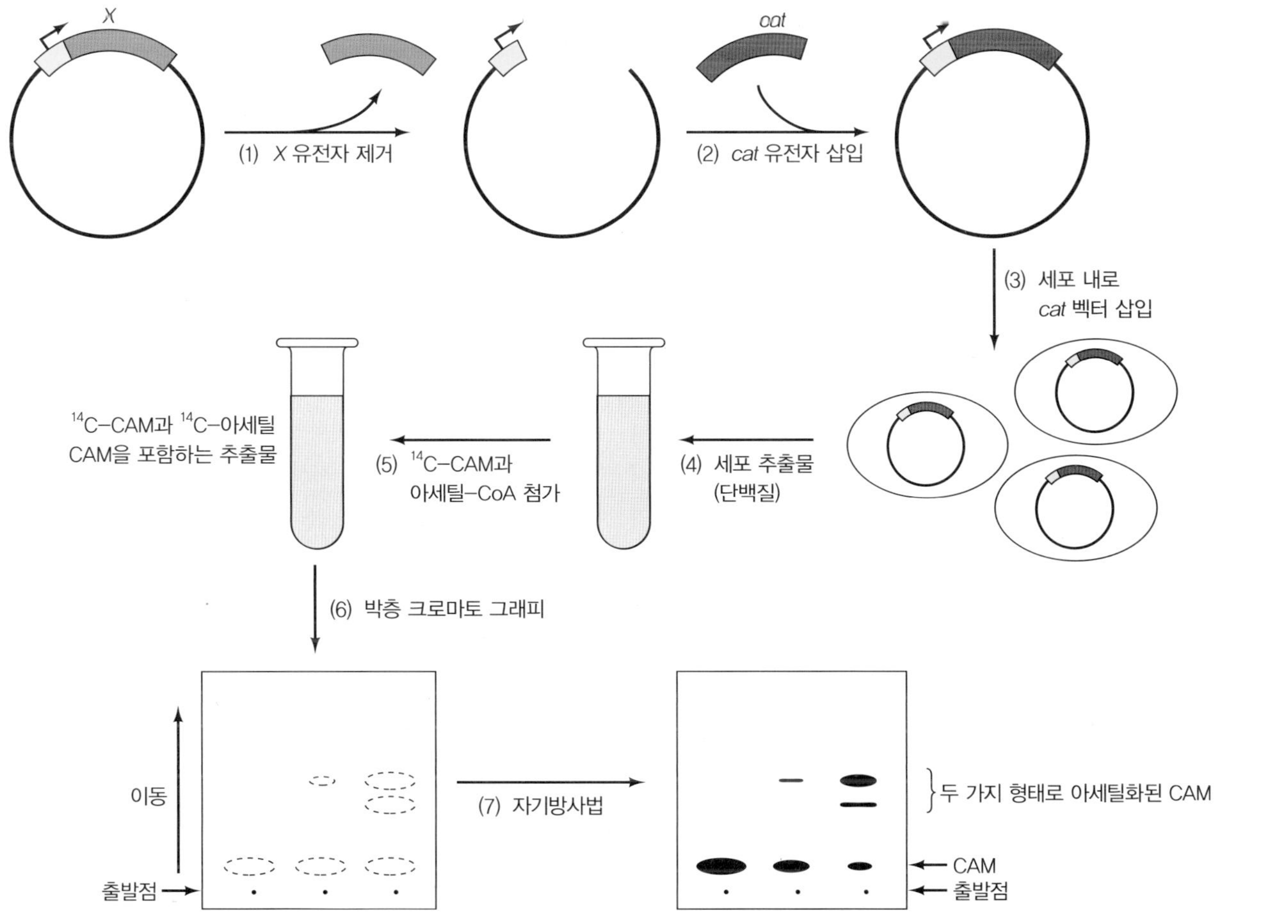

X
(1) X 유전자 제거
cat
(2) cat 유전자 삽입
(3) 세포 내로 cat 벡터 삽입
(4) 세포 추출물 (단백질)
(5) ^{14}C–CAM과 아세틸–CoA 첨가
^{14}C–CAM과 ^{14}C–아세틸 CAM을 포함하는 추출물
(6) 박층 크로마토 그래피
이동
출발점
(7) 자기방사법
두 가지 형태로 아세틸화된 CAM
CAM
출발점
(a)

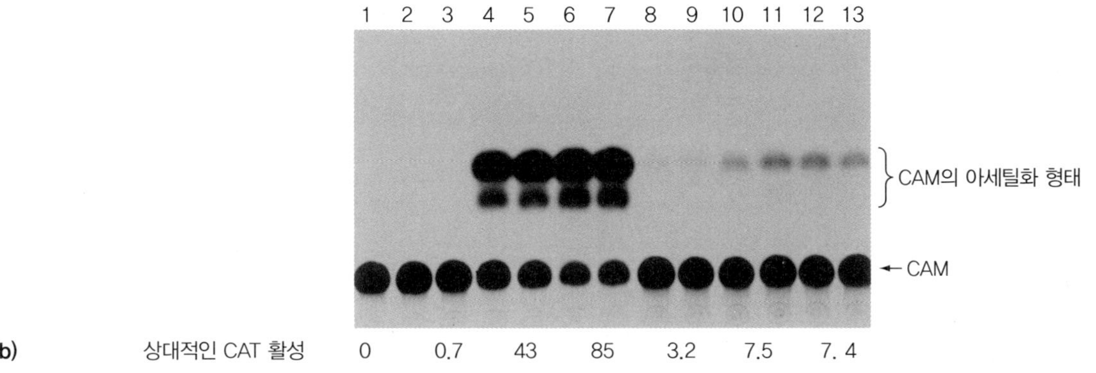

그림 5.34 보고유전자의 이용. **(a)** 방법의 개요. 1단계: 자기 자신의 프로모터(노란색)에 의해 조절을 받는 유전자(X, 파란색)를 포함하는 플라스미드에서 제한효소를 사용해 X 유전자 암호화부위를 제거한다. 2단계: 박테리아 *cat* 유전자를 X 유전자 프로모터 조절하에 삽입한다. 3단계: 이 벡터를 진핵세포 내로 도입한다. 4단계: 일정 시간 후에 세포 추출물을 분리한다. 5단계: CAT 분석을 시작하기 위해서 ^{14}C–CAM과 아세틸–공여체(아세틸–CoA)를 첨가한다. 6단계: 아세틸화된 CAM과 아세틸화되지 않은 CAM을 분리하기 위해 박층 크로마토그래피를 수행한다. 7단계: 최종적으로 자기방사법을 통해 박층을 분석함으로써 CAM과 그의 아세틸화 유도체를 볼 수 있다. CAM은 자기방사 사진의 아래쪽에, 2개의 아세틸화된 CAM은 보다 큰 이동성을 가지므로 위쪽에 나타난다. **(b)** 실제 실험 결과. 원래의 CAM은 바닥 근처에, 2개의 아세틸화된 CAM은 위쪽에 있다. 연구자는 박층판의 이들 방사성 조각들을 모아서 액체섬광계수를 통해 CAT 활성을 얻는다. 1번 레인은 세포 추출물이 없는 음성 대조군이다. 약자: CAM=chloramphenicol; CAT=chloramphenicol acetyl transferase.
(출처: (b) Qin, Liu, and Weaver, Studies on the control region of the p10 gene of the *Autographa californica* nuclear polyhedrosis virus. *J. General Virology* 70 (1989) fig. 2, p. 1276. (Society for General Microbiology, Reading, England.)

으로 번짐에 따라 물질도 같은 방향으로 이동한다. 이때 이동 능력은 흡수체 물질과 용매에 대한 상대적 친화력에 의존한다.)

또 다른 표준 보고유전자는 반딧불에서 분리된 **루시퍼레이즈**(luciferase) 유전자이다. 루시퍼레이즈 효소는 ATP와 루시페린과 혼합하면, 루시페린을 빛을 발하는 화학발광물로 전환시킨다. 그것이 반딧불의 비밀이며 빛은 X-선 필름이나 섬광계수기로 쉽게 탐지될 수 있으므로 편리한 보고유전자가 된다.

여기서 설명한 실험에서는 보고유전자 산물의 양이 전사 속도, 나아가 프로모터 활성의 합리적인 척도라고 가정하고 있다. 그러나 유전자 산물은 전사뿐만 아니라 번역을 포함하는 두 단계에서 생긴다. 대개 프로모터만을 변화시켰을 때 번역 속도는 변화하지 않는다는 가정이 받아들여진다. 그것은 프로모터가 암호화 부위의 바깥에 위치하기 때문이다. 이런 까닭으로 프로모터에서의 변화는 mRNA 구조 자체에 영향을 미칠 수 없고, 따라서 번역에 영향을 미치지 못한다. 그러나 mRNA로 전사될 유전자 부위에서의 변화를 일부러 만들 수 있다. 이 경우에는 보고유전자를 이용해 이러한 변화들이 번역에 미치는 영향을 측정할 수 있다. 그러므로 유전자 변화가 만들어지는 장소에 따라 보고유전자는 전사 또는 번역 속도에서의 변화를 탐지할 수 있다.

3) 생체 내 단백질 축적의 측정

유전자 활성은 유전자의 최종산물인 단백질의 축적을 감시하는 것으로 측정할 수 있다. 이것은 이 장 초반부에 언급된 **면역블롯팅**[immunoblotting, **웨스턴블롯팅**(western blotting)]과 면역침강 두 가지 방법으로 대개 수행된다.

면역침강(immunoprecipitation)은 표지된 아미노산(일반적으로 [^{35}S]메티오닌)과 함께 세포를 배양함으로써 세포 내 단백질들을 표지하는 것으로 시작한다. 표지된 세포는 균질화되고 특정 표지단백질은 자신에게 지정된 특이적 항체 또는 항혈청과 결합한다. 항체-단백질 복합체는 레진 구슬과 연결된 2차 항체 또는 단백질 A와 함께 저속 원심분리에서 침강된다. 이때 침강된 단백질은 전기영동하여 자기방사법으로 탐지된다. 항체와 다른 시약이 침강물에 함께 존재하나 그들은 표지되어 있지 않아 탐지되지 않을 것이다. 단백질 밴드에 표지가 점점 많을수록 생체 내에 단백질이 더욱더 많이 축적됨을 의미한다.

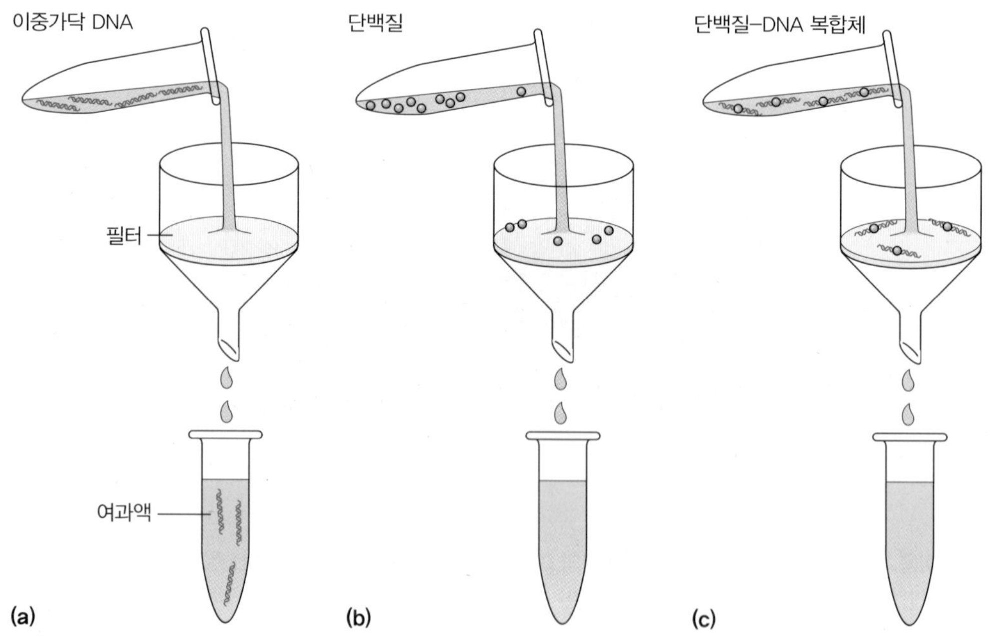

그림 5.35 니트로셀룰로오스 필터 결합 분석법. (a) 이중가닥 DNA. 이중가닥 DNA(빨간색)를 말단 표지하여 니트로셀룰로오스 필터를 통과시킨다. 다음 액체섬광계수를 통해서 필터와 여과액에서 방사성을 측정한다. 필터에는 방사성이 남지 않았고, 이는 이중가닥 DNA가 니트로셀룰로오스에 결합하지 않는 것을 의미한다. 반대로 단일가닥 DNA는 강력하게 결합한다. (b) 단백질. 단백질(초록색)을 표지하여 니트로셀룰로오스 필터를 통과시킨다. 단백질은 니트로셀룰로오스에 결합한다. (c) 이중가닥 DNA-단백질 복합체. 말단 표지된 이중가닥 DNA(빨간색)와 이에 결합하는 비표지된 단백질(초록색)을 혼합하여 DNA-단백질 복합체를 형성한다. 그런 다음 복합체를 니트로셀룰로오스를 통해 여과한다. 이 경우 표지된 DNA는 단백질과 결합되어 있기 때문에 필터에 결합한다. 따라서 이중가닥 DNA-단백질 복합체는 니트로셀룰로오스에 결합하며 이 방법을 이용해 DNA와 단백질 간의 결합을 편리하게 분석할 수 있다.

5.8. DNA-단백질 상호 작용 분석

분자생물학에서 자주 다루는 또 다른 주제는 DNA-단백질 상호 작용에 관한 연구이다. RNA 중합효소-프로모터의 상호 작용은 이미 논의했으며, 한층 더 많은 예를 만나게 될 것이다. 그러므로 이러한 상호 작용을 정량하고 DNA의 어떤 부분이 주어진 단백질과 상호 작용하는지를 결정할 수 있는 방법들이 필요하다. 여기서 단백질-DNA 결합을 탐지하기 위한 두 가지 방법과 DNA 염기와 단백질의 상호 작용을 보여 주는 두 가지 예를 논의한다.

1) 필터 결합법

니트로셀룰로오스(nitrocellulose) 막 필터는 용액을 여과, 즉 멸균하기 위해 수십 년간 사용되어 왔다. 이 과정에서 DNA를 잃어버리기 때문에, DNA가 이런 니트로셀룰로오스 필터에 결합할 수 있다는 사실을 우연히 발견한 것이 분자생물학의 전설로 전해지고 있다. 이 이야기가 사실인지 아닌지는 중요하지 않다. 가장 중요한 것은 니트로셀룰로오스 필터가 DNA와 특정 조건하에서 실제로 결합할 수 있다는 점이다. 단일가닥 DNA는 니트로셀룰로오스에 쉽게 결합하지만 이중가닥 DNA 단독으로는 그렇지 못하다. 단백질도 결합 가능하다. 만약 단백질이 이중가닥 DNA에 결합했다면 단백질-DNA 복합체도 결합한다. 이것이 그림 5.35에 묘사된 분석의 기초이다.

그림 5.35a에서 표지된 이중가닥 DNA를 니트로셀룰로오스 필터를 통해 붓는다. 여과액(필터를 통과한 물질)과 필터결합 물질에서 표지를 측정하여 표지된 모든 물질은 여과액으로 필터를 통과했다는 것을 발견하게 된다. 즉, 이중가닥 DNA는 니트로셀룰로오스에 결합하지 못했다. 그림 5.35b에서 표지된 단백질 용액을 여과하고 모든 단백질이 필터에 결합한 것을 발견하게 된다. 이는 단백질은 단독으로 필터에 결합함을 증명한다. 그림 5.35c에서 이중가닥 DNA를 다시 표지한다. 그러나 이때 그것과 결합하는 단백질과 함께 섞는다. 단백질이 필터에 결합하기 때문에 단백질-DNA 복합체 역시 결합한다. 여과액에서보다는 오히려 필터에 결합된 방사능을 발견하게 될 것이다. 따라서 필터 결합은 DNA-단백질 상호 작용의 직접적인 척도이다.

2) 겔 이동성 변화

DNA-단백질 상호 작용을 측정하기 위한 또 다른 방법이 있는데, 이것은 작은 DNA는 겔 전기영동에서 같은 DNA가 단백질에 결합했을 때보다 훨씬 큰 이동성을 가진다는 사실에 기인한다. 그러므로 짧은 이중가닥 DNA 절편을 표지하여 단백질과 섞은 후 복합체를 전기영동할 수 있다. 그런 다음, 표지된 종류를 탐지하기 위해 자기방사법을 이용한다. 그림 5.36은 세 가지 서로 다른 종류의 전기영동 이동성을 보여 준다. 1번 레인은 작은 크기 때문에 매우 높은 이동성을 갖는 누드 DNA(naked DNA)이다. 이 장의 처음에 배운 것처럼 DNA 전기영동 사진은 편의상 출발점을 위쪽에 표시하므로 고이동성 DNA는 바닥 근처에서 발견된다. 2번 레인은 단백질에 결합된 동일한 DNA이며, 이것의 이동성은 상당히 지체되었다. 이 때문에 이 기술이 **겔 이동성 변화분석**(gel mobility shift assay) 또는 **전기영동 이동성 변화분석**(electrophorectic mobility shift assay, EMSA)이라고 명명되었다. 3번 레인은 두 단백질에 결합된 동일한 DNA의 이동을 보여 준다. 이 경우 훨씬 더 큰 크기의 단백질이 DNA에 달라붙어 있기 때문에 이동성이 한층 더 지체된다. 이것을 **초변화**(supershift)라고 한다. 이 단백질은 또 다른 DNA 결합단백질 또는 첫 번째 것에 결합하는 두 번째 단백질일 수 있다. 그것은 첫 번째 단백질에 특이적으로 결합하는 항체일 수도 있다.

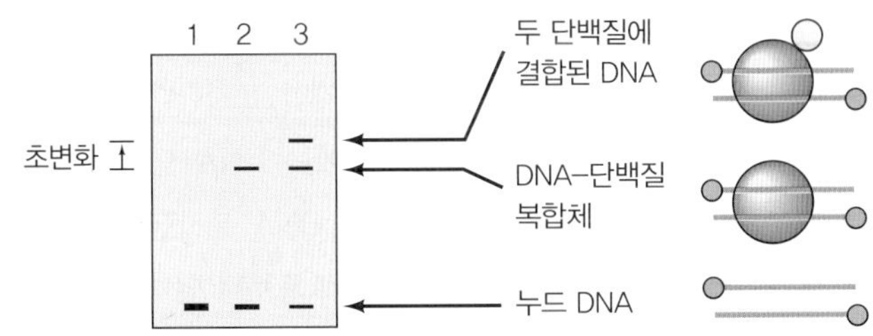

그림 5.36 겔 이동성 변화분석. 표지된 순수 DNA 또는 DNA-단백질 복합체를 겔 전기영동한 다음, 겔을 자기방사법으로 분석하여 DNA와 단백질을 탐지한다. 1번 레인은 단백질이 없는 DNA의 높은 이동성을 보여 준다. 2번 레인은 DNA에 단백질(빨간색)이 결합해서 일어나는 이동성의 변화를 보여 준다. 3번 레인은 DNA-단백질 복합체에 두 번째 단백질(노란색)이 결합하여 유발된 초변화를 보여 준다. DNA 끝의 주황색 점은 말단 표지를 나타낸다.

3) DNase 풋프린팅

풋프린팅은 단백질-DNA 상호 작용을 조사하는 방법으로 DNA 상의 단백질 표적부위뿐만 아니라 심지어 어느 염기가 단백질의 상호 결합하는지를 알 수 있는 방법이다. 여러 가지 방법을 선택할 수 있지만 DNase, 디메틸황산염(DMS)과 히드록시기 라디칼 풋프린팅의 세 가지가 가장 많이 쓰인다. **DNase 풋프린팅**(DNase footprinting)은 단백질이 DNA와 결합하면 DNase의 공격으로부터 결합된 DNA 부위는 보호된다는 사실에 근거를 둔다(그림 5.37). 이런 의미에서 그것은 DNA상에 자신의 풋프린트를 남긴다. 풋프린팅 실험에서 첫 번째 단계는 DNA의 말단 표지이다. 둘 중 어느 쪽 가닥도 표지할 수 있지만 1개만 표지한다. 다음, 단백질(노란색)을 DNA에 결합시킨다. 이번에는 DNA-단백질 복합체에 매우 적은 양의 DNase로 처리하여 DNA 분자당 평균 한 번씩 절단이 일어나도록 한다. 그리고 DNA로부터 단백질을 제거하고 DNA 가닥을 구분해 고해상도 폴리아크릴아미드 겔상에서 크기 표식자와 나란히 전기영동을 한다. 물론, 절편들은 DNA의 다른 한쪽 끝에서부터도 생길 것이나 그들은 표지되어 있지 않기 때문에 탐지되지 않는다. 이때 단백질 없이 DNA만을 가진 대조군을 항상 포함하며, 1개 농도 이상의 단백질을 사용하면 풋프린팅 부위에서 밴드가 점점 사라지는 것이 보일 것이다. 즉, DNA의 보호는 첨가된 단백질의 농도에 좌우된다. 풋프린트는 단백질에 의해 보호되는 DNA 부위를 표시하므로 단백질이 결합하는 부위를 말해 준다.

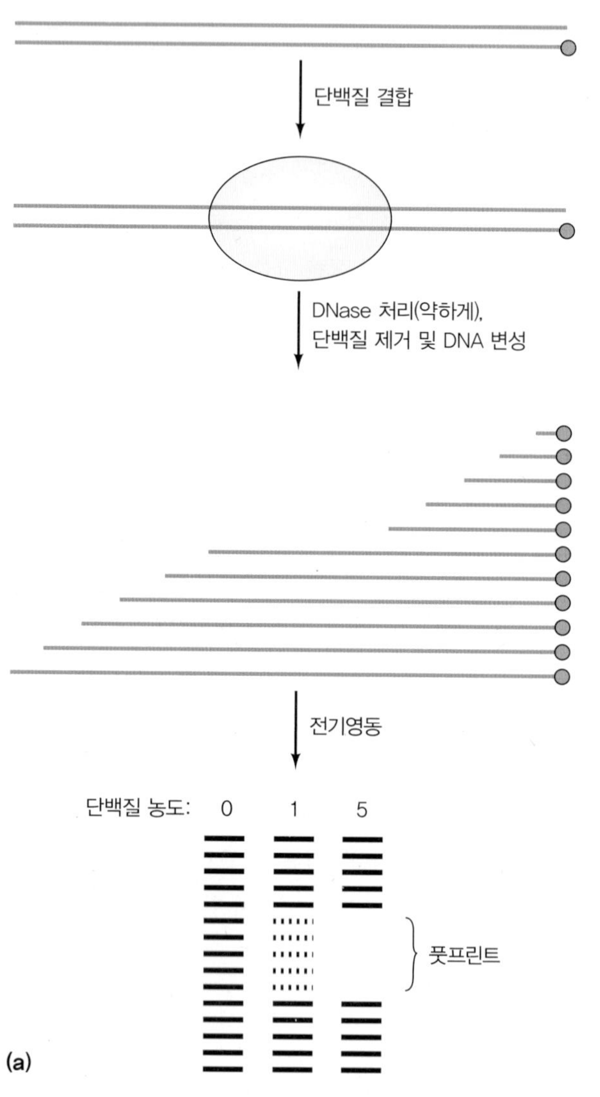

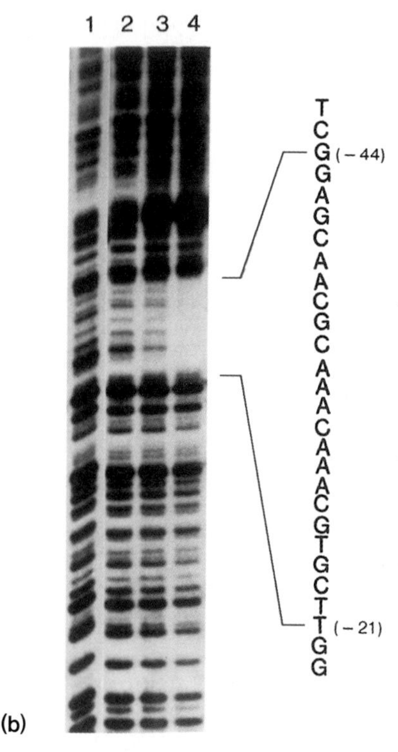

그림 5.37 DNase 풋프린팅. **(a)** 방법의 개요. 한쪽 끝(주황색)이 표지된 이중가닥 DNA를 가지고 시작한다. 그리고 단백질을 DNA에 결합시킨다. DNase로 DNA-단백질 복합체를 처리하여 DNA 분자당 한 번의 절단이 일어나도록 한다. 단백질을 제거하고 DNA를 변성시켜 중앙에 보이는 말단 표지된 절편들을 얻는다. DNase는 단백질이 결합하여 DNA를 보호하는 곳을 제외하고는 일정한 간격으로 DNA를 자른다. 최종적으로, 표지된 절편을 전기영동하고 자기방사법을 수행하여 그들을 탐지한다. 3개 레인은 0, 1, 5단위 단백질에 결합된 DNA를 표시한다. 단백질이 없는 레인은 절편들의 규칙적인 사다리를 보여 준다. 1단위 단백질을 가진 레인은 약간의 보호를, 5단위 단백질을 가진 레인은 중간에 완전한 보호를 보여 준다. 이런 보호된 부위를 풋프린트라 부르며, 이곳은 단백질이 DNA에 결합하는 부위이다. 통상 동일한 DNA에서 수행된 서열분석 반응을 옆 레인에 함께 전기영동한다. 이들은 크기 표식자로 서열분석과의 비교를 통해 단백질이 결합하는 부위를 정확하게 알 수 있다. **(b)** 실제 실험 결과. 1~4번 레인들은 각각 0, 10, 18, 90pmol의 단백질에 결합된 DNA를 포함한다(1pmol=10^{-12}mol). (출처: (b) Ho et al., Bacteriophage lambda protein cII binds promoters on the opposite face of the DNA helix from RNA polymerase. *Nature* 304 (25 Aug 1983) p. 705, fig. 3, © Macmillan Magazines Ltd.)

4) DMS 풋프린팅과 기타 풋프린팅

DNase 풋프린팅은 단백질에 결합하는 부위의 위치를 훌륭하게 알려 주지만 DNase는 거대 분자이므로 결합부위가 섬세하고 세밀한 것들을 조사하기 위해서는 다소 둔한 도구이다. 다시 말해서, 단백질과 DNA 간의 상호 작용에서 DNase가 끼어들 수 없어서 탐지할 수 없는 틈이 있을지도 모른다. 더욱이 DNA 결합단백질은 결합부위 내에서 DNA 이중나선을 종종 비튼다. 이러한 혼란은 흥미롭기는 하지만 단백질이 DNase를 접근시키지 않으므로 DNase 풋프린팅에 의해서 일반적으로 탐지되지 않는다. 보다 상세한 풋프린팅을 수행하기 위해서는 DNA-단백질 복합체의 구석

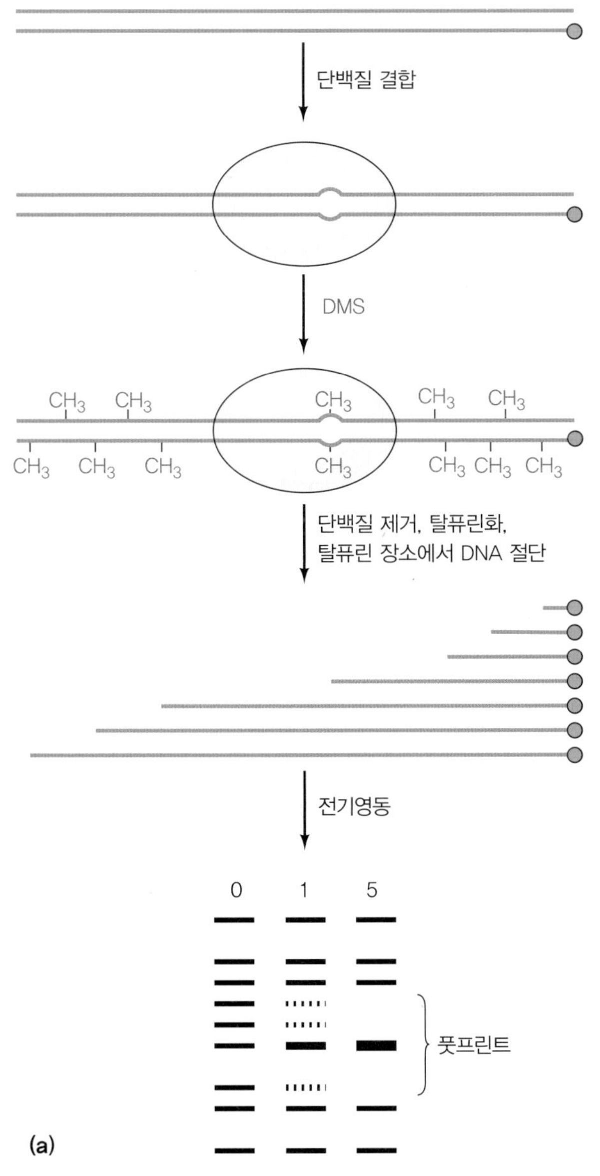

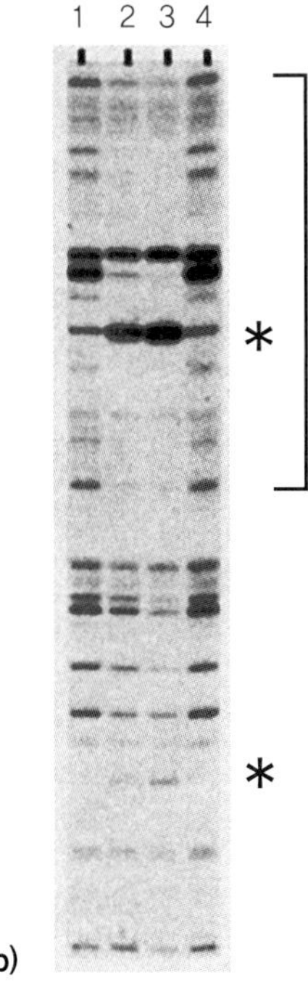

그림 5.38 DMS 풋프린팅. **(a)** 방법의 개요. DNase 풋프린팅처럼 말단 표지된 DNA에 단백질(노란색)을 결합시킨다. 이 경우 단백질은 이중나선 DNA의 한 부위에서 작은 '기포'로 표시된 것처럼 이중나선의 분리를 유발한다. 그런 다음 DMS로 DNA를 메틸화한다. 이 과정에서 메틸기(CH_3, 빨간색)가 DNA 내의 염기에 첨가된다. 이때 메틸화 반응을 순한 조건하에서 수행해 DNA 분자당 평균 1개 염기만이 메틸화되도록 한다. (편의상 한 가닥 위에 모든 7개 메틸화를 나타내었다.) 피페리딘을 이용해 DNA로부터 메틸화된 퓨린을 제거한 다음, 이들 탈퓨린 부위에서 DNA를 자른다. 이 과정을 통해 중앙에 그려진 표지된 DNA 절편을 만든다. 이들 절편들을 전기영동한 후 겔을 자기방사법으로 분석해서 아래에 보이는 결과들을 얻는다. 단백질에 의해 세 부위가 메틸화로부터 보호되지만 한 곳은 메틸화에 보다 민감해진다(보다 진한 밴드). 이는 단백질이 결합하면 이 부위에서 이중나선의 분리를 유발하기 때문이다. **(b)** 실제 실험 결과. 1번과 4번 레인은 첨가된 단백질이 없는 반면, 2번과 3번 레인은 DNA 부위에 결합하는 단백질의 농도가 증가한 것이다. 대괄호는 풋프린트 부위를 표시한다. 별표는 단백질 결합에 의해서 메틸화에 더욱 민감해진 염기를 표시한 것이다. (출처: (b) Learned et al., Human rRNA transcription is modulated by the coordinate binding of two factors to an upstream control element. *Cell* 45 (20 June 1986) p. 849, f. 2a. Reprinted by permission of Elsevier Science.)

과 틈에 맞고 상호 작용이 보다 세밀하게 일어날 수 있도록 할 수 있는 작은 분자들이 필요하다. 이런 일을 위한 유리한 도구는 메틸화제인 **디메틸 황산염**(dimethyl sulfate, DMS)이다.

그림 5.38은 DMS 풋프린팅을 보여 준다. DNA를 말단 표지하여 단백질과 결합시켜서 DNase 풋프린팅과 동일한 방법으로 시작한다. 그런 다음, DNA-단백질 복합체를 순한 조건의 DMS를 처리하여 DNA 한 분자당 평균 한 번의 메틸화가 일어나도록 한다. 이번에는 단백질을 제거하고 DNA를 피페리딘(piperidine)으로 처리한다. 이 시약은 DNA상에서 메틸화된 퓨린들을 제거하여 탈퓨린 위치(염기를 가지지 않는 데옥시리보오스)를 만든다. 이때 탈퓨린 위치에서 DNA가 절단된다. 이런 반응은 이 장의 앞에서 설명한 막삼-길버트 DNA 서열분석과 동일하다. 마지막으로, DNA 절편들을 전기영동하고 겔을 자기방사법으로 분석하여 표지된 DNA를 탐지한다. 각 밴드는 메틸화되어 단백질에 의해 보호되지 않는 뉴클레오티드 다음에서 끝난다. 점점 더 많은 단백질을 첨가하면 3개의 밴드가 점진적으로 사라진다. 그러나 실제로 한 밴드는 단백질의 높은 농도에서 보다 분명하게 나타난다. 이것은 단백질의 결합이 DNA 이중나선을 비틀어 이 밴드에 해당하는 염기가 메틸화에 보다 더 민감하게 된 것을 시사한다.

DNase, 디메틸 황산염(DMS) 외에도 DNA가 단백질과 결합되어 있을 때에는 DNA를 절단하지 못하여 단백질-DNA 결합의 풋프린트를 구하는 데 흔히 쓰이는 시약들이 있다. 예를 들어 구리나 아연을 포함하는 유기금속 복합체 DNA를 공격해 절단시키는 **히드록시기 라디칼**(hydroxyl radical)을 생성한다.

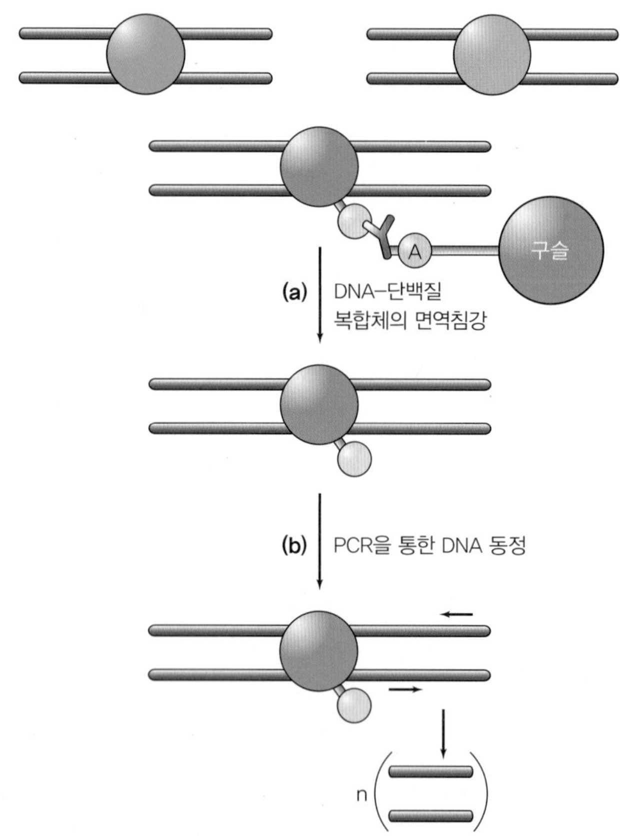

그림 5.39 염색질면역침강. 염색질은 포름알데히드 처리로 이미 교차연결되었으며, 짧은 조작들로 절단되었다. **(a)** 면역침강단계. 항체(빨간색)는 관심 단백질(자주색)에 부착된 항원결정기(노란색) 위에 결합한다. 원심분리로 쉽게 분리될 수 있는 큰 구슬이 연결된 포도상구균의 단백질 A(또는 G)가 항체에 결합한다. 심지어 구슬은 자성을 띄므로 자석을 가지고 면역복합체를 튜브 바닥으로 끌어당길 수 있다. 항체는 다른 단백질들(초록색과 주황색)과는 결합하지 않는다. **(b)** 면역침강물에서 DNA 동정. DNA 부분을 증폭시키기 위하여 관심 DNA에 특이한 프라이머가 PCR 반응에 사용된다. 정확한 예상 크기를 가진 DNA 절편의 생성은 어떤 단백질이 관심 DNA에 정말로 결합한다는 것을 시사한다. (프라이머가 단백질이 결합한 정확한 서열을 증폭하지 못하고, 관심 유전자의 근접부위를 증폭하기도 한다.)

5) 염색질면역침강

염색질면역침강(chromatin immunoprecipitation, ChIP)은 특정 단백질이 살아 있는 세포에서 천연 상태의 DNA인 염색질(13장 참조) 속의 정해진 유전자와의 결합 여부(DNA-단백질 복합체)를 알아보는 방법이다. 그림 5.39는 방법을 보여 준다. 세포로부터 분리된 염색질을 포름알데히드 처리하여 DNA와 거기에 결합한 어떤 단백질 사이에 공유결합을 형성시킨다. 그런 다음, 초음파 처리로 염색질을 전단하여 단백질이 교차연결된 짧은 이중나선 DNA 절편을 만든다. 다음으로 세포추출물을 만들고, 이 장에서 앞서 설명되었듯이 관심 단백질에 대한 항체를 이용하여 단백질-DNA 복합체를 면역침강시킨다. 이것이 특정 단백질과 결합한 DNA를 침전시킨다. DNA에 관심 유전자가 포함되었지 알아보기 위하여 그것을 증폭하기 위하여 고안된 프라이머를 가지고 면역침강물에서 PCR(4장 참조)을 수행한다. 만약 유전자가 존재한다면 예상 크기를 가진 DNA 절편이 만들어져 겔 전기영동 후 밴드로 관찰될 것이다.

5.9. 단백질-단백질 상호 작용 분석

단백질-단백질 상호 작용은 분자생물학에서 또한 매우 중요하며, 그것을 분석하기 위한 많은 방법들이 있다. 이 장에서 앞서 설명된 면역침강도 한 방법이다: 특정 단백질(X)에 대한 한 항체가 X 단백질과 친화성을 가지고 있지 않는 Y 단백질을 함께 침전시킨다면, Y 단백질은 X 단백질과 어울릴 확률이 매우 크다.

또 다른 인기 있는 방법은 **효모 이중잡종 검사**(yeast two-hybrid assay)이다. 그림 5.40은 매우 민감한 이런 기법의 포괄적인 설명으로 두 단백질 사이의 결합을—비록 순간적일지라도—보여 주고 있다. 효모 이중잡종 검사는 2가지 장점을 가지며, 이는 12장에서 논의될 것이다: ① 일반적으로 전사활성인자는 DNA 결합영역과 전사활성영역을 가진다. ② 이러한 두 영역은 독립적인 활성을 가진다. X와 Y 두 단백질 간의 결합을 분석하기 위하여, 그림 5.40b처럼 먼저 융합단백질 형태로 이들 두 단백질을 효모세포에서 발현시킨다. X 단백질은 DNA 결합영역과, Y 단백질은 전사활성영역과 융합시킨다. 만약 X와 Y 단백질들이 상호 작용한다면, DNA 결합영역과 전사활성영역은 보고유전자(보통 *lacZ*)의 전사를 활성화시킨다.

심지어 알려진 Z 단백질과 상호 작용하는 미지의 단백질을 낚시하기 위하여 효모 이중잡종 검사를 이용할 수 있다. 그림 5.40C와 같은 검색에서 전사활성영역을 암호화하는 부분과 연결된 cDNA 라이브러리를 준비하고, 이러한 잡종 유전자를 DNA 결합영역을 암호화하는 유전자-Z 잡종유전자와 함께 효모세포에서 발현시킨다. 실제로 각 효모세포는 BD-Z 융합단백질과 함께 다른 융합단백질(AD-A, AD-B, AD-C 등)을 만들지만, 여기서는 단순화 목적으로 그들을 함께 묘사하였다. AD-D가 BD-Z에 결합하여 전사를 활성화시키는 것을 볼 수 있다. 그러나 다른 융합단백질들은 아무도 BD-Z와 상호 작용을 할 수 없으므로 이렇게 할 수 없다. 일단 전사를 활성화하는 클론들이 발견된다면,

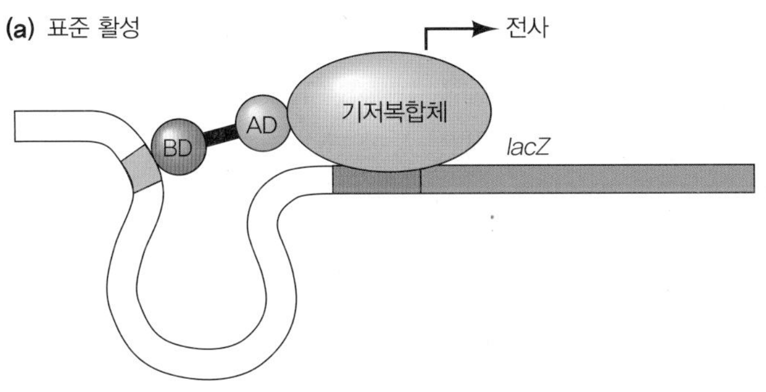

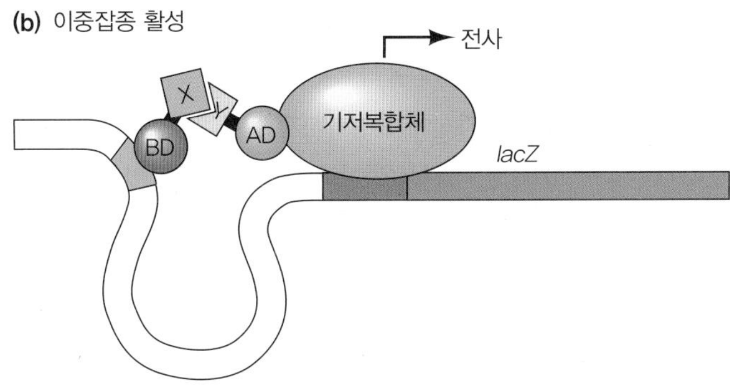

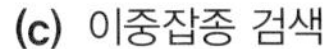

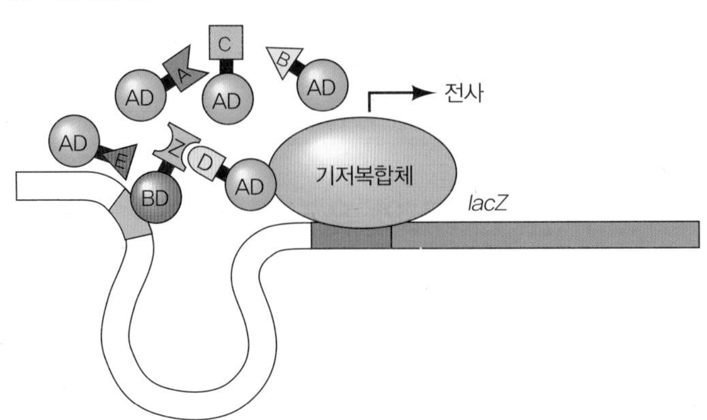

그림 5.40 효모 이중잡종 검사의 원리. **(a)** 전사활성의 표준모델. 활성인자의 DNA 결합영역(BD, 빨간색)은 인핸서(분홍색)에 결합하고, 전사활성영역(AD, 초록색)은 기저복합체(주황색)와 상호 작용하여 그것을 프로모터로 유인한다. 그 결과 전사가 활성화된다. **(b)** 단백질-단백질 상호 작용을 위한 이중잡종 검사. 유전자 클로닝기법(4장 참조)을 이용하여 한 단백질(X, 파란색) 유전자를 DNA 결합영역을 암호화하는 유전자 부분과 연결하여 1차 잡종단백질을 암호화한다. 다른 단백질(Y, 노란색) 유전자를 전사활성영역을 암호화하는 유전자 부분과 연결하여 2차 잡종단백질을 암호화시킨다. 이러한 두 잡종단백질을 암호화하는 플라스미드를 적절한 프로모터, 인핸서, 보고유전자(*lacZ*, 보라색)를 포함하는 효모세포에 도입하면, 이들 두 단백질은 보는 바와 같이 함께 모여 활성인자로 작용할 수 있다. 활성화된 전사는 수많은 보고유전자 산물을 생산하므로 가령 X-gal을 사용하여 비색분석으로 탐지할 수 있다. 1차 잡종단백질은 DNA 결합영역을, 2차 잡종단백질은 전사활성영역을 제공한다. X와 Y 단백질들의 상호 작용에 의하여 활성인자의 두 부위가 함께 붙들린다. 만약 X, Y가 상호 작용하다면, X-gal이 보고유전자 산물을 위한 분석에 사용되고, 효모는 파란색으로 변할 것이다. 만약 X, Y가 상호 작용 않는다면, 어떤 활성인자도 형성되지 않아 보고유전자는 활성화되지 않을 것이다. 이런 경우 효모는 X-gal이 존재하더라도 흰색으로 남아 있게 될 것이다. GAL4의 DNA 결합영역과 전사활성영역이 이런 분석에 전통적으로 사용되지만, 다른 가능성도 존재한다. **(c)** Z 단백질과 상호 작용하는 특정 단백질을 위한 이중잡종 검색. 효모세포는 2개 플라스미드로 형질전환된다: 한 개는 미끼 단백질(Z, 파란색)과 연결된 DNA 결합영역(빨간색)을 암호화한다. 다른 것은 전사활성영역 암호화 부분과 연결된 많은 cDNA를 포함하는 플라스미드 세트이다. 이들 각각은 미지의 cDNA 산물(사냥감)과 융합된 활성영역(초록색)을 포함하는 융합단백질을 암호화한다. 개별 효모세포는 이런 사냥감을 암호화하는 플라스미드들 중 단 1개로 형질전환되는데, 여기서는 편의상 그러한 산물들을 함께 보여 주고 있다. 1개의 사냥감 단백질(D, 노란색)은 미끼인 Z 단백질과 상호 작용해서 DNA 결합영역과 전사활성영역이 함께 묶여져 보고유전자를 활성화시킨다. 실험자는 이런 양성클론으로부터 사냥감 플라스미드를 분리하여 사냥감 단백질의 본질을 알 수 있다.

AD-D 잡종유전자를 지탱하는 플라스미드를 분리하고 D 부분을 서열분석하여 암호산물을 알아내야 한다. 효모 이중잡종 검사는 간섭석이므로 인위적 결과물이 생기기 마련이다. 따라서 그런 분석을 통하여 제시된 단백질-단백질 상호 작용은 면역침강과 같은 직접적인 분석으로 검정되어야 한다.

5.10. 다른 분자와 상호 작용하는 RNA 서열 발견

1) SELEX

지수적 농축에 의한 리간드의 체계적 진화(systemic evolution of ligands by exponential enrichment, SELEX)는 특정 분자에 결합하는 짧은 RNA 서열[**앱타머**(aptamer)]을 발견하기 위하여 고안된 방법이다. 그림 5.41은 전형적인 SELEX 과정을 나타낸다. 불변 말단부(빨간색)와 10^{15} 이상의 상이한 RNA 서열을 잠재적으로 암호화할 수 있는 무작위 중심부(파란색)를 가지고 PCR로 증폭된 합성 DNA 풀(pool)로 시작한다. 첫 번째 단계로, 풀 내 모든 DNA의 불변부에 있는 T7 프로모터를 인식하는 파지 T7 RNA 중합효소를 이용하여 이들 DNA를 시험관에서 전사한다. 다음 단계로, 고정된 표적분자를 가진 레진을 사용한 친화성 크로마토그래피에 의해 앱타머가 선별된다. 레진에 결합한 선별된 RNA는 표적

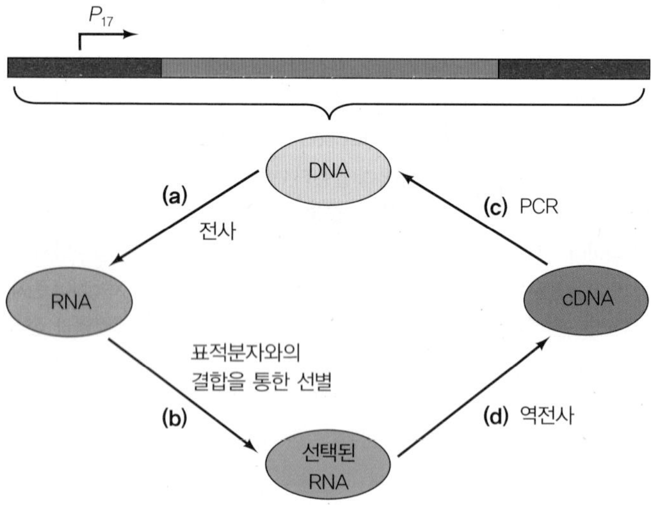

그림 5.41 SELEX. 측면 불변서열(빨간색)과 중심 무작위서열(파란색)을 포함하는 거대한 DNA 풀을 가지고 시작한다. **(a)** DNA 풀을 전사하여 동일한 측면 불변서열(빨간색)과 중심 무작위서열(파란색)을 가진 RNA 풀을 만든다. **(b)** 표적분자를 가진 친화성 크로마토그래피에 의해 앱타머가 선별된다. **(c)** 선별된 RNA를 역전사하여 cDNA 풀을 만든다. **(d)** DNA의 불변 말단부에 상보적인 프라이머를 사용하여 PCR을 수행함으로 cDNA를 증폭한다. 이런 주기를 여러 번 반복하여 풀에서 앱타머를 농축한다.

분자를 포함하는 용액으로 유리되어 이중가닥 DNA로 역전사된 다음, 불변 말단부에 특이적인 프라이머를 사용하여 PCR을 수행한다.

1회 SELEX를 통해 부분적으로만 농축된 앱타머 분자를 얻을 수 있는데, 이 과정을 여러 번 반복함으로써 매우 농축된 앱타머 개체를 생산한다. SELEX는 단백질과 접촉하는 RNA 서열을 발굴하기 위하여 광범위하게 이용되어 왔다. 이것은 엄청나게 많은 수의 출발 RNA 서열들 중에서 다소의 앱타머를 발견한다는 점에서 매우 강력하다고 할 수 있다.

2) 기능체 SELEX

기능체 SELEX(functional SELEX)는 '건초거리' 같은 출발 서열에서 다소의 '바늘'(RNA 서열)'을 찾는다는 점에서 전통적인 SELEX와 유사하다. 그러나 다른 분자와 결합하는 앱타머를 발견하는 대신에 약간의 기능을 수행하는 RNA 서열을 찾는다. 선별은 친화성 크로마토그래피를 통한 단순 결합으로 쉽게 이루어진다. 그러나 기능에 근거한 선별은 보다 솜씨를 필요로 하며, 선별 단계를 창조적으로 고안해야 한다. 예를 들어, 기능체 SELEX 방법으로 RNA 효소(효소활성을 가진 RNA)가 첫 번째로 발견되었는데, 이 효소활성은 RNA 자체를 변화시켜 증폭될 수 있도록 한다. 가장 간단한 예가 1개의 올리고뉴클레오티드를 자신의 말단에 첨가할 수 있는 RNA 효소이다. 이런 활성을 통하여 연구자들은 정해진 서열을 가진 1개의 올리고뉴클레오티드를 RNA 효소에 제공하고, 이 꼬리표를 자신에게 첨가하게 한다. 일단 꼬리 표식을 하고 나면 RNA 효소는 꼬리표에 상보적인 PCR 프라이머를 사용하여 증폭된다.

무작위 RNA 서열들의 풀이 높은 활성을 가진 어떤 RNA도 포함하지 않을 수도 있다. 그러나 이런 문제는 순한 활성을 가진 서열의 많은 유도체들이 만들어질 수 있는 돌연변이 조건하에서 증폭을 수행하면 극복될 수 있다. 이것들 중의 일부는 본래 것보다 강력한 활성을 가질 수도 있다. 몇 차례의 증폭과 돌연변이를 통해 매우 강력한 효소활성을 가진 RNA가 생산될 수 있다.

5.11. 유전자 제거와 유전자 도입

이 장에서 논의한 기법의 대부분은 유전자의 구조와 활성을 조사하기 위해 고안된 것이다. 그러나 연구 중인 유전자의 역할에 대한 큰 문제는 계속 남아 있다. 그것은 유전자가 생물체의 생활사

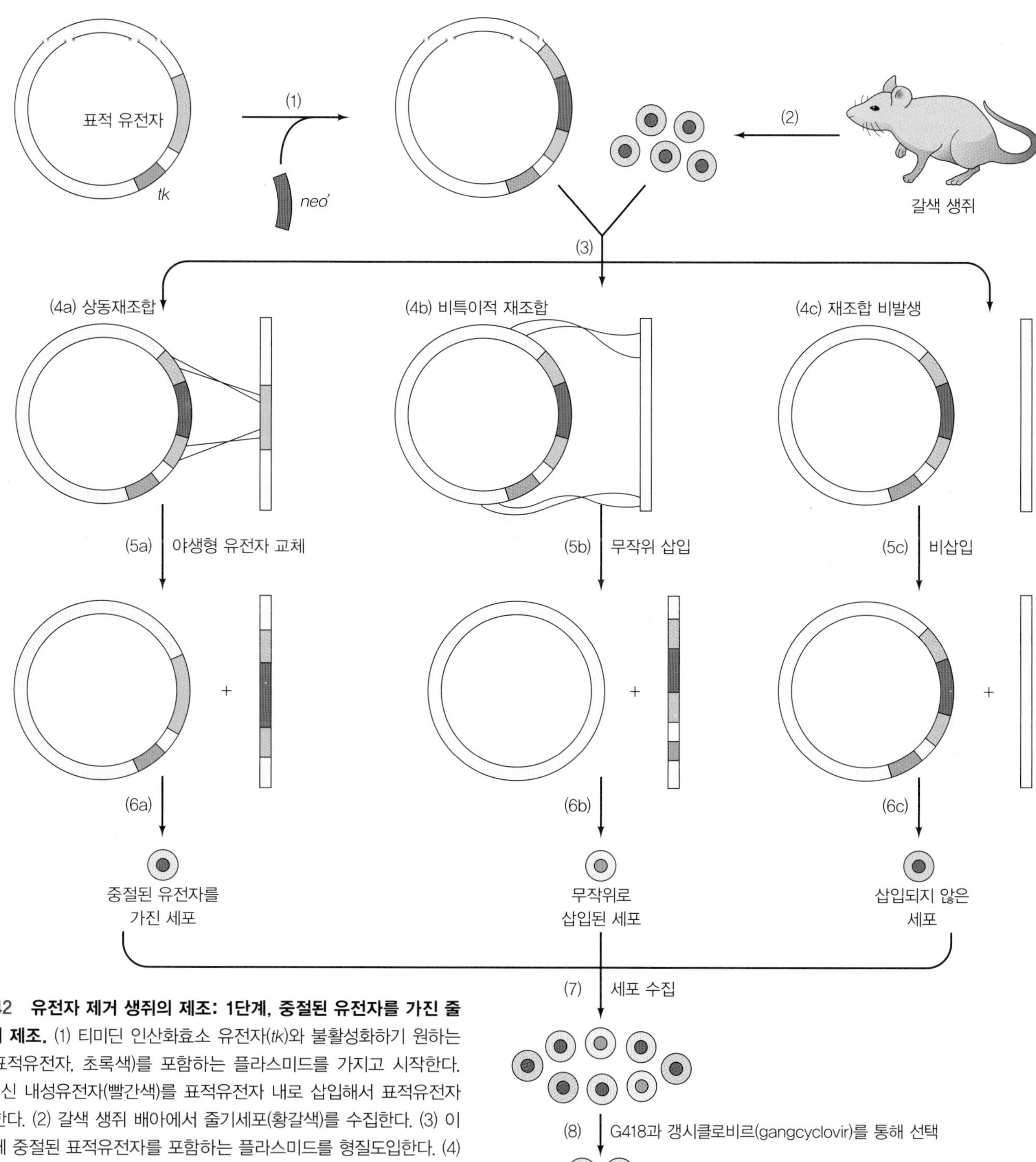

그림 5.42 유전자 제거 생쥐의 제조: 1단계, 중절된 유전자를 가진 줄기세포의 제조. (1) 티미딘 인산화효소 유전자(*tk*)와 불활성화하기 원하는 유전자(표적유전자, 초록색)를 포함하는 플라스미드를 가지고 시작한다. 네오마이신 내성유전자(빨간색)를 표적유전자 내로 삽입해서 표적유전자를 파괴한다. (2) 갈색 생쥐 배아에서 줄기세포(황갈색)를 수집한다. (3) 이들 세포에 중절된 표적유전자를 포함하는 플라스미드를 형질도입한다. (4)와 (5) 세 종류 산물들이 이 형질전이에서 유래된다. (4a) 플라스미드 내의 중절된 표적유전자와 야생형 유전자 간의 상동재조합에 의해 세포성 유전체 내의 야생형 유전자가 중절된 유전자에 의해 교체된다(5a). (4b) 세포성 유전체 내의 비상동성 서열과의 비특이적 재조합에 의해 *tk* 유전자와 중절된 표적유전자가 세포성 유전체 내로 무작위적으로 삽입된다(5b). (4c) 전혀 재조합이 발생하지 않을 때 중절된 표적유전자는 세포성 유전체 내로 삽입되지 않는다(5c). (6) 이들 세 사건들로부터 유래된 세포들은 색깔로 표시되었다. 상동 재조합은 중절된 표적유전자를 가진 세포(빨간색)를 만든다(6a). 비특이적 재조합은 무작위로 삽입된 *tk* 유전자와 중절된 표적유전자를 가진 세포(파란색)를 만든다(6b). 재조합이 발생하지 않으면 중절된 유전자를 갖지 않는 세포(황갈색)를 만든다(6c). (7) 세 형태 모두를 포함하는 형질도입된 세포를 수집한다. (8) 세포들을 네오마이신 유도체인 G418과 갱시클로비르를 포함하는 배지에서 성장시킨다. G418은 네오마이신 내성유전자가 없는 모든 세포들, 즉 재조합 사건을 경험하지 않은 세포들(황갈색)을 죽인다. 갱시클로비르는 *tk* 유전자를 가진 세포들, 즉 비특이적 재조합이 일어난 세포(파란색)를 죽인다. 그 결과 상동재조합을 경험하여 중절된 표적유전자를 가진 세포(빨간색)만 남는다.

에서 무슨 역할을 갖는가 하는 것이다. 특별한 유전자에 돌연변이를 고의로 만들 때 살아 있는 생물체에서 어떤 일이 일어나는가를 살펴봄으로써 이런 문제에 가장 적절하게 대답할 수 있다. 몇몇 생물체에서 유전자의 표적 파괴를 위한 기술들이 있다. 예를 들어, 생쥐에서 유전자를 파괴할 수 있는데, 이를 **유전자 제거 생쥐**(knockout mice)라고 부른다. 또한 외래 유전자 또는 **형질전환유전자**(transgenes)를 생물에 첨가할 수도 있다. 예를 들어, 생쥐에 이식유전자를 첨가하여 **유전자 도입 생쥐**(transgenic mice)를 창조할 수 있다. 이러한 기법들을 각각 살펴보자.

1) 유전자 제거 생쥐

그림 5.42는 유전자 제거 생쥐를 만드는 방법을 설명하고 있다. 유전자를 제거하기 원하는 생쥐 유전자를 포함하는 클로닝된 유전자를 갖고 시작한다. 항생제인 네오마이신에 내성을 부여하는 유전자를 끼워 표적유전자를 파괴한다. 또한 표적유전자 밖에 티미딘 인산화효소(*tk*) 유전자를 삽입한다. 나중에 이러한 추가된 유전자들을 이용해 표적 파괴가 일어나지 않은 클론들을 제거할 수 있다.

다음으로, 조작된 생쥐 DNA를 갈색 생쥐 배아에서 얻은 **배아줄기세포**(embryonic stem cell, ES cell)와 혼합한다. 이런 세포 중 일부에서 파괴된 유전자가 핵으로 들어가며 변형된 유전자와 본래의 상주유전자 사이에서 상동재조합이 일어날 것이다. 이 상동재조합 과정에서 변형된 유전자 부위는 생쥐 유전체 내로 들어가고 *tk* 유전자는 들어가지 못한다. 불행하게도 이런 재조합 사건은 매우 드물다. 대부분의 줄기세포에서는 재조합이 일어나지 않고 그들의 본래 유전자는 망가지지 않을 것이다. 또한 다른 세포들은 비특이적 재조합을 경험한다. 이때는 중절된 유전자가 본래 유전자를 치환하지 않고 유전체 내에 무작위적으로 삽입될 것이다.

이제 문제는 상동재조합이 일어나지 않은 세포들을 제거하는 것이다. 이 단계가 우리가 앞서 도입한 여분의 유전자들이 필요한 곳이다. 어떠한 재조합도 일어나지 않은 세포들은 네오마이신 내성유전자를 가지지 못할 것이다. 네오마이신 유도체인 G418을 포함하는 배지 내에서 세포를 자라게 해서 그들을 제거할 수 있다. 비특이적 재조합을 겪은 세포들은 그들의 유전체 내에 중절된 유전자와 나란히 삽입된 *tk* 유전자를 가질 것이다. tk^+ 세포에 치명적인 약제인 갱시클로비르(gangcyclovir)를 가지고 이런 세포들을 죽일 수 있다. (여기에서 사용하는 줄기세포는 tk^-이다.) 이런 두 약제를 처리해서 상동재조합을 통해 이형접합체화된 조작된 세포들을 얻을 수 있다.

다음은 이렇게 중절된 유전자를 지닌 세포를 생쥐 몸 안에 도입하는 것이다(그림 5.43). 이는 조작된 세포를 검은색 생쥐로 발생할 포배에 주입하는 것으로 시작한다. ES 세포는 어떤 종류의 생쥐세포로 분화할 수 있으므로, 그들은 정상적인 포배세포처럼 작용하여 배아를 만들고 대리모 속에 넣어 마침내 잡종 생쥐가 탄생된다. 이런 생쥐들은 얼룩덜룩한 털을 가지므로 그들이 잡종인 것을 쉽게 알 수 있다. 검은색 부위는 처음 검은색 배아에서, 갈색 부위는 조작된 세포에서 기인한 것이다.

잡종 대신에 진짜 이형접합체 생쥐를 얻기 위해 잡종을 성숙시켜 검은색 생쥐와 교배시킨다. 갈색[아구티(agouti)]은 우성이므로 자손의 일부는 갈색이 될 것이다. 사실 조작된 줄기세포에서 유래된 배우자에서 기인한 자손 모두는 갈색일 것이다. 그러나 조작된 줄기세포들이 유전자 제거에 대해 이형접합이기 때문에 이런 갈색 생쥐들 중 절반만 중절된 유전자를 가질 것이다. 서던블롯은 갈색 생쥐 중 두 마리가 중절된 유전자를 가진다는 것을 보여 준다. 우리는 이것을 교배시켜 그들의 DNA를 직접 조사함으로써 유전자 제거에 대해 동형접합인 자손을 찾는다. 이 예에서 이런 교배의 결과로 생쥐 중 한 마리가 유전자 제거되었다. 이제 유전자 제거의 표현형을 밝히는 일이 남았는데 표현형은 종종 명확하지 않는 경우도 있다. 그러나 명확하든 아니든 이로부터 중요한 정보를 얻을 수 있다.

다른 경우 유전자 제거는 치명적이어서 영향을 받은 생쥐의 태아는 출생 전에 죽기도 하며 또한 어떤 경우에 유전자 제거는 중간적인 효과를 보이기도 한다. 예를 들어 *p53*이라 불리는 암 억제 유전자를 생각해 보자. 이 유전자에 결함을 가진 사람은 특정 종류의 암 발생률이 매우 높다. *p53* 유전자가 제거된 생쥐는 정상적으로 발달하지만 어린 나이에 암에 걸린다.

2) 유전자 도입 생쥐

분자생물학자들은 유전자 도입 생쥐를 만들기 위해 두 가지 방법을 즐겨 사용한다. 첫 번째는 클론된 외래 유전자를 생쥐 난자의 수정 바로 직 후, 정자와 난자의 핵이 융합되기 전인 정자의 전핵에 주입한다. 이를 통해 외래 DNA가 배아세포의 DNA에 종열 중복 유전자의 끈처럼 삽입된다. 이런 삽입은 배아발생의 매우 이른 시기에 일어난다. 그러나 비록 한두 번의 배아세포분열이 이미 일어났더라도 생성된 성체의 어떤 세포들은 형질전환유전자를 가지고 있지 않은 잡종이 될 것이다. 따라서 다음 단계로 잡종을 야생형 생쥐와 교배하여 형질전환유전자를 가진 새끼를 고르는 것이다. 새끼들 모두가 형질전환유전자를 가진다는 사실은 그들이 형

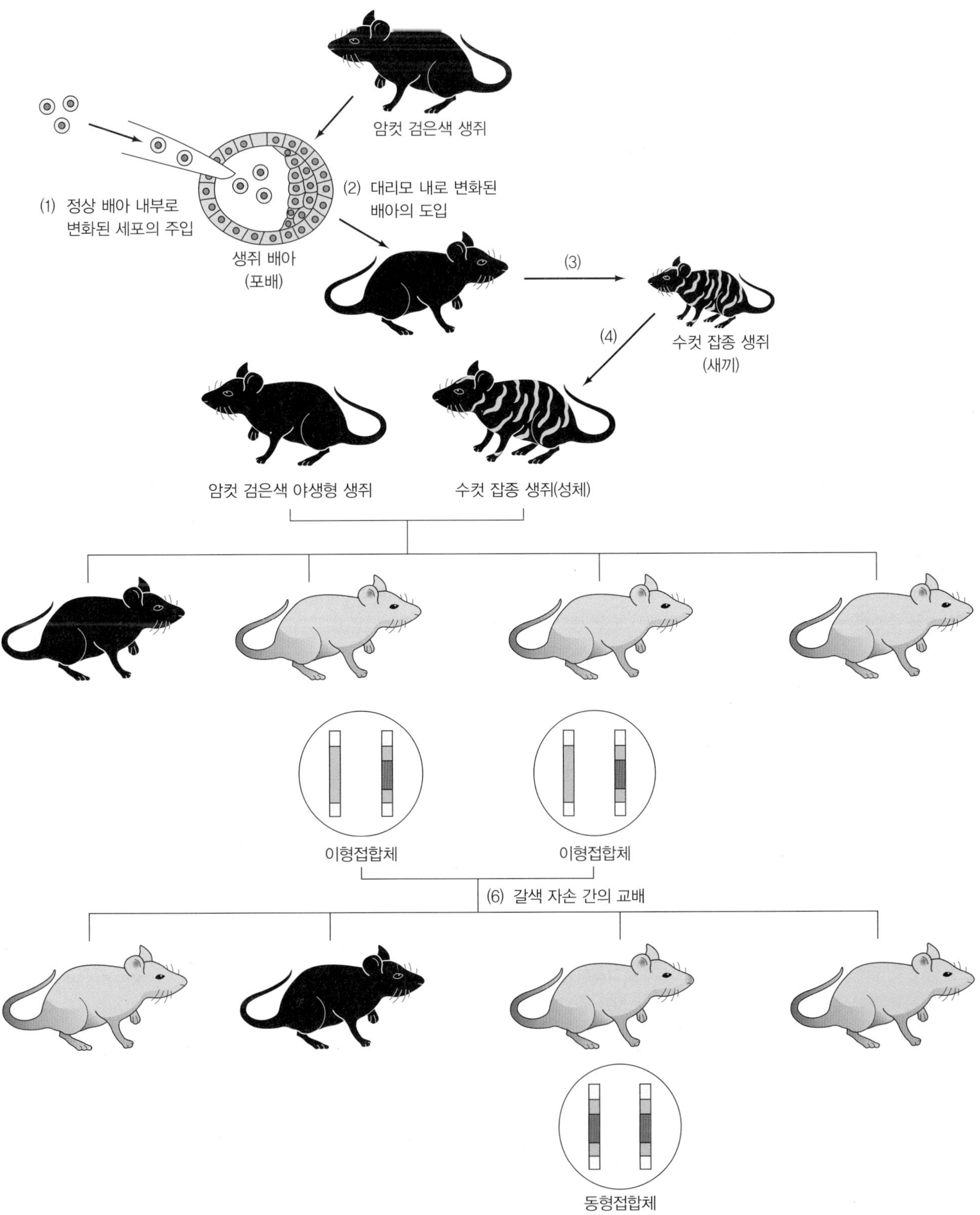

그림 5.43 유전자 제거 생쥐의 제조: 2단계, 중절된 유전자를 동물 내로 도입. (1) 중절된 유전자를 가진 세포들(그림 5.42)을 검은색 부모 생쥐에서 얻은 포배 시기 배아 내로 주입한다. (2) 이런 혼합된 배아를 대리모의 자궁에 이식한다. (3) 대리모는 검은색과 갈색 털에 의해 확인될 수 있는 잡종 생쥐를 출산한다. [변화된 세포들은 아구티(갈색) 생쥐로부터 왔으며, 그들은 검은색 생쥐로부터의 얻은 배아 안에 주입되었다.] (4) 잡종 생쥐(수컷)를 성숙시킨다. (5) 이 생쥐를 야생형 검은색 암컷과 교배한다. 야생형 포배세포에서 유래된 검은색 자손은 모두 제외한다. 갈색 생쥐만이 이식된 세포로부터 유래되었을 것이다. (6) 서던블롯 분석에서 중절된 표적유전자가 보이는 갈색 형제, 자매 쌍을 선택하고 이들을 교배시킨다. 다시 서던블롯을 통해 갈색 자손들의 DNA를 조사한다. 이때 중절된 표적유전자에 동형인 한 마리를 발견한다. 이것이 유전자 제거 생쥐이다. 이제 표적유전자 제거의 영향을 결정하기 위해 이 동물을 관찰하면 된다.

질전환유전자를 가진 한 정자 또는 난자에서 기원되었음을 의미한다. 이것이 진정한 유전자 도입 생쥐이다. 그들이 가진 형질전환유전자가 어떤 생물–심지어 다른 생쥐–에서 올 수 있음을 주목하라.

두 번째 방법은 외래 유전자를 생쥐의 배아줄기세포에 주입하여 유전자 도입된 ES 세포를 만드는 것이다. 앞 단락에서 언급되었듯이 이러한 ES 세포는 정상 베이세포로 행동할 수 있다. 따라서 유전자 도입된 ES 세포 생쥐의 초기 정상 배아와 섞인다면 정상 배아세포와 함께 분화를 시작하여 잡종을 만들 것이며, 그들 세포의 일부는 형질전환유전자를 가지며, 일부는 그렇지 않다. 여기로부터 두 번째 방법은 첫 번째 것과 매우 유사하다. 잡종을 야생형 생쥐와 교배하여 모든 세포들이 형질전환유전자를 가진 진정한 유전자도입 새끼를 선정할 수 있다.

요약

단백질과 핵산을 추출하기 위한 방법은 분자생물학에서 매우 중요하다. 다양한 크기의 DNA, RNA, 그리고 단백질은 전기영동에 의해 분리될 수 있다. 핵산 전기영동에 주로 쓰이는 겔은 아가로오스이고, 폴리아크릴아미드는 보통 단백질 전기영동에 쓰인다. SDS–PAGE는 폴리펩티드를 크기에 따라 분리하는 데 쓰인다. 폴리펩티드의 고해상 분리는 등전점을 이용한 1차원 분리와 SDS–PAGE를 이용한 2차원 전기영동에 의해 가능하다.

이온교환 크로마토그래피는 단백질을 포함하는 시료들을 전하에 따라 분리한다. DEAE–세파덱스와 같은 양전하를 띠는 레진은 음이온교환 크로마토그래피에 이용되고, 인산셀룰로오스와 같은 음전하를 띠는 레진은 양이온교환 크로마토그래피에 사용된다. 겔 여과 크로마토그래피는 구멍이 있는 레진으로 칼럼을 만들어 작은 물질은 구멍 속으로 들어오게 하고, 큰 물질은 통과시킨다. 즉, 작은 물질은 천천히 움직이고, 큰 물질은 상대적으로 빨리 이동하게 되는 것이다. 친화성 크로마토그래피는 관심 분자에 대한 강하고 특이적 친화력을 가진 친화제를 이용하는 강력한 분리 기술이다. 관심 분자는 친화제가 연결된 칼럼에 결합하지만 대부분 또는 모든 분자들은 결합하지 않고 흘러 나간다. 그런 다음, 관심 분자는 특이결합을 파괴하는 물질 용액을 가지고 칼럼에서 용출된다.

분자생물학 실험에서 다루는 극미량의 물질을 탐지하기 위해서는 표지된 추적자가 필요하다. 만약 이 추적자가 방사성일 경우, X–선 필름을 이용한 자기방사법, 인영상기 또는 액체섬광계수 방법 등으로 이들을 탐지할 수 있다. 몇몇 매우 민감한 비방사성 표지 추적자들이 이용되고 있으며, 이들은 빛(화학발광) 또는 착색된 점을 만든다.

표지된 DNA(또는 RNA) 탐침은 서던블롯상에서 똑같거나 매우 유사한 서열의 DNA와 잡종화하는 데 이용될 수 있다. 현대 DNA 타이핑은 사람을 포함한 동물 개체에서 가변적인 부위를 탐지하기 위해 서던블롯과 많은 DNA 탐침들을 이용한다. 법의학 도구로서 DNA 타이핑은 혈통 확인, 범인 규명, 범죄 용의선상에서 무고한 사람을 제외하기 위해 이용될 수 있다.

우리는 유전자 또는 다른 특정 DNA 서열의 위치를 정하기 위해 염색체 전체와 표지된 탐침을 잡종화할 수 있다. 이런 과정을 in situ 잡종화라고 한다. 만약 탐침이 형광으로 표지되었다면 이 기법을 형광 in situ 잡종화라고 한다. 단백질은 면역블롯(또는 웨스턴블롯)을 이용하면 복잡한 혼합물 속에서 탐지되고 정량될 수 있다. 단백질은 전기영동하고 매체에 블롯팅한 후 막 위의 단백질은 표지된 2차 항체 또는 단백질 A에 의해서 탐지될 수 있는 특이 항체로 탐침한다.

생어 DNA 서열분석 방법은 디데옥시뉴클레오티드를 이용해 DNA 합성을 종결하고 일련의 DNA 절편을 얻어 전기영동을 이용해 그들의 크기를 측정하는 것이다. 각 반응을 종결하기 위해 사용되는 디데옥시뉴클레오티드를 알고 있으므로 각 절편에서 마지막 염기가 무엇인지 알 수 있다. 따라서 크기에 따른 이러한 절편들의 순서(각 절편은 앞의 것보다 1개의 알려진 염기가 더 길다)를 통해 DNA 염기서열을 알 수 있다. 자동화된 DNA 서열분석은 이런 공정의 속도를 더 높이고 고속배출 서열분석은 동시에 많은 반응을 경주하므로 엄청난 속도를 달성한다.

물리적 지도는 DNA 분자상에서 제한부위와 같은 물리적인 이정표의 공간적 배열을 말해 준다. 절편들의 일부를 서던블롯팅한 다음, 이들 절편들과 또 다른 제한효소에 의해 만들어진 표지된 절편을 잡종화해서 지도작성 과정을 향상시킬 수 있다. 잡종 밴드의 형성은 개개의 제한 절편들 사이의 중첩을 나타낸다.

클로닝된 유전자에 위치지정 돌연변이를 이용한 변화를 도입해 단백질 산물의 아미노산 서열을 바꿀 수 있다.

노던블롯은 서던블롯과 유사하지만 이것은 DNA 대신 전기영동으로 분리된 RNA를 포함한다. 블롯상의 RNA는 그것을 표지된 탐침과 잡종화하는 것으로 탐지할 수 있다. 밴드의 진하기는 각 특정 RNA의 상대적인 양을 나타내고 밴드의 위치는 각 RNA의 길이를 나타낸다.

S1 지도작성법에서는 전사체의 5′– 또는 3′–말단을 탐지하기 위해 표지된 탐침을 이용한다. 탐침과 전사체 간의 잡종화에 의해 단일가닥 폴리뉴클레오티드를 특이적으로 분해하는 S1 핵산분해효소로부터 탐침의 일부분이 보호된다. 전사체에 의해 보호된 탐침 부분의 길이는 탐침 말단의 알려진 위치에 비례하여 전사체의 말단 위치를 정한다. 전사체에 의해 보호되는 탐침의 양은 전사체의 농도에 비례하기 때문에 S1 지도작성법은 정량적 방법으로도 이용될 수 있다. RNase 지도작성법은 DNA 탐침과 S1 핵산분해효소 대신에 RNA 탐침과 RNase를 이용하는 S1 지도작성법의 변형이다.

프라이머 신장을 이용해 올리고뉴클레오티드 프라이머를 관심 있는 RNA와 잡종화하여 역전사효소로 전사체의 5′–말단까지 프라이머를 신장시킨다. 이어 역전사체를 전기영동하여 크기를 결정해서 전사체의 5′–말단 위치를 정할 수 있다. 이 방법에 의해 얻어지는 신호의 진하기는 전사체 농도의 척도이다.

런–오프 전사는 시험관 내 전사의 능률과 정확성을 조사하는 한 방법이다. 유전자를 중간에서 절단하고 표지된 뉴클레오티드 존재하에 시험관 내에서 전사시킨다. RNA 중합효소는 말단에서 흘러 나가면서 불완전한 전사체를 방출한다. 이런 런–오프 전사체의 크기는 전사개시 부위의 위치에 대한 정보를 제공하고 이 전사체의 양은 전사 능률을 반영한다. G–부재 카세트는 미리 예측되는 크기의 작은 전사체를 생산하는 것으로 프로모터의 아래쪽에 G-부재 카세트를 놓으므로 GTP가 없는 상태에서 이러한 전사체가 만들어지게 제작된 것이다.

핵 런-온 전사는 어떤 유전자의 전사를 분리한 핵 내에서 지속시켜서 그들이 주어진 세포에서 활발하게 발현되는지를 확인하는 방법이다. 특정 전사체는 점블롯상에서 그들과 결합할 수 있는 DNA와 잡종화시켜서 동정할 수 있다. 핵 전사에 영향을 미치는 분석 조건들을 알아보기 위해 런-온 분석을 이용할 수도 있다.

프로모터 활성을 측정하기 위해 β-갈락토시데이즈, CAT, 루시퍼레이즈를 암호화하는 유전자들과 같은 보고유전자를 프로모터에 연결한다. 쉽게 분석될 수 있는 보고유전자 산물들이 프로모터의 활성을 간접적으로 보여 준다. 번역에 영향을 미치는 유전자 부위를 바꾼 후 번역 능률에서의 변화를 탐지하기 위해서 보고유전자를 이용할 수도 있다.

유전자 발현은 면역블롯팅 또는 면역침강법으로 유전자의 단백질 생성물의 축적을 측정하는 것으로 정량될 수 있다.

DNA-단백질 상호 작용을 측정하는 한 방법인 필터결합은, 이중가닥 DNA는 단독으로 니트로셀룰로오스 필터 또는 유사한 매체에 결합하지 못하는 반면 단백질-DNA 복합체는 결합한다는 사실에 기초를 둔다. 따라서 이중가닥 DNA를 표지하여 단백질과 섞어 여과 후 필터에 남아 있는 표지 양을 측정함으로써 단백질-DNA 결합을 분석할 수 있다. 겔 이동성 변화분석은 단백질에 결합할 수 있는 작은 DNA의 전기영동 이동성이 단백질 결합에 의해 지체되는 것을 이용해 단백질과 DNA 간의 상호 작용을 탐지하는 방법이다.

풋프린팅은 DNA 결합단백질의 표적 DNA 서열 또는 결합부위를 발견하는 한 방법이다. 말단 표지된 DNA 표적에 단백질을 결합시킨 다음, DNase로 DNA-단백질 복합체를 공격해서 DNase 풋프린팅을 수행한다. 그 결과 생겨난 DNA 절편들을 전기영동하면 단백질 결합부위는 단백질이 DNA를 분해로부터 보호한 틈 또는 풋프린트의 형태로 보인다. DMS 풋프린팅은 DNA-단백질 복합체를 공격하기 위해 DNase 대신 메틸화제인 DMS를 사용하는 것을 제외하고는 비슷한 원리를 따른다. 이때 DNA는 메틸화된 부위에서 끊어진다. 메틸화되지 않은(또는 과메틸화된) 부위는 표지된 DNA 절편들의 전기영동상에서 나타나므로 단백질이 DNA에 결합한 부위를 알 수 있다. 히드록시기 풋프린팅은 DNA를 자르는 히드록시기를 만드는 유기철 화합물을 사용한다.

염색질면역침강은 특정 단백질-DNA 상호 작용을 생체 내 염색질에서 탐지한다. 항체를 이용하여 DNA와 복합체를 형성한 특정 단백질을 침전시키고 PCR을 통해 단백질이 특정 유전자 근처에 결합하는지를 결정한다.

단백질-단백질 상호 작용은 면역침강과 효모 이중잡종화 검사를 포함한 많은 방법으로 탐지할 수 있다. 후자의 경우, 3개 플라스미드를 효모 세포에 도입한다. 첫 번째는 X 단백질과 DNA 결합영역으로 구성된 잡종 단백질을 암호화한다. 두 번째는 Y 단백질과 전사활성영역으로 구성된 잡종단백질을 암호화한다. 세 번째는 *lacZ*와 같은 보고유전자에 연결된 프로모터-인핸서 부분을 가진다. 인핸서는 X 단백질과 연결된 DNA 결합영역과 상호 작용한다. 만약 X와 Y 단백질들이 상호 작용을 한다면, 전사활성인자의 두 영역이 합쳐져 비색반응을 촉매할 수 있는 산물과 같은 보고유전자를 활성화시킬 수 있다. 예를 들어 X-gal을 사용할 경우 효모 세포는 파란색으로 바뀔 것이다.

SELEX는 단백질을 포함한 다른 분자들과 상호 작용하는 RNA 서열을 발견할 수 있는 방법이다. 표적분자와 상호 작용하는 RNA는 친화성 크로마토그래피를 통해 선별되며 이중가닥 DNA로 전환되어 PCR로 증폭된다. 이런 과정을 여러 번 반복한 후 표적분자에 결합하는 서열을 가진 RNA는 매우 농축된다. 기능체 SELEX는 이런 주제의 변형으로 원하는 기능이 RNA를 다소간 변화시켜 증폭될 수 있도록 한다. 만약 원하는 기능이 효소라면 보다 높은 활성을 가진 변종을 만들기 위해서 증폭 단계에서 돌연변이가 도입될 수 있다.

한 유전자의 역할을 면밀히 조사하기 위해 분자생물학자들은 생쥐에서 해당 유전자의 표적 파괴를 수행한 다음, 유전자 제거 생쥐에서 그러한 돌연변이의 효과를 관찰할 수 있다. 다른 생물에서 유래된 유전자를 가지고 있는 유전자 도입 생쥐를 또한 만들어 그런 형질전환유전자가 생쥐에 미치는 효과를 관찰하기도 한다.

복습 문제

1. DNA 겔 전기영동의 원리를 나타내는 그림을 그려라. 150, 600, 1,200bp DNA의 상대적인 전기영동 움직임을 표시하라.

2. SDS는 무엇인가? SDS-PAGE에서 어떤 역할을 하는가?

3. 단백질의 SDS-PAGE와 최근의 2차원 겔 전기영동을 비교하고 그 차이점을 설명하라.

4. 이온교환 크로마토그래피의 원리를 설명하라. 또 이 방법을 이용해 3개의 다른 단백질을 분리하는 것을 그래프를 이용해 나타내라.

5. 겔 여과 크로마토그래피의 원리를 설명하라. 이 방법을 이용하여 3개의 다른 단백질을 분리하는 것을 그래프로 나타내라. 그래프 위에 가장 큰 단백질과 가장 작은 단백질을 나타내라.

6. 자기방사법과 인영상화의 원리를 비교하고 대조하라. 어떤 방법이 보다 정량적인 정보를 제공하는가?

7. 전기영동 겔에서 1개의 특별한 핵산절편을 탐지하기 위한 비방사성 방법을 설명하라.

8. 서던블롯 과정과 관심 DNA를 탐지하기 위한 과정을 그림으로 설명하라. 이 과정을 노던블롯팅과 비교하고 설명하라.

9. 미소부수체 탐침을 이용한 DNA 핑거프린팅을 서술하라. 이것을 단일 가변성 DNA 위치를 탐지하기 위해 탐침을 사용하는 현대 법의학에서 이용되는 DNA 타이핑과 비교하라.

10. 노던블롯팅으로부터 어떤 종류의 정보를 얻을 수 있는가?

11. 형광 in situ 잡종화(FISH)를 설명하라. 언제 서던블롯팅 대신 이 방법을 이용하는 것이 좋은가?

12. 가상적인 생어 서열분석 자기방사 사진을 그림으로 표시하고 상응하는 DNA 서열을 제시하라.

13. 어떻게 수동 DNA 서열분석 방법이 자동화될 수 있는지 설명하라.

14. 벡터 내의 제한효소 부위에 연결된 한 제한절편의 방향을 결정하기 위해 제한효소 지도를 어떻게 이용하는지 교과서와는 다른 절편 크기를 이용해 설명하라.

15. 위치지정 돌연변이의 원리를 설명하고, 이런 과정을 수행하기 위한 한 방법을 설명하라.

16. mRNA의 5′-말단 위치를 정하기 위한 S1 지도작성법과 프라이머 신장 방법을 비교하고 대조하라. 이런 방법 중 어떤 것이 mRNA의 3′-말단 위치를 정하는 데도 이용될 수 있는가? 왜 다른 방법은 적용되지 않는가?

17. 런-오프 전사법을 서술하라. 왜 이 방법은 S1 지도작성법과 프라이머 신장에서처럼 생체 내 전사체를 분석하는 데 이용되지 못하는가?

18. 어떻게 이중가닥 DNA의 5′-말단과 3′-말단을 표지할 것인가?

19. 핵의 런-온 분석을 서술하고 이것이 유출 분석과 어떻게 다른지 설명하라.

20. 점블롯과 서던블롯의 차이를 설명하라.

21. 프로모터의 세기를 측정하기 위한 보고유전자의 사용을 설명하라.

22. DNA와 단백질 간의 결합을 측정하기 위한 필터결합 분석법을 설명하라.

23. 특정 DNA-단백질 상호 작용을 분석하기 위한 겔 이동성 변화분석과 DNase 풋프린팅을 비교, 대조하라. DNase 풋프린팅은 겔 이동성 변화분석에서 알 수 없는 어떤 정보를 제공하는가?

24. DMS와 DNase 풋프린팅을 비교, 대조하라. 왜 전자는 후자보다 더욱 정교한 도구인가?

25. X 단백질과 Y 유전자 간의 결합을 탐지하기 위한 ChIP 분석을 설명하라. 양성결과 샘플을 보여라.

26. 알려진 두 단백질 간의 상호 작용을 위한 효모 이중잡종화 검사를 설명하라.

27. 알려진 단백질과 상호 작용하는 미지의 단백질을 발견하기 위한 효모 이중잡종 검색을 설명하라.

28. 유전자 제거 생쥐를 만들기 위한 방법을 서술하라. 이 과정에서 티미딘 인산화효소와 네오마이신 내성유전자들의 중요성을 설명하라. 유전자 제거 생쥐는 어떤 정보를 제공할 수 있는가?

29. 유전자 도입 생쥐를 만드는 과정을 설명하라.

분석 문제

1. 그림 5.2에서 나타낸 전기영동 실험에서 (a) 어떤 DNA 절편이 25 mm 이동했다면 대략의 크기는 몇 bp 정도 될까? (b) 200bp 절편은 얼마만큼 이동할까?

2. 네오마이신 내성유전자를 넣은 잡종 쥐의 DNA를 서던블롯으로 확인하려고 한다. 만약 표적유전자와 네오마이신 내성유전자의 제한효소 배열을 가정하여 성공적인 경우와 비성공적인 경우를 예로 들어 설명하라.

3. DNase 풋프린팅 실험에서 주형 또는 비주형가닥이 말단 표지될 수 있다. 그림 5.37a에서는 주형가닥이 표지되었다. 그림 5.37b에서는 어떤 가닥이 표지되었으며, 어떻게 알 수 있는가?

4. 12개 피크를 가진 파이로그램을 고안하고 해당 DNA 서열을 작성하라.

추천 문헌

Galas, D.J. and A. Schmitz. 1978. DNase footprinting: A simple method for the detection of protein–DNA binding specificity. *Nucleic Acids Research* 5:3157–70.

Lichter, P. 1990. High resolution mapping of human chromosome 11 by in situ hybridization with cosmid clones. *Science* 247:64–69.

Sambrook, J and Russell, D.W. 2001. Molecular Cloning: A Laboratory *Manual*, 3rd ed. Plainview, NY: Cold Spring Harbor Laboratory Press.

CHAPTER 6

박테리아의 전사기작

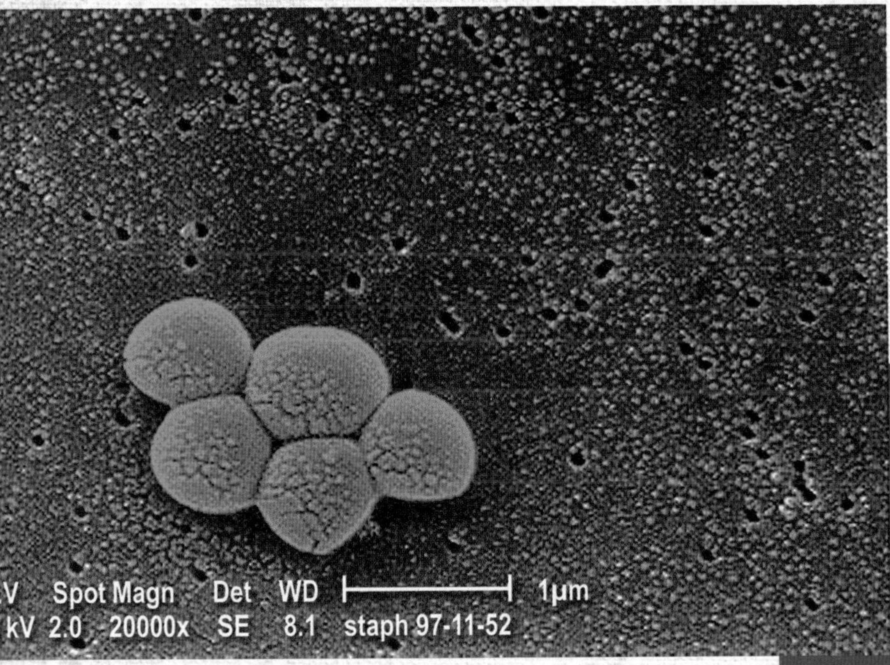

색상을 입힌 박테리아의 주사전자현미경 사진(*Staphylococcus aureus*). (Center for Disease Control and Prevention.)

3장에서 유전자의 전사가 유전자 발현의 첫 단계임을 이미 배운 바 있다. 실제로 전사는 유전자 발현을 조절하는 데 가장 중요한 역할을 한다. 6~9장에서는 박테리아의 유전자 전사기작과 그 조절작용에 대해 자세히 알아볼 것이다. 6장에서는 유전자의 전사 과정에서 중추적인 역할을 담당하는 RNA 중합효소의 작용기작과 DNA와의 상호결합에 관해 집중적으로 다룰 것이다. RNA 중합효소는 DNA상의 프로모터 부위(유전자의 앞부분에 위치한 RNA 중합효소 특이 결합부위)에 결합하여 RNA 중합반응을 시작한다. RNA 중합효소가 이동하면서 RNA 사슬이 신장되고, 전사종료 부위에 도달하면 합성된 RNA 전사체를 방출해서 전사 과정을 종료한다.

6.1. RNA 중합효소의 구조

RNA 중합효소는 1960~1961년 박테리아를 시작으로 식물과 동물세포에서 발견되었다. 박테리아의 RNA 중합효소가 가장 먼저 상세히 연구되었는데, 1969년에는 대장균의 RNA 중합효소의 구성단위가 5장에서 이미 배운 바 있는 SDS 폴리아크릴아미드 겔 전기영동(SDS polyacrylamide gel electrophoresis, SDS-PAGE)을 통해 자세히 밝혀지게 되었다.

그림 6.1의 1번 레인에서 리차드 버제스(Richard Burgess), 앤드류 트레버스(Andrew Travers) 등이 대장균 RNA 중합효소의 소단위체를 SDS-PAGE로 분리했을 때의 결과를 보여 주고 있다. 이 효소는 분자량이 각각 150, 160kD에 이르는 베타(β)와 베타-프라임(β′)의 매우 큰 소단위체를 포함하고 있다. 이 실험에서는 이 두 소단위체가 충분히 분리되지 않았지만 이후의 실험에서는 매우 잘 분리되었다. 또한 이 겔에서는 RNA 중합효소가 분자량이 70kD인 **시그마**(sigma, σ), 그리고 40kD인 알파(α) 소단위체를 포함하고 있음을 알 수 있다. 또 다른 소단위체인 분자량 10kD

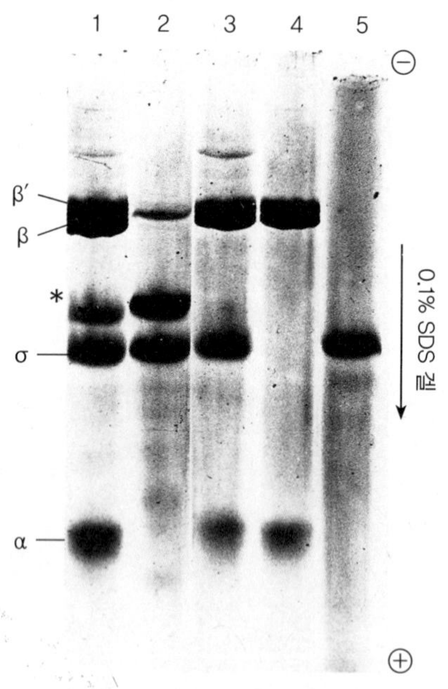

그림 6.1 포스포셀룰로오스 크로마토그래피를 통해 RNA 중합효소에서 σ 소단위체의 분리하는 것. 버제스, 트레버스 등은 RNA 중합완전효소를 포스포셀룰로오스 이온교환 크로마토그래피에서 A, B, C의 세 피크의 단백질로 분리하였다. 이들 단백질을 SDS-PAGE로 분리하였다: 완전효소(1번 레인), 피크 A, B, C(2~4번 레인), 분리된 σ 소단위체(5번 레인). 피크 A는 σ와 일부 불순물 단백질을 포함하고 있다. B는 완전효소, C는 핵심효소의 소단위체(소단위체 α, β, β′) 등이 포함되어 있다. (출처: Burgess et al., "actor Stimulating Transcription by RNA Polymerase." *Nature* 221(4 January 1969) p. 44, fig. 3. © Macmillan Magazines Ltd.)

표 6.1 핵심효소와 완전효소의 전사 활성 비교

	상대적인 전사 활성	
DNA	핵심효소	완전효소
T4(온전한, 자연산)	0.5	33.0
송아지 흉선(틈이 난, 자연산)	14.2	32.8

의 오메가(ω)는 이 겔에서는 보이지 않으나 동일한 시료를 우레아 겔로 분리한 실험에서는 분명하게 확인되었다. 다른 소단위체와는 달리 ω 소단위체는 세포의 생존이나 시험관에서의 효소활성에 반드시 필요한 것은 아니나, 효소 소단위체가 완전효소로 결집하는 데 일정 부분 역할을 하고 있는 것으로 추측된다. 별표로 표시된 폴리펩티드는 불순물이다. 하나의 **RNA 중합완전효소**(RNA polymerase holoenzyme)는 β′, β, σ, α_2, ω 소단위체로 구성된다. 즉, 한 분자씩의 β′, β, σ 소단위체와 2개 분자의 α 소단위체로 구성되어 있다.

버제스와 트레버스 등은 RNA 중합완전효소를 포스포셀룰로스 이온교환 크로마토그래피(5장 참조)에서 분리하면 A, B, C로 표시할 수 있는 세 피크(peak)의 단백질이 분리됨을 발견하였다. 그림 6.1의 각 그룹의 단백질을 SDS-PAGE를 실행하여 분석한 결과, σ 소단위체가 나머지 **핵심효소**(core polymerase)로부터 분리되는 것을 발견하였다. 2번 레인은 피크 A에 포함되어 있는 단백질을 분리한 결과이다. σ 소단위체와 소량의 β, 그리고 상당량의 불순물이 나타났으며, 3번 레인은 피크 B의 폴리펩티드로 완전효소에 해당하는 폴리펩티드가 포함되어 있다. 4번 레인은 피크 C에 해당하는 폴리펩티드로 σ 소단위체가 빠진 핵심효소에 해당하는 폴리펩티드만 존재함이 확인되었다. 5번 레인은 추가로 완전히 분리된 σ 소단위체를 보여 주고 있다.

다음으로 이 연구자들은 핵심효소와 σ 소단위체의 전사 활성을 비교 분석하였다. 표 6.1은 RNA 중합효소의 소단위체의 분리 여부에 따라 효소활성에 큰 변화가 있음을 보여 주고 있다. 즉, 손상되지 않은 T4 파지 DNA에 완전효소를 넣어 주면 상당한 전사 활성을 보였지만, 핵심효소만을 넣어줄 경우 전사 활성이 거의 보이지 않았다. 반면 DNA에 인위적으로 부분절단을 일으킨 DNA를 주형으로 사용하는 경우에는 핵심효소만으로도 기저 수준의 RNA 전사 활성을 보였다. (이 실험의 생물학적 의미에 대해서는 뒤에 설명할 것이다.)

1) 특이 인자로서의 시그마(σ)

핵심효소에 σ-인자를 첨가하면 완전효소가 형성되어 손상되지 않은 T4 파지 DNA를 주형으로 하여 RNA 중합반응이 활성된다. 에케하르트 바우츠(Ekkehard Bautz) 등은, 이때 전사되는 유전자는 T4 파지의 즉시 초기 발현 유전자들임을 밝혔으며, 핵심효소의 경우에는 이와 같은 특이성이 전혀 존재하지 않음을 알아냈다.

위에서 설명한 바와 같이 핵심 복합체는 T4 파지의 발현 주기에 대한 전사 특이성을 지니고 있지 않다. 또한 핵심 복합체는 완전효소와 달리 주형 DNA의 양쪽 나선을 모두 주형으로 사용해 RNA를 전사하는 특성도 지니고 있다. 바우츠 등은 이러한 사실을 RNA-RNA 상호결합에 관한 실험을 통해 밝혀냈다. 즉, 완전효소와 핵심효소를 사용해 T4 주형 DNA에서 방사능으로 표지된 RNA를 전사 합성시킨 뒤, 전사된 RNA를 자연 상태의 T4 RNA와 상호결합시키는 실험을 수행했다. 이 경우 RNA-RNA 결합체는 RNA 가수분해효소에 의해 분해되지 않는 성질을 이용하여 RNA-RNA 결합체와 서로 결합하지 않은 RNA 단량체를 분리할 수 있다. 자연 상태(즉, 대장균에의 감염 후에 합성된 RNA)에서의 T4 RNA는 비대칭적으로 합성된다. 정상적인 상태에서 모든 T4 RNA는 특정 유전자 부위 DNA의 한쪽 나선만을 주형으로 하여 합성된다. 따라서 정상적으로 합성된 T4 RNA는 서로 동일할 수는 있어도 상보성을 지닐 수는 없다. 실제로 완전효소를 이용한 실험에서는 서로 상보적으로 결합하는 RNA가 발견되지 않았다. 반면 핵심효소를 이용한 실험에서는 합성된 RNA의 30% 정도가 RNA 가수분해효소에 의해 분해되지 않고 정상 RNA와 상보결합을 이루고 있음이 관찰되었다. 이러한 결과는 핵심효소가 DNA의 두 나선을 함께 전사하는 특성을 지니고 있음을 보여 준다.

이상에서 완전효소의 σ 소단위체가 제거된 핵심효소는 RNA 전사라는 기본적인 활성은 지니고 있지만 전사 활성의 특이성을 지니고 있지 않음을 분명히 알 수 있었다. 또한 핵심효소에 σ 소단위체를 첨가하면 이러한 특이성도 되살아남을 알 수 있다. 실제로 σ 소단위체의 σ는 그리스 문자에서 영어의 s에 해당하며 이 s는 '특이성(specificity)'의 첫 번째 알파벳에서 유래되었다.

6.2. 프로모터

T4 DNA를 주형으로 한 전사 활성 실험에서 핵심효소는 손상된 DNA를 사용했을 경우에만 전사 활성을 나타냈다(표 6.1). 여기서 손상된 DNA라 함은 DNA 나선의 절단된 부분[틈(nick)이라 부름]을 말한다. 이와 같이 손상된 DNA 부위 또는 DNA 이중나선 중 한쪽 나선에 틈이 형성된 부위에서는 RNA 중합효소가 매우 효율적으로 RNA 중합반응을 개시한다. 이러한 종류의 RNA 중합반응은 비특이적인 특성을 지니며, 핵심효소에 의해서도 효율적으로 진행된다는 것이 관찰된다. 표 6.1에서와 같이 자연 상태의 T4 DNA가 핵심효소에 의해 활발히 전사되지 못하는 이유는 T4 DNA에 손상 부위가 거의 존재하지 않아 RNA 중합반응을 개시할 수 없기 때문이다. 반면에 σ 소단위체를 지니고 있는 완전효소는 T4 DNA상의 RNA 중합효소 결합부위를 특이적으로 인지하여 RNA 중합반응을 개시할 수 있다. 이와 같이 DNA상의 RNA 중합효소가 특이적으로 결합하는 부위를 **프로모터**(promoter)라고 한다. 프로모터로 RNA 중합효소가 결합하고 전사가 개시되는 것은 시험관에서도 유도할 수 있으며, 이 과정에서 σ 소단위체는 RNA 중합효소가 프로모터 부위에 결합하여 RNA 중합반응을 개시하는 데 결정적인 역할을 한다. 이 절에서는 박테리아에서 나타나는 RNA 중합효소와 프로모터와의 결합 방식, 그리고 프로모터의 구조적인 특징에 대해 알아보도록 한다.

1) RNA 중합효소와 프로모터의 결합

σ 소단위체가 어떤 방식으로 핵심효소의 DNA 결합방식에 영향을 주는가에 대한 해답을 얻기 위해 데이비드 힌클(David Hinkle)과 마이클 챔벌린(Michael Chamberlin)은 니트로셀룰로오스 필터 부착법을 이용한 실험을 수행했다(5장 참조). 이 실험을 위해 먼저 대장균 RNA 중합효소의 완전효소와 핵심효소를 대량으로 분리 정제한 후 이들 효소를 T7 파지 DNA와 결합시켰다. 이때의 파지 DNA는 미리 ^{3}H으로 표지시켜 식별이 가능하도록 했다. 이와 같은 RNA 중합효소-T7 DNA 복합체에 ^{3}H으로 표지되지 않은 T7 DNA를 과량으로 첨가하면, 표지된 DNA로부터 순간적으로 분리된 RNA 중합효소는 대부분 표지된 DNA와 재결합하기보다는 표지되지 않은 T7 DNA와 결합하게 된다. 이와 같은 조건에서 다양한 반응 시간을 준 후 반응물을 니트로셀룰로오스 필터에 통과시키면 니트로셀룰로오스 필터의 단백질 특이적인 결합 특성에 의해 RNA 중합효소와 결합된 DNA만 필터에 부착된다. 즉, 필터에 부착된 ^{3}H 방사능을 측정해서 T7 DNA와 RNA 중합효소와의 해리상수(dissociation constant)를 측정할 수 있다.

그림 6.2는 위 실험의 결과이며, 완전효소가 핵심효소보다 T7 DNA와의 친화력이 훨씬 높은 것을 알 수 있다. 완전효소와 DNA의 분리는 반감기($t_{1/2}$)가 30~60시간 정도로 나타나며, 친화력이 매우 높은 결합임을 알 수 있다. 핵심효소의 경우에는 분리반감기가 1분 미만이며 따라서 핵심효소와 DNA의 결합은 친화력이 매우 낮음을 알 수 있다. 결과적으로 σ 소단위체는 DNA의 특정부

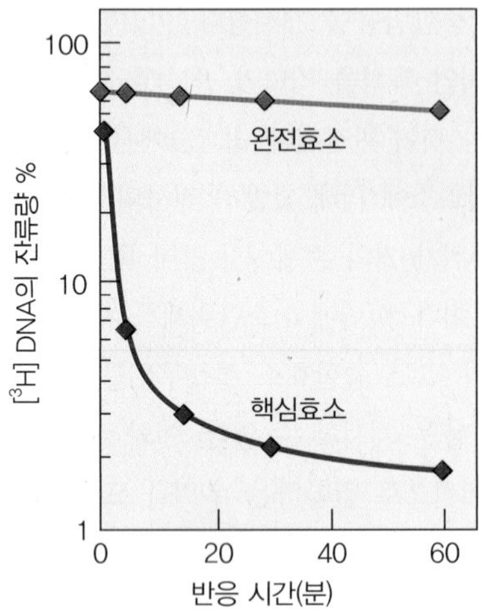

그림 6.2 σ-인자는 RNA 중합효소와 프로모터의 결합을 촉진한다. 힌클과 챔벌린에 의한 실험 결과이다. 먼저 대장균에서 분리한 완전효소(빨간색) 및 핵심효소(파란색) 형태의 RNA 중합효소를 ^{3}H로 표지된 T7 DNA와 결합시킨다. 여기에 표지되지 않은 과량의 T7 DNA를 첨가하여, ^{3}H로 표지된 DNA에서 유리된 RNA 중합효소가 표지되지 않은 T7 DNA와 재결합되도록 했다. 일정 반응 시간이 경과한 후, 반응물들을 니트로셀룰로오스 필터에 투과시켜 RNA 중합효소와 결합을 이루고 있는 DNA를 선택적으로 필터에 부착시켰다. 필터의 ^{3}H 방사능 양을 측정해서 T7 DNA-RNA 중합효소 복합체의 상호분리 정도를 측정했다. (^{3}H로 표지된 DNA에서 모든 RNA 중합효소가 유리되면 필터에서는 더 이상의 방사능이 검출되지 않을 것이다.) 완전효소-DNA 복합체의 유리(빨간색)가 훨씬 더딘 것으로 보아 이들 상호 간의 결합이 핵심효소의 경우(파란색)보다 훨씬 높은 친화력을 지니고 있음을 알 수 있다. (출처: Adaoted from Hinckle, D.C. and Chamberlin, M.J., "tudies of the Binding of *Escherichia coli* RNA Polymerase to DNA," *Journal of Molecular Biology*, Vol. 70, 157–85, 1972.)

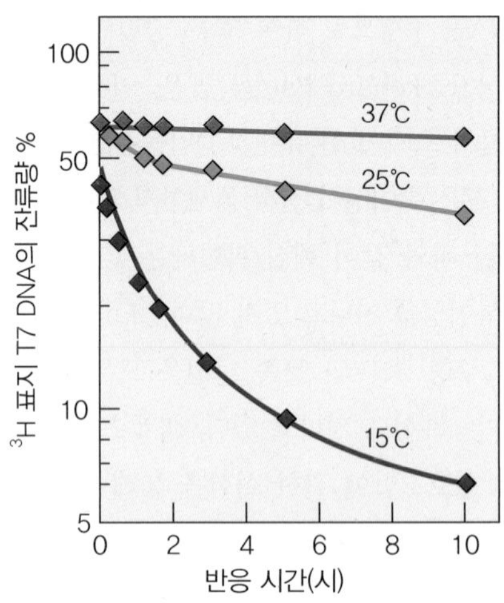

그림 6.3 RNA 중합효소와 T7 DNA의 분리에 미치는 온도의 영향. 힌클과 챔벌린은 37℃(빨간색), 25℃(초록색), 15℃(파란색)의 세 가지 다른 온도에서 대장균 RNA 중합효소(완전효소)를 T7 DNA에 결합시켰다. 여기에 표지되지 않은 T7 DNA를 과량으로 첨가하여 실험을 수행했다. 37℃에서 형성된 RNA 중합효소-DNA 복합체의 안정성이 25℃나 15℃에서 형성된 복합체보다 높은 것으로 나타났다. 즉, RNA 중합효소는 온도가 높은 환경에서 DNA와 높은 친화력으로 결합한다. (출처: Adapted from Hinckle, D.C. and Chamberlin, M.J., "Studies of the Binding of *Escherichia coli* RNA Polymerase to DNA," *Journal of Molecular Biology*, Vol. 70, 157–85, 1972.)

위와의 결합에 중요한 역할을 담당하고 있음이 밝혀진 것이다.

힌클과 챔벌린은 순서를 바꾸어 ^{3}H으로 표지되지 않은 DNA를 RNA 중합효소와 먼저 결합시키고, 여기에 과량의 ^{3}H으로 표지한 DNA를 첨가하는 실험도 수행했다. 이 경우 니트로셀룰로오스 필터에서 검출되는 방사능은 앞의 실험에서와는 달리 DNA에서 분리된 RNA 중합효소의 상대치를 나타내게 된다. 이러한 방식의 실험에서는 DNA로부터 초기에 유리되는 RNA 중합효소의 양을 민감하게 측정하는 것이 가능하다.

그 결과 완전효소와 DNA와의 결합에는 친화력이 낮은 결합과 친화력이 매우 높은 결합의 두 종류의 결합이 복합적으로 존재함이 밝혀졌으며, 핵심효소의 경우에는 친화력이 낮은 결합만 발견되었다. 바우즈 등의 실험으로 완전효소만이 DNA의 프로모터 부위에 결합한다는 것이 이미 밝혀졌으므로 RNA 중합효소와 강한 친화력으로 결합하는 DNA 부위는 프로모터 부위이고, 낮은 친화력으로 결합하는 부위는 DNA의 프로모터를 제외한 기타 부위일 것으로 추론할 수 있다. 따라서 높은 친화력을 지니고 있는 RNA 중합효소-DNA 복합체에 핵산 염기를 첨가하면 즉시 전사가 개시되는 사실도 밝혀졌다. 이러한 결과는 RNA 중합효소가 높은 친화력으로 결합한 DNA 부위가 실제로 프로모터 부위임을 추가로 알려 주는 것이다. 만약 이 결합부위가 프로모터에서 멀리 떨어져 있었다면 RNA 중합효소가 전사개시에 적합한 부위로 이동하는 데 약간 시간이 걸렸을 것이고, 이는 핵산 염기 첨가 후 전사를 개시하기까지 시간이 지연되는 현상으로 나타났을 것이다. 실제로 RNA 중합효소가 높은 친화력으로 결합하는 T7 DNA상의 부위는 8개로 밝혀졌으며, 이 숫자는 T7 파지의 즉시 초기 발현에 관여하는 프로모터의 숫자와 일치한다. 반면에 낮은 친화력으로 결합하는 DNA 부위는 1,300개 정도로 나타나, 이러한 결합에는 특이성이 없음이 확실히 밝혀졌다. 결국, 핵심효소가 특이적인 전사 기능을 지니고 있지 않은 것은 프로모터 부위에 결합하지 못하는 데에서 기인하는 것이다.

힌클과 챔벌린은 DNA-RNA 중합효소 복합체의 형성과 온도와의 상관관계를 규명했으며, 그 결과는 그림 6.3과 같다. RNA 중합효소(완전효소)는 37℃에서 DNA와 가장 높은 친화력으로 결합하며, 온도가 내려갈수록 친화력이 떨어진다. 고온에서 DNA 이중나선은 나선끼리의 상보결합이 더 이상 유지되지 않아 서로 분리

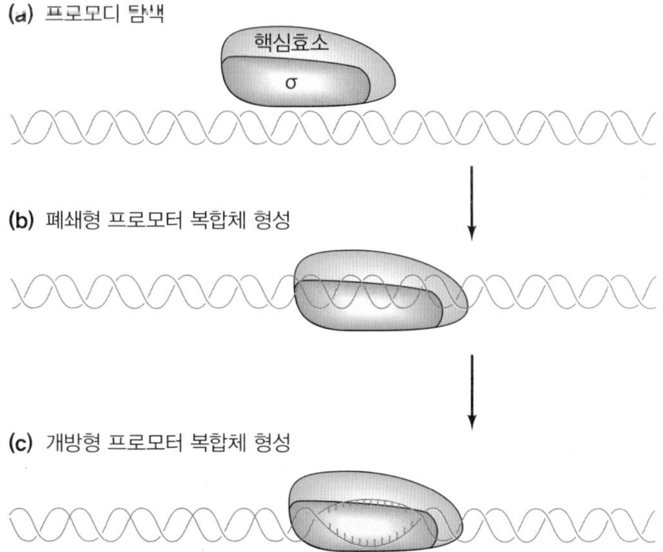

그림 6.4 RNA 중합효소와 프로모터의 결합. (a) RNA 중합효소(완전효소)가 DNA상에 프로모터 부위를 찾아 반복적으로 느슨하게 결합한다. (b) 프로모터 부위가 발견되면 완전효소는 DNA에 낮은 친화력으로 결합하여 폐쇄형 프로모터 복합체를 형성한다. (c) 완전효소가 DNA 이중가닥의 일부를 풀고 강한 친화력으로 결합하여 개방형 프로모터 복합체를 형성한다.

된다(2장 참조). 위 실험 결과는 RNA 중합효소가 높은 친화력으로 DNA와 결합하기 위해서는 해당하는 부위의 DNA 나선 일부가 풀려야 한다는 추론과 일치한다. 이러한 추론을 증명하는 직접적인 증거에 관해서는 이 장의 후반부에서 다시 설명할 것이다.

이상의 모든 실험 결과들을 종합하여 힌클과 챔벌린은 그림 6.4와 같은 모델을 제시하였다. 이 모델에 따르면 RNA 중합효소는 DNA에 최초로 결합할 때 낮은 친화력으로 결합하며, 그 결합 부위는 프로모터일 수도 있고 그렇지 않을 수도 있다. 프로모터가 아닌 부위에 결합한 RNA 중합효소는 프로모터 부위가 인지될 때까지 DNA를 따라 이동한다. 완전효소가 DNA와 낮은 친화력으로 결합한 상태의 효소-DNA 복합체를 **폐쇄형 프로모터 복합체**(closed promoter complex)라 부른다. 이는 프로모터 부위의 DNA가 아직 닫힌 형태의 이중나선으로 존재하기 때문이다. RNA 중합효소는 DNA 이중나선의 일부분을 풀어 주는 기능을 지니고 있으며, 이때 RNA 중합효소와 DNA가 높은 친화력으로 결합하게 된다. 이러한 효소-DNA 복합체를 **개방형 프로모터 복합체**(open promoter complex)라 부르며 DNA는 이중나선이 풀려서 열린 형태를 지니고 있다.

σ 소단위체의 역할은 바로 폐쇄형 프로모터 복합체를 개방형 프로모터 복합체로 전환시키는 것이며, 이는 전사개시에 필수적이다. 다시 말하면 σ 소단위체는 RNA 중합효소가 프로모터 부위를 선별하여 강한 친화력으로 결합할 수 있도록 도와주는 역할을 하는 것이다. 이와 같은 과정을 통해 프로모터에 근접한 유전자의 전사가 이루어진다.

2) 프로모터의 구조

박테리아의 RNA 중합효소는 프로모터의 어떤 구조적인 특징을 인지하여 프로모터를 식별하는가? 데이비드 프리브노(David Pribnow)는 대장균과 파지의 여러 프로모터 부위의 염기서열들을 비교하여 이러한 프로모터들이 공통으로 지니고 있는 두 부위를 발견했다. 그 첫 번째 부위는 전사개시부위에서 약 10bp 앞에 위치하고 6~7bp로 구성되어 있다. 이 부위는 '프리브노 상자(Pribnow box)'로 지칭되어 왔으나 근래에는 **−10상자**(−10box)라 부른다. 두 번째 부위는 전사개시부위에서 약 35bp 앞에 위치하고 **−35상자**(−35box)라 부르기도 한다[마크 프타쉬니(Mark Ptashne) 발견]. 현재까지 1,000개 이상의 프로모터들의 염기서열이 규명되었으며, 이들이 공통적으로 지니고 있는 부위 및 그 염기서열, 곧 **공통서열**(consensus sequence)은 그림 6.5와 같다.

이와 같은 공통서열은 확률적으로 결정된 것이다. 그림 6.5에서 대문자는 매우 높은 확률로 나타나는 염기를 표시한 것이며, 소문자로 표시된 염기는 자주 나타나기는 하지만 대문자로 표시된 부위보다는 낮은 확률로 나타나는 염기이다. 그림의 공통서열과 정확히 일치하는 프로모터는 그렇게 많지는 않지만, 일부 전사 활성이 특히 활발한 프로모터에서는 공통서열이 발견되기도 한다. 실제로 이러한 프로모터의 공통서열 중 하나를 인위적으로 다른 염기로 변환시키면 전사 활성이 감소된다. 이러한 돌연변이를 **활성저**

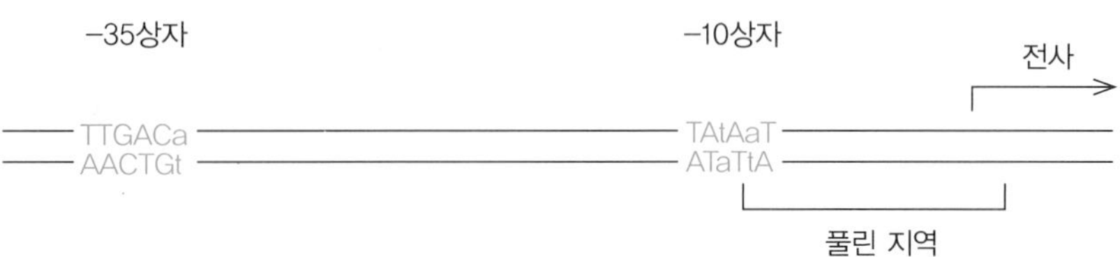

그림 6.5 박테리아의 프로모터. −10상자와 −35상자, 그리고 풀린 지역의 위치가 전형적인 대장균 프로모터의 전사개시 지점에서 상대적으로 표시되어 있다. 대문자로 표시된 염기는 전체 프로모터의 50% 이상에서 발견되는 염기이며, 소문자로 표시된 염기는 50% 미만의 프로모터에서 발견되는 염기이다.

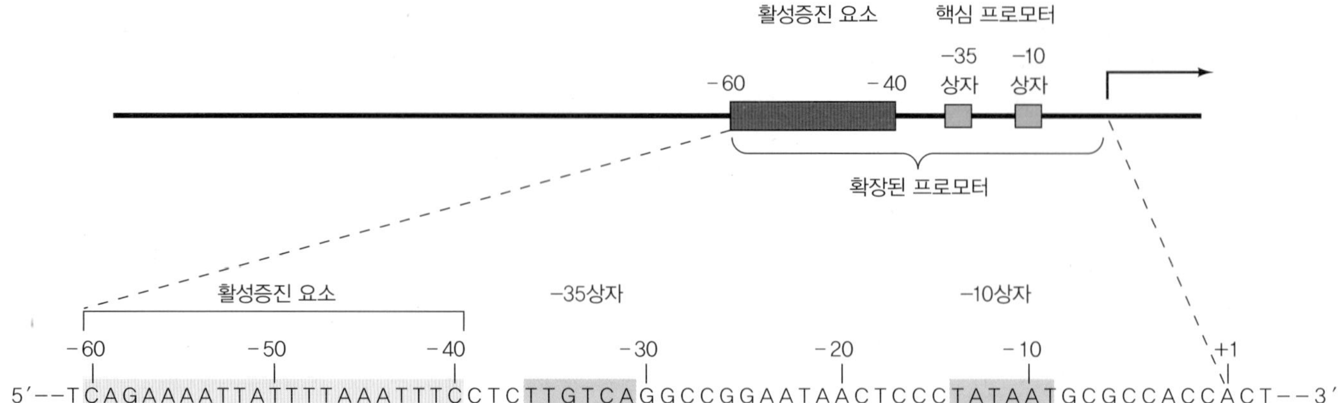

그림 6.6 *rrn*B P1 프로모터의 구조. 핵심 프로모터 부위인 −10상자와 −35상자는 파란색으로 표시되어 있으며, 활성증진 요소는 빨간색으로 표시되어 있다. 이들 프로모터 요소의 실제 염기서열은 그림의 아랫부분에 같은 색깔로 표시되어 있다. (출처: Adapted from Ross et al., "A third recognition element in bacterial promoters: DNA binding by the alpha subunit of RNA polymerase." *Sience* 262:1407, 1993.)

하 돌연변이(down mutation)라 부른다. 반대로 공통서열과 일치하도록 염기를 치환하는 방식의 돌연변이는 일반적으로 전사 활성을 증가시키며, **활성증진 돌연변이**(up mutation)라 부른다. 프로모터의 공통서열 부위끼리의 거리도 전사 활성에 많은 영향을 미친다. 예를 들어, −10상자와 −35상자 부위 사이의 염기 일부를 제거하거나 삽입하여 두 상자 사이의 거리가 너무 가까워거나 멀어지면 전사 활성이 감소한다. 10장에서는 진핵생물의 프로모터 구조에 관한 내용을 다루며, 여기서도 역시 공통서열을 지니고 있음을 배우게 될 것이다. 진핵생물 프로모터의 공통서열 중 하나는 그림 6.6의 −10상자와 매우 유사하다.

일부 매우 강력한 프로모터는 −10상자와 −35상자와 같은 **핵심 프로모터 요소**(core promoter element) 외에 **활성증진 요소**(UP element)를 지니고 있다. 대장균 세포는 7개의 리보솜 RNA 유전자로 구성된 ***rrn* 유전자군**(*rrn* gene)을 지니고 있다. 대장균 증식이 활발한 시기에는 리보솜 RNA가 많이 필요하게 되며, 실제로 이때의 대장균에서 진행되는 RNA 전사의 대부분은 이들 7개 *rrn* 유전자들의 전사이다. *rrn* 유전자의 프로모터는 매우 강력한 활성을 지니고 있으며, 이러한 강력한 전사 활성에는 이들 프로모터가 지니고 있는 활성증진 요소가 일부 관여하고 있음이 밝혀졌다. 그림 6.6은 *rrn* 유전자군의 *rrnB* P1 프로모터의 구조이다. 그림의 파란색으로 표시된 핵심프로모터 상단부의 −40 위치에서 −60 위치에 빨간색으로 표시된 활성증진 요소가 위치하고 있음을 알 수 있다. 활성증진 요소가 프로모터의 일부분임은 이 부위에 의해 RNA 중합효소의 전사 활성이 30배가량 증가하는 실험 결과에 의해 확인되었다. 이 실험에서 전사에 관여하는 효소는 실험을 위해 첨가한 RNA 중합효소뿐이기 때문에 RNA 중합효소가 활성증진 요소와 직접적으로 물리적인 접촉을 일으켜 전사 활성이 증가한다고 볼 수 있다. 바로 이러한 이유에서 활성증진 요소가 프로모터의 일부라고 생각하는 것이다.

또한 *rrnB* P1 프로모터에는 활성증진 요소 앞의 −60 위치에서 −150 위치에 피스(Fis)라고 부르는 전사 활성 단백질이 결합하는 부위인 3개의 피스 부위(Fis site)가 위치한다. 피스 부위에는 RNA 중합효소가 직접 결합하지는 않기 때문에 전형적인 프로모터 부위에 포함되는 것은 아니다. 이와 같이 RNA 중합효소가 직접 결합하지는 않지만 전사 활성에 관여하는 DNA 부위를 **인핸서**(enhancer)라 한다. 박테리아의 인핸서에 관해서는 9장에서 자세히 논의할 것이다.

대장균의 *rrn* 프로모터는 또한 개시 NTP(initiating NTP, iNTP)와 **알라몬**(alarmone), 즉 구아노신 5′-인산 3′-이인산(**ppGpp**)라는 두 가지 소형분자에 의해서도 조절된다. iNTP가 풍부하다는 것은 주위 환경에 뉴클레오티드가 풍부함을 의미하며, 따라서 rRNA가 대량으로 필요하게 될 것이기 때문에 그 합성을 증가시키는 것이 필요하다. iNTP는 *rrn* 프로모터의 개방형 복합체를 안정화시켜 전사를 활성시킨다.

반면에 주위에 아미노산이 부족한 경우에는 단백질 합성이 일어나지 못하며, 따라서 리보솜(즉, rRNA)을 합성해야 할 필요성이 줄어든다. 아미노산이 부족하여 리보솜의 아미노아실-tRNA 결합부위에 아미노산이 결합되지 않은, 비어 있는 상태의 tRNA가 와서 결합하면 리보솜에 붙어 있는 RelA 단백질이 이를 경고 신호(alarm)로 받아들여 알라몬, 즉 ppGpp를 합성한다. 알라몬은 개방형 프로모터 복합체를 불안정화하여 전사개시를 억제한다.

이 과정에서 **DskA**라는 단백질은 RNA 중합효소에 결합하여 개방형 rrn 프로모터 형태의 반감기를 감소시켜 iNTP와 ppGpp에 의한 이들 프로모터 형태의 조절이 가능하도록 만들어 주며, 실제로 DskA가 결핍된 돌연변이 균주에서는 iNTP와 ppGpp에 의한 전사조절이 일어나지 않는다.

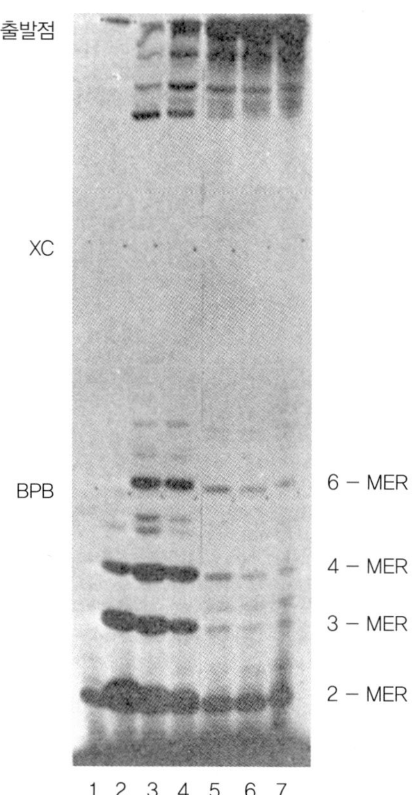

그림 6.7 프로모터에 결합한 RNA 중합효소에 의한 RNA 절편의 합성. 카르포시아와 그랄라는 대장균의 *lac* UV5 프로모터와 RNA 중합효소를 시험관 내에서 반응시켜 ^{32}P로 표지된 RNA의 합성을 유도했다. 음전하를 띤 다당체인 헤파린을 투여하여 DNA로부터 유리된 RNA 중합효소가 재사용되는 것을 억제했으며, [^{32}P]ATP, 그리고 여러 농도의 나머지 세 가지 염기(CTP, GTP, UTP)를 첨가했다. 위의 그림은 이러한 반응에 의해 생성된 RNA를 전기영동에 의해 분리한 후 RNA 절편의 위치를 자기방사법에 의해 나타낸 결과이다. 1번 레인, DNA(즉, 프로모터)를 첨가하지 않은 음성 대조군; 2번 레인, 염기 중에서 [^{32}P]ATP만 첨가한 경우; 3~7번 레인, [^{32}P]ATP를 첨가한 상태에서 나머지 세 가지 염기의 농도를 25μM(3번 레인)에서부터 400μM(7번 레인)까지 차례로 두 배씩 증가시킨 경우이다. 사진의 오른쪽에 염기의 크기에 따른 위치를 표시했으며, 표지 염료로 사용된 브로모페놀블루(BPB)와 자이렌시아놀(XC)의 위치는 왼쪽에 표시했다. 1번 레인에서 보이는 2개의 염기로 구성된 RNA는 [^{32}P]ATP에 포함된 불순물이었음이 확인되었다. 2~7번 레인에서도 같은 성분의 불순물이 포함되어 있는 것으로 생각된다. (출처: Carpousis A.J. and Gralla J.D. Cycling of ribonucleic acid polymerase to produce oligonucleotides during initiation in vitro at the *lac* UV5 promoter. *Biochemistry* 19 (8 Jul 1980) p. 3249, f. 2 © American Chemical Society.)

6.3. 전사개시

1980년까지는 RNA 중합효소에 의한 전사개시는 중합효소가 처음 두 염기를 인산디에스테르결합에 의해 연결시키는 것으로 끝난다고 생각되었다. 그러나 아가멤논 카르포시스(Agamemnon Carpousis)와 제이 그랄라(Jay Gralla)에 의해 발표된 실험 결과에 의해 전사개시 과정이 이와 같이 단순한 과정이 아님이 처음으로 밝혀지게 되었다. 이들은 먼저 대장균의 *lac* UV5 프로모터와 RNA 중합효소를 반응시켜 복합체 형성을 유도한 다음, 여기에 음전하를 띤 다당체인 헤파린을 투여했다. 여기서 헤파린은 DNA에서 유리된 RNA 중합효소에 결합하여 일단 전사개시에 관여한 RNA 중합효소가 재사용되는 것을 억제하는 역할을 한다. 전사된 RNA를 표지하기 위해 ^{32}P로 표지된 ATP를 사용했으며, 전

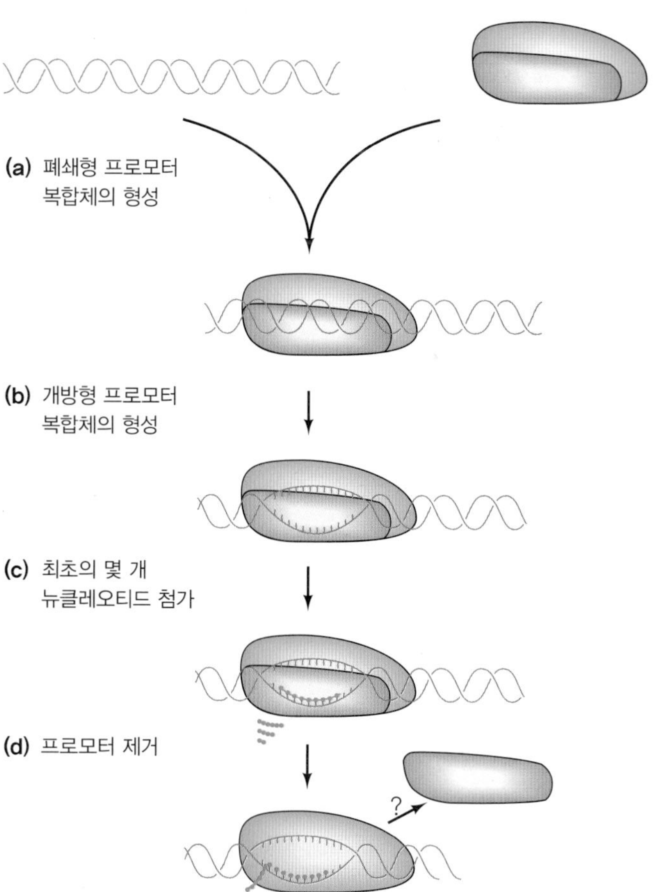

그림 6.8 전사개시의 여러 단계. (a) RNA 중합효소가 프로모터에 결합하여 폐쇄형 프로모터 복합체를 형성한다. (b) σ-인자에 의해 폐쇄형 프로모터 복합체가 개방형 프로모터 복합체로 전환된다. (c) RNA 중합효소에 의해 9~10nt 크기의 RNA 절편이 합성된다. (d) RNA 중합효소가 프로모터 부위를 떠나 이동을 시작하며 σ-인자가 분리되어 전사신장 시기로 진입한다.

사작용에 의해 생성된 RNA의 크기를 그림 6.7과 같은 전기영동을 통해 확인했다. 그 결과 2~6개의 염기로 구성된 다양한 길이의 RNA가 전사개시 과정에서 생성됨을 확인했으며, 이들 RNA의 염기서열이 *lac* UV5 프로모터의 전사개시 부위의 염기서열과 일치한다는 것도 확인했다. 또한 생성된 RNA 절편의 양과 사용된 RNA 중합효소의 양을 비교하여 하나의 RNA 중합효소가 여러 개의 RNA 절편을 생성함도 확인했다. 앞에서 설명한 것과 같이 헤파린에 의해 RNA 중합효소의 재사용이 차단되어 있다. 따라서 하나의 RNA 중합효소에 의해 여러 개의 RNA 절편이 합성된다는 사실은 RNA 중합효소가 프로모터에 결합하고 있는 상태에서 여러 RNA의 **이상전사체**(abortive transcript)에 관여했음을 나타낸다. 이와 같은 사실은 다른 많은 연구들에 의해 재차 확인되었으며, 어떤 경우에는 9개 또는 10개의 염기를 지닌 RNA가 생성되는 것도 밝혀졌다.

이와 같이 전사개시 과정은 생각보다 복잡하다. 현재 제시되고 있는 전사개시에 관한 모델은 그림 6.8에서 보는 바와 같다. 즉, 전사개시 과정은 다음 네 단계로 구분할 수 있다. ① 폐쇄형 프로모터 복합체가 형성되는 것, ② 폐쇄형 프로모터 복합체의 개방형 프로모터 복합체로의 전환하는 것, ③ 프로모터에 결합한 상태에서 RNA 중합효소에 의한[**초기 전사 복합체**(initial transcribing complex) 내에 있음] 10개 미만의 염기로 구성된 RNA 절편이 합성되는 것, ④ RNA 중합효소의 전사신장 형태로의 전환 및 σ 소단위체의 분리, 그리고 RNA 중합효소의 **프로모터 탈출**(promoter clearance)이다. 프로모터 탈출은 전사체의 길이가 충분히 늘어나 주형나선과 안정된 결합을 형성하는 것으로 촉진된다. 이때 중합효소의 전사신장 형태에 변화가 나타나 프로모터에서 분리된다. 이번 절에서는 이러한 전사개시 과정에 관해 더 자세히 알아볼 것이다.

1) σ-인자의 전사개시 촉진 기능

σ-인자는 RNA 중합효소와 프로모터의 강한 결합을 유도하여, RNA 중합효소를 유전자의 앞쪽에 위치한 전사개시 부위에 부착시킨다. σ-인자의 이러한 기능은 RNA 중합효소의 전사개시에도 관여하리라는 추측을 낳았으며, 트레버스와 버제스는 실제로 이를 증명하기 위해 다음과 같은 실험을 수행했다. 이들은 전사된 RNA의 첫 번째 염기에는 α, β, γ 위치의 인이 모두 남아 있는 반면에 첫 번째 염기 이후에 RNA 나선에 첨가되는 염기들은 α 위치의 인만 보유하게 되는 원리를 실험에 이용했다(3장 참조). 핵심효소에 σ-인자의 양을 점차 증가시키면서 전사개시 및 신장을 시

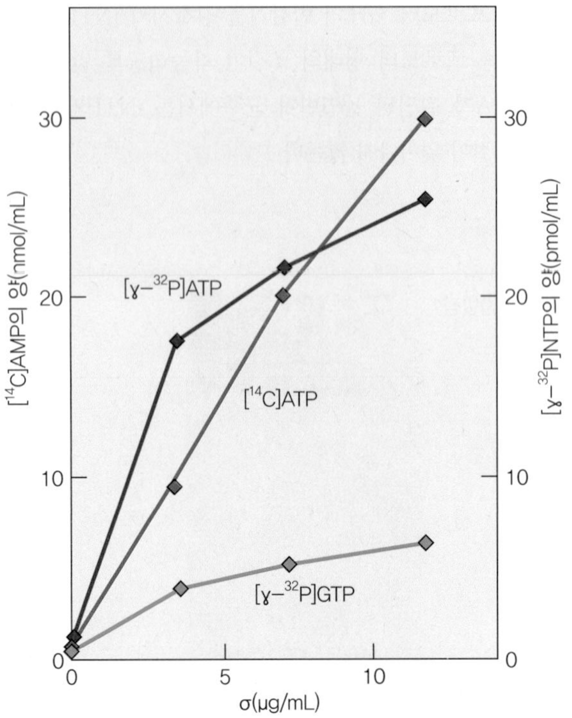

그림 6.9 σ-인자는 전사개시와 전사신장을 모두 촉진하는 것처럼 나타난다. 트레버스와 버제스는 대장균 RNA 중합효소의 핵심효소에 σ-인자의 첨가량을 증가시키면서 T4 DNA를 주형으로 하여 전사반응을 진행시켰다. 이와 같은 반응에 각각 [^{14}C]ATP(빨간색), [γ-^{32}P]ATP(파란색), [γ-^{32}P]GTP(초록색)를 첨가하여 생산된 RNA의 양(전사신장의 정도)과 전사개시의 빈도를 측정했다. σ-인자의 증가에 따라 세 가지 반응 모두에서 방사능으로 표지된 RNA의 양이 증가하는 것을 볼 수 있으며, 이러한 결과는 σ-인자가 전사개시와 전사신장에 모두 관여하는 것으로 해석될 수도 있다. (출처: Adapted from Travers, A.A. and R.R. Burgess, "Cyclic re-use of the RNA polymerase sigma factor." *Nature* 222:537-40, 1969.)

험관에서 유도하는 방식으로 실험을 진행시켰다. 이때 생성되는 RNA를 두 가지 서로 다른 염기를 이용해 각각 표지시켰다. 즉, 한 실험에서는 합성된 RNA 전체의 양을 측정하기 위해 [^{14}C]ATP를 첨가하여 RNA 전체가 [^{14}C]으로 표지되도록 했으며, 또 다른 실험에서는 [γ-^{32}P]ATP 또는 [γ-^{32}P]GTP를 첨가해 전사개시 부위의 첫 번째 염기부위만 [^{32}P]로 표지되도록 하여 전사개시 정도를 측정할 수 있게 했다. (ATP와 GTP를 사용한 것은 전사개시 부위의 염기로 일반적으로 퓨린이 사용되기 때문이다. 퓨린 중에서도 ATP가 GTP보다 자주 사용된다.) 그림 6.9에서 보는 바와 같이 σ-인자의 양을 증가시킴에 따라 [^{14}C]과 [γ-^{32}P]로 표지된 RNA의 양이 모두 증가함이 관찰되었다. 이러한 결과는 σ-인자가 개시와 신장을 모두 증가시켰음을 나타낸다. 그러나 전사 과정에서는 전사신장보다 전사개시 과정이 시간을 더 많이 차지한다. 즉, 개시 과정이 전사 과정의 효율을 제한하는 과정(rate-limiting step)이

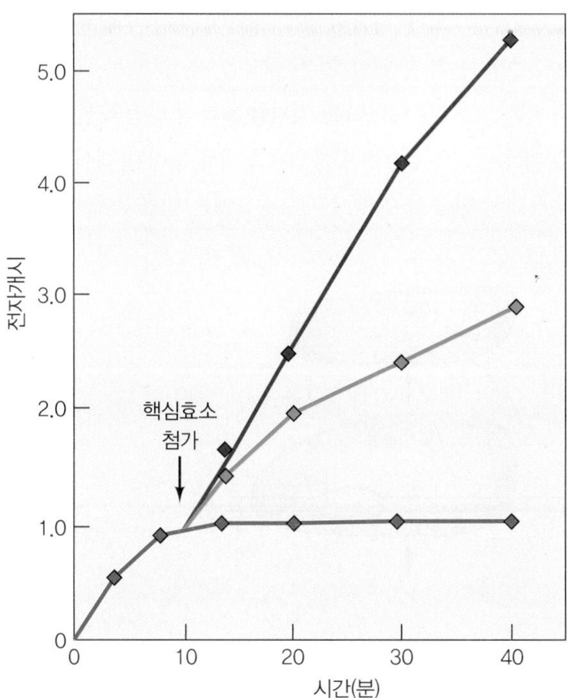

그림 6.10 σ-인자의 재사용. 트레버스와 버제스는 T4 DNA를 주형으로 하여 낮은 이온 농도에서 RNA 중합효소(완전효소)에 의한 전사를 진행시켰다. 이러한 반응 조건에서는 RNA 중합효소가 전사신장을 종료한 후에도 DNA로부터 분리되지 못하여 새로운 전사개시가 이루어지지 못한다. 그림의 빨간색 반응곡선은 [γ-^{32}P] ATP와 [γ-^{32}P]GTP에 의해 표지된 RNA의 양이며, 이는 전사개시의 정도를 나타낸다. 전사개시는 그림에서와 같이 반응 시작 약 10분만에 거의 정지됨을 볼 수 있으며, 이때(화살표로 표시된 시점) 리팜피신에 내성을 지닌 핵심효소를 추가로 투여하여 리팜피신을 첨가한 상태에서(초록색 반응곡선) 또는 리팜피신을 첨가하지 않은 상태(파란색 반응곡선)에서 전사개시 정도를 측정했다. 두 경우 모두 전사개시가 즉시 재개됨을 관찰할 수 있으며, 이는 초기 반응에 사용된 완전효소에서 분리된 σ-인자가 새로 첨가된 핵심효소에 결합하여 전사개시 반응을 유도한 것으로 해석할 수 있다. 즉, σ-인자가 재사용되고 있음을 알 수 있다. 그리고 이때 리팜피신이 첨가된 상태에서 전사개시를 진행시킨 RNA 중합효소(완전효소)의 σ-인자는 리팜피신에 민감한 원래의 완전효소에서 유래했으며, 핵심효소는 리팜피신에 내성을 지닌 완전효소에서 유래했다. 따라서 그림에서 리팜피신이 첨가되었음에도 불구하고 전사개시가 진행되는 결과는 리팜피신에 대한 내성은 핵심효소에 의해 결정됨을 의미한다. (출처: Adapted from Travers, A.A. and R.R. Burgess, Cycle re-use of the RNA polymerase sigma factor." *Nature* 222:537–40, 1969.)

다. 위의 실험으로 볼 때 σ-인자가 신장 과정을 직접적으로 촉진했다기보다는 개시 과정을 촉진하여 신장을 촉진한 것으로 추정된다.

트레버스와 버제스는 α-인자가 RNA 나선의 신장 과정에 직접 관여하지 않음을 아래와 같은 실험을 통해 증명했다. 이 실험에서는 개시가 진행된 후 일정 시점에서 **리팜피신**(rifampicin)이라는 항생제를 처리하여 개시를 중지시켜 개시가 이루어진 RNA의 양을 고정시키는 방법을 사용했다. 이와 같이 전사개시가 중지된 환경에서 σ-인자를 첨가해 RNA 신장 반응을 진행시켜 σ-인자가 신장에 어떠한 영향을 미치는지를 조사했다. 생성된 RNA의 길이를 초원심분리법을 이용해 측정한 결과, σ-인자는 신장에 어떠한 영향도 미치지 않음을 알 수 있었다. 따라서 이전 실험에서 관찰된 σ-인자의 신장촉진 효과는 개시의 촉진에 따른 부수적인 현상이었음을 알 수 있다.

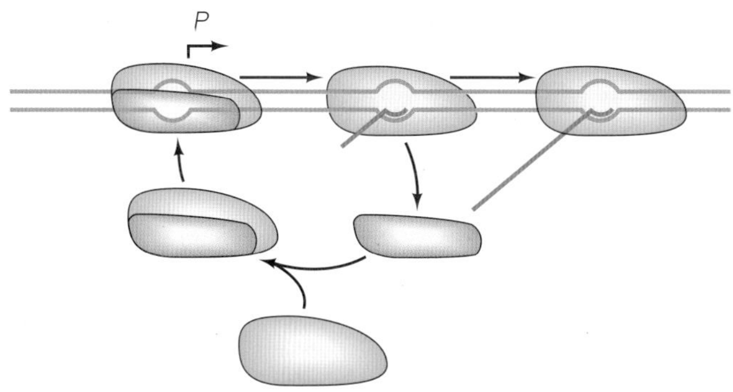

그림 6.11 σ 회로. RNA 중합효소는 그림의 왼쪽에서 보는 바와 같이 프로모터(파란색) 부위에 결합하여 이중가닥 DNA의 일부를 풀고 개방형 프로모터 복합체를 형성한다. RNA 중합효소가 DNA 나선을 따라 우측으로 이동하면서 전사신장을 진행시키는 과정에서, σ-인자는 핵심효소 복합체로부터 분리되어 새로운 핵심효소 복합체와 결합한다(그림의 왼쪽 하단). 새롭게 형성된 완전효소에 의하여 또 다른 전사개시가 이루어진다.

2) σ-인자의 재사용

트레버스와 버제스는 1969년에 발표된 같은 논문에서 σ-인자가 재사용된다는 것을 처음으로 밝혔다. 이 실험은 반응액의 이온 농도가 어느 정도 이하로 떨어지면 전사신장을 마친 핵심효소가 DNA 나선에서 분리되지 못하고 DNA와 결합된 상태로 남아 있는 현상을 이용해 수행되었다. 반응액의 이온 농도가 낮은 상태에서는 전사개시가 중단된다. 이때의 전사개시 정도는 앞에서 설명한 것처럼 [γ-^{32}P]ATP가 RNA에 함유된 정도로 측정했다(그림 6.10의 빨간색 반응곡선). 이러한 상태에서 새로운 핵심효소를 반응에 첨가하면 즉시 전사가 재개되는 것이 관찰되었다(그림 6.10의 파란색 반응곡선). 이러한 결과는 원래의 완전효소에서 분리된 σ-인자가 추가로 첨가된 핵심효소와 결합하여 새로운 완전효소를 형성하는 것으로 해석할 수 있다. 또 다른 실험을 통해 이와 같은 반응에 새로운 주형 DNA를 추가로 첨가하면 첨가된 DNA를 주형으로 한 전사도 이루어진다는 것이 확인되었다. 이 결과는 σ-인자가 추가로 첨가된 핵심효소와 결합하여 전혀 새로운 주형 DNA에 결합하여 전사개시를 수행할 수 있음을 보여 주고 있다. 이러한 실험 결과들을 바탕으로 트레버스와 버제스는 σ-인자가 하나의 핵심에서 또 다른 핵심효소로 이동하면서 반복하여 사용될 수 있다는 결론을 내렸으며(그림 6.11), 이러한 σ-인자의 반복사용을 '**σ 회로**(σ cycle)'라 명명했다.

그림 6.10에는 또한 리팜피신이 어떻게 RNA 중합효소의 활성에 영향을 미치는가에 대한 일부 해답을 줄 수 있는 중요한 결과가 나와 있다. 그림에 나타나는 것처럼(초록색 반응곡선) 리팜피신에 대한 내성을 지니는 RNA 중합효소에서 분리된 핵심효소를 이용해 전사개시 반응을 진행시키는 경우에는 반응액에 리팜피신을

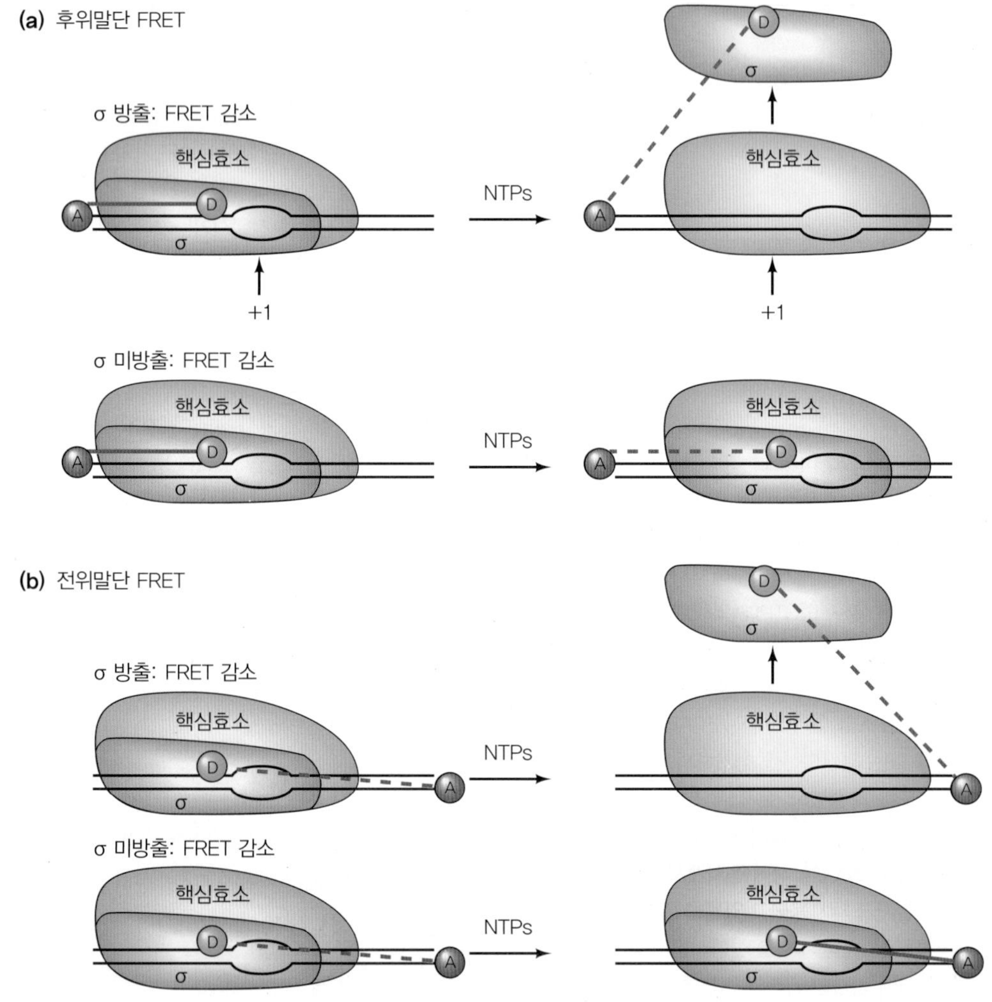

그림 6.12 FRET 분석법을 이용한 σ-인자의 DNA상에서의 이동 측정. **(a)** 후위말단 FRET. 전체 아미노산 서열에서 시스테인을 하나만 남기고 모두 제거시킨 돌연변이 $σ^{70}$ 인자의 시스테인 잔기에 형광공여자(D, 초록색)를 부착시킨다. DNA의 5′-말단에는 형광수혜자(A, 빨간색)를 부착시킨다. 개방형 프로모터 복합체 상태에서는 두 탐침이 근거리에 위치하기 때문에 FRET 효율이 매우 크다(보라색 실선). DNA를 구성하는 네 가지의 뉴클레오티드 중 세 가지만을 반응에 첨가하면 결손된 뉴클레오티드(이 경우 CTP)가 필요한 부분에서 전사가 중단되며 그 위치까지 중합효소가 이동한다. 이 위치는 위 실험에서 +11 위치이며, 중합효소가 프로모터에서부터 충분히 빠져나간 위치이다. FRET 효율은 σ가 중합효소에서 분리됨과는 상관없이 어느 경우에도 두 탐침 사이의 거리가 멀어지며 FRET 효율은 낮아진다(보라색 점선). σ가 핵심효소와 분리되지 않는 경우에도 신장 과정에서 핵심효소와 같이 DNA를 따라 이동하면 DNA의 5′-말단에 위치한 탐침으로부터 점차 멀어진다. 만약 σ가 핵심효소로부터 분리되면 용액 속에 무작위적으로 흩어지게 되며 평균적으로 개방형 프로모터 상에서의 DNA 5′-말단의 탐침으로부터의 거리보다는 훨씬 멀리 떨어져 있게 되어 역시 FRET 효율은 감소한다. **(b)** 전위말단 FRET. $σ^{70}$ 인자에 탐침을 부착하는 것은 같으나 이 경우에는 DNA의 3′-말단에 형광수혜자 탐침을 부착한다. 개방형 프로모터 복합체인 경우, 중합효소에 부착한 σ는 DNA의 3′-말단에서의 거리가 멀어 FRET 효율이 매우 낮은 상태이다(보라색 점선). 뉴클레오티드를 첨가하면 중합효소 복합체는 프로모터를 벗어나 (a)에서와 같은 방식으로 3′-말단으로 이동한다. 이 경우는 FRET의 효율이 σ의 핵심효소에의 결합 여부에 따라 달라진다. 만약 σ가 핵심효소로부터 분리되면 FRET은 (a)에서와 같이 효율이 감소할 것이다. 반면에 σ가 핵심효소와 결합한 상태를 유지한다면 중합효소가 DNA를 따라 이동함에 따라 두 탐침의 거리는 점차 가까워질 것이며 FRET 효율도 증가할 것이다(보라색 실선).

첨가해도 개시가 진행됨을 알 수 있다. σ-인자는 리팜피신에 민감한 완전효소에서 유래한 것이므로, 이 경우에 리팜피신이 존재함에도 불구하고 개시가 계속 진행되는 결과는 핵심효소가 리팜피신에 대한 내성에 관여하고 있음을 의미한다. 그림에서 리팜피신을 첨가한 경우에 개시 효율이 그렇지 않은 경우에 비해 감소한 것은, 사용된 핵심효소가 리팜피신에 대해 완벽한 내성을 지니고 있지는 않음을 의미한다. σ-인자가 개시에서 주된 역할을 하고 있음이 이미 밝혀졌으므로 개시억제제인 리팜피신의 표적은 당연히 σ-인자일 것으로 추측되었으나, 위의 실험을 통해 그 표적은 핵심효소임이 밝혀졌다. 이 장의 후반부에서는 이러한 사실을 더욱 명료하게 설명할 수 있는 몇 가지 실험에 대해 논의할 것이다.

3) σ 회로

σ 회로 모델에 따르면 중합효소가 전사개시 단계에서 신장 단계로 진행되면서 σ가 핵심효소로부터 분리되는 것으로 간주되어 왔다. 이를 **절대분리**(obligate release)형 σ 회로 모델이라 한다. 이 모델은 30년 이상 여러 실험적 근거들에 의해 뒷받침되어 왔으나 그동안 얻어진 모든 실험적인 결과들이 이 모델로 설명되지는 않는다. 실제 1996년에 제프리 로버트(Jeffrey Roberts) 등은 λ 파지의 후기 프로모터에서 σ가 +16/+17 위치에서의 일시적인 전사중단에 관여함을 밝혔다. 이 결과는 σ가 프로모터 이탈 이후일 수밖에 없는 +16/+17 위치에서도 아직 핵심효소와 결합하고 있음을 의미한다.

이와 같은 실험결과와 그 외에 여러 결과들을 종합하여 **무작위분리 모델**(stochastic release model)이 제안되었다. (Stochstic는 random, 즉 '무작위적인'이라는 뜻을 지닌다. *stochos*는 그리스어로서 영어의 guess, 즉 추측이라는 뜻을 지닌다.) 이 모델은 σ가 핵심효소로부터 분리되는 것은 사실이지만 그 시기가 특정시기로 제한되어 있는 것이 아니라 전사과정 중에 무작위적으로 아무 시기에나 일어남을 의미한다. 실제 많은 실험 결과들을 자세히 분석하여 보면 무작위분리 모델이 옳은 것으로 추측된다.

리차드 에브라이트(Richard Ebright) 등은 2001년에 실제로 σ 회로 모델을 뒷받침하는 대부분의 실험들이 전기영동 등의 매우 극단적인 조건에서 수행된 것이며, 신장 과정에서 약한 친화력으로 핵심효소에 결합되어 있을지도 모르는 σ-인자가 복합체의 분리 과정에서 유리되어 소실되었을 가능성이 있음을 발표하였다. 이런 실험방법상의 이유로 σ-인자가 신장 과정에서 핵심효소로부터 분리되는 것처럼 보였을 수도 있으며, 또한 지금까지의 실험들이 RNA 중합효소의 활성 상태를 전혀 고려하지 않고 진행되었음이 지적되었다. 실제로 많은 세포 내의 RNA 중합효소들이 전사개시 단계에서 신장 단계로의 전환 능력이 없는 불활성화 상태에 있음이 알려져 있다.

절대분리 모델이 사실인지를 검증하기 위하여 에브라이트 등은 **형광공명에너지 전달**(fluorescence resonance energy transfer, FRET)을 사용하여 DNA상에서 σ-인자의 위치를 확인하는 실험을 수행하였다. 이 방법에서는 단백질 복합체의 분리 과정에서 σ가 소실되는 등의 실험적인 오류가 발생할 수 없다. 이 FRET 방법에서는 2개의 형광물질이 매우 근거리에 위치할 때 공명에너지 전달이 이루어지며 형광분자(형광탐침, fluorescence probe) 사이의 거리가 멀어질수록 에너지전달 효율이 감소한다는 원리가 이용된다.

에브라이트 등은 그들의 FRET 실험에서 σ-인자와 DNA를 **형광탐침**(fluorescence probe)으로 표지하여, σ-인자의 형광 탐침은 형광공여자로, DNA에 부착된 형광탐침은 형광수혜자를 작용하도록 하였다. 후위말단(trailing-edge) 실험에서는 DNA의 5′-말단에 탐침을 부착하여 중합효소가 프로모터에서 이동하여 멀어질수록 에너지 전달이 감소되며, 반대로 전위말단(leading-edge) 실험에서는 탐침을 DNA의 3′-말단에 부착하여 중합효소가 프로모터에서 DNA의 말단을 향하여 이동하면서 에너지 전달이 증가하도록 하였다. 그림 6.12는 후위말단과 전위말단 실험의 원리를 설명하고 있다.

후위말단 실험에서는 중합효소가 프로모터에서 이동을 시작한

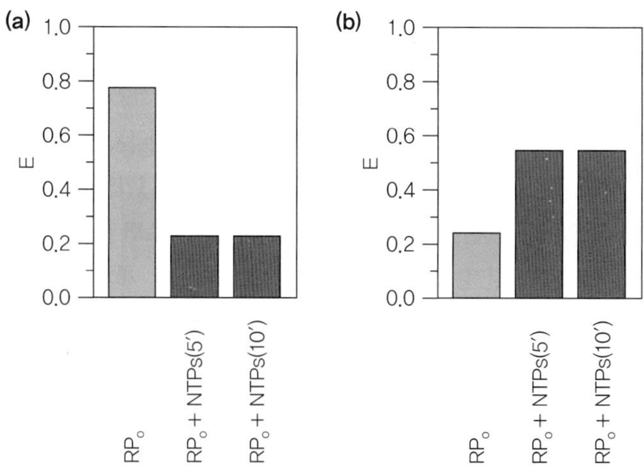

그림 6.13 FRET 효율을 이용한 프로모터 통과 이후의 σ-핵심효소 분석. 에브라이트 등은 그림 6.12에서 설명한 FRET 효율 분석법을 수행하였다. **(a)** 후위말단 FRET 결과; **(b)** 전위말단 FRET 결과. 파란색 막대, 개방형 프로모터(RP_o) 상태에서의 FRET 효율(E); 빨간색 막대, 세 가지 뉴클레오티드를 첨가하여 중합효소가 DNA상에서 11bp 아래쪽으로 이동하도록 조작하고 난 후 5분, 10분 후의 FRET 효율이다.

후에 σ가 핵심효소로부터 분리되는지, 또는 반대로 중합효소와 계속 부착되어 있는지를 구분할 방법이 없다. 두 가지 모두의 경우에서 중합효소가 프로모터에서 3′-방향으로 이동을 시작하면, σ 단백질상의 공여자 탐침과 DNA 5′-말단의 수혜자 탐침과의 거리가 멀어지게 되며 FRET가 감소한다. 그림 6.13a는 실제로 후위말단 실험에서 시간이 경과함에 따라 FRET가 감소함을 보여 주고 있다.

반대로 전위말단 실험에서는 두 모델(그림 6.12b)에 따라 결과가 다르게 나타난다. σ가 전사 진행에 따라 중합효소로부터 분리되면 후위말단 실험에서와 같이 FRET가 감소한다. 그러나 σ가 중합효소에 계속 부착되어 있는 경우는 전사가 진행됨에 따라 σ에 부착되어 있는 공여자 탐침이 DNA의 3′-말단에 부착되어 있는 수혜자 탐침과 점차 가까워지고, 따라서 전사가 진행됨에 따라 FRET가 증가하게 된다. 그림 6.13b는 실제로 전위말단 실험에서 FRET가 증가함을 보여 주고 있고, FRET 증가 정도를 볼 때 100%의 핵심효소가 프로모터에서 이동을 시작한 후에도 σ와 부착되어 있는 것으로 판단된다.

에브라이트 등은 그림 6.13a, 6.13b의 실험을 폴리아크릴아미드 겔에서 수행하였고 자세한 방법은 다음과 같다. 우선 용액상에서 개방형 프로모터 복합체를 생성하고 헤파린을 처리하여 DNA와 결합하지 않은 중합효소에 결합시켰다. 다음 비변성 폴리아크릴아미드 겔에서 복합체를 분리하고 복합체를 포함하는 겔 절편을 잘라 큐벳에 넣고 전사 완충액을 넣어 준 다음 형광측정기에서 FRET 효율 RP_o를 측정하였다. 여기에 세 가지 뉴크레오티드를 첨가하여 전사가 제한적으로 일정한 부위까지만 진행되게 조작하여, 중합효소가 DNA를 따라 이동하게 한 다음 신장복합체에서의 FRET 효율을 2차적으로 측정하였다. 이와 같은 겔 상태에서의 실험은 전기영동 과정에서 비활성 복합체(닫힌 프로모터)를 제거할 수 있어 순수하게 활성을 지니고 있는 중합효소만을 대상으로 실험을 진행시킬 수 있는 장점이 있다. 또한 이들은 전기영동 자체에서 올 수 있는 실험상의 오류 가능성을 제외하기 위하여 용액 상태에서도 유사한 추가 실험을 수행하여 같은 결과를 얻었다.

바르나훔(Bar-Nahum)과 누들러(Nudler)는 2001년에 역시 σ가 분리되지 않고 아직 남아 있음을 확인하였다. 이들은 완전 중합효소와 하나의 프로모터를 지닌 DNA를 결합시키고 여기에 세 가지 뉴클레오티드를 첨가하여 중합효소를 +32 위치까지 이동시켰다. 그리고 이 신장복합체(EC32)를 신속하게 분리하였는데 여기에는 새로 합성된 RNA에 상보적인 DNA 절편이 부착된 레진 구슬이 사용되었다. 간단한 원심분리로 복합체가 부착된 구슬을 분리하여 신장복합체를 순수하게 분리할 수 있었는데 이는 새로 합성된 RNA 사슬이 신장복합체에만 존재하기 때문이다.

바르나훔과 누들러는 핵산분해 효소를 처리하여 신장복합체를 구슬에서 분리한 후 SDS-PAGE와 면역블록(5장 참조)을 통해 분리하고 분리된 단백질의 종류를 각각에 대한 특이항체로 확인하였다. 그림 6.14에서 보는 바와 같이 정제된 EC32는 σ를 어느 정도 포함하고 있다. 정량을 한 결과 세포분열이 정체된 상태에서는 약 33±2% 정도의 σ가 존재하였으며, 왕성히 분열하고 있는 세포에서는 약 6±1% 정도의 σ가 검출되었다. 이는 에브라이트 실험에서와 같이 100%의 경우에서 신장복합체에서 σ가 발견된 것에 비하면 낮은 수치이긴 하지만 이는 신장복합체에서는 핵심효소와 σ와의 친화력이 상대적으로 매우 낮음을 시사하기도 한다. 그러나 핵심효소와 σ와의 결합이 전사개시 과정에서는 주요한 효율제한 단계이기 때문에 복합체가 이 정도의 σ만을 보유하고 있어도 전사의 재개에는 큰 도움이 될 수 있다.

바르나훔, 누들러, 에브라이트 등의 연구결과는 절대분리 모델과도 일치하지 않고 σ 회로 모델 자체를 부정하는 듯이 보이나 실

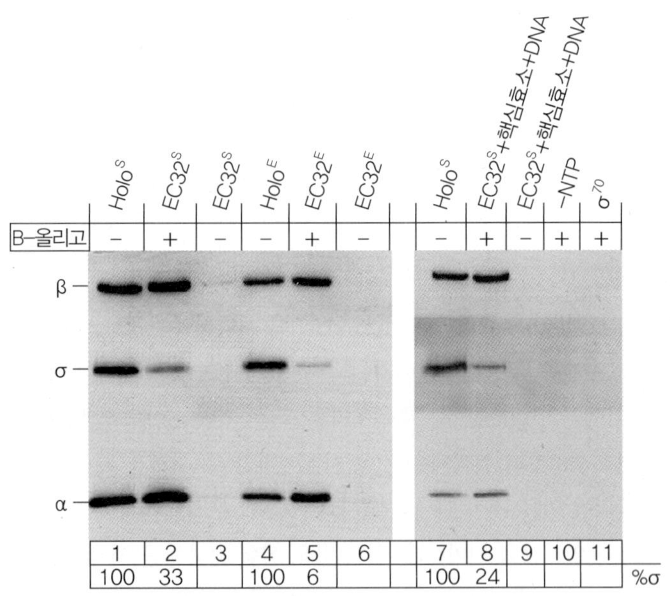

그림 6.14 전사 신장복합체와 σ와의 결합. 바르나훔과 누들러는 왕성하게 분열 중인 세포(EC32^E 복합체), 또는 정체 상태의 세포(EC32^S 복합체)에서 전사 신장 복합체를 분리하였다. RNA 분해효소를 처리하여 신장 복합체에서 단백질을 추출하고 SDS-PAGE로 분리한 다음 면역블롯팅을 이용하여 단백질 구성성분을 분석하였다. 복합체의 종류와 분리에 사용한 구슬에 올리고 DNA를 부착시켰는지 여부가 상단에 표시되어 있다. 8번과 9번 레인은 분리하기 전의 EC32^S 복합체에 과량의 핵심효소와 DNA를 미리 처리한 일종의 대조군인데, 이는 σ가 비특이적으로 핵심효소나 DNA에 결합하지 않음을 보여 주기 위한 것이다. (출처: Reprinted from *Cell* v. 106, Bar-Nahum and Nudler, p. 444 © 2001, with permission from Elsevier Science.)

제로는 전사과정의 여러 단계에서 σ가 분리됨을 주장하는 무작위분리 모델과 일치한다고 볼 수 있다. 바르나홈과 누들러는 그들의 실험에서 신장복합체를 32nt 정도의 전사가 진행된 후 수집하였는데, 이는 너무 이른 시간이었을 수 있다. 또한 에브라이트 등의 실험에서 전사가 50nt 진행된 후에도 σ가 분리되지 않는 것으로 관찰되었으나 이는 그들이 사용한 DNA(대장균의 lacUV5 프로모터)에 유사 −10상자가 전사개시 부위 아래쪽에 추가로 존재하기 때문이라는 것이 후에 밝혀졌다. 최근의 연구결과, 이 부위(즉, 유사 −10상자)에서 실제 σ−의존적인 전사의 일시 정체가 일어나고 이러한 작용에 의해 σ가 분리되지 않고 보존됨이 밝혀졌다. 실제 이 유사 −10상자에 돌연변이를 유발시켜 실험을 진행한 결과 FRET 신호가 감소하고, σ도 4배나 더 분리됨이 관찰되었다. 게다가 에브라이트 등이 σ와 DNA 대신 σ와 핵심효소에 형광탐침을 표지한 후에, 실험을 다시 수행한 결과 FRET 신호가 전사체의 길이에 비례하여 감소함을 확인하였다. 이러한 결과들은 일부 σ가 전사과정에서 분리되며 그 정도는 DNA의 특성에 따라 변할 수 있음을 의미한다.

σ 회로 가설이 옳은가를 더 정밀히 확인하기 위하여 에브라이트 등은 반목레이저 자극을 통한 단분자 FRET 분석법(single molecule FRET analysis with alternating laser excitation: single molecule FRET ALEX)을 이용하였다. 전위말단 FRET 분석에서는 σ의 전위말단을 형광공여자로 표지하고 후위(downstream) DNA 부위를 형광수혜자로 표지하였다. 후위말단 실험에서는 σ의 후위말단을 형광공여자로, 전위(upstream) DNA 부위는 형광수혜자로 표지하였다. 이 실험에서는 형광효율(FRET의 강도)뿐 아니라 화학양론법(Stoichiometry)에 의한 분자의 비율, 즉, 극도의 작은 자극부피(10^{-15}L) 내에 하나의 형광물질만 존재하는지, 아니면 2개의 형광물질이 동시에 존재하는지를 측정하였다. 이러한 작은 부피 내에는 특정 시간에 하나 이상의 신장복합체가 동시에 존재하는 것은 불가능하다. 이들은 신장복합체가 극소의 자극 부피를 통과하는 약 1ms 동안 형광공여자 및 수혜자를 여러 번 반복하여 레이저로 자극하였다. 또한 대장균 *lac*UV5 프로모터를 특정 위치에만 G가 위치한 다양한 DNA와 조합하고 반응액에서 C를 제거하는 방식의 실험을 통하여(5장 참조) 11, 14, 50nt 길이의 신규 합성 RNA 부위에서 신장이 중단되도록 하는 실험을 수행하였다. 형광효율과 분자의 비율을 하나의 신장복합체에서 동시에 측정해서 이들은 다음과 같은 정보를 얻을 수 있었다: ① 전사가 어디까지 진행되고 있는가(후위말단 FRET에서의 형광효율 감소와 전위말단 FRET에서의 형광효율 증가); ② σ가 핵심효소에서 분리되었는가(완전효소 복합체에서는 분자비율 0.5, 핵심효소 단독의 경우 0, 그리고 분리된 σ 단독의 경우 1.0).

이러한 연구를 통해 신장복합체가 프로모터를 벗어나는 시점, 즉 11nt 길이의 RNA가 생성된 시점에서 90% 이상의 σ가 아직 신장복합체와 결합한 상태임이 밝혀졌고, 이러한 결과는 절대분리 모델이 옳지 않음을 보여 준다. 그러나 또한 전사 진행이 중단된 상태의 신장복합체 중 50% 정도에서는 σ가 분리되었음이 밝혀져 무작위분리 모델이 옳음이 밝혀졌다. 마지막으로 일부 신장복합체는 전사종결 시점까지도 σ−인자를 보유하고 있음이 밝혀져 적어도 이들의 경우 σ 회로가 전혀 적용되지 않음도 확인되었다.

4) 프로모터에서의 DNA 풀림 현상

챔벌린 등의 실험에 따르면 온도가 상승할수록 프로모터와 RNA 중합효소는 더 안정적인 복합체를 형성한다. 또한 일단 풀린 DNA 나선은 높은 온도에서 더 안정적이다. 이러한 사실에서 RNA 중합효소와 프로모터가 강하게 결합할 때 DNA의 부분적인 풀림이 일어난다고 추정할 수 있었다.

타오시 시엔(Tao−shih Hsieh)와 제임스 왕(James Wang)은 1978년 DNA의 부분적인 풀림 현상에 관한 더 직접적인 증거를 발표했다. 이들은 T7 DNA를 제한효소로 절단한 후, 3개의 프로모터를 포함한 DNA 절편을 사용해 RNA 중합효소와 결합시켰다. 이 복합체의 생성 과정에서 나타나는 흡광도의 변화를 추적해서(2장 참조) DNA의 풀림 정도를 측정했다. 이때 260nm 파장에서의 흡광도 증가에서 단순히 DNA가 풀린 사실의 확인뿐 아니라 풀린 DNA의 길이 계산도 가능하다. 시엔과 왕은 반응에 일정한 양의 RNA 중합효소를 첨가하고 흡광도를 측정했다. 그 결과 하나의 RNA 중합효소는 약 10개의 염기에 해당하는 만큼의 프로모터를 풀어서 열린 형태로 전환시킨다는 것을 알 수 있었다.

울리히 시에벤리스트(Ulrich Siebenlist)는 1979년 그림 6.15와 같은 실험을 수행해 RNA 중합효소에 의해 풀리는 T7 프로모터 염기서열을 처음으로 밝혔다. 우선 프로모터 DNA의 한쪽 말단을 방사능으로 표지하고, 이 DNA와 RNA 중합효소를 반응시켜 개방형 프로모터 복합체를 형성하도록 했다. 이때 DNA의 일부는 풀린 형태로 전환되며, 이 부위의 아데닌 염기의 1번 위치의 질소(N_1)가 노출되어 디메틸황산염과 같은 화학물질을 처리하면 메틸화된다. 아데닌 염기의 1번 질소는 DNA가 정상적으로 이중나선 형태로 존재하는 경우에는 티민 염기와의 수소결합에 관여하는 원소이다. 이 상태에서 RNA 중합효소를 제거하면 DNA가 본래의

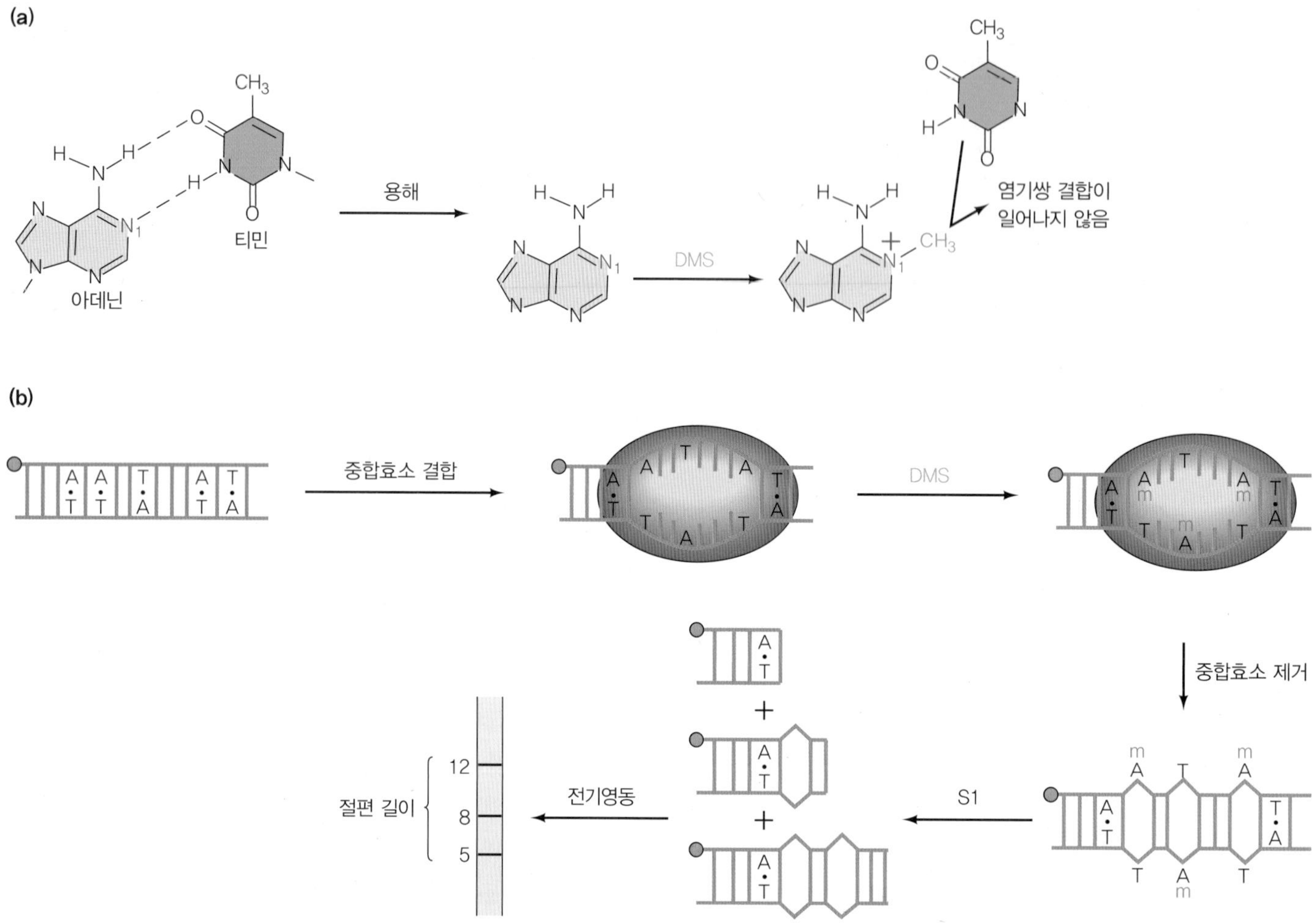

그림 6.15 T7 초기 프로모터에서 RNA 중합효소에 의해 풀린 형태로 전환되는 DNA 부위의 확인에 사용된 실험 개요. (a) 아데닌이 티민과 결합하고 있는 상태에서는 1번 위치의 질소(N_1)가 이중가닥 내부에 위치하여 디메틸황산염(DMS, 파란색)에 의해 메틸화되지 않는다. 그러나 오른쪽과 같이 DNA가 풀린 상태에서는 외부로 노출되어 DMS에 의해 메틸화된다. 메틸화된 아데닌은 더 이상 티민과의 수소결합을 형성하지 못한다. (b) 5개의 아데닌–티민 염기쌍을 지닌 가상의 프로모터 DNA를 나타내고 있다. 이 DNA의 말단을 표지(주노란색)한 후 RNA 중합효소(빨간색)를 첨가하면 이중가닥이 부분적으로 풀려 3개의 아데닌이 노출되어 DMS를 처리했을 때 메틸화될 것이다. RNA 중합효소를 제거한 후에도 아데닌에 형성된 메틸기(CH_3, 파란색)에 의해 아데닌과 티민의 결합이 이루어지지 않는다. 이때 DNA 단일가닥을 특이적으로 인지하여 절단하는 S1 뉴클레오티드 분해효소를 첨가하면 메틸화된 아데닌 부위는 부분적으로 단일가닥으로 인지되어 절단될 것이다. 이때 반응조건을 잘 조절하여 전체 DNA 분자에서 효소에 의한 절단이 약 한 번 정도만 이루어지도록 한다. 그 이유는 효소가 모든 메틸화된 아데닌 부위를 절단하게 되면 가장 짧은 DNA 절편들만 생성되어 메틸화된 아데닌이 존재하는 부위 전체의 길이를 추정할 수 없기 때문이다. 생성된 DNA 절편을 전기영동하여 그 길이를 측정하면 DNA의 풀린 부위의 DNA 말단으로부터의 거리를 추정할 수 있다.

이중나선 형태로 되돌아갈 수 없게 된다. 이는 메틸화된 아데닌이 티민과 수소결합을 이루지 못하기 때문이며 DNA는 어느 정도 열린 형태를 보존한 채 남아 있게 된다. 이러한 DNA에 DNA의 단일가닥만 절단하는 S1 핵산분해효소를 적당량 처리하면 이론적으로 표지된 DNA의 말단에서 DNA가 풀렸던 부위에 위치한 아데닌까지의 DNA 절편들이 생성될 것이다. 시에벤리스트는 이 DNA 절편을 전기영동으로 분리하여 방사능으로 표지된 DNA 절편의 길이를 측정했다. 이러한 방식으로 RNA 중합효소에 의해 풀린 부위의 정확한 거리를 측정할 수 있었다.

그림 6.16은 위 실험의 결과를 보여 준다. 기대한 것처럼 몇 개의 DNA 절편이 명확히 나타나는 대신에 +3과 −9 위치 사이에서 다양한 길이의 DNA 절편이 나타났다. 그 이유는 DNA 나선의 메틸화된 아데닌 위치에서 상대 방향의 티민과의 결합이 방해됨에 따라 주위의 다른 염기들의 상호결합도 같이 약화되어 부위 전체가 S1 핵산분해효소의 작용에 노출되었기 때문이다. 이 실험 역시 시엔과 왕의 실험에서와 같이 약 10개의 염기가 RNA 중합효소에 의해 풀린다는 결론을 얻을 수 있었다. 그러나 RNA 중합효소에 의해 풀리는 DNA의 길이에 관한 이와 같은 추정은 실제 길

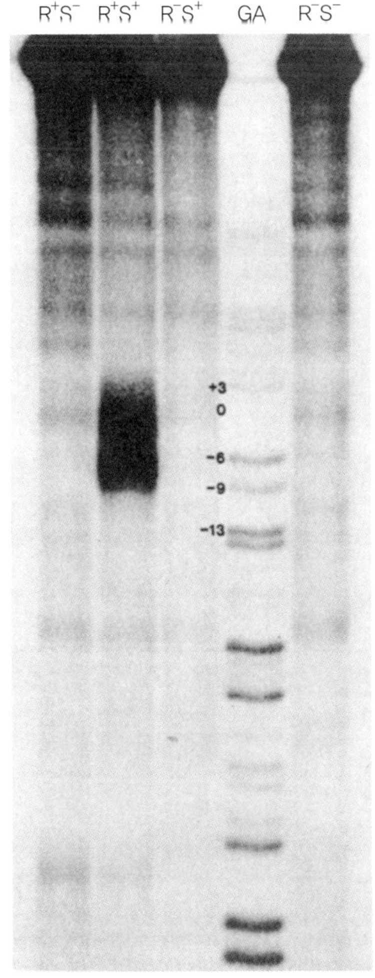

그림 6.16 RNA 중합효소는 T7 A3 프로모터의 −9에서 +3 사이 DNA를 푼다. 그림 6.15에서 설명한 실험은 시에벤리스트에 의해 실제 수행되었으며, 그 결과는 위의 그림과 같다. R^+S^+로 표시된 레인이 RNA 중합효소와 S1 뉴클레오티드 분해효소가 동시에 사용된 실험군에서 얻은 결과이다. 다른 레인들은 RNA 중합효소 또는 S1 효소가 단독으로 사용된 대조군이다. GA로 표시된 레인은 실험에 사용된 DNA를 막삼–길버트 법을 통해 염기서열을 결정한 결과이며 그림의 레인에서는 구아닌 염기의 위치를 보여준다. 이를 통해 DNA가 풀린 부위가 대략 −9에서 +3 사이에 해당됨을 알 수 있다. (출처: Siebenlist, RNA polymerase unwinds an 11–base pair segment of a phage T7 promoter. *Nature* 279 (14 June 1979) p. 652, f. 2, © Macmillan Magazines Ltd.)

이보다 작을 가능성이 있는데, 이는 양쪽의 메틸화된 아데닌 염기 바로 옆의 염기가 구아닌 또는 시토신이기 때문이다. 구아닌과 시토신은 위의 실험조건에서는 메틸화되지 않는다. 또한 위의 실험에서 RNA 중합효소에 의해 풀리는 DNA 부위가 바로 전사개시(+1) 주변부위에서 발견된 것도 중요한 사실 중 하나이다.

시엔과 왕의 실험과 시에벤리스트의 실험 등에서는 중합효소와 DNA 두 분자 사이에 형성된 복합체의 용해 현상만을 측정했다. 이들 실험에서는 RNA 전사가 실제로 이루어지고 있는 DNA 부위에 형성된 풀린 부위의 크기(또는 길이)를 측정할 수는 없었다. 이러한 실험은 1982년에 하워드 감페르(Howard Gamper)와 존 허스트(John Hearst)에 의해 수행되었다. 이들은 대장균 RNA 중합효소의 인지부위를 지니고 있는 SV40 DNA를 5℃ 또는 37℃에서 대장균 RNA 중합효소와 반응시키고 DNA의 풀린 부위에 해당하는 염기수를 측정했다. 이때 중합효소와 DNA의 두 분자로만 이루어진 복합체에서의 풀린 부위를 측정하는 경우에는 뉴클레오티드를 첨가하지 않았으나, DNA–중합효소–RNA의 삼중 복합체에서의 풀린 부위를 측정하기 위한 실험에서는 뉴클레오티드를 첨가해주었다. 이와 같은 실험에서는 RNA 중합효소는 전사개시를 한 번만 일으키며 전사종결이 일어나지 않기 때문에 모든 중합효소는 DNA와 결합되어 있는 상태로 남아 있는다. 그래서 DNA와 결합하고 있는 중합효소의 정량이 가능하다.

감페르와 허스트의 실험은 먼저 원형 DNA와 정량된 RNA 중합효소를 반응시키고, 이에 인간세포 추출액을 첨가해서 생성된 초나선 DNA 부위를 이완시켰다. 이때 DNA의 이완은 세포 추출액에 존재하는 DNA 절단 및 봉합효소들의 작용에 의해 이루어진다. 그다음 DNA와 결합된 중합효소를 제거하면(그림 6.17a) 중합효소에 의해 풀린 DNA 부위의 덜 감긴(underwinding) 상태가 전체 DNA 나선구조에 긴장을 가져와 DNA가 초나선 형태로 전환되는데(2, 20장 참조), 이때 초나선의 정도는 DNA의 풀린 부위의 크기에 비례하게 된다. DNA의 초나선의 정도는 전기영동 겔상에서 측정할 수 있는데 이는 DNA가 초나선 형태일수록 겔상에서 빨리 내려가기 때문이다.

그림 6.17b는 37℃에서 DNA에 결합된 RNA 중합효소의 수와 초나선의 정도가 정비례함을 보여 준다. 또한 1개의 RNA 중합효소가 약 1.6초 나선 회전을 초래함이 밝혀졌고, 이 결과는 하나의 RNA 중합효소가 DNA 이중나선의 1.6회전에 해당하는 만큼의 DNA를 풀린 형태로 전환시킴을 뜻하기도 한다. DNA 이중나선의 1.0회전은 약 10.5bp의 염기를 포함하므로 RNA 중합효소는 약 17bp($1.6 \times 10.5 = 16.8$) 정도의 DNA를 풀린 형태로 전환함을 알 수 있다. 같은 방식으로 5℃에서 수행한 실험에서 18bp 정도의 DNA가 풀리는 것으로 나타났으며, 이로부터 하나의 RNA 중합효소는 프로모터에 결합한 후 약 17±1bp 정도의 DNA를 풀린 형태로 전환시켜 **전사풍선**(transcription bubble)을 형성하고, 이 전사풍선은 DNA 나선을 따라 중합효소와 같이 이동한다고 결론지었다. 이후 실험과 이론적인 분석에서 실제 전사풍선의 크기는 풍선 내의 염기구성과 같은 환경에 따라 11~16nt 정도의 길이 범위에서 변화하는 것으로 밝혀졌다. 보다 큰 풍선이 형성될 수도 있으

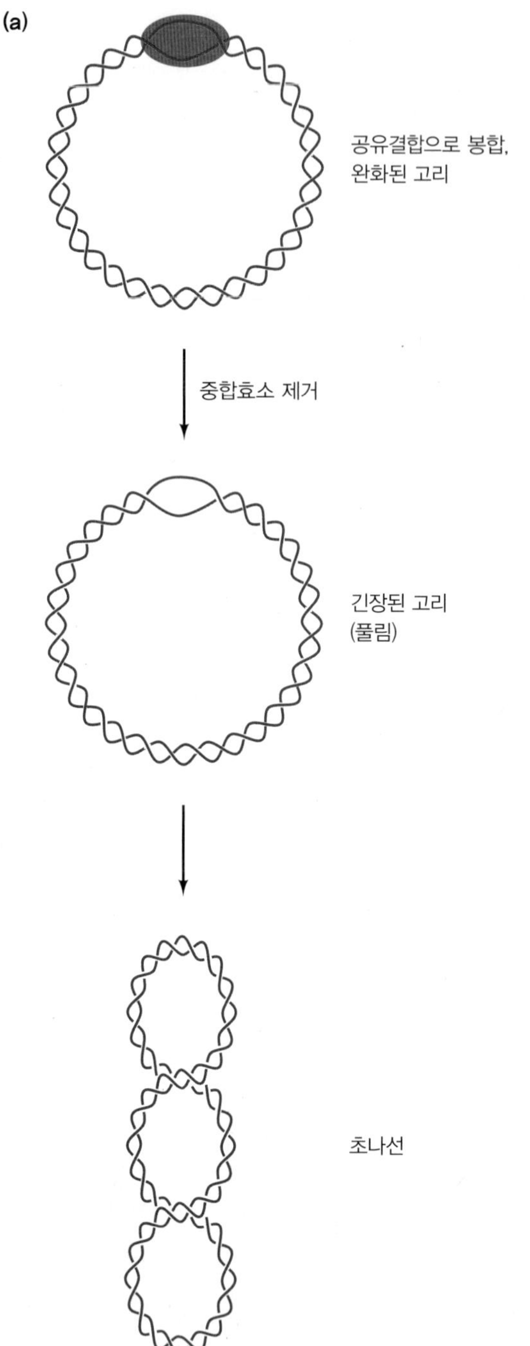

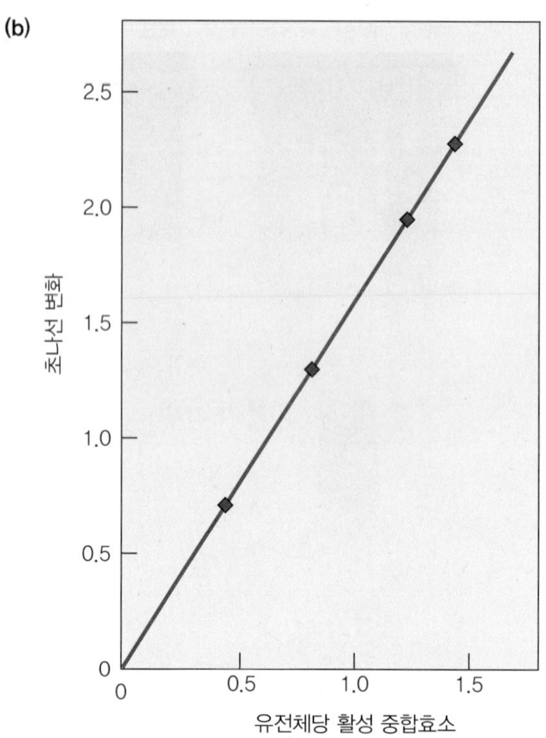

그림 6.17 중합효소의 결합에 의한 DNA의 용해 정도의 측정. (a) 실험 원리. 감페르와 허스트는 SV40 DNA와 대장균의 RNA 중합효소(빨간색)를 섞어 준 다음, 세포추출액을 이용한 DNA의 절단 및 봉합을 통해 나머지 DNA 부분의 초나선을 풀어 주었다. 이 상태에서 중합효소를 제거하면 그림에서처럼 중합효소에 의해 풀린 부분 때문에 DNA 분자 전체에 구조적 긴장이 생성되며, 이러한 긴장은 초나선 상태로 돌아감으로써 해소된다. 이 경우 중합효소에 의한 DNA의 풀림 현상이 크면 클수록 초나선의 정도도 심화된다. **(b)** 실험 결과. 감페르와 허스트는 초나선의 정도와 첨가한 중합효소의 개수를 함수로 나타냈다. 그 결과 기울기가 1.6인 직선이 그려졌으며, 이로부터 하나의 중합효소에 의해 약 1.6회전 정도의 초나선 감김 현상이 유도됨을 알 수 있었다.

나 그 빈도는 기하학적으로 감소하는데, 이는 DNA를 푸는 데 소요되는 높은 에너지 탓이다.

5) 프로모터 탈출

RNA 중합효소는 프로모터를 인식하지 못하면 자동할 수 없으며, 따라서 이들은 프로모터를 인식하고 강하게 결합하도록 진화하였다. 그러나 이러한 특성은 전사 진행 과정에서 프로모터 탈출에 이은 신장기로의 진입을 위해 중합효소와 프로모터 사이의 강한 결합이 파괴되어야 한다는 숙제를 남긴다. 이러한 현상을 어떻게 설명하여야 할까? 이를 설명하기 위해 몇 가지 가설이 제안되었으며, 그중 하나는 작은 길이의 전사체를 형성하는 과정에서 방출된 에너지가 중합효소 혹은 DNA의 뒤틀린 구조 형태로 저장되었다가 일시에 방출되며 이러한 에너지의 방출과정에서 프로모터 탈출이 이루어진다는 가설이다. 이 과정이 어떠한 방식으로 이루지든지 완벽한 기작은 아님이 확실하며 이는 결함을 지닌, 잘못 생성된 이상전사체(abortive transcript)가 자주 발견되는 사실로부터

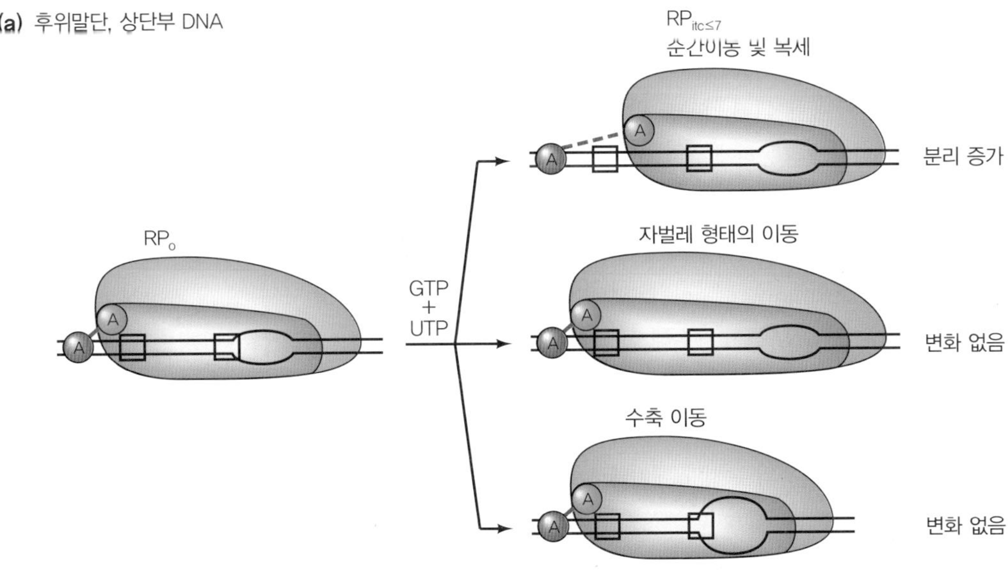

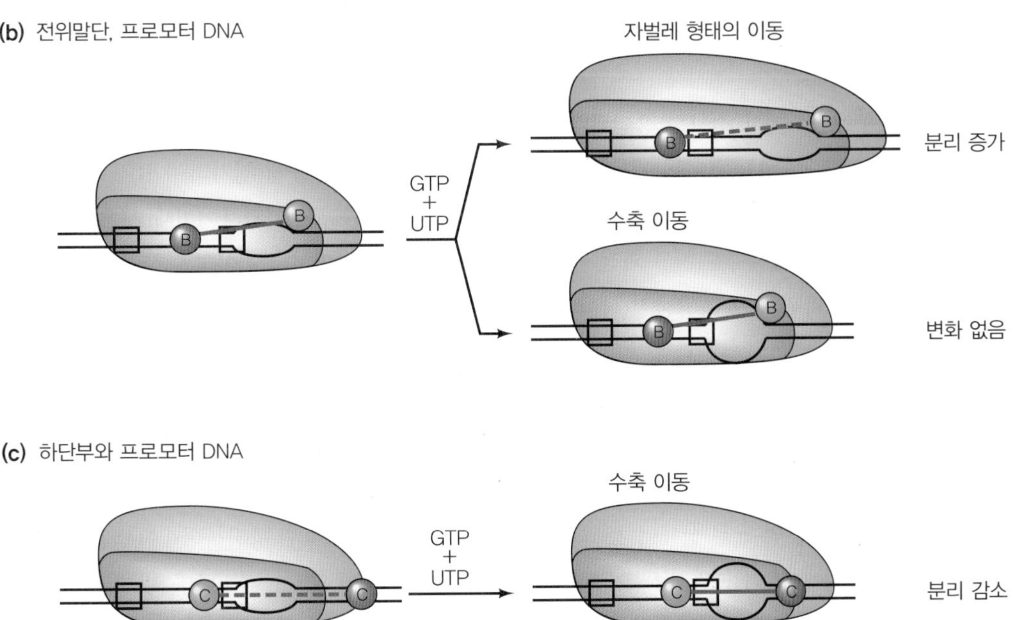

그림 6.18 이상전사(abortive transcription) 과정에서 나타나는 DNA 수축현상에 대한 증거. 에브라이트 등은 이상전사과정의 기작에 대한 세 가지 가설(순간 이동, 자벌레 형태의 이동, DNA 수축)을 비교하기 위하여 단분자 FRET ALEX 법을 사용하였다. 이들은 RP_o, $RP_{itc\leq7}$ 중합효소-프로모터 복합체에서의 단분자 FRET 형광효율을 비교하였다. 복합체는 7nt 길이의 이상전사체를 포함하며, 이는 ApA 시발체와 UTP, GTP를 첨가한 상태에서 전사를 진행시키는 방법으로 생성되었다. 8번째 위치에서는 ATP가 필요하기 때문에 전사체는 7nt까지만 합성된다. 공여형광물질은 초록색으로, 그리고 수혜형광물질은 빨간색으로 표시되었다. 형광물질 사이의 거리가 가까울 때 나타나는 고효율 FRET은 보라색 선으로 표시되었다. 형광물질 사이의 거리가 멀 때 나타나는 저효율 FRET은 보라색 점선으로 표시하였다. 패널 (a)~(c)의 실험은 본문에 설명되어 있으며 상자는 프로모터의 −10상자, 그리고 −35상자를 표시한다.

알 수 있다.

중합효소가 10nt 정도의 거리를 이동하려면 다음 세 가지 중 한 가지 현상이 일어나야 한다. 첫째, 잠깐 이동했다가 다시 돌아오거나(순간적인 이동에 이은 복귀), 후위말단은 그대로 두고 전위말단만 이동하거나(자벌레 방식의 이동), 혹은 효소가 이동하는 대신 DNA를 수축시키는 방법(**srunching**)이다. 2006년 에브라이트 등은 두 종류의 단분자 실험을 통하여 DNA 수축이 가장 실험 결과와 일치하는 이동방식임을 확인하였다.

첫 번째 실험은 앞에서 언급한 반복 레이저 자극 FRET 분석, 즉 **FRET-ALEX** 방법이다. 이 실험방법은 형광공여자의 분광특성이 주위 단백질의 역동적인 구조변화 등에 의해 영향을 받게 되는데, 일반 방법에서는 이를 형광에너지와 혼동하게 된다. 새로운 방법에서는 이에 대한 보정이 가능하다. 에브라이트 등은 중합효소와 프로모터를 결합시키고 전위말단 및 후위말단을 모두 이 방법을 이용하여 분석하였다. 전위말단 실험에서는 σ의 전위말단에 형광공여자를, 그리고 아래쪽(+20 위치) DNA를 형광수혜자로 표지하였다. 후위말단 FRET 실험에서는 σ의 후위말단을 형광 공여자로, 그리고 위쪽 DNA(−39 위치)에 형광 수혜자를 표지하였다. 이들은 두 형광물질이 동시에 존재하는 경우의 수치만 데이터로 사용하였다.

우선 중합효소와 프로모터 DNA를 ApA(뉴클레오티드 2량체: 신규 RNA의 첫 2개의 뉴클레오티드가 A임)의 존재 아래 결합시켜 열린 프로모터 복합체(RP_o)를 형성시켰다. 그리고 UTP, GTP를 첨가하여 7nt 길이의($RP_{itc\leq7}$) AAUUGUG 서열의 이상전사체(abortive transcript)를 생성하였다. (ATP를 첨가해 주지 않은 상태에서 다음 염기가 A이기 때문에 7nt에서 전사는 중단된다.) 그림 18a의 설명과 같이 전위말단 FRET-ALEX 실험에서는 세 가지 가설 전부 두 형광물질 사이의 거리가 좁혀진다. 실제로 RP_o와 $RP_{itc\leq7}$를 비교한 결과 7nt 길이의 이상전사체 형성 과정에서 FRET 에너지가 증가함이 확인되었고 따라서 두 형광물질 사이의 거리가 좁혀졌음을 알 수 있었다.

어떠한 가설이 옳은지를 확인하기 위하여 Ebright 등은 후위말단 FRET-ALEX을 수행하였다(그림 6.18b). 자벌레 형태의 이동이나 DNA 수축 가설에서는 이상전사체의 생성 과정에서 중합효소의 후위말단은 이동하지 않고 제자리에 멈춰 선 상태이다. 그러나 순간적인 이동에 이은 복귀의 가설에서는 RP_o에 비해 $RP_{itc\leq7}$에서 FRET 에너지가 감소하여야 하나 실제 측정결과에서는 변함이 없는 것으로 나타나 이 가설은 옳지 않음이 확인되었다.

자벌레 이동 방식과 DNA 수축 방식의 가설 중 어떤 것이 옳은지 확인하기 위하여 Ebright 등은 형광공여자를 α의 전위말단에 그리고 형광수혜자를 −10 위치와 −35 위치 사이의 DNA에 부착하였다. 자벌레 형태의 이동 가설에서는 형광물질 사이의 거리가 증가하여 FRET 에너지가 감소하여야 한다. 반면에 DNA 수축 가설에서는 아래쪽 DNA가 효소에 접근하는 방식이어서 위쪽 DNA와 효소 사이의 거리에는 변함이 없고 따라서 FRET 에너지도 변화가 없을 것이다. 실제로 형광효율의 변화는 없는 것으로 나타났으며, 이는 DNA 수축 모델이 옳다는 것을 보여 준다. 에브라이트 등은 이를 좀 더 직접적으로 확인하기 위하여 −15 위치의 DNA에 형광공여자를, 그리고 +15 위치의 DNA에 형광수혜자를 위치시켰다. 만약 중합효소가 아래쪽 DNA를 효소가 위치한 방향으로 잡아당긴다면 형광물질 사이의 거리가 좁혀질 것이다. 실제로 이때 형광효율이 증가하는 것으로 보아 DNA 수축가설이 옳음이 다시 증명되었다.

따라서 이상전사체 형성 과정에서 생성된 에너지는 수축된 DNA에 마치 스프링 같은 유형으로 잠재되어 있다가 RNA 중합효소가 프로모터 부위로부터 떨어져나와 신장 주기로 진입하는 것을 가능하게 하는 것으로 추측된다. 별도의 실험에서 에브라이트, 테렌스 스트릭(Terrence Strick) 등은 DNA 단일분자 나노조작의 결과 프로모터 탈출에는 DNA 수축이 동반하며 아마도 필수적인 전제조건임을 밝혔다.

이 실험에서 에브라이트, 스트릭 등은 DNA의 한쪽에는 자성구슬을, 그리고 다른 한쪽은 유리 표면에 부착시켰다(그림 6.19). 이들은 한쌍의 자석을 유리표면의 위쪽에 위치시켜 DNA를 수직으로 세웠다. 이때 자석을 회전시키면 회전의 방향에 따라 양성 혹은 음성 방향 초나선이 생성된다. 그리고 서로 다른 조합의 뉴클레오티드를 반응에 첨가하여 RP_o, $RP_{itc\leq4}$, $RP_{itc\leq8}$, 또는 신장복합체(RP_e)를 생성시켰다. (이때 사용된 프로모터의 경우 ATP, UTP만 첨가하면 4nt 길이의 이상전사체가 생성되며, ATP, UTP, CTP를 첨가하면 8nt 길이의 이상전사체가 생성된다.)

전사 과정에서 DNA 수축이 일어나면 DNA는 추가로 한 바퀴(약 10bp) 풀리면서 음성방향 초나선이 한 바퀴 감소하거나 양성방향 초나선이 한 바퀴 증가하는 결과를 초래할 것이다. 초나선의 변화 정도는 그림 6.19와 같은 방법으로 측정할 수 있다. 양성방향 초나선이 한 바퀴 증가하면 DNA의 길이(자성구슬과 유리표면 사이의 거리)가 56nm 감소한다. 반대로 한 바퀴 감소하면 DNA의 길이는 56nm 증가한다. 자성구슬의 위치변화는 동영상현미경으로 1bp 수준에서 바로 측정이 가능하다.

에브라이트, 스트릭 등은 RP_o, $RP_{itc\leq4}$, $RP_{itc\leq8}$ 각각의 경우에 예측했던 것과 일치하는 DNA 길이의 변화를 관찰하였다. 따라서 이상전사체의 생성과 동시에 DNA 풀림이 나타나고, 풀림의 정도는 이상전사체의 길이에 비례한다. 4nt 혹은 8nt 길이의 이상전사체가 생성되는 과정에서 각각 2nt, 6nt 길이의 DNA가 풀림이 확인되었다. 이 결과는 RNA 중합효소의 활성중심이 2nt까지는 DNA 위에서 이동하지 않고도 합성할 수 있으나 그 이상의 전사체를 합성하기 위해서는 DNA의 수축이 필요함을 시사한다.

프로모터 탈출에도 DNA 수축이 필요한가? 에브라이트, 스트

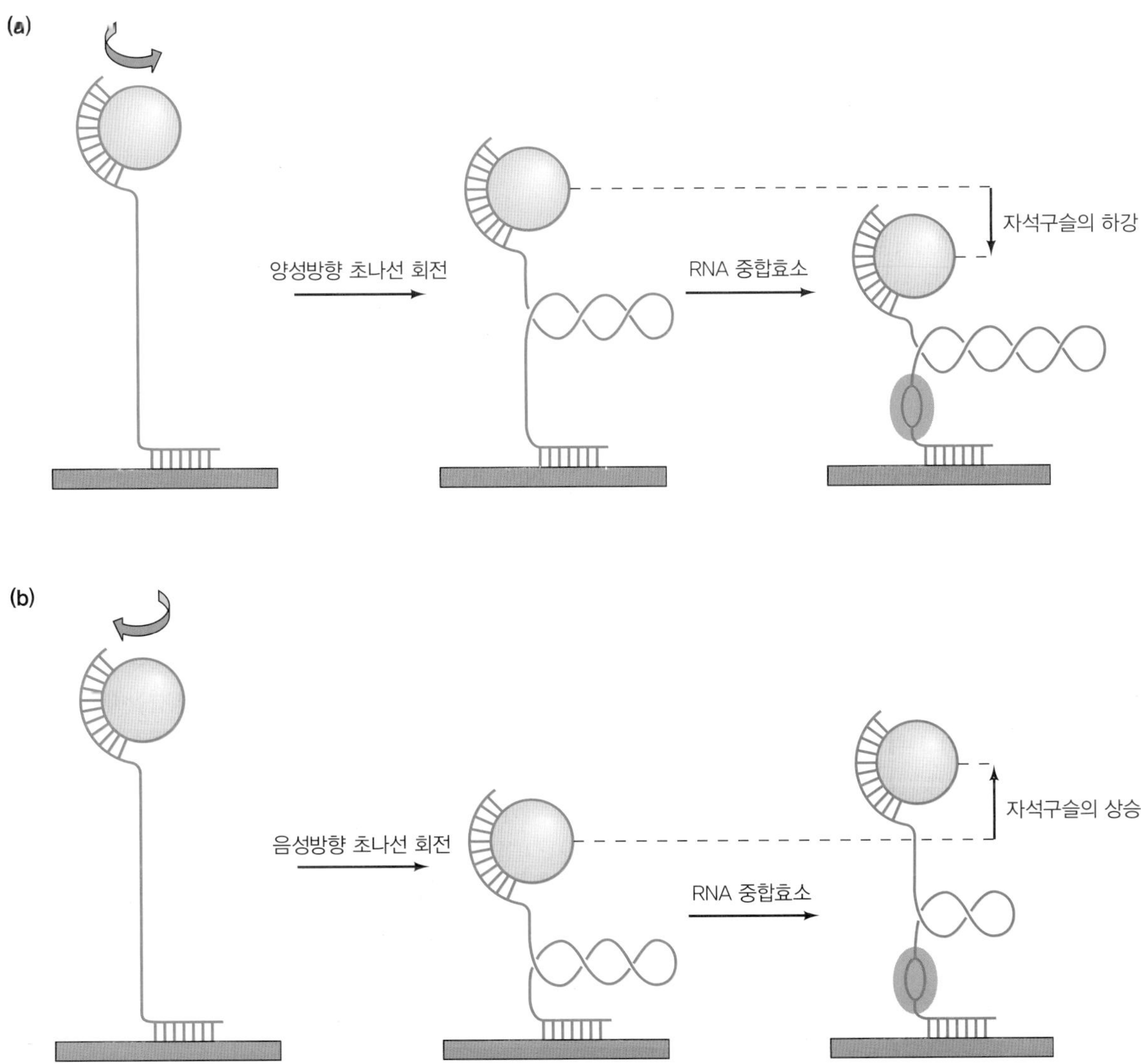

그림 6.19 단분자 나노 조작의 기초원리. DNA의 한쪽 말단은 자성구슬(노란색)에 부착시키고, 다른 한쪽은 유리판(파란색)에 부착시킨다. 상단에 한 쌍의 자석을 위치시켜 우측**(a)** 혹은 좌측**(b)**으로 회전시켜 구슬과 DNA를 뒤튼다. 구슬이 한 바퀴 회전할 때 마다 DNA에 한 바퀴의 초나선 회전이 추가된다. 이때 초나선 회전은 (a)의 경우 양성이고 (b)의 경우 음성이다. RNA 중합효소가 첨가되면 프로모터에 결합하여 DNA를 한 바퀴 풀게 되며 양성 초나선에 한 바퀴의 회전이 추가되어 자성 구슬을 56nm 정도 당겨 그 길이가 짧아진다. 반면에 (b)와 같은 음성회전 초나선의 경우 DNA가 풀리면서 회전이 한 바퀴 감소한다. 이들 구슬의 위치는 동영상 현미경으로 측정된다.

릭 등은 이 문제를 풀기 위해 각각의 신장복합체를 일정 시간 동안 관찰하였다. 즉, 중합효소와 네 종류의 뉴클레오티드의 첨가 시기부터 100bp, 혹은 400bp 아래쪽의 전사 종결자에서 전사가 종료될 때까지 관찰했다. 실제로 전사개시는 동일한 DNA 상에서 반복적으로 일어날 수 있으며 이들은 4시기로 구성된 전사 과정이 계속 반복됨을 관찰하였다. 양성초나선의 경우, 첫째, 초나선이 증가하였으며 이는 RP_o의 형성과정에서 동반된 DNA 풀림현상을 나타낸다. 둘째, 초나선은 더욱 증가하는데, 이는 RP_{itc} 생성과정에서 동반하는 DNA 수축에 의한다. 셋째, 초나선이 감소하며 이는 프로모터 이탈과 RP_e 생성과정이다. 마지막으로 초나선은 원래의 상태로 돌아오며 이는 전사가 종료되고 RNA 중합효소가 분리된 상태를 나타낸다. 이때 DNA 수축의 정도는 9±2bp로 나타났으며 이는 기대치에 부합한다. 이 프로모터는 11nt 길이의 전사체 합성 후 프로모터 이탈이 일어남이 알려져 있고 이 중 9nt의 합성에는 DNA 수축이 필요하며, 2nt는 RNA 중합효소 스스로 DNA 수축 없이 합성할 수 있다.

관찰된 전사주기 중 80%에서 DNA 수축이 관찰되었다. 그러나 나머지 20%의 전사주기에서는 DNA 수축이 1초 이하의 시간 동안 지속되었을 것으로 추측되며 이 실험에서는 1초 이하의 시간 동안 지속된 수축은 측정이 되지 않는다. 따라서 나머지 20%의 전사주기에서도 DNA 수축이 일어났을 것으로 추측되며 이 연구자들은 모든 전사주기에서 DNA 수축이 동반되며 전사복합체의 프로모터 이탈에는 DNA 수축이 필수적이라는 결론을 내렸다.

비록 이와 같은 실험에 대장균의 RNA 중합효소가 사용되었으나, 중합효소 자체, 프로모터와의 결합력, 그리고 전사의 정상적인 진행을 위한 프로모터 이탈의 필요성 등 여러 부분에서의 유사성을 감안할 때 DNA 수축은 프로모터 이탈 과정에서 반드시 필요한 일반적인 현상으로 생각할 수 있다.

6) α-인자의 구조와 기능

1980년대 후반에 와서 많은 박테리아에서 α-인자의 유전자가 분리되어 그 염기서열이 결정되었다. 8장에서 다시 설명하겠지만 모든 박테리아는 영양유전자(vegetative gene: 성장을 위해 활성이 필요한 유전자)의 전사에 사용되는 주 σ-인자를 지니고 있다. 예를 들어 대장균의 주 σ-인자는 σ^{70}이라 지칭하며, 고초균의 주 σ-인자는 σ^{43}으로 지칭한다. 여기서 70, 43이라는 숫자는 각각 해당하는 σ-인자의 분자량, 즉 70kD과 43kD을 의미한다. 이와는 별도로 박테리아는 대체 σ-인자(alternative σ factor)를 지니고 있는데, 이는 열충격 유전자, 포자형성 관련 유전자 등의 특수 유전자의 전사에 사용된다. 헬만(Helmann)과 챔벌린(Chamberlin)은 1988년 이들 σ-인자들의 유전자 염기서열을 모두 비교하여 1~4 위치로 명명된 네 지역에서 그 염기서열이 매우 유사하다는 사실을 발견했다(그림 6.20). 이와 같이 염기서열이 보존된 위치는 그 기능이 매우 중요함을 암시하며, 이들 네 위치의 기능에 관해 헬만과 챔벌린은 다음과 같은 가설을 제시했다.

(1) 1 위치

이 위치는 주 σ-인자에서만 발견된다(σ^{70}, σ^{43}). 이 위치는 σ가 그 자체로 DNA에 결합하는 것을 억제하는 역할을 지닌 것으로 추정된다. 이 장의 후반부에서 σ의 일부 조각은 그 자체로 DNA에 결합하는 능력을 지니고 있으나, 전체 단백질의 경우에는 1 위치에 의해 DNA와의 결합이 억제됨을 배울 것이다. 이는 매우 중요한 현상이다. 만약 σ가 그 자체로 DNA에 결합하면 RNA 중합효소의 DNA와의 결합이 억제될 수 있기 때문이다.

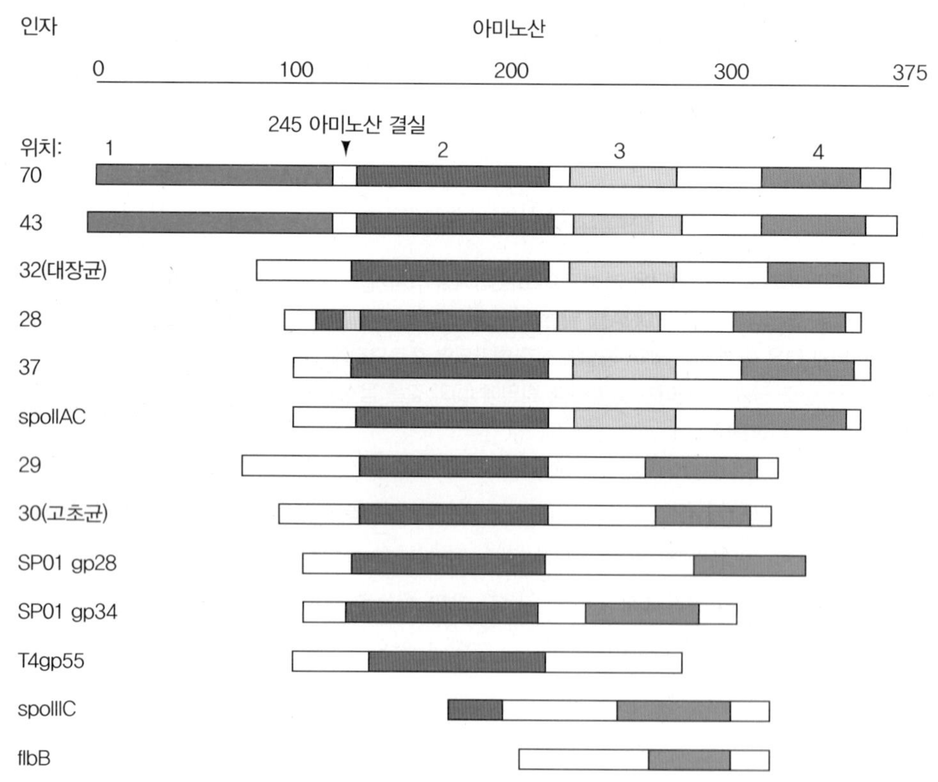

그림 6.20 대장균과 고초균의 σ-인자의 아미노산 서열 유사 지역. σ-인자들은 가로막대로 표시되어 있으며 유사 부위는 같은 위치에 정렬했다. 상단의 두 σ-인자는 대장균(σ^{70})과 고초균(σ^{43})의 주 σ-인자이며 이들만이 1 위치를 지니고 있다. σ^{70}은 1 위치와 2위치 사이에 추가로 245개의 아미노산을 지니고 있으나 그림에서는 생략되었고, σ^{43}은 이를 지니고 있지 않다. σ^{70}의 이 추가적인 아미노산 위치는 그림에 표시되어 있는 것과 같다. σ^{28}의 2 위치에 엷은 색으로 표시되어 있는 지역은 일부 σ-인자에서만 발견되는 지역이다.

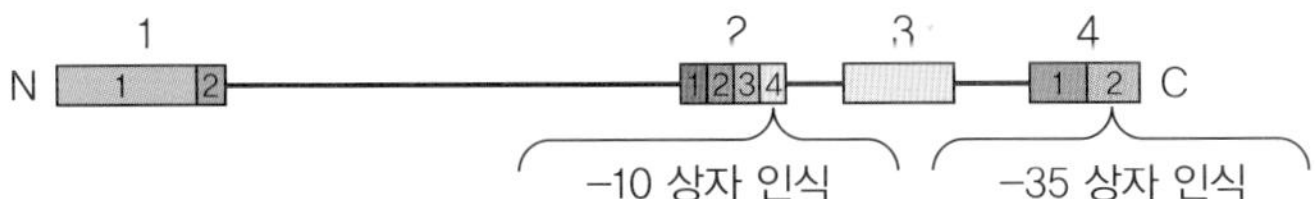

그림 6.21 대장균 σ^70의 여러 지역의 위치. 아미노산 서열이 보존되어 있는 네 위치가 표시되어 있으며 1, 2, 4 위치의 경우에는 소위치도 표시했다. (출처: Adapted from Dombroski, A.J., et al., "Polypeptides containing highly conserved regions of the transcription initiation factor σ^70 exhibit specificity of binding to promoter DNA." *Cell* 70:501–12, 1992.)

(2) 2 위치

이 위치는 모든 σ–인자에서 공통적으로 발견되는 위치이다. 2 위치는 모든 σ–인자가 지니고 있는 기본적인 기능을 수행할 것으로 추측된다. 2 위치는 그림 6.21과 같이 다시 2.1~2.4의 네 위치로 나눌 수 있다.

2.4 위치는 σ–인자의 가장 중요한 기능의 하나인 −10상자에의 결합에 관여하는 것으로 추측되며, 그 증거들은 다음과 같다. 우선 σ–인자의 2.4 위치는 −10상자를 인지하는 데에 관여한다면 비슷한 특이성을 지닌(즉, 비슷한 염기서열을 지닌 −10상자를 인지하는) σ–인자의 2.4 위치의 아미노산 서열 역시 유사할 것이다. 실제로 대장균의 σ^70과 고초균의 σ^43은 같은 프로모터 염기서열을 인지함이 밝혀졌고 서로 치환해도 그 기능이 그대로 유지된다. 이 두 σ–인자의 2.4 위치에서 아미노산서열의 유사성은 95%에 이른다.

2.4 위치가 −10상자를 인지한다는 유전적인 증거는 리차드 로식(Richard Losick) 등에 의한 다음과 같은 실험을 통해 확보되었다. σ–인자의 2.4 위치는 α 나선으로 이루어져 있다. 9장에서 다루겠으나 α 나선은 DNA와의 결합에 관여하는 단백질 부위에서 자주 나타나는 나선의 형태로, 이는 σ–인자의 2.4 위치가 −10상자와의 결합에 관여할 것이라는 추론과도 일치한다. 만약 이 2.4 위치의 α 나선이 실제로 −10상자와의 결합에 관여한다면 이를 증명하기 위한 다음과 같은 실험이 가능하다. 먼저 프로모터 DNA의 −10상자에 일련의 단일 염기치환을 일으켜 RNA 중합효소와의 결합이 더 이상 일어날 수 없도록 만든다. 다음 σ–인자의 2.4 위치의 아미노산 중 하나를 다른 아미노산으로 치환함으로써 RNA 중합효소가 돌연변이가 일어난 프로모터에 다시 결합할 수 있도록 전환시킬 수 있다면 이는 2.4 위치가 프로모터의 −10상자와의 결합에 관여하는 증거가 될 수 있다. 실제로 로식 등은 고초균의 *spo*VG 프로모터 −10상자의 구아닌 염기를 아데닌으로 치환하면 RNA 중합효소가 더 이상 프로모터에 결합하지 못하는 것을 관찰했다. 이들은 또한 σ^H(정상 상태에서 *spo*VG 프로모터에 결합하는 σ–인자)의 2.4지역 100번 위치의 트레오닌을 이소류신으로 치환하면 RNA 중합효소가 −10상자의 염기가 치환된 돌연변이 프로모터에 다시 결합할 수 있도록 전환된다는 사실도 밝혔다.

(3) 3 위치

이 장의 후반부에서 3 위치가 핵심효소와 DNA와의 결합에 관여함을 알게 될 것이다.

(4) 4 위치

4 위치는 2 위치와 마찬가지로 몇 개의 소위치로 나눌 수 있으며, 기능적으로도 2 위치와 같이 프로모터 DNA의 인지에 관여한다. 4.2 위치는 나선–선회–나선 DNA 결합 모티프를 지니고 있어 RNA 중합효소와 프로모터의 결합에 관여할 것으로 추측된다. 실제로 4.2 위치는 −35상자에의 결합에 관여하는 것으로 보이며, 2.4 위치와 −10상자에서와 유사한 유전적인 실험 결과와 그 외의 몇 가지 증거들이 이러한 추측에 신빙성이 있음을 시사하고 있다. 2.4 위치에서와 같이 비슷한 염기서열을 지닌 −35상자를 인지하는 RNA 중합효소의 σ–인자는 4.2 위치의 아미노산 서열이 서로 유사함이 밝혀졌다. 또한 −35상자에 돌연변이를 일으켜 더 이상 RNA 중합효소와 결합하지 못하도록 조작한 후에 4.2 위치에 상

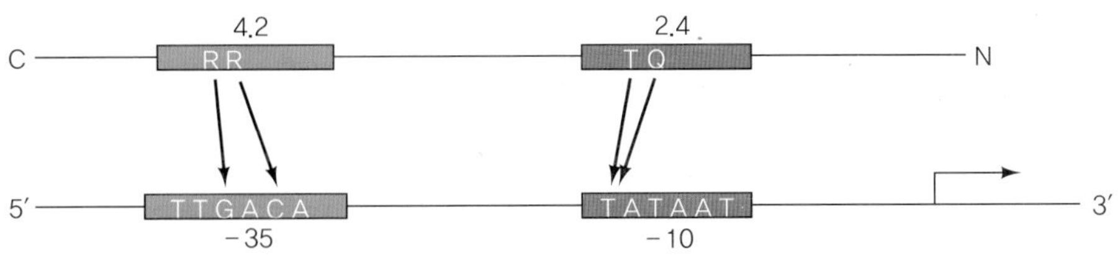

그림 6.22 σ–인자의 지역별 프로모터 결합 특이성. 화살표는 본문에서 설명한 돌연변이 억제 실험을 통해 밝혀진 σ–인자의 특정 아미노산과 프로모터의 특정 염기와의 상호관계를 나타낸 것이다. 화살표 옆의 주는 실험에서 치환된 아미노산을 설명하고 있다. 예를 들어 R588 σ^70은 대장균 σ^70의 588번째 아미노산인 아르기닌을 표시하고 있다. 위의 σ^70의 아미노산 서열은 C–말단이 좌측에 가도록 정렬했는데, 이는 프로모터 DNA와의 상호반응 관계를 쉽게 설명하기 위해서이다. (출처: Adapted from Dombroski, A.J., et al., "Polypeptides containing highly conserved regions of transcription initiation factor σ^70 exhibit specificity of binding to promoter DNA." *Cell* 70:501–12, 1992.)

응하는 아미노산을 치환시키면 RNA 중합효소가 다시 돌연변이 프로모터에 결합할 수 있도록 전환됨이 밝혀졌다. 예를 들어 미리암 주스킨트(Miriam Susskind) 등은 대장균 σ^{70}의 588번 위치의 아르기닌을 히스티딘으로 전환시킨 RNA 중합효소에서는 −35상자에 G→A 또는 G→C 돌연변이를 일으킨 프로모터에의 결합 능력이 복원됨을 밝혔다. 그림 6.22는 원핵생물 프로모터의 −35상자와 4.2 위치, 그리고 −10상자와 2.4 위치의 상호관계에 대한 실험 결과들을 종합적으로 요약한 그림이다.

이상의 모든 실험 결과들은 σ−인자의 2.4 위치와 4.2 위치가 −10상자와 −35상자와의 결합에 각각 관여하는 것으로 나타나고 있다. 그러나 σ−인자 자체는 프로모터 DNA에 결합하지 못하며, 반드시 핵심효소에 결합한 상태에서만 DNA와의 결합이 이루어진다. 이와 같은 모순을 해결하기 위해 캐롤 그로스(Carol Gross) 등은 다음과 같은 가설을 제시하고 이를 증명하기 위한 몇 가지 실험을 수행했다.

그로스 등은 σ−인자의 2.4 위치와 4.2 위치가 그 자체로서는 DNA와 결합할 수 있으나 σ−인자 단백질의 다른 위치가 이들이 DNA와 결합하는 것을 방해할 것이라고 주장했다. 또한 σ−인자가 핵심효소와 결합하면 σ−인자의 구조에 변화가 오고, 이 구조 변화에 의해 σ−인자의 DNA 결합부위가 노출되어 비로소 DNA와 결합할 수 있게 된다고 주장했다. 이러한 주장을 증명하기 위해 이들은 글루타치온−S−전달효소(glutathione−S−transferase, GST)라는 효소와 σ−인자의 일부 위치(2.4 위치와 4.2 위치)와의 융합단백질(4장 참조)을 합성했다. 이 융합단백질은 GST가 글루타치온에 강한 친화력을 지니고 있음을 이용해 쉽게 정제가 가능하다. 이러한 융합단백질을 이용해 2.4 위치가 포함된 융합단백질은 −10상자에는 결합하지만 −35상자에는 결합하지 않음이 밝혀졌고, 4.2 위치를 포함하는 융합단백질은 −35상자에는 결합하지만 −10상자에는 결합하지 않음이 밝혀졌다.

이 융합단백질과 프로모터의 결합을 측정하기 위해 이들은 니트로셀룰로오스 필터 결합법을 사용했다. *tac*이라는 합성프로모터를 포함하는 DNA를 표지하여 사용했는데, 이 *tac* 프로모터는 *lac* 프로모터의 −10상자와 *trp* 프로모터의 −35상자를 지닌 합성 프로모터이다. 여기에 융합단백질을 첨가하고 표지되지 않은 경쟁자 DNA를 과량으로 첨가하면서 표지된 DNA−융합단백질 복합체의 양 변화를 니트로셀룰로오스 필터에 결합한 표지된 양을 측정하여 추적했다.

그로스 등은 GST−σ 4 위치 융합단백질과 *tac* 프로모터 DNA와의 결합에 관한 실험을 수행했으며, 그 결과가 그림 6.23a이다. σ−인자의 4 위치는 −35상자에 결합하는 위치(4.2 위치)를 지니

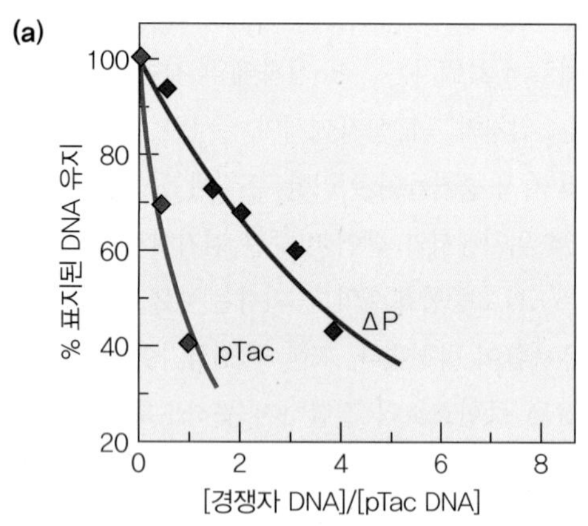

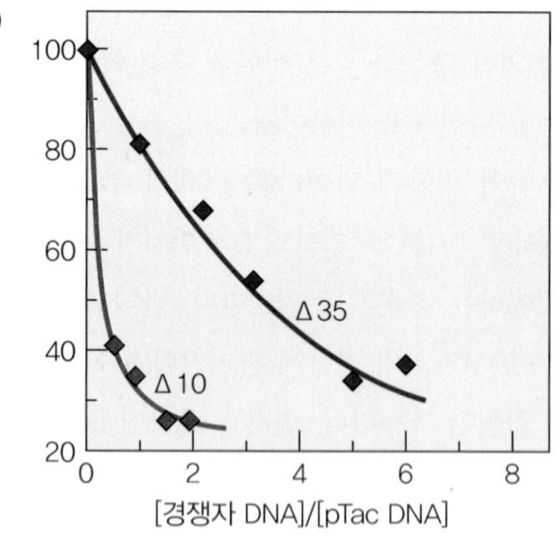

그림 6.23 σ−인자의 4.2 위치와 프로모터 −35상자와의 결합반응. (a) 4.2 위치의 프로모터 결합에 관한 실험. 그로스 등은 σ−인자의 폴리펩티드 절편과 GST의 융합단백질을 생산하여 *tac* 프로모터를 포함하고 있는 표지된 DNA 절편(pTac)과의 결합반응에 사용했다. 이 경우 σ−인자의 폴리펩티드 절편으로는 σ−인자의 N−말단으로부터 108개의 아미노산을 포함하는 절편을 사용했다. 이 절편에는 4 위치를 포함하며, 2 위치는 포함하지 않는다. 그로스 등은 *tac* 프로모터를 포함하고 있는(pTac), 또는 *tac* 프로모터가 없는(ΔP) 경쟁자 DNA를 각각 사용하여 표지된 pTac DNA와 융합단백질 복합체가 니트로셀룰로오스 필터에 결합하는 양을 측정하였다. pTac DNA가 훨씬 강한 경쟁자로 작용했으므로 사용된 융합단백질이 *tac* 프로모터에 특이적으로 결합한다는 결론을 얻을 수 있다. (b) −35상자와 융합단백질의 결합. 그로스 등은 같은 실험을 다음과 같은 두 가지 새로운 경쟁자 DNA를 사용해 반복했다. 즉, −10상자의 6개의 염기를 제거한 DNA(Δ10)와 −35상자의 6개 염기를 제거한 DNA(Δ35)를 경쟁자로 사용했으며, Δ35는 프로모터를 전혀 지니고 있지 않은 DNA와 유사할 정도로 경쟁자로서의 효율이 낮게 나타났고, Δ10은 pTac과 거의 유사할 정도로 경쟁자로서의 효율이 높게 나타났다. 이 결과는 σ−인자의 4 위치를 포함하고 있는 융합단백질이 −35상자에만 결합하고 −10상자에는 결합하지 않음을 나타낸다. (출처: Adapted from Dombroski, A.J., et al.,"Polypeptides containing highly conserved regions of transcription initiation factor σ^{70} exhibit specificity of binding to promoter DNA." *Cell* 70:501–12, 1992.)

고 있어 프로모터를 포함하는 DNA에 강한 친화력을 갖고 결합할 것으로 예측할 수 있으며, 그림은 실제 결과도 그러한 방향으로 나타나고 있음을 보여 준다. 즉, 표지가 안 된 프로모터를 포함한 DNA는 결합반응에 첨가하면 강한 경쟁자로 작용하지만 프로모터를 포함하지 않는 DNA는 그렇지 못함을 알 수 있다. 따라서 위의 실험으로부터 4 위치를 포함하는 GST 융합단백질은 프로모터를 포함하고 있는 DNA에는 강한 친화력으로 결합하고, 프로모터를 포함하지 않은 DNA에는 약한 친화력으로 결합한다는 결론을 내릴 수 있다.

그림 6.23b는 4 위치를 포함하는 GST 융합단백질이 프로모터의 −35상자에 결합하며 −10상자에는 결합하지 않음을 보여 준다. −35상자가 결실된 프로모터 DNA는 경쟁자로서의 효율이 프로모터를 전혀 포함하고 있지 않은 DNA와 비슷한 수준임을 알 수 있다. 반면에 −10상자가 결실되었으나 −35상자는 그대로 지니고 있는 DNA는 프로모터를 지니고 있는 DNA와 마찬가지로 강한 경쟁자로서 작용함을 알 수 있다. 이 실험에서 σ−인자의 4 위치는 −35상자와의 결합에 관여하고 −10상자와의 결합에는 관여하지 않음을 알 수 있다. 이와는 반대로 GST−σ 2 위치 융합단백질을 사용한 실험에서는 σ−인자의 2 위치가 −10상자와의 결합에 관여하고 −35상자와의 결합에는 관여하지 않음이 밝혀졌다.

지금까지의 공부에서 완전중합효소는 열린 프로모터 형성 과정에서 −11에서 +1까지의 DNA 부위를 용해함을 알 수 있었다. σ가 이 과정에서 중요한 역할을 수행하는 것으로 판단되나 σ 단독으로는 열린 프로모터 복합체를 생성할 수는 없다. 열린 프로모터 복합체 형성에서 중요한 단계 중의 하나는 비주형나선의 −10 위치에 중합효소가 결합하는 과정이다. σ 단독으로는 이와 같은 결합을 일으킬 능력이 없으므로 핵심효소의 어느 위치인가가 σ를 도와 이와 같은 결합이 일어나도록 작용하리라 추측된다. 그로스 등은 과연 핵심효소의 어느 부위가 σ의 DNA 결합부위의 노출을 유도하여 DNA와의 결합이 이루어지는가를 확인하고자 하였다.

이를 위하여 그로스 등은 이미 σ가 −10 위치에 결합하는 데에 관여하는 것으로 알려진 β′−소단위체에 초점을 맞추었다. 이들은 β′−소단위체의 여러 부위에 해당하는 유전자들을 클로닝하여 단백질을 생산하고 이들이 σ를 도와 방사능으로 표지된 프로모터 DNA 조각에의 결합을 유도하는가를 분석하였다. 실제 실험은 다양한 β′−소단위체 단백질 절편, σ, 방사능 표지 DNA를 혼합하여 σ의 DNA에의 결합을 유도하고 이에 UV, 즉 자외선을 조사하여 σ와 DNA 사이의 인위적인 화학결합을 유도한 후, 이들 교차결합물을 SDS−PAGE로 분석하는 방식으로 진행되었다. 만약 특정 β′−소단위체 단백질 절편이 σ와 DNA 사이의 결합을 유도하면, σ는 DNA와 결합한 상태로 SDS−PAGE에서 분리되기 때문에 방사능으로 표지된 상태가 된다.

그림 6.24는 β′−소단위체의 아미노산 1~550에 해당하는 절편이 σ의 비주형 DNA 나선과의 결합을 유도함을 보여 준다. 이 경우 주형 DNA와는 결합이 일어나지 않는 것으로 나타났으며, 또한 σ 단독으로도 결합이 일어나지 않음을 알 수 있었다. 그로스 등은

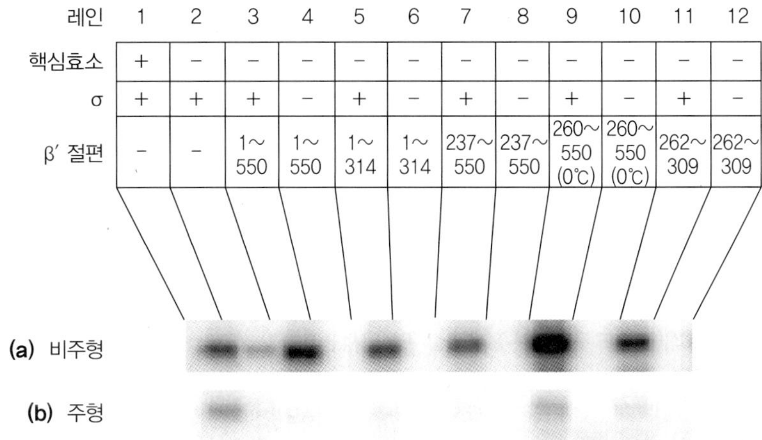

레인 1 2 3 4 5 6 7 8 9 10 11 12
핵심효소 + − − − − − − − − − − −
σ + + + − + − + − + − + −
β′ 절편 − − 1~550 1~550 1~314 1~314 237~550 237~550 260~550 (0℃) 260~550 (0℃) 262~309 262~309
(a) 비주형
(b) 주형

그림 6.24 σ의 프로모터 −10 위치에의 결합 유도. 그로스 등은 그림 상단에 표시된 β′−소단위체의 다양한 부위를 σ 단백질, 그리고 방사능으로 표지된 프로모터 −10 위치의 주형, 또는 비주형 DNA와 혼합하였다. 여기에 자외선을 조사하여 DNA에 결합한 상태의 σ 단백질과 DNA 나선과의 교차결합을 유도하여 이를 SDS−PAGE로 분리하고 자기방사법을 사용하여 방사능으로 표지된 σ 단백질을 확인하였다. 1번 레인은 β′−소단위체 절편 대신 핵심효소를 사용한 양성 대조군이다. 2번 레인은 β′절편이 포함되지 않은 음성 대조군이고, 모든 짝수 레인은 단백질을 포함하지 않은 음성 대조군이다. 9, 10번 레인 실험은 0℃에서 진행되었으며 나머지 실험은 상온에서 수행하였다. (a)는 비주형 DNA 나선을 사용한 자기방사 실험 결과이며, (b)는 주형 DNA를 사용한 결과이다.

(출처: Reprintedfrom *Cell* v. 105, Young et al., p. 940 © 2001, with permission from Elsevier Science.)

β′-소단위체의 아미노산 1~550 중 어느 부위가 특히 σ의 DNA 결합을 유도하는가를 분석하였다. 그림 6.24의 모든 부위가 σ의 DNA 결합을 촉진하는 것으로 나타났으며 이중 260~550절편은 저온에서만 이와 같은 활성이 나타났다. 특히 48개의 아미노산에 지나지 않는 262~309절편이 심지어 상온에서도 σ의 DNA 결합을 매우 활발히 유도함이 확인되었으며 이 부분의 돌연변이(R275, E295, A302)는 이미 σ의 DNA 결합을 저해함이 알려져 있었다. Gross 등도 이후의 추가 실험에서 이들 돌연변이가 σ의 DNA 결합을 저해함을 확인하였다.

7) α 소단위체에 의한 활성증진 요소의 인지

활성증진 요소(UP-element)가 RNA 중합효소에 의해 직접적으로 인지된다는 사실은 핵심효소에 의한 전사 활성이 프로모터 DNA에 활성증진 요소를 포함시켰을 때 크게 증가하는 실험 결과 등에 의해 이미 증명된 바 있다. 이미 설명한 것처럼 프로모터의 핵심요소는 σ-인자가 인지한다. 활성증진 요소를 RNA 중합효소의 α 소단위체가 인지한다는 사실은 다음과 같은 실험에 의해 밝혀졌다.

리차드 그라우스(Richard Gourse) 등은 α 소단위체에 결함을 지니고 있는 대장균의 돌연변이 균주에서 추출한 RNA 중합효소는 활성증진 요소를 인지하지 못함을 발견했다. 즉, 이 RNA 중합효소를 사용한 전사 활성 측정 실험에서는 활성증진 요소가 포함된 프로모터를 사용했을 경우와 포함하지 않는 프로모터를 사용했을 경우의 전사 활성에 차이가 없는 것으로 나타났다. 이들은 활성증진 요소가 포함된 *rrnB* P1 프로모터와 그렇지 않은 *rrnB* P1 프로모터를 각각 전사종결지점으로부터 약 170bp 앞쪽에 위치하도록 합성한 프로모터 DNA를 사용했다. 이 프로모터의 전사에는 각각 순수분리된 RNA 중합효소의 소단위체들로부터 재구성된 다음과 같은 세 가지 RNA 중합효소를 사용했다. ① 정상적인 α 소단위체를 지닌 RNA 중합효소, ② α 소단위체의 C-말단의 94개 아미노산이 결실된 α-235 RNA 중합효소, ③ α 소단위체의 265번 위치의 아미노산(알라닌)이 시스테인으로 치환된 R265C RNA 중합효소. 이러한 RNA 중합효소의 전사 활성을 측정하기 위해 방사능으로 표지된 핵산을 반응에 첨가하여 RNA를 표지했으며, 합성된 RNA를 전기영동으로 분리한 후 자기방사법으로 그 크기와 양을 측정했다.

그림 6.25a는 정상적인 RNA 중합효소의 전사 활성을 측정한 결과이다. 활성증진 요소를 포함하고 있는 프로모터(1, 2번 레인)

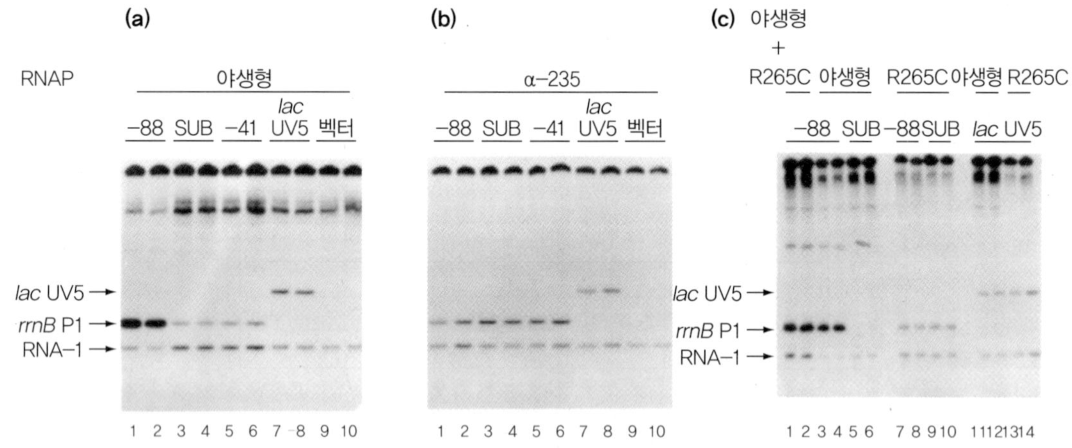

그림 6.25 프로모터 활성증진 요소의 인지에 있어 RNA 중합효소 α 소단위체의 역할. 그라우스 등은 그림의 상단부에 표시된 프로모터를 포함한 플라스미드 DNA를 이용해 시험관에서 전사반응을 진행시켰다. 이때 프로모터는 전사종결 위치에서부터 100~200nt 정도 상단부에 위치시켜 일정한 길이의 RNA가 전사되도록 조정했다. 전사반응에서 생성된 표지된 RNA를 전기영동으로 분리한 후 자기방사법을 이용해 RNA의 크기와 양을 측정했다. 이때 사용된 프로모터는(각 레인의 상단에 표시) 다음과 같다. -88로 표시된 프로모터는 정상적인 *rrnB* P1 프로모터의 -88 위치에서 +1 위치까지의 프로모터 DNA이다. SUB로 표시된 프로모터는 활성증진 요소가 위치한 -59와 -41 사이의 DNA를 전혀 관계없는 다른 DNA 염기서열로 치환한 프로모터이다. -41프로모터는 활성증진 요소를 포함한 -41 위치의 앞부분이 결손된 프로모터(즉, 활성증진 요소가 결실된 프로모터)이다. *lac* UV5 프로모터는 활성증진 요소가 결실된 lac 프로모터이다. 벡터로 표시된 경우는 프로모터가 전혀 포함되지 않은 플라스미드를 사용한 대조군을 의미한다. 실험에 사용된 RNA 중합효소의 종류는 다음과 같다(그림의 최상단에 표시). **(a)** 모든 실험에 정상 RNA 중합효소가 사용되었다. **(b)** 모든 실험에 α-235 중합효소(α 소단위체 C-말단의 94개의 아미노산이 결실된 RNA 중합효소)가 사용되었다. **(c)** 정상 RNA 중합효소 또는 R265C 중합효소(α 소단위체의 265번 위치의 아르기닌이 시스테인으로 치환된 RNA 중합효소)가 사용되었다. (출처: Ross et al., A third recognition element inbacterial promoters: DNA binding by the alpha subunit of RNA polymerase. *Science* 262 (26 Nov 1993) f. 2, p. 1408. © AAAS.)

는 활성증진 요소가 치환되었거나(3, 4번 레인) 결실된(5, 6번 레인) 프로모터보다 훨씬 많은 양의 RNA가 전사됨을 알 수 있다. 그림 6.25b는 같은 실험에서 α 소단위체 C-말단의 94개 아미노산이 결실된 RNA 중합효소를 사용한 결과이다. 이러한 돌연변이 RNA 중합효소는 활성증진 요소가 포함되지 않은 프로모터로부터는 정상 RNA 중합효소와 같은 정도의 RNA를 전사한다. (a와 b의 3~6번 레인까지를 비교하라.) 그러나 활성증진 요소를 지니고 있는 프로모터로부터 전사된 RNA의 양과 활성증진 요소를 지니고 있지 않은 프로모터로부터 전사된 RNA의 양이 별 차이가 없음을 알 수 있다. (1~2번 레인과 3~6번 레인을 비교하라.) 즉, 활성증진 요소가 전사 활성증진에 전혀 기여하고 있지 않음을 알 수 있다. 이러한 결과는 RNA 중합효소의 α 소단위체 C-말단이 활성증진 요소를 인지하여 전사 활성을 증진시키는 데에 관여하고 있음을 의미한다.

그림 6.25c는 α 소단위체의 265번 아미노산이 시스테인으로 치환된 경우에도 C-말단이 결손된 경우와 같이 활성증진 요소를 인지하지 못함을 보여 주고 있다. (7~10번 레인에서 보는 바와 같이 소량의 RNA만이 전사되고 있다.) 즉, α 소단위체에서 단지 하나의 아미노산이 치환됨으로써 RNA 중합효소가 활성증진 요소를 더 이상 인지하지 못하고 있음을 알 수 있다. R265C와 정상적인 RNA 중합효소를 혼합해서 RNA 전사에 사용한 결과 그림에서 보는 것처럼 정상적인 RNA 중합효소를 사용한 경우와 비슷한 양의 RNA가 전사되었다(1~4번 레인). 이는 R265C RNA 중합효소가 전사 활성이 떨어지는 결과가 R265C RNA 중합효소의 정제과정에서 전사를 저해하는 불순물이 포함되어 발생한 결과가 아님을 증명한다.

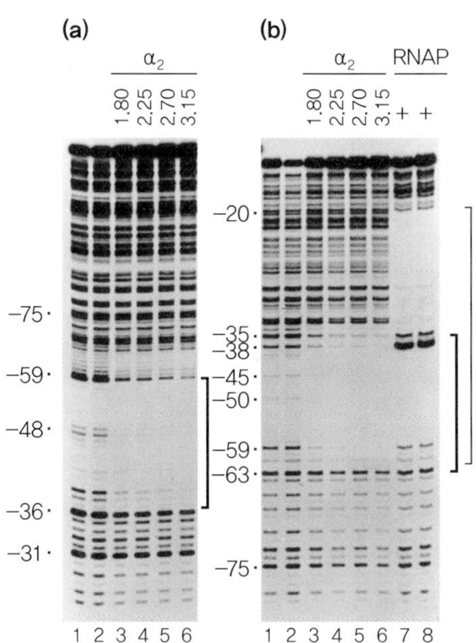

그림 6.26 순수 정제된 α 소단위체를 이용한 풋프린팅 실험 결과. 그라우스 등은 *rrnB* P1 프로모터의 주형나선**(a)** 또는 비주형나선**(b)**의 말단을 표지하여 DNase 풋프린팅 실험에 사용했다. 서로 다른 양(그림에서의 단위는 μg임)의 정제된 α 소단위체를 사용하거나 10nm의 RNA 중합효소(RNAP)를 실험에 시용했다. 그림의 굵은 선의 괄호는 α 소단위체에 의해 생성된 풋프린트를 나타내고, 가는 선의 괄호는 완전효소에 의해 생성된 풋프린트를 나타낸다. (출처: Ross et al., A third recognition element in bacterial promoter: DNA binding by the α-subunit of RNA ploymerase. *Science* 262 (26 Nov 1993) f. 5, p. 1408. © AAS.)

α 소단위체가 실제로 활성증진 요소와 접촉을 이루고 있는지 확인하기 위해 그라우스 등은 *rrnB* P1 프로모터와 정상 RNA 중합효소, 돌연변이 RNA 중합효소를 사용해 DNase 풋프린팅 실험을 수행했다. 정상적인 RNA 중합효소의 경우에는 프로모터 주요소와 활성증진 요소에서 모두 풋프린트가 발견되는 반면, α 소단위체의 C-말단이 결실된 돌연변이 RNA 중합효소를 사용한 경우에는 프로모터 주 요소에서만 풋프린트가 발견되었다. 이 결과는 α 소단위체가 프로모터의 활성증진 요소와의 결합에 중요한 역할을 하고 있음을 증명한다. 또한 순수 분리된 α 소단위체의 2량체만으로도 *rrnB* P1 프로모터의 활성증진 요소에 풋프린트가 생성됨이 그라우스 등에 의해 밝혀졌고, 그 결과는 그림 6.26에서 보는 바와 같다.

그라우스, 에브라이트 등은 **제한적 단백질 분해**(limited proteolysis)를 이용해 α 소단위체의 N-말단 및 C-말단 영역은 각각 독립적으로 접혀져 구성되며, 이들 두 영역은 유연성을 지닌 연결부위에 의해 서로 연결되어 있음을 밝혔다. 영역은 독립적으로 접혀 하나의 독자적인 구조를 이루는 단백질 부위를 의미한다. 이 단백질을 단백질분해효소로 분해하면 일반적으로 영역 자체보다는 영역과 영역의 연결부위가 보다 쉽게 분해된다. 그라우스, 에브라이트 등은 대장균 RNA 중합효소의 α 소단위체를 단백질분해효소로 제한분해한 결과 28kD의 단백질 하나와 약 8kD 정도의 3개 단백질인 총 4개의 단백질로 분해되었다. 이들 단백질의 말단아미노산 서열을 분석한 결과 28kD 단백질은 아미노산 서열 8~241에 해당하는 부분이었고, 8kD 단백질은 각기 아미노산 서열 242~329, 245~329, 249~329에 해당하는 부분임이 밝혀졌다. 이러한 결과는 α 소단위체가 N-말단의 대략 아미노산 8~241을 포함하는 영역과 C-말단의 아미노산 249~329를 포함하는 2개의 영역으로 구성되어 있음을 의미한다.

또한 이 두 영역 사이에는 느슨한 구조를 지닌 연결부위가 존재하며 이 연결부위는 위의 실험에서 사용한 단백질분해효소인

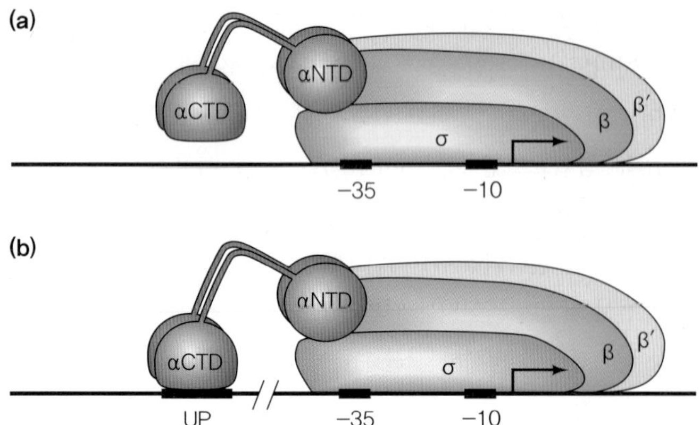

그림 6.27 RNA 중합효소 α 소단위체의 C-말단부위(CTD)의 작용기작에 관한 모델. 프로모터 주 요소와의 결합(a)에는 α 소단위체의 CTD가 사용되지 않으나, 활성증진 요소와의 결합(b)에는 사용된다.

Glu-C에 의해 세 번 잘리는 것을 알 수 있다. 이 연결부위는 위의 결과로부터 아미노산 242~248에 해당하는 것처럼 보이나, 실제로 Glu-C가 단백질을 절단할 때는 절단부위 양쪽으로 느슨한 구조의 3개 아미노산이 추가로 존재해야 함을 감안하면 실제로 연결부위에 해당하는 부분은 아미노산 13개에 해당하는 239~251부위일 확률이 높다.

이와 같은 자료들을 종합하여 그림 6.27과 같은 모델이 제시되었다. 즉, 프로모터 주 요소에는 α 소단위체와 관계없이 σ-인자가 독자적으로 결합하며 활성증진 요소에의 결합에는 α 소단위체와 σ-인자가 동시에 작용하여 결합한다. 이와 같이 RNA 중합효소와 프로모터의 결합이 복합적으로 일어남으로써 RNA 중합효소-프로모터 간의 결합력이 강화되고 전사 활성도 증진되는 것으로 추측된다.

6.4. 신장

전사개시가 성공적으로 이루어지면 σ-인자가 RNA 중합효소로부터 분리되고 핵심효소에 의해 RNA 나선에 뉴클레오티드가 하나씩 첨가되면서 RNA가 신장된다. 지금부터는 RNA 나선의 신장 과정에 대해 알아본다.

1) 핵심중합효소의 신장 과정에서의 기능

지금까지는 전사개시의 특이성에 있어 중요성 때문에 주로 σ-인자의 역할에 대해서만 살펴보았다. 그러나 핵심효소가 실제로 RNA를 합성하는 효소이며, 전사신장 과정에서도 주된 역할을 담당한다. 지금부터는 β-소단위체는 인산디에스테르결합의 형성에 β-와 β′-소단위체는 DNA와의 결합에 관여하고, α 소단위체는 핵심효소의 형성에 관여하는 것을 포함하여 몇 가지 기능을 지니고 있음을 배우게 될 것이다.

(1) 인산디에스테르결합 형성에서의 β의 역할

RNA 중합효소의 각 소단위체를 분리하여 그 기능을 분석하는 연구는 1970년 월터 질리그(Walter Zillig)에 의해 최초로 수행되었다. 질리그는 주로 대장균 RNA 중합효소를 순수분리한 후, 다시 혼합하여 RNA 중합효소를 재구성하는 방식의 실험을 수행했다. 알프레드 하일(Alfred Heil)과 질리그가 이용한 소단위체의 분리 방법은 대략 다음과 같다. 먼저 RNA 중합효소를 요소가 함유된 셀룰로오스아세테이트에서 전기영동으로 분리한다. 요소는 SDS와 마찬가지로 단백질을 변성시켜 소단위체들을 분리하는 역할을 하나 SDS보다는 약한 변성제이기 때문에 분리된 단백질로부터 제거하기가 훨씬 용이하다. 따라서 요소가 처리된 폴리펩티드는 SDS가 처리된 폴리펩티드보다 환원시키기가 더 쉽다는 장점이 있다. 전기영동으로 소단위체들을 분리한 후, 각 소단위체를 포함하는 셀룰로오스아세테이트 조각을 잘라내어 원심분리를 통해 단백질(소단위체)을 셀룰로오스아세테이트로부터 분리했다. 이러한 방식으로 RNA 중합효소를 구성하고 있는 세 가지 폴리펩티드를 각각 순수하게 분리할 수 있었으며, 그림 6.28은 전기영동을 통해

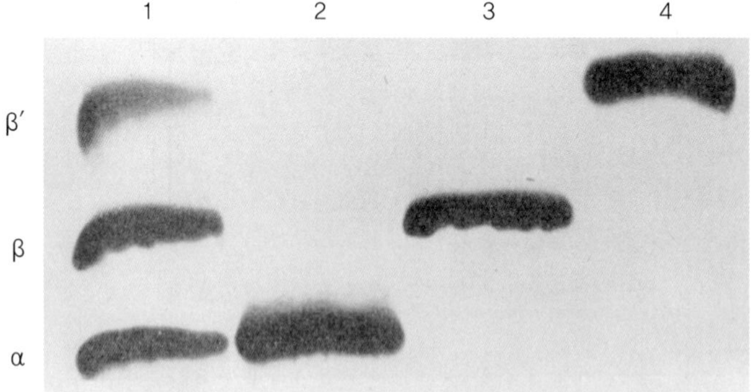

그림 6.28 대장균 RNA 중합효소의 소단위체들의 분리 및 정제. 하일과 질리그는 대장균 RNA 중합효소를 요소를 함유한 셀룰로오스아세테이트에서 전기영동하여 분리한 후, 각 소단위체가 분리된 부위의 셀룰로오스아세테이트 절편을 원심분리하여 단백질을 셀룰로오스아세테이트로부터 분리하였다. 1번 레인: 전기영동 후의 핵심효소, 2번 레인: 정제된 α 소단위체, 3번 레인: 정제된 β-소단위체, 4번 레인: 정제된 β′-소단위체. (출처: Heil, A. and Zillig, W. Reconstitution of bacterial DNA-dependent RNA-polymerase from isolated subunits as a tool for the elucidation of the role of the subunits in transcription. *FEBS Letters* 11 (Dec 1970) p. 166, f. 1.)

그 순도를 확인한 실험 결과이다.

하일과 질리그는 또한 순수분리된 소단위체들을 다시 혼합하면 정상적인 활성을 지닌 RNA 중합효소가 재구성되며, 이러한 효소의 재구성은 σ-인자의 존재하에서 가장 효율적으로 일어남을 밝혔다. 이 시스템을 이용하면 다양한 RNA 중합효소로부터 유래한 소단위체들을 여러 조합으로 혼합하여 각 소단위체의 역할을 분석할 수 있다. 예를 들어 앞에서 설명한 것처럼 리팜피신에 대한 저항성은 핵심효소에 의해 결정되는데, 이러한 재구성 실험을 수행함으로써 핵심효소의 어느 소단위체가 리팜피신에 대한 저항성에 관여하는지를 규명할 수 있다. 하일과 질리그는 리팜피신에 민감한 RNA 중합효소의 α-, β′-, σ- 소단위체를 리팜피신에 저항성인 RNA 중합효소에서 얻은 β-소단위체와 혼합하여 RNA 중합효소를 재구성하면 그림 6.29에 보이는 것같이 재구성된 RNA 중합효소가 리팜피신에 대한 저항성을 지니게 됨을 알 수 있었다. 반대로 β-소단위체를 리팜피신에 민감한 RNA 중합효소로부터 분리하여 중합효소의 재구성에 사용한 경우에는 다른 소단위체의 유래에 관계없이 재구성된 중합효소는 리팜피신에 대해 민감했다. 이러한 결과는 리팜피신에 대한 민감성과 저항성을 결정하는 요소가 β-소단위체에 있음을 말해 준다.

비슷한 방법을 사용해 하일과 질리그는 또 다른 항생제인 스트렙토리디진(streptolydigin, RNA 사슬의 신장을 저해함)에 대한 저항성 및 민감성도 β-소단위체에 의해 결정됨을 밝혔다. 리팜피신은 앞서 언급한 것처럼 전사개시를 억제하는 항생제이고, 스트렙토리진은 신장을 저해하는 항생제이나 두 항생제 모두에서 β-소단위체가 그 민감성 및 저항성을 결정짓는 것으로 밝혀졌다. 이러한 사실은 같은 소단위체가 전사개시와 신장에 모두 관여한다는 측면에서 모순일 수도 있으나, 이러한 모순은 전사개시와 신장 과정이 공유하고 있는 단계, 즉 인산디에스테르결합 형성에 β-소단위체가 관여하는 것으로 가정하면 설명이 가능하다. 즉, 전사개시 과정은 첫 번째 인산디에스테르결합이 형성되어야 완료되는 것이며, 신장 과정에서는 인산디에스테르결합이 연속적으로 형성되어야 한다.

그라체프(Grachev) 등은 1987년에 **친화표지법**(affinity labeling)을 사용해 인산디에스테르결합 형성에 있어 β-소단위체의 역할을 최초로 규명했다. 이 실험의 개요는 RNA 중합효소중합효소의 정상적인 기질을 변형시켜 단백질과 공유결합을 일으킬 수 있는 유도체를 합성한 후, 이 유도체를 RNA 중합효소의 기질로 사용해 RNA 중합효소의 활성부위에 유도체를 반영구적으로 부착시키는 것이다. 즉, 이 유도체를 친화표지물질로 사용해 RNA 중합효소의 활성부위를 표지하여 찾아내는 방법이다. 그라체프 등은 ATP와 GTP의 유도체인 14종류의 친화표지물질을 사용해 RNA 중합효소를 표지한 후, 표지된 효소를 SDS-PAGE로 분리하여 어느 소단위체가 표지되었는지를 분석했다. 이 유도체 중 첫 번째 물질인 친화표지 물질 I의 구조는 그림 6.30a와 같다. 이 친화표지물질 I은 마치 정상적인 전사개시 과정의 ATP처럼 RNA 중합효소의 활성부위에 결합하여 그림 6.30b와 같은 반응을 통해 활성부위 아미노산의 아미노기와 공유결합을 형성한다.

이론적으로는 친화표지물질을 방사능으로 표지하여 사용하는 것도 가능하나, 실제로는 이때 사용한 친화표지물질은 효소의 활성부위뿐만 아니라 다른 부위에 위치하는 아미노산의 아미노기와

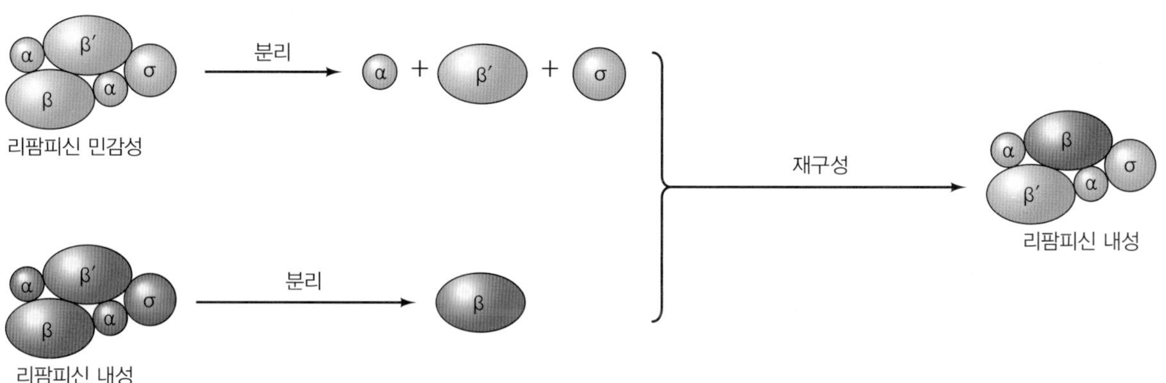

그림 6.29 RNA 중합효소 소단위체의 분리 및 재구성에 의한 항생제 내성에 관여하는 소단위체의 규명. 리팜피신에 민감한 대장균 그리고 리팜피신에 내성을 지닌 대장균으로부터 RNA 중합효소를 분리하고 그 소단위체들을 분리하여 순수하게 정제한 후, 이들을 여러 조합으로 재구성하여 활성을 지닌 RNA 중합효소를 복원했다. 이 경우 α-, β′-, σ- 소단위체는 리팜피신에 민감한 RNA 중합효소에서 유래했으며(파란색), β- 소단위체는 리팜피신에 내성을 지닌 RNA 중합효소에서 유래했다(빨간색). 소단위체의 재구성에 의해 복원된 RNA 중합효소가 리팜피신에 내성을 지닌 것으로 보아 β- 소단위체가 리팜피신에 대한 내성 및 민감성을 결정하는 소단위체임을 알 수 있다.

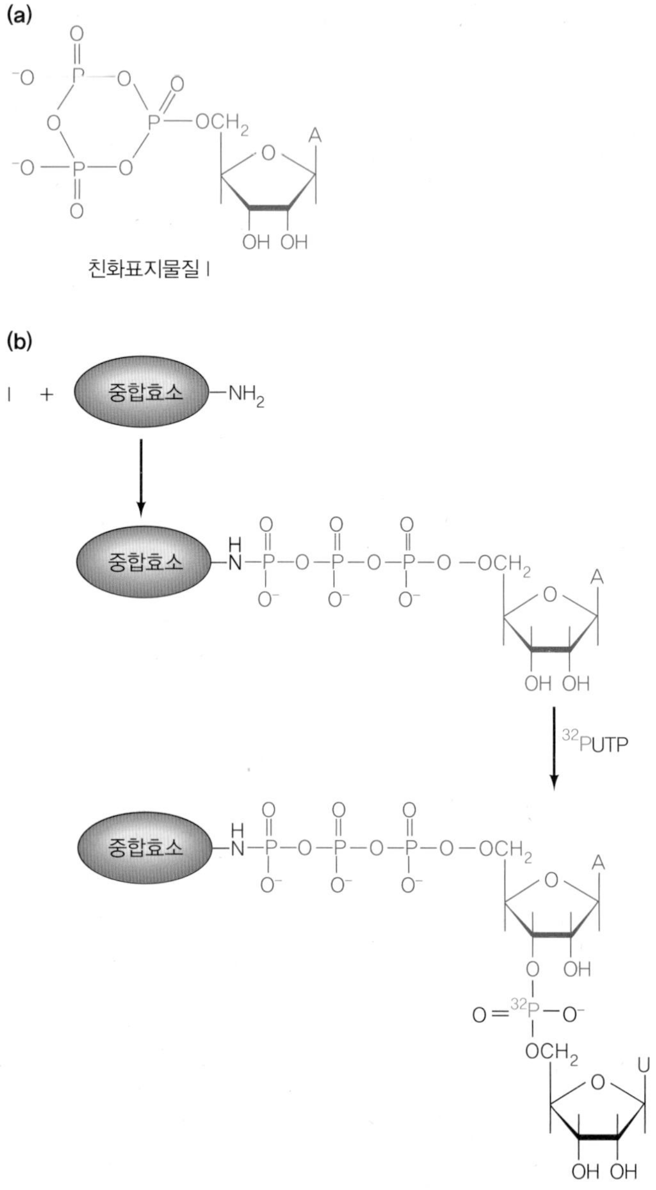

그림 6.30 **활성부위의 친화표지.** **(a)** ATP 유사분자인 친화표지 물질 I의 구조. **(b)** 친화표지 반응. 먼저 친화표지 물질 I을 RNA 중합효소에 첨가하여 활성부위에 결합시킨다. (일부 친화표지 물질은 활성부위가 아닌 다른 부위에 결합하기도 한다.) 다음에 방사능으로 표지된 UTP를 첨가하면 UTP는 이미 효소의 활성부위에 결합되어 있는 친화표지 물질과 인산디에스테르결합(파란색)을 형성한다. 이 결합은 효소의 활성부위에서만 일어날 수 있으므로 활성부위에만 특이적으로 방사능이 표지된다.

도 공유결합을 형성함이 밝혀졌다. 이 문제를 해결하기 위해 그라체프 등은 먼저 표지되지 않은 친화표지물질을 효소에 결합시키고, 방사능으로 표지된 뉴클레오티드를([α-^{32}P]UTP 또는 CTP) 2차적으로 투여하여 이미 활성부위에 결합한 친화표지물질과 인산디에스테르결합을 형성시켰다. 이러한 인산디에스테르결합은 RNA 중합효소의 활성부위에서만 일어날 수 있기 때문에 위의 조건에서는 활성부위만 특이적으로 방사능으로 표지된다. 마지막으로 표지된 RNA 중합효소를 SDS-PAGE에서 분리해서 어느 소단위체가 표지되었는지를 확인했으며, 그 결과는 그림 6.31과 같다. 그림과 같이 여러 친화표지물질을 사용한 경우 모두에서 β-소단위체만이 방사능으로 표지되는 것으로 보아 β-소단위체에 뉴클레오티드가 결합해서 인산디에스테르결합이 형성된다는 결론을 내릴 수 있다. 그러나 일부 실험에서 σ-인자도 약하게나마 방사능으로 표지되는 것이 관찰되며, 따라서 σ-인자가 적어도 최초의 인산디에스테르결합의 형성에는 관여할 것으로 추측된다.

2) 신장복합체의 구조

1990년대 중반의 연구에서 β와 β′ 소단위체가 DNA 결합에 관여함이 밝혀졌다. 이 단원에서는 각 소단위체의 역할이 단백질의 구조에 관한 연구 결과들과 어느 정도 일치하는지를 알아볼 것이며, 또한 신장 과정에서의 구조역학적인 문제들에 관해 설명하고자 한다. 즉, RNA 중합효소가 주형 DNA의 풀림과 감김, 그리고 어떻게 생성된 RNA들이 주형 DNA를 감아나가지 않도록 하는지에 대해 알아본다.

(1) RNA-DNA 잡종

지금까지 우리는 RNA가 중합효소에 의해 DNA 주형으로부터 합성되는 과정에서 몇 개의 염기가 DNA 주형과 상보결합을 이루고 있다가 중합효소로부터 이탈되리라 가정해 왔다. 실제로 전사 과정에서 RNA-DNA 상보결합은 3~12bp에 걸쳐서 이루어진다는 것이 일반적인 추측이나 이 점에 관해서는 많은 논란이 있어 왔고, 심지어는 이러한 상보결합이 존재하는지 자체에 대해서도 의문을 갖는 학자들이 많았다. 그러나 누들러와 골드파브 등은 전사체-워킹(transcript-walking) 기술과 RNA-DNA 교차연결법을 이용해 이러한 상보결합이 실제로 일어나며, 그 상보결합의 길이는 약 8~9bp 정도임을 밝혔다.

전사체-워킹 기술을 요약하면 다음과 같다: 누들러 등은 4장에서 설명한 유전자 클로닝 기술을 이용하여 RNA 중합효소의 β 소단위체 C-말단에 6개의 히스티딘 아미노산을 첨가하였다. 이 히스티딘 아미노산 부분은 니켈과 같은 금속에 강한 친화력을 보이며 따라서 중합효소를 니켈 레진에 부착시킨 상태에서 기질을 신속하게 세척하고 새로운 기질로 교환하는 것이 가능해졌다. 따라서 예를 들어, ATP, CTP, GTP 뉴클레오티드를 동시에 첨가하고 UTP는 제외시켜서 주형에서 최초로 UTP를 필요로 하는 위치까지 전사체-워킹시키는 것이 가능하다. 이후 기질을 씻어내고 새

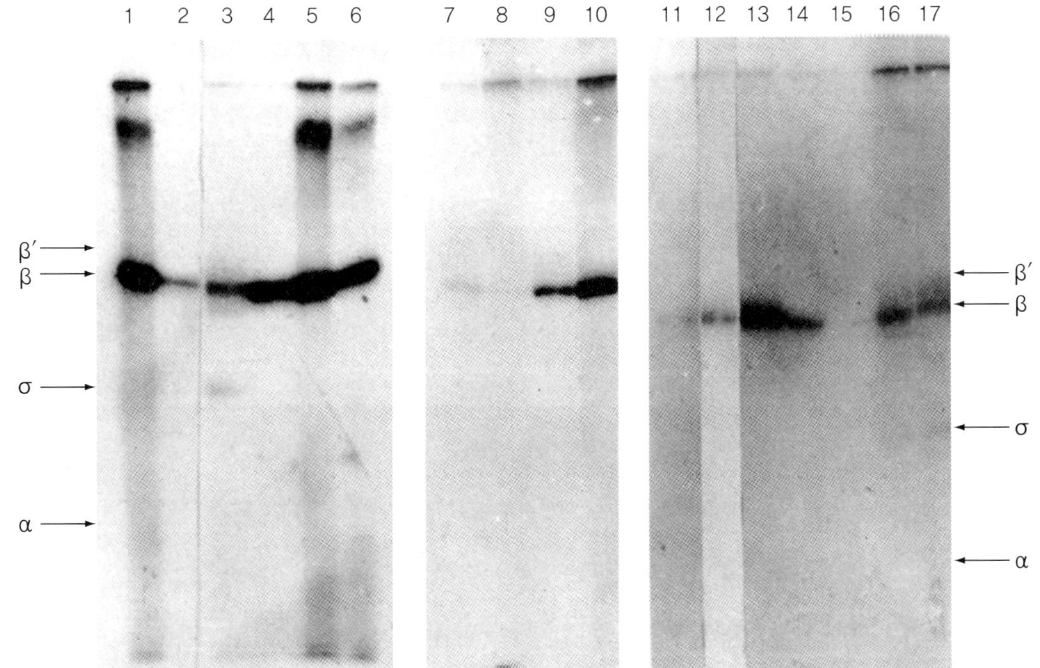

그림 6.31 β-소단위체는 인산디에스테르결합이 생성되는 활성부위에 위치한다. 그라체프 등은 그림 6.29에서 설명한 방법으로 RNA 중합효소의 활성부위를 표지하고, 전기영동으로 각 소단위체를 분리하여 어느 소단위체가 방사능으로 표지되는가를 확인했다. 각 레인은 [^{32}P]UTP의 존재하에서 서로 다른 친화표지 물질을 사용해 얻은 결과를 나타내고 있다. 5번과 6번 레인은 동일한 친화표지 물질을 사용했으나 단지 5번 레인은 [^{32}P]UTP를, 6번 레인은 [^{32}P]CTP를 방사능 물질로 사용했다. 거의 모든 레인에서 β-소단위체가 방사능으로 표지되어 있음을 알 수 있으며, 일부 실험에서는 σ-인자가 약하게 표지되어 있음을 알 수 있다. 따라서 β-소단위체가 인산디에스테르결합을 형성하는 활성부위의 주된 구성요소이며, σ-인자도 이에 일부 관여하고 있음을 알 수 있다. (출처: Grachev et al., Studies on the functional topography of *Escherichia coli* RNA polymerase. *European Journal of Biochemistry* 163 (16 Dec 1987) p. 117, f. 2.)

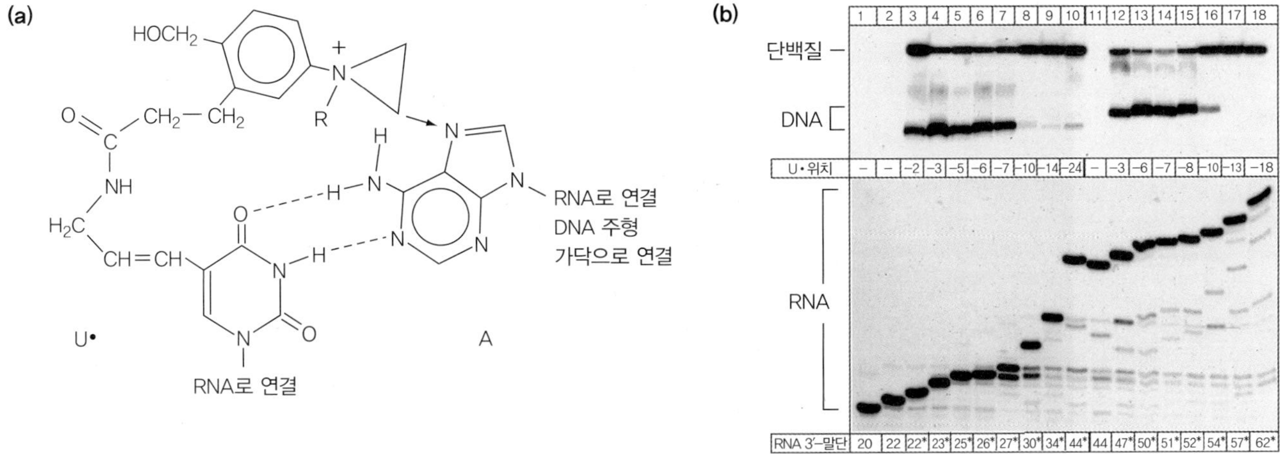

그림 6.32 신장복합체 내에서 RNA-DNA, RNA-단백질의 교차연결. **(a)** 교차연결에 사용된 시약인 U•가 주형 DNA의 A와 결합한 상태에서의 분자 구조. U•는 화살표로 표시한 부분에서 공유결합을 일으킨다. **(b)** 교차연결의 결과. Nudler Goldfarb 등은 U•를 [^{32}P]로 표지된 신장복합체 내 신생 RNA의 21번 또는 45번 위치에 삽입했다. 그리고 U•가 신생 RNA의 3′-말단(-1 위치, 즉 RNA 성장점)으로부터 -2에서 -24 사이의 다양한 위치에 오도록 전사반응을 한 단계씩 진행시켰다. 그리고 RNA와 DNA 또는 RNA와 단백질 사이의 교차연결 반응을 유도했다. 그리고 DNA와 단백질을 하나의 겔에서(사진의 상단), 그리고 유리된 RNA만을(사진의 하단) 또 다른 겔에서 전기영동으로 분리하고 자기방사법으로 RNA의 위치 및 양을 분석했다. 1, 2, 11번 레인은 음성 대조군으로서 RNA에 U•가 포함되지 않았다. 3~10번 레인까지는 신생 RNA의 21번 위치에 U•를 삽입시킨 경우이며, 12~18번 레인은 45번 위치에 삽입시킨 경우이다. 사진 하단의 별표는 U•가 RNA에 포함되어 있는 경우를 나타낸 것이다. U•가 -2와 -8 위치 사이에 존재할 경우에만 DNA와의 교차연결이 일어남을 알 수 있다. (출처: (a) Reprinted from *Cell* 89, Nudler, E. et al. The RNA-DNA hybrid maintains the register of transcription by preventing backtracking of RNA polymerase fig.1, p. 34 © 1997 from Elsevier (b) Nudler, E. et al. The RNA-NA hybrid maintains the register of transcription by preventing backtracking of RNA polymerase. *Cell* 89 (1997) f. 1, p. 34. Reprinted by permission of Elsevier Science.)

로운 조합의 뉴클레오티드를 기질로 첨가하여 또 다른 위치까지의 전사체-워킹이 가능하다.

이들은 UMP 유도체(U•)를 ^{32}P로 표지된 RNA의 5′-말단으로부터 21번째 또는 45번째 위치에 삽입시켰다. 그림 6.32a에서 보듯이 U•는 $NaBH_4$의 존재하에서는 상보결합을 이루고 있는 염기와의 교차연결을 촉진시킨다. 실제로 U•는 그림의 DNA상의 뉴클레오티드 A뿐만 아니라 이웃한 퓨린과도 접촉할 수 있으나 이들의 실험에서는 이러한 반응은 차단시켰다. 따라서 이 실험에서는 U•는 단지 주형 DNA의 A와 상보결합한 상태에서만 RNA와 DNA를 교차연결시킬 수 있으며, 이러한 상보결합이 없이는 교차연결은 불가능하다.

누들러, 골드파브 등은 전사체 RNA의 3′-말단을 기준으로 해서 −2위치(RNA의 3′-말단이 −1위치임)부터 −44위치까지의 여러 위치에 U•가 오도록 하고(전사체-워킹) DNA와 RNA를 교차연결시켰다. 그리고 이 신장복합체에서 단백질과 DNA를 분리하여 하나의 겔에서 분리했으며 RNA만을 또 다른 겔에서 분리했다. 이때

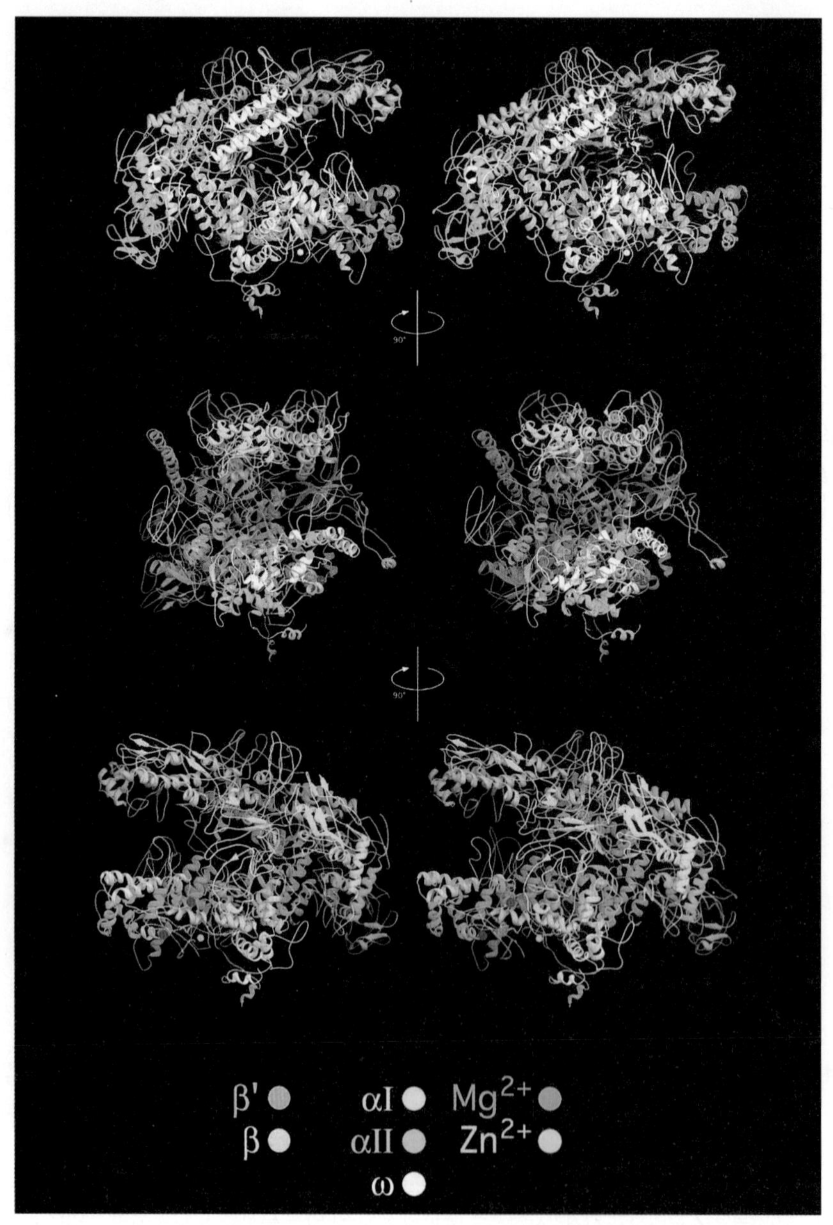

그림 6.33 *Thermus aquaticus* RNA 중합핵심효소의 결정구조. 각각 90° 회전시킨 세 가지의 입체 사진을 보여 준다. 각 소단위체들과 금속 이온은 그림 하단에 표시한 색체로 표시되었다. 금속 이온은 작은 구형으로 표시되어 있으며, β-, β′-소단위체의 일정치 않은 구조를 지닌 부위는 빨간색 구로 표시하였으나, 이 그림에는 나타나 있지 않다. (출처: Zhang, G. et al., Crystal structure of *Thermus aquaticus* core RNA polymerase at 3.3Å resolution. *Cell* 98 (1999) 811–24. Reprinted by permission of Elsevier Science.)

RNA는 항상 ^{32}P로 표지되어 있는 상태일 것이나 DNA와 단백질은 RNA와 교차연결되어 있어야만 ^{32}P로 표지되어 나타날 수 있다.

그림 6.32b가 그 결과를 보여 준다. DNA는 U•염기가 RNA의 −2에서 −8 사이에 위치할 때만 강하게 ^{32}P로 표지되고, −10 이상의 위치에서는 매우 약하게 표지되는 것으로 나타났다. 따라서 U•염기는 −2와 −8 위치 사이에서는 DNA 주형상의 A와 상보결합하고 있으며, U•가 −10 위치에 오면 그 결합력이 매우 감소함을 알 수 있다. 따라서 RNA 신장 과정에서의 RNA−DNA 결합은 −1에서 −8 위치까지, 또는 −9 위치까지 이루어지며 그 이상에서는 이루어지지 않는다고 결론을 내릴 수 있다. (상보적인 뉴클레오티드를 RNA에 넣기 위해서 −1 위치에서는 반드시 주형 DNA의 뉴클레오티드와의 결합이 필요하다.) 이와 같은 결론은 단백질 표지 결과와도 일치한다. RNA 중합효소의 단백질은 U•가 −1에서 −8 위치에서 벗어나 있을 때 더 강하게 표지되었다. 이는 아마도 U•가 주형 DNA에 결합되어 있지 않은 경우에 단백질에 접근해서 단백질과 RNA의 교차연결을 유도할 확률이 더 높음을 반영하는 것으로 판단된다. T7 RNA 중합효소 최근의 연구에서 복합체의 길이가 8bp에 해당하는 것으로 보고되었다.

(2) 핵심중합효소의 구조

신장복합체의 구조를 알기 위해서는 핵심효소의 구조를 정확히 알아야 한다. X−선 결정구조로 더 높은 해상도의 구조를 밝힐 수 있으나 이는 3차원 단백질 결정이 필요하며, 대장균 중합효소의 3차원 단백질 결정은 아무도 얻을 수가 없었다. 그러나 1999년 세스 다스트(Seth Darst) 등은 *Thermus aquaticus*라는 세균으로부터 이 결정을 얻는 데 성공하여 3.3Å 해상도의 구조를 밝힐 수 있었다. 그 구조는 전반적으로 대장균의 핵심효소와 매우 유사한 것으로 나타났으며, 따라서 그 세부 구조도 매우 유사할 것으로 추정된다. 현재로서는 핵심효소의 구조를 이해하는 데 *Thermus aquaticus*의 핵심효소의 구조가 가장 좋은 자료이다. 이상의 단백질 구조와 이 책의 다른 부분에서 보여주는 단백질 구조를 통해 알 수 있는 것은 단백질은 고정된 구조를 지니고 있지 않다는 것이다. 이러한 원리에 대해서는 9장과 10장에서 더 자세히 설명할 것이다. 단백질은 매우 역동적인 구조를 지니고 있으며, 실제 결정으로 나타나는 구조는 그중 하나일 뿐일 가능성이 높다.

그림 6.33은 이 효소의 전반적인 구조를 세 가지 다른 방향에서 본 결과이다. 먼저 전체 모양이 게의 집게와 유사함을 알 수 있다. 핵심효소를 구성하는 4개의 소단위체(β, β′, 2α)는 구별을 위해 각기 다른 색으로 나타냈다. 각 소단위체를 색으로 구분하고 보면 집게의 한쪽 팔은 대부분 β, 그리고 다른 쪽 팔은 β′−소단위체에 의해 구성되어 있음을 알 수 있다. 또한 2개의 α 소단위체는 집게의 연결부위에 위치하고 ω 소단위체는 β′−소단위체의 C−말단 부

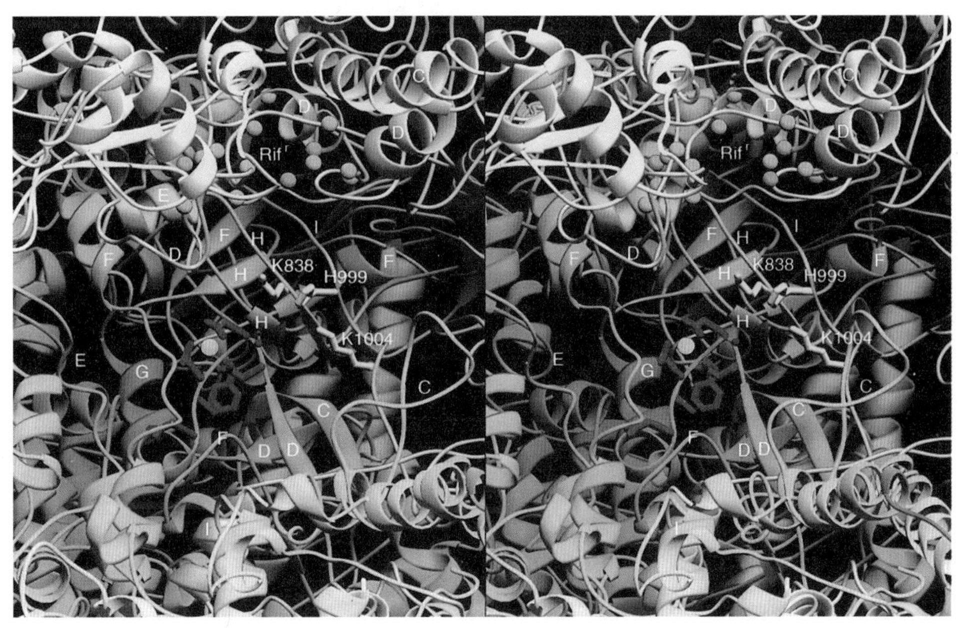

그림 6.34 핵심효소의 촉매 센터 부위의 입체적 구조. Mg^{2+} 이온은 분홍색 구형으로 표시했으며, Asp 잔기의 곁사슬(빨간색)에 의해 지지되고 있다. 리팜피신 저항성에 관여하는 아미노산들은 통로의 상단부에 몰려 있고 보라색으로 표시되어 있으며 Rifr로 표시된 Rif 주머니를 둘러싸고 있다. 중합효소 소단위체들의 색상은 그림 16.35에서와 동일하다(β: 연한 파란색, β′: 분홍색, α′s: 노란색과 초록색). 위의 두 그림은 입체 보기의 두 반쪽 면이다. (출처: Zhang G. et al., "Crystal struc-ture of *Thermus aquaticus* core RNA polymerase at 3.3Å resolution," *Cell* 98 (1999) 811−24. Reprinted by permission of Elsevier and Green Science.)

위를 감고 있다.

그림 6.34는 핵심효소의 **촉매 센터**(catalytic center)의 구조이다. 그림에서와 같이 핵심효소는 집게의 양 팔 사이로 약 27 Å 넓이의 통로를 지니고 있으며, 이 통로에 주형 DNA가 위치하는 것으로 추측된다. 효소의 촉매 센터는 Mg^{2+}로 표시되어 있으며 그림에서 분홍색 공으로 표시되어 있다. 촉매 센터에 Mg^{2+}가 존재한다는 증거로는 다음의 세 가지를 들 수 있다. 첫째, 세균의 모든 핵심효소의 β′–소단위체에서는 일정한 서열의 아미노산(NADFDGD)이 발견되는데, 이 중 3개의 아스파르테이트(D) 잔기가 Mg^{2+}과 결합하는 데에 관여하는 것으로 추측된다. 둘째, 이 3개의 Asp 잔기 각각 모두가 돌연변이가 일어나면 치사적인 결과를 가져오며, 이 경우 프로모터와 복합체는 형성하지만 활성을 나타내지 못한다. 따라서 Asp 잔기는 핵심효소가 DNA와 결합하는 데에는 관여하지 않으나 효소의 활성에는 필수적임을 알 수 있다. 마지막으로 그림 6.34에 보이는 것처럼 *T. aquaticus*의 핵심효소의 결정구조에서 이들 Asp 잔기들의 곁사슬이 실제로 Mg^{2+} 이온을 향해 있는 것을 볼 수 있다. 결론적으로 이들 3개의 Asp 잔기와 Mg^{2+} 이온은 핵심효소의 촉매 센터에 위치한다.

그림 6.34에서는 또한 핵심효소의 리팜피신 결합부위가 β–소단위체의 일부로 효소 내부 통로의 천장을 이루고 있는 부위에 위치함을 보여 주고 있다. 돌연변이를 일으켰을 때 세균의 리팜피신 저항성에 영향을 주는 아미노산들의 위치가 그림 6.34에 보라색 점으로 표시되어 있는데, 이들 아미노산의 위치가 한 곳에 집중되어 있음을 알 수 있고 아마도 이 부위가 리팜피신이 결합하는 부위일 것으로 추측된다. 리팜피신은 RNA 전사개시에는 영향을 주지 않으며, 초기에 몇 개의 뉴클레오티드 이후의 RNA의 신장을 억제한다. 반면에 리팜피신은 신장복합체가 일단 프로모터 부위를 벗어나면 신장에 영향을 주지 않는다.

리팜피신의 항생제로서의 이러한 특성과 핵심효소에서의 결합

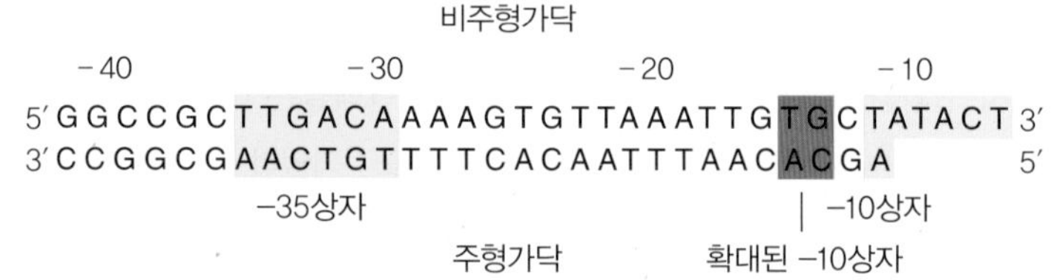

그림 6.35 RF 복합체 생성에 사용된 DNA의 구조. −10, −35상자는 노란색 상자로 표시하였다. −10상자의 연장된 부분은 빨간색으로 표시하였다. 개방형 프로모터 복합체에서 염기 −11에서 −7까지는 그림에서와 같이 단일가닥 형태이다.

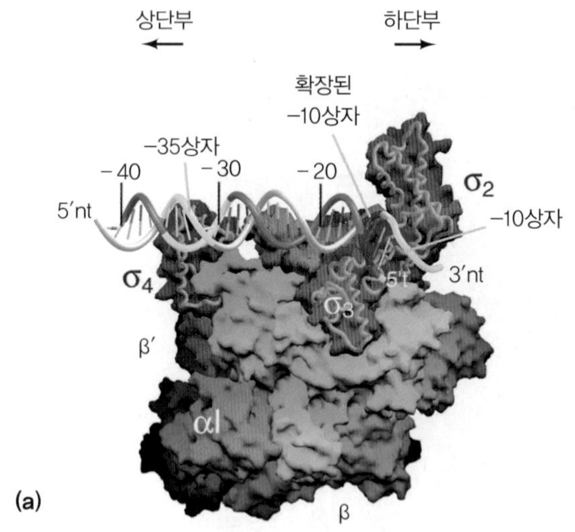

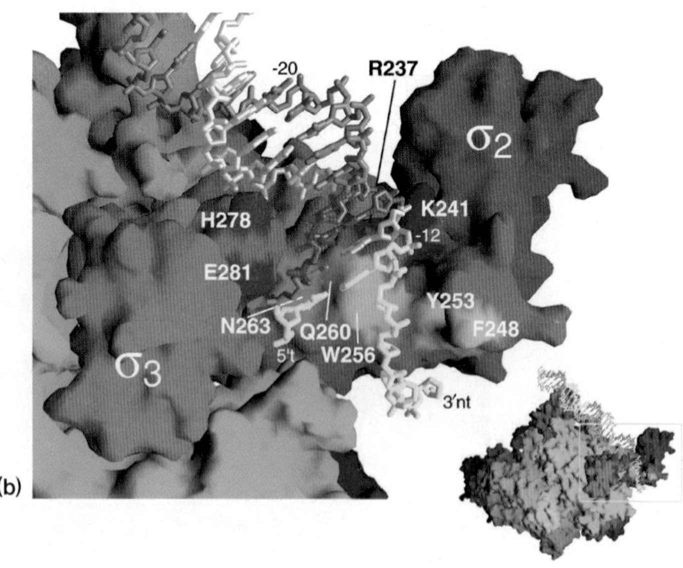

그림 6.36 RF 복합체의 구조. **(a)** 전체 복합체. 여러 소단위체들은 다양한 색상으로 표시하였고 DNA는 뒤틀린 사다리 모양으로 표시하였다. σ의 일부 표면은 탄소골격을 보여 주기 위하여 투명하게 하였다. **(b)** 완전효소와 DNA 주형의 접촉. σ2, σ3 영역은 갈색과 주노란색으로 표시하였다. 단지 유전적인 실험에서 프로모터 DNA와 접촉하는 것으로 알려진 잔기들은 다른 색으로 표시하였다. 이들 잔기들의 표시는 다음과 같다. −10상자 연장 부위 인식: 빨간색, −10상자 인식: 초록색, −10상자의 풀림 및 비주형 DNA에의 결합: 녹노란색, DNA에 결합하는 것으로 추측되는 염기성의 진화적으로 고정된 잔기: 파란색, −10상자 DNA는 노란색이며 −10상자 연장부위는 빨간색이다. 비주형 DNA의 3′–말단은 3′nt로 표시하였다. DNA에 결합하는 데 중요한 역할을 하리라 추정되는 아미노산 곁사슬은 따로 표시하였다. 오른쪽 하단의 작은 그림 안의 상자는 지금 어느 부분을 확대하여 보여 주고 있는지를 표시한다. (출처: Murakami et al., *Science* 296: p. 1288. © 2002 by the AAAS.)

부위와는 어떠한 상관관계가 있는 것인가? 리팜피신은 효소 내부의 통로를 막음으로써 초기에 생성되는 작은 크기의 RNA가 통로를 거쳐 외부로 나가는 것을 차단하여 RNA의 성장을 방해하는 것으로 추측된다. 또한 RNA가 어느 정도 크기에 이른 다음에는 리팜피신 결합부위가 봉쇄되어 항생제가 더 이상 RNA의 신장을 방해하지 못하는 것으로 추측된다.

최근에 다스트 등은 *T.aquqticus*의 핵심효소에 리팜피신이 결합한 복합체의 3차 구조를 밝힘으로써 이러한 가설이 사실임을 증명하였다. 리팜피신 항생제는 예측했던 부위에 위치하였다. 즉, 리팜피신은 신생 RNA가 2~3nt 길이에 도달했을 때 신장된 전사체가 신장복합체에서 빠져나가는 것을 저해하는 것으로 판단된다.

(3) 완전효소-DNA 복합체의 구조

균질의 완전효소-DNA 복합체를 얻기 위하여 다스트 등은 *T. aquaticus* 완전효소와 그림 6.35와 같은 포크-접합체 형태의 DNA를 결합시켰다. 이 DNA는 대부분 −35상자를 포함한 이중나선이나 −10상자 부근의 −11 위치부터 시작하여 비주형 DNA에 단일가닥이 돌출되어 있다. 이 구조는 열린 프로모터 구조를 촉진하며 RP_o와 유사한 성질을 지닌 복합체(RF, F는 “fork junction”, 즉 포크-접합체를 의미함)를 생성한다.

그림 6.36a는 전체적인 완전효소-프로모터 복합체의 구조를 보여 주고 있다. 우선 주목할 수 있는 것은 DNA가 σ가 위치한 효소의 상단부를 가로지른다는 사실이다. 실제로 DNA와 결합은 전적으로 σ에 의해 이루어짐을 알 수 있고, 이는 전사개시에서의 σ의 중요성을 감안하면 그리 놀랄 일은 아니다.

그림 6.36b를 좀 더 자세히 보면 이 구조는 그동안 이미 소개하였던 생화학적/유전학적 실험 결과들과도 일치함을 알 수 있다. 첫째, 이 장의 앞부분에서 본 것과 같이 σ의 2.4 위치는 프로모터의 −10상자 위치를 인지하는 데에 관여한다. 구체적으로 대장균 $σ^{70}$의 Gln 437과 Thr 440의 돌연변이는 프로모터 −12 위치의 돌연변이를 상쇄하며 이는 이 두 아미노산이 프로모터의 −12 위치를 인지함을 의미한다(그림 6.22를 기억할 것). 대장균 $σ^{70}$의 Gln 437과 Thr 440은 *T. thermophilus* $σ^A$의 Gln 260과 Asn 263에 해당한다. 따라서 이 두 아미노산이 프로모터의 −12 위치에 근접해 위치할 것으로 예상할 수 있으며 그림 6.36b를 보면 이러한 예측이 사실임을 알 수 있다. Gln 260(Q260, 초록색)은 실제로 −12 위치와 접촉을 이루는 근거리에 위치한다. Asn 263(N263, 초록색)은 이 구조에 −12 위치와 접촉하기에는 너무 멀지만 약간의 생체 환경에서 실제 일어날 수 있는 약간의 구조 변화를 거치면 매우 근접한 위치로 올 수 있다.

대장균 $σ^{70}$의 3개의 매우 보존이 잘되어 있는 방향성 잔기들은[*T. aquaticus* $σ^A$의 Phe 248(F248), Tyr 253(Y253), Trp 256(W256)에 해당] DNA의 풀림을 유도하는 것으로 일려져 있다. 이 아미노산들은 아마도 열린 프로모터 −10부위의 비주형 DNA 나선에 결합할 것이다. 그림 6.36b에 초록색에 가까운 노란색으로 표시된 이 부분은 RF 복합체에서 실제 비주형 DNA와 결합함이 확인되었다. 실제로 Trp 256은 12번째 염기쌍과 중첩된 위치에 있어 −11 위치의 염기와의 상호작용으로 DNA를 푸는 데 도움을 주는 역할을 한다.

σ의 2.2, 그리고 2.3 위치의 고정 아미노산인 Arg 237(R237)과 Lys 241(K241)은 DNA 결합에 관여하는 것으로 알려져 있다. 그림 6.36b는 그 이유를 설명해 주고 있다. 이 두 아미노산은 음성 전하를 띤 DNA 기둥 부분과 매우 효율적으로 결합을 이룰 수 있는 위치이다. 그리고 이러한 DNA와의 상호작용은 염기특이성을 지니지는 않을 것이다.

이전의 연구들은 σ의 3 위치가 DNA, 특히 −10상자와의 결합에 관여함을 밝혀냈다. 특히 Glu281(E281)이 −10상자와의 결합에 중요하며, 반면에 His278(H278)은 이 부위에서의 보다 일반적인 DNA 결합에 관여함이 밝혀졌다. 그림 6.36b의 구조는 이러한 결론들과 일치한다. Glu281과 His278(3 위치의 빨간색 부분) 모두 α 나선에 노출되어 있고 −10상자 DNA의 주곡면(major groove)을 향하고 있다(빨간색 DNA). Glu281은 −13 위치의 티아민과 충분히 근거리에 위치하고, His278은 −10상자와 충분히 근거리에 위치해 비주형 나선의 −17, −18 뉴클레오티드를 연결하는 인산디에스테르 연결부위와 비특이적으로 접촉할 수 있다.

이 장의 전반부에서 σ의 4.2 위치의 특정 아미노산이 −35상자와의 결합에 관여하는 것으로 배웠다. 그러나 여기서 밝혀진 RF의 구조로는 이러한 결론을 내리기가 매우 곤란하다. 이 구조에서 −35상자는 4.2 위치에서 약 6Å 정도 벗어나 있다. 그리고 DNA가 필요한 상호작용을 위하여 굽어진 유연한 상태가 아니라 직선으로 존재한다. σ의 4.2부위와 −35상자와의 결합에 관한 증거는 너무 확실하기 때문에 다스트 등은 충분한 설명이 필요하게 되었다. 이들은 −35상자 부위의 DNA가 결정응축 과정에서 발생하는 압력에 의해 정상 위치에서 벗어나 있는 것으로 설명하였다. 이는 결정상태의 단백질 구조가 반드시 원래의 단백질 구조와 동일하지 않을 수도 있음을 의미하며, 또한 단백질은 역동적인 구조를 지녀 실제 작업을 수행 중에는 또 다른 구조를 지닐 수도 있음을 의미한다.

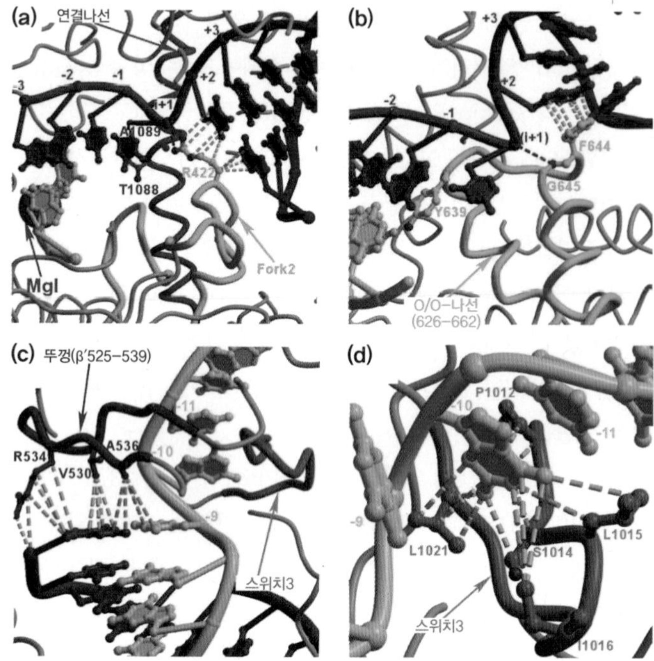

그림 6.37 DNA 주형과 DNA–RNA 잡종 중합체의 나선분리. **(a)** *T. thermophilus* 중합효소의 아래쪽 DNA 서열의 나선분리. R442(초록색)와 주형 뉴클레오티드 인산, 그리고 +2 염기쌍 사이의 상호접촉을 주의 깊게 볼 것. 모든 경우에 극성 반응은 파란색 점선으로, 반데르발스 결합은 청초록색으로 표시하였다. **(b)** T7 파지 RNA 중합효소에서의 아래쪽 DNA 서열의 나선분리. F664와 (초록색) 주형 뉴클레오티드 인산, 그리고 +2 염기쌍 사이의 상호접촉을 주의 깊게 볼 것. **(c)** *T. thermophilus* 중합효소의 경우에 DNA–RNA 잡종 중합체의 나선분리. β′ 뚜껑(파란색)의 3개의 아미노산이 −9 위치의 염기 위에 배열되어 있는 모습에 주의하고 −10 위치의 첫 번째 유리된 RNA 염기(연한 초록색)가 스위치 3 고리(주노란색) 주머니와 상호작용하는 모습을 주의 깊게 관찰할 것. **(d)** −10 위치의 첫 번째 유리된 RNA 염기와 β 스위치 3 고리(주노란색)의 5개의 아미노산 사이의 상호 접촉을 자세히 보여 주는 그림. (출처: Reprinted by permission from Macmillan Publishers Ltd: *Nature*, 448, 157–162, 20 June 2007. Vassylyev et al, Structural basis for transcription elongation by bacterial RNA polymerase. © 2007.)

다스트뿐 아니라 다른 연구자들도 중합효소의 활성부위에는 하나의 Mg^{2+}이 존재함을 보고하고 있다. 그러나 모든 알려진 DNA, RNA 중합효소들은 그 기능으로 보아 2개의 Mg^{2+}이 필요하다. 드미트리 바실예프(Dmitry Vassylyev) 등은 *T. thermophilus* 중합효소의 구조를 2.6Å 수준에서 보고하였다. 이들의 비대칭 결정에서는 한쪽의 중합효소는 1개의 Mg^{2+} 또 다른 중합효소는 2개의 Mg^{2+}을 지니고 있다. RNA의 합성에 관여하는 효소는 아마 후자일 것으로 추측된다. 2개의 Mg^{2+} 이온 하나의 Mg^{2+}의 경우와 동일한 방식으로 3개의 아스파르테이트 곁사슬에 의해 몇 개의 물 분자와 함께 네트워크 형식으로 결합된다.

(4) 신장복합체의 구조

2007년에 바실예프 등은 *Thermus thermophilus* RNA 중합효소의 X-선 결정구조를 2.5Å 수준에서 분석하여 발표하였다. 이 복합체에는 중합효소에 의해 풀리기 전의 상태의 아래쪽 14bp의 DNA와 9bp 길이의 RNA–DNA 중합체, 그리고 RNA 방출구에 위치한 7nt 길이의 RNA가 포함되어 있었다. 이로부터 몇 가지 중요한 결과가 관찰되었다.

첫째, β′ 소단위체의 발린 아미노산 잔기가 아래쪽 DNA의 작은 홈(minor groove)에 삽입된다는 사실이다. 이는 두 가지 의미가 있을 수 있다. 첫째, 이는 DNA가 앞 뒤로 미끄러지는 것을 방지하며, DNA가 효소 내부에서 나사와 같은 방식으로 움직이도록 유도할 수 있으며 여기에 대해서는 이장의 후반부에서 다시 다루도록 한다. (금속에 파여 있는 나사 구멍에 나사를 박을 때를 가정해 보자. 나사 구멍은 줄무늬로 파여 있어 줄을 따라 나사가 이동하여야만 나사를 박거나 뺄 수 있다.) 단일 단백질로 구성된 T4 파지의 중합효소와 여러 단위체로 구성된 효모의 β′ 소단위체에서도 유사한 잔기가 발견되는데, *T. thermophilus* RNA 중합효소 β′ 소단위체에서의 발린 잔기와 그 역할도 유사할 것으로 추측된다.

둘째, 그림 37a에서와 같이 아래쪽 DNA는 +2 위치까지 이중나선 형태를 유지하고 있다. (+1 위치부터 전사가 이루어진다.) 즉, +1 위치만 풀려 있는 상태이고 상보적인 뉴클레오티드의 특이적 삽입은 전체 복합체에서 오직 한곳 +1 위치에서만 가능하다. 그림 37a는 또한 β 소단위체의 Arg422 잔기가 β 포크 2 고리(β fork 2 loop)에 위치하여 뉴크레오티드가 삽입되는 중요한 위치에 존재함을 보여 주는데, 이는 주형 나선의 +1 위치의 인산과 수소결합을 형성하고 +2 위치의 두 염기와 반데르발스 접촉을 이룬다. T7 중합효소에서는 644번 페닐알라닌이 유사한 기능을 담당한다(그림 6.37b). 이들 아미노산은 효소의 활성부위와 매우 근접해 있을 뿐만 아니라, 주요 뉴클레오티드와도 반응을 하는 것으로 보아 효소의 활성부위의 형성에 관여하여 기질의 정밀한 인식에 도움을 주는 것으로 추측된다. 만약에 이러한 추측이 사실이라면 이 부위의 돌연변이는 전사의 정확도를 낮출 것으로 예상되며, 실제로 T7 중합효소의 644번 페닐알라닌을 알라닌으로 치환하면 전사의 정확도가 떨어짐이 관찰되었고, 아직 박테리아 효소를 이용한 Arg422의 돌연변이가 미치는 영향에 대한 연구결과는 발표되지 않았다.

셋째, 중합효소는 9bp의 RNA–DNA 중합체를 품을 수 있는 것으로 나타났으며, 이는 이전의 생화학적인 연구결과와 일치한다. 또한 RNA–DNA 중합체의 말단에는 β′ 뚜껑에 위치한 아미노산들(발린 530, 알기닌 534, 알라닌 536)이 −9 위치의 염기 위에 위치하여 구조를 안정화하며, 염기간의 추가적인 상보결합을 방지한다(그림 6.37c). 이와 같은 접촉은 RNA-DNA 중합체의 말단에서 나선의 분리에 관여하는 것으로 보인다. 많은 실험들이 RNA-DNA 중합체의 길이가 8~10nt 사이에서 다양하게 나타나고, β′ lid의 구조가 충분히 유동적이어서 이들 다양한 길이를 받아들일 수 있는 것으로 추측된다. 이들 외에도 RNA-DNA 중합체의 길이를 제한하는 동력의 근원은 다양하다. DNA 나선이 서로 결합하고자 하는 본래의 친화력, 그리고 최초로 방출된 −10 위치의 RNA 염기가 β 고리의 스위치 3 부위에 위치한 소수성 주머니에 갇힌다는 사실 등이 이에 해당한다. 이 경우 소수성 주머니의 5개의 아미노산이 반데르발스 접촉을 통해 유리된 RNA를 안정화한다(그림 6.37d).

넷째, 방출구의 RNA 산물은 절반 정도의 A-형태 이중나선 RNA 구조를 보이고 있으며, 이들은 쉽게 머리핀 형태로 전환이 가능하여 전사의 일시정지 혹은 종료까지도 촉진할 수 있다(이 장의 후반부 혹은 8장 참조). 머리핀 형태의 RNA가 이 실험에 사용되지는 않았으므로 그 구조가 RNA 방출구에 어떤 방식으로 맞을지는 알 수 없다. 그러나 바실예프 등이 구조모델을 이용한 연구 결과, 단지 미세한 구조조절을 통해서도 머리핀 형태 RNA가 RNA 방출구에 꼭 들어맞을 수 있음을 밝혔다. 실제로 머리핀 형태 RNA와 핵심효소와의 결합 방식은 전사개시 복합체에서의 핵심효소와 σ-인자와의 결합과 매우 유사한 것으로 나타났다.

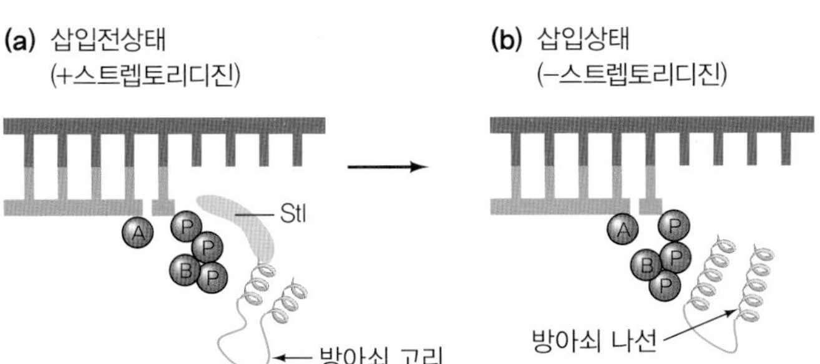

그림 6.38 RNA 합성과정에서 뉴클레오티드 삽입과정에 대한 2단계 모델. **(a)** 전삽입상태. 아마도 이 단계가 자연상태에서의 첫 번째 단계일 것으로 추측되며 실험적으로는 스트렙토리지딘에 의해 고착된다. 이 경우 스트렙토리지딘에 의해 방아쇠 고리가 외부로 돌출된 구조를 지니게 되며, 이에 따라 삽입될 뉴클레오티드의 삼인산기도 외부로 향하게 된다. 이 부분에 결합된 상태의 금속이온 B도 동시에 A 이온으로부터 지나치게 먼 거리에 위치하게 되어, A 이온과의 효과적인 협동에 의한 촉매작용이 불가능하다. **(b)** 삽입상태. 스트렙토리지딘에 존재하지 않는 상태이고 방아쇠 고리가 정상구조를 지녀 활성화부위에 근접한 상태이며 삽입될 뉴클레오티드 및 여기에 결합한 금속이온 B도 보다 활성화부위에 근접하여 금속 A와 효과적인 협력상태에 들어갈 수 있다. 두 금속이온 사이의 효과적인 협력에 의해 생성되는 RNA 사슬에 새로운 뉴클레오티드가 원활히 삽입된다.

또 다른 연구에서 바실예프 등은 가수분해가 불가능한 기질을 포함하는 신장복합체의 구조를 분석하였다. 이들이 사용한 기질은 adenosine-5′-[(α, β)-methyleno]-triphosphate (AMPcPP)로서, ATP의 α, β 인산기 사이에 산소 대신 메칠렌기(CH_2)를 지니고 있다. 이 부분의 결합은 RNA에 삽입되기 위해서는 정상적으로는 분해되어야 하는 결합이나, 이 기질은 분해되지 않고 효소의 활성화부위에 부착된다. 이들은 AMPcPP이 부착된 상태의 신장복합체의 구조를 분석하였고, 신장저해제인 스트렙토리지딘(streptolydigin)을 처리한 상태의 구조도 분석하였다. 이러한 구조분석으로부터 기질이 신장복합체와 2단계의 과정을 거쳐 결합함이 밝혀졌다.

스트렙토리디진이 존재하지 않는 상황에서는 소위 방아쇠 고리(trigger loop, β′ 소단위체의 아미노산 1221~1266)는 가운데 짧은 고리가 위치한 2개의 α 나선으로 완전히 접힌 상태이다(그림 6.38a). 이 상태에서는 기질이 정상적으로 활성화부위에 부착한다. 이때 2개의 Mg^{2+} 이온이 서로 협동하여 인산디에스테르결합을 이루며, 기질이 새롭게 자라나는 RNA에 첨가된다. DNA, RNA 중합효소에 대한 많은 연구에서 2개의 금속이온이 인산디에스테르결합의 형성에 관여함이 밝혀졌다. 하나의 금속이온은 활성화부위에 영구적으로 결합한 상태로 존재하며, 또 다른 금속이온은 NTP 기질의 β, γ-인산기와 결합한다. NTP가 자라나는 RNA에 삽입되면 두 번째 금속이온은 β, γ-인산기와 같이 방출된다.

스트렙토리디진이 존재하는 상태에서는 방아쇠 고리의 구조에 변화가 일어난다. 두 α 나선이 약간 벌어져 나선 사이의 고리가 더 커진다. 이는 기질이 활성화부위와 결합하는 방식에도 변화를 초래하는데 염기부위와 당 부분의 결합에서는 큰 차이가 없으나 삼인산 부분은 바깥쪽으로 많이 돌출되어 여기에 결합한 금속이온까지 외부로 돌출되어 효소의 활성화가 일어나지 않으며(그림 6.38b), 이것이 스트렙토리디진이 전사신장을 저해하는 기작이다.

바실예프 등은 스트렙토리디진 처리에 의해 밝혀진 신장복합체의 두 가지 구조상태, 즉, **삽입전상태**(preinsertion state, 항생제 처리 시 나타나는 상태)와 **삽입상태**(insertion state, 항생제를 처리하지 않은 상태)가 실제 자연 상태와 동일하다고 결론지었다. 아마도 기질은 먼저 효소와 삽입전상태와 같이 결합하고(그림 6.38b), 이 상태에서 염기결합이 제대로 이루어졌는지, 당의 구조가 완벽한지에 대한 검색이 이루어진 후 삽입상태(그림 6.38a)로 전환될 것으로 추측된다. 삽입상태에서 다시 염기쌍이 제대로 이루어졌는지에 대한 검사가 이루어질 수 있으며, 이와 같은 두 가지 상태의 존재는 전사 과정의 정확성을 이해하는 데에 도움이 된다. RNA 중합효소 활성부위는 모든 생명체에서 그 구조가 거의 유사하여 아마도 두 가지 상태에 관한 모델을 포함한 기질 유입의 기작이 거의 동일할 것으로 추측된다. 그러나 10장에서 보여 주듯이 효모를 대상으로 한 RNA 중합효소 연구에서 기존의 삽입전상태와는 완전히 다른 '진입상태(entry state)'가 제안되었다. 진입상태에서 기질은 상하가 뒤바뀐 위치로 놓이게 된다. 이 상태에서는 주형염기와 상보적인 적절한 염기조합인지 여부를 확인하는 것이 불가능하다. 바실예프 등은 진입상태의 존재 자체에 대해서는 반론을 펴지 않고 있으며 아마도 이는 삽입전상태 이전의 제3의 상태일 것으로 추측하고 있다.

(5) 신장의 3차 구조적인 문제

신장 과정에서는 핵심효소가 DNA를 따라 이동하게 된다. 이때 전사개시 과정에서 형성된 DNA의 풀린 부위도 당연히 핵심효소를 따라 이동하리라고 생각되고 있다. 왜냐하면 이러한 풀린 부위가 존재해야만 RNA 중합효소가 주형나선의 염기를 확인하면서 RNA에 정확하게 이에 상응하는 염기를 추가할 수 있을 것이기 때문이다. 실험적인 증거들도 이와 같은 추측이 사실임을 뒷받침하고 있다. 예를 들어 장 마리 소시에(Jean-Marie Saucier)와 제임스 왕(James Wang)에 따르면 RNA 중합효소에 의해 전사개시와 신장이 진행되는 과정에서 전체 주형에서 이중가닥이 풀린 형태로 존재하는 부위의 정도는 항상 일정하게 유지되고 있었다. 또한 중합효소-DNA 복합체의 결정구조로부터 DNA의 서로 다른 두 가닥이 각각 다른 통로를 통하여 중합효소와 결합함이 확실해졌으며, 이러한 결합 상태는 신장 과정에서 핵심효소와 DNA와의 결합에도 그대로 유지되리라 추측된다.

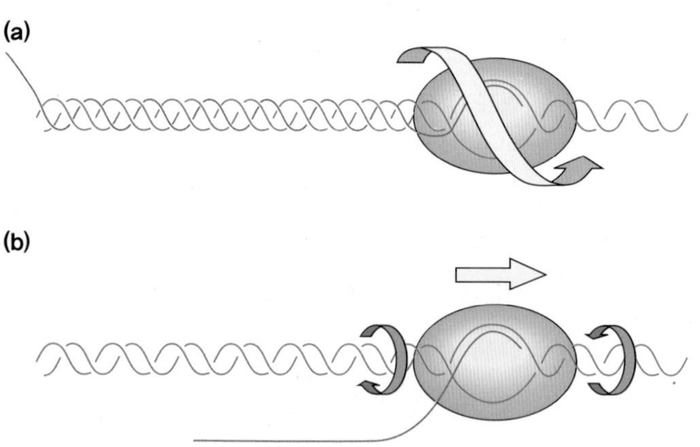

그림 6.39 이중가닥 DNA의 전사 과정에 관한 두 가지 3차원적 모델. **(a)** RNA 중합효소(분홍색)가 이중가닥 DNA를 따라 노란색 화살표 방향으로 회전하면서 전사를 진행시키는 모델이다. 이러한 방식의 전사는 DNA의 구조적인 긴장을 유발하지는 않지만 생성된 RNA가 주형 DNA 이중가닥을 따라 감기게 된다. **(b)** RNA 중합효소는 회전하지 않고 직선으로 진행하는 모델이다. 이 경우 RNA사가 DNA를 따라 감기지는 않으나 RNA 중합효소의 전방의 DNA 나선이 계속 회전하면서 풀려야 하고, RNA 중합효소의 후방에서는 DNA가 다시 원래의 형태를 회복하기 위해 회전해야 한다. 이 두 가지 회전 방향은 그림에서 초록색 화살표로 표시되어 있다. 이와 같은 DNA의 회전은 DNA 구조에 긴장을 초래하며, 이와 같은 구조적인 긴장은 위상이성질회효소에 의해 해소된다.

그러나 6장에서와 같은 간단한 모델은 실제와는 많은 차이가 있다. 실제 전사 과정에서는 그림에서 풍선 모양으로 나타낸 DNA의 풀린 부위의 앞에서 이중가닥 DNA가 계속 풀려야 하며, 풍선의 뒤 부위에서는 DNA가 다시 감겨야 한다. 이론적으로 RNA 중합효소가 이와 같은 구조적인 문제를 해결하는 방법은 두 가지가 있다(그림 6.39). 첫 번째 방법은 그림 6.39a에서 보는 것처럼 RNA 중합효소가 이중가닥 DNA 주위를 회전하면서 전사를 진행시키는 방법이다. 이와 같은 방법은 DNA를 회전시킬 필요는 없으나 RNA 중합효소가 DNA 나선주위를 회전하는 데에 많은 에너지가 소요될 것이다. 또한 이때 생성되는 RNA는 DNA 주위로 계속 감기게 되는데, 이와 같이 DNA에 감긴 RNA를 풀어 주는 효소는 아직 발견되지 않았다.

두 번째 방법은 그림 6.39b에서와 같이 RNA 중합효소는 회전하지 않고 직선으로 이동하며, RNA 중합효소 앞 부위의 DNA와 뒤 부위의 DNA가 서로 반대 방향으로 회전하면서 각각 풀리고 되감기는 방법이다. 그러나 이와 같은 DNA의 회전은 DNA 구조에 긴장을 초래한다. 이러한 구조적인 긴장은 마치 전화 코드를 억지로 풀려고 할 때, 전화 코드를 감긴 방향으로 더 감으려고 할 때 느끼게 되는 저항과 같은 것이다. RNA 중합효소의 앞쪽을 풀려고 할 때 RNA 중합효소의 뒤쪽에서는 되감기려는 탄력이 생기는 것은 사실이지만, 이 경우에는 두 부위 중간에 RNA 중합효소가 위치하고 있어 이러한 힘이 RNA 중합효소의 뒤쪽으로 전달되지는 않는다. 또한 이와 같은 힘이 그 반대 방향으로 염색체 전체(박테리아의 원형 염색체)를 거쳐 전달되는 것도 가능하지 않은 것이다.

따라서 그림 6.39b와 같은 모델이 성립하려면 DNA의 구조적인 긴장을 풀 수 있는 적당한 방법에 대한 설명이 필요하다. 20장의 DNA 복제에 관한 설명에서 다시 나오겠지만, DNA의 이와 같은 구조적인 긴장은 **위상이성질화효소**(topoisomerases)가 DNA 나선을 일시적으로 절단함으로써 해소된다. 또한 DNA 나선에 구조적인 긴장이 발생하면 마치 고무줄이 엉키듯이 DNA가 2차적으로 꼬이게 되며, 이러한 과정을 초나선장력(supercoiling)이라 한다. 또한 이와 같이 꼬인 DNA를 초나선(supercoil or superhelix)이라 부른다. RNA 중합효소의 전방에서는 DNA 나선을 푸는 과정에서 긴장이 발생하며 이때의 긴장은 전화 코드가 감긴 방향으로 더 감을 때 발생하는 긴장과 같다. 이와 같은 긴장에 의해 DNA가 2차적으로 꼬일 때의 초나선 구조를 양성 초나선 구조라 하며, 반대로 RNA 중합효소의 뒤에서 생성되는 초나선 구조를 음성 초나선 구조라 부른다. 이와 같은 모델이 사실임을 보여 주는 직접적인 증거의 하나는 돌연변이 위상이성질화효소를 이용한 실험에서 얻을 수 있다. 즉, 양성 초나선 구조의 해소에 결함이 있는 위상이성질화효소의 경우 RNA 중합효소의 앞 부위에서 양성 초나선 구조가 축적됨이 관찰되고, 음성 초나선 구조의 해소에 결함이 있는 위상이성질화효소의 경우에는 RNA 중합효소의 뒤쪽에서 음성 초나선 구조가 축적됨이 관찰된다.

(6) 전사중단과 교정

전사 과정은 일정하게 진행이 되는 것이 아니라 전사 과정 자체가 중단되기도 하고, RNA 전사 과정에서 때로는 역방향으로 돌아가기도 한다. 실온에서(21℃) 1mM NTP가 첨가된 상태에서의 대장균의 전사 과정을 보면 전사 중단은 매우 순간적이어서 약 1~6초 정도에 이른다. 그러나 이러한 짧은 기간의 중단이 계속 반복되면 전체적으로는 전사속도가 상당히 느려진다. 이러한 전사중단은 다음과 같은 두 가지 측면에서 중요하다. 첫째 이러한 반복적인 전사중단에 의해 전사보다 본질적으로 진행 속도가 느린 번역 과정과 전사 과정이 서로 보조를 맞추게 된다. 이는 전사약화(attenuation, 7장 참조) 현상, 그리고 번역에 실패한 경우에의 전사중단 등에 중요하다. 둘째, 이러한 전사중단은 다음에 설명할 전사종결의 첫 단계로서의 역할을 한다.

특수한 경우 중합효소는 역방향으로 진행하여 새롭게 생성된 RNA의 3′-부위가 활성부위 앞으로 돌출되기도 한다. 이 과정은 단순히 전사중단의 연장이 아니다. 우선 일반적인 전사종결과는 달리 약 20초, 또는 그 이상 지속되며 또는 전사가 완전히 중단되기도 하는 특성을 지니고 있다. 둘째, 이 과정은 아주 특별한 경우에만 일어나는데, 주위환경에 뉴클레오티드의 농도가 매우 낮거나 전사 과정 중 RNA 나선에 잘못된 뉴클레오티드가 삽입된 경우이다. 후자의 경우 RNA 중합효소가 역방향으로 진행하는 것은 수정 과정 중의 일부로서 이 수정 과정에서는 **GreA**, **GreB**라는 보조단백질이 중합효소가 지니고 있는 RNA 분해효소로서의 활성을 자극하여 잘못 생성된 RNA를 분해한다. 잘못 삽입된 뉴클레오티드를 포함하는 RNA 부분을 잘라내고 나면 전사는 다시 계속된다. GreA는 2~3nt 길이의 짧은 RNA를 생성해내며, 전사가 중단되는 것을 예방하나 한번 중단된 전사를 재개하는 능력은 지니고 있지 않다. 반면에 GreB는 약 18nt 길이의 RNA 산물을 생성하며 중단된 전사를 재개시킨다. 11장에서 진핵세포에서의 수정 과정에 대해 자세히 다룰 것이다.

이상의 교정 기능에 대한 모델은 하나의 문제를 지니고 있는데 그것은 보조 단백질(GreA, GreB)이 *in vivo*에서 필수적이지 않다는 점이다. 그러나 mRNA의 교정과정은 생명의 유지에 매우 중요할 것으로 추측된다. 니콜라이 젠킨(Nicolay Zenkin) 등은 2006년에 이 문제에 대한 해답을 제안했다. 즉, 새로이 생성되는 RNA 나선 자체가 스스로의 교정 기능을 지니고 있다는 제안이다.

젠킨 등은 RNA 중합효소와 단일 가닥의 DNA 그리고 DNA와 완벽히 상보적인 RNA, 혹은 3′ 말단에 하나의 염기가 DNA와 비상보적인 RNA를 혼합하여 신장복합체를 활성화하였다. 여기에 Mg^{2+}를 첨가하여 전사를 활성화시킨 결과 비상보적인 RNA는 상보성이 없는 말단 뉴클레오티드뿐만 아니라 바로 전의 뉴클레오티드까지 2개의 뉴클레오티드가 제거됨이 확인되었다. 상보적인 RNA를 넣어 준 그룹에서는 이러한 교정작용이 전혀 일어나지 않았다. 2개의 뉴클레오티드가 제거된 것은 중합효소가 1개 뉴클레오티드 만큼 후진하였음을 의미한다. 그리고 이러한 사실은 교정작용이 화학적으로 진행된다는 것을 의미한다. 즉, 후진한 복합체에서 비상보적인 뉴클레오티드는 DNA와 결합되어 있지 않으므로 비교적 자유롭고 유연성을 지녀 뒤쪽으로 휘어 금속이온 II 와의 접촉이 가능하여 금속이온 II를 활성화부위에 고정시키는 결과를 초래한다. 그 결과 인산디에스테르결합의 절단이 촉진될 것으로 추측되는데, 이는 금속이온 II가 아마도 RNA 중합효소의 RNA 분해효소로서의 기능에 관여할 것으로 예상되기 때문이다. 또한 비상보적인 뉴클레오티드가 물분자의 배열에 영향을 주어 보다 효과적인 핵공격체로 전환시켜 비상보 뉴클레오티드와 나머지 RNA 본체 사이의 인산디에스테르결합의 절단을 촉진한다. 이 두 가지 설명으로 비상보적인 결합상태의 RNA 자체가 어떻게 스스로의 절단을 촉진하는지를 이해할 수 있다.

6.5. 전사종결

RNA 중합효소가 유전자 DNA의 말단에 위치하는 **전사종결부위**(terminator)에 도달하면 RNA 중합효소가 주형에서 분리되며 RNA가 방출된다. 대장균에서는 두 가지 종류의 전사종결부위가 발견된다. 첫 번째 전사종결부위는 rho와 관계없이 RNA 중합효소와 직접 작용하는 부위이고 이를 자연 **자연 전사종결부위**(intrinsic terminators) 또는 rho-비의존적 전사종결부위라 한다. 두 번째 부위는 **rho**(ρ)라는 조요소(auxillary factor)가 전사종결에 관여하는 부위이며 이를 rho-의존적 전사종결부위(rho-dependent terminator)라고 부른다. 지금부터 이 두 가지 전사종결부위의 작용기작에 대해 알아본다.

1) Rho-비의존적 전사종결

Rho-비의존적 전사종결은 역반복 DNA 염기서열과 주형의 반대쪽 DNA 나선상의 T-풍부 부위가 차례로 위치한 소위 전사종결부위에 의존하여 일어난다. 이 장의 마지막 부분에서 소개할 전사종결 기작에 관한 모델에서는 주형 DNA의 역반복 염기서열로부터 전사된 RNA가 형성하는 머리핀 구조가 중요한 역할을 한다. 따라서 우선 역반복 DNA 염기서열에서 전사된 DNA가 어떻게 머리핀 구조를 형성하는지를 이해해야 한다.

(1) 역반복 염기서열과 머리핀 구조

다음과 같은 역반복서열을 예를 들어 설명한다.

5′-TACGAAGTTCGTA-3′
•
3′-ATGCTTCAAGCAT-5′

이와 같은 서열은 중앙의 G(또는 C) 염기를 중심으로 대칭을 이루고 있다. 즉, 이 서열은 평면에서 180° 회전시켜도 같은 염기서열이 된다. 위의 DNA로부터 전사된 RNA는

UACGAAGUUCGUA

의 서열을 지니며 이 서열은 중앙의 G 염기를 기준으로 좌우가 상보적임을 알 수 있다. 즉, 이 RNA의 상보적인 염기들이 서로 결합하여 다음과 같은 머리핀 구조를 형성할 수 있다.

U•A
A•U
C•G
G•C
A•U
AU
G

머리핀 상단부의 A와 U는 RNA 회전 내의 물리적인 제한에 의하여 서로 염기쌍 결합을 형성하지 못한다.

(2) 자연 전사종결부위의 구조

대장균의 *trp* 오페론(7장 참조)에서는 전사약화부위(attenuator)라는 DNA 부위가 전사의 조기종료에 관여한다. 이 전사약화부위는 자연 전사종결에 중요한 역할을 하는 2개의 구조적인 요소로 구성되어 있다. 즉, 역반복 염기서열과 주형 DNA와는 반대쪽 DNA 나선에 존재하는 연속된 T가 그것이다. 페기 파넘(Peggy Farnham)과 테리 플랫(Terry Platt) 등은 이러한 전사약화부위를 모델로 해서 정상적인 전사종결의 기작을 밝히기 위한 많은 실험을 수행했다.

trp 오페론의 전사약화부위에 존재하는 역반복 염기서열은 아래의 머리핀 구조 그림에서 보는 것처럼 완벽하지는 않다. 그러나 8개의 상보적인 결합에 의해 그림과 같은 머리핀 구조의 형성이 가능하며, 이 중 7개의 결합이 3개의 수소결합에 의해 생성되는 G-C 결합이다.

A•U
G•C
C•G
C•G
C•G
G•C
C•G ＼ A
C•G ／
U U
A A

U-U, A-A 사이에는 결합이 형성되지 않으므로 머리핀 구조의 말단에 그림에서와 같이 고리가 형성되며, 우측의 하나의 A 염기는 상보결합을 하나 더 추가하기 위해 튀어나와 있다. 이와 같은 머리핀 구조는 구조적으로 완전하지는 않지만 비교적 안정적인 머리핀 구조로 볼 수 있다.

파넘과 플랫은 다음과 같은 가설을 세웠다. 전사약화부위의 연속된 T-풍부 부위에서 전사가 진행되면 주형 DNA의 A와 RNA의 U 사이에 약 8쌍의 A-U 결합이 생성된다. rU-dA 결합은 매우 약한 결합이어서 비슷한 결합인 rU-rA 결합이나 dT-rA 결합에 비해 그 용해 온도가 20℃나 낮다. 이러한 사실들로부터 중

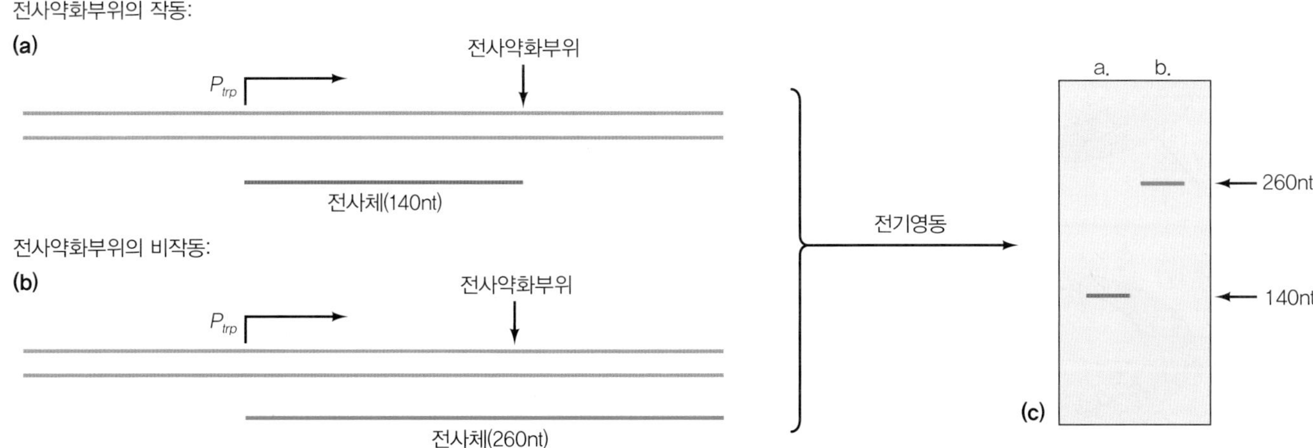

그림 6.40 전사약화부위 기능 분석 실험. **(a)** *trp* 프로모터와 전사약화부위를 포함하는 DNA 절편을 이용해 전사를 진행시키면 전사약화부위가 정상적으로 작용할 때에는 140nt 길이의 RNA(빨간색)가 생성되고, **(b)** 전사약화 부위가 작용을 못하면 전사가 계속되어 260nt 길이의 RNA(초록색)가 생성된다. **(c)** 어떠한 길이의 RNA가 생성되는지는 그림에서와 같이 RNA를 전기영동으로 분리함으로써 쉽게 구분할 수 있다.

합효소가 전사약화부위에 이르면 그 활성이 일단 정지되고, RNA가 주형 DNA로부터 분리되어 전사가 종료되리라는 모델이 제안되었다.

이 모델을 실제로 증명하기 위한 실험은 파념과 플랫에 의해 수행되었다. 이 실험의 이론적 배경은 만약 trp 오페론의 전사약화부위의 기능에서 머리핀 구조와 연속적인 rU-dA 결합이 중요하다면 이 중 하나를 파괴함으로써 전사약화부위의 기능이 저해되리라는 것이다. 이들은 그림 6.40과 같은 실험을 설계했다. 이들은 먼저 *trp* 전사약화부위를 포함하는 DNA 절편(*Hpa*II 제한효소로 절단하여 얻음)을 시험관에서 전사했다. 전사약화부위가 정상으로 작용할 때에는 전사가 종료되어 140nt 길이의 RNA가 생성되고, 전사약화부위에서 전사가 종료되지 않는 경우에는 DNA 절편의 말단까지 전사가 계속되어 260nt 길이의 RNA가 생성된다. 이와 같은 RNA 길이의 차이는 전기영동으로 쉽게 구분할 수 있다.

이들은 먼저 비주형의 전사종결부위에 위치하는 8개의 연속적인 T 서열을 TTTTGCAA로 치환하여 trp a1419라 불리는 돌연변이주를 만들었다. 이 *trp* 오페론을 이용해 전사를 진행시킨 결과 전사약화부위의 기능이 상당히 약화되었음이 관찰되었다. 이 결과는 rU-dA 상보결합의 낮은 친화력이 전사종결에 중요하다는 가설과 부합되는 결과이다. 즉, 위의 돌연변이 trip 오페론에서는 8개의 T 중에서 4개가 치환됨으로써 이 부위에서의 전체적인 RNA-DNA 상보결합의 친화력이 더 높아졌기 때문이다.

게다가 CTP 대신 iodo-CTP(I-CTP)를 사용해 전사를 진행시킨 경우에는 전사약화부위의 기능이 복원되었다. 이는 G-IC(I-CTP) 결합이 G-C 결합보다 친화력이 훨씬 강하기 때문에 더욱 안정적인 머리핀 구조(주로 G-C 결합에 의해 생성됨)가 생성되어, trp a1419 돌연변이의 효과를 상쇄시킨 결과로 볼 수 있다. 반면에 IMP(inosine monophosphate, GMP 유사체)를 전사반응에 사용한 경우에는 I-C 결합의 친화력이 G-C 결합의 친화력보다 낮기 때문에 머리핀 구조가 더 불안정하게 된다. 실제 실험에서도 IMP를 전사반응에 사용한 경우에는 전사약화부위의 기능이 약화됨이 관찰되었다. 이러한 모든 실험 결과는 머리핀 구조와 연속된 U가 전사종결에 중요함을 보여 준다. 그러나 전사중단 과정에서 이러한 RNA가 어떠한 역할을 하는지는 확실치 않다.

(3) 전사종결 모델

전사종결 과정에서 머리핀 구조와 연속적인 rU-dA 염기쌍의 역할에 대해 몇 가지 가설이 제안되었다. 이 가설에는 다음과 같은 두 가지 사실이 반영되어 있다. 첫째, RNA의 머리핀 구조는 신장복합체의 안정성을 저하시킴이 밝혀졌다. 반면 연속된 rU-dA 결합 자체는 신장복합체의 안정성 저하를 초래하지는 않는다. 둘째, 역반복 염기서열의 반을 다른 뉴클레오티드로 치환하여 머리핀의 형성을 차단한 경우에도 연속된 rU-dA 결합이 존재하면 신장 과정의 진행이 정지된다. 이로부터 다음과 같은 일반적인 가설이 제안되었다. 즉, rU-dA 결합은 RNA 중합효소의 반응을 정지시킴으로써 이미 생성된 RNA의 머리핀 구조 형성을 유도한다. 이때 생성된 머리핀은 rU-dA 결합을 불안정화시키고 RNA를 DNA로부터 유리시켜 전사가 종료된다.

야넬(W. S. Yarnell)과 제프리 로버트(Jeffrey Roberts)는 1999

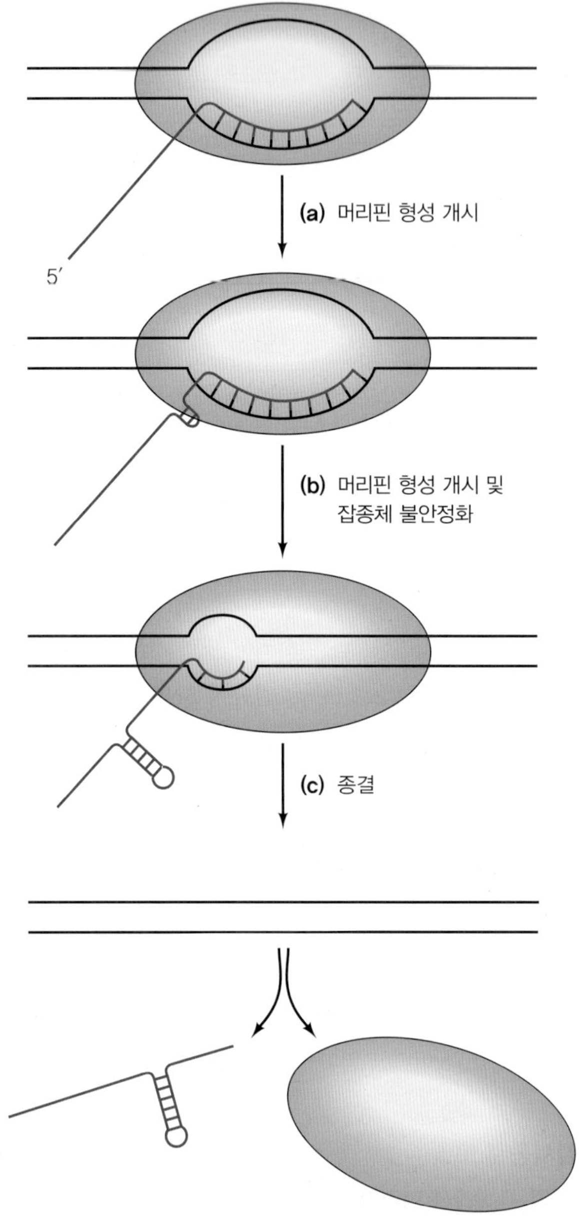

그림 6.41 자연 전사종결 모델. (a) 중합효소가 그 결합력이 비교적 약한 연속된 rU–dA 결합이 위치한 부위에서 정지되어 있고, 바로 뒤쪽에서 머리핀이 생성되기 시작한다. (b) 머리핀이 형성되면서 RNA–DNA 결합은 더욱 약화되는데, 이러한 RNA–DNA 결합의 불안정화는 두 가지 방식으로 일어난다. 머리핀의 형성 자체에 의해 RNA가 중합효소로부터 물리적으로 분리되거나 또는 단순히 전사 풍선 자체를 붕괴시켜 RNA를 DNA로부터 분리할 수도 있다. (c) 생성된 RNA와 중합효소가 DNA로부터 완전히 분리되고 전사가 종료된다.

년에 이와는 약간 차이가 나는 가설을 제안했다(그림 6.41). 이들은 RNA의 주형 DNA로부터의 분리는 머리핀 구조의 작용에 의한 것 외에 RNA 중합효소가 신장을 멈춘 상태에서 주형 DNA의 아래 방향으로 이동함으로써 일어난다고 제안했다. 이 기설을 증명하기 위해 야넬과 로버트는 각기 다른 돌연변이를 지닌 2개의 전사종결부위(ΔtR2와 Δt82)와 강한 프로모터로 구성된 주형 DNA를 사용했다. 이들 전사종결부위에는 연속된 T–풍부 부위는 존재하나 역반복 염기서열의 절반이 소실되어 있어 여기서 생성된 RNA는 머리핀을 형성하지 못한다. 그 대신에 소실된 부위에 해당하는 올리고뉴클레오티드를 첨가하여 소실된 부위를 대신하여 머리핀의 기능을 대체할 수 있도록 하였다.

이들은 실제 실험에서 주형 DNA에 자기성 구슬(magnetic bead)을 결합시켜 반응물에서부터 원심분리를 통해 쉽게 분리할 수 있도록 했다. 그리고 이 주형 DNA에 대장균 RNA 중합효소와 표지된 RNA를 첨가하고 위에서 설명한 올리고뉴클레오티드를 첨가하거나 첨가하지 않은 상태에서 반응을 진행시킨 후, 자석을 이용해 주형 DNA를 분리하여 침전을 형성시키고 침전물과 부유물에 포함된 RNA의 특성을 자기방사법을 통해 분석했다.

그림 6.42는 그 결과를 보여 준다. 1~6번 레인은 올리고뉴클레오티드가 첨가되지 않았다. 따라서 매우 적은 양의 미완성 RNA만이 상등액에 방출되었다. (그림의 1, 3, 5번 레인에서 ΔtR2와 Δt82로 표지된 부분에 희미한 밴드가 나타나 있음을 참조하라.) 그러나 2, 4, 6번 레인(침전된 반응 산물)에서는 같은 위치에서 강한 밴드가 보이고 있다. 이는 신장 과정의 정지에 의해 나타난 결과이다. 따라서 머리핀은 신장 반응의 정지보다는 RNA의 방출에 더 필수적임을 알 수 있다. 7~9번 레인은 ΔtR2의 남아 있는 머리핀 반쪽 부분과 상보결합하도록 설계된 올리고뉴크레오티드(t19)를 첨가했다. 이 경우 ΔtR2로 표시된 부분에서 강한 밴드가 상등액에서 검출되는 것으로 보아 RNA의 방출이 정상적으로 일어나고 있음을 알 수 있다. 이때 방출된 RNA의 크기는 돌연변이를 일으키지 않은 상태의 전사종결부위에서 방출되는 RNA와 정확히 그 크기가 일치했다. Δt82의 경우에도 ΔtR2에서 만큼은 아니지만 올리고뉴크레오티드(t18)를 첨가했을 때 RNA의 방출이 증가함이 관찰된다.

올리고뉴클레오티드와 남아 있는 절반의 역반복 서열 사이의 상보결합의 중요성을 재확인하기 위해 이들은 t19 올리고뉴클레오티드의 염기 하나에 돌연변이를 일으켜(t19H1) 같은 실험에 사용했다. 13번 레인에서 보듯이 이 경우 ΔtR2에서의 전사종결이 획기적으로 감소하는 것으로 나타났다. ΔtR2 부위에서 이에 보상적인 돌연변이를 일으켰을 때는 14번 레인에서 보는 것과 같이 이 부위에서의 전사종결이 다시 회복되는 것을 알 수 있다. 이때 사용한 주형 DNA에는 Δt82 위치에 원래 돌연변이가 일어나지 않은 서열이 사용되었으므로 그림에서와 같이 Δt82 위치에서의 전사

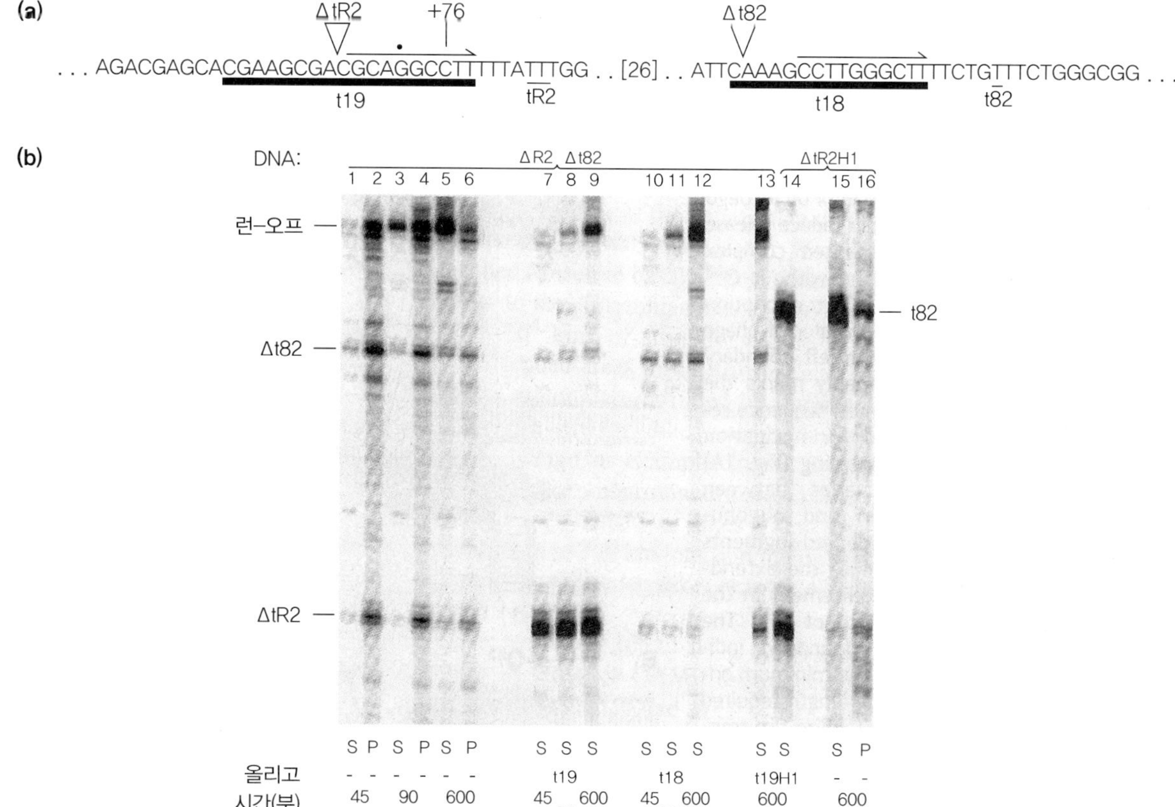

그림 6.42 돌연변이 전사종결부위와 상보적인 올리고뉴클레오티드에 의한 신장복합체로부터 전사체의 분리. **(a)** 실험에 사용된 주형 DNA의 구조. 주형 DNA에 ΔtR2, Δt82의 두 돌연변이 전사종결부위를 그림의 위치에 삽입했다. 정상적인 상태에서 실제 전사가 종결되는 위치는 가는 밑줄 선으로 표시했다. 굵은 실선은 이 실험에 사용된 올리고뉴클레오티드(t19와 t18)와 상보적인 염기서열 부위를 나타낸다. 서열 상단의 화살표 선은 주형 DNA에 남아 있는 반쪽의 머리핀 서열이다. 서열에 점으로 표시된 부분은 t19H1 올리고뉴클레오티드 및 이에 상보적인 주형에서 돌연변이를 유도한 부위를 나타내고 있다. 주형 DNA에 자기성 구슬을 연결시켜 원심분리로 용액으로부터 쉽게 분리할 수 있도록 했다. **(b)** 실험 결과. 야넬과 로버트는 위의 주형 DNA를 이용해 다음과 같이 서로 다른 올리고뉴클레오티드를 첨가한 상태에서 표지된 RNA를 형성했다. 올리고뉴클레오티드 첨가하지 않음(1~6, 15~16번 레인), t19(7~9번 레인), t18(10~12번 레인), t19H1(13~ 14번 레인). 그림의 아래에 표시된 시간만큼 전사를 진행시키고 주형 DNA와 이에 부착된 RNA를 원심분리로 분리한 후, 침전물(P)과 상등액(S)에 포함된 표지 RNA를 각각 전기영동과 자기방사법으로 분석했다. 런-오프 전사체와 ΔtR2, Δt82 종결부위에서 종료된 전사체의 위치를 좌측에 표시하였다. (출처: (a–b) Yarnell, W.S. and Roberts, J.W. Mechanism of intrinsic transcription termination and antitermination. *Science* 284 (23 April 1999) 611–12. © AAAS.)

종결도 매우 효율적으로 나타났다(14번 레인). 15, 16번 레인은 음성 대조군으로 t19H1 올리고뉴클레오티드가 첨가되지 않았으며 ΔtR2 위치에서 전사종결이 거의 일어나지 않았다.

이 결과들을 종합해 보면, 우선 머리핀 구조 자체는 전사종결에 필수적이지는 않으며, 머리핀의 아래쪽 절반 부위와 상보결합할 수 있는 염기서열만 존재하면 전사종결에 영향을 미치지 않는다. 또한 주형 DNA에 연속된 T-풍부 부위도 필수적인 것은 아니며, 신장 속도를 충분히 늦춰 주면 이 부위가 없어도 전사종결은 일어난다. 야넬과 로버트는 머리핀이나 연속된 T-풍부 서열이 전혀 없는 부위까지 신장을 진행시킨 후, 이 부위에서 신장을 멈추기 위해 뉴클레오티드를 세척하여 제거했다. 이 상태에서 신장이 정지된 바로 앞부분의 DNA와 상보적인 서열을 지닌 올리고뉴클레오티드를 첨가해준 결과 신장된 RNA가 방출됨이 관찰되었다.

전사종결은 또한 **NusA** 단백질에 의해서도 촉진된다. NusA 단백질은 전사종결부위에서 전사체에 의한 머리핀 구조 형성을 촉진한다. 이반 구사로브(Ivan Gusarov)와 예브게니 누들러(Evgeny Nudler)에 의해 2001년에 제안된 이 가설의 핵심은 상단 반쪽의 머리핀 부위가 핵심효소의 **상단부 결합부위**(upstream binding site, UBS)에 부착되어 머리핀 구조 형성이 제한되며, 따라서 전사종결이 억제된다는 것이다. NusA는 머리핀 구조와 핵심효소의 결합을 느슨하게 하여 머리핀 구조 형성을 촉진하고, 따라서 전사종결을 촉진하는 역할을 한다. 8장에서 이에 대한 것을 보

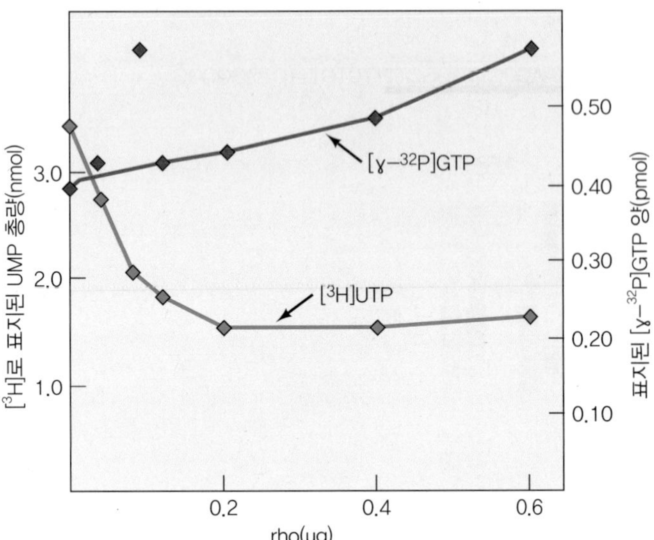

그림 6.43 Rho는 전사 속도를 전체적으로 저하시킨다. 로버트는 rho의 농도를 증가시키면서 대장균 RNA 중합효소를 사용해 λ 파지 DNA를 전사시켰다. 전사개시(빨간색)는 [γ-^{32}P]GTP를 이용해 측정했고, RNA의 신장 정도(초록색)는 [^{3}H]UTP를 사용해 측정했다. Rho의 농도를 증가시키면 RNA의 신장이 저해됨을 알 수 있다. (출처: Adapted from Roberts, J.W. Termination factor for RNA synthesis, *Nature* 224:1168–74, 1969.)

다 자세히 다룰 것이며 이 모델의 타당성을 입증하는 실험적 증거도 몇 가지 보여 줄 것이다.

2) Rho-의존적 전사종결

로버트는 파지 DNA의 전사에 있어 rho가 전사 활성을 억제하는 단백질임을 처음으로 밝혔다. 이러한 rho에 의한 전사 활성의 억제는 전사종결에 의한 것이며, 한 번 종료된 전사를 재개하기 위해서는 전사개시 과정부터 다시 진행되어야 한다. 전사개시 과정은 비교적 시간이 많이 걸리기 때문에 전체적인 전사의 속도가 느려지게 된다. rho가 전사종결에 관여하는 요소임을 증명하기 위해 Roberts는 다음과 같은 실험을 수행했다.

(1) Rho는 개시가 아닌 RNA 신장에만 영향을 미친다

트레버스와 버제스가 전사개시와 신장 과정의 측정에 각각 [γ-^{32}P] ATP와 [^{14}C]ATP를 사용했던 것과 같이 Roberts는 [γ-^{32}P]GTP와 [^{3}H] UTP를 같은 목적에 사용했다. rho의 농도를 증가시켜 가면서 위의 두 뉴클레오티드를 첨가해 전사반응을 진행시켜 그림 6.43과 같은 결과를 얻었다. 그림에서 보는 것처럼 rho는 전사개시에는 거의 영향을 미치지 않으며(약간 증가시킴) RNA 신장은 억제하는 것으로 나타났다. 이는 rho가 전사종결에 관여해서 전사개시 과정을 다시 시작하도록 강요함으로써 전체적인 전사효율을 떨어뜨린다는 추측과 부합되는 결과이다.

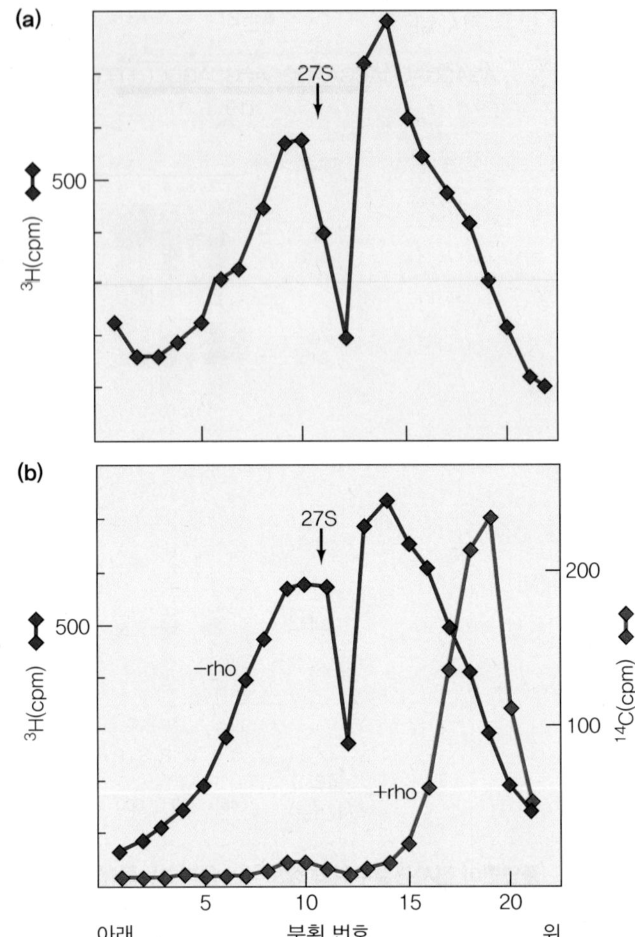

그림 6.44 Rho가 존재하면 전사되는 RNA의 길이가 감소한다. **(a)** 로버트는 rho를 첨가하지 않은 상태에서 대장균 RNA 중합효소로 λ DNA를 전사시켰다. [^{3}H]UTP로 RNA를 표지했으며, 초원심분리로 생성된 RNA를 크기에 따라 분리했다. 그림은 원심분리관의 밑에서부터 분획을 얻어 [^{3}H]의 양을 측정한 결과이다. 따라서 번호가 낮은 분획일수록 더 큰 RNA가 포함되어 있다. **(b)** Rho를 첨가하고 전사반응을 진행시킨 결과. 위의 실험에서 얻은 [$_3$H]로 표지된 RNA를 반응에 첨가하고, 새로운 전사반응에서 생성되는 RNA는 [^{14}C]ATP로 표지했다. 생성된 RNA를 다시 앞에서와 같은 초원심분리로 크기에 따라 분리했다. Rho가 존재하는 전사반응에서 생성된 RNA([^{14}C](빨간색 곡선)는 그림에서와 같이 원심분리관의 상단부(그림의 오른쪽)에서 검출되었으며, 이 결과는 새롭게 생성된 RNA의 크기가 상대적으로 작음을 의미한다. 반면에 rho가 존재하지 않는 상태에서 생성된 RNA(파란색 곡선)는 그 크기가 rho가 포함된 반응에서 생성된 RNA보다 크며, 그 크기에 변화가 없었음을 알 수 있다. 따라서 rho는 이미 생성된 RNA의 크기에는 전혀 영향을 미치지 않으나 자신의 존재하에서 진행된 전사 과정에서는 생성되는 RNA 크기를 제한하는 기능을 지니고 있음을 알 수 있다. (출처: Adapted from Roberts, J.W. Termination factor for RNA synthesis, Nature 224:1168–74, 1969.)

(2) Rho는 작은 전사체를 생성한다

RNA의 길이는 전기영동이나 초원심분리법(로버트가 1969년 그의 실험에서 사용)을 사용해 비교적 쉽게 측정할 수 있다. 그러나 rho가 존재할 때 작은 길이의 RNA가 전사된다는 결과만 가지고 rho가 전사종결을 촉진하는 기능을 가지고 있다고 결론내릴 수는 없다. 예를 들어 RNA 가수분해효소에 의해서도 RNA의 길이는 짧아질 수 있기 때문이다.

Rho가 RNA 가수분해효소가 아님을 증명하기 위해 로버트는 다음과 같은 실험을 했다. Rho가 없는 환경에서 전사반응을 진행시켜 비교적 긴 길이의 ^{3}H로 표지된 λ RNA를 생성한 후, 이 RNA를 rho가 포함된 새로운 전사반응에 첨가했다. 이때 새롭게 생성되는 RNA는 [14C]UTP로 표지했다. 전사반응에서 생성된 RNA를 초원심분리로 분리해서 ^{3}H와 ^{14}C로 표지된 RNA의 크기를 각각 측정하여 그림 6.44와 같은 결과를 얻었다. 그림에서 보듯이(파란색 곡선) 3H로 표지된 λ RNA의 크기는 rho를 포함하고 있는 전사반응에 첨가한 후에도 그 크기에 변화가 없는 것으로 나타나 rho는 RNA 가수분해효소로서의 활성은 지니고 있지 않음을 알 수 있다. 그러나 그림 6.44b에서와 같이 rho를 첨가한 전사반응에서는 그 길이가 훨씬 작은 RNA가 생성되었다(그림 6.44b 빨간색 곡선). 그러므로 rho가 있음으로 해서 생성되는 RNA의 길이가 줄어든다는 결론을 내릴 수 있으며, 이는 rho가 전사종결에 관여한다는 추측과 부합되는 결과이다. Rho가 없는 상태에서의 전사반응은 비정상적으로 긴 길이의 RNA가 생성된다.

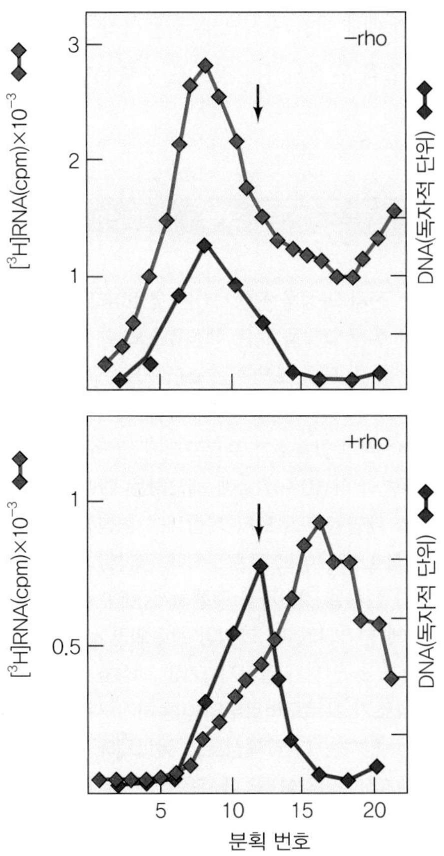

그림 6.45 Rho는 전사가 종료된 RNA를 주형 DNA로부터 방출시키는 기능을 지니고 있다. 로버트는 그림 6.49에서와 같은 전사반응을 rho를 포함시키지 않거나**(a)**, 포함시킨**(b)** 상태에서 진행시켰다. 그리고 [3H]로 표지된 RNA를 초원심분리로 분리하여 RNA(빨간색)가 주형 DNA(파란색)와 결합한 상태로 분리되는지를 분석했다. (a) Rho가 존재하지 않는 상태에서 전사된 RNA는 주형 DNA와의 복합체로서 분리되었으며 RNA와 결합하지 않은 주형 DNA(화살표로 표시)보다 그 크기가 더 큰 것으로 나타났다. (b) Rho가 존재하는 상황에서 전사된 RNA는 주형으로부터 분리되어 더 작은 크기의 분자로 검출되었다. 따라서 rho는 전사된 RNA를 주형 DNA로부터 방출시키는 기능을 지니고 있음을 알 수 있다. (출처: Adapted from Roberts, J.W. Termination factor for RNA synthesis. *Nature* 224:1168–74, 1969.)

(3) Rho는 주형 DNA로부터 전사체를 방출한다

로버트는 rho가 있거나 없는 상태에서 전사된 RNA의 초원심분리과정에서의 침강특성(sedimentation property)을 조사했다. Rho가 없는 상태에서 전사된 RNA는 그림 6.45a에서 보는 것같이 DNA와 같은 분획에서 검출되었다. 이는 RNA가 아직 DNA로부터 분리되지 않았음을 의미한다. 반면 rho가 있는 상태에서 전사된 RNA는 DNA로부터 분리되어 DNA보다 훨씬 느린 속도로 침강됨을 알 수 있다(그림 6.45b). 따라서 rho는 전사가 완료된 RNA를 DNA로부터 방출하는 기능을 지니고 있음을 알 수 있으며, 실제로 rho(그리스 문자 ρ)라는 명칭은 '방출(release)'의 첫 자에서 따온 것이다.

(4) Rho의 작용기전

rho는 어떠한 작용기전을 지니고 있을까? rho는 RNA의 **rho 결합부위**(rho loading site), 혹은 **rho 사용부위**(rho utilization site)에 결합하고 스스로 ATP 분해효소의 활성을 지니고 있어 여기서 얻은 에너지로 RNA상에서 이동하는 것으로 알려져 왔다. 따라서 rho가 새로 생성된 RNA와 결합하여 RNA 중합ㅂ효소의 뒤를 따라 5′→3′ 방향으로 같이 이동하는 모델이 제안되었다. 이때 rho의 이동은 중합효소가 종결자 부위에서 RNA 머리핀 구조를 만나 정지될 때까지 계속되며, 중합효소를 따라잡아 RNA를 방출시킬 것으로 추측되어 왔다. 플랫 등은 rho가 RNA–DNA 헬리케이즈 활성을 지니고 있음을 밝혀 위의 모델의 신빙성을 확인하였으며, RNA 중합효소가 종결자 위치에 정지되어 있는 상황에서 rho가 도착하면 중합효소 내의 RNA–DNA 잡종나선을 풀고 합성된

RNA를 방출시킬 것이라는 가설을 제안하였다.

누들러 등은 2010년에 이 가설이 아마도 옳지 않을 것이라는 증거를 보여 주었다. 이 연구자들은 이장의 초반에 설명한 His_6 tag이 부착된 rho와 니켈 구슬을 이용한 전사걸음법을 이용하였다. 그들은 11nt 길이의 RNA를 포함한 신장복합체도 구슬에 부착됨을 확인하였다. 11nt 길이의 RNA는 중합효소 내에 완전히 묻힐 정도의 길이이기 때문에 rho와 신장복합체와의 결합에는 RNA가 아니고 중합효소가 관여한다고 생각할 수밖에 없다. 따라서 rho가 전사 초기에 중합효소와 결합한다면, rho가 신생 RNA와 결합하여 중합효소를 따라잡을 때까지 RNA를 따라 이동하는 과정은 필요 없는 과정이 된다.

게다가 니켈 구슬과 결합된 신장복합체가 DNA 주형을 따라 전사걸음 형태로 전사를 수행하는 과정에서 서로 분리되지 않음이 확인되어 중합효소와 rho의 결합은 상당히 안정적임을 알 수 있었다. 또한 이와 같이 복합체에 결합된 rho는 rho-의존적 전사종결 부위에서의 전사 종결을 정상적으로 수행함도 확인되었다.

만약 전사 초기에 rho가 이미 중합효소와 결합한다면 rho의 RNA와의 친화력이 전가종결과정에서 어떠한 역할을 하는 것일까? 누들러 등은 그림 6.46과 같은 모델을 제시하였다. 첫째, rho는 전사의 초기에 RNA 중합효소와 결합한다. 전사체의 길이가 늘어나고 RNA에 rho-결합부위가 나타나면 rho는 비로소 RNA와 결합한다. X-선 결정구조 분석 결과에 의하면 rho는 열쇠세척기 모양의 6량체로 구성되어 있다. 이 구조는 아마 가운데 구멍을 통해 새롭게 합성된 RNA가 진입하며 전사가 진행되면서 RNA의 진입은 계속된다. 이 과정에서 RNA 고리가 생성되고, 전사종결자 부위에서 중합효소가 정지하면 RNA 고리의 긴장이 매우 강해져 더 이상의 전사는 이루어지지 않는다. 이때 rho가 헬리케이즈 활성을 이용하여 RNA를 DNA로부터 풀어 내거나 아니면 RNA-DNA 잡종 중합체에 어떤 방식으로든 물리적인 손상을 입히는 방식으로 전사종결을 완결시키는 것으로 추측된다.

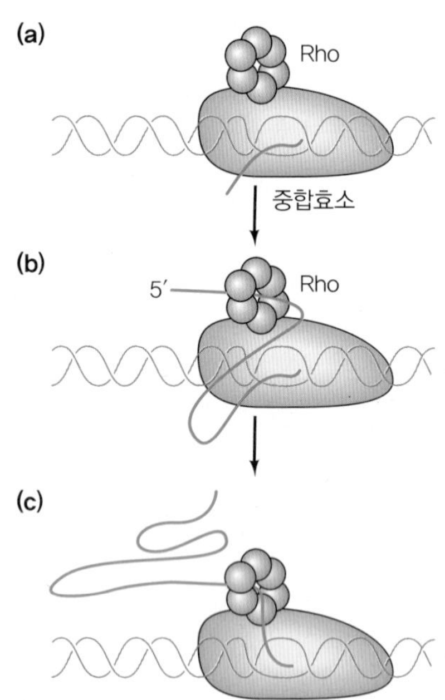

그림 6.46 Rho-의존적 전사종결의 작용기전에 관한 모델. **(a)** Rho(파란색)는 RNA 중합효소에 직접 결합함으로써 신장복합체에 가담한다. 신생 전사체(초록색)가 중합효소로부터 막 벗어나고 있다. **(b)** 전사체가 자라남에 따라 rho가 RNA상의 rho 결합부위에 부착하고 가운데 통로를 통하여 꿈를 진입시켜 중합효소와의 사이에 RNA 고리를 형성한다. **(c)** 중합효소가 전사종결자 부위에서 멈추고 rho는 계속 RNA를 스스로의 통로에 진입시켜 고리의 긴장을 증가시키면서 신장복합체가 영구히 고착된다. Rho는 또한 RNA-DNA 복합체에서 RNA를 분리시키는 역할을 담당한다.

요약

RNA 중합효소는 전사 과정을 진행시키는 효소이다. 대장균의 RNA 중합효소는 전사에서 주된 역할을 하는 핵심효소와 핵심효소가 특이 유전자 부위만을 전사할 수 있도록 도와주는 σ-인자로 구성되어 있다. σ-인자는 완전효소를 프로모터에 단단히 부착시킴으로써 전사개시를 유도한다. σ-인자에 의해 RNA 중합효소가 프로모터에 단단히 결합하기 위해서는 전사개시부위 주변의 약 10~17bp에 해당하는 DNA 이중가닥이 풀려서 RNA 중합효소와 개방형 프로모터 복합체를 형성해야 한다. 따라서 σ-인자는 RNA 중합효소가 어느 프로모터에 결합할 것인가를 결정함으로써 어느 유전자가 전사될 것인가를 결정하게 된다. 전사개시 과정에서 약 9~10nt가 RNA에 첨가되며, 이 과정이 완료되면 σ-인자는 핵심효소 복합체에서 분리된다. σ-인자가 떨어져나가면 핵심효소 복합체의 3차 구조가 변화되면서 효소가 프로모터로부터 이동하기 시작하며 RNA 신장 과정이 시작된다. σ-인자는 다른 핵심효소 복합체에 의해 재사용될 수 있으며, 리팜피신에 대한 민감성 및 내성은 σ-인자가 아니라 핵심효소 복합체에 의해 결정된다.

원핵생물의 프로모터는 전사개시 부위로부터 약 -10염기 그리고 -35염기 부분에 전사개시에 중요한 역할을 하는 염기서열을 지니고 있다. 대장균의 경우 이들 부위에서는 각각 TATAAT 그리고 TTGACA의 공통서열이 발견된다. 일반적으로 이 공통서열과의 일치 정도는 프로모터의 활성과 비례한다. 일부 매우 강한 활성을 지닌 프로모터는 주 프로모터의 앞쪽에 활성증진 요소(Up element)라 불리는 서열이 추가로 존재하며, RNA 중합효소는 이러한 활성증진 요소가 존재하는 프로모터에서 보다 활발히 전사를 개시한다.

σ-인자의 아미노산 서열에는 여러 종에서 그 서열이 보존되어 있는 위치가 네 곳에서 발견된다. 이 중 2.4 위치와 4.2 위치는 각각 -10상자와 -35상자를 인지하는 데 관여한다.

핵심효소의 β-소단위체는 인산디에스테르결합이 형성되는 RNA 중합효소의 활성부위에서 뉴클레오티드에 결합한다. α 소단위체는 독립적인 N-말단 및 C-말단 영역을 지닌다. α 소단위체의 C-말단부위는 프로모터의 활성증진 요소를 인지하여 이에 결합하는 것으로 밝혀졌다. RNA 중합효소와 프로모터는 이와 같이 여러 부위에서 서로 결합을 이루며, 결과적으로 강력한 친화력을 지닌 복합체를 형성하게 된다.

RNA의 신장은 RNA 중합효소가 주형을 따라 이동하면서 RNA사에 차례로 뉴클레오티드를 첨가하는 과정이다. 이때 RNA 중합효소가 이동하며 RNA사를 신장시키는 활성부위의 DNA는 항상 풀린 상태를 유지해야 한다. 전사방울은 약 10~18염기 길이이며, 9pb 정도의 DNA-RNA 혼합체를 포함한다. 따라서 RNA 중합효소가 이동하고 있는 부위 바로 앞의 이중가닥 DNA가 풀려야 하며, 반대로 중합효소가 지나간 뒤쪽의 DNA는 되감겨야 한다. 이러한 DNA의 감김 현상은 이중가닥 DNA에 구조적인 긴장을 초래하고 위상이성질화효소가 DNA의 구조적인 긴장을 해소하는 역할을 한다.

T. aquaticus 핵심효소의 결정구조를 보면 마치 게의 집게와 같은 모양을 하고 있다. 촉매 센터에는 3개의 Asp에 의해 지지되는 Mg^{2+} 이온이 발견되며 이는 DNA가 통과하는 통로상에 위치한다.

마치 열린 프로모터 구조와 유사한 T. aquaticus 완전효소와 DNA 복합체의 구조로부터 다음과 같은 결론을 내릴 수 있다. ① DNA는 주로 σ 소단위체와 결합한다. ② 여러 실험을 통한 σ의 2.4부위가 프로모터의 -10상자 부위에 결합하리라는 예측은 사실임이 확인되었다. ③ 진화적으로 매우 잘 보존되어 있는 3개의 방향족 아미노산이 DNA의 풀림에 관여할 것이라는 예측 역시 사실일 가능성이 높아졌다. ④ σ에서 항상 고정된 위치에서 발견되는 2개의 염기성 아미노산이 DNA 결합에 관여할 것이라는 추측도 거의 사실임이 증명되고 있다. 더 고도로 정밀한 구조 데이터를 보면 Mg^{2+} 이온 2개를 지닌 형태의 중합효소도 발견되며 이는 중합과정에서의 촉매기작에 관한 가설과 일치하는 발견이다.

Thermus thermophilus RNA 중합효소를 포함한 신장복합체에 대한 연구에서 다음과 같은 결과를 얻었다. β′-소단위체의 발린 아미노산 잔기가 DNA의 작은 홈에 박힌 상태로 존재하여 DNA의 미끄러짐을 방지함과 동시에 DNA가 나사 형태로 효소 내로 진입하는 것이 가능하다. +1 위치의 한 쌍의 염기만이 풀린 상태로 존재하여 어느 특정 순간에 전체 신장복합체에서 새로운 뉴클레오티드가 주형 특이적으로 첨가될 수 있는 부위는 한 곳뿐이다. 몇 가지 물리적 힘이 RNA-DNA 잡종중합체의 길이를 제한한다. 효소 내에 RNA-DNA 잡종나선을 받아들일 수 있는 공간의 크기, 잡종체로부터 이탈된 첫 RNA 뉴클레오티드를 감싸는 소수성 주머니, 방출통로의 RNA는 RNA 이중나선의 반쪽 형태를 지니며 따라서 머리핀 구조가 쉽게 형성되며, 이 머리핀 구조는 전사를 중지하거나 최종적으로 중단시킬 수도 있다. 기질 유사체인 스트렙토리디진을 이용한 구조 연구에서 효소 활성이 아직 나타나지는 않으나 진입된 뉴클레오티드의 구조 등을 검색하는 시기가 존재함이 밝혀졌고 이를 전삽입상태라 한다.

자연 전사종결자에는 두 가지 중요한 요소가 있다. ① 전사된 RNA의 말단에 역반복 서열이 존재하여 머리핀을 형성한다. ② 비주형 나선에 연속적으로 T가 위치하여 전사되는 RNA와 주형 사이의 결합이 비교적 그 친화력이 약한 rU-dA에 의해서만 이루어진다. 머리핀이 형성되면 RNA 중합효소가 전사를 중단하게 되며, 이때 RNA와 주형 사이의 결합은 친화력이 낮은 rU-dA에 의해서만 유지되어 RNA의 분리가 용이하게 된다. Rho-의존적 전사종결에서는 RNA의 말단에서 머리핀이 형성되기는 하나, 앞의 경우에서와 같이 비주형나선에 연속적으로 T가 위치해서 rU-dA 결합이 형성되지 않는다. rho는 신장복합체의 RNA 중합효소에 결합한다. 꿈 전사체가 어느 정도의 길이에 도달하면 rho는 rho 결합부위를 통하여 RNA와 결합하여 중합효소와의 사이에 RNA 고리를 형성한다. rho는 가운데 형성된 통로를 통하여 RNA를 계속 진입시키는데, 이 과정은 전사가 종료될 때까지 계속된다. 전사가 중단되면 중합효소와의 사이에 형성된 RNA 고리가 더욱 조여지게 되며 이에 따라 전사가 완전히 종료된다. 최종적으로 rho는 RNA-DNA 잡종 중합체로부터 RNA를 방출시킨다.

복습 문제

1. 다음과 같은 현상에 대한 설명은 무엇인가?
   a. T4 파지 DNA를 주형으로 전사를 진행시킬 때 완전효소를 사용하는 경우가 핵심효소를 사용하는 경우보다 전사효율이 훨씬 높다.
   b 그러나 소의 흉선 DNA를 주형으로 사용하는 경우에는 두 경우의 전사효율이 비슷하다.

2. Bautz 등은 완전효소에 의한 전사는 비대칭적인 반면 핵심효소에 의한 전사는 대칭적임을 밝혔다. 이들이 수행한 실험의 개요를 설명하라.

3. 강한 친화력으로 결합된 단백질-DNA 복합체에서 DNA와 단백질의 해리율을 구할 수 있는 방법은 무엇인가? 이러한 실험에 있어 친화력이 낮은 경우와 높은 경우에 각각 어떤 결과가 나타나는지에 대해 예를 들어 설명하라. 이러한 실험 결과들을 프로모터와 완전효소, 그리고 프로모터와 핵심효소와의 결합에 비추어서 설명하라.

4. RNA 중합효소-프로모터 복합체의 분리에 미치는 온도의 영향에 대해 기술하라. 이러한 결과로 알 수 있는 중합효소-DNA 복합체의 특성은 무엇인가?

5. 폐쇄형 프로모터 복합체와 개방형 프로모터 복합체의 차이점을 그림으로 설명하라.

6. 대표적인 원핵생물의 프로모터와 활성증진 요소를 지니고 있는 원핵생물의 프로모터를 그려라. (구체적인 염기서열은 필요 없다.)

7. 대장균 RNA 중합효소가 비정상적인 짧은 RNA도 전사한다는 것을 밝힌 실험에 대해 설명하고 그 결과를 기술하라.

8. 대장균 전사개시 과정의 네 단계에 대해 그림으로 설명하라.

9. σ-인자가 전사개시와 신장에 미치는 영향을 밝힌 실험과 그 결과에 대해 기술하라.

10. σ–인자가 전사신장에는 영향을 미치지 않음을 보여 줄 수 있는 실험은 무엇인가?

11. 앞의 두 문제에서 얻을 수 있는 최종 결론은 무엇인가?

12. σ–인자가 재사용된다는 것을 밝힌 실험과 그 결과에 대해 설명하고, 그 결과를 나타낸 그래프에 리팜피신에 대한 감수성 여부가 핵심효소에 의해 결정됨을 밝힌 실험 결과를 첨가하라.

13. σ–인자의 재사용 회로를 그려라.

14. σ–인자가 신장과정에서 분리되어 떨어져나오지 않음을 보여 준 FRET 실험의 원리와 실험 결과를 설명하라.

15. σ–인자 회로에서 절대방출과 무작위방출 가설에 대해 설명하고 어느 것이 옳은지를 설명하라.

16. 대장균에서의 이상전사에 관한 세가지 가설에 대해 설명하라. 이 중 옳은 가설은 어느 것이며 이를 밝힌 FRET 실험에 대해 설명하라.

17. RNA 중합효소가 DNA에 결합할 때 DNA의 어느 염기가 풀리는지를 결정한 실험 과정과 결과를 설명하라. 또한 실험의 원리를 기술하라.

18. 대장균 RNA 중합효소에 의한 전사 과정에서 몇 개의 염기쌍이 풀리는지를 밝힌 실험 과정과 그 결과를 기술하라.

19. σ–인자의 부위 중 프로모터의 –10상자 및 –35상자와 결합하는 부위는? 이와 같은 결론에 도달할 수 있었던 유전적인 증거는 무엇인가? (특정 아미노산의 명칭을 기술할 필요는 없다.)

20. σ–인자의 4.2 위치와 프로모터의 –35상자가 결합함을 보여 준 단백질–DNA 결합반응 실험에 대해 기술하라.

21. 대장균 RNA 중합효소의 α 소단위체가 프로모터의 활성증진 요소를 인지한다는 증거를 들고 이에 대해 설명하라.

22. 대장균 RNA 중합효소의 α 소단위체 단백질의 영역을 분석하는 데에 제한적인 단백질 절단이 어떠한 방식으로 사용되었는지를 기술하라.

23. 중합효소의 어느 소단위체가 리팜피신(rifampicin)이나 스트렙토리디진(streptolydigin)에 대한 저항성과 민감성을 결정하는지를 밝힌 실험 내용을 기술하라.

24. 대장균 중합효소의 β–소단위체가 인산디에스테르결합을 형성하는 활성부위를 지니고 있음을 밝힌 실험 과정과 결과를 기술하라.

25. 신장복합체에 적어도 RNA와 DNA 사이에 8bp에 걸친 상보결합이 일어남을 밝힌 RNA–DNA 교차연결 실험을 기술하라.

26. 세균의 RNA 중합핵심효소의 대략적인 구조를 X–선 결정분석에 의한 결과를 기반으로 그려라. 각 소단위체와 촉매 센터, 리팜피신 결합부위를 표시하고 리팜피신의 전사방해 기작을 이 구조를 기초로 하여 설명하라.

27. 대장균 신장복합체의 X–신 결정 결과로 볼 때 RNA–DNA 잡종 나선의 길이를 결정하는 요인은 무엇인가?

28. 스트렙토리디진 항생제를 이용한 대장균 신장복합체의 X–선 결정 구조 분석결과로부터 유추해 낼 수 있는 항생제의 작용기전은?

29. 열린 프로모터 형태에서의 완전효소–DNA 복합체의 대략적인 구조를 그려라. 완전효소와 DNA 사이의 결합에 초점을 맞추어 그리고, 효소의 어느 소단위체가 DNA와의 결합에 가장 중요한 역할을 하는지 답하라.

30. σ 2.4부위와 4.2부위는 각각 프로모터의 –10부위와 –35부위에 결합하는 것으로 알려져 있다. 이 모델의 어디까지가 완전효소–DNA 복합체의 3차 구조에 의해 설명이 가능한가? 아직 확인되지 않은 부분에 대해서도 기술하라.

31. RNA 중합효소가 전사 과정에서 DNA를 따라 이동하는 과정에서 어떠한 기작으로 DNA 풍선 형태를 유지하는지에 관한 두 가지 모델을 설명하라. 이 둘 중 어느 모델이 더 실험적 증거와 합치하는가? 해당하는 실험적 증거에 대해 한두 문장으로 간단히 설명하라.

32. Rho 비의존적 전사종결에서 가장 중요한 두 가지 요소는 무엇인가? 이 두 가지 요소의 중요성을 보여 주는 몇 가지 증거에 대해 설명하라.

33. 머리핀 구조 자체는 rho 비의존적 전사종결에서 전사의 중지에 필수적이지 않다는 결론을 뒷받침할 수 있는 증거들은 무엇인가?

34. Rho 비의존적 전사종결에서 전사종결부위의 상단부 염기서열에서의 상보결합이 필수적이라는 증거들은 무엇인가?

35. Rho 의존적 전사종결부위의 형태를 그림으로 표시하라. 이때 rho의 역할은 무엇인가?

36. Rho는 전체적인 RNA의 합성속도를 저하시키지만 전사개시에는 영향을 미치지 않는다. 이를 증명할 수 있는 실험과 그 결과에 대해 설명하라.

37. 전사반응에 rho가 존재할 경우에는 전체적으로 더 짧은 길이의 RNA가 전사됨이 관찰된다. 이를 보여 줄 수 있는 실험에 대해 설명하라. 단, 이 실험을 통해 짧은 길이의 RNA가 생산되는 것이 단순히 반응

물에 포함되어 있을지도 모르는 RNA 가수분해효소의 작용에 의한 것이 아님을 증명할 수 있어야 한다.

38. Rho에 의해 전사가 완료된 RNA가 주형으로부터 방출됨을 보여 주는 실험에 대해 설명하라.

분석 문제

1. 1. 줄기가 10bp이고 고리가 5nt로 구성된 RNA 머리핀 형태를 그려라. 이러한 구조를 형성할 수 있는 실제 염기쌍들을 그려 넣고 머리핀 형태와 직선 형태의 염기서열을 그려라.

2. σ70를 포함하는 RNA 중합완전효소가 다음과 같은 대장균 프로모터의 −10상자 서열에 결합한다.

5′−CATAGT−3′

a. 돌연변이에 의해 첫 번째 C→T로 전환되면 전사가 증진되겠는가 아니면 감소하겠는가?

b. 또한 마지막 T 뉴클레오티드가 A로 전환되는 경우는 전사효율과 관련하여 어떠한 결과가 나타나겠는가?

3. 대장균 유전자의 전사종료에 관한 실험을 진행중이라고 가정하자. 유전자의 3′−말단의 염기서열을 분석한 결과 다음과 같았다.

5′−CGAAGCGCCG**ATTGC**CGGCGCTTTTTTTT−3′
3′−GCTTCGCGGC**TAACG**GCCGCGAAAAAAAA−5′

그리고 인위적으로 다음과 같은 돌연변이를 일으켰다(비주형 DNA서열을 보여 주고 있음).

돌연변이 A: CGAAACTAAG**ATTGC**AGCAGTTTTTTTT
돌연변이 B: CGAAGCGCCG**TAGCA**CGGCGCTTTTTTTT
돌연변이 C: CGAAGCGCCG**ATTGC**CGGCGCTTACGGCC

각각의 돌연변이주를 전사종결 실험에 사용하여 다음과 같은 결과를 얻었다.

사용된 돌연변이주	Rho가 없는 경우	Rho가 있는 경우
야생형	100% 종료	100% 종료
돌연변이주 A	40% 종료	40% 종료
돌연변이주 B	95% 종료	95% 종료
돌연변이주 C	20% 종료	80% 종료

a. 위의 야생형 서열을 전사하여 생성된 RNA의 구조를 그려라.

b. 위 실험 결과를 되도록 자세히 설명하라.

4. 다음의 서열을 보고 공통일치 서열(consensus sequence)을 결정하여라.

TAGGACT−TCGCAGA−AAGCTTG−TACCAAG−TTCCTCG

추천 문헌

General References and Reviews

Busby, S. and R.H. Ebright. 1994. Promoter structure, promoter recognition, and transcription activation in prokaryotes. *Cell* 79:743−46.

Cramer, P. 2007. Extending the message. *Nature* 448:142−43.

Epshtein, V., D. Dutta, J. Wade, and E. Nudler. 2010. An allosteric mechanism of Rho−dependent transcription termination. *Nature* 463:245−50.

Geiduschek, E.P. 1997. Paths to activation of transcription. *Science* 275:1614−16.

Helmann, J.D. and M.J. Chamberlin. 1988. Structure and function of bacterial sigma factors. *Annual Review of Biochemistry* 57:839−72.

Landick, R. 1999. Shifting RNA polymerase into overdrive. *Science* 284:598−99.

Landick, R. and J.W. Roberts. 1996. The shrewd grasp of RNA polymerase. *Science* 273:202−3.

Mooney, R.A., S.A. Darst, and R. Landick. 2005. Sigma and RNA polymerase: An on−again, off−again relationship? *Molecular Cell* 20:335−46.

Richardson, J.P. 1996. Structural organization of transcription termination factor rho. *Journal of Biological Chemistry* 271:1251−54.

Roberts, J.W. 2006. RNA polymerase, a scrunching machine. *Science* 314:1097−98.

Young, B.A., T.M. Gruber, and C.A. Gross. 2002. Views of transcription initiation. *Cell* 109:417−20.

Research Articles

Bar−Nahum, G. and E. Nudler. 2001. Isolation and characterization of σ^{70}−retaining transcription elongation complexes from *E. coli*. *Cell* 106:443−51.

Bautz, E.K.F., F.A. Bautz, and J.J. Dunn. 1969. E. *coli* σ factor: A positive control element in phage T4 development. *Nature* 223:1022−24.

Blatter, E.E., W. Ross, H. Tang, R.L. Gourse, and R.H. Ebright. 1994. Domain organization of RNA polymerase α subunit: C−terminal 85 amino acids constitute a domain capable of dimerization and DNA binding. *Cell* 78:889–96.

Brennan, C.A., A.J. Dombroski, and T. Platt. 1987. Transcription termination factor rho is an RNA–DNA helicase. *Cell* 48:945–52.

Burgess, R.R., A.A. Travers, J.J. Dunn, and E.K.F. Bautz. 1969. Factor stimulating transcription by RNA polymerase. *Nature* 221:43–46.

Campbell, E.A., N. Korzheva, A. Mustaev, K. Murakami, S. Nair, A. Goldfarb, and S.A. Darst. 2001. Structural mechanism for rifampicin inhibition of bacterial RNA polymerase. *Cell* 104:901–12.

Carpousis, A.J. and J.D. Gralla. 1980. Cycling of ribonucleic acid polymerase to produce oligonucleotides during initiation in vitro at the *lac* UV5 promoter. Biochemistry 19:3245–53.

Dombroski, A.J., W.A. Walter, M.T. Record, Jr., D.A. Siegele, and C.A. Gross. (1992). Polypeptides containing highly conserved regions of transcription initiation factor σ70 exhibit specificity of binding to promoter DNA. *Cell* 70:501–12.

Farnham, P.J. and T. Platt. 1980. A model for transcription termination suggested by studies on the *trp* attenuator in vitro using base analogs. *Cell* 20:739–48.

Grachev, M.A., T.I. Kolocheva, E.A. Lukhtanov, and A.A. Mustaev. 1987. Studies on the functional topography of *Escherichia coli* RNA polymerase: Highly selective affinity labelling of initiating substrates. European *Journal of Biochemistry* 163:113–21.

Hayward, R.S., K. Igarashi, and A. Ishihama. 1991. Functional specialization within the α–subunit of *Escherichia coli* RNA polymerase. *Journal of Molecular Biology* 221:23–29.

Heil, A. and W. Zillig. 1970. Reconstitution of bacterial DNA–dependent RNA polymerase from isolated subunits as a tool for the elucidation of the role of the subunits in transcription. *FEBS Letters* 11:165–71.

Hinkle, D.C. and M.J. Chamberlin. 1972. Studies on the binding of *Escherichia coli* RNA polymerase to DNA: I. The role of sigma subunit in site selection. *Journal of Molecular Biology* 70:157–85.

Hsieh, T. –s. and J.C. Wang. 1978. Physicochemical studies on interactions between DNA and RNA polymerase: Ultraviolet absorbance measurements. *Nucleic Acids Research* 5:3337–45.

Kapanidis, A.N., E. Margeat, S. O. Ho, E. Kortkhonjia, S. Weiss, and R.H. Ebright. 2006. Initial transcription by RNA polymerase proceeds through a DNA–scrunching mechanism. *Science* 314:1144–47.

Malhotra, A., E. Severinova, and S.A. Darst. 1996. Crystal structure of a σ^{70} subunit fragment from E. coli RNA polymerase. *Cell* 87:127–36.

Mukhopadhyay, J., A.N. Kapanidis, V. Mekler, E. Kortkhonjia, Y.W. Ebright, and R.H. Ebright. 2001. Translocation of σ^{70} with RNA polymerase during transcription: Fluorescence resonance energy transfer assay for movement relative to DNA. *Cell* 106:453–63.

Murakami, K.S., S. Masuda, E.A. Campbell, O. Muzzin, and S.A. Darst. 2002. Structural basis of transcription initiation: An RNA polymerase holoenzyme–DNA complex. *Science* 296:1285–90.

Nudler, E., A. Mustaev, E. Lukhtanov, and A. Goldfarb. 1997. The RNA–DNA hybrid maintains the register of transcription by preventing backtracking of RNA polymerase. Cell 89:33–41.

Paul, B.J., M.M. Barker, W. Ross, D.A. Schneider, C. Webb, J.W. Foster, and R.L. Gourse. 2004. DskA. A critical component of the transcription initiation machinery that potentiates the regulation of rRNA promoters by ppGpp and the initiating NTP. *Cell* 118:311–22.

Revyakin, A., C. Liu, R.H. Ebright, and T.R. Strick. 2006. Abortive initiation and productive initiation by RNA polymerase involve DNA scrunching. *Science* 314:1139–43.

Roberts, J.W. 1969. Termination factor for RNA synthesis. *Nature* 224:1168–74.

Ross, W., K. K. Gosink, J. Salomon, K. Igarashi, C. Zou, A. Ishihama, K. Severinov, and R. L. Gourse. 1993. A third recognition element in bacterial promoters: DNA binding by the α subunit of RNA polymerase. *Science* 262:1407–13.

Saucier, J. –M. and J.C. Wang. 1972. Angular alteration of the DNA helix by *E. coli* RNA polymerase. *Nature New Biology* 239:167–70.

Sidorenkov, I., N. Komissarova, and M. Kashlev. 1998. Crucial role of the RNA:DNA hybrid in the processivity of transcription. *Molecular Cell* 2:55–64.

Siebenlist, U. 1979. RNA polymerase unwinds an 11–base pair segment of a phage T7 promoter. *Nature* 279:651–52.

Toulokhonov, I., I. Artsimovitch, and R. Landick. 2001. Allosteric control of RNA polymerase by a site that contacts nascent RNA hairpins. *Science* 292:730–33.

Travers, A.A. and R.R. Burgess. 1969. Cyclic re–use of the RNA polymerase sigma factor. *Nature* 222:537–40.

Vassylyev, D.G., S.–i Sekine, O. Laptenko, J. Lee, M.N. Vassylyeva, S. Borukhov, and S. Yokoyama. 2002. Crystal structure of bacterial RNA polymerase holoenzyme at 2.6Å resolution. *Nature* 417:712–19.

Vassylyev, D.G., M.N. Vassylyeva, A. Perederina, T.H. Tahirov, and I. Artsimovitch. 2007. Structural basis for transcription elongation by bacterial RNA polymerase. *Nature* 448:157–62.

Vassylyev, D.G., M.N. Vassylyeva, J. Zhang, M. Palangat, and I. Artsimovitch. 2007. Structural basis for substrate loading in bacterial RNA polymerase. *Nature* 448:163–68.

Yarnell, W.S. and J.W. Roberts. 1999. Mechanism of intrinsic transcription termination and antitermination. *Science* 284:611–15.

Young, B.A., L.C. Anthony, T.M. Gruber, T.M. Arthur, E. Heyduk, C.Z. Lu, M.M. Sharp, T. Heyduk, R.R. Burgess, and C.A. Gross. 2001. A coiled–coil from the RNA polymerase β′ subunit allosterically induces selective nontemplate strand binding by σ^{70}. *Cell* 105:935–44.

Zhang, G., E.A. Campbell, L. Minakhin, C. Richter, K. Severinov, and S.A. Darst. 1999. Crystal structure of *Thermus aquaticus* core RNA polymerase at 3.3Å resolution. *Cell* 98:811–24.

Zhang, G. and S.A. Darst. 1998. Structure of the *Escherichia coli* RNA polymerase a subunit amino terminal domain. *Science* 281:262–66.

CHAPTER 7

오페론 : 박테리아 전사의 세부 조절

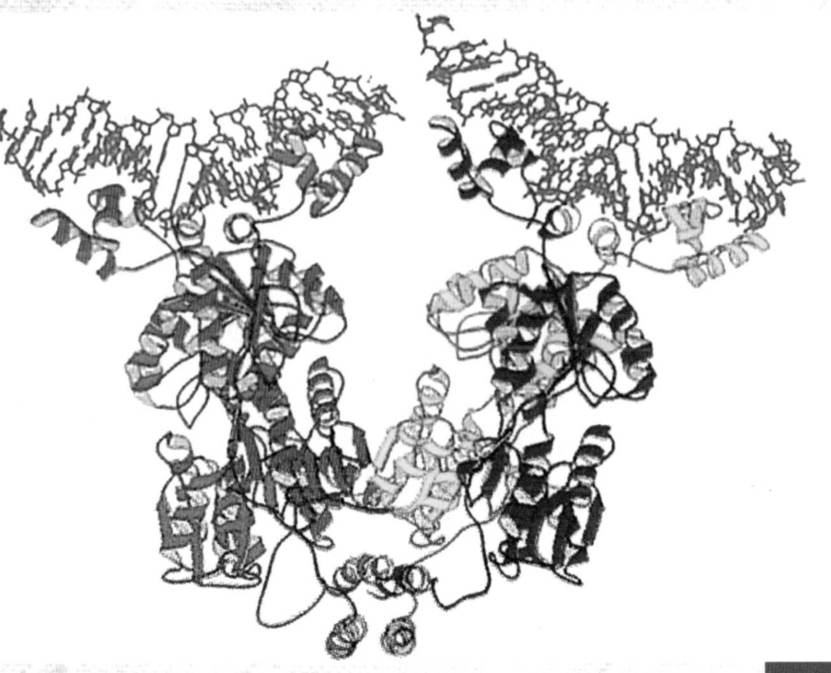

2개의 작동자(operator) DNA에 결합한 *lac* 오페론 억제인자 4량체의 X-선 결정구조. (Lewis et al. Crystal structure of the lactose operon repressor and its complexes with DNA and inducer. *Science* 271 (1 Mar 1996). f. 6, p. 1251. © AAAS)

대장균의 유전체에는 3,000개 이상의 유전자가 존재한다. 이 중 일부 유전자 산물은 항상 필요하기 때문에 이들 유전자는 항상 발현된다. 그러나 다른 일부는 평소에 필요하지 않은 유전자 산물로, 이를 암호화하는 유전자는 필요할 때에만 발현된다. 예를 들어 아라비노스 대사에 필요한 효소들은 대장균이 선호하는 에너지원인 포도당이 결핍되고 아라비노스만 존재할 경우에 유용하다. 그러나 이런 경우는 흔하지 않기 때문에 대체로 이들 아라비노스 대사에 필요한 효소를 암호화하는 유전자는 발현되지 않는다. 그렇다면 세포들이 모든 유전자들을 항상 발현시켜 어떤 경우에도 대처할 수 있도록 모든 효소를 생산하지 않는 이유는 무엇일까? 유전자로부터 RNA를 거쳐 단백질을 생산하는 유전자 발현에는 많은 에너지가 필요하기 때문에 세포는 능률적일 필요가 있다. 실제로 대장균의 유전자가 항상 발현되어 RNA와 단백질을 만든다면 결국 자신의 에너지가 고갈되어 보다 효율적으로 단백질을 합성하는 개체와의 경쟁에서 패하게 될 것이다. 따라서 유전자의 발현 조절은 생존에 필수적이다. 이 장에서는 박테리아에서 일어나는 유전자의 발현 조절, 즉 기능적으로 관련된 유전자들을 묶어 함께 조절하는 오페론(operon)에 대해 살펴본다.

7.1. *lac* 오페론

오페론의 개념은 최초로 밝혀진 *lac* 오페론을 토대로 정립되었다. *lac* 오페론에는 단백질을 암호화하는 3개의 구조유전자(structural gene)가 있다. 대장균은 이 구조유전자들의 발현 산물인 효소를 사용해 **젖당**(lactose)을 분해하여 에너지로 이용하기 때문에 이 오페론을 ***lac* 오페론**(*lac* operon)이라 명명했다. **포도당**(glucose)과 젖당이 있는 배지에서 대장균을 키우면 대장균은 포도당을 에너지원으로 사용하다가 포도당이 고갈되면 잠시 성장을 멈춘다(그림 7.1). 이러한 환경에서 과연 대장균이 젖당을 새로운 에너지원으로 사용할 수 있을까? 대장균은 약 1시간 동안 성장이 지체되다가 다시 성장하기 시작한다. 이 지연 기간 동안 대장균은 *lac* 오페론을 가동시켜 젖당대사에 필요한 효소를 만들어 다시 성장하기 시작한 것이다. 이러한 대장균의 성장곡선이 그림 7.1에 나타나 있으며, 두 종류의 당이 대장균의 성장을 돕는다는 의미에서 이를 '이중보조 성장(diauxic growth)'이라 한다.

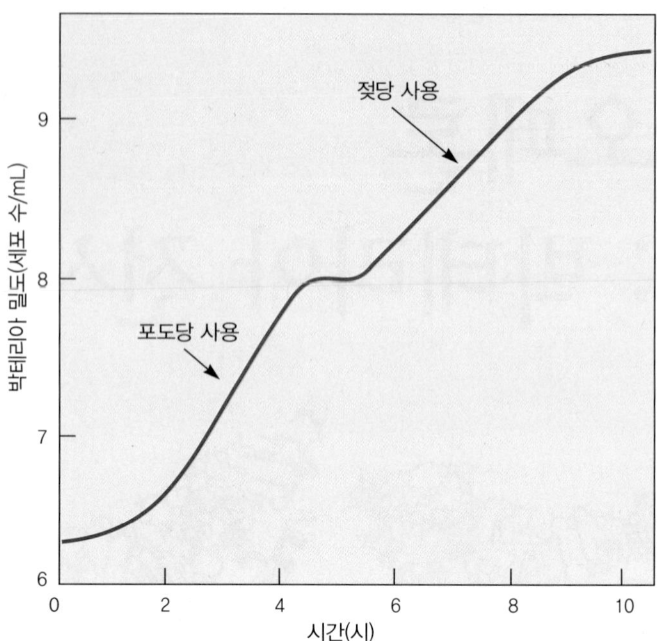

그림 7.1 이중보조 성장. 대장균을 포도당과 젖당이 있는 혼합배지에 접종한 후 시간 경과에 따른 대장균의 밀도(세포 수/mL)를 표시한 성장 곡선이다. 대장균은 포도당이 고갈될 때까지 빠른 성장을 보이다가 당이 고갈되면 성장을 잠시 멈춘다. 그 동안 젖당의 대사에 필요한 효소를 합성한 후 다시 성장하기 시작한다.

젖당대사에 필요한 효소로는 젖당을 대장균 안으로 운반하는 데 필요한 **갈락토시드 투과효소**(galactoside permease)와 젖당을 갈락토오스와 포도당으로 분해하는 β-갈락토시데이즈가 있다. 그림 7.2에 젖당의 분해 과정이 나타나 있다. 젖당은 2개의 당인 갈락토오스와 포도당으로 구성되어 있기 때문에 이당류라고 한다. 6개의 탄소로 이루어진 갈락토오스와 포도당은 β-갈락토시드 결합(β-galactosidic bond)으로 형성되므로 젖당을 β-갈락토시드(β-galactoside)라고도 한다. β-갈락토시드 결합을 끊는 효소를 **β-갈락토시데이즈**(β-galactosidase)라 한다. 이들 두 효소뿐만 아니라 아직 그 기능이 확실히 밝혀지지 않은 **갈락토시드 아세틸기 전달효소**(galactoside transacetylase)를 암호화하는 유전자도 *lac* 오페론 내에 서로 인접하여 존재한다.

젖당대사에 필요한 이들 효소를 암호화하는 유전자는 β-갈락토시데이즈(***lacZ***), 갈락토시드 투과효소(***lacY***), 갈락토시드 아세틸기 전달효소(***lacA***) 순서로 배열되어 있다. 이 유전자들의 전사는 한 프로모터에서 시작하여 **다유전자성 정보**(polycistronic message)라는 하나의 mRNA를 형성한다. 따라서 이들 유전자는 한 프로모터에 의해 간단히 조절될 수 있다. '다유전자성'이라는 용어는 유전자의 동의어인 **시스트론**(cistron)에서 유래되었다. 따라서 다유전자성 정보는 한 유전자 이상을 암호화하는 하나의 정보라 할 수 있다. 이 mRNA의 각 시스트론에는 각각의 리보솜 결합자리가 있기 때문에 각 시스트론은 독립적으로 번역될 수 있다.

서두에 언급한 바와 같이 *lac* 오페론은 다른 오페론과 마찬가지로 정확하게 조절된다. 사실 두 가지 조절 유형이 작동하고 있다. 첫째, **음성적 조절**(negative control)로서 자동차의 브레이크와 유사하다. 즉, 자동차를 움직이려면 먼저 브레이크를 해제해야 하는 것과 같다. 음성적 조절에서 '브레이크'는 ***lac* 억제인자**(*lac* repressor)로 불리는 단백질이며, 젖당이 공급되지 않는 한 오페

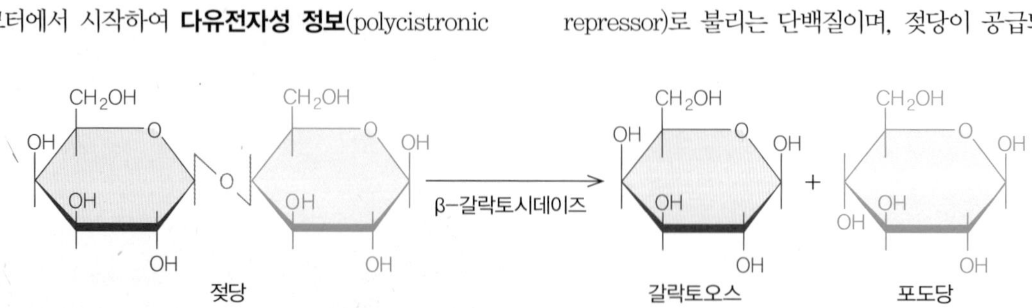

CH_2OH CH_2OH → β-갈락토시데이즈 → CH_2OH + CH_2OH

젖당 　 갈락토오스 　 포도당

그림 7.2 β-갈락토시데이즈 반응. β-갈락토시데이즈는 젖당을 구성하는 갈락토오스(분홍색)와 포도당(파란색) 사이의 β-갈락토시드 결합(회색)을 절단한다.

론을 비작동 상태로 유지시키는 역할을 한다. 이는 매우 경제적이다. 왜냐하면 존재하지도 않는 당을 사용하기 위해 효소를 생산한다면 이는 매우 소모적인 일이 될 것이기 때문이다.

음성적 조절이 자동차의 브레이크와 유사하다면 **양성적 조절**(positive control)은 가속 페달과 같다. *lac* 오페론에서 작동자로부터 억제인자를 제거하는 것만으로 오페론을 가동시킨다는 것은 역부족이다. 추가적으로 양성인자인 **활성인자**(activator)가 필요하다. 앞으로는 포도당의 농도가 낮을 때 활성인자가 *lac* 오페론을 어떻게 작동시키며, 포도당의 농도가 높을 때는 활성인자의 농도가 낮아져서 오페론이 작동되지 않는 것에 대해 알아본다. 이런 농도 조절 시스템의 이점은 포도당의 농도가 높으면 오페론을 거의 정지시킨다는 점이다. 만약 포도당의 농도에 따라 반응할 수 있는 방법이 없다면 젖당만으로 오페론을 작동시키기에 충분할 것이다. 그러나 대장균은 젖당보다 포도당을 쉽게 대사할 수 있을 뿐만 아니라 포도당이 있는데 균이 젖당을 대사하기 위해 *lac* 오페론을 작동시키는 것은 소모적일 수 있기에 포도당을 사용할 수 있는 상황에서 *lac* 오페론을 가동시킨다는 것은 부적절하다.

1) *lac* 오페론의 음성적 조절

그림 7.3에 간략히 도식한 *lac* 오페론의 음성적 조절을 보면 오페론의 개념을 쉽게 이해할 수 있다. 보다 상세한 설명은 이 장의 후반부와 9장에 설명되어 있다. 음성적 조절(negative control)이란 오페론의 작동이 억제되지 않는 경우에만 오페론이 작동된다는 것을 뜻한다. *lac* 오페론의 작동을 억제하는 ***lac* 억제인자**(*lac* repressor)는 ***lacI* 유전자**(*lacI* gene)로 불리는 조절유전자의 산물이다(그림 7.3). *lac* 억제인자는 동일한 4개의 폴리펩티드로 구성된 4량체로 프로모터 오른쪽의 **작동자**(operator)에 결합하여 오페론의 작동을 **억제**(repressed)한다. 이는 억제인자가 프로모터에

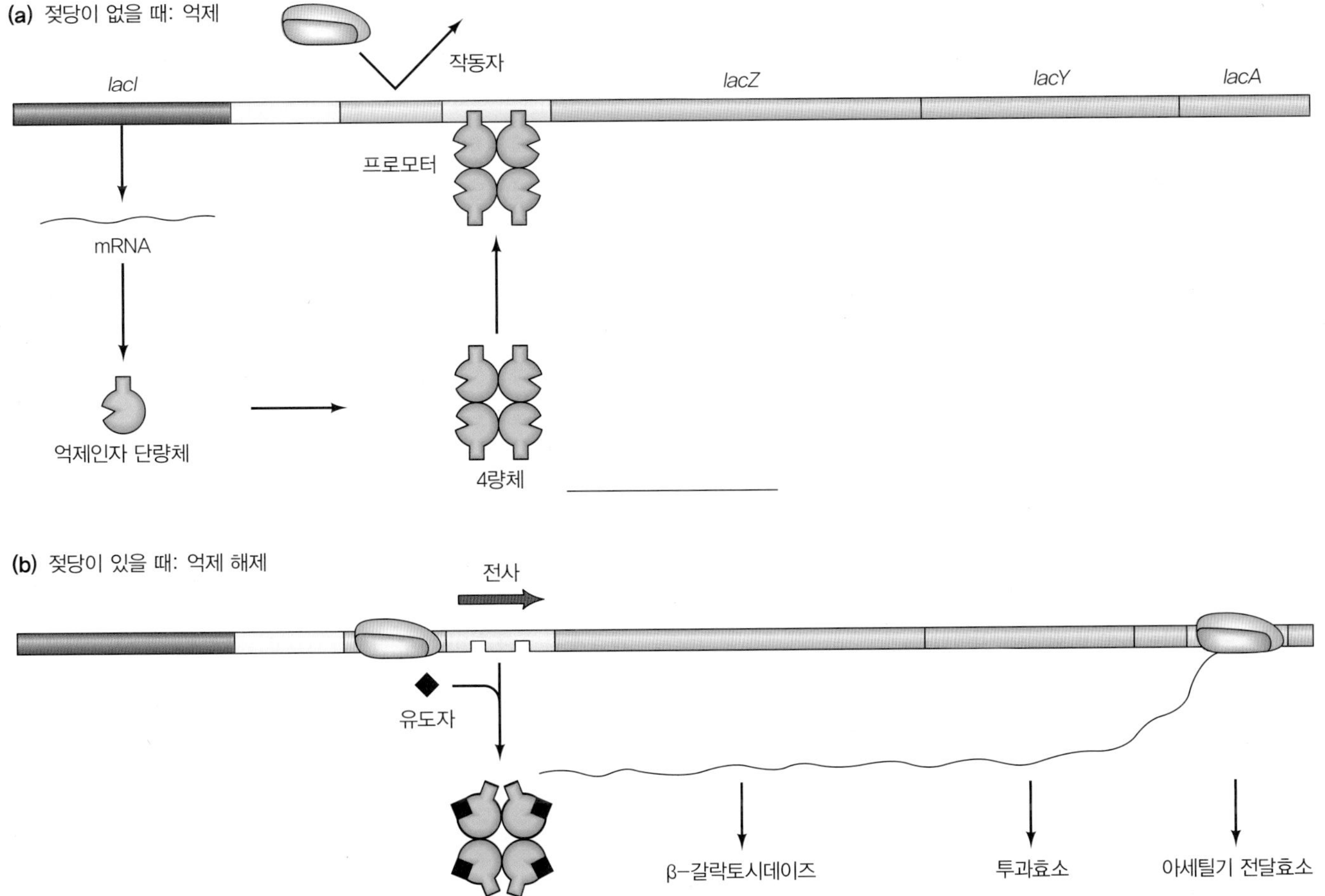

그림 7.3 *lac* 오페론의 음성적 조절. **(a)** 젖당이 없을 때: 억제. *lacI* 유전자에서 생산된 억제인자(초록색)는 작동자에 결합함으로써 RNA 중합효소가 *lac* 구조유전자를 전사하는 것을 억제한다. **(b)** 젖당이 있을 때: 억제 해제. 억제인자는 유도자(검은색)와의 결합으로 작동자에 더 이상 결합할 수 없는 형태가 된다. 이로 인해 억제인자가 작동자로부터 분리된다. 따라서 RNA 중합효소는 구조유전자를 전사할 수 있게 된다. 이 결과 β-갈락토시데이즈, 투과효소, 아세틸기 전달효소를 암호화하는 다유전자성 mRNA가 생산된다.

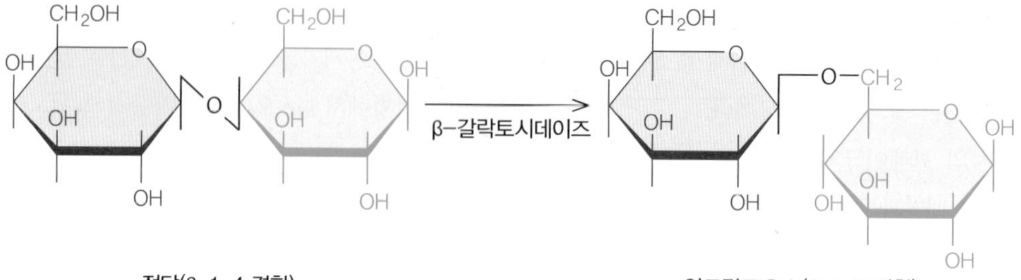

젖당(β-1, 4 결합)　　　알로락토오스(β-1, 6 결합)

그림 7.4 젖당으로부터 알로락토오스로의 전환. 젖당(β-1, 4 결합)을 유도자인 알로락토오스(β-1, 6 결합)로 전환하는 β-갈락토시데이즈의 또 다른 반응을 보여 준다. 갈락토시드 결합이 β-1, 4에서 β-1, 6으로 변하는 것에 유의하라.

인접한 작동자에 결합함으로써 RNA 중합효소가 작동자를 통해 오페론의 구조 유전자로 이동하는 것을 막기 때문이다. 결국 구조 유전자들이 전사되지 않으므로 오페론은 작동되지 않는다.

lac 오페론은 젖당을 에너지원으로 사용하는 경우에만 작동한다. 반면에 포도당이 없고 젖당만 있으면, 새로운 영양소를 이용하는 기작이 일어나도록 하기 위해 억제인자가 제거된다. 이러한 기작은 어떻게 일어날까? 억제인자는 **다른자리 입체성 단백질**(allosteric protein)이라 불리며, 한 분자의 결합으로 두 번째 분자의 결합자리에 변형이 생겨 두 번째 분자와 상호 작용하는 것으로 바꾼다(그리스어로 *allos*는 '다른'을 의미하며 *stereos*는 '모양'을 의미함). 이 경우 첫 번째 분자는 억제인자와 결합하기 때문에 *lac* 오페론의 **유도자**(inducer)라고 불리며, 단백질에 작용해 형태를 바꾸고 작동자(두 번째 분자)와 분리되어 오페론이 작동한다(그림 7.3b).

유도자는 어떤 특성을 갖고 있을까? **알로락토오스**(allolactose, 그리스어로 *allos*는 '다른'을 의미함)는 젖당의 변형된 형태이다. β-갈락토시데이즈는 젖당을 갈락토오스와 포도당으로 분해하며, 이것은 젖당을 알로락토오스로 재배열한다. 그림 7.4는 알로락토오스가 젖당과는 다른 방식으로 갈락토오스에 포도당이 연결되어 형성된 것임을 알 수 있다(젖당에서는 β-1, 4 결합이 일어났으며, 알로락토오스는 β-1, 6 결합이 일어났음).

lac 오페론이 억제된 세포에서는 갈락토시드 투과효소와 β-갈락토시데이즈가 생성될 수 없다. 그러면 어떻게 젖당이 알로락토오스로 만들어질까? *lac* 오페론의 억제는 다소 불완전하므로 유도자를 생성할 수 있을 정도의 소량의 *lac* 오페론 산물이 항상 존재한다. 세포당 약 10개의 4량체 억제인자가 존재하기 때문에 *lac* 오페론의 작동을 위해서 많은 양의 유도자가 필요하지는 않다. 더욱이 오페론이 작동되면 더 많은 유도자가 만들어진다.

2) 오페론의 발견

오페론의 개념은 프랑수아 자코브(François Jacob)와 자크 모노(Jacques Monod) 등에 의해 유전학 및 생화학적 분석실험을 통해 정립되었다. 1940년대 모노가 대장균에서 젖당대사의 유도성에 관한 연구를 시작하면서 β-갈락토시데이즈가 젖당의 대사 과정에 중요한 효소이며, 이 효소는 젖당 또는 다른 갈락토시드에 의해 유도된다는 것을 알았다. 또한 이들과 멜빈 콘(Melvin Cohn)은 β-갈락토시데이즈 항체를 이용해 β-갈락토시데이즈의 양이 젖당에 의해 증가됨을 밝혔으며, 이러한 사실은 β-갈락토시데이즈 유전자 발현의 활성화를 의미한다.

lac 오페론의 기작을 규명하던 중 β-갈락토시데이즈를 만들 수는 있으나 젖당 배지에서는 자라지 않는 돌연변이들을 발견했다. 그 원인을 연구하기 위해 야생형과 돌연변이 박테리아의 배지에 방사성 갈락토시드를 첨가해 보았다. 야생형에서는 유도자가 첨가되면 갈락토시드가 축적되지만 돌연변이주에서는 유도자가 있어도 갈락토시드가 세포 내에 축적되지 않았다. 이러한 현상은 다음 두 가지를 의미한다. 첫째, 야생형에서는 어떤 물질(갈락토시드 투과효소)이 β-갈락토시데이즈와 함께 발현되어 갈락토시드를 세포 안으로 운반한 결과이다. 둘째, 돌연변이주에서는 갈락토시드 투과효소를 암호화하는 유전자(Y^-)가 결손된 것처럼 보인다(표 7.1).

모노는 이 물질을 갈락토시드 투과효소(galactoside permease)라 명명하였다. 물론 이 효소가 분리되기 전에 단백질 이름을 명

표 7.1 갈락토시드 축적에 미치는 잠재성 돌연변이($lacY^-$)의 영향

유전자형	유도자	갈락토시드 축적
Z^+Y^+	−	−
Z^+Y^+	+	+
Z^+Y^-(잠재성)	−	−
Z^+Y^-(잠재성)	+	−

명한 것에 대해 그는 동료들의 혹평을 견뎌야만 했다. 그 후 갈락토시드 투과효소를 분리하기 위한 노력의 결과로 갈락토시드 투과효소와 함께 유도되는 갈락토시드 아세틸기 전달효소를 하나 더 분리하게 되었다.

1950년대 후반에 모노는 갈락토시드에 의해 세 효소의 활성이 함께 유도됨을 알게 되었다. 또한 유도자 없이 항상 유전자 산물을 생산하는 **항구성 돌연변이**(constitutive mutant)를 분리했다. 이때 모노는 연구의 가속화를 위해 유전자 분석법의 적용이 필요하다고 판단해 같은 연구소의 자코브와 공동 연구를 시작하게 된다.

모노, 아더 파디(Arthur Pardee), 자코브는 공동으로 연구하면서 야생형(유도성)과 항구성 대립형질을 동시에 갖는 **부분이배체**(merodiploid) 세균을 만들었다. 그 결과 야생형질(유도성)이 우성으로 나타나 야생형 세포에서 유도자가 없을 때 *lac* 유전자의 발현을 억제하는 어떤 물질이 생성된다는 것을 증명해주었다. 이 물질이 바로 *lac* 억제인자이다. 항구성 돌연변이에는 억제인자를 암호화하는 유전자(*lacI*)에 결함이 있다. 따라서 이 돌연변이를 $lacI^-$라고 한다(그림 7.5a).

억제인자가 밝혀짐에 따라 억제인자가 결합할 특정 DNA 부위가 존재해야 했다. 자코브와 모노는 억제인자가 결합하는 특정 DNA 서열을 작동자라 명명했다. 억제인자와 작동자의 결합특이성은 유전자를 돌연변이시킴으로써 연구할 수 있다. 즉, 작동자에 돌연변이가 생기면 억제인자와 결합할 수 없다. 이 경우에도 억제유전자의 돌연변이와 같은 항구성 돌연변이가 나타난다. 그렇다면 억제유전자의 항구성 변이와 어떻게 구별할 수 있을까?

자코브와 모노는 돌연변이의 우성 또는 열성을 판별함으로써 이들을 구별할 수 있다고 생각했다. 왜냐하면 억제유전자는 억제인자를 생산할 것이고 이들은 부분이배체 세포에서 작동자(operator) 두 곳에 모두 결합할 수 있다. 이런 작용 양식을 **트랜스-액팅**(*trans-acting*, 라틴어로 '다른 물질'을 뜻함)이라고 하는데, 이는 부분이배체에서 억제인자가 두 작동자(operator) 모두에 결합하여 작용하기 때문이다. 억제유전자의 한 곳에서 돌연변이가 일어나더라도 나머지 하나의 억제유전자는 정상이므로 정상적

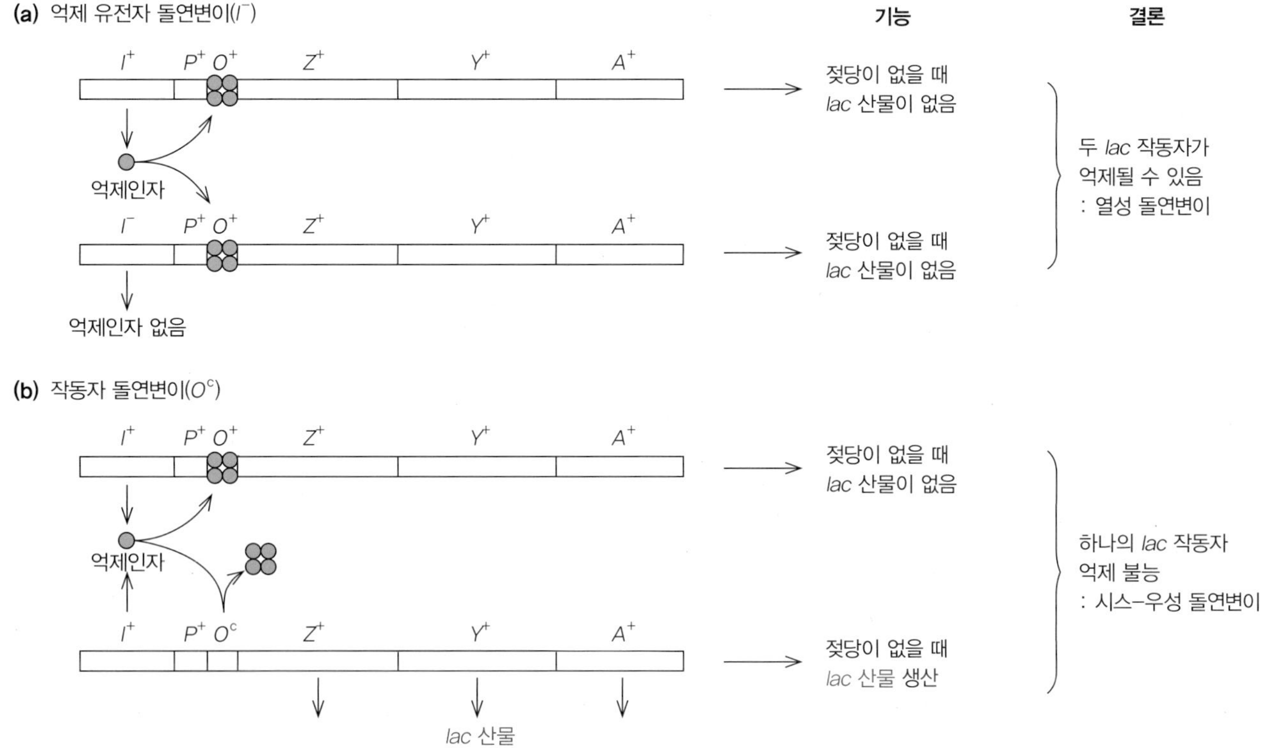

그림 7.5 부분이배체에서 *lac* 오페론 조절유전자의 돌연변이의 영향. 자코브와 모노는 부분이배체인 대장균을 만들어 젖당의 존재 유무에 따라 *lac* 오페론 산물이 생성되는지를 조사했다. **(a)** 야생형 오페론(위)과 억제유전자 돌연변이(I^-) 오페론(아래)을 지닌 부분이배체. 야생형 억제유전자(I^+)에서 두 오페론 모두를 억제하기에 충분한 정상적인 억제인자(초록색)가 생산되므로 I^- 돌연변이는 열성이다. **(b)** 작동자(O^c) 돌연변이 오페론(아래)을 지닌 부분이배체 돌연변이 작동자(O^c)에는 억제인자(초록색)가 결합할 수 없다. 야생형 오페론은 억제된 상태로 남아 있지만, 돌연변이 오페론은 억제되기 못하기 때문에 젖당이 없더라도 *lac* 생산물이 만들어진다. 이렇게 돌연변이 작동자와 연결된 오페론만 영향을 받는 돌연변이를 시스-우성형이라 한다. (계속)

인 억제인자를 생산할 것이고 이는 유전자의 두 작동자(operator)에 결합하여 유전자 발현을 억제할 수 있다. 즉, 부분이배체의 두 *lac* 오페론의 발현은 억제된다. 이런 돌연변이는 열성이어야 한다(그림 7.5a).

반면에 작동자는 동일한 DNA에 있는 오페론만을 조절하기 때문에 **시스-액팅**(*cis*, 라틴어로 '이곳'을 뜻함)이라고 한다. 따라서 부분이배체의 작동자 중 어느 한 곳에서라도 돌연변이가 일어나면 그 오페론의 유전자발현을 억제할 수 없다. 그러나 이배체의 나머지 유전자는 정상이므로 오페론의 발현을 억제할 수 있다(그림 7.5b). 이와 같이 같은 DNA상에 있는 유전자에 한해서만 우성인 이런 돌연변이를 **시스-우성형**(*cis*-dominant)이라 한다. 자코브와 모노는 실제로 시스-우성형 돌연변이를 발견했으며 실제로 작동자의 존재를 증명했다. 이 돌연변이를 **항구성 작동자**(operator constitutive, O^c)라 명명했다.

억제 유전자의 돌연변이에 의해 생성된 변이 억제인자는 유도자와 어떤 반응을 할까? 변이 억제인자는 작동자에 결합해 있으나 유도자와 결합할 수 없으므로 유도인자 또는 야생형 억제인자가 있어도 *lac* 오페론은 작동되지 않는다. 따라서 이는 시스와 트랜스 모두 우성형이다(그림 7.5c). 이는 차단이 불가능한 전파신호에 비유할 수 있다. 모노와 그의 동료들은 이런 돌연변이체 2종을 발견했으며, 수잔 브루주아(Suzanne Bourgeois)는 이후에 다수의 돌연변이체를 발견했다. 모노 등은 이와 같은 돌연변이를 억제인자가 작동자를 인지하지 못하는 항구성 억제인자 돌연변이(I^-)와 구별하기 위해서 I^S로 명명했다.

항구성 돌연변이(I^-와 O^c)는 *lac* 유전자(Z, Y, A)의 발현에 영향을 미친다. 유전자 지도에 따르면, 이들 유전자들은 염색체상에

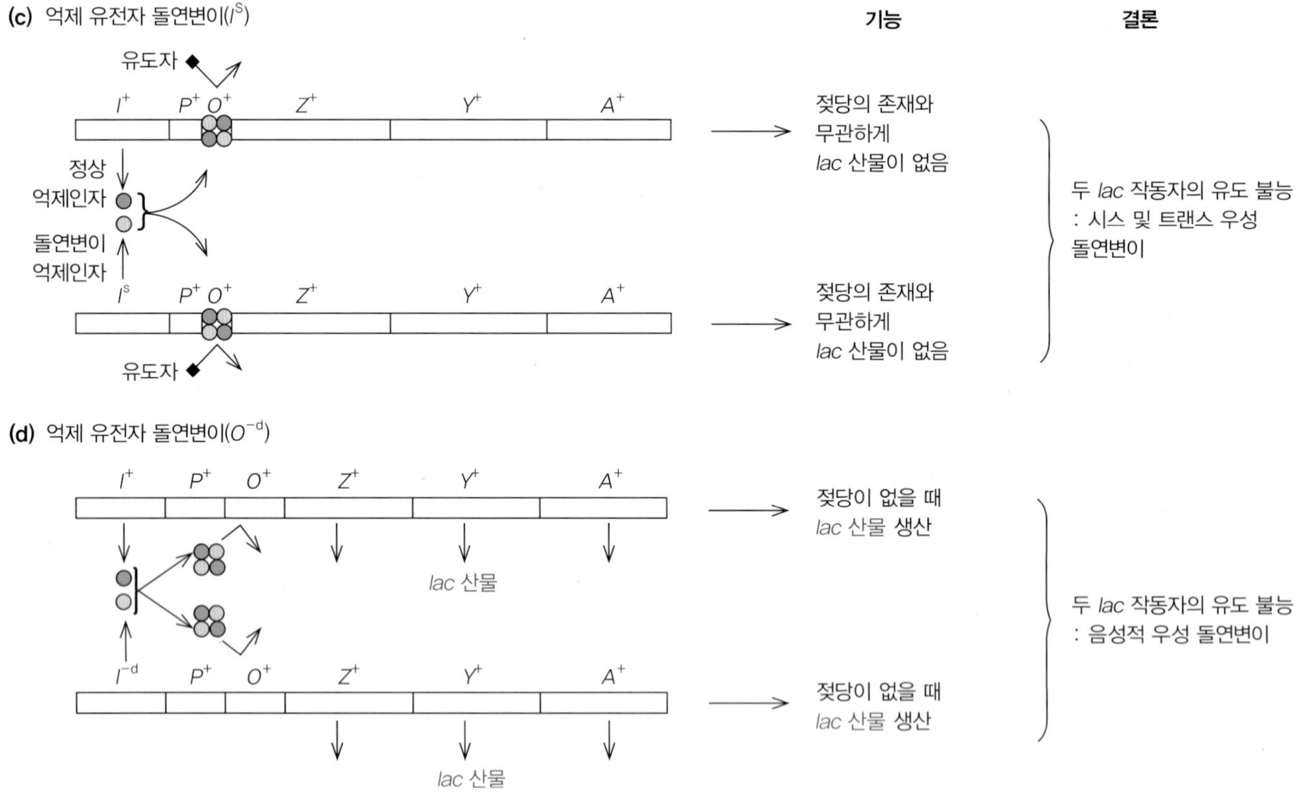

그림 7.5 (계속) **(c)** 야생형 오페론(위)과 억제유전자(I^S) 돌연변이(아래) 오페론을 지닌 부분이배체. I^S 돌연변이 오페론에서는 유도자가 결합할 수 없는 억제인자(노란색)가 생산된다. 생산된 돌연변이 억제인자는 두 작동자에 비가역적으로 결합한다. 따라서 두 오페론은 비유도성 오페론이 된다. 이러한 돌연변이는 우성이다. 야생형과 돌연변이 소단위체로 구성된 4량체 억제인자는 돌연변이 단백질과 같은 특성을 보인다는 점에 주의해야 한다. 즉, 이렇게 구성된 억제인자는 유도자가 있더라도 작동자에 결합된 상태를 유지한다. **(d)** 야생형 오페론(위)과 억제유전자(I^{-d}) 돌연변이 오페론(아래)을 지닌 부분이배체. I^{-d} 돌연변이 오페론에서는 *lac* 작동자에 결합할 수 없는 돌연변이 억제인자(노란색)가 생산된다. 더욱이 야생형과 돌연변이 억제인자로 구성된 4량체 억제인자는 작동자에 결합할 수 없다. 이리하여 이 오페론은 젖당이 없더라도 억제해제 상태를 유지한다. 따라서 이 돌연변이는 우성이다. 이렇게 돌연변이 단백질이 야생형 단백질의 활성을 죽이는 돌연변이를 음성적 우성 돌연변이라고 한다.

시고 인접해 존재한다. 이런 점 역시 작동자가 3개의 구조유전자에 근접해 있음을 의미한다.

항구성이면서 우성인 다른 종류의 억제인자 돌연변이(I^{-d})도 발견되었다. 이 돌연변이 유전자 산물(그림 7.5d)은 야생형 억제인자 단량체와 4량체를 형성하여 기능적으로 불완전한 산물을 생성한다. 이렇게 형성된 4량체는 작동자에 결합할 수 없어 억세인자로서의 기능을 잃는다. 이 돌연변이에서는 우성형질이 나타나지만 시스-우성형은 아니다. 이런 종류의 돌연변이는 자연계에 널리 퍼져 있으며 **음성적 우성**(dominant-negative)이라고 한다.

자코브와 모노는 숙련된 유전자 분석으로 오페론의 개념을 발전시켰다. 그들은 주요 조절요소인 억제유전자와 작동자의 존재를 예측했고, 결실 돌연변이 분석을 통해 구조유전자의 발현에 필요한 프로모터를 밝혀냈다. 또한 세 구조유전자(*lacZ*, *lacY*, *lacA*)는 하나의 조절 단위에 묶여 *lac* 오페론으로 되어 있다고 결론지었다. 자코브와 모노의 뛰어난 가설은 후에 생화학적 연구로 검증되었다.

3) 억제인자와 작동자의 상호 작용

자코브와 모노의 선구적인 업적에 이어 월터 길버트(Walter Gilbert)와 베노 뮬러힐(Benno Müller-Hill)은 *lac* 억제인자를 부뷰적으로 정제하였다. 이러한 일이 유전자 클로닝이 개발되기 전인 1960년대에 이루어진 것을 생각하면 매우 인상적이다. 길버트와 뮬러힐은 세포 내에 미량으로 존재하는 *lac* 억제인자를 분리하는 일에 도전하였다. 그 당시로는 가장 민감한 분석방법인 표지된 합성유도체(isopropylthiogalactoside, IPTG)를 억제인자에 결합시켜 분리하고자 했다. 그러나 야생형 세포의 추출물에는 억제인자가 너무 적어서 검출할 수 없었다. 이러한 문제를 극복하기 위해 이들은 IPTG에 정상보다 강하게 결합하는 돌연변이 억제인자(*lacI*^{t})를 지닌 돌연변이 균주를 사용했다. 이 세포에서는 돌연변이된 *lac* 억제인자와 유도자가 강하게 결합하기 때문에 세포추출물에서도 *lac* 억제인자를 검출할 수 있었으며, 결국 *lac* 억제인자를 정제할 수 있었다.

멜빈 콘(Melvin Cohn) 등은 작동자-결합 연구에 정제한 억제인자를 사용했으며, 억제인자와 작동자 간의 결합을 조사하기 위해서 니트로셀룰로오스 필터 결합분석법(5, 6장 참조)을 이용했다. 만약 억제인자와 작동자의 상호 작용이 정상적으로 일어난다면, 유도자에 의해 그 작용은 중단될 것이다. 실제로 그림 7.6은 유도자(IPTG)가 없는 조건에서 억제인자가 증가함에 따라 억제인자와 작동자의 결합이 전형적인 포화곡선을 나타냈다. 그러나 유도자가 있는 조건에서 이들은 결합하지 않았다. 또한 콘 등은 항구적인 작동자(*lacO*^{c}) 돌연변이에서 작동자와의 결합에 필요한 억제인자의 양이 야생형 세포에서 보다 많은 것을 밝혔다(그림 7.7). 이러한 실험 결과는 자코브와 모노가 유전적으로 밝혔던 것처럼

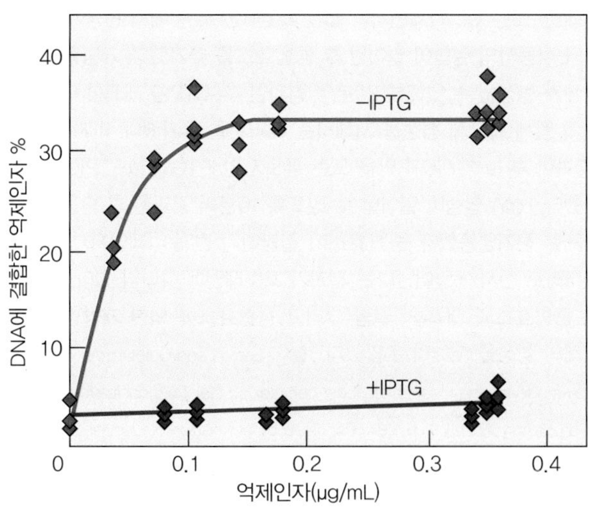

그림 7.6 *lac* 작동자와 *lac* 억제인자의 결합성 분석. 콘 등은 작동자와 억제인자의 결합성을 ^{32}P로 표지된 *lacO* DNA를 이용해 측정했다. lac 억제인자의 양을 점차 증가시켜 첨가한 뒤 니트로셀룰로오스 필터에 부착된 방사성을 측정함으로써 작동자와 억제인자의 결합을 분석했다. 이 필터에는 억제인자와 결합한 DNA만이 부착될 수 있다. 빨간색: 유도자인 IPTG가 없는 조건에서의 결합성 분석 결과. 파란색: 억제인자와 작동자의 결합을 저해하는 IPTG(1mM)가 있는 조건에서의 결합성 분석 결과. (출처: Adapted from Riggs, A., et al., On the assay, isolation, and characterization of the lac repressor, *Journal of Molecular Biology*, Vol. 34: 366.)

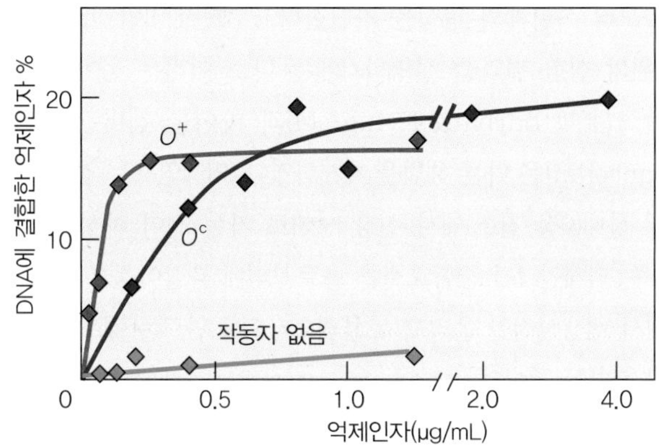

그림 7.7 O^{c} *lac* 작동자는 야생형 작동자에 비해 억제인자와의 친화력이 낮다. 콘 등은 *lac* 작동자와 억제인자의 결합성을 세 종류의 다른 DNA를 사용해 그림 7.6과 같은 실험 방법으로 분석했다. 빨간색: 야생형 작동자(O^{+}) DNA. 파란색: 억제인자와의 친화력이 낮은 항구성 작동자 돌연변이(O^{c}) DNA. 초록색: *lac* 작동자가 없는 대조군으로 사용된 λφ80 DNA. (출처: Adapted from Riggs, A.D., et al. 1968. DNA binding of the lac repressor. *Journal of Molecular Biology*, Vol. 34: 366.)

억제인자의 결합부위가 작동자라는 중요한 사실을 입증한다. 이 사실이 틀리다면 작동자의 돌연변이는 억제인자의 결합에 영향을 미치지 않아야 할 것이다.

4) 억제기작

아이라 파스탄(Ira Pastan)은 1971년 RNA 중합효소가 *lac* 억제인자의 존재하에서도 *lac* 프로모터에 단단히 결합한다는 사실을 밝혔다. 그럼에도 불구하고 수년 동안 RNA 중합효소는 *lac* 억제인자에 의해 프로모터에 결합하지 못한다고 생각되어 왔다. 파스탄은 *lac* 억제인자가 있는 조건에서 RNA 중합효소와 작동자 DNA를 반응시킨 후, 유도자(IPTG)와 리팜피신을 추가하는 실험을 했다. 리팜피신은 개방형 프로모터 복합체가 이미 형성되어 있지 않으면 전사를 억제한다. 6장에서 언급한 바와 같이 개방형 프로모터 복합체는 중합효소가 프로모터 부위의 DNA를 해리시켜 그곳에 단단히 결합한 형태이다. 이 실험 결과 전사가 일어났다. 이는 *lac* 억제인자가 개방형 프로모터 복합체의 형성을 저해할 수 없음을 보여 준 것이다. 이로써 억제인자는 중합효소가 프로모터에 결합하는 것을 저해하지 않는다는 것이 명백해졌다. 수잔 스트라니(Susan Straney)와 도날드 크로더스(Donald Crothers)는 1987년 중합효소와 억제인자가 함께 *lac* 프로모터에 결합할 수 있다는 것을 보여줌으로써 이 사실을 확인했다.

만약 억제인자가 작동자를 차지하고 있음에도 불구하고 RNA 중합효소가 프로모터에 결합할 수 있다면 억제기작을 어떻게 설명할 수 있겠는가? 스트라니와 크로더스는 억제인자가 개방형 프로모터 복합체의 형성을 차단한다고 제안했지만 파스탄에 의한 위의 실험 결과를 설명하기에는 다소 어려운 점이 있다. 바바라 크루멜(Barbara Krummel)과 마이클 챔버린(Michael Chamberlin)은 다른 해법을 제시하였다. 억제인자는 전사개시 복합체 상태(6장 참조)에서 신장 상태로 가는 전이 과정을 저해한다. 즉, 억제인자가 중합효소를 프로모터에 붙잡아둠으로써 그 자리에서 비생산적인 올리고 뉴클레오티드를 만드는 겉도는 작업을 하게 한다는 것이다.

이주경(Jookyung Lee)과 알렉스 골드파브(Alex Goldfarb)는 이러한 추론을 뒷받침하는 다음의 증거를 제시하였다. 첫째, 그들은 런-오프 전사분석(5장 참조)으로 억제인자가 존재하는 조건에서도 중합효소는 이미 주형 DNA에 결합하고 있음을 보였다. 이 실험 내용은 다음과 같다. 먼저 *lacZ* 유전자의 시작부위와 *lac* 유전자 조절부위를 포함하는 123bp 길이의 DNA 단편을 억제인자와 반응시켰다. 억제인자가 작동자에 결합할 수 있도록 10분이 지

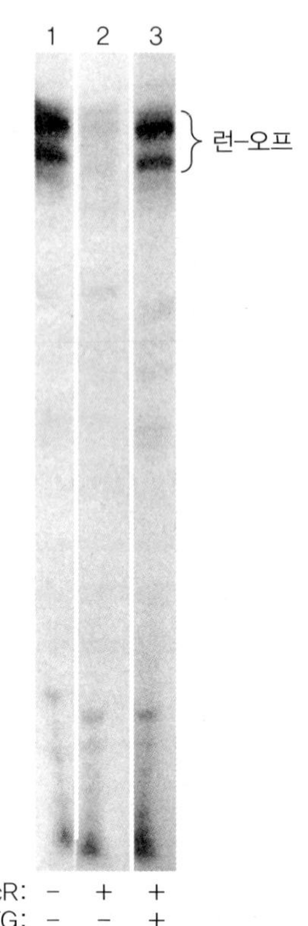

그림 7.8 RNA 중합효소는 시험관 내에서 *lac* 억제인자가 존재해도 *lac* 프로모터와 함께 개방형 프로모터 복합체를 형성한다. 이주경과 골드파브는 *lac* 프로모터가 있는 DNA 단편을 *lac* 억제인자(LacR)가 있는 조건(2, 3번 레인) 또는 *lac* 억제인자가 없는 조건(1번 레인)에서 반응시켰다. 억제인자와 작동자의 결합이 일어난 후 중합효소를 추가했다. 개방형 프로모터 복합체가 형성될 수 있도록 20분이 경과한 후, CTP를 제외한 나머지 반응요소와 함께 복합체 형성을 저해하는 헤파린을 추가했다. 마지막으로 5분이 경과한 후 [α−^{32}P]CTP만을 또는 유도자인 IPTG와 [α−^{32}P]CTP를 함께 첨가했다. RNA 합성이 일어날 수 있도록 10분이 경과한 후 반응 결과물인 전사체를 전기영동했다. 중합효소가 결합하기 전에 억제인자가 DNA에 결합했더라도 전사가 일어난다는 결과가 3번 레인에 나타나 있다. 즉, 억제인자는 중합효소와 DNA의 결합 그리고 중합효소에 의한 개방형 프로모터 복합체의 형성을 저해하지 않았다. (출처: Lee J., and Goldfarb A., *lac repressor acts by modifying the initial transcribing complex so that it cannot leave the promoter. Cell* 66 (23 Aug 1991) f. 1, p. 794. Reprinted by permission of Elsevier Science.)

난 후 중합효소를 첨가하였다. 이후 헤파린을 첨가했는데 헤파린은 다가음이온 물질로 중합효소가 DNA에 느슨하게 붙거나 떨어진 경우 중합효소와 결합하여 DNA와의 결합을 억제한다. 다음으로 CTP를 제외한 RNA 중합반응에 필요한 구성요소를 추가했다. 마지막으로 방사성 CTP를 유도자(IPTG)와 함께 또는 단독으로 추가했다. 이 실험의 목적은 런-오프 전사체가 만들어질 것인가에 있다. 만약 만들어진다면 중합효소는 억제인자의 존재하에서도 프로모터와 함께 헤파린에 저항적인 개방형 복합체를 형성한

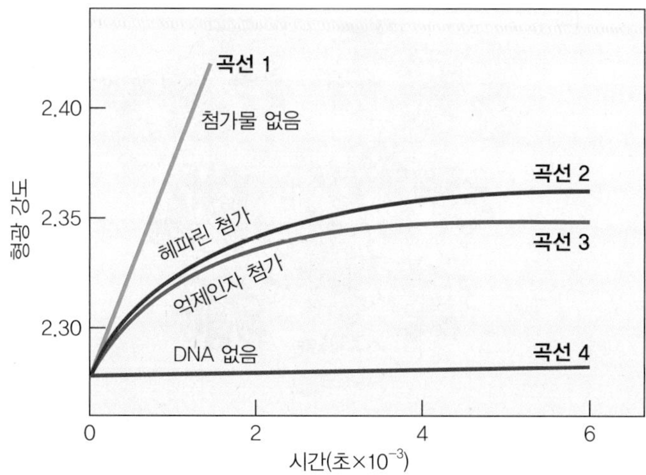

그림 7.9 *lac* 프로모터로부터 RNA 중합효소의 해리에 미치는 *lac* 억제인자의 영향. 레코드 등은 RNA 중합효소와 *lac* 프로모터-작동자 부위를 포함하는 DNA의 복합체를 만들었다. 그 후 형광 γ-인산기로 표지된 UTP 유사체(*pppU)가 있는 조건에서 복합체에 의한 실패 전사체의 합성을 조사했다. RNA 합성 시 *pppU가 전구물질로 바뀌면 UMP는 RNA 구성물질이 되고 *pp는 해리된다. 그때 *pp의 형광이 증가한다. 헤파린과 억제인자가 없는 조건(곡선 1, 초록색)에서는 전사체의 합성이 증가한다. 그러나 헤파린(곡선 2, 파란색)이나 저농도의 *lac* 억제인자(곡선 3, 빨간색)가 있는 조건에서 이들은 RNA 중합효소가 DNA와 결합하여 전사체를 만든 후 다시 전사하는 것을 저해한다. 대조군(곡선 4, 보라색)에는 DNA를 첨가하지 않았다. 헤파린뿐만 아니라 억제인자도 실패 전사체의 재합성을 억제했다. 이는 이들이 해리된 RNA 중합효소와 프로모터의 재결합을 차단하는 것을 의미한다. (출처: Adapted from Schlax, P.J., Capp, M.W., and M.T. Record, Jr. Inhibition of transcription initiation by lac repressor, Journal of *Molecular Biology* 245: 331–50.)

다는 것이다. 사실 그림 7.8에서와 같이 억제인자가 결합되어 있음에도 불구하고 런-오프 전사체가 만들어졌다. 억제인자는 중합효소와 프로모터와의 결합을 저해하지 않는 것으로 보인다.

중합효소가 *lac* 프로모터에 결합하는 것을 저해하는 방법으로 억제인자가 *lac* 오페론의 전사를 억제하지 않는다면, 그러면 억제인자는 어떻게 전사를 억제하는 것일까? 이주경과 골드파브는 억제인자가 있는 조건에서 약 6개 길이의 올리고 뉴클레오티드인 실패 전사체(abortive transcript)가 나타난 사실에 주목하였다(6장 참조). 억제인자가 없으면 9개 길이의 올리고 뉴클레오티드인 실패 전사체가 만들어진다. 사실 크기가 길든 짧든 간에 어떤 전사체도 억제인자가 있는 조건에서 만들어진 것이다. 이는 억제인자가 있더라도 중합효소는 프로모터에 결합할 수 있다는 것을 의미한다. 이 실험으로 알게 된 더 중요한 것은 억제인자는 중합효소가 실패 전사체만을 만들게끔 중합효소를 비생산적인 상태에 고정시킨다는 것이다. 따라서 전사의 신장 과정이 진행될 수 없다는 것이다.

이주경과 골드파브 연구의 문제점은 이러한 실험이 생체 조건에서 수행되지 않았다는 점이다. 예를 들어 RNA 중합효소와 억제인자의 농도가 생체 조건보다 훨씬 높았다. 이러한 문제점을 해결하기 위해 토마스 레코드(Thomas Record) 등은 보다 생체 환경과 유사한 조건을 이용하여 반응속도에 관한 연구를 수행했다. 그들은 RNA 중합효소와 *lac* 프로모터의 복합체를 형성시키고 복합체 반에 의한 또는 헤파린이나 *lac* 억제인자를 추가한 경우의 실패 전

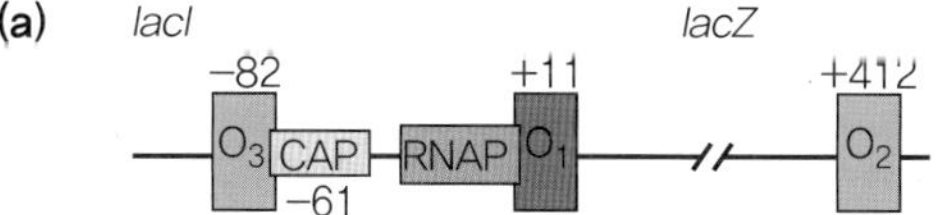

(b) O_1 5′ AATTGTGAGC**G**GATAACAATT 3′
O_2 5′ AAaTGTGAGC**G**agTAACAAcc 3′
O_3 5′ ggcaGTGAGC**G**cAacgCAATT 3′

그림 7.10 3개의 *lac* 작동자. **(a)** *lac* 오페론의 조절유전자 지도. 주요 작동자(O_1, 빨간색), 2개의 보조 작동자(O_2와 O_3, 분홍색), CAP의 결합부위(노란색), 그리고 RNA 중합효소의 결합부위(파란색)가 그림에 각각 표시되어 있다. CAP는 *lac* 오페론의 양성적 조절인자로 다음 장에서 논의한다. **(b)** 3개의 작동자 염기서열을 굵은 활자체로 된 G를 중심으로 정렬한 것이다. 이들 작동자의 염기서열을 비교해 염기서열이 다른 보조 작동자의 염기는 소문자로 표시했다.

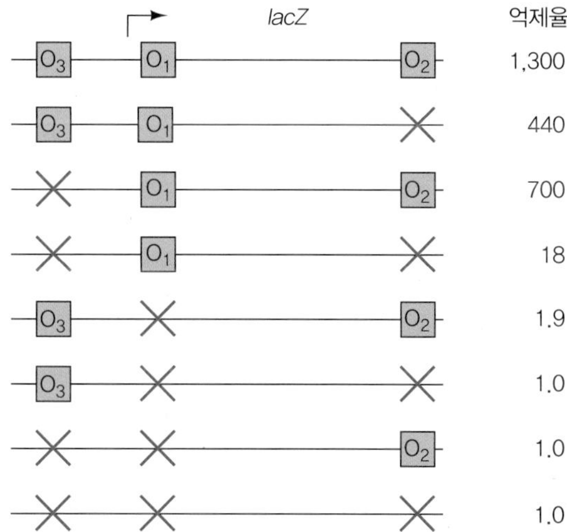

그림 7.11 3개의 *lac* 작동자 돌연변이의 영향. 뮬러힐 등은 야생형과 돌연변이된 *lac* 오페론의 단편을 λ 파지 DNA에 클로닝한 후, 이를 대장균에 감염시켰다(8장 참조). 이런 과정에서 lac 오페론의 단편(3개의 작동자, lac 프로모터, *LacZ* 유전자 포함)이 대장균의 유전체에 삽입된다. 숙주가 되는 대장균에는 *LacZ* 유전자는 없으나 야생형 lacI 유전자는 있다. 그들을 대상으로 IPTG의 유무에 따른 β-갈락토시데이즈의 활성을 조사했다. 그림 오른쪽의 활성 억제율을 보면 3개의 작동자가 모두 있을 때에는 1,300배의 억제율이 나타났다. λ Ewt 123(위)은 3개의 작동자(초록색)가 모두 있는 야생형이며, 다른 파지들은 작동자가 제거된 것(빨간색 ×)들이다. (출처: Adapted from Oehler, S., E.R. Eismann, H. Krämer, and B. Müller-Hill. 1990. The three operators of the *lac* operon cooperate in repression. *The EMBO Journal* 9: 973–79.)

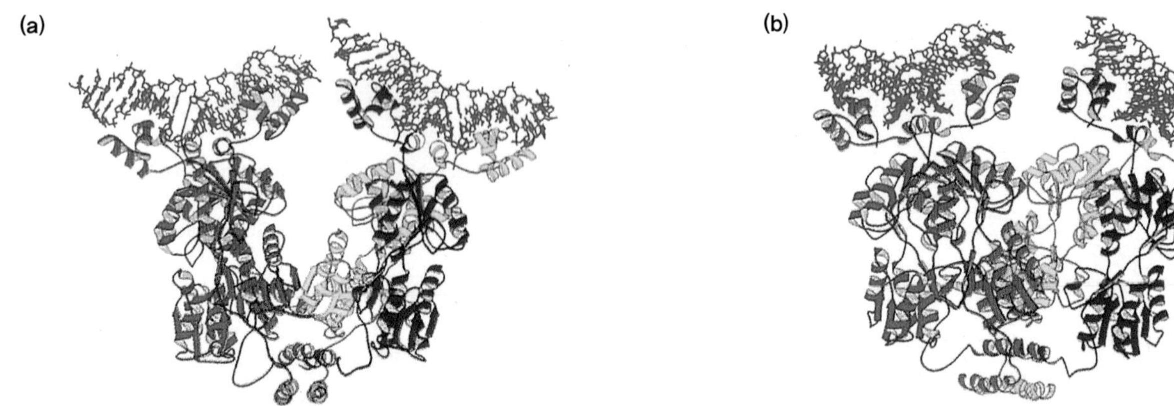

그림 7.12 두 작동자 DNA 절편에 결합한 4량체의 *lac* 억제인자. 루이스, 그리고 루(Lu) 등은 *lac* 작동자의 염기서열에 해당하는 21bp의 DNA 단편에 결합한 *lac* 억제인자의 X-선 결정구조를 분석했다. 각 억제인자들(자주색, 초록색, 노란색, 빨간색)과 DNA 단편(파란색)의 구조가 나타나 있다. 2량체로 된 두 억제인자는 서로 아래 부위에서 결합하여 4량체를 형성한다. 각 2량체의 위 부위에는 DNA의 큰 홈과 결합하는 2개의 DNA 결합부위가 있다. 이 결과는 두 2량체가 서로 독립적으로 분리된 *lac* 작동자에 결합할 수 있음을 명백히 보여 준다. **(a)** X-선 결정구조의 정면. **(b)** X-선 결정구조의 측면. (출처: Lewis et al., Crystal structure of the lactose operon processor and its complexes with DNA and inducer. *Science* 271 (1 Mar 1996), f. 6, p. 1251. © AAAS.)

사체의 합성률을 측정했다. 전사체의 합성에는 형광성 γ-인산기로 표지된 UTP 유사체인 *pppU를 사용했다. RNA 합성 시 *pppU가 전구물질이 되면 UMP는 RNA 구성물질이 되고 *pp는 해리된다. 그때 *pp의 형광성이 증가하게 된다. 그림 7.9는 경쟁자가 없는 조건에서 실패 전사체의 합성률이 계속 증가하지만 헤파린이나 억제인자가 존재할 때는 그 증가 양상이 멈추는 것을 보여 준다.

레코드 등은 이러한 결과를 다음과 같이 설명했다. 중합효소와 프로모터의 복합체는 유리된 상태의 중합효소 또는 프로모터와 평형을 이루고 있다. 더욱이 경쟁자가 없는 조건(곡선 1)에서 중합효소는 프로모터에서 분리된 후 바로 실패 전사체를 만드는 데에 재사용된다. 그러나 헤파린(곡선 2)과 억제인자(곡선 3)는 중합효소와 프로모터의 복합체 형성을 저해한다. 헤파린은 중합효소에 결합함으로써 중합효소가 DNA에 결합하지 못하게 한다. 그러나 억제인자는 아마도 프로모터에 인접한 작동자에 결합함으로써 RNA 중합효소가 프로모터에 결합하지 못하게 할 것으로 보인다. 따라서 이러한 결과들은 중합효소와 억제인자 간의 오래된 경쟁 가설을 뒷받침한다.

lac 억제인자의 작용기작에 관한 내용에 우여곡절이 많았음을 보았다. 가장 최근의 결과를 고려해 보았을 때 최초의 경쟁 가설이 옳지만 아직 명백히 밝혀지지는 않았다.

lac 오페론의 억제작용에 미치는 다른 요인으로는 작동자가 하나가 아닌 3개라는 점이다. 주 작동자(major operator)는 전사기점 근처에 있으며 나머지 2개의 보조 작동자(auxiliary operator)는 그림 7.10에 나타난 바와 같이 주 작동자의 위와 아래에 각각 위치해 있다. 주 작동자인 O_1은 +11에, 아래의 보조 작동자인 O_2는 +412에, 그리고 위의 보조 작동자인 O_3는 −82에 위치한다. 이미 전술한 바와 같이 주 작동자의 기능에 관한 연구가 다른 보조 작동자와 함께 이루어진 것은 아니다. 그러나 최근에 뮬러힐 등은 보조 작동자에 관해 깊이 연구한 결과, 보조 작동자가 *lac* 오페론의 억제작용에 중요한 역할을 한다는 사실을 밝혔다. 뮬러힐 등은 보조 작동자 중 하나를 제거했을 때 억제효과가 일부 감소되었으나, 둘 다 제거했을 때는 억제효과가 약 50배나 감소되었다는 실험 결과를 통해 보조 작동자의 기능을 밝혔다. 이러한 실험 결과는 그림 7.11에 약술되어 있고, 3개의 작동자가 모두 있을 때는 1,300배의 전사 억제효과를, 2개의 작동자가 있을 때는 약 440~700배의 억제효과를, 그리고 주 작동자만 있을 때는 18배의 전사 억제효과를 나타낸다는 것을 보여 준다.

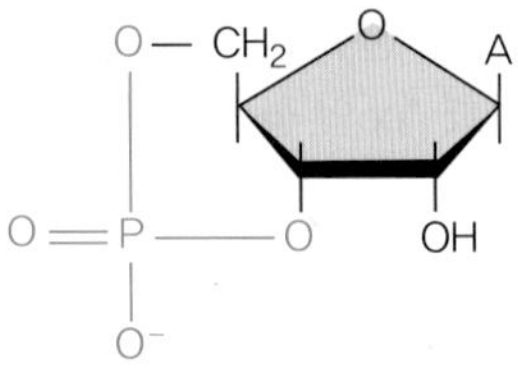

고리형-AMP

그림 7.13 고리형-AMP. 5′-3′ 인산디에스테르결합(파란색)으로 형성된 cAMP.

1996년 미첼 루이스(Mitchell Lewis) 등은 작동자들 간의 상호협력성(cooperativity)에 관한 구조학적 원리를 제시하였다. 그들은 *lac* 억제인자 그리고 작동자 염기서열을 포함하는 21bp DNA 단편과 *lac* 억제인자와의 복합체에 관한 결정구조를 밝혔다. 그림 7.12를 보면 억제인자는 4량체로 되어 있고 크게 보아 두 2량체로 구성된다. 두 2량체에는 각각의 DNA 결합부위가 있어서 DNA의 큰 홈에 결합한다. 이로써 두 2량체가 각각 서로 다른 DNA 작동자들에 결합한다는 것이 명백해졌다.

5) *lac* 오페론의 양성적 조절

이미 배운 바와 같이 대장균은 포도당이 존재하는 한 *lac* 오페론을 상대적으로 불활성 상태로 유지시킨다. 다른 에너지원보다 포도당이 에너지원으로 우선적으로 사용되는 것은 포도당의 이화생산물이 오페론의 작동에 영향을 준다는 것을 의미한다. 이것을 **이화물질 억제**(catabolite repression)라 한다.

lac 오페론의 이상적인 양성적 조절자는 포도당의 부족을 감지하여 *lac* 프로모터를 활성화하고, RNA 중합효소로 하여금 *lac* 유전자를 전사하게 하는 물질일 것이다. 포도당 농도에 반응을 보이는 물질인 **고리형 AMP**(cyclic-AMP, cAMP)는 포도당 농도가 낮아지면 반대로 그 농도가 높아진다(그림 7.13).

(1) 이화물질 활성화 단백질

파스탄 등은 박테리아에 cAMP를 넣어주면 이화물질에 의해 억제되었던 *lac* 오페론뿐만 아니라 *gal* 오페론과 *ara* 오페론도 작동된다는 것을 발견했다. *gal* 오페론과 *ara* 오페론은 각각 갈락토오스와 아라비노스의 대사에 필요하다. 즉, cAMP는 포도당이 존재하더라도 이들 유전자를 활성화시킨다. 이는 cAMP가 *lac* 오페

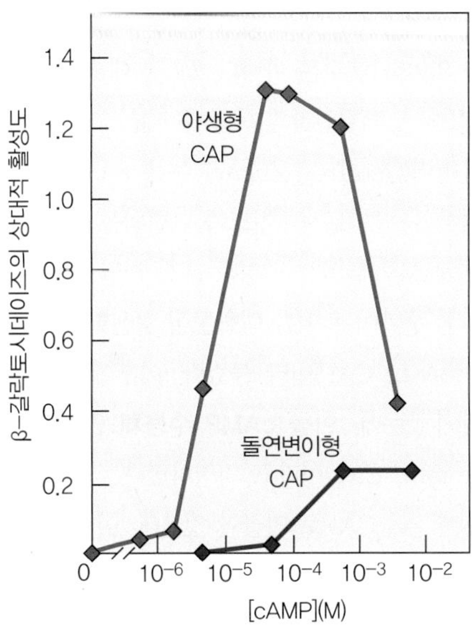

그림 7.14 야생형과 돌연변이형 CAP에서 cAMP에 의한 β-갈락토시데이즈 합성의 자극효과. 파스탄 등은 야생형 세포추출물(빨간색)과 CAP 돌연변이(cAMP와의 친화력이 낮음)의 추출물(초록색)에서 cAMP의 농도 증가에 따른 β-갈락토시데이즈의 활성을 측정했다. 예상대로 돌연변이의 추출물에서는 β-갈락토시데이즈가 적게 합성되었다. 이는 CAP-cAMP 복합체가 *lac* 오페론의 전사에 중요함을 의미한다. 야생형 추출물 실험에서 다량의 cAMP에 의해 β-갈락토시데이즈의 합성이 오히려 억제되는 결과는 놀라운 일이 아니다. 이는 cAMP가 다양하게 작용하여 아마도 시험관에서의 *lacZ* 유전자 발현을 간접적으로 억제한 것으로 생각되기 때문이다.

(출처: Adapted from Emmer, M., et al., Cyclic AMP receptor protein of *E. coli*: Its role in the synthesis of inducible enzymes, *Proceedings of the National Academy of Sciences* 66(2): 480–487, June 1970.)

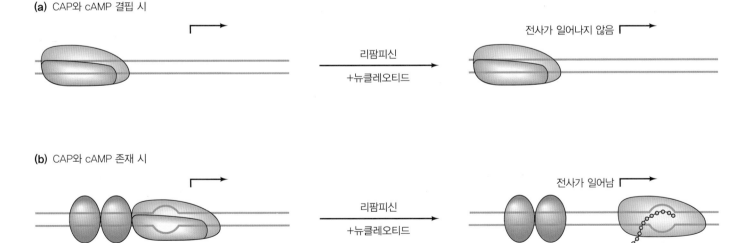

(a) CAP와 cAMP 결핍 시

리팜피신
+뉴클레오티드
전사가 일어나지 않음

(b) CAP와 cAMP 존재 시

리팜피신
+뉴클레오티드
전사가 일어남

그림 7.15 CAP와 cAMP에 의한 개방형 프로모터 복합체 형성. (a) CAP가 없이 RNA 중합효소가 *lac* 프로모터에 결합할 경우 RNA 중합효소는 DNA에 무작위로 약하게 결합한다. 이 상태에서는 리팜피신에 의해 전사가 억제될 수 있으므로 여기에 뉴클레오티드와 더불어 리팜피신을 추가하면 전사가 일어나지 않는다. **(b)** CAP와 cAMP(보라색)가 있는 조건에서 RNA 중합효소가 lac 프로모터에 결합하면 개방형 프로모터 복합체가 형성된다. 이 상태는 이미 중합효소가 뉴클레오티드의 중합을 위한 준비가 끝났기 때문에 뉴클레오티드와 더불어 리팜피신을 추가해도 전사가 억제되지 않는다. 중합효소에 의해 첫 인산디에스테르결합이 일어나면 중합효소가 다시 전사를 시작하지 않는 한 리팜피신에 의해 억제되지 않는다. 따라서 이 상태에서는 전사가 일어난다. 이는 CAP와 cAMP가 개방형 프로모터 복합체의 형성을 용이하게 함을 의미한다. RNA는 초록색 사슬로 표시되었다.

론의 양성적 조절에 중요함을 의미하지만 그 스스로가 양성적 효과 인자임을 의미하는 것은 아니다. *lac* 오페론의 실제 양성적 조절자는 cAMP와 단백질인자의 복합체이다.

제프리 주바이(Geoffrey Zubay) 등은 cAMP가 공급된 대장균 추출물에서 β-갈락토시데이즈가 합성됨을 밝혔다. 이 실험 조건을 이용해 cAMP에 의한 양성적 조절에 필수적인 단백질을 분리하게 되었다. 주바이는 이를 **이화물질 활성화 단백질**(catabolite activator protein, CAP)이라 불렀다. 이후에 파스탄 등도 같은 단백질을 찾아냈는데, 이를 **cAMP 수용체 단백질**(cyclic AMP receptor protein, CRP)이라고 명명하였다. 혼동을 피하기 위해 앞으로 이 단백질을 CAP로 언급할 것인데, 이 유전자의 공식적인 명칭은 *crp*이다.

파스탄은 CAP-cAMP 복합체의 해리 상수가 $1-2\times10^{-6}$ M임을 밝혔다. 또한 cAMP에 10배 정도의 낮은 친화력을 갖는 CAP 돌연변이를 분리하였다. 만약 CAP-cAMP 복합체가 *lac* 오페론의 양성적 조절에 중요하다면, 돌연변이 추출물에 cAMP를 추가할 경우 야생형에서보다 β-갈락토시데이즈의 발현 유도 정도가 감소되어 나타날 것이다. 그림 7.14에 이 실험 결과가 나타나 있다. Pastan은 cAMP가 있는 돌연변이 추출물에 야생형 CAP를 추가함으로써 β-갈락토시데이즈의 합성이 약 3배 증가하는 결과를 보여줌으로써 위의 연구 결과를 재차 확인하였다.

6) CAP의 작용기작

CAP와 cAMP는 어떻게 *lac* 오페론의 전사를 촉진하는 것일까? 주바이 등은 CAP와 cAMP에 의해 *lac* 전사가 자극되지 않는 *lac* 돌연변이를 발견했다. 이는 CAP-cAMP 복합체가 결합하는 프로모터 부위에 돌연변이가 생긴 것으로 추측되었다. 후에 분자생물학적 연구에 의해 CAP-cAMP 결합부위인 **활성화-결합부위**(activator-binding site)가 프로모터의 상단에 있음이 밝혀졌다. 계속적인 연구를 통해 파스탄 등은 CAP와 cAMP가 활성화부위에 결합하는 것이 RNA 중합효소에 의한 개방형 프로모터 복합체의 형성에 도움을 준다는 사실을 밝혔다. cAMP는 CAP의 형태를 변화시켜 CAP이 활성화-결합부위(activator-binding site)에 잘 결합할 수 있도록 친화력을 증가시키는 역할을 한다.

이들 실험 내용이 그림 7.15에 나타나 있다. 첫째, CAP와 cAMP가 있거나 또는 없는 조건에서 RNA 중합효소가 프로모터에 결합하게 한 후 뉴클레오티드와 리팜피신을 동시에 첨가함으로써 개방형 또는 폐쇄형 프로모터 복합체 중 어떤 복합체가 형성되는지를 조사했다. 만약 폐쇄형 복합체가 형성된다면 전사는 리팜피신에 의해 저해될 것이다. 왜냐하면 DNA가 해리되어 전사가 시작되기까지는 시간이 걸리므로 이때 리팜피신이 아직 전사를 시작하지 않은 RNA 중합효소에 결합하여 전사를 억제할 것이기 때문이다. 그러나 만약 개방형 복합체가 형성되었다면 이미 뉴클레오티드의 중합이 일어났을 것이다. 왜냐하면 리팜피신이 작용하기 전에 뉴클레오티드가 중합효소의 기질로 사용되어 전사가 시작되기 때문이다. 전사가 시작되어 일단 RNA 사슬이 만들어지기만 하면 중합효소는 RNA 사슬이 완성될 때까지 리팜피신에 의해 저해되지 않는다. 즉, CAP와 cAMP가 없는 조건에서는 리팜피신에 민감한 폐쇄형 프로모터 복합체가 형성되며, CAP와 cAMP가 있는 조건에서는 리팜피신에 저항성인 개방형 프로모터 복합체가 형성된다. 따라서 CAP와 cAMP는 RNA 중합효소를 *lac* 프로모터에 강하게 결합시키는 역할을 한다.

그림 7.15b에 도식한 바와 같이 CAP-cAMP 2량체의 결합부위는 프로모터 왼쪽의 활성화부위이며, 중합효소의 결합부위는 프로모터의 오른쪽에 위치한다. 이런 정확한 순서를 어떻게 알게 되었을까? 이는 유전학적 실험으로 알게 되었다. 프로모터 왼쪽 부위의 돌연변이들은 CAP와 cAMP에 의해 전사가 촉진되지 않았으며 낮은 수준으로 전사가 일어났다. 예를 들어 그림 7.16에 나타나 있는 L1 부위가 결실되면 CAP와 cAMP에 의한 *lac* 오페론의 양성적 조절이 완전히 소멸된다. 이는 CAP 결합부위 중 적어도 일부분이 L1 부위에 위치함을 의미한다. 이런 방법으로 활성화-결합부위와 프로모터를 대략 구분할 수 있었다.

lac, *gal*, *ara* 오페론의 모든 CAP 결합부위에는 TGTGA 염기서열이 보존되어 있다. 이는 CAP의 결합에 중요하다는 것을 의미

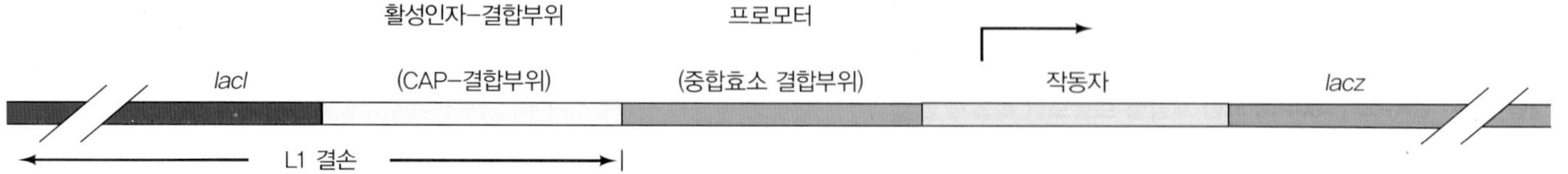

그림 7.16 *lac* 오페론의 조절부위. 작동자 바로 상단에 위치한 *lac* 오페론의 조절부위로는 CAP가 결합하는 활성화-결합부위(노란색)와 중합효소가 결합하는 프로모터 부위(분홍색)가 있다. 이들 부위는 풋프린팅 실험과 유전자 분석 실험으로 밝혀졌다. 유전자 분석 실험으로 밝혀진 L1 결실돌연변이에서는 CAP와 cAMP와 작용할 전사활성부위가 없고 프로모터 부위만 있기 때문에 기본적인 전사만 일어난다.

하며 이들 결합에 대한 직접적인 증거도 있다. 예를 들어 풋프린팅으로 CAP-cAMP 복합체가 결합하는 부위의 DNA 서열을 디메틸황산염(dimethyl sulfate)으로 처리하면, CAP-cAMP가 결합하고 있는 DNA 부위의 G는 메틸화되지 않는다. 이는 CAP-cAMP 복합체가 이 부위의 DNA에 강하게 결합하여 디메틸황산염에 의한 G의 메틸화를 방해함을 의미한다.

CAP와 cAMP에 의해 활성화되는 *lac* 오페론과 다른 오페론들은 매우 약한 프로모터를 갖고 있다. 프로모터의 −35 부위의 DNA 염기서열(−35상자)은 다른 프로모터에서 보존된 서열과는 다르기 때문에 거의 인식할 수 없는 서열로 되어 있다. 만약 *lac* 오페론이 강한 프로모터를 가진다면 RNA 중합효소는 CAP와 cAMP의 도움 없이 개방형 프로모터 복합체를 형성하여 심지어 포도당이 있을 때에도 활성화될 수 있다. 따라서 CAP와 cAMP에 영향을 받는 오페론의 프로모터는 약한 프로모터이어야 한다.

(1) RNA 중합효소의 유인

CAP-cAMP가 중합효소를 프로모터로 **유인**(recruitment)하는 과정은 다음의 두 단계로 이루어진다. ① 폐쇄형 프로모터 복합체의 형성 단계, ② 폐쇄형 프로모터 복합체에서 개방형 프로모터 복합체로의 변환 단계이다. 윌리엄 매클루어(William McClure)는 이 두 단계를 아래의 식으로 요약했다:

$$R + P \underset{K_B}{\rightleftarrows} RP_C \underset{k_2}{\rightarrow} RP_O$$

여기서 R은 RNA 중합효소, P는 프로모터, RPC는 폐쇄형 프로모터 복합체, RP_O는 개방형 프로모터 복합체이다. 매클루어 등은 두 단계를 구별할 수 있는 역학적인 방법을 고안함으로써 CAP-cAMP가 직접적으로 첫 단계를 자극하여 K_B 값을 증가시키는 것을 밝혔다. 그리고 CAP-cAMP는 k_2에 거의 영향을 미치지 않아서 두 번째 단계는 촉진하지 않는다. 그러나 CAP-cAMP는 개방형 프로모터 복합체 형성에 필요한 기질로서의 폐쇄형 프로모터 복합체를 다량 제공하게 되며, 결과적으로 CAP-cAMP는 개방형 프로모터 복합체의 형성을 증가시킨다.

CAP와 cAMP가 활성화-결합부위에 결합하는 것이 어떻게 중합효소가 프로모터에 결합하는 것(폐쇄형 프로모터 복합체 형성)을 용이하게 하는 것일까? 이에는 두 가지 가설이 있는데 모두 실험적으로 타당할 뿐만 아니라 부분적인 해답이 될 수 있다. 먼저 오래된 가설로써 CAP와 RNA 중합효소가 제각기 상응하는 DNA 부위에 결합할 때 서로 접촉하고 협력적으로 DNA에 결합한다는 것이다.

이 가설에 대한 증거로는 첫째, 초고속 원심분리 실험에서 CAP와 중합효소는 cAMP가 있는 조건에서 같이 침전된다는 것을 들 수 있다. 이는 이들 사이에 친화력이 있음을 의미한다. 둘째, CAP와 중합효소가 제각기 상응하는 DNA 부위에 결합할 때 이들은 화학적으로 서로 교차결합이 가능하다. 이는 이들이 매우 근거리에 있다는 것을 의미한다. 셋째, DNase 풋프린팅(5장 참조)에서 CAP-cAMP 풋프린트와 중합효소 풋프린트가 서로 인접해 있다. 이는 두 단백질이 제각기 상응하는 DNA 부위에 결합할 때 서로 상호 작용할 수 있을 정도로 그 결합부위가 가깝다는 것을 의미한다. 넷째, 몇몇의 CAP 돌연변이는 DNA와의 결합(또는 휨)에 상관없이 전사를 감소시킨다. 이런 CAP 돌연변이의 일부는 중합효소와의 결합에 관여할 것으로 생각되는 부위인 **활성부위 I**(activation region I, ARI)의 아미노산이 돌연변이된 것이다. 다섯째, CAP의 ARI와 상호 작용할 것으로 추정되는 중합효소의 부

(a)

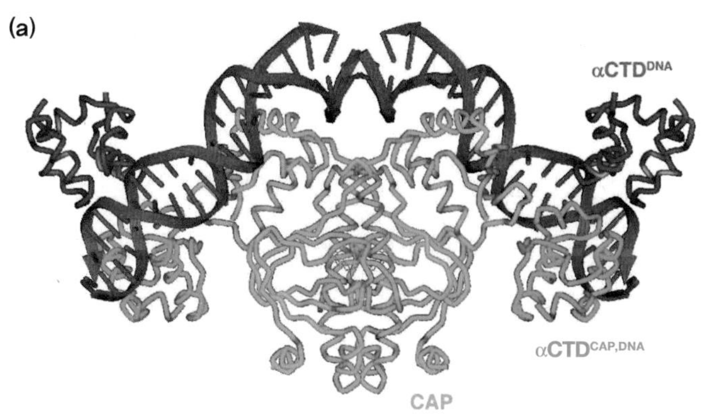

(b)

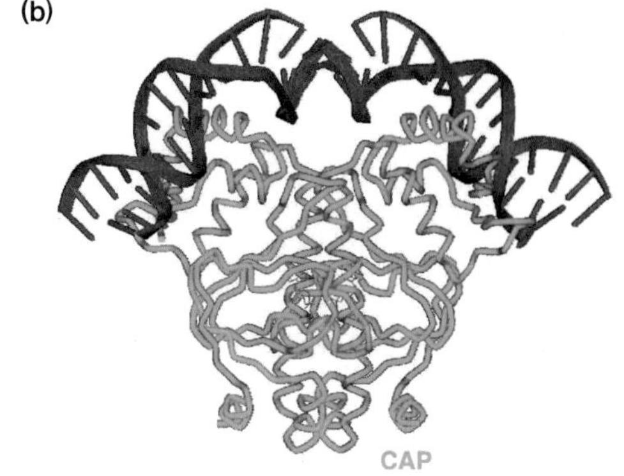

그림 7.17 CAP-cAMP-αCTD-DNA 복합체와 CAP-cAMP-DNA 복합체의 결정구조. **(a)** CAP-cAMP-αCTD-DNA 복합체. DNA는 빨간색, CAP는 청록색, cAMP는 가는 빨간색 선, αCTD^{DNA}는 짙은 초록색, 그리고 $\alpha CTD^{CAP,\ DNA}$는 옅은 초록색으로 표시되었다. **(b)** CAP-cAMP-DNA 복합체. (a)에서와 같은 색으로 표시되었다. (출처: Benoff et al., *Science* 297 © 2002 by the AAAS.)

위는 α 소단위체의 카르복시 말단영역(αCTD)이다. αCTD를 제거하면 CAP-cAMP에 의한 전사활성이 억제된다.

여섯째, 리차드 에브라이트(Richard Ebright) 등은 2002년에 RNA 중합효소의 αCTD, DNA, 그리고 CAP-cAMP의 복합체에 대한 X-선 결정구조를 밝혔다. 그 결과에 따르면, CAP에 있는 AR1 부위와 αCTD는 접촉면이 크지는 않지만 서로 접촉해 있다. 그들은 αCTD에 있는 CAP-결합부위의 일부 서열을 A-T가 풍부한 서열(5′-AAAAAA-3′)로 교체함으로써 자신의 복합체에 결합하도록 하였다. 그림 7.17a에는 그들이 밝힌 결정구조가 나타나 있다. 한 분자의 αCTD(αCTD^DNA^)는 DNA에만 결합하고, 다른 분자인 αCTD^CAP, DNA^는 DNA와 CAP 모두에 결합한다. αCTD^CAP, DNA^가 CAP와 결합하는 부위가 ARI이다. 또한 이들 결합에 어떤 아미노산이 관여하는지도 밝혀졌다. 오직 한 분자의 αCTD가 한 분자의 CAP에 결합한다는 결과는 이 실험 조건이 생체 조건과 유사하다는 것을 의미한다. 다른 αCTD 분자는 생체 조건 또는 결정구조에서 CAP와 결합하지 않는다.

그림 7.17a에서 또 하나 유의할 점은 CAP-cAMP와 DNA의 결합으로 DNA가 100° 정도 휜다는 것이다. 이러한 휨 현상은 토마스 스타이츠(Thomas Steitz) 등이 1991년 αCTD 없이 CAP-cAMP-DNA 복합체의 결정구조를 분석할 때 이미 알고 있었고 이번 연구에서 다시 검증되었다(그림 7.17b). 흥미로운 결과는 CAP-cAMP-DNA 복합체와 CAP-cAMP-DNA-αCTD 복합체의 구조가 서로 겹쳐진다는 것이다. 이는 αCTD가 복합체의 구조형성을 방해하지 않는다는 것을 의미한다.

결정구조 연구에서 DNA가 휘는 현상은 1984년 헨밍 우(Hen-Ming Wu)와 도날드 크로더스가 전기영동으로 최초로 관찰하였다(그림 7.18). 만약 DNA 단편이 단백질 결합에 의해 휠 경우 전기영동상에서 천천히 이동하게 된다. 그림 7.18b와 c에 나타난 것

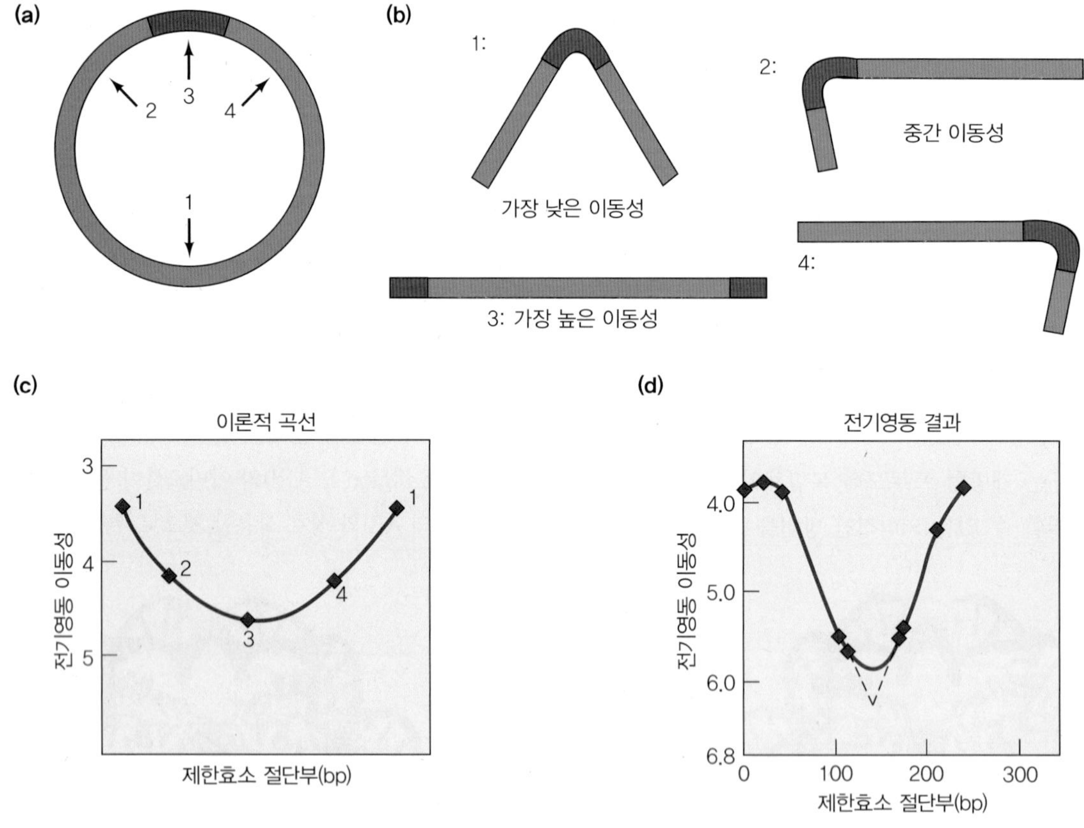

그림 7.18 CAP-cAMP-프로모터 복합체의 전기영동. **(a)** 가상적인 원형 DNA상의 단백질 결합부위(중앙, 빨간색)와 4개의 서로 다른 제한효소의 절단부위(화살표)가 나타나 있다. **(b)** 제한효소로 절단한 DNA 단편(a)에 DNA 결합단백질을 추가하여 생긴 휜 DNA. 제한효소 1은 단백질 결합부위의 반대쪽 DNA 부위를 절단함으로써 DNA 단편의 중앙에 결합부위가 형성되며, 제한효소 2와 4는 중앙의 결합부위를 비껴난 가장자리를 절단한다. 제한효소 3은 중앙의 결합부위를 절단하므로 DNA의 휨에는 별 영향을 미치지 못한다. **(c)** DNA의 휜 모양과 이에 따른 이동성 간의 상관성을 보여 주는 이론적인 곡선. DNA 단편의 이동성은 DNA의 휨이 중앙에 가까울수록 감소한다. **(d)** 실제로 lac 프로모터의 DNA 단편을 제한효소로 절단하여 전기영동한 이동성 결과가 절단부위와 함께 도표에 나타나 있다. 우(Wu)와 크로더스(Crothers)는 대칭적인 곡선으로부터 DNA의 휨이 일어나는 중앙부위를 추정했는데 이것은 *lac* 프로모터의 CAP-cAMP 결합부위와 일치한다. (출처: Wu, H.M., and D.M. Crothers, The locus of sequence-directed and protein-induced DNA bending. *Nature* 308:511, 1984.)

표 7.2 cAMP-CAP 2량체에 의한 *lac* P1의 전사 활성도

	전사체(cpm)				P1/UV5(%)		
	−cAMP−CAP		+cAMP−CAP				
	P1	UV5	P1	UV5	−cAMP−CAP	+cAMP−CAP	활성도(배)
α−WT	46	797	625	748	5.8	83.6	14.4
α−256	53	766	62	723	6.9	8.6	1.2
α−235	51	760	45	643	6.7	7.0	1.0

처럼 DNA의 중앙부위로 인접하여 휠수록 전기영동 실험에서 더욱 천천히 이동하게 된다. 이러한 현상을 이용하여 우(Wu)와 크로더스는 다음과 같은 실험을 하였다. 먼저, *lac* 오페론에 해당하는 같은 크기의 DNA로써 CAP 결합부위가 각각 다른 DNA 단편들을 기질로 사용하고, 여기에 CAP-cAMP를 결합시킨 후 DNA-단백질 복합체를 전기영동하였다. 만약 CAP의 결합이 이들 DNA를 휘게 한다면 각 DNA 단편은 다른 속도로 이동해야 한다. 만약 DNA가 휘지 않는다면 모든 DNA 단편은 같은 속도로 이동해야 한다. 그림 7.18d에서처럼 각 DNA 단편은 서로 다른 속도로 이동하였을 뿐만 아니라 DNA 중앙부위로 인접하여 휠수록 그 속도가 느렸다. 또한 그림 7.18에 나타난 이동곡선으로 CAP-cAMP에 의한 DNA 단편의 휨 정도가 약 90°임을 짐작할 수 있었다. 이는 X-선 결정구조로 휨 정도를 분석한 결과인 100°와 거의 일치한다. 이렇게 DNA가 휘는 것은 아마도 DNA-단백질 복합체에서 DNA와 단백질 간에 최적의 상호 작용이 필요하기 때문일 것이다.

지금까지 인용한 모든 연구 결과들은 단백질 간의 상호 작용이 RNA 중합효소, 특히 αCTD와 CAP 간의 상호 작용에 대해서 주로 언급하였다. 따라서 αCTD를 제거하면 CAP-cAMP에 의한 전사 활성화를 막을 수 있을 것으로 예상된다. 실제로 카즈히코 이가라시(Kazuhiko Igarashi)와 아키라 이시하마(Akira Ishihama)는 CAP-cAMP에 의해 활성화되는 RNA 중합효소의 αCTD의 중요성에 관한 실험적 증거를 제시했다. 먼저 RNA 중합효소와 분리된 각 소단위체를 재구성하여 *lac* 오페론을 시험관에서 전사시켰다. CTD가 없는 절단된 α 소단위체만을 제외하고 모든 단위체들은 야생형에서 분리된 것을 사용하였다. 절단된 α 소단위체 중 하나는 256번 아미노산에서 끝나는 결실 펩티드(정상적인 것은 329번 아미노산이 끝임)이며, 다른 하나는 235번 아미노산에서 끝나는 펩티드이다. CAP-cAMP 의존성 *lac* 프로모터(P1)와 또는 비의존성 *lac* 프로모터(*lac*UV5)의 런-오프 전사 실험 결과가 표 7.2에 정리되어 있다(5장 참조). 실험에서는 CAP-cAMP의 유무에 따라 α 소단위체가 결실된 또는 정상적인 중합효

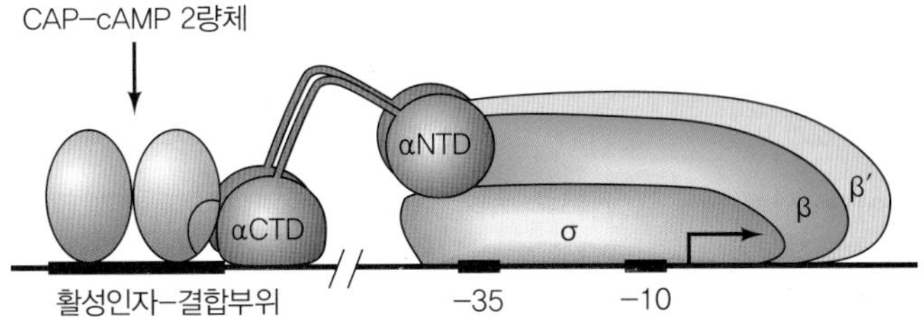

그림 7.19 CAP-cAMP에 의한 *lac* 오페론의 전사활성화 가설. CAP-cAMP 2량체(보라색)는 DNA의 활성부위에 결합하고, αCTD(빨간색)는 CAP 단백질(갈색)과 결합한다. 이러한 결합 때문에 중합효소와 프로모터의 결합이 더욱 강화된다. (출처: Adapted from Busby, S. and R.H. Ebright, Promoter structure, promoter recognition, and transcription activation in prokaryotes, *Cell* 79:742, 1994.)

소가 사용되었다. 예상한 바와 같이 CAP-cAMP는 *lac*UV5 프로모터로부터의 전사를 활성화시키지 못했다. 왜냐하면 *lac*UV5 프로모터는 CAP-cAMP에 민감하지 않은 강한 프로모터이기 때문이다. 또한 CAP-cAMP는 *lac* P1프로모터에 의한 전사를 14배 증가시켰다. 이 실험에서 가장 흥미로운 내용은 실험에 사용된 중합효소가 αCTD가 제거된 중합효소란 점이다. 이들 효소들은 야생형과 동일하게 CAP-cAMP가 없는 상황에서는 어느 프로모터라도 전사시킬 수 있지만 CAP-cAMP에 의해서 활성화될 수는 없다. 따라서 αCTD(중합효소에서 제거된 부분)는 활성형 RNA 중합효소 복합체를 구성하는 데 필요하지 않지만 CAP-cAMP에 의해 활성화되기 위해서는 꼭 필요하다.

그림 7.19에 도식화된 활성화기작에 관한 가설은 CAP-cAMP 2량체가 활성화부위에 결합함과 동시에 중합효소의 α 소단위체(α CTD)의 카르복시 말단에 결합함으로써 중합효소로 하여금 프로모터에 용이하게 결합하게 한다는 것이다. 여기서 αCTD는 DNA의 상단부위에 결합함으로써(6장 참조) 중합효소가 프로모터에 결합하는 것을 촉진시키는 역할을 한다.

CAP은 100개 이상의 프로모터로부터 전사를 활성화시키며 박테리아의 많은 전사 활성화 단백질들 중 하나일 뿐이다. 9장에서 더 많은 예를 살펴볼 것이다.

7.2. *ara* 오페론

이미 언급한 것처럼 대장균의 *ara* 오페론(*ara* operon)은 아라비노스당을 대사하는 데 필요한 효소에 대한 유전자를 갖고 있으며, 또 다른 이화물질억제(catabolite-repressible) 오페론이다. *ara* 오페론은 *lac* 오페론과 비교하여 몇 가지 흥미로운 점이 있다. 첫째, 2개의 *ara* 작동자인 $araO_1$과 $araO_2$가 있다. $araO_1$은 *araC* 조절유전자의 전사를 조절하고, $araO_2$는 PBAD의 전사를 조절하는 프로모터의 먼 상단부인 −265와 −294 사이에 위치하여 전사를 조절한다. 둘째, CAP 결합부위가 *ara* 프로모터의 약 200bp 상단부에 위치하지만 CAP는 여전히 전사를 촉진시킬 수 있다는 점이다. 셋째, *ara* 오페론은 AraC에 의해 매개되는 음성적 조절의 또 다른 조절시스템이란 점이다.

1) *ara* 오페론의 억제고리

어떻게 $araO_2$가 하단으로 250bp 이상 떨어진 프로모터의 전사를 조절할 수 있을까? 가장 타당한 설명은 그림 7.20a와 같이 작동자와 프로모터 사이의 DNA가 고리를 형성하기 때문에 가능하다는 것이다. 실제로 DNA 고리가 형성된다는 증거가 있다. 로버트 로벨(Robert Lobell)과 로버트 슐라이프(Robert Schleif)는 DNA 이중나선 회전수의 정배수에 해당하는 DNA 단편(10.5bp의 정배수)을 작동자와 프로모터 사이에 삽입시켜도 작동자가 여전히 작동함을 밝혔다. 그러나 이중나선 회전수의 정배수가 아닌 DNA 단편(예를 들어 5나 15bp)을 삽입할 경우 작동자는 작동하지 않았다. 이 결과는 이중나선 DNA가 고리를 형성함으로써 두 단백질의 결합부위가 이중나선의 같은 면에 가깝게 위치하도록 하는 일반적인 개념과 일치한다. 즉, 작동자 간의 상호 작용을 위해 DNA를 180° 회전하여 DNA 고리를 형성하기는 어렵다는 것이다(그림 7.20). 이런 관점에서 DNA는 딱딱한 철제 옷걸이처럼 쉽게 구부러지지만 꼬이기는 어렵다는 것을 알 수 있다.

먼저 단백질이 서로 떨어진 결합부위에 결합한 후, 그 사이에 있는 DNA가 고리를 형성하여 서로 결합한다는 간단한 모델이 그림 7.20에 나타나 있다. 그러나 로벨과 슐라이프는 상황이 이렇게 간단하지 않음을 알았다. 실제로는 *ara* 조절단백질인 **AraC**의 결합부위가 세 부위($araO_1$, $araO_2$, *araI*)라는 것이다(그림 7.21a). 멀리 상단부의 $araO_2$ 외에 $araO_1$은 −106~−144에 위치하며, *araI*는 *araC* 단량체가 결합할 수 있는 $araI_1$(−56~−78)과 $araI_2$(−35~−51)의 두 부위로 구성되어 있다. *ara* 오페론은 *araA~D*의 네 유전자를 암호화하는 *araCBAD* 오페론으로도 알려져 있다. 이들 중 세 유전자인 *araB*, *araA*, *araD*는 아라비노스 대사에 필요한 효소를 암호화하고 $araP_{BAD}$ 프로모터로부터 오른쪽 방향으로 전사된다. 나머지 *araC* 유전자는 조절단백질인 AraC를 암호화하며, $araP_C$ 프로모터로부터 왼쪽 방향으로 전사된다.

아라비노스가 없는 조건에서는 *araBAD* 산물이 필요하지 않으며 AraC는 $araO_2$와 $araI_1$에 결합하여 DNA에 고리를 만들어 오페론을 억제하는 음성적 조절을 한다(그림 7.21b). 반면에 아라비노스가 존재하면 아라비노스가 AraC에 결합하여 AraC의 형태적

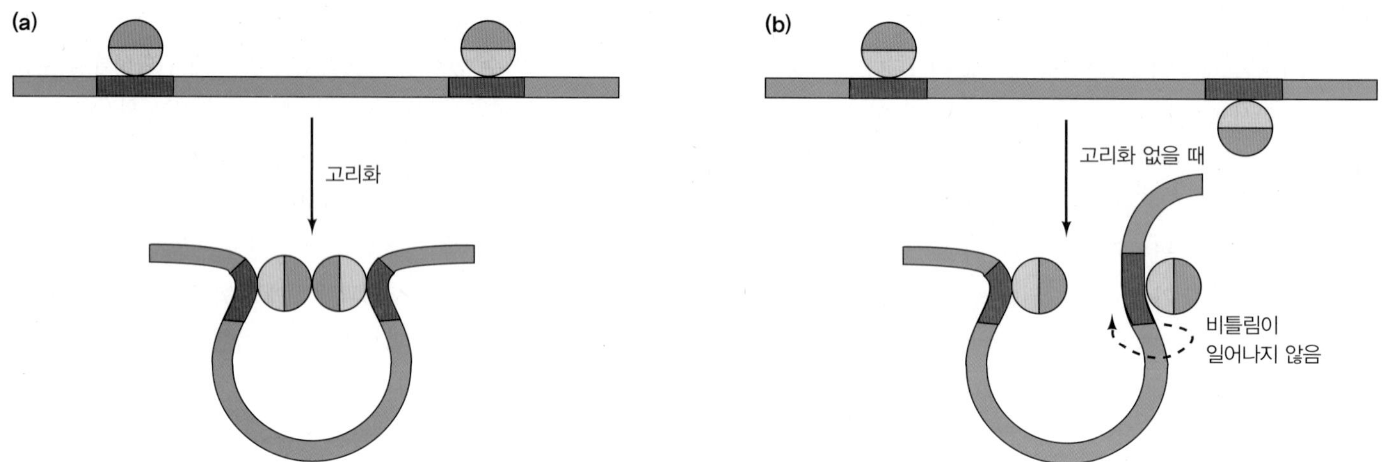

그림 7.20 DNA의 고리화를 통해 두 단백질이 결합하기 위해서는 이들 단백질이 DNA의 같은 면에 결합해야 한다. **(a)** DNA 결합부위(노란색)와 단백질 간의 상호 작용 부위(파란색)를 가진 두 단백질이 이중나선 DNA의 같은 면(빨간색)에 결합한다. 이들 단백질은 중간에 있는 DNA를 비틀지 않으면서 DNA 고리를 형성할 수 있기 때문에 서로 결합할 수 있다. **(b)** 이중나선 DNA의 반대편에 결합한 두 단백질은 서로 결합할 수 없다. 두 단백질이 서로 상호 작용할 수 있을 정도로 DNA는 유연하지 않다.

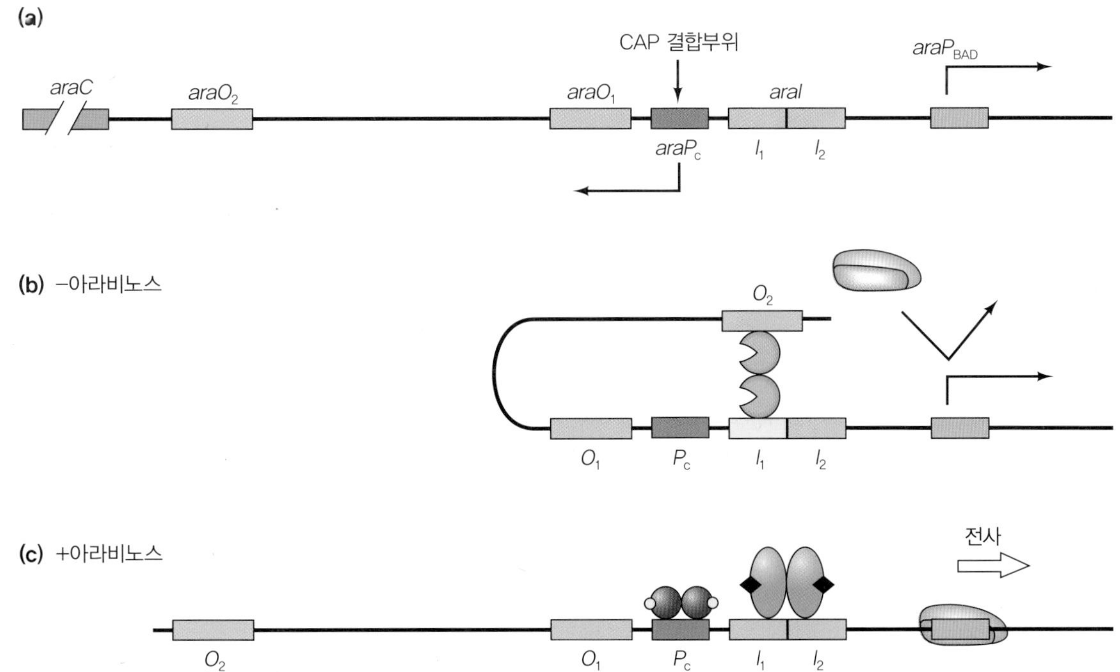

그림 7.21 *ara* 오페론의 조절. **(a)** *ara* 오페론의 조절부위 지도. *ara* 프로모터($araP_{BAD}$) 상단부의 네 곳에 AraC 결합부위($araO_1$, $araO_2$, $araI_1$, $araI_2$)가 있다. $araP_c$ 프로모터는 왼쪽에 있는 *araC* 유전자를 왼쪽으로 전사시킨다. **(b)** 음성적 조절. 아라비노스가 없는 조건에서 AraC(초록색) 단량체는 O_2와 I_1에 결합하여 DNA를 휘게 함으로써 RNA 중합효소(빨간색, 파란색)로 하여금 프로모터에 접근하지 못하게 한다. **(c)** 양성적 조절. 아라비노스(검은색)가 AraC에 결합하면 AraC가 변형되고, 변형된 AraC는 2량체로서 O_2보다 오히려 I_1와 I_2에 더 잘 결합한다. 따라서 RNA 중합효소가 결합할 수 있도록 프로모터(분홍색)를 개방시킨다. 만약 포도당이 없으면 CAP−cAMP 복합체(보라색과 노란색)는 CAP 결합부위에 결합할 만큼 많은 농도가 되고, 이는 중합효소의 결합을 촉진시킨다. 이로써 이제 활발한 전사가 일어난다.

변화를 야기한다. 그 결과 AraC는 $araO_2$에 더 이상 결합하지 못하며, 대신에 $araI_1$과 $araI_2$에 결합하게 된다. 따라서 억제고리가 풀리게 되고 오페론의 억제가 해제된다(그림 7.21c). *ara* 오페론의 경우도 *lac* 오페론에서처럼 억제 해제가 오페론 조절의 모든 내용은 아니며, 추가로 CAP와 cAMP에 의한 양성적 조절기작이 존재한다. 그림 7.21c를 보면 AraC−아라비노스 복합체가 *araBAD* 프로모터의 상단에 결합하는 것을 알 수 있다. CAP−cAMP이 멀리 떨어진 *araBAD* 프로모터에 결합하여 전사를 어떻게 조절하는지는 DNA의 고리화로 설명할 수 있다.

2) *ara* 오페론의 억제고리에 대한 증거

ara 오페론의 억제기작에서 고리화 모델에 대한 증거는 무엇인가? 첫째, 로벨과 슐라이프는 아라비노스가 없는 상태에서 AraC에 의해 고리가 형성되는 것을 전기영동 실험으로 밝혔다. 실험에서 대장균의 전체 DNA를 사용하는 대신, $araO_2$와 *araI* 부위 사이의 거리가 160bp인 꼬인 미니원형 DNA(minicircle DNA, 404bp)를 사용했다. DNA에 AraC를 추가해서 형성된 고리형 DNA는 고리가 형성되지 않은 DNA보다 전기영동상에서 빠르게 이동한다는 사실을 이용해 고리형성률을 측정했다. 그림 7.22의 1, 2번 레인을 비교해보면, AraC를 추가한 경우 빠른 움직임을 보이는 밴드, 즉 고리가 형성된 미니원형의 DNA에 해당하는 새로운 DNA 밴드를 볼 수 있다.

또한 이 실험은 고리의 안전성이 $araO_2$와 *araI*의 양쪽에 결합하는 AraC의 결합성에 달려 있음을 보여 준다. 로벨과 슐라이프는 각각의 미니원형 DNA(야생형, $araO_2$ 부위의 돌연변이 DNA, 그리고 $araI_1$과 $araI_2$의 두 부위의 돌연변이 DNA)에 AraC를 첨가해서 고리복합체를 형성시켰다. 이들 각각에 야생형의 비방사성 미니원형 DNA를 다량 첨가하여 고리복합체의 형성이 줄어드는 것을 관찰했다. 3~5번 레인에서는 90분이 지날 때까지 약 50%의 고리복합체만이 원래의 미니원형 DNA를 형성함을 보여 준다. 즉, 고리복합체의 50% 해리에 걸리는 시간이 약 100분임을 의미한다. 반면에 $araO_2$ 돌연변이 DNA의 경우 채 1분도 안 된다(7, 8번 레인을 비교). *ara*I 돌연변이 DNA의 경우 약 10분이 걸린다(12~14번 레인). 결국 $araO_2$와 *araI* 두 부위의 돌연변이가 DNA의 고리를 약화시키는 것으로 미루어 이 두 부위는 AraC에 의한 고리 형성에 중요한 부위이다.

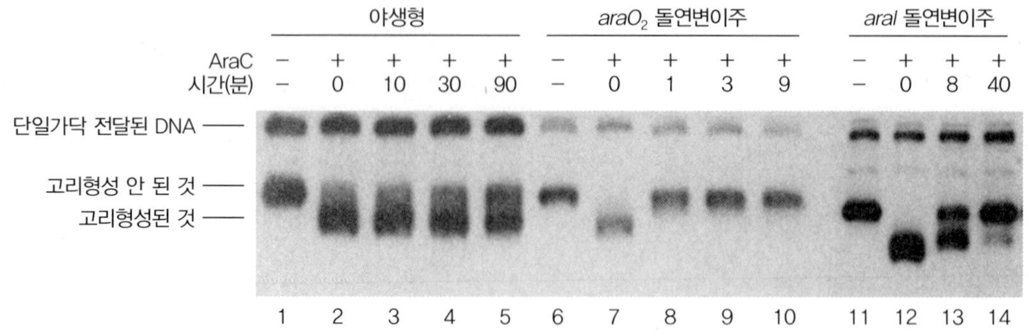

그림 7.22 *araO*$_2$와 *araI*의 돌연변이가 AraC에 의해 형성된 고리복합체의 안정성에 미치는 영향. 로벨과 슐라이프는 야생형 또는 AraC 결합부위가 돌연변이된 미니원형 DNA를 방사성 동위원소로 표지한 후, AraC를 추가해 DNA와의 복합체를 형성했다. 다음으로 *araI* 결합부위를 지닌 다량의 비방사성 경쟁 DNA를 표시된 시간만큼 추가한 다음, 마지막으로 단백질-DNA 복합체를 전기영동하여 고리형성률을 측정했다. 고리가 형성된 꼬인 DNA는 고리형성이 안 된 DNA보다 전기영동상에서 빠르게 이동한다. 야생형 DNA는 경쟁 DNA가 있는 조건에서도 90분이 지나도록 고리복합체 상태를 유지한다. 반면에 돌연변이된 DNA의 경우 AraC가 분리되기 때문에 형성된 고리복합체의 양이 현격히 줄어든다. *araO*$_2$ 돌연변이 DNA의 경우 고리복합체가 1분 내에 해체되며, araI 돌연변이 DNA의 경우에는 고리복합체의 반이 해체되는 데 약 10분이 소요된다. (출처: Lobell, R.B. and Schleif, R.F., DNA looping and unlooping by AraC protein. *Science* 250(1990), f. 2, p. 529. © AAAS.)

다음으로 로벨과 슐라이프는 전기영동 직전의 고리복합체에 아라비노스를 첨가하는 실험 방법으로 아라비노스에 의해 유전자 발현의 억제고리(repression loop)가 해제되는 것을 밝혔다(그림 7.23). 그러나 아라비노스에 의해 억제고리가 해제될지라도 아라비노스를 제거하면 억제고리가 다시 형성된다. 그림 7.23에서와 같이 AraC와 방사성 DNA로 고리복합체를 형성시킨 후, 고리복합체를 아라비노스가 있거나 또는 없는 조건에서 다량의 경쟁 DNA가 있는 완충액에 희석하여 실험했다. 이 결과 아라비노스가 있는 완충액을 사용한 경우에는 고리가 해체된 상태를 유지했으나 아라비노스가 없는 완충액의 경우에는 억제고리가 다시 형성되었다.

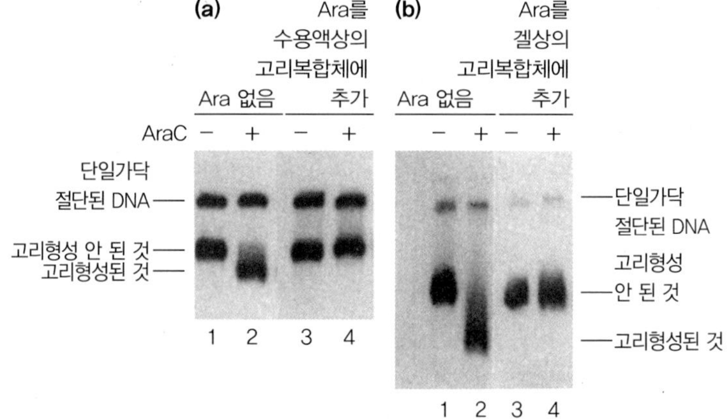

그림 7.23 아라비노스는 *araO*$_2$와 *araI* 사이에 형성된 고리를 해체한다. **(a)** 전기영동하기 전에 아라비노스를 고리복합체에 추가한 경우. 아라비노스가 없는 조건에서는 AraC에 의해 DNA 고리복합체가 형성되었으나(2번 레인), 아라비노스가 있는 조건에서는 AraC에 의해 형성된 DNA 고리가 풀어졌다(4번 레인). **(b)** 전기영동을 시작한 후에 아라비노스를 겔에 추가한 경우. 아라비노스가 없는 조건에서는 AraC에 의해 DNA 고리가 형성되었으나(2번 레인) 아라비노스가 있는 조건에서는 AraC에 의해 형성된 DNA 고리가 풀어졌다(4번 레인). Ara는 아라비노스를 표시한다. (출처: Lobell R.B., and Schleif R.F., DNA looping and unlooping by AraC protein. *Science* 250 (1990), f. 4, p. 530. © AAAS.)

그렇다면 고리가 풀어질 때 *araO*$_2$에 결합한 AraC 단량체는 어떻게 되는 것일까? 물론 *araI*$_2$에 결합하게 된다. 이를 증명하기 위해 로벨과 슐라이프는 **메틸화 간섭**(methylation interference) 실험법으로 AraC가 고리상태에서는 *araI*$_2$가 아닌 *araI*$_1$에 결합한다는 것을 밝혔다. 먼저 미니원형 DNA를 부분적으로 메틸화시키고 AraC와 결합시켜 DNA에 고리를 만든 뒤, 고리가 형성된 DNA를 전기영동으로 분리했다. 다음으로 메틸화된 부위의 DNA를 깨뜨린다. 이때 고리가 형성된 DNA의 경우 고리형성에 중요한 부위는 메틸화가 안 되지만 고리형성이 안 된 DNA는 메틸화될 것이다. 실제로 고리가 형성된 DNA의 경우 *araI*$_1$ 부위의 염기가 약간 메틸화되었지만 고리 형성이 안 된 DNA의 경우에는 많이 메틸화되었다. 반면에 *araI*$_2$ 부위의 염기들에서는 이런 현상이 나타나지 않았다. 따라서 고리 상태의 DNA에서 AraC는 *araI*$_2$가 아닌 *araI*$_1$에 결합하는 것으로 보인다.

로벨과 슐라이프는 고리가 형성된 상태에서 *araI*$_2$ 돌연변이는 AraC의 결합에 영향을 미치지 않지만 고리가 형성되지 않은 상태에서는 영향을 미친다는 것을 보여줌으로써 위의 결론을 입증했다. 이는 *araI*$_2$ 부위가 고리가 풀어진 상태에서 AraC와의 결합에

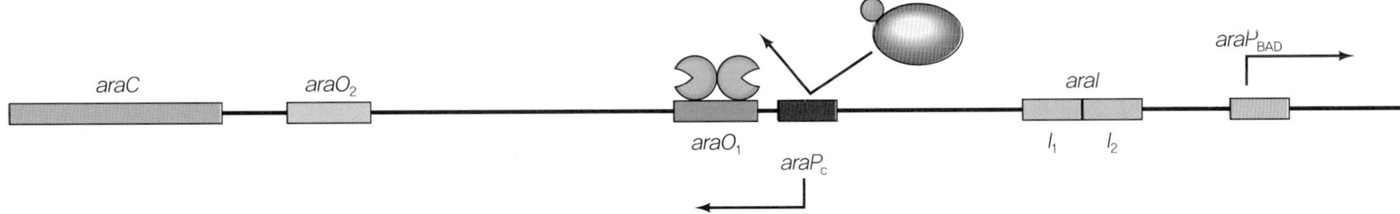

그림 7.24 *araC*의 자가조절. AraC(초록색)는 $araO_1$에 결합하여 P_c 프로모터로부터 왼쪽 방향의 *araC* 유전자의 전사를 억제한다. 이러한 기작은 아라비노스와 AraC의 결합 여부, 즉 유전자 조절부위의 고리형성 여부에 따라 달라질 수 있다.

필요하며 결국 AraC와 결합하고 있음을 의미한다.

이러한 결과로 그림 7.21b와 c에 도식화한 AraC–DNA 상호 작용 모델을 만들었다. AraC 2량체는 $araI_1$과 $araO_2$에 동시에 결합함으로써 고리를 형성한다. 아라비노스는 AraC의 형태적 변화를 유도하여 AraC가 $araO_2$와 결합하는 대신 $araI_2$에 결합하여 고리를 풀게 한다.

3) *araC*의 자가조절

지금까지 우리는 $araO_1$의 역할에 대해서만 언급했다. $araO_1$은 araBAD의 전사억제에 관여하지 않고 AraC 자신의 합성조절에만 관여한다. 그림 7.24에 나타난 것처럼 *araC* 유전자는 P_C 프로모터에서 왼쪽 방향으로 전사된다. P_C 왼쪽에 $araO_1$과 *araC*가 위치해 있으며AraC의 합성이 증가하면 $araO_1$에 결합해 왼쪽 방향으로의 전사를 저해한다. 결과적으로 억제인자가 과다하게 축적되는 것을 막는다. 이처럼 한 단백질이 자신의 합성을 조절하는 기작을 **자가조절**(autoregulation)이라 한다.

7.3. *trp* 오페론

***trp* 오페론**(trp operon)은 대장균의 트립토판 아미노산의 생성에 필요한 효소를 암호화하는 유전자로 구성되어 있다. *trp* 오페론도 *lac* 오페론처럼 억제인자에 의해 음성적으로 조절된다. 그러나 그 조절기작은 근본적으로 다르다. *lac* 오페론은 젖당을 기질로 사용하며, 이를 분해하는 **이화**(catabolic)효소를 암호화하는 유전자들로 구성되어 있고 기질에 의해 오페론이 작동된다. 반면 *trp* 오페론은 기질을 만드는 **동화**(anabolic)효소를 암호화하는 유전자로 이루어져 있다. 이런 오페론에서는 대체로 기질에 의해 오페론의 작동이 멈춘다. 트립토판의 농도가 높아지면 *trp* 오페론의 산물이 더 이상 필요하지 않게 된다. 따라서 우리의 예상대로 *trp* 오페론은 억제된다. 또한 *trp* 오페론에는 *lac* 오페론에 없는 특별한 조절

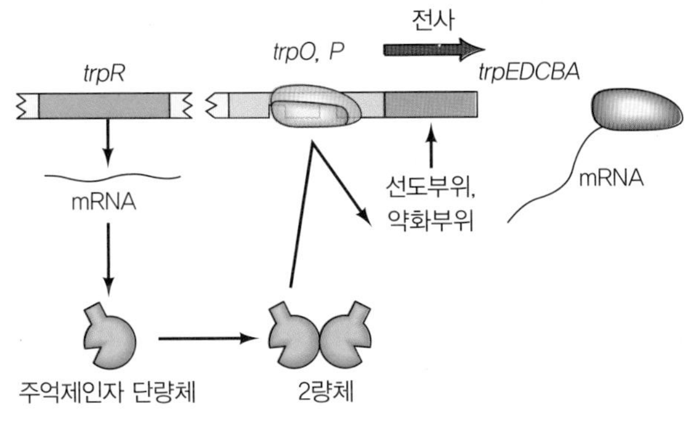

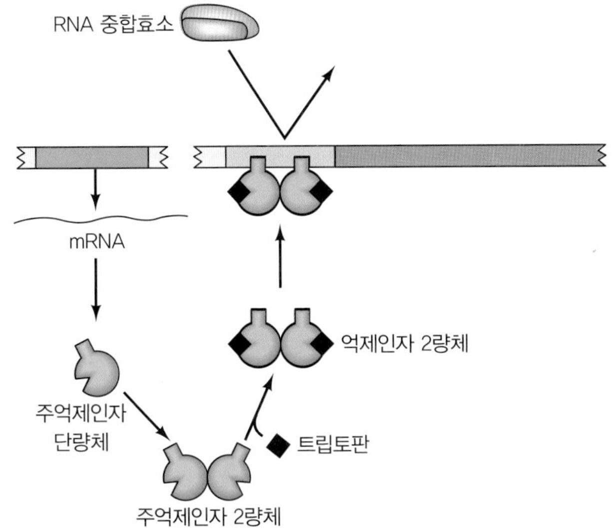

그림 7.25 *trp* 오페론의 음성적 조절. **(a)** 억제 해제. RNA 중합효소(빨간색, 파란색)가 *trp* 프로모터에 결합하면 구조유전자들(*trp E, D, C, B, A*)의 전사가 시작된다. 트립토판이 없으면 주억제인자(초록색)는 작동자에 결합할 수 없다. **(b)** 억제. 보조억제인자(검은색)인 트립토판이 불활성의 주억제인자에 결합하면 주억제인자는 *trp* 작동자에 강한 친화력을 갖는 구조적 변화가 일어나 *trp* 작동자에 결합하게 된다. 그 결과 RNA 중합효소와 프로모터의 결합이 저해되고 전사는 일어나지 않는다.

기작인 전사약화 기작이 존재한다.

1) *trp* 오페론의 음성적 조절에서 트립토판의 역할

trp 오페론의 전반적인 개요가 그림 7.25에 나타나 있다. *trp* 오페론에는 5개의 구조유전자(*trp E, D, C, B, A*)가 있으며, 이들은 트립토판 전구물질로부터 코리스민산(chorismic acid)을 거쳐 트립토판을 생합성하는 세 효소를 암호화한다. *lac* 오페론과 *trp* 오페론에서 프로모터와 작동자가 구조유전자의 앞에 있는 점은 동일하다. 그러나 *lac* 오페론에서는 프로모터와 작동자가 인접해 있지만 *trp* 오페론에서는 전체 작동자가 프로모터 안에 있다.

lac 오페론의 음성적 조절에서 세포는 소량의 변형된 젖당인 알로락토오스의 존재를 감지한다. 결과적으로 알로락토오스가 유도인자로 작용해 작동자에 결합한 억제인자의 작용을 저해함으로써 오페론의 억제를 해제시킨다. *trp* 오페론의 경우 트립토판의 대량 공급은 세포가 더 이상 트립토판을 생산하는 데 드는 에너지의 낭비를 막을 수 있게 해준다. 즉, 고농도의 트립토판이 신호가 되어 *trp* 오페론의 작동을 중지시킨다.

세포는 어떻게 트립토판의 존재를 감지하는 것일까? 본질적으로 트립토판은 *trp* 억제인자가 작동자에 결합하는 것을 도와준다. 그 과정은 다음과 같다. 먼저 트립토판이 없는 상태에서는 *trp* 억제인자가 없고 주억제인자(aporepressor)로 불리는 불활성의 단백질이 있을 뿐이다. 주억제인자가 트립토판과 결합하면 *trp* 작동자에 강한 친화력을 갖는 입체구조적 변화가 일어난다(그림 7.25b). 이것 역시 *lac* 억제인자에서 살펴본 것과 같은 다른 입체구조를 갖게 되는 변화이다. 주억제인자와 트립토판의 결합체가 ***trp* 억제인자**(*trp* repressor)이다. 따라서 트립토판을 **보조억제인자**(corepressor)라 한다. 트립토판 농도가 높으면 보조억제인자가 주억제인자와 결합하여 활성화된 *trp* 억제인자를 형성한다. 따라서 오페론이 억제된다. 반대로 트립토판 농도가 낮아지면 주억제인자는 트립토판과 분리되면서 활성을 지니지 않는 주억제인자로 돌아간다. 따라서 억제인자와 작동자의 복합체가 분리됨으로써 오페론의 억제가 해제된다. 9장에서 우리는 트립토판의 결합에 의한 주억제인자의 형태적 변화의 본질과 이것이 작동자와의 결합에 왜 중요한지를 살펴볼 것이다.

2) *trp* 오페론의 전사약화에 의한 조절

trp 오페론에는 위에서 설명한 음성적 조절 외에 **전사약화**(attenuation)라는 조절기작이 더 있다. 왜 이런 조절기작이 필요한 것일까? 그 이유는 *trp* 오페론의 억제작용이 *lac* 오페론에 비해 약하기 때문일 것으로 추정된다. *trp* 오페론은 억제인자가 존

(a) 낮은 트립토판 농도: *trp* 구조유전자의 전사

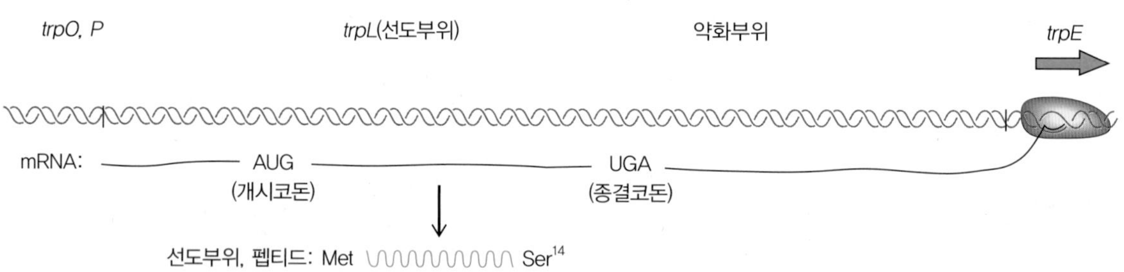

(b) 높은 트립토판 농도: 전사약화, 미성숙 종결

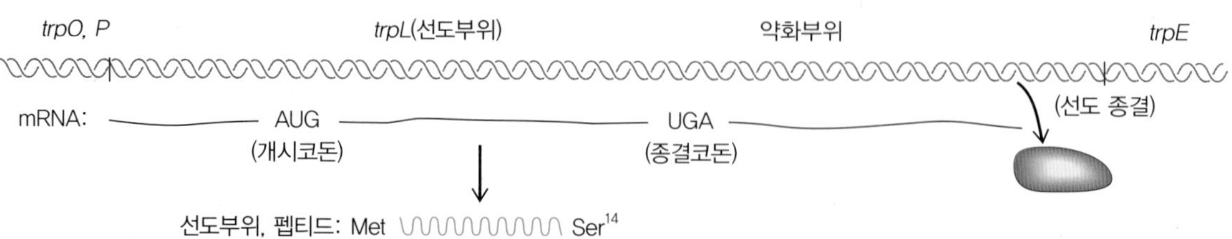

그림 7.26 *trp* 오페론의 전사약화. **(a)** 트립토판의 농도가 낮을 때 RNA 중합효소(빨간색)는 전사약화부위를 지나 구조유전자를 전사한다. **(b)** 트립토판의 농도가 높을 때 전사약화부위에 의해 실패 전사종결이 일어난다. 따라서 *trp* 유전자는 전사되지 않는다.

재하는 상황에서도 전사가 적지 않게 일어난다. 실제로 억제인자에 의해서만 전사가 억제되는 전사약화 돌연변이의 전사 수준은 야생형에서 전사가 충분히 되는 것에 비해 70배 정도 낮다. 전사약화 시스템은 오페론의 활성을 10배 더 조절할 수 있게 해준다. 즉, 전사억제와 전사약화 시스템의 조합으로 오페론의 활성을 약 700배까지 완전한 불활성 상태에서 충분한 활성 상태로 조절할 수 있다[70배 (전사억제)×10배 (전사약화)=700배]. 이는 트립토판의 생합성에 많은 에너지가 요구되기 때문에 중요하다.

전사약화 작용은 다음과 같이 일어난다. ***trp* 선도부위**(*trp* leader)와 ***trp* 약화부위**(*trp* attenuator)는 작동자와 첫 구조유전자 사이에 위치해 있다(그림 7.25). 그림 7.26에 선도부위와 약화부위가 좀 더 상세히 나타나 있다. 선도부위와 약화부위는 트립토판이 상대적으로 많을 때 오페론의 전사를 약화시키기 위한 것이다. 약화부위는 전사종결 전에 전사를 끝내는 실패 전사종결을 일으킨다. 즉, 트립토판의 농도가 높을 때 시작된 전사는 전사약화 부위에서 약 90% 종결된다.

미성숙 전사종결은 전사약화 부위가 전사의 종결부위(terminator)로 작용하기 때문이다. 전사약화 부위는 역반복서열(inverted repeat)과 연속적인 8개의 A–T 염기쌍으로 되어 있다. 역반복서열의 전사체는 자신이 염기쌍을 이루어 그림 7.27에서처럼 머리핀 구조를 형성한다. 한 번 머리핀 구조가 형성되면 중합효소는 거기서 멈추게 되고 전사종결이 일어난다. 6장에서 배운 것처럼 전사체에서 폴리U 사슬 전에 형성된 머리핀 구조는 전사체와 DNA 간의 결합을 불안정하게 만들어 전사를 종결시킨다.

3) 전사약화 와해기작

트립토판이 부족하면 *trp* 오페론이 가동되어야 한다. 세포의 전사약화 작용을 와해시켜 트립토판을 합성해야 하기 때문이다. 찰스 야노프스키(Charles Yanofsky)가 제시한 전사약화 와해기작은 다음과 같다. 만약 어떤 무엇이 머리핀 구조의 형성을 저해한다면 이로 인해 단백질 번역 종결신호가 와해되고 전사약화 작용도 와해되어 결국은 전사가 진행된다는 것이다. 그림 7.27a에 따르면 선도전사체의 말단에 하나가 아닌 2개의 머리핀 구조가 가능하다. 두 번째 머리핀 구조는 전사 종결부위로 작용하며 전사체의 폴리U에 가까이 위치한다. 그렇다고 두 머리핀 구조만 가능한 것이 아니라 그림 7.27b처럼 단일 머리핀 구조도 가능하다. 단일 머리핀 구조는 두 머리핀의 각 한쪽이 모여서 된 것이다. 이러한 개념을 두 머리핀 구조에 1, 2, 3, 4요소로 표시했다(그림 7.27). 두

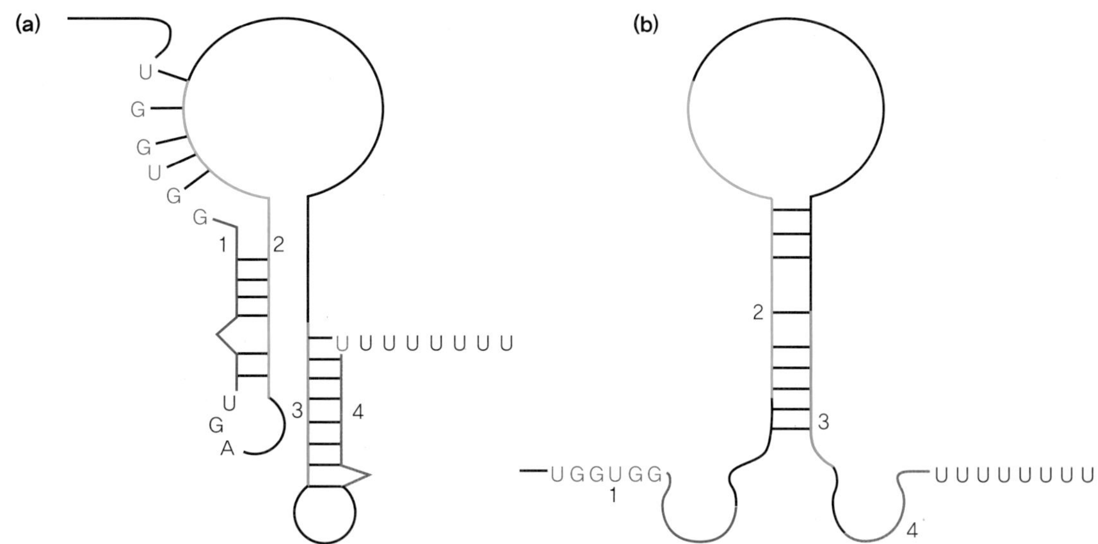

그림 7.27 *trp* 선도부위–약화부위 전사체의 가능한 두 구조. (a) 두 머리핀 구조를 형성한 더욱 안정된 구조. (b) 단일 머리핀 구조를 형성한 덜 안정된 구조. 아래의 구부러진 곡선 형태의 RNA는 어떤 구조를 표현한 것이 아니라 단지 공간을 줄이기 위한 것이다. (a)에서는 염기쌍을 형성한 단편(1~4)을 여러 색과 숫자로 표시했으며 (b)에서도 이 부위를 같은 방법으로 표시하였다. 이들은 서로 다르게 인식될 수 있다.

Met Lys Ala Ile Phe Val Leu Lys Gly Trp Trp Arg Thr Ser Stop
pppA– – –AUGAAAGCAAUUUUCGUACUGAAAGGUUGGUGGCGCACUUCCUGA

그림 7.28 *trp* 선도부위의 염기서열. 선도부위 전사체의 일부 염기서열과 이들이 암호화하는 펩티드가 나타나 있다. 2개의 Trp 코돈(파란색)이 연속적으로 있음에 주목하라.

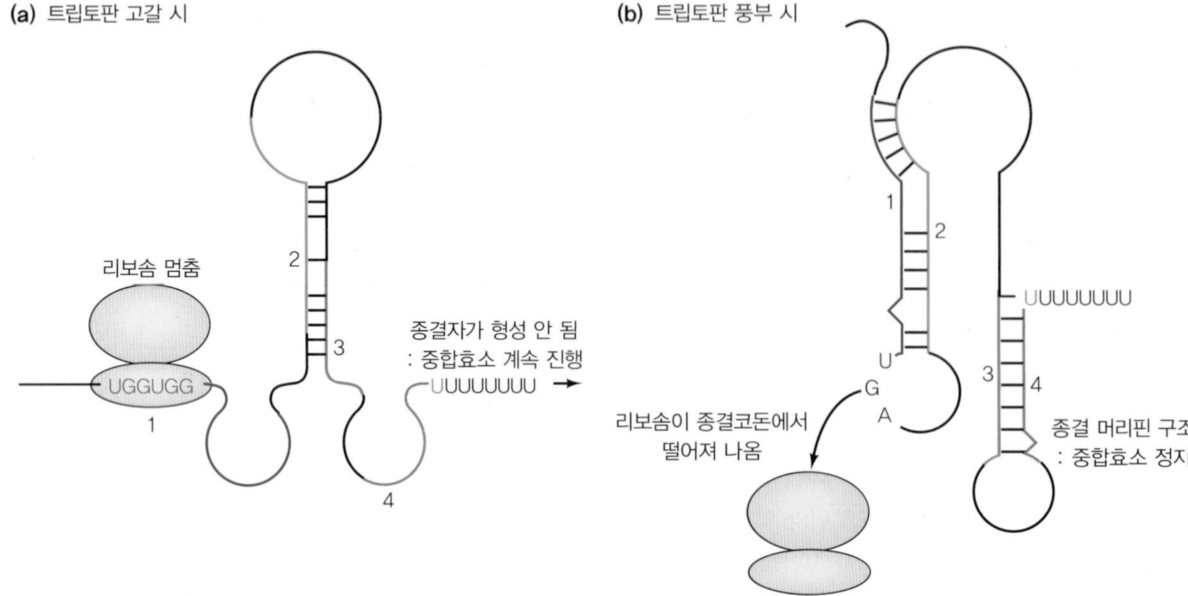

그림 7.29 전사약화 와해기작. **(a)** 트립토판 고갈 시 리보솜(노란색)은 Trp 코돈에서 멈추어 1요소(빨간색)와 2요소(파란색)와의 염기쌍 형성을 억제한다. 이로 인해 전사 종결서열이 없는 단일 머리핀 구조가 형성되고, 전사약화 작용은 일어나지 않는다. **(b)** 트립토판 풍부 시 리보솜은 2개의 Trp 코돈을 전사하고 번역 정지코돈(UGA)에서 떨어져 나오기 때문에 선도서열 전사체의 염기쌍 형성을 억제할 수 없게 된다. 따라서 전사종결 서열이 포함된 더욱 안정된 두 머리핀 구조가 형성되므로 전사약화 작용이 일어난다.

머리핀 구조의 첫 머리핀은 1과 2요소로 구성되며, 둘째 머리핀은 3과 4요소로 구성된다. 단일 머리핀 구조는 2와 3요소로 구성되어 있다. 이는 단일 머리핀 구조(그림 7.27b)가 형성됨으로써 다른 두 머리핀 구조의 형성(그림 7.27a)이 와해되는 것을 의미한다.

두 머리핀 구조는 단일 머리핀 구조에 비해 많은 염기쌍으로 되어 있어 더욱 안정적이다. 그러면 왜 덜 안정된 구조가 형성되는 것일까? 이는 그림 7.28의 선도부위의 염기서열 때문인 것으로 보인다. 놀라운 사실은 두 머리핀 구조에서 첫 머리핀의 1요소에 해당하는 선도서열 부위에 2개의 트립토판(UGG) 코돈이 있다는 것이다. 물론 이러한 사실이 예사로울 수는 있으나 대부분의 단백질에 있어서 트립토판은 아미노산 100개 중 하나쯤 있을 정도로 희귀하다. 따라서 *trp* 오페론에서 2개의 트립토판 코돈이 연속적으로 있다는 것은 주목할 만하다.

박테리아에서는 전사와 번역이 동시에 일어난다. 따라서 *trp* 선도부위를 전사하자마자 리보솜에 의한 번역이 시작된다. 트립토판이 고갈된 상태에서 *trp* 선도부위를 번역하려는 리보솜을 상상해보자(그림 7.29a). 트립토판이 고갈된 상태에서 연속적으로 2개의 트립토판이 요구되고 있는 경우, 리보솜은 번역에 요구되는 아미노산을 즉시 충족시키지 못해 트립토판 코돈의 한 부위에 정지해 있을 것이다. 그러면 리보솜이 정지해 있는 곳은 어디일까? 바로 첫 머리핀을 형성하는 데 가담한 1요소이다. 거대한 리보솜이 선도부위에 달라붙어 있으면 선도서열과 2요소의 염기쌍 형성을 저해하여 2와 3요소로 된 단일 머리핀 구조를 형성하게 된다. 이로 인해 둘째 머리핀 구조(3과 4요소)가 형성되지 않으므로 전사약화 기작이 와해되어 전사가 재개된다. 이는 트립토판이 고갈될 때 *trp* 오페론을 전사해야 하므로 당연한 현상이라 할 수 있다.

이 같은 전사약화 와해기작은 전사와 번역기구가 서로 분리되어 있는 진핵생물에서는 불가능하며 두 기구가 연결된 원핵생물에서만 가능하다는 점에 유의해야 한다. 또한 전사와 번역이 거의 같은 속도로 진행되어야 한다. 만약 RNA 중합효소가 리보솜보다 훨씬 앞서 나아간다면 중합효소는 리보솜이 트립토판 코돈에서 정지할 기회를 갖기 전에 전사약화부위를 통과할 것이다.

그렇다면 리보솜이 번역 초기에 선도부위에서 정지할 때 *trp* 오페론에서 만들어진 다유전자성 mRNA는 어떻게 번역될 수 있는가? mRNA상의 각 유전자들에는 자신의 번역개시 신호(AUG)가 있어 리보솜은 이들을 각각 따로 인식한다. 즉, *trp* 구조유전자들의 번역은 *trp* 선도부위의 번역에 의해 영향 받지 않는다. 예를 들어 *trp* 선도부위의 번역이 정지할지라도 trpE 유전자의 번역은 일어날 수 있다.

다른 한편으로 트립토판이 다량으로 있는 상황에서 선도부위 전사체를 번역하는 리보솜을 상상해보자(그림 7.29b). 이 상황에서 두 트립토판 코돈이 번역에 장애물로 작용할 수 없으므로 리보

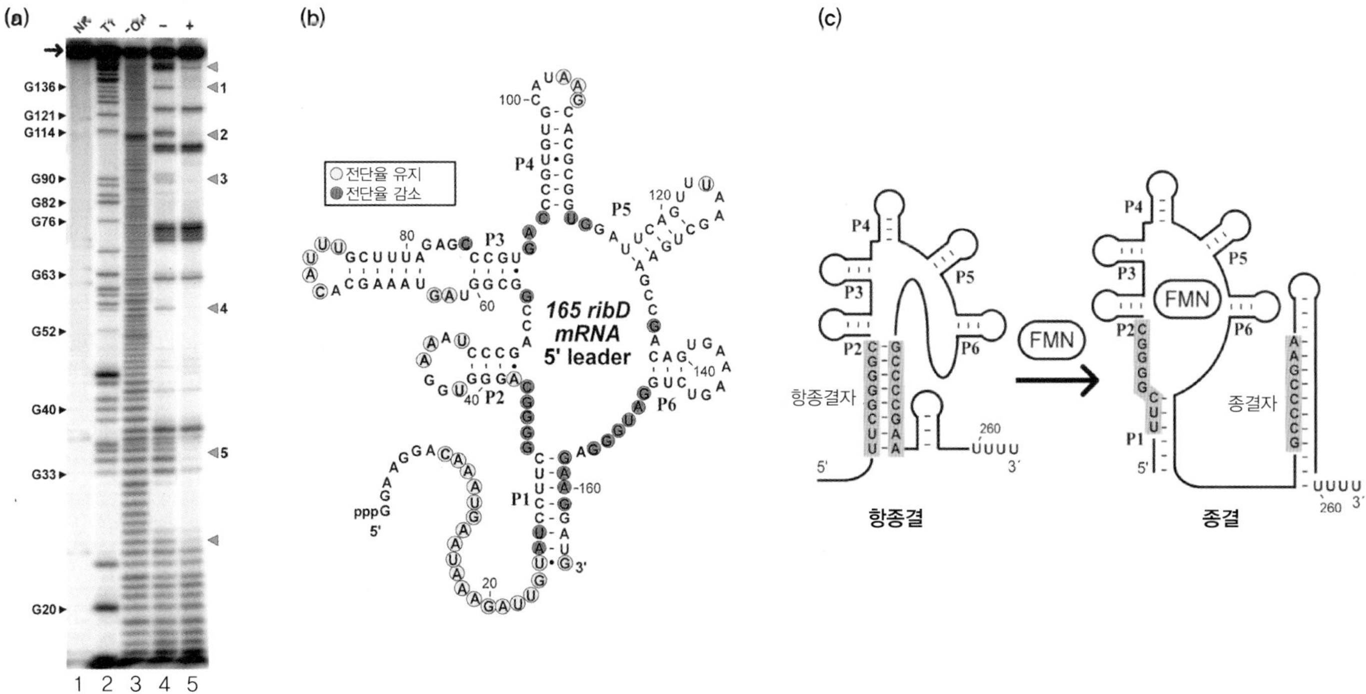

그림 7.30 ***RFN* 요소의 인-라인 탐색 결과와 *ribD* 리보스위치 작용 모델.** **(a)** 인-라인 탐색에 대한 전기영동 결과. 1번 레인, RNA 없음. 2번 레인, RNase T1으로 절단한 RNA. 3번 레인, 염기가 절단된 자른 RNA. 4번과 5번 레인, FMN이 없거나(−) 있는(+) 조건에서 RNA가 25℃에서 40시간 동안 자연적으로 절단되게 둔 경우. 오른쪽의 화살표는 FMN이 있는 조건에서 절단에 덜 민감하게 되는 RNA 부위를 표시한 것이다. **(b)** 바실러스균의 ribD mRNA에 있는 5′-UTR의 일부 염기서열. 이 서열에는 FMN이 결합했을 때(빨간색) 자연적 절단에 덜 민감해지는 뉴클레오티드와 일정한 민감성(노란색)을 보여 주는 뉴클레오티드들이 나타나 있다. 이들 2차 구조는 다수의 *RFN* 요소의 서열과 비교하여 만든 것이다. **(c)** FMN이 결합할 때 예상되는 리보스위치의 구조 변화. FMN이 없는 조건에서 두 노란색 부위가 염기쌍을 형성하면 리보스위치는 항종결 형태를 취하게 된다. 이때 머리핀 구조는 6개의 U's로부터 멀리 떨어져 있다. 반대로 FMN이 성장하는 mRNA에 결합하면 GCCCCGAA 서열은 리보스위치의 다른 부위와 염기쌍을 형성하게 되어 전사를 종결시키는 종결 구조가 형성된다. (출처: (a~c) © 2002 National Academy of Science. Pro-ceedings of the National Academy of Sciences, vol. 99, no. 25, December 10, 2002, p. 15908–15913 "An mRNA structure that controls gene expression by binding FMN." Chalamish, and Ronald R. Breaker, fig.1, p. 15909 & fig. 3, p. 15911.)

솜은 1요소를 거쳐 1과 2요소 사이의 정지코돈(UGA)에 이르기까지 진행한 후 전사체에서 떨어져 나온다. 이제 방해할 만한 리보솜이 없으므로 두 머리핀 구조가 형성되어 *trp* 구조유전자 앞에서 전사를 지연시킬 전사약화부위가 형성된다. 따라서 전사약화 기구는 고농도의 트립토판에 대해 반응을 보이며 과다한 트립토판의 생합성을 억제한다.

trp 오페론 외에 대장균의 다른 오페론에도 전사약화 기작이 있다. 예를 들어 히스티딘 오페론은 선도부위의 16개의 아미노산 중 7개가 히스티딘 코돈으로 되어 있다. 이렇게 아미노산 합성계의 오페론에서는 번역기구를 이용해 그 오페론이 합성하는 아미노산의 농도를 감시하고 그것에 대응하여 mRNA 합성을 계속할 것인지의 여부를 감지하는 기작이 있다.

7.4. 리보스위치

우리는 대장균의 *trp* mRNA에 있는 UTR의 구조를 변화시킴으로서 유전자 발현을 조절하는 예를 살펴보았다. 이런 경우 거대분자들의 복합체(리보솜)는 소분자(트립토판)의 농도를 감지하여 *trp* 5′-UTR에 결합한다. 이 결합으로 UTR의 형태가 변화됨으로서 전사가 조절된다. 이것은 한 부류의 거대분자가 유전자 발현에 미치는 소분자(또는 리간드)의 영향을 중재하는 한 예이다.

이 외에도 소분자가 자신의 mRNA에 있는 5′-UTR에 직접적으로 작용하여 자신의 유전자 발현을 조절하는 예는 많다. 이렇게 리간드의 결합에 따라 자신의 구조를 변화시킬 수 있는 5′-UTR 부위를 **리보스위치**(riboswitche)라 한다. 리보스위치는 대장균 유전자발현의 2~3%를 조절한다. 그리고 리보스위치는 고생세균, 균류, 식물, 동물에도 존재한다. 다음 장에서는 동물을 예로 들어 보다 많은 것을 배울 것이다.

리간드가 결합하는 리보스위치를 **앱타머**(aptamer)라 한다. 앱타머는 시험관에서 진화 과정을 연구하는 과학자들이 처음 발견했다. 그들은 리간드에 강하고 특이적으로 결합하는 짧은 RNA를 찾기 위해 빨리 복제하는 RNA를 사용하여 실험하고 있었다. 그런데 RNA가 복제될수록 새로운 RNA가 만들어지는 실수가 발생했고, 이런 RNA는 리간드에 가장 잘 결합하였다. 이러한 시험관 실험 때문에 연구원들은 다수의 앱타머를 발견하게 되었으며 생명체가 앱타머의 장점을 취하지 않는 이유에 대해 궁금해 했다. 그러나 이제는 앱타머가 어떤 역할을 하는지 우리는 알고 있다.

리보스위치의 고전적인 예로는 바실러스균(*Bacillus subtilis*)의 *ribD* 오페론이 있다. 이 오페론은 비타민 리보플라빈과 이의 산물 중 하나인 프라빈 뉴클레오티드(flavin mononucleotide, FMN)의 합성과 수송을 조절한다. 박테리아 *rib* 오페론의 5′-UTR에는 잘 보존된 ***RFN* 요소**(*RFN* element)가 있다. 이곳에 돌연변이가 생기면 FMN에 의한 *ribD* 오페론의 조절이 정상적으로 되지 않는다. 이 결과로 보아 *RFN* 요소는 FMN에 반응하는 단백질 또는 아마도 FMN 자체와 결합할 것으로 생각되었다.

로날드 브레이커(Ronald Breaker) 등은 *RFN* 요소가 FMN과 직접 결합하는 앱타머일 것이라는 가설하에 **인-라인 탐색**(in-line probing)이라고 불리는 실험을 수행하였다. 이 방법은 RNA의 인산디에스테르결합이 효율적으로 가수분해되기 위해서는 친핵체(물), 인산디에스테르결합을 하는 인 원자, 그리고 가수분해에 의해 생성된 RNA 단편의 끝에 있는 수산기가 180°를 형성해야 한다는 사실에 기초한다. 비정형 RNA 단편은 쉽게 인-라인 형태를 취할 것으로 생각되지만 RNA가 2차 구조(한 RNA 내에서 염기 짝짓기를 한 경우 또는 리간드와 결합한 경우)를 형성하면 인-라인 형태를 취할 수 없게 된다. 따라서 선형 또는 비정형 RNA의 자연적 전단 빈도가 염기쌍을 형성하거나 리간드와 결합한 정형 RNA의 절단 빈도보다 높을 것이다.

이러한 사실에 근거하여 Breaker 등은 FMN이 있거나 없는 조건에서 *RFN* 요소와 방사성 RNA 단편을 반응시켰다. 그림 7.30a를 보면 FMN의 유무에 따라 RNA의 자연적인 가수분해 양상이 다른 것을 알 수 있다. 이 결과는 FMN이 RNA에 직접 결합하며 이 때문에 RNA의 형태가 변했다는 것을 의미한다. 또한 이것이 리간드와 결합한 앱타머에서 우리가 기대했던 것이다.

특히 브레이커 등은 FMN의 결합 때문에 특정 부위의 인산디에스테르결합은 잘 절단되지 않는 반면, 다른 부위는 FMN에 영향을 받지 않는다는 것을 발견했다(그림 7.30b). 또한 FMN에 의한 형태 변화의 민감도는 FMN의 농도가 단지 5nM일 때 최대 효과의 반에 달했다. 이는 RNA와 리간드의 친화도가 높다는 것을 말한다.

FMN이 존재할 때 절단 민감도가 감소하는 양상은 그림 7.30c에서처럼 두 형태의 *RFN* 요소가 형성될 수 있다는 것을 암시한다. FMN이 없으면 *RFN* 요소는 항종결형태(antiterminator)를 취하고 이때 머리핀 구조는 6개의 U's로부터 멀리 떨어져 있게 된다. 그러나 FMN이 존재하면 *RFN* 요소는 종결형태(terminator)로 변하게 될 것이고 결국 오페론의 발현이 억제될 것이다. 이 내용이 사리에 맞는 이유는 FMN이 많다면 *ribD* 오페론이 발현될 필요가 없고 따라서 FMN에 의한 전사약화 기작으로 에너지가 소비되는 것을 막을 수 있기 때문이다.

이 가설을 확인하기 위해 Breaker 등은 *RFN* 요소와 이미 제안된 종결부위가 모두 있는 DNA를 주형으로 사용하여 시험관 전사 실험을 수행하였다. 그들이 밝힌 바에 따르면 전사는 FMN이 없는 조건에서도 약 10% 종결되었으나 FMN이 존재하면 전사 종결율은 30%로 증가하였다. 그리고 런-오프 전사실험(5장 참조)으로 전사가 종결되는 부위를 확인한 결과 6개의 U's의 오른쪽 끝에서 종결됨을 밝혔다. 다음 실험에서는 종결부위의 6개의 U's보다 적은 수의 U's가 있는 돌연변이된 주형 DNA를 사용하여 시험관 전사 실험을 수행하였다. 그 결과 FMN은 전사 종결율에 영향을 미치지 않았다. 이는 아마도 짧은 길이의 U's가 FMN의 유무에 무관하게 전사 종결율을 상당히 떨어뜨린 것으로 생각된다. 따라서 야생형 유전자에서 FMN은 성장하는 전사체로 하여금 전사를 멈추는 전사종결 형태를 취하도록 강제하는 것 같다.

브레이커 등은 바실러스균(*Bacillus subtilis*)과 17종 이상의 그람양성균에 있는 *glmS* 유전자의 5′-UTR에 잘 보존된 또 다른 리보스위치가 있는 것을 밝혔다. *glmS* 유전자는 'glutamine-fructose-6-phosphate amidotransferase'라는 효소를 암호화하는 유전자이며 이 효소의 작용산물은 sugar glucosamine-6-phosphate(GlcN6P)이다. 또한 이들은 *glmS* mRNA의 5′UTR에 있는 리보스위치가 mRNA를 절단할 수 있는 RNase 활성이 있는 리보자임(ribozyme)임을 밝혔다. GlcN6P의 농도가 낮을 때, 리보스위치는 mRNA을 느리게 절단한다. 그러나 GlcN6P의 농도가 증가하면 GlcN6P가 mRNA상의 리보스위치에 결합함으로써 리보스위치의 구조가 변하게 되어 그 활성이 1,000배 이상 증가한다. RNase 활성이 있는 리보스위치가 mRNA를 파괴하기 때문에 GlcN6P를 생산하는 효소가 적게 생산되고, 결국 GlcN6P의 농도가 떨어진다.

이러한 리보스위치 기작이 원핵생물에 한정된 것은 아니다.

2008년, 해리 놀러(Harry Noller) 등이 설치류의 C-type lectin type II(Clec2) 유전자의 3′-UTR에서 활성이 높은 **망치머리 리보자임**(hammerhead ribozyme)을 발견했다. 이는 망치머리 리보자임의 이차구조가 망치머리모양처럼 3개의 염기쌍 줄기가 손잡이, 머리, 톱 형태를 이루고 있어 붙여진 이름이다. 각 줄기의 접합부위는 고도로 보존된 17개로 길이의 올리고뉴클레오티드가 RNase와 절단부위를 형성한다. RNase와 절단부위는 망치머리의 기저부에 위치하고 손잡이 부위와 연결된다. 아마도 *Clec2* mRNA의 망치머리리보자임은 어떤 신호에 반응하여 자신을 분해함으로써 *Clec2* 유전자의 발현을 억제하는 것으로 보인다. 그러나 그 신호가 무엇인지는 아직까지 알려진 바 없다.

리보스위치의 또 다른 예는 번역 조절을 공부할 17장에서 살펴보기로 한다. 리간드가 mRNA의 5′-UTR에 있는 리보스위치에 결합하면 5′-UTR의 형태가 변하게 되어 리보솜 결합자리가 숨겨지게 된다. 우리는 이런 방법으로 리보스위치가 번역을 조절할 수 있다는 것에 대해 공부할 것이다.

리보스위치의 두 가지 예는 모두 유전자 발현을 억제하는 방식으로 작용한다. 하나는 전사 수준에서, 또 다른 하나는 번역 수준에서 일어난다. 왜 리보스위치가 직접 유전자 발현을 자극하지 않는지에 대한 이유는 없지만 현재까지의 연구 결과로 보면 모든 리보스위치는 위에서 언급한 두 방법으로 유전자 발현을 조절한다. 브레이커 등은 위의 두 예와 다른 예들을 참고하여 리보스위치의 작용기작에 관한 기본 모델을 그림 7.31에 제시하였다. mRNA의 5′-UTR 부위에는 두 모듈, 즉 앱타머와 또 하나의 모듈인 발현 플랫폼(expression platform)이 존재한다. 이 발현 플랫폼은 상황에 따라 종결자, 리보솜 결합자리, 또는 유전자 발현에 영향을 미치는 또 다른 RNA 요소가 될 수 있다. 리간드가 앱타머에 결합하면 리보스위치의 형태가 변하게 되어 발현 플랫폼에 영향을 미치게 된다. 따라서 유전자 발현이 조절된다.

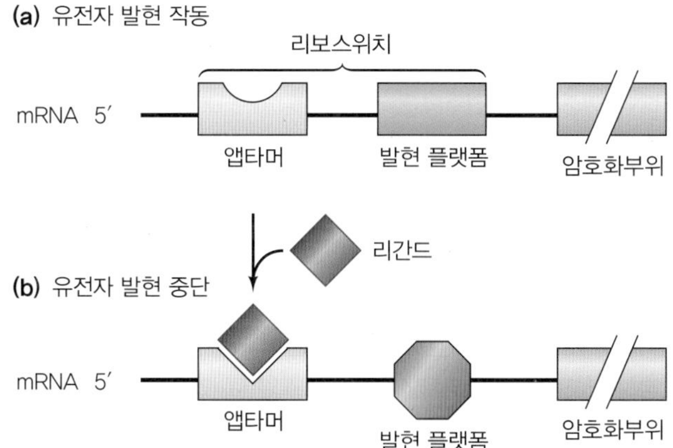

그림 7.31 리보스위치의 작용 모델. **(a)** 리간드가 없을 때, 유전자 발현이 작동된다. **(b)** 리간드가 있을 때, 리간드가 리보스위치의 앱타머에 결합하면 발현 플랫폼뿐만 아니라 리보스위치의 형태가 변화되어 유전자 발현이 중단된다.

유의할 점은 리보스위치는 다른 자리 입체성 조절의 또 다른 예라는 것이다. 즉, 거대분자는 리간드와의 결합으로 형태적 변화가 일어나 다른 분자와의 결합에 영향을 받게 된다는 것이다. 우리는 이미 이 장의 초반부에서 다른 자리 입체성 기작을 접했다. 즉, *lac* 오페론에서 리간드인 알로락토오스가 *lac* 저해인자와 결합하면 *lac* 프로모터에 결합할 수 없게 된다. 사실 다른 자리 입체성 조절에 대한 많은 예들이 있지만 모두가 다른 자리 입체성 단백질에 관한 것이다. 리보스위치도 이와 유사하게 작용하지만 다른 점은 거대분자가 단백질이 아니라 RNA라는 점이다.

결국 리보스위치를 통해 단백질과 DNA가 아직 지구에 생성되지 않았던 진화의 초기 시대인 가상적 RNA 세상을 조금이라도 알 수 있게 되었다. 이 시대에 유전자는 DNA가 아니라 RNA로 만들어졌으며 효소도 단백질이 아니라 RNA로 만들어졌다. (촉매작용을 하는 효소에 관한 최근의 예들이 있는 14, 17, 19장을 참조하라.) RNA 세상에 살던 생명체는 단백질이 없는 상황에서 자신의 유전자 발현을 조절하기 위해서 자신의 유전자에 직접 작용하는 소분자에 의존해야만 했다. 만약 이 가설이 옳다면 리보스위치는 가장 오래된 유전자 조절의 한 예가 될 것이다.

요약

대장균에서 젖당의 대사작용은 β-갈락토시데이즈와 갈락토시드 투과효소에 의해 이루어진다. 이들 두 효소와 아세틸기 전달효소를 암호화하는 유전자는 서로 모여 있으며, 하나의 프로모터에서 모두 전사되어 다유전자성 전사체를 만든다. 따라서 기능적으로 연관된 유전자들은 같이 조절된다.

lac 오페론은 음성적 조절과 양성적 조절의 두 기작에 의해 조절된다. 음성적 조절은 다음과 같이 일어난다. 먼저 억제인자가 RNA 중합효소에 의한 구조유전자의 전사를 억제하기 때문에 억제인자가 작동자에 결합하고 있는 한 오페론은 작동되지 않는다. 이는 억제인자가 RNA 중합효소를 붙들어 둔 비생산적인 상태인 것으로 보인다. 만약 포도당이 고갈되고 젖당이 공급되면, 단지 몇 분자의 lac 오페론 효소에 의해 젖당이 알로락토오스로 변형된다. 유도자인 알로락토오스와 억제인자의 결합으로 변형된 억제인자는 작동자로부터 분리된다. 억제인자가 분리되면 RNA 중합효소는 세 구조유전자를 자유롭게 전사할 수 있게 된다. lac 오페론은 작동자와 억제인자의 두 주요 요소에 의해 음성적으로 조절된다는 사실이 유전학 및 생화학적 실험으로 밝혀졌다. 또한 DNA 염기서열 분석으로 2

개의 보조 작동자가 주요 작동자의 위와 아래에 위치함이 밝혀졌다. lac 오페론을 최대한 억제하기 위해서는 이들 작동자 모두가 필요하다.

lac 오페론과 다른 당 대사효소를 암호화하는 유도성 오페론의 양성적 조절은 전사를 촉진하는 CAP(이화물질 활성화 단백질)와 cAMP에 의해 매개된다. cAMP의 농도는 포도당이 있으면 낮아지므로 cAMP에 의한 *lac* 오페론의 양성적 조절은 포도당에 의해서 억제된다. 따라서 *lac* 오페론은 포도당 농도가 낮을 때만 활성화되며, 이때 포도당을 대체할 다른 에너지원을 필요로 한다. CAP–cAMP 복합체와 프로모터에 인접한 활성화부위의 결합은 lac 오페론의 발현을 촉진할 뿐만 아니라 RNA 중합효소에 의한 개방형 프로모터 복합체의 형성에도 중요하다. 개방형 프로모터 복합체의 형성은 먼저, 폐쇄형 프로모터 복합체에 중합효소를 유인한 후 이를 개방형 프로모터 복합체로 변환시키는 순서로 진행된다. 중합효소의 유인작용은 단백질 간의 상호 작용, 즉 CAP와 RNA 중합효소의 α CTD 간의 상호 작용에 의해 일어난다.

ara 오페론은 AraC 단백질에 의해 조절된다. AraC는 DNA상에서 210bp 떨어진 *araO*$_2$와 *araI*$_1$에 결합하여 DNA 고리를 형성함으로써 오페론을 억제한다. 아라비노스는 AraC와 *araO*$_2$의 결합을 와해시켜 AraC가 *araO*$_2$ 대신 *araI*$_2$에 결합하게 함으로써 오페론의 억제를 해제한다. 이 과정에 의해 DNA 고리가 풀어지면서 오페론의 전사가 시작된다. CAP와 cAMP는 *araI* 상단부위에 결합하여 전사를 촉진시킨다. AraC는 *araO*$_1$에 결합하여 *araC* 유전자의 왼쪽 방향으로의 전사를 저해함으로써 자신의 합성을 조절한다.

trp 오페론은 억제인자에 대해 반응하며 억제인자는 주억제인자와 보조억제인자인 트립토판으로 구성되어 있다. 보조억제인자가 주억제인자에 결합하면 입체구조적 변화가 일어나 *trp* 작동자에 더 잘 결합할 수 있게 된다. 이로 인해 *trp* 오페론은 억제된다.

대장균에 있어서 *trp* 오페론의 전사약화 기작은 트립토판이 충분히 있는 한 계속 작동된다. 트립토판 공급이 제한되면 리보솜은 *trp* 선도부위의 트립토판 코돈에서 정지된다. *trp* 선도부위가 이제 막 생합성을 시작했기 때문에 멈춘 리보솜은 RNA의 2차 구조에 영향을 미치게 된다. 특히 전사약화를 일으키는 머리핀의 형성을 저해한다. 따라서 트립토판이 부족하면 전사약화 기작이 와해되므로 오페론은 활성화된다. 이는 전사약화 기작이 전사억제 기작과 마찬가지로 트립토판의 농도에 의해 조절되는 것을 의미한다.

mRNA의 5′–UTR에 존재하는 리보스위치에는 두 모듈이 있다. 하나는 리간드가 결합하는 앱타머이며, 다른 하나는 발현 플랫폼 모듈로서 발현 플랫폼의 형태가 변하면 유전자 발현도 변하게 된다. 예를 들어 FMN은 *ribD* mRNA의 5′–UTR에 있는 리보스위치(*RFN* 요소) 내의 앱타머와 결합할 수 있다. 만약 FMN이 결합하면 리보스위치의 염기짝짓기가 변하게 되어 전사를 약화시키는 종결자를 형성시킨다.

복습 문제

1. 대장균을 포도당과 젖당의 혼합물에서 배양할 때의 성장 곡선을 그려라. 대장균 성장 곡선의 각 부분에 어떤 일이 일어나는지 설명하라.

2. *lac* 오페론의 (a) 음성적 조절과, (b) 양성적 조절을 그림으로 설명하라.

3. β–갈락토시데이즈와 갈락토시드 투과효소의 기능을 설명하라.

4. *lac* 오페론의 음성적 및 양성적 조절의 중요성을 대장균의 에너지 효율성 관점에서 설명하라.

5. *lac* 작동자가 억제인자의 결합부위인 것을 증명하는 실험 결과를 제시하고 설명하라.

6. *lac* 억제인자가 작동자에 결합했을지라도 RNA 중합효소는 *lac* 프로모터에 결합할 수 있음을 보여 주는 실험 결과를 제시하고 설명하라.

7. RNA 중합효소가 *lac* 프로모터에 결합하는 것을 억제하는 *lac* 억제인자의 작용에 관한 실험 결과를 제시하고 설명하라.

8. *lac* 오페론을 최대한 억제하기 위해서는 3개의 작동자 모두가 필요하다는 사실을 어떻게 밝혔는가? 보조 작동자를 하나 또는 2개 제거했을 때 어떤 결과가 나타나는가?

9. cAMP와 친화력이 낮은 CAP 돌연변이와 야생형 추출물을 사용한 실험에서 β–갈락토시데이즈의 합성에 미치는 cAMP의 상대적 영향을 보여 주는 실험 결과를 제시하고 설명하라.

10. CAP–cAMP에 의한 *lac* 오페론의 전사활성화 가설을 제시하라. (단 중합효소 α 소단위체의 C–말단영역에 관한 내용을 포함하여 기술한다.) 이 가설을 뒷받침할 증거로는 무엇이 있는가?

11. *lac* 프로모터부위에 CAP–cAMP가 결합함으로써 DNA의 휨이 일어난다는 전기영동 실험 결과에 대해 설명하라.

12. *lac* 프로모터부위에 CAP–cAMP가 결합함으로써 일어나는 DNA의 휨을 뒷받침할 다른 실험적 증거를 제시하라.

13. DNA 이중나선 회전수의 정배수에 해당하는 DNA 단편(10.5bp 배수)을 *araO*$_2$와 araI 사이에 삽입하면 *araBAD* 오페론은 AraC에 의해 억제된다. 그러나 정배수가 아닌 DNA 단편(예, 5나 15bp)을 삽입하면 AraC에 의한 억제작용은 일어나지 않는다. 이 현상을 그림으로 설명하라.

14. 아라비노스에 의한 *araBAD* 오페론의 억제해제 기작을 그림으로 설명하라. 단 AraC의 위치를 아라비노스가 (a) 있을 때와, (b) 없을 때로 나누어 표시하라.

15. *ara* 오페론에서 AraC에 의해 형성된 억제고리가 아라비노스에 의해 해제됨을 보여 주는 실험 결과를 제시하고 설명하라.

16. *ara* 오페론에서 *araO*$_2$와 *araI*가 억제고리 형성에 관여한다는 실험 결과를 제시하고 그 결과에 대해 설명하라.

17. *ara* 오페론에서 억제고리가 형성되지 않았을 때(억제고리 형성이 아니라), *araI*$_2$가 AraC 결합에 중요하다는 것을 보여 주는 증거를 간단히 제시하라.

18. 대장균에서 *trp* 오페론의 음성적 조절을 설명할 수 있는 모델을 제시하라.

19. 대장균의 *trp* 오페론에서 전사약화 기작을 설명할 수 있는 모델을 제시하라.

20. 대장균에서 *trp* 선도부위를 번역한 후 단순하게 *trp* 구조유전자들(*trpE* 등)을 연속적으로 번역하지 않는 이유는 무엇인가?

21. 대장균의 *trp* 오페론에서 트립토판이 고갈될 때 전사약화 작용이 어떻게 와해되는지 설명하라.

22. 리보스위치가 무엇인지 예를 들어 설명하라.

23. 인-라인 탐색이 의미하는 바를 설명하라.

분석 문제

1. 몇몇의 부분이배체 대장균 균주의 유전자형(*lac* 오페론과 관련된)이 아래의 표에 나타나 있다. β-갈락토시데이즈가 생산되면 '+', 생산되지 않으면 '−' 부호를 표현형 란에 써라. 그리고 간결하게 설명하라. 포도당은 모든 경우에 존재하지 않는다.

β-갈락토시데이즈 생산에 대한 표현형

유전자형	유도인자 없음	유도인자 있음
a. $I^+O^+Z^+ / I^+O^+Z^+$		
b. $I^+O^+Z^- / I^+O^+Z^+$		
c. $I^-O^+Z^+ / I^+O^+Z^+$		
d. $I^SO^+Z^+ / I^+O^+Z^+$		
e. $I^+O^CZ^+ / I^+O^+Z^+$		
f. $I^+O^CZ^- / I^+O^+Z^+$		
g. $I^SO^CZ^+ / I^+O^+Z^+$		

2. (a) 아래의 표에 제시된 유전자형에서 문자 *A*, *B*, *C*는 유전자 좌위 *lacI*, *lacO*, *lacZ*와 순서에 상관없이 상응한다. 돌연변이 표현형은 아래의 표에서 위에서 3개의 유전자형으로 나타나 있다. *lac* 오페론의 세 유전자 좌위에 해당하는 *A*, *B*, *C*의 정체를 추론하라. 위첨자 '−'부호(예: A^-)는 Z^-, O^C, 또는 I^-와 같이 비정상적인 기능을 표시한다.

   (b) 아래 표에서 4, 5번의 부분이배체 균주의 유전자형을 lac 오페론의 일반적인 유전 기호를 사용하여 결정하라. 여기서 I+, I−, Is는 모두 가능하다.

β-갈락토시데이즈 생산에 대한 표현형

유전자형	유도인자 없음	유도인자 있음
1. $A^+B^+C^-$		
2. $A^-B^+C^+$		
3. $A^+B^+C^- / A^+B^+C^+$		
4. $A^-B^+C^+ / A^+B^+C^+$		
5. $A^-B^+C^- / A^+B^+C^+$		

3. 대장균의 각 균주에는 다음의 돌연변이가 하나씩 있다.
   a. 억제인자와 결합할 수 없는 돌연변이 *lac* 작동자(O^c 좌위).
   b. *lac* 작동자에 결합할 수 없는 돌연변이 *lac* 억제인자(I^- 유전자 산물)
   c. 알로락토오스에 결합할 수 없는 돌연변이 *lac* 억제인자(I^s 유전자 산물)
   d. CAP-cAMP와 결합할 수 없는 돌연변이 *lac* 프로모터 부위
   포도당이 없는 조건에서 각 돌연변이는 *lac* 오페론의 기능에 어떤 영향을 미칠까?

4. 자신이 대장균에서 페닐알라닌의 생합성에 관련된 새로운 오페론을 연구한다고 가정하자.
   a. 이 오페론의 조절양상을 어떻게 (페닐알라닌에 의해 유도 또는 억제, 음성적 또는 양성적 조절) 예측하겠는가? 그 이유는 무엇인가?
   b. 이 오페론의 염기서열을 분석해보니 오페론의 5′-말단 근처에 짧은 열린 해독틀(open reading frame)이 있었고 여기에 페닐알라닌을 암호화하는 코돈이 여럿 있었다. 선도서열과 선도서열을 암호화하는 펩티드에 대해 당신은 어떤 가정을 할 수 있나?
   c. 만약 이 선도서열의 염기순서가 페닐알라닌 코돈(UUU, UUU)에서 류신 코돈(UUA, UUG)으로 바뀌었다면 어떤 일이 일어날까?
   d. 이런 방식의 조절 양상을 무엇이라 하는가? 이런 조절 방식이 진핵세포에서도 가능할까? 그렇든 그렇지 않든 그 이유를 써라.

5. 대장균의 X 유전자로부터 전사된 mRNA에는 소분자 Y와 결합하는 앱타머가 있다. 이 가설을 시험할 수 있는 실험을 설명하라.

6. *aim* 오페론이 A, B, C, D 서열을 갖고 있다고 하자. 그 서열에 돌연변이를 일으킬 경우 다음과 같은 효과가 나타난다. 즉, '+' 기호는 온전한 효소가 생산됨을 의미하고, '−' 기호는 온전한 효소가 생산되지 않음을 의미한다. '×' 기호는 대사산물을 의미한다.

	× 존재		× 부재	
돌연변이	효소 1	효소 2	효소 1	효소 2
A	−	−	−	−
B	+	+	+	+
C	+	−	−	−
D	−	+	−	−
야생형	+	+	−	−

a. aim 오페론에서 생산된 구조유전자 산물은 동화작용과 이화작용 중 어디에 관여하는가?
b. 억제인자는 활성형 또는 비활성형 aim 오페론 중 무엇과 관련되어 있는가?
c. 서열 D가 암호화하는 것은 무엇인가?
d. 서열 B가 암호화하는 것은 무엇인가?
e. 서열 A는 무엇인가?

추천 문헌

General References and Reviews

Beckwith, J.R. and D. Zipser, eds. 1970. *The Lactose Operon. Plainview*, NY: Cold Spring Harbor Laboratory Press.

Corwin, H.O. and J.B. Jenkins. *Conceptual Foundations of Genetics: Selected Readings*. 1976. Boston: Houghton Mifflin Co.

Jacob, F. 1966. Genetics of the bacterial cell (Nobel lecture). *Science* 152:1470–78.

Matthews, K.S. 1996. The whole lactose repressor. *Science* 271:1245–46.

Miller, J.H. and W.S. Reznikoff, eds. 1978. *The Operon*. Plainview, NY: Cold Spring Harbor Laboratory Press.

Monod, J. 1966. From enzymatic adaptation to allosteric transitions (Nobel lecture). *Science* 154:475–83.

Ptashne, M. 1989. How gene activators work. *Scientific American* 260 (January):24–31.

Ptashne, M. and W. Gilbert. 1970. Genetic repressors. *Scientific American* 222 (June):36–44.

Vitreschak, A.G., D.A. Rodionov, A.A. Mironov, and M.S. Gelfand. 2004. Riboswitches: The oldest mechanism for the regulation of gene expression? *Trends in Genetics* 20:44–50.

Winkler, W.C. and R.R. Breaker. 2003. Genetic control by metabolite-binding riboswitches. *Chembiochem* 4:1024–2.

Research Articles

Adhya, S. and S. Garges. 1990. Positive control. *Journal of Biological Chemistry* 265:10797–800.

Benoff, B., H. Yang, C.L. Lawson, G. Parkinson, J. Liu, E. Blatter, Y.W. Ebright, H.M. Berman, and R.H. Ebright. 2002. Structural basis of transcription activation: The CAP–αCTD–DNA complex. *Science* 297:1562–66.

Busby, S. and R.H. Ebright. 1994. Promoter structure, promoter recognition, and transcription activation in prokaryotes. *Cell* 79:743–46.

Chen, B., B. deCrombrugge, W.B. Anderson, M.E. Gottesman, I. Pastan, and R.L. Perlman. 1971. On the mechanism of action of lac repressor. *Nature New Biology* 233:67–70.

Chen, Y., Y.W. Ebright, and R.H. Ebright. 1994. Identification of the target of a transcription activator protein by protein–protein photocrosslinking. *Science* 265:90–92.

Emmer, M., B. deCrombrugge, I. Pastan, and R. Perlman. 1970. Cyclic–AMP receptor protein of E. coli: Its role in the synthesis of inducible enzymes. *Proceedings of the National Academy of Sciences USA* 66:480–87.

Gilbert, W. and B. Müller–Hill. 1966. Isolation of the lac repres–sor. *Proceedings of the National Academy of Sciences USA* 56:1891–98.

Igarashi, K. and A. Ishihama. 1991. Bipartite functional map of the E. coli RNA polymerase α subunit: Involvement of the C–terminal region in transcription activation by cAMP–CRP. *Cell* 65:1015–22.

Jacob, F. and J. Monod. 1961. Genetic regulatory mechanisms in the synthesis of proteins. *Journal of Molecular Biology* 3:318–56.

Krummel, B. and M.J. Chamberlin. 1989. RNA chain initiation by Escherichia coli RNA polymerase. Structural transitions of the enzyme in the early ternary complexes. *Biochemistry* 28:7829–42.

Lee, J. and A. Goldfarb. 1991. Lac repressor acts by modifying the initial transcribing complex so that it cannot leave the promoter. *Cell* 66:793–98.

Lewis, M., G. Chang, N.C. Horton, M.A. Kercher, H.C. Pace, M.A. Schumacher, R.G. Brennan, and P. Lu. 1996. Crystal structure of the lactose operon repressor and its complexes with DNA and inducer. *Science* 271:1247–54.

Lobell, R.B. and R.F. Schleif. 1991. DNA looping and unlooping by AraC protein. *Science* 250:528–32.

Malan, T.P. and W.R. McClure. 1984. Dual promoter control of the *Escherichia coli* lactose operon. *Cell* 39:173–80.

Oehler, S., E.R. Eismann, H. Krüämer, and B. Müller–Hill. 1990. The three operators of the *lac* operon cooperate in repression. *The EMBO Journal* 9:973–79.

Riggs, A.D., S. Bourgeois, R.F. Newby, and M. Cohn. 1968. DNA binding of the *lac* repressor. *Journal of Molecular Biology* 34:365–8.

Schlax, P.J., M.W. Capp, and M.T. Record, Jr. 1995. Inhibition of transcription initiation by lac repressor. *Journal of Molecular Biology* 245:331–50.

Schultz, S.C., G.C. Shields, and T.A. Steitz. 1991. Crystal structure of a CAP–DNA complex: The DNA is bent by 90 degrees. *Science* 253:1001–7.

Straney, S. and D.M. Crothers. 1987. Lac repressor is a transient gene–activating protein. *Cell* 51:699–707.

Winkler, W.C., S. Cohen–Chalamish, and R.R. Breaker. 2002. An mRNA structure that controls gene expression by binding FMN. *Proceedings of the National Academy of Sciences USA* 99:15908–3.

Wu, H.–M. and D.M. Crothers. 1984. The locus of sequence–directed and protein–induced DNA bending. *Nature* 308:509–13.

Yanofsky, C. 1981. Attenuation in the control of expression of bacterial operons, *Nature* 289:751–58.

Zubay, G., D. Schwartz, and J. Beckwith. 1970. Mechanism of activation of catabolite–sensitive genes: A positive control system. *Proceedings of the National Academy of Sciences USA* 66:104–10.

CHAPTER 8

박테리아 전사의 주요 전환

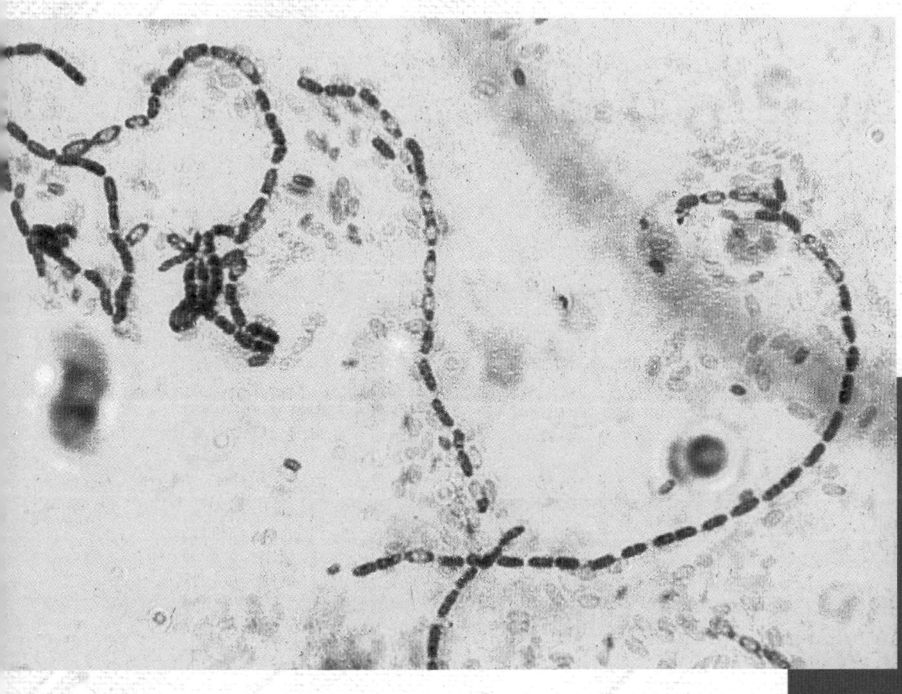

고초균(*Bacillus*) 박테리아 세포 사슬. (© Steven P. Lynch)

7장에서는 박테리아가 매우 제한된 수의 유전자 전사를 조절하는 방법에 대해 논의했다. 예를 들어 *lac* 오페론(*lac* operon)이 작동할 때는 단지 3개의 구조 유전자만이 활성화된다. 박테리아 세포의 생활사 중에 어떤 시기에는 유전자 발현이 매우 급진적으로 전환되기도 한다. 이러한 전환은 오페론 모델로 가능한 것보다는 훨씬 더 근본적인 변화를 요구한다. 이 장에서 우리는 전사에 있어서 주요한 전환을 일으키는 세 가지 기작인 σ-인자 전환, RNA 중합효소 전환, 항종결을 점검할 것이다. λ 파지를 이용하여 항종결(antitermination) 기작을 보일 것이며, λ 파지가 한 가지 감염 방식으로부터 다른 방식으로 변화할 때 사용하는 유전적 전환에 대해서 논의할 것이다.

8.1. σ−인자 전환

파지가 박테리아를 감염할 때 파지는 일반적으로 숙주의 전사 기구를 자신의 용도에 맞게 망가뜨려 전환시킨다. 이 과정에서 파지는 시간 의존적 또는 시간대별 전사 프로그램을 확립한다. 다른 말로 파지의 초기 유전자가 먼저 전사되고 후기 유전자가 전사된다. T4 파지의 대장균 감염이 후반부에 이르게 되면 궁극적으로 숙주의 유전자 전사는 더 이상 일어나지 않고 파지유전자의 전사만 일어난다. 이러한 거대한 특이성 전환은 7장에서 기술된 오페론 기작만으로는 설명하기 힘들다. 대신에 이는 전사 기구의 근본적 변화, 즉 RNA 중합효소 그 자체의 변화에 의해서 만들어질 수 있다.

유전자 발현에 있어 또 다른 중요한 변화는 고초균(*Bacillus subtilis*)과 같은 박테리아의 포자형성 중에 일어난다. 여기에서 생장의 영양상태 단계(vegetative phase)에 필요한 유전자들은 발현이 억제되고 포자형성 특이적 유전자들의 발현은 일어난다. 다시 한 번 이러한 전환은 RNA 중합효소의 변화로 이루어진다. 박테리아 또한 기아, 열 충격, 질소 결핍과 같은 스트레스를 경험하는데, 이들 역시 전사 양상을 전환시킴으로서 이러한 것에 반응한다.

그러므로 박테리아는 대대적으로 전사를 변화시킴으로서 환경의 변화에 반응하며 이러한 전사의 변화는 RNA 중합효소의 변화로 이룩된다. 가장 흔하게 나타나는 것이 σ−인자(σ−factor)의 변화이다.

1) 파지 감염

RNA 중합효소의 어느 부위가 효소의 특이성을 변화시킬 수 있을까? 6장에서 우리는 이미 σ−인자가 시험관 내 실험에서 T4 파지 DNA의 전사 특이성을 결정하는 핵심 인자임을 배웠다. 이것으로 볼 때 σ−인자가 우리 질문에 대한 가장 합리적인 대답이 될 수 있을 것이다. 실제로 σ−인자가 정답이라는 것은 여러 실험을 통해 확인되었다. 이러한 실험들은 처음에 대장균 T4 체제가 아닌 고초균과 고초균의 파지, 특히 파지 SPO1을 이용하여 이루어졌다.

SPO1은 T4와 마찬가지로 거대한 DNA 유전체를 가지고 있다. 이 파지는 다음과 같은 시간대에 따른 전사 프로그램을 갖는다. 감염된 지 처음 5분여 동안에는 초기 유전자들이 발현된다. 다음으로 중기 유전자들이 발현되고(감염 후 약 5~10분 뒤), 약 10분대부터 감염의 마지막까지는 후기 유전자들이 발현된다. 파지는 많은 수의 유전자들을 가지고 있기 때문에 파지가 이 시간대별 프로그램을 조절하는 비교적 정교한 기작을 이용한다는 것은 그리 놀라운 일이 아니다. 제니스 페로(Janice Pero) 등은 그림 8.1에 묘사된 모델을 개발해내는 데 선구적인 역할을 했다.

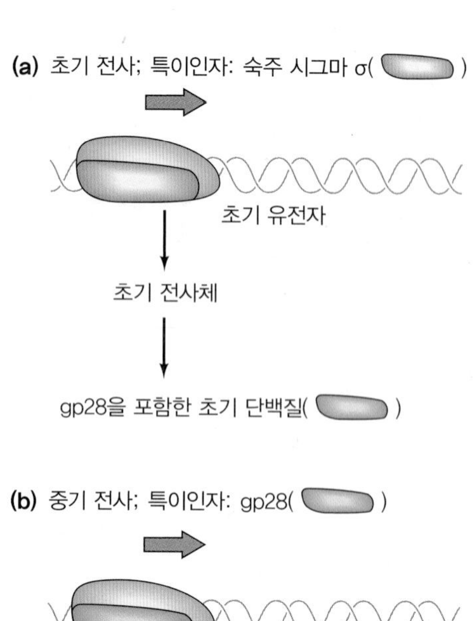

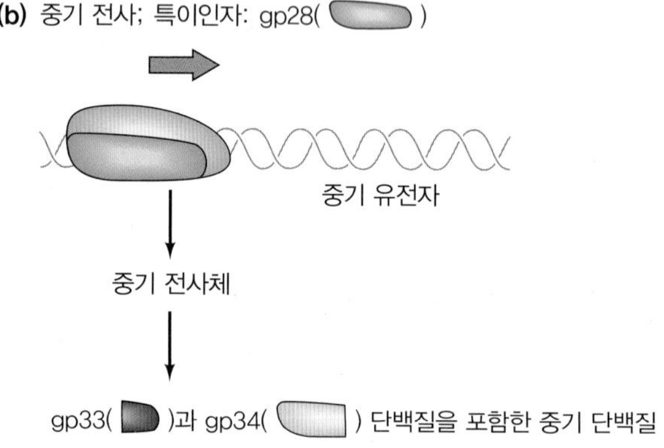

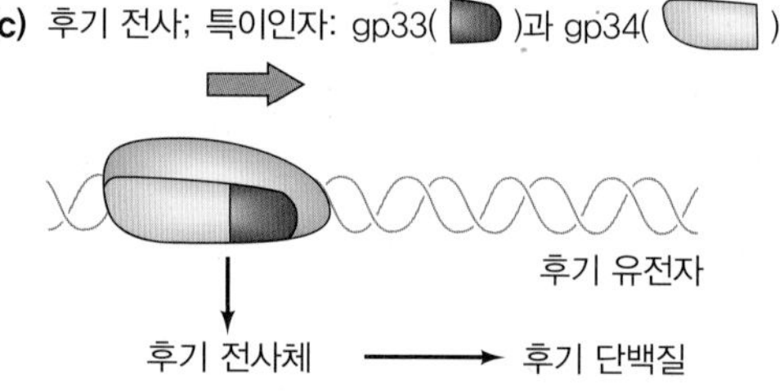

그림 8.1 SPO1 파지에 감염된 고초균에서 일어나는 시간대별 전사 조절. **(a)** 초기 전사는 숙주 σ−인자(파란색)를 포함하는 숙주 RNA 중합효소 완전효소에 의해 이루어진다. 초기 파지단백질 중 하나는 gp28(초록색)이라고 하는 새로운 σ−인자이다. **(b)** 중기 전사는 숙주 핵심 중합효소 부위(빨간색)와 협동으로 gp28에 의해 이루어진다. 2개의 중기 파지단백질들은 gp33과 gp34(각각 보라색과 노란색)이다. 이들은 함께 또 다른 σ−인자로 작용한다. **(c)** 후기 전사는 숙주의 핵심 중합효소와 gp33 및 gp34에 의해 이루어진다.

SPO1 초기 유전자들의 전사는 숙주 RNA 중합효소의 완전효소가 담당하는데, 이는 T4 모델에서 숙주 완전효소에 의해 가장 초기에 발현되는 유전자들이 전사되는 것과 비슷하다(6장 참조). 이러한 배치는 파지가 자신의 RNA 중합효소를 가지지 않기 때문에 필요하다. 파지가 세포에 처음으로 침투할 때 파지가 사용할 수 있는 RNA 중합효소는 숙주의 완전 효소뿐이다. 고초균의 완전효소는 대장균의 효소와 유사하다. 그 핵심부는 2개의 큰(β와 β′) 폴리펩티드와 2개의 작은(α) 폴리펩티드, 그리고 매우 작은(ω) 폴리펩티드로 구성되어 있다. 1차 σ-인자는 분자량이 43,000kD으로, 대장균의 1차 σ-인자의 70,000kD보다 작은 편이다. 중합효소는 이 이외에도 분자량이 약 20,000kD인 δ-구성인자도 가지고 있다. 이 구성인자는 효소가 프로모터 부위가 아닌 곳에 달라붙는 것을 막는 작용을 하는데 대장균 σ-인자는 이 기능을 수행하나 이보다 작은 고초균의 σ-인자는 이 기능을 가지지 않는다.

SPO1 감염 초기에 전사되는 유전자들 중 하나가 유전자 28이다. 그 산물인 **gp28**은 숙주의 핵심 중합효소에 붙어서 숙주 σ-인자(σ^{43})를 치환한다. RNA 중합효소의 특이성은 이 파지에 의해 발현된 새로운 폴리펩티드가 자리를 잡음으로서 변하게 된다. RNA 중합효소는 숙주유전자들과 파지의 초기 유전자들을 전사하는 대신에 파지의 중기 유전자들을 전사하기 시작한다. 다시 말하면 gp28은 진정한 새로운 σ-인자로서 다음 두 가지 상태로의 전환을 유도한다. 즉, 숙주 중합효소가 숙주유전자의 전사를 억제하도록 전환하며, 파지유전자들의 전사도 초기에서 중기로 전환시킨다.

중기로부터 후기 전사로의 전환도 대체적으로 마찬가지 방법으로 일어나는데, 차이점은 2개의 폴리펩티드가 팀을 이루어 핵심 중합효소에 결합하여 이것의 특이성을 변화시킨다는 것이 다르다. 이 폴리펩티드들이 파지의 두 중기 유전자(유전자 33과 유전자 34)의 산물인 **gp33**과 **gp34**이다. 이 단백질들이 gp28을 치환하여 변형된 중합효소가 중기 유전자들보다 파지의 후기 유전자들을 전사하도록 유도한다. 숙주의 핵심 중합효소 폴리펩티드들은 이 과정을 통해 변하지 않음을 주목하라. 효소의 특이성을 변화시키는 것은 σ-인자의 점진적 치환이고 이것이 전사 프로그램을 지시한다. 물론 전사 특이성의 변화는 초기, 중기, 후기 유전자가 다른 염기서열을 가지는 프로모터를 가진다는 사실에도 기인한다. 이것이 다른 σ-인자에 의해서 이들이 인식되는 방식이다.

이 과정에서 하나의 놀라운 사실은 다른 σ-인자들이 크기에 있어서 상당한 차이를 나타낸다는 점이다. 특히 숙주 σ-인자, gp28, gp33, gp34 등의 분자량은 각각 43,000, 26,000, 13,000, 24,000kD이다. 그럼에도 불구하고 이들은 핵심효소와 결합하여 σ-인자와 같은 역할을 한다. (물론 gp33과 gp34는 이 역할을 하기 위해 서로 결합해야만 한다.) 사실상 분자량이 70,000kD이나 되는 대장균의 σ-인자조차도 시험관 내에서 고초균의 핵심부에

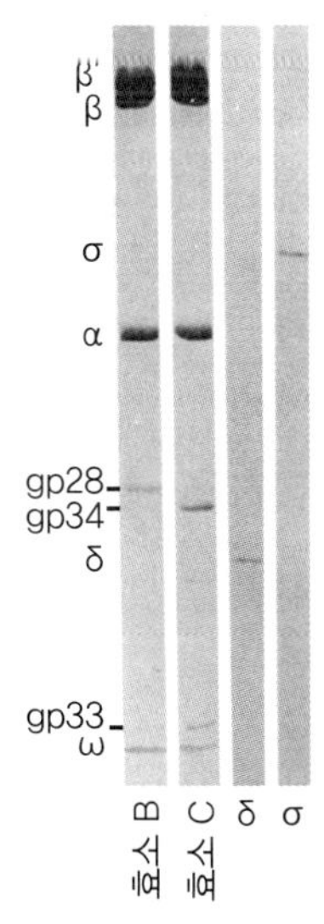

그림 8.2 SPO1 파지에 감염된 고초균 세포의 RNA 중합효소 소단위체 조성. 중합효소들을 크로마토그래피로 분리한 뒤, 이들의 소단위체를 나타내기 위해 SDS-PAGE로 분리했다. 효소 B(첫 번째 레인)는 gp28뿐만 아니라 핵심 소단위체(β′, β, α, ω)를 포함한다. 효소 C(두 번째 레인)는 핵심 소단위체들과 gp33, gp34를 포함한다. 마지막 두 레인은 각각 분리된 δ-인자와 σ-인자 소단위체를 포함한다. (출처: Pero J., R. Tjian, J. Nelson, and R. Losick. In vitro transcription of a late class of phage SPO1 genes. Nature 257 (18 Sept 1975): f. 1, p. 249 Macmillan Magazines Ltd.)

결합하여 작동할 수 있다. 핵심 중합효소는 분명히 여러 종류의 σ-인자들이 붙을 수 있는 결합부위를 가지고 있다.

우리는 σ-인자의 변환 모델이 타당하다는 것을 어떻게 알 수 있을까? 유전학 및 생화학적인 두 가지 증거가 이를 뒷받침한다. 첫째, 유전학적 연구로부터 유전자 28에 돌연변이가 일어나면 초기에서 중기로 전환이 일어나지 않음을 볼 수 있다. 이는 유전자 28의 산물이 중기 유전자들을 발현시키는 σ-인자라는 예상과 일치한다. 이와 비슷하게 유전자 33이나 34에 돌연변이가 형성되면 중기에서 후기로의 전환이 일어나지 않는데 이 역시 이 모델과 부합한다.

페로 등은 생화학적 연구를 수행했다. 첫째, 그들은 SPO1로 감염된 세포에서 RNA 중합효소를 추출했다. 인산화-셀룰로오스 크로마토그래피라는 과정이 이 추출 단계에 포함되는데, 이 과정을 통해 세 가지 형태의 중합효소들이 분리되었다. 분리된 중합효소 중 첫 번째인 효소 A는 델타(δ)를 포함하는 숙주의 핵심 중합효소와 파지로부터 만들어진 모든 인자들을 포함한다. 다른 두 중합효소인 B와 C에는 δ는 없으나 B는 gp28을 포함하며 C는 gp33과 gp34를 포함하고 있다. 그림 8.2는 SDS-PAGE로 결정된 이 두 효소의 소단위체 조성을 보여 주고 있다. δ가 없을 경우, 이 두 효소는 DNA의 프로모터와 비프로모터 부위를 분명하게 구별할

수 없기 때문에 특이적 전사를 행할 수 없었다. 그러나 Pero가 δ를 다시 첨가한 후 전사 특이성을 검정한 결과, B는 파지의 지연된 초기 유전자들에 특이성을 나타냈고 C는 후기 유전자들에 특이성을 나타내는 것을 알 수 있었다.

2) 포자형성

우리는 이미 파지 SPO1이 자신의 숙주 RNA 중합효소의 σ-인자를 치환시킴으로써 특이성을 변화시키는 것을 보았다. 다음에 따라 나오는 내용에서 같은 종류의 기작이 **포자형성**(sporulation) 과정 중에 숙주 자신의 유전자 발현의 변화에 적용되는 것을 보게 될 것이다. 고초균은 영양분이 존재하고 다른 상황들이 성장에 적합한 조건하에서는 무한정 성장하는 **영양상태**(vegetative) 또는 증식상태(growth)로 존재할 수 있다. 그러나 영양고갈이나 다른 성장 저해 상황에서는 적절한 환경이 돌아올 때까지 수년 동안 생존할 수 있는 단단하고 비활동적인 **내생포자**(endospore)를 형성한다(그림 8.3).

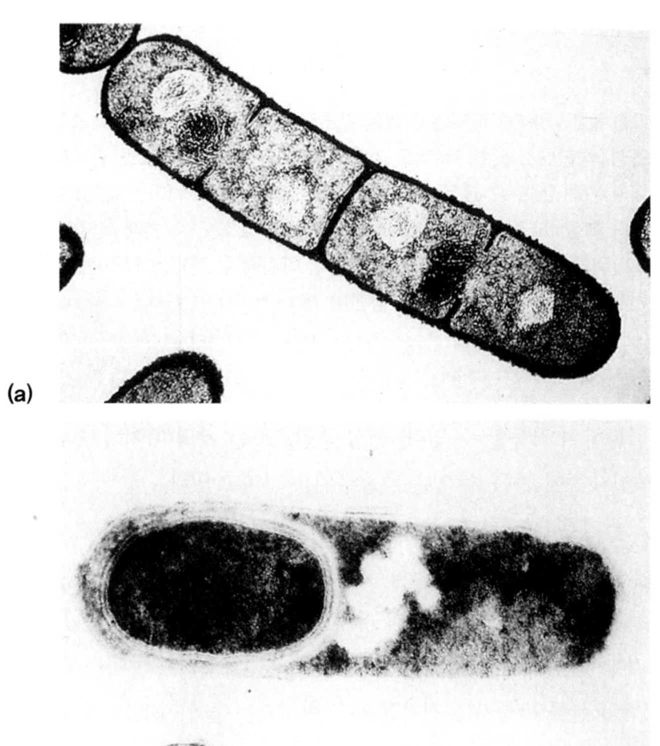

그림 8.3 고초균 세포의 두 발생 운명. (a) 영양상태의 고초균 세포가 분열하거나 **(b)** 포자를 형성하고 있다. 내생포자가 왼쪽 말단에서 형성되고 있고 모세포는 오른쪽에 있으며 내생포자를 둘러싸고 있다. (출처: Courtesy Dr. Kenneth Bott.)

포자형성은 딸세포 간의 극성 격막(septum) 형성으로부터 시작된다. 극성 격막은 세포를 같은 크기로 양분하는 영양상태 격막과는 달리 한쪽 말단을 향해 형성되어 세포를 2개의 다른 크기로 양분한다. 작은 부위(그림 8.3의 왼쪽)가 전포자(forespore)인데 나중에 성숙한 내생포자로 발달한다. 큰 부위는 모세포로 내생포자를 둘러싸고 있다.

유전자 발현은 포자형성 중에 변해야만 한다. 왜냐하면 영양상태와 포자형성 상태와 같이 형태와 대사에 있어서 아주 다른 세포들은 최소한 일부 유전자 산물이 달라야 하기 때문이다. 사실상 고초균 세포는 포자를 형성할 때 아주 새로운 일련의 포자형성 특이적 유전자들을 활성화시킨다. 영양상태로부터 포자형성 상태로의 전환은 일부 영양상태 유전자들의 전사를 종결시키고 일부 포자형성 특유의 전사를 개시하는 복잡한 σ-인자 전환(σ-switching) 계획에 의해 이루어진다.

예상한 대로 포자형성에는 하나 이상의 새로운 σ-인자가 관여한다. 실제로 여러 개가 참여하는데 σ^F, σ^E, σ^H, σ^C, σ^K 각각이 역할을 수행하며, 이들은 영양상태 σ-인자 σ^A 이외에 별도로 존재한다. 각 σ-인자는 다른 종류의 프로모터를 인식한다. 예를 들어 영양상태 σ^A는 대장균 σ-인자에 의해서 인식되는 프로모터와 아주 유사한 프로모터를 인식하는데 이는 −10부위에 TATAAT와 −35부위에 공통적으로 나타나는 TTGACA를 가진다. 반면에 포자형성 특이적 인자들은 아주 다른 염기서열들을 인식한다. σ^F 인자는 포자형성 과정 중에 전포자에 첫 번째로 나타난다. 이 σ-인자는 또 다른 포자형성 특이적 σ-인자를 암호화하는 유전자를 포

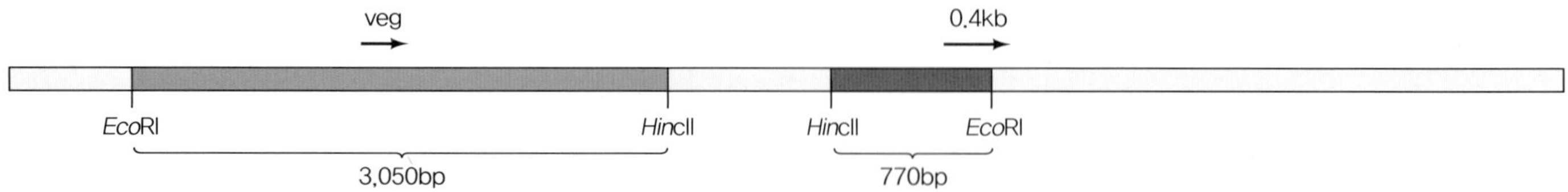

그림 8.4 플라스미드 p213의 부분 지도. 이 DNA 부위는 2개의 프로모터를 포함하고 있다. 영양상태 프로모터(Veg)는 *Eco*RI–*Hinc*II 절편의 3,050bp(파란색)에 위치하고 있으며 포자형성 프로모터(0.4kb)는 770bp 절편(빨간색)에 있다. (출처: Adapted from Haldenwang W.G., N. Lang, and R. Losick, A sporulation-induced sigma-like regulatory protein from B. subtilis. *Cell* 23:616, 1981.)

그림 8.5 **σ^A와 σ^E의 특이성.** 로식 등은 플라스미드 p213을 σ^A(1번 레인) 또는 σ^E(2번 레인)를 포함하는 RNA 중합효소를 이용해 시험관에서 전사했다. 그 뒤 플라스미드의 *Eco*RI–*Hinc*II 절편을 포함하는 서던블롯에 표지된 전사체를 잡종화시켰다. 그림 8.4에서 보듯이 이 플라스미드는 영양상태 프로모터를 3,050bp *Eco*RI–*Hinc*II 절편에 가지고 있고, 포자형성 프로모터를 770bp 절편에 가지고 있다. 그러므로 영양상태 유전자의 전사체는 3,050bp 절편에 잡종화하는 반면 포자형성 유전자의 전사체는 770bp 절편에 잡종화한다. 그림의 자기방사 사진은 σ^A 효소는 단지 영양상태 유전자만을 전사하고 σ^E 효소는 영양상태 및 포자형성 유전자 모두를 전사하는 것을 보여 준다. (출처: Haldenwang W.G., N. Lang, and R. Losick, A sporulation–induced sigma–like regulatory protein from B. subtilis. *Cell* 23 (Feb 1981), f. 4, p. 618. Reprinted by permission of Elsevier Science.)

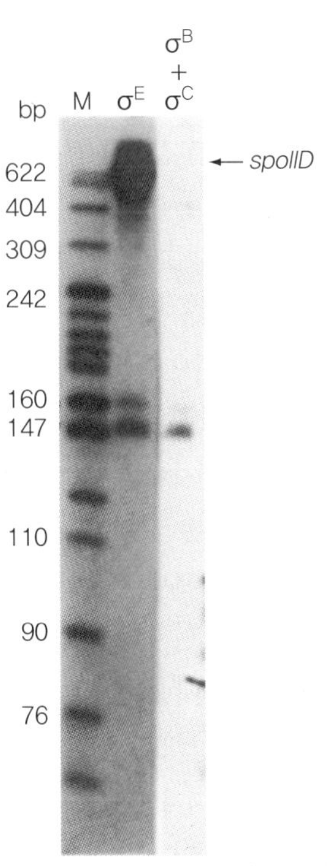

그림 8.6 *spoIID* 프로모터로부터 런–오프 전사에 의해 결정된 σ^E의 특이성. 소넨쉐인 등은 *spoIID* 프로모터를 포함하는 제한효소 절편을 준비하여 시험관에서 σ^E(중앙 레인) 또는 σ^B와 σ^C(오른쪽 레인)를 함께 포함하고 있는 고초균 RNA 핵심 중합효소를 이용해 전사했다. M 레인은 크기를 나타내는 DNA 절편을 포함하는 것으로 크기가 왼쪽에 표시되어 있다. 오른쪽에 있는 화살표는 *spoIID* 프로모터로부터의 예상되는 런–오프 전사체의 위치를 나타낸다(약 700nt). σ^E를 포함하는 효소만이 이 전사체를 만든다. (출처: Rong S., M.S. Rosenkrantz, and A.L. Sonenshein, Transcriptional control of the *Bacillus subtilis spoIID gene*. *Journal of Bacteriology* 165, no. 3 (1986) f. 7, p. 777, by permission of American Society for Microbiology.)

함하여 약 16개 유전자의 전사를 활성화시킨다. 이는 특히 *spoIIR*을 활성화 시키는데 활성화된 *spoIIR*은 반면에 모세포에 있는 σ^E를 암호화하는 유전자를 활성화시킨다. σ^F와 σ^E는 함께 전포자와 모세포를 각각 되돌아갈 수 없는 포자형성의 길로 들어가게 한다.

이들이 진정한 σ–인자인지를 증명하기 위해 사용된 기법을 기술하기 위하여 리차드 로식(Richard Losick) 등이 이들 인자 중 하나인 σ^E를 가지고 수행한 연구를 살펴보기로 하자. 첫째, 이들은 σ–인자가 알려진 포자형성 유전자에 특이성이 있음을 보여 주었다. 이를 증명하기 위해 이들은 σ^A나 σ^E를 포함하는 중합효소를 이용해 고초균 DNA 일부가 들어 있는 플라스미드를 시험관에서 표지된 뉴클레오티드를 이용해 전사했다. 고초균 DNA(그림 8.4)는 영양상태 유전자들에 대한 프로모터와 포자형성기 유전자에 대한 프로모터 모두를 가지고 있다. 영양상태 프로모터는 3,050bp 길이의 제한효소 절편에 들어 있고, 포자형성기 프로모터는 770bp 제한효소 절편에 들어 있다. Losick 등은 표지된 RNA 산물을 주형인 DNA에 서던블롯(Southern blot, 5장 참조)을 통해 잡종화시켰다. 이 과정을 통해 σ–인자들의 특이성이 밝혀졌다. 만일 영양상태 유전자가 시험관에서 전사되었다면 결과적으로 표지된 RNA는 서던블롯상에서 주형인 DNA의 3,050bp 밴드에 잡종화할 것이다. 반면 포자형성기 유전자가 시험관에서 전사되었다면 표지된 RNA 산물은 770bp 밴드에 잡종화할 것이다. 그림 8.5에서 중합효소가 σ^A를 포함하고 있을 때에는 전사체가 오직 영양상태 밴드(3,050bp)에만 잡종화하는 것을 볼 수 있다. 반면에 중합효소가 σ^E를 포함할 때에는 전사체가 영양상태와 포자형성기 밴드(3,050bp와 770bp) 모두에 잡종화함을 볼 수 있다. σ^E는 분명히 영양상태 프로모터들을 인식할 수 있는 능력을 가지고 있다. 그러나 이 인자의 주 친화력은 포자형성기 프로모터들(적어도 770bp DNA 절편과 관련된)에 있는 것으로 보인다.

아브라함 소넨쉐인(Abraham Sonenshein) 등은 770bp DNA 절편에 포함되어 있는 포자형성 유전자의 특성이 알려져 있지 않았기 때문에 σ^E가 잘 알려진 포자형성 유전자를 전사한다는 것을 보여 주기로 했다. 이들은 *spoIID* 유전자를 선택했는데 이 유전자는 포자형성에 필요한 것으로 알려져 있고 이미 클로닝되어 있었다. 이들은 3개의 다른 σ-인자 σ^B, σ^C, σ^E를 갖는 중합효소들을 사용해 이 유전자의 절단된 절편을 전사하여 런-오프(run-off, 5장 참조) 전사체를 형성했다. 이전 연구에서 생체 내에서 만들어진 RNA를 S1 핵산분해효소 지도작성 분석 결과 자연적인 전사 출발점을 밝혀내었다. *spoIID* 유전자의 결손은 이 전사 출발점으로부터 700bp 하단부에 나타나므로 시험관 내에서 바른 출발점으로부터 형성되는 전사는 700nt 런-오프 전사체이다. 그림 8.6이 보여주듯이 오직 σ^E만이 이 전사체를 형성할 수 있었다. 다른 σ-인자들은 *spoIID* 프로모터를 RNA 중합효소가 인식하도록 유도할 수 없었다. 이와 유사한 실험에서는 σ^A가 이 프로모터를 인식할 수 없음이 밝혀졌다.

로식 등은 σ^E 자체가 원래 *spoIIG*로 불리던 포자형성 유전자의 산물임을 확립하였다. 예상대로 이 유전자에 생긴 돌연변이는 포자형성을 초기 단계에서 저지하였다. *spoIID* 등과 같은 포자형성기 유전자를 인식하는 σ-인자 없이는 이 유전자들은 발현될 수 없고, 따라서 포자형성이 일어날 수 없다.

3) 다중 프로모터를 갖는 유전자

고초균의 포자형성에 관한 설명은 다음 주제인 다중 프로모터에 대한 적절한 서론이 되었다. 왜냐하면 포자형성 유전자들이 이러한 현상의 첫 번째 예들 중 일부를 제공했기 때문이다. 일부 유전자들은 포자형성시 둘 또는 그보다 많은 단계에서 발현이 일어나야 하는데 이때는 다른 σ-인자들이 우세한 시기이다. 그러므로 이러한 유전자들은 다른 σ-인자들에 의해서 인식되는 다중 프로모터를 갖는다.

2개의 프로모터를 갖는 포자형성 유전자들 중 하나가 *spoVG*인데 이 유전자는 $E\sigma^B$와 $E\sigma^E$(σ^B와 σ^E를 갖는 완전효소) 모두에 의해 전사된다. 로식 등은 포자형성 세포의 RNA 중합효소를 DNA-셀룰로오스 크로마토그래피를 이용해 부분적으로 정제하였다. 그들은 중합활성이 극대로 나타나는 분획을 이용해 절단된 *spoVG* 유전자의 런-오프 전사를 수행하였다. 정점을 향해 올라가는 곳의 분획들은 주로 110nt 런-오프 전사체를 생성한 반면, 정점으로부터 떨어지는 곳의 분획은 120nt 런-오프 전사체를 우세하게 만들었다. 중간에 있는 분획은 두 종류의 런-오프 전사체 모두를 만들었다.

이 연구자들은 DNA-셀룰로오스 크로마토그래피를 한 번 더 시행함으로써 두 중합효소 활성을 완전히 분리하는 데 성공했다. σ^E를 포함하는 한 집단의 분획들은 오직 110nt 런-오프 전사체만을 합성했다. 더구나 이 전사체를 만드는 능력은 효소에 있는 σ^E의 양과 비례하는데 이는 전사 능력이 σ^E에 달려 있음을 시사한다. 이를 확인하기 위해 로식 등은 겔 전기영동을 이용해 σ^E를 정제하여 핵심중합효소와 결합시켜 이것이 오직 110nt 런-오프 전사체만을 만들어 내는 것을 보여 주었다(그림 8.7). 이와 같은 실험으로부터 또한 σ^B와 핵심중합효소가 단지 120nt 런-오프 전사체만을 만들어 내는 것도 밝혔다.

이 실험들은 *spoVG* 유전자가 $E\sigma^B$와 $E\sigma^E$ 모두에 의해서 전사될 수 있으며 이 두 효소는 그림 8.8과 같이 전사개시부위가 10bp 떨어져 있다는 것을 보여 주었다. 이 개시점의 위치를 파악함으로써 우리는 상단부위로 적절한 숫자의 염기쌍을 거슬러 올라가 이 σ-인자들 각각에 의해서 인식되는 프로모터의 −10과 −35상자를 찾을 수 있다(그림 8.8에서도 제시되고 있음). 같은 σ-인자에 의해 인식되는 많은 −10과 −35상자들을 비교함으로써 6장에서 논의된 것과 같은 공통서열을 찾아낼 수 있었다.

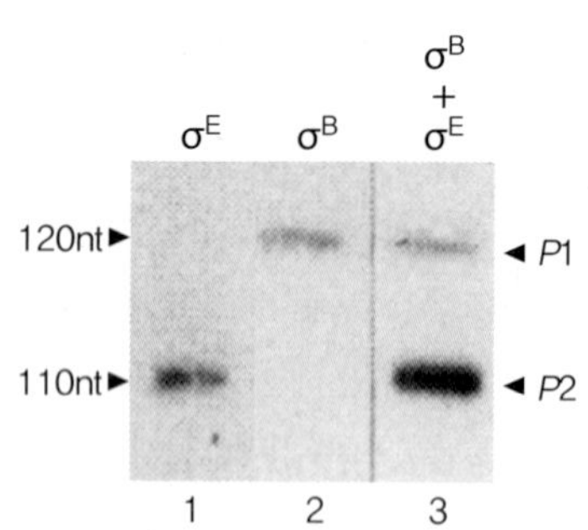

그림 8.7 σ^B와 σ^E의 특이성. 로식 등은 전기영동법으로 σ-인자 σ^B와 σ^E를 분리한 뒤, 중합효소의 핵심과 함께 런-오프 전사분석을 이용해 시험하였다. σ^E를 포함하는 1번 레인은 하단부 프로모터(*P2*)에서 선택적으로 전사가 시작되었다. σ^B를 포함하는 2번 레인은 상단부위 프로모터(*P1*)에서 선택적으로 전사가 시작되었다. 이 두 σ-인자를 모두 갖는 3번 레인에서는 양 프로모터 모두에서 전사가 시작되었다. (출처: Adapted from Johnson W.C., C.P. Moran, Jr., and R. Losick, Two RNA polymerase sigma factors from *Bacillus subtilis* discriminate between overlapping promoters for a developmentally regulated gene. *Nature* 302 (28 Apr 1983), f. 4, p. 803. © Macmillan Magazines Ltd.)

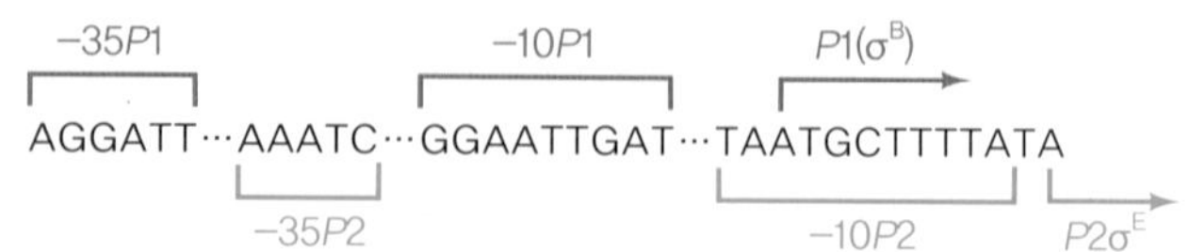

그림 8.8 고초균 *spoVG*의 중첩된 프로모터. *P1*은 σ^B에 의해 인식되는 상단부의 프로모터를 지칭한다. 이 프로모터의 전사 시작점과 −10, −35상자는 염기서열 위에 빨간색으로 표시되었다. *P2*는 σ^E에 의해 인식되는 상단부의 프로모터를 지칭한다. 이 프로모터의 전사 시작점과 −10, −35상자는 염기서열 밑에 파란색으로 표시되었다.

4) 다른 σ로의 전환

세포가 온도의 상승을 접하거나 여러 환경적 공격을 받게 되면 이들은 피해를 최소화하기 위해 **열 충격 반응**(heat shock response)이라 불리는 방어기작을 발동한다. 이들 세포는 **분자 샤페론**(molecular chaperone)이라 불리는 단백질을 생산하는데, 이들은 열에 의해 일부 풀어진 단백질에 붙어서 이러한 단백질이 적절한 구조로 다시 회복할 수 있도록 도와준다. 또한 세포들은 단백질분해효소도 생산해서 샤페론의 도움에도 불구하고 원상복구가 힘들 정도로 망가진 단백질들을 분해한다. 집합적으로 세포가 열 충격에 생존할 수 있도록 도와주는 단백질을 암호화하는 유전자들을 **열 충격 유전자**(heat shock gene)라 부른다.

대장균 세포를 정상적인 생장 온도(37℃)에서 고온(42℃)으로 노출시키면 정상적인 전사가 즉시 중단되거나 최소한 줄어들고 17개의 새로운 열 충격 전사체의 생성이 시작된다. 이 전사체는 세포가 열 충격에 살아남는 데 도움을 주는 샤페론과 단백질분해효소를 암호화하고 있다. 이러한 전사의 전환은 *rpoH* 유전자의 산물을 필요로 하는데 이 유전자는 분자량이 32kD인 σ−인자를 암호화한다. 따라서 이 인자를 σ^{32}라 부르는데, 이는 또한 열 충격을 의미하는 H를 따서 σ^{H}라고도 한다. 1984년 그로스먼 등은 σ^{H}가 진정한 σ−인자임을 밝혔다. 이들은 σ^{H}를 핵심 중합효소와 섞어서 이 혼합물이 시험관 내에서 자연적인 전사 출발점으로부터 여러 종류의 열 충격 유전자들을 전사할 수 있다는 것을 보여 주었다.

열 충격 반응은 1분 이내에 일어나는데, 이는 *rpoH* 유전자를 전사하고 전사된 mRNA를 해독하여 충분한 양의 새로운 σ−인자를 합성하기에는 충분한 시간이 되지 못한다. 대신 2개의 다른 과정으로 σ^{H}의 빠른 축적을 설명할 수 있다. 첫 번째는 단백질 자체가 상승된 온도에서 안정화될 수 있다는 것이다. 이러한 현상은 다음과 같이 설명될 수 있다. σ^{H}는 정상적인 생장 상황에서 열 충격 단백질에 결합함으로써 불안정화되는데, 이것이 이 단백질을 파괴시킨다. 그러나 온도가 올라가면 다른 많은 단백질들이 풀어져서 이것이 열 충격 단백질들로 하여금 σ^{H}를 방치하고 이와 같이 풀어진 다른 단백질들을 복구하거나 분해를 시도하도록 야기한다.

σ^{H} 농도에 대한 고온의 두 번째 효과는 해독 수준에서 일어난다. 높은 온도는 *rpoH* mRNA 5′−말단 비번역 지역의 2차 구조를 와해시켜 mRNA가 리보좀에 좀 더 쉽게 접할 수 있도록 만들어 준다. 미요 모리타(Miyo Morita) 등은 예상되는 핵심적인 2차 구조 부위에 돌연변이를 형성하여 이러한 가설을 시험해 보았다. 이들은 정상적이거나 돌연변이가 일어난 mRNA의 2차 구조 와해 온도가 σ^{H} 인자의 합성 유도와 상관관계가 있음을 알아내었다. 이 기작은 17장에서 조금 더 자세히 논의하기로 하자.

질소 고갈 도중에 또 다른 σ−인자(σ^{54} 또는 σ^{N})가 질소 대사를 담당하는 단백질을 암호화하는 유전자의 전사를 지시한다. 이 이외에도 대장균과 같은 그람음성 박테리아는 비록 포자형성은 하지 않지만 기아나 극한의 pH와 같은 스트레스에 놓였을 때 비교적 저항성을 띠게 된다. 스트레스에 대한 저항성을 부여하는 유전자들은 대체 σ−인자인 σ^{S} 혹은 σ^{38}을 지니는 RNA 중합효소에 의해서 정지기(stationary phase, nonproliferating) 대장균에서 발현된다. 이것이 근본적인 극복기작의 모든 예들이다. 박테리아는 환경의 변화에 σ−인자의 전환에 의해 매개되는 전사의 전반적 변화로 대처하는 경향이 있다.

5) 항−σ−인자

박테리아 세포는 우리가 바로 전에 논의한 σ 대체 기작 이외에도 **항−σ−인자**(anti−σ−factor)를 이용하는 전사 조절 방법을 진화시켰다. 이 단백질들은 σ−인자들이 핵심 중합효소에 결합하는 것과

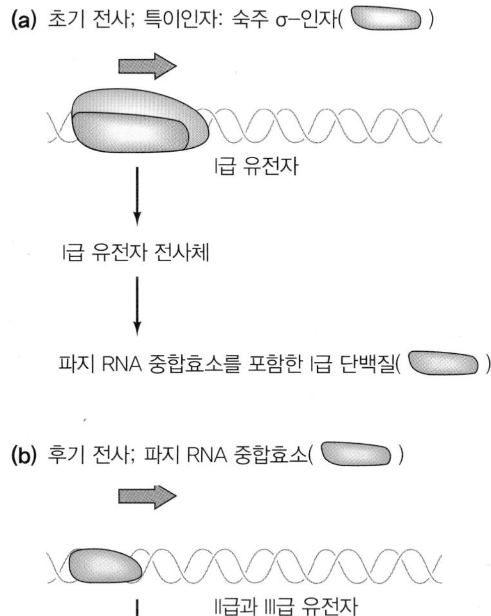

그림 8.9 T7 파지에 의해 감염된 대장균의 시간대별 전사 조절. **(a)** 초기(I단계)전사는 숙주의 σ−인자(파란색)를 포함하는 RNA 중합효소 완전효소에 의해 이루어진다. 파지의 초기 단백질 중 하나는 T7 RNA 중합효소(초록색)이다. **(b)** 후기(II와 III단계) 전사는 T7 RNA 중합효소에 의해 이루어진다.

경합하지 않는다. 대신에 이들은 σ-인자에 직접적으로 결합하여 이들의 기능을 억제한다. 이러한 항-σ-인자의 하나의 예가 대장균 rsd 유전자 산물이다. 이 유전자의 명칭은 *rpoD* 유전자의 산물로 주요 영양상태 σ인 σ^{70}의 활성을 이 유전자의 산물이 조절(억제)할 수 있는 능력을 가졌다는 것으로부터 유래되었다. 그러므로 *rsd*는 시그마 D의 조절자(regulator of sigma D)라는 의미이다.

대장균 세포가 빠르게 증식하는 한 대부분의 유전자는 $E\sigma^{70}$에 의해서 전사되며 *rsd*의 산물인 **Rsd**는 만들어지지 않는다. 그러나 바로 앞서 보았듯이 영양분 고갈, 높은 삼투압, 혹은 고온과 같은 상황에서 세포가 스트레스를 받게 되면 세포는 증식을 중지하고 정지기로 진입한다. 이 시점에서 새로운 세트의 스트레스 유전자가 새로운 σ-인자인 σ^S에 의해서 활성화 되는데 세포 내에 존재하는 전체 RNA 중합효소의 약 1/3에 해당하는 양이 σ^S를 지닌다. 이는 세포 내에 존재하는 σ의 약 2/3가 아직 σ^{70}이다 라는 것을 의미하는데 그럼에도 불구하고 $E\sigma^{70}$에 의해서 전사되는 유전자의 발현은 10배 이하로 감소한다. 이러한 관찰은 σ-인자의 상대적 가용성 이외에도 무엇인가가 유전자 발현에 영향을 미치고 있다는 것을 암시한다. 이 특별한 인자가 Rsd인 것처럼 보이는데, 이는 세포가 정지기로 진입하면서 만들어지기 시작하여 σ^{70}에 결합하여 이것이 핵심 중합효소와 결합하는 것을 억제한다. 그러므로 항-σ-인자는 한 종류의 σ 활성을 억제하여 다른 종류의 σ가 선호되도록 하여 σ 대체 기작을 보완할 수 있다.

일부 항-σ-인자는 **항-σ-인자의 항인자**(anti-anti-σ-factor)의 조절을 받기도 한다. 예를 들어 포자형성 고초균에서 항 σ-인자인 SpoIIAB는 포자형성을 시작하는데 필요한 두 σ-인자인 σ^F와 σ^G에 결합하여 이들의 활성을 억제한다. 그러나 또 다른 단백질인 SpoIIAA는 SpoIIAB와 σ^F, σ^G의 복합체에 결합하여 σ-인자를 방출함으로서 항-σ-인자의 효과를 역전시킨다. 더욱 놀라운 것은 항-σ-인자 SpoIIAB가 SpoIIAA를 인산화시켜 이를 불활성화 시키는 **항-σ-인자의 항인자의 항인자**(anti-anti-anti-σ-factor)로서 작용할 수 있다는 것이다.

8.2. T7 파지에서 암호화된 RNA 중합효소

T7 파지는 비교적 간단한 대장균 파지 계통에 속하며 T3와 φII도 여기에 포함된다. 이들은 SPO1에 비해 상당히 작은 유전체를 가지므로 유전자 수도 적다. 우리는 이 파지에서 전사의 3단계를 구별할 수 있다. I단계라 불리는 초기 단계 및 II단계와 III단계로 불리는 후기 단계가 이들이다. I단계 유전자 5개 중 하나인 유전자 1은 II단계와 III단계 유전자들의 발현에 필요하다. 이것이 돌연변이를 일으키면 I단계 유전자들의 전사만 일어난다. SPO1의 경우를 조금 전에 배웠기 때문에 유전자 1이 숙주 RNA 중합효소가 후기 파지유전자 전사를 지시하는 σ-인자를 암호화한다고 생각할 수 있을 것이다. 사실 일부 연구자들이 T7 전사에 대해 이러한 결론을 내렸지만 이는 오류로 판명되었다.

유전자 1의 산물은 σ-인자가 아니라 하나의 폴리펩티드로 이루어진 파지 특이적 RNA 중합효소이다. 이 중합효소는 예상대로 T7 파지의 II, III단계 유전자들을 특이적으로 전사하며 I단계 유전자들은 전사하지 않는다. 실제로 이 효소는 매우 특이하다. 이 효소는 T7 파지의 II, III단계의 유전자들만 전사하고, 다른 자연적인 유전자 주형들은 그대로 내버려둔다. 따라서 이 파지의 전환 기작은 아주 간단하다(그림 8.9). 파지 DNA가 숙주세포로 들어가면 대장균 완전효소가 유전자 1을 포함한 5개의 I단계 유전자들을 전사한다. 유전자 1의 산물인 파지 특이적 RNA 중합효소는 그때부터 파지의 II, III단계 유전자들을 전사한다.

비슷한 중합효소가 T3 파지에서도 분리되었다. 이 효소는 T7 유전자들보다는 T3 유전자들에 특이적이다. 사실 T7과 T3 프로모터들은 pBluescript와 같은 클로닝 벡터에 유전공학적으로 삽입되었다(4장 참조). 이러한 DNA들은 하나의 파지 중합효소 또는 다른 중합효소에 의해 시험관에서 전사되어 특정 RNA를 만들 수 있다.

8.3. λ 파지의 대장균 감염

지금까지 공부한 대부분의 파지(예를 들어, T2, T4, T7, SPO1)는 **유독성**(virulent) 파지들이다. 이들은 복제할 때 자신의 숙주를 **용해**(lysing)시키거나 파괴함으로써 죽인다. 그런 반면에 **람다**(lambda, λ)는 **순한**(temperate) 파지이다. 이들은 대장균 세포를 감염할 때 대장균을 꼭 죽이지는 않는다. 이런 면에서 λ 파지는 다른 많은 파지들에 비해서 훨씬 유연하다. 이 파지는 번식에 있어 두 가지 경로를 따른다(그림 8.10). 첫째는 **용균**(lytic) 방식으로 유독성이 있는 파지들처럼 감염이 진행된다. 이 경로는 파지 DNA가 숙주세포에 들어가서 숙주 RNA 중합효소에 대한 전사의 주형으로 작용함으로써 시작한다. 파지 mRNA는 번역되어 파지단백질을 만들고 파지 DNA는 복제되며, 자손 파지들은 이 DNA와 단백질들을 이용해 조립된다. 감염은 숙주세포가 이 자손 파지들을 내

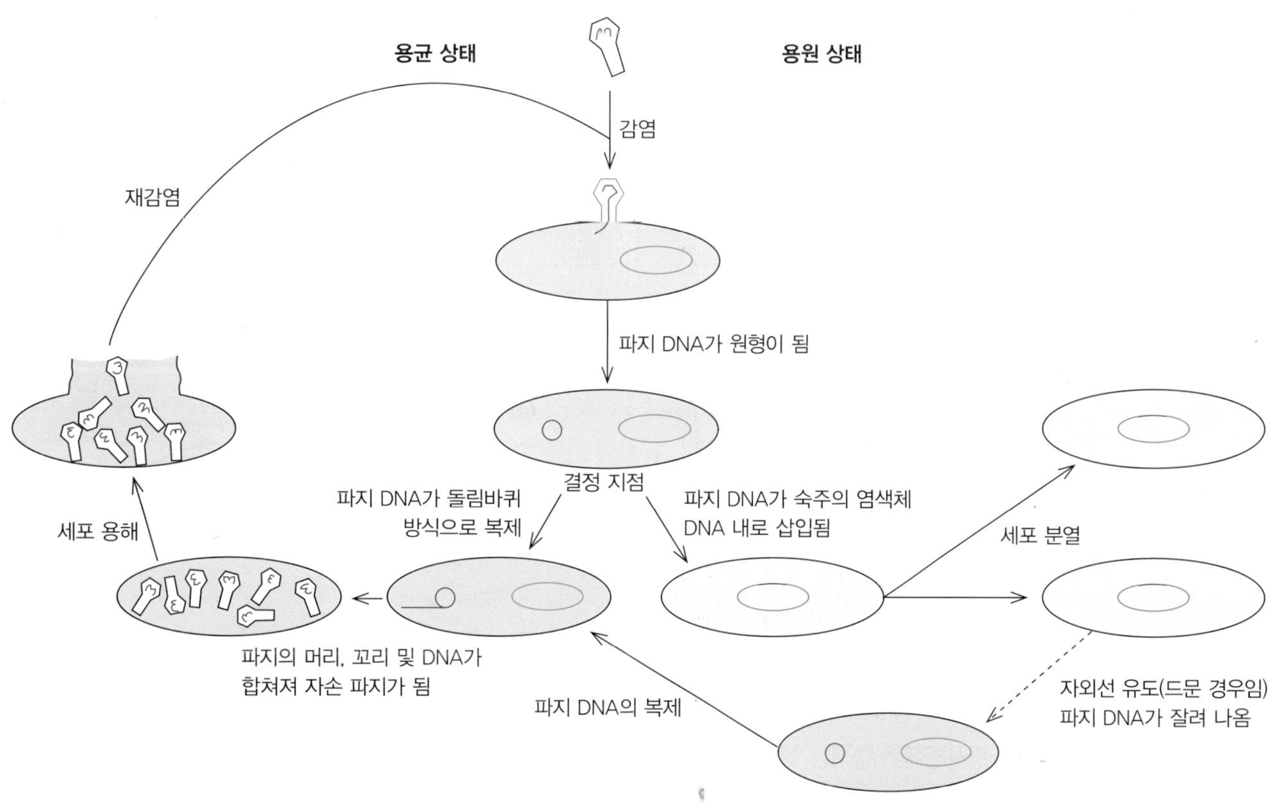

그림 8.10 λ 파지에 의한 용균성 감염 대 용원성 감염. 파란색 세포들은 용균 상태, 노란색 세포들은 용원 상태, 초록색 세포들은 아직 미결정 상태이다.

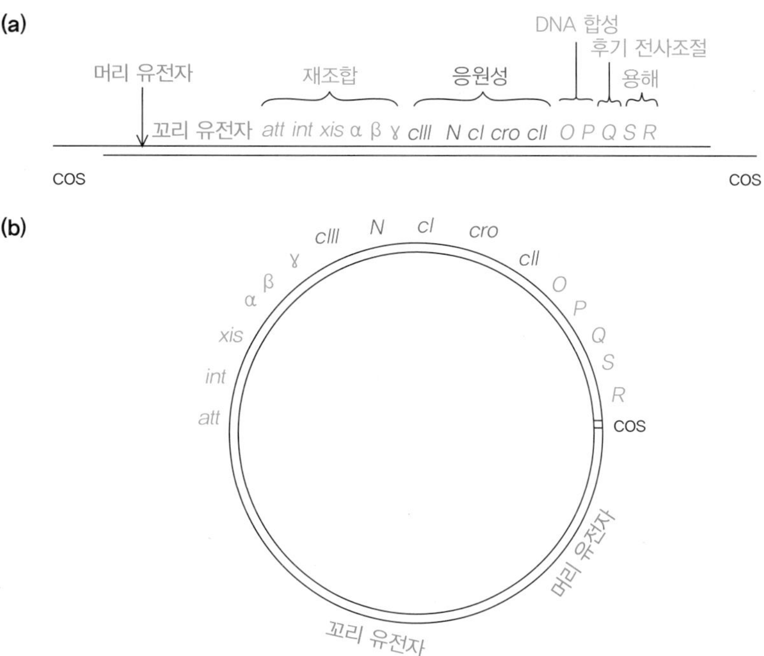

그림 8.11 λ 파지의 유전자 지도. (a) 직선형으로 보이는 이 지도는 DNA가 파지 입자에 존재하는 상태이다. 점착 말단(cos)은 지도의 양끝에 존재한다. 유전자들은 기본적으로 기능에 따라 무리지어 나타난다. (b) 원형으로 보이는 이 지도는 파지가 숙주세포 내에서 용균성 감염 중 점착 말단들이 서로 결합한 뒤 취하는 상태이다.

보내기 위해 용해될 때 종료된다.

용원(lysogenic) 방식은 이와 아주 다르다. 파지 DNA는 마치 용균성 감염에서처럼 세포에 들어가서 초기 유전자들이 전사되고 번역된다. 그러나 이때 27kD의 파지단백질[**λ 억제인자**(repressor) 또는 CI]이 나타나서 2개의 파지 작동자 부위에 결합하여 λ 억제인자 자신의 유전자인 cI('c−eye'가 아니라 'c−one'으로 발음함)을 제외한 모든 유전자의 전사를 차단한다. 이와 같이 단지 1개의 파지유전자만이 활성화된 상황에서는 자손 파지가 왜 생성되지 못하는가를 아는 것은 아주 쉽다. 더군다나 용원성(lysogeny)이 이루어질 때 파지 DNA는 숙주 유전체에 통합된다. 이런 통합된 파지 DNA를 지니는 박테리아를 **용원균**(lysogen)이라 부른다. 통합된 DNA는 **파지 전구체**(prophage)라 불린다. 용원 상태는 무한정 존재할 수 있으며, 이러한 상황이 파지에게 불리한 것은 아니다. 왜냐하면 용원균의 파지 DNA는 숙주 DNA를 따라 매번 복제되기 때문이다. 이런 방식으로 파지 유전체는 파지 입자를 만들 필요 없이 증식하게 된다. 그러므로 '공짜 차'를 타게 되는 것이다. 용원균이 돌연변이성 화학물질이나 방사선에 노출되는 특수 상황에서는 용원성이 깨지고 파지는 용균 상태로 들어가게 된다.

1) λ 파지의 용균성 번식

λ 파지의 용균성 번식주기는 우리가 앞서 공부한 유독성 파지들의 주기와 전사가 세 단계, 즉 **직전초기**(immediate early), **지연초기**(delayed early), **후기**(late)로 이루어진다는 점에서 서로 비슷하다. 이 세 종류의 유전자들은 파지 DNA상에 순차적으로 배열되어 있으며 이러한 배열이 앞으로 공부할 이들 유전자가 어떻게 조절되는지를 설명하는 데 도움이 된다. 그림 8.11은 λ 유전자 지도의 두 형태를 보여 준다. 하나는 DNA가 파지 입자 내에서 존재하는 형태인 직선 구조이고, 다른 하나는 파지의 감염 직후 예상되는 형태인 원형 구조이다. 원형화는 직선 유전체의 양 말단에 존재하는 12개 염기의 돌출된 '점착성' 말단에 의해 가능해진다. 이 결합력이 있는 말단은 **코스**(cos)라는 이름으로 불린다. 직선형의 유전체에서 양 말단으로 분리되어 있던 모든 후기 유전자들이 원형화로 인해 서로 인접되는 점을 주목하라.

다른 것과 마찬가지로 이 파지의 유전자 발현 프로그램은 전사가 개시되느냐 개시되지 않느냐로 조절된다. 그러나 λ는 지금까지 보지 못한 전환 방식인 **항종결**(antitermination) 방식을 취한다. 그림 8.12에 그 개요가 나타나 있다. 물론 숙주의 RNA 중합효소 완전효소가 직전초기 유전자를 먼저 전사한다. 단 2개만 이러한 유전자들인데 *cro*와 *N*이 그것이다. 이 유전자들은 각각 P_R과 P_L 프로모터의 오른쪽 방향과 왼쪽 방향의 바로 하단부에 위치한다. 용균성 주기의 경우 억제인자가 이 단계에서 프로모터를 관장하는 작동자(각각 O_R과 O_L)에 결합하지 않으며, 따라서 전사는 막힘없이 진행된다. 중합효소가 직전초기 유전자들의 말단에 도달하면 종결자를 만나게 되어 지연초기 유전자들 바로 앞에서 멈추게 된다.

직전초기 두 유전자들의 산물은 λ 프로그램의 발현이 더 진행

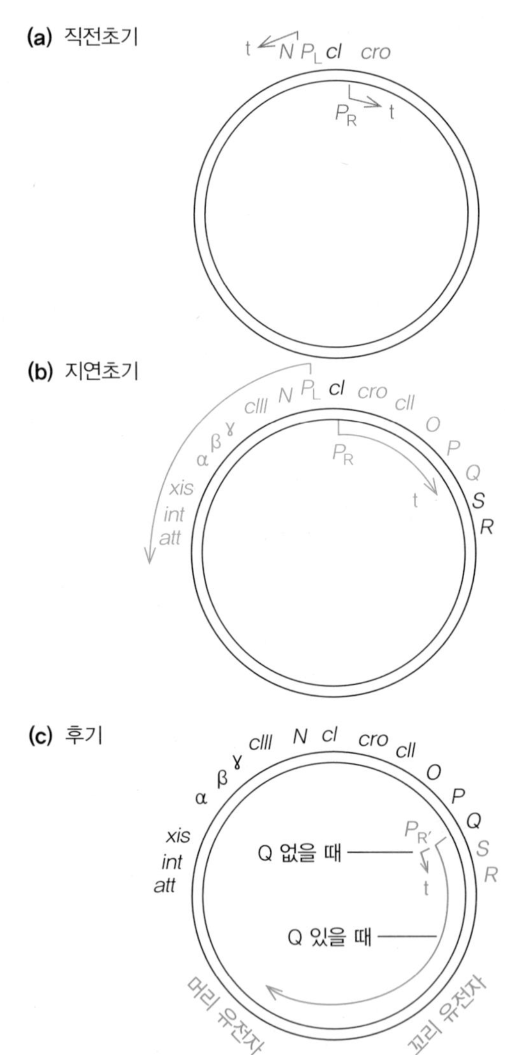

그림 8.12 λ 파지에 의한 용균성 감염 중 시간대별 전사 조절. **(a)** 직전초기 전사(빨간색)는 억제인자 유전자(*cI*) 양옆에 있는 오른쪽 방향과 왼쪽 방향 프로모터들(각각 P_R과 P_L)로부터 시작한다. 전사는 *N*과 *cro* 유전자들 뒤의 rho 의존적 종결자들(t)에서 멈춘다. **(b)** 지연초기 전사(파란색)는 같은 프로모터들에서 시작하나 *N* 유전자 산물인 N이 항종결자로 작용해서 종결자들을 지나치게 된다. **(c)** 후기 전사(초록색)는 새로운 프로모터($P_{R'}$)에서 시작한다. 이는 다른 항종결자인 Q 유전자 산물인 Q가 없는 상황에서는 종결자(t)에서 멈춘다. 여기서 *O*와 *P*는 작동부위와 프로모터가 아닌 단백질을 암호화하는 지연초기 유전자들임을 주목하라.

되기 위해 반드시 필요하다. ***cro*** 유전자 산물은 억제인자로서 람다 억제인자 유전자인 cI의 전사를 저해하여 λ 억제인자 단백질의 합성을 억제한다. 이는 λ 억제인자에 의해 발현이 억제된 다른 파지유전자들의 발현을 위해 필요하다. N 유전자의 산물인 **N**은 **항종결자**(antiterminator)로서 이는 RNA 중합효소가 직전초기 유전자들의 말단에서 종결자들을 무시하고 지연초기 유전자들을 계속 전사하도록 허용하는 역할을 한다. 그 결과 지연초기 전사가 시작된다. 이때 직전초기와 지연초기 전사 모두에서 같은 프로모터(P_R과 P_L)가 쓰임을 주시하라. 이 전환에는 우리가 다른 파지들에서 보아온 것과 같은 새로운 프로모터를 인식하여 새로운 전사체를 만드는 새로운 σ-인자나 RNA 중합효소가 관여하지 않는다. 대신 같은 프로모터들에 의해 조절되는 전사 산물들의 연장으로 이루어진다.

지연초기 유전자들은 용균성 주기를 지속하는 데 중요할 뿐만 아니라 다음 단원에서 다루게 될 용원성을 형성하는 데도 중요한 역할을 한다. 유전자 *O*와 *P*는 용균성 성장의 주요 부분인 파지 DNA의 복제에 필요한 단백질들을 암호화한다. *Q* 유전자의 산물(Q)은 또 다른 항종결자로 후기 유전자들의 전사를 가능하게 한다.

후기 유전자들은 모두 오른쪽 방향(시계 방향)으로 전사가 일어나나 P_R로부터는 일어나지 않는다. 후기 프로모터인 $P_{R'}$은 *Q*의 바로 하단부에 존재한다. 이 프로모터로부터의 전사는 Q가 개입해서 종료를 막지 않으면 단지 194염기만 전사하고 종결된다. 유전자 N의 산물이 Q를 대체할 수는 없다. 이는 *cro*와 *N* 뒤의 항종결에 특이적으로 작용한다. 후기 유전자들은 파지의 머리와 꼬리를 만드는 단백질과 숙주세포를 용해시켜 자손 파지들이 빠져나가게 할 단백질을 암호화한다.

(1) 항종결

어떻게 N과 Q가 항종결 작용을 수행할까? 두 가지 다른 기작이 이용되는 것으로 보인다. 우선 N에 의한 항종결을 살펴보자. 그림 8.13은 이 과정의 개요를 보여 준다. a는 *N* 유전자 주위의 유전자들의 위치를 보여 준다. 오른쪽에는 왼쪽 방향 프로모터인 P_L과 그 작동자인 O_L이 있다. 이곳이 왼쪽 방향으로 전사가 시작되는 곳이다. *N* 유전자의 하단부(왼쪽)에 전사종결부위가 있으며, *N* 유전자 산물(N)이 없을 경우 이곳에서 전사가 종결된다. b는 N이 없을 경우 어떤 일이 일어나는가를 보여 준다. RNA 중합효소(분홍색)는 P_L에서 전사를 시작하여 종결부위에 도달하기 전에 *N*을 전사하고 DNA로부터 떨어져 나와 *N* mRNA를 방출한다. 이제 *N*이 전사되었기 때문에 N 단백질이 나타나게 되고 c는 그다음에 어떤 일이 일어나는지를 보여 준다. N 단백질(자주색)이 **N 사용부위**(N utilization site, ***nut* site**, 초록색)의 전사체에 결합하고 RNA 중합효소에 붙어 있는 숙주단백질들의 복합체(노란색)와 상호 작용한다. 이것은 어떠한 방법을 통해 중합효소를 변형시켜 종결부위

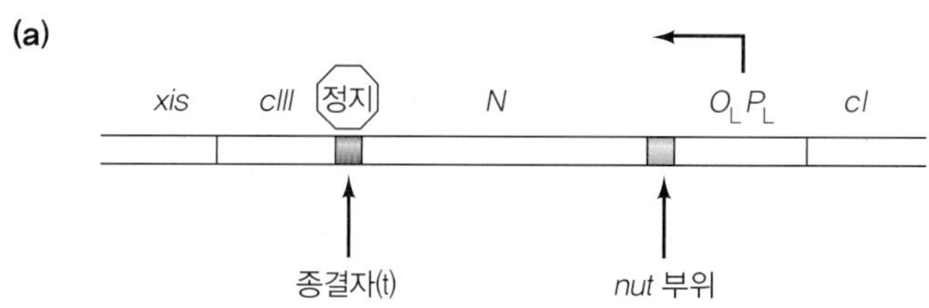

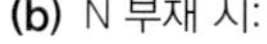

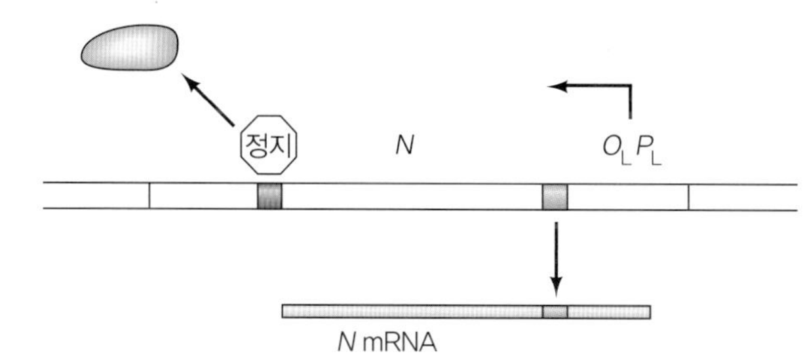

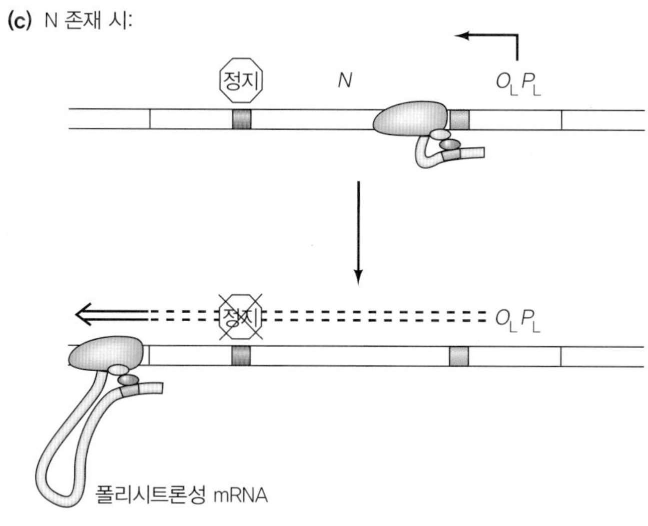

그림 8.13 왼쪽 방향 전사에 미치는 *N*의 영향. **(a)** λ 유전체의 *N* 부위 지도. *N*을 둘러싸고 있는 유전자들이 왼쪽 방향 프로모터(P_L), 작동자(O_L), 종결자(빨간색), 그리고 *nut* 부위(초록색) 등과 같이 표시되었다. **(b)** N 부재 시의 전사. RNA 중합효소(분홍색)는 P_L에서 왼쪽 방향으로 전사를 시작해서 *N*의 말단에 있는 종결자에서 멈춘다. *N* mRNA가 이 전사의 유일한 산물이다. **(c)** N 존재 시의 전사. N(보라색)은 전사체의 *nut* 부위뿐 아니라 NusA(노란색)에도 결합하는데, 이것이 여기서는 표시되지 않은 다른 단백질들과 함께 RNA 중합효소에 결합한다. 이 단백질들의 복합체가 중합효소를 변화시켜 종결자를 지나서 지연초기 유전자들의 계속적인 전사를 가능하게 한다.

(a) 약한 비진행성 복합체

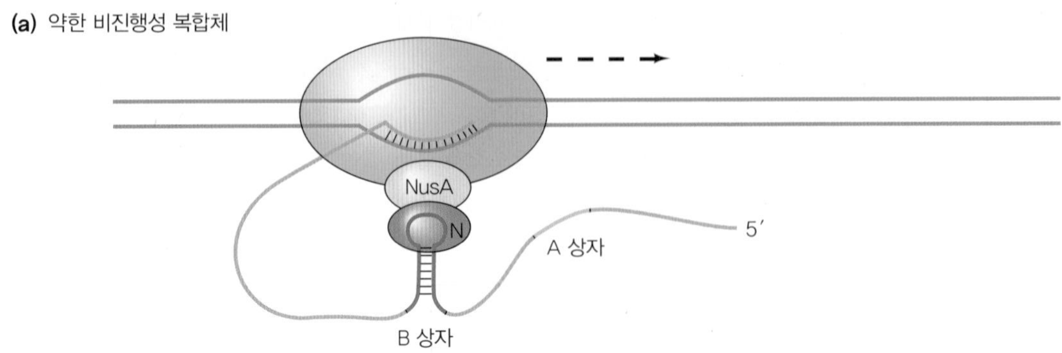

(b) 강한 진행성 복합체

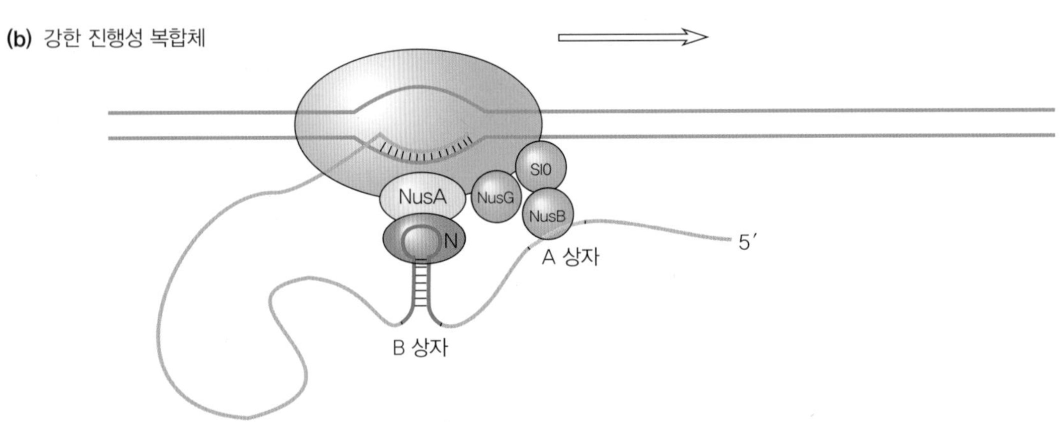

그림 8.14 N 지시에 의한 항종결에 관여하는 단백질 복합체. **(a)** 약한 비진행성 복합체. NusA는 중합효소에 결합하고 N은 NusA와 전사체의 *nut* 부위의 B 상자 모두에 결합하여 길어지는 RNA에 고리를 형성한다. 이 복합체는 비교적 약하고 nut 부위(점선 화살표)의 종결자에서만 항종결을 야기할 수 있다. 이 상황은 단지 시험관상에서만 존재한다. **(b)** 강한 진행성 복합체. NusA는 N과 B 상자를 (a)에서와 같이 중합효소에 붙들어 놓는다. 이외에도 S10이 중합효소에 결합하고 NusB는 전사체의 *nut* 부위 지역의 A 상자에 결합한다. 이는 중합효소와 전사체 간에 부가적인 연결을 제공하여 복합체를 강화시킨다. NusG 또한 복합체의 강화에 기여한다. 이 복합체는 진행성으로 생체에서 수천 염기쌍 하단부에서 항종결을 야기할 수 있다(열린 화살표).

를 무시하고 지연초기 유전자들을 계속 전사하게 한다. P_R로부터의 오른쪽 방향 전사에도 같은 기작이 적용되는데, 이는 중합효소가 종결부위를 무시하고 *cro*를 넘어서 지연초기 유전자들로 진입하도록 하는 위치가 *cro* 바로 오른쪽에 있기 때문이다.

그러면 어떻게 숙주단백질들이 항종결에 관여하는지 알 수 있을까? 유전학적 연구로부터 숙주유전자에 유발된 4개의 돌연변이들이 항종결을 방해하는 사실을 알아냈다. 이 유전자들은 **NusA**, NusB, NusG 그리고 리보솜 S10 단백질을 암호화한다. 숙주단백질들이 숙주세포의 죽음에 이르게 하는 과정에 협력한다는 사실이 놀랍게 느껴질지도 모른다. 그러나 이것은 바이러스가 자신의 이익을 위해 세포의 과정을 이용하는 여러 예들 중 하나에 불과하다. 이 경우 세포 내에서 S10 단백질의 기능은 너무나 당연한 단백질 합성이다. 그러나 Nus 단백질들 또한 세포 내 기능들이 있다. 이들은 일부 tRNA뿐만 아니라 리보솜 RNA를 암호화하는 7개의 *rrn* 오페론에서 항종결을 허용한다. 이 이외에도 NusA는 우리가 앞으로 다루게 되겠지만 실제로 종결을 촉진한다.

시험관 내에서의 연구로부터 만일 종결부위가 *nut* 부위에 아주 가깝게 있으면 두 단백질 N과 NusA가 항종결을 야기할 수 있다는 사실이 밝혀졌다. 그림 8.14a는 이러한 짧은 범위 항종결에 관여하는 단백질 복합체를 보여 주며 N이 단독으로 RNA 중합효소에 결합하지 않는다는 사실을 설명해주고 있다. 즉, N이 NusA에 결합하고 다시 이들이 중합효소에 결합한다. 이 그림은 또한 A 상자(box A)와 B 상자(box B)로 알려진 *nut* 부위의 두 부분을 소개하고 있다. A 상자는 *nut* 부위에서 아주 잘 보전되어 있으나 B 상자는 상당한 차이를 나타낸다. B 상자의 전사체는 역반복(inverted repeat) 서열을 가지며 이들은 그림 8.14에서 보듯이 줄기-고리(stem-loop) 구조를 형성할 것이라 추정된다.

시험관에서와 같은 간단한 항종결 방식을 생체 내에서는 이용하지는 않을 것이다. 왜냐하면 항종결이 상응하는 *nut* 부위로부터 최소한 수백 염기가 떨어진 종결부위에서 일어나기 때문이다.

우리는 이런 종류의 항종결을 **진행성**(processive) 항종결이라 부르는데, 이는 중합효소가 DNA를 따라 긴 거리를 움직일 때 항종결 인자들이 중합효소에 부착되어 있기 때문이다. 이러한 진행성 항종결은 단순한 N과 NusA 이외의 더 많은 단백질들을 필요로 한다. 여기에는 숙주의 다른 세 단백질들인 NusB, NusG, S10도 요구된다. 이 단백질들은 아마도 항종결 복합체를 안정화시키는 데 일조하여 이들이 종결자에 도달할 때까지 존재할 수 있도록 하는 것 같다. 그림 8.14b는 항종결 단백질 5개 모두를 포함하는 안정된 복합체를 보여 준다.

그림 8.14 중에서 예기치 못한 현상은 복합체가 *nut* 부위 그 자체보다도 *nut* 부위의 전사체와 상호 작용한다는 것이다. 이러한 현상이 어떻게 실제로 일어날 수 있을까? 한 가지 증거는 *nut* 인식에 필수적인 N 부위가 아르기닌이 풍부한 영역으로 RNA 결합 영역과 유사하다는 점이다. 아시스 다스(Asis Das)는 좀 더 직접적인 증거를 제시했는데 겔 이동성 변화분석을 이용해 B 상자를 포함하는 RNA 단편과 N이 결합하는 것을 보여 주었다. 더군다나 N과 NusA가 모두 복합체에 결합했을 때 이들은 RNA 분해효소의 공격으로부터 A 상자를 보호하지 못하지만 B 상자의 일부를 보호해 주었다. A 상자는 5개의 단백질 모두가 붙어 있을 때에만 RNA 분해효소로부터 보호받았다. 이는 그림 8.14의 모델과 일치한다.

어떻게 RNA가 그림 8.14에 보이는 것처럼 고리 모양을 만든다는 것을 알 수 있을까? 확실히는 모르지만 N이 *nut* 부위 전사체에 결합하는 시점부터 중합효소가 종결부위에 도달할 때까지 지속적으로 중합효소에 신호를 전달하는 가장 쉬운 방법은 N이 중합효소와 RNA에 모두 연관을 갖도록 유지하는 것이다. 이것은 RNA가 그림에서처럼 고리 모양을 형성할 것이라는 가정을 하게 한다. 이 가설과 관련하여 잭 그린블렛(Jack Greenblatt) 등은 N-매개 항종결을 방해하는 RNA 중합효소 β-소단위체를 암호화하는 유전자에 돌연변이가 생긴 것을 분리했다. 이 돌연변이들 역시 시험관에서의 전사 도중 *nut* 부위 전사체를 보호하는 데에 실패했다. 이러한 사실은 전사 중에 RNA 중합효소, N 그리고 *nut* 부위 전사체 간의 연관성을 암시한다. 다시 한 번 이것은 nut 부위 전사체와 중합효소 간의 RNA가 고리를 형성한다고 가정하면 가장 쉽게 이해될 수 있다.

어떻게 N이 종결을 저지할까? 하나의 가설은 이것이 종결을 위해 필수적인 RNA 중합효소에 의한 머뭇거림을 제한한다는 것이다. 그러나 이반 구사로브(Ivan Gusarov)와 예브게니 누들러(Evgeny Nudler)는 2001년도에 N이 종결에 심각한 영향을 미칠 만큼 머뭇거림에 충분한 영향을 미치지 않는 것은 밝혀냈었다. 이들은 종결자 머리핀 구조의 상단부를 형성하도록 되어 있는 RNA 부위에 N이 결합하여 머리핀 구조의 형성을 지연시킴을 보였다. 이 머리핀 구조 없이는 종결이 일어날 수 없다. 이것은 리보좀이 전사약화부위(attenuator) 머리핀 구조 중 하나의 상단부에서 멈추어 서는 *trp* 오페론에서 전사약화(attenuation, 종결)를 무시하는 기작을 연상시킨다(7장 참조).

그림 8.15는 구사로브와 누들러(2001)의 모델(이들 중 일부는 6장에서 이미 논의되었음)을 보여 주고 있는데 이것은 종결에 있어서 **NusA**의 역할도 보여 주고 있다. **신장 복합체**(elongation complex, EC)는 연속되는 U를 합성할 때 연속되는 U의 7번째 뉴클레오티드가 끼어들어간 후 잠시 머뭇거린다. 이것이 잠재적인 머리핀 구조의 상위 부분을 지정하여 RNA 중합효소의 **상단부 결합부위**(upstream binding site, UBS)에 결합한다. 이 잠시 머뭇거림은 약 2초간만 지속된다. 그러므로 머리핀 구조는 이 시간 내에 형성되어야지 아니면 중합효소가 종결을 하지 않고 지나쳐 버린다. 만일 머리핀 구조가 형성되면 이것에 의해 신장 복합체가 종결을 해야만 하는 상태로 붙들리게 된다. NusA는 잠재적인 머리핀 구조의 상단부와 UBS 간의 결합을 약화시킴으로서 머리핀 구조가 머뭇거림이 끝나기 전에 형성되는 것을 촉진하는 작용을 한다. 이것이 종결을 촉진시킨다.

그림 8.15의 모델도 잠재적인 머리핀 구조의 상단부에 N이 결합하는 것을 요구하는데, 이것이 머리핀 구조 형성을 저지한다. 그뿐만 아니라 일단 N이 RNA에 결합하면 이것이 NusA에도 결합한다. 이 위치에서 NusA 또한 잠재적인 머리핀 구조의 상단부에 결합한다. N과 NusA 모두 RNA에 결합하면 머리핀 구조를 아주 천천히 형성하게 되어 중합효소가 종결을 하지 않고 지나가게 된다.

이러한 도식에 대한 증거는 무엇인가? 이 모델의 핵심 부분은 N(그리고 N+NusA)과 RNA 머리핀 구조의 상단부와의 상호 작용이다. 구사로브와 누들러는 이 상호 작용이 실제로 일어나는 것을 단백질-RNA 교차결합 테크닉을 이용하여 보여 주었다. 이들은 [^{32}P]로 표식된 RNA를 N과 NusA가 존재하거나 존재하지 않는 상황에서 한 번에 하나에서 몇 개의 핵산을 삽입하거나 신장시켜(6장 참조) RNA의 +45번 위치에 **4-티오우리딘**(thioU, sU)를 삽입하였다. 그런 다음에 이들은 더 멀리 신장시켜 +50, +54, +58, +62, +68, +75 위치에 이르는 RNA를 만들어 내었다. 이것은 RNA의 3′-말단으로부터 볼 때 −6, −10, −14, −18, −24, −31 위치에 sU가 나타남을 의미한다.

4-티오우라실 염기는 빛에 반응하기 때문에 UV를 쬐게 되면

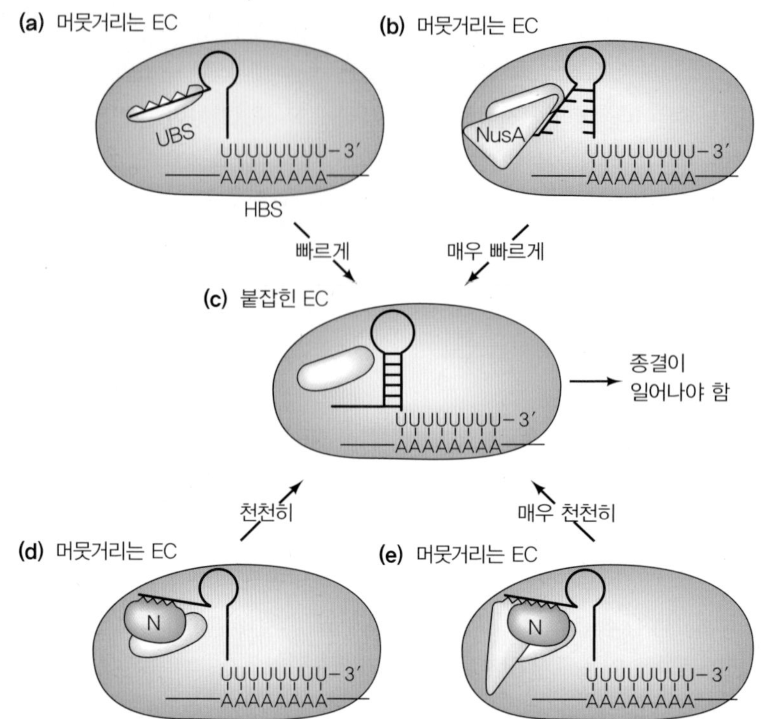

그림 8.15 내재적 종결에서의 N과 NusA의 기능에 대한 모델. (a) 잠재적 종결자 머리핀 구조의 상단부 반쪽이 핵심 중합효소에 있는 주머니의 상단부 결합부위(UBS)에 결합되어 있다. 그럼에도 불구하고 단백질-RNA 결합(분홍색 톱니)은 와해될 수 있으며 머리핀 구조 형성은 빠르게 일어날 수 있어 종결을 하려고 하는 신장 복합체(EC)를 잡아놓을 수 있다(c). (b) NusA가 잠재적 머리핀 구조의 상단부 반쪽과 UBS 간의 결합을 와해시키는 것을 돕는다. 이것이 머리핀 구조 형성을 촉진하고 그러므로 종결을 촉진시킨다. (d) N이 잠재적인 종결 머리핀 구조(단백질-RNA 결합은 초록색 톱니로 표시됨)의 상단부 반쪽에 결합하여 머리핀 구조 형성을 지연시킨다. 이것이 종결이 덜 쉽게 일어나도록 만든다. (e) N은 잠재적 머리핀 구조의 상단부 반쪽에만 결합하는 것이 아니라 또한 자신이 결합할 수 있는 잠재적 머리핀 구조의 상단부 반쪽 인접 부위에서 NusA의 결합도 촉진시킨다(노란색 톱니). 이것이 머리핀 구조의 형성을 더욱 지연시키고 종결이 더욱 어렵게 일어나도록 만든다. (출처: Adapted from Gusarov I. and E. Nudler. 2001. Control of intrinsic transcription termination by N and NusA: The basic mechanisms. *Cell* 107:444.)

단단히 결합하고 있는 어떠한 단백질(염기에 1Å 정도 내외의 거리)과도 교차결합을 형성할 것이다. 그러므로 구사로브와 누들러는 RNA 3′-말단으로부터 서로 다른 위치에 sU가 존재하는 RNA 복합체에 UV를 조사하였다. 그리고 이들은 복합체의 SDS-PAGE를 행한 뒤 자기방사법을 통해 RNA와 N, NusA 핵심 중합효소(α, β, β′) 간의 교차결합을 찾아내었다. 만일 RNA가 단백질에 교차결합 되면 단백질은 방사능으로 표식될 것이고 단백질 띠가 자기방사법에서 검게 나타날 것이다.

그림 8.16a가 결과를 보여 주고 있다. N과 NusA 모두 sU가 RNA의 3′-말단으로부터 −18과 −24 사이에 존재할 때에는 sU에 교차결합 하였다(6, 7, 12, 13번 레인). 이곳이 머리핀 구조의 상단부가 위치하는 곳이다. 이뿐만 아니라 N과 NusA가 함께 존재할 때에는 NusA가 RNA에 더 단단히 결합하고 이 결합은 −31 부위까지 연장된다. 종결이 일어날 때 N과 NusA가 머리핀 모양의 상단부 반쪽에 결합한다는 사실은 이 두 단백질이 머리핀 모양의 구조 형성 여부를 조절함으로서 종결을 조절하는 위치에 있다는 것을 암시하고 있다. N의 돌연변이 형태인 N^{RRR}은 RNA 결합 RRR 모티프에 돌연변이가 일어난 것인데 이는 야생형 N뿐만 아니라 RNA 머리핀 구조에도 결합할 수 있어 이 모티프가 머리핀 구조에 결합하는데 필요조건이 아니라는 것을 암시한다.

N과 NusA가 머리핀 구조 형성을 조절한다는 가설을 입증하기 위하여 구사로브와 누들러는 다른 신장 복합체를 준비하였다. 이번 역시 워킹(walking)을 통하여 하였으나 이번에는 표지한 RNA를 걸어서 RNA 말단에 위치하는 oligo(U) 부위의 2개의 U가 G로 치환된 변형된 종결자(T7-tR2^{mut2})까지 움직였다. 이러한 변화는 머리핀 구조의 형성을 지연시켜 종결 바로 직전의 신장 복합체의 연구를 가능케 한다. 이번에 구사로브와 누들러는 또 다른 광반응성 뉴클레오티드인 **6-티오구아닌**(thioG, **sG**)를 −14 또는 −24 위치에 삽입하였다. 다시 한 번 이들은 N 또는 NusA 아니면 둘 다 존재하는 상황하에서 워킹을 실시하였다. 그리고 다시 한 번

(a)

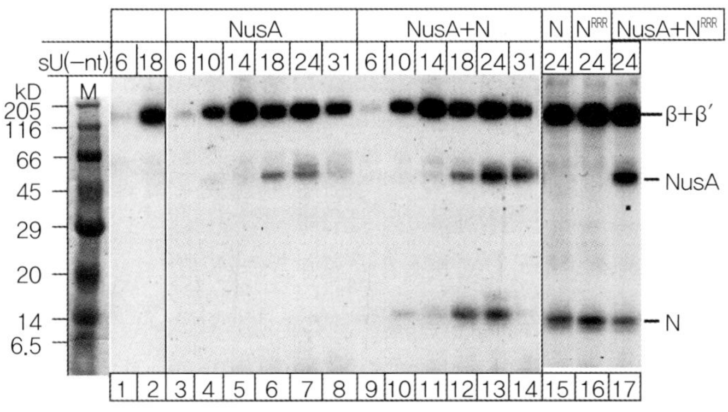

(b)

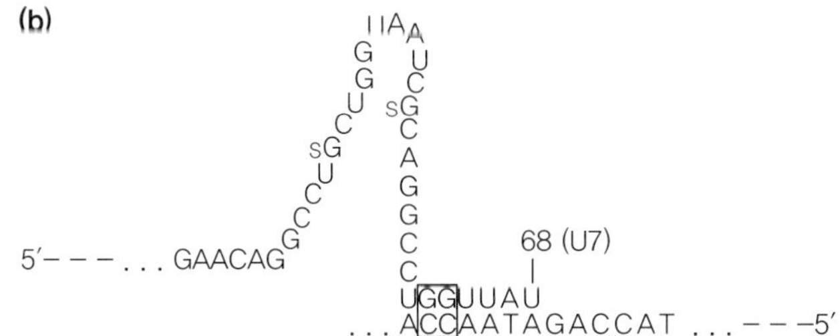

sG(−nt)	14				24			
NusA	−	+	−	+	−	−	−	+
N	−	−	+	+	−	−	+	+

β+β′

NusA

α

N

	1	2	3	4	5	6	7	8
전체 교차결합					100	96	177	223

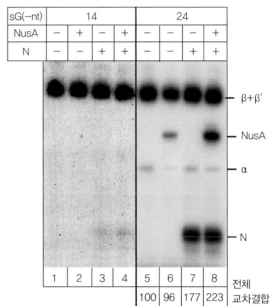

그림 8.16 N과 NusA의 존재 또는 부재 상황에서 일시 정지된 EC에서의 단백질–RNA 접촉의 실증. (a) 종결자에서 RNA 머리핀 구조의 상단부 반쪽에 NusA와 N의 교차결합. 구사로브와 누들러는 종결자를 포함하는 전사체를 ^{32}P로 표식하고 신장 복합체를 워킹하여 +45 위치에 광반응성 핵산(4–thio–UMP)을 삽입하였다(6장 참조). 그런 다음 이들은 위에 표시되어 있듯이 NusA, NusA+N, 또는 N이 존재하는 상황에서 복합체를 위에 표시되어 있는 대로 4–thio–UMP가 놓여 있는 −6, −10, −14, −18, −24, −31 위치까지 워킹하였다. 그런 다음 이들은 복합체에 자외선을 쬐여서 4–thio–UMP가 부근에서 RNA에 단단히 결합되어 있는 어떠한 단백질과도 교차결합이 일어나도록 하였다. 이러한 복합체를 SDS–PAGE로 전개한 뒤 RNA에 공유결합으로 부착되어 있는 단백질을 자기방사법으로 검정하였다. N, NusA, 그리고 RNA 중합효소 β+β′ 소단위체는 오른쪽에 표시되었다. M 레인은 단백질 크기를 나타내는 메이커이며 N^{RRR}은 RRR RNA 결합부위가 돌연변이가 일어난 돌연변이 N을 나타낸다. N과 NusA 모두 RNA의 −18과 −24 부위에 결합하는데, 이 부위는 머리핀 구조의 상단부 반쪽을 포함하고 있다. **(b)** 중합효소가 머리핀 구조와 상호 작용하는 것에 대한 N과 NusA의 효과. Gusarov와 Nudler는 (a)와 유사한 실험을 행하였으나 6–thio–G(sG)를 교차결합제로 사용하였고 종결을 지연시키기 위해서 돌연변이 종결자(tR2^{mut2})를 사용하였다. sG의 위치(RNA 3′–말단에 상대적으로 −14 또는 −24 위치)는 위에 표시되었고 NusA, N 또는 둘 모두 역시 위에 표시되었다. 단백질 β+β′, NusA, α, 그리고 N은 오른쪽에 표시되었다. 위의 모식도는 sG가 −14와 −24 위치에 있음을 보여 준다. 네모 상자 안의 염기쌍은 tR2^{mut2} 돌연변이 종결자에서 변형된 것들이다. NusA는 핵심 중합효소(β+β′ 그리고 α)에 머리핀 구조의 상단부 반쪽(−24 위치)이 결합하는 것을 감소시키나 N은 핵심중합효소에 RNA가 결합하는 것을 증가시키며 N과 NusA가 함께 한 경우는 아주 많은 증가를 나타낸다(전체 교차결합이라 표시된 아래 상자 참조). (출처: Reprinted from *Cell* v. 107, Gusarov and Nudler, p. 443 © 2001, with permission from Elsevier Science.)

이들은 이 복합체에 UV를 조사한 뒤 이것을 SDS–PAGE와 자기방사법을 이용하여 RNA와 단백질 간의 교차결합을 검출하였다.

그림 8.16b는 sG가 −14에 위치할 때(머리핀 구조의 하단부) RNA가 N이나 NusA 모두에 교차결합하지 않으며 sG가 −24에 위치할 때(머리핀 구조의 상단부)는 교차결합이 일어나고 있음을 보여 준다. 그러므로 N과 NusA 모두 머리핀 구조의 상단부 반쪽을 형성하는 RNA를 접하고 있는 것처럼 보인다. 그뿐만 아니라 RNA에 대한 NusA 결합은 핵심 중합효소(α 소단위체에 대한, 그리고 β–와 β′–소단위체에 대한, 5, 6번 레인 비교)에 대한 결합을 감소시킨다. 그러나 RNA에 대한 N의 결합은 핵심 중합효소에 대한 결합은 감소시키지 않는다(5, 7번 레인 비교). 이와 유사하게 N과 NusA가 RNA에 함께 결합하면 핵심에 RNA가 결합하는 것이 감소하지 않는 것으로 관찰되었다(5, 8번 레인 비교). 이러한 결과는 NusA가 머리핀 구조의 상단부에 중합효소가 결합하는 것을

간섭하고 N이 이러한 간섭을 되돌려서 머리핀 구조와 중합효소 간의 결합을 다시 형성시킴을 암시한다.

로버트 랜딕(Robert Landick) 등은 이와 유사한 교차결합 실험을 행하였는데 이들은 5-iodoU를 교차결합 제제로 사용하였고 이를 −11 위치에 넣어 이들이 머뭇거림에 관여하는 머리핀 구조 고리에 오게 하여 종결이 아니라 전사의 머뭇거림을 야기시켰다. 이들은 NusA가 β에 대한 강력한 RNA 교차결합을 NusA에 대한 약한 교차결합으로 치환하는 것을 발견하였다. 그뿐만 아니라 RNA 머리핀 구조 고리와 RNA 중합효소 β 소단위체 간의 연결은 **플랩-팁 나선**(flap-tip helix)이라 불리는 β 부위였다. 이 이외에도 랜딕 등은 플랩-팁 나선에서 몇 개의 아미노산을 제거하면 NusA에 의한 멈칫거림의 자극이 없어지는 것을 발견하였다. 그러므로 플랩-팁 나선은 NusA 활성을 위해서는 필요하다. 플랩이 β의 활성부위에 직접적으로 연결되기 때문에 랜딕 등은 알로스테릭(allosteric) 기작을 제안하였다. 즉, 멈칫거림 머리핀 구조 고리와 플랩-팁 나선 간의 상호 작용이 활성화 위치의 구조를 충분히 변화시켜 신장이 훨씬 더 힘들게 일어나고 이 때문에 중합효소가 일시 멈칫거린다. NusA는 아마도 이 과정을 촉진시킬 것이다.

만일 그림 8.15의 구사로브-누들러 모델이 옳다면 머리핀 구조의 상단부와 하단부 사이에 커다란 RNA 고리를 위치시키는 것은 N과 NusA 모두의 활성을 방해해야 할 것이다. 이것은 N과 NusA가 머리핀 구조 하단부 바로 직전에 오는 RNA와 상호 작용하는 방식으로 UBS에 결합하기 때문이다. 이것은 통상적으로 머리핀 구조의 상단부가 되나 이 경우에 있어서는 커다란 $tR2^{loop}$의 도입부가 된다. 그러므로 N과 NusA가 머리핀 구조의 형성에 영향을 미칠 수 있는 위치에 있지 않으며, 이 결과 이 단백질들은 종결에 거의 영향을 미치지 못한다. 구사로브와 누들러는 이 가설을 $tR2^{loop}$ 종결자를 이용하여 시험하여 보았다. 예상한 대로 N과 NusA는 종결에 영향을 거의 미치지 못하였다.

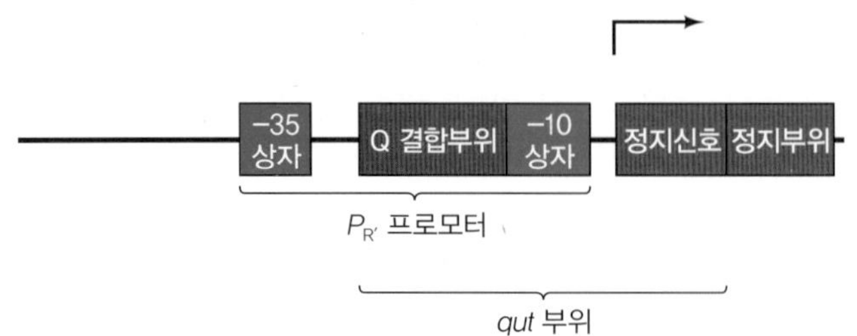

그림 8.17 λ 유전체의 $P_{R'}$ 지역 지도. $P_{R'}$ 프로모터는 −10과 −35상자로 이루어진다. *qut* 부위는 프로모터와 중첩되며 −10상자 상단부에 있는 Q 결합위치와 전사 출발점의 하단부에 있는 정지신호 그리고 +16과 +17 위치에 있는 정지부위를 포함한다. (출처: Adapted from *Nature* 364:403, 1993.)

후기 λ 전사의 조절 역시 항종결 기작을 사용하였으나 N-항종결 체계와는 상당한 차이가 있다. 그림 8.17은 **Q 사용부위**[Q unilization (*qut*) site]가 후기프로모터($P_{R'}$)와 중첩되어 있음을 보여 준다. 이 *qut* 부위 역시 전사개시부위의 16~17bp 하단부위에서 머뭇거림 부위와 중첩되어 있다. N 체계와는 반대로 Q는 *qut*의 전사체가 아닌 *qut* 부위에 직접적으로 결합한다.

Q가 없는 상황에서는 RNA 중합효소는 멈춤 신호를 전사한 직후 이 부위에서 몇 분간 멈칫거린다. 마침내 효소가 이 머뭇거림 부위를 떠난 뒤에는 RNA 중합효소는 종결자까지 전사하며 이곳에서 후기 전사를 종결시킨다. 반면에 만일 Q가 존재하면 Q가 멈칫대는 복합체를 인식해서 *qut* 부위에 결합한다. 그런 뒤 Q는 중합효소에 결합하여 중합효소가 종결자를 무시하고 전사를 재개하도록 변환시켜 후기 유전자들로 발현을 계속한다. Q 자체로서 λ 후기 조절 부위의 항종결을 야기할 수 있으나 NusA가 이 과정을 더 효율적으로 만든다.

2) 용원성의 확립

앞서 지연초기 유전자들이 용균성 주기뿐만 아니라 용원성 확립에도 필요하다고 언급한 바 있다. 이 지연초기 유전자들은 두 가지 방법으로 용원성 확립을 돕는다. ① 지연초기 유전자 산물 중 일부가 용원성을 위한 선결 조건인 파지 DNA의 숙주 DNA로의 통합에 필요하다. ② *cII*와 *cIII* 유전자 산물이 *cI* 유전자의 전사를 허용하여 용원성의 핵심요소인 λ 억제인자를 생성한다.

2개의 프로모터 $\boldsymbol{P_{RM}}$과 P_{RE}가 *cI* 유전자를 조절한다(그림 8.18). P_{RM}은 '억제인자의 유지(repressor maintenance)를 위한 프로모터'를 의미한다. 이는 용원 상태 중에 사용되는 프로모터로서 용원성 상태를 유지하기 위한 억제인자의 지속적인 공급을 담당한다. 이는 활성을 위해 자신의 산물인 억제인자를 필요로 하는 독특한 성질을 갖는다. 우리는 이 필요성의 근거에 대해 논의하려고 한다. 그러나 하나의 중요한 내재적 모순을 볼 수 있다. 이 프로모터는 용원성의 확립에는 쓰일 수 없다. 왜냐하면 감염이 시작될 때에는 이를 활성화시킬 억제인자가 없기 때문이다. 대신 다른 프로모터인 P_{RE}가 사용된다. P_{RE}는 '억제인자의 확립(repressor establishment)을 위한 프로모터'를 의미한다. P_{RE}는 P_R과 *cro*의 오른쪽에 위치한다. 이는 먼저 *cro*를 통하고 그 뒤 *cI*를 통해 왼쪽으로 전사를 유도한다. 그러므로 P_{RE}는 어떠한 억제인자도 사용가능하기 전에 *cI* 발현을 허용한다.

물론 *cro*의 자연적인 전사 방향은 P_R로부터 오른쪽이다. 그러므로 P_{RE}로부터 왼쪽 방향으로의 전사는 *cI*의 '센스(sense)' 전사체는 물론 *cro*이 안티센스(antisense) 전사체인 RNA 산물을 만들어낸다. RNA의 *cI* 부분은 번역되어 억제인자를 만들 수 있으나 안티센스 *cro* 부분은 번역될 수 없다. 이 안티센스 RNA 역시 용원성 확립에 기여하는데, 왜냐하면 *cro*에 대한 안티센스 전사체가 *cro* mRNA에 결합하여 이것의 번역을 저해하기 때문이다. *cro*가 용원성에 역으로 작용하기 때문에 이의 작용을 억제하는 것은 용원성을 촉진시킨다. 이와 비슷하게 CII는 Q 내에 있는 왼쪽 방향 프로모터($P_{안티-Q}$)로부터 전사를 촉진한다. 이 '반대 방향' 전사는 Q에 대한 안티센스 RNA를 형성하여 Q의 생성을 억제한다. Q는 용균성 상태에서 후기 전사에 필요하기 때문에 이것의 생성을 방해함으로써 대체 경로인 용원성을 선호하게 한다.

P_{RE}는 일부 흥미로운 자기 자신의 필요조건을 갖는다. 이것은 일반적으로 대장균의 RNA 중합효소에 의해 인식되는 −10과 −35 위치의 공통 염기서열과는 완연하게 유사성이 없는 상자를 갖는다. 실제로 P_{RE}는 시험관에서 이 중합효소 단독으로는 전사될 수 없다. 그러나 *cII* 유전자 산물인 CII가 RNA 중합효소를 이 특이한 프로모터 염기서열에 결합할 수 있도록 도와준다.

히로유키 시마타케(Hiroyuki Shimatake)와 마틴 로젠버그(Martin Rosenberg)는 CII의 이러한 활성을 시험관 내에서 보여 주었다. 이들은 필터 결합 분석법을 통해 RNA 중합효소나 CII 단독으로는 P_{RE}를 포함하는 DNA 절편에 결합할 수 없으므로 이 DNA가 니트로셀룰로오스 필터에 결합할 수 없음을 보여 주었다. 반면에 CII 단백질과 RNA 중합효소는 함께 DNA를 필터에 결합시킬 수 있었다. 그러므로 CII는 RNA 중합효소가 P_{RE}에 결합하는 것을 촉진시켰음에 틀림없다. 더구나 이 결합은 특이적으로 일어난다. CII는 중합효소가 단지 P_{RE}와 또 다른 하나의 프로모터인 P_I에 결합하는 것만을 촉진시킬 수 있다. 후자인 P_I는 *int* 유전자에 대한 프로모터인데 *int* 역시 용원성을 확립하는 데 필요하며 이 또한 CII를 필요로 한다. *int* 유전자는 λ DNA가 숙주 유전체로 통합되는 데 관여한다.

우리는 7장에서 CAP-cAMP가 단백질-단백질 상호 작용을 통해 *lac* 프로모터에 RNA 중합효소의 결합을 촉진시키는 것을 보았다. 마크 프타쉬니(Mark Ptashne) 등은 이 작용이 CII에서도 유사하게 일어나는 증거를 제시했다. 그들은 DNase 풋프린팅(5장 참조)을 이용해 P_{RE}를 포함하는 DNA 조각에서 CII의 결합 부위를 찾아냈는데, 이는 프로모터의 −21과 −44 사이였다. 물론 이 결합부위는 인식이 되지 않는 프로모터의 −35상자를 포함하는데 이로 인해 의문이 생긴다. 어떻게 2개의 단백질(CII와 RNA 중합효소)이 동시에 같은 장소에 결합할 수 있을까? 가능한 대답은 프타쉬니 등이 CII를 이용한 DMS 풋프린팅(5장 참조) 실험으로부터 얻을 수 있었는데, CII에 의해 접촉되는 것처럼 보이는 염기들은(예, −26과 −36 위치의 G) RNA 중합효소에 의해서 접촉된다고 생각되는 염기들(예, −41 위치의 G)로부터 이중나선의 반대 방향에 있는 것처럼 보였다. 다시 말해 이 두 단백질들은 DNA 이중나선의 반대 방향에 결합하는 것처럼 보이며, 이 때문에 서로 경쟁적이 아니라 서로 상호보완적으로 결합할 수 있다.

왜 CII는 자체적으로 λ 프로모터 DNA에 결합하면서(DNA 풋프린트) 필터 결합 분석법에서는 λ 프로모터 DNA에 결합할 수 없었을까? 전자가 더 예민한 분석법이기 때문이다. 전자는 평형 혼합물 내에 일부 단백질이 DNA에 결합하고 있는 한, 단백질-DNA 결합을 인식하고 이를 보호할 수 있다. 반면, 후자는 더 많은 조건이 요구되는 분석법이다. 즉, 단백질이 DNA로부터 분리되자마자 DNA는 필터를 빠져나가 소실되어 이들이 다시 결합할 기회가 없어진다.

cIII 유전자 산물인 CIII 역시 용원성을 확립하는 데 필요하나 그 효과는 CII에 비해 덜 직접적이다. CIII는 세포 내 단백질분해

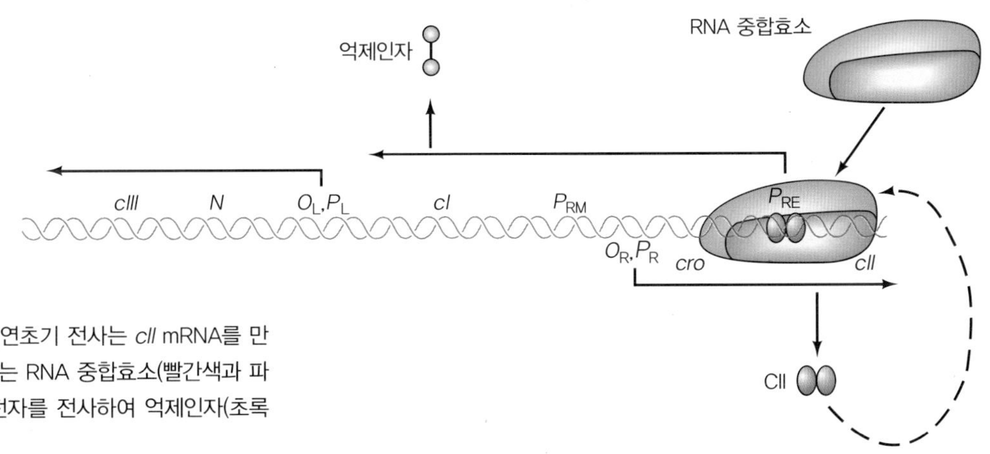

그림 8.18 용원성의 확립. P_R로부터의 지연초기 전사는 *cII* mRNA를 만들어 내고 이는 CII(보라색)로 해독된다. CII는 RNA 중합효소(빨간색과 파란색)가 P_{RE}에 결합하도록 허용하여 cI 유전자를 전사하여 억제인자(초록색)를 만든다.

효소에 의해 CII가 파괴되는 것을 지연시킨다. 따라서 지연초기 산물인 CII와 CIII가 협력하여 P_{RE}와 P_I의 활성화에 의한 용원성의 확립을 가능하게 한다.

3) 용원성 상태에서 cI 유전자의 자가조절

일단 λ 억제인자가 출현하면 이는 2량체로서 λ 작동자인 O_R과 O_L에 결합한다. 이는 용원성을 형성하는 네 있어 배가된 효과를 나타낸다. 첫째, 억제인자는 더 이상의 초기 전사를 중단시켜 용균주기를 방해한다. *cro* 발현의 억제는 특히 용원성에 중요한데 왜냐하면 *cro*의 산물인 **Cro**가 앞으로 논의하게 될 억제인자 활성에 역으로 작용하기 때문이다. 억제인자의 두 번째 효과는 P_{RM}을 활성화시킴으로써 자신의 합성을 촉진한다는 것이다.

그림 8.19는 이 자가활성이 어떻게 일어나는지를 보여 준다. 이 현상의 핵심은 O_R과 O_L 모두 세 부분으로 세분화되며, 각각이 억제인자와 결합할 수 있다는 사실이다. 이 중 O_R 부위가 더 흥미로운데, 왜냐하면 이것이 *cro*의 오른쪽 방향 전사뿐만 아니라 *cI*의 왼쪽 방향 전사도 조절하기 때문이다. O_R 부위의 세 결합 부위는 O_R1, O_R2, O_R3라고 불린다. 이들의 억제인자에 대한 친화력은 상당히 다르다. 억제인자는 O_R1에 가장 단단히 결합하고, 다음으로 O_R2 그리고 O_R3에 가장 느슨히 결합한다. 그러나 O_R1과 O_R2에 대한 억제인자의 결합은 상호 협동적이다. 이는 억제인자 2량체가 자신이 가장 '선호하는' 위치인 O_R1에 결합하자마자 다른 억제인자 2량체를 O_R2에 결합하도록 촉진시키는 것을 의미한다. 일반적으로 O_R3에 대한 협동적 결합은 일어나지 않는다.

억제인자 단백질은 2개의 동일한 소단위체의 2량체로 각각은 그림 8.19에 아령 모양으로 표시되어 있다. 이 모양은 각 소단위체가 2개의 영역으로 이루어져 있으며 두 영역이 분자의 양끝에 하나씩 존재한다는 것을 나타낸다. 두 영역은 서로 아주 다른 기능을 갖는다. 아미노 말단 영역은 분자의 DNA 결합 말단이며, 카르복실 말단 영역은 억제인자–억제인자가 서로 상호 작용하여 2량체화와 협동적 결합을 가능케 하는 부위이다. 일단 억제인자 2량체가 O_R1과 O_R2 모두에 결합하면 O_R2를 차지하고 있는 억제인자는 P_{RM}에 RNA 중합효소가 결합하는 부위에 아주 근접한 위치에 놓이게 된다. 사실상 너무 가까워서 두 단백질들은 서로 닿는다. 예상한 대로 이 단백질–단백질 접촉은 서로 방해가 되기보다는 CII가 RNA 중합효소를 P_{RE}에 결합시키는 것을 촉진시키는 것과 같이 아주 약한 프로모터에 RNA 중합효소의 결합을 강화시킨다.

억제인자들이 O_R1과 O_R2에 결합해 있는 상황에서는 P_{RE}로부터 더 이상의 전사가 일어나지 않을 수 있는데 이는 억제인자들이 *cII*와 *cIII*의 전사를 막고 있으며, P_{RE}로부터의 전사에 필요한 이들 유전자 산물들이 아주 빠르게 분해되기 때문이다. 그러나 CII와 CIII가 사라지는 것은 일반적으로 문제가 되지 않는데 이는 용원성이 이미 확립되어 있고 이를 유지하기 위해서는 소량의 억제인자만 공급되면 되기 때문이다. 이 소량의 억제인자는 O_R3이 열려 있는 한 제공될 수 있다. 왜냐하면 RNA 중합효소는 P_{RM}으로부터 자유롭게 *cI*을 전사할 수 있기 때문이다. 또한 O_R1과 O_R2에

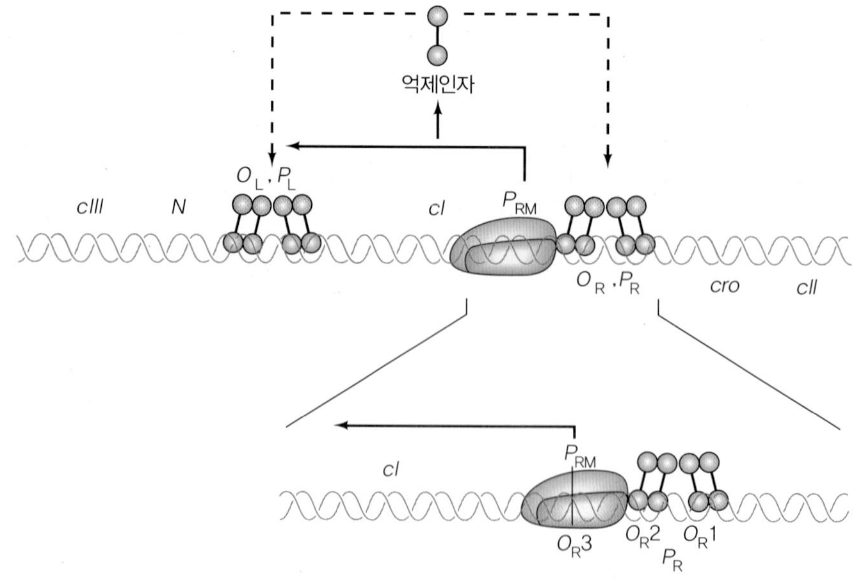

그림 8.19 용원성의 유지. (위) *cI* mRNA의 전사(P_{RM}으로부터)와 해독은 지속적으로 억제인자를 공급하여 이들이 O_R과 O_L에 결합하여 *cI*으로부터 떨어져 있는 어떤 유전자의 전사도 막아 버린다. (아래) 조절부위의 상세도. 억제인자(초록색)는 2량체를 형성하여 O_R1과 O_R2에 상호 협동적으로 결합한다. O_R2의 억제인자와 RNA 중합효소(빨간색과 파란색) 간의 단백질–단백질 접촉은 중합효소가 P_{RM}에 결합하도록 하여 *cI*을 전사시킨다.

결합하고 있는 억제인자는 중합효소가 P_R에 결합하는 것을 방해함으로써 *cro*의 전사를 막는다.

억제인자의 농도가 가장 약한 결합부위인 O_R3까지도 채울 수 있을 정도로 증가하는 것은 가능한 일이다. 이런 경우 모든 *cI* 전사가 중지되는데 왜냐하면 P_{RM}조차도 억제되기 때문이다. 이러한 *cI* 전사의 중단이 억제인자 농도를 저하시키고, 이때 억제인자가 첫 번째로 O_R3으로부터 분리되어 새로운 *cI*의 전사를 허용한다. 이기작이 억제인자가 자신의 농도가 너무 높아지는 것을 방지하는 방법이다.

프타쉬니 등은 시험관상의 실험 하나를 통해 앞서 제기된 내용들 중 세 가지를 보여 주었다. ① λ 억제인자는 낮은 농도에서 자신의 유전자 전사를 촉진할 수 있다. ② 억제인자는 높은 농도에서는 자기 자신의 유전자 전사를 억제할 수 있다. ③ 억제인자는 *cro* 전사를 억제할 수 있다. 실험은 변형된 런–오프 분석법으로 낮은 농도의 UTP를 사용함으로써 DNA 주형의 끝에서 전사를 끝내기 전에 자주 멈추게 하는 것이다. 이는 멈춤으로 기인된 일명 스투터(stutter) 전사체를 생산한다. 주형은 790bp *HaeIII* 제한효소 절편으로 *cI*과 *cro* 유전자 모두에 대한 프로모터들을 포함한다(그림 8.20). 프타쉬니는 이 논문에서 *cro* 유전자를 다른 이름인 *tof*라 불렀다.

이들은 주형과 RNA 중합효소를 섞어 주고 억제인자를 점차적으로 증가시켜 첨가한 후 *cI* 유전자로부터의 300nt 런–오프 전사체가 생산되는 속도와 *cro* 유전자로부터의 약 110nt 정도 되는 2개의 스투터 전사체의 생산 속도를 관찰했다. 그림 8.21은 그 결과들을 보여 주고 있다. 낮은 억제인자 농도에서 일부 *cro* 전사의 억제를 볼 수 있으며, 분명한 *cI* 전사의 촉진도 볼 수 있다. 높은 억제인자 농도에서 *cro* 전사는 완전히 중지되며 이보다 더 높은 농도에서는 *cI* 전사가 심하게 억제된다.

우리가 바로 직전에 논의한 시험관상의 실험에는 심각한 문제점이 있다. 이는 실제 용원균 생체에서 발견되리라 예상되는 억제인자의 농도보다 훨씬 높은 농도를 썼다는 것이다. 사실상 프타쉬니 등이 후기 실험에서 생리적 수준의 억제인자를 사용하였을 때 P_{RM} 프로모터로부터의 *cI* 전사의 억제는 5~20%에 그쳤다. 프타쉬니 등은 50%의 억제를 얻기 위해서조차도 일반적으로 용원균에서 발견되는 억제인자의 농도보다 15배나 많은 양을 첨가하여야 했다.

이런 후기 결과에 기인하여 우리는 λ 억제인자가 실제로 자신의 유전자를 과연 억제할 수 있는가 하는 의문을 품게 되었다. 만일 아니라면 O_L3와 O_R3이 왜 필요한지에 대한 의문이 생긴다. 만일 이들이 양성이나 음성 자가조절에 필요하지 않다면 그곳에 있어야 될 이유는 무엇인가? 이안 도드(Ian Dodd) 등은 이러한 의문을 P_{RM}으로부터의 전사 수준을 조사함으로서 연구하였다. 이들은 용원균에서 발견되는 수준의 억제인자가 실제로 P_{RM}으로부터의 전사를 억제시킬 수 있다는 것을 발견하였는데 단 O_L3이 존재할 때에만 가능하다는 것이었다. (프타쉬니 등이 이들의 초기 실험에서 억제인자의 생리적 농도에서 P_{RM}의 강력한 억제를 관찰하지 못한 이유는 이들이 만든 구성물이 O_L을 가지고 있지 않기 때문이었다.) 그뿐만 아니라 P_{RM}으로부터의 전사 억제를 방해하는

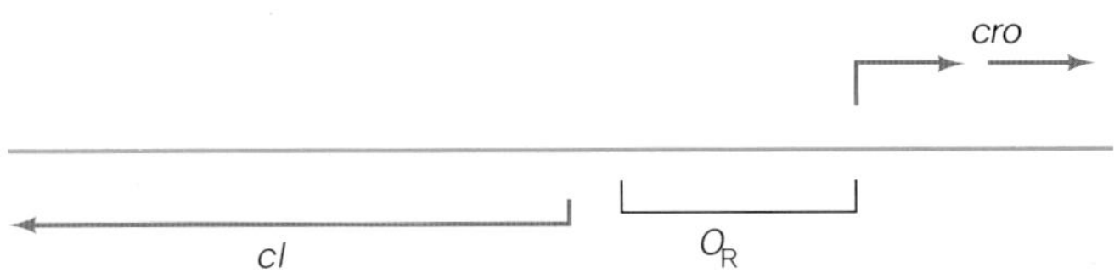

그림 8.20 *cI*과 *cro* 프로모터로부터의 전사를 분석하는 데 사용된 DNA 절편의 지도. 빨간색 화살표는 시험관상에서의 *cI*과 *cro* 전사체를 나타내며 일부('스투터 전사체')는 완전하지 않는 상태로 전사를 종결한다. (출처: Adapted from Meyer B.J., D.G. Kleid, and M. Ptashne. *Proceedings of the National Academy of Sciences* 72:4787, 1975.)

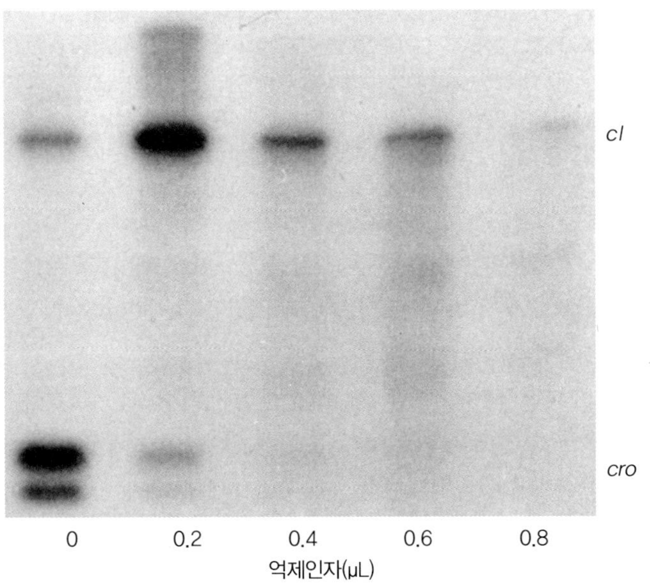

그림 8.21 λ 억제인자가 *cI*과 *cro*의 시험관 내 전사에 미치는 영향에 대한 분석. 프타쉬니 등은 그림 8.20에 묘사된 DNA 주형을 이용해 런–오프 전사('스투터' 전사체도 생성함)를 행했다. 그들은 그림의 밑 부분에 표시된 대로 억제인자의 농도를 증가시켜 보았다. *cI*과 *cro* 스투터 전사체는 전기영동으로 분리되었고 오른쪽에 표시되었다. 억제인자는 분명히 *cro* 전사를 억제하였다. 그러나 낮은 농도에서는 *cI* 전사를 강력하게 촉진하였고, 높은 농도에서는 *cI* 전사를 억제하였다. (출처: Meyer B.J., D.G. Kleid, and M. Ptashne. Repressor turns off transcription of its own gene. *Proceedings of the National Academy of Sciences* 72 (Dec 1975), f. 5, p. 4788.)

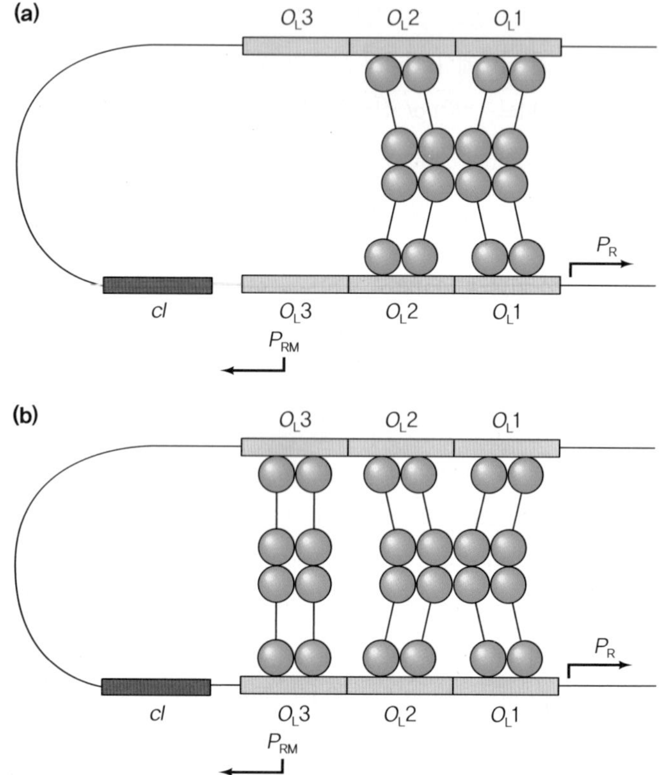

그림 8.22 P_R과 P_{RM}의 억제에 있어서 O_L의 관여에 관한 모델. **(a)** P_R의 억제. 억제인자 8량체가 O_R1, O_R2, O_L1, O_L2에 상호 협동적으로 결합하여 두 작동자 간의 DNA를 고리모양으로 만든다. 이러한 O_L의 관여는 P_R의 억제에는 필요하지 않으나 P_{RM}의 억제를 위한 준비 단계이다. **(b)** P_{RM}의 억제. 억제인자의 8량체가 형성되면 억제인자의 4량체는 O_R3와 O_L3에 상호 협동적으로 결합할 수 있다. 이것이 O_R3에 결합하고 있는 억제인자 2량체 만으로는 가능하지 않은 P_{RM}의 효과적인 억제를 야기한다.

O_R3의 돌연변이는 비정상적으로 높은 농도의 억제인자를 생성하여 용원기로부터 용균기로의 전환에 결함을 초래하였다(이 장의 후반부에서 설명할 것임).

도드 등은 이 결과들을 O_R1과 2 O_L1과 2 사이에 가능하다고 알려진 DNA 고리에 근거하여 설명하였고 그림 8.22에 묘사된 것과 같이 억제인자 8량체(octamer)가 관여할 것이라고 예측하였다. 고리가 형성될 때 또 다른 4량체(tetramer)의 억제인자가 O_R3과 O_L3에 결합할 수 있는 길을 열어 주어 P_{RM}으로부터의 전사를 억제한다는 것이다.

(1) RNA 중합효소/억제인자 상호 작용

우리는 어떻게 λ 억제인자와 RNA 중합효소 간의 상호 작용이 P_{RM}으로부터의 전사 촉진에 필수적임을 알 수 있는가? 1994년에 미리암 주스킨트(Miriam Susskind) 등은 이 가설을 강력히 뒷받침할 수 있는 유전학적 실험을 수행했다. 그들은 λ 억제인자에

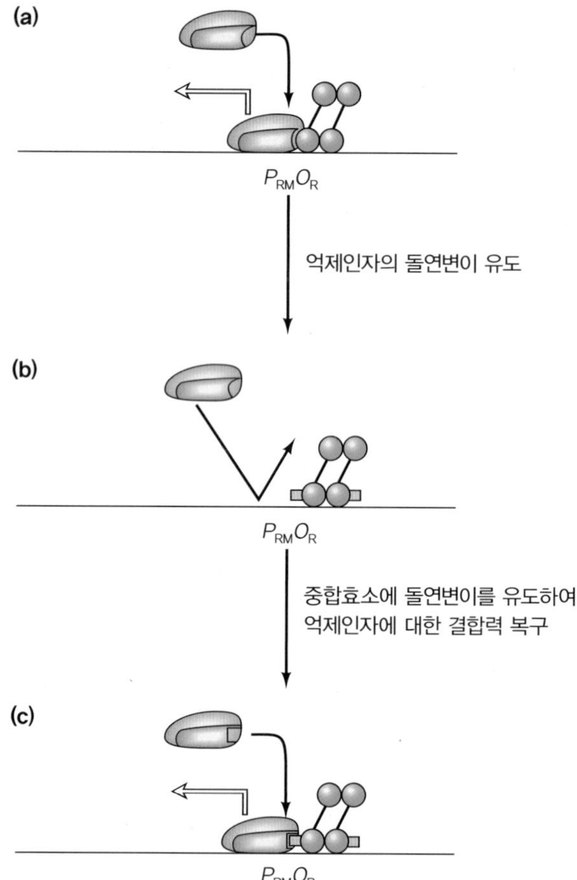

그림 8.23 λ 억제인자와 RNA 중합효소 간의 상호 작용을 밝히기 위한 유전자 간 억제 실험의 원리. **(a)** 야생종 억제인자와 중합효소 두 단백질은 서로 밀접하게 상호 작용하여 중합효소의 결합과 P_{RM}으로부터의 전사를 촉진시킨다. **(b)** 억제유전자에 돌연변이가 일어나면 치환된 아미노산(노란색)을 가진 돌연변이 억제인자가 생성된다. 이것이 중합효소에 대한 결합을 억제한다. **(c)** 중합효소 중 한 소단위체의 유전자가 돌연변이를 일으켜 돌연변이 억제인자에 결합할 수 있는 치환된 아미노산(사각형 공간으로 표시됨)을 가진 중합효소가 만들어진다면 P_{RM}으로부터의 전사가 재개될 수 있다.

있는 핵심 아스파르트산이 아스파라긴으로 치환된 돌연변이 파지를 이용해 실험을 시작했다. 이 돌연변이는 양성 조절(positive control)의 의미로 *pc*라 불리는 종류에 속한다. 돌연변이 억제인자는 λ 작동자에 결합하여 P_R과 P_L로부터의 전사를 억제할 수 있지만 P_{RM}으로부터 전사를 촉진시킬 수는 없다(예, *cI*의 양성 조절은 작동하지 않음). 주스킨트 등은 다음과 같이 추론했다. 만일 억제인자와 중합효소 간의 직접적인 상호 작용이 P_{RM}으로부터의 효과적인 전사를 위해 필요하다면, 돌연변이 억제인자에 보완적인 아미노산 치환을 가지는 중합효소 내 소단위체의 돌연변이는 돌연변이 억제인자와의 상호 작용을 복구할 수 있어야 하며, 따라서 P_{RM}으로부터의 활발한 전사를 복구할 수 있어야 한다. 그림 8.23은 이러한 개념을 보여 주고 있으며 이는 하나의 유전자에 생긴 돌

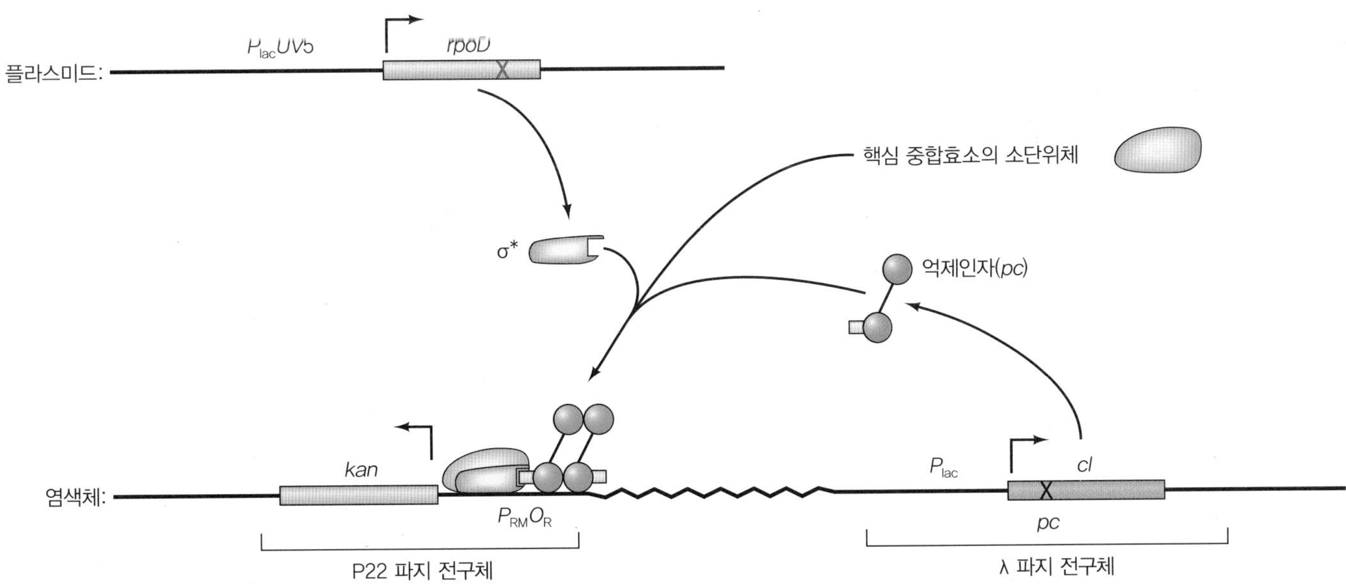

그림 8.24 λ *cI pc* 돌연변이의 유전자 간 억제에 대한 선별. 주스킨트 등은 아래에 도식화한 염색체(작은 부분만 표시됨)를 갖는 박테리아를 이용해 실험을 수행했다. 염색체는 두 파지 전구체를 포함한다. ① 부근에 λ O_R을 가지는 λ P_{RM}에 의해 추진되는 카나마이신-저항 유전자(주노란색)를 가지고 있는 P22 파지 전구체. ② 약한 *lac* 프로모터에 의해 추진되는 λ *cI* 유전자(연초록색)를 포함하는 λ 파지 전구체. 주스킨트 등은 이 박테리아들에 *lac UV5* 프로모터에 의해 추진되는 돌연변이가 일어난 *rpoD*(σ-인자) 유전자(연파란색)를 삽입했다. 이 형질전환이 일어난 세포들을 카나마이신이 포함된 배양액에서 시험해 보았다. 야생형 *rpoD* 유전자 또는 상관없는 돌연변이를 지니는 *rpoD* 유전자로 형질전환이 일어난 세포는 카나마이신에서 자랄 수 없었다. 그러나 *rpoD* 유전자에 생긴 돌연변이(빨간색 ×)가 cI 유전자에 생긴 돌연변이(검은색 ×)를 보상할 수 있는 것으로 형질전환이 이루어진 세포는 자랄 수 있었다. 이 돌연변이 억제는 돌연변이 σ-인자(σ*, 파란색)와 돌연변이 억제인자(초록색) 간의 상호 작용으로 표시되며 이는 카나마이신-저항 유전자가 P_{RM}으로부터 전사될 수 있도록 허용한다.

연변이가 다른 유전자에 생긴 돌연변이를 상쇄할 수 있기 때문에 **유전자 간 억제**(intergenic suppression)라 한다.

만약 우리가 원하는 활성을 찾기 위해서 각각을 따로 검정해야 한다면 이러한 유전자 간 억제 돌연변이들을 찾는 것은 아주 지루한 일이다. 만약 야생종 중합효소 유전자나 상관없는 돌연변이를 가지는 유전자들을 제거하고 원하는 돌연변이만을 가지는 것을 골라낼 수 있는 **선택법**(selection, 4장 참조)을 사용한다면 이는 훨씬 더 효과적일 것이다. 주스킨트 등은 그러한 선택법을 사용했는데 그림 8.24에서 보는 바와 같다. 이들은 대장균과 2개의 파지 전구체를 이용했다. 하나는 *cI* 유전자를 지니는 λ 파지 전구체로 검은색 ×로 표시된 *pc* 돌연변이를 가진다. 이 *cI* 유전자의 발현은 약한 형태의 *lac* 프로모터에 의해 일어난다. 다른 것은 P_{RM} 프로모터의 조절하에 있는 카나마이신-저항성 유전자를 지니는 P22 파지 전구체이다. 주스킨트 등은 이 세포들을 항생제인 카나마이신 존재하에서 키워 세포의 생존이 카나마이신-저항성 유전자의 발현에 기인하도록 했다. 세포에 의해 제공되는 돌연변이 억제인자와 RNA 중합효소로는 이 세포들이 생존할 수가 없는데 왜냐하면 이들은 P_{RM}으로부터 전사를 활성화시킬 수 없기 때문이다.

다음으로 연구자들은 RNA 중합효소 σ 소단위체를 암호화하는 유전자의 야생종과 돌연변이 형태(*rpoD*)를 지니는 플라스미드들로 세포들을 형질전환시켰다. 만일 *rpoD* 유전자가 야생종이거나 상관없는 돌연변이를 포함하는 것이라면 이 산물인 σ-인자는 돌연변이 억제인자와 상호 작용할 수 없어 세포는 카나마이신 존재하에서 자랄 수 없을 것이다. 반면에 만일 그들이 억제 돌연변이를 포함한다면 σ-인자는 세포에 의해서 제공되는 핵심 중합효소의 소단위체와 결합하여 돌연변이 중합효소를 형성하고 돌연변이 억제인자와 상호 작용할 수 있을 것이다. 이 상호 작용이 P_{RM}으로부터의 전사를 활성화하여 세포가 카나마이신 존재하에서 자랄 수 있을 것이다. 이론적으로 *rpoD*에 억제돌연변이가 일어난 세포들만 카나마이신이 포함된 배지에서 자랄 수 있기 때문에 이들을 찾아내는 것은 용이하다.

주스킨트 등은 P_{RM} 조절하에 카나마이신-저항성 유전자 대신에 *lacZ* 유전자를 넣고 이 선택법에서 사용된 것과 같은 세포에 넣어 그들의 *rpoD* 유전자들을 다시 한 번 확인했다. 이들은 P_{RM}으로부터의 전사에 대한 측량으로 *lacZ*의 산물인 β-갈락토시데이즈의 생성을 분석하여 중합효소와 억제인자 간의 상호 작용을 확인했다. 예상한 대로 돌연변이 *rpoD* 유전자로 형질전환된 돌연변이 억제인자를 갖는 세포는 야생종 *cI*과 *rpoD* 유전자들을 갖는

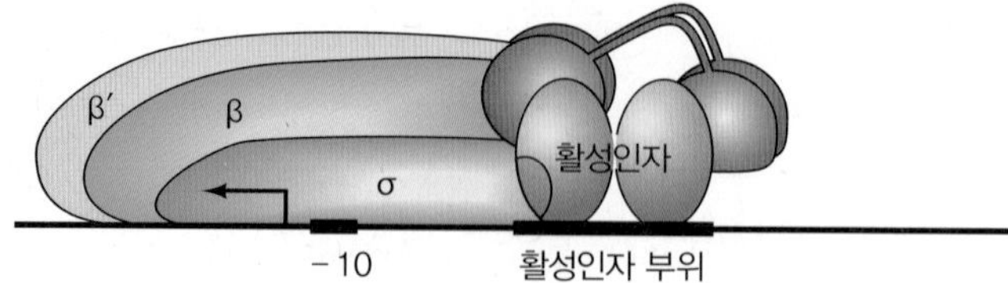

그림 8.25 σ−인자 접촉에 의한 활성화. 활성인자(예, λ 억제인자)는 프로모터의 약한 −35상자와 중첩되는 활성화 인자부위에 결합한다. 이 결합은 −35상자에 전혀 결합하지 않거나 약하게 결합하는 σ−인자의 4번 부위가 활성화 인자와 상호 작용할 수 있도록 허용한다. 그 결과 중합효소가 아주 약한 프로모터에 단단히 결합할 수 있게 되어 주변 유전자를 성공적으로 전사할 수 있게 된다. (출처: Adapted from Busby S. and R.H. Ebright, Promoter structure, promoter recognition, and transcription activation in prokaryotes. *Cell* 79:743, 1994.)

세포만큼(100단위) 많은 양의 β−갈락토시데이즈(120단위)를 가지고 있었다. 반면에 야생형 *rpoD* 유전자로 형질전환된 돌연변이 억제인자를 가지는 세포들은 단지 18.5단위의 β−갈락토시데이즈만을 가지고 있었다. 주스킨트 등이 찾아낸 8개 억제 돌연변이들의 *rpoD* 유전자들의 염기서열을 알아본 결과 이들은 모두 같은 돌연변이, 즉 σ−인자의 596번 위치의 아르기닌이 히스티딘으로 변해 있는 것을 발견했다. 이곳은 σ−인자의 4번 지역에 해당하는 곳으로 −35상자를 인식하는 부위이다.

이 결과는 중합효소와 억제인자 간의 상호 작용이 P_{RM}으로부터의 전사활성에 필수적이라는 가설을 강력하게 뒷받침한다. 이들은 또한 두 단백질 간의 상호 작용에 예상처럼 α 소단위체가 아닌 σ−인자가 관여한다는 사실도 밝혔다. 이는 그림 8.25에서 보듯이 σ−인자를 통한 활성화의 좋은 예가 된다. 이러한 활성을 받는 프로모터들은 약한 −35상자를 갖는데, 이는 σ−인자에 의해서 잘 인식되지 못한다. 활성화부위는 −35상자와 일부 겹침으로써 활성화인자(이 경우 λ 억제인자)를 σ−인자의 4번 부위와 상호 작용할 수 있는 곳에 위치시켜 사실상 약하게 인식되는 −35상자를 치환시켜 버린다.

우리는 7장에서 CAP−cAMP가 폐쇄형 프로모터 복합체의 형성을 촉진함으로써 *lac* 프로모터로 RNA 중합효소를 불러들이는 것을 보았다. 그러나 다니앤 홀리(Diane Hawley)와 윌리엄 맥클루어(William McClure)는 λ 억제인자는 P_{RM}에서 이 단계에 영향을 미치지 않는다는 것을 보여 주었다. 대신에 이는 불러들이는 작용 중에 두 번째 단계인 P_{RM}에서의 폐쇄형 프로모터 복합체를 개방형 프로모터 복합체로 변환시키는 것을 돕는다.

4) λ 감염으로 인한 용균성 또는 용원성의 결정

무엇이 λ에 의해 감염된 세포가 용균성 주기로 갈 것인지 또는 용원성 주기로 갈 것인가를 결정하는가? 이 두 운명 간에는 미묘한 균형이 있으며 우리는 주어진 세포가 실제로 어떤 길을 택할 것인가를 예측할 수 없다. 이러한 주장을 뒷받침하는 사실은 λ 파지로 감염된 대장균 집단의 겉모습 연구에서 찾을 수 있다. 대장균이 깔려 있는 배양 접시 위에 일부 파지 입자들을 뿌려주면 이들은 대장균 세포를 감염한다. 만일 용균성 감염이 일어나면 자손 파지들이 주변 세포들로 퍼져 그들을 감염하게 된다. 몇 시간 후에는 박테리아가 깔려 있는 곳에 용균성으로 감염된 세포들이 죽어서 형성된 동그란 구멍을 볼 수 있다. 이 구멍을 **플라크**(plaque)라 부른다. 만일 감염이 100% 용균성이라면 플라크는 모든 숙주세포들이 죽었기 때문에 맑게 보일 것이다. 그러나 λ 플라크는 일반적으로 맑지 못하다. 대신 이들은 불투명한데 이는 살아 있는 용원균의 존재를 표시한다. 이는 플라크의 지역적 환경에서조차도 일부 감염된 세포들은 용균성 주기로 가고 다른 일부는 용원균화함을 의미한다.

잠시 옆길로 빠져 다음과 같은 질문을 던져보자. 왜 용원균은 플라크 내에 있는 수많은 파지들에 의해 용균성으로 감염되지 않는 것일까? 답은 만일 새로운 파지 DNA가 용원균을 침입하면 세포 내에는 충분히 많은 억제인자가 존재하여 새 파지 DNA에 결합하고 그 발현을 억제하기 때문이다. 그러므로 우리는 용원균이 자신과 같은 조절부위를 갖는 또는 파지 전구체의 것과 같은 **면역부위**(immunity region)를 지니는 파지에 의한 **초감염**(superinfection)에 **면역성**(immune)을 갖는다고 말할 수 있다.

이제 다시 본론으로 돌아가 보자. 우리는 플라크 내의 일부 세포들이 용원균화하면서 일부는 용균성으로 감염될 수 있는 것을 보았다. 플라크 내에 있는 세포들은 유전적으로 모두 동일하고 파지 또한 모두 동일하기 때문에 용균성 또는 용원성으로의 운명적 선택이 유전적이라고는 볼 수 없다. 대신 이는 두 유전자 *cI*과 *cro*의 산물 간의 경쟁에 의해 결정되는 것처럼 보인다. 이 경쟁은 감염된 각 세포마다 우세한 것이 그 세포의 감염의 경로를 결정짓는다. 만일 *cI*이 우세하면 용원성이 확립될 것이고 *cro*가 우세하면 감염은 용균성이 될 것이다. 우리는 이미 이 논쟁의 기본을 이해할 수 있다. 만일 *cI* 유전자가 충분한 억제인자를 만들어 내면 이 단백질은 O_R과 O_L에 결합할 것이고, 더 이상의 초기 유전자의 전사가 일어나지 않을 것이다. 또한 그로 인해 자손 파지의 생성과 용해를 유발하는 후기 유전자들의 발현이 억제될 것이다. 반면에 만일 충분한 *Cro*가 만들어지면 이 단백질은 *cI*의 전사를 막을 것이고 그로 인해 용원성이 일어나지 않을 것이다(그림 8.26).

Cro가 *cI*의 전사를 억제할 수 있는 핵심은 이것의 λ 작동자에 대한 친화적 성질 때문이다. Cro는 억제인자가 하는 것처럼 O_R과

(a) 용원 상태에서는 *cI*의 승리

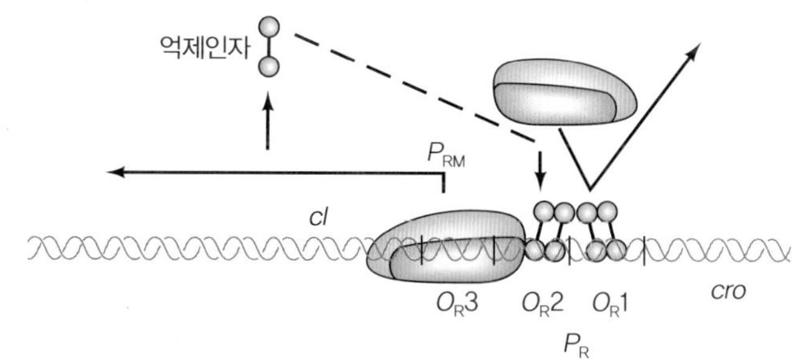

(b) 용균 상태에서는 *cro*의 승리

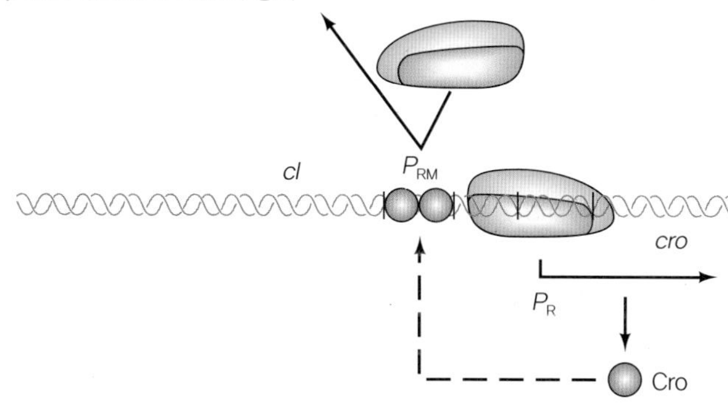

그림 8.26 *cI*과 *cro* 간의 다툼. (a) *cI*이 이긴 경우. 충분한 양의 억제인자(초록색)가 P_{RM}(그리고 P_{RE})으로부터 *cI* 유전자의 전사에 의해 생성되어 중합효소(빨간색과 파란색)가 P_R에 결합하는 것을 방해하고 cro가 전사되는 것을 막는다. 그 결과 용원성 상태가 도래한다. (b) *cro*가 이긴 경우. 충분한 양의 Cro(보라색)가 P_R로부터의 전사에 의해 만들어져 중합효소가 P_{RM}에 결합하는 것을 방해하고 *cI*이 전사되는 것을 막아 버린다. 용균성 주기가 도래한다.

O_L 모두에 결합한다. 그러나 Cro가 작동자의 세 부분에 결합하는 순서는 억제인자가 결합하는 순서의 정반대이다. 억제인자가 하는 것처럼 1, 2, 3의 순서로 결합하는 대신에 Cro는 O_R3에 첫 번째로 결합한다. 이것이 일어나자마자 P_{RM}으로부터의 *cI* 전사는 중지되는데 이는 O_R3가 P_{RM}과 일부 겹치기 때문이다. 다른 말로 Cro가 억제인자로 작용한다. 더구나 Cro가 오른쪽 방향에서 왼쪽 방향의 모든 작동자들을 채우면 *cII*와 *cIII*를 포함해서 P_R과 P_L로부터의 모든 초기 유전자들의 전사가 중지된다. 이 유전자들의 산물 없이는 P_{RE}가 작용하지 못하므로 모든 억제인자의 생성이 중지된다. 용균성 감염이 이제 확실해진다. Cro가 초기 전사를 막아버리는 것이 또한 용균성 생장에 필요하다. 감염 후기에 지연초기 단백질들의 지속된 생성이 용균성 주기를 끝내 버린다.

그러면 무엇이 경주에서 *cro*가 이길지 *cI*이 이길지를 결정하는가? 당연히 이것은 동전을 던져 결정하는 것보다는 더 복잡하다. 사실상 가장 중요한 인자는 *cII* 유전자 산물인 CII의 농도일 것으로 생각된다. 세포 내에 CII의 농도가 높을수록 용원성이 될 가능성이 높다. 이는 우리가 CII에 관해서 이미 배운 내용, 즉 CII가 P_{RE}를 활성화시키고 그로 인해 용원성 프로그램이 시작된다는 내용과 잘 일치한다. 우리는 또한 CII에 의한 P_{RE}의 활성화가 *cro* 센스 RNA의 해독을 억제할 수 있는 *cro* 안티센스 RNA를 생산함으로써 용균성 프로그램에 역행해서 작용하는 것도 보았다.

그러면 무엇이 CII의 농도를 조절하는가? 우리는 CIII가 CII를 세포 내 단백질분해효소로부터 보호하나 높은 농도의 단백질분해효소는 CIII의 보호를 무력화시켜 CII를 파괴하여 감염이 용균성이 되도록 하는 것을 보았다. 이러한 단백질분해효소의 고농도는 예를 들어 영양분이 풍부한 배양액 등과 같은 좋은 환경에서 일어난다. 반대로 단백질분해효소의 수준은 영양이 고갈된 상태에서 저하된다. 그러므로 영양 고갈상태가 용원성을 선호하고 영양이 풍부한 상태가 용균성 경로를 선호한다. 이것은 파지에 유리하게 작용한다. 왜냐하면 용균성 경로는 모든 파지의 DNA, RNA, 단백질들을 만들기 위해 상당량의 에너지를 필요로 하는데, 이렇게 많은 에너지가 영양고갈 상태에서는 확보되지 않을지도 모르기 때문이다. 이와 비교해서 용원성은 별로 필요한 것이 없다. 단지 적은 양의 억제인자만 필요할 뿐이다.

5) 용원균의 유도

우리는 용원균이 돌연변이 유발원과 방사능의 처리에 의해 유도될 수 있다고 언급했다. 이 유도 기작은 다음과 같다. 대장균은 DNA를 손상시키는 돌연변이원과 방사능과 같은 환경적 상해에 대해 **SOS 반응**(SOS response)이라는 집합적 활성을 나타내는 일련의 유전자 발현을 유도함으로써 대응한다. 이 유전자들 중 사실상 제일 중요한 것이 ***recA***이다. *recA* 산물인 **RecA**는 DNA 손상의 재조합 회복에 관여한다(20장 참조). 이것이 SOS 반응에 대한 유용성을 일부 설명하나 환경적 침해 역시 **RecA** 단백질의 새로운 활성을 유도한다. 이는 보조 단백질분해효소(coprotease)가 되어서 λ 억제인자에 있는 잠재적 단백질분해효소 또는 단백질 분해활성을 자극한다. 그러면 이 단백질분해효소가 그림 8.27에 보듯이 억제인자를 반쪽으로 잘라서 이를 작동자로부터 분리시킨다. 이 현상이 일어나자마자 P_R과 P_L로부터 전사가 시작된다. 전사되는 첫 번째 유전자 중 하나가 *cro*인데 이의 산물이 억제인자 유전자가 더 이상의 전사를 하지 못하도록 중지시켜 버린다. 그 결과 용원성이 깨지고 용균성 파지의 복제가 시작된다.

물론 λ는 자신에게 이롭지 않았다면 RecA에 반응하여 자신이 반으로 쪼개지는 억제인자를 가지고 진화하지 않았을 것이다. 그

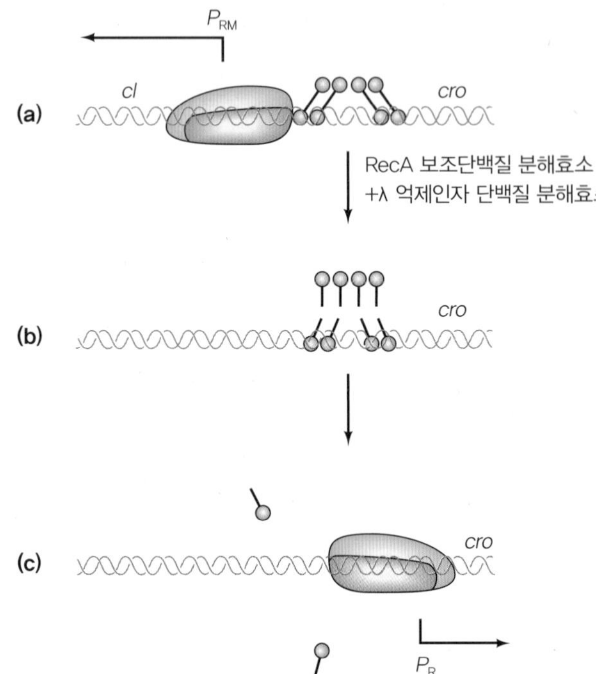

그림 8.27 λ 파지 전구체의 유도. **(a)** 용원성. 억제인자(초록색)는 O_R(그리고 O_L)에 결합하고 *cI*이 P_{RM} 프로모터로부터 활발히 전사된다. **(b)** RecA 보조 단백질분해효소(자외선이나 다른 돌연변이 영향에 의해 활성화됨)가 억제인자 내에 가려진 단백질 분해활성을 벗겨내서 억제인자가 자신을 절단할 수 있게 한다. **(c)** 잘려진 억제인자는 작동자에서 떨어져 나오고 중합효소(빨간색과 파란색)가 P_R에 결합하도록 허용하여 *cro*를 전사한다. 용원성이 깨지게 된다.

이로운 점이 다음에 나오는 것으로 여겨진다. SOS 반응은 용원균이 어떠한 DNA 손상에 의한 공격을 받고 있다고 신호한다. 이러한 상황에서 파지 전구체가 용균성 주기를 유도하여 빠져나오는 것이 파지에 유리하다. 이는 마치 침몰하는 배를 빠져나오는 쥐와 같다고 할 수 있다.

요약

박테리아는 전사 양상을 다양하게 전환시키며(예: 파지 감염이나 포자형성 기간 동안), 이 전환을 위한 여러 기작을 발달시켜 왔다. 예를 들어 고초균 세포에 침투한 SPO1 파지 유전자의 전사는 시간대별 프로그램, 즉 초기 유전자가 처음 전사되고, 중기 유전자가 그 뒤를 따르며, 마지막으로 후기 유전자가 전사되는 방식으로 진행된다. 이 전환은 일련의 파지로부터 만들어지는 σ-인자들에 의해 지시되는데, 이 인자들은 숙주의 RNA 핵심 중합효소와 결합하여 초기로부터 중기, 중기로부터 후기로의 특이성을 변화시킨다. 숙주 σ-인자는 파지의 초기 유전자에 대해 특이적인데, 파지의 gp28이 그 특이성을 중기 유전자들로 전환시키고 파지의 gp33과 gp34는 다시 후기 특이성으로 전환시킨다.

박테리아 고초균이 포자를 형성할 때 전혀 새로운 포자형성 특이적 유전자들이 발현되는데, 전부는 아니지만 많은 영양상태 유전자들의 발현이 중지된다. 이 전환은 대체적으로 전사 수준에서 일어난다. 이 중 몇 개의 새로운 σ-인자들이 RNA 핵심 중합효소로부터 영양상태 σ-인자를 대체하여 포자형성 유전자들의 전사를 영양상태 유전자 대신에 지시하여 일어난다. 각 σ-인자는 자신이 선호하는 프로모터 염기서열이 있다.

일부 원핵세포 유전자들은 2개의 다른 σ-인자들이 활성화되어 있는 조건에서 전사되는 것이 확실하다. 이 유전자들은 2개의 다른 프로모터를 가지고 있으며, 각각은 두 σ-인자들 중 하나에 의해 인식된다. 이러한 현상은 어떠한 인자가 존재하든 간에 발현을 확실히 보장하며 다른 환경에서 각기 다른 조절을 하도록 한다. 대장균에서 저질소와 기아 스트레스뿐만 아니라 열 충격 반응은 대체 σ-인자인 $\sigma^{32}(\sigma^{H})$, $\sigma^{54}(\sigma^{N})$, $\sigma^{34}(\sigma^{S})$에 의해 지배되며 이는 $\sigma^{70}(\sigma^{A})$을 치환하여 RNA 중합효소를 대체 프로모터들로 인도한다. 많은 σ-인자들은 특정 σ-인자에 결합하여 이들이 핵심 중합효소에 결합하는 것을 억제하는 항 σ-인자에 의해 조절된다. 이들 항 σ-인자들 중 일부는 복합체의 σ-인자와 항 σ-인자 사이에 결합하여 σ-인자를 방출시키는 항 σ-인자의 항인자에 의해 조절 받기도 한다. 최소한 한 경우에 있어서는 항 σ-인자가 유사한 항 σ-인자의 항인자를 인산화 시키고 불활성화 시키는 항 σ-인자의 항인자의 항인자이기도 하다.

T7 파지는 숙주 중합효소의 특이성을 초기에서 후기로 변환시키는데, 새로운 σ-인자를 만드는 대신에 파지의 후기 유전자들에 대한 완벽한 특이성을 갖는 새로운 RNA 중합효소를 만든다. 한 가닥의 폴리펩티드로 이루어진 이 중합효소는 초기에 발현이 이루어지는 유전자 중 하나인 유전자 1의 산물이다. 이 파지에 의한 감염에서 시간대별 프로그램은 간단하다. 숙주 중합효소가 초기(I단계) 유전자들을 전사하고 이들 산물들 중 하나인 파지 중합효소가 다음에 후기 유전자(II단계와 III단계)들을 전사한다.

λ 파지의 용균성 주기에서 직전초기/지연초기/후기 전사의 전환은 항종결자에 의해 조절된다. 2개의 직전초기 유전자들 중 하나가 *cro*인데, 이는 cI 억제인자를 암호화하여 용균성 주기가 계속되도록 허용한다. 다른 하나는 N인데 이는 항종결자인 N을 암호화하여 N과 *cro* 유전자들 뒤의 종결자를 무시하게 만든다. 그 뒤 전사는 지연초기 유전자들로 계속된다. 지연초기 유전자들 중 하나인 Q는 다른 항종결자인 Q를 암호화하여 후기 프로모터인 $P_{R'}$으로부터 후기 유전자들의 전사가 미완숙 종결됨 없이 계속되도록 허용한다.

5종류의 단백질(N, NusA, NusB, NusG, S10)은 λ의 직전초기 종결자에서 일어나는 항종결에 서로 협동적으로 작용한다. NusA와 S10은 RNA 중합효소에 결합하고, N과 NusB는 각각 길어지고 있는 전사체의 *nut* 위치의 A 상자와 B 상자 부위에 결합한다. N과 NusB는 각각 NusA와 S10에 결합하여 전사체를 RNA 중합효소에 붙들어 놓는 역할을 하는 것으로 보인다. 이것이 중합효소를 변환시켜 중합효소가 직전초기 유전자들의 끝에서 종결자들을 지나쳐 읽을 수 있게 한다. NusA는 RNA 머리핀 구조의 상단부와 중합효소 핵심 간의 결합을 방해해 RNA에 머리핀 구조의 형성을 촉진시킴으로서 내재적 종결자에서 종결을 촉진시킨다. 머리핀 구조는 복합체를 비가역적으로 종결을 하도록 만드는 형태로 잡아두게 된다. N은 RNA 머리핀 구조의 상단부에 결합하여 머리핀 구조의 형성을 저해함으로써 이 종결 과정을 방해한다. N은 NusA가 RNA의 훨씬 상단부에 결합하여 머리핀 구조 형성을 더욱 더 저해하는 것을 돕는다. 머리핀 구조 형성 없이는 종결은 일어날 수 없다. λ 후기 부위에서의 항종결은 Q를 필요로 하는데, 이는 RNA 중합효소가 후기 프로모터의 하단부에서 멈춰 설 때 *qut* 위치의 Q 결합 부위에 결합한다. 중합효소에 대한 후속적인 Q 결합은 효소를 변화시키는 것처럼 보이며 이로 인해 종결자를 무시할 수 있고 후기 유전자들을 전사할 수 있다.

λ 파지는 초기 작동자에 결합하는 억제인자의 충분한 생성을 도모하여 초기 RNA 합성이 더 이상 일어나지 않도록 저지함으로써 용원성을 확립한다. 용원성 확립에 이용되는 프로모터는 P_{RE}이며 이는 P_R과 *cro*의 오른쪽에 위치한다. 이 프로모터로부터의 전사는 *cI*을 거쳐 왼쪽 방향으로 진행된다. 지연초기 유전자 *cII*와 *cIII*의 산물들도 이 과정에 참여한다. CII는 직접적으로 중합효소가 P_{RE}에 결합하는 것을 촉진하며, CIII는 CII의 분해를 느리게 일어나게 한다.

용원성을 유지하는 데 이용되는 프로모터는 P_{RM}이다. 이것은 용원성을 확립시키는 억제인자의 폭발적인 합성을 가능하게 하는 P_{RE}로부터 전사가 일어난 뒤 활약을 시작한다. 이 억제인자는 O_R1과 O_R2에 협동적으로 결합한다. 그러나 O_R3에는 결합하지 않고 빈 공간으로 남겨 놓는다. RNA 중합효소는 P_{RM}에 결합하는데, 이 결합은 O_R2에 결합하고 있는 억제인자와 살짝 닿는 방식으로 O_R3과 중첩된다. 이 단백질–단백질 상호 작용은 이 프로모터가 효율적으로 작용하는 데 필요하다.

중합효소의 σ-인자 소단위체의 4번 부위가 λ 억제인자와 RNA 중합효소 간의 핵심적인 상호 작용에 관여하고 있다. 이 폴리펩티드는 P_{RM}의 약한 −35상자 부위에 결합하여 σ-인자의 4번 부위를 O_R2에 결합하고 있는 억제인자에 근접하게 위치시킨다. 그러므로 억제인자는 σ-인자와 작용할 수 있고 RNA 중합효소를 약한 프로모터로 유인한다. 이와 같은 방식으로 O_R2가 활성화 위치로 작용하고 λ 억제인자가 P_{RM}으로부터의 전사 활성인자가 된다.

주어진 세포가 λ 파지에 의해 용균성 또는 용원성으로 감염되는가의 결정은 *cI*과 *cro* 유전자의 산물간의 경쟁에 기인한다. *cI* 유전자는 억제인자를 암호화하며 이는 O_R1, O_R2, O_L1, O_L2를 막아서 *cro* 유전자의 전사를 포함한 모든 초기 전사를 종결시킨다. 그 결과 용원성 감염으로 진행된다. 반면에 *cro* 유전자는 Cro를 암호화하며 이는 O_R3(그리고 O_L3)을 막아서 *cI* 전사를 종결시킨다. 그 결과 용균성 감염으로 진행된다. 어떠한 유전자 산물이든 간에 먼저 충분한 농도로 발현되어 상대방의 합성을 저지하는 유전자 산물이 경주에서 이기고 세포의 운명을 결정한다. 이 경주의 승자는 CII 농도에 의해 결정되는데, 이는 세포 내 단백질분해효소 농도에 의해 결정되고 이는 또한 배양액의 풍부함과 같은 환경적 요인에 의해 결정된다.

λ 용원균이 DNA 손상을 입게 되면 SOS 반응이 유도된다. 이 반응에서 첫 번째로 일어나는 일은 RecA 단백질에 있는 보조 단백질분해효소 활성의 출현이다. 이 효소는 억제인자를 반쪽으로 쪼개서 λ 작동자로부터 유리시키므로 용균성 주기를 유도한다. 이와 같은 방식으로 자손 λ 파지는 자신들의 숙주에 일어난 잠정적으로 치명적인 손상에서 벗어난다.

복습 문제

1. 어떻게 파지 SPO1이 자신의 전사 프로그램을 조절하는지를 설명할 수 있는 모델을 제시하라.
2. 1번 문제에 대한 답을 지지할 수 있는 증거를 요약하라.
3. 고초균 σ^E가 포자형성 특이적 0.4kb 프로모터를 인식하는 반면, σ^A는 영양상태 프로모터를 인식하는 것을 보여 주는 실험을 기술하고 그 결과를 제시하라.
4. 고초균 세포가 포자형성 중에 자신의 전사 프로그램을 변화시키는 데 사용하는 기작을 요약하라.
5. 고초균 σ^E는 *spoIID* 프로모터를 인식하나 다른 σ-인자들은 이를 인식하지 못함을 보여 주는 실험을 기술하고 그 결과를 제시하라.
6. 열 충격에 대한 대장균의 신속한 반응에 대한 모델을 제시하라.
7. 어떻게 T7 파지가 자신의 전사 프로그램을 조절하는지를 설명할 수 있는 모델을 제시하라.
8. λ 파지가 용균성 감염을 수행할 때 어떤 방식으로 직전초기로부터 지연초기, 지연초기로부터 후기 전사로 전사를 전환시키는가?
9. λ 파지에 감염된 대장균 세포에서 N-지시 항종결에 대한 모델을 항종결 기작의 자세한 설명 없이 제시하라. 이때 어떤 단백질들이 관여하는가?
10. 내재적 종결과 항종결에서 N과 NusA의 효과를 설명할 수 있는 모델을 제시하라.
11. N과 NusA가 내재적 종결자에서 머리핀 구조 형성을 조절한다는 것을 보이는 실험의 결과를 제시하고 설명하라.
12. P_{RE} 프로모터는 거의 인식되지 않으며 그 자체로는 RNA 중합효소를 유인하지 못한다. 어떻게 *cI* 유전자가 이 프로모터로부터 전사될 수 있는가?
13. CII와 RNA 중합효소가 어떻게 동시에 DNA의 같은 부위에 결합할 수 있는가?
14. λ 억제인자가 자신의 합성을 양성적, 음성적으로 조절한다는 것을 밝힌 실험을 제시하고 그 결과를 기술하라. 이와 같은 실험이 *cro* 전사에 대한 억제인자의 효과에 대해서는 무엇을 보여 주는가?
15. 두 단백질 간의 상호 작용을 찾아낼 수 있는 유전자 간 억제분석법의 원리를 그림을 그려 설명하라.
16. λ 억제인자와 대장균 RNA 중합효소의 σ-인자 소단위체 간의 상호

작용을 보일 수 있는 유전자 간 억제분석법의 결과를 제시하고 이를 설명하라.

17. λ 파지에 의한 대장균의 용원성 또는 용균성 감염에 대한 *cI*과 *cro* 간의 경쟁을 설명하는 모델을 제시하라. 무엇이 균형을 한 방향 아니면 다른 방향으로 기울게 하는가?

18. 돌연변이성 상해에 의한 λ 용원균의 유도를 설명하는 모델을 제시하라.

분석 문제

1. 여러분이 2개의 다른 σ-인자에 의해 인식되는 2개의 다른 프로모터를 지닌 유전자를 연구하고 있다고 하자. 여러분의 가설을 증명할 수 있는 실험을 디자인하라.

2. λ 파지에 의해서 용원화되어 있는 대장균에 동일 계열의 λ 파지로 감염시키면 어떻게 될까? 초감염이 일어나겠는가? 일어나면 왜 일어나는지, 일어나지 않으면 왜 일어나지 않는지를 제시하라.

3. 2번 문제의 실험을 작동자 염기서열이 용균원의 그것과 상당히 다른 λ 파지 균주를 가지고 반복하였다. 어떠한 결과를 예상하는가? 이유는 무엇인가?

4. 유전적으로 다른 두 대장균주를 야생형 λ 파지로 감염시켰다. 각 균주로부터 용원균을 검출하였다. 이 용원균에 자외선을 조사하여 하나의 균주로부터는 용균성 감염을 얻었으나 다른 균주로부터는 아무것도 얻지 못하였다. 이 결과를 설명하라.

5. 항상 100% 용균성 감염을 일으키는 λ 파지는 무엇이 돌연변이를 일으킨 것인가?

6. 항상 100% 용원성 감염을 일으키는 λ 파지는 무엇이 돌연변이를 일으킨 것인가?

7. 여러분은 *N* 유전자가 불활성화되어 있는 λ 파지를 가지고 연구를 수행하고 있다. 이 파지는 어떠한 감염을 일으키겠는가? 용원성, 용균성, 또는 용원성 용균성 모두, 아니면 용원성도 아니고 용균성도 아닌가? 그 답에 대한 이유는 무엇인가?

추천 문헌

General References and Reviews

Busby, S. and R.H. Ebright. 1994. Promoter structure, promoter recognition, and transcription activation in prokaryotes. *Cell* 79:743–46.

Goodrich, J.A. and W.R. McClure. 1991. Competing promoters in prokaryotic transcription. *Trends in Biochemical Sciences* 15:394–97.

Gralla, J.D. 1991. Transcriptional control–lessons from an E. coli data base. Cell 66:415–18.

Greenblatt, J., J.R. Nodwell, and S.W. Mason. 1993. Transcriptional antitermination. *Nature* 364:401–6.

Helmann, J.D. and M.J. Chamberlin. 1988. Structure and function of bacterial sigma factors. *Annual Review of Biochemistry* 57:839–72.

Ptashne, M. 1992. *A Genetic Switch*. Cambridge, MA: Cell Press.

Research Articles

Dodd, I.B., A.J. Perkins, D. Tsemitsidis, and J.B. Egan. 2001. Octamerization of λ CI repressor is needed for effective repression of PRM and efficient switching from lysogeny. *Genes and Development* 15:3013–21.

Gusarov, I. and E. Nudler. 1999. The mechanism of intrinsic transcription termination. *Molecular Cell* 3:495–504.

Gusarov, I. and E. Nudler. 2001. Control of intrinsic transcription termination by N and NusA: The basic mechanisms. *Cell* 107:437–49.

Haldenwang, W.G., N. Lang, and R. Losick. 1981. A sporulation-induced sigma-like regulatory protein from *B. subtilis*. *Cell* 23:615–24.

Hawley, D.K. and W.R. McClure. 1982. Mechanism of activation of transcription initiation from the λ PRM promoter. *Journal of Molecular Biology* 157:493–525.

Ho, Y.-S., D.L. Wulff, and M. Rosenberg. 1983. Bacteriophage λ protein cII binds promoters on the opposite face of the DNA helix from RNA polymerase. *Nature* 304:703–8.

Johnson, W.C., C.P. Moran, Jr., and R. Losick. 1983. Two RNA polymerase sigma factors from *Bacillus subtilis* discriminate between overlapping promoters for a developmentally regulated gene. *Nature* 302:800–4.

Li, M., H. Moyle, and M.M. Suskind. 1994. Target of the transcriptional activation function of phage λ cI protein. *Science* 263:75–77.

Meyer, B.J., D.G. Kleid, and M. Ptashne. 1975. λ repressor turns off transcription of its own gene. *Proceedings of the National Academy of Science*, USA 72:4785–89.

Pero, J., R. Tjian, J. Nelson, and R. Losick. 1975. In vitro transcription of a late class of phage SPO1 genes. *Nature* 257:248–51.

Rong, S., M.S. Rosenkrantz, and A.L. Sonenshein. 1986. Transcriptional control of the B. *subtilis spoIID* gene. *Journal of Bacteriology* 165: 771–79.

Stragier, P., B. Kunkel, L. Kroos, and R. Losick. 1989. Chromosomal rearrangement generating a composite gene for a developmental transcription factor. *Science* 243:507–12.

Toulokhonov, I., I. Artsimovitch, and R. Landick. 2001. Allosteric control of RNA polymerase by a site that contacts nascent RNA hairpins. *Science* 292:730–33.

CHAPTER 9

박테리아에서 DNA와 단백질의 상호 작용

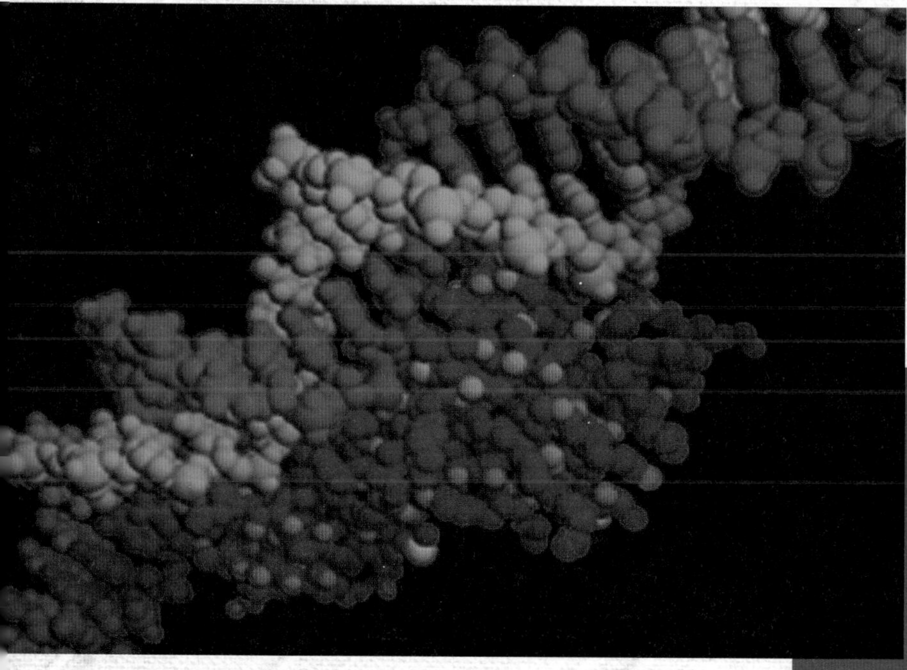

유전자 조절: DNA와 결합한 Cro 단백질의 컴퓨터 모형. (© Ken Eward/SS/Photo Researchers, Inc.)

7, 8장에서 DNA의 특정 부위에 결합하는 몇 가지 단백질에 대해 논의하였다. 이들은 RNA 중합효소, *lac* 억제인자, CAP, trp 억제인자, λ 억제인자, Cro 등이다. 이들 단백질은 상세히 연구되어 왔으며 DNA의 특정 부위에 결합하는 것으로 알려져 있다. 이에 관한 기작은 어떻게 이루어지는가? 이 5개의 단백질은 비슷한 구조적 단위를 갖고 있는데 2개의 α 나선이 짧은 '선회'로 이어져 있다. 이 **'나선-선회-나선' 모티프**(helix-turn-helix motif, 그림 9.1a)는 두 번째 나선[**인식나선**(recognition helix)]이 표적 DNA 부위의 큰 홈에 잘 붙게 한다(그림 9.1b). 우리는 이러한 결합 구조가 단백질마다 다르다는 것과 이는 열쇠와 자물쇠와 같은 결합을 한다는 것을 알게 될 것이다. 이 장에서는 원핵세포에서 DNA-단백질의 상호 작용과 그것이 어떻게 특이성을 갖게 되는지 공부하도록 한다. 12장에서는 진핵세포에서의 여러 가지 DNA-결합 모티프에 대해 알아본다.

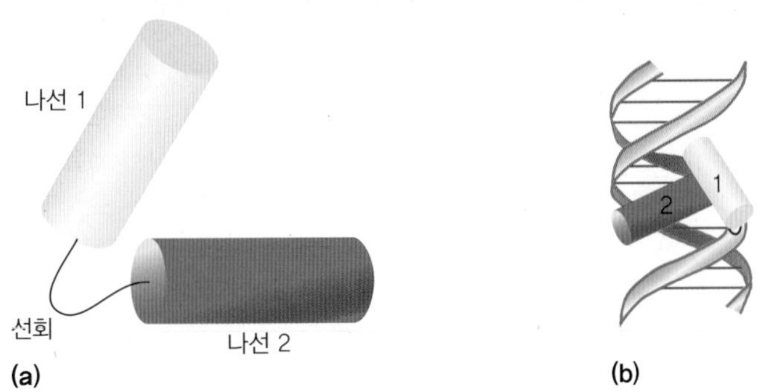

그림 9.1 DNA-결합 요소인 나선-선회-나선 구조. **(a)** λ 억제인자의 나선-선회-나선 구조. **(b)** 억제인자 단위체의 나선-선회-나선 구조가 λ 작동자에 결합한 모양. 나선 2(빨간색)가 DNA의 큰 홈에 결합했다. 이 나선의 뒤쪽에 있는 아미노산이 DNA와 상호 작용한다.

9.1. λ 억제인자 가족

람다(λ)와 그 비슷한 파지의 억제인자는 인식나선(recognition helix)을 갖고 있으며 이는 그림 9.2에서 보듯이 작동자의 큰 홈에 결합한다. 이 결합의 특이성은 인식나선의 아미노산과 DNA 큰 홈의 염기와 DNA 골격의 인산과의 상호 작용에 의해 결정된다. 다른 단백질은 나선-선회-나선 모티프를 가질지라도 인식나선의 아미노산이 틀리기 때문에 같은 DNA의 부위에 결합하지 못한다. 우리는 이들 상호 작용에 있어 중요한 아미노산이 무엇인지 알게 될 것이다.

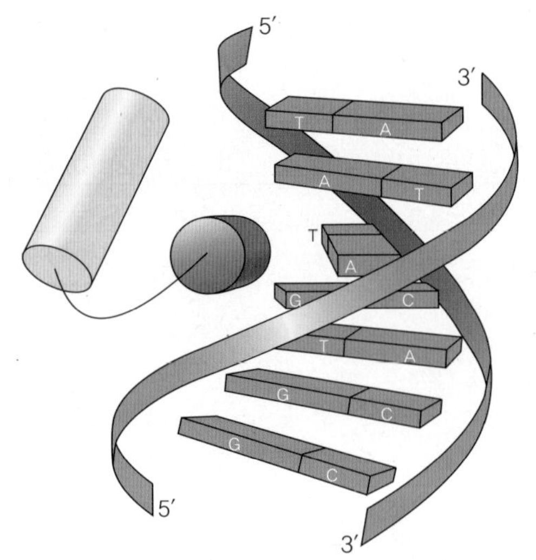

그림 9.2 λ 억제인자 단위체의 인식나선과 DNA 작동자 지역의 큰 홈과의 맞춤을 도식한 그림. 빨간색의 실린더로 표시된 억제인자의 인식나선이 DNA의 큰 홈에 염기와의 수소결합을 통해 결합한다. (출처: Adapted from Jordan, S.R. and C.O. Pabo. Structure of the lambda complex at 2.5Å resolution. Details of the repressor-opeator interaction. *Science* 242:896, 1988.)

1) 위치지정 돌연변이에 의한 결합 특이성 규명

마크 프타쉬니(Mark Ptashne) 등은 λ와 비슷한 2개의 파지, 즉 **434**와 **P22**, 그리고 그들 각각의 억제인자와 그에 상응하는 작동자를 이용해 그 해답을 부분적으로 밝혀냈다. 이 두 파지는 매우 비슷한 분자유전학적 성질을 갖고 있으나 그 면역 반응에 관해서는 상이하다. 이들 억제인자는 각각 다른 작동자를 인식한다. 이들 억제인자는 둘 다 나선-선회-나선 모티프를 갖는다는 점에서 λ 억제인자와 비슷하다. 그러나 그들은 다른 염기서열을 갖는 작동자를 인식하므로 우리는 그들 각 인식나선 내의 아미노산, 특히

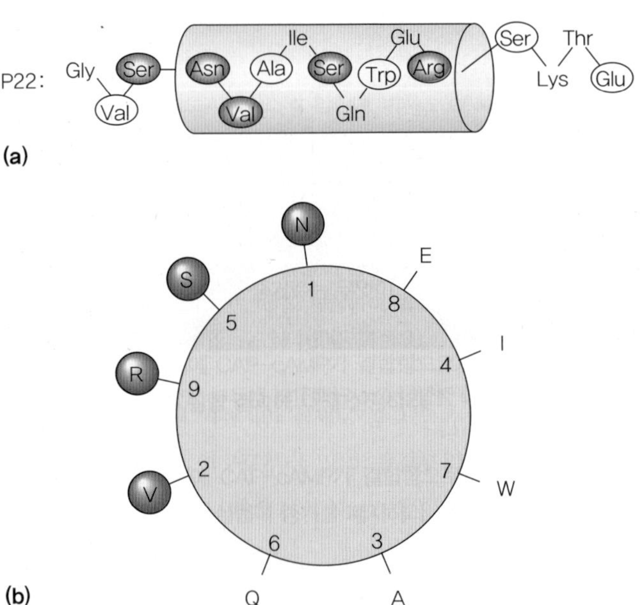

그림 9.3 두 λ 유사 파지 억제인자의 인식나선 구조. **(a)** 두 억제인자의 인식나선에 위치하는 주요 아미노산. 434와 P22 억제인자의 인식나선과 그 주위의 아미노산 서열. 이 두 단백질 사이에 차이 나는 아미노산이 바로 결합특이성을 결정하는 것으로 생각된다. 나선에서 DNA 쪽을 향한 면의 아미노산이 DNA와의 결합에 중요한 것으로 생각되며, 이 아미노산과 나선 바로 전의 아미노산(빨간색)을 돌연변이시켜 단백질의 특이성을 변화시켰다. **(b)** P22 억제인자의 인식나선을 끝에서 본 구조. 숫자는 단백질사슬의 아미노산 위치를 나타낸다. 나선의 왼쪽 면은 DNA를 향하고 있는데 이 부위는 DNA 결합에 중요한 것으로 생각된다. 434 억제인자와 다른 부분은 빨간색으로 표시되어 있다. (출처: (b) Adapted from Wharton, R.P. and M. Ptashne, Changing the binding specificity of a repressor by redesigning an alpha-helix. *Nature* 316:602, 1985.)

X-선 결정분석

(계속)

이 장은 **X-선 회절분석**(X-ray diffraction analysis) 또는 **X-선 결정분석**(X-ray crystallography)을 이용하여 얻어진 여러 개의 DNA 결합단백질의 구조를 설명하고 있다. 이 중점설명에서는 매우 유용한 이 기법에 대한 소개를 하고자 한다.

X-선은 빛과 같이 전자기적 방사선인데 파장이 짧아 에너지가 크다. X-선 회절은 이런 면에서 광학현미경과 비슷하다. 그림 B 9.1은 이 유사성을 보여 준다. 광학현미경(그림 B 9.1)에서는 가시광선이 물체에 의해 산란된다. 렌즈가 이것을 모아 집중시켜 그 물체의 상을 만든다.

X-선 회절에서는 X-선이 물체(결정)에 의해 산란된다. 여기서 X-선을 집중시킬 렌즈가 없기 때문에 우리는 간접적인 방법으로 상을 만들어야 한다. 방법은 다음과 같다. X-선은 원자 주위의 전자구름과 상호 작용을 할 때 모든 방향으로 산란된다. 그러나 여러 원자와 상호 작용하기 때문에 대부분의 산란된 X-선은 서로 상쇄된다. 이 중 특별한 방향으로 산란된 X-선은 회절(diffraction)이란 현상으로 증폭된다. 브래그의 법칙 $2d\ \sin\theta = \lambda$는 회절각도(θ)와 산란평면 사이의 거리(d) 관계를 나타내고 있다. 그림 B 9.2에서 X-선 2는 X-선 1보다 $2 \times d\ \sin\theta$만큼 더 전도된다. X-선 2의 파장이 $2 \times d\ \sin\theta$와 같다면 산란된 X-선 1과 X-선 2는 상이 같고 따라서 증폭된다. 반대로 같지 않다면 감소될 것이다. 회절된 X-선은 X-선 필름 같은 감지할 수 있는 곳에 점으로 기록된다. 지금은 전자 감지장치(electronic detector)가 사용된다. 그림 B 9.3은 라이소자임의 회절 결과이다. 이 단백질은 129개의 아미노산으로 이루어진 비교적 작은 단백질이지만 점의 무늬는 복잡하다. 단백질의 3차원적 구조를 얻기 위해서는 결정을 회전시켜 여러 방향에서 회절 모양을 기록해야 한다.

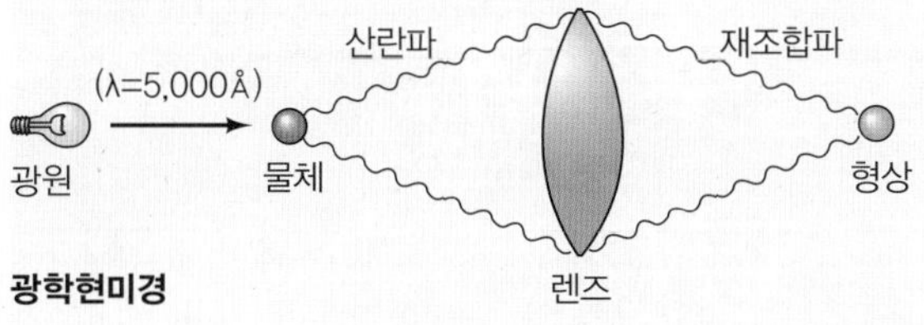

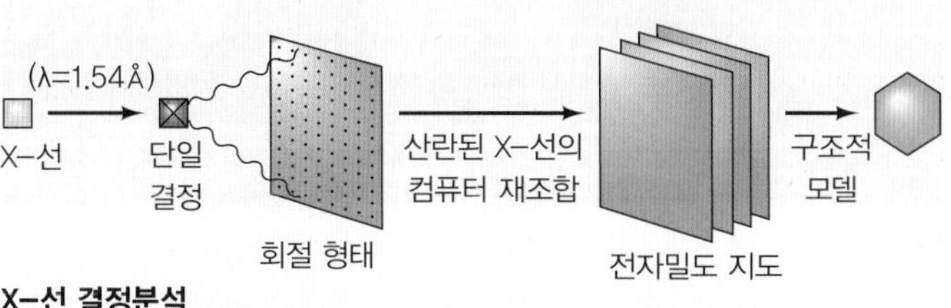

그림 B 9.1 광학현미경(위)과 X-선 결정분석(아래)에 의한 상의 재구성 모식도.

다음에 할 일은 그 회절을 일으킨 분자의 구조를 이 회절의 상을 이용해 밝히는 일이다. 그렇지만 각 반사의 상(phase angle)을 알 수 없기 때문에

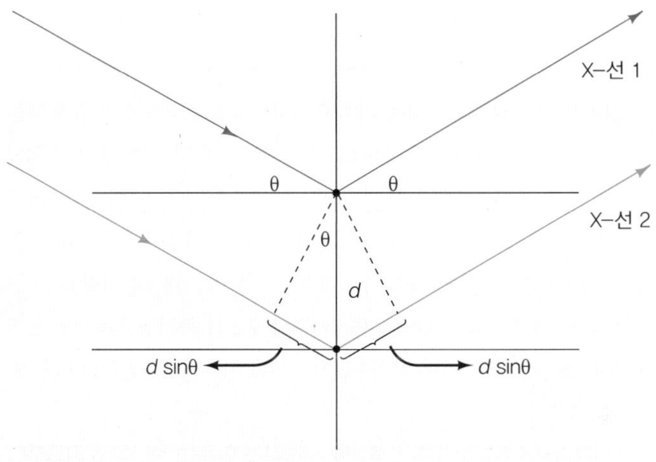

그림 B 9.2 결정의 두 평행면에 의한 X-선의 반사. 두 X-선 광선(1과 2)이 θ의 각도를 갖고 평면을 때린 후 같은 각도로 반사된다. 두 평면의 거리는 d이고 광선 2는 $2d\ \sin\theta$만큼 더 가야 한다.

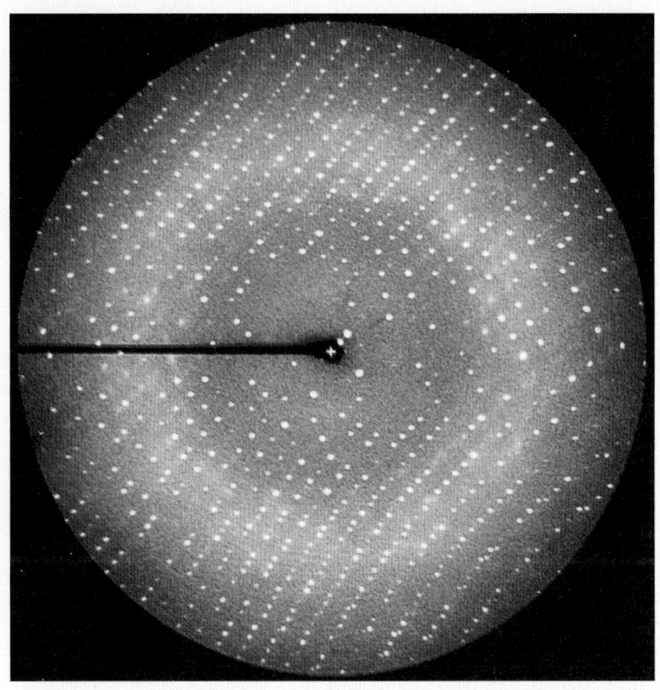

그림 B 9.3 라이소자임의 단백질 결정의 회절 양상. 왼쪽의 검은색 선은 X-선 광선으로부터 감지장치를 보호하기 위해 설치한 장치를 고정하는 막대의 그림자이다. 결정의 위치는 가운데 +로 표시되어 있다. (출처: Courtesy of Fusao Takusagawa.)

(계속)

전자밀도 지도(electron-density map, 전자구름 분포)를 알 수는 없다. 이를 해결하기 위해 결정구조학자들은 무거운 원자(Hg, Pt, U 등)가 포함된 결정을 만든다. 이 원자들은 시스틴, 히스티딘, 아스파르트산 같은 아미노산 잔기에 결정의 구조 변화 없이 결합한다.

이 과정을 다중 이성질 대체법(multiple isomorphous replacement, MIR)이라 한다. 각각의 반사에 의해 이루어지는 상의 각도를 보통의 결정과 중 원자(heavy atom) 결정을 비교하여 정한다. 이것이 얻어지면 회절의 모양을 수학적으로 분자의 전자밀도로 계산할 수 있다. 회절을 이용하여 그 회절을 일으킨 분자의 상을 도출해 내는 것은 마치 렌즈를 사용하는 것과 같으나 이는 렌즈 대신 수학적인 방법을 사용하는 것이다. 그림 B 9.4는 라이소자임의 전자밀도 지도와 여기서부터 추론한 분자구조(두꺼운 선으로 표시)를 보여 준다. 그림 B 9.5는 이 단백질의 구조를 세 가지 다른 방법으로 보여 준다.

우리가 X-선 회절분석에서 결정을 사용하는 이유는 하나의 분자로부터의 회절은 너무 약해 탐지하기 어렵기 때문이다. 그러므로 많은 분자를 X-선을 이용해 회절시켜야 한다. 단백질 분말이나 용액 상태의 단백질을 이용하지 않고 결정을 사용하는 이유는 분말이나 용액 상태에서는 분자들이 임의 방향으로 존재해서 회절의 모양을 해독해낼 수 없기 때문이다.

결정을 사용하면 이런 문제가 없어진다. 결정은 3차원적으로 일정하게 반복되는 많은 작은 단위(**단위방**, unit cell)로 이루어져 있다. 단백질의 단위방은 일정한 대칭으로 연결된 몇 개의 단백질을 갖고 있다. 그러므로 결정의 단위방 분자들에 의한 회절이 모두 같아서 서로 강화시킨다. X-선 회절에 적합하려면 결정 크기는 적어도 0.1mm가 되어야 한다. 이 크기의 정육면체는 적어도 10^{12}개의 분자(하나의 단백질이 50×50×50Å의 크기를 갖고 있으면)를 갖고 있다. 그림 B 9.6은 X-선 회절 실험에 적합한 라이소자임 결정의 사진이다. 단백질 결정은 단백질뿐만 아니라 많은 용액을 갖고 있는데(중량의 30~70%) 결정에서의 환경은 용액에서의 상태와 비슷하며 결정의 3차원적 구조는 용액에서의 구조와 매우 비슷할 것이다. 일반적으로 X-선 결정분석법에 의해 결정된 단백질의 구조는 세포 안에서의 구조와 비슷하다. 사실 대부분의 효소 결정은 그 활성을 갖고 있다.

가시광선 대신 X-선을 쓰는 이유는 **해상력**(resolution), 즉 분자의 부분부분을 구분하는 능력 때문이다. 분자의 구조를 분석하는 궁극적 목표는 각 원자를 구별하여 분자를 구성하고 있는 모든 원자들의 정확한 공간적 관련성을 밝히는 것이다. 그러나 원자의 크기는 옹스트롬(1Å=10^{-10}m) 단위이고, 최대 해상력은 광선 파장의 1/3(0.6λ/2 sinθ)이다. 그러므로 단백질의 원자를 보기 위해서는 옹스트롬 단위의 매우 짧은 파장의 광선이 필요하다. 가시광선은 파장이 평균 500nm(5,000Å)이기 때문에 원자를 보는 것이 불가능하지만 X-선은 파장이 1Å 정도이기 때문에 원자 분석에 이용

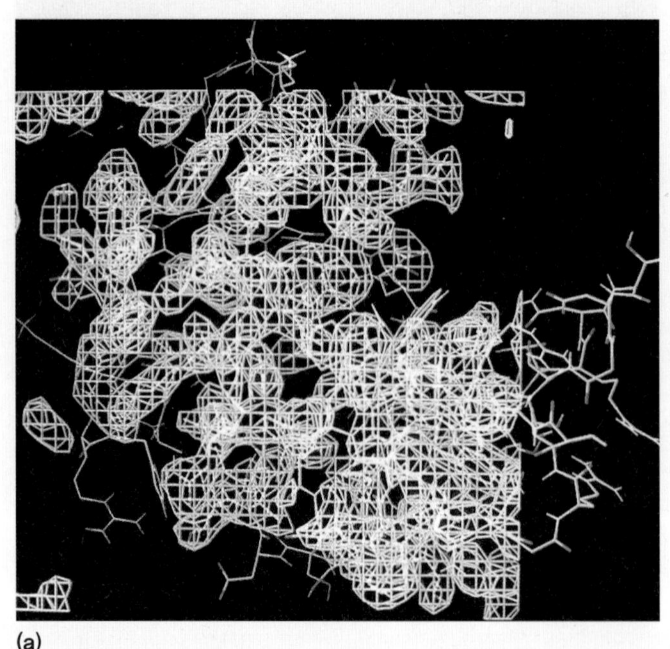

(a)

(b)

그림 B 9.4 라이소자임의 전자밀도 지도의 일부. (a) 분자의 대부분을 포함하는 저배율 전자밀도 지도. 파란색 망은 높은 전자밀도를 나타낸다. 이 망은 전자밀도의 양상으로부터 추론된 분자의 막대 모델(빨간색, 노란색, 파란색)을 감싸고 있다. (b) (a)의 전자밀도 지도의 중앙의 고배율 지도. 이 구조의 해상력은 2.4Å인데 이 정도의 해상력에서는 각 원자는 보이지 않으나 각 아미노산의 구조는 식별된다. (출처: Courtesy Fusao Takusagawa.)

(계속)

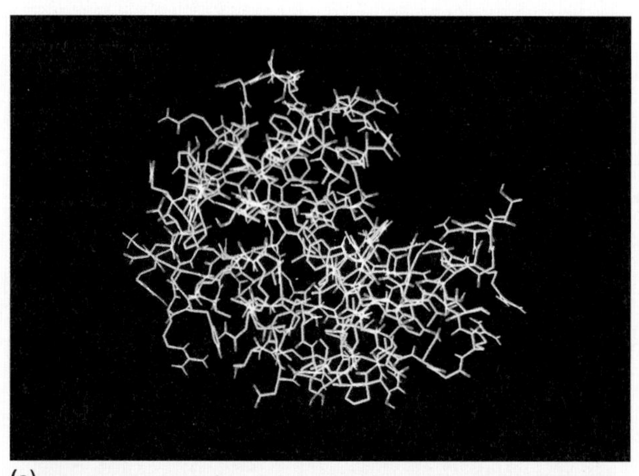

(a)

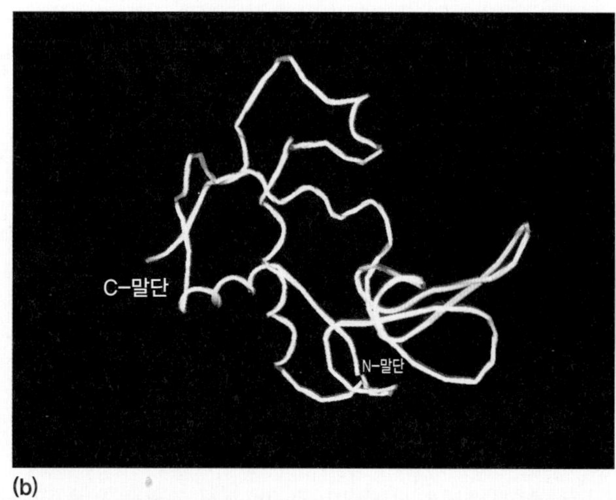

(b)

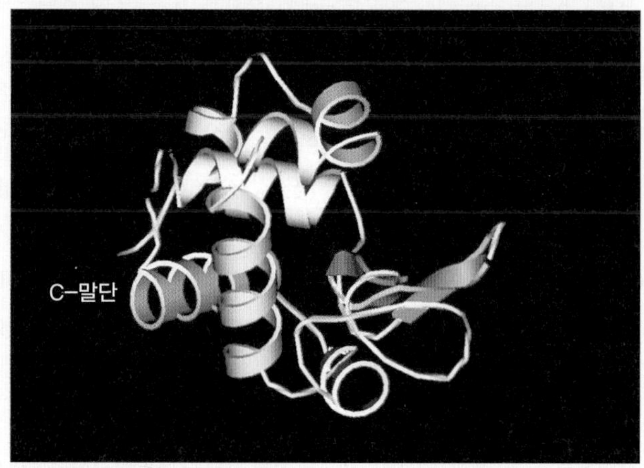

(c)

그림 B 9.5 그림 B 9.4와 같은 전자밀도 지도에서 계산된 라이소자임 구조의 세 가지 묘사 방법. **(a)** 그림 B 9.4a와 같은 막대 그림. **(b)** 선 그림. α 나선은 초록색, β–시트는 진홍색, 부정형 코일은 파란색으로 표시되었다. **(c)** 리본 그림. 색깔은 (b)와 같다. α 나선의 나선구조가 잘 나타나 있다. 세 그림에서 오른쪽 위의 홈이 모두 이 효소의 활성부위이다. (출처: Courtesy Fusao Takusagawa.)

그림 B 9.6 라이소자임의 결정. 결정의 색깔을 나타내기 위해 편광 필터를 사용해 사진을 찍었다. 이 결정의 실제 크기는 약 0.5×0.5×0.5mm이다. (출처: Courtesy Fusao Takusagawa.)

할 수 있다. 예로 흥분 상태의 구리 원자에서 나오는 X–선의 파장은 1.54Å인데 이 파장은 단백질 X–선 회절 실험에 이상적이다.

이 장에서 우리는 여러 수준의 해상도로 단백질의 구조를 보았다. 이 해상력의 차이는 어떻게 나는 것일까? 단백질 분자가 상대적으로 잘 배열이 되어 있으면 조사빛의 중심, 즉 감지장치의 중심에서 멀리 떨어진 회절에 의한 점들이 많이 생긴다. 이 점들은 회절각(θ, 그림 B 9.2)이 크다. 이 경우 높은 해상력을 얻을 수 있다. 반대로 단백질 분자가 배열이 적절하지 못하면 작은 회절각의 점들이 생기게 되고 해상력이 떨어진다.

해상력과 회절각의 관계는 Bragg의 법칙 $2d\ \sin\theta = \lambda$에서 다시 살펴볼 수 있다. 브래그의 법칙을 다시 정리하면 $d = \lambda/2\ \sin\theta$가 되는데, 여기서 d는 단백질 내의 구조 요소들의 거리이고 이것은 sinθ와 반비례한다. 그러므로 구조 요소들의 거리가 멀수록 회절각은 줄어들고 회절빛은 중앙에 가깝게 된다. 즉, 낮은 해상도의 구조는 중앙에 가깝게 위치한 회절점들을 만든다. 반대로 고해상력의 구조는 바깥쪽에 위치한 회절점을 만든다. 만일 이런 고해상력의 결정을 만들 수 있다면 단백질의 상세한 구조를 알 수 있을 것이다.

이 장에서 다루는 단백질은 DNA 결합단백질이다. 많은 경우 단백질과 이 단백질이 결합하는 이중나선 DNA의 조각을 이용해 결정을 만드는데 이 경우 우리는 단백질–DNA의 복합체의 구조뿐만 아니라 단백질–DNA의 상호 작용에 관계하는 원자들에 관해 알 수 있다.

X–선 결정분석은 분자 또는 분자 복합체의 한 가지 구조만을 잡아내지

만 실제로 단백질은 역동적인 분자로 끊임없이 움직이고 있기 때문에 여러 구조를 갖고 있다. X-선 결정분석에 의해 결정되는 구조는 그 단백질과 함께 결정화되는 리간드와 결정화 조건에 의해 결정된다.

단백질의 주요 구조는 리간드와 결합이 불가능할 것 같은 구조일 수가 있는데, 이 구조가 역동적 움직임을 통해 리간드와 결합할 수 있는 구조로 변할 수 있다. 예를 들면 Max Perutz는 오래전에 헤모그로빈의 X-선 결정구조가 그 리간드, 즉 산소 결합 구조와 불일치한다고 언급하였다. 물론 헤모그로빈은 산소와 결합하는 데 구조를 바꾸어 산소가 자리할 수 있게 한다. 비슷하게 DNA-결합 단백질의 주요 구조는 DNA 결합 구조가 아닌데 역동적 움직임으로 구조에 변화가 생겨 DNA에 결합하고 DNA는 그 구조를 고정한다.

DNA 큰 홈의 염기와 접촉하는 아미노산의 서열이 다를 것이라 짐작할 수 있다.

X-선 회절분석(중점 설명 9.1)을 이용한 억제인자와 작동자의 결합체의 구조 분석을 통해 스테판 해리슨(Stephen Harrison)과 프타쉬니는 그 작동자의 큰 홈의 염기에 접촉하는 434 파지의 억제인자 부위를 확인했다. 또한 비슷한 방법으로 P22 억제인자의 부위를 예측할 수 있었다. 그림 9.3은 작동자의 결합에 관여하는 억제인자의 아미노산을 보여 준다.

이 아미노산이 진정으로 중요한 아미노산이라면 이 아미노산을 다른 아미노산으로 바꿀 때 이 억제인자의 특이성은 변할 것이다. 특히 434 억제인자를 변형하여 P22 작동자를 인식하게 할 수 있을 것이다. 이는 로빈 와튼(Robin Wharton)과 프타쉬니에 의해 확인되었다. 그들은 클론된 유전자를 사용하여 위치지정 돌연변이(5장 참조)를 이용해 434의 인식나선에 있는 5개의 아미노산 코돈을 P22 인식나선에 있는 그에 상응하는 아미노산으로 하나씩 바꾸었다.

이어 이들 유전자를 박테리아에서 발현시켜 그 억제인자가 434와 P22 작동자에 결합하는지를 세포 내 및 시험관에서 실험했다. 세포 내 실험에서는 그 면역성을 조사했다. λ 파지에 의해 용원화된 대장균은 과량의 용원 λ 억제인자가 재감염된 λ DNA에 즉시 결합하여 그 발현을 막기 때문에 λ 파지 재감염에 면역성을 갖는다(8장 참조). 434 파지와 P22는 λ 유사(lambdoid)파지이지만 그들의 작동자를 포함하는 면역부위는 상이하다. 그러므로 434 용원균은 434의 재감염에 면역성을 갖지만 P22에는 그렇지 못하다. 434 억제인자는 P22 작동자에 결합하지 못하기 때문에 P22의 재감염을 막지는 못한다. 또한 그 역도 성립한다. P22 용원은 P22의 재감염은 막지만 434의 재감염은 막지 못한다.

와튼과 프타쉬니는 용원을 만들기 위해 재조합 434 억제인자를 대장균에 형질전환시킨 뒤 재조합 434 억제인자(억제인자의 인식나선을 P22 인식나선과 같이 바꾼 것)가 원래의 결합 특이성을 갖고 있는지를 조사했다. 만일 대장균에서 재조합 억제인자를 생산한다면 434의 감염에 면역성을 갖고 있어야 한다. 만일 결합 특이성이 바뀐다면 대장균에서 만들어낸 재조합 억제인자는 P22의 감염에 면역성을 갖고 있어야 한다. 사실 434와 P22는 대장균에 감염되지 않기 때문에 434와 P22가 지닌 면역부위(λ_{imm}434와 λ_{imm}P22)를 λ 파지에 재조합시킨 파지를 감염시킨 것이었다. 그들은 이 실험에서 대장균이 생성해낸 변형된 434 억제인자가 P22의 면역부분을 λ 파지에 재조합시킨 파지를 감염시킨 세포에서는 면역력을 지니는 것을 확인했다. 하지만 434의 면역부위를 λ 파지에 재조합시킨 파지를 감염시킨 경우에는 면역력을 가지지 못했다.

이러한 결과들을 확인하기 위해 와튼과 프타쉬니는 DNase 풋프린팅(5장 참조)을 이용해 시험관 내에서 DNA 결합을 조사했다. 순수 분리된 재조합 억제인자는 원래의 P22 억제인자처럼 P22의 작동자를 풋프린트했다(그림 9.4). 반면 재조합으로 만든 억제인자가 434 작동자의 풋프린트은 할 수 없음을 발견했다. 그러므로 결합 특이성은 이 5개의 아미노산을 바꿈으로써 변했다는 것을 알 수 있다. 계속된 연구에서 프타쉬니 등은 이 결합 특이성을 결정하는 데 처음 4개의 아미노산이 필요충분하다는 것을 확인했다. 즉, 억제인자가 인식나선에 TQQE(트레오닌, 글루타민, 글루타민, 글루탐산)를 갖고 있으면 434에 결합하고, SNVS(세린, 아스파라

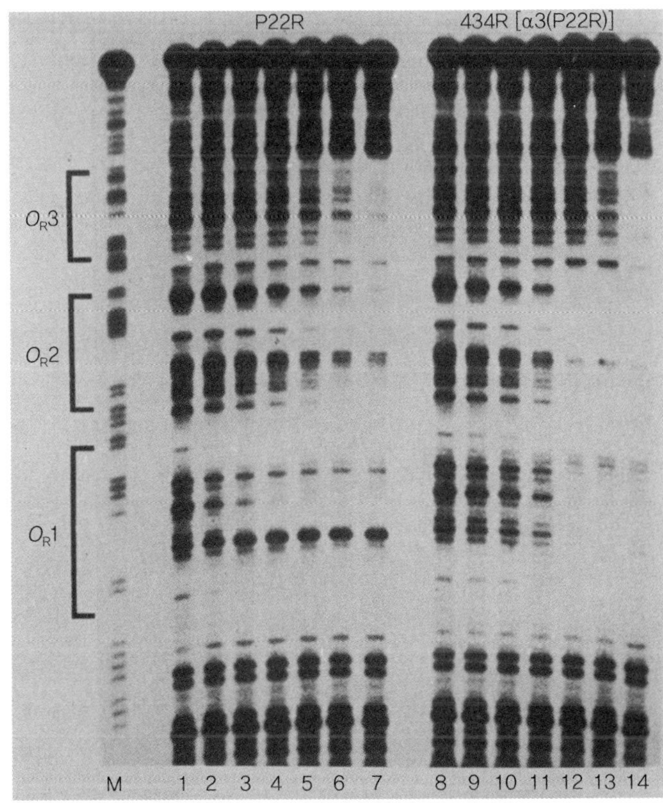

그림 9.4 재조합 434 억제인자의 DNase 풋프린팅. 와튼과 프타쉬니는 말단 표지한 P22 파지 O_R과 P22 억제인자(P22R, 1~7 레인) 또는 434 억제인자의 인식나선(α 나선 3)의 5개 아미노산을 P22 파지의 인식나선(434R[α3(P22R)])과 일치하게 돌연변이시킨 것(8~14번 레인)과의 DNase 풋프린팅을 했다. 각 레인은 각 억제인자의 양을 늘려 실험한 것이다(1과 8번 레인은 0M이고 2~7번 레인은 7.6×10^{-10}M부터 1.1×10^{-8}M까지이다. 8~14번 레인은 5.2×10^{-9}부터 5.6×10^{-7}M이다). 표식자 레인(M)은 막삼-길버트의 DNA 염기서열 결정법을 이용해 A+G 반응을 나타낸 것이다. 오른쪽에 작동자의 위치를 그림 왼쪽에 표시해 놓았다. (출처: Wharton, R.P. and M. Ptashne, Changing the binding specificity of a repressor by redesigning an alpha-helix. *Nature* 316 (15 Aug 1985), f. 3, p. 603. © Macmillan Magazines Ltd.)

긴, 발린, 세린)를 갖고 있으면 P22의 작동자에 결합하는 것이다.

만일 와튼과 프타쉬니가 이 억제인자의 특이성을 바꾸지 않고 제거하려 했다면 어떠했을까? 그들은 특이성에 중요한 억제인자의 아미노산을 확인할 수 있었을 것이고, 임의의 다른 아미노산으로 바꿀 수 있었을 것이며, 또한 이 434 억제인자가 그 작동자에 결합하지 못한다는 것을 알 수 있었을 것이다. 만일 그들이 이런 방법으로 연구를 수행했다면 그들은 결과가 바뀐 아미노산이 결합에 직접적으로 관여한다는 가설과 일치한다는 것을 보여 주었을 것이다. 그러나 또 다른 설명이 가능하다. 즉, 이 아미노산들이 억제인자의 3차원 구조에 매우 중요하고 이들의 변화는 그 구조를 변화시켜 간접적으로 결합을 저해한다고도 말할 수 있다. 반

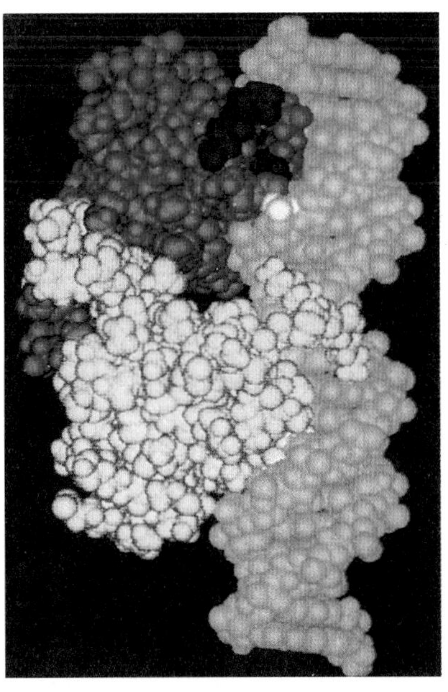

그림 9.5 λ 작동자(O_R2)에 결합한 λ 억제인자의 컴퓨터 모형. DNA의 이중나선이 오른쪽에 위치해 있다(연파란색). 억제인자의 두 단위체가 짙은 파란색과 노란색으로 표시되어 있다. 나선-선회-나선 구조(빨간색과 파란색)가 DNA의 큰 홈에 붙어 있다. 아래쪽의 단위체 부분이 DNA를 감싸 안고 있는 것을 볼 수 있다. (출처: Hochschild, A., N. Irwin, and M. Ptashne, Repressor structure and the mechanism of positive control. *Cell* 32 (1983) p. 322. Reprinted by permission of Elsevier Science. Photo by Richard Feldman.)

대로 아미노산을 바꿈으로써 그 결합 특이성을 변화시킬 수 있다는 것은 이 아미노산이 직접적으로 결합에 관여한다는 강력한 증거가 된다.

X-선 결정분석을 통해 프타쉬니 등은 λ 억제인자는 434나 P22에 없는 아미노 말단부위가 있다는 것을 알게 되었다. 이 부위는 억제인자가 작동자에 결합할 때 그 작동자를 감는 역할을 한다. 그림 9.5는 λ 억제인자의 2량체가 λ 작동자와 결합한 컴퓨터 모델을 보여 준다. 위 억제인자의 단위체에서 나선-선회-나선 구조가 DNA 큰 홈을 향해 돌출한 것을 보여 준다. 아래 그림에서는 억제인자의 단위체 부위가 DNA를 감싸 안아 결합한 것을 볼 수 있다.

Cro 단백질 역시 나선-선회-나선 구조의 DNA-결합부위를 갖고 있으며, λ 억제인자와 같은 작동자에 결합하지만 같은 세트에 속하는 3개의 다른 작동자에 정반대의 친화력을 갖고 있다(8장 참조). 즉, Cro 단백질은 먼저 O_R3에 결합하고 O_R1에 마지막으로 결합을 한다. 여기에서 인식나선의 아미노산을 바꿈으로써 Cro와 억제인자의 틀린 결합 특이성을 주는 아미노산을 확인할 수 있다. 프타쉬니 등은 이 연구를 통해 λ 억제인자의 아미노 말단부위처럼 인식나선의 5와 6번 아미노산이 특히 중요하다는 것을 알게

되었다. 이들은 작동자의 염기서열을 바꾸는 연구를 통해 Cro의 경우 O_R3과 O_R1을 구분하는 데는 3번째의 위치가, 억제인자와의 결합에는 5번째와 8번째의 위치가 중요하다는 것을 밝혀냈다.

2) λ 억제인자–작동자 상호 작용의 고해상 분석

스티븐 조단(Steven Jordan)과 칼 파보(Carl Pabo)는 λ 억제인자와 작동자 사이의 상호 작용을 전보나 높은 해상력으로 분석했다. 그들은 억제인자와 작동자의 부분을 사용해 양질의 결정을 만들어 2.5Å의 해상력으로 분석할 수 있었다. 억제인자 부분은 1~92잔기를 갖고 있었으며, DNA 결합 영역을 포함하고 있다. 작동자 부분은(그림 9.6) 20bp이었고 이는 억제인자 2량체가 붙는 부위를 완벽하게 포함한다. 즉, 이 부위는 2개의 반쪽 부위를 갖고 있고 각각의 반쪽 부위는 억제인자의 단위체가 결합하게 된다. 이러한 단백질 전체가 아닌 단백질 부분을 이용한 X–선 결정분석은 보다 질이 좋은 결정을 얻기 위한 전형적인 방법이다. 이 경우 주목적은 억제인자와 작동자의 상호 작용하는 구조를 밝히는 것이었으므로 단백질과 DNA의 부분만을 이용하는 것은 그들의 관심 부위를 갖고 있는 전체 단백질과 DNA를 이용하는 것만큼이나 유용하다.

(1) 일반적인 구조적 특징

그림 9.2와 이 장의 첫 그림은 조단과 파보의 연구 결과로 λ 억제인자와 작동자 간의 상호 작용을 나타내는 고해상 모델을 기초로 그린 것이다. 그림 9.7은 보다 자세한 그림으로 전형적이고 일반적인 단백질–DNA의 상호 작용을 보여 준다. 우리는 여기서 각 억제인자 단위체의 인식나선(3과 3′, 빨간색)이 DNA 큰 홈에 결합하고 있음을 볼 수 있다. 또한 나선구조 5와 5′이 서로 접근하여 두 단위체를 이어주어 억제인자의 2량체를 구성하고 있는 것을 알 수 있다. 마지막으로 DNA가 일반적으로 알려져 있는 B–형과 비슷하다는 것을 알 수 있다. DNA 말단은 억제인자 2량체 주변으로 약간 굽어 있으나 나머지는 비교적 곧다는 것도 볼 수 있다.

```
    1 2 3 4 5 6 7 8 9
T A T A T C A C C G C C A G T G G T A T
  T A T A G T G G C G G T C A C C A T A A
                  8′ 7′ 6′ 5′ 4′ 3′ 2′ 1′
```

그림 9.6 작동자–억제인자의 결정을 만드는 데 사용된 작동자 조각. 이 20mer의 작동자는 2개의 λ OL1의 반쪽을 포함하고 있는데, 이는 억제인자의 단위체에 결합한다. 이 부분은 17bp(그림에서 굵은체의 안쪽)에 포함되어 있다. 각 반쪽은 8개의 염기쌍을 갖고 있고 가운데의 G–C 쌍으로 분리되어 있다. 왼쪽 반쪽은 공통서열을 갖고 있으며 오른쪽은 그 공통에서 약간의 변이가 있다. 공통서열을 갖고 있는 염기쌍은 1~8로 숫자가 매겨져 있고, 다른 반쪽은 1′~8′로 숫자가 매겨져 있다.

(2) 염기와의 상호 작용

그림 9.8은 억제인자 단위체의 아미노산과 작동자 염기 사이의 상호 작용을 보여 준다. 이 상호 작용에서 중요한 아미노산은 글루타민 33(Gln 33), 글루타민 44(Gln 44), 세린 45(Ser 45), 라이신 4(Lys 4), 그리고 아스파라긴 55(Asn 55)이다. 그림 9.8a에서 이 상호 작용을 입체적으로 볼 수 있는데, α 나선 2와 3은 두꺼운 선으로 나타냈다. 인식나선(3)은 종이의 면과 직각을 이루어 나선 폴리펩티드 골격은 거의 원으로 보인다. 중요한 아미노산 사슬은 다른 아미노산이나 DNA와 수소결합(점선)을 이룬다.

그림 9.8b는 같은 아미노산과 DNA 간의 상호 작용을 도식화한 것이다. 이 그림에서 수소결합을 보기가 한결 쉬울 것이다. DNA와 3개의 중요한 결합이 인식나선의 아미노산으로부터 온다는 것을 볼 수 있다. 특히 글루타민 44는 아데닌–2와 2개의 수소결합을 하며, 세린 45는 구아닌–4와 하나의 수소결합을 한다. 그림 9.8c는 이러한 수소결합을 자세히 나타내고 있으며, 그림의 a와 b 부분에서 나타낸 부분을 잘 보여 주고 있다. 글루타민 44는 글루타민 33과 하나의 수소결합을 하고 있고, 이어 앞의 2번 염기쌍의 인산기와 수소결합을 하고 있다. 이 상호 작용에는 아미노산, 염기, DNA 골격 등이 참여하는데 이것은 **수소결합 네트워크**(hydrogen bond network)의 한 예이다. 글루타민 33의 참여는

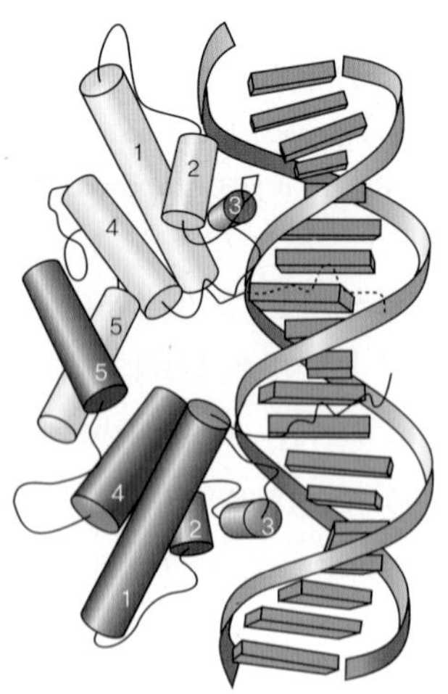

그림 9.7 λ 억제인자–작동자 복합체의 기하학적 모형. DNA(파란색)가 억제인자 2량체에 붙어 있다. 억제자 2량체의 각 단위체는 노란색과 자색으로 표현되었다. 각 단위체의 나선은 빨간색이며 3과 3′으로 이름 붙어 있다. (출처: Adapted from Jordan, S.R. and C.O. Pabo, Structure of the lambda complex at 2.5Å resolution. Details of the repressor–operator interaction. *Science* 242:895, 1988.)

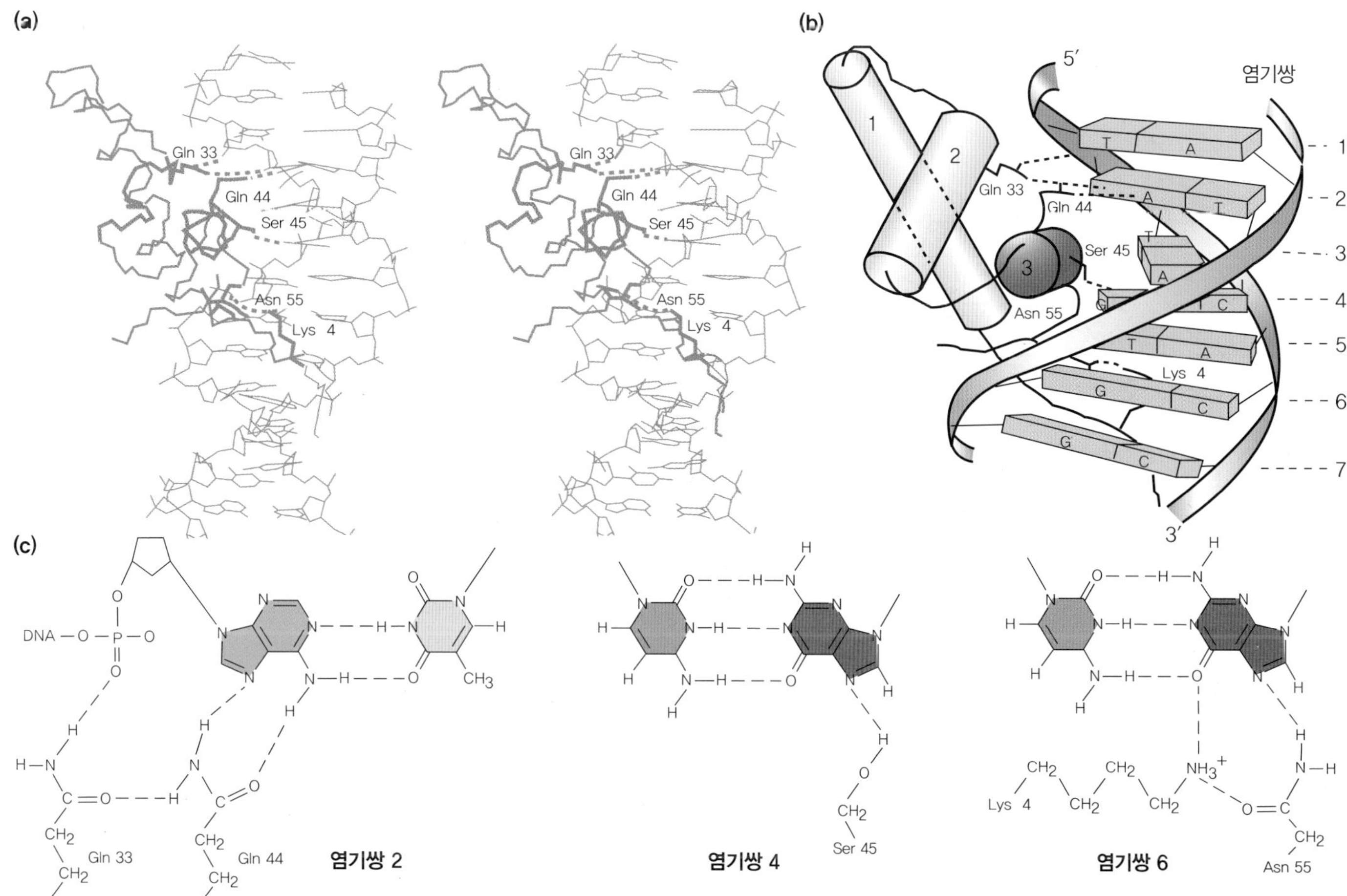

그림 9.8 작동자의 큰 홈에서 λ 억제인자와 염기쌍 간의 수소결합. **(a)** 복합체의 입체 그림. DNA 이중나선은 오른쪽에 억제인자의 단위체는 왼쪽에 있다. α 나선 2와 3은 두꺼운 선으로 표시되어 있다. 인식나선은 종이의 면과 거의 직각을 이룬다. 수소결합은 점선으로 표시되어 있다. **(b)** (a)의 수소결합 모식도. 주요 아미노산만 나타냈다. 염기쌍은 오른쪽에 숫자로 표시되어 있다. **(c)** 수소결합을 자세히 나타냈다. 주요 아미노산과 염기의 구조와 그들 사이의 수소결합이 표시되어 있다. (출처: Reprinted with permission from Jordan, S.R. and C.O. Pabo, Structure of the lambda complex at 2.5·resolution: Details of the repressor-operator interactions. *Science* 242:896, 1988. Copyright © 1988 AAAS.)

매우 중요하다. DNA 골격과 글루타민 44 사이를 연결함으로써 글루타민 44가 자리를 잡게 하고 있으며, 나머지 인식나선이 작동자와 올바르게 상호 작용하게 한다. 따라서 글루타민 33은 인식나선보다는 나선 2의 시작 부위에 위치하지만 이는 단백질-DNA 결합에 중요한 역할을 한다. 글루타민 33은 434 파지의 억제인자에서도 존재하며 434 파지 작동자와의 상호 작용을 통하여 같은 역할을 하는 것으로 알려져 있다.

세린 45 역시 4번 염기쌍인 구아닌과의 수소결합에 중요하며 메틸렌기(CH_2)가 5번 염기쌍인 티민의 메틸렌기에 근접해 있고, 이는 알라닌 49의 메틸기와 함께 소수성 결합을 이루는 것으로 생각된다. 이러한 소수성 상호 작용은 메틸기나 메틸렌기 같은 비극성기들을 이루며 기름이 물과의 접촉을 최소화하기 위해 모이는 것처럼 모이게 된다. 소수성은 글자 그대로 '물을 싫어한다'는 뜻이다.

염기쌍과의 또 다른 수소결합은 인식나선에 있지 않은 아미노산과의 결합이다. 사실 이 아미노산은 어떤 나선구조에도 속하지 않는다. 아스파라긴 55는 나선 3과 4 사이에 존재하며 라이신 4는 DNA를 감싸는 부위에 위치한다. 여기서 우리는 아미노산과 염기뿐만 아니라 아미노산과 아미노산과의 수소결합 네트워크를 볼 수 있다. 그림 9.8c는 이 2개의 아미노산이 6번 염기쌍인 구아닌과 수소결합하고, 서로 간에 수소결합하는 것을 잘 보여 주고 있다. 이러한 네트워크는 전체 복합체의 안정화에 기여한다.

(3) 아미노산과 DNA 골격 간의 상호 작용

우리는 글루타민 33과 염기쌍 1과 2 사이의 인산기와의 수소결합을 이미 보았다. 이것은 각 반쪽 부위에서 일어나는 5개의 수

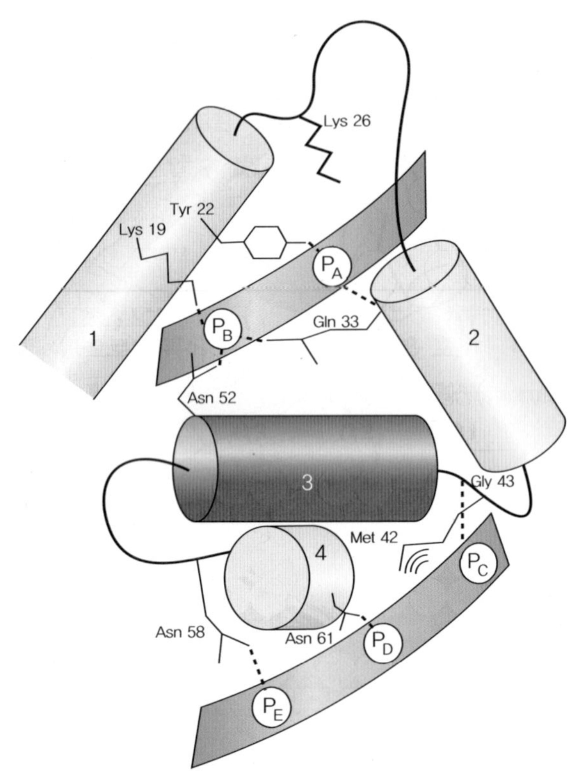

그림 9.9 아미노산과 DNA 골격 간의 상호 작용. λ 억제인자 α 나선 1~4와 인산(PA~PB) 간의 수소결합을 나타냈다. 이 그림은 그림 9.8과 직각이다. 주요 아미노산의 곁사슬을 나타내었는데, 점선은 펩티드의 NH기와 인산 간의 수소결합을 나타낸다. 소수성 상호 작용은 동심원의 원호로 나타냈다. (출처: Adapted from Jordan S.R. and C.O. Pabo, Structure of the lambda complex at 2.5Å resolution: Details of the repressor–operator interactions. *Science* 242:897, 1988.)

소결합 중 하나이다. 그림 9.9는 이 보존된 반쪽 부위에서 일어나는 상호 작용을 묘사하고 있으며 5개의 아미노산이 관여한다. 그 중 아스파라긴52만이 인식나선에 위치한다. 점선은 펩티드 골격의 NH기로부터의 수소결합을 나타내고 아미노산의 곁사슬은 관계가 없다.

이 중 글루타민 33의 펩티드 NH기가 참여하는 수소결합은 특히 중요하다. 이는 나선 2의 정전기적 성질을 결정하는 것이기 때문이다. 이와 관련하여 3장의 내용을 되새겨 보면 단백질 α 나선에서 모든 C=O 결합은 한 방향이다. 이 결합은 산소에 부분적인 음극성과 탄소에 부분적인 양극성을 갖는 극성결합이기 때문에 전체 α 나선은 극성을 가지며 나선의 아미노 말단은 양극성을 갖는다. 그래서 이 말단은 음극성을 띠는 DNA의 골격에 친화적이다. 그림 9.9를 다시 보면 글루타민 33이 위치한 나선 2의 아미노 말단은 DNA의 골격을 향하고 있다. 이는 α 나선의 아미노 말단의 양극성과 음극성의 DNA와 정전기적 결합을 극대화하며 이는 글루타민 33과 DNA 골격의 인산기 간의 수소결합을 안정화시킨다.

다른 상호 작용은 아미노산의 곁사슬과 DNA 골격의 인산기와의 수소결합이다. 예를 들어 라이신 19와 아스파라긴 52는 인산기 PB와 수소결합한다. 라이신 26의 아미노기는 양전기를 띤다. 인산기와 직접적으로 상호 작용하기에는 너무 멀리 떨어져 있지만 이것은 단백질과 DNA 사이의 일반적인 친화성에 기여를 한다. 많은 숫자의 아미노산과 DNA 인산기의 접촉은 이 상호 작용이 단백질과 DNA 복합체의 안정화에 기여한다. 그림 9.9는 메티오닌 42의 곁사슬 위치를 보여 주고 있다. 이것은 P_C와 P_D 사이의 데옥시리보스의 3개의 탄소 원자와 소수성 상호 작용을 하는 것으로 생각된다.

(4) 생화학 및 유전학적 결과의 확인

억제인자와 작동인자 간의 구체적인 구조가 알려지기 전에 우리는 이미 생화학 및 유전학적 연구를 통해 억제인자의 중요한 아미노산과 작동인자의 염기들을 예측했다. 거의 모든 경우 구조분석은 이러한 예측을 확인했다.

첫째, 특정 작동자의 인산기 에틸화는 억제인자의 결합을 저해한다. 수산화 라디칼을 이용한 풋프린팅 실험은 억제인자의 이러한 인산기의 존재를 함축하고 있다. 이제 우리는 결정화 실험에서 각 반쪽 부위당 5개의 인산기가 억제인자의 아미노산과 접촉하고 있다는 것을 알고 있다.

둘째, 메틸화 억제 실험에서 큰 홈의 구아닌이 억제인자와 가깝게 접촉하고 있다고 예측했다. 결정구조는 이러한 예측을 확인했다. 한 큰 홈의 구아닌은 메틸화에 보다 민감하게 억제인자의 결합에 영향을 받았으며, 이 구아닌(G8′, 그림 9.6)은 결정구조에서 비정상적인 구조를 갖고 있음이 확인되었다. 염기쌍 8′은 다른 염기쌍들에 비하여 수평적으로 비틀려 있으며 이 염기쌍과 다음 염기쌍은 넓게 벌어져 있다. 이 비정상적인 구조는 구아닌 8′을 메틸화제인 DMS에 의한 메틸화를 쉽게 만든다. 또한 전 실험에서 아데닌은 메틸화로부터 보존되지 않았다. 이는 작은 홈에 위치하는 아데닌의 N3에 메틸화가 일어났기 때문이다. 억제인자와 작동자 간의 접촉은 작은 홈에는 없기 때문에 억제인자는 아데닌을 메틸화로부터 보호하지 못한다.

셋째, DNA 염기서열을 조사해보면 두 번째 위치에 A−T가, 네 번째 위치에 G−C가 작동자 O_R과 O_L의 12개 반쪽 부위 모두에 위치한다(그림 9.8). 결정구조는 왜 이 염기쌍이 잘 보존되어 있는지를 보여 준다. 이 염기쌍은 억제인자와 중요한 접촉을 하고 있다.

넷째, 유전학적 실험 결과는 몇몇 아미노산의 돌연변이가 억제인자와 작동자 간의 상호 작용을 막고 어떤 경우는 아미노산의 돌연변이가 그 상호 작용을 강화시키는지를 보여 주었다. 이러한 돌연변이는 결정구조의 분석으로 잘 설명되고 있다. 예를 들어 라이신 4와 티로신 22의 돌연변이는 특히 해로운데 이들 아미노산이 작동자와 강한 접촉을 하고 있음을 알 수 있다(그림 9.8과 그림 9.9). 즉, 라이신 4는 아스파라긴 55와 함께 구아닌-6과 티로신 22는 P_A와 접촉하고 있다. 상호 작용을 강화시키는 돌연변이의 예는 글루탐산 34를 라이신으로 바꾼 경우이다. 이 아미노산은 작동자와 어떤 중요한 결합도 하지 않고 있으나, 라이신은 회전을 하여 위치를 바꿀 경우 P_A 앞의 인산기와 염가교를 이룰 수 있어(그림 9.9) DNA-단백질 결합을 강화할 수 있다. 이 염가교는 라이신의 양전하 ε-아미노기와 음전하의 인산기 간에 형성된다.

3) 파지 434 억제인자와 작동자 상호 작용의 고해상 분석

해리슨, 프타쉬니 등은 X-선 결정분석을 이용해 파지 434의 억제인자와 작동자의 상호 작용을 상세하게 분석했다. 람다의 경우처럼 그들은 억제인자와 작동자가 상호 작용을 하는 부분만을 이용해 결정을 만들어 분석했다. 억제인자는 나선-선회-나선 영역을 포함하는 처음 69개의 아미노산을 사용했다. 작동자의 경우 억제인자의 결합부위인 14개 염기쌍의 DNA를 합성하여 사용했다. 이 2개의 조각은 완전한 분자들처럼 서로 결합하며 그 복합체는 결정을 만들기가 훨씬 수월하다. 여기서는 λ 억제인자와 작동자 연구에서 확실히 밝혀지지 않은 부분에 집중할 것이다.

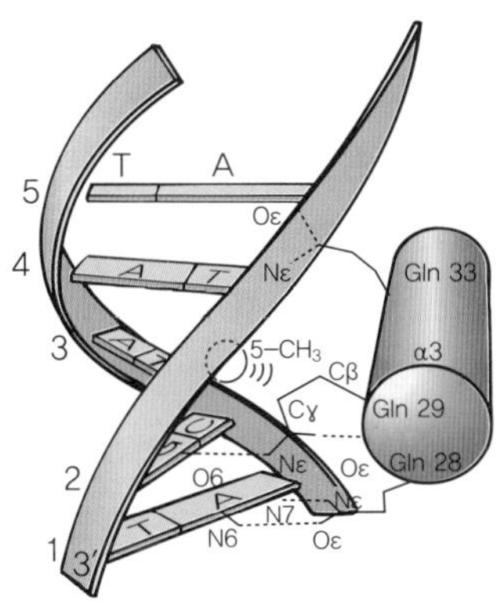

그림 9.10 인식나선의 아미노산 곁사슬과 434 작동자 반쪽 부위 간의 상호 작용 세부 모델. 수소결합이 점선으로 표시되어 있다. 아데닌 3과 염기쌍을 이루는 티민의 5-메틸기와 글루타민 29 곁사슬과의 반데르발스 상호 작용이 동심원의 원호로 그려져 있다. (출처: Adapted from Anderson, J.E., M. Ptashne, and S.C. Harrison, Structure of the repressor-operator complex of bacteriophage 434. *Nature* 326:850, 1987.)

(1) 염기쌍과의 접촉

그림 9.10은 434 억제인자의 인식나선(α3)에 있는 글루타민 28, 글루타민 29, 글루타민 33의 곁사슬 사이의 접촉을 요약하고 있다. 그림 밑에서 시작하면 먼저 글루타민 28의 Oε와 Nε, 그리고 아데닌 1의 N6과 N7 사이에 가능한 2개의 수소결합(점선으로 표시)을 주시하라. 다음으로 글루타민 29의 Oε와 같은 아미노산의 골격 NH 기간의 가능한 수소결합이 이 아미노산의 Nε를 작동자의 염기쌍 2의 구아닌 O6을 향하게 하고 있는데, 이는 이 아미노산과 염기 사이의 수소결합을 하게 한다. 또한 글루타민 29의 Cβ, Cγ와 염기쌍 3의 티민 5-메틸기 사이에 반데르발스(van der Waals) 상호 작용(동심원으로 표시)의 가능성 또한 존재한다. 이러한 반데르발스 상호 작용은 다음과 같이 설명될 수 있다. 여기 있는 반응기들은 비극성이지만 그들의 전자구름에 무작위적 변동이 생김에 따라 매우 작지만 쌍극자 모멘트가 생길 수 있다. 이 쌍극자 모멘트는 반대 극성을 갖는 매우 가까운 이웃 원자와 친화성을 가질 수 있다.

(2) DNA 구조의 영향

지금까지 우리가 보아온 억제인자와 DNA 골격 간의 상호접촉은 DNA 이중나선이 약간 구부러져야 가능하다. 해리슨, 프타쉬니 등에 의한 결정구조의 분석 결과 또한 DNA가 DNA-단백질 복합

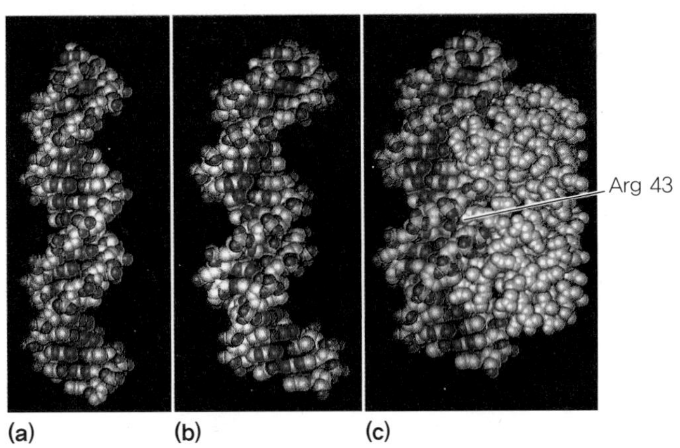

그림 9.11 434 억제인자와 작동자 복합체에서 뒤틀린 DNA의 컴퓨터 공간-채움 모형. (a) 표준 B-DNA. (b) 억제인자-작동자 복합체의 작동자 20mer의 모양. 전체적인 구부러짐과 중앙 부분의 작은 홈이 좁아짐을 주의해서 관찰한다. (c) 작동자-억제인자 복합체. 억제인자는 노란색이다. 여기서 DNA가 단백질과 접촉을 강화하기 위해 어떻게 모양이 바뀌었는지 주시하라. 중앙 가까이에서 아르기닌 43의 곁사슬이 모델 DNA의 작은 홈으로 어떻게 돌출되었는지를 볼 수 있다. (출처: Aggarwal et al., Recognition of a DNA operator by the repressor of phage 434: A view at high resolution. *Science* 242 (11 Nov 1988) f. 3b, f. 3c, p. 902. © AAAS.)

체에서 이런 식으로 구부러져 있음을 보여 주고 있다(그림 9.11). DNA가 굽은 것이 원래 DNA가 그런 것인지 아니면 억제인자의 결합에 의해 생긴 것인지 모른다. 하지만 작동자의 염기서열이 이 구부러짐을 일으키는 데 어떤 역할을 했을 것이다. 즉, 특정 DNA 염기서열은 다른 염기서열과 비교하여 쉽게 구부러지고, 예를 들어 434 작동자의 염기서열은 억제인자에 결합하기 위해 그에 맞게 구부리지는 것으로 생각된다. 이러한 현상은 이 장의 뒷부분에서 자세히 다룰 것이다.

또 다른 특징은 작동자 DNA의 두 반쪽 부위 사이에 위치한 염기쌍 7과 8 사이의 DNA 이중나선이 압축되어 있다는 것이다. 이 압축은 염기쌍 7과 8 사이에 3° 정도 더 꼬여 있는데 이는 정상의 36°에 비해 39°임을 나타낸다. 이는 또한 그림 9.11b에서 볼 수 있다. 이 그림의 중간에서 작은 홈이 좁음을 볼 수 있다. 양쪽의 큰 홈은 이를 보상하기 위해 정상보다 넓다. 다시 강조하지만 이 염기서열은 이러한 구조를 갖기 위해 최적이다.

(3) 모델의 유전학적 시험

위에서 본 억제인자와 작동자 간의 접촉이 중요하다면 이러한 아미노산이나 염기를 변화시키면 DNA-단백질 간의 결합을 감소시키거나 없앨 수 있을 것이다. 또한 작동자에 돌연변이를 만들었을 때 억제인자의 돌연변이를 통해 이를 보정할 수 있을 것이다. 또한 작동자의 비정상적인 모양이 중요하다면 이 모양을 저해하는 돌연변이는 억제인자의 결합을 저해할 것이다. 우리는 이러한 것이 모두 충족됨을 알게 될 것이다.

글루타민 28과 A1의 상호 작용이 중요하다는 것을 증명하기 위해 프타쉬니 등은 A1을 T로 바꾸었는데, 이는 예측했던 대로 억제인자와 작동자 간의 결합을 파괴했다. 그러나 이는 억제인자의 글루타민 28을 알라닌으로 돌연변이시켰을 때 보정되었다. 그림 9.10에서는 이에 대한 두 가지 가능한 설명을 제시한다. 글루타민 28과 A1 사이의 두 수소결합은 알라닌 28의 메틸기와 T1의 반데르발스 접촉에 의해 대치되었던 것이다. 이 접촉의 중요성은 T1을 메틸기가 없는 우라실이나 메틸기가 있는 5-메틸시토신(5MeC)으로 대치시켰을 때 확실해진다. U로 대치시킨 경우 억제인자는 알라닌 28에 결합하지 못하나 5MeC로 대치시킨 경우는 결합하였다. 그러므로 메틸기는 돌연변이 작동자와 억제인자 간의 반데르발스 접촉을 통한 상호 작용에 중요하다는 것이 증명되었다.

또한 염기쌍 7과 8 사이가 과도하게 꼬인 것이 억제인자와 작동자의 상호 작용에 중요하다는 것을 생각할 수 있다. 만일 그렇다면 A-T와 T-A 염기쌍을 G-C나 C-G의 염기쌍으로 바꿀 때 과도한 꼬임은 일어나지 않을 것이다. 왜냐하면 G-C 염기쌍에서는 이러한 꼬임이 쉽게 일어나지 않기 때문이다. 예측한 대로 G-C 또는 C-G로 바뀐 경우 억제인자가 작동자에 결합하지 못했다. 이 결과는 과도한 꼬임을 직접적으로 증명하지 못하지만 이 가설을 뒷받침한다.

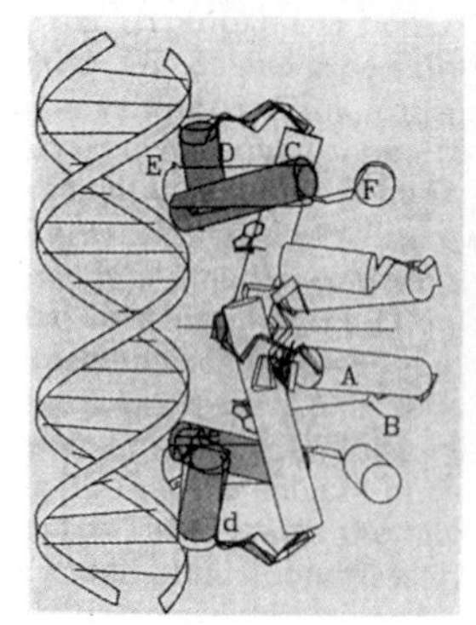

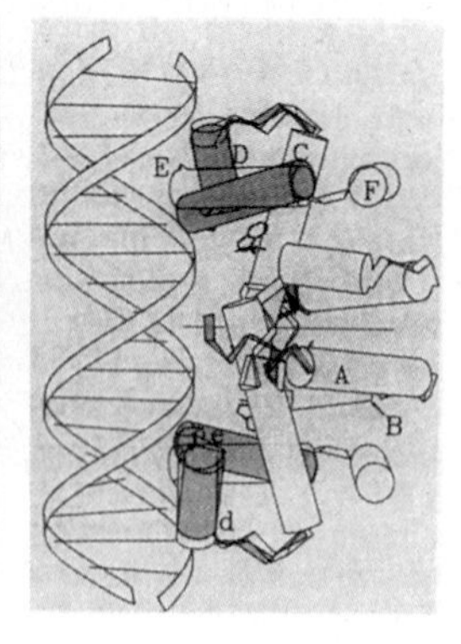

(a)

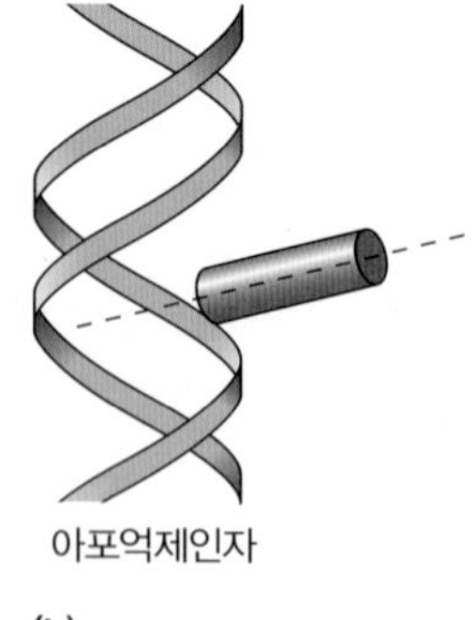

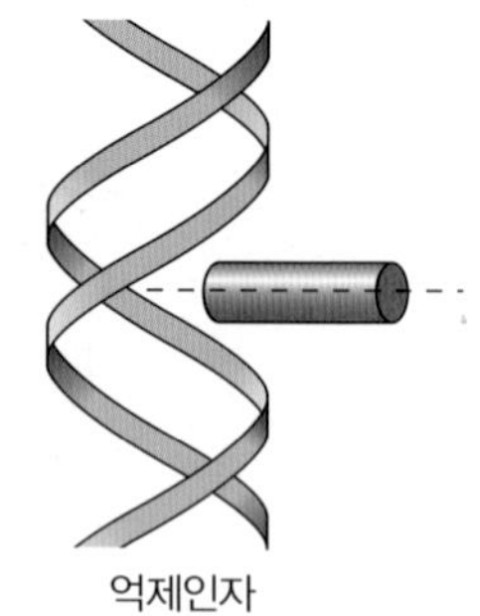

(b)

그림 9.12 DNA에 결합하는 *trp* 억제인자와 *trp* 작동자를 지닌 아포억제인자의 상호 작용 비교. (a) 입체 모델. 두 단위체가 그려져 있는데, 억제인자(투명한 것)와 아포억제인자(어두운 것)가 위치한 것을 주시하라. 억제인자에서 트립토판(검은색의 다각체)을 볼 수 있다. 아포억제인자의 인식나선(나선 E)이 작동자 DNA의 큰 홈에 들어갈 수 있는 이상적인 위치에서 약간 벗어난 것을 주시하라. 이 두 그림은 입체 안경을 통해 입체 구조를 볼 수 있게 그려져 있으며 만일 입체 안경이 없으면 30~60cm 정도 떨어져서 멀리 보는 것같이 눈의 초점을 맞추어 관찰한다. 수초 후 두 그림이 합쳐지면서 입체 모양이 나타날 것이다. 입체 모양이 인식나선과 DNA의 큰 홈과의 결합을 관찰하는 데 보다 유용하나 입체를 볼 수 없으면 두 그림 중 하나만 보아도 된다. (b) 아포억제인자(왼쪽)와 억제인자(오른쪽)의 인식나선(빨간색)이 DNA 큰 홈과 상호 작용하는 것을 비교했다. 억제인자에서는 인식나선이 큰 홈에 정확하게 향하고 있으나 아포억제인자에서는 약간 아래로 처져 있다. 점선은 인식나선의 각도를 강조하기 위해 그려져 있다.

9.2. *trp* 억제인자

trp 억제인자는 나선–선회–나선 DNA 결합 구조를 갖는 또 다른 단백질이다. 그러나 7장에서 보았듯이 아포억제인자(트립토판 보조억제인자가 없는 단백질)는 활성이 없다. Paul Sigler 등은 *trp* 억제인자와 아포억제인자의 X–선 결정분석을 이용해 트립토판이 일으키는 작지만 중요한 변화를 연구했다. 이 결정구조 분석은 또한 *trp* 억제인자와 그 작동자 간의 상호 작용을 밝혔다.

1) 트립토판의 역할

트립토판은 억제인자의 모양에 영향을 미친다. 즉, 아포억제인자의 결정에 트립토판을 가하면 결정이 부서진다. 트립토판이 아포억제인자에 쐐기처럼 작용하여 결정의 격자구조를 파괴하는 것이다.

이러한 현상은 의문점을 낳는데 트립토판이 아포억제인자에 결합하면 무엇이 움직일까 하는 것이다. 이 질문에 답하기 위해 그림 9.12에서 보여 주는 억제인자를 살펴보자. 이 단백질은 같은 소단위체의 2량체가 서로 결합하여 3개의 영역을 형성한다. 중앙 영역 또는 '플랫폼'을 살펴보면 이는 각 단위체의 A, B, C, F 나선으로 구성되어 있는데 이들은 DNA에서 멀리 오른쪽에서 서로 그룹을 형성하고 있다. 다른 2개의 영역은 DNA의 왼쪽 가까이에 위치하며 각 단위체의 D와 E 나선을 포함한다.

다시 우리의 의문점으로 돌아가보자. 트립토판을 가할 때 무엇을 움직일까? 그림 9.12에서 보듯이 플랫폼은 변하지 않는 데 반해 다른 두 영역은 기울어져 있다. 각 단위체의 인식나선은 나선 E인데 트립토판이 결합하면 그 위치가 변하는 것을 알 수 있다. 위의 단위체에서는 작동자의 큰 홈으로 향하도록 다소 밑의 방향으로부터 위치가 변했다. 이 위치에서 이것은 DNA와 이상적으로 접촉(또는 'read')하게 자리잡는다.

시글러는 이 DNA–리딩 구조를 녹음기나 컴퓨터의 디스켓 드라이버처럼 생각해서 판독부(reading head)라 지칭했다. 컴퓨터에서 판독부는 디스켓을 받아들여 읽고 또한 디스켓을 풀고 떨어지는 두 가지 위치를 갖는다. trp 억제인자 역시 같은 방법으로 역할을 수행한다. 트립토판이 있을 경우 그것은 플랫폼과 판독부 사이로 끼어 들어가서 판독부를 작동자의 큰 홈에 맞게 위치를 바꾼다. 트립토판이 아포억제인자에서 분리되면 그 분리된 자리로 판독부를 중앙 플랫폼 쪽으로 되돌아가게 해서 작동자로부터 떨어지게 한다(회색의 나선 D와 E).

그림 9.13a는 억제인자에서 트립토판의 주위를 자세히 보여 준다. 이것은 억제인자와 Cro, CAP를 포함하는 나선–선회–나선 구조를 갖는 대부분의 단백질에서 소수성 아미노산(때때로 트립토판)의 곁사슬이 붙는 소수성 홈이다. 그러나 *trp* 억제인자에서는 다른 단백질과 달리 단백질의 일부가 아닌 아미노산이 결합한다. 시글러는 아르기닌 84와 아르기닌 54 사이의 트립토판 결합을 살라미 샌드위치에 비교했다. 여기서 트립토판이 살라미이다. 그림 9.13b에 보이듯이 이것을 제거하면 2개의 빵 조각이 살라미를 제거했을 때 서로 붙는 것처럼 2개의 아르기닌이 붙는다. 이것은 이 분자의 다른 부분에도 영향을 미치는데, 이는 아르기닌 54는 억제인자 2량체의 중앙 플렛폼의 표면에 있고 아르기닌 84는 판독부의 정면 표면에 위치하기 때문이다. 트립토판을 2개의 아르기닌에 끼워 넣는 것은 판독부를 플랫폼에서 떨어뜨려 그것을 작동자의 큰 홈 쪽으로 향하게 하는 것이다. 그림 9.12에서 이를 볼 수 있다.

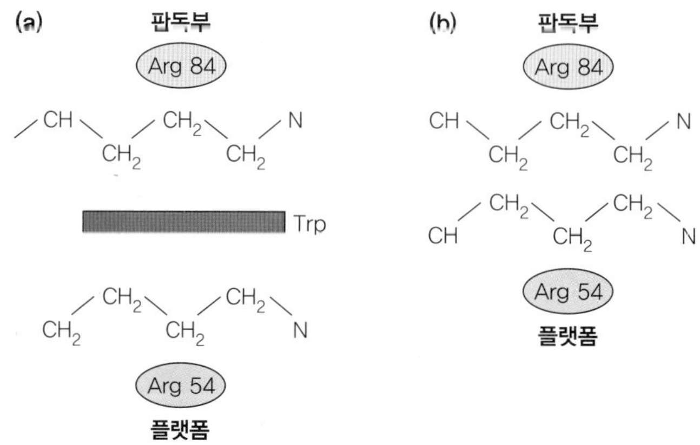

그림 9.13 *trp* 억제인자의 트립토판 결합 위치. (a) *trp* 억제인자에서 트립토판 주위의 환경. 트립토판(빨간색)의 위쪽 아르기닌 84와 아르기닌 아래쪽 54의 위치를 주시하라. **(b)** 트립토판이 없을 경우의 아포억제인자상의 동일한 위치. 아르기닌이 트립토판이 없는 공간으로 이동해 있다.

9.3. 단백질–DNA 상호 작용의 일반적 고찰

단백질과 DNA 특정 부분 간의 결합 특이성을 결정하는 것은 무엇일까? 우리가 보아 온 것은 두 가지이다. ① 염기와 아미노산 간의 특이적 상호 작용과, ② DNA의 염기서열에 의해 결정되는 DNA의 특정 모양이 그것이다. 이 두 가지는 서로 배타적으로 적용되는 것이 아니며 함께 같은 단백질–DNA 상호 작용에 적용될 수 있다.

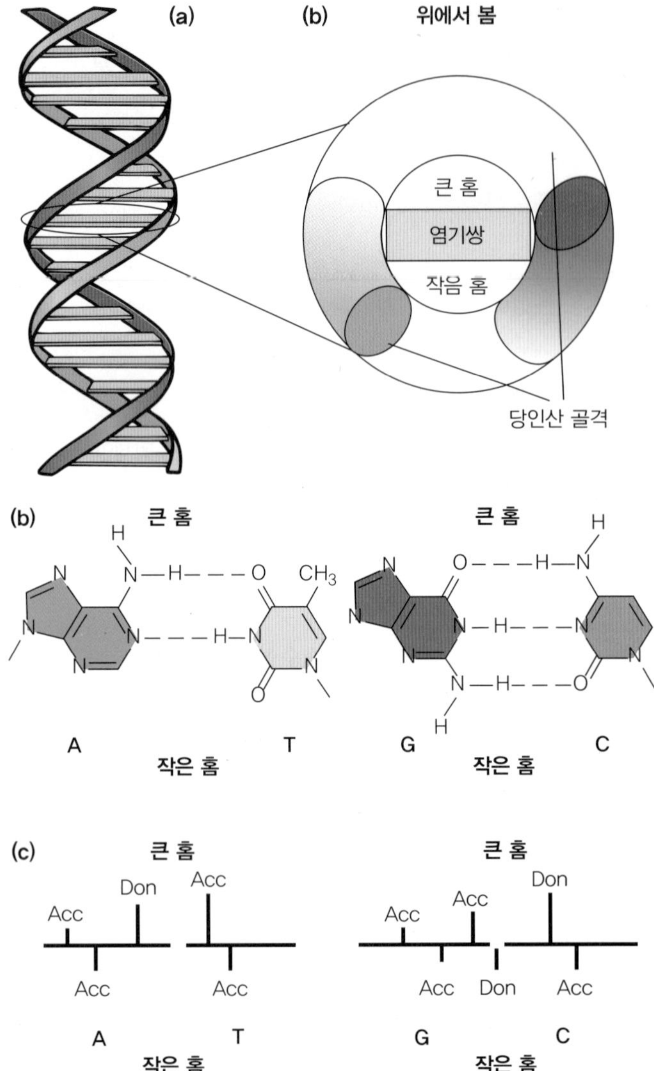

그림 9.14 DNA의 큰 홈과 작은 홈의 수소결합의 모양. **(a)** 표준 B-DNA, 두 골격은 빨간색과 파란색으로, 염기쌍은 노란색으로 표시되어 있다. **(b)** 같은 DNA를 위에서 본 모양. 위쪽의 큰 홈과 아래쪽의 작은 홈을 주시하라. **(c)** 두 염기쌍의 구조식. 큰 홈은 위쪽, 작은 홈은 아래쪽에 위치한다. **(d)** 큰 홈과 작은 홈에서의 수소결합 수용체(Acc)와 공여체(Don)를 나타내는 막대 모식도. 예를 들어 왼쪽에서 오른쪽으로 보면 T-A의 큰 홈은 수용체(티민의 C=O)와 공여체(아데닌의 NH_2)를 갖고 있고 이어 또 수용체(아데닌의 링의 N-7)가 있다. 각 그룹의 상대적 위치는 수평적으로 수직선과 만나는 점으로 표시되어 있고 수직적 위치는 수직선의 길이로 표시되어 있다. 두 염기쌍은 큰 홈과 작은 홈에서 공여체와 수용체의 양상이 달라서 외부에서 접근하는 단백질에 다르게 인지된다. 이 그림을 왼쪽과 오른쪽을 바꾸더라도 T-A와 C-G 염기쌍이 여전히 다른 양상을 보여 준다는 것을 알 수 있다. (출처: Adapted from R. Schleif, DNA binding by proteins. *Science* 241:1182–3, 1988.)

1) 4개의 다른 염기쌍 간의 수소결합 능력

우리는 DNA 결합단백질이 결합할 때 DNA 염기서열과의 접촉에 따라 변하는 것을 보았다. 염기서열을 '읽을 때' 무엇을 읽는다는 뜻일까? 염기들은 밖으로 노출되어 있지 않기 때문에 DNA 결합단백질은 염기들이 쌍으로 존재할 때의 염기들에서 그 차이를 읽어야 한다. 또한 그들은 수소결합이나 반데르발스 상호 작용을 통해 이 염기들과 염기 특이적 접촉을 해야 한다. 여기서 4개의 염기쌍들의 수소결합을 살펴보자.

그림 9.14a의 DNA 이중나선을 보자. DNA를 90° 돌려보면 우리는 나선 축을 내려다볼 수 있을 것이다. 그림 9.14b에서 보듯이 이 방향에서 DNA의 한 염기쌍을 보면 큰 홈은 위에, 작은 홈은 아래에 위치한다. DNA 결합단백질은 이들 두 홈 중 어느 하나에서 염기쌍과 상호 작용할 수 있다. 각각의 크고 작은 홈에는 T-A, A-T, C-G, G-C 4개의 염기쌍이 존재할 수 있다.

그림 9.14c에는 작은 홈과 큰 홈에서의 이들 염기쌍을 보여 준다. 그림 9.14d는 크고 작은 각 홈에서의 A-T와 G-C 염기쌍의 모식도를 그려놓았다. 수소 수용체(산소와 질소 원자)는 Acc로, 수소 공여체는 Don로 표시했다. 큰 홈과 작은 홈은 수평선의 위와 아래에 위치한다. 수직선의 길이는 나선축으로부터 DNA의 크고 작은 홈 바깥으로 나온 상대적 거리를 나타낸다. A-T와 G-C 염기쌍은 특히 큰 홈에서 매우 상이한 특징을 보인다. 피리미딘-퓨린 쌍과 퓨린-피리미딘 쌍의 차이가 여기서 보다 두드려져 보인다.

이 수소결합의 모양은 염기쌍과 아미노산 간의 직접적 상호 작용을 나타낸다. 그러나 다른 가능성도 있다. 아미노산이 DNA 골격의 모양을 읽어 직접 수소결합을 하거나 염다리(salt bridge)를 형성할 수 있다. 아미노산과 염기는 그 사이의 물을 통해 간접적으로 수소결합을 할 수 있는데, 이 결합은 직접적인 수소결합에 비해 특이성이 낮다.

2) 다중적 DNA 결합단백질의 중요성

로버트 슐라이프(Robert Schleif)는 DNA 결합단백질의 표적부위가 보통 대칭적이고 반복되어 있으며 단백질 다중체와 상호 작용한다는 사실에 주목했다. 대부분의 DNA 결합단백질은 2량체(어떤 경우는 4량체)인데 이 두 소단위체가 상승적으로 DNA에 결합함으로써 DNA와 단백질 간의 결합이 강화된다. 하나가 결합하면 자연적으로 다른 하나의 농도를 증가시키는 효과를 낳는다. 보통 DNA 결합단백질은 그 숫자가 매우 적으므로 이 증가는 매우 중요하다.

2량체 DNA 결합단백질의 유리한 점은 또 다른 각도에서 고찰할 수 있다. 그것은 엔트로피(entropy)와 관계 있다. 엔트로피는 우주의 무질서 척도로 시간에 따라 증가한다. 예를 들어 방을 생가해 보자. 여러분이 정돈하기 전까지는 방은 어지럽혀져 있다. 여기서 엔트로피를 감소시키려면, 즉 정돈하려면 에너지를 사용해야 한다.

DNA-단백질 복합체는 그 각각이 분리되었을 때보다 더 정돈되어 있다. 즉, 엔트로피가 감소되어 있다. 2개의 독립적인 단백질의 결합은 두 배의 엔트로피 감소를 가져올 것이다. 그러나 이미 형성된 2량체에서 한 소단위체가 결합하면 다른 소단위체는 자동으로 결합하기 때문에 엔트로피의 감소는 훨씬 작아질 것이므로 작은 에너지가 필요하게 된다. 이는 DNA 결합단백질의 경우이고, 이 DNA로부터 2량체가 분리되는 것은 각각 2개의 소단위체가 독립적으로 분리될 때보다 엔트로피의 증가가 작게 된다. 그러므로 DNA와 단백질은 보다 강하게 결합한다.

9.4. 멀리서 작용하는 DNA 결합단백질

지금까지 우리는 매우 가까이서 작용하는 DNA 결합단백질에 관해 공부했다. 예를 들어 *lac* 억제인자는 작동자에 결합하여 인접한 RNA 중합효소의 활성을 저해하고 λ 억제인자 또한 인접한 위치에서 RNA 중합효소의 결합을 증가시킨다. 그러나 DNA 결합단백질은 멀리 떨어져서도 그 영향을 미칠 수가 있다. 이는 진핵세포에서는 일반적이나 원핵세포에서는 몇몇 예가 있을 뿐이다.

1) gal 오페론

1983에 아디야(S. Adhya) 등은 대장균 gal 오페론에 97bp가 떨어진 곳에 2개의 작동자가 존재한다는 사실을 발견했다. 하나는 일반적으로 작동자가 위치하는 곳, 즉 프로모터 옆에 있는데 이는

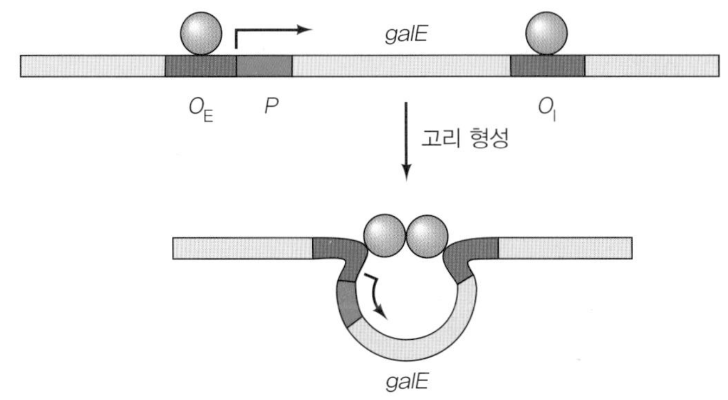

그림 9.15 *gal* 오페론의 발현 억제. *gal* 오페론은 프로모터(초록색)에 가까이 있는 외부 작동자(O_E)와 *galE* 유전자(노란색) 내부에 있는 내부 작동자(O_I)로 구성되어 있다. 억제분자(파란색)는 두 작동자에 결합하고 억제분자끼리 상호 작용하여 그 사이의 DNA로부터 고리를 형성한다(아래쪽).

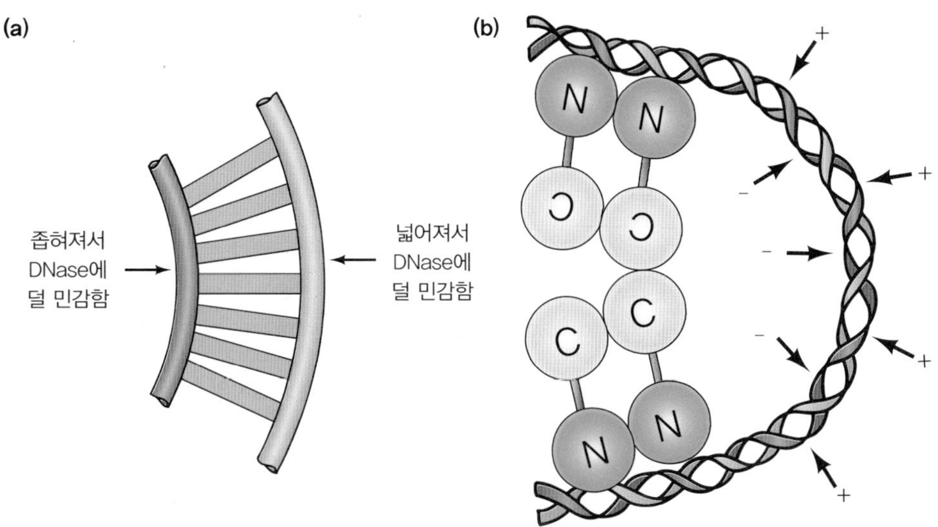

그림 9.16 DNase의 민감성에 미치는 DNA 고리 형성의 영향. (a) 모식도. 이중나선이 철로 모양으로 그려져 있다. 골격은 빨간색과 파란색으로, 염기쌍은 노란색으로 표시되어 있다. DNA가 구부러짐에 따라 안쪽은 압축되어 DNase가 접근하기 힘들고, 바깥쪽은 팽창되어 DNase의 접근이 용이하다. **(b)** 실제로 이중나선은 이 구부러진 DNA에서 압축과 팽창이 반복되어 있다. DNA 결합단백질(여기서는 λ 억제인자)의 두 단위체가 각각 다른 부위에 결합하여 서로 상호 작용할 때 그 사이의 DNA를 구부려 고리를 만든다. 고리에서 바깥쪽은 DNA를 팽창시켜 DNase의 접근을 용이하게 하고(+로 표시) 안쪽은 압축시켜 그 효소로부터 접근을 막는다(−로 표시). 이로 인해 이 DNA 고리에서 DNase에 의한 민감도가 반복되게 된다. 여기서는 한 DNA 가닥(빨간색)만 고려되었으나 다른 가닥도 같은 방법으로 민감도가 반복된다. (출처: (b) Adapted from Hochschild A. and M. Ptashne, Cooperative binding of lambda repressors to sites separated by integral turns of the DNA helix. *Cell* 44:685, 1986.)

외부 작동자로서 O_E로 불린다. 다른 하나는 첫째 구조 유전자인 *galE*에 위치하는데 이는 내부 작동자로서 O_I로 불린다. 이 아래쪽의 작동자는 유전적인 방법으로 발견되었는데 O^c의 돌연변이가 O_E 대신 *galE*에서의 돌연변이 때문인 것으로 발견되었다. 멀리 떨어진 이 작동자는 그림 9.15에 보듯이 억제인자가 그 사이의 DNA를 **고리 모양**(looping out)으로 만들어 상호 작용하는 것으로 생각된다. 우리는 7장에서 *lac*과 *ara*의 경우도 마찬가지로 DNA를 고리모양으로 만들어 작동하는 것을 보았다.

2) 이중 λ 작동자

위에서 논의한 *gal* 오페론은 단백질이 거의 100bp이나 떨어져 있는 부위에 결합해도 작용할 수 있다는 가능성을 제시했다. 그러나 직접적인 증거는 없었다. 프타쉬니 등은 인공적인 시스템을 만들어 그 증거를 수집했다. 그 시스템은 λ 작동자–억제인자로 가까이 위치하는 작동자들을 인공적으로 조작하여 분리시켰다. 작동자가 근접해 있을 때 O_R1과 O_R2에 억제인자 2량체가 협동적으로 결합한다. 여기서 의문점은 그들이 서로 떨어져 있을 때 억제인자 2량체가 협동적으로 결합할까 하는 점이다. 결론은 작동자가 같은 면에 있는 한 협동적으로 결합한다는 것이다. 이 발견은 *gal* 작동자에 억제인자가 DNA 고리를 만들어 협동적으로 결합한다는 가설을 뒷받침한다.

프타쉬니 등은 DNase 풋프린팅과 전자현미경을 사용해 증거를 제시하였다. DNA 가수분해효소가 서로 멀리 떨어진 DNA에 독립적으로 결합한 단백질을 풋프린트한다면 2개의 분리된 풋프린트가 생길 것이다. 그러나 DNA 고리를 통해 협동적으로 결합한다면 2개의 분리된 풋프린트를 보겠지만 이 경우 두 풋프린트 사이에 새로운 것을 보게 될 것이다. 즉, DNA 가수분해효소가 작용하지 못하는 부위가 반복적으로 나타날 것이며, 또한 과도하게 DNA 가수분해효소에 민감한 부분이 보일 것이다. 그림 9.16에서 그 이유를 볼 수 있다. DNA가 고리를 형성하면 DNA가 구부러져 그 고리의 안쪽에서는 염기쌍이 압축될 것이고, DNA 가수분해효소가 잘 작용하지 못할 것이며, 바깥쪽은 염기쌍 사이가 상대적으로 느슨하게 확장되어 DNA 가수분해에 보다 민감하게 될 것이다. 이러한 경향이 이중나선을 따라 반복된다.

프타쉬니 등은 작동자 간에 정수의 나선 회전과 그렇지 않은 회전을 넣어 억제인자를 결합시켜 DNase의 풋프린팅을 했다. 그림 9.17a에 보듯이 63bp, 즉 약 6개의 회전만큼 떨어져 있는 작동자의 경우 협동적으로 결합함을 보여 준다. 이 2개의 결합부위 사이에서 높고 낮은 DNase에 민감성이 반복되는 것을 볼 수 있다. 반대로 그림 9.17b에서는 비협동적 결합의 예를 보여 준다. 여기서 두 작동자는 58bp만큼 떨어져 있는데, 이는 5.5개의 회전에 해당한다. 여기서는 위에서 보았던 DNA 가수분해효소에 대한 반복적인 민감성은 보이지 않았다.

프타쉬니 등은 전자현미경을 통해 이 작동자들이 6개의 회전만큼 떨어져 있을 때 정말로 고리를 형성하는지를 살펴보았다. 그림 9.18에서 보듯이 고리를 형성했다. DNA가 몹시 구부러져 있는데 이는 고리가 형성되었을 때 확실히 나타난다. 반대로 프타쉬니 등은 두 작동자가 비정수의 숫자만큼 회전으로 분리되었을 때는 고리가 형성되는 것을 관찰하지 못했다. 이 경우 DNA는 고리를 형성하지 못하는 것으로 보인다. 이러한 실험은 정수의 나선 회전만큼 떨어졌을 때 DNA 고리를 형성하면서 단백질이 협동적으로 DNA에 결합한다.

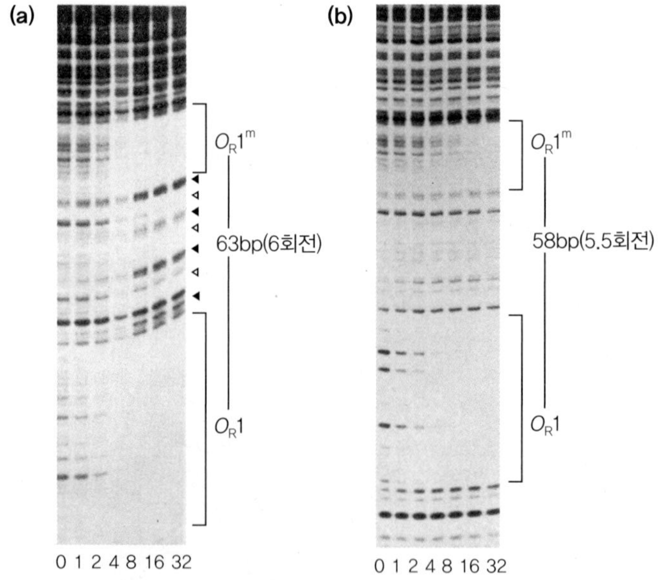

그림 9.17 두 작동자의 DNase 풋프린트 사진. (a) 협동적 결합. 두 작동자는 정확하게 6번의 이중나선 회전만큼(63bp) 떨어져 있는데, 억제인자의 농도를 증가시킴에 따라 DNaseI에 대한 민감도가 반복되어 나타난다. 민감도가 증가한 경우 검은색 삼각형으로, 감소한 경우 백색 삼각형으로 표시되었다. 이 결과는 두 작동자 간의 DNA가 고리를 형성했음을 나타낸다. **(b)** 비협동적 결합. 두 작동자는 비정수(58bp, 5.5회전)의 이중나선으로 분리되었는데 이 경우 DNase에 대한 민감도가 반복되어 나타나지 않는다. 이것은 억제인자가 두 작동자에 독립적으로 결합했음을 나타낸다. (a)와 (b)에서 각 레인의 숫자는 억제인자 단위체의 양을 나타내며 1은 13.5nM을, 2는 27nM에 해당한다. (출처: Adapted from Hochschild, A. and M. Ptashne, Cooperative binding of lambda repressors to sites separated by integral turns of the DNA helix. *Cell* 44 (14 Mar 1986) f. 3a&4, p. 683.)

3) 인핸서

인핸서(enhancer)는 특정단백질이 결합하여 전사를 활성화하는 DNA상의 요소로 프로모터와는 다른 서열이다. 이는 멀리 떨어진 곳에서 작용한다. 인핸서는 진핵세포에서는 1981년부터 알려져 왔으며 이것에 대해서는 12장에서 자세히 다룰 것이다. 최근에는 원핵세포에서도 확인되었는데, 1989년 폽햄(Popham) 등은 대장

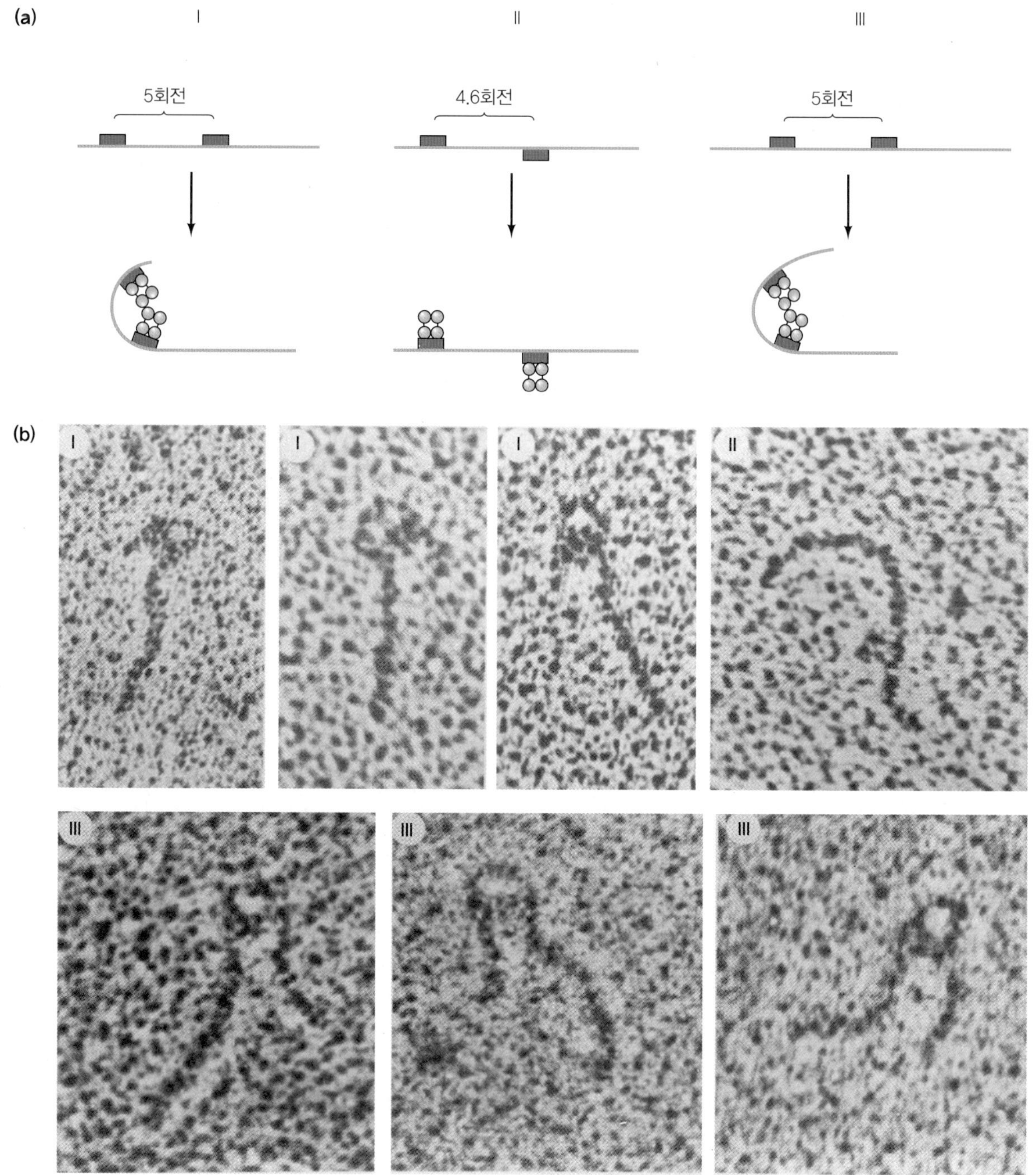

그림 9.18 두 작동자에 결합한 λ 억제인자의 전자현미경 사진. **(a)** 3개의 DNA 분자상의 두 작동자의 위치. I에서는 DNA 말단에 위치한 두 작동자가 5회전만큼 떨어져 있고, II에서는 4.6회전만큼 떨어져 있으며 III에서는 DNA의 중간에 위치한 두 작동자가 5회전만큼 떨어져 있다. 그 밑에는 억제인자가 두 작동자에 협동적 결합을 하여 고리를 형성하는 모식도가 있다. II에서 고리가 형성되지 않는데 이는 두 작동자가 비정수의 회전만큼 떨어져 있어 DNA의 서로 반대쪽에 억제인자가 결합한 결과이다. **(b)** 단백질–DNA 복합체의 전자현미경 사진. 이 복합체에 사용된 DNA 형태[(a)에서의 I, II 또는 III)]는 왼쪽 위에 표시되어 있다. 각 DNA–단백질 복합체는 (a)에서 예상한 모양을 갖고 있음을 알 수 있다. (출처: (a) Griffith et al., DNA loops induced by cooperative binding of lambda repressor. *Nature* 322 (21 Aug 1986) f. 2, p. 751. © Macmillan Magazines Ltd.)

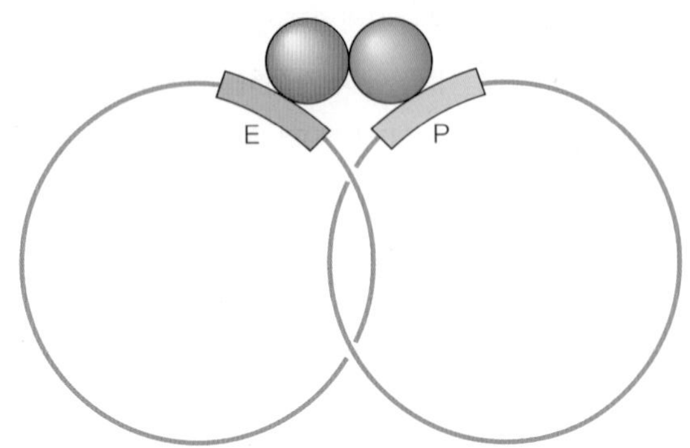

그림 9.19 분리되어 있으나 연결된 두 DNA 분자의 상호 작용. 인핸서(E, 분홍색)와 프로모터(P, 연초록색)는 서로 다른 DNA상에 위치하고 있지만 카테닌을 형성하여 서로 위상적으로 연결되어 있다. 따라서 두 DNA는 서로 다른 분자이지만 인핸서와 프로모터는 서로 멀리 떨어져 있지 않기 때문에 결합단백질(빨간색과 초록색)을 통해 서로 상호 작용한다.

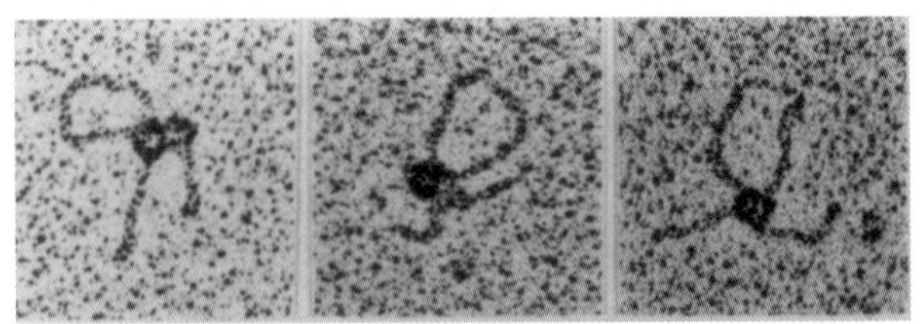

그림 9.20 *glnA* 프로모터와 인핸서 부위의 고리 형성. 전자현미경 사진. 쿠추, 에콜스 등은 *glnA* 프로모터와 인핸서 사이에 350bp를 넣어 분리시킨 다음 NtrC 단백질은 인핸서에, RNA 중합효소는 프로모터에 결합시켰다. 두 단백질이 상호 작용하여 그 사이의 DNA가 고리를 형성했는데 이를 전자현미경 사진에서 볼 수 있다. (출처: (a) Su, W., S. Porter, S. Kustu, and H. Echols, DNA-looping and enhancer activity: Association between DNA-bound NtrC activator and RNA polymerase at the bacterial *glnA* promoter. *Proceedings of the National Academy of Sciences USA* 87 (July 1990) f. 4, p. 5507.)

균에서 σ^{54}로 알려진 보조인자가 전사를 하는 데 있어서 인핸서가 중요한 역할을 하는 것을 보고하였다. 이 인자는 8장에서 언급되었는데, 질소가 결핍된 조건하에서 glnAP2로부터 *glnA* 유전자를 전사할 때 σ^{N}으로 알려진 σ-인자가 작동한다.

이 σ^{54}는 완전하지 못한 결합인자이다. DNase 풋프린팅 실험에서는 $E\sigma^{54}$는 *glnA* 프로모터에 안정하게 결합하지만 σ-인자처럼 개방형 프로모터 복합체(open promoter complex)를 형성하지는 못함이 밝혀졌다. 폽햄 등은 헤파린에 대한 저항성 조사와 DNA 메틸화 방법을 이용해 이를 증명했다. 중합효소가 개방형 프로모터 복합체를 형성하면 DNA에 매우 강하게 결합하는데, 헤파린을 더해 주면 DNA와 경쟁하여 중합효소를 억제하지 못한다. 한편, 폐쇄형 프로모터(closed promoter)를 형성하면 중합효소는 상대적으로 느슨하게 결합하여 쉽게 DNA로부터 분리된다. 그러므로 헤파린을 더해 주면 중합효소는 저해된다. 개방형 프로모터 복합체를 형성하면 시스틴이 노출되어 DMS에 의해 메틸화된다. 폐쇄형 프로모터에서는 그렇지 못하다.

이러한 기준, 즉 헤파린에 대한 민감성과 메틸화에 대한 저항에 의해 $E\sigma^{54}$는 폐쇄형 프로모터 복합체를 형성하지 못하는 것으로 생각된다. 대신 다른 단백질, 즉 NtrC(*ntrC* 유전자 산물)가 인핸서에 결합하여 $E\sigma^{54}$가 폐쇄형 프로모터 복합체를 형성하게 한다. DNA의 용해는 NtrC의 ATP 분해효소에 의한 ATP 가수분해에 의해 수행된다.

인핸서는 프로모터와 어떻게 상호 작용할까? DNA 고리가 형성된다는 몇 가지 증거가 있다. 인핸서는 프로모터로부터 적어도 70 염기쌍 떨어져 있어야 그 역할을 한다. 이 경우 인핸서와 프로모터 간에 DNA 고리를 형성할 충분한 공간이 마련된다. 또한 그림 9.19에서 보듯이 인핸서가 프로모터와 다른 DNA 분자에 있어도 두 분자가 카테닌(catenane)을 형성한다면 작용할 수 있다. 이 경우 인핸서와 프로모터 간에 DNA 고리를 만들 때처럼 상호 작용이 일어나지만 그들이 같은 분자에 있을 때 이 상호 작용에 관계있는 초나선이나 단백질이 DNA를 따라 미끄러져 움직이는 것 같은 현상은 크게 영향을 미치지 않는다. 여기에 관해서는 12장에서 자세히 논의할 것이다. 마지막으로 인핸서에 붙어 있는 NtrC와 프로모터에 붙은 σ^{54} 사이에 DNA 고리가 실제로 관찰된다. 그림 9.20은 시드니 쿠추(Sydney Kustu), 해리슨 에콜스(Harrison Echols) 등이 인핸서와 *glnA*가 포함된 클론된 DNA를 사용한 실험 결과이다. 이들은 인핸서와 *glnA* 사이에 350bp를 넣었다. 완전 중합효소는 NtrC보다 진하게 염색되기 때문에 DNA 고리와 더불어 두 단백질을 구분할 수 있다. 고리는 인핸서와 프로모터 사이의 길이와 거의 일치한다.

T4 파지는 특정 염기쌍으로 정의할 수 없는 비정상적인 이동성 인핸서(mobile enhancer)를 갖고 있다. T4의 유전자 중 후기에 발현되는 유전자는 DNA 복제가 일어나야 발현되는데, 이유는 나중에 발현되는 σ-인자(σ^{55})가 대장균의 σ^{54}처럼 결합이 있기 때문이다. 이 인핸서는 NtrC-결합부위같이 고정된 서열이 아니라 DNA 복제 분기점이다. 인핸서-결합단백질은 파지유전자 44, 45, 62에 의해 만들어지는데 이는 파지 DNA 복제기구의 일부분이다. 이 단백질은 복제 분기점을 따라 움직이며 움직이는 인핸서와 접촉하고 있다.

DNA에 단순한 틈을 만들면 시험관 내 실험에서 복제 분기점을 흉내낼 수 있는데, 이때 틈의 극성이 중요하다. 이것은 비주형

DNA 가닥에 있을 때만 인핸서로 작용할 수 있다. DNA 고리는 극성과는 상관이 없기 때문에 T4 인핸서는 DNA 고리를 형성하지는 않는 것으로 보인다. 또한 이것은 카테넌으로는 작용하지 못하고 프로모터와 같은 분자에 있어야만 작용하는데 이는 DNA 고리에 의한 것과는 구별된다.

요약

λ-유사 파지의 억제인자는 작동자 DNA의 큰 홈에 결합하는 인식나선을 갖는다. 이 인식나선 위의 특정 아미노산은 작동자의 염기와 접촉하는데, 이것이 단백질-DNA 상호 작용의 특이성을 결정한다. 이 아미노산의 돌연변이는 억제인자의 특이성을 변화시킨다. λ와 Cro 억제인자는 같은 작동자에 친화성을 갖는데, O_R1과 O_R3에 대한 친화성은 미세한 차이가 나고 이는 두 단백질의 인식나선의 다른 아미노산과 작동자의 염기쌍에 의해 결정된다.

λ 억제인자 부분과 작동자의 일부분을 이용해 결정구조를 밝혔는데, 결과를 살펴보면 상호 작용에 중요한 접촉은 DNA의 큰 홈에서 일어나며 여기서 인식나선의 아미노산과 더불어 다른 부위의 아미노산이 DNA의 염기 및 골격과 수소결합을 이룬다. 몇몇 수소결합은 2개의 아미노산과 DNA상의 둘 이상의 부위 사이에 형성되는 수소결합 네트워크에 의해 안정화된다. 이 구조는 그 전의 생화학적, 유전학적 결과와 잘 일치한다.

434 파지의 억제인자-작동자 복합체의 X-선 결정분석에서 아미노산과 DNA 골격의 인산기와의 수소결합을 볼 수 있다. 또한 인식나선의 아미노산과 염기쌍 사이의 수소결합과 반데르발스 접촉도 존재한다. 이 구조에서 DNA는 필요한 염기-아미노산의 결합을 위해 구부러져 있다. 작동자에서 2개의 반쪽 부위 사이는 매우 단단히 감겨 있는데, 그 바깥 부분은 느슨하게 감겨 있으며 작동자의 염기서열이 이러한 현상을 결정한다.

trp 억제인자 2량체가 *trp* 작동자와 상호 작용하는 데 트립토판이 필요하다.

DNA 결합단백질은 DNA의 큰 홈 또는 작은 홈과 상호 작용하며, DNA 두 가닥이 서로 분리되지 않아도 DNA상의 4개의 서로 다른 염기쌍과 각각 수소결합하여 상호 작용할 수 있다.

다중체 DNA 결합단백질은 단위체의 단백질이 각각 독립적으로 결합하는 것보다 높은 친화성을 갖는데, 이는 이 단백질이 협동적으로 DNA에 결합하기 때문이다.

λ 작동자가 정수의 나선회전으로 분리되었을 때 DNA 고리가 형성되며 이는 억제인자의 협동적 결합을 돕는다. 그러나 비정수의 나선회전으로 분리되었을 때는 단백질이 서로 반대쪽에 결합하여 협동적 결합이 불가능하다.

대장균 *glnA* 유전자는 그 전사에 인핸서가 필요한데 여기에 NtrC가 결합하여 70bp 떨어진 중합효소와 상호 작용한다. NtrC는 ATP를 가수분해 해서 개방형 프로모터 복합체를 형성하여 전사가 일어나게 한다. 이때 NtrC와 중합효소는 상호 작용하여 DNA 고리를 형성한다. T4 파지의 이동성 인핸서는 파지 DNA 복제체의 일부분이다. 이 인핸서는 프로모터와 같은 DNA에 존재해야 하는데, 이는 DNA 고리를 형성하지 않는 것으로 생각된다.

복습 문제

1. DNA 이중나선과 상호 작용하는 나선-선회-나선의 모식도를 그려라.
2. λ-유사 파지 억제인자가 작동자에 결합하는데 어떤 아미노산이 중요한지를 알아보는 실험을 계획하고 예상되는 결과를 기술하라. 억제인자와 작동자 사이의 결합을 분석하는 방법을 기술하라.
3. λ 억제인자와 Cro는 3개의 작동자에 결합하는데 이들의 각기 다른 선호도를 설명하라.
4. 글루타민과 아스파라긴의 곁사슬이 DNA와 어떤 종류의 결합을 하는가?
5. 아미노산의 메틸렌기와 메틸기는 DNA와 어떤 종류의 결합을 하는가?
6. 단백질-DNA 상호 작용에서 수소결합 네트워크란 무엇인가?
7. *trp* 작동자에 결합하는 *trp* 억제인자와 아포억제인자의 인식나선 위치의 차이에서 판독부 모델의 그림을 그려라.
8. 트립토판이 *trp* 아포억제인자에 결합했을 때 그 단백질 모양이 변하는 살라미 샌드위치 모델의 그림을 그려라.
9. *trp* 억제인자와 λ 억제인자의 각 작동자에 대한 방향을 한 문장으로 비교하라.
10. 단백질 2량체 및 4량체 등 다량체가 단위체보다 DNA에 좀 더 잘 결합한다. 이를 설명하라.
11. 두 단백질이 2개의 분리된 결합부위에 협동적으로 결합할 때 DNA의 DNase에 대한 민감성과 저항성의 반복되는 형태에 대해 그림을 그려 설명하라.
12. λ 억제인자가 2개의 작동자에 결합할 때 두 작동자가 정수의 DNA 이중나선 회전만큼 떨어졌을 경우 협동적으로 비정수만큼 떨어졌을 때는 비협동적으로 결합하는 것을 보여 주는 DNase 풋프린팅 실험과 그 결과를 설명하라.
13. 위의 실험을 전자현미경으로 보았을 때의 실험과 그 결과를 설명하라.

14. σ^{54}가 결합이 있다면 그 이유는 무엇인가?

15. σ^{54}의 결합을 보정할 수 있는 것은 무엇인가?

16. 대장균 *glnA*의 발현에 DNA 고리의 형성이 필요하다는 것을 증명할 실험과 그 결과를 제시하라.

18. T4 파지 σ^{55}의 인핸서와 대징균 σ^{54}의 인핸서와의 차이는 무엇인가?

분석 문제

1. DNA 결합단백질의 아스파라긴은 DNA의 시토신과 수소결합을 한다. 이 아미노산을 글루타민이나 알라닌으로 바꾸면 수소결합이 일어나지 않고 DNA–단백질 상호 작용이 일어나지 않는다. 시토신을 티민으로 바꾸면 상호 작용이 다시 일어난다. 이를 설명하는 가설을 제시하라.

2. DNA 결합단백질에 잘 결합하기 위해서는 DNA의 결합부위가 느슨하게 풀려야 하며 염기쌍 4번과 5번 사이의 작은 홈이 넓혀져야 한다는 가설을 실험하기 위한 연구 방법을 제시하라.

3. T–A 염기쌍을 그리고, 수소결합 공여체와 수용체의 위치를 모식도에서 큰 홈 또는 작은 홈에 위치하는지를 표시하라. 2개의 수평선으로 염기쌍의 수평축을 표시하고, 수직선으로는 수소결합 공여체와 수용체의 수평적 위치를 표시하라. 여기서 수직선의 길이로 공여체와 수용체의 상대적 위치를 표시하라. 이 그림에서 나타나는 염기쌍과 상호 작용하는 단백질에 관해 그 관계를 제시하라.

추천 문헌

General References and Reviews

Geiduschek, E.P. 1997. Paths to activation of transcription. *Science* 275:1614–16.

Kustu, S., A.K. North, and D.S. Weiss. 1991. Prokaryotic transcriptional enhancers and enhancer–binding proteins. *Trends in Biochemical Sciences* 16:397–402.

Schleif, R. 1988. DNA binding by proteins. *Science* 241:1182–87.

Research Articles

Aggarwal, A.K., D.W. Rodgers, M. Drottar, M. Ptashne, and S.C. Harrison. 1988. Recognition of a DNA operator by the repressor of phage 434: A view at high resolution. *Science* 242:899–907.

Griffith, J., A. Hochschild, and M. Ptashne. 1986. DNA loops induced by cooperative binding of λ repressor. *Nature* 322:750–52.

Herendeen, D.R., G.A. Kassavetis, J. Barry, B.M. Alberts, and E.P. Geiduschek. 1990. Enhancement of bacteriophage T4 late transcription by components of the T4 DNA replication apparatus. *Science* 245:952–58.

Hochschild, A., J. Douhann III, and M. Ptashne. 1986. How repressor and cro distinguish between O_R1 and O_R3. *Cell* 47:807–16.

Hochschild, A. and M. Ptashne. 1986. Cooperative binding of repressors to sites separated by integral turns of the DNA helix. *Cell* 44:681–87.

Jordan, S.R. and C.O. Pabo. 1988. Structure of the lambda complex at 2.5Å resolution: Details of the repressor–operator interactions. *Science* 242:893–99.

Popham, D.L., D. Szeto, J. Keener, and S. Kustu. 1989. Function of a bacterial activator protein that binds to transcriptional enhancers. *Science* 243:629–35.

Sauer, R.T., R.R. Yocum, R.F. Doolittle, M. Lewis, and C.O. Pabo. 1982. Homology among DNA–binding proteins suggests use of a conserved super–secondary structure. *Nature* 298:447–51.

Schevitz, R.W., Z. Otwinowski, A. Joachimiak, C.L. Lawson, and P. B. Sigler. 1985. The three–dimensional structure of *trp* repressor. *Nature* 317:782–86.

Su, W., S. Porter, S. Kustu, and H. Echols. 1990. DNA looping and enhancer activity: Association between DNA–bound NtrC activator and RNA polymerase at the bacterial glnA promoter. *Proceedings of the National Academy of Sciences USA* 87:5504–8.

Wharton, R.P. and M. Ptashne. 1985. Changing the binding specificity of a repressor by redesigning α–helix. *Nature* 316:601–5.

Zhang, R.–g., A. Joachimiak, C.L. Lawson, R.W. Schevitz, Z. Otwinowski, and P.B. Sigler. 1987. The crystal structure of *trp* aporepressor at 1.8Å shows how binding tryptophan enhances DNA affinity. *Nature* 327:591–97.

CHAPTER 10

진핵생물의 RNA 중합효소와 프로모터

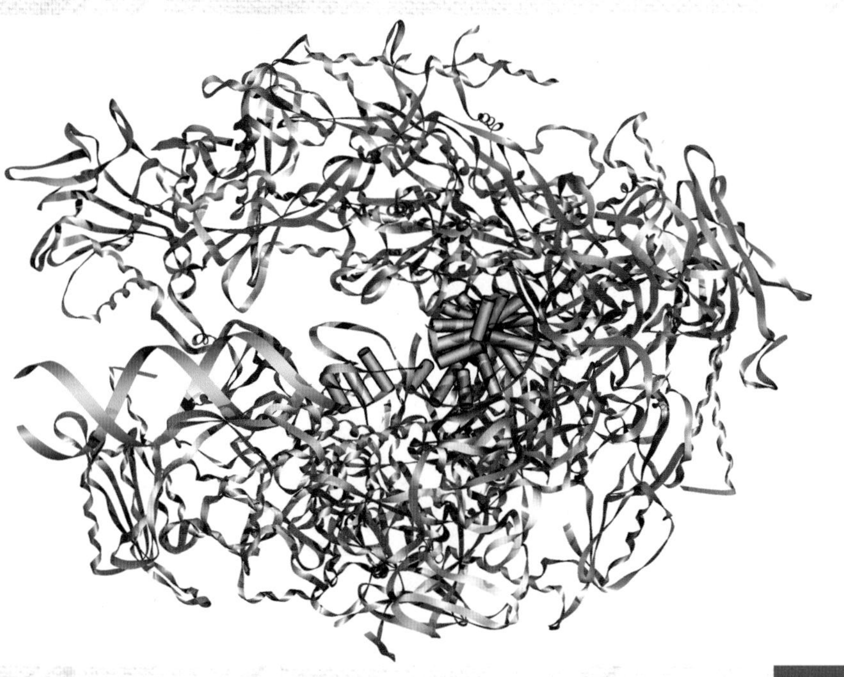

활성부위에 RNA-DNA 잡종이 있는 효모 Pol II Δ4/7 단백질의 컴퓨터 재현 모형. (David A. Bushnell, Kenneth D. Westover, and Roger D. Kornberg.)

6장에서 박테리아는 하나의 RNA 중합효소로, 세 종류의 RNA(mRNA, rRNA, tRNA)를 합성한다고 배웠다. 실제로 원핵생물의 중합효소는 변화하는 환경에 따라 σ-인자를 변화시키지만 핵심효소는 동일하다. 그러나 진핵생물은 이와 다르다. 이 장에서는 진핵생물의 핵에는 세 종류의 RNA 중합효소가 존재하고, 이들은 각각 별개의 유전자군을 전사하며 서로 다른 프로모터를 인지한다는 것을 공부한다.

10.1. 진핵생물 RNA 중합효소의 다양한 형태

초기의 몇몇 연구를 통하여 최소한 두 종류의 RNA 중합효소가 진핵생물의 핵에서 작용할 것으로 제안되었다. 하나는 리보솜 RNA 유전자들(척추동물에서 28S, 18S, 5.8S rRNA를 암호화하는 유전자)의 전사를 담당하고, 다른 하나 또는 그 이상의 중합효소는 핵 내의 다른 유전자의 전사를 담당할 것으로 생각되었다.

우선, 리보솜 유전자들은 핵 내의 다른 유전자들과는 여러 면에서 차이가 난다. 즉, ① 리보솜 유전자는 핵 내의 다른 유전자와 염기 조성에서 다르다. 예를 들어 쥐의 rRNA 유전자는 GC 함량이 60% 정도이지만, 나머지 DNA의 GC 함량은 단지 40%에 불과하다. ② 리보솜 유전자는 유난히 반복성을 띤다. 생물 종에 따라 각 세포당 수백 개에서 20,000개 이상에 이르는 rRNA 유전자 복사본이 존재한다. ③ 리보솜 유전자는 핵 내의 다른 유전자와 달리 인이라는 구획 내에서 발견된다. 이러한 연구 결과를 통해 최소한 2개의 RNA 중합효소가 진핵생물의 핵에서 작용할 것이고, 이 중 하나는 인 내에서 rRNA를 합성하며, 다른 하나는 핵질(인 외의 핵 부분)에서 다른 RNA를 합성한다고 제안하게 되었다.

1) 세 가지 핵 중합효소의 분리

1969년 로버트 로이더(Robert Roeder)와 윌리엄 루터(William Rutter)는 진핵생물에는 두 가지가 아닌 세 가지의 RNA 중합효소가 존재함을 보였다. 더욱이 세 효소는 세포 내에서 별개의 역할을 한다. 이들은 DEAE-세파덱스라는 이온 교환 수지를 이용한 크로마토그래피 기법으로 세 효소를 분리하였다(5장 참조).

그들은 이온교환 칼럼에서 분리된 순서에 따라 중합효소 활성을 가진 3개의 정점을 각각 **RNA 중합효소 I**(RNA polymerase I), **RNA 중합효소 II**(RNA polymerase II), 그리고 **RNA 중합효소 III**(RNA polymerase III)라 명명하였다(그림 10.1). 이들 세 효소는 DEAE-세파덱스 크로마토그래피상에서 서로 다른 양상을 보이는 것 외에도 서로 다른 특성을 가지고 있다. 예를 들어 세 효소는 이온 세기와 2가 금속 이온에 대해 서로 다른 반응을 보인다. 더욱 중요한 차이점은 세 효소가 전사 과정에서 별개의 역할을 한다는 것이다. 즉, 각각은 서로 다른 종류의 RNA를 합성한다.

로이더와 루터는 정제된 인과 핵질을 조사하여 어떤 중합효소가 이 부위에 많이 존재하는지 알아보았다. 그림 10.2는 중합효소 I이 실제로 인에 주로 존재하고, 중합효소 II와 III는 핵질에 존재

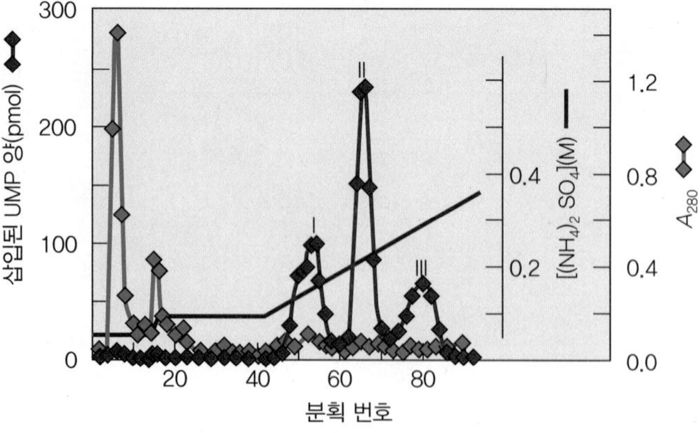

그림 10.1 진핵생물 RNA 중합효소의 분리. 로이더와 루터는 성게 배아의 추출물에 DEAE-세파덱스 크로마토그래피를 수행했다. 초록색, A_{280}에서 측정된 단백질, 빨간색, RNA에 삽입되어 있는 표지된 UMP에 의해 측정된 RNA 중합효소의 활성, 파란색, 황산암모늄의 농도. (출처: Adapted from Roeder, R.G. and W.J. Rutter, Multiple forms of DNA-dependent RNA polymerase in eukaryotic organisms. *Nature* 224:235, 1969.)

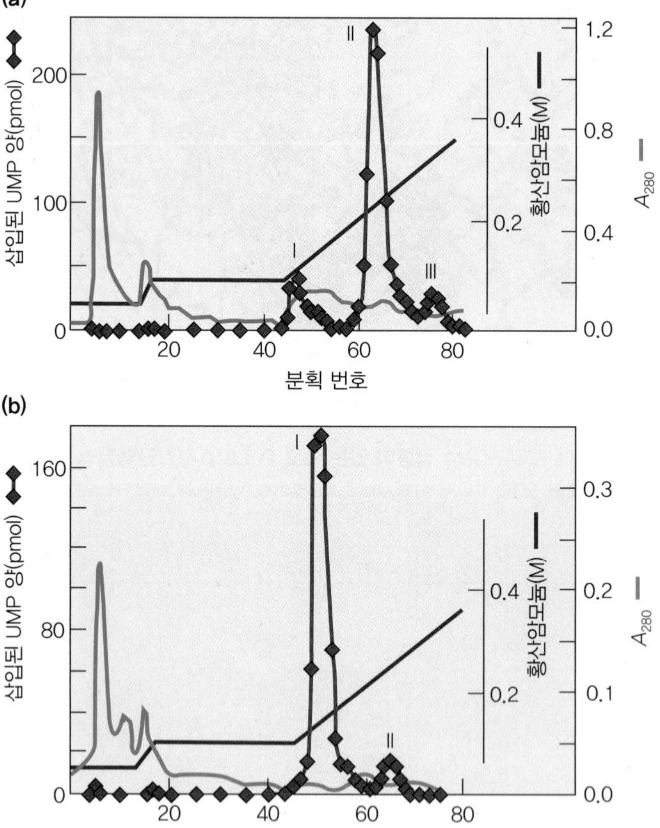

그림 10.2 쥐 간의 세 가지 RNA 중합효소의 세포 내 위치. 로이더와 루터는 쥐 간의 핵질 부분 분획에서 발견되는 중합효소 **(a)**와 인 부분에서 발견되는 중합효소 **(b)**에 대해 그림 10.1에서처럼 DEAE-세파덱스 크로마토그래피를 수행했다. 색깔은 그림 10.1과 같은 의미를 나타낸다. (출처: Adapted from Roeder, R.G. and W.J. Rutter, Specific nucleolar and nucleoplasmic RNA polymerases, *Proceedings of the National Academy of Sciences* 65(3):675–82, March 1970.)

함을 보여 주고 있다. 이것은 중합효소 I이 rRNA 합성효소이고, 중합효소 II와 III는 다른 종류의 RNA를 합성하는 효소일 가능성을 보여 준다.

2) 세 가지 RNA 중합효소의 역할

세 RNA 중합효소가 전사 과정에서 서로 다른 역할을 하는 것을 어떻게 알 수 있는가? 이 질문에 대한 명확한 증거는 정제된 각 중합효소가 시험관 내에서 특정 유전자는 전사하고 다른 유전자는 전사하지 않음을 보인 연구에서 얻을 수 있었다. 이 연구에 따르면 세 종류의 RNA 중합효소는 다음과 같은 특성을 가지고 있는 것으로 밝혀졌다(표 10.1). 중합효소 I은 분자량이 큰 rRNA 전구체를 만든다. 포유동물의 경우 이 전구체의 침강계수는 45S이며, 이는 28S, 18S, 5.8S의 rRNA로 성숙된다. 중합효소 II는 전구체의 침강계수는 45S이며, 이는 28S, 18S, 5.8S의 rRNA로 성숙된다. 중합효소 II는 **마이크로 RNA**(microRNA, miRNA)의 전구체와 **소형 핵 RNA**(small nuclear RNA, snRNA)뿐만 아니고, **이형성 핵 RNA**(heterogeneous nuclear RNA, hnRNA)라는 잘 규명되지 않은 종류의 RNA도 만든다. 대부분의 이질성 핵 RNA는 mRNA의 전구체이며, 소형 핵 RNA는 이질성 핵 RNA가 mRNA로 성숙하는 과정에 관여한다는 내용을 14장에서 다룰 것이다. 16장에서는 마이크로 RNA가 mRNA를 분해하거나 번역을 저해하여 유전자의 발현을 조절하는 것에 대해 배울 것이다. 중합효소 III는 tRNA, 5S rRNA와 그 밖의 분자량이 소형 RNA 분자의 전구체를 합성한다.

그러나 클로닝된 유전자와 진핵생물의 시험관 내 전사 시스템이 이용되기 전에도 전사의 역할 분담에 대한 증거는 있었다. 이 절에서는 중합효소 III가 tRNA, 5S rRNA 유전자의 전사를 담당한다는 사실에 관한 초기 연구에 의해 밝혀진 증거에 대해 알아볼 것이다.

1974년 로이더 등에 의해 수행된 이 연구는 **α-아마니틴**(amanitin)이라는 독소를 이용한 것이었다. 아주 유독한 이 물질은 '죽음의 모자'라 불리는 *A. phalloides*와 순흰색의 맹독성인 '죽음의 천사'라 불리는 *A. bisporigera*를 포함하는 *Amanita* 속의 여러 독버섯(그림 10.3a)에서 발견된다. 이 두 종의 독버섯은 서투른 버섯 채취자에게는 치명적이다. 이 α-아마니틴은 세 중합효소에 대해 서로 다른 효과를 나타낸다. 매우 낮은 농도에서는 중합효소 II를 완전히 억제하지만 중합효소 I과 III에는 어떤 영향도 나타내지 않는다. 그러나 1,000배 높은 농도에서 이 독소는 대부분의 진핵생물에서 중합효소 Ⅲ도 억제한다(그림 10.4).

실험은 점차 높은 농도의 α-아마니틴 존재하에 쥐의 세포핵을 배양한 후 전사체를 전기영동함으로써 이들 독소가 소형 RNA들의 합성에 미치는 영향을 관찰하는 것이었다. 그림 10.5는 높

표 10.1 진핵생물 RNA 중합효소의 역할

RNA 중합효소	세포 내에서 합성되는 RNA	성숙된 RNA(척추동물)
I	큰 rRNA 전구체	28S, 18S, 5.8S rRNA
II	hnRNA	mRNA
	snRNA	snRNA
	miRNA 전구체	miRNA
III	5S rRNA 전구체	5S rRNA
	tRNA 전구체	tRNA
	U6 snRNA(전구체?)	U6 snRN
	7SL RNA(전구체?)	7SL RNA
	7SK RNA(전구체?)	7SK RNA

(a)

(b)

그림 10.3 α-아마니틴. (a) α-아마니틴을 생성하는 가장 치명적인 독버섯 중 하나인 Amanita phalloides(죽음의 모자). **(b)** α-아마니틴의 구조.
(출처: (a) Arora, D. *Mushrooms Demystified* 2e, 1986, Plate 50 (Ten Speed Press).)

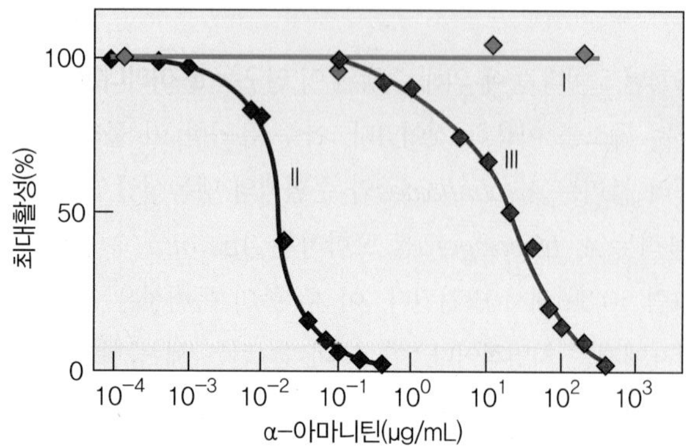

그림 10.4 α-아마니틴에 대한 정제된 RNA 중합효소의 민감성. 웨인만(Weinmann)과 로이더는 α-아마니틴 농도를 증가시키면서 RNA 중합효소 I(초록색), II(파란색), III(빨간색)의 활성도를 분석했다. α-아마니틴의 농도가 약 0.02μg/mL일 때 중합효소 II는 50% 정도 억제되었지만, 중합효소 III는 약 20μg/mL이 되어서야 50% 정도 억제되었다. 중합효소 I은 200μg/mL의 농도에서도 완전한 활성을 유지했다. (출처: Adapted From R. Weinmann and R.G. Roeder, Role of DNA-dependent RNA polymerase III in the transcription of the tRNA and 5S RNA genes, *Proceedings of the National Academy of Sciences USA* 71(5):1790-4, May 1974.)

은 농도의 α-아마니틴이 5S rRNA와 4S tRNA 전구체의 합성을 억제했음을 보여 준다. 더욱이 이러한 5S rRNA와 tRNA 전구체 합성의 억제 양상은 RNA 중합효소 III가 억제 양상과 일치했다. 즉, 둘 모두 약 10μg/mL 정도의 α-아마니틴 농도에서 절반 정도 억제되었다. 따라서 위 실험 결과는 RNA 중합효소 III가 이러한 두 종류의 RNA를 만든다는 가설을 지지해준다. (실제로 중합효소 III은 5S rRNA를 약간 더 큰 전구체로 합성하지만 이 실험에서는 전구체와 성숙한 5S rRNA를 구별하지 못했다.) 또한 중합효소 III는 다양한 세포 내 RNA 및 바이러스 RNA를 합성한다. 여기에는 RNA 스플라이싱에 관여하는 소형 RNA인 **U6 소형 핵 RNA**(U6 snRNA, 14장 참조), 분비성 단백질의 합성에서 신호펩티드(signal peptide) 인식에 관련된 소형 RNA인 **7SL RNA**, 기능이 알려지지 않은 소형 핵 RNA인 7SK RNA, 아데노바이러스의 VA(virus-associated) RNA, 그리고 Epstein-Barr 바이러스의 EBER2 RNA 등이 포함된다.

중합효소 I과 II에 의해 전사되는 유전자를 밝혀내기 위해 비슷

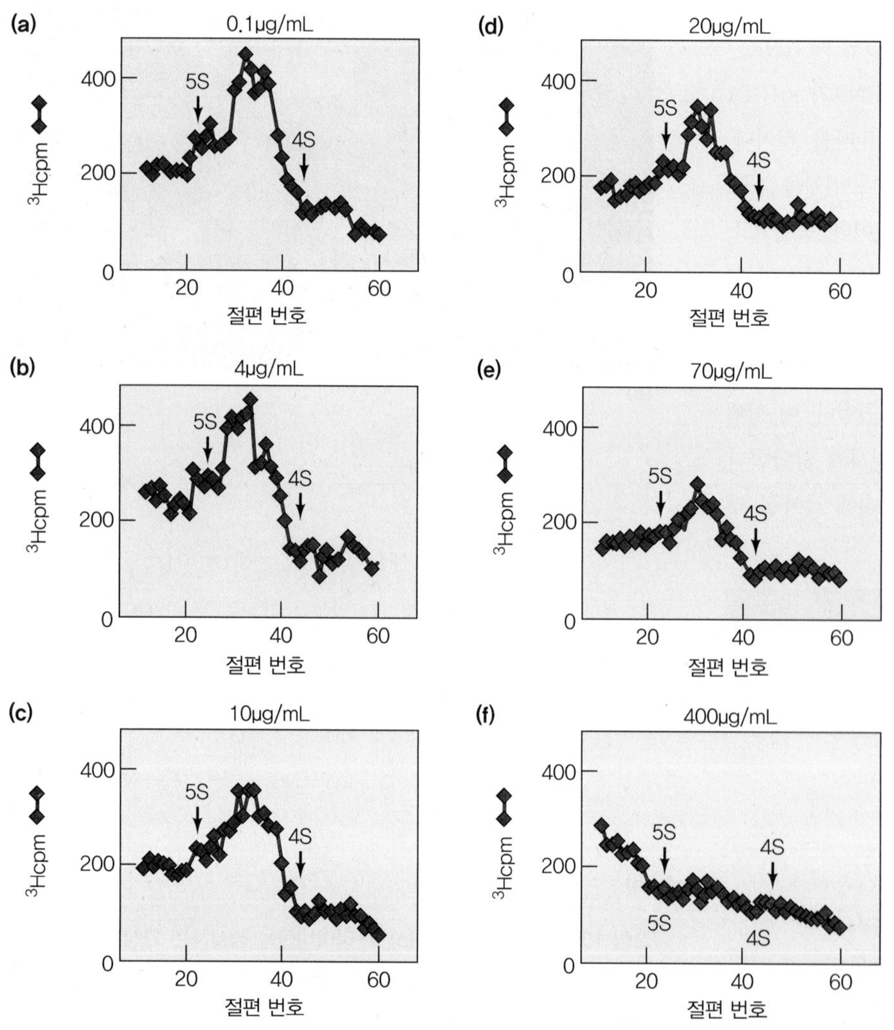

그림 10.5 소형 RNA 합성에 미치는 α-아마니틴의 영향. 웨인만과 로이더는 α-아마니틴 농도를 증가시키면서 분리한 핵에서 표지된 RNA를 합성했다(각 패널의 상단에 주어진 농도). 표지된 소형 RNA 분자들은 원심분리 시 핵에서 나와 상등액에 모이게 된다. 연구자들은 이 RNA로 PAGE를 건 후 겔을 잘라 각 절편의 방사능을 측정했다(빨간색). 그들은 또한 동일한 겔의 인접한 레인에 지표(5S rRNA, 4S rRNA)를 걸었다. 5S rRNA, 4S rRNA 전구체의 합성이 α-아마니틴에 의해 저해되는 양상은 그림 10.4에서 본 바 있는 α-아마니틴의 중합효소 III에 대한 효과와 동일한 경향성을 나타내고 있다. (출처: Adapted from R. Weinmann and R.G. Roeder, Role of DNA-dependent RNA polymerase III in the transcription of the tRNA and 5S RNA genes, *Proceedings of the National Academy of Sciences USA* 71(5):1790-4, May 1974.)

한 실험이 행해졌지만, 실험 결과의 해석이 수월하지 않아 보다 더 정교한 시험관 내 실험을 통해 확인되었다.

2000년에 최초로 식물 유전체(*Arabidopsisthaliana* 또는 애기장대)의 염기서열이 밝혀지면서 현화 식물에서 2종류의 추가적인 RNA 중합효소가 발견되었다. **RNA 중합효소 IV**(RNA polymerase IV)와 **RNA 중합효소 V**(RNA polymerase V)이다. 이 효소들은 유전자의 발현을 억제하는 기작을 가진 비암호화 RNA를 만든다. (다른 진핵생물에서는 이와 유사한 전사 임무가 중합효소 II에 의해 수행되며, 또한 중합효소 IV와 V의 가장 큰 소단위체는 중합효소 II의 가장 큰 소단위체와 진화적으로 연관되어 있다.) 이 같은 유전자 발현 억제에 대한 상세한 기작은 16장에서 다룰 예정이다.

3) RNA 중합효소의 소단위체 구조

1971년 피에르 샹봉(Pierre Chambon)과 루터는 각자 독자적으로 진핵생물 RNA 중합효소 II의 소단위체 구조를 처음으로 보고하였으나 그것은 불완전하였다. 샹봉은 세 가지의 중합효소를 각각 중합효소 I, II, III 대신에 중합효소 A, B, C라고 명명했다. 그러나 로이더와 루터의 명명법인 중합효소 I, II, III이 표준이 되었다. 현재는 다양한 진핵생물의 세 중합효소에 대한 구조적인 정보가 잘 알려져 있다. 중합효소 I, II, III 각각이 14개, 12개, 17개의 소단위를 갖는 매우 복잡한 구조를 갖는다. 중합효소 II는 가장 잘 연구되어 있어, 앞으로 이어질 논의에서는 이 효소의 구조와 기능에 초점을 맞출 것이다.

(1) 중합효소 II의 구조

진핵생물의 RNA 중합효소처럼 복잡한 효소를 다룰 때의 문제점은 중합효소 활성을 추적하여 정제한 폴리펩티드들 중 어느 것이 실제 그 효소의 소단위체인지, 그리고 어느 것이 단순히 그 효소에 강하게 결합하는 오염물질인지 구별하기 어렵다는 것이다. 이런 문제를 해결하는 한 가지 방법은 중합효소의 소단위체 후보를 각각 분리한 후 실제로 어느 폴리펩티드가 중합효소 활성의 재구성에 필요한지 조사하는 것이다. 이러한 방법은 비록 원핵생물의 중합효소에는 잘 적용되었지만 분리된 소단위체로부터 진핵생물의 중합효소를 재구성한 사람은 현재까지 없다. 따라서 다른 방법을 시도해 보아야 한다.

이러한 문제를 해결하는 또 다른 방법은 중합효소의 모든 소단위체 후보에 대한 유전자를 찾아서 그것에 돌연변이를 일으키고 어떤 것이 활성에 필요한지 결정하는 것이다. 제빵효모인 *Saccharomyces cerevisiae*의 중합효소 II에 대해 이 방법이 수행되었다. 여러 연구자들이 효모의 중합효소 II를 정제하여 10개의 소단위체 후보를 분리했다. 그 뒤에 이전의 분석 방법으로는 발견하지 못한 2개의 다른 소단위체가 발견되었는데, 이로써 현재는 효모의 중합효소 II가 12개의 소단위체를 포함한다고 여겨지고 있다. 12개 소단위체 유전자에 대한 클로닝과 염기서열이 결정됨으로써 그 유전자 산물의 아미노산 서열을 알 수 있게 되었다. 또한 이 유전자들에 체계적으로 돌연변이를 일으켜서 이 돌연변이들이 중합효소 II의 활성에 미치는 영향이 관찰되었다.

표 10.2는 인간과 효모의 중합효소 II의 12소단위체를 분자량과 그들의 특징에 따라 배열한 것이다. 이 폴리펩티드들은 각각 고

표 10.2 인간과 효모 RNA 중합효소 II 소단위체

소단위체	효모 유전자	효모 단백질(kD)	특징
hRPB1	*RPB1*	192	CTD를 가지고 있고 DNA에 결합한다. 개시 장소 선택에 관여하며 β′의 상동유전자이다.
hRPB2	*RPB2*	139	활성부위를 가지고 있으며 개시 장소 선택과 신장 속도에 관여한다. β의 상동 유전자이다.
hRPB3	*RPB3*	35	원핵생물 RNA 중합효소의 α 이합체의 상동 유전자로서 Rbp11과 기능한다.
hRPB4	*RPB4*	25	Rpb7과 하위 복합체를 구성하며 스트레스 반응에 관여한다.
hRPB5	*RPB5*	25	중합효소 I, II, III에 공통으로 존재하며 전사 활성자의 표적이다.
hRPB6	*RPB6*	18	중합효소 I, II, III에 공통으로 존재하며 안정성과 결합에 관여한다.
hRPB7	*RPB7*	19	Rpb4와 하위 복합체를 이루어 주로 정적인 상태에 결합한다.
hRPB8	*RPB8*	17	중합효소 I, II, III에 공통으로 존재하며 올리고 핵산/올리고 당에 결합하는 부위를 가지고 있다.
hRPB9	*RPB9*	14	신장에 관여하는 아연 리본 부위를 가지고 있으며, 개시 장소 선택에 관여한다.
hRPB10	*RPB10*	8	중합효소 I, II, III에 공통으로 존재한다.
hRPB11	*RPB11*	14	원핵생물 RNA 중합효소의 α 이합체의 상동 유전자로서 Rpb3와 기능한다.
hRPB12	*RPB12*	8	중합효소 I, II, III에 공통으로 존재한다.

(출처: Reprinted with permission from the Annual Review of Genetics, Volume 34, © 2000 by Annual Reviews. www.annualreviews.org)

유한 유전자에 의해 암호화된다. 이러한 중합효소 소단위체의 이름은 그들을 암호화하는 유전자의 이름(*RPB1* 등)에 따라서 Rpb1 등과 같이 붙여졌다. 상봉의 명명법에 따라서 RNA 중합효소 B(또

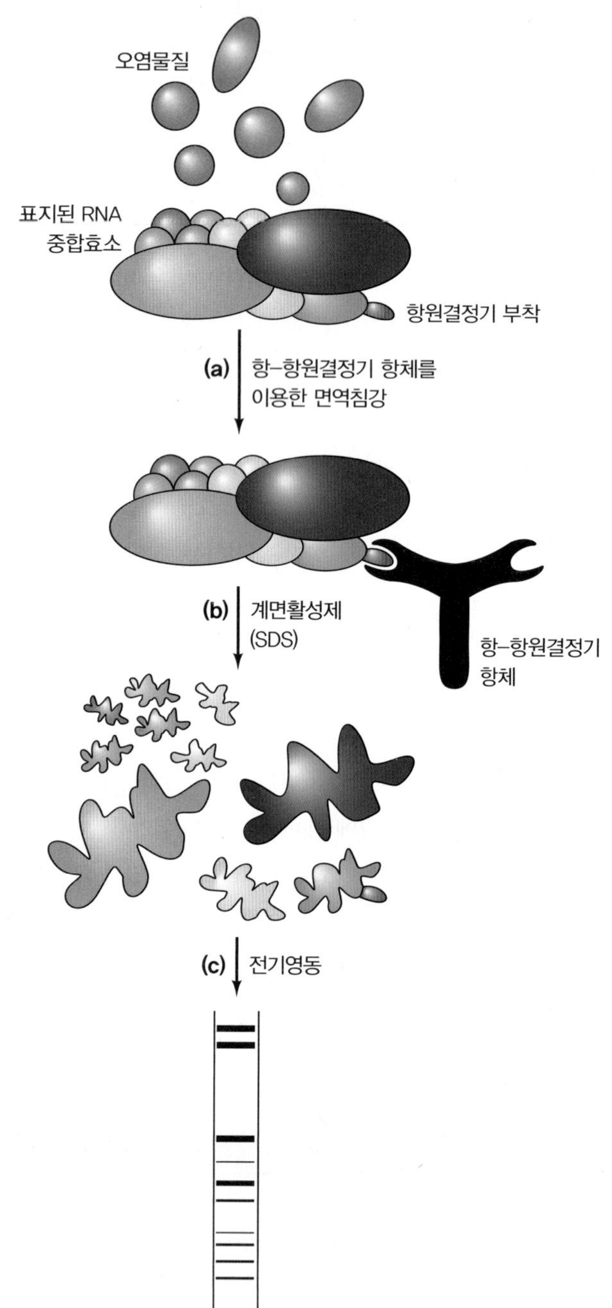

그림 10.6 항원결정기 부착의 원리. 추가 영역(항원결정기 부착, 빨간색)이 효모 RNA 중합효소 II의 Rpb3 소단위체에 유전적으로 첨가되었다. 다른 모든 소단위체는 정상이며 변형된 Rpb3 소단위체와 결합하여 활성을 갖는 중합효소를 형성한다. 그리고 표지된 아미노산의 존재하에 세포를 키워 중합효소를 표지했다. **(a)** 부착된 항원결정기에 대한 항체를 첨가하여 전체 RNA 중합효소를 면역침전시키고 다른 오염 단백질(회색)로부터 분리한다. 이를 통해 아주 순수한 중합효소를 얻을 수 있다. **(b)** 강력한 계면활성제인 SDS를 첨가해 정제된 중합효소의 소단위체들을 분리하고 변성시킨다. **(c)** 아래쪽에 있는 전기영동 그림을 얻기 위해 변성된 중합효소의 소단위체들을 전기영동한다.

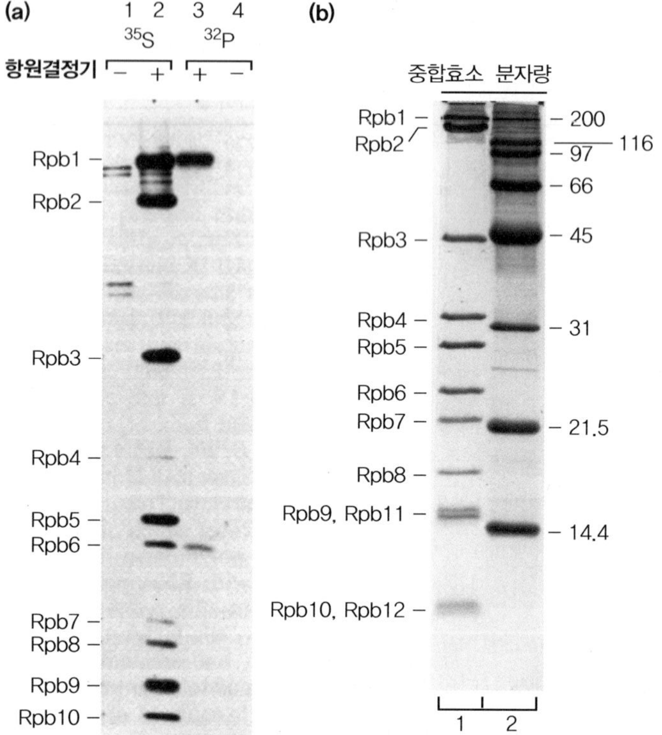

그림 10.7 효모 RNA 중합효소 II의 소단위체 구조. (a) 항원결정기 부착에 의해 외형상 10개의 소단위체를 얻었다. 영(Young) 등은 정상적인 효모의 *RPB3* 유전자를 항원결정기에 대한 코돈을 포함하는 유전자로 대체함으로써 효모 중합효소 II의 특정 소단위체(Rpb3)에 아미노산 항원결정기를 덧붙였다. 그다음에 중합효소의 모든 소단위체를 표지하는 [^{35}S] 메티오닌이나 인산화된 소단위체를 표지하는 [γ−^{32}P]ATP로 이 효모 세포를 표지했다. 그 후 부착된 항원결정기에 대한 항체를 이용해 표지된 단백질을 면역침전시키고 그 생성물을 전기영동했다. 1번 레인, 부착된 항원결정기가 없는 야생형 효모의 ^{35}S 표지단백질, (2번 레인, Rpb3에 항원결정기가 붙은 효모의 ^{35}S 표지단백질), 3번 레인, 부착된 항원결정기를 갖는 효모의 ^{32}P−표지단백질, 4번 레인, 야생형 효모의 ^{32}P−표지단백질. 중합효소 II의 소단위체는 왼쪽에 표시되어 있다. **(b)** 면역침전을 포함한 다단계 정제 과정에 의해 12개의 소단위체가 얻어졌다. 콘버그 등은 효모의 RNA 중합효소 II를 면역침전시키고 그것을 분자량 지표(2번 레인)와 함께 SDS−PAGE(1번 레인)를 수행했다. 지표의 분자량은 오른쪽에 나타나 있고, 중합효소 II의 소단위체는 왼쪽에 표시되어 있다. Rpb9과 Rpb11, Rpb10과 Rpb12가 거의 함께 이동함에 주목하라. (출처: (a) Kolodziej, P.A., N. Woychik, S.−M. Liao, and R. Young, RNA polymerase II subunit composition, stoichiometry, and phosphorylation, *Molecular and Cellular Biology* 10 (May 1990) p. 1917, f. 2. American Society for Microbiology. (b) Sayre, M.H., H. Tschochner, and R.D. Kornberg, Reconstitution of transcription with five purified initiation factors and RNA polymerase II from *Saccharomyces cerevisiae*, *Journal of Biological Chemistry*, J. Biol. Chem. 267 (15 Nov 1992) p. 23379, f. 3b. American Society for Biochemistry and Molecular Biology.)

는 II)를 뜻하는 *RPB*가 사용되었다.

중합효소 II와 비교해 중합효소 I과 III의 구조는 어떨까? 첫째, 모든 중합효소의 구조가 복합체라는 것을 알 수 있다. 이들은 세균의 중합효소 구조보다 훨씬 더 복잡하다. 둘째, 이들은 모두 2개의 거대한 소단위체(100kD 이상)를 기본으로 여러 작은 소단위체를 포함하는 구조라는 점에서 유사하다. 이런 점에서 이 구조는 큰 분자량을 갖는 2개의 소단위체(β, β′)와 3개의 작은 분자량의 두 소단위체(두 α와 ω)를 갖는 원핵생물의 핵심중합효소(core polymerase)와도 유사하다. 실제로 이 장의 후반부에서 보겠지만, 원핵생물의 핵심중합효소의 소단위체와 진핵생물 중합효소의 세 가지 소단위체 사이에는 분명히 진화적 유연 관계가 존재한다. 다시 말하면, 진핵생물의 세 가지 중합효소는 상호 간에 관련되어 있을 뿐만 아니라 원핵생물의 중합효소와도 연관되어 있다.

셋째, 표 10.2에서 보는 바와 같이 효모의 세 가지 중합효소는 여러 소단위체를 공통으로 가지고 있다. 실제로 5개의 공통 소단위체가 존재한다. 중합효소 II에서 공통 소단위체는 Rpb5, Rpb6, Rpb8, Rpb10, Rpb12라고 불린다. 이들은 표 10.2의 오른쪽에 표시되어 있다.

리차드 영(Richard Young) 등은 처음에 확인된 10개의 폴리펩티드가 실제 중합효소 II의 소단위체이거나 또는 최소한 강하게 결합한 오염물질이라는 사실을 확인했다. 그들이 사용한 방법은 **항원결정기 부착법**(epitope tagging, 그림 10.6)으로, 유전자를 조작하여 효모 중합효소 II의 소단위체 중 하나(Rpb3)에 작은 외래 항원결정기를 부착해서 그것을 Rpb3 유전자의 기능성이 없는 효모세포에 도입하는 것이었다. 그리고 전체 효소를 침전시키기 위해 이 항원결정기에 대한 항체를 사용했다. 면역침전 전에 ^{35}S나 ^{32}P로 세포 내 단백질을 표지하고, 면역침전 후 SDS-PAGE를 통해 침전된 단백질 중 표지된 폴리펩티드를 분리한 다음 자기방사법으로 검출했다. 그림 10.7a는 그 결과를 보여 준다. 이러한 방법을 통해 10개의 소단위체를 갖는 순수한 중합효소 II를 분리했다. 몇몇 소수의 폴리펩티드도 보이지만, 그것들은 항원결정기 부착 없이 야생형 효소만을 사용한 대조군에서도 보인다. 따라서 그것들은 중합효소와 결합되어 있지 않다고 볼 수 있다. 그림 10.7b는 로저 콘버그(Roger Kornberg) 등이 수행한 동일한 중합효소에 대한 SDS-PAGE 분석을 보여 주는데, 여기에서는 12개의 소단위체가 구별된다. 전기영동에서 Rpb11은 Rpb9와 함께 분리되어 나오고, Rpb12는 Rpb10과 함께 분리되어 나온다. 따라서 Rpb11과 Rpb12는 이전의 실험에서는 발견되지 않았다.

리차드 영 등은 이미 10개의 소단위체에 대한 아미노산 서열을 알고 있었기 때문에 ^{35}S-메티오닌으로 각 폴리펩티드의 상대적인 표지를 함으로써 표 10.3에 나와 있는 것처럼 화학양론을 측정할 수 있었다. 그림 10.7a를 보면 중합효소 II의 두 소단위체가 인산화되어 있음을 알 수 있는데, 이는 이 소단위체들이 [γ-^{32}P] ATP에 의해 표지되었기 때문이다. 이러한 인산화 단백질은 소단위체 Rpb1과 Rpb6이다. Rpb2도 역시 인산화되지만 낮은 수준이어서 그림 10.7a에는 나타나 있지 않다.

(2) 핵심 소단위체

Rpb1, Rpb2, Rpb3 폴리펩티드는 효소활성에 절대적으로 필요하며 각각은 대장균 RNA 중합효소의 β′-, β-, α-소단위체와 각각 유사성이 있다.

그렇다면 기능적인 관계는 어떠할까? 우리는 6장에서 대장균의 β′-소단위체가 DNA에 결합한다는 것을 보았는데 Rpb1 역시 그러하다. 6장에서 대장균의 β-소단위체가 중합효소의 뉴클레오티드 결합 활성부위에 존재한다는 것을 배웠다. 같은 실험 방법을 통해 앙드레 쌍떼낙(André Sentenac) 등은 Rpb2 또한 RNA 중합효소의 활성부위 근처에 위치함을 밝혔다. 진핵생물과 원핵생물의 중합효소들의 두 번째로 큰 소단위체에서 관찰되는 이러

표 10.3 효모 RNA 중합효소 II 소단위체

소단위체	SDS-PAGE 이동성(kD)	단백질 분자량(kD)	화학량론	결실 시 표현형
Rpb1	220	190	1.1	생존 불가
Rpb2	150	140	1.0	생존 불가
Rpb3	45	35	2.1	생존 불가
Rpb4	32	25	0.5	조건에 따라 생존
Rpb5	27	25	2.0	생존 불가
Rpb6	23	18	0.9	생존 불가
Rpb7	17	19	0.5	생존 불가
Rpb8	14	17	0.8	생존 불가
Rpb9	13	14	2.0	조건에 따라 생존
Rpb10	10	8.3	0.9	생존 불가
Rpb11	13	14	1.0	생존 불가
Rpb12	10	7.7	1.0	생존 불가

한 기능적 유사성은 유전자의 서열 분석 통해 나타난 구조적 유사성에서도 확인된다.

Rpb3은 대장균의 α–소단위체와 그리 유사하지는 않지만 20개의 아미노산으로 구성된 큰 유사성을 보이는 부위가 하나 존재한다. 더구나 두 소단위체는 거의 같은 크기이고 완전효소마다 두 소단위체가 포함된다. 더욱이 대장균 α–소단위체의 돌연변이체에서 나타나는 중합효소의 조립결함이 RPB3 돌연변이체에서도 발견된다. 이 모든 사실들이 Rpb3과 대장균의 α–소단위체가 유사함을 시사한다.

(3) 공통 소단위체

Rpb5, Rpb6, Rpb8, Rpb10, Rpb12의 5개 소단위체는 효모의 모든 세 가지 중합효소에서 발견된다. 이들 소단위체의 기능은 거의 모르지만 모든 중합효소에서 발견되는 것으로 보아 전사 과정에서 필수적인 역할을 할 것이라 추측된다.

(4) Rpb1 소단위체의 비균질성

RNA 중합효소 II의 구조에 대한 초기 연구는 가장 큰 소단위체가 비균질적이라는 사실을 보여 주었다. 그림 10.8은 이러한 현상을 형질세포종이라는 생쥐 종양세포의 중합효소 II에서 관찰한 것이다. 전기영동 겔의 꼭대기에 폴리펩티드 IIc와 그보다 적은 양으로 존재하는 IIo, IIa, IIb의 세 폴리펩티드가 있다. 세 폴리펩티드는 상호 간에 관련이 있는 것처럼 보이는데, 실제로 2개는 나머지 하나에서 유래한 것이다. 하지만 어떤 것이 모체이고 어떤 것이 그 소생인가? 효모의 *RPB1* 유전자의 염기서열을 분석한 결과, 이 유전자는 210kD의 폴리펩티드를 암호화한다. 따라서 분자량이 210kD에 가까운 IIa 소단위체가 모체인 것으로 보인다.

더욱이 아미노산 서열분석 결과 IIb 소단위체는 티로신–세린–프롤린–트레오닌–세린–프롤린–세린의 7개 아미노산(heptad)이 반복되는 아미노산 실타래가 없었다. 이 서열은 IIa 소단위체의 카르복실기 말단에서 발견되기 때문에 **카르복실기 말단영역**(carboxyl–terminal domain, CTD)이라 불린다. CTD에 대한 항체는 IIa 소단위체와 쉽게 반응하나 IIb와는 반응하지 않는데, 이는 IIb에 이 영역이 존재하지 않는다는 결론을 뒷받침해 준다. 이러한 이질성에 대한 가능성 있는 설명은 단백질 분해효소가 CTD를 잘라내서 IIa를 IIb로 바꾸었다는 것이다. IIb는 실제 생체 내에서는 관찰되지 않기 때문에 아마도 이 잘려진 과정은 효소의 정제 과정 중에 일어난 인위적 산물로 보여진다. 실제로 CTD의 서열로 보아 밀집된 구조가 아니라 펼쳐진 구조를 형성하기 때문에 단백질 분해효소에 매우 취약할 것으로 생각된다.

그렇다면 IIo 소단위체는 어떤가? IIo는 IIa보다 크므로 IIa의 단백질 분해에 의해서는 생길 수 없다. 대신 IIo는 IIa의 인산화된 형태로 보인다. 실제 인산기를 제거하는 인산분해효소를 처리하면 IIo는 IIa로 변환된다. 더욱이 IIo의 CTD의 7개 아미노산 중 세린 2와 5, 그리고 때때로 7이 인산화되는 사실이 밝혀졌다.

그러나 겔상에서 관찰되는 IIo와 IIa 사이의 분자량의 큰 차이를 인산기만을 근거로 설명할 수는 없다. 포유동물의 중합효소 II가 7개의 아미노산을 52번 반복적으로 가지고 있긴 하지만 여전히 인산기가 부족하기 때문에 IIo가 전기영동 이동성이 느린 것에

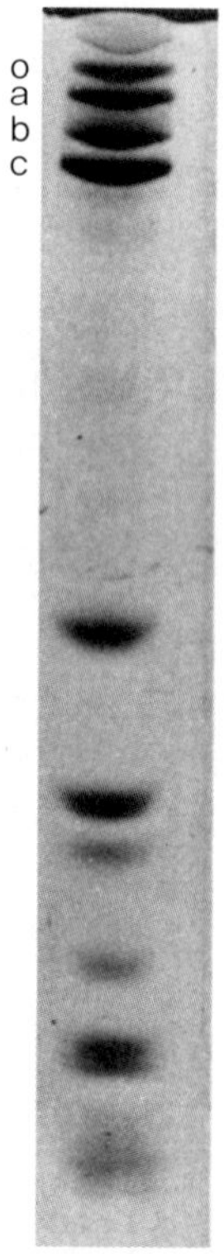

o
a
b
c

그림 10.8 쥐의 형질세포종 RNA 중합효소 II의 부분적인 소단위체 구조. 비록 소단위체 명칭이 효모 RNA 중합효소 II에 적용된 것과는 다르지만(그림 10.7), 가장 큰 소단위체가 그림 왼쪽에 문자로 표시되어 있다. o, a, b 소단위체는 효모 Rpb1에 해당하는 가장 큰 소단위체의 세 가지 형태이다. c 소단위체는 효모의 Rpb2에 해당한다. (출처: Sklar, V.E.F., L.B. Schwartz, and R.G. Roeder, Distinct molecular structures of nuclear class I, II, and III DNA–dependent RNA polymerases. *Proceedings of the National Academy of Sciences USA* 72 (Jan 1975) p. 350, f. 2C.)

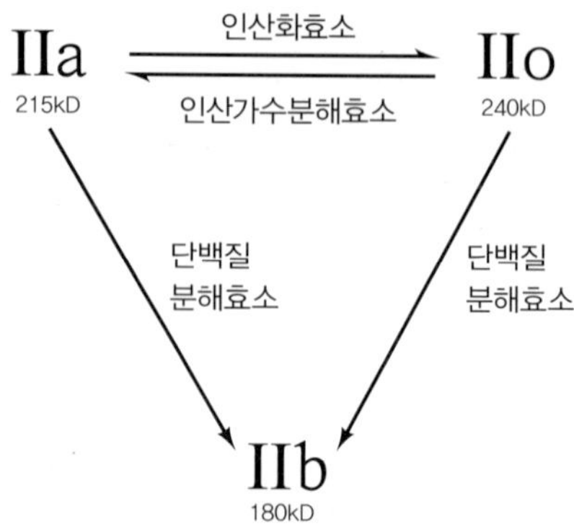

그림 10.9 RNA 중합효소 II의 가장 큰 소단위체의 서로 다른 형태에 관해 제안된 상관관계.

대해서 부가적인 설명이 필요하다. 아마도 CTD의 인산화가 IIo의 입체 형태를 변화시켜 전기영동상에서 더 느리게 이동하도록 하고 실제보다 더 큰 것처럼 보이게 하는 것으로 생각된다. 하지만 이러한 설명이 가능하기 위해서는 인산화에 의한 입체 형태 변화가 풀어진 단백질에서도 유지되어야 한다. 그림 10.9는 IIo, IIa, IIb 소단위체 사이의 관계를 보여 준다.

세포가 두 가지 형태의 Rpb1 소단위체(IIo와 IIa)를 가진다는 사실은 이 두 소단위체 중 하나를 포함하는 서로 다른 형태의 두 RNA 중합효소 II가 존재함을 시사한다. 우리는 이들을 각각 **RNA 중합효소 IIO**(RNA polymerase IIO)와 **RNA 중합효소 IIA**(RNA polymerase IIA)로 부르며 비생리적 형태의 IIb 소단위체를 포함하는 효소를 RNA 중합효소 IIB라고 부른다.

그렇다면 세포 내에서 중합효소 IIO와 IIA는 동일한 역할을 할 것인가, 아니면 별개의 역할을 할 것인가? 여러 증거로 보아 인산화되지 않은 형태인 IIA는 처음에 프로모터에 결합하는 형태이고, CTD가 인산화된 형태인 IIO는 신장을 수행하는 형태로 보인다. 따라서 CTD의 인산화는 전사개시에서 신장으로의 전환과정에서 일어나는 것으로 보인다. 이 가설에 대한 증거는 11장에서 다룰 것이다.

(5) RNA 중합효소 II의 3차구조

단백질의 구조를 결정하는 가장 강력한 방법은 9장에서 다루었던 X-선 결정분석이다. *Thermus aquaticus*와 T7 파지의 RNA 중합효소의 구조가 이 방법으로 결정되었는데 1999년까지는 질이 좋은 결정이 충분히 만들어지지 않았다. 일부 효소에서 Rpb4와 Rpb7이 잘 떨어져 중합효소가 균질하지 못했기 때문이다. (균질하지 않은 단백질 혼합물은 결정을 잘 만들지 못한다.) 로저 콘버그(Roger Kornberg) 등은 이러한 비균질성의 문제를 Rpb4가 없는(따라서 Rpb7도 없다. 왜냐하면 Rpb7은 Rpb4에 결합하여 효소의 나머지 부분에 결합하기 때문이다) 돌연변이 효모 중합효소(pol II Δ4/7)를 이용하여 해결했다. 이전에 배웠듯이 이 중합효소는 전사개시는 할 수 없지만 신장은 할 수 있다. 따라서 이 효모의 중합효소는 신장 복합체의 모델을 만드는 데 적합하다. X-선 결정분석을 수행하기에 충분한 질의 결정이 이 효모에서 만들어졌고 2001년에 2.8Å 해상도의 모델이 발표되었다.

그림 10.10은 이 효모 중합효소 II의 입체 모델을 나타낸다. 각 소단위체는 다른 색으로 표시되었고 각각의 상대적인 위치가 오른쪽 위에 작은 도식으로 표시되어 있다. 이 효소의 가장 현저한 특징은 DNA 결합 틈과 그 틈 가장 안쪽의 Mg^{2+} 이온을 포함한 활성부위이다. 틈은 열리면 한쌍의 턱 모양을 띤다. 윗턱은 Rpb1과

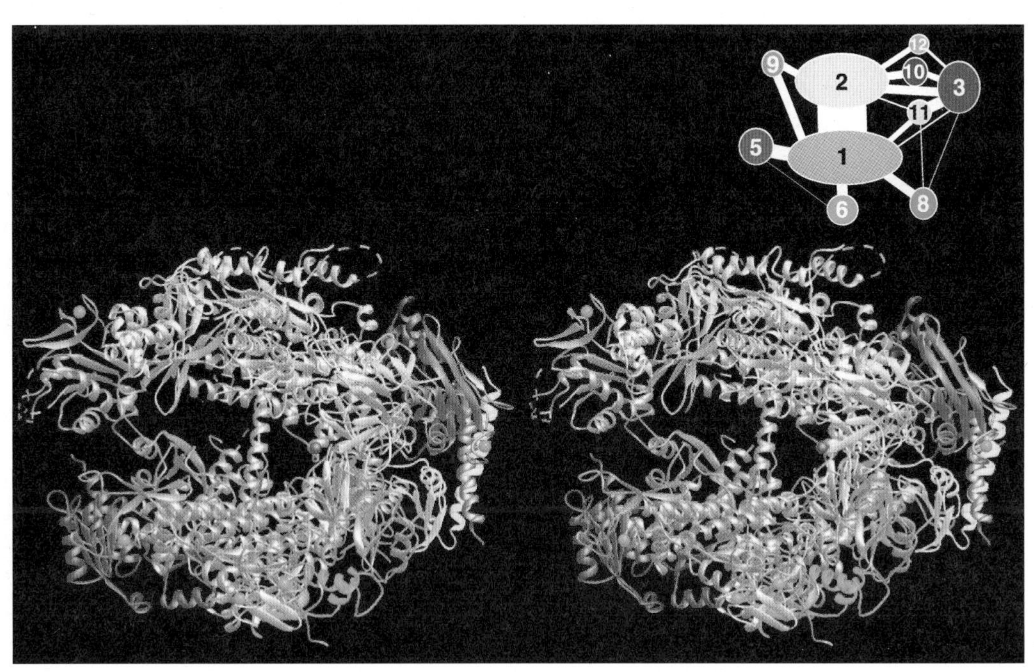

그림 10.10 효모 RNA 중합효소 II의 결정구조. 이 하단부 입체 관점은 효소의 10소단위체(Rpb4와 Rpb7이 없는) 모두를 보여 준다. 오른쪽 상단에 작은 도식에 따라서 색이 입혀져 있다. 작은 도식에서 소단위체들을 연결하고 있는 흰색 선의 두께는 소단위체 간의 접촉 강도를 나타낸다. 입체 관점에서 활성부위의 금속 이온은 자홍색 구형으로 나타나 있다. 아연 이온은 파란색 구형으로 나타나 있다. (출처: Cramer, et al., *Science* 292: p. 1864.)

Rpb9로 구성되어 있고, 아래쪽 턱은 Rpb5로 구성된다.

이전에 수행되었던 낮은 해상도의 구조 연구에서 콘버그 등은 효소의 틈에 DNA 주형이 있다는 것을 밝혔다. 새로 밝혀진 구조에서 이들은 효소의 나머지 표면 부분은 산성 아미노산으로 구성되어 있는 반면, 틈 내부는 염기성 아미노산들로 구성되어 있음을 보여줌으로써 기존 가설을 강력히 지지할 수 있게 되었다. 틈에 있는 염기성 잔류기들은 산성인 DNA 주형에 효소가 결합하도록 돕는다.

단일단위체 RNA 중합효소와 DNA 중합효소 구조 연구를 통해 활성부위 중앙에 금속 이온 2개가 존재한다는 사실이 알려져 있었고, 따라서 이들 두 금속에 의존하는 합성기작이 제시되어 왔었다. 효모의 중합효소 II 결정구조에서 단 하나의 이온만을 발견했다는 연구 결과가 제시되었을 때 많은 연구자들이 놀라워 했다. 그러나 더 높은 해상도 구조는 비록 하나의 신호가 약하기는 했지만 2개의 Mg^{2+} 이온이 존재한다는 사실을 보여 주었다. 콘버그 등은 강력한 금속 신호는 강하게 결합하고 있는 Mg^{2+}(금속 A)에 해당하고, 약하게 잡히는 금속 신호는 기질 뉴클레오티드에 결합해서 들어오는 약하게 결합된 Mg^{2+}(금속 B) 이온에 해당한다고 생각하였다. 금속 A는 3개의 불변 아스파테이트 잔류기(Rpb1의 D481, D483, D485)에 결합한다. 금속 B 또한 결정구조상에서 상호 간에 다소 멀리 떨어져 있는 3개의 산성 잔류기(Rpb1의 D481, Rpb2의 E836, D837)에 둘러싸여 있다. 이 잔류기들은 촉매 과정 중 금속 B를 중심으로 가까이 이동하여 활성 중심에 적당한 형태를 만들며, 이를 통해 중합효소 반응을 가속하게 된다.

(6) 신장 복합체에서 RNA 중합효소 II의 3차구조

이전 단락은 효모 중합효소 II 자체의 모습을 보여 주었다. 그러나 콘버그 등은 DNA 주형과 RNA 생산물이 결합된 신장 복합체 상태의 효모 중합효소 II 구조도 밝혀냈다. 중합체 구조만을 분석했던 정도의 높은 해상도(3.3Å)는 아니지만 효소와 DNA 주형 그리고 RNA 생산물 사이의 상호 작용에 관한 풍부한 정보를 제공하였다.

중합효소 II가 다른 전사인자로부터의 도움 없이 개시하도록 유도하기 위해서 콘버그 등은 3′-단일가닥 올리고[dC] 꼬리가 붙어 있는 DNA 주형을 사용하여 이중나선이 끝난 부위부터 중합효소가 개시되도록 하였다. 이 주형은 UTP가 없는 경우 중합효소가 14mer까지만 RNA를 신장할 수 있고, 첫 번째 UTP가 필요한 부위에서 멈추도록 설계되었다. 이 일련의 과정은 DNA와 결합하지 않은 비활성 중합효소들로 오염되어 있는 균질한 신장 복합체를 만들어냈다. 이 비활성 중합효소들은 헤파린 칼럼(column)에 의해서 제거되었다. 헤파린은 음이온 다량 물질로 효소의 틈이 DNA와 결합하지 않은 경우 염기성을 띠는 틈에 결합할 수 있다. 따라서 비활성 효소들은 칼럼에 있는 헤파린에 결합하지만 활성 신장 복합체는 흘러 지나가게 된다. 이러한 복합체는 이후에 결정화되었다.

그림 10.11a는 중합효소의 결정구조 자체와 함께 신장 복합체의 결정구조를 보여 준다. 신장 복합체에 핵산이 존재한다는 사실 외에 가장 명백한 차이는 **집게**(clamp)의 위치이다. 중합효소 그 자체에서는 집게가 열려 있어서 활성부위로의 접근을 허용한다.

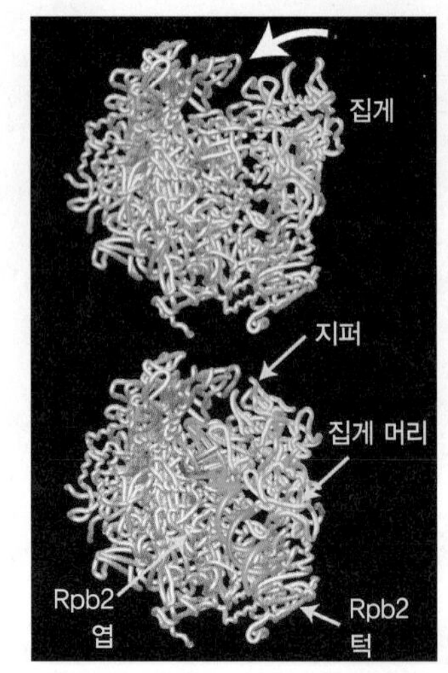

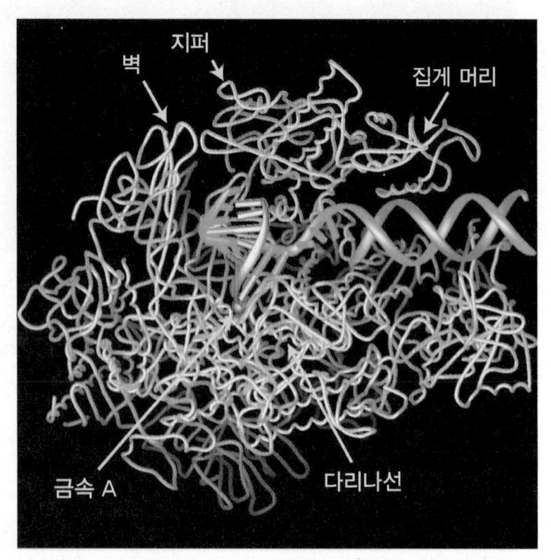

그림 10.11 신장 복합체의 결정구조. (a) 자유 중합효소 II(상단부)와 신장 복합체(하단부)의 결정구조 비교. 집게가 노란색으로 강조되어 있다. 주형 DNA 가닥(파란색), 비주형 DNA 가닥(초록색), RNA 생산물(빨간색)이 강조되어 있다. **(b)** 신장 복합체의 자세한 관점. (a)에서와 색 표시가 같다. 활성 중심 금속은 자홍색이고 다리나선은 초록색이다. (출처: Gnatt et al., *Science* 292: p. 1877.)

그러나 신장 복합체에서는 집게가 DNA 주형, RNA 생산물을 덮고 닫혀 있다. 이러한 사실은 효소가 진행 중(processive)—조기 종료하거나 떨어뜨리지 않고 전체 유전자를 전사할 수 있다—이라는 사실을 확인시켜 준다.

그림 10.11b는 틈에 놓인 핵산을 드러내기 위해 효소의 일부분을 잘라낸 신장 복합체의 근접 관점을 보여 준다. 몇 가지 명백한 특징이 있다. 우선, 전사 이전의 이중나선 DNA 상부에 위치해 각을 이루며 휘어져 있는 DNA-RNA 잡종(주형 DNA와 RNA 생산물로부터 형성된)의 축을 볼 수 있다. 이러한 회전은 집게가 닫히면서 더 힘을 받고 RNA-DNA 잡종과 하위 이중나선 DNA 사이의 단일나선 DNA에 의해 촉진된다. [콘버그 등이 나중에 제시한 전좌 후 복합체(post-translocation complex)의 결정 구조는 RNA-DNA 잡종의 길이가 8bp임을 보여 준다.]

또한 활성부위에 위치한 촉매 Mg^{2+} 이온—뉴클레오티드가 자라나는 RNA 사슬에 뉴클레오티드가 첨가되는 위치—을 볼 수 있다. 이 이온은 중합효소 그 자체의 구조에서 관찰된 금속 A에 부합한다. 마지막으로 활성부위 근처의 틈에 걸친 **다리나선**(bridge helix)을 볼 수 있다. 이 다리나선에 대해서는 이 단락 후반부에 더 자세히 논의할 것이다.

신장 복합체의 Mg^{2+} 이온(금속 A)은 그 위치에서 뉴클레오티드 +1과 −1(자라나는 RNA에 첨가되는 마지막 2개의 뉴클레오티드, 그림 10.12a)을 연결하는 인산염에 결합할 수 있다. 금속 B는 이 복합체에서는 관찰되지 않는데, 이는 RNA에 첨가된 마지막 뉴클레오티드로부터 방출되는 피로인산염을 따라 빠져나갔기 때문인 것으로 생각된다. 위치 +1에 있는 뉴클레오티드는 **구멍 1**(pore 1, 그림 10.12b)의 입구 바로 앞에 놓여 있다. 이는 뉴클레오티드들이 이 구멍을 통해 활성부위에 들어간다는 사실을 강하게 제시한다. 실제로, 단백질과 핵산이 상당한 재배열을 하지 않는다면 뉴클레오티드들이 들어갈 수 있는 공간은 없다. 더욱이 구멍 1은 중합효소가 후진할 때 RNA의 3′-말단의 도출을 위한 완벽한 위치에 있다. 이러한 후진은 뉴클레오티드가 잘못 끼어들어갔을 때 일어나며(6장 참조), 잘못 끼어들어간 뉴클레오티드가 구멍 1의 다른 쪽 끝 깔때기 부위에 결합하는 TFIIS에 의해 제거되도록 노출시킨다(11장 참조).

그림 10.12b는 뚜껑, 방향타, 지퍼라 불리는 집게에서부터 뻗친 세 가지 환상선의 역할을 예상해 그린 것이다. 이러한 환상선은 전사 버블의 형성과 유지, RNA-DNA 잡종의 분리를 포함해 몇 가지 중요한 과정에 영향을 줄 수 있는 위치에 있다. RNA-DNA 잡종이 9bp 이상 뻗었다면 방향타가 그 길이를 조절한다. 따라서 방향타는 잡종의 분리를 촉진한다.

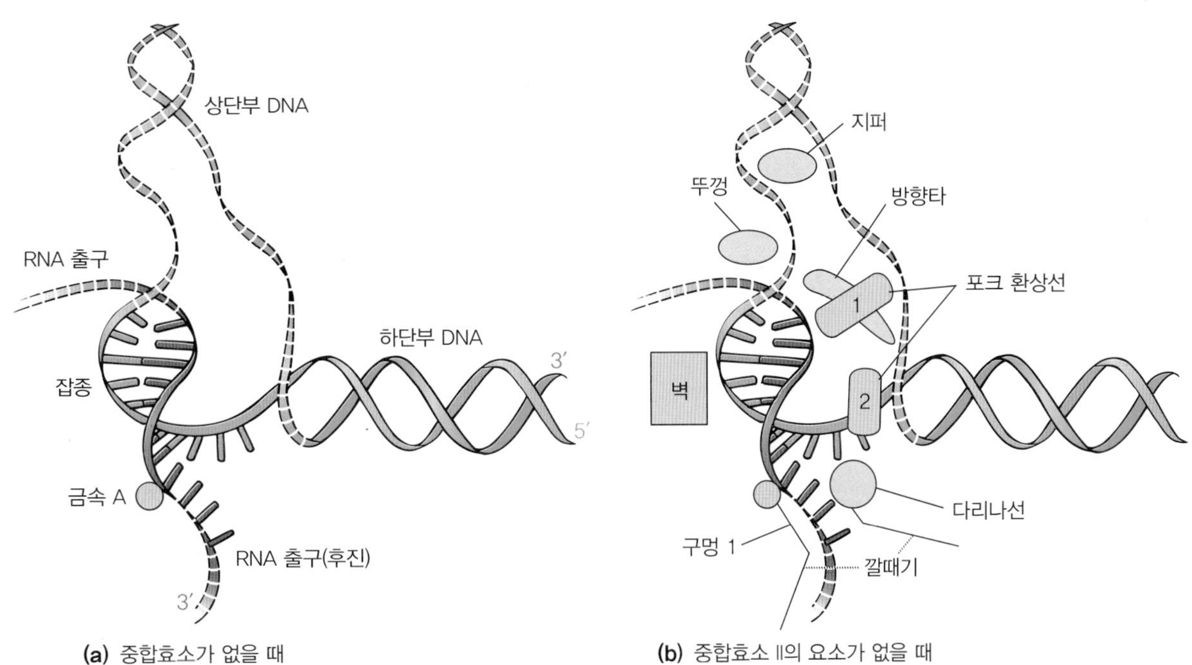

그림 10.12 전사 거품. (a) 핵산의 위치들. DNA 주형가닥은 파란색, 비주형가닥은 초록색, RNA는 빨간색으로 표시되어 있다. 굵은 선은 결정구조에서 나타난 핵산이고 점선은 결정구조에서 나타나지 않은 가상적인 핵산의 경로이다. (b) 핵산과 RNA 중합효소 II의 주요 요소들. (a)에서 보인 핵산들이 중합효소 II의 중요 요소들과 겹쳐져 있다. 집게로부터 도출된 단백질 환상선(지퍼, 뚜껑, 방향타), 포크 환상선 1, 2, 다리나선, 깔때기, 구멍 1, 벽. (출처: Adapted from Gnatt, A.L., P. Cramer, J. Fu, D.A. Bushnell, and R.D. Kornberg, Structural basis of transcription: An RNA polymerase II elongation complex at 3.3Å resolution. *Science* 292 (2001) p. 1879, f. 4.)

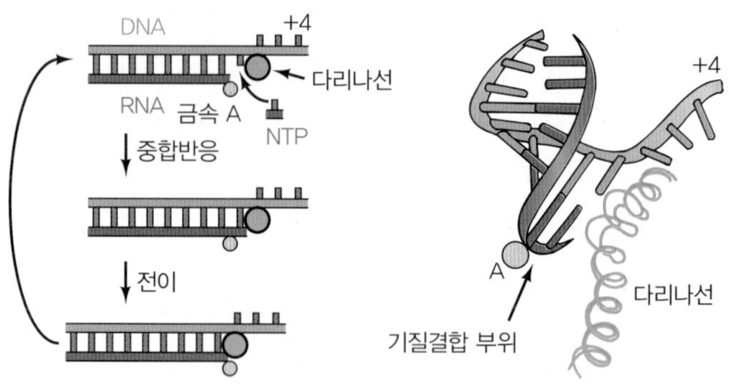

그림 10.13 전좌기작. **(a)** 모델. 곧게 뻗은 다리나선(주황색)에서 시작해서 노란색 원(금속 A)으로 표시된 활성부위에 들어가기 위해 뉴클레오티드(NTP) 공백을 남긴다. 합성 단계에서는 RNA 끝과 곧게 뻗은 다리나선 사이를 메우면서 뉴클레오티드가 자라나는 RNA(빨간색)에 결합한다. 전좌단계에서 RNA-DNA 잡종은 새로운 주형 가닥 뉴클레오티드를 활성부위로 가져오면서 한 염기쌍 왼쪽으로 이동한다. 동시에 다리나선은 RNA 끝에 붙어 있으면서 구부러진다(초록색 점). 다리나선이 곧게 편 상태로 돌아오면(왼쪽 화살표) 다른 뉴클레오티드가 들어올 수 있도록 활성부위를 다시 연다. **(b)** 다리나선의 곧게 편 상태와 구부러진 상태. 곧게 편 상태는 주황색 나선으로 표현되어 있고 구부러진 상태는 초록색 나선으로 나타내졌다. 다리나선이 구부러지면 자라나는 RNA의 끝에 가까워진다. (출처: Adapted from Gnatt, A.L., P. Cramer, J. Fu, D.A. Bushnell, and R.D. Kornberg, Structural basis of transcription: An RNA polymerase II elongation complex at 3.3Å resolution. *Science* 292 (2001) p.1880, F.6.)

콘버그 등은 다리나선이 신장 복합체에서 곧게 뻗어 있지만, 박테리아 중합효소의 결정구조에서는 구부러짐을 언급하였다. 이러한 구부러짐은 트레오닌 831과 알라닌 832에 해당하는 보존된 잔류기의 주변부에서 일어나서 뉴클레오티드가 활성부위에 결합하는 것을 방해한다. 그림 10.13에 그려져 있듯이 저자들은 이러한 관찰을 바탕으로 전좌과정(DNA주형과 RNA 생산물이 1-nt씩 중합효소를 통해 이동하는 것)에서 다리나선의 역할에 대해 조사했다. 그들은 다리나선이 전좌 단계 동안 곧게 뻗는 형태와 구부러진 형태 사이에서 다음과 같이 변동하고 있다고 제안하였다. 다리나선이 곧게 뻗은 상태에 있으면 활성부위는 뉴클레오티드의 첨가를 위해 열려 있어서 뉴클레오티드가 활성부위 바로 아래의 효소의 구멍 1을 통해 들어온다. 중합효소는 새로운 뉴클레오티드를 자라나는 RNA 사슬에 첨가하여 RNA의 3′-말단과 곧게 뻗은 다리나선 사이의 공간을 메운다. 다음으로 전좌와 동시에 다리나선은 구부러진 상태로 변환된다. 다리나선이 다시 곧게 뻗은 상태가 되면 RNA의 3′-말단의 공간이 다시 열리고, 이러한 주기가 반복된다.

이 가설에 대한 또 다른 증거는 효모 RNA 중합 효소 II와 α-아마니틴의 공동 결정구조이다. α-아마니틴 결합부위는 다리나선에 매우 가깝게 위치해서 둘 사이에 수소결합이 형성된다. 따라서 α-아마니틴이 이 부위에 결합하게 되면 전이에 필요한 다리나선의 휘어짐이 심히 제한된다. 이 사실은 α-아마니틴이 어떻게 뉴클레오티드의 진입이나 포스포디에스테르 결합 형성을 막지 않은 채—이것은 포스포디에스테르 결합 형성 후에 전이를 막는다—RNA 합성을 막는가를 설명해 준다.

(7) 뉴클레오티드 선택의 구조적 기초

콘버그 등은 2004년의 논문에서 다소 다른 형태의 전좌 후 복합체에 대한 X-선 회절 자료를 발표하였다. 첫째, 그들은 RNA 중합효소 II를 부분적으로 이중나선인 DNA 주형과 조금 전에 보았듯 뉴클레오티드의 첨가를 종료하여 중합효소를 전좌 후 복합체 상태로 멈추는 3′-데옥시아데노신으로 끝난 10nt RNA생산물로 구성된 합성 올리고뉴클레오티드와 결합시켰다. 그리고 이 복합체 결정을 DNA 주형나선에 다음으로 들어갈 정확한 뉴클레오티드(UTP)와 녹이거나, 아니면 맞지 않는 뉴클레오티드와 함께 녹이고 그 결과로 형성되는 복합체들의 결정구조를 얻었다. 두 구조 사이의 차이는 인상적이었다. 맞지 않는 뉴클레오티드는 정확한 뉴클레오티드가 들어갈 자리 인접한 위치에 거꾸로 놓여 있었다(그림 10.14).

이러한 결과들은 RNA 중합효소 II의 활성 중심에 두 가지 다른 뉴클레오티드 결합 장소가 있음을 나타낸다. 포스포디에스테르 결합 형성이 일어나는 이전에 알려진 장소는 **'addition'**을 따서 **A 부위**(A site)라고 이름 붙여져 있다. A 장소에 들어가기 전에 뉴클레오티드가 결합하는 두 번째 장소는 대장균 RNA 중합효소의 생화학적 연구를 통해 알렉산더 골드파브(Alexander Goldfarb) 등에 의해 예측되어졌는데, 그들은 이 장소의 이름을 'entry'를 따라서 **E 부위**(E site)라고 지었다. 콘버그 등은 이 두 장소는 다소 겹치며 뉴클레오티드 입구 구멍을 통과해서 A 부위로 들어가기 위해서는 반드시 E 부위를 통과해야만 한다고 보고하였다.

이 결정구조는 두 금속 이온의 역할을 다시 한 번 확인해 주었다. 금속 A는 영구적으로 효소에 붙어 있지만, 금속 B는 들어오는 뉴클레오티드에 붙어서(β-나 γ-인산염에 붙어서) 들어온다. 이전 구조들과는 반대로 두 금속 이온들은 최근 구조들에서는 동일한 강도를 가지고 있다. 따라서 RNA 중합효소의 활성부위에서 포스포디에스테르 결합 형성 기작은 거의 확실히 두 금속 이온들에 의존한다.

E와 A 부위의 발견은 흥미롭기는 하지만, 중합효소가 네 개의 리보뉴클레오시드 삼인산을 구별하는 것과 어떻게 dNTP를 못

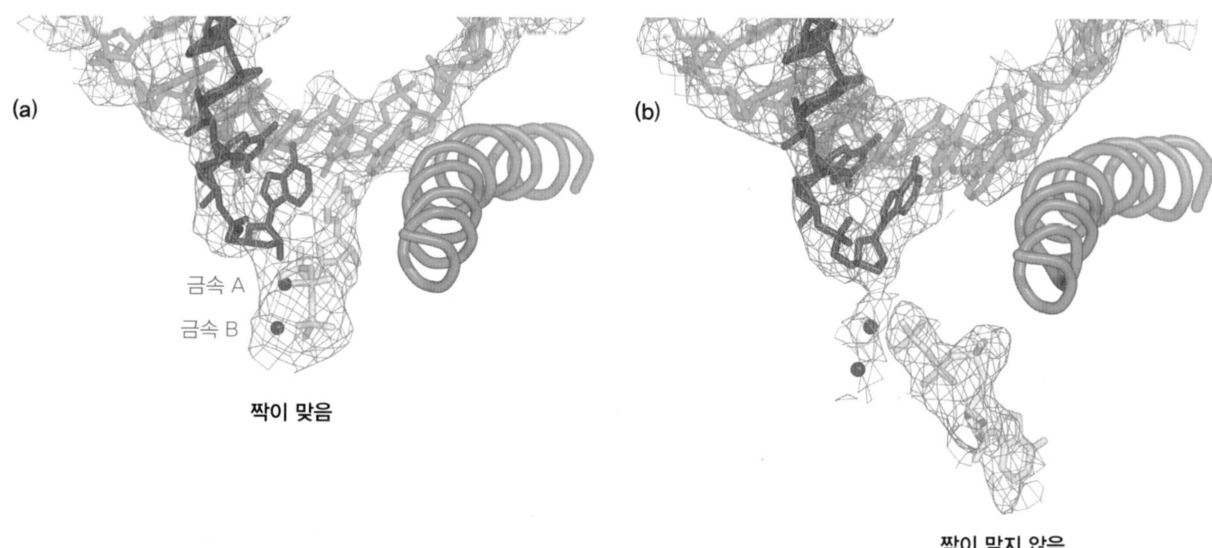

그림 10.14 A와 E 부위에서 짝이 맞는(a) 뉴클레오티드와 맞지 않는(b) 뉴클레오티드. 활성부위에 있는 금속 A와 B는 자홍색 구형으로 나타나 있다. DNA는 파란색, RNA는 빨간색, A와 E 부위의 뉴클레오티드는 노란색으로 표시되어 있다. 초록색 코일은 RNA 중합효소의 다리나선이다. (출처: Reprinted from Cell, Vol. 119, Kenneth D. Westover, David A. Bushnell and Roger D. Kornberg, "Structural Basis of Transcription: Nucleotide Selection by Rotation in the RNA Polymerase II Active Center," p. 481–489, Copyright 2004 with permission from Elsevier.)

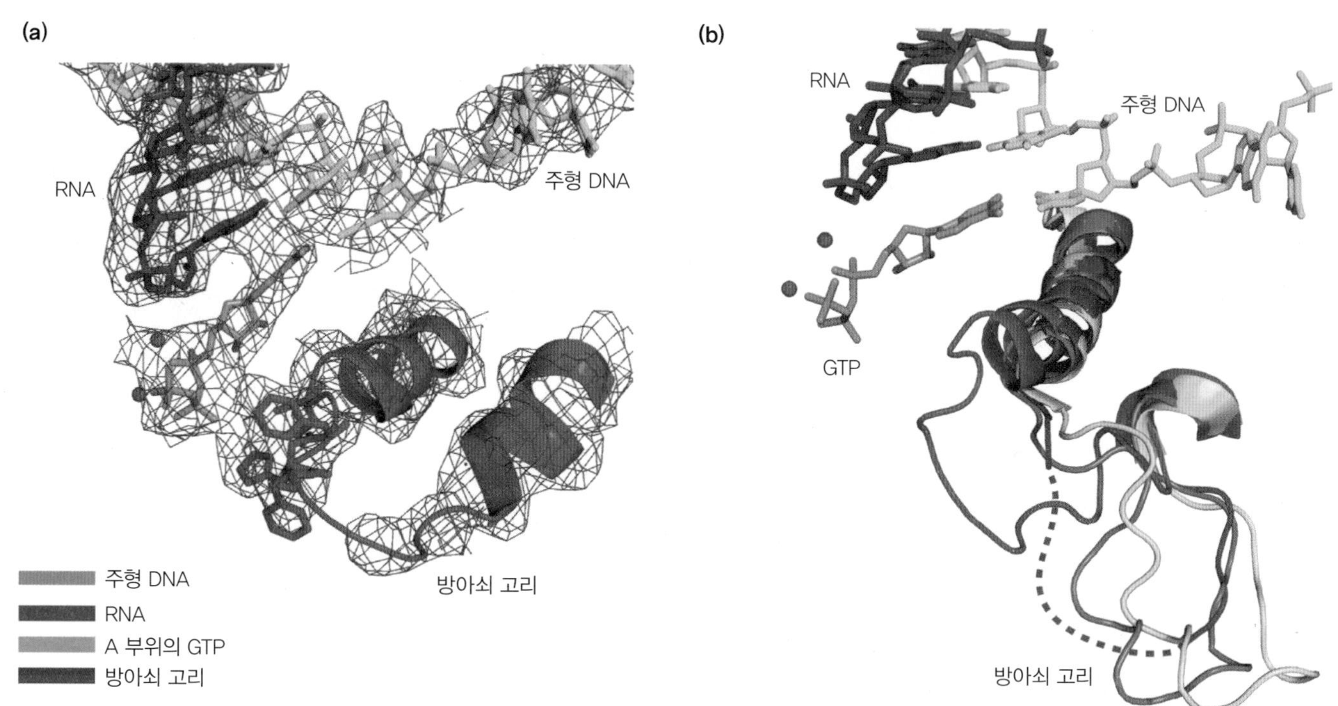

그림 10.15 방아쇠 고리를 포함하는 RNA 중합효소 활성 부위. (a) A위치에 적절한ntP(GTP)가 있을 때의 활성 부위를 보여 준다. 전자 밀도는 파란색 그물 형태로 나타나 있다. 방아쇠 고리는 자홍색, GTP는 주황색, RNA는 빨간색, 주형 DNA 가닥은 남색으로 그려져 있다. Mg^{2+}이온은 자홍색 원으로 나타나 있다. **(b)** 방아쇠 고리의 네가지 다른 형태. Mg^{2+}의 농도가 낮을 때 A부위에 있는 GTP는 (a)에 나타나 있는 것처럼 자홍색으로 표시되어 있고, Mg^{2+}의 농도가 낮을 때 E 위치에는 ATP가 붉은 색으로 나타나 있으며, Mg^{2+}가 높을 때는 E 위치에 UTP가 파란색으로 제시되어 있다. 뉴클레오티드가 없고 Mg^{2+}가 높을 때의 RNA중합효소 II–TFIIS 복합체(11장 참조)는 노란색으로 제시되어 있다. (출처: Reprinted from Cell, Vol. 127, Wang et al, Structural Basis of Transcription: Role of the Trigger Loop in Substrate Specificity and Catalysis,Issue5,1 December 2006,pages 941–954, © 2006, with permission from Elsevier.)

들어오게 하는지에 대한 기작에 대해서는 밝히지 못했다. 그 후, 2006년에 콘버그 등은 A 부위에 UTP대신 GTP가, 주형의 i+1 부위에는 A 대신 상보적인 C가 존재하는 유사한 복합체의 결정 구조를 얻었다. 이 구조와 이전 구조의 좀 더 정제된 버전에서, Rbp1의 대략 1070에서 1100 잔기에 걸쳐 있고, A위치 안에 있는 기질에 매우 근접해 있는 **방아쇠 고리**(trigger loop)를 볼 수 있었다(그림 10.15a). 이들 구조 모두에서 정확한 뉴클레오티드가 A위치에 있었다. A위치에 정확한 기질이 있는 경우를 제외한 나머지 12개의 다른 결정 구조에서는, 방아쇠 고리의 세 가지 다른 위치가 관찰되며, 모두 A 위치와는 멀리 떨어져 있었다(그림 10.15b).

따라서 오직 정확한 기질 뉴클레오티드가 A위치에 있을 때만 방아쇠 고리가 작용을 하고, 기질과 몇 가지의 중요한 접촉을 한다. 이러한 접촉은 활성부위에서 기질의 연결이 안정화되고, 이를 통해 효소의 특이성을 제공해준다. 또한, 그림 10.16a처럼 방아쇠 고리는 활성화부위에서 기질(이 경우에는 GTP)과 다리나선, 그리고 Rpb1과 Rpb2의 다른 아미노산을 포함하는 연결망에 관계된다. 예를 들어, Leu 1081은 기질의 염기와 소수성 접촉을 하고, Gln 1078은 bpb1-Asn 479와 기질 리보오스의 3′-수산화 이온과의 수소 결합망에 관여한다. 실제로, 이 3′-수산화 그룹과 Gln 1078은 직적접인 약한 H-결합이 있다. 게다가 His 1085는 기질의 β-인산에 H-결합이나 염다리(salt bridge)를 형성하고, His 1085는 Asn 1092와 Rpb2-Ser1019 뼈대 카보닐 그룹 사이의 H-결합을 통하여 적절한 위치를 갖게 된다. 마지막으로, Rpb1 Arg446(방아쇠 고리의 일부가 아님)는 기질 리보오스의 2′-수산화 그룹에 가까이 놓이게 된다. 따라서 이러한 접촉망이 기질 뉴클레오티드의 모든 부분(염기, 당의 수산화 그룹과 인산기의 하나)을 인지하게 된다.

왜 이러한 접촉망이 뉴클레오티드 특이성에 중요한가? 아마도,

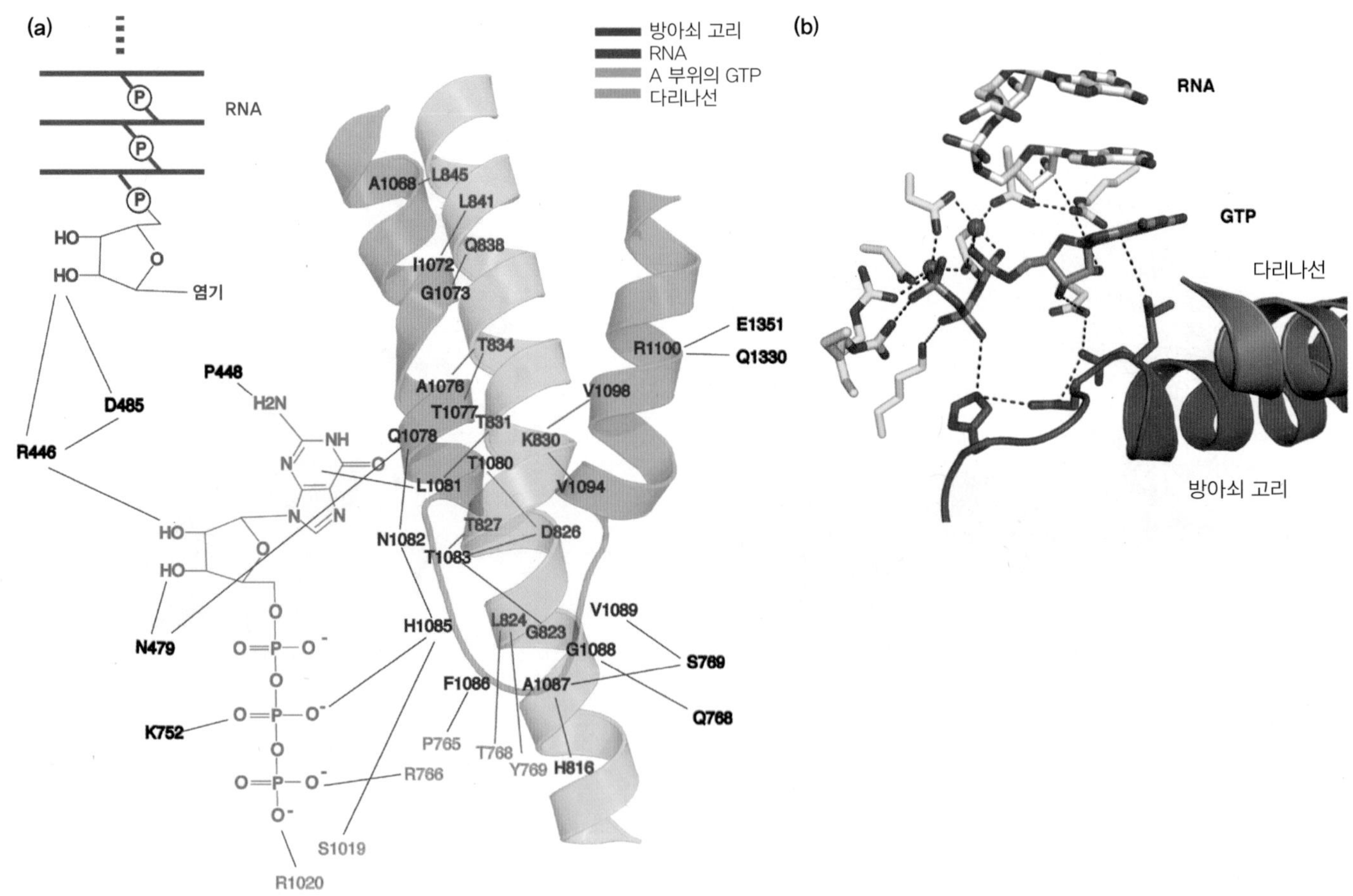

그림 10.16 A 위치에서 GTP와 기질의 연결망. **(a)** 접촉을 도식화. GTP는 주황색, 방아쇠 고리는 자홍색, 다리 나선은 초록색, 전사중인 RNA는 빨간색으로 표시되어 있다. Rpb1과 Rpb2에 비-방아쇠 고리 또는 다리 나선의 아미노산들은 각각 검정색과 남색으로 표시하였다. **(b)** 접촉 형태를 보여 주는 결정 구조. 전사중인 RNA의 끝은 흰색에 빨간색의 산소 원자와 파란색의 질소 원자가 나타나 있다. Rpb1와 Rpb2의 아미노산은 노란색 골격에 붉은색 산소 원자와 파란색의 질소 원자로 표시되어 있다. (출처: Reprinted from Cell, Vol. 127, Wang et al, Structural Basis of Transcription: Role of the Trigger Loop in Substrate Specificity and Catalysis,Issue5,1 December 2006,pages 941–954, © 2006, with permission from Elsevier.)

효소는 촉매작용을 하기 위한 적절한 환경을 만드는 이와 같은 접촉이 필요할 것이다. 솔직히, 방아쇠 고리 His 1085와 기질의 β-인산기 사이의 접촉은 촉매작용에 관련되어 있다. 히스티딘 이미다졸(histidine imidazole)기는 생리적인 pH에서 양성자를 받게 되어 β-인산기로부터 음전하를 잡아당겨, 상대적으로 γ-인산기의 음전하는 줄어들게 된다. γ-인산기가 생성 중인 RNA의 말단 3′-수산화 그룹의 친핵성 공격의 표적이 되기 때문에, γ-인산기의 음전하가 줄어드는 것은 친핵성 공격의 표적에 더욱 적합하게 되어 촉매 활성을 돕게 된다.

무엇이 dNTP를 구별하게 하는가? 콘버그 등은 A 위치에 dNTP가 있는 효소-기질 복합체를 이용하여, 효소에 데옥시리보뉴클레오티드가 병합될 때는 리보뉴클레오티드가 작용할 때 보다 속도가 느리다는 것을 발견했다. 이를 통해 그들은 효소가 이런 구별을 할 수 있는 것은, 기질이 결합하는 단계가 아니고 촉매단계라고 결론지었다. 또한, 효소는 데옥시리보뉴클레오티드가 병합된 후에도 이것을 제거하는 방법을 가지고 있는 것 같다. 그림 10.16a는 Rpb1 Arg446과 Glu 485가 새로운 기질이 결합하기 직전에 병합된 뉴클레오티드의 2′-수산화 그룹과 접촉한다는 것을 보여 주고 있다. 만약 우연히 dNMP가 병합되어도 이러한 수산화 그룹이 없으면 접촉은 만들어지지 않고, 아마 효소는 잘못 병합된 dNMP를 제거할 때까지 정지해 있을 것이다.

(8) Rpb4와 Rpb7의 역할

지금까지 논의한 연구들은 매우 유익한 정보를 제공하였지만 Rpb4와 Rpb7에 대해서는 아무런 언급이 없었다. 그 이유는 이 두 소단위체가 콘버그 등이 결정화했던 핵심중합효소 II에 존재하지 않았기 때문이다. 이러한 공백을 메우기 위한 시도를 통해 패트릭 크라머(Patrick Cramer) 등과 콘버그 등은 효모로부터 12소단위체 효소를 결정화하는 데 성공하였다. 크라머 등은 먼저 분리된 10소단위체 효소를 대장균에서 생산된 과량의 Rpb4와 Rpb7과 함께 배양하여 균일한 12소단위체 효소를 생산해냈다. 콘버그 등은 Rpb4에 붙여진 항원 결정기에 대한 항체를 이용해 12소단

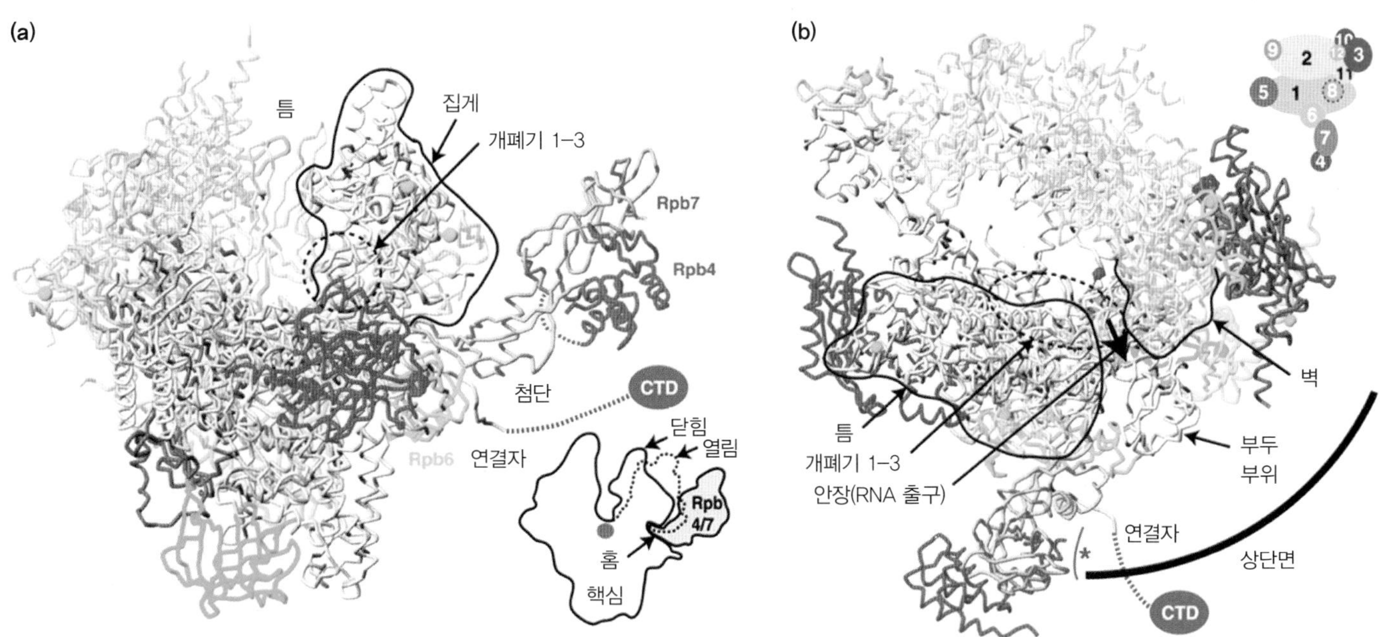

그림 10.17 효모 12-소단위체 RNA 중합효소 II의 결정구조. **(a)** (a) Rpb4/7과 핵심중합효소의 상호 작용을 보여 주는 구조. Rpb4와 Rpb7은 각각 자홍색과 파란색으로 나타나 있다. 집게는 굵은 검은색으로 윤곽이 그려져 있다. 스위치 1~3은 점선 원으로 나타나 있다. 8개의 아연 이온은 남색 구형으로 표시되어 있고, 틈 바닥의 활성 중심의 마그네슘 이온은 분홍색 구형으로 나타나 있다(여기에서는 보기 어렵다). Rpb1의 CTD로의 연결부위는 점선으로 표시되어 있다. 오른쪽 아래에 삽입된 그림은 집게의 열리거나 닫힌 위치를 보여 주며 Rpb4/7의 결합이 집게가 열려 있을 때는 부합하지 않으며 Rpb4/7 쐐기의 결합이 집게를 닫는다는 것을 보여 준다. **(b)** 오른쪽 위에 표시된 대로 소단위체의 색이 입혀진 다른 관점의 구조이다. 이 관점은 효소의 부두부위 확장에 미치는 Rpb4/7의 효과를 강조한다. 오른쪽 아래 굵은 부분 원은 활성 위치에 중심을 둔 25bp 지름을 가지며 이는 TATA 상자와 전사 시작 위치 사이의 최소 거리이다. 중심부 아래쪽의 파란색 별표는 Rpb7에 있는 잠재적인 RNA-결합부위이다. (출처: (a~b) © 2003 National Academy of Sciences Proceedings of the National Academy of Sciences, Vol. 100, no. 12, June 10, 2003, p. 6964–6968 "Architecture of initiation-competent 12-subunit RNA polymerase II," Karim-Jean Armache, Hubert Kettenberger, and Patrick Cramer, Fig. 2, p. 6966.)

위체 효소를 친화크로마토그래피를 통해 직접 분리해냈다. 그들은 이후 높은 비율의 12소단위체 효소를 가지고 있는 정적인 상태의 효모 세포로부터 효소를 분리하는 방법을 통해서 온전한 효소를 동정하는 능력을 향상시켰다.

그림 10.17은 크라머 등이 얻은 12소단위체 효소의 결정구조를 보여 준다. Rpb4와 Rpb7 소단위체는 효소의 외부에 쐐기 박듯 붙어 있었다. 더욱이 크라머 등은 Rpb4/7의 존재 유무가 효소의 집게의 위치 결정에 관여한다는 것을 알아냈다. 그림 10.17a의 오른쪽 아래에 삽입되어져 있듯이 Rpb4/7이 없으면 집게는 자유롭게 열리게 되고, 쐐기처럼 생긴 Rpb4/7이 있으면 집게는 쐐기에 눌려서 닫히게 된다.

이 새로운 정보가 중합효소가 프로모터 DNA에 결합하는 방법에 대하여 무엇을 말해 주고 있을까? 부쉬웰, 콘버그, 크라머 등은 중합효소 핵심이 이중나선 구조를 이루는 프로모터에 결합하게 되면 프로모터 부위의 이중나선이 풀리게 되고, 여기에 Rbp4/7이 추가 결합하면서 주형 DNA 나선 위에 있는 집게는 닫히고 비주형 나선은 활성부위에서 배제된다고 제안하였다. 그러나 저자들은 이러한 단순한 모델이 다른 증거에 의해 반박될 수 있다는 점도 지적했다. 첫째, 다른 생명체의 RNA 중합효소에서는 Rpb4/7 상동단백질이 핵심효소로부터 분리되지 않을 것으로 여겨진다. 이와 유사하게, 대장균 RNA 중합효소 완전효소(개시에 관련된 효소, 6장 참조) 결정구조는 이중나선 DNA의 접근이 불가능해 보이는 닫힌 구조를 가지고 있다. 따라서 이 저자들은 효소의 바깥 표면과의 결합을 통해 프로모터 DNA가 풀리게 되고, 주형나선은 프로모터 DNA가 휘어지면서 활성부위로 끼어든다고 주장하였다.

두 연구자 그룹은 또한 보편전사인자와의 상호 작용에 있어서 Rpb4/7이 잠재적으로 강력한 영향을 끼칠 수 있음을 지적하였다(11장 참조). 우리는 RNA 중합효소 II가 일부 전사인자들의 도움 없이는 프로모터 DNA에 결합할 수 없으며, 이들 전사인자들은 RNA 중합효소 II의 '부두(dock)'라 불리는 부위와 직접 결합한다는 사실을 알고 있다. Rpb4/7의 그림 10.17b에서 보이듯이 부두 부위의 영역을 훨씬 확장시킨다. 따라서 Rpb4/7은 필수적인 보편전사인자들과 결합하는 중요한 역할을 하게 된다.

추가적인 연구로 Rbp7이 생성중인 RNA에 결합할 수 있음을 보여 준다. Rpb4/7이 Rpb1의 CTD의 염기에 접근하는 것과 함께, 이 발견은 Rpb7이 생성중인 RNA에 결합하여 CTD로 향할 수 있다는 것을 제시하였다. 14장과 15장에서 살펴보겠지만, CTD는 생성 중인 mRNA에 핵심적인 변형[스플라이싱(splicing), 고깔 형성(capping), 아데닐산 중합반응(polyadenylation)]을 일으키는 단백질을 품고 있기 때문에 위의 제안은 매우 중요하다.

10.2. 프로모터

우리는 지금까지 진핵생물의 세 가지 RNA 중합효소가 서로 다른 구조를 가지고 있으며 서로 다른 종류의 유전자 전사 과정에 참여한다는 것을 알아보았다. 따라서 이 세 종류의 중합효소가 각기 다른 프로모터를 인식할 것이라고 생각할 수 있으며, 이러한 생각은 사실로 확인되었다. 여기서는 세 중합효소가 인식하는 프로모터 각각의 구조를 살펴보도록 하자.

1) II급 프로모터

먼저 RNA 중합효소 II에 의해 인지되는 프로모터[**II급 프로모터**(class II promoter)]부터 시작하자. II급 프로모터는 **핵심 프로모터**(core promoter)와 **근거리 프로모터**(proximal promoter), 두 부분으로 나눌 수 있다. 핵심 프로모터는 일반 전사 인자들과 RNA 중합효소 II를 기본 수준으로 끌어들이고 전사 시작 위치와 전사 방향을 구성한다. 이것은 전사 개시 부위 양쪽의 37bp 안에 있는 요소들로 구성된다. 근거리 프로모터는 일반 전사 인자와 RNA 중합효소를 끌어들이는 것을 도우며, 전사 시작 위치 앞쪽의 37bp에서 250bp까지 뻗어 있다. 근거리 프로모터의 요소는 종종 **상단부 프로모터 요소**(upstream promoter element)라고 불린다.

핵심 프로모터는 모듈화되어 있고, 다음에 제시되는 요소의 조합으로 구성될 수 있다(그림 10.18). **TATA 상자**(TATA box)는 대략 −28(약 −31에서 −26)에 위치하고 보존 서열인 TATA(A/T)AA(G/A)를 가진다. **TFIIB 인식요소**(TFIIB recognition element, BRE)는 TATA 상자 바로 앞쪽(약 −37에서 −32 위치)에 존재하며, 보존 서열인 (G/C)(G/C)(G/A)CGCC를 가진다. **개시자**

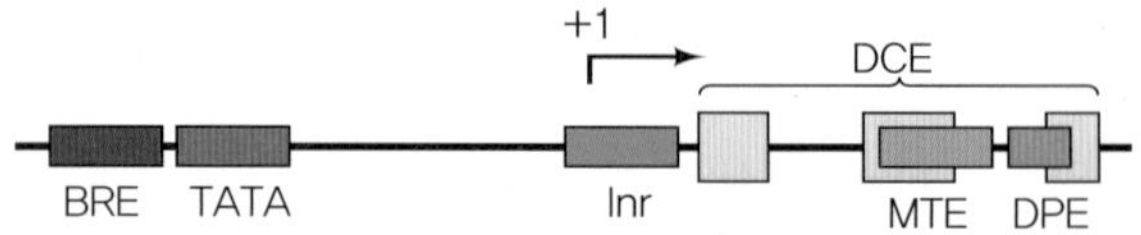

그림 10.18 일반적인 II급 프로모터. 핵심 프로모터는 여섯 가지 요소로 구성된다. 5′에서 3′ 순서로, TFIIB 인식 요소(BRE, 보라색), TATA 상자(빨간색), 개시자(Inr, 초록색), 하단부 중심 요소[이 부분은 다시 세부분으로 나뉜다. DCE(노란색), 모티프 10 요소(MTE, 파란색), 하단부 프로모터 요소(DPE, 주황색)]. 이들 프로모터의 정확한 위치는 본문에 제시되어 있다.

(initiator, Inr)는 전사 시작 위치(−2에서 +4 위치)에 존재하고 초파리에서는 GCA(G/T)T(T/C)를 포유동물에서는 PyPyAN(T/A)인 보존 서열을 가진다. **하단부 프로모터 요소**(downstream promoter element, DPE)는 +30(+28에서 +32) 위치에 존재한다. **하단부 핵심 요소**(downstream core element, DCE)는 대략 +6에서 +12, +17에서 +23, +31에서 +33에 존재하는 세 부분으로 구성되고, 이들은 각각 CTTC, CTGT, AGC의 보존서열을 가진다; **모티프 10요소**(motif ten element, MTE)는 +18과 +27 사이에 존재한다.

(1) TATA 상자

현재까지 연구된 여러 II급 프로모터에서 가장 공통적인 부위는 전사 출발점으로부터 약 25~30bp 상단부에 존재하는 염기서열이다. 비록 5번째와 7번째의 A가 종종 T로 바뀌기는 하지만 이 요소의 일치된 공통서열은 고등 진핵생물의 비주형가닥에서 TATAAA이다. TATA 상자라는 명칭은 첫 4개의 염기에서 유래한 것이다. 여러분은 진핵생물의 TATA 상자가 원핵생물의 −10상자와 상당히 유사하다는 것을 알 수 있을 것이다. 이 둘 사이의 주된 차이는 전사 출발점으로부터의 위치이다. −25에서 −30과 −10. 한편, 효모의 TATA 상자의 위치는 더 다양해서 전사 출발점에서 30에서 300bp 이상의 상단부위에 걸쳐 나타난다.

그러나 예외도 있다. CATA의 서열로 시작하는 토끼의 β-글로빈 유전자의 TATA 상자처럼 G나 C가 끼어들기도 하고 때로는 TATA 상자가 전혀 관찰되지 않는 경우도 있다. TATA가 없는 이러한 프로모터들은 두 종류의 유전자에서 발견된다. ① 첫 번째 종류에는 **관리유전자**(housekeeping gene)가 있다. 이 유전자 산물은 뉴클레오티드 합성과 같이 세포의 생명을 유지하는 데 필요한 공통적인 생화학적 경로를 조절하기 때문에 사실상 모든 세포에서 항상 활성을 갖는다. 따라서 아데닌탈아미노화효소, 티미딜산합성효소, 디히드로폴산환원효소와 같이 뉴클레오티드를 합성하는 데 필요한 효소들이나 SV40을 포함하는 바이러스의 후기 단백질을 암호화하는 유전자부위에 TATA 상자가 없는 프로모터가 존재한다. 이 유전자들은 TATA 상자가 없는 대신 GC 상자를 갖는 경향이 있다(11장 참조). 초파리에서 약 30%의 II급 프로모터들은 TATA 상자를 가지고 있지만, 대부분의 TATA가 없는 프로모터들은 TATA 상자와 같은 역할을 하는 DPE들을 가지고 있다. ② 두 번째 종류는 초파리 발생을 조절하는 호메오 유전자나 포유동물의 면역계가 발생하는 동안 활성화되는 유전자처럼 발생 과정에서 조절되는 유전자들이다. 이에 대해서는 이 장의 후반부에 한 가지 예(생쥐의 말단 데옥시뉴클레오티딜전달효소, [TdT] 유전자)를 살펴보겠다. 일반적으로 특정 유형의 세포에서만 만들어지는 단백질(예를 들어 피부세포의 케라틴이나 적혈구의 헤모글로빈)을 암호화하는 **특화 유전자**(specialized gene, 때로 '사치스런 유전자'라고도 불림)는 TATA 상자를 가진다.

TATA 상자의 기능은 무엇인가? 그것은 유전자에 달려 있는 듯하다. 이 의문을 규명하기 위해 처음 시도된 실험은 TATA 상자를 없애고 시험관 내 전사를 통해 프로모터의 활성을 측정하는 것이었다.

1981년 크리스토프 베노아(Christophe Benoist)와 피에르 샹봉(Pierre Chambon)은 SV40 초기 프로모터 결실 연구를 수행하

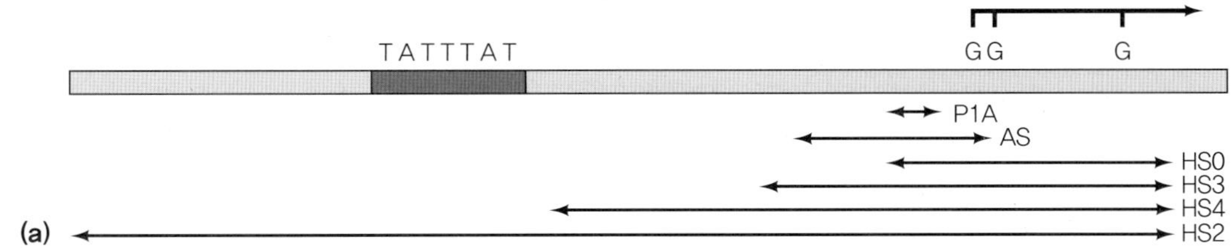

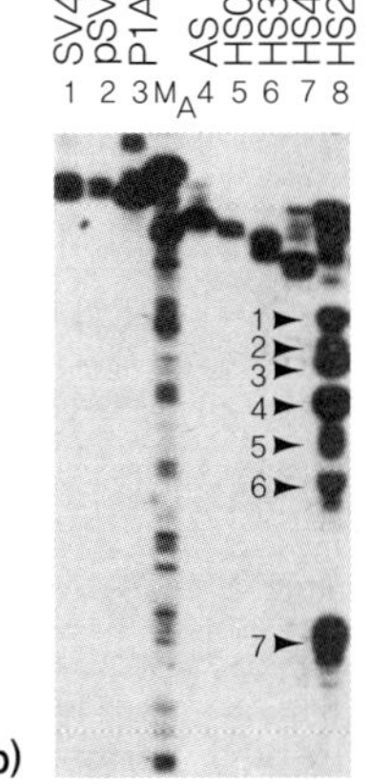

그림 10.19 SV40 초기 프로모터에 미치는 결실의 영향. (a) 결실 지도. 돌연변이체의 이름은 각 화살표의 오른쪽에 명시되어 있다. 화살표는 결실의 정도를 나타낸다. TATA 상자의 위치(TATTTAT, 빨간색)와 3개의 전사 출발점(모두 G)은 맨 위에 표시되어 있다. **(b)** 돌연변이체에서 전사 출발점의 위치. 베노아와 샹봉은 SV40 DNA나 야생형 SV40 초기 부위를 갖는 플라스미드(pSV1)나 (a)에 기술된 돌연변이 SV40 초기 프로모터 중 하나를 갖는 pSV1의 유도체를 세포에 도입했다. 그 후 S1 지도작성에 의해 전사개시 부위의 위치를 조사했다. 조사된 돌연변이체의 이름은 각 레인의 맨 위에 표시되어 있다. MA로 표시된 레인은 크기 지표를 나타낸다. HS2 레인에서 밴드 왼쪽에 표시된 숫자는 야생형 프로모터나 이 실험에서 사용된 다른 돌연변이체에서는 감지되지 않은 새로운 전사 출발점을 나타낸다. 이러한 전사개시 부위의 이질성은 이들 돌연변이체에 TATA 상자가 없기 때문에 나타난다. (출처: (b) Benoist C. and P. Chambon, In vivo sequence requirements of the SV40 early promoter region. *Nature* 290 (26 Mar 1981) p. 306, f. 3.)

였다. 그들이 사용한 방법은 프라이머 신장과 S1 지도작성이었다. 이 기술들은 5장에서 설명한 것처럼 표지된 DNA 절편을 만드는 방법으로 이 절편들의 길이로부터 전사가 시작되는 위치를 알 수 있다. 그림 10.19a에 보이는 P1A, AS, HS0, HS3, HS4의 돌연변이체들은 개시부위를 포함하여 TATA 상자 하단부의 DNA 결실량을 조금씩 늘려가며 만든 것들로 결실에 의해 제거된 염기쌍의 수와 일치하는 정도로 S1 신호가 작아졌다. 이러한 결과는 결실로 인해 전사개시점이 하단부로 옮겨진 것과 일치한다. 그리고 이런 이동은 TATA 상자가 TATA 상자의 첫 염기 아래쪽으로 약 25~30bp에서 전사가 시작되도록 지정해 주리라는 우리의 예상과도 일치하는 것이다. 만일 이것이 사실이라면 TATA 상자 전체를 제거했을 경우에는 어떤 결과가 나타날까? H2 결실은 H4 결실을 TATA 상자까지 확장한 것이므로 이 질문에 대한 해답을 제시한다. 그림 10.19b의 8번 레인은 TATA 상자를 제거한 경우 효율성의 감소 없이 전사가 여러 곳에서 시작된다는 것을 보여 준다. S1 신호가 어둡다는 것은 전사가 증가했다는 것을 말한다. 이로써 또 다시 TATA 상자가 전사개시점을 지정하는 데 관계한다는 것을 알 수 있다.

추가적으로 베노아와 샹봉은 SV40 초기 유전자의 TATA 상자와 개시점 사이의 DNA를 체계적으로 제거한 짧은 DNA의 전사 시작부분을 S1 지도작성법으로 찾아내어 이러한 결론을 재확인했다. 야생형 유전자의 전사는 TATA 상자의 첫 T로부터 27~34bp 하단부에 모여 있는 서로 다른 3개의 구아노신들로부터 시작한다. 베노아와 샹봉은 TATA 상자와 개시점 사이의 DNA를 점점 더 제거함에 따라 이 부위에서 더 이상 전사가 일어나지 않음을 관찰했다. 대신 전사는 TATA 상자의 첫 T로부터 약 30bp 하단부에 있는 다른 염기(보통 퓨린)에서 시작되었다. 다시 말하면, 개시점의 정확한 서열에 관계없이 TATA 상자와 전사개시점 사이의 거리는 일정하게 유지되었다.

이 예에서는 TATA 상자가 전사개시 위치를 잡는 데는 중요하지만 전사 효율의 조절에는 중요하지 않은 것으로 보인다. 그렇지만 일부 다른 프로모터들의 경우에는 TATA 상자를 제거할 때 엉뚱한 개시점에서조차 전사가 일어나지 않을 정도로 프로모터 기능에 손상이 오기도 한다.

스티븐 맥나이트(Steven McKnight)와 로버트 킹스버리(Robert Kingsbury)는 헤르페스바이러스 티미딘인산화효소(tk) 프로모터 연구를 통해 또 다른 예를 보여 주었다. 이들은 **연결자 주사 돌연변이유발**(linker scanning mutagenesis)을 수행했다. 이것은 tk 프로모터 전체에 걸쳐 10bp의 서열을 10bp 연결자로

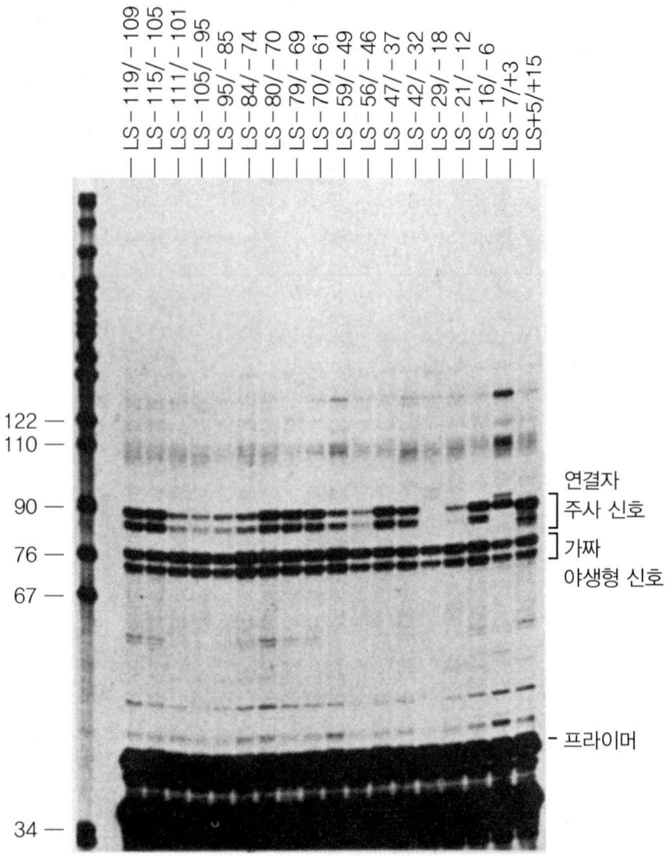

그림 10.20 헤르페스바이러스 tk 프로모터에서 연결자 주사 돌연변이의 영향. 맥나이트와 킹스버리는 tk 프로모터에 연결자 주사 돌연변이를 만든 후 이것을 가짜 야생형 DNA(+21에서 +31 위치까지 변화된)와 함께 개구리의 난모세포에 주입했다. 이 가짜 야생형 프로모터로부터의 전사는 야생형 프로모터로부터의 전사만큼 활발하다. 연구자들은 프라이머 신장분석을 통해 실험군 플라스미드와 대조군 플라스미드의 전사를 조사했다. 대조군 플라스미드의 경우 기대했던 대로 전사가 상대적으로 일정하게 유지되었으나 실험군 플라스미드의 경우는 돌연변이의 위치에 따라 전사가 상당한 변화를 보였다. (출처: Adapted from McKnight, S.L. and R. Kingsbury, Transcriptional control signals of a eukaryotic protein-coding gene. *Science* 217 (23 July 1982) p. 322, f. 5.)

대체하는 것이다. 이 분석 결과 중 하나는 TATA 상자 내의 돌연변이가 프로모터의 활성을 파괴한다는 것이다(그림 10.20). 프로모터 활성이 가장 낮은 돌연변이체(LS −29/−18)에서 TATA 상자 부위의 서열은 정상 서열인 GCATATTA에서 CCGGATCC로 바뀌었다.

따라서 일부 II급 프로모터는 그 기능을 위해 TATA 상자를 필요로 하는 반면에 다른 것들은 전사의 시작점을 잡는 데 TATA 상자가 필요하다. 그리고 이미 살펴본 것처럼 일부 II급 프로모터, 특히 관리유전자의 프로모터는 TATA 상자가 전혀 없지만 여전히 잘 작용한다. 이러한 차이를 어떻게 설명할 수 있을까?

11, 12장에서 보게 되듯이 프로모터의 활성은 개시 전 복합체(preinitiation complex)라 불리는 전사인자들과 RNA 중합효소의 복합체에 의존한다. 이 복합체는 전사개시 부위에서 형성되어 전사 과정을 일으킨다. II급 프로모터의 경우 TATA 상자는 단백질 인자들의 조립이 시작되는 부위로 작용한다. 가장 먼저 결합하는 단백질은 TATA 상자 결합단백질(TATA box-binding protein, TBP)로 이것이 결합한 후에 다른 단백질들을 끌어 모은다. 그렇다면 TATA 상자가 없는 프로모터의 경우에는 어떨까? 이 경우에도 TBP는 필요하지만 TBP가 결합할 TATA 상자가 없으므로 이들이 자리잡기 위해서는 다른 프로모터 요소에 결합하는 다른 단백질이 필요하다.

(2) 개시자, 하단부 프로모터 요소, TFIIB 인식 요소

일부 II급 프로모터에는 전사개시점 주위에 최적의 전사에 필요한 보존된 서열이 존재한다. 이들을 **개시자**(initiator)라 부르며 PyPyAN(T/A)PyPy의 공통서열을 갖는다. 여기서 Py는 피리미딘(C나 T)을 가리키고 N은 모든 염기, 그리고 밑줄 친 A는 전사개시점을 가리킨다. 초파리 개시자는 일치된 TCA(G/T)T(T/C) 서열을 갖는다. 고전적인 예로 아데노바이러스 주요 후기 프로모터의 개시자를 들 수 있다. 이 개시자는 TATA 상자와 함께 핵심 프로모터를 구성하며, 매우 낮은 수준일지라도 그 뒤에 위치한 모든 유전자의 전사를 진행시킬 수 있다. 이 프로모터는 연관된 상단부 요소나 인핸서에 의한 자극에 민감하게 반응한다.

중요한 개시자를 갖는 유전자의 또 다른 예로 포유류의 말단 데옥시리보뉴클레오티딜전달효소(TdT) 유전자가 있다. 이것은 B, T 임파구가 발생하는 동안 활성화된다. 스티븐 스메일(Stephen Smale)과 데이비드 발티모어(David Baltimore)는 쥐의 TdT 유전자 프로모터를 연구하여 여기에는 TATA 상자와 분명한 상단부 요소가 없지만 개시자가 있다는 사실을 발견했다. 이 개시자는 개시자 서열 내에 위치한 하나의 출발점에서 유전자의 기저 수준 전사를 충분히 유도할 수 있다. 스메일과 발티모어는 또한 SV40 프로모터의 TATA 상자나 GC 상자가 이 개시자에서 시작되는 전사를 크게 촉진시킬 수 있다는 사실도 밝혔다. 따라서 이 개시자는 매우 단순하지만 홀로 기능적인 프로모터를 구성하며, 이것의 전사 효율은 다른 프로모터 요소들에 의해 강화될 수 있다.

하단부 프로모터 요소는 초파리에서 매우 흔하다. 2000년도에 알란 쿠타치(Alan Kutach)와 제임스 카도나가(James Kadonaga)는 초파리에서 하단부 프로모터 요소가 TATA 상자만큼이나 흔하다는 놀라운 연구 결과를 발표했다. 이러한 하단부 요소는 전사 시작 위치에서 30bp 정도 하단에서 발견되며 G(A/T)CG라는 보존된 서열을 포함한다. 이것들은 프로모터에 TATA 상자가 없어도 이를 보완해 줄 수 있다. 실제로 초파리에서 본래 TATA 상자가 없는 많은 유전자들이 하단부 프로모터 요소를 가지고 있고, 이로 인해 하단부 프로모터 요소가 더 흔하게 됐다. TATA 상자가 없는 초파리 프로모터에서 하단부 프로모터 요소는 개시자와 한 쌍을 이루며 흔하게 발견된다. TATA 상자와 하단부 프로모터 요소는 TFIID라고 불리는 보편전사인자가 결합할 수 있는 능력까지 유사하다(11장 참조).

다른 중요한 보편전사인자는 TFIIB이다. 이것은 TFIID, RNA 중합효소 II, 그리고 다른 인자들과 함께 프로모터에 붙어서 전사 시작 복합체를 형성한다. 일부 프로모터들은 TATA 상자 바로 앞 부위에 TFIIB가 붙도록 도와주는 DNA 요소를 가지고 있다. 이것들은 TFIIB인식 요소(BRE)라고 불린다.

(3) 근거리 프로모터 요소

헤르페스바이러스 tk 유전자에 대한 맥나이트와 킹스버리의 연결자주사 분석에 의해 TATA 상자 외에 다른 중요한 프로모터 부위들이 밝혀졌다. 그림 10.20은 −47에서 −61 부위와 −80에서 −105 부위에 돌연변이가 일어난 경우 프로모터의 활성에 상당한 손실이 생긴 것을 보여 주고 있다. 이 부위의 암호화가닥(coding strand)에는 각각 GGGCGG와 CCGCCC의 서열이 존재한다. 이들은 **GC 상자**(GC box)라 불리는데, 다양한 프로모터에서 발견되며 보통 TATA 상자의 상위에서 발견된다. 두 GC 상자가 허피스바이러스 tk 프로모터의 두 부위에서 서로 반대 방향으로 존재함에 주목하라.

샹봉 등 역시 SV40 초기 프로모터에서 GC 상자를 발견했는데, 여기서는 2개가 아니라 6개가 존재했다. 더구나 이 요소들에 돌연변이가 일어나면 프로모터의 활성이 상당히 감소했다. 예를 들어 GC 상자 하나를 잃으면 야생형의 수준에 비해 전사가 66%로 줄어든 반면, 두 번째 GC 상자를 동시에 잃으면 전사는 13%에 불과하게 된다. 12장에서 Sp1이라 불리는 특정 전사인자가 GC 상자에 결합하여 전사를 촉진시킨다는 것을 배우게 될 것이다. 이 장의 후반부에서는 인핸서라 불리는 DNA 요소에 대해 알아볼 것이다. 이들은 전사를 촉진한다는 점에서는 프로모터와 같은 기능을 하지만, 두 가지 점에서 중요한 차이를 보인다. 이들은 위치와 방향의 영향을 받지 않는다. GC 상자 또한 방향의 영향을 받지 않는데 180° 뒤집어져도 정상적으로 기능한다. 이것은 헤르페스바이러스 tk 프로모터에서 자연적으로 일어나는 일이다. 그러나 GC 상자는 인핸서와 같이 위치에 무관하지는 않다. 인핸서는 전사를 촉진한다는 점에서 프로모터와 유사하지만 프로모터로부터 수 kb 떨어져 있을 수도 있고 유전자의 암호화부위의 하단부에서도 작용할 수 있다. 반면에 GC 상자는 TATA 상자로부터 수십 bp 이상 떨어져 있으면 전사를 촉진하는 기능을 잃어버린다. 따라서 적어도 이 두 유전자에서 GC 상자를 인핸서라기보다는 프로모터로 보는 것이 더 적절하다.

여러 다양한 II급 프로모터에서 발견되는 또 다른 상단부 요소로 **CCAAT 상자**(CCAAT box, 'cat 상자'라 읽음)가 있다. 실제로 허피스바이러스 tk 프로모터에는 하나의 CCAAT 상자가 존재한다. 앞서 이야기한 연결자 주사 방법을 이용했을 경우에는 CCAAT 상자에 일어난 돌연변이가 프로모터 활성을 감소시키지 못했지만, 다른 연구를 통해 이 프로모터와 여러 많은 프로모터에서 CCAAT 상자가 중요하다는 것이 밝혀졌다. GC 상자가 자신의 전사인자를 가진 것처럼 CCAAT 상자 역시 작동을 위해 **CCAAT-결합 전사인자**(CCAAT-binding transcription factor, CTF) 등을 필요로 한다.

2) I급 프로모터

RNA 중합효소 I에 의해 인식되는 프로모터는 어떠할까? 대부분의 생물 종에서 RNA 중합효소 I에 의해 인식되는 프로모터는 rRNA 전구체 유전자뿐이다. 단 하나의 알려진 예외는 트리파노솜(trypanosome)이다. 이 종의 경우 중합효소 I이 rRNA 전구체 유전자뿐만 아니라 단백질을 암호화하는 유전자 2개를 전사한다. rRNA 전구체 유전자는 세포당 수백 개의 복사본이 존재하지만, 각 복사본들은 사실상 다른 것들과 똑같으며 모든 복사본은 동일한 프로모터를 가진다. 그러나 그 서열은 종마다 상당한 차이를 보인다. 그 차이는 TATA 상자 같은 보존된 공통요소를 갖는 중합효소 II에 의해 인식되는 프로모터들 간의 차이보다 더욱 다양하다.

로버드 티잔(Robert Tjian) 등은 연결자 주사 돌연변이를 이용해 사람 rRNA 프로모터의 중요한 부위를 동정해냈다. 그림 10.21은 그 분석 결과를 보여 준다. 프로모터에 2개의 중요한 부분이 있는데 여기에 돌연변이가 생기면 프로모터의 세기가 크게 감소한다. 이 중 하나는 개시자(rINR)라고도 알려진 핵심요소(core element)로서 −45와 +20 사이의 전사 시작점 부근에 위치한다. 다른 하나는 **상단부 프로모터 요소**(upstream promoter element, UPE)로 −156과 −107 사이에 위치한다.

두 종류의 프로모터 부위가 존재하기 때문에 이들 간의 거리가 중요한지에 대한 의문이 제기되었다. 이 경우 거리는 대단히 중요하다. 티잔 등은 사람 rRNA 프로모터의 UPE와 핵심부위 사이에 다양한 길이의 DNA 절편들을 첨가하거나 제거하였다. 이들이 두 프로모터 부위 사이에서 16bp를 제거하자 프로모터의 세기는 야생형의 40%로 떨어졌다. 그리고 44bp를 제거하자 프로모터의 세기는 단지 10%에 불과했다. 반면 이들 요소 사이에 28bp를 첨가했을 때는 프로모터에 아무런 영향도 없었다. 그러나 49bp를 첨가하자 프로모터의 세기가 70% 감소했다. 따라서 프로모터의 효

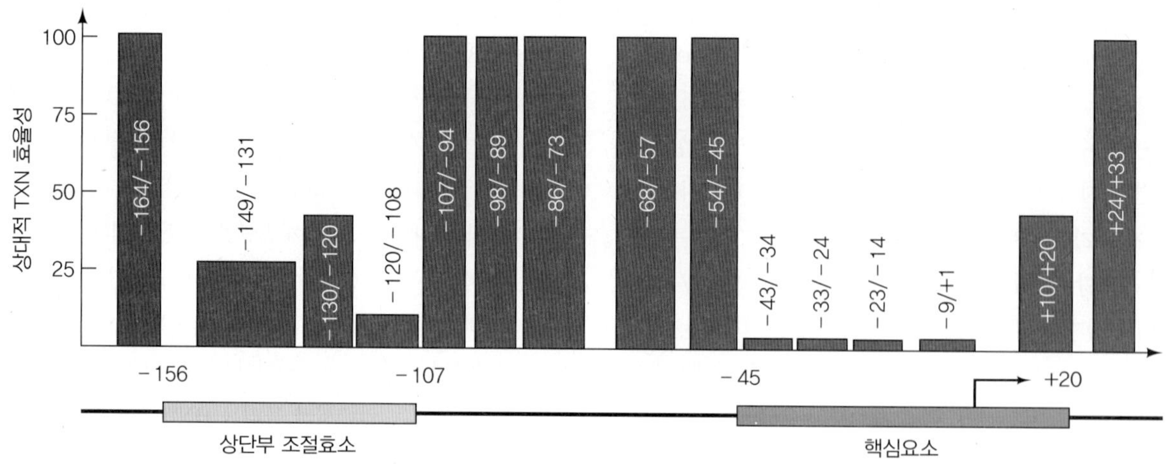

그림 10.21 2개의 rRNA 프로모터 요소. 티잔 등은 연결자 주사법을 사용해 사람 rRNA 유전자의 5′-주변의 DNA를 조금씩 변화시켰다. 그 후 시험관 내 전사 분석을 통해 변화된 DNA의 프로모터 활성을 조사했다. 막대그래프는 여기서 상단부 조절요소(UPE)와 핵심(Core) 요소로 표시된 2개의 중요 부위가 프로모터 내에 존재함을 보여 준다. 상단부 조절요소는 전사를 최적화시키기에 필요하지만 이것이 없어도 기본적인 전사는 일어난다. 반면에 핵심요소는 전사에 절대적으로 필요하다. (출처: Adapted from Learned, R.M., T.K. Learned, M.M. Haltiner, and R.T. Tjian, Human rRNA transcription is modulated by the coordinated binding of two factors to an upstream control element. *Cell* 45:848, 1986.)

율성은 두 프로모터 요소 사이에 염기가 첨가되었을 때보다 제거되었을 때 더 민감하게 감소하는 것을 알 수 있다.

3) III급 프로모터

이미 살펴본 바와 같이 RNA 중합효소 III는 소형 RNA들을 암호화하는 여러 유전자들을 전사한다. 여기에는 ① 5S rRNA, tRNA 유전자와 아데노바이러스 VA RNA 유전자를 포함하는 '고전적' III급 유전자와, ② U6 snRNA 유전자, 7SL RNA 유전자, 7SK RNA 유전자, Epstein-Barr 바이러스 EBER2 유전자를 포함하는 비교적 최근에 밝혀진 III급 유전자가 있다. 후자인 '비고전적' III급 유전자는 II급 유전자와 비슷한 프로모터를 갖는다. 반대로 '고전적' III급 유전자는 유전자 내에 프로모터를 갖는다.

(1) 내부 프로모터를 가진 III급 유전자

도날드 브라운(Donald Brown) 등은 손톱개구리(*Xenopus borealis*)의 5S rRNA 유전자를 이용해 III급 프로모터에 대한 분석을 처음으로 수행했다. 그들이 얻은 결과는 놀라운 것이었다. 박테리아의 중합효소뿐만 아니라 중합효소 I과 II에 의해 인식되는 프로모터가 유전자의 5′-측면부위에 위치하는 것과는 달리 5S rRNA의 프로모터는 자신이 조절하는 유전자 내부에 위치한다.

이러한 결론에 이르게 된 실험은 다음과 같이 이루어졌다. 우선 프로모터의 5′-말단을 밝히기 위해 Brown 등은 5′-말단을 점점 더 제거한 5S rRNA 유전자의 여러 돌연변이체들을 만들고 이 돌연변이들이 시험관 내에서 전사에 미치는 영향에 대해 조사했다. 그들은 전기영동을 통해 전사체의 크기를 측정함으로써 전사가 정상적으로 일어났는지를 조사했다. 비록 실제 5S rRNA와 같은 서열은 아니라 하더라도 약 120bp(5S rRNA의 크기) 정도의 RNA를 정확한 전사체로 간주했다. 이들은 프로모터를 파괴하기 위해 유전자의 내부 서열을 바꿨기 때문에 전사체의 부정확한 서열은 허용해야만 했다.

전사에 큰 영향을 주지 않으면서 유전자의 5′-측면부위 전체가 제거될 수 있다는 것은 놀라운 결과였다(그림 10.22). 더욱이 유전자 자체의 5′-말단을 상당 부분 제거해도 약 120nt의 전사체가 여전히 만들어질 수 있었다. 그러나 대략 +50 위치에 프로모터의 기능이 여전히 유지되지만 그 하단부위까지 결손되었을 경우 전사체가 만들어지지 않는 곳이 있었다.

유사한 실험을 통해 브라운 등은 전사된 서열의 염기 50과 83 사이에 프로모터의 기능에 중요한 부분이 있다는 것이 밝혀졌다. 이 염기들은 손톱개구리 5S rRNA 유전자에 존재하는 내부 프로

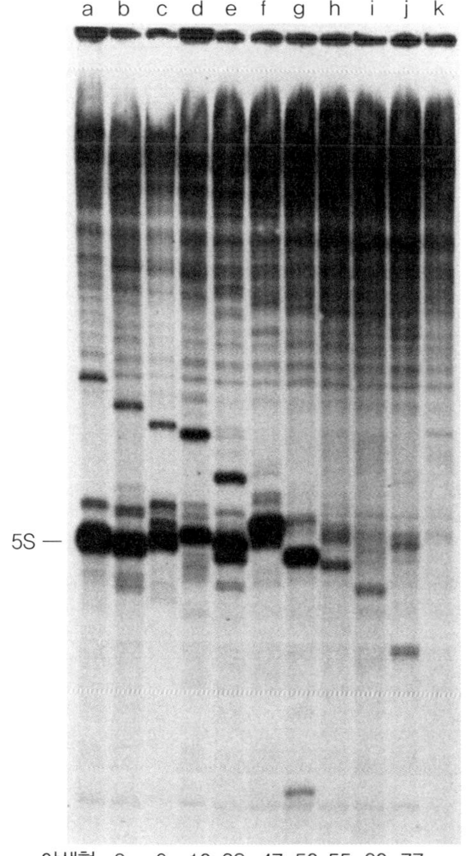

그림 10.22 5S rRNA 유전자 전사에 미치는 5′-결실의 영향. 브라운 등은 *Xenopus borealis* 5S rRNA 유전자의 5′-말단으로부터 점차적으로 더 많은 양의 DNA를 제거시킨 일련의 DNA를 준비했다. 그다음 표지한 기질의 존재하에 이들을 시험관 내에서 전사시키고 표지된 산물을 전기영동했다. DNA 주형, a 레인, 결실이 없는 양성 대조군. b~j 레인, 남아 있는 5′-말단 뉴클레오티드의 위치가 아래쪽에 표시된 결실 유전자들(예: b 레인은 5′-말단이 야생형 유전자의 +3인 유전자 산물을 포함한다). k 레인, 음성 대조군(5S rRNA 유전자가 없는 pBR322 DNA). +50 위치까지 제거된 g 레인까지의 모든 주형에서 5S 크기의 RNA들이 강하게 합성된다. 유전자를 더 결실시키면 이러한 합성조차 중단된다. h~k 레인도 이 위치에 밴드를 포함하지만 5S rRNA 유전자의 전사와는 관계없는 것이다. (출처: Sakonju, S., D.F. Bogenhagen, and D.D. Brown. A control region in the center of the 5S RNA gene directs specific initiation of transcription: I. The 5 border of the region. *Cell* 19 (Jan 1980) p. 17, f. 4.)

모터의 분명한 외부 경계이다. 다른 실험을 통해 프로모터의 기능에는 영향을 주지 않으면서도 이 부분의 바깥쪽에 상당량의 DNA를 첨가할 수 있다는 것이 밝혀졌다. 로이더 등은 이후에 프로모터 부위 염기들의 체계적인 돌연변이 유발을 수행하여 프로모터의 기능에 아주 중요한 세 부분을 밝혔다. 이 민감한 부위는 A 상자, 중간 요소(intermediate element), C 상자로 불린다. (B 상자는 이미 다른 III급 유전자에서 밝혀졌고 5S rRNA 프로모터에는

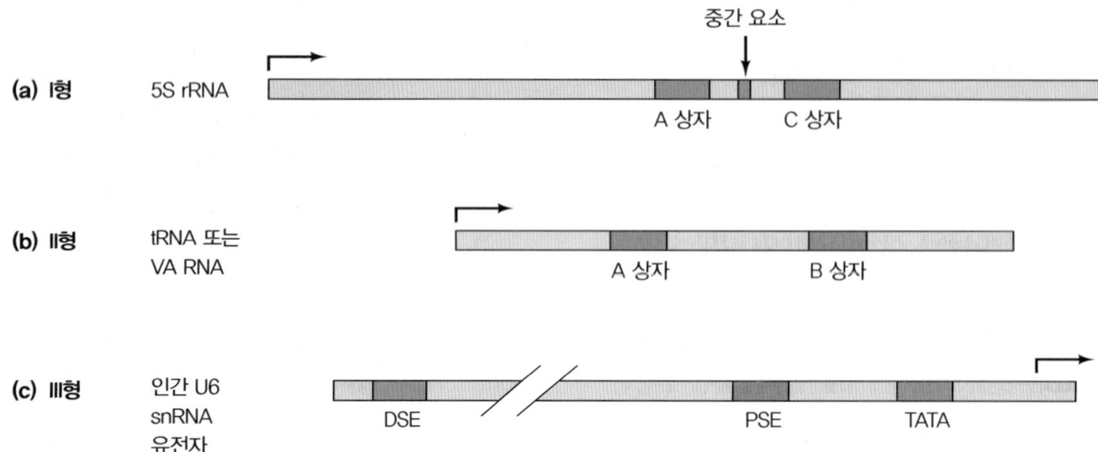

그림 10.23 중합효소 III 유전자의 프로모터. 5S, tRNA, U6 RNA 몇몇 유전자의 프로모터들이 그들이 전사 조절하는 유전자 내에 파란색 상자들로 그룹을 지어 위치하고 있다.

그것에 해당하는 것이 없다.) 그림 10.23a는 5S rRNA 프로모터에 대한 이러한 실험 결과를 요약해 놓은 것이다. 또 다른 2개의 고전적 III급 유전자인 tRNA 유전자와 VA RNA 유전자에 대한 유사한 실험을 통해 이들 프로모터에는 A 상자와 B 상자가 존재함이 밝혀졌다(그림 10.23b). 이것의 A 상자 서열은 5S rRNA 유전자의 A 상자 서열과 비슷하다. 게다가 이 두 상자 사이의 거리가 변하여도 프로모터의 기능에 영향을 주지 않는다. 하지만 이런 변화에는 한계가 있어서 두 프로모터 상자 사이에 너무 많은 DNA가 삽입될 경우는 전사의 효율이 떨어진다.

따라서 우리는 여러 종류의 III급 프로모터가 존재한다는 것을 확인하였다. 5S rRNA 유전자는 I형(type I)이라 불리는 그룹을 형성한다(그림 10.23a). 이것을 'I급(class I)'과 혼돈하지 않아야 한다. 우리는 III급 프로모터에 관해 논의하고 있다. 두 번째 그룹은 II형으로 그림 10.23b에서 보여지듯 tRNA와 VA RNA 프로모터로 III급 프로모터의 대부분을 포함한다. III형인 세 번째 그룹은 유전자의 5′-말단 쪽에 위치하는 조절 요소 같은 비고전적 프로모터를 포함한다. 이러한 프로모터의 전형은 인간 7SK RNA 프로모터와 인간 U6 RNA 프로모터이다(그림 10.23c). mRNA 스플라이싱에 중요한 역할을 하는 U6 RNA(14장 참조)는 소형 핵 RNA 그룹에 속한다. 마지막으로 II형과 III형의 잡종으로 보이는 인간 7SL 프로모터도 있다. 이런 것들은 프로모터의 활성에 중요한 내부 요소와 외부 요소를 가지고 있다.

(2) 중합효소 II-유사 프로모터를 가진 III급 유전자

브라운 등이 III급 유전자의 내부 프로모터에 대한 새로운 아이디어를 확립하자 일반적으로 모든 III급 유전자들이 이런 식으로 작용한다고 생각했다. 그러나 1980년대 중반에 예외들이 발견되었다. **7SL RNA**는 신호 인지 입자(signal recognition particle)의 구성성분으로, 신호 인지 입자는 특정 mRNA의 신호 서열을 인지하고, 소포체 같은 막에서 번역이 일어나도록 표적화한다. 1985년 엘리자베타 울루(Elisabetta Ullu)와 알란 와이너(Alan Weiner)는 야생형과 돌연변이 7SL RNA 유전자의 시험관 내 전사 연구를 통해 높은 수준의 전사를 위해서는 5′-측면부위가 필요하다는 것을 밝혔다. 이 DNA 부위가 없으면 전사 효율이 50~100배 정도 떨어진다. 울루와 와이너는 이 유전자의 전사에 가장 중요한 DNA 부위가 유전자의 상단부에 있다는 결론을 내렸다. 그럼에도 불구하고 5′-측면부위가 없는 돌연변이 유전자에서도 전사가 일어난다는 사실은 이 유전자들 역시 약한 내부 프로모터를 포함한다는 것을 암시한다. 이러한 사실은 왜 인간 유전체에서 수백 개의 7SL RNA 위유전자(7SL RNA pseudogene, 기능이 없는 7SL 유전자 사본)와 *Alu* 서열(전이유전 트랜스포존의 잔조물, 23장 참조)이 생체 내에서 거의 전사되지 않는가를 설명해 준다. 이들은 높은 수준의 전사에 필요한 상단부 요소가 없다.

마리아루이사 멜리(Marialuisa Melli) 등은 7SK RNA 유전자가 고전적 III급 프로모터와 유사한 내부서열을 갖지 않는다는 것에 주목했다. 반면에 7SK RNA 유전자는 7SL RNA 유전자와 유사한 5′-측면부위를 갖는다. 그들은 이러한 관찰을 기반으로 하여 이 유전자가 외부 프로모터만을 갖는다고 제안했다. 이를 증명하기 위해 그들은 이 유전자의 5′-측면부위에 연속적인 결실을 만들고 시험관 내 전사를 할 수 있는지를 조사했다. 그림 10.24는 -37 위치까지의 결실로도 7SK RNA가 많이 만들어지지만 이 위치를 넘으면 전사에 문제가 생긴다는 것을 보여 준다. 반면에 암호화

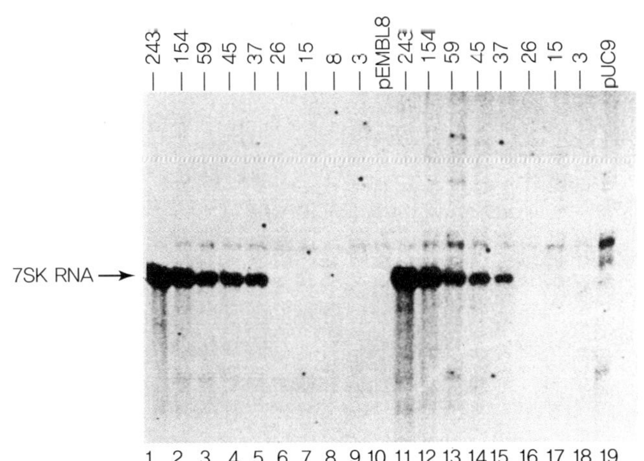

그림 10.24 7SK RNA 프로모터에 미치는 5′-결실 돌연변이의 영향. 멜리 등은 사람 7SK RNA 유전자의 5′-측면 부위를 제거하고, 시험관 내에서 이 돌연변이 유전자들을 전사시켰다. 그들은 7SK RNA가 여전히 합성되고 있는지를 알아보기 위해 그 생성물을 전기영동했다. 각 줄 위에 기재된 음수는 사용된 결실 유전자에 남아 있는 5′-주변 부위의 염기쌍 수이다. 예를 들어 9번 레인에서 사용된 주형은 5′-측면 부위에 단지 3bp만이 남아 있다(−3의 위치까지). 1~10번 레인은 pEMBL8에 클로닝된 결실 유전자이고 11~19번 레인은 pUC9에 클로닝된 결실 유전자이다. 클로닝 벡터 그 자체는 10, 19번 레인에서 전사되었다. 5, 6번 레인을 비교해 보면(또는 15, 16번 레인) −37, −26위치 사이가 제거되었을 때 프로모터의 활성이 급격히 감소한다는 것을 알 수 있다. 이는 이 11bp 부위에 중요한 프로모터 부위가 있음을 암시한다. (출처: Murphy, S., C. DiLiegro, and M. Melli, The in vitro transcription of the 7SK RNA gene by RNA polymerase III is dependent only on the presence of an upstream promoter. *Cell* 51 (9) (1987) p. 82, f. 1b.)

부위는 전사에 필요하지 않았다. 암호화부위가 제거된 여러 결손 돌연변이체를 대상으로 시험관 내 전사를 분석한 결과를 보면 전체 암호화부위가 제거되었을 때에도 전사가 여전히 일어나는 것이 관찰되었다. 따라서 이 유전자는 내부 프로모터가 없다고 볼 수 있다.

그렇다면 전사 출발점에서 37bp 상단부를 포함하는 부위에 위치한 프로모터의 본질은 무엇일까? 흥미롭게도 여기에는 TATA 상자가 있는데, 그 염기 중 셋을 바꾸면(TAT→GCG) 전사가 97% 감소한다. 그러므로 이 프로모터의 기능에는 TATA 상자가 필요하다고 볼 수 있다. 이런 사실에 비추어 볼 때 중합효소 III가 아닌 중합효소 II가 이 유전자를 전사하는지의 여부에 대해 궁금해질 것이다. 만일 이것이 사실이라면 낮은 농도의 α-아마니틴에 의해 전사가 억제되어야 하지만 실제 **7SK RNA**의 합성을 막기 위해서는 높은 농도의 α-아마니틴이 필요하다. 이러한 α-아마니틴에 의한 7SK RNA 합성 억제 양상은 중합효소 II가 아니라 중합효소 III가 관여했을 때 기대되는 바이다. 한편, 7SK RNA는 RNA 중합

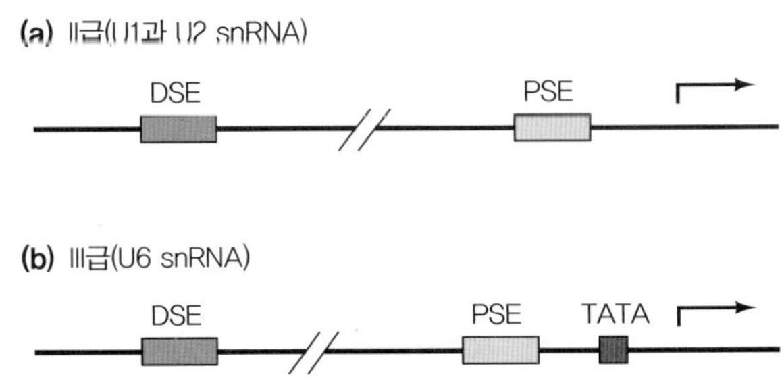

그림 10.25 고전적인 II급과 비고전적인 III급 프로모터의 구조. **(a)** II급: U1과 U2 snRNA 프로모터는 전사 시작 위치 근처에 있는 필수적인 PSE와 보다 상단부에 존재하는 보조적인 DSE로 구성되어 있다. **(b)** III급: U6 snRNA 프로모터는 PSE와 DSE에 더해 TATA 상자를 가지고 있다.

효소 II Rpb1의 CTD의 7개 반복서열에 있는 하나의 세린(세린2)의 인산화를 조절하는 역할을 한다. 이러한 인산화는 전사 개시에서 신장으로 넘어가는데 필요한 것으로 11장에서 살펴볼 것이다.

현재 우리는 U6 RNA 유전자와 EBER2 유전자를 포함하여 다른 비고전적 III급 유전자가 이와 같은 방식으로 작용한다는 것을 알고 있다. 이들은 중합효소 III에 의해 전사되지만 II급 프로모터와 유사한 프로모터를 갖는다. 11장에서 우리는 이것이 그렇게 이상하지 않다는 것을 알게 될 것이다. 그 이유는 TATA 결합단백질(TBP)이 II급 유전자의 전사에서 잘 알려진 역할 외에도 III급과 I급의 전사에 관계하기 때문이다.

소형 핵 RNA(snRNA)유전자는 II급과 비고전적인 III급 프로모터의 흥미로운 비교를 제시해준다. 14장에서 많은 진핵생물 mRNA는 매우 긴 전구체로 합성되어 스플라이싱이라 불리는 인트론을 제거하는 과정이 필요하다고 배웠다. 이러한 pre-mRNA 스플라이싱은 몇개의 소형 핵 RNA(snRNA)가 필요하다. U1과 U2 snRNA를 포함하는 이들 대부분은 RNA 중합효소 II에 의해 생성된다. 그러나 이들 프로모터는 전형적인 II급 프로모터와 닮지는 않았다. 대신, 인간의 경우 각 프로모터는 두개의 요소를 가진다(그림 10.25a). **근거리 서열 요소**(proximal sequence element, PSE)는 필수적이고, **원거리 서열 요소**(distal sequence element, DSE)는 더 큰 효율성을 부여한다.

snRNA의 하나인 U6 snRNA는 RNA 중합효소 III에 의해 만들어진다. 비고전적인 III급 프로모터처럼 인간의 U6 snRNA 프로모터(그림 10.25b)는 TATA 상자를 가지고 있으며, II급 프로모터와 많이 닮아있다. 역설적으로, TATA 상자를 제거하면 III급에서 II급 프로모터로 전환이 된다. 유사하게, U1 또는 U2 snRNA 프로모터에 TATA 상자를 더해 주면 II급에서 III급으로 전환이 된다. 이와 반대로 예상했을 수 있다. 이와 대조적으로, 초파리와

성게에서는 몇 개의 snRNA 유전자는 TATA 상자를 가지나 다른 것들은 그렇지 않은데, TATA 상자가 아닌 다른 서열 요소가 프로모터가 II급인지 III급인지를 정해 준다.

10.3. 인핸서와 사일런서

많은 진핵생물의 유전자, 특히 II급 유전자는 엄밀히 말해 프로모터는 아니지만 전사에 강하게 영향을 미치는 시스-작용 DNA 요소(cis-acting DNA element)와 연결되어 있다. 9장에서 배운 것처럼 **인핸서**(enhancer)는 전사를 촉진해 주는 부위이다. 이에 비해 **사일런서**(silencer)는 전사를 억제한다. 여기서는 이런 부위들에 대해 간단히 다루고 이들의 작용 방식에 대해서는 12, 13장에서 더 폭넓게 다룰 것이다.

1) 인핸서

샹봉 등은 SV40 초기유전자의 5′-측면부위에서 처음으로 인핸서를 발견했다. 이 DNA 부위는 72bp 반복(72bp repeat)이라 불리는 72bp의 서열이 반복된 구조를 포함하고 있어 이미 그 전부터 주목받아 왔다(그림 10.26). 베노아와 샹봉은 이 부위에 결실돌연변이를 유발했을 때, 세포 내에서 전사가 크게 감소하는 것을 관찰했다. 이것은 72bp 반복서열이 또 다른 상단부 프로모터 요소를 구성한다는 것을 암시한다. 그러나 폴 버그(Paul Berg) 등은 이 72bp 반복서열이 비록 방향이 바뀌거나 또는 원형 SV40 유전체상에서 프로모터와 2kb 이상 떨어져도 여전히 전사를 촉진한다는 것을 밝혔다. 이러한 72bp 반복서열의 특성은 기존의 프로모터 작용방식과는 매우 다른 것이다. 그러므로 이와 같이 방향과 위치에 무관한 DNA 부위를 프로모터 부위와 구분하기 위해 인핸서라 부른다.

인핸서는 어떻게 전사를 촉진시킬까? 우리는 12장에서 인핸서가 그에 결합하는 단백질을 통해 작용한다는 것을 알게 될 것이다. 이들은 **전사인자**(transcription factor), **인핸서 결합단백질**(enhancr-binding protein), **활성인자**(activator) 등의 여러 이름을 갖는다. 이 단백질들은 프로모터 부위에서 이른바 **보편전사인자**(general transcription factor)라고 불리는 다른 DNA 결합 단백질들과 상호 작용함으로써 전사를 촉진한다. 이러한 상호 작용으로 전사에 필요한 전사전복합체의 형성이 촉진된다. 여기에 대해서는 11, 12장에서 더 깊이 다루면서 활성인자들이 효과를 내기 위해 보통 다른 분자들(호르몬과 보조활성인자)의 도움을 필요로 한다는 것을 살펴볼 것이다.

종종 인핸서는 그들이 작용하는 프로모터의 상단부에서 발견되지만 그것이 절대적인 규칙은 아니다. 실제로 1983년 스스무 토네가와(Susumo Tonegawa) 등이 유전자 내에 위치한 인핸서를 발견한 예가 있다. 토네가와 등은 γ_{2b}라 불리는 특정 항체의 큰 소단위체를 암호화하는 유전자에 대해 연구하고 있었다. 항체유전자들은 정상적으로 발현하지만, 이 특정 유전자는 발현하지 않는 쥐의 형질세포종 세포에 이 유전자를 도입시켰다. 형질도입된 세포의 발현 효율을 측정하기 위해 새로 합성되는 단백질에 표지한 후 단백질을 전기영동하고 자기방사법을 수행했다. 인핸서는 유전자의 여러 인트론 중 한 인트론의 내부에 있었다. 인트론은 전사되지만 이후에 스플라이싱이라는 과정을 통해 전사체로부터 잘려나가게 된다(14장 참조). 토네가와 등은 그림 10.27a에서처럼 이 인핸서 부위의 두 부분을 상당량 제거했다. 그 후 이 변형된 DNA가 들어간 세포에서 γ_{2b} 유전자의 발현을 분석했다. 그림 10.27b는 그 결과를 보여 준다. 인트론은 유전자의 비암호화부위이기 때문에 인트론 내부를 제거하면 단백질 산물은 아무런 영향을 받지 않지만 만들어지는 유전자 산물의 양은 크게 감소되었다. 이러한 효과는 결손을 많이 한 경우(Δ2)에 더욱 현저했다.

이와 같은 효과는 전사가 감소된 때문일까, 아니면 다른 원인으로 인한 것일까? 토네가와 등은 정상 γ_{2b} 유전자와 결실된 γ_{2b} 유전자가 도입된 세포의 RNA를 이용해 노던블롯팅을 수행함으로써 이 질문에 대한 해답을 제시했다. 그림 10.27c의 결과는 인핸서가 제거되었을 때 전사에 상당한 손실이 생김을 다시 한번 증명해준다. 그렇지만 이것이 정말 인핸서일까? 만일 그렇다면 이를 옮기거나 방향을 바꾸어도 그 활성을 유지해야만 한다. 토네가와 등은 우선 인핸서를 포함하는 X_2~X_3 절편을 그림 10.28a의 B 위치와

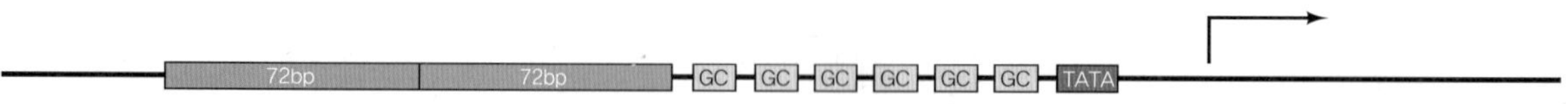

그림 10.26 SV40 바이러스 초기 조절 부위의 구조. 그림 10.21(a)에서 본 것처럼 전사개시 부위가 실제로는 3개의 G로 구성된 집합체지만 여기서는 90° 굽은 화살표로 전사개시 부위를 나타냈다. 출발점의 상단부에 오른쪽에서 왼쪽 순으로 TATA 상자(빨간색), 6개의 GC 상자(노란색), 인핸서(72bp 반복서열, 파란색)가 존재한다.

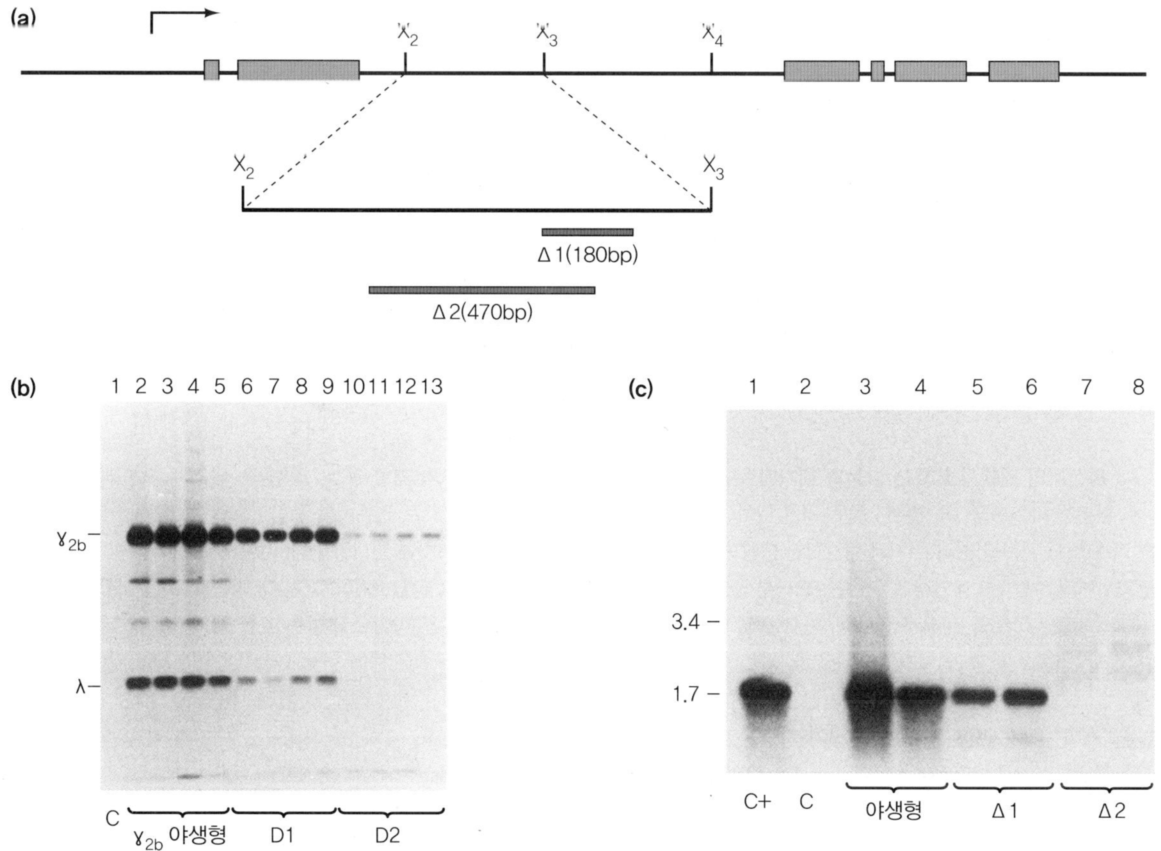

그림 10.27 면역글로불린 γ_{2b} H-사슬 인핸서에 미치는 결실의 영향. **(a)** 클로닝된 γ2b 유전자의 지도. 파란색 상자는 유전자의 엑손을 나타내며 이들은 이 유전자에서 비롯한 mRNA에 포함되는 부분이다. 상자 사이의 선들은 인트론으로 전사는 되지만 mRNA 전구체로부터 성숙한 mRNA가 되는 과정에서 제거되는 부분이다. X_2, X_3, X_4는 제한효소 *XbaI*에 의해 잘리는 위치를 나타낸다. Tonegawa 등은 X_2~X_3 지역에 인핸서가 있는 것으로 보고 빨간색 상자로 표시된 것과 같이 결실 Δ1과 Δ2를 만들었다. **(b)** 단백질 수준에서의 γ2b 유전자 발현 조사. 토네가와 등은 형질세포종 세포에 야생형 유전자(2~5번 레인), 결실 Δ1을 갖는 유전자(6~9번 레인), 결실 Δ2를 갖는 유전자(10~13번 레인)를 도입했다. 1번 레인은 형질도입을 하지 않은 형질세포종 세포로 대조군이다. 세포를 형질도입시킨 후에 방사성으로 표지된 아미노산을 넣어 새로 합성되는 단백질들이 표지되도록 했다. 그다음 단백질을 추출해 γ2b 단백질을 면역침전시키고 침전된 단백질을 전기영동하여 플루오르그래피(변형된 형태의 자기방사법으로 플루오르라는 화합물이 전기영동 겔에 포함되어 있다)로 방사성을 띠는 단백질을 검출했다. 방사선에 의해 이 플루오르가 활성화되면 광자를 내는데 이것이 X-선 필름에 감지된다. Δ1 결실의 경우 유전자의 발현이 약간 감소하지만, Δ2 결실의 경우 많이 감소한다. **(c)** γ_{2b} 유전자의 전사 분석. 토네가와 등은 다음 세포에서 얻은 RNA를 전기영동하고 노던블롯팅을 수행했다. 1번 레인(양성 대조군), γ_{2b} 유전자를 발현하고 형질도입하지 않은 형질세포종 세포 MOPC 141). 2번 레인(음성 대조군), γ_{2b} 유전자를 발현하지 않고 형질도입하지 않은 형질세포종 세포(J558L). 3, 4번 레인, 야생형 γ_{2b} 유전자로 형질도입한 J558L 세포. 5, 6번 레인, Δ1 결실 유전자로 형질도입한 J558L 세포. 7, 8번 레인, Δ2 결실 유전자로 형질도입한 J558L 세포. Δ1 결실에 의해서는 전사가 약간 감소했지만 Δ2 결실에 의해서는 전사가 일어나지 않았다. (출처: (b~c) Gillies, S.D., S.L. Morrison, V.T. Oi, and S. Tonegawa, A tissue-specific transcription enhancer element is located in the major intron of a rearranged immunoglobulin heavy chain gene. *Cell* 33 (July 1983) p. 719, f. 2&3.)

방향처럼 뒤집었다. 그림 10.28b는 그 상황에서 인핸서가 여전히 기능을 발휘한다는 것을 보여 준다. 또한 X_2~X_3 절편을 인트론에서 잘라내어 프로모터의 상위로 옮기거나(C 위치/방향), 새로운 위치에 방향을 바꾸어 넣었을 때(D 위치/방향)에도 인핸서가 여전히 작용한다는 것을 알 수 있다. 즉, X_2~X_3 절편 내의 일부 부위가 위치와 방향에 무관하게 근처 프로모터로부터의 전사를 촉진했기 때문에 실제 인핸서로 작용한다고 결론지을 수 있다. 마지막으로, 이들 연구자들은 이 유전자를 형질세포종 세포와 섬유아세포에 도입한 후 발현되는 정도를 비교했다. 형질세포종 세포에서 발현 정도가 훨씬 더 높게 나타났다. 이 사실은 인핸서의 작동과 일치하는 결과인데, 섬유아세포는 항체를 만들지 않아 항체 유전자의 인핸서를 활성화할 수 있는 인핸서 결합단백질을 갖고 있지 않기 때문이다. 따라서 항체 유전자는 그런 세포들에서는 발현되지 않아야 한다.

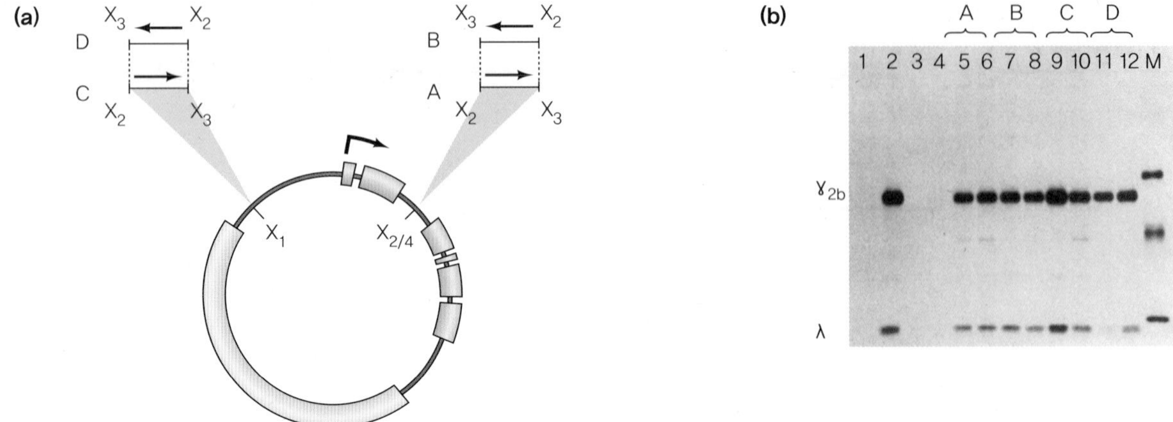

그림 10.28 γ_{2b} 유전자의 인핸서 요소는 방향과 위치에 무관하다. **(a)** 돌연변이 플라스미드의 개요. 토네가와 등은 γ_{2b} 유전자(그림 10.29a)를 갖는 플라스미드의 X_2~X_3 부분을 제거했다. 즉, 인핸서를 제거한 것이다. 그 후 네 가지 서로 다른 방법으로 인핸서를 포함한 X_2~X_3 절편을 다시 플라스미드에 삽입했다; A와 B 플라스미드, 절편을 원래 위치에 정상적인 방향으로 다시 넣거나(A), 원래 있던 위치에 원래와 반대 방향으로 집어넣었다(B). C와 D 플라스미드 절편을 그 유전자로부터 수백 bp 상단부에 위치한 또 다른 *XbaI* 위치(X_1)에 정상적인 방향으로 삽입하거나(C), 반대 방향으로 삽입했다(D). **(b)** 실험 결과. 토네가와 등은 원래의 플라스미드와 (a)에서 얻은 네 가지 플라스미드에 대해 그림 10.29(b)와 같은 방법으로 발현 효율을 조사했다. 이들은 모두 잘 작용했다. 1번 레인, γ_{2b} 유전자가 없고 형질도입되지 않은 J558L 세포. 2~12번 레인, 다음과 같은 플라스미드들이 형질도입된 J558L 세포. 2번 레인, 결손이 없는 원래의 플라스미드. 3, 4번 레인, X_2~X_3 절편이 제거된 플라스미드. 5, 6번 레인, A 플라스미드. 7, 8번 레인, B 플라스미드. 9, 10번 레인, C 플라스미드. 11, 12번 레인, D 플라스미드. M 레인은 단백질의 크기 지표를 나타낸다. (출처: (a) Adapted from Gillies, S.D., S.L. Morrison, V.T. Oi, and S. Tonegawa, A tissue-specific transcription enhancer element is located in the major intron of a rearranged immunoglobulin heavy chain gene. *Cell* 33 (July 1983) p. 721, f. 5.)

한 종류의 세포에서는 다른 종류의 세포에 비해 특정 유전자가 많이 활성화된다는 발견은 매우 중요한 점을 제시한다. 모든 세포는 같은 유전자를 포함하지만 서로 다른 종류의 세포는 서로 매우 다르다. 예를 들어, 신경 세포는 간세포와 모양과 기능 면에서 매우 다르다. 무엇이 이들 세포를 매우 다르게 만드는 것인가? 세포안의 단백질 때문이다. 그리고 이미 배운 것처럼 각 종의 세포에 있는 단백질들은 그 세포 안에서 활성화되는 유전자에 의해 결정된다. 그러면 무엇이 이러한 유전자를 활성화하는가? 이 단원에서 활성인자는 인핸서에 결합하는 전사 인자라는 것을 살펴보았다. 따라서, 서로 다른 종류의 세포는 다른 활성인자를 발현하여 다른 유전자를 활성화하고 따라서 다른 단백질을 생산하게 한다. 이 중요한 주제를 뒤에 나오는 여러 장에서 확장하여 살펴볼 것이다.

2) 사일런서

멀리 떨어진 위치에서 전사를 조절하는 DNA 부위에는 인핸서만 있는 것이 아니다. 사일런서 역시 이러한 작용을 하는데 이들은 그 이름처럼 전사를 촉진하기보다는 억제한다. 효모의 교배체계(*MAT*)가 좋은 예이다. 효모의 염색체 III에는 서열이 매우 비슷한 세 부위가 존재한다. *MAT*, *HML*(high mobility left), *HMR*(high mobility right)의 세 부위가 그것인데, *MAT* 부위의 유전자는 발현되지만 나머지 두 부위의 유전자는 발현되지 않는다. 이러한 *HML*과 *HMR*의 유전적 비활성은 이들로부터 적어도 1kb 이상 떨어진 곳에 위치한 사일런서의 작용 때문인 것으로 보인다. 실제 *HML*이나 *HMR*을 정상적으로는 활성을 갖는 효모 유전자로 치환한 경우에 그 유전자 또한 활성을 잃게 된다. 따라서 이들은 외부의 음성적 영향, 즉 사일런서에 대해 반응하는 것으로 보인다. 사일런서는 어떻게 작용할까? 실험 결과에 따르면 이들은 염색질을 압축하고 접근할 수 없을 정도로 꼬이게 하여 비활성화 상태로 만듦으로써 이웃한 유전자들의 전사를 방해한다. 자세한 내용은 13장에서 다루기로 한다.

때때로 동일한 DNA 부위가 그에 결합한 단백질에 따라 인핸서와 사일런서의 특징을 모두 갖는 경우가 있다. 예를 들어 갑상선 호르몬 반응요소(thyroid hormone response element)는 갑상선 호르몬 수용체가 리간드인 갑상선호르몬 없이 결합했을 때는 사일런서로 작용한다. 그러나 갑상선호르몬 수용체가 갑상선호르몬과 복합체를 이루면 인핸서로 작용한다. 이 내용에 대해서는 12장에서 다시 다룰 것이다.

요약

진핵생물의 핵은 이온교환 크로마토그래피에 의해 구분되는 세 가지 RNA 중합효소를 기지고 있다. RNA 중합효소 I은 인에서 발견되고, 다른 2개의 중합효소는 핵질에 위치한다. 세 가지 핵 RNA 중합효소는 전사에서 다른 역할을 가지고 있다. 중합효소 I은 주요 rRNA(척추동물에서 5.8S, 18S, 28S rRNA)의 커다란 전구체를 만든다. 중합효소 II는 mRNA의 전구체인 이질성 핵 RNA들을 합성한다. 이것은 miRNA 전구체와 대부분의 소형 핵 RNA(snRNA)들도 만든다. 중합효소 III는 5S rRNA, tRNA, 몇몇 다른 소형 세포와 바이러스 RNA들을 만든다.

몇몇 진핵생물의 세 가지 핵 중합효소들의 소단위체 구조가 결정되어 졌다. 이러한 구조들은 모두 분자량 100kD 이상의 2개의 큰 소단위체를 포함하는 많은 소단위체들로 구성된다. 모든 진핵생물들은 세 가지 중합효소들에서 모두 발견되는 공통 소단위체들을 최소한 몇몇은 가지고 있는 것으로 보인다. 효모에서 RNA 중합효소 II 소단위체들을 암호화하는 12개의 유전자들의 서열이 밝혀졌고 그 돌연변이들이 분석되었다. 소단위체들 중 3개는 그 구조와 기능에 있어서 세균의 RNA 중합효소들의 핵심 소단위체들을 닮아 있었고, 5개는 세 가지 핵 RNA 중합효소들에서 공통으로 발견되었으며, 2개는 최소한 정상의 온도에서는 활성에 필요하지 않았고, 나머지 2개는 이 세 가지 분류에 포함되지 않았다.

소단위체 IIa는 효모에서 RPBI 유전자의 1차 산물이다. 이것은 7개의 펩티드가 계속적으로 반복되는 카르복시 말단부위(CTD)가 단백질 분해에 의해 제거되면 IIb가 된다. 소단위체 IIa는 CTD의 7개 펩티드에 있는 2개의 세린이 인산화되면 생체 내에서 IIo로 전환된다. IIa 소단위체를 가지고 있는 효소(중합효소 IIA)는 프로모터에 결합하는 형태이고, IIo 소단위체를 가지고 있는 효소(중합효소 IIO)는 전사신장에 관계된 형태이다.

효모 pol II Δ4/7의 구조는 선형 DNA 주형을 받아들일 수 있는 깊은 틈을 드러내고 있다. 마그네슘 이온을 포함하는 촉매 중심은 틈 바닥에 놓여 있다. 두 번째 마그네슘 이온은 낮은 농도로 존재하고 각 기질 뉴클레오티드에 붙어서 효소에 들어오는 것으로 생각된다.

효모 RNA 중합효소 II(Rpb4/7이 없는) 전사신장 복합체의 결정구조는 효소 틈에서 실제로 집게가 RNA-DNA 잡종 위로 닫혀 있어서 전사의 진행을 지켜준다. 더욱이 집게의 환상선 세 가닥은-방향타, 뚜껑, 지퍼-RNA-DNA 잡종 분리의 시작, 분리의 유지, 주형 DNA의 분리 유지와 같은 각기 중요한 역할을 하는 것으로 보인다. 뉴클레오티드들이 효소로 들어오고 RNA가 후퇴하는 동안 효소에서 나가는 통로로 쓰이는 구멍 1의 끝 부분에 효소의 활성 중심이 놓여 있다. 다리나선은 활성 중심에 인접해 있고 이 나선이 구부러지면서 전사 과정 중 전좌가 일어날 수 있다. α-아마니틴 독소는 이 구부러짐을 방해해서 전좌를 막는 것으로 보인다.

구멍 입구를 통해 RNA 중합효소 II의 활성 장소로 이동하면서 진입하는 뉴클레오티드는 우선 포스포디에스테르 결합이 형성되는 활성 장소인 A 부위에서의 위치에 비해 거꾸러진 형태로 E 부위를 만난다. E와 A 부위는 부분적으로 겹친다. E와 A 부위 사이에서 뉴클레오티드의 회전은 염기와 당의 특이성 결정에 중요한 역할을 할 것으로 생각된다. 두 금속 이온들(마그네슘과 망간)은 이 활성 중심에 존재한다. 하나는 영구적으로 효소에 결합하고 하나는 진입하는 뉴클레오티드와 복합체를 이루어 활성 장소로 들어간다. Rpb1의 방아쇠 고리는 기질은 연결이 되도록 하고, 부적절한 뉴클레오티드는 구별하도록 위치를 정한다.

Rpb4/7이 있는 RNA 중합효소 II의 12-소단위체 구조에서 집게는 닫혀 있다. 전사 시작이 12-소단위체에서 집게가 닫힌 채 일어나기 때문에 주형 DNA 나선이 효소의 활성 장소로 하강하기 전에 프로모터 DNA가 녹아야만 할 것으로 보인다. Rpb4/7은 중합효소의 부두 부위를 확장하여 특정 보편전사인자들이 결합하기 쉽게 만들어 전사 시작을 촉진하는 것으로 보인다.

II급 프로모터들은 전사 시작 위치 주변에 있는 핵심 프로모터와 좀 더 상단부에 있는 상단부 프로모터로 구성되어 있다. 핵심 프로모터 요소는 TFIIB 인식 요소(BRE), TATA 상자, 개시자(Inr), 하단부 핵심 요소(DCE), 모티프 10 요소(MTE),하단부 프로모터 요소(DPE)의 여섯개의 보존된 요소로 구성되어 있다. 대부분의 프로모터는 이러한 요소들 중 최소한 1개 이상을 가지고 있지 않다. 높게 발현되는 특화 유전자들은 대체로 TATA 상자를 가지고 있고, 관리 유전자들은 TATA 상자가 없는 경우가 많다.

상단부 프로모터 요소는 보통 II급 프로모터들의 상단부에서 발견된다. 이는 핵심 프로모터와 달리 상대적으로 유전자 특이적인 전사인자들이 결합한다. 예를 들어 GC 상자는 전사인자 Sp1과 결합하고 CCAAT 상자는 CTF와 결합한다. 상단부 프로모터 요소들은 핵심 프로모터와 달리 방향과 상관없이 작용할 수 있지만 고전적인 인핸서와는 다르게 위치에는 상관한다.

I급 프로모터의 서열은 종간에 잘 보존되지 않았지만 프로모터의 일반적인 구조는 잘 보존되어 있다. 이는 두 가지 요소로 구성된다. 전사 출발점 주변의 핵심 요소와 100bp 정도 상단의 상단부 프로모터 요소(UPE)가 있다. 이 두 요소들 간의 거리가 중요하다.

RNA 중합효소 III는 작은 유전자들을 전사한다. 고전적인 III급 유전자들(I형과 II형)은 프로모터를 전부 유전자 내부에 가지고 있다. III급 I형의 내부 프로모터(5S rRNA 유전자)는 세 부위로 나뉜다. A 상자와 짧은 중간 요소와 C 상자. II형 유전자의 내부 프로모터(예: tRNA)는 두 부위로 나뉜다. A 상자와 B 상자. III급 유전자의 나머지는 III형(예: 7SK, U6 RNA 유전자)이라 불리고 내부 프로모터들을 가지고 있지 않으며 프로모터가 TATA 상자를 가지며 5′-측면부위에 위치하는 점에서 II급 프로모터를 닮아 있다. U1과 U6 snRNA유전자는 각각 비고전적인 II급과 III급 프로모터를 가진다. U1 snRNA 프로모터는 필수적인 근거리 서열 요소(PSE)와 원거리 서열 요소(DSE)를 가진다. U6 snRNA 프로모터는 PSE, DSE, TATA 상자를 가진다.

인핸서와 사일런서는 관련 유전자들의 전사를 각각 자극하거나 억제하는 위치와 방향에 독립적인 DNA 요소이다. 그들은 또한 조직 특이적이어서 이들의 활성은 조직 특이적 DNA 결합단백질들에 의해 조절된다.

복습 문제

1. 진핵생물의 핵 RNA 중합효소들의 DEAE-세파덱스 크로마토그래피 분리 양상을 그려라. α-아마니틴이 1μg/mL 있을 때 각 부분이 어떻게 될지 예상하라.

2. 중합효소 I이 세포의 인에 존재한다는 실험을 기술하고 그 결과를 예상하라.

3. 중합효소 III이 tRNA와 5SRNA를 만든다는 실험을 기술하고 그 결과를 예상하라.

4. 효모 RNA 중합효소 II는 몇 개의 소단위체로 구성되는가? 이들 중 어느 것이 핵심 소단위체인가? 세 가지 RNA 중합효소들에 모두 존재하는 공통 소단위체는 몇 개인가?

5. 항원결정기가 효모에서 중합효소 II를 한 번에 분리해 낸 방법을 기술하라.

6. 일부 중합효소 II에서 세 가지 다른 형태의 가장 큰 소단위체(RPB1)가 발견되었다. 이 소단위체들의 이름을 붙이고 SDS-PAGE 후의 각각의 상대적인 위치를 보여라. 이러한 소단위체들 간의 차이점은 무엇인가? 이러한 결론의 증거를 기술하라.

7. RPB1의 CTD의 구조는 어떠한가?

8. 효모 RNA 중합효소 II의 대략적인 구조를 그려라. DNA가 놓이는 위치를 보이고 DNA가 이곳에 위치한다는 다른 증거를 제시하라. 또한 활성부위의 위치를 보여라.

9. RNA 중합효소의 활성부위에서 촉매 과정에 참여하는 마그네슘 이온은 몇 개인가? 왜 이러한 금속 이온들 중 하나는 효모 RNA 중합효소 II의 결정구조에서 보기 어려운가?

10. 구멍 1이 RNA 중합효소 II가 후진하는 동안 RNA가 도출되는 곳이라고 생각되는 이유는 무엇인가?

11. '진행 중인 전사'를 라는 말의 의미는 무엇인가? 중합효소 II의 어떤 부분이 진행성을 보장하는가?

12. 중합효소 II의 방향타의 예상되는 기능은 무엇인가?

13. 다리나선의 예상되는 기능은 무엇인가? 이 기능과 α-아마니틴의 관계는 무엇인가?

14. 중합효소 II의 E 부위와 A 부위는 무엇인가? 뉴클레오티드 선택에서 이들의 역할은 무엇인가?

15. 뉴클레오티드 선택에서 중합효소 II 방아쇠 고리가 하는 역할은 무엇인가? 염기, 당, 인산기에 접촉하는 도식도와 함께 설명하라.

16. RNA 중합효소 II의 집게가 열리고 닫히는 데 Rpb4/7 복합체의 역할은 무엇인가? 이러한 역할을 지지하는 증거는 무엇인가?

17. 12-소단위체 RNA 중합효소 II는 프로모터 DNA와 상호 작용한다. 중합효소와 상호 작용해야만 하는 프로모터 DNA의 상태와 관련해 이는 어떤 의미가 있는가?

18. 가질 수 있는 모든 종류의 요소들이 그려진 중합효소 II 프로모터의 도식을 그려라.

19. 어떤 종류의 유전자들이 TATA 상자를 갖는가? 어떤 종류의 유전자들이 그들을 갖지 않는가?

20. TATA 상자와 DPE의 예상되는 관계는 무엇인가?

21. TATA 상자를 II급 프로모터에서 제거했을 때 예상되는 두 가지 효과는 무엇인가?

22. 연결자 주사법의 과정을 그려라. 이를 통해 어떤 정보를 얻을 수 있는가?

23. II급 프로모터의 두 가지 상단부 요소들을 써라. 핵심 프로모터 요소들과 어떻게 다른가?

24. 전형적인 I급 프로모터를 그려라.

25. I급 프로모터 요소들은 어떻게 발견되었나? 실험 결과들을 보여라.

26. I급 프로모터들의 요소들 사이의 거리의 중요성을 보여 주는 실험을 기술하고 결과를 보여라.

27. 고전적인 III급 프로모터와 비고전적인 것의 차이를 비교해라. 각각의 예를 제시하라.

28. U1과 U6 snRNA 프로모터의 구조를 도식하라. 어떤 RNA 중합효소가 각각을 전사하는가? TATA 상자를 이 프로모터 중 하나로 부터 다른 프로모터로 옮겼을 때의 효과는 무엇인가? 왜 이것이 역설적인가?

29. 5S rRNA 유전자의 프로모터의 5′-경계를 알려주는 실험을 기술하고 그 결과를 보여라.

30. 인핸서 활성이 조직 특이적이라는 사실을 설명하라.

분석 문제

1. II급 유전자의 전사는 TATA 상자의 마지막 염기 30bp 하단의 구아노신에서 시작된다. 이 구아노신과 TATA 상자 사이 DNA의 20bp를 제거하고 이를 세포에 유전자 주입하였다. 전사가 여전히 같은 구아노신에서 시작할 것인가? 그렇지 않다면 어디에서 시작될까? 전사 개

시점을 어디로 예상하는가?

2. 유전자 상단의 반복되는 서열이 인핸서로 작용할 것으로 의심된다. 이러한 가설을 검사할 수 있는 실험을 기술하고 결과는 예측하라. 이 서열이 프로모터가 아니라 인핸서로 작용한다는 사실을 보여야 한다.

3. 새로운 II급 프로모터를 조사하고 있는데 익숙한 서열들을 발견하지 못했다. 프로모터 서열의 위치를 찾을 수 있는 실험을 기술하고 견본 결과를 제시하라.

4. 5S rRNA 프로모터의 3′-말단을 정하기 위해 사용할 수 있는 프라이머 확장 실험을 묘사하라.

추천 문헌

General References and Reviews

Corden, J.L. 1990. Tales of RNA polymerase II. *Trends in Biochemical Sciences* 15:383–87.

Klug, A. 2001. A marvelous machine for making messages. *Science* 292:1844–46.

Landick, R. 2004. Active-site dynamics in RNA polymerases. *Cell* 116:351–53.

Lee, T.I. and R.A. Young. 2000. Eukaryotic transcription. *Annual Review of Genetics* 34:77–137.

Paule, M.R. and R.J. White. 2000. Transcription by RNA polymerases I and III. *Nucleic Acids Research* 28:1283–98.

Sentenac, A. 1985. Eukaryotic RNA polymerases. *CRC Critical Reviews in Biochemistry* 18:31–90.

Woychik, N.A. and R.A. Young. 1990. RNA polymerase II: Subunit structure and function. *Trends in Biochemical Sciences* 15:347–51.

Research Articles

Benoist, C. and P. Chambon. 1981. In vivo sequence requirements of the SV40 early promoter region. *Nature* 290:304–10.

Bogenhagen, D.F., S. Sakonju, and D.D. Brown. 1980. A control region in the center of the 5S RNA gene directs specific initiation of transcription: II. The 3border of the region. *Cell* 19:27–35.

Bushnell, D.A., P. Cramer, and R.D. Kornberg. 2002. Structural basis of transcription: α-amanitin-RNA polymerase cocrystal at 2.8Å resolution. *Proceedings of the National Academy of Sciences USA* 99:1218–22.

Cramer, P., D.A. Bushnell, and R.D. Kornberg. 2001. Structural basis of transcription: RNA polymerase II at 2.8 Ångstrom resolution. *Science* 292:1863–76.

Das, G., D. Henning, D. Wright, and R. Reddy. 1988. Upstream regulatory elements are necessary and sufficient for transcription of a U6 RNA gene by RNA polymerase III. *EMBO Journal* 7:503–12.

Gillies, S.D., S.L. Morrison, V.T. Oi, and S. Tonegawa. 1983. A tissue-specific transcription enhancer element is located in the major intron of a rearranged immunoglobulin heavy chain gene. *Cell* 33:717–28.

Gnatt, A.L., P. Cramer, J. Fu, D.A. Bushnell, and R.D. Kornberg. 2001. Structural basis of transcription: An RNA polymerase II elongation complex at 3.3Å resolution. *Science* 292:1876–82.

Haltiner, M.M., S.T. Smale, and R. Tjian. 1986. Two distinct promoter elements in the human rRNA gene identified by linker scanning mutagenesis. *Molecular and Cellular Biology* 6:227–35.

Kolodziej, P.A., N. Woychik, S.-M. Liao, and R. Young. 1990. RNA polymerase II subunit composition, stoichiometry, and phosphorylation. *Molecular and Cellular Biology* 10:1915–20.

Kutach, A.K. and J.T. Kadonaga. 2000. The downstream promoter element DPE appears to be as widely used as the TATA box in Drosophila core promoters. *Molecular and Cellular Biology* 20:4754–64.

Learned, R.M., T.K. Learned, M.M. Haltiner, and R.T. Tjian. 1986. Human rRNA transcription is modulated by the coordinate binding of two factors to an upstream control element. *Cell* 45:847–57.

McKnight, S.L. and R. Kingsbury. 1982. Transcription control signals of a eukaryotic protein-coding gene. *Science* 217:316–24.

Murphy, S., C. Di Liegro, and M. Melli. 1987. The in vitro transcription of the 7SK RNA gene by RNA polymerase III is dependent only on the presence of an upstream promoter. *Cell* 51:81–87.

Pieler, T., J. Hamm, and R.G. Roeder. 1987. The 5S gene internal control region is composed of three distinct sequence elements, organized as two functional domains with variable spacing. *Cell* 48:91–100.

Roeder, R.G. and W.J. Rutter. 1969. Multiple forms of DNA-dependent RNA polymerase in eukaryotic organisms. *Nature* 224:234–37.

Roeder, R.G. and W.J. Rutter. 1970. Specific nucleolar and nucleoplasmic RNA polymerases. *Proceedings of the National Academy of Sciences USA* 65:675–82.

Sakonju, S., D.F. Bogenhagen, and D.D. Brown. 1980. A control region in the center of the 5S RNA gene directs initiation of transcription: I.The5borderoftheregion. *Cell* 19:13–25.

Sayre, M.H., H. Tschochner, and R.D. Kornberg. 1992. Reconstitution of transcription with five purified initiation factors and RNA polymerase II from *Saccharomyces cerevisiae*. *Journal of Biological Chemistry* 267:23376–82.

Sklar, V.E.F., L.B. Schwartz, and R.G. Roeder. 1975. Distinct molecular structures of nuclear class I, II, and III DNA-dependent RNA polymerases. *Proceedings of the National Academy of Sciences USA* 72:348–52.

Smale, S.T. and D. Baltimore. 1989. The "initiator" as a transcription control element. *Cell* 57:103–13.

Ullu, E. and A.M. Weiner. 1985. Upstream sequences modulate the internal promoter of the human 7SL RNA gene. *Nature* 318:371–74.

Wang, D., D.A. Bushnell, K.D. Westover, C.C. Kaplan, and R.D. Kornberg.

2006. Structural Basis of Transcription: Role of the Trigger Loop in Substrate Specificity and Catalysis. *Cell* 127:941–954

Weinman, R. and R.G. Roeder. 1974. "Role of DNA-dependent RNA polymerase III in the transcription of the tRNA and 5S rRNA genes." *Proceedings of the National Academy of Sciences USA* 71:1790–94.

Westover, K.D., D.A. Bushnell, and R.D. Kornberg. 2004. Structural basis of transcription: Separation of RNA from DNA by RNA polymerase II. *Science* 303:1014–16.

Westover, K.D., D.A. Bushnell, and R.D. Kornberg. 2004. Structural basis of transcription: Nucleotide selection by rotation in the RNA polymerase II active center. *Cell* 119:481–89.

Woychik, N.A., S.M. Liao, P.A. Kolodziej, and R.A. Young. 1990. Subunits shared by eukaryotic nuclear RNA polymerases. *Genes and Development* 4:313–23.

Woychik, N.A., et al. 1993. Yeast RNA polymerase II subunit RPB11 is related to a subunit shared by RNA polymerase I and III. *Gene Expression* 3:77–82.

CHAPTER 11

진핵생물의 보편전사인자

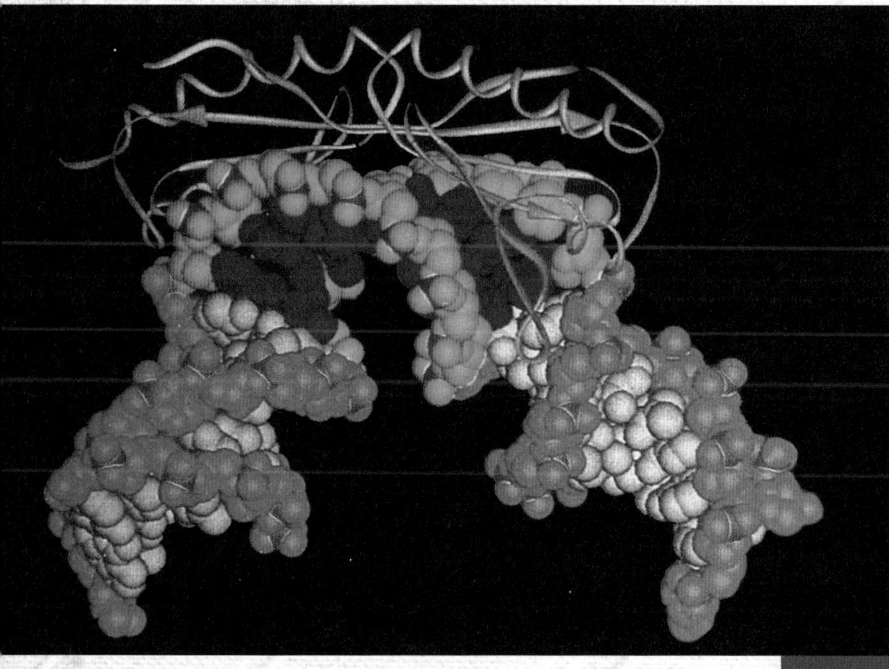

TBP-TATA 상자복합체의 X-ray 결정 구조. (© Klug, A. Opening the gateway. *Nature* 365(7 Oct 1993) p. 487, f. 2. © Macmillan Magazines Ltd.)

진핵생물의 RNA 중합효소는 박테리아와 달리 그들의 프로모터에 스스로 결합할 수 없어 전사인자(transcription factor)라는 단백질들의 도움을 필요로 한다. 전사인자에는 **보편전사인자**(general transcription factor)와 유전자특이전사인자[gene specific transcription factor, **활성인자**(activator)]의 두 유형이 있다. 보편전사인자는 어느 정도까지는 RNA 중합효소들을 그들 각각의 프로모터에 결합할 수 있게 한다. 그래서 이러한 인자들은 기저수준의 전사만을 자극할 수 있다. 보편전사인자와 세 종류의 중합효소만으로는 최소한의 전사조절만이 가능하지만, 세포에서는 매우 정교한 전사조절이 이루어지고 있다. 그럼에도 불구하고 보편전사인자에 의해 수행되는 임무, 즉 RNA 중합효소를 프로모터에 결합하게 하는 것은 매우 중요한 일이다. 이 과정은 많은 폴리펩티드가 관여하며 매우 복잡하다. 이 장에서는 3개의 RNA 중합효소와 그들의 프로모터에 작용하는 보편전사인자에 대해 살펴보도록 한다.

11.1. II급 전사인자

보편전사인자는 적절한 뉴클레오티드가 존재하기만 하면 RNA 중합효소와 결합하여 전사를 시작할 수 있는 **개시전 복합체**(preinitiation complex)를 형성한다. 이 결합은 강하며, 전사 출발점(transcription start site)에서 중합효소가 DNA를 인식할 수 있도록 개방형 프로모터 복합체(open promoter complex)를 형성하는 데 관여한다. 먼저 중합효소 II와 관계된 개시전 복합체의 조립에 대해 설명하도록 한다. 이 복합체는 매우 복잡하지만 가장 잘 연구되어 있다. II급 보편전사인자가 어떻게 작용하는지 이해하면, I급과 III급의 기작은 이해하기가 상대적으로 수월할 것이다.

1) II급 개시전 복합체

II급 보편전사인자 복합체는 중합효소 II와 **TFIIA, TFIIB, TFIID, TFIIE, TFIIF, TFIIH**라 불리는 6개의 보편전사인자를 포함한다. 많은 연구 결과는 II급 보편전사인자와 RNA 중합효소 II가 특이한 순서로 개시전 복합체에 결합한다는 것을 보여 준다. 특히 필립 샤프(Phillip Sharp)와 동료들, 그리고 대니 레인버그(Danny Reinberg)는 DNA 겔 이동 변화분석과 DNA 가수분해효소 풋프린팅 실험(5장 참조)을 통해 개시전 복합체를 구성하는 인자들의 결합 순서의 대부분을 밝혔다.

그림 11.1a는 레인버그와 잭 그린브랏(Jack Greenblatt), 그리고 동료들이 RNA 중합효소 II와 2개의 또 다른 전사인자, TFIIB

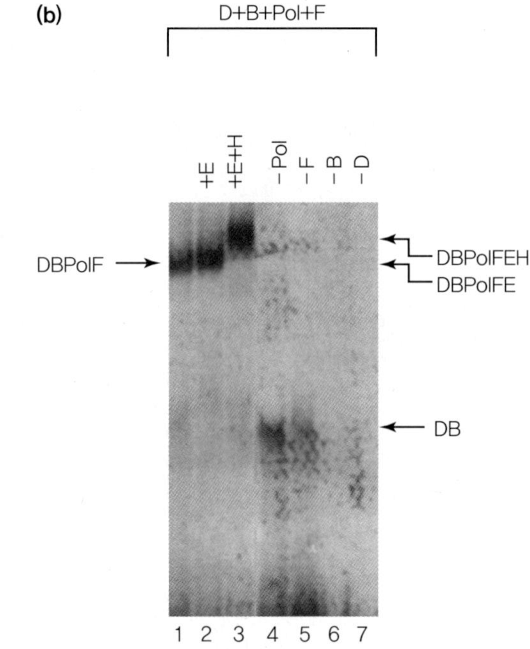

그림 11.1 개시전 복합체 형성. (a) DABPolF 복합체. 레인버그와 동료들은 TFIID, A, B, F, 그리고 RNA 중합효소 II를 방사능으로 표지한 아데노바이러스의 주후기 프로모터 DNA와 섞은 후 겔 이동 변화분석을 수행했다. 1번 레인은 TFIID와 A로 형성된 DA 복합체이다. 2번 레인은 TFIIB가 추가되어 형성된 복합체이다(DAB). 3번 레인은 TFIID, A, B, F를 가지고 있지만 2번 레인과 동일하게 보인다. 따라서 TFIIF는 중합효소 II가 없는 상태에서는 결합하지 않는 것으로 보인다. 4~7번 레인은 위의 네 가지 전사인자의 존재하에서 중합효소 II의 양을 점차로 증가시킨 상황을 나타낸다. 양을 점점 증가시킴에 따라 DABPolF와 DBPolF의 양이 증가된다. 8~11번 레인은 TFIIF의 양을 줄이면 큰 복합체가 점점 줄어드는 것을 보여 준다. 12번 레인은 TFIIF가 없을 때 DABPolF나 DBPolF 복합체가 형성되지 않음을 보여 준다. 따라서 TFIIF가 중합효소 II를 복합체로 유도하는 것과 같다. 오른쪽 레인들은 복합체의 구성요소들을 한 번에 한 가지씩 제거하는 것을 보여 준다. 13번 레인은 TFIID가 없는 상태에서 복합체가 전혀 형성되지 않음을 보여 준다. 14번 레인은 TFIIB가 없을 때 DA 복합체만이 형성됨을 보여 준다. 15번 레인은 DBPolF가 TFIIA 없이도 형성될 수 있음을 보여 준다. 마지막으로 모든 큰 복합체들은 모든 요소가 존재할 때 형성되는 것을 보여 주고 있다(16번 레인). **(b)** DBPolFEH 복합체. Reinberg와 동료들은 TFIIA가 결여된 DBPolF 복합체(1번 레인)에서부터 시작해 TFIIE, TFIIH 등을 차례로 표지된 아데노바이러스의 주후기 프로모터 DNA에 첨가하여 겔 이동 변화분석을 했다. 각각의 전사인자들이 가해질 때마다 복합체는 커져가고 겔에서의 이동은 점점 늦어졌다. 각 복합체는 그림 오른쪽에 표시되었다. 4~7번 레인은 그림 위쪽에 표시된 인자들을 제거했을 경우의 결과를 보여 준다. DB 복합체만 형성되었고, TFIID가 없을 때는 아무런 복합체도 형성되지 않았다. (출처: (a) Flores, O., H. Lu, M. Killeen, J. Greenblatt, Z.F. Burton, and D. Reinberg, The small subunit of transcription factor IIF recruits RNA polymerase II into the preinitiation complex. *Proceedings of the National Academy of Sciences USA*, 88 (Nov 1991) p. 10001, f. 2a. (b) Cortes, P., O. Flores, and D. Reinberg. 1992. Factors involved in specifi c transcription by mammalian RNA polymerase II: Purifi cation and analysis of transcription factor IIA and identifi cation of transcription factor IIJ. Molecular and Cellular Biology 12: 413–21. American Society for Microbiology.)

와 TFIIF를 이용해 수행한 겔 이동 변화분석의 결과이다. 그들은 이 실험을 통해 그림 왼쪽에 표시한 것처럼 4개의 독특한 복합체가 형성되는 것을 밝혔다. 아데노바이러스의 MLP가 포함된 DNA에 TFIID와 TFIIA만을 첨가했을 때 DA 복합체가 형성되었다. TFIID, TFIIA와 함께 TFIIB가 존재하면서 새로운 DAB 복합체가 형성되었다. 그림의 중간 부분에서는 다양한 양의 RNA 중합효소 II와 TFIIF를 DAB 복합체에 첨가했을 때 일어나는 변화를 보여 준다. D+A+B+F로 표시된 레인은 RNA 중합효소를 제외한 4개의 모든 인자를 첨가한 경우이다. 이 네 인자에 의해 형성된 복합체도 DAB 복합체와 같다. 그러므로 TFIIF는 DAB에 독립적으로 결합하지는 않는 것 같다. 그러나 중합효소의 양을 늘리면 2개의 새로운 복합체가 나타나는데, 이것은 중합효소와 TFIIF 모두를 포함하는 것 같다. 그러므로 맨 위쪽의 복합체는 DABPolF 복합체라 불린다. 또 다른 새로운 복합체(DBPolF)는 우리가 볼 수 있듯이 TFIIA가 없기 때문에 좀 더 빠르게 이동한다. 최대 양의 DABPolF 복합체를 얻기 위해 충분한 양의 중합효소를 첨가한 후, TFIIF의 양을 줄여 보았다. TFIIF가 적으면 중합효소가 많은 조건에서도 DABPolF의 형성이 감소되며, TFIIF가 없으면 DABPolF(또는 DABPol) 복합체가 형성되지 않는다. 이러한 결과들은 개시전 복합체에 RNA 중합효소와 TFIIF가 참여하기 위해서는 이들이 함께 존재해야 한다는 것을 나타낸다.

레인버그와 그린브랏, 그리고 동료들은 한 번에 한 종류 또는 여러 인자들을 제거하는 비슷한 종류의 겔 이동 변화분석을 통해 단백질의 결합 순서를 결정했다. 예를 들면, −D로 표시된 레인은 TFIID를 제거했을 경우 무슨 일이 발생하는지를 보여 주는데, 이 경우 다른 모든 인자들이 존재함에도 불구하고 복합체가 형성되

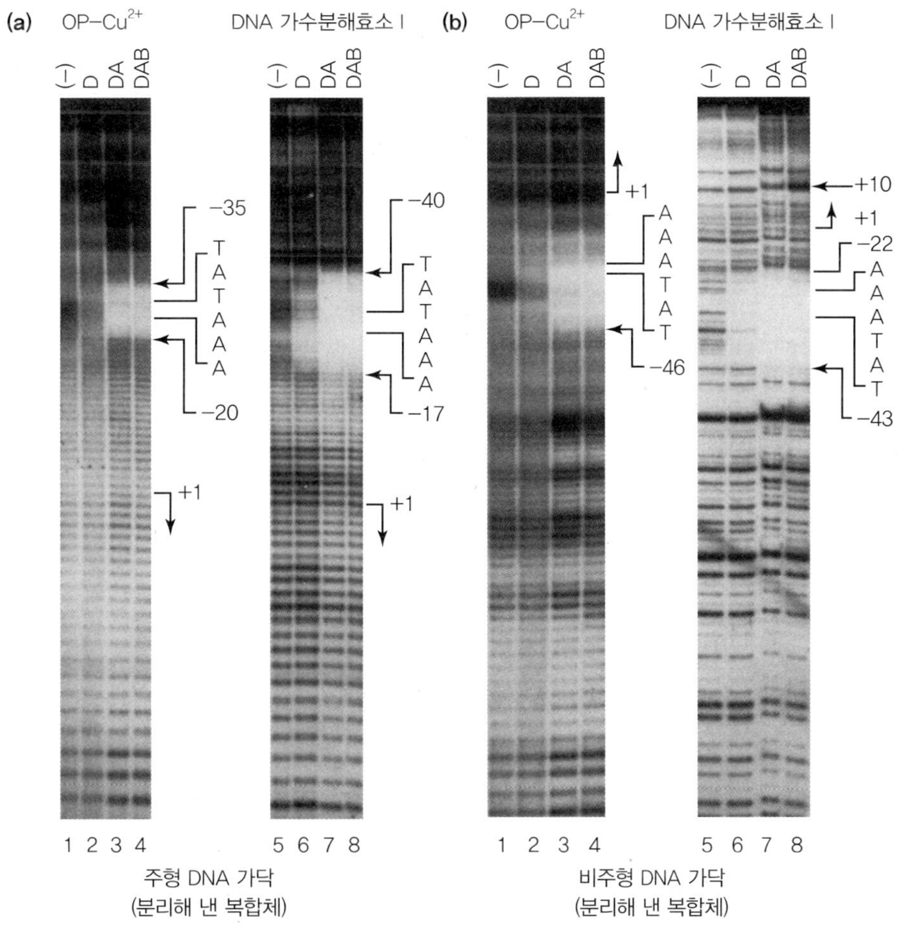

그림 11.2 DA와 DAB 복합체의 풋프린팅. 레인버그와 동료들은 DNA 가수분해효소(1~4열)와 또 다른 DNA 서열 분해 물질인 1, 10−페난스로린−구리이온복합체(OP−Cu^{2+}, 5~8열)를 이용해 DA와 DAB 복합체에 대한 풋프린팅을 수행했다. **(a)** 비주형가닥에 대한 풋프린팅. DA와 DAB 복합체는 TATA 상자(TATAAA, 오른쪽에 위에서 아래로 표시되었음)에 형성되었다. **(b)** 주형가닥의 풋프린팅. 역시 DA와 DAB 복합체는 TATA 상자에 형성되었다. 위쪽에 있는 화살표는 +10 위치에서의 DNA 절단이 증가된 것을 가리킨다. (출처: Adapted from Maldonado E., I. Ha, P. Cortes, L. Weiss, and D. Reinberg, Factors involved in specifi c transcription by mammalian RNA polymerase II: Role of transcription Factors IIA, IID, and IIB during formation of a transcription−competent complex. *Molecular and Cellular Biology* 10 (Dec 1990) p. 6344, f. 9. American Society for Microbiology.)

지 않았다. 이는 다른 모든 인자들의 결합이 TATA 상자에 결합하는 TFIID에 의존하며, 이러한 TFIID에 대한 의존성은 TFIID가 DNA에 처음으로 결합하는 인자라는 가설을 더욱 강력히 시사한다. −B로 표시한 레인은 TFIIB가 중합효소와 TFIIF 결합에 필요함을 보여 준다. TFIIB가 존재하지 않을 때는 단지 DA 복합체만을 형성할 수 있다. −A로 표시한 레인은 TFIIA를 제거할 경우 그것이 거의 복합체 형성에 영향을 주지 않음을 보여 준다. 그러므로 적어도 시험관에서는 TFIIA는 그다지 중요한 것 같지 않다. 또한 2개의 큰 복합체중에 더 작은 복합체가 DBPolF임을 시사한다. 끝으로 마지막 레인에는 모든 단백질이 존재하는데, 약간의 잔여 DAB 복합체와 큰 복합체가 있음을 보여 주고 있다.

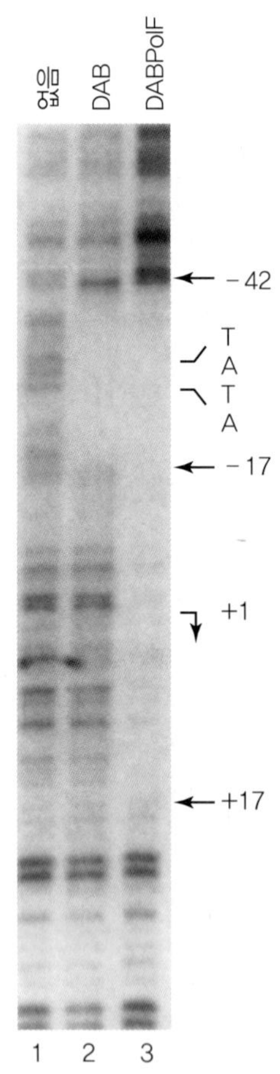

그림 11.3 DABPolF 복합체의 풋프린팅. 레인버그와 동료들은 TFIID, A, B(2번 레인)와 TFIID, A, B, F, RNA 중합효소(3번 레인)를 가지고 DNA 가수분해효소 풋프린팅 분석을 했다. RNA 중합효소와 TFIIF가 복합체에 있을 때에는 +17까지 풋프린트가 증가되었다. 이것은 RNA 중합효소 II의 크기가 큰 것과 일치한다. (출처: Flores O., H. Lu, M. Killeen, J. Greenblatt, Z.F. Burton, and D. Reinberg, The small subunit of transcription factor IIF recruits RNA polymerase II into the preinitiation complex. *Proceedings of the National Academy of Sciences USA* 88 (Nov 1991) p. 10001, f. 2b.)

레인버그와 동료들은 1992년 TFIIE까지 연구를 확장했다. 그림 11.1b는 DBPolF 복합체에 차례로 TFIIE와 TFIIH를 첨가한 경우 더 큰 복합체가 형성됨을 보여 준다. 이 실험에서 형성된 최종의 개시전 복합체는 DBPolFEH이다. 이 실험의 마지막 4개의 레인에서는 초기 인자들(중합효소 II, TFIIF, TFIIB, TFIID) 중 어느 것이라도 결핍되면 완전한 개시전 복합체가 형성되지 않는 것을 다시 한 번 보여 준다.

따라서 개시전 복합체에 대한 보편전사인자의 결합 순서는 다음과 같다. TFIID(또는 TFIIA+TFIID), TFIIB, TFIIF+중합효소 II, TFIIE, TFIIH. 이제 DNA의 어느 부위에 이러한 전사인자가 결합하는지 알아보자. 샤프의 연구팀을 시작으로 여러 그룹들이 풋프린팅을 이용해 이 질문에 대한 답을 찾고자 했다. 그림 11.2는 DA와 DAB 복합체에 대한 풋프린팅의 결과를 보여 준다. 레인버그와 동료들은 단백질−DNA 복합체들을 끊기 위해 두 가지 다른 시약, 즉 1,10−페난스로린[phenanthroline(OP)]−구리이온 복합체(양쪽 패널의 1~4번 레인)와 DNA 가수분해효소 I(양 패널의 5~8번 레인)을 사용했다. 패널 (a)의 3번과 7번 레인은 우리가 이미 관찰한 것처럼 TFIID와 TFIIA가 TATA 상자를 절단으로부터 보호하는 것을 보여 주며, 패널 (b)의 3번과 7번 레인은 DA 복합체가 DNA의 주형가닥 TATA 상자에 결합하는 것을 보여 준다. 패널 (a)의 4번과 8번 레인은 DAB 복합체를 형성하기 위해 TFIIB를 첨가하자 비주형가닥의 풋프린트에는 변화가 없음을 보여 준다. 미묘한 차이가 분명하게 나타나긴 하지만, 같은 결과가 주형가닥에서도 보였다. 8번 레인에서 볼 수 있듯이 TFIIB를 첨가하면 +10 자리의 DNA가 DNA 가수분해효소에 좀 더 민감하게 된다.

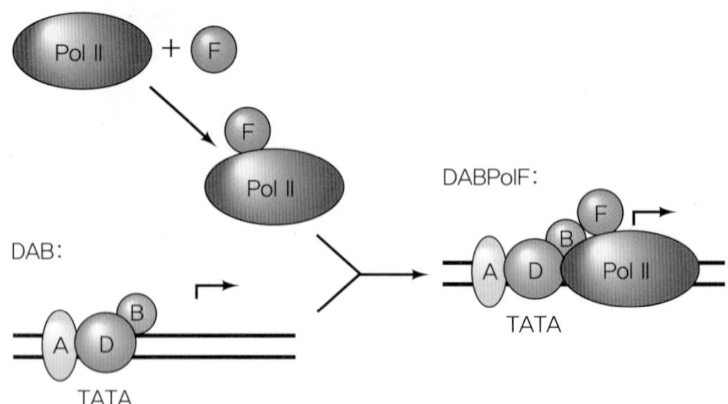

그림 11.4 DABPolF 복합체의 형성 모델. TFIIF(초록색)는 중합효소 II(Pol II, 빨간색)와 결합한 후 중합효소 II를 DAB 복합체로 인도한다. 그 결과 DABPolF 복합체가 형성된다. 이러한 모델은 중합효소 II가 DAB 풋프린트를 하단부로 확장시키고, 따라서 RNA 중합효소는 TATA 상자에 결합하고 있는 TFIID, A, B의 하단부에 결합한다.

그러므로 TFIIB는 DNA의 상당 부분을 덮는 것 같지는 않으나, DNA 가수분해효소 공격에 대한 민감성을 변화시키기에 충분할 정도로 DNA 구조를 방해한다.

RNA 중합효소 II는 매우 큰 단백질이기에 DNA의 상당 부분을 덮으며 커다란 풋프린트를 남긴다고 예상했다. 그림 11.3에서 이런 예상이 확인되었다. TFIID, TFIIA TFIIB는 DAB 복합체의 TATA 상자 지역(−17에서 −42 위치)을 덮는 반면, RNA 중합효소 II와 TFIIF는 덮는 지역을 비주형가닥에서 34개의 새로운 염기들까지 확장(−17에서 약 +17까지)했다. 그림 11.4는 DABPolF 복합체 형성 시 TFIIF의 역할에 대해 우리가 배운 것을 요약한 것이다. 중합효소 II(빨간색)와 TFIIF(초록색)는 한 쌍의 2량체를 형성함으로써 미리 형성된 DAB 복합체에 결합한다.

2) TFIID의 구조와 기능

TFIID는 **TATA 상자 결합단백질**(TATA box-binding protein, TBP)과 13개의 핵심 **TBP-연관인자**(TBP-associated factors, TAFs, 좀 더 자세히 나타내면 TAFs)로 구성된 복잡한 단백질이다. 문맥상 모호한 경우 일반적으로 기호 II를 사용하는데, 이는 TBP는 I급과 III급 유전자의 전사에도 관여하며, I급, III급의 개시전 복합체에서 각각 다른 TAFs(TAFIs와 TAFIIIs)에 결합하기 때문이다. 우리는 TBP의 역할부터 시작하여 I급, III급 프로모터로부터의 전사에서 TAFs의 역할 등을 이 장에서 논의할 것이다. 그럼 TBP로 시작하여 TAFs에 이르기까지 TFIID의 구성인자와 그 활성에 대해 먼저 살펴보자.

(1) TATA 상자 결합단백질(TBP)

TFIID 복합체 중 가장 먼저 밝혀진 폴리펩티드인 TBP는 진화적으로 상당히 잘 보존되어 있다. 효모, 초파리, 식물, 그리고 인간에 이르기까지 매우 다양한 생물체에서 TBP는 TATA 상자 결합부위의 아미노산 서열에서 80% 이상의 상동성을 보인다. 이러한 부위는 각 단백질 C-말단의 180개 아미노산을 포함하며, 많은 염기성 아미노산으로 구성되어 있다. 진화적으로 보존되었다는 또 다른 증거는 포유류의 다른 모든 보편전사인자들의 개시전 복합체에서 효모의 TBP가 그 기능을 잘 수행한다는 사실에서 찾을 수 있다.

티잔(Tjian) 연구팀은 재조합 TBP의 C-말단 180개의 아미노산만을 가진 절단된 형태의 사람 TBP만으로도 본래의 TFIID처럼 프로모터의 TATA 상자 부위에 충분히 결합하는 것을 보임으로써, C-말단의 180개 아미노산의 중요성을 밝혀냈다.

어떻게 TBP가 TATA 상자에 결합하는가? 처음에는 대부분의 다른 DNA 결합단백질(9장 참조)처럼 TATA 상자 DNA의 큰 홈의 염기쌍과 특이 결합할 것이라 생각했다. 그러나 다이앤 홀리(Diane Hawley)와 로버트 로이더(Robert Roeder)의 연구 그룹은 TBP가 TATA 상자에서 작은 홈에 결합하는 것을 확실하게 보임으로써 처음 추측이 틀린 것으로 판명되었다.

베리 스터(Barry Starr)와 홀리는 실험에서 큰 홈이 변하도록 TATA 상자의 모든 염기를 치환시켜도 작은 홈에는 변화가 없음을 발견하였다. 이것은 이노신(inosine)의 하이포산틴(hypoxanthine) 염기가 작은 홈은 아데닌(A)과 같지만 큰 홈은

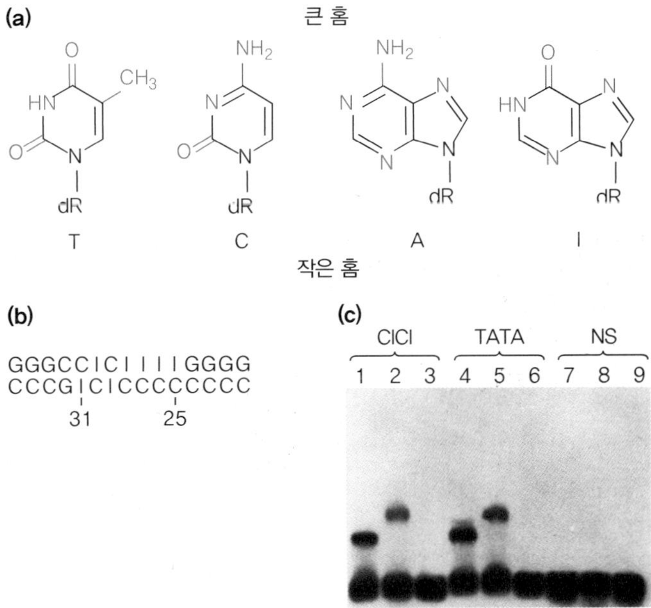

그림 11.5 TATA 상자에서 T를 C로, A를 I로 치환할 경우 TFIID가 TATA에 결합하는 데 미치는 영향. (a) 큰 홈과 작은 홈의 뉴클레오티드 모양. 티민과 시티딘은 작은 홈에서는 같게 보이나(초록색, 아래), 큰 홈에서는 매우 다르게 보인다(빨간색, 위). 비슷하게 아데노신과 이노신은 작은 홈에는 같게 보이나 큰 홈은 다르게 보인다. (b) TATA 상자에서 T대신 C로, A대신 I로 치환시켜 CICI 상자를 지닌 아데노바이러스의 주후기 프로모터(MLP). (c) TBP의 CICI 상자 결합. 스타(Starr)와 홀리(Hawley)는 CICI 상자(1~3번 레인), TATA 상자(4~6번 레인), 또는 프로모터 상자가 없는 비특이 DNA(NS)(7~9번 레인)를 지닌 MLP의 DNA 조각들을 이용해 겔 이동 변화분석을 수행했다. 각 조에서 첫 번째 레인(1, 4, 7)은 효모의 TBP를 갖고 있다. 각 조에서 두 번째 레인(2, 5, 8)은 사람 TBP를 갖고 있다. 각 조의 세 번째 레인은 단지 완충용액만 갖고 있다. 효모와 사람 TBP는 약간 다른 크기의 DNA-단백질 복합체를 형성한다. 그러나 TATA를 CICI로 치환해도 복합체를 형성하는 데 별로 영향을 주지 않는다. 그래서 TBP가 TATA 상자에 결합하는 것은 이러한 치환에 별로 영향을 받지 않는다. (출처: (b-c) Starr, D.B. and D.K. Hawley, TFIID binds in the minor groove of the TATA box. *Cell* 67 (20 Dec 1991) p. 1234, f. 2b. Reprinted by permission of Elsevier Science.)

매우 다르기 때문에 가능하다(그림 11.5a). 이와 비슷하게 시토신은 작은 홈에서는 티민처럼 보이나 큰 홈에서는 그렇지 않다. 그러므로 스타와 홀리는 모든 티민을 시토신으로, 그리고 모든 아데닌을 이노신으로 치환한 아데노바이러스 MLP의 TATA 상자를 만들었다(TATAAAA 대신에 CICIIII, 그림 11.5b). 그런 후 그들은 이 CICI 상자와 정상 TATA 상자에 대한 TFIID의 결합을 DNA 겔 이동 변화분석으로 측정했다. 그림 11.5c에서처럼 CICI 상자는 TATA 상자처럼 작용하였으나, 비특이 DNA는 전혀 TFIID와 결합하지 않았다. 그러므로 TATA 상자 내의 염기변화는 작은 홈이 바뀌지 않는 한 TFIID의 결합에 영향을 못 미친다. 이것은 TFIID가 TATA 상자의 작은 홈에 결합하며 큰 홈과는 중요한 상호 작용을 하지 않는다는 강력한 증거가 된다.

어떻게 TFIID가 TATA 상자의 작은 홈에 결합하는가? 주남해(Nam-Hai Chua), 로이더, 스테판 벌리(Stephen Burley), 그리고 동료들은 식물인 애기장대풀(*Arabidopsis thalliana*)의 TBP 결정구조를 밝혔을 때 이 질문에 대한 답을 찾기 시작했다. 그들이 얻은 구조는 꼭 맞는 안장 모양이었다. 이것은 TBP가 자연적으로 말에 안장을 앉히듯 DNA에 결합하는 것을 시사한다. TBP의 구조는 대략 이중의 대칭성을 가진다. 폴 시글러(Paul Sigler)와 벌리, 그리고 동료들은 TATA 상자를 지닌 합성 이중나선의 DNA에 결합하고 있는 TBP의 결정구조를 밝혔다. 그 결과 그들은 어떻게 TBP가 DNA와 상호 작용하는지 알 수 있었다.

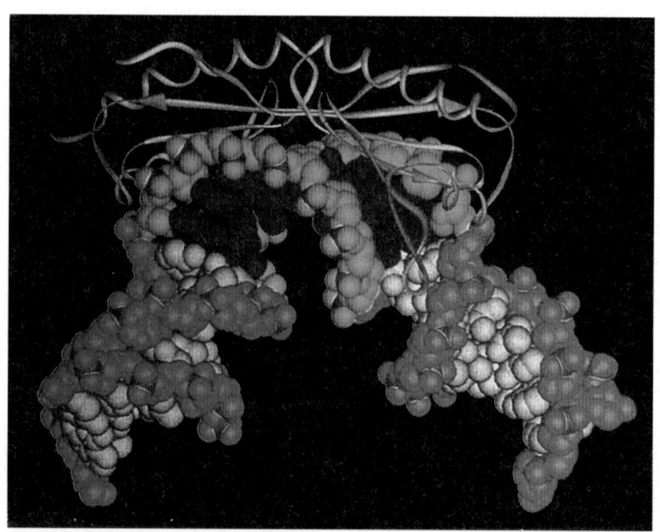

그림 11.6 TBP–TATA 상자 결합체의 구조. 시글러와 동료들이 밝힌 TBP–TATA 상자 결합체의 결정구조로 이 그림은 위쪽에 초록색으로 TBP의 골격을 보여 준다. 안장의 긴 축은 이 페이지의 수평면이다. 단백질 아래의 DNA는 여러 색깔을 가지고 있다. 단백질과 상호 작용하는 부분은 노란색, 염기쌍과 상호 작용하는 부분은 빨간색으로 나타냈다. 어떻게 단백질이 좁은 홈을 열고 그 지역 나선형의 꼬임을 풀었는지를 주의하여 관찰하라. TBP의 한 등자는 작은 홈으로 삽입되어 오른쪽 중심의 초록색고리처럼 보인다. 다른 하나의 등자는 같은 기능을 수행하나, DNA의 뒤쪽에 있어서 보이지 않는다. TBP와 결합하지 않는 DNA의 양끝은 어두운 파란색으로 나타냈다. DNA의 왼쪽 끝은 페이지의 평면 바깥쪽으로 약 25° 튀어나왔으며, 오른쪽 끝은 같은 각도로 안쪽으로 들어가 있다. TBP에 의해서 DNA가 약 80° 각도로 굽어진 것을 분명히 볼 수 있다. (출처: Klug, A. Opening the gateway. *Nature* 365 (7 Oct 1993) p. 487, f. 2. © Macmillan Magazines Ltd.)

그림 11.6은 이러한 구조를 보여 준다. 안장의 구부러진 아래 부분은 DNA의 긴 축을 따라 대충 정렬하고, 이 굴곡은 DNA가 80° 각도를 따라 구부러지도록 한다. 이러한 구부러짐은 작은 홈이 열리도록 하는, DNA 나선의 커다란 뒤틀림에 의해 이루어진다. 이런 작은 홈의 열림은 대부분 TATA 상자의 첫째 그리고 마지막 단계(1번과 2번 사이의 염기쌍과 7번과 8번의 염기쌍)에서 이루어진다. 이 부위의 각각에는 TBP 등자(발을 얹는 승마용 마구)의 2개 페닐알라닌 잔기가 염기쌍 사이에 끼어 들어가 DNA가 구부러지게 된다. 이러한 뒤틀림은 왜 TATA 상자가 그렇게 잘 보존되었는지 설명하는 데 도움이 될 수도 있다. 즉, DNA 이중나선에서 T–A 서열은 어느 다른 2개의 핵산서열에 비해 상대적으로 구부러지기 쉽다. 이러한 생각은 TATA 상자의 뒤틀림이 전사개시에 중요한 것임을 추정할 수 있게 한다. 실제로 DNA의 작은 홈이 열리면 그곳에 개방형 프로모터 복합체의 형성 과정이기도 한 DNA의 풀림을 도와준다는 것을 쉽게 생각할 수 있다.

(2) TBP의 다양성

분자생물학은 놀라움으로 가득 차 있으며 이러한 것 중 하나는 TBP(TATA 결합단백질)의 다양성이다. 이 요소는 TATA–상자를 가진 중합효소 II 프로모터에 작용할 뿐만 아니라, TATA가 없는 중합효소 II 프로모터에도 기능을 한다. 놀랍게도 이것은 또한 TATA가 없는 중합효소 III 및 중합효소 I의 프로모터와도 작용한다. 다시 말해 TBP는 TATA를 가지고 있든 없든 간에, 그리고 중합효소의 종류에 관계없이 사용되는 진핵세포의 보편 전사요소라고 할 수 있다.

로이더, 스티븐 한(Steven Hahn)과 동료들이 온도에 민감한 TBP를 가진 돌연변이 효모를 이용해 이러한 TBP의 광범위한 활성을 보여 주었다. 높은 온도에 있는 돌연변이 효모에서 TBP는 중합효소 II에 의한 전사뿐만 아니라 중합효소 I과 III에 의한 전사도 저해한다.

그림 11.7은 이러한 주장을 보여 주는 증거이다. 연구자들은 그림 11.7a에서 보여 주듯이 정상과 TBP에 손상이 있는 2개의 다

른 온도 민감성 돌연변이로부터 세포질 추출물을 준비했다. 그들은 24℃에서 키운 세포들과 37℃에서 1시간 동안 열 충격을 준 세포로부터 각각 세포추출물을 만들었다. 그 후 그들은 세 종류의 중합효소에 의해 인지되는 프로모터를 가진 DNA를 넣고, S1 분석을 통해 전사 정도를 조사했다. 그림 11.7b~e는 그 결과를 나타낸다. 열 충격은 정상의 추출물에서는 영향이 없었다(1, 2번 레인). 이와는 대조적으로 I143→N 돌연변이 추출물은 열 충격이 있든 없든 상관없이 세 종류의 중합효소의 전사를 거의 보조하지 못했다(3, 4번 레인). 확실히 TBP의 돌연변이는 중합효소 II 전사뿐만 아니라 다른 두 중합효소에 의한 전사에도 영향을 미친다. 다른 돌연변이 P65→S는 중합효소 I과 다른 두 중합효소 사이에서 흥미로운 차이점을 보인다. 이 돌연변이 추출물은 열 충격에 관계없이 중합효소 II와 중합효소 III 유전자의 전사를 거의 도와주지 못하나, 만일 열 충격이 없다면 중합효소 I에 의한 전사를 정상적으로 할 수 있도록 한다. 마지막으로 정상 TBP는 돌연변이에서 추출한 추출물에서 이 모든 세 종류의 중합효소에 의한 전사를 회복시킬 수 있다.

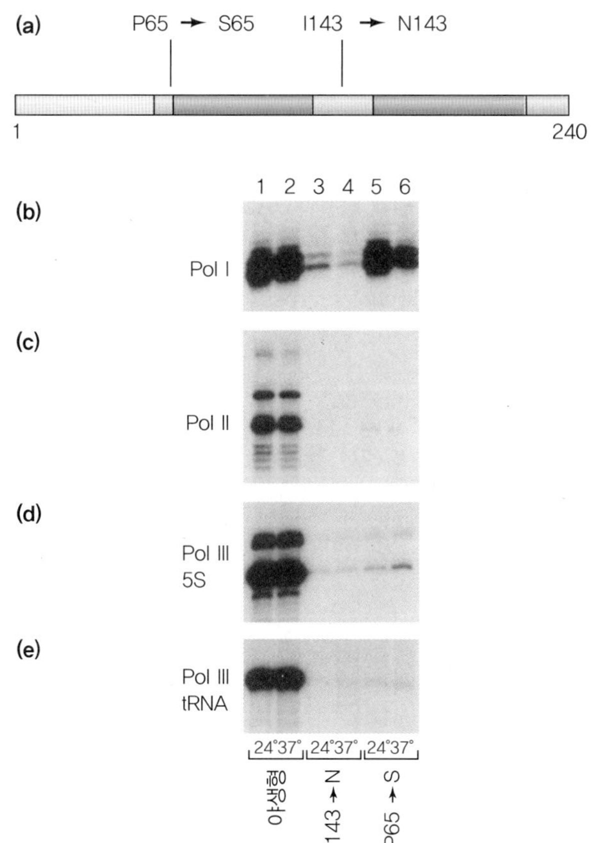

그림 11.7 돌연변이 TBP가 세 종류의 RNA 중합효소에 의한 전사에 미치는 영향. **(a)** 돌연변이의 위치. 상자로 된 지역은 TBP의 보존된 카르복실 말단 영역을 보여 준다. 빨간색 지역은 DNA 결합에 관련된 2개의 반복요소를 나타낸다. 2개의 돌연변이를 보여 주는데, 그것은 65번째의 프롤린이 세린으로 바뀐 것(P65→S)과 143번째 이소루이신이 아스파라긴으로 바뀐(I143→N) 것이다. **(b~e)**는 돌연변이의 영향을 보여 준다. 로이더와 스티븐 한은 아래 나타낸 것처럼 정상 또는 돌연변이 효모로부터 세포질 추출물을 만들어 37℃에서 열 충격을 주거나 24℃로 유지했다. 그런 다음 S1 분석을 통해 세 종류의 RNA 중합효소가 각각의 프로모터에서 전사를 시작하는 능력을 이들 추출물에서 조사했다. **(b)** rRNA 프로모터(중합효소 I). **(c)** CYC1(중합효소 II) 프로모터. **(d)** 5S rRNA 프로모터(중합효소 III). **(e)** tRNA 프로모터(중합효소 III). I143→N 추출물은 열 충격을 주지 않았을 때에도 4개의 모든 프로모터에서 전사가 일어나지 않았다. P65→S 추출물은 중합효소 II와 III 프로모터에 전사가 일어나지 않았으며, 열 충격을 주었을 때도 중합효소 I 프로모터는 인지할 수 있었다. (출처: (a) Adapted from Schultz, M.C., R.H. Reeder, and S. Hahn. 1992. Variants of the TATA binding protein can distinguish subsets of RNA polymerase I, II, and III promoters. *Cell* 69:697–702.)

TBP는 일반적으로 진핵세포의 전사에만 관여하는 것이 아니라, 완전히 다른 생물계—원시생물(archaea)—의 전사에도 관여되어 있는 것 같다. 원시생물[일반적으로 원시박테리아(archaebacteria)로 알려져 있다]는 핵이 없는 단세포 생물이며 뜨거운 온천과 심해의 뜨거운 곳과 같은 극한의 환경에서 산다. 그들은 진핵세포와 다른 만큼 박테리아와도 다르다. 여러 면에서 그들은 원핵세포보다는 진핵세포와 비슷하다. 1994년에 스테판 잭슨(Stephen Jackson)과 동료들은 원시생물인 *Pyrococcus woesei*가 진핵세포 TBP와 구조적 기능적으로 닮은 단백질을 생산한다는 사실을 발표했다. 이 단백질은 아마 원시생물 유전자 DNA의 5′-인접지역에 많이 존재하는 TATA 상자를 인지하는데 관련되어 있을 것이다. 또한 TFIIB와 비슷한 단백질도 원시생물에서 발견되었다. 그러므로 원시생물의 전사기구들은 적어도 진핵세포의 전사기구와 약간의 닮은 점을 보인다. 그리고 이러한 사실은 원시생물과 진핵세포가 박테리아로부터 분기된 공통의 조상으로부터 다시 분기되었음을 의미한다. 이 진화 이론은 또한 원시생물의 rRNA 유전자—박테리아 서열보다는 진핵세포의 서열에 더 유사성을 가진다—의 염기서열에 의해 지지를 받고 있다.

(3) TBP-연관인자(TAFs)

많은 연구자에 의해 TFIIDS 복합체 내에 존재하는 TBP-연관인자인 **TAFs**가 밝혀졌다. 초파리 세포로부터 TAFs를 밝혀내기 위해 Tjian과 동료들은 TBP 특이항체를 사용해 TFIID를 면역침전시켰다. 그런 뒤 그들은 TFIID-항체침전물로부터 TAFs를 분리하기 위해 면역침전물에 2.5M의 요소를 처리한 후 SDS-PAGE로 TAFs가 존재함을 보여 주었다. 이 실험 및 추가적인 연구를 통해, 효모에서 인간에 이르기까지 다양한 생물체에서 II급 개시전 복합체에 연관되는 13개의 핵심 TAFs가 밝혀졌다.

이러한 **핵심 TAFs**(core TAFs)는 처음에는 그들의 분자 질량에 따라 명명되었다. 따라서 분자량 230kD에 이르는 가장 큰 초파리의 TAF는 $TAF_{II}230$으로 명명되고, 그것의 상응하는 인간의 것은 TAF1이라 명명되었다. 그러한 혼란을 막기 위해 핵심 TAFs는 큰 것부터 작은 것 순으로 그 크기에 따라 TAF1에서 TAF13으로 재명명되었다. 따라서 초파리 $TAF_{II}230$, 인간 TAF1, 그리고 효모 $TAF_{II}111$은 현재 TAF1으로 명명된다. 이 명명법은 크기는 다르지만 같은 명칭을 가진, 서로 다른 생물체 간의 상응하는 TAFs 간의 손쉬운 비교를 가능하게 해주었다. 기호 II가 삭제된 점을 주목하라. 문맥의 흐름에서 I급과 III급 TAFs와 혼돈해서는 안 된다. 몇몇의 생물체는 TAF 유사체(TAF paralog, 공통 조상 단백질로부터 내려온, 한 생물체 내에 존재하는 상동 단백질)를 암호화한다. 예를 들면 인간 $TAF_{II}130/135$와 $TAF_{II}105$는 유사체이므로, 각각의 상동성을 나타내기 위해 TAF4와 TAF4b로 명명되었다. 몇몇 생물체에서는 핵심 TAFs 중 어느 것과도 상응하지는 않으나 TAF-비슷한 단백질을 암호한다. 이러한 것은 인간과 초파리의 TAF5L처럼 L(-like, 비슷하다는 의미로 사용)로 명칭되었다. 몇 가지 생물체(적어도 효모와 인간의 경우)는, 다른 생물체에서 상동성이 명확하지 않은, 추가적인 비핵심 TAFs(효모에서 TAF14, 인간에서 TAF15)을 가지고 있다.

과학자들은 TAFs의 여러 기능을 발견했다. 가장 주목할 만한 두 가지는 프로모터와의 상호 작용과 유전자 특이 전사인자들과의 상호 작용이다. 지금부터 이러한 증거들에 대해 살펴보고 관련된 특이 TAFs에 대해 생각해 보자.

우리는 이미 TATA 상자에 결합하는 TBP의 중요성에 대해 배웠다. 그러나 풋프린팅 연구를 통해 TBP에 결합된 TAFs는 TFIID의 결합부위를 TATA 상자 밖으로 크게 넓힌다는 것을 알았다. 특히 티잔과 동료들은 1994년에 TBP가 프로모터의 TATA 상자 주변 약 20bp에 결합하지만, TFIID는 전사 출발점을 넘어서 +35 지역까지 프로모터와 결합하는 것을 밝혔다. 이 결과는 TFIID의 TAFs가 이러한 프로모터의 개시자와 그리고 그 하단부에 이르기까지 결합하고 있음을 나타낸다.

이런 현상을 좀 더 자세히 관찰하기 위해 티잔 연구팀은 TBP와 TFIID가 시험관 내에서 2개의 다른 프로모터 군을 가진 DNA를 전사하는 능력을 조사했다. 그 첫 번째 군(아데노바이러스 E1B와 E4 프로모터)은 1개의 TATA 상자는 가지고 있으나, 개시자와 그 하단부 요소가 없다. 두 번째 군[아데노바이러스 주후기(AdML) 프로모터와 초파리 열 충격 단백질(*Hsp70*) 프로모터]은 1개의 TATA 상자와 1개의 개시자, 그리고 1개의 하단부 요소를 가지고 있다. 그림 11.8은 이 프로모터들의 구조와 시험관 전사실험의 결과를 나타낸다. TBP와 TFIID가 TATA 상자만을 함유한 프로모터에서는 전사가 비슷하게 잘 이뤄지는 것을 볼 수 있다(첫 번째와 두 번째 그리고 세 번째와 네 번째 레인을 비교하라). 그러나 개시자와 그 하단부 요소들이 있을 경우는 TFIID가 전사를 잘 일으킨다(5와 6번 그리고 7과 8번 레인을 비교하라). 그러므로 TAFs는 분명히 TBP로 하여금 개시자와 그 하단부 요소들이 존재하는 프로모터로부터 전사가 잘 이루어지도록 도와준다.

어느 TAFs가 개시자와 그 하단부 요소를 인지하는 데 관여하는가? 이것을 밝히기 위해 티잔과 동료들은 초파리의 TFIID와 방사성 동위원소로 표지된 *Hsp70* 프로모터를 함유한 DNA 절편을 가지고 광-교차-연결(photo-cross-linking) 실험을 수행하였

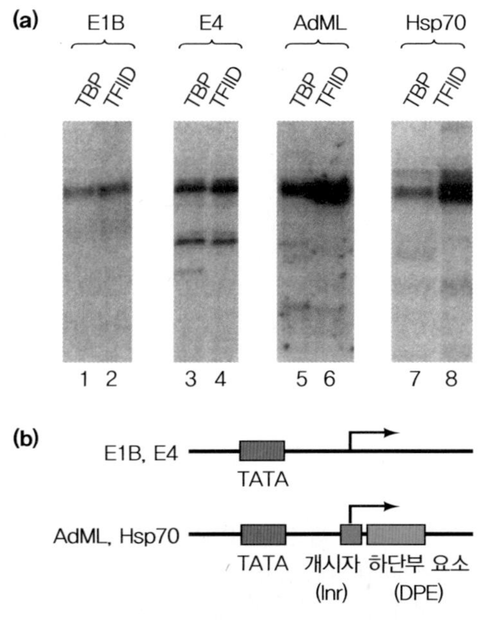

그림 11.8 4개의 다른 프로모터에서 TBP와 TFIID의 활성. **(a)** 티잔과 동료들은 2개의 다른 프로모터(위에 표시한 것처럼)를 가진 주형 DNA를 사용해 재구성한 초파리의 TBP 또는 TFIID(위에 표시)의 전사체를 조사하였다. 프로모터들은 아래 그린 두 가지 유형이다. **(b)** 첫 번째는 하나의 TATA 상자(빨간색)를 포함한 아데노바이러스 E1B와 E4프로모터이다. 두 번째는 하나의 TATA 상자와 개시자(Inr, 초록색), 하나의 하단부 요소(D, 파란색)를 포함한 아데노바이러스 MLP(AdML)와 초파리 *Hsp70*의 프로모터이다. 시험관 전사를 한 후 프라이머 신장으로 RNA 산물을 조사하였다(위쪽). 자기방사 사진은 TBP와 TFIID가 프로모터의 첫 번째 유형(TATA 상자만을 포함한)에서 비슷하게 전사를 잘하는 것을 보여 주나, 두 번째 유형(TATA 상자+개시자+그 하단부 요소)에서는 TBP보다 TFIID에서 전사가 좀 더 잘 이루어짐을 알 수 있다. (출처: Verrijzer, C.P., J.-L. Chen, K. Yokomari, and R. Tijan, Promoter recognition by TAFs. *Cell* 81 (30 June 1995) p. 1116, f. 1. Reprinted with permission of Elsevier Science.)

다. 그들은 프로모터-함유 DNA를 합성할 때 브로모데옥시유리딘(BrdU)을 넣고, TFIID가 프로모터에 결합하도록 한 후, 그 복합체에 자외선을 쪼여 단백질이 DNA의 BrdU와 연결되게 했다. 결합하지 않은 단백질을 씻어 버린 후, 결합한 단백질 복합체를 핵산분해효소로 처리하여 DNA를 제거하고, DNA로부터 단백질을 분리했다. 그 후 표지된 단백질을 가지고 SDS-PAGE를 수행했다. 그림 11.9에서 1번 레인은 2개의 TAFs(TAF1과 TAF2)가 *Hsp70* 프로모터에 결합하여 방사성동위원소로 표지된 것을 보여 준다. TFIID가 빠졌을 경우(2번 레인)에는 어떤 단백질도 프로모터에 연결되지 않았다. 이런 사실을 발견한 후, 티잔과 동료들은 TBP, TAF1, 그리고 TAFI2만을 가진 삼중복합체를 재조합한 뒤 같은 광 연결실험을 수행했다. 3번 레인에서 보듯이 이 실험 또한 TAF1과 TAF2가 DNA에 결합되어 있음을 보여 주며, 4번 레인은 TBP만이 DNA에 결합한 경우에는 표지되지 않음을 보여 준다. TBP는 이 TATA 상자를 가진 DNA에 결합하지만, BrdU에 광연결이 되지 않아 표지되지 않았다. 아마도 이것은 이러한 광-교차-연결 실험이 큰 홈에 결합한 단백질에 작용을 잘하며, TBP는 DNA의 작은 홈에 결합하기 때문일 것이다.

삼중복합체(TBP-TAF1-TAF2)의 결합특이성을 더 조사하기 위해 티잔과 동료들은 TBP 또는 삼중복합체를 가지고 DNA 가수분해효소 풋프린팅 실험을 수행했다. 그림 11.10는 TBP가 TATA 상자 지역에 풋프린트를 남긴 반면, 삼중복합체는 개시자와 그 하단부 서열에도 부가적인 풋프린트를 남기는 것을 보여 준다. 이 결과는 2개의 TAFs가 개시자와 그 하단부 요소에 결합한다는 가설을 더욱 확신시켰다.

이중복합체(TBP-TAF1 또는 TBP-TAF2)를 이용한 실험에서는 이러한 복합체들이 개시자와 그 하단부 요소를 인지하는 데

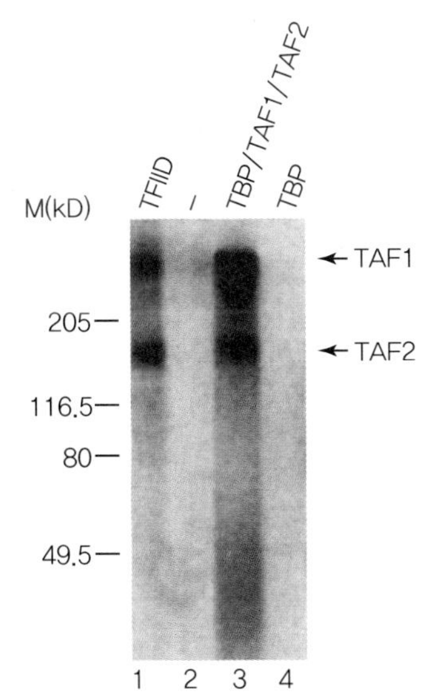

그림 11.9 *hsp70* 프로모터에 결합하는 TAFs의 확인. 티잔과 동료들은 *hsp70* 프로모터를 ^{32}P로 표지한 주형에 TFIID를 광-교차-연결시켰다. 이 주형은 또한 브로모데옥시유리딘(BrdU)으로 치환되어 있다. 그들은 TFIID-DNA 복합체에 자외선을 쪼여 DNA와 DNA의 큰 홈과 가깝게 붙어 있는 단백질 사이에 공유결합이 형성되도록 했다. 그 후 핵산분해효소로 DNA를 제거하고 SDS-PAGE를 수행했다. 그림의 첫 번째 레인은 TFIID가 첨가된 결과이다. TAF1과 TAF2가 표지되었으며, 이것은 이 2개의 단백질이 표지된 DNA의 큰 홈 가까이 붙어 있음을 의미한다. 두 번째 레인은 TFIID가 없는 대조 레인이다. 세 번째 레인은 TBP, TAF1, 그리고 TAF2를 포함한 삼중복합체의 결과이다. 다시 2개의 TAFs가 표지되었다. 이것은 그들이 DNA에 결합함을 시사한다. 네 번째 레인은 TBP가 들어갔을 때의 결과로 표지가 되지 않았다. 이것은 아마도 TBP가 DNA의 큰 홈에 결합하지 않았기 때문인 것으로 생각된다. (출처: Verrijzer, C.P., J.-L. Chen, K. Yokomari, and R. Tjian, *Cell* 81 (30 June 1995) p. 1117, f. 2a. Reprinted with permission of Elsevier Science.)

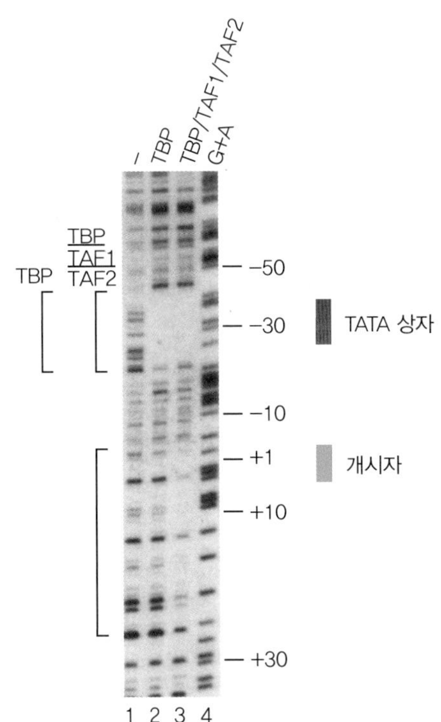

그림 11.10 *hsp70* 프로모터의 삼중복합체(TBP, TAF1, TAF2) 결합에 대한 DNA 가수분해효소 I 풋프린트. 1번 레인, 단백질이 없을 때. 2번 레인, TBP. 3번 레인, 삼중복합체. 2번, 3번 레인에서는 TFIIA가 DNA-단백질 복합체를 안정화시키기 위해 첨가되었으나 풋프린트의 확장에는 아무 영향이 없었음을 보여 준다. 4번 레인은 표식자로 사용한 맥삼-길버트 G+A 서열이다. 삼중복합체와 TBP에 의해 야기된 풋프린트의 확장은 왼쪽의 꺾쇠로 나타냈다. TATA 상자와 개시자 부위는 오른쪽 상자에 나타나 있다. (출처: Verrijzer, C.P., J.-L. Chen, K. Yokomori, and R. Tjian, *Cell* 81 (30 June 1995) p. 1117, f. 2c. Reprinted with permission of Elsevier Science.)

TBP가 홀로 있을 때와 차이가 없었다. 그러므로 이 2개의 TAFs는 그러한 프로모터 요소에의 결합을 협력적으로 증가시키는 것 같다. 더욱이 삼중복합체(TBP–TAF1–TAF2)는 AdML TATA 상자와 TdT 개시자로 이뤄진 합성 프로모터를 인지하는 데는 TFIID와 거의 같은 수준으로 효과적이다. 그와는 반대로 이중복합체의 기능은 이 프로모터를 인지하는 데 TBP보다는 못하다. 이러한 발견들은 TAF1과 TAF2는 개시자와 그 하단부 요소(DPE)뿐만 아니라, 개시자가 홀로 있을 때 결합하는 데에도 함께 작용한다는 가설을 뒷받침하고 있다.

TFIID 복합체의 TBP는 TATA 상자를 포함하고 있는 II급 프로모터를 인지하는 데 중요하다(그림 11.11a). 그러나 TATA 상자가 없는 프로모터는 어떻게 인지할 것인가? 비록 이러한 프로모터들은 직접 TBP와 결합하지 못하나, 활성을 위해서는 여전히 이런 전사인자에 의존한다. 즉, TATA 상자가 없는 프로모터는 TBP의 결합을 확실히 하는 다른 요소를 가지고 있다는 것이다. 이러한 다른 요소 중 개시자와 하단부 요소는 TAF1과 TAF2와 결합하여 TFIID를 프로모터의 개시자에 안전하게 결합하게 한다(그림 11.11b). 또한 상단부 요소에 유전자특이 전사인자가 결합하여 1개 또는 그 이상의 TAFs와 상호 작용하여 TFIID를 프로모터에 결합하게도 한다. 예를 들어, 유전자 특이 전사인자인 Sp1은 상단부요소(GC 상자)에 결합하며 또한 적어도 1개의 TAF(TAF4)와 상호 작용한다. 이러한 연결작용은 분명히 TFIID가 프로모터에 결

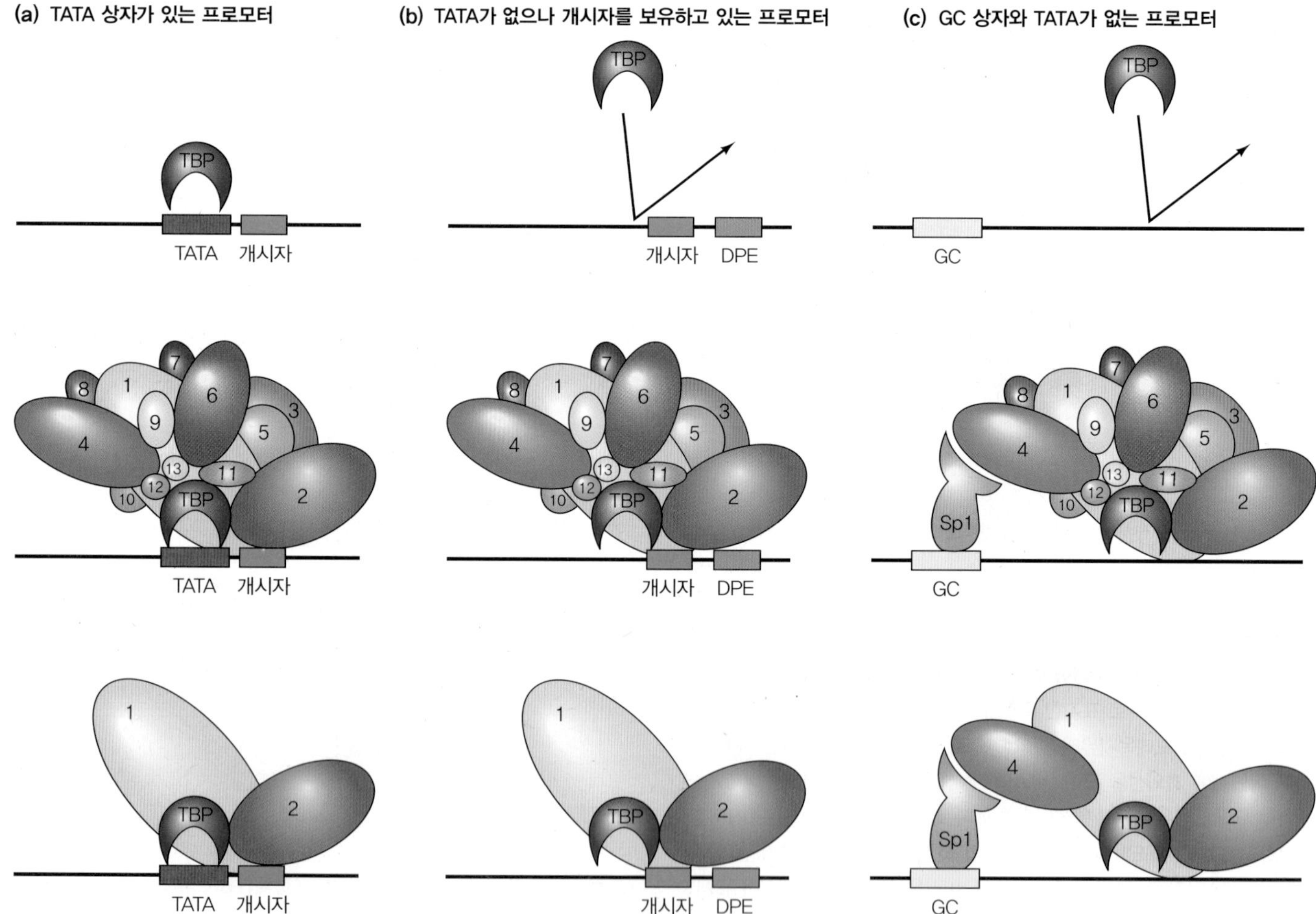

그림 11.11 TATA 상자가 있거나 없는 프로모터와 TBP 사이의 상호 작용에 대한 모델. (a) TATA 상자가 있는 프로모터. TBP는 이 프로모터의 TATA 상자에 스스로 결합할 수 있다(위). TBP는 또한 TFIID 내 모든 TAFs와 같이 결합하거나(중간) TAFs의 일부와 함께 결합할 수 있다(밑). **(b)** TATA가 없으나 개시자를 보유하고 있는 프로모터. TBP는 개시자는 있으나 TATA 상자가 없는 프로모터에 스스로 결합할 수 없다(위). 완전한 TFIID는 TAF1(노란색)과 TAF2(갈색) 사이의 상호 작용을 통해 TATA가 없는 프로모터에 결합할 수 있다(중간). TAF1과 TAF2는 TBP를 개시자에 고정시키기에 충분하다(아래). **(c)** GC 상자와 TATA가 없는 프로모터. TBP는 스스로 이런 프로모터에 결합할 수 없다(위). 완전한 TFIID는 GC 상자에 결합한 Sp1과의 상호 작용을 통해 이 프로모터와 결합할 수 있다(중간). TAF1, TAF2와 TAF4는 TBP가 GC 상자에 결합한 Sp1에 붙어 있도록 한다. (출처: Adapted from Goodrich, J.A., G. Cutter, and R. Tjian, Contacts in context: Promoter specifi city and macromolecular interactions in transcription. *Cell* 84:826, 1996.)

합하는 것을 돕는다(그림 11.11c).

TAFs의 두 번째 중요한 작용은 유전자 특이 전사인자에 의한 전사자극에 관여한다는 것이다(이 중 일부는 12장에서 공부할 것이다). 1990년 티잔과 동료들은 TFIID는 Sp1에 의한 전사자극을 일으키기에 충분하지만, TBP는 그렇지 않다고 밝혔다. 이런 결과는 Sp1과 같은 상단부 작용인자와 상호 작용할 수 있는 인자들은 TBP에는 없지만 TFIID 내에는 존재함을 시사한다. 이러한 인자들이 TAFs이며, **보조활성인자**(coactivator)라고도 불린다.

TBP와 TAFs의 일부를 혼합하면 이 혼합체는 어떤 프로모터들로부터의 전사에 참여할 수 있다. 예를 들면, TBP-TAF1-TAF2 혼합체는 TATA 상자와 개시자로 이뤄진 프로모터를 인지하는 데 완전한 TFIID만큼 기능을 잘 수행했다. 티잔과 동료들은 어느 TAFs가 Sp1의 활성화에 관여하는지를 밝히기 위해 비슷한 방법을 사용했다. 그들은 TAF4만 있을 경우에만 초파리나 인간 추출물에서 Sp1에 의해 활성화가 일어남을 발견하였다. 그러므로 TBP와 TAF1+TAF2는 이러한 DNA 주형으로부터 기저수준의 전사를 하기에는 충분하지만, Sp1에 의한 활성화를 보여 주지는 못한다. 이러한 두 가지 인자들과 함께 TAF4만을 추가로 첨가했을 때 TBP는 Sp1에 의한 전사를 활성화할 수 있었다.

티잔과 동료들은 또한 Sp1이 직접 TAF4와 결합하지만 TAF1이나 TAF2에는 결합하지 않는다는 것을 보여 주었다. 그들은 GC 상자와 Sp1을 함유한 친화컬럼을 구축하여 TAFs가 머무는 능력을 조사하였다. 그 결과 예상대로 TAF4만이 컬럼에 결합했다.

같은 실험전략으로 티잔과 동료들은 또 다른 유전자특이 전사인자, NTF-1이 TAF2에 결합하며 시험관 내 실험에서 전사를 활성화시키기 위해서는 TAF1과 TAF2, 또는 TAF1과 TAF6가 필요하다는 것을 밝혔다. 그러므로 다른 전사활성인자들은 전사를 향상시키기 위해 다른 TAFs들과 작용하며, 공통적으로 TAF1이 관여하는 것 같다. 이것은 TAF1이 다른 TAFs들이 모일 수 있도록 인자들을 집합시키는 역할을 하는 것을 시사해 준다. 이러한 발견들은 그림 11.12의 모델과 부합한다. 각각의 전사활성인자는 일련의 특이 TAFs군과 상호 작용함으로써 완전(holo) TFIID가 한 번에 여러 전사활성인자와 동시에 상호 작용할 수 있게 되고, 그로 인해 전사에 대한 영향을 극대화시키며 전사를 강력히 향상시킨다.

프로모터 요소와 유전자 특이 전사인자와 상호 작용하는 것 외에 TAFs는 효소적인 활성을 가질 수 있다. 이것에 대해 가장 잘 연구된 것으로 두 가지 효소 활성을 가진 TAF1이 있다. 그중 잘 알려진 것이 히스톤아세틸 전달효소(HAT)로 아세틸기를 히스톤의 라이신 잔기에 결합시킨다. 이러한 아세틸화는 일반적으로 전사를 활성화시킨다. 이러한 과정은 13장에서 좀 더 자세히 다룰 것이다. TAF1은 또한 자신과 TFIIF(좀 더 약하나 TFIIA와 TFIIE에도 작용함)를 인산화시킬 수 있는 단백질 인산화효소로 알려져 있다. 이러한 인산화는 아마도 개시전 복합체의 조립 효율을 조절하는 데 관여할 것이다.

시험관에서 개시전 복합체 형성에 필요하지 않는다는 초기 연구결과에도 불구하고, TFIIA는 TBP(또는 TFIID)가 프로모터에 결합하는 데 필수적이다. 보다 많은 증거가 이러한 결론에 이르고 있으며, 특히 한 실험이 이러한 것을 잘 설명한다. 즉, TFIIA의 두 구성요소 중 어느 하나에서 돌연변이가 발생하면 효모는 죽게 된다.

TFIIA는 TBP-TATA 상자 결합을 안정화시킬 뿐만 아니라 다음과 같은 항-억제 기작으로 TFIID-프로모터 결합을 자극한다. TFIID는 프로모터에 결합하지 않을 때, TBP의 DNA 결합 표면은 TAF1의 아미노 말단 영역에 의해 감싸져서 TFIID가 프로모터에 결합하지 못하게 된다. 그러나 TFIIA는 TAF1의 아미노 말단 영역과 TBP의 DNA-결합 표면 사이의 단백질 결합을 방해할 수 있기 때문에, TBP가 자유로이 프로모터에 결합하게 된다.

(4) TAFs와 TBP의 보편성에 예외적인 사례들

효모의 유전적 연구는 그림 11.12 모델의 보편성에 문제점을 제기한다. 마이클 그린(Michael Green), 케빈 스툴(Kevin Struhl)과 동료들은 효모 TAF 유전자들의 돌연변이가 효모에 치명적이지만 적어도 연구된 첫 번째 유전자에서는 전사활성에 영향을 주지 않음을 발견했다. 예를 들어, 그린과 동료들은 효모 TAF1를 부호화하는 유전자를 돌연변이시켜 온도 민감성 돌연변이 유전자로 만들었다. 그들은 비허용온도에서 TAF1과 적어도 두 종류의 다른 TAFs의 농도가 빠르게 감소하는 것을 알았다. TAF1의 감소는 명백히 TFIID의 형성을 못하게 하여 다른 TAFs의 분해를 야기했다. 그러나 TAFs의 이러한 손실에도 불구하고, 다양한 유전자 특이적 전사효소에 의해 활성화된 다섯 종류의 효모 유전자의 생체 내 전사율은 비허용온도에서 영향을 받지 않았다. 연구자들은 TAF14 유전자가 제거된 다른 돌연변이에서 같은 결과를 얻었다. 이와 반대로 TBP가 부호화하는 유전자나 RNA 중합효소 소단위체가 돌연변이 되었을 경우에는 모든 전사활동이 빠르게 멈췄다.

그린, 리차드 영(Richard Young)과 동료들은 여러 종류의 다른 효모 유전자뿐만 아니라, 두 종류의 TAFII 유전자의 돌연변이 효과를 유전체범위의(genome-wide) 분석을 통해 연구했다. 그들은 TAF1과 TAF9 유전자에 온도 민감성 돌연변이를 만들었

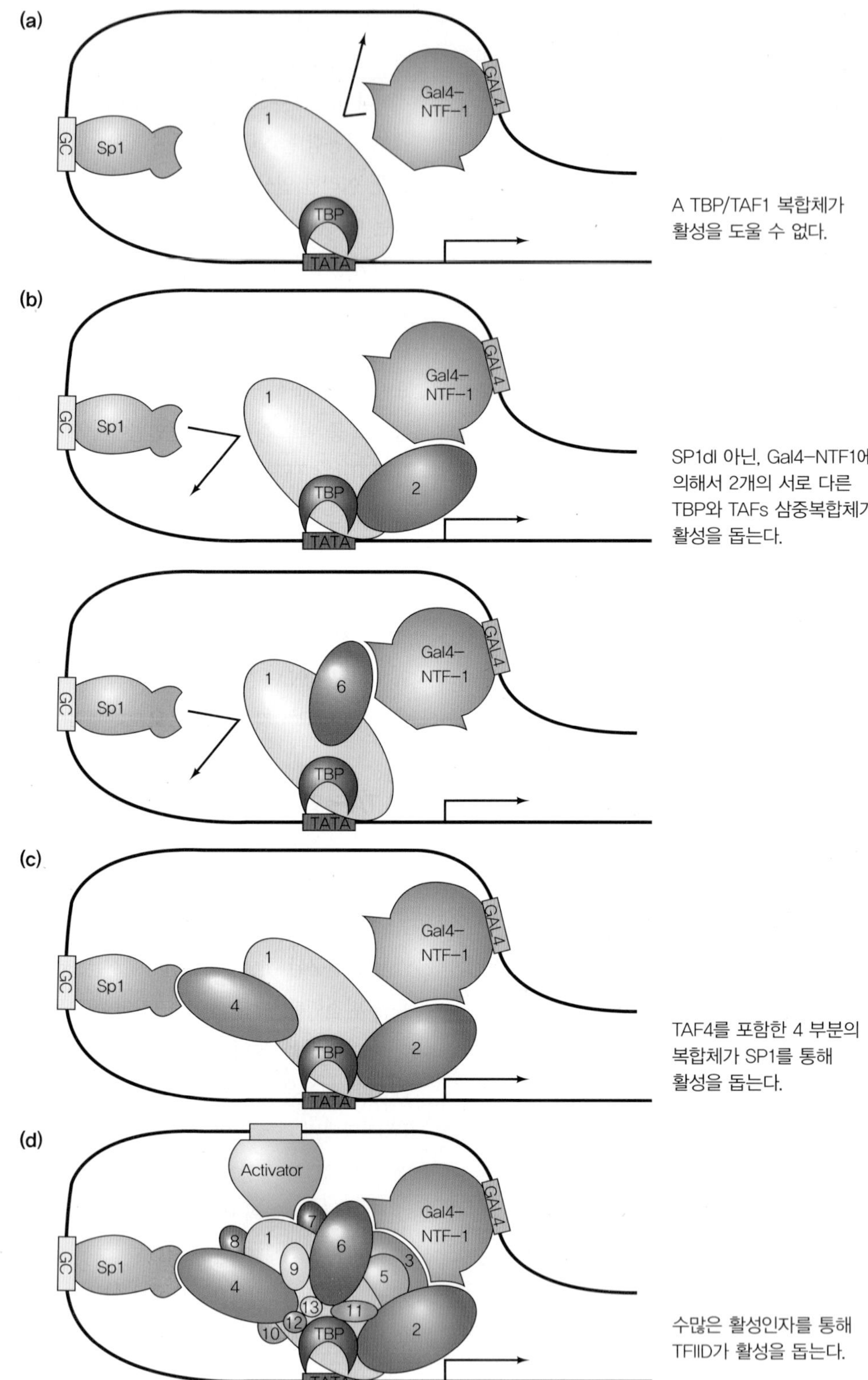

그림 11.12 활성인자에 의한 전사향상에 관한 모델. **(a)** TAF1은 Sp1이나 Gal4–NTF–1(NTF–1의 전사–활성화 부위를 갖는 잡종 활성화인자)과 상호결합하지 않아 활성화되지 않는다. **(b)** Gal4–NTF–1은 TAF2 또는 TAFII60과 상호 작용하여 전사를 활성화시킨다. Sp1은 이러한 TAFs 또는 TAF1과 상호 작용할 수 없으며, 전사를 활성화시키지 못한다. **(c)** Gal4–NTF–1은 TAF2와 상호 작용하며 Sp1은 TAF4와 상호 작용하여 모든 인자들이 전사를 활성화한다. **(d)** 완전 TFIID는 모든 TAFs를 가지고 있어서 여기서 나타낸 Sp1, Gal4–NTF–1, 그리고 윗부분에 나타낸 일반적인 활성인자 등 다양한 활성인자들과 반응할 수 있다. (출처: Adapted from Chen, J.L., L.D. Attardi, C.P. Verrijzer, K. Yokomori, and R. Tjian, Assembly of recombinant TFIID reveals differential coactivator requirements for distinct transcriptional activators. *Cell* 79:101, 1994).

다. 그 후 그들은 고밀도 올리고뉴클레오티드 배열(high density oligonucleotide array, 25장에 설명되어 있음) 방법을 사용해 돌연변이 TAF가 비활성인 높은 온도와 활성을 가지는 낮은 온도에서 5,460개의 효모 유전자 각각의 발현 정도를 결정했다. 이러한 배열법은 각 유전자의 서열을 갖는 특이한 올리고뉴클레오티드를 포함하고 있는데, 전체 효모 RNA는 이 배열에 상보적인 결합을 하여 각 올리고뉴클레오티드와 결합하는 정도로 유전자의 발현 정도를 측정하는 것이다. 연구자들은 낮은 온도와 높은 온도에서 각 올리고뉴클레오티드에 결합하는 RNA의 양을 비교하고, 그 결과를 RNA 중합효소 II의 가장 큰 소단위체(Rpb1)의 온도민감성 돌연변이에서 얻은 분석 결과와 비교했다. RNA 중합효소 II(Rpb1) 돌연변이는 모든 II군 유전자의 전사를 억제했기에 다른 유전자의 돌연변이 영향을 비교하는 데 좋은 기초를 제공한다.

표 11.1은 이 분석 결과를 보여 준다. 분석한 효모 유전자의 단지 16%만이 TAF1에 의존한다는 사실은 매우 놀라운 일이다. 이러한 사실은 TAF1이 전체 효모유전자 중에서 16%의 전사에만 필요하다는 것을 나타낸다. 이러한 사실은 만일 TAFs가 TFIID의 필수적인 부분이며, TFIID는 모든 II급 유전자에서 형성되는 개시전 복합체의 필수 요소라고 한다면 예상치 못한 결과이다. 실제로 TAF1은 TBP와 함께 다른 모든 TAF가 결합하는 데 도움을 주는 TFIID의 기초 물질로 생각되었으나, 이런 관점은 유전체 범위의 발현 분석에 의해 분명히 지지를 받지 못했다. 대신 TAF1과 그 고등생물체의 유사체는 일부분의 유전자 군에만 개시전 복합체의 형성에 필요한 것으로 나타났다.

다른 효모 TAF(TAF9) 유전자의 돌연변이는 좀 더 현저한 효과를 보인다. 분석한 효모 유전자의 67%는 그들이 Rpb1에 의존적인 것처럼 이 TAF에도 의존적이다. 그러나 이것은 TFIID가 이런 모든 유전자들의 전사에 필요하다는 것을 의미하지는 않는다. 왜냐하면 TAF9은 또한 **SAGA**[SPT, ADA, GCN5 등 세 종류의 단백질과 히스톤아세틸 전달효소(acetyltransferase)를 명명한 것임]라고 알려진 전사 매개복합체의 일부이기 때문이다. TFIID처럼 SAGA는 TBP와 여러 개의 TAF 그리고 히스톤아세틸 전달효

표 11.1 효모에서 전사필요체에 대한 전체 유전자 게놈 분석

일반 전사인자(소단위체)	소단위체 기능에 의존적인 유전자 비율(%)
TFIID(TAF1)	16
TFIID(TAF9)	67
TFIIE(Tfa1)	54
TFIIH(Kin28)	87

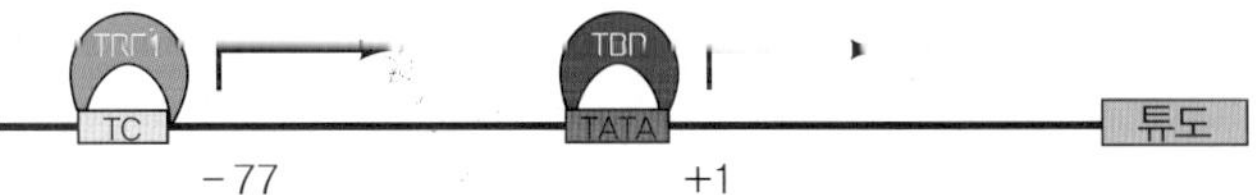

그림 11.13 초파리 튜도(*tudor*) 유전자의 조절부위. 이 유전자는 약 77bp가 떨어진 2개의 프로모터를 가진다. 하위의 프로모터는 TBP에 근거한 개시전 복합체를 모으는 TATA 상자를 가진다. 상위의 프로모터는 TRF1에 근거한 개시전 복합체를 모으는 TC 상자를 가진다.

소의 활성을 가지며, 어떠한 전사활성 단백질의 효과를 매개하는 것으로 보인다. 그러므로 TAF9 돌연변이의 영향은 TFIID라기보다는 SAGA로서의 역할 또는 아직 밝혀지지 않은 다른 단백질 복합체에서의 역할 때문일 것이다.

더욱이 어떤 종류의 TAF는 보편적인 전사에 항상 요구되는 것은 아닐 뿐만 아니라, TFIID도 TAF의 조성에 따라 여러 종류가 있다고 생각된다. 예를 들면, TAF10은 인간의 경우 오직 일부분의 TFIID에만 존재하고 있어 에스트로겐에 대한 반응에 관여하고 있다.

더 놀라운 것은 TBP가 고등생물에서 개시전 복합체에서 항상 발견되지는 않는다는 것이다. TBP를 대체하는 가장 잘 알려진 예는 초파리의 **TRF1**[**TBP-관련인자 1**(TBP-related factor 1)]이다. 이 단백질은 발생과정의 뇌 조직에서 발현되며, TFIIA와 TFIIB에 결합하여 TBP처럼 전사를 촉진하고 **nTAFs**(신경 TAF)라 불리는 TRF와 관련된 자신의 인자들을 갖고 있다. 2000년에 마이클 호름(Michael Holmes)과 티잔은 생체 내외에서 프라이머 신장분석 실험을 통해 TRF1이 초파리 튜도(tudor) 유전자의 전사를 촉진함을 보였다. 더 나아가 이 분석을 통해 튜도 유전자는 두 개의 특징적인 프로모터를 가지고 있음을 밝혔다. 그 중 첫 번째 것은 TBP를 포함하는 복합체에 의해 인지되는 TATA를 가진 하위의 프로모터이며, 두 번째 것은 첫 번째 것의 77bp 위쪽에 존재하며 TRF1을 포함하는 복합체에 의해 인식되는 TC 박스를 가진다(그림 11.13). TC 박스는 전사 시작부위에서 22~33bp 상위에 존재하며, 주형으로 사용되지 않는 DNA 가닥에 ATTGCTTTTCTT의 서열을 가진다. 이것은 DNA 가수분해효소 풋프린팅 실험에서 TRF1, TFIIA, 그리고 TFIIB의 복합체에 의해 보호된다. 그러나 이러한 단백질 중 어떤 것도 이 부위에 홀로 풋프린트를 만들지 않으며, TBP 또는 TBP+TFIIA, 그리고 TFIIB의 결합체도 풋프린트를 만들지 않는다.

그러므로 TRF는 특정 세포에서 나타나는 TBP의 변형체라 할 수 있다. 변이체 TBPs와 TAFs의 존재는 고등생물에서의 유전자 발현이 적당한 TBP와 TAFs의 이용 정도에 따라 조절될 뿐 아니

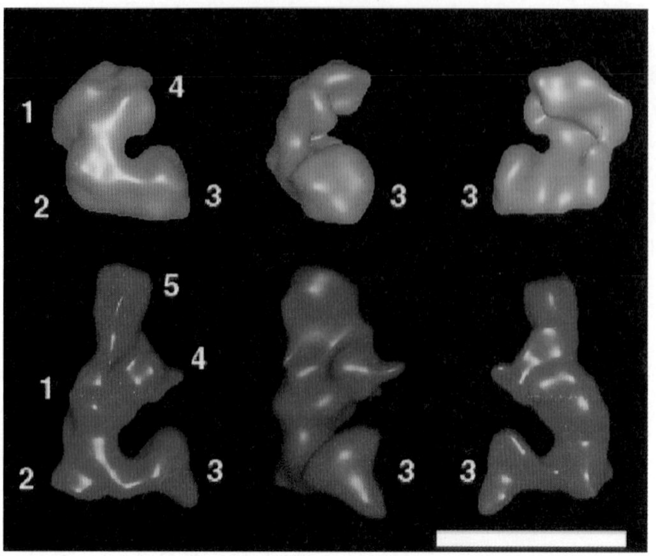

그림 11.14 TFIID와 TFTC의 3차원적 모델. 슐츠(Schultz)와 동료들은 TFIID와 TFTC를 음각으로 염색된 전자현미경 사진(방법은 19장 참조)을 찍은 후, 평균에 도달되도록 상을 디지털로 결합했다. 그리고는 현미경상에서 그리드를 기울이며 두 단백질에 대한 3차원적 정보를 수집하기 위해 현미경 사진 결과를 분석했다. TFIID(초록색)와 TFTC(파란색)에 대한 모델은 위 그림에서 보는 바와 같다. (출처: Brand, M., C. Leurent, V. Mallouh, L. Tora, and P. Schutz, Three-dimensional structures of the TAF_{II}-containing complexes TFDIID and TFTC. *Science* 286 (10 Dec 1999) f. 3, p. 2152. Copyright © AAAS.)

라 12장에서 공부하게 될 활성화 단백질에 의해 조절될 가능성을 제시한다. 실제로 두 종류의 다른 TBPs에 의해 두 종류의 다른 튜도(tudor) 프로모터가 인식되는 것은 8장에서 이미 설명했듯이, 이는 원핵세포에서 다른 시그마 인자를 보유하는 RNA 중합효소에 의해 같은 유전자에 존재하는 두 종류의 다른 프로모터가 인식되는 것과 유사하다.

사실 TRF는 초파리에 유일하게 존재하는 것 같다. 그러나 또 다른 **TBP 유사 요소**(TBP-like factor, TLF)가 오늘날까지 모든 다세포 동물에서 발견되고 있다. TLF는 프로모터의 TATA 상자 염기쌍에 끼어들어 DNA를 굽어지게 하는 한 쌍의 페닐알라닌이 없기 때문에 TBP와 다르다. 따라서 TLF는 TATA 상자에 결합하지 않고 TATA가 없는 다른 프로모터에서의 전사에 관여할 가능성이 있다.

개시전 복합체를 형성하는 데 있어 TBP의 중요한 역할에 대해서는, TFIID나 TBP의 어떤 도움 없이도 개시전 복합체 형성을 도울 수 있는 **TFTC**(TBP-free TAFII-containing complex)의 발견으로 더욱 문제가 제기되었다. 패트릭 슐츠(Patrick Schultz)와 동료들에 의한 구조 연구는 어떻게 TFTC가 TFIID를 대체할 수 있는지에 대한 통찰력을 제시한다. 그들은 전자현미경 및 디지털 영상분석을 통해 TFTC와 TFIID의 3차구조가 매우 비슷함을 알았다. 그림 11.14는 가지 다른 방향에서 두 단백질 복합체의 3차원적 모델을 보여 준다. 두 복합체의 가장 분명한 특징은 이중사 DNA를 받아들이기에 충분히 큰 홈을 가지고 있다는 것이다. 사실 이 두 복합체의 단백질은 DNA를 싸며 집게처럼 잡을 것이다. 이 두 복합체가 크게 다른 점은 5번 영역으로 인해 TFTC의 위쪽에 돌출이 있다는 것이다. TFIID는 5번 영역과 돌출이 모두 존재하지 않는다.

10장에서 우리는 초파리에 존재하는 많은 프로모터가 TATA가 없고, 대신 대부분 개시요소(Inr)와 연계된 DPE를 가지고 있음을 배웠다. 우리는 또한 DPE가 TAFs를 통해 TFIID를 잡아당길 수 있음도 배웠다. 2000년에 제임스 카도나가(James Kadonaga)와 동료들 또한 다른 생물체의 **부정조효소**(negative cofactor, NC2) 또는 Dr1-Drap1의 초파리 유사체(dNC2)를 발견했다. 카도나가와 동료들은 또한 NC2가 TATA 상자를 포함하는 프로모터와 DPE를 가지고 있는 프로모터를 구별할 수 있다는 흥미로운 사실을 발견했다. 사실, NC2는 DPE를 가진 프로모터를 자극하고 TATA 상자를 보유한 프로모터의 전사는 억제한다. 따라서 NC2는 유전자 조절의 핵심이 될 수 있다.

2001년에 벌리와 동료들에 의해 밝혀진 NC2-TATA 상자-TBP 복합체의 크리스탈 입체구조는 NC2가 TATA-상자를 갖는 프로모터의 전사를 어떻게 방해하는가를 보여 준다. NC2는 안장 형태의 TBP에 의해 굽어진 DNA의 아래 부위에 결합한다. 일단 결합하면, NC2의 알파 나선구조 중의 하나가 TFIIB가 이러한 복합체에 결합하는 것을 방해하고, 또 다른 부위가TFIIA가 결합하지 못하도록 한다. 이와 같이 TFIIA나 TFIIB가 없이는 개시전 복합체는 생성될 수 없으며 전사는 시작되지 못한다.

3) TFIIB의 구조와 기능

레인버그와 동료들은 인간 TFIIB 유전자를 클로닝하고 발현시켰다. 이 클로닝 된 TFIIB 산물은 Sp1과 같은 활성인자(activator)에 대한 반응을 비롯한 모든 생체 외(in vitro) 분석 방법에서 실제 인간의 단백질을 대체할 수 있다. 이는 TFIIB가 TAFs와 같은 보조적인 폴리펩티드들을 필요로 하지 않는 단일-소단위체 인자(M_r=35kD)라는 사실을 시사하고 있다. 앞서 우리가 발견한 것과 마찬가지로, TFIIB는 생체 외 상태에서 개시전 복합체에 참여하는 세 번째 보편전사인자이거나(TFIID와 A 이후), 혹은 TFIIA가 결합하지 않은 상태에서는 두 번째이다. 그것은 RNA 중합효소에 결합하기 위해 필수적인데, 왜냐하면 중합효소-TFIIF 복합체는

DA 복합체가 아닌 DAB 복합체에 결합하기 때문이다.

개시전 복합체의 조립에 있어, TFIID와 TFIIF/RNA 중합효소 II 사이에 존재하는 TFIIB의 위치는 TFIIB가 2개의 영역(domain)를 가지고 있음을 의미한다. 하나의 이 단백질이 각각의 이러한 단백질들에 결합한다. 실제로, TFIIB는 2개의 영역를 가지고 있다. N-말단 영역(**$TFIIB_N$**), 그리고 C-말단 영역(**$TFIIB_C$**). 2004년, 로저 콘버그(Roger Konberg)와 동료들의 후속 구조 연구를 통해, 이 2개의 영역이 전사가 시작되는 TATA 상자의 26~31bp 하단부에, 중합효소의 활성 중심부를 위치하도록, 실제로 TATA 상자에서 TFIID와 RNA 중합효소 II 사이의 다리 역할을 한다는 것을 밝혀냈다. 특히 이러한 연구는, TATA 상자의 DNA를 접는 TBP가 $TFIIB_C$ 주변의 DNA를 둘러싼다는 것과, $TFIIB_N$이 전사를 시작하는 정확한 부위에 위치된 효소가 결합된 중합효소의 위치에 결합한다는 것을 보였다.

콘버그와 동료들은 출아하는 효모에서 RNA 중합효소 II와 TFIIB의 복합체를 결정화했다. 그림 11.15는 TBP의 위치와 이전의 연구에서 언급되었던 프로모터 DNA를 따라 나타낸 복합체의 구조에 대한 2가지 모습을 보여 주고 있다.

이 복합체에서 우리는 TFIIB의 2가지 영역를 관찰할 수 있다. $TFIIB_C$(자홍색)는 TATA 상자에서 TBP, 그리고 DNA와 결합하는 것으로 보인다. 게다가 TATA 상자에서, TBP에 의해 구부러진(bent) DNA는 $TFIIB_C$와 중합효소 주변을 감싸는 것으로 보인다. 구부러짐이 일어난 뒤, 이 DNA는 중합효소의 활성부위 근처에 위치하는 $TFIIB_N$ 방향으로 곧게 늘어난다.

이전의 연구는 $TFIIB_N$의 전사의 출발점 변화를 통한 돌연변이를 보여 왔었고, 현재의 연구는 그러한 발견들에 대한 이론적 근거를 제공한다. 특히, 62-66 잔기에서의 돌연변이는 개시 장소에서의 변화를 유도하는 것으로 알려져 있다. $TFIIB_N$에서 핑거 영역의 주변에 놓인 이러한 아미노산들은 주형 사슬의 개시 장소 +1에서, 상대적으로 −6에서 −8에 놓인 염기들과 접촉하는 것으로 보인다(그림11.16). 게다가 전사 개시 장소를 둘러싸고 있는 핑거의 끝은 중합효소의 활성 부위에 근접해 있으며, 프로모터의 전사 출발점 가까이에 놓여 있다(10장 참조).

인간의 TFIIB는 핑거 끝(fingertip)이 개시자(initiator)에서의 DNA와 잘 결합할 수 있는 2개의 염기 진기(라이신)를 가지고 있어, 그곳이 바로 전사의 시작 위치가 된다. 그러나, 이러한 2개의 염기 아미노산은 효모 TFIIB에서는 산성 아미노산으로 바뀌며, 효모 프로모터에서는 개시자 서열이 존재하지 않는다. 이러한 고

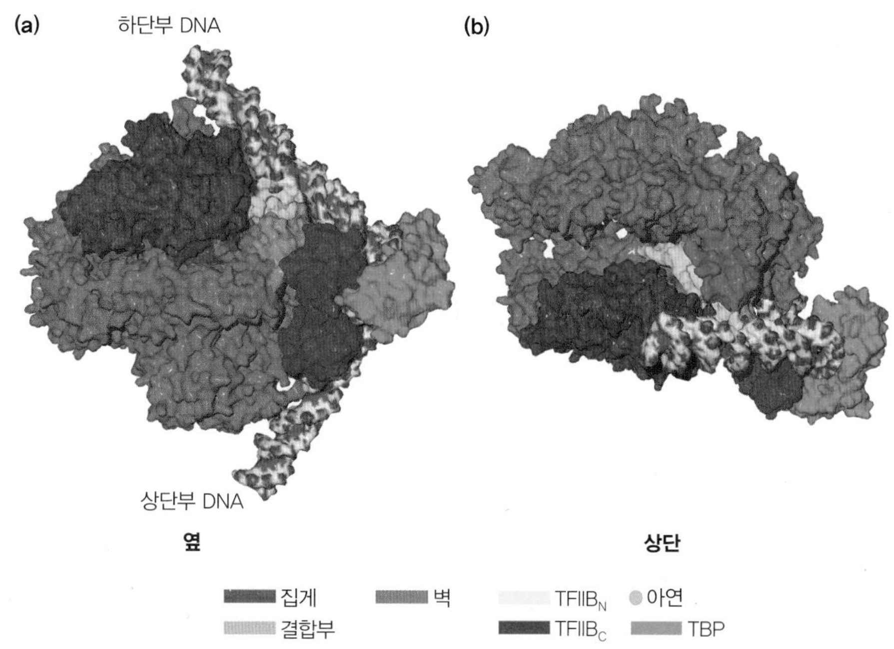

그림 11.15 TFIIB-TBP-중합효소 II-DNA 구조의 모델. (a)와 (b)는 콘버그와 동료들이 언급했던 TFIIBC-TBP-TATA 상자 DNA와 RNA 중합효소 II-TFIIB의 분리된 구조를, 서로 다른 2가지 관점에서 보여 주고 있다. 아래쪽 색상키(color key)는 TBP, TFIIB의 영역, TFIIB와 결합하는 중합효소의 영역을 구분해주고 있다. 중합효소의 다른 지역은 회색이다. 구부러진 TATA 상자 DNA는 20bp의 B-형태(form) DNA 확장부와 같이, 빨간색, 흰색 파란색으로 나타나 있다. (출처: (a-b) Reprinted with permission from Science, Vol. 303, David A. Bushnell, Kenneth D. Westover, Ralph E. Davis, Roger D. Kornberg, "Structural Basis of Transcription: An RNA Polymerase II-TFIIB Cocrystal at 4.5 Angstroms" Fig. 3 c&d, p. 986. Copyright 2004, AAAS.)

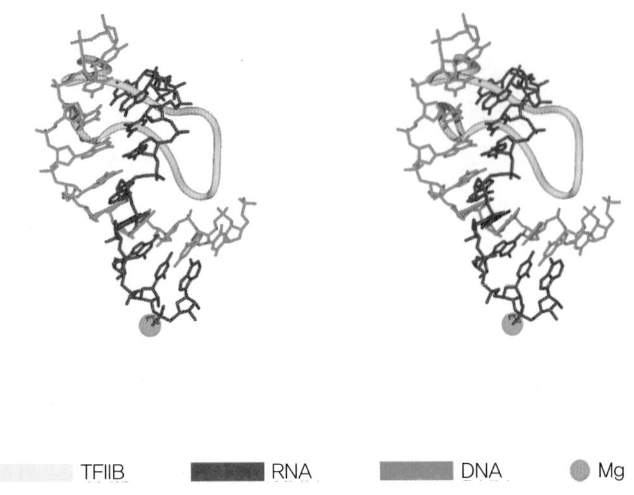

그림 11.16 TFIIB$_N$의 핑거 B, 주형 사슬 DNA와 RNA 산물 사이의 결합 입체 조형. 아래쪽 색상키에 의해 각각의 구성 요소 구조가 명시되어 있다. (출처: Reprinted with permission from *Science*, Vol 303, David A. Bushnell, Kenneth D. Westover, Ralph E. Davis, Roger D. Kornberg, "Structural Basis of Transcription: An RNA Polymerase II–TFIIB Cocrystal at 4.5 Angstroms" Fig. 4, p. 987. Copyright 2004, AAAS.)

려 사항들은 효모에서는 전사 개시가 더욱 더 변이하기 쉬운 것과는 다르게(TATA 상자의 40~120bp 하단부), 왜 인간에서의 개시전 복합체가 TATA 상자의 대략 25~30bp 하단부에 존재하는 전사 출발점에 성공적으로 위치하게 되는지에 대해 설명해 준다.

콘버그와 동료들은 TFIIB가 전사 출발점에 위치하게 되는 데 있어 이중적인 역할을 담당한다고 결론을 내렸다. 먼저, TATA 상자에서 TFIIB$_C$ 영역을 통해 TBP에 결합하고, TFIIB$_N$의 핑거와 인접한 징크 리본을 통해 RNA 중합효소에 결합하게 되면서 부정밀한 위치를 점하게 된다. 대부분의 진핵생물에서, 이러한 배치는 중합효소를 TATA 상자의 25~30bp 하위 부근에서 출발할 수 있도록 만든다. 그러고 나서, DNA의 풀림에 따라, TFIIB는 TFIIB$_N$의 핑거를 통해 개시자의, 약간 상단부 부근에 DNA와의 결합을 통해 안정된 위치를 획득하게 된다. 주목할 것은 TFIIB는 전사의 개시 장소를 결정할 뿐만 아니라 전사의 방향도 결정한다는 것이다. 이는 프로모터에 대한 비대칭적 결합이—C-말단 영역 상단부 그리고 N-말단 영역 하단부—개시전 복합체의 비대칭성을 가져오게 되며, 이것이 순차적으로 전사의 방향을 정하는 것이다.

전사 출발점에 위치하는 것에 있어서 TFIIB와 RNA 중합효소 II의 중요성은 다음의 실험에 의해 강조될 수 있다. 출아하는 효모(*Saccharomyces cerevisiae*)의 전사 출발점은 TATA 상자에서 대략 40~120nt 아래 있으나, 분열하는 효모(Saccharomyces pombe)의 경우는 25~30nt 아래에 있다. 하지만 분열하는 효모의 TFIIB와 RNA 중합효소 II가 출아하는 효모의 다른 보편적 전사인자와 섞일 경우 개시는 TATA 상자의 25~30nt 아래 부분에서 일어난다. 그리고 반대의 실험 역시 성립된다. 출아하는 효모의 TFIIB와 RNA 중합효소 II를 분열하는 효모의 보편적 전사인자와 섞으면, 전사 개시가 TATA 상자의 40~120nt 아래에서 일어나도록 한다.

비슷한 정도의 기작이 원시생물에서도 적용되는 것 같다. 원시생물의 전사에는 다중 소단위체로된 RNA 중합효소, 원시생물 TBP, 그리고 진핵생물 TFIIB와 유사한 전사 요소 B(TFB)로 구성된 기저 전사 기구가 필요하다. 스테판 벨(Stephen Bell)과 스테판 잭슨(Stephen Jackson)은 원시생물 *Sulfolobus acidocaldarius*에서는 전사 출발점이 상대적으로 TATA 상자보다는 RNA 중합효소와 TFB에 의해 결정된다고 2000년도에 보고했다.

그림 11.15에 제시된 모델이 설득력 있어 보이나, 이는 부분적인 구조들을 조잡하게 끼워 맞춘 것이므로, 자연적인 개시전 복합체에 있어 우리가 보고 있는 그러한 구조들이 얼마나 가깝게 반응하고 있는지는 의문점으로 남는다. 이러한 의문점을 탐구하기 위해 홍타 첸(Hung-Ta Chen)과 스티븐 한(Steven Hahn)은 광-교차 연결과 **히드록시기 라디칼 절단 분석**(hydroxyl radical cleavage analysis)의 조합적 사용을 통해 효모의 TFIIB와 RNA 중합효소 II 사이의 영역을 도식화하였다.

히드록시기 라디칼 전단 분석은 다음과 같은 방식으로 전개된다. 실험자가 시스테인 잔기를 위치 특이 변이유도(site-directed mutagenesis)를 통해 도입하였다(5장 참조). 각각의 시스테인은 순서에 따라, Fe-BABE로 알려진 철-EDTA(에틸렌다이아민 테트라아세테이트: ehtylenediamine tetraacetate) 복합체를 붙이고 있는데, 이것이 히드록시기 라디칼을 발생시키며 이를 통해 단백질 사슬을 15Å 정도로 끊어 준다. 이러한 끊어짐이 발생한 뒤 단백질 조각들은 전기영동을 통해 나열되며, 웨스턴 분석을 통해 검출된다. 이 과정을 통해 첫 번째 단백질에 주어진 시스테인의 15Å 이내에 존재하는 두 번째 단백질의 어떠한 지역이든지 명시해 준다.

그들의 첫 번째 실험에서 홍타 첸과 스티븐 한은 TFIIB의 핑거와 연결지역에 존재하는 몇몇 아미노산을 Fe-BABE가 연결된 시스테인으로 바꾸었다. 이러한 변형된 TFIIB 분자를 가진 개시전 복합체의 조립이 끝난 뒤, 그들은 TFIIB의 핑거와 연결 부위의 시스테인과 가까운 부분의 단백질을 절단하기 위해 하이드록시 라디칼을 작동시켰다. 웨스턴 분석을 용이하게 하기 위해 항원 결정기(epitope-FLAG)를 Rpb1이나 Rpb2의 끝에다 부착시켰고, 이를

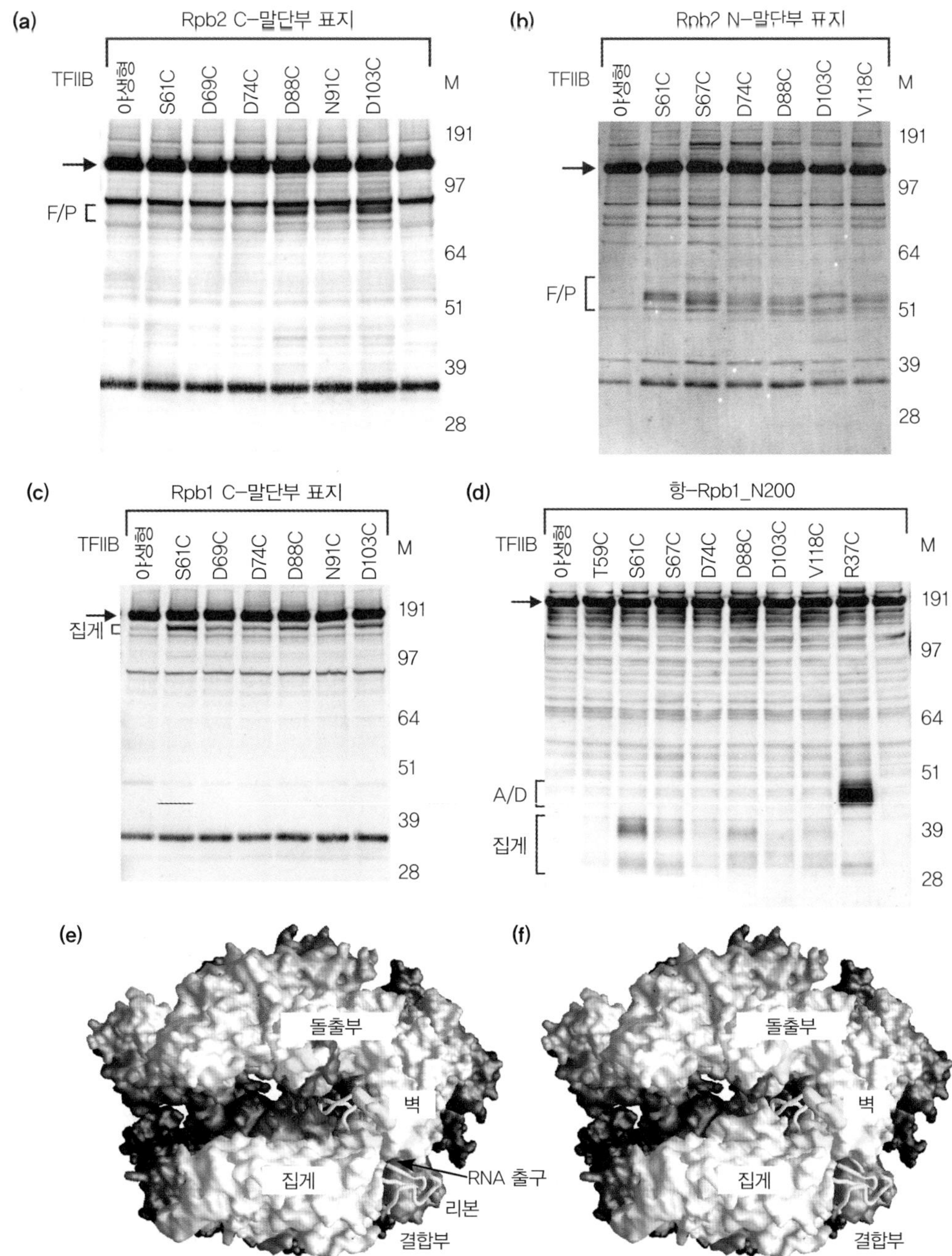

그림 11.17 효모 개시전 복합체에서의 TFIIB와 RNA 중합효소 II 사이의 접촉 도식화. (a~d) 홍타 첸과 스티븐 한은 Fe-BABE 히드록시기 라디칼 발생 시약을, TFIIB의 링커와 핑거 영역에 존재하는, 다른 아미노산을 치환한 시스테인에 부착시켰다(위치는 각 열의 위쪽에 표시). 이후, 이러한 치환된 TFIIBs와 각각의 겔의 상단에 표시된 것과 같이 Rpb2 C-말단과(a) 혹은 N-말단(b), 아니면 Rpb1 C-말단(c)에 FLAG 항원 결정기가 부착된 RNA 중합 효소를 포함하는 개시전 복합체를 형성하였다. 그러고 나서 TFIIB 내의 시스테인에서 약 15Å 이내의 단백질을 절단하기 위해 히드록시기 라디칼 형성을 활성화시켰다. 이후, 그들은 개시전 복합체 단백질과 단백질 조각들, 그리고 시스테인으로 치환되지 않은 복합체(wt) 단백질, 혹은 Fe-BABE(–)와 복합체를 이루고 있지 않은 TFIIB로부터 얻어진 단백질에 대해 SDS-PAGE를 수행하였다. 그들은 단백질밴드를, 항-FLAG 항체(a-c), 혹은 Rpbl의 말단 200개 아미노산 지역의 야생의 항원 결정기를 인지하는 항체를 이용하여 블롯하고 시각화하였다. 대조군 열에서(wt 그리고 –) 보이지 않는 새로운 밴드(꺾음괄호)는, 히드록시기 라디칼 절단에 의해 발생된 폴리펩티드 조각들을 나타낸다. Rpb1 혹은 2의 말단 쪽의 한 부분에 대한 정보와, 마커(M)와의 비교를 통해 이러한 조각들의 길이는, 각각의 측면에 있는 4개의 아미노산 내의 절단면을 측정할 수 있도록 해준다. 이러한 절단면의 위치는 각각의 꺾음 괄호로 옆쪽에 명시하였다. 집게, F/P(포크와 돌출부) 혹은A/D[활성 부위와 안벽(dock) 부위]. (e)와 (f) 핑거 영역에서**(e)** 혹은 링커 영역에서**(f)**, 치환된 시스테인을 가진 TFIIB를 포함하는 경우에서의 알려진 효모 RNA 중합효소 II의 결정화 구조에 대한 절단면 도식화. 어두운 파란색은 강한 절단을 나타내며, 밝은 파란색은 약한 것에서부터 중간 정도의 절단을 나타낸다. 방법적인 면에서의 내재적인 오차를 감안하기 위해, 9개의 아미노산에 걸쳐 색을 퍼뜨려 나타냈고, 명백한 절단면에는 색이 집중되었다. (출처: (a–f) Reprinted from *Cell*, Vol. 119, Hung-Ta Chen and Steven Hahn, "Mapping the Location of TFIIB within the RNA Polymerase II Transcription Preinitiation Complex: A Model for the Structure of the PIC," pp. 169–180, fig 2, p. 172. Copyright 2004 with permission from Elsevier.)

통해 항-FLAG 항체를 이용하여 웨스턴 분석을 사용할 수 있었다. 그림 11.17a~c는 FLAG 항원 결정기가 Rpb2의 N- 혹은 C-말단에 놓이거나 혹은 Rpb1의 C-말단에 놓았을 때의 항-FLAG 항체를 통해 얻어진 웨스턴 분석의 결과이다. 하이드록시 라디칼 절단에 의해 생성된 새로운 밴드가 꺾음 괄호로 표시되었다. [시스테인 치환이 일어나지 않거나(wt) 혹은 Fe-BABE]-)인 경우는 발견되지 않았다.]

이러한 밴드는 알려진 길이의 단백질 조각들을 포함하고 있고, 우리는 이러한 것들이 단백질의 C-말단이나 혹은 N-말단을 포함하고 있다는 사실을 알 수 있는데, 이는 항-FLAG 항체를 통해서 검출되고 FLAG 항원 결정기가 단백질 말단에 붙어 있기 때문이다. 따라서 절단 단면은 단백질의 알려진 결정 구조에 기반하여 위치를 도식화 될 수 있다. 그림 11.17d는 FLAG 항원 결정기가 사용되지 않은 것만을 제외한 비슷한 실험이며, 분석은 Rpb1의 N-말단 200잔기의 자연 항원 결정기에 대한 항체를 통해 검출한 것이다.

이러한 정보를 이용하여 홍타 첸과 스티븐 한은 각각의 경우에서 Fe-BACE가 접합된 시스테인과의 긴밀한 접촉을 하고 있는 Rpb1과 Rpb2의 부분들을 도식화하였다. 그림 11.17e와 11.17f는 핑거와 링커 부위 각각에 시스테인이 도입된, TFIIB 변이에 의해 생성된 절단 도식면을 묘사하고 있다. 밝은 파랑과 어두운 파랑 지역은 강한, 그리고 중간에서 약한 절단을 각각 표시하고 있다. 이것은 TFIIB의 핑거와 링커 지역에 가깝게 접합하는 Rpb1과 Rpb2의 부위이다. 이러한 도식면의 유사성은 TFIIB의 핑거와 링커지역이 개시전 복합체에서 서로 가깝게 존재한다는 사실을 나타낸다. 게다가, 예상되는 것과 마찬가지로 이러한 TFIIB(TFIIB$_N$)은 실제로 RNA 중합효소와 접촉하고 있다. 특히, 활동 중심부와 가까운, RNA 중합효소의 돌출부(protrude), 벽(wall), 집게(clamp)와 포크(fork) 부위와 접촉하고 있다.

광-교차-연결 실험에서는 첸과 한은 PEAS라고 불리는 ^{125}I-부착 광-교차-연결 시약을 하이드록시 라디칼 절단 분석에 사용했던 똑같은 TFIIB 시스테인 변이에 존재하는 시스테인에 연결시켰다. 이렇게 얻어진 TFIIBs를 개시전 복합체에 조립시킨 뒤, 복합체에 방사선을 쪼여 공유 교차 결합을 형성하도록 한 다음, 이 교차 결합을 SDS-PAGE와 방사능사진 촬영술을 통해 연결된 ^{125}I를 검출하여 관찰하였다. 예상한 것과 같이 그들은 TFIIB 핑거와 링커 영역이 RNA 중합효소 II에 교차 결합되어 있는 것을 알게 되었다. 그러나 또한 예상하지 못한 것 또한 알게 되었다. TFIIH 핑거와 링커 영역은 또한 중합효소의 활동 중심부에 가깝게 놓여진 폴리펩타이드인 TFIIF의 가장 큰 소단위체와 교차 결합되어 있었다.

4) TFIIH의 구조와 기능

TFIIH는 개시전 복합체에 결합하는 마지막 보편전사인자이다. TFIIH는 전사개시에 두 종류의 중요한 역할을 하는데, 이 중 하나는 RNA 중합효소 II의 CTD를 인산화시키는 것이다. 또 다른 기능 하나는 '전사거품'을 만들기 위해 전사개시 부위에서 DNA를 푸는 것이다.

(1) RNA 중합효소 II의 CTD 인산화

10장에서 우리가 이미 보았듯이, RNA 중합효소 II는 두 가지의 생리학적 중요성을 가진 형태로 존재한다. IIa(인산화가 안된 형태)와 IIO[C-말단 영역(CTD)에 인산화가 된 형태]. 인산화가 안된 효소(중합효소 IIa)가 개시전 복합체에 결합한다. 그러나 인산화된 효소(중합효소 IIO)는 RNA사의 신장에 관여한다. 이런 사실로 볼 때 중합효소의 인산화는 TFIIH가 개시전 복합체에 결합하는 시간과 프로모터 정리(promoter clearance) 사이에 일어난다. 다시

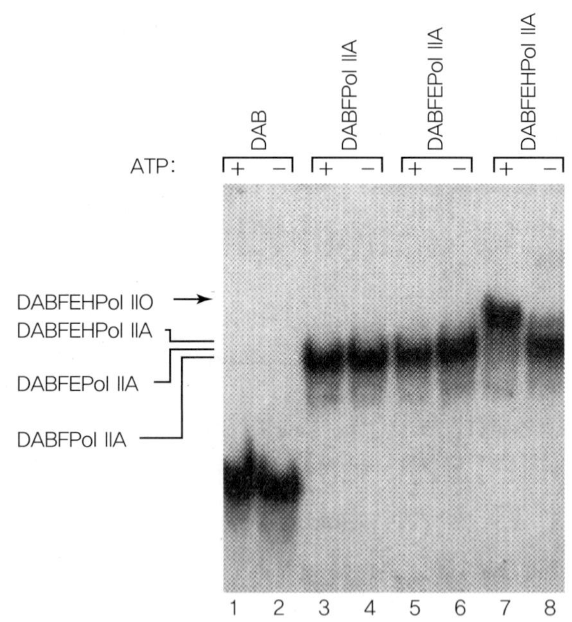

그림 11.18 개시전 복합체의 인산화. 레인버그와 동료들은 사진 위에 표시한 것처럼 ATP가 있거나 없는 상태에서 개시전 복합체인 DAB로부터 DABPolFEH에 이르기까지 겔 이동 변화분석을 수행했다. TFIIH가 존재할 때에만 ATP에 의한 복합체의 이동에 변화가 생겼다(7과 8번 레인을 비교). 간단히 설명하면 TFIIH가 투입 중합효소(중합효소 IIA)에서 중합효소 IIO의 인산화를 촉진한다는 것이다. (출처: Lu, H., I. Zawel, L. Fisher, J.M. Egly, and D. Reinberg, Human general transcription factor IIH phosphorylates the C-terminal domain of RNA polymerase II. *Nature* 358 (20 Aug 1992) p. 642, f. 1. Copyright © Macmillan Magazines Ltd.)

말하면, 중합효소의 인산화는 전사개시 상태를 RNA 신장상태로 변하게 한다. 이런 가설은 중합효소 IIa의 비인산화된 CTD가 중합효소 IIO의 인산화된 CTD보다 TBP에 더 강하게 결합한다는 사실로부터 확인된다. 그러므로 CTD의 인산화는 프로모터에서 TBP에 결합한 중합효소를 분리시켜서 전사신장을 시작할 수 있도록 한다. 반대로 이런 가설은 시험관에서 전사가 CTD의 인산화 없이도 일어날 수 있다는 사실 때문에 약점을 갖는다.

CTD 인산화의 중요성이 무엇이든 레인버그와 동료들은 이러한 인산화 과정을 촉진하는 인산화 단백질로 TFIIH가 좋은 후보임을 밝혔다. 첫째, 이들은 순수 정제한 전사인자가 다른 도움 없이 중합효소 II의 CTD를 인산화하여 중합효소가 IIa에서 IIO 형태로 바뀔 수 있음을 보였다. 그림 11.18에서 이들은 겔 이동 변화분석을 통해 이에 대한 증거를 제시했다. 1에서 6번 레인은 반응에 넣어 준 ATP가 DAB, DABPolF, 또는 DABPolFE 복합체의 이동에 영향이 없음을 보여 준다. 반면에 DABPolFEH 복합체에 TFIIH를 첨가한 후에는 ATP가 이 복합체의 이동을 느리게 변화시켰다. 어떻게 이런 변화를 설명할 것인가? 한 가지 가능성은 복합체 내의 전사인자 중 하나가 중합효소를 인산화시키는 것이다. 실제로 레인버그와 동료들은 이렇게 이동이 적게 된 복합체로부터 중합효소를 뷰리하여 이것이 인산화된 형태인 중합효소 IIO로 존재함을 밝혔다. 그러나 분명히 처음에 중합효소 IIA가 복합체에 결합한 것으로 보아 전사인자 중 하나가 인산화를 시킨 것이다.

다음으로 레인버그와 동료들은 TFIIH가 중합효소 IIA를 직접 인산화시키는 것을 밝혔다. 이를 위해 그들은 순수 정제한 중합효소와 TFIIH를 [γ-^{32}P] ATP와 함께 DNA 결합 조건에서 반응시켰다. 그 결과 그림 11.19a와 같이 적은 양의 중합효소가 인산화되었다. 그러므로 TFIIH는 스스로 인산화를 수행할 수 있다. 그러나 모든 다른 인자들은 그러한 인산화를 일으키지 않는다. 하지만 이러한 인자들은 TFIIH의 인산화 능력을 크게 자극할 수 있다. 6에서 10번 레인은 TFIIH와 다른 인자들의 농도를 늘려가며 수행한 인산화 실험의 결과이다. 레인버그와 동료들은 각각의 새로운 인자를 첨가할 때 중합효소의 인산화가 증가됨을 알았다. TFIIE를 첨가할 때 가장 큰 증가를 보였기 때문에 이들은 TFIIH 또는 TFIIH와 TFIIE가 같이 존재하는 조건에서 시간에 따른 인산화 변화를 조사하였다. 그림 11.19b는 IIa 소단위체가 IIo로 변화하는 것은 TFIIE가 존재할 때 효율적임을 보여 준다. 그림 11.19c는 그림 11.19b의 결과를 그래프로 나타낸 것이다.

우리는 중합효소 IIa 소단위체의 C-말단 영역(CTD)이 인산

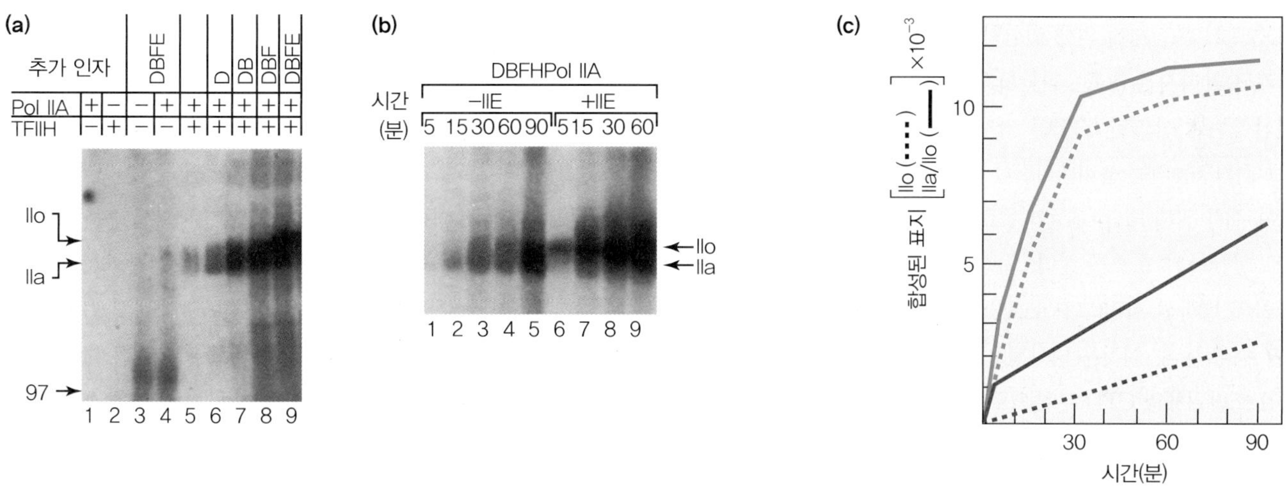

그림 11.19 TFIIH는 RNA 중합 효소 II를 인산화시킨다. **(a)** 레인버그와 동료들은 여러 전사인자와 중합효소 IIA를 반응시켰다. 중합효소가 인산화되도록 [ɣ-32P] ATP를 넣어 반응시키고 그 단백질을 전기영동한 후, 자가방사법을 통해 인산화된 중합효소를 보기 위한 실험을 수행했다. 5번에서 10번 레인은 TFIIH가 혼자서도 약간의 중합효소를 인산화시키는 데 충분하나, 다른 인자들이 있을 땐 그 인산화가 증가되는 것을 보여 준다. TFIIE는 특히 중합효소 IIa가 인산화되어 IIo가 되는 것을 강하게 자극한다. **(b)** 중합효소 인산화의 시간대. 레인버그와 동료들은 위에 표시한 것처럼 TFIIE가 있거나 없는 상태에서 TFIID, B, F, H와 중합효소의 인산화에 대한 분석을 하였다. 그들은 60분 또는 90분간 반응을 시키고, 위에 표시한 여러 중간 시간대에 시료를 채취했다. 왼쪽의 작은 대괄호 형태의 모양은 중합효소 IIa의 소단위체를 나타내며, 큰 것은 IIa와 IIo 모두를 나타낸다 (IIa/IIo). 오른쪽 화살표는 IIo와 IIa 소단위체의 위치를 나타낸다. TFIIE가 존재할 때 좀 더 빠르게 중합효소가 인산화된다. **(c)**, (b)의 결과를 그래프로 나타낸 것. 초록색과 빨간색 곡선은 각각 TFIIE가 존재할 때 또는 존재하지 않을 때의 인산화를 나타낸다. 실선과 점선은 각각 소단위 IIa와 IIo 또는 IIo 하나만 존재할 때 인산화된 중합효소를 나타낸다. (출처: Adapted from Lu, H., I. Zawel, L. Fisher, J.-M. Egly, and D. Reinberg, Human general transcription factor IIH phosphorylates the C-terminal domain of RNA polymerase II. *Nature* 358 (20 Aug 1992) p. 642, f. 2. Copyright © Macmillan Magazines Ltd.)

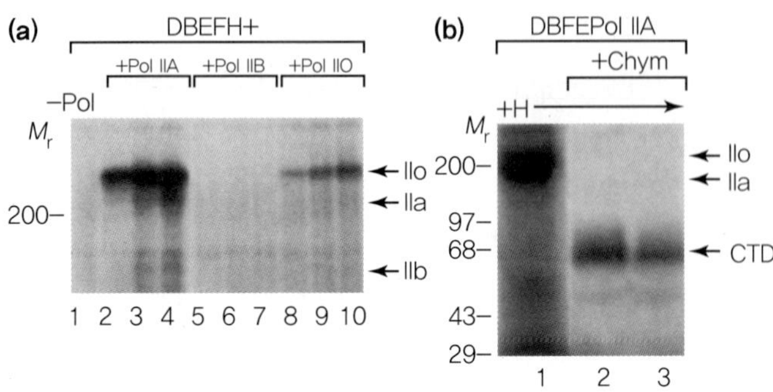

그림 11.20 TFIIH는 중합효소 II의 CTD를 인산화시킨다. (a) 레인버그는 그림 11.19에 설명한 것과 같이 TFIID, B, F, E, H 그리고 방사성 ATP를 가지고, 그림에 표시한 것처럼 중합효소 IIA, IIB, 또는 IIO의 농도를 높여가며 인산화 반응을 시켰다. CTD가 없는 중합효소 IIB는 인산화되지 않았다. 인산화가 되지 않은 중합효소 IIA는 예상한 것처럼 IIO에 비해 인산화가 잘 되었다. (b) 인산화된 CTD의 정제. 레인버그와 동료들은 단백질 분해효소인 키모트립신을 이용해 인산화된 중합효소 IIa로부터 CTD를 자르고, 그 산물을 전기영동하여 자가방사법을 수행했다. 1번 레인, 키모트립신으로 자르기 전의 반응산물. 2와 3번 레인, 키모트립신으로 자른 후의 산물. CTD의 위치는 다른 실험을 통해 확인했다. (출처: Lu, H., L. Zawel, L. Fisher, J.-M. Egly, and D. Reinberg, Human general transcription factor IIH phosphorylates the C-terminal domain of RNA polymerase II. *Nature* 358 (20 Aug 1992) p. 642, f. 3. Copyright © Macmillan Magazines Ltd.)

화되는 부위임을 안다. 왜냐하면 CTD가 없는 중합효소 IIB는 TFIIDBFEH 복합체에 의해 인산화되지 않는 반면, 중합효소 IIA와 그리고 약하지만 IIO는 인산화되기 때문이다(그림 11.20a). 또한 인산화는 인산화된 CTD를 가지고 있는 IIO 소단위체와 같은 형태로 전기영동되는 폴리펩티드를 생산한다. CTD의 인산화를 직접 보여 주기 위해 Reinberg와 동료들은 CTD를 자르는 키모트립신으로 인산화된 효소를 잘라 그 산물을 전기영동했다. 키모트립신 산물의 방사선 사진(그림 11.20b)을 통해 표지된 CTD 조각을 발견할 수 있는데, 이것은 방사선으로 표지된 인산이 커다란 중합효소 II 소단위체의 CTD 부분으로 삽입된 것을 의미한다. 소단위체의 나머지는 표지되지 않았다.

RNA 중합효소 II의 소단위체 중 하나는 이 인산화 반응에 도움이 되지 않음을 증명하기 위해 레인버그와 동료들은 전사인자 GAL4 DNA-결합영역과 글루타치온-S-전달효소(glutathione-S-transferase, GST)의 융합단백질로 CTD를 발현하는 이형(chimeric) 유전자를 제조했다. TFIIH 혼자서도 이 융합단백질의 CTD 부위를 인산화시킬 수 있었다. 그러므로 TFIIH는 다른 중합효소 II 소단위체가 없더라도 적당히 인산화 활성을 지닌다.

지금까지 서술한 모든 실험들은 중합효소(또는 중합효소 부위)가 DNA에 결합된 상태에서 수행되었다. 이런 상태가 중요한 것인가를 알기 위해 레인버그 연구팀은 완전한 프로모터가 있는 상태 또는 단지 TATA 상자 그리고(또는) 프로모터의 개시자 부위만 있는 상태 또는 프로모터가 전혀 없는 상태의 DNA를 가지고 중합효소 II의 인산화 실험을 수행했다. 그 결과 TFIIH는 TATA 상자 또는 프로모터의 개시자가 존재하는 경우에는 인산화 반응을 일으켰으나, 아무것도 포함되지 않은 합성 DNA[폴리(dI-dC)]에서는 인산화 반응이 거의 일어나지 않았다. 이러한 사실은 TFIIH가 DNA와 결합하고 있는 중합효소 II를 인산화시키는 것을 의미한다. 지금 우리는 인산화 효소의 활성은 TFIIH의 두 소단위체에 의해 일어남을 알고 있다.

일반적으로 CTD의 2번과 5번 위치의 세린에 인산기를 첨부시키고 때로는 7번에도 첨부시킨다. 15장에서는 프로모터 근처의 전사 복합체는 세린 5번은 인산화되어 있으나, 전사가 진행됨에 따라 세린 2번으로 인산화가 이동되게 되는 증거들을 보게 될 것이다. TFIIH의 단백질 인산화 효소는 CTD의 5번 세린만을 인산화시킨다는 사실을 인식하는 것이 중요하다. 효모에서는 **CTDK-1**, 후생동물에서는 **CDK9 인산화효소**라고 불리는 다른 인산화효소가 2번 세린을 인산화시킨다.

때때로 신장 도중 CTD의 2번 세린의 인산기를 잃어버림으로써 중합을 멈출 수 있다. 신장을 다시 진행하기 위해서는 CTD의 2번 세린의 재인산화가 필수적이다.

(2) 전사거품의 생성

TFIIH는 구조와 기능적으로도 복잡한 단백질이다. TFIIH는 9개의 소단위체로 구성되어 있는데 크게 두 복합체로 나눌 수 있다. 하나는 4개의 소단위체로 구성된 단백질 인산화효소 복합체이며, 다른 하나는 2개의 독립적인 DNA 헬리케이즈/ATP 분해효소의 활성을 가지고 있는 5개의 소단위체로 이루어진 TFIIH의 중심 복합체이다. 이러한 활성 중의 하나는 TFIIH의 큰 소단위체에 의해 이루어지며, 생존에 필수적이다. 효모에서 이 유전자(*RAD25*)에 돌연변이가 생기면, 그 효모는 살 수가 없다. 사티야 프라카쉬(Satya Prakash)와 동료들은 이 헬리케이즈가 전사에 중요함을 밝혔다. 그들은 효모 세포에서 **RAD25** 단백질을 과생산하여 정제한 후 이것이 헬리케이즈 활성이 있음을 밝혔다. 헬리케이즈의 기질로 M13 단사 DNA와 ^{32}P로 표지된 41개의 염기로 구성된 합성 DNA를 섞어 만든 부분적 이중 DNA를 사용했다(그림 11.21a). 그들은 ATP가 있거나 또는 없는 상태에서 이런 기질과 RAD25를 섞어 반응시킨 후 그 산물을 전기영동했다. 헬리케이즈의 활성이 있으면 큰 DNA(phage DNA)로부터 짧고 표지된 DNA가 떨어져

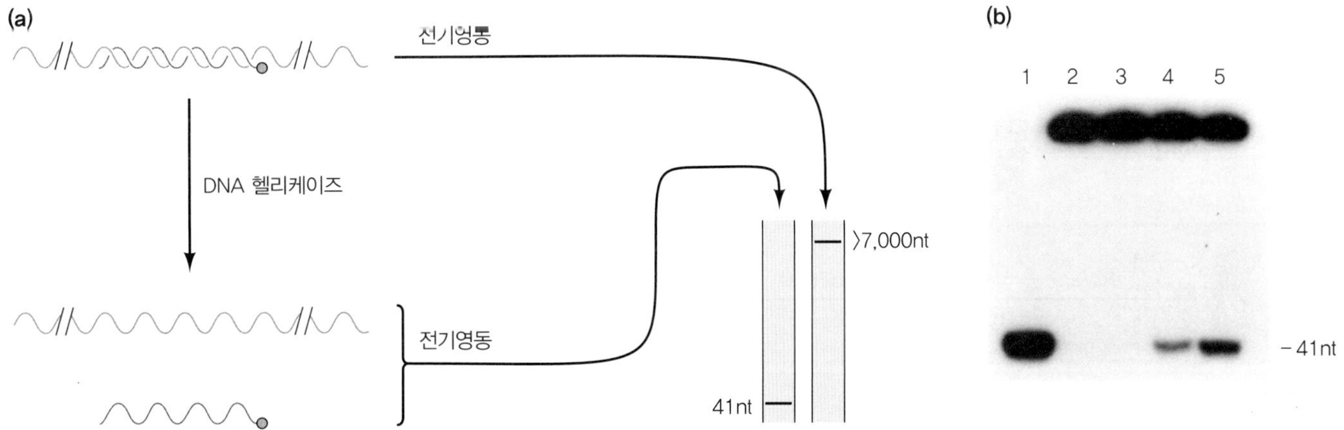

그림 11.21 TFIIH의 헬리케이즈 활성. **(a)** 헬리케이즈 분석. 헬리케이즈의 기질은 표지된 41개의 뉴클레오티드의 DNA 조각(빨간색)과 더 크고 표지되지 않은 M13 파지의 단사 DNA(파란색)를 섞어 만들었다. DNA 헬리케이즈는 이 짧은 나선을 풀어 표지된 41뉴클레오티드 DNA를 그의 상대자(파지 DNA)로부터 떨어져 나오게 한다. 이 짧은 DNA는 전기영동을 하면 쉽게 구별할 수 있다. **(b)** 헬리케이즈 분석 결과. 1번 레인, 열을 이용해 분리한 단사 DNA 기질. 2번 레인, 단백질 없음. 3번 레인, ATP는 없고 20ng의 RAD25. 4번 레인, ATP와 10ng의 RAD25. 5번 레인, ATP와 20ng의 RAD25. (출처: (b) Gudzer, S.N., P. Sung, V. Bailly, L. Prakash, and S. Prakash, RAD25 is a DNA helicase required for DNA repair and RNA polymerase II transcription. *Nature* 369 (16 June 1994) p. 579, f. 2c. Copyright © Macmillan Magazines Ltd.)

나오게 되어, 전기영동을 하면 더 빠른 속도로 이동됨으로써 겔의 밑 부분에 위치하게 된다. 그림 11.21b에서처럼 RAD25는 ATP 의존성 헬리케이즈의 활성을 가진다.

다음으로 프라카쉬와 동료들은 온도민감성 *RAD25* 유전자(*rad*25–ts_{24})를 지닌 세포에서 전사가 온도에 민감한 것을 보였다. 그림 11.22는 주형으로서 G가 없는 카세트를 사용하여 시험관 내에서 수행한 전사실험의 결과이다(5장 참조). 이 주형은 비주형가닥에 G가 없으며 400bp 위 상단부에 효모의 TATA 상자를 갖고 있다. ATP, CTP, 그리고 UTP(GTP는 없는 상태)의 존재 시 전사는 분명히 이 G가 없는 지역 내 두 지점에서 시작하여 길이가 375와 350nt인 두 전사체를 만든다. 전사는 G가 없는 카세트의 끝에서 종료되어야 한다. 왜냐하면 이 지역에서는 G가 RNA를 확장하는 데 필요하기 때문이다. 그림 11.22a는 허용온도(22℃)에서 10분 동안 전사를 수행한 결과이다. *rad*25–ts_{24} 돌연변이로부터의 추출물은 정상(RAD25)효모로부터의 추출물에 비해 낮은 온도에서도 전사가 약하게 일어나는 것이 분명하다. 그림 11.22b는 비허용온도(37℃)에서의 전사결과이다. 온도를 올리면 *rad*25–ts_{24} 돌연변이 추출물에서 전사는 완전히 불활성화된다. 그러므로 *RAD25*의 산물(TFIIH DNA 헬리케이즈)은 전사에 필요하다.

전사과정의 어느 단계에서 DNA 헬리케이즈의 활성이 필요한가? 그 해답에 도달하기 위해서는 다음과 같은 생각을 할 수 있다. II급 유전자의 전사는 I급 또는 III급과 달리 ATP(또는 dATP)의 가수분해가 필요하다. 물론, ATP를 포함하여 모든 4개 뉴클레오티드의 α–β 결합은 전사단계 동안 가수분해된다. 그러나 II급의 전사시에는 ATP의 β–γ 결합의 가수분해가 필요하다. 이로부터 다음과 같은 질문이 나올 수 있다. 어느 단계에서 ATP의 가수분해가 일어나는가? 우리는 자연적으로 이 질문에 대한 답으로 TFIIH를 선택했다. 왜냐하면, THIIH는 ATP의 가수분해를 포함한 두 가지 활성(CTD 단백질 인산화효소와 DNA 헬리케이즈)을 가지기 때문이다. 질문에 대한 해답으로 TFIIH의 헬리케이즈 작용이 ATP가 필요한 단계라는 것이 밝혀졌다. 이러한 가정을 뒷받침하는 증거로는 CTD의 인산화 시 GTP가 ATP를 대신할 수 있으나, GTP가 전사시의 ATP 가수분해 필요성을 충족시키지 못한다는 것이다. 그러므로 전사는 CTD의 인산화이외에도 DNA 헬리케이즈와 같은 다른 과정에서는 ATP의 가수분해를 필요로 한다.

다시 그 중요 질문으로 돌아가자. 전사의 어느 단계에서 DNA 헬리케이즈의 활성이 필요한가? 가장 그럴 듯한 대답은 프로모터 정리 과정일 것이다. 우리는 6장에서 프로모터 정리를 포함하여 전사개시를 정의했으나, 프로모터 정리는 또한 전사개시와 전사신장 사이의 경계를 이루는 하나의 분리된 사건으로 인식될 수 있다. 제임스 굿리치(James Goodrich)와 티잔은 다음과 같은 질문을 던졌다. TFIIE와 TFIIH가 전사개시와 프로모터 정리 중 어느 과정에 필요한가? 이와 같은 질문에 대한 답을 찾기 위해 그들은 부전성 전사체(3염기)를 측정할 수 있는 실험을 창안했다. 전사가 멈추어 나타나는 부전성 전사체(abortive transcript)의 출현은 부분적인 DNA의 풀림과 첫 번째의 인산결합의 합성을 포함한 생

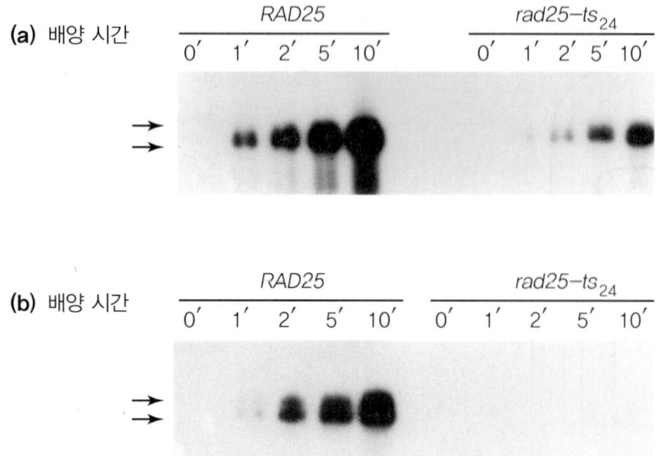

그림 11.22 TFIIH DNA 헬리케이즈 유전자 산물(RAD25)은 효모의 전사에 필요하다. 프라카쉬와 동료들은 야생종(*RAD25*)과 온도 민감성 돌연변이(*rad25*–ts_{24}) 세포로부터 추출한 추출물을 G가 없는 카세트 주형을 이용해 허용온도**(a)**와 비허용온도**(b)**에서 전사를 조사했다. ATP, CTP, 그리고 UTP(그러나 GTP는 없는 상태)와 하나의 ^{32}P로 표지된 뉴클레오티드로 10분 동안 전사한 후 표지된 산물을 전기영동과 자가방사법으로 확인했다. 추출물(*RAD25* 또는 *rad25*–ts_{24})의 출처와 전사를 수행한 시간은 그림 위에 표시했다. 왼쪽의 화살표는 G가 없는 2개의 전사체 위치를 나타낸다. TFIIH DNA 헬리케이즈(*RAD25*)가 온도에 민감할 때 전사도 온도에 민감함을 볼 수 있다. (출처: Gudzer, S.N., P. Sung, V. Bailly, L. Prakash, and S. Prakash, RAD25 is a DNA helicase required for DNA repair and RNA polymerase II transcription. *Nature* 369 (16 June 1994) p. 580, f. 3 b–c. Copyright © Macmillan Magazines Ltd.)

산적인 전사개시 복합체가 형성되었다는 것을 의미한다. 굿리치와 티잔은 TFIIE와 TFIIH가 부전성 전사체의 생산에 필요하지 않으나, TBP, TFIIB, TFIIF, 그리고 RNA 중합효소 II는 부전성 전사체 생산에 필요하다는 것을 밝혔다. 그러므로 TFIIE와 TFIIH는 적어도 프로모터 정리 단계까지는 전사개시에 필요하지 않다. 그러나 프로모터 부위가 완전히 풀리기 위해서는 TFIIH가 필요하다. 인간의 TFIIH의 가장 큰 소단위체에 돌연변이가 유발되어 DNA 헬리케이즈 활성에 결함이 생기면 프로모터 부위가 완전히 열리지 못한다. 그 결과 프로모터 정리가 일어나지 못하는데, 이에 대해서는 뒤에서 살펴보겠다.

이러한 발견은 TFIIE와 TFIIH가 프로모터 정리 또는 RNA의 신장, 또는 이 두 단계 모두에 필요하다는 가능성을 남겨 놓았다. 이러한 가능성을 밝히기 위해 굿리치와 티잔은 전사신장을 조사했고, 이 과정에 미치는 TFIIE와 TFIIH의 영향을 조사했다. 17번째 위치에 필요한 뉴클레오티드를 제거한 상태에서 그들은 초나선 주형상에서 TFIIE와 TFIIH없이 전사를 시작하도록 하여 16번째 뉴클레오티드까지 전사가 신장하도록 했다. (시험관에서 초나선 주형의 전사는 TFIIE와 TFIIH뿐만 아니라 ATP도 필요 없기 때문에 그들은 초나선 주형을 사용했다.) 그 후 그들은 초나선 주형을 제한효소로 잘라 선형으로 만들어 ATP를 첨가한 후, TFIIE와 TFIIH가 있거나 또는 없는 상태에서 전사하도록 했다. 그들은 TFIIE와 TFIIH가 전사의 신장에 어떠한 다른 효과도 유도하지 못한다는 것을 발견했다. 이러한 결과로 미루어 굿리치와 티잔은 TFIIE와 TFIIH가 프로모터 정리 단계에 요구된다고 결론을 내렸다. 그들은 이러한 결론을 그림 11.23의 모델로 요약했다.

티잔 등은 TFIIH의 DNA 헬리케이즈 활성이 전사개시 부위의 DNA에 직접적으로 작용하여 그 부위의 이중사슬을 풀어낸다고 가정했다. 그러나 김태경(Tae-Kyung Kim), 리차드 에브라이트(Richard Ebright), 그리고 레인버그 등은 2000년에 수행한 교차연결 연구를 통해 +3과 +25 부위와 아마도 좀 더 하위 부위에서 TFIIH(특히 프로모터 부분의 수소결합을 풀어 주는 DNA 헬리케이즈 기능을 포함하는 소단위체)가 DNA와 교차 연결을 형성하는 것을 밝혔다. 이러한 TFIIH의 상호 작용 부위는 첫 전사 거품이 생기는 −9에서 +2 부위의 하윗부분이다. 반면, TFIIE의 경우 전사 거품 부위에 교차 연결한다. TFIIB, TFIID, TFIIF 등은 전사 거품 부위의 상위 부위에 교차 연결한다. RNA 중합효소는 다른 모든 인자들이 결합하는 전체 부위와 교차 연결한다. 이러한 사실을 통해 TFIIH의 헬리케이즈가 첫 전사 거품과 직접적으로 접촉하지 않으며, 따라서 직접적으로 DNA를 풀어서 첫 전사 거품을 형성할 수는 없다는 것을 알 수 있다. ATP를 첨가하는 경우, 전사 거품의 상위 부위에서의 상호 작용에는 영향이 없으나 거품내에서나 하위 부위의 상호 작용은 방해한다.

이전의 결과를 통해 TFIIH의 헬리케이즈가 전사 거품을 형성하는 데 중요한 역할을 한다는 것을 알고 있기는 하지만, 여기에서 기술된 교차 연결 연구를 통해 전사 거품 부위에서 TFIIH의 헬리케이즈가 직접적으로 DNA 이중사슬을 풀 수는 없다는 것을 알 수 있다. 그렇다면 거품은 어떻게 형성되는가? 김태경 등은 TFIIH의 헬리케이즈가 하위 DNA 부위를 풀어냄으로써 분자적인 '렌치'와 같은 역할을 한다고 제안했다. TFIID와 TFIIB(그리고 아마도 다른 단백질들)가 거품의 상위 부위를 단단히 잡고 있기 때문에, 그리고 이러한 결합이 ATP를 첨가한 후에도 지속되기 때문에 하위 DNA 부위를 풀어냄으로써 그 사이의 긴장을 형성하여 전사 거품 부위의 DNA를 열리게 하는 것으로 보인다. 이를 통해 중합효소가 전사를 시작할 수 있게 되며, 10~12bp 하위 부위로 이동할 수 있게 된다. 그러나 이전의 연구에서는 TFIIH에 의한 도움이 없는 경우 중합효소가 그 지점에서 멈추게 되는데, TFIIH는

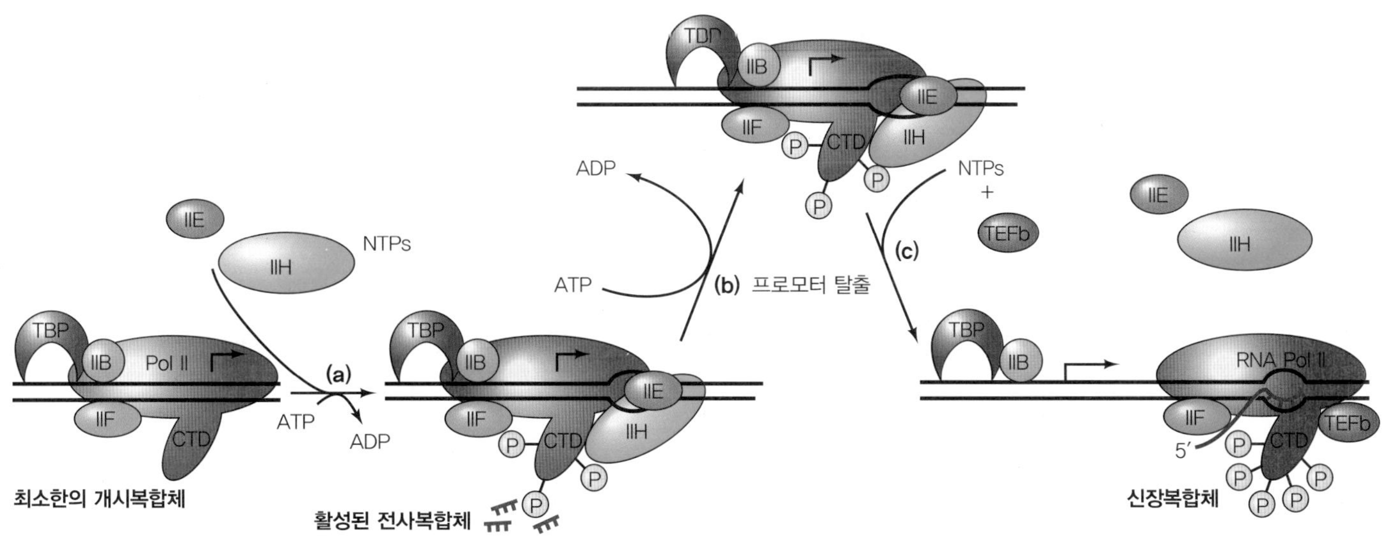

그림 11.23 전사개시, 프로모터 이탈 및 전사신장에서 보편전사인자들의 참여에 대한 모델. **(a)** TFIIB, TFIIF, 그리고 RNA 중합효소 II와 함께 TBP(또는 TFIID)는 개시자에서 최소한의 개시복합체를 형성한다. TFIIE, TFIIH 및 ATP가 DNA를 융해시키고 RNA 중합효소의 큰 소단위체인 CTD를 인산화시킨다. **(b)** TFIIH의 DNA 헬리케이즈 활성은 개시자에서 DNA 이중결합을 풀기 위해 ATP를 사용한다. 이것은 어떠한 방법으로 프로모터 정리를 가능하게 한다. **(c)** 뉴클레오티드를 계속 첨가하면, 신장복합체는 RNA 합성의 신장을 계속한다. TBP와 TFIIB는 프로모터에 남아 있다. TFIIE와 TFIIH는 신장에 필요하지 않으며 신장복합체로부터 분리된다. (출처: Adapted from Goodrich, J.A. and T. Tjian. 1994. Transcription factors IIE and IIH and ATP hydrolysis direct promoter clearance by RNA polymerase II. *Cell* 77:145–56.)

하위 부위 DNA를 꼬아 전사 거품을 연장함으로써 멈춘 중합효소가 앞으로 전진하여 프로모터가 청소된다고 설명했다.

그림 11.23은 TFIIH가 CTD 인산화와 DNA 풀기에 미치는 영향을 보기 쉽게 도식화한 것이다. 그러나 개시 복합체의 실제 구조는 더 복잡하다. 콘버그와 동료들은 선행연구로 밝혀진 TFIIE–중합효소 II, TFIIF–중합효소 II, 그리고 TFIIE–TFIIH 복합체의 구조를 근거로 개시전 복합체에서 모든 일반전사인자(TFIIA 제외)의 위치를 결정하였다(그림 11.24). TFIIF의 2번째로 큰 단량체(Tfg2)는 박테리아의 시그마–요소의 유사체로 시그마처럼 프로모터에서 거의 같은 부위에 위치한다. 사실, 박테리아의 시그마–요소 2, 3번 영역과 유사한 Tfg2의 두 영역이 그림에서 '2'와 '3'으로 표지된다. TFIIE는 TFIIH를 유치하는 역할을 만족하기 위한 위치에서 중합효소 활성 중심의 25bp 아래에 존재한다. 그리고 TFIIH는 DNA 헬리케이즈 활성을 위해 직접적이거나 간접적으로 음성초꼬임(negative supercoiling)을 유도하므로써, 프로모터 DNA를 열기 위한 분자렌치로 작용하기 위한 부위에 위치한다.

5) 매개 복합체와 RNA 중합효소 II 완전효소

매개자(mediator)라 불리는 다른 단백질은 모두는 아니지만 대부분의 분류 II 개시전 복합체의 일부분이기 때문에 보편전사인자로 고려될 수 있다. 다른 보편전사인자와는 달리, 개시를 위해 본질적으로는 필요치 않다. 그러나 이미 12장에서 보았듯이 활성화된 전사를 위해 필요하다. 매개자는 효모에서 처음 발견되었고 약 2개의 소단위체를 보유하고 있다. 인간에서 매개자는 후에 발견되었지만 극히 일부만이 효모의 매개자와 유사하다.

지금까지 우리는 개시전 복합체가 II급 프로모터에 한 번에 하나의 단백질을 차례대로 조립함으로써 형성된다고 가정했다. 실제로 이렇게 조립이 이루어질 수도 있겠지만 일부 증거에 의하면 아마도 대부분의 II급 개시전 복합체는 프로모터에 이미 형성된 **RNA 중합효소 II 완전효소**(RNA polymerase II holoenzyme)가 결합해서 조립되는 것으로 생각된다. 완전효소는 RNA 중합효소와 몇 종류의 보편전사인자, 그리고 매개자로 구성되어 있다.

완전효소 개념에 대한 증거는 1994년 콘버그와 리차드 영의 실험을 통하여 제시되었다. 두 그룹 모두 효모세포로부터 복합체 단백질을 분리했는데, 이 복합체에는 RNA 중합효소와 많은 다른 단백질이 포함되어 있었다. 콘버그와 동료들은 전체 복합체를 침전시키기 위해 완전효소의 한 구성요소를 인식하는 항체를 이용하여 면역침전법을 사용했다. 그들은 RNA 중합효소 II의 소단위체와 TFIIF의 소단위체, 그리고 17개의 다른 폴리펩티드를 발견하고, 이들을 정제했다. 그들은 이 완전효소에 TBP, TFIIB, E, H를 가함으로써 정확한 전사활성을 유도할 수 있었다. TFIIF는 이미 완전효소의 한 부분이기 때문에 따로 첨가해 줄 필요가 없었다.

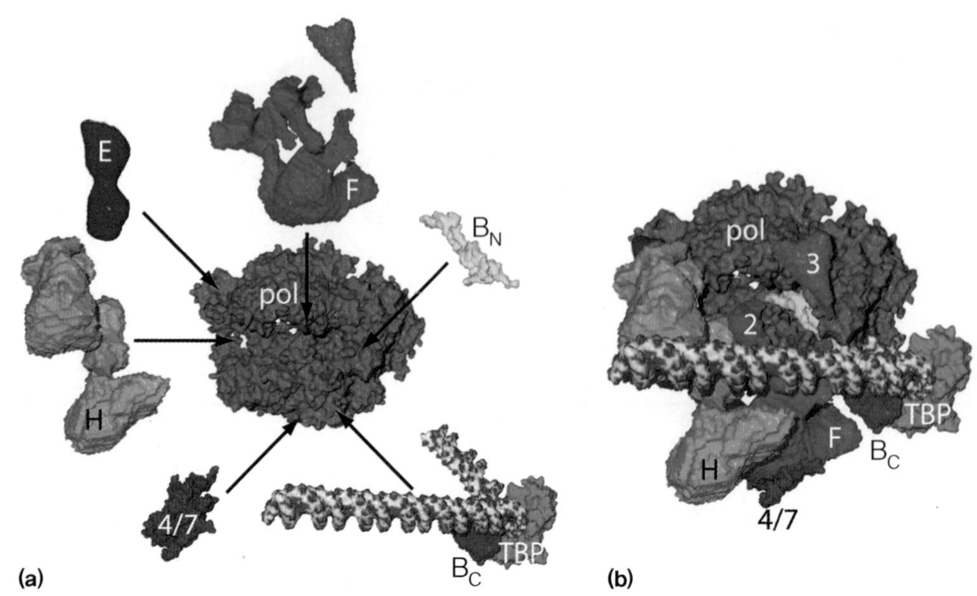

그림 11.24 II급 개시전 복합체의 모델. 콘버그와 동료들은 TFIIB-RNA 중합효소의 결정구조에 프로모터 DNA, TFIIF, TFIIE, TFIIH의 위치에 대한 구조적 정보를 첨가하여 구성모델을 제안하였다. **(a)** 복합체의 모든 구성요소의 정체를 보여 주는 확대 그림. 붉은 구성요소(4/7)는 Rpb4와 Rbp7을 나타내며 pol(회색)은 나머지 부분의 RNA 중합효소 II를 나타낸다. BN과 BC는 각각 TFIIB의 N-말단과 C-말단을 나타낸다. 프로모터 서열은 붉은색, 흰색, 그리고 파란모델로 표시되었으며 TBP의 결합으로 휘어져 있다. **(b)** 전체구조. 전사거품은 아직 형성되지 않았음을 주의해라. 전사방향은 오른쪽에서 왼쪽으로 진행된다. (출처: (a-b) Reprinted with permission from *Science*, Vol. 303, David A. Bushnell, Kenneth D. Westover, Ralph E. Davis, Roger D. Kornberg, "Structural Basis of Transcription: An RNA Polymerase II-TFIIB Cocrystal at 4.5 Angstroms" Fig. 6, p. 986. Copyright 2004, AAAS.)

안토니 콜레스키(Anthony Koleske)와 영은 일련의 정제 방법을 사용하여 효모로부터 RNA 중합효소 II, TFIIB, TFIIF, TFIIH를 포함한 완전효소를 분리했다. 시험관 내 실험에서 이 완전효소가 정확한 전사를 위해 필요로 하는 것은 TFIIE와 TBP이다. 그래서 이들이 사용한 정제 방법은 콘버그와 동료들이 분리한 완전효소보다 더 많은 전사인자를 포함하고 있다. 콜레스키와 영은 그들이 정제한 완전효소에서 몇 개의 새로운 SRB 단백질(SRB2, SRB4, SRB5, SRB6)을 발견했다.

이 SRB 단백질은 다음과 같은 유전적 선별방법을 통해 영과 동료들에 의해 발견되었다. 가장 큰 중합효소 II 소단위체의 CTD 부분이 결실되면, GAL4 단백질에 의해 전사가 효과적으로 일어나지 않는다. GAL4는 전사활성인자로 12장에서 자세히 살펴볼 것이다. 영과 동료들은 GAL4에 의해 이와 같이 약한 전사를 억제할 수 있는 돌연변이를 선별했다. 그들은 여러 억제 돌연변이를 발견하여 이들 유전자를 RNA 중합효소 B 억제자(suppressor of RNA polymerase B, SRB)라 명명했다. 12장에서는 예상되는 억제기작에 대해 논의할 것이다. 여기서는 이러한 SRB가 적어도 효모에서는 생체 내에서 전사활성에 필요하고, 이들이 효모 중합효소 II 완전효소의 매개복합체의 부분이라는 것만을 강조한다. 인간을 포함하여 포유동물의 중합효소 또한 분리되었다.

6) 신장인자

진핵생물은 우선적으로 개시단계에서 전사를 조절한다. 그러나 그들은 또한 적어도 II급의 유전자에서는 신장단계 동안 전사를 조절하기도 한다. 이것은 전사 멈춤이나 전사 정지를 끝내는 것을 포함한다. RNA 중합효소의 일반적인 특징은 그들이 일정한 속도로 전사를 하지 않는다는 것이다. 대신 전사를 다시 시작하기 전에 때때로 오랜 시간동안 정지한다. 이러한 정지는 정해진 **멈춤부위**(pause site)에서 일어난다. 왜냐하면 이러한 부위의 DNA 염기서열은 이미 10장에서 보았듯이 RNA의 자유 3′-말단을 효소의 구멍으로 밀어넣으며 RNA-DNA 접합체를 불안정하게 하며 중합효소가 후퇴하게 하기 때문이다. 만약 몇 뉴크레오티드만 뒤로 후퇴한다면, 정지는 짧고, 중합효소는 스스로 다시 전사를 재개할 수 있다. 반면에 후퇴가 너무 많으면, 중합효소는 스스로 전사를 개시 못하고 대신 TFIIS의 도움을 받아야 한다. 이러한 보다 심각한 상황을 **전사멈춤**(transcription pause)보다는 **전사정지**(transcription arrest)라 한다.

(1) 프로모터 근부 멈춤

유전자상의 RNA 중합효소의 위치에 대한 유전체 범위의 분석(Genome-wide analysis)을 통해, 꽤 많은 부분의 유전자

(20~30%)들이 개시 출발점의 20~50bp 아래 부위의 특정한 멈춤 부위에서 중합효소가 멈춰 있다는 것을 알게 되었다. 이러한 멈춰 있는 중합효소를 가진 유전자들은 초파리 *HSP70* 유전자처럼, 열충격과 같은 상황에서 재빠르게 활성화되도록 유도된 유전자들이다. 이러한 유전자들은 신호를 받자마자 바로 전사를 재개하도록 준비를 갖춘 중합효소를 가지고 있다.

이러한 신호를 이해하려면 이 중합효소들이 처음에 어떻게 멈추게 되었는지를 이해하는 것이 필요하다. 2개의 단백질 요소들이 RNA 중합효소 II를 멈춤 지역에서 멈추도록 도와주는 것으로 알려져 있다. 이들은 **DRB 민감 유도 요소**(DRB sensitivity-inducing factor, DSIF)와 **음성 신장 요소**(negative elongation factor, NELF)이다. DSIF는 신장 인자 Spt4와 Stp5라는 효모에서부터 인간까지의 모든 진핵생물에서 발견되는 2개의 소단위체를 가지고 있다. 하지만 NELF는 척추동물에서만 발견되고 모든 후생동물에서는 발견되지 않는다.

멈춤 지역을 벗어나게 하는 신호는 **양성 전사 신장 요소-b**(positive transcription elongation factor-b, P-TEFb)에 의해 전달된다. 이 인자는 중합효소 II, DSIF와 NFLF를 인산화시킬 수 있는 단백질 인산화 효소이다. 인산화가 일어나면, NELF는 멈춰 있는 복합체에서 사라지나, DSIF는 오히려 억제하기보다는 신장을 활성화시킨다.

(2) TFIIS는 전사정지를 되돌린다.

1987년 레인버그와 로이더는 시험관실험에서 전사신장을 특이적으로 촉진하는 TFIIS라는 HeLa 세포 인자를 발견했다. 이 인자는 Natori와 동료들에 의해서 에리히(Ehrlich) 복수 암세포에서 발견된 IIS와 유사하다.

레인버그와 로이더는 개시전 복합체에 미치는 영향을 조사함으로써 IIS가 전사개시가 아닌 신장단계에 영향을 미친다고 주장했다(그림 11.25). 그들은 중합효소 II, DNA 주형, 그리고 뉴클레오티드를 함께 사용해 전사개시가 일어나게 한 후 헤파린을 가하여 아무것과도 결합하지 않은 중합효소와 결합하게 하여 더 이상의 새로운 전사개시가 일어나지 않도록 억제했다. 그리고 IIS 또는 완충액을 넣고, 표지된 GMP가 RNA로 삽입되는 속도를 측정했다. 그림 11.25는 IIS가 RNA 합성율을 상당히 강화시킨다는 것을 보여 준다. 수직 점선은 IIS가 6분 지점에서 GMP의 삽입을 두 배 증가시키고, 10분 지점에서 2.6배 증가시킨다는 것을 나타낸다. 명백히 신장율은 최소 열 배 이상 급격하게 증가하였다.

TFIIS가 전사개시도 촉진할 수 있다는 가능성이 남아 있다. 이러한 가능성을 살펴보기 위해 레인버그와 로이더는 헤파린을 넣기 전에 초기반응에 TFIIS를 첨가한 후 위의 실험을 반복했다. 만일 IIS가 정말 전사신장뿐만 아니라 전사개시도 촉진한다면, 위에서 설명한 실험에서보다 이번 실험에서 RNA 합성을 촉진시킬 것이다. 그러나 두 실험에서 TFIIS에 의한 촉진이 거의 동일하다는 것을 보여 준다. 즉, TFIIS는 전사신장만 촉진한다.

TFIIS가 어떻게 전사신장을 강화할 수 있는가? 레인버그와 로이더는 이를 알아보기 위해 실험을 했는데, 중합효소가 전사 중에 정지하는 것을 제한함으로써 전사신장을 증가시킨다고 제안한다.

이와 같은 전사멈춤(정지)은, 시험관 내 전사체를 전기영동하여 온전한 길이의 전사체보다 짧은 밴드를 찾음으로써 시험관 내 전사 중에 발견할 수 있다. 레인버그와 로이더는 TFIIS가 이러한 짧은 전사체의 출현을 최소화하는데, 이것은 TFIIS가 중합효소 정지를 최소화하는 것을 나타낸다고 밝혔다. 다른 연구자들도 그 후 이러한 결론을 확인했다.

다꿩 왕(Daguang Wang)과 다이앤 홀리(Diane Hawley)는

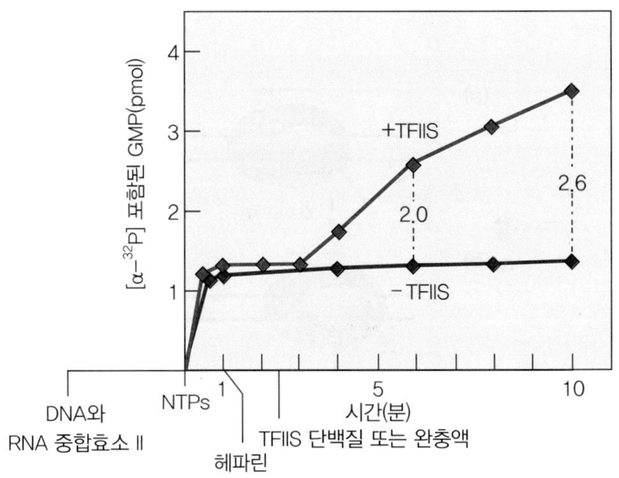

그림 11.25 전사신장에서 TFIIS의 효과. 레인버그와 로이더는 아래에 표시한 시간에 따라 전사신장복합체를 만들었다. 시작 3분 전에 그들은 DNA와 RNA 중합효소를 첨가했다. 그리고 시간 0에서 네 종류의 뉴클레오티드(NTP)를 모두 넣어 주고, 그 중 하나(GTP)는 ^{32}P로 표지했다. 1분 후 헤파린을 넣어 주어 아무것과도 결합하지 않은 RNA 중합효소에 결합하게 하여, 모든 전사복합체가 오직 신장복합체를 형성하게 하였다. 마지막으로 2.5분 후 IIS(빨간색)나 완충액(파란색)—음성 대조군—을 더해 주었다. 그들은 표지된 GMP의 삽입이 다양한 시간대에 일어날 수 있도록 한 상태에서 이들 반응혼합물을 취해 RNA가 표지된 정도를 측정했다. 수직 점선은 IIS에 의해 전체 RNA 합성이 촉진된 정도를 나타낸다. (출처: Adapted from D. Reinberg and R.G. Roeder, Factors involved in specifi c transcription by mammalian RNA polymerase II. Transcription factor IIS stimulates elongation of RNA chains. *Journal of Biological Chemistry* 262:3333, 1987.)

1993년에 RNA 중합효소에 TFIIS에 의해 자극되는 약한 RNA 분해효소 활성이 있음을 발견하였다. 이러한 발견과 일련의 계속된 연구를 통해 TFIIS가 어떻게 정지된 전사를 재시작할 수 있는가를 설명할 수 있는 가설이 제안되었다 (그림 11.26). 정지된 RNA 중합효소는 후퇴를 하고 그 결과 자유 RNA의 3′-말단은 더 이상 효소의 활성부위에 존재하지 않는다. 대신 그 부분은 활성부위로 이르는 구멍과 깔대기 모양의 통로로 노출된다. 첨가되는 3′-말단의 뉴클레오티드 없이 중합효소는 멈춰서 버리게 된다. 그래서 TFIIS는 RNA 중합효소의 RNase 기능을 활성화시켜 자유 RNA의 노출된 부위를 절단하여 효소의 활성부위에 새로운 3′-말단을 만들게 된다.

TFIIS가 어떻게 RNA를 합성하는 효소를 RNA를 분해하는 효소로 전환시키는가? 패트릭 크래머(Patrick Cramer)와 동료들은 이러한 질문에 답을 해줄 RNA 중합효소-TFIIS 복합체의 X-선 크리스탈 구조를 얻었다. 그림 11.27은 크리스탈 구조의 안이 보이게 표층부분을 잘라 낸 모식도이다. TFIIS는 징크(zinc) 리본의 구조를 보이는 부분을 포함하여 세 영역으로 구성되어 있다. 이 징크 리본은 내밀어진 RNA처럼, 중합효소 II의 구멍과 깔대기 모양의 통로에 위치한다. 징크 리본의 끝에 효소의 활성부위에 존재하는 금속 A에 가깝게 2개의 산성잔기가 있다. 이 위치에, 리보핵산 분해활성에 같이 관여하는 2번째 마그네슘 이온을 조정하기 위하여 산성 곁사슬(side chain)이 이상적으로 위치하고 있다.

그래서 TFIIS는 효소의 바깥에 결합해서 구조에 변화를 유도해서가 아니라 효소의 활성부위에 바로 접근하여 촉매에 활발하게 참여하여 RNA 효소의 활성을 조절하는 것 같다. 이러한 가설은 **GreB**라 불리는 박테리아 단백질은 발견으로 강한 지지를 받고 있는데, 이 단백질은 TFIIS와 동일하게 박테리아에서 정지된 전사를 다시 시작하는 역할을 수행한다. 이 두 단백질은 **유사**(homologous)하지 않다. 즉, 이들은 서열상 유사성이 없어 공동 조상으로부터 진화한 것 같지 않다. 그러나 GreB의 나선-나선 영역(coiled-coil domain)은 TFIIS처럼 박테리아의 RNA 중합효소 안에 내밀어진 RNA를 위한 출구 통로로 뻗쳐 있다. 더욱이 효소의 활성부위에 위치한 금속이온에 인접한 GreB의 나선-나선 영역의 끝에 2개의 산성 잔기가 존재하는데, 이들 잔기는 TFIIS에서처럼 리보산분해효소의 촉매작용에 관여한다. 이렇게 명백한 진

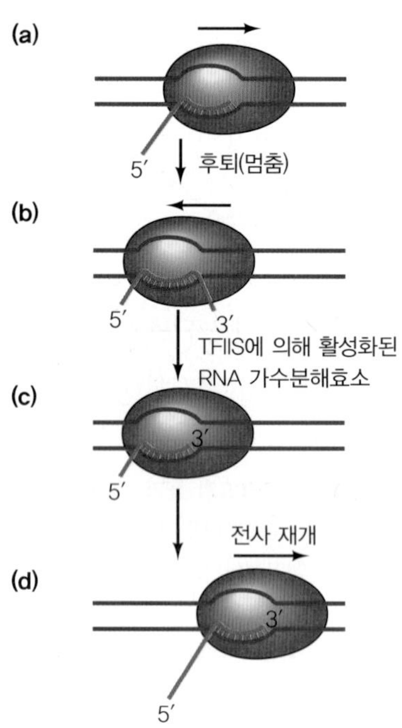

그림 11.26 RNA 중합효소 II에 의한 교정 모델. **(a)** 왼쪽에서 오른쪽으로 DNA를 전사하는 중합효소가 잘못된 핵산을 삽입했다(노란색). **(b)** 중합효소는 잘못 삽입된 핵산을 가진 RNA의 3′-말단을 효소 활성부위 밖으로 돌출시키며 왼쪽으로 다시 후퇴한다. **(c)** 중합효소의 RNA 가수분해효소 활성은 잘못 삽입된 핵산을 포함하여 RNA의 3′-말단을 제거한다. **(d)** 중합효소는 다시 전사를 시작한다.

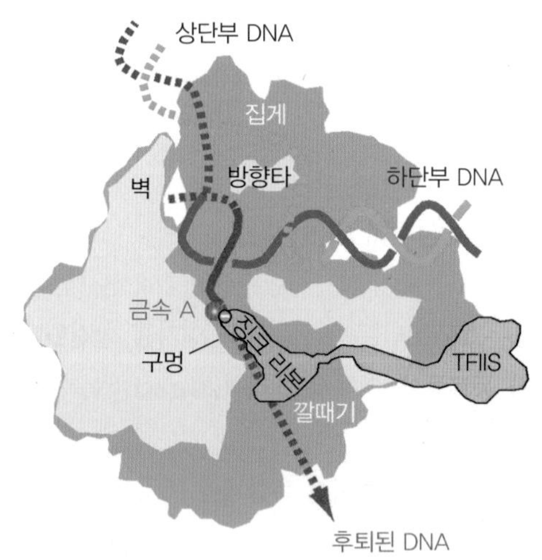

그림 11.27 전사멈춤된 효모 RNA 중합효소 II-TFIIS 복합체의 절단면. 중합효소는 철회되고 초기 RNA(붉은색)의 3′-말단은 효소의 활성부위를 빠져나와 구멍과 깔때기 모양의 부위에 위치한다. TFIIS(노란색)의 징크리본 또한 구멍과 깔때기 모양의 부위에 위치하며 그 끝은 2개의 산성잔기를 포함하며 초록 원형과 음성표시로 제시되어 있으며 자홍색으로 표시된 중합효소의 촉매 중심 부위에 존재하는 금속 A에 근접한다. 이러한 위치배열에서 두 산성잔기는 노출된 RNA의 끝부분을 절단하는 리보핵산 분해효소의 활성을 구성하는 첫 번째와 공동으로 협력하는 두 번째 금속을 조정한다. (출처: Reprinted from *Cell*, Vol 114, Conaway et al., "TFIIS and GreB: Two Like-Minded Transcription Elongation Factors with Sticky Fingers," fi g. 1, pp. 272-274. Copyright 2003, with permission from Elsevier. Image courtesy of Joan Weliky Conaway and Patrick Cramer.)

화적 수렴성은 그렇게 제기된 기능의 유효성을 담보한다.

개시인자(TFIIF)는 또한 신장에서도 중요한 역할을 한다고 보고되었다. TFIIF는 TFIIS처럼 분명히 정해진 DNA 부위에서 오랜 정지를 제한하는 것이 아니라, 임의적인 DNA 부위에서 일시적인 정지를 제한한다.

(3) TFIIS는 전사체의 교정을 촉진한다

TFIIS는 전사가 멈추지 않도록 할 뿐만 아니라, RNA 중합효소에 존재하는 고유의 RNA 가수분해효소를 자극하여 전사체에 잘못 삽입된 핵산을 제거하기 위한 전사체를 교정(proofreading)하는 데 기여한다. 홀리와 동료들은 교정 작용에서 TFIIS의 효과를 측정하기 위해 그림 11.28a와 같은 과정을 수행했다. 첫째, 그들은 프로모터에 가까운 여러 부위에서 정지하며, 방사능으로 표지되지 않는 신장복합체(elongation complex)를 분리했다. 그리고 복합체에 존재하는 RNA를 표지하기 위해 방사성 UTP가 있는 상태에서 복합체를 정해진 위치로 가도록 했다. 그 다음으로 ATP 또는 GTP를 첨가하여 1개의 염기가 연장된 +43 위치까지 RNA를 연장시켰다. 이 위치에 맞는 염기는 A이지만 만약 G만 존재한다면 중합효소는 비록 낮은 효율성이지만 G를 사용할 것이다. 사실상 홀리와 동료들은 초고순도의 GTP에는 소량의 ATP가 포함되어 있는 것을 발견했다. 비록 초고순도의 GTP가 그들이 넣어준 유일한 핵산이지만 +43 위치에는 동일량의 AMP와 GMP가 들어가는 것이다. 그 다음 G 다음을 절단하는 RNA 가수분해효소 T1로 그 전사체 산물을 절단하거나, 모든 핵산을 넣어주어 표지된 RNA를 끝까지 연장시키고 RNA 가수분해효소 T1로 잘랐다. 마지막으로, 그들은 모든 RNA 가수분해효소 T1 산물을 전기영동했고 방사성으로 표지된 산물을 관찰했다.

홀리와 동료들은 단순히 RNA 가수분해효소 T1로 전사체를 자

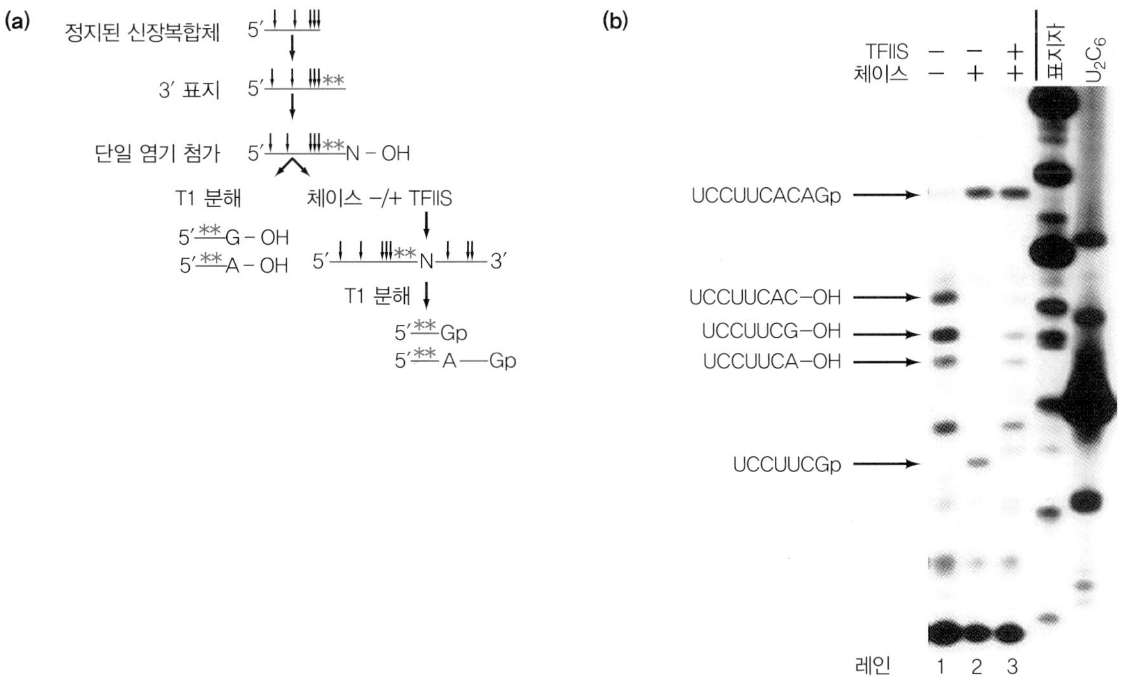

그림 11.28 TFIIS는 RNA 중합효소 II에 의한 교정을 촉진한다. **(a)** 실험 계획. 홀리와 동료들은 짧은 신장 복합체와 [α–^{32}P] UTP 존재하에서 중합효소에 의한 3′–말단에 표지된 짧은 전사체를 가지고 연구를 시작했다. 그리고 GTP를 첨가하여 A가 삽입되어야 할 자리인 +43에 G가 잘못 들어가도록 했다. 그 후 잘못 삽입된 G(왼쪽)를 측정하기 위해 RNA 가수분해효소 T1로 표지된 전사체와 반응시키거나 또는 네 종류의 모든 핵산을 가진 전체 길이의 전사체를 체이스한 후, 교정에 의한 +43 지역으로부터 G의 손실을 측정하기 위해 RNA 가수분해효소 T1과 전사체를 반응시켰다. **(b)** 실험 결과. 이들은 (a)에서 얻은 RNA 가수분해효소 T1 결과물을 전기영동하여 방사능으로 관찰했다. 1번 레인은 체이스하지 않은 전사체를 포함하고 있다. G(UCCUUCG–OH)의 잘못된 삽입으로 형성된 7mer와 A(또는 A와 C)의 일반적인 삽입으로 생성된 7mer(UCCUUCA)와 8mer(UCCUUCAC)를 왼쪽에 화살표로 표시했다. 레인 2와 3은 TFIIS가 없거나 있을 때 체이스한 전사체의 RNA 가수분해효소 T1 산물을 포함하고 있다. 체이스한 전사체에 남아 있는 잘못 삽입된 G를 나타내는 7mer(UCCUUCGp)는 왼쪽에 화살표로 나타냈다. +43 위치에 들어간 A 또는 그 위치에서 교정에 의해 A로 바뀐 것을 나타내는 10mer (UCCUUCACAGp)는 왼쪽에 화살표로 나타냈다. TFIIS는 모든 감지할 수 있는 잘못 삽입된 G를 제거할 수 있도록 했다. (출처: (b) Thomas, M.J., A.A. Platas, and D.K. Hawley, Transcriptional fi delity and proofreading by RNA Polymerase II. *Cell* 93 (1998) f. 4, p. 631. Reprinted by permission of Elsevier Science.)

른 후, 전기영동으로 +43 부위에 AMP와 GMP의 상대적 삽입을 측정할 수 있었다. 그림 11.28b에서 1번 레인은 체이스(chase)가 없는 것을 보여 준다. G가 잘못 삽입되어 G로 끝나는 7mer는 A로 끝나는 7mer와 AC로 끝나는 8mer와 거의 비슷한 조합으로 나온다. 이는 GTP 기질에 극소량으로 섞여 있는 오염된 뉴클레오티드로부터 A(또는 AC)의 정확한 삽입의 결과이다. 2번과 3번 레인은 TFIIS가 각각 있을 때와 없을 때의 결과이다. 체이스하여 완전한 길이의 전사체를 RNA 가수분해효소 T1으로 절단했다. 이것은 잘못 삽입된 G를 갖고 있는 완전한 전사체로부터 Gp로 끝나는 7mer를 생산하거나, 잘못 삽입된 G를 A로 교정한 완전 전사체로부터 Gp로 끝나는 10mer를 생산했다. TFIIS 없이 체이스를 했을 때는 잘못 삽입된 G의 상당량이 RNA에 남아 있었다(7mer UCCUUCGp를 가리키는 화살표의 반대쪽 2번 레인의 밴드를 보라). 하지만 10mer(UCCUUCACAGp의 화살표)에서 보이는 대부분의 산물은 중합효소가 비록 TFIIS가 없을지라도 약간의 교정은 할 수 있음을 나타낸다. 반대로, 그들이 체이스에 TFIIS를 포함시켰을 때에는 7mer가 없어지고, 모든 표지된 산물은 10mer 형태로 존재하고 있었다. 그러므로 TFIIS는 전사체의 교정을 촉진한다.

교정에 대한 현재의 모델에서(그림 11.26을 생각하면) 중합효소는 잘못 삽입된 뉴클레오티드에 의해 멈출 뿐만 아니라, 역행하여 중합효소 밖으로 RNA의 3′-말단을 돌출시킨다. 그 결과 중합효소는 RNA 말단 부분에서 RNA를 자를 수 있으며, 잘못 삽입된 뉴클레오티드를 추출하여 다시 전사하도록 한다. TFIIS는 본래 RNA 중합효소에 있는 RNA 가수분해효소를 자극하여 이 과정을 도울 수 있다.

6장을 생각해 보면, 박테리아에서 교정을 활성화시키는 보조인자들은 중요하지 않았으나, RNA 중합효소는 미완성 RNA의 불일치한 끝잔기를 이용해서 보조인자 없이도 교정을 할 수 있다. 이러한 RNA 중합효소의 활성 부위 간의 강한 보존은 진핵생물체의 RNA 중합효소에서 관찰되는 똑같은 현상을 설명해 줄 수 있다. 또한 이러한 개념은 중합효소가 TFIIS의 도움없이 교정을 수행할 수 있다는 홀리와 동료들이 발견한 사실과 일치한다.

11.2. I급 전사인자

리보솜 RNA(rRNA)의 프로모터에 형성되는 개시전 복합체는 중합효소 II 개시전 복합체보다 훨씬 간단하다. 이 복합체는 중합효소 I과 2개의 전사인자를 포함한다. 첫 번째는 인간에서 **SL1**, 다른 생명체에서 **TIF-IB**라 불리는 핵심부위 결합인자다. 두 번째는 포유동물에서 **상단부 결합인자**(upstream-binding factor, UBF), 그리고 효모에서 **상단부 활성인자**(upstream activating factor, UAF)라 불리는 UPE-결합인자이다. SL1(또는 TIF-IB)은 핵심부위 결합인자이다. RNA 중합효소I과 같이 SL1은 기본 전사활성에 필요하다. 사실, 핵심부위 결합인자는 중합효소를 프로모터로 끌어들이는 데 필요하며 충분하다. UBF(또는 UAF)는 UPE에 결합하는 인자이다. UBF는 핵심부위 결합인자가 핵심부위 프로모터 요소에 결합하도록 돕는 **조립인자**(assembly factor)이다. UBF는 DNA를 구부러지게 하는 작용을 하기에 이러한 작용을 하기에 일명 **구조 전사인자**(architectural transcription factor)라고도 불린다(12장 참조). 인간과 성게에서 1급 유전자의 전사는 UBF에 전적으로 의존하고 반면, 효모, 쥐, 생쥐를 포함하는 다른 생명체에서는 이러한 조립인자의 도움 없이 일부전사기능을 수행한다. 아직 아메바(*Acanthamoeba castellanii*)와 같이 다른 생명체는 이러한 조립인자가 필요하지 않다.

1) 핵심부위 결합인자

1985년 티잔과 동료들은 HeLa 세포추출물을 기능에 따라 2개의 분획으로 나누어 SL1을 발견했다. 한 분획은 RNA 중합효소 I의 기능은 갖고 있으나, 시험관 내 실험에서 사람의 rRNA 유전자의 전사를 정확하게 시작할 수는 없다. 다른 분획은 중합효소의 기능은 없지만, 중합효소가 rRNA의 전사를 정확히 시작할 수 있게 해준다. 그리고 전사인자 SL1은 종 특이성을 보인다. 즉, 이것은 쥐와 사람의 rRNA 프로모터를 구별한다.

지금까지 설명한 실험들은 순도가 높지 않은 중합효소I과 SL1을 사용하였다. 순수 정제한 단백질을 사용한 추가 실험에서 인간 SL1 그 자체는 인간 중합효소가 1급 프로모터에 결합하여 전사를 시작하도록 자극할 수 없다는 것을 보여 주었다. SL1은 다음 절에서 보듯이 이러한 결합을 돕는 데 UBF를 필요로 한다.

인간에서 1급 전사는 UBF없이 핵심부위 결합인자 SL1로는 매우 약하게 이루어지기 때문에 인간체계는 중합효소를 프로모터로 모집하는 데 있어서 핵심부위 결합인자의 역할을 연구하기에 적합하지 않다. 반면에 *A. Castellanii*는 UPE-결합 단백질을 필요로 하지 않기 때문에 핵심부위 결합인자의 효과를 연구하기에 좋다. 마빈 폴(Marvin Paule)과 로버트 화이트(Robert White)는 이러한 시스템을 이용하여 핵심부위 결합인자(TIF-IB)가 중합효소 I을 프로모터로 모집하여 적합한 부위에서 전사를 시작하도록 촉진한다는 사실을 보였다. 실제 중합효소가 결합하는 DNA 염기서열은 상관이 없었다.

폴과 동료들은 TIF-IB 결합부위와 정상적 전사개시 부위 사이에 다양한 길이의 DNA를 삽입하거나 제거한 돌연변이체를 제조하였다. 이 실험은 10장에서처럼 베노이스트(Benoist)와 샹봉(Chambon)이 II급 프로모터로 실험한 것을 연상케 한다. 그들의 실험에서 TATA 상자와 정상 전사개시 부위 사이를 줄였을 때 전사의 강도에 영향을 주지 않았으며, TATA 상자에 비해 전사개시 부위를 변화시키지 않았다. 모든 경우에 전사는 TATA 상자의 30bp 아래에서 시작되었다.

I급 프로모터를 이용하여 폴과 동료들은 비슷한 결론에 도달하였다. 그들은 TIF-IB 결합부위와 정상적 전사개시 부위 사이에 5bp를 넣거나 제거하더라도 여전히 전사가 일어나는 것을 발견하였다. 더욱이 전사는 넣거나 제거된 bp의 수만큼 아래 또는 위로 이동하였다(그림 11.29). 5bp 이상을 넣거나 제거하면 전사가 일어나지 못하였다(data not shown). 폴과 동료들은 TIF-IB가 중합효소와 결합하여 일정 수의 bp 아래에 중합효소를 위치하도록 한다고 결론지었다.

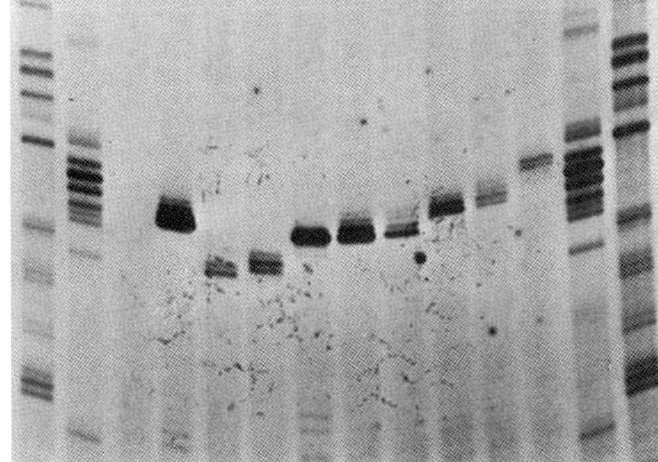

그림 11.29 중합효소 I 전사개시 부위의 삽입과 결손의 효과. 폴과 동료들은 위에 표시된 것처럼 *A. castellanii* rRNA 프로모터에서 TIF-IB 결합부위와 정상전사개시 부위 사이에 5bp까지 삽입과 결손을 하였다. 그 후, 그들은 시험관에서 이러한 주형과 ^{32}P로 표지된 17-염기서열 프라이머을 이용하여 프라이머 연장 분석(5장 참조)을 수행하였다. 그들은 표지된 프라이머를, 같은 프라이머(레인 C, T)를 이용한 C, T 염기서열의 레인과 나란히 전기영동하였다 레인 a는 rRNA 없이 벡터 DNA만 전기영동한 음성대조군이다. 레인 b는 정상 rRNA를 포함하는 양성대조군이다. 레인c 또한 결손되지 않은 정상 DNA의 전사체로부터 생성된 연장된 프라이머를 나타낸다. (출처: Reprinted from *Cell* v. 50, Kownin et al., p. 695 © 2001, with permission from Elsevier Science.)

중합효소에 의해 접촉되는 정확한 염기서열은 각 돌연변이체에서 각각 다르기 때문에 문제가 되지 않아야만 한다. 중합효소가 각각의 돌연변이체에서 TIF-IB 결합부위와 비교하여 같은 장소에서 DNA와 접촉하는지를 확인하기 위해 폴과 동료들은 정상 주형과 돌연변이 주형을 이용하여 풋프린트를 수행하였다. 풋프린트 결과는 이들 사이에 어떤 차이를 보이지 않았으며, 중합효소가 DNA 염기서열에 상관없이 같은 부위에 결합한다는 가설을 뒷받침하였다. 이러한 사실은 TIE-IB가 DNA 목표에 결합하고 중합효소 I이 직접적인 단백질-단백질 결합을 통하여 위치를 잡는다는 가설과 상통한다. 중합효소는 TIE-IB에 의해 유도되는 풋프린트를 확장시키기 때문에 DNA와 접촉하는 것으로 생각되지만 이러한 접촉은 특이적이지 않다.

2) 상단부 결합인자(UBF)

SL1은 그 자체만으로는 rRNA 프로모터에 직접 결합할 수 없지만, 부분 정제된 RNA 중합효소 I 준비물은 rRNA 프로모터에 직접 결합한다. 그래서 티잔은 중합효소 준비물에서 DNA 결합단백질을 찾기 시작하여, 1988년에는 상단부결합인자 UBF가 분리되었다. 이 인자는 97kD와 94kD, 2개의 폴리펩티드로 구성되어 있다. 그러나 97kD 폴리펩티드만으로도 UBF 활성을 보이기에 충분하다. 티잔과 동료들은 순수하게 정제된 UBF를 가지고 풋프린트 분석을 했는데, 부분 정제된 중합효소 I에서 관찰했던 풋프린트와 같은 양상을 관찰할 수 있었다. 다시 말하면, UCE의 핵심부위와 A부위에 같은 풋프린트를 보여 주고, SL1은 이런 풋프린트를 강화하여 B부위까지 확대시켰다. 사실, 핵심부위에서 부분 정제된 중합효소보다 UBF에 의한 풋프린트가 더 명확하다(그림 11.30). 그래서 이전 실험에서 중합효소 I이 아니라 UBF가 프로모터에 결합하는 물질이고 SL1은 이러한 결합을 촉진시킨다. 이런 연구는 SL1이 실제로 UBF와 함께 복합체 내에서 DNA와 접촉하는지 또는 그것이 단순하게 UBF의 구조를 바꾸어 B 부위까지의 긴 DNA 조각과 접촉하게 해주는지를 확인시켜 주지는 않는다. 이러한 사실과 또 다른 실험 결과를 기초로 우리는 SL1은 스스로 결합할 수 없고, 반면 UBF는 결합할 수 있다고 결론지을 수 있다. 그러나 SL1과 UBF은 각각이 결합하는 것보다 서로 협력하여 더 넓은 부위에 결합하는 것 같다.

티잔과 동료들은 UBF가 시험관에서 rRNA 유전자의 전사를 촉진한다는 것을 발견했다. 그림 11.31은 사람의 야생형 rRNA 프로모터와 UCE가 없는 돌연변이 프로모터(Δ5′−57), 그리고 다양한 조합의 SL1과 UBF를 이용한 전사실험의 결과를 보여 준다. 중합효소 I 은 모든 반응에 존재하고 전사효율은 S1을 사용하는 방법(5장 참조)으로 분석했다. 1번 레인은 UBF는 있지만 SL1은 포함하지 않으며, 어떠한 주형에서도 전사가 일어나지 않는 것을 보여 준다. 이것은 SL1이 전사에 절대적으로 필요하다는 것을 다시 한 번 말해 준다. 2번 레인은 SL1은 있으나 UBF는 없는 상태에서 저수준의 전사만 일어나는 것을 보여 준다. 이것은 SL1이 그 자체만으로도 어느 정도의 전사는 일으킬 수 있다는 것을 다시 한 번 보여 준다. 그리고 UCE가 없는 돌연변이 주형에서도 정상주형만큼 전사가 일어난다. 그래서 UBF는 UPE를 통한 전사촉진에 필요하다. 3, 4번 레인은 SL1과 증가하는 양의 UBF를 포함하고 있다. 두 가지 주형 모두 특히 UCE를 포함한 주형에서 확실히 전사가 증가되는 것을 보인다. 티잔과 동료들은 UBF는 UPE에 결합하므로 전사를 촉진하는 인자라는 결론을 내렸다.

3) SL1의 구조와 기능

우리는 지금까지 중합효소 I에 의한 전사에 UBF와 SL1 두 인자가 관련되어 있음을 논의하였다. 이 중에서 UBF는 하나로 구성된 97kD 폴리펩티드로 추측된다. 이 장의 앞에서 살펴본 바와 같이 TATA−상자 결합 단백질(TBP)도 I군 전사에 필수적이다. 그러면 TBP는 어디에 붙는 것일까? 1992년 티잔과 동료들은 SL1이 TBP와 3개의 TAF로 이루어져 있음을 밝혔다. 첫째, 그들은 사람(HeLa 세포) SL1을 여러 과정을 거쳐 정제했는데, 각 정제과정 후 SL1 활성을 S1 분석을 통해 조사했다. 그 후 같은 분액을 웨스턴 분석으로 TBP의 존재를 조사했다. 그림 11.32는 SL1의 활성과 TBP의 존재가 매우 잘 일치함을 보여 준다.

만일 SL1이 정말로 TBP를 가지고 있다면 TBP에 대한 항체로 SL1의 활성을 저해할 수 있어야 한다. 티잔과 동료들은 이러한 예

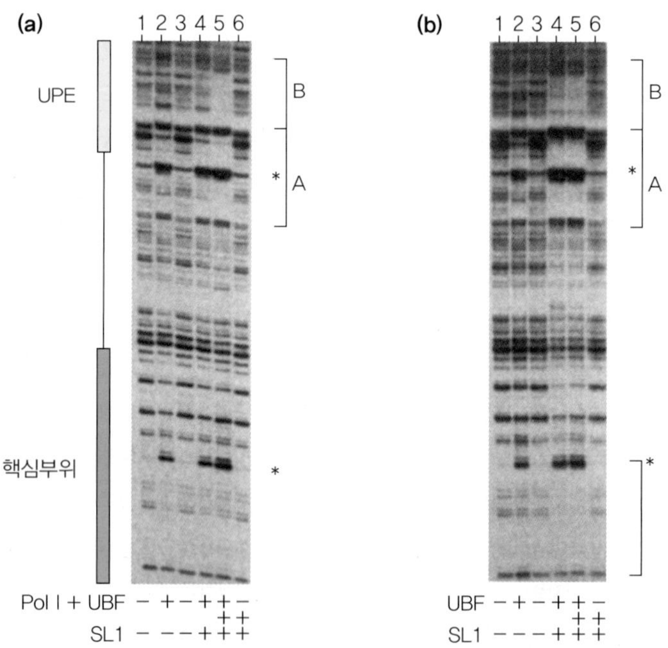

그림 11.30 UBF와 SL1의 rRNA 프로모터와의 상호 작용. 티잔과 동료들은 사람 rRNA 프로모터와 다양한 조합의 중합효소 I과 UBF/SL1**(a)**, 또는 UBF와 SL1**(b)**로 풋프린팅을 수행했다. 각 그림의 레인에 사용된 단백질은 아래에 표시되어 있다. UPE와 핵심부위의 위치는 왼쪽에 표시되어 있고, A, B 부위의 위치는 오른쪽에 꺾쇠로 표시되어 있다. 별표(*)는 DNA 가수분해효소에 대한 절단이 증가한 것을 나타낸다. SL1은 그 자체만으로는 풋프린트를 나타내지는 않지만 UPE와 핵심부위에서 UBF의 풋프린트를 강화하고 연장한다. 이런 증진효과는 중합효소 I이 없을 때 더욱 명백하다(그림 b). (출처: Adapted from Bell S.P., R.M. Learned, H.−M. Jantzen, and R. Tjian, Functional cooperativity between transcription factors UBF1 and SL1 mediates human ribosomal RNA synthesis. *Science* 241 (2 Sept 1988) p. 1194, f. 3 a−b.)

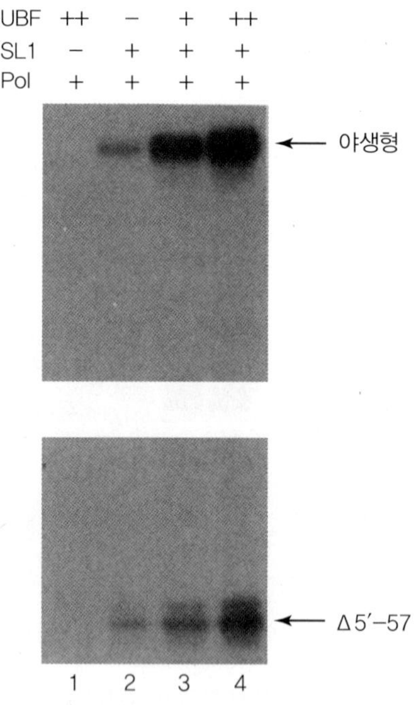

그림 11.31 SL1과 UBF에 의한 rRNA 프로모터의 전사활성. 티잔과 동료들은 그림 위에 표시한 것처럼 RNA 중합효소 I, UBF, 그리고 SL1의 다양한 조합을 이용해 사람 rRNA 프로모터의 전사정도를 S1 분석을 통해 측정했다. 위 그림은 야생형 프로모터의 전사를 보여 주고 아래 그림은 UCE의 기능이 없는 돌연변이 프로모터(Δ5′−57)의 전사를 보여 준다. 두 주형 모두에서 SL1은 최소한의 활성을 위해 요구되지만, UBF는 이 활성을 강화시키는 데 필요하다. (출처: Bell S.P., R.M. Learned, H.−M. Jantzen, and R. Tjian, Functional cooperativity between transcription factors UBF1 and SL1 mediates human ribosomal RNA synthesis, *Science* 241 (2 Sept 1988) p. 1194, f. 4. Copyright © AAAS.)

상이 맞는다는 것을 보여 준다. 핵 추출물은 TBP에 대한 항체를 사용했을 때, SL1의 활성이 제거되었다. 활성은 SL1을 다시 넣어줬을 때 복원되었으나, 단지 TBP만을 다시 넣었을 때는 그렇지 않았다. 그러므로 TBP와 함께 무엇인가 같이 제거되었음이 틀림없다.

TBP와 같이 제거된 이러한 다른 인자들은 무엇일까? 이것을 밝혀내기 위해 티잔과 동료들은 항체를 이용해 얻은 면역침전물을 단백질 전기영동으로 분석했다. 그림 11.33은 그 결과를 보여 준다. TBP와 항체(IgG) 외에도 분자량이 각각 110, 63, 그리고 48kD인 3개의 폴리펩티드를 볼 수 있다. 이러한 것은 TBP와 함께 침전되었으므로 그들은 TBP와 강하게 결합하는 것이 틀림없으며, 따라서 **TBP 결합단백질**(TBP associated factor, $TAF_{I}s$)이다. 티잔은 그것들을 $TAF_{I}110$, $TAF_{I}63$, 그리고 $TAF_{I}48$이라 불렀다. 이것들은 TFIID에서 발견되는 TAFs와는 완전히 다르다(4번과 5번 레인을 비교하라). TAF는 침전물을 1M 구아니딘으로 처리한 후 다시 침전시킴으로써 TBP와 항체로부터 떨어뜨릴 수 있다. 항체와 TBP는 함께 침전물에 남아 있으며(6번 레인), TAF는 상층액에 존재한다(7번 레인). 티잔과 동료들은 정제한 TBP와 세 가지 TAFs를 첨가함으로써 SL1의 활성을 다시 얻을 수 있었다. 그리고 이러한 활성은 예상할 수 있듯이 종 특이적인 것이다. 그 뒤 티잔과 동료들은 $TAF_{I}s$와 $TAF_{II}s$가 TBP에 결합하기 위해 서로 경쟁할 수 있음을 보였다. 이러한 발견은 여러 종류의 TAF가 TBP에 결합하는 것이 서로 배타적임을 시사한다.

그러므로 중합효소 I과 중합효소 II 모두는 TBP와 여러 TAF로 이뤄진 전사인자들(각각 SL1과 TFIID)에 의존한다. TBP는 동일하나 TAF는 완전히 다르다.

효모를 제외하고 모든 1급 핵심부위 결합인자에 대한 통합 주

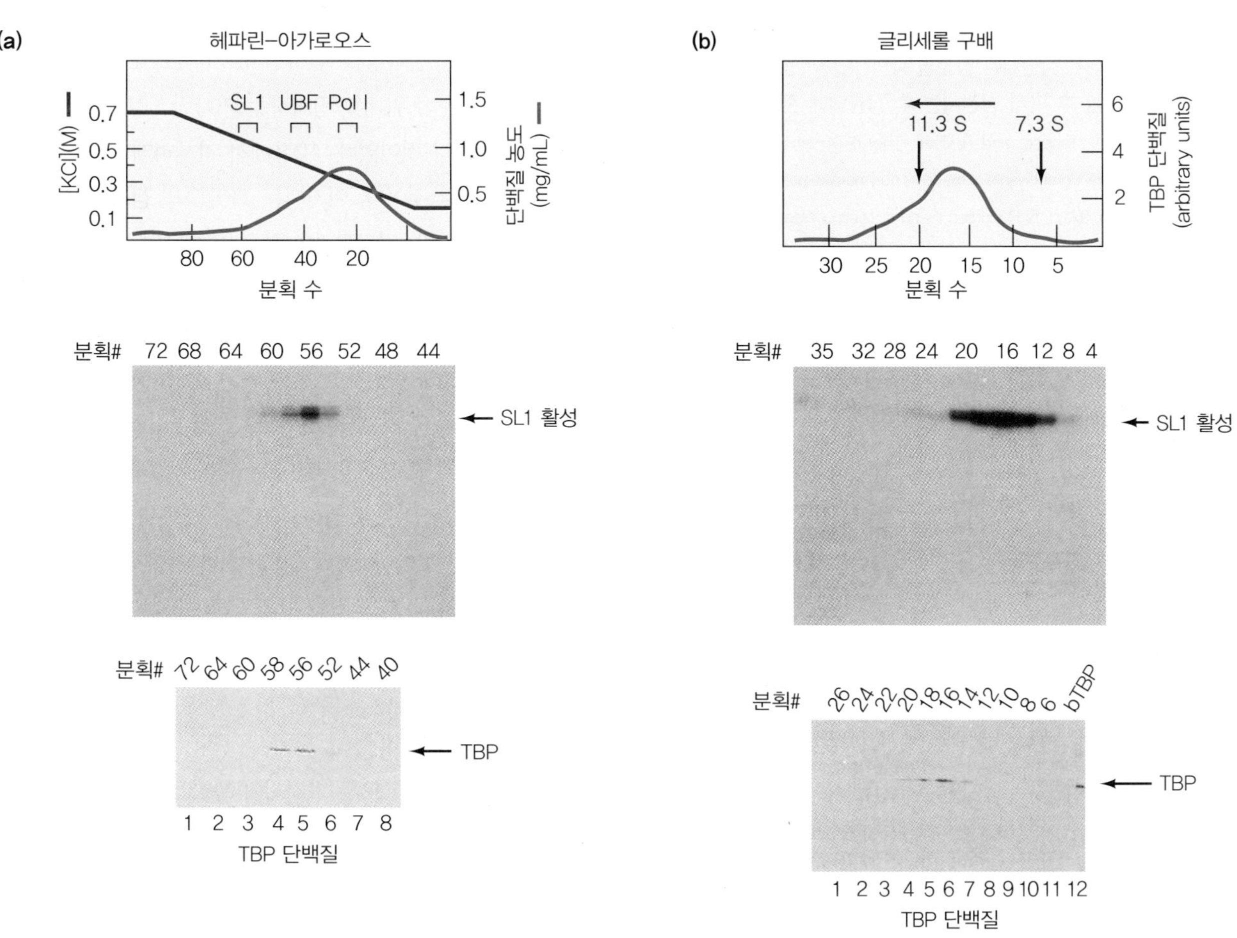

그림 11.32 SL1과 TBP의 동시 정제. **(a)** 헤파린-아가로오스 컬럼크로마토그라피. 위: 컬럼으로 나오는 모든 단백질(빨간색)과 염기 농도(파란색)의 분포 양상과 3개의 특이 단백질(꺾쇠 묶음). 중간: 선택된 부분에서 S1 분석에 의해 측정된 SL1의 활성. 아래: 선택된 부분에서 웨스턴분석으로 검출된 TBP 단백질. SL1과 TBP는 분획 56 근처에 집중 분포한다. **(b)** 글리세롤구배 원심분리. 위: TBP의 침전양상. 침전계수가 각각 11.3S와 7.3S를 가진 카탈라제와 알도라제 등 2개의 단백질을 표준 표식자로 사용했다. 중간과 아래의 그림은 (a)에서 설명한 바와 같다. SL1과 TBP는 모두 분획 16 근처에서 침전되었다. (출처: Comai, L., N. Tanese, and R. Tjian, The TATA-binding protein and associated factors are integral components of the RNA polymerase I transcription factor, SL1. *Cell* 68 (6 Mar 1992) p. 968, f. 2a–b. Reprinted by permission of Elsevier Science.)

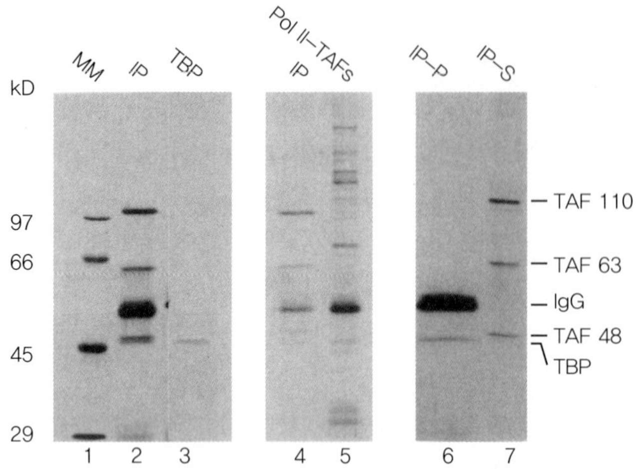

그림 11.33 SL1의 TAFs. 티잔과 동료들은 TBP 항체로 SL1을 침전시킨 후 단백질 전기영동을 수행했다. 1번 레인, 분자량 표식자. 2번 레인, 항체 침전물(IP). 3번 레인, 비교를 위해 정제한 TBP. 4번 레인, 침전물의 또 다른 샘플. 5번 레인, 비교를 위한 TFIID TAFs(Pol III–TAFs). 6번 레인, 1M 구아니딘으로 처리한 후 다시 침전시킨 침전물 속의 TBP와 항체. 7번 레인, 1M 구아니딘으로 처리한 후 다시 침전시킨 후 상층액에 존재하는 3개의 TAFs. (출처: Comai, L., N. Tanese, and R. Tjian, The TATA-binding protein and associated factors are integral components of the RNA polymerase I transcription factor, SL1. *Cell* 68 (6 Mar 1992) p. 971, f. 5. Reprinted by permission of Elsevier Science.)

제는 TBP이다. 효모 TBP는 핵심부위 결합인자에 안정적이지 않지만 결합하고 TBP는 일치하는 TAF_IS에 결합한다. 우리가 논의한 TAF_IS의 수와 크기는 인간세포의 대표이다. 다른 생명체는 그들 자체 범위의 TAF_IS를 보유하고 있다.

11.3. III급 전사인자

1980년 로이더와 동료들은 5S rRNA 유전자의 내부 프로모터에 결합하여, 그 전사를 자극하는 인자를 발견했다. 로이더는 그 인자를 **TFIIIA**라 명명했다. 그 후 TFIIIB와 C라는 2개의 다른 전사인자들이 발견되었다. 이들 두 인자들은 5S rRNA 유전자의 전사뿐만 아니라, 중합효소 III에 의한 모든 전사에 관여한다.

배리 혼다(Barry Honda)와 로이더가 아프리카 손톱개구리(*Xenopus laevis*)로부터 최초로 진핵생물의 시험관 전사방법을 확립했을 때 5S rRNA의 유전자 전사에 있어 TFIIIA 인자의 중요성을 증명했고, TFIIIA를 첨가하지 않으면 5S rRNA를 만들 수 없음을 발견했다. 도날드 브라운(Donald Brown)과 동료들은 세포 추출물을 이용해 5S rRNA와 tRNA 유전자로부터 동시에 5S rRNA와 tRNA를 모두 만들 수 있음을 증명했다. 더구나 TFIIIA에 대한 항체는 효과적으로 5S rRNA 생산을 막을 수 있으나, tRNA 합성에는 영향을 미치지 못했다(그림 11.34). 그러므로 TFIIIA는 5S rRNA 유전자 전사에는 필요하나 tRNA 유전자에는 필요하지 않음을 알 수 있다.

만일 tRNA 유전자의 전사에 TFIIIA가 필요하지 않다면, 어떤 인자가 관련되어 있을까? 1982년 로이더와 동료들은 그들이 **TFIIIB**와 **TFIIIC**라 불렀던 2개의 새로운 인자들을 분리하여 그들이 tRNA 유전자의 전사에 필요, 충분함을 밝혔다. 우리는 결과적으로 이 두 인자들이 5S rRNA 유전자를 포함하는 모든 중합효소 III 유전자의 전사를 조절함을 알았다. 이것은 5S rRNA를 만들기 위해 TFIIIA만 필요로 하는 세포 추출물은 추출물 내에 이미 TFIIIB와 C를 가지고 있음을 의미한다.

1) TFIIIA

최초로 발견된 진핵생물 전사인자로서 TFIIIA는 대단한 관심을 끌었다. 이것은 소위 징크핑거라는 커다란 DNA 결합단백질 부위를 가진 최초의 것이었다. 12장에서 자세하게 징크핑거 단백질들에 대해 논의할 것이다. 여기서는 TFIIIA의 **징크핑거**(zinc finger)에 대해 논의하자. 징크핑거의 본질은 하나의 징크 이온에 결합하는 4개의 아미노산을 가지고 있는 손가락 모양의 단백질 부위이다. TFIIIA를 포함한 전형적인 징크핑거 단백질은 2개의 시스테인 다음에 2개의 히스티딘으로 이어지는 4개의 아미노산을 보유하고 있다. 하지만 다른 징크핑거 단백질은 히스티딘 없이 4개의 시스테인을 가지는 것도 있다. TFIIIA는 일렬로 9개의 징크핑거를 가지며, 이것이 5S rRNA 유전자의 내부 프로모터의 큰 홈에 끼어 들어가는 것처럼 보인다. 이런 징크핑거를 통해 단백질의 특정 아미노산이 DNA의 특정 염기쌍과 결합하여 단단한 단백질-DNA 복합체를 형성하게 된다.

2) TFIIIB와 TFIIIC

TFIIIB와 TFIIIC는 모두 고전적인 중합효소 III 유전자의 전사에 필요하며, 이 두 인자는 그들의 활성을 위해 서로를 필요로 하기 때문에 이 둘을 분리하여 설명하기가 어렵다. 피터 게이더첵(Peter Geiduschek)과 동료들은 1989년 tRNA 유전자의 내부 프로모터와 그 상단부에 결합하는 부분정제된 전사인자 준비물을 만들었다. 그림 11.35는 이러한 결론에 이르게 한 풋프린팅의 결과이다. c 레인은 아무런 단백질을 넣어주지 않고 DNA 가수분해효소로 절단한 형태, a 레인은 전사인자들과 중합효소 III를 첨가한 결과이며, b 레인은 위의 모든 것과 함께 3개의 뉴클레오티드(ATP,

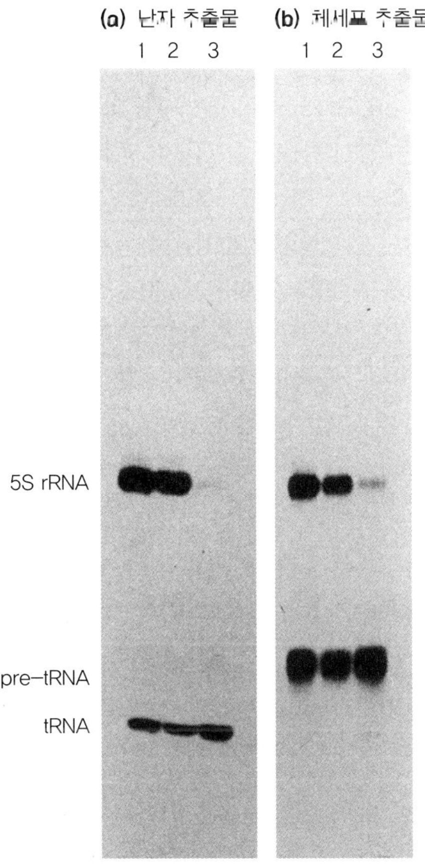

그림 11.34 중합효소 III에 의한 전사에 TFIIIA 항체의 효과. 브라운과 동료들은 방사성 동위원소로 표지된 핵산이 있는 상태의 난자 추출물(a) 또는 체세포 추출물(b)에 클론된 5S rRNA와 tRNA의 유전자를 첨가했다. 항체가 없는 상태(1번 레인), 무관한 항체(2번 레인), TFIIIA 항체(3번 레인). 전사를 실행한 후 동위원소로 표지된 RNA를 전기영동했다. TFIIIA 항체는 양쪽 추출물에서 5S rRNA 유전자의 전사를 막았으나, tRNA 유전자의 전사를 저해하지는 않았다. 난자 추출물은 tRNA 전구체를 생성해 완성된 tRNA를 형성할 수 있다. 그러나 체세포 추출물은 그렇게 할 수 없다. 그럼에도 불구하고, 전사는 양쪽의 경우 모두 일어날 수 있다. (출처: Pelham, H.B., W.M. Washington, and D.D. Brown, Related 5S rRNA transcription factors in Xenopus oocytes and somatic cells. *Proceedings of The National Academy of Sciences USA* 78 (Mar 1981) p. 1762, f. 3.)

CTP, UTP)만을 넣어 준 것으로, 첫 번째 GTP가 필요한 부분까지 전사가 일어나 17개의 뉴클레오티드만 전사될 수 있다. a 레인에서는 인자들과 중합효소가 강력히 프로모터의 B 요소와 그 상단부 지역을 보호했고, 약하게 프로모터의 A 요소 부분을 DNA 가수분해효소로부터 보호하였다. b 레인에서는 중합효소가 그 하단부를 변화시켰으며, A 요소와 겹치는 새로운 지역이 보호되었다. 하지만 그 상단부 지역이 보호되는 것은 중합효소가 떨어져 나간 후에도 계속 유지된다.

그 상단부에 존재하는 계속적인 결합은 무엇을 의미하는가? 이

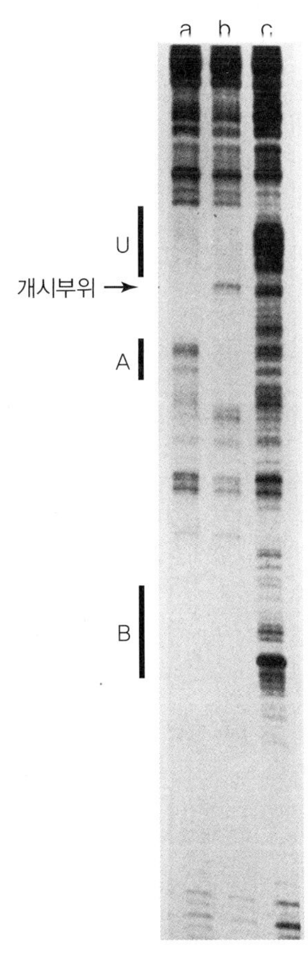

그림 11.35 DNA 전사가 tRNA 유전자와 전사인자들 사이의 결합에 미치는 영향. 게이더첵과 동료들은 tRNA 유전자와 중합효소 III, TFIIIB, 그리고 TFIIIC를 포함한 추출물을 가지고 DNA 가수분해효소 풋프린팅을 수행했다. a 레인은 전사인자는 포함하고 있으나 뉴클레오티드가 없다. b 레인은 전사인자와 4개의 뉴클레오티드 중 3개(GTP를 제외한)를 가지므로 전사는 GTP가 요구되는 17개의 뉴클레오티드까지만 신장할 수 있다. c 레인은 아무런 단백질도 넣어주지 않은 실험의 대조군이다. a 레인에 비해 b 레인에서 중합효소가 17 염기쌍을 이동한 것은 전사출발점 주변의 풋프린트에서 이에 상응하는 하단부 지역으로의 이동을 유도했는데, 이는 A 요소 주변의 상단부와 하단부로 이동한 것이다. 그와는 반대로 전사개시와 인접한 상단부의 풋프린트는 변하지 않았다. (출처: Kassavetis, G.A., D.L. Riggs, R. Negri, L.H. Nguyen, and E.P. Geiduschek, Transcription factor III B generates extended DNA interactions in RNA polymerase III transcription complexes on tRNA genes. *Molecular and Cellular Biology*. 9, no.171 (June 1989) p. 2555, f. 3. Copyright © 1989 American Society for Microbiology, Washington, DC. Reprinted with permission.)

것의 해답을 찾기 위해 게이더첵과 동료들은 부분적으로 TFIIIB와 TFIIIC를 정제한 후 이렇게 분리한 인자를 가지고 풋프린팅 연구를 수행했다. 그림 11.36은 그 실험 결과이다. b 레인, 즉 TFIIIC만 존재할 경우 이 인자는 프로모터의 안쪽, 특히 B 상자 지역을 보호하나 그 상단부에는 결합하지 못한다. 2개의 인자가 모두 존재할 때는 그 상단부 지역이 또한 보호되었다(c 레인).

유사한 풋프린팅 실험을 통해 TFIIIB는 스스로 어떠한 지역에도 결합하지 않는다는 것을 알 수 있었다. TFIIIB의 결합은 완전히 TFIIIC에 의존한다. 하지만 한 번 TFIIIC가 TFIIIB로 하여금 상단부 지역에 결합하도록 하면, TFIIIB는 비록 중합효소가 이동한다 해도 그곳에 남아 있다(그림 11.35 참조). 더구나 그림 11.36의 d 레인은 헤파린이 TFIIIC를 내부의 프로모터로부터 떨어뜨린 후에도 TFIIIB의 결합이 계속되는 것을 보여 준다. 이것은 A와 B 상자는 그렇지 않더라도 상단부 지역은 여전히 DNA 가수분해효소로부터 보호를 받고 있다는 사실로부터 알 수 있다.

지금까지 살펴본 증거들을 토대로 중합효소 III의 전사에 필요한 전사인자에 대한 다음과 같은 모델(그림 11.37)을 제시한다. 첫째, TFIIIC(5S rRNA의 경우 TFIIIA와 C)는 내부의 프로모터에 결합한다. 그런 후 이러한 **조립인자**(assembly factor)는 TFIIIB가 상단부 지역에 결합하도록 한다. 그 다음 TFIIIB는 중합효소 III이 전사 개시지역에 결합하도록 한다. 결국 중합효소는 유전자를 전사하며, 아마도 이 과정 중에 TFIIIC(또는 A와 C)는 제거된다. 그러나 TFIIIB는 결합한 상태로 남아 있어 계속해서 다음 전사를 촉진할 수 있다.

게이더첵과 동료들은 이 가설을 뒷받침하는 증거들을 제시했다. 그들은 TFIIIC와 TFIIIB를 tRNA 유전자(5S rRNA 유전자는 TFIIIA, TFIIIC, TFIIIB)에 결합시키고 나서 헤파린이나 높은 농도의 염을 이용해 조립인자, 즉 TFIIIC(또는 A와 C)를 제거한 후 남아 있는 TFIIIB–DNA 복합체를 다른 인자들로부터 분리했다. 결국 그들은 이런 TFIIIB–DNA 혼합체가 여전히 중합효소 III에 의한 전사가 한 번, 또는 여러 번 일어날 수 있도록 도와주고 있음

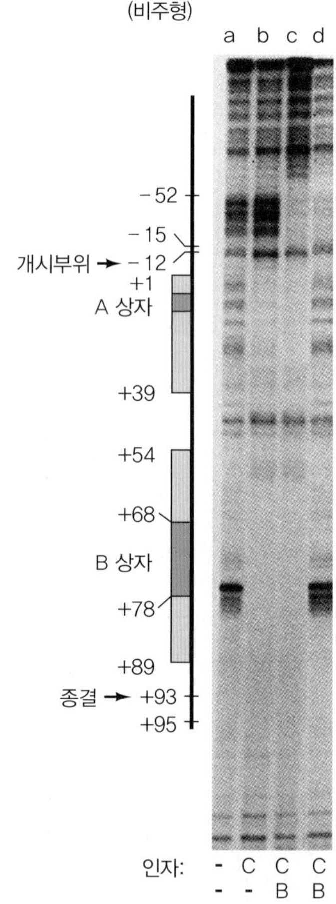

그림 11.36 tRNA 유전자에 TFIIIB와 C의 결합. 게이더첵과 동료들은 표지된 tRNA 유전자(모든 레인)와 정제된 TFIIIB와 C를 여러 조합으로 풋프린팅을 수행했다. a 레인, 어떠한 인자도 존재하지 않는 음성 대조군. b 레인, TFIIIC. c 레인, TFIIIB+TFIIIC. d 레인, TFIIIB와 TFIIIC를 넣은 후 헤파린을 첨가하여 약하게 결합한 단백질을 제거했다. TFIIIC에 추가적으로 TFIIIB에 의해 상단부가 보호된 것을 주목하라(c 레인). 또한 헤파린 처리 시 A와 B 상자는 보호받지 못하나 TFIIIB에 의해 이 상단부는 보호받는 것에 주목하라. 노란색 상자들은 완전한 tRNA의 부호화 지역을 나타낸다. 이러한 지역 내 A와 B 상자는 파란색으로 나타냈다. (출처: From Kassavetis, G.A., D.L. Riggs, R. Negri, L.H. Nguyen, and E.P. Geiduschek, Transcription factor III B generates extended DNA interactions in RNA polymerase III transcription complexes on tRNA genes. *Molecular and Cellular Biology* 9:2558, 1989. Copyright © 1989 American Society for Microbiology, Washington, DC. Reprinted by permission.)

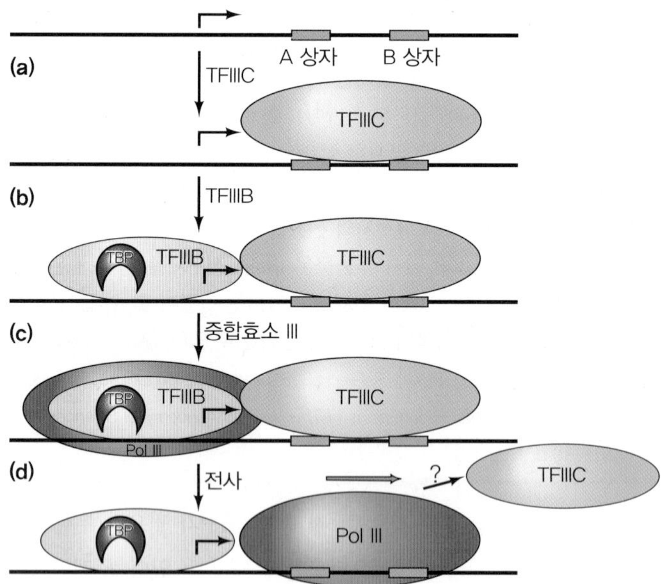

그림 11.37 중합효소 III 프로모터(tRNA)에 형성되는 개시전 복합체 형성에 대한 가설적 모델과 전사개시. (a) TFIIIC(옅은 초록색)는 내부 프로모터의 A와 B 지역에 결합한다. **(b)** TFIIIC는 전사 출발점의 상단부에 TBP(파란색)와 함께 TFIIIB(노란색)의 결합을 촉진한다. **(c)** TFIIIB는 출발점에 중합효소 III(빨간색)의 결합을 촉진하며 전사개시를 준비한다. **(d)** 전사개시. 중합효소가 RNA(보여 주지 않음)를 만들며 오른쪽으로 이동한다. 이것은 내부 프로모터로부터 그 TFIIIC를 제거하게 된다. 그러나 TFIIIB는 제자리에 남아서 다음의 중합효소 결합과 전사를 준비한다.

을 밝혔다(그림 11.38). TFIIB는 스스로 이러한 DNA에 잘 붙지 못하는데 어떻게 목표 DNA에 이렇게 강하게 결합한 상태로 남아 있는가? 그 답은 TFIIIC(또는 TFIIIB와 TFIIIC)가 TFIIIB에 구조적 변화를 유도할 수 있어 DNA에 완강하게 결합할 수 있는 부위를 노출시킨다는 것이다.

TFIIIC는 놀라운 단백질이다. 이 단백질은 풋프린트와 단백질-DNA 교차 결합연구에서 밝혀진 것처럼 tRNA의 상자 A와 상자 B 두 곳 모두에 결합할 수 있다. 일부 tRNA 유전자에는 상자 A와 상자 B 사이에 인트론이 존재하고, TFIIIC는 여전히 두 프로모터 요소와의 접촉을 조절한다. TFIIIC는 어떻게 이러한 이렇게 할까? TFIIIC는 모든 알려진 전사인자 중 가장 크고 복잡한 복합체이다. 효모의 TFIIIC는 600kD의 크기를 조이는 여섯 요소로 구성되어 있다. 더욱이 전자현미경연구를 통해 TFIIIC가 놀라울 정도의 길이를 가진 뻗힌 연결부위와 그 끝 부위에 2개의 구형부위가 연결된 아령 모양을 하고 있음을 밝혔다.

이러한 연구에서 안드레 센테낙(Andre Sentenac)과 동료들은 효모 TFIIIC(τ 요소라고도 불림)를 상자 A와 상자 B 사이에 다양한 길이를 가진 tRNA에 결합시켰다. 그리고 그들은 이러한 구조를 주사전자현미경을 이용하여 관찰하였다. 그림 11.39은 이러한 결과를 보여 준다. 상자 A와 상자 B 사이의 길이가 0일 때, TFIIIC는 DNA에 큰 얼룩으로 나타난다. 그러나 상자 A와 상자 B 사이의 길이가 길어지면 TFIIIC는 그들 사이에 증가하는 길이의 연결자에 의해 분리된 2개의 구형영역으로 나타난다. 그래서 큰 크기와 뻗힘이 TFIIIC가 자신의 2개의 구형 영역으로 넓게 분리된 두 프로모터 지역을 접촉하게 되는 것이다.

3) TBP의 역할

만약 TFIIIC가 전형적인 III급 유전자에서 TFIIIB의 결합에 필요하다면, TFIIIC가 결합하는 A 또는 B 지역을 가지고 있지 않은 비전형적 유전자들은 어떻게 되는 것인가? 무엇이 이러한 유전자들에 TFIIIB의 결합을 자극하는가? 이러한 유전자들의 프로모터는 TATA 상자를 가지고 있고(10장 참조), 우리는 이미 TBP가 그들의 전사에 필요함을 살펴보았다. 그래서 TBP가 TATA 상자에 결합하여 그 상단부 결합부위에 TFIIIB로 하여금 결합하게 한다는

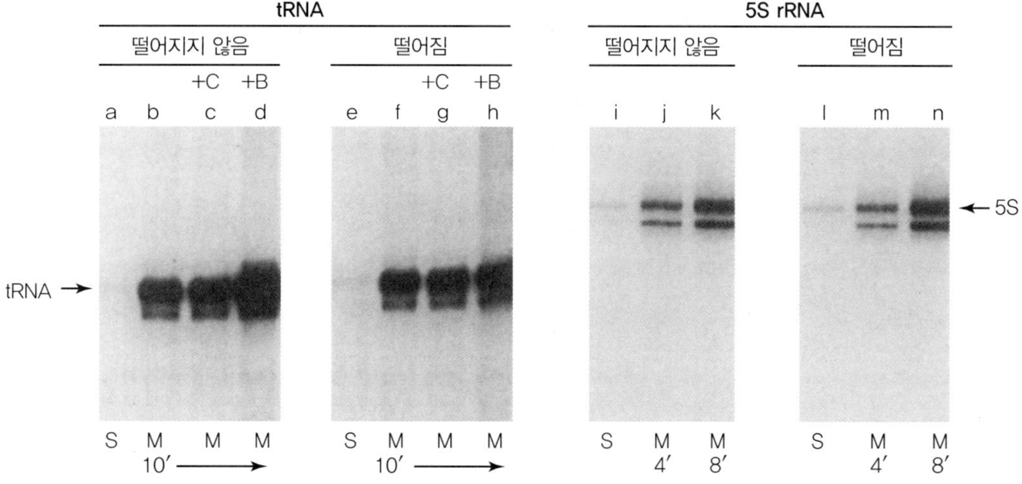

그림 11.38 중합효소 III 유전자의 전사는 오직 TFIIIB와 복합체를 이룬다. 게이더첵과 동료들은 tRNA 유전자와 TFIIIB와 C(왼쪽의 두 그림), 또는 5S rRNA 유전자와 TFIIIA, B, 그리고 C(오른쪽의 두 그림)를 가지고 있는 복합체를 만들어 헤파린으로 TFIIIC를(e~h 레인) 제거하고, 높은 이온 농도의 완충용액을 이용해 TFIIIA와 C(l~n 레인)를 제거했다. 그들은 제거한 주형가닥을 겔 여과 컬럼에 통과시켜 결합하지 않은 인자들을 제거했으며, 겔 이동 변화분석과 풋프린팅을 이용해 각 유전자들의 상단부에 TFIIIB만이 결합하여 복합체를 이루고 있음을 보였다. 다음으로, 그들은 이렇게 준비한 복합체들이 처음상태의 제거하지 않은 복합체와 한 번의 전사(S. 레인 a, e, i, l)를, 또는 아래에 나타낸 시간동안 여러 번의 전사(M. 모든 다른 레인들)를 수행할 능력이 있는지를 함께 조사했다. 그들은 c와 g 레인에 TFIIIC를, d와 h에는 TFIIIB를 그림 위에 표시한 것처럼 추가하여 반응에 넣었다. 그들은 a, e, i, 그리고 l에는 상대적으로 낮은 농도의 헤파린을 첨가(이것은 RNA의 전사신장이 완전히 끝나도록 한다)함으로써 전사가 한 번 일어나도록 제한했다. TFIIIB만을 남기고 나머지는 제거한 주형가닥은 TFIIIC를 첨가했을 때처럼(c와 g 레인, 그리고 k와 n 레인을 비교하라) 한 번, 그리고 여러 번의 전사 실험에서 전사가 이루어졌음을 주목하라. 제거되지 않은 주형에서 전사가 더 우수하게 수행된 것은 d 레인에서만 관찰되었다. 이것은 다른 TFIIIB의 첨가 결과였다. 이것은 아마도 추가로 TFIIIB의 결합을 돕는 남아 있는 TFIIIC일 것으로 추정되며, 결국 더 많은 개시전 복합체가 형성되도록 하기 때문일 것이다. (출처: Kassavetis, G.A., B.R. Brawn, L.H. Nguyen, and E.P. Geiduschek, S. cerevisiae TFIIIB is the transcription initiation factor proper of RNA polymerase III, while TFIIIA and TFIIIC are assembly factors. *Cell* 60 (26 Jan 1990) p. 237, f. 3. Reprinted by permission of Elsevier Science.)

제안은 이치에 맞다.

그러나 전형적인 중합효소 III 유전자들은 어떻게 되는 것인가? 이들은 TATA 상자를 가지고 있지 않으며, TFIIIC가 TATA 상자를 가지고 있는 중합효소 II 유전자들이 TBP에 의해 수행되는 역할과 비슷한 역할을 수행한다. 그럼에도 불구하고 TBP는 tRNA와 5S rRNA 유전자와 같은 고전적 III급 유전자들의 전사에 필요하다. 그러면 TBP는 모델에서 어디에 위치하는가? TFIIIB는 약간의 TAF와 함께 TBP를 가지고 있다는 것이 확실해졌다. 포유동물에서는 이러한 TAFs가 Brf1과 Bdp1으로 명명된다. 게이더첵과 동료들은 가장 순수하게 정제한 TFIIIB에 TBP가 존재함을 보였다. 더 나아가 클로닝된 요소들의 재구성 실험을 포함하는 효모 TFIIIB의 연구는 TFIIB가 하나의 TBP와 2개의 TAF_{III}s 세 종류의 단위체로 구성되어 있음을 보여 주었다. 이러한 두 단백질은 다른 생명체에서 다른 이름으로 불린다. 효모에서는 B″과 TFIIB와의 유사성이 있어 TFIIB-관련인자 또는 BRF라 불린다.

이후 티잔과 동료들은 핵 추출물에서 항체를 이용해 인자를 제거한 후 다시 분리한 인자를 넣어주는 실험을 통해 TBP가 아니라 TRFI이 초파리의 tRNA, 5S rRNA 그리고 U6 snRNA 유전자의 전사에 필수적이라는 사실을 보여 주었다. 따라서 초파리의 중합효소 III의 전사는 TBP의 의존이라는 보편성에 대한 하나의 예외

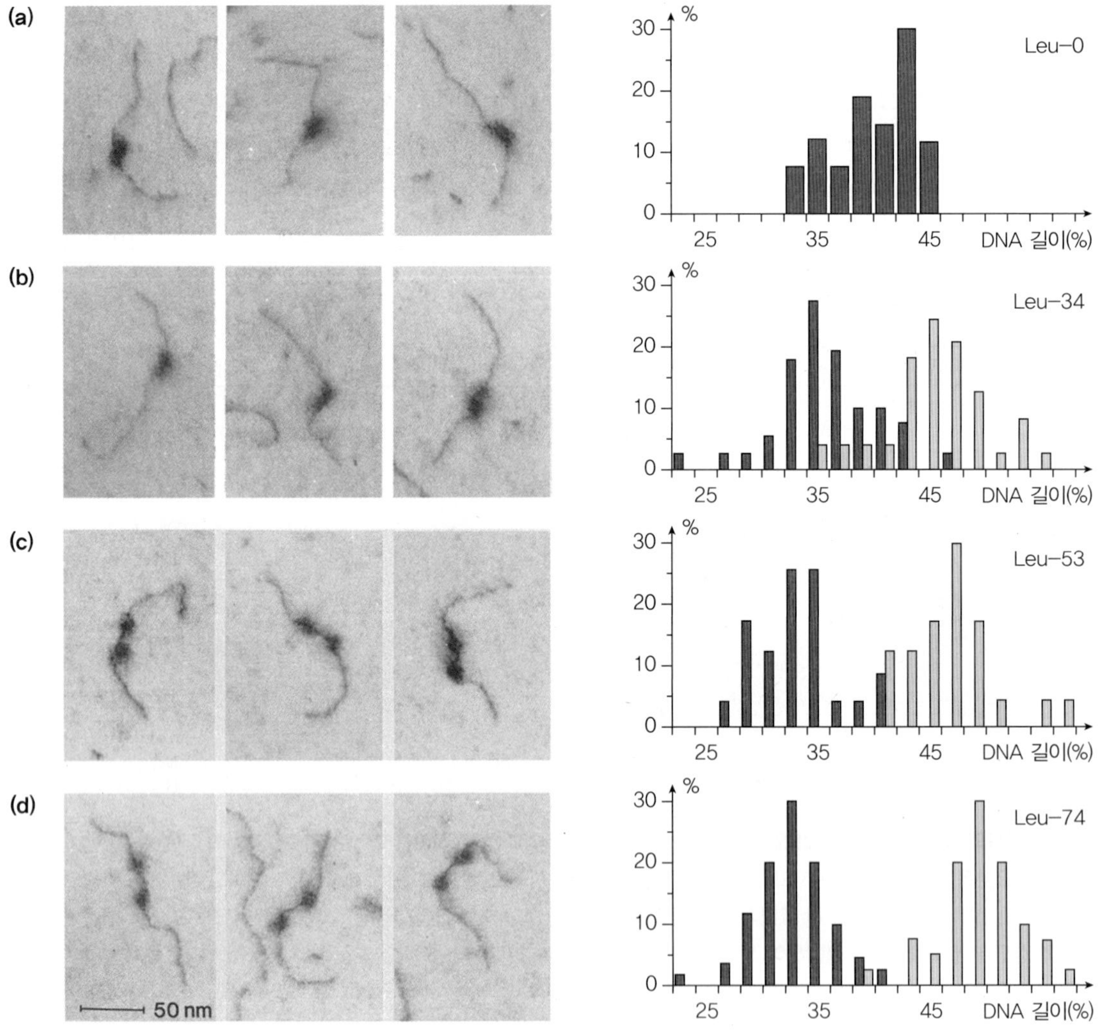

그림 11.39 효모 TFIIIC는 2개의 구형(globular) 영역을 갖고 있다. 센테낙과 동료들은 효모 TFIIIC를 상자 A와 상자 B 사이에 다양한 길이를 보이는 클론된 tRNA에 결합시켰다. 다음, 그들은 이러한 복합체를 우라닐 아세테이트로 음성염색하고 주사전자현미경으로 관찰하였다. 상자 A와 상자 B사이의 거리는 오른쪽에 표시되었다. **(a)** 0bp. **(b)** 34bp. **(c)** 53bp. **(d)** 74bp. 이것은 정상 거리이다. 각각의 DNA에 대한 미세그래프 세 종류가 왼쪽에 표시되어 있다. 오른쪽 막대그래프는 많은 다른 생명체로부터 결정된 것으로 DNA 위에 존재하는 TFIIIC의 구형영역의 위치를 보여 준다. 막대는 DNA를 따라 각각의 위치에 존재하는 구형 영역을 가진 DNA의 퍼센테이지를 보여 준다. 붉은색 막대는 DNA의 끝부분에 가까운 구형 영역의 위치를 보여 주며, 노란색은 다른 구형영역의 위치를 나타낸다. (출처: Schultz et al *EMBO Journal* 8: p. 3817 © 1989.)

이다.

3개의 모든 RNA 중합효소 전사인자들에 대한 연구로부터 나온 동일한 원칙은, 프로모터 내의 특이 결합지역을 인지하는 조립인자가 프로모터의 특정 부위에 결합함으로써 개시전 복합체의 결합이 시작된다는 것이다. 그렇게 되면 이 단백질은 개시전 복합체의 다른 요소들을 이곳으로 모은다. TATA를 보유하고 있는 II급 프로모터를 위한 조립인자는 TBP이며, 이것의 결합부위는 TATA 상자이다. 이러한 기작은 적어도 효모와 인간세포에서는 아마도 TATA를 가지는 III급의 프로모터에도 적용될 것이다. 우리는 이미 어떻게 이 과정이 TATA를 함유한 II급 프로모터들에서 시작되는지를 살펴보았다(그림 11.4). 그림 11.40은 TATA가 없는 모든 프로모터들의 개시전 복합체의 본질을 보여 준다. I급 프로모터에서 조립인자는 UBF이며, 이것은 UCE에 결합하여 TBP를 가진 SL1을 조립인자로 끌어들인다. TATA가 없는 II급 프로모터들은 두 가지 방법으로 TBP를 끌어들일 수 있다. TFIID의 TAFs는 개시자 또는 GC 상자에 결합되어 있는 Sp1에 결합할 수 있다. 이러한 두 가지 방법들은 TFIID를 TATA가 없는 프로모터에 부착시킬 수 있다. 고전적 III급 프로모터들도 일반적으로 같은 구도를 따른다. TFIIIC(5S rRNA의 유전자인 경우는 TFIIIA+TFIIIC)는 내부 프로모터에 결합하여 출발 지점의 상단부로 TBP를 함유한 TFIIIB를 끌어들이면서 조립인자로서의 기능을 수행한다. 초파리 세포의 TRFI이 TBP를 대신한다.

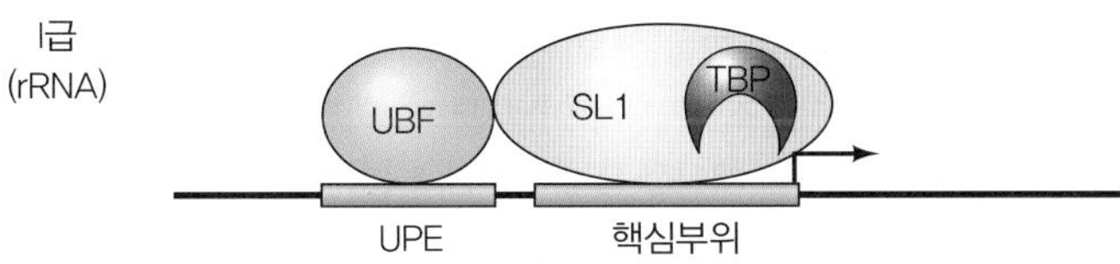

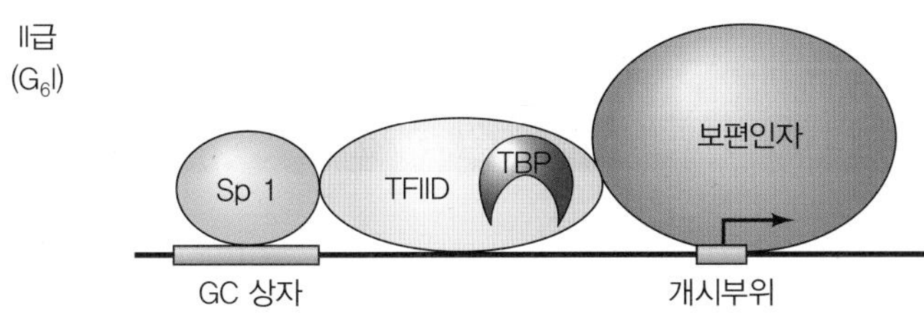

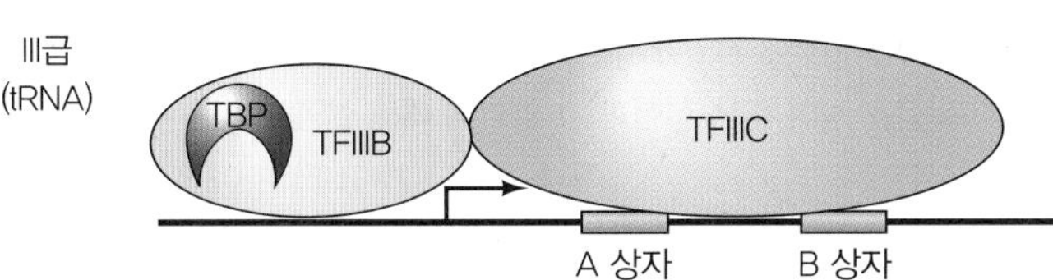

그림 11.40 3개의 모든 중합효소에 의해 인지되는 TATA가 없는 프로모터에서의 개시전 복합체의 모델. 각각의 경우에 조립인자(초록색)가 처음으로 결합한다(I, II, 그리고 III급의 경우 각각 UBF, Sp1과 TFIIIC). 이것은 TBP(파란색)를 포함한 다른 인자(노란색)를 결합지역으로 끌어들인다. 이 두 번째 요소는 I, II, III급 프로모터에서 각각 SL1, TFIID, TFIIIB이다. 이러한 복합체는 I급과 III급 프로모터로 중합효소를 모으는 데 충분하나, II급의 경우에는 중합효소 II 외에도 다른 기본적인 인자들(보라색)이 전사가 시작하기 전에 결합해야만 한다. (출처: Adapted from White, R.J. and S.P. Jackson, Mechanism of TATA-binding protein recruitment to a TATA-less class III promoter. *Cell* 71:1051, 1992.)

TBP가 항상 처음에 결합하지 않는다는 이유로 TATA가 없는 프로모터에서 개시전 복합체를 형성하는데, 이것의 중요성을 과소평가해서는 안된다. TBP가 한번 결합하면 이것은 RNA 중합효소를 포함한 나머지 인자들을 복합체로 끌어들이는 것을 돕는다. TBP가 알려진 모든 진핵세포의 프로모터들에서 개시전 복합체를 형성하는 데 그 역할을 한다는 것은 두 번째 일치된 원칙이다. 세 번째 원칙은 TBP의 특이성은 이것과 결합되어 있는 TAFs에 의해 결정된다는 것이다. 그러므로 TBP는 여러 종류의 프로모터 각각과 결합했을 때, 다른 TAF와 결합한다.

요약

전사인자들은 시험관에서 다음과 같은 순서로 II급 프로모터에 결합한다. ① TFIID는 TFIIA의 도움으로 TATA 상자에 결합한다. ② TFIIB가 그 다음으로 결합한다. ③ TFIIF는 RNA 중합효소의 결합을 돕는다. 남아 있는 다른 인자들은 TFIIE, 그리고 TFIIH의 순서로 결합하여 DABPolFEH의 개시전 복합체를 형성한다. 시험관에서 TFIIA의 참여는 부가적인 것 같다.

TFIID는 TATA 상자 결합단백질(TBP)과 TAFs라 불리는 13개의 다른 폴리펩티드로 이뤄져 있다. 사람 TBP의 C-말단 180개의 아미노산이 TATA 상자 결합부위이다. TBP와 TATA 상자 사이의 상호 작용은 DNA의 작은 홈에서 발생하는 특이한 것이다. 말안장 모양의 TBP는 DNA와 일렬로 정렬되며, 안장의 아래 부위는 작은 홈을 열리게 하고, TATA 상자를 80° 각도로 구부러지게 한다. TBP는 II급 유전자뿐만 아니라 대부분의 I급 또는 II급 유전자의 전사에도 필요하다.

대부분의 TAFs는 진핵생물에서 진화적으로 보존되어 있다. 그들은 여러 가지 기능을 수행하나, 두 가지 명백한 것은 핵심 프로모터 부위와 유전자 특이 전사인자들과의 작용이다. TAF1과 TAF2는 TFIID가 개시자와 프로모터의 하단부 요소에 결합하도록 도움으로써 TBP가 TATA가 없는 프로모터들에 결합할 수 있도록 한다. TAF1과 TAF4는 TFIID와 전사 출발점 상단부에 존재하는 GC 상자에 결합되어 있는 Sp1과의 상호 작용을 돕는다. 그러므로 이러한 TAFs는 TBP가 GC 상자를 가진 TATA가 없는 프로모터에 결합할 수 있도록 한다. TAFs의 다른 조합들은 적어도 고등 진핵생물에서는 분명히 다양한 전사활성인자들에 의한 반응에 필요하다. TAF1은 또한 두 가지 효소적인 활성을 가진다. 즉, 이것은 히스톤아세틸 전달효소와 단백질 인산화효소의 기능이다. TFIID는 적어도 고등진핵생물에서는 항상 필요한 것은 아니다. 초파리의 일부 프로모터는 TBP에 대응하는 인자인 TRFl을 필요로 하며, 다른 일부 프로모터는 TBP가 없는 TAF를 포함하는 있는 복합체가 전사에 이용된다.

TFIIB-중합효소 복합체의 구조 연구는, TFIIB상 TATA상자에는 C-말단 영역을 통해 TBP에, 그리고 N-말단을 통해 중합효소 II에 결합하는 것을 보여 준다. 이러한 연결 활동은 중합효소가 TATA 상자에서 25~30bp 아래에 위치하도록 함께 작용한다. 포유동물에서는 TFIIB의 N-말단에 존재하는 고리모양 장식이 활성중심에 매우 가까운 곳에서 단사 DNA 주형과 결합하므로 전사의 개시를 위한 정교한 위치잡기에 영향을 준다. 생화학적 연구는 TFIIB의 N-말단 영역(핑거와 연결 영역)이 개시전 복합체에서 RNA 중합효소의 활성중심과 TFIIF의 가장 큰 단위체가까이 위치한다.

개시전 복합체는 RNA 중합효소 II(IIA)의 저인산화된 형태로 구성된다. 그 다음 TFIIH의 단위체가 가장 큰 RNA 중합효소 II의 단위체의 C-말단 영역(CTD)의 헵타드 반복부위에 존재하는 세린 2와 5를 인산화시켜 효소의 인산화 형태(IIO)를 유도한다. TFIIE는 시험관 내 실험에서 이 과정을 매우 촉진한다. 이러한 인산화는 전사개시에 필수적이다. 전사개시에서 신장으로 변환 중에 헵타드 세린 5의 인산화는 상실된다. 만약 세린 2의 인산화가 상실되면 중합효소는 비-TFIIH 키나제에 의해 다시 인산화가 될 때까지 멈추게 된다.

TFIIE와 TFIIH는 개방형 프로모터 복합체 형성 또는 전사신장에 중요하지 않으나, 이들은 프로모터 정리에 필요하다. TFIIH는 프로모터 부위에서는 DNA의 완전한 풀림을 유도하여 프로모터 정리를 촉진시킴으로써 전사에 필수적인 DNA 헬리케이즈 활성을 지닌다.

RNA 중합효소는 DSIF나 NELF와 같은 단백질에 의해 프로모터 근방의 특정 지역에서 멈추게 될 수 있다. 이러한 멈춤은 중합효소와 DSIF 그리고 NELF를 인산화시키는 P-TEFb에 의해 풀리게 된다. 되돌려지고 멈춰지는 중합효소는 TFIIS에 의해 활성화된다. 이 인자는 RNA 중합효소의 활성부위에 끼어들고, 전사멈춤을 일으키는 RNA의 노출된 3′을 절단하는 RNA 분해효소 활성을 자극하여 신장을 촉진한다. 또한, TFIIF는 일시적인 멈춤을 제한함으로써 신장을 활성화한다. TFIIS는 아마도 잘못 삽입된 뉴클레오티드를 잘라내고 올바른 것으로 교체하는 RNA 중합효소의 RNase 기능을 촉진시켜, 교정—잘못 삽입된 뉴클레오티드를 수정하는—을 활성화시킨다.

I급 프로모터들은 두 종류의 전사인자, 즉 핵심부위 결합인자와 UPE-결합인자에 의해 인식된다. 인간의 핵심부위 결합인자는 SL1이라 불리며, *A castellanii* 같은 다른 생명체에서는 TIF-IB로 알려져 있다. 핵심부위 결합인자는 RNA 중합효소 I을 모집하는 데 필요한 기본적인 전사인자이다. 이 인자는 최소한 동물에서 종-특이성을 결정한다. UPE에 결합하는 인자는 포유동물에서는 UBF, 효모에서는 UAF라 불린다. 그것은 핵심부위 결합인자가 핵심부위 프로모터 요소에 결합하는 것을 돕는 조립인자이다. UPE-결합인자에 대한 의존성의 정도는 생명체의 종류에 따라 현격히 다르다. *A castellanii*에서 TIF-IB는 단독으로 RNA 중합효소 I을 모집하고 전사개시를 위해 옳은 자리에 위치하게 하는 데 충분하다. 인간 UBF는 중합효소 I에 의한 전사를 자극하는 하나의 전사인자이다. 이것은 온전한 프로모터 또는 핵심부위를 활성화할 수 있으며, 이것은 UCE에 의한 활성화를 중재한다. UBF와 SL1은 전사를 자극하기 위해 협동작용을 한다.

인간 SL1은 TBP와 3개의 TAFs, 즉 TAF_I110, TAF_I63, TAF_I48로 이뤄져 있다. 완전한 기능을 나타내며 종 특이성을 갖는 SL1은 정제된 이 세 가지 구성요소로 재조합될 수 있고, TAF_Is가 TBP가 결합하면 TAFs의 결합을 방해한다.

전형적인 III급 유전자는 중합효소와 개시전 복합체를 이루기 위해 TFIIIB와 C를 필요로 한다. 5S rRNA 유전자들은 또한 TFIIIA를 필요로 한다. TFIIIC와 A는 내부 프로모터에 결합하여 TFIIIB가 전사 출발점 바로 상단부에 결합하는 것을 돕는다. TFIIIB는 결합한 채로 남아 있으며 연속적인 전사개시를 돕는다.

여러 종류의 진핵생물 프로모터에 개시전 복합체가 조립되는 것은 하나의 결합인자가 프로모터에 결합함으로써 시작된다. TATA를 가지고 있는 II급 프로모터에서는 TBP가 그 결합인자의 역할을 수행하며, 다른 프로모터에는 그들 자신의 결합인자가 결합한다. TBP가 비록 주어진 프로모터에 처음 결합하는 조립인자가 아닐지라도, 이것은 알려진 대부분의 프로모터에서 성장하는 개시전 복합체의 한 부분이 되며, 복합체를 형성하는 과정에서 이들이 적절히 배열되도록 하는 기능을 수행한다. TBP의 특이성은 이것에 결합된 TAF에 의해 결정되고, 각 프로모터 종류에 따라 이에 특이한 TAF가 존재한다.

복습 문제

1. 시험관 내 실험에서 II급 개시전 복합체를 형성하는 단백질들을 결합 순서대로 열거하라.

2. TFIID가 II급 개시전 복합체 형성에서 근간 요소임을 보여 주는 실험과 결과에 대해 설명하라.

3. TFIIF와 중합효소 II가 개시전 복합체에 함께 결합하고 각각은 결합하지 못함을 보여 주는 실험과 그 결과에 대해 설명하라.

4. TFIID가 어디에 결합하는지를 보여 주는 실험과 그 결과에 대해 설명하라.

5. DAB와 DABPolF 복합체가 보이는 풋프린트의 차이점을 설명하라. 이 차이점의 의미는 무엇인가?

6. TATA 상자에서 TATA를 CICI로 치환한 돌연변이(T→C, A→I)가 TFIID의 결합에 영향을 미치지 못하는 것을 설명하는 가설을 제시하라. 그리고 가설에 대한 근거를 제시하라.

7. TBP는 어떤 모양인가? TBP와 TATA 상자의 결합은 어떤 기하학적 구

조를 이루고 있는가?

8. TBP가 세 종류의 모든 프로모터의 전사에 요구됨을 설명하고, 그 실험 결과를 제시하라.

9. II급 프로모터는 시험관 내 실험에서 TBP보다 TFIID에 의해 활성이 더 높다는 것을 보여 준 실험과 그 결과에 대해 설명하라.

10. TATA 상자와 개시자, 그리고 하단부 요소들을 가지고 있는 II급 프로모터가 TAF와 결합하는 것을 보여 준 실험과 그 결과에 대해 설명하라.

11. TBP만 있을 경우와 비교하여 TAF1과 TAF2가 존재할 경우 DNA 가수분해효소 풋프린트가 어떻게 증가되었는지를 보여 준 실험과 그 결과에 대해 설명하라.

12. TBP와 TATA가 없는 II급 프로모터의 결합에 관한 모델의 모식도를 그려 보라.

13. 전체 유전체발현 분석 결과 효모 TAF1은 효모유전자의 단지 16% 전사에 요구되고, TAF9은 효모 유전자의 67%의 전사에 요구된다. 이런 결과에 대한 이론적 근거를 제시하라.

14. 다음을 지닌 II급 개시전 복합체의 예를 각각 들어라.
   a. TBP의 대안
   b. TAF 결함
   c. TBP가 없는TBP 또는 TBP 유사단백질

15. TFIIA와 TFIIB의 전사과정에서의 역할은 무엇인가?

16. TBP-TFIIA-TFIIB가 DNA에 결합한 삼중복합체를 각 단백질의 상대적 위치를 보여 주도록 간략하게 그려보라. 이 위치들과 기능이 어떻게 관련되어 있는가?

17. TFIIB의 핑거와 연결부위에 가까이 접촉하고 있는 Rbp1과 Rbp2의 부위를 결정하는 실험을 설명하고 그 결과를 제시하라.

18. TFIIH와는 결합하나 다른 전사인자와는 결합하지 않는 단백질이 RNA 중합효소 II를 IIA 상태에서 IIO 상태로 인산화시킬 수 있음을 보여 준 실험과 그 결과에 대해 설명하라. 또한 이 과정에서 다른 보편전사인자들이 TFIIH를 도와주는 사실을 보여 준 실험 결과도 설명하라.

19. TFIIH와 결합하는 단백질이 중합효소 II의 CTD를 인산화시킴을 보여 준 실험과 그 결과에 대해 설명하라.

20. DNA 헬리케이즈의 활성분석법을 기술하고 어떻게 TFIIH가 헬리케이즈의 활성과 관련 있는지를 설명하라.

21. G-부재 카세트를 이용한 전사분석에 대해 설명하고, 시험관 전사에 RAD25 DNA 헬리케이즈의 활성이 TFIIH와 연관 있음을 논하라.

22. 다음의 특징을 보이는 II급 개시전 복합체의 모식도를 그려라: 중합효소의 상대적 위치, 프로모터 DNA, TBP와 TFIIB, E, F, and H, 그리고 전사의 방향을 보여라.

23. IIS가 RNA 중합효소 II에 의한 전사의 신장을 촉진시킴을 보여 준 실험과 결과에 대해 설명하라.

24. TFIIS에 의해 유도되는 전사멈춤의 재개에 대한 모델을 보여라. TFIIS의 어느 부위가 대부분 직접관여하나? 어떻게?

25. IIS가 RNA 중합효소 II에 의한 교정을 촉진하는 실험 결과를 제시하고, 이를 설명하라.

26. RNA 중합효소 II 완전효소는 무엇을 의미하는가? 완전효소와 핵심 중합효소 II와는 어떻게 다른가?

27. I급 프로모터의 핵심부위요소와 전사개시 부위 사이에서 몇 bp를 첨가하거나 제거하는 효과를 보여 주는 실험을 제시하고 그 결과를 설명하라.

28. 어떤 보편전사인자가 I급 프로모터의 조립인자인가? 다시 말해서 어느 것이 먼저 결합하여 다른 인자의 결합을 도와주는가? 이것을 DNA 가수분해효소 풋프린트를 통해 어떻게 보여줄 것인지와 이상적인 결과에 대해 설명하라(Tjian과 동료들이 수행한 실험 결과일 필요는 없다). 모델에는 두 전사인자들이 풋프린트에 미치는 영향을 나타내라.

29. SL1이 TBP를 함유하고 있음을 보여 준 정제 및 면역침전 실험에 대해 설명하고 그 결과를 서술하라.

30. SL1에서 TAF를 동정하는 실험과 그 결과에 대해 설명하라. TAF의 크기를 알 필요는 없다.

31. TFIIIA가 5S rRNA 유전자의 전사에는 필요하고 tRNA의 전사에는 필요하지 않음을 어떻게 증명할 수 있는가?

32. 게이더첵과 동료들은 중합효소 III에 TFIIIB, C, 그리고 tRNA 유전자를 이용해 DNA 가수분해효소 풋프린트 실험을 했다. 단백질이 없을 때, 중합효소와 전사인자들이 있을 때, 중합효소, 전사인자, 그리고 네 종류의 NTP들 중에 세 가지가 있을 때의 결과들을 보여라. 또한 이 결과로부터 어떤 결론을 내릴 수 있는가?

33. 고전적인 III급 프로모터는 내부 프로모터를 가지고 있다. 그럼에도 TFIIIB와 C는 함께 유전자의 위치보다 위쪽에서 풋프린트를 보인다. 이것을 설명할 두 전사인자의 결합 모식도를 그려 보라.

34. tRNA 유전자와 같은 고전적인 III급 유전자들이 중합효소 III에 의해 전사가 시작되었을 때 TFIIIB와 C에는 어떤 현상이 발생하는지 모식도를 그려보라. 이 사실은 전사인자들이 내부 프로모터에 결합하지 않은 상태에서도 새로운 중합효소 III이 어떻게 유전자의 전사를 계속할 수 있다고 설명하는가?

35. TFIIIB+C가 tRNA 유전지의 전시 출발점 상단부를 보호할 수 있는지를 보여 준 DNA 가수분해효소 풋프린트 실험을 서술하라. 헤파린으로 TFIIIC를 떨어뜨렸을 때 풋프린트는 어떻게 되는지 설명하라.

36. TFIIIB가 고전적인 III급 유전자에 일단 결합하면 TFIIIC(또는 C와 A)가 떨어져 나가도 여러 번의 전사가 가능함을 보여 준 실험과 그 결과를 설명하라.

37. II급 프로모터에서 가까이 같이 있거나 떨어져 있는 상자 A와 상자 B에 결합하는 TFIIIC의 유연성을 보여 주는 실험을 설명하고 그 결과를 기술하라.

38. TATA 상자가 없는 세 종류 프로모터에서 개시전 복합체의 모식도를 그리고 각 조립인자를 식별하라.

분석 문제

1. 당신은 새로운 RNA 중합효소 IV에 의해 인지되는 새로운 종류의 진핵세포성 프로모터(종류 IV)에 대해 연구하고 있다. 당신은 이러한 프로모터로부터 전사에 필요한 2개의 보편 전사 인자를 발견하였다. 어떠한 조립 인자(assembly factor)가 있는지, 그리고 어떠한 것이 RNA 중합효소를 프로모터로 데려오는지에 대해 측정할 수 있는 지에 대한 실험을 서술하라. 당신의 실험의 예시 결과를 보여라.

2. 당신은 당신의 새로운 IV 전사 인자 중 하나에서 TBP를 포함하는 것 하나를 찾아냈다. 이 인자에서 당신이 TAFs를 명시할 수 있는 실험을 서술하라.

3. 몇몇의 IV 프로모터는 2개의 DNA 구성 성분(상자 X와 Y)을 포함하고, 다른 것은 하나만을 포함한다(상자 X). 이러한 두 종류의 프로모터 각각에 결합하는 TAFs를 명시하고자 하는 실험에 대하여 서술하라.

4. 당신은 TFIIH의 단백질 키나아제(kinase) 활성의 억제제와 함께 세포를 배양한 뒤, 생체 외 전사를 시행하였고, DNase 풋프린팅 실험을 진행하였다. 전사의 어떠한 단계에서 차단 될 것을 예상하는가? 어떠한 종류의 분석 실험이 그러한 차단을 밝혀줄 수 있을 것인가? 여전히 프로모터에서 풋프린팅을 볼 것이라고 예상하는가? 왜인가 혹은 왜 아닌가? 만약 그렇다면 억제제가 존재하지 않을 때와 비교할 때 얼마나 큰 풋프린팅이 될 것인가?

5. 당신은 단백질 X와 Y가 결합한다는 사실을 알고 있지만, 단백질 X의 특정 영역이 단백질 Y와 결합하는지 여부를 알고 싶고, 만약 그렇다면 어디인지 알고 싶어 한다. 이러한 질문에 답하기 위해 히드록시기 라디칼 절단 분석 실험을 설계하라.

추천 문헌

General References and Reviews

Asturias, F.J. and J.L. Craighead. 2003. RNA polymerase II at initiation. *Proceedings of the National Academy of Sciences USA*. 100:6893–95.

Berk, A.J. 2000. TBP–like factors come into focus. *Cell* 103:5–8.

Buratowski, S. 1997. Multiple TATA–binding factors come back into style. *Cell* 91:13–15.

Burley, S.K. and R.G. Roeder. 1996. Biochemistry and structural biology of transcription factor IID (TFIID). *Annual Review of Biochemistry* 65:769–99.

Chao, D.M. and R.A. Young. 1996. Activation without a vital ingredient. *Nature* 383:119–20.

Conaway, R.C., S.E. Kong, and J.W. Conaway. 2003. TFIIS and GreB: Two like–minded transcription elongation factors with sticky fi ngers. *Cell* 114:272–74.

Goodrich, J.A., G. Cutler, and R. Tjian. 1996. Contacts in context: Promoter specifi city and macromolecular interactions in transcription. *Cell* 84:825–30.

Grant, P. and J.L. Workman. 1998. A lesson in sharing? *Nature* 396: 410–11.

Green, M.A. 1992. Transcriptional transgressions. *Nature* 357:364–65.

Hahn, S. 1998. The role of TAFs in RNA polymerase II transcription. *Cell* 95:579–82.

Hahn, S. 2004. Structure and mechanism of the RNA polymerase II transcription machinery. *Nature Structural & Molecular Biology* 11:394–403.

Klug, A. 1993. Opening the gateway. *Nature* 365:486–87.

Paule, M.R. and R.J. White. 2000. Transcription by RNA polymerases I and III. *Nucleic Acids Research* 28:1283–98.

Sharp, P.A. 1992. TATA–binding protein is a classless factor. *Cell* 68: 819–21.

White, R.J. and S.P. Jackson. 1992. The TATA–binding protein: A central role in transcription by RNA polymerases I, II, and III. *Trends in Genetics* 8:284–88.

Research Articles

Armache, K.–J., H. Kettenberger, and P. Cramer. 2003. Architecture of initiation–competent 12–subunit RNA polymerase II. *Proceedings of the National Academy of Sciences USA* 100:6964–68.

Bell, S.P., R.M. Learned, H.-M. Jantzen, and R. Tjian. 1988. Functional cooperativity between transcription factors UBF1 and SL1 mediates human ribosomal RNA synthesis. *Science* 241:1192-97.

Brand, M., C. Leurent, V. Mallouh, L. Tora, and P. Schultz. 1999. Three-dimensional structures of the TAFII-containing complexes TFIID and TFTC. *Science* 286:2151-53.

Bushnell, D.A. and R.D. Kornberg. 2003. Complete, 12-subunit RNA polymerase II at 4.1-A resolution: Implications for the initiation of transcription. *Proceedings of the National Academy of Sciences USA* 100:6969-73.

Bushnell, D.A., K.D. Westover, R.E. Davis, and R.D. Kornberg. 2004. Stuctural basis of transcription: An RNA polymerase II-TFIIB cocrystal at 4.5 angstroms. *Science* 303:983-88.

Chen, H.-T. and S. Hahn. 2004. Mapping the location of TFIIB within the RNA polymerase II transcription preinitiation complex: A model for the structure of the PIC. *Cell* 119:169-80.

Dynlacht, B.D., T. Hoey, and R. Tjian. (1991). Isolation of coactivators associated with the TATA-binding protein that mediate transcriptional activation. *Cell* 66:563-76.

Flores, O., H. Lu, M. Killeen, J. Greenblatt, Z.F. Burton, and D. Reinberg. 1991. The small subunit of transcription factor IIF recruits RNA polymerase II into the preinitiation complex. *Proceedings of the National Academy of Sciences USA* 88:9999-10003.

Flores, O., E. Maldonado, and D. Reinberg. 1989. Factors involved in specifi c transcription by mammalian RNA polymerase II: Factors IIE and IIF independently interact with RNA polymerase II. *Journal of Biological Chemistry* 264:8913-21.

Guzder, S.N., P. Sung, V. Bailly, L. Prakash, and S. Prakash. 1994. RAD25 is a DNA helicase required for DNA repair and RNA polymerase II transcription. *Nature* 369:578-81.

Hansen, S.K., S. Takada, R.H. Jacobson, J.T. Lis, and R. Tjian. 1997. Transcription properties of a cell type-specifi c TATA binding protein, TRF. *Cell* 91:71-83.

Holmes, M.C. and R. Tjian. 2000. Promoter-selective properties of the TBP-related factor TRF1. *Science* 288:867-70.

Holstege, F.C.P., E.G. Jennings, J.J. Wyrick, T.I. Lee, C.J. Hengartner, M.R. Green, T.R. Golub, E.S. Lander, and R.A. Young. 1998. Dissecting the regulatory circuitry of a eukaryotic genome. *Cell* 95:717-28.

Honda, B.M. and R.G. Roeder. 1980. Association of a 5S gene transcription factor with 5S RNA and altered levels of the factor during cell differentiation. *Cell* 22:119-26.

Kassavetis, G.A., B.R. Braun, L.H. Nguyen, and E.P. Geiduschek. 1990. S. cerevisiae TFIIIB is the transcription initiation factor proper of RNA polymerase III, while TFIIIA and TFIIIC are assembly factors. *Cell* 60:235-45.

Kassavetis, G.A., D.L. Riggs, R. Negri, L.H. Nguyen, and E.P. Geiduschek. 1989. Transcription factor IIIB generates extended DNA interactions in RNA polymerase III transcription complexes on tRNA genes. *Molecular and Cellular Biology* 9:2551-66.

Kettenberger, H., K.-J. Armache, and P. Cramer. 2003. Architecture of the RNA polymerase II-TFIIS complex and implications for mRNA cleavage. *Cell* 114:347-57.

Kim, J.L., D.B. Nikolov, and S.K. Burley. 1993. Co-crystal structure of a TBP recognizing the minor groove of a TATA element. *Nature* 365:520-27.

Kim, T.-K., R.H. Ebright, and D. Reinberg. 2000. Mechanism of ATP-dependent promoter melting by transcription factor IIH. *Science* 288:1418-21.

Kim, Y.J., S. Bjorklund, Y. Li, M.H. Sayre, and R.D. Kornberg. 1994. A multiprotein mediator of transcriptional activation and its interaction with the C-terminal repeat domain of RNA polymerase II. *Cell* 77:599-608.

Koleske, A.J. and R.A. Young. 1994. An RNA polymerase II holoenzyme responsive to activators. *Nature* 368:466-69.

Kownin, P., E. Bateman, and M.R. Paule. 1987. Eukaryotic RNA polymerase I promoter binding is directed by protein contacts with transcription initiation factor and is DNA sequence-independent. *Cell* 50:693-99.

Learned, R.M., S. Cordes, and R. Tjian. 1985. Purifi cation and characterization of a transcription factor that confers promoter specifi city to human RNA polymerase I. *Molecular and Cellular Biology* 5:1358-69.

Lobo, S.L., M. Tanaka, M.L. Sullivan, and N. Hernandez. 1992. A TBP complex essential for transcription from TATA-less but not TATA-containing RNA polymerase III promoters is part of the TFIIIB fraction. *Cell* 71:1029-40.

Lu, H., L. Zawel, L. Fisher, J.-M. Egly, and D. Reinberg. 1992. Human general transcription factor IIH phosphorylates the C-terminal domain of RNA polymerase II. *Nature* 358:641-45.

Maldonado, E., I. Ha, P. Cortes, L. Weis, and D. Reinberg. 1990. Factors involved in specifi c transcription by mammalian RNA polymerase II: Role of transcription factors IIA, IID, and IIB during formation of a transcription-competent complex. *Molecular and Cellular Biology* 10:6335-47.

Ossipow, V., J.-P. Tassan, E.I. Nigg, and U. Schibler. 1995. A mammalian RNA polymerase II holoenzyme containing all components required for promoter-specifi c transcription initiation. *Cell* 83:137-46.

Pelham, H.B., Wormington, W.M., and D.D. Brown. 1981. Related 5S rRNA transcription factors in Xenopus oocytes and somatic cells. *Proceeding of the National Academy of Sciences USA* 78:1760-64.

Pugh, B.F. and R. Tjian. 1991. Transcription from a TATA-less promoter requires a multisubunit TFIID complex. *Genes and Development* 5:1935-45.

Rowlands, T., P. Baumann, and S.P. Jackson. 1994. The TATAbinding protein: A general transcription factor in eukaryotes and archaebacteria. *Science* 264:1326-29.

Sauer, F., D.A. Wassarman, G.M. Rubin, and R. Tjian. 1996. TAFIIs mediate activation of transcription in the Drosophila embryo. *Cell* 87:1271-84.

Schultz, M.C., R.H. Roeder, and S. Hahn. 1992. Variants of the TATA-binding protein can distinguish subsets of RNA polymerase I, II, and III promoters. *Cell* 69:697–702.

Setzer, D.R. and D.D. Brown. 1985. Formation and stability of the 5S RNA transcription complex. *Journal of Biological Chemistry* 260:2483–92.

Shastry, B.S., S.-Y. Ng, and R.G. Roeder. 1982. Multiple factors involved in the transcription of class III genes in Xenopus laevis. *Journal of Biological Chemistry* 257:12979–86.

Starr, D.B. and D.K. Hawley. 1991. TFIID binds in the minor groove of the TATA box. *Cell* 67:1231–40.

Taggart, K.P., J.S. Fisher, and B.F. Pugh. 1992. The TATA-binding protein and associated factors are components of Pol III transcription factor TFIIIB. *Cell* 71:1051–28.

Takada, S., J.T. Lis, S. Zhou, and R. Tjian. 2000. A TRF1:BRF complex directs Drosophila RNA polymerase III transcription. *Cell* 101:459–69.

Tanese, N. 1991. Coactivators for a proline-rich activator purified from the multisubunit human TFIID complex. *Genes and Development* 5:2212–24.

Thomas, M.J., A.A. Platas, and D.K. Hawley. 1998. Transcriptional fidelity and proofreading by RNA polymerase II. *Cell* 93:627–37.

Verrijzer, C.P., J.-L. Chen, K. Yokomori, and R. Tjian. 1995. Binding of TAFs to core elements directs promoter selectivity by RNA polymerase II. *Cell* 81:1115–25.

Walker, S.S., J.C. Reese, L.M. Apone, and M.R. Green. 1996. Transcription activation in cells lacking TAFIIs. *Nature* 383:185–88.

Wieczorek, E., M. Brand, X. Jacq, and L. Tora. 1998. Function of TAFII-containing complex without TBP in transcription by RNA polymerase II. *Nature* 393:187–91.

CHAPTER 12

진핵생물의 전사활성인자

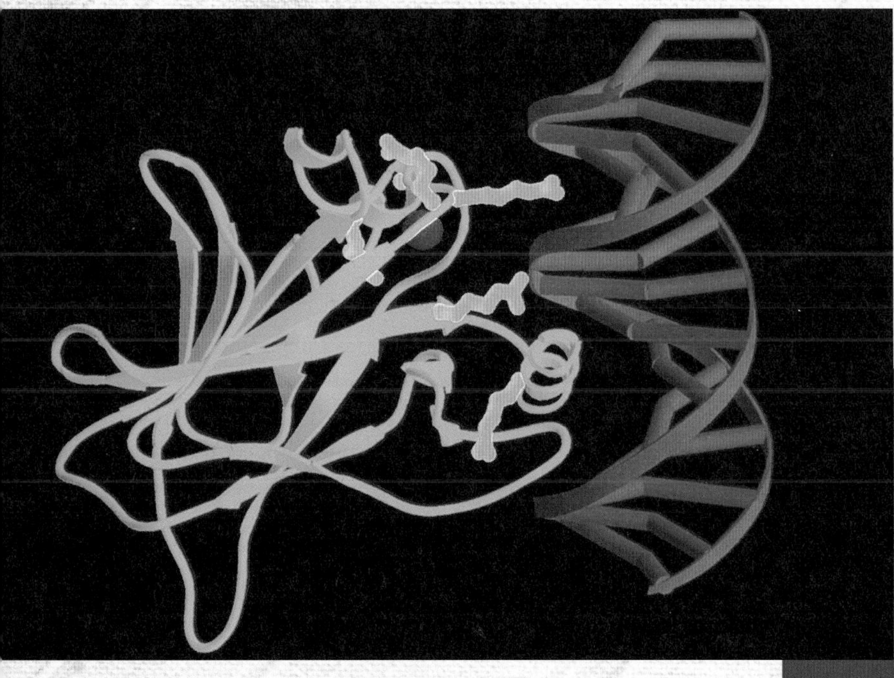

DNA 표적서열과 상호 작용하는 전사인자 p53의 컴퓨터 모델.
(Courtesy Niicolla P. Paavlletich, SloanKettering Cancer Center, *Science* (15 July 1994) cover. Copyright © AAAs.)

10장과 11장에서는 진핵세포의 전사에 관여하는 기본 기구인 세 종류의 RNA 중합효소, 프로모터, 그리고 RNA 중합효소와 프로모터의 결합을 매개하는 보편전사인자에 대해 공부했다. 그러나 이것이 전사활성의 전체 내용은 아니다. 보편전사인자 자체는 전사 출발점과 전사 방향을 지시해 주지만, 단지 매우 낮은 수준의 전사(기저 수준의 전사, basal level transcription)만을 가능하게 한다. 실제 세포 내에서 활성을 나타내는 유전자의 전사는 기저 수준보다 훨씬 높게 일어나고 있다. 진핵세포에서 기저 수준 이상의 전사를 위해 추가적인 유전자-특이전사인자(gene-specific transcription factor), 즉 **활성인자**(activator)가 필요하다(10장 참조). 세포 내 유전자의 발현은 여러 활성인자의 작용으로 전사활성을 조절한다.

진핵세포의 DNA는 단백질과 결합하여 염색질 구조로 존재한다. 이형염색질(heterochromatin)은 매우 응축되어 있어서 RNA 중합효소가 접근할 수 없기 때문에 전사되지 않는다. 다른 염색질인 진정염색질(euchromatin)은 단백질과 결합하고 있지만 상대적으로 느슨한 상태이다. 진정염색질의 대부분은 전사에 용이한 열린 구조이지만 적절한 활성인자가 없으면 전사를 시작할 수 없다. 어떤 경우에는 다른 단백질들이 RNA 중합효소와 전사인자가 프로모터에 접근하지 못하게 함으로써 유전자의 전사를 억제한다. 이 장에서는 진핵세포의 유전자 발현을 조절하는 활성인자에 대해 학습하고자 한다. 이어 13장에서는 활성인자와 염색질구조 그리고 유전자 활성 간의 중요한 상호 관계에 대해 알아볼 것이다.

12.1. 활성인자의 범주

대부분의 활성인자는 RNA 중합효소 II와 작용하여 전사를 촉진 또는 억제하며, 적어도 두 가지 기능 영역인 **DNA-결합영역**(DNA-binding domain)과 **전사-활성영역**(transcription-activation domain)을 지니고 있다. 또한 많은 활성인자들은 활성인자들 간의 결합을 가능하게 하는 **2량체화 영역**(dimerization domain)도 가지고 있는데, 이들은 동형2량체(같은 종류의 단량체 간의 결합), 이형2량체(다른 종류의 단량체 간의 결합), 심지어 4량체와 같은 고도의 다량체 형태를 취하기도 한다. 경우에 따라서는 스테로이드 호르몬과 같은 작용인자에 대한 결합부위를 함께 지니기도 한다. 이러한 세 가지 종류의 구조 및 기능적 영역에 대해 6장과 9장에서 논의한 주요 원칙을 고려하며 몇 가지 예를 살펴보자: 단백질은 하나의 형태만을 지니지는 않는다. 오히려 단백질은 여러 가능한 3차원적 형태를 가질 수 있는 역동적인 분자이다. 어떤 형태는 특정 DNA 서열에 결합하는 데 특히 더 유리할 수 있으며, DNA 서열과의 결합을 통해 이러한 형태가 안정화된다. 따라서 DNA-결합 단백질이나 DNA-결합 도메인을 언급할 때는 많은 가능한 형태 중 하나를 의미하는 것이며, 결합하는 해당 DNA에 특히 잘 맞는 형태를 말한다.

1) DNA-결합영역

단백질 **영역**(domain)은 단백질이 독자적으로 접힌 부분을 말한다. **DNA-결합 모티프**(DNA-binding motif)는 DNA-결합영역의 한 부분으로 특정 서열의 DNA와 결합할 수 있도록 고유한 모양을 지니고 있다. 대부분의 DNA-결합 모티프들은 다음과 같은 종류로 나눌 수 있다.

① **아연-함유 모듈** 적어도 세 가지 이상의 아연-함유 모듈(Zinc-containing module)이 DNA-결합 모티프로 작용한다. 이들 모두에서 하나 또는 그 이상의 아연 이온이 단백질 모티프가 적당한 모양을 갖추도록 함으로써 모티프 내의 α 나선이 DNA 큰 홈에 맞물릴 수 있도록 하고 이곳에서 특정한 결합이 이루어진다. 아연-함유 모듈에는 다음과 같은 것들이 있다.

a. 이미 앞에서 본 두 가지 전사인자, TFIIIA와 Sp1의 **징크핑거**(zinc finger).
b. 글루코코르티코이드 수용체 및 다른 종류의 여러 핵 수용체 군에서 나타나는 아연 모듈.
c. 효모의 활성인자 GAL4와 이의 유사체들에서 나타나는 2개의 아연 이온과 6개의 시스테인을 함유하는 모듈.

② **호메오 영역(homeodomain, HD)** 이것은 약 60개의 아미노산으로 이루어져 있으며 λ 파지 억제인자와 같은 원핵세포의 나선-선회-나선(helix-turn-helix) DNA-결합영역과 구조적 및 기능적으로 유사하다. 이는 초파리의 발생을 조절하는 호메오박스 단백질이라 명명된 활성인자에서 처음 동정되었으며 다양한 활성인자들에서도 발견된다.

③ **bZIP와 bHLH 모티프(bZIP and bHLH motif)** CCAAT/인핸서 결합단백질(C/EBP), MyoD 단백질 및 여러 진핵세포 전사인자들은 류신지퍼와 나선-고리-나선(helix- loop-helix, HLH) 모티프로 알려진 단백질 2량체영역에 연결되어 있는 염기성이 매우 강한 DNA-결합모티프를 지닌다. (C/EBP 단백질은 CCAAT-결합전사인자와 다르다. CTF에 대해서는 10장을 보라.)

그러나 이것이 전부는 아니며 몇몇 전사인자들은 이 세 가지 범주의 어디에도 속하지 않는 것도 있다.

2) 전사-활성영역

대부분의 활성인자는 하나 또는 그 이상의 전사-활성영역을 지니고 있다. 이러한 영역의 대부분은 다음과 같이 세 종류로 분류된다.

① **산성 영역** 효모의 활성인자인 GAL4가 이 그룹의 전형에 속한다. 이는 11개의 산성 아미노산을 포함한 49개의 아미노산으로 구성된 영역을 지닌다.

② **글루타민-풍부 영역** 활성인자 Sp1은 약 25%의 글루타민으로 구성된 2개의 영역을 지니고 있다. 이 중 하나는 143개의 아미노산 내에 39개의 글루타민을 함유하고 있다. 또한 Sp1은 이러한 세 가지 범주의 어디에도 해당되지 않는 2개의 서로 다른 활성화 영역도 지니고 있다.

③ **프롤린-풍부 영역** 예를 들어 활성인자 CTF는 84개의 아미노산으로 구성된 영역을 지니고 있는데, 이 중 19개의 아미노산이 프롤린이다.

전사-활성영역에 대한 설명은 부득이 모호할 수밖에 없다. 그 이유는 영역 자체가 잘 규정되어 있지 않기 때문이다. 예를 들어 산성영역은 단지 기능을 발휘하는 데 있어 산성 잔기를 선호하는 것 같으며, 이와 같이 추측된 비구조적 영역을 설명하기 위해 이를 '애시드 블롭(acid blob)'이라 명명하게 되었다. 한편 스티븐 존스톤(Stephen Johnston) 등은 GAL4의 산성 활성영역이 약산성 용액 내에서 β 병풍구조(β-sheet)를 형성함을 밝혀냈다. β 병풍구조는 약알칼리 조건의 체내에서도 형성될 가능성은 있지만 아직까지 확실치 않다. 또한 GAL4의 산성영역에서 6개의 산성 아미노산 모두를 제거하더라도 여전히 정상적인 전사-활성 능력의 35%가 유지되었다. 따라서 산성-활성영역의 구조는 확실하지 않을 뿐 아니라 산성의 성질이 중요하다는 것조차 의심스럽다.

이러한 불확실한 상황에서 전사-활성인자들의 구조와 기능에 관한 어떠한 연관성을 찾기는 힘들다. 일부 연구에서, Sp1 단백질의 글루타민이 많은 활성영역이 다른 전사인자의 글루타민-풍부영역과 상호 작용함으로써 작동한다고 제안하기도 하였다.

12.2. 활성인자의 DNA-결합 모티프 구조

전사-활성영역과는 달리 대부분의 DNA-결합영역은 잘 정의된 구조를 취하며, X-선 결정분석 연구에 의해 이들 영역들이 어떻게 DNA 표적과 상호 작용하는지 밝혀졌다. 또한 단백질 단량체 간의 상호 작용에 의한 2량체나 4량체 형성을 가능하게 하는 2량체화 영역도 이와 유사한 구조 연구를 통해 밝혀졌다. 이는 매우 중요한 사실이다. 왜냐하면 대부분의 DNA-결합단백질들은 단량체 형태로는 DNA에 결합할 수 없고, 기능을 나타내려면 최소한 2량체를 형성해야 하기 때문이다. 이제 몇몇 종류의 DNA-결합영역 구조를 살펴본 후 이들이 어떻게 DNA와 상호 작용하는지 알아보도록 한다. 이러한 과정을 통하여 단백질들이 어떻게 2량체화되는지 알게 될 것이다.

1) 징크핑거

1985년 아론 클루그(Aaron Klug)는 전사인자 TFIIIA의 구조에 주기성이 있음에 주목했다. 이 단백질은 30개 아미노산 잔기 요소가 9번 반복되어 있다. 각 요소는 가까이 위치한 2개의 시스테인, 12개의 아미노산, 그리고 이에 잇따르는 가까이 위치한 2개의 히스티딘으로 구성되어 있다. 더구나 이 단백질은 반복 단위마다 하나의 아연 이온이 있을 만큼 아연을 다량 함유하고 있다. 이로부터 클루그는 반복 단위당 하나의 아연 이온이 2개의 시스테인 및 2개의 히스티딘과 복합체를 형성함으로써 손가락(핑거) 모양의 영역을 형성할 것이라 추측하게 되었다.

(1) 핑거 구조

마이클 피케(Michael Pique)와 피터 라이트(Peter Wright)는 손톱개구리(*Xenopus laevis*)의 Xfin 활성인자 단백질에 존재하는 징크핑거 구조를 액체 상태에서 핵자기공명 분광학을 이용해 결정했다. 예상했던 대로 실제 이 구조는 그림 12.1에 나타낸 것과 같이 핑거 모양이다. 다양한 핑거단백질들은 동일한 모양의 핑거를 지니지만 각각은 자신의 독특한 DNA 표적서열에 결합하므로 이러한 핑거 형태 자체만으로는 어떠한 결합 특이성도 나타내지 못한다. 따라서 핑거 내 또는 인접한 부위에 위치하는 특정 아미노산 서열에 의해 단백질이 어느 DNA 서열에 결합할지를 결정된다. Xfin 핑거의 경우 α 나선(그림 12.1의 왼쪽)에는 DNA와 접촉할 것이라 예상되는 쪽에 여러 염기성 아미노산을 지니고 있다. 나선 내의 이러한 아미노산과 그 외의 아미노산들이 단백질의 결합 특이성을 결정한다.

칼 파보(Carl Pabo) 등은 X-선 결정분석을 이용해서 TFIIIA 군에 속하는 징크핑거 단백질인 생쥐 단백질 Zif268과 DNA 간의 복합체 구조를 알아냈다. Zif268은 소위 직전 초기 단백질(immediate early protein)이라고 부르며, 이는 휴지기 세포들이 분열 자극을 받을 때 최초로 활성화되는 유전자들 중 하나를 의

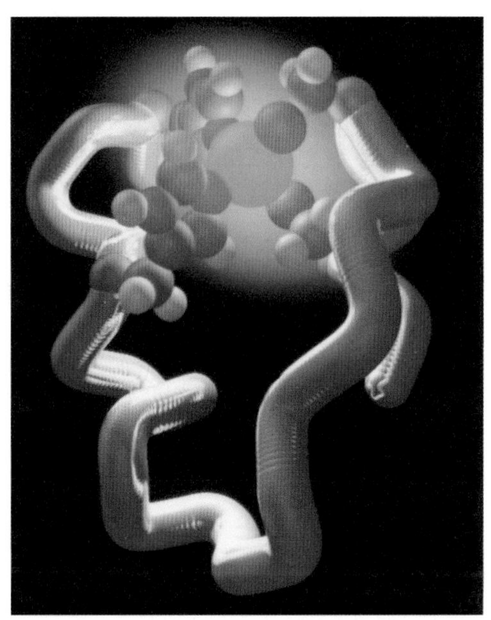

그림 12.1 손톱개구리 Xfin 단백질에 존재하는 징크핑거 중 하나에 대한 3차구조. 중앙 상부의 청록색 구형은 아연을 의미한다. 2개의 노란색 구형은 시스테인에 존재하는 황을 나타낸다. 왼쪽 상부에 있는 파란색 구조물은 2개의 히스티딘을 의미한다. 핑거의 골격은 보라색 튜브로 표시되어 있다. (출처: Pique, Michael and Peter E. Wright, Dept. of Molecular Biology, Scripps Clinic Research Institute, La Jolla, CA., cover photo, *Science* 245, 11 Aug 1989.)

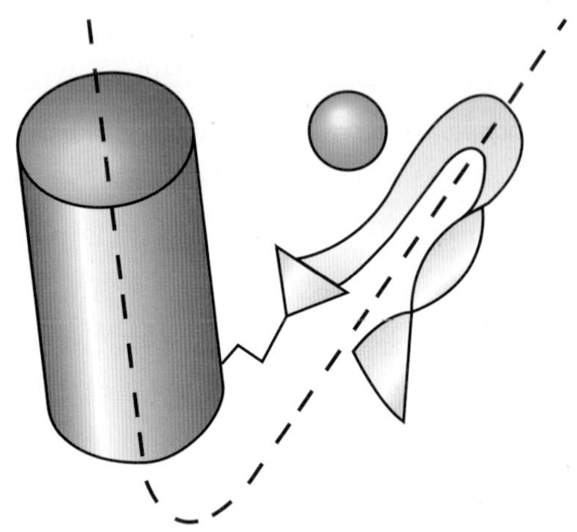

그림 12.2 **Zif268 단백질의 징크핑거 1의 개략적 모식도.** 핑거의 오른쪽 부분이 역평형의 β-가닥(노란색)이고, 왼쪽 부분이 α 나선(빨간색)이다. β-가닥에 위치한 2개의 시스테인과 α 나선에 위치한 2개의 히스티딘이 중앙에 위치한 아연 이온(파란색)을 잡고 있다. 손가락 모양의 윤곽은 점선으로 표시되어 있다. (출처: Adapted from Pavletich, N.P. and C.O. Pabo, Zinc finger-DNA recognition: Crystal structure of a Zif 268-DNA complex at 2.1Å. *Science* 252:812, 1991.)

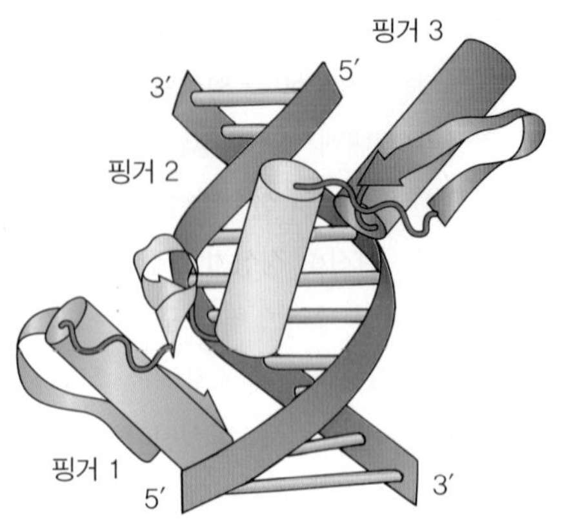

그림 12.3 **DNA의 큰 홈에 맞도록 커브 형태를 이루는 Zif268 내 3개의 징크핑거 배열.** 원통형과 리본 모양은 각각 α 나선과 β-가닥을 의미한다. (출처: Adapted from Pavletich, N.P. and C.O. Pabo, Zinc finger-DNA recognition: Crystal structure of a Zif 268-DNA complex at 2.1Å. *Science* 252:811, 1991.)

미한다. Zif268 단백질은 DNA 이중나선의 큰 홈에 들어맞는 서로 인접한 3개의 징크핑거를 갖는다. 이 장의 후반부에서 Zif268의 3개 핑거 배열을 볼 수 있다. 지금부터 핑거 자체의 3차원적 구조를 알아보자. 그림 12.2는 핑거 1의 구조를 보여 준다. 이는 처음에 예상했거나 현재 우리가 알고 있는 그러한 손가락 형태는 분명히 아니다. 그럼에도 불구하고 자세히 관찰해보면 점선으로 표시된 핑거의 윤곽을 볼 수 있다. Xfin 징크핑거의 경우와 마찬가지로 Zif268 핑거의 왼쪽은 α 나선으로 되어 있다. 이 α 나선은 아래쪽에서 핑거 오른쪽에 위치한 작은 역평행의 β-평풍구조와 짧은 고리로 연결된다. β-평풍구조는 단지 핑거의 절반에 해당하며 β-평풍구조 자체는 아니다. 아연 이온(파란색, 원형)은 중앙에 위치하여 α 나선에 있는 2개의 히스티딘과 β-평풍구조에 있는 2개의 시스테인과 연결되어 있다. 3개의 모든 핑거는 거의 동일한 모양을 하고 있다.

(2) DNA와의 상호 작용

핑거들이 어떻게 DNA의 표적서열에 결합하는 것일까? 그림 12.3은 DNA의 큰 홈에 정렬된 Zif268 단백질에 있는 3개의 핑거 구조이다. 사실 3개의 핑거는 곡선 또는 C 모양으로 정렬함으로써 DNA 이중나선 커브에 꼭 들어맞는다. 모든 핑거는 필연적으로 같은 각도로 DNA에 접근하므로 각각의 경우에서 단백질-DNA 결합 모양은 매우 유사하다. 각 핑거와 DNA 결합 부위 간의 결합은 α 나선 내의 아미노산과 DNA의 큰 홈 내에 존재하는 염기 간의 직접적인 상호 작용에 의한다. 아미노산과 염기 간의 상호 작용에 대한 상세한 내용은 9장을 참조하라.

(3) 다른 DNA-결합단백질과의 비교

많은 DNA-결합단백질 연구로부터 알게 된 일치된 주제는 DNA-결합단백질들이 DNA 큰 홈에 결합하는 데 있어 α 나선을 이용한다는 점이다. 그 예로 원핵세포의 나선-선회-나선 영역을 보았고(9장 참조), 앞으로 몇몇 진핵세포의 예에 대해 알아볼 것이다. Zif268 단백질의 β 병풍구조는 어떠한가? β 병풍구조는 인식나선이 자리를 잡도록 도와주어 DNA 큰 홈과 최상의 접촉이 이루어지도록 하며, 이는 나선-선회-나선 단백질에서의 첫 번째 α 나선과 동일한 기능이다.

Zif268은 나선-선회-나선 단백질과 일부 다른 점을 보인다. 나선-선회-나선 단백질은 단량체당 1개의 DNA-결합영역을 지니는 반면, 핑거단백질의 DNA-결합영역은 여러 개의 핑거가 DNA와 접촉하는 모듈 구조를 이룬다. 이러한 배열은 다른 대부분의 DNA-결합단백질과 비교해볼 때 2량체나 4량체를 형성할 필요가 없음을 의미한다. 그들은 이미 복합적 결합영역들로 구성되어 있다. 또한 대부분의 단백질-DNA 간의 접촉은 나선-선회-나선 단백질의 경우와 같이 DNA의 양쪽 가닥보다는 한쪽 가닥에만 접촉한다. 적어도 이러한 특별한 핑거단백질은 주로 DNA 골격보다는 염기와 접촉한다.

1991년 니콜라 파브레티치(Nikola Pavletich)와 파보는 5개의 핑거로 구성된 사람 단백질 GLI과 DNA 간의 공동 결정구조

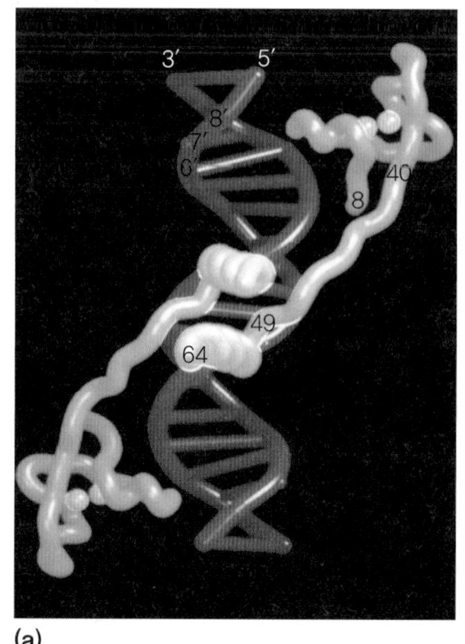

(a)

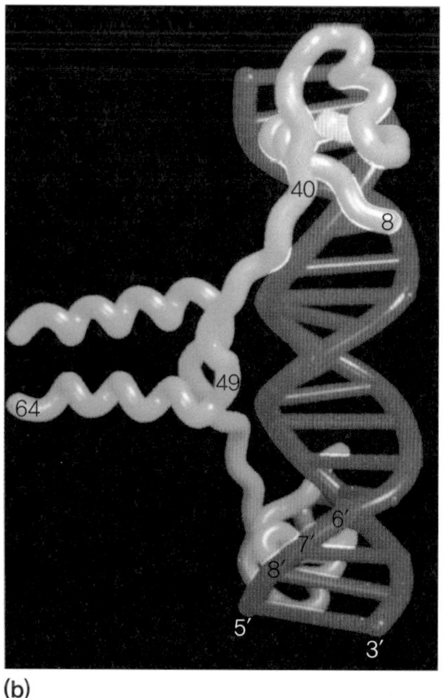

(b)

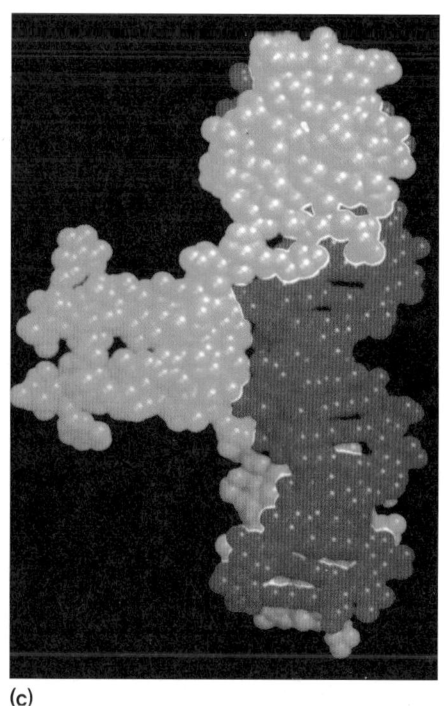

(c)

그림 12.4 GAL4-DNA 복합체의 세 가지 모형. **(a)** 이 복합체는 대략 좌우 대칭축을 따라 나타낸 것이다. DNA는 빨간색, 단백질은 파란색, 아연 이온은 원형의 노란색으로 각각 표시되어 있다. 세 영역의 처음과 마지막에 위치한 아미노산 잔기의 수는 상단에 있는 단량체에 나타나 있다. DNA 인지 모듈은 8~40 잔기에 해당한다. 연결자는 41~49잔기에 해당하며 2량체화 영역은 50~64잔기에 이르는 부분이다. **(b)** 복합체를 (a)와 수직 방향에서 보았을 때를 나타낸 것이다. 2량체 형성부위는 그림의 왼쪽 중앙에서 서로 평행하게 나타나 있다. **(c)** 복합체를 (b)와 같은 방향에서 보았을 때의 공간 입체 모델이다. GAL4 단량체의 인지모듈은 DNA의 반대편에서 서로 접촉함에 유의하라. 인지영역의 또꼬인나선과 DNA 나선의 작은 홈이 서로 완전히 맞물려 있음도 주목하라. (출처: Marmorstein, R., M. Carey, M. Ptashne, and S.C. Harrison, DNA recognition by GAL4: Structure of a protein-DNA complex. *Nature* 356 (2 April 1992) p. 411, f. 3. Copyright © Macmillan Magazines Ltd.)

를 밝혔다. 이는 3개의 핑거 Zif268 단백질과 대조를 보인다. 핑거-DNA 간의 접촉부위는 역시 큰 홈이지만, 이 경우 하나의 핑거(핑거 1)는 DNA와 접촉하고 있지 않다. 또한 두 단백질의 핑거-DNA 복합체의 전반적인 구조는 서로 유사하여 핑거들이 DNA의 큰 홈을 둘러싸고 있는 모양을 취하지만, 특정 염기와 아미노산 간의 인지 '코드'는 동일하지 않다.

2) GAL4 단백질

GAL4 단백질은 효모의 활성인자이며, 갈락토오스 대사에 관련된 유전자들의 발현을 조절한다. GAL4 단백질에 반응하는 각 유전자의 전사개시 상단부에는 GAL4 표적서열이 존재한다. 이 표적서열을 **상단부 활성서열**(upstream activating sequence) 또는 **UAS$_G$**라 한다. GAL4는 UAS$_G$에 2량체 상태로 결합한다. GAL4의 DNA-결합모티프는 단백질의 N-말단으로부터 40개 아미노산 내에 존재하며, 2량체화 모티프는 50~94 아미노산 잔기 내에 위치한다. DNA-결합모티프는 아연과 시스테인 잔기를 지니는 점에서 징크핑거와 유사하나, GAL4의 각 모티프는 히스티딘 없이 6개의 시스테인을 가지며 아연 이온과 시스테인의 비율이 1:3이므로 그 구조는 다를 것이다.

마크 프타쉬니(Mark Ptashne)와 스티븐 해리슨(Stephen Harrison) 등은 GAL4의 처음 65개 아미노산과 17bp로 구성된 합성 DNA 간에 형성된 공동결정을 만들어 X-선 결정분석을 수행했다. 이로써 단백질-DNA 복합체에서 DNA-결합영역이 어떻게 DNA 표적과 상호 작용을 나타내는지에 관한 몇몇 중요한 특징과 50~64 아미노산 잔기 내에 존재하는 약한 2량체화 부위가 밝혀지게 되었다.

(1) DNA-결합 모티프

그림 12.4는 GAL4 펩티드 2량체-DNA 복합체 구조를 나타낸 것이다. 각 단량체의 한쪽 끝에는 2개의 아연 이온과 6개의 시스테인이 복합체를 이룸으로써 바이메탈 티올레이트군(bimetal thiolate cluster)을 형성하는 DNA-결합영역이 존재한다. 각

DNA-결합 모티프는 짧은 α 나선의 특징을 보이며, DNA 이중나선의 큰 홈으로 뻗어 있는데, 이곳에서 아미노산과 DNA 염기 및 골격과 특정 상호 작용이 이루어진다. 각 단량체의 다른 쪽 말단은 2량체화 기능을 지니는 α 나선이 존재하는데, 이는 다음 절에서 설명할 것이다.

(2) 2량체화 모티프

그림 12.4b와 그림 12.4c의 왼쪽에 나타낸 것처럼 GAL4 단량체는 역시 α 나선을 이용해 평행 또꼬인나선(coiled coil)을 형성함으로써 2량체를 형성한다. 이 그림은 또한 2량체화 모티프로 작용하는 α 나선이 직접 DNA의 작은 홈을 향하고 있음을 보여 준다. 마지막으로, 그림 12.4에서 각 단량체에 존재하는 DNA-인식 모듈과 2량체 형성 모듈은 신장된 연결영역에 의해 이어져 있다는 점에 주목하라. 우리는 뒷부분에서 bZIP와 bHLH를 설명할 때 또 꼬인나선 2량체화 영역에 대한 다른 예를 보게 될 것이다.

3) 핵 수용체

아연 모듈의 세 번째 그룹은 **핵 수용체**(nuclear receptor)에서 발견된다. 핵 수용체들은 세포막을 통해 확산되는 다양한 스테로이드 및 호르몬과 같은 내분비 신호 물질과 작용한다. 이들은 호르몬-수용체 복합체를 형성한 후 인핸서 또는 **호르몬 반응요소**(hormone response element)에 결합하여 활성인자로 작용하여 관련 유전자의 전사를 촉진시킨다. 따라서 이들 활성인자는 리간드(호르몬)와 결합해야 활성인자로서 기능을 발휘한다는 점에서 지금까지 공부한 다른 활성인자들과 구분된다. 이것은 핵 수용체가 또 다른 중요한 부분(호르몬 결합영역)을 지녀야 함을 뜻하며 실제로도 그러하다.

이러한 방법으로 작용하는 일부 호르몬에는 성호르몬(안드로겐, 에스트로겐), 임신호르몬으로 알려져 있으며 피임약의 주성분으로도 작용하는 프로게스테론, 코르티솔과 같은 글루코코르티코이드, 칼슘대사를 조절하는 비타민 D, 발생 과정 동안 유전자 발현을 조절하는 갑상선호르몬과 레티노산 등이 있다.

핵 수용체는 크게 세 종류로 분류된다. **1형 수용체**(type I receptor)는 스테로이드 호르몬 수용체로 대표적으로 **글루코코르티코이드 수용체**(glucocorticoid receptor)가 여기에 속한다. 호르몬 리간드가 없을 때 1형 수용체는 세포질에서 다른 단백질과 결합한 상태로 존재한다. 이들이 각자의 호르몬 리간드와 결합하면 기존에 결합하고 있던 단백질과 분리되고 리간드-수용체 복합체는 핵으로 들어가 2량체를 구성하여 호르몬 반응 서열에 결합하게 된다. 예를 들어 글루코코르티코이드 수용체는 열 충격 단백질 90(Hsp90)과 결합해서 세포질에 존재한다. 이들이 세포질에서 글루코코르티코이드 리간드와 결합하면 3차구조가 변하여 열

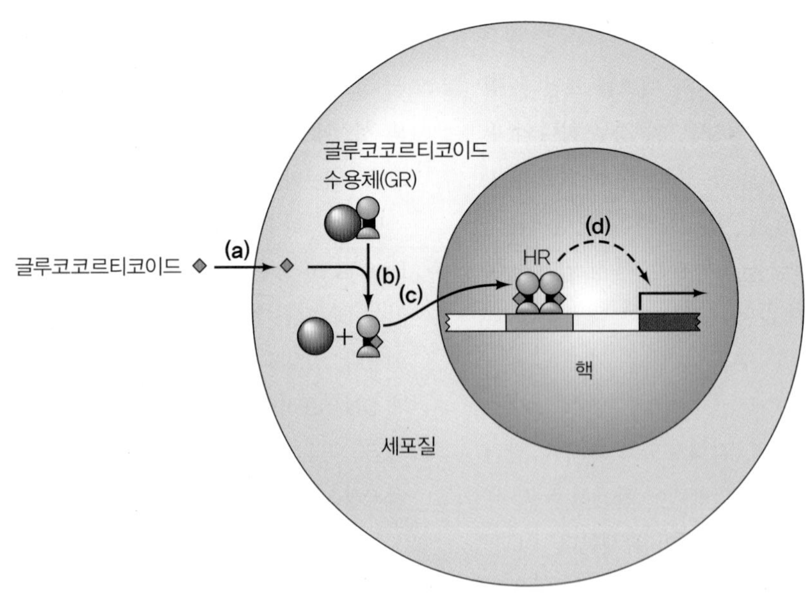

그림 12.5 글루코코르티코이드의 작용. 글루코코르티코이드 수용체(GR)는 세포질에서 열 충격 단백질 90(Hsp90)과 결합된 비활성 상태로 존재한다. **(a)** 글루코코르티코이드(파란색 마름모)는 확산에 의해 세포막을 통과하여 세포질로 유입된다. **(b)** 글루코코르티코이드가 수용체(GR, 주황색과 초록색)에 결합하면 수용체는 구조적인 변화를 일으켜 Hsp90(빨간색)에서 분리된다. **(c)** 호르몬-수용체 복합체(HR)는 핵으로 유입되어 다른 HR과 2량체를 형성한 후 호르몬 활성유전자(갈색)의 상단부에 존재하는 호르몬-반응 서열 또는 인핸서(분홍색)에 결합한다. **(d)** HR 2량체가 인핸서에 결합하면 관련된 유전자는 활성화(점선 화살표)되고 전사가 개시(구부러진 화살표)된다.

충격 단백질 90과 분리되고, 호르몬 수용체 복합체는 핵 내로 유입되어 **글루코코르티코이드 반응 요소**(glucocorticoid response element, GRE)라는 인핸서에 의해 조절되는 유전자의 전사를 활성화시킨다(그림 12.5).

시글러(Sigler) 등은 글루코코르티코이드 수용체와 2개의 표적 부위를 지닌 올리고뉴클레오티드 간의 공동결정을 만들어 X-선 결정분석을 수행했다. 결정 분석을 통해 DNA-단백질 상호 작용의 여러 특성을 알게 되었다. ① 결합영역은 2량체화되며, 각 단량체는 하나의 표적 부위와 특이적 결합을 하게 된다. ② 1개의 아연 이온을 가지는 전형적인 징크핑거와는 달리 각 결합영역은 2개의 아연 이온을 지니는 아연모듈이다. ③ 그림에서는 명확하지 않으나 각각의 아연 이온은 4개의 시스테인과 복합체를 이루어 핑거 모양을 형성한다. ④ 각 결합영역에 존재하는 아미노 말단 핑거가 주로 DNA 표적과의 상호 작용에 참여한다. 대부분의 접촉은 α 나선에 의해 이루어진다. 결정 구조는 DNA-단백질 상호 자용의 여러 면을 보여 주었다. 그림 12.6은 이러한 인지나선과 DNA 표적부위 사이에 특정 아미노산과 염기 간의 접촉을 나타낸다. 이러한 나선의 외부에 존재하는 일부 아미노산 역시 DNA의 골격에 존재하는 인산과 접촉한다.

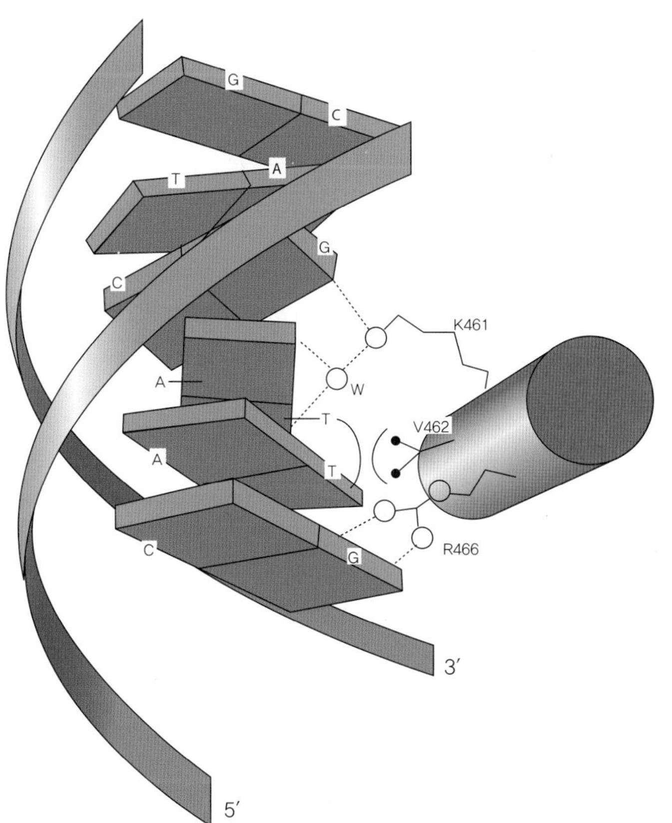

그림 12.6 글루코코르티코이드 수용체의 DNA-결합영역과 표적 DNA 간의 결합. 인지나선 내의 특정 아미노산과 염기 간의 상호 작용. 물 분자(W)는 461번째 라이신과 DNA 간의 수소결합을 매개한다. (출처: Adapted from Luisi, B.F., W.X. Xu, Z. Otwinowski, L.P. Freedman, K.R. Yamamoto, and P.B. Sigler, Crystallographic analysis of the interaction of the glucocorticoid receptor with DNA. *Nature* 352 (8 Aug 1991) p. 500, f. 4a. Copyright © Macmillan Magazines Ltd.)

2형 수용체(type II receptor)의 전형적인 예는 **갑상샘호르몬 수용체**(thyroid hormone receptor)인데, 이들은 핵에 존재하며 **레티노산 수용체 X**(retinoic acid receptor X, RXR)라는 단백질과 2량체를 형성한다. 레티노산 수용체 X의 리간드는 9-시스 레티노산이다. 2형 수용체는 리간드 결합 여부와 관계없이 인식서열에 결합한다. 13장에서 살펴보겠지만 리간드와 결합하지 않은 2형 수용체는 전사를 억제시키는 반면, 리간드와 결합한 수용체는 전사를 활성화시킨다. 따라서 동일한 단백질이 환경 조건에 따라 활성자로도 억제자로도 작용할 수 있게 된다.

3형 수용체(type III receptor)에 대해서는 알려진 바가 별로 없다. 그들은 리간드가 알려져 있지 않기 때문에 '고아 수용체(orphan receptor)'라고도 불린다. 향후 지속적인 연구를 통해 3형 수용체 중 일부 또는 전부가 1형이나 2형 수용체로 분류될 수도 있을 것이다.

마지막으로, 이들 세 종류의 수용체에 존재하는 아연-함유 DNA 결합 모듈은 각자의 인식 서열과 결합하는 데 있어 공통 모티프인 α 나선을 사용한다.

4) 호메오 영역

호메오 영역(homeodomain, HD)은 많은 활성인자에서 나타나는 DNA-결합영역이다. 이 명칭은 호메오박스(homeobox) 유전자에 의해 암호화되기 때문에 붙여진 것이다. 호메오박스는 호메오유전자(homeotic gene)라 불리는 초파리(*Drosophila*)의 조절 유전자

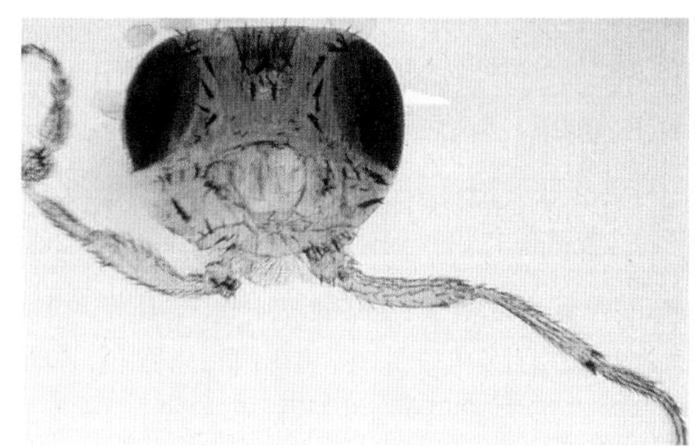

그림 12.7 안테나페디아 표현형. 정상적으로 더듬이가 형성되어야 할 머리 부분에 다리가 형성된다. (출처: Courtesy Walter J. Gehring, University of Basel, Switzerland.)

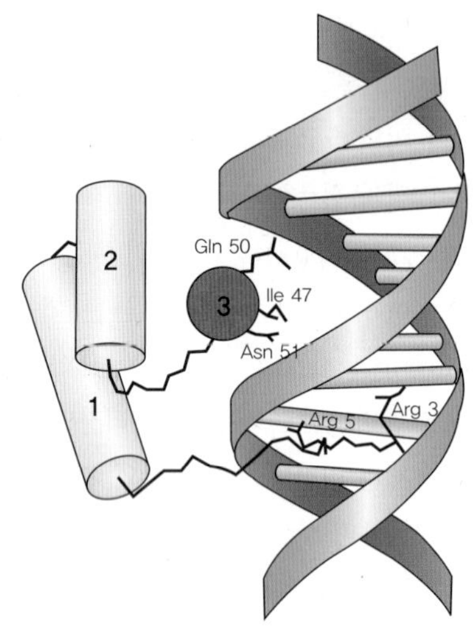

그림 12.8 호메오영역-DNA 복합체 모형. 왼쪽에 숫자로 표시한 세 나선과 오른쪽에 리본 모양으로 나타낸 DNA 표적의 모형. 인지나선(3이라 표시, 빨간색)은 DNA의 큰 홈에 위치해 있다. DNA 작은 홈에 삽입된 N-말단 가지가 나타나 있다. DNA와 접촉하고 있는 중요한 아미노산 곁사슬이 보인다. (출처: Adapted from Kissinger, C.R., B. Liu, E. Martin-Blanco, T.B. Kornberg, and C.O. Pabo, Crystal structure of an engrailed homeodomain-DNA complex at 2.8Å resolution: A framework for understanding homeodomain-DNA interactions. *Cell* 63 (2 November, 1990) p. 582, f. 5b.)

에서 처음 발견되었다. 이들 유전자에 돌연변이가 발생할 경우 초파리 몸은 비정상적으로 변형된다. 예를 들어 초파리의 안테나페디아(Antennapedia)라는 돌연변이는 정상적으로 더듬이가 있어야 하는 곳에 다리가 자란다(그림 12.7).

호메오 영역은 DNA-결합단백질 중 나선-선회-나선군에 속한다(9장 참조). 각 호메오 영역은 3개의 α 나선을 지니는데, 두 번째와 세 번째 나선은 나선-선회-나선 모티프를 형성하며 세 번째의 나선이 인지나선으로 작용한다. 그러나 대부분의 호메오 영역들은 나선-선회-나선 모티프와는 다른 구조를 더 가지고 있다. 단백질의 N-말단이 가지를 만들어 DNA의 작은 홈에 삽입된다. 그림 12.8은 초파리의 호메오 유전자 엔그레일드(engrailed)에서 기원한 전형적인 호메오 영역과 이의 DNA 표적 간의 상호 작용을 나타낸 것이다. 이와 같은 단백질-DNA 복합체 구조는 토마스 콘버그(Thomas Kornberg) 및 파보가 엔그레일드 호메오 영역과 표적서열을 포함하는 올리고뉴클레오티드 간의 공동결정을 만들어 X-선 결정법으로 분석하여 밝혀졌다. 대부분의 호메오 영역 단백질은 DNA-결합 특이성이 낮다. 결과적으로 DNA 표적에 특이적이고 효율적으로 결합하기 위해서는 다른 단백질의 도움을 필요로 한다.

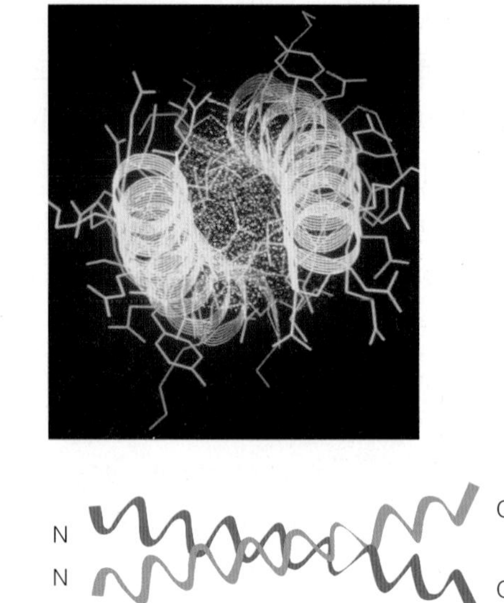

그림 12.9 류신지퍼 구조. (a) 김과 알버 등은 전사인자 GCN4의 류신지퍼 모티프에 해당하는 33개의 아미노산으로 구성된 펩티드의 결정을 제조했다. 이 펩티드에 대한 X-선 결정분석 사진은 지퍼의 축을 따라 종이면 바깥쪽으로 튀어나오는 또꼬인나선 형태로 보인다. (b) 빨간색과 파란색으로 표시한 두 α 나선의 또꼬인나선을 옆에서 본 모양. 두 펩티드의 아미노 말단이 왼쪽에 있음을 유의하라. 따라서 이것은 평행 또꼬인나선이다. (출처: (a) O'Shea, E.K., J.D. Klemm, P.S. Kim, and T. Alber, X-ray structure of the GCN4 leucine zipper, a two-stranded, parallel coiled coil. *Science* 254 (25 Oct 1991) p. 541, f. 3. Copyright © AAAS.)

5) bZIP와 bHLH 영역

지금까지 공부한 여러 DNA-결합영역과 마찬가지로 **bZIP**과 **bHLH** 영역도 두 가지 기능, 즉 DNA-결합과 2량체화의 기능을 동시에 가지고 있다. *ZIP*와 *HLH*라는 이름은 영역 중 2량체 형성 모티프가 각각 **류신지퍼**(leucine zipper)와 **나선-고리-나선 부분**(helix-loop-helix part)임을 의미한다. 또한 이름에 있는 b는 각 영역의 염기성 부위를 의미하며, 이것이 DNA-결합영역의 대부분을 차지한다.

이러한 혼합형의 2량체 형성-DNA-결합영역의 구조를 지닌 bZIP 영역부터 알아보자. 이 영역은 실제 2개의 폴리펩티드로 구성되며 각 폴리펩티드는 지퍼의 반쪽에 해당한다. α 나선에는 류신(또는 소수성의 아미노산) 잔기가 7개 아미노산 간격으로 나타나므로 모두 나선의 한쪽 면에 위치하게 된다. 이와 같이 소수성 아미노산이 간격을 두고 배열함으로써 다른 단백질 단량체에 존재하는 일련의 유사한 아미노산과 상호 작용할 수 있는 위치에 놓이게 된다. 이러한 방법으로 2개의 나선은 지퍼의 반쪽처럼 작용한다.

지퍼 구조를 심도 있게 연구하기 위해 피터 김(Peter Kim)과 톰

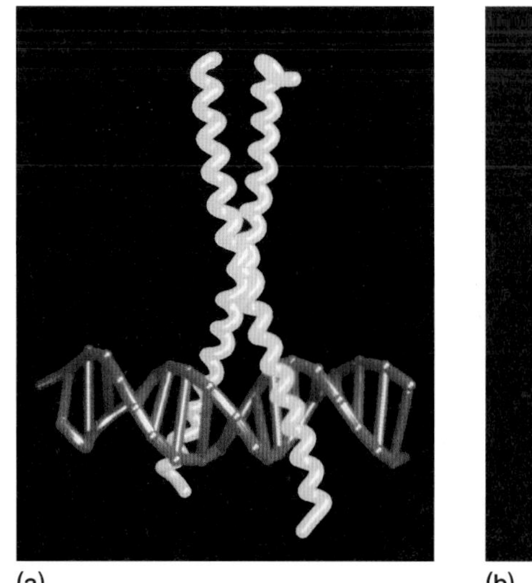
(a)

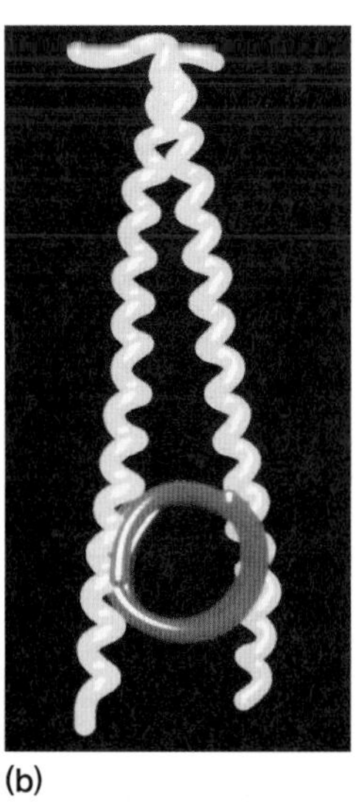
(b)

그림 12.10 DNA 표적에 결합한 GCN4의 bZIP 영역의 결정 구조. DNA(빨간색)는 bZIP 영역(노란색)에 대한 DNA 표적부위를 지니고 있다. 단백질 단량체 간의 상호 작용에 관여하는 또꼬인나선의 성질과 DNA를 감싸는 단백질의 젓가락 같은 모양에 주목하라. **(a)** DNA의 옆모습. **(b)** DNA의 끝모습. (출처: Ellenberger, T.E., C.J. Brandl, K. Struhl, and S.C. Harrison, The GCN4 basic region leucine zipper binds DNA as a dimer of uninterrupted alpha helices: Crystal structure of the protein–DNA complex. *Cell* 71 (24 Dec 1992) p. 1227, f. 3a–b. Reprinted by permission of Elsevier Science.)

알버(Tom Alber) 등은 아미노산 대사를 조절하는 효모의 활성인자인 GCN4의 bZIP 모티프에 해당하는 펩티드를 합성하여 결정을 만들었다. X–선 회절 모양에 따르면 이량화된 bZIP 영역은 평행한 또꼬인나선 구조를 이루고 있다(그림 12.9). α 나선은 아미노 말단에서 카르복실 말단으로의 방향이 동일(그림 12.9b의 왼쪽에서 오른쪽)하다는 점에서 평행하다고 할 수 있다. 앞면에서 볼 때 또꼬인나선이 바깥쪽으로 뻗어나가는 그림 12.9a는 또꼬인나선의 초나선 정도를 잘 나타내고 있다. 이것과 GAL4의 또꼬인나선 2량체화 영역이 유사함에 주목하라(그림 12.4 참조).

DNA가 없을 때의 지퍼에 초점을 맞춘 이 결정분석 연구는 DNA 결합 기작을 명백히 밝히지 못했다. 그러나 케빈 스투룰(Kevin Struhl)과 해리슨(Harison) 등은 DNA 표적에 결합되어 있는 GCN4의 bZIP 영역에 대한 X–선 결정분석을 수행했다. 그림 12.10은 류신지퍼가 두 단량체를 결합시킬 뿐만 아니라 영역 내 2개의 염기성 부위가 핀셋 또는 난로 집게처럼 DNA의 큰 홈에 염기성 영역을 집어넣어 DNA를 잡을 수 있음을 보여 준다.

해롤드 웨인트롭(Harold Weintraub) 등과 파보 등은 DNA 표적에 결합한 상태에서 활성인자 **MyoD**의 bHLH 영역의 결정구조를 밝혔다. 이 구조(그림 12.11)는 bZIP 영역–DNA 복합체 구조와

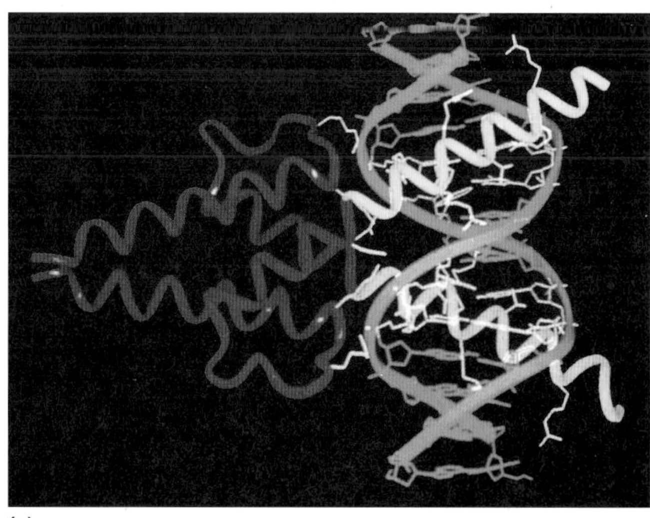
(a)

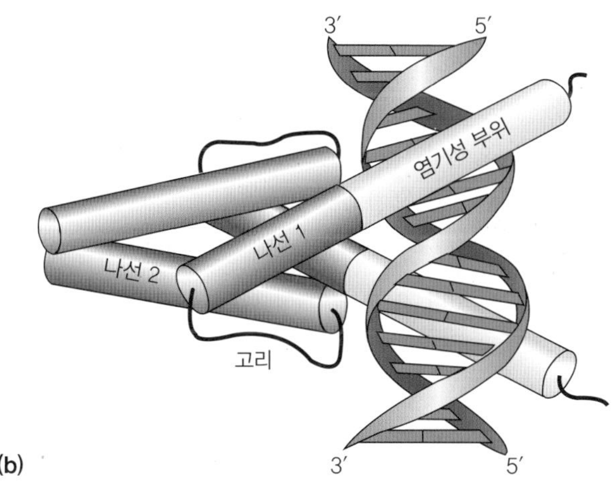

(b)

그림 12.11 MyoD의 bHLH 영역과 DNA 표적 간의 복합체 결정 구조. **(a)** α 나선은 꼬인 리본으로 나타나 있다. **(b)** α 나선은 원통 모양으로 나타나 있다. (출처: Ma, P.C.M., M.A. Rould, H. Weintraub, and C.O. Palo, Crystal structure of MyoD bHLH domain–DNA complex: Perspectives on DNA recognition and implications for transcriptional activation. *Cell* 77 (6 May 1994) p. 453, f. 2a. Reprinted by permission of Elsevier Science.)

매우 유사하다. 나선–고리–나선 부분은 2량체화 영역인 반면 각 나선–고리–나선 영역 내의 긴 나선(나선 1)은 염기성 부위를 함유하며, bZIP 영역처럼 큰 홈에 위치한 DNA 표적을 감싸게 된다.

발암 유전자 산물인 Myc과 Max와 같은 일부 단백질은 염기성 부위에 인접하여 HLH와 ZIP 영역 모두를 함유한 **bHLH–ZIP 영역**(bHLH–ZIP domain)을 지닌다. bHLH–ZIP 영역은 bHLH 영역과 매우 유사한 방법으로 DNA와 접촉한다. bHLH와 bHLH–ZIP 영역의 큰 차이는 bHLH–ZIP의 경우 류신지퍼에 의해 단백질 단량체 간의 2량체화가 이루어지기 위해서는 더 많은 상호 작용이 필요하다는 점이다.

12.3. 활성인자 영역의 독립성

지금까지 활성인자에 존재하는 여러 가지 DNA-결합영역의 예와 한 가지 전사-활성영역(산성영역)의 예를 살펴보았다. 두 영역은 단백질 내에 물리적으로 분리되어 있고, 서로 독립적으로 접혀 독특한 3차원적 구조를 형성하며 서로 독립적으로 작용한다. 로저 브렌트(Roger Brent)와 프타쉬니는 한 단백질의 DNA-결합영역과 다른 단백질의 전사-활성영역을 연결한 인자를 인공적으로 제조함으로써 두 영역의 독립성을 증명했다. 이 혼성 단백질은 DNA-결합영역에 따른 특이성을 나타내는 활성인자로 기능하였다.

브렌트와 프타쉬니는 처음에 GAL4와 LexA 단백질을 암호화하는 두 유전자를 이용했다. 우리는 앞서 GAL4의 DNA-결합영역과 전사-활성영역을 공부했다. LexA는 대장균 세포에서 lexA 작동자에 결합하여 하단부 유전자의 전사를 억제하는 원핵세포 억제자이다. 이 단백질은 정상상태에서 전사-활성에 관여하지 않기 때문에 전사-활성영역을 지니고 있지 않는다. 브렌트와 프타쉬니는 LexA와 GAL4 두 유전자의 일부분을 잘라 재조합시킴으로써 GAL4의 전사-활성영역과 LexA의 DNA-결합영역을 연결한 인공유전자를 만들었다. 이들은 이 재조합 유전자의 단백질 산물의 기능을 분석하기 위하여 효모세포에 두 플라스미드를 넣었다. 첫 번째 플라스미드는 재조합 단백질을 생성하는 인공유전자를 지니고 있었다. 두 번째 플라스미드는 표지자로 사용되는 대장균 β-갈락토시데이즈 유전자에 연결된 GAL4에 반응을 보이는 프로모터(*GAL1*이나 *CYC1* 프로모터)를 가지고 있었다. GAL4 결합 프로모터로부터 전사가 활발히 일어날수록 더 많은 β-갈락토시데이즈가 합성되었다. 따라서 브렌트와 프타쉬니는 β-갈락토시데이즈의 효소활성을 분석함으로써 전사 효율을 결정할 수 있었다.

이 분석을 수행하기 위해서는 인공단백질이 결합하는 부위가 필요하다. 정상적인 GAL4 결합부위는 UAS_G라고 하는 상단부 인핸서(upstream enhancer)이다. 그러나 이 부위는 LexA DNA-결합영역을 지니고 있는 인공단백질에 의해서 인식되지 않을 것이다. 활성화에 반응하는 *GAL1* 프로모터를 제조하기 위해 연구자들은 LexA DNA-결합영역에 대한 DNA 표적을 삽입해야 하기 때문에 UAS_G 자리에 *lexA* 작동자를 삽입했다. *lexA* 작동자는 정상적으로 효모세포에 존재하지 않는다는 점을 주목해야 한다. 이는 실험의 목정상 인위적으로 삽입한 것이다. 이제 의문점은 이 인공단백질이 *GAL1* 유전자를 활성화시켰느냐 하는 것이다.

그림 12.12에 나타나 있듯이 대답은 '그렇다'이다. UAS_G 또는 *lexA* 작동자를 포함하거나 표적서열을 지니지 않은 세 종류의 실험용 플라스미드를 이용했다. 활성인자는 앞서 언급된 LexA-GAL4나 LexA(음성 대조군)를 이용했다. UAS_G가 존재할 경우(그림 12.12a) 활성인자 종류에 관계없이 다량의 β-갈락토시데이즈가 합성되었다. 이것은 효모세포가 자체적으로 GAL4를 생성하므로 UAS_G를 통해 전사-활성을 나타낼 수 있기 때문이다. DNA 표적 부위가 없는 경우(그림 12.12b) β-갈락토시데이즈는 생성될 수 없었다. 마지막으로, UAS_G를 *lexA* 작동자로 대치시킨 경우(그림 12.12c), LexA-GAL4 인공단백질에 의한 β-갈락토시데이즈의 합성은 500배 이상 활성화되었다. 따라서 우리는 GAL4의 DNA-결합영역을 완전히 다른 단백질의 DNA-결합영역으로 대치할 수 있으며 기능성 활성인자를 제조할 수 있다. 이는 전사-활성영역과 DNA-결합영역이 서로 독립적으로 기능할 수 있음을 입증한 것이다.

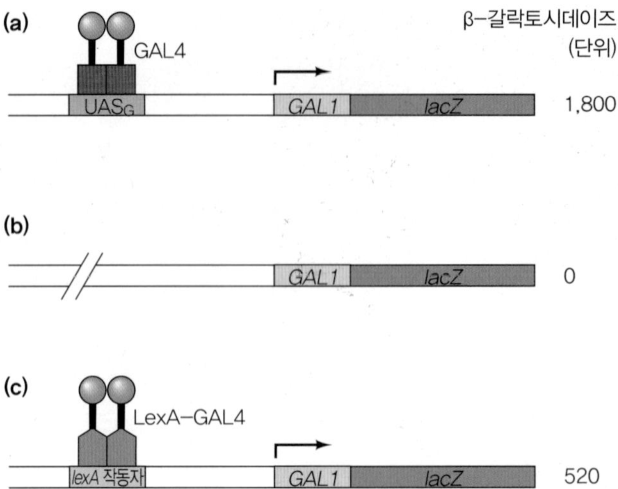

그림 12.12 인공 전사인자의 활성. 브렌트와 프타쉬니는 효모세포에 두 종류의 플라스미드를 도입했다. ① GAL4의 전사-활성영역(초록색)과 LexA의 DNA-결합영역(파란색)으로 구성된 잡종단백질 LexA-GAL4를 암호화하는 플라스미드. ② (a)~(c)에 나와 있는 실험용 플라스미드 중의 한 가지. 각 실험용 플라스미드는 대장균 *lacZ* 리포터 유전자에 연결된 GAL1 프로모터를 지닌다. 인공 전사인자 LexA-GAL4는 활성인자로 사용된다. β-갈락토시데이즈의 생산(오른편에 표시)은 프로모터 활성도를 나타낸다. **(a)** UAS_G의 경우, 효모세포에 내재하는 GAL4가 UAS_G를 통해 전사를 활성화할 수 있으므로 외부에서 넣어준 전사인자에 영향을 받지 않고 전사가 활발하게 진행되었다. **(b)** DNA 표적부위가 없는 경우 LexA-GAL4는 GAL1 프로모터 DNA에 결합할 수 없기 때문에 전사가 활성화될 수 없었다. **(c)** *lexA* 작동자의 경우 LexA-GAL4 인공인자에 의해 전사는 매우 촉진되었다. LexA DNA-결합영역은 *lexA* 작동자에 결합할 수 있으며, GAL4 전사-활성영역은 *GAL1* 프로모터로부터의 전사를 촉진시켰다.

12.4. 활성인자의 기능

박테리아에 있어 RNA 중합효소 완전효소(holoenzyme)는 기저 수준의 전사를 촉매할 수 있는 반면, 핵심(core) RNA 중합효소는 전사를 개시할 수 없다. 종종 약한 프로모터는 기저 수준의 전사만으로는 충분하지 못하므로 세포는 활성인자를 이용한 **유인**(recruitment)이라는 과정을 통해 이러한 기저 전사를 높은 수준으로 증가시킨다. 유인은 RNA 중합효소 완전효소를 프로모터에 단단히 결합할 수 있게 한다.

진핵생물의 활성인자 역시 RNA 중합효소를 프로모터로 유인하지만 원핵생물의 활성인자처럼 직접 관여하지는 않는다. 진핵세포의 활성인자들은 보편전사인자와 RNA 중합효소가 프로모터에 결합하도록 자극한다. 그림 12.13은 이 결합을 설명하는 두 가설을 나타낸다. ① 보편전사인자들은 개시전 복합체의 단계적인 형성을 일으킨다. 또는 ② 보편전사인자들과 다른 단백질들은 이미 중합효소와 결합하여 **RNA 중합효소 II 완전효소**(RNA polymerase II holoenzyme)라 불리는 복합체를 형성하고, 인자들과 중합효소들은 프로모터에 다 같이 유인된다. 아마 두 가설이 조합된 형태로 실제 유인이 일어날 것으로 보인다. 어떤 경우든 모두 보편전사인자와 활성인자 간의 직접적인 접촉이 유인에 필수적이다. (그러나 어떤 활성인자는 보편전사인자와의 접촉을 매개하기 위해 또 다른 단백질인 공동활성인자가 필요하며, 이에 대해서는 후반부에 설명할 것이다.) 어떤 인자들이 활성인자와 접촉하는가? 여러 인자들이 표적이 될 수 있겠지만 TFIID가 처음 발견된 인자이다.

1) TFIID의 유인

1990년 키이스 스트링거(Keith Stringer), 제임스 잉글레스(James Ingles) 및 잭 그린블랏(Jack Greenblatt)은 헤르페스 바이러스의 전사인자인 VP16의 산성 전사-활성영역에 결합하는 인자를 규명하기 위한 실험을 수행했다. 이들은 **VP16** 전사-활성영역을 노란색포도상구균(Staphylococcus aureus)의 단백질 A와 융합단백질을 만들었다. 이 단백질은 특이적으로 면역글로불린 IgG에 단단히 결합한다. 이들은 융합단백질(또는 단백질 A 단독)을 아가로오스 IgG 칼럼에 고정시킨 후, 이를 VP16-활성영역과 상호 작용하는 단백질을 분리해내기 위한 친화 칼럼으로 이용했다. 이들은 VP16-활성영역에 결합하는 단백질을 분리하기 위해 HeLa 세포의 핵 추출물을 단백질 A 단독 또는 단백질 A/VP16-활성영역 융합단백질을 가지고 있는 칼럼에 반응시켰다. 이어서 어느 분획이 아데노바이러스 주요 후기 유전자의 시험관 내 전사를 정확하게 일으키는지 알아보기 위해 각 분획에 대한 런-오프(run-off) 전사를 수행했다(5장 참조). 이들은 단백질 A 칼럼 유

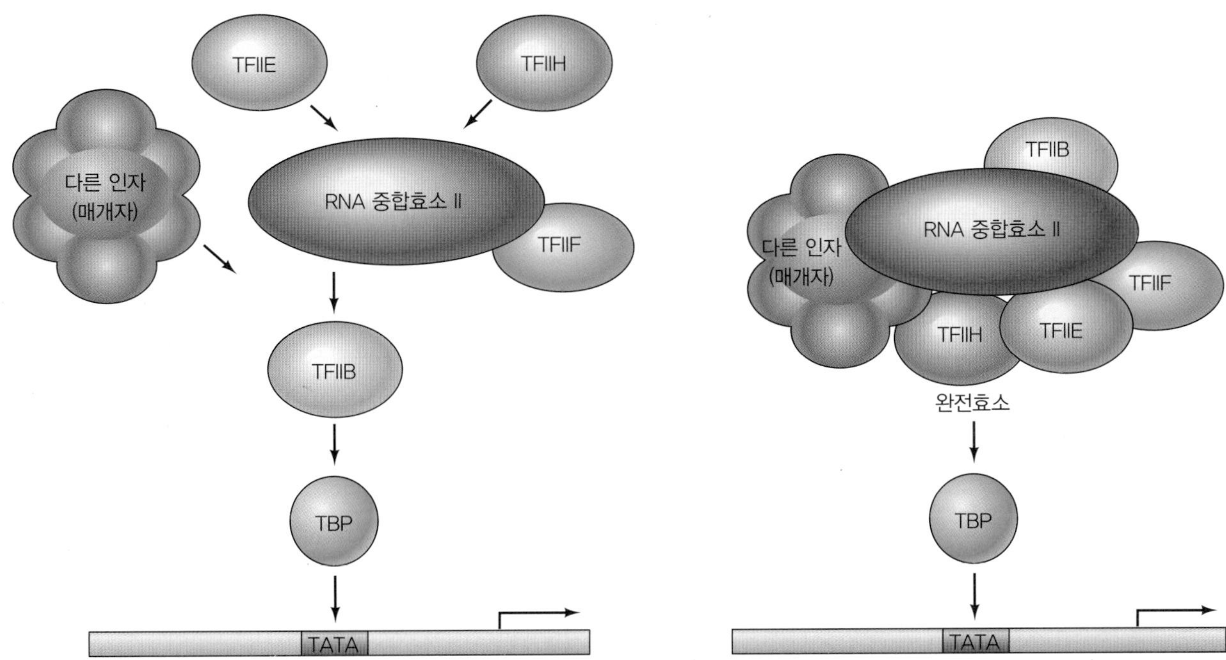

그림 12.13 효모의 개시전 복합체 구성인자의 유인에 관한 두 가지 모델. **(a)** 전통적인 유인 모델. 이는 실험 조건에서 진행되는 것처럼 개시전 복합체의 구성인자가 순차적으로 유인된다. **(b)** 완전효소의 유인. TBP가 먼저 결합한 후 완전효소가 개시전 복합체를 형성하기 위해 결합한다. (출처: Adapted from Koleske, A.J. and R.A. Young, An RNA polymerase II holoenzyme responsive to activators, *Nature* 368:466, 1994.)

출물이 아직도 충분한 전사-활성능을 지니고 있음을 발견했는데, 이는 어떠한 필수적인 인자들도 단백질 A에 비특이적으로 결합하지 않음을 의미한다. 그러나 단백질 A/VP16-활성영역을 가진 칼럼의 유출물을 분석한 결과 칼럼에 결합했던 단백질을 첨가해주지 않는 한 전사-활성이 전혀 일어나지 않음을 확인했다. 따라서 시험관 내 전사에 필수적인 특정 인자가 VP16-활성영역에 결합함을 알 수 있다

스트링거 등은 시험관 내 전사 시스템에서 TFIID가 제한인자임을 알고 있었기 때문에 TFIID가 친화 칼럼에 결합한 인자일 것이라 생각했다. 이를 밝히기 위해 그들은 핵 추출물에 열을 가하여 TFIID를 고갈시킨 후, 단백질 A 칼럼 또는 단백질 A/VP16-활성영역을 가진 칼럼에 결합한 물질을 다시 넣어주었다. 그림 12.14는 그 결과로 단백질 A 자체에 결합했던 물질은 TFIID가 고갈된 추출물의 활성을 회복시키지 못한 반면, 단백질 A/VP16-활성영역을 가진 칼럼에 결합한 물질은 회복시켰음을 보여 준다. 이는 TFIID가 VP16-활성영역에 결합함을 강력히 시사한다.

이러한 결론을 확인하기 위해 스트링거 등은 먼저 VP16-활성영역 칼럼에 결합한 물질은 DEAE-셀룰로오스이온-교환 크로마토그래피상에서 TFIID처럼 반응함을 보였다. 이어서 그들은 VP16-활성영역 칼럼에 결합한 물질이 주형 유발실험(template commitment experiment)에서 TFIID 기능을 대신할 수 있는지 분석했다. 우선 한 주형에 대해 개시전 복합체를 형성시킨 다음, 두 번째 주형을 첨가하는 방식으로 실험함으로써 두 번째 주형의 전사 여부를 관찰했다. 이러한 실험 조건에서 두 번째 주형의 전사유발은 TFIID에 의해 좌우된다. 이들은 VP16-활성영역 칼럼에 결합한 물질은 두 번째 주형에서의 전사를 유발시킨 반면, 단백질 A 칼럼에 결합한 물질은 그렇지 못함을 밝혔다. 이와 같은 실험 결과는 VP16 전사-활성영역의 중요한 표적이 TFIID임을 보여주는 확실한 증거이다.

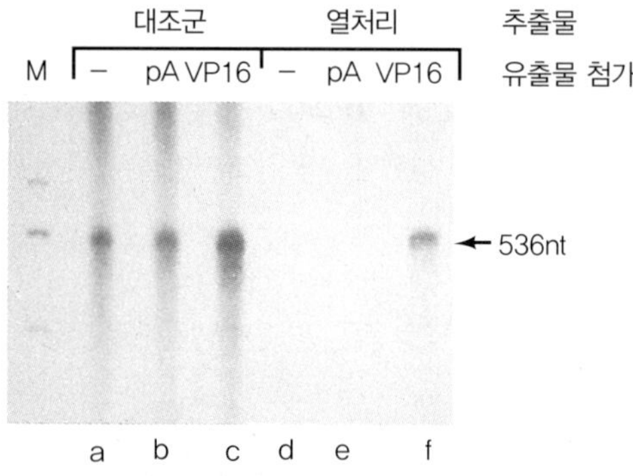

그림 12.14 산성 활성영역이 TFIID와 결합한다는 증거. 스트링거 등은 단백질 A와 VP16 융합단백질을 가진 레진(resin) 또는 단백질 A만 가진 레진을 이용한 친화 크로마토그래피로 HeLa 세포 추출물을 분획했다. 그런 후 그들은 각 친화 칼럼에 결합한 단백질을 분리한 후 이들이 열에 의해 TFIID만 특별히 파괴된 추출물의 시험관 내 런-오프 전사활성을 복구시킬 수 있는지를 시험했다. 레인 a~c는 대조군으로 열을 가하지 않은 추출물이다. TFIID 활성이 아직 존재하므로 모든 세 레인에서 활성이 보인다. 레인 d~f는 가열한 추출물에 아무것도 첨가하지 않은 경우(-), 단백질 A 칼럼 유출물(pA), 또는 단백질 A와 VP16 단백질의 전사활성영역을 가진 융합 단백질을 지니고 있는 칼럼 유출물(VP16)을 첨가한 경우이다. VP16 융합 단백질을 지니는 칼럼 유출물만이 결손된 TFIID의 활성을 대신했으며, 정확하게 개시된 예상 길이(536 nt, 오른쪽에 표시)를 나타내는 런-오프 전사체를 만든다. 따라서 TFIID는 친화 칼럼에서 VP16 전사활성영역에 결합했음을 알 수 있다. (출처: Stringer, K.F., C.J. Ingles, and J. Greenblatt, Direct and selective binding of an acidic transcriptional activation domain to the TATA-box factor TFIID. *Nature* 345 (1990) f. 2, p. 784. Copyright © Macmillan Magazines Ltd.)

2) 완전효소의 유인

11장에서 진핵세포에서 보편전사인자들과 여러 폴리펩티드로 구성된 복합체인 완전효소 상태의 RNA 중합효소 II를 분리할 수 있음을 배웠다. 지금까지는 활성인자가 한 번에 하나씩 보편전사인자를 유인하여 개시전 복합체를 형성한다는 전제하에 논의했다. 그러나 활성인자가 프로모터에 결합하는 일부 단백질들을 제외한 완전효소 자체를 유인할 가능성도 있다. 사실 완전효소가 통째로 유인된다는 증거가 있다.

1994년 안토니 콜레스키(Anthony Koleske)와 리차드 영(Richard Young)은 효모 세포로부터 중합효소 II, TFIIB, F, H 및 SRB2, 4, 5와 6을 포함하는 완전효소를 분리했다. 그들은 이 완전효소가 TBP와 TFIIE가 존재하는 실험 조건에서 *CYC1* 프로모터를 지닌 주형을 정확하게 전사할 수 있음을 증명하고자 했다. 결국 그들은 활성인자 GAL4-VP16이 이러한 전사를 활성화함을 보여 주었다. 완전효소는 온전한 상태로 분리되었으므로, 이 발견으로부터 활성인자가 온전한 완전효소를 유인한 것이며 활성인자에 의해 완전효소가 프로모터에서 순차적으로 형성되는 것이 아님을 알 수 있다(그림 12.13 참조).

1998년까지 다양한 생명체로부터 단백질 구성이 서로 다른 다양한 완전효소가 분리되었다. 완전효소에는 대부분 또는 모든 보편전사인자는 물론 많은 다른 단백질들도 포함되어 있었다. 콜레스키와 영은 효모의 완전효소가 RNA 중합효소 II, 매개자(mediator)라 불리는 공동활성인자 복합체 및 TFIID와 TFIIE를 제외한 모든 보편전사인자로 구성되어 있다는 단순화된 가설을 제시하였다. 원칙적으로 완전효소는 이미 형성된 단위체 형태로 또는 조금씩 유인될 것이다.

(1) 완전효소가 단위체 형태로 유인된다는 증거

1995년 프타쉬니 등은 완전효소 유인 모델에 대한 또 다른 유력한 논점을 제기했다. 그들이 제시한 논점은 다음과 같다. 완전효소가 하나의 단위로 유인된다면 완전효소(프로모터에 근접하여 결합한)는 활성인자의 한 부분과 완전효소의 한 부분 간의 상호 작용에 의해 프로모터에 유인될 수 있을 것이다. 이 단백질-단백질 상호 작용은 활성인자의 정상적인 전사-활성영역을 필요로 하지 않으며, 활성인자의 정상적인 보편전사인자 표적도 요구하지 않는다. 대신 활성인자와 완전효소 간의 접촉만 있으면 전사 활성이 유발될 수 있을 것이다. 한편 개시전 복합체를 단백질이 하나씩 차례로 축적되어야 한다면 활성인자와 완전효소 내의 비필수 구성원 간의 비정상적인 상호 작용은 전사를 활성화시키지 못할 것이다.

프타쉬니 등은 우연한 관찰을 통해 이 가설을 시험했다. 그들은 이미 완전효소에 존재하는 단백질(GAL11)에서 하나의 아미노산이 바뀐 점 돌연변이를 분리한 바 있다. 그들은 미약한 돌연변이를 지닌 GAL4 활성인자와 강하게 반응하는 이 변종 단백질을 GAL11P[p는 강화제(potentiator)를 의미함]라 명명했다. 그들은 생화학 및 유전적 분석을 통해 GAL11P의 강화 원인을 발견했다. GAL11에 변형이 일어남으로써 GAL11P는 GAL4의 58에서 97 아미노산 사이에 존재하는 2량체화 영역에 결합할 수 있었다. GAL11(또는 GAL11P)은 완전효소의 일원이므로 그림 12.15에 나타낸 것처럼 GAL11P와 GAL4 사이의 새로운 결합에 의해 완전효소가 GAL4-반응성 프로모터에 유인될 수 있었다. 이들의 결합이 고유하다고 부르는 이유는 GAL11P와 GAL4 사이의 결합에 관련된 GAL11P 부분은 정상 상태에서 아무 기능도 나타내지 않으며 GAL4 부분도 활성영역이 아닌 2량체 영역이기 때문이다. 정상 상태에서 이 두 단백질 간에 어떤 접촉이 있을 것이라 상상하기는 극히 어렵다.

프타쉬니 등은 GAL4의 58과 97 사이의 아미노산 부분이 활성화에 관여한다는 가설을 검증하기 위해 다음의 실험을 수행했다.

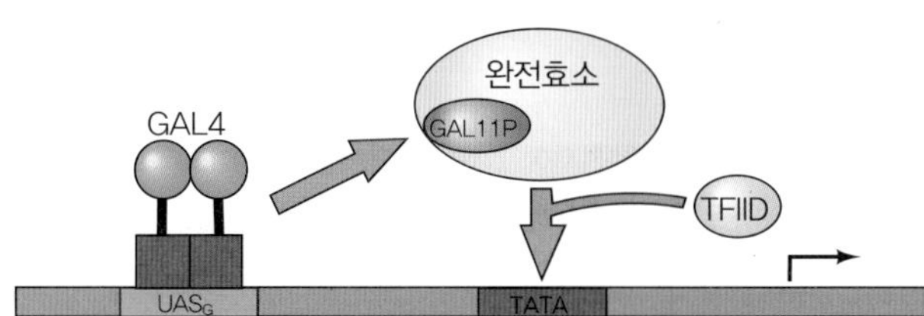

그림 12.15 GAL4 2량체화 영역에 의한 GAL11P-함유 완전효소의 유인 모델. GAL4의 2량체화 영역(주황색 화살표)은 완전효소 내의 GAL11P(보라색)와 결합한다. 이로 말미암아 완전효소는 TFIID와 함께 프로모터에 결합하여 유전자를 활성화시킨다.

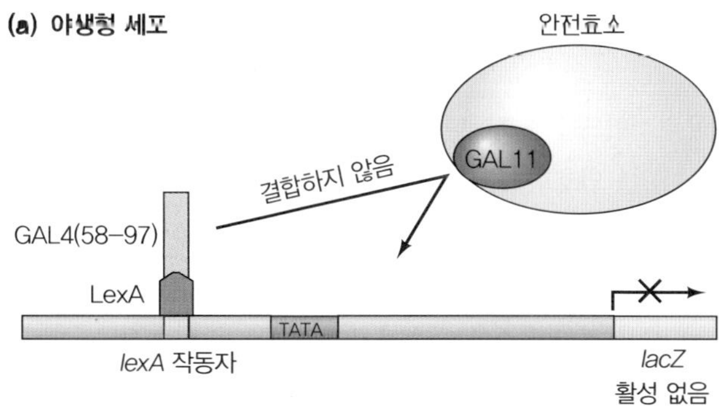

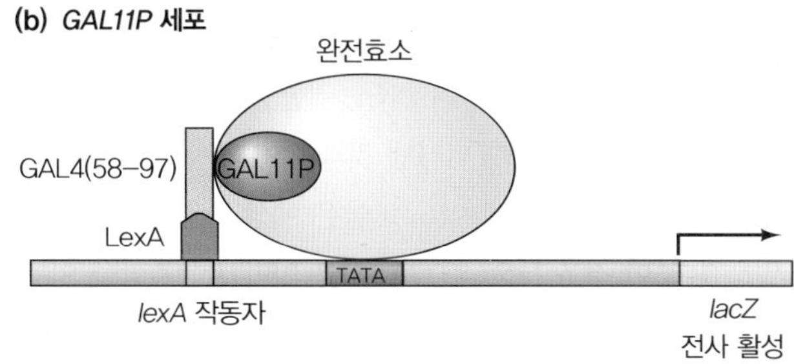

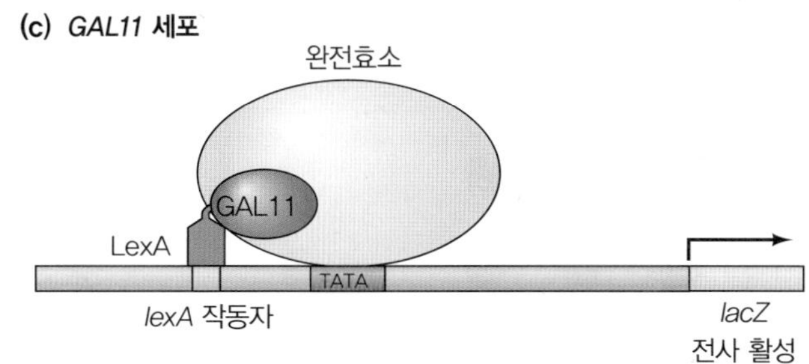

그림 12.16 GAL11P와 GAL11-LexA에 의한 활성화. 프타쉬니 등은 표지유전자 *lacZ* 의 전사를 관장하는 프로모터의 50 bp 상부에 *lexA* 작동자를 지닌 플라스미드를 다음과 같은 플라스미드와 함께 세포에 형질전환하였다. **(a)** LexA의 DNA-결합영역과 GAL4의 58~97 사이의 아미노산이 연결된 플라스미드와 정상 GAL11을 암호화하는 플라스미드. **(b)** LexA의 DNA-결합영역과 GAL4의 58~97 사이의 아미노산이 연결된 플라스미드와 GAL11P를 암호화하는 플라스미드. **(c)** LexA의 DNA-결합영역과 GAL11을 연결한 플라스미드. 이들은 *lacZ* 유전자 산물인 β-갈락토시데이즈의 생성을 분석했다. 결과: **(a)** GAL4(58~97) 부위는 GAL11과 상호 작용하지 않으며 이에 따라 활성화도 일어나지 않는다. **(b)** GAL4(58~97) 부위는 GAL11P와 결합함으로써 프로모터에 완전효소를 유인하며 이에 따라 활성화를 일으킨다. **(c)** LexA-GAL11 융합단백질은 *lexA* 작동자와 결합할 수 있으며, 이에 따라 프로모터에 완전효소를 유인하여 활성화를 일으킨다. (출처: Adapted from Barberis A., J. Pearlberg, N. Simkovich, S. Farrell, P. Resnagle, C. Bamdad, G. Sigal, and M. Ptashne, with a component of the polymerase II holoenzyme suffices for gene activation. *Cell* 81:365, 1995.)

유전자 클로닝 기술을 이용해 GAL4의 58과 97 사이의 아미노산 부분을 LexA의 DNA-결합영역에 연결한 잡종단백질을 암호화하는 플라스미드를 제조했다. 그들은 이 플라스미드를 GAL11 또는 GAL11P를 암호화하는 플라스미드 및 대장균 lacZ 리포터 유전자의 전사를 매개하는 GAL1 프로모터의 상단부에 2개의 LexA 결합부위를 지닌 플라스미드와 함께 효모에 도입했다. 그림 12.16은 이 실험 과정의 요약과 결과이다. LexA-GAL4(58~97) 단백질은 정상적인 GAL11이 완전효소에 존재할 경우 활성인자로서 작용하지 않지만(그림 12.16a), GAL11P가 완전효소에 존재할 경우에는 활성인자로 잘 작용한다(그림 12.16b).

만약 LexA-GAL4(58~97)와 GAL11P 간의 상호 작용에 의해 전사가 활성화된다면, LexA의 DNA-결합영역을 GAL11과 연결할 경우에도 그림 12.16c에 나타낸 것과 같이 활성화를 유발할 것이라 예상할 수 있다. 실제 이 구조물은 예상과 일치하는 활성화를 일으켰다. 이 경우 LexA와 GAL11은 이미 공유결합을 이루고 있으므로 LexA-GAL4와 GAL11P 간에 특정 상호 작용은 필요하지 않다.

이상의 결과를 간단하게 해석하면, 적어도 이 시스템에서 활성화는 각각의 보편전사인자를 유인하는 것이 아니라 완전효소를 유인함으로써 조절된다고 볼 수 있다. 유인된 GAL11이 단계별로 개시전 복합체 형성을 매개하는 특수 단백질이라 유추할 수 있으나, 이는 거의 불가능하다. 활성인자와 완전효소 구성인자 중 어느 하나와의 상호 작용에 의해 완전효소가 유인됨으로써 활성화가 일어날 것이라는 가정이 더 유력하다. 프타쉬니 등은 TFIID가 개시전 복합체 형성에 필수적인 요소이지만 효모의 완전효소의 일원은 아니라고 인정했다. 그들은 TFIID가 완전효소와 협동하여 프로모터에 결합했을 것이라 제안했다.

반면 완전효소가 하나의 단위체로 유인되는 것이 아니라는 증거도 제안되었다. 우선 데이비 스틸만(David Stillman) 등은 효모의 *HO* 유전자 프로모터에 결합하는 다양한 인자들의 동역학 연

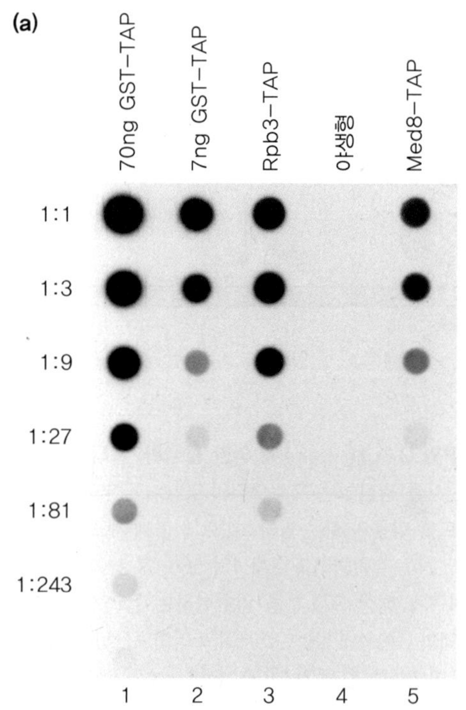

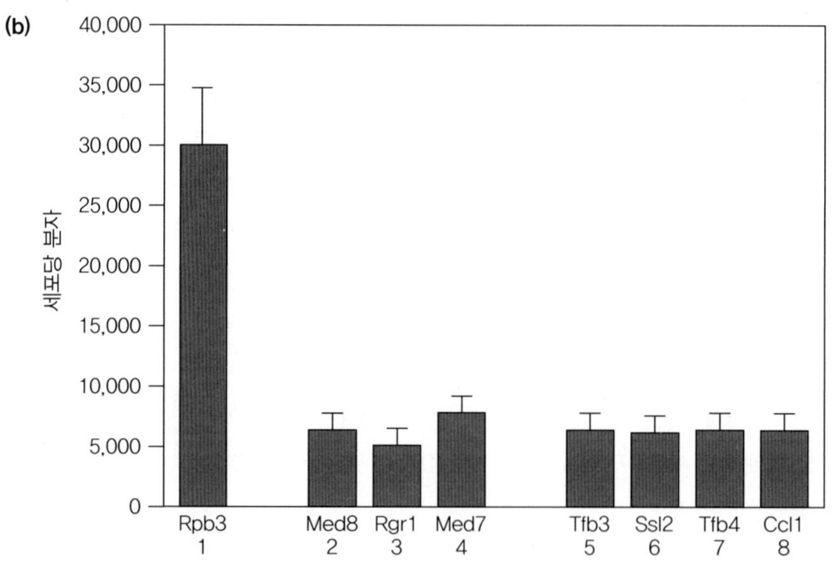

그림 12.17 완전효소의 구성성분 단백질의 농도 측정법. **(a)** 점블롯 결과. 콘버그 등은 완전효소의 구성유전자에 TAP-표지서열을 지니도록 한 효모에서 세포 추출물을 분리하여 일련의 희석액을 점블롯하였다. TAP 서열은 황색포도상구균의 단백질 A의 일부 영역에 해당하며 IgG 항체와 결합할 수 있다. 연구자들은 블롯에 퍼옥시데이즈에 대한 IgG 항체(rabbit antiperoxidase IgG)를 반응시키고, 잇달아 퍼옥시데이즈와 기질을 반응시켜 화학발광 산물을 형성하여 필름에 감광시켰다. 희석 비율은 그림에 왼쪽에 표시되었다. 첫 번째와 두 번째 줄은 알려진 농도의 GST-TAP 단백질의 희석에 따른 양을 보여 준다. 3번째에서 5번째 줄은 TAP-표지 Rpb3 단백질을 가진 세포, TAP-표지단백질이 없는 야생형 세포, TAP-표지 Med8 단백질을 가진 세포의 추출물을 희석하여 사용한 결과이다. **(b)** Rpb3(1번 막대), 매개자 내의 세 요소(2~4번 막대), TFIIH 내의 네 요소(5~8번 막대)에 대한 농도를 표시한 그래프이다. (출처: *Journal of Biological Chemistry* by Borggrefe et al. Copyright 2001 by Am. Soc. For Biochemistry & Molecular Biol. Reproduced with permission of Am. Soc. For Biochemistry & Molecular Biol. in the format Textbook via Copyright Clearance Center.)

구를 진행하였다. 그 결과 완전효소 내의 한 요소인 매개자 단백질이 RNA 중합효소 II보다 먼저 프로모터에 결합함을 확인하였다. 따라서 최소한 효모의 *HO* 유전자 프로모터에서는 완전효소가 하나의 단위체로 유인되는 것이 아님이 증명되었다.

두 번째로 콘버그 등은 만일 완전효소가 하나의 단위체로 프로모터에 결합한다면, 완전효소 내의 모든 구성 인자들은 세포 내에 거의 비슷한 양으로 존재해야 할 것이라 추론하였다. 그러나 세포 내 단백질의 농도를 측정하는 것은 매우 미묘한 문제이다. mRNA 분해와 같은 전사후 조절기작의 다양성으로 인해 mRNA 양을 측정함으로써 단백질 양을 예측할 수는 없다. 실제 mRNA의 농도와 각 mRNA의 산물인 단백질 농도 간의 차이는 예상치에서 20배 또는 30배의 차이를 보이는 경우도 있다. 현재 2차원 전기영동을 이용하여 단백질을 분리하고 질량분석법으로 그 농도를 분석할 수 있지만, 이러한 실험 방법들은 생체 내에서 매우 낮은 양으로 존재하는 전사인자와 같은 단백질을 측정할 만큼 효과적이지는 못하다.

따라서 콘버그 등은 고도의 민감성과 정확성을 가지는 방법을 찾아내었는데, 이 방법은 완전효소 내의 7개 요소에 대한 유전자에 'TAP' 표지자를 붙이는 유전자 클로닝 기술을 이용한 것이었다. 7가지 유전자는 RNA 중합효소 II, 매개자, 그리고 5종류의 보편전사인자였다. TAP 표지자는 노란색포도상구균(*Staphylococcus*)에 존재하는 단백질 A의 일부 영역에 해당하며 IgG 군의 항체와 결합할 수 있다. 콘버그 등은 TAP-표지단백질을 만들 수 있는 유전자를 가진 효모에서 세포 추출물을 분리하여 점블롯(dot blot)을 진행하였다. 그 후 항퍼옥시데이즈 항체를 블롯에 처리하면, 항체가 TAP-표지단백질에 결합하게 되고 퍼옥시데이즈가 연이어 결합하게 된다. 여기에 퍼옥시데이즈의 기질을 반응시키면 화학적 발광 산물이 형성되어 감광을 통해 TAP-표지단백질을 검출할 수 있게 된다(5장 참조).

필름에서 관찰되는 밴드의 강도는 블롯에 존재하는 TAP-표지단백질의 농도를 알려준다. 연속적으로 희석된 세포추출물을 이용하여 이미 농도를 알고 있는 대조군인 GST-TAP에서 얻은 결과와 비교함으로써 세포당 각 단백질의 농도를 알아낼 수 있다. 그림 12.17은 이러한 실험 결과를 보여 준다. TAP-표지단백질을 가지고 있지 않은 야생형 효모 추출물에서는 어떠한 밴드도 나타나지 않은 것으로 보아, 이 방법은 매우 정확한 정량화기술임을 알 수 있다. 또한 RNA 중합효소 II는 매개자의 한 요소인 Med8 단백질보다 더 많은 양이 존재하며, 정량화 결과 Rpb3는 다른 매개자 요소 또는 TFIIH보다 5~6배 정도 더 많은 것으로 나타났다(그림 12.17b). 표 12.1은 그림 12.17에 나타난 단백질을 포함하여 TFIIF, TFIIE, TFIIB 및 TFIID의 양에 대한 정량 분석 결과를 보여 준다. RNA 중합효소는 다른 단백질들보다 훨씬 많은 양으로 존재하며, 네 종류의 보편전사인자는 매개자나 TFIIH보다 더 많이 존재한다.

완전효소의 구성성분이 세포에서 동일한 양으로 발견되지 않기 때문에 완전효소가 대부분의 프로모터에 하나의 단위체로 결합하지는 않을 것 같다. 그러나 여전히 일부 프로모터에서는 하나의 단위체로 유인된다는 가설은 가능하다.

표 12.1 효모 세포당 존재하는 몇몇 단백질 분자의 수

단백질	세포당 카피 수
RNA 중합효소 II (Rpb3)	30,000
TFIIF (Tfg2)	24,000
TFIIE (Tfa2)	24,000
TFIIB (Sua7)	20,000
TFIID (TBP)	20,000
매개자 (Med8)	6,000
TFIIH (Tfb3)	6,000

출처: Borggrefe, T., R. Davis, A. Bareket-Samish, and R.D. Kornberg, Quantita-tion of the RNA polymerase II transcription machinery in yeast. *Journal of Biological Chemistry* 276 (2001): 47150-53, tll. Reprinted with permission.

12.5. 활성인자 간의 상호 작용

우리는 지금까지 여러 종류의 전사인자 간의 상호 작용에 대한 예를 살펴보았다. 개시전 복합체를 형성하기 위해 보편전사인자끼리 서로 결합하는 과정이 필요하다. 그러나 활성인자도 이들 보편전사인자와 결합한다. 예를 들어 바로 전에 배운 GAL4와 다른 활성인자들은 TFIID와 그 외의 다른 보편전사인자들과 결합한다. 더욱이 활성인자들은 서로 상호 작용하여 유전자를 활성화시킨다. 이는 두 가지 방법으로 일어나는데, 한 가지 방법은 단일 인자가 2량체를 형성함으로써 단일 DNA 표적서열에 결합하는 것이며, 다른 한 방법은 특정 인자들이 서로 다른 DNA 표적서열에 각기 결합한 후 협동적으로 유전자를 활성화시키는 것이다.

1) 2량체화

우리는 이미 DNA-결합단백질에 있어 여러 단백질 단량체 간의 상호 작용 기작에 대해 공부했다. 9장에서는 λ 억제인자와 같은 나선-선회-나선 단백질에 대해 논의했다. 이 단백질의 단량체들은 서로 상호 작용하여 두 단량체의 인지나선을 정확히 한 바퀴 떨어져 존재하는 DNA 나선의 두 큰 홈에 위치하게 한다. 인지나선은 서로 역평행이므로 표적 DNA의 회문 구조 양쪽을 모두 인지할 수 있다. 이 장의 앞에서 우리는 이미 GAL4 단백질의 또꼬인나선 2량체화 영역과 이와 유사한 bZIP 단백질의 류신지퍼 영역에 대해 논의했다.

9장에서 단백질 2량체는 단량체에 비해 DNA-결합에 장점을

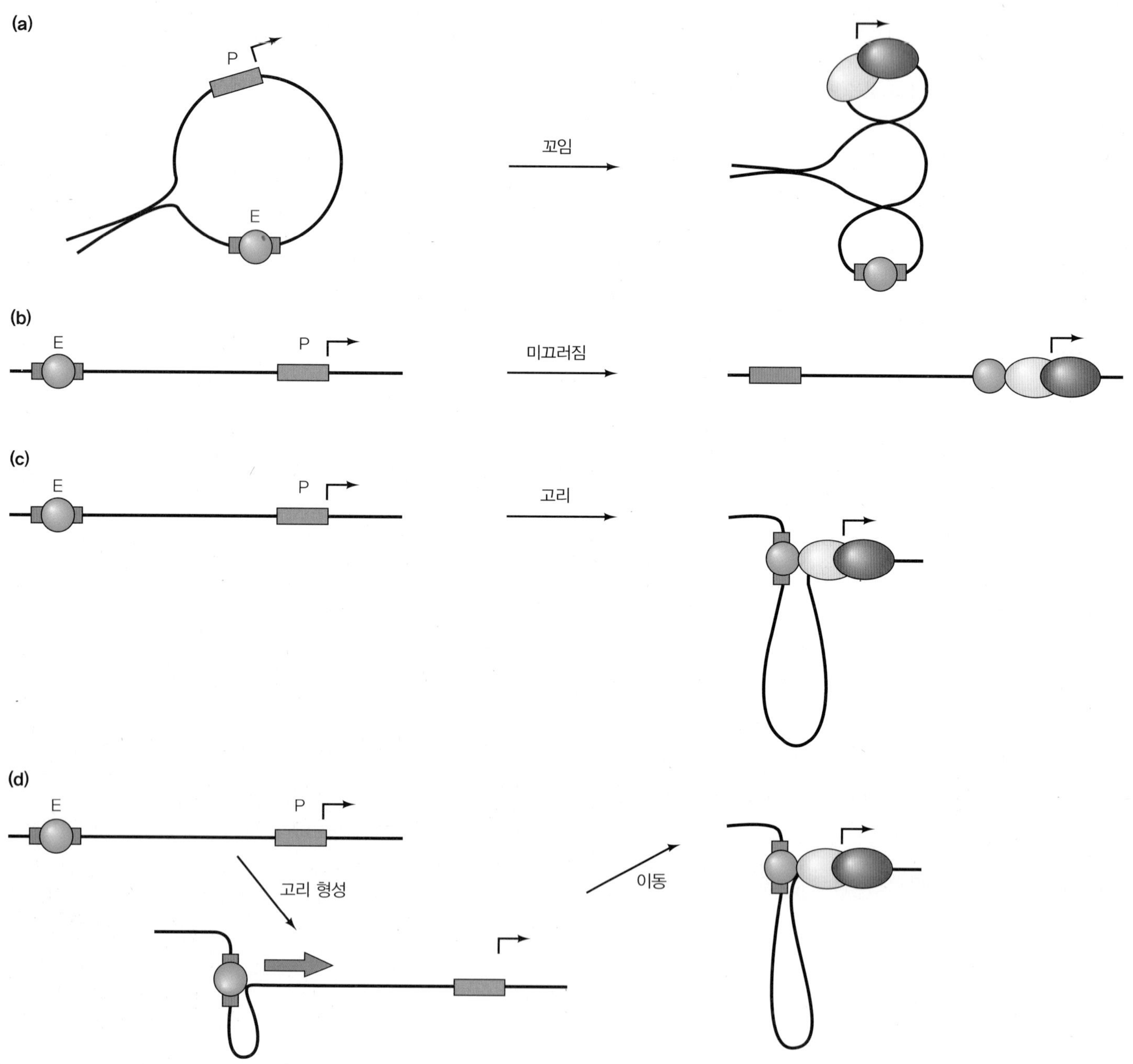

그림 12.18 인핸서 작용의 네 가지 모델. **(a)** 위상학적 변화. 인핸서(E, 파란색)와 프로모터(P, 주황색)는 둘 다 DNA의 고리에 위치한다. 유전자-특이전사인자(초록색)가 인핸서에 결합하면 초나선이 유발되어 보편전사인자(노란색)와 중합효소(빨간색)는 프로모터에 잘 결합할 수 있다. **(b)** 미끄러짐. 전사조절인자가 인핸서에 결합한 후 프로모터까지 미끄러져 이동함으로써 보편전사인자와 중합효소의 결합을 촉진시킨다. **(c)** 고리 형성. 전사인자가 인핸서에 결합하면 인핸서와 프로모터 사이에 존재하는 DNA는 고리를 형성하면서 보편전사인자와 중합효소와 결합할 뿐만 아니라 이들이 프로모터에 잘 결합하도록 유도한다. **(d)** 촉진 이동. 전사인자가 인핸서에 결합하고 DNA 단편이 아래쪽으로 짧은 고리를 형성한다. 전사인자는 고리의 크기를 증가시키면서 DNA를 따라 움직여 프로모터에 도달함으로써 이곳에서 보편전사인자 및 RNA 중합효소와의 결합이 촉진될 수 있다.

기김을 알아보았다. 이 장점을 정리하면 다음과 같다. DNA와 단백질 간의 결합력은 결합하는 자유에너지의 제곱에 비례한다. 자유에너지는 단백질-DNA 간의 접촉 수에 따르므로 단량체 대신 단백질 2량체를 이용하면 접촉 수는 2배 증가되고 DNA와 단백질 간의 친화력은 4배 증가한다. 이는 대부분의 활성인자가 매우 낮은 농도에서 작동해야 하므로 매우 중요하다. 대부분의 DNA-결합단백질이 2량체로 존재한다는 것은 이러한 배열이 중요한 장점을 지닌다는 것을 뜻한다. GAL4와 같은 활성인자는 동형2량체를 형성하며, 갑상선호르몬 수용체와 같은 활성인자는 이형2량체를 형성함을 이미 살펴보았다.

2) 원거리에서의 작용

우리는 원핵 및 진핵생물에서 인핸서가 해당 프로모터로부터 멀리 떨어져 위치하더라도 전사를 촉진할 수 있음을 알고 있다. 이러한 원거리에서의 작용이 어떻게 이루어지는 것일까? 9장에서 우리는 멀리 떨어진 두 지점 사이의 DNA가 구부러짐으로써 DNA-결합단백질들끼리의 상호 작용이 이루어질 수 있다는 것에 대해 배웠다. 이와 동일한 양상이 진핵생물의 인핸서에도 적용됨을 보게 될 것이다.

원거리에서 인핸서가 작용할 수 있음을 설명하는 가장 그럴듯한 가설에는 다음과 같은 것이 있다(그림 12.18). (a) 활성인자는 인핸서에 결합하며 또한 전체적인 DNA 분자의 초나선구조(supercoiling)를 유발함으로써 위상 또는 형태의 변화를 일으킨다. 이에 따라 보편전사인자들은 프로모터에 들어올 수 있다. (b) 활성인자가 인핸서에 결합한 후 프로모터에 다다를 때까지 DNA 상에서 미끄러져 이동한 후 프로모터 DNA와 직접 작용함으로써 전사를 활성화한다. (c) 인핸서에 결합한 활성인자는 프로모터에 있는 단백질과 접촉하고 이들 사이의 DNA가 구부러짐으로써 전사를 촉진한다. (d) 활성인자는 인핸서와 DNA의 하단부에 결합하여 DNA 고리를 형성한다. 단백질은 이 고리를 확장함으로써 프로모터 쪽으로 이동해간다. 이 단백질이 프로모터에 도달하면 그곳에 있는 단백질과 상호 작용함으로써 전사를 자극한다.

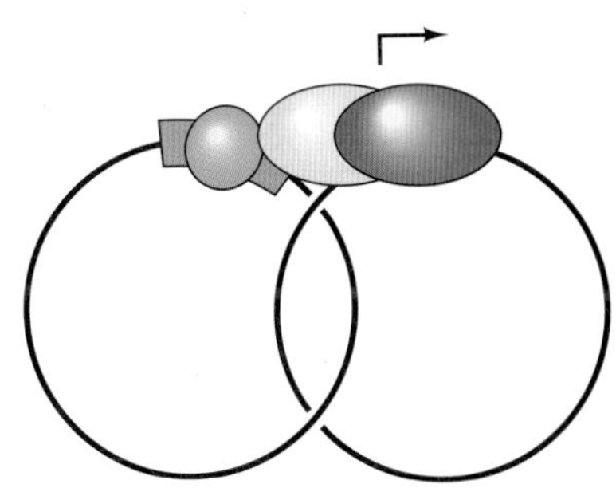

그림 12.19 인핸서와 프로모터를 각각 지닌 두 플라스미드의 고리체 제조. 고리체의 한 플라스미드의 인핸서(파란색)에 결합한 활성인자(초록색)와 다른 플라스미드의 프로모터에 결합한 보편전사인자(노란색) 및 중합효소(빨간색) 간의 가상적 상호 작용.

이러한 모델 중 처음 2개의 경우 인핸서와 프로모터 두 요소는 동일한 DNA상에 존재해야 한다는 점에 주목할 필요가 있다. 한 DNA 분자의 위상학적 변화가 다른 DNA 분자에서의 전사에 영향을 줄 수 있는 방법은 없으며, 한 분자의 DNA에 존재하는 인핸서에 결합한 활성인자가 다른 분자에 존재하는 프로모터까지 미끄러져 이동할 수는 없을 것이다. 반면에 세 번째 모델은 단지 인핸서와 프로모터가 상대적으로 서로 가까이 위치하면 가능해지고 동일한 DNA상에 존재해야 할 필요는 없다. 왜냐하면 이 고리 형성 모델의 기본은 고리 형성 그 자체가 아니라 먼 거리에서 독자적으로 결합한 단백질 간의 상호 작용에 있기 때문이다. 기본적으로 이 모델은 2개의 서로 다른 DNA에 결합된 단백질 사이에서도 가능한데, 이 경우 두 DNA 분자는 어떻게든 서로 따로 떨어지지 않게 연결되고 결합된 단백질 간의 상호 작용도 방해받지 않아야 한다. 그림 12.19는 이것이 어떻게 가능한지를 나타낸다.

따라서 한 DNA 분자에 인핸서를, 그리고 다른 DNA 분자에는 프로모터가 놓이게 배열한 후, 이들의 **고리체**(catenane)를 만들면 가설을 검증할 수 있을 것이다. 만약 인핸서가 작동한다면 우리는 처음의 두 가설을 제외시킬 수 있다. 마리에타 더나웨이(Marietta Dunaway)와 피터 드뢰게(Peter Dröge)가 바로 그러한 실험을 수행했다. 손톱개구리의 rRNA 미니유전자를 rRNA 프로모터에 인접하여 한쪽에 위치시키고, λ 파지의 삽입부위인 *attP*와 *attB* 사이에 rRNA의 인핸서를 위치시킨 플라스미드를 제조했다. *attP*와 *attB*는 부위 특이적 재조합의 표적이므로 분자 내에 위치시켜 재조합을 일으킬 경우, 그림 12.19에 나타낸 것과 같은 고리체가 만들어진다.

마지막으로, 이 연구자들은 여러 조합의 플라스미드를 손톱개구리의 난모세포에 주입한 후 정량적인 S1 지도작성을 이용해 전사 산물을 분석했다. 주입된 플라스미드로는 고리체, 인핸서와 프로모터를 모두 지니는 재조합되지 않은 플라스미드, 또는 인핸서와 프로모터를 각각 포함하는 2개의 분리된 플라스미드이었다. S1 지도작성 시 각 난모세포 간의 실험 오차를 보정하기 위해 대조군 플라스미드를 사용했다. 이 경우 대조군 플라스미드(ψ52)는 rRNA 미니유전자 내부에 52bp로 된 DNA 단편을 추가한 반면, 실험군 플라스미드(ψ40)는 40bp의 단편을 추가했다. 더나웨이와 드뢰게는 분석 과정 중에 이 두 미니유전자에 대한 탐침을 사용하

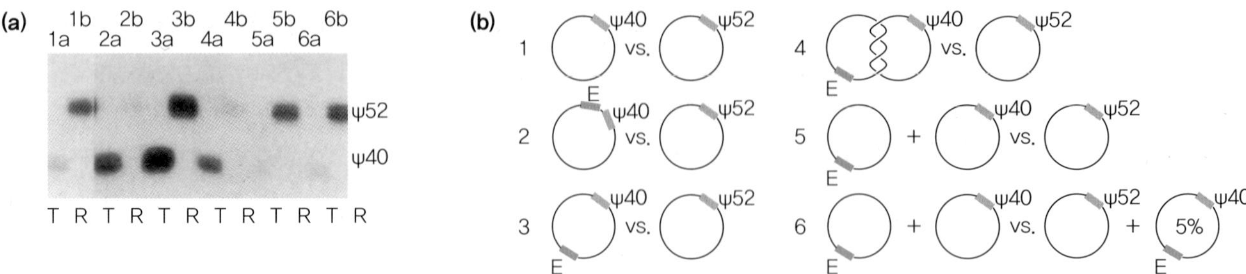

그림 12.20 고리체 실험 결과. 더나웨이와 드뢰게는 여러 플라스미드 조합을 손톱개구리 난모세포에 주입한 후 정량적 S1 지도분석을 통해 전사율을 측정했다. 그들은 각 실험에 실험군 플라스미드와 대조군 플라스미드를 주입한 후 서로 다른 탐침을 사용해 각각의 전사를 분석했다. (a) 실험 결과. 각 실험의 실험군(T)과 대조군(R)의 결과는 각각 a와 b 레인에 나타나 있다. 각 실험에 주입된 플라스미드는 (b)에 나타나 있다. 예를 들어 1a 레인과 1b 레인에 사용된 플라스미드는 1로 표시했다. 왼쪽에 ψ40(또는 ψ40과 다른 플라스미드)으로 표시된 플라스미드가 실험군 플라스미드이다. 오른쪽에 ψ52로 표시된 플라스미드는 대조군 플라스미드이다. 숫자 40과 52는 서로를 구분하기 위해 각각 삽입한 DNA의 크기를 의미한다. 두 플라스미드를 주입한 후 실험군 플라스미드(1a 레인)와 대조군 플라스미드(1b 레인)의 전사체를 각각의 탐침으로 분석했다. 4a 레인과 4b 레인은 인핸서를 지닌 플라스미드와 프로모터를 지닌 플라스미드가 고리체 상태로 있는 경우, 단지 프로모터만 지니는 플라스미드(1a 레인)에 비해 전사가 증가됨을 나타낸다. 1a와 1b 레인의 신호 비율에 비해 4a와 4b 레인의 신호 비율이 훨씬 높다. (출처: Adapted from Dunaway M. and P. Dröge, Transactivation of the Xenopus rRNA gene promoter by its enhancer. *Nature* 341 (19 Oct 1989) p. 658, f. 2a. Copyright © Macmillan Magazines Ltd.)

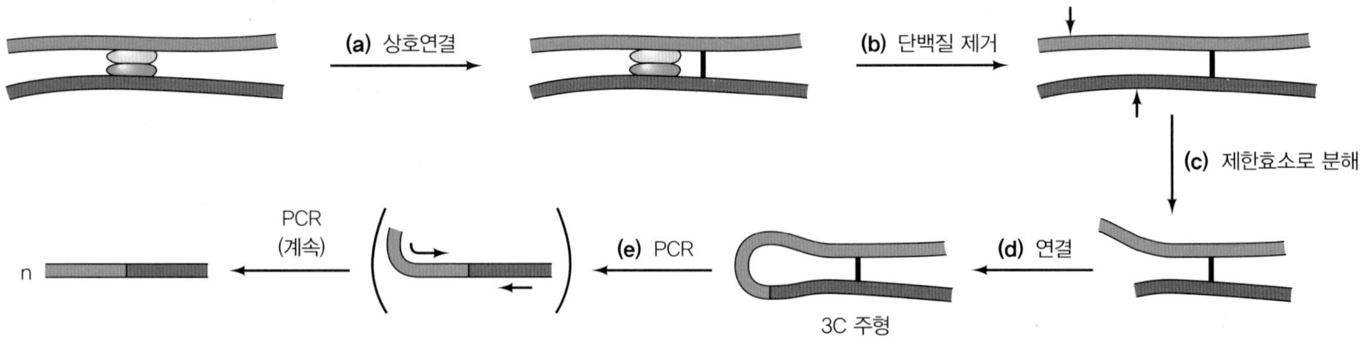

그림 12.21 염색체 정합 캡처(chromosome conformation capture, 3C). **(a)** 두 DNA-결합 단백질(초록색과 노랑)간의 상호 작용으로 2개의 DNA 지점이 서로 연결될 것으로 예측되는 염색질을 준비한다. 염색체의 두 부분(빨강과 파랑)은 서로 다른 염색체 혹은 동일 염색체에 위치할 수 있다. 두 개별적인 염색체 부분을 포름알데히드 처리로 상호-연결(cross-link)시킨다. **(b)** 염색질에서 단백질을 제거한다. **(c)** 제한효소 처리로 DNA를 절단한다. 화살표는 2개의 제한효소 자리를 나타낸다. **(d)** 분자 내 연결이 선호되는 조건에서 인접한 DNA 말단을 연결시킨다. 이 과정을 통해 3C 주형이 생성된다. **(e)** 짧은 화살표로 표시된 프라이머를 이용하여 3C 주형에서 PCR을 진행하면 상당량의 PCR 산물을 얻게 된다. PCR 산물 생성은 프라이머로 표시된 두 염색체 부분이 염색질 구조에서 매우 가까이 위치함을 알려 준다.

여 두 유전자로부터 전사가 일어나면 12nt의 차이를 나타내는 전사체를 감지할 수 있었다. 모든 경우에서 동일하게 작용하는 대조군 플라스미드의 전사에 비해 상대적으로 각 실험군 유전자의 전사를 알 수 있으므로 우리는 두 전사체의 비율에 관심을 가진다.

그림 12.20a는 이 실험의 결과로 'a'와 'b'는 각각 실험군 플라스미드와 대조군 플라스미드를 나타낸다. 각 전사체를 생성하는데 사용된 플라스미드의 사진이 그림 12.20b에 나타나 있다. 그림 12.20a에서 각 세트의 a, b 두 레인에 사용한 플라스미드는 동일함에 주목하라. 단지 사용된 탐침만 다르며, 결과는 다음과 같다. 1번 레인은 플라스미드에 프로모터만 존재하는 경우로, 실험군에서의 밴드의 강도가 대조군에 비해 약하다. 이는 실험군 탐침의 방사능 방출이 대조군에 비해 낮기 때문에 생긴 결과이다. 2번 레인은 인핸서가 프로모터의 바로 옆에 위치한 경우로(즉, 정상적인 위치에 놓여 있는 경우), 실험군 플라스미드에서의 전사가 아주 강하다. 이 밴드의 강도는 대조군 플라스미드 밴드의 강도보다 훨씬 강하다. 3번 레인은 인핸서가 플라스미드의 반대쪽에 위치하는 경우로 인핸서가 아주 잘은 아니지만 여전히 작동함을 보여 준다. 4번 레인은 가장 중요한 것이다. 인핸서를 지니고 있는 플라스미드가 프로모터를 지니는 플라스미드와 고리체를 형성하는 경우로 인핸서가 여전히 작동됨을 나타낸다. 5번 레인은 인핸서와 프로모

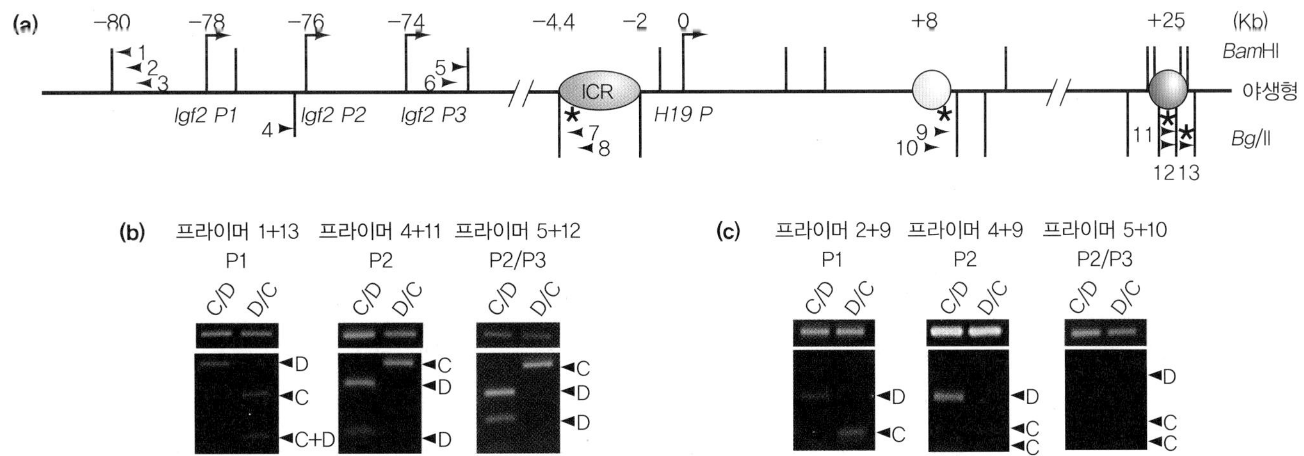

그림 12.22 생쥐의 *Igf2* 유전자 자리에서 염색질 요소들의 결합. (a) 정상 *Igf2* 유전자 자리 지도. 전체 유전자 자리는 대략 100kb이다. 3개의 *Igf2* 프로모터는 −78, −76, −74 자리 근처에 위치하며, H19 프로모터는 0 자리에 위치한다. ICR은 파랑, 내배엽 인핸서는 노랑, 중배엽 인핸서는 빨강으로 표시되어 있다. DNA의 위와 아래에 표시된 세로 막대는 각각 *Bam*H1 및 *Bgl*II 제한효소 자리를 의미한다. 별 표시는 *M. domesticus*와 *M. castaneus*를 구분하는 BglII RFLP를 나타낸다. 작은 화살표는 3C 분석에 사용되는 PCR 프라이머를 나타낸다. 프라이머의 위치는 항상 제한효소 자리 근처에 존재한다. 따라서 2개의 멀리 떨어진 DNA 부분이 제한효소로 절단된 후 함께 연결될 때마다 작은 크기의 PCR 생성물이 형성될 수 있도록 프라이머의 위치를 정하게 된다. **(b~c)** 생쥐의 태아 근육(중배엽)세포(b)와 태아 간(내배엽)세포(c)에서 해당 프라이머를 이용하여 광범위한 상호 작용을 분석한 3C 실험 결과. 배아 염색체의 제공자(M. domesticus[D] 혹은 M. castaneus[C])는 각 패널의 상단에 표시하였으며, 순서는 모계 염색체가 먼저이다. 각 3C 분석 실험의 PCR 생성물은 위 쪽 겔 사진에 나타나 있으며, PCR 생성물에 대한 RFLP 분석 결과는 아래 쪽 겔 사진에 나타나 있다. C 혹은 D로 표시된 화살표 머리는 각각 M. castaneus 혹은 M. domesticus의 특징적인 RFLP 밴드를 나타낸다. C+D는 두 생쥐 종에서 공통적으로 나타나는 밴드를 의미한다. (출처 : Yoon et al., Analysis of the H19/CR. *Molecular and Cellular Biology*, May 2007, pp. 3499–3510, Vol. 27, No. 9. Copyright © 2007 American Society for Microbiology.)

터가 각각 다른 플라스미드에 존재하며 이들은 고리체를 이루지 않고 각각 독립적으로 존재하는 경우 인핸서가 작동하지 않음을 나타낸다. 마지막으로, 6번 레인은 4번 레인에서의 전사 촉진의 원인이 일부 재조합되지 않은 플라스미드의 오염에 의한 것이 아님을 나타낸다. 연구자들은 6번 레인의 실험에 이와 같은 플라스미드를 5% 정도 첨가했지만 실험군 플라스미드 밴드의 강도는 별로 증가하지 않음이 관찰되었다.

이러한 결과로부터 다음과 같이 인핸서의 기능을 정의할 수 있다. 인핸서는 프로모터와 동일한 DNA상에 존재할 필요는 없으나, 인핸서와 프로모터에 각각 결합하는 단백질들 간에 상호 작용이 가능할 정도로 가까이 접근해야 한다. 이는 초나선이나 이동과 관련된 모델(그림 12.18a, b)과는 상반되지만, DNA 고리 형성 모델(그림 12.18c, d)과는 일맥상통한다. 고리체에 있어 인핸서와 프로모터는 서로 다른 DNA 분자에 위치하므로 고리가 형성되거나 이동할 필요가 없다. 대신에 고리 형성 없이 그림 12.19a에 묘사된 것과 같이 단백질–단백질 상호 작용이 가능하다.

만일 인핸서가 기능하는 데 DNA 고리를 필요로 한다면, 적당한 방법을 사용하여 증명해야 할 것이다. **염색체 정합 캡처**(chromosome conformation capture, 3C) 방법은 2개의 멀리 떨어진 DNA 서열이 DNA–결합 단백질의 상호 작용으로 서로 결합할 수 있는가를 테스트할 수 있다(그림 12.21). 우선 DNA 고리를 형성할 것으로 예측되는 염색질에 포름알데히드를 처리하여 가까이 접촉하고 있는 염색질 부위 간에 공유결합이 형성되도록 한다. 염색질은 진핵세포에 존재하는 DNA의 상태이며, DNA와 일정량의 단백질로 구성된다(13장 참조). 다음으로 염색질에서 단백질을 제거하고, 제한효소로 절단한다(4장 참조). 절단된 DNA의 자유로운 말단을 연결하게 되면, 3C 주형이 형성된다. 만일 2개의 멀리 떨어진 염색질 부위가 애초에 가까이 접촉하고 있었다면, 이 방법을 통해 3C 주형을 형성할 것이다. 따라서 이들 두 부위에 특이적인 프라이머로 PCR을 하게 되면 비교적 짧은 크기의 PCR 산물이 형성된다. PCR 산물이 많이 형성될수록, 이 두 염색질 부위는 훨씬 자주 접촉하고 있음을 의미한다. 3C 방법은 염색체내 혹은 염색체 간의 상호 작용을 검증하는 데 사용될 수 있다.

칼 파이퍼(Karl Pfeifer) 등은 3C 방법을 이용하여 인핸서와 프로모터 간의 상호 작용을 증명하였다. 생쥐의 ***Igf2/H19* 유전자 자리**(*Igf2/H19* locus)에 초점을 맞추었는데(그림 12.22a), 2kb 간격으로 위치한 3개의 프로모터의 조절을 받는 *Igf2* 유전자는 IGF2(**인슐린–유사 성장인자 2**, interferon–like growth factor

중점 설명 12.1

유전체 각인

(계속)

대부분의 진핵생물은 이배체이므로, 유전자 쌍에서 어느 쪽이 모계 혹은 부계에서 유래했는지는 별로 중요하지 않다고 예측한다. 물론, 대부분의 경우에는 이 예측이 옳지만, 중요한 예외가 있다. 중요한 예외에 대한 첫 번째 증거는 수정 후 모계와 부계에서 유래한 핵이 아직 융합되지 않은 생쥐의 수정란에 대한 연구에서 나타났다. 이 시기의 수정란에서 모계의 핵을 제거한 후 다른 부계의 핵으로 교체할 수 있다. 유사하게 부계의 핵을 제거한 후 다른 모계의 핵으로 교체할 수도 있다. 두 경우 모두 배아는 오직 한쪽 성의 부모로부터만 염색체를 제공받는다. 실험에 사용한 부모 생쥐는 모든 개체가 유전적으로 동일한 동계 교배종이므로(물론 수컷과 암컷 간의 XX와 XY 차이는 존재), 원칙적으로 두 경우의 수정란 모두 정상과 별 차이 없어야 한다.

그러나 실제에서는 큰 차이를 보였는데, 핵 치환된 두 경우의 수정란 모두 매우 이른 발생 시기에 사망하였다. 사망 전 가장 오래 생존한 배아를 살펴보면, 유전자가 모두 모계 혹은 부계인지에 따라 흥미 있는 차이를 보였다. 오직 모계에서만 유래한 유전자를 지닌 경우 배아 자체는 극소수의 비정상 표현형을 보인데 반해, 비정상적이며 발육 정지된 태반과 난황을 관찰하였다. 부계에서만 유래한 유전자를 지닌 배아는 매우 작고 비정상적인 반면, 상대적으로 정상적인 태반과 난황을 나타냈다. 모계와 부계가 기여하는 유전자가 동일한데도 왜 이런 차이를 보이는 걸까? 이 현상에 대한 한 가지 설명으로, 유전자의 서열은 동일하지만 모계와 부계의 유전자 중 일부가 서로 다르게 변형 혹은 각인되는 것이라 보았다.

부르스(Bruce) 등은 융합 염색체를 지닌 생쥐를 이용한 연구를 통해 각인 현상에 대해 여러 증거를 제시하였다. 예를 들어, 어떤 생쥐는 11번 염색체가 융합되어 유사분열 혹은 감수분열 동안 분리되지 못한다. 즉, 이러한 생쥐에서 생성되는 배우자는 11번 염색체를 2개 가지거나 혹은 하나도 가지지 못하게 된다. 융합 염색체를 지닌 생쥐를 교배하여 부계에서만 11번 염색체를 받은 자손(11번 염색체를 2개 지닌 정자와 11번 염색체를 가지지 않은 난자를 사용) 혹은 모계에서만 11번 염색체를 받은 자손을 생성하였다. 만일 염색체가 부계인지 모계인지가 중요하지 않다면, 이들 자손은 정상이어야 할 것이다. 그러나 두 경우 모두 자손은 비정상이었는데, 모계에서만 11번 염색체를 받은 자손은 비정상적으로 작았으며 부계에서만 받은 자손은 비정상적으로 거대하였다.

또한 이 실험을 통해 각인 현상은 각 세대에서 지워진다는 것을 증명하였다. 모계로부터만 11번 염색체를 받은 소형 수컷 생쥐는 일반적으로 정상적인 크기의 자손을 생성하였다. 수컷 배우자를 생성하는 과정에서 모계 각인이 지워진 것이다.

유전체 각인은 인간에서도 나타난다. 결실된 부계 15번 염색체의 유전은 프레더-윌리 증후군(Prader-Willi syndrome)을 보이는데, 환자는 지적 장애, 작은 키, 무절제한 식욕으로 인한 비만 증상을 보인다. 부계 15번 염색체의 특정 부분이 결실로 인해 나타나는 이 현상은 프레더-윌리 증후군과 관련된 유전자가 모계 5번 염색체에서 각인되어 불활성화되기 때문이다. 따라서 부계 유전자의 결실과 모계 유전자의 각인으로 정상 기능을 하는 유전자가 존재하지 않게 된다. 반대로 결실된 모계 15번 염색체의 유전은 엥겔만 증후군(Angelman syndrome)을 나타내며, 환자는 큰 입, 비정상적으로 붉은 뺨, 심각한 지적 장애, 부적절한 웃음, 이상한 움직임 등의 증상을 보인다. 모계 15번 염색체의 특정 부분의 결실로 인해 나타나는 이 현상은 엥겔한 증후군에 관련된 유전자가 부계 15번 염색체에서 각인되어 불활성화되기 때문이다. 따라서 모계 유전자의 결실과 부계 유전자의 각인으로 정상 기능을 담당하는 유전자가 존재하지 않게 된다.

DNA는 어떻게 가역적으로 변형되어 각인이 제거되는 걸까? 바로 DNA 메틸화 때문이다. 실험을 통해 암컷과 수컷에서 유래하는 유전자가 서로 다르게 메틸화되며, 이러한 메틸화는 유전자 활성과 관련됨을 알게 되었다. 일반적으로 메틸화된 유전자는 암컷에서 발견되며, 불활성화 된다. (그러나 본문의 *Igf2* 유전자의 예에서는, 수컷 생쥐에서 메틸화되는 부분은 인슐레이터로 *Igf2* 유전자 발현을 허용하게 된다. 반면 암컷의 비메틸화된 인슐레이터는 *Igf2* 발현을 차단한다.)

또한 메틸화는 역전될 수 있다. 필립 레더(Philip Leder) 등은 형질전환생쥐(5장 참조)를 이용하여 배우자형성 과정 및 발생 중인 배아에서 형질전환 유전자의 메틸화 상태를 추적해 조사하였다. 형질전환 유전자의 메틸화 상태는 암컷과 수컷 모두에서 배우자형성 과정의 초기 단계에 제거되었다. 그 후 발생 중인 난자는 완전히 성숙하기 전에 모계 메틸화 패턴을 설정하였다. 수컷에서는 정자 발생과정동안 약간의 메틸화가 일어나며, 이러한 메틸화 패턴은 발생 중인 배아에서 좀 더 변형되었다. 따라서 메틸화 현상은 각인 기작이 지녀야 할 모든 특성을 보이고 있다. ① 메틸화 패턴은 수컷과 암컷 배우자에서 다르게 일어난다. ② 메틸화는 유전자 활성과 연관된다. ③ 메틸화는 각 세대 후에 지워진다.

유전체 각인은 어떤 이점이 있는 걸까? 아니면 단지 유전병의 또 다른 원인인 것일까? 데이비드 헤이그(David Haig)는 생쥐의 인슐린-유사 성장인자(IGF-2)와 이의 수용체의 예에서 각인 현상이 환경 요구에 반응하여 진화되었다고 기술한다. 성장인자는 개체를 크게 만들며, 반드시 해당 수용체(1형 IGF 수용체)에 결합하여야 한다. 그런데 생쥐는 IGF2와 결합하는 2형 IGF 수용체를 지니는데, 이 경로는 성장-촉진 신호를 전달하지 않는다. 따라서 발생 중인 생쥐에서 *Igf2*의 발현은 자손을 더 크게 성장시키는데, 2형 수용체가 발현하여 IGF2와 결합함으로써 1형 수용체에 신호를 전달하지 못해 더 작은 자손이 생성된다.

헤이그는 자손 형성시 암컷과 수컷의 이익 사이에 생물학적인 충돌이 내재한다고 지적한다. 단순히 자신의 유전자를 자손에게 전달한다는 측면에서 암컷과 수컷의 이익을 고려해 보면, 수컷은 큰 자손을 선호해야 하며, 암컷은 작은 자손을 선호해야 한다. 왜냐하면 큰 자손은 생존에 유리하므로 수컷의 유전자를 영속하게 한다. 반면 큰 자손은 암컷의 영양분을 많이 가져가 다른 수컷에 의해 잉태될 자손들(여전히 암컷의 유전자를 영속하게 한다)에게 제공할 것이 줄어들게 된다. 이것은 부모의 입장에서 냉정하게 바라보는 시각으로, 진화에 영향을 줄 수 있는 부분이다.

이러한 정황에서, 암컷과 수컷의 배우자 형성시에 나타나는 각인 현상이 암컷 유래 *Igf2* 유전자 활성은 차단되는 반면 수컷 유래 *Igf2* 유전자가 활성을 지닌다는 사실은 매우 흥미롭다. 한편 수컷 유래 2형 IGF 수용체의 활성은 차단되는 반면 암컷 유래 2형 IGF 수용체는 활성을 나타낸다. 이 두 가지 현상은 수컷이 큰 자손을 선호하며, 암컷이 작은 자손을 선호한다는 전제와 잘 맞는다. 이것은 분자 수준에서 진행되는 성의 전쟁인 것 같지만, 이기는 쪽은 없다. 왜냐하면 한쪽 성의 전략이 반대편 성의 전략으로 무용지물이 되기 때문이다.

2) 단백질을 암호화한다. H19는 비암호화 RNA를 암호화한다. 흥미롭게도 수컷 염색체의 *Igf2* 유전자는 발현되는 데 반해, 암컷 염색체의 *Igf2* 유전자는 발현되지 않는다. 반대로 수컷 염색체의 *H19* 유전자는 발현되나, 암컷 염색체에서는 발현되지 않는다. 이러한 염색체 특이적인 현상을 **각인**(imprinting)이라 하며, 배우자 형성 과정 동안 **각인조절부위**(imprinting control region, ICR)의 메틸화에 의해 결정된다. 중점 설명 12.1은 각인에 대한 자세한 설명과 특히 *Igf2* 유전자 자리에 대해 다루고 있다.

Igf2/H19 유전자 자리는 2개의 인핸서를 지니고 있으며, 하나는 내배엽 세포에서 활성을 나타내고, 다른 인핸서는 중배엽 세포에서 활성을 나타낸다. 이들 인핸서는 *Igf2* 유전자와 *H19* 유전자의 전사를 촉진시킨다. 그림 12.22a를 보면, ICR 부위는 인핸서와 *H19* 프로모터 사이가 아니라 인핸서와 *Igf2* 프로모터 사이에 위치한다. ICR의 위치로 인해 ICR은 인슐레이터로 작용하여 모계 염색체상에서 인핸서의 활성 효과가 *Igf2* 프로모터에 미치지 못하도록 막게 된다. 이 장의 후반부에서 인슐레이터의 기능에 대해서 다룰 것이며, 일단 여기서는 *Igf2* 유전자가 부계 염색체에서만 발현한다는 것을 아는 것으로 충분하다.

파이퍼 등은 *Igf2* 유전자 자리의 각인 현상이 동일 세포에서 활성을 띠는 부계 염색체와 비활성의 모계 염색체에서 인핸서와 프로모터 간의 DNA 고리 형성과 관련되는지를 조사하였다. 만일 인핸서 기능에서 DNA 고리 모델이 옳다면, 부계 염색체에서만 DNA 고리가 형성되어야 할 것이다.

파이퍼 등은 3C 실험에서 모계 염색체와 부계 염색체를 구분하기 위해, 서로 다른 두 종의 생쥐에서 유래한 *Igf2* 유전자를 지닌 생쥐를 교배하였다. 교배에 사용한 생쥐는 FVB 계열(*Mus domesticus*)과 Cast7 계열이며, Cast7 생쥐는 FVB 계열과는 유사하지만 다른 종의 생쥐(*Mus castaneus*)에서 유래한 *Igf2* 유전자를 염색체 7번 말단에 지니고 있다. 두 종의 Igf2 유전자 자리는 서로 다른 제한효소 인식부위를 지니며, 특정 제한효소를 처리하면 서로 다른 크기의 DNA 산물을 생성한다. 이러한 차이를 **제한효소 절편길이 다형성**(restriction fragment length polymorphism, RFLP, 24장 참조)이라 하며, 3C 실험의 PCR 산물이 부계 염색체 혹은 모계 염색체에서 유래한 것인지를 분석하는 데 사용할 수 있다.

그림 12.22b와 c에서는 생쥐 태아의 근육(중배엽) 세포와 간(내배엽) 세포에서의 3C 결과를 각각 보여 준다. 각 패널의 상단부는 3C 결과의 PCR 산물을 보여 주며, 하단부는 각 PCR 산물이 부계 혹은 모계 염색체인지를 RFLP 분석을 통해 확인한 결과이다. 겔 사진 위의 C/D와 D/C 표시는 *M. domesticus* 혹은 *M. castaneus*의 *Igf2* 유전자 자리를 의미하며, 항상 모계 대립인자를 먼저 표시하였다. 즉, C/D 생쥐는 모계 염색체에 *M. castaneus*의 *Igf2* 유전자 자리를, 부계 염색체에 *M. domesticus*의 *Igf2* 유전자 자리를 가지고 있음을 의미한다. 겔 옆의 C와 D 표시는 *M. castaneus*와 *M. domesticus*에 해당하는 RFLP 밴드 양상을 각각 나타낸다. 실험 결과 3C PCR 산물은 항상 부계 염

색체에서 유래되었음에 주목하라. 예를 들어 그림 12.22b의 첫 번째 겔의 1번 레인을 보면, PCR 산물이 *M. domesticus*(D)에서 유래했음을 보여 주는 RFLP 결과를 확인할 수 있다. 또한 2번 레인에서는 부계 염색체가 *M. castaneus*였는데, RFLP 분석 결과 PCR 산물은 *M. castaneus*(C)에서 유래했음을 보여 준다. 이러한 결과는 *Igf2* 유전자가 발현하는 부계 염색체에서만 인핸서와 프로모터가 DNA 고리를 형성하며 서로 결합함을 보여 준다.

파이퍼 등은 다양한 프라이머를 선정하여 각 프로모터와 특정 인핸서간의 연결을 조사하였다. 근육세포에서는 DNA 고리 형성을 통해 각 프로모터(프라이머 1, 4, 및 5로 구분)가 중배엽성 인핸서(그림 12.22a에서 가장 오른쪽에 위치하며, 프라이머 11, 12, 및 13으로 확인)와 근접하도록 상호 작용하였다. 반면 간세포에서는 DNA 고리 형성을 통해 프로모터가 내배엽성 인핸서(프라이머 9와 10으로 확인)와 가까이 위치하도록 상호 작용함을 보여 주었다. 따라서 3C 방법을 통해 프로모터와 조직-특이적인 인핸서 간의 상호 작용이 DNA 고리 형성을 통해 일어남을 확인하였다.

3) 전사 공장

DNA 고리 형성의 개념은 여러 유전자의 전사가 일어나는 핵 내의 분리된 특정 위치로 정의되는 **전사 공장**(transcription factory)의 개념과 연관된다. 동일한 염색체에 존재하며 활성을 나타내는 2개 이상의 유전자가 동일 전사 공장 내에 위치할 경우, 이들 사이에는 자연적으로 DNA 고리가 형성될 것이다. 따라서 전사 공장의 존재는 진핵세포의 핵에서 DNA 고리의 존재를 암시한다. 1990년대 동안, 연구자들은 전사 공장의 존재에 대한 증거를 제공하였다. 전사 공장의 개념은 두 가지 흥미로운 질문을 유발하였다. ① 핵에 몇 개의 전사 공장이 존재할 것인가? ② 전사 공장 내에는 몇 개의 중합효소가 존재할 것인가?

피터 쿡(Peter Cook) 등은 전사 공장의 수를 알아내기 위하여 1998년 다음의 실험을 진행하였다. 우선 HeLa 세포주에서 합성 중인 RNA 사슬을 브로모유리딘(bromouridine, BrU)으로 표지하였는데, 세포 투과성을 증진시켜 생체 내 BrU 표지를 진행하였다. 이후 성장 중인 RNA 사슬을 시험관에서 비오틴-CTP(biotin-CTP)로 추가 표지하였다. 표지된 RNA는 BrU 혹은 비오틴에 대한 1차 항체와 각 항체에 대한 2차 항체 혹은 금 입자를 지닌 단백질 A로 확인할 수 있다. BrU 표지는 9nm 금 입자로, 비오틴 표지는 5nm 금 입자로 검출할 수 있다. 그림 12.23a는 BrU 표지 결과를 저해상도로 나타낸 것이며, 그림 12.23b는 BrU 및 비오틴 표지를 고해상도로 나타낸 결과이다. 따라서 전사

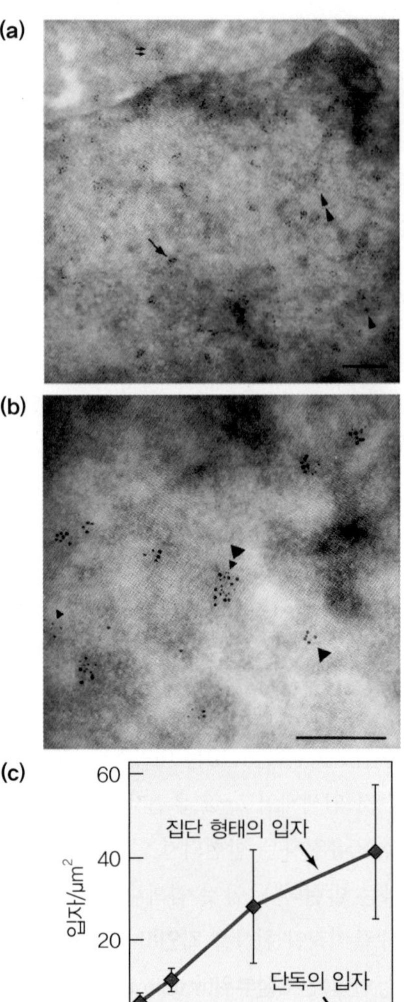

그림 12.23 전사 공장의 검증. (a) 저해상도 사진. 쿡 등은 HeLa 세포에서 성장 중인 RNA에 BrU로 표지한 후 9nm 금 입자로 간접 면역염색을 수행하여 표지를 검출하였다. 대부분의 표지된 RNA는 집단(화살표) 형태로 관찰되었다. 대부분의 집단 형태는 전사 공장을 나타내지만, 일부는 RNA 공정 혹은 세포질내의 성숙한 RNA(2개의 작은 화살표)까지 나타낸다. 약한 표지는 염색질 간의 집단(이중 화살표머리)에서 발견된다. 염색질 주변부 집단(단일 화살표머리)에서는 어떠한 표지도 발견되지 않는다. (b) 고해상도 사진. 쿡 등은 성장 중인 RNA를 BrU로 생체 내 표지한 후, 시험관 내에서 표지된 RNA를 비오틴-CTP로 연장 표지하였다. BrU 혹은 비오틴-CTP로 표지된 RNA는 각각 9nm와 5nm 금 입자로 간접 면역염색을 통해 검출하였다. 대부분의 금 입자는 집단 형태로 발견되었다. 큰 혹은 작은 화살표머리는 각각 큰 혹은 작은 금 입자를 표시한다. 대부분의 집단에는 두 가지 크기의 입자를 모두 포함하고 있다. (c) 집단형태로 관찰되는 입자들은 전사 위치에 해당한다. Cook 등은 BrU가 포함된 배지에서 다양한 시간동안 세포를 배양한 후, 9nm 금 입자를 이용한 면역염색법으로 BrU-RNA를 검출하였다. (출처: Jackson et al., Numbers and Organization of RNA Polymerases, Nascent Transcripts, and Transcription Units in HeLa Nuclei. *Molecular Biology of the Cell* Vol. 9, 1523–1536, June 1998. Copyright © 1988 by The American Society for Cell Biology.)

는 핵 내에서 전반적으로 일정하게 일어나는 것이 아니라 작은 구획 형태로 집중되어 나타나며, 대부분의 구획에서는 하나 이상의 RNA 사슬이 합성되고 있다.

시험관에서 진행하는 비오틴 표지의 목적은 완성된 RNA가 합성 장소에서 이동하는 것을 제어하기 위함이다. 만일 RNA가 집단으로 이동한다면, 이것은 전사 공장처럼 보일 것이며 실제 전사 공장의 수보다 과장되어 나타날 것이다. 그러나 시험관 내 표지는 RNA 사슬이 완성되어 합성장소로부터 떠나는 것을 막으므로, 시험관 내 표지된 RNA(작은 금 입자로 확인)는 진정한 전사 공장을 나타내는 것이다. 쿡 등은 생체 내 표지시간이 짧은 경우(2.5분)에는 생체 내 표지된 집단과 시험관 내 표지된 집단이 높은 빈도로 일치함을 관찰하였다. 즉, 큰 금 입자와 작은 금 입자가 동일 집단에서 발견되는 경우가 전체의 85% 정도에 해당하였다. 좀 더 긴 생체 내 표지시간(10분 이상)이 주어질 경우, BrU-표지된 집단은 비오틴-표지된 집단과 서로 결합되어 있지 않았으며, 따라서 진정한 전사 공장이 아닌 것으로 판단되었다.

확인된 집단은 정말 전사 지점을 나타내는 것일까? 만일 그렇다면 시간에 따라 더 많은 RNA 중합효소가 전사 개시를 진행할 것이므로, 금 입자의 수는 증가할 것으로 예상된다. 그림 12.23c에서는 집단 내에 존재하는 입자의 수가 증가하는 데 반해 단독으로 존재하는 입자의 수는 변화가 없음을 보여 준다. 즉, 전사는 집단 형태로 일어남을 알려준다.

쿡 등은 평균적으로 핵 내 부분에서 μm^2당 1개의 집단을 발견하였다. 핵질의 전체 부피를 알고 있으므로, 계산을 통해 세포당 활성 RNA 중합효소 II 및 III를 지닌 대략 5,500개의 핵질 전사 공장이 있음을 알 수 있다. 쿡 등은 α-아마니틴(amanitin)이 있거나 혹은 없는 상태에서 이미 합성 개시된 RNA 사슬을 표지된 UTP로 시험관 내에서 연장 반응시켜 본 결과 시험관 내 표지 기간 동안 합성되는 RNA의 양을 추정할 수 있었다. 표지 기간 동안 성장하는 RNA 사슬의 평균 길이를 알 수 있으므로, 성장하는 RNA 사슬의 수를 추정할 수 있으며, 따라서 활성을 지닌 RNA 중합효소의 수도 예측할 수 있다. 각 세포는 대략 75,000개의 활성 RNA 중합효소 II 및 III를 지닌 것으로 계산되었다. 세포당 5,500개의 전사 공장이 있으므로, 75,000/5,500의 계산을 통해 전사 공장당 14개의 활성 RNA 중합효소 II 및 III를 지닌 것으로 추정할 수 있다.

4) 복합 인핸서

많은 유전자는 하나 이상의 인핸서를 지니고 있어서 여러 자극에 대해 반응할 수 있다. 예를 들어 진핵생물의 메탈로티오닌(metallothionine) 유전자는 중금속 독성에 대항할 수 있게 해주는 단백질을 암호화하며, 그림 12.24에 나타낸 것처럼 조절 요소에 의해 발현된다. 인핸서에 결합하는 각각의 활성인자들은 프로모터에 결합하는 개시전 복합체와 상호 작용해야 하는데, 이것은 아마도 DNA의 고리 형성에 의해 이루어지는 것 같다.

여러 개의 활성인자 결합부위가 하나의 유전자 발현을 조절한다는 개념이 대두됨에 따라 인핸서에 대한 정의가 바뀌고 있다. 인핸서는 프로모터가 아닌 DNA 서열로 최소한 하나의 인핸서 결합단백질과 함께 인접한 유전자의 전사를 촉진하는 것으로 정의되었다. 따라서 그림 12.24에 나타낸 메탈로티오닌 유전자의 TATA 서열 상단부 조절부위는 여러 개의 인핸서를 가지는 것으로 설명되었다. 그러나 인핸서의 개념은 프로모터를 제외한 연속적으로 위치하는 전체 조절부위로 발전되었다. 즉, 메탈로티오닌 유전자의 조절부위 전체는 하나의 인핸서로 인식되며, BLE는 전체 인핸서 내에 존재하는 하나의 조절 요소에 해당한다. 더 새로운 정의를 사용하면 어떤 유전자는 여러 개의 인핸서에 의해 조절된다. 예를 들어 이 장의 후반부에서 설명되는 초파리의 노란색과 흰 눈 유전자는 3개의 인핸서(활성인자의 연속적인 결합부위를 지닌 3개의 서열군)에 의해 조절된다.

여러 활성인자와 상호 작용하는 인핸서는 유전자 발현을 미세하게 조정한다. 다양한 활성인자의 조합에 의해 특정 유전자는 각 세포에서 각기 다른 정도로 발현하게 된다. 사실, 여러 가지 인핸

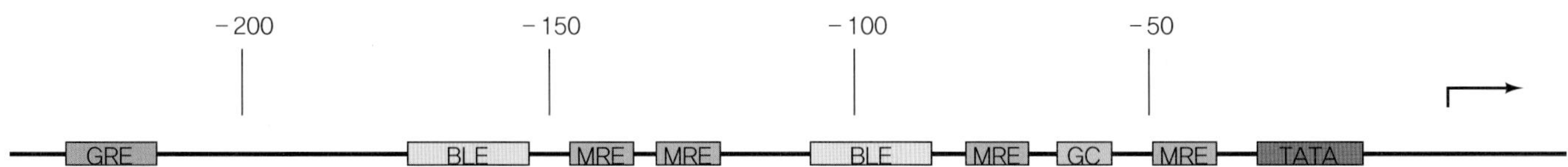

그림 12.24 사람 메탈로티오닌 유전자의 조절부위. 전사개시점(+1) 상단부에 존재하는 각 조절부위는 3′-5′ 방향으로 다음과 같이 나타난다. TATA 상자, 중금속에 반응하여 유전자를 활성화시키는 중금속 반응요소(MRE), Sp1 활성인자에 반응하는 GC 박스, 또 다른 MRE, AP-1 활성인자에 반응하는 기저 수준 인핸서(BLE), 또 다른 2개의 MRE, BLE, 글루코코르티코이드 호르몬과 이의 수용체로 구성된 활성인자에 의해 유전자 활성을 조절하는 글루코코르티코이드 반응요소(GRE).

서의 존재 유무는 2차원적 암호(있으면 '개' 스위치, 없으면 '폐' 스위치)를 연상케 한다. 물론 스위치를 켜기 위해서는 활성인자가 존재해야 한다. 그러나 여러 인핸서가 협력적으로 작용하는 것으로 보아 이는 단순히 부가적으로만 배열된 것은 아닐 것이다.

여러 개의 인핸서와 여러 개의 활성인자 간의 상호 작용을 잘 묘사하는 표현은 **조합 코드**(combinatorial code)이다. 특정 시간에 특정 세포에 존재하는 모든 활성인자의 농도는 하나의 코드를 형성할 수 있다. 만일 어떤 유전자가 하나 또는 그 이상의 활성인자에 반응하는 인핸서 조합을 가지고 있다면, 그 코드를 해석할 수 있을 것이다. 그 결과 적정 수준의 유전자 발현이 일어나게 될 것이다.

이에 대한 좋은 예로 에릭 데이비슨(Eric Davidson) 등이 제공한 성게의 *Endo 16* 유전자에 존재하는 복합 인핸서가 있다. 이 유전자는 내장을 포함한 내배엽성 조직을 만드는 세포 그룹인 초기 배아의 식물판에서 활성을 나타낸다. 데이비슨 등은 *Endo 16*의 5′-말단부위와 핵단백질과의 결합 여부부터 실험했다. 그들은 그림 12.25와 같이 6개 모듈로 구성된 여러 부위들을 찾아냈다.

핵단백질과 결합하는 이 모든 모듈들이 실제 유전자 활성화에 관여하는지를 어떻게 알 수 있을까? 치우화 여(Chiou-Hwa Yuh)와 데이비슨은 이 모듈들을 단독 또는 조합으로 *cat* 리포터 유전자(5장 참조)에 연결한 플라스미드를 성게 알에 재삽입한 후 배발생 중에 리포터 유전자 발현 양상을 관찰했다. 그들은 각각 연결한 모듈의 조합에 따라 리포터 유전자가 배아의 특정 시기와 특정 부위에서 발현하는 것을 발견했다. 이것은 각 모듈들이 발생 중의 배아에 불균일하게 분포하는 활성인자와 반응하는 것이다.

모든 구성원들은 시험관 내에서 독립적으로 기능을 수행할 수

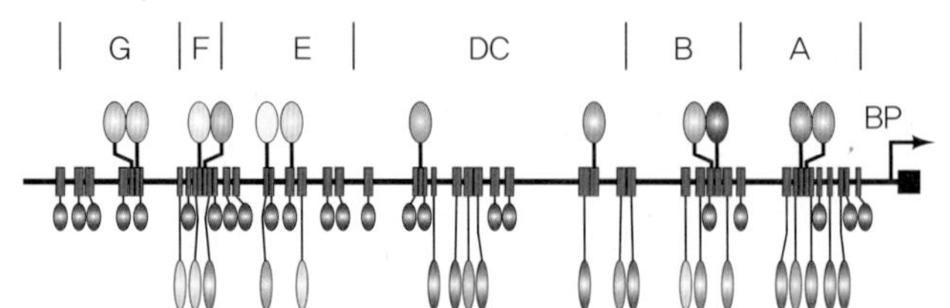

그림 12.25 성게 *Endo 16* 유전자의 인핸서 모듈 배열. 큰 크기와 중간 크기의 채색된 타원형은 활성인자를 나타내고, 파란색 원형은 인핸서 부위(빨간색 사각형)에 결합한 구조 전사인자를 나타낸다. 인핸서는 G, F, E, DC, B 및 A로 표시된 상자처럼 군집 또는 모듈로 배열되어 있다. 수직선은 각 모듈을 구분하는 제한효소 반응부위이다. BP는 기본 프로모터를 의미한다. (출처: Adapted from Romano, L.A. and G.A. Wray, Conversation of *Endo 16* expression in sea urchins despite evolutionary divergence in both cis and trans-acting components of transcriptional regulation, *Development* 130 (17): 4189, 2003.)

도 있지만, 생체 내 상황에서는 더 조직화되어 있다. 모듈 A는 유일하게 직접 기본 전사 기구와 상호 작용하며, 다른 모든 모듈들은 A를 통해 작용한다. 일부 상단부 모듈(B와 G)은 A를 통한 상승작용을 나타냄으로써 내배엽 세포에서 *Endo 16*의 전사를 활성화시킨다. 다른 모듈들(DC, E와 F)은 A를 통한 상승작용을 나타냄으로써 내배엽 이외의 세포들에서 *Endo 16*의 전사를 억제한다. (모듈 E와 F는 외배엽에서 이러한 역할을 하는 반면, 모듈 DC는 골격을 형성하는 간충직 세포에서 이러한 역할을 수행한다.)

5) 구조 전사인자

지금까지 논의한 활성인자와 보편전사인자를 연결시키는 고리 형성 기작은 DNA가 이와 같은 구부러짐에 대해 충분히 유연하기 때문에 최소한 몇백 염기쌍 떨어진 DNA에 결합한 단백질 간에도 적용된다. 반면에 많은 인핸서들은 프로모터에 근접해 있기 때문에 몇 가지 문제점을 지닌다. 짧은 DNA는 유연하지 못하고 단단한 막대기처럼 작용하므로 가까운 거리에 있는 DNA에서는 고리 형성이 자발적으로 형성되지 못한다.

그렇다면 어떻게 활성인자와 보편전사인자들이 DNA상에 서로 가까이 결합하여 전사를 활성화시킬 수 있을까? DNA 자체가 아닌 어떤 다른 것이 이들 사이에 놓여 DNA를 구부러뜨릴 수 있다면 서로 접근이 가능할 것이다. DNA 조절부위의 모양을 변화시켜 줌으로써 다른 단백질들이 접촉하여 전사를 활성화하는 기능을 지닌 **구조 전사인자**(architectural transcription factor)의 예가 알려져 있다. 진핵세포의 구조 전사인자의 첫 번째 예가 루돌프 그로쉐들(Rudolf Grosschedl) 등에 의해 제시되었다. 그들은 전사 개시점에서 112bp 이내에 활성인자 Ets-1, LEF-1, CREB의 결합부위인 3개의 인핸서를 지니는 사람 T-세포 수용체 α-사슬(TCR α)의 유전자 조절부위를 이용했다(그림 12.26).

LEF-1은 임파구 인핸서 결합인자로 그림 12.26에 나타낸 바와 같이, 가운데 인핸서에 결합하여 TCR α 유전자의 활성화를 돕는다. 그러나 그로쉐들 등은 이미 LEF-1 자체는 TCR α 유전자

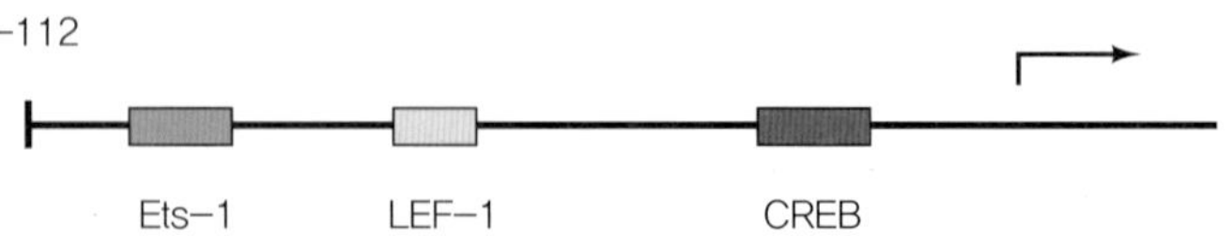

그림 12.26 사람 T-세포 수용체 α-사슬(TCR α) 유전자의 조절부위. 전사개시점 상단 112bp 내에 Ets-1, LEF-1 및 CREB과 결합하는 3개의 인핸서가 있다. 이 3개의 인핸서는 각자 고유 이름으로 불리지 않고 인핸서에 결합하는 전사인자에 따라 명명된다.

전사를 활성화시키지 못함을 밝혔다. 그렇다면 LEF의 역할은 무엇일까? 그로쉐들 등은 LEF-1이 인핸서의 작은 홈에 결합하여 DNA를 130° 구부린다는 것을 알아냈다.

이들은 두 가지 방법으로 LEF-1이 작은 홈에 결합하는 것을 증명했다. 우선, 인핸서 내부에 존재하는 6개 아데닌의 N3(작은 홈에 위치)을 메틸화시킬 경우 인핸서 기능이 억제됨을 알았다. 이어서 그들은 6개의 A-T쌍을 I-C쌍으로 교체함으로써 작은 홈은 변화시키지 않고 큰 홈만 변화시킬 경우 인핸서 활성이 유지됨을 밝혔다. 이것은 스타크(Stark)와 홀리(Hawley)가 TBP는 TATA 상자의 작은 홈에 결합함을 증명할 때 사용한 방법과 동일하다(11장 참조).

다음으로 이들은 CAP가 lac 오페론 DNA를 구부러뜨림을 증명한 우(Wu)와 그로더스(Crothers)의 전기영동(7장 참조)와 동일한 방법을 이용해 LEF-1이 DNA를 구부림을 증명했다. 이들은 LEF-1 결합부위를 선형 DNA 조각의 각기 다른 부위에 위치시키고 LEF-1과 결합시킨 다음 전기영동상의 이동성을 관찰했다. 결합부위가 DNA 조각의 중간에 있을 때 이동성이 매우 감소했는데, 이는 심한 구부림이 있음을 뜻한다.

그들은 또한 DNA 구부림이 소위 LEF-1의 **HMG 영역**(HMG domain)에 의한 것임을 밝혔다. **HMG 단백질**(HMG protein)은 전기영동 시 빠른 이동상(즉 High Mobility Group, HMG)을 보이는 작은 핵단백질이다. LEF-1의 HMG 영역의 중요성을 알아보기 위해 그들은 HMG 영역만을 지닌 순수 정제한 펩티드가 온전한 단백질과 동일한 구부림(130°)을 유발함을 밝혔다. (구부림을 유도하는 요소가 DNA 단편 말단에 위치하여) 최대 이동상을 나타내는 지점에 대한 이동 곡선을 분석함으로써 LEF-1 결합부위에서 구부림이 형성됨을 알 수 있었다. LEF-1 자체는 전사를 촉진시키지 못하므로 간접적으로 DNA를 구부림으로써 작용하는 것으로 보인다. 이로써 다른 활성인자는 프로모터의 기본 전사 기구와 접촉할 수 있게 되고 이에 따라 전사가 촉진될 것이다.

6) 인핸세오솜

앞서 모듈 구조의 인핸서, 펼쳐진 형태의 인핸서(성게의 Endo 16 인핸서), 촘촘한 형태의 인핸서(TCRα 인핸서) 등 여러 종류의 인핸서를 살펴보았다. *Endo 16* 유전자의 전사는 서로 다른 조합의 활성 인자에 대해 다르게 반응하므로, 일련의 활성인자들이 유전자를 활성화시킨다. 톰 마니아티스(Tom Maniatis) 등은 바이러스 감염에 반응하는 인간의 인터페론-β 유전자의 인핸서를 조사하였다. 인터페론-β 인핸서는 8개의 폴리펩티드에 대한 결합자리가 존재한다: ATF-2/c-Jun 이형2량체에 대해 두 자리, 인테페론 반응 인자 IRF-3와 IRF-7에 대한 두 자리가 반복된 네 자리, p50과 RelA의 이형2량체인 **핵인자 카파 B**(nuclear factor kappa B, NF-κB)에 대해 두 자리. 인핸서에 결합한 단백질들은 공동활성인자인 CREB-결합 단백질(CBP) 혹은 p300의 도움으로 프로모터와 상호 작용하게 된다.

Endo 16 인핸서와는 달리 IFN-β 인핸서는 모든 활성인자들이 세포에 동시에 존재할 때에만 작동한다. IFN-β 인핸서에 작용하는 모든 활성인자들은 여러 유전자를 활성화시키며 다양한 종류의 세포에 존재하므로, 동시에 존재해야 한다는 점이 유전자 발현에 중요하다. IFN-β 유전자는 세포가 바이러스에 감염되었을 때만 강하게 발현한다. 바이러스가 감염된 세포에만 모든 활성인자가 함께 존재하기 때문에, 모든 활성인자를 동시에 요구한다는 점이 이러한 모순을 해결해 준다.

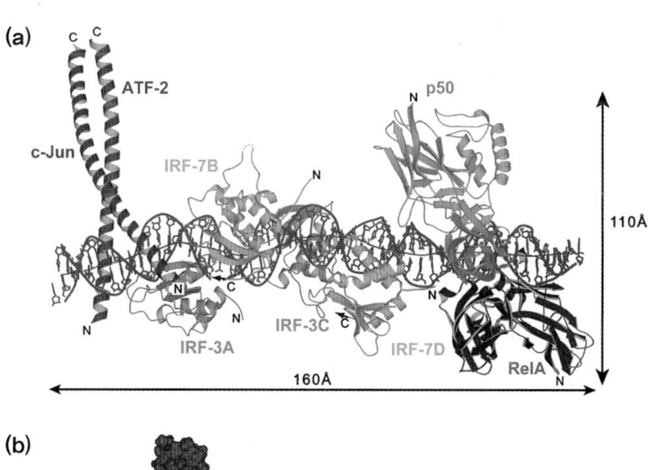

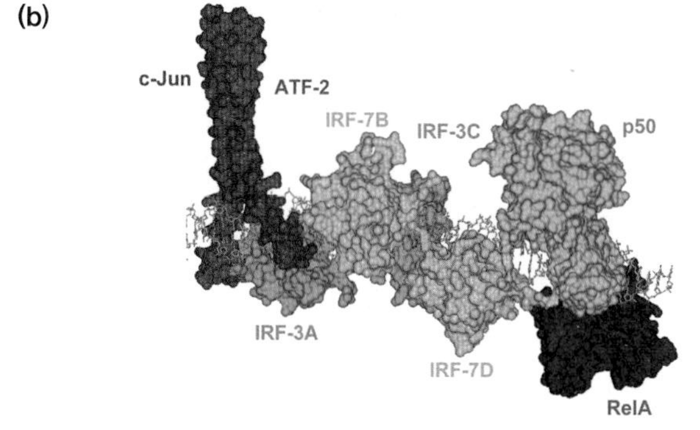

그림 12.27 사람의 IFN-β 인핸세오솜 구조 모델. (a) 인핸세오솜의 리본 구조 모델, 부드럽게 물결치는 형태의 DNA와 붉은 선으로 표시된 DNA의 축이 나타나 있다. 2개의 IRF-3 분자는 -3A와 -3C로 표시되어 있으며, 2개의 IRF-7 분자는 -7B와 -7D로 표시되어 있다. 모든 활성인자에 대해 겹치는 결합 자리는 모델 아래쪽 DNA 서열상에 나타나 있다. **(b)** 패널 (a)와 동일 방향에서 본 인핸세오솜의 분자 표면 구조 모델. (출처: Reprinted from *Cell*, Vol. 129, Panne et al., An Atomic Model of the Interferon-β Enhanceosome, Issue 6, 15 June 2007, pp 1111-1123, © 2007, with permission from Elsevier.)

IFN-β 유전자 활성에 중요한 역할을 하는 또 다른 단백질로 HMG 단백질군에 속하는 **HMGA1a**가 있다. LEF-1과는 달리 HMGA1a 단백질은 DNA를 구부리지 않는 대신에 DNA의 A-T 염기쌍이 풍부한 지역의 휘어진 구조를 조절한다. HMGA1a 단백질은 IFN-β 유전자 활성에 필수적이며, 인핸서에 다른 활성인자의 협동적인 결합을 도와주게 된다.

IFN-β 인핸서의 작동에는 여러 단백질의 협조적인 결합이 필요하며, DNA 구부러짐을 조정하는 단백질도 요구된다는 사실에서 **인핸세오솜**(enhanceosome) 개념이 나오게 되었다. 인핸세오솜은 특정 구조의 복합체를 형성하여 인핸서에 결합하는 단백질 무리를 말하며, 전사를 효과적으로 활성화시킨다. 원래의 인핸세오솜 개념에서는 인핸세오솜 내의 DNA가 상당히 구부러져 있으며, HMG 단백질이 이러한 구부러짐을 유도하는 것으로 알려져 있었다. 그러나 HMGA1a 단백질은 DNA를 구부리지 않으며, 이후 설명에서 나오겠지만 HMGA1a는 IFN-β 인핸세오솜의 구성원도 아니다. 따라서 상당히 구부러진 DNA를 지닌 인핸세오솜의 개념은 약간 흔들리고 있다.

마니아티스 등은 2007년 두 부분으로 나뉜 IFN-β 인핸세오솜의 결정 구조를 조립하였다(그림 12.27). 전체 인핸세오솜의 반쪽 부분은 IRF-3, IRF-7 및 NF6B의 DNA 결합영역이며, 다른 반쪽은 이미 분석된 결정 구조이다. 마니아티스 등은 인핸세오솜 내의 DNA가 부드러운 물결 모양을 형성하기도 하지만, 본질적으로 직선 형태를 이루고 있음을 발견하였다. IFN-β 인핸서는 4개의 HMGA1a 결합 자리를 가지지만, HMGA1a 단백질은 다른 활성인자와 함께 결합하지는 않는 것 같다. 최종적인 인핸세오솜에는 HMGA1a가 위치할 공간이 없다. 그러나 결정 구조 분석에서는 HMGA1a 단백질이 인핸서에 여러 활성인자의 협동적인 결합을 도와주는 점을 부각시켜 준다. 물론 여러 활성인자들이 함께 가까이 결합하기는 하나, 상당히 미약하게 서로 상호 작용하고 있다. 따라서 HMGA1a 단백질은 DNA 및 여러 활성인자와 일시적으로 결합하여 이들 간의 상호 작용을 도와 협동적인 결합을 증진시킬 것으로 추정된다.

7) 인슐레이터

우리는 인핸서가 활성을 나타내는 프로모터로부터 먼 거리에 위치해도 작용할 수 있음을 배웠다. 예를 들어 초파리 cut 유전자 부위에 있는 날개 가장자리 인핸서는 프로모터에서 85kb 떨어져 존재한다. 어떤 인핸서가 관계없는 다른 유전자 가까이 위치한다면 이 유전자를 활성화시킬 수도 있을 것이다. 세포는 그런 부적절한

(a)

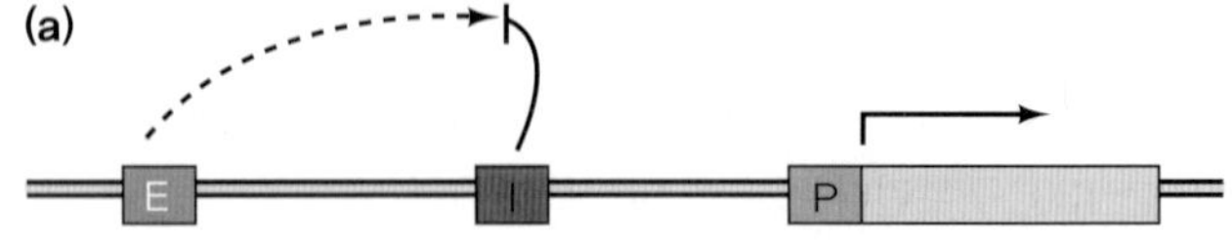

(b)

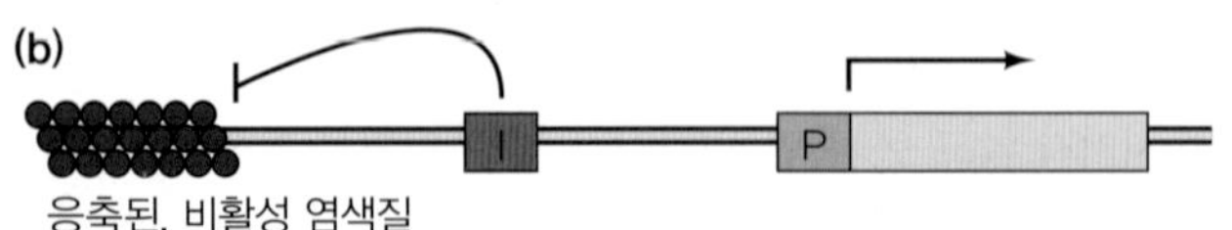

그림 12.28 인슐레이터의 기능. (a) 인핸서 활성의 차단. 프로모터와 인핸서 사이에서 인슐레이터는 프로모터가 인핸서의 활성 효과를 감지하지 못하게 막는다. (b) 경계 활성. 프로모터와 응축된 비활성의 염색질 사이에 위치한 인슐레이터는 프로모터가 응축된 염색질의 효과를 감지하지 못하게 막는다. (사실 프로모터 부위까지 응축되는 것을 막는다.)

활성을 어떻게 막을 것인가? 초파리와 포유류를 포함한 고등생물체는 가까이 있는 인핸서에 의해 관련없는 유전자가 활성화되는 것을 막기 위해 '절연체'라는 뜻의 **인슐레이터**(insulator)라 불리는 DNA 성분을 사용한다.

게리 펠젠펠드(Gary Felsenfeld)는 인슐레이터를 '인접 요소의 영향에 대한 경계(barrier)'라고 정의했다. **인핸서 차단 인슐레이터**(enhancer blocking insulator)는 인접한 인핸서의 활성 작용으로부터 DNA를 보호하는 인슐레이터를 말한다. 반면 **경계 인슐레이터**(barrier insulator)는 응축된 염색질이 해당 유전자 부위로 잠식해 들어오는 것을 막아 유전자 침묵 현상을 억제하게 된다. 대부분의 인슐레이터는 이러한 두 가지 기능을 하지만, 모두가 그러하지는 않다. 어떤 인슐레이터는 특정 한 가지 기능으로 특수화되어 있다. 효모의 염색체 말단부위에 존재하는 인슐레이터는 주로 사일런서 서열에 대한 경계로 작용하는 대표적인 예이다.

인슐레이터는 어떻게 작용하는가? 자세히는 모르지만 인슐레이터가 DNA 영역 간의 경계를 정한다는 것을 알고 있다. 따라서 인핸서와 이에 의해 활성화되는 프로모터 사이에 인슐레이터를 위치시킬 경우 그 활성이 억제된다. 이와 비슷하게 사일런서와 이에 의해 억제받는 유전자 사이에 인슐레이터를 위치시킬 경우 억제작용이 없어진다. 인슐레이터가 유전자영역과 인핸서(또는 사일런서) 영역 사이에 경계를 형성함으로써 유전자는 더 이상 활성화(또는 억제) 효과를 나타내지 못하게 되는 것 같다(그림 12.28).

인슐레이터는 단백질의 결합에 의해 작용하는 것으로 알려져 있다. 예를 들어 특정 초파리 인슐레이터는 **GAGA 상자**(GAGA box)로 알려진 GAGA 서열을 가지고 있다. 인슐레이터 활성을 갖

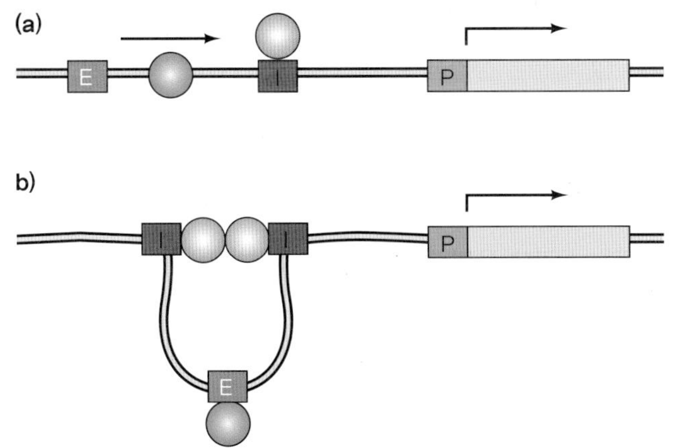

그림 12.29 인슐레이터의 작용기작에 대한 두 가지 가설. (a) 이동 모델. 활성인자는 인핸서에 결합하며 자극신호(초록색)를 지니는데, 아마 활성인자 그 자체가 인핸서에서 DNA를 따라 프로모터로 미끄러져 이동할 것이다. 그러나 하나의 단백질 또는 단백질군과 결합한 인슐레이터(빨간색)는 길의 가운데에서 신호가 프로모터에 전달되는 것을 막는다. **(b)** 고리 모델. 하나의 인핸서(파란색) 양쪽 옆에 위치한 두 인슐레이터(빨간색). 단백질들(보라색)이 인슐레이터에 결합하면 이들은 서로 결합하여 인핸서를 고리 내에 고립시켜 인핸서는 인근 프로모터(주황색)로부터 전사를 자극시킬 수 없게 된다.

기 위해서는 GAGA 결합단백질인 **Trl**이 필요하다. 유전학적 실험을 통해 GAGA 상자 자체나 Trl을 암호화하는 *trl* 유전자에 돌연변이가 일어나면 인슐레이터의 활성이 없어진다는 사실이 밝혀졌다.

인슐레이터의 작용에 대한 여러 가지 기작을 예상할 수 있다. 이 중에서 인슐레이터가 인슐레이터의 상단부에 응축된 염색질구조를 유도한다는 모델은 쉽게 배제시킬 수 있다. 만약 이것이 사실이라면 인슐레이터의 상단부에 위치시킨 유전자도 항상 발현되지 않을 것이다. 그러나 초파리를 이용한 실험에서 인슐레이터의 상단부에 위치한 유전자는 여전히 활성을 나타냈으며 자신의 인핸서에 의해 활성화됨이 확인되었다.

그림 12.29에는 인슐레이터의 작용 모델이 두 가지로 제시되어 있다. 첫 번째 모델의 경우, 인핸서에서 프로모터로 신호가 전달될 때 인슐레이터가 이러한 신호의 전달을 막게 된다. 두 번째 모델의 경우, 인슐레이터 간의 상호 작용이 필요하며, 이를 통해 DNA 고리 내에 인핸서가 고립됨으로써 프로모터와 상호 작용할 수 없게 된다.

첫 번째 모델은 이 장의 앞부분에서 설명한 더나웨이와 드뢰게에 의한 실험과 유사한 개념하에 수행한 크렙스(J. Krebs)와 더나웨이에 의한 실험 결과와 조화시키기 어렵다. 앞의 실험에서(그림 12.20), 더나웨이와 드뢰게는 사슬구조에 연결된 DNA 고리에 각각 프로모터와 인핸서를 넣었으며, 이때 인핸서가 여전히 작용함을 확인했다. 크렙스와 더나웨이는 다음 실험에서 같은 사슬구조를 사용했으나 이번에는 인핸서 또는 프로모터를 두 가지 초파리 인슐레이터인 scs와 scs′ 사이에 놓이도록 했다. 이 두 경우 모두에서 인슐레이터는 인핸서의 작용을 억제했다. 반면에 두 고리 모두에서 1개의 인슐레이터는 거의 영향을 주지 않았다. 더나웨이연구팀의 두 실험 모두에서 인핸서로부터 프로모터로 신호가 전달되어 가려면 신호는 한 DNA 고리로부터 다른 고리로 뛰어 넘어갈 수 있다고 가정해야만 한다. 또한 1개의 인슐레이터는 촉진작용을 막을 수 없다는 발견으로부터 어떤 종류의 신호인지는 모르지만 신호는 인핸서의 양방향으로 움직일 수 있어야 함을 의미한다.

두 번째 모델에 반대하는 주장들이 제기되었는데, 주요 연구 결과로 일부 인슐레이터는 인핸서를 사이에 둔 2개의 서열이 아니라 단독으로 작용할 수 있다는 것이다. 그러나 두 번째 인슐레이터가 존재하지만 실험상 그 존재를 인식하지 못할 가능성도 제기될 수 있다. 즉, 두 번째 인슐레이터에 결합하는 어떤 단백질이 첫 번째 인슐레이터에 결합되어 있는 단백질과 상호 작용함으로써 두 인슐레이터 사이의 염색질이 고리 구조를 형성하여 인핸서가 한쪽의 프로모터에는 작용하지 못하고 다른 쪽의 프로모터에만 작용할 수도 있을 것이다.

하이니 카이(Haini Cai)와 핑 쉔(Ping Shen)은 이러한 가정을 뒷받침하는 실험을 수행하였다. 초파리에서 알려진 인슐레이터[su(Hw); 털이 있는 날개(Hairy wing)의 억제자] 하나를 인핸서와 프로모터 사이에 위치시키면 인슐레이터에 의해 인핸서 기능이 감소됨을 확인하였다. 그러나 동일 인슐레이터 서열 2개를 인핸서의 한쪽 편에 동시에 위치시키면 전혀 인슐레이터의 기능을 하지 못함을 관찰하였고, 두 인슐레이터를 인핸서의 양편에 하나씩 두게 되면 인슐레이터 기능이 나타남을 볼 수 있었다. 그런데 Su(Hw) 인슐레이터는 레트로트랜스포존(23장 참조)의 일부분이며, Su(Hw)라는 단백질이 인슐레이터에 결합한다.

그림 12.30은 카이와 쉔의 실험 결과를 해석한 것이다. (a)에서는 하나의 인슐레이터에 의해 나타나는 현상을 보여 준다. 인핸서 상단부 어딘가에 존재하는 미지의 인슐레이터(I)의 협조로 인핸서의 기능을 차단하고 있다. (b)에서는 인핸서 양편에 존재하는 인슐레이터의 작용을 보여 준다. 인슐레이터에 결합한 단백질이 상호 작용함으로써 DNA를 휘게 하여 고리 구조를 만들고 인핸서를 고리 구조 내로 격리하여 프로모터에 작용할 수 없도록 한다. (c)에서는 인핸서와 프로모터 사이에 위치한 2개의 인접 인슐레이터를 보여 준다. 인슐레이터에 결합한 단백질이 상호 작용하여 고리

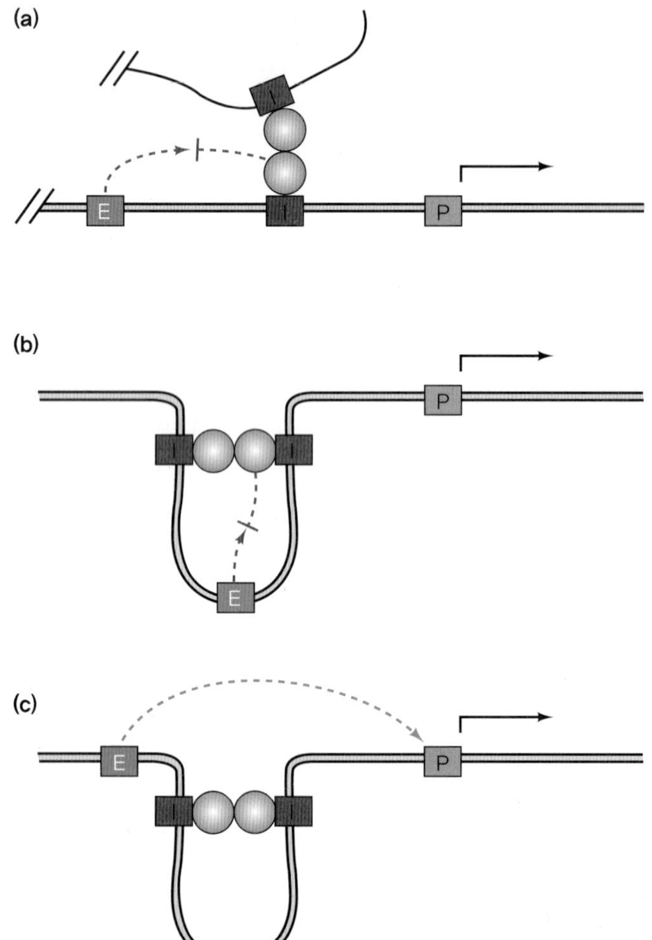

그림 12.30 여러 개의 인슐레이터의 작용기작에 대한 모델. **(a)** 인핸서(E, 파란색)와 프로모터(P, 주황색) 사이에 존재하는 하나의 인슐레이터(I, 빨간색)에 결합한 단백질(보라색)은 다른 인슐레이터에 결합된 단백질과 상호 작용한다. 이때 두 인슐레이터와 여기에 결합하는 두 단백질의 종류가 반드시 동일할 필요는 없다. 이러한 단백질–단백질 상호 작용은 인핸서를 프로모터에서 분리시켜 전사 촉진을 막는다. **(b)** 인핸서 양쪽으로 존재하는 두 인슐레이터에 결합한 단백질이 상호 작용하여 DNA에 고리 구조를 만들고 인핸서를 프로모터로부터 격리시켜 전사를 억제한다. **(c)** 인핸서와 프로모터 사이에 존재하는 두 인슐레이터에 결합한 단백질이 상호 작용하여 DNA를 고리 구조로 만들지만 인핸서는 프로모터에 여전히 작용할 수 있다. 따라서 두 인슐레이터는 서로의 기능을 중화시켜 전사 촉진을 방해하지 않는다. 그림에 나타나지는 않았지만 인핸서와 프로모터는 DNA 고리 구조를 형성함으로써 상호 작용할 것이다. (출처: Adapted from Cai, H.N. and P. Shen, Effects of cis arrangement of chromatin insulators on enhancer-blocking activity. *Science* 291 [2001] p. 495, (4.))

구조를 만들지만 인핸서의 가능에는 아무런 영향도 미치지 못한다. 오히려 고리 구조가 만들어지면서 인핸서는 프로모터와 더 가까워지게 되어 아마도 인핸서 기능이 더 증진될 수도 있을 것이다.

2001년 빈센초 피로타(Vincenzo Pirrotta) 등은 su(Hw) 인슐레이터와 다른 종류의 프로모터 서열을 이용하여 동일한 실험을 진행하였고, 역시 동일한 결과를 얻었다. 그들은 새로운 멋진 실험을 더 진행하였는데, 나란히 배열된 2개의 유전자 상단부에 3개의 인핸서를 위치시키고 하나에서 3개의 인슐레이터를 다양한 위치에 배치하였다. 두 유전자는 초파리의 몸 색깔과 눈 색깔을 각각 결정하는 노란색 유전자(돌연변이가 일어나 불활성화되면 검은색 색소가 만들어지지 않아 초파리 몸은 노란색이 됨)와 흰 눈 유전자(돌연변이가 일어나면 빨간색 눈 색소가 형성되지 않아 초파리 눈은 흰 눈이 됨)가 이용되었다.

그림 12.31은 피로타의 실험에 사용된 재조합 DNA와 실험 결과를 보여 준다. 첫 번째 재조합 DNA(EyeSYW)는 인핸서와 두 유전자 사이에 하나의 인슐레이터가 존재한다. 카이와 쉔의 모델에서 제시한 것처럼 인슐레이터는 인핸서가 두 유전자의 전사를 활성화시키는 것을 차단하였다. 두 번째 재조합 DNA(Eye-YSW)는 노란색 유전자와 흰 눈 유전자 사이에 인슐레이터가 존재하는데, 예측대로 노란색 유전자는 활성화되고 흰 눈 유전자는 불활성화되었다.

세 번째 재조합 DNA(EyeSYSW)는 두 인슐레이터가 노란색 유전자 양편에 존재하는데, 노란색 유전자는 불활성화되었지만, 흰 눈 유전자는 정상 발현하였다. 이러한 결과는 카이와 쉔의 모델과 부합되는데, 노란색 유전자 양편의 인슐레이터는 노란색 유전자를 고리 구조 내로 격리시켜 인핸서 작용을 받을 수 없게 하지만, 인핸서와 흰 눈 유전자 사이에서는 두 인슐레이터의 상호 작용으로 인핸서가 흰 눈 유전자에 작용하는 데 어떤 영향도 끼칠 수 없을 것이다. 네 번째 재조합 DNA(EyeSYWS)는 두 유전자 양편에 인슐레이터가 존재하는데, 예측대로 두 유전자 모두 불활성화되는 결과를 나타내었다.

다섯 번째 재조합 DNA(EyeSFSYSW)는 3개의 인슐레이터를 가지는데, 2개는 인핸서와 노란색 유전자 사이에 위치하고 1개는 두 유전자 사이에 위치한다. 실험 결과 두 유전자가 모두 활성화되었기 때문에, 인핸서와 유전자 사이에 위치하는 2개 이상의 인슐레이터는 서로의 작용을 중화시킨 것으로 해석된다. (인핸서와 노란색 유전자 사이에는 2개의 인슐레이터가 존재하고, 인핸서와 흰 눈 유전자 간에는 3개의 인슐레이터가 존재한다.) 아마도 인핸서와 노란색 유전자 사이에 위치한 2개의 인슐레이터는 서로의 기능을 중화시켜 노란색 유전자가 발현되었을 것으로 예측되지만, 두 유전자 사이에 위치한 하나의 인슐레이터는 흰 눈 유전자의 활성을 억제할 것으로 예측될 수 있다. 그러나 3개의 인슐레이터 모두 어떠한 작용도 하지 못했으며 두 유전자 모두 활성화되었다. 3

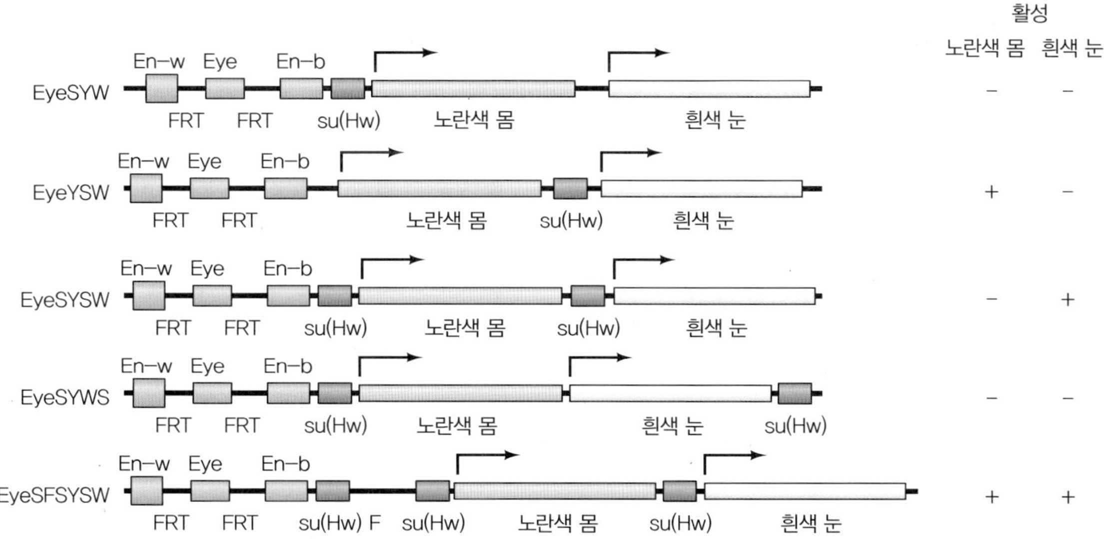

그림 12.31 나란히 배열한 초파리의 두 유전자에 작용하는 인슐레이터의 효과. 실험에 사용된 재조합 DNA의 구조는 왼쪽에, 실험 결과(노란색 유전자와 흰 눈 유전자의 활성화는 +로, 불활성화는 –로 표시)는 오른쪽에 나타내었다. 재조합 DNA 모두는 Eye란 이름으로 시작하는데, 이것은 노란색 유전자와 흰 눈 유전자의 상단부에 위치한 3개의 인핸서군에서 발견되는 눈–특이적인 인핸서 서열이다. S, Y 및 W는 각각 인슐레이터(su(Hw), 빨간색), 노란색 유전자, 흰 눈 유전자를 표시한다. 마지막 재조합 DNA에서 F는 사이(spacer) DNA 단편을 표시한다. 재조합 DNA 이름에 존재하는 글자의 위치는 해당 부위가 재조합 DNA의 어디에 위치하는지를 알려준다. 피로타 등은 각 재조합 DNA를 초파리 배아에 주입한 후 몸과 날개의 색깔(노란색 유전자의 활성)과 눈 색깔(흰 눈 유전자의 활성)을 관찰하였다. (출처: Adapted from Muravyova, E., A. Golovnin, E. Gracheva, A. Parshikov, T. Belenkaya, V. Pirotta, and P. Georgiev, Loss of insulator activity by paired Su(Hu) Chromatin Insultators. *Science* 291 [2001] p. 497, f. 2.)

개의 인슐레이터에 결합한 단백질 간의 상호 작용은 어쩌면 인핸서가 두 유전자에 작용할 수 있도록 했을지도 모른다.

인핸서 기능과 인슐레이터 작용을 DNA 고리 형성에 근거하여 설명하는 것은 그림 12.30에서 보는 것처럼 가장 쉬운 해석 방법이다. 그러나 고리 형성만이 유일한 해석은 아니다. 현재까지의 실험 결과로 보면 인핸서 기능을 설명하는 데 있어 추적(tracking) 기작(그림 12.18d 참조)을 제외시킬 수 없다. 인핸서에 결합한 단백질이 프로모터까지 추적해 간다면 인핸서와 프로모터 사이에 하나의 인슐레이터만 존재해도 쉽게 인핸서 작용을 저해할 수 있다. 그렇다면 인핸서와 프로모터 사이에 2개 이상의 인슐레이터 기능이 무효화되는 것은 왜일까? 한 가지 해답은 **인슐레이터 소체**(insulator body)를 형성하는 것이다. 이것은 2개 이상의 인슐레이터와 여기에 결합하는 단백질들이 서로 뭉쳐 하나의 소체를 형성한 것인데, 핵의 표면부에서 관찰된다. 인슐레이터 소체의 형성은 인슐레이터 기능에 중요한 역할을 하는 것으로 보이나, 어떻게 인슐레이터 소체가 작용하는지에 대한 기작에 대해서는 아는 바가 없다. 이러한 가설을 배제와 상태에서(인핸서와 프로모터 사이에 위치한) 2개 이상의 인슐레이터와 인슐레이터 결합단백질은 인슐레이터와 인슐레이터 소체 간의 결합을 방해하는 방식으로 상호 작용할 수도 있다. 그러한 상호 작용은 인슐레이터 활성을 억제하게 될 것이다.

파이퍼 등이 제안한 인슐레이터 활성에 대한 다른 모델에서는, 인슐레이터가 인핸서 혹은 프로모터와 직접 상호 작용함으로써 인핸서와 프로모터 간의 상호 작용을 막는다. 물론 상호 작용의 대상은 DNA 부분 자체가 아니라 각 DNA 부분에 결합하는 단백질이다. 본 장의 앞에서 배운 것처럼, *Igf2* 유전자는 활성화될 때 DNA 고리 구조 형성으로 프로모터와 인핸서 간의 상호 작용이 나타나며, 유전자가 발현하지 않을 때는 이러한 고리 구조와 상호 작용이 나타나지 않았다. 또한 *Igf2* 유전자의 모계 사본은 각인으로 인해 억제되며(중점 설명 12.1), 부계 사본은 태아의 근육과 간세포에서 활성을 나타낸다.

모계 *Igf2* 유전자의 불활성화는 각인조절부위(imprinting control region, ***ICR***, 그림 12.22a)에 의존함을 이미 살펴보았다. ICR은 인슐레이터로 작용하여 인접한 2개의 인핸서의 촉진 작용이 모계 *Igf2* 프로모터에 작용하지 못하도록 막는다. *ICR* 인슐레이터는 **CTCF**(CCCTC–결합 단백질) 단백질과 결합하며, CTCF 단백질은 척추동물의 유전체에 나타나는 다양한 인슐레이터에 결합한다. 파이퍼 등은 모계 염색체에서 *ICR*을 제거할 경우 모계 *Igf2* 유전자가 발현함을 확인하였다. 또한 모계 염색체에서 *ICR*을 제거할 경우 모계 인핸서와 *Igf2* 프로모터가 상호 결합함을

3C 실험과 RFLP 분석(그림 12.22)을 통해 확인하였다. 이러한 결과는 인핸서와 프로모터 간의 물리적 결합이 인핸서 활성에 필수적임을 다시 한 번 강조하며, *ICR* 인슐레이터는 이러한 필수적인 결합을 방해하여 작용함을 알려준다.

그런데 *ICR* 인슐레이터는 어떤 방식으로 *Igf2* 인핸서와 프로모터 간의 결합을 방해하는 것일까? 파이퍼 등은 인슐레이터에 결합한 CTCF 단백질이 인핸서와 프로모터에 상호 작용하거나 혹은 인핸서와 프로모터에 결합된 단백질과 상호 작용함으로써, 인핸서와 프로모터 간의 상호 작용을 방해할 것이라 제안하였다(그림 12.32). 이러한 가정을 증명하기 위해, 인슐레이터가 있는 혹은 없는 모계와 부계 염색체를 이용하여 3C 분석 및 RFLP 실험을 수행한 결과, 모계 염색체에서만 *Igf2* 유전자의 전사가 억제되었다.

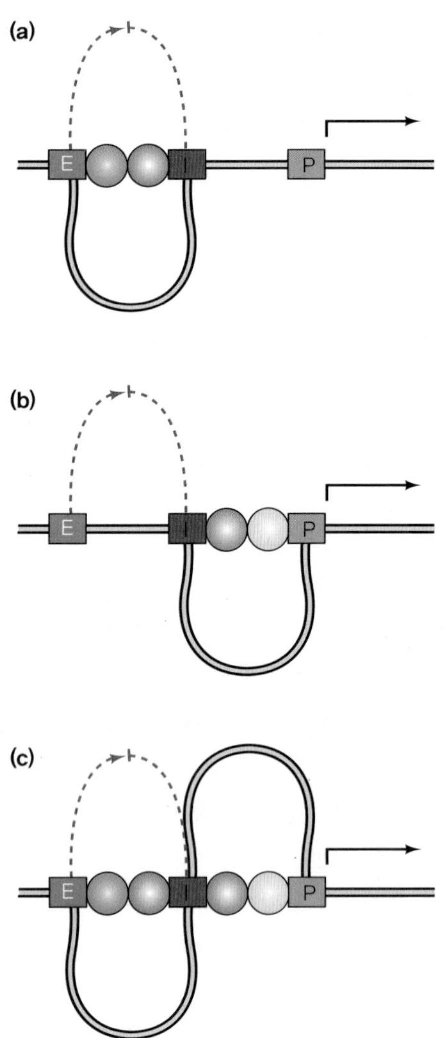

그림 12.32 인핸서와(혹은) 프로모터에 결합하는 인슐레이터의 작용 기작에 대한 모델. **(a)** 인슐레이터는 인핸서에 결합하여 (두 부분에 결합한 단백질을 매개로) 인핸서와 프로모터 간의 상호 작용을 방해한다. **(b)** 인슐레이터는 단백질간 상호 작용을 통해 프로모터에 결합하여 프로모터와 인핸서 간의 상호 작용을 방해한다. **(c)** 인슐레이터는 단백질 간 상호 작용을 통해 프로모터와 인핸서에 모두 결합하여 이들 간의 상호 작용을 방해한다.

따라서 최소한 이 실험 시스템에서 인슐레이터의 기능은 인핸서 및 프로모터와 상호 작용함으로써 프로모터와 인핸서 간의 상호 작용을 막게 된다. 어떤 면에서 이 가설은 매력적이나, 인슐레이터 작용을 일반적으로 설명하는 데는 한계를 지닌다. 첫째, 인슐레이터는 위치 의존적이다. 인슐레이터는 프로모터와 인핸서 사이에 위치할 때에만 인핸서 작용을 억제한다. 앞선 예에서 *ICR* 인슐레이터는 인핸서가 *Igf2* 프로모터의 전사를 촉진시키는 것은 억제하지만, *H19* 프로모터의 전사를 촉진하는 것은 방해하지 않는다. *ICR* 인슐레이터의 위치가 *Igf2* 프로모터와 인핸서 사이에 위치하기 때문에, *H19* 프로모터에는 작용하지 않고 *Igf2* 프로모터와만 상호 작용하는지는 명확하지 않다. 둘째, 인슐레이터는 인핸서를 불활성화시키지는 않는다. 인슐레이터는 한 세트의 프로모터(예를 들어, *Igf2* 프로모터들)에 인핸서가 작용하지 못하도록 막지만, 다른 프로모터(예를 들어, *H19* 프로모터)에는 자유롭게 인핸서가 작용하여 전사가 촉진된다. 인슐레이터와 *Igf2* 인핸서 및 프로모터 간의 결합이 어떻게 인핸서와 프로모터 간의 상호 작용은 억제하면서 *H19* 프로모터처럼 다른 DNA 요소에 인핸서가 효과적으로 상호 작용하는 것은 허용할 수 있는지 분명치 않다.

마지막으로, *Igf2* 유전자의 부계 사본은 왜 인슐레이터의 영향을 받지 않는지 의문스럽다. 부계 *ICR*은 정자형성과정동안 및 이후에 메틸화되며, CTCF는 메틸화된 *ICR*에 결합하지 못한다. 인슐레이터-결합 단백질이 없으면 인슐레이터는 기능하지 못하게 되고, 그 결과 인핸서는 부계의 *Igf2* 프로모터의 전사를 촉진시킬 수 있게 된다. 따라서 인슐레이터의 메틸화는 인슐레이터의 제거와 기능적으로 동등한 것이다.

인슐레이터의 작용기작을 요약하는 가장 좋은 설명은 어떠한 기작도 유일한 것은 아니라는 점이다. 어떤 인슐레이터는 이러한 방식으로 또한 다른 인슐레이터는 또 다른 방식으로 작용할 수 있다.

12.6. 전사인자의 조절

전사인자는 유전자의 전사를 촉진하거나 억제한다. 그렇다면 무엇이 전사인자의 기능을 조절하는 걸까? 이미 이 장에서 하나의 예를 살펴보았고, 이 장 후반부와 13장에서 여러 다른 예를 살펴볼 것이다. 전사인자를 조절하는 여러 신호는 다음으로 분류된다.

1. 이 장의 앞에서 살펴본 바와 같이 글루코코르티코이드 수용체와 같은 특정 핵 수용체에 리간드가 결합되면 수용체는 세포질 내 억제단백질로부터 분리되고 핵으로 위치를 옮겨 전사를 활성화시킨다.
2. 13장에서 살펴보겠지만 핵 수용체와 리간드 간의 복합체는 수용체 단백질이 전사억제인자에서 활성인자로 기능하도록 한다.
3. 활성인자의 인산화는 공동활성인자와의 상호 작용을 가능하게 하여 전사를 촉진하게 된다.
4. 전사인자의 유비퀴틴화(유비퀴틴 폴리펩티드의 결합)는 단백질 분해를 유도하게 된다.
5. 어떤 경우 전사인자의 유비퀴틴화는 단백질의 분해가 아니라 활성을 촉진하기도 한다.
6. 전사인자의 스모화(SUMO 폴리펩티드의 결합)는 전사인자를 핵 내 특정 부위에 편재시켜 전사인자의 활성이 나타나지 않도록 한다.
7. 전사인자의 메틸화는 활성을 조절할 수 있다.
8. 전사인자의 아세틸화는 활성을 조절할 수 있다.

이러한 조절 현상에 대하여 살펴보자.

1) 공동활성인자

활성인자 중 일부는 그 자체로 하나 또는 그 이상의 보편전사인자나 RNA 중합효소와 결합함으로써 기본 전사 복합체를 유인할 수 있으나, 대부분의 전사인자들은 그렇게 할 수 없다. 콘버그 등은 1989년과 1990년 **활성인자 간섭**(activator interference) 또는 **진압**(squelching) 현상을 연구하면서 활성인자 외의 다른 단백질이 전사 복합체를 유인하는 데 관여한다는 첫 번째 증거를 제공하였다. 활성인자 진압 현상은 어떤 활성인자의 농도 증가가 다른 활성인자의 활성을 억제할 때 나타나며, 이는 아마도 두 활성인자 모두에게 요구되는 제한된 인자의 부족 때문인 것으로 추측된다. 이러한 제한 인자는 보편전사인자라 생각되었지만, 콘버그 등은 보편전사인자를 다량 넣어주었을 때에도 진압 현상이 극복되지 않음을 발견했다. 이는 두 활성인자 모두에게 필요한 다른 어떤 인자가 존재함을 의미한다.

이 다른 인자가 무엇일까? 1990년 콘버그 등은 진압 현상을 극복할 수 있는 효모단백질을 부분적으로 정제했다. 이어서 그들은 1991년에 이 인자들을 더 정제한 후 기저 수준의 전사에는 관여하지 않지만 공동활성인자(coactivator) 활동에 관여함을 시험관 내에서 직접 증명했다. 그들은 이것이 활성인자의 효과를 중개해주기 때문에 **매개자**(mediator)라 불렀다(11장에서 중합효소 II 완전효소에 대한 설명에서 이미 매개자를 설명했음).

콘버그 등은 효모의 *CYC1* 프로모터와 GAL-4 결합자리의 조절을 받는 G-부재 카세트(5장 참조)를 이용하여 전사 실험을 수행하였다. 그들은 활성인자 GAL4-VP16(GAL-4의 DNA 결합영역과 VP16의 전사 활성-영역으로 구성)이 존재 또는 존재하지 않는 상태에서 매개자의 농도를 점차적으로 증가시키면서 첨가하였다. 그림 12.33은 그 결과를 보여 준다. 매개자는 활성인자가 없을 때 전사에 전혀 영향을 주지 않은 반면(3~6번 레인), 활성인자가 존재할 경우 전사를 크게 활성화시켰다(7~10 레인). 효모 활성인자 GCN4를 이용한 실험에서도 이와 비슷한 결과를 얻었으며, 매

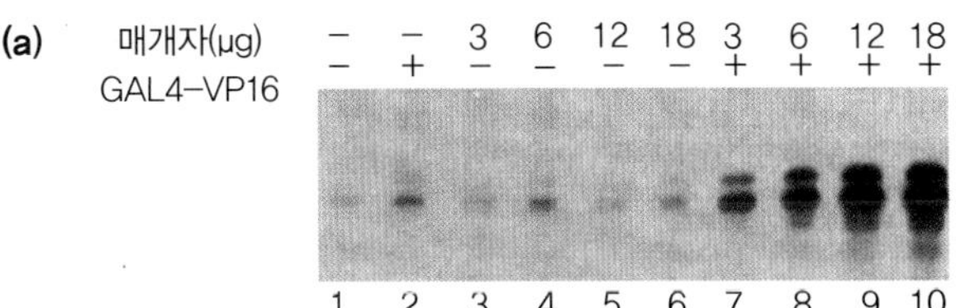

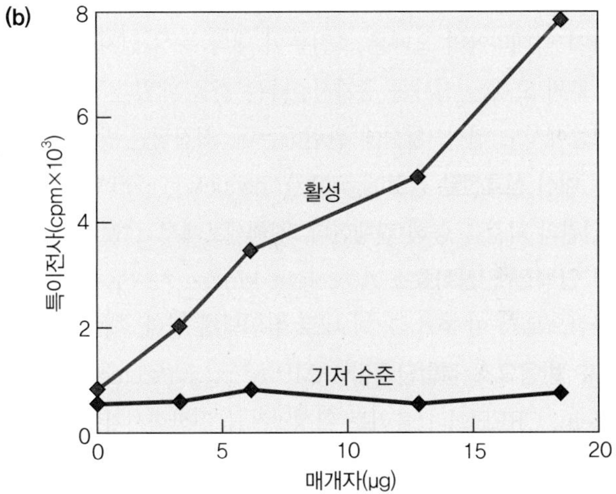

그림 12.33 매개자의 발견. 콘버그 등은 효모의 *CYC1* 프로모터를 GAL4-결합부위의 하단부 및 G-부재 카세트의 상단부에 놓이게 하여 G-부재 카세트의 전사가 *CYC1* 프로모터와 GAL4 둘 모두에 의해 영향을 받도록 벡터를 제조했다. 이어서 그들은 GTP가 없을 때와 (a)의 위에 나타낸 양만큼 매개자가 존재하는 상태에서, 그리고 활성인자 GAL4-VP16이 존재할 때(+)와 존재하지 않는 상태(−)에서 이 벡터를 시험관 내에서 전사시켰다. 그들은 표지된 뉴클레오티드를 첨가하여 시험관 내 전사 반응 산물이 표지되도록 했고 표지된 RNA를 전기영동했다. **(a)** 전기영동상의 영상 사진. **(b)** (a) 결과의 그래프화. 매개자는 활성인자의 존재하에서 전사를 크게 자극시켰으나 활성화되지 않은 기저 수준 전사에는 아무 영향을 주지 않았다는 점에 주목하라. (출처: Flanagan, P.M., R.J. Kelleher, 3rd, M.H. Sayre, H. Tschochner, and R.D. Kornberg, A mediator required for activation of RNA polymerase II transcription in vitro. *Nature* 350 (4 Apr 1991) f. 2, p. 437. Copyright © Macmillan Magazines Ltd.)

개자는 산성-활성영역을 지니는 1개 이상의 활성인자와 협력작용을 나타낼 수 있음을 보여 주었다.

매개자와 유사한 복합체가 인간을 포함한 고등한 진핵생물에서 분리되었다. 이 복합체는 두 그룹에 의해 분리되어 각각 서로 다른 이름으로 명명되었다: **SRB와 MED-함유 조인자**(SRB and MED-containing cofactor, SMCC)와 **갑상샘호르몬 수용체-결합단백질**(thyroid-hormone-receptor-associated protein, TRAP). SMCC/TRAP은 포유류에서 알려진 가장 복잡한 형태의 매개자-유사 복합체이며, 이와 구조적 및 기능적으로 연관된 복합체로는 CRSP가 있는데, 이것에 대해서는 추후에 논의할 것이다.

후속 연구를 통해 활성 상태의 2형 프로모터에는 매개자와 이의 상동체들이 일상적으로 존재함을 알게 되었다. 매개자 및 상동체들은 매우 일반적이어서 공동활성인자 보다는 보편전사인자로 여겨진다. 전형적인 **공동활성인자**(coactivator)는 자체적으로는 활성인자 기능이 없지만, 하나 이상의 활성인자와 협력적으로 작용하여 유전자의 전사를 증진시킨다.

7장에서 우리는 고리형 AMP(cAMP)가 활성인자(CAP)와 결합하여 박테리아의 오페론 조절부위 내의 특정 인지부위에 결합함으로써 오페론 전사를 증가시킨다는 것을 배웠다. cAMP는 진핵생물에서도 전사-활성에 관련하는데, 직접적인 방식을 취하지 않는 대신 **신호전달 경로**(signal transduction pathway)라 불리는 일련의 과정을 통해 진행한다. 진핵세포에서 cAMP 양이 증가하면 **단백질 인산화효소 A**(protein kinase A, PKA)의 활성을 자극함으로써 이 효소를 핵 내로 유입되게 한다. 핵에서 PKA는 **cAMP 반응요소 결합단백질**(cAMP response element-binding protein, CREB)이라 불리는 활성인자를 인산화시켜 **cAMP 반응요소**(cAMP response element, CRE)에 결합하게 함으로써 유전자 발현을 활성화시킨다.

CREB의 인산화가 전사-활성에 필수적이므로 이러한 인산화 반응이 CREB의 핵 내 유입이나 CRE와의 강한 결합을 유도할 것으로 예측했으나, 두 가지 가정은 실제와 맞지 않았다. CREB는 핵 내에 존재하며 인산화되지 않은 상태에서도 CRE에 잘 결합한다. 그렇다면 CREB의 인산화는 전사-활성에 어떤 효과를 미치는 것일까? 1993년 **CREB-결합단백질**(CREB-binding protein, CBP)의 발견과 함께 해답의 실마리가 보이기 시작했다. CBP는 단백질 인산화효소 A에 의해 인산화된 CREB와 훨씬 더 강하게 결합한다. 이어서 CBP는 기본 전사 복합체 내의 구성 요소들과 접촉하여 유인하거나 하나의 완전효소를 통째로 유인할 수 있을 것이다. CBP는 CREB와 전사 장치 간의 결합을 유도함으로써 전사-활성화의 매개자로 작용한다(그림 12.34).

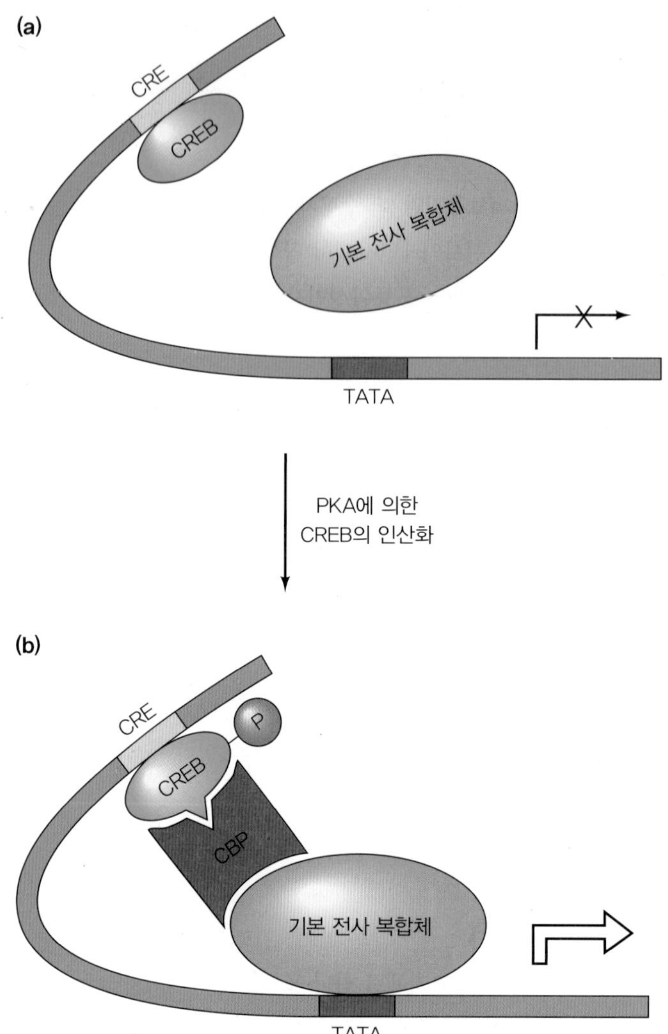

그림 12.34 CRE를 지닌 유전자의 활성화 모델. **(a)** 인산화되지 않은 CREB(파란색)가 CRE에 결합하지만, 기본 전사 복합체(RNA 중합효소와 보편전사인자, 주황색)는 프로모터에 거의 결합하지 못한다. 따라서 유전자는 활성적이지 않다. **(b)** PKA가 CREB를 인산화시키면 인산화된 CREB는 CBP(빨간색)와 결합하고, CBP는 최소한 기본 전사 복합체 내 한 구성요소와 결합함으로써 복합체를 프로모터로 유인한다. 즉, 전사는 활성화된다.

CBP가 발견된 1993년 이래 공동활성인자라 불리는 많은 매개자들이 밝혀졌다. 1999년 티잔 등은 전사인자 Sp1에 의한 시험관 내 전사-활성화에 필요한 매개자를 동정했다. 그들은 이 매개자를 정제한 후 **Sp1 활성화에 필요한 보조인자**(cofactor required for Sp1 activation, CRSP)라 명명했으며, 이들은 9개의 소단위체로 구성되어 있었다. 그들은 이 소단위체들을 SDS-PAGE로 분리하고 니트로셀룰로오스 막에 옮긴 후, 각 폴리펩티드를 단백질 분해효소로 절단하여 아미노산 서열을 읽을 수 있도록 했다. 서열 분석 결과 CRSP의 몇몇 소단위체는 독특했지만, 대부분은 이미

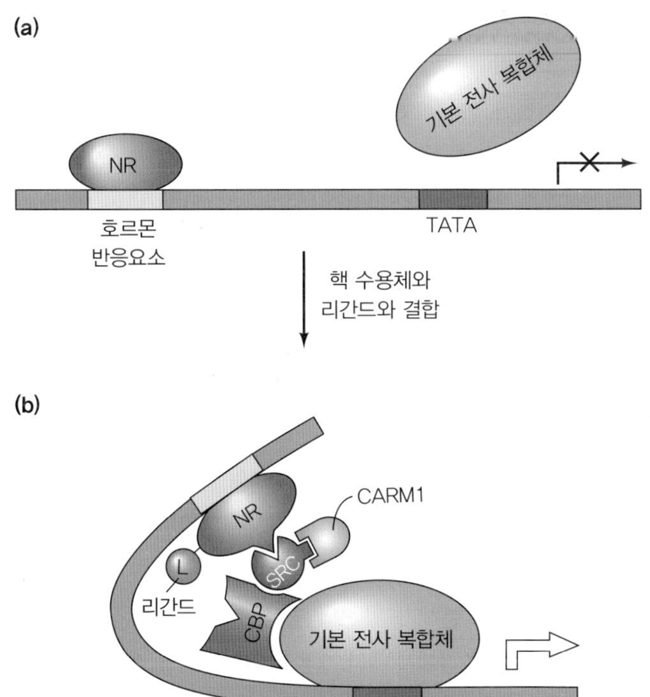

그림 12.35 핵 수용체-활성화 유전자의 활성화 모델. **(a)** 리간드와 결합하지 않은 핵 수용체는 호르몬 반응요소에는 결합하지만, 기본 전사 복합체와 접촉하지 못하므로 유전자 활성은 일어나지 않는다. 핵 수용체는 유형에 따라 리간드 부재 시에 DNA 표적으로부터 분리되는 경우도 있다. 리간드 없이 DNA 표적에 결합된 핵 수용체가 전사를 능동적으로 억제할 수도 있다. **(b)** 핵 수용체가 각자의 리간드(보라색)와 결합하면 SRC와 상호작용할 수 있게 된다. CBP는 최소한 기본 전사 복합체의 한 구성요소와 결합함으로써 전사 복합체를 프로모터로 유인하고 전사를 활성화시킨다. SRC는 또는 CARM1과 결합하여 프로모터 주변의 단백질을 메틸화시켜 전사를 더욱 촉진한다.

알려진 다른 매개자, 예를 들어 효모 매개자와 동일하거나 유사한 것으로 밝혀졌다. 그러므로 다양한 여러 매개자들이 지니고 있는 소단위체들은 서로 섞이고 조합되어 또 다른 매개자들을 형성하는 것 같다. 매개자와 CRSP는 공통적인 작용기작을 가지는 것으로 보인다. 두 복합체 모두 RNA 중합효소 II와 상호 작용함으로써 기본전사 복합체를 유인하는 공동활성인자의 기능을 수행하는 것으로 보인다.

공동활성인자로서 CBP의 역할은 cAMP에 반응하는 유전자에만 국한되지 않는다. CBP는 핵 수용체에 반응하는 유전자들의 공동활성인자로도 작용한다. 이러한 사실은 핵 수용체의 전사-활성영역과 보편전사인자 간의 직접적인 상호 작용이 관찰되지 않는 이유를 설명해준다. 핵 수용체는 전사 장치와 직접적으로 접촉하지 않는 대신, CBP나 이의 상동체인 **P300**이 핵 수용체와 기본 전사 기구 간의 공동활성인자로서 작용한다. 그러나 CBP는 단독으로 이러한 기능을 수행하지는 않는다. CBP는 **스테로이드 수용체 공동활성인자**(steroid receptor coactivator, SRC)라 불리는 다른 단백질과 함께 작용하여 공동활성인자의 역할을 수행한다. SRC 단백질군은 유사한 서열을 지닌 **SRC-1**, **SRC-2** 및 **SRC-3** 단백질을 포함하며, 이들은 리간드와 결합한 핵 수용체와 결합한다. 이러한 상호 작용은 핵 수용체의 활성화 영역과 SRC 단백질의 중앙부에 위치한 LXXLL 박스(L은 류신을, X는 모든 종류의 아미노산을 의미) 간에 일어난다. SRC 단백질은 CBP와도 결합하여 핵 수용체가 CBP를 유인하는 것을 돕고, CBP는 또한 기본 전사 복합체를 유인하게 된다. 가장 먼저 발견된 SRC 단백질군은 SRC-1이다(그림 12.35). SRC-1은 리간드가 결합된 형태의 프로게스틴 수용체, 에스트로겐 수용체, 갑상선호르몬 수용체와 결합한다. SRC-1은 핵 수용체와 CBP 간의 교량 역할을 할 뿐 아니라 **공동활성인자-결합 아르기닌 메틸기전달효소**(coactivator-associated arginine methyltransferase, CARM1)를 유인하여 프로모터 주변의 단백질을 메틸화시켜 진사를 촉진시킨다.

다른 종류의 중요한 활성인자들도 CBP를 공동활성인자로 이용한다. 다양한 성장인자와 세포자극은 일련의 반응, 즉 신호전달계를 작동하여 **세포분열활성 단백질 인산화효소**(mitogen-activated protein kinase, MAPK)라 불리는 단백질의 인산화와 활성화를 일으킨다. 활성화된 MAPK는 핵 내로 유입되어 Sap-1a와 AP-1 복합체 내의 Jun 단량체와 같은 활성인자를 인산화시킨다. 인산화된 활성인자들은 CBP를 매개로 표적유전자의 전사를 활성화시켜 궁극적으로 세포분열을 촉진시킨다.

CBP는 기본 전사 기구를 프로모터로 유인하는 기능 외에도 유전자 활성화에 있어 또 다른 역할을 수행한다. CBP는 히스톤에 아세틸기를 첨가시키는 히스톤 아세틸화효소 활성을 지닌다. 13장에서 다루겠지만, 히스톤은 전형적인 유전자 활성의 억제자이다. 더군다나 아세틸화된 히스톤은 DNA와의 접촉이 느슨해져 전사억제 상태를 완화시킨다. 따라서 인핸서에서 활성인자와 결합한 CBP는 히스톤 아세틸화효소 기능을 나타내므로, 히스톤을 아세틸화시키며 인접한 유전자를 활성화시킨다. 13장에서 이러한 현상을 자세히 논의 할 것이다.

CBP와 p300 단백질은 CREB와 핵 수용체를 포함한 다양한 활성인자의 공동활성인자로 작용할 수 있다. 즉, CREB와 핵 수용체는 동일한 공동활성인자와 작용하기 때문에 표적유전자를 활성화시키기 위해 서로 경쟁하게 된다. Ronald Evans 등은 세포에서 이러한 경쟁을 제한하는 방법으로 CBP나 p300의 메틸화 반응이 일어남을 알아내었다. 좀 더 자세히 설명하기 위해, 앞으로 이 두 단백질을 CBP/p300이라 명명한다.

핵 수용체는 CBP/p300뿐만 아니라 다른 단백질과도 상호 작용한다. 이 중 하나가 CARM1인데, 이 단백질은 CBP/p300에 의해 아세틸화된 후에 히스톤 단백질의 아르기닌을 메틸화시킨다. 이러한 메틸화는 전사 촉진 효과를 가지고 있다. 그러나 CARM1은 CBP/p300 단백질 자체의 아르기닌도 메틸화시킨다. CBP/p300 단백질에서 메틸화되는 아르기닌은 KIX 영역에 존재하는데, 이 영역은 CREB 단백질을 유인하는 데 필요하지만 핵 수용체와 CBP/p300 간의 상호 작용에는 아무런 영향도 미치지 못한다. 따라서 전사 스위치라 부르는 CARM1은 CREB와 CBP/p300 간의 상호 작용을 억제함으로써 CREB에 의해 활성화되는 유전자 전사를 억제하지만, 핵 수용체에 의해 활성화되는 유전자 주변의 히스톤을 메틸화시켜 전사를 촉진하게 된다.

2) 활성인자 유비퀴틴화

때로 유전자는 활성을 띠고 있던 활성인자의 분해로 그 발현이 억제된다. 예를 들어 **LIM 호메오 영역**(LIM homeodomain, LIM-HD) 단백질군에 속하는 전사인자는 공동억제인자와 공동활성인자와 상호 작용한다. 공동활성인자는 **CLIM**(cofactor of LIM, LIM의 보조인자)이라 부르며, 공동억제인자는 **RLIM**(RING finger LIM domain-binding protein)이라 한다.

CLIM 단백질은 LIM-HD 활성인자와 결합하는 데 있어 RLIM 단백질과 경쟁할 수 있는데, 어떻게 RLIM 단백질이 우위를 차지하여 LIM-HD에 의해 활성화되는 유전자 발현을 억제하는 걸까? RLIM 단백질은 LIM-HD에 결합된 CLIM 단백질의 분해를 유도한 후 자신이 LIM-HD와 결합한다. RLIM 단백질은 CLIM 단백질의 라이신 아미노산에 **유비퀴틴**(ubiquitin)이라 불리는 작은 단백질을 여러 개 붙여 **유비퀴틴화 단백질**(ubiquitylated protein)로 바꾸게 된다. 유비퀴틴이 사슬처럼 충분히 많이 결합된 단백질은 세포 내 구조물인 **프로테아솜**(proteasome)으로 이동한다. 프로테아솜은 침강계수 26S의 단백질 복합체로서 유비퀴틴화 단백질을 분해하는 단백질 가수분해효소들을 포함한다.

프로테아솜의 일반적인 기능은 단백질의 품질 검사로 보인다. 세포 내 단백질의 20% 정도는 전사나 번역의 실수로 잘못 만들어지게 된다. 이러한 비정상적인 단백질은 세포에 해를 주므로 유비퀴틴화 단백질로 표지되어 프레테아솜으로 이동된 후 분해된다. 정상 단백질도 산화나 열과 같은 스트레스 요인에 의해 변성되며 **샤페론 단백질**(chaperone protein)은 변성된 단백질을 원래 상태로 복원한다. 그러나 때로 변성이 너무 심해 복원하기 어려울 때가 있다. 그러한 경우에 변성된 단백질은 유비퀴틴화되며 프로테아솜에 의해 분해된다.

유비퀴틴화가 활성인자의 분해 없이도 활성인자의 기능을 조절할 수 있다는 사실은 매우 놀랍다. 한 예로 효모의 *MET* 유전자 산물은 황을 함유하는 아미노산인 메티오닌과 시스테인을 합성한다. 이 유전자는 메틸기 공여자인 S-아데노실메티오닌(S-adenosylmethionine, SAM 또는 AdoMet)의 농도에 따라 조절된다(15장 참조). SAM 농도가 낮으면 *MET* 유전자는 활성인자 Met4에 의해 전사가 증가된다. 그러나 SAM 농도가 올라가면 Met4는 유비퀴틴화를 통해 불활성화되는데, 이러한 불활성화는 유비퀴틴화된 Met4가 프로테아솜에 의해 분해되기 때문인 것으로 보인다. 그러나 유비퀴틴화에 의한 Met4의 활성 조절기작은 그렇게 간단하지만은 않다.

Met4 단백질의 분해가 자신의 활성 조절에 중요한 역할을 할 수 있지만, 특정 조건에서(메티오닌이 첨가된 영양 배지) 유비퀴틴화된 Met4는 분해되지 않고 안정된 상태로 존재한다. 그러나 유비퀴틴화된 Met4는 *MET* 유전자의 조절부위에 더 이상 결합할 수 없으며 전사도 촉진시킬 수 없다. 물론 유비퀴틴화된 Met4는 여전히 다른 종류의 SAM 유전자들의 조절부위에 결합하여 작용할 수는 있다. 따라서 Met4의 유비퀴틴화는 단백질 분해를 일으키지 않고 직접 Met4의 활성을 억제시킬 수 있다. 이러한 활성 억제는 매우 선별적으로 일어나, 어떤 유전자의 전사에는 영향을 주지만 다른 유전자에는 아무런 영향도 주지 않는다.

여러 연구 결과에서 매우 강력한 전사인자는 유비퀴틴화되어 프로테아솜에 의해 분해되는 조절 방식을 취하는 것으로 나타났다. 이것은 세포가 유전자 발현을 조절하는 데 어떤 유연성을 제공하게 된다. 왜냐하면 강력한 활성인자의 조절을 받는 유전자의 강한 발현 양상을 재빨리 멈추게 할 수 있기 때문이다. 그러나 실제 조절 양상은 단순히 단백질 분해만을 나타내지는 않는다. 실제 어떤 활성인자는 모노유비퀴틴화(monoubiquitylation, 하나의 유비퀴틴화 단백질의 결합)에 의해 활성화되나, 폴리유비퀴틴화(polyubiquitylation)에 의해서는 단백질 분해가 일어나게 된다.

최근 전사 조절에서 다른 종류의 프로테아솜이 관여한다는 결과들이 발표되었다. 프로테아솜의 19S 조절 입자(19S regulatory particle)에 속하는 단백질들이 활성을 띤 프로모터에 결합한 전사인자와 복합체를 이루고 있음이 밝혀졌다. 더욱이 **19S 입자**(19S particle)는 시험관 반응에서 전사 신장을 강력하게 촉진할 수 있다. 또한 19S 입자 내 일련의 단백질은 활성인자 GAL4에 의해 프로모터로 유인된다. 이 중에는 단백질 분해 전 단백질의 구조를 풀어버리는 데 필요한 ATPase는 있지만, 단백질 분해 자체에 관련된 단백질은 없다. 따라서 19S 입자 단백질의 전사활성화 효과는 단백질 분해와는 관련 없는 것처럼 보인다. 조앤 코나웨이(Joan Conaway) 등은 프로테아솜 구성 단백질들이 부분적으로 전사인자의 구조를 변형시켜 전사개시나 신장 또는 두 과정 모두를 촉진할 수 있도록 리모델링함으로써 전사를 활성화시키는 것으로 추정하였다.

3) 활성인자 스모화

스모화(sumoylation)는 101개 아미노산으로 구성된 폴리펩티드인 **스모**(small ubiquitin-related modifier, SUMO)를 단백질의 라이신에 하나 또는 여러 개 결합시키는 것이다. 이 과정은 유비퀴틴화에서 사용되는 기작과 매우 유사하나, 그 결과는 다르다. 스모화된 활성인자는 분해되는 대신에 핵의 특정 부위로 이동해, 그곳에서 안정되게 존재하나 표적유전자에 작용할 수는 없게 된다.

예를 들어 PML(전골수성 백혈병, promyelocytic leukemia) 단백질을 포함한 특정 활성인자는 평상시에 스모화되어 PML 발암 영역(PML oncogenic domain, POD)이라 불리는 핵소체에 격리된다. 전골수성 백혈병에서 POD는 와해되어 PML을 포함한 여러 전사인자가 그들의 표적유전자에 결합하여 전사를 활성화시키고, 결국 백혈병 상태로 진전된다.

다른 예로 Wnt 신호전달 경로를 들 수 있는데, 이 신호전달 반응의 최종 단계에서는 β-카테닌(β-catenin)이라 불리는 활성인자가 구조 전사인자인 LEF-1과 협력하여 특정 유전자의 전사를 활성화시킨다. LEF-1은 스모화되는 단백질인데, 스모화된 LEF-1은 핵소체에 격리되어 있다. LEF-1 없이는 β-카테닌은 표적유전자를 활성화시킬 수 없기 때문에 Wnt 신호전달은 차단된다. 앞서 설명되었지만 LEF-1은 Wnt 신호와 상관없이 TCR-α와 같은 유전자를 활성화시키는데, 스모화된 LEF-1은 역시 이러한 기능도 할 수 없다. 또한 LEF-1은 Groucho와 같은 억제인자와도 상호작용하므로, 스모화된 LEF-1은 Groucho의 전사 억제 기능을 차단할 것으로 예상된다.

4) 활성인자 아세틸화

히스톤 단백질이 DNA와 결합하여 전사를 억제한다는 것을 13장에서 배울 것이다. 히스톤 아세틸화효소(histone acetyltransferase, HAT)는 히스톤 단백질의 라이신 잔기를 아세틸화시켜 전사 억제 효과를 상쇄시킨다. 최근 HAT 단백질이 히스톤이 아닌 다른 활성인자나 억제인자 단백질을 아세틸화시켜 그들의 활성을 조절함이 밝혀졌다.

종양 억제유전자 p53은 아세틸화되면 그 활성이 증진된다. 공동활성인자 p300은 HAT 활성을 가지며, p53을 아세틸화시킨다.

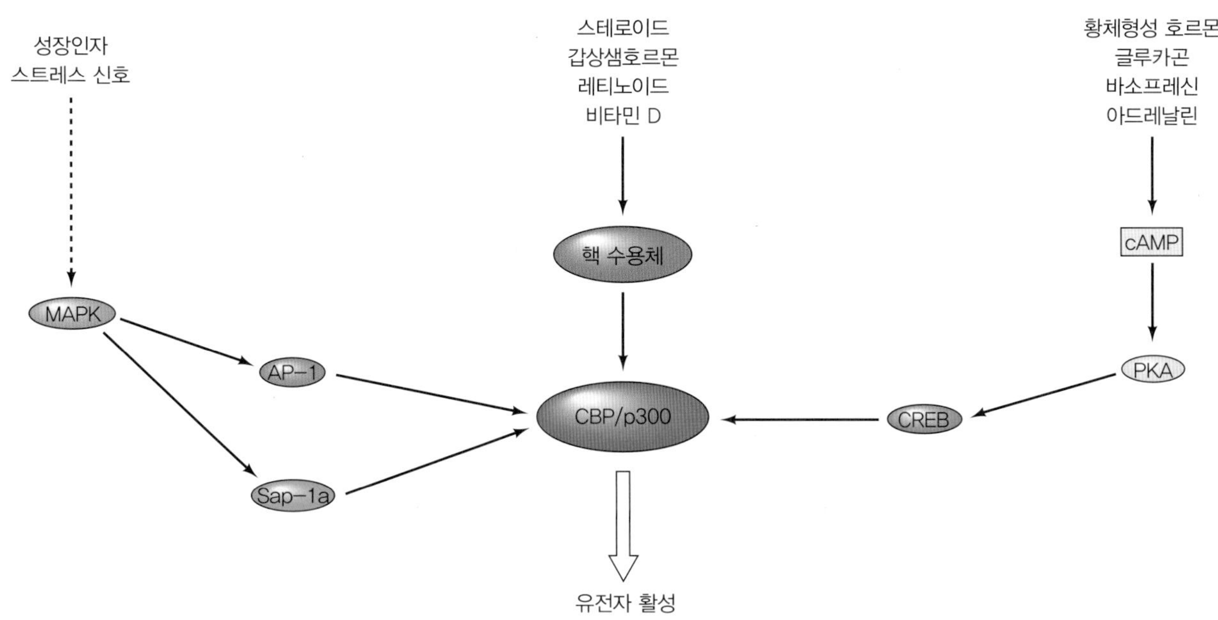

그림 12.36 CBP/p300의 다양한 기능. 전사활성을 매개하는 CBP/p300이 이용되는 세 경로가 CBP/p300(빨간색)을 중심으로 나타나 있다. 각 경로 내 구성원 간의 화살표는 경로 내에서의 위치(예: MAPK는 AP-1에 작용)를 표시하지만 작용의 성격(예: 인산화)을 나타내지는 않는다. 이 도식에서 다른 반응 경로들은 생략하여 단순화시켰다. 예로 인산화의 중요성은 불분명하지만 MAPK와 PKA는 핵 수용체를 인산화시킬 수도 있다. (출처: Adapted from Jankneht, R. and T. Hunter, Transcription: A growing coactivator network, *Nature* 383:23, 1996. Copyright © 1996.)

p53이 아세틸화되면 그 활성이 증가되어 p53의 표적유전자들의 전사가 극적으로 증가된다.

또한 p300은 억제인자 BCL6 단백질을 아세틸화시켜 억제인자의 기능을 불활성화시킨다. 따라서 결과적으로는 활성인자에 의한 전사활성처럼 유전자의 전사가 증가된다.

5) 신호전달 경로

앞에서 논의한 CREB, Jun, β-카테닌의 인산화는 신호전달 경로의 결과로 일어난다. 따라서 신호전달계는 전사조절에 중요한 역할을 한다. 신호전달의 개념을 파악하고 잘 연구된 예를 분석해 보도록 하자. 세포는 세포 내용물이 흩어지는 것을 막고 세포 환경 내에 존재하는 유해물질로부터 보호해주는 반투과성 막에 의해 둘러싸여 있다. 세포 내부와 환경 사이에 이러한 경계가 존재한다는 사실은 세포가 환경을 인지하고 그에 따라 반응해야 하는 기작을 진화시켜 왔음을 의미한다. 이 기작은 신호전달 경로를 통해 이루어진다. 환경에 대한 세포의 반응은 유전자 발현을 요구하기 때문에 신호전달 경로를 통해 하나의 유전자 또는 일련의 유전자들을 활성화시킬 수 있는 전사인자가 작용한다.

단백질 인산화효소 A 경로, Ras-Raf 경로, 핵 수용체 경로가 그림 12.36에 요약되어 있다. 앞의 두 경로는 일련의 단백질 인산화 반응을 거쳐 최종적으로 전사를 촉진시킨다. Ras-Raf 신호전달 경로를 좀 더 자세히 살펴보고, 경로의 어떤 부분에 이상이 생기면 세포분열 조절에 이상이 생겨 암세포가 생겨나는지도 알아볼 것이다.

그림 12.37은 Ras-Raf 경로를 포유류의 단백질 이름을 이용해 표현한 것이다. 다른 생명체(초파리가 유명)에서는 다른 이름의 단

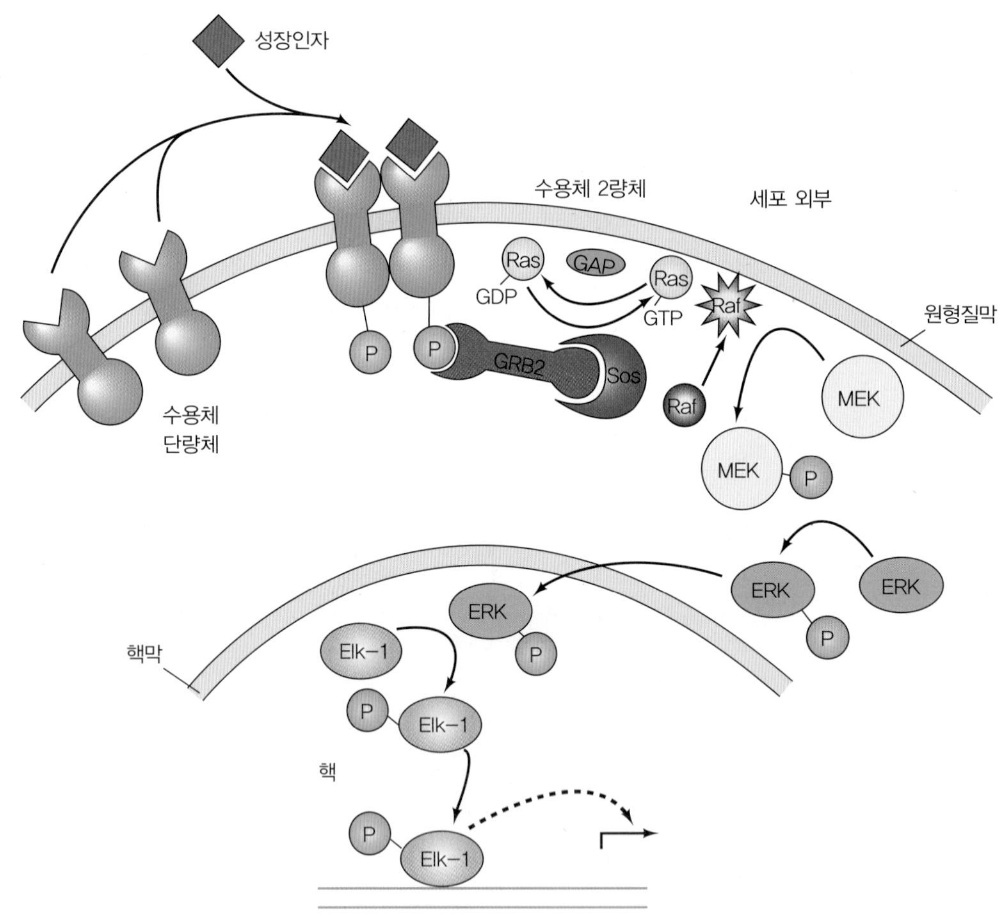

그림 12.37 Ras와 Raf를 매개하는 신호전달 경로. 성장인자나 세포외 신호물질(빨간색)이 수용체(파란색)에 결합하면 신호전달 경로가 시작된다. 이 경우 수용체는 리간드와 결합한 채 2량체를 형성한다. 각 수용체의 세포 내 단백질 티로신 인산화효소 영역은 2량체 내의 상대편을 인산화 시킨다. 인산화된 티로신은 어댑터 분자인 GRB2(진초록색)와 결합하고, GRB2는 Ras 교환체인 Sos와 결합하며, Sos는 Ras(노란색)에 GDP 대신 GTP를 교환시키면서 활성화된다. Ras는 Raf를 세포막으로 이동시키고 그곳에서 Raf는 활성화된다. Raf의 세린/트레오닌 인산화효소 영역이 활성화되어 MAPK/ERK 인산화효소(MEK, 금색)를 인산화시킨다. 인산화된 MEK는 ERK를 인산화시키고, 인산화된 ERK는 핵으로 들어가 전사인자 Elk-1(연초록색)을 인산화시킨다. 인산화된 Elk-1은 특정 유전자의 전사를 촉진시키고 결국 빠른 세포분열을 유도하게 된다.

백질들을 가지고 있지만 동일한 신호전달 경로가 작용한다. 신호전달 경로는 성장인자와 같은 세포외 물질이 세포막에 있는 수용체와 결합하면서 시작된다. 예를 들어 **상피 성장인자**(epidermal growth factor, EGF)와 같은 인자는 수용체의 세포외 영역에 결합한다. 이러한 결합에 따라 두 인접 수용체들 사이에 2량체가 형성되며, 이로써 단백질 티로신 인산화효소 활성을 가지고 있는 세포 내 영역이 서로를 인산화시킨다. 어떻게 세포막 수용체가 세포막을 통해 신호를 전달하는지 주목하라. 수용체들의 세포 내 영역이 인산화되면, 인산화 티로신은 **SH2 영역**(SH2 domain)이라 불리는 특이한 인산화 티로신 결합부위를 가지고 있는 **GRB2**와 같은 연결자 단백질을 유인한다. SH2 영역은 정상세포를 종양세포로 전환시킬 수 있는 pp60[src]라 불리는 종양 단백질에서 비슷한 위치에 있기 때문에 붙여진 이름이다. SH는 'Src homology'의 약자이다. GRB2는 **Sos**와 같은 일종의 소수성 α 나선을 가진 단백질을 유인하는 **SH3**(역시 pp60[src]에 존재)이라 불리는 또 다른 영역을 가지고 있다. Sos는 Ras 단백질에 있는 GDP를 GTP로 대치시킴으로써 Ras를 활성화시키는 **Ras 교체자**(Ras exchanger)이다. **Ras**는 GTP를 GDP로 가수분해하여 Ras 단백질을 불활성화시키는 내인성 GTPase 활성을 지닌다. 이러한 GTPase 활성 그 자체는 매우 약하지만 **GTPase 활성인자 단백질**(GTPase activator protein, GAP)이라 불리는 다른 단백질에 의해 강하게 활성화된다. 따라서 GAP는 이 신호전달계의 저해자이다.

Ras는 일단 활성화되면 또 다른 단백질인 **Raf**를 세포막의 내부 표면으로 유인하는데, 여기에서 Raf가 활성화된다. Raf 역시 단백질 인산화효소지만 티로신이 아닌 세린에 인산기를 첨가한다. Raf의 표적은 **MEK**(MAPK/ERK kinase)라 불리는 또 다른 단백질 세린 인산화효소이다. 차례로 MEK는 **ERK**(extracellular-signal-regulated kinase, 세포 외-신호-조절-인산화효소)라 불리는 단백질 인산화효소를 인산화시킨다. 활성화된 ERK는 세포질 내 다양한 단백질을 인산화시키며, 또한 핵 내로 이동해 Elk-1을 포함한 여러 활성인자를 인산화시켜 활성을 띠게 한다. 활성화된 **Elk-1**은 세포분열을 촉진하는 데 관여하는 유전자들의 전사를 활성화시킨다.

따라서 신호전달 경로는 세포 표면에 결합하는 성장인자에서부터 시작하여 세포분열을 촉진하는 유전자의 전사로 끝나게 된다. 요약하면 아래와 같다.

성장인자→수용체→GRB2→Sos→Ras→Raf→MEK→
ERK→Elk-1→전사 촉진→세포분열 증가

이러한 신호전달 경로의 많은 전달자는 **원발암유전자**(proto-oncogene)로서, 이들의 돌연변이는 세포성장을 촉진하여 암을 형성하게 한다. 이들 유전자산물이 과량 생산되거나 과활성화된 산물이 만들어지면 전체 경로가 촉진되어 비정상적으로 빠른 세포성장이 일어나 궁극적으로 암이 유발된다.

이 경로의 증폭력을 주시하라. 하나의 EGF 분자는 많은 Ras 분자를 활성화시킬 수 있고, 개개의 Ras는 많은 Raf 분자를 활성화시킬 수 있다. 그리고 Raf와 뒤따르는 인산화효소들은 모두 효소이므로 각각은 많은 수의 뒤따르는 경로의 구성인자를 활성화시킬 수 있다. 결국 하나의 EGF는 수많은 활성화된 전사인자를 산출하여 폭발적으로 새로운 전사가 개시될 것이다. 이것은 단지 Ras를 통해 나타나는 한 경로임을 알아야 한다. 실제 경로는 거미줄처럼 여러 지점에서 가지를 친다. 서로 다른 신호전달 경로에 속하는 단백질 간의 상호 작용을 **크로스토크**(cross talk)이라 한다.

요약

진핵세포의 활성인자들은 적어도 2개의 영역(DNA-결합영역과 전사-활성영역)으로 구성되어 있다. DNA-결합영역에는 아연모듈, 호메오 영역, bZIP, bHLH와 같은 모티프가 있다. 전사-활성영역은 산성, 글루타민-풍부, 프롤린-풍부 부분이 있다.

징크핑거는 역평행 β 병풍구조로 구성되며 α 나선구조가 뒤따른다. β 병풍구조와 α 나선은 각각 2개의 시스테인과 2개의 히스티딘을 함유하며, 이들 아미노산은 아연 이온 주위에 정렬된다. 금속 이온 주위로 아미노산이 정렬됨으로써 핑거 형태의 구조가 형성된다. 핑거와 표적 DNA와의 특이적인 인지는 큰 홈에서 일어난다.

GAL4 단백질의 DNA-결합영역은 6개의 히스티딘을 포함하며, 이들은 2개의 아연 이온과 함께 바이메탈 티오레이트 군(bimetal thiolate cluster) 형태로 정렬된다. GAL4의 DNA-결합영역은 DNA 큰 홈에 특이적으로 작용하는 짧은 α 나선을 포함한다. 또한 GAL4 단량체는 α 나선 2량체화 영역을 포함하여 다른 GAL4 단량체의 α 나선과 평행한 또꼬인나선 구조를 형성한다.

1형 핵 수용체는 세포질에 존재하며 다른 단백질과 결합되어 있다. 수용체가 리간드와 결합하면 수용체와 결합된 단백질은 분리되고, 수용체-리간드 복합체는 핵으로 이동하여 인핸서에 결합하여 활성인자로 작용한다. 대표적인 예는 글루코코르티코이드 수용체이며, 2개의 아연모듈을 함유한 DNA-결합영역을 지닌다. 하나의 아연모듈은 DNA 결합 아미노산 잔기의 대부분을 지니며, 나머지 아연모듈은 2량체 형성을 위한 단백질-단백질 상호 작용 부위로 제공된다. GAL4의 아연모듈은 아연 이온과 결합하기 위해 일반적인 징크핑거에 나타나는 2개의 시스테인과 2개의 히스티딘 대신, 4개의 시스테인을 이용한다.

진핵세포의 활성인자 중 호메오 영역은 원핵세포의 나선-선회-나선과 매우 유사한 방식으로 작용하는데, 인지나선은 DNA 큰 홈에 맞물려 특정 잔기들과 접촉한다.

bZIP 단백질은 류신지퍼 형태로 2량체화되는데, 류신지퍼는 각 단량체 내에 존재하는 인접한 양전하 부위를 한쌍의 집게처럼 배열시켜 DNA 표적부위를 감싸안게 된다. 유사한 방식으로 bHLH 단백질은 나선-고리-나선 영역에 의해 2량체화되며, 각각의 긴 나선의 양전하 부위는 bZIP 단백질과 같은 방식으로 DNA 표적부위를 감싸안게 된다. bHLH와 bHLH-ZIP 영역은 DNA에 동일한 방식으로 결합하지만, bHLH-ZIP 영역은 류신지퍼의 존재로 여분의 2량체 형성 능력을 지닌다.

활성인자의 DNA-결합영역과 전사-활성영역은 독자적인 모듈로 되어 있다. 한 단백질의 DNA-결합영역과 다른 단백질의 전사-활성영역으로 구성된 잡종단백질을 인위적으로 만들 수 있으며, 이 잡종단백질은 활성인자로 작용할 수 있다.

활성인자는 보편전사인자와 접촉하고 프로모터에 개시전 복합체를 유인하는 역할을 한다. 2형 프로모터의 경우, 개시전 복합체 형성은 시험관 내에서 관찰되듯이 보편전사인자들과 RNA 중합효소 II가 단계적으로 결합하거나 RNA 중합효소와 대부분의 보편전사인자를 포함하는 큰 완전효소의 유인에 의해 일어난다. TBP 또는 TFIID와 같은 부수적인 인자들은 독립적으로 완전효소에 유인될 것이다.

2량체화는 활성인자와 DNA 표적과의 친화력을 증가시키기 때문에 활성인자에게 큰 이점으로 작용한다. 어떤 활성인자는 동형 2량체를 형성하지만, 이형2량체로 작용하는 경우도 있다.

인핸서에 결합한 활성인자와 프로모터에 결합한 보편전사인자 및 RNA 중합효소 간의 단백질-단백질 상호 작용은 대부분 두 부위 사이에 존재하는 DNA가 고리를 형성함으로써 가능할 것이라는 것이 인핸서 작용의 핵심이다. 이는 적어도 이론적으로 한 유전자의 전사에 여러 개의 인핸서가 작용할 수 있음을 설명해준다. DNA 고리 형성에 의해 각 인핸서에 결합된 활성인자가 프로모터 근처로 이동하여 협동적으로 전사를 촉진할 수 있을 것이다.

전사는 핵 내의 전사 공장에서 집중되어 나타난다. 전사 공장에서는 평균적으로 대략 14개의 RNA 중합효소 II 및 III가 활성을 나타낸다. 전사 공장의 존재는 동일 전사 공장 내에서 전사되는 유전자간에 DNA 고리 구조가 형성됨을 의미한다.

복합 인핸서가 존재함으로써 한 유전자의 전사는 서로 다른 조합의 활성인자들에 다양하게 반응할 수 있다. 이러한 배열로 말미암아 발생 중인 생명체에서 서로 다른 조직 또는 다른 시기에서 각 유전자가 정교하게 발현되도록 조절할 수 있다.

구조전사인자 LEF-1은 HMG 영역에 의해 표적 DNA의 작은 홈에 결합하며, DNA 내에 강한 구부림을 유도한다. LEF-1은 단독으로 전사를 활성화시키지 못하지만, DNA를 굽게 함으로써 다른 활성인자와의 결합을 유발시킨다. 이렇게 결합된 다른 활성인자들은 보편전사인자들과 작용하여 전사를 촉진시킨다.

인핸세오솜은 전사 촉진을 위해 인핸서에 결합하는 일련의 활성인자로 구성된 단백질 복합체이다. IFN-β 인핸서에 나타나는 전형적인 인핸세오솜 구조를 살펴보면, 8개의 폴리펩티드가 본질적으로 직선형인 55-염기쌍의 DNA에 협동적으로 결합한다. HMGA1a 단백질은 이러한 협력적인 결합에 필수적으로 작용하지만, 최종 인핸세오솜 구조의 구성원은 아니다.

인슐레이터는 인핸서 또는 사일런서에 의한 유전자의 활성화나 억제를 차단하는 DNA 서열이다. 어떤 인슐레이터는 인핸서의 억제와 경계자로서의 기능 모두를 다 하지만, 어떤 인슐레이터는 한 가지 기능만을 한다. 인슐레이터는 쌍을 이루어 작용하기도 하는데 인슐레이터에 결합한 단백질들이 상호 작용하여 DNA 고리를 형성할 수 있다. 이 고리 구조는 인핸서와 사일런서를 고리 내로 격리시켜 프로모터에 작용하지 못하도록 한다. 이러한 방식으로 인슐레이터는 DNA상에서 하나의 경계 구조를 만드는 것으로 보인다. 인핸서와 프로모터 사이에 2개 이상의 인슐레이터가 존재할 때 이들의 효과는 서로 상쇄되어 버린다. 아마도 인슐레이터에 결합된 단백질들이 상호 작용하여 인핸서가 프로모터에 작용하지 못하도록 격리시키는 DNA 고리 구조의 형성을 막는 것으로 여겨진다. 또는 인접한 인슐레이터-결합단백질 간의 상호 작용이 인슐레이터와 인슐레이터 소체 간의 결합을 억제하여 그 활성을 차단할 수도 있다.

CREB, 핵 수용체 및 AP-1과 같은 활성인자들은 기본 전사 복합체와 직접 접촉함으로써 전사활성을 촉진하지 않는다. 대신 이러한 활성인자들은 인산화된 후에 CBP(또는 이의 상동체인 p300)와 같은 공동활성인자와 접촉하며, 공동활성인자는 기본 전사 복합체와 접촉하여 이들을 프로모터로 유인한다. 핵 수용체에 반응하는 유전자 조절서열에 결합한 CBP/p300은 CARM1을 유인하고, CARM1은 CBP/p300의 아르기닌을 메틸화시켜 CREB와 상호 작용할 수 있도록 한다. 이러한 작용은 CREB의 조절을 받는 유전자의 활성화를 억제하도록 한다.

어떤 활성인자와 공동활성인자는 유비퀴틴화에 의한 단백질 분해 조절을 받는다. 유비퀴틴화 단백질은 26S 프로테아솜에 의해 분해된다. 어떤 활성인자는 유비퀴틴화(특히, 모노유비퀴틴화)에 의해 활성화되기도 하는데, 이러한 단백질도 폴리유비퀴틴화가 일어나면 분해 경로로 들어간다. 프로테아솜의 19S 입자에 존재하는 단백질들은 전사인자를 리모델링함으로써 그 활성도를 증진시켜 전사를 촉진한다.

어떤 활성인자는 스모화되어 핵소체로 격리됨으로써 전사활성 기능을 수행할 수 없게 된다. 히스톤이 아닌 활성인자와 억제인자도 HAT에 의해 아세틸화되는데, 이러한 아세틸화는 촉진 또는 억제 기능을 나타낸다.

신호전달 경로는 세포 표면에 위치한 수용체와 상호 작용하는 신호 분자에서 시작하여 세포 내로 신호를 전달하고, 주로 유전자 발현의 변화를 일으킨다. Ras-Raf 경로를 포함한 많은 신호전달 경로가 단백질 간에 신호를 전달하는 과정에서 단백질 인산화에 의존한다. 이러한 인산화 반응은 각 단계마다 그 신호를 증폭시킨다. 그러나 활성인자와 여러 신호전달 경로의 매개자들은 유비퀴틴화와 스모화에 의해서도 조절된다.

복습 문제

1. 진핵세포의 전사인자에서 나타나는 세 종류의 DNA-결합영역에 대해 설명하라.

2. 진핵세포의 전사인자에서 나타나는 세 종류의 전사-활성영역에 대해 설명하라.

3. 징크핑거의 상세한 모식도를 그린 후 핑거의 DNA-결합모티프를 표시하라.

4. 원핵세포의 전형적인 나선-선회-나선 영역과 Zif268 징크핑거 영역에서 나타나는 중요한 공통점과 차이점을 설명하라.

5. DNA와 상호 작용하는 GAL4 단백질의 N-말단 65개 아미노산으로 구성된 2량체에 대한 모식도를 그려라. DNA에 결합하는 2개의 DNA-결합영역의 모티프와 2량체 부위를 명확하게 표시하라. 각 DNA-결합영역에는 어떤 금속 이온이 있으며 이에 결합하는 아미노산은 무엇이며 또한 이들은 각각 몇 개나 존재하는가?

6. 일반적인 핵 수용체의 기능은 무엇인가?

7. 1형과 2형 핵 수용체 간의 차이점에 대해 기술하고 각각 그 예를 들라.

8. 핵 수용체의 DNA-결합영역에 어떤 메탈 이온과 아미노산이 서로 공조하며, 또한 몇 개나 존재하는가? DNA-결합영역의 어느 부분이 DNA 염기와 접촉하는가?

9. 호메오영역이란 무엇이며, 어떤 종류의 DNA-결합영역과 가장 유사한가?

10. 측면에서 본 류신지퍼의 모식도를 그려라. 한쪽 끝에서 본 류신지퍼의 실제적인 모식도를 그려라. 이러한 모식도를 어떻게 류신지퍼의 구조와 기능에 연계시킬 수 있는가?

11. DNA 결합부위와 상호 작용하는 bZIP 단백질의 모식도를 그려라.

12. 특이전사인자의 DNA 결합부위와 전사활성부위 간의 독립성을 설명할 수 있는 실험과 그 결과를 제시하라.

13. 2형 개시전 복합체의 유인에 대한 두 가지 모델을 제시하라. 하나는 완전효소를 포함하고, 나머지 하나는 포함하지 않는다.

14. 산성 전사활성영역이 TFIID와 결합한다는 것을 보여 주는 실험을 묘사하고 그 결과를 설명하라.

15. 완전효소 유인 모델을 지지하는 증거를 제시하라.

16. 완전효소 유인 모델을 반대하는 두 가지 증거를 제시하라.

17. 2량체 단백질이 단량체보다 DNA-결합에 더 효과적인 이유는 무엇인가? 왜 전사활성인자가 DNA에 대해 높은 친화력을 가지는 것이 중요한가?

18. 인핸서가 프로모터에서 수백 염기쌍 떨어진 곳에서 어떻게 작용할 수 있는지를 설명하는 세 가지 모델을 제시하라.

19. 한 원형 DNA에 프로모터가 위치하고 또 다른 DNA에 인핸서가 위치하는 두 원형 DNA를 서로 꼬이게 했을 때의 효과를 보여 주는 실험 결과를 기술하라. 인핸서 활성 모델 중 이 실험에 의해 증명된 모델은 어떤 것이며 그 이유는 무엇인가?

20. 가상적으로 3C 실험의 진행 과정을 묘사해 보라.

21. 복합 인핸서가 한 유전자에 영향을 미칠 경우 그 이점은 무엇인가?

22. 세포의 핵에서 전사 공장을 규명할 수 있는 방법을 기술하라. 생체 내 표지와 시험관 내 표지가 이 실험 과정에 필수적인 부분으로 작용하는 이유를 설명하라. 왜 전사 공장의 존재가 핵 내에 염색질 고리구조가 형성된다는 것을 의미하는지 설명하라.

23. LEF-1은 사람 T-세포 수용체 α-사슬 유전자의 활성인자이다. 그러나 LEF-1은 단독으로 유전자를 활성화시킬 수 없다. LEF-1은 어떻게 작용하며 그것을 증명할 수 있는 실험과 결과를 제시하라.

24. LEF-1은 DNA 표적서열의 작은 홈과 큰 홈 중 어디에 결합하는가? 이를 증명하는 실험과 결과를 제시하라.

25. 인슐레이터의 역할은 무엇인가?

26. 다음 결과를 설명할 수 있는 모델을 제시하라.
   a. 인핸서와 프로모터 사이에 하나의 인슐레이터가 존재하면 인핸서의 활성은 부분적으로 차단된다.
   b. 인핸서와 프로모터 사이에 2개의 인슐레이터가 있으면 인핸서는 작동하지 못한다.
   c. 인핸서 양편에 하나씩의 인슐레이터가 존재하면 인핸서 활성은 완전히 차단된다.

27. 인핸서와 프로모터 사이에 3개의 인슐레이터가 존재하면 어떻게 될까?

28. 인슐레이터가 인접한 인핸서 및 프로모터와 상호 작용함으로써 인핸서의 작용을 억제한다는 가설에 대해 증거를 제시하라. 이 가설을 모든 인슐레이터의 작용에 적용하기 어려운 이유를 제시하라.

29. 매개자의 효과를 보여 주는 실험을 설명하고 그 결과를 제시하라.

30. (a)인산화된 CREB 혹은 (b)핵 수용체의 공동활성인자로서 작용하는 CBP 단백질의 활동을 설명하는 모식도를 그려라.

31. 신호전달 경로는 어떻게 경로 내의 신호를 증폭시키는가? 예를 들어 설명하라.

32. 유비퀴틴이 전사에 미치는 음성 조절 효과를 설명해 주는 가설을 제시하라.

33. 프로테아솜 구성단백질이 전사에 미치는 양성 조절 효과를 설명해 주는 가설을 제시하라.

분석 문제

1. TFIIB가 직접 산성 활성영역에 결합함을 보이는 실험을 디자인하라. 양성 결과를 나타내는 샘플을 보여라.

2. 당신은 3개의 인핸서에 의해 조절 받는 *BLU* 유전자를 연구하고 있다. 인핸서에 결합하는 단백질들은 서로 상호 작용을 통하여 활성화에 필요한 인핸세오솜을 형성할 것으로 추측하고 있다. 이러한 상호 작용이 일어나려면 인핸서들 간에는 얼마의 간격이 필요할 것인가? 당신의 가설을 증명하기 위해 인핸서 간의 간격에 어떤 변화를 줄 것인가? 결과를 예측해 보라.

3. 그림 12.22a를 참조하여, *ICR* 인슐레이터와 각각의 *Igf2* 프로모터(*P1, P2, P3*) 간의 결합을 증명하는 3C 실험에서 어떤 프라이머를 사용해야 할까?

4. 만일 학습에 관여하는 유전자를 조절하는 활성인자(eA1)을 만든다고 가정할 때, 여러 활성인자의 연구를 통해 알려진 활성인자 기능에 필수적인 구성요소를 포함시켜야 할 것이다. 어떤 구성 요소들이 포함되어야 할까? 활성인자를 제조하는 과정에서 추가적으로 2개의 서로 다른 활성인자(eA2, eA3)도 제작할 경우, 어떤 활성인자가 가장 좋은지를 결정하는 실험 방법을 제시해 보라. 만일 그 활성인자가 여학생에게는 작용하고 남학생에게는 작용하지 않기를 원한다고 할 때, 어떻게 조절해 볼 것인가? 위 조건에 맞는 활성인자는 어떤 형태로 디자인되어야 할까?

추천 문헌

General References and Reviews

Bell, A.C. and G. Felsenfeld. 1999. Stopped at the border: boundaries and insulators. *Current Opinion in Genetics and Development* 9:191–98.

Blackwood, E.M. and J.T. Kadonaga. 1998. Going the distance: A current view of enhancer action. *Science* 281:60–63.

Carey, M. 1994. Simplifying the complex. *Nature* 368:402–3.

Conaway, R.C., C.S. Brower, and J.W. Conaway. 2002. Emerging roles of ubiquitin in transcription regulation. *Science* 296:1254–58.

Freiman, R.N. and R. Tjian. 2003. Regulating the regulators: Lysine modifications make their mark. *Cell* 112:11–17.

Goodrich, J.A., G. Cutler, and R. Tjian. 1996. Contacts in context: Promoter specificity and macromolecular interactions in transcription. *Cell* 84:825–30.

Hampsey, M. and D. Reinberg. 1999. RNA polymerase II as a control panel for multiple coactivator complexes. *Current Opinion in Genetics and Development* 9:132–39.

Janknecht, R. and T. Hunter. 1996. Transcription. A growing coactivator network. *Nature* 383:22–23.

Montminy, M. 1997. Something new to hang your hat on. *Nature* 387: 654–55.

Myer, V.E. and R.A. Young. 1998. RNA polymerase II holoenzymes and subcomplexes. *Journal of Biological Chemistry* 273:27757–60.

Nordheim, A. 1994. CREB takes CBP to tango. *Nature* 370:177–78.

Ptashne, M. and A. Gann. 1997. Transcriptional activation by recruitment. *Nature* 386:569–77.

Roush, W. 1996. "Smart" genes use many cues to set cell fate. *Science* 272:652–53.

Sauer, F. and R. Tjian. 1997. Mechanisms of transcription activation: Differences and similarities between yeast, Drosophila, and man. *Current Opinion in Genetics and Development* 7:176–81.

Werner, M.H. and S.K. Burley. 1997. Architectural transcription factors: Proteins that remodel DNA. *Cell* 88:733–36.

West, A.G., M. Gaszner, and G. Felsenfeld. 2002. Insulators: many functions, many mechanisms. *Genes and Development* 16:271–88.

Research Articles

Barberis, A., J. Pearlberg, N. Simkovich, S. Farrell, P. Reinagle, C. Bamdad, G. Sigal, and M. Ptashne. 1995. Contact with a component of the polymerase II holoenzyme suffices for gene activation. *Cell* 81:359–68.

Borggrefe, T., R. Davis, A. Bareket-Samish, and R.D. Kornberg. 2001. Quantitation of the RNA polymerase II transcription machinery in yeast. *Journal of Biological Chemistry* 276:47150–53.

Brent, R. and M. Ptashne. 1985. A eukaryotic transcriptional activator bearing the DNA specificity of a prokaryotic repressor. *Cell* 43:729–36.

Cai, H.N. and P. Shen 2001. Effects of cis arrangement of chromatin insulators on enhancer-blocking activity. *Science* 291:493–95.

Dunaway, M. and P. Dröge. 1989. Transactivation of the Xenopus rRNA gene promoter by its enhancer. *Nature* 341:657–59.

Ellenberger, T.E., C.J. Brandl, K. Struhl, and S.C. Harrison. 1992. The GCN4 basic region leucine zipper binds DNA as a dimer of uninterrupted α helices: Crystal structure of the protein-DNA complex. *Cell* 71:1223–37.

Flanagan, P.M., R.J. Kelleher, 3rd, M.H. Sayre, H. Tschochner, and R.D. Kornberg. 1991. A mediator required for activation of RNA polymerase II transcription in vitro. *Nature* 350:436–38.

Geise, K., J. Cox, and R. Grosschedl. 1992. The HMG domain of lymphoid enhancer factor 1 bends DNA and facilitates assembly of functional nucleoprotein structures. *Cell* 69:185–95.

Kissinger, C.R., B. Liu, E. Martin–Blanco, T.B. Kornberg, and C.O. Pabo. 1990. Crystal structure of an engrailed homeodomain–DNA complex at 2.8Å resolution: A framework for understanding homeodomain–DNA interactions. *Cell* 63:579–90.

Koleske, A.J. and R.A. Young. 1994. An RNA polymerase II holoenzyme responsive to activators. *Nature* 368:466–69.

Kouzarides, T. and E. Ziff. 1988. The role of the leucine zipper in the fos–jun interaction. *Nature* 336:646–51.

Krebs, J.E. and Dunaway, M. 1998. The scs and scs'elements impart a *cis* requirement on enhancer–promoter interactions. *Molecular Cell* 1:301–08.

Lee, M.S. 1989. Three–dimensional solution structure of a single zinc finger DNA–binding domain. *Science* 245:635–37.

Leuther, K.K., J.M. Salmeron, and S.A. Johnston. 1993. Genetic evidence that an activation domain of GAL4 does not require acidity and may form a β sheet. *Cell* 72:575–85.

Luisi, B.F., W.X. Xu, Z. Otwinowski, L.P. Freedman, K.R. Yamamoto, and P.B. Sigler. 1991. Crystallographic analysis of the interaction of the glucocorticoid receptor with DNA. *Nature* 352:497–505.

Ma, P.C.M., M.A. Rould, H. Weintraub, and C.O. Pabo. 1994. Crystal structure of MyoD bHLH domain–DNA complex: Perspectives on DNA recognition and implications for transcription activation. *Cell* 77:451–59.

Marmorstein, R., M. Carey, M. Ptashne, and S.C. Harrison. 1992. DNA recognition by GAL4: Structure of a protein–DNA complex. *Nature* 356:408–14.

Muravyova, E., A. Golovnin, E. Gracheva, A. Parshikov, T. Belenkaya, V. Pirrotta, and P. Georgiev. 2001. Loss of insulator activity by paired Su(Hw) chromatin insulators. *Science* 291:495–98.

O'hea, E.K., J.D. Klemm, P.S. Kim, and T. Alber. 1991. X–ray structure of the GCN4 leucine zipper, a two–stranded, parallel coiled coil. *Science* 254:539–44.

Pavletich, N.P. and C.O. Pabo. 1991. Zinc finger–DNA recognition: Crystal structure of a Zif 268–DNA complex at 2.1Å. *Science* 252:809–17.

Romano, L.A. and G.A. Wray. 2003. Conservation of Endo 16 expression in sea urchins despite evolutionary divergence in both cis and trans–acting components of transcriptional regulation. *Development* 130:4187–99.

Ryu, L., L. Zhou, A.G. Ladurner, and R. Tjian. 1999. The transcriptional cofactor complex CRSP is required for activity of the enhancer–binding protein Sp1. *Nature* 397:446–50.

Stringer, K.F., C. J. Ingles, and J. Greenblatt. 1990. Direct and selective binding of an acidic transcriptional activation domain to the TATA–box factor TFIID. *Nature* 345:783–86.

Thanos, D. and T. Maniatis. 1995. Virus induction of human IFN–β gene expression requires the assembly of an enhanceosome. *Cell* 83:1091–1100.

Xu, W., H. Chen, K. Du, H. Asahara, M. Tini, B.M. Emerson, M. Montminy, and R.M Evans. 2001. A transcriptional switch mediated by cofactor methylation. *Science* 294:2507–11.

Yuh, C.–H., B. Hamid, and E.H. Davidson. 1998. Genomic *cis*–regulatory logic: Experimental and computational analysis of a sea urchin gene. *Science* 279:1896–1902.

Zhu, J. and M. Levine. 1999. A novel cis–regulatory element, the PTS, mediates an antiinsulator activity in the *Drosophila* embryo. *Cell* 99:567–75.

CHAPTER 13

염색질의 구조와 전사에 미치는 영향

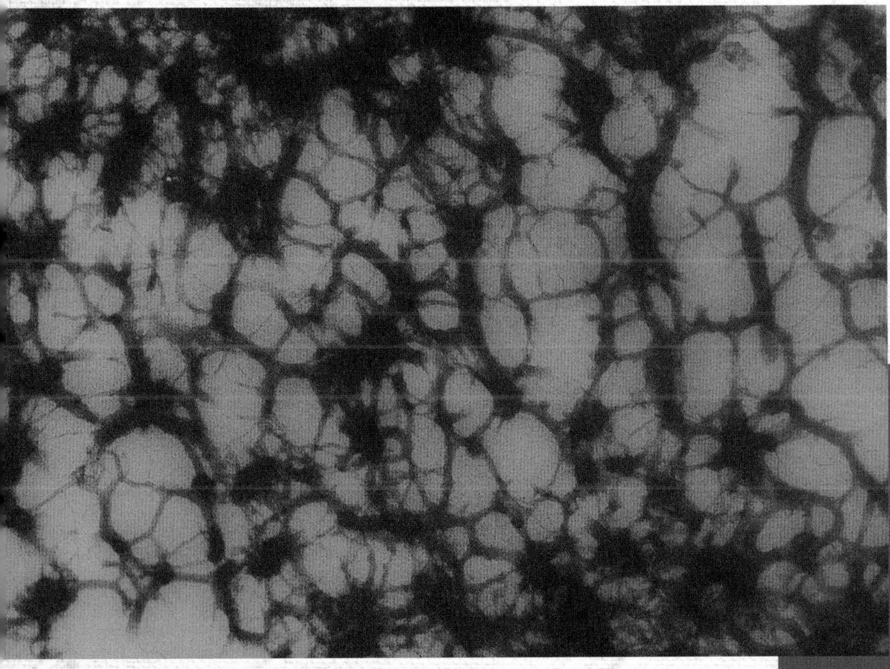

발생 중인 사람 정자 세포의 염색질(300,000배). (Copyright © David M. Phillips/Visuals Unlimited.)

진핵세포의 유전자 전사를 다루는 데 있어 지금까지 우리는 중요한 점을 잊고 있었다. 진핵세포 유전자는 노출된 DNA 분자 또는 전사인자와 결합한 상태로만 존재하는 것이 아니라 같은 질량의 다른 단백질과 결합하여 염색질(chromatin)을 형성한다. 염색질의 화학적 성질은 변할 수 있는데, 이러한 변화는 염색질의 구조와 유전자 발현 조절 시 중요한 역할을 한다.

13.1. 염색질 구조

염색질(chromatin)은 DNA와 단백질로 구성되어 있다. 단백질의 대부분은 양성 전하를 띤 **히스톤**(histone)으로, 염색질이 작은 부피로 접혀 세포핵 내에 존재할 수 있게 도와준다. 이번 장에서는 히스톤 구조와 염색질 접힘에서의 역할을 공부할 것이다. 그 이후에는 히스톤이 갖는 염색질 구조와 전사조절 역할에 대해서도 살펴볼 것이다.

1) 히스톤

대부분의 진핵세포는 **H1, H2A, H2B, H3, H4**의 5가지 히스톤(histone)을 가지고 있다. 히스톤은 세포 내에 매우 많이 존재하는데, 진핵세포의 핵에 존재하는 히스톤의 질량은 DNA의 질량과 비슷하다. 이들은 염기성이 매우 강하여(아미노산의 20% 이상이 아르기닌이나 라이신) 중성 pH에서 양전하를 띤다. 이러한 이유 때문에 세포에서 히스톤을 추출할 때는 1.5 N HCl과 같은 강한 산을 사용한다. 또한 비변성(nondenaturing) 전기영동에서 보통 단백질은 산성을 띠고 있어 양극으로 이동하는 반면, 히스톤은 염기성 성질 때문에 음극으로 이동한다. 대부분의 히스톤은 종이 다른 경우에도 매우 비슷하다. 가장 좋은 예는 히스톤 H4이다. 소의 히스톤 H4와 콩의 히스톤 H4는 전체 102개 아미노산 중 단지 2개만 다른데, 이 두 가지 아미노산도 유사한 성질을 가진다. 즉, 한 염기성 아미노산(라이신)은 다른 염기성 아미노산(아르기닌)으로 바뀌고, 다른 소수성 아미노산인 발린은 같은 소수성인 이소류신으로 바뀐다. 이러한 사실은 소와 콩이 같은 조상으로부터 갈라져 10억 년 이상의 기간 동안 진화해 왔다는 것을 나타내준다. 히스톤 H3 역시 잘 보존되어 있다. H2A와 H2B도 꽤 잘 보존되어 있는 상태이나 히스톤 H1은 개체에 따라 차이가 심하다. 표 13.1은 각 히스톤의 몇 가지 특성을 정리한 것이다.

히스톤의 저감도 전기영동을 통해 각 히스톤은 동종이라고 생각할 수 있다. 그러나 고감도의 분리 방법을 쓰면 히스톤이 매우 다양하다는 것을 알 수 있다. 이렇게 히스톤이 다양해질 수 있는 데는 두 가지 이유가 있다. 즉 유전자의 반복성과 번역 후 변형 때문이다. 히스톤 유전자는 진핵세포의 일반 유전자와 달리 여러 번 반복되어 있다. 생쥐 세포에는 10~20번 반복되어 있고, 노랑초파리 세포에는 100여 번 반복되어 있다. 이 유전자의 대부분은 동일하지만 일부는 서로 매우 다르다. 라이신이 많이 함유된 히스톤 H1은 가장 변이가 많으며, 생쥐 세포의 경우 최소한 6가지의 변종이 존재한다. 이러한 히스톤 H1의 변종 중 하나가 H1°이다. 조류, 어류, 양서류, 파충류는 라이신을 많이 함유한 H1의 또 다른 변종을 갖는다. 후자는 변이가 너무 커서 일반적인 H1과 너무 달라 H5라 부른다. 히스톤 H4는 가장 적은 변이를 보인다. 지금까지 두 가지 변종이 보고되었고, 그 변종도 매우 드물게 나타난다. 각 히스톤의 여러 변종들은 기본적으로는 같은 임무를 수행하지만 염색질의 성질에 다른 영향을 줄 것으로 예상된다.

히스톤이 다양한 두 번째 이유는 번역과정 후 변형된 형태가 매우 많이 발생하기 때문이다. 가장 흔한 히스톤의 변형은 아세틸화로, 이는 N-말단 부위의 아미노기와 라이신의 ε-아미노기에 일어난다. 다른 변형으로는 라이신의 ε-아미노기에 일어나는 메틸화와 인산화, 세린과 트레오닌의 O-인산화 등이 있다. 이러한 히스톤 변형이 표 13.2에 잘 정리되어 있다. 이러한 변형은 매우 역동적이어서 변형된 기는 쉽게 제거되거나 추가될 수 있다. 이러한 히스톤의 변형은 염색질 구조와 기능에 영향을 준다. 특히 히스톤 아세틸화는 유전자 활성을 결정하는 데 중요한 역할을 한다. 이러한 현상에 대해서는 이 장의 후반부에서 다루기로 한다.

표 13.1 히스톤의 일반적 성질

히스톤 형태	히스톤	분자량(Mr)
핵심 히스톤	H3	15,400
	H4	11,340
	H2A	14,000
	H2B	13,700
연결 히스톤	H1	21,500
	H1°	~21,500
	H5	21,500

출처: © 1983, From Critical Reviews in Biochemistry and Molecular Biology, by Butler, P.J.C. Reproduced by permission of Taylor & Francis Group, LLC., http://www.taylorandfrancis.com

표 13.2 히스톤 변형

변형	변형된 아미노산
아세틸화	라이신
메틸화	라이신(모노, 디, 트리)
메틸화	아르기닌[모노, 디(대칭, 비대칭)]
인산화	세린, 트레오닌
유비퀴틴화	라이신
수모화	라이신
ADP 리보오스화	글루탐산
시트룰린화	아르기닌→시트룰린
프롤린 이성질체화	프롤린(시스형→트랜스형)

2) 뉴클레오솜

사람 염색체의 길이 대비 폭의 비율은 1000만 대 1 이상이다. 이 같이 가늘고 긴 분자는 적당히 접혀 있지 않으면 엉키는 경향이 있다. DNA가 압축되는 또 다른 이유는 사람 DNA의 전체 길이는 펼치면 2m가량 되는데 이것을 지름이 10μm인 세포의 핵 안에 넣어야 하기 때문이다. 실제로 사람 몸에 있는 DNA를 모두 연결한다면 지구에서 태양을 수백 번 왕복할 정도로 길다. 그러므로 모든 생물체에서는 DNA가 엄청나게 압축되어야 세포 안에 들어갈 수 있다. 진핵세포의 염색질은 여러 가지 방법으로 응축되어(folding) 있다. 첫 번째 압축 방법은 히스톤을 중심으로 DNA가 감겨 있는 **뉴클레오솜**(nucleosome)이라는 구조를 이용하는 것이다.

모리스 윌킨스(Maurice Wilkins)는 1956년 X-선 회절분석을 하여 핵 안에 있는 DNA는 이중나선보다 더 큰 반복 구조로 되어 있다는 것을 알아냈다. 그리고 아론 클루그(Aaron Klug), 로저 콘버그(Roger Kornberg), 프란시스 크릭(Francis Crick) 등은 DNA가 100Å의 간격으로 반복되어 있다는 것을 관찰했다. 이것은 실제로 110Å의 지름을 가진 뉴클레오솜 실의 폭과 일치하는 것이었다. 1974년 콘버그는 용액 속에서 히스톤 H3와 H4, H2A와 H2B를 각각 화학적으로 교차결합시킬 수 있다는 것을 발견했다. 또한 그는 H3과 H4가 4량체[$(H3-H4)_2$]의 형태로 용액 속에 존재한다는 것을 발견했다. 또 염색질의 전체 조성에서 히스톤과 DNA는 거의 같은 양 존재하고 히스톤 H1이 다른 히스톤의 절반쯤 된다는 것을 밝혀냈다. 이러한 사실은 DNA 200bp당 하나의 히스톤 8량체(H2A, H2B, H3, H4 각 두 분자)와 한 분자의 히스톤 H1에 대응한다는 것과 일치한다. 그는 마침내 H3-H4 4량체, H2A-H2B 저중합체, 그리고 DNA로부터 염색질을 재구성했고, 이렇게 재구성한 염색질의 X-선 회절 결과가 자연 상태의 염색질의 회절 결과와 같다는 것을 증명했다. 게리 펠젠펠드(Gary Felsenfeld)와 버고인(L. A. Burgoyne) 등은 염색질을 여러 가지 핵산분해효소로 자르면 200bp 정도의 DNA 절편이 만들어진다는 것을 보여 주었다. 이러한 실험 결과를 기초로 하여 콘버그는 히스톤 8량체와 한 분자의 히스톤 H1, 200bp의 DNA로 구성된 염색질의 반복 구조를 제시하였다.

게오르기예프(G. P. Georgiev) 등은 염색질로부터 히스톤 H1을 분리하는 것이 다른 네 가지 히스톤을 분리하는 것보다 훨씬 용이하다는 것을 발견했다. 1975년에 피에르 샹봉(Pierre Chambon) 등은 이러한 사실을 기초로 트립신이나 고농도의 염을 포함한 완충용액을 사용하여 염색질로부터 H1을 제거하였을 때 '실에 꿴 구슬' 모양의 염색질이 만들어진다는 사실을 발견하였다(그림 13.1a). 그리고 이 구슬을 뉴클레오솜이라 명명했다. 그림 13.1b는 샹봉 등이 닭의 적혈구에서 구균 핵산분해효소(micrococcal nuclease)로 구슬 사이의 DNA를 자른 후 정제한 뉴클레오솜을 보여 준다.

볼드윈(J. P. Baldwin) 등은 X-선 대신 중성자를 이용한 중성자-산란 분석을 이용하여 염색질을 조사하였다. 이러한 중성자-산란 분석은 염색질의 3차구조를 이해하는 데 도움이 된다. 이들은 산란된 중성자의 고리가 약 105Å 간격으로 반복되며, 이것은 X-선 회절 결과와 일치한다는 것을 발견하였다. 뉴클레오솜 안에

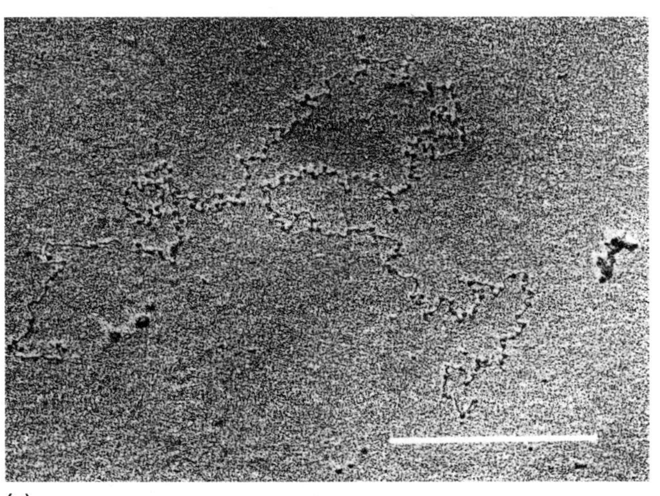
(a)

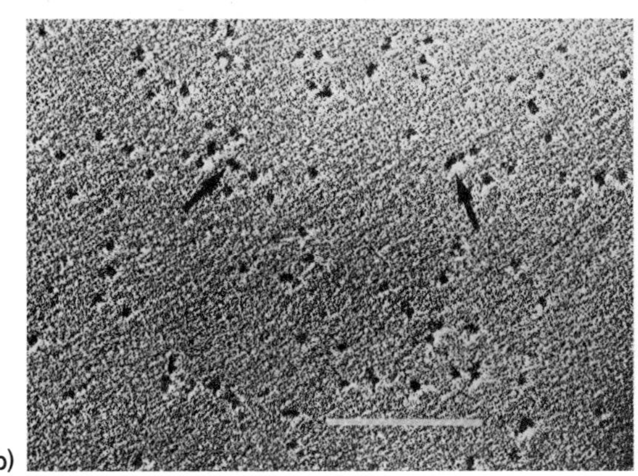
(b)

그림 13.1 초기 연구자들의 뉴클레오솜 전자현미경 사진. (a) 뉴클레오솜의 사슬. 샹봉 등은 닭의 적혈구에서 분리한 염색질에 트립신을 처리하여 히스톤 H1을 제거한 후 관찰하여 실에 꿴 구슬(beads-on-a-string)과 같은 구조를 밝혔다. 막대는 500nm를 나타낸다. **(b)** 분리된 뉴클레오솜. 샹봉은 구균 핵산분해효소를 처리하여 뉴클레오솜 사이의 DNA를 자른 후 초원심분리법을 이용해 뉴클레오솜을 분리했다. 화살표가 가리키는 것이 뉴클레오솜이며 막대는 250nm를 나타낸다. (출처: Oudet P., M. Gross-Bellarard, and P. Chanaban, Electron microscopic and biochemical evidence that chromatin structure is a repeating unit. *Cell* 4 (1975), f. 4b & 5, pp. 286–87. Reprinted by permission of Elsevier Science.)

(a)

(b)

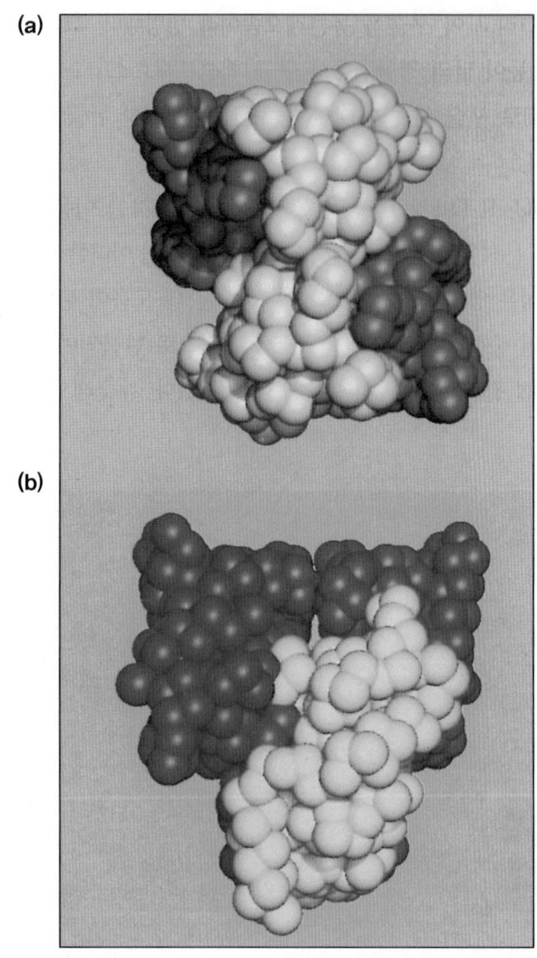

(c)

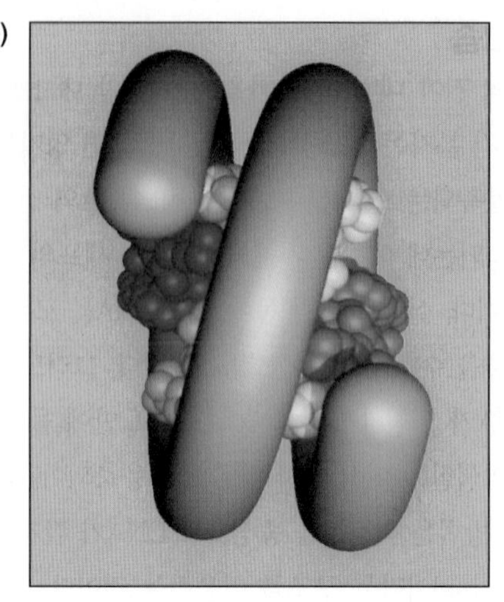

그림 13.2 X-선 결정분석에 기초한 히스톤 8량체의 두 가지 사진과 뉴클레오솜 DNA의 가설적인 구조. H2A-H2B 2량체는 짙은 파란색이고, $(H3-H4)_2$ 사량체는 옅은 파란색이다. (b)의 8량체는 (a)의 8량체를 아래 방향으로 90° 회전한 것이다. V자 형태의 얇은 면이 (a)에서는 책장의 앞면을 향해 있고 (b)에서는 아래를 향하고 있다. 얇은 면은 주로 H3-H4 사량체 부분이라는 것을 알 수 있다. (c) 히스톤 8량체를 둘러싼 가상적인 DNA의 모형. 지름 20Å인 DNA(청회색 관)가 히스톤 8량체를 거의 뒤덮고 있다. 히스톤 8량체는 (a)와 같은 방향으로 위치하고 있다. (출처: (a-b) Arents, A., R.W. Burlingame, B.-C. Wang, W.B. Love, and E.N. Moudrianakis, The nucleosomal core histone octamer at 3.1Å resolution: A tripartite protein assembly and a left-handed superhelix. *Proceedings of the National Academy of Sciences USA* 88 (Nov 1991), f. 3, p. 10150. (c) Arents, A. and E.N. Moudrianakis, Topography of the histone octamer surface: Repeating structural motifs utilized in the docking of nucleosomal DNA. *Proceedings of the National Academy of Sciences USA* 90 (Nov 1993), f. 3a, 1 & 4, pp. 10490-91. Copyright © National Academy of Sciences, USA.)

서 단백질과 DNA는 서로 다른 지역을 차지하고 있다. 이러한 결과를 기초로 하여 볼드윈 등은 핵심 히스톤(H2A, H2B, H3, H4)이 구형의 공을 만들고, 그 둘레를 DNA가 감고 있는 모델을 제시했다. DNA가 공을 둘러싸고 있는 모델은 DNA를 가장 적게 구부러지게 한다는 장점이 있다. 이중나선 DNA는 뉴클레오솜 안으로 들어가기에는 너무 뻣뻣한 구조를 가지고 있다. 이들은 또한 히스톤 H1을 바깥에 위치하게 하여 염색질로부터 쉽게 분리할 수 있다는 결과와 일치하도록 하였다. 사실, H1은 뉴클레오솜 사이의 연결 DNA에 붙어 있기 때문에 **연결 히스톤**(linker histone)이라 불린다.

여러 연구팀은 X-선 구조결정으로 히스톤 8량체의 구조를 결정했다. 1991년 에반젤러스 모우드리아나키스(Evangelos Moudrianakis) 등이 발표한 결과에 따르면 히스톤 8량체는 여러 방향에서 보면 서로 다른 모습을 하고 있지만 일반적으로 세 부분으로 구성된 구조를 나타내고 있다. 이 구조는 그림 13.2a와 그림 13.2b에서 보듯이 2개의 H2A-H2B 2량체가 가운데 위치한$(H3-H4)_2$ 4량체에 붙어 있는 형태이다. 전체적인 모습은 원반 또는 아이스하키의 퍽과 같은 모양으로 가운데가 얇은 쐐기 모양을 하고 있다. 이러한 구조는 히스톤 8량체가 $(H3-H4)_2$ 4량체와 2개의 H2A-H2B 2량체로 분리될 수 있다는 콘버그의 결과와 일치한다.

그렇다면 DNA는 어디에 위치할까? DNA는 결정구조에 포함되어 있지 않기 때문에 위의 결과로부터 DNA 위치를 결정하는 것이 용이한 일은 아니다. 그러나 8량체의 표면에 있는 홈의 모양이 왼손 방향의 나선형 경사를 이루고 있어 DNA가 지나갈 수 있는 길을 제공하는 것으로 생각할 수 있다(그림 13.2c). 1997년 티모시 리치몬드(Timothy Richmond) 등은 DNA를 포함한 뉴클레오솜 핵심입자의 결정구조를 만드는 데 성공했다. 뉴클레오솜은 처음에 정의된 것처럼 약 200bp의 DNA를 포함하고 있었다. 이 길이의 DNA는 염색질을 핵산 분해효소로 약하게 처리했을 때 생기는 것

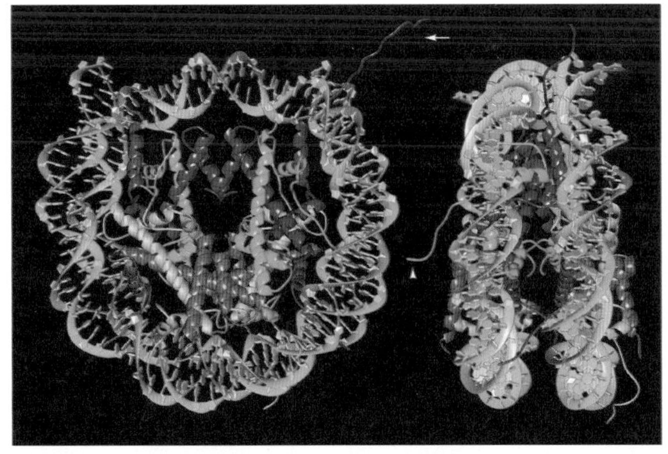

(a)

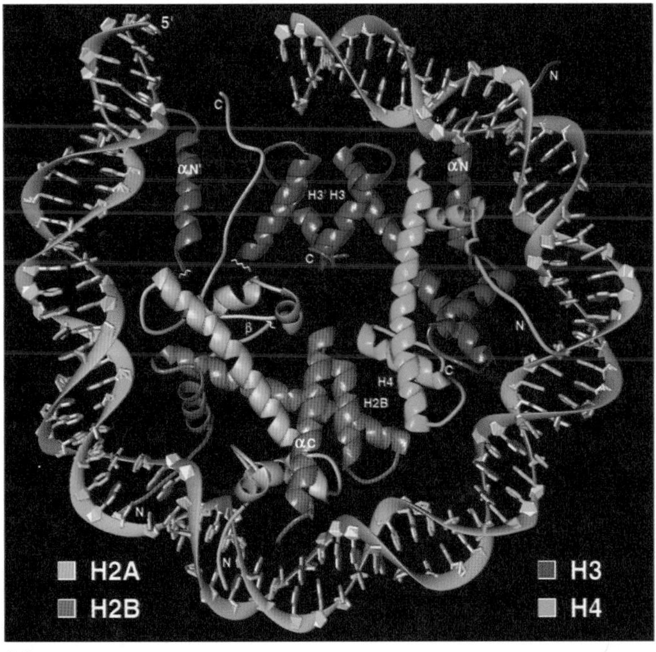

(b)

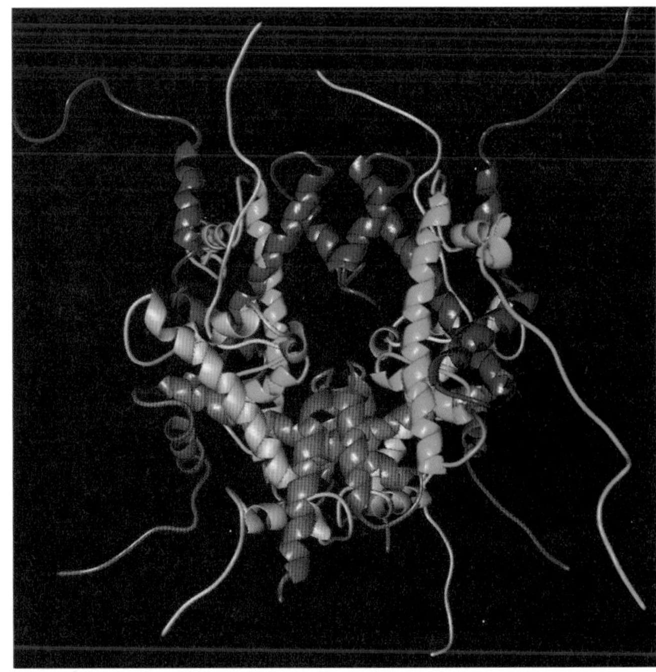

(c)

그림 13.3 뉴클레오솜 핵심입자의 결정구조. 리치몬드 등은 146bp DNA와 핵심 히스톤 단백질로 구성된 핵심입자의 결정을 만들고 그 구조를 분석하였다. **(a)** 핵심입자의 두 가지 사진. 전면(왼쪽)과 측면(오른쪽). 핵심입자 바깥쪽의 DNA는 황갈색과 초록색으로 나타냈다. 핵심 히스톤의 색은 다음과 같다. H2A: 노란색, H2B: 빨간색, H3: 보라색, H4: 초록색. H3의 끝부분(화살표)은 핵심입자를 둘러싼 DNA의 작은 홈 사이의 틈으로 빠져나가 있다. **(b)** 핵심입자의 절반. 73bp의 DNA와 핵심 히스톤의 한 분자씩을 보여 주고 있다. **(c)** DNA를 제거한 핵심입자. (출처: (a–b) Luger, K., A.W. Mäder, R.K. Richmond, D.F. Sargent, and T.J. Richmond, Crystal structure of the nucleosome core particle at 2.8Å Resolution. *Nature* 389 (18 Sep 1997) f. 1, p. 252. Copyright © Macmillan Magazines Ltd. (c) Rhodes, D., Chromatin structure: The nucleosome core all wrapped up. *Nature* 389 (18 Sep 1997) f. 2, p. 233. Copyright © Macmillan Magazines Ltd.)

이다. 핵산 분해효소를 매우 강하게 처리하면 146bp의 DNA와 네 가지 **핵심 히스톤**(core histone, H2A, H2B, H3, H4)으로 구성된 히스톤 8량체를 가진 **뉴클레오솜 핵심입자**(core nucleosome)를 얻을 수 있다. 히스톤 H1은 뉴클레오솜 바깥인 연결 DNA 붙어 있고 연결 DNA는 핵산 분해효소에 의해 절단되므로 쉽게 제거되어 남아 있지 않는다.

리치몬드 등이 결정한 구조는 그림 13.3에 나타나 있다. DNA는 핵심 히스톤을 거의 두 번 감고, $(H3-H4)_2$ 4량체는 위에 있으며, 2개의 H2A–H2B 2량체는 밑 부분에 위치한다. 이러한 배치는 그림 13.3a의 오른쪽에 있는 그림에 잘 나타나 있다. 히스톤 자체의 구조도 흥미롭다. 모든 핵심 히스톤은 2개의 고리로 연결된 3개의 α 나선을 가진 동일한 기본적인 **히스톤 접힘**(histone fold) 구조를 갖고 있다. 히스톤은 모두 긴 꼬리를 가지고 있는데, 이것은 핵심 히스톤의 전체 질량 중 약 28%에 해당한다. 히스톤의 꼬리는 구조가 유동적이므로 결정구조에서 꼬리의 길이는 정확히 알 수가 없다. 제거된 꼬리의 구조는 DNA와 함께 그림 13.3c에 잘 나타나 있다. H2B와 H3의 꼬리는 인접한 DNA의 작은 홈에 의해 갈라진 틈을 통해 핵심입자 밖으로 빠져나간다(그림 13.3a의 왼쪽 그림 중 윗부분의 긴 파란색 꼬리 참조), H4의 한 꼬리는 핵심입자의 옆으로 나와 있다(그림 13.3a의 오른쪽 그림 참조). 이 꼬리는 염기성 아미노산으로 구성되어 있어 인접한 뉴클레오솜에 있는 H2A–H2B의 산성 부위와 잘 결합할 수 있다. 이러한 상호 작용은 이

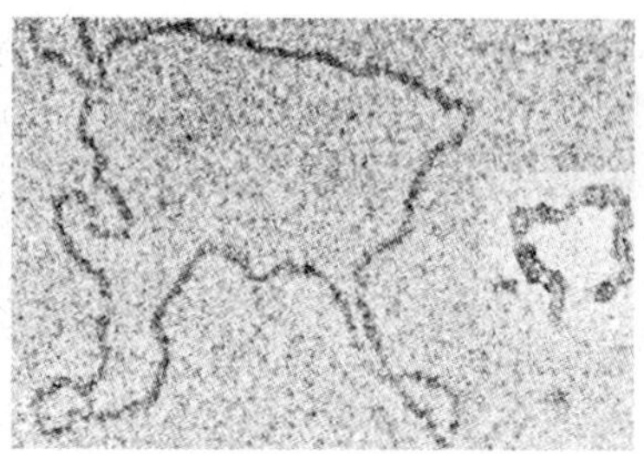

그림 13.4 뉴클레오솜 구조에 의한 DNA 압축. 단백질이 제거된 SV40 DNA와 SV40 소염색체(삽입한 사진)를 같은 배율로 관찰한 전자현미경 사진. 뉴클레오솜 구조에 의해 DNA가 압축된 것을 확인할 수 있다. (출처: Griffith, J., Chromatin structure: Deduced from a minichromosome. *Science* 187:1202 (28 March 1975). Copyright © AAAS.)

장의 후반부에서 다루게 될 뉴클레오솜 교차결합에 관여한다.

뉴클레오솜의 여러 모델에 따르면, DNA가 핵심 히스톤을 약 1.65번 감아서 DNA 길이를 6~7분의 1로 압축하게 된다. 1975년 잭 그리피스(Jack Griffith)는 SV40 미니염색체에서 이와 비슷한 값을 얻었다. SV40 DNA는 포유동물 세포의 핵에서 복제하기 때문에 포유동물 세포의 히스톤과 접촉하게 되고 전형적인 뉴클레오솜을 형성한다. 그림 13.4는 SV40 DNA의 두 가지 모습을 나타내고 있다. 큰 사진은 모든 단백질을 제거한 상태의 DNA이고, 그림 속의 작은 사진은 단백질이 포함된 소염색체를 같은 배율로 나타낸 것이다. 소염색체가 훨씬 작게 보이는 이유는 DNA가 뉴클레오솜의 핵심 히스톤을 둘러싸고 있어 매우 압축되었기 때문이다.

3) 30nm 섬유

뉴클레오솜 사슬 형성 다음 단계의 염색질 폴딩이 일어나면 지름 30nm의 섬유사를 만들게 된다. 2005년까지 핵심 뉴클레오솜보다 큰 성분의 결정구조는 얻을 수 없어 과학자들은 낮은 해상도의 전자현미경에 의존할 수밖에 없었다. 그림 13.5는 이온 농도가 증가함에 따라 뉴클레오솜 사슬이 30nm의 섬유를 만드는 모습을 전자현미경 사진으로 보여 준다. 뉴클레오솜을 형성하면서 일어나는 6~7배의 압축에 더하여 이러한 과정에서 또다시 6~7배 정도 압축이 일어나게 된다.

30nm 섬유의 구조는 어떤 것일까? 이는 지난 수십 년간 분자생물학자들에게 난처한 질문이었다. 1976년에 Aaron Klug 등은 전자현미경과 X-선 회절법을 이용해 **솔레노이드**(solenoid) 모델을 제안하였다(그림 13.6). 이 모델에서 뉴클레오솜은 속이 빈 접촉나선으로 정렬되어 있다(*solen*은 그리스어로 파이프라는 뜻). 하지만 다른 사람들은 솔레노이드 모델에 대한 자료에 확신을 갖지 않고 여러 가지 다른 구성을 해보았다. 뉴클레오솜의 지그재그

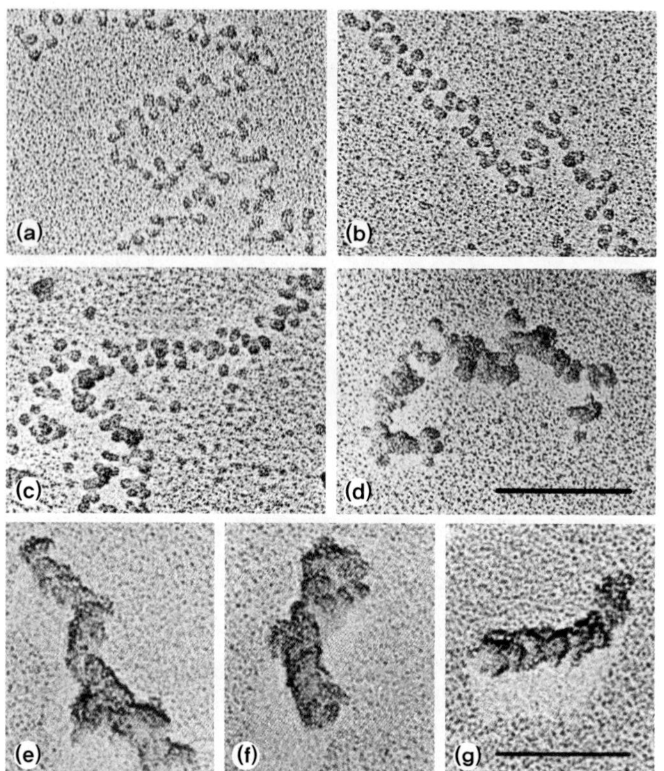

그림 13.5 이온 강도 증가에 따른 염색질 압축. 클루그 등은 쥐 간세포의 염색질에 여러 가지 이온 강도의 용액을 처리하고 고정함으로 전자현미경 사진을 만들었다. **(a~c)**는 낮은 이온 강도, **(d)**는 중간 이온 강도, **(e~g)**는 높은 이온 강도로 처리한 것이다. 각 그림의 구체적인 고정 조건은 다음과 같다. 각각의 경우 0.2mM EDTA가 포함되어 있다. (a) 1mM 트리에틸아민 하이드로클로라이드(TEACl). (b와 c) 5mM TEACl. (d) 40mM NaCl, 5mM TEACl. (e)~(g) 100mM NaCl, 5mM TEACl. 막대는 100nm를 나타낸다. (출처: Thoma, F., T. Koller, and A. Klug, Involvement of histone H1 in the organization of the nucleosome and of the salt-dependent superstructures of chromatin. *Journal of Cell Biology* 83 (1979) f. 4, p. 408. Copyright © Rockefeller University Press.)

리본 구조, 비교적 불규칙적인 뉴클레오솜으로 이루어진 슈퍼비드(superbead), 불규칙적이며 열린 나선구조의 뉴클레오솜, 그리고 2개의 시작이 있는 나선구조는 뉴클레오솜 사이의 연결 DNA가 여러 뉴클레오솜의 2개의 나선 구조 배열 사이 앞뒤로 지그재그를 그리며 나가는 구조이다. 한 나선은 홀수 번호의 뉴클레오솜을 포함하고 다른 하나는 짝수 번호의 뉴클레오솜을 포함하는 식이다.

이 오랜 논쟁을 해결하기 위해서는 더 높은 해상도의 결정구조 자료가 필요했다. 결국 2005년에 리치몬드 등은 테트라뉴클레오솜 또는 4개의 뉴클레오솜 가닥의 X-선 결정구조를 보고함으로써 돌파구를 찾아내었다. 이 구조의 해상도는 9Å로서 높지는 않

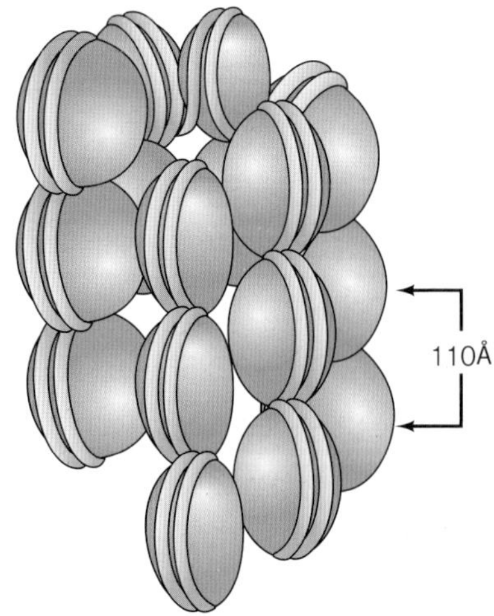

그림 13.6 염색질 접힘의 솔레노이드 모델. 끈으로 연결된 뉴클레오솜 코일이 속이 빈 튜브나 솔레노이드 모양을 형성한다. 각 뉴클레오솜은 파란색 실린더와 주변을 둘러싸고 있는 DNA(분홍색)로 나타냈다. 간단히 솔레노이드를 한 바퀴당 6개 뉴클레오솜으로 그렸고, 뉴클레오솜은 솔레노이드 축에 평행하다. (출처: Adapted from Widom, J. and A. Klug. Structure of the 300Å chromatin filament: X-ray diffraction from oriented samples. *Cell* 43:210, 1985.)

지만 결합될 수 있는 각각의 뉴클레오솜의 구조를 보기엔 충분했다. 그림 13.7은 테트라뉴클레오솜의 구조를 그려 놓은 것이다. 이 그림의 그림 13.7a는 뉴클레오솜 가닥으로 시작해서 DNA 이중나선의 회전에 따라 각 뉴클레오솜 주위를 둘러싸게 되고 뉴클레오솜 사이에 연결 DNA가 있음을 보여 준다. 그런 식으로 연결 DNA는 각각의 뉴클레오솜을 층층이 쌓아 놓는다. 또는 그림 13.7b에서 보여 주듯이 각 뉴클레오솜을 가진 것들이 2개의 층을 이루어 지그재그로 정렬될 수 있다.

사실 이 지그재그 배열은 테트라뉴클레오솜의 결정구조에 의해서 확인될 수 있다. 이 테트라뉴클레오솜에 대한 설명은 복잡하기 때문에 아래의 링크를 이용하면 비디오로 볼 수 있다.

http://www.nature.com/nature/journal/v436/n7047/suppinfo/nature03686.html

비디오에서는 구조가 회전할 수 있기 때문에 모든 뉴클레오솜의 연결을 볼 수 있으며, DNA만도 볼 수 있어서 구조의 지그재그 성질에 대해 이해할 수 있다.

지그재그 구조는 염색질의 전반적인 구조에 중요한 의미를 가진다. 이는 솔레노이드 구조를 포함한 대부분의 앞서 말한 모델과 모순된다. 하지만 뉴클레오솜의 두 층 각각이 왼손 방향의 나선을 형성하는 2개의 시작이 있는 나선 구조와 일치한다. 폴리뉴클

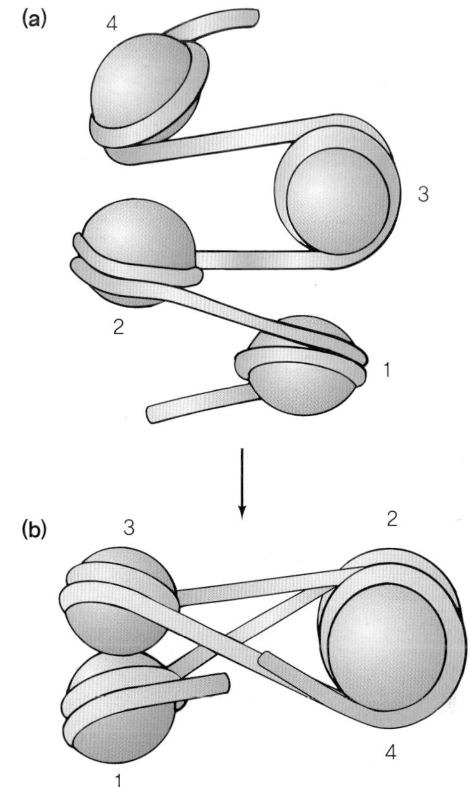

그림 13.7 테트라뉴클레오솜의 구조. 두 가지 구조의 테트라뉴클레오솜 모식도. **(a)** DNA가 핵심 히스톤을 감는 정도를 예측하여 결정한 모델. **(b)** X-선 결정분석에 의해 결정된 모델. 뉴클레오솜은 두 층으로 쌓여 있고 연결 DNA(linker DNA)는 지그재그 형태를 이룬다. 그 결과 연결 DNA로 이어진 뉴클레오솜이 아니라 하나 걸러 있는 뉴클레오솜이 가까운 위치에 놓이게 된다. (출처: Adapted from Woodcock, C.L. *Nature Structural & Molecular Biology* 12, 2005, 1, p. 639.)

레오솜이 보이는 이중나선의 정확한 성질은 테트라뉴클레오솜 구조에 의해서는 뚜렷하게 알 수 없지만 리치몬드 등은 다음과 같이 추측하였다. 첫째, 그들은 서로 위에 필수적으로 쌓은 테트라뉴클레오솜에 의한 '직접적인' 모델을 세웠다. 하지만 이 모델은 이웃하는 테트라뉴클레오솜 사이에서 입체적인 장애가 견딜 수 없을 만큼 생기기 때문에 하나의 층에서 각 쌍의 뉴클레오솜 사이의 각을 똑같이 함으로써 '이상화된' 모델을 세웠다. 이 과정은 테트라뉴클레오티드 구조에서 보이는 뉴클레오솜 사이의 각을 비틀어 주지만 입체적인 장애를 피하고 타당한 모델을 만들어주는데 이는 그림 13.8에 그려져 있다. 이 구조에서 폴리뉴클레오솜의 두 나선이 명확하게 보이고, 연결 DNA의 지그재그도 두 나선들의 몇몇의 핵산 사이에서 볼 수 있다.

30nm 섬유 모델 중 2개—솔레노이드와 2개의 시작이 있는 이중나선—에 대하여 많은 실험적 증거가 있는데, 그 중 어느 것

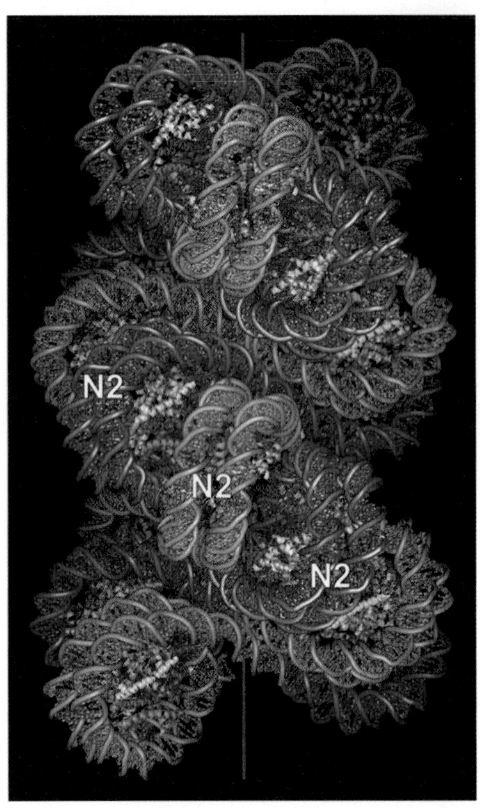

그림 13.8 30nm 섬유의 모델. 리치몬드 등은 테트라뉴클레오솜 구조를 바탕으로 '이상적인' 모델을 만들었다. 각 뉴클레오솜의 한 쌍의 축(감겨 있는 두 DNA 나선 사이와 뉴클레오솜의 중간을 지나는 선)이 30nm 섬유의 축(수직의 회색선)과 수직이 되도록 배열되어 있다. (출처: Reprinted by permission from Macmillan Publishers Ltd: *Nature*, 436, 138–141, Thomas Schalch, Sylwia Duda, David F. Sargent and Timothy J. Richmond, "X-ray structure of a tetranucleosome and its implications for the chromatin fibre," fig. 3, p. 140, copyright 2005.)

이 맞는 것일까? 2009년, 욘 판 노르트(John van Noort) 등은 두 모델이 모두 맞을 가능성이 있다는 데이터를 발표하였다. 그들은 30nm 섬유 구조가 염색질 구조, 특히 **뉴클레오솜 반복 길이**(nucleosome repeat length, NRL)에 의존적이라 제안하였다. 한 뉴클레오솜의 시작부터 그 다음 뉴클레오솜 시작까지인 DNA 길이는 생체 내에서 165~212bp 사이로 다양하지만, 대부분 염색질은 약 188 또는 196의 NRL을 갖는다. 이러한 타입의 염색질은 일반적으로 전사가 불활성화되어 있고 H1과 같은 연결 히스톤과 붙어 있다. 염색질은 낮은 비율의 167 NRL을 갖는데, 전사가 활발한 경향이 있고 연결 히스톤과 붙어 있지 않다. 한 타입의 염색질이 한 종류의 30nm 섬유를 형성하고, 다른 타입의 염색질이 다른 종류의 30nm 섬유를 형성할 수 있을까?

이 질문에 답하기 위해 노르트 등은 **단분자 분광법**(single-molecule force spectroscopy)이라는 기술을 사용했다. 30nm 염색질 섬유의 한쪽 끝은 슬라이드 글라스에, 다른 쪽 끝은 자기장 구슬에 연결하는 방식이다. 그 다음, 자기력을 통해 구슬을 당기면 염색질을 펼 수 있는데, 주어진 자기력에 따라 펴지는 정도를 조절할 수 있다. 이때 단순한 나선형 솔레노이드는 2개의 시작이 있는 이중나선보다 더 쉽게 펴질 수 있을 것이라 예상되었다.

실제로 노르트 등은 긴 NRL(197bp)의 25개 뉴클레오솜이 포함된 염색질이 짧은 NRL(167bp)의 25개 뉴클레오솜이 포함된 염색질보다 더 쉽게 펴지는 것을 확인하였다. 게다가 그들은 연결 히스톤이 염색질의 길이나 신축성에 영향을 주지 않지만, 염색질 접힘을 안정화할 수 있다는 것도 확인하였다. 따라서 세포의 염색질의 대부분(아마도 불활성화 부분)은 솔레노이드 모양인 반면, 적은 부분(전사 활성화 부분 등)은 2개의 시작이 있는 이중나선 모델에 의한 30nm 섬유를 형성하고 있을 것이라 예상된다. 리치몬드 등은 167 NRL의 테트라뉴클레오솜을 사용한 X-선 회절법을 통해 2개의 시작이 있는 이중나선 구조를 찾았다. 이러한 염색질은 또한 노르트 등에 의해 확인되었다.

몇몇 사람들은 30nm 섬유가 생체 내에서 존재하는지에 대해 의문을 갖는다. 시험관 내 실험을 통해 입증이 잘 되었지만 손상되지 않은 핵에서는 확인하지 못했다. 생체 내 30nm 섬유를 찾기가 어려운 데에는 여러 이유가 있다. 먼저, 30nm 섬유가 생체 내에 존재하지 않을 수도 있다. 그러나 다른 가능성으로는 실제로 존재하지만 상급 단계의 염색질 접힘이 이 구조를 가리는 것일 수 있다. 혹은 간단하게 본래 핵에서 염색질을 관찰할 수 있는 기술이 적합하지 않다는 이유가 있을 수도 있다.

4) 상급 단계의 염색질 접힘

30nm 섬유는 대부분 휴지기에 있는 핵의 염색질에 존재한다. 그러나 광학현미경으로 관찰할 수 있을 정도로 압축된 유사분열 상태의 염색체를 만들기 위해서는 다음 단계의 폴딩이 필요하다. 다음 단계의 압축을 설명하는 모델은 그림 13.9와 같이 방사형의 고리 형태이다. 칩팁 벤야자티(Cheeptip Benyajati)와 아브라함 월셀(Abraham Worcel)은 초파리 염색질을 DNase I로 약하게 처리한 후 분해된 염색질의 침강계수를 측정하였다. 염색질을 효소로 처리하면 침강계수가 점차적으로 감소하다가 일정한 값에 이른다. 월셀은 일찍이 대장균 DNA의 초나선(supercoil) 고리에 틈이 만들어지면 대장균의 뉴클레오이드(nucleoid, DNA 함유 복합체)도 비슷한 양상을 보인다는 사실을 발견하였다. 일단, 하나의 고리에 1개의 틈이 생기면 열린 원형으로 풀리고 전체 복합체의 침강계수는 조금씩 낮아지게 된다. 그러나 진핵세포의 염색체는 선형

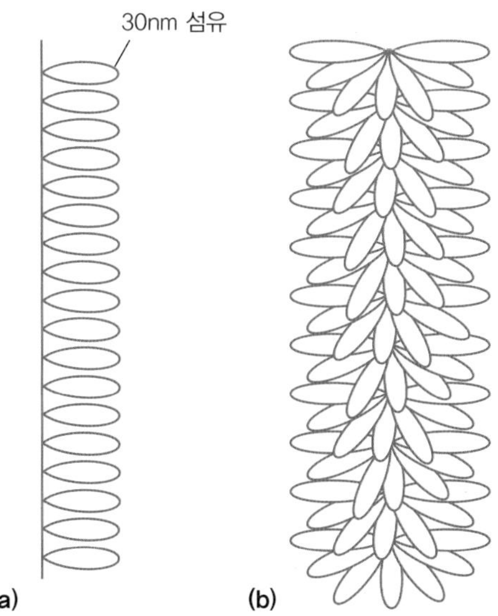

그림 13.9 염색질 폴딩의 방사형 고리 모델. **(a)** 염색질 고리가 중앙 스카폴드에 부착된 모델의 일부로 고리는 연속적인 30nm 섬유이다. **(b)** 완성된 모델. 고리가 중심의 스카폴드 주위에 3차원적으로 배열된 상태를 보여 준다. (출처: Adapted from Marsden, M.P.F. and U.K. Laemmli, Metaphase chromosome structure: Evidence of a radial loop model. *Cell* 17:856, 1979.)

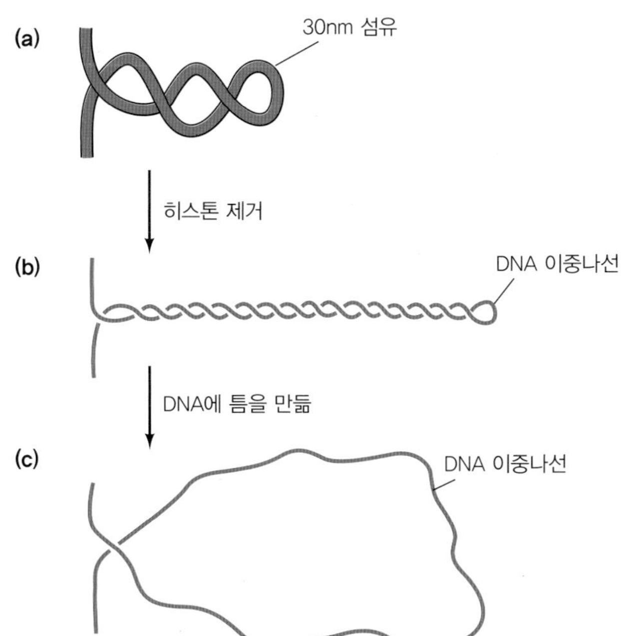

그림 13.10 염색질 고리에서 초나선구조의 이완. **(a)** 30nm 섬유로 구성된 가상적인 염색질 고리. 몇 개의 초나선 회전이 보인다. **(b)** 히스톤이 제거된 염색질 고리. 히스톤이 없으면 뉴클레오솜과 30nm 섬유는 사라지고 초나선으로 된 DNA만 남는다. 여기서 나타낸 나선의 회전은 일반적으로 나타나는 이중나선 DNA의 회전이 아니고 초나선 회전이다. **(c)** 이완된 염색질 고리. DNA에는 초나선을 이완하기 위해 틈이 만들어졌다. 그 결과 이완된 DNA가 고리를 형성한 것을 볼 수 있다. (a)에서 (c)로 가는 단계에서 고리의 길이는 증가하는 것처럼 보이나 비율대로 그려진 것은 아니다.

인데 어떻게 DNA가 초나선이 될 수 있을까? 만일 염색질 섬유가 대장균과 같이 고리 모양을 하고 있고 각 고리의 기저부위가 고정되어 있으면 각 고리는 기능적으로 원형과 대등한 역할을 하므로 초나선을 형성할 수 있다. 실제로 뉴클레오솜의 DNA가 감기는 것은 초나선을 만드는 데 필요한 힘을 제공한다. 그림 13.10은 고리의 풀림이 훨씬 성긴 염색질을 만들며 침강계수가 감소하는 원리를 설명해 준다.

이 고리의 크기는 얼마쯤일까? 초파리 염색체의 고리는 약 85kb이며 척추동물 세포의 경우 35~83kb로 구성된다고 추정하고 있다.

그림 13.11에 있는 염색체의 사진은 고리의 존재를 지지한다. 그림 13.11a는 분열단계 중 중기에 있는 사람 염색체의 가장자리 모습으로 고리 모양이 선명하다. 그림 13.11b는 사람 염색체의 단면도로 30nm 섬유가 유지되고 있으며 방사상의 고리가 선명하게 보인다. 그림 13.11c는 단백질을 제거한 사람 염색체의 사진으로 DNA 고리는 염색체 뼈대에 있는 중심 스카폴드(scaffold)에 연결되어 있다. 이 사진들은 염색체에 방사상의 고리형 섬유가 존재한다는 개념을 지지한다.

13.2. 염색질 구조와 유전자 활성

히스톤이 유전자 활성에 중요한 역할을 한다는 것은 논란의 대상이었다. 시험관에서 DNA에 히스톤을 첨가하면 전사가 멈춘다는 결과는 분자생물학자들을 흥분시켰다. 그 후 염색질에서 히스톤의 역할이 처음 밝혀졌을 때 많은 사람들은 히스톤의 구조적 역할에만 주목하고 유전자 조절 기능에 대해서는 잊게 되었다. 히스톤은 그 동안 단지 DNA의 뉴클레오솜의 골격으로만 인식되었다. 그러나 지금은 히스톤의 유전자 조절 기능에 대하여 새롭게 인식하고 있다.

1) II급 유전자 전사에 미치는 히스톤의 영향

1980년 드날드 브라운(Donald Brown) 등은 시험관 내 실험에서 손톱개구리의 5S rRNA 유전자(III급 유전자)가 히스톤 H1 첨가에 의해 선택적으로 억제될 수 있다는 사실을 밝혔고, 이러한 억제는 히스톤 H1이 DNA 200bp당 한 분자 비율(염색질에서의 자연적 레벨)에 도달할 때까지 증가되었다. 1990년에 제임스 카도나가(James Kadonaga) 등은 히스톤과 III급 유전자의 상호 작용 원리가 히스톤과 II급 유전자에도 적용된다는 것을 보여주었다.

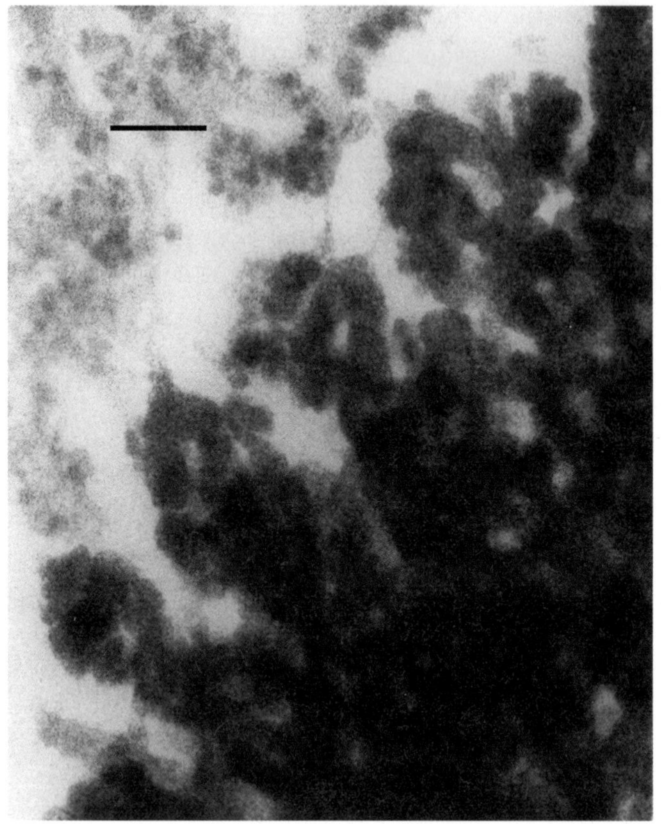

(a)

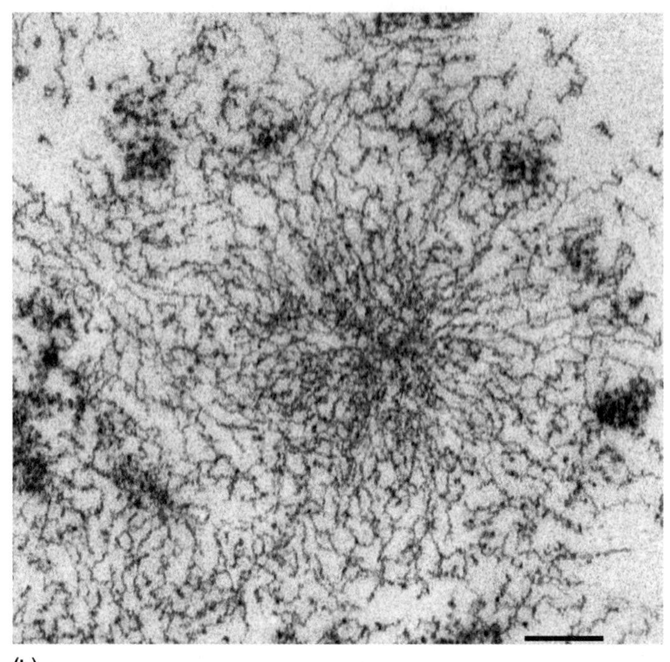

(b)

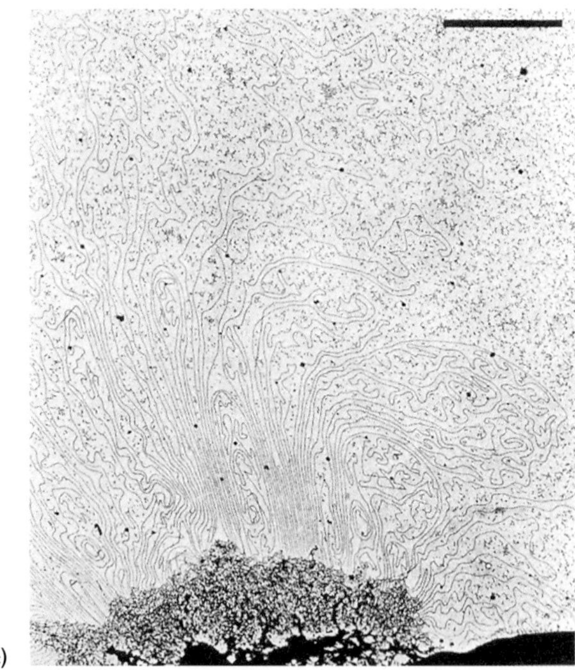

(c)

그림 13.11 사람 염색체 고리의 세 가지 전자현미경 사진. **(a)** 헥실렌 글리콜(hexylene glycol)을 이용해 추출한 사람 염색체 가장자리 부분의 주사전자현미경 사진. 막대는 100nm를 나타낸다. **(b)** EDTA로 부풀린 사람 염색체의 단면의 투과전자현미경 사진. 여기에서 관찰된 염색질 섬유사는 30nm 섬유이다. 막대는 200nm를 나타낸다. **(c)** 단백질을 제거한 사람 염색체의 투과전자현미경 사진은 중앙의 스카폴드로부터 퍼져나오는 DNA 고리를 보여 준다. 막대는 2μm(2,000nm)를 나타낸다. (출처: (a) Marsden, M.P.F. and U.K. Laemmli, Metaphase chromosome structure: Evidence for a radial loop model. *Cell* 17 (Aug 1979) f. 5, p. 855. Reprinted by permission of Elsevier Science. (b) Marsden and Laemmli, Cell 17 (Aug 1979) f. 1, p. 851. Reprinted by permission of Elsevier Science. (c) Paulson, J.R. and U.K. Laemmli, The structure of histone-depleted metaphase chromosomes. Cell 12 (1977) f. 5, p. 823. Reprinted by permission of Elsevier Science.)

(1) 핵심 히스톤

1991년 폴 레이본(Paul Laybourne)과 카도나가는 시험관에서 RNA 중합효소 II에 의해 일어나는 전사에서 핵심 히스톤과 히스톤 H1의 효과를 구별하는 실험을 수행했다. 그들은 핵심 히스톤(H2A, H2B, H3, H4)이 DNA와 핵심 뉴클레오솜을 형성하면 유전자 활성도가 약 4배 정도 억제되는 것을 발견했다. 이러한 억제에 전사인자는 아무런 영향을 주지 않았다. 핵심 히스톤에 히스톤 H1을 첨가하면 억제 현상은 25~100배 증가했다. 이러한 억제 현상은 전사 활성인자에 의해 저해될 수 있다. 이런 관점에서 여기에 사용된 전사인자들은 5S rRNA 유전자의 조절부위에서 히스톤 H1과 경쟁하는 TFIIIA, B, C와 같은 III급 인자들과 비슷한 역할을 한다고 생각된다.

레이본과 카도나가의 실험 전략은 특성이 잘 규명된 유전자를 가진 플라스미드 DNA와 히스톤, 그리고 이 유전자에 영향을 주는 것으로 알려진 전사활성인자를 넣거나 뺀 상태에서 염색질을 재구성하는 것이다. 또한 DNA를 이완 상태로 유지하기 위해 위

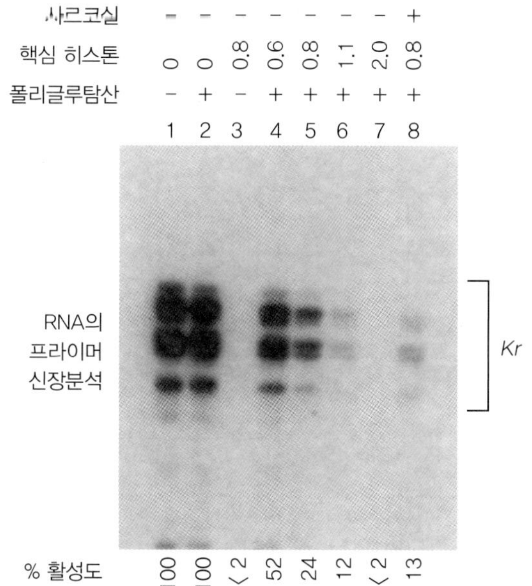

그림 13.12 실험적으로 재구성된 염색질을 이용한 시험관 내 전사. 레이본과 카도나가는 초파리 *Krüppel* 유전자를 가진 플라스미드 DNA와 핵심 히스톤을 그림 위에 표시된 DNA와 단백질의 비율로 염색질을 재구성했다. 그다음 전사의 효율을 측정하기 위해 프라이머 신장분석을 수행했다. *Krüppel* 유전자에 해당하는 밴드는 오른쪽의 *Kr*로 표시되어 있다. 1번, DNA. 2번, DNA와 폴리글루타메이트(polyglutamate, DNA 위에 히스톤이 침전되도록 사용함). 3~7번, 여러 비율의 핵심 히스톤과 DNA로 재구성한 염색질. 8번, 전사의 재개시를 방지하기 위해 사르코실(sarkosyl)을 첨가. 따라서 한 번의 전사만 일어나게 된다. 핵심 히스톤은 *Krüppel* 유전자의 전사를 농도 의존적으로 억제한다. (출처: Laybourn, P.J. and J.T. Kadonaga, Role of nucleosomal cores and histone H1 in regulation of transcription by RNA polymerase II. *Science* 254 (11 Oct 1991) f. 2B, p. 239. Copyright © AAAS.)

상이성질화효소 I(topoisomerase I)이 첨가되었다. 그 후 재구성된 염색질이 핵 추출물에 의해 전사되는가를 조사하기 위해 프라이머 신장분석법을 수행했다. 첫 실험에서는 히스톤 H1 없이 핵심 히스톤만을 사용하였다. 히스톤과 DNA의 질량비가 0.8~1.0이 되는 상태, 즉 200bp DNA당 평균 1개의 뉴클레오솜이 형성되도록 하였다.

초파리의 *Krüppel* 유전자를 함유한 재구성된 염색질을 이용하여 레이본과 카도나가는 초파리 핵 추출물이 *Krüppel* 유전자를 전사할 수 있다는 것을 증명했다(그림 13.12). 그러나 200bp DNA당 하나의 뉴클레오솜을 만들 수 있는 정도의 양을 넣은 핵심 히스톤에서는 전사가 정상 수준의 25% 정도 억제되었다. (그림 13.12의 2번과 5번 레인을 비교하라.) 이 방법으로 밝힌 전사의 개시점은 여러 개이므로 프라이머 신장분석 결과 여러 밴드가 보인다.

핵심 히스톤에 의해 전사가 75%가량 억제되는 데는 두 가지 설명이 가능하다. 첫째, 뉴클레오솜이 모든 RNA 중합효소의 진행 속도를 75% 정도 늦춘다. 둘째, 중합효소의 75% 정도가 뉴클레오솜에 의해 전혀 움직이지 못하나 프로모터의 25%에는 뉴클레오솜이 없으므로 RNA 중합효소가 붙어 전사를 진행할 수 있다. 대조군 실험으로 남은 25%의 전사는 전사 시작 부위의 아랫부분만 자르는 제한효소로 염색질을 잘라서 제거할 수 있다. 이러한 결과는 일부 DNA에 뉴클레오솜이 없었기 때문이라고 설명할 수 있다. 따라서 두 번째 가설이 옳다고 할 수 있다.

(2) 히스톤 H1

히스톤 H1은 뉴클레오솜을 안정화하는 역할을 하기 때문에 재구성된 염색질에서 핵심 히스톤보다 전사를 더욱 억제할 것이다. 레이본과 카도나가는 실험적으로 이 사실을 증명하였다. 그들은 두 가지 인핸서-프로모터를 가진 DNA(pG5E4와 pSV-Kr)로 염색질을 재구성하였다. ① pG5E4(5개의 GAL4 결합부위가 아데노바이러스 E4의 최소 프로모터에 연결된 것). ② pSV-Kr(SV40 전기 프로모터의 6개 GC 박스가 초파리 *Krüppel* 최소 프로모터에 연결된 것). 또 핵심 히스톤뿐만 아니라 핵심 뉴클레오솜당 0~1.5분자에 해당하는 다양한 양의 히스톤 H1을 첨가하였다. 그리고 시험관 내에서 재구성된 염색질을 전사시켰다.

그림 13.13의 홀수 줄에서 히스톤 H1의 양을 증가시키면 주형의 활성도를 잃게 하여 전사가 거의 되지 않는다. 그러나 히스톤 H1이 핵심 히스톤당 0.5분자가 있는 수준에서 활성인자는 전사 억제 기능을 저해한다. 예를 들어 pG_5E4 플라스미드를 재구성한 염색질에서 GAL4 결합부위와 상호 작용하는 GAL4-VP16 잡종 활성인자는 전사를 200배 증가시킨다. 이 중 8배는 활성인자가 가지고 있는 기본적인 성질로 DNA만 있을 때도 나타나지만, 나머지 25배의 증가는 히스톤 H1의 억제기능을 방해하는 항억제(antirepression) 기능에 의한 것이다. 비슷한 상황으로 pSV-Kr 프로모터를 가지고 재구성한 염색질에서 프로모터의 GC 상자에 결합하는 Sp1 활성인자는 전사 활성도를 92배 증가시킨다. DNA만 있을 때 Sp1은 2.8배 활성화시키므로 92배 중 33배는 항억제 기능에 의한 것이다. 12장에서 공부한 진정한 활성화 성분은 DNA만을 전사의 주형으로 사용할 때 나타나는 것이다.

이러한 결과는 그림 13.14의 모델과 일치한다. 이 경우 히스톤 H1은 전사개시 부위가 있는 뉴클레오솜 사이의 연결 DNA에 결합하여 전사를 억제한다. Sp1과 GAL4-VP16(초록색 타원)과 같은 활성인자는 히스톤 H1과 동시에 첨가되면 억제기능을 저해한다. 그러나 이러한 인자들은 히스톤 H1이 없다 하더라도 이미 형성된

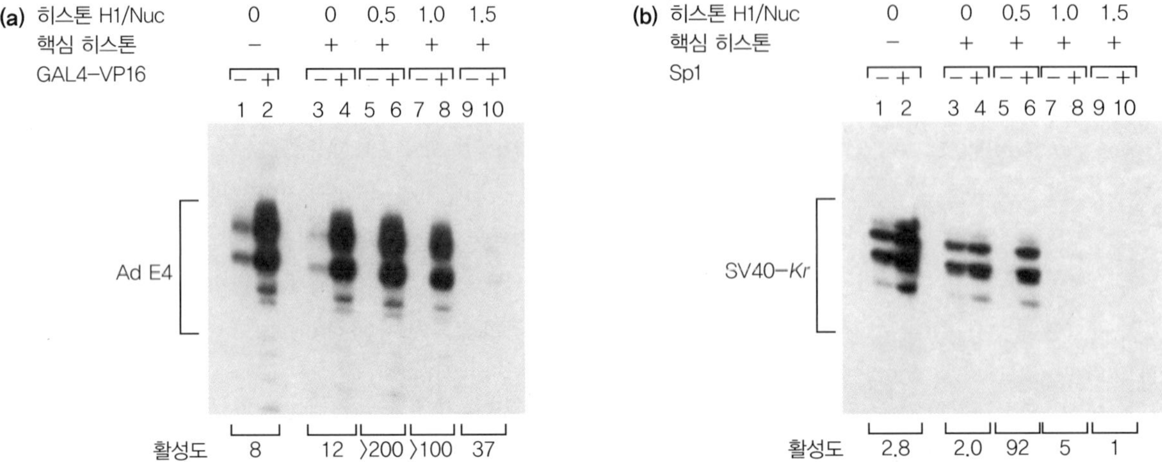

그림 13.13 전사에서 히스톤과 전사활성인자의 경쟁 관계. 레이본과 카도나가는 그림의 상단에 표시된 것처럼 핵심 히스톤과 히스톤 H1이 있거나 없는 상태에서 염색질을 재구성했다. 그 후 프라이머 신장분석으로 활성인자 유무에 따른 전사를 분석했다. 각 전사활성인자에 의한 활성화 정도는 각 줄의 하단에 표시했다. 각 활성인자의 기본 활성도를 히스톤이 없이 DNA만을 사용한 1, 2번 레인에서 알 수 있다. 염색질을 주형으로 사용한 다른 줄에서 전사가 더욱 증가한 것은 항억제에 의한 것이다. **(a)** GAL4-VP16의 효과. 염색질은 5개의 GAL4 결합부위를 가진 아데노바이러스 E4 프로모터를 가지고 있다. E4 전사에 해당하는 밴드는 왼쪽에 표시되어 있다. **(b)** Sp1의 효과. *Krüppel* 유전자의 최소 프로모터와 SV40 프로모터의 GC 박스를 포함하는 염색질은 Sp1에 반응한다. (출처: Laybourn, P.J. and J.T. Kadonaga, Role of nucleosomal cores and histone H1 in regulation of transcription by RNA polymerase II. *Science* 254 (11 Oct 1991) f. 7, p. 243. Copyright © AAAS.)

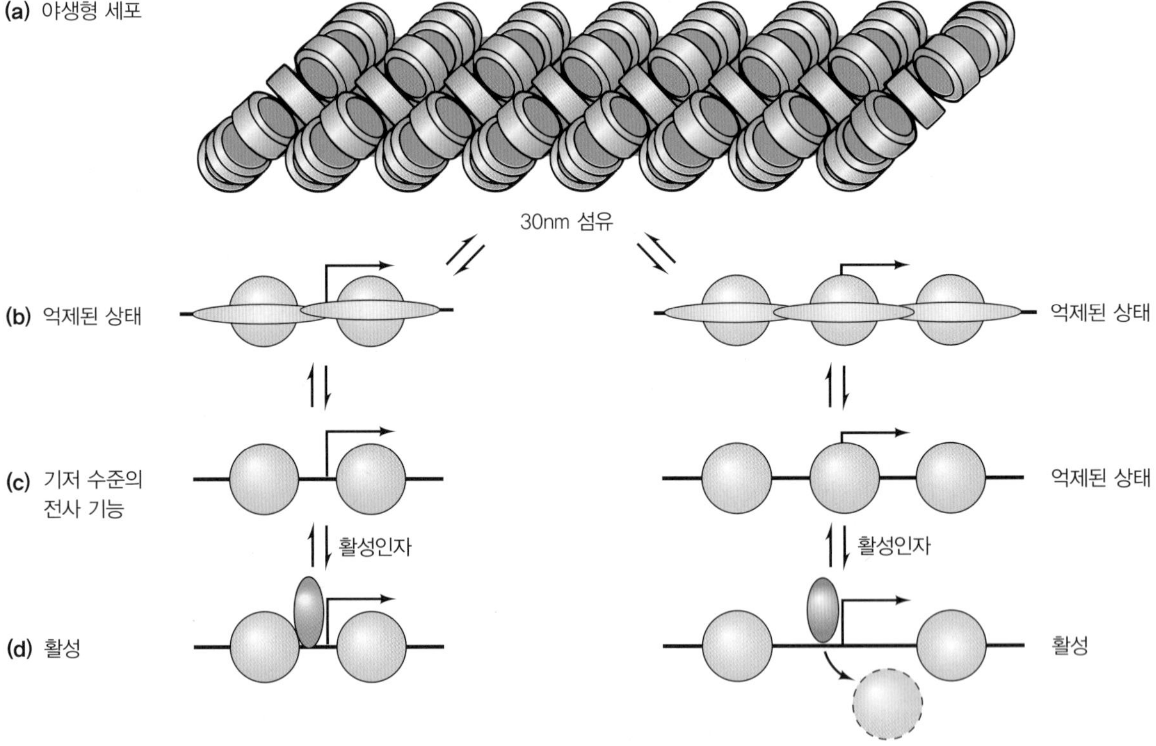

그림 13.14 전사활성화의 모델. **(a)** 30nm 섬유. **(b)** 30nm 섬유는 두 가지 형태의 억제된 염색질로 될 수 있다. 오른쪽에는 결합된 뉴클레오솜이 프로모터를 덮고 있어 전사를 억제한다. 왼쪽에는 뉴클레오솜이 프로모터를 덮고 있지는 않지만 히스톤 H1(노란색)이 근처의 프로모터를 덮고 있어 전사가 억제된다. **(c)** 히스톤 H1을 제거하면 두 가지 상태의 염색질을 얻을 수 있다. 왼쪽의 경우 프로모터가 노출되어 전사가 가능하다. 오른쪽에서는 뉴클레오솜이 여전히 프로모터를 덮고 있어 전사가 억제된다. **(d)** 항억제. 유전자의 조절부위가 뉴클레오솜에 의해 결합되어 있지 않으면(왼쪽), 전사활성인자(초록색)가 결합할 수 있고 다른 단백질과 함께 전사를 개시할 수 있다. 유전자의 조절부위가 뉴클레오솜에 의해 결합되어 있으면(오른쪽), 전사활성인자(보라색)는 염색질 리모델링 복합체를 포함한 다른 단백질과 작용하여 뉴클레오솜을 밀어내고 전사를 시작한다. (출처: Adapted from Laybourn, P.J. and J.T. Kadonaga, Role of nucleosomal cores and histone H1 in regulation of transcription by polymerase II. *Science* 254:243, 1991.)

핵심 뉴클레오솜의 효과를 되돌릴 수는 없다. 이러한 활성인자와 히스톤 H1은 경쟁 관계에 놓여 있다는 뜻이다. 활성인자가 DNA와 먼저 붙게 되면 히스톤 H1의 억제 기작은 방해받는다. 그러나 히스톤 H1이 DNA에 먼저 도달하면 뉴클레오솜을 안정화하여 활성화를 막게 된다. 보라색 사각형으로 표시된 다른 활성인자들은 매우 강력하여 히스톤 H1에 의해 안정화되지만 않는다면 뉴클레오솜을 밀어낼 수도 있다. 예를 들어 호르몬-수용체 복합체는 뉴클레오솜에 의해 둘러싸인 부위에도 결합할 수 있다.

카도나가 등은 *Krüppel* 프로모터와 여러 초파리 프로모터의 GA-풍부 염기서열 부위에 결합하는 GAGA 인자(GAGA factor)를 조사했다. 이 인자는 자체 전사 촉진활성은 보유하지 않는다. 실제로 이 인자는 전사를 약하게 억제한다. 그러나 히스톤보다 먼저 DNA에 첨가되면 히스톤 H1에 의한 억제기능을 저해하여 전사 효율을 상당히 증진시킨다. 그러므로 GAGA 인자는 항억제 기능과 전사 촉진기능을 동시에 갖고 있는 일반적인 활성인자와 달리 진정한 의미의 항억제 작용을 한다고 할 수 있다.

2) 뉴클레오솜의 위치 선정

그림 13.14의 활성화와 항억제 현상 모델은 전사인자들이 프로모터를 차지하고 있는 뉴클레오솜을 제거하거나 처음부터 프로모터 부위에 결합하지 못하게 하여 항억제를 일으키는 것이다. 이들은 활성인자가 뉴클레오솜으로 하여금 프로모터 내부가 아닌 그 주변에 자리잡게 하는 **뉴클레오솜 위치 선정**(nucleosome positioning)의 개념을 구체화한 것이다.

(1) 뉴클레오솜이 없는 지역

전사가 활발한 유전자의 조절 부위에는 뉴클레오솜이 없는 지역이 있다. 야니브(M. Yaniv) 등은 SV40 바이러스의 DNA에 있는 조절부위에 대한 실험을 수행하였다. 이 장의 첫 부분에서 설명하였듯이 포유동물 세포에 감염된 SV40 DNA는 소염색체(minichromosome) 상태로 있다. 야니브는 바이러스의 감염 후기 과정에서 전사가 활발한 유전자에는 SV40의 소염색체상에 뉴클레오솜이 없는 지역이 있다는 것을 발견하였다(그림 13.15). 따라서 뉴클레오솜이 없는 지역에 적어도 하나의 후기 프로모터가 존재할 것이라고 가정할 수 있다. 실제로 SV40은 전기 유전자와 후기 유전자의 프로모터에 매우 가까이 위치하고 있으며 그 사이에 72bp의 반복 인핸서가 있다. 이곳이 뉴클레오솜이 없는 지역일까? 원형 염색체는 시작과 끝이 없어 적당한 표시가 없으면 원의 어느 부분을 관찰하고 있는지 알 수 없다. 야니브 등은 이러한 문

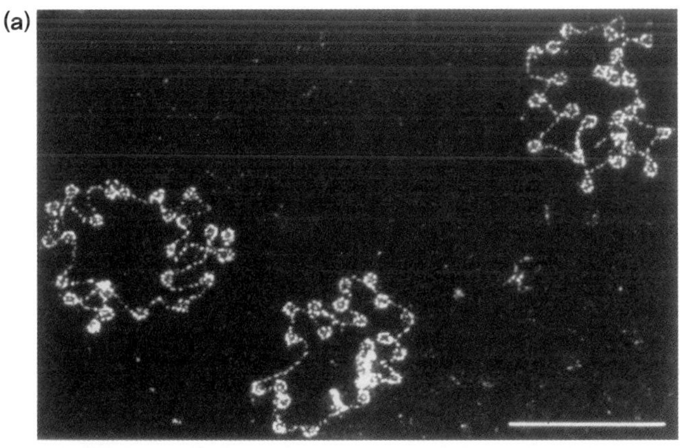

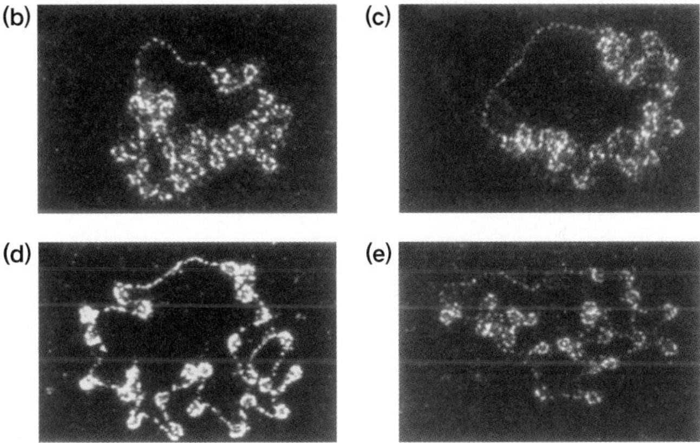

그림 13.15 SV40 소염색체의 뉴클레오솜 없는 부위. (a) 뉴클레오솜이 없는 부위가 없는 소염색체. (b~e) 뉴클레오솜이 없는 부위가 뚜렷하게 관찰되는 SV40 소염색체. 막대는 100nm를 나타낸다. (출처: Saragosti, S., G. Moyne, and M. Yaniv, Absence of nucleosomes in a fraction of SV40 chromatin between the origin of replication and the region coding for the late leader RNA. *Cell* 20 (May 1980) f. 2, p. 67. Reprinted by permission of Elsevier Science.)

제를 해결하기 위해 제한효소를 사용하였다. 그림 13.16a에서 보는 것과 같이 조절부위 가운데는 BglI 절단부위가 있고 그 반대편에 *Bam*HI과 *Eco*RI의 절단부위가 있다. 그러므로 그림 13.16b와 같이 뉴클레오솜이 없는 지역이 조절부위에 있다면 BglI은 그 중간을 자를 것이고 *Bam*HI과 *Eco*RI은 먼 쪽을 자를 것이다. 그림 13.17은 *Bam*HI과 *BglI*으로 자른 결과가 예상한 대로 나타난 것을 보여 준다. 그림에서 보여 주고 있지는 않지만 *Eco*RI으로 자른 결과도 예상한 것과 같다.

또 뉴클레오솜이 없는 긴 부위가 직선화된 소염색체의 한쪽 끝에 나타나므로 *BglI*이 뉴클레오솜이 없는 지역을 비대칭적으로 절단한다. 이것은 또한 뉴클레오솜이 없는 지역이 *BglI* 절단부위가 상대적으로 비대칭적인 SV40 프로모터 부분의 끝과 일치할 때 나타날 수 있는 것이다. 한편 뉴클레오솜이 없는 지역이 *BglI* 절단부위와 일치하는 바이러스 복제기점과 같다면 이는 일어날 수 없는

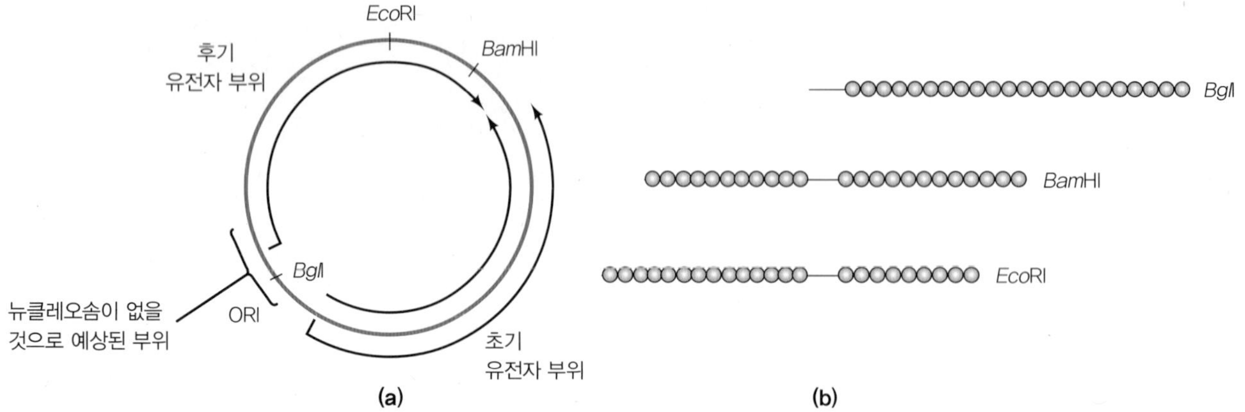

그림 13.16 SV40 소염색체에서 뉴클레오솜이 없는 지역을 결정하기 위한 실험적 모식도. **(a)** *BglI*, *BamHI*, *EcoRI*의 세 제한효소 절단부위를 보여 주는 SV40 유전자 지도. 조절부위는 DNA 복제 기점(ORI)을 둘러싸고 있으며, 후기 유전자 조절부위는 시계 반대 방향으로 진행한다. **(b)** 후기 유전자 조절부위에 뉴클레오솜이 없다고 가정했을 때 세 가지 제한효소로 소염색체를 자를 때 예상되는 결과. 세 가지 제한효소는 한곳에서 잘라 소염색체를 선형으로 만든다. *BglI*은 뉴클레오솜이 없는 부위의 끝부분을 자르므로 한쪽 끝에 뉴클레오솜이 없는 부위가 소염색체를 만든다. *BamHI*은 뉴클레오솜이 없는 지역의 반대편을 잘라 뉴클레오솜이 없는 지역이 중간에 있는 소염색체를 만든다. *EcoRI*은 뉴클레오솜이 없는 지역이 비대칭적으로 위치한 소염색체를 만든다.

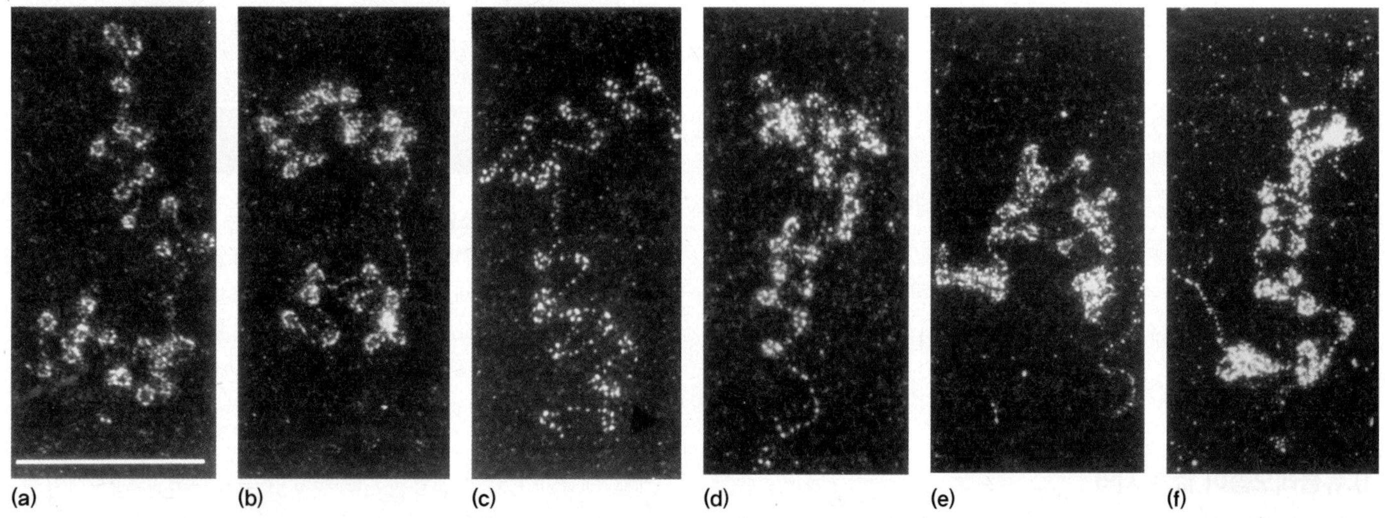

그림 13.17 SV40 소염색체가 없는 지역의 위치 파악. Yaniv 등은 SV40에 감염된 세포로부터 SV40 소염색체를 *BamHI*(**a~c**) 또는 *BglI*(**d~f**)로 잘랐다. 그림 13.18에서 예측했듯이 *BamHI*은 뉴클레오솜이 없는 지역이 중앙에 위치하게 자르고, *BglI*은 뉴클레오솜이 없는 지역의 한쪽 끝을 자르기 때문에 한쪽 끝에 뉴클레오솜이 없는 소염색체를 만든다. 막대는 100nm를 나타낸다. (출처: Saragosti, S., G. Moyne, and M. Yaniv, Absence of nucleosomes in a fraction of SV40 chromatin between the origin of replication and the region coding for the late leader RNA. *Cell* 20 (May 1980) f. 4, p. 69. Reprinted by permission of Elsevier Science.)

결과이다.

(2) DNA 가수분해효소 과민성

뉴클레오솜이 없는 DNA 지역의 또 다른 특징은 DNA 가수분해효소에 대한 과민성이다. 활발히 전사되는 염색질은 **DNA 가수분해효소에 민감**(DNase-sensitive)하게 반응한다(염색질 덩어리보다 10배 정도 민감). 그리고 활발히 전사되는 유전자의 조절부위는 **DNA 가수분해효소에 과민**(DNase-hypersensitive)하게 반응한다(염색질 덩어리보다 100배 정도 더 민감). 예를 들어 SV40 DNA의 조절부위는 DNA 가수분해효소 과민반응을 나타내는 부위이다. 야니브는 이것을 증명하기 위해 SV40 바이러스가 감염된 원숭이 세포에서 염색질을 추출했다. DNA 가수분해효소로 약하게 처리한 후 SV40 DNA를 정제하고 *EcoRI*로 잘라 DNA 절편을 전기영동하고 서던블롯을 실시하여 방사성 동위원소로 표지된 SV40 DNA로 잡종화반응을 수행하였다. 그림 13.16a는 *EcoRI* 절단부위와 *BglI* 절단부위가 원에서 67%(또는 33%) 떨어져 있

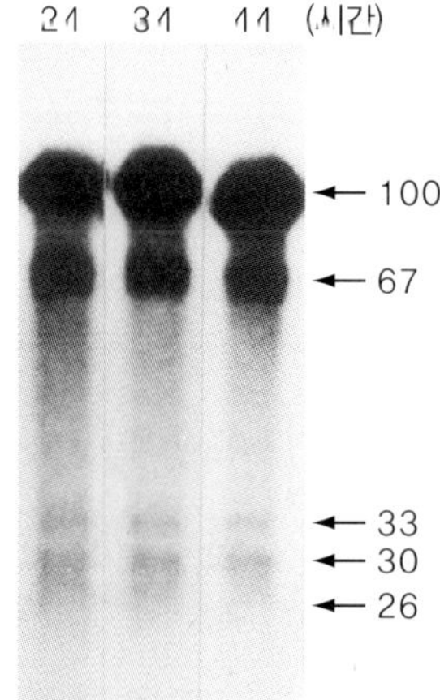

그림 13.18 SV40 소염색체에서 DNA 가수분해효소 과민부위의 결정. 야니브 등은 SV40에 감염된 원숭이 세포에서 24, 34, 44시간째 핵을 분리하여 DNase I으로 처리했다. 그다음 소염색체를 *Eco*RI으로 잘라 전기영동으로 분리하고 서던블롯팅한 후 방사성 동위원소로 표지된 SV40 DNA로 혼성화시켰다. 뉴클레오솜이 없는 부분이 DNA 가수분해효소에 노출된 부분이라고 가정할 때, *Eco*RI은 뉴클레오솜이 없는 지역으로부터 시계 방향으로 33% 떨어진 곳을 잘라 SV40 유전체의 33%와 67%를 가진 두 가지 절편을 만들 것으로 예상된다. 실제로 67% 절편은 많이 생겼으나 33% 절편의 일부는 더 작은 절편으로 분해된 것이 관찰되었다. 그러므로 DNA 가수분해효소 과민부위는 뉴클레오솜이 없는 지역과 일치하고 여러 크기의 작은 절편을 만들어낼 만큼 크다. (출처: Saragosti, S., G. Moyne, and M. Yaniv, Absence of nucleosomes in a fraction of SV40 chromatin between the origin of replication and the region coding for the late leader RNA. *Cell* 20 (May 1980) f. 7, p. 71. Reprinted by permission of Elsevier Science.)

다는 것을 보여 주고 있다. 그러므로 *Bgl*I 절단부위 가까이에 있는 뉴클레오솜이 없는 지역이 DNA 가수분해효소 과민 절단부위라면, DNA 가수분해효소는 그곳을 자르고 *Eco*RI는 자기부위를 잘라 전체 SV40 유전체의 67%와 33%에 해당하는 2개의 DNA 절편이 생길 것이다. 실제로 그림 13.18은 바이러스가 감염된 후 24, 34, 44시간째 수행한 실험에서 많은 양의 67% DNA 절편과 적은 양의 33% 절편, 그리고 더 작은 크기의 DNA 절편이 잘린 것을 보여 주고 있다. 이러한 실험 결과는 DNase I이 실제로 *Bgl*I 절단부위 주변의 상대적으로 좁은 부위의 염색질을 자르며, 뉴클레오솜이 없는 지역과 DNA 가수분해효소 과민부위가 일치한다는 것을 의미한다.

전사가 활발한 유전자가 DNA 가수분해효소에 의해 과민하게 절단되는 것은 일반적인 현상이다. 예를 들어 적혈구의 ε-글로빈 유전자의 5′-인접부위는 DNA 가수분해효소에 의해 과민하게 절단된다. 글로빈 유전자가 DNA 가수분해효소에 과민하게 절단되는 현상은 이 유전자의 활성도를 측정하는 좋은 기준이다.

그림 13.19는 서던블롯팅으로 DNA 가수분해효소에 과민하게 절단되는 유전자를 찾아내는 원리를 설명한다. 그림 13.19a와 13.19b는 어떤 유전자의 활성, 불활성 시의 뉴클레오솜의 배열 상태와 제한효소(RE)가 자를 수 있는 두 부위를 보여 준다. 불활성 유전자를 가진 핵을 DNase I으로 약하게 처리하면 DNA 가수분해효소 과민성 부위가 없기 때문에 아무 변화가 일어나지 않는다. 반면 전사가 활발한 유전자를 가진 핵을 DNase I으로 처리하면 DNA 가수분해효소는 프로모터 부근의 과민성 부위를 절단할 것이다. 각 경우에서 DNA로부터 단백질을 제거한 후 제한효소로 자르면 전사가 활발하지 못한 DNA에서는 탐침을 붙이면 13kb 전체에 결합하게 되나, 전사가 활발한 DNA에서는 DNA 가수분해효소에 민감한 부위가 포함되어 있기 때문에 DNase I과 제한효소에 의해 잘리게 되어 2개의 조각(6kb와 7kb)이 생긴다. 탐침에 의해서 6kb 조각은 볼 수 있게 되지만 7kb 조각은 볼 수 없다. 13kb 조각은 더 오랫동안 DNase I을 처리하면 사라지게 된다.

그림 13.20은 1987년에 프랭크 그로스벨드(Frank Grosveld) 등이 인간 글로빈 유전자군을 이용하여 실험한 것을 보여 준다. 이 유전자군은 5개의 유전자가 순서대로 5′–ε–$^{G}\gamma$–$^{A}\gamma$–δ–β–3′로 배열되어 있다. 이들은 쥐에 β-글로빈 유전자 도입을 수행하였는데, 정상 수준의 10% 정도밖에 기능을 하지 못했다. 그리고 이 유전자를 염색체의 어떤 곳에 넣어주면 기능이 증가되는 지를 관찰하였다. 이들은 β-글로빈 그 자체 이외의 또 다른 이유에 의해 발현 정도가 차이 난다고 예측하였다. 사실 이런 효율성의 차이가 나는 곳은 여러 군데 존재했고 그곳들은 모두 DNA 가수분해효소에 과민한 부위이다.

그림 13.20e를 보면 ε-글로빈 유전자의 앞부분에 5개(1, 2, 3a, 3b, 4)의 DNA 가수분해효소 작용에 과민한 부분이 있다. 그로스벨드 등은 이전에서 보여 준 13.19에서와 같이 DNA 가수분해효소에 과민한 부분을 찾아보았다. 3개의 다른 탐침(Eco RI, Eco Bgl, Bam Eco)의 위치를 그림 13.20e에서 보여 주고 있다. 이들은 세 가지 세포주의 핵 추출물을 이용하였다. β-글로빈 유전자를 발현하는 두 가지 인간 세포주–급성적혈병 세포주(HEL), 적혈구 세포주(PUTKO)–를 이용하였고 β-글로빈 유전자를 발현하지 않는 인간 T 세포 세포주(J6)도 사용하였다. 그림 13.22의 '0 enz' 줄은 DNA 가수분해효소를 넣지 않은 것이고 숫자가 써 있는 줄들은 DNA 가수분해효소를 더 오랫동안 처리한 결과이다.

그림 13.20a는 HEL 세포주에 *Asp*718 제한효소로 자르고 1.4kb Bam Eco 탐침을 이용한 실험 결과이다. DNase I에 의한 절단은 3a, 3b, 4에서 잘 일어났다. 유전자의 더 상위 부분

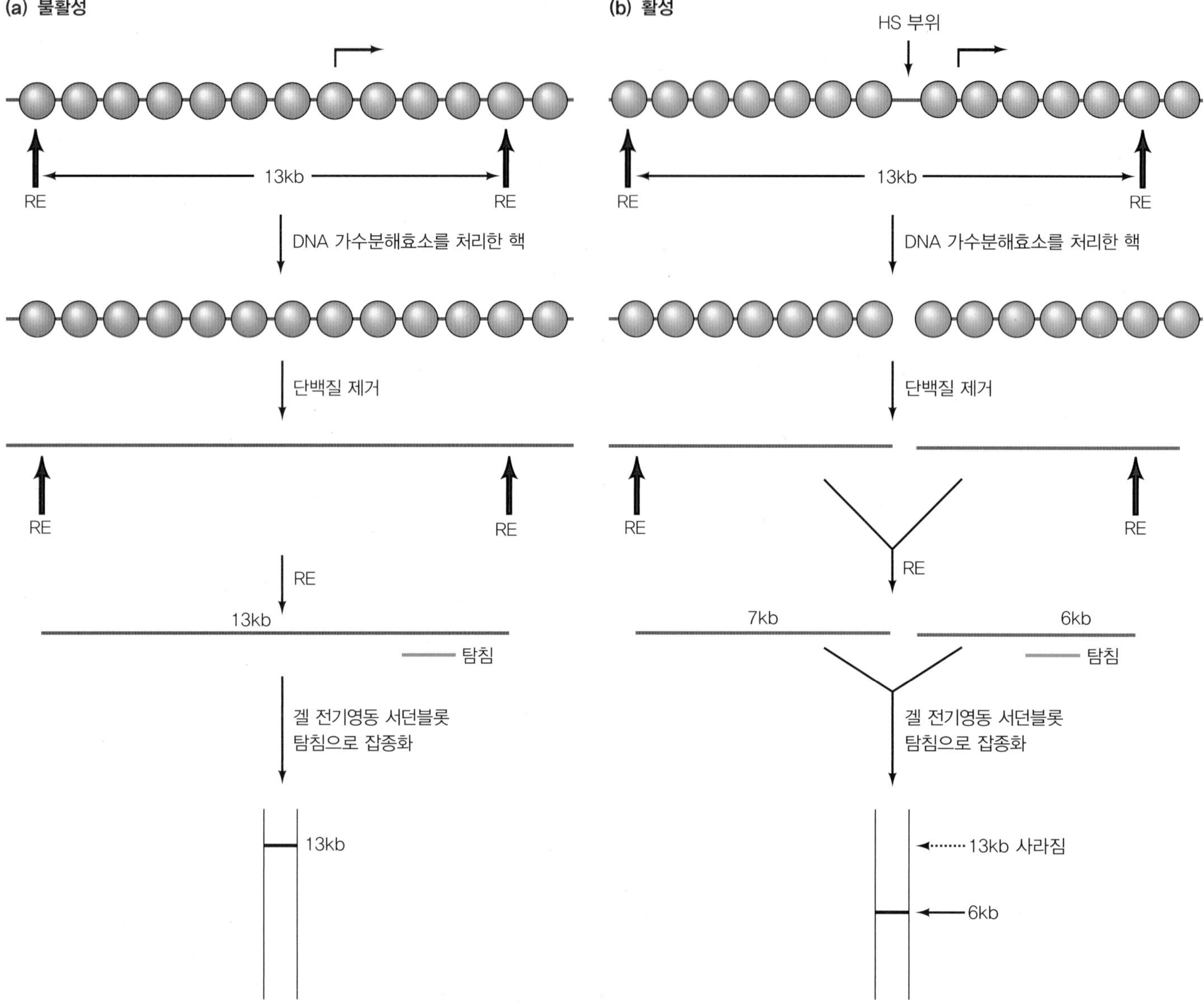

그림 13.19 DNA 가수분해효소 과민부위를 찾아내기 위한 실험적 모식도. **(a)** 전사가 일어나지 않는 유전자는 DNA 가수분해효소에 잘 잘려지지 않는다. 유전자와 프로모터는 뉴클레오솜과 복합체를 이루고 있다. 그러므로 이러한 유전자를 가진 핵에 DNase I을 약하게 처리하면 DNA는 잘 분해되지 않는다. 하지만 핵으로부터 DNA를 분리하고 단백질을 제거한 후 제한효소(RE)로 자르면 프로모터 부위에 해당하는 13kb 절편이 생긴다. 절편을 전기영동한 후 서던블롯으로 확인하고, 탐침은 유전자 특이적인 탐침을 이용하여 블롯팅한다. 13kb 절편이 관찰된다. **(b)** 전사가 활발한 유전자는 DNA 가수분해효소에 의해 잘 잘린다. 활성 유전자의 조절부위는 프로모터, 인핸서, 인슐레이터, 또는 다른 조절 부위와 같은 뉴클레오솜이 없는 지역이 있다. 활성 유전자를 가진 핵을 약한 강도로 DNA 가수분해효소 처리하면 과민부위(hypersensitive site, HSS)가 잘린다. 이어서 핵으로부터 DNA를 분리하고 단백질을 제거한 후 제한효소(RE)로 자르고 (a)에서처럼 전기영동한 후 서던블롯을 수행한다. 13kb 절편은 DNA 가수분해효소에 의해 잘리고 6kb의 절편이 관찰된다. 7kb 절편은 탐침이 결합하지 못하므로 관찰되지 않는다. 이 실험은 DNA 과민부위가 제한효소 인식부위보다 6kb 상위에 위치함을 의미한다. DNA 가수분해효소를 더 높은 농도로 처리하면 13kb 절편의 신호는 감소하고 대신에 6kb 절편의 신호는 증가한다.

의 DNA 가수분해효소에 과민한 부분을 살펴보기 위해서 그림 13.20b에서처럼 3.3kb Eco RI 탐침을 이용하였다. 이번엔 1, 2, 3a, 3b 부위에서 잘 잘리는 것을 보았고 2번 부위에서는 상대적으로 약하게 잘렸다. 이 탐침이 붙은 5.8kb 밴드는 그림 13.20e에서 보인 것 같이 5.8kb 단편에 해당한다. 6.8kb 밴드는 관련 없는 다른 유전자에 비특이적으로 결합한 것이므로 더 특이성을 높여 잡종화 반응을 시키면 이 밴드는 제거될 수 있다. 그림 13.20c는 PUTKO 세포주에서 보여 주는 결과로서, 제한효소는 *Bam*HI을 이용하였고 0.46 Eco Bgl 탐침을 이용했을 때 3a, 3b, 4부위에서 절단되는 것을 보여 준다. 이와 같은 방법으로 β-글로빈 유전자의

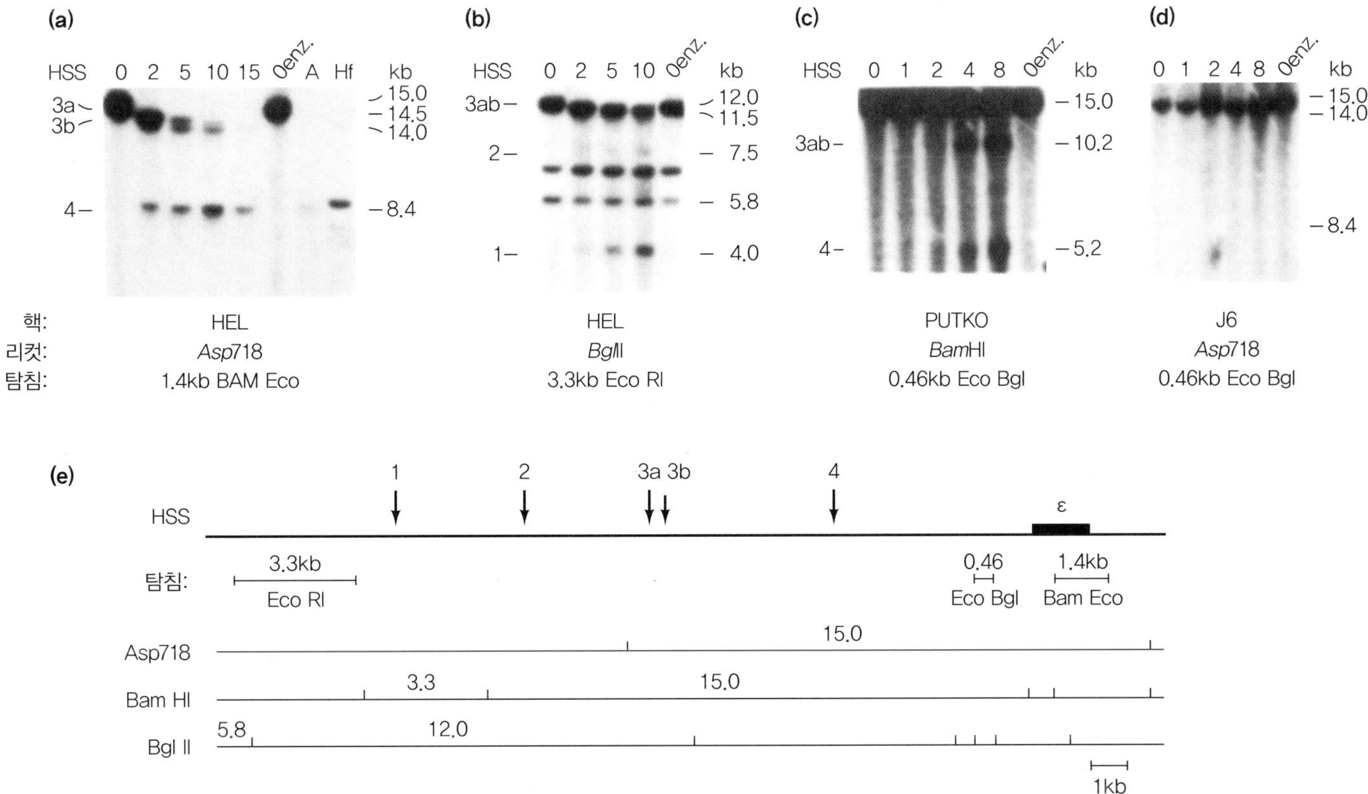

그림 13.20 인간 글로빈 유전자 5′-주변부위의 DNA 가수분해효소 과민부위의 지도화. (a~d) 그로스벨드 등은 HEL, PUTKO, J6 세포의 핵에 그림 윗부분에 표시된 몇 가지 시간 조건(분)으로 낮은 농도의 DNase I를 처리하거나 처리하지 않았다. 그리고 핵으로부터 DNA를 추출하여 단백질 가수분해효소 K로 단백질을 제거한 후 그림 아래쪽에 표시된 제한효소와 반응시키고 전기영동한 후 아래쪽에 표시된 탐침으로 서던블롯을 했다. 과민부위(HSS) 1, 2, 3a, 3b, 4에 해당하는 절편이 왼쪽에 표시되어 있다. A 또는 Hf로 표시된 레인은 DNA 가수분해효소가 아니라 AluI 또는 HinfI으로 잘린 DNA를 이용한 것이다. **(e)** 세 가지 탐침이 결합하는 위치와 제한효소 인식부위를 보여 주는 인간 ε-글로빈 좌위의 5′-부분의 지도. (출처: Reprinted from *Cell* v. 51, Grosveld et al., p. 976. ⓒ 1987, with permission from Elsevier Science.)

뒷부분에 있는 DNA 가수분해효소 과민부위를 찾았다.

마지막으로 이들은 활성화된 글로빈 유전자가 없는 J6 세포주에서 DNA 가수분해효소 I에 과민한 부위를 찾아보았다. 그림 13.20d에서처럼 DNA 가수분해효소에 과민한 부분이 없었다. 이러한 실험 결과는, DNA 가수분해효소 과민성은 그 유전자 부위의 뉴클레오솜을 밀어내지만 불활성의 유전자 부위에는 존재하지 않는 유전자 특이적인 인자가 필요하다는 가설에 부합한다.

그로스벨드 등은 이러한 부위가 이식한 유전자의 최적 활성화에 필요한 중요한 유전자 조절 부위라고 예측하였다. 이 부위를 포함하여 글로빈 유전자 전체를 쥐에 이식시켰을 때는 원래의 쥐에서 발현하던 것과 비슷한 정도로 발현되는 것을 보았다. 또한 이 유전자는 쥐의 유전체의 어느 부위에 삽입되든 상관없이 활발하게 발현되었다. 이러한 실험들을 통해 **유전자 자리 조절영역**(locus control region, LCR)이라는 중요한 조절 부위를 정의하게 되었다.

3) 히스톤 아세틸화

1964년 빈센트 알프리(Vincent Allfrey)는 히스톤이 아세틸화 형태와 탈아세틸화된 형태로 존재함을 발견하였다. 아세틸화는 히스톤의 라이신 곁가지에 있는 아미노기에 일어난다. 히스톤의 아세틸화는 유전자 발현과 관련 있음이 밝혀졌다. 즉, 아세틸화되지 않은 히스톤이 DNA에 첨가되면 전사를 억제하고, 아세틸화된 히스톤은 전사를 덜 억제한다. 이는 핵 속에 히스톤을 아세틸화하고, 탈아세틸화하는 효소가 존재하며 결과적으로 유전자 발현에 영향을 준다는 것을 의미한다. 이런 가설을 증명하기 위해서는 이들 효소를 동정해야 하였지만 아세틸 전달효소들이 매우 적은 양으로 존재하기 때문에 이후 30여 년 동안 그 존재를 밝혀 내기가 용이하지 않았다.

결국 1996년 제임스 브라우넬(James Brownell)과 데이비드 앨리스(David Allis)는 아세틸 CoA의 아세틸기를 히스톤에 전이하는 효소인 **히스톤 아세틸전달효소**(histone acetyltransferase,

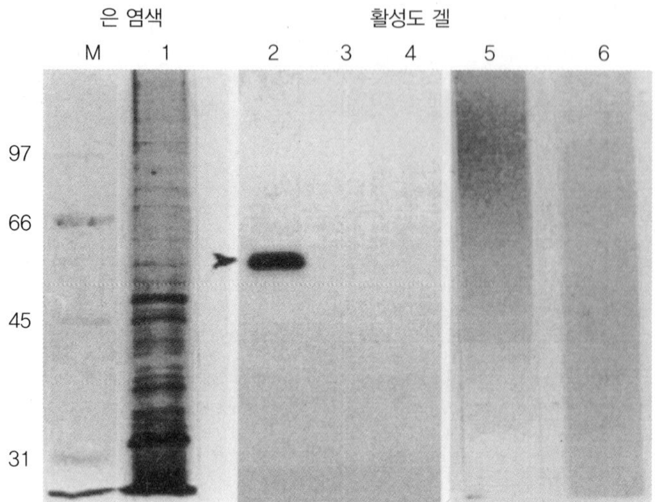

그림 13.21 히스톤 아세틸전달효소(HAT)의 활성도에 대한 겔 활성분석법. 브라우넬과 앨리스는 테트라하이메나의 대핵 추출물을 분리하여 히스톤(2~4번 레인), 소혈청 알부민(BSA, 5번 레인)을 갖고 있거나 단백질 불포함(1, 6번 레인) 상태에서 SDS-PAGE에서 전기영동했다. 그 후 단백질을 관찰하기 위해 은 염색하거나(M, 1번 레인), HAT 활성도를 조사하기 위해 ^{3}H으로 표지된 아세틸-CoA로 처리했다. 반응하지 않은 아세틸-CoA를 제거한 후 겔을 ^{3}H-아세틸기를 관찰하기 위해 형광방사법을 수행했다. 2번 레인에서는 ^{3}H-아세틸화된 히스톤이 관찰되므로 HAT 활성도가 있는 것을 알 수 있다. 3번 레인은 핵 내 추출물을 가열하여 HAT 기능을 불활성화하였고, 4번 레인에서는 전기영동하기 전에 N-에틸말레이미드(N-ethylmaleimide)로 처리했으므로 HAT 활성이 관찰되지 않는다. 5번 레인은 히스톤 대신 BSA가 처리되었고, 6번 레인은 단백질이 없어 HAT 활성이 없다. M 레인은 분자량 지표를 나타낸다. (출처: Brownell, J.E. and C.D. Allis, An activity gel assay defects a single, catalytically active histone acetyltransferase subunit in Tetrahymena macronuclei. *Proceedings of the National Academy of Sciences USA* (July 1995) f. 1, p. 6365. Copyright © National Academy of Sciences, USA.)

HAT)를 동정하고 분리하는 데 성공했다. 그들은 이 효소를 분리하는 데 매우 독창적인 방법을 사용하였다. 먼저 섬모를 갖고 있는 원생동물인 테트라하이메나(*Tetrahymena*) 세포를 실험 재료로 사용하였다. 테트라하이메나는 아세틸화가 많이 된 히스톤을 갖고 있어 이 세포가 많은 양의 HAT를 갖고 있으리라 생각했기 때문이다. 그들은 왕성하게 전사하는 유전자를 갖고 있는 테트라하이메나의 대핵으로부터 추출물을 만든 후 히스톤이 포함된 SDS 겔에서 전기영동을 수행하였다. HAT 활성도를 측정하기 위해 겔을 아세틸기가 방사성 동위원소로 표지된 아세틸 CoA가 들어 있는 용액에 담가 반응시켰다. 만일 겔에 HAT 활성도를 가진 단백질이 있다면 HAT는 방사능이 표지된 아세틸기를 히스톤으로 전이할 것이다. 이러한 결과는 겔의 HAT 위치에 아세틸화된 히스톤 밴드를 나타낼 것이다. 아세틸화된 히스톤을 찾기 위해 반응하지 않은 아세틸 CoA를 씻어낸 후 겔을 형광방사법(fluorography)으로 조사하였다. 그 결과 55kD 크기를 가진 단백질이 HAT 활성도를 나타내고 있어 브라우넬과 앨리스는 이 단백질을 p55라 명명하였다(그림 13.21).

앨리스 등은 p55 단백질과 그 유전자를 이해하기 위해 전통적인 클로닝 방법을 사용하였다. 생화학적인 방법으로 HAT 활성도를 가진 단백질을 순수분리 정제하였고, 이 단백질의 아미노산 배열 순서를 결정하였다. 이 아미노산 순서를 기초로 하여 유전체 DNA(또는 세포 내 RNA)와 결합할 수 있는 올리고뉴클레오티드를 합성하였다. 이 올리고뉴클레오티드 프라이머와 세포 내 총 RNA를 주형으로 사용해 4장에서 설명한 것과 같이 RT-PCR을 수행하였고 그 PCR 산물을 클로닝했다. PCR 산물의 염기서열을 결정하여 PCR 산물이 HAT의 아미노산 서열과 일치함을 확인할 수 있었다. 이렇게 PCR로 클로닝한 DNA는 완전한 cDNA를 갖고 있지 않아 5′-과 3′-의 말단 부위를 결정하기 위해 cDNA 말단 증폭방법(rapid amplification of cDNAs end, RACE, 4장 참조)을 사용하였다. 결과적으로 421개 아미노산의 p55 단백질을 만드는 cDNA를 얻게 되었다.

이렇게 얻은 p55 단백질의 아미노산 서열은 Gcn5p로 알려진 효모의 단백질과 아미노산 서열이 매우 비슷했다. Gcn5p 단백질은 Gcn4p와 같은 산성 전사활성인자의 매개자로 작용하기 때문에 두 단백질의 아미노산 서열이 비슷한 것은 p55와 Gcn5p가 유전자 활성화에 관련한 HAT라는 것을 암시한다. Allis는 Gcn5p를 대장균에서 발현시킨 후 p55와 함께 SDS-PAGE 속에서 두 단백질 모두 HAT 기능이 있음을 확인하였다. 그러므로 적어도 하나의 HAT(Gcn5p)는 HAT 기능과 전사 공동활성인자(transcription coactivator) 기능을 모두 갖고 있다는 것을 알 수 있었다. 이는 히스톤을 아세틸화시켜 유전자 활성화에 직접 작용하고 있음을 의미한다.

p55와 Gcn5p는 핵 안에 존재하고 유전자 조절에 관여하는 A 타입 HAT(**HAT A**)이다. 이들은 라이신이 많이 있는 핵심 히스톤의 N-말단 부위를 아세틸화시킨다. 완전히 아세틸화된 히스톤 H3는 9, 14, 18번 라이신에 아세틸기를 갖고 있으며, 완전히 아세틸화된 히스톤 H4는 5, 8, 12, 16번 라이신에 아세틸기를 갖고 있다. 히스톤 H3의 9, 14번 라이신과 히스톤 H4의 5, 8, 16번 라이신은 전사가 활발한 염색질에서는 아세틸화되고, 전사가 활발하지 않은 염색질에서는 탈아세틸화된다. 반면에 B 타입 HAT(**HAT B**)는 세포질에 존재하며 새로이 합성되는 히스톤 H3과 H4를 아세틸화시켜 뉴클레오솜으로 적절하게 조립되도록 한다. HAT B에 의

해 생성된 아세틸기는 나중에 핵 속에서 히스톤 탈아세틸전달효소에 의해 제거된다. p55와 Gcn5p를 포함한 모든 HAT A는 **브로모 영역**(bromodomain)을 갖고 있으나 HAT B는 브로모 영역을 갖고 있지 않다. 브로모 영역은 아세틸화된 라이신을 가진 단백질과 결합할 수 있다. 이것은 부분적으로 아세틸화된 히스톤 라이신 말단을 인지하여 다른 라이신 잔기를 아세틸화시키는 HAT A에는 유용하다. 그러나 아직 아세틸화되지 않은 새로 합성되는 핵심 히스톤을 인지하는 HAT B에는 브로모 영역은 별 쓸모가 없다.

앨리스 등이 p55를 찾아낸 이래 Gcn5p 이외에도 두 가지의 공동활성인자가 발견되었다. CBP/p300(12장 참조)과 TAF1(11장 참조)이 그것이다. 이러한 공동활성인자들은 모두 활성인자와 상호작용을 통해 전사를 증진시킨다. 이들이 HAT A 기능을 갖고 있다는 사실은 전사증진 기작의 일부를 설명할 수 있게 한다. 즉, HAT A는 전사개시부위 근처에 결합하여 주변의 뉴클레오솜에 있는 히스톤을 아세틸화시키며, 히스톤의 양전하를 중화시켜 DNA와의 결합을 약하게 만든다. 이러한 뉴클레오솜의 재구성은 전사기구들이 쉽게 접근하도록 하여 전사를 촉진시킨다.

이런 관점에서 볼 때 TAF1이 2개의 인접한 아세틸화된 라이신을 인식할 수 있는 2개의 브로모 영역을 가지고 있다는 사실은 흥미로우며 이는 마치 불활성 염색체에서 부분적으로 아세틸화된 핵심 히스톤을 찾은 것과 견줄 수 있다. 따라서 TAF1의 또 다른 역할은 불활성화된 염색질에서 부분적으로 아세틸화된 히스톤을 인식하여 TBP나 다른 TAF와 같은 자신의 파트너들을 활성화를 시작하려는 염색질에 안내하는 것이다. 이 가설에 대한 증거를 이 장의 후반부에서 다룰 것이다.

4) 히스톤 탈아세틸화

만일 히스톤의 아세틸화가 전사를 활성시키는 일이라면 히스톤의 탈아세틸화는 전사를 억제할 것이다. 실제로 아세틸화가 적게 된 히스톤을 가진 염색질은 전사가 덜 활발하다. 그림 13.22는 이러한 전사 억제에 관한 기작을 보여 주고 있다. 리간드가 없는 핵 내 수용체와 같은 전사억제인자는 보조억제인자와 결합하고 차례로 히스톤 탈아세틸화효소와 결합한다. 히스톤 탈아세틸화효소(histone deacetylase, HDAC)는 주변의 뉴클레오솜에 있는 히스톤 말단 부위의 아세틸기를 제거하여 뉴클레오솜을 안정화하고 전사를 억제된 상태로 만든다. 이러한 억제 상태를 사일런싱(silencing)이라 하는데, 말단소립과 같은 염색체 말단부위의 이형염색질 부위보다는 전사가 비교적 잘 일어난다. 가장 많이 알려진 보조억제인자에는 **SIN3**(효모), **SIN3A**와 **SIN3B**(포유류), 그리고 **NCoR/SMRT**(포유류) 등이 있다. NCoR은 핵 수용체 보조억제인자(nuclear receptor corepressor)를 의미하며 SMRT는 레티노이드 및 갑상선호르몬 수용체에 대한 사일런싱 매개자(silencing mediator for retinoid and thyroid hormone receptors)를 의미한다. 이 단백질들은 이형 2량체의 핵 수용체인 리간드가 없는 레티노산 수용체(RAR−RXR)와 결합한다.

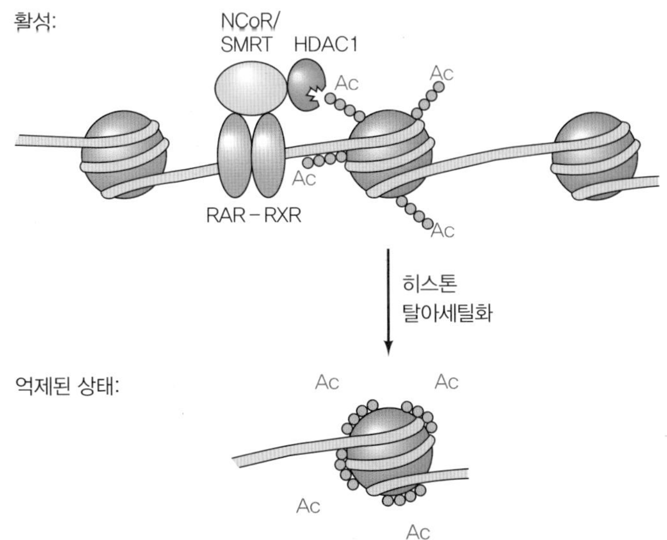

그림 13.22 전사억제에 있어서 히스톤 탈아세틸화효소(HDAC)의 역할에 관한 모델. 레티노산 수용체(RAR)와 레티노산 수용체 X(RXR)의 이형 2량체가 인핸서에 결합한다(위). 리간드인 레티노산이 없을 때는 수용체 2량체는 보조억제인자 NCoR/SMRT와 결합하고, NCoR/SMRT는 히스톤 탈아세틸화효소인 HDAC1과 결합한다. HDAC은 주변에 있는 뉴클레오솜의 핵심 히스톤의 라이신(회색)에 있는 아세틸기(빨간색)를 제거한다. 이러한 탈아세틸화 현상은 라이신기와 DNA의 결합을 더 강하게 만들어 뉴클레오솜을 안정화시키고 전사를 억제한다(아래).

어떻게 전사인자, 보조억제인자, 히스톤 탈아세틸화효소들이 직접 접촉한다는 것을 알 수 있을까? 한 가지 방법은 여러 성분 중 하나에 항원결정기를 붙인 후 이 항원결정기의 항체를 이용해 전체 단백질 복합체를 면역침전시키는 것이다. 로버트 아이젠만(Robert Eisenman) 등은 이 방법으로 전사인자인 **Mad−Max**와 SIN3A, 그리고 HDAC2가 삼중 복합체를 이루고 있음을 증명했다. Max는 이형 2량체를 형성하는 구성성분에 따라 활성인자 또는 억제인자로 작용하는 전사인자이다. Max는 Myc과 결합하면 Myc−Max 2량체를 형성하여 전사활성인자가 되지만, Mad와 결합하면 Mad−Max 2량체를 형성하여 억제인자로 작용한다.

Mad−Max에 의한 전사억제는 히스톤 탈아세틸화와 관련이 있기 때문에 HDAC과 Mad가 밀접한 관계가 있을 것이라 생각된다. 그림 13.22에 있는 RAR−RXR−NCoR/SMRT−HDAC1의 상

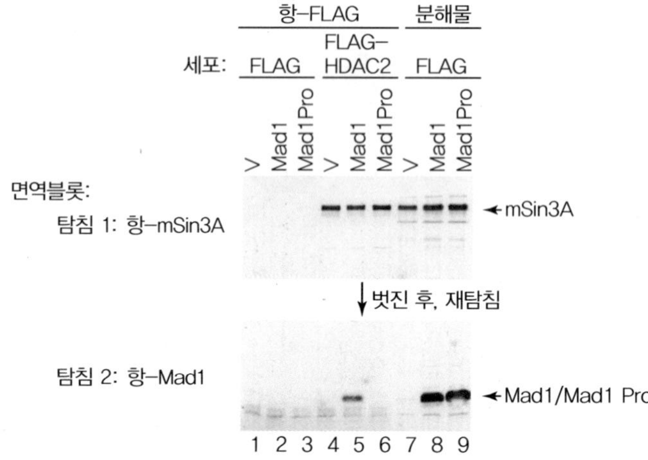

그림 13.23 HDAC2, SIN3A, Mad1을 포함한 삼중 복합체에 관한 실험적 증거. 아이젠만 등은 FLAG 항원결정기만을, 또는 FLAG-HDAC2를 발현할 수 있는 플라스미드를 세포에 도입했다. 또 Mad1을 포함하지 않거나(V), Mad1, Mad1Pro 등을 가진 플라스미드를 함께 세포에 도입했다. 그 다음 세포 추출물을 항-FLAG 항체(1~6번 레인)로 면역침전하거나 단순히 세포 분해물(7~9번 레인)을 모아 전기영동했다. 그리고 단백질을 막에 블롯한 후 항-SIN3A 항체로 반응시켰다(위 블롯). 그 후 처음 블롯을 씻어낸 후 두 번째로 Mad1, Mad1Pro 모두와 결합할 수 있는 항-Mad1 항체로 반응시켰다(아래 블롯). 마지막으로 블롯의 단백질에 붙어 있는 항체를 탐지하기 위해 서양 고추냉이 과산화효소(horseradish peroxidase)가 연결되어 있는 2차 항체로 반응시켰다. 기질이 반응하는 것을 화학인광으로 탐지하여 효소가 있는 곳을 찾아냈다. SIN3A와 Mad1/Mad1Pro의 위치는 오른쪽에 표시되어 있다. (출처: Laherty, C.D., W.-M. Yang, J.-M. Sun, J.R. Davie, E. Seto, and R.N. Eisenman, Histone deacetylases associated with the mSin3 co-repressor mediate Mad transcriptional repression. *Cell* 89 (2 May 1997) f. 3, p. 352. Reprinted by permission of Elsevier Science.)

호 작용을 보면 NCoR/SMRT와 같은 보조억제인자가 Mad와 HDAC의 작용을 매개하리라 추정된다. 이러한 상호 작용이 실제로 생체 내에서 SIN3A와 같은 보조억제인자에 의해 일어나는 것을 증명하기 위해 아이젠만은 항원결정기 표지법을 사용했다. 포유동물 세포에 두 가지의 플라스미드를 도입했다. 첫 번째 플라스미드는 **HDAC2**에 FLAG라는 항원결정기를 붙였고, 두 번째 플라스미드는 Mad1이나 SIN3A와 상호 작용을 못하는 돌연변이체 Mad1(Mad1Pro)을 갖고 있다. 이렇게 플라스미드가 도입된 세포로부터 추출물을 준비한 후 FLAG의 항체를 이용하여 면역침전을 시도하였다. 전기영동한 후 단백질을 분리한 뒤 먼저 SIN3A 항체를 사용하여 면역침전 복합체 속에 SIN3A가 존재하는지를 조사하였다. 다시 같은 샘플에서 SIN3A 항체를 씻어낸 후 Mad1 항체로 Mad1의 존재를 조사했다.

실험 결과는 그림 13.23에 나타나 있다. 1~3번 레인에서는 FLAG-HDAC2가 아닌 FLAG만 가진 플라스미드를 소유한 세포의 결과이다. 이러한 세포 분해물을 FLAG 항체로 면역침전시키면, 그 항체는 HDAC2나 이와 결합하는 어떤 단백질과도 결합하지 않는다. 실제로 SIN3A나 Mad1은 이 블롯에서 검출되지 않았다. 4~6번 레인은 FLAG-HDAC2를 가진 플라스미드와 Mad1 없는(4번 레인), Mad1(5번 레인), Mad1Pro(6번 레인) 등의 플라스미드를 주입한 세포의 추출물을 포함하고 있다. 이 세 레인 모두 SIN3A를 보여 주고 있어 SIN3A가 FLAG-HDAC2와 같이 침전되었다는 것을 알 수 있다. 그러나 단지 5번 레인만 Mad1이 관찰된다. 4번 레인에서는 Mad1 플라스미드를 포함하고 있지 않아 Mad1이 없는 것은 당연하다. 6번 레인에서 Mad1Pro가 보이지 않는 것은 매우 중요한 사실이다. Mad1Pro는 SIN3A와 결합할 수 없으므로 Mad1Pro는 FLAG-HDAC2와 함께 침전될 수 없다. 이러한 결과는, Mad1은 SIN3A와 결합하지만 HDAC2와는 결합하지 않는다는 것을 보여 준다. 또한 이러한 사실은 보조억제인자인 SIN3A가 Mad1과 HDAC2 사이의 상호 작용을 매개하고 있다는 것을 의미한다. 7~9번 레인은 면역침전 없이 세포 분해물 전체를 전기영동한 것으로 두 가지 모두 충분한 양의 SIN3A와 Mad1을 갖고 있다는 것을 나타내고 있다. Mad1-플라스미드를 넣어주거나(8번 레인) Mad1Pro-플라스미드를 넣어 주었을 때에는(9번 레인) 이 단백질들이 잘 보인다. 그러므로 6번 레인에서 Mad1Pro가 보이지 않는 것은 Mad1Pro를 만드는 플라스미드가 정상적으로 작용했지만 SIN3A와 결합하지 않아 나타난 결과라는 것을 알 수 있다.

특정 단백질이 어떤 단백질과 결합하는가에 따라 활성인자 또는 억제인자로 작용할 수 있는 두 가지 예를 살펴보았다. 핵 수용체도 리간드의 결합 여부에 따라 이와 같이 작용한다. Max 단백질은 Myc 단백질과 Mad 단백질 중 어떤 것이 붙는가에 따라 활성인자나 억제인자로 작용한다. 그림 13.24는 핵 수용체의 하나인 **갑상샘호르몬 수용체**(thyroid hormone receptor, TR)의 작용기작을 보여 준다. TR은 RXR과 함께 이형2량체를 형성하고 **갑상샘호르몬 반응부위**(thyroid hormone response element, TRE)로 알려진 인핸서에 결합한다. 갑상선호르몬이 없을 때 이들은 억제인자로 작용한다. 이러한 억제 현상은 NCoR, SIN3, mRPD3로 알려진 HDAC와 상호 작용을 하기 때문이다. 탈아세틸화 현상은 뉴클레오솜을 안정화시키고 전사를 억제한다.

갑상선호르몬과 결합한 TR-RXR 2량체는 활성인자로 작용한다. 이러한 활성화 현상은 부분적으로 CBP/p300, P/CAF, TAF1과 결합하여 일어나며, 세 단백질은 모두 HAT의 기능을 갖고 있

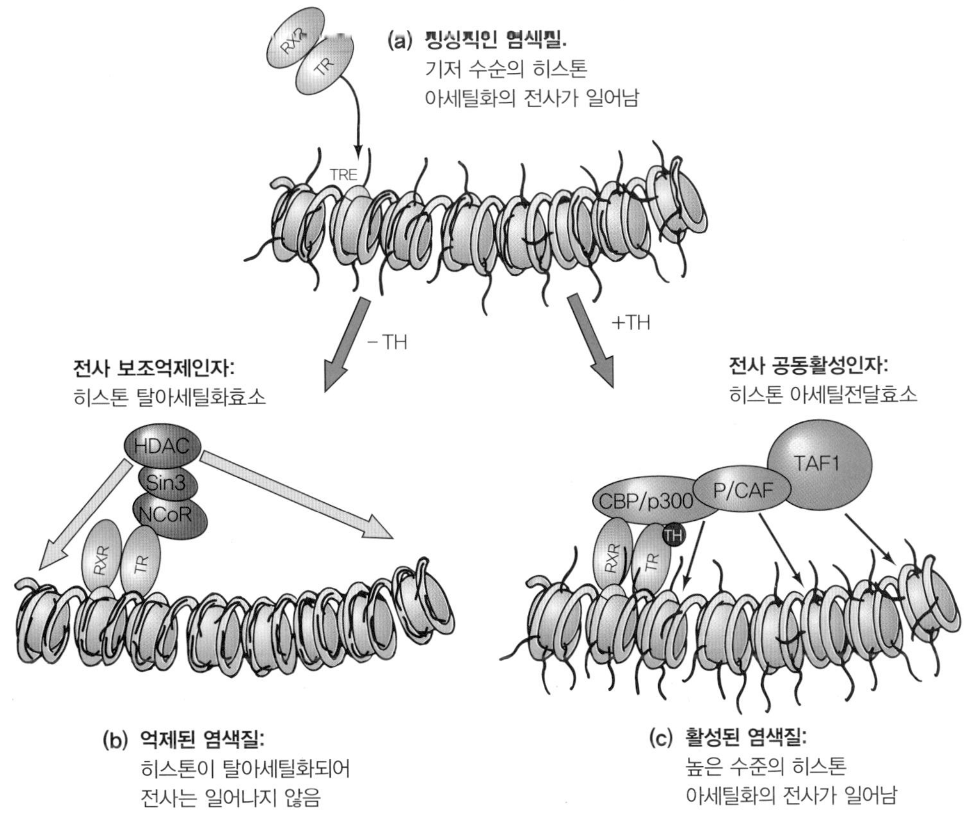

그림 13.24 같은 핵 수용체에 의한 전사활성과 억제의 모델. **(a)** 조절받기 전의 염색질. 핵 수용체(TR−RXR 2량체)가 TRE에 결합하지 않은 상태. 핵심 히스톤의 꼬리는 적당히 아세틸화되어 있다. 전사는 기저 수준으로 일어난다. **(b)** 억제된 염색질. 핵 수용체는 갑상선호르몬(TH)이 없는 상태에서는 TRE에 결합되어 있다. 핵 수용체는 보조억제인자인 SIN3, NCoR과 결합하고, 보조억제인자는 히스톤 탈아세틸화효소(HDAC)와 상호 작용한다. HDAC는 주변 뉴클레오솜의 핵심 히스톤에 있는 아세틸기를 잘라내어 히스톤과 DNA 간의 결합을 증가시켜 전사를 억제한다. **(c)** 활성화된 염색질. 갑상선호르몬(보라색)은 핵 수용체 2량체의 TR 부분에 결합하여 구조를 변경시킴으로써 CBP/p300, P/CAF, TAFII250 중 한 가지 또는 몇 개의 공동활성인자와 결합하게 한다. 이러한 공동활성인자는 모두 A 타입의 HAT로 주변 뉴클레오솜의 핵심 히스톤 말단부위를 아세틸화하여 히스톤과 DNA의 결합을 느슨하게 하여 전사를 활성화시킨다. (출처: Adapted from Wolfe, A.P. 1997. Sinful repression. *Nature* 387:16−17.)

다. 아세틸화 현상은 뉴클레오솜을 불안정화시키고 전사를 촉진한다. HAT와 HDAC의 주된 기질은 히스톤 H1이 아니고 핵심 히스톤이다. 그러므로 H1뿐만 아니라 핵심 히스톤도 뉴클레오솜의 안정화와 불안정화에 중요한 역할을 한다는 것을 알 수 있다.

핵심 히스톤 꼬리의 아세틸화는 이 꼬리가 DNA에 결합하는 것을 억제하는 이상의 효과가 있다. 이 장의 초반부에서 다루었듯이 (그림 13.3 참조) 티모시 리치몬드(Timothy Richmond) 등은 핵심 뉴클레오솜 입자의 X−선 결정분석에서 한 뉴클레오솜의 히스톤 H4와 인접한 뉴클레오솜의 H2A−H2B 2량체가 상호 작용한다는 것을 보여 주었다. 특히 히스톤 H4 N−말단부위의 염기성 부위(16~25번 아미노산)가 인접한 뉴클레오솜의 H2A−H2B 2량체의 산성 홈 부분과 결합한다. 이러한 결합은 전사인자의 접근을 막아 전사를 억제하는 뉴클레오솜의 교차결합 기능에 대해 설명할 수 있다. 이러한 가설은 왜 핵심 히스톤의 꼬리를 아세틸화하면 유전자가 활성화되는지 설명해줄 수 있다. 아세틸화에 의한 히스톤 H4의 N−말단 꼬리가 중성화되면 뉴클레오솜의 교차결합이 억제되어 전사억제를 방해한다.

이와 같은 전하의 중성화는 전체 전사조절과정의 일부에 불과하다. 핵심 히스톤 꼬리의 아세틸화된 라이신 잔기는 TAF1와 같은 브로모 영역 단백질과 상호 작용할 수 있는 부분을 만들어 준다. 핵심 히스톤의 아세틸화와 다른 변형이 전사를 조절하는 다른 단백질에 의해 해석되어질 수 있는 '히스톤 코드(histone code)'를 만드는 것에 대하여 뒤에서 살펴보자.

5) 염색질 리모델링

히스톤 아세틸화는 유전자 활성에 필수적이기는 하지만 뉴클레오솜의 바깥 부분에 있는 핵심 히스톤의 꼬리 부분만을 아세틸화시키므로 유전자 활성에 충분하지 않다. 핵심 히스톤의 꼬리 부분을 아세틸화하면 뉴클레오솜 결합을 해체할 수 있지만 뉴클레오솜 자체는 온전하다. 뉴클레오솜의 핵심 부분이 전사인자가 접근할 수 있도록 '리모델(remodel)'하려면 다른 무언가가 필요하며 이러한 리모델링은 에너지원으로 ATP가 필요하다.

(1) 염색질 리모델링 복합체

염색질 리모델링(chromatin remodeling)에 관여하는 단백질 복합체에는 최소한 네 가지 종류가 있다. 이들은 염색질 리모델링에 필요한 ATP 가수분해 작용을 하는 ATPase 구성성분에 의해 분류된다. **SWI/SNF** 패밀리('switch-sniff'로 발음), **ISWI** 패밀리('imitation switch'), NuRD 패밀리, 그리고 **INO80** 패밀리가 있다. 이 네 가지 모두 DNA에 전사인자뿐 아니라 다른 핵산가수분해효소와 다른 단백질이 접근하기 쉽도록 뉴클레오솜의 핵심 부분의 구조를 바꿔준다.

SWI/SNF 복합체는 효모에서부터 인간까지의 모든 진핵세포에서 분리되었다. SWI/SNF는 효모에서 발견되어 HO 내부 핵산분해효소 유전자를 조절하는 기능을 가지며 교배형 전환(mating type switch)에 관여한다고 밝혀져 있다(여기서 'SWI' 유래). 또한 이는 수크로오스 발효 과정에 관여하는 전화효소(invertase) 유전자인 SUC2를 조절하는 기능도 있다. 이 유전자에 결함이 있는 돌연변이를 수크로오스 비발효자(sucrose non-fermenter)라고 한다(이름의 'SNF'). SWI/SNF 복합체는 모두 **BRG1**(어떤 생물에서는 Brm)으로 알려진 ATP 가수분해 효소를 가진다. Gerald Crabtree 등은 여러 포유동물에서 SWI/SNF 복합체를 면역침전시킬 때 BRG1에 대한 항체를 이용하여 BRG1과 결합하는 9~12개의 **BRG1-관련 인자**(BRG1-associated factor, BAF)를 발견하였다.

포유류와 효모의 BAF는 비슷하기도 하지만 어떤 단백질들은 다르다. 포유류의 BAF는 효모보다 더 다양하며 이는 효모에 비해 더 복잡한 포유류 발생 과정과 관련이 있을 수 있다. 또한 서로 다른 포유류의 복합체가 발생 과정상의 차이에 영향을 줄 수도 있다.

종에 따라서 BAF 155 또는 BAF 170이라고 불리는 BAF가 있는데, 이는 **SANT 영역**(SANT domain)을 가진다(SANT는 그 영역이 발견된 4개의 단백질의 두문자어이다). 이 영역은 Myb으로 알려진 전사인자의 DNA 결합부위와 그 서열 및 3차구조가 매우 유사하다. 하지만 SANT와 Myb DBD의 몇 개의 아미노산 차이로 SANT는 DNA에 결합하지 않는다. 영역의 DNA 결합부위로 추정되었던 부위는 염기성보다는 산성 아미노산 잔기로 되어 있어 염기성의 히스톤과 결합하며 산성인 DNA와는 결합하지 않는다.

ISWI 구성원 역시 SANT 영역을 가지는데 알고 보면 2개가 존재한다. 하나는 전형적인 SANT 영역으로서 산성 잔기를 가진다. 다른 하나는 SANT-유사 ISWI 영역(**SLIDE**)으로서 중성 pH에서 양전하를 띠어 DNA 결합에 관여한다. SANT와 SLIDE 영역 둘 다 뉴클레오솜에 결합하는 데 필요하고 뉴클레오솜에 의해 자극받는 ATP 분해효소의 작용에도 관여한다. 따라서 이 영역은 ISWI가 뉴클레오솜에 결합하여 ISWI의 ATPase 영역으로 자극 전달 신호를 보내는 데 작용하여 염색질 리모델링을 일어나게 해준다.

이 모든 단백질들은 활성 유전자의 인핸서와 프로모터 주변으로 뉴클레오솜이 없는 구역을 만들어 준다. 뉴클레오솜이 없는 인핸서는 초기 유전자 활성화에 중요하게 작용할 것이라 예측할 수 있다. 따라서 많은 효모 유전자가 활성화될 때 맨 처음 작용하는 것이 SWI/SNF라는 것은 놀라운 사실도 아니다.

(2) 염색질 리모델링 기작

'리모델링'의 의미가 명확하지는 않지만 뉴클레오솜이 원래의 위치에서 이동함으로써 전사인자가 DNA에 접근할 수 있도록 프로모터를 열어 주는 의미가 포함된다. 하지만 리모델링이 반드시 뉴클레오솜의 단순한 미끄러짐 현상을 말하는 것은 아니다. 예를 들어 프로모터 부위에 뉴클레오솜이 배열되어 있다가 이들이 나란히 이동했을 때 그 부위의 DNA가 제대로 열리지 않을 수 있다. 또한 이 장의 후반부에서 살펴보겠지만, 리모델링 과정에서 하나 또는 그 이상의 뉴클레오솜이 느슨해지면서 TFIID 같은 다른 단백질에 의해 옆으로 밀려나게 된다. 아마도 리모델링이란 뉴클레오솜을 어떤 식으로든지 움직이게 한다는 것이라고 할 수 있다. 즉, 뉴클레오솜은 미끄러지면서 이동하거나 다른 기작으로도 움직일 수 있다. 이런 이동은 리모델링 복합체에 의해서일 수도 있고 다른 단백질에 의해 일어날 수도 있다.

또한 염색질 리모델링의 효과가 항상 전사 활성화를 유도하는 것은 아니다. 모든 알려진 리모델링 복합체는 종종 전사를 억제하는 데에 작용하기도 한다. 즉, 뉴클레오솜의 리모델링은 뉴클레오솜이 프로모터로부터 이동함으로써 전사를 활성화시킬 수도 있지만 전사를 억제하도록 이동할 수도 있다. NuRD 복합체의 어떤 소인자는 히스톤 탈아세틸화효소로서 전사를 억제하는 기능을 수행한다.

로버트 킹스톤(Robert Kingston) 등은 SWI/SNF의 BRG1 인자를 중심으로 염색질 리모델링 활성에 대해 알아보고자 했다. 리

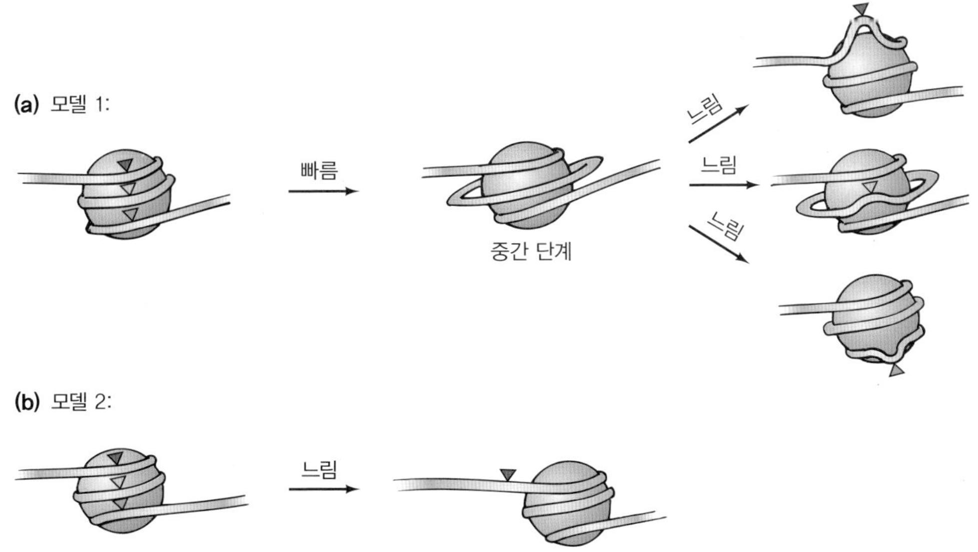

그림 13.25 SWI/SNF에 의한 염색질 리모델링의 두 가지 모델. **(a)** 모델 1. 뉴클레오솜에는 삼각형으로 표시된 3개의 제한효소 인식부위가 있다. 리모델링의 첫 번째(빠른) 단계를 거쳐 뉴클레오솜은 이후에 다양한 구조로 변할 수 있는 중간 단계에 도달한다. 마지막 단계로의 과정은 느리게 일어나며 생성된 구조에서는 하나의 제한효소 인식부위만이 노출되어 있다. **(b)** 모델 2. 리모델링을 통해 한 가지 종류의 구조만이 형성되고 한 종류의 제한효소 인식부위만 노출된다.

모델링 활성도는 DNA가 전사인자에 대한 접근성이 높아지는 것이기 때문에 이를 측정하였다. 그들은 리모델링에 대해 두 가지의 모델을 생각해보았다(그림 13.25). 모델 1은 핵심 히스톤과 여러 가지의 다른 형태를 형성하는 것이고, 모델 2는 한 가지 형태를 만드는 것이다. 모델 2와 같은 경우는 마치 하나의 뉴클레오솜에서 무촉매로 DNA가 노출되는 것처럼 핵심 히스톤을 감고 있는 DNA의 일부분이 핵심 히스톤으로부터 벗겨졌을 때 일어난다. 모델 2는 시험관 내 상황에서 뉴클레오솜에 열을 가했을 때와 같이 핵심 히스톤이 DNA를 따라 밀려났을 때에도 적용된다.

킹스톤 등은 이러한 두 모델을 구분할 수 있는 여러 가지 방법을 고안하여 실험한 결과 모델 1이 실제에 가깝고 염색질은 몇 가지의 서로 다른 구조를 형성하고 있다고 결론을 내렸다. 그들은 먼저 *PstI*, *SpeI*, *XhoI* 세 종류의 제한효소에 의해서 인식되는 부위를 가진 157bp의 DNA 조각으로 뉴클레오솜의 모델을 만들었다. 이 뉴클레오솜을 이용하면 세 종류의 제한효소 인식부위가 리모델링 중에 노출되는 정도에 차이가 있을 것이라고 기대할 수 있다.

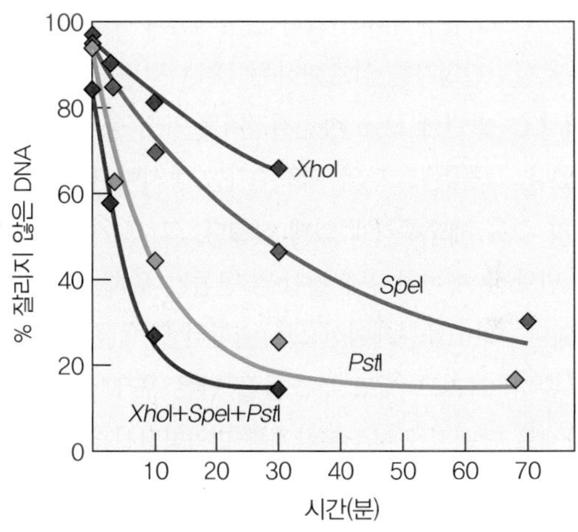

그림 13.26 BRG1에 의한 염색질 리모델링 과정에서 다른 종류의 제한효소 자리가 노출되는 속도가 다르다. 킹스톤 등은 표지된 DNA, BRG1, ATP를 넣어 준 뉴클레오솜을 최대 70분까지 반응시키면서 *XhoI*, *SpeI*, *PstI* 세 종류의 제한효소에 의한 뉴클레오솜 DNA가 잘리는 정도를 측정하였다. 이들은 단백질을 제거한 뒤 DNA를 전기영동하여 잘리지 않은 DNA의 비율을 시간에 따라 그래프로 표시하였다. (출처: Adapted from Narlikar G.J. et al., *Molecular Cell* 8, 2001. f. 4A, p. 1224.)

실제로 제한효소에 의한 DNA의 절단은 매우 빠르게 일어나며 제한효소에 의한 반응 속도는 문제가 되지 않는다. 염색질 구조의 변화는 비교적 느리게 일어나므로 인식부위의 노출은 제한효소에 의한 DNA 절단에 결정적인 단계가 된다. 따라서 뉴클레오솜의 여러 가지 구조를 뒷받침하는 모델 1이 실제의 형태라면 세 종류의 제한효소에 대한 반응이 다른 속도로 일어나야 한다. 제한효소 인식부위가 노출되기 위해서는 각각 알맞은 구조가 형성되어야 하는데 이러한 구조는 동일한 비율로 일어나지 않기 때문이다. 모델 2는 모든 뉴클레오솜이 동일한 구조를 이룰 것이라는 것인데, 이 상황에서는 세 가지 제한효소가 같은 속도로 반응을 일으킬 것이다.

그리고 킹스톤 등은 표지된 뉴클레오솜 모델에 BRG1과 ATP를 첨가하여 각각의 제한효소가 리모델링이 일어날 때 반응하는 속도를 측정하였다. 그림 13.26은 제한효소의 반응이 9배까지 차이가 남을 보여 주며 모델 1을 지지한다. 더구나 DNase 1에 의한 절단은 *PstI*보다 10~20배나 빨라서 모델 2가 아닌 모델 1과 일치하는 결과를 보였다. 마지막으로 킹스톤은 BRG1뿐만이 아닌 SWI/SNF 리모델링 복합체를 이용하여 같은 결과를 얻었다. 따라서 모델 1은 SWI/SNF에 의한 리모델링을 설명할 수 있으며, 실험적으로 뒷받침되는 결과는 실제의 염색질 리모델링이 리모델링 복합체 없이 일어나는 단순한 구조 변화와는 다르다는 것을 보여 준다.

(3) 효모의 *HO* 유전자 활성화를 위한 리모델링

킴 나스미스(Kim Nasmyth) 등은 효모의 교배형 전환을 결정하는 데 중요한 역할을 하는 *HO* 유전자와 결합하는 단백질을 연구하였다. HO 유전자의 발현은 세포주기 중 여러 단계에서 나타나는 일련의 단백질 인자에 달려 있다. 나스미스 등은 염색질 면역침전(chromatin immunoprecipitation, ChIP)을 사용하였다(5장 참조). 먼저 *HO* 유전자와 결합하는 단백질의 유전자 말단에 Myc 단백질의 항원결정기를 암호화하는 DNA 절편을 융합시켰다. 이렇게 해서 C-말단에 Myc 항원결정기를 가진 융합단백질 생산을 유도하였다. 그들은 효모의 세포주기를 동시화시켜 대부분의 효모세포가 같은 세포주기에 있게 하였다. 그 후 세포들을 DNA와 결합된 단백질 사이에 공유결합을 만들기 위해 포름알데히드를 처리하였다. 이어 소니케이션으로 결합된 단백질을 가진 DNA를 잘게 부순다. 그리고 세포 추출물을 만든 후 Myc 항원결정기에 대한 항체로 단백질-DNA 복합체를 면역침전시켰다. Myc 항원결정기는 *HO* 유전자와 결합하는 단백질에 붙어 있으므로 면역침전된 단백질-DNA 복합체는 융합단백질과 HO 유전자를 모두 함유하고 있다는 것을 알 수 있다. 이 복합체가 HO 유전자를 갖고 있다는 것을 증명하기 위해 HO, 특이 프라이머를 이용하여 PCR을 수행하였다. *HO* 유전자가 있다면 PCR 산물은 예측된 크기의 밴드로 나타날 것이다.

실험 결과 *HO* 유전자의 조절부위에 Swi5 단백질이 제일 먼저 결합함을 알았다. 다음에는 SWI/SNF가 결합하고 이어 HAT Gcn5p를 포함한 SAGA 복합체가 결합하며(11장 참조), 이는 곧 활성인자 SBF가 결합하도록 한다. 보편전사인자와 RNA 중합효소 II와 같은 다른 단백질도 SBF에 이어 결합한다. SWI/SNF와 SAGA는 *HO* 유전자 활성화에 필수적이고 *HO* 프로모터 주변의 염색질을 리모델링하는 데 작용한다. 예를 들어 SWI/SNF는 유전자 조절부위 주변의 핵심 히스톤을 변화시키고, 핵심 히스톤의 꼬리 부분을 아세틸화하는 SAGA는 이 변화를 강화시키고 영구화한다. 하지만 항상 이러한 순서대로 작용한다고 할 수는 없으며 다른 프로모터에서는 여러 가지 다른 순서대로 변화가 일어나서 각각의 인자들이 서로 도우면서 그들의 기능을 수행하기도 한다. 다음부터는 SWI/SNF 복합체가 작용하기 전에 HAT가 작용하는 경우를 살펴보겠다.

(4) 인간 IFN-β 유전자 리모델링: 히스톤 코드

핵심 히스톤 꼬리 부분이 아세틸화되면 전사가 활성화되고 탈아세틸화되면 전사가 억제된다. 그러나 히스톤 꼬리 부분은 메틸화, 인산화, 유비퀴틴화, 수모화(sumoylation)와 같은 여러 종류의 다른 변형도 일어날 수 있다. 이러한 변형이 각각 주변 유전자의 활성화 정도를 조절하게 되는데, 이것이 **히스톤 코드**(histone code)가 될 수 있다. 2001년 제뉴웨인(Jenuwein)과 데이비드 앨리스(David Allis)는, 히스톤 코드는 어떤 유전자의 조절부위 근처의 뉴클레오솜에 생기는 여러 가지 변형들에 의해 그 유전자의 전사 활성도가 결정될 수 있다고 했다. 히스톤 코드는 DNA 서열 자체의 변화가 아니라 원래의 DNA 서열에 변화없이 유전자 발현을 조절하는 암호가 생기는 것으로서 **후성유전학적 코드**(epigenetic code)라고 한다. 2001년 이래로 히스톤 코드 가설을 지지하는 많은 연구가 행해지고 있는데, 그중 인터페론-β(IFN-β) 유전자에 대한 연구로 이를 살펴보도록 하겠다.

드미트리스 타노스(Dimitris Thanos) 등은 인간 IFN-β 유전자의 활성화가 일어나는 동안 염색질 리모델링이 일어나는 것에 대해 연구하였다. 이 유전자는 바이러스 감염에 의해 활성화되며, 전사활성인자가 프로모터 주변의 뉴클레오솜이 없는 부위에 가서 결합을 하여 12장에서 배운 인핸세오솜을 만든다. 인핸세오솜에 있는 활성인자는 전사 개시부위 주변의 염색질을 변형시키고 리모델링시키는 인자를 불러들인다. 특히 전사를 시작할 수 있도록 뉴클레오솜이 움직이게 해준다.

이 과정은 다음과 같은 일들을 포함하고 있다. 활성인자는 HAT, SWI/SNF, 그리고 보편전사인자들을 불러온다. HAT은 뉴클레오솜의 핵심 히스톤을 아세틸화시키고 이는 CBP 브로모 영역을 통해 CBP-RNA 중합효소 II 전효소(holoenzyme)와 작용한다. 전효소의 SWI/SNF 복합체는 뉴클레오솜과 프로모터 DNA 사이를 느슨하게 만들어준다. 그 후 TFIID는 TATA 상자와 결합하여 DNA를 구부러지게 만들면 리모델링된 뉴클레오솜이 36bp 아래로 이동하여 전사가 시작된다.

타노스 등은 뉴클레오솜의 핵심 히스톤이 차례대로 아세틸화되는 것을 알게 되었고 히스톤 H3의 라이신 잔기 8번의 아세틸화는 SWI/SNF 복합체를 불러들여서 히스톤 H3의 라이신 9번과 14번을 아세틸화시킴으로써 TFIID와 작용한다는 것을 밝혔다.

이들은 HeLa 세포주에 Sendai 바이러스를 감염시킨 후 ChIP 분석을 이용해 히스톤 아세틸화를 시간별로 관찰하였다. 교차결합되어 있는 염색질에 아세틸화, 인산화된 히스톤 H3와 H4에 대한 항체를 붙여 면역침전을 시켰다. 그림 13.27a는 IFN-β 유전자를 가진 염색질을 아세틸화된 H4 라이신 8번과 12번, 아세틸화된 H3 라이신 9번과 14번, 그리고 인산화된 H3의 세린 잔기 10번에 대한 항체를 이용한 결과를 보여 준다. 같은 염색질이 아세틸화된 H4 라이신 5번과 16번 항체로 면역침전 반응이 일어나지 않는 것을 보아 히스톤 아세틸화 패턴이 무작위적이지 않다는 것을 알 수 있다. 또 다른 실험을 통해 타노스 등은 아세틸화된 히스톤 H4의

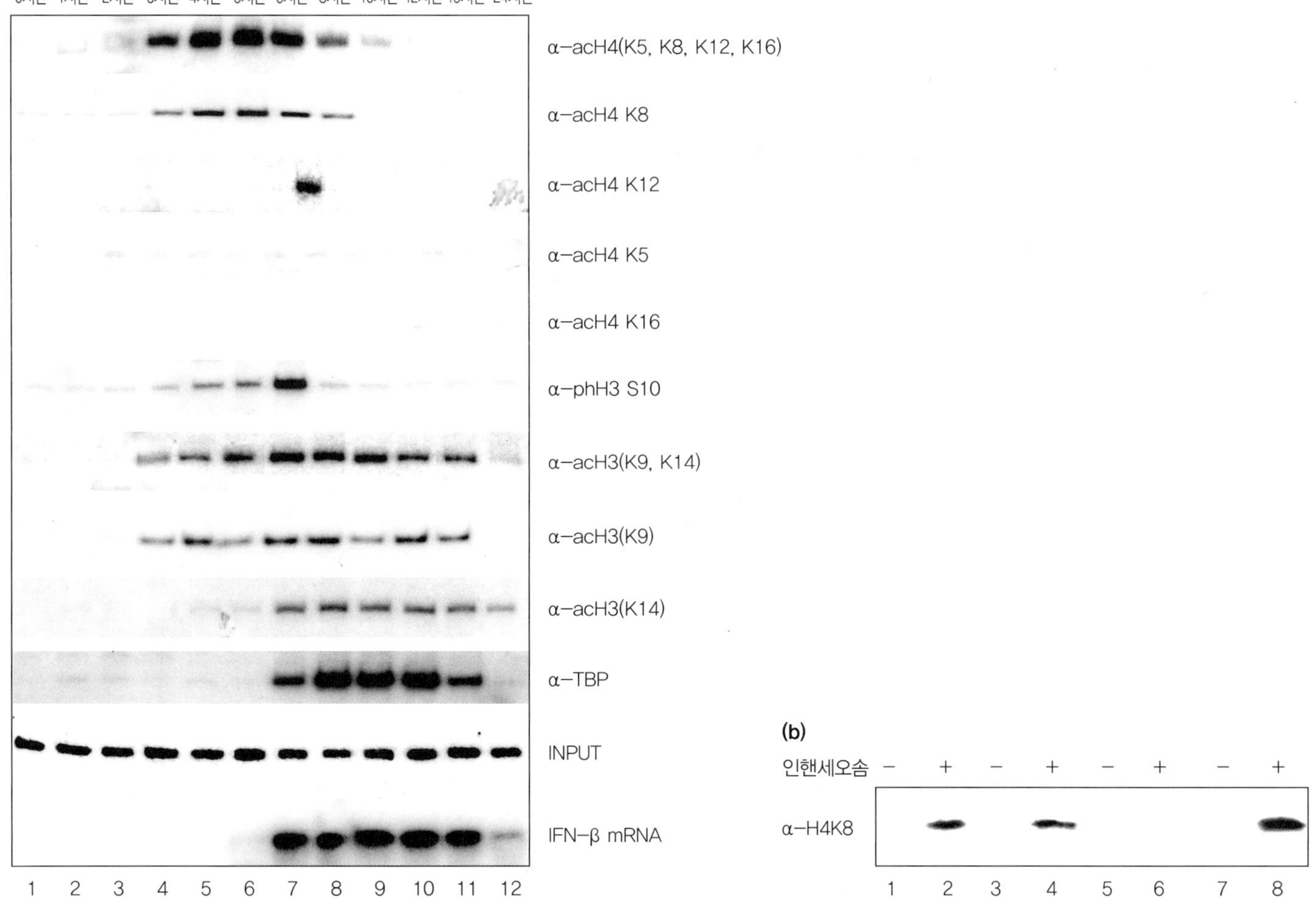

그림 13.27 바이러스 감염 후 시간에 따라 일어나는 IFN–β 프로모터의 히스톤 아세틸화. **(a)** 염색질 면역침전(ChIP) 분석. 타노스 등은 Sendai 바이러스에 감염된 HeLa 세포의 핵 추출물을 시간대별로 얻어서 아세틸화된 히스톤을 인식하는 항체(그림 오른쪽에 표시)로 실험하였다. 라이신 8(α–acH4 K8), 라이신 12(α–acH4 K12), 라이신 5(α–acH4 K5), 라이신 16(α–acH4 K16)에 아세틸화된 히스톤 H4. 세린 10(α–phH3 S10)에 인산화된 히스톤 H3. 라이신 9(α–acH3 K9), 라이신 14(α–acH3 K14)에 대한 항체를 하나씩만 사용하거나 함께(α–acH4[K5, K8, K12, K16], α–acH3[K9, K14]) 사용하였다. 이들은 또 TBP에 대한 항체로도 실험하였다. IFN–β 프로모터를 인식하는 프라이머를 사용하여 PCR을 한 결과, 시간에 따라 IFN–β 프로모터 부위의 신호가 변화하는 것을 볼 수 있다. INPUT 레인은 사용한 염색질에 대한 PCR 신호를 보여 주며 각 실험에서 같은 양의 염색질이 사용되었음을 대략적으로 보여 준다. **(b)** 항체를 이용해 HAT를 억제했을 때 히스톤 H4의 8번 라이신 잔기의 아세틸화의 변화. 타노스 등은 IFN–β 프로모터와 인핸서를 포함하는 DNA에 비오틴을 부착시키고 IFN–β 인핸세오솜을 실험적으로 재구성하였다. 짝수 번 레인은 인핸세오솜을 넣은 그룹, 홀수 번 레인은 용액만을 넣은 그룹이다. 아무것도 처리하지 않은 것(1, 2번), 또는 CBP/p300(3, 4번), GCN5/PCAF(5, 6번), BRG1/BRM(7, 8번)에 대한 항체를 처리한 핵 추출물을 이용하여 전기영동을 하여 히스톤 H4의 아세틸화된 라이신 8에 대한 항체로 웨스턴블롯을 하였다. (출처: Reprinted from *Cell* v. 111, Agalioti et al., p. 383. © 2002, with permission from Elsevier Science.)

라이신 5번과 16번에 대한 항체는 아세틸화된 라이신을 특이적으로 면역침전시킨다는 것을 확인하였다.

또한 히스톤 변형의 시간대가 위치마다 다양하다. 따라서 히스톤 H4의 라이신 8번은 바이러스 감염 후 3시간부터 8시간까지 아세틸화되어 있지만 H4 라이신 12번은 6시간까지만 아세틸화되어 있다. 또한 히스톤 H3의 세린 10번 잔기의 인산화는 감염 후 3시간부터 나타나기 시작하다가 6시간에서 최고점을 나타낸다. H3 14번 라이신의 아세틸화는 약 6시간대에, H3의 라이신 9번은 더 일찍 일어나고 최소한 19시간까지도 유지된다.

히스톤 H3의 세린 10번의 인산화와 라이신 14번의 아세틸화는 세린 10번의 인산화는 라이신 14번의 아세틸화에 필요하다는 가설을 지지해준다. 이 결과는 또한 라이신 14번의 아세틸화와 프로모터에 TBP가 결합하는 시간이 일치하는 것으로 미루어 볼 때 이들 사이에 연관성이 있다는 것도 보여 준다. (9번과 10번 레인을 비교해 보면 TBP 항체로 면역침전된 것을 보여 준다.) 이는 TBP가 프로모터에 결합하는 데 H3 라이신 14번의 아세틸화가 필요하다는 가설도 지지해 준다.

이들은 박테리아에서 발현된 히스톤으로 재구성된 염색질을 이용하여 특정부위만 변형시켜 비슷한 실험을 시험관 내 실험하였다. 시험관 내에서 아세틸화된 곳이 체내에서 아세틸화된 것과 결과가 일치했다. 또한 특정한 라이신 아세틸화에 대한 역할을 확인하기 위해서 하나 또는 그 이상의 HAT가 없는 추출물을 이용하여 같은 실험을 수행했다. 그림 13.27b에서 HAT GCN5/PCAF가 없는 추출물로 면역침전 반응을 시켜보았더니 히스톤 H4의 라이신 8의 아세틸화가 일어나지 않은 것을 확인하였다. 반면 HAT CBP/p300 또는 SWI/ SNF 구성분인 BRG1/BRM이 없는 경우 H4의 라이신 8번의 아세틸화가 되어 있는 것을 확인하였다. 또 다른 대조군 실험으로서 GCN/PCAF가 없으면 CBP/p300이 없어지는 것이 아니라는 것과 반대의 경우도 확인하였다. 결론적으로 GCN5/PCAF는 히스톤 H4의 라이신 8번의 아세틸화에 관여한다는 것을 알게 되었고 (보여 주지는 않았지만) 이 HAT가 히스톤 H3의 라이신 14번의 아세틸화에도 관여한다는 것도 다른 실험을 통해 증명되었다(인간의 GCN5는 효모의 Gcn5p와 상동단백질).

SWI/SNF와 TFIID가 핵심 히스톤 꼬리의 아세틸화에 미치는 영향을 알아보기 위하여 타노스 등은 IFN-β 프로모터를 가진 염색질을 수지 비드와 핵심 히스톤에 붙이고 아세틸기를 제공해주는 아세틸-CoA가 있는 것과 없는 상태에서 핵 추출물과 함께 배양한 후 결합하지 않은 단백질을 제거시키고 SDS로 분리시

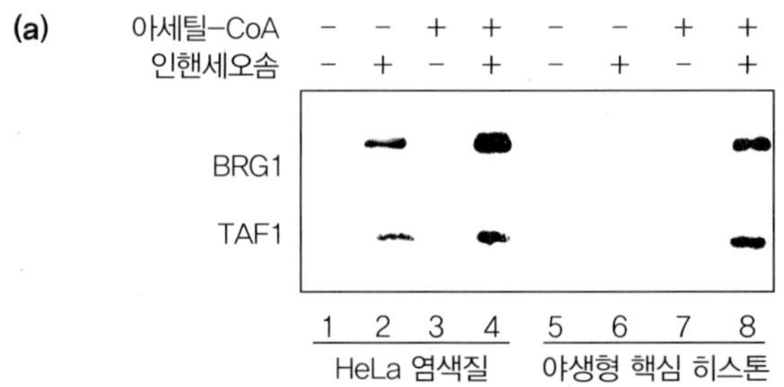

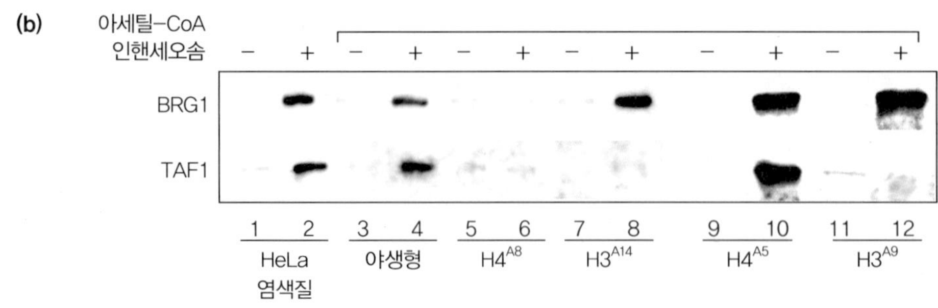

그림 13.28 IFN-β 프로모터와 SWI/SNF, TFIID의 결합: 정상인 경우와 핵심 히스톤에 돌연변이가 있는 경우. (a) 타노스 등은 Dyna-구슬이 부착된 IFN-β 프로모터를 만들고 HeLa 세포핵 추출물과 반응시킨 뒤, 결합하지 않은 단백질을 제거하여 BRG1과 TAFII250의 결합 정도를 웨스턴블롯으로 확인했다. 히스톤의 아세틸화를 관찰하기 위해 인핸세오솜, 아세틸-CoA의 유무에 따라 그림 위쪽에 표시된 대로 실험군을 설정하였다. 1~4번은 HeLa 세포에서 추출된 염색질로, 5~8번은 대장균에서 인위적으로 발현시킨 정상 히스톤 단백질을 이용한 것이다. **(b)** 각 실험의 조건은 돌연변이가 있는 히스톤 단백질을 사용한 것만 제외하면 (a)와 동일하다. 인핸세오솜과 아세틸-CoA의 유무는 그림 위쪽에 표시되어 있다. 돌연변이 히스톤 $H4^{A8}$의 경우 히스톤 H4의 8번 라이신이 알라닌으로 치환되었음을 의미한다. (출처: Reprinted from *Cell* v. 111, Agalioti et al., p. 386. © 2002, with permission from Elsevier.)

킨 다음 분리되어 나온 단백질을 SWI/SNF 구성요소(BRG1)와 TFIID(TAF1) 구성요소에 대한 항체를 이용하여 웨스턴블롯으로 확인하였다.

그림 13.28a에서는 아세틸화되지 않았을 때 염색질에 결합되어 있는 BRG1과 TAFII250의 양이 적지만(1번과 2번 레인), 아세틸화되면 그 양이 많은 것을 확인할 수 있다(3번과 4번 레인). 대장균에서 클로닝한 유전자에서 만들어진 히스톤으로 이루어진 염색질을 이용해보면 아세틸화되지 않았을 때는 BRG1과 TAF1이 결합된 것을 볼 수 없지만(5번과 6번 레인) 아세틸화되면 두 가지 단백질 모두 상당량이 결합되어 있는 것을 확인할 수 있다(7번과 8번 레인).

특정 히스톤 라이신의 아세틸화의 역할을 알아보기 위해서 타노스 등은 라이신 잔기 하나가 알라닌으로 치환된 돌연변이 히스톤으로 이루어진 염색질을 이용해 보았다. 그림 13.28b를 보면 그림 13.28a에서 본 것처럼 원래의 HeLa 염색질은 BRG1과 TAF1과 결합한다(1번과 2번 레인). 예상대로 야생형 히스톤으로 이루어진 염색질 역시 두 단백질과 결합한다(3번과 4번 레인). 하지만 H4 8번 라이신이 알라닌으로 치환된 히스톤을 가진 염색질의 경우 두 가지 단백질과 결합하지 않는 것을 볼 수 있다(5번과 6번 레인). 따라서 이 돌연변이 염색질은 SWI/SNF(BRG1)를 데려오지 못하여 TFIID(TAF1)가 결합하지 못하게 된다.

히스톤 H3의 14번 라이신이 알라닌으로 바뀌면 BRG1은 결합할 수 있지만 TAF1과는 결합하지 못한다(7번과 8번 레인). H3의 9번 라이신 잔기가 알라닌으로 바뀐 경우 역시 같은 결과를 보여주었다 (11번과 12번 레인). 따라서 라이신 9번과 14번의 아세틸화

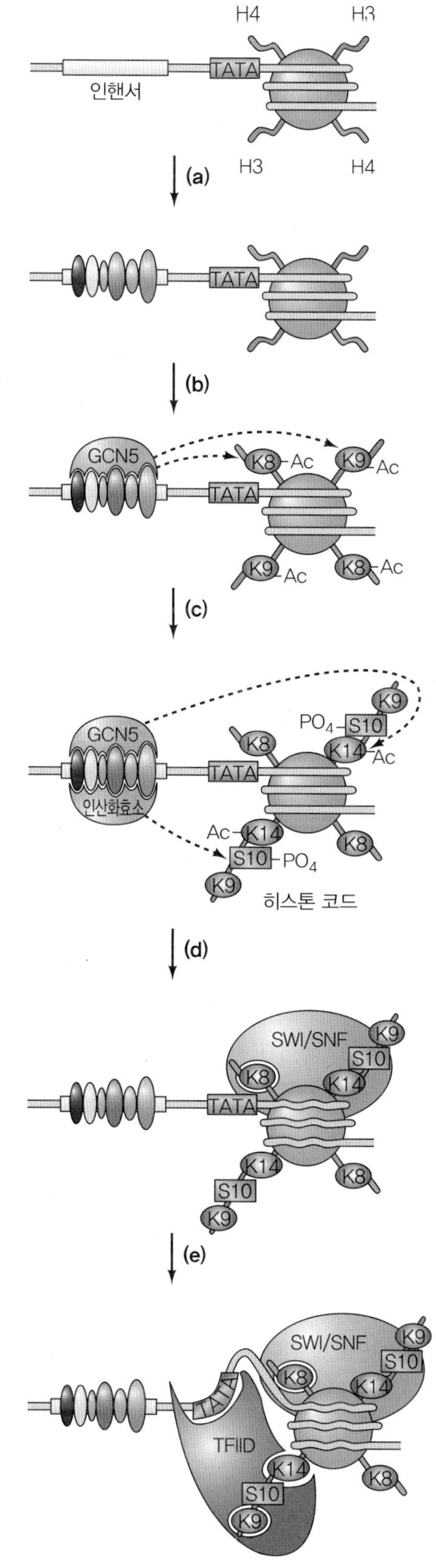

그림 13.29 인간 IFN-β 프로모터의 히스톤 코드에 대한 모델. **(a)** DNA 서열에 따라 인핸세오솜이 프로모터에서 조립된다(인핸서 결합인자들이 모임). **(b)** 인핸세오솜의 활성인자가 GCN5와 결합하고 히스톤 H4의 8번 라이신, 히스톤 H3의 9번을 아세틸화시킨다. 화살표는 그림상에서 윗부분의 히스톤만을 가리키고 있지만 실제로는 4개의 꼬리 부분에서 모두 아세틸화된다. **(c)** 인핸세오솜은 또 히스톤 H3의 10번 세린을 인산화시키는 단백질과 결합한다. 이에 따른 인산화는 GCN5가 히스톤 H3의 14번 라이신을 아세틸화시키도록 해준다. 이것으로 완성된 히스톤 코드는 다음의 두 단계에서 중요한 역할을 하게 된다. **(d)** 아세틸화된 히스톤 H4의 8번 라이신은 염색질 리모델링을 일으키는 SWI/SNF 복합체와 결합하는 데 중요하다. 뉴클레오솜의 리모델링은 물결 모양의 DNA로 표현되었다. **(e)** 리모델링된 뉴클레오솜은 TATA 상자뿐 아니라 아세틸화된 히스톤 H3의 9번, 14번 라이신을 이용해 TFIID와 결합한다. TFIID는 DNA를 휘어진 구조로 만들어 리모델링된 뉴클레오솜이 36bp 아래쪽으로 이동시켜 전사가 시작될 수 있도록 한다. (출처: Adapted from Agalioti, T., G. Chen, and D. Thanos, Deciphering the transcriptional histone acetylation code for a human gene. *Cell* 111 [2002] p. 389, f. 5.)

는 TFIID 결합에 필요하지만 SWI/SNF의 결합에는 관여하지 않는다는 것을 알 수 있다. 대조군 실험으로 히스톤 H4의 5번 라이신을 알라닌으로 바꾸어보았다. 이 라이신은 바이러스 감염 시 아세틸화되지 않는 곳으로 알려져 있었기 때문에 이 돌연변이의 경우 BRG1이나 TAF1과의 결합에 아무런 영향이 없었다(9번과 10번 레인).

같은 방법을 사용하여 타노스 등은 히스톤 H3의 라이신 12번을 알라닌으로 바꾸어보았더니 TAF1이나 BRG1와의 결합에 영향이 없다는 것을 알 수 있었다. 이 라이신은 체내에서 매우 일시적으로만 아세틸화되는 곳이고(그림 13.27), 이 아세틸화는 TFIID나 SWI/SNF와의 결합에는 필요하지 않다. 마지막으로 세린 10번이 없으면 라이신 9번이나 14번이 없는 경우와 같은 효과를 나타낸다. 세린 10번이 없어졌을 때의 효과는 세린 10번의 인산화가 라이신 14번의 아세틸화에 필요하다는 것을 보여 준다.

이러한 결과들을 그림 13.29에 나타낸 모델로 정리해 볼 수 있다. 이 모델의 핵심 내용은 인핸서는 인핸세오솜을 만드는 데 필요한 모든 유전적 정보를 가지고 있으며, 그 인핸세오솜은 전사개시를 막고 있는 뉴클레오솜을 제거하는 데 필요한 적절한 인자를 데려온다는 것이다. 따라서 인핸서에서 뉴클레오솜으로 정보를 주지만 그 역방향은 성립하지 않는다.

이 모델은 다음과 같은 순서로 이루어진다. 바이러스 감염이 되면 인핸서에서 활성인자가 인핸세오솜을 만든다. 그러면 인핸세오솜이 HAT GCN5를 불러와서 히스톤 H4의 라이신 8번과 H3의 라이신 9번을 아세틸화시킨다. 또한 인핸세오솜은 히스톤 H3의 세린 10번 잔기를 인산화시키는 어떠한 단백질 인산화효소를 불러들인다. 세린이 인산화되면 H3 라이신은 GCN5에 의해 아세틸화되어 이때 히스톤 코드가 완성된다.

다음으로 브로모 영역을 가진 단백질이 다음과 같이 히스톤 코드의 정보를 해석한다. 단일 브로모 영역 단백질인 BRG1은 히스톤 H4의 아세틸화된 라이신과 결합하고, 그에 따라 전체 SWI/SNF 복합체가 오게 된다. 보여 주지는 않았지만 이때 중합효소 II 전효소의 나머지가 오게 된다. SWI/SNF는 이중-브로모 영역 단백질인 TAF1이 히스톤 H3의 아세틸화된 라이신 9번과 14번과 결합하고 이에 따라 TAF1이 TFIID를 불러오도록 하는 방식으로 염색질 리모델링을 시킨다. TFIID가 DNA에 결합하면 DNA가 구부러지면서 리모델링된 뉴클레오솜이 아래로 밀려나게 된다. 이 복합체는 공동활성인자인 CBP와 작용하여 전사를 시작하게 된다.

IFN-β 유전자의 경우에서는 아닌 것 같지만 TAF1이 전사를 활성화시키는 데에 또 다른 활성이 있을 수도 있다. 즉, TAF1이 아세틸화된 핵심 히스톤의 꼬리에 결합함으로써 프로모터에 결합하게 되면 이웃의 히스톤 H1을 유비퀴틴화시켜서 26S 프로테아솜에 의해 분해되도록 한다(12장 참조). H1은 뉴클레오솜들이 교차연결되도록 하여 전사를 억제하는 기능을 담당하기 때문에 이 H1을 제거했을 때 이웃의 유전자를 활성화시킬 수 있게 된다.

6) 이형염색질과 사일런싱

이 장에서 지금까지 다룬 대부분의 염색질은 **진정염색질**(euchromatin)이다. 진정염색질은 비교적 확장되고 열려 있으며 잠재적으로 활성화되어 있다. 반면에 **이형염색질**(heterochromatin)은 매우 응축되어 있고 이곳에 있는 DNA는 접근이 용이하지 않다. 고등 진핵세포를 현미경으로 관찰하면 이 부위는 덩어리로 보인다(그림 13.30). 출아형효모(*Saccharomyces cerevisiae*)에서는 염색체가 너무 작아 이러한 덩어리를 관찰할 수 없으나 이형염색질은 존재하며, 고등 진핵세포와 공통적으로 억제적인 특성을 갖고 있다. 실제로 이형염색질은 3kb 밖에 있는 유전자의 활성화를 억제할 수 있다. 효모의 이형염색질은 염색체 끝부분의 말단소립이나 10장에서 언급한 영구히 억제된 교배형 유전자 자리에서 관찰되며 텔로머레이즈 또는 염색체의 동원체에서 관찰된다.

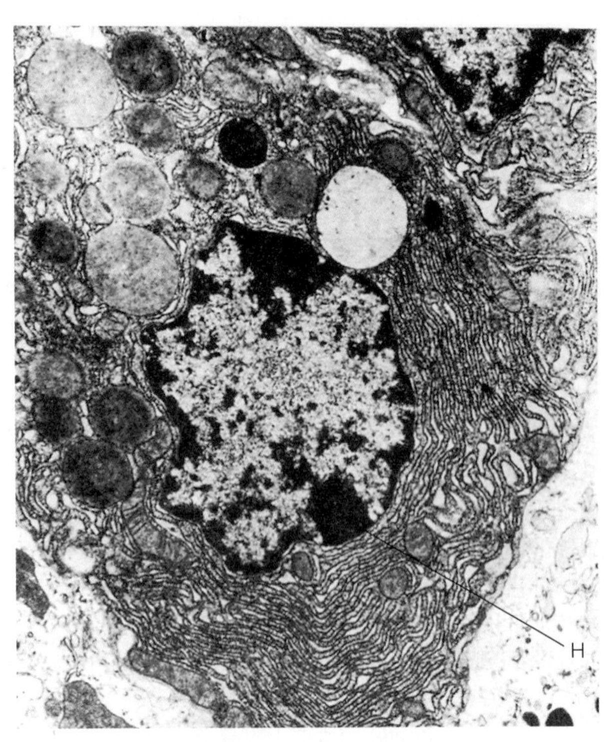

그림 13.30 이형염색질을 보여 주는 간기의 핵. 박쥐 위벽세포. 가운데 보이는 것이 핵이고 핵 가장자리의 어두운 부분이 이형염색질(H)이다. (출처: Courtesy Dr. Keith Porter.)

효모는 유전학적, 생화학적 실험이 용이하여 분자생물학자들이 이형염색질의 구조를 이해하고, 이형염색질 안에 있는 유전자와 그 주변에 있는 유전자 발현을 억제하는 기작을 연구하는 데 많이 사용하였다. 말단소립 주변의 유전자 발현이 억제되는 것을 **말단소립 위치효과**(telomere position effect, TPE)라 하는데, 이는 유전자 발현이 억제되는 것이 염색체상의 위치에 따라 달라지기 때문이다. 일반적으로 이형염색질은 염색체의 말단소립과 동원체에서 찾아볼 수 있다.

효모의 말단소립 이형염색질을 연구한 결과 여러 단백질이 말단소립에 결합하고 이질단백질의 형성에 관여할 것이라는 것을 알게 되었다. **RAP1, SIR2, SIR3, SIR4**, 히스톤 H3, H4 등이 여기에 속한다(SIR은 silencing information regulator의 약자). 효모의 말단소립에는 $C_{2-3}A(CA)_{1-5}$의 염기서열이 여러 번 반복되어 있다. 이러한 염기서열을 흔히 $C_{1-3}A$로 부르며 RAP1 단백질이 이 서열에 결합한다. RAP1은 말단소립 단백질 중 유일하게 DNA의 염기서열에 결합한다. 그 후 RAP1은 SIR3–SIR4–SIR2를 차례대로 말단소립으로 불러들인다. 이미 말한 것처럼 H3와 H4는 뉴클레오솜의 핵심 히스톤이다. SIR3과 SIR4는 히스톤 H3의 4~20번째 아미노산과 H4의 16~29번째 아미노산이 위치한 N–말단 부위에 직접 결합한다.

유일하게 RAP1만이 말단소립에 있는 DNA와 결합하므로 학자들은 RAP1이 말단소립에만 존재하리라 예측했으나 실제로는 말단소립에 가까운 아말단소립 부위(subtelomeric region)에서도 여러 SIR 단백질과 함께 발견되었다. 이러한 결과를 설명하기 위해 마이클 그런스타인(Michael Grunstein) 등은 그림 13.31에 있는 모델을 제안했다. RAP1은 말단소립의 DNA에 결합하고, SIR 단백질은 아말단소립 부위의 뉴클레오솜에 있는 RAP1과 히스톤에 결합한다. 그 결과 단백질–단백질 상호 작용은 말단소립을 아말단소립 부위로 접히게 만든다.

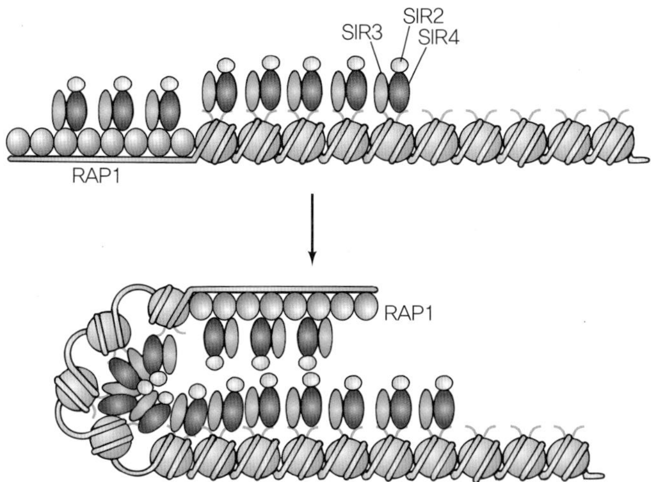

그림 13.31 말단소립의 구조. RAP1(빨간색)은 말단소립을 인식하고 SIR3(초록색), SIR4(보라색)와 결합하여 SIR2(노란색)와 복합체를 이룬다. SIR3, SIR4는 히스톤 H3, H4(얇은 파란색 선)의 N–말단과도 결합한다. SIR 단백질 복합체와의 상호 작용은 염색체 끝부분이 접히도록 하여 RAP1이 말단소립 하위의 염색체와 연결되게 한다. (출처: Adapted from Grunstein, M. 1998. Yeast heterochromatin: Regulation of its assembly and inheritance by histones. *Cell* 93: 325–28. Cell Press, Cambridge, MA.)

우리는 핵심 히스톤에서 아세틸기를 제거하면 유전자 활성에 억제효과가 있다는 것을 살펴보았다. 그러므로 사일런싱(silencing)된 염색질에 있는 핵심 히스톤은 아세틸기가 적을 것이라 예측할 수 있다. 실제로 진정염색질의 히스톤 H4는 라이신 5, 8, 12, 16번이 아세틸화되어 있으나, 이형염색질의 히스톤 H4는 12번 라이신만이 아세틸화되어 있다. 히스톤이 아세틸화가 덜되면 염색질의 사일런싱에서 어떤 역할을 할까? 히스톤 H4의 16번 라이신은 SIR3 단백질과 결합하는 부위(16~29번 아미노산)에 속해 있다. 그러므로 히스톤 H4의 16번 라이신이 아세틸화되면 SIR3와의 상호 작용을 저해하고, 이질단백질의 형성을 막아 염색질의 사일런싱이 되는 것을 억제하게 된다.

효모를 이용한 유전학적 실험은 이러한 가설을 지지한다. 히스톤 H4의 16번 라이신을 글루타민으로 바꾸면 라이신의 양전하를 제거하므로 아세틸화와 같은 효과를 나타낸다. 이러한 돌연변이는 효모의 말단소립과 교배 유전자 자리에 있는 유전자들의 사일런싱을 막는 아세틸화와 같은 효과를 보여 준다. 반면에 16번 라이신을 같은 양전하를 가진 아르기닌으로 바꾸면 라이신을 탈아세틸화한 것과 같은 효과를 나타낸다. 이 돌연변이는 쉽게 사일런싱이 되지 않는다.

히스톤 H4의 라이신 16번의 탈아세틸화는 사일런싱 복합체를 불러들이기 때문에 효모의 사일런싱 복합체의 SIR2 인자가 히스톤 탈아세틸화 기능이 있다는 것은 매우 흥미로운 내용이다(N–HDAC이라고 불리는 NAD–dependent HDAC). 그러므로 SIR2는 히스톤 H4의 라이신 16번을 탈아세틸화시키는 효소일 가능성이 높다. 만약 이 가설이 옳다면 히스톤 탈아세틸화된 H4의 라이신 16번을 가진 뉴클레오솜과 결합한 SIR2가 끌어들이고 이는 옆의 뉴클레오솜의 H4 라이신 16번을 탈아세틸화시켜 사일런싱을 계속 전파하게 된다.

(1) 히스톤 메틸화

지금까지의 변형 이외에도 핵심 히스톤 꼬리는 메틸화될 수도 있

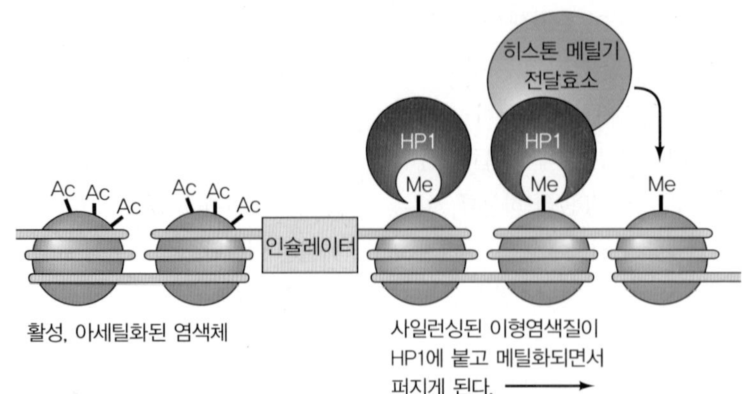

그림 13.32 히스톤 메틸화에 의한 염색체 불활성화. 인슐레이터 오른쪽의 뉴클레오솜은 히스톤 H3의 9번 라이신 잔기에 메틸화가 되었다. 메틸화가 되면 HP1(보라색)이 결합되고 히스톤 메틸기전달효소(초록색)도 결합하여 근처 뉴클레오솜의 다른 9번 라이신의 메틸화를 유도한다. 이런 과정으로 메틸화되어 불활성화된 상태는 하나의 뉴클레오솜에서 옆으로 퍼져나간다. (출처: Adapted from Bannister, S.D., P. Zegerman, J.F. Partridge, E.A. Miska, J.O. Thomas, R.C. Allshire, and T. Kouzarides, Selected recognation of methylated lysine 9 on histone H3 by the HP1 chromodomain. *Nature* 410 [2001] p. 123, f. 5.)

으며 이는 활성화 효과 또는 억제 효과를 가질 수 있다. 지금까지 보아온 것처럼 HAT과 같은 어떤 단백질은 브로모 영역으로도 알려진 아세틸-라이신 결합 영역을 통해 핵심 히스톤의 아세틸화된 특정 라이신과 상호 작용을 한다. 토마스 제뉴웨인(Thomas Jenuwein) 등은 이형염색질을 만드는 데 관여하는 어떤 단백질은 **크로모 영역**(chromodomain)이라고 하는 보존된 영역이 있다는 것을 알게 되었다. 이러한 단백질 중 하나가 **히스톤 메틸기전달효소**(histone methyltransferase, HMTase)인데 인간에서는 SUV39H HMTase로 알려져 있다. 또 **HP1**이라고 불리는 히스톤 메틸기전달효소-연관 단백질이 있다.

제뉴웨인 등과 토니 코우자라이드(Tony Kouzarides) 등은 이러한 단백질이 메틸화되는 히스톤 H3의 라이신 9번을 포함한 메틸화된 단백질과 메틸화되지 않은 단백질에 결합하는지 실험해보았다. 두 그룹 모두 라이신 9번이 메틸화되었을 때 HP1이 결합해 있는 것을 발견하였다. 이러한 발견은 메틸화의 확산을 통한 억제된 염색질을 만드는 기작을 제시해 주었다. 히스톤 H3의 9번 라이신이 메틸화되면 크로모 영역을 통해 HP1과 결합한다. 그러면 HP1은 SUV39H HMTase를 불러들여 근처의 다른 히스톤 H3의 라이신 근처를 메틸화시킨다. 이러한 방식으로 많은 뉴클레오솜이 메틸화될 때까지 이 과정을 반복한다. 이 메틸화는 그림 13.32에서 보여 주듯이 이형염색질 상태를 확장시키게 된다.

히스톤 H3의 라이신 9번은 메틸화의 유일한 표적은 아니다. 모든 핵심 히스톤은 라이신과 아르기닌에 메틸화될 수 있고 라이신의 아미노 그룹은 3개의 메틸기까지 결합할 수 있다. 또 다른 메틸화가 잘되는 곳으로 H3 라이신 4번이 있고 이곳의 메틸화는 최소한 두 가지의 기작으로 전사를 활성화시킨다. 첫 번째는 히스톤 H3 꼬리에 NuRD라는 염색질-리모델링과 히스톤 탈아세틸화효소 복합체가 결합하는 것을 억제하여 히스톤 탈아세틸화시키는 억제효과가 있다. 두 번째로 히스톤 H3의 라이신 4번 메틸화는 근처의 라이신 9번 메틸화를 억제하는데, 이는 유전자 발현 억제효과가 있다. 이러한 두 가지의 억제 과정을 방해함으로써 H3의 라이신 4번의 메틸화는 결과적으로 활성화시키는 작용을 한다. 히스톤 아세틸화가 탈아세틸화효소에 의해 반대 작용을 겪는 것처럼 히스톤의 라이신과 아르기닌 메틸화는 탈메틸화효소에 의해 반대 작용을 겪을 수 있는데, 메틸화 효과가 억제 혹은 촉진 작용인지에 상관없이 일어난다.

히스톤 H3의 라이신 4번 메틸화는 일반적으로 메틸기가 3개 붙는 반응(H3K4Me3)인데, 이는 전사가 활발한 유전자의 5′ 끝과 관련이 있다. 따라서 이런 변형은 전사의 시작을 알리는 사인이 될 수 있다. 대조적으로 히스톤 H3의 라이신 36번에 메틸기가 3개 붙는 반응(H3K36Me3)은 전사 활성을 띠는 유전자 3′ 끝과 관련이 있다. 이는 전사의 신장을 뜻한다.

2007년 다른 표시와 더불어 이와 관련한 유전체 수준의 ChIP-chip 분석(24장 참조)가 인간 줄기세포 염색질로 수행되었는데, 리차드 영(Richard Young) 등은 흥미로운 점을 발견했다. 단백질을 코딩하는 많은 유전자가 H3K4Me3을 갖는 뉴클레오솜과 관련되어 있으며 이는 전사 시작의 표시가 될 수 있었다. 그러나 뉴클레오솜이 H3K36Me3을 갖고 있지 않으면 전사의 신장이 일어나지 않는 경향을 보였다. 두 가지 발견을 뒷받침하는 사실로 많은 인간 유전자는 프로모터로부터 짧은 거리에 있는 아래 서열에서 멈추는 성질이 있는 RNA 합성효소를 들 수 있다. 멈춰 있는 RNA 합성효소를 다시 움직이도록 조절함으로써 유전자의 발현

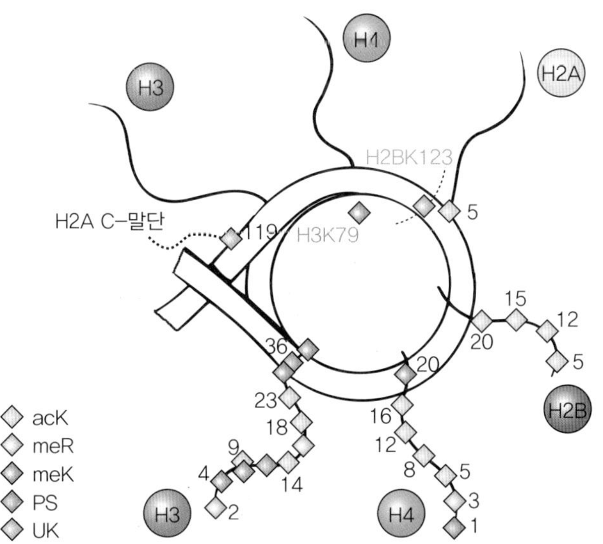

그림 13.33 히스톤 조절기작 요약. 각각의 조절 기작은 왼쪽 아래 부분에 표시되어 있다. 노란색, 라이신 아세틸화(acK). 회색, 아르기닌 메틸화(meR). 파란색, 라이신 메틸화(meK). 분홍색, 세린 인산화(PS). 초록색, 유비퀴틴화 라이신(UK). 조절기작은 히스톤 H3, H4의 꼬리 중 하나만 나타나 있고, H2A와 H2B의 꼬리 중 하나만 표시했다. 점선은 H2A, H2B 꼬리의 C-말단이다. 히스톤 H3의 79번 라이신(H3K79)은 꼬리 부분이 아니지만 표시되어 있다. (출처: Adapted from Turner, B.M., Cellular memory and the histone code. *Cell* 111 [2002] p. 286, f. 1.)

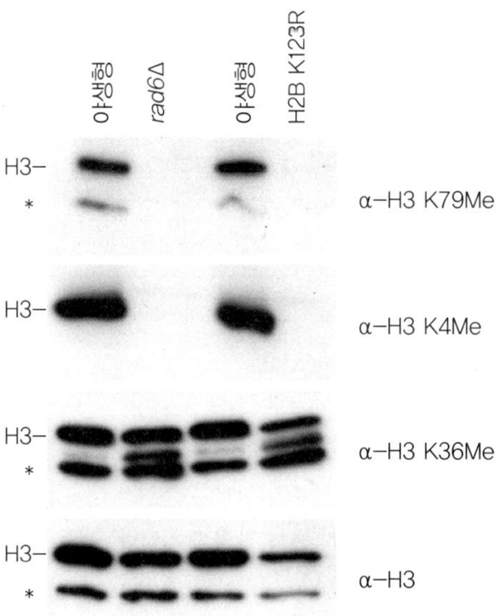

그림 13.34 히스톤 H3 메틸화에 대한 H2B 유비퀴틴화의 영향. 스트랄 등은 정상과 돌연변이 효모가 히스톤 H3 79번 라이신을 메틸화시키는 능력을 알아보았다. *rad6*Δ 돌연변이는 *rad6* 유전자가 결손되어 있어서 히스톤 H2B의 123번 라이신을 유비퀴틴화시킬 수 없다. 다른 돌연변이인 H2B K123R에서는 히스톤 H2B의 123번 라이신이 아르기닌으로 바뀌어 있어서 *Rad6*가 정상이더라도 유비퀴틴화가 일어나지 않는다. 정상 효모(1, 3번)와 *rad6*Δ(2번), H2B K123R(4번)의 핵에서 추출한 단백질을 전기영동하고 메틸화된 H3 K79(맨 위), 메틸화된 H3 K4(두 번째), 메틸화된 H3 K36(세 번째), 히스톤 H3(맨 아래)을 인식하는 항체로 웨스턴블롯을 하였다. H3에 대한 항체를 사용한 마지막 레인은 각 레인에 동일한 양의 히스톤 단백질이 들어갔음을 보여 주는 대조군 실험이다. 돌연변이의 경우 4번 또는 79번 라이신에 메틸화가 일어나지 않았으나 H3의 36번 라이신에는 메틸화가 일어났다. 별표는 H3의 분해에 의한 절편으로 4번 라이신 메틸화 자리는 없다. (출처: Reprinted with permission from *Nature* 418: from Briggs et al., fig. 1, p. 498 © 2001 Macmillan Magazines Limited.)

을 조절할 수 있는 것이다.

지금까지는 각각의 메틸화를 따로 다루어 보았지만 실제로는 그렇지 않다. 대신 뉴클레오솜의 여러 개의 히스톤 잔기는 다양한 변형이 일어난다. 어떤 것은 아세틸화되고, 어떤 것은 메틸화되기도 하고 일부는 인산화가 일어날 수 있으며 유비퀴틴화가 일어날 수도 있다. 그림 13.33은 핵심 히스톤에 일어날 수 있는 여러 변형을 요약해 놓았다.

히스톤 코드에서 아세틸화는 유전자 활성화 과정에 관여한다. 몇몇 연구자들은 이러한 히스톤 코드 개념이 모든 히스톤 변형에 일반화할 수 있는지 궁금해 하였다. 세포는 주어진 뉴클레오솜에서 일어난 여러 가지 조합의 히스톤 변형을 해독하여 유전자 발현을 할 것인지 억제시킬 것인지 결정하게 한다.

히스톤 메틸화에 대한 이러한 질문을 풀어보기 위해서 프랭크 사우어(Frank Sauer) 등은 H3 라이신 4번과 9번, 그리고 H4의 라이신 20번, 이 3개의 라이신에 여러 조합으로 메틸화되는 것에 대해 조사하였다. 그들은 초파리의 Ash1이라 불리는 HMTase를 이용하여 라이신 메틸화의 여러 조합에 활성인자를 결합하도록 자극한다. 두 번째는 억제인자인 HP1과 폴리콤효과는 나머지 2개의 라이신 메틸화에 의해 나타나지 못하게 된다. 세포는 히스톤 변형의 전체 조합을 읽을 수 있어야 한다.

히스톤 변형은 염색질에 단지 활성화나 억제에 대한 기능만 주는 것이 아니라 또 다른 히스톤 변형을 일으키는 데에도 관여한다. 예를 들어 히스톤 H3 라이신 9번의 메틸화는 같은 히스톤 꼬리의 여러 변형에 의해서 억제될 수 있는데, 라이신 9번(아마도 라이신 14번도)의 아세틸화와 라이신 4번의 메틸화, 그리고 세린 10번의 인산화가 이에 속한다.

하나의 히스톤에서 일어나는 변형은 같은 뉴클레오솜에 존재하는 다른 히스톤의 변형에도 영향을 줄 수 있다. 예를 들어 브라이언 스트랄(Brian Strahl) 등은 효모에서 유비퀴틴 라이게이즈 유전자인 **Rad6**을 암호화하는 *rad6* 효모 유전자를 결여시킨 후 그 효과를 조사해 보았다. 이 효소는 히스톤 H2B의 라이신 123번의 유비퀴틴화에 관여한다. 이 돌연변이는 라이신 4번과 79번의 메틸

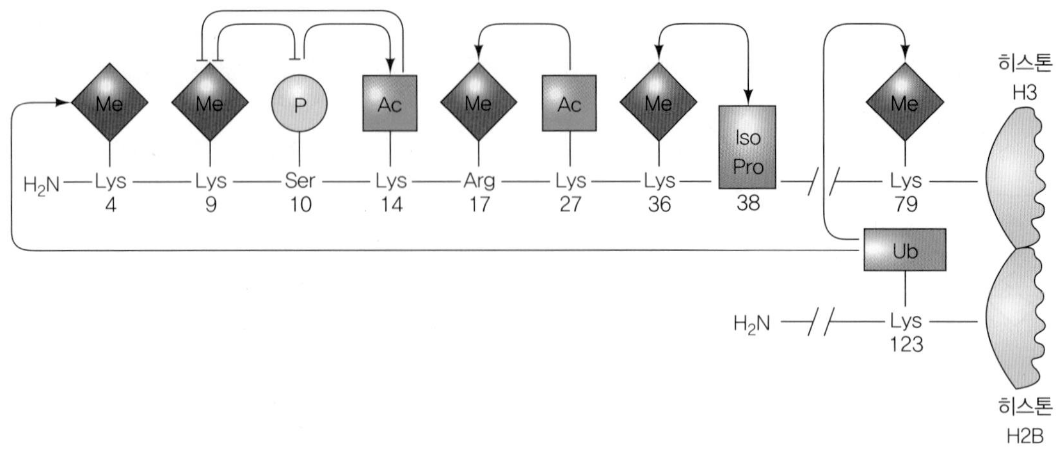

그림 13.35 히스톤 꼬리 변형 간의 교차결합 모델. 히스톤 H3와 H2B, 그리고 몇 개의 H2A의 변형된 잔기 간의 상호 작용이 그려져 있다. 활성화하는 상호 작용은 화살표로 표시하였고, 억제하는 상호 작용은 막힘 표시로 그려 놓았다. 예를 들어 세린 10번의 인산화는 라이신 14번의 아세틸화를 촉진하고 라이신 9번의 메틸화를 억제한다. Me, 메틸화. Ac, 아세틸화. P, 인산화. Iso, 프롤린 이성질체화. Ub, 유비퀴틴화.

화를 억제하지만 히스톤 H3의 라이신 36번의 메틸화에는 아무런 영향을 주지 않았다(그림 13.34). 히스톤 H2B의 라이신 123번을 아르기닌으로 바꾸어 주었더니 야생형 *rad6* 유전자를 가지고 있어도 유비퀴틴화가 되지 않는 것을 보았고, 또한 히스톤 H3의 라이신 4번과 79번의 메틸화가 일어나지 않는 것을 확인하였다. 따라서 하나의 히스톤(H2B)의 라이신의 유비퀴틴화는 또 다른 히스톤(H3)의 두 잔기에도 영향을 준다. 반면 라이신 79번의 메틸화는 히스톤 꼬리에서 일어나지 않는 유일한 히스톤 변형이다. 하지만 라이신 79번은 뉴클레오솜의 표면에 있으며 그림 13.33에서 보여주는 것처럼 메틸화 기구가 접근 가능한 곳에 위치한다.

마지막으로, 히스톤 H3 꼬리의 3개의 아미노산 라이신 9번, 세린 10번, 라이신 14번의 변형 사이의 상호 작용을 알아보자. 라이신 14번의 아세틸화는 IFN-β와 같은 어떤 유전자의 활성화에 필요하다는 것을 살펴보았다. 또한 이 아세틸화는 세린 10번의 인산화에 의해 일어날 수 있다는 것도 배웠다. 게다가 세린 10번의 인산화는 라이신 9번의 메틸화에 의해 억제된다. 따라서 라이신 9번의 메틸화는 세린 10번의 인산화를 억제하여 라이신 14번 아세틸화를 방해하는 것이다. 하지만 이와 동시에 세린 10번의 인산화와 라이신 14번의 아세틸화는 라이신 9번의 메틸화를 방해한다. 그러므로 세린 10번과 라이신 14번이 한번 변형이 되면 라이신 9번의 억제성 메틸화를 방해하여 활성화하는 작용을 할 수 있게 된다. 게다가 라이신 9번의 아세틸화는 같은 곳의 메틸화를 억제하므로 억제 기능을 이런 방식으로도 방해할 수 있다. 그림 13.35를 통해 이러한 상호 작용, 다른 히스톤 H3 변형과의 상호 작용 그리고, 히스톤 H3와 H2A 변형 간의 상호 작용에 대해 알 수 있다.

이제까지 이번 장에서 우리는 히스톤 변형이 두 가지 기작에 의해 유전자의 활성을 조절할 수 있다는 것을 배웠다. 먼저, DNA와 상호 작용하는 히스톤 꼬리와 주변 뉴클레오솜과 상호 작용하는 히스톤 꼬리를 변형하는 방법이 있다. 뉴클레오솜의 교차결합에 변화가 생기는 것이다. 두 번째로, 염색질 구조와 활성에 영향을 미칠 수 있는 단백질을 끌어당김으로써 조절할 수 있다. 예를 들어, 아세틸화된 라이신은 브로모 영역 단백질을 끌어당긴다. 메틸화된 라이신은 크로모 영역과 tudor, MBT, PHD finger와 같은 크로모 유사 영역 단백질을 끌어당긴다. 또한 인산화된 세린은 **14-3-3 단백질**(이 단백질의 전기영동이동도에 따른 명명)을 끌어당긴다. 이 단백질은 종종 자기 자신에 대한 촉매 활성을 갖고 히스톤을 변형하거나 염색질을 리모델링할 수 있다. 그리고 자신의 활성으로 다른 단백질을 불러올 수도 있다.

예를 들어, Rpd3C(S) 히스톤 탈아세틸화효소 복합체의 구성단위 2개는 크로모 영역 단백질 Eaf3와 PHD finger 단백질 Rco1이다. 두 단백질은 프로모터 아래 서열의 메틸화된 라이신 36번을 갖는 히스톤 H3을 인식할 수 있고, Rpd3C(S) 탈아세틸화효소와 관련이 있다. 히스톤 탈아세틸화의 결과로 전사 신장이 느려지는데 신장이 되도록 돕는 하나 이상의 인자와는 다른 반응을 유도하는 것이다. 이러한 탈아세틸화는 유전자 안에 존재하는 II급 프로모터에서의 전사 시작을 막는다.

7) 뉴클레오솜과 전사 신장

유전자의 조절 부위에는 뉴클레오솜이 없거나 있더라도 활성인자나 보편전사인자가 DNA에 결합할 수 있도록 뉴클레오솜이 느슨하게 풀려 있어야 한다. 그렇다면 RNA 중합효소는 유전자의 전사 부위 내에 있는 뉴클레오솜을 어떻게 다루어야 할까?

(1) FACT의 역할

하나의 중요한 인자로서 FACT(facilitates chromatin transcription: 염색질 전사를 촉진시키다)라는 단백질이 있으며 이 단백질은 시험관 내에서 RNA 중합효소 II에 의해 전사신장을 촉진시킨다. 인간의 FACT는 2개의 폴리펩티드로 구성되어 있는데 하나는 효모의 Spt16 단백질의 인간 상동단백질이고 또 하나는 SSRP1이라는 HMG-1-유사단백질이다. FACT는 히스톤 H2A와 H2B와 강하게 상호 작용하는 것으로 보아 이 두 히스톤을 뉴클레오솜으로부터 제거하고 일시적으로나마 뉴클레오솜을 불안정화시켜 RNA 중합효소가 전사를 할 수 있도록 해준다는 가설을 만들었다.

여러 가지 근거들이 이 가설을 지지해 주었다. 첫 번째 증거는 히스톤을 교차결합시켜서 뉴클레오솜으로부터 분리되지 않도록 하였더니 FACT의 작용을 억제하였다. 두 번째로, 효모의 히스톤-히스톤 상호 작용에 작용하는 히스톤 H4의 유전자를 암호화하는 부위에 돌연변이를 만들었더니 FACT의 소단위체인 Spt16의 유전자에 돌연변이가 생긴 것과 같은 표현형이 나왔다. 마지막으로, 활발히 전사가 되는 염색질은 히스톤 H2A와 H2B를 찾아보기 힘들다는 것이다.

2003년에 대니 레인버그(Danny Reinberg) 등은 FACT가 뉴클레오솜으로부터 최소한 하나의 H2A-H2B 2량체를 제거함으로써 RNA 중합효소 II가 전사를 촉진시킨다는 직접적인 근거를 제시하였다. 그들은 또한 이러한 단백질이 전사 기구들이 지나가고 나면 염색질에서 히스톤을 다시 원래의 자리로 움직여 놓음으로써 **히스톤 샤페론**(histone chaperone)으로서 작용할 수도 있다는 것을 보여 주었다.

첫 번째로 이들은 면역침전을 이용한 실험으로 FACT의 Spt16 소단위체가 히스톤 H2A-H2B 2량체에 결합하여 SSRP1은 H3-H4 4량체와 결합한다는 것을 보여 주었다. Spt16 소단위체는 강한 산성을 띠는 C-말단을 가져서 Reinberg는 C-말단이 없는 Spt16을 가진 재조합 FACT(FACTΔC)의 경우 뉴클레오솜의 히스톤과 결합을 하지 못하며 염색질을 따라 전사를 촉진하지도 못하는 것을 밝혔다.

다음으로는 H2A-H2B 2량체와 H3-H4 4량체를 두 가지의 형광으로 라벨을 붙였다. 그리고나서 FACT 또는 FACTΔC를 처리한 후 350mM KCl 용액을 이용하여 한 번 씻어낸 후 뉴클레오솜

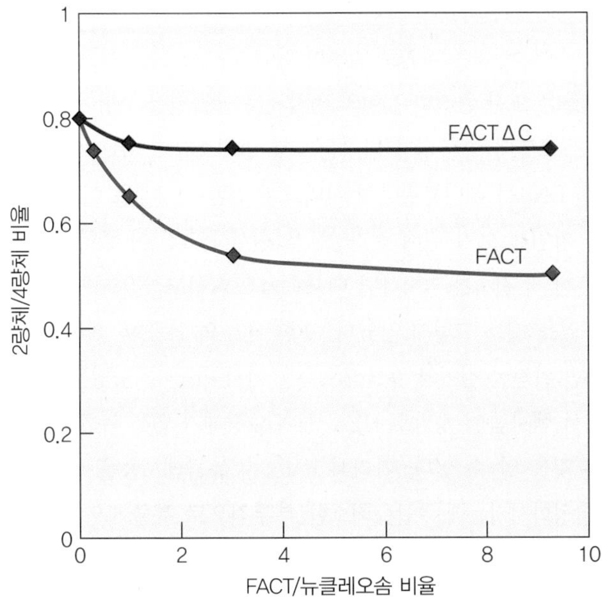

그림 13.36 FACT는 뉴클레오솜으로부터 히스톤 H2A-H2B 2량체가 분리되도록 한다. 레인버그 등은 다른 형광물질로 H2A-H2B 2량체와 H3-H4 4량체를 표지하고, FACT 또는 FACTΔC와 1시간 동안 반응시켰다. 느슨하게 결합한 히스톤을 뉴클레오솜으로부터 씻어내고 SDS-PAGE를 이용해 H2A-H2B의 비율을 측정하였다. 형광 표지는 SDS-PAGE 겔에서 형광검출기로 정량적으로 측정되었다. (출처: Adapted from Belotserkovskaya, et al., *Science* 301, 2003, f. 3, p. 1092.)

으로부터 떨어져 나온 2량체 양을 측정하기 위해 2량체/4량체 비율을 SDS-PAGE를 실시한 후 형광을 측정하였다. (fluorimager는 겔에 있는 밴드의 형광의 세기를 잴 수 있다.) 그림 13.36는 그 결과를 보여 주는데, FACT는 H2A-H2B 2량체를 50%까지도 떨어뜨릴 수 있었지만 FACTΔC를 처리한 경우에는 씻어낸 것으로 인해 손실된 정도만 줄어들었다(20% 정도). 따라서 FACT는 H2A-H2B 2량체와 H3-H4 4량체 사이의 연결을 약하게 하고, 이러한 효과는 Spt16 소단위체의 C-말단에 의해 일어날 수 있다.

레인버그 등은 FACT가 뉴클레오솜을 따라 전사를 활성화시킨다는 것을 보여 주었고 전사된 주형은 헥사솜(hexasome)이라고 불우는 H2A-H2B 2량체가 결여된 뉴클레오솜을 가지고 있었다. 이에 대한 실험을 하기 위해서 전사개시부위의 윗부분에 있는 단일 뉴클레오솜을 가진 주형을 이용하였다. 그들은 이 주형에 전사복합체를 만들어놓고 구슬에 RNA 중합효소 II의 태그를 붙여 복합체를 고정시켰다. 그런 후 FACT 또는 FACTΔC의 존재 시 레이블링된 핵산으로 전사를 시켜보았다. 그들이 이 전사체를 전기영동으로 확인해 보았더니 FACTΔC가 아닌 FACT가 완전한 길이의 전사체를 만들도록 촉진했다는 것을 알 수 있었다. 즉, FACT가 없거나 FACTΔC가 있을 때는 뉴클레오솜에 있는 DNA 부위에서 많

은 전사가 지연되었다. 그러나 FACT는 그런 지연되는 현상을 감소시켜 주어 더 높은 비율로 완전한 길이의 전사체를 만들어 내었다.

이들은 또한 완전한 길이의 전사체를 만들면서 주형이 RNA 중합효소로부터 방출되어 나가는가를 알아보았다. 전사를 시작하기 전 DNA를 레이블링하여 아마도 완전한 전사체를 이루었을 주형을 확인해 보기 위해 전기영동을 실시하였다. 이 주형은 FACT의 존재 시 전사가 일어나면 헥사솜을 포함하고 있었지만 FACTΔC가 있을 때는 그렇지 않았다. 또한 H2A와 H2B를 헥사솜에 넣어주면 완전한 길이의 뉴클레오솜을 다시 만들 수 있었는데, 이를 통해서 헥사솜이 정말로 H2A-H2B 2량체가 없는 뉴클레오솜이라는 것을 알 수 있다. 따라서 FACT는 뉴클레오솜을 따라 전사를 활성화시키는데, 이는 최소한 부분적으로 뉴클레오솜의 구조를 느슨하게 풀어 주고 최소한 하나의 H2A-H2B 2량체를 빼냄으로써 이런 기능을 한다는 것을 알 수 있다.

하지만 FACT는 뉴클레오솜을 분열시키는 기능 외에도 히스톤을 다시 DNA에 결합하도록 하여 뉴클레오솜을 다시 형성하도록 하는 기능도 있다. Reinberg 등은 두 가지 실험을 통해 FACT의 이러한 히스톤 샤페론 기능을 증명하였다. 첫 번째 실험은 표지된 DNA와 핵심 히스톤을 FACT 없이, FACT와 함께, 또는 FACTΔC를 넣어 섞어 그 산물을 전기영동하였다. FACT가 없을 때는 형성된 집합체가 전기영동 겔로 들어가지 않았다. 하지만 FACT가 있으면 DNA-히스톤 복합체가 아주 잘 형성되었다. 예상대로 이 복합체는 FACTΔC의 존재 시에는 이루어지지 않았다. 두 번째 실험은 두 가지 종류의 형광 태그로 표지된 H2A-H2B 2량체와 H3-H4 4량체를 만들어 전기영동 겔에서 히스톤-DNA 복합체가 두 가지 세트의 히스톤과 모두 결합하고 있는지 형광을 이용하여 확인하였다. 그 결과 FACTΔC가 아닌 FACT가 있을 때 히스톤 샤페론 활성을 가지는 것을 확인하였다. 또한 FACT의 소단위체 중 하나만으로는 이런 활성을 가지지 못한다는 것도 알게 되었다.

만약 FACT가 정말 전사 신장 동안에 염색질 리모델링의 역할을 한다면 RNA 중합효소와 함께 염색질에서 존재하고 있어야 한다. 레인버그와 존 리스(John Lis) 등은 이러한 현상을 초파리의 열 충격 유전자인 hsp70을 이용하여 관찰하였다. 초파리 유충의 침샘세포에서는 염색체가 세포분열 없이 반복적으로 복제됨에 따라 큰 **폴리텐 염색체**(polytene chromosome)이 되어 많은 자매분체가 나란히 묶인다. 폴리텐 염색체는 광학 현미경 하에서 관찰이 가능하고 **염색질 퍼프**(chromosome puff)라고 불리는 전사가 활발한 부위도 부풀어 있어 확인이 가능하다. 특히, 온도가 높을 때엔 Hsp70과 같은 열 충격 좌위의 퍼프가 생긴다.

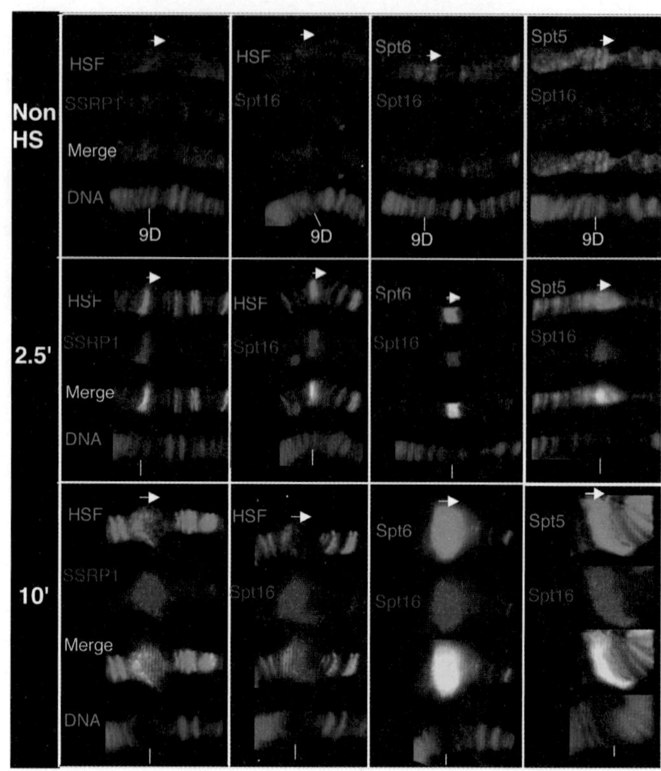

그림 13.37 FACT는 전사가 일어나는 유전자의 프로모터에 결합한 활성인자의 하위에 위치한다. 레인버그, 리스 등은 초파리의 염색체를 형광물질이 부착된 항체로 염색했다. 열 처리를 하지 않은 세포, 2.5분, 10분간 열 처리한 세포를 비교하였다. 이용된 항체는 염색체 사진 옆에 형광 물질과 같은 색깔의 글자로 표시되어 있다. HSF와 Spt6의 항체는 초록색, SSRP1과 Spt16의 항체는 빨간색이다. 그들은 또 2개의 형광 사진을 합쳐서 형광 신호가 겹쳐지는지도 확인하였다. 빨간색과 초록색의 형광이 겹쳐지면 노란색으로 보인다. 겹치는 부분이 완전히 일치하지 않으면 노란색 주변에 빨간색이 보이기도 한다. 이런 현상은 특히 10분간 열 처리를 했을 때 HSF와 SSRP1의 신호에서 많았다. 염색체는 또 DNA를 보라색으로 염색하는 Hoechst로도 염색되었다(각 패널의 맨 아래쪽). (출처: Reprinted with permission from *Science*, Vol. 301, Abbie Saunders, Janis Werner, Erik D. Andrulis, Takahiro Nakayama, Susumu Hirose, Danny Reinberg, and John T. Lis, "Tracking FACT and the RNA Polymerase II Elongation Complex Through Chromatin in Vivo," Fig. 2, p. 1095. Copyright 2003, AAAS.)

먼저, 레인버그와 리스는 20분간 열 충격을 주기 전과 후의 초파리 다사염색체를 뽑아낸 후 RNA 중합효소 II와 Spt16에 대한 형광을 낼 수 있도록 만든 항체로 염색을 하였다. 열 충격을 준 후 이 두 가지 항체는 두 염색질 퍼프의 *hsp70* 좌위 부분에 함께 위치하고 있었다.

만약 FACT가 정말 전사가 진행될 때 RNA 중합효소 II를 동반한다면 중합효소 II가 그렇듯이 FACT도 열 충격 유전자 부위로 빠르게 와야 할 것이고 전사가 시작되자마자 프로모터에 결합되

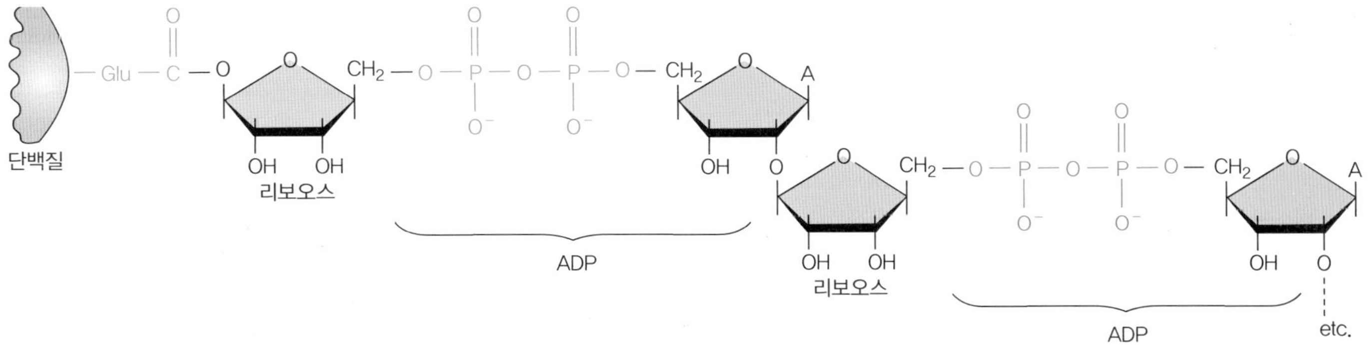

그림 13.38 폴리(ADP-리보오스). 첫 번째 ADP-리보오스 단위는 에스터 결합으로 글루타민산염 단백질과 연결되어 있다. 남은 ADP-리보오스 단위는 ADP의 2번 탄소와 옆 단위의 리보오스 1번 탄소 사이에 글리코시드 결합으로 연결되어 있다. 효소 PARP는 글리코시드 결합을 형성하고 PARG는 이를 절단한다.

는 전사인자들과도 연관이 되어 있어야 할 것이다. 이러한 가설을 증명하기 위해서 레인버그와 리스 등은 FACT의 두 가지 소단위체와 *hsp70* 유전자의 조절 부위에 결합하는 HSF에 대한 항체로 염색질을 염색했다. 그리고나서 열 충격을 주기 전, 주고 나서 2.5분, 그리고 10분 후에 관찰하였다.

그림 13.37은 그 결과를 보여 준다. 열 충격 2.5분 후에 FACT의 두 소단위체는 HSF와 마찬가지로 *hsp70* 유전자 부위에 있었다. 하지만 FACT의 경우 HSF보다는 훨씬 하위 부위에 위치하고 있었다. 이러한 분리된 위치 확인은 빨간색으로 염색된 SSRP1 또는 Spt16과 초록색으로 염색된 HSF를 비교해보면 알 수 있다. 그들을 구별하기가 쉽지 않지만 두 가지 이미지를 겹쳐서 보면 앞부분에 빨간색(FACT 형광)이 보이고 그 뒤에 FACT의 빨간색과 HSF의 초록색이 겹쳐서 나온 노란색을 볼 수 있다. 이러한 효과는 열 충격 후 10분에서 명확히 볼 수 있으며, 특히 SSRP1를 보면 더 잘 볼 수 있다.

반면, 또 다른 염색질 리모델링에 관여하는 인자인 Spt6을 초록색 형광물질로 염색해서 보면 FACT와 완전히 겹쳐서 존재한다는 것을 볼 수 있다. (열 충격 후 2.5분 또는 10분에서 세 번째 노란색 밴드를 보라.) 이는 Spt6와 FACT가 RNA 중합효소 II를 따라 이동하면서 전사를 촉진하도록 염색질을 리모델링해 준다는 것을 알 수 있다.

(2) PARP-1의 역할

초파리의 열 충격 유전자는 뉴클레오솜을 이동시킴으로써 전사를 유도하는 또 하나의 예를 보여 준다. 2008년 스티븐 페테시(Stephen Petesch)와 리스는 초파리 폴리텐 염색체의 *Hsp70* 좌위에 뉴클레오솜을 없앤 결과를 발표하였다. 그들은 열 충격 후 단지 30초 만에 *Hsp70* 좌위의 뉴클레오솜이 사라지기 시작하는 것을 발견하였고, 2분 안에 그 현상이 강해지는 것도 확인하였다. 30초라는 시간은 전체 좌위의 전사가 일어나기에는 너무 짧은 시간이기에 뉴클레오솜이 사라지는 현상은 전사에 비의존적이라는 간주되었다. 이 가설은 약물에 의해 전사 신장이 방해받는 경우에도 뉴클레오솜이 사라진다는 발견에 의해 지지받고 있다. 그러나 뉴클레오솜이 사라지기 위해서는 세 가지 단백질이 필요하다. 열 충격 단백질(HSF), GAGA 인자(이 장의 앞부분에서 언급되었음), **PARP1**이라 알려진 **폴리(ADP-리보오스) 합성효소**(PARP).

PARP는 기질인 NAD(nicotinamide adenine dinucleotide)로부터 ADP-리보오스를 떼어낸 뒤 글루타민산염 카복실기를 단백질에 붙이는 방식으로 자기 자신과 연결하여 중합체를 만든다(그림 13.38). 이 중합체는 보통 40~50단위 마다 곁가지(ADP-리보오스 단위의 리보오스 부분 사이에 연결)가 붙는다. **PAR** 형성은 **폴리(ADP-리보오스)** 단위의 결합을 끊는 **PARG[poly(ADP-ribose) glycohydrolase]** 효소에 의해 역반응이 일어날 수 있다.

뉴클레오솜을 제거하는 데 PARP1이 어떻게 참여할까? 우선, PARP1은 히스톤 H1처럼 핵심 히스톤에 붙어 억제 효과를 갖는다. PARP1 활성화가 되면 스스로 폴리(ADP-리보오스)화를 일으켜 뉴클레오솜으로부터 유리된다. 두 번째로, PARP1에 의해 생성된 PAR은 폴리뉴클레오티드와 비슷해 산성을 띤다. 그래서 PAR은 양전하를 띠는 히스톤을 두고 DNA와 경쟁적으로 작용할 수 있다. 이에 따라 히스톤과 DNA 사이의 결합이 느슨해지면서 뉴클레오솜을 떼어낼 수 있게 된다.

요약

진핵세포의 DNA는 염기성 단백질인 히스톤과 결합하여 뉴클레오솜 구조를 형성한다. 뉴클레오솜은 네 쌍의 히스톤(H2A, H2B, H3, H4)으로 구성되며 쐐기 모양의 원반 형태인데, 이 주위를 147bp의 DNA가 감고 있다. 히스톤 H1은 핵심 히스톤에 포함되지 않으며 염색질에서 더 쉽게 분리된다.

시험관에서뿐 아니라 아마도 생체 내에서 염색질 폴딩을 이루는 2차적 구조에 대해 연구한 결과, 뉴클레오솜이 연결된 끈이 접혀 30nm 섬유가 되는 것을 확인하였다. 구조적 연구를 통해 핵의 30nm 섬유는 적어도 두 가지 형태로 존재할 수 있다. 불활성화 염색질은 높은 뉴클레오솜 반복 길이(약 197bp)를 갖는 경향이 있고 주로 솔레노이드 접힘 구조로 형성되어 있다. 이런 염색질은 히스톤 H1과 상호 작용하여 구조를 안정화한다. 활성화된 염색질은 낮은 뉴클레오솜 반복 길이(약 167bp)를 갖는 경향이 있고 주로 2개의 시작이 있는 이중나선 모델로 접혀 있다.

진핵생물에서 염색질 응축에 관여하는 3차구조는 방사형 고리의 형성이다. 30nm 섬유는 염색체 중심에 고정되어 있는 35~85kb 길이의 방사형 고리를 형성하는 것으로 보인다.

개구리의 체세포에서 난모세포의 5S rRNA 유전자와 체세포의 5S rRNA가 다르게 발현되는 것은 체세포 유전자가 전사인자와 더 잘 결합하고 있기 때문이다. 전사인자는 내부의 조절부위에서 뉴클레오솜이 안정된 복합체를 만드는 것을 억제하므로 체세포 유전자의 전사를 활발하게 한다. 안정화된 뉴클레오솜에는 히스톤 H1이 필요하며, 이러한 안정된 구조에서는 전사인자 결합이 배제되고 전사는 억제된다.

핵심 히스톤(H2A, H2B, H3, H4)은 DNA와 함께 핵심 뉴클레오솜을 형성한다. 200bp DNA가 하나의 핵심 뉴클레오솜을 갖게 재구성된 염색질에서 II급 유전자를 전사하면 DNA만으로 전사한 경우보다 75% 정도 억제된다. 나머지 25%는 핵심 뉴클레오솜에 의해 방해받지 않은 프로모터에 의해 일어난다. 히스톤 H1은 핵심 뉴클레오솜에 의해 억제된 전사를 더욱 억제한다. 이러한 억제는 전사인자에 의해 풀릴 수 있다. Sp1이나 GAL4 같은 단백질은 히스톤 H1에 의한 억제를 방해하는 항억제인자와 전사활성인자의 두 가지 기능을 갖고 있다. 또한 GAGA 인자의 경우에는 항억제인자이다. 항억제인자는 DNA 주형상의 결합부위를 놓고 히스톤 H1과 경쟁하는 것으로 보인다.

DNA 가수분해효소는 전사가 활발한 유전자의 조절부위를 민감하게 절단한다. 이렇게 민감하게 절단되는 것은 뉴클레오솜이 없기 때문이다.

히스톤 아세틸화는 세포질과 핵에서 모두 일어난다. 세포질의 히스톤 아세틸화는 HAT B에 의해 일어나며 히스톤이 뉴클레오솜을 만들도록 준비시킨다. 아세틸기는 나중에 핵 안에서 제거된다. 핵 내의 아세틸화는 HAT A에 의해 일어나며 전사 과정의 활성화에 관계한다. 많은 공동활성인자는 HAT A의 기능을 갖고 있으며, 유전자의 조절부위에서 뉴클레오솜을 느슨하게 만들어 전사를 증진시킨다. 핵심 히스톤의 아세틸화는 TAF1과 같은 브로모 영역을 가진 전사에 필요한 단백질이 결합되도록 한다.

리간드와 결합하지 않은 핵 수용체나 Mad-Max는 DNA에 결합하고 NCoR/SMRT나 SIN3과 같은 보조억제인자와 결합한다. 보조억제인자는 HDAC1, HDAC2와 같은 히스톤 탈아세틸화효소와 결합하는데, 이러한 삼중 단백질 복합체는 히스톤 탈아세틸화효소를 뉴클레오솜 가까이로 접근하게 한다. 핵심 히스톤이 탈아세틸화되면 히스톤의 염기성 꼬리가 DNA에 강하게 결합하여 뉴클레오솜을 안정화하고 전사를 억제한다.

진핵생물 유전자의 활성화는 염색질 리모델링을 필요로 한다. 여러 종류의 단백질이 만든 복합체가 리모델링에 관여하는데 이들은 ATP 분해효소를 가지고 있어서 리모델링에 필요한 에너지를 ATP 가수분해로부터 얻는다. 리모델링 복합체는 ATP 분해효소와는 구분될 수 있고 가장 잘 연구된 복합체는 SWI/SNF와 ISWI이다. SWI/SNF 복합체는 ATP 분해효소로서 BRG1과, 9~12개의 BRG1 연관인자(BAF)를 포함하고 있다. 가장 잘 보존된 BAF는 BAF 155와 170이다. 이들은 히스톤과의 결합에 필요한 SANT 영역을 가지고 있다. 이 영역은 SWI/SNF가 뉴클레오솜과 결합하는 것을 도와준다. ISWI 복합체의 인자들도 SANT 영역을 가지고 있고 DNA 결합에 관여하는 SLIDE도 갖고 있다.

염색질 리모델링 기작은 잘 알려져 있지 않지만 뉴클레오솜의 이동, DNA와 히스톤 사이의 느슨한 결합에 관련되어 있다. 리모델링되지 않은 뉴클레오솜의 DNA 또는 DNA를 따라 단순히 이동하는 뉴클레오솜과는 다르게 리모델링되는 뉴클레오솜에서는 DNA가 핵심 히스톤을 중심으로 다양한 구조를 형성한다.

ChIP 실험은 유전자의 활성화에 따른 전사활성인자의 결합 순서를 밝혀내었다. 효모에서 *HO* 유전자가 활성화되면 가장 먼저 결합하는 단백질은 Swi5이고, 그 뒤에 HAT Gcn5p를 포함하고 있는 SWI/SNF와 SAGA가 결합한다. 그다음 보편전사인자와 다른 단백질이 결합하므로 염색질 리모델링은 유전자의 활성화에 있어서 첫 번째 단계에 작용한다. 그러나 이러한 인자들의 순서는 다른 유전자에서는 다를 가능성이 있다.

뉴클레오솜에서 핵심 히스톤의 변형 패턴은 히스톤 코드를 구성하여 뉴클레오솜의 리모델링을 결정하게 된다. 예를 들어 IFN-β 인핸세오솜에 있는 전사활성인자는 히스톤 아세틸화효소와 결합하여 프로모터 부위의 히스톤 H3, H4 꼬리 부분의 라이신 잔기의 아세틸화를 촉진한다. 히스톤 H3의 세린은 인산화되어 H3의 다른 라이신의 아세틸화가 이루어지도록 하고 히스톤 코드를 완성시킨다. 히스톤 H4의 특정한 라이신이 아세틸화되면 SWI/SNF 복합체와 결합하여 뉴클레오솜 리모델링이 일어난다. 그러면 TFIID는 2개의 아세틸화된 H3 라이신을 인식하고 DNA를 굽은 구조로 만들어 뉴클레오솜이 밀려나고 전사가 시작되도록 한다.

진정염색질은 비교적 느슨하고 상당히 활성화되어 있는 반면, 이형염색질은 응축되어 있고 유전적으로 비활성화되어 있다. 이형염색질은 3kb 떨어져 있는 유전자도 비활성화시킨다. 효모 염색체의 끝부분(말단소립)에 이형염색질이 형성되기 위해서는 RAP1 단백질이 말단소립 DNA에 결합해야 하고 SIR3, SIR4, SIR2가 차례로 결합되어야 한다. 염색체의 다른 위치에 있는 이형염색질도 SIR 단백질에 의한 것이다. SIR3와 SIR4는 뉴클레오솜의 히스톤 H3, H4와 직접 결합한다. 뉴클레오솜의 히스톤 H4의 16번 라이신의 아세틸화는 SIR3와의 상호 작용을 방해하여 이형염색질의 형성을 억제한다. 히스톤 아세틸화는 이러한 방식으로도 유전자 활성화를 촉진한다.

히스톤 H3의 N-말단에 있는 9번 라이신의 메틸화는 HP1과의 결합을 촉진하고, HP1은 히스톤 메틸기전달효소와 결합하여 근처 뉴클레오솜의 다른 9번 라이신을 메틸화시킨다. 이런 메틸화에 의해 이형염색질 상태는 점점 퍼져나갈 수 있다. 핵심 히스톤의 라이신 또는 아르기닌 잔기의 메틸화는 유전자 발현을 억제할 수도 촉진할 수도 있다. 뉴클레오솜에서 메틸화는 다른 히스톤 변형 기작인 아세틸화, 인산화, 유비퀴틴화와의 조합으로 일어난다. 각각의 특정한 조합은 다른 의미를 가지고 있으며 전사의 활성을 조절하게 된다. 한 부분에서의 히스톤 변형은 근처의 다른 부분에 영향을 줄 수 있다.

FACT는 Spt16와 SSRP1, 2개의 인자로 구성된 전사신장을 촉진하는 단백질이다. Spt16은 히스톤 H2A–H2B 2량체와 결합하고, SSRP1은 H3–H4 4량체와 결합한다. FACT는 뉴클레오솜에서 1개 이상의 H2A–H2B 2량체가 빠져나가도록 함으로써 전사를 촉진한다. 또한 H2A–H2B 2량체가 빠져나간 뉴클레오솜에 다시 넣어주는 역할도 하여 히스톤 샤페론으로 작용하기도 한다. FACT의 Spt16은 이와 같은 뉴클레오솜 리모델링에 필요한 산성의 C–말단을 가지고 있다.

열 충격은 초파리 폴리텐 염색질 퍼프로부터 뉴클레오솜의 빠른 손실을 유도한다. 이러한 뉴클레오솜의 손실에 필요한 매개체 중 하나가 폴리(ADP–리보오스) 합성효소이다. 열 충격에 반응하여 이 효소는 스스로를 폴리(ADP–리보오스)화하여 히스톤 H1처럼 핵심 뉴클레오솜에 붙어 있는 자신을 유리해 낸다. 따라서 뉴클레오솜을 불안정하게 만든다. 또한 폴리(ADP–리보오스)는 음이온이 많아 히스톤과 직접 붙을 수 있어 뉴클레오솜을 더욱 불안정하게 만든다.

복습 문제

1. 다음과 같은 경우의 뉴클레오솜을 그려라.
   a. DNA가 없는 경우 모든 히스톤의 대략적인 위치
   b. 히스톤을 둘러싼 DNA의 경로

2. 뉴클레오솜에서 DNA가 6~7배 압축된다는 증거를 제공하는 전자현미경 사진을 인용하라.

3. 높은 이온 강도에서 압축된 섬유(30nm 섬유) 형성을 전자현미경적 증거를 인용하여 설명하라.

4. 30nm 섬유의 솔레노이드 모델을 그려 보라.

5. X–선 결정분석에 의해 밝혀진 테트라뉴클레오솜의 구조를 그려 보라. 테트라뉴클레오솜의 구조는 30nm 섬유가 어떤 구조일 것이라고 보여주는가?

6. 단분자 분광법(single–molecule force spectroscopy)이 30nm 섬유 구조를 어떻게 암시하고 있는가? 여기서 제안하는 결론은 무엇인가?

7. 30nm 섬유 이후의 염색질 접힘 단계를 모델로 그려 설명하라. 생화학적, 현미경적 증거를 인용하여 설명하라.

8. 재구성된 염색질을 이용한 아데노바이러스 E4 유전자의 전사에 미치는 히스톤 H1과 GAL4–VP16의 경쟁 관계를 나타내는 실험 결과를 설명하라.

9. 유전자 발현의 조절부위를 뉴클레오솜이 차지하고 있을 때와 그렇지 않을 때 전사활성인자에 의한 항억제 현상을 설명하는 두 가지 모델을 제시하라.

10. 전사가 활발한 SV40 염색질에서 뉴클레오솜이 없는 지역이 바이러스 후기 유전자의 조절부위에 있다는 실험 결과를 제시하라.

11. SV40 염색질에서 DNA 가수분해효소 과민부위가 바이러스 후기 유전자의 조절부위에 있다는 실험 결과를 제시하라.

12. DNA에서 DNA 가수분해효소 과민부위를 찾아내는 일반적인 방법을 그려라.

13. 히스톤 아세틸전달효소(HAT)가 존재한다는 활성도 겔 실험(activity gel assay)의 결과를 설명하라.

14. 전사억제 현상에서 보조억제인자와 히스톤 탈아세틸화효소가 관여하는 모델을 제시하라.

15. 항원결정기의 표지를 통해 억제인자 Mad1, 보조억제인자 SIN3A, 히스톤 탈아세틸화효소 HDAC2 등 세 단백질이 상호 작용하는 것을 증명한 실험의 결과를 설명하라.

16. 어떤 단백질이 리간드의 존재 유무에 따라 전사를 촉진하거나 억제하는 모델을 제시하라.

17. 리모델링 인자가 관여할 때와 관여하지 않을 때의 DNA의 노출에 대한 모델을 제시하라. 리모델링 인자가 관여한다는 증거를 제시하라.

18. 세포주기의 한 시점에 특정 유전자에 결합하는 단백질을 찾아내기 위해 염색질 면역침전을 어떻게 이용할 수 있는지 기술하라.

19. IFN–β 프로모터 뉴클레오솜의 히스톤의 아세틸화와 인산화의 순서를 밝혀내기 위해 염색질 면역침전을 사용한 실험을 설명하고 결과를 해석하라.

20. 정상 또는 돌연변이 히스톤을 이용하여 IFN–β 프로모터에 SWI/SNF, TFIID가 결합하는 것을 측정하는 실험을 설명하고 결과를 해석하라.

21. IFN–β 프로모터에서 히스톤 코드가 만들어지고 이용되는 것에 대한 모델을 제시하라.

22. 히스톤의 16번 라이신이 왜 사일런싱에 중요한지 그 모델을 제시하라. 이 가설을 지지하는 증거는 무엇인가?

23. 히스톤 메틸화에 의한 염색질 억제가 어떻게 퍼져나가는지에 대한 모델을 제시하라.

24. 히스톤 H3 N-말단의 9번, 14번 라이신, 10번 세린의 변형이 어떻게 상호 작용하는지를 설명하는 모델을 제시하라. 촉진하거나 억제하는 작용 관계를 설명하라.

25. FACT가 히스톤 H2A-H2B 2량체가 뉴클레오솜으로부터 빠져나가도록 하고, 이러한 작용이 FACT C-말단의 Spt16 소단위체에 의한 것임을 밝히는 증거를 제시하라.

분석 문제

1. 만약 J6 세포주의 글로빈 좌위가 HEL 세포주와 같은 DNA 가수분해 과민부위를 가진다면 그림 13.22d에서 어떤 크기의 조각이 만들어질 것인가? 어느 과민부위가 나타나지 않을 것인가?

2. 왜 진핵생물의 염색질을 구균 핵산분해효소를 짧게 주었을 때는 200bp 길이의 DNA가 생기고 더 길게 처리하면 147bp 조각이 만들어지는 것인가?

3. 핵심 히스톤의 아미노산 서열은 식물과 동물 사이에서 매우 보존되어 있다. 이러한 현상에 대한 가설을 제시하고 설명하라.

4. A 타입 히스톤 아세틸전달효소(HAT A's)는 브로모 영역을 포함하지만 HAT B's는 그렇지 않다. HAT A's가 브로모 영역을 포함하지 않는다면 어떤 일이 일어날지 예상해 보고, HAT B's가 브로모 영역을 갖는다면 어떤 일이 일어날지 예상해 보라. 만약 모든 HAT B's가 브로모 영역을 갖고 모든 HAT A's가 브로모 영역을 잃는다면 HAT A's가 HAT B's의 역할을 대신하고 HAT B's가 HAT A's의 역할을 대신할까? 이유를 설명하라. 실험적으로는 어떻게 대답할 수 있을까?

추천 문헌

General References and Reviews

Brownell, J.E. and C.D. Allis. 1996. Special HATs for special occasions: Linking histone acetylation to chromatin assembly and gene activation. *Current Opinion in Genetics and Development* 6:176–84.

Felsenfeld, G. 1996. Chromatin unfolds. *Cell* 86:13–19.

Kouzarides, T. 2007. Chromatin modifications and their function. *Cell* 128:693–705.

Narlikar, G.J., H.-Y. Fan, and R.E. Kingston. 2002. Cooperation between complexes that regulate chromatin structure and transcription. *Cell* 108:475–87.

Pazin, M.J. and J.T. Kadonaga. 1997. What's up and down with histone deacetylation and transcription? *Cell* 89:325–28.

Pennisi, E. 1996. Linker histones, DNA's protein custodians, gain new respect. *Science* 274:503–4.

Pennisi, E. 1997. Opening the way to gene activity. *Science* 275:155–57.

Pennisi E. 2000. Matching the transcription machinery to the right DNA. *Science* 288:1372–73.

Perlman, T. and B. Vennström. 1995. The sound of silence. *Nature* 377:387–88.

Rhodes, D. 1997. The nucleosome core all wrapped up. *Nature* 389:231–33.

Roth, S.Y. and C.D. Allis. 1996. Histone acetylation and chromatin assembly: A single escort, multiple dances? *Cell* 87:5–8.

Svejstrup, J.Q. 2003. Histones face the FACT. *Science* 301:1053–55.

Turner, B.M. 2002. Cellular memory and the histone code. *Cell* 111:285–91.

Wolffe, A.P. 1996. Histone deacetylase: A regulator of transcription. *Science* 272:371–72.

Wolffe, A.P. 1997. Sinful repression. *Nature* 387:16–17.

Wolffe, A.P. and D. Pruss. 1996. Targeting chromatin disruption: Transcription regulators that acetylate histones. *Cell* 84:817–19.

Woodcock, C.L. 2005. A milestone in the odyssey of higher-order chromatin structure. *Nature Structural & Molecular Biology* 12:639–40.

Xu, L., C.K. Glass, and M.G. Rosenfeld. 1999. Coactivator and corepressor complexes in nuclear receptor function. *Current Opinion in Genetics and Development* 9:140–47.

Research Articles

Agalioti, T., G. Chen, and D. Thanos. 2002. Deciphering the transcriptional histone acetylation code for a human gene. *Cell* 111:381–92.

Arents, G. and E.N. Moudrianakis. 1993. Topography of the histone octamer surface: Repeating structural motifs utilized in the docking of nucleosomal DNA. *Proceedings of the National Academy of Sciences USA* 90:10489–93.

Arents, G., R.W. Burlingame, B.-C. Wang, W.E. Love, and E.N. Moudrianakis. 1991. The nucleosomal core histone octamer at 3.1 · resolution: A tripartite protein assembly and a left-handed superhelix. *Proceedings of the National Academy of Sciences USA* 88:10148–52.

Bannister, A.J., P. Zegerman, J.F. Partridge, E.A. Miska, J.O. Thomas, R.C. Allshire, and T. Kouzarides. 2001. Selective recognition of methylated lysine 9 on histone H3 by the HP1 chromodomain. *Nature* 410:120–24.

Belotserkovskaya, R., S. Oh, V.A. Bondarenko, G. Orphanides, V.M. Studitsky, and D. Reinberg. 2003. FACT facilitates transcription-dependent nucleosome alteration. *Science* 301:1090–93.

Benyajati, C. and A. Worcel. 1976. Isolation, characterization, and structure of the folded interphase genome of Drosophila melanogaster. *Cell* 9:393–407.

Briggs, S.D., T. Xiao, Z.-W. Sun, J.A. Caldwell, J. Shabanowitz, D.F. Hunt, C.D. Allis, and B.D. Strahl. 2002. Trans-histone regulatory pathway in chromatin. *Nature* 418:498.

Brownell, J.E. and C.D. Allis. 1996. An activity gel assay detects a single, catalytically active histone acetyltransferase subunit in Tetrahymena macronuclei. *Proceedings of the National Academy of Sciences USA* 92:6364–68.

Brownell, J.E., J. Zhou, T. Ranalli, R. Kobayashi, D.G. Edmondson, S.Y. Roth, and C.D. Allis. 1996. Tetrahymena histone acetyltransferase A: A homolog of yeast GCN5p linking histone acetylation to gene activation. *Cell* 84:843–51.

Cosma, M.P., T. Tanaka, and K. Nasmyth. 1999. Ordered recruitment of transcription and chromatin remodeling factors to a cell cycle- and developmentally regulated promoter. *Cell* 97:299–311.

Griffith, J. 1975. Chromatin structure: Deduced from a minichromosome. *Science* 187:1202–3.

Grosveld, F., G.B. van Assendelft, D.R. Greaves, and G. Kollias. 1987. Position-independent, high-level expression of the human β-globin gene in transgenic mice. *Cell* 51:975–85.

Jacobson, R.H., A.G. Ladurner, D.S. King, and R. Tjian. 2000. Structure and function of a human TAFII 250 double bromodomain module. *Science* 288:1422–28.

Kruithof, M., F.-T. Chien, A. Routh, C. Logie, D. Rhodes, and J. van Noort. 2009. Single-molecule force spectroscopy reveals highly compliant helical folding for the 30-nm chromatin fiber. *Nature Structural and Molecular Biology* 16:534–40

Lachner, M., D. O'Carroll, S. Rea, K. Mechtier, and T. Jenuwein. 2001. Methylation of histone H3 lysine 9 creates a binding site for HP1 proteins. *Nature* 410:116–120.

Laherty, C.D., W.-M. Yang, J.-M. Sun, J.R. Davie, E. Seto, and R.N. Eisenman. 1997. Histone deacetylases associated with the mSin3 corepressor mediate Mad transcriptional repression. *Cell* 89:349–56.

Laybourn, P.J. and J.T. Kadonaga. 1991. Role of nucleosomal cores and histone H1 in regulation of transcription by RNA polymerase II. *Science* 254:238–45.

Luger, K., A.W. Mäder, R.K. Richmond, D.F. Sargent, and T.J. Richmond. 1997. Crystal structure of the nucleosome core particle at 2.8Å resolution. *Nature* 389:251–60.

Marsden, M.P.F. and U.K. Laemmli. 1979. Metaphase chromosome structure: Evidence for a radial loop model. *Cell* 17:849–58.

Narlikar, G.J., M.L. Phelan, and R.E. Kingston. 2001. Generation and interconversion of multiple distinct nucleosomal states as a mechanism for catalyzing chromatin fluidity. *Molecular Cell* 8:1219–30.

Ogryzko, V.V., R.L. Schiltz, V. Russanova, B.H. Howard, and Y. Nakatani. 1996. The transcriptional coactivators p300 and CBP are histone acetyltransferases. *Cell* 87:953–59.

Panyim, S. and R. Chalkley. 1969. High resolution acrylamide gel electrophoresis of histones. *Archives of Biochemistry and Biophysics* 130:337–46.

Paulson, J.R. and U.K. Laemmli. 1977. The structure of histone-depleted interphase chromosomes. *Cell* 12:817–28.

Saragosti, S., G. Moyne, and M. Yaniv. 1980. Absence of nucleosomes in a fraction of SV40 chromatin between the origin of replication and the region coding for the late leader RNA. *Cell* 20:65–73.

Saunders, A., J. Werner, E.D. Andrulis, T. Nakayama, S. Hirose, D. Reinberg, and J.T. Lis. 2003. Tracking FACT and RNA polymerase II elongation complex through chromatin in vivo. *Science* 301:1094–96.

Schalch, T., S. Duda, D.F. Sargent, and T.J. Richmond. 2005. X-ray structure of a tetranucleosome and its implications for the chromatin fibre. *Nature* 436:138–41.

Schlissel, M.S. and D.D. Brown. 1984. The transcriptional regulation of Xenopus 5S RNA genes in chromatin: The roles of active stable transcription complexes and histone H1. *Cell* 37:903–13.

Taunton, J., C.A. Hassig, and S.L. Schreiber. 1996. A mammalian histone deacetylase related to the yeast transcriptional regulator Rpd3p. *Science* 272:408–11.

Thoma, F., T. Koller, and A. Klug. 1979. Involvement of histone H1 in the organization of the nucleosome and of the salt-dependent superstructure of chromatin. *Journal of Cell Biology* 83:403–27.

CHAPTER 14

진핵 RNA 공정과정 I : 스플라이싱

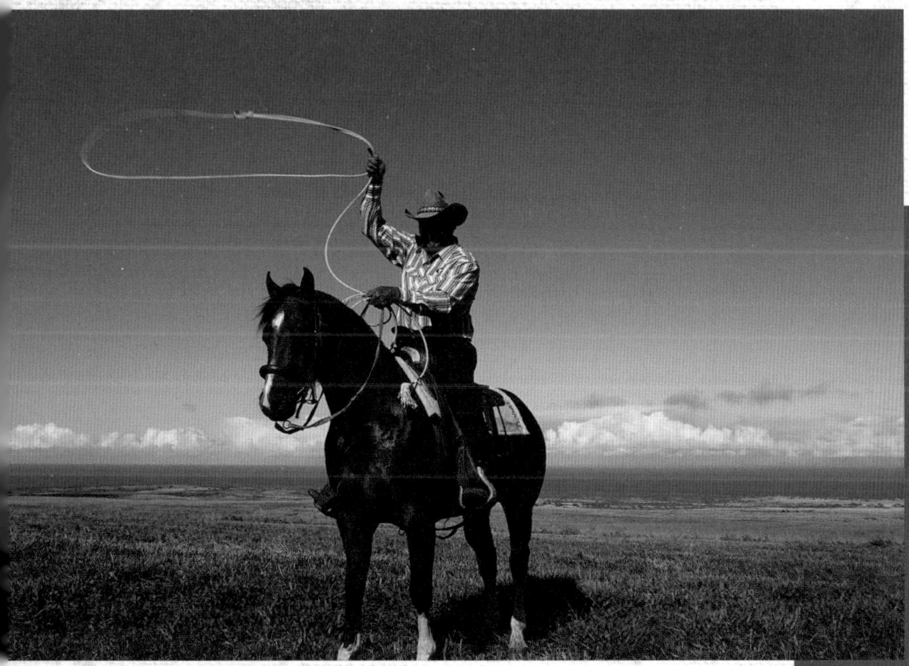

카우보이의 올가미. (© Royalty Free/Corbis.)

원핵생물의 유전자 발현은 다음과 같이 요약할 수 있다. 먼저 RNA 중합효소가 하나의 유전자나 오페론 내 한 조의 유전자를 전사한다. 이후, 전사가 진행되는 동안에도 리보솜이 mRNA에 결합하고 단백질을 합성(번역)한다. 이미 6~8장에서 전사에 대해 공부한 것처럼 이 과정은 매우 복잡해 보인다. 그러나 진핵생물의 전사 과정은 더욱 복잡하다. 13장에서 진핵생물의 특성인 염색질의 구조의 복잡성에 대해 이미 논의했으나 거기에서 그치지 않는다.

진핵생물에서는 전사와 번역이 서로 다른 장소에서 진행된다. 즉, 전사는 핵에서 일어나는 반면 번역은 세포질에서 진행된다. 이는 전사와 번역이 원핵생물에서처럼 동시에 진행되지 않음을 뜻한다. 대신 전사가 끝나고 전사 산물이 세포질로 이동해야 번역이 시작되는 것이다. 따라서 전사와 번역 사이에 전사후기라는 별도의 과정이 추가로 존재하며, 진핵생물 고유의 여러 과정들이 이 시기 중에 발생한다.

이 장에서 우리는 대부분의 진핵생물 유전자가 암호화부위의 여러 부분에 비암호화 DNA가 삽입되어 있음을 알게 된다. RNA 중합효소는 비암호화부위와 유전자의 암호화부위를 구별하지 못하므로 모든 부위를 전사한다. 따라서 세포는 전사후기의 중요 과제 중의 하나로 스플라이싱(splicing)이라는 과정을 통해 원래의 전사 산물 중에 남아 있는 비암호화 RNA를 제거한다. 또한 진핵생물에서는 mRNA의 5′-말단과 3′-말단에 특별한 구조들이 덧붙는다. 5′-말단에 추가로 형성되는 구조는 캡(cap)이라 하며, 3′-말단에는 여러 개의 AMP가 더해져 폴리(A)라 불리는 구조가 생겨난다. 이 세 가지 과정 모두 mRNA가 세포질로 이동하기 전에 핵에서 일어나며 전사 과정이 끝나기 전에 진행되는 것이 점점 더 분명해지고 있다. 따라서 동전사(cotranscriptonal)라는 표현이 후전사(posttranscriptional)라고 하는 것보다 더 적당한 표현이다. 혼동을 피하기 위하여 우리는 이 과정을 mRNA-공정과정(mRNA-processing event)이라고 할 것이다. 이 세 과정은 서로 조정(coordinate)되고 있다. 이 장에서 스플라이싱을 공부한 후 15장에서 캡과 폴리(A)를 자세히 논하고 15장 후반부에서 다시 이 주제로 돌아올 것이다.

14.1. 조각난 유전자

만약 사람의 β-글로빈 유전자 서열을 하나의 문장에 비유한다면 다음과 같이 보일 것이다.

이것은 나가타파 인간의 β-글로빈 자나카사아 유전자이다.

이 문장에는 아무 의미 없는 두 부분(작은따옴표로 표시한 곳)이 있다. 즉, β-글로빈 유전자 내부에는 β-글로빈 암호화서열과는 아무 상관이 없는 서열들이 존재하는 것이다. 이와 같이 유전자 내부에 존재하는 비암호화부위를 **개재서열**(intervening sequence, IVS)이라 부르기도 하지만, 일반적으로 월터 길버트(Walter Gilbert)가 붙인 이름인 **인트론**(intron)이라 부른다. 반면에 아미노산 서열을 암호화하는 유전자 부분은 암호화부위(coding region)나 발현부위(expressed region)로 부르기도 하나, Gilbert 방식 이름으로 **엑손**(exon)이라는 명칭이 더욱 널리 쓰인다. 하등 진핵생물의 일부 유전자는 인트론을 전혀 가지고 있지 않지만 다른 유전자들은 다수의 인트론을 지니고 있기도 하다. 현재 기록상으로 인간의 근단백질인 타이틴(titin)이 최다(362개 인트론)이다.

1) 갈라진 유전자의 증거

1977년 필립 샤프(Phillip Sharp) 등에 의해 아데노바이러스의 주요 후기 유전자 좌위에서 인트론이 처음 발견되었다. 아데노바이러스의 주요 후기 유전자 좌위는 감염 후기에 전사되는 여러 유전자들을 포함한다. 이러한 유전자들은 바이러스의 외피단백질 중의 하나인 헥손(hexon)과 같은 구조단백질을 암호화한다. 그 당시 여러 증거가 아데노바이러스의 주요 후기 좌위의 유전자들이 끊어져 있음을 시사했다. 이러한 불연속 유전자의 구조는 **R-고리화**(R-looping) 기술을 이용한 연구를 통해 쉽게 이해할 수 있다.

이 R-고리화 실험은 RNA를 DNA 주형과 혼합하는 것이다. 즉, DNA 주형을 분리하여 DNA 가닥 하나와 RNA를 이중가닥 형태로 잡종을 형성해서 전자현미경으로 관찰한다. 이러한 실험 조건 하에서는 잡종 이중가닥이 DNA 이중가닥보다 더 안정하다. 이 실험은 기본적으로 두 방법을 통해 수행되었다. ① 두 DNA 가닥의 일부만 풀린 상태로 전환시켜 풀린 부위의 단일가닥 DNA와RNA가 잡종을 형성하도록 하거나, ② 잡종결합 전에 두 DNA 가닥을 완전히 분리하여 RNA와 잡종결합하는 방법이다. 샤프 등은 후자의 방법을 사용했다. 이들은 바이러스 외피 헥손 단백질의 완성된 mRNA(mature mRNA)와 아데노바이러스의 단일가닥 DNA를 잡종결합시켰다. 그림 14.1은 그 결과를 보여 준다. (헥손은 앞에서 언급한 엑손과는 관련이 없는 전혀 다른 것이다.)

만약 헥손 유전자에 인트론이 없다면 mRNA와 DNA와의 염기

(a)

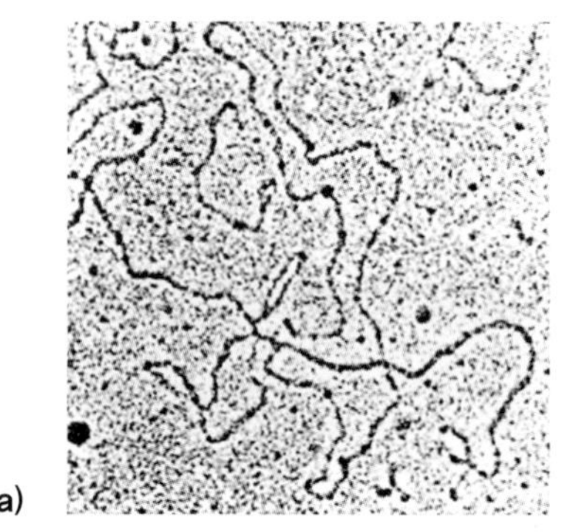

(b)

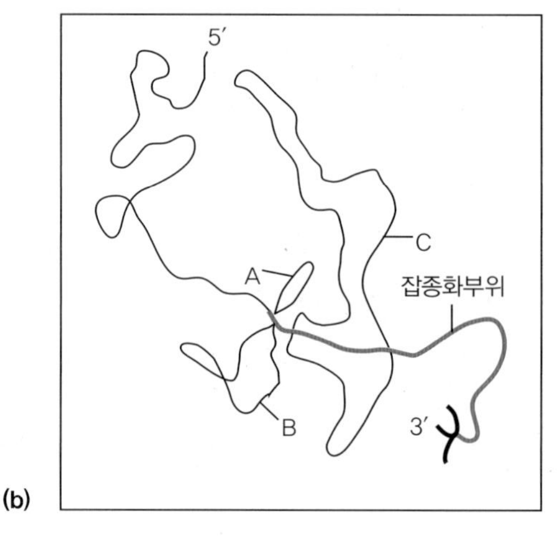

(c)

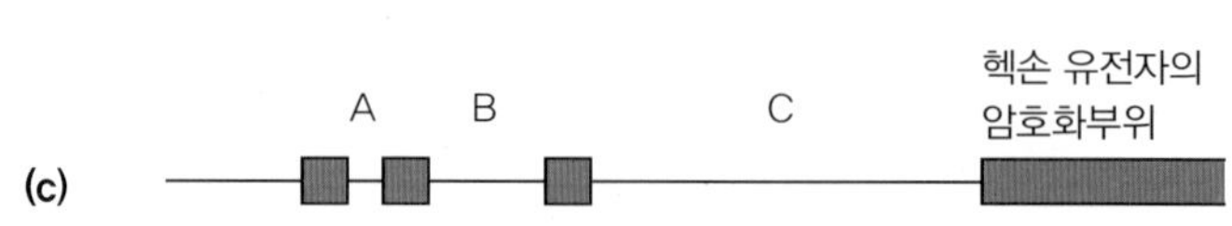

그림 14.1 R-고리화 실험에 의한 아데노바이러스 인트론의 발견. **(a)** 완성된 헥손 mRNA에 잡종화된 후기 헥손 유전자의 5′-부분을 포함하는 아데노바이러스 DNA 클론 절편의 전자현미경 사진. 고리는 mRNA와 잡종화되지 않은 유전자의 인트론 부위를 나타낸다. **(b)** 3개의 인트론 고리(A, B, C로 표시), 잡종화 부위(굵은 빨간색 선), 그리고 잡종화되지 않은 유전자의 상단부 DNA 부위(위 왼쪽)를 보여 주는 전자현미경 사진의 도식적 설명. 아래 오른쪽 포크 부위는 사용된 DNA에 유전자의 3′-말단이 포함되어 있지 않기 때문에 잡종화되지 않은 mRNA의3′-말단 부위이다. 따라서 mRNA는 자체의 상보결합을 통해 거대분자의 이중가닥 구조를 형성하여 포크 형상을 나타내고 있다. **(c)** 헥손 유전자의 직선상의 구조. 3개의 짧은 선도 엑손과 그들을 분리하는 2개의 인트론(A와 B), 그리고 헥손 유전자를 암호화하는 엑손과 선도 엑손들을 분리하는 긴 인트론(C)이 있다. 모든 엑손은 빨간색 상자로 표시되어 있다. (출처: (a) Berget, M., Moore, and Sharp, Spliced segments at the 3′terminus of adenovirus 2 late mRNA. *Proceedings of the National Academy of Sciences USA* 74:3173, 1977.)

쌍 결합에 의해 일지선으로 잘 정렬된 잡종이 전자현미경하에서 관찰될 것이다. 그러나 만일 이 유전자에 인트론이 존재한다면 어떨까? 완성된 mRNA에 인트론이 있다면 비암호화부위가 번역되어 비정상적인 단백질이 생성될 것이다. 그러므로 인트론은 DNA에서만 발견되는 서열이고 완성된 mRNA에서는 발견되지 않는다. 따라서 실험에서 사용한 헥손 DNA와 mRNA는 모든 부위에 걸쳐 잡종을 형성할 수 없게 되며, DNA의 인트론부위는 mRNA와 잡종을 형성하지 못해 고리 형태로 나타날 것이다. 이 실험 결과는 그림 14.1에서 보여 준다. 이 경우 고리는 DNA에 의해 형성된 것이지만 RNA와의 잡종결합이 이러한 형태를 유발시켰기 때문에 이를 지금까지 R-고리라 부른다.

전자현미경 사진은 3개의 단일가닥 DNA 고리(A, B, C로 표시)에 의해 나누어진 RNA-DNA 잡종을 보여 준다. 이 고리들이 헥손 유전자의 인트론부위를 나타낸다. 각 고리의 바로 앞에서 짧은 RNA-DNA 잡종화부위며 마지막 고리의 뒤에는 긴 RNA-DNA 잡종화부위가 있음을 알 수 있다. 이것은 실험에 사용된 유전자에 4개의 엑손이 있음을 의미한다. 즉, 유전자는 각 고리 앞에 나타나는 3개의 짧은 엑손과 마지막 고리 뒤에 나타나는 하나의 긴 엑손으로 구성되어 있다. 이 경우, 3개의 짧은 엑손은 암호화부위 전에 헥손 mRNA의 5′-말단에 나타나는 선도부위에 있는 엑손이며, 긴 엑손은 유전자의 암호화부위를 포함한다. 사실상 아데노바이러스의 주요 후기 유전자들은 서로 다른 암호화부위를 가지고 있으나, 같은 3개의 짧은 엑손으로 이루어진 동일한 선도부위를 갖고 있다.

바이러스에서 인트론의 존재를 확인한 것은 획기적이었지만, 이와 같은 현상이 바이러스에서만 나타나는 것인지, 아니면 일반 진핵세포 유전자도 인트론을 지니는지를 밝히는 것은 중요한 문제였다. 이를 위해 피에르 샹봉(Pierre Chambon) 등이 닭의 난알부민(ovalbumin) 유전자를 사용해 R-고리화 실험을 수행하였다. 이들은 mRNA와 잡종결합하지 않는 6개의 다양한 크기의 DNA 고리를 관찰했다. 난알부민 유전자는 7개의 엑손이 6개의 인트론에 의해 분할되어 있었고, 대부분의 인트론이 엑손보다 그 길이가 상당히 길었다. 이러한 현상이 다른 대부분의 고등 진핵생물 유전자에서도 발견되었다. 효모와 같은 하등 진핵생물에서는 인트론의 길이가 상대적으로 짧고 그 빈도가 높지 않다.

지금까지 mRNA로 합성되는 유전자에 대해서만 인트론을 논했으나, 일부 tRNA 유전자 역시 인트론을 가지고 있으며 rRNA 유전자에서 인트론이 발견된 경우도 있다. 후자의 두 유형에서 보이는 인트론은 mRNA 유전자에서 발견되는 인트론과는 약간 다르다. 예를 들어, tRNA 인트론은 크기가 4~50bp로 상대적으로 작다. 모든 tRNA 유전자가 인트론을 가지고 있는 것은 아니며, 인트론을 가지고 있는 경우에도 하나의 인트론만 가지고 있다. tRNA의 인트론은 안티코돈에 해당하는 DNA 염기에 바로 이웃하는 자리에서 주로 발견된다. 미토콘드리아와 엽록체의 유전자 역시 인트론을 가지고 있으며, 이 인트론 앞으로 자세히 설명하겠지만 가장 흥미로운 인트론 중 하나이다.

2) RNA 스플라이싱

인트론은 몇 가지 문제점이있다. 인트론은 유전자에만 존재하고 완성된 RNA에서는 발견되지 않는다. 완성된 RNA에서 인트론이 제거되는 방법으로 다음의 두 가지가 가능하다. ① 인트론은 전사하지 않고 엑손만 전사된다. 즉, RNA 중합효소가 하나의 엑손에서 다음 엑손으로 도약하면서 전사를 진행시키고, 가운데에 있는 인트론은 무시하는 경우를 가정할 수 있다. ② 인트론이 전사되어 커다란 크기의 RNA 전구체가 먼저 생성되고, 이 RNA 전구체에서 인트론에 해당하는 부위가 2차적으로 제거되는 경우를 생각할 수 있다. 비록 비효율적으로 보일 수는 있으나 두 번째가 실제인 것으로 판명되었다. 미완성 RNA로부터 인트론을 잘라내고, 엑손들을 함께 붙여 최종 산물을 생성하는 과정을 **RNA 스플라이싱**(RNA splicing)이라 한다. 스플라이싱 과정이 그림 14.2에 요약되어 있다. 이 그림은 이 장의 후반부에서 설명하겠지만 지나치게 단순화된 것이다.

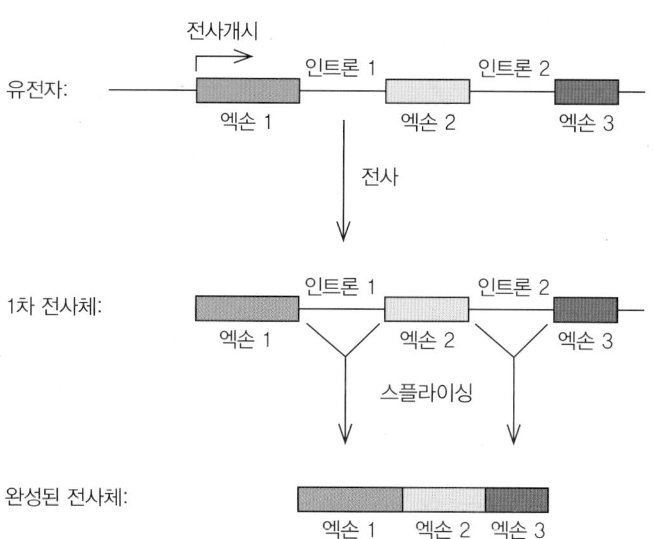

그림 14.2 스플라이싱의 개요. 유전자 내의 인트론은 1차 전사체에서 엑손(색깔 입혀진 상자들)과 함께 전사된다. 인트론은 엑손들이 스플라이싱되는 과정에서 제거된다.

스플라이싱이 일어난다는 것을 어떻게 알 수 있는가? 사실 인트론이 처음 발견되었을 때 여러 정황적인 증거들이 이미 스플라이싱이 있음을 시사하고 있었다. 예를 들어 이질성 핵 RNA(heterogenous nuclear RNA, hnRNA)이라 부르는 상당히 긴RNA 집단이 발견되었으며(10장 참조), 이러한 hnRNA들은 그 크기(mRNA보다 큼)와 위치(핵 내)에 있어 아직 스플라이싱이 일어나지 않은 mRNA의 전구체로 여기기에 마땅한 조건을 지니고 있다. 더구나 hnRNA의 전환이 매우 빠르게 일어나는 것이 관찰되는데, 이것은 hnRNA가 형성된 후 바로 크기가 작은 RNA로 전환됨을 의미한다. 즉, hnRNA가 더욱 안정된 RNA의 형성 과정에서 발견되는 중간체임을 암시한다. 그러나 hnRNA가 mRNA를 생성하기 위해 스플라이싱된다는 직접적인 증거는 없었다.

생쥐 β-글로빈 mRNA와 그 전구체는 이상적인 시스템이다. 생쥐 글로빈 mRNA 전구체는 hnRNA 집단에 속하고 핵에서만 발견되며 매우 빠르게 전환된다. 또한 생쥐 글로빈 mRNA 전구체의 크기는 완성된 글로빈 mRNA(750bp)의 약 2배에(1,500bp) 이른다. 미성숙 적혈구는 많은 양의 글로빈을 합성하므로(세포 내 단백질의 약90%를 차지함) α-글로빈 mRNA와 β-글로빈 mRNA들이 매우 풍부하여 이들 RNA를 비교적 쉽게 분리할 수 있고 그 양도 풍부하다. 이와 같이 재료를 풍부하게 얻을 수 있어 RNA 전구체를 이용한 실험이 가능했으며, 게다가 β-글로빈 전구체는 엑손과 인트론이 모두 적당한 크기이다. 찰스 와이즈만(Charles Weissmann)과 필립스 레더(Philips Leder) 등은 RNA 전구체가 인트론을 포함하고 있다는 가설을 증명하기 위해 R-고리화 방법을 이용했다.

이 실험은 클론된 글로빈 유전자 DNA에 완성된 글로빈 mRNA나 그들의 전구체를 혼합하여 생성되는 R-고리를 관찰하는 방식으로 수행되었다(그림 14.3). 완성된 mRNA에서는 R-고리가 나타날 것이라고 예상할 수 있다. 이 RNA는 인트론 서열을 지니고 있지 않기 때문에 유전자 DNA에 존재하는 인트론이 고리화될 것이다. 반면 RNA 전구체가 아직 모든 인트론 서열을 지니고 있다면 이러한 고리는 형성되지 않을 것이다. 그림과 같이 위의 추측과 맞는 결과가 나왔다. 이 R-고리화 실험에서는 단일나선의 DNA 대신에 이중나선의 DNA를 사용했기 때문에 그림 14.3에서 R-고리를 식별하는 것이 쉽지는 않다. 이 경우 RNA는 두 가닥의 DNA 중 한 가닥을 밀어내고 나머지 DNA 가닥에 결합한다. RNA 전구체는 하나의 완벽한 R-고리를 형성하고 있음을 볼 수 있다. 완성된 mRNA의 경우에는 2개의 R-고리 사이에 DNA 이중나선에 의해 형성된 또 다른 고리가 존재함을 알 수 있다. 이와 같이 DNA 이중나선에 의해 형성된 고리는 하나의 커다란 인트론이 이 부위에 위치하고 있음을 시사한다. 위의 실험 조건에서는 작은 인트론은 관찰되지 않았다. 주의 할 점은 인트론이라는 용어는 DNA나 RNA 모두에서 개재서열을 의미하는 용어로 사용되고 있다는 것이다.

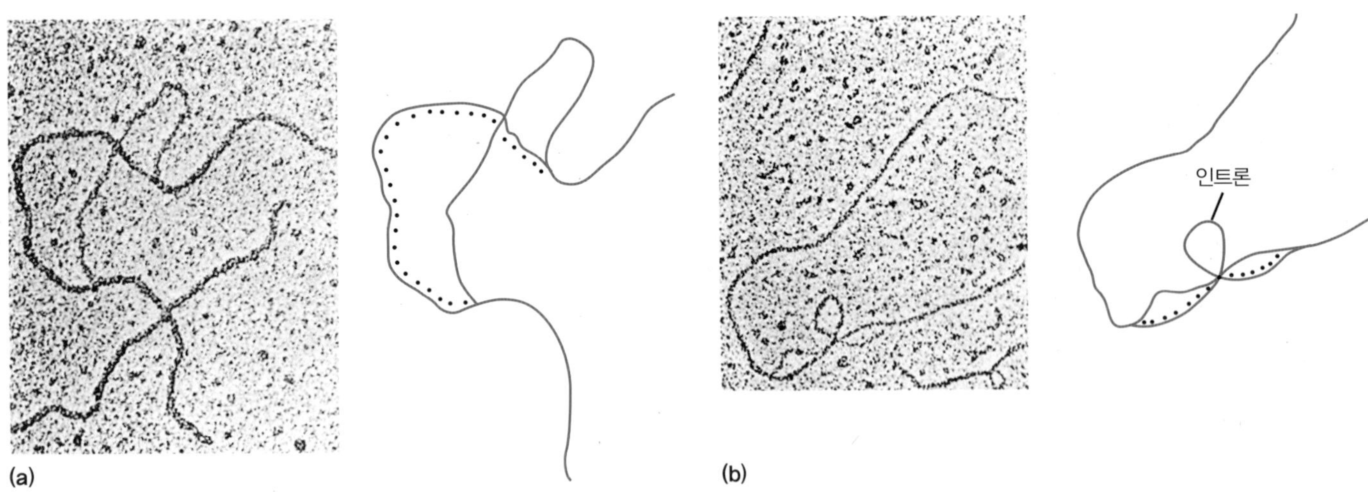

그림 14.3 인트론도 전사된다. **(a)** 쥐의 글로빈 mRNA 전구체를 클론된 쥐의 β-글로빈 유전자와 잡종결합하여 R-고리화 실험을 수행했다. mRNA 전구체 전체가 DNA와 연속적으로 잡종결합하는 것으로 보아 인트론이 포함되어 있음을 알 수 있다. **(b)** 완성된 쥐의 글로빈 mRNA로 R-고리화 실험을 실시했다. 유전자에 커다란 인트론의 고리가 형성되어 이 인트론이 mRNA에서 더 이상 존재하지 않는다는 것을 보여 준다. 작은 인트론은 이 실험에서 검출되지 않는다. 이 실험을 해석하는 오른쪽 그림에서 검은색 점선은 RNA를 나타내고 빨간색 실선은 DNA를 나타낸다. (출처: Tilghman, S., P. J. Curtis, D. C. Tiemeier, P. Leder, and C. Weissmann, The intervening sequence of a mouse β-globin gene is transcribed within the 15S β-globin mRNA precursor. *Proceedings of the National Academy of Sciences USA* 75:1312, 1978.)

3) 스플라이싱 신호

스플라이싱의 정확성에 대해 생각해 보자. 만약 RNA가 mRNA 전구체로부터 불완전하게 제거된다면 완성된 RNA에 단백질을 전혀 암호화하지 않는 서열이 삽입된다. 만일 너무 많이 제거된다면 단백질을 암호화하는 서열의 일부가 제거된다.

스플라이싱의 정확성이 이처럼 중요하니 스플라이싱 기구가 정확하게 어디를 '자르고 붙여야' 하는지를 알려 주는 신호가 mRNA 전구체 내에 반드시 존재해야 한다. 이 신호는 무엇일까? 그것을 찾는 한 가지 방법은 수많은 다른 유전자의 인트론 근처에 위치한 염기서열을 살펴보고 공통서열(consensus sequence)을 찾는 것이다. 원칙적으로 이러한 공통서열은 스플라이싱을 위한 신호의 일부일 수 있다. 이와 관련하여 가장 획기적인 발견으로는 샹봉이 발표 다음과 같은 사실이다. 즉, 핵 내 mRNA 전구체에 있는 거의 모든 인트론이 똑같은 서열로 시작하고 끝난다는 것이다.

엑손/GU–인트론–AG/엑손

다시 말하면, 인트론의 처음 2개의 염기는 GU로 시작하고, 마지막 2개의 염기는 AG로 끝난다. 이런 종류의 보존은 우연히 일어나지 않으며, GU–AG 모티프는 인트론의 시작과 끝을 알리는 신호이다. 그러나 GU–AG 모티프는 RNA에서 실제로 빈번하게 나타나며, 대부분의 인트론은 그 내부에 여러 개의 GU와 AG를 포함하고 있다. 그렇다면 왜 이들 내부의 여러 GU–AG 모티프에서는 스플라이싱이 일어나지 않는지에 대한 의문이 생긴다. 그 이유는 단순히 GU와AG 서열뿐만 아니라 그 주위의 염기서열도 스플라이싱 신호로 작용하기 때문이다. 많은 인트론/엑손 주변의 서열들이 현재까지 조사되었으며 그 공통서열은 다음과 같다.

5′–AG/GUAAGU–인트론–YNCURA̲C–Y_nNAG/G–3′

사선은 엑손/인트론 경계를 나타내며 Y는 피리미딘(U 또는 C)을, Y_n은 9개 가량의 연속된 피리미딘을, R은 퓨린(A 또는 G)을, 그리고 A̲는 이 장의 뒷부분에서 논의할 가지 형태의 스플라이싱 중간체 형성에 관여하는 특별한 A이며, N은 모든 염기를 표시한다. 효모 mRNA 전구체의 엑손/인트론 주변의 공통서열에 관해서도 많은 연구가 이루어졌으며, 포유류의 공통서열과는 약간 다르다.

5′ 인트론–UACUAA̲C–YAG/–3′

공통서열을 발견하는 것과 이들이 정말로 중요한지 밝히는 것은 별개의 일이다. 여러 연구진들이 스플라이싱 과정에서 공통서열이 중요한 역할을 담당한다는 사실을 뒷받침하는 증거들을 찾아냈다. 이러한 실험은 기본적으로 두 가지 유형이 있다. 하나는 클론한 유전자에서 스플라이싱 연결부위의 공통서열을 돌연변이시켜 정상적인 스플라이싱이 이루어지는가를 조사하는 것이다. 그리고 다른 하나는 스플라이싱 과정에 결함이 있을 것으로 예상되는 환자의 결손된 유전자의 스플라이싱 연결부위의 염기서열을 분석하는 것이다. 두 가지 유형의 실험 모두에서 공통서열이 바뀌면 정상적인 스플라이싱이 되지 않는다는 사실이 밝혀졌다.

엑손의 경계에 있는 스플라이싱 신호가 스플라이싱에 필요하지만 엑손을 결정짓는 조건이 아니다. 우리는 앞으로 논의에서 가지분기점 염기서열(branch–point sequence)이라 불리는 인트론 끝에 가까이 있는 서열에 대해 배울 것이다. 이 서열도 위에서 다룬 공통서열처럼 다음 엑손을 인지하기 위해 필요하다. 연결부위에 스플라이싱 신호와 함께 있는 가지분기점 서열이라 하더라도 항상 충분조건이 되는 것은 아니다. 그것은 대부분의 고등동물에서의 인트론이 100kb까지 되는 크기를 가질 수 있고, 가지분기점 염기서열을 포함하면서 정상처럼 보이는 스플라이싱 신호가 나누어진 크기가 적당한 엑손이 많이 있을 수 있다. 그러나 이러한 위엑손(pseudoexon)은 완성된 mRNA로 스플라이싱이 일어난다 하여도 매우 드물게 일어난다. 무엇이 위엑손과 진짜 엑손을 구별되게 하는 것일까? 대답의 일부는 진짜 엑손은 스플라이싱을 촉진하는 엑손 스플라이싱 인핸서(exonic splicing enhancer, ESE)로 알려진 서열을 포함하는 경향이 있다는 것이다. 반면에 위엑손은 스플라이싱을 억제하는 엑손 스플라이싱 사일런서(silencer)를 포함하고 있다. 다음 장에서 이러한 현상을 더 자세히 논의할 것이다.

4) 스플라이싱이 유전자 발현에 미치는 영향

얼핏 보기에 스플라이싱은 유전자 발현을 비효율적으로 만드는 것처럼 보일 수 있다. 인트론은 전사되어야 하고, 곧바로 mRNA 전구체에서 제거되어 분해된다. 더욱이, 올바르게 스플라이싱이 되지 않을 경우에는 mRNA를 방해해서 틀리게 번될 수도 있다. 따라서 진핵생물이 진화하면서 왜 스플라이싱을 없어지지 않았을까? 효모 같은 하등 진핵생물체에는 인트론이 짧고 드물지만, 인간을 포함한 고등 진핵생물에는 자주 있고, 일반적으로 엑손 보다 더 길다.

고등 진핵생물에 스플라이싱이 진화해 온 이유 중 하나는, 그것이 오히려 유전자 발현을 돕기 때문이다. 2003년에 시후아 루(Shihua Lu)와 브라이언 컬런(Bryan Cullen)은 인간의 유전자 10개에 5′-미번역 부위를 인트론이 있을 때와 없을 때를 조사한 결과, 모든 경우에 인트론들이 발현의 효율을 증가시켰다. 어떤 경우에는 2배, 인트론에 의존하는 인간의 β-글로빈 유전의 경우에는 약 35배나 증가 시켰다. 인트론이 주는 장점은 적어도 두 개가 있다. 그것은 mRNA 3′-말단 형성을 효율적으로 증진하며, 번역을 더 효율적으로 한다.

번역은 인트론이 제거된지 한참 후에 세포질에서 일어나기 때문에 인트론의 존재가 번역에 영향을 미치는 것이 이해하기 힘들 수도 있다. 하지만 우리는 mRNA는 순전히 RNA만으로 존재하지 않는다는 것을 고려해야 한다. 핵 내에서 다양한 단백질과 결합되어 있고, 대부분 mRNA가 세포질로 옮겨갈 때 **전령 리보핵단백질**(messenger ribonucleoprotein, mRNP)로 함께 움직인다. 일부의 단백질은 스플라이싱 단계에서 엑손의 mRNP에 더해지면서 **엑손 접합부 복합체**(exon junction complex, EJC)를 이룬다. EJC의 존재는 인트론을 통한 유전자 발현을 자극하는 데에 필요하며 충분한 조건이다. 이것은 아마도 mRNA와 리보솜의 결합 돕기 때문일 것이다. 즉, 스플라이싱 과정 자체가 아니고 스플라이싱과정 중 mRNP에 더해지는 것이다. 18장에서 제자리가 아닌 stop 코돈이 있는 불량 mRNA를 파괴하는 것을 가능하게 하는 것이 EJC라는 것을 알게 것이다. 이것은 손상된 mRNA를 제거해 쓸 때 없이 리보솜을 차지하지 않도록 하여, 효율성을 상승시킨다.

14.2. 핵 내 mRNA 전구체의 스플라이싱 기작

그림 14.2는 스플라이싱이 일어나기 전후의 RNA 전구체와 스플라이싱 산물만을 보여 주며 그 기작에 대해서는 전혀 나타나 있지 않다. 실제로 핵 내에서 mRNA 전구체의 스플라이싱 기작은 매우 복잡하고 여러 측면에서 일반적인 상상을 뛰어넘는다. 지금부터 이 스플라이싱 기작에 대해 살펴보도록 한다.

1) 가지 형태의 RNA 중간체

핵 내 mRNA 전구체 스플라이싱 과정에서 여러 가지 모양의 RNA 중간체가 생성되며, 이것은 마치 카우보이의 **올가미**(lariat)와 같은 형태를 취한다. 그림 14.4는 스플라이싱 기작에 관한 두 단계의 올가미 모델을 요약한 것이다. 첫 단계에서는 올가미 모양의 중간 산물이 생성된다. 이것은 인트론의 중간에 있는 아데노신 뉴클레오티드의 2′-히드록시기가 엑손의 마지막 염기와 인트론의 첫 번째 염기(**5′-스플라이스 부위**, 5′-splice site)인 G 사이의 인산디에스테르결합을 공격할 때 일어나 올가미 형태의 고리를 형성함과 동시에 엑손과 인트론을 분리시킨다. 두 번째 단계는 인트론의 스플라이싱 과정을 완료시키는 단계이다. 엑손 말단 3′-히드록시기가 인트론 뒤쪽의 엑손(**3′-스플라이스 부위**, 3′-splice site)과 인트론의 말단 사이의 인산디에스테르결합을 공격한다. 이 과정에서 엑손끼리의 인산디에스테르결합이 형성되며, 동시에 올가미 형태의 인트론이 방출된다.

이 기작을 예측하기 매우 어려워 수많은 연구가 이루어져야만 했다. 그림 14.4에서 보여 주는 것같은 RNA 중간체들의 존재는 Sharp 연구팀에 의해 확인되었다.

첫째, 여러 가지 형태의 RNA 중간체가 존재한다는 증거는 무엇일까? 스플라이싱 중에 만들어지는 이 특이한 형태의 RNA

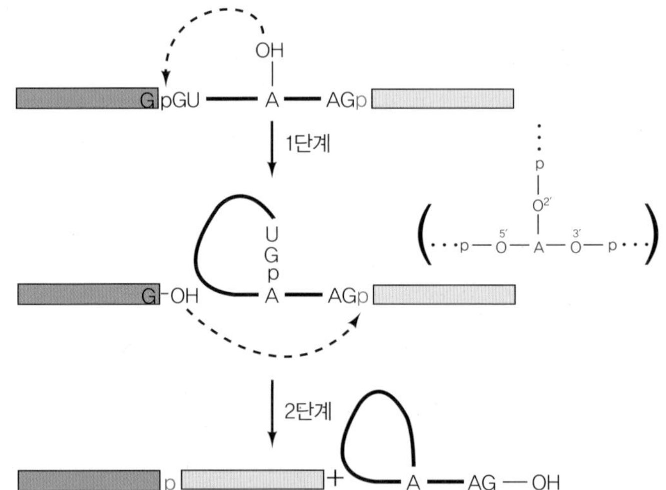

그림 14.4 핵 내 mRNA 전구체 스플라이싱의 단순화 기작. 1단계에서 인트론의 아데닌뉴클레오티드의 2′-히드록시기가 인트론과 첫 번째 엑손(초록색)을 연결하는 인산디에스테르결합을 공격한다. 위 그림의 점선 화살표로 표시되어 있는 공격은 엑손 1과 인트론 사이의 결합을 깨뜨린다. 그 결과 자유 엑손 1이 분리되고, 인트론의 5′-말단의 GU는 가지분기점의 A와 인산디에스테르 결합을 이루며 연결되어 올가미 모양의 인트론-엑손 2 중간체가 생성된다. 이때 올가미는 mRNA 전구체의 일부가 같은 분자상의 다른 부위를 공격한 결과 생성된다. 오른쪽의 괄호는 아데닌 염기의 2′-, 3′-, 5′-히드록시기에 각각 인산기가 결합함으로써 가지분기점이 형성됨을 나타낸다. 2단계에서는 엑손 1의 말단에 노출된 3′-히드록시기가 인트론과 엑손 2 사이의 인산디에스테르결합을 공격한다. 그 결과 스플라이싱된 엑손 1/엑손 2 생성물, 그리고 올가미 모양의 인트론이 생성된다. 엑손 2의 5′-말단에 위치한 인산(빨간색)은 스플라이싱된 생성물에서 2개의 엑손을 연결하는 인산이 됨을 알 수 있다.

는 1984년 샤프 등이 스플라이싱 추출물(cell free splicing extract)을 사용하여 인트론을 지닌 RNA를 시험관에서 스플라이싱한 실험에서 처음으로 밝혀졌다. 이때 스플라이싱 반응에 사용된 RNA 전구체는 아데노바이러스 주요 후기 유전자부위의 처음 수백 염기쌍에 해당하는 전사체이다. 이 전사체는 처음 2개의 선도부위 엑손을 포함하며, 이 두 엑손 사이에 231nt의 인트론이 존재한다. 일정 시간 스플라이싱을 진행시킨 뒤에 RNA를 전기영동으로 분리한 결과, 스플라이싱이 안 된 RNA 전구체에 해당하는 밴드와 함께 전기영동 이동 양상이 특이한 새로운 밴드를 발견했다. 이 RNA는 4% 폴리아크릴아마이드 겔상에서는 전구체보다 빠르게 이동하나 10% 겔에서는 이보다 느리게 이동했다. 이러한 겔에서의 이동 양상은 원형 또는 올가미 모양 같은 분지된 RNA에서 특징적으로 나타난다.

이 괴상한 RNA는 과연 스플라이싱 결과로 생긴 것일까? 그렇다. 이 원형의 RNA에 스플라이싱을 막는 항체를 처리하거나 스플라이싱에 필요한 ATP를 제거하였을 때 사라지는 것을 보아 이것이 스플라이싱의 산물이라는 것을 알 수 있다. 더 나아가 Sharp 등이 또 다른 실험에서 스플라이싱이 진행될수록 이러한 원형 RNA가 점차 축적되고(그림 14.5), 이 RNA가 전구체로부터 제거된 올가미 모양의 인트론임이 밝혀다. 또한 비정상적인 이동 양상을 보이는 또 다른 RNA의 존재가 밝혀졌는데, 이것은 스플라이싱 초기에는 그 농도가 증가하고 후기에 감소하였다. 이 사실로 보아 이것이 스플라이싱 과정의 중간 산물임을 알 수 있었다. 이 RNA는 실제로 올가미 모양의 인트론이 아직 제거되지 않고 엑손 2와 결합되어 있는 RNA이다. 이상의 두 RNA는 모두 올가미 형태의 인트론을 지니고 있기 때문에 전기영동에서 비정상적인 이동 양상을 보인다.

그림 14.4에서 설명한 두 단계 스플라이싱 기작이 사실이라면 다음과 같은 몇 가지 추이 가능한데 이는 샤프에 의해 사실로 밝혀졌다.

1. 절단된 인트론은 3′-히드록시기를 갖는다. 왜냐하면 엑손 1이 그림 2단계에서와 같은 방식으로 인산디에스테르결합을 공격하여 인트론의 3′-말단의 인산기가 제거되고 히드록시기만 남기 때문이다.
2. 스플라이싱 산물의 두 엑손 사이의 인 원자는 3′-(뒤쪽) 스플라이싱 부위에서 유래한다.
3. 엑손 2와 인트론이 결합된 중간 산물과 스플라이싱이 완료되어 분리된 인트론의 가지부위에는 2′-, 3′-, 5′-히드록시기가 각각 다른 뉴클레오티드에 결합한 가지 친 뉴클레오티드가 존재한다.
4. 이때의 가지점에는 인트론의 5′-말단부위가 인트론 내부의 특정 부위에 결합된 형태가 된다.

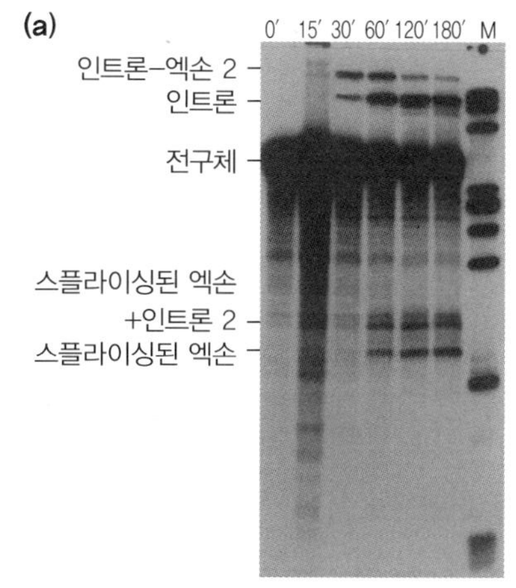

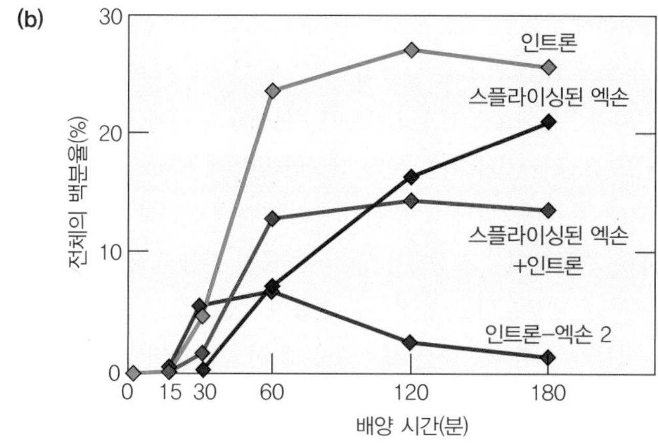

그림 14.5 시간에 따른 중간체와 유리된 인트론의 출현. **(a)** 전기영동. 샤프 등은 스플라이싱 반응을 진행하고 다양한 배양 시간(사진 위쪽에 표시)에 따른 생성물을 10% 폴리아크릴아마이드 겔에서 전기영동했다. 그 분석 결과는 왼쪽 그림과 같다. 최상단의 밴드는 인트론-엑손 2 중간체를 포함하고 있다. 다음 밴드는 인트론을 포함하고 있으며, 이 두 밴드는 겔에서 비상적으로 느린 이동 양상을 보여 올가미 형태를 지니고 있음을 알 수 있다. 그 아래에 RNA 전구체에 해당하는 밴드가 관찰된다. 전구체 아래의 두 밴드는 스플라이싱된 엑손의 두 가지 형태를 나타내고 있다. 위의 밴드는 인트론 2의 일부와 아직 결합된 상태에 해당하는 밴드이고, 아래 밴드는 인트론 2 RNA가 제거된 상태를 나타내는 것으로 보인다. **(b)** 도표. Sharp 등은 배양 시간에 따라 각 RNA 종류의 축적 양상을 도표로 나타냈으며, 이를 위해 (a)의 각 밴드의 강도를 측정하여 도표화했다. (출처: Grabowski P., R.A. Padgett, and P.A. Sharp, Messenger RNA splicing in vitro: An excised intervening sequence and a potential intermediate. *Cell* 37 (June 1984) f. 4, p. 419. Reprinted by permission of Elsevier Science.)

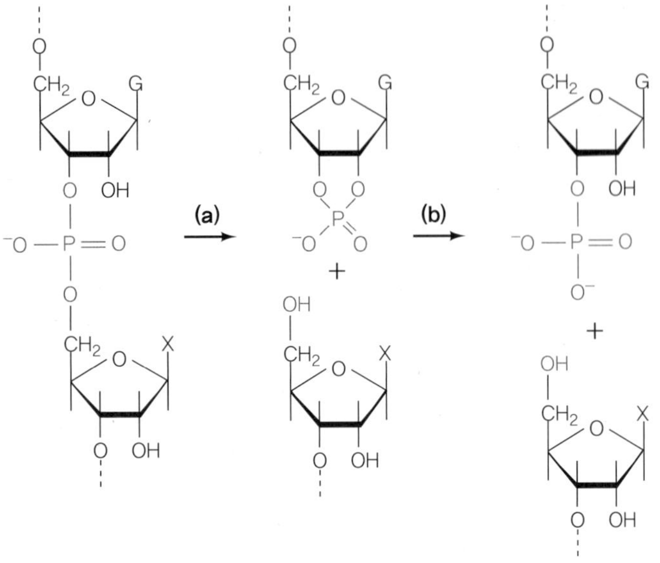

그림 14.6 **RNA 가수분해효소 T1과 T2의 작용 기작.** 이들 RNA 가수분해효소는 다음과 같이 RNA를 절단한다. (a) 구아닌 뉴클레오티드의 3′-히드록시기에 붙어 있는 인산기와 다음 염기의 5′-히드록시기 사이의 결합을 절단하여 원형의 2′-, 3′-인산 중간체를 형성한다. (b) 원형의 중간 생성물은 선형화되어 말단에 구아닌 3′-인산을 지닌 올리고뉴클레오티드를 생성한다.

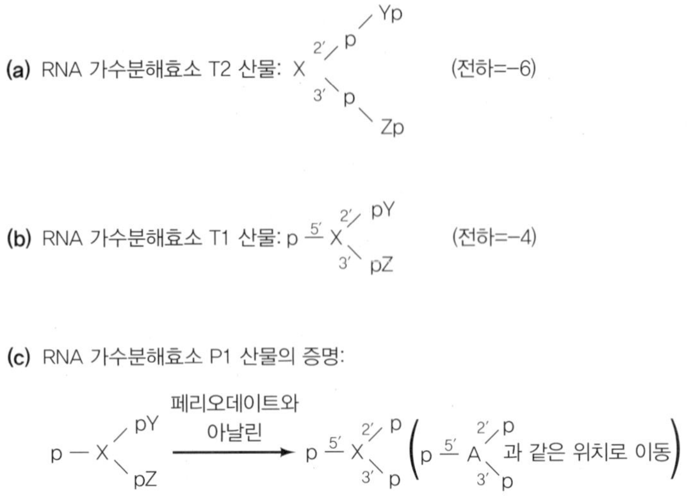

그림 14.7 가지 형태의 뉴클레오티드의 존재에 관한 직접적인 증거. (a) 샤프 등은 RNA 가수분해효소 T2로 스플라이싱 중간체를 분해한 결과 −6의 전하를 지닌 산물이 생성됨을 확인했다. 이는 그림에서와 같이 가지를 지닌 구조에 해당하는 전하이다. (b) RNA 가수분해효소 P1을 이용한 분해에서는 그림의 구조에 해당하는 −4의 전하를 가지는 산물이 생성되었다. (c) Sharp 등은 가지 형태의 뉴클레오티드의 2′-과 3′-인산과 결합되어 있는 뉴클레오티드를 제거하는 페리오데이트아닐린으로 P1 산물을 처리했다. 그 결과 생성된 산물은 아데노신 2′-, 3′-, 5′-삼인산과 함께 분리되었는데, 이는 가지의 존재를 증명하고 가지는 아데닌뉴클레오티드에서 발생함을 나타낸다.

가지 친 뉴클레오티드에 대한 증거를 살펴보자. 엑손 2와 인트론이 결합된 중간 산물과 스플라이싱된 인트론의 가지부위에는 2′-, 3′-, 5′-히드록시기가 각각 다른 뉴클레오티드에 결합한 가지 친 뉴클레오티드가 존재한다. 샤프 등은 스플라이싱 중간 산물을 RNA 가수분해효소 T2 또는 RNA 가수분해효소 P1로 분해했다. 두 효소는 모두 RNA의 모든 뉴클레오티드 위치에서 절단이 가능하나 RNA 가수분해효소 T2는 RNA 가수분해효소 T1과 같이 뉴클레오티드-3′-인산기가 최종 분해 산물인 반면에 RNA 가수분해효소 P1은 뉴클레오티드-5′-인산기가 최종 분해 산물로 남는다(그림 14.6). 스플라이싱 과정에서 생산되는 중간 산물을 이 두 효소로 분해하면 대부분의 분해 산물은 보통의 뉴클레오티드일인산이지만, 이들과는 전하가 다른 새로운 분해 산물도 나타난다. 박막 크로마토그래피를 이용하면 이 두 산물을 그 전하 차이로 구별할 수 있다. T2 분해 산물은 전하가 −6인 반면 P1 분해 산물은 전하가 −4이고 정상적인 모노뉴클레오티드의 전하는 −2이다.

이들 새로운 분해 산물이 지니는 전하는 그림 14.7의 가지 친 뉴클레오티드가 지니는 전하와 일치한다. 즉, 각 인산디에스테르 결합이 하나의 음전하를, 그리고 각 말단 인산기가 2개의 음전하를 가지고 있음을 가정하면 그림 14.7에서 보여 주는 가지 친 뉴클레오티드는 분해효소에 따라 −6 또는 −4의 전하를 가지게 된다. Sharp 등은 2′-와 3′-위치에 결합하고 있는 뉴클레오티드를 β-제거(β-elimination)하기 위해 RNA 가수분해효소 P1에 의한 분해 산물에 페리오데이트(periodate)와 아닐린(aniline)을 처리했다. 이러한 반응 산물은 뉴클레오티드 2″-, 5′-삼인산일 것이다. 2차원 박막 크로마토그래피를 통해 그 산물이 아데노신 2′-, 3′-, 5′-삼인산과 같은 위치로 이동함이 확인되었다. 따라서 스플라이싱 과정의 중간 산물에 가지 친 뉴클레오티드가 존재함이 증명되었고, 이 경우 아데닌 뉴클레오티드가 가지 위치에 존재함이 밝혀졌다.

2) 가지부위의 신호서열

가지분기점의 아데닌 뉴클레오티드에 어떤 특별한 점이 있는지, 아니면 인트론 내의 다른 아데닌도 가지분기점으로 작용할 수 있는지가 큰 의문점 이었다. 많은 인트론의 염기서열에 대한 연구에서 인트론에는 공통서열이 존재하며, 이 공통서열에서만 가지가 형성됨이 확인되었다.

인트론 내에 특이적인 공통서열이 존재한다는 사실은 1983년 크리스토퍼 랭퍼드(Christopher Langford)와 디터 갈비츠(Dieter

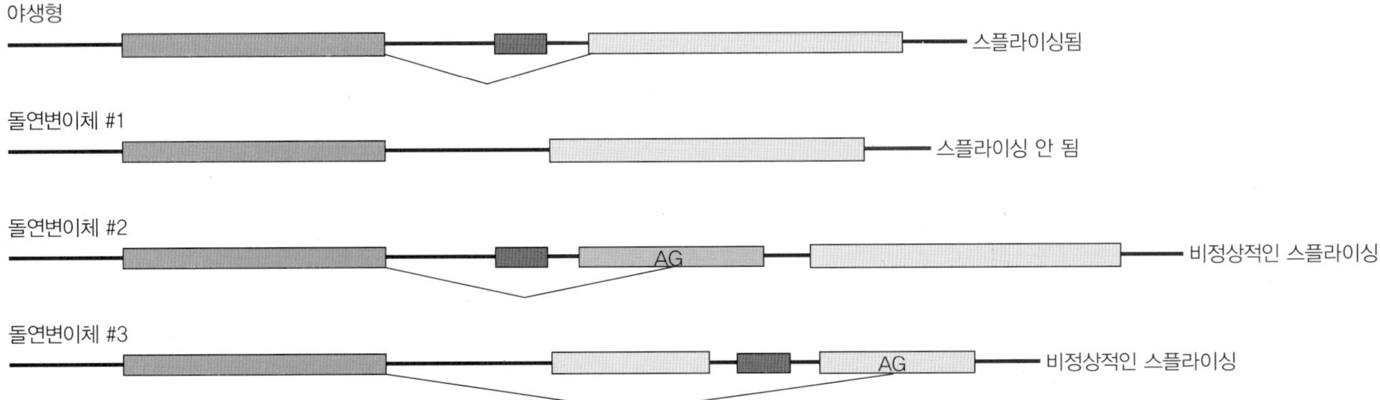

그림 14.8 효모 인트론 내에서 중요 신호서열의 규명. 랭퍼드와 갈비츠는 시험관 내에서 돌연변이 효모 액틴 유전자를 합성하여 효모세포 내로 이들을 재도입했다. 그리고 이 유전자의 스플라이싱 양상을 조사했다. 야생형 유전자에는 2개의 엑손(파란색과 노란색)이 존재한다. 인트론에는 모든 효모 인트론에서 발견되는 보존된 염기서열(빨간색)을 포함시켰다. 효모세포는 이 유전자를 정상적으로 스플라이싱했다. 랭퍼드와 갈비츠는 인트론으로부터 보존된 염기서열을 삭제하여 돌연변이체 1번을 만들어 이 유전자의 전사물에서 스플라이싱 능력이 파괴됨을 확인했다. 돌연변이체 2번에서는 보존된 인트론 염기서열의 하단부에 비인트론 DNA(분홍색)를 추가로 삽입했다. 이 유전자의 전사물은 정상적인 위치 대신에 삽입된 추가서열에서 첫 번째로 나타나는 AG로 스플라이싱됨이 밝혀졌다. 돌연변이체 3번에서는 보존된 인트론 염기서열을 두 번째 엑손 안으로 이동시켰다. 이 유전자의 전사물은 두 번째 엑손 안으로 이동시킨 보존된 염기서열의 하단부 첫 번째 나타나는 AG 서열로 비정상적인 스플라이싱이 이루어짐이 확인되었다. 이 실험들은 보존된 염기서열이 스플라이싱에 중요하며, 하단부 AG 서열이 3′-스플라이싱 부위로 지정됨을 시사한다.

Gallwitz)가 효모 액틴 유전자를 재료로 한 실험을 통해서 처음 밝혀냈다. 이들은 액틴 유전자의 다양한 부위에 돌연변이를 유발시켜 그것을 클론한 다음, 그 돌연변이 유전자를 정상 효모세포에 도입했다. 그 다음 S1 지도작성법에 의해 스플라이싱 과정이 정상적으로 진행되는지 분석했다. 그림 14.8은 그 결과를 보여 준다. 첫째, 인트론의 3′-스플라이싱 부위 상단부의 35~70bp 사이를 제거했을 경우(돌연변이체 1번) 스플라이싱이 일어나지 않았다. 이는 35bp 부위가 스플라이싱에 중요한 서열(그림의 작은 빨간색 상자)을 포함하고 있음을 시사한다. 이 '특이서열'과 두 번째 엑손 사이에 DNA 절편을 삽입한 경우(돌연변이체 2번), 5′-스플라이싱 부위는 정상적으로 이용되지만, 3′-스플라이싱 부위는 인트론의 '특이서열' 하단부에 삽입된 DNA 절편의 첫 번째 AG가 사용됨이 관찰되었다. 이 결과는 특이서열에 그 서열 하단부의 첫AG 서열을 적절한 거리를 둔 경우, 3′-스플라이싱 부위로 사용하도록 지시하는 신호가 존재함을 시사한다. 따라서 3′-스플라이싱 부위의 AG 서열 앞에 새로운 AG 서열을 삽입했을 때 새로 삽입된 부위가 3′-스플라이싱 부위로 사용될 것으로 추측할 수 있다. 마지막으로 돌연변이체 3번은 인트론의 특이서열을 정상적인 위치에서 제거하고, 대신 두 번째 엑손의 내부에 위치한 경우이다. 이 경우 3′-스플라이싱 부위는 두 번째 엑손 내부에 위치한 특이서열 하단부의 첫 번째 AG 서열이 된다.

특이 인트론 서열에 가지분기점을 이루는 아데닌 뉴클레오티드 (UACUAAC의 마지막 A)를 포함하므로 매우 중요하다. 실제로 이 서열은 모든 효모의 핵 내 인트론 가지분기점 주위에서 공통적으로 발견되는 서열이다. 고등 진핵생물에서는 가지분기점에 위치한 아데닌 뉴클레오티드 주위에서 좀 더 가변적인 공통서열이 발견된다. 이 공통서열은 U47NC63U53R72A91C47로 표시되는데, 여기서 R은 퓨린 중 하나를(A 또는 G) 표시한 것이며, N은 네 가지 염기 모두 해당한다. 각 염기에 표시된 밑 첨자는 그 염기가 그 위치에서 발견되는 빈도를 나타낸다. 예를 들어 가지분기점인 A(밑줄 친 부분)는 이 위치에서 91% 정도의 빈도로 발견된다. 첫 번째 U는C로 치환된 경우도 자주 발견되며, 따라서 이 위치에는 일반적으로 피리미딘이 발견된다고 할 수 있다.

3) 스플라이세오솜

1985년 에드워드 브로디(Edward Brody)와 존 아벨슨(John Abelson)은 효모의 올가미 모양의 스플라이싱이 수용액에서 자유로이 존재하는 것이 아니라, **스플라이세오솜**(spliceosome)이라는 40S 입자에 결합되어 있음을 발견했다. 그들은 이 스플라이세오솜을 정제하기 위해 세포 추출물에 표지된 mRNA 전구체를 첨가하고 그 반응물을 글리세롤 농도구배 초원심분리법으로 분리했다. 그림 14.9에서와 같이 40S 위치에 표지된 RNA를 포함하는 두드러진 접점이 나타났다. 전기영동으로 이 RNA를 분석한 결과, 스플라이싱 중간체와 스플라이싱으로 제거된 인트론에서 특

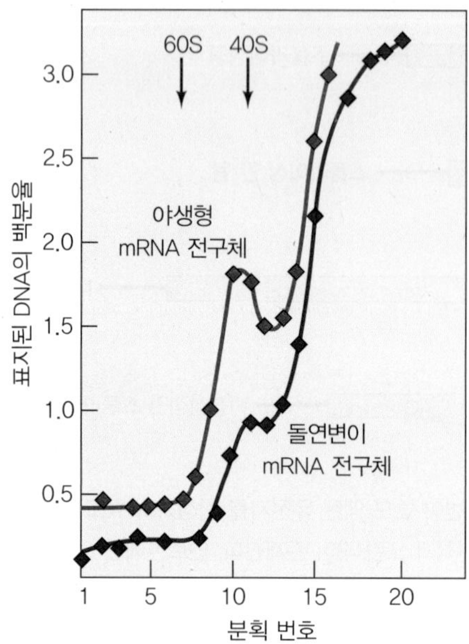

그림 14.9 효모의 스플라이세오솜. 브로디와 아벨슨은 표지된 효모 mRNA 전구체를 효모 스플라이싱 추출물과 함께 배양하고 그 혼합물을 글리세롤 농도구배 초원심분리법으로 분리했다. 그다음 섬광계측법으로 농도구배의 각 분획의 방사능을 측정했다. 그림은 야생형 mRNA(빨간색) 전구체를 이용한 두 가지 실험 결과와 5′-스플라이싱 부위(파란색)에 돌연변이를 일으킨 mRNA 전구체를 이용한 두 가지 실험 결과를 보여 준다. 야생형 mRNA 전구체가 40S 집합체와 함께 결합하고 있음을 알 수 있고, 돌연변이의 mRNA 전구체를 이용한 실험에서도 유사한 결과가 나타났다. 이 결합은 돌연변이 mRNA 전구체에서는 더 약해졌다. (출처: one of the three alternative 5-splice sites of the adenovirus E1A gene. Splicing of this gene normally occurs from each Adapted from Brody, E. and J. Abelson, The spliceosome: Yeast premessenger RNA associated with a 40S complex in a splicing-dependent reaction. *Science* 228:965, 1985.)

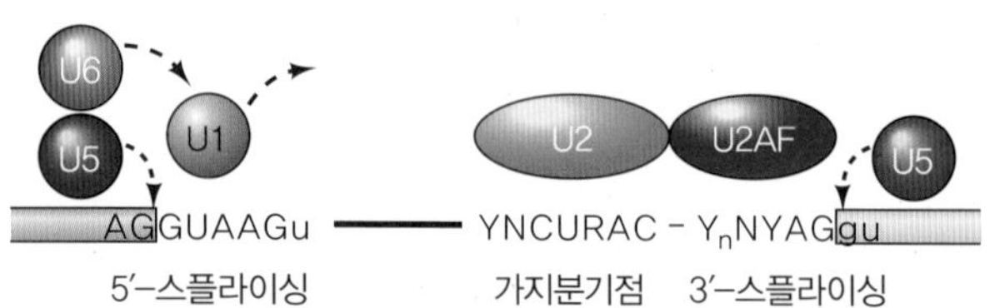

그림 14.10 RNA와 단백질에 의한 전형적인 포유동물의 mRNA 전구체 인트론의 인지. 대문자는 잘 보존되어 있는 염기를 나타내고 소문자는 그에 비해 보존적이지 않은 염기를 나타낸다. Y는 피리미딘 염기를, R은 퓨린 염기를, N은 모든 염기를 의미한다. U1 snRNP는 먼저 5′-스플라이싱 부위를 인지하고 U6 snRNP에 의해 대체된다. U2 snRNP는 가지분기점을 인식하고, 단백질 U2AF(U2-associated factor)는 3′-스플라이싱 부위를 인식한다. U5 snRNP는 다른 인자들에 의한 인식이 일어난 후 5′-, 3′-스플라이싱 부위에 결합한다.

이적으로 나타나는 올가미 모양의 RNA의 존재를 확인할 수 있었다. 브로디와 아벨슨은 스플라이세오솜의 중요성을 좀 더 구체적으로 증명하기 위해 가지분기점에 위치한 A→C 돌연변이 mRNA 전구체를 가지고 스플라이세오솜을 만들었다. 그림에서와 같이 이 RNA는 스플라이세오솜을 만드는 능력이 심하게 감소되었음을 알 수 있었다. 샤프 등은 또한 1985년 사람의 HeLa 세포에서 스플라이세오솜을 분리하여 이들이 60S에서 침강됨을 보았다.

스플라이세오솜은 물론 전구체 mRNA를 포함하지만 많은 RNA와 단백질들도 포함한다. 이러한 RNA와 단백질들 중 일부는 **핵 내 저분자 리보단백질**(small nuclear ribonucleoprotein, snRNP, 'snurps'로 발음함)의 상태로 유래하여 **핵 내 저분자 RNA**(small nuclear RNA, snRNA)와 결합 단백질이 된다. snRNA는 겔 전기영동에서의 이동 양상에 따라 **U1, U2, U4, U5, U6**으로 분류되며 모든 snRNP는 스플라이세오솜의 일부로서 스플라이싱에서 중요한 역할을 한다.

이론적으로 인트론의 말단과 가지분기점에서 나타나는 공통서열이 단백질이나 핵산 둘 중 어느 것에나 인식될 수 있다. 핵 내 저분자 RNA와 단백질 스플라이싱 인자(protein splicing factor)가 이러한 스플라이싱 신호를 인지함을 시사하는 증거가 많다. 그림 14.10은 엑손 사이에 끼어 있는 전형적인 인트론과 중요한 자리에서(critical site) 상호 작용하는 분자 요소를 표시하였다. 이 장의 다음 논의에서 이들의 상호 작용에 대한 증거를 살펴볼 것이다.

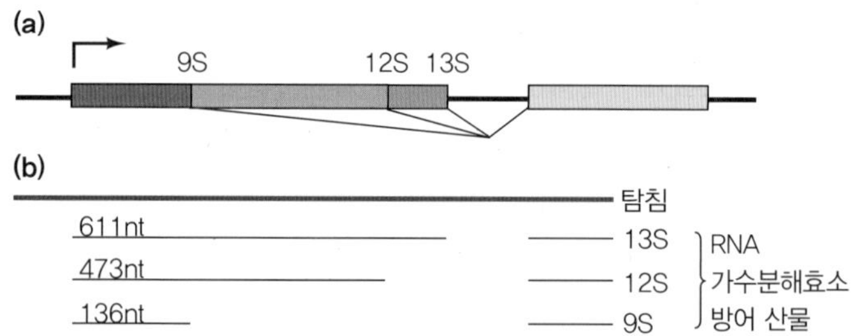

그림 14.11 아데노바이러스 E1A 유전자의 스플라이싱 개략도와 스플라이싱된 생성물을 검출하기 위한 RNA 가수분해효소 방어분석 실험. (a) 스플라이싱 개략도. 3개의 대체 5′-스플라이싱 부위(빨간색, 주황색, 초록색 블록의 경계부위와 초록색 블록의 말단)가 노란색 블록의 앞에 위치한 하나의 3′-스플라이싱 부위와 결합하여 세 가지의 서로 다른 mRNA(9S, 12S, 13S)를 생성한다. (b) RNA 가수분해효소 방어분석 실험. 표지된 RNA 탐침은 위의 그림에서 보라색 선으로 나타나 있다. 각 대체 스플라이싱 산물은 RNA 가수분해효소에 의한 분해로부터 다른 크기의 탐침 절편을 보호한다. 각RNA 절편 위에 쓰여 있는 숫자는 보호되는 탐침의 크기를 뉴클레오티드 숫자로 나타낸 것이다. (출처: Adapted from Zhuang, Y. and A.M. Weiner, A compensatory base change in U1 snRNA suppresses a 5-splice site mutation. *Cell* 46:829, 1986.)

(1) U1 snRNP

1980년 조앤 스타이츠(Joan Steitz)와 로저스(J. Rogers), 월(R. Wall)은 각각 U1 snRNA가 5′-와 3′-스플라이싱 부위의 공통서열과 거의 완전한 상보적 서열을 갖고 있음을 보고했다. 그들은 U1 snRNA가 이러한 스플라이싱 부위의 공통서열과 염기쌍 결합을 이루어 5′-와 3′-스플라이싱 부위를 서로 근접한 위치로 이동시켜 스플라이싱이 일어나도록 도와주는 매개자로서의 역할을 한다고 제안했다. 그러나 그 후에 스플라이싱 과정에서 인트론 내에 가지가 형성됨이 밝혀지면서 스플라이싱 기작이 이처럼 단순하지만은 않을 것으로 생각되었다. 그럼에도 불구하고 U1 snRNA와 5′-스플라이싱 부위 사이의 염기쌍 결합이 형성되고, 이는 스플라이싱에 필수이다.

위안 주앙(Yuan Zhuang)과 알란 와이너(Alan Weiner)는 1986년에 유전학적 실험을 통해 U1과의 염기쌍 형성이 필수임을 밝혔다. 그들은 아데노바이러스 E1A 유전자 3개의 대체 가능한 5′-스플라이싱 부위 중 하나에 돌연변이를 도입했다. 이 유전자의 스플라이싱은 각각의 5′-스플라이싱 부위와 공통의 3′-스플라이싱 부위 사이에서 일어나며, 9S, 12S, 13S로 불리는 3개의 서로 다른 완성된 mRNA를 생산해 낸다(그림 14.11). 이들이 도입한 돌연변이(12S 5′-스플라이싱 부위)는 U1과의 염기쌍 결합을 약화시키도록 설계되었다. 실제 스플라이싱에 미치는 이러한 돌연변이의 영향을 측정하기 위해 Zhuang과Weiner는 5′-스플라이싱 부위에 돌연변이를 지닌 E1A 유전자를 발현하는 플라스미드를 세포에 도입하고, 이 세포의 RNA를 분리하여 RNase 방어분석법(RNase protection assay, 5장 참조)을 수행했다. 그림 14.11은 세 부위에서 스플라이싱이 일어났을 경우 예상되는 뉴클레오티드(nt) 신호의 길이를 보여 준다.

실제로 주앙과 와이너에 의해 수행된 최초의 돌연변이 실험에는 이중 돌연변이가 사용되었다. 즉, 인트론의 다섯 번째와 여섯 번째 염기(+5와 +6)를 GG에서 AU로 변화시켰으며(그림 14.12), 그 결

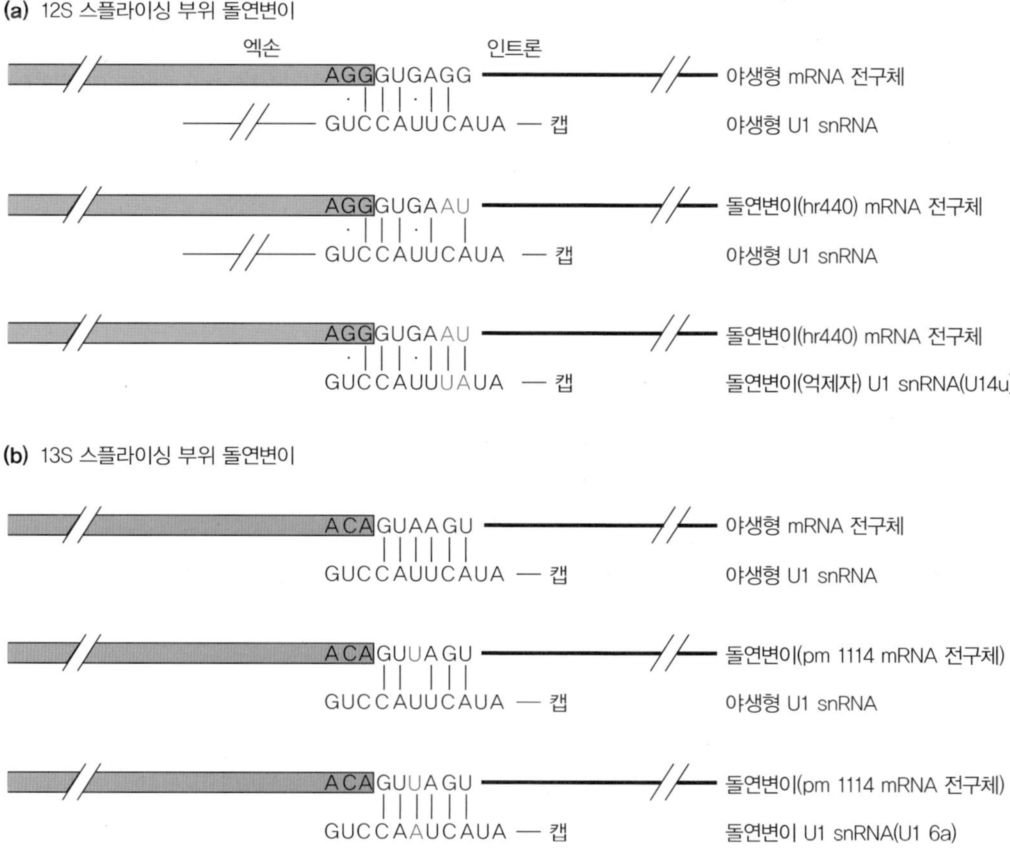

그림 14.12 야생형 및 돌연변이 U1 snRNA 염기서열을 지닌 야생형과 5′-스플라이싱 부위의 염기서열 정렬. (a) 12S 스플라이싱 부위 돌연변이. 그림 오른쪽에 염기서열이 야생형인지 돌연변이체인지 표시되어 있다. mRNA 전구체와 U1 RNA 사이의 왓슨-크릭 염기쌍은 수직선으로, 워블 염기쌍은 점으로 나타냈다. 돌연변이된 염기들은 빨간색 문자로 나타냈다. 엑손의 말단은 그림 14.11에서처럼 주황색 상자로 표시했다. **(b)** 13S 스플라이싱 부위 돌연변이. 엑손의 말단은 그림 14.11에서처럼 초록색 상자로 나타냈고 이를 제외한 모든 암호는 (a)에서와 같다.

과 U1에서의 C와 인트론의 G(+5) 사이의 GC 염기쌍 결합이 파괴되었다. 그러나 인트론의 G(+6)를 U로 치환함으로써 U1에서의 A와 인트론의 U(+6) 사이에 새로운 염기쌍 결합이 일어날 수 있도록 했다. 이와 같이 새로운 염기쌍 결합을 이룰 수 있음에도 불구하고 U1과 돌연변이 스플라이싱 부위 사이의 전체적인 결합력은 연속적으로 결합하고 있는 염기쌍 수가 감소함으로써 더 약화되었다. 또한 이와 같은 돌연변이에 의해 12S 부위에서의 스플라이싱이 전혀 일어나지 않고, 상대적으로 13S와 9S 부위에 스플라이싱

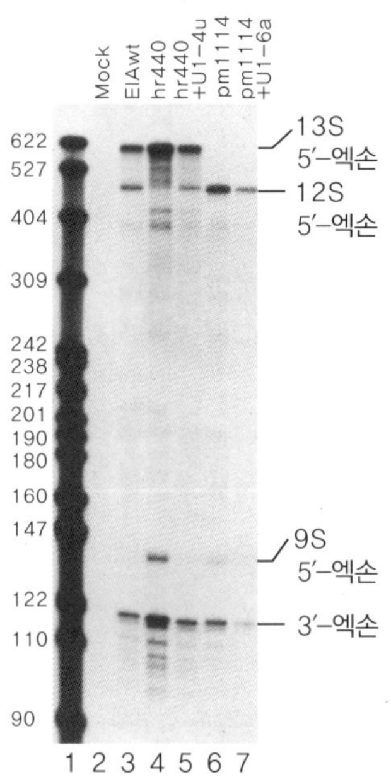

그림 14.13 RNase 방어분석법 결과. 주앙과 와이너는 그림 14.12에서 설명한 5′-스플라이싱 부위와 U1 snRNA의 야생형 및 돌연변이체 유전자를 포함한 플라스미드를 합성하고, 이들 플라스미드를 이용해 HeLa 세포를 형질전환시켰다. 그리고 그림 14.11에서 설명한 RNase 방어분석법을 이용해 스플라이싱 기능을 조사했다. 1번 레인은 크기 지표이며, 왼쪽에 염기쌍의 길이가 나타나 있다. 2번 레인은 형질도입하지 않은 세포를 이용한 음성 대조군이다. 3번 레인, 야생형 U1 snRNA와 E1A 유전자를 지닌 경우이다. 13S와 12S 생성물에 의한 신호는 보이나 바이러스 감염 주기의 후기에 나타나는 9S 생성물에 의한 신호는 나타나지 않고 있다. 4번 레인, 12S 5′-스플라이싱 부위가 변환된 돌연변이체 hr440의 경우에는 12S 신호가 나타나지 않고 있다. 5번 레인, 돌연변이체 hr440에 U1 snRNA(U1–4u)의 돌연변이가 추가된 경우에는 12S 5′-스플라이싱 부위에서의 스플라이싱이 복원됨을 알 수 있다. 6번 레인, 13S 5′-스플라이싱 부위가 변환된 돌연변이체 pm1114에서는 13S 신호가 나타나지 않았다. 7번 레인, 돌연변이체 pm1114에U1 snRNA(U1–6a) 돌연변이가 추가된 경우에는 5′-스플라이싱 부위와 U1 snRNA 사이 염기쌍 형성 능력이 복원되었음에도 불구하고 13S 스플라이싱은 일어나지 않음을 알 수 있다. (출처: Zhuang Y. and A.M. Weiner, A compensatory base change in U1 snRNA suppresses a 5′-splice site mutation. *Cell* 46 (12 Sept 1986) f. 1a, p. 829. Reprinted by permission of Elsevier Science.)

이 증가함이 밝혀졌다(그림 14.13). 이들은 또한 U1에 2차적인 돌연변이를 일으켜 스플라이싱 부위에 도입된 돌연변이에 의해 파괴된 염기쌍이 복구되도록 조작했다. 돌연변이체 E1A 유전자와 돌연변이 U1 유전자를 동시에 발현하는 플라스미드를 합성하여 HeLa 세포에 도입시킨 결과, U1과 12S 스플라이싱 부위의 염기쌍 결합이 복원되었을 뿐만 아니라 이 부위의 스플라이싱이 정상적으로 이루어짐을 알 수 있었다(그림 14.13, 5번 레인).

스플라이싱 부위와 U1 사이의 염기쌍 결합이 스플라이싱에 필요조건임은 확실하나 충분조건이라고 단언할 수는 없다. 만약 U1에 보충적인 돌연변이를 일으켜 스플라이싱 부위와 염기쌍을 회복시켰음에도 불구하고 스플라이싱은 원상대로 회복되지 않는 조건을 만들 수 있다면, 이것은 염기쌍 결합만으로는 스플라이싱이 진행되는 데 충분치 않다는 것을 입증할 수 있다. 주앙과 와이너는 이것을 밝히기 위해 그림 14.12, 그림 14.13에서와 같은 실험을 수행했다. 이들은 13S 5′-부위의 +3 위치의 A를 U로 치환하여 스플라이싱 부위와 U1 사이의 염기쌍 결합을 약화시켰다. 이 부위는 연속된 6쌍의 염기에 의해 염기쌍이 형성되는 부위이다. 이와 같은 조작은 12S와 9S 스플라이싱을 증가시키고 13S 스플라이싱을 억제했다(그림 14.13, 6번 레인). 이 경우에는 U1 유전자에 보충적 돌연변이를 일으켜 6염기쌍 결합을 복구해도 13S 부위(7번 레인)에서의 스플라이싱은 회복되지 않았다. 따라서 5′-스플라이싱 부위와 U1 사이의 염기쌍 결합이 스플라이싱의 충분조건이 될 수 없다는 결론을 내릴 수 있다.

(2) U6 snRNP

왜 U1의 염기를 치환하여 5′-스플라이싱 부위에 염기쌍 결합을 복원시켰음에도 때때로 스플라이싱이 일어나지 않는가? 이 의문에 대한 해답으로 아래 몇 가지가 가능하다. 첫째, 특정 단백질이 5′-스플라이싱 부위의 염기서열을 인식해야 하는 경우에는 U1의 염기 변화는 스플라이세오솜이 이 부위를 인지하는 데에 도움을 줄 수 없다. 둘째, 또 다른 snRNA가 5′-부위와 염기쌍을 이룰 가

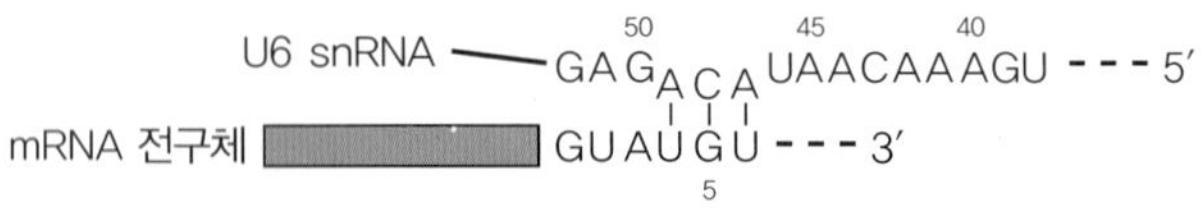

U6 snRNA — GAGACAUAACAAAGU - - - 5′ (50, 45, 40)
mRNA 전구체 GUAUGU - - - 3′ (5)

그림 14.14 효모의 5′-스플라이싱 부위와 U6 snRNA 사이의 상호 작용에 대한 모델. 효모의 U6의 보존서열인 ACA(47~49nt)가 인트론의 UGU(4~6nt)와 염기쌍을 이룬다. (출처: Adapted from Lesser, C.F. and C. Guthrie, Mutations in U6 snRNA that alter splice site specificity: Implications for the active site. *Science* 262:1983, 1993.)

능성도 있다. 이 경우 U1 RNA이 보상적인 염기 변하는 U1 RNA와 5′-부위와의 염기쌍 결합은 복원하지만, 위의 또 다른 snRNA와 5′-스플라이싱 부위 사이의 염기쌍은 복원할 수 없을 것이다.

크리스틴 거스리(Christine Guthrie) 등과 조앤 스타이츠(Joan Steitz) 등은 또 다른 snRNA가 5′-스플라이싱 부위와 염기쌍을 형성한다는 것을 밝혔다. 이것이 바로 U6 snRNA이다. 스타이츠는 인트론의 +5 위치에 화학적 처리로 교차연결법으로 부착시켜 U6이 5′-스플라이싱 부위에서 스플라이싱 과정에 관여한다고 제안했다. 이 발견을 토대로 U6에서 고정적으로 나타나는 염기서열인 ACAGAG의 ACA가 5′-스플라이싱 부위의 +4에서 +6위치에 나타나는 보존서열인 UGU와 염기쌍을 형성한다(그림 14.14).

에릭 손데이머(Erik Sontheimer)와 조앤 스타이츠(Joan Steitz)는 교차연결을 이용한 연구를 통해 U6은 스플라이세오솜에서 인트론의 5′-말단에 매우 근접한 위치에 결합한다는 사실을 밝혔다. 그들의 실험 전략은 다음과 같다. 먼저 2개의 엑손 사이에 하나의 인트론이 삽입된 구조를 지닌 스플라이싱 전구체를 만들었다(아데노바이러스 주요 후기 유전자의 처음 두 엑손과 첫 인트론). 그리고 첫 엑손의 마지막 뉴클레오티드 또는 인트론의 두 번째 뉴클레오티드를 4-티오우리딘(4-thioU)으로 치환했다. 4-티오U는 광선에 민감한 물질이며 자외선에 의해 활성화되면 자신이 접촉하고 있는 다른 RNA와 공유교차결합을 형성한다. 이들 교차연결된 RNA를 분리하여 5′-스플라이싱 부위에 염기쌍을 이루는 뉴클레오티드를 규명할 수 있다.

손데이머와 스타이츠는 4-thioU를 인트론의 두 번째 자리에 넣었을 때 U6와 연결되는 것을 알았다. 이 실험 외에 여러 교차연결 실험들은 스플라이싱의 첫 단계 이전과 이후 U6가 스플라이싱 기질에 붙는 것이 밝혀졌을 뿐더러 U2-U6 결합체가 있고, 이것은 두 RNA의 상보성으로 추측할 수 있다. 나중에 우리는 U2와 U6 사이에 염기결합 하는 것이 어떻게 스플라이세오솜의 활성화 부위가 되는 구조를 형성하는지 볼 것이다.

(3) U2 snRNP

효모에서 가지분기점의 공통서열은 U2 snRNP에 존재하는 염기서열과 상보적이며(그림 14.15), 유전적 분석에 의해 이들 두 서열 사이의 염기쌍 결합이 스플라이싱에 필수적 것이 밝혀졌다. 크리스틴 거스리(Christine Guthrie) 등은 가지분기점의 서열을 돌연변이시킨 실험으로 이러한 유전학적 증거들을 얻는 데에 성공했다. 그리고 이렇게 유발된 불완전한 스플라이싱이 효모 U2 유전자의 상보적인 돌연변이에 의해 회복될 수 있다는 것을 보였다.

이 실험을 위해 이들은 액틴 유전자 부위에 하나의 인트론을 포함하는 액틴-*HIS4* 융합유전자를 히스티딘 의존성 효모에 도입시켰다. 만약 이 유전자의 전사물이 정상적으로 스플라이싱되면 융합단백질의 *HIS4* 부위가 정상적인 활성을 나타낼 것이며, 이때 생성된 *HIS4* 산물이 히스티디놀(histidinol)을 히스티딘으로 전환시키기 때문에 히스티딘 대신 히스티딘 전구체인 히스티디놀이 포함된 배지에서 생존할 수 있다. 다음에 그들은 스플라이싱 가지점에 돌연변이들을 도입했다. 이 중 하나는 257 위치의 U를A로 변화시킨 돌연변이이며, 이는 공통서열인 UAC<u>U</u>AAC를 UAC<u>A</u>AAC

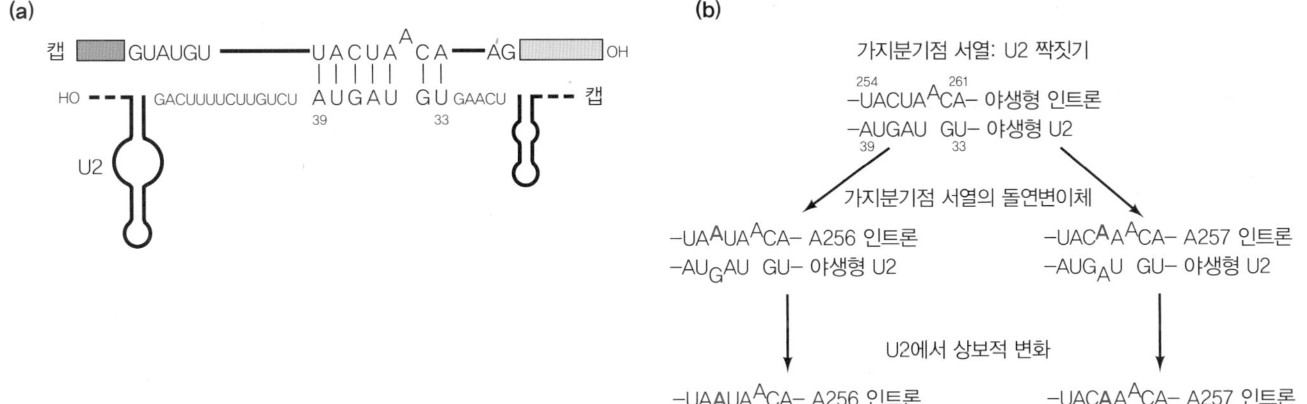

그림 14.15 효모 U2와 가지분기점 서열 사이의 염기쌍 형성. (a) 야생형 효모 U2와 가지분기점의 보존서열 사이의 염기쌍 형성 모델. 가지부위에서 A 뉴클레오티드는 외부로 돌출되며 염기쌍 형성에는 참여하지 않는다. (b) 야생형과 돌연변이체 효모 U2의 가지분기점에서의 염기쌍 형성. 굵은 글자(A)는 가지분기점 256과 257에 삽입된 돌연변이를 나타낸다. 초록색 글자는 U2에 도입된 보상적인 돌연변이(U)를 표시한다. (출처: Adapted from Parker R., P.G. Sliciano, and C. Guthrie, Recognition of the TACTAAC box during mRNA splicing in yeast involves base pairing to the U2 -like snRNA. *Cell* 49:230, 1987.)

로 치환시켜 스플라이싱이 95% 정도 억제되는 결과를 얻었다. 또한 히스티디놀이 포함된 배지에서 효모의 성장이 억제되었으며, 256 위치의 C를 A로 치환하여 가지서열을 UAC̲UAAC에서 UAA̲UAAC로 치환시킨 또 다른 돌연변이에서는 스플라이싱이 50% 억제됨이 관찰되었다.

U2의 돌연변이체로 위의 돌연변이가 얼마나 억제되는지를 조사하기 위해 거스리 등은 효모에 돌연변이 U2를 포함하는 플라스미드를 도입했다. 그들은 선택적 표식자로 *LEU2* 유전자를 플라스미드에 포함시켜 이 플라스미드가 효모(LEU^-)에서 유지되도록 했다. 세포의 U2 유전자에 직접적 돌연변이를 유발하는 대신 이와 같이 돌연변이 U2 유전자를 이용하여 세포의 U2 유전자가 돌연변이 U2로 제한되어 세포 내의 모든 스플라이싱 과정에 이상이 발생할수 있기 때문이다. 돌연변이 가지부위에 대한 상보적인 결합을 복구한 U2는 그림 14.16에서와 같이 실제로 스플라이싱이 회복되는 것이 관찰되었다. 이는 A257 돌연변이주의 경우에서 특히 분명하게 나타났다. 그림에서와 같이 야생형 U2를 지닌 세포는 거의 자라지 못하나 돌연변이 가지부위에 염기쌍 결합이 복원된 돌연변이를 가진 U2를 발현하는 세포는 정상적으로 성장함이 관찰되었다.

(a) A257

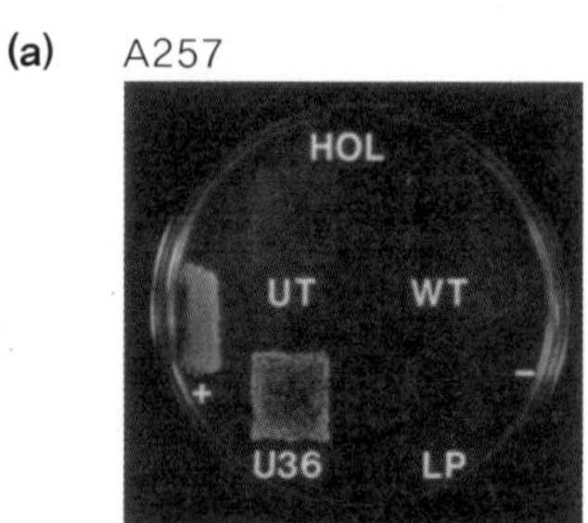

(b) A256

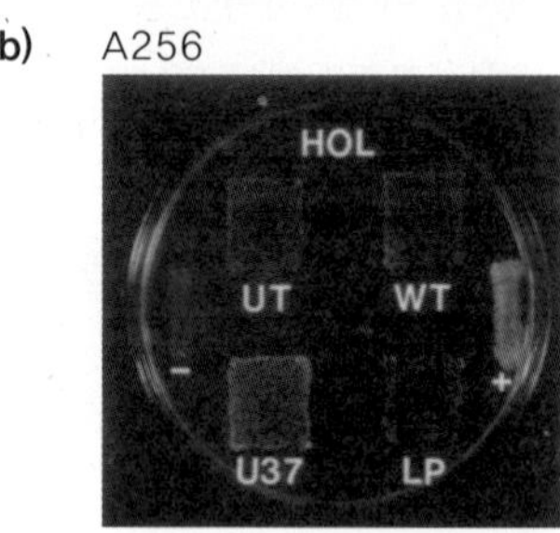

그림 14.16 돌연변이 억제에 의한 U2 snRNP와 가지분기점 사이의 염기쌍 결합의 증거. 야생형과 억제인자 돌연변이 U2 존재하에서A257**(a)**과 A256**(b)** 돌연변이주의 HOL 배지에서의 성장. 세포의 성장부위 아래 약어는 첨가한 U2의 특성을 나타낸다. UT, 형질전환되지 않은 세포(U2가 없음); WT, 야생형 U2; U36, A257과의 상보결합을 회복하는 돌연변이를 포함하는 U2; U37, A256과의 염기쌍 형성을 회복한 돌연변이를 포함하는 U2; LP, U2 플라스미드가 소실된 콜로니. 각 플레이트에서 양성 대조군(+)은 야생형 융합유전자를 포함하며 U2는 추가되지 않았다. 각 플레이트에서 음성 대조군(–)은 융합유전자를 포함하지 않는 경우이다. (출처: Parker R., P.G. Siciliano, and C. Guthrie, Recognition of the TACTAAC box during mRNA splicing in yeast involves base pairing to the U2-like snRNA. *Cell* 49 (24 Apr 1987) f. 3, p. 232. Reprinted by permission of Elsevier Science.)

U2는 가지분기점뿐만 아니라 U6과도 염기쌍 결합을 이룬다. 이 결합이 2개의 RNA의 서열 자체로부터도 이미 예상되었으며, 거스리 등에 의하며 유전학적 분석을 통해 직접적으로 확인되었다. 첫째, 거스리 등은 효모 U6의 ACG 서열에서 치사 돌연변이를 발견했는데, 이는 또 다른 snRNA인 U4와 염기쌍을 이루는 부위이다. 이들은 이 돌연변이의 치사성이 U4와의 염기쌍 결합이 파괴됨으로써 유발되는 것이 아님을 다음 두 가지 방법으로 증명했다. 우선, 그들은 U4–U6 염기쌍 결합을 파괴하는 또 다른 종류의 돌연변이를 U4에 도입했으나 세포 성장에 영향을 미치지 않음을 확인했다. 둘째, 돌연변이 U6과의 염기쌍 결합을 복구할 수 있는 상보적 돌연변이를 U4로 도입했으나 치사 U6 돌연변이는 억제되지 않았다.

U6은 U4 외의 다른 RNA와도 결합을 하고, 치명적인 U6 돌연변이는 이 결합을 방해할 수 있다. 히텐 매드하니(Hiten Madhani)와 크리스틴 거스리(Christine Guthrie)는 U2가 U6과 결합하는 다른 RNA 분자라는 것을 보였다. 그들은 U6의 56~59 위치의 염기를 치환하여 치사 돌연변이를 유발했으며, 이 돌연변이가 U2의 23잔기와 26~28 위치에서의 상보적인 돌연변이에 의해 억제되는 것을 발견했다. U2와 U6 사이의 이 염기쌍 결합은 후에 그림 14.20에서 요약할 나선 I이라고 불리는 부위를 형성한다.

다른 연구자들 지안 우(Jian Wu)와 제임스 맨리(James Manley), 그리고 반쉬다르 다타(Banshidar Datta)와 알란 와이너(Alan Weiner)은 위의 실험과 비슷한 방법을 사용해 포유동물의 세포에서도 U6의 3′-말단과 U2의 5′-말단 사이에 나선 II라고 불리는 염기쌍 결합영역 형성을 밝혔다. 이 경우 역시 U2의 돌연변이 염기쌍 결합을 복구하는 U6에서 상응 돌연변이에 의해 억제되었다. 이 염기쌍 결합 효모에서는 필수적이지 않지만 포유동물에서는 적어도 높은 스플라이싱 효율을 위해 반드시 필요한 결합이다.

(4) U5 snRNP

지금까지 스플라이싱에서 U1, U2, 그리고 U6 snRNP가 관여한다는 여러 증거에 관해 설명했다. 그렇다면 U5는 어떠한가? U5의 경우는 기타의 snRNP나 스플라이싱 기질의 보존된 염기서열에 대한 상보성을 지닌 서열이 발견되지는 않는다. 그러나 U5는 양쪽 엑손 모두와 복합체를 형성하는 것으로 보이며, 이는 스플라이싱의 두 번째 단계를 위해 엑손을 적당한 위치에 정렬시키는 역할을 하는 것으로 추측된다.

손데이머와 스타이츠는 4-티오U로 치환된 스플라이싱 기질을 이용해 스플라이싱할 때 엑손의 말단과 U5가 복합체를 형성한다는 증거를 확보했다. 이 실험에서 그들은 아데노바이러스 주요 후기 스플라이싱 기질의 두 번째 엑손의 첫 번째 위치의 C를 4-티오U로 치환했다. 이 변화로 정상적인 스플라이싱의 진행이 방해받는 않는다. 두 번째 엑손의 5′-말단 근처에 위치한 snRNP를 확인하기 위해 교차연결을 유도한 결과, U5/인트론-E2의 2량체가 형성됨을 확인할 수 있었으며, 이 복합체는 스플라이싱 시작 후 30분경에 나타났다(그림 14.17). 이 정도의 시간은 첫 번째 스플라이싱 단계가 완료되는 데에 충분한 시간이다. 많은 다른 복합체들도 형성되었지만 여기서는 다루지 않기로 한다.

이 2량체가 정말로 U5, 인트론과 엑손 2를 포함하고 있는지를 알기 위해 손데이머와 스타이츠는 상보적인 DNA 올리고뉴클레오티드들을 이 복합체와 결합시킨 후 RNA-DNA 잡종 산물상의

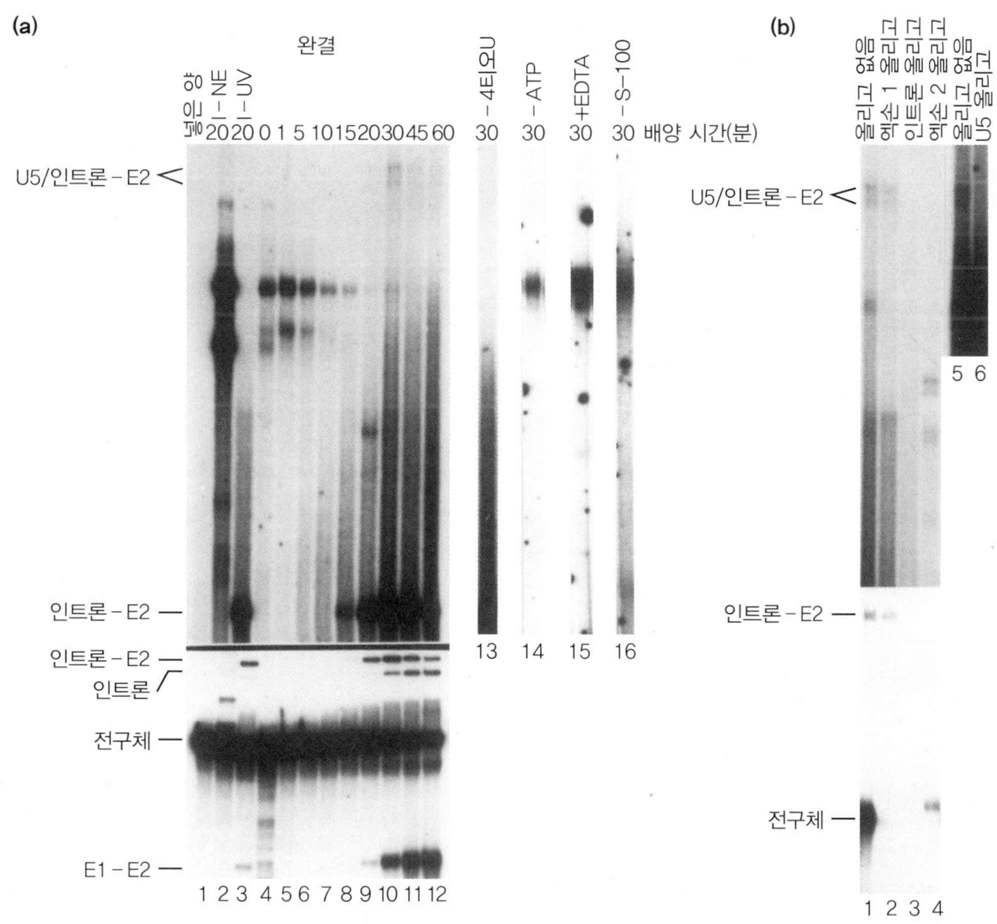

그림 14.17 U5와 두 번째 엑손에 있는 5′-말단 사이의 복합체 검출. (a) 복합체의 형성. 손데이머와 스타이츠는 표지된 스플라이싱 기질의 두 번째 엑손의 첫 번째 위치에 4-티오U를 도입하여, 스플라이싱되는 동안의 다양한 시간에 근접한 모든 RNA와의 교차연결을 유도했다. 그다음 반응 산물을 전기영동으로 분리하여 자기방사법에 의해 RNA의 종류를 구분했다. U5/인트론-E2 복합체는 스플라이싱 과정이 30분 지난 다음에 겔의 위쪽 부분에서 나타났다. 각 줄의 표시는 그림 14.15에서와 같다. (b) 복합체에서 RNA의 동정. 손데이머와 스타이츠는 교차연결을 형성하기 위해 스플라이싱 반응이 진행된 30분 후에 스플라이싱 혼합물에 자외선을 조사했다. 다음에 U5 및 다른 RNA와 상보적인 DNA 올리고뉴클레오티드를 첨가하고, 올리고뉴클레오티드와 잡종결합된 RNA를 분해하기 위해 RNA 가수분해효소 H를 첨가했다. 끝으로 이 반응 산물을 전기영동으로 분리하고 자기방사성 사진을 찍었다. 사용된 올리고뉴클레오티드는 다음과 같다. 1과 5번 레인, 올리고를 첨가하지 않음 2번 레인, 항-엑손 1 올리고 3번 레인, 항-인트론 올리고 4번 레인, 항-엑손 2 올리고 6번 레인, 항-U5 올리고. 항-인트론, 항-엑손 2와 항-U5 올리고의 경우 모두에서 복합체가 분해됨이 밝혀졌다. 이 결과는 복합체가 인트론과 두 번째 엑손, 그리고 U5를 포함하고 있음을 나타낸다. (출처: Sontheimer E.J. and J.A. Steitz, The U5 and U6 small nuclear RNAs as active site components of the spliceosome. *Science* 262(24 Dec 1993) f. 4, p. 1992. Copyright © American Association for the Advancement of Science.)

RNA 부분만을 분해하는 RNA 가수분해효소 H를 처리했다. 첫 번째 엑손을 제외한 U5, 인트론, 그리고 두 번째 엑손과 각각 상보적인 올리고뉴클레오티드를 처리한 경우에는 RNA 가수분해효소 H가 해당 RNA를 분해했다(그림 14.17). 따라서 위의 복합체는 U5와 인트론-엑손 2 스플라이싱 중간 산물을 포함한다는 결론을 내릴 수 있다. 두 번째 엑손의 첫 번째 염기가 아니라 두 번째 염기를 4-티오U로 치환한 경우에는 이러한 복합체가 형성되지 않았으며 이는 U5와 엑손 2의 결합이 염기 특이적으로 이루어짐을 시사한다.

U5 또는 U6에서 스플라이싱 중간체와의 4-티오U에 의해 연결된 염기를 동정하기 위해 손데이머와 스타이츠는 프라이머 신장봉쇄법(primer extension blockage)을 이용했다. 이들은 복합체의 snRNP의 염기서열에 상보적인 올리고뉴클레오티드를 프라이머로 사용해 역전사 반응하였다. 역전사 효소는 교차연결부위에 도달하면 반응을 멈추며, 따라서 한정된 길이의 DNA가 생성된다. 생성된 DNA의 길이는 프라이머 결합부위와 교차연결부위 사이의 거리와 일치하여 교차연결부위의의 정확한 위치를 알 수 있게된다. 그림 14.18은 이 실험의 결과이다. 그림 14.18a와 그림 14.18b는 스플라이싱 기질로 2개의 엑손과 인트론이 포함된 RNA를 사용했을 때 또는 첫 번째 엑손만이 포함된 RNA를 사용한 경우 모두, U5의 2개의 연속된 U 염기와 첫 번째 엑손의 마지막 염기 사이에 교차연결이 일어남을 보여 준다. 그림 14.18d에서는 첫 번째

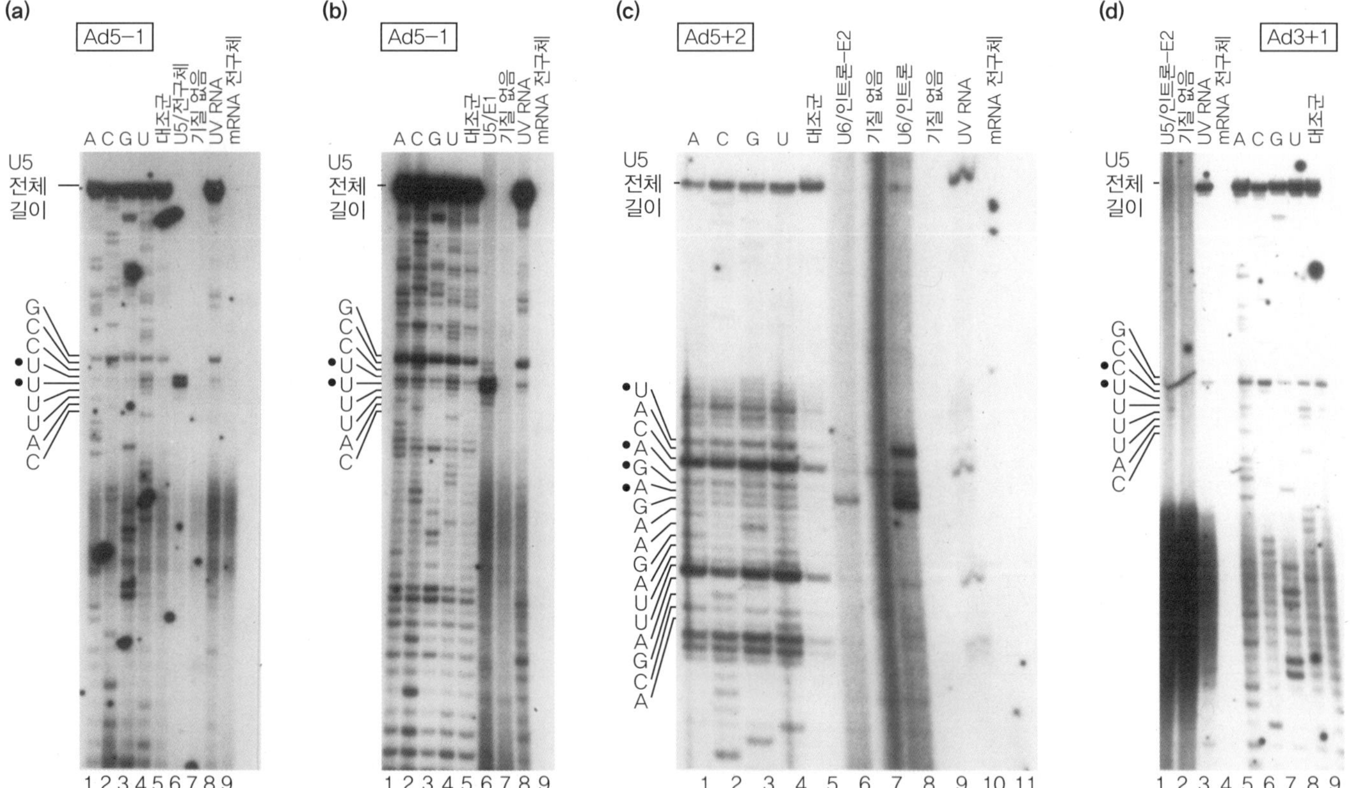

그림 14.18 스플라이싱 기질의 다양한 위치에서 4-티오U와 교차결합한 snRNP 염기의 동정. 손데이머와 스타이츠는 4-티오U에 교차연결된 U5와 U6의 염기위치를 결정하기 위해 프라이머 신장법을 이용했다. 첫 번째 엑손의 마지막 염기(Ad5-1, **a**와 **b**). 인트론의 두 번째 염기(Ad5+2, **c**). 두 번째 엑손의 첫 번째 염기(Ad3+1, **d**). 이 RNA를 이용해 교차연결된 복합체를 만들었다. 전기영동 겔에서 복합체를 분리하고 U5와 U6에 특이적인 프라이머를 첨가했다. 그리고 프라이머 신장분석을 수행했다. (a)~(c)에서 처음 4개의 레인과 (d)의 5~8번 레인은 프라이머 신장분석에서 쓰인 동일한 프라이머를 사용해 염기서열을 분석한 결과이다. '대조군'이라고 표시된 레인은 주형이 없이 염기서열 결정반응을 진행시킨 대조군이다. 실험은 (a), (b)에서 6번 레인, (c)에서 6번과 8번 레인, (d)에서 1번 레인이다. 이들은 각각 다음과 같은 프라이머를 이용한 프라이머 신장의 결과이다. U5/스플라이싱 전구물 복합체(U5/전구체, a). U5/엑손 1 복합체(U5/E1, b). U6/인트론-엑손 2 복합체(U6/인트론-E2, c). U6/인트론 복합체(c). U5/인트론-엑손2 복합체(U5/인트론-E2, d). 다른 레인들은 다음과 같은 대조군들이다. '기질 없음', 기질을 반응에 첨가하지 않았으며 기질이 포함되었을 경우에 복합체가 위치하는 부위의 겔 조각을 잘라내어 실험에 사용했음. 'UV RNA', 기질이 없는 추출물에서 얻은 전체 RNA. 'mRNA 전구체', 교차연결이 되지 않은 기질. snRNP의 교차연결된 염기들은 각 그림의 왼쪽에 점으로 표시되었다. (출처: Sontheimer, E.J. and J.A. Steitz, The U5 and U6 small nuclear RNAs as active site components of the spliceosome. *Science* 262 (24 Dec 1993) f. 5, p. 1993. Copyright © American Association for the Advancement of Science.)

엑손의 말단과 교차연결된 동일한 U의 바로 옆의 C가 두 번째 엑손의 첫 번째 염기와의 교차연결에 관여함을 보여 주고 있다. 그림 14.18c는 인트론의 두 번째 염기와 U6의4개의 염기들이 서로 교차연결됨을 보여 준다. U5에 대한 위의 결과들은 그림 14.19에서 설명한 것처럼, U5가 첫 번째 엑손이 3′–말단과 두 번째 엑손이 5′–말단과의 결합함을 보여 준다. U5와 두 엑손 사이의 이러한 결합에 의해 2개의 엑손이 스플라이싱이 일어나기에 적절한 위치에 정렬된다.

그림 14.19 4–티오U 교차결합에 의해 밝혀진 스플라이싱 기질과 U5 및 U6의 상호 작용의 요약. 빨간색으로 표시한 U들은 스플라이싱 기질에 도입된 4–티오U를 나타낸다. 점선은 스플라이싱 기질의 4–티오U와 snRNP와 사이의 교차연결 위치를 표시한다. 엑손 1은 파란색이고, 엑손 2는 노란색이다. 작은 보라색 점은 snRNA의 5′–말단 캡이다. U5가 스플라이싱의 두 번째 단계를 위해 2개의 엑손의 위치를 조정하는 역할을 하고 있다. (출처: Adapted from Sontheimer, E.J. and J.A. Steitz, The U5 and U6 small nuclear RNAs as active site components of the spliceosome. *Science* 262:1995, 1993.)

(5) U4 snRNP

대부분 우리가 아는 점으로는 U6와 U4 관련된 부분은 결합이다. U4와 U6의 염기서열을 분석한 결과, 이 두 RNA는 서로 결합하여 줄기 I과 줄기 II로 불리는 2개의 염기쌍 줄기(stem)를 형성할 것으로 추측되어 왔다. 교차연결 실험도 U4와 U6의 상관관계를 나타낸다. 과연 U4는 스플라이싱 과정에서 어떤 직접적인 역할을 수행하는가? 그런 것 같지는 않다. U4는 스플라이싱이 진행되는 동안 U6로부터 분리되며, 쉽게 스플라이세오솜으로부터 제거될 수 있다. 따라서 U4는 U6와 결합하여 스플라이싱에 참여할 때까지 U6를 격리시키는 역할을 할 것으로 추측된다. 줄기 I을 형성하기 위해 U4와 결합하여 줄기 I의 형성에 참여하는 U6의 염기들은 이 장의 전반부에서 설명한 U2와의 매우 중요한 염기쌍 결합에도 관여하는 염기들이다. 이로U4의 제거로 인해 U6와 U2 사이에 염기쌍 결합이 되고 스플라이세오솜이 기능할 것으로 여겨진다.

(6) mRNA 스플라이싱에서 snRNP의 역할

후반부에서 자가스플라이싱이 일어나는 몇 가지 유형의 인트론에

(a) 스플라이세오솜 mRNA 전구체

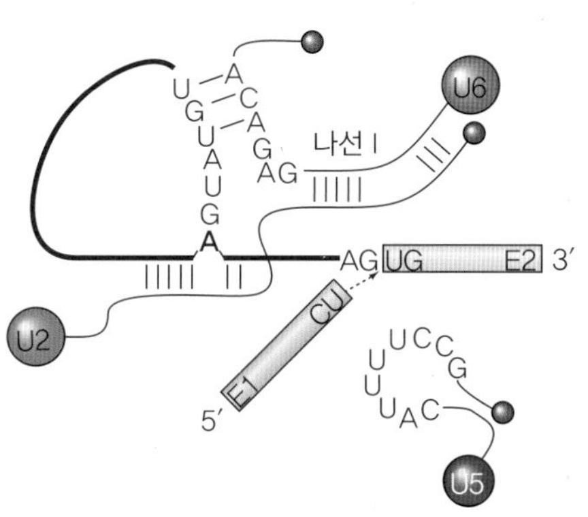

(b) II군 인트론

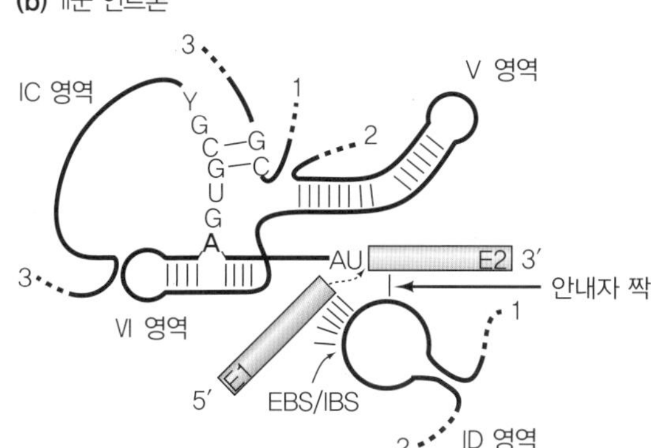

그림 14.20 II군 인트론의 활성중심과 스플라이세오솜의 활성중심의 비교 모델. (a) 스플라이세오솜. 그림 14.19을 변형시킨 것이며, U2(갈색)를 포함하고 있다. 모든 다른 색깔은 그림 14.19과 동일하다. 가지분기점의 A는 굵은 글씨로 표시되어 있고, 인트론은 굵은 선으로 표시되어 있다. 점선 화살표는 인트론/엑손2의 연결부위에 대한 엑손 1의 공격부위를 나타낸다. (b) II군 인트론. 그 유사성을 설명하기 위해 인트론을 (a)에서의 스플라이세오솜 구조와 같은 형태로 그렸다. 인트론의 일부만 보여 주고 있다. 빠진 부분들의 일부는 점선으로 표시되어 있으며, 서로의 연결 상태를 알리기 위해 숫자가 표시되어 있다. 엑손들은 색깔로 표시되어 있고, 가지분기점의 A는 굵은 글씨로 나타나 있다. 점선으로 된 화살표는 인트론/엑손 2의 결합에 대한 엑손 1에 의한 공격이 막 진행하고 있음을 나타낸다. (출처: (a) Adapted from Wise, J.A., Guides to the heart of the spliceosome. Science 262:1978, 1993. (b) Adapted from Sontheimer,E.J. and J.A. Steitz, The U5 and U6 small nuclear RNAs as active site components of the spliceosome. *Science* 262:1995, 1993.)

대해 언급할 것이다. 즉, 이는 스플라이세오솜에 의존하지 않고 자가스플라이싱에 필요한 모든 촉매 활성을 스스로 지닌다. 이들 자가스플라이싱 인트론은 두 부류로 나뉜다. 한 부류는 II군 인트론(group II intron)으로, 핵에서 mRNA 스플라이싱 과정 중에 형성되는 올가미 중간 산물과 거의 같은 형태의 올가미 중간 산물을 이용해 스플라이싱이 일어난다. 그러므로 II군 인트론에서는 RNA 서열 자체가 엑손 1과 엑손 2를 인접한 위치에 정렬하여 스플라이세오솜의 경우에는 snRNP들이 이 역할을 대치하고 있다고 추측할 수 있다.

스플라이세오솜 및 II군 인트론의 스플라이싱 모델은 그림 14.20에 묘사되어 있다. 그림 14.20a는 그림 14.19에 나타낸 핵 내 mRNA 스플라이싱에서 두 번째 단계가 변화된 것이다. 그림 14.20b는 II군 인트론의 스플라이싱 과정을 그림 14.20a에 나타낸 것과 같은 모델이다. 이로부터 몇 가지 중요한 결론을 내릴 수 있다. 첫째, U5 고리는 엑손 1과 엑손 2를 인접한 위치에 정렬하는 역할을 하며, 이는 II군 인트론의 ID 영역이 하는 역할과 같다. 이와 같은 RNA 부위가 촉매 작용을 위하여 다른 RNA 부위를 적절한 위치로 인도해 주는 기능이 있기 때문에 **내부 길잡이 서열**(internal guide sequence)이라 부른다. 둘째, 5′-스플라이싱 부위와 염기쌍 결합을 이루는 U6 부위는 II군 인트론의 IC 영역과 같은 역할을 한다. 셋째, U2-U6 나선 I은 II군 인트론의 V 영역과 같은 역할을 한다. 마지막으로, U2와 가지분기점 사이의 나선은 II군 인트론의 VI 영역과 같은 역할을 한다. 이들 두 경우 모두에서 그 가지의 접점인 A 염기 주위에서의 염기 결합은 이 핵심 뉴클레오티드(A)의 돌출을 이야기하며, 이는 가지 형성에 도움을 주는 것으로 생각된다. II군 인트론은 촉매적 RNA(리보자임, ribozyme)들이므로 그림 14.20에서와 같은 II군 인트론 RNA의 여러 활성부위와 snRNP 사이의 기능적 유사성을 snRNP 스플라이싱 반응의 촉매 역할을 한다는 것을 시사한다.

렌장 린(Ren-Jang Lin) 등은 2000년에 U6 snRNA가 정말로 촉매 역할을 하는지에 대한 증거를 찾았다. 그들을 다음과 같이 주장하였다. 두 단계의 스플라이싱에서 각 단계는 하나의 인산결합이 깨어지고 다른 인산결합이 형성되는 에스테르 교환반응(transesterification)이다(그림 14.4). 예를 들어 첫 번째 단계에서 첫 번째 엑손과 인트론 사이의 결합이 끊어지고 가지분기점 A와 인트론의 5′-말단 사이의 새로운 결합이 형성되면서 올가미 중간 산물을 만든다. 이러한 반응을 촉매하려면 친핵체(nucleophile, 가지분기점 A의 2′-히드록시기)를 활성화해야 하고 남아 있는 기(group, 3′-히드록시기가 될 첫 번째 엑손 말단에 있는 산소)를 안정화해야만 한다. 마그네슘과 같은 금속 이온은 위의 두 가지 기능을 모두 수행할 수 있다. 사실, 자가 스플라이싱 II군 인트론은 이 방식으로 마그네슘을 이용한다.

린 등은 U6 snRNA의 산소 중 한 분자가 황으로 치환되면 스플라이싱이 완전히 억제된다는 것을 발견하였다. 이 치환으로 인해 U6가 마그네슘에 결합하는 능력도 방해될 것으로 예상된다. 촉매부위에서 마그네슘이 필수적인 역할을 하면, U6 또한 촉매 작용에서 역할을 한다는 것을 의미한다. 만약 그렇다면 망간을 첨가할 때 U6에서 황을 산소와 치환한 효과를 되돌릴 수 있다. 망간은 마그네슘과 같이 촉매 작용에서 기능할 수 있지만 마그네슘과는 달리 RNA에서 황으로 치환된 중요 산소자리에 결합할 수 있다.

린 등은 망간이 실제로 U6 snRNA 내의 황 치환효과를 되돌리는 것을 발견하였다. 이것은 U6이 스플라이세오솜의 촉매 중심부에서 마그네슘 이온과 결합하는 것을 암시하되 증명하지는 못한

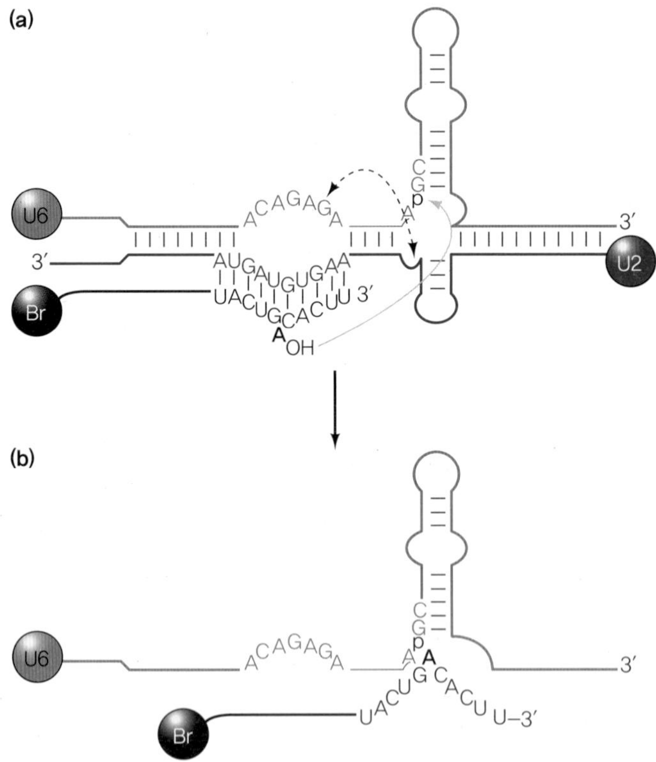

그림 14.21 스플라이세오솜 내의 스플라이싱 첫 단계와 유사한 시험관 내 반응. (a) 시험관 내에서 조립된 복합체의 세 RNA 사이의 염기쌍 결합. U6 단편(빨간색)은 위에, U2 단편(보라색)은 중간에, 그리고 볼드체로 표시된 팽창된 가지분기점 A가 있는 가지분기점 단편(Br, 검은색)은 바닥에 있다. 회색 화살표는 가지분기점A가 공격하는 표적인 A52-G53 이인산결합(검은색)을 가리킨다. 점선으로 표시된 화살표는 UV선에 의해 교차결합되는 U6과 U2의 염기를 연결하고 있다. (b) 결과물의 제안된 화학 구조.

다. 이는 금속 이온이 촉매 작용에 필요하지만 촉매 중심부에 있지 않을수도 있기 때문이다.

2001년에 사바 발라칸(Saba Valadkhan)과 제임스 맨리(James Manley)는 RNA 촉매 작용을 지지하는 증거를 더했다. 실험실에서 합성한 U2와 U6 snRNA 단편의 혼합물과 가지분기점 공통서열을 포함하고 있는 효모의 인트론 올리고뉴클레오티드가 스플라이싱 첫 단계와 유사한 에스테르 교환반응 촉매한다는 것을 보였다. 정상적인 스플라이싱 첫 단계에서 가지분기점 A가 첫 번째 엑손과 인트론(5′-스플라이싱 부위)을 연결하는 이인산결합을 공격한다. U2, U6, 인트론 단편(시험관 내)에 의해 촉매되는 반응에서 5′-스플라이싱 부위가 없기 때문에 가지분기점 A가 U6 내부의 이인산결합을 스스로 공격하여 분지된 올리고뉴클레오티드를 형성한다. 그림 14.21은 이 반응에서의 세 RNA 사이의 염기결합과 촉매반응에 포함된 뉴클레오티드, 그리고 반응 산물의 구조를 나타낸다.

그림 14.22는 발라칸과 맨리가 표지된 가지분기점 올리고뉴클레오티드(Br)를 여러 가지 상황에서 U2와 U6 snRNA 단편에 넣어 실험한 결과이다. 그림 14.22a는 겔 전기영동에 의해 나타난 반응 24시간 후에 형성된 생산물(X)을 보여 준다. 이 생산물은 U2와 U6 모두에 의존하며 U2-U6 복합체는 녹는점에 가까운 온도로 열을 가하면 사라진다. 그러므로 U2와 U6 단편이 반응에 필요한 것으로 여겨진. 그림 14.22b와 그림 14.22c는 반응에서 형성된 X가 약 2시간 동안 직선적으로 증가하고, 이것이 거의 20시간 동안 계속되고 더 많은 U2와 U6 단편을 추가 하게 되면 증가하고 2μM 정도에서 포화되는 것을 보여 준다.

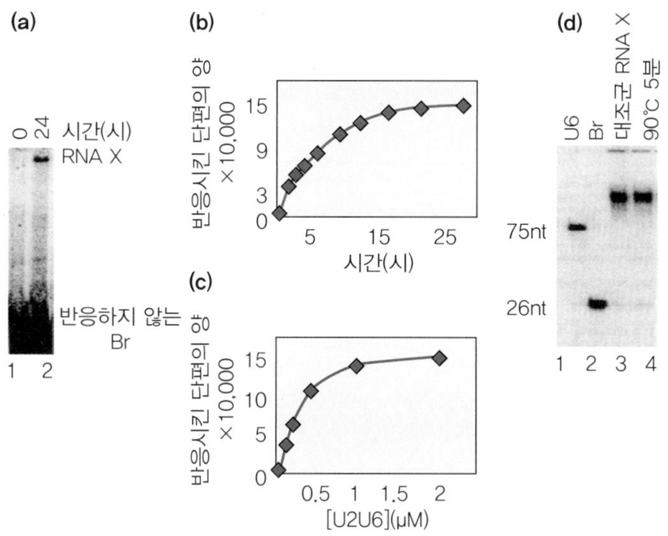

그림 14.22 RNA X의 형성. (a) SDS-PAGE에 의한 RNA X 동정. 발라칸과 맨리는 실험실 내에서 합성된 U2, U6, Br 단편을 0시간 또는 24시간 동안 Mg^{2+}의 존재하에 배양하고 결과물을 전기영동했다. (b) 반응 시간 과정. (c) U2와 U6에 대한 반응의 의존성. (d) RNA X의 열변성에 대한 저항성. 3번 레인은 열처리되지 않은 RNA X의 전기영동 이동성을 보여 주고, 4번 레인은 RNA X를 90°C에서 5분 동안 열처리하여도 이동성에는 변함이 없음을 나타내고 있다. 1번 레인과 2번 레인은 각각 U6와 Br단편에 대한 대조군이다. (출처: Reprinted with permission from *Nature* 413: from Vakadkhan and Manley fig. 2, p. 702. © 2001 Macmillan Magazines Limited.)

이것과 동일한 일련의 실험에서 RNA X가 가지 친 뉴클레오티드를 포함할 것을 보여 주었다. 그림 14.22d를 통해 알 수 있듯이 90℃ 이상으로 열을 가하여도 RNA X가 저항성을 가지는 것으로 보아 RNA X는 두 RNA 사이의 염기쌍 결합에 의한 것이 형성되는 것이 아니다. RNA X는 염기쌍 결합이 아닌 RNA 사이에 공유결합을 하고 있을 것이다. 여기에 보여 주지 않지만 RNA X가 변칙적인 전기영동상의 이동을 보인다. 8% 뉴클레오티드(왼쪽)에서는 87nt 표지 바로 위에서 나타나고 16% 뉴클레오티드(오른쪽)에서는 236nt 표지 바로 아래에서 나타난다. 이 장의 앞에서 이미 배웠듯이 이러한 움직임 양상은 가지 친 RNA의 특징이다. 마지막으로 (f)는 RNA X가 Mg^{2+}에 의존하여 형성됨을 보여 준다. Ca^{2+}는 Mg^{2+} 대신 사용될 수 있으나 효과적이지 않은 반면, Mn^{2+}은 전혀 반응을 일으키지 않는 것으로 보였다.

다음으로 발라칸과 맨리는 Br로 표지된 5′-말단과 3′-말단과 U2, U6 단편을 반응시켜 U6과 Br 말단에서 RNA X에서 나타나는 표지를 발견하였으나 U2에서는 발견하지 못했다. 그러므로 RNA X는 U6과 Br을 모두 포함하지만 U2는 포함하지 않는다. 그리고 U6과 Br 사이의 연결이 단순한 염기쌍 결합만이 아니므로 두 RNA는 공유결합으로 연결되어 있을 것으로 여겼다. 발라칸과 맨리는 또한 각각 탈인산화와 고리인산(cyclic phospate)을 이용하여 RNA X의 형성을 도입하여 Br과 U6 단편 말단을 막아 RNA X의 형성을 방해하지 않는다는 것을 보였다. 그러므로 두 RNA의 말단은 연결 과정에 관여하지 않고 각각의 RNA 내 어딘가에서 연결이 이루어져 X 모양을 이루게 될 것이다.

마지막으로 발라칸과 맨리는 두 RNA에서 Br 내 가지분기점 A까지의 연결과 U6 내의 보존된 AGC의 A53과 G54 사이의 인산의 연결점을 알아냈다(그림 14.23). 이 지도를 그리기 위해 U5, U6, 스플라이싱 기질 사이의 4-티오U 교차결합 지점을 알아내는 데 사용된 동일한 종류의 프라이머 신장분석(primer extension analysis)을 이용했다(그림 14.20). 또한 RNA-RNA 상호 작용이 절단을 방해하는 뉴클레오티드의 위치를 알아내었다. RNA-RNA 상호 작용이 단점을 막을 수 있는 곳에서 표지된

RNA X의 화학 단절법이 이용했다.

이러한 일련의 실험을 통하여 Mg^{2+}, U2, U6, Br이 단백질의 도움 없이 스플라이싱 첫 단계와 유사한 반응을 촉매할 수 있다고 알게 되었다. 물론 이 반응 가지분기점 A가 공격할 5′-부위가 없기 때문에 스플라이싱 첫 단계와 같지는 않다. 그러나 U6에 대한 이러한 공격 양상이 전례가 없는 것은 아니다. 가끔 생체 내의 비정상적인 스플라이싱에서도 동일한 양상의 U6 기본 구조의 공격이 나타나기 때문이다. 실제로 효모의 U6 유전자는 보존된 AGC 옆에 삽입된 인트론과 함께 발견되고 이 삽입은 이러한 가지분기점 A가 5′-부위보다 U6을 공격하는 비정상적인 공격에 의한 결과로 추측된다.

종합적으로 이러한 결과들 스플라이세오솜의 촉매활성의 중심부가 Mg^{2+}와 세 가지 염기쌍 결합 RNA, 즉 U2와 U6 snRNA와 인트론의 가지분기점 부분을 포함한다는 것을 강하게 시사한다. 단백질은 아마 생체 내에서는 포함되지만 최소한 시험관 내의 실험적인 환경에서는 촉매활성의 중심부에서 필요하지 않는 것으로 보인다.

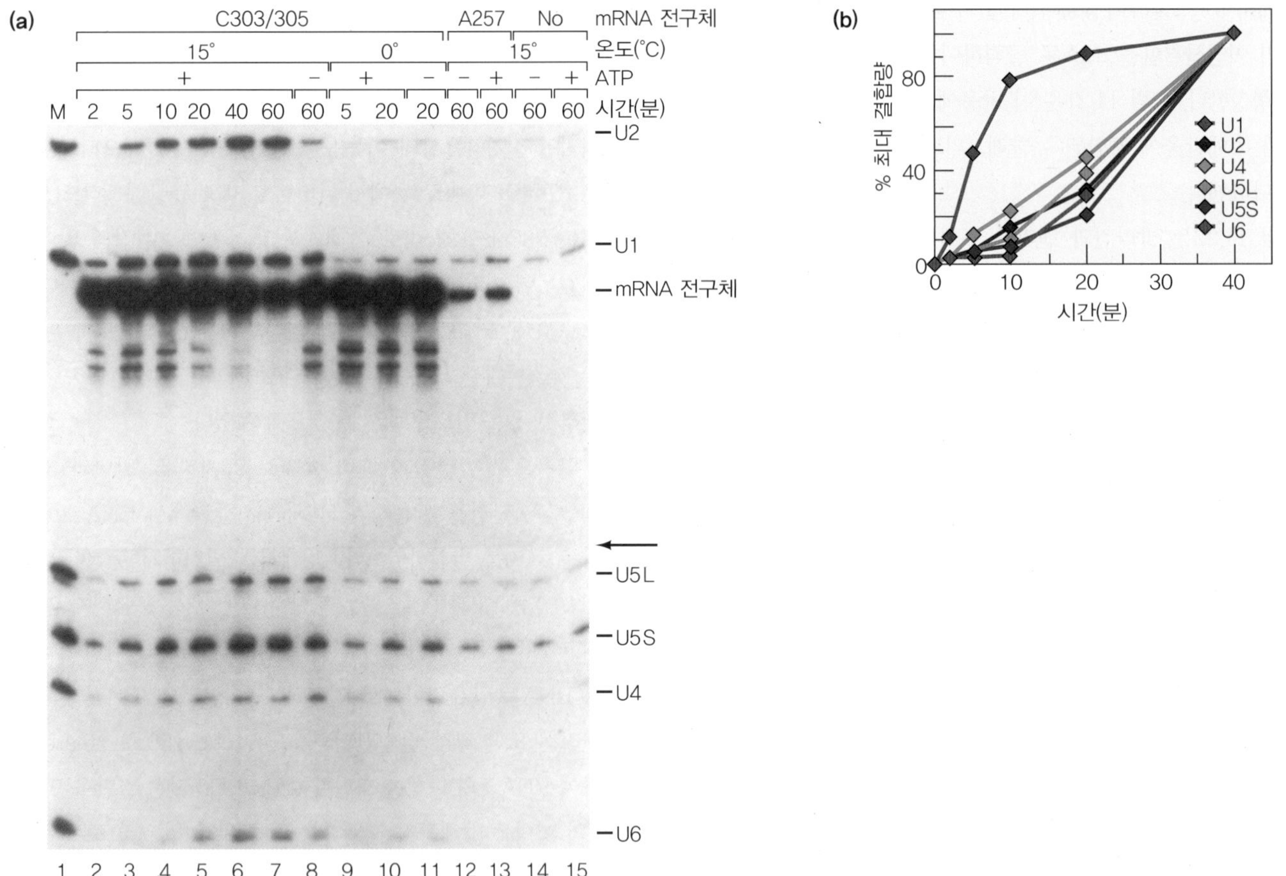

그림 14.23 mRNA 전구체와 스플라이세오솜 snRNP의 결합 반응 속도론. (a) 노던블롯. 루비와 아벨슨은 구슬에 비오틴-아비딘 연결을 통해 결합된 RNA(닻 RNA)와 잡종결합시킴으로써 아가로즈 구슬에 효모 액틴 mRNA 전구체를 고정화시켰다. 그들은 이 RNA-구슬 구성물을 15℃ 또는 0℃에서 ATP를 첨가하거나 하지 않은 상태에서 2~60분 동안 효모 핵 추출물과 반응시켰다(그림 상단에 조건 표시). mRNA 전구체는 3′-스플라이싱 부위(C303/305)나 가지분기점 부위(A257)에 돌연변이 있다. 전자는 스플라이세오좀을 형성하나 후자는 그렇지 못했다. RNA 닻만 있고 mRNA 전구체가 포함되지 않은 줄은 'No'로 표시되어 있다. 반응 과정을 종료한 후 연구자들은 결합되지 않은 물질들을 세척하여 제거했고 RNA를 복합체로부터 추출해 전기영동으로 분리했다. 겔에서 RNA를 블롯한 후 U1, U2, U4, U5와 U6에 대한 탐침으로 잡종결합하였다. 두 가지 형태의 U5(U5 L과 U5 S)가 나타났다. 15번 레인에서는 mRNA 전구체가 포함되지 않아 대부분의 snRNA는 결합되고 있으며, 다른 레인과의 비교를 위한 대조군이다. U1은 가장 먼저 결합하였고, 이어 다른 snRNP들이 결합하였다. A257 돌연변이 RNA에는 snRNP들이 거의 결합하지 않았다. U1과 U4를 포함한 모든 snRNP의 반응 60분 후에도 결합된 채로 남아 있었다. **(b)** 시간에 따른 복합체에 결합한 각 snRNP의 양을 나타내는 그래프. U1(빨간색)이 먼저 결합하고, 뒤이어 나머지 snRNP가 결합함을 알 수 있다. (출처: Ruby,S.W. and J. Abelson, An early hierarchic role of U1 small nuclear ribonucleoprotein in spliceosome assembly. *Science* 242 (18 Nov 1988) f. 6a, p. 1032. Copyright © American Association for the Advancement of Science.)

4) 스플라이세오솜의 조립과 기능

스플라이세오솜은 단백질과 RNA를 포함하는 다양한 성분으로 구성되어 있다. 스플라이세오솜의 성분들은 일정한 순서에 따라 조립되며, 그 조립 순서 중 일부는 이미 밝혀졌다. 스플라이세오솜의 조립, 기능, 분해 과정을 **스플라이세오솜 주기**(spliceosome cycle)라고 한다. 지금부터 이 주기에 관해 알아보기로 한다. 스플라이세오솜의 조립 과정 조절함을 통해 세포는 스플라이싱의 질과 양을 조절하며, 결국은 유전자 발현을 조절할 수 있다는 것을 알게 될 것이다.

(1) 스플라이세오솜의 주기

초기의 연구자들이 스플라이세오솜을 분리할 당시 U1 snRNP를 발견하지 못했다. U1은 분명히 5′-스플라이싱 부위와의 염기쌍 결합에 관여하며 스플라이싱에 필수적이기 때문에 놀라운 것이었다. 사실 U1은 스플라이세오솜의 일부이나 초기에 사용된 스플라이세오솜의 분리 방법의 조건 U1이 스플라이세오솜에 남아 있기에는 적절하지 못했다. 스테파니 루비(Stephanie Ruby)와 존 아벨손(John Abelson)은 1988년 U1이 스플라이싱 전구체에 결합하는 첫 번째 snRNP임을 밝혔다. 이 연구자들은 스플라이세오솜의 조립 과정을 규명하기 위해 다음과 같은 매우 기발한 기법을 사용했다. 그들은 비오틴-아비딘(biotin-avidin) 연결을 통해 아가로즈 구슬에 'RNA 닻(anchor RNA)'을 부착시키고, 이RNA 닻과의 잡종결합에 의해 효모의 mRNA 전구체를 아가로즈 구슬에 고정시켰다. 다음, 다양한 시간에 걸쳐 핵 추출물을 첨가하고 결합하지 않은 물질들을 씻어 냈다. 구슬로부터 RNA를 유출한 후 이들을 전기영동으로 분리하여 블롯팅했다. 마지막으로 방사성 탐침을 이용해 스플라이세오솜 snRNA에 분리된 RNA의 종류를 조사했다.

그림 14.23은 U1이 스플라이싱 기질에 결합하는 첫 번째 snRNP임을 보여 준다. 2분이 되는 시점에서 U1은 전구체 mRNA와 결합하는 유일한 snRNP로 드러났다(그림 14.23a에서 2번, 15번 레인 비교). 또한 그림 14.23a로부터 U1을 제외한 모든 snRNP들은 그 결합 ATP가 필요하다는 것을 알 수 있다. 그림 14.23b는 시간에 따른 각 스플라이세오솜 snRNP의 기질과의 결합 양상을 나타낸 그래프이다. U1은 스플라이세오솜에 결합하는 최초의 snRNP로서 다른 것과 다르게 나타난다.

스플라이세오솜 조립 순서를 좀 더 깊이 조사하기 위해 이 연구자들은 U1 및 U2 snRNA의 중요한 부분에 상보성을 가지는 DNA 올리고뉴클레오티드를 핵 추출물에 첨가하고, 여기에 RNase H를 처리하여 U1 또는 U2를 제거했다. 그리고 위와 같은 스플라이세오솜 조립분석법을 사용해 RNA를 분석했다. RNase H는 RNA-DNA 잡종결합에서 RNA 부분을 분해한다. 따라서 DNA 올리고머와 잡종결합한 snRNA 부분이 선택적으로 분해된다. 이때 U1과 U2에서 DNA 올리고머와 결합하도록 선택된 부위는 이들 RNA가 mRNA 전구체(각각 RNA 전구체의 5′-스플라이싱 부위와 가지분기점)와 염기쌍 결합을 이루는 부위였다. 그림 14.24에서 두 가지 중요한 결론을 내릴 수 있다. ① U1을 불활성

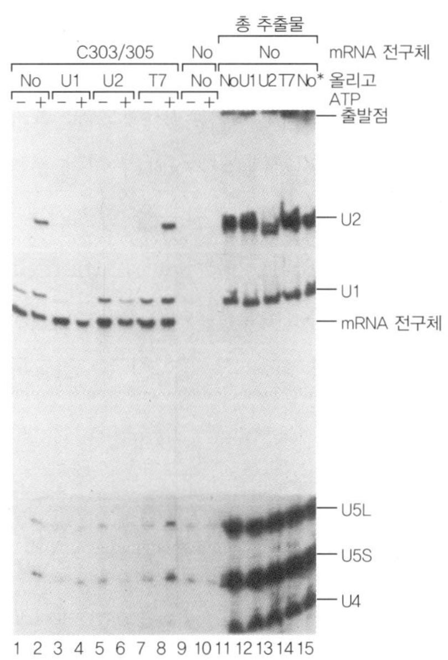

그림 14.24 U1 또는 U2의 불활성이 스플라이세오솜의 조립에 미치는 영향. 루비와 아벨손은 U1 또는 U2 snRNA의 중요 부위에 상보적인 DNA 올리고뉴클레오티드를 처리하고, 이를 RNase H로 분해함으로써 이들 snRNA 중의 하나를 불활성화했다. 11~15번 레인은 RNase H를 처리했을 때 추출물에 나타나는 표지된 snRNA의 양상을 보여 준다. 올리고뉴클레오티드가 포함되지 않은 경우(No), 항-U1 올리고뉴클레오티드(U1), 항-U2 올리고뉴클레오티드(U2) 또는 항-T7 올리고뉴클레오티드(T7)를 처리한 경우이다. 마지막(T7)의 경우는 두 번째 음성 대조군이다. RNase H와 항-U1을 처리한 경우에는 모든 RNA들이 원래 RNA보다 약간 단축된 길이의 RNA로 전환되어 전기영동에서 빠르게 이동했다. RNase H와 항-U2 처리한 경우에는 원래 크기의 U2가 거의 제거되고 소량의 절단된 U2가 나타났다. 1~10번 레인은 그림 14.25에서와 같은 방식의 스플라이세오솜 조립 실험의 결과이며, 그 실험 조건은 그림의 상단에 표시되어 있다. C303/305 mRNA 전구체 또는 mRNA 전구체가 없는 경우 RNase H와 올리고뉴클레오티드가 없는 경우 항-U1, 항-U2, 또는 항-T7 올리고뉴클레오티드로 처리된 추출물 그리고 ATP의 존재 또는 부재한 경우이다. U1의 불활성화는 U1, U2, 그리고 U5의 결합을 방해하였다. U2의 불활성화는 U2와 U5의 결합을 방해했다. (출처: Ruby, S.W. and J. Abelson, An early hierarchic role of U1 small nuclear ribonucleicprotein in spliceosome assembly. *Science* 242 (18 Nov 1988) f. 7, p. 1032. Copyright © American Association for the Advancement of Science.)

화하면 U1의 결합이 차단될 뿐만 아니라 다른 모든 snRNP의 결합이 차단된다(2번, 4번 레인 비교). ② U2를 불활성화하면 U2뿐만 아니라 U5의 결합이 방해된다. 그러나 U1 결합은 방해되지 않음을 알 수 있다(2번, 6번 레인 비교). 결론적으로, 이러한 결과는 U1이 RNA 전구체에 최초로 결합하고, 그다음 U2가 ATP의 도움으로 결합하며, 마지막으로 나머지 snRNP들이 스플라이세오솜에 결합한다는 것을 보여 준다.

이 장의 후반부에서도 다루겠지만, U6이 U4와 결합할 경우 U1을 5′-스플라이싱 부위의 결합부위에서 분리시킨다. 다른 실험 결과들을 볼 때 U1이 분리될 경우 U4를 통해 스플라이세오솜으로부터 완전히 떨어져 나가게 된다는 것을 알 수 있다. 이것은 U2, U5, U6을 포함하는 활성화된 스플라이세오솜으로부터의 분리를 의미하는 것이다. 실제로 U6에 의한 U1의 이런 분리는 스플라이세오솜을 활성화시켜 스플라이싱 반응을 일으키는 데 필요한 것으로 생각된다. 1999년 조나단 스탠리(Jonathan Staley)와 크리스틴 거스리(Christine Guthrie)는 이런 활성화는 5′-스플라이싱 부위의 염기서열을 U1에 더욱 잘 결합할 수 있도록 바꿈으로써 차단된다는 사실을 알아냈다. 이는 U6이 U1과 5′-스플라이싱 부위에 경쟁적으로 결합하기 힘들게 하는 것으로 생각되며 그 결과 U1과 U4가 분리되고 스플라이싱이 억제된다. 반대로 U1과 5′-스플라이싱 부위의 결합이 일정할 경우 U6과 5′-스플라이싱 부위의 결합이 더욱 잘 이루어지게 함으로써(U1과 U4가 분리되고) 스플라이싱이 더욱 잘 일어난다. Staley와 Guthrie는 ATP와 함께 5′-스플라이싱 부위에서 U1과U6의 교환에 필요한 단백질로 U5 snRNP의 한 종류인 **Prp28**을 제안하였다.

그림 14.25는 효모의 스플라이세오솜 주기에 대해 설명하고 있다. U1을 포함한 스플라이싱 기질과 가상의 기타 물질로 구성된 첫 번째 복합체를 **위임 복합체**(commitment complex, CC)라 부른다. 그 명칭이 암시하듯이, 위임 복합체는 스스로 결합한 부위의 인트론을 스플라이싱 과정을 거쳐 제거할 임무를 위임받는다. 그런 다음, ATP의 도움으로 U2가 결합해서 A 복합체를 형성한다. 그리고 U4-U6, U5가 결합하여 B1 복합체를 형성한다. 그다음에 U4가 U6으로부터 분리되고 이는 다음 일들이 가능하도록 한다. ① U6은 5′-스플라이싱 부위로부터 스플라이세오솜을 활

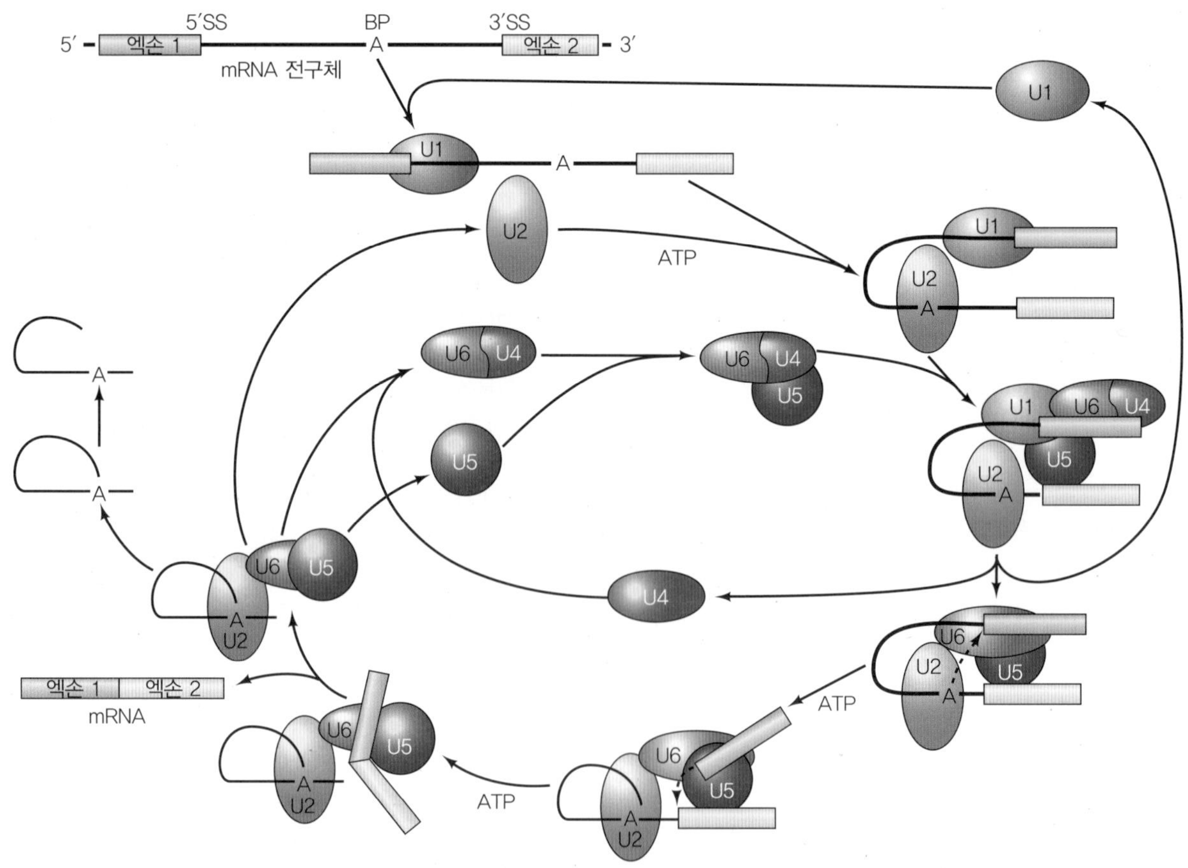

그림 14.25 스플라이세오솜 주기. 본문에 이 주기의 여러 과정에 대한 설명이 잘 나타나 있다. (출처: Adapted from Sharp, P.A. Split genes and RNA splicing. *Cell* 77:811, 1994.)

성화시키는 ATP 의존적인 반응을 통해 U1을 분리시킨다. ② U1과 U4는 스플라이세오솜으로부터 분리된다. ③ U6는 U2와 염기결합을 하게 된다. 또한 이렇게 활성화된 스플라이세오솜은 B2 복합체라고도 불린다. 그리고 ATP 에너지에 의해 2개의 엑손이 분리되고 올가미 모양의 스플라이싱 중간 산물이 형성된다. 이것이 첫 번째 스플라이싱 단계이며, 이들 모든 구성요소를 포함하고 있는 복합체를 C1 복합체라 한다. ATP의 두 번째 분자로부터의 에너지는 2개의 엑손을 결합하고 올가미 모양의 인트론을 제거하는 두 번째 스플라이싱 단계에 쓰인다. 이 모든 구성요소를 포함하고 있는 복합체를 C2 복합체라 한다. 마지막 단계로, 스플라이싱된 완성된 mRNA가 복합체로부터 분리된다. 이때 남겨진 복합체를 I 복합체라 하며, I 복합체는 그 구성요소인 snRNA, 올가미 모의 중간 산물 및 기타 스플라이싱 복합체로 분리된다. 이때 분리된 snRNP는 또 다른 스플라이싱 과정에 재사용되고 올가미 모양의 중간 산물은 분해된다.

(2) snRNA 구조

모든 snRNP는 7개의 **Sm 단백질**(Sm protein)로 이루어진 세트이다. 이 단백질은 체내의 면역체계가 자기 조직을 공격하는 전신성 자가면역질환을 가진 환자에게서 나타나는 항체의 공통 표적이기도 하다. 실제로, Sm 단백질은 그것이 발견된 스테파니 스미스(Stephanie Smith)라는 SLE 환자를 기념하기 위해 붙여진 이름이다. Sm 단백질은 공통의 **Sm 부위**(Sm site)인 snRNA 위의 (AAUUUGUGG) 부위에 결합한다. Sm 단백질뿐만 아니라 snRNP는 자신만의 고유한 단백질 세트를 갖는다. 예를 들어 U1 snRNA는 3개의 고유의 단백질을 갖는데, 이들은 각기 분자량이 52, 31, 17.5kD인 70K, 70A, 70C이다.

홀거 슈타르크(Holser Stark) 등은 단일 입자 전자 동결현미경(single-particle electron cryomicroscopy)을 이용하여 snRNP의 구조를 알아내었다. 10Å의 해상도로 구명된 snRNP의 구조는 Sm 단백질이 중간에 약간 납작한 깔때기 모양 같은 구멍이 있는 도넛 모양이다(그림14.26). 70K와 A는 2개의 U1 특이단백질로, Sm 도넛에 부착되고 U1 snRNA 내의 줄기-고리구조에도 결합한다. 이러한 돌출은 음성 염색된 70K와 A가 없는 U1 snRNA을 통해 전자현미경으로 확인되었다. 이러한 경우에 돌출이 사라져 돌출부위가 각기 단백질이 있는 곳임을 알 수 있었다.

Sm 부위에 있는 RNA는 단일나선이며 도넛의 구멍을 통과하여 지나갈 수 있다. 사실 이전의 Sm 단백질의 하위 단위 조립에 대한 X-선 결정분석 연구에서 염기성 아미노산 사슬 안에 나열된 구멍이 있는 고리 모양의 구조로 예측할 수 있었다. 이러한 구멍의 기본적 특징이 U1 snRNA의 Sm 부위에 결합할 수 있도록 도와준다.

(3) 소수 스플라이세오솜

1990년대 중반 보기 드문 변종의 인트론이 후생동물(기관이 분화

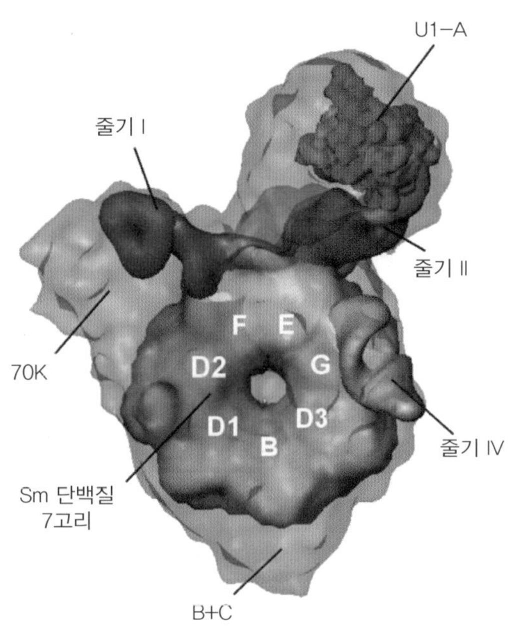

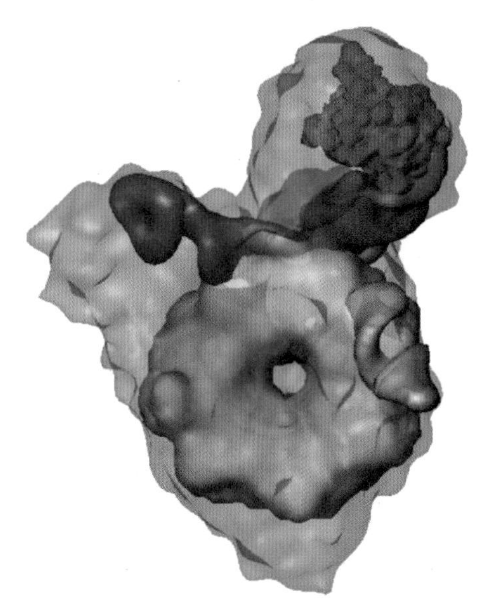

그림 14.26 U1 snRNP의 구조. 슈타르크 등은 단일입자의 전자동결현미경을 이용하여 U1 snRNP의 구조의 입체적인 모델을 얻었다. U1-A와 70 K 단백질을 포함하며 중앙의 Sm 도넛으로부터 돌출된 주요 돌출부가 표지되어 있다. (출처: Reprinted with permission from *Nature* 409: from Stark et al., fig. 2, p. 540 2001 © Macmillan Magazines Limited.)

된 동물)에서 발견되었다. 이러한 변종 인트론에는 5′-스플라이싱 부위와 가지분기점 염기서열은 매우 잘 보존되어 있어 상대적으로 적게 보존되어 있는 주 인트론과는 다른 양상을 보인다. 이 발견으로 변종 인트론을 갖는 유전자의 전사가 알려진 snRNA, U1, U2와 염기서열이 일치하지 않을 경우, 어떻게 스플라이싱되는지에 대한 의문을 불러일으켰다. 그 대답은 후생동물의 세포에 U1과 동일한 기능을 수행하는 **U11**, U2와 동일한 기능을 수행하는 **U12**, 각각 U4와 U6처럼 작용하는 **U4atac**, **U6atac**로 알려진 소수(minor) snRNA와 **소수 스플라이세오솜**(major spliceosome)이 있다는 것이다. 이 소수 스플라이세오솜은 주된 스플라이세오솜과 동일한 U5 snRNA를 사용한다.

이 대체 스플라이싱 체계의 존재는 snRNA와 mRNA 전구체의 주요 부위 사이의 염기쌍 결합의 중요성에 대한 체크로 작용한다. 사실 5′-스플라이싱 부위와 U12 snRNA에서의 변종 U11 snRNA 염기쌍 결합은 변종 mRNA 전구체 내의 가지분기점과 염기쌍 결합할 수 있다. 게다가 U4atac와 U6atac도 U4와 U6와 동일한 방식으로 염기쌍 결합할 수 있다.

snRNP를 만드는 소수 snRNA와 결합하는 단백질은 어떠한가? 주목해야 할 첫 번째 사항은 U11과 U12가 단일 U11/U12 snRNP에서 함께 결합하며 독립적인 U11과 U12 snRNP에서도 결합한다는 것이다. snRNP에서 U11, U12와 결합하는 단백질 중 일부는 주요 snRNP와 같으나 일부는 다르다. 같은 단백질은 모든 주요 snRNP에서 발견되는 7개의 Sm 단백질이다.

2007년 페렌츠 뮬러(Ferenc Muller)와 그의 동료들은 주된 스플라이세오솜들과 소수 스플라이세오솜들은 서로 분리되어 있다는 것을 밝혔다. 주된 것들은 핵에, 그리고 소수는 주로 세포질에서 찾을 수 있다. 어떤 인트론은 주된 스플라이세오솜에서 인식을 하고, 어떤 건 소수 스플라이세오솜에서 인식할 수 있는 인트론을 지니고 있다. 발견된 이 두 가지를 이용해 주된 스플라이세오솜의 인트론은 핵에서 제거되고, 스플라이스 일부 진행된 mRNA 전구체는 핵을 떠나고 세포질에서 나머지 인트론을 제거된다는 가설이 세워지게 된다. 아직까지, 역할을 분리하는 중요성은 분명하지 않다.

5) 위임, 스플라이싱 부위의 선택, 대체 스플라이싱

snRNP만으로는 엑손-인트론 경계에 결합 특이성과 친화성 없이 인트론을 엑손으로 부터 분리한다. 그러므로 snRNA의 결합을 돕는 추가 스플라이싱 인자가 필요하다. 나아가, 인트론과 엑손을 연결하고 스플라이싱에 필요한 RNA 요소를 결정해주는 인자도 필요하다. 우리는 여기서 스플라이싱 인자의 몇 가지 예와 어떻게 요소들이 특정부위에서 스플라이싱에 참여하는지를 살펴보고 스플라이싱이 일어나는 부위를 바꾸는 다른 인자에 대해서도 알아보기로 한다.

(1) 엑손과 인트론 한정

원칙적으로, 스플라이세오솜은 스플라이싱 위임 과정 중 엑손과 인트론 중 하나를 인식한다. 이것은 아마도 스플라이싱 인자가 엑손이나 인트론을 걸쳐 연결해서일 것이다. 엑손이 인식될 때는 **엑손 한정**(exon definition), 인트론이 인식될 때는 **인트론 한정**(intron definition)이라 부른다. 이 둘을 엑손-인트론 경계(스플라이스 부위)를 돌연변이 시켜, 스플라이싱이 어떻게 진행되는지 관찰하면 구별 된다 (그림 14.27). 엑손 한정이 작용한다면, 엑손의 3′ 끝에 스플라이스 부위를 돌연변이 시키면 그 엑손을 인식하

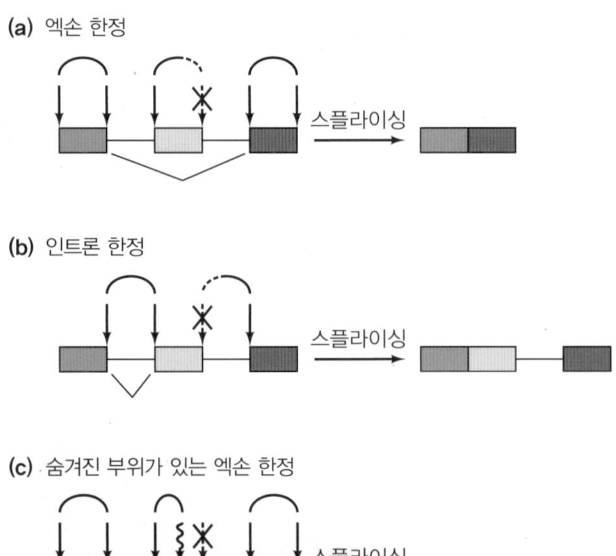

그림 14.27 엑손과 인트론 한정의 분석. **(a)** 엑손 한정. 엑손의 경계에 있는 화살표 위에 곡선으로 표시된 엑손을 연결시키는 인자를 이용하여 한정이 된다. X 표시가 나타내듯이, 중간에 있는 엑손(노란색) 3′-말단의 스플라이스 부위는 돌연변이이다. 즉, 엑손을 인식하지 못한다. 이것은 점선 화살표로 표시되었고, 곡선의 점선 부위는 엑손 한정의 실패를 나타낸다. 스플라이싱은 이 엑손을 넘어가 중간이 제거되어 사라진다. **(b)** 인트론 한정. 인트론은 (a)에서 처럼 곡선으로 표시된 인자로 한정된다. 이번에도 중간 엑손의 3′-말단(두번째 인트론의 5′-말단)은 돌연변이 되었다. 이 결과로, 두번째 인트론은 완전한 RNA에 포함되어 있다. **(c)** 숨겨진 스플라이스 부위가 있는 엑손 한정. 역시 중간 엑손의 3′-말단 스플라이스 부위는 돌연변이이다. 이번에는 스플라이세오솜은 중간 엑손 상위부에 있는 숨겨진 스플라이스 부위를 찾아 거기서 스플라이싱한다.

지 못해서 그 엑손을 넘어간다. 다시 말하면, 양쪽에는 인트론이 포함되어 스플라이스된다(그림 14.27a). 한편, 인트론 한정이 작용되면 엑손 한정 끝에 스플라이스 부위를 돌연변이시키면 따르는 인트론을 인식하지 못해서 그 인트론은 스플라이스 되지 않아 양쪽에 엑손이 붙어서 완성된 RNA에 포함된다(그림 14.27b).

이 실험을 이용해 많은 연구자들이 척추동물을 포함한 고등 진핵생물들의 스플라이세오솜은 주로 엑손 한정을 이용한다고 밝혔다. 다른 증거도 이 결과를 지지한다. 어떤 때에는 3′-말단의 스플라이스 부위에 돌연변이가 있는 엑손을 무시하지 않고, 스플라이세오솜은 숨겨진 스플라이스 부위에서 스플라이스를 하고, 이 숨스플라이스 부위는 거의 항상 그 엑손 내에 있다 (그림 14.27c). 이것은 엑손이 인식 되고 있을 때 설명하기가 더 쉽다. 스플라이세오솜은 인트론이 아닌 엑손에서 스플라이스 부위를 찾는다. 더욱이, 우리는 고등 진핵생물의 엑손은 작고(보통 300nt 이하), 인트론은 거대하여 수천 개의 뉴클리오타이드에 도달할 수도 있다. 엑손 한정이 엑손을 연결시키는 데 스플라이싱 인자가 필요하다. 엑손이 너무 길면 인자가 끝까지 닿을 수 없다. 엑손을 인공적으로 늘려 300nt 이상이 되면 보통 무시된다.

고등 진핵생물과는 달리 분열효모인 *Schistosaccharomyces pombe*는 스플라이싱일 일어날 때에 인트론 한정을 이용한다. 주로 작은 인트론인 분열효모나 출아효모에는 이 이론이 어울리며 엑손 크기에는 제한이 없어 보인다. 이 엑손 한정이 주가 된 고등 진핵생물과는 완전 반대이다. 조 앤 와이즈(Jo Ann Wise)와 동료들은 그림 14.27에 있는 실험에서 분열 효모에서 인트론의 스플라이스 부위를 돌연변이 시키면 엑손 건너뛰기가(그림 14.27a) 아닌 인트론 유지(그림 14.27b)를 발견했다. 숨은 5′-스플라이스 부위가 사용된 경우 엑손이 아닌 인트론에 있었다. 이것은 효모의 스플라이세오솜은 인트론을 인식한다는 것이다. 더욱이, 인트론의 크기를 확장했을 때, 이 숨겨진 부위들은 정상적인 5′-스플라이스 부위보다 3′-스플라이스 부위에 가까울때, 경쟁할 수 있을 정도이다. 이것은 공통서열과 많이 달라도 그렇다. 이것은 인트론내에서 스플라이스 부위를 찾아 스플라이세오솜이 일치하며, 서로 가까운 것들을 우선 선택하게 된다. 마지막으로 *S. pombe*의 *cdc2* 유전자에는 아주 작은 엑손이 있다. 이 엑손은 너무 작아서, 엑손 한정을 이용하는 척추동물은 인식하지 못하고, *S. Pombe*는 한 번도 무시한 적이 없다.

(2) 위임

몇몇 다른 스플라이싱 인자들은 위임(commitment)에서 중요한 역할을 한다. 시앙동 후(Xiang-Dong Fu)는 1993년에 스플라이싱 인자 중의 하나가 위임 복합체의 형성을 유도하는 기능을 지니고 있음을 발견했다. 그가 사용한 스플라이싱 기질은 사람의 β-글로빈 mRNA 전구체로, 스플라이싱 인자는 **SC35**이다. Fu의 연구는 다음과 같은 방식으로 수행되었다. 그는 정제된 SC35와 표지된 스플라이싱 기질을 미리 혼합하고 여기에 핵 추출물을 첨가해서 2시간 동안 스플라이싱 반응을 진행시켰다. 마지막으로 그는 스플라이싱된 mRNA가 나타났는지 표지된 RNA를 전기영동으로 분리하여 보았다.

그 결과가 그림 14.28에 나타나 있다. 첫째, Fu는 5′-스플라이싱 부위를 가진 표지되지 않은 RNA를 40배 농도의 과량으로 반응에 첨가하면 스플라이싱 요소와 경쟁하여 표지된 β-글로빈 mRNA 전구체의 스플라이싱을 방해함을 밝혔다(1번, 4번 레인 비교). 3′-스플라이싱 부위를 포함하는 RNA를 사용한 경우에는 이와 같은 방해 현상이 나타나지 않았다(1번, 5번 레인 비교). SC35

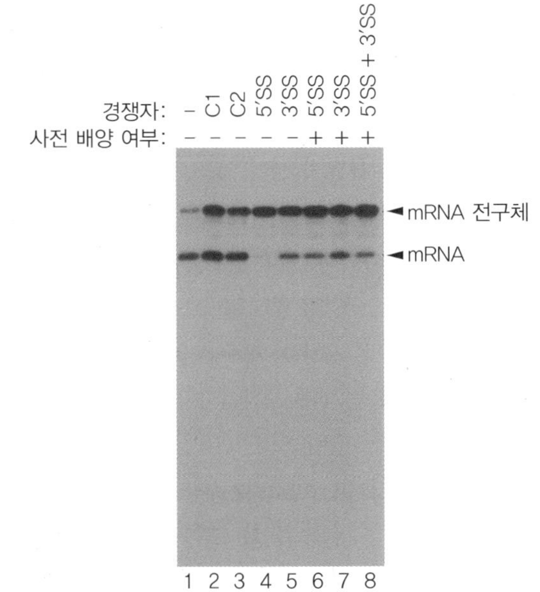

그림 14.28 사람 β-글로빈 mRNA 전구체의 위임. 시앙동 후는 다음과 같은 경쟁 분석을 사용해 위임 과정을 분석했다. 표지된 사람 β-글로빈 mRNA 전구체를 SC35와 함께 또는 없이(그림의 상단부에 각기 +와 –로 표시) 배양했다. 그 후 경쟁자 RNA를 포함시키거나 하지 않은 핵 추출물을 첨가했다. 경쟁자가 없는 경우는 (–)로 표시했다. C1과 C2는 스플라이싱을 방해하지 않는 비특이적 RNA를 첨가한 경우이다. 5′-과 3′-스플라이싱 부위를 지닌 RNA는 각기 5′SS와 3′SS로 표시했다. 스플라이싱이 일어나도록 2시간 동안 배양한 후 표지된 RNA을 전기영동한 후 겔의 자기방사 사진을 만들었다. mRNA 전구체와 완성된 mRNA의 위치는 그림의 오른쪽에 나타내었다. SC35는 위임을 일으켰다. (출처: Fu, X.-D. Specific commitment of different pre-mRNAs to splicing by single SR proteins. *Nature* 365 (2 Sept 1993) f. 1, p. 83. Copyright © Macmillan Magazines Ltd.)

가 한계인자라는 것을 보여 주기 위해 Fu는 SC35와 표지된 RNA를 사전 배양(preincubation)했다. 그리고 여기에 경쟁자 RNA를 포함하는 핵 추출물을 첨가했다. SC35와 표지된 RNA를 예비 배양하면 경쟁자 RNA의 첨가에도 불구하고 표지된 RNA에서 스플라이싱이 일어났다(4번, 6번 레인 비교). 따라서 SC35는 위임을 일으키는 기능을 갖고 있음을 알 수 있다. 이 위임 유발이 심지어 정상 β-글로빈 mRNA 전구체를 경쟁자로 사용한 경우에도 나타났음이 유사한 실험을 통해 증명되었다. 이 실험에 사용된 SC35는 클론닝된 유전자를 곤충세포에서 발현시켜 얻은 산물이기 때문에 다른 스플라이싱 요소와 같은 불순물이 섞여 있을 확률은 극히 적다. 따라서 이 결과는 SC35 단독으로 위임을 일으킬 수 있음을 보여 준다. 추가적인 실험을 통해 이 위임에 필요한 조건을 보여 주었다. 이 과정은 아주 빨리(1분 내) 일어나며, 얼음에서도 일어나고 ATP나 Mg^{2+}이 존재하지 않는 환경에서도 일어난다.

SC35는 **SR 단백질**(SR protein)이라고 부르는 RNA 결합단백질군의 한 일원이다. SR 단백질이라 부르는 이유는 이들 단백질이 세린(S)과 아르기닌(R)이 풍부하게 함유되어 있기 때문이다. 따라서 Fu는 다른 몇 개의 SR 단백질과 RNA 결합단백질(hnRNP 단백질)의 기능을 위와 같은 위임 실험을 통해 조사했다. 그 결과 SC35가 가장 위임 유발 활성이 높은 것으로 나타났으며, 그 다음은 SF2(ASF로도 부름) SRp55 순으로 나타났다. SRp20과 hnRNP A1은 전혀 활성이 없었으며, hnRNP C1과 PTB는 실제로 스플라이싱 활성을 저해했다. 따라서 SC35의 위임 활성은 매우 특이적이며 일반적인 RNA 결합에 의한 것이 아님을 알 수 있다.

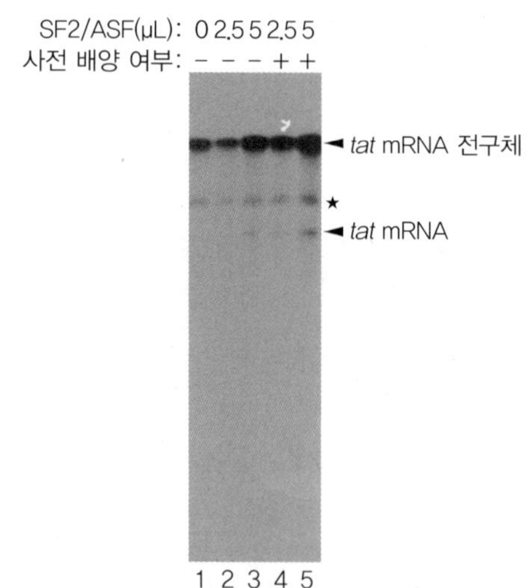

그림 14.29 몇 가지의 RNA 결합단백질의 위임 활성: *tat* mRNA 전구체의 위임에 대한 SF2/ASF의 영향. 후(Fu)는 그림의 상단에 표시된 SF2/ASF의 농도에서 스플라이싱 요소와의 사전 배양 없이(1~3번 레인), 또는 사전 배양을 실시하여(4와 5번 레인) 위임 분석실험을 했다. 5와 3번 레인을 비교하면 SF2/ASF의 영향을 확실히 알 수 있다. 별표 표시는 *tat* mRNA 전구체가 실험 과정에서 비특이적으로 분해되어 나타난 밴드이다. (출처: Fu, X.-D., Specific commitment of different pre-mRNA to splicing by single SR proteins. *Nature* 365 (2 Sept 1993) f. 3, p. 84. Copyright © Macmillan Magazines Ltd.)

이 위임 특이성을 더욱 확실히 증명하기 위해 후(Fu)는 다른 스플라이싱 기질로을 이용했다. 스플라이싱이 SF2/ASF에 의해 촉진된다고 보고된 사람의 면역결핍바이러스(HIV) 유래의 tat mRNA 전구체를 재료로 하여 같은 실험을 수행했다. SF2/ASF는 이 mRNA 전구체의 스플라이싱을 위임함이 밝혀졌다(그림 14.29). Fu는 β-글로빈과 함께 조사된 여러 RNA 결합단백질의 tat mRNA 전구체에 대한 위임 활성을 비교하였다. tat RNA 전구체는 오직 SF2/ASF만이 이 스플라이싱 기질에 대한 위임을 유발할 수 있었으며, SC35는 아무 활성이 없었다. 따라서 mRNA 전구체의 위임은 그 종류에 따라 서로 다른 스플라이싱 인자를 요구함을 알 수 있다.

위임의 정확한 기작에 대해서는 아직 불확실하나 U1이 위임 복합체와 결합한다는 사실은 확실한 것으로 보인다. 제임스 맨리(James Manley) 등은 이 문제를 U1 snRNP와 표지된 mRNA 전구체 사이에 안정한 복합체가 형성되는지를 측정하기 위한 겔 이동변화 실험을 통해 증명하였다. 그들은 mRNA 전구체에 U1 또는 SF2/ASF를 개별적으로 첨가하여 어떤 복합체의 형성도 보지 못했다. 그들이 두 단백질을 순서대로 첨가했을 때는 SF2/ASF를 먼저 넣어야만 했기 때문에 복합체를 형성하는 데는 SF2/ASF가 먼저 결합하는 것으로 보인다.

그러나 만약 U1 snRNP가 mRNA 전구체의 5′-스플라이싱 부위와 결합하는 것이 SF2/ASF에 의존적이라면 왜 U1은 앞의 실험에서 mRNA 전구체에 스스로 직접 결합하는 것처럼 나타났는가? 그 이유는 아마도 스플라이싱 인자를 이미 포함하고 있는 핵 추출물을 사용했기 때문일 것이다. 이러한 요소들과 스플라이싱 기질 사이의 결합이 발견될 수도 있었겠지만, 당시의 실험은 간단한 단백질과 기질 RNA의 결합보다는 snRNP와 기질 RNA 사이의 결합을 발견하는 데에 초점이 맞추어져 있었다.

(3) 연결단백질과 위임

많은 스플라이세오솜 주기 실험이 효모에서 수행되었음에도 불구하고, SR 단백질이 효모에서는 발견되지 않았다. 따라서 포유동물과 효모는 위임 과정의 기작이 서로 다를 것임을 시사한다. 그러나 그 후 여러 연구에 의해 효모와 포유동물의 위임복합체는 많은 공통적인 특성을 지니고 있음이 밝혀졌다. 지금부터는 효모의 위임 복합체에서 인트론의 5' 말단과 3' 말단의 다리 역할에 관여하는 일부 단백질에 대해 알아보고 이를 포유동물의 경우와 비교해 보기로 한다.

1993년 마이클 로스바쉬(Michael Rosbash) 등은 효모 위임 복합체에 관여하는 단백질을 암호화하는 유전자를 규명하기 위한 연구에 착수했다. U1 snRNA는 초기 위임 과정에 참여하는 매우 특징적인 RNA임이 이미 밝혀졌으므로 이들은 우선 U1 snRNA와 상호 작용하는 단백질들을 암호화하는 유전자를 찾기 시작했다. 이를 위해 그들은 다음과 같은 **합성치사 검색**(synthetic lethal screen)을 이용했다. 첫째, 그들은 U1 snRNA 유전자에 온도 감수성 돌연변이를 도입했다. 돌연변이 U1 snRNA는 낮은 온도(30℃)에서는 정상적인 기능을 갖지만 높은 온도(37℃)에서는 그 기능을 잃는다. 그들은 이 돌연변이 U1 snRNA을 지니고 있는 세포는 snRNA와 상호 작용하는 단백질에 유발된 2차 돌연변이에 특히 민감할 것으로 추측했다. 이 두 번째 돌연변이를 추가로 지닌 세포는 심지어 낮은 온도에서도 생존이 불가능할 수도 있는데, 이러한 돌연변이를 'mutant-u-die', 간단하게 Mud라고 한다. 따라서 두 번째 돌연변이는 야생형의 세포에서는 치명적이지 않을 수도 있으나, 첫 번째 돌연변이를 이미 지니고 있는 세포에서는 치명적이다. 이러한 관점에서 이 경우의 세포 치사성은 상호 보완적인 것이다. 즉, 이미 세포에서 생성된 조건적 치사 돌연변이에 의존한다. 이러한 방법으로 발견된 돌연변이 중 하나는 단백질 **Mud2p**를 암호화하는 *MUD2* 유전자의 돌연변이에 의한 것으로 밝혀졌다.

계속된 연구에서 Mud2p의 기능이 인트론의 3'-말단에 위치한 올가미 모양의 가지분기점의 염기서열에 의존적임이 밝혀졌다. 이것은 Mud2p가 인트론의 5'-말단에서 U1 snRNA와 상호 작용할 뿐만 아니라 인트론의 3'-말단 근처에서 또 다른 물질과 상호 작용한다는 것을 시사한다. 이 경우 한 가지 중요한 의문점은, 과연 Mud2p는 그 자체만이 인트론의 5'-말단 및 3'-말단과 상호 작용하는지, 아니면 또 다른 인자가 이 과정에 관여 하는지이다. 1997년 나자 아보비치(Nadja Abovich)와 로스바쉬는 이 질문의 답을 얻기 위해 또 다른 합성치사 검색을 사용했다. 그들은 *MUD2* 유전자에 돌연변이를 삽입했다. 그리고 *MUD2* 돌연변이 세포는 죽이지만 야생형의 세포는 죽이지 않는 두 번째 돌연변이를 찾기 시작했다. 이 연구에서 발견된 유전자는 *MSL-5*(Mud synthetic lethal-5)로 불린다. 이 유전자는 원래 Msl5p라 불리는 단백질을 암호화하지만 이 단백질의 결합 특성이 분명하게 밝혀진 후에는 **가지분기점 연결단백질**(branchpoint bridging protein, BBP)로 명명되었다.

아보비치와 로스바쉬는 BBP가 인트론의 5'-말단의 U1 snRNA, 그리고 3'-말단의 Mud2p와 각각 결합함으로써 인트

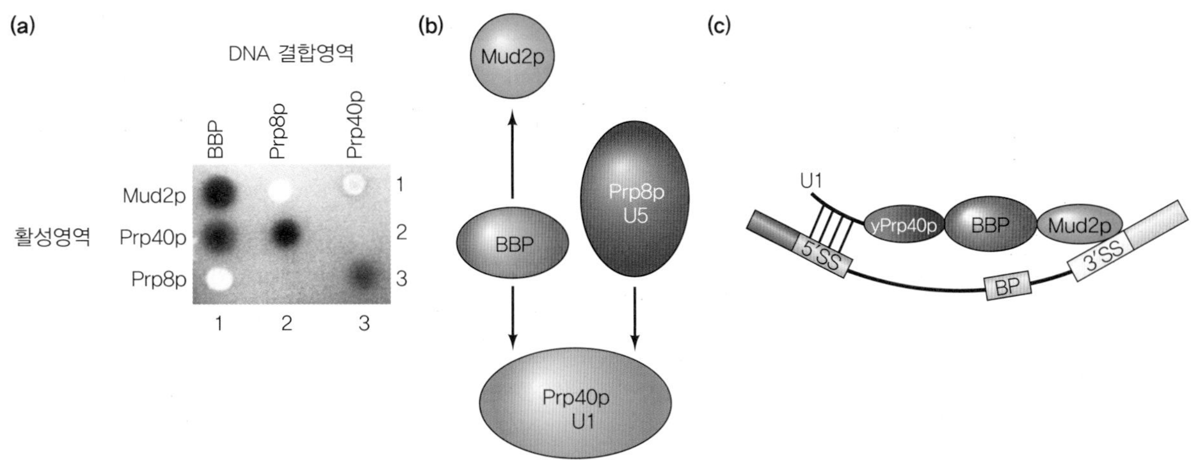

그림 14.30 BBP와 다른 단백질 간의 상호 작용을 밝히기 위한 효모 이중잡종 검사. **(a)** 검사 결과. DNA-결합영역과 연결된 단백질은 그림 위쪽에 표시했다. 전사활성영역과 결합된 단백질은 왼쪽에 표시하였다. 아보비치와 로스바쉬는 *LacZ* 리포터 유전자의 활성을 측정하기 위해 X-gal을 포함하는 지시 플레이트에서 표시된 쌍의 플라스미드를 지닌 세포들을 배양하였다. 진한 염색은 활성을 가리킨다. 예를 들어 1열의 첫 번째와 두 번째 행에서 진하게 염색된 효모 세포들은 BBP와 Mud2, 그리고 BBP와 Prp40p (U1 snRNP의 구성요소) 사이의 상호 작용이 있음을 나타낸다. 또 다른 양성 반응은 Prp40p와 Prp8p(U5 snRNP의 구성요소) 사이의 상호 작용을 나타낸다. **(b)** 결과 요약. 이 개요도는 그림 (a)의 효모 이중잡종화 검사법 결과를 토대로한 단백질과 단백질 사이의 상호 작용을 보여 준다. **(c)** 효모에서 인트론을 연결시키는 단백질 상호 작용의 요약. 5'SS는 5'-스플라이싱 신호이다. BP는 분기점이고, 3'SS는 3'-스플라이싱 신호이다. (출처: Abovich N. and M. Rosbash, cross-intron bridging interactions in the yeast commitment complex are conserved in mammals. *Cell* 89 (2 May 1997) f.5, p. 406 Reprinted by permission of Elsevier Science.)

론의 5′-말단과 3′-말단 사이에 다리를 형성한다고 가정했다. 이들은 이 가설을 증명하기 위해 효모 이중 잡종화 검사법(yeast two-hybrid assay, 5장 참조)을 포함한 몇 가지 방법을 복합적으로 사용했다.

아보비치와 로스바쉬는 서로 상호 작용하리라고 추측되는 단백질들을 이미 알고 있었으며, 따라서 그들은 이 단백질을 DNA-결합영역 또는 전사활성영역에 융합시킨 단백질을 발현시키는 플라스미드를 만들었다. 그들은 이러한 다양한 플라스미드 쌍을 효모에 형질전환을 통해 도입시켰다. 예를 들어 한 플라스미드는 BBP와 LexA DNA-결합영역이 융합된 단백질을 암호화하고, 다른 플라스미드는 Mud2p와 B42 전사활성영역이 융합된 단백질을 암호화하며, 이 2개의 플라스미드를 가진 세포는 *lacZ* 유전자를 활성화시켜 X-gal 지시 플레이트에서 진하게 염색된다(그림 14.30a, 첫 행의 첫 열). 따라서 BBP는 이 실험에서 Mud2p와 결합함이 확인되었다. BBP와 Mud2p는 세포 내에서 상호 작용하면, DNA-결합 도메인과 전사 활성화 도메인을 결합하게 하며, *lexA* 오퍼레이터에 가까이에서 *LacZ* 표지 유전자의 전사를 활성화한다. 또한 BBP는 U1 snRNP의 폴리펩티드 구성 성분인 Prp40p와도 결합함을 알 수 있다(그림 14.30a, 첫 행의 둘째 열). 반면에 Mud2p는 Prp40p와는 결합하지 않았으며, 따라서 BBP는 인트론의 3′-말단 가지분기점에 결합하는 Mud2p와 인트론의 5′-말단의 U1 snRNP 사이를 연결시켜 주는 것을 알 수 있다. 이처럼 BBP는 인트론 영역을 인지하는 데에 도움을 주며, 인트론의 2개의 말단을 한 장소에 모으는 역할을 함으로써 스플라이싱을 돕는다. 아보비치와 로스바쉬는 이 실험에서 단순히 양성 대조군으로 이미 서로 결합한다고 알려진 Prp40p와 Prp8p를 포함시켰다. 이 효모 이중잡종화 검사법에 의해 밝혀진 단백질 간의 상호 작용을 그림 14.30b에 요약해 놓았다. 그리고 그림 14.30c는 BBP의 연결 기능을 보여 준다. 이 연구자들은 세파로스 구슬과 결합된 BBP에 의해 Prp40p와 Mud2p가 동시에 침전됨을 보여줌으로써 이들의 상호 작용을 재확인했다.

아보비치와 로스바쉬는 효모의 Mud2p와 BBP 단백질이 포유동물의 두 단백질, 즉 U2AF^{65}와 **SF1**과 닮은 것에 주목했다. 만일 포유류의 이 두 단백질이 효모에서처럼 행동한다면 이 두 단백질은 서로 결합할 것이다. 이 추측이 사실임을 증명하기 위해 이들은 앞의 실험에서와 같이 효모 이중잡종화 검사법과 동시 침전법을 사용해 U2AF^{65}와 SF1이 실제로 상호 작용함을 밝혔다. 효모의 BBP와 비슷한 포유류의 SF1 유전자는 U2AF^{65}와 상호 작용해 연결을 형성할 것이다. 하지만 포유류는 주로 엑손 한정을 이용하기 때문에 인트론이 아닌 엑손을 거쳐 이어졌을 가능성이 많다. **U2AF^{65}**는 **U2AF^{35}**라는 35kD 단백질이 지니고 있는 **U2AF(U2-결합요소**, U2-associated factor) 스플라이스 인자의 일부 65kD 단백질이다. U2AF^{65}는 3′-스플라이스 부위에 가까운 피리미딘 트랙에 붙고, 마이클 그린(Michael Green)과 동료들이 교차연결 실험을 해서 3′-스플라이스 부위에 있는 AG와 결합된다는 것을 알게 됐다.

로스바쉬 등이 추가적인 연구를 통해 BBP가 가지분기점의 UACUACC 서열을 인지하며, 위임복합체 내에서 이 서열에(또는 아주 가까이) 결합한다는 것도 밝혔다. 따라서 BBP는 RNA 결합단백질이며 '가지분기점 결합단백질(branchpoint binding protein)'인 BBP로 볼 수도 있다.

(4) 3′-스플라이스 부위 자리 선택

스플라이싱 과정의 두 번째 단계에서 엑손 1의 3′-히드록시기가 디에스테르결합을 공격해 인트론 끝 AG를 엑손 2의 첫째 뉴클레

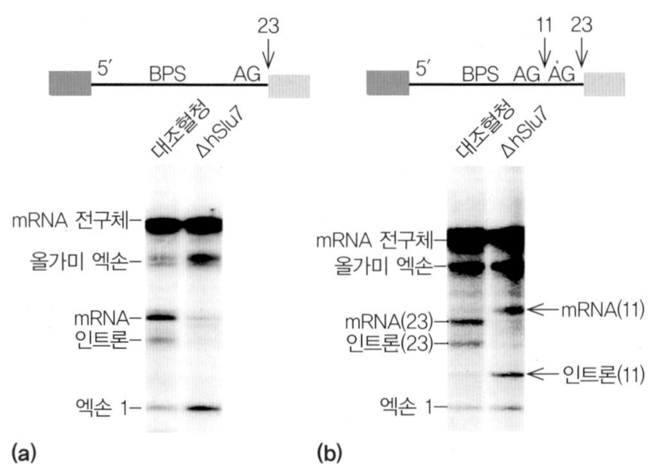

그림 14.31 Slu7은 3′-스플라이스 자리의 AG에 올바르게 스플라이싱하기 위해 필요하다. 추아와 리드는 anti-Slu7 항혈청(hSlu7)이나 대조혈청(mock)으로 제거된 HeLa 세포의 추출물을 비교해 3′-스플라이스 부위의 AG선택을 비교했다. 스플라이스 기질은 아데노바이러스의 주요 후기 mRNA전구체의 처음 두 엑손과 첫 인트론을 모델했다. 스플라이스 반응 이후, Chua와 Reed는 결과물을 전기영동시켜 자기방사법으로 찾아냈다. 기질과 결과물의 위치는 각 판넬의 왼쪽에 표시되었었다. **(a)** 스플라이싱 기질은 가지분기(BPS)점에서 23nt 아래인 곳에 AG가 한개 있었다. Slu7이 없는 추출물에는 옳은 AG에 스플라이싱이 억제되었다. **(b)** 스플라이싱 기질은 AG가 2개 있다. 하나는 11nt, 그리고 하나는 23nt 아래인 곳에 있다. Slu7이 없는 추출물은 가짜 추출물일 경우 거의 사용되지 않은 가지분기점에서 11nt 아래에 위치한 AG에서 스플라이싱이 되었다. (출처: (사진) Chua, K., and Reed, R. The RNA splicing factor hSlu7 is required for correct 3′splice-site choice. *Nature* 402 (11 Nov 1999) f. 1, p. 208. © Macmillan Magazines Ltd.)

오타이드에 연결된다. 이 AG는 가지분기점부터 이상적으로 18에서 40nt 아래쪽으로 떨어진 곳에 있다. 가지분기점에서 더 가까운 AG들은 보통 무시된다. 어느 AG가 이용되는지 정해 주는 것은 무엇일까? 우리는 이미 U2AF35가 3′-스플라이스 부위에 AG를 인식하는 것을 보았다. 이에 더해서 Slu7이라는 **스플라이싱 인자**(splicing factor)가 알맞은 AG가 선택되는 데 필요하다. **Slu7**이 없으면, 원래 AG가 이용되지 않고, 옳지 않은 AG가 사용될 수 있다.

카트린 추아(Katrin Chua)와 리드(Reed)는 세파로즈 구슬에 항-Slu7 혈청을 처리하여 HeLa 세포 추출물에서 Slu7를 제거시켰다. 그리고 항-Slu7 항체가 들어 있지 않은 면역 전 혈청을 세파로즈 구슬에 연결해서 항체 대조 추출물도 준비했다. 그리고 이 추출물들을 아데노바이러스의 주요 후기 전사의 가지분기점에서 23nt 아래에 있는 AG가 있도록 변형시켜 만든 mRNA 전구체를 스플라이스하는 능력을 비교했다(그림 14.31). 모델 스플라이싱 기질을 추출물과 배양한 후, 추아와 리드는 결과물을 전기영동시켜 스플라이싱을 관찰했다.

그림 14.31a는 '자연적'인 기질의 실험 결과를 보여 준다. 대조군 추출물은 스플라이싱 반응의 첫 번째와 두 번째 단계를 완성했고, 완성된 mRN, 인트론, 그리고 비교적 적은양의 스플라이스되지 않은 엑손을 만들어냈다. 이를 비교해서, 인간의 Slu7(ΔhSlu7)가 제거 추출물은 완성된 mRNA와 인트론은 거의 없고, 엑손 1과 올가미-엑손 2는 많았다. 즉, 스플라이싱의 두 번째 단계 가 막혔다는 것이다. 이것은 3′-스플라이스 부위에 AG를 인식하는데 Slu7가 필요하다는 것이다.

추아와 리드는 다음에 가지분기점에서 11nt 아래에 AG를 하나 더 넣으면 어떻게 되는지 질문했다. 그림 14.31b는 대조 추출물은 가지분기점에서 23nt 아래에 있는 원래 AG 위치에서 스플라이스된 mRNA가 주로 만들어지고, 인공적으로 넣은 가지분기점에 가까이 있는 AG에서는 거의 스플라이스 되지 않았다. 이와 달리 Slu7이 제거된 추출물은 인공적으로 넣은 가지분기점에 가까운 AG에서 주로 스플라이스가 되고 자연적인 AG에서는 거의 되지 않았다. 더 실험한 결과, 제거된 추출물은 두 AG가 가지분기점에서 11, 18nt 그리고 9, 23nt 아래에 있을 때 비슷한 이상한 행동이 나왔다. 그것은 올바른 AG에 스플라이스되지 않고, 거기에서 아래와 앞에 있는 틀린 AG에서 스플라이스 된것이다. (모든 경우에 틀린 AG는 가지분기점에서 30nt 이내 떨어진 곳에 있어야 이상한 스플라이스의 대상이 될 수 있었다.) 즉, Slu7은 올바른 스플라이스 부위의 AG를 인식하는 데 필요할 뿐만 아니라, Slu7이 없을 경우 맞는 스플라이스 부위의 AG에서 스플라이스 하는 것을 억제한다.

이런 이상한 3′-스플라이스 부위 선택의 이유는 무엇인가? 추아와 리드는 스플라이싱의 여러 단계의 스플라이세오솜을 정제하여 Slu7이 열화된 추출물에 만들어진 스플라이세오솜들은 적어도 특정한 조건이 맞을 때, 엑손 1이 없었다는 것을 밝혔다. 그리하여 그들은 엑손 1은 Slu7이 제거된 추출물에서 만들어진 스플라이세오솜으로 약하게 잡혀 있다고 결론을 내렸다. 약하게 형

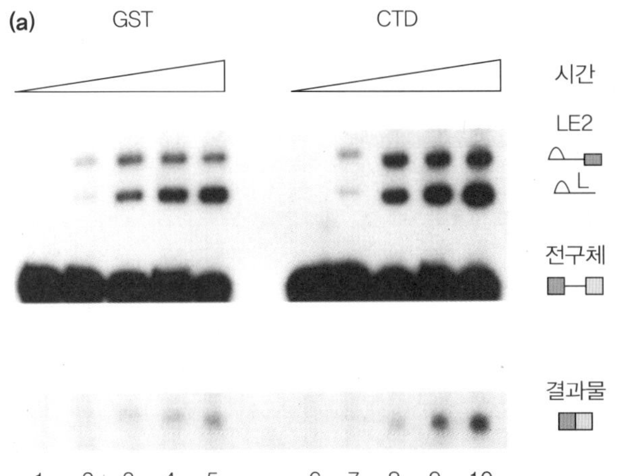

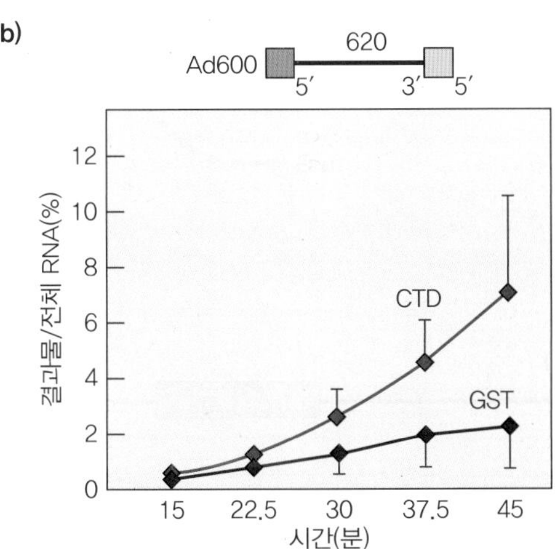

그림 14.32 CTD-GST의 시험관 내 스플라이싱 자극. **(a)** 스플라이싱 반응. 증과 베르겟은 ^{32}P로 표지된 스플라이싱 기질을 배양하였다(Ad600). GST(왼쪽)와 CTD-GST(오른쪽)로 보충된 스플라이싱 추출물이 (b)의 위에 함께 나타나 있다. 위의 가장자리는 배양 시간의 증가를 나타낸다. 그들은 추출물에서 전구체와 중간 산물, 결과물을 분리하기 위해 전기영동하였다. 이들 RNA 종류의 위치는 왼쪽에 확인을 돕기 위한 그림과 함께 표시하였다. **(b)** 결과를 보여 주는 그래프. 전체 RNA에 대한 비율로서 생산물의 양은 시간에 따라 표시되어 있다. 파란색, GST만 넣은 반응 빨간색, CTD-GST를 넣은 반응. (출처: Copyright ©American Society for Microbiology, *Molecular and Cellular Biology* vol. 20, No. 21, p. 8294, fig. 1, 2000.)

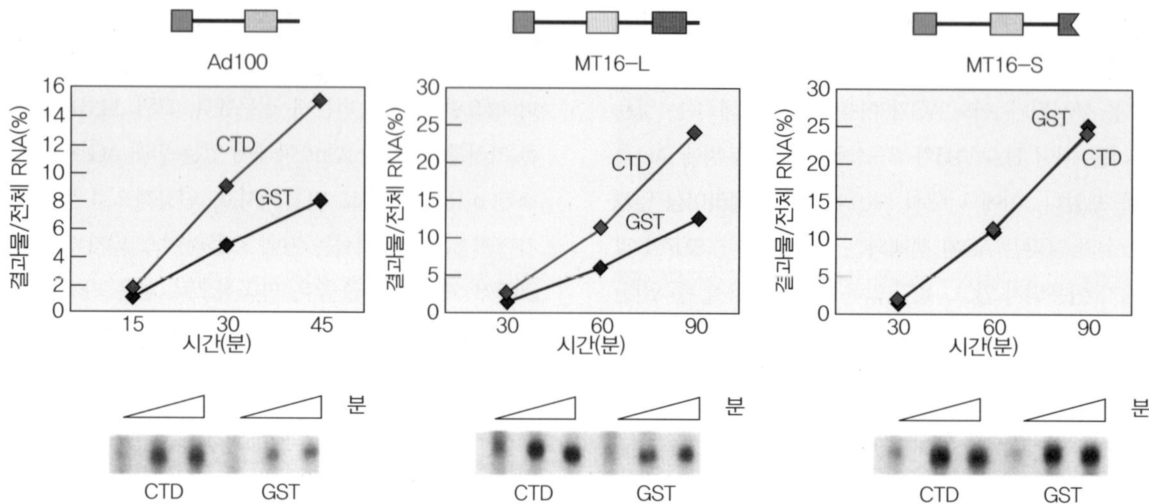

그림 14.33 엑손 또는 인트론 한정을 사용하는 스플라이싱에서 CTD-GST의 효과. 증과 베르겟은 그림 14.32에서 설명한 것처럼 위에 그려진 표지된 3개의 기질을 이용하여 스플라이싱 분석을 수행하였다. 첫 번째 2개는 완전한 엑손을 포함하고 엑손 한정 경로에 의해 스플라이싱될 수 있다. 마지막 MT16-S는 불완전한 엑손을 가지며 인트론 한정 경로에 의해 스플라이싱될 수 있다. 겔 전기영동 결과는 아래에 나타나 있고 이 결과에 대한 그래프는 위에 나타나 있다. 파란색, GST만 넣은 반응 빨간색, CTD-GST를 넣은 반응. (출처: Copyright © American Society for Microbiology, *Molecular and Cellular Biology* vol. 20, No. 21, p. 8294, fig. 4, 2000.)

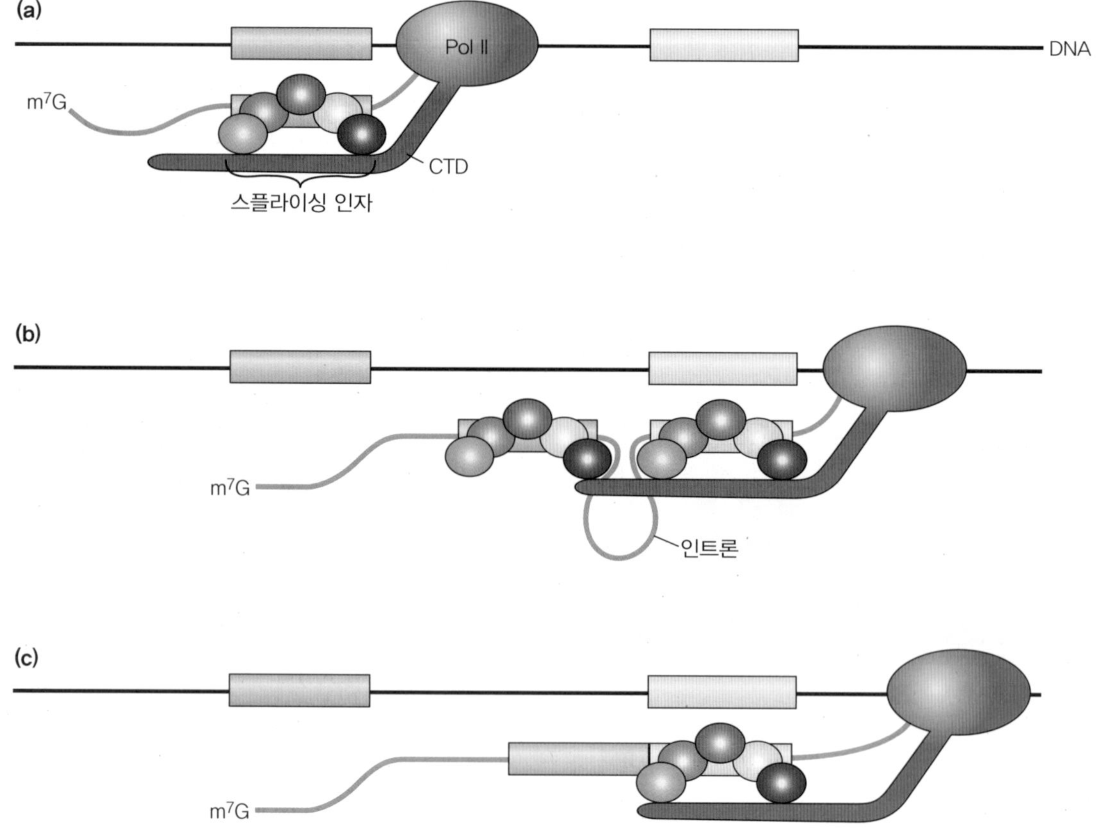

그림 14.34 엑손 한정에서 CTD의 참여 모델. **(a)** 중합효소가 첫 번째 엑손을 전사하고 CTD는 mRNA 전구체 엑손의 말단에서 스플라이싱 인자의 조립을 중재하여 엑손을 한정한다. **(b)** 중합효소가 두 번째 엑손을 전사하고 CTD는 첫 번째와 동일한 방식으로 엑손의 한정을 중재한다. CTD는 또한 2개의 엑손을 서로에게 가깝게 위치하게 하여 함께 스플라이싱되도록 준비한다. **(c)** 2개의 엑손은 함께 스플라이싱되며 중합효소는유전자를 계속 전사한다. (출처: Adapted from Zeng, C. and S. Berget, Participation of the C-terminal domain of RNA polymerase II in exon definition during pre-mRNA splicing. *Molecular and Cellular Biology* 20 (2000) p. 8299, F.9.)

성된 엑손 1은 맞는 AG를 스플라이싱하기 불가능했고, 아마도 그 AG는 스플라이세오솜의 활성 부위에서 격리되었을 것이다. 맞는 AG에 접근할 수 없어 약하게 붙은 엑손 1이 가까이 있는 다른 AG에서 스플라이싱한 것이다.

(5) RNA 중합효소 II CTD의 역할

이 장의 서두에서 언급했듯이 캡핑(capping)과 폴리아데닐레이션(polyadenylation)뿐만 아니라 스플라이싱도 RNA 중합효소 II의 가장 큰 소단위인 Rpb1의 CTD에 의해 조정된다. CTD가 어떻게 스플라이싱에서 역할을 하는가? 2000년에 창칭 증(Changqing Zeng)과 수잔 베르겟(Susan Berget)은 그림 14.32b에서 표현된 표지된 스플라이싱 기질을 사용하여 시험관 내 스플라이싱 반응을 수행하였다. 이 기질 하나의 인트론으로 나누어진 2개의 완전한 엑손을 포함한다. 이 반응을 위해 증(Zeng)과 베르겟은 글루타티온-S-전달효소(GST)와 연결된 재조합 CTD나 단순한 재조합 GST를 첨가했다.

올가미 엑손 중간 산물, 올가미 인트론, 그리고 스플라이싱된 엑손 산물의 양을 측정해 본 결과 이 CTD-GST 혼합단백질이 스플라이싱을 증가시키는 것을 알 수 있었다(그림 14.32a). CTD-GST에 의한 촉진 정도는 촉진 효과가 없는 GST만 있을 때와 비교하여 3~5배 정도였다. 스플라이싱 중간 산물과 결과물이 나타나는 시간이 촉진되는 것이 아니라 중간 산물과 결과물의 양이 증가하는 것에 주목하라. 즉, CTD는 스플라이싱 기질을 활성화된 스플라이세오솜으로 불러들이는 것을 돕는 것으로 보였다.

CTD GST가 불완전한 엑손을 포함하는 기질을 스플라이싱하지 않는다는 것은 흥미로운 사실이다. 그림 14.33에 이 현상이 나타나 있다. 기질 Ad 100과 MT16-L은 완전한 엑손만 포함하고 CTD-GST는 그들의 스플라이싱만을 촉진한다. 그러나 기질 MT16-S는 2개의 완전한 엑손과 하나의 불완전한 엑손을 갖고 있으며 CTD-GST는 스플라이싱에 어떤 효과도 나타내지 않는다. 유사한 실험에서 하나의 완전한 엑손과 불완전한 엑손을 갖는 기질의 스플라이싱도 의해 촉진되지 않았다.

CTD가 snRNP와 SR 단백질에 결합할 수 있다는 것을 보여 준 이전의 실험 결과를 이용하여 증(Zeng)과 베르겟은 CTD가 후반부가 RNA 중합효소에 의해 합성되는 중에 엑손에서 스플라이싱 인자와 조립됨으로써 CDT가 스플라이싱을 용이하게 할 것이라고 제안했다(그림 14.34). 그러나 왜 이것이 모두 완전한 엑손이 있는 기질에서만 작용하는 것일까? 증과 베르겟은 이 결과를 엑손 한정(exon definition)이라는 용어로 해석하였다. 베르겟 등은 다른 실험들에 기초하여 주어진 mRNA 전구체의 스플라이싱 패턴을 엑손 한정과 인트론 한정에 의해 설정할 수 있다고 제안했다. 엑손 한정에서는 스플라이싱 인자가 엑손의 말단을 인지하고 그 사이에서 인트론을 스플라이싱한다. 인트론 한정(intron definition)은 엑손 대신 인트론 말단이 인지된다. 엑손 한정이 작동하기 위해서는 모든 엑손이 완전해야 한다. 그러한 방식에서 무엇이 엑손이고 아닌지 모호하지 않다. 만약 하나나 그 이상의 엑손이 모호하여도 인트론 한정은 여전히 작동한다. 이 가설이 맞다면 인트론 한정에 의한 스플라이싱은 CTD에 의해 용이해지는 것은 아니다.

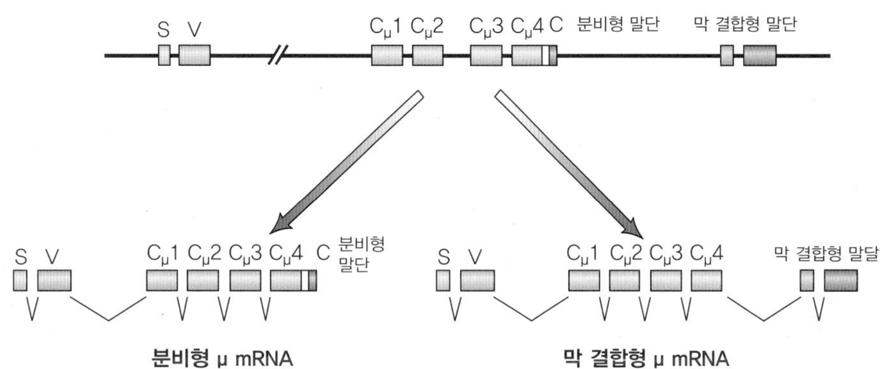

그림 14.35 생쥐의 면역글로빈 μ의 중쇄 유전자의 대체 스플라이싱 양상. 유전자 구조는 그림의 상단에서와 같다. 상자는 엑손을 나타낸다. S 엑손(분홍색)은 단백질 산물이 세포로부터 분비되거나 세포질 막으로 이동하기 위한 신호 펩티드를 암호화한다. V 엑손(주황색)은 단백질의 가변적인 영역을 나타낸다. C 엑손(파란색)은 단백질의 불변 영역을 나타낸다. 불변 영역의 네 번째 엑손($C_\mu4$) 말단에는 분비형 μ 단백질의 말단을 위한 암호화부위(노란색)가 있다. 그 뒤에는 번역되지 않는 짧은 부위(빨간색)와 긴 인트론, 그리고 2개의 엑손이 따른다. 이 중 첫 엑손(초록색)은 μm mRNA의 세포막 부착 부위를 암호화한다. 두 번째 엑손(빨간색)은 μ_m mRNA의 끝에서 발견되는 번역되지 않는 부위이다. 오른쪽, 왼쪽을 가리키는 화살표는 분비형 및 막 결합형 중사슬을 생성하는 스플라이싱 양상을 나타낸다. (출처: Adapted from Early P., J. Rogers, M. Davis, K. Calame, M. Bond, R. Wall, and L. Hood, Two mRNAs can be produced from a single immunoglobulin γ gene by alternative RNA processing pathways. *Cell* 20:318, 1980.)

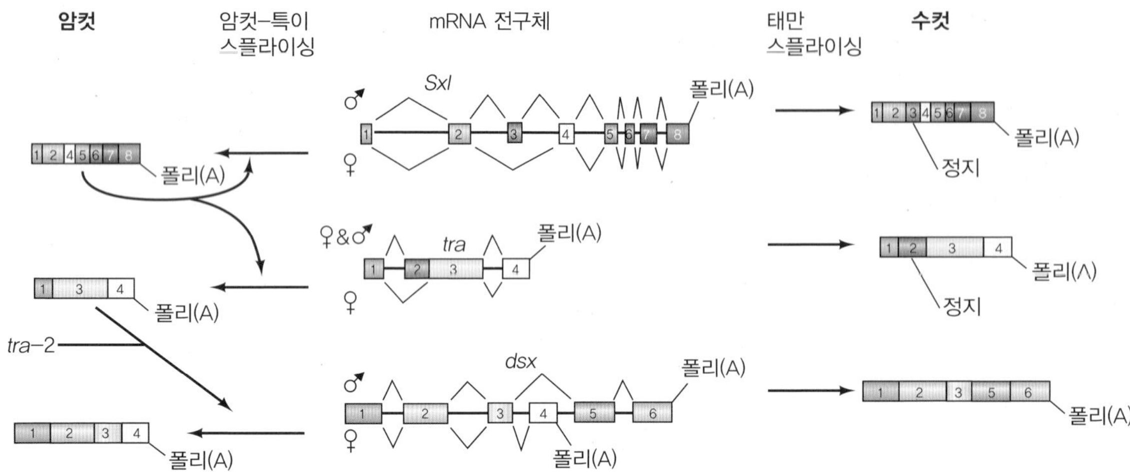

그림 14.36 초파리 성 결정에 있어 대체 스플라이싱의 단계적 경로. 암컷, 수컷이 공통적으로지니는 *Sxl*, *tra*, *dsx* mRNA 전구체의 구조가 중앙에 그려져 있다. 암컷, 수컷–특이인 스플라이싱 양상은 각 그림의 상하에 나타나 있다. 암컷의 *Sxl* mRNA 전구체의 특이적 스플라이싱은 엑손 1, 2, 4~8을 포함한다. 반면, 같은 전사에서 수컷–특이 스플라이싱은 종결코돈을 가진 엑손 3을 포함하여 모든 엑손(1~8)을 포함한다. 즉, 수컷–특이(태만) 스플라이싱에는 짧은 불활성 단백질 산물이 생성된다. 비슷하게 *tra* mRNA 전구체의 암컷–특이 스플라이싱에서는 엑손 1, 3, 4를 포함하는 활성을 지닌 단백질이 생성되지만, 같은 전사 과정에서 수컷–특이 스플라이싱에는 정지코돈을 가진 엑손 2를 포함하는 모든 엑손이 포함된다. 이 경우 역시 수컷의 단백질은 활성을 지니지 않는다. 구부러진 화살표는 유전자 산물이 스플라이싱에 미치는 긍정적인 효과를 나타낸다. 즉, 암컷의 *Sxl* 산물은 *Sxl*과 *tra* mRNA 전구체의 암컷–특이 스플라이싱을 유도하며, 암컷의 *tra* 산물은 또 다른 유전자인 *tra*–2의 산물과 함께 *dsx* 전사물의 암컷–특이 스플라이싱을 유발한다. (출처: Adapted from Baker, B.S. Sex in flies: The spice of life. *Nature* 340:523, 1989.)

CTD가 엑손 한정에서 역할을 한다는 가설을 지지하는 또 다른 증거가 면역제거 실험에 의해 얻어졌다. 증과 베르겟은 RNA 중합효소 II의 추출물을 면역제거로 중합효소를 제거하면 엑손 한정에 의존적이지만 인트론 한정은 비의존적으로 스플라이싱이 억제됨을 발견하였다. CTD를 다시 첨가하면 엑손 한정에 의존적인 기질의 스플라이싱 활성을 회복시켰다.

(6) 대체 스플라이싱

위임에 대한 논의에서 빼놓을 수 없는 또 다른 중요한 주제는 **대체 스플라이싱**(alternative splicing)이다. 진핵생물의 mRNA 전구체는 약 20개 중 1개 꼴로 두 가지 이상의 방식으로 스플라이싱되어 서로 다른 단백질을 암호화하는 2개 이상의 대체 mRNA를 생성한다. 사람에서는 전사물 중 적어도 60%에서 대체 스플라이싱이 일어난다. 하나의 스플라이싱 형태에서 다른 형태로의 전환에는 위임 과정이 관여한다. 이 논의의 후반부에서 이 과제에 관해 다시 다룰 것이다.

르로이 후드(Leroy Hood) 등은 1980년 생쥐의 면역글로불린 μ 중사슬 유전자에서 대체 스플라이싱 현상을 최초로 발견했다. μ 중사슬은 분비형(μ_m)과 막 결합형(μ_s)의 두 가지 형태로 존재한다. 이 두 단백질의 차이는 카르복실 말단에서 나타나는데, μ_m은 막에 결합되기 위한 소수성 부위를 갖는 반면, μ_s는 이 부위를 포함하고 있지 않다. 후드 등은 잡종결합법을 이용해 이 두 단백질이 5′–말단은 같으나 3′–말단은 서로 다른 2개의 mRNA에 의해 암호화됨을 밝혔다. 이 연구자들이 μ 중사슬의 보존부위의 유전자(C_μ 유전자)를 클론한 결과 이 유전자가 분비형과 막 결합형 모두를 3′–부위에 암호화하고 있으며, 이들은 각자 다른 엑손에 암호화되어 있음을 밝혔다. 그림 14.35와 같이, 두 가지 다른 형태의 스플라이싱에 의해 하나의 mRNA 전구체로부터 μ_s와 μ_m을 암호화하는 두 대체 성숙 mRNA를 생성할 수 있다. 따라서 대체 스플라이싱에 의해 하나의 유전자에서 생성되는 단백질 산물의 특성이 결정되며, 결과적으로 유전자 발현의 조절이 이루어진다.

대체 스플라이싱은 생물학적으로 매우 큰 파급 효과를 초래할 수 있다. 그 대표적인 예는 초파리의 성 결정계일 것이다. 초파리의 성은 3개의 다른 유전자, 즉 성 치사(Sex lethal, *Sxl*), 형질전환자(transformer, *tra*), 그리고 이중 성(double sex, *dsx*) 유전자에서 생성된 mRNA 전구체의 대체 스플라이싱 양상을 조절하는 경로에 의해 결정된다. 그림 14.36에 이러한 대체 스플라이싱 양상이 나타나 있다. 이들 유전자의 mRNA를 어떠한 방법으로 스플라이싱 하느냐에 따라 수컷으로 발생할지, 암컷으로 발생할지가 결정된다.

더욱이 이러한 유전자의 기능은 단계적으로 서로 연관되어 있다. Sxl 전사물은 암컷–특이 스플라이싱에 의해 촉진되는 활성

산물을 생성하며, 한편으로 *tra* 전사물의 암컷 특이 스플라이싱을 유발시켜 활성을 지닌 *tra* 산물을 생성한다. (실제로 *tra* 전사물의 약 반은 암컷에서도 수컷 양상으로 스플라이싱되나 이들은 활성이 없으므로 암컷 양상이 우성이다.) 이 활성 *tra* 산물이 또 다른 유전자(*tra-2*) 산물과 함께 dsx 유전자 전사물의 암컷-특이 스플라이싱을 유발한다. 이 암컷-특이 *dsx* 산물은 수컷-특이 유전자를 불활성화하므로 결과적으로 암컷 발생이 이루어진다.

반대로 *Sxl* 전사물의 수컷-특이 스플라이싱 산물은 그 엑손에 종결 코돈을 포함하고 있어 불활성 산물을 생산한다. 이 불활성 산물은 *tra* 전사물의 수컷-특이 태만 스플라이싱(default splicing)을 촉진하며, 이 결과로 종결코돈을 가진 엑손이 완성된 RNA에 포함되어 불활성 *tra* 산물이 생성된다. 활성 *tra* 산물이 없으면 발생중인 세포는 *dsx* 전사물을 태만형인 수컷-특이 양상에 따라 스플라이싱한다. 이 결과 암컷-특이 유전자를 불활성화하는 dsx 산물이 생성되며, 결국 수컷으로 발생된다.

대체 스플라이싱은 어떠한 기작에 의해 조절되는가? 스플라이싱 위임에 대해 알려진 여러 사실에 따르면, RNA에 결합하는 스플라이싱 인자가 관여할 것으로 추측할 수 있다. 실제로 *Sxl*과 *tra*의 산물은 각각 *tra*와 *dsx* 전사체에서 사용되는 스플라이싱 부위를 결정하기 때문에 이러한 단백질들은 암컷-특이 스플라이싱 양상의 위임을 유발하는 스플라이싱 인자라고 여겨진다. 이 가설에 따르면 실제로 *Sxl*과 *tra*의 산물은 모두 SR 단백질임이 밝혀졌고, 이 사실은 위의 가설과 일치한다.

스플라이싱 부위 선택 기작을 좀 더 명확히 밝히기 위해 톰 마니아티스(Tom Maniatis) 등은 Tra와 Tra-2(이는 각각 *tra*와 *tra-2*의 산물임)에 의한 *dsx* mRNA 전구체의 암컷-특이 스플라이싱 유발기작에 관해 집중적으로 연구했다. 이들은 이 두 단백질이 dsx mRNA 전구체의 암컷-특이 3′-스플라이싱 부위의 약 300nt 아래쪽에 존재하는 조절부위에 결합하여 작용함을 발견했다. 이 부위에서는 13nt 서열이 6번 반복됨이 밝혀졌으며 이 부위를 반복부위(repeat element)라 한다.

Tra와 Tra-2는 dsx mRNA 전구체의 암컷-특이 스플라이싱의 위임에 필요하다. 이들만으로 충분할까? 이를 위해 밍 티엔(Ming Tian)과 마니아티스는 다음과 같은 방식의 위임 검사법을 개발했다. 이들은 엑손 3과 4, 그리고 그들 사이의 인트론만을 포함하는 표지된 짧은 *dsx* mRNA 전구체를 가지고 시작했다. 이 모델 mRNA 전구체는 시험관 내에서 스플라이싱될 수 있다. 그들은 Tra와 Tra-2, 그리고 위임에 필요할지 모르는 다른 단백질의 공급을 위해 **구균 핵산분해효소**(micrococcal nuclease, MNase)를

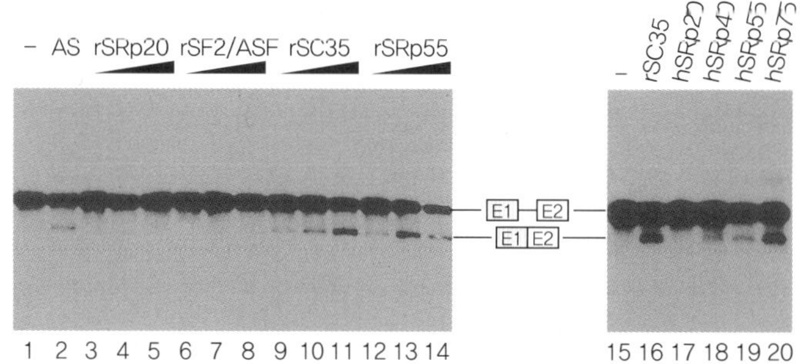

그림 14.37 *dsx* mRNA 전구체의 암컷-특이 스플라이싱을 분석하기 위한 위임 분석. 티엔과 마니아티스는 시험관 내 *dsx* 스플라이싱 분석을 통해 Tra, Tra-2를 보완할 수 있는 능력을 지닌 SR 단백질을 조사했다. 1번 레인에는 보완을 위한 단백질이 첨가되지 않았다. 2번 레인에는 황산암모늄에 의해 침전된 SR 단백질의 혼합물이 포함되어 있다. 3~14번 레인까지는 레인 위에 쓰인 것처럼 다양한 양의 SR 단백질을 포함하고 있다. 15번 레인은 1번 레인과 동일한 음성 대조군이다. 16번 레인은 11번 레인과 같이 가장 많은 양의 재조합 SC35가 포함된 실험군이다. 17~20번 레인까지는 각 레인의 위에 쓰인 것과 같이 정제된 비재조합 SR 단백질을 포함한다. 스플라이싱 기질(위의 띠)과 스플라이싱된 산물(아래 띠)의 전기영동에서의 위치는 두 방사성 사진 사이에 표시했다. (출처: Tian, and M. Maniatis, A splicing enhancer complex controls alternative splicing of doublesex pre-mRNA. *Cell* 74 (16 July 1993) f. 5, p. 108. Reprinted by permission of Elsevier Science.)

처리한 핵 추출물을 첨가했다. 이 구균 핵산분해효소는 snRNA를 분해하나 단백질은 분해하지 않는다. 그 다음 다량의 경쟁자 RNA(표지되지 않은 dsx mRNA 전구체)를 포함하고 있는 구균 핵산분해효소 미처리 핵 추출물을 첨가했다. 만일 위임이 사전 배양 시기에 일어난다면 표지된 mRNA 전구체는 스플라이싱될 것이다. 반면에 사전 배양 시기에 위임이 일어나지 않는다면 경쟁자 RNA에 의해 표지된 mRNA 전구체의 스플라이싱은 더 이상 일어나지 않을 것이다. 스플라이싱 여부를 조사하기 위해 티엔과 마니아티스는 RNA를 전기영동하고, 자기방사법으로 RNA 종류를 검색했다. 그들은 구균 핵산분해효소를 처리한 핵 추출물 없이 Tra와 Tra-2만으로는 위임이 유발되지 않음을 밝혔다. 결국 핵 추출물 중의 무엇인가가 이들 단백질들을 보완하여 위임을 일으킴을 알 수 있다.

이런 핵 추출물 중의 인자를 동정하기 위해 티엔과 마니아티스는 먼저 SR 단백질을 대량으로 분리했으며, 이러한 SR 단백질 혼합물이 Tra와 Tra-2를 보완할 수 있음을 발견했다. 이후 이들은 네 종의 순수한 재조합 SR 단백질들과 고도로 순수 분리된 다른 두 종의 비재조합 단백질을 준비하여 이들을 Tra와 Tra-2를 이용한 위임 검사에 사용했다. 이 실험은 이전 실험에서 구균 핵산분해효소 처리된 핵 추출물 대신 순수 분리된 단백질을 사용한 것

이다. SR 단백질 없이 Tra와 Tra-2만으로는 스플라이싱이 일어나지 않는다(그림 14.37, 1번 레인). 황산암모늄 침전으로 준비된 SR 단백질의 혼합물은 Tra와 Tra-2를 보완하는 것을 보인다(그림 14.37, 2번 레인). 재조합 또는 고도로 순수분리된 SR 단백질의 효과는 다른 레인에 나타나 있으며, 이들 중에서 일부만 Tra와 Tra-2를 보완하여 스플라이싱을 유발함을 밝혔다. 특히 SC35, SRp40, SRp55, SRp75는 Tra와 Tra-2를 보완할 수 있었으나 SRp20과 SF2/ASF는 그렇지 않았다. 따라서 Tra, Tra-2와 이 활성 단백질 중 하나가 동시에 존재하면 *dsx* mRNA 전구체의 암컷-특이 스플라이싱의 위임을 유발하기에 충분함을 알 수 있다.

위임 과정에서 SR 단백질은 mRNA 전구체에 결합하는 것으로 추측되며, 이미 Tra와 Tra-2가 반복 요소에 결합함은 이미 설명한 바와 같다. 그렇다면 과연 다른 SR 단백질들도 반복 요소에 결합하는가? 이를 밝히기 위해 티엔과 마니아티스는 위의 반복 요소를 포함하는 RNA와 결합된 레진을 이용해 친화성 크로마토그래피를 수행했다. 이 RNA에 결합한 단백질들을 분리한 후, 이들을 전기영동하고 면역블롯팅으로 동정했다. Tra와 Tra-2, 그리고 SR 단백질 혼합물에 대한 항체를 이용해 수행한 면역블롯 실험 결과, 예상대로 Tra와 Tra-2가 검출되었고 다량의 SRp40이 발견되었으며 SF2/ASF나 SC35를 포함할 수 있는 밴드가 발견되었다. 위임 검사에서 SC35는 Tra와 Tra-2를 보완할 수 있으며 SF2/ASF는 보완하지 못함이 이미 밝혀진 바 있으므로, 이 밴드는 SC35에 해당하는 것으로 추측할 수 있다. Tra와 Tra-2 없이는 어떠한 SR 단백질들도 RNA와 결합하지 못했다. 이러한 실험은 Tra와 Tra-2의 존재하에서 위의 두 종류 SR 단백질이 RNA의 반복 요소에 결합하며 이들의 결합이 위임 과정에 중요함을 뜻하지는 않는다. 그러나 RNA 전구체의 반복 요소에 결합하는 SR 단백질이 위임에서도 Tra와 Tra-2를 보완한다는 사실은 SR 단백질의 반복 요소에의 결합이 위임에 중요한 역할을 하리라는 것을 시사한다.

6) 스플라이싱의 조절

동일한 mRNA 전구체에 대한 대체 스플라이싱 방법의 두 가지 예로 하나의 mRNA 전구체가 다른 결과물을 만들어 내는 것을 이미 살펴보았다. 이것은 더 이상 호기심을 자극하는 드문 현상이 아니고 반 이상의 인간 유전자에서 일어나는 것으로 추측되고 있다. 많은 유전자들이 두 가지 이상의 스플라이싱 양상을 보이고 어떤 경우에는 수천 가지의 양상을 보이기도 한다.

그림 14.38은 대체 스플라이싱의 여러 다른 종류를 보여 준다. 먼저, 전사가 대체 프로모터에서 시작될 수 있다. 이 그림에서는 첫 번째 프로모터에서 시작된 전사가 첫 번째 엑손(A)을 포함하지만 두 번째 프로모터에서 시작한 전사는 그렇지 않다. 두 번째, 다른 엑손이 빠지고(여기서는 엑손 C) 결과적으로 그 엑손이 mRNA로부터 제거된다. 세 번째, 대안의 5′-스플라이싱 부위가 엑손 중 일부의 삽입 또는 제거를 이끈다(여기서는 D′). 네 번째, 대안의 3′-스플라이싱 부위가 엑손 중 일부의 삽입 또는 제거로 이끈다(여기서는 F′). 다섯 번째, 인트론으로 인식되지 않으면 유지된 인트론(retained intron)이라 불리는 인트론이 아래 스플라이싱 양상에서처럼 mRNA에 남아 있다. 여섯 번째, 15장에서 배울 폴리아데닐레이션이 일어나 mRNA 전구체가 잘라지고 아래쪽의 모든

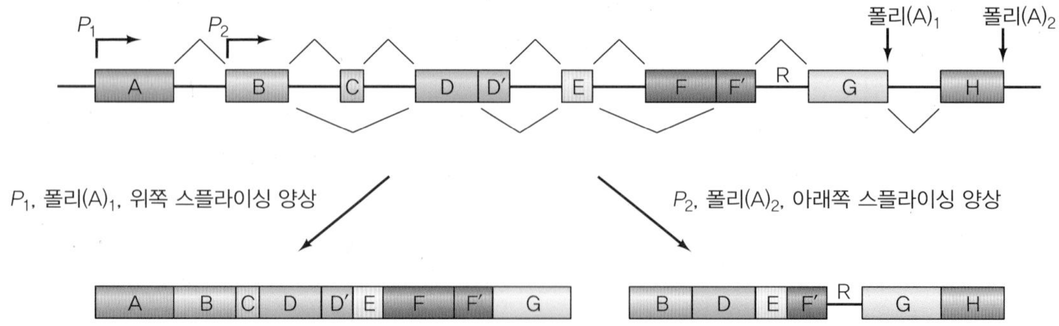

그림 14.38 대체 프로모터와 아데닐산중합반응 부위와 짝지어진 대체 스플라이싱 패턴. 64개의 가능한 mRNA 중 2개만 나타나 있다. 다음은 왼쪽에서 오른쪽까지 6개의 다른 결정부위에 따른 스플라이싱 양상이다. ① 2개의 다른 프로모터의 첫 번째를 사용하면 엑손 A를 포함하는 반면, 두 번째 프로모터를 사용하는 경우는 그 엑손이 제거된다. ② 엑손 C 인식에 실패하면 아래 스플라이싱 양상에서 엑손이 제거된다. ③ 엑손 D와 D′ 사이에 있는 엑손 D와 함께 대체 5′-스플라이싱 부위를 인식하면 아래 스플라이싱 양상에서 D′이 제거된다. ④ F와 F′ 사이에 있는 엑손 F와 함께 대체 3′-스플라이싱 부위를 인식하면 아래 스플라이싱 양상에서 F가 제거된다. ⑤ 남아 있는 인트론(R)을 인식하는 데 실패하면 아래 스플라이싱 양상에서 그 인트론이 남아 있게 된다. ⑥ mRNA 전구체가 폴리(A) 부위 다음에서 잘라져 위쪽 스플라이싱 양상에서처럼 엑손 H를 제거한다.

엑손이 손실된다. 예를 들어 폴리(A) 부위 1에서 잘라져 엑손 H가 제거되는 것이다. 그래서 두 가지 가능성의 6개 부위로 $2^6=64$가지의 결과를 만들게 된다.

대체 스플라이싱은 세포에 의해 분명히 신중하게 조절된다. 예를 들어 수컷 초파리에서 *dsx* mRNA 전구체가 암컷-특이 스플라이싱이 일어나면 안 될 것이다. 이러한 모든 것은 하나의 환경(context)에서 엑손으로 인식되는 것이 다른 환경에서는 인트론이 되기도 한다.

그렇다면 무엇이 특정 환경에서 이러한 신호의 인식을 자극하고 다른 환경의 인식을 방해하는 것일까? 이 물음에 대한 부분적인 해답은 우리가 이미 살펴본 것처럼 특정 스플라이싱 부위에서 위임을 자극하는 스플라이싱 인자에 있다. 다른 부분적인 해답은 엑손이 스플라이싱을 자극하는 엑손 스플라이싱 인핸서(exonic splicing en-hancer, ESE)로 알려진 염기서열을 포함하고 스플라이싱을 억제하는 엑손 스플라이싱 사일런서(exonic splicing silencer, ESS)를 포함한다는 것이다. (인트론 스플라이싱 인핸서와 사일런서도 존재한다.) 이러한 염기서열은 아마 특정 세포 형태에서, 또는 세포주기의 특정 단계에서, 또는 호르몬과 같은 외부 물질에 대한 반응으로 만들어지는 단백질 인자에 결합하는 것으로 보인다. 이러한 결합은 이후 가까운 스플라이싱 부위에서 스플라이싱을 활성화하거나 억제할 것이다.

초파리의 성-결정 유전자(dsx)는 엑손 스플라이싱 인핸서에 대한 좋은 예이다. 이 유전자의 엑손 4(그림 14.36)는 매우 약한 3′-스플라이싱 부위를 가지고 있어서 U2AF가 그것을 인식하기가 어렵다. 그러므로 수컷의 초파리에서는 엑손 4가 인식되지 않고 완성된 mRNA에서 탈락된다. 그러나 암컷 초파리에서는 *tra* 유전자 산물이(Tra) 2개의 SR 단백질과 함께, 엑손 4의 ESE에 결합하여 엑손 4 앞에 있는 3′-스플라이싱 부위의 인식을 U2AF를 공격함으로써 활성화한다. 그러므로 엑손 4는 완성된 mRNA에 포함하게 된다.

현재 많은 ESE가 알려져 있다. ESE를 발견하는 한 가지 방법은 그것들을 제거하여 특정 부위에서의 스플라이싱의 손실을 관찰하는 것이다. 또 다른 방법은 특정 분자에 결합하기보다 스플라이싱을 제거하는 능력에 의존하는 기증적인 SELEX 과정(5장 참조)에 의한 것이다. 아드리안 크라이너(Adrin Krainer) 등은 두 번째 엑손이 ESE를 담고 있는 엑손-인트론-엑손을 포함하는 클론된 DNA로 연구를 시작하였다. 그들은 이 ESE를 PCR 방법으로 크기가 DNA 20mer인 무작위 세트로 치환하였다. 그리고 이 1.2×10^{10}가지 DNA 염기서열을 전사하고 세포 추출물에서 스플라이싱될 수 있는 RNA만 선택하였다. RNA를 선택할 때는 스플라이싱 안 된 RNA로부터 스플라이싱된 RNA를 분리하는 겔 전기영동을 이용하였다.

이 기능적인 SELEX 과정의 단점은 사전에 어떤 SR 단백질이 세포 추출물에 들어갔는지를 알아야 한다는 것이다. 그래서 모르는 단백질과 함께 작용한 ESE는 확인할 수 없다. 이 문제에 대한 다른 한 가지 방법은 컴퓨터를 사용하는 것이다. 즉, 진짜 엑손과 위엑손의 염기서열을 비교하고 진짜 엑손에서 더 많이 발견되는 짧은 염기서열(6~10nt)을 찾는 것이다. 물론 ESE는 스플라이싱이 촉진될 필요가 없는 위엑손에서는 발견되지 않을 것이다. 그러나 스플라이싱이 촉진될 필요가 있는 진짜 엑손에는 ESE가 존재할 것이다. (반대로 ESS는 진짜 엑손보다 위엑손에서 더 많이 발견되는 경향이 있다.) 일단 추정되는 ESE를 어떤 방법에 의해서든 확인하였으면 그것들은 모델 스플라이싱 기질에서 정상적으로 빠지는 엑손에 놓여질 수 있고 스플라이싱을 자극하는 능력이 바로 분석될 수 있다.

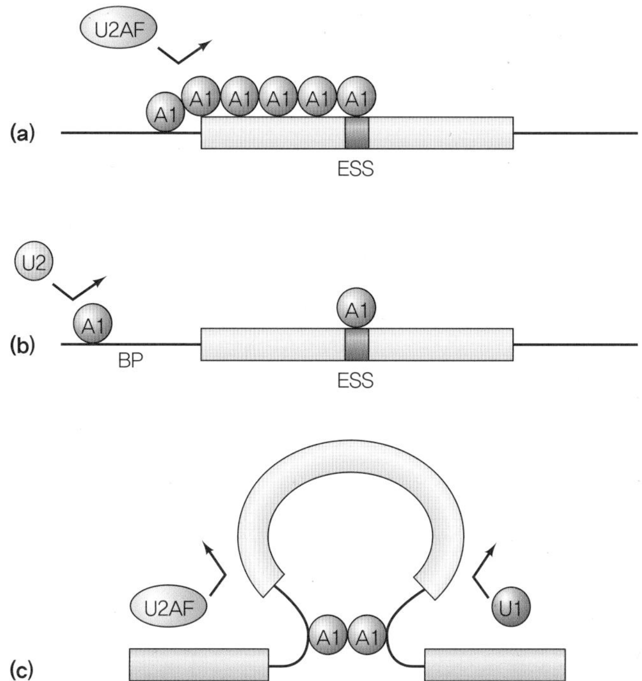

그림 14.39 스플라이싱의 snRNP A1 사일런싱 모델. **(a)** A1이 먼저 ESS에 결합하고 A1 결합이 계속 더해진다. 이 경우 앞의 인트론 말단에서 3′-부위 쪽으로 모인다. 이로써 U2AF가 결합하는 것이 방해된다. **(b)** A1은 인트론 내 가지분기점(BP) 가까이 있는 인트론 사일런싱 요소에 결합한다. 이것은 U2가 결합하는 것을 방해한다. **(c)** A1은 노란색 엑손 옆에 있는 인트론 내의 2개의 인트론 사일런싱 요소에 결합한다. 이러한 2개의 A1 분자 사이의 상호 작용은스플라이싱 머신으로부터 엑손을 숨기면서 엑손을 분리하는 RNA 고리를 형성한다.

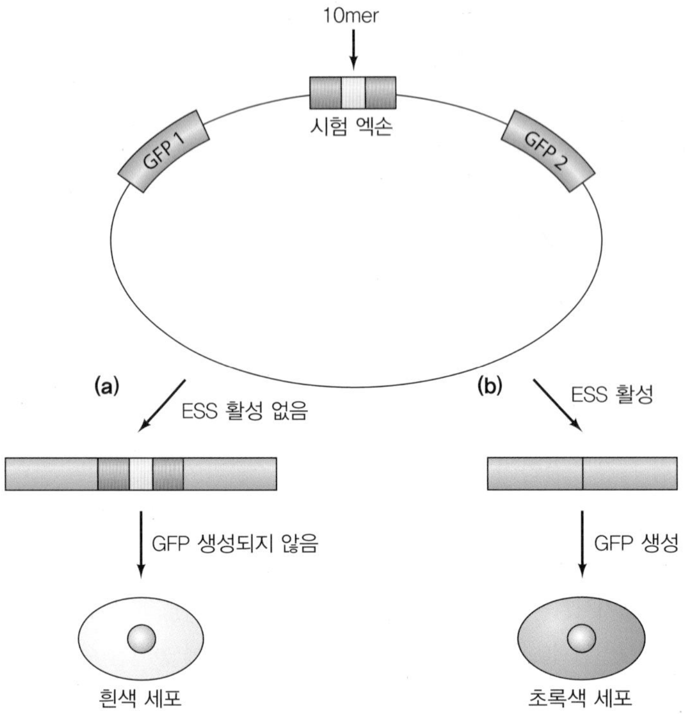

그림 14.40 ESS의 활성을 동정하기 위한 리포터 구조(reporter construct). 버지 등은 GFP 유전자의 2개의 엑손(초록색) 사이에 무작위적인 10mer(노란색)이 들어간 실험 엑손(빨간색)을 포함하는 플라스미드를 만들었다. 그들은 이러한 플라스미드 집단을 세포에 삽입하고 초록색을 조사하였다. **(a)** 만약 10mer가 ESS 활성이 없으면 시험 엑손의 스플라이싱은 사일런싱되지 않을 것이므로 그것은 GFP mRNA의 중간에 포함될 것이고, 활성이 없어지면서 흰색 세포를 만들 것이다. **(b)** 만약 10mer가 ESS 활성을 가지고 있으면 시험 엑손은 인식되지 않을 것이고, 주변 인트론과 함께 스플라이싱될 것이다. 그러므로 정상적인 GFP mRNA가 만들어져 세포는 초록색이 될 것이다.

ESE는 SR 단백질과 상호 작용하는 반면, ESS는 **hnRNP 단백질**(hnRNP protein)과 상호 작용한다. 이 단백질은 대부분이 mRNA 전구체인 hnRNA에 결합한다. ESS 활성도와 관련이 있는 hnRNP 단백질은 대개 **hnRNP A1**이다. 분자생물학자들이 발견한 바로는 적어도 A1 반응의 세 가지 다른 기작이 있고(그림 14.39), 세 가지 모두 맞을 것이며 다른 엑손의 억제에 다른 기작이 작용할 것이라는 것이다.

첫 번째 기작은 ESS를 포함한다. 엑손 내에서 ESS에 결합한 A1은 추가적인 A1 분자의 결합의 중심을 이루는데 그것은 마치 결합한 A1이 엑손을 통해 퍼지고 스플라이싱 머신으로부터 스플라이싱 신호를 숨기는 것과 같다. 다른 두 가지 제안된 기작은 A1이 **인트론 사일런싱 요소**(intronic silencing element)로 결합하는 것을 포함한다. HIV *tat* 유전자의 세 번째 엑손은 두 번째 기작의 좋은 예가 된다. A1은 앞쪽 인트론 내에 스플라이싱 가지 분기점 근처에 결합부위를 갖는다. A1은 그곳에 결합하지만 U2 snRNP는 결합할 수 없어 스플라이싱을 못한다. 세 번째 기작은 A1이 엑손 옆에 있는 2개의 인트론 부위에 결합하고 두A1 분자 사이의 상호 작용으로 스플라이싱 머신에 의해 무시되는 RNA 고리 위의 엑손을 분리시킨다.

어떻게 ESS를 확인할 수 있을까? 한 가지 방법은 이미 제안된 것처럼 컴퓨터적인 방법을 사용하여 진짜 엑손과 비교하여 위엑손에 풍부한 염기서열을 찾는 것이다. 다른 방법은 스플라이싱을 억제하는 염기서열을 직접 찾는 것이다. 크리스토퍼 버지(Christopher Burge) 등은 위의 방법에 사용할 리포터 구조(construct, 그림 14.40)를 디자인했다. 그들의 구조는 초록색 형광 단백질(GFP)을 암호화하는 유전자의 두 엑손을 포함하는 플라스미드이다. 이 두 엑손 사이는 완성된 mRNA에서 다른 두 엑손이 포함된다면 GFP mRNA를 방해하고 GFP 단백질의 생산을 막는 또 다른 엑손이 있다. 그래서 버지 등은 무작위적인 10bp 염기서열을 이 중간 엑손에 삽입하여 세포에 넣고 형광 빛에서 초록색 세포를 찾았다.

초록색 세포는 중간 엑손이 mRNA에 포함되지 않고, GFP가 생산되었고, 그 중간 엑손 내 10mer가 ESS로서 반응했다는 것을 암시한다. 이 방법을 이용하여 버지 등은 ESS 활성을 가진 133가지 다른 성격의 141가지 10mer를 확인하였다.

인트론의 잔재는 하나의 의문점을 일으킨다. 일부만 스플라이스된 전사체가 이렇게 세포질로 이동하는가? 보통은 전사체는 완전하게 스플라이스될 때까지 핵에 남아 있는다. 이 남은 일부 **엑손 접합부 복합체**(exon junction complex, EJC) 때문이다. 여러 개의 단백질이 새로이 결합된 엑손들이 만나는 부위에 모이고, RNA가 핵에서 나가는 것을 돕는 역할을 한다. 하지만 많은 경우에는 스플라이스가 완성되지 않았는데 나가는 전사체의 경우도 있고, 그 특정한 인자를 통해서 핵에서 빠져나가고 세포질에서 분해되는 것을 막는다.

14.3. 자가 스플라이싱 RNA

1980년대에 분자생물학에서 가장 놀라운 발견 중 하나는 일부 RNA가 스플라이세오솜이나 다른 단백질의 도움 없이 스스로 스플라이싱할 수 있다는 것이었다. 토마스 체크(Thomas Cech) 등은 섬모충인 테트라하이메나(*Tetrahymena*)의 26S rRNA 유전자의 연구를 통해 이를 발견했다. 이rRNA 유전자는 인트론을 지니고 있다는 점에서 rRNA 중에서는 약간 특이한 유전자이다. 그러나 1982년 발표된 이 연구가 주의를 끈 더 큰 이유는 순수분리된 26S rRNA 전구체가 시험관 내에서 스스로 스플라이싱한다는 결과 때문이다. 사실 이것은 **I군 인트론**(group I intron)이라 부르는 자가 스플라이싱 인트론의 첫 번째 예이다. 이어진 연구들에서 **II군 인트론**(group II intron)이라 부르는 다른 부류의 인트론이 발견되었으며 이들 중 일부는 역시 I군 인트론과 같이 자가 스플라이싱한다.

1) I군 인트론

자가 스플라이싱 RNA를 만들기 위해 체크 등은 인트론을 포함하는 26S rRNA의 일부분을 클론하여 두 종류의 다른 플라스미드를 만들고, 시험관 내에서 대장균 RNA 중합효소로 이들을 전사시켰다. 이 전사 반응에서 생성된 표지 전사 산물을 전기영동으로 분리한 결과(그림 14.41), 4개의 커다란 RNA 산물과 이전의 실험에서 이미 관찰된 바 있는 선형 및 원형의 인트론, 그리고 15개의 염기가 제거된 선형 인트론에 해당하는 크기의 3개 작은 RNA가 나타났다. 이 결과는 RNA가 스플라이싱되었으며, 절단된 인트론은 원형화되었음을 시사한다.

이 스플라이싱은 RNA 자체에 의해 수행되는가 아니면 RNA 중합효소가 어느 정도 관여하는가? 이 질문에 대답하기 위해 체크 등은 스플라이싱을 방해하는 폴리아민계 물질들, 스퍼민

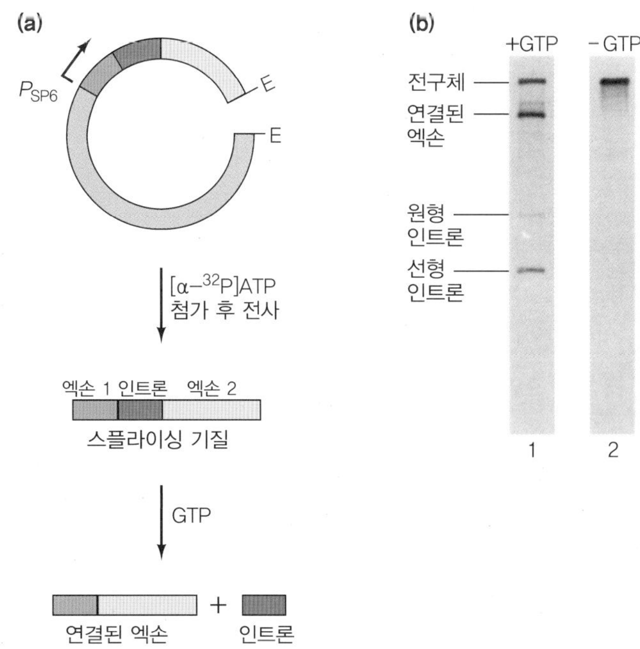

그림 14.41 엑손 연결의 증명. **(a)** 실험 내용. 체크 등은 테트라하이메나 26S rRNA 유전자의 일부를 포함하는 플라스미드를 합성했다. 303bp의 엑손 1(파란색), 413bp의 인트론(빨간색), 624bp의 엑손 2(노란색). 플라스미드 DNA에 *Eco*RI을 처리하여 선형 플라스미드로 전환시키고, 시험관 내에서 파지 SP6 RNA 중합효소와 [α–^{32}P]로 표지된 ATP를 첨가하여 전사 반응을 일으켜 표지된 스플라이싱 기질을 생산했다. 스플라이싱 조건하에서 GTP를 포함하거나 하지 않은 상태에서 기질을 배양한 후, 전기영동으로 반응물을 분리하고 자기 방사성 사진으로 표지된 RNA를 규명했다. **(b)** 실험 결과. GTP가 포함된 경우(1번 레인)에는 연결된 엑손의 뚜렷한 밴드가 나타났고, 선형과 원형의 인트론에 해당하는 밴드도 나타났다. GTP가 포함되지 않은 경우(2번 레인)는 단지 기질에 해당하는 밴드만 나타났다. 따라서 엑손의 연결은 이 RNA 스스로에 의해 촉매되는 자가 스플라이싱 반응의 한 부분으로 보인다. (출처: (b) Inane, T., F.X. Sullivan, and T.R. Cech, Intermolecular exon ligation of the rRNA precursor of *Tetrahymena*: Oligonucleotides can function as 5′-exons. *Cell* 43 (Dec 1985) f. 1a, p. 432. Reprinted by permission by Elsevier Science.)

(spermine), 스퍼미딘(spermidine), 푸트레신(putrescine)의 존재하에서 RNA 중합반응을 실시했다. 그 산물을 전기영동한 후 4개의 RNA 밴드 모두와 출발점에 남아 있는 물질들을 겔에서 잘라, 이로부터 RNA를 순수분리했다. 다음 이들 RNA를 스플라이싱 조건(즉 폴리아민 없이)에서 배양한 후 다시 전기영동했다. 전기영동 겔의 자기방사 사진을 분석한 결과 b, c, d 밴드로부터 얻은 RNA로부터는 분리된 인트론을 볼 수 있었으나, 출발점이나 a 밴드의 RNA로부터는 인트론을 볼 수 없었다(그림 14.42). 따라서 b~d 밴드는 단백질(RNA 중합효소를 포함하여)이 전혀 없는 상태에서도 스스로 스플라이싱할 수 있는 26S rRNA의 전구체임을

알 수 있다.

위의 실험에서 인트론으로 추정되는 RNA 밴드는, 그 크기는 정확히 인트론에 해당하나 이 RNA가 정말 인트론임을 증명하기 위해 체크 등은 이RNA의 첫 39nt를 조사하여 그 서열이 인트론의 첫 39nt와 정확히 일치함을 발견했다. 그러므로 이RNA가 실제로 인트론임이 증명된 것이다.

체크 등은 또한 선형 인트론(이미 언급한 바 있는 RNA)이 자체로 원형화할 수 있음을 발견했다. 그들은 단순히 온도, Mg^{2+} 및 염 농도를 높여줌으로써 순수분리된 선형 RNA의 일부가 원형으로 바뀔 수 있음을 밝혔다.

지금까지 우리는 rRNA 전구체가 자신의 인트론을 제거할 수 있음에 대해 알아보았으나 과연 엑손과 엑손의 스플라이싱도 가능한가? Cech 등은 이것의 가능함을 보이기 위해 스플라이싱 모델 반응을 사용했다(그림 14.41a). 그들은 첫 엑손의 303bp, 전체 인트론 및 나중 엑손의 624bp를 포함하는 테트라하이메나 26S rRNA 유전자의 일부를 클로닝하여 파지 SP6 중합효소의 프로모터를 가진 플라스미드에 실었다. 표지된 스플라이싱 기질을 생성하기 위해 그들은 이 DNA를 [α-^{32}P] ATP의 존재하에서 SP6 중

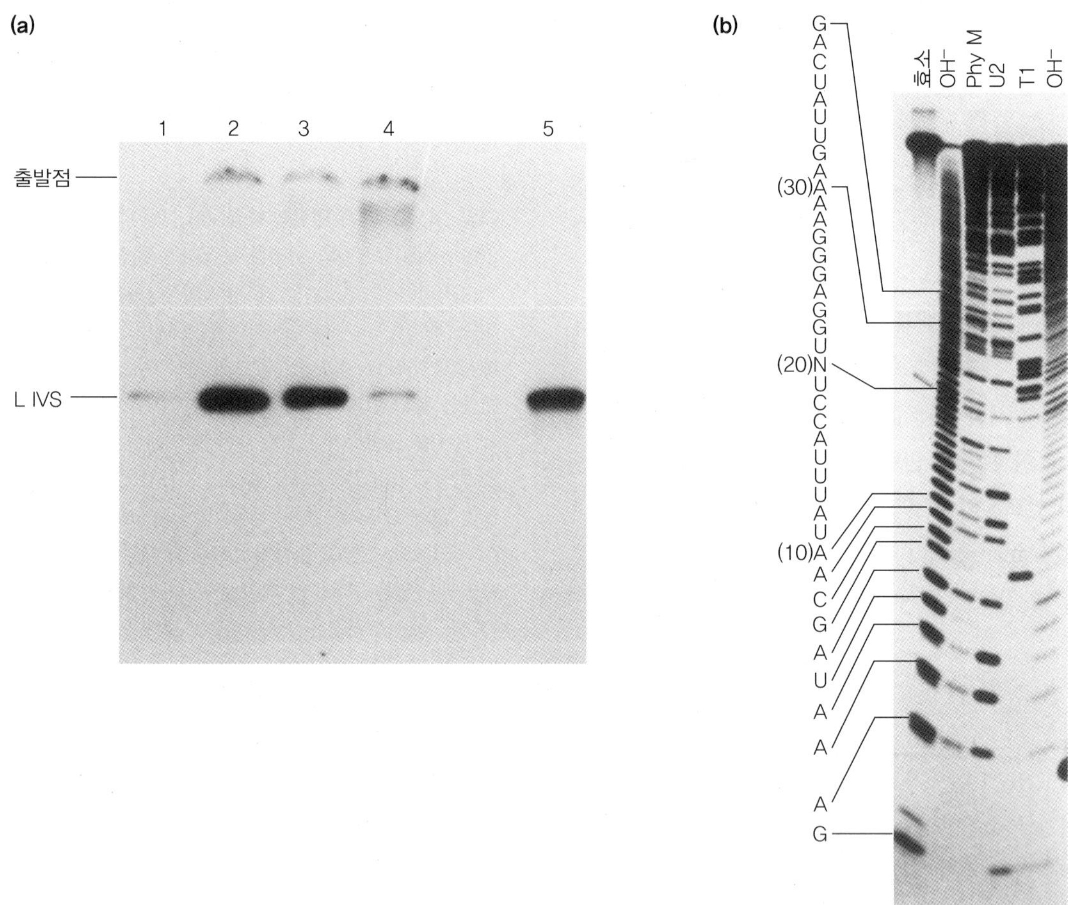

그림 14.42 절제된 인트론의 5′-말단에 GMP의 첨가. (a) 방사성의 GTP로 스플라이싱이 일어나는 동안 인트론을 표지. 체크 등은 표지된 뉴클레오티드를 첨가하지 않고 스플라이싱이 일어나지 않는 조건에서 플라스미드 pIVS11을 전사했다. 그들은 이 표지되지 않은 26S rRNA 전구체를 분리하여 [α-^{32}P]GTP를 첨가하고 스플라이싱 조건에서 배양했다. 그다음 세파덱스 G-50을 이용한 크로마토그래피로 생성물을 분리했으며, 각 분획을 전기영동하여 그 겔을 방사성 사진으로 남겼다. 1~4번 레인은 세파덱스 칼럼에서의 연속적 분획이다. 5번 레인은 선형 인트론의 표시자이다. 2와 3번 레인은 선형 인트론의 대부분을 포함하고 있다. 이 선형 인트론이 방사능으로 표지된 것으로 보아 표지된 구아닌 뉴클레오티드가 인트론과 결합되었음을 알 수 있다. (b) 표지된 인트론의 염기서열. Cech 등은 RNA 서열을 밝히는 데 효소적인 방법을 이용했다. 그들은 모든 염기를 알칼리로 자르거나(OH^-), RNA 가수분해효소 Phy M을 처리하여 A와 U 다음을 자르고, RNA 가수분해효소 U2를 처리하여 A 다음을, 그리고 RNA 가수분해효소 T1을 처리하여 G 다음을 잘랐다. RNA의 처리 방법은 그림의 상단에 표시하였다. 추정된 RNA의 염기서열은 그림 왼쪽에 나타냈다. 맨 아래에 5′-G를 주목해야 한다. (출처: Kruger K., P.J. Grabowski, A.J. Zaug, J. Sands, D.E. Gottschling and T.R. Cech, Self-splicing RNA: Autoexcision and autocyclization of the ribosomal RNA intervening sequence of Tetrahymena. *Cell* 31 (Nov 1982) f. 4, p. 151. Reprinted by permission of Elsevier Science.)

합효소와 함께 시험관에서 전사시켰다. 그들은 GTP를 넣거나 넣지 않은 스플라이싱 조건하에서 이 RNA를 반응시킨 후 그 산물을 전기영동했다. 1번 레인은 GTP와 반응한 산물들을 나타낸다. 작은 양의 원형 인트론과 함께 앞의 실험에서 이미 관찰되었던 선형 인트론을 볼 수 있으며, 연결된 엑손을 나타내는 뚜렷한 밴드도 관찰되고 있다. 대조적으로, 2번 레인에는 GTP가 존재하지 않는 상태에서는 이러한 산물이 나타나지 않고 오직 기질만이 발견된다. 스플라이싱은 GTP에 의존적이기 때문에 이 결과는 우리가 기대했던 것이며, 이러한 산물들이 모두 스플라이싱 반응에 의한 것임을 의미한다. 결론적으로 이러한 결과들은 I군 인트론을 지닌 RNA에서 엑손의 연결을 포함하는 진정한 의미의 스플라이싱 반응이 일어남을 강력히 시사한다.

체크 등은 이미 26S rRNA 전구체의 스플라이싱 반응에서 인트론의 5′-말단 위치에 구아닌 뉴클레오티드가 추가되는 현상을 이미 밝힌 바 있다. 단백질이 존재하지 않는 상태에서 자가 스플라이싱이 같은 기작을 사용함을 밝히기 위해 그들은 다음과 같은 두 가지 실험을 수행했다. 첫째, 그들은 스플라이싱 전구체를 스플라이싱 조건과 비스플라이싱 조건에서 [α-^{32}P]GTP와 반응시킨 후, 그 산물을 전기영동하여 인트론이 표지되었는지를 확인했다. **그림 14.42a**에 그들이 표지되었음이 나타나 있으며 [γ-^{32}P]GTP를 사용한 실험에서도 비슷한 결과를 얻었다. 둘째, 이 연구자들은 같은 방법으로 [α-^{32}P]GTP로 인트론을 표지한 후 그 산물의 염기서열을 조사했다. 그 결과 5′-말단에 추가적인 G를 가진 선형 인트론의 예상된 서열이 정확히 나타났다(**그림 14.42b**). 이 G는 RNA 가수분해효소 T1에 의해 제거될 수 있으므로 이것이 정상적인 5′-, 3′-인산디에스테르결합에 의해 인트론의 말단에 부착되어 있음을 알 수 있다. **그림 14.43**은 테트라하이메나 26S rRNA 전구체의 스플라이싱에서 두 엑손의 연결과 선형 인트론의 형성 과정을 나타내는 모델이다.

우리는 잘린 인트론이 스스로 원형화될 수 있음을 알고 있다. 체크 등은 다음과 같은 세 가지 증거에 의해 이 원형화 과정에서 선형 인트론의 5′-말단으로부터 15nt가 소실된다는 결론에 도달했다. ① 선형 DNA의 5′-말단이 표지될 때, 이 표지는 원형 인트론에서는 나타나지 않는다. ② 선형 인트론의 5′-말단에서 발견되는 적어도 2개의 RNA 가수분해효소 T1 산물(실제로 셋)이 원형 인트론에서는 발견되지 않는다. ③ 인트론의 원형화 과정 중에 이 과정에서 소실되는 RNA 가수분해효소 T1 산물에 해당하는 15mer RNA가 축적된다.

그러나 이것으로 이 과정이 끝난 것은 아니다. 원형화 후 이 원형 인트론의 원형화가 일어났던 바로 그 자리의 인산디에스테르결합이 다시 끊어지면서 4개의 뉴클레오티드가 5′-말단으로부터 추가로 제거된 후 다시 원형화된다. 마지막으로 이 원형 인트론의 형성을 위해 결합되었던 바로 그 부위가 재차 절단되면서 짧아진 선형 인트론이 생성된다.

그림 14.44는 잘려진 인트론의 원형화와 재선형화에 대한 상세한 기작을 보여 준다. 스플라이싱 모든 과정에서 하나의 인산디에스테르결합의 파괴는 또 다른 인산디에스테르결합의 생성을 동반한다. 그래서 각 단계의 자유에너지 변화는 거의 0에 가깝고, 따라서 ATP와 같은 외부 에너지원이 필요 없다. 이 과정의 또 다른 특징은 원형 인트론을 만들기 위해 형성된 바로 그 결합이 선형

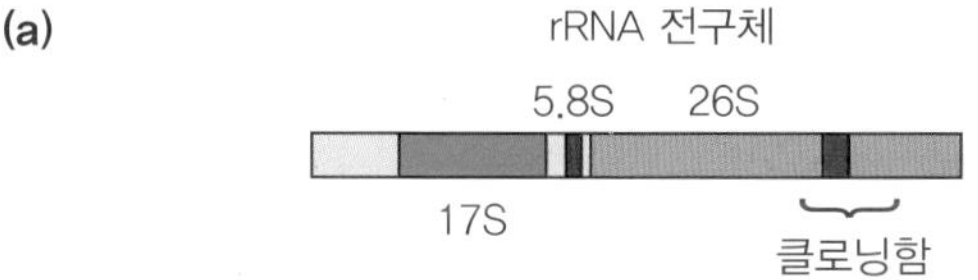

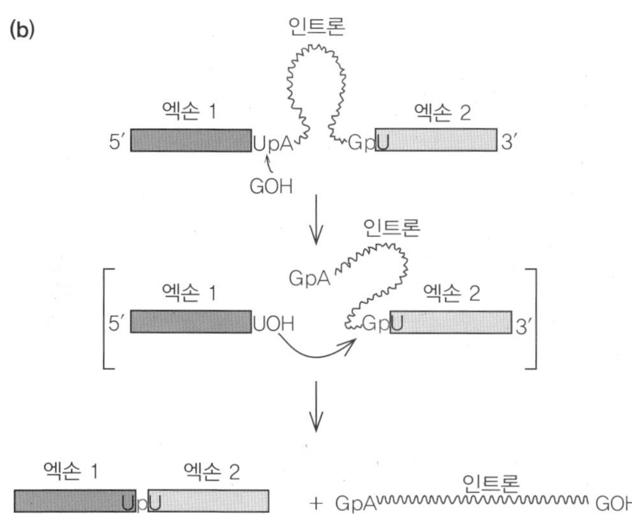

그림 14.43 테트라하이메나 rRNA 전구체의 자가 스플라이싱. **(a)** 17S, 5.8S, 그리고 26S 서열을 포함하는 rRNA 전구체의 구조. 26S 부위는 인트론(빨간색)을 포함하고 있다. 실험에 직접 사용한 클론된 단편은 브라켓으로나타냈다. **(b)** 자가 스플라이싱 도식. 첫 번째 단계에서 구아닌 뉴클레오티드는 인트론의 5′-말단에 있는 아데닌 뉴클레오티드를 공격하여, 그 나머지 분자로부터 엑손 1(파란색)을 분리한다. 이 단계에서 괄호로 표시한 것과 같은 가상의 중간 생산물이 생성된다. 두 번째 단계에서는 엑손 1(파란색)이 엑손 2(노란색)를 공격하여 스플라이싱반응을 일으키며, 직선형의 인트론(빨간색)이 분리되고 2개의 엑손이 결합된다. 마지막으로 그림에 표시되지 않은 일련의 반응을 통해 선형 인트론의 5′-말단으로부터 19nt가 제거된다.

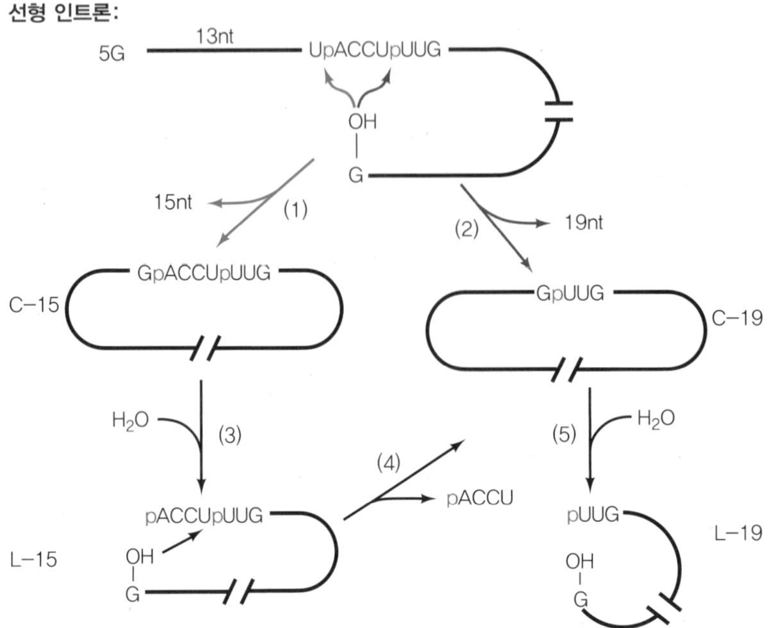

그림 14.44 선형 인트론의 운명. 26S rRNA 전구체로부터 분리된 선형 인트론은 두 가지 방법으로 변형될 수 있다. 1번 반응에서는(초록색 화살표) 3′-말단의 G가 15번 위치의 U와 16번 위치의 A 사이의 결합을 공격하여 15nt 단편을 제거하고 원형의 인트론(C−15)을 형성한다. 반응 2(파란색 화살표)에서는 말단의 G가 인트론 쪽으로 4nt 더 안쪽에 위치한 결합을 공격하여 19nt 단편을 제거하고 더 작은 원형 인트론(C−19)을 형성한다. 반응 3에서는 C−15가 원형으로 연결되었던 바로 그 결합부위에서 절단되어 선형의 인트론(L−15)이 생성된다. 반응 4에서는 L−15의 말단의 G가 처음 2개의 U 사이의 결합을 공격하여 원형 인트론 C−19를 생성한다. 반응 5에서는 C−19가 열려 선형 인트론 L−19를 생성한다.

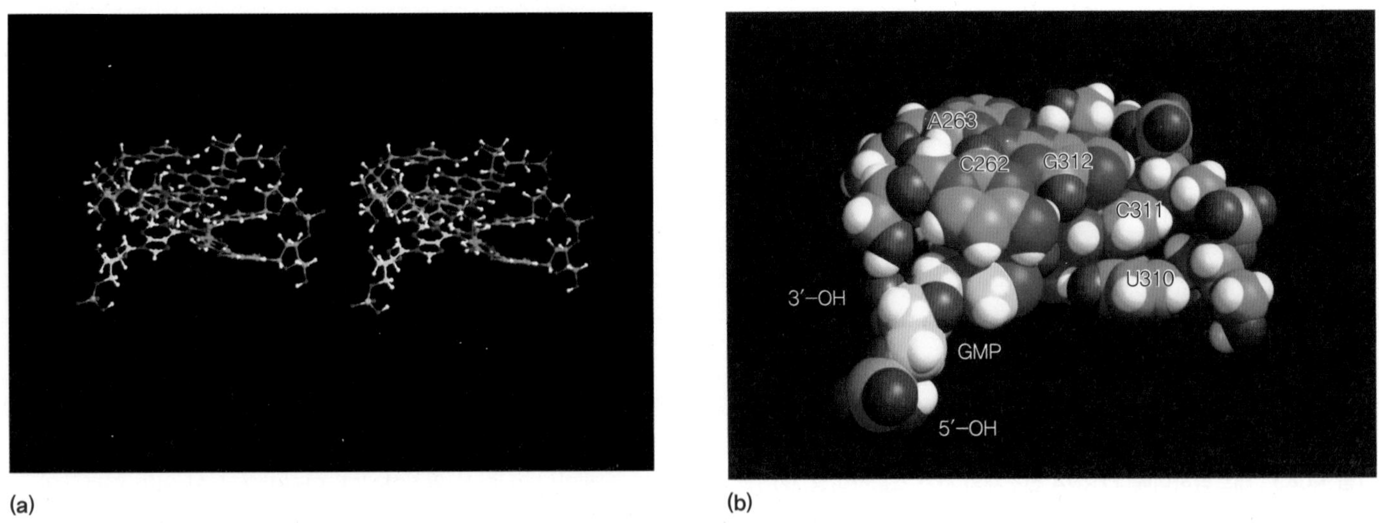

그림 14.45 26S rRNA 인트론의 주머니에 GMP가 부착된 두 가지 모양. **(a)** 두 이미지가 하나로 보일 때까지 초점을 교차함으로써 3차원 이미지로 볼 수 있다. RNA의 탄소 원자, 초록색: G의 탄소 원자, 노란색: 인산기, 연한 자주색. 다른 원자는 표준 색상으로 나타냈다. **(b)** 공간 채움 모델. 색깔은 (a)와 같다. (출처: Yarus, M., I. Illangesekare, and E. Christian, An axial binding site in the Tetrahymena precursor RNA. *Journal of Molecular Biology.* 222 (1991) f. 7c–d, p. 1005, by permission of Academic Press.)

인트론의 형성 과정에서 다시 절단된다는 점이다. 따라서 이 결합은 매우 특이하다는 것을 알 수 있다. 이 RNA의 3차원적 구조가 이 결합부위에 특별히 강한 긴장을 유발하여 재선형화 과정 중에 가장 끊어지기 쉽게 작용하는 것으로 추측할 수 있다. 이러한 구조적인 긴장은 RNA의 촉매 능력에서 중요한 역할을 담당하리라 생각된다.

스플라이세오솜 인트론과 I군 인트론의 스플라이싱 기작 사이에는 큰 차이가 있어 보인다. I군 인트론이 스플라이싱의 첫 단계에서 외부의 뉴클레오티드를 사용하는 반면, 스플라이세오솜 인트론의 스플라이싱에는 인트론 자체의 내부 뉴클레오티드가 사용된다. 하지만 좀 더 자세히 살펴보면 그 차이는 그리 크지 않다. 마이클 야루스(Michael Yarus) 등은 테트라하이메나 26S rRNA가GMP와 결합할 때 최소 에너지 구조를 예상하기 위해 분자 모델 방법을 사용했다. 그들은 인트론의 일부가 이중나선을 형성해서 주머니를 지닌 형태로 접히며, 구아닌 뉴클레오티드는 수소결합을 통해 이 주머니에 결합한다고 제안했다(그림 14.45). 인트론에 포함된 구아닌은 스플라이세오솜 인트론에서의 아데닌과 같은 역할을 한다. 물론 이것은 인트론과 공유결합되어 있지 않으므로 올가미 형성에는 관여하지 않는다.

자가 스플라이싱 인트론이 발견될 때까지 생화학자들은 효소의 촉매부위는 오직 단백질에 의해 구성되는 것으로 믿어 왔다. 시드니 알트만(Sidney Altman)은 이미 이러한 발견이 이루어지기 몇 년 전에 tRNA 전구체의 5′-말단의 여분의 뉴클레오티드를 자르는 **RNA 가수분해효소 P**(RNase P)가 **M1**이라는 RNA 성분을 가지고 있음을 보였다. 그러나 RNA 가수분해효소 P는 단백질과 RNA를 모두 포함하고 있어 효소의 촉매 작용이 어느 성분에 의해 수행되는지는 확실하지 않았다. 1983년에 알트만은 M1 RNA가 RNA 가수분해효소 P의 촉매 성분임을 확인했다(16장 참조). 이 효소와 자가 스플라이싱 인트론은 **리보자임**(ribozyme)이라 부르는 촉매 기능을 지닌 RNA의 예이다.

실제로 우리가 보아온 I군 인트론이 참여하는 반응은 그 RNA 자체가 변화하기 때문에 정확한 의미의 효소반응은 아니다. 진정한 효소는 반응 전과 후에 동일한 상태를 유지한다. 그러나 테트라하이메나 26S rRNA 전구체의 최종 산물인 선형 I군 인트론은 올리고뉴클레오티드의 말단에 뉴클레오티드를 첨가하고 절단하는 활성을 지니고 있으며, 진정한 효소로서의 정의를 충족시키는 RNA라고 할 수 있다. 우리는 리보자임을 정의하는 조건을 하나 더해야 할 것같다. 그들은 *in vitro*에서 홀로 작용할 수 있다. 하지만 group 1 인트론을 포함한 많은 경우에 in vivo에서 단백질의 도움을 받는다. 이 단백질은 스스로 촉매 기용은 없어도, 리보자임 촉매 작용이 활발한 구조로 안정 시킬 수 있다. 이런 리보핵단백질 중합체 **RNP 효소**(RNPzymes)라고 부른다.

2) II군 인트론

진균류의 미토콘드리아 유전자의 인트론은 그들이 포함하고 있는 보존된 염기서열에 따라 원래 I군과 II군으로 나뉘었다. 후에 여러 종의 미토콘드리아와 엽록체의 유전자들이 I군과 II군의 인트론을 포함하고 있으며, 이 RNA는 자가 스플라이싱할 수 있는 인트론들을 포함하고 있음이 분명해졌다. 그러나 I군과 II군 인트론에서 사용되는 스플라이싱 기작은 다르다. I군 인트론의 스플라이싱 과정은 구아닌 뉴클레오티드에 의한 공격에 의해 개시되지만, II군에서는 인트론의 아데닌이 RNA 내부를 공격하여 올가미를 형성함으로써 스플라이싱 과정이 개시된다.

II군 인트론에 의해 올가미가 형성된다는 사실은 핵 mRNA 전구체의 스플라이세오솜에서 스플라이싱 과정과 그 반응 기작이 유사함을 의미하며, 이러한 유사성은 그림 14.20에 나타난 바와 같이 스플라이세오솜 복합체의 RNA들과 II군 인트론의 전체적 구조에서도 발견된다. 이는 스플라이세오솜 snRNP들과 II군 인트론의 촉매부위가 유사한 기능을 지니고 있음을 의미하며, 또한 이러한 RNA 종류들이 진화적으로 그 기원이 같음을 의미하기도 한다. 사실 핵의 mRNA 선구체 인트론은 박테리아의 II군 인트론으로부터 유래한 것이라는 제안도 있다. 이러한 박테리아 인트론은 현재 진핵세포의 원시 형태 세포에 침투해 미토콘드리아로 진화한 박테리아에 존재하여 진핵세포로 들어오게 되었을 것으로 추정할 수 있다. 이 가설은 남세균(cyanobacteria)과 자색세균(purple bacteria) 두 종류의 세균에서뿐만 아니라 원시생물(archaea)에서도 II군 인트론이 발견됨으로써 그 신빙성이 커지고 있다. 만일 우리가 이 II군 인트론이 이들 두 박테리아 계보의 공통 조상보다 오래되었다고 가정한다면, 이들은 현재 세포소기관의 조상 박테리아에도 존재했을 것으로 추정할 수 있을 만큼 오래되었다. 그러나 수렴 진화를 통해 공통된 기작을 지니도록 진화되었을 가능성을 배제할 수는 없다.

요약

핵의 mRNA 전구체는 올가미 모양, 즉 가지친 형태의 중간체를 거쳐 스플라이싱된다. 핵 인트론의 5′-과 3′-말단에서 공통서열이 발견되며, 가지점에서도 특이적인 공통서열이 발견된다. 효모에서 이 서열은 거의 일정한 UACUAAC이다. 고등 진핵생물은 이 공통서열이 다소 다른 YNCURAC이다. 이 모든 경우에 가지분기점에서 뉴클레오티드는 그 서열 내의 마지막 A이다. 또한 효모의 가지점에서의 공통서열은 아래쪽의 AG가 3′-스플라이싱 부위인지 판단한다.

스플라이싱은 스플라이세오솜이라 불리는 복합체에서 일어난다. 효모와 포유동물의 스플라이세오솜은 각각 40S와 60S의 침강계수를 가진다. 유전학적 실험에서 스플라이싱에 U1 snRNA와 mRNA 전구체의 5′-스플라이싱 부위의 염기쌍 결합이 필수적임이 나타났으나 그것만으로는 충분하지 않음이 밝혀졌다. U6 snRNA 또한 염기쌍 결합에 의해 인트론의 5′-말단에 결합한다. 이 결합은 올가미 중간체가 형성되기 전에 일어나며, 그 특성은 스플라이싱의 첫 번째 단계 후에 변화할 수도 있다. U6과 스플라이싱 기질 사이의 결합은 스플라이싱 과정에 필수적이다. U6은 또한 스플라이싱 동안 U2와 결합한다.

U2 snRNA는 가지분기점의 보존시얼과 염기쌍 결합을 하며, 이는 스플라이싱에 필수적이다. U2는 U6과 스플라이싱에 매우 중요한 염기쌍 결합을 하여 나선부위를 형성하며, 이는 스플라이싱에서 snRNP들의 방향성에 도움을 준다. U4 snRNA는 U6과 염기쌍 결합하여 U6이 스플라이싱에 사용될 때까지 U6을 붙잡아준다. U5 snRNP는 한쪽 엑손의 마지막 뉴클레오티드와 다음 엑손의 첫 번째 뉴클레오티드와 결합한다. 이는 아마도 스플라이싱을 위해 5′-과 3′-스플라이싱 부위를 정렬시키는 역할을 하는 것으로 추측된다.

스플라이싱의 두 번째 단계 진행을 위해 정렬된 스플라이세오솜 복합체(기질, U2, U5, U6)는 스플라이싱의 같은 단계에서의 II군 인트론과 각 활성부위와 유사한 위치에 놓이게 된다. 따라서 아마도 스플라이세오솜에서 촉매활성을 가지는 snRNP는 II군 인트론의 촉매활성의 중심에 있는 각 부위로 대체될 수 있는 것으로 보인다.

실제로 스플라이세오솜의 촉매활성의 중심부위는 Mg^{2+}와 염기쌍 결합한 3개의 RNA 복합체를 포함하고 있는 것으로 나타났다. 이들 복합체는 U2와 U6 snRNA와 인트론의 가지분기점 부위이다. 단백질 없이(protein-free fragments) RNA가 스플라이싱 첫 단계와 관련된 반응을 촉매할 수 있다.

스플라이세오솜의 주기는 스플라이세오솜의 조립, 스플라이싱 활성 그리고 스플라이세오솜의 해체를 포함한다. 조립은 스플라이싱 기질에 U1이 결합하여 위임 복합체를 형성하는 것에서부터 시작된다. U2는 그 복합체에 결합하는 다음 snRNP이며, 이어 다른 RNP들이 결합한다. U2의 결합은 ATP를 필요로 한다. U6은U4로부터 떨어져 나가고 U1을 5′-스플라이싱 부위에서 분리시킨다. 이런 ATP 의존적인 단계는 스플라이세오솜을 활성화시키고 U1과 U4의 분리를 가능하게 한다. 스플라이싱에 참여하는 5가지의 snRNP는 모두 공통적으로 7개의 Sm 단백질의 세트와 각각의 snRNP에 특이적인 다른 단백질들을 포함한다. U1 snRNP의 구조는 Sm 단백질이 다른 단백질이 결합하는 부위로 도넛 모양의 구조를 형성한다. 5′-스플라이싱 부위의 소수의 인트론과 가지분기점은 U11, U12, U4atac, U6atac를 포함한 snRNA의 다양한 급(class)의 도움으로 스플라이싱될 수 있다.

스플라이싱 인자인 Slu7은 올바른 3′-스플라이싱 부위를 결정하는 데 필요하다. 이것이 없을 경우 정상적인 3′-스플라이싱 부위의 AG에서는 스플라이싱이 억제되는 반면, 가지분기점으로부터 30nt 이내의 부적절한 AG에서는 스플라이싱이 오히려 활성화된다. U2AF 또한 3′-스플라이싱 부위의 인식에 필요하다. 65kD의 U2AF 소단위체는 3′-스플라이싱 부위의 위쪽에 있는 폴리피리미딘 부위에 결합하며 35kD 소단위체는 3′-스플라이싱 부위의 AG에 결합한다.

어떤 부위에서 스플라이싱의 위임이 일어날지는 RNA 결합단백질에 의해 결정된다. 이 RNA 결합단백질은 스플라이싱 기질에 결합하며, U1을 필두로 하여 다른 스플라이세오솜 성분들이 차례로 결합한다. 예를 들어 SR 단백질인 SC35와 SF2/ASF는 사람의 β-글로빈 mRNA 전구체와 HIV의 tat mRNA 전구체의 스플라이싱을 각각 위임한다. 효모의 위임 복합체에서 가지분기점 연결단백질(BBP)은 인트론의 5′-말단에서 U1 snRNP와 인트론의 3′-말단 근처에서 Mud2p와 각각 결합한다. 그것은 또 인트론의 3′-말단과 결합한다. 따라서 이 단백질은 인트론을 연결시키고 스플라이싱 과정이 시작되기 전에 인트론의 위치를 알려 주는 역할을 한다. 포유류에서는 SF1 (mBBP)이 위임 복합체 내에서 BBP에 상응하는 기능을 가진다.

RNA중합효소 II Rpb1의 소단위 CTD는 스플라이싱에 필요한 기질을 준비하기 위해 엑손 한정을 사용하는 기질의 스플라이싱을 촉진시키고 인트론 한정을 사용하는 기질을 촉진시키지 않는다. CTD는 스플라이싱 인자에 결합하여 엑손 말단에서 인자들을 조립하고 그것들을 떼어낼 수 있다.

많은 진핵생물의 전사물에서 대체 스플라이싱이 일어난다. 이것은 유전자의 단백질 산물들에 큰 영향을 미친다. 예를 들어 스플라이싱의 유형에 따라 분비형 또는 막 결합형 단백질이 생성되기도 한다. 심지어는 활성과 비활성 단백질의 생성이 대체 스플라이싱에 의해 조절되기도 한다. 초파리에서 성 결정에 관여하는 세 유전자 산물은 대체 스플라이싱에 의해 생성된다. tra 전사물의 암컷-특이 스플라이싱은 *dsx* mRNA 전구체의 암컷-특이 스플라이싱을 유도할 수 있는 활성 산물을 만들어 내며, 이 dsx의 산물에 의해 암컷 초파리가 생성된다. 이 tra 전사물의 수컷-특이 스플라이싱은 *dsx* mRNA 전구체의 태만, 즉 수컷-특이 스플라이싱을 유발하는 불활성 산물을 만들며, 따라서 수컷 초파리가 생성된다. Tra와 그의 짝인 Tra-2는 하나 또는 그 이상의 SR 단백질들과 함께 작용하여 *dsx* mRNA 전구체의 암컷-특이 스플라이싱 부위에서 스플라이싱을 위임한다. 대부분의 대체 스플라이싱에서 이러한 위임에 의해 그 스플라이싱 양상의 특이성이 결정됨이 확실하다.

대체 스플라이싱은 고등 진핵생물에서 매우 흔한 현상이다. 이 과정은 동일한 유전자로부터 한 가지 이상의 단백질을 얻는 방법과 세포 내의 유전자 발현을 조절하는 방법을 보여 준다. 이러한 조절은 스플라이싱 인자가 스플라이싱 부위와 가지분기점에 결합하여 수행된다. 또한 엑손의 스플라이싱 인핸서(ESE)와 엑손의 스플라이싱 사일런서(ESS), 인트론의 사일런싱요소와 상호 작용하는 단백질에 의해서도 유전자의 조절이 일어난다. SR 단백질은 ESE에 결합하는 경향이 있는 반면, hnRNP A1과 같은 hnRNP 단백질은 ESS와 인트론의 사일런싱 요소에 결합하는 경향이 있다.

테트라하이메나 26S rRNA 전구체와 같은 I군 인트론들은 단백질의 도움 없이 시험관 내에서 제거될 수 있다. 이 반응은 5′-스플라이싱 부위를 G가 공격함으로써 시작되며, 결과적으로 인트론의 5′-말단에 G가 첨가되고 첫 번째 엑손이 방출된다. 두 번째 단계에서 방출된 첫 번째 엑손이 3′-스플라이싱 부위를 공격하여 선형 인트론을 배출하며 두 엑손은 서로 연결된다. 인트론은 이 과정에서 두 번 원형화되며, 원형화 과정 중 매번 일부의 뉴클레오티드를 상실하고 최종적으로 선형화된다.

II군 인트론을 가진 RNA는 스플라이세오솜 올가미와 같이 A 가지 올가미 중간체를 사용하는 경로에 의해 자가 스플라이싱한다. 스플라이세오솜 시스템과 II군 인트론을 포함하는 스플라이싱 복합체의 2차 구조는 놀라울 정도로 유사하다.

복습 문제

1. 인트론이 전사체에 존재함을 증명하는 R-고리화 실험 결과를 설명하라.

2. 스플라이싱의 올가미 기작을 그림으로 설명하라.

3. 절단된 인트론이 원형 또는 올가미 형태임을 설명하는 겔 전기영동 결과를 설명하라.

4. 올가미 형태로 된 스플라이싱 중간 산물(인트론-엑손 2 중간체)과 올가미 산물(절제된 인트론)을 구분하여 확인할 수 있는 겔 전기영동 결과를 설명하라.

5. 올가미 모델은 분지된 뉴클레오티드의 중간 산물을 보여 준다. 이 모델을 확인한 실험의 결과를 설명하라.

6. 효모 인트론에 있는 염기서열(UACUAAC)이 스플라이싱에 필수적임을 보이는 실험 결과를 제시하고 설명하라.

7. 효모 인트론 내에 있는 UACUAAC 염기서열이 그 하단부 첫 번째로 나타나는 AG에서 스플라이싱이 일어나도록 지시한다는 사실을 밝힌 실험 결과를 제시하고 이를 설명하라.

8. 스플라이싱의 올가미 모델에서 UACUAAC 염기서열은 어떤 역할을 하는가?

9. 효모의 스플라이세오솜이 40S의 침강계수를 가지는 것을 보인 실험 결과를 보이고 이를 설명하라.

10. U1 snRNP와 5′-엑손/인트론 경계 사이의 염기쌍 결합이 스플라이싱에 필수적임을 증명하는 실험의 결과를 보이고 이를 설명하라.

11. U1과 5′-엑손/인트론 경계 사이의 염기쌍 결합만으로는 스플라이싱이 일어나기에 충분하지 않다는 것을 보인 실험 결과를 보이고 이를 설명하라.

12. 스플라이싱이 일어나기 위해 5′-엑손/인트론 경계부위 근처에 U1과 U5 이외에 어떠한 snRNP가 결합되어야 하는가? 이 결론의 확인에 사용된 두 가지 종류의 교차연결 실험 결과를 제시하라.

13. U2 snRNP와 가지점 염기서열 사이의 상보결합이 스플라이싱에 필수적임을 증명하는 실험 결과를 보이고 이를 설명하라. 이 실험에서 세포에 하나만 있는 U2 유전자를 돌연변이시키는 것이 왜 가능하지 않았는가?

14. mRNA 전구체와의 염기쌍 결합 이외에도 U6은 2개의 다른 snRNA와도 염기쌍 결합하는데 그들은 무엇인가?

15. 스플라이싱 동안 U5가 상단부 엑손의 3′-말단과 하단부 엑손의 5′-말단과 결합하는 것을 증명하는 실험 결과를 설명하라. 단, 단순한 전기영동상의 이동이 아닌, 포함된 RNA 종류들을 양성 동정할 수 있는 방법을 사용한 실험에 대해 설명해야 한다.

16. U5의 염기들이 mRNA 전구체의 염기와 교차연결됨을 증명하는 실험 결과를 설명하라.

17. 스플라이세오솜 스플라이싱에서 Mg^{2+}가 촉매 작용하는 것에 대한 증거를 요약하라.

18. 스플라이세오솜 RNA 단편 혼합물이 스플라이싱 첫 단계와 유사한 반응을 촉매할 수 있다는 것을 보인 증거를 요약하라.

19. 스플라이싱에서 두 번째 단계 직전에 스플라이세오솜에 존재하는 mRNA 전구체의 형태를 그림으로 보여라. U2, U5, U6 snRNP와 mRNA 전구체의 상호 작용도 그림으로 보여라. 이와 같은 상호 작용은 어떤 종류의 자가 스플라이싱 RNA의 스플라이싱 중간 단계와 닮았는가?

20. U1이 스플라이싱 기질에 결합하는 첫 snRNP라는 것을 증명하는 실험 결과를 설명하라.

21. 모든 snRNP가 스플라이세오솜에 결합하는 것은 U1의 결합이 선행되어야 일어난다는 것을 보이는 실험과 U2의 결합은 ATP를 필요로 한다는 것을 증명하는 실험에 대해 설명하라.

22. Sm 단백질이란 무엇인가?

23. 소수 스플라이세오솜의 돕는 성격이 어떻게 snRNA와 mRNA 전구체 부위 사이에서 일어나는 염기쌍 결합에 중요한가?

24. Slu7이 적절한 위치의 3′-스플라이싱 부위를 선택하는 데 필요하다는 사실을 증명하는 실험 결과에 대해 설명하라.

25. 위임에 포함된 스플라이싱 요소를 선별하기 위한 스플라이싱 위임 실험과 그 결과를 예를 들어 설명하라.

26. 효모의 분기점 연결단백질(BBP)과 2개의 다른 단백질 사이의 상호 작용을 보여 주는 효모 이중잡종화 검사법을 설명하라. 그 두 단백질은 무엇이며 위임 복합체 내에서 인트론의 어느 말단에서 발견되는가?

27. RNA중합효소 II CTD가 엑손 한정을 사용하는 mRNA 전구체의 스플라이싱을 증진하는 것을 보여 주는 실험 결과를 설명하라.

28. 면역글로불린 μ 중사슬 전사체의 대체 스플라이싱 양상을 그림으로 설명하라. 단, 양쪽에 모두 포함되어 있는 엑손보다 대체 스플라이싱에 의해 한쪽 mRNA에만 포함되는 엑손에 초점을 두어 설명하라. 이 두 대체 스플라이싱에 의해 생성된 최종 산물(단백질) 사이의 차이점은 무엇인가?

29. 엑손의 스플라이싱 사일런서(ESS)처럼 행동하는 염기서열을 확인하는 컴퓨터 이용 방법과 실험적인 방법을 설명하라.

30. I군 인트론이 자가 스플라이싱을 일으킴을 증명하는 실험 결과를 설명하라.

31. 스플라이싱된 I군 인트론의 말단에 구아닌 뉴클레오티드가 첨가된다는 것을 증명하는 실험 결과를 설명하라.

32. I군 인트론을 포함하는 RNA의 자가 스플라이싱 단계들을 그림으로 설명하라. 인트론의 원형화 과정을 설명할 필요는 없다.

33. 테트라하이메나 26S rRNA 전구체의 처음 절제된 선형 인트론 산물로부터 L-19 인트론이 형성되는 과정을 그림으로 설명하라. C-15 중간 산물을 통하여 가지 말라.

분석 문제

1. 하나의 큰 인트론을 가진 2개의 짧은 엑손을 분석하고 있다. 아래 제시된 내용으로 수행한 R-고리화 실험 결과를 보여라.
a. mRNA와 단일나선 DNA
b. mRNA와 이중나선 DNA
c. mRNA 전구체와 단일나선 DNA
d. mRNA 전구체와 이중나선 DNA

2. 스플라이싱을 하기 위해 어떤 단백질도 필요로 하지 않지만, 여러 개의 저분자 RNA는 필요한 인트론의 새로운 종류를 발견하였다. 이 저분자 RNA 중 하나인 V3은 3′-스플라이싱 부위와 상보적인 7nt의 염기서열(CCUUGAG)를 갖는다. 이 가설을 확인할 실험을 설계하고 예상 결과의 예를 보여라.

3. RNA 가수분해효소 T1(또는 T2) 반응의 기작을 그림으로 보여라. 왜 염기 가수분해에 사용된 기작과 같은데 DNA는 염기가수분해에 영향을 받지 않는지 설명하라.

4. β-지중해 빈혈(β-thalassemia)이라 불리는 β-글로빈 단백질이 만들어지지 않는 심각한 질병을 연구하고 있다. 이 병을 앓고 있는 사람의 β-글로빈 유전자의 암호화부위는 정상인데 mRNA는 정상인보다 100개 이상 긴 뉴클레오티드를 갖는다는 것을 발견했다. 이러한 사람들에게서 β-글로빈 유전자의 염기서열을 분석하고, 유전자의 첫 번째 인트론에서 하나의 염기가 바뀐 것을 찾았다. 이 환자들에게서 β-글로빈이 없는 이유를 설명할 가설을 제시하라.

5. 그림 14.41에 나타난 유전자의 경우 P_2와 폴리(A)1을 제거하고, 단 하나의 프로모터(P1)와 하나의 폴리아데닐레이션 부위[폴리(A)2]만이 있다고 생각해 보라. 어떻게 여러 가지 다른 종류의 스플라이싱된 mRNA가 이 유전자에 의해서 만들어질 수 있는가?

6. 그림 14.42b의 RNA 서열결과를 생각해 보자. 각 효소의 절단 특이성을 알 경우에 다음을 어떻게 알 수 있는가?
a. 가장 밑에 있는 첫째 레인의 바닥 밴드가 G인 점은?
b. 그 다음에 있는 밴드가 A인 점은?
c. 밑에서 8번째 밴드가 C인 점은?
d. 밑에서 13,14,15째 밴드가 U인 점은? (힌트: PhyM은 이 실험에서 U 다음에 비효율적으로 잘랐다.)

추천 문헌

General References and Reviews

Baker, B.S. 1989. Sex in flies: The splice of life. *Nature* 340:521–24.

Black, D.L. 2003. Mechanisms of alternative pre-messenger RNA splicing. *Annual Review of Biochemistry* 72:291–336.

Fu, X.-D. 2004. Towards a splicing code. *Cell* 119:736–38.

Guthrie, C. 1991. Messenger RNA splicing in yeast: Clues to why the spliceosome is a ribonucleoprotein. *Science* 253:157–63.

Hirose, Y. and J.L. Manley. 2000. RNA polymerase II and the integration of nuclear events. *Genes and Development* 14:1415–29.

Lamm, G.M. and A.I. Lamond. 1993. Non-snRNP protein splicing factors. *Biochimica et Biophysica Acta* 1173:247–65.

Manley, J. 1993. Question of commitment. *Nature* 365:14.

Murray, H.L. and K.A. Jarrell. 1999. Flipping the switch to an active spliceosome. *Cell* 96:599–602.

Newman, A. 2002. RNA enzymes for RNA splicing. *Nature* 413:695–96.

Nilsen, T.W. 2000. The case for an RNA enzyme. *Nature* 408:782–83.

Orphanides, G. and D. Reinberg. 2002. A unified theory of gene expression. *Cell* 108:439–51.

Proudfoot, N., A. Furger, and M.J. Dye. 2002. Integrating mRNA processing with transcription. *Cell* 108:501–12.

Sharp, P.A. 1994. Split genes and RNA splicing. (Nobel Lecture.) *Cell* 77:805–15.

Villa, T., J.A. Pleiss, and C. Guthrie. 2002. Spliceosomal snRNAs: Mg^{2+}dependent chemistry at the catalytic core? *Cell* 109:149–52.

Weiner, A.M. 1993. mRNA splicing and autocatalytic introns: Distant cousins or the products of chemical determinism? *Cell* 72:161–64.

Wise, J.A. 1993. Guides to the heart of the spliceosome. *Science* 262:1978–70.

Research Articles

Abovich, N. and M. Rosbash. 1997. Cross-intron bridging interactions in the yeast commitment complex are conserved in mammals. *Cell* 89:403–12.

Berget, S.M., C. Moore, and P. Sharp. 1977. Spliced segments at the 5 terminus of adenovirus 2 late mRNA. *Proceedings of the National Academy of Sciences USA* 74:3171–75.

Berglund, J.A., K. Chua, N. Abovich, R. Reed, and M. Rosbash. 1997. The splicing factor BBP interacts specifically with the pre-mRNA branchpoint sequence UACUAAC. *Cell* 89:781–87.

Brody, E. and J. Abelson. 1985. The spliceosome: Yeast premessenger RNA associated with a 40S complex in a splicing-dependent reaction. *Science* 228:963–67.

Chua, K. and R. Reed. 1999. The RNA splicing factor hSlu7 is required for correct 3 splice-site choice. *Nature* 402:207–10.

Early, P., J. Rogers, M.Davis, K. Calame, M. Bond, R. Wall, and L. Hood. 1980. Two mRNAs can be produced from a single immunoglobulin gene by alternative RNA processing pathways. *Cell* 20:313–19.

Fu, X.-D. 1993. Specific commitment of different pre-mRNAs to splicing by single SR proteins. *Nature* 365:82–85.

Grabowski, P., R.A. Padgett, and P.A. Sharp. 1984. Messenger RNA splicing in vitro: An excised intervening sequence and a potential intermediate. *Cell* 37:415–27.

Grabowski, P., S.R. Seiler, and P.A. Sharp. 1985. A multicomponent complex is involved in the splicing of messenger RNA precursors. *Cell* 42:345–53.

Kruger, K., P.J. Grabowski, A.J. Zaug, J. Sands, D.E. Gottschling, and T.R. Cech. 1982. Self-splicing RNA: Autoexcision and autocylization of the ribosomal RNA intervening sequence of Tetrahymena. *Cell* 31:147–57.

Langford, C. and D. Gallwitz. 1983. Evidence for an introncontained sequence required for the splicing of yeast RNA polymerase II transcripts. *Cell* 33:519–27.

Lesser, C.F. and C. Guthrie. 1993. Mutations in U6 snRNA that alter splice site specificity: Implications for the active site. *Science* 262:1982–88.

Liao, X.C., J. Tang, and M. Rosbash. 1993. An enhancer screen identifies a gene that encodes the yeast U1 snRNP A protein: Implications for snRNP protein function inpre-mRNA splicing. *Genes and Development* 7:419–28.

Parker, R., P.G. Siliciano, and C. Guthrie. 1987. Recognition of the TACTAAC box during mRNA splicing in yeast involves base pairing to the U2-like snRNA. *Cell* 49:229–39.

Peebles, C.L., P. Gegenheimer, and J. Abelson. 1983. Precise excision of intervening sequences from precursor tRNAs by a membrane-associated yeast endonuclease. *Cell* 32:525–36.

Ruby, S.W. and J. Abelson. 1988. An early hierarchic role of U1 small nuclear ribonucleoprotein in spliceosome assembly. *Science* 242:1028–35.

Sontheimer, E.J. and J.A. Steitz. 1993. The U5 and U6 small nuclear RNAs as active site components of the spliceosome. *Science* 262:1989–96.

Staley, J.P. and C. Guthrie. 1999. An RNA switch at the 5 splice site requires ATP and the DEAD box protein Prp28p. *Molecular Cell* 3:55–64.

Stark, H., P. Dube, R. Luhrmann and B. Kastner. 2001. Arrangement of RNA and proteins in the spliceosomal U1 small nuclear ribonucleoprotein particle. *Nature* 409:539–42.

Tian, M. and T. Maniatis. 1993. A splicing enhancer complex controls alternative splicing of doublesex pre-mRNA. *Cell* 74:105–14.

Tilghman, S.M., P. Curtis, D. Tiemeier, P. Leder, and C. Weissmann. 1978. The intervening sequence of a mouse -globin gene is transcribed within the 15S -globin mRNA precursor. *Proceedings of the National Academy of Sciences USA* 75:1309–13.

Valadkhan, S. and J.L. Manley. 2001. Splicing-related catalysis by protein-free snRNAs. *Nature* 413:701–07.

Wang, Z., M.E. Rolish, G. Yeo, V. Tung, M. Mawson, and C.B. Burge. 2004. Systematic identification and analysis of exonic splicing silencers. *Cell* 119:831–45.

Yarus, M., I. Illangesekare, and E. Christian. 1991. An axial binding site in the Tetrahymena precursor RNA. *Journal of Molecular Biology* 222:995–1012.

Yean, S.-L., G. Wuenschell, J. Termini, and R.-J. Lin. 2001. Metal-ion coordination by U6 small nuclear RNA contributes to catalysis in the spliceosome. *Nature* 408:881–84.

Zeng, C. and S.M. Berget. 2000. Participation of the C-terminal domain of RNA polymerase II in exon definition during premRNA splicing. *Molecular and Cellular Biology* 20:8290–8301.

Zhuang, Y. and A.M. Weiner. 1986. A compensatory base change in U1 snRNA suppresses a 5-splice site mutation. *Cell* 46:827–35.

CHAPTER 15

RNA 공정과정 II : 캡 형성과 아데닐산중합반응

이집트 어느 시장의 모자들. (© Iconotech.com)

진핵세포는 RNA 스플라이싱 이외에도 RNA 분자에 대해 몇 가지 전사후 변형(posttranscriptional modification)을 일으킨다. mRNA는 캡 형성(capping)과 아데닐산중합반응(polyadenylation)으로 알려진 두 가지 전사후 변형 또는 전사후 공정과정(processing)을 거쳐 완성된다. 캡 형성 과정에서는 한 분자의 특별한 보호성 뉴클레오티드(캡)가 mRNA 전구체의 5′-말단에 첨가되고, 아데닐산중합반응 과정에서는 연속적으로 여러 개의 AMP[폴리(A)]가 mRNA 전구체의 3′-말단에 첨가된다. 이러한 과정은 mRNA가 정상적인 기능을 수행하는 데 필수적인 과정으로 이 장에서는 이것에 대해 논의하도록 한다.

15.1. 캡 형성

많은 연구자들은 1974년까지 다양한 진핵생물과 바이러스로부터 분리한 mRNA가 메틸화되어 있음을 발견했다. 이러한 메틸화는 **캡**(cap)이라 불리는 mRNA의 5′-말단에 집중되어 있다. 이 절에서는 이러한 캡의 구조와 형성에 대해 검토하도록 한다.

1) 캡의 구조

유전자 클로닝이 일반화되기 전까지는 세포의 mRNA보다 바이러스의 mRNA를 순수분리하여 연구하기가 훨씬 용이했다. 그래서 바이러스의 RNA에서 처음으로 캡이 동정되었다. 버나드 모스(Bernard Moss) 등은 시험관 내에서 백시니아(vaccinia)바이러스 mRNA를 생성시키고 캡을 다음과 같이 분리했다. 그들은 [^{3}H] S-아데노실메티오닌(AdoMet, 메틸 공여자), 또는 ^{32}P-뉴클레오티드로 RNA의 메틸기를 표지하고, 표지된 RNA를 염기성 용액을 처리하여 가수분해하였다. 이러한 분해의 주요 산물은 단일 뉴클레오티드이지만 이들로부터 캡을 DEAE-셀룰로오스 크로마토그래피를 통해 분리할 수 있었다. 그림 15.1은 백시니아바이러스 캡의 크로마토그래피에서의 이동 양상을 보여 준다. 백시니아바이러스 캡은 실전하가 약 −5인 물질처럼 이동한다. 더욱이 그림 15.1b에서 빨간색선(^{3}H-methyl)과 파란색선(^{32}P 표지물)이 근본적으로 겹쳐 나타나는 것으로 보아 캡이 메틸화되어 있음을 알 수 있다. Aaron Shatkin 등은 레오바이러스(reovirus)의 캡으로부터 이와 매우 유사한 결과를 얻었다.

레오바이러스 캡의 정확한 구조를 결정하기 위해 야스히로 후루치(Yasuhiro Furuichi)와 긴이치로 미우라(Kin-Ichiro Miura)는 다음과 같은 일련의 실험을 수행했다. 그들은 [γ-^{32}P]ATP로는 안 되지만 [β, γ-^{32}P]ATP로 캡을 표지할 수 있음을 발견했다. 이러한 결과는 γ-인산기가 아니라 β-인산기가 캡 내에 남아 있음을 보여 준다. 뉴클레오시드 삼인산(nucleoside triphosphate)의

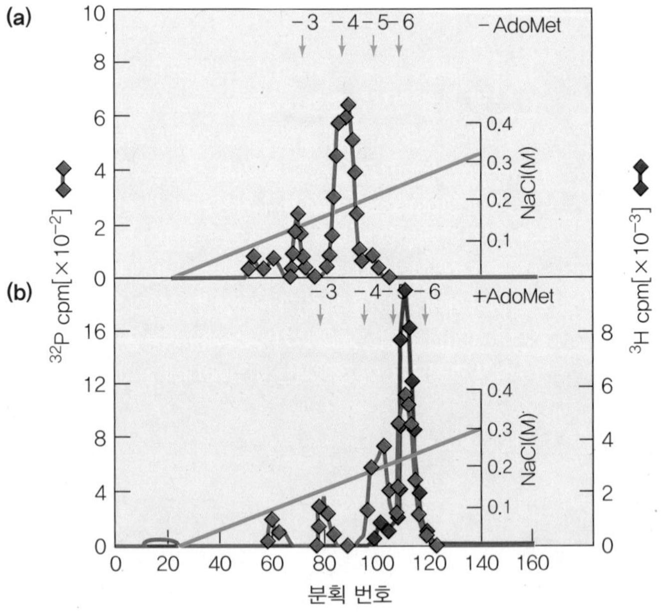

그림 15.1 DEAE-셀룰로오스 크로마토그래피에 의한 백시니아바이러스 캡의 정제. 웨이와 모스는 S-아데노실[메틸-^{3}H] 메티오닌이 없는 조건(a)과 있는 조건(b)에서 [β, γ-^{32}P]GTP의 존재하에서 백시니아바이러스가 캡이 형성되도록 하였다. 그다음 표지된 캡이 존재하는 RNA를 KOH로 분해하여 DEAE-셀룰로오스 칼럼 크로마토그래피로 생성물을 분리했다. 칼럼 분획 번호에 따라 ^{3}H(파란색)와 ^{32}P(빨간색) 방사능을 값으로 나타내었다. 각 분획의 염농도(초록색)도 나타냈으며 지표의 위치와 전체 전하는 각 패널의 상단에 표시하였다. (출처: Adapted from Wei, C.M. and B. Moss, Methylated nucleotides block 5′-terminus of vaccinia virus messenger RNA, *Proceedings of the National Academy of Sciences USA* 72(1):318–322, January 1975.)

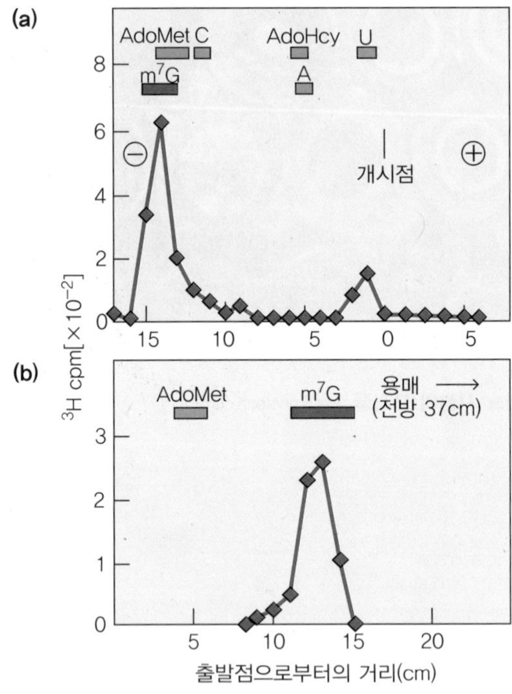

그림 15.2 캡 형성 물질(X)인 7-메틸구아노신의 확인. 미우라와 후루치는 X를 얻기 위해 ^{3}H으로 표지된 캡 형성 물질(X)을 인산모노에스테르분해효소로 처리했다. **(a)** 그들은 이 효소가 처리된 물질을 일련의 지표들(S-아데노실메티오닌, AdoMet, 7-메틸구아노신, m^{7}G, S-아데노실호모시스테인, AdoHcy, 아데노신, A, 그리고 우리딘, U)과 같이 전기영동했다. **(b)** 전기영동으로는 AdoMet과 m7G를 구분할 수가 없어서 이 효소가 처리된 물질을 AdoMet과 m^{7}G 지표를 사용해 종이 크로마토그래피를 수행했다. X의 방사능은 m^{7}G 지표와 같은 위치로 이동했다. (출처: Data from Furuichi, Y. and K.-I. Miura, A blocked structure at the 5′ terminus of mRNA from cytoplasmic polyhedrosis virus. *Nature* 253:375, 1975.)

β−인산기는 RNA의 첫 뉴클레오티드에서만 남아 있기 때문에 캡이 RNA의 5′−말단에 있음을 다시 확인해 주었다. 그러나 이 인산기는 염기성 탈인산가수분해효소(alkaline phosphatase)에 의해 제거될 수 없기 때문에 어떤 물질(X)에 의해 방어되고 보호되고 있음에 틀림이 없다.

어떤 물질 X는 무엇인가? 이 보호인자는 인산디에스테르결합(phosphodiester bond)과 인산무수결합(phosphoanhydride bond, 뉴클레오티드에서 α−와 β−인산기 사이의 결합과 같은)을 절단하는 인산디에스테르 분해효소(phosphodiesterase)에 의해 제거될 수 있었다. 이 효소는 인산기를 갖는 Xp라는 전하를 띤 물질을 유리시켰다. 다음으로 후루치와 미우라는 인산모노에스테르 분해효소(phosphomonoesterase)로 Xp에서 인산기를 제거하여 오직 X만을 남겨서 종이 전기영동과 종이 크로마토그래피로 분석했다. 그림 15.2는 X가 **7−메틸구아노신**(7−methylguanosine, m^7G)과 같은 위치로 전기영동된 것을 보여 준다. 이는 캡 형성 물질이 7−메틸구아노신(m^7G)이라는 것을 말해 준다.

인산디에스테르 분해효소로 캡을 절단시켰을 때 생성되는 또 다른 산물은 pAm(2′−O−메틸−AMP)이었다. 따라서 m^7G는 캡에서 pAm과 연결되어 있다. 이 연결의 본질은 무엇인가? 다음 두 가지로 보아 그것이 삼인산(triphosphate)임을 알 수 있다. ① 캡 내에는 GTP의 β, γ−인산기가 아닌 α−인산기가 남아 있다. ② 캡 내에는 ATP의 α−인산기와 β−인산기가 남아 있다. 즉, 1개의 인산기는 캡 형성 GTP로부터 오고, 2개는 RNA 합성을 시작하는 뉴클레오티드(ATP)로부터 와서 캡 형성 뉴클레오티드(m^7G)와 두 번째 뉴클레오티드 사이에 3개의 인산기가 존재하게 된다. 더구나 ATP와 GTP는 5′−위치에 그들의 인산기를 가지고 있기 때문에 이 결합은 5′에서 5′으로 이루어져 있을 것이다.

레오바이러스 캡의 −5 정도의 전하는 어떻게 설명할 수 있을까? 그림 15.3이 그 이론적 근거를 말해 준다. 3개의 음전하는 m7G와 두 번째 뉴클레오티드 사이에 삼인산결합으로 생긴다. 다른 하나의 음전하는 두 번째 뉴클레오티드와 그다음 뉴클레오티드 사이의 인산디에스테르(phosphodiester) 결합으로 생긴다. (이 결합은 2′−OH기가 메틸화되었기 때문에 염기성 용액에서 가수분해되지 않는다.) 마지막으로 캡의 마지막 인산기로 인해 2개의 음전하가 더 생긴다. 이렇게 해서 총 6가의 음전하가 생기지만 m^7G가 1가의 양전하를 띠기 때문에 분리된 레오바이러스 캡의 실제 전하는 약 −5가 된다.

비록 2′−O−메틸화의 정도에 따라 세 가지 유형의 캡이 형성되지만 다른 바이러스성 mRNA와 세포성 mRNA도 유사한 캡을 가진다. **캡 1**(cap 1)은 그림 15.3에서 보여 준 캡과 동일하다. **캡 2**(cap 2)는 또 다른 2′−O−메틸화된 뉴클레오티드를 가지고 있다. 그리고 **캡 0**(cap 0)은 2′−O−메틸화된 뉴클레오티드가 없다. 캡 2는 진핵세포에서만 발견되고, 캡 1은 세포 및 바이러스 RNA에서 발견되며, 캡 0은 오직 일부 바이러스 RNA에서만 발견된다. 대부분의 snRNA는(14장 참조) 또 다른 종류의 캡을 가지고 있는데, 이 캡은 3개의 메틸기로 메틸화된 구아노신(trimethylated guanosine)을 포함하고 있다. 이러한 캡들은 이 장 후반부에서

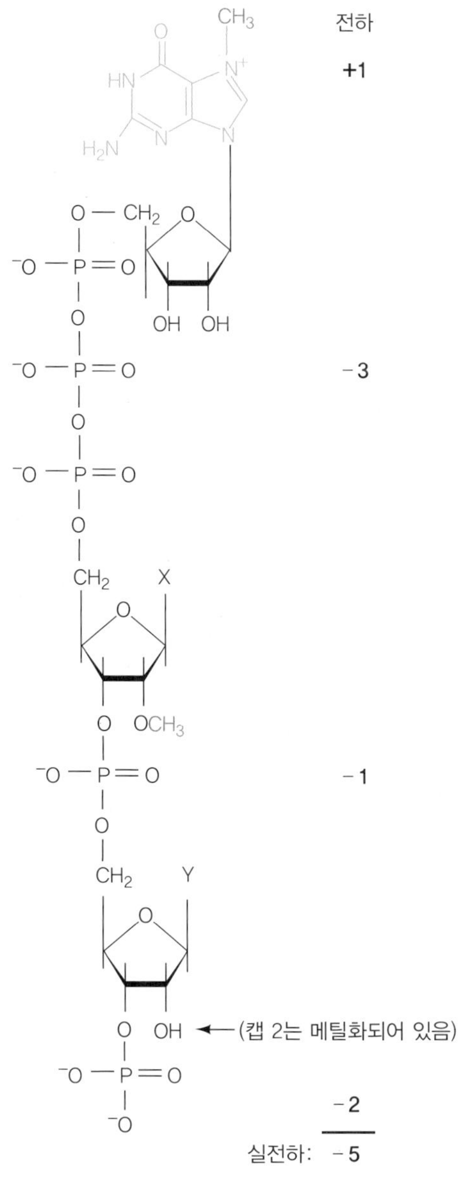

전하
+1
−3
−1
(캡 2는 메틸화되어 있음)
−2
실전하: −5

그림 15.3 전하를 중심으로 표시한 레오바이러스의 캡 구조(캡 1). m^7G(빨간색 메틸기를 가진 파란색 구아닌)는 1가의 양전하를 삼인산결합은 3가의 음전하를 가지고 있고, 인산디에스테르결합은 1가의 음전하를 그리고 말단 인산기는 2가의 음전하를 가지고 있다. 그러므로 순수 전하는 약 −5가이나. Y 염기에 연결된 리보오스의 2′−OH기는 캡 2에서 메틸화될 것이다.

논의할 것이다.

2) 캡의 합성

캡이 어떻게 만들어지는지를 밝히기 위해 모스 등과 후루치와 샷킨 등은 시험관 내에서 모델 RNA의 캡 형성을 연구했다. 그들은 캡 형성 효소 대신에 백시니아바이러스와 레오바이러스 각각의 핵심부(core)를 이용했다. 이들 사람 바이러스는 모두 숙주세포의 세포질 내에서 복제함으로써 숙주의 핵에 있는 전사 장치를 이용할 방법을 가지고 있지 않다. 따라서 그들은 바이러스 핵심부에 그들 자신의 전사와 캡 형성을 위한 체계를 가지고 있어야만 한다. 그림 15.4에서와 같이 이 두 바이러스에서 동일한 일련의 사건들이 일어난다. (a) 뉴클레오티드 인산가수분해효소 [nucleotide phosphohydrolase, **RNA 탈삼인산가수분해효소** (RNA triphosphatase)라고 불리기도 함]는 합성 중에 있는 RNA의 5′–말단의 삼인산기에서 γ–인산기를 잘라내어 이인산기만 남도록 한다. (b) 구아닐산 전달효소(guanylyl transferase)는 GTP로부터 나온 GMP를 RNA 말단의 이인산기에 붙여 5′–5′–삼인산기 결합을 형성한다. (c) 메틸전달효소가 S–아데노실메티오닌(AdoMet)의 메틸기를 캡 형성 구아닌의 일곱 번째 질소에 전달한다. (d) 또 다른 메틸전달효소는 다른 AdoMet 분자의 메틸기를 이용해 인접한 두 번째 뉴클레오티드의 2′–OH기를 메틸화시킨다.

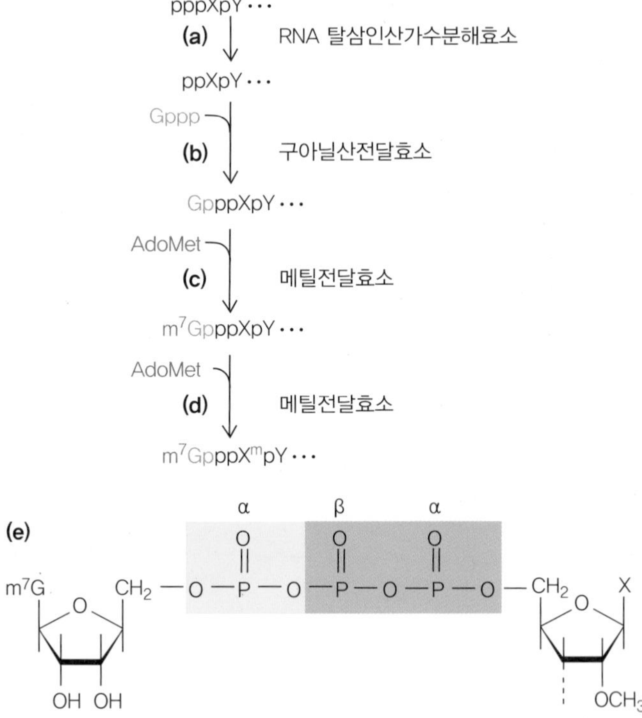

그림 15.4 캡 형성이 일어나는 순서. **(a)** RNA 삼인산가수분해효소는 전사되고 있는 RNA 5′–말단의 γ–인산기를 잘라낸다. **(b)** 구아닐산전달효소는 GTP(파란색)의 GMP 부분을 첨가하여 삼인산결합을 형성해 RNA의 5′–말단을 보호한다. **(c)** 한 메틸전달효소는 AdoMet의 메틸기(빨간색)를 보호성 구아닌의 N^7에 첨가한다. **(d)** 또 다른 메틸전달효소는 두 번째 뉴클레오티드의 2′–OH기에 AdoMet의 메틸기를 첨가한다. 이 산물은 캡 1이다. 캡 2는 다음 번 뉴클레오티드(Y)가 **(d)** 단계를 반복하여 메틸화된다. **(e)** 삼인산결합에서 인산기들의 기원. 전사가 시작되는 뉴클레오티드(XTP)의 α–인산기와 β–인산기는 초록색으로 표시되었고, 캡 형성 GTP의 α–인산기는 노란색으로 표시되었다.

이것이 올바른 경로라는 것을 확인하기 위해 연구자들은 우리가 이미 알고 있는 각 효소와 중간 산물을 전부 분리했다. 한 예로 후루치 등은 새로 합성되는 레오바이러스 mRNA의 5′–말단과 유사한 표지된 pppGpC 모델 기질을 가지고 연구했다. 바이러스 핵심부가 이 시작 물질의 마지막 인산기를 제거하여 ppGpC로 전환시킬 수 있는지를 어떻게 알 수 있을까? 이들 연구자들은 과량의 반응부산물(**PP_i**)을 처리하여 구아닐산전달효소의 작용을 저해시켜 ppGpC가 축적되도록 했다. 그들은 그림 15.5에 요약된 방법으로 이 중간 산물을 직접 찾아냈다. 첫째, 그들은 종이 전기영동을 수행하여 표지된 생성물이 ppGpC 지표와 동일한 위치로 전기영동에서 이동된다는 것을 보여 주었다. 불행히도 CDP 또한 이 위치로 전기영동되어 그 생성물을 정확하게 확인할 수는 없었다. 다음으로, 그들은 염기성 탈인산화효소(alkaline phosphatase)를 그 생성물에 처리하여 ppGpC를 GpC로 전환시킨 뒤 다시 전기영동했다. 그때서야 표지한 방사능이 GpC 위치에서 나타났다. 이것은 매우 고무적인 것이었지만 직접적으로 ppGpC를 확인하기 위해 그들은 (a)에서 추정한 ppGpC를 Dowex 레진을 이용한 이온교환 크로마토그래피를 수행하여 ppGpC 지표와 함께 전기영동되는 방사성 물질의 최고점을 확인했다. 즉, ppGpC는 캡 형성 과정의 실제 중간 산물이었다. ^{14}C 표지의 낮은 방사성 때문에 ppGpC 최고점에서 상대적으로 적은 ^{14}C 방사능이 나타났다.

캡은 언제 첨가되는가? 세포질 다면체형성 바이러스(cytoplasmic polyhedrosis virus, CPV)와 같은 일부 바이러스에서는 AdoMet이 없으면 전사가 완전히 억제되는 것을 볼 수 있는데, 이는 전사가 캡 형성에 의존하고 있음을 말해 준다. 이 바이러스는 캡 형성이 매우 초기 단계에서 일어나며 mRNA 전구체에서 첫 번째 인산디에스테르 결합이 형성되자마자 곧 일어나는 것 같다. 백시니아바이러스와 같은 다른 바이러스에서는 AdoMet가 없어도 전사가 정상적으로 일어나므로 전사와 캡 형성은 이 바이러스에서는 매우 밀접하게 관련되어 있지 않은 것 같다.

아데노바이러스(adenovirus)는 CPV와 백시니아바이러스와는 달리 핵 내에서 복제되므로 아마도 숙주세포의 캡 형성 체계를 유용하게 이용하는 것 같다. 그러므로 아데노바이러스는 진핵세포의 mRNA 전구체의 캡 형성이 언제 일어나는 지에 대해 더 많은 정보를 제공해줄 수 있다. 제임스 다넬(James Darnell) 등은 아데노바이러스의 캡 형성이 전사 과정의 초기에 일어난다는 것을 보여 주는 실험을 수행했다. 이들 연구자들은 캡과 아데노바이러스 주요 후기 전사체인 mRNA 전구체의 처음 약 12개의 아데닌 뉴클레오티드에 포함되는 [^{3}H]-아데노신 함유량을 측정했다. 먼저 그들은 캡의 아데닌(m^{7}Gppp**A**에서 굵은 A자임)과 다른 아데노바이러스 mRNA 전구체의 아데노신들을 표지하기 위해 [^{3}H]-아데노신을 감염 후기에 첨가했다. 그런 다음 농도구배 원심분리로 작은 mRNA 전구체와 큰 mRNA 전구체를 분류했다. 그리고 그들은 이 작은 RNA들을 주요 후기 전사의 개시점을 포함하는 제한효소로 절단된 작은 DNA 절편과 잡종결합시켰다. 이 절편과 잡종결합된 작은 RNA들은 성숙된 RNA의 분해산물이 아닌 새로 합성이 시작된 RNA인 것으로 보였다. 그들은 이들 잡종체로부터 새로 형성된 RNA들을 추출하여 캡이 형성되었는지를 살펴본 결과, 이들은 캡이 형성되어 있었으며 캡이 형성되지 않은 RNA에서나 보이는 pppA를 발견할 수 없었다. 이 실험을 통해 아데노바이러스의 주요 후기 전사체의 길이가 70nt가 되기 전에 캡 형성이 이루어짐을 알 수 있었다. 현재 진핵세포 내에서의 캡 형성은 초기 단계, 즉 mRNA 전구체 사슬의 길이가 30nt가 되기 전에 일어난다고 알려져 있다.

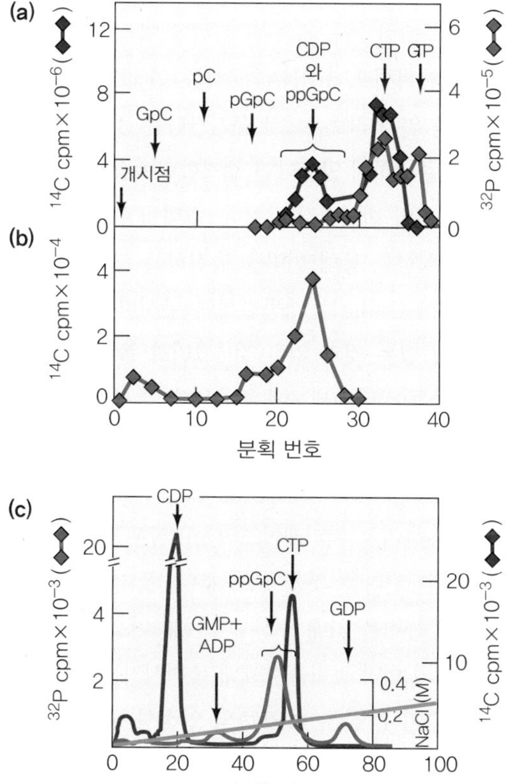

그림 15.5 레오바이러스 캡 형성에 있어 중간 산물인 ppGpC의 확인. **(a)** 첫 번째 정제 단계. 후루치 등은 캡과 캡 형성 중간 산물을 표지하기 위해 [^{14}C]CTP와 [^{32}P]GTP를 레오바이러스 핵심부에 첨가했다. 그런 다음 이 혼합물을 상단에 표시한 지표들과 같이 종이 전기영동을 통해 분석했다. 하나의 방사성 중간 산물(격자로 표시된 부분)이 ppGpC와 CDP 지표와 같은 위치로 전기영동되었다. **(b)** ppGpC에서 GpC로의 전환. Furuichi 등은 (a)에서 격자로 표시된 부분의 방사성 물질에 ppGpC를 GpC로 전환시키는 염기성 탈인산화 효소로 처리한 후, 그 산물을 다시 전기영동했다. 이때 유의성 있는 한 피크가 GpC 지표와 같은 위치에 전기영동되었다. **(c)** ppGpC의 실제 확인. 후루치 등은 상단에 표시한 지표와 함께 (a)에서의 격자로 표시된 부분의 물질을 Dowex 레진을 이용한 이온교환 크로마토그래피를 하여 주요 ^{32}P 피크 부위(빨간색)가 ppGpC 지표와 같은 위치에 있음을 확인했다. (출처: Adapted from Furuichi Y., S. Muthukrishnan, J. Tomasz, and A.J. Shatkin, Mechanism of formation of reovirus mRNA 5′-terminal blocked and methylated sequence m7GpppGmpC. *Journal of Biological Chemistry* 251:5051, 1976.)

3) 캡의 기능

캡은 적어도 네 가지 기능을 한다. ① mRNA가 분해되는 것을 방지한다. ② mRNA의 번역 능력을 증가시킨다. ③ 핵에서 세포질로 mRNA가 이동되는 것을 증진시킨다. ④ mRNA 스플라이싱의 효율을 증가시킨다. 이 절에서는 이러한 기능 중 처음 세 가지 기능을 논의하고 이 장의 후반부에서 네 번째 기능에 대해 논의할 것이다.

(1) 보호 기능

캡은 RNA 내의 다른 어느 곳에서도 찾아볼 수 없는 삼인산 결합을 통해 mRNA에 결합한다. 캡은 5′-말단에서 시작하는 RNA 가수분해효소에 의한 분해작용으로부터 mRNA를 보호할 것으로 여겨진다. 사실, 캡이 있음으로써 mRNA의 분해가 방지된다는 좋은 증거가 있다.

후루치, 샷킨 등은 1977년에 캡이 형성된 레오바이러스 RNA가 캡이 형성되지 않은 RNA보다 좀 더 안정하다는 것을 보여 주었다. 그들은 새로 표지된 레오바이러스 RNA를 합성했는데, 이들은 m^{7}GpppG 캡을 가진 것, GpppG로 차단된 것, 캡이 형성되지 않은 것 등 세 종류였다. 이 세 종류의 RNA를 손톱개구리(*Xenopus*)의 난모세포에 주입하여 8시간 동안 배양한 다음, 이들 RNA를 다시 분리하여 글리세롤 농도구배 초원심분리로 분석했다. 레오바이러스 RNA에는 대(l), 중(m), 소(s)의 세 가지 크기가 존재했다. 그림 15.6a는 이들 세 종류의 RNA를 글리세롤 농도구배 초원심분리한 결과이다. 후루치 등은 이 실험에서 세 종류의 5′-말단을 갖는 RNA를 분석하여 이들이 원래의 RNA와 크기 분포에 있어 차이점이 없음을 확인할 수 있었다. 그림 15.6b는 세 가지 다른 크기의 RNA가 손톱개구리 난모세포에서 8시간 이후에 어떻게 변했는지를 보여 준다. 이 세 종류의 RNA 5′-말단은 분해되었으나 캡이 형성되지 않은 RNA가 분해되는 정도가 더 컸다. 이러한 결과는 손톱개구리 난모세포는 RNA를 분해하는 핵산가수분해효소를 가지고 있으나 캡이 이들 효소의 공격으로부터 RNA를 보호한다는 것을 보여 주었다.

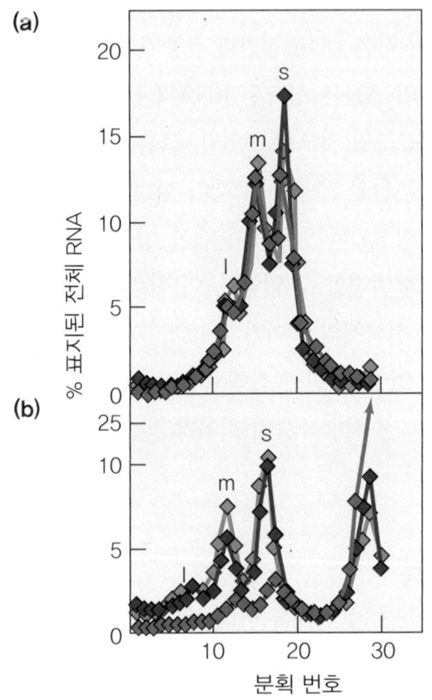

그림 15.6 레오바이러스 RNA 안정성에 미치는 캡의 효과. **(a)** 새로 합성된 RNA의 출현. 후루치 등은 캡이 형성되거나(초록색) 보호되거나(파란색) 또는 캡 형성이 안 된(빨간색) 5′-말단을 지닌 레오바이러스 RNA를 만들어서 글리세롤 농도구배 초원심분리를 하였다. 세 가지 크기의 RNA 종류들을 l, m, s라고 명명했다. **(b)** 손톱개구리 난모세포에서의 배양효과. Furuichi 등은 이들 세 가지 종류의 RNA를 손톱개구리 난모세포에 주입하고, 8시간 후 RNA를 정제하여 (a)에서와 같이 글리세롤 농도구배 초원심분리를 하였다. 색 표시는 (a)와 동일하다. (출처: Adap ted from Furuichi, Y., A. LaFiandra, and A.J. Shatkin, 5-terminal structure and mRNA stability. *Nature* 266:236, 1977.)

(2) 번역 능력

캡의 또 다른 중요한 기능은 번역 능력을 제공하는 것이다. 우리는 17장에서 진핵세포 mRNA가 캡을 인식하는 캡결합단백질을 통해 번역을 위해 리보솜으로 옮겨간다는 것을 배우게 될 것이다. 만약 캡이 존재하지 않는다면 캡결합단백질은 결합할 수가 없고, mRNA는 거의 번역되지 않는다. 다니엘 갈레(Daniel Gallie)는 시험관 내 실험을 통해 번역을 촉진하는 캡의 효과를 보고했다. 이 방법에서 Gallie는 개똥벌레의 루시퍼레이즈(luciferase) mRNA를 캡이 있는 것과 없는 것, 그리고 폴리(A)가 있는 것과 없는 것으로 만들어 담배세포에 주입했다. 루시퍼레이즈는 루시페린(luciferin)과 ATP의 존재하에서 빛을 발하는 성질 때문에 관찰이 용이한 물질이다. 표 15.1은 3′-말단의 폴리(A)와 5′-말단의 캡이 상호 작용하여 루시퍼레이즈의 mRNA를 안정화시키고, 특히 번역을 증진시킨다는 것을 보여 준다. 폴리(A)는 캡이 형성된 mRNA의 번역 능력을 21배 증진시키는데, 이것은 캡이 폴리(A)가 형성된 mRNA의 번역 능력을 297배 촉진시키는 효과와 비교해볼 때 미미한 효과이다. 물론 mRNA의 안정성 또한 이러한 수치에 반영되었지만 그 효과는 크지 않았다.

(3) mRNA의 수송

캡은 또한 성숙한 RNA가 핵 밖으로 이동하는 것을 용이하게 한

표 15.1 담배 원형질체에서 루시퍼레이즈 mRNA의 번역에 미치는 폴리(A)와 캡 사이의 상승작용

mRNA	루시퍼레이즈 mRNA의 반감기(분)	루시퍼레이즈 활성 (빛 단위/mg 단백질)	활성에 대한 폴리(A)의 상대적효과	활성에 대한 캡의 상대적 효과
캡 없음				
폴리(A)$^-$	31	2,941	1	1
폴리(A)$^+$	44	4,480	1.5	1
캡 있음				
폴리(A)$^-$	53	62,595	1	21
폴리(A)$^+$	100	1,331,917	21	297

출처: Gallie, D.R., The cap and poly(A) tail function synergistically to regulate mRNA translational efficiency, *Genes & Development* 5:2108–2116, 1991. Copyright © Cold Spring Harbor, NY. Reprinted by permission.

다. 예르크 함(Jörg Hamm)과 이아인 마타즈(Iain Mattaj)는 U1 snRNA의 이동을 연구하여 이와 같은 결론을 얻었다. U1 snRNA 유전자를 포함하여 대부분의 snRNA 유전자는 핵에서 RNA 중합효소 II에 의해 정상적으로 전사되고, 이 전사체에 단일메틸화된 (m^7G) 캡을 씌운다. 그들은 세포질로 이동하여 단백질과 결합해서 snRNP를 형성하고, 캡은 삼메틸화된($m^{2,2,7}G$) 구조로 변형된다. 그런 다음, 그들은 다시 핵 안으로 들어와서 스플라이싱이나 다른 활성에 관여한다. 그러나 U6 snRNA는 중합효소 III에 의해 만들어지고 캡은 형성되지 않는다. U6 snRNA는 말단 삼인산을 그대로 가지고 있고, 핵에 남아 있다. 함과 마타즈는 U1 snRNA 유전자가 중합효소 II 대신 중합효소 III에 의해 전사되도록 한다면 어떤 일이 벌어질 것인가를 생각했다. 만약 캡이 형성되는 것이 실패하여 핵 안에 남아 있게 된다면, 캡 형성은 RNA를 핵 밖으로 이동시키는 데에 중요한 역할을 하기 때문이라고 추정할 수 있다.

그래서 함과 마타즈는 손톱개구리 U1 snRNA 유전자를 사람 U6 snRNA 프로모터의 조절하에 놓고, 중합효소 III에 의해 진사되도록 했다. 이 클론된 유전자를 표지된 뉴클레오티드와 내부 대조용으로 손톱개구리 5S rRNA 유전자를 함께 난모세포의 핵에 주입했다. RNA 중합효소 II를 저해하기 위해 1μg/mL α-아마니틴(α-amanitin)을 처리하여 중합효소 II에 의해 전사된 U1 전사체가 생성되지 않도록 했다. 정상 U1 유전자와 더불어 단백질 결합부위에 해당하는 염기서열상에서 돌연변이를 일으킨 몇 개의 돌연변이 U1 유전자도 이용했다. 세포질에서 적절한 단백질과 결합하는 능력을 상실하게 만든 것은 그들 돌연변이 유전자의 산물이 일단 세포질로 이동하고 나면 다시 핵으로 되돌아갈 수 없도록 하기 위한 것이었다. 처리한지 12시간이 지난 뒤에 난모세포를 핵과 세포질로 각각 분리하여 표지된 생성물을 각각 전기영동했다. 그들은 RNA 중합효소 II에 의해 합성된 캡이 형성된 U1 snRNA와 중합효소 III에 의해 합성된 캡 형성이 안 된 U1 snRNA의 세포 내 위치를 비교하였다.

실질적으로 중합효소 III에 의해 만들어진 모든 캡이 없는 U1 snRNA는 핵에 남아 있었다. 반면 중합효소 II에 의해 만들어진 U1 snRNA들은 세포질로 이동되었다. 이러한 결과들은 U1 snRNA가 핵 밖으로 수송되는 데는 캡 형성이 필요하다는 가설을 뒷받침해 준다.

마지막으로, 이 장의 후반부에서 다루겠지만 캡은 mRNA 전구체의 적절한 스플라이싱을 위해 필수적이라는 것을 알게 될 것이다.

15.2. 아데닐산중합반응

우리는 이미 hnRNA가 mRNA의 전구체임을 알았다. 이들 두 가지 형태의 RNA 모두의 3′-말단에 독특한 구조인 **폴리(A)** [poly(A)]라 불리는 AMP의 긴 사슬이 존재한다는 사실로 이들 사이의 관련성을 알 수 있다. rRNA와 tRNA는 이러한 꼬리가 없다. RNA에 폴리(A)를 첨가하는 반응을 **아데닐산중합반응** (polyadenylation)이라 한다. 폴리(A)의 성질과 아데닐산중합반응의 과정을 알아보도록 하자.

1) 폴리(A)

제임스 다넬(James Darnell) 등은 폴리(A)와 폴리(A) 형성에 대한 많은 초기 연구를 수행하였다. HeLa 세포의 mRNA로부터 폴리(A)를 정제하기 위해 다이앤 쉐인네스(Diana Sheiness)와 다넬은 피리미딘 뉴클레오티드인 C와 U의 뒤를 자르는 RNA 가수분해효소 A(RNase A)와, G 뉴클레오티드의 뒤를 자르는 RNA 가수분해효소 T1(RNase T1)을 이용했다. 다시 말하면, A만이 연속된 뉴클레오티드를 준비하기 위해 A 뉴클레오티드를 제외한 모든 뉴클레오티드의 다음 연결부위를 자르는 효소들을 사용했다. 다음으로 그들은 그 크기를 결정하기 위해 세포질과 핵의 폴리(A)를

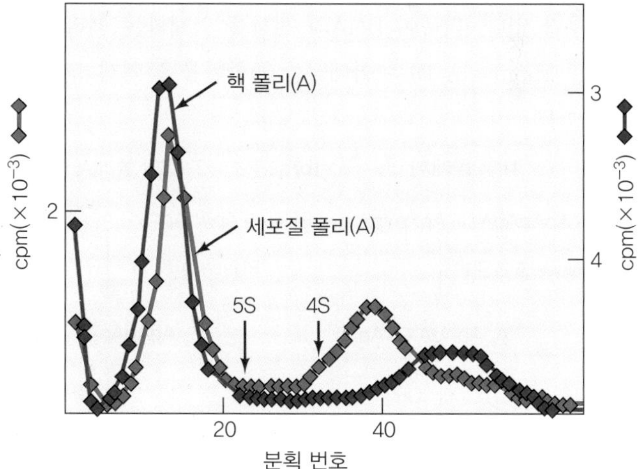

그림 15.7 폴리(A)의 크기. 쉐인네스와 다넬은 HeLa 세포의 핵(파란색)에서 방사성 표지된 hnRNA를 세포질(빨간색)에서는 표지된 mRNA를 분리하고, RNA 가수분해효소 A와 RNA 가수분해효소 T1을 처리하여 이들 RNA로부터 폴리(A)를 유리시켰다. 이 폴리(A)를 전기영동하고 분획을 섬광측정기로 방사능을 결정하였다(5장 참조). 크기 지표로 4S tRNA와 5S rRNA를 포함시켰다. 핵과 세포질로부터 분리된 두 종류의 폴리(A)는 약 200nt의 길이에 해당하는 5S 지표보다 전기영동에서 느리게 이동되었다. (출처: Adapted from Sheiness, D. and J.E. Darnell, Polyadenylic acid segment in mRNA becomes shorter with age. *Nature New Biology* 241:267, 1973.)

전기영동으로 분리했다. 그림 15.7의 결과를 보면, 이 두 폴리(A)가 5S rRNA보다 더 느린, 약 7S 정도로 전기영동되는 것을 알 수 있었다. 쉐인네스와 다넬은 이것을 약 150~200nt 정도에 해당하는 것으로 추정하였다. 이 실험에서 관찰된 폴리(A) 조각은 단 12분 동안만 표지된 것이어서 그들이 새로이 합성되었다는 것을 알 수 있다. 새로 합성된 핵과 세포질 폴리(A)의 크기 차이가 거의 없다는 것은 주목할 만하다. 한편 세포질 폴리(A)는 뒤에서 다시 다루겠으나 좀 더 짧아지는 것으로 보인다. 현재는 많은 종류의 생명체의 폴리(A)가 분석되어 처음 만들어지는 폴리(A)는 평균 약 250nt 정도임이 밝혀졌다.

폴리(A)가 mRNA나 hnRNA의 3′-말단에 연결되어 있다는 것은 명백하다. 왜냐하면 폴리(A)가 3′-말단에서부터 RNA를 분해하는 효소에 의해 빨리 사라지기 때문이다. 게다가 폴리(A)가 RNA 가수분해효소에 의해 완전히 분해되면 아데노신 한 분자와 약 200개의 AMP 분자가 생성된다. 그림 15.8은 폴리(A)가 RNA 분자의 3′-말단에 있어야 한다는 것을 보여 준다. 이 실험은 또한 폴리(A)가 약 200nt라는 것을 입증한다.

폴리(A)는 또한 DNA를 전사하여 만들어지지는 않는다. 왜냐하면 전형적인 유전체는 폴리(A)를 암호화할 만큼 연속적인 긴 폴리(T)를 가지고 있지 않기 때문이다. 특히 염기서열이 분석된 수천 개의 진핵세포 유전자의 말단에 폴리(T)를 가지고 있는 경우가 없다. 더욱이 DNA의 전사를 억제하는 액티노마이신 D(actinomycin D)는 아데닐산 중합반응을 억제하지 않는다. 그러므로 폴리(A)는 전사후에 첨가되어야 한다. 사실 핵에는 mRNA 전구체에 한 번에 1개의 AMP 잔기를 첨가하는 **폴리(A) 중합효소**[poly(A) polymerase, PAP]라는 효소가 존재한다.

폴리(A)는 mRNA 전구체에 첨가된다고 알려져 있는데, 이는 hnRNA에 폴리(A)가 존재하기 때문이다. 심지어 스플라이싱이 일어나지 않은 mRNA 전구체일지라도(예: 생쥐의 글로빈 mRNA 전구체인 15S RNA) 폴리(A)를 가지고 있다. 반면에, 나중에 공부하겠지만 mRNA 전구체에서 몇몇 인트론의 스플라이싱은 아데닐산 중합반응이 일어나기 전에 일어난다. 일단 mRNA가 세포질로 들어가면 그 폴리(A)는 지속적으로 교체된다. 다시 말하면 지속적으로 RNA 가수분해효소에 의해 분해되고 세포질의 폴리(A) 중합효소에 의해 다시 합성된다.

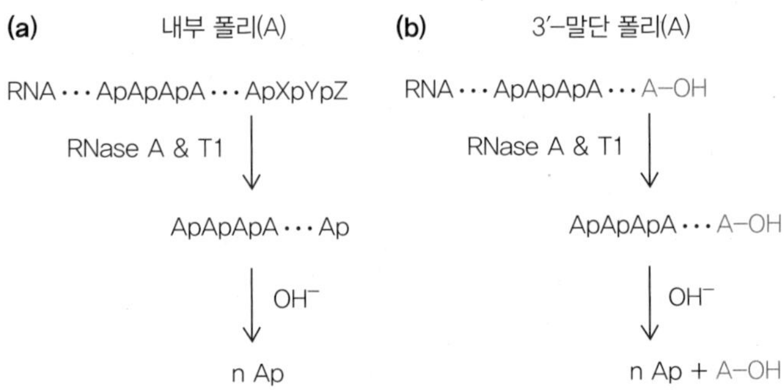

그림 15.8 hnRNA와 mRNA의 3′-말단에서 폴리(A)의 발견. (a) 내부 폴리(A). 만약 폴리(A)가 RNA 분자의 내부에 위치한다면 RNA 가수분해효소 A와 RNA 가수분해효소 T1 처리는 3′-말단에 인산기를 가지고 있는 폴리(A)를 생성시키고, 염기 가수분해는 오직 AMP만을 생성할 것이다. (b) hnRNA와 mRNA의 3′-말단의 폴리(A). 폴리(A)는 이들 RNA 분자의 3′-말단에 위치하기 때문에 RNA 가수분해효소 A와 T1 처리는 3′-말단에 비인산화된 아데노신을 가지고 있는 폴리(A)를 생성할 것이다. 염기 가수분해는 AMP와 한 분자의 아데노신을 생성한다. 사실, 아데노신에 대한 AMP의 비가 200개라는 것은 폴리(A)의 길이가 약 200nt라는 것을 말해 준다.

2) 폴리(A)의 기능

대부분의 mRNA는 폴리(A)를 가지고 있다. 하나의 두드러진 예외는 히스톤 mRNA이다. 이 히스톤 mRNA는 폴리(A) 꼬리 없이도 기능을 수행할 수 있다. 이러한 예외에도 불구하고 진핵세포에서 폴리(A)는 보편적으로 존재하므로 그 존재 목적이 무엇인지 의문이 따른다. 많은 증거에 따르면 폴리(A)는 mRNA가 분해되는 것을 막고 mRNA의 번역을 증진시킨다. 또 다른 증거들은 폴리(A)가 스플라이싱과 mRNA가 핵 밖으로 이동하는 데 어떤 역할을 한다는 것을 보여 준다. 여기서는 폴리(A)가 mRNA의 안정성과

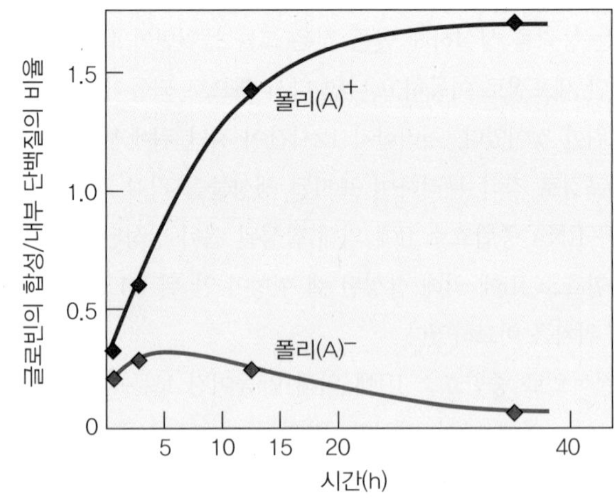

그림 15.9 시간 경과에 따른 폴리(A)⁺(파란색)와 폴리(A)⁻(빨간색) 글로빈 mRNA의 번역. 레블 등은 표지 기간에 따라 글로빈과 내부 단백질에 포함된 방사능의 비를 그림으로 표시하였다. (출처: Adapted from Huez, G., G. Marbaix, E. Hubert, M. Leclereq, U. Nudel, H. Soreq, R. Solomon, B. Lebleu, M. Revel, and U.Z. Littauer, Role of the polyadenylate segment in the translation of globin messenger RNA in Xenopus oocytes. *Proceedings of the National Academy of Sciences USA* 71(8):3143–3146, August 1974.)

번역에 미치는 효과에 대한 증거를 살펴보기로 한다. 이 장의 후반부에서 스플라이싱과 이동에 대한 주제로 다시 돌아갈 것이다.

(1) mRNA의 보호

폴리(A)의 안정화 효과를 알아보기 위해 미쉘 레블(Michel Revel) 등은 폴리(A)가 있는 mRNA와 없는 글로빈 mRNA를 각각 개구리 알에 주입하였다. 그리고 이들에 걸쳐 다양한 간격을 두고 글로빈 합성 속도를 측정했다. 그들은 초기에는 차이가 거의 없으나 6시간 후에는 폴리(A)가 없는 mRNA[**폴리(A)⁻ RNA**]는 더 이상 번역되지 않는 반면, 폴리(A)를 가진 mRNA[**폴리(A)⁺ RNA**]는 지속적으로 활발하게 번역된다는 것을 발견했다(그림 15.9). 이 반응에 대한 가장 간단한 설명은 폴리(A)⁺ RNA가 폴리(A)⁻ RNA보다 반감기가 길고 폴리(A)가 보호 역할을 한다는 것이다. 한편 우리가 볼 다른 실험에서는 어떤 mRNA에서는 폴리(A)가 보호 기능을 하지 않는다는 것을 보여 주었다. 이와는 관계없이 폴리(A)는 mRNA의 번역 효율에 있어서 더욱 중요한 역할을 한다는 것은 분명하다.

(2) mRNA의 번역 능력

폴리(A)가 또한 mRNA의 번역 능력을 증진시킨다는 많은 증거가 있다. 번역되는 동안 진핵세포 mRNA에 결합하는 단백질 중 하나는 **폴리(A) 결합단백질 I**[poly(A) binding protein I, PAB I]이다. 이 단백질의 결합은 mRNA의 번역 효율을 증가시키는 것처럼 보인다. 이 가설을 뒷받침하는 증거 중 하나는 시험관 내에서 캡이 형성된 폴리(A)를 가진 mRNA의 번역이 과량의 폴리(A)를 첨가하면 저해된다는 것이다. 이러한 결과는 과량의 폴리(A)가 필수 인자인 PAB I에 대해서 mRNA의 폴리(A)와 경쟁하기 때문이라고 생각된다. 이 인자가 없으면 mRNA는 잘 번역되지 못한다. 이 주장을 진일보한다면 폴리(A)⁻ RNA는 PAB I과 결합할 수 없기 때문에 효과적으로 번역되지 않으리라는 것을 알 수 있다.

폴리(A)⁻ RNA가 효과적으로 번역되지 않는다는 가설을 분석하기 위해 데이비드 먼로(David Munroe)와 알란 제이콥슨(Allan Jacobson)은 토끼의 망상세포 추출물(reticulocyte extract)에서 폴리(A)가 있고 없는 두 종류의 합성 mRNA의 번역률을 비교했다. 그들은 mRNA[토끼 β-글로빈(RBG) mRNA와 수포성 구내염(vesicular stomatitis) 바이러스 N 유전자(VSV.N) mRNA]를 파지 SP6 프로모터에 의해 조절되도록 플라스미드에 이들 유전자를 클로닝하여 SP6 RNA 중합효소로 시험관 내에서 이들 유전자를 전사시켰다. 그리고 클로닝과 전사 전에, 말단 전달효소(terminal tranferase)와 dTTP를 첨가하여 반응 시간을 조절하여 각 유전자에 폴리(T)를 첨가함으로써 다양한 길이의 폴리(A) 꼬리를 가진 합성 mRNA를 만들었다.

먼로와 제이콥슨은 망상세포 추출물로 폴리(A)⁺ mRNA와 폴리(A)⁻ mRNA의 번역 능력과 안정성에 대해 분석했다. 그림 15.10은 VSV.N mRNA의 번역 능력에 있어 캡 형성과 아데닐산중합반응의 효과를 보여 준다. 캡이 형성된 mRNA와 안 된 mRNA 둘 모두 폴리(A)가 없는 것보다 있는 것이 번역이 더 잘 되었다. 다른 실험에서 아데닐산중합반응은 두 가지 mRNA의 안정성에 있어 차이를 주지 않았다. 먼로와 제이콥슨은 폴리(A)에 의한 증진된 번역 능력은 mRNA의 안정성에 기인하는 것이 아니라 본질적으로 증진된 번역에 기인한다고 해석하고 있다. 만약 그렇다면 번역의 어떤 과정이 폴리(A)에 의해 증진되는 것일까? 연구 결과에 따르면 번역 과정의 초기 단계, 즉 mRNA와 리보솜이 결합할 때라고 생각된다. 우리는 17장에서 많은 리보솜들이 진핵세포 mRNA의 초기 단계에 차례대로 결합하여 나란히 정보를 번역하는 것을 알게 될 것이다. 하나 이상의 리보솜에 의해 동시에 번역되는 mRNA를 폴리솜(polysome)이라 부른다. 먼로와 제이콥슨은 폴리(A)⁺ mRNA가 폴리(A)⁻ mRNA보다 좀 더 성공적으로 폴리솜을 형성한다고 주장했다.

이들 연구자들은 아래와 같이 표지된 mRNA가 얼마나 폴리

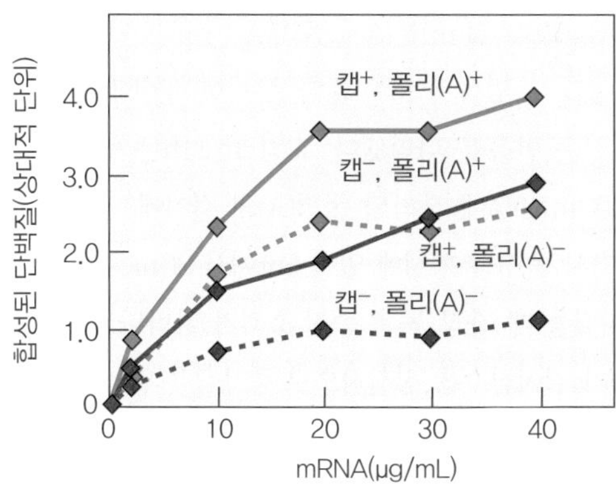

그림 15.10 mRNA의 번역 능력에 미치는 아데닐산중합반응의 영향. 먼로와 제이콥슨은 토끼의 망상세포 추출액에서 [^{35}S]-메티오닌과 함께 여러 VSV.N mRNA를 배양했다. mRNA에는 캡이 형성된 것(초록색), 캡이 형성되지 않은 것(빨간색), 그리고 폴리(A)⁺ (68 As, 실선) 또는 폴리(A)⁻ (점선)가 이용되었다. 30분간 단백질 합성을 시킨 후 표지된 산물을 전기영동하고, 정량형광사진법으로 새로이 합성된 단백질의 방사능을 측정하였다. 폴리(A)는 캡이 형성된 mRNA와 캡이 형성되지 않은 mRNA 모두에서 번역 능력을 증진시켰다. (출처: Adapted from Munroe, D. and A. Jacobson, mRNA poly(A) tail, a 3' enhancer of a translational initiation, *Molecular and Cellular Biology* 10:3445, 1990.)

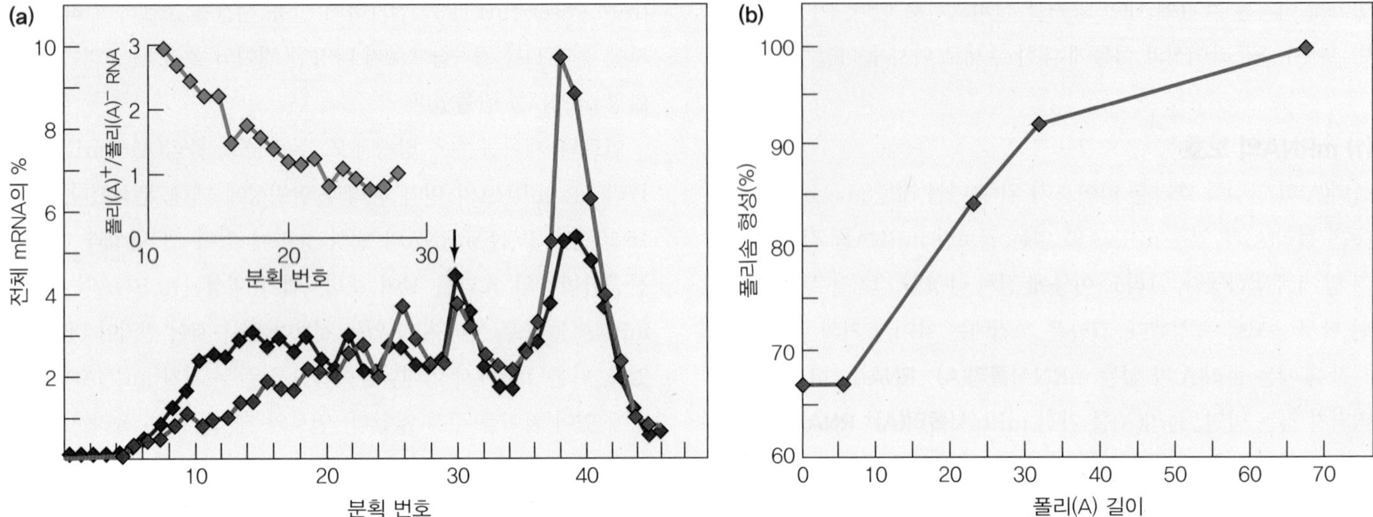

그림 15.11 mRNA의 폴리솜형성 참여에 미치는 아데닐산중합반응의 영향. (a) 폴리솜 분석표. 먼로와 제이콥슨은 토끼 망상세포 추출액과 ^{32}P-표지된 폴리(A)$^+$(파란색)과 ^{3}H-표지된 폴리(A)$^-$(빨간색) mRNA를 혼합한 후, 자당 초원심분리를 통해 모노솜으로부터 폴리솜을 분리했다. 화살표는 모노솜 최고점 부위이다. 이 초고점 부위의 왼쪽 분획들은 폴리솜이고, 디솜(disome), 트리솜(trisome), 그리고 더 큰 폴리솜 최고점 부위까지 볼 수 있다. 폴리(A)$^+$ mRNA는 큰 형태의 폴리솜을 잘 형성한다. 삽입 도표는 분획 11~28번에서의 폴리(A)$^-$에 대한 폴리(A)$^+$ RNA의 비율을 보여 준다. 다시 말해, 폴리(A)$^+$ mRNA는 폴리솜(더 낮은 분획 번호)을 잘 형성하는 것으로 나타났다. (b) VSV.N mRNA에서 폴리(A) 길이에 따른 폴리솜 형성의 효율성. 꼬리의 길이가 68일 때의 효율을 100%로 하였다. (출처: Adapted from Munroe, D. and A. Jacobson, mRNA poly(A) tail, a 3′ enhancer of a translational initiation. *Molecular and Cellular Biology* 10:3447–8, 1990.)

솜을 형성하는지를 측정했다. 그들은 폴리(A)$^+$ mRNA를 32P로, 폴리(A)$^-$ mRNA를 3H으로 표지한 뒤 망상세포 추출물과 이들 RNA를 반응시켰다. 그런 다음 자당 농도구배 초원심분리를 이용해 모노솜(monosome)으로부터 폴리솜을 분리했다. 그림 15.11a는 폴리(A)$^+$ VSV. N mRNA가 폴리(A)$^-$ mRNA보다 폴리솜을 보다 잘 형성할 수 있음을 보여 준다. 유사한 실험에서 RBG mRNA도 위와 같은 반응을 나타냈다. 그림 15.11b는 폴리솜 형성에 있어서 RBG mRNA에 부착된 폴리(A)의 길이에 의한 효과를 보여 준다. 여기서 폴리솜 형성에 있어 5nt에서 30nt로 폴리(A)의 길이를 증가시켰을 때 가장 높은 증진 효과가 나타나고, 좀 더 A 뉴클레오티드가 길어질수록 점진적으로 증가됨을 알 수 있다.

폴리(A)가 mRNA의 안정성에 영향을 미치지 않는다는 먼로와 제이콥슨의 발견은 Revel 등에 의한 초기 연구와 보순되는 것처럼 보인다. 아마도 이러한 차이점은 초기 연구는 온전한 개구리 알을 가지고 수행한 반면, 후기 연구는 비세포체계(cell-free system)를 사용한 데서 기인하는 것으로 보인다. 이 장의 앞부분에 있는 표 15.1은 폴리(A)가 루시퍼레이즈 mRNA의 전사를 촉진한다고 보여 준다. 이 mRNA에서 폴리(A)에 의한 안정성 효과는 기껏해야 2배인 반면에, 폴리(A)에 의한 루시퍼레이즈의 생성은 약 20배 증가되었다. 따라서 이 실험 체계는 폴리(A)에 의한 번역 능력의 증가는 mRNA 안정성보다 더 중요하다는 것을 시사해 준다.

17장에서는 어떻게 폴리(A)가 mRNA를 보호하고 번역을 활성화시킬 수 있는지 살펴볼 것이다. 간단히 말하면, 세포질에 존재하는 폴리(A) 결합단백질들이 폴리(A)에 결합할 수 있으며, 이들 단백질은 이미 캡에 결합되어 있는 캡결합단백질과 결합해 있는 번역 개시인자(eIF4G)와 결합할 수 있다. 이러한 방법으로 mRNA의 3′-말단의 폴리(A)과 5′-말단의 캡은 서로 가까이 다가가서 효과적으로 mRNA를 원형으로 만들게 된다. 이러한 닫힌 고리 형태의 mRNA는 양쪽 말단 부분에 단백질들이 붙어 있어 선형의 단백질이 결합하지 않은 상태일 때보다 더욱 안정화된다. 또한 이 고리 형태의 mRNA는 이 고리를 묶어주는 eIF4G가 mRNA상에 리보솜을 불러 모으기가 쉽도록 해주어 보다 잘 번역되도록 한다.

3) 아데닐산중합반응의 기본 기작

폴리(A) 중합효소는 전사 종료까지 기다렸다가 RNA의 3′-말단에 폴리(A)를 첨가시킨다는 것이 논리적으로 맞는 것으로 보인다. 그러나 이것은 일상적으로 일어나는 일이 아니다. 대신, 아데닐산중합반응의 기작은 심지어 전사가 완료되기 전에 mRNA 전구체를 절단시키고, 그 다음에 새로이 노출된 3′-말단에 폴리(A)를 첨가시킨다(그림 15.12). 그러므로 예상과는 달리 아데닐산중합반응 기구는 이미 아데닐산중합반응 신호의 앞쪽에 위치하여 신장 중의 RNA를 자르고 아데닐산을 중합반응시키는 중에도 RNA 중합

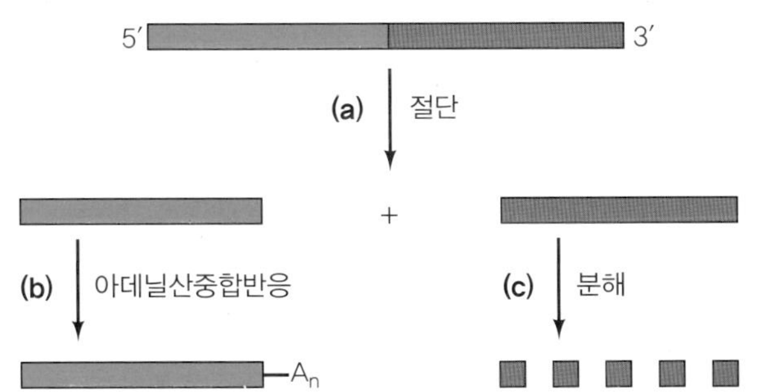

그림 15.12 아데닐산중합반응의 개관. (a) 절단. 첫 단계는 전사체를 절단하는 과정으로 실제로 전사 진행중에 일어난다. 절단은 성숙된 mRNA에 포함될 RNA 부위(초록색)의 끝에서 일어난다. (b) 아데닐산중합반응. 폴리(A) 중합효소는 mRNA의 3′–말단에 폴리(A)를 첨가한다. (c) 잉여 RNA의 분해. 아데닐산중합반응 위치를 지나 전사된 모든 RNA(빨간색)는 과잉 전사된 것으로 분해된다.

효소는 RNA 사슬을 신장시키고 있을 수 있다.

조셉 네빈스(Joseph Nevins)와 다넬은 이러한 아데닐산중합반응 모델에 대한 최초의 몇 가지 증거를 제시하였다. 그들은 아데노바이러스의 주요 후기 전사 단위를 연구 모델로 선택했는데, 그 이유는 후기 유전자가 여러 다른 중복된 mRNA에 대한 주형으로 작용하여, 전사된 각각의 mRNA는 5가지 독립적인 다른 자리에서 아데닐산 중합반응이 일어나기 때문이다. 이들 성숙된 mRNA 각각은 다른 암호화부위로 스플라이싱되는 동일한 세 가지 선도 엑손(leader exon)을 갖고 있다는 것을 설명한 14장의 내용을 상기하라. 각각의 폴리(A)는 암호화부위의 3′–말단에 연결된다. 이 체계에서 전사 종결과 아데닐산중합반응의 관계에 대한 두 가지 서로 다른 가설이 존재한다. ① 전사는 아데닐산중합반응 자리의 바로 아래쪽에서 종료되고, 그다음 아데닐산중합반응이 일어난다. 예를 들어 만일 A 유전자가 발현될 때 전사는 A 유전자의 암호화부위 끝부분까지만 진행된 후 전사는 완료되며, 그다음 아데닐산중합반응이 전사 종결로 남겨진 3′–말단에서 일어난다. ② 전사는 최소한 마지막 암호화 엑손의 끝까지 진행되고, 어느 아데닐산중합반응 자리에서든지 아데닐산중합반응이 일어날 수 있다. 아데닐산중합반응은 전체 주요 후기 부위의 전사가 완료되기 전에도 일어날 수 있다.

전사는 항상 끝까지 진행되어 일어나지는 않는다는 첫 번째 가설은 쉽게 배제될 수 있었다. 네빈스와 다넬은 주요 후기 유전자 부위의 여러 위치에 있는 DNA 조각에 감염된 세포에서 만들어진 방사성 RNA를 잡종결합시켰다. 만약 첫 번째 유전자의 1차 전사체가 첫 번째 아데닐산중합반응 자리 뒤에서 종료되고 마지막 유전자의 전사체만이 끝부분까지 전사된다면, 주요 후기 유전자 부위의 3′–말단에 있는 DNA 조각보다 5′–말단에 있는 DNA 조각에 훨씬 많은 RNA가 잡종결합될 것이다. 그러나 RNA는 3′–말단 부근의 조각이나 5′–말단의 조각에 모두 균일하게 결합하였다. 그러므로 일단 주요 후기 부위의 전사가 시작되면 종료되기 전에 그 부위의 끝까지 전사된다. 다시 말해 주요 후기 부위는 단 하나의 전사종료 신호를 가지며, 그것은 그 부위의 마지막 부분에 있다. 그러므로 이 전체 부위는 여러 유전자를 포함하고 있음에도 불구하고 전체가 하나로 전사된다는 의미의 **전사 단위**(transcription unit)로 불린다. 네빈스와 다넬은 이후의 연구에서 절단과 아데닐산중합반응이 일반적으로 전사가 종료되기 전에 일어난다는 사실을 보여 주었다.

아데닐산중합반응 자리를 지나 전사된 모든 RNA는 이용되지 못하고 분해될 것이기 때문에 전사체 절단과 아데닐산중합반응 전에 아데닐산중합반응 자리를 지나 RNA를 전사하는 것은 낭비적인 측면이 있다. 그러므로 다음과 같은 의문이 자연스럽게 생긴다. 이러한 아데닐산중합반응 방법은 바이러스에서만 유일한 것일까? 또는 일반 세포의 전사체에서도 일어나는 것인가? 이를 알아보기 위해 에르하르트 호퍼(Erhard Hofer)와 다넬은 이메틸황산화물(DMSO)을 처리하여 글로빈 유전자가 높은 빈

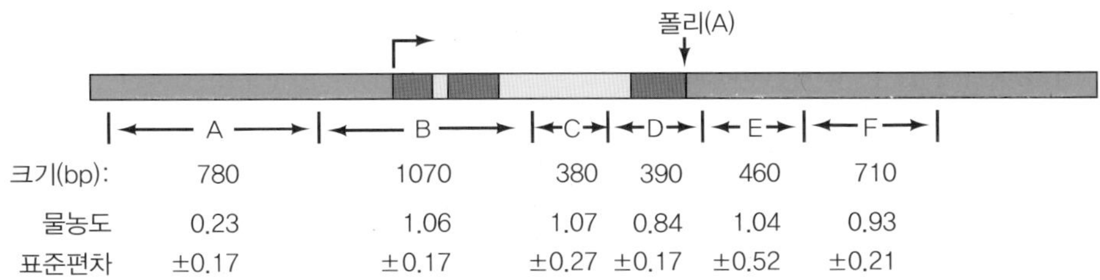

	A	B	C	D	E	F
크기(bp):	780	1070	380	390	460	710
몰농도	0.23	1.06	1.07	0.84	1.04	0.93
표준편차	±0.17	±0.17	±0.27	±0.17	±0.52	±0.21

그림 15.13 아데닐산중합반응 자리를 지난 전사. 호퍼와 다넬은 DMSO로 자극된 프렌드 적백혈병 세포로부터 핵을 추출하여 [^{32}P]UTP와 함께 배양하여 전사 중인 RNA(대부분 글로빈 mRNA 전구체)를 표지했다. 그다음 표지된 RNA를 위의 모식도에 위치와 크기가 표시된 DNA 조각 A~F와 잡종결합시켰다. 각 조각에 잡종결합된 RNA의 몰농도와 표준편차는 그 밑에 표시했다. 위의 물리적 지도에서 엑손은 빨간색으로 인트론은 노란색으로 표시했다. (출처: Adapted from E. Hofer and J.E. Darnell, The primary transcription unit of the mouse β–major globin gene. *Cell* 23:586, 1981.)

도로 전사되어 다량의 글로빈 합성이 유도된 프렌드 쥐 적백혈병(erythroleukemia) 세포로부터 표지된 RNA를 추출하였다. 그들은 생쥐의 β-글로빈 유전자 여러 부분을 대표하는 클론된 조각과 이 유전자의 아래 부분을 표지된 전사체와 잡종결합시켰다(그림 15.13). 그들은 아데닐산중합반응 자리의 500bp 정도 떨어진 아래에 위치하는 조각에도 글로빈 유전자 내의 조각에서만큼 잡종결합됨을 관찰하였다. 이것은 전사가 아데닐산중합반응 자리에서 적어도 500bp 이상 아래까지 계속됨을 보여 준다. 더 진행된 연구에서 그들은 전사가 그보다 더 아래 부위에서 끝나는 것을 알아냈다. 그러므로 전사는 바이러스성 전사체에서뿐만 아니라 세포성 전사체에서도 아데닐산중합반응 자리를 지나서까지 전사가 일어난다.

4) 아데닐산중합반응의 신호

만일 아데닐산중합반응 장치가 전사의 끝부분을 인식하지 못하고 절단과 아데닐산중합반응을 위해 중간의 어디서인가에 결합한다면, 이 장치를 유도하는 아데닐산중합반응 자리는 어떠한 기능을 하는가? 이 질문에 대한 해답은 우리가 어떤 종류의 진핵생물이나 바이러스를 논의하느냐에 달려 있다. 우선 포유류의 **아데닐산중합반응 신호**(polyadenylation signal)를 생각해 보자. 분자생물학자들은 1981년까지 수십 가지의 포유류 유전자의 염기서열을 조사하여 아데닐산중합반응 자리의 약 20bp 앞에 AATAAA라는 공통적인 염기서열이 존재한다는 사실을 발견했다. 대부분의 포유동물 mRNA에는 RNA 수준에서 염기서열 **AAUAAA**가 폴리(A)의 앞쪽 약 20bp에 존재한다. 몰리 피츠제럴드(Molly Fitzgerald)와 토마스 셍크(Thomas Shenk)는 두 가지 방법으로 염기서열 AAUAAA의 중요성을 실험했다. 첫 번째 방법은 그들이 이러한 염기서열과 아데닐산중합반응 자리 사이의 뉴클레오티드를 제거하고, 여기서 파생된 RNA의 3′-말단 부위의 염기서열을 결정하여 결손된 뉴클레오티드의 수만큼 아데닐산중합반응 자리가 아래쪽으로 이동되었음을 발견했다.

이 결과는 AAUAAA 서열은 이 서열의 약 20nt 아래에서 아데닐산중합반응이 일어나도록 지시하는 신호의 일부분이라는 것을 제시한다. 그렇다면 이 서열을 삭제하면 모든 부분에서 아데닐산중합반응이 억제되어야 한다. 이 연구자들은 S1 분석을 토대로 다음과 같은 실험을 통해 이 사실을 입증했다. 그들은 후기 유전자에서 240bp 간격으로 아데닐산중합반응 신호를 이중으로 갖는 재조합 SV40 바이러스(돌연변이 1471)를 제조했다. 후기 전사

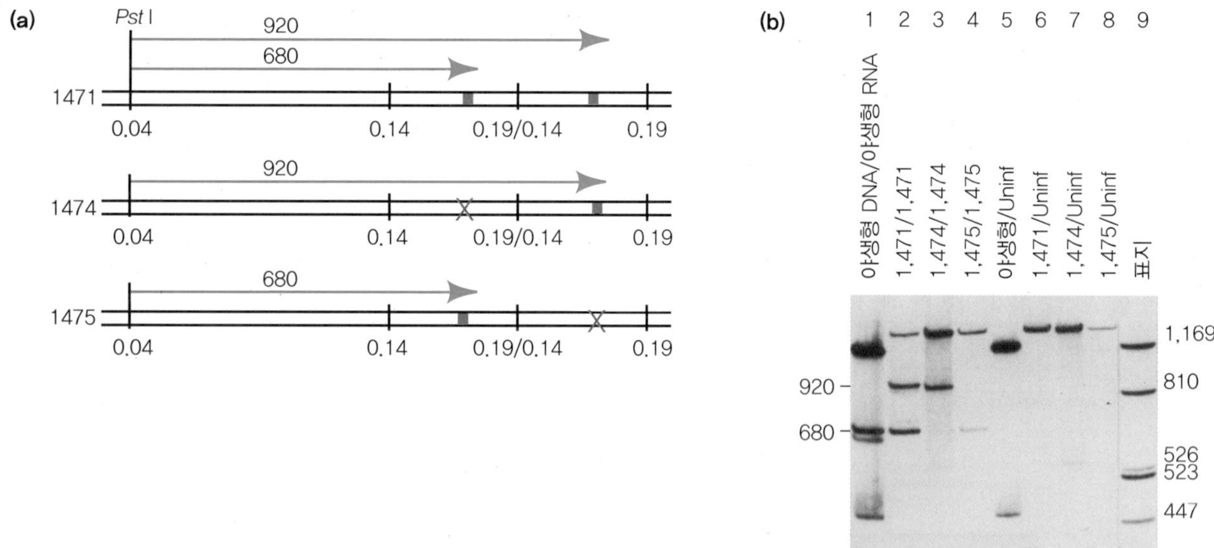

그림 15.14 아데닐산중합반응에 있어 AAUAAA 서열의 중요성. 피츠제럴드와 셍크는 다음과 같은 특징을 갖는 재조합 SV40 바이러스를 만들었다. **(a)** 돌연변이 1,471은 0.14~0.19 지도 단위에 걸친 지역이 중복되어 있으며, 이 중복된 지역 내 240bp가 떨어져 아데닐산중합반응 자리(초록색)가 중복되어 있다. 돌연변이 1,474는 위쪽 AAUAAA 서열에서 16bp 결실이 일어난 것이며(빨간색), 돌연변이 1,475는 아래쪽 서열에서 동일한 16bp의 결실이 일어난 것이다(빨간색). 그다음 만일 위쪽의 아데닐산중합반응 신호가 작용한다면 680nt 신호로, 아래쪽 아데닐산중합반응 신호가 작용한다면 920nt 신호로 나타날 탐침으로 S1 분석을 행했다(파란색 화살표). **(b)** 각 레인 위 부분에 사용한 탐침과 RNA(또는 주형)를 나타내었다. 1번 레인, 오직 야생형 탐침과 주형만 사용해서 680nt에 야생형 신호와 일반적으로는 보이지 않는 인위적인 신호를 보여 준다. 5~8번 레인은 감염되지 않은 음성 대조군이다. 각 레인의 맨 위 밴드는 재결합된 S1 탐침을 나타내며 무시해도 좋다. (b)는 AAUAAA의 결실이 이 부위에서 아데닐산중합반응이 방해된 것을 보여 준다. (출처: Adapted from Fitzgerald, M. and T. Shenk, The sequence 5′-AAUAAA-3′ forms part of the recognition site for polyadenylation of late SV40 mRNAs. *Cell* 24 (April 1981) p. 257, f. 7.)

체(5장 참조) 3′-말단의 S1 분석에 따르면 두 신호가 240bp 떨어져 있음을 보여 준다(그림 15.14). [이러한 종류의 실험에서 우리는 폴리(A)가 탐침에 잡종결합되지 않기 때문에 폴리(A)는 무시할 수 있다.] 그러므로 두 아데닐산중합반응 자리가 작동되었다는 것은 첫 번째 자리를 지나서 약간 더 전사되었음을 의미한다. 그다음 Fitzgerald와 Shenk는 첫 번째 AATAAA(돌연변이 1474) 또는 두 번째 AATAAA(돌연변이 1475)를 제거하고 S1 분석을 다시 시행했다. 이번에는 결손된 AATAAA의 아래쪽에 있는 아데닐산중합반응 자리는 작동하지 않았으며, 이는 AATAAA 서열이 아데닐산중합반응에 필수적임을 의미한다. 곧 이 서열이 척추동물의 아데닐산중합반응 신호의 일부임을 알게 될 것이다.

AAUAAA 서열은 불변적인가? 아니면 약간의 변이에도 불구하고 작동이 가능한가? 변이된 신호(AAUACA, AAUUAA, AACAAA, AAUGAA)를 이용한 초기 실험에서 AAUAAA 서열의 변이도 아데닐산중합반응을 방해하지 않음이 발견되었다. 그러나 1990년까지 269종의 척추동물 cDNA의 아데닐산중합반응 신호를 통합하여 조사해보니, 특히 두 번째 염기에서 서열상 변이가 나타났다. 마빈 위켄스(Marvin Wickens)는 이러한 자료를 모아 공통서열을 정의했다(그림 15.15). RNA 수준에서 가장 빈번한 서열은 AAUAAA이고, 이 서열이 아데닐산중합반응을 촉진하는 데 가장 효과적이다. 그리고 가장 빈번히 나타난 변이서열은 AUUAAA이며 AAUAAA에 비해 80%의 효율을 보여 준다. 그 밖의 다른 변이서열들은 그 나타나는 빈도가 훨씬 낮으며 효율면에서도 또한 떨어진다.

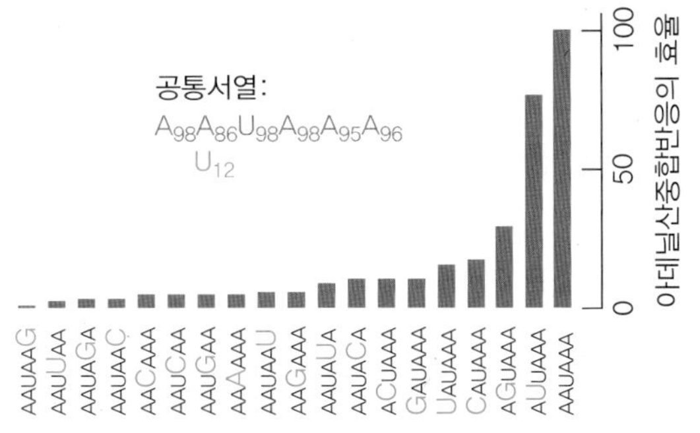

그림 15.15 척추동물의 369개 아데닐산중합반응 데이터의 요약. 상단에 RNA 형태의 공통서열과 각 염기의 출현 빈도를 나타냈다. 두 번째 위치의 A가 U로 치환되는 빈도(12%)는 주요 공통서열 아래에 따로 표시했다. 그 밑에는 각 아데닐산중합반응 신호의 변이에 대한 아데닐산중합반응 효율을 도표화했다. 정상서열과 다른 염기는 큰 활자로 표시했다. 기준이 되는 AAUAAA 서열은 바닥에 표시했으며, 그 위에는 활성이 가장 높은 순으로 염기서열(AUUAAA)이 표시되어 있다. (출처: Adapted from Wickens, M., How the messenger got its tail: addition of poly(A) in the nucleus. *Trends in Biochemical Sciences*, 15:278, 1990.)

지금까지의 내용을 살펴보면 AAUAAA 혼자만으로는 아데닐산중합반응을 일으키는 데 충분치 못하다는 것이 분명하다. 그렇지 않다면 인트론에서 발견되는 많은 AAUAAA 서열의 아래쪽에서 아데닐산중합반응이 일어날 것이다. 많은 연구자들은 아데닐산중합반응 자리 바로 인접한 아래쪽의 서열을 제거하면 아데닐산중합반응이 저해됨을 발견했다. 이것은 아데닐산중합반응 자리와 인접한 아래에 아데닐산중합반응 신호의 다른 요소가 포함되어 있지 않을까 하는 의문을 자아냈다. 문제는 이 부분의 서열이 척추동물 사이에서 그리 잘 보존되어 있지 않다는 것이다. 대신 DNA 수준에서 단순히 GU 또는 U가 많이 나타난다는 경향이 있을 뿐이다.

이러한 결과는 DNA 수준에서 최소한의 효과적인 아데닐산중합반응 신호는 AAUAAA 서열과 20bp 뒤의 GU- 또는 U-다빈도 서열임이 제안되었다. 안나 길(Anna Gil)과 니콜라스 프라우드풋(Nicholas Proudfoot)은 효율이 매우 높은 토끼의 β-글로빈 아데닐산중합반응 신호를 이용해 위의 가설을 분석했다. 이 신호는 AAUAAA 서열과 24bp 뒤에 나오는 GU-다빈도 부위와 U-다빈도 부위를 말한다. 이 논의의 처음부터 끝까지 우리는 DNA에서 만들어진 돌연변이도 RNA(예: AAUAAA) 서열로 나타낼 것이다. 그들은 우선 자연적인 아데닐산중합반응 신호의 앞쪽에 아데닐산중합반응 신호를 하나 더 삽입하여 이러한 돌연변이 클론(클론 3)의 두 위치에서의 아데닐산중합반응을 S1 분석으로 조사했다. 삽입된 이 DNA는 새로운 위치에서 원래 위치의 90%의 비율로 아데닐산중합반응을 유도했다. 따라서 삽입된 아데닐산중합반응 자리는 기능을 한 것이다. 다음으로 그들은 새로운 아데닐산중합반응 신호에 있는 GU-와 U-다빈도 부위(GU/U)를 포함하는 35bp를 제거한 새로운 돌연변이 클론[클론 2(v)]을 만들었는데, 이 돌연변이는 새로운 아데닐산중합반응 자리가 기능을 못하게 했으며, 이 제거된 35bp가 아데닐산중합반응 신호의 매우 중요한 부위임을 재입증하는 것이었다.

가장 최소한의 아데닐산중합반응 자리를 정의하기 위해 이 연구자들은 클론 2(v)에 다시 다양한 서열을 삽입하여 아데닐산중합반응을 실험했다. 이것은 GU-다빈도 부위나 U-다빈도 부위 어느 한쪽 단독으로는 아데닐산중합반응 신호를 재구성할 수 없음을 나타낸다. GT 클론은 GU-다빈도 부위를 가지고 있으나 야생형 신호의 활성에 비해 단지 30%의 활성만을 보였고, U-다빈도 클론 A-T는 정상 활성의 30%를 보였을 뿐이다. 더욱 중요한 것은 GU/U 부위의 위치가다. 클론 C-GT/T는 AAUAAA 요소에서 16bp 정도 더 아래쪽으로 이동된 것으로 정상적인 활성의 10% 미만을 나타냈다. 더구나 GU-다빈도 서열과 U-다빈도 서열 사이의 거리도 중요하다. 클론 GT-T는 5bp가 더 떨어져서 둘 모두 가지고 있으나 이 돌연변이 신호는 정상적인 활성의 30%를 보였다. 따라서 효율적인 아데닐산중합반응 신호는 AAUAAA 모티프와 그 23~24bp 뒤에 있는 GU-다빈도 서열, 그 뒤의 U-다빈도 서열로 구성된다.

식물과 효모의 mRNA 또한 아데닐산중합반응이 일어나지만 그들의 아데닐산중합반응 신호는 포유류의 신호와는 다르다. 효모 유전자는 보통 그들의 아데닐산중합반응 자리 근처에 AAUAAA 서열을 가지고 있지 않다. 사실상 일반적으로 아데닐산중합반응 자리의 앞쪽의 AU-다빈도 서열 이외에 효모의 아데닐산중합반응 신호의 유형을 찾기는 어려운 일이다. 식물 유전자는 적당한 위치에 AAUAAA 서열을 가지고 있으며, 이러한 서열이 결손되면 아데닐산중합반응이 일어지 않는다. 그러나 동물과 식물의 아데닐산중합반응 신호는 다르다. 꽃양배추 모자이크 바이러스의 AAUAAA 서열 내의 단일 염기치환은 그들이 척추동물의 아데닐산중합반응 신호에서 보여 준 부정적인 효과를 거의 갖지 않았다. 더욱이 동물의 이 신호는 식물 유전자의 끝 부분에 위치시켰을 때 작용하지 않는다.

5) mRNA 전구체의 절단과 아데닐산중합반응

보통 아데닐산중합반응이라고 알려진 과정은 실제 RNA 절단과 아데닐산중합반응의 두 가지 과정을 포함한다. 이 장에서는 먼저 절단작용에 관련된 인자에 대해 간단히 알아본 뒤 아데닐산중합반응 작용에 대해 자세히 논의하도록 한다.

(1) mRNA 전구체의 절단

아데닐산중합반응에 앞서 포유류의 mRNA 전구체의 절단에는 몇 가지 단백질이 필요하다. 이들 단백질 중 한 가지는 아데닐산중합반응에도 필요하므로 처음에는 '절단과 아데닐산중합반응 인자' 또는 'CPF'라 불렸으나 현재는 **절단과 아데닐산중합반응 특이인자**(cleavage and polyadenylation specificity factor, CPSF)로 명명하고 있다. 이 단백질이 AAUAAA 신호에 결합한다는 것은 교차결합 실험에서 밝혀졌다. Shenk 등은 1994년 아데닐산중합반응 자리를 인식하는 데에 있어 또 다른 인자가 관여한다고 밝힌 바 있는데, 교차결합 실험에 따르면 이는 G/U 부위에 결합하는 **절단촉진인자**(cleavage stimulation factor, CstF)이다. 그러므로 CPSF와 CstF는 절단과 아데닐산중합반응 자리의 인접한 자리에 결합하게 된다. CPSF나 CstF 단독으로는 결합이 불안정하지만 이 두 인자는 협동적으로 안정적인 결합을 이룬다.

그리고 절단작용에 필요한 또 다른 한쌍의 RNA 결합단백질인 **절단인자 I**과 **II**(CF I과 CF II)가 존재한다. 절단작용 이후 아데닐산중합반응이 바로 진행되기 때문에 폴리(A) 중합효소 자체가 절단에 필요할 수 있다. 사실 절단과 아데닐산중합반응은 너무 밀접하게 연결되어 있어 절단된 채 아데닐신중합반응이 일어나지 않은 RNA는 발견할 수 없다.

절단에 아주 밀접하게 관련된 또 다른 단백질은 RNA 중합효소 II이다. 이 관련성의 첫 번째 힌트는 시험관 내에서 RNA 중합효소 II에 의해 만들어진 RNA는 캡 형성이 되고, 스플라이싱되며, 그리고 아데닐산중합반응이 일어나지만 중합효소 I이나 III에 의해 만들어진 RNA에서는 그러한 것들이 형성되지 않는다는 발견이다. 사실 가장 큰 소단위체의 카르복실기 말단영역(carboxyl-terminal domain, CTD)이 결손된 RNA 중합효소 II에 의해 만들어진 RNA는 효과적으로 스플라이싱되거나 아데닐산중합반응이 일어나지 않는다. 이러한 결과들은 CTD가 어느 정도 스플라이

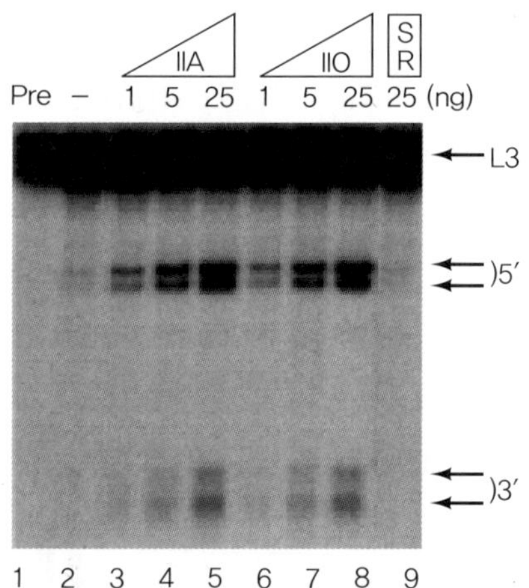

그림 15.16 시험관 내에서 아데닐산중합반응 mRNA의 절단에 미치는 RNA 중합효소 IIA와 IIO의 영향. 히로세와 맨리는 ^{32}P 표지된 아데노바이러스 L3 mRNA 전구체를 제작하여 상단에 표시되어 있듯이, 모든 절단인자들과 아데닐산중합반응 인자들[CPSF, CstF, CF I, CF II, 폴리(A) 중합효소]과 RNA 중합효소 IIA, IIO, 그리고 단백질을 처리하지 않은 대조군(–) 또는 정제한 HeLa 세포 SR 단백질과 반응시켰다. (다양한 단백질의 양은 나노그램 단위로 나타냈다). 그런 다음, RNA 생성물을 전기영동하고 자기방사성 분석을 하였다. 5′-과 3′-조각들의 위치와 mRNA 전구체의 위치는 오른쪽에 표시하였다. 레인 1은 mRNA 전구체만 있는 경우이다. 두 IIA와 IIO 모두는 mRNA 전구체의 절단을 촉진시켜서 고유의 5′-과 3′-조각을 만들어냈다. (출처: Hirose, Y. and Manley, J. RNA polymerase II is an essential mRNA polyadenylation factor. *Nature* 395 (3 Sep 1998) f. 2, p. 94. Copyright © Macmillan Magazines Ltd.)

싱과 아데닐산중합반응에 관여한다는 것을 시사한다.

이러한 결과를 바탕으로 유타카 히로세(Yutaka Hirose)와 제임스 맨리(James Manley)는 아데닐산중합반응에서 인산화상태를 포함하여 CTD의 기능을 조사하기 위한 실험을 수행하였다. 1998년에 이들은 CTD가 절단반응을 촉진시키고, 이 촉진작용은 전사와는 독립적이라는 것을 보여 주었다. 첫째, 이들 연구자들은 모든 절단인자들과 아데닐산중합반응 인자들이 존재하는 조건에서 인산화된 중합효소 II와 인산화되지 않은 중합효소 II(IIO와 IIA, 10장 참조)를 처리할 경우 절단이 촉진되는지를 실험하였다. 그들은 ^{32}P로 표지된 아데노바이러스 L3 mRNA 전구체를 CPSF, CstF, CF I, CF II, 폴리(A) 중합효소가 있는 상태에서 RNA 중합효소 IIA 또는 IIO와 함께 반응시켰다. 반응 시간 후에 mRNA 전구체가 고유의 절단부위에서 절단되었는지를 알아보기 위해 생성물을 전기영동하여 자기방사성 사진을 만들었다. 그림 15.16이 그 결과이다. 두 중합효소 IIA와 IIO 모두 mRNA 전구체의 올바른 절단을 촉진시켜서 예상했던 크기의 5′–과 3′–절편을 만들었다.

CTD가 절단을 촉진시키는 데 있어 중합효소 II의 중요한 부분이라는 것을 알아보기 위해 히로세와 맨리는 CTD를 글루타티온–S–전달효소(glutathione–S–transferase)와 함께 융합단백질로서 발현시켰다(4장 참조). 그다음 글루타티온 친화력 크로마토그래피로 융합단백질을 정제하였다. CTD 부위를 인산화시킨 뒤 아데노바이러스 L3 mRNA 전구체를 가지고 절단 분석을 하였다. 그림 15.17a는 인산화된 CTD와 비인산화된 CTD 모두가 절단을 촉진시켰으나 인산화된 형태의 CTD가 비인산화된 형태의 CTD보다 5배 정도 더 많은 일을 했다는 것을 보여 준다. 이것은 중합효소 IIO에서 CTD가 인산화되어 있기 때문에 예상했던 결과이다. 그러나 그림 15.16에서 전체적인 중합효소 II가 사용되었을 때, 왜 인산화가 아무런 차이를 만들지 않았는지에 대해서는 아직 불확실하다.

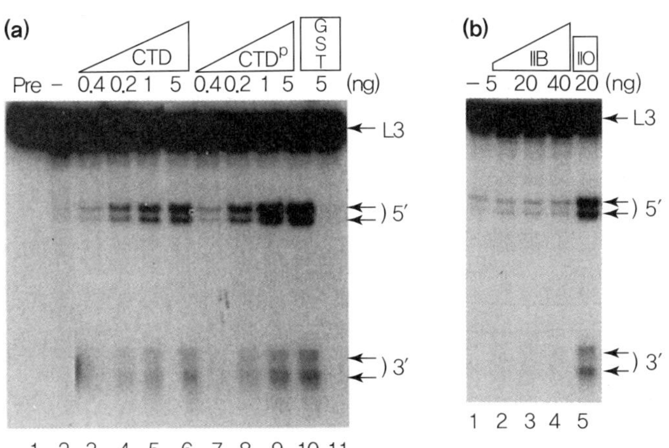

그림 15.17 시험관 내에서 아데닐산중합반응 전에 mRNA의 절단에 미치는 Rpb1 CTD의 영향. 히로세와 맨리는 그림 15.17에서처럼 표지된 mRNA 전구체를 절단인자와 아데닐산중합반응인자와 함께 반응시키고 절단에 대한 분석을 했다. (a) 상단에 표시가 되었듯이 인산화된 GST–CTD 융합단백질, 비인산화된 이 융합단백질, GST 단독으로 절단반응에 첨가했다. (b) RNA 중합효소 IIB, IIO를 절단반응에 첨가했다. 인산화된 CTD는 비인산화된 CTD보다도 더 많이 절단을 촉진시켰고, 중합효소 IIB는 CTD가 결여된 효소로서 절단반응을 전혀 촉진시킬 수 없었다. (출처: Hirose, Y. and Manley, J. RNA polymerase II is an essential mRNA polyadenylation factor. *Nature* 395 (3 Sep 1998) f. 3, p. 94. Copyright © Macmillan Magazines Ltd.)

만약에 CTD가 mRNA 전구체의 절단을 촉진시키는 데 아주 중요한 역할을 한다면 중합효소 IIA에서 단백질 분해효소의 작용에 의해 CTD가 결여된 중합효소 IIB는 절단반응을 촉진시킬 수 없을 것이다. 그림 15.17b를 보면 그 중합효소 IIB는 절단반응을 촉진할 수 없었다. 따라서 RNA 중합효소 II는, 특히 CTD는 아데닐산중합반응에 앞서 mRNA 전구체의 효과적인 절단을 위해 필요하다. 그림 15.18은 절단이 일어나기 바로 직전의 mRNA 전구체에 결합된 단백질 복합체에 관한 요약이다.

우리는 아데닐산중합반응자리에서 절단하는 데에 여러 소단위체로 구성된 다양한 복합체가 참여한다는 것을 보았으나 어떤 단백질이 절단작용을 할까? 이 질문은 미사유키 나시모토(Masayuki Nashimoto)와 그의 동료들이 CPSF(**CPSF–73**)의 소단위체 중의 하나가 tRNA 전구체를 잘라 3′–말단을 생성시키는 ELAC2 효소와 관련이 있다는 것을 발견한 2003년까지 해결되지 못하였다(16장 참조). 이 발견으로 CPSF–73는 절단효소라고 제안되었다. 이는 주형없이 CCA를 추가하기 전에 tRNA 전구체의 3′–말단을 절단하는 ELAC2와 주형없이 폴리(A)를 추가하기 전에 mRNA 전구체의 3′ 말단을 절단하는 CPSF–73 사이의 대칭성 때문에 매력적인 생각이다. ELAC2와 CPSF–73는 활성부위에 두 개의 아연 이

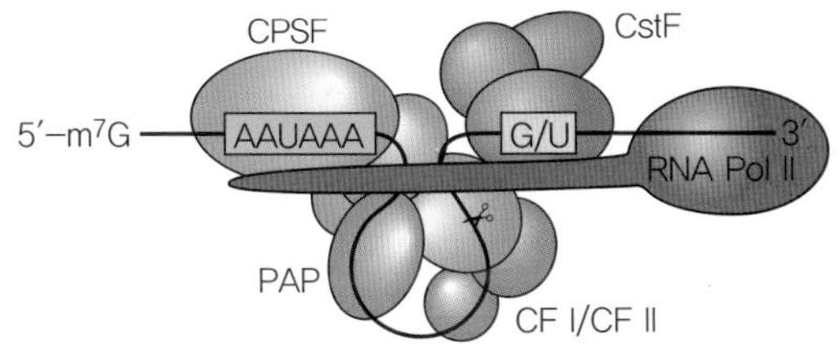

그림 15.18 절단전 복합체의 한 모델. 부분적으로 가설적인 이 모델은 아데닐산중합반응 신호의 두 부위에 대한(초록색과 노란색) 절단작용에 관련된다고 생각되는 모든 단백질의 위치를 보여 준다. 가위 심볼은 CPSF–73의 활성 부위를 나타낸다. (출처: Adapted from Wahle, E. and W. Keller, The biochemistry of polyadenylation, *Trends in Biochemical Sciences* 21 (1996) pp. 247–250, 1996.)

온을 포함하고 있는 색다른 리보핵산분해효소(RNase) 이다. 이들은 아연에 의존적인 가수분해효소의 β-락타마아제(β-lactamase) 초가족으로 알려진, 즉 RNA 인산디에스테르 결합을 가수분해하는 것과 같은 가수분해 반응을 을 수행하는 효소인 가수분해효소족에 속한다.

맨리와 리앙 통(Liang Tong)은 CPSF-73이 아데닐산중합이 이루어지기 전에 mRNA 전구체를 절단하는 효소라는 강력한 증거를 제시하였다. 첫째, 효소의 활성 부위에 mRNA 전구체에 있는 잘릴 수 있는 인산디에스테르 그룹을 닮은 황산염 그룹과 복합체를 형성하고 있는 인간의 CPSF-73(아미노산 1~460)의 결정구조를 얻었다. 이들은 CPSF-73는 리보핵산분해효소 활성에 필수적인 두 개의 아연 이온을 포함하고 있는 아연 결합 모티프를 가지고 있다는 것을 발견하였다. 이들 두 개의 아연 이온은 잘릴 수 있는 인산디에스테르 결합을 공격하기에 완벽한 위치에 효소의 활성 부위에 하나의 수산화물 이온(hydroxide ion)을 포함하고 있다.

CPSF-73가 핵산내부가수분해효소(endonuclease) 활성을 가지고 있다는 것을 보여 주기 위해 맨리와 통은 박테리아에서 인간의 CPSF-73 유전자를 발현시켜 SV40 후기 mRNA 전구체를 절단하는 능력이 있는지를 조사하였다. 이 단백질은 다양한 절단산물을 생산하는 약한 핵산내부가수분해효소 활성을 가지고 있었다. 이와는 대조적으로 아연 이온에 대한 두 개의 리간드를 가지고 있지 않은 돌연변이 CPSF-73는 활성이 없었다. 기대한 것만큼 이들 결과는 확실하게 나오지 않았지만 효소의 구조에 대한 연구 결과와 함께 이들은 CPSF-73는 아데닐산중합반응 전에 mRNA 전구체를 절단하는 핵산내부가수분해효소라고 제안하였다.

(2) 아데닐산중합반응의 개시

일단 AAUAAA 모티프의 아래쪽에서 절단되면 mRNA 전구체는 폴리(A)가 형성될 준비가 된 것이다. 절단된 RNA의 아데닐산중합반응은 2단계로 일어난다. 첫 번째 개시 단계는 AAUAAA 신호를 필요로 하며 mRNA 전구체에 최소한 10개의 A가 천천히 붙게 된다. 두 번째 신장 단계는 AAUAAA 모티프를 필요로 하지 않으나 개시 단계에서 첨가된 올리고(A)를 필요로 한다. 이 두 번째 단계에서는 RNA에 200개 또는 그 이상의 A가 빠르게 첨가된다. 그럼 먼저 개시 단계부터 살펴보자.

엄밀히 말해서 '아데닐산중합반응 신호'라고 불려 왔던 실체는 실제로는 절단신호이다. 이것은 AAUAAA 모티프로부터 약 20nt 아래쪽의 RNA를 자르는 절단효소를 도입하는 신호이다. 즉, 절단효소에 의해 형성된 3′-말단에 폴리(A)를 첨가시키는 아데닐산중합반응은 이 신호를 이용할 수 없다. 이는 절단효소가 그 신호 아래에 있는 GU-다빈도 부위와 U-다빈도 부위를 이미 제거했기 때문이다.

아데닐산중합반응을 유발하는 신호는 무엇인가? 그것은 RNA 말단에서 최소한 8nt만큼 떨어진 AAUAAA일 것이다. 우리는 시험관 내 에서 AAUAAA를 포함하는 짧은 합성된 올리고뉴클레오티드(11nt)가 아데닐산중합반응이 일어나는 것으로부터 알 수 있다. AAUAAA와 RNA 말단 사이의 적정 길이는 8개의 뉴클레오티드이다.

시험관 내에서 아데닐산중합반응 과정을 알아보기 위해서는 이를 절단작용과 분리시켜야 한다. 분자생물학자들은 3′-말단으로부터 최소 8nt에 AAUAAA 염기배열을 갖는 짧은 표지된 RNA를 이용하여 이를 분리했다. 이들 기질은 절단되어 아데닐산중합반응이 일어날 준비를 마친 mRNA 전구체와 흡사하다. 아데닐산중합반응의 분석은 표지된 RNA를 전기영동하여 만약 폴리(A)가 첨가되었다면 RNA는 더욱 커져서 전기영동 시 천천히 이동할 것이다. 분자마다 폴리(A)의 길이가 다르기 때문에 크기 면에서 확실히 분리가 되지 않을 것이다. 이 절에서 우리는 모델 RNA 기질의

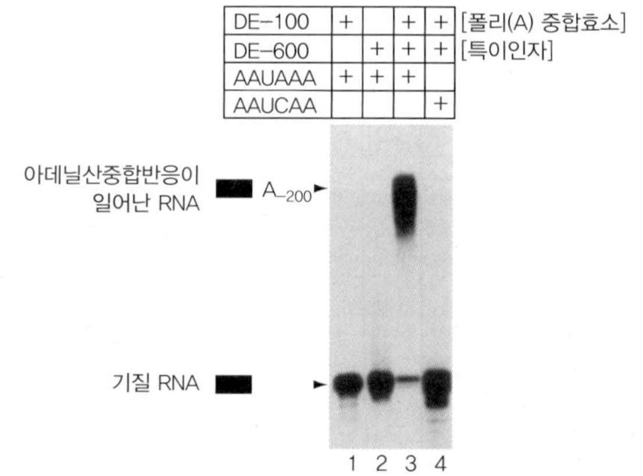

그림 15.19 폴리(A) 중합효소와 특이인자 활성의 분리. 위켄스 등은 DEAE-세파로즈 크로마토그래피를 이용해 HeLa 세포의 폴리(A) 중합효소와 특이인자의 활성을 분리하였다. 중합효소는 염 농도 100mM에서 특이인자는 염 농도 600mM에서 분리되므로 각각 DE-100 분획과 DE-600 분획이라 표시하였다. 그들은 3′-말단이 일반적인 아데닐산중합반응 부위인 SV40 후기 mRNA의 -58에서 +1까지 뉴클레오티드로 구성된 표지된 합성기질을 이용하여 각각의 활성을 조사하였다. 두 분획을 각각 또는 함께 기질과 ATP와 같이 배양한 후 표지된 RNA를 전기영동으로 분리하여 겔의 자기방사성 사진을 만들었다. 각 레인의 반응물의 구성요소는 위에 나열하였다. 기질의 위치와 폴리(A)가 형성된 생성물은 왼쪽에 표기하였다. (출처: Bardwell, V.J., D. Zarkower, M. Edmonds, and M. Wickens, The enzyme that adds poly(A) to mRNAs is a classical poly(A) polymerase. *Molecular and Cellular Biology* 10 (Feb 1990) p. 847, f. 1. American Society for Microbiology.)

3′-말단에 폴리(A)를 첨가한다는 의미로 '아데닐산중합반응'이라는 용어를 사용한다.

그림 15.19는 마빈 위켄스(Marvin Wickens) 등이 아데닐산중합반응에 두 분획, 즉 폴리(A) 중합효소와 하나의 특이인자가 필요하다는 것을 보이기 위해 이런 분석을 어떻게 이용했는지 보여준다. 우리는 이제 이 특이인자가 CPSF라는 것을 알게 되었다. 기질의 농도가 높을 때 폴리(A) 중합효소는 어떠한 RNA의 3′-말단에도 폴리(A) 첨가를 촉매할 수 있지만 낮은 농도에서는 그것만으로 아데닐산중합반응을 할 수 없다(1번 레인). 또한 CPSF 혼자서도 AAUAAA 신호를 인지할 수 없다(2번 레인). 하지만 이들 두 물질이 함께 작용한다면 합성 기질에 폴리(A)를 형성할 수 있다(3번 레인). 4번 레인은 두 분획이 함께 작용해도 비정상적인 신호(AAUCAA)를 가지는 기질에는 폴리(A)를 형성하지 못한다는 것을 보여 준다.

마이클 시트(Michael Sheets)와 위켄스는 아데닐산중합반응이 단계적으로 일어나는가에 대한 의문에 답을 구하기 위하여 여러 다른 모델 RNA 기질을 사용하였다. 첫 번째 기질은 그림 15.19처럼 단순히 AAUAAA를 포함하는 SV40 후기 mRNA의 말단과 동일한 58nt이다. 두 번째기질은 동일한 RNA의 3′-말단에 40개의 A를 가지고 있는 것이다. 세 번째는 3′-말단의 짧은 폴리(A) 대신 벡터로부터 파생된 40nt를 가지고 있는 RNA이다. 그리고 AAUAAA 신호 대신 AAGAAA로 돌연변이가 일어난 세 가지 기질 유사체를 사용했다.

시트와 위켄스는 HeLa 세포의 핵 추출물을 이용한 아데닐산중합반응 반응에 이들 기질을 각각 이용했다. 그림 15.20의 1~4번 레인은 핵 추출물이 AAUAAA 신호를 가진 일반 기질에 폴리(A)를 형성할 수 있음을 보여 준다. 5~8번 레인은 말단에 40개의 A를 가지는 모델기질(A_{40})에 아데닐산중합반응이 일어남을 보여 준다. 이 경우 폴리(A) 형성 신호는 약화되었으며 기질의 방사능 양도 또한 낮았다. 반면에 핵 추출물은 말단에 폴리(A)가 아닌 40개의 뉴클레오티드를 포함한 모델기질(X_{40})에는 아데닐산중합반응을 일으킬 수 없었다. 13~16번 레인은 이 핵 추출물이 비정상적인 AAGAAA 신호를 갖는 기질에는 아데닐산중합반응을 일으킬 수 없다는 것을 보여 준다. 그러나 17~20번 레인은 가장 중요한 점을 밝혀주고 있다. 즉, 추출물은 비정상적인 AAGAAA 신호와 말단에 40개의 A가 이미 첨가된 기질에는 아데닐산중합반응을 일으

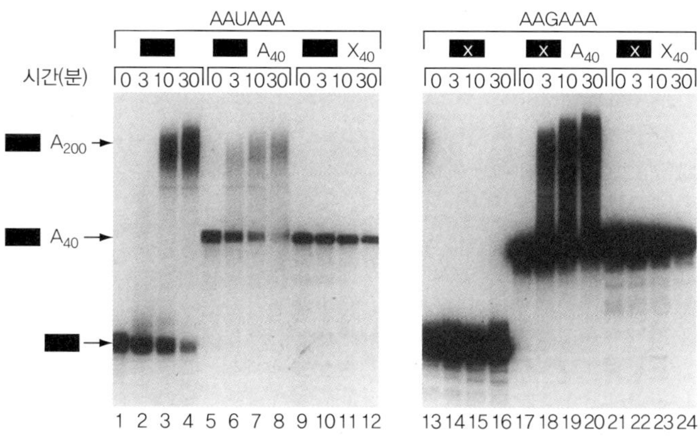

그림 15.20 두 단계 아데닐산중합반응의 증거. 시트와 위켄스는 HeLa 세포의 핵 추출물에서 다음과 같은 여러 표지된 기질을 사용해 아데닐산중합반응 반응을 수행했다. 1. SV40 후기 mRNA의 3′-말단을 포함하고 있는 표준 58nt 기질, 검은색 상자로 표시. 2. 40nt 폴리(A)를 가지고 있는 동일한 RNA, 검은색 상자와 A40으로 표시. 3. 3′-말단에 벡터 염기서열을 포함하는 40nt를 가지고 있는 동일한 RNA, 검은색 상자와 X_{40}으로 표시. AAUAAA 대신 비정상적인 AAGAAA를 포함하고 있는 기질 1~3은 검은색 상자 안에 흰색 X로 표기했다. 시트와 위켄스는 각 기질마다 네 가지 다른 반응 시간 동안 실험을 수행했고, 레인의 각 세트에 사용한 기질은 상단에 표시했다. 기질과 생성물의 전기영동에서의 이동은 왼쪽에 표시했다. (출처: Sheets and Wickens, Two phases in the addition of a poly(A) tail. *Genes & Development* 3 (1989) p. 1402, f. 1. Cold Spring Harbor Laboratory Press.)

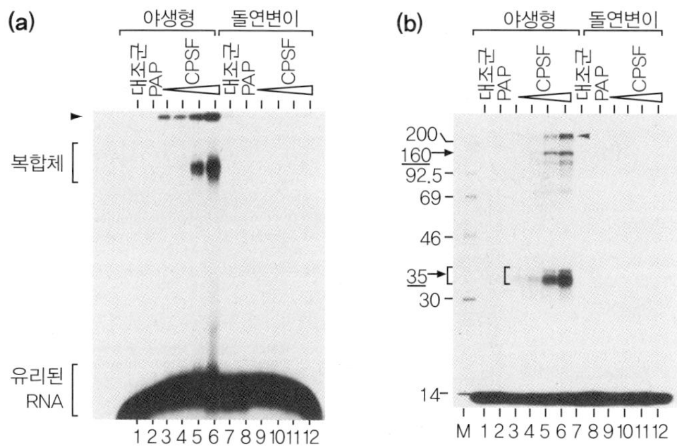

그림 15.21 CPSF는 AAUAAA 모티프에 결합한다. (a) 겔 이동변화 분석. 켈러 등은 표지된 올리고뉴클레오티드를 여러 농도에서 폴리(A) 중합효소, CPSF와 섞은 후 그 혼합물을 전기영동했다. 야생형의 올리고는 AAUAAA 모티프를 포함하나 돌연변이 올리고는 AAGAAA 모티프를 포함하고 있다. 대조군은 어떤 단백질도 첨가하지 않았다. CPSF는 야생형과는 복합체를 형성할 수 있으나 돌연변이 올리고와는 복합체를 형성할 수 없었다. (b) 올리고 리보뉴클레오티드에 교차결합한 단백질의 SDS 폴리아크릴아마이드 겔 전기영동. 켈러 등은 올리고에 단백질을 교차결합시키기 위해 (a)의 각 혼합물에 UV를 조사한 후 SDS-PAGE 겔에서 이들 복합체를 전기영동했다. 주된 밴드가 35kD와 160kD에서(화살표) 나타났다. (출처: Keller, W., S. Bienroth, K.M. Lang, and G. Christofori, Cleavage and polyadenylation factor CPF specifically interacts with the pre-mRNA 3 processing signal AAUAAA. *EMBO Journal* 10 (1991) p. 4243, f. 2.)

킬 수 있다. 그러므로 결국 40개의 A가 첨가되면 아데닐산중합반응은 AAUAAA 신호와는 별개로 일어난다는 것을 보여 준다. 그러나 비정상적인 AAGAAA 신호를 가진 X_{40} 기질에는 아데닐산중합반응이 일어나지 않는 것으로 보아 이러한 추가적인 뉴클레오티드는 틀림없이 A이어야 한다(21~24번 레인).

시트와 위켄스는 계속된 연구에서, AAUAAA에서 돌연변이의 영향을 극복할 수 있는 가장 짧은 폴리(A)가 9개의 A라는 것을 입증하였지만, 사실 10개의 A에 의한 효과가 더 높았다. 이는 mRNA 전구체의 절단 후, 아데닐산중합반응의 첫 단계인 개시가 시작된다는 가설을 제안한다. 아데닐산중합반응은 폴리(A)가 약 10개의 A에 이를 때까지 AAUAAA 신호와 CPSF에 의존적이다. 그 시점에서 아데닐산중합반응은 신장 단계로 들어가고 AAUAAA와 CPSF를 더 이상 필요로 하지 않으나 RNA의 3′-말단의 폴리(A)에 의존적이라는 것을 알 수 있다.

만약 CPSF가 AAUAAA 아데닐산중합반응 신호를 인지한다면 우리는 CPSF가 mRNA 전구체에 존재하는 이 신호에 결합한다고 예상할 수 있다. 월터 켈러(Walter Keller) 등은 겔 이동변화 분석과 RNA 단백질 교차결합 실험을 통해 이 사실을 직접적으로 증명해 보였다. 그림 15.21은 두 종류의 실험 결과를 보여 준다. (a)는 CPSF가 AAUAAA 신호가 있는 표지 RNA에 결합하지만 AAUAAA 모티프의 U를 G로 바꾼 돌연변이 RNA에는 결합하지 않는다는 것을 보여 준다. (b)는 AAGAAA 모티프와는 반대로 AAUAAA 모티프를 가진 올리고뉴클레오티드만이 CPSF 추출물 내의 약 35kD과 160kD의 두 종류의 폴리펩티드와 교차결합할

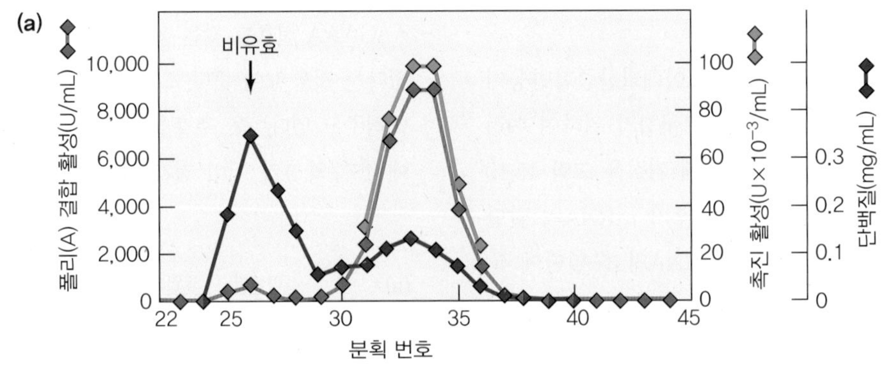

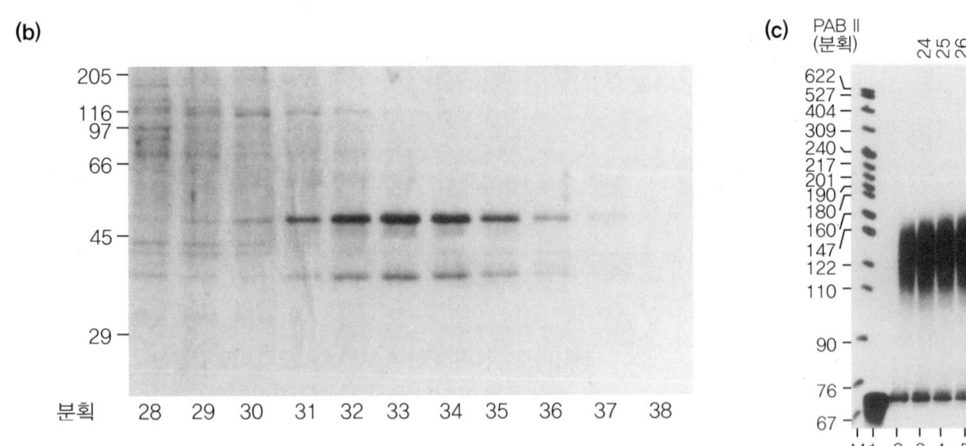

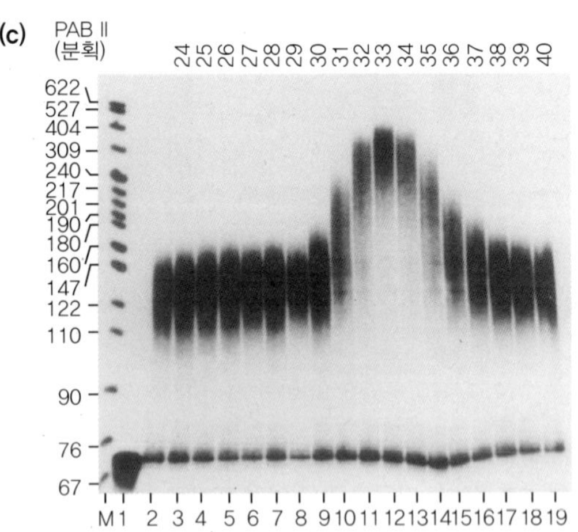

그림 15.22 폴리(A) 결합단백질의 정제. **(a)** 결과 요약. 웨일은 폴리(A) 결합단백질을 최종적인 단계로 세파덱스 G-100의 겔 여과 크로마토그래피로 정제를 수행했다. 여기에서 G-100 칼럼을 통한 분획 번호에 대해 세 가지 매개변수로 구성하였다. 빨간색, 필터결합 분석법으로 결정된 폴리(A) 결합 활성. 초록색, 아데닐산중합반응 촉진활성[(c)를 보라]. 파란색, 단백질의 농도. '비유효'는 비유효 부피에서 용출된 단백질을 나타낸다. 이들은 칼럼에서 겔 내 공간에 들어가지 못한 거대 단백질이다. **(b)** SDS-PAGE 분석. Wahle은 (a)의 G-100칼럼으로 얻은 각 분획을 SDS-PAGE로 분리하여 쿠마시블루로 단백질을 염색하였다. 폴리펩티드의 크기 표시는 왼쪽에 표시하였다. 49kD 폴리펩티드는 폴리(A) 결합 활성과 아데닐산중합반응 촉진 활성의 최대치를 나타내는 32~35 분획에서 최고 농도로 나타났다. **(c)** 아데닐산중합반응 촉진 활성의 분석. 웨일은 표지된 L3 RNA 전구체 기질을 포함하는 표준 아데닐산중합반응에 G-100 칼럼의 각 분획들을 첨가하였다. 1번 레인은 폴리(A) 중합효소 없이 기질만을 포함하고 있다. 폴리(A)의 크기 증가는 촉진활성을 나타내며 32~35분획에서 최대 활성을 보였다. (출처: Wahle, E., A novel poly(A)-binding protein acts as a specificity factor in the second phase of messenger RNA polyadenylation. *Cell* 66 (23 Aug 1991) p. 761, f. 1. Reprinted by permission of Elsevier Science.)

수 있다는 것을 보여 준다. 더구나 이들 복합체들은 표지되지 않은 AAGAAA를 포함하는 것과는 달리 AAUAAA를 포함하고 있는 RNA가 있을 때에는 형성되지 않는다. 이러한 모든 사실들은 CPSF가 AAUAAA 모티프에 직접적으로 결합한다는 결론을 뒷받침해 준다.

(3) 폴리(A)의 신장

우리는 10nt 또는 그 이상이 첨가된 폴리(A) 사슬의 신장은 CPSF와는 별개로 일어난다는 것을 보았다. 그러나 정제된 폴리(A) 중합효소 단독으로는 매우 약하게 폴리(A)에 결합하고 신장이 잘 일어나지 않는다. 이것은 개시된 폴리(A)를 인지할 수 있고, 직접적으로 폴리(A) 중합효소로 하여금 신장시킬 수 있는 또 다른 특정 인자가 존재한다는 것을 의미한다. 웨일은 이러한 특성을 지니는 폴리(A) 결합단백질을 추출하였다.

그림 15.22b는 폴리(A) 결합단백질 정제 과정의 최종 단계의 분획을 PAGE한 결과를 보여 준다. 여러 작은 분자량의 폴리펩티드뿐만 아니라 주된 49kD의 폴리펩티드가 관찰된다. 웨일은 양적으로 볼 때 작은 분자량의 밴드가 일정치 않고 일부 정제에서는 발견되지 않았기 때문에 그 작은 분자들은 폴리(A) 결합단백질과 관련이 없다고 결론지었다. 또 49kD 단백질을 포함한 분획을 니트로셀룰로스 필터결합 분석을 통해 폴리(A)에 대한 결합을 분석해 본 뒤(a), 폴리(A)가 결합되는 부위가 49kD 폴리펩티드의 최고점 부위와 일치한다는 것을 발견했다. 다음에 이 분획을 이용하여 폴리(A) 중합효소와 CPSF가 존재할 때 모델 RNA 기질의 아데닐

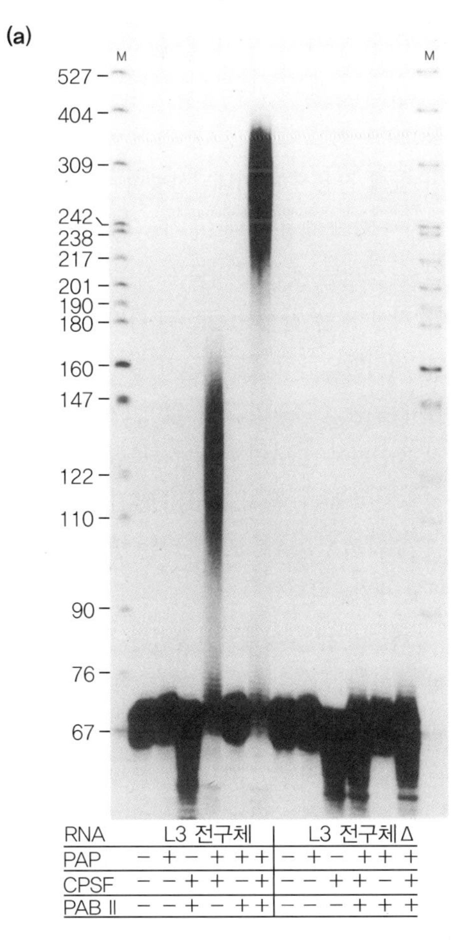

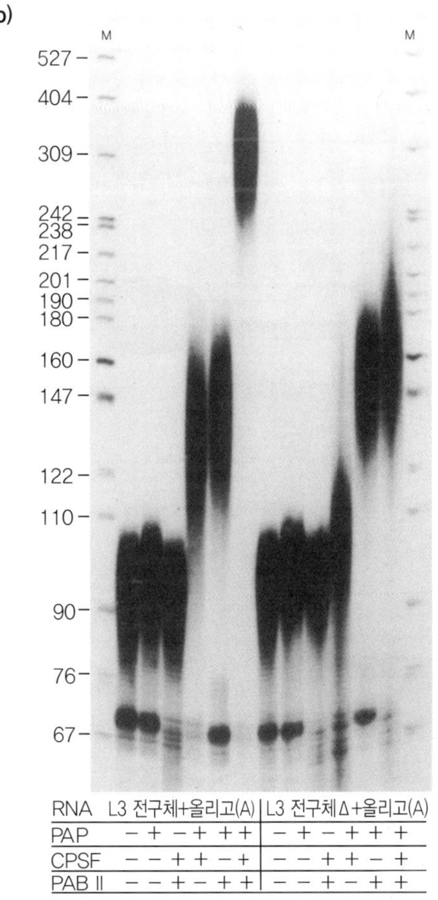

그림 15.23 모델 기질의 아데닐산중합반응에 미치는 CPSF와 PAB II의 영향. **(a)** 올리고(A)가 없는 RNA의 아데닐산중합반응. 웨일은 하단에 기재된 각 단백질과 RNA가 주어진 상황에서 아데닐산중합반응을 수행하였다. L3 전구체는 AAUAAA 모티프를 포함한 표준 기질 RNA이다. L3 전구체 Δ는 L3 전구체와 동일하나 AAUAAA가 AAGAAA로 된 돌연변이이다. PAB II는 CPSF 없이 L3 전구체의 아데닐산중합반응을 할 수 없었다. **(b)** 올리고(A)를 포함하고 있는 RNA의 아데닐산중합반응. 기질의 3′-말단에 올리고(A)를 포함하고 있는 것을 제외하고는 (a)와 모든 조건이 동일하다. 이는 PAB II가 CPSF 없이 작용할 수 있도록 해주며 돌연변이 AAUAAA 모티프를 가지고 있는 기질에도 작용하도록 하였다. (a)와 (b)에서 처음과 마지막 레인은 표지를 나타낸다. (출처: Wahle, E., A novel poly(A)-binding protein acts as a specificity factor in the second phase of messenger RNA polyadenylation. *Cell* 66 (23 Aug 1991) p. 764, f. 5. Reprinted by permission of Elsevier Science.)

산중합반응을 촉진하는 능력을 분석했다(c). 다시 그는 활성도의 최고점 부위와 49kD 폴리펩티드의 양이 일치함을 발견했다. 그러므로 49kD 폴리펩티드는 세포질에 있는 70kD 폴리(A) 결합단백질(**PAB I**)과는 다른 폴리(A) 결합단백질이며, Wahle은 그것을 **폴리(A) 결합단백질 II**[poly(A)-binding protein II, PAB II]라 명명하였다.

PAB II는 CPSF처럼 모델기질의 아데닐산중합반응을 촉진시킬 수 있으나 AAUAAA 모티프보다는 폴리(A)에 결합한다. 이는 PAB II가 아데닐산중합반응의 개시 단계보다 신장 단계에 작용한다는 것을 시사한다. 만약 그렇다면 PAB II의 기질 선호도는 CPSF와는 달라야 한다. 특히 그것은 올리고(A)가 첨가되지 않은 RNA보다는 이미 올리고(A)가 첨가된 RNA의 아데닐산중합반응을 더욱 촉진시켜야 한다. 그림 15.23의 결과가 이러한 예측을 뒷받침해준다. (a)는 올리고(A)가 없는 RNA(L3 전구체)가 폴리(A) 중합효소(PAP)와 CPSF에 의해 아데닐산중합반응이 될 수 있으나, PAP와 PAB II에 의해서는 아데닐산중합반응이 일어나지 않는다는 것을 보여 준다. 그러나 PAP, CPSF, PAB II 세 가지 모두가 작용할 경우에 이 기질에 아데닐산중합반응을 가장 잘 시킬 수 있다. 아마도 CPSF는 개시인자로 작용하고, 그다음 PAB II는 올리고(A)가 일단 첨가된 기질의 아데닐산중합반응을 안내한다고 여겨지며, 이 기능은 PAB II가 CPSF보다 기능이 우수하다고 생각된다. 예상한 대로 돌연변이 AAUAAA 신호(AAGAAA)를 가지고 있는 L3 전구체 기질은 어떠한 인자의 조합에 의해서도 아데닐산중합반응을 일으킬 수 없다. 왜냐하면 아데닐산중합반응의 개시는 CPSF에 의하고, CPSF의 작용은 AAUAAA 신호에 의존적이기 때문이다.

그림 15.23b는 말단에 올리고(A)가 있는 동일한 RNA가 다르게 작용하는 것을 보여 준다. 이 RNA에 CPSF 또는 PAB II와 PAP이 함께 작용하여 아데닐산중합반응이 나타날 수 있다. 이들 두 인자가 함께 작용할 때 이 기질의 아데닐산중합반응을 더 잘 일으킬 수 있다는 것은 흥미로운 사실이다. 이는 PAP가 신장 단계 동안 직접 또는 간접적으로 두 가지 인자와 상호 작용함을 시사한다. 마지막으로 (b)는 RNA가 첨가작용이 가능한 올리고(A)를 포함하는 한, CPSF의 도움 없이 PAB II가 AAGAAA 모티프를 가진 돌연변이 RNA의 아데닐산중합반응을 효율적으로 유도한다는 것을 보여 준다. 올리고(A)는 PAB II를 위한 인식자리를 제공하여 CPSF와 AAUAAA 모티프와는 별개로 작용하기 때문에 합리적이라고 생각된다.

그림 15.24는 아데닐산중합반응의 개시와 신장의 한 모델을 보여 준다. 개시 단계는 PAP, CPSF, CstF, CF I, CF II 그리고 아데닐산중합반응의 두 신호(아데닐산중합반응 자리의 양쪽에 있는 AAUAAA와 G/U 모티프)를 필요로 한다. 신장 단계에는 PAP, PAB II 그리고 적어도 10nt 길이의 올리고(A)가 필요하다. 이 작용은 CPSF에 의해 촉진된다. 표 15.2는 이러한 모든 단백질 인자와 그들의 구조와 역할을 보여 준다.

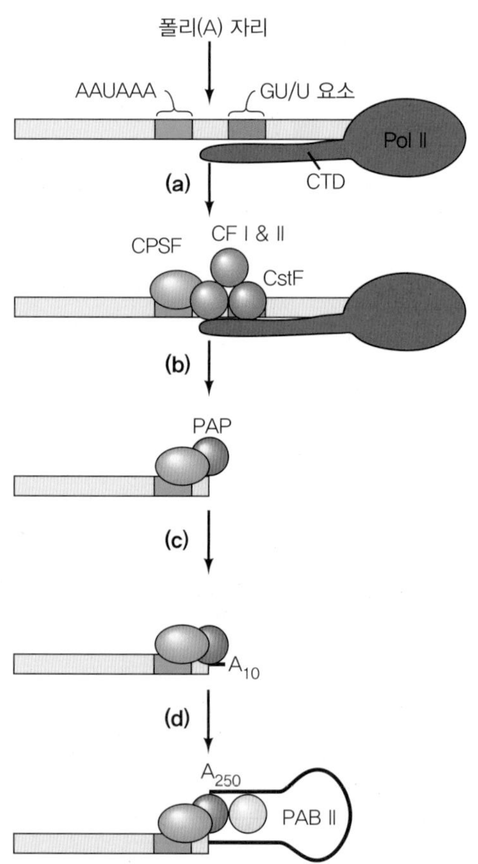

그림 15.24 아데닐산중합반응 모델. (a) CPSF(파란색), CstF(갈색), CF I과 II(회색)는 mRNA 전구체상에서 조립되고, 이 조립은 AAUAAA와 GU/U 모티프에 의해 인도된다. (b) RNA 중합효소 II의 CTD에 의해 촉진되는 절단이 일어나고, CstF와 CF I, II는 이 복합체로부터 유리되고 폴리(A) 중합효소(PAP 빨간색)가 들어온다. (c) CPSF와의 작용으로 폴리(A) 중합효소가 폴리(A) 합성을 시작하여 최소한 10nt 길이의 올리고(A)를 합성한다. (d) PAB II(노란색)가 이 복합체에 들어와 신속히 올리고(A)가 완전한 길이의 폴리(A)로 신장되도록 한다. 그 후 이 복합체는 해체될 것으로 생각된다.

6) 폴리(A) 중합효소

1991년 맨리 등은 소의 폴리(A) 중합효소(PAP) cDNA를 클로닝했다. 이들 클론들의 염기서열을 결정하여 3′-말단이 다른 2개의 cDNA를 얻었는데, 이들은 선택적 스플라이싱(alternative splicing)에 의한 것임을 밝혀냈다. 이들은 카르복실기 말단이 다

표 15.2 3′-절단과 아데닐산중합반응에 필요한 포유동물의 인자들

인자	폴리펩티드(kD)	특성
폴리(A) 중합효소(PAP)	82	절단 및 아데닐산중합반응에 필요. 폴리(A) 합성을 촉매
절단과 아데닐산중합반응 특이인자(CPSF)	160	절단 및 아데닐산중합반응에 필요. AAUAAA에 결합, PAP와 CstF와 상호 작용,
	100	CPSF-73은 RNA를 절단
	73	
	30	
절단 촉진인자(CstF)	77	절단에만 필요. 그 아래쪽 요소에 결합, CPSF와 상호 작용
	64	
	50	
절단인자 I(CF I)	68	절단에만 필요. RNA에 결합
	59	
	25	
절단인자 II(CF II)	미확인	절단에만 필요
RNA 중합효소 II(특히 CTD)	다수	절단에만 필요
폴리(A) 결합단백질 II (PAB II)	49	폴리(A) 신장을 촉진, 신장 중의 폴리(A) 꼬리에 결합, 폴리(A) 꼬리의 길이 조절에 필수

출처: Reprinted from Wahle, E. and W. Keller, The biochemistry of polyadenylation, *Trends in Biochemical Sciences* 21: 247–250. Copyright © 1996 with permission of Elseiver Science.

른 두 가지 종류의 PAP(PAP I과 PAP II)를 만들어낸다. PAP II는 다른 단백질에서 알려진 기능성 영역의 공통서열과 유사한 다소 상응하는 서열을 많이 가지고 있다. 그 부위들을 N-말단에서 C-말단 순으로 보면 다음과 같다. RNA 결합영역(RBD), 중합효소 모듈(polymerase module, PM), 두 핵 위치 신호(NLS 1과 2), 그리고 여러 세린/트레오닌-다빈도영역(S/T)이다. 1996년까지 4개의 PAP cDNA가 더 발견되었다. 이들 중 2개의 짧은 cDNA는 mRNA 전구체 내부에서의 아데닐산중합반응에 의해 파생된 것이다. 또 다른 긴 하나는 유사유전자로부터 파생된 것이었다(23장 참조). 대부분의 조직에서 가장 중요한 PAP는 아마도 PAP II일 것이다.

아데닐산중합반응 반응을 촉매하는 것으로 추정되는 중합효소 모듈은 PAP의 아미노기 말단 근처에 위치하고 있기 때문에 PAP 단백질의 카르복실기 말단이 활성에 얼마나 필요할지는 알 수 없다. 카르복실기 말단의 중요성을 조사하기 위해 Manley 등은 시험관 내에서 SP6 RNA 중합효소를 이용해 길이가 완전한 PAP I cDNA와 3′-말단이 결실된 PAP I cDNA를 전사시키고, 비세포 망상세포 추출액에서 이들 전사체를 번역시켰다. 여기서 689개의 아미노산을 가진 전체 길이 단백질과 538, 379, 308개의 아미노산으로 구성된 부분적인 단백질을 만들었다. 그런 다음, 이들 각각의 단백질을 송아지 흉선 CPSF의 존재하에서 특이적 아데닐산중합반응의 활성에 대해 측정했다. 전체 길이와 538개 아미노산 길이의 단백질은 활성을 가지고 있었으나 그보다 더 작은 단백질들은 활성에 대해 보이지 않았다. 그러므로 S/T 영역은 활성에 필수적이 아니라 적어도 시험관 내에서는 중합효소 모듈과 그로부터 카르복실기 말단의 최소 150개 아미노산 서열만이 필수적이다.

7) 폴리(A) 교체

그림 15.7은 핵의 폴리(A)와 세포질의 폴리(A)가 크기가 다르다는 몇 가지 증거를 보여 준다. 그러나 이 실험은 새로 표지된 RNA를 사용했기 때문에 폴리(A)가 파괴될 수 있는 충분한 시간이 없었다. 쉐인네스와 다넬은 RNA 전구체를 48시간 동안 지속적으로 표지한 세포로부터 RNA에 대한 다른 연구를 수행했다. 이 실험 과정은 일정한 크기의 폴리(A) 집단을 보여 준다. 즉, 어떤 주어진 시간에 관찰하여 얻을 수 있는 자연 상태 크기의 폴리(A) 집단을 보여 주었다. 그림 15.25는 핵 내의 폴리(A)와 세포질 내의 폴리(A)의 크기가 뚜렷하게 다름을 보여 준다. 주 피크 부분에 존재하는 핵의 폴리(A)는 210±20nt인 반면에, 세포질 폴리(A)는 190±20nt이다. 더욱이 세포질 폴리(A) 피크 부위는 핵의 폴리(A) 피크 부위보다 넓게 보다 작은 쪽으로 편향되어 나타난다. 이 폭넓은 피크 부위에는 최소한 50nt 밖에 안 되는 작은 RNA들이 포함되었다. 따라서 폴리(A)는 세포 질에서 길이가 상당히 단축됨을 알 수 있다.

마우리스 서스만(Maurice Sussman)은 1970년 각 mRNA가 번역되기 위해서 리보솜 안으로 들어가기 위한 입장권을 가지고 있다는 '입장권(ticketing)' 가설을 제안했다. mRNA가 번역될 때

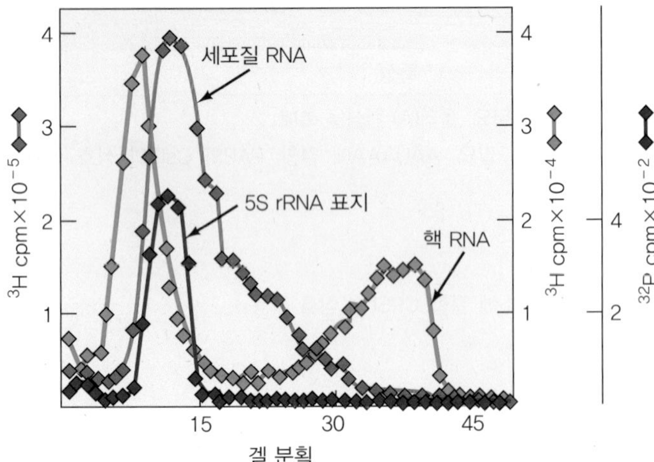

그림 15.25 세포질 폴리(A)의 길이 단축. 쉐인네스와 다넬은 HeLa 세포를 ^{3}H-아데닌으로 48시간 표지한 뒤 핵(초록색)과 세포질(빨간색)에서 폴리(A)$^{+}$ RNA를 추출하여 겔 전기영동으로 분석하였다. 표지로 [^{32}P]5S rRNA를 사용했다(파란색). (출처: Adapted from Sheiness, D. and J.E. Darnell, Polyadenylic acid segment in mRNA becomes shorter with age. *Nature New Biology* 241:266, 1973.)

마다 그 mRNA의 입장권에 구멍이 뚫린다. mRNA에 충분히 많은 '구멍'이 뚫리면 더 이상 번역될 수 없게 된다. 폴리(A)는 이상적인 입장권을 만드는 것 같다. 구멍 내기란 mRNA가 번역될 때마다 폴리(A)가 점점 단축되는 것을 의미한다. 이러한 생각을 검증하기 위해 쉐인네스와 다넬은 세포질에서 폴리(A)의 길이가 짧아지는 속도를 정상 조건과 번역을 저해하는 에메틴(emetine)이 있는 조건에서 측정하였다. 그들은 번역이 일어나든 일어나지 안 든 간에 세포질 폴리(A)의 길이가 변하지 않는다는 것을 관찰했다. 따라서 폴리(A)의 길이가 단축되는 것은 번역에 의한 것이 아니며, 만약 입장권이라는 것이 존재한다 하더라도 그 입장권이 폴리(A)는 아닌 것 같다.

폴리(A)는 세포질에서 단지 짧아질 뿐만 아니라 교체(turn over)된다. 즉, 폴리(A)는 지속적으로 RNA 분해효소에 의해 짧아지고 세포질 폴리(A) 중합효소에 의해 다시 길어진다. 반면에 일반적인 경향은 짧아지는 쪽이고, 궁극적으로 mRNA는 모두 또는 대부분의 폴리(A)를 잃어버린다. 그때에 이르면 mRNA는 종말에 이르는 것이다.

(1) 세포질의 아데닐산중합반응

세포질 아데닐산중합반응이 가장 잘 연구된 분야는 난모세포 성숙 과정이다. 예를 들어 시험관 내에서 프로게스테론의 자극에 의한 손톱개구리 난모세포의 성숙을 들 수 있다. 미성숙란

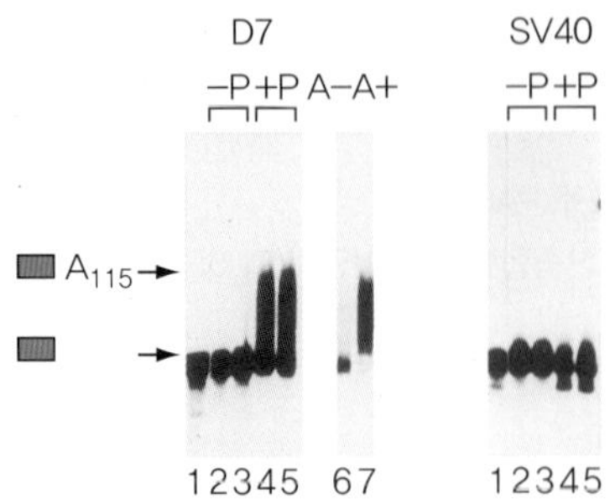

그림 15.26 두 종류 RNA의 성숙 특이적 아데닐산중합반응. 위켄스 등은 표지된 RNA를 손톱개구리 난모세포 세포질에 주입하여 프로게스테론으로 성숙 특이적 아데닐산중합반응을 촉진하였다. 12시간 배양 후에 표지된 RNA 생성물을 추출하고 전기영동과 자기방사법으로 확인했다. 상단에 표지된 두 가지 RNA는 일반적으로 성숙 특이적 아데닐산중합반응이 되는 손톱개구리 mRNA(D7)의 합성된 3′-조각과 그렇지 않은 SV40 mRNA이다. 아데닐산중합반응이 되지 않은 RNA와 115nt 폴리(A)를 지니는 RNA의 이동성은 빨간색 상자로 왼쪽에 표기했다. 배양 중 프로게스테론의 유무는 상단에 +P와 −P로 나타냈다. 레인 6과 7은 올리고(dT) 셀룰로오스 크로마토그래피에 의한 분획된 RNA를 포함한다. 레진에 결합하지 않은 RNA는 A−로, 결합한 RNA는 A+로 표시하였다. (출처: Fox et al., Poly(A) addition during maturation of frog oocytes: Distinct nuclear and cytoplasmic activities and regulation by the sequence UUUUUAU. *Genes & Development* 3 (1989) p. 2154, f. 3. Cold Spring Harbor Laboratory Press.)

의 세포질은 다량의 **모계 신호**(maternal message) 또는 **모계 mRNA**(maternal mRNA)를 가지고 있는데, 이들 대부분은 거의 완전하게 탈아데닐화되어 번역되지 않는다. 난세포의 성숙이 진행되는 동안 이들 모계성 mRNA는 아데닐산중합반응이 일어나는 것도 있고 탈아데닐화가 일어나는 것도 있다.

무엇이 난세포 성숙-특이 세포질 아데닐산중합반응을 조절하는지 알아보기 위해 위켄스 등은 손톱개구리 난모세포의 세포질에 두 가지 mRNA를 주입하였다. 하나는 난모세포 성숙에 특이적 아데닐산중합반응을 수행한다고 알려진 손톱개구리 mRNA인 D7 mRNA의 합성된 3′-조각이고, 다른 하나는 SV40 mRNA의 합성된 3′-조각이었다. 그림 15.26에서 보듯이 D7 RNA는 아데닐산중합반응이 일어났으나 SV40 RNA에서는 일어나지 않았다. 이는 D7 RNA는 성숙에 특이적인 아데닐산중합반응에 필요한 염기서열을 가지고 있으나 SV40 RNA에는 그 염기서열이 없음을 뜻한다.

위켄스 등은 난모세포 성숙 기간 동안 아데닐산중합반응이 된다고 알려진 손톱개구리 RNA 모두가 AAUAAA 신호의 앞쪽에 UUUUUAU 서열이나 그와 유사한 서열을 가지고 있다는 것에 주목하였다. 이들 서열의 중요성을 증명하기 위해 그들은 이 염기서열을 SV40 RNA의 AAUAAA 앞쪽에 삽입하여 재검증

UAAUUUUUAUAAGCUGCAAUAAACAAGUUAACAACCUCUAG$_{OH}$
UAACCAUUAUAAGCUGCAAUAAACAAGUUAACAACCUCUAG$_{OH}$
(a)

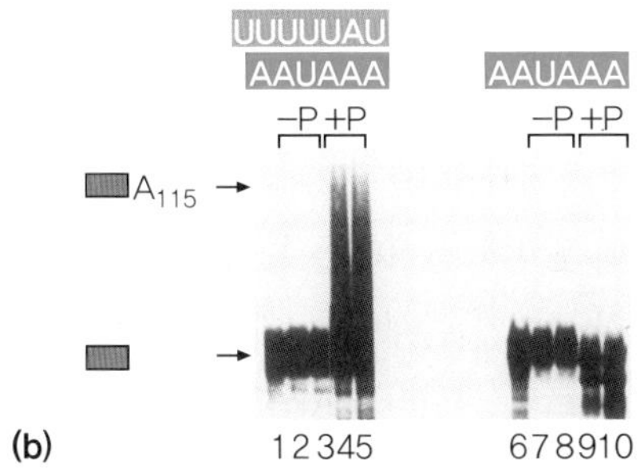

그림 15.27 UUUUUAU가 성숙 특이적 아데닐산중합반응을 일으킨다는 증거. 위켄스 등은 3′-mRNA에서 AAUAAA 모티프의 위쪽에 UUUUUAU의 모티프를 첨가하거나 첨가하지 않은 동일한 SV40 3′-mRNA 조각을 시료로 그림 15.26과 동일한 실험을 수행했다. **(a)** 강조된 UUUUUAU와 AAUAAA 모티프를 가지는 주입된 두 RNA의 염기서열. **(b)** 결과. 2~5번 레인은 상단에 표시한 것처럼 UUUUUAU와 AAUAAA 모티프를 모두 포함하는 RNA로 주입된 난모세포에서 나온 RNA이다. 7~10번 레인은 단지 하나의 AAUAAA 염기서열만을 지닌 RNA로 주입된 난모세포에서 나온 RNA이다. 배양 중 프로게스테론의 유무는 상단에 그림 15.26에서처럼 나타냈다. 1과 6번 레인은 주입되지 않은 RNA이다. 그림 15.26에서처럼 왼쪽에 표지를 나타냈다. UUUUUAU 모티프는 아데닐산중합반응에 필수적이었다. (출처: Fox et al., *Genes & Development* 3 (1989) p. 2155, f. 5. Cold Spring Harbor Laboratory Press.)

하였다. 그림 15.27은 이 염기서열의 첨가가 SV40 RNA의 아데닐산중합반응을 일으켰음을 나타낸다. 이러한 특성으로 인해 UUUUUAU 서열을 **세포질 아데닐산중합반응 요소**(cytoplasmic polyadenylation element, CPE)라고 이름을 지었다.

그렇다면 AAUAAA 서열 또한 세포질 아데닐산중합반응에 필요한 것인가? 이 물음에 답하기 위해 위켄스 등은 AAUAAA 모티프에 점돌연변이를 일으켜서 난모세포의 세포질에 주입하였다. 그들은 AAUAAA의 AAUAUA 또는 AAGAAA로의 점돌연변이가 아데닐산중합반응을 완전히 억제하는 것을 확인하였다. 따라서 이 모티프는 핵과 세포질의 아데닐산중합반응에 필요함을 알 수 있다.

15.3. mRNA 공정과정의 협조 체제

지금까지 캡 형성, 아데닐산중합반응, 스플라이싱 과정을 공부했다. 이제 이들 과정이 서로 관계가 있다는 것을 감지할 수 있을 것이다. 특히 캡은 스플라이싱을 위해 필요한 것으로 스플라이싱에

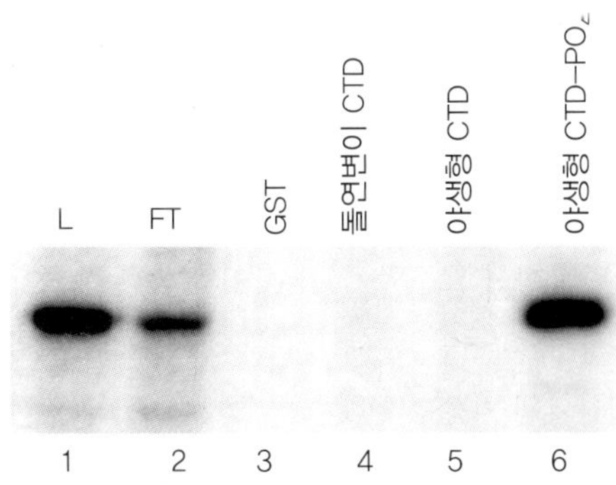

그림 15.28 포유동물의 캡 형성 구아닐산 전달효소는 인산화된 CTD에 결합한다. 벤틀리 등은 위에 제시된 물질이 부착된 레진에서 친밀도 크로마토그래피를 하기 위해 HeLa 세포의 핵을 추출했다. SDS-PAGE와 자기방사법으로 확인될 수 있는 효소와 결합된 [^{32}P]GMP의 형성을 관찰함으로써 구아닐산 전달효소에 대해 용출액을 조사하였다. L(1번 레인)에는 모든 추출물을 칼럼에 넣었다. FT(2번 레인)는 칼럼을 통해 흘러나온 물질을 가리킨다. 3~6번 레인은 GST(3번)를 포함하는 레진에서 친화력 크로마토그래피를 수행한 물질에 대한 구아닐산 전달효소 분석 결과를 포함한다. 돌연변이 CTD를 GST에 결합시킨 것(4번), 야생형 CTD(5번), 그리고 인산화된 야생형 CTD(6번). 구아닐산 전달효소는 오직 인산화된 CTD에만 결합하였다. (출처: McCracken et al., *Genes and Development* v. 11, p. 3310.)

의한 첫 번째 인트론의 제거에 필수적이다. 폴리(A)는 마지막 인트론을 스플라이싱에 의해 제거하는 데 필수적이다. 그러면 먼저 캡 형성, 스플라이싱, 아데닐산중합반응을 조절하는 RNA 중합효소 II의 Rpb1 소단이체의 CTD의 역할에 대하여 살펴보자. 그러고나서 class II 유전자의 전사 종결 기작과 이 과정에 어떻게 아데닐산중합반응과 연관되어 있는지 논의해 보자.

1) Rpb1의 CTD와 mRNA 공정 단백질과의 결합

14장과 이 장에 걸쳐 우리는 모든 세 가지 mRNA 공정 과정—스플라이싱, 캡 형성, 아데닐산중합반응—이 전사 과정 동안 일어난다는 증거를 보았다. 캡 형성은 미성숙 mRNA가 단지 약 30nt가 되지도 않았을 때, RNA의 5′-말단이 중합효소로부터 빠져나오면서 시작된다. 아데닐산중합반응은 아직 전사되고 있는 mRNA가 아데닐산중합반응 자리에서 잘렸을 때 시작된다. 그리고 스플라이싱은 늦어도 전사가 진행 중일 때에 시작된다. 또한 우리는 캡 형성과 아데닐산중합반응 둘 다 모두 첫 번째와 마지막 인트론의 스플라이싱을 각각 촉진시킨다는 것을 배웠다.

이러한 모든 공정과정의 활동에서 RNA 중합효소Ⅱ의 Rpb1 소단위체의 CTD는 통합인자로서 작용한다. 우리는 이 장에서 아데닐산중합반응뿐만 아니라 스플라이싱과 캡 형성에서의 CTD의 역할에 대한 증거를 보았다. 사실 캡 형성, 아데닐산중합반응, 그

리고 스플라이싱을 담당하는 효소들이 직접 CTD에 결합하고, 이들 세 가지 활동에 대한 플랫폼 역할을 한다는 직접적인 증거를 보았다.

예를 들어 1997년 데이비드 벤틀리(David Bentley) 등에 의해서 발표된 캡 형성 효소와 CTD 사이의 상호 작용에 관한 증거를 생각해 보자. 그들은 글루타티온-S-전달효소(GST)에 야생형 CTD, 인산화된 야생형 CTD, 돌연변이 CTD를 연결시킨, 또는 CTD가 부착되지 않은 GST 친화력 칼럼을 준비하였다. 그런 다음 그들은 이러한 각각의 칼럼에 HeLa 세포 추출물을 통과시켜 친화력 크로마토그래피를 수행했고, 용출물의 구아닐산 전달효소 활성에 대해 시험했다. 구아닐산 전달효소 분석은 용출액과 [^{32}P]GTP를 혼합한 후 효소와 [^{32}P]GMP의 공유결합이 형성되는 것을 관찰함으로써 수행하였다. 이 표지된 효소는 SDS-PAGE와 자기방사법으로 검출하였다. 그림 15.28은 오직 인산화된 형태의 CTD에만 구아닐산 전달효소가 결합한다는 것을 보여 준다.

아주 유사한 실험적인 접근법으로 2001년 닉 프라우드풋(Nick Proudfoot) 등은 효모의 절단/아데닐산중합반응 인자 1A(CF 1A)의 몇 가지 소단위체가 인산화된 CTD에 결합한다는 것을 보였다. 절단과 아데닐산중합반응 복합체의 다른 구성물들은 CTD에 직접적으로 결합하는 것이 아니라 CTD에 결합하는 다른 단백질들과 함께 복합체를 이루어 결합하는 것으로 나타났다. 그 밖에도 아데닐산중합반응 복합체와 CTD 사이의 결합을 시사하는 여러 간접적인 증거가 있다. RNA 중합효소에 CTD가 없으면 아데닐산중합반응이 잘 일어나지 않는다. 특히, 인산화된 CTD는 시험관 내에서 아데닐산중합반응을 촉진시킨다.

mRNA 전구체의 스플라이싱에 참여하는 단백질들과 CTD의 상호 작용에 대한 강력한 증거가 존재한다. 예를 들어 다니엘 모리스(Daniel Morris)와 아르노 그린리프(Arno Greenleaf)는 2000년에 효모의 스플라이싱 인자인 Prp40(U1 snRNP의 구성물)이 인산화된 CTD에 결합한다는 것을 보였다. 모리스와 그린리프는 Prp40과 CTD 사이의 결합을 증명하기 위해 '파 웨스턴블롯(Far Western blot)'을 사용했다. 파 웨스턴블롯은 SDS-PAGE로 단백질을 전기영동으로 분류한 후 니트로셀룰로오스 종이에 블롯팅한다는 점에서는 웨스턴블롯과 유사하다. 그러나 웨스턴 블롯은 항체를 탐침으로 사용하는 반면에, 파 웨스턴블롯은 블롯 위의 단백질에 결합할 가능성이 있는 다른 단백질을 탐침으로 이용한다. 이 경우에 Prp40(그리고 소위 WW라 불리는 단백질)을 전기영동하고 블롯팅한 후 [^{32}P]β-갈락토시데이즈-CTD를 탐침으

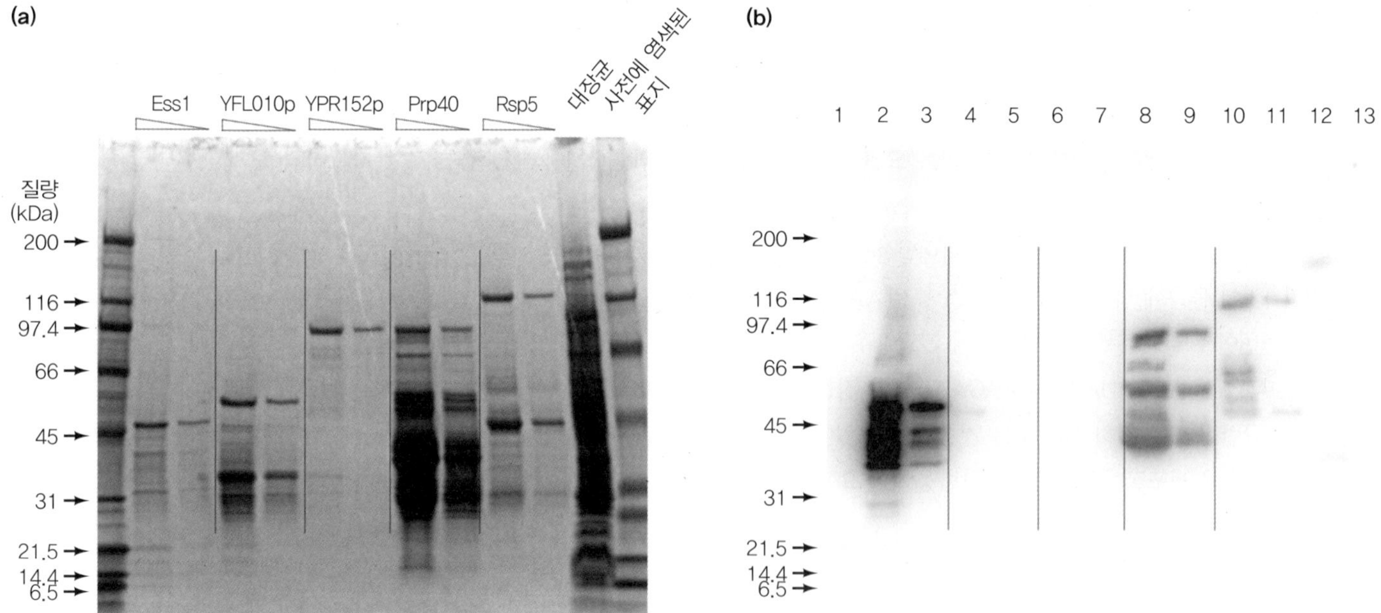

그림 15.29 Prp40을 포함하는 다른 단백질과 Rpb1의 CTD의 상호 작용. **(a)** 전기영동. 모리스와 그린리프는 WW 영역을 가지고 있는 5가지 단백질을 SDS-PAGE로 분리한 후 쿠마시블루로 염색하였다. 동일한 단백질을 짝수의 레인(2, 4, 6, 8, 10)에는 500ng, 홀수의 레인(3, 5, 7, 9, 11)에는 50ng을 넣었다. 각 레인의 가장 위의 밴드는 전체 원래의 단백질을 포함하며, 1번과 13번 레인은 표준 지표단백질을 포함하고 있다. 12번 레인은 대장균 단백질을 포함하고 있다. **(b)** 파 웨스턴블롯 분석. (a)에서 염색된 겔과 동일한 겔을 니트로셀룰로오스 막에 옮겨 [^{32}P]β-갈락토시데이즈-CTD를 탐침으로 이용하여 인영상화 기술을 시행하였다. (출처: *Journal of Biological Chemistry* by Morris and Greenleaf. Copyright 2000 by Am. Soc. For Biochemistry & Molecular Biol. Reproduced with permission of Am. Soc. For Biochemistry & Molecular Biol. in the format Textbook via Copyright Clearance Center.)

로 이용하였다. (CTD는 정제하기 쉽도록 β-갈락토시데이즈와 융합단백질로 발현시켰고, 시험관 내에서 인산화시켜 표지하였다.) WW단백질들은 2개의 트립토판(W) 잔기를 포함하는 도메인을 가지고 있으며 빈번하게 RNA 합성과 RNA 공정과정에 관여한다.

그림 15.29는 이러한 분석 결과를 보여 준다. (a)는 쿠마시블루로 염색된 겔로서, 이 판넬은 Prp40을 포함하여 겔에 넣은 모든 단백질의 폴리펩티드 스펙트럼을 보여 준다. 각 레인의 가장 큰 폴리펩타이드는 모체 단백질이고 작은 폴리펩타이드들은 모체의 분해 산물인 것 같다. (b)는 동일한 겔을 [^{32}P]β-갈락토시데이즈-CTD를 탐침으로 검사한 '파 웨스턴블롯(Far Western blot)'을 보여 준다. 분명히 Ess1, Prp40, 그리고 Rsp5는 CTD에 결합한다. 그러나 다른 두 가지 WW 단백질이 CTD 탐침과 결합하지 않는 것으로 보아 WW 영역이 있다고 해서 CTD 결합 활성을 보장하지는 못한다.

2) CTD와 RNA 공정단백질의 결합에 있어서의 변화는 CTD의 인산화와 관련성이 있다

세 가지 주요 mRNA 공정단백질이 CTD에 결합한다는 사실은 다음과 같은 의문을 낳는다. CTD는 길고, 한 번에 많은 단백질과 결합할 수 있다. 그러나 CTD가 RNA의 세 가지 공정과정에 참여하는 모든 단백질과 동시에 결합할 수 있을까?

단백질들은 해야 할 일에 따라 CTD에 순차적으로 결합하고 떨어져 나간다는 것이 정답이다. 이러한 순차적인 결합과 분리는 전사 중 CTD의 인산화에 있어서의 변화와 관련되어 있다. 스티븐 브라토우스키(Steven Buratowski) 등은 프로모터 근처에 있는 효모 중합효소 II(곧 전사개시를 할 수 있는)와 멀리 떨어져 있는 중합효소 II(이미 전사가 시작되어 신장 과정에 있는)를 가지고 캡 형성과 아데닐중합반응의 연관성을 조사하였다. 그리고 프로모터 근처에 있는 것과 멀리 떨어져 있는 CTD의 인산화 상태를 조사하였다.

프로모터 근처에 있으면서 방금 전사를 시작한 CTD는 캡 형성효소(구아닐산 전달효소)와 결합하여 있다. 이와는 대조적으로 프로모터와의 거리에 관계없이 CTD는 캡 메틸 전달효소와 아데닐산중합반응 인자 Hrp1/CFIB와 결합하고 있다. 그러므로 이들 인자는 전사개시와 신장 과정에 있는 전사 복합체에 존재한다. 이들은 이들 복합체가 프로모터의 근처에 있을 때 CTD heptad의 세린 5는 인산화되어 있으나 신장 과정중에 있을 때는 인산화되어 있지 않음을 발견하였다. CTD hepatad의 세린 2는 인산화의 보완적인 패턴을 갖는다. 즉, 중합효소가 프로모터 근처에 있을 때에는 인산화되지 않으나 프로모터로부터 멀리 떨어진 신장중에는 인산화되어 있다.

이러한 결론에 도달하기 위해 브라토우스키 등은 5장에서 설명한 염색질 면역침전법(ChIP)을 개발하였다. 중합효소에 의해 전사

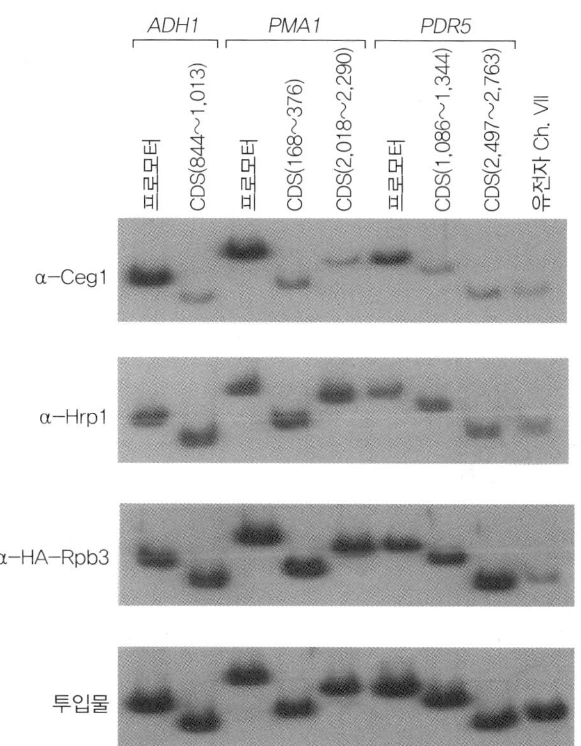

그림 15.30 세 가지 효모 유전자의 전사 복합체와 결합하는 단백질의 ChIP 분석. 브라토우스키 등은 전사 복합체가 세 가지 서로 다른 유전자(*ADH1*, *PMA1*, *PDR5*)의 프로모터 근처에 있을 때와 멀리 떨어져 있을 때, 세 가지 단백질(구아닐산 전이효소, 아데닐산중합반응 인자, RNA 중합효소 II의 Rpb3 소단위체)과의 상호 작용을 ChIP로 분석하였다. 염색질을 면역침전시키기 위해 항체가 이용되었다. 캡 형성 구아닐산 전이효소(α-Cegl)에 대한 항체, 아데닐산중합반응 인자(α-Hrp-1)에 대한 항체, RNA 중합효소의 RpB3 소단위체에 대한 항체(α-HA-Rpb3). 사용된 각 항체는 그림의 왼쪽에 표시하였다. 그 다음 전사 복합체가 유전자의 프로모터의 근처에 있는 지를 결정하기 위해 세 가지 유전자의 프로모터 부위와 암호화 염기서열(CDS)에 특이적인 프라이머로 침전된 염색질을 대상으로 PCR을 시행하였다. 다량의 PCR 생성이 생성된 강한 신호는 대상 DNA가 프로모터의 근처 또는 멀리 떨어진 곳에 있든 침강된 염색질에 존재한다는 것을 나타낸다. 아래 패널은 첨가된 염색질을 대상으로 PCR을 수행한 결과로서 면역침전 전에 유전자의 모든 지역이 동일하게 나타남을 보여 준다. 각 패널의 마지막 레인에는 음성대조구로서 염색체 7번의 유전자 사이(intergenic)의 비전사(untranscribed) 부위에 특이적인 프라이머로 PCR을 수행한 결과이다. 이 지역은 투입 염색질에는 존재하나 사용한 모든 항체에 대해서는 면역침전이 일어나지 않는다. (출처: Reprinted by permission of S. Buratowski from "Komarnitsky, Cho, and Buratowski (2000) *Genes and Development* v. 14, pp. 2452–2460" © Cold Spring Harbor Laboratory Press.)

되고 있는 염색질을 잡아내기 위해 중합효소와 결합되어 있는 캡 형성과 아데닐산중합반응에 참여하는 단백질에 대한 항체로 염색질을 면역침전시켰다. 그리고 여러 다양한 유전자의 프로모터 근처 또는 멀리 떨어진 DNA를 증폭시킬 수 있는 프라이머로 중합효소연쇄반응(PCR)을 시행하여 침전된 염색질을 조사하였다.

이러한 검색법으로 무슨 결과가 나올까? 한 가지 가능한 결과는 특정단백질에 특이적인 항체로 면역침전된 염색질은 프로모터 근처에 결합하는 프라이머에 의해 강력한 PCR 신호를 보여 주나 유전자의 내부와 결합하는 프라이머에 의해서는 약한 신호를 보여 준다는 것이다. 이는 이 단백질이 전사의 개시점이나 직후에는

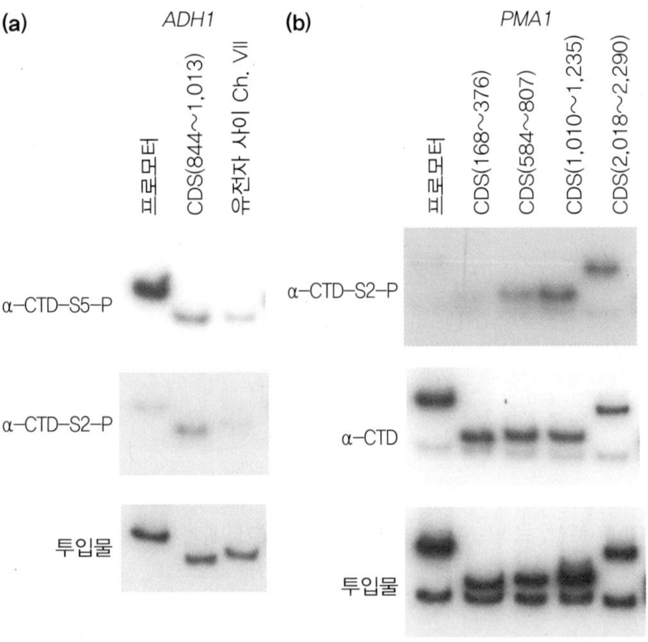

그림 15.31 전사의 여러 단계에서 RNA중합효소 II의 CTD의 인산화 상태의 ChIP 분석. 브라토우스키 등은 RNA 중합효소 II의 Rpb1 소단위체의 CTD의 두 인산화된 형태와 두 유전자의 프로모터로부터 근처에 있거나 멀리 떨어져 있는 염색질의 결합을 ChIP 기술로 분석하였다. **(a)** *ADH1* 유전자의 전사. Heptad의 세린 2 또는 세린 5가 인산화된 CTD에 대한 항체(왼쪽에 α-CTD-S2-P, α-CTD-S5-P로 표시)로 염색질을 면역침전시켰다. 그 후 침전된 염색질은 위에 표시한 프로모터 근처 부위, 프로모터와 멀리 떨어진 부위, 유전자와 유전자 사이 부위(intergenic) 부위에 특이적인 프라이머로 PCR을 하는 데 이용하였다. **(b)** *PMA1* 유전자의 전사. 왼쪽에 표시한 대로 세린 2가 인산화된 CTD, 인산화되지 않은 CTD에 대한 항체로 염색질을 면역침전시켰다. 그다음 프로모터 또는 프로모터로부터 좀 더 떨어져 있는 부위에 특이적인 PCR 프라이머(그림 위에 나타냄)로 PCR을 수행하였다. CDS는 단백질 암호서열(coding sequences)을 나타낸다. 분석에 투입한 염색질 대조구는 아래에 있다. (출처: Reprinted by permission of S. Buratowski from "Komarnitsky, Cho, and Buratowski (2000) *Genes and Development* v. 14, pp. 2452–2460" © Cold Spring Harbor Laboratory Press.)

전사 복합체와 결합되어 있으나 신장기 중에는 결합되어 있지 않다는 것을 나타낼 것이다.

그림 15.30은 다음과 같은 단백질에 대한 항체를 이용한 ChIP 결과를 보여 준다. 효모의 캡 형성 효소인 구아닐산 전달효소(α-Ceg1 항체), 효모의 아데닐산중합반응 인자(α-Hrp1 항체), 그리고 효모 RNA 중합효소 II의 Rpb3 소단위체(α-HA-Rpb3 항체). 이들 항체에 의해 침전된 염색질은 프로모터 부위에 특이적인 프라이머와 세 가지 유전자, 즉 알코올 탈수소효소(alcohol dehydrogenase, *ADH1*), 세포질 H^+ ATPase(*PMA1*), 그리고 다약제 저항성요소(multidrug resistance factor, *PCR5*)의 내부에 특이적인 프라이머로 PCR을 수행하였다. 세 가지 유전자를 이용한 모든 결과는 일관성 있게 다음과 같은 사실을 나타내었다. ① 캡 형성 효소인 구아닐산 전달효소는 오직 프로모터 근처에 있을 때에만 전사 복합체와 결합되어 있다. ② 아데닐산중합반응 인자는 프로모터의 근처에 있거나 멀리 떨어진 전사 복합체와 결합되어 있다. 그리고 RNA 중합효소의 Rpb3 소단위체는 프로모터의 근처, 멀리 떨어진 전사 복합체와 결합되어 있다.

그러므로 Rpb1의 CTD를 통하여 전사 복합체와 결합하는 단백질은 급격한 변화를 겪는다. 일부는 전사 과정 중 초기에만 결합하고 일부는 훨씬 더 오랜 기간 결합한다. 무엇이 CTD와 결합하는 단백질의 종류를 변화시키는 것일까? 전사가 진행되는 동안 CTD의 인산화 상태가 주요 변수로 작용한다고 알려져 있다.

이 가능성을 조사하기 위해 브라토우스키 등은 CTD의 7량체 반복서열 내부에 존재하는 특정의 인산화된 아미노산(세린 2와 세린 5)에 특이적인 항체를 이용하여 ChIP 분석을 하였다. 그림 15.31은 이러한 ChIP 분석의 결과로서 세린 5의 인산화는 프로모터 근처의 전사 복합체에서 발견되며, 세린 2의 인산화는 프로모터에서 멀리 떨어진 전사 복합체에서 발견되었다. CTD의 세린 5의 인산화는 신장반응이 시작된 후 곧 바로 작동될 필요가 있는 캡 형성 복합체를 구성하는데 도움을 준다는 것은 놀라운 일이 아니다. 전사복합체가 프로모터로부터 이동되어감에 따라 세린 5에서 세린 2로의 CTD 인산화의 이동변화는 일부 RNA 공정에 참여하는 단백질들(예: 캡 형성 복합체)이 전사 복합체에서 떨어져 나가게 하고, 새로운 종류의 단백질들이 접근하게 하는 것 같다. 그림 15.32에 이러한 가설을 요약하고 있다.

3) CTD 암호란?

쇼나 머피(Shona Murphy)와 그의 동료들은 2007년에 CTD의 세린 7도 인산화될 수 있다는 것을 보여 주었다. 이는 CTD내의 주

어진 한 반복서열에서 8개까지(반복서열당 0에서 3개의 인산기 범위) 다양한 인산화 상태가 존재함을 시사한다.

또한 CTD 인산화 상태에서 반복서열 마다 인산화가 다를 수 있어 좀 더 많은 변이의 가능성을 열어놓고 있다. 주어진 한 반복서열에서 여덟 가지 다른 상태가 가능하다는 것은 특정 유전자 그룹의 진사와 특정 RNA 수정을 위해 신호를 보내는 CTD 암호의 가능성을 제기한다. 사실 이러한 CTD 암호의 증거가 존재한다. 머피와 그의 동료들은 2007년에 세린 7의 인산화는 인간의 세포에서 U2 snRNA 유전자의 발현을 위해 필요하다는 것을 보여 주었다. 한편 Dirk Eick과 그의 동료들은 세린 7의 인산화는 단백질을 암호화하고 있는 유전자의 발현에 필요하지 않다는 것을 보여 주었다.

U1와 U2 snRNA를 포함하여 중합효소 II에 의해 합성된 인간의 snRNA들은 인산화되지 않는다. 대신에 이들 유전자는 적절한 3′-말단의 공정과정에 필수적인 보존된 **3′ 상자**(3′ box) 요소를 포함하고 있다. 전사 종결은 3′ 박스의 아래 부위에서 일어나며, 이 3′ 박스는 뒤따르는 일차적인 3′-말단을 생성시키는 절단작용에 필요하다. 이 1차 3′-말단은 이후에 세포질에서 성숙한 3′ 말단으로 변화된다.

머피와 그의 동료들은 첫 부분에 25개의 7량체만을 포함하고 있는 Rpb1 CTD를 포함하고 있는 α-아마니틴에 저항성을 가지는 중합효소 II를 가지고 일을 시작하였다. 세린 7에서 끝나는 기본형 서열을 가지고 있는 것, 대부분 마지막 27개의 7량체가 7번째 자리에 세린 대신에 라이신 또는 트레오닌을 가지고 있는 것이 존재한다. 이 중합효소의 α-아마니틴 저항성 때문에 내재성 야생형 중합효소 II를 가지고 있는 세포에서도 분석이 가능하다. 그다

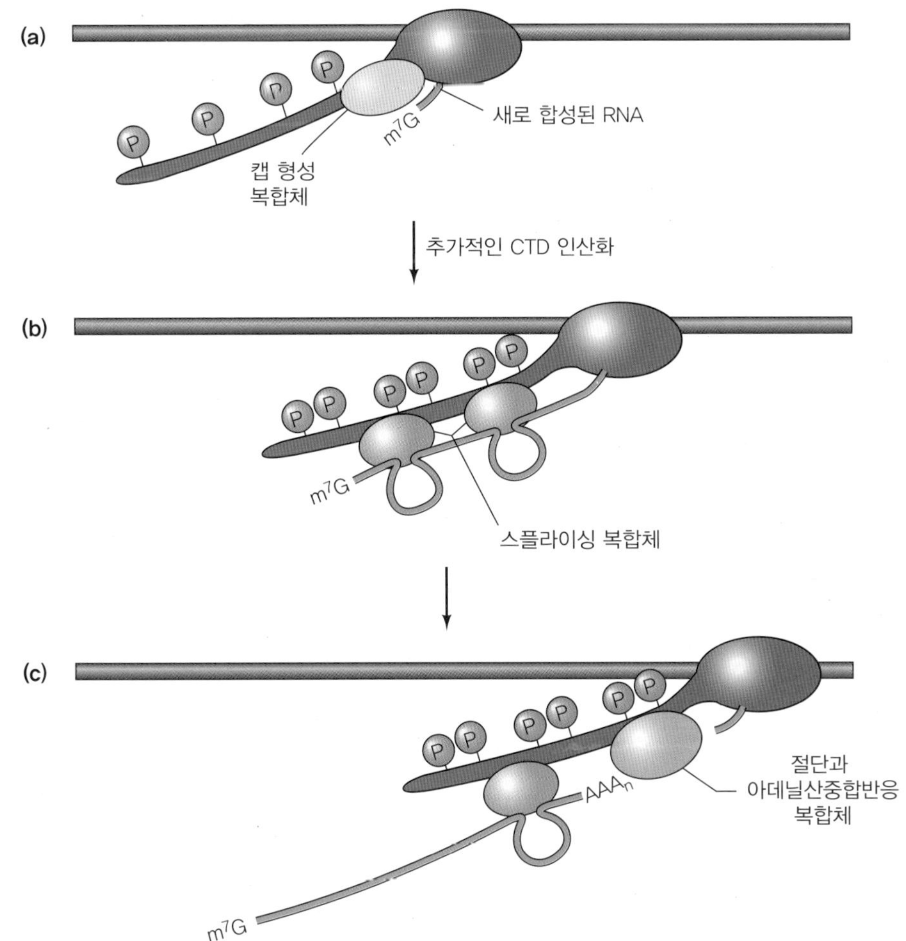

그림 15.32 CTD에 의해 조직되는 RNA 공정과정에 대한 가설. (a) RNA 중합효소(빨간색)가 새로운 RNA(초록색) 합성을 시작하였다. 부분적으로 인산화된 CTD는 캡 형성 복합체(노란색)을 유인하고, 캡 형성 복합체는 새로운 RNA에 신속히 캡을 첨가한다. (b) CTD는 좀 더 인산화되어(세린 5의 인산화는 세린 2의 인산화로 전환되고), 스플라이싱 복합체(파란색)를 유인하여 스플라이싱 복합체가 전사되는 엑손을 찾아내어 엑손 사이의 인트론을 제거하도록 한다. (c) CTD는 절단과 아데닐산중합반응 복합체(주황색)와 결합한다. 절단과 아데닐산중합반응 복합체는 전사 개시기부터 존재하며 전사체를 절단하고 아데닐산중합반응을 시작한다. (출처: Adapted from Orphanides, G. and D. Reinberg, A unified theory of gene expression. *Cell* 108 [2000] p. 446, f. 3.)

음 머피와 그의 동료들은 α-아마니틴 저항성 중합효소에 모든 25개의 세린 7을 알라닌으로 바꾼 돌연변이를 일으키고, 리보핵산분해효소 방어분석법(RNase protection assay)에 의해 3′-말단이 적절하게 공정되는지를 분석하였다. 이들은 돌연변이 중합효소는 U2 snRNA의 공정과정을 수행할 수 없으나 단백질을 암호화하고 있는 mRNA 전구체는 정상적으로 공정과정을 수행할 수 있었다.

이러한 전사조절은 개시 단계에서는 일어나지 않다는 것을 주목하라. 돌연변이 중합효소는 아직 정상단계에서 시작한다. 대신에 조절작용은 전사 종결 시에 또는 3′-말단 공정과정 단계에 일어난다. 머피와 그의 동료들은 U1과 U2 snRNA의 3′-말단 공정과정에 필요한 12가지 폴리펩티드로 구성된 **통합 복합체**(integrator complex)가 세린 7이 알라닌으로 치환된 돌연변이 중합효소에 결합하는지를 조사하였다. 그들은 통합 복합체의 소단체중의 하나를 TAP 항원 결정기로 표지하여 돌연변이 중합효소 II에 통합 복합체가 결합하는지를 검출하기 위해 ChIP를 수행하였다. 통합 복합체는 정상적인 중합효소 II의 CTD에 잘 결합하는 반면에 머피와 그의 동료들은 CTD에 세린 7을 가지고 있지 않은 돌연변이 중합효소에는 결합하지 않는다는 것을 발견하였다. 이로부터 세린 7 인산화는 통합 복합체 결합과 U1와 U2 snRNA 전사체의 적절한 3′-말단 공정과정을 위해 필요하다고 제안하였다. 이것이 현재까지 유전자 발현에 영향을 미치는 CTD 암호에 대한 가장 확실한 증거이다.

4) 전사의 종결과 mRNA 3′-말단의 공정과정의 연계

mRNA의 완성된 3′-말단이 종결 자리와 동일하지 않은 Ⅱ급 유전자의 전사종결은 연구하기가 어렵기로 유명하다. 이미 배운 것처럼 보다 긴 mRNA 전구체는 아데닐산중합반응 자리에서 절단되어야 하며, 그다음에 아데닐산중합반응이 일어나야 한다. 이로써 상대적으로 mRNA가 안정화되고 3′-말단 조각은 신속히 분해된다. 이러한 어려움에도 불구하고 여러 연구자들이 II급 유전자의 전사종결에 대한 연구를 수행하여 아데닐산중합반응 자리에서의 절단과 전사종결이 연관되어 각 과정이 서로 의존적이라는 사실을 발견하였다. 사실 종결부위에서 새로 합성된 RNA의 절단은 아데닐산중합반응 자리에서의 절단보다 앞서 일어난다.

무엇보다도 먼저, 전사종결이 mRNA 공정과정과 연관되어 있다는 것을 어떻게 알게 되었을까? Proudfoot 등은 효모 Ⅱ급의 전사 종결에 대한 연구에서 이 연관성을 찾아냈다. 특히 효모 *Saccharomyces cerevisiae*의 *CYC1* 유전자를 대상으로 한 실험에서 아데닐산중합반응 자리의 절단에 관련된 단백질에서의 돌연변이는 전사종결을 억제하였으나 아데닐산중합반응 자체에 관련된 단백질의 돌연변이는 전사종결에 별 영향을 미치지 않음을 발견하였다.

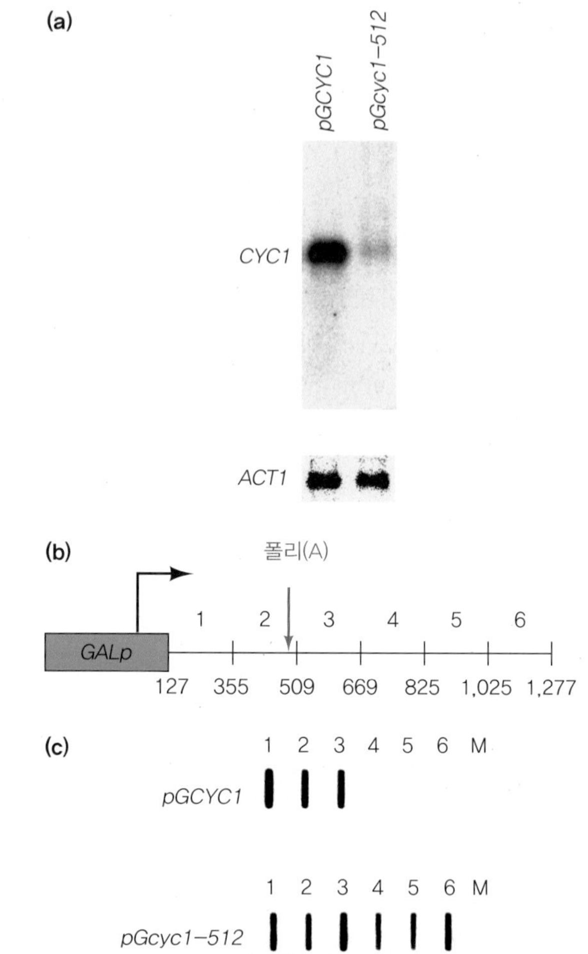

그림 15.33 아데닐산중합반응과 전사종결 사이의 연관성. (a) 노던블롯 분석. 프라우드풋 등은 야생형 유전자(*pGCYC1*), 아데닐산중합반응 자리가 결손된 *CYC1* 유전자(*pGcyc1–512*)를 가지고 있는 세포로부터의 전사체를 노던블롯한 후, 이 블롯을 표지된 *CYC1* 탐침으로 잡종결합시켰다. 첫 잡종결합 후 블롯에서 탐침을 제거한 후 블롯 효율을 조사하기 위한 대조구로서 액틴 유전자(*ACT1*)로 재차 탐침을 결합시켰다. (b) 핵 런–온 전사 분석에서 사용된 부위의 지도. Proudfoot 등은 효모 *CYC1* 유전자를 강력한 *GAL1/10* 프로모터(*GALp*, 초록색)의 조절하에 있도록 플라스미드에 클론하여 효모세포를 형질전환시켰다. 핵 런–온 분석을 위해 길이와 위치가 알려진 1~6번 조각으로 점블롯을 하였다. 2번 조각에 아데닐산중합반응 자리(빨간색)의 위치를 표시하였다. (c) 런–온 분석 결과. 프라우드풋 등은 (b)의 1~6번 조각의 점블롯에 야생형 또는 돌연변이 *CYC1* 유전자(왼쪽에 표시함)를 가지고 있는 세포로부터의 표지된 핵 런–온 전사체를 잡종결합시켰다. 점블롯에서 M은 M13 DNA로서 음성대조군을 나타낸다. (출처: Birse et al *Science* 280: p. 299. © 1988 by the AAAS.)

프라우드풋 등은 클로닝한 효모 *CYC1* 유전자를 강력한 *GAL1/*

10 프로모터 조절하에서 발현되도록 *pGCYC1* 플라스미드에 삽입하였다. 그들은 *CYC1* 유전자의 발단 부분에서 정상 아데닐산중합반응 신호가 결여되어 있는 유사한 발현벡터(*pGcyc1-512*)를 만들었다. 그다음 효모 세포를 이들 플라스미드로 형질전환시키고 노던블롯팅(Northern blotting)으로 이 유전자의 발현 수준을 조사하였다. 그림 15.33a는 그 결과를 보여 준다. 아데닐산중합반응 자리의 결손은 이 유전자 발현을 크게 감소시켰다. 대조구로서 사용된 *ACT1* 유전자 발현에는 아무런 영향을 미치지 않았기 때문에 *CYC1*의 발현 결여는 분석한 단백질의 양의 차이나 단백질의 블롯팅에서의 차이에 의한 것은 아니었다.

낮은 발현의 한 가지 이유는 전사종결이 적절히 일어나지 않았기 때문이라고 생각할 수 있다. 종결이 일어나지 않았는지를 확인하기 위해 프라우드풋 등은 다음과 같이 핵 런-온 분석을 시행하였다: 그들은 그림 15.33b와 같이 아데닐산중합반응 자리에서 아래쪽으로 800bp까지 포함하는 조각을 비롯하여 여러 *CYC1* 유전자 조각을 점블롯(dot blot)하였다. 그다음 야생형 또는 아데닐산중합반응 자리가 결여된 돌연변이 *CYC1* 유전자로 형질전환시킨 세포로부터의 표지된 핵 런-온(run-on) RNA로 잡종화시켰다. 그림 15.33c는 이 결과들을 보여 준다. 야생형 유전자의 전사는 아데닐산중합반응 자리의 바로 아래 위치인 3번 조각에서 종결되었다. 우리는 종결이 3번 자리에서 일어난 것은 4번 조각에 대한 전사체가 잡종화되지 않았기 때문이라는 것을 안다. 하지만 돌연변이 유전자의 전사는 정상 종결자리를 지나 멀리 최소한 6번 조각까지 연장된 것으로 보아 정상 종결이 실패한 것으로 보인다.

우리가 앞서 배운 것처럼 아데닐산중합반응은 실제로 다음 두 가지 과정을 포함한다. RNA 절단과 아데닐산중합반응. 원칙적으로 이 두 과정 중 한 가지는 종결과 관련될 수 있다. 이 문제를 확인하기 위해 프라우드풋 등은 절단과 아데닐산중합반응 요소를 암호화하고 있는 유전자에 대한 온도 민감성 돌연변이를 가지고 있는 효모 아종(strain)으로 새로운 런-온 전사 분석을 행하였다. 그들은 우선 노던블롯을 통해 모든 돌연변이들이 비허용온도에서 *CYC1* mRNA 수준이 감소한 것을 보여 주었다. 전사체의 아데닐산중합반응 실패와 전사체의 종결 실패 이 두 가지 모두 mRNA의 불안정성에 기여할 수 있었다.

런-온 전사 분석은 더욱 완벽한 대답을 제시하였다. 돌연변이들 중 몇몇은 종결에 실패했지만 나머지는 그렇지 않았다. 여기에 어떤 규칙이 존재하는가? 실제로 그렇다. 종결에 실패한 돌연변이 유전자군은 아데닐산중합반응에 앞선 절단에 관여하는 단백질들을 암호화하지만 전사종결이 잘 일어난 돌연변이 유전자군은 절단 이후 아데닐산중합반응에 관여하는 단백질을 암호화한다. 그러므로 아데닐산중합반응 자체가 아닌 아데닐산중합반응 자리의 절단이 전사종결과 연관되어 있다는 것을 알 수 있다.

우리는 절단과 아데닐산중합반응 요소가 RNA 중합효소 II의 소단위체인 Rpb1의 CTD와 연관되어 있다는 것을 알고 있다. 활성화된 절단 요소가 전사종결에 필요하다는 사실은 mRNA 성숙의 다른 과정뿐만 아니라 종결에서 CTD가 관련되어 있음을 시사한다. 다음에 다시 이 주제로 돌아갈 것이다.

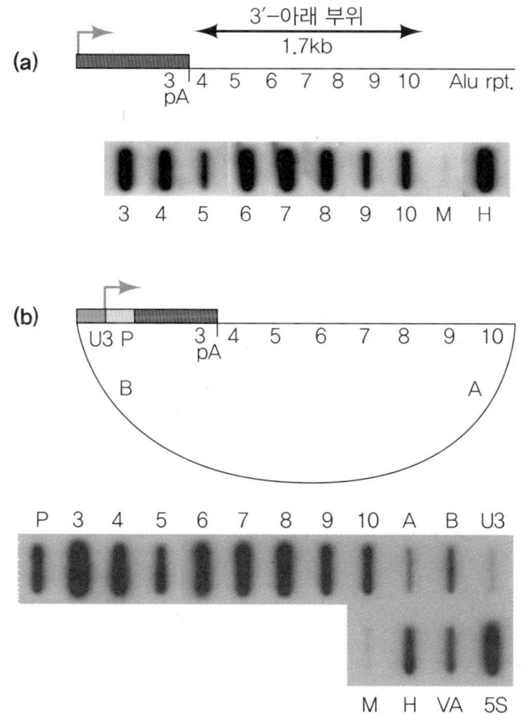

그림 15.34 자연 상태와 클론된 β-글로빈 유전자의 핵 런-온 분석. **(a)** 염색체상에서의 유전자. 인간 유전자 지도로서 프로모터(보라색 화살표는 전사 시작 자리를 나타냄), 암호화부위(빨간색), 아데닐산중합반응 자리(pA), 그리고 그 아래 1.7kb 서열(구역 4~10)을 보여 주고 있다. 유전자 지도 아래는 핵 런-온 분석 결과이며, 구역 3~10과 대조구로서 M은 음성대조구로서 M13 파지 DNA이며, H는 양성대조구로서 사람의 히스톤 DNA를 나타낸다. 세포에서 히스톤 유전자는 RNA 중합효소 II에 의해 전사될 것이다. **(b)** HIV 인헨서/프로모터의 조절하에 있는 유전자. 유전자 지도는 HIV 인헨서 부위(파란색), HIV 프로모터 부위(노란색), 전사 시작 지점(보라색 화살표), 암호화부위(빨간색)를 보여 준다. A와 B 부위는 플러스미드 클로닝 벡터 내에 위치한다. 유전자 지도 아래에 핵 런-온 분석결과를 보여 주며, H와 M은 (a)와 동일하다. VA는 아데노바이러스의 VA1 유전자를 나타내는 것으로 β-글로빈 플라스미드와 함께 형질전환시킨 것이다. 이 유전자는 RNA 중합효소 III에 의해 전사된다. 5S는 RNA 중합효소 III에 의한 인간 5S rRNA 유전자의 전사를 검출할 수 있는 5S rRNA 탐침으로 잡종결합시킨 것이다. (출처: Reprinted from *Cell* v. 105, Dye and Proudfoot, p. 670 © 2001, with permission from Elsevier Science.)

5) 종결 기작

마이클 다이(Michael Dye)와 프라우드풋은 2001년 사람의 β-, ε-글로빈 유전자에서 일어나는 종결을 상세히 분석하는 연구를 행하여 다음과 같은 발견을 하였다. ① 아데닐산중합반응 자리의 아래 부위가 전사종결에 필수적이다. ② 아데닐산중합반응 자리 아래 부위의 여러 자리에서 새로이 합성된 전사체의 절단이 전사종결에 필요하다. ③ 이러한 전사체 절단은 전사 도중에 일어나며, 아데닐산중합반응 자리에서의 절단보다 앞서 일어난다. 새로이 합성된 전사체의 절단은 자가 촉매작용에 의한 것으로 RNA가 스스로를 절단한다는 사실이 2004년에 발견되었다.

다이와 프라우드풋의 2001년의 연구에서 이들은 3′-말단 아래 부분의 1.7kb를 포함하는 인간의 β-글로빈 유전자를 HIV(human immunodeficiency virus)에서 유래된 인헨서-프로모터 조절 하에서 발현되도록 플라스미드에 삽입하였다. 이 플라스미드를 β-글로빈 유전자가 발현될 수 있는 HeLa 세포에 넣었다. HIV 인헨서-프로모터의 의한 전사는 Tat라 불리는 바이러스의 이체작용 요소(transactivating factor)를 필요로 하기 때문에 전사는 Tat를 넣거나 제거함으로써 유전자 발현을 조절할 수 있는 장점이 있다.

그다음 이들은 클로닝한 유전자의 핵 런-온 분석 실험을 하고, 자연 상태의 염색체에 존재하는 것처럼 원래의 프로모터에 의해 발현되는 β-글로빈 유전자와 비교하였다. 그림 15.34a는 β-글로빈 유전자의 프로모터와 그 아래 지역을 포함하는 유전자 지도와 핵 런-온 실험 결과를 보여 준다. 전사는 아데닐산중합반응 자리로부터 1.7kb에 떨어진 10 위치까지 계속되었다. 그림 15.34b는 HIV 인헨서-프로모터에 의해 발현되는 클로닝된 β-글로빈 유전자 지도와 핵 런-온 실험 결과를 보여 준다. 위에서와 같이 전사는 10 위치를 지나 일어났으나 대부분은 10 위치 이후 부분에서 중단되었다. 10 위치 아래의 DNA는 벡터의 A와 B 부분과 HIV 인헨서-프로모터의 U3 지역을 포함하고 있다. 따라서 전사종결은 최소한 10 위치를 지나서 일어나며 클로닝된 유전자의 전사와 전사종결이 정상적으로 일어난다는 것을 나타낸다.

그다음 다이와 프라우드풋은 전사종결에 중요한 부분이 3′-말단 아래 지역의 어느 곳인지 좁혀나가기 시작하였다. 그 구역의 일부를 절단하고 핵 런-온 분석을 시험하여 종결 과정이 여전히 유지되는지를 관찰하였다. 그들은 8~10 위치를 제거하면 전사종결이 일어나지 않는다는 것을 발견하였다. 따라서 4~7 위치는 전사종결 과정에 충분하지 않았다. 반면, 그들은 5~8 위치를 제거하고, 9, 10 위치를 남겨 놓거나, 심지어 5~9 위치는 제거하고 10 위치는 남겨 놓을 경우 전사종결이 유지된다는 것을 발견하였다. 가장 놀라운 것은 8 위치 부분을 남겨 놓고 4 위치 아래의 모든 부분을 제거한 경우에도 전사종결은 유지되었다는 것이다. 그러므로 8, 9, 10 위치는 독자적으로 작용하든 함께 작용하든 전사종결을 지시하였다.

8 위치(9, 10 위치과 마찬가지로)는 전사가 진행되는 동안 새로 합성되고 있는 전사체에서 절단을 유도하는 작용을 하는 종결 서열을 가지고 있는 것처럼 보였기 때문에 프라우드풋 등은 이 부위를 전사동시 절단요소(**CoTC 요소**, CoTC element)라고 명명하였다. 2004년에 프라우드풋과 알렉산더 아코릿체프(Alexander Akoulitchev) 등은 CoTC 요소의 중요한 비밀을 밝혀냈다. 이 요소는 전사 중의 RNA를 절단할 수 있는 자체 촉매 도메인을 암호화한다. CoTC 요소 전체를 포함하고 있는 전사체와 Mg^{2+}, GTP를 단백질이 없는 상태에서 넣고 배양하면 RNA는 대조군 RNA보다 훨씬 빠르게 분해되어 반감기(half-life)가 단지 38분 정도가 되었다. CoTC 요소 내부를 결손시킴으로써 연구자들은 자가 촉매 자리의 위치는 CoTC 요소의 5′-말단 부위의 200nt 서열[**CoTC(r)**]로 범위를 좁힐 수 있었다(그림 15.35). 이 200nt 서열은 시험관 내에서 분해될 때 반수명이 15분 정도가 되었다. 반면 50~150nt를 포함하는 돌연변이 서열(mutΔ)은 자가촉매 활성을 가지지 않았다.

CoTC 요소는 전사종결에 중요한가? 이것을 알아내기 위해서 연구자들은 β-글로빈 유전자를 넣은 플라스미드를 HeLa 세포에 넣었다. 그들은 β-글로빈 유전자의 말단의 CoTC 요소를 돌연변이형인 CoTC(r)(최소 자가촉매 요소, the minimal autocatalytic element)와 *mutΔ*(자자촉매 활성을 상실한 요소, the element lacking autocatalytic activity)로 교체시켰다. 그리고 이들을 대상으로 전사종결이 정상적으로 일어나는지를 조사하기 위해 핵 런-온 분석실험을 행하였다. 유전자의 말단에 CoTC(r) 요소를 가지고 있는 유전자의 경우 야생형과 유사하게 전사가 종결되었으나 *mutΔ* 요소를 가지고 있는 유전자의 경우 전사가 정상적인 종결 자리를 지나쳐 지속되었다. 다른 돌연변이 CoTC 요소를 이용하여 CoTC의 자가촉매 활성은 전사종결 활성과 매우 밀접히 연결되어 있다는 것을 발견하였다. 그러므로 자가촉매 작용은 적절한 전사종결에 필요하다는 것이 밝혀졌다.

일반적인 진핵세포에서 자가 촉매성의 CoTC와 유사한 요소가 전사종결에 필요할까? 실제 영장류의 β-글로빈 유전자는 촉매작용 중심부위에서 특히 잘 보존된 CoTC 요소를 가지고 있다. 이러한 요소는 보다 다양한 염기서열의 분산에 의해 유연관계가 먼 생

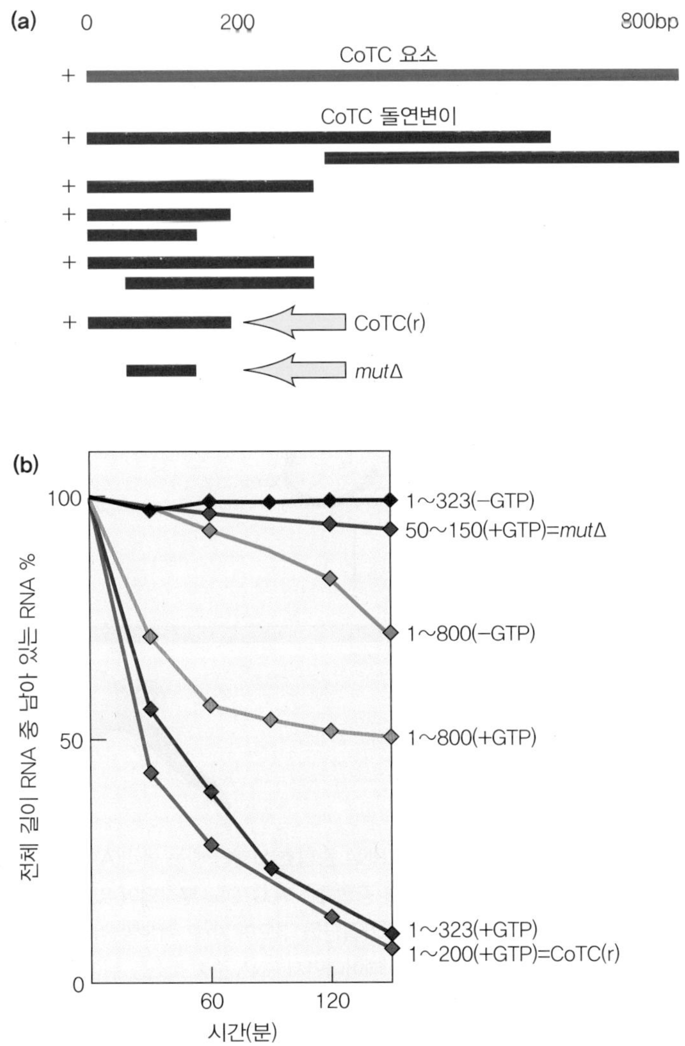

그림 15.35 CoTC 인자에서 촉매부위의 발견. **(a)** 돌연변이들. 프라우드풋, 아코릿체프 등은 제일 위의 800bp CoTC 요소(빨간색 막대)를 가지고 그 아래에 나타낸 RNA들로 전사될 수 있는 여러 결손 돌연변이들(파란색 막대)을 만들었다. 막대의 없어진 부분은 결손을 나타낸다. 촉매 활성을 유지하고 있는 돌연변이 RNA들은 왼쪽에 + 표시를 하였다. 화살표는 CoTC(r)와 *mut*Δ을 가리키고 있는데, CoTC(r)는 활성을 유지하고 있는 1~200nt를 포함하고 있는 RNA, *mut*Δ는 활성이 없는 50~150nt 부분을 포함하고 있다. **(b)** 실험 결과. 전체 길이 RNA 중 남아 있는 부분의 비율과 반응 시간을 축으로 하여 구성하였다. 이 반응은 GTP가 있어야 일어나며, 1~200nt를 포함하고 있는 CoTC(r) RNA는 전체 촉매 활성을 유지하고 있다. (출처: Adapted from A. Teixeira et al., Autocatalytic RNA cleavage in the human beta-globin pre-mRNA promotes transcription termination. *Nature* 432:526, 2006.)

명체에서는 발견되지 않았다. 그러나 CoTC 요소 그 자체는 염기서열 자체만 분석해서는 자가 절단 리보자임(ribozyme)으로서 확인될 수 없었기 때문에 보다 많은 진핵세포 유전자의 폴리(A) 자리의 아래 부분에 CoTC-유사 요소가 존재한다고 추정된다.

합성 중의 RNA의 CoTC 또는 다른 부위에서의 단순한 절단이 전사종결에 충분한가? 아마도 그렇지 않다고 생각되는데, 그 이유는 폴리(A) 자리를 지나 전사가 진행되도록 RNA 중합효소에 작용하는 다른 현상에 대한 증거들이 있기 때문이다. RNA 중합효소가 추적당하여 침몰당한다(torpedoed). 그림 15.36은 토피도(torpedo) 기작을 설명하는 것으로 6장에서 설명한 rho-의존성 종결기작과 유사하다. 우선 RNA는 폴리(A) 자리의 아래 부분에서 절단된 후 핵산말단분해효소(exonuclease)가 새로이 노출된 RNA 말단에 결합하여 RNA 분해를 시작함으로써 RNA를 신장시키고 있는 RNA 중합효소를 뒤쫓아간다. 핵산말단분해효소가 RNA 중합효소를 따라잡아 격침시켰을 때 전사가 종결된다.

인간 β-글로빈 유전자의 발현에 있어 토피도 모델은 CoTC 자리에서 새로이 합성되고 있는 전사체의 절단은 궁극적으로 중합효소를 추적하는 5′→3′ 핵산말단분해효소에 대한 진입 부위를 제공한다. 만일 그렇다면 필요한 5′→3′ 핵산말단분해효소가 결손되면 정상적인 전사종결이 억제되어야 한다.

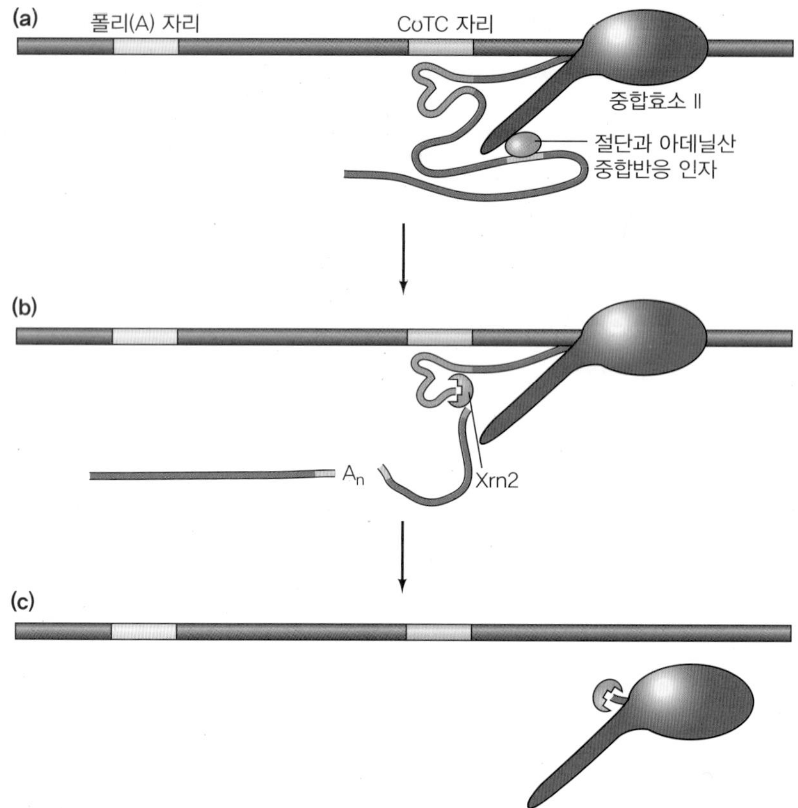

그림 15.36 사람 β-글로빈 유전자의 전사종결에 대한 토피도 모델. **(a)** RNA 중합효소(빨간색)는 폴리(A) 자리(노란색)와 CoTC 자리(파란색)를 모두 전사한다. 절단과 아데닐산중합반응 인자들(초록색)이 폴리(A) 자리에 조직되며 중합효소의 CTD도 부착되어 있다. **(b)** 절단과 아데닐산중합반응 과정은 완결되고 mRNA는 폴리(A) 꼬리를 가지고 있다. 또한 전사체상의 CoTC 서열은 자가절단을 겪으며 Xrn2 핵산말단분해효소(주황색)는 새로 노출된 RNA의 5′-말단에 붙는다. **(c)** Xrn2는 새로 합성되고 있는 RNA 뉴클레오티드를 하나하나 떼어내면서 RNA 중합효소를 뒤쫓아 RNA 중합효소를 격침시켜(torpedo) 주형으로부터 중합효소가 떨어지게 하여 전사를 종결시킨다.

프라우드풋 등은 이 가설을 조사하였다. 주요 인간 핵의 5′→3′ 핵산말단분해효소인 **Xrn2**의 발현 수준을 녹다운(knock down) 시키기 위해 16장에서 소개한 RNAi 기술을 이용하였다. 이 기술을 이용하여 이들은 Xrn2 활성을 정상 수준의 25% 정도까지 낮춘 후 이들 세포에서 전사종결이 적절히 일어나는지 핵 런-온 분석을 수행하였다. 그들은 Xrn2 활성을 결손시키면 전사종결이 2~3배 감소된다는 것을 발견하였다. 즉, 전사가 2~3배 정상적인 종결자리를 넘어서 지속되었다.

프라우드풋 등은 CoTC 자리가 아닌 폴리(A) 자리에서의 절단이 Xrn2에 대한 진입 자리일 가능성을 고려하였다. 만일 이것이 사실이라면 폴리(A) 자리와 CoTC 자리 사이의 부위에서 나온 RNA는 정상 세포에서보다 Xrn2 녹다운 세포에서 좀 더 적게 손실되어야 한다. 그러나 폴리(A) 자리와 CoTC 자리 사이의 부위로부터 나온 일정 수준의 전사체를 측정하기 위해 탐침으로 수행한 RNA 가수분해효소 보호분석(RNAse protection assay)을 수행한 결과 Xrn2 녹다운과 정상세포 사이에서 아무런 차이가 없었다.

CoTC 부위의 어느 5′-말단이나 Xrn2의 진입 자리를 제공할 수 있을까? 프라우드풋 등은 정상적인 CoTC 서열을 해머헤드(Hammerhead) 리보자임 서열로 교체함으로써 이 질문에 대한 답을 구하였다. 해머헤드 리보자임은 자가 절단 RNA이지만 CoTC에 의해 생성되는 5′-말단 인산기 대신에 5′-OH기를 생성시킨다. 해머헤드 리보자임이 합성되고 있는 β-글로빈 전사체를 전사와 동시에 절단시키지만 정상적인 CoTC 서열을 가지고 있는 세포에서처럼 아래 부분의 RNA는 분해되지 않는다는 것을 핵 런-온 분석을 통하여 보여 주었다. 그러므로 Xrn2는 최소한 아래 부분의 RNA 분해를 시작하기 위하여 CoTC에 의해 제공되는 것과 같은 5′-인산기를 필요로 한다.

이러한 토피도 기작이 전사종결에 얼마나 일반적인가? 잭 그린블랏(Jack Greenblatt), 스티븐 브라토우스키(Steven Buratowski) 등은 Rat1이라 불리는 5′→3′ 핵산말단분해효소가 효모의 전사종결을 촉진시킨다는 것을 발견하였다. 효모에서 CoTC 요소의 존재에 대한 증거는 없으며, 폴리(A) 자리에서 절단이 일어난 후 Rat1

이 아래 부분의 RNA에 접근하여 중합효소를 뒤쫓아 가고 궁극적으로는 중합효소를 격침시키게 된다고 생각된다.

6) mRNA의 이동에 있어 아데닐산중합반응의 역할

아데닐산중합반응이 완성된 mRNA를 핵 밖으로 이동시키는 역할을 한다고 1991년부터 알려졌다. 맥스 번스틸(Max Birnstiel) 등은 원숭이의 COS1 세포에 이식된 박테리아의 네오마이신 유전자의 전사체가 핵에 머무른다는 것을 보여 주었다. 그들은 박테리아에 유전자에서 아데닐산중합반응 신호가 결여되어 있으면 성숙된 3′-말단이 없는 전사체가 되어 세포질로의 이동이 일어나지 않을 것으로 추정하였다.

이 가설을 시험해 보기 위해 그들은 네오마이신 유전자에 포유류의 β-글로빈 유전자로부터 기원된 강력한 아데닐산중합반응 신호를 부착시켰다. 이러한 조작은 네오마이신 전사체에 아데닐산중합반응이 일어나도록 하였으며 핵으로부터 세포질로 효율적으로 이동되도록 하였다.

파트리샤 힐레렌(Patricia Hilleren) 등은 2001년 폴리(A) 중합효소 유전자의 온도 민감성 돌연변이(temperature-sensitive mutation)를 가지고 있는 한 효모 아종을 연구하였다. 이들 세포는 비허용온도(nonpermissive temperature)에서는 새롭게 만들어진 전사체에 아데닐산중합반응이 일어나지 않도록 전환될 수 있었다. 이들 연구자들은 비허용온도로 전환되면 전사체가 축적되기 시작하는 열 충격 유전자(heat-shock gene)인 SSA4 유전자의 전사체를 집중적으로 연구하였다. 이들은 5장에서 소개한 제자리형광잡종화(fluorescent in situ hybridization, FISH)에 의해 SSA4 전사체는 핵 내의 작은 부위에 머무른다는 것을 발견하였는데, 이 부위는 전사가 일어나는 부위이거나 그 근처일 것으로 추정되었다. 야생형 세포에서 또는 허용온도에 있는 돌연변이 세포에서 이들 전사체는 핵 내부에서 검출되지 않았으며, 이는 아데닐산중합반응이 일어나 세포질로 이동되었기 때문인 것으로 추정되었다. 아데닐산중합반응은 mRNA가 핵으로부터 효과적으로 빠져나오는 데 필수적이다. 아데닐산중합반응 없이 전사체는 그들이 전사된 곳에서 조차 멀리 벗어나지 못하는 것으로 보인다.

요약

캡은 단계적으로 형성된다. 첫째, RNA 탈삼인산효소(RNA triphosphatase)가 mRNA 전구체의 말단 인산기를 제거한다. 그 다음, 구아닐산 전달효소가 GTP로부터 캡 형성 GMP를 첨가한다. 셋째, 두 메틸 전달효소가 캡 형성 구아노신의 N′과 두 번째 뉴클레오티드의 2′-O-메틸기를 메틸화시킨다. 이러한 반응은 초기 전사 과정 중 전사체 길이가 30nt가 되기 전에 일어난다. 캡은 mRNA 전구체의 적당한 스플라이싱을 위해 필요하며, 핵 밖으로 성숙된 mRNA의 이동을 촉진시킨다. 또한 mRNA가 분해되는 것을 막아주고 번역 능력을 향상시킨다.

대부분의 진핵생물 mRNA와 그 전구체들은 3′-말단에 약 250nt 길이의 폴리(A)를 가지고 있다. 이 폴리(A)는 전사후에 폴리(A) 중합효소에 의해 형성된다. 폴리(A)는 mRNA의 수명과 번역 능력을 모두 향상시킨다. 이들 두 가지 효과의 중요성은 각 시스템마다 다른 것 같다.

진핵생물 유전자의 전사는 아데닐산중합반응 자리 후반부까지 일어난다. 그런 다음, 그 전사체는 절단되고 절단에 의해 생성된 3′-말단에 아데닐산중합반응이 일어난다. 효율적인 포유류의 아데닐산중합반응 신호는 mRNA 전구체의 아데닐산중합반응 자리의 약 20nt 앞쪽에 있는 AAUAAA 모티프, 23 또는 24bp 아래쪽에 위치한 GU-다빈도 모티프, 그 바로 뒤의 U-다빈도 모티프로 구성된다. 이 기본 골격에 많은 변이가 있고, 이는 아데닐산중합반응의 효율에 다양한 변이를 유발시킨다. 식물의 아데닐산중합반응 신호도 대개 AAUAAA 모티프를 가지고 있지만 동물의 AAUAAA보다 훨씬 다양하다. 효모의 아데닐산중합반응 신호는 여전히 더 많은 차이를 보이며 AAUAAA 모티프를 거의 가지고 있지 않다.

아데닐산중합반응은 mRNA 전구체의 절단과 그 부위에서의 아데닐산중합반응 모두를 수반한다. 절단작용에는 CPSF, CstF, CF Ⅰ, CF Ⅱ, 폴리(A) 중합효소, 그리고 RNA 중합효소 Ⅱ의 가장 큰 소단위체의 CTD가 관여하는 것으로 생각된다. CPSF에 있는소단위체 중의 하나인 (CPSF-73)는 아데닐산중합반응 전에 mRNA 전구체를 자른다. 새로이 생성된 mRNA 3′-말단을 닮은 짧은 RNA들은 아데닐산중합반응이 일어날 수 있다. 절단된 기질의 아데닐산중합반응 개시의 적정 신호는 적어도 8nt가 아래에 연결되어 있는 AAUAAA이다. 일단 폴리(A)가 10nt 길이로 만들어지면 후속 아데닐산중합반응은 AAUAAA 신호와는 별도로 폴리(A)에 의해 일어난다. 결국 개시 단계에는 폴리(A) 중합효소와 AAUAAA 모티프에 결합하는 CPSF의 두 가지 단백질이 작용한다.

신장 단계에는 PAB Ⅱ라는 특정인자가 필요하다. 이 단백질은 이미 합성이 개시된 폴리(A)에 결합하여 PAP가 폴리(A) 신장을 250nt 또는 그 이상의 뉴클레오티드가 되도록 돕는다. PAB Ⅱ는 AAUAAA 모티프와는 별개로 폴리(A)에 의해서만 작용하고 CPSF에 의해 그 활성이 증진된다.

송아지 흉선 PAP는 선택적인 RNA 공정에 의해 만들어진 적어도 세 가지 이상의 단백질로 이루어져 있다. 이들 염기서열을 통해 추정된 효소의 구조는 RNA 결합영역, 중합효소 모듈, 2개의 핵 위치 신호, 세린/트레오닌-다빈도 영역을 포함하고 있으며, 후자는 시험관 내 활성에 있어서 그다지 필요하지 않은 부위이다.

세포질 내에서 폴리(A)는 교체된다. RNA 분해효소에 의해 잘리고, 폴리(A) 중합효소가 다시 신장시킨다. 폴리(A)가 없어지면 mRNA는 분해되기 시작한다. 세포질의 모계 mRNA의 성숙 특이적인 아데닐산중합반응은 2개의 염기서열 모티프에 의해 일어나는데, 하나는 mRNA 말단 근처의 AAUAAA 모티프이고 나머지는 UUUUUAU 또는 그와 유사한 염기서열인 세포질 아데닐산중합반응 요소(CPE) 모티프라고 불리는 앞쪽 모티프이다.

캡과 폴리(A)는 mRNA 전구체의 양쪽 말단의 가장 가까이에 위치한 인트론을 제거하는 스플라이싱에 역할을 한다. 캡 형성, 아데닐산중합반응, 그리고 스플라이싱에 관련된 단백질들은 전사가 진행되는 동안 CTD와 결합되어 있다.

효모에서 전사 복합체의 Rpb1의 CTD의 인산화는 전사가 진행됨에 따라 변화한다. 프로모터에 인접해 있는 전사 복합체의 CTD의 세린 5는 인산화되어 있고, 프로모터로부터 멀리 존재하는 전사 복합체에서는 세린 2가 인산화되어 있다. CTD와 결합하는 단백질의 종류가 변화된다. 예를 들어 캡 형성 구아닐산 전달효소는 전사 과정에서 초기에 존재하는데, 복합체가 프로모터에 근접해 있을 때에는 존재하나 그 후에는 존재하지 않는다. 대조적으로 아데닐산중합반응 인자인 Hrp1은 프로모터 근처에 있을 때나 멀리 있을 때나 모두 전사 복합체에 존재한다. 세린 2와 5 이외에 Rpb1 CTD의 heptad 반복서열의 세린 7도 전사 중에 인산화된다. 이는 인산화된 것과 인산화되지 않은 세린은 각 반복서열 당 8 가지까지 수많은 조합이 가능하게 하고 유전자 발현을 관할하는 CTD 암호의 가능성을 제기한다. 이 반복서열의 세린 7의 없으면 U2 snRNA 전사체의 3′-말단의 공정과정이 방해받게 되고, 그 결과 U2 snRNA의 발현이 방지된다는 사실은 이러한 CTD 암호에 대한 증거이다.

최소한 효모에서는 온전한 상태의 아데닐산중합반응 자리와 아데닐산중합반응 자리에서 절단을 일으키는 활성 요소들이 전사종결에 요구된다. 절단된 mRNA 전구체를 아데닐산중합반응시키는 활성 요소들은 전사종결에 필요치 않다. RNA 중합효소 II에 의한 전사종결은 두 단계로 일어난다. 첫째, 전사체는 아데닐산중합반응 자리의 아래 부분에 존재하는 종결부위 내에서 전사동시절단(CoTC)을 경험하게 된다. 이 단계는 폴리(A) 자리에서 절단과 아데닐산중합반응이 일어나기 전에 독립적으로 일어난다. 둘째, 절단과 아데닐산중합반응이 폴리(A) 자리에서 일어나 주형으로부터 분리된다. CoTC 요소는 인간 글로빈 mRNA의 아데닐산중합반응 자리의 CoTC 요소 아래 부분은 자체를 절단하여 자유로운 RNA 5′-말단을 생성시키는 리보자임이다. 이 절단은 RNA를 따라서 RNA를 분해시킴으로써 RNA 중합효소를 뒤쫓아가는 5′→3′ 핵산말단분해효소인 Xrn2의 진입자리를 제공하기 때문에 정상적인 전사종결에 필수적이다. 이 핵산말단분해효소가 중합효소를 따라잡으면 Xrn2는 RNA 중합효소를 격침시켜 전사를 종결시킨다. 유사한 토피도 기작이 효모에서 작동되는 것으로 보인다.

복습 문제

1. ^{3}H-AdoMet과 ^{32}P를 이용해 캡이 형성된 진핵세포 mRNA를 표지하고, 염기로 가수분해한 후 그 생성물을 DEAE-셀룰로오스 크로마토그래피를 하였다. 알려진 전하의 올리고뉴클레오티드 지표에 상대적인 캡 1의 용출을 표시하라. 캡 1의 구조를 그리고 순수 전하를 설명하라.

2. 캡이 7-메틸구아노신을 포함하고 있다는 것을 어떻게 알 수 있는가?

3. 캡 형성 단계를 요약하라.

4. RNA 안정성에 있어 캡 형성의 영향을 규명하는 실험을 서술하고 그 결과를 제시하라.

5. 번역 시 캡 형성과 아데닐산중합반응의 상승효과를 밝히는 실험을 서술하고 그 결과를 제시하라.

6. mRNA가 세포질로 이동할 때 캡 형성의 영향을 규명하는 실험을 서술하고 그 결과를 제시하라.

7. 폴리(A)의 크기를 밝히는 실험을 서술하고 그 결과를 제시하라.

8. 폴리(A)가 mRNA의 3′-말단에 존재하는 것을 어떻게 알 수 있는가?

9. 폴리(A)가 전사후에 첨가되는 것을 어떻게 알 수 있는가?

10. mRNA 번역 능력, mRNA 안정성, 그리고 mRNA의 폴리솜 형성에 있어서 폴리(A)의 영향을 보여 주는 실험을 서술하고 그 결과를 제시하라.

11. 아데닐산중합반응 부위를 지나서 신장되고 있는 RNA를 출발점으로 하여 아데닐산중합반응 과정을 모식도와 함께 간단히 설명하시오.

12. 전사가 아데닐산중합반응 부위에서 멈추지 않는다는 것을 보여 주는 실험을 서술하고 그 결과를 제시하라.

13. AAUAAA 아데닐산중합반응 모티프의 중요성을 보이는 실험을 서술하고 그 결과를 제시하라. AAUAAA 대신에 종종 발견되는 다른 모티프는 무엇인가? 아데닐산중합반응 부위와 관련해서 발견되는 이들 모티프들은 어디에 위치하는가?

14. G/U-다빈도와 U-다빈도 아데닐산중합반응 모티프의 중요성을 보여 주는 실험을 기술하고 그 결과를 제시하라. 아데닐산중합반응 부위와 관련해서 발견되는 이들 모티프들은 어디에 위치하는가?

15. 아데닐산중합반응에 앞서서 일어나는 mRNA 전구체 절단에서 Rpb1 CTD의 효과를 보여 주는 실험을 기술하고 그 결과를 제시하라.

16. 폴리(A) 중합효소와 특이인자 CPSF의 아데닐산중합반응에서의 중요성을 보여 주는 실험을 서술하고 그 결과를 제시하라.

17. 변형된 AAUAAA 모티프를 가진 아데닐산중합반응 기질의 말단에 첨가되는 40개 A 뉴클레오티드의 아데닐산중합반응 효과를 보여 주는 실험을 기술하고 그 실험의 결과를 제시하라.

18. CPSF가 AAGAAA 모티프가 아닌 AAUAAA 모티프에 결합한다는

것을 보여 주는 실험을 서술하고 그 결과를 제시하라.

19. 올리고(A)를 첨가한 경우와 첨가하지 않은 경우에 AAUAAA나 AAGAAA 모티프를 가진 기질의 아데닐산중합반응에 있어서 CPSF와 PAB II의 효과를 보여 주는 실험을 서술하고 그 결과들을 제시하라. 이러한 결과들을 어떻게 설명할 수 있는가?

20. CPSF, CstF, 폴리(A) 중합효소(PAP), RNA 중합효소 II, 그리고 PAB II의 역할을 보여 주는 아데닐산중합반응의 모식도를 그려라.

21. 폴리(A) 중합효소 PAP I의 어떤 부위가 아데닐산중합반응의 활성을 위해 필요한가? 증거를 제시하라.

22. 세포질 아데닐산중합반응에 필요한 세포질 아데닐산중합반응 요소(CPE)를 확인하는 실험을 설명하고 그 결과를 제시하라.

23. 캡 형성 효소가 RNA 중합효소 II CTD에 결합한다는 것을 보여 주는 실험에 대해 설명하고, 그 결과를 제시하라.

24. U1 snRNP의 한 요소가 RNA 중합효소 II의 CTD에 결합한다는 것을 보여 주는 파 웨스턴블롯팅(Far Western Blotting) 실험에 대해 설명하고 결과를 제시하라.

25. 다음을 보여 주는 ChIP 분석에 대해 설명하고, 그 결과를 제시하라. (a) 캡 형성 효소는 프로모터의 근처에 있을 때에는 RNA 중합효소 II의 CTD와 결합되어 있으나 멀리 떨어져 있을 때에는 그렇지 않다. (b) CTD의 인산화 상태는 RNA 중합효소가 프로모터로부터 움직여 멀어짐에 따라 변한다.

26. 아데닐산중합반응이 일어나지 못하면 전사종결이 적절히 일어나지 못한다는 것을 보여 주는 실험에 대해 설명하고, 그 결과를 제시하라. 이러한 결과는 아데닐산중합반응의 실패에 기인하여 나타나는 것인가, 아니면 아데닐산중합반응 자리에서 전사체의 절단이 일어나지 못하기 때문인가?

27. 전사종결이 RNA가 신장중일 때 전사체의 자가촉매 절단(전사동시절단)을 필요로 한다는 것을 보여 주는 실험에 대해 설명하고 그 결과를 제시하라.

28. 진핵세포에서 전사종결에 대한 토피도 모델을 설명하라.

분석 문제

1. 당신은 mRNA의 캡의 실전하가 −5 대신에 −4인 이상한 바이러스를 연구하고 있다. 이들 캡은 캡 1과 같이 일반적인 메틸화가 되어 있음을 발견하였다. m7G와 끝에서 두 번째 뉴클레오티드는 2′-O-메틸기를 가지고 있으나 더 이상의 메틸화는 발견되지 않았다. 이러한 감소된 음전하를 설명할 수 있는 가설을 제시하고, 가설을 증명할 수 있는 실험에 대해 설명하라. 이 가설을 지지하는 예상되는 결과를 제시하라.

2. CstF가 절단과 아데닐산중합반응 신호의 GU/U 요소에 결합한다는 것을 보여 주는 실험을 설계하라. 하나 또는 다른(GU-다빈도 또는 U-다빈도), 또는 이 요소의 두 부분 모두가 CstF가 결합하는 데 필요한지를 어떻게 결정할 것인가?

3. 당신은 mRNA 전사후 과정에 대한 생화학적인 연구를 수행하는 실험실에서 일을 하면서 스플라이싱과 아데닐산중합반응에 대한 시험관 내 분석법을 개발하였다. 당신은 5′-캡을 가지고 있거나 5′-캡이 없는 방사능을 띠는 mRNA 기질들(아래 표 참조)을 시험관 내에서 만들었다. 당신은 이들 방사성 mRNA 기질들과 HeLa 핵 추출물을 함께 30℃에서 20분간 섞어준 후 고분석능 겔에서 이들로부터의 생성물을 전기영동하여 이들의 상대적인 크기를 기준으로 스플라이싱이 일어난 생성물들을 분석하였다. 전사후 공정과정이 일어나지 않은 mRNA(mRNA 전구체), 인트론 1이 제거된 mRNA(스플라이스 1), 인트론 2가 제거된 mRNA(스플라이스 2), 두 인트론이 제거된 mRNA(스플라이스 1과 2), 아데닐산중합반응이 일어난 mRNA(폴리A)의 각각의 방사능을 측정하여 아래와 같은 결과를 얻었다. 플러스(+) 표시의 개수는 겔의 각 밴드의 방사능의 상대적인 양을 표현하였다.

	mRNA 전구체	스플라이스 1	스플라이스 2	스플라이스 1과 2	폴리 (A)
RNA A 캡 없음	++	+	+++	+	+++
RNA A 캡 형성됨	+	+	+	+++	+++
RNA B 캡 없음	++++	+	+	+	+
RNA B 캡 형성됨	++	+++	+	+	+

이들 모든 결과를 설명할 수 있는 가설을 제시하라.

4. 효모의 전사 복합체에서 이들과 결합된 단백질들의 범위뿐만 아니라 Rpb1의 CTD의 인산화 상태는 전사가 진행됨에 따라 변화한다. 요즘은 세린 5로부터 세린 2로의 CTD 인산화의 이동변화는 어떤 RNA 공정과정 단백질이 복합체로부터 유리되고 CTD에 새로운 단백질들이 들어오도록 할 것이라고 생각된다(그림 15.32에 제시됨). CTD 인산화에 있어서의 이동변화가 실질적으로 RNA 공정 단백질이 유리되고 새로운 공정단백질이 첨가된다는 것을 보여 주는 실험을 고안하고 요약해 보라. 반드시 당신의 실험계획을 옹호할 수 있도록 당신의 가설을 상세히 설명하라.

추천 문헌

General References and Reviews

Barabino, S.M.L. and W. Keller. 1999. Last but not least: Regulated poly(A) tail formation. *Cell* 99:9–1.

Bentley, D. 1998. A tale of two tails. *Nature* 395:21–2.

Colgan, D.F. and Manley, J.L. 1997. Mechanism and regulation of mRNA polyadenylation. *Genes and Development* 11:2755–6.

Corden, J.L. 2007. Seven ups the code. *Science* 318:1735–6.

Manley, J.L. and Y. Takagaki. 1996. The end of the message–Another link between yeast and mammals. *Science* 274:1481–2.

Orphanides, G. and D. Reinberg. 2002. A unifi ed theory of gene expression. *Cell* 108:439–1.

Proudfoot, N.J. 1996. Ending the message is not so simple. *Cell* 87: 779–1.

Proudfoot, N.J., A. Furger, and M.J. Dye. 2002. Integrating mRNA processing with transcription. *Cell* 108:501–2.

Tollervey, D. 2004. Molecular biology: Termination by torpedo. *Nature* 432:456–7.

Wahle, E. and W. Keller. 1996. The biochemistry of polyadenylation. *Trends in Biochemical Sciences* 21:247–1.

Wickens, M. 1990. How the messenger got its tail: Addition of poly(A) in the nucleus. *Trends in Biochemical Sciences* 15:277–1.

Wickens, M. and T.N. Gonzalez. 2004. Knives, accomplices, and RNA. *Science* 306:1299–300.

Research Articles

Bardwell, V.J., D. Zarkower, M. Edmonds, and M. Wickens. 1990. The enzyme that adds poly(A) to mRNA is a classical poly(A) polymerase. *Molecular and Cellular Biology* 10:846–9.

Barilla, D., B.A. Lee, and N.J. Proudfoot. 2001. Cleavage/polyadenylation factor IA associates with the carboxyl–terminal domain of RNA polymerase II in Saccharomyces cerevisiae. *Proceedings of the National Academy of Sciences USA* 98:445–0.

Birse, C.E., L. Minvielle–Sebastia, B.A. Lee, W. Keller, and N.J. Proudfoot. 1998. Coupling termination of transcription to messenger RNA maturation in yeast. *Science* 280:298–01.

Dye, M.J. and N.J. Proudfoot. 2001. Multiple transcript cleavage precedes polymerase release in termination by RNA polymerase II. *Cell* 105:669–1.

Egloff, S., D. O'eilly, R.D. Chapman, A. Taylor, K. Tanzhaus, L. Pitts, D. Eick, and S. Murphy. 2007. Serine 7 of the RNA polymerase II CTD is specifi cally required for snRNA Gene Expression. *Science* 318:1777–9.

Fitzgerald, M. and T. Shenk. 1981. The sequence 59–AAUAAA–39 forms part of the recognition site for polyadenylation of late SV40 mRNAs. *Cell* 24:251–0.

Fox, C.A., M.D. Sheets, and M.P. Wickens. 1989. Poly(A) addition during maturation of frog oocytes: Distinct nuclear and cytoplasmic activities and regulation by the sequence UUUUUAU. *Genes and Development* 3:2151–6.

Furuichi, Y., A. LaFiandra, and A.J. Shatkin. 1977. 59–terminal structure and mRNA stability. *Nature* 266:235–9.

Furuichi, Y. and K.–I. Miura. 1975. A blocked structure at the 59–terminus of mRNA from cytoplasmic polyhedrosis virus. *Nature* 253:374–5.

Furuichi, Y., S. Muthukrishnan, J. Tomasz, and A.J. Shatkin. 1976. Mechanism of formation of reovirus mRNA 59–terminal blocked and methylated sequence m7GpppGmpC. *Journal of Biological Chemistry* 251:5043–53.

Gallie, D.R. 1991. The cap and poly(A) tail function synergistically to regulate mRNA translational effi ciency. *Genes and Development* 5:2108–16.

Gil, A. and N.J. Proudfoot. 1987. Position–dependent sequence elements downstream of AAUAAA are required for effi cient rabbit b–globin mRNA 39–end formation. *Cell* 49:399–06.

Hamm, J. and I.W. Mattaj. 1990. Monomethylated cap structures facilitate RNA export from the nucleus. *Cell* 63:109–8.

Hirose, Y. and J.L. Manley. 1998. RNA polymerase II is an essential mRNA polyadenylation factor. *Nature* 395:93–6.

Hofer, E. and J.E. Darnell. 1981. The primary transcription unit of the mouse b–major globin gene. *Cell* 23:585–3.

Huez, G., G. Marbaix, E. Hubert, M. Leclereq, U. Nudel, H. Soreq, R. Salomon, B. Lebleu, M. Revel, and U.Z. Littauer. 1974. Role of the polyadenylate segment in the translation of globin messenger RNA in Xenopus oocytes. *Proceedings of the National Academy of Sciences USA* 71:3143–46.

Izaurralde, E., J. Lewis, C. McGuigan, M. Jankowska, E. Darzynkiewicz, and I.W. Mattaj. 1994. A nuclear cap binding protein complex involved in pre–mRNA splicing. *Cell* 78:657–68.

Keller, W., S. Bienroth, K.M. Lang, and G. Christofori. 1991. Cleavage and polyadenylation factor CPF specifi cally interacts with the pre–mRNA 39 processing signal AAUAAA. *EMBO Journal* 10:4241–9.

Kim, M., N.J. Krogan, L. Vasiljeva, O.J. Rando, E. Nedea, J.F. Greenblatt, and S. Buratowski. 2004. The yeast Rat1 exonuclease promotes transcription termination by RNA polymerase II. *Nature* 432:517–2.

Komarnitsky, P., E.–J. Cho, and S. Buratowski. 2000. Different phosphorylated forms of RNA polymerase II and associated mRNA processing factors during transcription. *Genes and Development* 14:2452–0.

Mandel, C.R., S. Kaneko, H. Zhang, D. Gebauer, V. Vethantham, J.L. Manley, and L. Tong. 2006. Polyadenylation factor CPSF–73 is the pre–mRNA 39–end–processing endonuclease. *Nature* 444:953–6.

McCracken, S., N. Fong, E. Rosonina, K. Yankulov, G. Brothers, D. Siderovski, A. Hessel, S. Foster, Amgen EST Program, S. Shuman, and D.L. Bentley. 1997. 59–capping enzymes are targeted to pre–mRNA by binding to the phosphorylated carboxy–terminal domain of RNA polymerase II. *Genes and Development* 11:3306–8.

McDonald, C.C., J. Wilusz, and T. Shenk. 1994. The 64–kilodalton subunit of the CstF polyadenylation factor binds to pre–mRNAs downstream of the cleavage site and infl uences cleavage site location. *Molecular and Cellular Biology* 14:6647–4.

Morris, D.P. and A.L. Greenleaf. 2000. The splicing factor, Prp40, binds the phosphorylated carboxy–terminal domain of RNA polymerase II. *Journal of Biological Chemistry* 275:39935–3.

Munroe, D. and A. Jacobson. 1990. mRNA poly(A) tail, a 39 enhancer of a translational initiation. *Molecular and Cellular Biology* 10:3441–5.

Sheets, M.D. and M. Wickens. 1989. Two phases in the addition of a poly(A) tail. *Genes and Development* 3:1401–2.

Sheiness, D. and J.E. Darnell. 1973. Polyadenylic acid segment in mRNA becomes shorter with age. *Nature New Biology* 241:265–8.

Teixeira, A., A. Tahirir–Alaoui, S. West, B. Thomas, A. Ramadass, I. Martianov, M. Dye, W. James, N.J. Proudfoot, and A. Akoulitchev. 2004. Autocatalytic RNA cleavage in the human b–globin pre–mRNA promotes transcription termination. *Nature* 432:526–30.

Wahle, E. 1991. A novel poly(A)–binding protein acts as a specifi city factor in the second phase of messenger RNA polyadenylation. *Cell* 66:759–68.

Wei, C.M. and Moss, B. 1975. Methylated nucleotides block 59–terminus of vaccinia virus mRNA. *Proceedings of the National Academy of Sciences USA* 72:318–22.

West, S., N. Gromak, and N.J. Proudfoot. 2004. Human 5′→3′ exonuclease Xrn2 promotes transcription termination at cotranscriptional cleavage sites. *Nature* 432:522–5.

CHAPTER 16

기타 RNA 공정과정과 유전자 발현의 전사후 조절

보라색을 만드는 유전자 1개를 더 추가하는 방법에 의해 발생하는 유전자 사일런싱을 보여 주는 피튜니아꽃. (© Courtesy of Dr. Richard A. Jorgensen, The Plant Cell.)

14, 15장에서 스플라이싱, 캡 형성, 폴리(A) 꼬리 형성에 대해 공부했다. 이 세 전사후 공정과정은 진핵세포의 mRNA 전구체에서 일어난 대부분의 현상을 포함한다. 그러나 몇몇 생물체에서는 다른 형태의 특이한 mRNA 전구체 공정과정이 일어난다. 예컨대 기생충 원생동물의 하나인 트리파노소마와 자유유영형 원생동물인 유글레나에서는 mRNA 전구체의 트랜스-스플라이싱(*trans*-splicing) 과정이 일어난다. 이 과정은 두 가지 독립적인 전사체를 잘라서 다시 연결하는 과정이다. 트리파노소마는 키네토플라스트(kinetoplast)라는 미토콘드리아에서 전사 과정이 끝난 후에 뉴클레오티드를 첨가하거나 삭제하는 mRNA 편집 과정이 일어난다. 이와 같은 다소 예외적인 RNA 공정과정을 제외하고는 대부분의 생물체에서 rRNA와 tRNA의 공정과정은 공통적인 기작에 의해 수행된다. 또한 진핵세포에서는 mRNA의 분해 과정을 조절함으로써 유전자 발현을 제어하는 전사후 과정의 조절기작도 존재한다. 마지막으로 진핵생물은 외부 유전자나 두 가닥 RNA와 반응하여 mRNA를 파괴시킬 수도 있다. 이 장에서는 이와 같은 모든 전사후 조절 과정에 대해 살펴볼 것이다.

16.1. 리보솜 RNA 공정과정

진핵생물과 원핵생물은 모두 rRNA 유전자를 커다란 전구체 형태로 전사하는데, 이 전구체는 공정과정(조각들로 절단되는 과정)을 거쳐 성숙된 크기의 rRNA가 된다. 그러나 단지 긴 가닥의 한쪽 끝에 불필요한 물질을 제거하는 문제가 아니라 몇 개 다른 종류의 rRNA 가닥이 긴 전구체 내에 삽입되어 있으므로 이들 각각은 잘려나가야만 한다. 이러한 rRNA 공정과정을 먼저 진핵생물에서 알아보고 그 다음 박테리아에서 살펴보도록 하자.

1) 진핵생물의 rRNA 공정과정

진핵생물에서 rRNA 유전자는 수백 개의 반복된 형태로 세포핵의 인(nucleolus) 내에 함께 밀집되어 있다. 그림 16.1a에서 보는 것처럼 양서류에서 rRNA 유전자의 배열이 잘 연구되어 있는데, **비전사 간격체**(nontranscribed spacer, ntS)라 불리는 영역에 의해 분리되어 있다. ntS는 **전사 간격체**(transcribed spacer)와는 구분되는데, 전사 간격체 내의 유전자들은 rRNA 전구체의 일부분으로 전사되어 전구체가 성숙된 rRNA들로 공정될 때 제거된다.

반복된 rRNA 유전자가 인 내에 밀집되어 있는 현상은 쉽게 관찰할 수 있다. 오스카 밀러(Oscar Miller) 등은 유전자의 활성을 관찰할 수 있는 좋은 기회를 제공했다. 이들은 전자현미경으로 양서류의 핵을 관찰하여 그림 16.1b와 같은 시각적으로 매우 인상적인 현상을 밝혔다. 이 그림에서 rRNA 유전자를 포함하고 있는 DNA는 그림 속에서 감겨져 있는 듯이 보이나 이 현미경 사진에서 나타나는 가장 뚜렷한 특징은 일련의 '나무'의 모습을 한 구조이다. 이 나무 구조에서 나무의 줄기에 해당하는 것이 rRNA 유전자들이고, 나무의 가지에 해당하는 것이 합성 중인 rRNA 전사체들이다. 우리는 이 전사체들이 성숙된 rRNA 분자가 아니라 rRNA 전구체라는 사실을 곧 알게 될 것이다. '나무' 사이의 공간은 전사되지 않는 비전사 간격체이다. 또한 유전자 내의 전사체 길이로부터 전사의 방향성까지 알 수 있다. 즉, 짧은 RNA들은 유전자의 시작 부위에, 보다 긴 RNA들은 끝 부위에 존재한다.

우리는 이미 mRNA 전구체의 공정과정에서 스플라이싱은 종종 일어나지만 다른 형태의 가지치기와 같은 공정과정은 필요하지 않다는 사실을 공부한 바 있다. 한편 rRNA와 tRNA의 경우 이들이 종종 스플라이싱을 필요로 하는 전구체로 처음 나타나

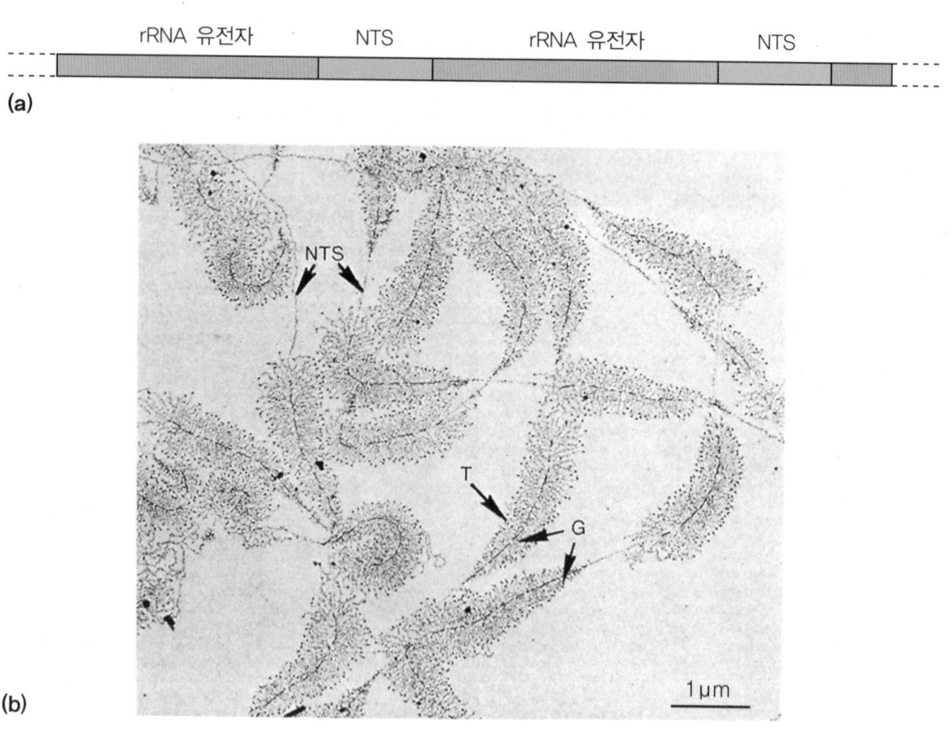

그림 16.1 rRNA 전구체 유전자의 전사. **(a)** 도롱뇽 rRNA 전구체 유전자 집단의 일부. 번갈아 있는 rRNA 유전자(주황색)와 비전사 간격체(NTS, 초록색)를 보여 주고 있다. **(b)** 도롱뇽 인의 일부분 전자현미경 사진. rRNA 전구체 전사체(T)가 세로로 나란히 쌍으로 존재하는 rRNA 전구체 유전자(G)에 따라 '나무' 형태로 합성되고 있다. 각 전사체의 출발점에는 사진에는 보이지 않지만 RNA 중합효소 I이 있다. 이 유전자들은 비전사 간격체 DNA(NTS)에 의해 분리되어 있다. (출처: (b) O.L. Miller, Jr., B.R. Beatty, B.A. Hamkalo, and C.A. Thomas, Electron microscopic visualization of transcription. Cold Spring Harbor. *Symposia on Quantitative Biology* 35 (1970) p. 506.)

지만, 이들 역시 말단 부위 또는 성숙된 RNA 서열들을 분리하는 영역 사이에 여분의 뉴클레오티드를 가지고 있음을 알 수 있다. 따라서 이러한 경우 이들 과잉 부위 역시 제거되어야 한다. RNA 전구체로부터 잉여 염기서열 부위를 제거하는 것도 **공정과정**(processing)의 한 종류이다. RNA 공정과정은 불필요한 RNA가 제거된다는 점에서 스플라이싱과 유사하지만 공정과정 동안에는 RNA가 함께 붙여지지 않는다는 점에서 스플라이싱과 차이가 난다.

예를 들어 포유동물의 RNA 중합효소 I은 **45S rRNA 전구체**(45S rRNA precursor)를 만드는데, 여기에는 **28S, 18S, 5.8S rRNA**들을 포함한다. 이 세 종류의 rRNA는 전사 간격체 RNA 지역 사이에 위치한다. 전구체의 공정과정(그림 16.2)은 **인**(nucleolus)에서 이루어지는데, 이곳은 rRNA가 만들어지고 리보솜이 조립되는 핵 내 구조이다. 첫 번째 단계는 5′-말단 간격체를 자르고 41S 중간체를 남긴다. 다음 단계는 41S RNA를 각각 28S와 18S를 포함하는 32S, 20S의 두 조각으로 잘라낸다. 32S 전구체는 5.8S 서열을 포함하고 있다. 마지막으로 32S 중간체는 서로 염기쌍을 이루는 성숙된 28S와 5.8S RNA를 생성하도록 분리되고, 20S 중간체는 성숙된 18S 크기로 다듬어진다.

이러한 공정과정이 단계적으로 일어남을 보이는 증거는 무엇인가? 1964년 로버트 페리(Robert Perry)는 45S 전구체의 18S, 28S의 성숙된 RNA 사이의 전구체-생성물 관계를 알아내기 위해 **펄스-체이스**(pulse-chase) 방법을 사용했다. 그는 생쥐의 L 세포를 [^{3}H]우리딘으로 짧은 시간 표지하여 표지된 RNA가 약 45S에 중심을 둔 넓은 피크로 침전되는 것을 발견했다. 그런 후 이 표지된 RNA의 18S와 28S rRNA로의 표지를 추적했다. 그는 과량의 비표지 우리딘을 표지된 뉴클레오시드를 희석하기 위해 첨가하여 45S 전구체의 표지량이 감소한 만큼 성숙된 18S와 28S rRNA의 표지량이 증가함을 관찰했다. 이러한 사실은 45S 피크 중 하나 이상의 RNA 종류들이 18S와 28S rRNA의 전구체였음을 시사한다. 1970년 로버트 와인버그(Robert Weinberg)와 쉘든 펜만(Sheldon Penman)은 폴리오바이러스에 감염된 HeLa 세포를 [^{3}H]메티오닌(methionine)과 [^{32}P]인으로 표지하고, 표지된 RNA

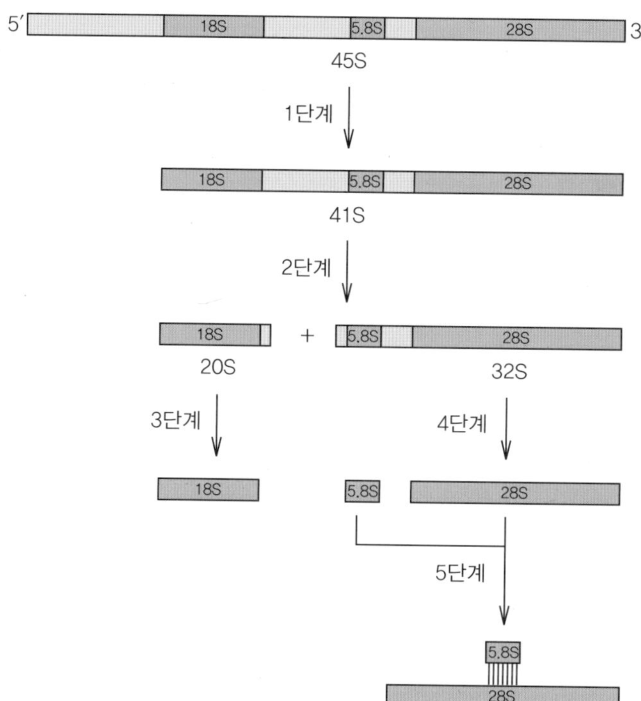

그림 16.2 사람(HeLa) rRNA 전구체의 공정과정. 1단계: 45S 전구체 RNA의 5′-말단이 제거되어 41S 전구체가 생성된다. 2단계: 41S 전구체가 두 부분으로 나뉘어 18S rRNA의 20S 전구체, 5.8S와 28S rRNA의 32S 전구체가 된다. 3단계: 20S 전구체의 3′-말단이 제거되어 성숙한 18S rRNA가 생성된다. 4단계: 32S 전구체가 5.8S와 28S rRNA로 나누어진다. 5단계: 5.8S와 28S rRNA가 서로 염기쌍을 이루어 결합한다.

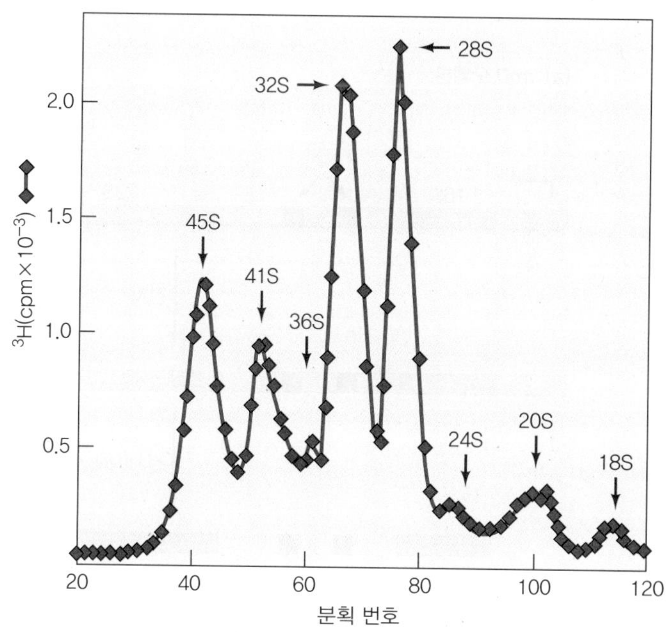

그림 16.3 폴리오바이러스에 감염된 HeLa 세포로부터 45S rRNA 공정과정의 중간체 분리. 펜만 등은 [^{3}H]메티오닌을 가지고 바이러스에 감염된 세포 내 RNA를 표지했다. 이것은 rRNA와 이 전구체 안에 있는 많은 메틸기를 표지한다. 이런 세포에서 핵 RNA(주로 rRNA)를 분리해서 전기영동한 후, 겔을 잘라 각 절편 내의 방사능을 측정한 다음 절편의 수와 절편에 대한 cpm으로 방사능 값을 정해 도표를 그렸다. RNA들의 움직임은 함께 침전시킨 알려진 표지 물질과 비교하였다. (출처: Adapted from Weinberg, R.A. and S. Penman, Processing of 45S nucleolar RNA. *Journal of Molecular Biology* 47:169 (1970).

를 전기영동으로 분리하여 주요 중간 생성물을 발견했다. 일반적으로 공정과정의 중간 생성물들은 너무 짧은 시간 동안 존재하기 때문에 측정할 수 있는 수준으로 축적되기 어렵지만 폴리오바이러스 감염은 중간 생성물을 볼 수 있을 만큼 공정과정을 느리게 한다. 관찰된 주요 rRNA는 45S, 41S, 32S, 28S, 20S, 18S이다(그림 16.3). 진핵생물의 rRNA 전구체가 메틸화(methylation)되어 있기 때문에 2개를 동시 표지하는 것이 가능하였다.

1973년 페터 벨라우어(Peter Wellauer)와 이고르 다위드(Igor Dawid)는 전자현미경을 이용해 사람 rRNA 공정과정의 전구체, 중간 생성물 및 생성물들을 볼 수 있게 되었다. 각 RNA 종류들은 분자 내에서 스스로 고유한 상보적 염기결합을 할 수 있기 때문에 전자현미경하에서 관찰될 수 있는 고유의 2차 구조를 나타낸다. 일단 다위드와 벨라우어가 모든 RNA 종류의 '신호(signature)'를 파악한 다음 45S 전구체에서 이것을 확인할 수 있었으므로 그 전구체 내의 어느 부위에 28S와 18S가 위치하고 있다는 것도 알 수 있었다. 벨라우어와 다위드가 당초에 얻은 결과는 현재 우리가 알고 있는 배열인 5′-18S-5.8S-28S-3′의 역순이었다. 이러한 공정과정의 세부사항은 보편적인 것은 아니다. 생쥐에서는 다소 차이가 나며 개구리에서 전구체는 45S보다 약간 작은 40S만이 존재한다. 그러나 rRNA 공정과정의 기본 기작은 진핵생물계 전반을 통해 잘 보존되어 있다.

rRNA 공정과정은 **소형 인 리보핵산단백질**(small nucleolar ribonucleoprotein, snoRNP)의 많은 단백질과 관련되어 있는 **소형 인 RNA**(small nucleolar RNA, snoRNA)에 의해 핵 안에서 질서정연하게 조직적으로 진행된다. 수백여 개의 소형 인 리보핵산단백질이 존재하는데, 이중 겨우 몇 개 정도만 인 RNA 내 염기를 수정하는 방법으로 인 RNA 공정과정에 관여하고 있다. 인 RNA의 전구체는 약 110개의 29-O-메틸기와 약 100개 정도의 유사유리딘을 지니고 있다. (유사유리딘에서는 리보오스가 유라실의 1번 위치의 질소가 아닌 5번 위치의 탄소에 연결되어 있다. 19장 참조.) 이와 같은 바뀐 뉴클레오티드가 최종 인 RNA에 계속 남아있게 되어 전구체의 어떤 부분을 제거하고 어떤 부분을 보존할지 결정하는데 도움을 준다. 소형 인 리보핵산단백질의 RNA 부위(**가이드 snoRNA**, guide snoRNA)는 인 RNA 전구체 내의 특정 부위와 염기짝을 이루며 이 위치의 메틸화 혹은 유사유리딘화 과정을 결정하는 역할을 한다.

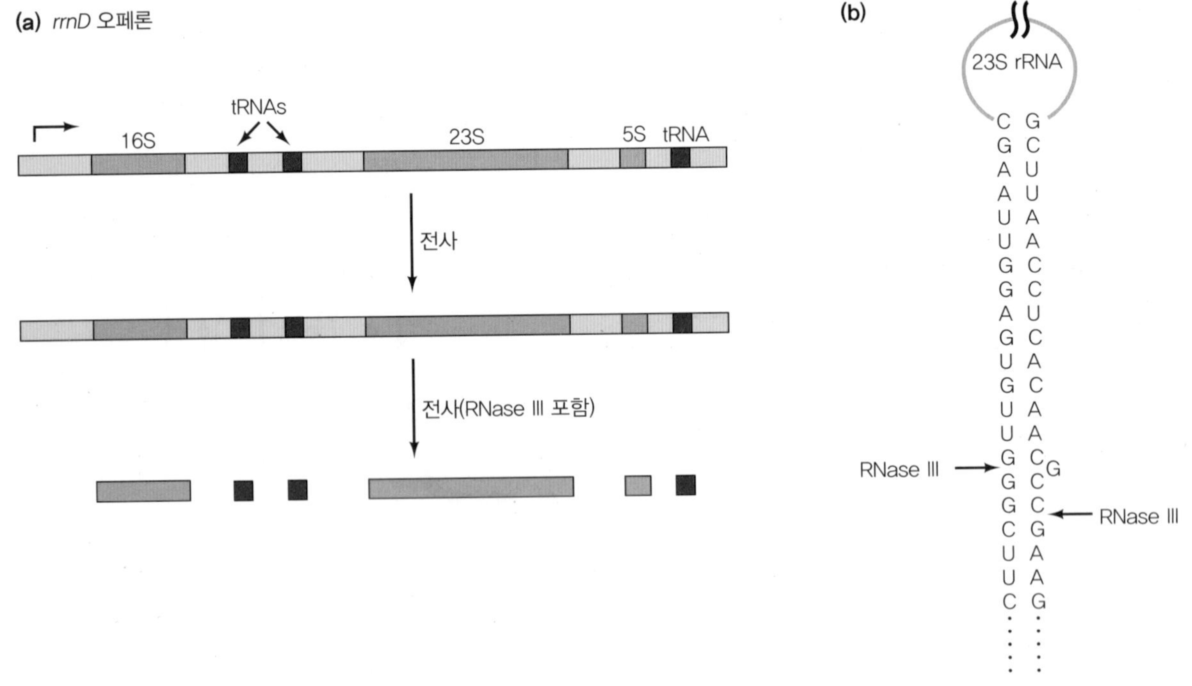

그림 16.4 박테리아 rRNA 전구체의 공정과정. **(a)** 대장균 *rrnD* 오페론의 구조. 이 오페론은 전사 공간(노란색)에 포함되어 있는 rRNA-암호화부위(주황색)와 tRNA(빨간색) 암호화부위를 가진 대장균의 전형적인 rRNA-암호화 오페론이다. 박테리아 오페론에서는 흔히 있는 것이지만, 이것은 긴 복합체 RNA를 생산하기 위해 전사된다. 그런 다음 이 RNA는 성숙한 전사체를 생산하기 위해 RNA 가수분해효소 III를 포함한 효소들에 의해 공정과정을 거친다. **(b)** 염기서열 분석으로 23S rRNA 유전자를 둘러싼 간격체가 서로 상보적임이 밝혀졌으며, 그래서 위 부분에 23S rRNA가 있는 확장된 머리핀 구조를 만들 수 있다. 두 염기쌍에 의해 파생되는 줄기 내에 RNA 가수분해효소 III에 대한 절단부위가 관찰된다. 16S rRNA를 감싸고 있는 그 부위는 더 복잡한 구조의 머리핀 줄기를 형성할 수 있다.

2) 박테리아의 rRNA 공정과정

대장균은 rRNA 유전자를 포함하는 7개의 *rrn* 작동자(operon)를 가지고 있다. 그림 16.4a는 3개의 rRNA 유전자와 3개의 tRNA 유전자를 갖는 *rrnD*를 예로 보여 준다. 이 작동사의 전사로 30S 전구체를 생성하는데, 이것은 3개의 rRNA와 3개의 tRNA로 잘려서 배출된다.

RNA 가수분해효소 III(RNase III)는 개개의 큰 rRNA를 분리하는 최초의 절단효소이다. 이러한 결론을 뒷받침하는 증거의 하나는 유전학적인 것으로 손상된 RNA 가수분해효소 III 유전자를 갖는 돌연변이는 30S rRNA 전구체를 축적한다. 1980년 조안 스타이츠(Joan Steitz) 등은 2개의 다른 전구체(*rrnX*와 *rrnD* 작동자)에서 rRNA 사이의 간격체의 염기서열을 비교하고 주목할 만한 유사성을 발견했다. 이들 서열은 전구체의 16S와 23S rRNA 부위의 주위 서열과 상보적이었다. 이러한 상보성을 바탕으로 두 간격체 사이에 염기쌍이 형성되고 rRNA 부위가 고리를 이루는 2개의 확장된 머리핀 구조를 예상할 수 있다(그림 16.4b). 이 모델에서 RNA 가수분해효소 III 절단부위는 줄기구조 내에 있다. 또 다른 리보핵산가수분해효소인 **RNA 가수분해효소 E**(RNase E)는 전구체로부터 5S rRNA를 제거한다.

16.2. 전달 RNA의 공정과정

전달 RNA(tRNA)는 양쪽 끝 RNA가 제거되는 공정과정을 거치는 긴 전구체의 형태로 모든 세포에서 만들어진다. 진핵생물의 핵에는 이들 전구체가 하나의 tRNA를 갖고 있으며 세균에서는 하나의 전구체가 하나 이상의 tRNA와 때로는 그림 16.4에서 보는 것처럼 rRNA와 tRNA의 혼합물을 포함하고 있다. 진핵생물과 원핵생물의 tRNA 공정과정은 유사하므로 여기서는 함께 다루도록 한다.

1) 폴리시스트론 전구체의 절단

하나 이상의 tRNA를 포함하는 세균의 RNA 공정과정의 첫 단계는 각각 한 tRNA 유전자를 갖는 단편들로 전구체를 절단하는 것이다. 이것은 2개 이상의 tRNA를 가지는 전구체에서 tRNA 사이를 절단하는 것 또는 그림 16.4에서와 같이 tRNA와 rRNA를 모두 가진 전구체에서 tRNA와 rRNA 사이를 절단하는 것을 뜻한다. 이를 수행하는 효소는 RNA 가수분해효소 III이다.

2) 성숙된 5′-말단 형성

RNA 가수분해효소 III이 tRNA 전구체를 조각으로 절단한 후에도 tRNA는 여전히 양쪽 5′-과 3′-말단에 여분의 뉴클레오티드를 가지고 있다. 이는 연장된 5′-과 3′-말단을 갖는 단일시스트론(단일유전자) 전구체인 진핵생물 tRNA 유전자의 1차 전사체와 유사하다. 세균 또는 진핵생물 tRNA의 5′-말단 성숙 과정은 그림 16.5에서 보듯이 성숙 tRNA의 5′-말단이 될 바로 그 위치에 단일 절단이 이루어지는 과정을 포함한다. 이 절단에 관여하는 효소는 **RNA 가수분해효소 P**(RNase P)이다.

박테리아나 진핵생물의 핵에 있는 RNA 가수분해효소 P는 매우 흥미 있는 효소이다. 2개의 소단위로 이루어져 있으나 우리가 지금까지 배워온 다른 2량체 효소와는 달리 이들 소단위체 중 하나는 단백질이 아닌 RNA로 구성되어 있다. 사실 이 효소의 대부분은 RNA이고, 이 RNA(**M1 RNA**)는 약 125kD의 분자량을 가지며, 단백질은 약 14kD의 분자량을 가지고 있다. 시드니 알트만(Sidney Altman) 등이 최초로 이 효소를 분리하고 이것이 리보핵단백질임을 발견했을 때 그들은 중요한 문제에 직면하게 되었다. 반응 활성을 갖는 부위는 RNA인가 단백질인가? 지금까지 알려진 모든 효소는 RNA가 아닌 단백질로 구성되므로 그 당시의 추측으로는 단백질에 그 활성이 있다고 보았다. 사실 RNA 가수분해효소 P의 초기 연구는 RNA와 단백질 부분이 분리될 때 모든 활성이 사라지는 것을 보여 주었다.

1982년 토마스 체크(Thomas Cech) 등은 자가 스플라이싱 인

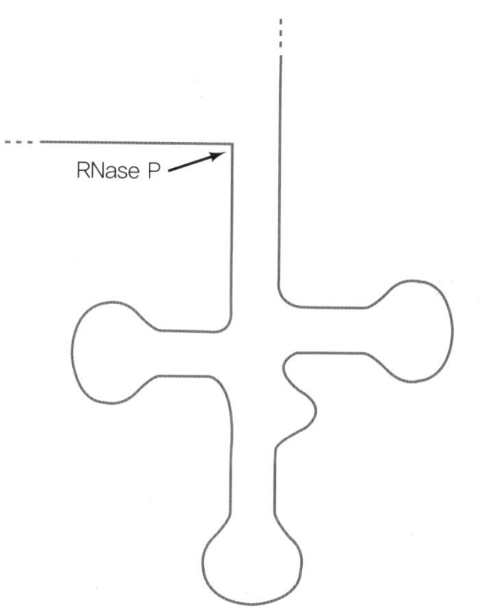

그림 16.5 RNA 가수분해효소 P의 작용. RNA 가수분해효소 P는 tRNA의 성숙한 5′-말단이 될 부위를 절단한다. 따라서 이 효소는 성숙된 5′-말단 형성에 반드시 필요하다.

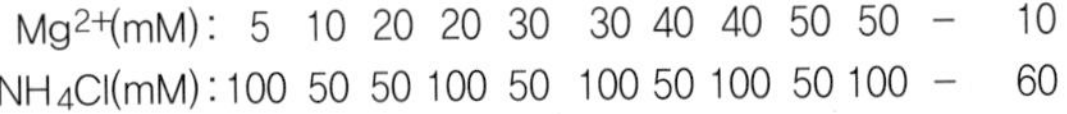

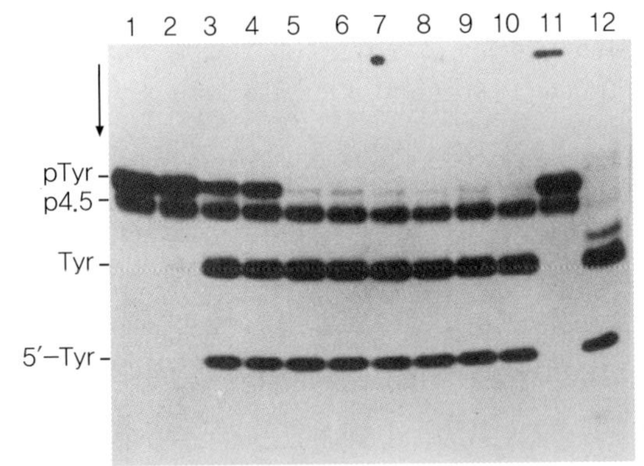

그림 16.6 대장균 RNA 가수분해효소 P의 M1 RNA는 효소활성을 가진다. 알트만과 페이스 등은 RNA 가수분해효소 P로부터 M1 RNA를 정제하여 ^{32}P로 표지된 tRNA^{Tyr} 전구체(pTyr)와 대장균의 p4.5S RNA(p4.5)를 가지고 위에서 표시한 Mg^{2+}와 NH_4Cl 농도대로 15분간 배양했다. 그런 다음 전기영동한 후 자기방사법으로 관찰했다. 11번 레인, 첨가물이 없음. 12번 레인, 정제하지 않은 대장균 RNA 가수분해효소 P. 고농도의 Mg^{2+}에서는 M1 RNA가 홀로 성숙한 5′–말단을 형성하기 위해 pTry를 절단하지만 다른 농도에서는 p4.5 기질에 아무 영향도 미치지 않았다. (출처: Guerrier-Takada, C., K. Gardiner, T. Marsh, N. Pace, and S. Altman, The RNA moiety of ribonuclease P is the catalytic subunit of the enzyme. *Cell* 35 (Dec 1983) p. 851, f. 4A. Reprinted by permission of Elsevier Science.)

트론에서 자동촉매활성을 발견했다. 이러한 발견에 따라 알트만, 노먼 페이스(Norman Pace) 등은 1983년 RNA 가수분해효소 P의 M1 부위의 촉매활성을 증명했다. 그림 16.6에서와 같이 그 비결은 마그네슘 농도였다. 초기 연구는 5~10mM Mg2+에서 수행되었는데, 이 조건에서는 RNA 가수분해효소 P의 RNA 부분과 단백질 모두 활성에 필요하다. 그림 16.6은 5~50mM 범위에서 Mg^{2+} 농도의 효과를 보여 준다. 알트만, 페이스 등은 2개의 다른 기질, 즉 대장균으로부터 tRNA^{Tyr} 전구체와 4.5S RNA 전구체를 사용했다. 그림 16.6에서 1~3번 레인은 각각 5, 10, 20mM Mg^{2+}의 차이를 보여 준다. 5mM Mg^{2+}에서 어떤 기질도 5′–말단으로부터 여분의 뉴클레오티드의 절단에 의한 성숙을 보여 주지 않았다. 10mM Mg^{2+}에서조차 tRNA 전구체의 절단은 거의 발견되지 않았다. 이에 반해 20mM Mg^{2+}에서는 tRNA 전구체의 약 절반이 성숙된 형태로 절단되었고, 여분의 뉴클레오티드는 그림에서 '5′–Tyr'로 표지된 단일 단편으로 분리되었다. Mg^{2+} 농도가 30, 40, 50mM로 증가(각각 5, 7, 9레인)됨에 따라 tRNA 전구체의 5′–공정과정은 증가되었고, 4.5S 전구체의 공정과정에는 어떠한 영향도 주지 않았다. 12번 레인은 자연적인 RNA 가수분해효소 P(RNA와 단백질 소단위를 포함하는 효소 2량체)가 10mM Mg^{2+}에서 양쪽 기질을 모두 절단할 수 있음을 나타낸다.

진핵생물 핵의 RNA 가수분해효소 P는 세균 효소와 매우 유사하다. 예를 들어 효모 핵의 RNA 가수분해효소 P는 단백질과 RNA 부분을 포함하며 RNA는 반응 활성을 갖는다. 반면 페터 게겐하이머(Peter Gegenheimer) 등이 1988년부터 진행된 연구에서 시금치 엽록체의 RNA 가수분해효소 P는 RNA를 전혀 가지고 있지 않다는 것을 발견했다. 이 효소는 만약 촉매 RNA를 포함하고 있다면 분해되겠지만 구균 핵산분해효소에 의해서는 전혀 억제되지 않았다. 그리고 대부분 RNA인 리보핵단백질이 아닌 순수한 단백질로 예상되는 밀도를 가지고 있었다. 2008년 월터 로스매니스(Walter Rossmanith)는 사람의 미토콘드리아의 RNase P에 RNA 성분이 결핍되어 있음을 발견하였다.

원시생물인 *Nanoarchaeum equitans*도 RNAase P를 가지고 있지 않다. 이 미생물은 5′–선도부가 없는 상태에서 t–RNA를 합성하므로, 5′–선도부를 제거할 RNase P를 필요로 하지 않는다.

3) 성숙한 3′–말단 형성

전달 RNA 3′–말단의 성숙은 5′–말단보다 훨씬 복잡한데, 이는 6종류의 RNA 가수분해효소가 관여하기 때문이다. 머레이 도이처(Murray Deutscher) 등은 다음 RNA 가수분해효소들이 시험관 내에서 tRNA의 3′–말단으로부터 뉴클레오티드들을 제거할 수 있다는 것을 보여 주었다. 즉, RNA 가수분해효소 D, RNA 가수분해효소 BN, RNA 가수분해효소 T, RNA 가수분해효소 PH, RNA 가수분해효소 II, 및 폴리뉴클레오티드 인산분해효소(PNPase)들이다. 도이처 등의 유전 실험은 이들 효소 각각이 가장 효과적인 3′–말단 공정과정을 위해 필요하다는 것을 증명했다. 이들 효소를 암호화하고 있는 유전자들이 비활성화된다면 tRNA 공정의 효율은 타격을 받는다. 이 유전자 모두를 한 번에 비활성화시키면 세균은 죽게 된다. 반면, 이들 효소 중 어느 하나라도 존재한다면 tRNA 성숙과 생존을 위해서는 충분하지만 그 효율은 활성 RNA 가수분해효소에 의존적으로 다양하다.

유전학과 생화학적 실험 기법을 동시에 사용하여 RNA 가수분해효소 II, 및 폴리뉴클레오티드 인산분해효소(PNPase)가 pre–tRNA의 3′–말단 부위를 제거한다는 것이 밝혀졌다. 이 제거 과정 이후 RNA 가수분해효소 PH와 RNA 가수분해효소 T는 마지막 2개의 뉴클레오티드를 제거하게 된다. RNA 가수분해효소 T는 마지막 뉴클레오티드를 제거하는 것이 가장 주된 역할이다.

진핵세포의 경우는 좀 더 단순하다. **3′–tRNAse**(tRNA 3′

-processing endoribonuclease)가 tRNA 3′-말단의 과잉생산된 뉴클레오티드를 잘라내 준다. 2003년 마사유키 나시모토(Masayuki Nashimoto) 등은 돼지의 간에서 3′-tRNAse를 정제하는 데 성공하였다. 정제된 단백질을 염기서열의 일부를 인간유전체의 염기서열과 비교분석한 결과 2003년 당시만 해도 그리 많이 연구되어 있지 않은 **ELAC2**라는 단백질과 긴밀한 염기 유사성을 나타냄을 발견하였다. ELAC2 유전자의 돌연변이에 의해 전립선 암이 발생할 확률이 높다는 정도는 당시에도 알려져 있었다. 나시모토 등은 ELAC2 유전자를 클로닝하여 세균에 과발현을 한 후 *in vitro*상에서 3′-tRNAse 활성이 있는지 실험하였다. 실험결과 ELAC2 단백질은 인간의 $tRNA^{Arg}$의 3′-말단 부위의 과잉 뉴클레오티드를 효율적으로 제거 한다는 사실을 발견하였는데, 이 사실로부터 ELAC2가 인간의 3′-tRNAse의 1개에 해당한다는 사실이 입증되었다.

16.3. 트랜스-스플라이싱

14장에서 우리는 거의 모든 진핵생물에서 일어나는 스플라이싱의 양상을 살펴보았다. 이 스플라이싱은 **시스-스플라이싱**(*cis*-splicing)이라고 하는데, 왜냐하면 같은 유전자 내에 함께 존재하는 2개 또는 여러 엑손들을 포함하기 때문이다. 이와는 달리 **트랜스-스플라이싱**(*trans*-splicing)이란 방법이 있다. 이것은 엑손들이 모두 같은 유전자 내에 위치하는 것이 아니며, 심지어 같은 염색체 내에 발견되지 않을 수도 있다.

1) 트랜스-스플라이싱의 기작

트랜스-스플라이싱은 기생 또는 독립생활을 하는 벌레(예: 예쁜꼬마선충, *Caenorhabditis elegans*)를 포함해 몇몇 생물체에서 일어난다. 그러나 이 사실은 아프리카 수면병을 유발하는 기생편모 원생동물인 **트리파노소마**(trypanosome)에서 발견되었다. 이

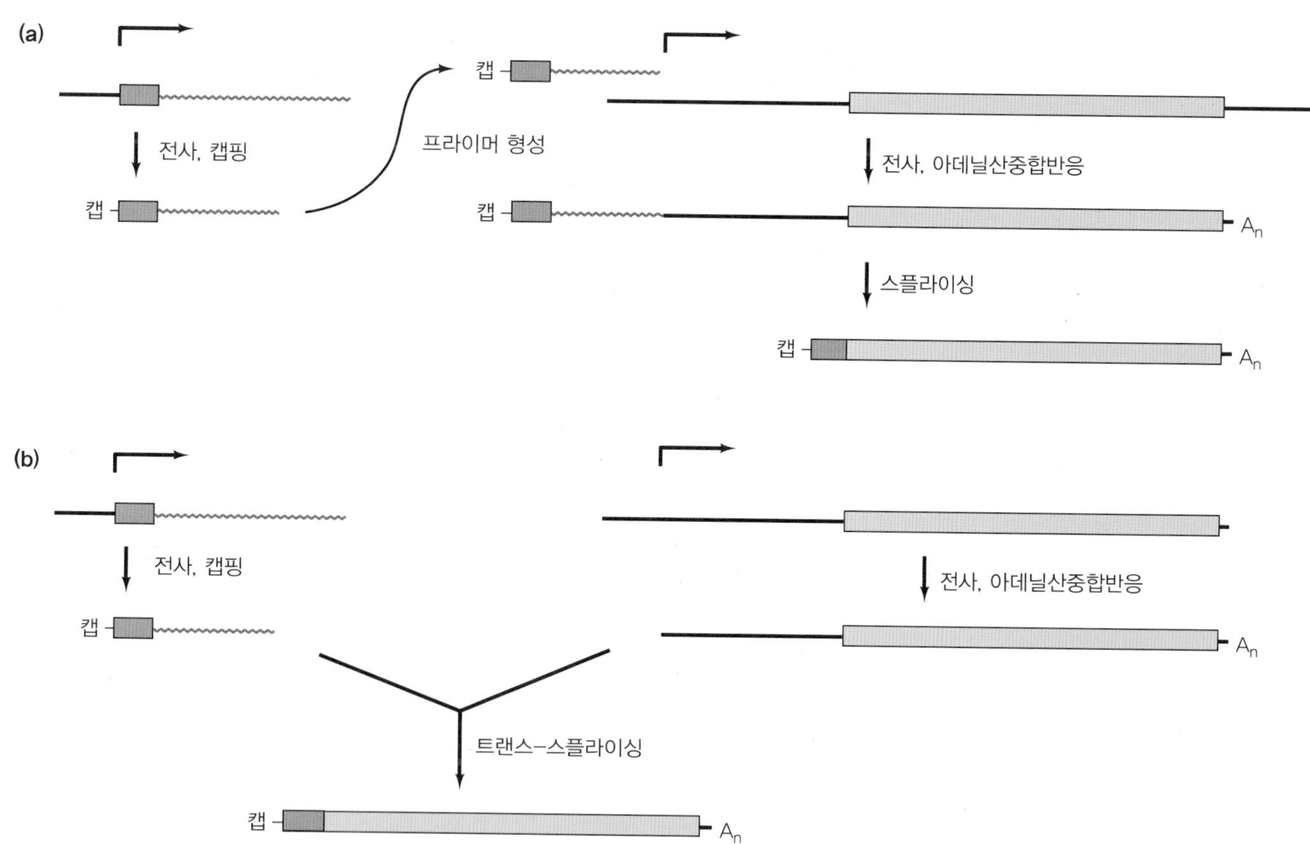

그림 16.7 mRNA의 암호화부위에 SL의 결합에 대한 두 가지 가설. (a) SL-인트론에 의한 프라이머 형성. 절반-인트론(빨간색)에 연결된 SL(파란색)은 전사되어 135nt RNA가 생겨난다. 그런 다음 이 RNA는 절반-인트론(검은색)에 연결되어 있는 암호화부위(노란색)의 전사를 위해 프라이머로 제공된다. 이것은 SL에다 암호화부위를 포함하는 전사체를 생산하며 사이에 전체 인트론을 가진다. 이 인트론은 그다음 성숙한 mRNA를 생산하기 위해 절제된다. **(b)** 트랜스-스플라이싱. 절반-인트론에 연결된 SL은 전사된다. 각각 독립적으로 절반-인트론을 가진 암호화부위가 전사된다. 그런 후 이 둘은 트랜스-스플라이싱으로 나뉘어 성숙한 mRNA를 생산한다.

트리파노소마의 유전자는 지금까지 공부한 것과는 전혀 다른 방법으로 발현된다. Piet Borst 등은 1982년 놀라운 발견을 하여 이 연구의 기초를 세웠는데, 이는 트리파노소마의 표피단백질을 합성하는 mRNA의 5′-말단과 같은 단백질을 암호화하는 유전자의 5′-말단의 염기서열을 결정했을 때 이들이 일치하지 않는다는 사실을 발견한 것이다. 그 mRNA는 유전자에는 없는 35개의 뉴클레오티드를 더 가지고 있었다. 분자생물학자들이 점점 더 많은 트리파노소마 mRNA의 염기서열을 결정하다 보니, 이들 모두 같은 35nt의 선도서열을 가짐을 발견했고, 이를 **스플라이스 선도체**(spliced leader, SL)라 불렀다. 그러나 이 SL을 암호화하는 유전자는 없었다. 대신 이 SL은 트리파노소마 유전체 내에 있는 대략 200번 반복되는 유전자에 의해 암호화된다. 이 유전자는 오직 이 SL과 또한 공통 5′-스플라이스 서열을 통해 이 선도체에 결합하는 100nt 서열을 암호화한다. 따라서 이 소유전자(minigene)는 짧은 SL 엑손으로 구성되어 있고, 그 뒤에 5′-부분의 인트론으로 생각되는 것이 연결되어 있다.

아주 멀리 떨어진 두 DNA 부위로부터 전사되는 또는 심지어 별개의 염색체상에 존재하는 유전자로부터의 mRNA 생산을 어떻게 설명할 수 있을까? 이 현상을 설명하는 두 가지 가설이 있다. 첫째(그림 16.7a)는 이 SL(인트론의 유무에 무관)이 먼저 전사되고 이 전사체가 유전체 내 다른 곳에 있는 암호화부위의 전사를 위한 프라이머로 제공된다는 것이다. 둘째(그림 16.7b)는 RNA 중합효소가 SL과 암호화부위를 각각 전사시키고, 그다음 이 두 전사체가 스플라이싱되어 합쳐진다는 것이다.

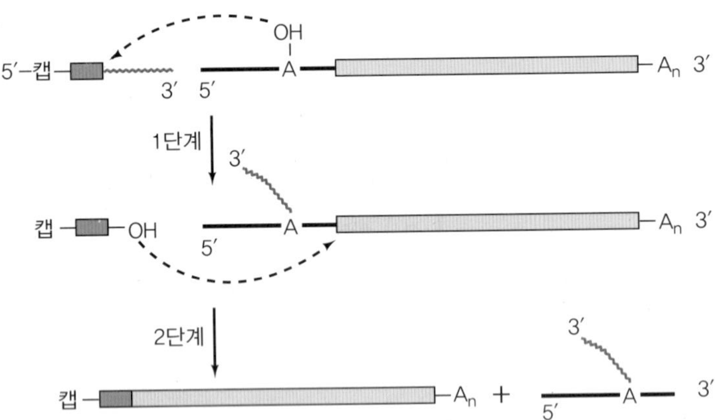

그림 16.8 트리파노소마 mRNA의 세부 트랜스-스플라이싱 개요. 1단계: 암호화 엑손(노란색)과 이어진 절반-인트론(검은색) 내에 있는 가지분기점 아데노신이 선도 엑손(파란색)과 그 절반-인트론(빨간색) 사이의 접합부위를 공격한다. 이 과정에서 시스-스플라이싱에 의해 생기는 올가미 중간체와 유사한 Y형 인트론-엑손 중간체가 생긴다. 2단계: 선도 엑손이 가지형 인트론과 암호화 엑손 사이의 스플라이스 부위를 공격한다. 이 과정으로 연결된 성숙한 mRNA와 Y형 인트론이 생긴다.

만약 이러한 트랜스-스플라이싱이 실제로 일어난다면 올가미형 중간체를 관찰할 수 없을 것이다. 대신 그림 16.8에서 보듯이 인트론 내의 분지점(아데노신)이 짧은 선도 엑손에 인접한 인트론(빨간색)의 5′-말단을 공격할 때 형성되는 Y형 중간체를 볼 수 있어야 한다. Y형 중간체의 발견은 트랜스-스플라이싱이 실제로 일어남을 증명하는 것이다. 실제로 니나 아가비안(Nina Agabian) 등은 1986년 이 중간체에 대한 증거를 발표했다.

정상적인 올가미형 중간체와 구별되는 독특한 모양의 Y형 중간체 구조의 특징으로는 Y형 구조체 안의 SL 인트론의 3′-말단이 없다는 것이다(그림 16.8). 이것은 분지절단효소에 의해 가지분지점에서 2′~5′-인산디에스테르결합이 끊어지면서 생긴 Y형 스플라이싱 중간체는 부산물로서 100nt 단편이 생산되어야 한다는 것을 의미한다(그림 16.9). 이것은 간단하게 선형으로 되는 올가미형 중간체로부터 예상되는 결과와 대조를 이룬다. 그림 16.10은 분지

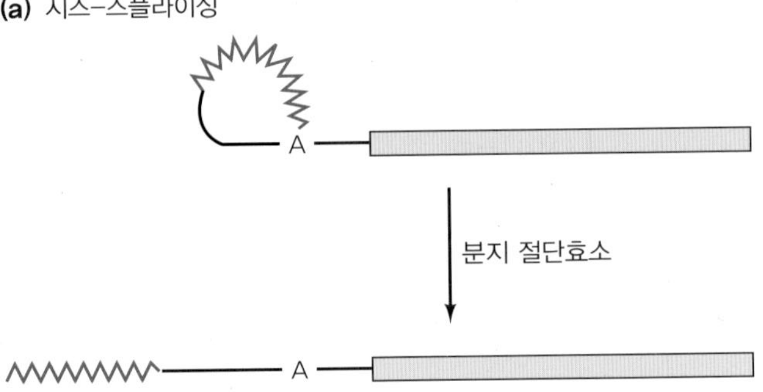

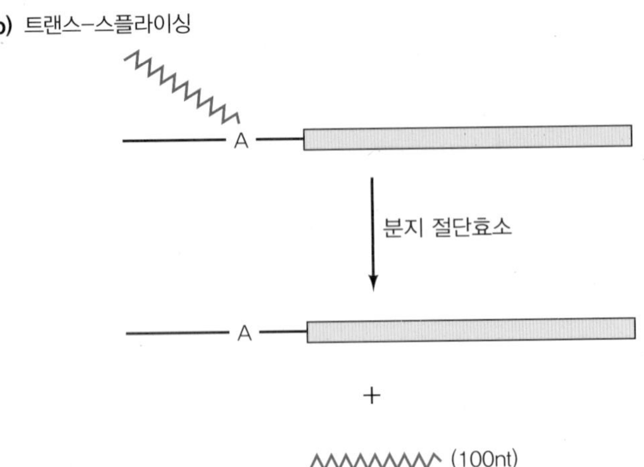

그림 16.9 분지 절단효소로 가상 스플라이싱 중간체의 처리. (a) 시스-스플라이싱. 분지절단효소가 단순히 올가미를 선형으로 푼다. (b) 트랜스-스플라이싱. 올가미 형태와는 다르게 100nt 절반-인트론(빨간색)이 3′-말단에서 열려 있기 때문에 분지절단효소가 독립적인 RNA로 떼어놓는다.

절단효소 처리 후에 표지된 전체 RNA와 폴리(A)+ RNA의 전기영동 결과를 보여 준다. 이 두 경우 모두에서 트랜스-스플라이싱 가설을 지지할 수 있는 예상된 100nt의 단편이 나타났다.

트랜스-스플라이싱은 몇몇 생물체에서 매우 흔히 발생하는 현상이다. 예쁜꼬마선충을 예로 들면, 거의 대부분의 mRNA들에서 트랜스-스플라이싱이 일어나 스플라이싱 리더 그룹을 형성하게 된다. 트랜스-스플라이싱이 일어난 mRNA의 15% 이상이 오페론과 유사한 2~8개의 그룹으로 암호화된다. 이러한 유전자의 그룹은 단 1개의 프로모터에 의해 조절되는 전사단위에 공동으로 속해있다는 점에서 원핵생물의 오페론과 유사하다. 그러나 1차 전사체가, 암호화된 부위가 스플라이싱 리더염기서열과 함께 공급된 후, 궁극적으로 트랜스-스플라이싱 과정을 통해 작게 나뉘어진다는 점에서 실제 오페론과는 차이가 있다. 실제로 트랜스-스플라이싱 과정은 내부 암호영역에 각 영역의 캡(cap)을 만들어 주는 방법을 통해 마치 진핵세포의 '오페론'을 형성하는 효과를 만들어준다. 만일 이 과정이 없다면, 첫 번째 암호영역에만 전사과정이 시작되면서 캡이 만들어질 것이고, 그렇게 되면 자연히 첫 번째 암호영역만 효율적으로 단백질 합성이 되는 현상이 초래될 것이다. 이러한 현상은 다중시스트론의 mRNA 내에 각각 1개의 유전자의 단백질 합성(번역) 시작 부위를 갖고 있는 세균에서는 큰 문제가 되지 않겠지만(7장 참조), 진핵세포에서는 문제가 된다. 그 이유는 진핵세포의 mRNA에는 일반적으로 유전자 내부에 단백질 합성

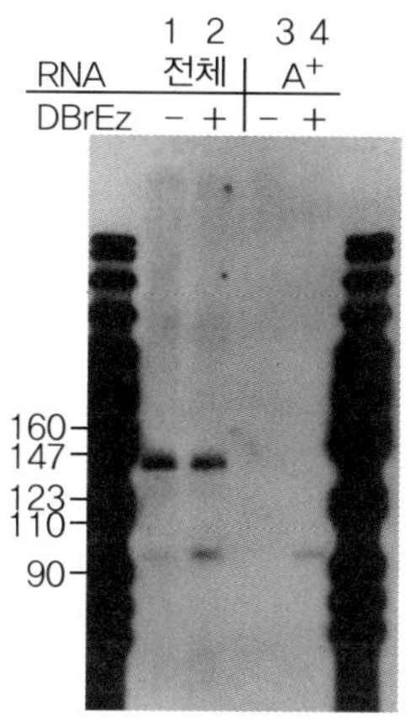

그림 16.10 분지 절단효소에 의한 큰 RNA로부터 SL 인트론 절반의 분리. 아가비안 등은 트리파노소마 RNA를 ^{32}P로 표지하고 위의 설명대로 전체 RNA 또는 폴리(A)$^+$에 분지절단효소(DBrEz)를 처리했다. 그다음 전기영동하고 자기방사법으로 관찰했다. 100nt SL 절반-인트론은 효소처리된 두 RNA 표본에서 확실히 관찰되었다. (출처: Murphy W.J., K.P. Watkins, and N. Agabian, Identification of a novel Y branch structure as an intermediate in trypanosome mRNA processing. Evidence of trans-splicing. *Cell* 47 (21 Nov 1986) p. 521, f. 5. Reprinted by permission of Elsevier Science.)

(번역) 시작 부위가 없고 그 대신 리보솜의 결합을 유인하는 캡에 진적으로 의존하기 때문이다(17장 참조).

16.4. RNA 편집

트리파노소마에서 일어나는 기이한 현상은 트랜스-스플라이싱만이 아니다. 이 부류의 생물은 **동원질체**(kinetoplast)라는 특이한 미토콘드리아를 가지고 있는데, 이는 두 가지 형태의 원형 DNA가 서로 연결된 고리 모양을 하고 있다(그림 16.11). 그중 25~50개의 동일한 **맥시원형**(maxicircle)들은 크기가 20~40kb이며 미토콘드리아 유전자를 가지고 있다. 또한 10,000개의 1~3kb 크기의 미니원형(minicircle)이 있는데, 1986년 Rob Benne 등은 트리파노소마의 시토크롬 산화효소(*COX II*) mRNA의 염기서열이 *COX II* 유전자의 염기서열과 일치하지 않는 것을 발견했다. 즉, mRNA는 유전자에 없는 4개의 뉴클레오티드를 더 가지고 있었다(그림 16.12). 더구나 이들 뉴클레오티드는 유전자 활성을 제거할 수 있는 틀 이동(frameshift) 돌연변이(리보솜이 mRNA를 읽어 내려가는 틀이 바뀜, 18장 참조)를 일으켜야 하는데도 이 mRNA들은 틀 이동 돌연변이를 피하면서 4개의 뉴클레오티드를 공급받는다.

물론, 하나의 가능성은 베네 등이 염기서열을 결정한 유전자가 그 mRNA를 정확하게 암호화한 것이 아니라, 돌연변이가 되어 더 이상 이용되지 않는 유전자의 이중 복제체의 하나인 **위유전자**(pseudogene)일 수 있다. 즉, 실제로 활성 있는 유전자는 다른 위치에 있기 때문에 이들이 발견하지 못했을 가능성이 있다. 그러나

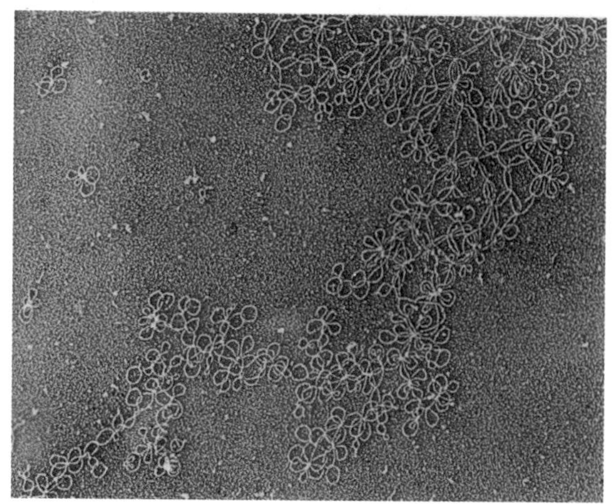

그림 16.11 *Leishmania tarentolae*의 동원질체 미니원형과 맥시원형의 네트워크 일부. (출처: *Cell* 61 (1 June 1990) cover (acc. Sturm & Simpson, pp. 871–84). Reprinted by permission of Elsevier Science.)

이와 같은 설명으로 해결되지 않은 점은 Benne 등이 아무리 애써 찾아보았지만 다른 *COX II* 유전자를 키네토플라스트 또는 핵 둘 중 어디에서도 발견하지 못했다. 더구나 2개의 다른 트리파노소마티드의 *COX II* 유전자에서 전에 발견한 것과 같이 잃어버린 뉴클레오티드들을 발견했다. 이와 같은 정황적 이유와 또 다른 근거로부터 베네 등은 트리파노소마티드의 mRNA는 **크립토유전자**(cryptogene)라 부르는 불완전한 유전자로부터 전사되었으며, 유전자상에서 잃어버린 뉴클레오티드인 UMP를 첨가하면서 RNA가 편집되었다는 결론을 내렸다.

1988년까지 많은 트리파노소마티드 키네토플라스트 유전자와 그 유전자의 mRNA 염기서열을 결정했는데, 그 결과 RNA 편집 과정은 이들 생물에서 공통되는 현상이라는 사실을 알게 되었다. 사실, 어떤 RNA들은 매우 광범위하게 범편집된다(**panedited**). 예를 들어 *rypanosoma brucei*의 *COIII* mRNA의 경우, 731nt

COX II DNA: ···GTATAAAAGTAGA G A ACCTGG···

COX II DNA: ···GUAUAAAAGUAGAUUGUAUACCUGG···

그림 16.12 트리파노소마의 *COX II* 유전자 일부와 그 mRNA 산물의 염기서열 비교. mRNA에 있는 4개의 U는 유전자에 존재하는 T에서 기인하지 않았다. 이들 U는 아마도 편집에 의해 RNA에 첨가된 것으로 추정된다.

UAUAUGUUUUGUUGUUUAUUAUGUGAUUAUGGUUUUGUUUUUUA
T
UUGGUAUUUUUUAGAUUUAUUUAAUUUGUUGAUAAAUACAUUUU
AUUUGUUUGUUAGUGGUUUAUUUGUUAAUUUUUUUGUUUUGUGU
TT
UUUUGGUUUAGGUUUUUUUGUUGUUGUUGUUUUGUAUUAUGAUU
TTTT
GAGUUUGUUGUUUGGUUUUUUGUUUUUGUGAAACCAGUUAUGAG
TT TTTT
AGUUUGCAUUGUUAUUUAUUACAUUAAGUUG GGUGUUUUUGGU
TT
UCUAUUUUAUUUUUAUUGGAUUUAUUACAUUUUAUGCAUGUUUU
UUUAGGUGUUUUGUUGUUGUUUAUUUGUUUUAGCGUUUGUUUA
AUUUUUUGUGUAUGGAUACACGUUUUGUUUUUUUGUAUUGUGUU
UGUUUAUAUUGACAUUUUGUUGAUUUAGUUUGAUUUUUUUUAUU
GCGAUUUGUUUAUUUUGAUGUUUUAUGGUUAUGU UUUGUGU
T
GUGUAAUUUUAUUGGUGUUUUUUUAGUUGUUGAAGUUA

그림 16.13 *T. brucei COIII* mRNA의 편집된 염기서열 부분. 편집에 의해 첨가된 U는 회색 글자로 보여 주고 있으며, 유전자 내에는 존재하지만 mRNA에는 없는(U로서) T는 염기서열 위에 파란색으로 표시되어 있다. (출처: Adapted from *Cell* 53:cover, 1988.)

길이의 mRNA에는 RNA 편집 과정에 의해 추가된 407nt의 UMP를 포함한다. 이 편집 과정에는 유전자에 암호화되어 있던 19개의 UMP를 제거하는 과정도 포함되어 있다. 이 부분의 염기서열 일부가 그림 16.13에 표시되어 있다.

1) 편집기작

우리는 편집이 전사후에 일어나는 현상이라고 추정해 왔다. 편집되지 않은 전사체들이 동일한 mRNA의 편집된 전사체와 같이 나타날 수 있기 때문이다. 또한 RNA 편집 현상은 전사후에 첨가되는 mRNA의 폴리(A)에서도 볼 수 있다.

편집기작에 대한 하나의 중요한 실마리는 부분적으로 편집된 전사체들은 분리되었으며, 항상 5′-말단이 아닌 3′-말단에서 편집된다는 사실이다. 이것은 편집이 3′→5′ 방향으로 진행된다는 것을 강하게 시사한다. 케네스 스튜어트(Kenneth Stuart) 등은 1988년 이러한 현상을 맨 처음 보고하였다. 그들은 RT-PCR 실험 방법을 사용하여 역전사효소로 RNA 주형으로부터 먼저 DNA를 합성하고, 이어 일반적인 PCR을 수행했다(4장 참조).

하나의 실험에서 스튜어트 등은 둘 다 편집된 프라이머, 둘 다 편집되지 않은 프라이머, 또는 각각의 하나만 편집된 PCR 프라이머를 쌍으로 사용했다. 완전히 편집된 RNA는 편집된 프라이머들에만 잡종화될 것이고, 그 결과 PCR 생성물을 만들 것이다. 반면 편집되지 않은 프라이머들에는 잡종화하지 않을 것이기 때문에 어떠한 PCR 증폭 방법에서도 PCR 산물을 생성할 수 없을 것이다. 대조적으로 완전하게 편집되지 않은 RNA는 오직 편집되지 않은

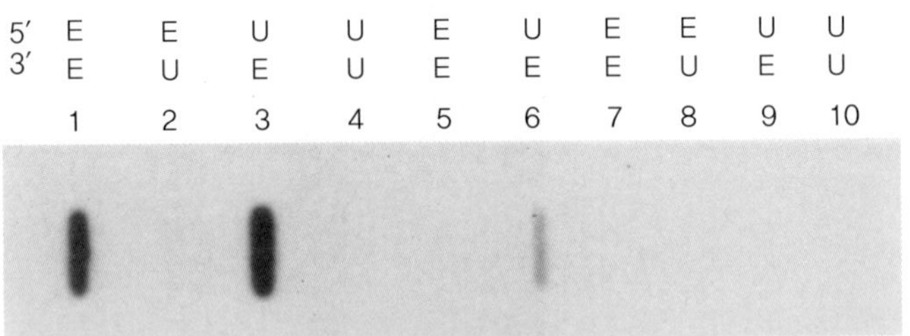

그림 16.14 편집 방향의 PCR 분석. 스튜어트 등은 키네토플라스트 RNA와 위에 표시한 대로 시토크롬 산화효소(*COIII*) 전사물질에 대한 편집된(E) 또는 편집되지 않은(U) 5′-과 3′-프라이머로 PCR을 수행했다. 그다음 PCR 산물을 슬롯-블롯하여 표지된 DNA로 잡종화한 후 자기방사법으로 관찰했다. PCR 주형: 1~4번 레인, 야생형 세포의 RNA. 5~6번 레인, 3′-이 편집된 cDNA(양성 대조군). 7~10번 레인, 미토콘드리아 DNA가 결핍된 돌연변이의 RNA(음성 대조군). (출처: Abraham, J.M., J.E. Feagin, and K. Stuart, Characterization of cytochrome c oxidase III transcripts that are edited only in the 3 region, *Cell* 55 (21 Oct 1988) p. 269, f. 2a. Reprinted by permission of Elsevier Science.)

프라이머들과 반응할 것이다. 그러나 실질적인 실험은 편집되지 않은 5′-프라이머와 편집된 3′-프라이머를 3′-이 편집된 전사체들을 검출하기 위해 또는 편집된 5′-프라이머와 편집되지 않은 3′-프라이머를 5′-이 편집된 전사체들을 검출하기 위해 사용한다. 만약에 편집이 전사체 내에서 3′-으로부터 5′- 쪽으로 진행되어 3′-이 편집된 전사체가 되고, 5′-이 편집되지 않았다면 PCR 산물이 검출되어야 할 것이다. PCR의 이 점은 부분적으로 편집된 RNA들과 같은 아주 적은 양의 RNA를 증폭할 수 있어서 DNA의 밴드로 쉽게 검출할 수 있다.

그림 16.14는 이 실험 결과를 보여 준다. 1~4번 레인은 트리파노소마 키네토플라스트 RNA의 PCR 산물을 다른 프라이머들과의 조합과 함께 보여 준다. 단지 두 프라이머가 모두 편집된 것, 또는 3′-프라이머만 편집된 것에서만 PCR 산물을 볼 수 있다. 오직 5′-프라이머만 편집된 것에서는 PCR 산물을 볼 수 없다. 이처럼 3′-편집은 5′-편집이 없는 것에서 나타나지만 5′-편집은 3′-편집 없이 나타나지 않는다. 이것은 3′→5′ 방향으로 편집된다는 것과 일치한다. 5~6과 7~10번 레인은 각각 양성 및 음성 대조군이다.

이 실험은 많은 정보를 주는 실험이지만 약간의 결점을 가지고 있다: 즉 편집되지 않은 3′-프라이머에서 PCR 산물이 검출되지 않은 것이다. 우리는 편집되지 않은 5′-과 3′-프라이머를 사용했을 경우 4번 레인에서 PCR 산물을 볼 수 있을 것으로 예상하였으나 PCR 산물을 확인할 수 없었다. 아마도 이것은 편집되지 않은 RNA의 양이 이 실험 방법으로는 확인할 수가 없는 매우 작은 양이었을 것이다. 그러나 아직도 편집되지 않은 3′-프라이머를 사용한 실험에서의 문제점이 있다. 따라서 이 실험은 양성 대조군으로써 편집되지 않은 3′-프라이머 실험을 포함하는 것으로 개선할 필요가 있다. 예컨대, 유전자의 생체 밖에서의 전사를 통한 산물을 사용하는 것이다. 이것은 편집되지 않은 RNA이므로 편집되지 않은 3′-프라이머를 통하여 PCR 산물을 확인할 수 있을 것이다. 이 실험을 통하여 편집되지 않은 3′-프라이머의 문제점이 아닐까 하는 의혹을 제거할 수 있을 것이다. 이 같은 대조군은 PCR 실험에서 특히 중요하다. 이 PCR 실험은 작은 양의 핵산(nucleic acid) 또는 오염물질을 엄청난 양으로 증폭시키는 실험이기 때문이다.

편집 시스템이 UMP를 첨가하고 제거하는 곳을 결정하는 것은 무엇인가? 래리 심슨(Larry Simpson) 등은 1990년 *Leishmania* 맥시원형에서 합성되는 **가이드 RNA**(guide RNA, gRNA)를 발견함으로써 이 질문에 대한 해답을 찾을 수 있었다. 그들은 당시에 알려져 있는 유전자 은행의 염기서열을 맥시원형 DNA 염기서열의 21kb 부분으로 컴퓨터 탐색을 하면서 실험을 시작했다. 이 컴퓨터 탐색에서 7개의 짧은 염기서열을 찾을 수 있었는데, 이것은 5개의 다르게 편집된 미토콘드리아 mRNA의 일부분에 상보적인 짧은 RNA(gRNA)를 생산하는 것이었다. 대체로 이러한 gRNA는 그림 16.15a와 그림 16.15b에서 보여 주는 것처럼 mRNA 내에 수십 뉴클레오티드에 이르는 부위에서 U의 삽입과 제거를 지시할 것이다. 이 편집이 마무리될 때 또 다른 gRNA가 새로운 편집 지역의 5′-말단 근처에 잡종화되어 새로운 단편으로 편집이 이루어질 수 있다(그림 16.15c, 그림 16.15d). mRNA의 3′-말단으로부터

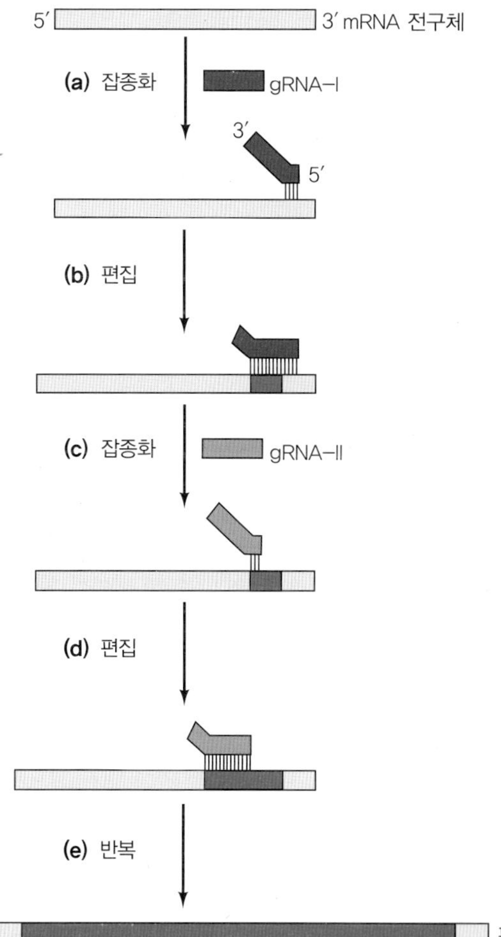

그림 16.15 편집에 있어 gRNA의 역할에 대한 모델. (a) 첫 단계, gRNA-I(짙은 파란색)가 편집이 필요하지 않은 mRNA 전구체 부위에 5′-말단을 통해 잡종화한다. gRNA-I의 3′-말단 역시 U 부분을 통해 잡종화를 일으킨다. 그러나 이 그림에서는 표시하지 않았다. (b) gRNA-I의 나머지 부분이 mRNA 전구체의 편집을 지시한다. 편집되는 부분은 빨간색으로 나타나 있으며 mRNA 전구체는 삽입되는 U 때문에 길이가 늘어간다. (c) 새로운 gRNA, gRNA-II(옅은 파란색)가 mRNA 전구체의 새로운 편집 부위 5′-말단에 결합함으로써 gRNA-I을 대신한다. (d) gRNA-II는 mRNA 전구체의 새로운 부분의 편집을 지시한다. (e) 앞선 단계들이 RNA가 완전히 편집될 때까지 gRNA들이 추가되면서 반복된다.

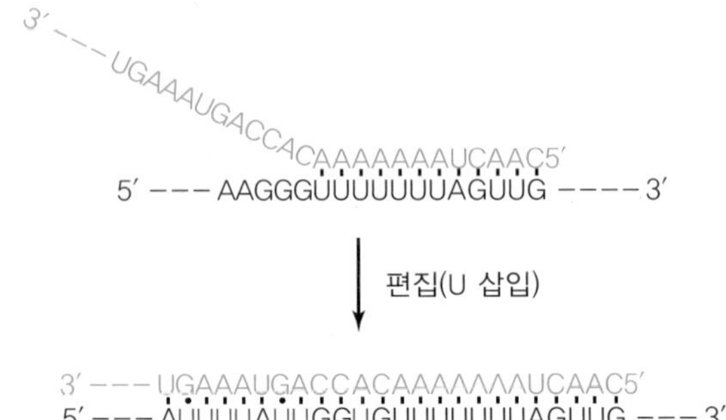

그림 16.16 가상적인 RNA의 부분적인 편집. gRNA(파란색)가 왓슨-크릭 염기쌍 형성에 따라 pre-mRNA의 편집된 부분에 결합한다. gRNA의 3′-말단은 우리딘 잔기의 삽입을 위한 주형으로 작용한다(빨간색). 새로 삽입된 우리딘과 gRNA 사이의 염기쌍은 Watson-Crick A-U쌍이지만 점으로 표시된 몇몇은 G-U의 워블 염기쌍이다.

5′-말단 쪽으로 진행되는 이 작용은 편집 작용이 끝날 때까지 계속된다. 이것은 gRNA의 염기서열을 통하여 편집 과정이 3′→5′으로 일어난다는 결론을 더 강화시켜 준다. mRNA의 3′-가장자리 부분에서만 편집되지 않은 염기서열에 gRNA가 결합할 수 있다. 다른 모든 gRNA는 편집이 일어난 mRNA의 염기서열에 결합을 일으킨다. 이것을 통하여 편집 과정은 3′→5′으로 일어나게 된다.

gRNA와 mRNA 사이의 염기쌍 형성의 주목할 만한 점은 표준적인 왓슨-크릭 염기쌍 외에 G-U 염기쌍이 존재한다는 것이다. 18장에서 G-U 염기쌍 형성이 번역 과정의 코돈-안티코돈 쌍 형성 과정에서도 일반적이라는 것과 두 염기 중 한 염기가 왓슨-크릭 염기쌍에서 점유해야 하는 위치와 약간 틀어진 비표준 염기쌍을 이룰 수 있다는 것을 배울 것이다. 이러한 편집에서의 G-U 염기쌍의 중요성은 이들이 왓슨-크릭 염기쌍보다 약하다는 데서 기인한다. 즉, 새로운 gRNA의 5′-말단이 mRNA의 새로 편집된 위치와 왓슨-크릭 염기쌍을 형성함으로써 약한 G-U쌍을 갖고 있는 이전의 gRNA의 3′-말단과 mRNA와의 쌍 형성을 대치할 수 있다(그림 16.16).

1990년 이후에 낸시 슈투름(Nancy Sturm)과 심슨은 미니원형 또한 gRNA를 합성한다는 것을 알았다. 그러나 암호화 가능성 이외에도 gRNA의 존재에 대한 직접적인 증거를 발견했다. 그들은 키네토플라스티드 RNA를 전기영동하여 노던블롯을 하고, gRNA를 검출하기 위해 맥시원형 내의 gRNA 염기서열에 따라서 제조된 표지 올리고뉴클레오티드 탐침에 잡종화시켰다. 그림 16.17은 이 과정으로 작은 RNA들을 검출한 것을 보여 주는데, 이들의 대부분은 80nt보다 작은 것처럼 보인다.

UMP를 삽입하고 제거하는 데 필요한 절단과 붙이는 정확한 편

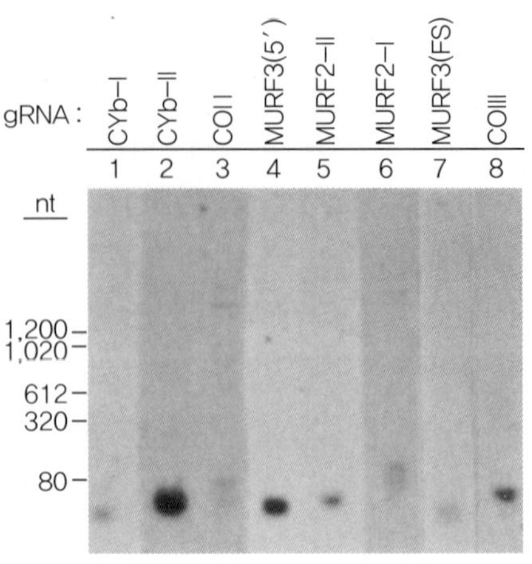

그림 16.17 gRNA의 증거. 심슨 등은 *Leishmania tarentolae*의 미토콘드리아 RNA를 전기영동하고 gRNA에 결합하는 표지된 올리고뉴클레오티드를 탐침으로 사용하여 노던블롯했다. 각 gRNA는 위에 보여 주고 있다. (출처: Blum, B., N. Bakalara, and L. Simpson, A model for RNA editing in kinetoplastid mitochondria: "Guide" RNA molecules transcribed from maxicircle DNA provide the edited information. *Cell* 60 (26 Jan 1990) p. 191, f. 3a. Reprinted by permission of Elsevier Science.)

집기작은 수년간 불분명했으나 키네토플라스트에서 발견된 효소 활성이 몇 가지 힌트를 제공했다. 예를 들어 키네토플라스트는 편집하는 동안 mRNA에 여분의 UMP(우리딜염)를 첨가할 수 있는 **말단우리딘 전달효소**(terminal uridylyl transferase, TUTase)를 가지고 있다. mRNA는 새로운 UMP를 받기 위해 절단되어야 하고 게다가 다시 함께 붙어야 하므로 키네토플라스트는 또한 **RNA 라이게이즈**(RNA ligase)를 가지고 있다. 중요하게 남아 있는 의문은 편집을 위한 우리딜염의 출처에 대한 것인데, 이는 UTP가 제공할 수 있다. 한편 gRNA의 말단에 존재하는 우리딜염이 에스테르교환반응(transesterification)에 의해 mRNA 전구체에 전달될 수 있다. 다시 말해 우리딜염은 gRNA 말단에서 떨어져 나와 직접 mRNA 전구체로 이동한다는 것이다.

1994년 스콧 자이베르트(Scott Seiwert)와 스튜어트는 합성 mRNA 전구체를 편집하기 위해 미토콘드리아 추출물과 gRNA를 사용했다. 그들은 UMP의 제거에는 세 가지의 효소 활성이 요구된다는 것을 알았다(그림 16.18a). ① gRNA를 따라가면서 UMP가 제거되어야 하는 곳에서 mRNA 전구체를 절단하는 핵산내부가수분해효소, ② 말단 UMP에 특이적인 3′-핵산말단가수분해효소, 그리고 ③ RNA 라이게이즈. 1996년 유사한 시험관 내 시스템을 사용해 스튜어트 등은 UMP의 삽입이 유사한 3단계 경로를 따른다는 것을 증명했다(그림 16.18b). ① gRNA-직접적인 핵산내부가수분해효소는 UMP의 삽입이 요구되는 곳을 절단한다.

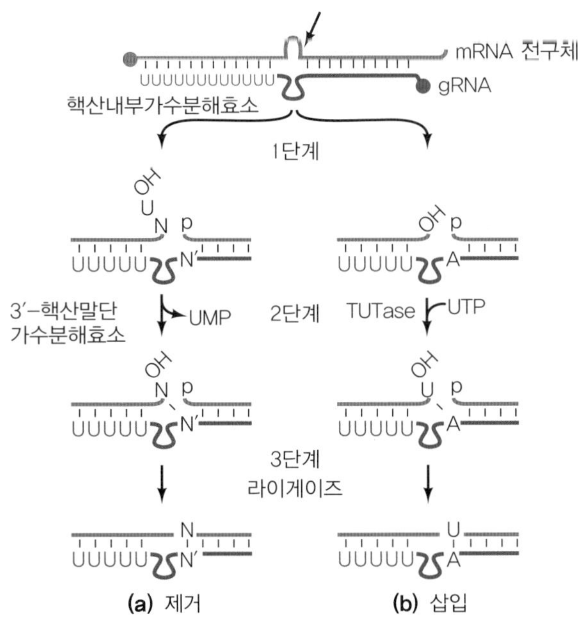

그림 16.18 RNA 편집 기작. U 제거, U 삽입 기작을 보여 주는데, 맨 위에서 보이듯이 mRNA 전구체(자홍색)와 gRNA(짙은 파란색) 사이의 잡종체에서 시작된다. gRNA의 불룩한 부분은 mRNA 전구체와 일치하지 않는 부분을 말한다. 화살표는 핵산가수분해효소가 mRNA 전구체의 편집을 위해 절단하는 부분을 말한다. **(a)** U 제거. 1단계: 핵산내부가수분해효소가 U가 제거되는 mRNA 전구체의 3′-말단을 절단한다. 2단계: 핵산말단가수분해효소가 왼쪽 RNA 절편의 끝에 있는 UMP를 제거한다. mRNA 전구체에 있는 N 염기와 gRNA에 있는 N′ 염기 사이에서 염기쌍이 형성된다. 3단계: RNA 라이게이즈가 mRNA 전구체 반쪽 2개를 뒤에 있는 것과 함께 이어준다. **(b)** U 삽입. 1단계: 핵산내부가수분해효소는 U가 삽입되도록 gRNA가 지정한 곳에 있는 mRNA 전구체를 절단한다. 2단계: 말단우리딘 전달효소가 왼쪽 RNA 단편의 3′-말단에 UTP로부터 UMP를 옮긴다. 이 U는 gRNA에 있는 A와 염기쌍을 이룬다. 3단계: RNA 라이게이즈가 mRNA 전구체를 이어준다. (출처: Adapted from Seiwert, S.D., Pharmacia Biotech in Science Prize. 1996 grand prize winner. RNA editing hints of a remarkable diversity in gene expression pathways. *Science* 274:1637, 1996.)

② 효소(아마도 말단우리딘 전달효소)가 gRNA에 의해 지시된 것처럼 UTP로부터 UMP를 이동시킨다. 그리고 ③ RNA 라이게이즈가 RNA 뒷부분의 두 조각을 함께 붙여 놓는다.

gRNA가 마이토콘드리아 DNA에서 암호화된다는 것은 매우 흥미 있는 일이다. 단백질이 편집 과정을 하는 동안 핵에서 암호화되고 미토콘드리아 안으로 가져간다.

2) 뉴클레오티드 탈아민화를 통한 편집

RNA 편집은 괴상한 유기체에서 일어나는 괴상한 현상이 아니다. 이런 현상은 고등생물-포유동물을 포함하여 생명 유지에 중요한 역할을 담당한다. 포유류에서는 트리파노소마에서 일어나는 우리던 첨가와 삭제와 같은 현상이 발견되지는 않았으나 몇 가지 다른 형태의 RNA 편집 현상이 존재한다는 증거는 발견되고 있다. 아데노신의 탈아민화 과정은 아데노신을 이노신으로 바꾸어주는데, 탈아미노화 결과 이노신에는 아데노신의 아미노기 위치에 산소를 가지게 된다. 이노신은 구아노신과 마찬가지로 시티딘과 염기쌍을 이룰 수 있으므로 아데노신의 탈아민화 과정은 그 코돈의 의미를 바꾸게 된다. 예를 들어 아미노산 중의 하나인 트레오닌을 만드는 염기인 ACG 코돈이 ICG 코돈으로 되는 것이다. 이 경우 리보솜이 알라닌(alanine)을 만드는 코돈인 GCG로 인식하게 되는 것이다.

이런 RNA 편집 과정은 **RNA에 작용하는 아데노신 탈아민화 효소**(adenosine deaminase acting on RNA, ADAR)이라는 효소에 의하여 이루어진다. 사람과 쥐는 세 가지의 *ADAR* 유전자를 가지고 있다. *ADAR1*, *ADAR2*, 그리고 *ADAR3*. *ADAR1*과 *ADAR2*는 신체 어느 부위에서나 생산이 되고, *ADAR3*는 오직 뇌에서만 발견이 된다. 이 효소는 매우 특이적으로 작용한다. 만약에 mRNA의 모든 아데노신에서 탈아민화가 일어난다면 피해가 막심할 것이다. 그래서 이런 탈아민화 현상은 특정한 mRNA의 특정 아데노신에서만 일어난다. 예를 들어 *ADAR2*는 글루타민산염에 반응하는 이온채널 수용체 소단위체 B(glutamate-sensitive ion-channel receptor subunit B, GluR-B) mRNA의 하나의 아데노신(adenosine)을 탈아민화한다. 이런 효율은 99%를 넘는다. 이런 mRNA에서의 변경은 곧 글루타민 코돈을 아르기닌 코돈으로 바꾸게 된다. 이런 변경은 과연 중요한 변화일까? *GluR-B* 단백질을 포함하는 이온채널은 아르기닌 대신에 글루타민이 되면 칼슘 이온의 투과성이 높아진다. 실제로, 쥐의 *ADAR2* 유전자가 모두 결여하게 되면 *GluR-B* mRNA의 편집 과정이 일어나지 않는다. 이 쥐는 정상적으로 발달이 일어나지만 젖을 떼고 얼마 되지 않아 죽어버린다.

페터 시부르그(Peter Seeburg) 등은 만약 쥐의 *GluR-B* 유전자상의 편집되는 부분을 미리 아르기닌으로 암호화하면 어떻게 될지를 보았다. 그리고 이때에는 *ADAR2* 유전자가 결여된 쥐임으로 유전자의 전사 물질의 편집이 일어나지 않는다. 그들은 이 실험을 수행한 후에, 이 쥐가 *ADAR2* 유전자가 결여된 쥐 임에도 불구하고 이 쥐가 생존을 하게 된다는 것을 확인할 수 있었다. 그러므로 이 실험을 통하여 *ADAR2*의 주요 목표는 *GluR-B* 전사물임을 증명할 수가 있었다.

초파리 유전체는 오직 하나의 *ADAR* 유전자를 가지고 있다. 이 *ADAR* 유전자가 돌연변이가 일어나면 초파리는 모든 *ADAR* 활성도를 잃게 된다. 그로 인해 이 초파리들은 알려진 편집해야 할 위치를 편집하지 못하게 된다. 이런 돌연변이 초파리는 생명은 유지하게 된다. 그러나 잘 걷지 못하며, 날지 못하고, 특히 뇌에서 점진적인 신경계의 퇴화를 겪게 된다. 이런 표현형은 포유동물의 *ADAR2* 유전자의 돌연변이의 표현형과 비슷함을 알 수 있다. 이런 초파리를 이용한 실험은 *ADAR* 유전자에 의한 mRNA 편집 과정은 중추신경계의 발달에 있어서 필수적이라는 가정을 보강해 준다.

ADAR1 유전자 또한 포유동물의 삶에서 필수적인 요소이다. 카주코 니시쿠라(Kazuko Nishikura) 등은 쥐의 줄기세포를 *ADAR1* 유전자의 이형집합체의(heterozygous) 돌연변이($ADAR1^{+/-}$)가 생기게 만들고 이 줄기세포를 정상적인 쥐의 배반포에 주입함으로써 키메라 쥐를 만드는 것을 시도하였다(5장 참조). 그러나 돌연변이 세포를 가지고 있는 키메라 쥐를 만드는 것은 불가능하였다. *ADAR1* 돌연변이 세포는 생존하여 태어나는 것이 안 된다. 그러므로 *ADAR1* 유전자의 이형집합체의(heterozygous) 돌연변이는 태아 상태에서의 죽음을 일으킨다는 것을 알 수가 있다.

왜 *ADAR1*의 작은 활성도는 태아에서의 죽음을 일으킬까? *ADAR1*의 영향을 받은 태아의 대부분의 조직들은 정상적인 모습을 보인다. 그러나 적혈구는 그렇지가 않다. 적혈구는 핵을 유지한 형태로 남아 있게 된다. 적혈구가 난황낭(yolk sac)에서 파생된 상태와 비슷하다. 적혈구를 생성하는 과정을 하기 전에 정상적으로 난황낭으로부터 간으로 이동을 하여야 한다. 그리고 핵이 없어진 적혈구가 만들어진다. 따라서 이런 적혈구 생성에서의 양상들은 태아에서의 *ADAR1*의 양에 관련되어 있다.

흥미 있는 것은 종양세포에서 *ADAR* 단백이 활성도를 잃어버린다는 것이다. 특별히 매우 악성의 사람 뇌종양을 다형성 교아 세포종(glioblastoma multiforme, GBM)라 부르며 이것은 매우 낮은 ADAR2 활성도를 가지고 있다. *GluR-B* mRNA와 유사하게 이해하면 될 것이다. 간질환자들은 이런 편집 과정이 일어나지 않은 mRNA를 가지고 있으며, GBM 환자들은 종종 간질성 발작으로 인해 괴로워 한다.

또 다른 RNA 편집 과정은 RNA에 작용하는 **시티딘 탈아민화효소**(cytidine deaminase acting on RNA, CDAR)라는 효소에 의하여 이루어진다. 이 효소는 시티딘(cytidine)을 우리딘(uridine)으로 바꾸어 준다. 이런 C→U 편집의 결여 현상이 1형 신경섬유종증 환자의 양성 말초신경종야의 25%에서 찾아볼 수가 있다. C→U 편집은 사람 세포의 HIV 전사물질에서도 나타난다. 그리고 HIV에 감염된 사람 세포에서 G→A로 편집이 일어나는 다른 편집 현상도 찾을 수 있었다. 그러나 이런 편집 과정은 단단계 탈아미노화(deamination)로 설명하기는 어렵다. 그리고 어떻게 이런 현상이 일어나는지에 대한 연구는 아직까지 명백하게 밝혀지지 않았다.

16.5. 유전자 발현의 전사후 조절 : mRNA 안정화

원핵세포와 진핵세포의 전사기작을 논하면서 많은 전사 조절기작의 예를 볼 수 있었다. 유전자 발현의 조절은 첫 번째 단계인 전사 과정을 억제함으로써 조절하는 것이 합당하다. 이 방법은 우리 세포가 불필요한 단백질을 만드는 mRNA를 전사하는 데는 아무런 에너지도 소모하지 않기 때문에 가장 경제적인 방법이다.

전사 단계에서의 조절이 유전자 발현 조절의 가장 보편적인 제어 수단이지만 이 단계의 조절만이 유일한 방법은 결코 아니다. 우리는 벌써 15장에서 폴리(A)가 mRNA를 안정화시키고 단백질로의 번역 과정을 가능하게 한다는 것을 배웠다. 또한 3′-부위에는 세포질 폴리(A) 꼬리 형성부위(CPE)라는 특별한 염기서열이 있어서 난자 성숙 과정 중에 모체 mRNA의 폴리(A) 꼬리 형성의 효율을 결정하는 기작이 있다는 것도 알았다.

그러나 보다 중요한 유전자 발현의 전사후 조절기작(posttranscriptional control)은 mRNA 안정성의 조절이다. 실제로 Joe Harford는 "세포 내 mRNA의 농도는 종종 전사 속도보다 전사체의 안정화 정도에 더 밀접한 관계가 있다."고 지적했다.

1) 카세인 mRNA의 안정성

프로락틴 호르몬에 대한 유선조직의 반응은 mRNA 안정성 조절의 좋은 예이다. 배양된 유선조직이 프로락틴의 자극을 받을 때 세포는 우유단백질인 카세인(casein)을 생산하는 쪽으로 반응한다. 이와 같은 카세인의 세포 내 축적을 위해서는 카세인 mRNA의 농도 증가가 기대될 수 있는데 실제로도 그러하다. 카세인 mRNA의 양은 호르몬 처리 후 24시간 내에 대략 20배 증가한다. 그러나 이것은 카세인 mRNA 합성 속도가 20배 증가한다는 의미는 아니다. 실제로는 단지 2~3배 정도 증가한다. 그 외의 카세인 mRNA 수준의 증가 원인은 대략 20배 정도 증가된 카세인 mRNA의 안정성에 기인한다.

제프리 로센(Jeffrey Rosen) 등은 카세인 mRNA의 **반감기**(half-life)를 측정하기 위해 **펄스-체이스**(pulse-chase) 실험을

표 16.1 카세인 mRNA 반감기에 미치는 프로락틴의 영향

	RNA 반감기(시간)	
RNA의 종류	−프로락틴	+프로락틴
rRNA	〉790	〉790
짧은 수명의 폴리(A)$^+$ RNA	3.3	12.8
긴 수명의 폴리(A)$^-$ RNA	29	39
카세인 mRNA	1.1	28.5

출처: Reprinted from Guyette, W.A., R.J. Matusik, and J.M. Rosen, Prolactinmediated transcriptional and post-transcriptional control of casein gene expression. *Cell* 17:1013, 1979. Copyright © 1979, with permission from Elsevier Science.

수행했다. RNA 반감기란 RNA 분자의 개수가 반으로 감소되는 데 걸리는 시간이다. 로센 등은 프로락틴이 존재하거나 또는 존재하지 않는 생체 내에서의 짧은 시간 동안 카세인 mRNA를 방사선으로 표지했다. 즉, 방사성 뉴클레오티드를 세포에 처리하여 새로 합성되는 RNA 속으로 들어가게 했다. 그런 다음 방사선이 없는 배양액으로 세포를 옮겼다. 이 같은 방법으로 방사성으로 표지된 RNA가 분해되어 표지되지 않은 것으로 대체될 때 기존의 RNA로부터 떨어져나간 방사성의 양을 추적하는 것이다. 다양한 체이스 시간이 지난 후 실험자들은 클로닝되어 있는 카세인 유전자와 표지된 카세인 mRNA를 잡종화시켜 표지된 카세인 mRNA 수준을 측정했다. 표지된 카세인 mRNA가 빨리 사라질수록 더 짧은 반감기를 가진다. 표 16.1에서 보여 주는 것처럼 결론은 프로락틴 존재하에서 카세인 mRNA의 반감기가 1.1시간에서 28.5시간까지 현저하게 증가한다는 것이다. 동시에 전체 폴리(A) 꼬리가 붙은 mRNA의 반감기는 프로락틴 호르몬에 의해 1.3~4배 정도밖에 증가하지 않았다. 이것은 프로락틴이 카세인 mRNA의 선택적인 안정화에 기여하며 또한 카세인 유전자의 발현을 증가시키게 된다. 펄스-체이스 실험은 분자의 반감기 측정에 대하여 알려줄 뿐 아니라 더 많은 정보를 알려준다. 펄스-체이스 실험은 전구체-생산물의 관계를 보여줄 수도 있다. 전구체가 표지되면 새로이 만들어진 생산물에 표지가 따라가게 되기 때문이다. 우리는 이미 이 장의 초반부에서 rRNA 전구체와 생산물을 통해 좋은 예를 공부한 바 있다.

2) 트랜스페린 수용체 mRNA의 안정성

전사후 조절의 예로 가장 잘 연구된 것 중 하나는 포유류 세포 내의 철의 항상성(철 농도의 조절)에 관한 것이다. 철은 모든 진핵세포에 필수적인 광물 성분이지만 고농도에서는 유독하다. 따라서 세포는 세포 내 철 농도를 신중히 조절해야 한다. 포유류 세포는 다음 두 단백질의 양을 조절함으로써 이를 제어하는데, 즉 **트랜스페린 수용체**(transferrin receptor, TfR)라는 철 수송단백질과 **페리틴**(ferritin)이라는 철 저장단백질이 그것이다. 트랜스페린은 세포 표면의 트랜스페린 수용체를 거쳐 세포 내로 이동할 수 있는 철을 가진 단백질이다. 트랜스페린이 세포 내로 들어오면 철을 필요로 하는 시토크롬 같은 세포의 단백질에 철을 전달한다. 만약 세포가 매우 많은 철을 받으면 세포는 페리틴 형태로 철을 저장한다. 이와 같이 세포가 철을 필요로 할 때 세포 내로 철을 더 얻기 위해 트랜스페린 수용체의 농도를 증가시킨다. 또한 페리틴의 농도를 감소시킴으로써 많은 철이 저장되는 것이 아니라 이용되도록 한다. 반면, 세포가 너무 많은 철을 가지고 있다면 트랜스페린 수용체의 농도가 감소되고 페리틴의 농도가 증가하게 된다. 이것은 페리틴 mRNA의 번역 속도를 조절하고, 트랜스페린 수용체 mRNA의 안정성을 조절하기 위해 전사후 전략을 사용하는 것이다. 페리틴 수용체 mRNA의 번역 조절에 관해서는 17장에서 논의할 것이다. 여기서는 트랜스페린 수용체를 암호화하는 mRNA의 안정성을 조절하는 내용을 다룬다.

조 하포드(Joe Harford) 등은 세포 내 철을 킬레이션(chelation)에 의해 고갈시키자 트랜스페린 수용체(TfR) mRNA 농도가 증가된다는 것을 1986년에 보고했다. 반면 헤민(hemin) 또는 철 염을 첨가시켜 세포 내 철 농도를 증가시키면 TfR mRNA 농도가 감소한다. 세포 내 철 농도 변화에 따른 TfR mRNA 농도 변화는 TfR mRNA의 합성속도 변화가 주원인은 아니다. 대신에 이러한 TfR mRNA 농도의 변화는 주로 TfR mRNA 반감기상의 변화에 의존한다. 특히 철이 풍부하게 오랜 시간 존재하다가 부족하게 되면 대략 45분 정도 TfR mRNA 반감기가 증가한다. 우리는 mRNA 반감기에 관한 실험 결과를 살펴볼 것이다. 그러나 mRNA의 반감기에 관한 연구 결과를 공부하기 전에 우선 mRNA의 구조를 면밀히 검토해볼 필요가 있다. mRNA의 구조를 잘 검토해보면, mRNA가 만들어져서 붕괴되어 없어질 때까지 나타나는 mRNA의 구조 변화 과정을 이해하기가 쉬워지기 때문이다.

(1) 철 반응 부위

루카스 쿤(Lukas Kühn) 등은 1985년 인간 TfR cDNA를 클로닝했다. 그리고 이 TfR cDNA는 96nt 5′-비번역 지역(**5′-UTR**), 2,280nt 암호화부위, 그리고 2.6kb 3′-비번역 지역(**3′-UTR**)들을 가진 mRNA를 암호화하는 것으로 밝혔다. 이러한 긴 3′-UTR의 효과를 시험하기 위해 다니엘 오웬(Dianne Owen)과 쿤은 3′

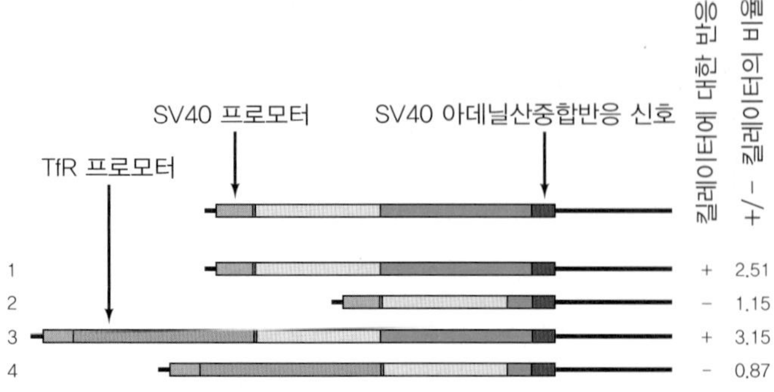

그림 16.19 TfR의 세포 표면 농도의 철 반응에 미치는 3′-UTR의 영향. 오웬과 쿤은 여기 그림으로 나타낸 TfR 유전자 구조체를 만들었다. DNA 부분은 다음과 같이 색깔 암호로 나타냈다. SV40 프로모터, 주황색. TfR 프로모터, 파란색. TfR 5′-UTR, 검은색. TfR 암호화부위, 노란색. TfR 3′-UTR, 초록색. SV40 폴리아데닐화 신호, 자주색. 그런 후 각각의 구조체를 세포에 형질도입하고 형광 항체를 사용해 세포 표면의 TfR 농도를 분석했다. 철 킬레이터가 있거나 없는 상태에서 세포표면의 TfR의 비율은 킬레이터에 대한 반응(+ 또는 –)과 함께 오른쪽에 나타냈다. (출처: Adapted from Owen, D. and L.C. Kühn, Noncode 3′ sequences of the transferrin receptor gene are required for mRNA regulation by iron. *The EMBO Journal* 6:1288, 1987.)

–UTR의 2.3kb를 삭제한 후 이 짧은 구조체를 쥐 L 세포에 감염시켰다. 그들은 또한 정상 TfR 프로모터를 SV40 프로모터로 교환하여 유사한 구조체를 만들었다. 그런 후 인간 TfR을 위해 단일클론 항체와 세포 표면상의 TfR을 검출하기 위해 형광 2차 항체를 사용했다. 그림 16.19는 그 결과를 요약한 것이다. 야생형 유전자를 지닌 세포는 철 킬레이터에 TfR 표면 농도를 대략 3배 정도 증가시키는 것으로 반응한다. 오웬과 쿤은 TfR 유전자가 SV40 프로모터에 의해 조절될 때 같은 반응을 관찰했는데, 이는 철에 의한 TfR 프로모터가 철 반응에 무관함을 입증한 것이다. 반면에 3′-UTR이 결손된 유전자는 철에 반응하지 않았다. 즉, 세포 표면에 철 킬레이터가 존재하든 존재하지 안 든 같은 농도의 TfR가 나타났다. 이와 같이 이 실험에서 제거된 3′-UTR의 부분은 분명히 철 반응요소(iron response element)를 포함하고 있는 것이다.

물론, 세포 표면상의 TfR 수용체는 TfR mRNA의 농도를 그대로 반영하지는 않을 수도 있다. TfR mRNA 농도에 미치는 철의 효과를 직접적으로 조사하기 위해 오웬과 쿤은 철 킬레이터를 처리한 것과 처리하지 않은 세포의 TfR mRNA로 S1 분석을 수행했다(5장 참조). 예측한 대로 철 킬레이터는 TfR mRNA 농도를 상당히 증가시켰다. 그러나 철에 대한 이 반응은 유전자가 3′-UTR이 제거되었을 때 사라졌다.

3′-UTR의 어떤 부분이 철에 대한 반응을 가능하게 해줄까?

```
      G U
    A     G
     C   U
     A – U
     A – U
     C – G
     U – G
   C U – A
   G       G
   U
     C – G
   U C – G
     U – A
     U – A
     G – C
     G – C
     G – C
```

페리틴 H 사슬 mRNA의 5′-URT 부위

```
      G U
    A     G
     C   U
     G – C
     A – U
     G – U
     G – C
   C G – C
     U – A
     A – U
     U – A
     U – A
     A – U
     C – G
     A – U
```

TfR mRNA의 3′-UTR 부위 (헤어핀 구조 C)

그림 16.20 페리틴 mRNA의 5′-UTR 내 IRE와 TfR mRNA의 3′-UTR 내 머리핀 구조들의 비교. 5개의 TfR mRNA의 줄기형 고리 구조 중 오직 하나(줄기-고리 C)만 보여 준다. 고리 구조의 비교 보존되어 있는 고리 외부 C와 보존된 고리 내 염기들은 각각 파란색과 빨간색으로 강조되어 있다. (출처: Adapted from Casey, J.L., M.W. Hentze, D.M. Koeller, S.W. Caughman, T.A. Rovault, R.D. Klausner, and J.B. Harford, Iron-responsive elements: Regulatory RNA sequences that control mRNA levels and translation. *Science* 240:926, 1988.)

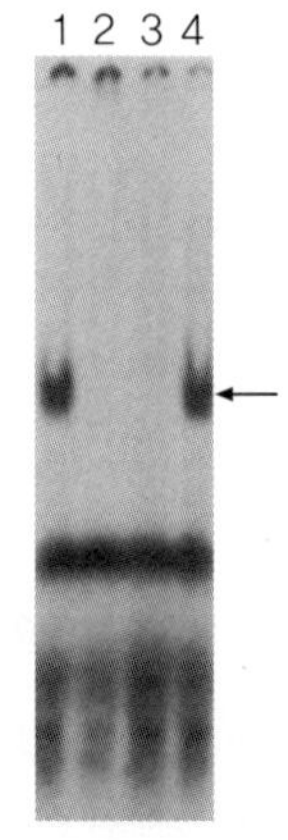

그림 16.21 IRE-결합단백질의 겔 이동성 변화 분석. 하포드 등은 5개의 IRE를 포함하는 사람 TfR mRNA 3′-UTR 부위에 일치하는 1,059nt 전사체를 표지했다. 그들은 이 표지된 RNA와 사람 세포의 세포질 추출물(경쟁자 RNA를 첨가하거나 하지 않은)을 함께 혼합한 후 전기영동하여 자기방사법으로 관찰했다. 1번 레인, 경쟁자 없음. 2번 레인, TfR mRNA 경쟁자. 3번 레인, 페리틴 mRNA 경쟁자. 4번 레인, β-글로빈 mRNA 경쟁자. 화살표는 특이적인 단백질-RNA 복합체를 가리키는데, 아마도 하나 또는 그 이상의 IRE-결합단백질이 관련될 것으로 추정된다. (출처: Koeller, D.M., J.L. Casey, M.W. Hentze, E.M. Gerhardt, L.-N.L. Chan, R.D. Klausner, and J.B. Harford, A cytosolic protein binds to structural elements within the nonregulatory region of the transferrin receptor mRNA. *Proceedings of the National Academy of Sciences USA* 86 (1989) p. 3576, f. 3.)

Harford 등은 3′-UTR의 중앙으로부터 겨우 678nt의 삭제를 제거했더니 철에 대한 대부분의 반응이 제거된다는 사실을 발견함으로써 어떤 부분이 철에 대한 반응을 가능하게 해주는지에 대한 탐색을 좁혀나갈 수 있었다.

3′-UTR의 중요한 678nt 부위의 컴퓨터 분석은 그림 16.20에서 보여 주듯이 아마도 5개의 머리핀 또는 줄기형 고리를 가진 구조일 것으로 나타났다. 보다 흥미로운 것은 고리 내 염기서열을 포함하여 줄기형 고리의 전체 구조는 페리틴 mRNA의 5′-UTR에서 발견된 줄기형 고리와 아주 유사하다는 사실이다. **철 반응요소**(iron response element, IRE)라 부르는 이 줄기형 고리는 철이 페리틴 mRNA의 번역을 자극하는 능력에 관련이 있다. 이러한 TfR IRE는 철에 대한 TfR 발현의 반응 매개체임을 의미한다.

하포드 등은 겔 이동성 변화분석으로 인간 TfR IRE에 특이적으로 결합하는 단백질이 세포 내에 존재한다는 것을 보여 주었다(그림 16.21). 이 결합은 IRE를 가진 과량의 TfR mRNA 또는 페리틴 mRNA와 경쟁할 수 있으나 IRE가 없는 β-글로빈 mRNA와는 경쟁할 수 없다. 그러므로 그 결합은 IRE-특이적이다. 이 발견은 페리틴과 TfR IRE 사이의 유사성을 말하고 심지어 같은 단백질과 결합할 수 있다고 생각된다. 그러나 이 두 mRNA에 단백질의 결합은 보이는 것처럼 다른 효과를 나타낸다.

(2) 신속한 교체 결정 요소

철이 mRNA 안정성을 제어함으로써 TfR 유전자를 조절한다는 사실과 단백질이 TfR mRNA의 3′-UTR 내 하나 또는 그 이상의 IRE에 결합한다는 사실에 비추어 IRE-결합단백질은 mRNA 분해를 막는 것으로 추정할 수 있다. 이런 종류의 조절은 TfR mRNA가 원래 불안정한 특성을 가지기 때문에 가능하다. 만약 mRNA가 안정하다면 추가적인 안정화에 의해 얻을 수 있는 것은 상대적으로 매우 적을 것이다. 사실상 mRNA는 불안정하며 하포드 등은 이러한 불안정성은 3′-UTR에 놓여 있는 **신속한 교체 결정 요소**(rapid turnover determinant) 때문임을 증명했다.

이 교체 결정 요소란 무엇인가? 사람과 병아리의 TfR 유전자는 같은 방법으로 조절되므로 아마도 같은 종류의 신속한 교체 결정 요소를 가진 것 같다. 따라서 이들 두 mRNA의 3′-UTR을 비교해보면 어디서부터 연구해야 하는지를 제안할 수 있는 공통점이 있다. 하포드 등은 병아리 TfR mRNA에 상응하는 사람 TfR mRNA의 678nt를 비교하여 IRE를 포함하는 부위에 많은 유사성을 발견했다. 그림 16.22a(왼쪽)는 인간의 구조를 보여 준다. 양쪽 모두 5′-부위에 2개의 IRE를 가지고 있고, 다음 맥시원형을 가진

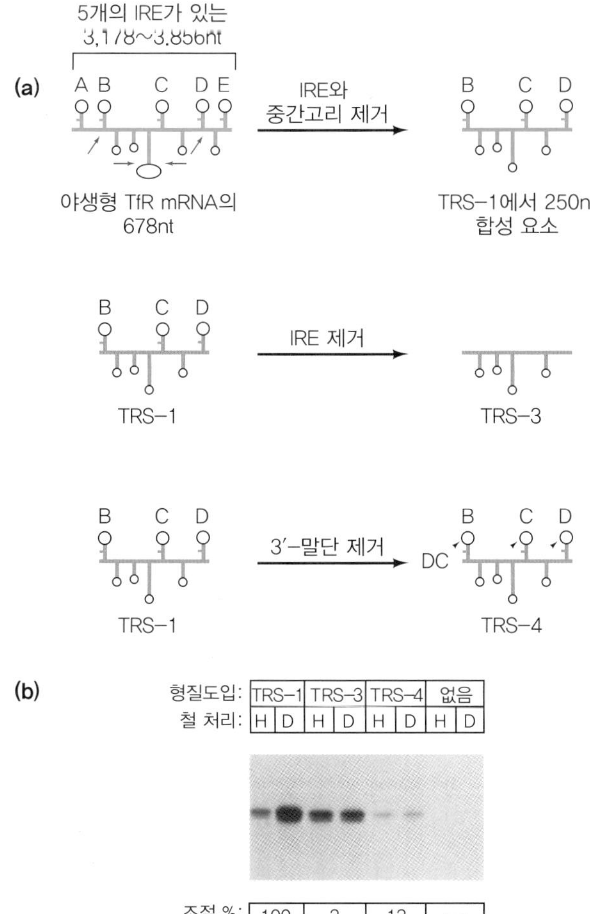

그림 16.22 철 반응성에 대한 TfR 3′-UTR 내 IRE 부위 결손의 효과. (a) 결실 돌연변이의 생성. 하포드 등은 화살표로 표시된 부위의 IRE A와 E, 그리고 거대 중앙 고리를 제거하여 TRS-1 돌연변이를 만들었다. TRS-1에 남아 있는 세 가지 IRE를 제거하여 TRS-3을 만들었고, 각각의 IRE 고리의 5′-말단에 위치한 염기 C를 제거하여 TRS-4를 만들었다. (b) 그들은 (a)에서 만들어진 구조체(TRS-1, TRS-3, TRS-4)를 세포에 형질도입한 후 헤민(H) 또는 데스페리옥사민(D)을 처리하고, 면역침강을 통해 RfR 단백질 수준을 분석했다. 형질도입된 구조와 철을 처리한 것을 위의 표로 나타냈고, 철에 의한 조절 %에 대한 요약은 아래쪽에 나타냈다. 100% 조절로 정의된 야생형과 비교했을 때, 철 킬레이터와 헤민에 의해 변형이 유도되었다. TRS-3는 본질적으로 철 반응성에 대한 조절은 없지만 TfR의 합성 수준이 높다. 이는 안정된 mRNA를 가진다는 것을 뜻한다. TRS-4는 철 반응성에 대한 조절 양이 적고 TfR의 합성 수준이 낮다. 이는 불안정한 mRNA를 가진다는 것을 뜻한다. (출처: Casey, J.L., D.M. Koeller, V.C. Ramin, R.D. Klausner, and J.B. arford, Iron regulation of transferrin receptor mRNA levels requires iron-responsive elements and a rapid turnover determinant in the 39 untranslated region of the mRNA. *EMBO Journal* 8 (8 Jul 1989) p. 3695, f. 3B.)

줄기(사람에는 250nt, 병아리에는 332nt)가 있으며, 이어 또 다른 3개의 IRE가 있다. 사람 mRNA 부위의 5′-과 3′-IRE는 병아리 mRNA상의 상응하는 부위와 매우 유사하지만 중간에 있는 고리

부위와 더 먼 상단부와 하단부에서는 유사성을 발견할 수가 없었다. 이는 신속한 교체 결정 요소가 IRE 사이 어딘가에 존재함을 뜻한다. 하포드 등은 TfR mRNA 3′-UTR의 몇 군데를 돌연변이화하고, 이 돌연변이가 mRNA를 안정화시킨다는 것을 관찰함으로써 이들 부위를 확인했다.

그들이 보여 준 첫 번째 돌연변이는 간단히 5′-말단 또는 3′-말단이 결실된 것이었다. 그들은 이렇게 만든 구조체를 형질 도입시켜서 헤민 또는 철 킬레이터인 데스페리옥사민(desferrioxamine)을 처리한 후 TfR mRNA와 단백질 수준을 비교함으로써 철 조절에 대해 분석했다. 그들은 노던블롯팅을 통해 mRNA 수준을 측정하고 면역침전 반응을 통해 단백질 수준을 조사했다. 그들은 250nt 중앙 고리의 결실 또는 IRE A의 결실은 철 조절에 아무런 영향을 끼치지 못한다는 것을 알았다. 그러나 IRE A와 B가 둘 다 결실되면 철 조절이 없어졌다. TfR mRNA와 단백질 수준은 두 가지를 처리했을 때 차이가 없이 높았다. 이처럼 TfR mRNA는 IRE B가 제거되었을 때 안정되었으며, 그래서 이 IRE는 교체 결정 요소의 일부인 것처럼 보인다. 3′-결실은 유사한 결과를 나타낸다. IRE E의 결실은 철 조절에 거의 영향을 끼치지 않으나, IRE D와 E 둘 모두의 결실은 TfR mRNA를 안정화시켰는데, 심지어 헤민 존재하에서도 그렇다. 이와 같이 IRE D는 교체 결정 요소의 일부처럼 보인다.

이러한 사실에 근거해서 우리는 철 조절을 변화시키지 않고 IRE A, IRE E, 그리고 중앙 고리를 결실시킬 수 있다고 예측했다. 따라서 Harford 등은 그림 16.22a와 같이 이들 세 부분이 결실된 TRS-1이라 불리는 합성 부위를 만들었다. 기대한 대로 이 부위를 포함한 mRNA는 완전한 철 반응을 계속 유지하고 있었다. 다음으로, 이들은 TRS-1의 두 가지 변형을 만들었다(그림 16.22a). 첫째, IRE 3개 모두가 없는 TRS-3를 만들었다. 그림 16.22에서 아래 부분의 다른 줄기-고리는 모두 남아 있다. 나머지는 단지 각각의 IRE 고리의 5′-말단에 있는 C인 3개의 염기가 없는 TRS-4이다. 그림 16.22b는 이 두 변형의 결과를 보여 준다. IRE가 없는 TRS-3은 사실상 모든 철 반응성을 잃어버렸다. 그 결과 TfR mRNA는 야생형 mRNA보다 더 안정하게 되었다. 즉, 헤민의 존재하에 풍부한 TfR이 있었음을 의미한다. 각각의 IRE에 하나의 C가 없는 TRS-4는 철 반응의 대부분을 잃었지만 mRNA는 여전히 불안정하게 남아 있었다. 즉, 철 킬레이터의 존재하에 TfR는 없었음을 의미한다. 이처럼 이 mRNA는 교체 결정 요소를 간직하고 있지만 IRE-결합단백질에 의해 안정화되는 능력을 잃어버리게 된 것이다. 사실상 기대했던 것처럼 겔 이동성 변화분석은 TRS-4가 IRE-결합단백질에 결합할 수 있다는 것을 보여 준다.

신속한 교체 결정 요소를 보다 확실히 규명하기 위해 하포드 등은 가운데 위치한 줄기-고리(stem-loop) 구조의 양쪽에서 1개 또는 2개 비철반응요소(non-IRE)의 줄기-고리 구조들을 삭제하여 2개의 새로운 DNA 구조를 만들었다. 그런 다음 이 전의 실험과 같이 형질도입과 면역침전하여 이 구조체들을 조사했다. 실험 결과에서 나타난 바와 같이 DNA 구조체 둘 모두에서 철반응성을 거의 모두 잃어버리고 높은 수준의 TfR 발현을 보여 준다. (그림 16.22의 TRS-3에서 설명한 것과 동일한 패턴을 보인다.) 이와 같이 제거된 줄기-고리는 mRNA의 신속한 교체 결정 요소를 나타내는 데 필수적인 것처럼 보인다. 이 효과가 mRNA가 IRE-결합단백질과 상호 작용하지 못하는 것에 기인한 것이 아니라는 사실을 증명하기 위해 이들은 앞에서처럼 겔 이동성 변화 실험으로 단백질-RNA 결합을 분석했다. 두 구조체 모두 야생형 mRNA와 같은 정도로 IRE-결합단백질에 결합하였고, 표지되지 않은 과도한 양의 IRE 는 결합을 위한 표지된 구조와 성공적으로 경쟁하였다. 이러한 단백질-RNA 간의 결합은 표지되지 않은 철 반응요소(IRE)에 의해 경쟁적으로 제거될 수 있었다.

(3) TfR mRNA의 안정성과 분해경로

이제까지 설명한 실험 결과는 철이 TfR mRNA의 합성을 조절하기보다는 그 반감기를 조절할 것이라는 것을 강하게 뒷받침하는 것이다. 이와 같은 가설을 직접적으로 증명하기 위하여, 뮐르너(Müllner)와 쿤 등은 철환제(철의 킬레이터)인 데스페리옥사민의 있을 때와 없을 때 TfR mRNA가 어떠한 속도로 전사되는지를 측정하였다. 그 결과 TfR mRNA는 철의 농도가 낮을 때 매우 안정하다는 것을 알 수 있었다. 반면, 철의 농도가 높을 때에는 TfR mRNA가 빠른 속도로 붕괴한다는 것을 관찰하였다. 이 두 조건에서의 TfR mRNA 반감기는 각각 30분과 1.5시간이었으므로, 철이 대략 30/1.5, 즉 20배 정도 TfR mRNA의 안정성을 파괴한다는 것을 추론할 수 있었다.

하포드 등은 TfR mRNA가 분해되는 기작을 연구하여 첫 번째로 IRE 부위 내에 핵산내부가수분해 절단이 일어나는 것을 발견했다. 다른 시스템에서 발견한 것과는 반대로 이것은 TfR 분해가 시작되기 전에 탈아데닐화[폴리(A) 제거 과정]가 요구되지 않는 것처럼 보인다.

이들 연구원들은 형질세포종 세포(ARH-77 세포)에 헤민을 처리하여 8시간 내에 급격히 떨어지는 TfR mRNA의 수준을 노던 블롯팅으로 보여 주었다. 그들은 오랫동안 블롯을 노출시켰을 때

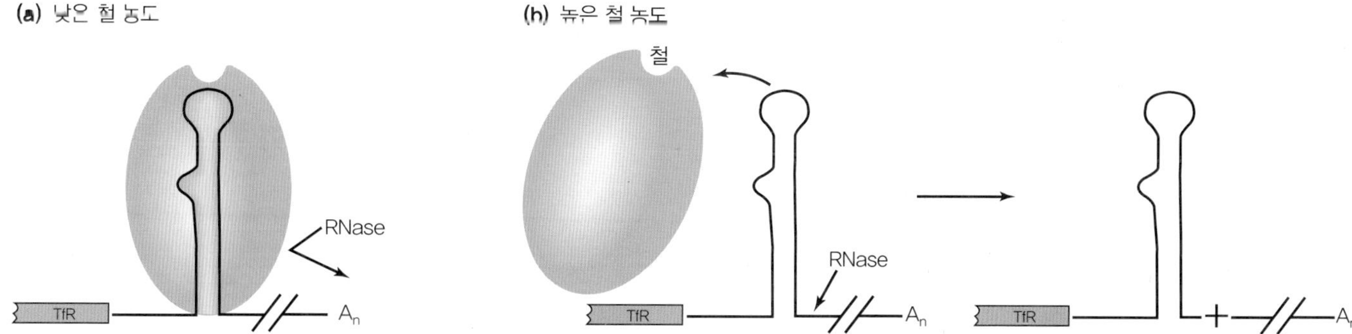

그림 16.23 철에 의한 TfR mRNA의 불안정화에 대한 모델. (a) 낮은 철 농도 조건에서는 아코니테이즈 아포단백질(주황색)이 TfR mRNA의 3′-말단 UTR의 IRE에 결합한다. 이 결합은 RNA 가수분해효소에 의한 RNA 파괴를 억제한다. (b) 철 농도가 높은 조건에서는 철이 아코니테이즈 아포단백질에 결합하여 IRE에서 떨어지게 해서 IRE가 RNA 가수분해효소에 의해 공격받는다. RNA 가수분해효소는 mRNA를 적어도 한 번 잘라서 3′-말단을 추가적으로 분해시킬 수 있게 한다.

전체 TfR mRNA 길이보다 대략 1,000~1,500nt가 더 짧은 새로운 RNA를 발견했는데, 이는 TfR mRNA가 분해되는 기간에 나타나는 것처럼 보였다. 이 RNA는 또한 폴리(A)가 없는 분획에서도 발견되었는데, 이것은 폴리(A)를 잃어버린 것으로 생각된다. 가장 쉬운 설명은 3′-UTR이 핵산내부가수분해효소에 의해 절단된 것이며, 이는 폴리(A)를 포함하는 1,000개 이상의 3′-말단 뉴클레오티드가 제거되는 것이다.

우리가 관찰해 왔던 모든 실험 결과는 다음과 같은 가설과 일치한다(그림 16.23). 철 농도가 낮을 때 IRE-결합단백질 또는 **철조절단백질**(iron regulatory protein, IRP)은 TfR mRNA의 3′-UTR 내 신속한 교체 결정 요소에 결합한다. 이것이 mRNA의 붕괴를 방지한다. 철 농도가 높을 때에는 IRE-결합단백질은 빠른 교체 결정 요소에서 유리되어 TfR mRNA의 3′-말단으로부터 1kb 크기의 조각을 절단하는 선택성 핵산내부가수분해효소에 의해 공격받도록 열린 구조가 된다. 이것은 TfR mRNA를 불안정하게 하고 빠른 RNA 붕괴로 진행하게 한다.

트랜스페린 수용체(TfR) mRNA와 페리틴 mRNA의 IRE에 결합하는 단백질의 하나(IRP1)는 시트릭산 회로에서 시트릭산을 이소시트릭산으로 바꾸는 효소인 **아코니테이즈**(aconitase)의 한 형태로 동정되었다. 활성화된 아코니테이즈는 IRE에 결합하지 않는 철 결합단백질이다. 반면 아포단백질 형태의 아코니테이즈는 철과 결합하지 않으며 mRNA의 IRE에 결합한다.

16.6. 유전자 발현의 전사후 조절 : RNA 간섭현상

지난 수년간 분자생물학자들은 살아있는 세포에서 특정 유전자를 선택적으로 억제하기 위한 방법으로 안티센스 RNA를 사용해 왔다. 안티센스 RNA를 사용할 수 있었던 이론적 근거로는 안티센스 RNA가 mRNA의 염기서열에 상보적이어서 mRNA와 염기짝을 이룸으로써 단백질 전사를 억제할 것이라는 사실에 바탕을 두고 있다. 이러한 이론에 바탕을 둔 안티센스 RNA 실험 전략은 대부분 성공을 거두었으나 완벽하지는 못했던 것이 사실이다. 쑤 구어(Su Guo)와 케네스 켐푸스(Kenneth Kenphues)는 1995년에 특정 유전자의 RNA를 세포에 직접 주입해도 그 유전자의 발현을 억제할 수 있다는 사실을 알아내었다. 그 후, 1998년 앤드류 파이어(Andrew Fire) 등은 **이중나선 RNA**(dsRNA)에 의한 유전자 발현억제 효과가 센스, 안티센스 RNA 각각에 의한 억제 효과보다 월등하다는 사실을 알게 되었다. 후에 밝혀진 사실이지만 센스와 안티센스 RNA 단독으로도 특정유전자 발현이 억제되었던 것은 단독 샘플에 dsRNA가 섞여 있었기 때문이었다.

또한 1990년대 초에 분자생물학자들은 외부 유전자 조각을 다양한 종의 세포 내 유전자에 삽입하면 원하는 효과와 반대 효과가 발생한다는 사실을 관찰하기 시작했다. 즉, 실험 시작 초 기대된 것은 외부 유전자의 발현이었으나, 정작 일어난 사실은 삽입된 유전자의 발현 억제뿐 아니라 외부 유전자에 해당하는 세포 내 정상 유전자까지 통째로 억제된다는 것이었다. 첫 번째 실험 예는 페추니아의 본래 보라색을 더 강한 보라색으로 만들기 위해 색소 유전자를 다수 삽입하려고 한 실험이었다. 기대와는 반대로 25%의 형질전환된 페추니아의 잎에서 강한 보라색이 나타나지 않았

그림 16.24 색깔 유전자를 추가로 더해줘서 페튜니아에서 보라색 유전자가 사일런싱된다. 각각의 꽃잎에서 가운데 하얀 줄무늬는 사일런싱이 일어났음을 보여 준다. (출처: Courtesy of Dr. Richard A. Jorgensen, The Plant Cell.)

을 뿐만 아니라 오히려 흰색 또는 보라색과 흰색이 듬성듬성 섞이는 현상을 발견하게 되었다(그림 16.24). 페추니아에서 관찰된 이 현상은 식물학에서 공동억제 현상(cosuppression) 또는 **전사후 유전자 사일런싱**(posttranscriptional gene silencing, PTGS), 예쁜꼬마선충과 같은 선충류와 초파리와 같은 동물에서는 **RNA 간섭현상**(RNA interference, RNAi)으로, 진균에서는 **억제현상**(quelling) 등과 같이 여러 가지 이름으로 불리었다. 혼동을 피하기 위해 여기서는 생물종을 분간하지 않고 이러한 현상을 RNAi 라고 통일하여 부르기로 한다.

1) RNAi의 작용기작

파이어 등은 예쁜꼬마선충의 생식소에 dsRNA[**방아쇠 dsRNA**(trigger dsRNA)라고 불림]를 주입하면 태어난 선충의 태아에서도 dsRNA가 유전이 된다는 사실을 관찰하였다. 나아가 파이어 등은 주입된 dsRNA에 해당하는 세포 내 mRNA[**표적 mRNA**(target mRNA)라고 불림]가 RNA 간섭 과정이 진행되는 동안 없어진다는 사실을 발견했다(그림 16.25). 하지만 특정 유전자의 발현 감소를 유도하기 위해서 dsRNA는 반드시 엑손 부위를 포함해야 되며, 인트론이나 프로코터 부위만으로는 발현을 억제할 수 없다는 사실을 알게 되었다. 나아가 파이어 등은 dsRNA의 억제 효과는 1개의 세포 내에 국한되지 않고 주변의 세포에도 적용된다는 사실을, 최소한 꼬마선충에서는 그러하다는 사실을 보여 주었다. 다시 말하면 이 효과가 꼬마선충 전체 세포에 다 펴져 나갈 수 있음을 의미한다.

이와 같은 특정 dsRNA에 의한 mRNA의 손실 현상은 특정 유전자의 전사 과정이 억제되는 것일까 아니면 전사된 mRNA가 물리적으로 파괴되어 제거되는 것일까? 파이어 등을 포함하는 연구진은 1998년에 RNA 간섭현상은 mRNA의 파괴를 동반하는 전사후 과정의 하나라는 사실을 밝혔다. 이 연구진은 RNA 간섭현상이 일어나고 있는 세포 내에서 **짧은 간섭 RNA**(short interfering RNA, siRNA)라고 불리는 짧은 dsRNA 파편들이 존재한다는 사실을 보고하였다. 스코트 해먼드(Scott Hammond) 등은 2000년에 RNA 간섭현상이 진행되고 있는 초파리 배아세포에서 핵산가수분해효소를 분리하였다. 부분적으로 정제된 이 샘플에는 핵산가수분해효소뿐 아니라 25nt 길이의 RNA(25nt RNA)가 포함되어 있었는데, 이 RNA는 표적유전자의 센스 및 안티센스 RNA를 프로브를 사용한 노던블롯 실험에서 모두 관찰이 되었다. 이 25nt RNA를 마이크로코커스에서 뽑은 핵산가수분해효소로 파괴시켰더니 샘플이 보여 주었던 mRNA의 분해 효과가 없어짐을 발견하였다. 이들의 실험 결과를 통해 핵산가수분해효소가 dsRNA를 25nt 길이의 조각으로 만들어 주어 RNA 간섭현상이 시작되고, 이 조각들이 다시 핵산가수분해효소와 결합하여 안내 염기서열로서 역할을 하여 핵산가수분해효소로 하여금 mRNA를 정확하게

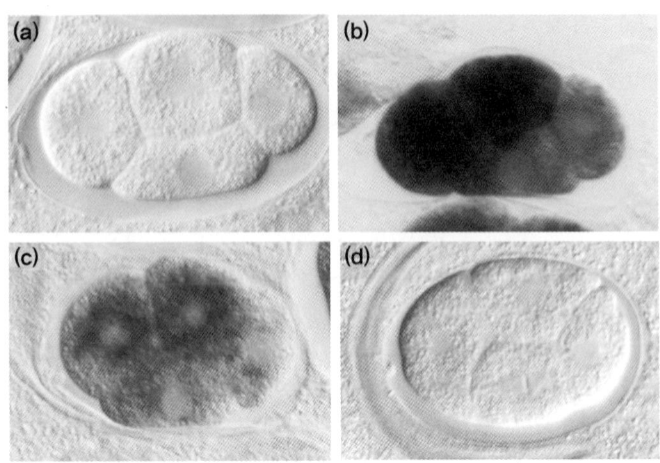

그림 16.25 이중가닥 RNA에 의한 RNA 방해가 특정 mRNA의 파괴를 유도한다. 파이어 등은 *C. elegans*의 *mex–3* mRNA에 해당하는 안티센스나 dsRNA를 *C. elegans* 난소에 주입했다. 24시간 이후 처리된 난소에 있는 배아를 고정하여 *mex–3* mRNA에 대한 탐침으로 in situ 잡종화로 분석했다. **(a)** 음성 대조군 부모로부터의 배아에 잡종화 탐침이 없는 경우. **(b)** RNA가 주입되지 않은 양성 대조군 부모로부터의 배아. **(c)** *mex–3* 안티센스 RNA가 주입된 부모로부터의 배아. 많은 양의 *mex–3* mRNA가 남아 있다. **(d)** *mex–3* mRNA의 부분에 해당하는 dsRNA가 주입된 부모로부터의 배아 *mex–3* mRNA가 발견되지 않는다. (출처: Fire, A., S. Xu, M.K. Montgomery, S.A. Kostas, S.E. Driver, and C.C. Mello, Potent and specific genetic interference by double–stranded RNA in Caenorhabditis elegans. *Nature* 391 (1998) f. 3, p. 809. Copyright © Macmillan Magazines Ltd.)

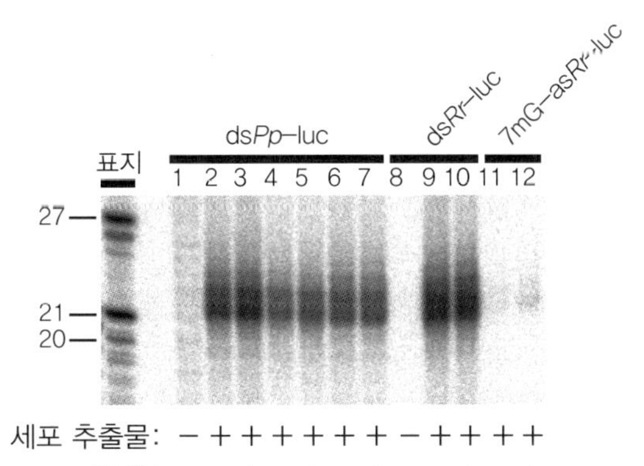

그림 16.26 RNAi가 일어나는 초파리 배아 추출물에서 21~23nt RNA 조각의 생성. 잼모어 등은 *Photinus pyralis*(*Pp*–luc RNA)나 *Renilla reniformis*(*Rr*–luc RNA)로부터의 루시퍼레이즈 dsRNA(위쪽 표시)를 해당되는 mRNA(아래쪽 표시)가 존재하거나 존재하지 않는 세포 추출물에 첨가했다. dsRNA는 아래쪽에 표시된 바와 같이 센스 단일가닥(s), 안티센스 단일가닥(a), 양쪽 단일가닥(a/s)에 표지되었다. 왼쪽 레인에 17~27nt 길이의 RNA 크기 표식이 포함되었다. 11과 12번 레인은 mRNA가 존재하지 않거나 존재할 때 표지되고 캡이 씌워진 안티센스 *Rr–luc* RNA가 들어 있다. (출처: Zamore, P.D., T. Tuschl, P.A. Sharp, and D.P. Bartel, RNAi: Double–stranded RNA directs the ATP–dependent cleavage of mRNA at 21 to 23 nucleotide intervals. *Cell* 101 (2000) f. 3, p. 28. Reprinted by permission of Elsevier Science.)

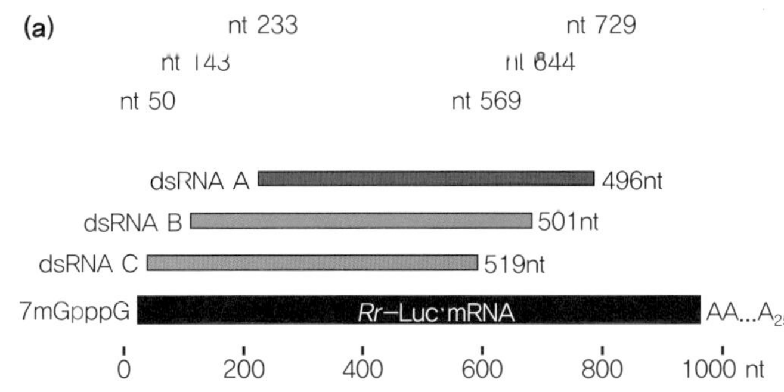

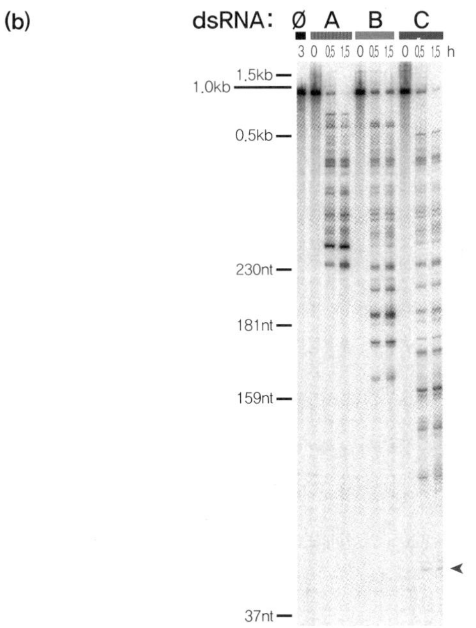

그림 16.27 방아쇠 dsRNA가 RNAi에서 mRNA 절단 위치를 지정한다. 잼모어 등은 (a)에 그림으로 표시된 세 종류의 dsRNA를 5′–캡의 인산에 표지된 *Rr*–luc mRNA와 함께 배아 추출물에 첨가했다. **(b)** 실험 결과. 5′–말단 표지된 mRNA 분해 산물이 전기영동으로 분석되었다. 반응에 포함된 dsRNA는 위쪽에 색깔로 표시되었다. 첫 번째 레인(0으로 표시)은 dsRNA를 포함하지 않는다. 반응은 위쪽에 표시된 시간만큼 진행되었다. 화살표는 RNA C의 위치 바깥쪽에 존재하는 약한 절단 위치를 나타낸다. 그 외의 모든 절단 위치는 mRNA에서 세 가지 dsRNA의 위치 안쪽에 존재한다. (출처: Zamore, P.D., T. Tuschl, P.A. Sharp, and D.P. Bartel, 2000. RNAi: Double–stranded RNA directs the ATP–dependent cleavage of mRNA at 21 to 23 nucleotide intervals. *Cell* 101 (2000) f. 5, p. 30. Reprinted by permission of Elsevier Science.)

찾아가게 해준다는 사실을 알게 되었다.

필립 잼모어(Phillip Zamore) 등은 초파리 배아세포분리물(cell lysate)에서 RNA 간섭현상을 연구할 수 있는 새로운 시스템을 개발하였다. 이 시스템을 이용하여 연구진은 RNA 간섭현상을 각 단계별로 분리하여 관찰할 수 있게 되었다. 이 시스템에서는 초파리 배아에 루시퍼레이즈(발광효소) mRNA을 표적하기 위한 방아쇠 dsRNA를 주입함으로써 이 mRNA를 제거한다. 우선 잼모어 등은 RNA 간섭현상(RNAi) 과정에 ATP가 필수적이라는 사실을 보였다. 이들은 세포추출물에 헥소키네이즈와 포도당을 가하여 배양함으로써 추출물에 있던 ATP를 고갈시켰다. 헥소키네이즈는 ATP를 ADP로 변환시키고 이때 유리된 인산기를 포도당에 결합시키는 효소이다. ATP가 고갈된 배아세포 추출물은 더 이상 표적 mRNA인 루시퍼레이즈 mRNA를 파괴시키지 못하게 되었다.

그다음 과정으로 잼모어 등은 dsRNA의 두 가닥 중에서 한 가닥씩 표지하는 실험을 통해 21~23nt 길이를 나타내는 짧은 RNA(siRNA)가 어떤 가닥의 dsRNA를 표지하더라도 상관없이 나타난다는 사실을 입증하였다(그림 16.26). siRNA들이 형성되는 데에는 mRNA가 필요하지 않았다(그림 16.26의 2번, 3번 레인 비교). 그런데 캐핑된안티센스 루시퍼레이즈 RNA를 표지하면 소량의 siRNA가 형성되고 mRNA가 더해지면 siRNA의 양이 더 증가하였다(11번, 12번 레인). 이 실험 결과로부터 표지된 안티센스 RNA는 가해준 mRNA와 접합(하이브리다이즈)하여 dsRNA를 형성하며, 이렇게 형성된 dsRNA는 더 짧은 RNA 파편으로 잘라진다는 사실을 알 수 있었다. 위 실험 결과들을 요약하면, 핵산가수분해효소가 방아쇠 dsRNA를 짧은 조각으로 자른다는 사실이다.

추가로 진행된 실험 결과 이 짧은 조각의 RNA의 길이는 21~23nt라는 사실을 알게 되었다.

다음으로, 잼모어 등은 방아쇠 dsRNA가 mRNA의 어떤 부위가 잘라질 것인지를 결정한다는 사실을 알아냈다. 이들은 길이가 약 100nt 차이 나는 3개의 dsRNA를 RNA 간섭이 진행되는 세포 추출에 섞은 후 5′-부위가 표지된 mRNA를 가하여 RNA가 절단될 때까지 기다린 다음 전기영동을 하여 절단된 RNA를 관찰해 보았다. 그림 16.27은 실험 결과를 보여 주고 있다. 5′-말단 부위가 mRNA에 가장 가까운 dsRNA(C)는 가장 짧은 조각을 만들었고, 그다음으로 5′-말단의 길이가 약 100nt 하위 위치인 dsRNA(B)가 약 100nt 길이의 mRNA 조각을 만들었으며, 5′-말단 부위가 100nt 하위에 위치한 세 번째 dsRNA가 또 다른 100nt 길이의 mRNA를 만들어 내었다. 이와 같이 mRNA에 상응되어 있는 방아쇠 dsRNA의 위치와 절단부위 시작점과의 밀접한 연관성은 dsRNA가 mRNA의 절단 위치를 결정한다는 것을 강력하게 뒷받침해 준다.

다음으로 잼모어 등은 mRNA의 분해 산물을 보기 위한 고해상도 겔 전기영동 실험을 수행하였다(그림 16.27). 그림 16.28에 나타낸 실험의 결과는 충격적이다. mRNA상의 주요 절단부위는 대부분 21~23개의 간격을 보여 주고 있으며, 각각의 생산된 RNA 조각의 길이는 21~-23개의 배수로 존재하게 된다. 1개의 명확한 예외로는 화살표로 표시된 부위인데, 이 부위는 직전의 절단부위로부터 겨우 9nt만큼 떨어져 있다. 이 예외 부위는 7개의 우라실 잔기에 위치하고 있었는데, 이 사실은 16개의 절단부위 중에서 14개의 절단부위가 우라실이라는 사실을 놓고 보면 매우 흥미 있는 결과였다. 이 예외 부위를 지나면 21~23nt 격리 원칙이 나머지 절단부위에 다시 적용된다. 이 실험 결과는 21~23nt siRNA가 mRNA의 어느 위치가 절단될지 결정해 준다는 가설을 뒷받침해 주고 있으며, 절단부위는 우라실이 선호되고 있음을 암시해 주고 있다.

2001년에 해먼드 등은 초파리로부터 방아쇠 dsRNA를 짧은 조각으로 절단하는 효소를 정제하는 데 성공했다고 발표하였다. 그들은 이 효소의 이름을 **다이서**(dicer)라고 명명하였는데, 그 이유는 이 효소가 dsRNA를 균일한 길이의 조각으로 자르기 때문이다. 다이서는 이 장의 초반부에 설명한 RNA 가수분해효소 III(RNase III)의 패밀리이다. 사실 해먼드 등은 다이서에 대한 탐색 실험 RNA 분해효소 III 패밀리에서 좁혀서 연구했는데, 그 이유는 RNA 가수분해효소 III이 dsRNA를 분해하는 유일한 효소이기 때문이다. 다이서는 RNA 가수분해효소 III처럼 ds siRNA의 말단 부위를 자른 후 2nt 3′-오버행(3′-말단이 튀어나오는 구조로)을 남겨 두며, 또한 5′-말단은 인산화시켜 놓는다.

세 가지 초기 증거들이 RNA 간섭현상에서 RNA 절단 과정에 다이서가 작용한다는 사실을 뒷받침해 준다. 첫 번째 증거로, 다이서를 암호화하는 유전자는 dsRNA를 22nt 길이의 조각으로 절단하는 효소를 만든다는 사실이다. 두 번째 증거로, 이 단백질에 대한 항체가 dsRNA를 작은 조각으로 절단하는 초파리 추출물에 존재하는 단백질과 결합한다는 사실이다. 세 번째 증거로, 다이서 dsRNA가 초파리 세포에 들어오면 부분적으로 RNA 간섭현상을 억제한다는 사실이다. 해먼드 등이 RNA 간섭현상을 이용해

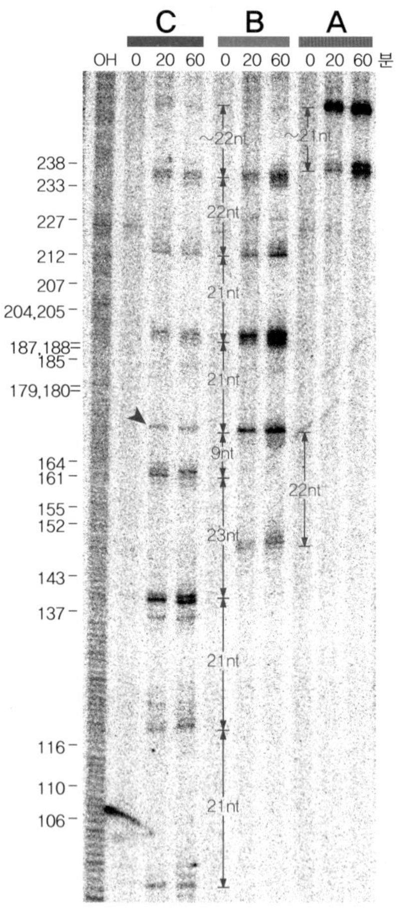

그림 16.28 RNAi 존재하에서의 목표 mRNA의 절단은 21~23nt 간격으로 일어난다. 잼모어 등은 그림 16.31에서 세 가지의 dsRNA가 있는 상태에서의 RNA 생성물을 고선명도의 변성 폴리아크릴아미드 전기영동에서 실행하였다. 이 절단 현상은 하나만(화살촉) 제외하고 21~23nt의 간격을 보인다. 제외가 되는 밴드는 오직 9nt의 간격으로 절단이 일어난다. 그러나 그 후에는 21~23nt 간격으로 절단이 일어난다. (출처: Zamore, P.D., T. Tuschl, P.A. Sharp, and D.P. Bartel, RNAi: Double-stranded RNA directs the ATP-dependent cleavage of mRNA at 21 to 23 nucleotide intervals. *Cell* 101 (2000) f. 6, p. 31. Reprinted by permission of Elsevier Science.)

RNA 간섭현상을 억제할 수 있었다는 사실은 아이러니하다! 그러나 이 현상에 대해 곰곰히 생각해보면, 여기서의 억제현상은 절대로 완벽한 억제현상일 수는 없다는 것을 알 수 있을 것이다.

또한 다이서는 RNA 헬리케이즈(helicase) 활성도 가지고 있어서 다이서 자신이 만들어 놓은 siRNA의 두 가닥을 분리하는 기능도 보유하고 있다. 그러나 다이서는 RNA 간섭현상에서의 두 번째 과정인 표적 mRNA를 절단하는 과정을 수행하지는 않는다. 이 과정은 **슬라이서**(slicer)라고 불리는 또 다른 효소의 기능으로서, 슬라이서는 **RNA 유도 사일런싱 복합체**(RNA-induced silencing complex, RISC) 안에 포함되어 있다. 그림 16.29에 우리가 이제까지 배운 RNA 간섭현상을 요약하였다.

해먼드 등은 또 하나의 초파리 단백질인 **아거노트**(Argonaute)를 이것에 연계시켰다. 유전적인 실험으로부터 RNAi에 필요하다는 것을 알고 있었고, 두 번째 단계(slicer)에서 아거노토는 RNase Ⅲ 모티프를 가지고 있지 않았다. 그래서 분자생물학자들은 첫 번째의 슬라이서 후보인 아거노트 단백질을 제외시켰다. 그러나 2004년에 여호수아 톨(Leemor Joshua-Tor), 그레고리 하논(Gregory Hannon) 등에 의한 아거노트에 대한 구조적, 생화학적, 유전적인 연구로 인해 아거노트가 거의 확실히 슬라이서 활동을 한다는 것을 알게 되었다.

이 연구진은 2003년의 구조적인 연구를 통하여 초파리의 아거노트2가 2개의 특이적인 부분인 **PAZ**와 **PIWI**를 가지고 있다는 것을 보여 주었다. (PAZ, PIWI, Argonaute, Zwili. 이것은 오직 아거노트와 다이서에서만 찾을 수 있다. PIWI는 초파리에서 발견되었다. Pelement-induced wimpy testis의 약어이다.) 그리고 이 연구진은 PAZ의 구조도 확인하였다. 그리고 그것이 OB 접힘라고 불리는 비슷한 모듈을 가지고 있다는 것도 보여 주었고 이것은 한 가닥으로 된 RNA에 붙을 수 있다는 것을 알았다. 그들은 또한 라벨을 한 siRNA를 이용한 교차결합과 유전적으로 조작된 GST-PAZ 융합단백질을 이용하여 PAZ 구조가 단일가닥 siRNA 또는 이중가닥의 siRNA의 3′-끝부분에 2개의 염기가 튀어나온 부분에 붙을 수 있다는 것을 증명하였다. 이것은 아거노트가 슬라이서 반응에서 siRNA의 도킹 장소로서 연관이 있음을 밝혔다. 그러나 이것으로 슬라이서 효소라고는 단정적으로 결론지을 수는 없다.

다음으로 여호수아 톨, 하논 등은 X-선 결정분석을 통하여 아거노트와 비슷한 단백질인 원시생물 *Pyrococcus furiosus*의 구조를 확인하였다. (그러나 진핵생물의 아거노트의 전체 구조는 알아내지 못하였다.) 그들은 단백질의 세 가지 구조를(중간 영역, PIWI, N-말단 영역) 아래쪽 구조의 초승달 모양으로부터 찾아냈다. PAZ 구조는 초승달 모양의 전에 있으며 줄기가 되는 구조와 접해 있다. 그림 16.30은 이 구조를 그린 것으로 초승달 모양의 홈이 PAZ 구조에 싸여 있는 것을 알 수가 있다. 이 홈은 이중나선 구조의 RNA를 수용하기에 충분하다. 그리고 이것은 염기성 잔기를 가지고 있어서 RNA 기질과 전기적인 결합을 한다.

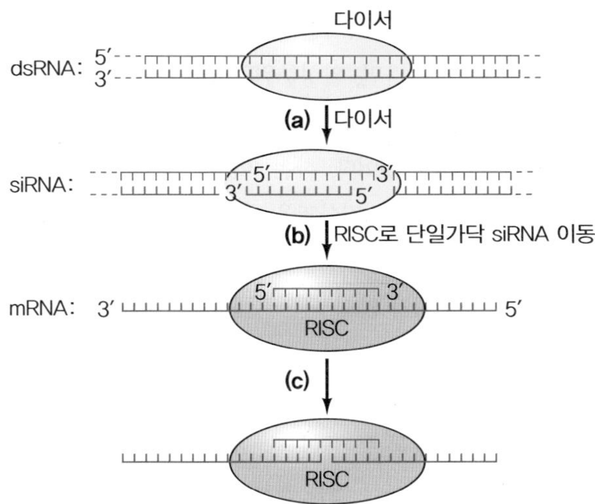

그림 16.29 RNAi의 간소화된 모델. (a) 다이서(노란색)는 이중가닥의 RNA(빨간색과 파란색)를 인식하여 붙고, RNA를 RNAi로 3′-말단에 2nt씩 돌출하면서 21~23nt씩 절단한다. (여기에서는 간략하게 10nt로 묘사하였다.) (b) siRNA 중 한 가닥(빨간색)은 RISC(주황색)와 결합하고 목표가 되는 mRNA와 상보적으로 결합한다. (c) RISC 복합체와 같이 있는 siRNA 가닥은 표적이 되는 mRNA의 siRNA와 반대되는 염기서열의 가운데 부분을 절단하게 된다.

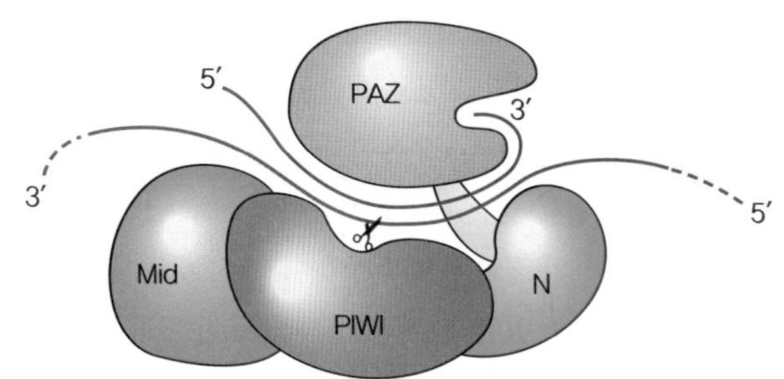

그림 16.30 아거노트의 슬라이서 활성에 관한 모델. siRNA와 표적 mRNA 간에 혼성체(hybrid)가 siRNA의 39-말단부와 아거노트의 PAZ 영역 간의 상호 작용에 의해 최소한 어느 정도 형성된다. 이 혼성체가 표적 mRNA를 제위치에 있게 하여 가위로 표시된 슬라이서의 활성부위에 의해 잘리게 해준다. 절단은 siRNA 중간 부위의 반대편에서 일어나며, 가이드 RNA의 역할을 한다. 아거노트의 PAZ, 중간 부위, PIWI, 그리고 N-말단 부위가 표시되어 있다. (출처: Reprinted with permission from Science, Vol. 305, Ji-Joon Song, Stephanic K. Smith, Gregory J. Hannon, and Leemor Joshua-Tor, "Crystal Structure of Argonaute and Its Implications for RISC Slicer Activity," Fig. 4, p. 1436, Copyright 2004, AAAS.)

그렇지만 구조적으로 가장 효과적인 부분인 PIWI 구조가 RNase H의 구조와 매우 닮아 있다. 그리고 이것은 RNA-DNA 하이브리드에서 RNA를 자르는 역할을 한다. 따라서 RNase H는 이중가닥의 폴리뉴클레오티드를 인식하고 이 구조(RNA)를 자르게 된다. 추가적으로 전체 구조적인 유사성은 이들 단백질이 3개의 산성잔기 집단을 가지고 있다는 것이다(2개의 아스파라긴산염과 하나의 글루타민산염). RNase H에서 카르복실 부분에 마그네슘 이온이 붙게 되는데 이것이 RNA 가닥의 절단 작용에서의 촉매제로서 중요한 역할을 한다. 이런 유사성은 흥미를 준다. 왜냐하면 슬라이서 또한 유사한 활성도를 가지고 있기 때문이다. 이것은 이중가닥의 폴리뉴클레오티드(siRNA-mRNA 하이브리드)만을 인식하고, 이 가닥 중 한 가닥을(mRNA) 자르게 된다. 그러므로 아거노트는 우리가 슬라이서에서 바라는 모든 특징을 가지고 있다는 것을 알 수가 있다. PIWI 구조는 siRNA-mRNA 하이브리드에서 한 가닥을 자를 수 있고, 그리고 다른 구조인 PAZ는 siRNA의 끝부분에 결합할 수 있다.

더 나아가 포유동물에서의 아거노트의 기능을 조사하기 위하여 하논, 여호수아 톨 등은 쥐에서 아거노트의 유전자와 단백질에 대하여 유전적이고 생화학적인 방법으로 연구를 실시하였다. 포유동물에서는 아거노트 1~4로 불리는 네 가지의 아거노트 단백질이 있다. 연구진은 세포에 아거노트 1~3를 만들어 내는 유전자를 주입하였으며 이것에 추가적으로 반딧불 루시퍼레이즈 mRNA를 목표로 하는 siRNA를 주입하였다. 그리고 면역침전법을 이용하여 RISC 집합체를 얻어서 세포 밖에서의 루시퍼레이즈 mRNA를 자르는 능력을 측정하였다. 이 결과 **아거노트2**(Argonaute2, Ago2)만이 이 능력을 가지고 있음을 알 수가 있었다.

다음으로, 이 연구진은 Ago2 유전자를 쥐에서 녹아웃(knock-out) 방법을 통하여 제거시켰다. 이 동물들은 모두 발생의 태아 단계에서 심한 발달상의 결여와 발생이 늦어지는 것과 함께 죽게 되는 것을 확인할 수가 있었다. 이런 심각한 표현형에 Ago2가 관여한다는 것을 보여 준다. RNAi에서뿐만 아니라 기본적 또는 주요한 발생 과정에서 microRNA가 관여를 한다. 이것에 관해서는 이 장의 끝 부분에서 말할 것이다. 추가적으로 쥐배아 섬유아세포(MEFs)를 정상적인 쥐로부터 배양했을 경우에는 RNAi의 기능이 유지가 되지만 이 MEFs를 Ago2를 제거시킨 쥐로부터 배양했을 경우 RNAi의 기능을 잃게 되었다. 이를 통해 Ago2가 RNAi에서 중요하다는 것을 알 수가 있다.

여기까지 인용되는 연구들은 모두 Ago2가 슬라이서 활동을 한다고 하는 가설과 일치하고 있다. 그러나 아무것도 직접 이 질문

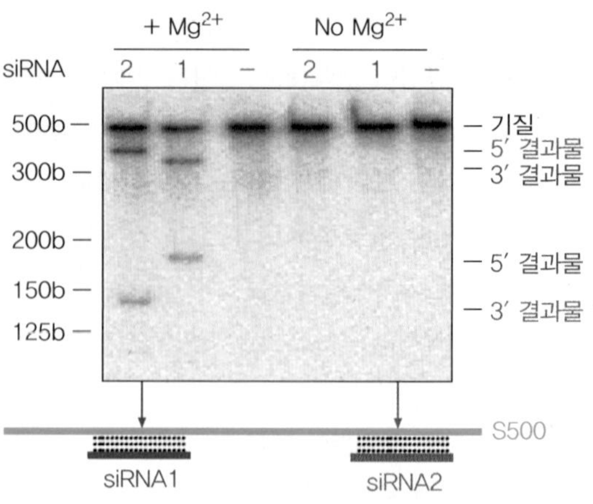

그림 16.31 Ago2의 추가에 의한 siRNA와 기본적인 RISC의 생체 밖에서의 슬라이서 활성. 여호수아 톨 등은 재조합형 Ago2(박테리아에서 생산)와 아래쪽 그림에서 보여 준 목표 500nt RNA의 두 가지 다른 위치를 인식하는 2개의 다른 siRNA를 각각 혼합하였다. 그다음에 윗부분에 표시된 것처럼 표지된 목표 RNA를 추가하고 Mg^{2+}가 있는 조건과 없는 조건을 만들었다. siRNA의 사용(#1 또는 #2 또는 없는 상황)은 윗부분에 표시되어 있다. 마지막으로 겔 전기영동을 통하여 표지된 RNA 결과물을 보여 주었다. 절단은 Mg^{2+}와 siRNA에 따라 달라진다. 2개의 siRNA는 다른 생성물을 보여 주는데 이 크기는 목표 RNA의 siRNA가 붙는 것으로 알려진 위치로 예상되었다. (출처: Reprinted from *Nature Structural & Molecular Biology*, vol 12, Fabiola V Rivas, Niraj H Tolia, Ji-Joon Song, Juan P Aragon, Jidong Liu, Gregory J. Hannon, Leemor Joshua-Tor, "Purified Argonaute2 and an siRNA form recombinant human RISC," fig. 1d, p. 341, Copyright 2005, reprinted by permission from Macmillan Publishers Ltd)

에 대해 말하지 않았다. 그렇지만 만약 아거노트가 슬라이서의 활성을 절대로 가지고 있다면, 활성부위의 3개의 산성 잔기 집단 중 하나의 위치를 돌연변이시키면 RISC에 의한 mRNA가 잘려지는 현상이 일어나지 않을 것이다. 하논, 여호수아 톨 등은 아거노트의 2개의 주요한 아스파라긴산염을 돌연변이시켰고 이를 통하여 생체 내부와 생체 외부의 실험을 통하여 RNAi를 통한 mRNA가 잘리는 현상이 일어나지 않게 되는 것을 확인하였다. 종합적으로 정리해 보면, 이런 모든 증거가 Ago2가 슬라이서 효소임을 강력히 보여 준다.

2005년에 여호수아 톨 등은 인간의 Ago2가 실질적으로 슬라이서 활성도를 가지고 있다는 것을 결정적으로 보여 주었다. 그들은 기본적인 RISC 부분과 인간의 재조합형 Ago2와 siRNA를 인위적으로 재구성하였다. 이 실험에서 siRNA와 상보적인 RNA 기질이 정확히 잘리게 된다. 그림 16.31에서 이 결과를 보여 준다. 첫 번째 siRNA (siRNA1)에 의한 기질 RNA(S500)의 절단 현상은 3′-말단으로부터 180nt 옆에서 일어난다. 이에 의한 산출물은 3′-의 생성물인 180nt와 5′-의 생성물인 320nt가 생기게 된다. 두

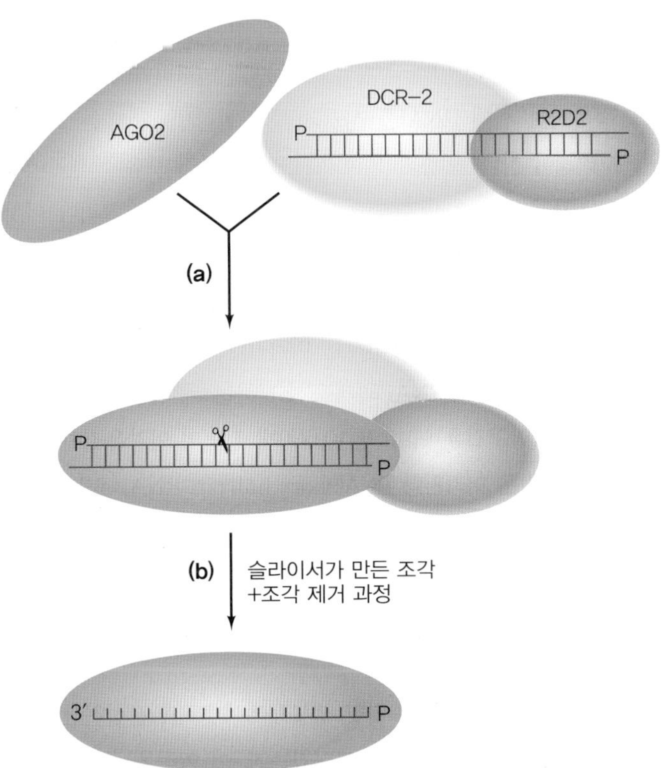

그림 16.32 RISC로 siRNA 단일가닥이 이동하는 것. **(a)** Ago2는 다이서(DCR2)와 R2D2 복합체를 끌어들여 pre-RISC 복합체를 형성한다. ds siRNA는 DCR-2에 의해 이미 만들어졌는데, 5′-말단은 인산화되고 3′-말단에 2nt가 돌출된 구조로 남아 있다. **(b)** Ago2의 슬라이서가 활성되면 중간 부분에 있는 패신저가닥을 절단하고 상보적으로 결합한 가이드가닥이 느슨해진다. 패신저가닥은 Ago2에 가닥을 결합시킨 채로 제거되는데, 바로 이 부위가 성숙된 RISC의 효소활성 부위가 된다. 이 그림에는 나타나지 않았지만 Ago2 옆의 다른 단백질은 성숙된 RISC의 한 부위가 아니다.

번째 siRNA(siRNA2)에 의한 S500의 절단 현상은 5′-말단으로부터 140nt 옆에서 일어나게 된다. 이에 의한 산출물은 5′-의 생성물인 140nt와 3′-의 생성물인 360nt가 생기게 된다. siRNA가 없는 상황에서는 생성물이 만들어지지 않는다. 그리고 Mg^{2+}가 없는 상황에서도 생성물이 만들어지지 않는다. 이것은 슬라이서 활성에서 2가 금속 이온이 필요하다는 것을 보여 준다.

mRNA의 분할이 일어나기 위해서는 촉매활성을 가진 RISC가 반드시 형성되어야 한다(그림 16.32). 이미 아거노트 단백질이 RISC에서 슬라이서 활성부위를 가지고 있다는 것을 본 바 있고, 선택한 mRNA를 분해하기 위해서는 단일가닥 siRNA가 반드시 존재해야만 한다는 것도 알고 있다. 그래서 Ago2와 siRNA는 적어도 포유류 세포에서는 최소한의 RISC를 구성한다. 그러나 이 복합체는 직접적으로 형성되지는 않는다. 그 대신 siRNA가 **RISC 탑재 복합체**(RISC loading complex, RLC)로 운반된다. RLC는 siRNA 이외에 다이서, 그리고 귀엽게 명명된 **R2D2**라는 다이서-결합단백질로 구성되어 있을 것으로 추정되며, 초파리에서 RLC를 RISC로 변환시키는 데 필수적인 **아미티지**(Armitage)를 포함하고 있을 수도 있다.

R2D2의 역할은 무엇인가? 이것은 두 가닥 siRNA 형성에는 필요하지 않다. 왜냐하면 세포 실험에서 다이서가 R2D2 없이도 이 작업을 효과적으로 수행하기 때문이다. 그러나 겔 이동성 변화분석과 단백질 RNA 결합 실험은 다이서 혼자서는 한번 만들어진 siRNA에 붙어 있을 수 없고, R2D2와 함께 있어야만 붙어 있을 수 있다는 것을 보여 준다. 게다가 R2D2는 2개의 두 가닥 RNA에 붙을 수 있는 부위가 있는데 이 부위를 변형시키면 다이서-R2D2 복합체가 두 가닥 siRNA에 붙지 못한다. 결국 R2D2는 siRNA가 다이서에 의해 형성될 때와 RISC로 보내질 때 안내자 역할을 하므로 RLC의 중요한 부분이라고 할 수 있다.

어떻게 하여 ds-siRNA의 두 가닥이 분리되어 RISC과 결합하게 되는 ss-siRNA로 만들어지는 것일까? 초기의 가설은 RNA 헬리케이즈 활성을 띠고 있는 아미티지 단백질이 두 가닥을 분리한다는 것이었다. 그러나 이 가설에는 ATP의 존재가 필수적인데, 최소한 초파리의 경우에 있어서는 ATP 없이 이러한 현상이 가능하다는 것이 관찰되었다. 그림 16.32에 이러한 사실과 다른 실험 결과를 결합하여 설명하였다. 이중가닥의 siRNA와 다이서(초파리의 DCR-2), 그리고 R2D2로 구성되어 있는 복합체가 아거노트 단백질(초파리의 Ago2)을 끌어들인다. 그 결과 Ago2가 중간 부분에 있는 siRNA의 **패신저가닥**(passenger strand, 제거되는 가닥)을 절단하게 되면 **가이드가닥**(guide strand, 나중에 RISC와 결합하게 되는 가닥)과의 연결이 느슨하게 되어, 결국 패신저가닥의 조각이 제거되게 된다. 그 결과 RISC가 Ago2와 siRNA의 가이드 가닥으로 구성된 활성부위로 변하게 된다.

어떤 가닥이 가이드 가닥인지를 무엇이 결정하고, 어떤 것이 siRNA 패신저 가닥(passenger strand)을 없애는 것일까? 이러한 판별은 RLC 전 형태인 다이서와 R2D2를 포함하는 한 복합체에 의해 일어나는데, 이것들이 두 가닥 siRNA의 끝부분에 붙으면서 일어난다. 2개의 단백질이 비대칭적으로 붙는데, 다이서는 덜 안정적인 끝부분에 붙는다(가장 쉽게 떨어질 수 있는 하나의 염기쌍). 그리고 5′-말단에 다이서가 붙은 가닥은 가이드 가닥이 된다.

siRNA와 아거노트-유사단백질 복합체의 X-선 결정분석 연구는 siRNA의 가이드 가닥이 아거노트의 PIWI 주머니의 인산화된 5′-말단과, PAZ 영역의 3′-말단에 붙는다는 것을 보여 준다. 이것은 siRNA의 10번과 11번 잔기 사이의 아거노트의 활동부위가 위치하고 있어서 mRNA는 siRNA-mRNA 결합체의 중간 부위에서 정확히 쪼개질 수 있는 것이다.

RNAi의 생리학적 중요성은 무엇인가? 사실 두 가닥 RNA는 진핵세포에서 정상적으로 작용할 수 없지만 dsRNA 중간체를 복제하는 어떠한 RNA 바이러스에 의해 감염되는 동안에는 일어날 수 있다. 그래서 RNAi의 중요한 기능 중 하나가 그들의 mRNA를 파괴함으로써 바이러스의 복제를 억제한 수 있다는 것이다. 그러나 Fire 등은 RNAi에 필요한 몇몇 유전자들이 유전체 내의 이동으로부터 어떠한 트랜스포존을 막는 데 필요하다는 것을 찾아냈다. 실제로 티티아 시젠(Titia Sijen)과 로날드 플라스터크(Ronald Plasterk)는 2003년에 꼬마선충 배아세포에서 Tc1 트랜스포존의 위치 이동이 RNAi에 의해 억제된다는 것을 보여 주었다. 무슨 두 가닥 RNA가 이 RNAi를 유발할까? 트랜스포존의 역반복서열의 전사는 줄기 부위가 두 가닥인 줄기-고리 구조 형태를 형성할 수 있다. 결국 RNAi는 바이러스로부터 세포를 보호할 수 있을 뿐만 아니라 배아세포의 유전적 완벽성을 위협할 수 있는 위치 이동에 대해서도 보호할 수 있다.

RNAi는 도입유전자와 그들의 유전적 상동체를 억제할 수도 있다. 도입유전자로부터 어떻게 두 가닥 RNA가 만들어지는가? 도입유전자의 양가닥에서 어떠한 전사가 일어나면 정상 유전자의 행동 양상이 반대로 변하게 된다. 이러한 대칭적 전사는 두 가닥 RNA가 RNAi를 유발시키는 데 충분하다.

이것의 자연적인 기능은 접어 두고 RNAi는 목표로 하는 유전자에 반응하는 두 가닥 RNA가 소개되면서 유전자를 마음대로 간단하게 비활성화시킬 수 있다는 장점 때문에 분자생물학자들에게 굉장한 혜택을 준다. **녹다운**(knockdown)이라고 알려진 이 과정은 5장에서 설명한 녹아웃 생물을 만드는 힘든 과정에 비해 훨씬 편리하다. 이것은 RNAi가 잠재적인 노다지라는 것을 믿는 생명공학의 관심으로부터 벗어나지 못한다. 우리는 많은 유전자가 과활성되었을 때 엄청난 효과를 보인다는 것을 알고 있다. 예를 들어 많은 **발암유전자**(oncogene)는 다양한 암세포에서 과활성이 되고, 과활성은 암세포의 성장을 통제 불능의 상태로 만든다. RNAi는 발암유전자에 직접적으로 대항해서 그들의 활성도를 조절할 수 있고, 그것에 의해 암세포의 성장 조절이 복구된다.

이러한 낙관론에도 불구하고 몇몇 경고는 정당화되었다. 왜냐하면 데이터가 2004년부터 쌓이기 시작했는데, RNA가 생각한 것만큼 정교한 특이성이 없었기 때문이다. 두 가닥 RNA와 완벽하게 매치되지 않는 유전자는 여전히 어떠한 범위까지 억제하는 데 목표를 두고 있다. 우리는 이러한 비특이성이 연구와 의학에서 RNAi의 유효성과 어떻게 타협할지 아직 알지 못한다.

게다가 연구진이 인간의 유전자 기능을 연구하거나 인간 질병을 정복하기 위해 RNAi를 사용하고자 한다면 또 다른 요인들을 고려해야 한다. 회충과 초파리에서와는 달리 포유류 세포에서 dsRNA의 첨가로 인해 유도된 RNAi는 일시적이다. 그러나 이것을 해결할 수 있는 방법은 있다. 머리핀 형태의 역반복 RNA를 암호화하는 유전자를 포유류 세포에 변환시키면 지속적인 RNAi가 유도될 수 있다. 이러한 유전자는 머리핀의 형태로 두 가닥 RNA의 지속적인 공급과 RNAi 과정을 유지하는 데 충분하도록 해준다. 2004년 연구진은 이미 약 10,000개 정도의 인간유전자를 목표로 하는 **짧은 머리핀형 RNA**(short hairpin RNA, shRNA)를 암호화하는 유전자 라이브러리를 구축했다. 이것은 연구뿐만 아니라 인간의 질병에도 개입되는 중요한 자원이라고 할 수 있다.

2) siRNA의 증폭

식물, 선충류를 포함하는 몇몇 생물체에서 RNA 간섭현상의 한 가지 측면은 설명하기가 매우 어려웠는데, 이 어려운 측면은 바로 RNA 간섭현상의 민감성이다. dsRNA의 겨우 몇 개 안 되는 분자들이 1개의 세포 또는 전체 개체에 존재하는 특정 유전자를 통째로 사일런싱할 수 있는 결과를 초래할 수 있다. 이 사일런싱은 다음 세대로 유전이 될 수도 있다. 이 현상은 촉매작용에 의해 일어난다는 가설을 만들어 내기에 이르렀다. 실제로 다이서는 방아쇠 dsRNA와 표적 mRNA에서 일어나 siRNA의 많은 분자들을 만들지만 꼬마선충과 같은 개체에서는 RNAi의 힘을 설명하기에는 불충분한 것으로 보인다. Fire 등은 siRNA의 많은 사본을 만들기 위한 프라이머로서 안티센스 siRNA로 사용하는 **RNA-의존적 RNA 중합효소**(RNA-directed RNA polymerase, RdRP)라는 효소를 꼬마선충 세포에 넣어 관찰(그림 16.33)함으로써 이 난제를 해결하였다.

이 가설을 시험하기 위하여 Fire와 연구진은 방어분석 실험을 하였는데, 이 실험은 센스가닥을 동위원소로 표지하여 방아쇠 dsRNA를 많이 발현하는 세균 배지 위에 살고 있는 꼬마선출의 안티센스 siRNA를 탐지하기 위한 것이었다. 이 연구진은 2개의 다른 방아쇠 dsRNA를 사용하여 두 조건에서 모두 많은 양의 새롭게 합성된 siRNA를 발견할 수 있었다. 또한 이 연구진은 방아쇠 RNA 영역 밖에서 **2차 siRNA**(secondary siRNA)를 발견할 수 있었다. 이러한 부차적인 siRNA는 항상 방아쇠 RNA 염기의 상위에 존재하는 mRNA에만 상응한다는 사실은 의미가 있다고 할 수 있다. 이러한 발견은 방아쇠 siRNA가 mRNA의 5′-말단 부위

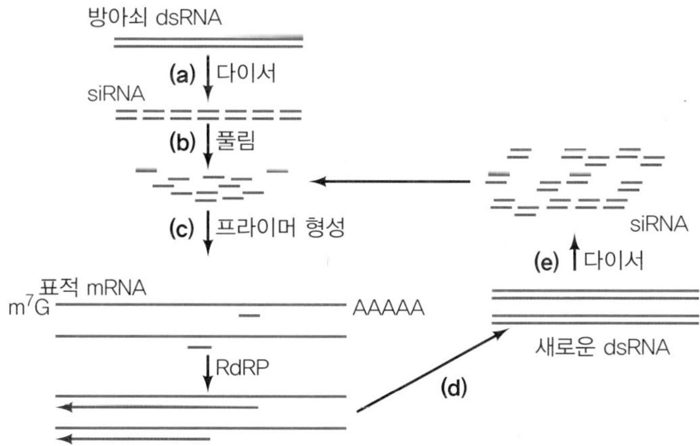

그림 16.33 siRNA의 증폭. (a) 다이서는 방아쇠 dsRNA를 siRNA로 잘게 자른다. (b) siRNA의 안티센스 가닥이 목표 mRNA에 혼성화된다. (c) RdRP는 프라이머로 siRNA 안티센스 가닥에 이용되고 긴 안티센스 가닥을 만들기 위한 주형으로 목표 mRNA가 이용된다. (d) (c)의 결과로 새로운 방아쇠 dsRNA를 얻었다. (e) 다이서는 새로운 방아쇠 dsRNA를 잘게 잘라 더 많은 siRNA를 만들며 이는 준비의 새로운 라운드를 시작할 수 있으며 siRNA를 증폭시킬 수 있다. (출처: Adapted from Nishikura. *Cell* 107 (2001) f. 1, p. 416.)

의 합성을 개시하기 때문에 RdRP의 활성 측면에서 보면 의미가 통하는 타당한 발견이라고 할 수 있다. 따라서 부차적인 siRNA의 발견은 타깃 mRNA을 주형으로 사용하여 RdRP가 siRNA를 증폭한다는 가설을 뒷받침해 주고 있다.

따라서 초기 투입된 dsRNA를 증폭하는 기작이 존재한다는 이와 같은 사실은 RNAi의 큰 영향력을 설명해 준다. 이 증폭 기작의 첫 번째 단계는 mRNA 주형 위에 안티센스 siRNA를 개시(priming)하는 단계에 의존적이다. 이 모델은 방아쇠 dsRNA의 센스가 아닌 안티센스가닥을 변조하는 현상에 의해 RNAi가 억제된다고 하는 파이어 등이 발견한 사실을 합리적으로 설명해 준다. 이 모델은 또한 RNAi의 효율성을 위해 필요한 토마토 세포의 RdRP의 발견과 진균과 식물들의 상동유전자의 존재와도 관련성이 있다.

3) 이형염색질 형성과 유전자 억제에서 RNAi 기구의 역할

2002년경 RNAi 시스템이 **전사 단계 유전자 사일런싱**(transcriptional gene silencing, TGS)라고 알려진 이형염색질의 형성과 유전자 사일런싱에 관여한다는 증거가 나오기 시작했다. 곧이어 연구진은 siRNA에 의해 유도된 유전자 사일런싱이 DNA 메틸화 및 히스톤 메틸화를 통해 유전자 조절부위를 공격한다는 사실을 발견하였다.

(1) RNAi와 이형염색질화 과정

그루얼(Grewal), 마르틴센(Martienssen)과 연구진은 분열효모(*Schizosaccharomyces pombe*)의 다이서, 아고노트, RdRP(각각 *dcr1*, *ago1*, *rdp1*)를 인코딩하고 있는 RNAi 유전자를 제거한 실험에서 모든 돌연변이들은 동원체 근처에 삽입된 이식유전자에 영향을 미치는 사일런싱이 정상적으로 일어나지 않음을 발견하였다. 다시 말하면, 이들 이식유전자들은 돌연변이형 RNAi에서 활성을 갖고 있다는 것이다. 이식유전자에 해당하는 방아쇠 dsRNA가 첨가되지 않았기 때문에 RNAi 는 이식유전자의 사일런싱에 직접적으로 관여하고 있지 않음은 주목할 만한 사실이다.

과학자들은 야생형 세포와 돌연변이 세포에서 동원체에 있는 반복 DNA염기서열(cen3 서열)이 전사되는지 확인하였다. 그들은 노던블롯을 이용하여 야생형에서는 아무런 전사가 일어나지 않았으나 RNAi 돌연변이체에서는 세 가지 전사체가 많이 있는 것을 확인하였다. RNA 점블롯을 이용하여 좀 더 상세히 조사한 결과 *cen3* 염기서열의 역전사체(reverse transcript)는 야생형과 돌연변이 세포에서 발견되지만 정상적인 전사체(forward transcript)는 돌연변이체에서만 발견되었다. 더구나 핵에 있는 전사체도 같은 결과를 보여 돌연변이 세포에서만 정상적인 전사체가 있었다. 그러므로 *cen3* 전사체의 농도는 전사 단계에서 조절되는 것이고 전사후 단계에서 조절되는 것은 아니다.

과학자들은 다음에 히스톤 H3의 4번과 9번 라이신이 메틸화된 히스톤 H3에 대한 항체를 이용하여 ChIP을 수행하여 동원체 반복 부분에서 중심 히스톤의 메틸화를 조사하였다. 13장에서 언급했듯이 4번 라이신이 메틸화된 히스톤 H3는 활성화된 유전자와 관련이 있고, 메틸화된 9번 라이신은 이형염색질과 유전자 불활성화와 관련이 있다. 이미 논의한 유전자 활성화로부터 기대하였듯이 야생형 세포는 동원체 부위의 4번 라이신과 9번 라이신이 모두 메틸화되어 있으나 RNAi 돌연변이체 세 가지는 동원체 부위의 히스톤 H3의 메틸화가 비정상적이어서 4번 라이신은 메틸화가 많이 되었으나 9번 라이신의 메틸화는 매우 낮은 수준이었다. 동일한 패턴이 동원체의 가장 바깥 부분인 가장 바깥 동원체 지역에 삽입한 *ura4*+에서도 발견되어 야생형 세포에서 9번 라이신은 메틸화가 많이 나타나 있지만 모든 RNAi 돌연변이체에서 메틸화가 높게 나타나 있다.

RNAi가 히스톤 메틸화와 동원체의 이형염색질 형성에 관련이 있을까? 만일 그렇다면 일부 RNAi 단백질은 동원체 염색질과 상호 작용하고 동원체 RNA에 관련 있는 siRNA를 발견할 수 있지 않을까? 마르틴센 등은 실제로 RNAi 기구에 관련이 있는 Rdp1의 일부가 동원체 염색질에 결합하는 것을 확인하였다. 또한 라인하르트(B. J. Reinhard)와 데이비드 바텔(David Bartel)은 야생형 세포에서 다이서 산물을 클론하였을 때 12가지 클론이 동원체 부위의 전사체에서 나온 것이라는 것을 보여 가설의 두 번째 예측을 지지하는 증거를 이미 발견하였다.

그러므로 적어도 RNAi 기구의 한 가지 구성 요소는 동원체에서 발견되고 siRNA는 동원체의 전사체에서 만들어진다. 이러한 모든 실험 결과를 통해 Martienssen 등은 RNAi가 동원체에서 이형염색질 억제에 관여한다고 제안하였다(그림 16.34). 특히 이들은 otr 부위의 풍부한 역전사체가 간혹 RNA 중합효소나 RdRP에 의하여 합성된 정상적인 전사체와 염기쌍을 이루어 dsRNA를 만들 수 있다고 제안하였다. 다이서는 이 dsRNA를 잘라 siRNA를 만들고, siRNA는 아가노트1 단백질(**Ago1**)과 결합하여 **RITS**(RNA-induced initiator of transcriptional gene silencing)라는 복합체를 형성한다. 이 복합체는 두 가닥의 siRNA를 증폭할 수 있는 RDRC(RNA-directed RNA polymerase complex)라는 복합체에 있는 RdRP을 공격할 수 있다. siRNA는 DNA와 직접 결합하거나 DNA의 전사체와 결합하여 RITS 복합체를 유전체상의 필요한 자리로 안내한다. RITS는 다음에 히스톤 H3의 9번 라이신을 메틸화시키는 효소를 불러들인다. 일단 9번 라이신이 메틸화되면 이형염색질을 형성하는 데 필요한 Swi6를 불러들인다. 다른 단백질도 필요하겠지만 최종 결과는 동원체의 *otr* 부위에 이형염색질이 형성되는 것이다. 포유류의 동원체 주변의 이형염색질 구조도 히스톤 H3의 9번 라이신이 메틸화되고 RNA 가수분해효소에 민감한 구조를 가지고 있는 것으로 보아 이러한 기작을 자세히 알지 못하지만 매우 잘 보전되어 있다.

RITS 복합체는 DNA와 직접적으로 결합할까, 아니면 사일런싱 목적을 달성하기 위한 염색질의 전사체에 의해 유인되는 것일까? 2006년, 모아제드(Moazed)와 연구진은 인위적으로 RITS를 새로이 전사된 *ura4*$^{+}$ 유전자에 결합시키면 활성을 나타내는 유전자가 사일런싱된다는 사실을 보여줌으로써 사일런싱에 전사체의 역할이 중요하다는 증거를 제시하였다.

동원체와 같은 부위가 사일런싱되기 위해서는 먼저 발현이 되어야 한다는 사실은 다소 역설적이다. 그렇다면 두 딸세포의 유전체의 이형염색질화를 유지하기 위해 유사분열 후 유전자 발현이 어떠한 방법으로 진행될 수 있을까? 이 역설적 모순에 대한 해답은

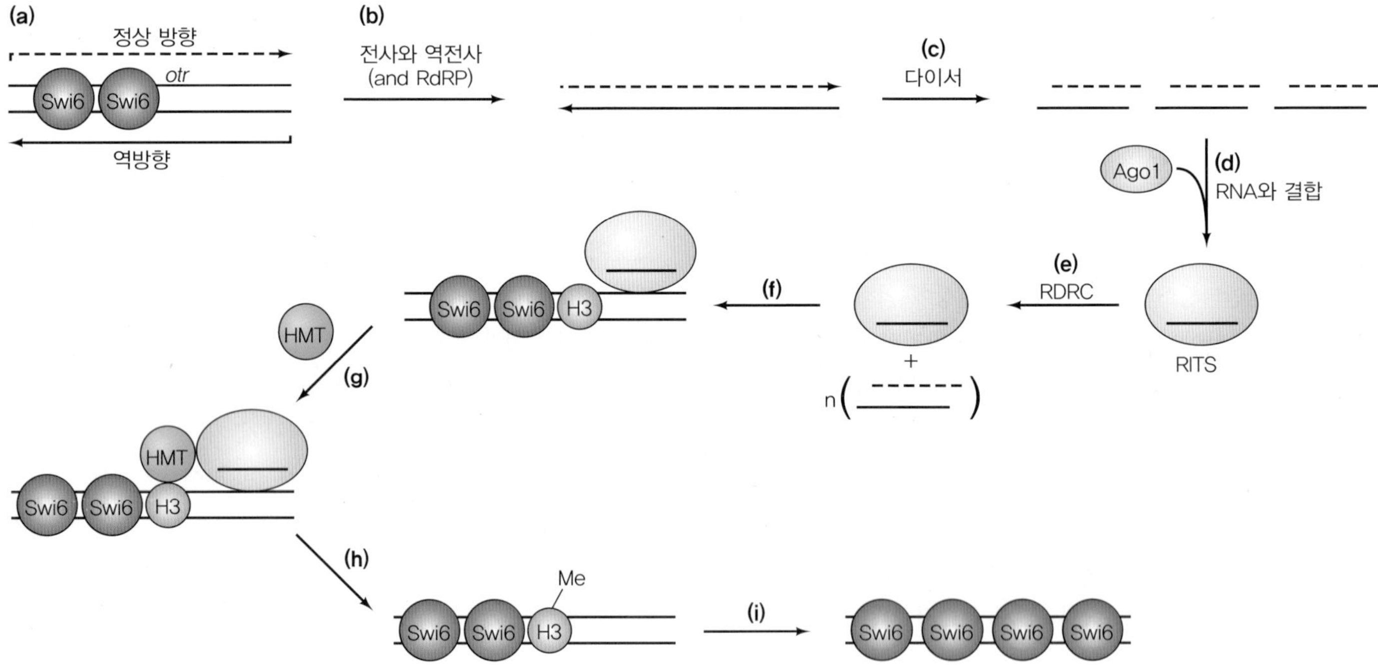

그림 16.34 ***S. pombe*의 동원체에서 이형염색질화의 RNAi 기구가 관여하는 모델.** **(a)** 동원체의 가장 바깥 지역은 계속하여 역전사체를 전사하고, 정상 방향 전사체는 탐색할 수 없을 정도의 낮은 농도로 전사된다. **(b)** 정상적인 전사와 역전사가 일어나면(또는 역전사와 RdRP의 작용으로) 이중가닥 RNA(dsRNA)가 생성된다. **(c)** 다이서는 dsRNA를 siRNA로 자른다. **(d)** Ago1(노란색)은 RITS를 만들기 위하여 (다른 단백질과 함께) 단일가닥의 siRNA와 결합한다. **(e)** RDRC의 RdRP는 siRNA를 증폭하여 이중가닥의 siRNA를 만든다. **(f)** RITS는 siRNA와 함께 DNA와 직접적이거나 이 부위의 전사체와 결합하여 *otr*에 결합한다. **(g)** RIRS는 히스톤 메틸전이효소(HMT, 초록색)를 *otr*로 유도한다. **(h)** HMT는 히스톤 H3(파란색)의 9번 라이신을 메틸화한다. 이 히스톤은 뉴클레오솜의 일부이나 뉴클레오솜은 이 그림에서 생략하였다. **(i)** 메틸화는 차례로 좀 더 많은 Swi6(빨간색)을 유인하여 이형염색질화가 진행된다.

2008년 마르티센의 연구진, 그리고 그루얼의 연구진에 의해 제안되었다. 이 두 연구진의 실험 결과 분열효모의 동원체 근처 이형염색질 부근에 존재하는 히스톤 H3의 10번 세린 아미노산이 유사분열 동안 인산화된다는 사실과 이러한 인산화 결과로 히스톤 H3의 lysine9 아미노산의 메틸기가 떨어져 나가기 때문에 이형염색질화에 필요한 Swi6 단백질이 상실된다는 사실이 밝혀졌다. 그 결과 염색질이 충분히 열리게 되어 S기 동안 전사가 일어나게 된다. 이과정으로 인해 동원체 전사체가 양방향으로 생산되어 RNAi 시스템을 유인하게 되며, 그 결과 발생하는 장시간의 G2기 동안에 동원체가 이형염색질화되는 것이다.

이 가설로 인해 전통적으로 정적이며, 농축되어 있고 비활성화 구조라고 여겨져 왔던 이형염색질이 실제로는 역동적인 구조라는 새로운 시각을 제시하게 되었다. 그렇다면 이와 같은 사실이 동원체 DNA의 실질적인 발현의 가능성을 열게되는 계기가 될까? 이 질문에 답은 아닌 것 같다. 우선, 동원체의 전사과정은 주로 S기에 국한되어 있어서 유전자의 발현이 매우 제한적이라는 사실이다. 또 다른 이유로는 동원체의 전사체는 비정상적인 전사체를 인지하는 능력이 있는 RNAi 시스템이나 다른 RNA-분해 시스템에 빠른 속도로 붕괴되기 때문이다.

그루얼 등은 동원체와 멀리 떨어져 있지만 이형염색질화에 의하여 유전자가 억제되어 있는 동원체와 유사한 염기서열이 효모의 교배형(matingtype) 부위에도 발견되었다고 보고하였다. 또 다른 실험에서 이들은 RNAi 기구가 억제받고 있는 교배형 부위의 이형염색질화를 시작하는 데 필요하다는 것을 보였지만 이 억제현상을 유지하고 유전적으로 전달하는 것까지 확장할 수 있다. Swi6는 확실히 이러한 이형염색질 유지에 충분하다.

동원체 부위에서 RNAi 기구의 역할은 하등한 생물체에 한정되어 있지 않다. 2004년 타츠오 후카가와(Tasuo Fukagawa) 등은 사람의 21번 염색체만 가지고 있는 닭-사람의 잡종 세포주에서 수행한 실험에 대하여 보고하였다. 이들은 다이서 유전자를 테트라사이클린으로 억제할 수 있는 잡종세포주를 만든 후 다이서 유전자의 발현을 테트라사이클린으로 억제하였을 때 어떤 일이 일어나는지 특히 염색체 21번에 어떤 일이 일어나는지를 관찰하였다. 다이서 유전자가 억제되었을 때 가장 확실한 효과는 세포가 5일 후 죽은 것이다.

게다가 이 세포주의 특정한 병리적 현상은 동원체에 문제가 있는 것이다: 이 세포는 딸 염색분체의 분리가 미리 일어나는 비정상적 유사분열을 나타낸다. 비정상적인 RNAi를 가진 효모 세포와 같이 이 척추동물 세포는 사람 염색체 21번의 동원체의 반복 부위의 전사체가 비정상적으로 많이 쌓인다. 이들은 또한 전부는 아니지만 일부 동원체 단백질의 비정상적인 위치도 확인하였다. 동원체에서 문제점은 아마 다이서의 손실에 의해 발생한 것이고, 이로 인해 세포분열과 세포 죽음이 일어났을 것이다.

그림 16.34에 있는 분열효모의 동원체 부위에서 일어난 사건이 고등한 생물체의 세포에 일어난 결과를 설명하는 데 도움이 될 것이다. 그러나 한 가지 명심해야 할 것은 포유류에는 RdRP가 없다는 것이다. 그래서 포유류의 동원체 부위에서 나온 dsRNA는 양방향으로 전사가 일어났거나 유전체의 상동 지역에서 만들어진 것이라 추정된다.

분열효모와 식물과 포유류의 이형염색질화에서 또 다른 주된 차이점 식물이나 포유류는 히스톤 메틸화 외에도 DNA도 메틸화된다는 점이다. DNA 두 가닥의 **CpG 서열**(CpG sequence)의 C에 메틸기가 첨가되어 이것이 이형염색질화를 유도하는 단백질을 끌어들인다. 두 가닥의 RNA가 있으면 RNAi 기구를 끌어들이는 데 중요한 역할을 하고, 이것은 DNA 메틸화를 촉진한다.

이러한 기작의 한 가지 중요한 장점은 이것이 영구적이라는 점이다. 일단 양가닥의 CpG 서열에 있는 C가 메틸화되면, 메틸화된 C가 DNA 복제 후 상대편 가닥에 있는 새로운 C의 메틸화를 촉진하므로 이러한 메틸화는 한 세대에서 다음 세대로 유전된다. 이러한 메틸화가 영구적이기는 하지만 한 염기에서 다른 염기로 변하는 것(예를 들어 C가 T가 됨)과 달리 진정한 유전적 변화는 아니다. 대신 이것을 DNA의 **후성유전학적**(epigenetic) 변이라 한다. 이러한 변이도 유전자의 억제나 염색체 전체 지역의 이형염색질화를 유발하므로 유전적 변화 못지않게 중요하다.

RNAi는 포유류에서 X 염색체 불활성화에 중요한 역할을 할 수 있다. 포유류 암컷의 각 세포에서 X 염색체 중 하나는 이형염색질화에 의하여 불활성화된다. 이러한 현상은 X 염색체 산물의 농도가 증가하여 치명적인 결과를 내는 것을 방지한다. X 염색체 불활성화의 첫째 단계는 히스톤 H3의 9번 라이신의 메틸화이다. 이러한 메틸화는 *Xist* 위치에서 단백질을 만들지 않는 전사체가 나타난 직후 일어난다. *Xist*는 안티센스 RNA인 *Tsix*와 *Xist* 프로모터의 메틸화에 의하여 조절된다고 알려져 있다. 동일한 세포에서 *Tsix*와 *Xist* 전사체가 존재하면 RNAi 시스템을 야기하여 이형염색질의 형성을 시작하는 히스톤 메틸화효소를 끌어들인다.

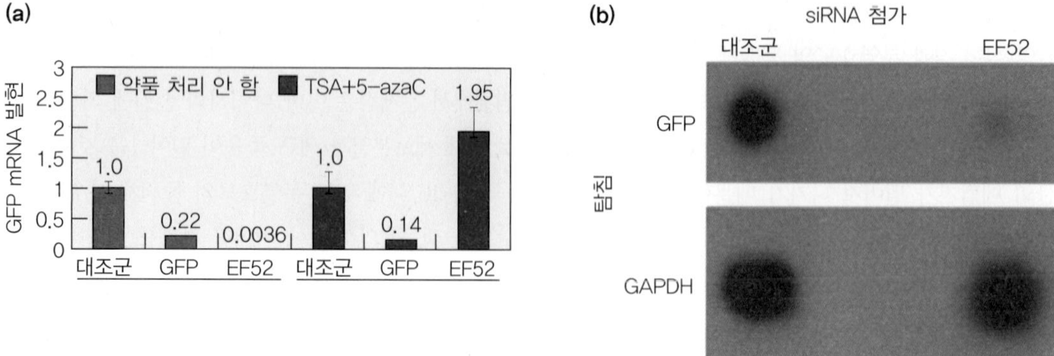

그림 16.35 EF1A 유전자의 조절부위에서 siRNA에 의한 유전자 억제 현상. **(a)** EF1A 유전자의 프로모터-인핸서 부위에 의하여 발현되는 GFP 유전자를 가진 인간 세포에서 GFP mRNA를 실시간 PCR로 분석한 결과. 세포는 GFP 유전자를 가진 FIV를 주입하고, TSA나 5-azaC가 있거나 없는 상태에서 siRNA를 첨가하였다. 그다음 GFP mRNA의 양을 측정하기 위하여 실시간 PCR을 수행하였다. 막대그래프는 대조군으로 siRNA가 없는 경우와 mRNA의 유전자 부위(GFP)를 겨냥한 siRNA, EF1A 유전자의 조절부위(EF52)를 겨냥한 siRNA의 실험 결과이다. **(b)** 전사의 핵 런-온 분석. EF52 siRNA나 siRNA 없이(대조군) EF1A-GPF 클론을 주입한 세포에서 핵을 분리하였다. 표지한 핵의 런-온 mRNA를 합성하고 GFP DNA나 GAPDH DNA와 잡종화하였다. 전사 수준에서 EF52 siRNA는 GFP 유전자를 억제하지만 GAPDH 유전자는 억제하지 않았다. (출처: Reprinted with permission from Science, Vol. 305, Kevin V. Morris, Simon W.-L. Chan, Steven E. Jacobsen, and David J. Looney, "Small Interfering RNA-Induced Transcriptional Gene Silencing in Human *Cells*," Fig. 1, p. 1290, Copyright 2004, AAAS.)

(2) 유전자 조절부위에서 siRNA에 의해 직접적으로 유도되는 유전자 전사 억제

2004년 케빈 모리스(Kevin Morris) 등은 포유류 유전자도 식물이나 포유류의 이형염색질화에서 보았듯이 RNAi 기구에 의하여 억제되고 이러한 억제 현상은 DNA 메틸화가 관련이 있다는 것을 발견하였다. 더구나 정상적인 RNAi와 달리 이러한 억제 현상은 siRNA가 유전자의 코딩부위보다 조절부위에 관여한다.

모리스 등은 사람의 번역 신장인자 1α 유전자(human elongation factor 1α gene, EF1A)의 프로모터-인핸서에 의하여 조절되는 초록색 형광단백질을 사용하였다. 이들은 사람의 세포에 위의 리포터 유전자를 갖는 고양이 면역결핍바이러스(feline immunodeficiency virus, FIV)를 주입하여 리포터 유전자와 조절부위 유전자가 사람 세포의 유전체에 삽입하게 하였다. FIV 벡터는 또한 핵막을 siRNA에 투과성 있게 만들었다. 정상적인 상태에서는 포유류의 핵은 siRNA를 흡수하지 않는다.

이 경우 siRNA는 유전자의 코딩부위가 아닌 조절부위에 작용하므로 mRNA를 분해하거나 번역을 막지 않는 것을 알 수 있다. 실제로 우리가 예측한 대로 전사를 억제하지 않았고 모리스 등은 이러한 결과를 보여 주었다. 4장에서 설명한 실시간 RT-PCR을 이용하여 그들은 세포에 융합유전자의 조절부위를 겨냥한 EF52 siRNA를 주입하면 거의 모든 GFP의 전사체가 사라지는 것을 보여 주었다. 반면에 GFP mRNA 암호화부위를 겨냥한 siRNA는 GFP 전사체의 78%를 감소시켰다(그림 16.35a).

포유류에서 전사 억제의 공통적인 점은 히스톤과 DNA(시토신)의 메틸화이므로 모리스 등은 각각 히스톤과 DNA의 메틸화를 억제하는 트리코스타틴(trichostatin, TSA)과 5-아자시티딘(5-azacytidine, 5-azaC)의 효과를 조사하였다. 이 약품들은 EF52 siRNA에 의한 억제효과를 완전히 되돌려 놓았으나 GFP 암호화부위에 의한 억제 효과에는 아무런 효과가 없었다. 이러한 결과는 EF52 siRNA에 의해 일어난 억제 현상에 DNA나 히스톤 메틸화가 관여한다는 가설을 지지하고 있다.

EF52 siRNA에 의하여 전사 정도가 어떻게 사일런싱되는지 확인하기 위하여 Morris 등은 핵 런-온 분석 실험을 수행하였다(5장 참조). 그림 16.35b는 EF52가 실제로 극적으로 GFP 전사물이 감소되는 것을 보여 주었다. 이 동안에 관련이 없는 글리세르알데히드 인산염 탈수소효소(GAPDH) 전사물은 영향이 없는 것을 알 수가 있다.

유전자의 조절부위에 있는 DNA가 전사의 억제 현상 중에 실제로 메틸화되어 있는지 확인하기 위하여 모리스 등은 CpG를 포함한 서열을 자르는 제한효소인 *Hin*P1I을 사용하였다. 만일 이 염기서열에 있는 C가 메틸화되어 있지 않으면 *Hin*P1I가 자를 것이나 메틸화되어 있으면 자르지 못할 것이다. EF1A 유전자의 조절부위에는 1개의 *Hin*P1I가 있다. 그러므로 이 자리가 메틸화되어 있으면 이 자리는 *Hin*P1I로부터 보호될 것이고, 이 자리에서 반대편에 있는 프라이머를 이용한 PCR에서 산물을 만들어낼 것이다. 반면에 만일 자리가 메틸화되어 있지 않으면 *Hin*P1I는 이 자리를 자르고 결과적으로 PCR 산물은 생성되지 않을 것이다.

그림 16.36은 이러한 실험 결과를 보여 주고 있다. 1차선의 대

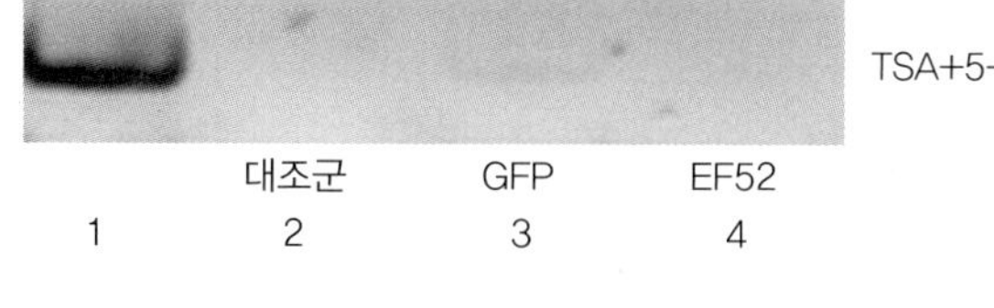

그림 16.36 siRNA에 반응하여 EF1A 유전자 조절부위의 메틸화. 모리스 등은 CpG 염기서열이 메틸화되어 있지 않으면 자르고 메틸화되어 있으면 자르지 못하는 *Hin*P1I을 이용하여 EF1A 조절부위의 CpG 서열의 메틸화 상태를 조사하였다. 이들은 아무런 약품을 처리하지 않거나 CpG 서열의 메틸화를 방해하기 위하여 TSA와 5-azaC를 처리한 세포의 DNA를 *Hin*P1I으로 절단하였다. *Hin*P1I으로 자른 후 CpG 자리의 주변과 결합하는 프라이머를 이용하여 PCR을 수행하였다. 메틸화되어 잘라지지 않는 DNA만 밴드를 형성한다. 1번 레인, 합성하여 메틸화된 양성 대조군. 2번 레인, 관계없는 siRNA를 처리한 음성 대조군. 3번 레인, GFP의 유전자 부위를 겨냥한 siRNA를 사용한 음성 대조군. 4번 레인, GFP의 조절부위를 겨냥한 siRNA를 사용한 실험군. 이 siRNA를 사용하면 약품을 처리하지 않은 상태에서 CpG는 메틸화되어 잘리지 않아 PCR 산물이 만들어지고 TSA+S-azaC를 처리한 경우 메틸화가 일어나지 않아 PCR 산물이 생성되지 않는다. (출처: Reprinted with permission from Science, Vol. 305, Kevin V. Morris, Simon W.-L. Chan, Steven E. Jacobsen, and David J. Looney, "Small Interfering RNA-Induced Transcriptional Gene Silencing in Human *Cells*," Fig. 1, p. 1290, Copyright 2004, AAAS.)

조군에서 *Hin*P1I 자리를 가진 플라스미드를 시험관 내에서 메틸화한 경우 실제로 PCR 산물을 만든다. 2차선과 3차선은 각각 다른 siRNA나 GFP 코딩부위의 siRNA를 주입한 세포의 DNA로 실험한 대조군이다. 4차선은 EF52 siRNA를 주입한 세포의 실험 결과이다. 위 그림에서 DNA가 HinP1I가 자르는 것으로부터 보호받고 있어 PCR 산물이 생성되었음으로 DNA가 메틸화되어 있다는 것을 보여 준다. 반면에 아래 그림에서 TSA나 5-azaC와 같이 메틸화-억제 약품이 메틸화를 억제하여 *Hin*P1I가 자를 수 있게 하여 아무런 PCR 산물이 생성되지 않았다.

지금까지 설명한 모든 실험에는 EF1A 유전자가 FIV를 이용해 사람의 유전체에 삽입된 상태이고 자연적인 위치에서 일어난 일은 아니다. siRNA를 통한 유전자 억제 현상이 내재적인 사람의 유전자에서 일어나는지 확인하기 위하여 모리스 등은 그림 16.35와 그림 16.36에 있는 실험과 유사한 실험을 수행하였는데 대신 세포를 siRNA에 투과성이 있도록 HIV-1의 막통과 펩티드를 SV40 바이러스의 핵 위치 신호(nuclear localization signal)에 붙인 MPG 융합펩티드를 사용하였다. 이 실험에서 세포에는 아무런 EF1A 유전자가 도입되지 않고 단지 내재적인 유전자만 존재하고 유전자 억제 현상은 일어났다. (그러나 예전 실험과 같이 극적인 결과가 나타나지 않았다.) 예전과 같이 이러한 억제 현상은 DNA 메틸화를 수반하였고 메틸화 억제제로 억제할 수 있었다.

이 실험에서 사용된 siRNA의 출처는 어디일까? 그것은 아마도 유전자의 암호영역(coding region)이라기보다는 조절 영역일 것이어서, 정상적인 유전자의 전사체로부터 오는 것은 아닐 것이다. Morris와 연구진은 siRNA의 센스가닥의 일부는 EF1a 유전자의 5′-연장 전사체부위, 즉 정상적인 전사개시부위의 상류인 프로모터 부위에서 유래되었다고 증명하였다. 이 연구진은 추가 연장된 전사체의 존재를 5′-부위를 바이오틴으로 표지한 프로모터의 안티센스 RNA와 미니 자석구슬에 결합시킨 애비딘(avidin) 단백질을 사용한 **RNA 풀다운**(RNA pull-down) 실험으로 발견하였다. 바이오틴으로 표지된 프로모터 부위의 안티센서 RNA 가닥은 세포 내에서 프로모터 부위를 통과한 전사된 RNA와 바이오틴에 달라붙은 애비딘이 결합된 구슬과 혼성체를 이루기 때문에(hybridize) 전체 RNA-RNA-구슬 복합체의 형태로 자석으로 분리해 낼 수(끌어내릴 수) 있는 실험이다.

프로모터와 결합된 RNA와 정상 EF1a 전사체를 실시간 RT-PCR로 정량화해 보면 그 비율이 약 1:570 정도가 된다. 따라서 EF1a 유전자의 전사체 570개당 약 1개의 RNA가 프로모터에서 시작된다. 5′-RACE 실험을 통해 이 프로모터와 결합하고 있는 전사체들은 정상적인 전사개시부위의 약 230bp 상류에서 시작됨이 밝혀졌으며, 3′-RACE 실험을 통해 이들 전사체들은 정상적인 전사체와 같은 크기로 합성된 후 스플라이싱과 다중아데닐화된다고 밝혀졌다.

프로모터와 결합된 RNA가 전사단계에서의 유전자 사일런싱에 중요한 역할을 담당하고 있을까? 이 질문에 대한 답을 얻기 위하여, 모리스와 연구진은 프로모터와 결합하고 있는 RNA를 RNase H로 분해하고자 하였다(14장 참조). 이 연구진은 세포 안으로 프로모토와 결합된 RNA에 특이적인 포스포로티오에이트 올리고뉴클레오티드(phosphorothioate oligonucleotide)를 투입(transfect; 감염)시켰는데, 이 물질은 데옥시리보올리고뉴클레오티드와 유사한 역할을 담당한다. EF1a 프로모토와 결합하고 있는 RNA의 분해에 의해 첨가한 프로모토와 결합된 RNA에 의해 유발되는 전사과정의 사일런싱이 사라졌다. 이와는 반대로 RNAase H에 의해 유발되는 다른 유전자(CCR5)의 프로모터에 결합된 RNA의 분해 현상은 EF1a유전자의 TGS에는 영향을 미치지 못했다. 따라서 프로모터와 결합한 RNA는 TGS 현상에 필수적임을 알 수 있다.

유전자 사일런싱 동안에 일어나는 EF1a 전사조절부위의 유전외적 변화(epigenetic change) 중의 하나는 이 부위의 뉴클레오솜의 히스톤 H3의 라이신 27번의 삼중메틸화 현상(H3K27me3)이다. 프로모터와 결합된 RNA가 이와 같은 유전외적 변화에 모종의 역할을 하고 있을까? 풀다운 실험에 의하면 그것이 사실인 것 같다. EF1a 프로모터와 결합된 RNA를 올리고뉴클레오티드와 RNaseH로 파괴하면 염색질은 더이상 H3K27me3의 항체로 침강되지 않음을 알 수 있다. 반면, 상관없는 유전자인 CCR5 조절부위의 올리고뉴클레오티드를 처리하면 H3K27me3의 항체에 의한 EF1a 프로모터와 결합된 뉴클레오좀이 침강을 방해하지 않는다.

따라서 프로모터와 결합된의 존재 H3K27의 메틸화에 반드시 필요한 것이다. 아직도 정확한 이유는 잘 모르지만, 아마도 프로모터와 결합된 RNA가 안티센스 RNA(siRNA의 안티센스 가닥)와 혼성체를 이루기 때문이 아닐까 하는 추측을 할 수 있다. 이 혼성체는 결국 H3K27 메틸전달효소가 포함된 염색질 리모델링 복합체를 유인하여 H3K27을 삼중메틸화시킨 후 그 유전자를 사일런싱시킬 것일 것이다.

유전자 사일런싱에 관해 이제까지 논의한 내용은 염색질의 메틸화로 설명되는 유전외적 수정이 큰 역할을 한다. 또 다른 사일런싱은 핵 내 RNA에 의해 일어난다. 이 핵 내 RNA는 내재적인 이중가닥의 siRNA로서 핵 속으로 자유스럽게 들어가 RNAi 기작과 유사한 기작으로 핵 내 RNA를 파괴하는 역할을 수행한다. 케네디와 연구진은 2008년 siRNA가 세포질의 아거노트 단백질(꼬마선충의 NRDE-3)에 결합한다는 사실을 보여 주었다. NRDE-3는 **핵이동신호**(nuclear localization signal)를 보유하고 있어서, siRNA-NRDE-3 복합체가 핵으로 쉽게 이동한 후, 상보적인 염기배열을 갖고 있는 핵 내 mRNA 전구체를 파괴하는 과정을 돕는다. 이 현상은 세포질에서 일어나는 일반적인 RNAi의 작용기작과는 차별화됨을 주목하기 바란다.

(3) 식물의 전사단계에서의 유전자 사일런싱

분열효모와 동물의 TGS 현상에 필요한 짧은 RNA들은 RNA 중합효소 II에 의해 합성된다. 그러나 꽃식물의 TGS의 경우에는 2개의 다른 종류의 RNA 중합효소인 **RNA 중합효소 IV**(RNA polymerase IV)와 **RNA 중합효소 V**(RNA polymerase V)에 의해 합성되는데, 이들은 진화과정을 통해 RNA 중합효소 II로부터 파생되어 나온 효소들이다. RNA 중합효소 IV는 24개의 뉴클레오티드의 이형염색질 siRNA를 합성하는데, 효모와 동물의 경우 이에 해당하는 효소는 RNA 중합효소 II이다. RNA 중합효소의 역할은 좀더 미묘하여 정확한 작용기전을 밝히는 것이 다소 어려운 실정이다.

RNA 중합효소 V는 200 뉴클레이티드보다 더 긴 비암호영역에 해당하는 전사체를 만들어 내는데 5′-위치의 모자구조와 삼중인산화과정이 일어나지 않을 뿐 만 아니라 다중아데닐화 현상도 일어나지 않는다. 특정 구역의 전사체를 살펴보면 다수의 5′-말단부위가 눈에 띄는데, 이 부위는 프로모터와 무관하게 합성된다는 것을 의미한다. 2008년 피카르드(Pikkard)와 연구진은 중합효소 V 내 가장 큰 소단위 단백질을 돌연변이로 만든 실험을 통해 중합효소 V가 작용하여 전사단계에서의 유전자 사일런싱을 유발한다는 사실을 발견했다. 이 연구진은 중합효소 V활성이 없어짐과 동시에 비암호화 영역의 특정부위의 전사체 또한 만들어지지 않음을 발견하였고, 중첩되는 부위와 이웃 염색질 영역에서 비정상적인 사일런싱이 발생함을 관찰하였다. 나아가, 이 연구진은 이형염색질의 주요 특징, 즉 히스톤과 DNA 메틸화현상이 중합효소 V의 활성이 없어진 세포에서 사라진다는 것을 발견하였다.

어떻게 중합효소 V가 만든 전사체가 사일런싱에 관여하는 복합체를 유인하는 것일까? 피카르드와 연구진은 그림 16.34에 설명된 것과 매우 유사한 모델을 제시하였다. 단, 중합효소 IV와 V의 역할은 진균과 동물에서의 중합효소 II와 유사한 역할을 하는 점에서 차이가 난다. 중합효소 V가 만든 전사체는 아거노트와 siRNA(중합효소 IV가 합성한)로 구성된 복합체를 유인한다. 이 복합체는 결국 사일런싱 복합체를 유인한다. 2009년 피카르드와 연구진은 이 가설에 대하여 아래와 같이 더 상세한 보완 실험 증거를 제시하였다. 첫 번째 증거로 이 연구진은 CHIP 실험을 통해 돌연변이된 아거노트 및 중합효소 V를 만들고 있는 애기장대식물의 염색질을 분석하였다. 그 결과 야생형 *Ago4*와 중합효소 V가 정상적인 상태에서 사일런싱되는 트랜스포존 유전자에 결합한다는 사실과, *Ago4*의 돌연변이형 혹은 중합효소 V의 가장 큰 소단위를 인코딩하는 *nrpe1* 유전자의 돌연변이형은 트랜스포존과의 결합이 일어나지 않음을 발견하였다. 따라서 Ago4와 중합효소 V가 사일런싱되어야 할 염색질과 결합하는 데에 필수적임을 증명된 것이다.

중합효소 V가 만든 전사체가 Ago4와 염색질을 유인하는 데 필요한지 알아내기 위하여, Pikkard와 연구진은 야생형 식물과 중합효소 V에서 가장 큰 소단위의 활성부위가 돌연변이된 식물에서 CHIP 분석실험을 수행하였다. 돌연변이 단백질은 안정하고 중합효소 V이 두 번째로 큰 소단위에도 정상적으로 결합하였지만 전사체를 만들지는 못하였다. CHIP 분석 실험을 통해 Ago4가 돌연변이 식물의 표적 염색질 부위에 결합하지 못함을 알 수 있었다. 야생형 *nrpe1* 유전자를 돌연변이 식물에 도입하였더니 결합이 다시 일어남을 알 수 있었다. 그러나 돌연변이형 *nrpe1* 유전자를 도입하면 결합은 일어나지 않았다. 따라서 중합효소 V가 Ago4를 유인하는 데 필요로 함을 알 수 있고, 이것은 이 가설의 예측과 일치한다.

중합효소 V가 만드는 전사체가 겨자과 식물에 속하는 애기장대의 이형염색질과 진정염색질 부위 모두를 포함한 유전체 전체 에서 발견된다는 사실을 이해하는 것이 중요하다. 그렇다면 어떻게 진정염색질은 사일런싱에서 벗어날수 있을까? 피카르드와 연구진은 중합효소 V 전사체가 사일런싱에 충분조건은 아니지만 필요조건이라고 제안하였다. 사일런싱에는 siRNA가 또한 필요하다. 따라서 진정염색질 부위에서는 siRNA가 만들어지지 않기 때문에 사일런싱되지 않는 것이다.

이번 장의 앞부분에서 우리는 염색질이 사일런싱되기 위해서는 먼저 전사가 일어나야 한다는 모순에 대해서 논의하였다. 중합효소 IV와 V는 꽃식물로 하여금 이 문제를 해결할 수 있는 길을 열어놓게 있는 셈이다. 이들 중합효소는 프로모터에서 작용을 시작하지 않으며 중합효소 II와 같은 방법으로 전사를 하지도 않는다. 따라서 이들 중합효소는 중합효소 II에 의해 사일런싱되는 염색질 부위에서도 전사를 개시할 수 있다고 보여진다.

16.7. Piwi와 상호 작용하는 RNA와 트랜스포존의 조절

23장에서 우리는 트랜스포존이라고 알려져 있는 DNA 부분이 유전체의 한 장소에서 다른 장소로 위치변경, 즉 점프를 할 수 있다는 사실에 대하여 공부를 할 것이다. 이러한 방법으로 트랜스포존은 유전자를 차단하기도 하고 불활성화시키기도 하며 나아가 염색체를 절단하기도 한다. 따라서 전위(transposition)는 세포를 사멸 시키거나 암과 같은 질병을 유발할 수 있는 위험한 과정이다. 이러한 이유로 세포는 전위를 통제할 수 있는 방법이 필요하다. 이것의 중요성은 유전자를 다른 세대로 유전시키는 세포인 생식세포에서 더욱 더 커진다. 생식세포에서 전위를 통해 생겨난 중대한 형질전환이나 세포사멸은 성공적인 생식과정 절차를 어렵게 함으로써 특정 종의 생존에 지대한 영향을 미친다.

따라서 개체가 전위를 조절하는 기작을 진화적으로 고안해 낸 사실은 그리 놀랄만한 사실이 되지 않으며, 이러한 진화적인 발전은 특히 생식세포에서 이루어졌다. 생식세포는 실제로 또 다른 부류의 작은 RNA(24~30 뉴클레오티드)를 만들어 내는데, 이것을 **Piwi-결합 RNA**(Piwi-interacting RNA, piRNA)라고 부른다. siRNA와 miRNA처럼 piRNA는 아거노트단백질과 결합되어 있으나, 우리가 이제까지 다루어 온 Ago 단백질과는 별개의 아거노트 단백질 슈퍼패밀리에 속한다. piRNA는 Piwi 분류군의 멤버와 결합하는 반면, siRNA와 miRNA는 Ago 분류군에 결합한다.

초파리와 포유동물의 piRNA는 동일개체에서 유래된 트랜스

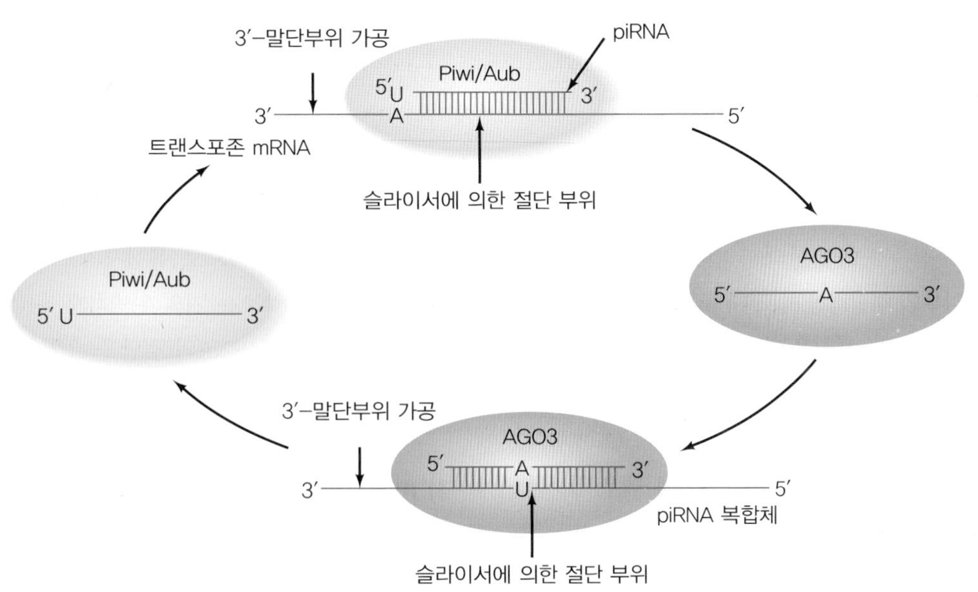

그림 16.37 piRNA의 핑퐁 증폭 고리에 관한 모델. 자세한 내용은 본문 설명을 참조하라.

포존의 센스 혹은 안티센스 가닥과 상보적인 경향이 있다. 이러한 piRNA는 pi유전자의 클러스터에서 유래되어 나오며, 기다란 클러스터의 전사과정과 그 이후의 전구 RNA의 공정과정 이후 완숙한 mRNA를 경유하여 만들어진다고 추측된다. 다는 아닐지라도 일부의 공정과정은 아래에서 부연하는 소위 핑퐁 증폭순환고리에 의해 트랜스포존의 비활성화 과정과 같은 시간에 발생한다(그림 16.37).

초파리에서는 **Piwi**와 **오버진**(Augergine)과 같은 Piwi 단백질들이 트랜스포존 mRNA의 염기배열과 상보적인 piRNA와 연관지어진다. 이러한 piRNA에는 대개는 첫 번째 위치에 U가 존재하게 된다. 이 piRNA와 Piwi 혹은 오버진단백질 복합체는 염기짝짓기를 통해 트랜스포존 mRNA와 결속될 수가 있다. 이와 같은 결속화 현상에 의해 piRNA의 5′-말단 부위의 U와 염기짝짓기를 만드는 A의 10 뉴클레오티드 상부가 잘린다. 이 절단과정은 트랜스포존의 3′-말단의 공정과정과 함께 트랜스포존의 일부인 RNA와 선택적으로 결합하는 다른 단백질인 Ago3과 결속할 수 있는 짧은 RNA를 생산하는 것으로 이어진다. RNA-Ago3의 결합체는 짝짓기를 통해 piRNA 전구체 RNA와 결합하게 되고, Ago3의 슬라이서 활성에 의해 A와 짝지어져 있는 U의 바로 위 상류 지점이 잘리게 된다. 이 절단은 piRNA 전구체의 말단 공정과정과 함께 이 순환고리를 다시 시작할 수 있게 하기 위하여 Piwi 혹은 오버진 단백질과 결합할 수 있는 원숙한 piRNA을 생산하게 된다.

이와 같은 기작은 다음 두 가지 과정을 가능하게 해준다. 즉, 트랜스포존 mRNA를 잘라서 전위과정을 막고, piRNA를 증폭시켜 줌으로써 위의 과정을 자극한다. piRNA 클러스터의 전위현상은 생식세포에만 국한되어 있고, 체세포가 생식세포를 둘러싸고 있으므로, 전위에 의해 매우 안 좋은 결과가 일어날 수 있는 세포인 생식세포의 전위가 억제되게 된다.

동물의 체세포는 piRNA를 생산하지 않으므로 이들 세포에서의 트랜스포존의 비활성화는 다른 기작에 의해 수행되어야 한다. 잼모어(Zamore)와 연구진은 2008년에 초파리의 체세포가 트랜스포존 mRNA(그리고 일부의 정상적인 세포 내 mRNA)와 상보적인 내재적인 siRNA를 생산한다는 사실을 발견하였다. 이러한 내재적인 siRNA는 이 장의 뒷부분에서 설명하겠지만, 크게 두 가지 면에서 miRNA와 차별된다. 첫째는 3′-말단 부위에 29-O-메틸화되어 있다는 점과, 둘째는 크기 분포가 21nt 내외로 매우 협소한 변이를 나타낸다는 사실이다. 내재적인 siRNA의 또 다른 특징은 miRNA와 같이 안정된 줄기-고리 전구체로부터 만들어지지 않는다는 사실이다. 이러한 내재적인 siRNA는 10번 위치에 U 혹은 A로 시작되지 않는 경향이 있으므로 piRNA와도 다르다. 따라서 초파리의 체세포는 전위현상을 통제하기 위하여 piRNA에 근거한 기작을 사용하기 보다는 내재적인 RNAi 기작을 활용한다. 또한 동물의 생식세포는 트랜스포존을 비활성화하기 위하여 piRNA 경로를 보유하고 있으나, 이들 생식세포는 또한 최소한 몇개의 트랜스포존에 대항하여 만들어진 내재적 siRNA를 만든다는 사실로부터, 트랜스포존이 야기하는 문제를 해결하기 위한 방안으로 세포가 최소한 두 가지 장치를 개발하여 보유하고 있다고 볼 수 있다.

식물에는 Piwi 단백질이 없기 때문에 트랜스포존 mRNA와 상보적인 RNA를 만들어 증폭하기 위하여 다른 경로를 사용해야 한다. 애기장대는 잘 밝혀져 있지 않은 기작에 의해 트랜스포존으로부터 짧은 RNA를 만들어 낸다. 또한 이러한 짧은 RNA는 Ago4 단백질과 결합한다. Piwi 단백질이 없는 상태에서 증폭고리를 활용하여 상보적인 RNA를 만들기 위해서는 RNA-의존성 RNA 중합효소(이전 절 참조)가 작용을 한다. 두 가닥의 트랜스포존과 상보적인 짧은 RNA는 서로 연결되어 RNAi에 의한 트랜스포존 mRNA를 파괴를 개시할 수 있는 방아쇠 dsRNA를 형성할 수 있다.

16.8. 유전자 발현의 전사후 조절 : 마이크로 RNA

siRNA와 piRNA의 두 가지가 유전자 사일런싱에 참여하는 짧은 RNA 전체를 대변하는 것은 아니다. **마이크로 RNA**(microRNA, miRNA)라고 불리는 또 다른 부류의 짧은 RNA가 존재하는데, 이것은 식물과 동물세포에서 줄기-루프 전구체 RNA가 잘리면서 자연스럽게 만들어지는 22개의 뉴클레오티드이다. 동물세포에서 이 miRNA들은 다소 완벽하지는 않게 특정 mRNA의 3′-부위의 비번역부위의 염기와 염기쌍을 만들어서 특정 mRNA의 단백질 합성을 방해하는 기작으로 유전자의 사일런싱를 유발한다. 식물의 경우에는 miRNA는 거의 완벽하게 mRNA의 내부 염기와 염기쌍을 만들어서 mRNA의 절단을 유발한다. miRNA의 작용과 어떻게 만들어지는지에 대해 지금부터 살펴보기로 하자.

1) miRNA에 의한 단백질 합성 과정의 사일런싱

miRNA의 중요성에 대한 최초의 암시는 1981년에 시작된 실험에서 나왔는데, 이 실험의 내용은 꼬마선충의 *lin-4* 유전자의 돌연변이에 의해 꼬마선충의 발생이 비정상적으로 진행된다는 것이었다. 이후의 유전학적 연구를 통해 *lin-4* 유전자 산물이 *lin-14* 유전자의 단백질 산물인 LIN-14의 양을 억제한다는 것을 알게 되었다. 흥미롭게도 Ruvkun과 연구진은 *lin-4*가 LIN-14의 억제하기 위해서는 *lin-14* 유전자의 **3′-비번역지역**(3′ untranslated region, 3′-UTR)이 필요하다는 것을 관찰하였다. 마지막으로 1993년에 Ambros와 연구진은 *lin-4* 돌연변이를 매핑한 결과 *lin-4*는 단백질을 암호화하지 않는 유전자임을 알아내었다. 그 대신 *lin-4*는 miRNA의 전구체를 암호화하는 부위에 위치함을 알게 되었다. 이러한 연구 결과로부터 miRNA가 *lin-14* 유전자의 발현을 억제함으로써 꼬마선충의 발생에 중요한 역할을 한다는 것을 추론할 수 있었다. *lin-4* 기능에 반드시 필요한 염기순서인 *lin-14* mRNA의 3′-UTR 내에 miRNA가 부분적으로 상보적이라는 꼬마선충의 염기서열 분석 결과 위의 가설은 더욱더 신뢰를 얻게 되었다.

이제는 miRNA가 식물과 동물 유전자의 조절에 중요한 역할을 담당하고 있음을 알게되었다. 이제까지 관찰해 온 대부분의 식물과 동물 종에는 수백 종 이상의 miRNA가 있고 각각의 miRNA는 다른 많은 유전자를 조절할 것으로 생각된다. miRNA에 돌연변이가 나타나면 발생과정이 비정상적으로 되는데, 이는 miRNA의 중요성을 더욱 부각시키는 계기가 되며, 나아가 많은 질병의 원인으로서 miRNA의 돌연변이 혹은 부정확한 조절에 기인할 수 있을 것이라고 추측된다.

실제로 miRNA는 정상적인 세포뿐만 아니라 병에 걸린 세포의 유전자의 조절에 너무도 중요한 역할을 담당하고 있어서 miRNA는 이러한 질환이나 암을 치료하는 약물의 타깃으로 어마어마한 잠재력을 지니고 있다. 전형인 암세포는 비정상적인 miRNA를 지니고 있는데, 이중의 일부 miRNA는 비정상적으로 희소한 반면 어떤 것들은 흔한 편이다. 중요한 것은 이들 miRNA 중 어떤 것이 질환 상태에 연관되어 있는지 밝혀내는 것이고, 그 다음 miRNA 전구체를 포함하는 약물을 이용하여 주요 miRNA의 농도를 조정하는 일이다. 그러나 miRNA 전구체와 같은 거대 분자들은 약물로 사용되기에는 매우 어려운 실정이며, miRNA를 암호화하고 있는 유전자를 선택적으로 조절하는 방법도 잘 밝혀져 있지 않은 상태이다.

miRNA의 중요성에 대하여 공부하였으므로, 어떠한 기작을 사용하여 유전자의 발현을 조절하는지 알아보자. 우리는 서로 다른 결론을 얻는 데 사용된 몇 가지 증거를 먼저 살펴볼 것인데, 모든 실험 결과를 1개의 기작으로 설명하기는 어려울 것으로 보인다.

1999년 필립 올슨(Philip Olsen)과 암브로스는 처음으로 lin-4 miRNA가 *lin-14* mRNA의 번역을 제한하여 작용한다는 사실을 보여 주었다. LIN-14 단백질은 예쁜꼬마선충의 발생에 중요한 역할을 한다. 처음 유충시기(L1)에서 LIN-14가 이 시기에 발생하는 세포의 운명을 결정하는 것을 돕기 때문에 LIN-14의 양은 많다. 그러나 L1의 마지막 부분에서 다른 단백질이 두 번째 유충시기(L2)의 세포 운명을 결정하므로 LIN-14의 양은 줄어들어야 한다. LIN-14의 양을 억제하는 것은 *lin-14* mRNA의 3′-UTR에서 부분적으로 상보적인 염기서열과 7개의 불완전하고 반복적인 염기쌍을 이루는 22nt miRNA인 *lin-4* RNA에 달려 있다.

올슨과 암브로스는 웨스턴블롯(5장 참조)을 수행하여 L1과 L2 시기 사이에 LIN-14 단백질이 10배 감소하는 것을 보여 주었다. 반면에 핵 런-온 분석법(5장 참조) 결과는 *lin-14* mRNA가 L1과 L2 사이에 불과 2배 차이밖에 나지 않는 것을 보여 주었다. 그러므로 *lin-14*의 조절은 전사 수준이 아니고 번역 수준에서 일어나는 것이다.

다음에 올슨과 암브로스는 RT-PCR(4장 참조)을 이용하여 3′-말단을 증폭시켜 L1과 L2 시기에서 *lin-14* mRNA의 폴리(A) 꼬리의 크기를 측정하였다. 이러한 실험은 두 시기에서 mRNA의 폴리(A) 꼬리가 변화가 없다는 것을 보여 주었다. 그러므로 *lin-14* mRNA는 L2 시기에서 폴리(A) 꼬리가 줄어들어 불안정화되는 것은 아니다. 올슨과 암브로스는 실제로 *lin-14* mRNA가 L1 시기와 L2 시기에 비슷한 양의 폴리솜(하나의 mRNA에서 번역하고 있는 리보솜들, 19장 참조)과 결합되어 있는 것을 보여 주었다. 그러므로 *lin-14* mRNA의 번역개시는 L1과 L2 시기에 모두 잘 일어났다고 생각된다.

LIN-14 단백질의 출현이 L2 시기에 억제되지만 mRNA의 번역개시가 정상이라면 합리적인 결론은 이 mRNA의 번역의 신장이나 종결이 어떤 방법으로 방해받은 것이다. 실제로 *lin-4* miRNA가 *lin-14* mRNA의 3′-UTR에 있는 표적자리에 결합하면 번역의 종결을 방해하는 좋은 위치에 자리잡고 있는 것이다. 만일 그렇다면 *lin-4* miRNA와 *lin-14* mRNA가 동시에 폴리솜에서 관찰되어야 한다.

올슨과 암브로스는 이러한 가설을 증명하기 위하여 L1과 L2 유충에서 설탕 구배 초원심분리법(sucrose gradient ultracentrifugation, 17장 참조)을 이용하여 폴리솜을 정제한 후 RNase 보호분석(RNase protection assay, 5장 참조)으로 *lin-14* mRNA와 *lin-4* miRNA의 존재를 확인하였다. 그림 16.38은 실험 결과를 보여주고 있다. 위 그림의 오른쪽에 있는 '혹'은 빨리 침전하는 폴리솜을 나타낸다. 폴리솜은 아래 그림에서 가운데 두 차선에 나타나

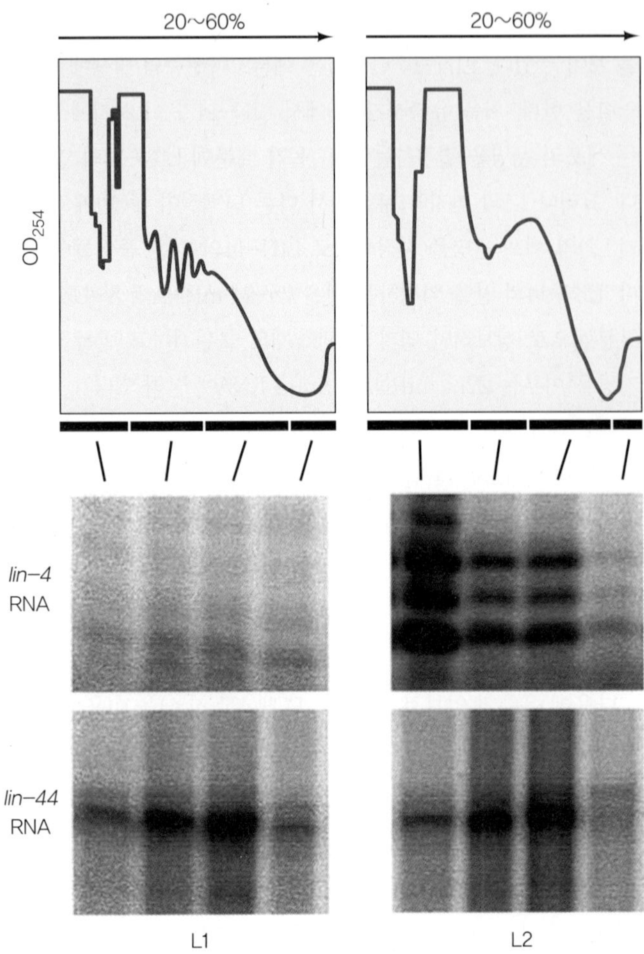

그림 16.38 *lin–4* miRNA와 *lin–14* mRNA가 L1과 L2 유충에 있는 폴리솜에 결합하고 있다. 올슨과 암브로스는 설탕구배 초원시분리법을 이용하여 *C. elegans*의 L1(왼쪽), L2(오른쪽) 유충의 폴리솜을 보여 주고 있다. 이들은 원심분리 후 4개의 부분으로 나누었다. 가운데 두 부분이 폴리솜을 가지고 있어 *lin–4*나 *lin–14* RNA의 탐침과 반응한다. RNA 잡종을 RNA 가수분해효소로 처리한 후 보호된 탐침을 폴리아크릴아마이드 겔에서 전기영동하였다. *lin–4*와 *lin–14* 탐침을 이용한 결과가 가운데와 아래 그림에 나타나 있다. 여러 개의 밴드가 나타난 것은 한 뉴클레오티드 차이인 밴드로 잡종화된 RNA의 말단 부위가 RNA 가수분해효소에 의하여 조금씩 잘린 결과이다. (출처: *Developmental Biology*, Volume 216, Philip H. Olsen and Victor Ambros,"The lin–4 Regulatory RNA Controls Developmental Timing in Caenorhabditis elegans by Blocking LIN–14 Protein Synthesis after the Initiation of Translation," fig. 8, p. 671–680, Copyright 1999, with permission from Elsevier.)

있으면 아래 그림은 RNase 보호분석으로 얻은 전기영동 사진이다. L1과 L2 유충에서 얻은 폴리솜은 동일하며 *lin–4* miRNA(가운데 사진)와 *lin–14* mRNA(아래 사진)도 서로 염기쌍을 이루고 있어 각각의 양도 비슷하다.

이러한 결과는 문제점을 제시하고 있다. *lin–4* miRNA와 *lin–14* mRNA가 폴리솜에서 발견되고 이들이 염기쌍을 이루고 있는 것은 사실이다. 그러나 폴리솜의 양상이 L1 유충과 L2 유충에서 동일하게 보인다. 만일 miRNA가 번역의 신장을 완전히 또는 거의 방해했다면 mRNA에 거의 리보솜이 붙지 않은 폴리솜이 축적되어 폴리솜은 가벼워져 피크가 왼쪽으로 이동하여야 한다. 이러한 결과는 관찰되지 않았다. 반대로 만일 miRNA가 번역의 신장을 약하게 억제하거나 miRNA가 종결을 방해하면 폴리솜에 좀 더 많은 리보솜이 축적되어 폴리솜 피크는 오른쪽으로 이동하여야 한다. 이 역시 관찰되지 않았다. 그러므로 *lin–4* miRNA는 L2 배아의 *lin–14* 단백질 농도를 번역의 신장이나 종결을 통한 한 가지의 단순한 억제방법으로 제한하는 것 같지 않다. *lin–4* miRNA는 폴리솜의 양상을 변화하지 않는 방법으로 번역의 개시나 신장을 모두 억제한다고 생각하는 것이 타당하다. *lin–4* miRNA는 mRNA의 3′–말단에 결합하여 새로 합성된 LIN–14 단백질을 붙잡아 분해하는 것도 가능하다.

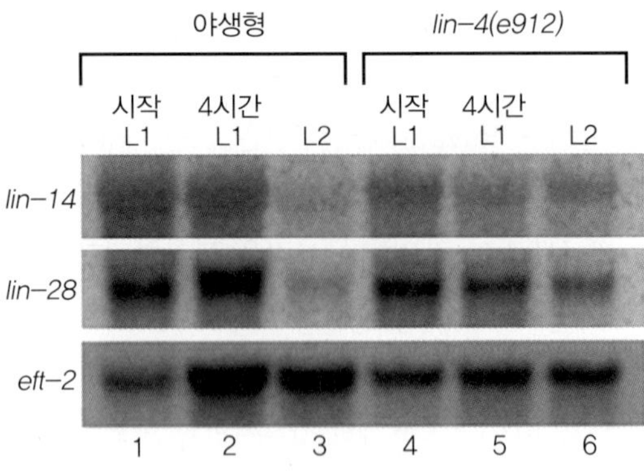

그림 16.39 *C. elegans* 발생 과정에서 여러 가지 mRNA의 양. 파스퀴넬리 등은 *C. elegans*의 발생 과정에서 굶긴 L1, 4h L1, L2의 여러 시간에서 RNA를 추출하여 노던블롯을 수행하였다. 그다음 *eft–2* mRNA(*lin–4*에 영향을 받지 않는 mRNA)를 대조군으로 사용하고, *lin–14*, *lin–28* mRNA를 탐침으로 잡종화시켰다. L1과 L2 시기에서 *lin–14*와 *lin–28* mRNA의 양은 야생형 세포에서 많이 감소하지만 *lin–4*(e912) 세포에서 많이 감소하지 않는다. (출처: Reprinted from *Cell*, Vol 122, Shveta Bagga, John Bracht, Shaun Hunter, Katlin Massirer, Janette Holtz, Rachel Eachus, and Amy E. Pasquinelli, "Regulation by let–7 and *lin–4* miRNAs Results in Target mRNA Degradation," p. 553–563, fig. 6a, Copyright 2005, with permission from Elsevier.)

이러한 의문에 대한 일부 해답은 2005년 에이미 파스퀴넬리(Amy Pasquinelli) 등이 수행한 연구 결과에 의하여 설명될 수 있다. 이들의 실험은 *C. elegans*의 mRNA를 노던블롯으로 분석하여 *lin–14*(그리고 *lin–28*) mRNA가 L1과 L2 시기에 4배 정도 감소하는 것을 보여 주었다(그림 16.39). 이 그림은 이러한 감소가 *lin–4* miRNA에 의존적이라는 것도 보여 주고 있다. *lin–4 e912* 돌연변이체에서는 mRNA가 조금 감소하였다. 그러므로 *lin–4* miRNA는 하나 이상의 기작을 통하여 조절작용을 하는 것이라 추정된다.

miRNA의 작용기작을 이해하는 또 다른 방법은 특정 miRNA에 대하여 1개 혹은 그 이상의 표적부위에 해당하는 합성된 리포터 mRNA를 사용하여 miRNA가 리포터 mRNA에 미치는 효과(더 정확히 기술하면 miRNA를 모방하는 감염된 siRNA)를 살펴보는 것이다. 샤프와 연구진은 2006년에 이와 같은 실험전략을 사용하여 단백질 시작을 억제했을 때 리포터 mRNA와 리보솜이 결속하는 과정이 빠르게 해체되는 과정이 miRNA가 없을 때보다 있을 때 일어남을 관찰하였다. 이 실험 결과는 miRNA가 리보솜을 mRNA로부터 조기에 이탈시킴(**리보솜 이탈**, ribosome drop-off)을 의미한다. 이 연구진은 또한 5′-모자구조가 결핍되었으나, 내부리보솜개시부위(IRES)가 포함되어 있는 리포터 mRNA는 miRNA에 의한 유전자 사일런싱에 반응을 보인다는 사실을 발견하였다. 17장에서 공부하겠지만 모자부위를 인지하는 것은 진핵세포의 단백질 합성 과정의 시작 단계이므로 Sharp와 연구진의 발견은 miRNA가 단백질 합성의 하류에서 작용함을 의미하기도 한다. 따라서 이 실험 결과는 리보솜 이탈 모델과도 일치하는 것이다.

한편, 필피포비스크(Filipowicz)와 그 연구진은 2005년에 miRNA가 단백질 합성의 시작 시점에 관여한다는 증거를 제시하였다. 그들은 슈크로즈 구배 초원심분리 실험을 이용하여 폴리솜(활발하게 단백질 합성에 관여하는 리보솜, 19장 참조)을 mRNP(단백질이 합성되지 않는 부위의 mRNA에 결합하고 있는 단백질)로부터 분리해 냈다. 그들은 miRNA와 그 타깃 mRNA가 폴리솜이 아닌 mRNP와 같이 결속되어 있음을 발견하였다. 이 사실은 타깃 mRNA가 단백질 합성에 관여하고 있지 않음을 의미하며, 따라서 miRNA가 단백질 합성의 시작을 억제하고 있음을 시사하는 것이다. 또한 miRNA가 단백질 합성 시작 시점(17장에서 공부할 내용인 mRNA의 5′-말단의 모자구조 인지)에 관여한다면, IRES에서 시작되는 모자구조에 비의존적인 단백질 합성이 miRNA에 의한 사일런싱을 피해갈 수 있을 것이다. 이것이 필피포비스크와 연구진이 정확히 발견한 사실이며, miRNA가 단백질 합성 과정의 시작과정을 억제한다는 가설을 뒷받침해 주는 사실이다. miRNA가 아거노트 단백질들과 결합하여 단백질 합성 개시 인자와 경쟁함으로써 mRNA의 모자구조에 결합하는 것을 억제함으로써 단백질 합성을 억제할 수도 있을 것이라는 실험적 증거도 있다.

이 장의 뒤에 가서 우리는 miRNA가 mRNA를 분해하는 것을 돕는다는 증거에 대해 알아보게 될 것이다. miRNA의 기능에 대한 세 가지 중요한 가설이 있다. 단백질 합성 시작 단계 억제, 단백질 합성의 연장단계 억제, mRNA의 분해가 그것이다. 우리는 어떻게 이 모든 아이디어에 대하여 받아들일 수 있을까? 아마도 실험적 접근법의 차이 혹은 실험에 사용된 개체의 종류의 차이 때문에 miRNA의 기능에 대해 다른 해석을 내리게 될 수 있다. 그러나 한 개체 안에서도 다수의 서로 다른 기작이 있다는 확실한 증거가 있다. 서로 다른 miRNA들이 각기 다른 방법으로 작용할 가능성 혹은 동일한 miRNA라도 세포의 종류에 따라 다른 방법으로 작용할 가능성이 있다. 마지막으로, 이줄루드와 연구진은 관찰된 상이한 작용 기작들은 동일한 미지의 기작 때문에 발생할 수 있을 것이라는 제안을 하였다. 이렇듯 대단히 흥미로운 질문에 대한 완벽한 답을 얻기 위해서는 더 많은 연구 결과가 나올 때까지 기다려야 할 것이다.

적어도 동물에서 작은 RNA와 표적 mRNA 사이에 일어난 염기쌍의 정도가 유전자 억제의 종류를 결정한다. 염기쌍이 완전하면 작은 RNA가 siRNA가 아니고 miRNA라 할지라도 mRNA를 분해되는 경향이 있다. 염기쌍이 불완전하면 작은 RNA가 miRNA보다 siRNA라 할지라도 mRNA의 번역이 억제된다.

miRNA와 mRNA 사이에 완전한 염기쌍을 이루어 mRNA의 분해를 일으키는 좋은 예는 생쥐의 miR-196 miRNA와 *HOXB8* mRNA이다. 포유류와 다른 동물은 호메오 영역을 가진 전사인자를 만드는 **호메오박스**(homeobox, HOX) 유전자군을 가지고 있다(12장 참조). 이러한 전사인자는 배아의 발생에서 결정적인 역할을 한다. HOX 유전자는 HOX 유전자군 안에 있는 유전자에서 전사된 miRNA에 의하여 하향 조절된다. 이러한 miRNA 중 하나인 miR-196은 하나의 G-U 워블 염기쌍(18장 참조)을 제외하고 HOXB8 mRNA와 완벽하게 염기쌍을 이룬다. 2004년 David Bartel 등은 miR-196과 염기쌍을 이루는 지역에서 잘리는 *HOXB8* mRNA 절편의 5′-말단을 결정하기 위하여 cDNA 말단의 급속증폭법(rapid amplification of cDNA end, RACE, 4장 참조)을 이용하였다. 이들은 miR-196 miRNA가 생쥐의 15일과 17일된 배아에 나타나는 것을 알고 있어 이 시기의 mRNA 절편에 치중하였다. RACE 분석법 결과는 잘라진 *HOXB8* mRNA에 해당하는 8개의 클론을 보여 주었고, 이 중 7개는 miR-196 miRNA와 염기쌍을 이루는 부위에서 말단을 가지고 있다.

이러한 결과는 miRNA가 두 RNA가 염기쌍을 이루는 지역에서 mRNA를 자른다는 것을 나타낸다. 이러한 가설을 확인하기 위하여 Bartel 등은 반딧불의 루시퍼레이즈 리포터 유전자에 miR-

196과 상보적인 염기를 삽입하고 이 유전자를 miR-196 miRNA나 상관없는 miRNA와 함께 사람 세포인 HeLa 세포에 주입하였다. 그리고 리포터 유전자의 mRNA가 잘라진 것을 확인하기 위하여 RACE 분석을 수행하였다. 이들은 상관없는 miRNA는 자르지 못하지만 miR-196 miRNA는 루시퍼레이즈 mRNA를 자르는 것을 확인하였다. 그러므로 포유류의 miRNA는 표적 mRNA와 완벽하거나 거의 완벽하게 일치하면 표적 mRNA를 자를 수 있다.

동물의 siRNA와 miRNA의 작용에는 세 가지 중요한 차이가 있다.

1. siRNA는 표적 mRNA의 분해를 유도하여 유전자를 억제하지만 miRNA는 표적 mRNA의 단백질 산물이 축적되는 것을 방해하여 유전자를 억제한다. 그럼에도 불구하고 동물의 miRNA와 표적 mRNA 사이의 염기쌍은 완벽하거나 거의 완벽하면 miRNA는 표적 mRNA를 자를 수 있다.
2. siRNA는 최소한 한 가닥이 세포의 외부에서 왔거나 트랜스포존에서 기원한 이중가닥 RNA에 작용하는 다이서의 작용에 의하여 형성된다. 반면에 miRNA는 정상적인 세포의 산물인 가지-고리 RNA의 이중가닥 부분에 작용하는 다이서의 작용에 의하여 형성된다.
3. siRNA는 표적 mRNA와 완벽하게 염기쌍을 이루지만 miRNA는 일반적으로 표적 mRNA와 완벽하지 못한 염기쌍을 이룬다.

siRNA나 miRNA와 같은 작은 RNA에 의한 억제현상에는 RISC 복합체가 필요하다. 초파리에는 두 종류의 다이서[다이서-1(Dicer-1), 다이서-2(Dicer-2)]와 두 가지의 RISC(**siRISC**, **miRISC**)가 있으나 단순히 일대일 대응은 아니다. siRNA에 의한 억제현상에는 siRISC와 두 가지 다이서가 필요하나 다이서-2가 siRNA를 만드는 데 좀 더 중요하다. miRNA에 의한 억제현상에는 miRISC가 필요하지만 단지 다이서-1이 miRNA를 만드는 데 필요하다. 그러나 효모나 포유류에는 단지 한 가지 RISC만 있으므로 다른 생물체에서 이러한 분류는 일반적일 수 없다. 이렇게 복잡하지만 siRNA와 miRNA에 의한 mRNA 분해는 동일하지 않으면서도 매우 유사하다. 이러한 기작에는 이중가닥의 siRNA나 miRNA를 만들기 위하여 다이서가 필요하고 이중가닥 RNA는 아거노트를 가진 RISC에 결합하기 위하여 단일가닥의 RNA를 만든다. 단일가닥 siRNA나 miRNA는 상보적 서열을 가진 mRNA를 공격하고 RISC에 의하여 분해된다.

모든 동물 miRNA가 번역 수준에서 작용하는 것은 아니라는 것을 강조할 필요가 있다. miRNA도 mRNA를 약체화시켜 mRNA 농도를 낮출 수 있다. miRNA의 초기 멤버인 *lin-4*를 포함하여 이미 두 가지를 예를 보았고 *lin-4*는 단백질의 번역을 억제할 뿐 아니라 mRNA의 농도도 낮출 수 있다. 그러나 *lin-4*와 같은 miRNA에 의해 유발된 그와 같은 mRNA 농도의 감소만으로는 RNAi가 miRNA와 mRNA 간의 완벽한 염기 상보성을 요구하므로 RNAi와 유시한 기작으로 작동되기는 힘들다.

25장에서 나오지만 두 가지 miRNA 중 하나를 HeLa 세포에 주입하면 약 100가지 mRNA의 농도를 낮출 수 있다. 실제로 보통 뇌에서 발현되는 한 miRNA는 HeLa 세포의 mRNA 양상을 뇌의 mRNA 양상과 비슷하게 만든다. 반면에 일반적으로 근육에서 발현되는 다른 miRNA는 mRNA 양상을 근육세포의 양상으로 변화시킨다. 더구나 약체화된 mRNA의 3′-UTR은 해당하는 miRNA의 5′-말단 근처에 상보적인 서열을 가지고 있다. 그러므로 miRNA와 표적 mRNA 사이의 염기쌍은 mRNA 분해에 중요하다고 여겨진다. 각 miRNA가 직접적이든 간접적이든 약 100 mRNA의 수준에 영향을 준다는 사실은 miRNA가 동물의 유전자 발현에 광범위한 역할을 한다는 것을 의미하고 이러한 사실은 miRNA가 전사인자의 중요성과 견줄 만하다.

miRNA와 mRNA를 약체화시키는 miRNA의 기능을 발견함에 따라 1986년부터 알려져 왔고 불안정한 mRNA의 3′-UTR에 존재하는 것으로 알려진 **AU-풍부 요소**(AU-rich element, ARE)의 역할을 설명할 수 있게 되었다. 2005년 Jiahuai Han 등은 초파리 종양괴사인자-α(tumor necrosis factor-α)의 mRNA의 불안정성은 miRNA가 매개하는 mRNA 분해에 관여하는 Dicer-1, Ago1, Ago2에 달려 있다고 보고하였다. 그들은 사람 세포에서 ARE를 갖고 있는 mRNA의 불안정성도 디아서에 달려 있다고 밝혔다. 게다가 ARE 서열(AAUAUUUA)에 상보적이며 사람에 특정한 miRNA(mi-R16)가 mRNA의 불안정성에 필요하다.

동물에서 번역을 방해하는 모델과 달리 식물의 miRNA는 표적 mRNA에 완벽하거나 거의 완벽하게 염기쌍을 이루어 표적 mRNA의 분해를 촉진하여 유전자를 억제한다. 제임스 캐링튼(James Carrington) 등은 2002년에 애기장대에서 miRNA 39로 알려진 21nt RNA가 꽃이 피는 조직에서 축적되고 Scarecrow-like(*SCL*)로 알려진 전사인자 그룹의 여러 mRNA 중간에서 염기쌍을 이룬다는 것을 보고하였다. 이러한 염기쌍은 miRNA와 염기쌍을 이루는 지역에서 mRNA를 자른다. 잎과 줄기 조직에는 비교적 적은 양의 miRNA 39가 축적되어 이 조직에서 SCL mRNA는 거의 잘라지지 않는다.

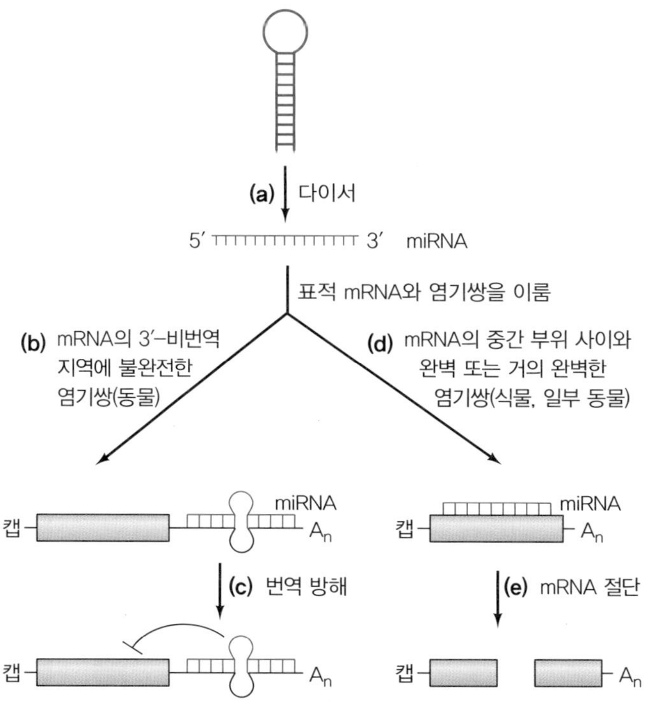

그림 16.40 miRNA에 의한 유전자 억제의 두 가지 경로. (a) 가지-고리 miRNA 전구물질은 다이서에 의하여 잘려 약 21nt 길이의 짧은 miRNA가 된다. (b) 동물 세포에서 보통 일어나는 것과 같이 miRNA와 표적 mRNA 3′-UTR 사이의 염기쌍이 완벽하지 않으면 miRNA는 번역을 방해하거나 mRNA의 단백질 산물이 축적되는 것을 방해한다(c). (d) 식물 세포에서 대개 일어나고 일부 동물 세포에서 일어나는 것과 같이 miRNA와 표적 mRNA의 중간 부위 사이의 염기쌍이 완벽하거나 거의 완벽하면 mRNA는 잘라져(e) mRNA는 불활성화된다.

miRNA에 의해 mRNA가 잘라지는 것을 입증하기 위하여 캐링튼 등은 잎의 조직에 miRNA 39 전구물질을 만드는 유전자를 도입하였다. 이들은 miRNA 39가 높은 농도로 존재하는 것을 관찰하여 잎 조직이 디아서와 같이 miRNA 전구물질에서 miRNA를 만들 수 있을 것이라 생각하였다. 더욱 중요한 것은 이들이 miRNA 39를 발현하는 잎 조직에서 SCL mRNA가 더 작고 불활성을 띤 산물로 절단되는 것을 관찰하였다.

반면에 어떤 식물 miRNA는 표적 mRNA와 염기쌍을 잘 이루지만 번역을 방해하여 유전자 발현을 억제한다. 2004년 수에메이 첸(Xuemei Chen)은 애기장대에서 이러한 예를 보고하였다. 애기장대의 miRNA172는 APETALA2라 불리는 꽃의 호메오 유전자의 mRNA와 거의 완벽하게 염기쌍을 이루지만 mRNA 분해는 유발하지 않는다. 그러므로 식물의 miRNA는 표적 mRNA와 염기쌍을 이루는 정도와 관계없이 유전자 억제 현상을 일으키기 위해 mRNA을 분해하거나 번역을 방해한다.

그림 16.40은 (동물에서 관찰되는 전형적인 상황과 같이) miRNA가 염기쌍이 완벽하지 않을 때와 (전형적인 식물의 상황과 같이) 염기쌍이 완벽하거나 거의 완벽한 경우에 miRNA의 기작을 요약하고 있다. 전자의 경우에 번역이나 최소한 단백질 산물은 나타나지 않는다. 그러나 모든 과정에 예외는 있다. 동물의 miRNA는 표적 mRNA와 완벽하지 않게 염기쌍을 이루지만 mRNA를 분해할 수 있고, 식물 miRNA는 표적 mRNA와 완벽하게 염기쌍을 이루어도 번역을 방해할 수 있다.

miRNA는 세포의 유전자 활성의 조절자로서만 역할을 하는 것은 아니다. miRNA가 바이러스의 RNA를 공격하므로써 식물과 무척추 동물에서 항바이러스 물질로서 작용한다는 실험적 증거가 있다. 척추동물에서는 miRNA보다는 강력한 인터페론 시스템에 의해 바이러스의 감염에 대응한다고 추정되어 왔다. 그러나 데이비드와 연구진은 2007년 miRNA가 바이러스 mRNA를 표적으로 공격할 수 있고, 이러한 miRNA들은 그 자체가 인터페론 시스템의 생산물이기도 하다고 증명한 바 있다.

구체적으로 살펴보면, 데이비드와 연구진은 인터페론-β(IFN-β)가 많은 miRNA의 생성을 촉진할 수 있다는 사실을 증명하였다. 이들 miRNA에는 8개의 miRNA가 있으며 C형 간염 바이러스 (HCV)의 유전자 염기서열과 상보적인 염기배열을 갖추고 있다. 이러한 miRNA들은 이 염기배열과 동일한 합성 miRNA에 감염시켰을 때 인터페론-β가 HCV의 감염과 복제에 작용하는 효과를 모방하는 것으로 미루어 보아 HCV의 감염에 대응하는 과정에 효과가 있다고 판단된다.

2) miRNA에 의한 단백질 합성의 촉진

miRNA는 꼭 단백질 합성을 억제하는 것만은 아니다. 스타이츠와 연구진은 세포주기를 G1 단계에서 억제시키기 위해 혈청을 고갈 시킨 세포에서 인간의 TNFα mRNA의 ARE가 단백질 합성을 촉진하는 현상을 발견함으로써 miRNA가 세포에 긍정적 영향을 줄 수도 있음을 간파하였다. 그들은 또한 Ago2와 인간의 저능화에 관련된 FXR1 유전자가 ARE와 결속하여 단백질 합성을 활성화 시킬 수도 있음을 발견하였다.

이 실험으로부터 miRNA가 다른 단백질과 함께 ARE에 결합함로서 특정 조건하에서 단백질 합성을 억제하는 것이 아니라 촉진하는 기능을 수행한다는 것을 의미한다. 이러한 가능성의 확인해보기 위해 스타이츠와 연구진은 생물정보학 기법(25장 참조)을 활용하여 TNFα ARE의 염기순서와 상보적인 염기배열을 인간 유전체 전체에서 검색해 보았다. 검색결과 그들은 miR16를 제외한 5개의 miRNA 후보를 찾아냈는데, 이 miRNA들은 ARE 영영 바

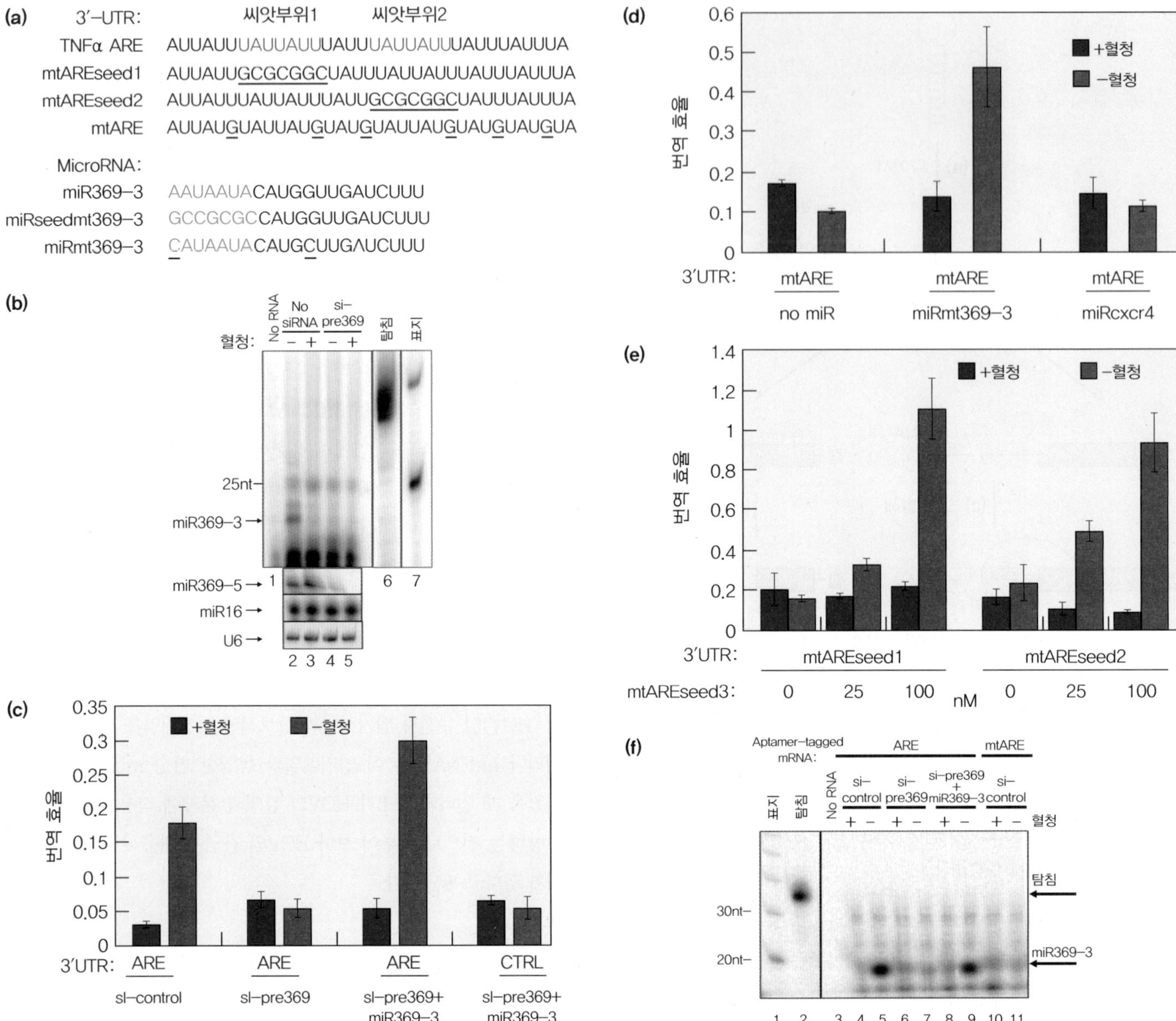

그림 16.41 MiR369-3에 위한 리포터 mRNA로부터의 단백질 합성의 활성화 역할. (a) 루시페레이즈 mRNA, 야생형 miRNA, 돌연변이형 miRNA에 연결되어 있는 야생형과 돌연변이형 TNFα의 39-UTR의 염기서열. 모든 염기서열은 59→39 방향으로 씌여져 있으므로, 상보적 염기배열을 읽기 위해서는 뒤집어서 읽어야 한다. 야생형 ARE는 2개의 부위(분홍색)가 있고 이 부위는 miR369-3의 씨앗부위(59-AAUAAUA-39, 파란색)에 상보적이다. (b) RNase 보호실험으로 측정한 miR369-3의 농도. RNA 농도가 혈청의 유무, pre-miR369-3을 표적하는 siRNA의 유무에 따른 각각의 측정치가 그림의 상단에 표기되어 있다. 하단부에는 miR369-5(miR369-3의 패신저 가닥)의 농도와 2개의 대조군 RNA(miR16과 U6 snRNA)측정치가 표기되어 있다. miR369의 위치가 좌측에, 25-뉴클레오티드 마커 RNA의 위치에 표기되어 있다. (c) 야생형 ARE, 대조군 ARE(CTRL)을 포함하는 mRNA의 단백질 합성의 효율이 혈청의 유무에 따라 표시되어 있다(각각 파란색과 빨간색). 실험은 siRNA 부재(si-control), pre-miR369-3을 표적으로하는 siRNA 존재, 혹은 siRNA와 회복시켜주는 iR369-3(si-pre369 1 miR369-3)의 순서로 진행되었다(하단부에 표기되어 있음). (d) 돌연변이형 ARE(mtARE)를 포함하는 mRNA로부터의 단백질 합성의 효율이 상보적인 돌연변이형 miR369-3(miR369-3), 혹은 대조군 miRNA(miRcxcr4)의 유무 상태에 따라 각각 표시되어 있다. (e) 돌연변이형 안티-seed1 혹은 안티 seed2 부위(각각 mtAREseed 1와 mtAREseed 2, 하단부에 표기)를 가지고 있는 ARE를 포함하는 mRNA로부터의 단백질 합성의 효율이 혈청의 유무에 따라 표시되어 있고(각각 파란색과 빨간색), 돌연변이형 안티-씨앗부위 (miRseedmt369-3)에 상보적인 씨앗부위에 해당하는 miRNA의 세 가지 농도가 하단부에 표기되어 있다. (f) 리포터 mRNA와 miR369-3 간의 결속 (어울림) 측정. 포름알데히드로 가교결합시킨 RNA를 리포터 mRNA에 꼬리 붙여둔 S1 앱타머를 이용한 친화력정제법으로 분리한 후 miR369-3를 RNase 보호실험으로 측정하였다. 이실험은 siRNA 부재 상태(si-control), pre-miR369-3 (si-pre369)을 표적으로 하는 siRNA 존재 상태, 혹은 with the siRNA와 회복시켜 주는 miR369-3(si-pre369 1 miR369-3)의 존재하에 진행되었다(상단부에 표기). (출처: *Science*, 21 December 2007, Vol. 318, no. 5858, pp. 1931–934, Vasudevan et al, "witching from Repression to Activation: MicroRNAs Can Up-Regulate Translation." © 2007 AAAS.)

끝부위에 결합함으로서 TNFα mRNA를 억제하는 것으로 알려져 있었다.

이 5개의 miRNA 중에서 어떤 것이 TNFα mRNA의 단백질 합성에 영향을 주는지 찾아내기 위하여 TNFα의 ARE를 반딧불의 루시퍼레이즈 리포터 유전자에 연결한 후, 이 유전자의 단백질 합성의 효율성을 여러가지 조건하에서 트랜스팩션된 세포 내에서 조사하였다. 이 중 오직 1개의 miRNA인 mir369-3이 효과가 있었다. 즉, 단백질의 합성을 촉진하였는데, 단 혈청이 고갈된 세포에서만 촉진하였다.

그림 16.41b는 miRNA의 세포 내 농도가 혈청이 고갈된 조건에서 증가하고, 이러한 증가는 premiR369-3의 고리 부분을 타깃으로 한 siRNA로 처리하면 상쇄된다는 것을 보여 준다. 이와는 반대로 혈청은 사용된 3개의 대조군 RNA에는 효과가 없었다. miR369-3는 실제로 pre-mRNA, miR16 혹은 U6 snRNA의 줄기에 있는 miR369-3 의 상보적인 염기가닥에 해당한다.

예상한 바와 같이, siRNA 역시 miR369-5의 농도를 낮추어 주었다. 다음 단계로 스타이츠와 연구진은 혈청의 유무, miR369-3의 축적을 방지하는 siRNA의 유무에 따라 혈청이 리포터 mRNA의 단백질 합성에 미치는 효과를 조사하였다. 그림 16.41c는 혈청이 제거된 조건에서 단백질 합성 효율이 약 5배 증가하였음을 보여 준다. 그러나 pre-miR369-3을 표적으로 하는 siRNA를 넣어 주면, 단백질 합성의 촉진 현상이 사라진다. 반면, 이 연구진이 siRNA에 저항성이 있는 합성 miR369-3을 넣어 줌으로써 miR369-3을 구제해 보았을 때에는 단백질 합성은 혈청제거 조건에서 다시 5배 증가하였다. 그뿐만 아니라, 혈청은 ARE가 miRNA의 염기 배열과 달랐을 때에는 단백질 합성에 아무런 영향도 끼치지 않았다.

miR369-3과 ARE간의 염기짝짓기가 어떤 중요성을 가지고 있는지 실험하기 위해 스타이츠와 연구진은 유전자 간 억제 기법을 사용하였다. 즉, ARE 염기배열을 돌연변이시켜 mtARE로 만들고(그림 16.41a), 이것이 야생형 miR369-3과 함께 단백질 합성을 촉진하는지 관찰해 봤다. 그림 16.41d는 혈청이 제거된 조건에서는 단백질 합성의 증가가 나타나지 않음을 보여 준다. 다음 단계로 연구진은 돌연변이형 miR369-3(miRmt369-3, 그림 16.41a)을 mtARE의 염기배열과 봉보적인 염기배열과 함께 첨가해 준 후 단백질 합성 촉진 여부를 관찰해 봤다. 이번에는 혈청이 제거된 상태에서 단백질의 합성이 촉진되었다. 예상한 대로 대조 miRNA(miRcxcr4)는 단백질 합성을 촉진하지 않았다. 따라서 ARE와 miRNA 간의 염기배열의 상보성은 중요하다는 결론을 내릴 수 있다.

씨앗부위 염기배열의 중요성을 확인하기 위해 Steitz와 연구진은 miR369-3의 씨앗부위에 상보적인 mRNA의 ARE의 동일한 부위(seed1과 seed2) 각각을 돌연변이 시킨 후 miRNA의 씨앗부위에 보완할 수 있는 (compensating) 돌연변이를 만들었다. 돌연변이 된 ARE를 mtAREseed1과 mtAREseed2라고 명명하고, 보완할 수 있는 돌연변이형 miRNA를 miRseedmt369-3이라고 명명하였다. 이들 염기배열은 그림 16.41a에 나타나 있고, 그림 16.41e는 그 결과이다. 예상한 바와 같이, mRNA의 안티씨앗부위 각각의 염기배열을 변경하면 혈청제거에 의해 증가된 단백질 합성의 촉진현상이 사라졌고 miRNA의 씨앗부위의 보완해 주는 돌연변이에 의해 단백질 합성이 다시 촉진됨을 알 수 있었다. 따라서 miR369-3은 실제로 단백질 합성의 촉진에 관련성이 있고, miRNA의 씨앗부위와 mRNA의 ARE와의 염기짝은 단백질 합성의 촉진에 매우 중요함이 증명되었다.

마지막으로 스타이츠와 연구진은 리포터 mRNA와 결속되어 있는 miR369-3을 직접적으로 분석해 봤다. 연구진은 리포터 mRNA를 스트렙트애비딘과 결합시키는 방법으로 정제하기 위해 S1 앱타머에 연결시켰다. 그런 다음 포름알데히드를 사용하여 결속되어 있는 RNA를 교차결합(crosslink)시킨 다음 리포터 mRNA를 스트렙트애빈딘으로 정제한 후, RNase 프로텍션 실험기법으로 miR369-3을 찾아냈다. 그림 16.41f는 실험 결과를 보여 준다. miR369-3은 혈청이 고갈된 세포에서 리포터 mRNA와 결속되어 있었으나 혈청이 있는 상태의 세포에서는 그렇지 않았다. pre-miR369-3을 타깃으로 한 siRNA로 처리한 세포에서는 이들의 결속이 나타나지 않았으나, 세포를 miR369-3과 혈청 고갈로서 구조했을 때에는 결속현상이 나타났다. 또한 ARE(mtARE)가 돌연변이화했을 경우에는 리포터 mRNA외 결속하는 miR369-3은 없었다. 요약하면 그림 16.41은 혈청 고갈에 의해 리포터 mRNA 의 단백질 합성 촉진은 miR369-3와 mRNA의 ARE 간의 결속에 의존적임을 보여 준다.

스타이츠와 연구진은 이러한 연구를 더 확장하여 다른 2개의 리포터 mRNA로도 유사한 실험을 수행하였다. 그중 하나(CX)는 4개의 합성 miRNA(miRcxcr4) 타깃 부위를 포함하고 있다. 다른 하나 (Let-7)은 내재적인 Let-7 miRNA에 대한 7개의 타깃 부위를 포함하고 있다. 이 두 리포터 mRNA로부터의 단백질 합성은 2개의 별개의 세포주에서 혈청 고갈에 의해 촉진되었다. 따라서 이 연구에 사용된 3개 모두의 miRNA들은 혈청 고갈에 대응하기 위하여 단백질 합성을 촉진하는 데 작용하였다.

스타이츠와 연구진은 이전의 실험으로부터 단백질 합성의 촉진은 세포주기에 의존적이라는 사실을 알고 있었기 때문에 그림 16.41에 사용된 동기화된 세포들이 그렇지 못한 세포에 비해 더욱 더 드라마틱한 혈청에 대한 효과를 나타낼 것이라고 추론하였다. 그러한 이유로 연구진은 세포 주기를 동일화시키기 위해 혈청을 고갈시킨 다음 혈청을 다시 넣어 줌으로써 다시 세포주기를 동일화시켰다. 연구진이 단백질 합성의 효율성을 측정했을 때, 혈청이 있는 배지에서 자라는 동기화된 세포들의 단백질 합성 효율이 비동기화 상태인 혈청이 있는 상태에서 자라는 세포에 비해 5배나 낮다는 사실을 발견하였다. 나아가, 이와 같은 단백질 합성효율의 저하는 mir369-3에 의존적이었다. 따라서 이 miRNA는 특정 조건에서는 단백질 합성을 촉진하고 또 다른 조건에서는 억제한다.

이전의 연구로부터 Ago2와 FXR1이 혈청 고갈 상태에서 세포 내 단백질 합성 촉진에 필요하다는 것이 밝혀졌으므로, Steitz와 연구진은 앱타머가 연결된 라이보뉴클레오단백질(RNP) 복합체에 두 단백질이 모여드는지 측정해 봤다. 연구진은 Ago2와 FXR1을 혈청 고갈 상태에서 리포터 mRNA와 결속되어 있는 RNP 복합체에서 발견하였다. 그러나 miR369-3을 pre-miR369-3를 타깃으로한 siRNA로 고갈시켰을 때 Ago2의 약은 줄어들었고, miR369-3을 다시 넣어주었을 때에는 다시 회복이 되었다. 혈청

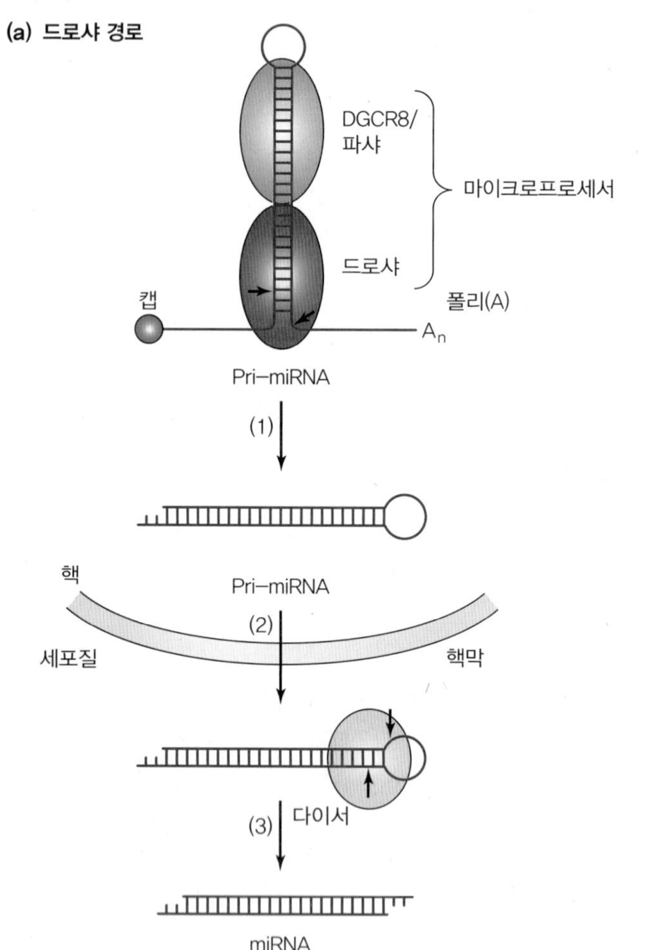

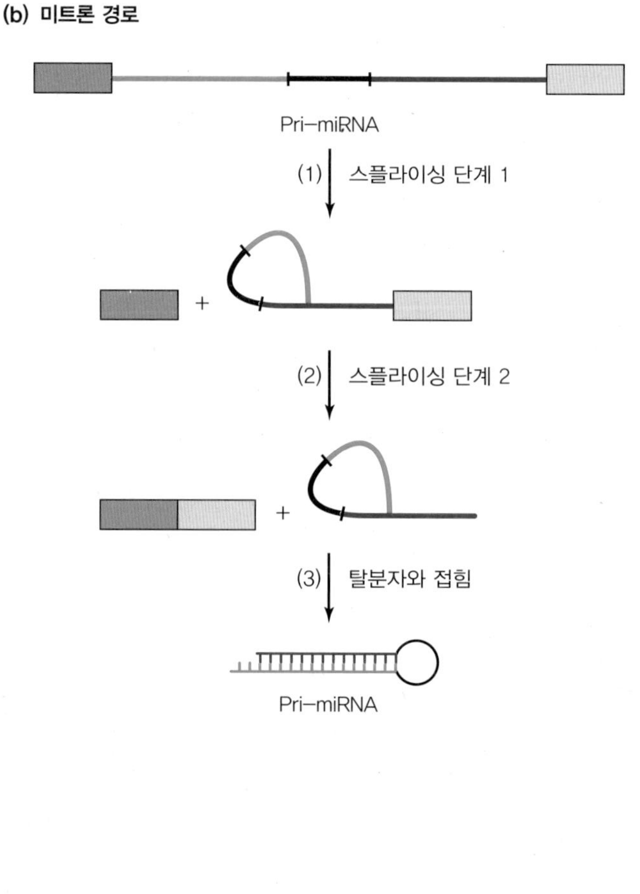

그림 16.42 인간 miRNA의 성숙 과정. miRNA 유전자의 1차 전사 산물은 pri–mRNA이다. 이것은 RNA 중합효소 II에 의해 합성되며 1개 이상의 miRNA 염기배열을 가지고 있을 수 있다. 단순화하기 위해 이 그림에는 1개만 표기하였다. **(a)** 드로샤 경로. (1) 이중가닥의 RNA 결합단백질(DGCR8 혹은 파샤)과 RNase III(드로샤)로 구성되어 있는 마이크로프로세서가 pri–mRNA에 결합한 후 머리핀 구조의 줄기 부분을 잘라내어 60–0–뉴클레오티드의 머리핀 구조의 pre–miRNA를 분리해 낸다. (2) pre–miRNA가 핵에서 세포질로 운반된다 (3) 다이서가 세포질에 있는 pre–miRNA에 결합하여 드로샤가 잘라낸 RNA 조각에서 22개의 뉴클레오티드를 잘라내면 성숙한 miRNA가 된다. **(b)** 머트론 경로. (1) 머트론은 남색, 검은색, 자홍색으로 부호화되어, 나중에 만들어질 세 부분의 pre–miRNA를 나타내고 있는데, 각각 줄기의 상부 가닥, 고리, 그리고 줄기의 하부 가닥에 대응된다. 스플라이싱의 첫 번째 단계에서 머트론이 첫 번째 엑손으로부터 분리되어 래리엇의 형태를 취하게되며 이때 래리엇은 계속 두 번째 엑손에 연결되어 있는 상태이다. (2) 스플라이싱의 두 번째 단계에서 머트론이 두 번째 엑손에서 떨어져 나오는데, 이때에도 래리엇 구조는 유지되고 있다. (3) 래리엇의 가지치기가 일어나고, 접힘(자연적으로 발생함) 현상에 의해 머트론은 pre–mRNA의 구조로 변화한다. 원래 길이는 약 22bp이지만 단순화하기 위해 여기서는 더 짧게 표시하였다.

이 있는 상태에서 자라는 동기화된 세포에서 분리한 RNP 복합체에서는 Ago2는 많았지만, FXR1은 그렇지 않았다. miR369-3를 제거했을 때는, 복합체 안에 있는 Ago2의 양은 줄어들었다. 스타이츠와 연구진은 miR369-3가 두 단백질을 혈청 고갈 상태에서 mRNA 쪽으로 모여들게 하고, 이 두 단백질로 하여금 단백질 합성에 참가하도록 한다고 결론지었다. 반면, 동기화된 상태에서 왕성하게 분열중에 있는 세포에서는 miR369-3는 FXR1이 아닌 Ago2를 mRNA로 모여들게하여 단백질 합성 억제과정에 관여하도록 한다고 결론을 내렸다.

(1) miRNA의 생합성

miRNA는 **1차 miRNA**(pri-mRNA)라고 알려져 있는 길다란 전구체의 형태로 RNA 중합효소 II에 의해 합성된다. 우리는 RNA 중합효소 II가 제2형 전사체의 특징인 pri-RNA가 캐핑되어 있고 다중아데닐화되어 있기 때문에 pri-mRNA를 전사할 수 있다는 사실을 알고 있다. 이와 같은 사실은 낮은 농도의 알파 아만니틴이 pri-mRNA 합성을 억제하고 CHIP 분석실험 결과 RNA 중합효소 II와 pre-miRNA 프로모터가 포함되어 있는 염색질에 결속되어 있다는 사실을 통해 알 수 있다.

잘 연구되어 있는 인간의 pri-mRNA 유전자는 3개의 miRNA(miR23a, miR27a, miR24-2)의 암호영역을 포함하고 있다. pri-mRNA의 길이는 대략 2.2kb인데 여기에는 직전 miRNA 암호영역에 비해 1.8kb 하류 지점에 위치하고 있는 폴리(A) 꼬리를 포함한다. 이 유전자가 분명 RNA 중합효소 II에 의해 전사되는 것은 사실이나, 전사개시부위의 상류 약 600nt까지 연장되어 있는 프로모터는 우리가 10장에서 공부한 전형적인 제2형 코어프로모터 요소를 전혀 가지고 있지 않을 뿐만 아니라, 제2형 snRNA 프로모터에 특이적인 PSE 요소도 가지고 있지 않다.

pri-mRNA는 안정화된 줄기-고리구조의 일부로서 각각의 miRNA 암호영역을 포함하고 있다. 전구체로부터 완전한 miRNA로 변화하는 데 첫 번째 단계는 핵 안에서 일어나며, **드로샤**(Drosha)라고 알려져 있는 RNaseIII를 필요로 한다. 드로샤는 줄기의 베이스 부위를 절단하여 약 60~70nt 길이의 5′-인산기를 갖고 있는 줄기-고리구조와 2nt의 3′-오버행으로 구성되어 있는 **pre-miRNA**를 풀어놓는다. 그러나 드로샤는 그 자체로는 pri-mRNA를 인식하지도 못하고 절단하지도 못한다. 이중가닥의 RNA-결합단백질 파트너를 필요로 한다. 인간의 경우 이 파트너는 **DGCR8**로 불리고, 꼬마선충과 초파리에서는 **파샤**(Pasha)로 불린다. 드로샤와 파샤가 **마이크로프로세서**(microprocessor)라 불리는 RNA 처리복합체를 이룬다. pre-miRNA에서 완숙한 miRNA로 처리되는 과정은 다이서에 의해 세포질에서 일어난다. 다이서는 RNAi에서 siRNA를 생산하는 데 관여하는 동일한 RNaseIII이다. 그림 16.42a에 이 두 단계의 miRNA 생합성 과정이 설명되어 있다.

또 하나의 miRNA 생합성 방법은 드로샤에 의한 절단 과정을 건너뛴다. 많은 miRNA들은 인트론에 의해 암호화되어 있고, 이들의 일부는 **미트론**(mirtron, miRNA와 intron에서 유래)이라 불리고, 드로샤가 아닌 스플라이싱에 의해 pre-miRNA를 만든다. 그림 16.42b에서 보듯이, 전체 인트론이 하나의 pre-miRNA이다. 따라서 정상적인 스플라이싱 기구들이 래리엇-모양의 인트론인 1차 전사체로부터 절단하여 탈분지효소(debranching enzyme)에 의해 직선화된다. 그 후 다시 접히는 과정을 통해 머리핀 형태의 pre-miRNA가 된다.

일부 miRNA는 A→I로의 교정을 필요로 하는데, 여기에 대한 것은 이 장의 앞부분에서 논의하였다. 예를 들면, 생쥐와 인간의 miR-376 RNA 중에서 1개를 제외한 모든 RNA에서 pri-mRNA의 특정 위치에 뇌를 포함하는 몇몇 조직에서 A→I의 교정현상이 일어났다. 가장 흔하게 교정되는 위치는 표적 mRNA의 3′-UTR에 상보적인 위치와 염기쌍을 이루는 씨앗부위 내에 있는 miRNA의 5′-말단에 위치한 4개의 염기이다. 따라서 이러한 miRNA 내 염기서열의 변화는 표적의 정체성을 바꾸게 되는데, 이것은 뇌의 기능을 이해하는데 중요한 단서를 제공하기도 한다.

16.9. 단백질 합성의 억제, mRNA의 분해 및 P-바디

1) 처리담당체(P-바디)

P-바디(P-body, **PB**라고도 알려져 있음)는 세포질에서 mRNA 붕괴 및 단백질 합성 억제기능을 담당하는 RNA와 단백질의 집단이다. 이러한 세포 내 응집체 내에는 mRNA의 탈아데닐시키는 효소(탈아데닐레이즈), mRNA 디캐핑효소(디캐핑요소로서 초파리의 경우 Dcp1, Dcp2의 두 소단위로 구성), mRNA를 5′→3′ 방향으로 붕괴하는 효소(엑소뉴클리에이즈 Xrn1)들이 풍부하게 존재한다. 따라서 P-바디는 단백질 합성 억제 및 탈아데닐화과정과 mRNA를 5′→3′ 방향으로 분해하기 전에 먼저 디캐핑과정을 수반하는 RNAi와는 차별성이 있는 기작에 의한 mRNA의 분해를 담당하는 것으로 보인다.

2) P–바디 내 mRNA의 붕괴

고등 진핵생물에서 P–바디 내 mRNA 사일런싱에 관여하는 miRNA의 중요한 파트너의 하나로서 **GW182**를 들 수 있다. 이름에서 W는 글라이신(G)과 트립토판(W)의 반복을 의미한다. GW182는 P–바디의 기능 수행에 중요하지만, 더 정확한 역할은 구조적 역할을 훨씬 초과한다. 이 단백질은 mRNA 사일런싱 복합체에 있어서 필수적인 기능을 담당하고 있는 것으로 보인다. GW182의 중요성에 대한 단서는 이 단백질이 인간 세포 내 P–바디에서 mRNA 사일런싱에 중요한 역할을 하는 단백질인 DCP1, Ago–1, Ago–2와 결속하고 있다는 데서 찾을 수 있다. GW182의 중요성에 대한 또 다른 힌트는 인간 세포에서 RNAi 녹다운 실험에서 보여진 바 있듯이, GW182의 농도를 감소시켰더니 miRNA 기능과 RNAi의 중요한 부분인 mRNA 붕괴가 잘 일어나지 않는 실험 결과에서 알 수 있다. 초파리 세포에서는 이와 반대로 GW182 녹다운 실험 결과 Ago2에 의존적인 RNAi가 아닌 Ago1에 의존적인 miRNA 기능의 저하를 관찰하였다.

2006년 이줄루드와 연구진은 초파리에서 miRNA에 의해 매개되는 mRNA 기능의 사일런싱에 관한 그들의 의문점을 풀기 위한 실험을 진행하였다. GW182와 Ago1모두 초파리의 mi–RNA에 매개되는 mRNA 사일런싱에 관여하는 것으로 보이므로, 이 연구진은 고밀도 올리고뉴클레오티드 어레이(24장 참조)를 사용하여 GW182, Ago1, Ago2 유전자에 특이한 dsRNA를 이용하여 이 세 단백질을 고갈시킨 세포에서의 RNA 프로파일을 조사하였다. 실험 결과 연구진은 GW182와 Ago1의 녹다운에 반응하는 mRNA 간에 매우 높은 상관관계가 있음을 발견하였다(순위상관계수 r=0.92) 순위상관계수는 2개의 집단의 값을 등위별로 배치 하고 이 두 등위 간의 비교를 통해 얼마나 상관관계가 높은지를 계산해서 얻은 값이다. 이 경우에서는 GW182 (제1등위)와 Ago1 (제2등위)의 녹다운 (감소)에 반응하여 mRNA의 증가 (혹은 감소)의 정도에 따라 등위를 매겼다. 따라서 순위상관계수 0.92는 GW182의

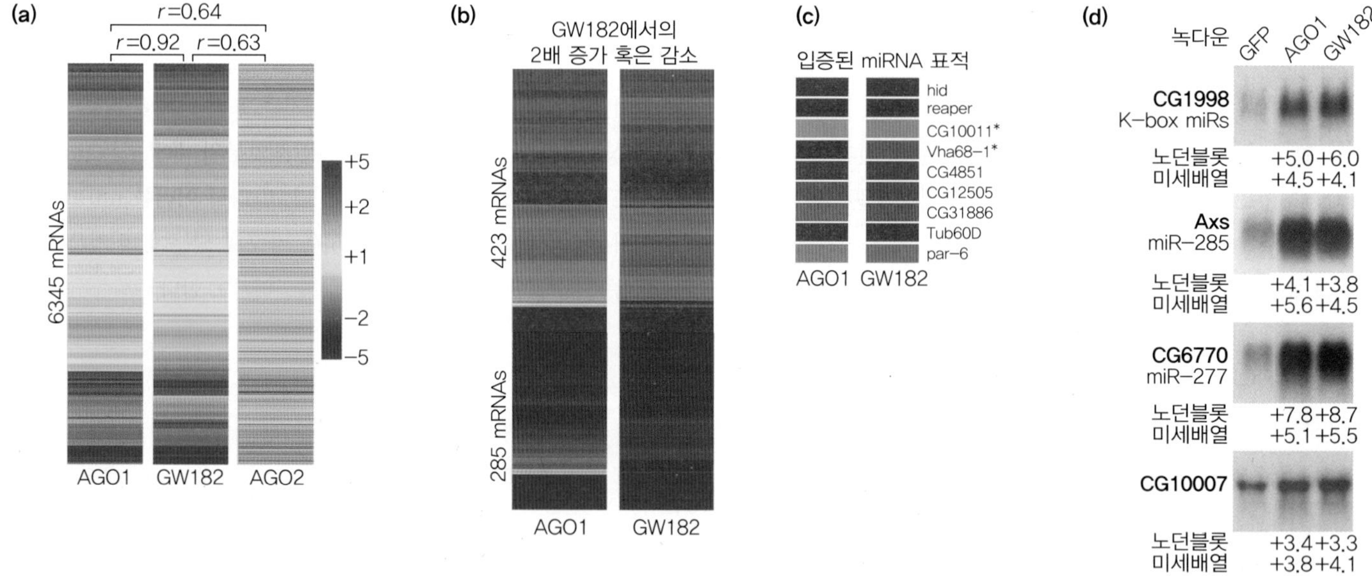

그림 16.43 Ago1, GW182, 그리고 Ago2의 녹다운이 다른 전사체의 양에 미치는 영향. **(a)** 이줄루드와 연구진은 아무것으로도 처리되지 않은 초파리의 세포와 Ago1, GW182, and Ago2를 RNAi로 녹다운시키기 위해 dsRNA로 처리한 초파리의 세포로부터 전사체를 분리하였다. 연구진은 세 그룹의 처리된 세포와 처리되지 않은 세포로부터 얻은 전사체를 올리고뉴클레오티드 어레이와 혼성체를 만든 후(hybridize) 처리하기 전과 처리한 후의 6345 miRNA의 양을 측정하였다. 연구진은 최소한 2배 이상 증가한 샘플은 붉은 색으로 최소한 2배 이상 감소한 샘플은 파란색으로, 그리고 2배 이하로 증가 또는 감소한 샘플은 노란색으로 표시하였다(오른쪽의 기호 참조). Ago1과 GW182 가 녹다운된 샘플의 mRNA 양상의 유사성과 Ago1 혹은 GW182 그리고 Ago2 간의 상대적인 상이성에 대하여 주목하기 바란다. **(b)** (a)의 실험과 동일하지만, Ago1혹은 GW182 녹다운 실험에서 최소한 2배 이상 증가 혹은 감소된 mRNA 만 보여 주는 결과이다. **(c)** 알려진 miRNA의 표적으로 알려져있는 9개의 mRNA로부터 얻은 결과를 Ago1과 GW182 녹다운 실험에서 보여 주고 있다. **(d)** 4가지 상이한 mRNA의 노던블롯(좌측에 표시) 결과가 Ago1과 GW182 녹다운 실험에서 제시되어 있다. 이 결과는 이들 mRNA의 양에는 어떠한 영향도 미치지 않았다. Ago1과 GW182 녹다운 실험에서 각 mRNA가 증가한 정도는 패널 (a)의 노던블롯과 마이크로어레이 분석으로부터 정량화하였으며, 각 블롯 아래에 표기되어 있다. 노던블롯과 마이크로어레이 실험에서 측정된 증가된 정도의 유사성에 대하여 주목하기 바란다. (출처: E. Izaurralde from Behm–Ansmant et al, mRNA degradation by miRNAs and GW182 requires both CCR4: NOT deadenylase and DCP1: DCP2 decapping complexes, *Genes and Development*, V. 20, pp. 1885–898. Copyright © 2006 Cold Spring Harbor Laboratory Press.)

감소에 의해 많이 증가한 mRNA가 역시 Ago1이 감소에 의해서도 대개 많이 증가한다는 것을 의미한다. 이와는 반대로 GW182와 Ago2의 감소에 반응하여 증가한 mRNA 간의 상관관계는 훨씬 낮았다(r=0.64).

그림 16.43a는 GW182와 Ago1에 의해 조절되고 있는 mRNA의 프로파일 간의 놀라운 유사성을 보여 준다. 이 그림에는 6,345개의 전사체가 GW182와 Ago2의 감소에 대응하여 증가 혹은 감소되었는지 검증하기 위하여 분석되었다. 빨간색은 최소한 2배 이상 증가한 전사체를, 파란색은 최소한 2배 이상 감소한 전사체, 노란색은 2배 이하로 증감한 전사체를 나타내 주고 있다. 다음 단계로 이줄루드와 연구진은 GW182와 Ago2의 감소에 반응하여 최소한 2배 이상 증감한 mRNA에 초점을 맞추었다. 그림 16.43b는 매우 높은 일치율을 보여 주고 있다.

만일 GW182와 Ago2의 감소에 의해 일반적으로는 miRNA에 의해 붕괴되므로써 사일런싱될 운명의 mRNA의 양이 증가한다면, 우리는 알려진 miRNA의 타깃 mRNA가 GW182 또는 Ago2의 감소에 의해 증가되어야 한다는 사실을 예측할 수 있다. 이줄루드와 연구진이 실험을 한 결과, 그들이 예측한 것과 정확하게 일치하는 실험 결과를 얻었다. 그림 16.43c는 알려져 있는 miRNA의 타깃 9개 모두에서 GW182와 Ago2의 감소에 의해 최소한 2배 이상 증가하였음을 나타내주고 있다. 사실, 각 mRNA의 증가의 정도는 GW182와 Ago2의 감소 간에 좋은 상관관계를 보여 준다. 이줄루드와 연구진은 또한 선택된 mRNA에 대하여 전통적인 노던블롯 실험을 통해 올리고뉴클레티드 어레이 결과를 확인해 보았다. 그림 16.43d는 노던블롯과 어레이 실험 결과가 잘 들어맞는 것을 보여 주고 있다. 따라서 GW182와 Ago1은 mRNA 농도를 감소시켜 유전자 사일런싱이라는 동일한 효과를 발휘한다고 보여진다.

이줄루드와 연구진은 만일 GW182 혼자서도 타깃 mRNA의 발현을 사일런싱시킬 수 있는지 궁금했다. 이 궁금증에 대한 해답을 얻기 위해 그들은 아래와 같은 방법으로 GW182를 반딧불의 루시퍼레이즈 리포터에 연결하였다(자세한 설명은 17장을 참조하라). 그들은 5개의 파아지 박스 B를 코딩하는 염기서열을 리포터 유전자의 3′-UTR에 연결하였다. 우리가 8장에서 공부하였듯이, RNA 내 B 박스 염기서열은 1N 단백질이 결합하는 위치가다. 연구진은 GW182 유전자를 B 박스에 결합하는 1N(N-펩티드)의 일부를 인코딩하는 유전자 조각에 연결하였다. 그다음 초파리 세포 안에 λN-GW182 융합 DNA, 리포터 유전자, 그리고 조절 플라스미드를 도입시켰다. 이 DNA에는 단백질 산물을 DNA 도입 효율을 통제할 수 있도록 하기 위하여 바다산호류의 일종인 레닐라의 루시페레이즈 유전자가 포함되어 있다.

이와 같은 DNA의 조합은 3′-UTR에 B 박스 염기서열을 포함하는 리포터 mRNA와 B 박스에 자연적 친화력이 있는 λN-GW182 단백질을 만들어 낸다. 따라서 이와 같은 방법으로 λN-GW182 단백질이 리포터 mRNA에 연결된다. 이줄루드와 연구진은 반딧불의 루시페레이즈 활성을 측정했었는데(DNA 도입 효율을 보정하기 위함), 그들은 리포터 mRNA가 1N 단백질에만 연결되어 있을 때에 비교하여 λN-GW182에 연결된 리포터 mRNA에서 16배나 발현이 감소함을 발견하였다. 따라서 GW182 혼자로는 연결된 mRNA의 발현을 강하게 사일런싱시키는 능력이 있다는 뜻이다. 이와 같은 사일런싱은 mRNA 농도의 감소만을 의미하는 것일까? 이 질문에 대한 답을 얻기 위해 이줄루드와 연구진은 λN-GW182 혹은 1N만을 단독으로 발현하는 세포로부터 노던블럿 실험을 진행하였다. 연구진이 발견한 것은 리포터 mRNA가 λN-GW182에 연결되어 있을 경우에는 리포터 mRNA가 겨우 4배 감소했다는 사실이었다. mRNA가 겨우 4배 감소했다는 사실은 위에서 관찰된 16배의 발현 감소를 설명할 수는 없었는데, 다만, GW182 단백질이 GW182 자신과 연결된 mRNA들 중 일부의 mRNA로부터의 단백질 합성을 조절한다면 어느정도 설명이 될 수는 있다고 판단된다.

서로 연결된 λN-GW182에서 관찰된 사일런싱은 Ago1과 무관한 것일까? 이 질문에 대한 답을 찾기 위해 이줄루드와 연구진은 보통 세포와 Ago1의 발현이 감소된 녹다운 세포에서 테더링 실험을 반복해 봤다. 연구진은 차이를 발견하지 못했다. 따라서 사일런싱은 Ago1 없이도 원활히 진행되었다. 따라서 GW182가 mRNA에 결합은 Ago1에 대한 필요성을 피해가기 위한 수단인 것처럼 보이는데, 이 사실은 아마도 Ago1이 사일런싱이 예정된 mRNA를 GW182에 모여들게 하는 것을 도와주는 것처럼 보인다.

우리는 λN-GW182을 리포터 mRNA에 연결시키면 mRNA의 75%가 붕괴하는 것을 배웠다. 또한 이줄루드와 연구진은 남아 있는 mRNA가 λN-GW182가 없는 세포 내 리포터 mRNA 보다 조금 짧아져 있다는 것을 발견하였다. 그들은 이와 같은 mRNA가 짧아지게 되는 현상이 혹시 탈아데닐화 반응때문인지, 그리고 이 탈아데닐화 반응이 정상적인 상황에서도 일어날수 있는 현상인지 궁금하였다. 이러한 궁금증을 풀기 위해 그들은 세포에서 RNA를 추출한 다음 15분 후에 액티노마이신 D로 전사과정을 중지시켰다. 그런 다음 연구진은 올리고 (dT)-타깃 RNase H 붕괴 반응을 이용하여 mRNA를 탈아데닐화하였다. 끝으로 연구진은 이 RNA

를 리포터 mRNA와 rp49에 특이적인 탐색자를 이용하여 노던블롯 실험을 수행하였다. rp49는 리보솜 단백질 L32를 인코딩하는 내재적인 mRNA(miRNA 타깃이 아닌)이다. 연구진은 올리고(dT)를 타깃으로 한 RNaseH에 의한 폴리(A)의 붕괴로 짧아질 수 있는 것처럼 두 시점에서 대조 RNA가 폴리(A)를 포함하고 있음을 발견하였다. 반면, 루시페레이즈 리포터 mRNA는 시작시점에서 전사 직후에 폴리(A)를 포함하고 있었지만, 올리고(dT)를 타깃으로한 RNaseH에 의해 더이상 짧아질 수 없기 때문에 15분간 전사과정이 중지되었을 때까지 탈아데닐화하는 것으로 관찰되었다. 따라서 탈아데닐화과정은 GW182에 의한 사일런싱의 일부라고 생각된다. 녹다운 실험 수행결과 GW182에 의한 사일런싱이 초파리의 CCR4/NOT 탈아데닐효소에 의존적이라는 사실도 발견되었다.

mRNA의 탈캐핑과정(decapping) 역시 miRNA에 매개되는 mRNA 붕괴 과정의 일부라고 할 수 있다. 따라서 이줄루드와 연구진은 λN-GW182와 리포터 mRNA 연결 실험 시 DCP1과 DCP2의 녹다운 효과에 관하여 관찰하였다 연구진은 세포에서 DCP1/DCP2 탈캐핑 복합체를 제거하므로서 리포터 mRNA를 정상적으로 환원시킨다는 사실을 확인하였다. 그러나 DCP1과 DCP2의 결핍은 λN-GW182를 그 mRNA에 연결에 의한 루시페레이즈의 강력한 사일런싱에 거의 효과가 없다는 사실도 관찰할 수 있었다. 이 실험 결과에 대한 가능한 설명은 리포터 mRNA가 DCP1/DCP2가 제거된 세포에서도 여전히 탈아데닐화한 상태로 있고, 탈아데닐화한 mRNA로부터는 단백질 합성이 잘 되지 않는다는 발견으로부터 찾을 수 있다.

GW182와 mRNA 연결실험은 Ago1의 필요성을 우회했을 뿐만 아니라, miRNA도 우회할 수 있게 해주었다. 따라서 우리는 Ago1과 함께 GW182가 miRNA에 의해 매개되는 사일런싱에 중요한 요소임을 알 수 있게 되었다. 이와 결부하여 이줄루드와 연구진은 miRNA에 의해 매개되는 mRNA의 붕괴 기작을 관찰하고자 하였는데, 그들이 발견한 사실은 이 붕괴 기작은 GW182와 Ago1뿐만 아니라 CCR4/NOT의 탈아데닐화과정, DCP1/DCP2에 의한 탈캐핑과정에 의존적임을 발견할 수 있었다. 이 연구진은 2개의 miRNA에 의해 사일런싱되는 3개의 루시페레이즈 리포터 mRNA를 만들었다. 첫 번째 것은 miR-12 결합 부위를 포함하는 초파리 유전자 CG10011에서 유래한 3′-UTR을 포함하고 있다. 두 번째 것은 miR-9b의 결합위치를 포함하는 Nerfin 유전자의 3′-UTR을 포함하고 있다. 세 번째 것은 miR-9b 결합위치를 포함하는 Vha68-1에서 유래한 3′-UTR을 포함하고 있다. 이 연구진이 각각의 리포터 유전자와 각각의 miRNA를 함께 도입시킨 세포에서의 mRNA 농도와 루시페레이즈의 활성을 측정한 결과, 다음과 같은 사실을 발견하였다. ① miR-12에 의한 루시페레이즈-CG10011 리포터의 사일런싱은 전사체의 양을 감소시킴에 의해서만 작동하는 것으로 보였다. ② miR-9에 의한 루시페레이즈-Nerfin 리포터의 사일런싱은 일차적으로 단백질 합성 효율의 감소를 포함한다. ③ 루시페레이즈-Vha68-1 리포터의 사일런싱은 두 가지 기작, 즉 mRNA 농도 감소 및 단백질 합성 억제가 합해진 현상이다.

다음으로 이줄루드와 연구진은 각각의 리포터와 miRNA를 도입시킨 초파리의 S2세포주에서 루시페레이즈 활성과 mRNA 농도를 측정한 후, 녹다운 실험을 이용하여 CAF1, NOT1, DCP1/DCP2, GW182을 세포에서 고갈시켜 보았다. 대조군 녹다운 샘플은 Ago1 혹은 이와 무관한 GFP 단백질이 고갈된 샘플을 사용하였다. 실험 결과, 예상대로 Ago1과 GW182가 녹다운된 샘플에서는 유사한 miRNA의 존재하에서도 모든 리포터로부터 정상적인 루시페레이즈 활성과 mRNA 농도가 측정되었다. 이 실험 결과는 miRNA에 의한 사일런싱이 Ago1과 GW182에 모두 의존적임을 의미한다. 또한 이 리포터 mRNA의 사일런싱이 단백질 합성의 억제와 mRNA 붕괴 이 두 가지 과정에 모두 의존적이기 때문에 Ago1과 GW182가 이 두 가지 사일런싱의 기작에 관여하고 있음을 의미한다.

miRNA와 NOT1이 제거된 세포에서는 CG10011과 Vha68-1 mRNA가 miRNA가 처리되지 않은 세포 수준으로 회복되었고, 루시페레이즈의 활성은 일부 회복되었다. 이 두 가지 리포터의 사일런싱은 전부 혹은 부분적으로 mRNA의 붕괴에 의존적이며, 탈아데닐화현상은 mRNA의 붕괴의 주요 부분이다. 따라서 탈아데닐화 효소인 NOT1을 제거하면 그와 같은 mRNA의 붕괴를 억제할 수 있다는 사실은 그리 놀랄만한 사실이 아니다. 반면, miRNA를 처리한 세포에서 NOT1을 제거하면 루시페레이즈-Nerfin 리포터로부터의 루시페레이즈 활성의 제거에는 큰 효과가 없었다. 루시페레이즈-Nerfin 리포터가 mRNA의 붕괴보다는 miRNA에 반응하여 단백질 합성의 효율을 감소시켰으므로, 이 결과는 탈아데닐화가 mRNA 붕괴 과정에서 필수불가결한 부분인 반면, miR-9a에 매게되는 루시페레이즈-Nerfin 리포터의 단백질 합성의 사일런싱에는 필요하지 않다는 사실을 암시한다.

miRNA가 처리된 세포에서 DCP1/DCP2를 고갈시키면 모든 세 가지 리포터 mRNA의 농도가 정상으로 회복되었다. 이 세 가지 mRNA 중 어느 mRNA도 이 세포에서 탈캐핑되지는 않았으나 모든 mRNA는 탈아데닐화하였다. 이 두 가지 발견을 요약하면 탈아데닐화만으로는 mRNA의 붕괴를 시작할 수 없다는 사실, 예를 들면 3′→5′ 엑소뉴클레이즈만으로는 mRNA 붕괴는 시작되지 않는다는 사실이다. 따라서 탈아데닐화와 탈캐핑과정에 뒤이어 mRNA 붕괴가 5′→3′ 엑소뉴클레이즈에 의해 진행되는 것이 더 타당성이 있는 것으로 보인다. 또한 위의 3개의 리포터 mRNA 모두가 탈아데닐화되었다는 사실은 왜 세 가지 리포터 mRNA 모두에서 발현되는 루시페레이즈 활성이 낮았는지 설명해 준다. 탈아데닐화반응으로부터 아마도 이들 mRNA로부터의 단백질 합성이 억제 되었을 것이다.

3) P-바디의 억제로부터 해방

폴리솜과 P-바디 사이를 왕복하여 이동하는 mRNA들의 움직임이 관찰된다. 따라서 더 많은 mRNA가 폴리솜과 결속되어 있으면, 더 많은 mRNA로부터 단백질 합성이 진행될 것이므로, 더 적은 mRNA가 P-바디에서 발견될 것이다. 역으로, P-바디에 많이 존재하는 mRNA는 폴리솜에 훨씬 덜 발견될 것이다. 비록 많은 mRNA가 P-바디에서 붕괴되지만, 많은 다른 mRNA들은 P-바디에서 발현이 억제되는 상태에 있게 되며, 세포가 처한 환경이 변화하게 되면 폴리솜에 다시 합류하게 된다.

필리포비스크와 연구진은 억제되어 있는 mRNA와 P-바디 사이에서 일어나는 역동적인 결속(합류) 현상에 대한 명쾌한 증거를 라이신과 아르기닌을 세포 안으로 수송하는 인간의 양이온성 아미노산 소송단백질(CAT-1)을 이용한 실험으로 제시하였다. CAT-1은 혈청으로부터 아르기닌이 손실되는 것을 방지하기 위하여 간세포 내에서 낮은 농도를 유지하고 있다. 혈청에서 아르기닌이 손실되는 현상은 간세포 내에 고농도의 아르기나아제 효소가 있을 때 발생하는데, 이 효소는 도입된 아르기닌을 빠른 속도로 분해한다. 그러나 아미노산의 고갈과 같은 특정한 스트레스 조건하에서는 간세포는 더욱더 많은 아르기닌의 운반을 필요로 하며, 이때 CAT-1의 농도가 증가한다. 필리포비스크와 연구진은 CAT-1 농도가 간세포 내에서 낮은 이유는 miRNA가 CAT-1 mRNA로부터의 단백질 합성을 간세포에서 억제하기 때문이라는 사실을 증명하였다. 나아가, 특정 스트레스 조건하에서 CAT-1 mRNA 단백질 합성 억제로부터의 완화과정은 P-바디에서 CAT-

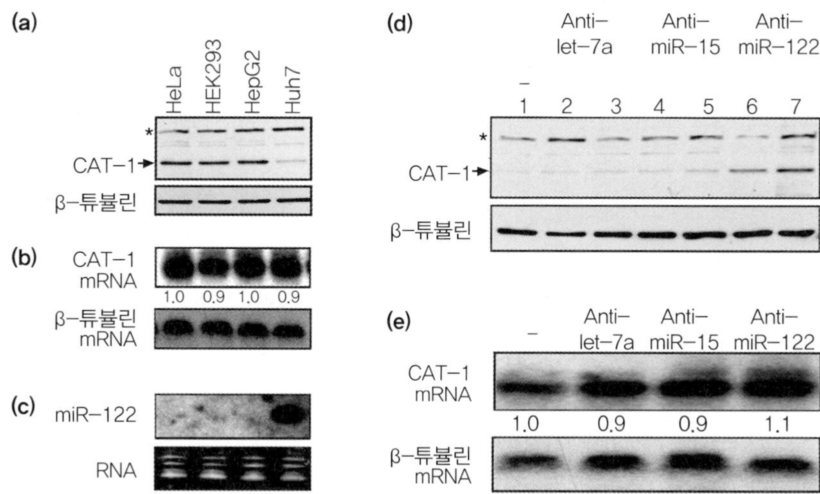

그림 16.44 Huh7 세포에서 CAT-1 단백질 합성의 억제. **(a)** 4개의 상이한 인간 세포주에서의 단백질의 양. 필리포비스크와 연구진은 CAT-1과 β-튜뷸린 단백질의 양을 두 단백질의 항체를 사용한 웨스턴블롯 실흠을 통해 측정하였다. 베타-튜뷸린은 단백질 분리과정의 일관성을 위한 대조실험이었으며, 베타-튜뷸린의 양이 각각의 추출 샘플에서 비슷하다는 것은 CAT-1의 양의 차이가 실제 차이로서 신뢰할 수 있으며, Huh7 세포주가 실제로 적은 양의 단백질을 지니고 있음을 의미한다. **(b)** 노던블롯을 이용하여 4개의 상이한 세포주에 존재하는 CAT-1과 β-튜뷸린 mRNA 농도의 측정. 여기서도 베타-튜뷸린은 대조군으로서 사용되었으며, CAT-1 mRNA의 농도는 동일세포 내 베타 튜뷸린 mRNA의 양으로 정규화하였다. CAT-1 mRNA 농도에 대해 정규화된 값은 2개의 노던블롯 사이에 표시되어 있다. Huh7 세포주와 다른 3개의 세포주에서의 CAT-1 mRNA 농도에는 큰 차이가 없었다. **(c)** 위 패널: 4개의 세포주에서 miR-122 농도를 노던블롯으로 분석한 결과. 아래패널: 노던블럿 겔을 에티듐 브로마이드로 염색한 사진으로 모든 레인에 동일한 RNA의 양을 보여 주고 있다. **(d)** miRNA 안티센스 올리고뉴클레오티드가 Huh7 세포 내 CAT-1 농도에 미치는 영향을 웨스텃 블롯으로 분석한 실험. 안티-miR-122만이 활성화 효과를 타나낸다. **(e)** CAT-1과 베타튜뷸린 mRNA에 미치튼 miRNA안티센스 올리고뉴클레오티드의 효과를 노던블롯 으로 분석한 실험. CAT-1 mRNA 농도는 같은 추출물에서의 베타 튜뷸린 농도로 정격화하였으며 정격화시킨 값이 두 노던블롯 아래 표시되어 있다. 안티 miR-122 올리고뉴클레오티느는 CAT-1 mRNA 농도에는 큰 영향을 미치지 않았다. (출처: CELL, Vol. 125, Bhattacharyya et al, Relief of microRNAMediated Translational Repression in Human Cells Subjected to Stress, Issue 6, 13 June 2006, pages 1111–124. © 2006, with permission from Elsevier.)

1 mRNA이 감소하는 현상과 병행하여 진행된다.

필리포비스크와 연구진은 Huh7 간암세포를 선택하였는데 그, 이유는 Huh7 세포에서의 CAT-1의 발현이 miR-122라고 알려진 miRNA에 의해 조절되기 때문이었다. 첫째 이 연구진은 웨스턴블롯 실험을 통해 CAT-1 농도가 다른 3개의 인간 세포주에서보다 유의한 정도로 낮다는 것을 보여 주었다(그림 16.44a). 다음으로 그들은 노던블롯을 이용하여 CAT-1 mRNA 농도가 4개의 인간 세포주 모두에서 거의 동일하다는 것을 증명하였다(그림 16.44b). 따라서 Huh7 세포에서 CAT-1 농도의 조절은 전사단계는 물론, mRNA 안정화 단계에서 일어나지 않고, 아마도 단백질 합성 단계에서 일어날 것이라는 것을 말해 준다.

이러한 조절기전은 miR-122에 의존적일까? 아마도 그럴 수도 있을 것이다. 왜냐하면 그림 16.44c의 노던블롯 실험은 4개의 세포주에서 오직 Huh7 세포주만 miR-122를 발현하고 있음을 보여 주기 때문이다. 나아가, 만일 miR-122가 실제로 원인이라면, 세포에 안티-miR-122 올리고뉴클리에티드를 처리할 때 이러한 조절현상은 사라져야 할 것이고, CAT-1 농도는 이 세포에서 증가해야 할 것이다. 그림 16.44d에 의하면 이 예측이 실제로 일어났음을 보여 주며, 무관한 올리고뉴클레오티는 효과가 없었다. 이와 같은 CAT-1 단백질의 증가가 CAT-1 mRNA에 반영되지 않았는데, 이것은 이러한 조절이 단백질 합성 차원에서 일어남을 의미한다.

miR-122가 CAT-1 단백질 합성에 미치는 역할을 조사하기 위해 필리포비스크와 연구진은 레닐라 루시페레이즈의 암호화 영역이 포함된 영역이 여러 가지 형태의 CAT-1 mRNA 3′-UTR에 연결된 리포터 DNA 컨스트럭트들을 만들었다. 연구진은 이 DNA들을 Huh7과 HepG2 세포주에서 시험을 하였다. CAT-1 유전자가 조절되지 않는 HepG2 세포에서는 이들 miR-122의 결합부위가 포함되어 있는 DNA 컨스트럭트들은 결합부위가 포함되어 있지 않은 컨스트럭트들과 동일한 양의 루시페레이즈를 발현하였다. 그러나, CAT-1 유전자가 조절되고 있는 Huh7 세포에서는 miR-122의 결합부위를 포함하고 있지 않은 리포터컨스트럭트들은 결합부위를 포함하고 있는 컨스트럭트에 비해 약 3배가량 더 많은 루시페레이즈를 발현했다. 노던블롯 분석방법을 이용하여 루시페레이즈의 발현이 변함에도 불구하고 mRNA양은 변화하지 않았다는 사실도 보여 주었다. 이러한 발견은 CAT-1 단백질의 생산이 miR-122에 의해 반대 방향으로(negative하게) 조절된다는 가설을 뒷받침한다. 이제까지 우리가 공부한 것에 의하면, 우리는 아미노산의 결핍은 Huh7 세포에서의 CAT-1 단백질의 생산을 억제할 것이라는 것을 예상할 수 있으며, 이와 같은 자극적인 효과는 miR-122에 의존적이라는 사실도 알 수 있다. 이에 부응하여 필리포비스크와 연구진은 Huh7 세포와 HepG2 세포로부터 아미노산을 결핍시키면 CAT-1의 발현에 어떠한 영향을 미치는지 웨스턴블롯 실험을 통해 실험해 보았다.

예상한 바대로, 연구진은 HepG2에서와는 반대로 Huh7 세포에서는 아미노산이 결핍되면 CAT-1의 양이 4배가량 증가한다는 사실을 관찰하였고, 이러한 효과는 1시간 안에 일어남을 발견하였다. 반면, 노던블롯 실험에서는 CAT-1 mRNA는 1.8배 증가했으나, 이러한 효과는 아미노산 결핍상태에 처한지 3시간 후에 나타났다. 이러한 결과는 Huh7 세포 내 아미노산을 고갈시킴으로써 발생하는 자극적인 효과가 이미 존재하는 CAT-1 mRNA의 증가된 단백질 합성 때문이라는 사실을 의미한다.

miR-122 결합부위의 유무상태에서 루시페레이즈 리포터 컨스트럭트를 이용한 실험은 Huh7 세포 내 아미노산을 고갈시킴으로써 발생하는 자극적인 반응은 miR-122 결합부위가 있는 상태에서만 일어난다는 사실을 보여 주었다. 따라서 이러한 활성화는 miR-122에 의존적임을 알 수 있다. 이러한 결론을 검증하기 위하여 필리포비스크와 연구진은 정상적인 상태에서는 miR-122를 발현하지 않고 CAT-1의 발현이 아미노산 결핍자극에 의해서도 유도되지 않는 HepG2 세포를 사용하여 실험하였다. 연구진은 HepG2 세포에 miR-122 유전자 컨스트럭트를 도입하여 지속적으로 발현을 시켰다. 이러한 방법으로 제작된 세포에서, CAT-1 mRNA 3′-UTR를 포함하고 있는 루시페레이즈 리포터 컨스트럭트 DNA들은 아미노산 결핍자극에 의해 활성화되었는데, 이것은 miR-122가 Huh7 세포주에서 관찰된 억제현상을 실제로 포함하고 있음을 의미한다.

또 다른 흥미로운 사실은 HepG2 세포에서 아래와 같은 실험을 통해 발견되었다: CAT-1 mRNA 3′-UTR에서 유대된 miR-122 결합부위만을 포함하는 루시페레이즈 리포터 컨스트럭트 DNA들은 아미노산 결핍 자극에 반응을 나타내지 않았다. 이러헌 결과는 필리포비스크와 연구진으로 하여금 CAT-1 mRNA 3′-UTR부위를 자세히 관찰하도록 유도하였다. 연구진은 D 영역이라 불리우는 CAT-1 mRNA 3′-UTR의 일부에 초점을 맞추어 관찰하였는데, 이 부위는 ARE를 포함하고 있었고, 연구진은 ARD라고 명명하였다. 이 부위는 miR-122 혹은 어떤 알려진 miRNA가 결합하는 부위가 아니었고, 다만 HuR이라고 불리는 단백질이 결합하는 부위였다. 이러한 발견은 miR-122와 더불어 HuR이 아미노산이 결핍된 Huh7 세포주에서 만들어지는 CAT-1 단백질의 조절에 필수적으로 요구될 수 있다는 가설로 발전하였다.

이 가설을 증명하기 위해 필리포비스크와 연구진은 첫 번째로 RNAi에 의해 세포 내 HuR의 농도를 감소시키면 Huh7 세포 내 CAT-1 mRNA 3′-UTR을 포함하고 있는 루시페레이즈의 아미노산 결핍자극에 대한 반응을 없앤다는 사실을 보여 주었다. 따라서 HuR은 CAT-1의 조절에 필요함을 알 수 있다. 두 번째로 연구진은 HuR이 CAT-1 mRNA 3′-UTR에 결합한다는 사실을 HuR항체를 이용하여 CAT-1 mRNA 3′-UTR을 포함하는 리포터 컨스트럭트를 면역침강법으로 침강시킴으로써 보여 주었다. 예상한 바와 같이, 이 D-영역은 포함하지 않고, miR-122 결합부위만을 포함하고 있는 컨스트럭트는 HuR 항체에 의해 면역침강됨이 밝혀

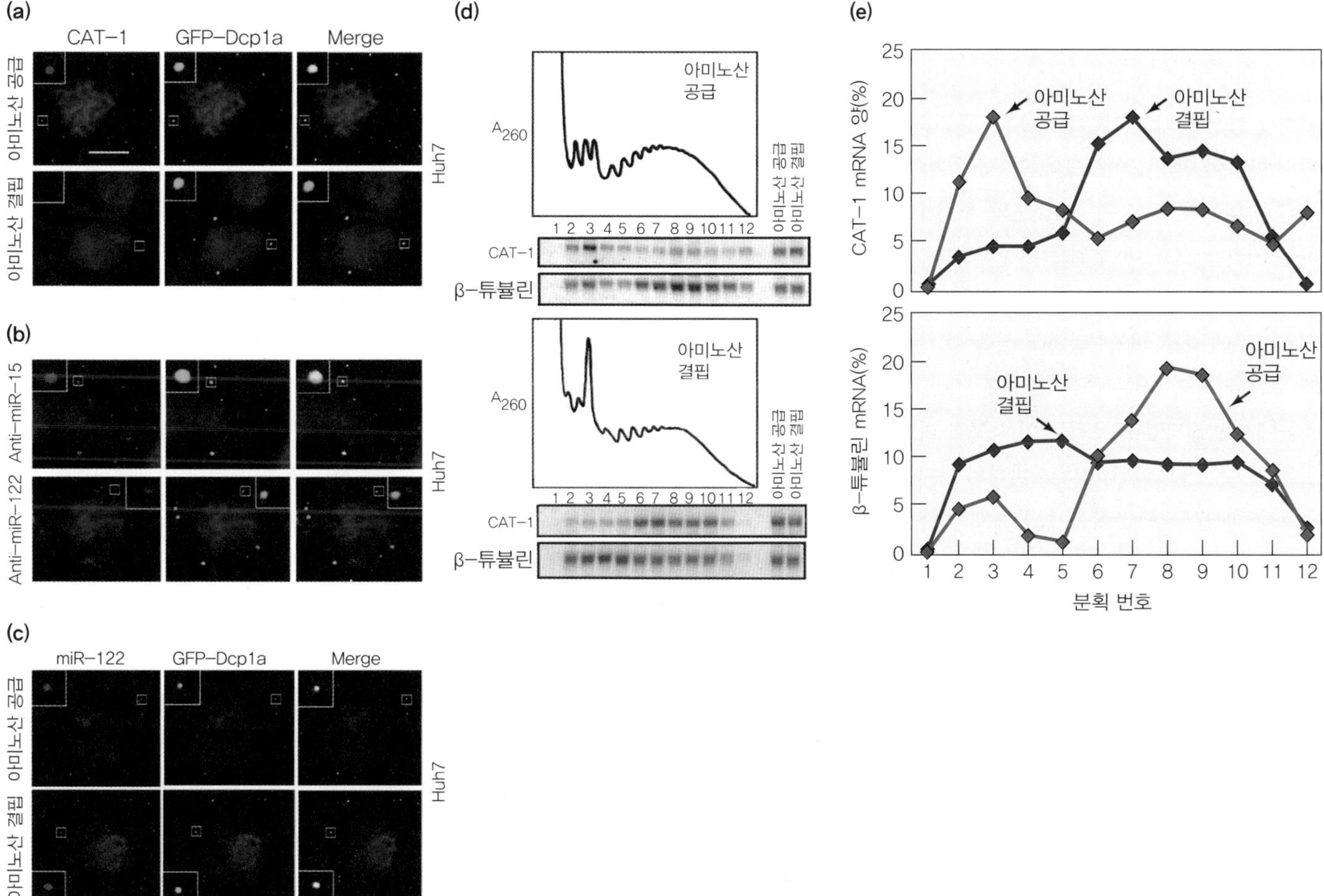

그림 16.45 세포 내 아미노산 결핍에 의해 유도되는 P-바디에서 폴리솜으로의 CAT-1 mRNA의 위치 변경. **(a)** Huh7 세포주를 굶겼을 때 P-바디에서 CAT-1 mRNA가 손실되는 현상. CAT-1 mRNA(왼쪽 컬럼)는 빨간색 형광으로 꼬리붙여 만든 탐색자를 이용한 인시츄 혼성화실험으로 관찰되었다. 오른쪽 컬럼은 다른 두 컬럼을 합하여 얻은 사진이다. 각각의 현미경 사진에서 P-바디(작은 사각형)가 선택되어 확대되어 상단 왼쪽 구석에 표시되어 있다. 상단 열은 아미노산이 공급된 세포를, 아래 열에는 굶긴 세포를 나타내고 있다(좌측에 표시되어 있음). 아미노산이 공급된 세포에서는 합해진 모습은 노란색으로 보이는데, 이것은 CAT-1 mRNA(빨간색)와 GFP-Dcp1a(초록색)이 공통적으로 위치해 있기 때문이다. 굶긴 세포에서는 본질적으로 P-바디에서 빨간색 형광이 없기 때문에 합해진 모습도 초록색으로 나타난다. **(b)** 아미노산이 공급된 세포에서 2개의 안티센스 miRNA가 CAT-1 mRNA의 P-바디 배치에 미치는 영향. 상관 없는 안티-miR-15는 전혀 효과가 없었다. 그러나 안티-miR-122는 CAT-1 mRNA가 P-바디에 배치되는 것을 억제하였다. 3개의 컬럼의 세포 염색은 패널 (a)와 동일하다. **(c)** 아미노산이 공급된 Huh7 세포와 굶긴 Huh7 세포에서 P-바디에 있는 miR-122. 3개의 컬럼의 세포 염색은 패널 (a)와 동일하다. 다만, 빨간색형광의 안티-miR122 올리고뉴클레오티드는 좌측 컬럼에 표시. **(d)** 폴리솜의 분석: 아미노산이 공급된 Huh7 세포와 굶긴 Huh7 세포에서 얻은 폴리솜을 수크로스 구배 초원심분리이실험으로 분획한 후, 각 분획을 얻어 CAT-1 mRNA혹은 베타-튜뷸린 탐색자를 이용하여 노던블롯 실험을 수행하였다(좌측에 표시). 아미노산이 공급된 Huh7 세포와 굶긴 Huh7 세포에서 투입된 RNA는 오룻쪽에 탐색되어 있음. 아미노산의 고갈은 비중이 큰 폴리솜에서 CAT-1 mRNA의 증가를 가져왔지만, 이와는 반대로 베타-튜뷸린 mRNA의 감소를 초래했다. **(e)** 패널 (d)의 실험 결과를 그래프화한 결과. CAT-1의 양 (위)과 베타-튜뷸린 (아래) mRNA의 양을 아미노산을 공급한 세포 (빨간색)과 굶긴 세포 (파란색)에서 얻은 폴리솜 프로필에서의 분획 번호와 대응시켜 그린 그래프. (출처: CELL, Vol. 125, Bhattacharyya et al, Relief of microRNA-Mediated Translational Repression in Human Cells Subjected to Stress, Issue 6, 13 June 2006, pages 1111-124. © 2006, with permission from Elsevier.)

진 것이다. 겔모빌리티 쉬프트 실험을 이용한 두 번째 결합실험은 표지된 D-영역과 RNA조각, 그리고 GST-HuR 융합단백질 간에 형성된 복합체의 존재를 보여 주었다. miR-122 결합부위가 없고, 단지 D-영역만을 포함하고 있는 리포터 컨스트럭트는 Huh7 세포주에서 조절 대상이 아니라는 사실이 발견되었다. 따라서 HuR7과 miR-122는 서로 협력 작용을 통해 CAT-1 유전자의 발현을 조절하는 것이다.

억제된 mRNA가 P-바디안에서 발견된다는 사실과, 활발하게 단백질 합성이 되고 있는 mRNA는 폴리솜에서 발견된다는 사실에 바탕하여, 필리포비스크와 연구진은 아미노산 결핍 상태와 충분한 상태에서, CAT-1 mRNA와 루시페레이즈 리포터에 해당하는 이러한 세포 내 부위를 관찰해 봤다. 그림 16.45a는(적형광 단백질 꼬리가 붙여진 CAT-1 안티센스 탐색자로 탐지된) CAT-1 mRNA에 대한 면역형광염색 실험 결과를 보여 준다. 아미노산이 충분한 세포에서는 붉은 CAT-1 mRNA가 특정 세포질 내 구조물에서 발견되었다. 우리는 이 세포질 내 구조물이 P-바디라는 것을 알 수 있다. 왜냐하면 P-바디의 표지물질인 GFP-Dcp1a가 초록색 형광을 띄고, 붉은 형광의 CAT-1mRNA와 공통 위치에 존재하기 때문이다. 붉은 형광과 초록색 형광이 겹치게 되면 오른쪽 패널에 있는 노란색을 띄게 된다. 세포에 안티-miR-122 안티센스 RNA를 도입시키면 아미노산이 공급된 상태의 세포에서의 CAT-1 mRNA가 존재하는 P-바디가 사라지는데(그림 16.45b), 이것은 이 위치가 miR-122에 의존적이라는 것을 의미한다.

반면, 아미노산이 결핍된 굶주린 세포에서는 CAT-1 mRNA가 더이상 P-바디에서 탐지되지 않았다(그림 16.45a). 모든 miR-122가 CAT-1 mRNA와 함께 사라진 것일까? 이에 대한 답은 부정적이다. 왜냐하면 그림 16.45c는 miR-122가 붉은 형광탐색자를 이용한 인시츄 혼성화 실험에서 탐지된다는 사실을 보여 주고 있기 때문이다. 따라서 miR-122는 간세포의 P-바디에 있는 다수의 mRNA들로부터의 단백질 합성을 조절하기 때문에, 1개 (혹은 몇 개의) 조절받는 mRNA가 아미노산이 없는 환경에서 없어진다고 해도 P-바디 내의 miR-122 농도를 유의하게 감소시키지는 못했다.

아미노산을 고갈시킨 세포에서의 CAT-1 mRNA들이 P-바디에서 폴리솜으로 이동한 것일까? 이 질문에 대한 답을 얻기 위해 필리포비스크와 연구진은 수크로우스(자당) 농도구배 초원심분리실험 기법을 이용하여 폴리솜을 분리한 후, 각각의 샘플을 채취하여 노던블롯 실험으로 어떤 샘플에 CAT-1 mRNA가 있는지 조사하였다. 그림 16.45d는 Huh7 세포를 굶겼을 때 폴리솜의 CAT-1 mRNA가 크게 증가하였다는 사실을 보여 주고 있으며, 그림 16.45e는 이 효과를 정량적으로 보여 주고 있다. 이 효과는 CAT-1 mRNA에 특이적이다. 대부분의 mRNA는 대조군인 베타 튜뷸린 mRNA가 반응하는 것과 같은 패턴으로 반응하였는데, 그림 16.45d와 그림 16.45e에 표시되어 있는 것 처럼 폴리솜 밖으로 이동하였다.

필리포비스크와 연구진은 또한 아미노산이 결핍된 세포에서 CAT-1 mRNA가 P-바디에서 빠져나와 폴리솜으로 이동하는 현상이 HuR과 CAT-1 mRNA 3′-UTR의 D-영역에 의존적이라는 사실도 증명하였다. 이 연구진은 세포가 굶주린 상태에서 HuR이 CAT-1 mRNA와 함께 P-바디에서 나와 폴리솜으로 이동하는 과정을 보여 주었다. 나아가, 굶주린 Huh7 세포의 HuR을 녹다운시켰을 때, 연구진은 CAT-1 mRNA가 더이상 P-바디에서 폴리솜으로 재배치되지 않는다는 사실도 발견하였다.

만일 굶주린 세포에서 HuR이 CAT-1 mRNA를 P-바디로부터 빠져나오는 것을 도와준다면, 아마도 HuR 결합부위(D-영역)를 갖고 있는 또 다른 mRNA로 하여금 동일 조건하에서 P-바디에서 빠져나오는 것을 도울 수 있을 것이다. 필리포비스크와 연구진은 이와 같은 예측의 진위를 시험하기 위해 D-영역을 miRNA *let-7*에 반응을 나타내는 또 다른 루시페레이즈 리포터 mRNA(RL-3xBulge)에 삽입시켰다. 보통의 경우 이 리포터 mRNA는 HeLa 세포주와 같이 *let-7*을 발현하는 세포의 P-바디로 인도하며, 굶주린 환경하에서도 P-바디를 빠져나오지 않는다. 그러나, D 영역을 삽입시켰을 경우, 이 mRNA는 HeLa 세포의 굶주린 환경에 P-바디를 빠져나오는 방식으로 반응을 나타낸다. 이와 같은 모든 증거들은 굶주린 세포에서 P-바디로부터 CAT-1 mRNA를 이동시키는데 있어서의 HuR의 중요한 역할을 나타내 주고 있다. 또한 이러한 증거들은 miRNA에 의해 매개되는 발현 억제 상태에 있는 mRNA들이 스트레스에 의해 유발되는 재활성화 과정이 다양한 세포에 있는 다양한 mRNA에 공통적으로 적용되는 일반적인 현상일 수 있다는 것을 암시한다.

4) 그 외의 small RNA들

siRNA, miRNA, 그리고 piRNA의 발견 이후, 또 다른 RNA들이 발견되었는데, 그 기능은 아직 잘 밝혀져 있지 않다. 한 예로, 초파리의 **내재적-siRNA**(endo-siRNA)를 들 수 있다. 이것은 miRNA처럼 초파리 유전자에서 이중가닥 RNA 전구체의 형태로 만들어진다. 그러나 siRNA처럼 이들 RNA 전구체는 다이서-2(DCR-2) 경로에 의해 다듬어지며 Ago2를 포함하고 있는

RISC에 탑재된다. 따라서 이들 RNA가 내재적으로 생산되지만, 그 가공 경로의 특성에 미루어 볼 때 이 RNA 부류는 miRNA라기보다는 siRNA라고 지칭되는 것이 옳은 것 같다. 따라서 우리는 이 RNA가 siRNA와 miRNA 경계선상에 있는 것을 받아들임에도 불구하고 내재적-siRNA라고 부른다.

DCR-2 혹은 Ago2에 결함이 있는 초파리가 체세포에서 트랜스포존의 발현이 증가되어 있다는 사실은 흥미롭다. 이러한 발견으로부터 우리는 내재적-siRNA들이 마치 piRNA가 생식세포를 보호해 주는 것처럼, 체세포가 트랜스포존에 의해서 전위되는 것으로부터 보호해 주는 역할을 한다고 생각할 수 있다.

요약

진핵세포의 인(nucleoli, 핵소체)에서 rRNA는 전구체의 형태로 만들어진 후 성숙된 rRNA가 되기 위해 공정과정을 거치게 된다. rRNA의 전구체는 18S, 5.8S, 28S의 순서로 배열되어 있으며, 이 순서는 모든 진핵세포에서 예외가 없으나 다만 완성된 rRNA의 정확한 크기는 종마다 약간의 차이가 있다. 인간 세포에서는 전구체가 45S이고, 공정과정을 통해 41S, 31S, 20S의 중간체를 만들어 낸다. snoRNA는 이러한 공정과정에서 매우 중요한 역할을 한다.

tRNA 전구체의 5′-말단에 돌출되어 있는 여분의 뉴클레오티드는 RNA 가수분해효소 P의 촉매작용에 의한 핵산내부 절단방법에 의해 단 한 번의 작용으로 5′-말단으로부터 제거된다. 세균과 진핵세포 핵에 존재하는 RNA 가수분해효소 P 내부에는 M1 RNA라 불리는 촉매성 RNA 소단위체가 존재한다. RNA 가수분해효소 II와 폴리뉴클레오티드 인산화효소는 서로 협동하여 대장균 tRNA 전구체의 말단에 존재하는 여분의 뉴클레오티드를 제거하는데, 완전히 제거하지는 않고 +2 위치에서 제거하는 과정을 중단하므로 2개의 여분의 뉴클레오티드를 남겨 놓게 된다. RNA 가수분해효소 PH와 T가 RNA로부터 이 2개의 여분 뉴클레오티드를 제거한다. 진핵세포에서는 tRNA 39-가공 엔도리보뉴클레아제(39-tRNase)라고 불리우는 1개의 효소가 pre-tRNA의 39-말단 부위를 가공한다.

트리파노소마 mRNA는 짧은 선구자 엑손과 많은 독립적인 암호화 엑손 중 하나와 트랜스-스플라이싱에 의해 형성된다.

트리파노소마의 미토콘드리아(키네토플라스티드)는 불완전한 mRNA를 암호화하고 있기 때문에 단백질이 합성되기 전에 반드시 RNA 교정 과정이 이루어져야 한다. RNA 교정은 1개 또는 그 이상의 안내 RNA(gRNA)에 의해 3′→5′ 방향으로 순차적으로 일어난다. 이 안내 RNA는 불완전한 mRNA의 미교정 부위에 상보적으로 붙어서 A와 G의 주형을 제공함으로써 mRNA에 결핍되어 있는 U의 삽입이나 여분의 U의 제거를 가능하게 한다.

초파리와 포유류를 포함한 고등 진핵생물의 mRNA에서 몇몇 아데노신은 후전사 과정에서 mRNA가 어떤 단백질을 암호화하기 위해 이노신으로 탈아민화 되어야 한다. RNA에 작용하는 아데노신 탈아민화효소(ADAR)가 이러한 종류의 RNA 편집을 수행한다. 게다가 mRNA가 적절히 암호화되기 위해 시티딘이 우리딘으로 탈아민화되어야 한다.

전사후 유전자 발현 조절의 공통적인 방법은 mRNA 안정화를 조절하는 것이다. 예를 들면 포유류의 카세인과 트랜스페린 (Tfr)유전자가 mRNA이 안정하 상태를 조절하는 것을 주요 조절 수단으로 한다는 것이다. 세포에 철이 충분이 많으면 트랜스페린 수용체가 줄어들므로서 세포 내 너무 많은 철의 축적을 방지한다. 반대로 세포에 철이 결핍되어 있으면, 트랜스페린 수용체의 농도가 증가하여 더욱더 많은 철을 세포 내로 운반한다. 트랜스페린 수용체(TfR)의 mRNA안정성은 다음과 같은 방법으로 조절된다: TfR mRNA의 3′-UTR 내에 철반응요소 (iron response elements, IREs)라고 불리우는 5개의 머리핀 구조가 있어서 mRNA로 하여금 RNase의 작용에 의해 쉽게 분해되도록 되어 있다. 철의 농도가 낮을 때는 아코니테이즈라는 효소가 철이 없는 아포단백질 형태로 존재한다. 이 단백질이 TfR mRNA의 IRE에 결합하면 RNA가 RNase의 공격으로부터 보호를 받는다. 그러나 철의 농도가 높으면, 아코니테이즈가 철에 더 선택적으로 결합하므로써 mRNA의 IRE에 결합을 하지 않게 된다. 이러한 상황이 되면 RNA는 RNase에 의해 분해가 되게 되는 것이다.

RNA 간섭현상은 세포가 바이러스, 트랜스포존, 혹은 이식유전자(transgene, 혹은 실험적으로 추가된 dsRNA)를 만났을 때 시작된다. 이러한 방아쇠 dsRNA는 다이서라고 불리우는 RNase-III와 유사한 효소에 의해 21-3-뉴클레오티드 조각(siRNA)으로 잘린다. 이중가닥의 siRNA는 다이서와 다이서와 연동되어 있는 R2D2 단백질과 함께 Ago2를 끌어들여 pre-RISC 복합체를 만들면 이 복합체가 siRNA를 2개의 개별 가닥인 가이드 가닥과 패신저 가닥을 만들어 낸다. 가이드 가닥은 RISC 복합체(RNA에 의해 유도된 사일런싱 복합체)에 있는 표적 mRNA와 염기짝을 만들어 내고, 패신저 가닥은 폐기된다. Ago2는 패신저 가닥을 잘라내고, 잘려 나간 패신저 가닥은 pre-RISC 복합체에서 떨어져 나간다. siRNA의 가이드 가닥은 Ago2의 PIWI 영역에 있는 활성 부위에 있는 표적 mRNA와 염기짝을 만드는데, Ago2는 RNase와 유사한 효소로서 슬라이서라고도 불린다. 슬라이서는 표적 mRNA를 siRNA와 만들고 있는 염기짝 부분의 중간 부위 부분을 자른다. ATP에 의존적인 반응에 의해 잘리운 mRNA는 RISC로부터 방출된 후 붕괴시킬 새로운 mRNA를 받아들이게된다. 어떤 종에서는 siRNA가 안티센스 siRNA가 표적 mRNA와 혼성체를 이루어 RNA 의존적인 RNA 중합효소에 의해 전장 안티센스 RNA가 만들어는 RNAi 상태인 시기에 증폭된다. 이러한 새로운 dsRNA는 다이서에 의해 잘리어 새로운 siRNA의 조각이 된다.

RNAi 기구들은 효모의 동원체(centromere)와 사일런트 교배형 부위의 이형염색질 형성 과정과 다른 생명체의 이형염색질 형성 과정에 관여한다. 분열형 효모(fission yeat)의 동원체 맨 끝 부위에서 역가닥의 전사활성이 일어난다. 이따금씩 일어나는 정방향 전사나 RdRP에 의해 만들어지는 정방향 전사는 RNA 간섭현상을 없애기 위해 역전사와 염기쌍을 이루는데, 히스톤 메틸기 전이효소를 회복시켜 히스톤 H3의 라이신 9번을 메틸화하여 Swi6을 회복시키는데, 이는 이형염색질 형성 과정을 일으킨다. 식물과 포유동물의 경우, 이 과정은 DNA 메틸화 과정에 의해 강화된다. 이 메틸화 과정은 이형염색질 형성 과정에 관계하는 기구들을 유인하기도 한다. 포유동물 개개의 유전자들 또한 RNA 간섭현상에 의해 억제되기도 하며, 억제되는 부위는 단백질 번역부위보다는 유전자 조절부위이다. 이 유형의 억제 과정에는 RNA 분해보다는 DNA 메틸화에 의한 억제 과정이 수반된다.

마이크로 RNA(miRNA)는 줄기-고리형 구조의 세포 내 RNA로부터 만들어진 18~25nt RNA이다. miRNA 합성의 마지막 단계에서 다이서는 전구체 RNA의 이중가닥을 하고 있는 줄기부위를 잘라 이중가닥의 miRNA를 만들어 낸다. 단일가닥 형태의 miRNA는 RISC 복합체에 있는 Ago2 단백질과 결합함으로써 다른 유전자의 발현을 조절하게 된다. 동물의 경우, miRNA는 표적 mRNA의 3′-말단 비번역 지역(3′-UTR)과 불완전한 염기 짝짓기를 이루는 경향이 있고, 이 mRNA의 단백질 산물이 누적되는 과정을 억제한다. 그러나 동물의 miRNA와 그 표적 mRNA 간에 완벽한 또는 경우에 따라서 불완전한 염기 짝짓기 현상은 mRNA의 절단 과정을 유발할 수 있다. 식물의 경우, miRNA는 단백질 번역 억제 현상이 일어나는 경우를 제외하고는 표적 mRNA와 완벽한 또는 거의 완벽한 염기 짝짓기를 형성하고 이들 mRNA의 절단을 유발한다.

마이크로 RNA는 단백질 합성을 억제하기도 하고 활성화시키기도 한다. 특히, miR369-3은 Ago2와 FXR1의 도움을 받아 혈청이 고갈된 세포 내 TNFα mRNA로부터의 단백질 합성을 활성화시킨다. 반면, miR369-3은 Ago2의 도움을 받아 혈청이 있는 배지에서 자라고 있는 동기화된 세포의 mRNA로부터의 단백질 합성을 억제한다.

RNA 중합효소 II는 miRNA 전구체 유전자를 전사하여, pri-miRNA를 만들어 내고, 그것은 1개 이상의 miRNA를 암호화하기도 한다. pri-mRNA를 가공하여 완성된 miRNA를 만드는 데에는 두 단계의 절차가 필요하다. 첫 번째 단계는 드로샤라고 알려져 있는 핵 내 RNase III가 pri-miRNA를 절단하여 pre-miRNA라고 알려져 있는 60-0-뉴클레오티드의 머리핀구조의 RNA를 만들어 내보낸다. 두 번째 단계는 세포질에서 일어나는데, 다이서가 pre-miRNA를 머리핀 구조의 줄기 부분 부위를 자른 후 원숙한 이중가닥 miRNA를 만드는 단계이다. 머트론(mirtron)은 pre-miRNA로 구성되어 있는 인트론이다. 따라서 스플라이스좀은 pre-mRNA로부터 잘라낸 다음 가지치기가 된 다음, 드로샤의 역할이 없는 상태에서 머리핀 구조의 pre-miRNA로 접힘으로써 구조가 완성된다.

P-바디는 mRNA가 저장되기도 하고, 파괴되기도 하며, 단백질 합성이 억제되는 세포질 내 특정 부위이다. GW182는 초파리의 P-바디 내 miRNA 사일런싱 기작의 중요한 부분인데, 이 기작은 단백질 합성의 억제 혹은 mRNA 붕괴를 담당한다. AGO1은 P-바디 안의 mRNA로 GW182을 끌어들이는데, 이 과정은 바로 mRNA의 사일런싱의 신호탄이 된다. P-바디안에서 일어나는 GW182와 AGO1에 의해 매개되는 mRNA 붕괴 과정에는 탈아데닐화반응과 탈캐핑과정이 동시에 관여하는 것으로 보이며, 이러한 과정이 끝나면 바로 59→39 방향의 엑소뉴클레이즈에 의한 mRNA 붕괴가 시작된다.

간세포주(Huh7)에서는 CAT-1 mRNA로부터의 단백질 합성이 miRNA인 miR-122에 의해 억제되며, 이 mRNA는 P-바디 안에 격리되어 있다. 세포 내 아미노산의 공급이 차단되어 세포가 굶게 되면 CAT-1 mRNA로부터 단백질 합성 억제가 해소되며, mRNA가 P-바디로부터 폴리솜으로 이동한다. 이러한 mRNA의 활성화 과정과 위치변경과정은 mRNA 결합 단백질인 HuR과 39-URT에 위치한 HuR이 결합하는 부위(D-영역)에 의존적이다. 스트레스에 대응하여 발생하는 이와 같은 mRNA 활성화와 위치 변경은 아마도 miRNA에 의해 억제되는 mRNA들의 일반적인 반응일 가능성이 많다.

초파리의 내재적 siRNA는 세포 내 유전체에 암호화되어 있음에도 불구하고, miRNA가 아닌 siRNA와 같은 방식으로 가공된다. 내재적 siRNA는 체세포를 트랜스포존으로부터 보호해 주는 역할을 하는 것으로 추정된다.

복습 문제

1. 포유동물의 rRNA 전구체의 구조를 그리고, 그 안에 다른 세 가지 완성된 rRNA의 위치를 표시하라.

2. RNA 가수분해효소 P의 기능은 무엇인가? 세균과 진핵세포의 핵 안에 존재하는 RNA 가수분해효소 P의 특징에 대해 설명하라.

3. 시스-스플라이싱과 트랜스-스플라이싱의 차이점을 도식화하여 설명하라.

4. Y-구조를 갖는 스플라이스 중간 산물이 트리파노소마의 mRNA 전구체의 스플라이싱 과정에 나타나는 현상에 대해 기술하고, 이와 같은 사실을 뒷받침하는 실험 결과에 대해 설명하라. 이 결과가 어떻게 시스-스플라이싱이 아닌 트랜스-스플라이싱 현상과 부합하는지에 대해 설명하라.

5. RNA 편집에 대해 설명하라. 크립토 유전자란 무엇인가?

6. 키네토플라스트 mRNA의 편집 과정에서 3′→5′ 방향으로 진행된다는 사실을 설명하고 이를 입증하는 실험 결과에 대해 설명하라.

7. 현재 받아들여지고 있는 RNA 편집 과정을 설명할 수 있는 모델을 도식화하라. 이 과정에 관여하는 효소에는 어떠한 것이 있는가?

8. gRNA의 존재를 입증할 수 있는 직접적인 증거를 제시하라.

9. ADAR2에 의한 쥐 GluR-B 전사물의 편집이 필수적이라는 것과, 이 전사물이 ADAR2의 중요한 표적이라는 것을 나타내는 증거를 제시하라.

10. 프로락틴이 카세인 유전자를 주로 전사후 공정과정 단계에서 조절하는 현상을 기술하고 이를 뒷받침하는 실험 결과에 대해 설명하라.

11. 포유동물의 세포에서 철의 항상성 유지에 직접적으로 관여하는 2개의 단백질은 무엇인가? 이들 두 단백질은 세포 외 철 농도의 변화에 따라 어떻게 변화하는가?

12. 특정 단백질이 TfR mRNA의 철 반응요소에 결합하는 사실을 알 수

있는 방법에 대해 설명하라.

13. TfR IRE에 도입된 한 가지 돌연변이에 의해 더 이상 철 농도에 반응하지 않는 안정된 mRNA를 형성하고, 또 다른 종류의 돌연변이에 의해 철 농도에 반응하지 않는 불안정한 mRNA를 형성하는 현상에 대해 기술하라. 그리고 이를 뒷받침하는 실험 결과에 대해서도 설명하라. 이와 같은 실험 결과를 신속한 교체 결정 요소와 IRE-결합단백질과의 상호 작용 관점에서 해석하라.

14. TfR mRNA 안전성을 결정하는 데 있어 아코니테이즈가 관련되는 모델을 제시하라.

15. RNA 방해가 mRNA 분해에 의존적이라는 것을 뒷받침하는 증거는 무엇인가?

16. RNA 방해의 기작에 대한 모델을 제시하라.

17. 아거노트2가 슬라이서 활동을 하는 것을 나타내는 실험의 결과를 기술하라.

18. R2D2는 RISC의 형성에서 어떤 역할을 하는가? 만약 R2D2가 없다면 어떤 일이 일어날지 설명하라.

19. piRNA들이 자신을 증폭하고 트랜스포존을 불활성화시키는 데 관여하는 핑퐁기작을 그림으로 나타내라.

20. 분열하는 이스트에서의 이질염색체화중에 RNAi 장치의 관련성에 대한 모델을 설명하라. 포유류의 상황을 기술하기 위해서는 이 모델을 어떻게 수정해야 하는가?

21. 꽃식물에서 유전자 사일런싱과 이형염색질화 과정에 대한 모델을 제시해보아라. 이 과정은 분열효모의 모델과는 근본적으로 어떻게 다른가?

22. 분열효모와 꽃식물에서 siRNA가 아닌 전사체가 유전자 사일런싱에 차지하는 중요성에 대한 근거는 무엇인가?

23. 분열 중인 세포에 있어서 이형염색질화 과정에서 염색질의 표적이 우선적으로 전사된 이후에야만 사일런싱이 진행된다. 이러한 문제점을 분열효모와 꽃식물은 어떻게 해결하는가?

24. 다음에서 나타내고 있는 실험의 결과를 기술하라.

a. 포유류의 유전자는 유전자의 조절 지역으로 향하는 siRNA를 포함하고 있는 기작으로 사일런싱할 수 있다.
b. DNA 메틸화가 사일런싱에 영향을 미친다.

25. siRNA와 miRNA가 만들어지는 과정을 개략적으로 설명하라. 이 과정에서 가장 중요한 역할을 담당하는 인자들을 열거하라. 열거할 때 반드시 pre-miRNA를 만드는 두 가지 방법을 포함시켜라.

26. 유전자의 프로모터 부위를 표적으로 하는 siRNA는 어떻게 만들어지는가? 당신의 가설을 뒷받침할 수 있는 증거를 제시하라.

27. 동물에서 siRNA와 miRNA의 전형적인 작용을 비교, 대조하라.

28. 동물에서 마이크로 RNA는 전형적으로 mRNAs의 3′-비번역 지역에서 그들의 표적물질에 불완전하게 염기쌍을 이룬다. 만약 완전하게, 또는 거의 완전하게 염기쌍을 이룬다면 그들의 활성 변화가 어떻게 일어나는 것일까? 증명하라.

29. miRNA가 유전자로부터의 단백질 합성을 활성화시키는 예를 들고 기술하시오. 이러한 활성화 과정은 어떤 실험방법으로 분석할 수 있을까? 이러한 miRNA와 mRNA간에 만들어지는 염기짝짓기에 대한 증거를 제시하라.

30. GW182 단백질이 P-바디에서 mRNA로부터의 단백질 합성을 감소시킬수 있다는 것을 보여눚 실험의 결과에 대해 기술하라. 이질문에 대한 답을 할 때 어떻게 단백질이 물리적으로 mRNA에 연결될 수 있는지 기술하라. 얼마나 많은 단백질이 mRNA의 붕괴에 의해 손실되고, 또 얼마나 많은 단백질이 단백질 합성의 억제에 의해 손실되는지 기술하라. 어떻게 이 두 가지 효과를 실험적으로 분리할 수 있을까?

31. 아래의 사실을 보여 준 실험의 결과를 기술하라.

a. mRNA로부터의 단백질 합성이 P-바디의 miRNA에 의해 억제된다.
b. 이러한 억제가 스트레스 상태에 있는 세포에서는 극복될 수 있다.
c. mRNA에 결합하는 단백질이 억제로부터의 회복을 위해 필요하다.
d. 억제로부터의 회복은 P-바디로부터 폴리솜으로 mRNA가 위치 변경됨으로써 가능해진다.

분석 문제

1. 왜 다이서 dsRNA가 RNAi를 완벽하게 방어하지 못할까?

2. 많은 양의 TfR mRNA에서의 변형에 따른 효과를 예측하라. 철의 농도에 관계없이 TfR mRNA가 구조적으로 낮거나 높은 수준에서 변형이 일어날까? 아니면 mRNA 수준과 관계가 없을까?

a. 아코니테이즈의 형성을 막는 변형
b. 철과 붙으면서 아코니테이즈를 방해하는 변형
c. IRE와 붙으면서 아코니테이즈를 방해하는 변형

3. 예쁜꼬마선충의 *lin-4* miRNA가 *lin-14*의 발현에 미치는 효과에 관한 모순되는 증거에 대해 논의하라.

추천 문헌

General References and Reviews

Aravin, A.A., G.J. Hannon, and J. Brennecke. 2007. The Piwi–piRNA pathway provides an adaptive defense in the transposon arms race. *Science* 318:761–64.

Bass, B.L. 2000. Double–stranded RNA as a template for gene silencing. *Cell* 101:235–38.

Carrington, J.C. and V. Ambros. 2003. Role of microRNAs in plant and animal development. *Science* 301:336–38.

Daxinger, L., T. Kanno, and M. Matzke. 2008. Pol V transcribes to silence. *Cell* 135:592–94.

Dernburg, A.F. 2002. A Chromosome RNAissance. *Cell* 11:159–62.

Eulalio, A., E. Huntzinger, and E. Izaurralde. 2008. Getting to the root of miRNA–mediated gene silencing. *Cell* 132:9–14.

Filipowicz, W. 2005. RNAi: The nuts and bolts of the RISC machine. *Cell* 122:17–20.

Keegan, L.P., A. Gallo, and M.A. O'Connell. 2000. Survival is impossible without an editor. *Science* 290:1707–09.

Nilsen, T.W. 1994. Unusual strategies of gene expression and control in parasites. *Science* 264:1868–69.

Pillai, R.S., S.N. Bhattacharyya, and W. Filipowicz. 2007. Repression of protein synthesis by miRNAs: How many mechanisms? *Trends in Cell Biology* 17:118–26.

Rouault, T.A. 2006. If the RNA fi ts, use it. *Science* 314:1886–87.

Seiwert, S.D. 1996. RNA editing hints of a remarkable diversity in gene expression pathways. *Science* 274:1636–37.

Simpson, L. and D.A. Maslov. 1994. RNA editing and the evolution of parasites. *Science* 264:1870–71.

Solner–Webb, B. 1996. Trypanosome RNA editing: Resolved. *Science* 273:1182–83.

Sontheimer, E.J. and R.W. Carthew. 2004. Argonaute journeys into the heart of RISC. *Science* 305:1409–10.

Research Articles

Abraham, J.M., J.E. Feagin, and K. Stuart. 1988. Characterization of cytochrome c oxidase III transcripts that are edited only in the 39 region. *Cell* 55:267–72.

Bagga, S., J. Bracht, S. Hunter, K. Massirer, J. Holtz, R. Eachus, and A.E. Pasquinelli. 2005. Regulation by let–7 and lin–4 miRNAs results in target mRNA degradation. *Cell* 122:553–63.

Behm–Ansmant, I., J. Rehwinkel, T. Doerks, A. Stark, P. Bork, and E. Izaurralde. 2006. mRNA degradation by miRNAs and GW182 requires both CCR4:NOT deadenylase and CDP1:DCP2 decapping complexes. *Genes and Development* 20:1885–98.

Bhattacharyya, S., R. Habermacher, U. Martine, E.I. Closs, and W. Filipowicz. 2006. Relief of microRNA–mediated translational repression in human cells subjected to stress. *Cell* 125:1111–24.

Blum, B., N. Bakalara, and L. Simpson. 1990. A model for RNA editing in kinetoplastid mitochondria: "Guide" RNA molecules transcribed from maxicircle DNA provide the edited information. *Cell* 60:189–98.

Casey, J.L., M.W. Hentze, D.M. Koeller, S.W. Caughman, T.A. Rovault, R.D. Klausner, and J.B. Harford. 1988. Ironresponsive elements: Regulatory RNA sequences that control mRNA levels and translation. *Science* 240:924–28.

Casey, J.L., D.M. Koeller, V.C. Ramin, R.D. Klausner, and J.B. Harford. 1989. Iron regulation of transferrin receptor mRNA levels requires iron–responsive elements and a rapid turnover determinant in the 39 untranslated region of the mRNA. *EMBO Journal* 8:3693–99.

Feagin, J.E., J.M. Abraham, and K. Stuart. 1988. Extensive editing of the cytochrome c oxidase III transcript in Trypanosoma brucei. *Cell* 53:413–22.

Fire, A., S. Xu, M.K. Montgomery, S.A. Kostas, S.E. Driver, and C.C. Mello. 1998. Potent and specifi c genetic interference by double–stranded RNA in Caenorhabditis elegans. *Nature* 391:806–11.

Fukagawa, T., M. Nogami, M. Yoshikawa, M. Ikeno, T. Okazaki, Y. Takami, T. Nakayama, and M. Oshimura. 2004. Dicer is essential for formation of the heterochromatin structure in vertebrate cells. *Nature Cell Biology* 6:784–91.

Guerrier–Takada, C., K. Gardiner, T. Marsh, N. Pace, and S. Altman. 1983. The RNA moiety of ribonuclease P is the catalytic subunit of the enzyme. *Cell* 35:849–57.

Guyette, W.A., R.J. Matusik, and J.M. Rosen. 1979. Prolactinmediated transcriptional and post–transcriptional control of casein gene expression. *Cell* 17:1013–23.

Hall, I.M., G.D. Shankaranarayana, K.–i. Noma, N. Ayoub, A. Cohen, and S.I.S. Grewal. 2002. Establishment and maintenance of a heterochromatin domain. *Science* 297:2232–37.

Hammond, S.M., E. Bernstein, D. Beach, and G.J. Hannon. 2000. An RNA–directed nuclease mediates post–transcriptional gene silencing in Drosophila cells. *Nature* 404:293–96.

Han, J., D. Kim, and K.V. Morris. 2007. Promoter–associated RNA is required for RNA–directed transcriptional gene silencing in human cells. *Proceedings of the National Academy of Sciences* 104:12422–27.

Johnson, P.J., J.M. Kooter, and P. Borst. 1987. Inactivation of transcription by UV irradiation of T. brucei provides evidence for a multicistronic transcription unit including a VSG gene. *Cell* 51:273–81.

Kable, M.L., S.D. Seiwart, S. Heidmann, and K. Stuart. 1996. RNA editing: A mechanism for gRNA–specifi ed uridylate insertion into precursor mRNA. *Science* 273:1189–95.

Koeller, D.M., J.L. Casey, M.W. Hentze, E.M. Gerhardt, L.–N.L. Chan, R.D. Klausner, and J.B. Harford. 1989. A cytosolic protein binds to structural elements within the iron regulatory region of the transferrin receptor mRNA. *Proceedings of the National Academy of Sciences USA* 86:3574–78.

Koeller, D.M., J.A. Horowitz, J.L. Casey, R.D. Klausner, and J.B. Harford. 1991. Translation and the stability of mRNAs encoding the transferrin receptor and c–fos. *Proceedings of the National*

Academy of Sciences USA 88:7778–82.

Lee, R.C., R.L. Feinbaum, and V. Ambros. 1993. The C. elegans heterochronic gene lin–4 encodes small RNAs with antisense complementarity to lin–14. *Cell* 75:843–54.

Li, Z. and M.P. Deutscher. 1994. The role of individual exoribonucleases in processing at the 39 end of Escherichia coli tRNA precursors. *Journal of Biological Chemistry* 269:6064–71.

Lipardi, C., Q. Wei, and B.M. Paterson. 2001. RNAi as random degradative PCR: siRNA primers convert mRNA into dsRNAs that are degraded to generate new siRNAs. *Cell* 107:297–307.

Liu, J., M.A. Carmell, F.V. Rivas, C.G. Marsden, J.M. Thomson, J.–J. Song, S.M. Hammond, L. Joshua–Tor, and G.J. Hannon. 2004. Argonaute2 is the catalytic engine of mammalian RNAi. *Science* 305:1437–41.

Miller, O.L., Jr., B.R. Beatty, B.A. Hamkalo, and C.A. Thomas, Jr. 1970. Electron microscopic visualization of transcription. *Cold Spring Harbor Symposia on Quantitative Biology.* 35:505–12.

Morris, K.V., S.W.–L. Chan, S.E. Jacobsen, and D.J. Looney. 2004. Small interfering RNA–induced transcriptional gene silencing in human cells. *Science* 305:1289–92.

Müllner, E.W. and L.C. Kühn. 1988. A stem–loop in the 39 untranslated region mediates iron–dependent regulation of transferrin receptor mRNA stability in the cytoplasm. *Cell* 53:815–25.

Murphy, W.J., K.P. Watkins, and N. Agabian. 1986. Identifi cation of a novel Y branch structure as an intermediate in trypanosome mRNA processing: Evidence for trans splicing. *Cell* 47:517–25.

Olsen, P.H. and V. Ambros. 1999. The lin–4 regulatory RNA controls developmental timing in Caenorhabditis elegans by blocking LIN–14 protein synthesis after the initiation of translation. *Developmental Biology* 216:671–80.

Owen, D. and L.C. Kühn. 1987. Noncoding 39 sequences of the transferrin receptor gene are required for mRNA regulation by iron. *EMBO Journal* 6:1287–93.

Seiwert, S.D. and K. Stuart. 1994. RNA editing: Transfer of genetic information from gRNA to precursor mRNA in vitro. *Science* 266:114–17.

Sijen, T. J., Fleenor, F., Simmer, K.L., Thijssen, S., Parrish, L., Timmons, R.H.A., Plasterk, and A. Fire. 2001. On the role of RNA amplifi cation in dsRNA–triggered gene silencing. *Cell* 107:465–76.

Song, J.–J., J. Liu, N.H. Tolia, J. Schneiderman, S.K. Smith, R.A. Martienssen, G.J. Hannon, and L. Joshua–Tor. 2003. The crystal structure of the Argonaute2 PAZ domain reveals an RNA binding motif in RNAi effector complexes. *Nature Structural Biology* 10:1026–32.

Song, J.–J., S.K. Smith, G.J. Hannon, and L. Joshua–Tor. 2004. Crystal structure of Argonaute and its implications for RISC slicer activity. *Science* 305:1434–37.

Vasudevan, S., Y. Tong, and J.A. Steitz. 2007. Switching from repression to activation: MicroRNAs can up–regulate translation. *Science* 318:1931–34.

Volpe, T.A., Kidner, I.M. Hall, G. Teng, S.I.S. Grewal, and R.A. Martienssen. 2002. Regulation of heterochromatic silencing and histone H3 lysine–9 methylation by RNAi. *Science* 297:1833–37.

Wang, Q., J. Khillan, P. Gaude, and K. Nishikura. 2000. Requirement of the RNA editing deaminase ADAR1 gene for embryonic erythropoiesis. *Science* 290:1765–8.

Weinberg, R.A., and S. Penman. 1970. Processing of 45S nucleolar RNA. *Journal of Molecular Biology* 47:169–78.

Wierzbicki, A.T., T.S. Ream, J.R. Haag, and C.S. Pikaard. 2009. RNA polymerase V transcription guides ARGONAUTE4 to chromatin. *Nature Genetics* 41:630–34.

Yekta, S., I.–h. Shih, and D.P. Bartel. 2004. MicroRNA–directed cleavage of HOXB8 mRNA. *Science* 304:594–96.

Zamore, P.D., T. Tuschl, P.A. Sharp, and D.P. Bartel. 2000. RNAi: Double–stranded RNA directs the ATP–dependent cleavage of mRNA at 21 to 23 nucleotide intervals. *Cell* 101:25–33.

CHAPTER 17

번역기작 I: 개시

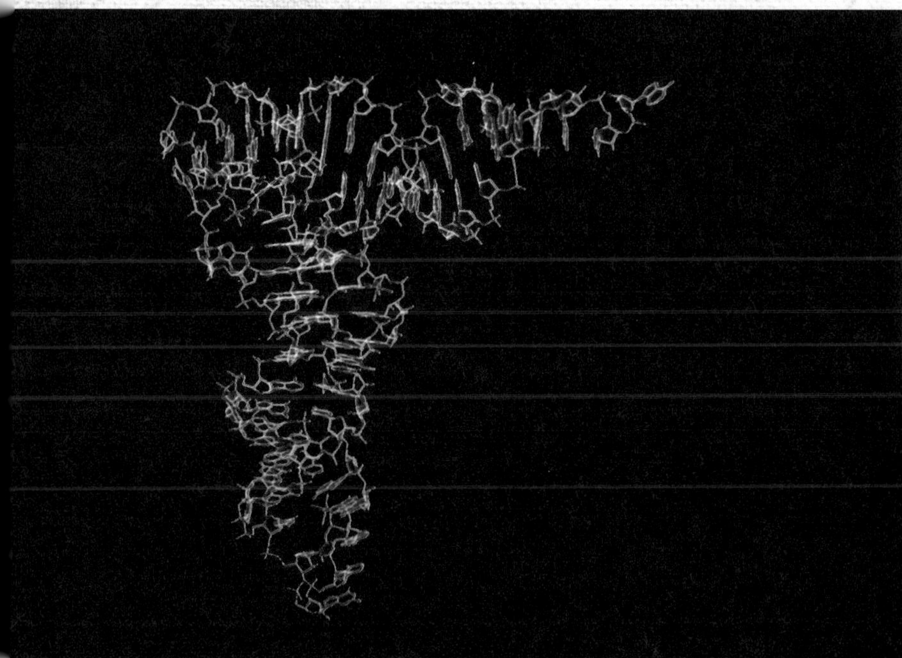

eIF3-mRNA-40S 리보솜 입자 복합체의 냉동전자현미경 모델. 노란색-초록색, 리보솜 입자. 보라색, eIF3. 빨간색, mRNA. 보라색 내부 리보솜 삽입부위(IRES). e1, eIF1의 결합 부위. (© Tripos Associates/Peter Arnold/PhotoLibrary Group.)

번역이란 리보솜이 mRNA에 내장된 유전 정보를 읽어서 단백질을 합성하는 과정이다. 따라서 리보솜은 단백질 합성공장인 셈이다. tRNA는 한쪽은 mRNA와, 다른 한쪽은 아미노산과 결합하는 연결자(adaptor)의 기능을 담당한다. 3장에서는 번역의 개괄적인 틀을 살펴보았고, 이 장에서는 그 상세한 기작에 대해 논의한다.

번역기작은 편의상 세 가지 단계인 개시, 신장 및 종결로 나뉜다. 개시 단계에서 리보솜은 mRNA와 결합하고 또한 tRNA에 결합하고 있는 첫 번째 아미노산과도 결합한다. 신장 단계에서 리보솜은 성장하는 폴리펩티드 사슬에 한 번에 1개씩의 아미노산을 첨가한다. 끝으로 종결 단계에서 리보솜은 mRNA와 완성된 폴리펩티드를 방출한다. 전체적인 번역기작에서 진핵생물과 원핵생물 사이에는 유사점이 많다. 그러나 중요한 차이점이 몇 가지 있는데, 이는 진핵생물의 번역개시 체계가 훨씬 복잡한 과정이라는 것이다.

이 장에서는 원핵 및 진핵생물의 번역개시 과정을 다룬다. 이 두 체계는 각기 다른 용어를 사용하고 있어서 연관지어 생각하지 않는 편이 이해에 더 도움이 된다. 간단한 체계를 사용하는 원핵생물의 번역개시를 먼저 다룬 후에 복잡한 진핵생물의 번역개시 체계를 다루도록 한다.

17.1. 박테리아의 번역개시

번역이 개시되기 전에 두 가지 중요한 선결 과제가 있다. 하나는 **아미노아실-tRNA**(aminoacyl-tRNA, 해당 아미노산과 결합한 tRNA)의 형성이다. 즉, 하나의 아미노산이 해당 tRNA와 공유결합하여 연결되는 과정이다. 이 과정을 **tRNA 채우기**(tRNA charging)라고 하며 tRNA에 1개의 아미노산을 채우는 과정이다. 다른 하나는 리보솜을 2개의 소단위체로 분리하는 일이다. 이 과정이 필요한 이유는 리보솜 소단위체 위에 개시 복합체가 형성되어야 하기 때문에 리보솜이 대단위체와 소단위체로 분리되어야 한다.

1) tRNA 채우기

모든 tRNA는 3′-말단에 동일한 3개의 염기(CCA)를 가지고 있으며, 말단의 아데노신 잔기는 tRNA가 붙는 표적이 된다. 그림 17.1에 나타낸 바와 같이, 1개의 아미노산의 카르복실기는 tRNA의 3′-말단에 존재하는 아데노신의 2′- 또는 3′-의 히드록시기와 에스테르 결합을 한다. 채우기는 두 단계에 걸쳐 일어나며(그림 17.2), 이 두 가지 반응 모두가 **아미노아실-tRNA 합성효소**(aminoacyl-tRNA synthetase)에 의해 촉매된다. 첫 번째 반응에서 아미노산은 ATP에서 발생한 에너지를 사용하여 활성화된다. 이 반응 산물은 아미노아실-AMP이다. 부산물인 이인산기는 2개의 인산기(β-와 γ-인산기)로 분해되며 ATP는 AMP가 된다.

① 아미노산+ATP→아미노아실-AMP+이인산(PP_i)

ATP(삼인산뉴클레오티드) 내의 인산기 사이의 결합은 고에너지 결합이다. 이들의 결합이 깨질 때 에너지가 방출된다. 이 경우 방출된 에너지는 **아미노아실-AMP**(aminoacyl-AMP)에 다시 저장되기 때문에 이를 활성 아미노산(activated amino acid)이라 부른다. 두 번째 반응은 아미노아실-AMP에 저장된 에너지가 아미노산을 tRNA에 결합시키는 데 사용되어 아미노아실-tRNA가 형성된다.

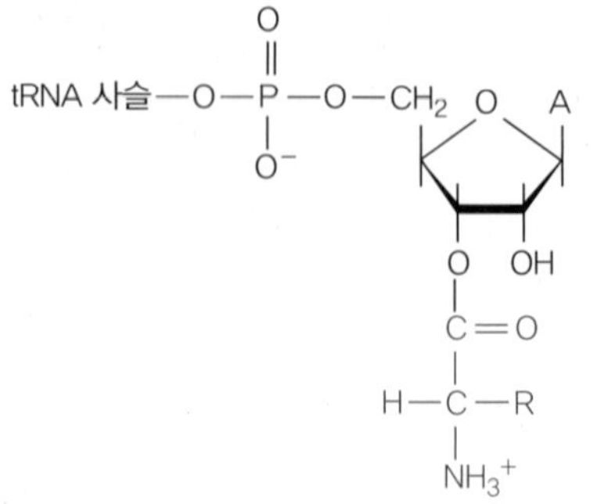

그림 17.1 tRNA와 아미노산의 연결 형태. 일부 아미노산은 일단 tRNA의 말단 아데노신의 3′-히드록시기에 에스테르 결합으로 붙고, 일부는 2′-히드록시기에 붙는다. 이 둘 중 어느 경우이든 아미노산은 단백질에 삽입되기 전에 궁극적으로 3′-히드록시기에 결합된다.

② 아미노아실-AMP+tRNA→아미노아실-tRNA+AMP

반응 1과 2를 종합하면,

③ 아미노산+ATP+tRNA→아미노아실-tRNA+AMP+PP_i

다른 효소와 마찬가지로 아미노아실-tRNA 합성효소는 두 가지 역할을 수행한다. 이는 아미노아실-tRNA의 합성반응을 촉매할 뿐만 아니라 이 반응의 특이성을 결정짓는다. 한 가지 아미노산에 특이하게 작용하는 합성효소가 하나씩 있어서 모두 20가지 합성효소가 존재한다. 그래서 각각은 해당되는 tRNA에 해당 아미노산을 매우 정확하게 첨부한다. 이는 생명 유지에 필수적이다. 만일 아미노아실-tRNA 합성효소가 빈번히 실수한다면 합성된 단백질은 잘못된 아미노산의 수가 많게 되어 정상적인 기능을 할 수 없기 때문이다. 19장에서는 이 합성효소가 합당한 tRNA와 아미노산을 선택하는 과정을 공부하게 될 것이다.

2) 리보솜의 분해

3장에서 리보솜은 2개의 소단위체로 구성되었음을 배웠다. 대장균의 70S 리보솜은 30S 1개와 50S 1개로 이루어져 있다. 각 소단위체는 1개 또는 2개의 리보솜 RNA와 다양한 종류의 리보솜 단백질로 구성된다. 30S 소단위체는 tRNA의 안티코돈 끝과 mRNA에 동시에 결합한다. 이는 리보솜이 mRNA에 있는 유전자 암호를 해독하여 적합한 아미노아실-tRNA과 결합할 수 있게 하는 암호해독 요원임을 말한다. 50S 소단위체는 아미노산으로 채워진 아미노아실-tRNA 끝에 결합하는 한편, 펩티드결합을 통해서 아미노산 사이를 연결하는 펩티드 전달효소의 기능을 갖고 있다.

잠시 후에 박테리아와 진핵세포에서 소단위체가 번역개시 복합체를 이루는 과정을 다룰 것이다. 이는 두 가지 리보솜 소단위체가 한 차례의 번역 과정을 끝낸 뒤, 새로운 개시 복합체를 형성하기 위해서는 분리되어야 함을 뜻한다. 1968년 매튜 메셀슨(Matthew Meselson) 등은 그림 17.3에 요약한 실험을 통해 리보솜의 분리에 관한 직접적인 증거를 제시하였다. 이들은 대장균의 리보솜을 방사성 추적자로 중질소(^{15}N), 중탄소(^{13}C), 수소(중수소)와 삼중수소(^{3}H)를 이용해 표지하였다. 그림 17.4a에서와 같이 표지된 리보솜은 ^{14}N, ^{12}C, 그리고 수소로 표지된 것보다

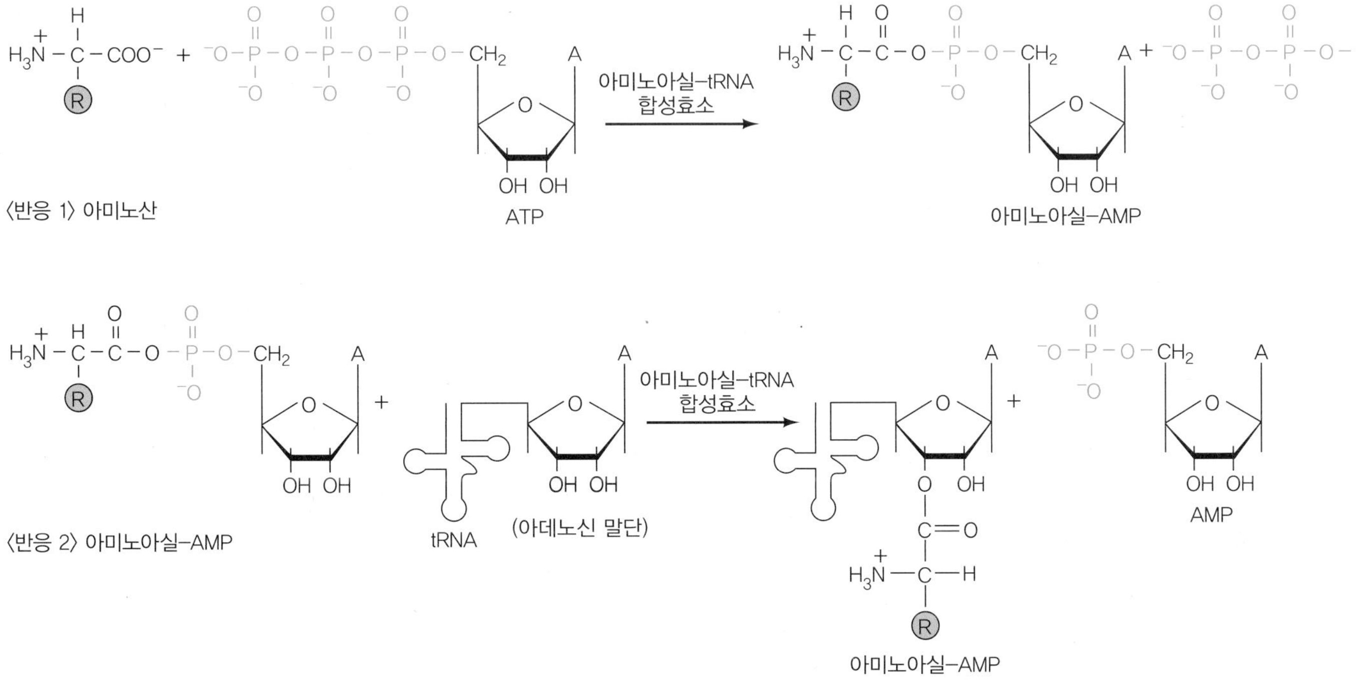

그림 17.2 아미노아실-tRNA 합성효소의 활성. 반응 1: 아미노아실-tRNA 합성효소는 아미노산을 ATP에서 유래한 AMP와 결합시켜 부산물인 이인산(P–P)과 함께 아미노아실-AMP를 합성한다. 반응 2: 이 효소는 아미노아실-AMP의 AMP를 tRNA로 대치시켜 부산물인 AMP와 함께 아미노아실-tRNA를 합성한다. 아미노산은 tRNA의 아데노신 말단의 3′-히드록시기와 결합한다.

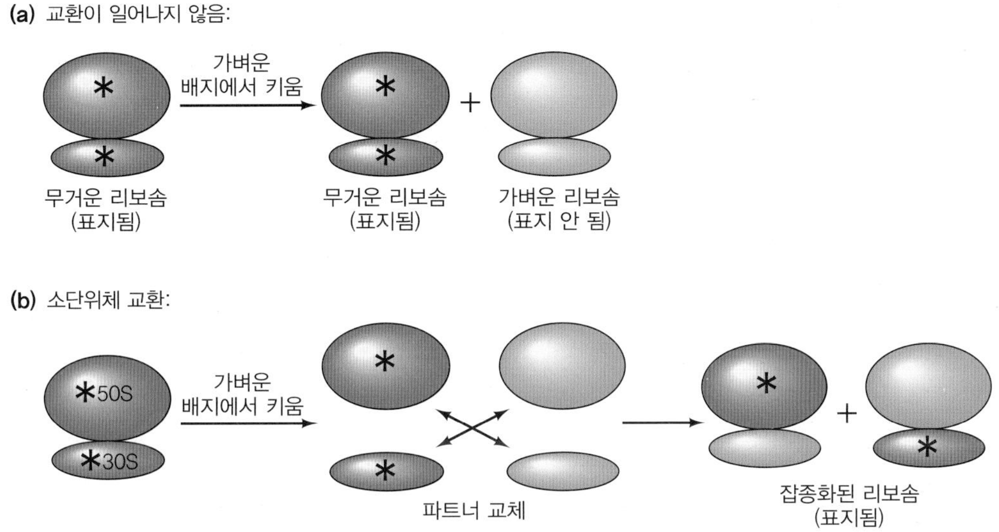

그림 17.3 리보솜 소단위체의 교환을 증명하는 실험 계획. 메셀슨 등은 대장균을 질소, 탄소 및 수소 중 동위원소를 첨가한 배지에서 키워서 리보솜을 무겁게(빨간색) 만드는 한편, ^{3}H를 포함하게 하여 방사성(별표)을 띠게 하였다. 이어 표지된 무거운 리보솜을 가진 대장균을 질소, 탄소 및 수소의 정상 원소를 첨가한 배지에 옮겼다. (a) 리보솜 소단위체의 교환 현상이 없을 경우, 무거운 리보솜 소단위체는 계속 같이 있기 때문에 표지된 리보솜은 무거운 것으로 관찰된다. 가벼운 리보솜은 방사성으로 표지되지 않아서 관찰되지 않는다. (b) 리보솜 소단위체의 교환. 리보솜이 50S와 30S 소단위체로 분리될 경우, 무거운 소단위체가 가벼운 것과 결합하여 표지된 집종 리보솜을 형성하게 된다.

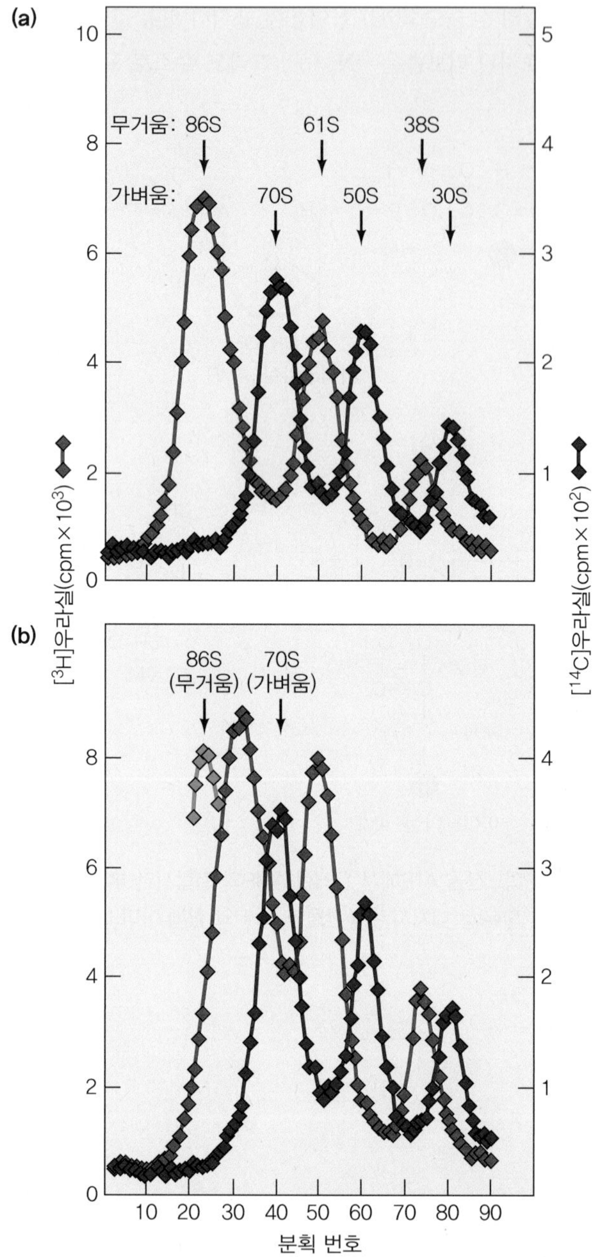

그림 17.4 리보솜 소단위체 교환의 입증. **(a)** 무거운 리보솜과 가벼운 리보솜의 침강 양상. 메셀슨 등은 그림 17.3에서 서술한 대로 [^{3}H]우라실로 표지한 무거운 리보솜과 [^{14}C]우라실로 표지한 가벼운(정상 무게의) 리보솜을 만들었다. 이 두 가지 리보솜을 자당 농도구배 원심분리로 분획한 후 두 가지 방사성 동위원소의 양을 액체섬광 계수법으로 측정하였다. 가벼운 리보솜과 그 소단위체(70S, 50S 및 30S, 파란색)와 무거운 리보솜과 그 소단위체(86S, 61S 및 38S, 빨간색)의 위치가 표기되었다. **(b)** 실험 결과. Meselson 등은 (a)에 서술한 바와 같이 ^{3}H로 표지된 무거운 리보솜을 가진 대장균을 배양해서 정상적인 배양액에 옮겨 3.5세대를 키웠다. 이어 리보솜을 분리하여 ^{14}C로 표지된 가벼운 리보솜과 혼합한 후 자당 농도구배 초원심분리로 분획하였다. 분획 내용물의 방사성량을 (a)와 동일한 방법으로 측정하였다. ^{3}H, 빨간색. ^{14}C, 파란색. 별도의 농도구배에서 원심분리시킨 무거운 리보솜을 분석하여 86S 무거운 리보솜(초록색)의 위치를 결정하였다. 3H로 표지된 리보솜(가장 왼쪽의 빨간색 정점)은 가벼운(70S) 리보솜과 무거운(86S) 리보솜의 중간에 위치한 잡종체이다. (출처: Adapted from Kaempfer, R.O.R., M. Meselson, and H.J. Raskas, Cyclic dissociation into stable subunits and reformation of ribosomes during bacterial growth, *Journal ofmolecular Biology* 31:277–89, 1968.)

분자량이 무겁다. 그리고 연구자들은 표지된 무거운 리보솜을 갖고 있는 세포들을 정상적인 질소, 탄소 및 수소가 포함된 배지에서 키웠다. 3.5세대가 지난 후에 분리한 리보솜을, ^{14}C로 표지된 가벼운 리보솜과 함께 자당 농도구배 원심분리를 이용해 질량을 비교 측정했다. 그림 17.4b가 그 결과이다. 예상한 대로 방사성으로 표지된 무거운 리보솜(30S 및 50S 대신에 38S 및 61S)이 나타났다. 그러나 표지된 리보솜의 침강계수는 정상치 70S와 86S(2개의 소단위체 모두가 무거울 경우의 침강계수)의 중간값을 나타냈다. 이는 소단위체의 교환이 발생된 것을 의미한다. 무거운 리보솜이 소단위체로 분리된 후 새로 가벼운 소단위체와 짝을 이룬 것이다.

CsCl 농도구배를 이용한 보다 정확한 분석결과 리보솜은 두 가지 종류로 나누었다. 그림 17.3에 보이는 것처럼 하나는 무거운 대단위체와 가벼운 소단위체로 이루어져 있고 다른 하나는 가벼운 대단위체와 무거운 소단위체로 이루어져 있다. 메셀슨 연구실은 효모를 재료로 하여 동일한 실험을 수행하여 같은 결과를 얻는데, 이는 진핵세포 리보솜도 완전한 리보솜(80S)과 리보솜 소단위체(40S와 60S) 사이를 반복하고 있음을 보여 준다. 무엇 때문에 리보솜 소단위체가 분해될까? 18장에서 여러분은 박테리아에서 리보솜방출인자(RRF)가 EF-G와 작용하여 소단위체를 분리시키는 것을 배울 것이다. 뿐만아니라, IF3가 소단위체와 결합하여 대단위체와 재결합하는 것을 방지한다.

3) 30S 개시 복합체 형성

일단 리보솜 소단위체들이 분리되면, 30S 리보솜 소단위체에 mRNA, 아미노아실-tRNA 및 **개시인자**(initiation factor)로 이루어진 복합체를 형성한다. 이것이 **30S 개시 복합체**(30S initiation complex)이다. 3개의 개시 인자는 **IF1**, **IF2**, 및 **IF3**이다. IF3이 30S와 결합하는 기능을 갖고 있는 반면, IF1과 IF2는 이러한 결합을 안정화시킨다. 비슷한 이야기지만 IF2는 30S 소단위체와 결합할 수 있으나 IF1과 IF3의 도움을 받아야만 30S 소단위체와 안정된 결합을 할 수 있다. IF1은 스스로 결합할 수 없고, 다른 두 가지 인자들의 도움을 받아야만 결합 능력을 갖는다. 즉, 3개의 개시인자들이 30S 리보솜 소단위체와 협동적으로 결합한다.

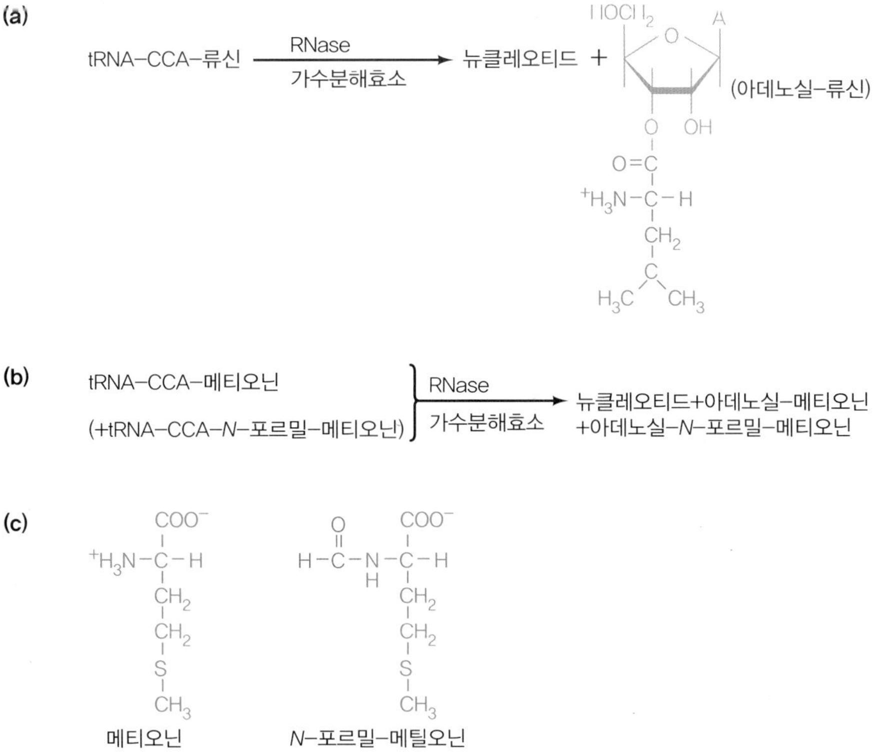

그림 17.5 *N*–포르밀–메티오닌의 발견. **(a)** 리프만 등은 류실–tRNA에 RNA 가수분해효소를 처리하여 뉴클레오티드와 아데노실–류신을 획득하였다. 류신은 tRNA의 3′–말단에 있는 공통서열 CCA의 A에 결합하고 있었다. **(b)** Marcker와 Sanger는 순수한 메티오닐–tRNA로 추정한 물질을 갖고 동일한 실험을 수행하였다. 그러나 이들은 두 가지 아데노실–아미노산(아데노실–메티오닌과 아데노실–*N*–포르밀–메티오닌)을 발견하여 이들이 시작한 아미노아실–tRNA는 메티오닐–tRNA와 *N*–포르밀–메티오닐–tRNA라는 것을 입증하였다. **(c)** 메티오닌과 빨간색으로 표시된 포르밀기를 갖고 있는 *N*–포르밀–메티오닌의 구조.

따라서 세 가지 인자 모두가 16S rRNA의 3′–말단에 인접해 있는 30S 소단위체의 한 부위에 밀집하여 결합하는 것은 놀라운 일이 아니다. 일단 결합한 이들 세 가지 개시인자들은 복합체 형성에 중요한 기능을 하는 다른 두 가지 요소를 불러온다. 두 가지 요소는 mRNA와 첫 아미노아실–tRNA이며, 이 두 가지의 결합 순서는 무작위적으로 일어나는 것으로 보인다. 이절의 후반부에서 개시인자의 역할을 다시 논할 계획이다. 먼저, 이것과 관련되는 개시암호와 아미노아실–tRNA을 알아보자.

(1) 첫 코돈과 첫 아미노아실–tRNA

1964년 프리츠 리프만(Fritz Lipmann)은 *E. coli*에서 분리한 류신–tRNA에 RNA 가수분해효소를 처리하면 아데노실 류신(adenosyl leucine)이 형성되는 것을 보였다(그림 17.5a). 아미노산이 tRNA의 3′–말단에 있는 아데노신의 3′–히드록시기와 에스테르 결합을 하고 있기 때문에 예상할 수 있는 결과이다. 그러나 마르커(K. A. Marcker)와 프레데릭 생어(Frederick Sanger)가 위와 같이 동일한 실험을 *E. coli*의 메티오닌–tRNA로 수행했을 때, 이미 예상했던 아데노실–메티오닌 에스테르뿐만 아니라 아데노실–N–포르밀–메티오닌 에스테르도 발견했다(그림 17.5b). 이는 이들이 실험한 tRNA가 메티오닌뿐만 아니라 메티오닌 유도체의 하나인 ***N*–포르밀–메티오닌**(N–formyl–methionine, fMet)과도 에스테르 결합을 한다는 것을 증명한다. 그림 17.5c는 메티오닌과 N–포르밀–메티오닌의 화학구조식을 비교한 것이다.

클락(B. F. C. Clark)과 마르커는 대장균에는 메티오닌을 적재할 수 있는 tRNA가 두 가지 종류가 있다고 보고하였다. 이들은 역류분포라는 고전적인 정제방법을 이용해 이 두 가지 tRNA를 분리하였다. $\mathbf{tRNA_m^{Met}}$라 명명된 tRNA는 다른 하나보다 더 빨리 이동하는 데 메티오닌을 적재하지만 메티오닌을 포르밀화하지는 못했다. 다시 말하면, 이것의 아미노기는 포르밀기를 받아들이지 못했다. 느리게 이동하는 tRNA는 $\mathbf{tRNA_f^{Met}}$로 표기되는데, 이는 메티오닌이 첨가되어 포르밀화 되는 것을 가리킨다. 주지할 사항은 메티오닌 포르밀화가 tRNA상에서 발생되는 것이다. tRNA가 포르밀–메티오닌으로 직접 적재되는 것은 아니다. 클락과 마르커는 이 두 종류의 tRNA에 대한 두 가지 특성을 검사했다. ① 이들이 반응하는 코돈과, ② 이들이 메티오닌을 첨가하는 단백질의 특정 위치가다.

코돈 특이성의 조사는 이 장 후반부에 소개될 마셜 니렌버그(Marshall Nirenberg)가 개발한 방법을 사용했다(18장 참조). 검증 방법은 표지된 특정 아미노아실-tRNA를 리보솜과 여러 삼뉴클레오티드(예를 들어 AUG)를 혼합하는 것이다. 특정 아미노산을 암호화하고 있는 삼뉴클레오티드는 해당되는 아미노아실-tRNA가 리보솜과 결합하는 것을 유도할 것이다. 쉬운 예를 들면 $tRNA_m^{Met}$는 AUG 코돈에 결합하는 반면, $tRNA_f^{Met}$는 AUG, GUG 및 UUG에 결합했다. $tRNA_f^{Met}$가 개시 과정에 관여하는 정보를 반영해보면, 이 세 가지 코돈 AUG, GUG 및 UUG가 개시코돈으로 작용할 것이라는 것을 짐작할 수 있다. 실제로 대장균의 여러 유전자의 염기서열을 분석해본 결과, 개시코돈의 83% 정도가 AUG이고, GUG 및 UUG가 각각 14%와 3%를 차지하였다.

이미 알려진 3개의 개시암호(AUG, GUG, 및 UUG)뿐만 아니라, AUU도 개시암호로 사용되지만, *E. coli*의 2개 유전자가 이를 사용한다. 이 중의 하나는 독성 단백질을 암호화하고 있는데, 이는 AUU가 비효율적인 개시암호라는 점과 이 유전자를 왕성하게 번역하는 일은 매우 위험하다는 점에서 납득이 간다. 다른 하나는 IF3fmf 암호화하는 유전자인데, IF3의 기능의 일부는 리보솜이 표준개시암호와 결합하여 AUU와 같은 비표준개시암호를 회피하는 일을 돕는다. 즉, IF3는 자신의 개시암호를 인식하지 않도록 한다. 이는 깔끔한 자체조절기전을 제공한다. IF3의 수준이 높아 더 이상 필요하지 않을 때, 이 단백질은 IF3 mRNA의 번역을 저해한다. 그러나 IF3의 수준이 감소되어 IF3이 더 필요할 때, AUU 개시암호의 접근을 방해할 수 있는 IF3이 거의 없게 되면, IF3이 합성된다.

클락과 마르커는 단백질의 어떤 위치에 위의 두 가지 tRNA가 메티오닌을 첨가하는가를 조사하였다. 이들은 AUG 코돈으로만 이루어진 합성 mRNA를 시험관 번역 체계에 첨가하였다. $tRNA_m^{Met}$를 사용할 경우 메티오닌은 단백질 산물의 내부에 우선적으로 첨가되었으나, $tRNA_f^{Met}$를 사용할 경우 메티오닌(실제로는 포르밀-메티오닌)은 반드시 단백질의 첫 번째 잔기에 위치하였다. 따라서 $tRNA_f^{Met}$가 개시 아미노아실-tRNA로 작용하는 것처럼 보인다. 그렇다면 이는 아미노산의 포르밀화 때문일까, 아니면 tRNA의 생화학적 특성 때문일까? 이 문제를 해결하기 위해 Clark와 Marker는 포르밀화된 $tRNA_f^{Met}$와 포르밀화되지 않은 $tRNA_f^{Met}$를 가지고 실험을 수행한 결과, 이 두 실험군 간에 아무런 차이가 없음을 발견하였다. 두 가지 경우 모두 tRNA가 첫 아미노산을 제대로 첨가하였다. 따라서 포르밀-메티오닐-$tRNA_f^{Met}$의 tRNA 부위가 개시 아미노아실-tRNA의 본래 기능을 담당하는 것이다.

마르틴 웨이거(Martin Weigert)와 알란 가렌(Alan Garen)은 세포 내 실험을 통해 $tRNA_f^{Met}$가 개시 아미노아실-tRNA라는 결론을 내렸다. 대장균을 R17 파지로 감염시켜 새로 합성된 파지단백질을 분리 분석한 결과, 단백질의 N-말단에는 반드시 fMet이 위치해 있는 것을 발견하였다. 이는 fMet이 개시 아미노산인 것을 시사한다. 새로 합성된 파지의 외피단백질의 두 번째 아미노산은 알라닌이었다. 한편, 성숙한 R17 파지의 외피단백질의 N-말단의 아미노산이 알라닌이었는데, 이는 이 단백질의 성숙 과정 중에 N-말단 fMet의 제거 과정이 있는 것을 의미한다. 다른 여러 박테리아와 파지단백질을 분석한 결과, fMet이 제거되는 경우가 많았다. 어떤 경우에는 메티오닌은 남아 있으나 포르밀기는 언제나 제거되었다.

(2) mRNA과 30S 리보솜 소단위체의 결합

개시코돈은 AUG 또는 GUG나 UUG라는 것을 알고 있다. 그러나 이러한 코돈은 mRNA의 내부에도 존재한다. 내부에 있는 AUG는 메티오닌을, GUG와 UUG는 각각 발린과 류신을 암호화한다. 세포는 어떠한 방법으로 동일한 염기서열로 된 코돈을 그 위치에 따라 개시코돈 또는 일반적인 코돈으로 해독할 수 있을까? 두 가지의 설명이 가능하다. 개시코돈 근처에 존재하는 특정 RNA의 1차 구조(RNA 염기서열)나 특정한 RNA의 2차구조가 개시코돈의 정체성을 보강하여 리보솜과의 결합을 유도한다. 1969년 조앤 스타이츠(Joan Steitz)는 R17 대장균 파지의 mRNA를 분석하여 이와 같은 기능을 담당하는 특정 요인을 밝히고자 했다. 이 파지는 작은 구형 RNA 파지에 속하는데, f2 및 MS2 파지도 여기에 속한다. 이들을 **양성가닥 파지**(positive strand phage)라 부르는데, 이는 이들의 유전체가 mRNA라는 의미이다. 따라서 이들 파지는 순수한 mRNA를 얻기에 좋은 재료이다. 이들은 매우 간단해서 3개의 유전자, 즉 A 단백질(성숙단백질), 외피단백질 및 DNA 복제효소 유전자를 가지고 있다. Steitz는 R17 파지 mRNA의 세 가지 개시코돈 주변을 분석하여 특정한 1차 또는 2차구조를 찾아내고자 했다. 먼저 리보솜이 개시부위에 결합한 상태를 유지할 수 있는 조건하에서 실험을 시작했다. 그리고 RNA 가수분해효소 A를 처리하여 리보솜에 의해 보호되지 않는 RNA를 분해했다. 끝으로, 리보솜에 의해 보호되어 남아 있는 RNA의 염기서열을 분석하였다. 그러나 개시코돈 근처에 존재하는 특정한 1차 또는 2차구조를 발견할 수 없었다.

파지 MS2에서 이루어지 후속 실험에서 이 세 유전자의 개시부위에 존재하는 2차구조가 억제기능을 한다는 것을 밝혔다. 이 2차구조를 이완시켜야만 개시 과정이 촉진된다. 이는 특히 A 단백질 유전자에서 나타난다. 이 유전자에서 개시코돈 주변의 염기쌍이 강하게 일어나서 유전자의 RNA가 복제된 바로 직후 짧은 기간에만 유전자가 번역될 수 있다. 이렇게 짧은 기간이 생기는 이유는 RNA가 개시코돈을 감추는 염기쌍을 형성할 수 있는 기회가 없었기 때문이다. 그림 17.6a에 나타낸 바와 같이, 복제 유전자에 있는 개시코돈이 표피 유전자의 일부를 포함하고 있는 이중나선 구조 안에 존재한다. 이 염기쌍은 자신만으로 번역을 멈출 수 있을 정도로 강하지 않지만, 억제자 단백질이 염기쌍 줄기를 안정화시켜 복제효소 유전자의 번역이 일어나지 않게 한다. 개시코돈이 외피유전자의 일부를 포함하고 있는 이중나선 구조에 파묻혀 있다. 이러한 이유로 DNA 복제효소 유전자의 번역이 외피유전자의 번역이 완성될 때까지는 일어날 수 없는 것이다. 리보솜이 외피유전자를 통과하면서 DNA 복제효소 유전자의 개시코돈을 감추고 있는 2차구조를 풀어내는 것이다(그림 17.6b).

이제 2차구조가 개시코돈을 형성하는 데 관여하지 않는다는 것과 첫 개시코돈의 염기서열이 분명한 유사성을 갖고 있지 않다는 것을 알았다. 그렇다면 무엇이 리보솜 결합부위를 구성하고 있을까? 답은 특정 염기서열인데, R17 외피단백질 유전자의 경우와 같이, 그 염기서열이 공통서열과 판이하게 달라서 찾아내기가 어려운 경우도 종종 발견된다. 리차드 로디쉬(Richard Lodish) 등은 이와 같은 예외적인 염기서열을 찾아내기 위해 다른 종류의 박테리아에서 분리한 리보솜을 이용해 f2 외피유전자 mRNA로부터 단백질을 합성할 수 있는 실험 체계를 마련했다. 그 결과 대장균 리보솜은 세 가지 f2 외피유전자로부터 단백질을 합성할 수 있으나 간균(*Bacillus stearothermophilus*)으로부터 분리한 리보솜은 A 유전자만을 번역할 수 있었다. 앞에서 언급한 바와 같이, 외피유전자를 번역하기 전에 DNA 복제효소 유전자를 번역할 수는 없다. 따라서 간균 리보솜이 f2 DNA 복제효소 유전자를 번역할 수 없는 이유는 외피유전자를 번역할 수 없기 때문인 것이다. 그래서 Lodish 등은 위의 두 실험군을 혼합하여 개시인자의 문제가 아니라 간균 리보솜의 기능 부족으로 이 현상이 생겼다는 것을 증명하였다.

노무라(Nomura) 등은 R17 파지 RNA를 이용해 더욱 구체화된 혼합 실험을 수행하여 매우 중요한 요소가 30S 리보솜 소단위체

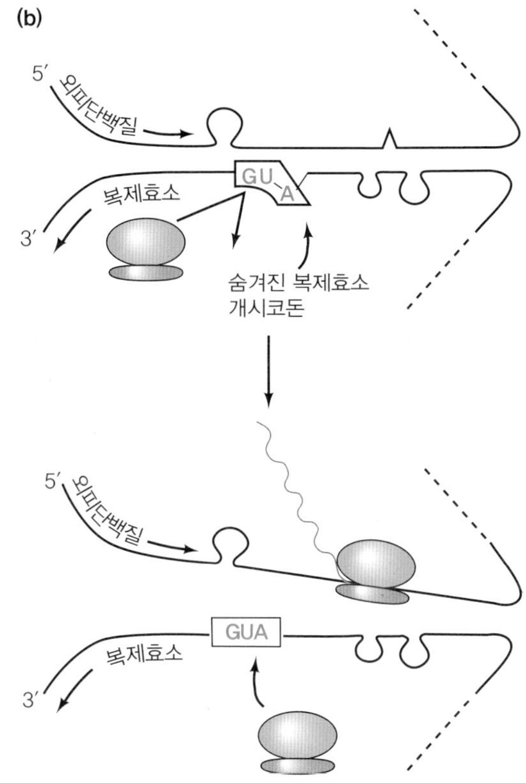

그림 17.6 MS2 파지 RNA의 가능한 2차구조와 이것이 번역에 미치는 영향. **(a)** MS2 RNA에 있는 외피유전자와 그 주변의 2차구조. 개시 및 종결코돈을 상자로 표시하였다. **(b)** 외피유전자의 번역이 복제효소 번역에 미치는 영향. 상단에서, 위치한 외피유전자는 번역되고 있지 않고, 복제효소 개시코돈(AUG, 초록색, 오른쪽에서 왼쪽 방향으로 적혔음)이 외피유전자의 염기쌍을 이룬 줄기 안에 위치해 있다. 따라서 복제효소 유전자가 번역될 수 없다. 하단에서, 리보솜 하나가 외피유전자를 번역하고 있다. 이는 복제효소 개시코돈 주변에 있는 염기쌍을 끊어냄으로써 리보솜이 통과하면서 복제효소 유전자를 번역할 수 있게 한다. (출처: (a) Adapted from Min Jou, W., G. Haegeman, M. Ysebaert, and W. Fiers, Nucleotide sequence of the gene coding for the bacteriophage MS2 coat protein. *Nature* 237:84, 1972.)

에 있다는 것을 알아냈다. 즉, 대장균에서 분리된 30S 리보솜 소단위체는 R17 외피유전자를 번역하였으나 간균에서 분리된 30S 소단위체는 이를 번역할 수 없었다. 이어 30S 소단위체를 RNA와 단백질 구성 성분으로 해체하여 혼합 실험을 수행했다. 2개의 매우 중요한 구성 성분이 밝혀졌는데, 하나는 S12로 불리는 리보솜 단백질이고, 다른 하나는 16S 리보솜 RNA였다. 이 두 가지 성분 중 하나만 대장균에서 나온 경우는 외피유전자의 번역이 활성화되었다. 간균에서 분리된 소단위체 하나가 존재하면 번역 과정이 상당히 억제되었다. (2개 모두 간균 소단위체로 구성될 경우에는 번역 억제 정도가 더욱 컸다.)

이러한 발견에 자극받은 존 샤인(John Shine)과 린 달가르노(Lynn Dalgarno)는 16S rRNA와 R17 유전자의 출발점 주변 염기서열 간의 상호 작용을 조사하였다. 결합부위는 공통적으로 개시코돈으로부터 약간 상단부에 위치해 있으며 AGGAGGU로 구성되었다. 이 염기서열은 대장균 16S rRNA의 3′-말단에 존재하는 3′HO-AU<u>UCCUCCA</u>C5′의 밑줄 친 글씨로 표기된 염기서열과 상보적인 것이 밝혀졌다. 다시 주목할 점은 16S rRNA 염기서열을 3′→5′으로 적었기 때문에 AGGAGGU와 상보적으로 결합할 수 있다는 것이다. 특히 16S rRNA와 외피단백질 서열 간에 염기 간 상보성이 낮은 것을 고려할 때 이러한 발견은 매우 흥미롭다. 다시 말하면, 16S rRNA의 이 부위는 변형되기 쉬운 민감한 부위일 가능성이 높다는 것이다.

더욱 재미있는 사실은 대장균과 간균 16S rRNA 염기서열을 비교한 결과, R17 외피단백질 리보솜 결합부위와 간균 16S rRNA 간의 상보성이 훨씬 빈약하였다. 간균 16S rRNA가 A 단백질 및 DNA 복제효소 유전자의 리보솜 결합부위와 4개의 왓슨-크릭 염기쌍을 형성했으나 외피단백질 유전자와는 2개의 염기쌍을 형성하였다. 대장균 16S rRNA는 3개 모두 유전자의 리보솜 결합부위와 적어도 3개의 염기쌍을 형성했다. 그렇다면 16S rRNA와 번역 개시부위의 상단부 사이에 형성되는 염기쌍이 리보솜 결합에 결정적일까? 만일 그렇다면, 이는 간균 리보솜이 R17 외피단백질 개시부위와 결합하지 못하는 현상을 설명할 뿐만 아니라 AGGAGGU 염기서열을 리보솜 결합부위로 설정할 수 있게 된다. 다음에 제시하는 다른 증거들도 이 염기서열이 리보솜 결합부위라는 것을 보여 준다. 이들의 발견자들을 기리는 의미에서 이 염기서열을 **샤인-달가르노 염기서열**(Shine-Dalgarno sequence) 또는 **SD 서열**(SD sequence)이라 부른다.

샤인과 달가르노는 그들의 가설을 확인하기 위해 다른 두 가지 박테리아 종, 녹농균(*Pseudomonas aeruginosa*)과 카울로크레센투스(*Caulobacter crescentus*)로부터 리보솜을 분리하여 이들의 16S rRNA의 3′-말단의 염기서열을 분석하고, 이들 리보솜이 3개의 R17 개시부위에 결합하는 정도를 측정했다. 실험 결과 16S rRNA와 개시코돈의 상단부 염기서열 간에 상보적인 염기쌍 수가 3개 이상 연속적이면 리보솜 결합이 발생했다. 그러나 3개보다 작을 경우에는 리보솜 결합이 발생하지 않았다.

스타이츠와 카렌 제이크(Karen Jakes)는 샤인-달가르노 가설

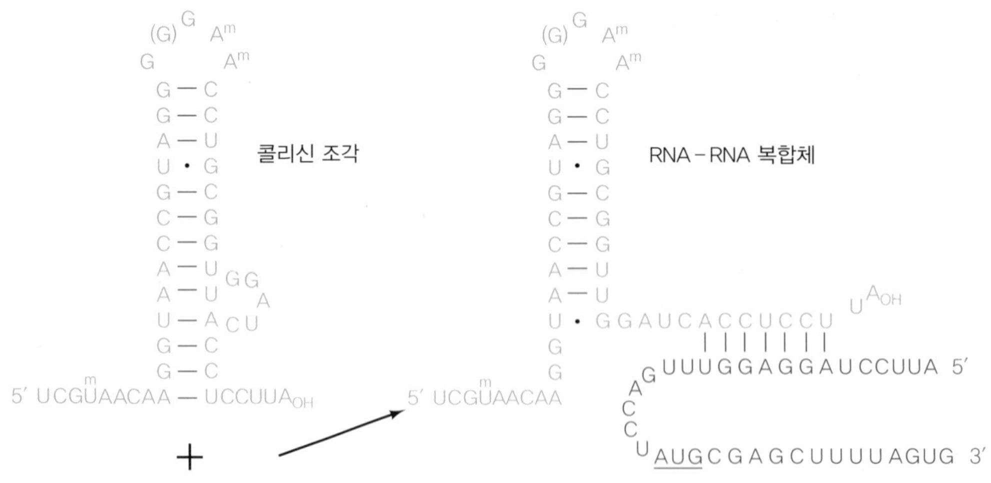

그림 17.7 대장균 16S rRNA의 3′-말단에 있는 콜라이신 조각과 R17 파지 A 단백질 시스트론의 개시자 부위가 가질 수 있는 구조. 개시코돈(AUG)은 밑줄로 표시되었다. 콜라이신 조각에 표시된 m은 메틸화된 염기를 나타낸다. G•U 워블 염기쌍은 점으로 표시하였다. (출처: Adapted from Steitz, J.A. and K. Jakes, How ribosomes select initiator regions in mRNA, *Proceedings of the National Academy of Sciences USA* 72(12):4734-38, December 1975.)

을 뒷받침하는 강력한 증거를 제시하였다. 이들은 대장균의 리보솜과 R17 A 단백질 유전자의 개시부위를 결합시킨 후에 대장균의 16S rRNA의 3′-말단의 근처를 잘라내는 콜라이신(colicin) E3이라는 염기서열 특이 RNA 가수분해효소를 처리하였다. 그리고 남아 있는 RNA를 분석한 결과 그림 17.7에 나타나 있는 이중나선 RNA 부위를 발견하게 되었다. 이중나선 RNA의 한 가닥은 샤인-달가르노 염기서열을 포함하고 있는 A 단백질 유전자의 개시부위에서 온 올리고뉴클레오티드였다. 여기에 염기쌍을 형성한 올리고뉴클레오티드는 16S rRNA의 3′-말단에 존재하는 것이었다. 이는 샤인-달가르노 염기서열이 16S rRNA의 3′-말단과 염기쌍을 이룬다는 것을 직접 증명할 뿐만 아니라 이것이 리보솜 결합부위라는 것을 확인했다. 원핵세포 mRNA의 대다수가 폴리시스트론이라는 것을 기억할 필요가 있다. 폴리시스트론이란 1개 이상의 시스트론 또는 유전자 정보를 갖고 있는 부위를 가리킨다. mRNA에 존재하는 시스트론은 각각의 개시코돈과 리보솜 결합부위를 갖고 있다. 따라서 리보솜은 각 개시부위에 독립적인 양상으로 결합함으로써 각 유전자의 발현을 독립적으로 조절할 수 있게 된다.

1987년 안나 후이(Anna Hui)와 헤르만 드보어(Herman De Boer)는 샤인-달가르노 염기서열과 16S rRNA의 3′-말단부위 사이에 형성되는 염기쌍의 중요성에 관한 뛰어난 증거를 제시하였다. 이들은 사람의 성장호르몬 유전자 돌연변이체를 정상적인 SD 서열(GGAGG), 즉 정상적인 16S rRNA의 항-SD 서열(CCUCC)과 상보적인 서열을 갖고 있는 대장균 발현벡타에 클론하였다. 이는 사람의 성장호르몬을 매우 효과적으로 합성하였다. 이어 SD 서열을 CCUCC 또는 GUGUG로 돌연변이시켜 16S rRNA에 있는 항-SD 서열과 염기쌍을 이루지 못하게 했을 때, 이 두 가지 돌연변이 염기서열은 사람의 성장호르몬을 효과적으로 합성하지 못했다. 이번에는 동일한 벡타에 있는 16S rRNA의 항-SD 서열을 GGAGG 또는 CACAC로 돌연변이시켜 이들이 각각 CCUCC 또는 GUGUG와 염기쌍을 이루게 하였다. 돌연변이된 CCUCC SD 서열을 가진 mRNA는 GGAGG 항-SD 서열로 돌연변이된 16S rRNA를 갖고 세포에서 매우 효과적으로 번역되었다. 마찬가지로 GUGUG SD 서열을 가진 mRNA는 CACAC 항-SD 서열로 돌연변이된 16S rRNA를 지닌 세포에서 매우 잘 번역되었다. 이러한 유전자 간 억제현상(intergenic suppression)은 이러한 염기서열 간에 중요한 염기쌍이 생성되었다는 강력한 증거이다.

mRNA가 30S 리보솜 소단위체와 결합하는 데 필요한 다른 인자는 무엇일까? 1969년 알버트 와바(Albert Wahba) 등은 세 가

표 17.1 30S 개시인자가 자연적 mRNA 상에 30S 개시 복합체를 형성하는 기능

				리보솜 결합(pmol)	
실험	리보솜	mRNA	첨가인자	mRNA	fMet-tRNA$_f^{Met}$
1	30S+50S	R17	IF1+IF2	0.4	0.4
			IF2	0.3	0.3
			IF3	2.7	0.1
			IF1+IF3	4.8	0.2
			IF2+IF3	2.5	1.3
			IF1+IF2+IF3	6.2	6.6
2	30S	MS2	IF1+IF3		0.0
			IF2		1.8
			IF1+IF2		3.7
			IF2+IF3		2.7
			IF1+IF2+IF3		7.3
3	30S+50S	TMV	IF1+IF2		0.5
			IF2		1.7
			IF1+IF2		3.1
			IF2+IF3		8.3
			IF1+IF2+IF3		16.9

출처: Role of Initiation Factors in Formation of the 30S Initiation Complex with Natural mRNA from A.J. Wahba, K. Iwasaki, M.J. Miller, S. Sabol, M.A.G. Sillero, & C. Vasquez, "Initiation of Protein Synthesis in Escherichia Coli II," *Cold Spring Harbor Symposia in Quantitative Biology*, 34:292. Copyright © 1969, Cold Spring Harbor Laboratory Press. Reprinted with permission.

지 개시인자 모두가 최적 결합을 위해 필요하지만 IF3이 가장 중요하다고 발표하였다. 이들은 두 대장균 파지(R17, MS2)와 담배 모자이크 바이러스(TMV)로부터 분리한 ^{32}P 표지 mRNA를 리보솜 소단위체와 개시인자 각각 또는 함께 혼합하였다. 이들 바이러스는 mRNA로 기능할 수 있는 RNA 유전체를 갖고 있어서 이와 같은 실험을 할 때 편리한 mRNA의 공급처로 쓸 수 있다. 표 17.1의 실험 1이 그 결과이다. IF1과 함께 첨가한 IF2나 IF2 혼자서는 R17 mRNA와 리보솜 결합을 거의 유도하지 못했으나 IF3은 혼자서도 이들의 결합을 상당히 촉진하였다. IF1은 이러한 결합을 더욱 촉진하는 기능을 했으며, 세 가지 인자 모두 존재할 때 결합이 최대로 관찰되었다. 따라서 IF3이 mRNA와 리보솜 결합에 가장 우선적으로 요구되는 인자인 것으로 보이며, 다른 두 인자는 이 과정을 보조하는 것으로 여겨진다. 앞에서 IF3이 30S 리보솜 소단위체와 50S 소단위체 간의 결합을 방지하는 기능을 논의하면서 IF3이 이미 30S 소단위체와 결합하고 있는 것을 보았다. 다른 두 가지 개시인자는 30S 소단위체의 IF3 결합부위 근처에 결합하여 30S 개시 복합체 형성에 관여한다.

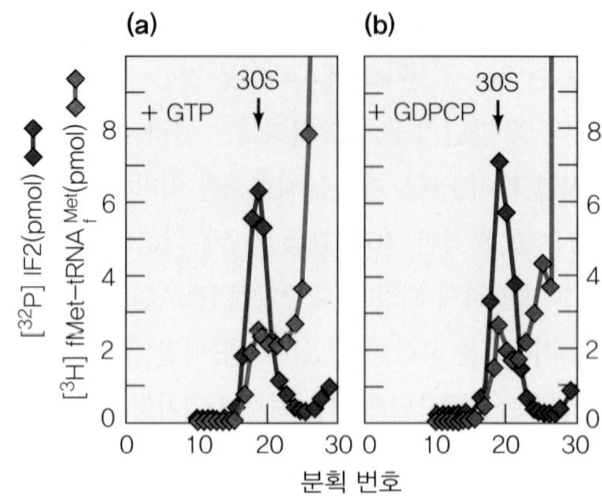

그림 17.8 GTP 또는 GDPCP를 갖고 있는 30S 개시 복합체의 형성. 파쿤딩과 허쉬는 [^{32}P]IF2, [^{3}H]fMet-tRNA$_f^{Met}$ 및 mRNA의 대체물인 AUG를 30S 리보솜 소단위체와 GTP**(a)** 또는 비가수분해성 GTP 유사체 GDPCP와 혼합하였다**(b)**. 이들 반응물을 자당 농도구배상에서 원심분리시켜 IF2(파란색)와 fMet-tRNA$_f^{Met}$(빨간색)의 방사성량을 측정하였다. 이 두 가지 물질은 같은 비율로 GTP 또는 GDPCP와 함께 30S 리보솜과 결합하였다. (출처: Adapted from Fakunding, J.L. and J.W.B., Hershey, The interaction of radioactive initiation factor IF2 with ribosomes during initiation of protein synthesis. *Journal of Biological Chemistry* 248:4208, 1973.)

(3) fMet-tRNA$_f^{Met}$와 30S 개시 복합체의 결합

IF3이 mRNA와 30S 리보솜의 결합을 주도한다면 어떤 개시인자가 fMet-tRNA$_f^{Met}$의 결합을 유도할까? 표 17.1은 그 답이 IF2라는 것을 보여 준다. 두 가지 경우에서 IF1과 IF3은 fMet-tRNA$_f^{Met}$의 결합을 거의 유도하지 못했으나 IF2는 혼자서 그 결합을 상당히 촉진시켰다. 그러나 mRNA 결합의 경우와 마찬가지로 fMet-tRNA$_f^{Met}$의 결합을 위한 최적 조건은 세 가지 인자가 모두 있어야 조성된다.

1971년 시그리드(Sigrid)와 로버트 타크(Robert Thach)는 GTP 분자 하나가 fMet-tRNA$_f^{Met}$ 분자 하나와 함께 30S 리보솜 소단위체에 결합하지만 50S 리보솜 소단위체가 이 복합체에 결합하고 IF2가 떨어져나갈 때까지 가수분해되지 않는다는 것을 발견했다. 이 점에 관한 구체적인 토론은 이 장의 뒷부분에서 더 자세히 다룰 것이다.

1973년 존 파쿤딩(John Fakunding)과 존 허쉬(John Hershey)는 표지된 IF2와 fMet-tRNA$_f^{Met}$를 이용한 시험관내 실험을 통해 이들 두 물질이 30S 리보솜 소단위체와 결합하는데 GTP 가수분해가 필요하지 않다는 것을 증명하였다. 이들은 fMet-tRNA$_f^{Met}$를 3H로, IF2를 [32P]ATP로 표지하였다. ^{32}P로 표지된 IF2는 완전한 기능을 하고 있었다. 이들을 30S 리보솜 소단위체와 GTP 또는 가수분해되지 않는 GTP 유사체(GDPCP)와 함께 혼합하였다. GTP 유사체는 정상적인 GTP의 β-와 γ-인산 사이에 존재하는 산소 원자 대신에 메틸렌 결합을 갖고 있어서 GDP와 인으로 가수분해되지 않는다. 이들이 위의 반응물을 자당 농도구배 초원심분리를 이용하여 분석한 결과(그림 17.8), 모든 표지된 IF2와 상당량의 fMet-tRNA$_f^{Met}$가 30S 리보솜 소단위체와 함께 이동하였는데, 이는 개시 복합체가 형성된 것을 의미한다. 이와 동일한 결과가 정상적인 GTP와 **GDPCP**에 관계없이 관찰되었는데, 이는 IF2나 tRNA$_f^{Met}$가 복합체와 결합하는데 GTP 가수분해가 필요하지 않다는 것을 증명한다. 실제로 IF2는 GTP 없이도 30S 소단위체에 결합할 수 있지만 IF2의 농도가 비정상적으로 높아야 한다.

이러한 실험 결과로 인해 파쿤딩과 허쉬는 30S 소단위체, IF2, 그리고 fMet-tRNA$_f^{Met}$ 간의 결합에 관한 화학양론을 추측하게 되었다. 이들이 포화곡선을 형성하기 위해 점점 더 많은 양의 IF2가 첨가되었다. 30S 소단위체당 결합한 IF2가 0.7mol에서 반응이 포화점에 이르렀다. 30S 소단위체의 일부는 IF2와 반응할 수 없는 점을 고려하면 이와 같은 수치는 이들의 결합 비율이 1:1에 가까울 것으로 보인다. 더구나 IF2의 농도가 포화 상태가 되었을 때 0.69mol의 fMet-tRNA$_f^{Met}$가 30S 소단위체와 결합하였다. 이 숫자는 결합한 IF2의 양과 정확히 동일한 것이어서 fMet-tRNA$_f^{Met}$도 1:1 비율로 결합하는 것으로 보인다. 나중에 검토하겠지만 IF2는 개시 복합체로부터 결국은 떨어져 나와 재사용되어 다른

fMet-tRNA$_f^{Met}$를 또 다른 복합체에 결합시킨다. 이러한 관점에서 IF2는 촉매제로 기능한다고 볼 수 있다.

본 장에서 앞서 배운 바와 같이, 이는 세 가지 인자가 30S 소단위체와 협동적인 양상으로 결합하는 것을 의미한다. 실제로 세 가지 인자와 30S 소단위체의 결합이 30S 개시 복합체를 형성하는 첫 과정으로 보인다. 이렇게 결합한 개시인자들은 mRNA와 fMet-tRNA$_f^{Met}$의 결합을 지시하여, 궁극적으로 30S 리보솜 소단위체와 mRNA, fMet-tRNA$_f^{Met}$, GTP, IF1, IF2, 그리고 IF3 각각 한 분자로 이루어진 30S 개시 복합체를 만들게 된다.

4) 70S 개시 복합체의 형성

신장반응이 일어나려면 50S 리보솜 소단위체가 30S 개시 복합체와 결합하여 **70S 개시 복합체**(70S initiation complex)를 형성해야 한다. 이 과정에서 IF1과 IF3은 복합체에서 분리된다. 그리고 IF2가 복합체로부터 분리될 때 GTP는 GDP와 무기인산염으로 가수분해된다. GTP 가수분해는 50S 리보솜 소단위체의 결합을 촉진하지 않지만 IF2의 분리를 촉진한다. IF2가 분리되지 않을 경우 70S 개시 복합체가 형성되지 않는다.

30S 개시 복합체와 50S 리보솜 소단위체가 결합할 때 30S 개시 복합체의 구성 성분인 GTP가 분리된다. 그렇다면 GTP의 제거 과정은 어떻게 일어날까? 1972년 제리 두노프(Jerry Dubnoff)와 우마다스 마이트라(Umadas Maitra)는 IF2가 리보솜-의존성 GTP 가수분해효소 기능을 갖고 있어서 GTP를 GDP와 무기인산염(Pi)으로 가수분해한다는 것을 증명하였다. 이들은 [γ-^{32}P]GTP를 개시인자가 제거된 리보솜이나 IF2와 혼합하는 한편, 이 두 가지와 함께 혼합하여 분리되는 $^{32}P_i$를 측정하였다. 그림 17.9는 리보솜과 IF2를 따로 첨가했을 경우에는 GTP 가수분해가 발생하지 않았으나 함께 첨가했을 때는 발생한 결과를 보여 준다. 이는 IF2와 리보솜이 함께 GTP 가수분해효소를 구성하고 있음을 말해주는 것이다. 앞에서, 50S 소단위체가 복합체와 결합할 때에만 GTP가 가수분해되기 때문에 30S 리보솜 소단위체는 IF2를 보조하여 GTP 가수분해 기능을 수행할 수 없다.

GTP 가수분해의 기능은 무엇일까? 파쿤딩과 허쉬는 표지된 IF2를 사용한 실험으로 이 문제에 접근하였다. 이들은 리보솜으로부터 IF2를 제거하는데 GTP의 가수분해가 필요한 것을 증명하였다. 이들은 표지된 IF2, fMet-tRNA$_f^{Met}$ 및 GTP, GDPCP로 형성된 30S 개시 복합체에 50S 소단위체를 첨가한 후 초원심 분리하여 어느 구성 성분이 70S 개시 복합체와 결속되어 있는지 알아보았다. 그림 17.10에 나타난 바와 같이 GDPCP가 있을 경우 IF2와 fMet-tRNA$_f^{Met}$ 모두 70S 복합체와 결속되어 있었다. 반면에 GTP는 IF2의 분리를 촉진하여 fMet-tRNA$_f^{Met}$만이 70S 복합체에 남아 있었다. 이는 리보솜에서 IF2를 분리하는데 GTP 가수분

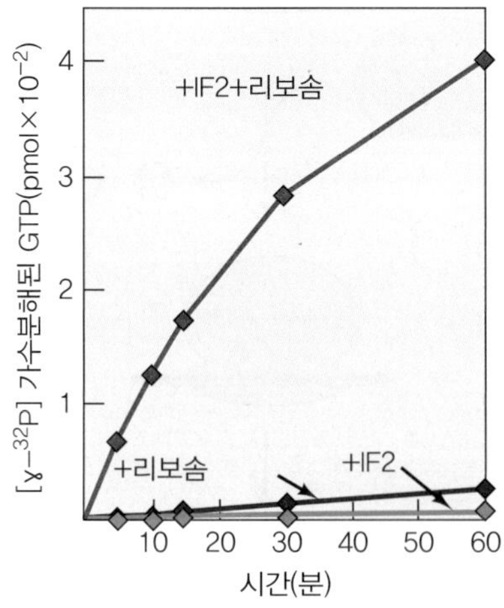

그림 17.9 IF2의 리보솜-의존성 GTP 가수분해효소 기능. 두노프와 마이트라는 IF2(초록색), 리보솜(파란색) 또는 IF2와 리보솜(빨간색)이 있을 때 [γ-^{32}P] GTP에서 방출되는 표지된 무기인산의 방사성 양을 측정하였다. 리보솜은 IF2와 함께 GTP를 가수분해했다. (출처: Adapted from Dubnoff, J.S., A.H. Lockwood, and U. Maitra, Studies on the role of guanosine triphosphate in polypeptide chain initiation in Escherichia coli. *Journal of Biological Chemistry* 247:2878, 1972.)

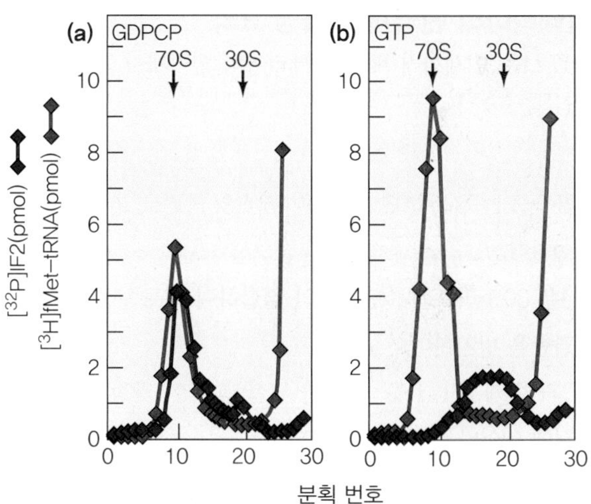

그림 17.10 리보솜으로부터 IF2의 방출에 미치는 GTP 가수분해의 영향. 파쿤딩과 허쉬는 30S 개시 복합체를 형성하기 위해 [^{32}P]IF2(파란색)와 [^{3}H]fMet-tRNA$_f^{Met}$(빨간색)를 30S 리보솜 소단위체와 섞었다. 그런 후 **(a)** GDPCP 또는 **(b)** GTP 존재하에서 50S 리보솜 소단위체를 첨가하고 그림 17.11과 같이 자당 농도구배 초원심분리법으로 복합체를 분석하였다. (출처: Adapted from Fakunding, J.L. and J.W.B. Hershey, The interaction of radioactive initiation factor IF2 with ribosomes during initiation of protein synthesis. *Journal of Biological Chemistry* 248:4210, 1973.)

해가 필요하다는 것을 증명하는 것이다.

그림 17.10이 보여 주는 다른 양상은 GDPCP가 있을 때보다 GTP가 있을 때 더 많은 fMet-tRNA$_f^{Met}$가 70S 개시 복합체에 결합하는 것이다. 이는 IF2의 촉매작용을 시사한다. GTP 가수분해로 인해 70S 개시 복합체로부터 분리된 IF2는 이제 fMet-tRNA$_f^{Met}$와 또 다른 30S 개시 복합체의 결합을 주도하게 된다. 이러한 순환 현상은 촉매기능을 설명한다. 만일 GTP 가수분해가 일어나지 않으면 IF2는 70S 개시 복합체에 붙어 있어서 순환 사용될 수 없다.

그렇다면 GTP 가수분해가 일어나야만 리보솜이 번역을 시작할까? 그렇지는 않다. 왜냐하면 마이트라 등은 겔 여과법을 사용해 30S 개시 복합체로부터 GTP를 제거해도 이 복합체는 50S 소단위체를 받아들여서 펩티드 결합을 형성하는 사실을 발견했기 때문이다. 이 실험에서 GTP는 가수분해될 수 없었고 GDPCP를 사용해 수행한 유사한 실험도 동일한 결과를 보였다. 따라서 이 실험 조건에서 GTP 가수분해는 활성화된 70S 개시 복합체를 형성하는 데 선행 조건이 못된다는 것을 의미한다. 이는 GTP 가수분해의 생물학적 기능은 70S 개시 복합체로부터 IF2와 GTP 자신을 제거하여 70S 개시 복합체가 아미노산 연결 작업에 충실할 수 있게 하는 것임을 다시 한 번 증명해 주고 있다.

5) 박테리아의 번역개시 과정 요약

그림 17.11은 이제까지 배운 박테리아의 번역개시 과정을 요약한 것이다.

① RRF와 EF-G는 70S 리보솜이 50S와 30S로 분리되는 과정에 관여한다.

② IF3은 30S 리보솜 소단위체와 결합하여 리보솜 소단위체 간의 재결합을 방지한다.

③ IF3과 함께 IF1, IF2-GTP가 결합한다. 이 과정은 2번 과정과 동시에 일어나는 것으로 보인다.

④ mRNA와 fMet-tRNA$_f^{Met}$가 결합하여 30S 개시 복합체를 형성한다. 이 두 가지 구성 성분의 결합 순서는 무작위적으로 일어나지만 IF2는 fMet-tRNA$_f^{Met}$의 결합을, IF3은 mRNA의 결합을 중개한다. 각각의 경우에 다른 개시인자도 보조 기능을 한다.

⑤ 50S 소단위체가 결합할 때 IF1과 IF3이 떨어져 나간다.

⑥ GTP 가수분해가 발생할 때 IF2가 복합체에서 분리된다. 이 반응 생성물은 번역신장 반응을 주도할 70S 개시 복합체이다.

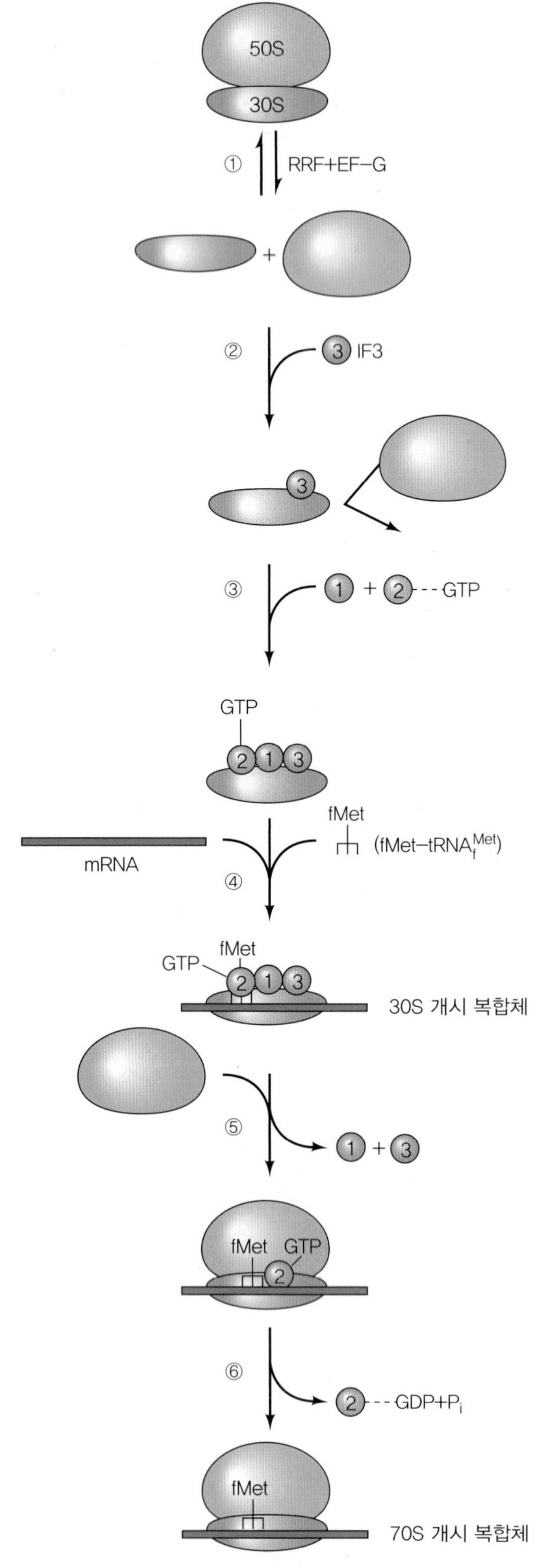

그림 17.11 박테리아의 번역개시 과정의 요약. 이 책 본문에 서술된 ①~⑥번 과정을 참조하라. ②와 ③번 과정은 생체 내에서 합쳐 일어날 수도 있다.

17.2. 진핵세포의 번역개시

진핵세포의 번역개시 과정은 원핵세포와 몇 가지 점에서 다르다. 첫째, 진핵세포의 번역개시는 N-포르밀-메티오닌이 아닌 메티오닌으로 시작한다. 그러나 개시에 관여하는 tRNA는 폴리펩티드 내부에 메티오닌을 첨가하는 것과는 다른 종류이다. 개시 tRNA는 포르밀화되지 않은 메티오닌을 갖고 있기 때문에 $tRNA_f^{Met}$이라 부르기에 적합하지 않다. 그래서 자주 **$tRNA_i^{Met}$**, 또는 **$tRNA_i$**로 표기한다. 둘째, 진핵세포의 mRNA는 리보솜이 번역을 시작할 곳을 알려주는 샤인-달가르노 염기서열을 갖고 있지 않다. 대신, 대부분의 진핵세포의 mRNA는 5′-말단에 캡을 갖고 있는데(15장 참조), 이것이 개시인자의 결합을 지시하고 개시코돈을 찾는 작업을 시작한다. 적합한 번역 시작 지점을 직간접적으로 인식하는 과정은 적어도 12개 인자를 사용하는데, 이는 박테리아가 사용하는 3개 인자와 대조적인 것이다. 진핵세포의 개시인자와 개시기작를 지금부터 집중적으로 김도하고자 한다.

1) 번역개시의 검색 모델

대부분의 원핵세포 mRNA는 폴리시스트론의 형태를 띠고 있다. 이들은 여러 가지 유전자 또는 시스트론의 정보를 가지고 있는데, 각 시스트론은 자기 자신의 개시코돈과 리보솜 결합부위를 갖고 있다. 그러나 몇 가지 바이러스의 경우를 제외하면 폴리시스트론 mRNA를 온전하게 번역하는 진핵세포는 거의 없다. 따라서 진핵세포는 전사체의 5′-말단 근처에 있는 개시코돈을 찾는 작업을 해야 한다. 그림 17.12에 있는 바와 같이 이들은 5′-말단의 캡을 인지하여 mRNA를 5′→3′ 방향으로 검색(scanning)하여 개시코돈을 찾는다.

마릴린 코작(Marilyn Kozak)는 1978년 다음과 같은 네 가지 점을 고려해 검색 모델을 개발하였다. ① 폴리시스트론 mRNA의 경우와 같이, 진핵세포에서도 번역개시가 내부에 위치한 AUG에서 시작하지 않는다. ② 개시과정이 mRNA의 5′-말단으로부터 고정된 거리에서 시작되지 않는다. ③ 22가지 진핵세포의 mRNA를 분석한 결과 캡의 하단부에 위치하는 첫 번째 AUG에서 번역이 시작되었다. ④ 15장에서 살펴본 것처럼 mRNA의 5′-말단의 캡이 개시 과정을 촉진시킨다. 이 장 뒷부분에서 검색 모델에 대한 확실한 증거를 살펴보도록 한다.

가장 간단한 검색 모델은 리보솜이 첫 번째 AUG를 인식하여 번역을 개시하는 것이다. 그러나 699가지 진핵세포의 mRNA를 검사한 결과, 5~10%의 경우는 첫 번째 AUG에서 번역이 개시되지 않았다. 대신, 이 경우 대부분의 리보솜이 1개 이상의 AUG를 그냥 지나가고 나서 알맞은 것을 만났을 때 번역을 개시하는데, 이를 '허술한 스캐닝(leaky sacnning)'이라고 한다. 이는 다음과 같은 질문을 던진다. 알맞은 AUG와 틀린 것을 구분하는 것은 무엇일까? 이를 찾기 위해 Kozak는 AUG 주변의 염기서열을 조사하여 CCRCC<u>AUG</u>G라는 공통적인 염기서열이 포유동물에 존재하는 것을 발견했다. 이때 R은 퓨린(A 또는 G)을 나타내고, 개시코돈은 밑줄을 그어 표시했다.

만약 이것이 가장 적합한 염기서열이라면 돌연변이된 서열은 분명히 그 효율을 감소시킬 것이다. 이 가설을 조사하기 위해 코작은 클론한 쥐의 전전구인슐린(preproinsulin) 유전자의 개시코돈 주변 염기서열을 체계적으로 돌연변이시켰다. 그는 ATG를 갖고 있는 올리고뉴클레오티드를 인공합성하여 개시부위에 있는 자연

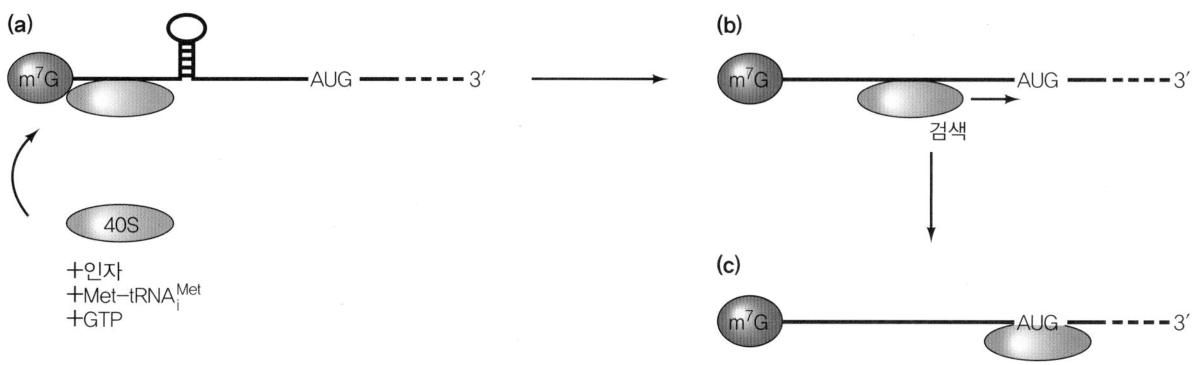

그림 17.12 번역개시에 관한 검색 모델의 요약도. **(a)** 40S 리보솜 소단위체는 개시인자, Met-$tRNA_i^{Met}$ 및 GTP와 함께 mRNA의 5′-말단에 있는 m^7G 캡을 인지함으로써 리보솜 소단위체를 mRNA의 끝에 결합시킨다. 다른 모든 구성 성분은 편의상 제외시켰다. **(b)** 40S 리보솜 소단위체는 개시코돈을 찾기 위해 3′-말단 방향으로 이동하면서 mRNA를 탐색한다. 이 과정에서 줄기-고리구조를 해체시킨다. **(c)** AUG 개시코돈에 도달한 리보솜 소단위체는 탐색을 중지한다. 이제 60S 리보솜 소단위체가 복합체와 합류하여 개시를 시작한다.

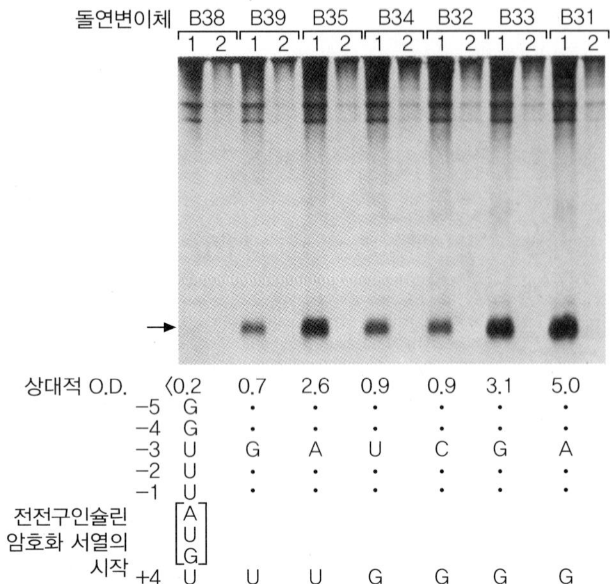

그림 17.13 개시점 ATG 주변 −3 위치에서 +4 위치에 있는 염기 하나의 변화가 미치는 영향. SV40 바이러스 프로모터의 조절하에 있는 쥐 전전구인슐린 유전자의 자연적 개시코돈을 ATG를 포함하고 있는 합성 올리고핵산으로 대치시켰다. 코작은 하단에 표기된 −3에서 +4 위치의 핵산을 돌연변이시킨 유전자를 도입시킨 COS 세포를 [^{35}S]메티오닌을 포함하고 있는 배지에 키워서 생성되는 전구인슐린을 표지하였다. 이어서 전구인슐린을 면역침전법으로 순수분리하여 전기영동해서 형광분석법을 사용해 표지된 단백질을 관찰했다. 형광분석법은 ^{35}S와 같이 상대적으로 약한 방사성을 방출하는 동위원소를 증폭시키는 형광물질로 전기영동 겔을 포화시키는 자기방사법과 유사한 기술이다. 왼편의 화살표는 전구인슐린 산물의 위치를 가리킨다. 코작은 형광분석법에서 얻은 전구인슐린 밴드를 농도계로 분석하여 이들의 강도를 측정하였다. 이 값들은 각 밴드의 밑에 상대적인 O. D. 값으로 나타냈다. 가장 이상적인 개시는 −3 위치에 퓨린과 +4 위치에 G가 있을 때 발생했다. 전구인슐린은 전전구인슐린 유전자의 산물인데, 왜냐하면 전전구인슐린의 아미노 말단에 있는 '신호펩티드'가 번역 과정 중에 제거되어 전구인슐린이 되기 때문이다. 신호펩티드는 리보솜과 mRNA를 따라 합성되고 있는 단백질을 소포체로 안내하는 기능을 한다. 이 과정을 통해 단백질이 소포체로 들어가서 세포외로 분비된다. 모든 서열은 mRNA에 존재하는 대로 나타내었다. (출처: Kozak, M. Point mutations define a sequence flanking the AUG initiator codon that modulates translation by eukaryotic ribosomes. *Cell* 44 (31 Jan 1986) p. 286, f. 2. Reprinted by permission of Elsevier Science.)

적 개시코돈 ATG 대신 삽입시켰다. 이와 같이 돌연변이 된 유전자가 SV40 바이러스 프로모터에 의해 조절되도록 만들어서 원숭이 세포(COS)에 넣었다. 새로 합성된 단백질을 [^{35}S]메티오닌으로 표지한 전구인슐린을 면역침전시켜 전기영동한 결과를 자기방사법으로 분석하였다(5장 참조). 그리고 농도계를 사용해 합성된 전구인슐린의 양을 측정하였다. 번역개시가 잘 될수록 더 많은 양의 전구인슐린이 합성되었다. 이 장에서는 DNA상에서 발생하는 돌

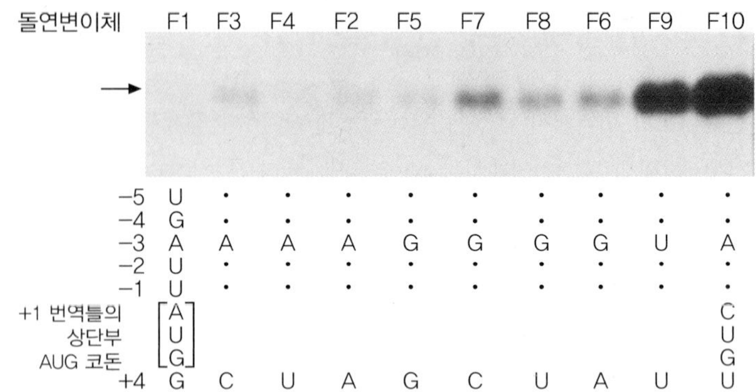

그림 17.14 상단부 '장애물' AUG의 주변 환경의 영향. 코작은 정상적인 AUG 개시코돈을 갖고 있는 쥐의 전전구인슐린 유전자를 해독틀과 맞지 않는 AUG를 제작하였다. 그리고 상단부 AUG(아래 그림에 나타남) 주변의 −3과 +4 사이에 돌연변이를 만들어 이들이 전구인슐린 합성에 미치는 영향을 그림 17.17과 같은 방법으로 조사하였다. 왼편의 화살표는 정상적으로 개시된 전구인슐린의 위치를 가리킨다. 상단부 AUG의 주변 환경이 알맞을수록 하단부 개시를 보정하는 장애물의 기능을 더 잘 수행하였다. 모든 서열은 mRNA에 존재하는 대로 나타내었다. (출처: Kozak, M., Point mutations define a sequence flanking the AUG initiation codon that modulates translation by eukaryotic ribosomes. *Cell* 44 (31 Jan 1986) p. 288, f. 6. Reprinted by permission of Elsevier Science.)

연변이를 다루고 있기 때문에 AUG로서 개시코돈에 대해 살펴볼 것이다.

그림 17.13은 AUG의 A를 +1 위치로 여겼을 때, −3 위치와 +4의 염기를 변화시킨 결과의 일부를 보여 준다. −3 위치에 G나 A가, +4 위치에는 G가 있을 때 가장 좋은 개시반응이 일어났다. 유사한 실험 결과를 종합한 결과 가장 좋은 개시반응을 보이는 염기서열은 ACCAUGG이었으며, −3과 +4의 위치가 가장 중요하다. 이러한 조건을 종종 **코작의 규칙**(Kozak's rule)이라고 부른다.

만약 이것이 번역개시에 최적 서열이라면 이를 본 위치에서 빼내 정상적인 개시코돈의 상단부에 위치시킬 때, 이는 리보솜의 검색 과정을 방해하여 원래의 틀에서 어긋난 곳에서 개시가 일어나게 할 것이다. 이러한 현상이 일어날수록 생성되는 전구인슐린의 양은 감소한다. Kozak는 2개의 AUG의 A가 8nt 떨어진 염기서열(AUGNCACCAUGG)을 사용한 실험을 수행했다. 이때 하단부 AUG의 주변서열이 이상적이기 때문에 리보솜이 상단부 AUG에서 개시를 시작하지 않고 하단부 AUG에 도착할 경우 개시가 더욱 용이하게 일어나게 된다. 그림 17.14가 그 결과이다. 돌연변이체 F10은 상단부 AUG를 갖고 있지 않기 때문에 정상적인 AUG에서 개시가 일어날 것이라고 쉽게 추측할 수 있다. 돌연변이체 F9는 상단부 AUG의 −3과 +4 위치에 U를 갖고 있어서 주변서열이 이상적인 서열과 거리가 매우 멀다. 따라서 이는 하단부 AUG에서

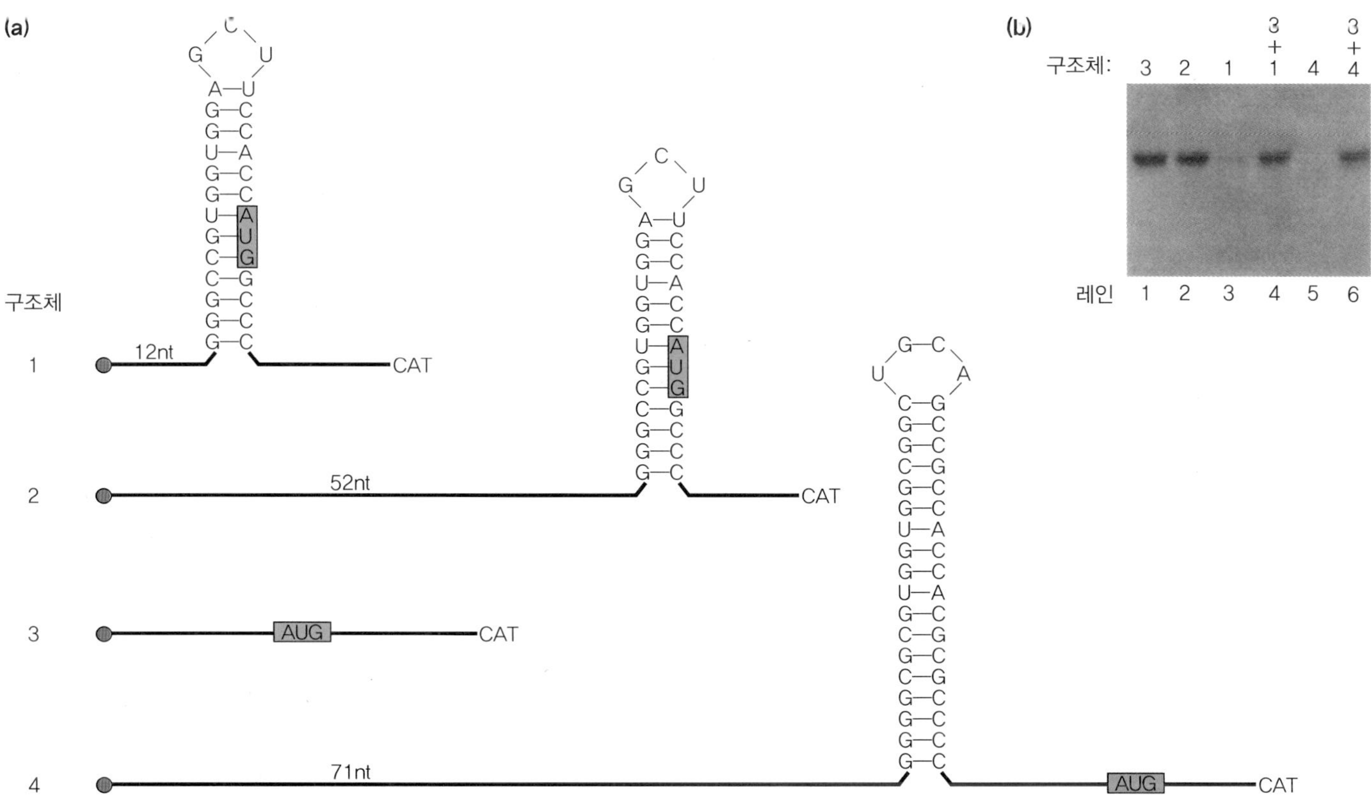

그림 17.15 mRNA 선도서열의 2차구조가 번역 효율성에 미치는 영향. **(a)** mRNA 구조. 코작은 그림에서와 같이 개시코돈(초록색)과 캡(빨간색)을 갖고 있는 선도서열 구조체를 합성하여 이들의 3′-말단에 CAT ORF를 붙였다. **(b)** 시험관 번역 실험의 결과. 코작은 각 DNA를 시험관에서 전사시킨 후 각 mRNA를 [^{35}S]메티오닌을 갖고 있는 토끼 망상적혈구 추출액으로 시험관 번역시켰다. 표지된 단백질을 전기영동시켜 형광분석으로 조사하였다. 캡과 개시코돈 사이에 있는 긴 머리핀 구조(4번 DNA)와 마찬가지로 캡 근처에 위치한 짧은 머리핀 구조(1번 DNA)도 번역을 저해하였다. (출처: Kozak, M., Circumstances and mechanisms of inhibition of translation by secondary structure in eukaryotic mRNAs. *molecular and Cellular Biology* 9 (1989) p. 5136, f. 3. American Society for Microbiology.)

발생하는 개시 과정을 방해하지 못했다. 그러나 나머지 모든 돌연변이는 정상적인 개시 과정을 심하게 방해했는데 이러한 방해 정도는 상단부 AUG의 주변 환경과 연관이 있었다. 주변서열이 최적서열을 닮을수록 하단부 AUG에서 일어나는 개시 과정을 더 많이 방해했다. 이것이 바로 검색 모델이 예견한 결과이다.

만일 자연 발생적인 mRNA의 상단부 AUG가 적합한 주변서열을 갖고 있다면 개시 과정이 하단부 AUG에서 계속 일어날 수 있을까? 코작은 이러한 mRNA는 2개의 AUG 사이에 틀에 꼭 맞는 정지코돈을 갖고 있는 사실에 주목하고, 하단부 AUG에서 발생하는 개시는 상단부 개시코돈에서 개시를 시작한 리보솜이 정지코돈에서 번역을 중지한 후에 또 다른 개시코돈을 계속해서 찾는 검색 과정을 통한 재개시 과정의 결과라 주장했다. 코작은 이와 같이 2개의 AUG 사이에 위치한 정지코돈의 효과를 검증하기 위해 이러한 정지코돈을 갖고 있는 다른 종류의 구조를 이용하여 동일한 실험을 수행했다. 하단부 AUG의 주변 환경이 좋기만 하면 그곳에서 개시가 활발하게 발생하였다.

주지할 사항은 동일한 해독틀 안에 있는 개시코돈과 하단부에 위치한 종결코돈이 **열린 해독틀**(open reading frame, ORF)의 경계를 짓는다. 이와 같은 하나의 ORF는 잠재적으로 1개의 단백질을 암호화하고 있다. 세포 내에서 이것이 실제로 번역될지 여부는 또 다른 문제이다. 추가된 실험을 통해 하단부 ORF에서 효과적으로 재개시가 발생하기에 필요한 조건이 밝혀졌다. 상단부 ORF가 짧아야 한다. 완전한 크기의 상단부 ORF를 갖고 있는 이시스트론(bicistronic) mRNA의 경우 재개시가 하단부 ORF에서 거의 일어나지 않았다. 이는 아마도 리보솜이 1개의 긴 ORF의 번역을 끝냈을 때는 재개시에 필요한 개시인자를 상실한 상태여서 두 번째 ORF를 무시하기 때문일 것으로 추정된다.

하단부 AUG보다는 상단부 AUG가 우선적으로 채택된다는 가설을 검증하기 위해 코작은 쥐의 전전구인슐린의 개시부위에 있는 반복서열을 그대로 만들었다. 합성된 단백질의 크기를 전기영동으로 분석하여 리보솜이 단백질 합성을 개시한 위치를 알아냄으로써 실질적으로 번역이 개시된 부위를 알아내었다. 각각의 경우 가장 상단부에 위치한 AUG가 개시부위로 사용되었는데, 이는 검색 모델과 일치하는 결과이다.

mRNA의 2차구조는 개시 과정에 어떠한 효과를 나타낼까? mRNA에 있는 머리핀 구조는 개시 과정을 활성화시키거나 불활성화시키는 두 가지 효과를 갖고 있다. Kozak의 연구 결과에 따르면, 주변 환경이 그다지 좋지 않은 AUG로부터 하단부 방향 12~15nt 위치에 있는 줄기-고리구조는 40S 리보솜이 그 개시부위를 건너뛰는 것을 방해하여 활성화를 돕는다. 아마도 머리핀 구조가 AUG에 리보솜을 오래 붙들고 있어서 개시가 이루어지도록 하는 것으로 보인다. 2차구조는 불활성화 효과를 갖기도 한다. 코작은 mRNA의 선도서열에 위치한 두 가지 다른 종류의 줄기-고리구조의 효과를 검사하였다(그림 17.15a). 하나는 비교적 짧아서 −30kcal/mol의 자유에너지를, 다른 하나는 훨씬 길어서 −62kcal/mol의 더 많은 자유에너지를 갖는다. 이들 줄기-고리 구조를 클로람페니콜 아세틸전달효소(CAT) 유전자의 선도서열 안의 여러 위치에 삽입한 후 이 변형된 유전자들을 시험관에서 전사하고, 그 전사체를 시험관내에 번역시킬 때 [^{35}S]메티오닌을 첨가하여 표지하였다. 마지막으로 CAT 단백질을 전기영동하여 형광분석했다. 그림 17.15b는 캡으로부터 52nt 하단부에 위치한 −30kcal 줄기-고리구조는 그 내부에 AUG 개시코돈 서열을 갖고 있음에도 불구하고 번역 과정을 방해하지 않았다. 그러나 캡에서 12nt 하단부에 위치한 −30kcal 줄기-고리 구조는 강력하게 번역을 억제하였는데, 이는 아마도 줄기-고리 구조가 40S 리보솜과 개시인자들이 캡에 결합하는 것을 방해했기 때문일 것이다. 한편, 캡으로부터 71nt 하단부에 위치한 −62kcal 줄기-고리구조는 CAT 단백질의 합성을 완전히 억제하였다.

그렇다면 왜 안정된 머리핀 구조를 갖고 있는 mRNA는 번역되지 않았을까? 가장 간단한 설명은 매우 안정된 줄기-고리구조는 40S 리보솜 소단위체의 검색 과정을 방해해서 소단위체가 개시코돈에 도달할 수 없다는 것이다. 이러한 효과는 동일한 분자상에서만 관찰되었다. 3번과 4번 또는 3번과 1번 mRNA를 혼합하여 검사한 결과 3번 mRNA에서만 번역되었다(4번, 6번 레인). 이는 번역이 가능하지 않은 mRNA가 번역 체계에 손상을 끼치고 있지 않음을 보여 준다.

2번 mRNA가 머리핀 구조 내에 개시코돈을 갖고 있음에도 불구하고 번역된 사실은 코작이 검색 모델에서 제시했던 바와 같이(그림 17.12), 리보솜과 개시인자가 어느 정도의 이중가닥 RNA를 풀 수 있다는 것을 시사한다. 그러나 이러한 능력에는 한계가 있다. 4번 mRNA에 있는 긴 머리핀은 리보솜을 효과적으로 방해하여 개시코돈에 이르지 못하게 했다.

어떻게 40S 리보솜은 AUG 개시코돈을 인지할까? 토마스 도나휴(Thomas Donahue) 등은 개시 $tRNA_i^{Met}$가 핵심적인 기능을

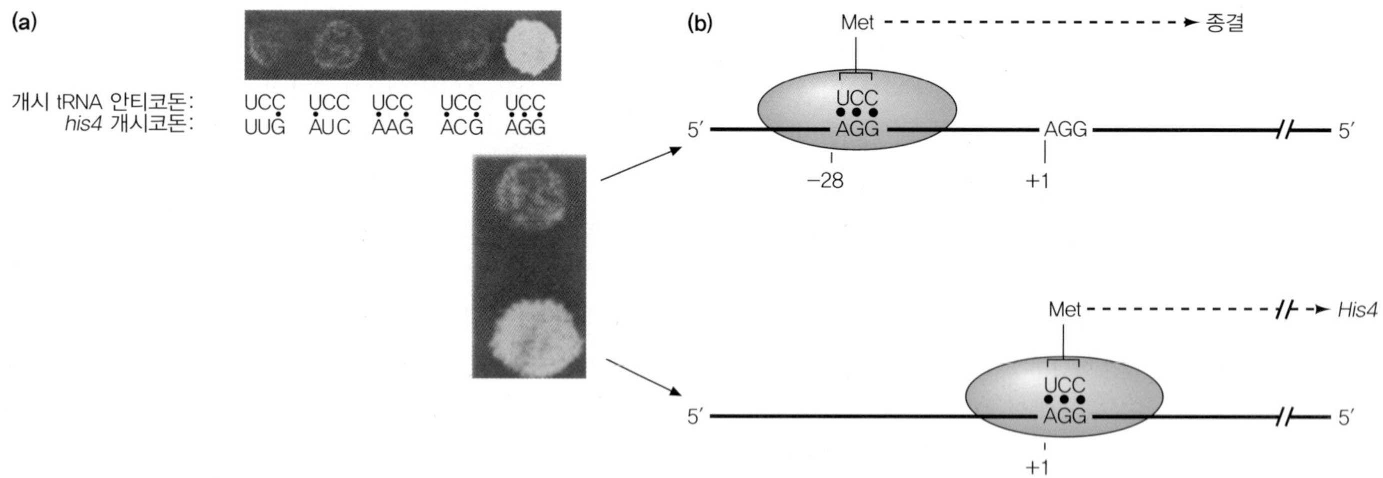

그림 17.16 검색 과정에서 개시 tRNA의 역할. **(a)** 변형된 안티코돈을 갖고 있는 개시 tRNA는 상보적 개시코돈을 인식할 수 있다. 도나휴 등은 효모 *S. cerevisiae*의 개시 tRNA 중 하나의 안티코돈을 3′-UCC-5′으로 돌연변이시켜서 이를 다복제 효모 벡터를 사용하여 *his4*⁻ 세포에 도입하였다. 한편, his4 유전자의 개시코돈을 하단에 주어진 대로 5가지 종류로 바꾼 다음, 히스티딘이 없는 배지에서 돌연변이체 효모가 성장하는지 여부를 조사하였다. 개시코돈이 AGG일 때 이는 개시 tRNA상의 UCC 안티코돈과 결합하여 번역을 수행함으로써 성장을 유도하였다. **(b)** 해독틀에 맞지 않는 상단부 2의 AGG의 효과. Donahue 등은 −28 위치(상단부)에서 시작하는 2의 AGG를 갖고 있는 *his4* DNA를 만들어서 UCC 안티코돈으로 이루어진 개시 tRNA를 갖고 있는 세포에 넣은 후, 히스티딘이 없는 배지에서 성장하는지 여부를 조사하였다. 상단부 AGG(하단부)를 갖고 있지 않은 세포와 비교해서 성장이 많이 감소되었다. 검색하는 40S 리보솜 소단위체가 $tRNA_i^{Met}$ 돌연변이체와 함께 첫 AGG를 만나 개시를 시작하여 짧은 *his4* 산물을 만든 것으로 보인다. (출처: (a) Cigan, A.M., L. Feng, and T.F. Donohne, tRNAiMet functions in directing the scanning ribosomes to the start site of translation. *Science* 242 (7 Oct 1988) p. 94, f. 1B & C (left). Copyright © AAAS.)

하다고 보고하였다. 이들이 효모의 네 가지 중 하나의 안티코돈을 3′–UCC–5′으로 바꾸었을 때 이는 AUG 대신 AGG를 인식하였다. 그래서 이들은 여러 돌연변이된 개시코돈을 갖고 있는 *his4* 유전자를 *his4*⁻ 효모에 전이시켰다. 그림 17.16a에서 개시코돈 대신에 AGG 코돈을 갖고 있는 *his4* 유전자는 효모의 성장을 지속하였다. 반면에 다른 변형된 개시코돈은 그렇지 못했는데, 이들이 UCC 안티코돈과 염기쌍을 이루지 못했기 때문인 것으로 추측된다. 또 다른 실험에서 이들이 2의 AGG를 원래 AGG의 28nt 상단부 지점에 만들었으나 이는 효모의 성장을 돕지 못했다. 이는 그림 17.16b에 도식된 검색 모델을 뒷받침하는 결과이다. 이 경우 UCC 안티코돈을 갖고 있는 개시 tRNA는 40S 리보솜 소단위체와 결합하여 복합체를 이루어 mRNA를 따라 움직이면서 첫 번째 개시코돈(이 경우 AGG)을 찾는다. 첫 번째 AGG가 *his4* 암호화부위와 틀이 맞지 않기 때문에 곧 정지코돈을 만나 조기에 끝나게 된다.

검색 모델에 예외적인 경우가 있다. 대표적인 예를 들면, 캡을 갖고 있지 않은 폴리오바이러스와 같은 피코르나바이러스의 폴리시스트론 mRNA이다. 이 경우 리보솜은 **내부 리보솜 도입서열**(internal ribosome entry sequences, IRES)을 사용하여 내부 개시코돈에 진입하는데, IRES는 캡의 도움 없이도 리보솜을 유인할 수 있다. 이에 관해서는 나중에 더 논의할 것이다.

2) 진핵세포의 번역개시인자

박테리아의 번역개시 과정이 개시인자를 필요로 하는 것으로 보아 진핵세포의 개시 과정도 그러할 것으로 짐작할 수 있다. 또한 진핵세포의 경우 박테리아보다 한층 더 복잡할 것이라고 예상할 수 있다. 이러한 복잡성이 보이는 부분은 앞에서 이미 논의한 검색 과정이다. mRNA의 5′–말단에 있는 캡을 인식하면서 40S 리보솜 소단위체와 결합할 수 있는 인자가 필요하다. 이 절에서는 진핵세포의 개시 과정에 관여하는 인자를 다룰 예정인데, 이 과정이 번역 과정을 조절하는 부위임을 알게 될 것이다.

(1) 진핵세포 번역개시의 개요

그림 17.17은 주요 개시인자들이 관여하는 진핵세포의 개시 과정을 요약한 것이다. 주지할 점은 진핵세포의 모든 개시인자는 'eukaryotic'의 e를 앞에 갖고 있다. eIF2가 그 예인데, 박테리아 IF2와 유사하게 **eIF2**는 개시 중인 아미노아실–tRNA(Met–$tRNA_i^{Met}$) 리보솜에 결합하는 것을 담당한다.

eIF2가 IF2와 유사하게 작용하는 다른 예는 eIF2도 제 기능을 하기 위해서는 GTP를 필요로 하며, GTP가 GDP로 가수분해되면서 이 인자가 리보솜으로부터 해체된다. 이 인자가 다시 기능하려면 GDP 대신에 GTP가 결합해야 한다. 이 과정은 eIF2상에 결합한 GDP를 GTP와 교환시키는 교환인자 **eIF2B**를 필요로 한다. 이 인자는 **GEF**, 즉 구아닌 뉴클레오티드 교환인자(guanine nucleotide exchange factor)라고도 불린다. 주지할 점은 한 과정에 관여하는 모든 인자는 동일한 숫자로 표기되었다. 예를 들어 eIF2와 eIF2B는 개시 아미노아실–tRNA의 결합에 관여하기 때문에 숫자 2로 표기되었다. IF2와 eIF2 간의 모든 기능적인 유사성에도 불구하고 이 두 단백질은 상동체가 아니다. IF2는 eIF5B의 상동체이다. eIF5B에 대해서는 나중에 토론할 것이다.

박테리아 인자와 유사한 기능을 갖고 있는 또 다른 한 가지 진핵세포 인자는 **eIF3**인데, 이는 40S (작은) 소단위체와 결합함으로써 60S (큰) 소단위체와 결합하는 것을 방해한다. 이런 점에서 이는 IF3을 닮았다. **eIF4**는 캡–결합단백질 복합체로 40S 리보솜이 mRNA의 5′–말단에 결합하는 것을 돕는다. 이러한 결합은 eIF3에 의해서 이루어지는데, eIF3는 eIF4F와 40S 리보솜 입자와 결합한다. 일단 40S 리보솜이 캡에 결합한다면 개시코돈을 찾기 위

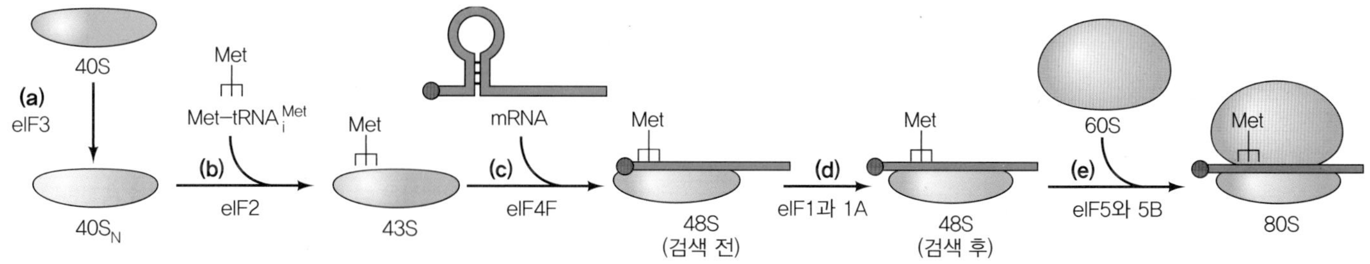

그림 17.17 진핵세포의 번역개시 기작의 요약. **(a)** eIF3 인자는 40S 리보솜 소단위체를 60S 리보솜과 결합할 수 없는 40SN으로 전환시켜 개시 아미노아실–tRNA를 받아들이도록 만든다. **(b)** eIF2의 도움으로 Met–$tRNA_i^{Met}$이 $40S_N$과 결합하여 43S 복합체를 형성한다. **(c)** eIF4의 도움을 받아 mRNA는 43S 복합체와 결합하여 48S 복합체를 형성한다. **(d)** eIF1과 1A 인자는 개시코돈까지의 검색을 촉진한다. **(e)** eIF5 인자는 eIF2에 결합한 GTP의 가수분해를 촉진하는데 eIF2에 결합한 GTP는 리보솜 소단위체의 결합에 전제 조건이다. eIF5B는 리보솜–의존적 GTPase 기능을 갖고 있어서 60S 리보솜 입자가 48S 복합체와 결합하여 80S 복합체를 형성한다. 80S 복합체는 mRNA의 번역을 시작할 수 있다.

해 **eIF1**(및 **eIF1A**)을 필요로 한다. **eIF5**에 해당되는 박테리아 인자는 없다. 이는 60S 리보솜 소단위체와 40S 개시 복합체 간의 결속을 촉진시킨다. 40S 개시 복합체는 40S 리보솜 외에 mRNA와 다른 인자를 다량 포함하고 있어서 48S 복합체라고도 한다. **eIF6**은 eIF3와 유사한 또 다른 하나의 결속 억제인자이다. 이는 60S 리보솜 소단위체와 결합하여 40S 소단위체와의 미성숙 결속이 일어나지 않도록 한다.

(2) eIF4F의 기능

이제 진핵세포의 번역개시 과정에만 존재하는 새로운 양상을 다루어 보자. 15장에서 캡의 존재가 mRNA의 번역 효율을 신장시키는 것을 보았다. 이는 mRNA의 5′-말단을 인식할 수 있는 모종의 인자가 있어서 mRNA의 번역을 돕고 있음을 의미한다. 나훔 소넨버그(Nahum Sonenberg), 윌리엄 매릭(William Merrick), 아론 샷킨(Aaron Shatkin) 등은 다음과 같이 변형된 캡에 캡-결합단백질을 교차결합시키는 방법으로 캡-결합단백질을 동정하였다. 먼저 ^{3}H-리오바이러스 mRNA의 캡을 구성하는 뉴클레오티드의 오탄당을 산화시켜 2′-과 3′-히드록시기를 반응성이 좋은 이알데히드로 치환했다. 그리고 이 변형된 mRNA를 개시인자들과 혼합하여 배양했다. 변형된 캡에 결합하는 인자의 유리 아미노기는 반응성이 강한 알데히드와 공유결합할 것이다. 이 결합은 환원되어 영구적으로 만들 수 있다. 교차결합 후에 이들은 RNA 가수분해효소를 사용해 캡을 제외한 RNA를 분해시킨 후 전기영동으로 캡에 결합된 단백질의 크기를 측정하였다. 그림 17.18은 낮은 온도에서도 분자량이 약 24kD 정도인 M_r을 가진 폴리펩티드와 결합되어 있음을 보여 준다. 고온에서는 더 큰(50~55kD) 다른

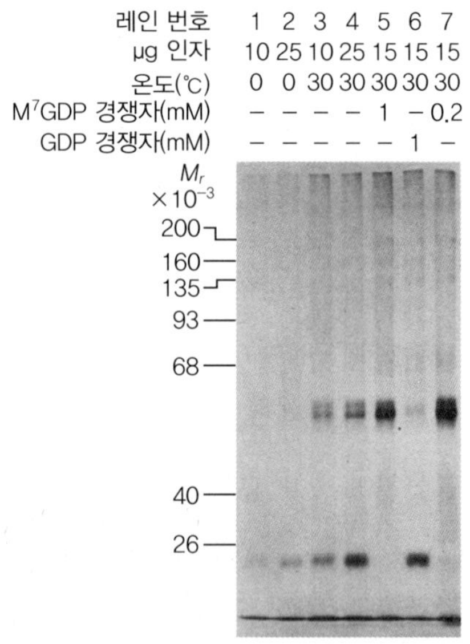

그림 17.18 화학적 교차연결을 이용한 캡-결합단백질의 검정. 소넨버그 등은 ^{3}H-리오바이러스 mRNA의 캡핑 핵산을 이루는 오탄당에 반응성이 강한 이알데히드를 첨부하였다. 계속해서 이 mRNA를 개시인자들과 혼합한 후 특정 단백질의 한 아미노산과 캡에 있는 알데히드 사이의 Schiff 염기를 이용하여 모종의 캡-결합단백질과 교차연결시켰다. 이들은 이 공유결합을 $NaBH_3CN$으로 환원시켜 영구적으로 만들었다. 이어 이 복합체에 RNA 가수분해효소를 처리하여 캡을 제외한 모든 성분을 제거한 후 표지된 캡-결합단백질 복합체를 전기영동하여 캡에 결합한 단백질을 크기별로 관찰하였다. 각 칸의 조건은 상단에 표기되었다.여기서 24kD 밴드는 m^{7}GDP의 첨가로 없어지지만 50~55kD는 없어지지 않는다는 점을 주지하라. (출처: Sonenberg, N., M.A., Morgan, W.C. Merrick, and A.J. Shatkin, A polypeptide in eukaryotic initiation factors that crosslinks specifically to the 5-terminal cap in mRNA. *Proceedings of the National Academy of Science USA* 75 (1978) p. 4844, f. 1.)

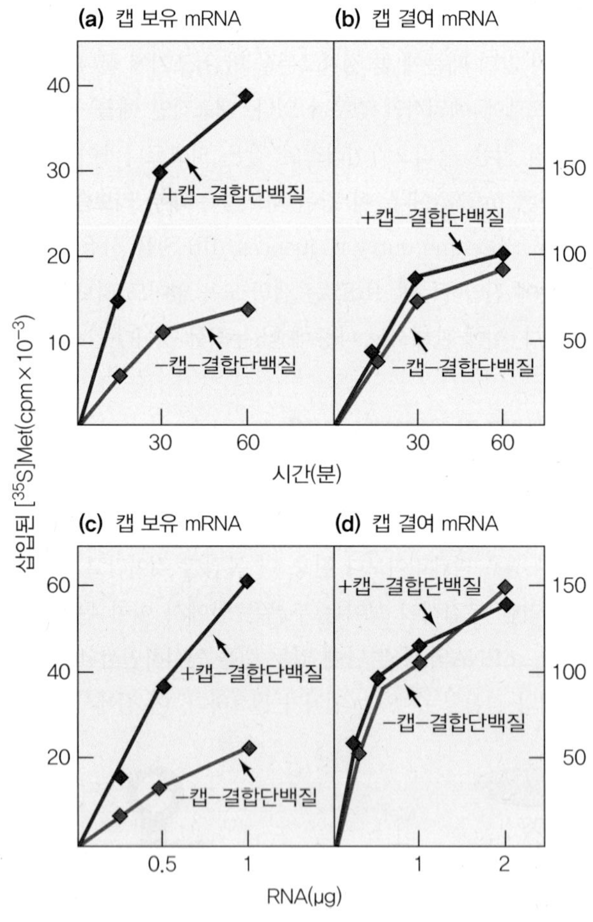

그림 17.19 캡-결합단백질은 캡 보유 mRNA만의 번역을 촉진한다. 샷킨 등은 HeLa 세포추출액을 사용하여 [^{35}S]메티오닌이 있는 상황에서 캡 보유-mRNA와 캡 결여-mRNA를 번역하였다. **(a)**와 **(c)**: 캡-결합단백질 첨가 시(파란색) 캡 보유 신드비스 바이러스 mRNA의 번역. **(b)**와 **(d)**: 캡-결합단백질 결여 시(빨간색) 또는 첨가 시(파란색) 캡 결여-EMC 바이러스의 번역. (출처: Adapted from Sonenberg, N., H. Trachsel, S. Hecht, and A.J. Shatkin, Differential stimulation of capped mRNA translation in vitro by cap-binding protein. *Nature* 285:331, 1980.)

한 쌍의 폴리펩티드가 결합한다. 그러나 큰 분자량의 단백질의 결합 양상은 m^7GDP의 첨가 여부에 영향을 받지 않는 반면, 24kD의 단백질의 결합은 캡 유사체의 첨가로 방해받았다. 이는 24kD 폴리펩티드가 캡 부위에 특이하게 결합하는 반면, 50~55kD 단백질은 그렇지 않다는 것을 시사한다. 그러나, 표지되지 않은 m7DGP가 mRNA와 결합하기 위하여 이렇게 높은 Mr 폴리펩타이드와 경쟁하지 않는 반면, 미표지 캡 유사형은 결합을 위하여 24-kD 폴리펩타이드와 경쟁한다. 한편, GDP는 50~55kD 단백질과 경쟁적으로 mRNA와 결합하는 반면, 24kD와는 경쟁적이지 않다. 이는 큰 폴리펩티드가 캡-결합단백질이라기보다는 GDP 결합단백질임을 시사한다.

소넨버그와 샷킨 등은 m^7GDP-세파로즈 칼럼을 이용한 친화크로마토그래피로 캡-결합단백질을 분리하였다. 그리고 분리된 이 단백질을 HeLa 세포추출액에 첨가했을 때 캡을 갖고 있는 mRNA는 전사가 촉진되었으나 갖고 있지 않은 mRNA는 그렇지 못하였다(그림 17.19). 이 두 가지 실험에는 바이러스 mRNA가 사용되었다. 신드비스 바이러스 mRNA는 캡을 갖고 있고, 뇌심근염 바이러스(encephalomyocarditis virus) mRNA는 캡을 갖고 있지 않았다. (뇌심근염 바이러스는 소아마비 바이러스와 유사한 피코르나 바이러스이다.)

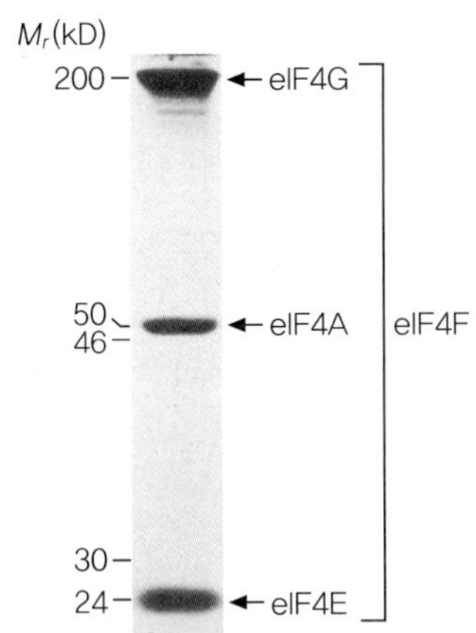

그림 17.20 eIF4F(완전 캡-결합단백질)의 구성 성분. 소넨버그 등은 m7GTP 친화 크로마토그래피를 사용하는 일련의 실험 과정을 통해 캡-결합단백질을 순수분리하였다. 분리된 단백질을 구성하는 소단위체를 SDS-PAGE로 구분하였다. 소단위체의 상대적인 분자량(kD)과 분자량 지표물(200, 46과 30kD)이 왼편에 표기되었다. 전체 복합체는 3개의 단백질로 구성되어 있으며 총칭 eIF4F라고 부른다. (출처: Edery, I., M. Hümbelin, A. Darveau, K.A.W. Lee, S. Milburn, J.W.B. Hershey, H. Trachsel, and N. Sonenberg, Involvement of eukaryotic initiation factor 4A in the cap recognition process. *Journal of Biological Chemistry* 258 (25 Sept 1983) p. 11400, f. 2. American Society for Biochemistry andmolecular Biology.)

앞에서 밝힌 바와 같이 피코르나 바이러스 mRNA는 캡을 갖고 있지 않다. 그럼에도 불구하고 이 바이러스는 자신들의 mRNA를 번역할 수 있는 기작을 갖고 있다. 더구나 이들은 캡이 없는 자신들의 mRNA의 특징을 이용하여 캡을 갖고 있는 숙주 mRNA와 경쟁을 회피한다. 이들은 숙주 캡-결합단백질을 불활성화시켜 캡을 갖고 있는 숙주 mRNA의 번역을 일부 제한된 세포에서 저해한다. 분자생물학자들이 소아마비 바이러스에 감염된 세포추출액을 이용하여 캡-결합단백질의 기능을 분석하는 실험 체계를 확립했는데, 이 실험을 통해 24kD 단백질 자체는 불안정하지만 큰 분자량의 복합체는 훨씬 안정하다는 것이 밝혀졌다. 소넨버그 등은 이 분석을 더욱 구체화하여 이 복합체는 세 가지 폴리펩티드로 구성되었다는 것을 입증하였다. 곧 24kD 분자량을 갖고 있는 캡-결합단백질과 각각 50kD과 220kD의 분자량을 갖고 있는 다른 두 가지 단백질이다(그림 17.20). 이들 단백질은 새로 명명되었다. 24kD 캡-결합단백질은 **eIF4E**이고, 50kD 단백질은 **eIF4A**, 그리고 220kDa 폴리펩티드는 **eIF4G**이다. 이들 세 가지로 구성된 복합체를 **eIF4F**로 명명하였다.

(3) eIF4A와 eIF4B의 기능

eIF4A 폴리펩티드는 eIF4F의 소단위체이지만 이는 독립적인 기능을 나타내기도 한다. 이는 **DEAD 단백질**(DEAD protein)의 일종인데, 아스파르트산(D), 글루탐산(E), 알라닌(A), 아스파르트산(D)이라는 공통적인 아미노산 서열을 갖고 있으며, **RNA 헬리케이즈**(RNA helicase) 기능을 갖고 있다. 따라서 이는 진핵세포 mRNA의 5′-선도서열에 자주 나타나는 머리핀 구조를 펴는 기능을 한다. 이 기능을 효율적으로 하려면 eIF4A는 **eIF4B**를 필요로 하는데, eIF4B는 RNA 결합부위를 갖고 있어서 eIF4A가 mRNA에 결합하는 것을 촉진한다. 아르님 포즈(Arnim Pause)와 소넨버그는 시험관 체계를 개발하여 eIF4A와 4B의 기능을 입증하였다. 이들은 박테리아에서 클론된 eIF4A와 4B 유전자 산물을 가지고 실험하여, 다른 진핵세포 단백질에 의한 오염 가능성을 배제하였다. 그런 후 그림 17.21의 우측에 그려진 바와 같이, 표지된 RNA 헬리케이즈의 기질을 첨가하였다. 실제로 이는 5′-말단이 상보적인 서열을 갖고 있는 두 가지 40nt RNA이어서 10bp RNA 이중가닥을 형성했다. 만일 RNA 헬리케이즈가 이 10bp 구조를 풀어내면, 2개의 40nt RNA는 분리될 것이다. 전기영동으로 이들 2량체와 단량체를 용이하게 구분해낼 수 있다. 더 많은 양의 RNA 헬리케이즈를 첨가할수록 더 많은 단량체가 형성되었다.

그림 17.21은 그 결과를 보여 준다. 적은 양의 eIF4A로도 RNA

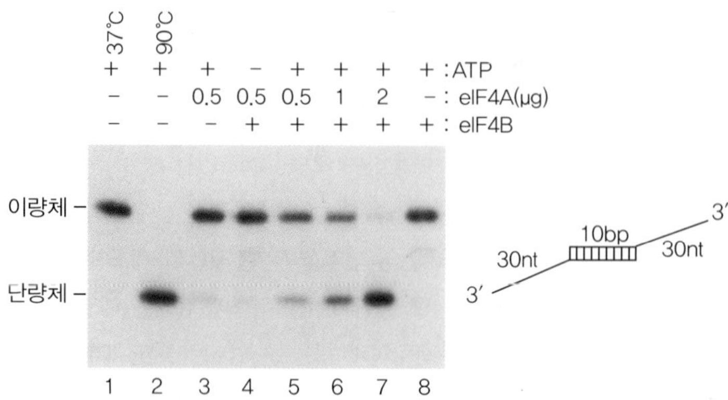

그림 17.21 eIF4A의 RNA 헬리케이즈 기능. 포즈와 소넨버그는 ATP, eIF4A 및 eIF4B(상단에 표시됨)의 여러 가지 조합이 방사성 물질로 표지된 헬리케이즈 기질(오른편에 그려져 있음)에 미치는 영향을 조사하였다. RNA 헬리케이즈는 기질의 10bp 이중가닥 부위를 풀어서 2량체를 2개의 단량체로 만들었다. 2량체와 단량체는 전기영동에서 쉽게 분리되고(왼쪽에 표시함), 자기방사법으로 검출되었다. 첫 두 레인은 저온과 고온 상태에서 관찰된 기질이다. 고온은 기질의 이중가닥 부위를 녹여서 단량체로 변환시킨다. 3~8번 레인에서 ATP와 eIF4A는 헬리케이즈 기능에 필요하고, eIF4B는 이 기능을 촉진함을 보이고 있다. (출처: Pause A. and N. Sonenberg, Mutational analysis of a DEAD box RNA helicase: The mammalian initiation translation factor eIF-4A. *EMBO Journal* 11 (1992) p. 2644, f. 1.)

가 상당량 풀리는 것으로 보아 이 인자가 자신만으로도 RNA 헬리케이즈 기능을 갖고 있음을 나타낸다. 그러나 이러한 헬리케이즈 기능이 eIF4B에 의해 더욱 촉진될 뿐만 아니라(5번 레인) ATP를 요구한다 (4번, 5번 레인 비교). eIF4A를 많이 첨가할수록 더 많은 RNA 헬리케이즈의 기능이 나타났다(6번, 7번 레인). eIF4B가 자기 스스로는 헬리케이즈 기능이 없는 것을 입증하기 위해 포즈와 소넨버그는 eIF4A 없이 eIF4B와 ATP를 첨가했을 때는 헬리케이즈 기능을 관찰할 수 없었다(8번 레인). 따라서 이 두 가지 인자가 협동하여 머리핀 구조를 갖고 있는 RNA 나선을 풀어내며, 이때 ATP를 필요로 한다.

(4) eIF4G의 기능

대부분의 진핵세포 mRNA는 캡을 갖고 있어서 캡이 리보솜의 결합을 돕는다. 그러나 일부 바이러스 mRNA는 캡을 갖고 있지 않다. 이러한 mRNA와 몇몇 진핵세포 mRNA는 IRES를 갖고 있는데, 이는 리보솜의 결합을 돕는다. 더구나 mRNA의 3′-말단에 있는 폴리(A) 꼬리도 번역을 효과적으로 촉진한다. 적어도 효모의 경우 후자의 과정은 **Pab1p**(효모)나 **PABP1**(인간)라는 폴리(A)-결합단백질을 이용해 리보솜을 mRNA에 접근시킨다. eIF4G 단백질은 여러 다른 단백질과 작용하는 연결자(adaptor), 또는 '얼개(scaffold)' 단백질로 기능하여 위에 언급한 개시 과정에 관여한다.

그림 17.22는 eIF4G가 번역개시에 관여하는 세 가지 다른 양상을 보여 준다. (a)는 캡을 갖고 있는 일반적인 mRNA의 개시 과정에 관여하는 eIF4G의 기능을 보여 준다. eIF4G의 N 말단은 eIF4E와 결합하여 캡에 결합한다. eIF4G의 중앙부위는 eIF3과 결합하여 40S 리보솜 소단위체와 결합한다. 따라서 eIF4G는 eIF4E와 eIF3와 협력하여 40S 소단위체를 mRNA의 5′-말단으로 몰아 온다.

(b)는 소아마비 바이러스와 같은 피코르나 바이러스가 번역개시 과정을 망치고 있는 것을 보이고 있다. 바이러스 단백질 분해효소에 의해 N-말단 부위가 잘려 나간 eIF4G는 더 이상 eIF4E와 작용하여 캡을 인식할 수 없게 된다. 따라서 캡을 갖고 있는 세포 mRNA가 번역될 수 없다. 그러나 eIF4G의 남아 있는 부분이 소아마비 바이러스 IRES의 V 도메인과 결합할 수 있어서 40S 소단위체는 계속해서 바이러스 mRNA로 소집된다. 실제로, 소아마비를 근절하고자 하는 현재 사업에 크게 도움을 주고 있는 유명한 사빈 백신(Sabin vaccine)은 세 가지 종류의 약화된 바이러스를 갖고 있다. 각 종류의 바이러스에서 중요한 약화 과정은 바이러스 IRES를 변화시켜 eIF4G에 대한 친화력을 감소시킴으로써 바이러스 mRNA의 번역이 일어나지 못하게 한다.

바이러스 단백질분해효소가 eIF4G의 N-말단을 자를 때, p100이라고 부르는 C-말단 도메인을 남겨 놓는다. 소아마비 바이러스 IRES가 p100와 직접 결하더라도, 최상의 결합을 위해서는 세포에 있는 몇 가지 단백질이 필요하다(그림 17.22b에 나타나지 않았지만). C형 간염 바이러스(HCV)를 포함한 다른 바이러스도 p100이나 eIF4G 없이 eIF3와 직접 결합하는 IRES를 갖고 있다. A형 간염 바이러스(HVA)를 포함하는 다른 바이러스들은 eIF4E 소단위체들이나 eIF3없이 40S 리보솜 소단위체와 직접 결할하는 IRES를 갖는다.

p100은 eIF4E와 결합하는 데 비효율적이어서 eIF4G의 절단이 캡-의존적 숙주 단백질 합성을 방해한다는 가정이 일반적이다. 리차드 잭슨(Richard Jackson)과 연구진은 eIF4G가 제거된 망상적혈구 추출물에서 p100가 캡-mRNA의 번역을 촉진한다는 것을 밝히고, p100가 캡-의존적 번역을 촉진할 수 있음을 시사하였다. 그러나, 최상의 캡-의존적 번역을 위해서는 p100가 망상적혈구 추출물에 있는 eIF4G의 자연적인 농도보다 4배 정도 높아야 하는 점을 바탕으로, 잭슨과 연구진은 다음과 같은 가설을 제시하였다. 소아마비-감염 세포에서 캡-의존적 숙주 단백질 합성이 일어나지 않는 것은 제한된 양의 p100에 대한 바이러스 RNA

(a) 캡 인식

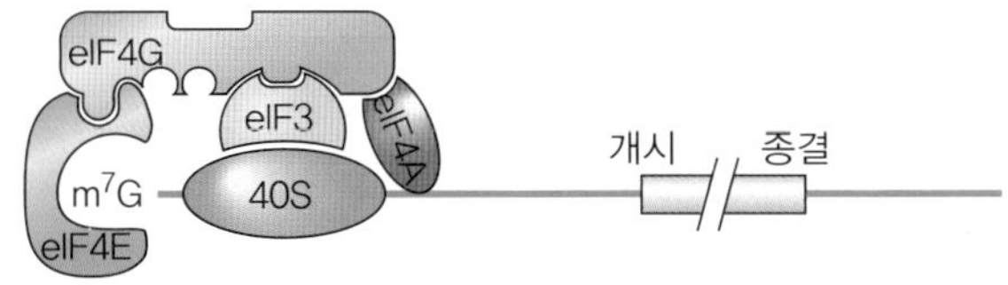

(b) IRES 인식(폴리오바이러스 mRNA)

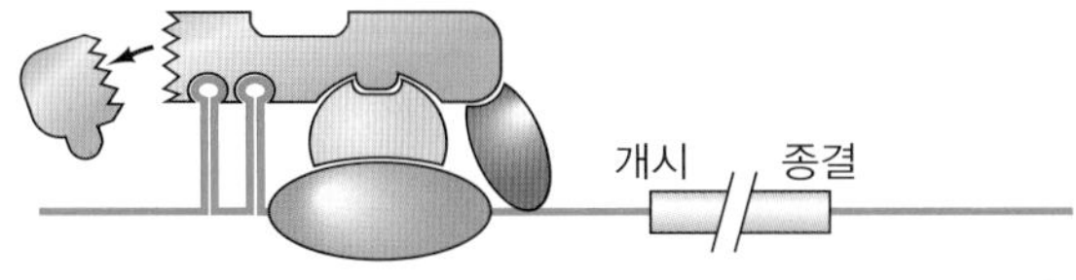

(c) 캡+폴리(A) 인식

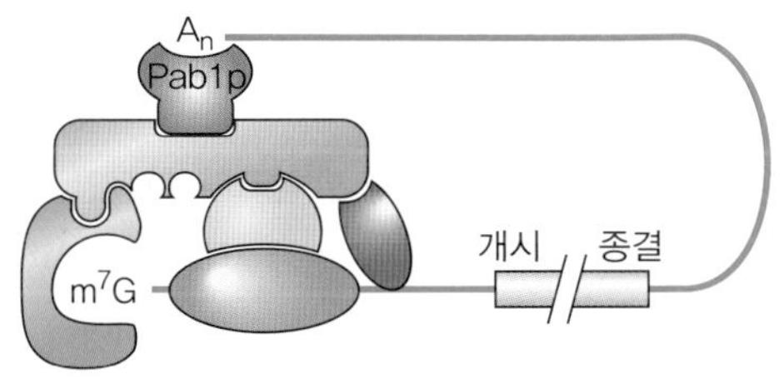

그림 17.22 네 가지 다른 상황에서 40S 리보솜 입자를 영입하는 eIF4G의 연결자 기능. **(a)** 캡 보유–mRNA. eIF4G(주황색)는 캡에 결합한 eIF4E(초록색)와 40S 리보솜 소단위체(파란색)에 결합한 eIF3(노란색)의 연결자로 작용한다. 이러한 일련의 분자 형성은 40S 리보솜을 mRNA(초록색)의 캡 부근으로 영입하여 그곳에서부터 검색 작업을 시작하게 한다. eIF4A(빨간색)는 eIF4G와 결합하지만 이 그림에서 표기된 상호 작용에는 아무런 기능을 하지 않는다. **(b)** IRES를 지닌 mRNA. IRES는 RNA 결합단백질(X, 갈색)과 작용하여 eIF4G와 결합함으로써 40S 리보솜 영입 과정을 확인하는 것으로 보인다. 이 상호 작용은 eIF4G의 N–말단부위를 단백질분해효소로 제거하더라도 일어나는데, 이는 캡 보유 세포형 mRNA와의 결합을 방해한다. **(c)** 캡과 폴리(A)의 상승 효과. 캡에 결합한 eIF4E와 폴리(A)에 결합한 Pab1p(보라색)가 함께 eIF4G와 결합하여 40S 리보솜을 영입하는 데 상승적인 효과를 일으킨다. (출처: Adapted from Hentze, M.W., eIF4: A multipurpose ribosome adapter? *Science* 275:501, 1997.)

의 경쟁때문이며, 숙주 mRNAs의 번역을 촉진하는 p100의 내재적인 기능 상실 때문이 아니다.

그림 7.22b에 나타난 모델에 관한 검증이 더욱 필요하다. 모델이 HeLa 세포에서 벌어지는 상황을 정확하게 기술하는 것이로 보이지만, eIF4G의 절단이 모든 세포에서 일어나는 숙주단백질합성을 저지하는 것으로 해석되어서는 안 된다. 아키오 노모토(Akio Nomoto) 연구진은 인간 신경세포에서 감염 후 5시간 즈음에 eIF4G 절단이 완성되지만, 숙주 단백질 합성은 감소되지 않은 채 계속된다는 것을 밝혔다. 이들은 신경세포 내에 있는 다른 인자가 eIF4G의 상실을 보상할 수 있을 것이라고 제안했으나, 직접적인 근거를 제시하지는 못했다.

끝으로, (c)는 eIF4G와 캡에 결합한 eIF4E 사이 그리고 eIF4G와 mRNA의 폴리(A) 꼬리에 결합한 Pab1p 사이에 일어나는 활성화된 상호 작용을 보여 준다. 이와 같이 eIF4G가 mRNA의 양쪽 말단에 있는 단백질과 양면 결합하여 mRNA를 효과적으로 원형화하여, 약 세 가지 관점에서 번역을 돕는 것으로 보인다. 첫째, 3′–UTR에 결합한 조절단백질과 miRNA들이 캡에 근접하게 있어서 번역의 개시에 영향을 준다. 둘째, 단백질 합성 1회를 완성한 리보솜이 캡에 근접하여 재개시를 촉진시킨다. 마지막으로, mRNA의 양 말단은 격리되어서 mRNA를 분해하는 RNA 가수분해효소에 상대적으로 노출되지 않는다.

우리가 이제까지 논의한 캡–결합 개시인자는 처음 리보솜이 mRNA와 결합하여 번역하는, 소위 번역의 **최초 원정**(pioneer round)를 대체해서 사용된다는 점을 알아야 한다. 최초 원정에서 리보솜은 **캡–결합 복합체**(cap–binding complex, CBC)로 알려진 다른 단백질 세트를 사용하는데, 이 복합체는 핵 안에서 캡과 결합하고, mRNA와 함께 세포질로 이동된다. 이는 **mRNP**(messenger ribonucleoprotein)으로 알려진 mRNA–단백질 복합체의 일종이다. 사람의 CBC에 있는 캡–결합단백질은 이성2량체 캡–결합단백질인데, 두 소단위체의 분자량을 따서 **CBP80/20**이라고 부른다. 최초 원정이 끝나면 세포질 eIF4F 복합체가 핵 CBC를 대체한다.

CBP80는 캡 결합뿐만 아니라, 핵 밖으로 mRNP를 수출하는 데도 중용하다. 이 수출과정에는 **TREX**(transcription export) 복합체라는 단백질 복합체가 필요하다. 포유동물 TREX는 7개의 소단위체로 구성된 THO와 다른 두 가지 단백질, UAP56와 Aly로 구성된다. Robin Reed 연구진은 2006년 캡–결합 복합체의 CBP80 소단위체가 Aly와 연계하여, TREX를 합성 중에 있는 mRNA의 캡 근처에 가져다 놓는다는 것을 밝혔다. 이와 같은 TREX와의 연계는 완성된 mRNA를 5′–말단부터 핵에서 세포질로 수출한다.

TREX는 스플라이싱이 되기 전에 pre–mRNA이나, 합성되어 인트론이 없는 전사체로 이동되지 않는데, 이는 적합한 스플라이싱은 TREX가 mRNP로 이동되는 데 반드시 필요한 전제 조건임을 뜻한다. 그러나 TREX는 인트론이 없는 자연적 유전자에서 유래한 mRNP의 수출에 관여하는데, 이는 스플라이싱이 TREX를 불러오는 데 반드시 필요하지는 않다는 것을 시사한다.

(5) eIF1와 eIF1A의 기능

eIF1은 시험관 내 번역률의 약 20% 정도를 촉진한다. 그러나 eIF1 과 eIF1A 유전자는 효모 생존에 필수적이어서 이 두 가지 유전자 산물이 없다고 좋은 것은 아니다. 그렇다면 이들은 어떤 기능을 할까? 1998년, 타티아나 페스토바(Tatyana Pestova) 등은 다음과 같은 답을 얻었다. eIF1과 eIF1A가 없으면 40S가 몇 개의 핵산을 검색하는 데 그치고 mRNA와 느슨하게 결합한 상태로 있게 된다. 이들 두 가지 인자가 있으면 40S는 개시코돈을 검색하여 안정된 48S 복합체를 형성한다.

페스토바 등은 프라이머 신장(primer extension) 방법(5장 참조)을 응용한 토프린트 분석법(toeprint assay)을 이용하여 40S 리보솜이 결합하는 mRNA 부위를 찾아냈다. 이들은 포유동물 β-글로빈 mRNA와 40S 간에 존재하는 복합체를 분리한 후, mRNA상의 개시코돈 하단부에 결합하는 프라이머와 혼합하였다. 그리고 이들에 핵산과 역전사효소를 첨가하여 프라이머를 확장하였다. 역전사효소가 40S 소단위체의 선도 끝부분(leading edge)을 만나면 정지하므로 확장된 프라이머의 길이는 선도 끝부분의 위치를 가리키게 된다. 40S를 하나의 발로 보면 이 발의 선도 끝부분은 발가락이 될 것이기 때문에 이 분석 방법을 토프린트 분석법이라고 부른다. 끝으로, 페스토바 등은 프라이머 신장 산물을 전기영동하여 이들의 길이를 측정하였다. 그림 17.23은 이 분석 방법의 과정을 보여 준다.

그림 17.24는 그 실제 결과를 보여 주고 있다. 1번과 2번 레인은 다른 인자를 포함하지 않은 채 mRNA 또는 mRNA 및 40S 소단위체만 포함하고 있어서 예상대로 복합체가 형성되지 않았다. 3번 레인은 eIF2, 3, 4A, 4B, 4F를 포함하고 있다. 이들 인자들은 복합체 II (사후 스캔된 복합체) 대신에 복합체 I(사전 tm캔된 복합체)의 형성을 촉진한다. 이러한 환경에서 40S의 선도 끝부분은 mRNA 캡에 대해서 +21과 +24 사이에 위치하게 된다. 3번과 4번 레인에 있는 모든 인자뿐만 아니라 개시인자 혼합체도 갖고 있다. 개시인자 혼합체는 리보솜을 식염수로 씻은 후 황산암모늄(ammonium sulfate) 농도 50~70%에서 침전되는 단백질들을 분리한 것이다. 분명한 것은 이러한 혼합된 인자들은 다른 것과 작용하여 복합체 II의 형성을 촉진시킨다. 이들의 선도 끝부분은 AUG 개시코돈의 A에 대해서 +15 및 +17에 해당하는 위치 사이에 있게 된다. 이는 40S가 개시코돈에 중앙부위를 맞추고 있다고 가정할 때 예상되는 위치와 일치한다.

페스토바 등은 이들 단백질의 정체를 밝히고자 황산암모늄 농도 50~70%에서 침전되는 단백질을 순도 높게 분리하여 아미노산 서열 일부를 밝혀냈다. 그 단백질들은 eIF1과 eIF1A이었다. 그림 17.24에서 5번과 6번 레인은 이 두 가지 인자 각각이 복합체 II 형성을 촉진시키지 못함을 보이고 있다. 그러나 7번 레인은 이들 두 가지 인자를 함께 첨가했을 때 복합체 II가 잘 형성되는 것을 증명한다. 따라서 이 두 가지 요소는 상승작용하여 복합체 II를 형성시킨다. 8번 레인에서 복합체 I이 5분간 형성되도록 한 후 eIF1 및 eIF1A를 첨가했다. 이 조건에서는 복합체 II만이 형성되었다. 그러

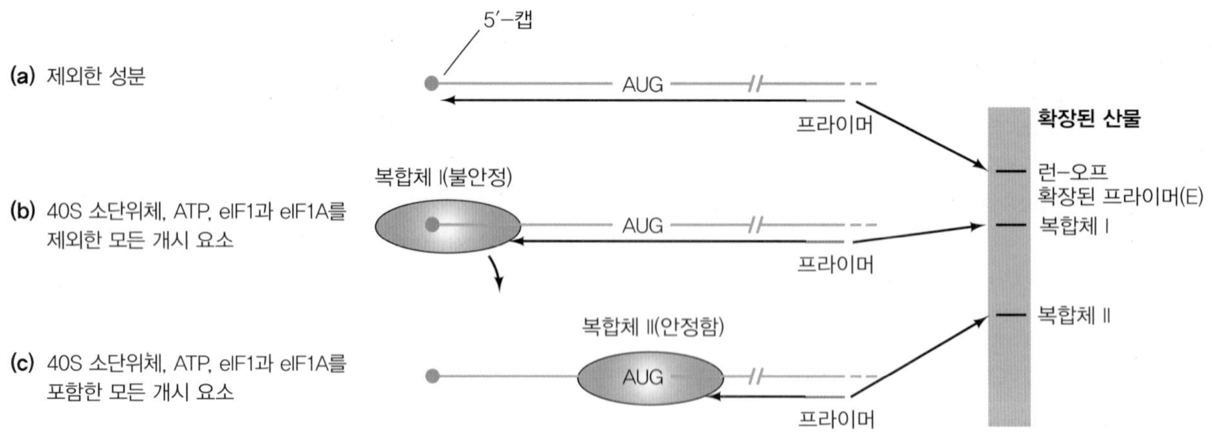

그림 17.23 토프린트 분석법의 원리. **(a)** 음성 대조군. 40S 소단위체와 같은 필수 성분을 제외시켜 40S 리보솜과 mRNA 간에 복합체가 형성되지 못한다. 역전사효소를 억제하는 40S 없이 mRNA의 5′-말단으로 프라이머를 확장시킨다. 이는 mRNA 자체에 해당하는 1개의 끝까지(run-off) 확장된 프라이머를 만든다. **(b)** eIF1 및 eIF1A가 없는 상태에서 형성된 복합체. eIF1 및 1A를 제외하고 왼편에 표기된 성분을 첨가한다. 캡 부위에 복합체 I이 형성되지만 더 이상 진행하지 않는다. 따라서 프라이머는 40S의 선단 끝부분까지만 확장된다. **(c)** eIF1과 eIF1A가 있는 상태에서 형성되는 복합체. 40S 리보솜은 개시코돈(AUG)이 있는 하류까지 검색 작업을 진행하고 안정된 복합체 II를 형성한다. 따라서 프라이머는 48S 복합체에 있는 40S의 선단 끝부분이 막고 있기 때문에 짧게 확장된다. (출처: Adapted from Jackson, R.J., Cinderella factors have a ball. *Nature* 394:830, 1998.)

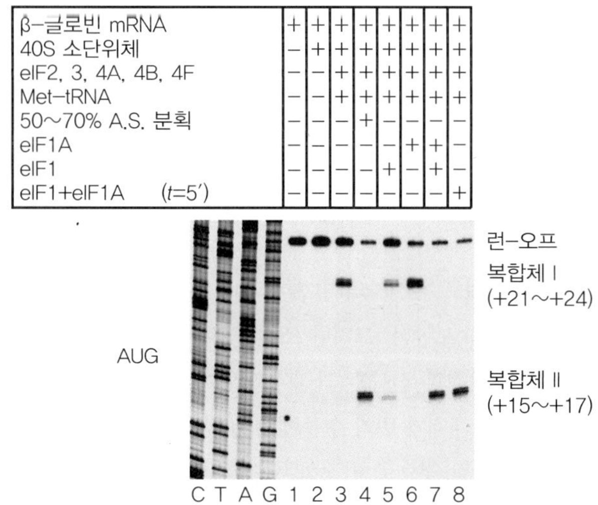

그림 17.24 토프린트 분석의 결과. 페스토바 등은 그림 17.31에 표기된 토프린트 분석법을 포유동물 β-글로빈 mRNA을 사용하여 수행했다. 각 분석법에 첨가한 성분은1~8번 레인의 상단에 표기하였다. '50~70% A. S. 분획(4번 레인)'은 황산암모늄 농도 50~70%에서 침전시켜 획득한 인자를 가리킨다. 'eIF1+eIF1A(*t*=5′)'은 각 분석법의 다른 성분을 첨가한 후에 5분 만에 eIF1 및 eIF1A를 첨가한 것을 가리킨다. C, T, A 및 G 레인은 β-글로빈 DNA의 염기서열 조사 결과이다. 이러한 염기서열들은 복합체에 있는 40S 리보솜의 선단 끝부분의 정확한 위치를 결정짓는 표식체로 포함시켰다. 개시코돈(AUG)의 위치를 왼편에 표시하였다. 전기장으로 끝까지(run-off) 확장된 프라이머 및 복합체 I과 II의 위치에 해당되는 밴드를 각각 캡 및 개시코돈에 대한 40S의 선단 끝부분과 함께 오른편에 표기하였다. eIF1 및 eIF1A가 복합체 II 형성에 필요하였다. (출처: Pestova, T.V., S.I. Borukhov, and C.V.T. Hellen, Eukaryotic ribosomes require initiation factors 1 and 1A to locate initiation codons. *Nature* 394 (27 Aug 1998) f. 2, p. 855. Copyright © Macmillan Magazines Ltd.)

므로 복합체 I은 마지막 산물이 아니다. 개시인자들이 이를 복합체 II로 전환할 수도 있다.

eIF1과 eIF1A는 어떻게 복합체 I을 복합체 II로 전환시킬까? 단순히 40S가 mRNA상에서 더 많이 검색할 수 있도록 하는 것일까, 아니면 40S를 mRNA에서 분리시킨 후 다시 결합시켜 개시코돈을 검색하게 하는 것일까? 이를 알아보기 위해 페스토바 등은 방사선 물질로 표지된 mRNA 위에 복합체 I을 형성시키고 난 후 15배 양의 표지되지 않은 경쟁자 mRNA가 있거나 없는 상태에서 eIF1과 eIF1A를 첨가했다. 이들은 48S 복합체(아마도 복합체 II에 해당하는)를 자당 농도구배 초원심 분리로 분리한 후 이들 복합체의 방사선 양을 측정하였다(5장 참조).

예상대로(그림 17.25) 이들은 경쟁자 mRNA가 없는 상태에서 48S 복합체를 나타내는 방사선 활성 최고점을 발견하였다. 그러나 경쟁자 mRNA를 배양 초기에 첨가하거나 복합체 I을 5분간 형성시킨 후 첨가했을 때 48S 복합체에 해당하는 방사선 활성 최고점을 발견할 수 없었다. 따라서 eIF1 및 eIF1A는 복합체 I에 있는 40S가 하단부 방향으로 검색을 진행하면서 표지된 동일 mRNA 상에서 복합체 II를 형성하는 것을 방지한다. 만일 이러한 일이 일어난다면 표지된 mRNA상에 복합체 I이 이미 형성되는 5분 후 이러한 인자들과 경쟁자 mRNA를 첨가하였을 때 표지된 48S 복합체가 관찰되었을 것이다. 대신에 이 두 인자들은 표지된 mRNA 상에 형성된 복합체 I을 파괴하고 과량으로 첨가된 표지되지 않은 mRNA상에 새로운 복합체를 형성시킨다. 아마도 40S가 표지된 mRNA를 떠나서 표지되지 않은 대부분의 mRNA의 캡 부위에 결합한 후 복합체 II를 형성해가면서 개시코돈을 검색해갈 것으로 추측된다.

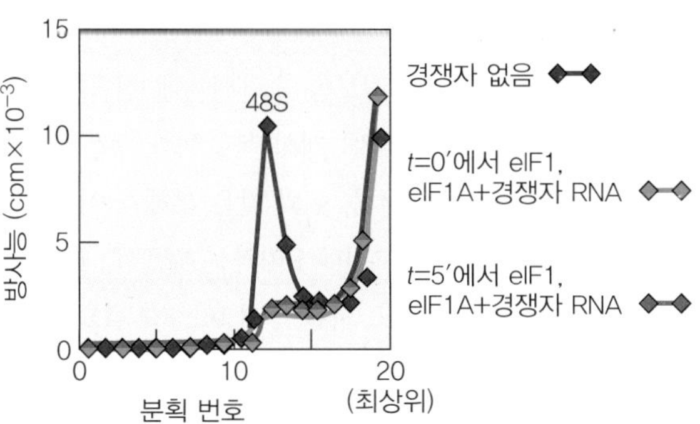

그림 17.25 48S 형성에 미치는 경쟁자 RNA의 영향. 페스토바 등은 [^{32}P]β-글로빈 mRNA를 40S 리보솜, 개시인자들 및 표지되지 않은 경쟁자 RNA를 오른편과 같이 혼합하여 반응시켰다. 파란색, 무경쟁물질. 초록색, 시간 0에 경쟁물질 및 eIF1, eIF1A 첨가. 빨간색, 경쟁물질 및 eIF1과 eIF1A를 반응 5분 후에 첨가(이때 이미 복합체 I이 형성). 반응 후 그들은 40S, [^{32}P]mRNA 및 Met-tRNA$_i^{Met}$를 포함하고 있어서 안정된 48S 복합체의 형성 여부를 알아보기 위해서 혼합체를 자당 농도구배 초원심분리기로 분석하였다. 각 분획의 방사선 양을 액체섬광 계수기로 측정하였다. 구배의 최상 부위는 분획 번호 19이며 맨 오른쪽에 표기되었다. (출처: Adapted from Pestova, T.V., S.I. Borukhov, and C.V.T. Hellen, Eukaryotic ribosomes require initiation factors 1 and 1A to locate initiation codons. *Nature* 394:856, 1998.)

따라서 eIF1 및 eIF1A는 적합한 48S 복합체 형성에 필수적일 뿐만 아니라 40S와 mRNA 간 부적합한 복합체가 형성되는 것을 방지하는 것으로 보인다.

실제로 나중에 이루어진 연구 결과는 eIF1과 eIF1A의 상호 작용은 적대적이라는 것을 밝혔다. eIF1는 스캐닝 중에 있는 40S 소단위체가 어떤 하나의 개시코돈에서 스캔을 시작하는 것을 저해하고, 이는 잘못된 코돈이 선택되지 않는 과정을 강화한다. 즉, eIF1은 스캐닝을 촉진한다. 이로 인해, 스캐닝 복합체는 올바른 개시코돈에서 오랫동안 지체하면서 개시를 촉진하게 된다.

(6) eIF5와 eIF5B의 기능

eIF2가 Met-tRNA를 40S 리보솜 소단위체에 전달하고 난 후 mRNA가 결합하여 완전한 48S 개시 복합체가 형성되면, eIF2는 그 복합체에서 떨어져 나온다. 이와 같은 분해가 이루어지려면 GTP 가수분해가 필요하다. 그러나 IF2와는 다르게 eIF2는 결합된 GTP를 가수분해하는 데 또 다른 인자 eIF5가 필요하다. eIF2에 결합된 GTP의 가수분해가 eIF에 의해서 유도된 후에도 48S 복합체는 개시 과정을 완성하기 위해 필요한 60S 리보솜 소단위체를 받아들일 준비가 되어 있지 않다. 대신에 또 다른 인자인 **eIF5B**가 필요하다.

2000년에 헬렌 등은 재조합된 eIF5가 60S 리보솜 소단위체를 유도하여 eIF5가 분리된 후에도 48S 복합체와 결합할 수 있는지를 검증하는 과정에서 eIF5B를 발견하였다. eIF5 단독으로는 충분하지 않으며, 강이온 완충 용액에서 리보솜으로부터 방출된 단백질들이 eIF5를 보완하여 리보솜 소단위체 간의 결합을 유도하였다. 연구자들은 이 '염기 세척(salt wash)'에서 결합유도 기능을 갖고 있는 eIF5B를 분리하였다. 분리한 eIF5B(또는 유전자 재조합으로 만들어진 eIF5B)는 혼자서 소단위체의 결합을 유도할 수 없었으나 eIF1, eIF2, eIF3 그리고 eIF5를 비롯한 다른 인자를 갖고 있는 반응 환경에서는 소단위체의 결합을 유도하였다.

헬렌 등은 GTP 가수분해가 소단위체 결합 반응에 필요한지를 검사했다. 이 실험을 위해서 이들은 48S 복합체를 비롯하여 eIF5, eIF5B, 60S 소단위체 그리고 GTP 또는 가수분해 불능 유도체인 GDPNP를 섞었다. GTP나 GDPNP가 없이는 소단위체 결합이 일어나지 않는 것으로 보아 GTP가 필요하다는 것을 알았다. 더구나 GDPNP도 소단위체 결합을 촉진할 수 있었지만 eIF5B를 필요로 했다. 한편, eIF5B는 GTP와 함께 작용하여 소단위체 결합을 촉진하였다. 따라서 GDPNP도 충분한 것으로 보아 GTP 가수분해가 소단위체 결합에 반드시 필요하지 않다.

헬렌 등은 GDPNP가 있을 때 형성된 80S 복합체에서는 eIF5B가 방출되지 않았으나 GTP가 있을 때 형성된 복합체에서는 방출되는 것을 확인하였다. 따라서 GTP 가수분해는 리보솜에서 eIF5B를 방출시키는 데 필요한 것으로 보인다. 이러한 점에서 eIF5B는 리보솜에서 방출되는 과정에서 GTP 가수분해가 필요한 박테리아의 IF2와 유사하다. 이 2개의 인자들은 리보솜-촉진 GTP 가수분해효소라는 점과 리보솜 소단위체 결합에서 수행하는 기능에서도 유사하다. 실제로 이 두 인자는 상동체이기 때문에 이와 같은 기능적인 유사성이 놀랍지는 않다. 한편, eIF5B는 IF2와는 사뭇 다른데, IF2는 박테리아에서 Met-tRNA$_i^{Met}$의 결합을 촉진하지만 eIF5B는 하지 못한다. 진핵세포에서 eIF5B 대신에 eIF2가 이와 같은 작용을 담당한다.

17.3. 번역개시 과정의 조절

이제까지 진핵세포 유전자의 발현이 전사 및 전사후 과정에서 조절되는 것을 살펴보았다. 그러나 조절 과정은 번역 과정에서도 발생한다. 전사 과정과 전사후 과정에서 일어나는 엄청난 조절기작을 고려하면 한 개체가 번역 수준에서 유전자 발현을 조절하는 진화된 기작을 가질 것으로 가정하는 것도 무리가 없다. 전사 조절의 주요 장점은 그 속도에 있다. 이미 존재하는 mRNA의 번역을 개시하여 새로운 유전자 산물을 빠르고 간단하게 생산할 수 있다. 이러한 점은 특히 전사체를 만드는 데 상대적으로 시간이 오래 걸리는 진핵세포에서 가치를 더한다. 당연한 것이겠지만 이와 같은 번역조절의 대부분은 개시 과정에서 일어난다.

1) 박테리아의 번역조절

우리는 앞서 박테리아 유전자 발현의 조절이 대부분 전사 수준에서 일어난다는 것을 배웠다. 박테리아 mRNA의 거의 모두의 반감기가 1~3분 정도로 짧은 점은 이와 같이 구조와 잘 맞아 떨어지는데, 이는 박테리아가 급변하는 환경에 재빠르게 반응할 수 있도록 하기 때문이다. 폴리시스트론형 전사체에서 서로 다른 시스트론들을 번역해내는 것이 다른 어떤 방법보다도 잘 일어난다. 예를 들어 *lacZ*, *Y*, 그리고 *A* 시스트론이 10:5:2의 몰 비율로 단백질을 생산한다고 하자. 그러나 이러한 비율이 여러 가지 다른 조건에서도 변함없이 유지가 된다면 이는 위의 세 시스트론의 리보솜 결합부위뿐만 아니라 폴리시스트론형 mRNA에 차별적으로 발생하는 분해의 상대적인 효율성을 반영하고 있는 것으로 보인다. 그러나 박테리아의 번역을 실질적으로 조절하는 예가 발생하였다. 이 중에 몇 가지 예를 들어보자.

(1) mRNA 2차구조의 전환

RNA 2차구조는 그림 17.6에서 본 바와 같이 번역의 효율성에 중요한 역할을 한다. RNA 파지의 MS2에 있는 레플리케이즈 시스트론의 개시코돈은 표피유전자의 일부를 내포하고 이중가닥 구조에 묻혀 있다. 이러한 구조 때문에 표피단백질이 번역될 때까지 이들 파지의 레플리케이즈 유전자는 번역될 수 없다. 표피유전자를 통과하는 리보솜이 레플리케이즈 유전자의 개시코돈을 숨기고 있는 2차구조를 열게 된다.

mRNA 구조를 통해서 조절하는 또 다른 예는 8장에서 언급한 바 있는 대장균에서 열 충격(heat shock) 동안에 그 합성이 유도되는 σ^{32}의 경우이다. 대장균이 정상적인 온도 37℃에서 42℃로 상승하는 온도에 노출될 때 열 충격 유전자 세트를 발현시킨다. 이 새로운 열 충격 유전자는 σ^{70}이 아니고 σ^{32}이다. 그러나 열 충격을 받은 지 1분도 되지 않아서 σ^{32}가 축적되기 시작하는데, 1분은 σ^{32} 유전자(*rpoH*)를 전사할 수 있기에는 너무나 짧은 시간이다. 그렇다면 σ^{32}의 신속한 축적을 어떻게 설명할 수 있을까?

두 가지 답을 줄 수 있는 결과가 있다. 첫째, 기존의 σ^{32}는 정상적으로 불안정하지만 안정화되는 것이고, 두 번째는 우리의 토론 내용에 좀 더 합치하는 것으로 σ^{32} 유전자가 전사개시 단계에서 조절되는 것이다. σ^{32}의 mRNA는 정상적으로 접혀져서 자신의 개시코돈이 2차구조에 감추어진 것이다. 즉, 개시코돈이 mRNA의 또 다른 하류 부위와 염기쌍을 이룬다. 그러나 온도가 상승하면 이 2차구조를 형성했던 염기쌍이 녹아 없어지면서 개시코돈을 노출시켜 mRNA가 번역된다. 따라서 σ-인자를 만들 수 있는 mRNA는 언제나 충분히 존재하지만 온도가 위험 수위까지 상승하지 않는 한 그 번역은 일어나지 않는다. 다시 말해서 mRNA에 장착된 온도 감지기로 인해서 온도 변화가 유전자 발현을 번역 수준에서 촉진하는 것이다.

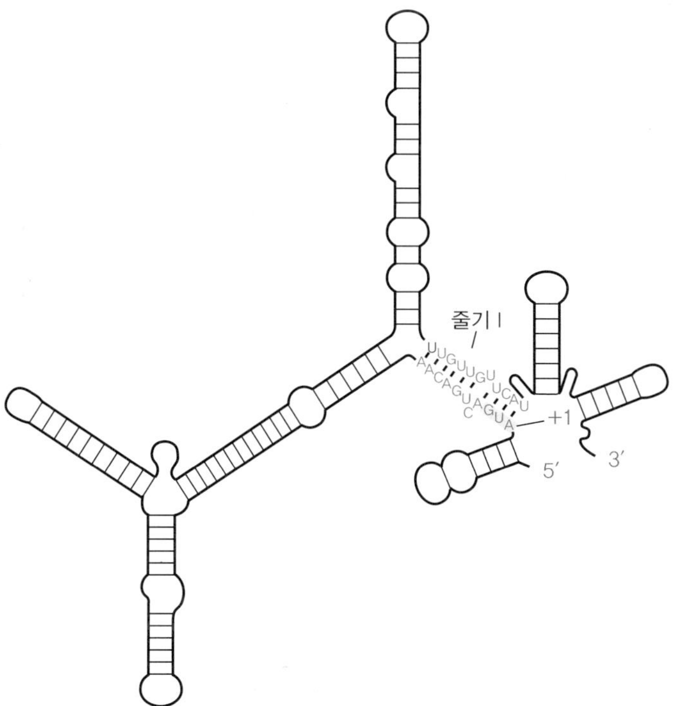

그림 17.26 *rpoH* mRNA의 일부 구간의 2차구조. 줄기 I에서 염기쌍을 이루고 있는 서열을 나타내며 상자로 표시된 AUG 개시코돈을 포함한다. (출처: Adapted from Morita, M.T., Y. Tanaka, T.S. Kodama, Y. Kyogoku, K. Yanagi, and T. Yura, Translational induction of heat shock transcription Factor σ^{32}. Evidence for a built-in RNA thermosensor. *Genes and Development* 13 [1999] p. 656, f. 1b.)

타카시 유라(Takashi Yura) 등은 1999년도에 그림 17.26에 있는 2차구조를 지닌 mRNA를 생산하는 *rpoH* 유전자의 유도체를 이용하여 위의 가정을 뒷받침할 수 있는 강력한 증거를 마련했다. 이러한 mRNA는 정상적인 mRNA와 동일한 조절 양상을 나타냈다. 개시코돈과 mRNA의 3′-말단 근처의 부위 간에 형성된 염기쌍이 '줄기 I(stem I)'을 형성하는데, 줄기 I은 생리학적인 조건에서 이 mRNA의 번역을 방해할 것으로 예측된다. 유라 등은 이 염기쌍을 더 강력하게 또는 약하게 하는 돌연변이를 만들어서 이 돌연변이가 열에 의해서 유도되는 과정에 미치는 영향을 측정했다.

줄기 I에 있는 염기쌍을 더욱 강하게 하는 돌연변이를 만들면 유도는 약해졌다. 예를 들어 AUG의 A로부터 +5 위치에 있는 C는 정상적인 상태에서 반대편 실사에 있는 U와 짝을 이루지 않는다. 그러나 이 C를 A로 바꾸면 A는 U와 짝을 이루어서 줄기 I의 안정성을 증가시킨다. 이는 정상적으로 3.5배의 유도율을 1.4배로 감소시킨다. 이는 강력한 염기쌍이 될수록 열에 파괴되기가 더욱 어려워진다는 점에서 납득이 간다. 반면에, 염기쌍을 약화시키는 돌연변이의 대부분은 고온과 저온에서 모두 유전자 발현을 증가시킨다. 다시 말해서 약한 염기쌍은 낮은 온도에서도 더 쉽게 망가진다.

(2) 단백질과 RNA가 유도하는 mRNA 2차구조의 전환

16장에서 진핵세포에서 마이크로 RNA라는 작은 RNA가 mRNA

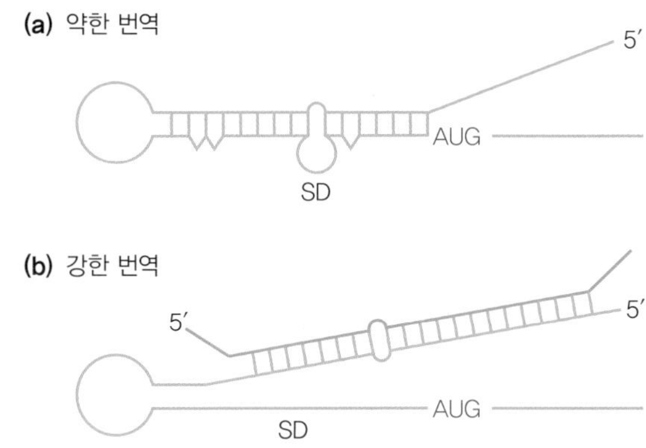

그림 17.27 sRNA에 의한 *rpoS* mRNA 번역의 활성화에 관한 모델. **(a)** *rpoS* mRNA의 5′-UTR 내에 있는 염기쌍이 줄기고리를 형성하여 샤인-달가르노(SD) 서열과 개시코돈(AUG, 빨간색)을 가린다. **(b)** DsrA sRNA가 RNA-결합단백질 Hfg와 결합하고 5′-UTR의 일부와 염기쌍을 이루어 SD 서열과 개시코돈을 열어 리보솜이 결합할 수 있도록 한다.

의 안정성과 번역을 조절한다는 것을 배웠다. 박테리아의 번역도 small RNA(**sRNA**)라는 짧은 RNA에 의해서 조절될 수 있는데, 이들은 mRNA 2차구조에 작용한다. 예를 들어 스트레스 σ−인자 (σ^S, 또는 σ^{38})로 사용되는 mRNA(*rpoS*)의 개시코돈은 정상적으로는 2차구조에 파묻혀 있어서 단백질이 거의 합성되지 않는다. 그러나 그림 17.27에 나타난 바와 같이 DsrA sRNA은 샤페론 단백질 Hfq의 도움을 받아 mRNA의 상류부위와 염기쌍을 형성함으로써 *rpoS* 개시코돈을 노출시켜 번역이 일어나도록 한다.

7장에서 배운 대로 **리보스위치**(riboswitche)는 mRNA 내에 있는 부위로서 작은 분자와 결합하여 구조의 변화를 일으켜 유전자 발현을 촉진하거나 억제한다. 예를 들어 항조결인자(antiterminator)를 종결인자(terminator)로 전환시켜서 전사를 종결시킨다. 작은 분자와 결합하는 RNA의 부위를 **앱타머**(aptamer)라고 한다.

2002년에 로날드 브레이커(Ronald Breaker) 등이 리보스위치의 최초의 예를 찾아냈다. 이들은 티아민(비타민 B1)을 합성하는 데 필요한 효소의 대장균 mRNA가 적어도 두 가지 다른 형태로 있을 수 있다고 제시했다. 티아민 또는 티아민 이인산이 mRNA에 있는 앱타머와 결합하면 mRNA는 리보솜 결합부위를 숨기는 형태를 갖게 되어 mRNA의 번역이 일어나지 않는다. 물론 티아민이 존재한다는 것은 그 세포가 티아민을 생성하는 효소를 만드는 데 에너지를 소모할 필요가 없다는 것을 나타내기 때문에 도움이 된다. 주목할 사항은 리보스위치에 관여하는 단백질이 없다는 점이다. 작은 분자 티아민이 스스로 mRNA의 입체 구조를 변형시킬 수가 있다.

브레이커 등은 조효소 B12를 합성하는 데 관여하는 한 효소의 mRNA의 선도부위가 조효소와 결합하여 조효소 합성의 조절에 중요한 mRNA의 구조적인 변화를 야기한다는 것을 밝혔다. 이들은 이 경로에 관여하는 효소의 두 유전자(*thiM*과 *thiC*)가 잘 보존된 서열과 2차구조를 갖고 있기 때문에 유사한 기작을 사용하여 티아민 생합성에 관여하는지를 조사했다.

따라서 이들은 thi 박스를 *lacZ* 리포터 유전자에 연결시킨 후, 이 제작된 유전자가 티아민의 존재 여부에 따라서 β−갈락토시데이즈를 합성할 수 있는지를 조사하였다. 그 결과, 티아민은 β−갈락토시데이즈의 합성을 각각 18배와 110배 억제하였다. 즉, thi 박스가 유전자 활성도의 억제에 관여한 것이다. *thiC*에 있는 thi 박스에 의한 억제는 전사 수준에서 발생한 반면, *thiM*의 thi 박스에 의한 억제는 번역 수준에서 일어났다. 이 장은 번역 수준에서 일어나는 조절을 다루고 있기 때문에 *thiM* 유전자에 초점을 맞추기로 한다.

브레이커 등은 **인−라인 탐색**(in−line probing) 기술(7장 참조)을 적용하여 티아민이나 그 유도체들이 mRNA 선도부위에 구조적 변화를 야기하는지 여부를 조사했다. 이 방법은 구조를 갖추지 못한 RNA는 2차구조(분자 내 염기쌍)나 3차 구조(3차원적 구조)를 많이 갖고 있는 RNA보다 자발적인 절단에 훨씬 더 취약하다는 사실을 이용한 것이다. 연구자들은 티아민 이인산(TPP)가 있거나 없는 상황에서 thi 박스(165 *thiM* RNA)를 갖고 있는 mRNA의 165nt 조각을 배양해서 전기영동을 하여 절단이 일어난 부위를 확인하였다. 그림 17.28a에 나타낸 바와 같이, TPP의 존재 여부에 관계없이 많은 곳에서 절단이 발생하였으나 의미 있는 차이가 관찰되었다. 특히 TPP가 존재할 경우 39~80(thi 박스를 포함하는) 부위에서는 절단이 적게 일어났다.

별표로 표시한 부위(염기 126~130)에 주목할 필요가 있다. 이는 thi 박스와 thi 박스의 5′−말단에 붙어 있는 뉴클레오티드 옆에 존재하는데, TPP가 있을 때 좀 더 질서정연한 (좀 더 적게 절단된) 부위이다. 이 부위는 리보솜이 결합하는 샤인−달가르노 염기서열을 포함하고 있다. 이러한 결과는 TPP가 염기쌍 줄기의 상태로 샤인−달가르노 염기서열을 숨기고 있는 *thiM* mRNA의 입체 구조에 변환을 야기한 것을 시사한다. 이는 리보솜결합을 방해하고 mRNA의 번역 효율성을 감소시킬 것이다.

브레이커 등은 그림 17.28b에서 thi 박스의 끝에 주황색으로 표시한 GAAG 서열을 찾았는데, 이 서열은 P8에 있는 샤인−달가르노 염기서열과 염기쌍을 이루는 CUUC(주황색으로 칠한 108~111 위치)와 염기쌍을 이룰 수 있다. 이는 CUUC(108~111 위치)는 정상적으로 thi 박스의 끝에 있는 GAAG와 염기쌍을 이룸으로써 샤인−달가르노 염기서열에 리보솜이 결합할 수 있다는 모델을 뒷받침한다. 그러나 TPP가 thi 박스에 있는 앱타머와 결합하여 mRNA의 2차구조를 변화시킴으로써 108~111 위치에 있는 CUUC가 샤인−달가르노 염기서열에 있는 GGAG와 염기쌍을 이루어 리보솜이 결합하는 것을 방해한 결과 번역을 억제한다.

이러한 가설에 의거해서 몇 가지를 추측할 수 있다. 첫째, thi 박스를 갖고 있는 mRNA 조각은 낮은 농도의 TPP에 반응한다. 실제로, 브레이커 등은 TPP가 600nM 농도로 있을 때 thi 165 *thiM* RNA에 발생한 구조적 변형은 절반 정도 진행되었다. 둘째, TPP는 165 *thiM* RNA에 강력하게 결합한다. 브레이커 등은 평형투석(equilibrium dialysis) 실험을 수행하여 TPP가 강력하게 결합한다는 것을 증명했다. 평형 투석은 한 쪽 칸에 표지된 리간드(중수소로 표지된 TPP)를 다른 칸에 거대 분자(*thiM* RNA)를 넣음으로써 TPP와 같이 작은 분자는 투석막을 통과할 수 있으나 RNA와 같이 큰 분자는 통과할 수 없다. 두 칸 사이에 평형 상태가 이루어진 후에 실험자는 각 칸에 존재하는 표지의 양을 측정하여 해리상수(dissociation constant)를 구한다. 이 경우 RNA를 갖고 있는 칸은 다른 칸보다 훨씬 많은 양의 표지를 갖게 되는데, 이는 낮은 해리상수(TPP와 RNA 사이의 강력한 결합)로 나타난다.

세 번째, 티아민과 *thiM* mRNA 사이에 결합이 특이하게 일어난다. 실제로 티아민, 티아민 인산(TP), TPP는 RNA에 잘 결합하지만 옥시티아민를 비롯한 다른 티아민 유도체들은 결합하지 않는다. *thiM* 선도서열에 있는 중요한 구조적 요인들을 망가뜨리는 변화가 RNA에 발생하면 TPP의 결합과 *thiM* 발현의 조절이 저해될 것이다. Breaker 등은 P3, P5, 그리고 P8로 예견되는 줄기의 형성에 관여하는 염기를 바꾸어서 이러한 예견을 검증했다. 이렇게 돌연변이된 RNA는 TPP와 결합하지 못할 뿐더러 TPP가 존재하는 상황에서도 *thiM* 발현을 억제하지 못했다. 그러나 P3, P5 및 P8 줄기에 존재하는 염기쌍을 회복시키는 돌연변이에서는 TPP 결합과 *thiM* 조절이 회복되었다. 예를 들어 106과 107 위치에 있는 염기 U와 G를 각각 A와 C로 바꾸면 130과 131 위치에 있는 A와 C의 염기쌍의 형성이 방해된다. 이와 같이 약화된 P8 줄기가 TPP 결합과 조절을 방해한다. 그러나 만일 130과 131 위치에 있는 A와 C를 G와 U로 각각 바꾸면 TPP 결합과 조절이 회복된다. 따라서 가설이 예견한 바와 같이 세 종류의 줄기에 있는 염기쌍들이 조절에 핵심인 것으로 보인다.

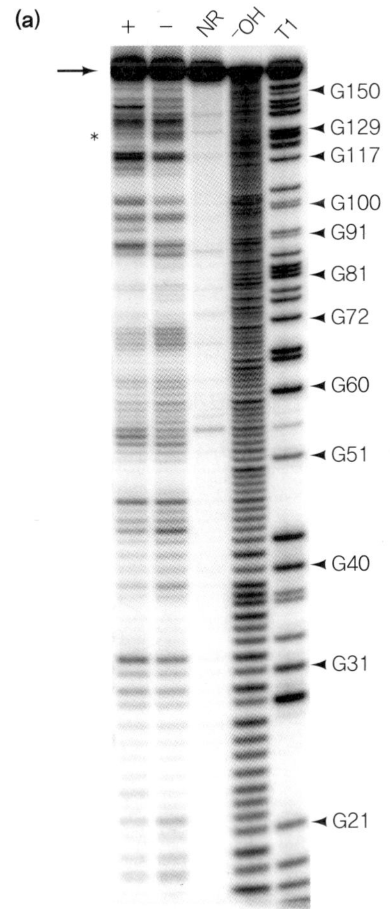

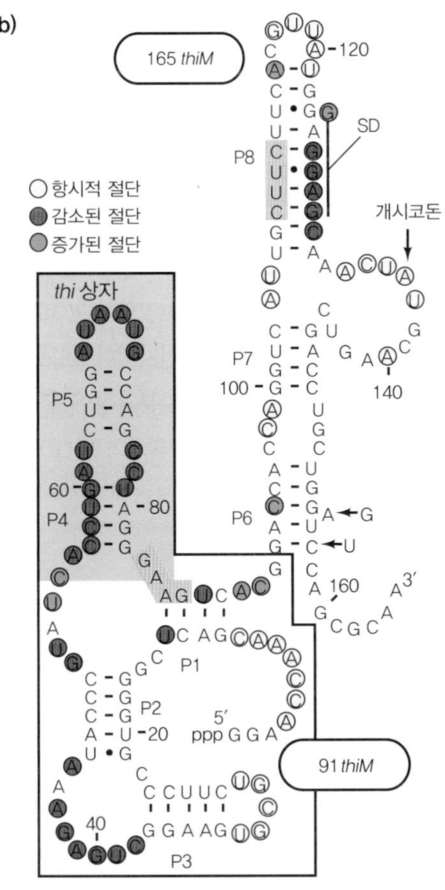

그림 17.28 *thiM* mRNA에 의한 TPP 결합. (a) 165 *thiM* mRNA의 인-라인 탐색. 브레이커 등은 표지된 165 *thiM* mRNA를 TPP가 있거나 또는 없이 25℃에서 40시간을 배양하여 생성된 산물을 전기영동하였다. NR은 배양하지 않은 RNA를 포함하고 있는 레인이며, ⁻OH와 T1 레인은 염기와 RNA 가수분해효소 T1과 배양한 RNA를 각각 포함하고 있다. (b) TPP가 존재하는 조건에서 165 *thiM* RNA의 예상되는 2차구조. thi 박스는 파란색으로 표시하였다. 빨간색으로 표시된 염기의 절단은 TPP가 있는 상황에서 감소하였으나 초록색으로 표시한 염기의 절단은 증가하였다. 노란색으로 표시된 비염기쌍의 절단에는 변화가 없었다. 주황색으로 표시된 염기 CUUC는 샤인-달가르노 서열에 있는 GGAG와 쌍을 이루며 AGGA도 CUUC의 잠재적인 파트너이다. (출처: *Nature*, 419, Wade Winkler, Ali Nahvi, Ronald R. Breaker, "Thiamine derivatives bind messenger RNAs directly to regulate bacterial gene expression," fig. 1 a&b, p. 953, Copyright 2002, reprinted by permission from Macmillan Publishers Ltd.)

2) 진핵세포의 번역조절

진핵세포의 mRNA는 원핵세포의 것보다 오래 가기 때문에 번역조절이 일어날 기회가 더 많다. 번역의 속도를 조절하는 인자는 대부분 개시 과정에 있다. 실제로 개시조절의 가장 흔한 기작은 개시인자의 인산화인데, 이것이 억제 효과를 나타내거나 촉진 효과를 나타낸다. 앞에서 살펴본 것처럼 하나의 개시인자가 인산화되기 전까지는 다른 인자와 결합하여 그 기능을 상실한다. 일단 인산화되면 개시인자가 방출되어 개시가 전개된다. 끝으로, mRNA의 5′-비번역 지역에 직접 결합하여 번역을 억제하는 단백질도 있다. 이 단백질이 제거되어야만 번역이 일어난다.

(1) 번역개시인자 eIF2α의 인산화

억제 인산화의 가장 잘 알려진 예는 오로지 헤모글로빈만을 합성하는 망상적혈구이다. 그러나 적혈구에 철을 함유하고 있는 헴이 부족할 때 α-와 β-글로빈을 계속 합성하는 것은 낭비이다. 적혈구는 글로빈 mRNA의 합성을 중지하는 대신, 이들의 단백질 합성을 중지한다(그림 17.29). 헴이 결핍되면 **헴-조절 억제자**(heme-controlled repressor, HCR)라는 단백질 인산화효소가 활성화된다. 이는 eIF2의 소단위체인 **eIF2α**를 인산화시킨다. 인산화된 eIF2는 정상적인 것보다 더욱 강하게 eIF2B와 결합한다. eIF2B는 eIF2상에 GTP와 GDP를 교환시키는 개시인자이다. eIF2B가 인산화된 eIF2에 빠르게 결합하면 eIF2의 다른 분자상에서 GTP와 GDP의 교환이 발생할 수 없어서 eIF2는 불활성화된 GDP 결합 형태로 남게 되어 Met-tRNA$_i^{Met}$를 40S 리보솜에 결합시키지 못한다. 그 결과 번역개시가 중지된다.

항-바이러스 단백질로 알려진 **인터페론**(interferon)은 이와 동일한 과정을 밟는다. 인터페론과 이중가닥 RNA(정상적인 세포에는 없으나 바이러스에 감염된 경우는 있다)가 공존하면, 다른 종류의 eIF2α 인산화효소가 활성화된다. 이를 **DAI**, 즉 **단백질 합성의 이중가닥 RNA-활성 억제제**(double-stranded RNA-activated inhibitor of protein synthesis)라고 부른다. DAI의 효과는 HCR의 것과 동일하다. 즉, 번역개시 과정을 억제한다. 감염 후에 바이러스가 감염된 세포를 조정하고 있기 때문에 이는 감염된 세포에게 매우 유익하다. 번역을 억제하면 바이러스 증식이 억제되어 감염 기간을 단축시킬 수 있게 된다.

(a) 헴이 많을 시: 억제 없음

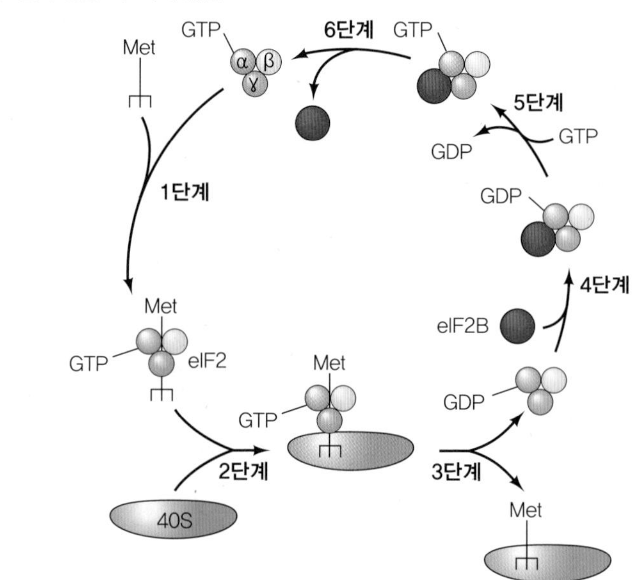

(b) 헴이 없을 시: 번역 억제

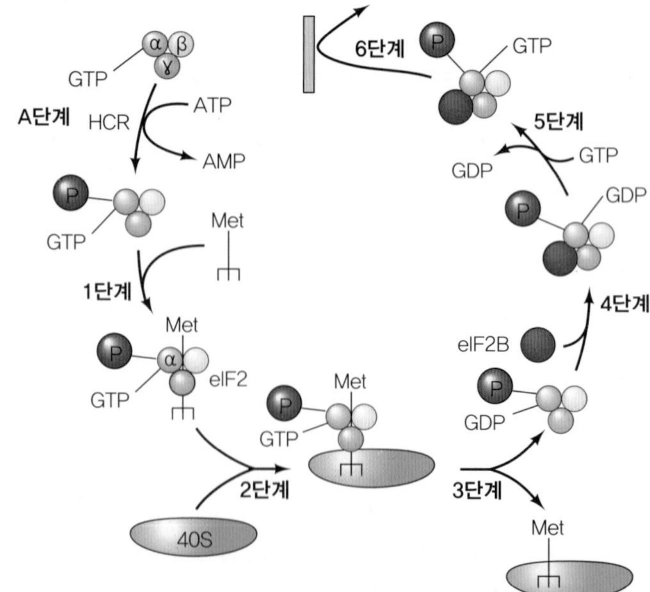

그림 17.29 eIF2α의 인산화에 의한 번역 억제. (a) 헴이 많으면 억제 현상은 없다. 1단계, Met-tRNA$_i^{Met}$는 eIF2-GTP 복합체와 결합하여 삼중 Met-tRNA$_i^{Met}$-GTP-eIF2 복합체를 형성한다. eIF2 인자는 세 가지 다른 소단위체[α(초록색), β(노란색), γ(주홍색)]로 이루어진 3량체이다. 2단계, 삼중 복합체는 40S 리보솜 소단위체(파란색)와 결합한다. 3단계, GTP는 GDP와 인산으로 가수분해되면 GDP-eIF2 복합체가 40S 리보솜에서 떨어져 나오고 Met-tRNA$_i^{Met}$는 그대로 남아 있다. 4단계, eIF2B(빨간색)는 eIF2-GDP 복합체와 결합한다. 5단계, eIF2B는 복합체상에 있는 GDP를 GTP로 교체한다. 6단계, eIF2B는 복합체에서 떨어져 나온다. 이제 eIF2-GTP와 Met-tRNA$_i^{Met}$는 새로운 복합체를 형성하여 새로운 개시에 진입한다. (b) 헴이 없으면 번역의 억제가 유도된다. A단계, HCR(헴 결핍에 의해서 활성화됨)은 eIF2의 α 소단위체에 인산기(보라색)를 첨부한다. 그리고 1~5단계는 (a)의 과정과 동일하다. 그러나 6단계에서 eIF2B가 인산화된 eIF2α에 대해 갖게 되는 강한 친화력 때문에 해체가 일어나지 않는다. 이제 eIF2B는 이 복합체에 결합되어 있어서 번역개시 과정이 억제되게 한다.

(2) eIF4E 결합단백질의 인산화

번역개시에서 반응속도 제한 단계는 캡-결합인자 eIF4E가 캡에 결합하는 것인데, 흥미로운 것은 eIF4E도 역시 인산화되어 번역개시를 억제하기보다 활성화한다. 인산화된 eIF4E는 인산화되지 않은 eIF4E보다 캡 구조에 대해 4배나 높은 결합력을 갖고 있어서 번역의 활성화를 뒷받침하고 있다. eIF2α 인산화와 번역억제에 유리한 조건은 세포성장에 바람직하지 못하다(예: 헴 부재 및 바이러스 감염). 이는 eIF4E 인산화와 번역을 촉진하는 조건은 세포성장에 유리할 것임을 시사하는데, 일반적으로 맞는 말이다. 실제로 인슐린이나 성장촉진인자로 세포분열을 유도할 경우 eIF4E 인산화가 증가된다.

인슐린과 여러 성장인자, 예를 들어 혈소판 유도 성장인자(plat-elet-derived growth factor, PDGF)는 eIF4E가 관여하는 다른 신호전달과정을 통해 포유동물 세포의 번역을 촉진한다. 인슐린과 다른 많은 성장인자가 세포 표면에 있는 특정 수용체와 상호 작용한다(그림 17.30). 이들 수용체의 세포 내 부위는 단백질 티로신 인산화효소 기능을 갖고 있다. 이들이 각 리간드와 작용할 때 수용체가 2량체를 이루면서 자가 인산화된다. 다시 말하면, 단량체에 있는 하나의 티로신 인산화효소 부위가 다른 단량체의 티로신을 인산화한다. 이는 신호전달 과정을 촉발시키는데(12장 참조), 이 중에 하나는 mTOR라는 단백질을 활성화시킨다. 이중 하나가 mTOR(target of rampamycin, 여기서 람파마이신은 번역개시를 억제하는 항생제이다)이다. mTor는 단백질 인산화효소이며, 번역 개시전 복합체에 있는 eIF3와 결합하는 **mTOR 복합체 1**(mTOR complex1, mTORC1)의 일부이다. 이렇게 유리한 위치에서 mTOR는 개시전 복합체(preinitiation complex) 에 있는 적어도 2개의 단백질을 인산화함으로써 번역개시를 촉진한다.

mTORC1의 표적의 하나는 **4E-BP1**(eIF4E-binding protein)이라는 단백질이다. 쥐에 있는 동일한 단백질은 PHAS-1이라 한다. 4E-BP1은 eIF4E와 eIF4G 간의 결합을 억제한다. 그러나, mTOR에 의해서 인산화가 되면, 4EBP1은 eIF4E에서 분리되고, eIF4E는 eIF4G와 결합하여 mRNA와 40S 리보솜 소단위로 이루어지는 복합의 형성을 촉진한다(그림 17.30, 17.22). 따라서 번역이 활성화된다.

소넨버그와 존 로렌스(John Lawrence) 등은 4E-BP1와 결합하는 단백질을 찾고자 **파 웨스턴 검색**(Far Western screen) 실험을 수행하여 PHAS-1을 발견했다. 파-웨스턴은 항체를 이용해 발현 라이브러리를 검색하는 과정과 유사한 실험(4장 참조)인데, 탐침을 항체 대신 관심 있는 단백질을 표지하여 사용한다. 따라서 항체가 인식하는 특정 단백질 대신 비항체 단백질 간의 상호작용을 이용하는 실험이다. 이들은 eIF4E 결합단백질을 찾기 위해 eIF4E 유도체로 인간 발현 라이브러리(λgt11)를 검색했다. 탐침은 심장근육 인산화효소(heart muscle kinase, HMK)의 인산화부위에 연결시킨 eIF4E를 사용했는데, 이는 [γ-^{32}P]ATP로 인산화될 수 있다. 100만 개의 플라크 중에 9개가 eIF4E 탐침과 결합하는 단백질을 갖고 있었다. 이 중 3개가 eIF4F의 eIF4G 소단위체 유전자 일부를 갖고 있었는데, 당연히 이것은 eIF4E와 결합하였다. 다른 6개는 연관성 있는 두 가지 단백질, 4E-BP1과 4E-

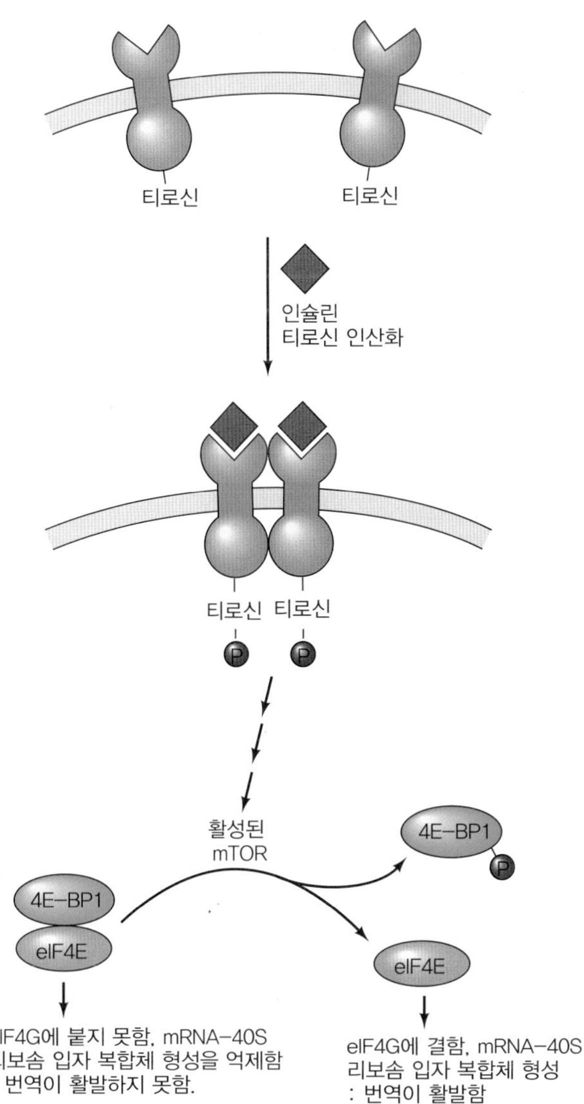

그림 17.30 PHAS-I의 인산화에 의한 번역 활성. EGF와 같은 성장인자의 하나인 인슐린은 세포 표면에 있는 해당 수용체와 결합한다. 일련의 과정을 거쳐서 이는 단백질 인산화효소인 mTOR를 활성화한다. mTOR의 표적물의 하나가 PHAS-I이다. PHAS-I이 mTOR에 의해 인산화되면 이는 eIF4E를 떨어뜨려 eIF4G와 결합시킴으로써 활발한 번역개시에 관여하게 한다.

BP2의 유전자를 갖고 있었다.

eIF3와 결합한 mRORC1은 4E-BP1의 제거뿐만 아니라 번역을 활성화한다. 이는 또한 또 다른 eIF3-결합단백질, **S6 인산화효소-1**(S6 kinase-1, S6K1)의 인산화를 유발하는데, S6K1은 리보솜 단백질 S6를 인산화한다. 그러나, S6K1은 이러한 맥락에서 매우 중요한 기능을 수행한다. 첫째, 일단 인산화가 되어 eIF3 복합체에서 분리되면, S6K1은 eIF4B를 인산화하고, 인산화된 eIF4B는 eIF4A와의 연계를 촉진한다. 둘째, S6K1은 eIF4A의 억제인자인 PDCD4를 인산화한다. 이 인산화는 PDCD4의 유비퀴틴화와 분해를 유발하는데, 이는 eIF4A의 억제를 해소한다. 앞 장에서 배운 바와 같이, eIF4A와 eIF4B는 협력하여 mRNA 선도서열(leader)를 풀어 개시코돈을 검색하는 일을 촉진한다. S6K1은 eIF4A와 eIF4B의 결합을 촉진하는 한편, eIF4A의 억제인자를 제거하여, 검색 과정을 촉진하여 번역을 가속화시킨다.

우리는 mTORC가 번역을 촉진함으로써 인슐린과 성장인자에 반응하는 것을 앞에서 배웠다. 또한 14장에서 스플라이싱이 번역을 촉진하는 것을 배웠다. 존 블레니스(John Blenis)와 연구진은 이러한 두 가지 현상을 연관짓는 가설을 제시하였는데, 이는 mTOR를 억제하는 램파마이신이 슬프라이싱을 통해서 번역의 촉진을 억제하는 그들의 실험 결과로 근거한 것이었다. 2008년, Blenis 연구진은 **SKAR**(S7K1 Aly/REF-likesubstrate)가 스플라이싱과 mTOR 사이를 연결한다는 것을 밝혔다. SKAR는 슬프라이싱되는 mRNA상에 놓여져 있는 단백질 복합체인 **EJC**(exon junction complex)으로 유치된다. 세포질에서 mRNP의 일부인 SKAR는 mTOR에 의해서 활성화된 S6K1을 mRNA로 유치할 수 있게 된다. 활성화된 S6K1은 앞에서 본 바와 같이 번역을 촉진한다.

주목할 사항은 이러한 번역 촉진 모델은 새로운 mRNA를 번역하는 첫 번째 리보솜-번역의 개척여정-에 적용할 수 있다는 점이다. 그 이유는 하나의 mRNA를 번역하는 첫 번째 리보솜이 SKAR를 포함하여, EJC까지 제거하기 때문에 S6K1을 더 이상 유치할 수 없는 점에 있다. 우리는 스플라이싱이 번역의 전체적인 효율을 촉진하는 양식에 대해서 짐작만 할 수 있을 것이다. 번역의 개척 여정의 효율이 계속되는 번역의 효율에 어느 정도 영향을 끼칠 것이다. 또 다른 가능성은 eIF4E를 캡으로 유치하는 과정이 번역의 효율을 제한한다는 점에 있다. 블레니스와 연구진은 개척여정에서 mRNP의 재모형이 일어나는 동안, mTOR와 S6K1이 CBP80/20를 eIF4E로 대치하는 것을 도와 번역의 효율을 촉진할 것으로 보고 있다.

(3) eIF4E 결합단백질, 마스킨에 의한 번역개시의 조절

진핵세포는 eIF4E를 표적으로 하는 다른 단백질을 사용하여 번역개시를 억제할 수 있다. 이러한 단백질 중의 하나가 *Xenopus laevis*에서 발견된 **마스킨**(Maskin)이다. 그림 17.31은 마스킨이 *Xenopus* 난자에서 사이클린 B mRNA의 번역을 억제하기 위하여 어떻게 작용하는지를 보여 주고 있다. 앞서 15장에서 보았듯이, *Xenopus* 난자에 있는 많은 mRNA는 매우 짧은 폴리(A) 꼬리를 갖고 있어서 번역이 잘 일어나지 않는다. 이와 같은 현상을 설명할 수 있는 이유 중의 하나는 결합단백질의 하나인 **CPEB**가 CPE(cytoplasmic polyadenylation element)를 점령하고 있기 때문인 것으로 보인다. 다음에, 이 결합단백질이 eIF4E와 결합하는 마스킨과 결합한다. 이와 같은 상호 작용에서 마스킨은 eIF4E와 eIF4G 간의 작용을 방해한다는 점에서 PHAS-1와 유사하게 작용하여 번역의 개시 과정을 억제한다.

Xenopus 난자가 활성화되면 CPEB는 Eg2라는 효소에 의해

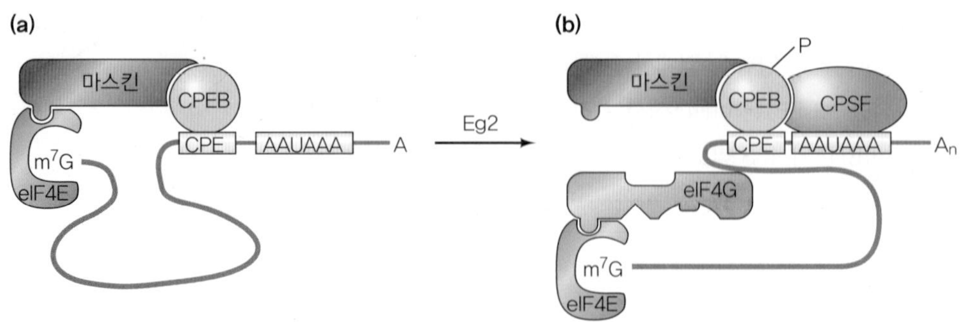

그림 17.31 마스킨에 의한 번역개시의 조절에 관한 모델. (a) 개구리(*Xenopus*) 난자에서 CPEB는 사이클린 B mRNA에 있는 CPE와 결합하고, 마스킨은 CPEB와 결합하며, eIF-4E는 마스킨과 결합한다. 최종적인 상호 작용이 eIF-4E를 방해하여 번역개시에 필수적으로 요구되는 eIF4G와의 결합이 이루어지지 않는다. (b) 활성화가 이루어지면 Eg2는 CPEB를 인산화해 CPSF를 끌어들여서 mRNA의 폴리아데닌화가 이루어진다. 이 과정은 마스킨과 eIF4E를 분리시켜 eIF4E가 eIF4G와 결합하여 번역개시를 자극한다. (출처: Adapted from Richter, J.D. and W.E. Theurkauf, The message is in the translation. *Science* 293 [2001] p. 61, f. 1.)

시 인산화된다. 이 인산화는 두 가지의 주요 효과를 나타낸다. 첫째, 이는 mRNA에 존재하는 폴리아데닌화 신호(AAUAAA)에 CPSF(polyadenylation specficity factor)와 절단을 가져옴으로써 휴면 mRNA의 폴리아데닌화를 촉진한다. 둘째, CPEB의 인산화(또는 인산화로 인해서 생겨난 폴리아데닌화)로 인하여 마스킨이 eIF4E를 놓치고, 그 결과 eIF4E가 eIF4G와 결합하여 번역의 개시 과정을 촉진한다.

마스킨이 조절하는 유전자 중의 하나인 사이클린 B는 세포주기의 핵심적인 활성화인자이다. 따라서 세포분열과 같은 기본적인 생물학적 과정도 번역 수준에서 조절되는 것이다.

(4) mRNA 결합단백질에 의한 억제 효과

mRNA의 2차구조가 박테리아 유전자의 번역 과정에 영향을 준다는 것을 앞에서 다루었다. 이는 진핵세포에서도 마찬가지이다. RNA 2차구조 요소(줄기-고리)와 RNA 결합단백질 간의 상호 작용에 의해서 번역이 억제되는 경우를 살펴보고자 한다. 16장에서 철 이온-결속단백질인 트렌스페린 수용체와 페리틴의 농도가 철의 농도에 의해 조절되는 것을 살펴보았다. 혈청에 철의 농도가 높을 때 트렌스페린 수용체 mRNA가 불안정하게 되어 이것의 합성이 둔화된다. 동시에 세포 내 철-저장단백질로 작용하는 **페리틴**(ferritin)의 합성은 증가한다. 페리틴은 L과 H 소단위체 2개로 구성된다. 철이 이 두 가지 페리틴 소단위체 mRNA의 번역을 증진시킨다.

무엇 때문에 번역이 효과적으로 증진될까? 두 연구팀이 거의 동시에 동일한 결론을 내렸다. 먼저, 해미쉬 먼로(Hamish Munro) 등은 쥐 페리틴 mRNA의 번역을 조사하였다. 다음에 리차드 클라우스너(Richard Klausner) 등은 인간 페리틴 mRNA의 번역기작을 연구하였다. 16장에서 언급했듯이 트렌스페린 수용체 mRNA의 3′-UTR은 몇 개의 줄기-고리구조로 구성된 철 반응요소(iron-response element, IRE)를 갖고 있다. 페리틴 mRNA도 5′-UTR 부위에 IRE와 매우 유사한 구조를 갖고 있다. 더구나 페리틴 IRE는 그들 유전자의 전사부위보다도 척추동물 간에 더 잘 보존되어 있다. 이러한 관찰은 페리틴 IRE가 페리틴 mRNA 번역에 모종의 기능을 하고 있다는 것을 시사한다.

이러한 예상을 검증하기 위해 먼로 등은 쥐의 페리틴 L 유전자의 5′-과 3′-UTR로 둘러싸여 있는 CAT 리포터 유전자를 가진 DNA 구조체를 만들었다. pLJ5CAT3에 있는 CAT의 전사는 강력한 레트로 바이러스 프로모터/인핸서에 의해서 pWE5CAT3에 있는 CAT의 전사는 약한 β-엑틴 프로모터에 의해서 추진되도록 만들었다. 그런 후에 이들 DNA를 포유동물 세포에 도입하여 철 이온 공급체(hemin), 철 킬레이트(desferal)나 아무것도 첨가하지 않은 상태에서 CAT 산물을 측정하였다. 그림 17.32는 그 결과이다. 세포가 pWE5CAT3 플라스미드에 있는 CAT을 갖고 있을 때 CAT mRNA 양은 상대적으로 적었다. 이 상황에서 CAT 산물이 철 이온에 의해 유도 생성되었으나(C레인, H 레인 비교), 철이온 킬레이트에 의해서는 억제되었다(C 레인, D 레인 비교). 대조적으로 세포가 pLJ5CAT3를 갖고 있을 때 CAT mRNA가 상대적으로 풍부해서 CAT 산물이 많아 유도 생성되지 않는다. 이러한 결과에 대한 가장 간단한 설명은 페리틴 5′-UTR에 있는 IRE와 결합하는 모종의 억제자가 이웃하고 있는 CAT 시스트론의 번역을 억제한다는 것이다. 철 이온이 이 억제자를 제거하여 번역이 시작되

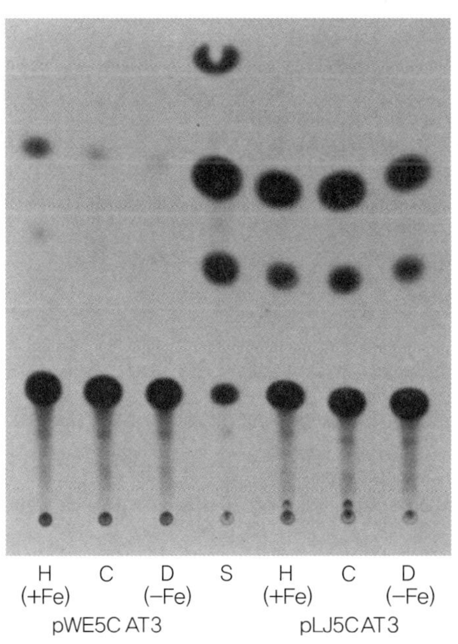

그림 17.32 철에 의한 재조합 5CAT3 번역의 억제 제거. 먼로 등은 쥐 페리틴 L 유전자의 5′- 및 3′-UTR에 둘러싸여 있는 CAT 리포터 유전자를 가진 두 가지 재조합 유전자를 만들었다. 이들은 이 DNA가 약한 프로모터(pWE5CAT3 플라스미드에 있는 β-액틴 프로모터) 또는 강한 프로모터(pLJ5CAT3 플라스미드에 있는 레트로바이러스 프로모터/인핸서)의 조절하에 있게 하였다. 이들은 H 레인에는 세포에 헴을 처리하였고, D 레인에는 철을 제거하는 철 킬레이터를 처리하였다. C 레인 세포에는 아무것도 처리하지 않았다. 그리고 5장에 서술된 대로 이들 세포의 CAT 성능을 측정하였다. S 레인은 표준 CAT 반응으로 클로람페니콜 기질과 아세틸화된 항생제의 위치를 보이고 있다. 왼편의 레인들은 CAT mRNA가 충분하지 않을 때 이들의 번역이 철에 의해 유도되는 것을 보인다. 반면에, 오른편의 레인들은 mRNA가 풍부하면 그 번역이 철에 의해 유도되지 않는 것을 보인다. (출처: Adapted from Aziz, N. and H.N. Munro, Iron regulates ferritin mRNA translation through a segment of its 5′ untranslated region. *Proceedings of the National Academy of Sciences USA* 84 (1997) p. 8481, f. 6.)

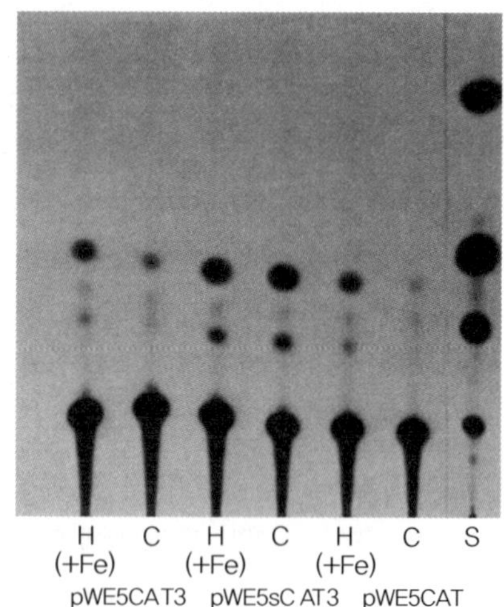

그림 17.33 철 유도성에서 pWE5CAT3의 5′-UTR에 있는 IRE의 중요성. 먼로 등은 그림 17.44에 서술된 방법대로 세포를 부모 플라스미드 pWE5CAT3와 두 가지 유도체(IRE를 포함하고 있는 페리틴 5′-UTR의 처음 67nt가 없는 pWE5sCAT3과 페리틴 3′-UTR을 갖고 있지 않는 pWE5CAT)로 형질도입시켰다. 이들 세포에 헤민을 처리하거나(H) 처리하지 않았다(C). 최종적으로 이들 각 세포가 갖고 있는 CAT 성능을 측정하였다. IRE가 없으면 철 유도성이 일어나지 않았다. (출처: Adapted from Aziz, N. and H.N. Munro, Iron regulates ferritin mRNA translation through a segment of its 5′-untranslated region. *Proceedings of the National Academy of Sciences USA* 84 (1987) p. 8482, f. 7.)

도록 한다. CAT mRNA가 풍부할 때는 mRNA 분자 수가 억제자 분자수를 능가하기 때문에 CAT 산물이 유도 생성되지 않는다. 다시 말하면, 억제가 일어나지 않으면 유도 현상은 일어나지 않는다.

IRE가 이러한 억제 현상에 관여하는 것을 어떻게 증명할 수 있을까? 또한 5′-UTR은 중요하고 3′-UTR은 그렇지 않다는 것을 어떻게 알 수 있을까? Munro 등은 5′-UTR은 갖고 있으되 3′-UTR이 없는 것과 양쪽 UTR을 모두 갖고 있지만 5′-UTR에서 IRE를 포함한 최초의 67nt가 없는 것을 만들어 위의 두 가지 질문에 대한 답을 구했다. 그림 17.33은 페리틴 mRNA의 3′-UTR이 없는 pWE5CAT에서는 CAT가 철 이온에 의해 유도 생성되었다. 그러나 IRE를 갖고 있지 않는 pWE5sCAT3은 철의 첨가 여부에 관계없이 높은 발현 수준을 보였다. 이 결과는 IRE가 유도 현상을 주도한다는 것을 보일 뿐만 아니라 IRE가 억제 현상을 매개하고 있다는 결론을 뒷받침하는데, 이는 IRE가 상실되면 철이 없어도 CAT의 생성률이 매우 높기 때문이다.

모종의 억제자 단백질이 페리틴 mRNA 5′-UTR에 있는 IRE와 결합한 후 철에 의해 제거될 때까지 억제 현상을 주도한다는 결론을 내릴 수 있다. 페리틴 mRNA와 트렌스페린 수용체 mRNA에 있는 IRE는 매우 잘 보존되어 있기 때문에 두 가지 IRE에 작용하는 단백질의 일부는 동일할 것이라고 추측할 수 있다. 16장에서 배운 것과 같이 아코니테이즈 아포단백질(aconitase apoprotein)은 IRE 결합단백질이다. 이 분자가 철과 결합해서 IRE로부터 떨어져 나오면 억제 효과가 사라진다.

(5) miRNA에 의한 번역개시의 억제

16장에서 miRNA가 유전자 발현을 두 가지 측면에서 조절한다는 것을 배웠다. miRNA는 표적이 되는 mRNA와 완전하게 염기쌍을 이룰 때 mRNA의 분해를 야기하는 반면, 염기쌍이 완전하지 않을 때 단백질 합성을 억제하지만 그 기작은 아직 밝혀지지 않았다. 2005년 발표된 필립포비스크 등의 연구 결과에 따르면, 불완전한 염기쌍을 이루고 있는 포유동물 *let-7* miRNA는 아마도 캡 인식 과정을 방해하여 번역의 개시과정을 억제하는 것으로 보인다.

이들은 리포터 유전자를 탐색체로 사용하였다. 특히 이들은 유전자 산물인 루시퍼레이즈를 용이하게 측정할 수 있기 때문에 *Renilla reniformis* 루시퍼레이즈(RL)와 반딧불이 루시퍼레이즈(firefly luciferase, FL)를 사용하였다: 이들 단백질을 루시퍼린(luciferin)과 ATP와 혼합하면 빛을 생성하였다. 여기에서 사용된 리포터 유전자의 3′-UTR은 *let-7* miRNA와 완전하게 일치되도록 제작하였고(Perf), 1개나 3개의 짝이 맞지 않는 부위를 넣어서 miRNA-mRNA 이중나선에 융기(bulge)가 생기도록 만들었다. 이와 같이 변형된 유전자를 각각 1×Bulge와 3×Bulge로 명명하였다. 정상적인 대조군 유전자(Con)에는 *let-7* miRNA에 상보적인 서열을 넣지 않았다.

필리포비스크 등이 인간 세포에 이들 리포터 유전자를 형질주입하였을 때 RL-Perf와 RL-3×Bulge의 발현량이 대조군 유전자에 비교해서 급격하게(10배까지) 감소되었다. 이와 같은 감소는 *let-7* miRNA에 상보적인 경쟁자 RNA를 동시 형질주입에 의해서 방지되었는데, 이는 miRNA가 이와 같은 감소에 관여한다는 것을 시사한다.

16장에서 제시되었던 패러다임에 의거하면, mRNA와 miRNA 사이에 완전한 일치가 일어나면 mRNA가 분해되기 때문에 RL-Pfer mRNA의 양이 감소할 것을 예측할 수 있다. 실제로 필립포비스크 등은 mRNA의 양이 5배 정도 감소하는 것을 확인했다. 더구나 mRNA와 miRNA가 불완전하게 일치하면 RNA의 분해 대신에 번역의 방해가 일어나기 때문에 RL-3×Bulge mRNA의 양이 의미 있는 수준으로 감소하지 않을 것으로 예상할 수 있다. 실제로 이 mRNA의 양은 겨우 20% 정도 감소했다.

이러한 실험 결과는 mRNA의 분해보다는 번역의 저해가 RL-3

×Bulge 발현 감소의 주요 원이라는 가설과 일치한다. 그러나 miRNA가 합성 초기의 단백질을 단백질 분해의 표적으로 삼는 것도 가능하다. 만일 이 가정이 사실이라면 합성 초기의 단백질을 ER에 숨김으로써 그 단백질을 파괴로부터 보호할 것이며, 따라서 발현율의 감소는 전혀 관찰되지 않을 것이다. 이러한 가정을 검증하기 위해서 Filipowicz 등은 RL-3×Bulge 유전자를 헤마글루티닌 유전자에 연결하였는데, 이 융합단백질은 N-말단에 발현되는 신호서열(signal sequence)을 갖고 있다. 이 신호서열은 합성 초기의 단백질을 ER의 내강으로 보낸다. 이 구조체에서 생성된 단백질도 RL-3×Bulge 산물과 마찬가지로, 대조군에 비해 상당히 많이 감소한다. 따라서 단백질 산물 그 자체보다는 단백질 합성이 *let-7* miRNA의 표적이 되는 것으로 짐작된다.

let-7 miRNA는 번역 과정의 어느 단계를 억제할까? 이러한 질문에 답하기 위해서 필립포비스크 등은 RL-3×Bulge 유전자로 형질주입한 세포로부터 폴리솜(여러 개의 리보솜에 의해서 번역되고 있는 mRNA, 18장 참조)을 분리했다. 폴리솜 프로필에서 RL-3×Bulge mRNA를 검출하기 위해서 이들은 폴리솜 분획으로 노던블롯을 수행했다(그림 17.34). 임의의 mRNA에서 번역개시 과정이 활발할수록 그 mRNA에 더욱 많은 리보솜이 결합하고, 따라서 폴리솜은 더욱 무거워질 것이다. 가장 무거운 폴리솜은 그림 17.34의 오른쪽에서 발견되는데, 분명한 것은 대조군 RL mRNA가 RL-3×Bulge(b)보다 더 큰 폴리솜(맨 오른쪽, a)에 분포한다는 것이다. 이러한 결과가 그림 17.34c에 그래프로 나타나 있다. 폴리솜 프로필의 이동을 배제하기 위하여 안티-*let-7* miRNA을 동시 형질주입하였는데, 이는 miRNA-mRNA 상호 작용을 방지한다(결과 미표시). RL-3×Bulge mRNA에서 miRNA와 혼합결합하는 3′-UTR 부위를 제거하여도 이와 같은 이동이 방지된다. 종합하자면, 이러한 결과는 RL-3×Bulge mRNA상에서 일어나는 번역개시 과정이 대조군에 비해 의미성 있는 수준으로 억제되었다는 것을 의미한다. 따라서 개시 과정(리보솜이 mRNA에 결합)은 번역의 한 부분으로서 *let-7* miRNA의 표적이 된다.

mRNA상에 있는 폴리(A) 꼬리는 *let-7* miRNA형 번역 억제에서 아무런 역할도 하지 못한다. *let-7* miRNA는 폴리(A)$^+$와 폴리(A)$^-$ mRNA의 번역을 같은 수준으로 억제한다. 반면에 캡이 중요한 역할을 한다. 앞서 보았듯이, 캡이 없는 mRNA의 번역은 정말 형편없어서 Filipowicz 등은 RL 또는 FL을 보태 주었다. EMCV(encephalomyocarditis virus)에서 유래한 IRES(internal ribosome entry site)를 갖고 있는 mRNA는 캡-독립적 번역을 한다. 따라서 *let-7* miRNA가 캡-의존적 및 캡-독립적 번역에 미치는 영향을 비교했다. *let-7*은 FL-3×Bulge mRNA의 캡-의존적 번역을 억제한 반면, EMCV IRES를 갖고 있는 *let-7* miRNA의 캡-독립적 번역에는 영향을 미치지 않는다. 따라서 *let-7* miRNA는 캡-의존적 번역개시 과정을 표적으로 삼는 것으로 보인다.

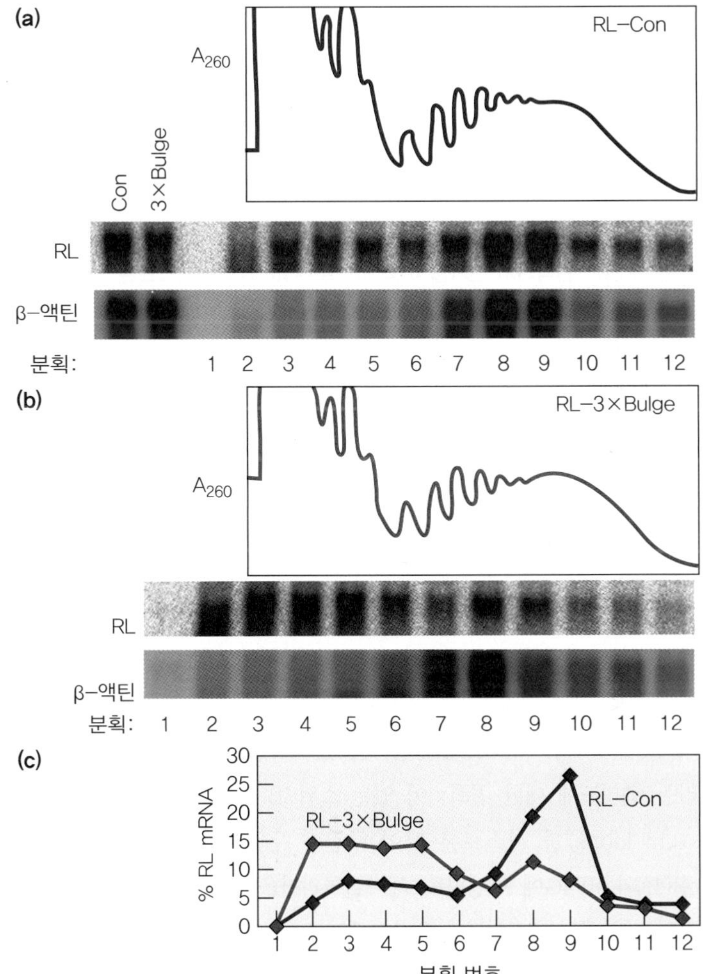

그림 17.34 RL mRNAs의 폴리솜 프로필. 필리포비스크 등은 인간 세포에 **(a)** 대조군 RL mRNA(RL-Con) 또는 **(b)** RL-3xBulge mRNA의 유전자를 형질주입하였다. 이들은 설탕 구배 초원심분리를 사용하여 폴리솜을 표출한 뒤, 폴리솜 프로필에서 RNA를 분획하여 노던블롯하여 방사선 표지된 탐색체와 혼성화 분석하였다. 후자는 양성 대조군으로 사용된 세포의 mRNA이다. (a)에 있는 노던블롯 분석의 맨 왼편에서 2개의 칸은 초원심분리 과정에서 첨가한 RNA를 포함하고 있다. **(c)** 전체 방사선 양에 대한 대조군 및 RL-3xBulge 폴리솜 프로필에서 분리한 각 분획의 백분율을 나타낸다. (출처: (a-c) Reprinted with permission from *Science*, Vol. 309, Ramesh S. Pillai, Suvendra N. Bhattacharyya, Caroline G. Artus, Tabea Zoller, Nicolas Cougot, Eugenia Basyuk, Edouard Bertrand, and Witold Filipowicz, "Inhibition of Translational Initiation by Let-7 MicroRNA in Human Cells" Fig. 1 c&e, p. 1574. Copyright 2004, AAAS)

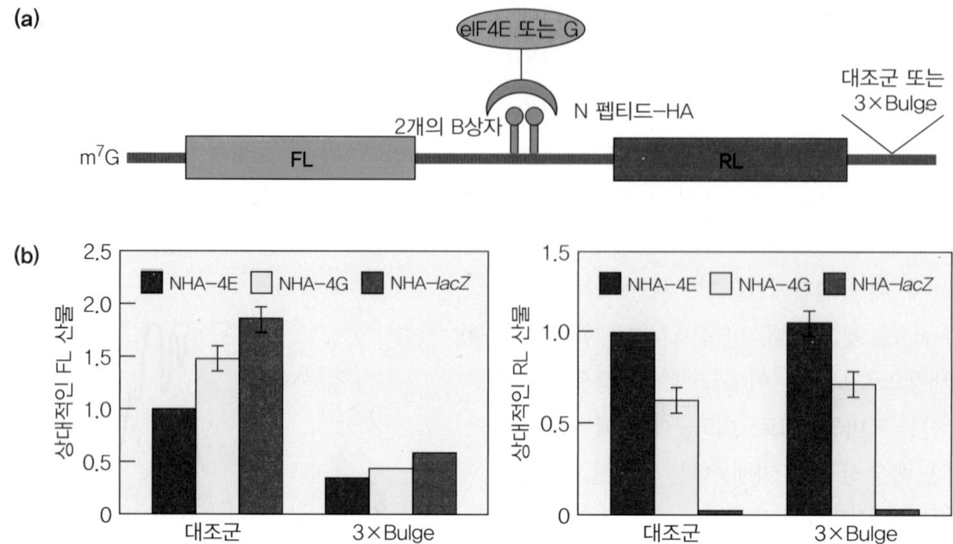

그림 17.35 번역개시 인자를 이중 시스트론 mRNA의 시스트론 사이 구역에 묶어두는 것의 효과. **(a)** 2개의 시스트론 사이에 2개의 B 상자 줄기 고리가 eIF4E 또는 eIF4G (주황색)을 갖고 있는 융합단백질의 N 펩티드부위(초록색)에 결합하고 있는 구조의 모식도. 3′–LTR은 대조군 RL 서열(Con) 또는 3xBulge 서열을 갖고 있다. **(b)** 대조군과 3xBulge mRNA로부터 제작된 FL(왼편)과 RL(오른편)으로서, 아래에 표시된 바와 같이 시스트론 사이 구역에 묶여 있는 여러 가지 단백질을 갖고 있다. 시스트론 사이 구역에 묶여 있는 NHA(N peptide–hemaglutinin)를 붙인 단백질을 막대그래프에 색깔 표시를 하였다. eIF4E, 남색. eIF4G, 노란색. *lacZ* 단백질, 빨간색. (출처: Adapted from Ramesh, S., et al., 2004 Inhibition of translational initiation by let-7 microRNA in human cells. *Science* 309:1575, fig. 2.)

let–7 miRNA의 영향을 받는 캡–의존적 개시 과정을 해부하기 위하여 필리포비스크 등은 RL 시스토론 앞에 존재하는 시스트론 사이 구간에 eIF4E 또는 eIF4G를 갖고 있는 이중시스토론 mRNA의 유전자를 담고 있는 DNA를 만들었다. 이들은 아래와 같이 묶어두기(tethering)을 시도했다(그림 17.35a). N 펩티드라는 펩티드에 대한 친화력이 있는 소위 'B 상자 줄기고리(BoxB stem loops)'를 시스토론 사이 구간에 두었다. 그리고 이들은 eIF4E와 eIF4G에 N 펩티드–헤마글루티닌을 첨가한 유전자를 제작하여 합성된 개시인자가 융합단백질로 N 펩티드를 갖게 만들었다. 이 융합단백질은 B 상자 줄기고리와 결합하여 이중 시스트론 mRNA상에 있는 RL 시스트론의 번역을 촉진하였다. FL 시스트론의 번역은 캡–의존적인데, 이는 시스트론이 캡화 된 mRNA에서 제일 먼저 나오기 때문이다. 반면에 RL 시스트론의 번역은 개시인자 중 하나만이라도 시스트론 사이 구간에 결합하는 한 캡–독립적이다. 이 단백질은 개시에 요구되는 다른 모든 인자를 끌어들이는 것으로 보인다.

필리포비스크 등은 대조군의 3′–UTR 또는 3×Bulge 3′–UTR, 그리고 시스트론 사이 구간에 묶여 있는 개시인자(또는 반대 대조군으로서 *lacZ* 생산물, β–갈락토시데이즈)를 갖고 있는 융합단백질의 FL과 RL의 발현을 조사하였다. 그림 17.35b가 그 결과이다. 예상대로 FL 시스트론의 번역은 캡–의존적이고, *let–7* miRNA는 대조군과 비교해서 3×Bulge mRNA의 FL 시스트론의 번역을 억제하였다. eIF4E 또는 eIF4G가 시스트론 사이 구간에 묶여 있을 때, *let–7*은 3×Bulge mRNA에 있는 RL 시스트론의 번역을 억제하지 않았다. (시스트론 사이 구간에 개시인자 대신에 *lacZ* 산물이 묶여 있을 때 대조군의 mRNA에서도 번역이 거의 발생하지 않았다.) 따라서 eIF4E 또는 eIF4G를(이 경우, 묶어 두기로) 확보함으로써 *let–7*이 중재하는 번역개시의 억제를 피할 수 있는 것으로 보인다. 이는 eIF4E가 eIF4G를 캡으로 데려오기 전 단계를 *let–7*이 방해한다는 것을 뜻한다. 이와 같은 *let–7*–예민성 단계를 분명하게 설명할 수 있는 것은 캡에 결합하는 eIF4E이다.

포유동물 세포에서 얻어진 이 결과는 *let–7* miRNA가 번역개시를 방해하는데, 이는 *lin–4* miRNA가 C. elegans 세포에서 그 표적 mRNA의 폴리솜 프로필을 변화시키지 않는다는 것이다. 따라서 번역개시를 방해하지 않는다는 16장에 나타난 결과와 다른 것이다. 16장에서 언급한 바와 같이, 이러한 차이는 다른 종류의 miRNA는 다른 종류의 활동 영역을 갖고 있다거나 miRNA가 다른 종에서 다르게 기능할 수 있다는 것으로 설명할 수 있다.

요약

단백질 합성을 위한 서곡 형식으로 두 가지 사건이 발생해야만 한다. 첫째, 아미노아실-tRNA 합성효소가 아미노산을 해당 tRNA에 결합시킨다. 이 과정은 특이하게 진행되는 두 가지 반응을 통해 이루어지는데, ATP에서 만들어진 AMP를 아미노산에 결합시켜 활성화한다. 두 번째, 리보솜은 매번 번역을 마친 후에 소단위체로 분리되어야 한다. 박테리아에서 RRF 및 EF-G은 이 분리 과정을 적극적으로 추진하는 반면, IF3은 30S 소단위체와 결합하여 50S 소단위체와의 재결합을 방지하여 완전한 리보솜 형성을 방해한다.

원핵세포의 개시코돈은 통상 AUG이지만 GUG인 경우와 아주 드물게 UUG인 경우도 있다. 개시 아미노아실-tRNA는 *N*-포르밀-메티오닐-$tRNA_i^{Met}$이다. 따라서 *N*-포르밀-메티오닌(fMet)은 단백질에 삽입되는 첫 아미노산이지만 단백질 성숙 과정을 통해 빈번하게 제거된다.

30S 개시 복합체는 30S 리보솜 소단위체, mRNA, fMet-$tRNA_i^{Met}$로 구성된다. 진핵세포 30S 리보솜 소단위체와 mRNA의 개시부위 간의 결합은 개시코돈의 상단부에 위치한 샤인-달가르노 염기서열라는 짧은 RNA 서열과 16S rRNA의 3′-말단에 이와 상보적인 서열 사이에 발생하는 염기쌍에 의해 이루어진다. 이러한 결합은 IF3이 주도하지만 IF1과 IF2의 도움도 필요로 한다. 이때 이 세 가지 개시인자가 30S 소단위체와 결합하게 된다.

IF2는 fMet-$tRNA_i^{Met}$와 30S 개시 복합체 사이의 결합을 촉진시키는 주요인자이다. 다른 두 가지 개시인자는 중요한 보조인자 역할을 한다. GTP는 IF2가 생리적인 농도에서 결합하는 데 필요하지만 이때 가수분해되지는 않는다. 완전한 30S 개시 복합체는 1개의 30S 소단위체와 mRNA, fMet-$tRNA_i^{Met}$, GTP, IF1, IF2, IF3를 각각 1개씩 갖고 있다. GTP는 50S 소단위체가 30S 소단위체와 결합하여 70S 개시 복합체를 이루고 나면 가수분해된다. 이 가수분해로 인해 IF2와 GTP가 복합체로부터 떨어져 나가고 동시에 폴리펩티드 사슬의 신장이 시작된다.

진핵세포 40S 리보솜 소단위체는 개시 Met-tRNA(Met-$tRNA_i^{Met}$)와 함께 mRNA의 5′-캡에 결합하여 하단부 방향으로 검색 작업을 벌여 알맞은 환경에 있는 첫 번째 AUG, 즉 개시코돈을 찾아낸다. 가장 좋은 문맥은 −3 위치에 퓨린 1개와 +4 위치에 G 1개를 갖고 있다. 5~10%의 경우에 리보솜은 첫 AUG를 지나 더 좋은 문맥에 있는 것을 찾아 계속 검색 작업을 벌인다. 이들은 더러는 상단부 AUG에서 개시과정을 시작해서 짧은 ORF의 번역을 끝내고, 계속해서 검색 작업을 진행시켜 하단부 AUG에서 다시 번역개시를 시작한다. 이는 상단부 ORF가 짧을 때에만 발생한다. 캡이 없는 바이러스 mRNA들은 mRNA로 리보솜을 직접 유인할 수 있는 IRES를 갖고 있다.

mRNA의 5′-말단에 있는 2차구조는 양성 또는 음성적인 효과를 갖는다. AUG를 막 지난 위치에 있는 머리핀 구조는 리보솜을 잠시 붙들고 있는 효과가 있어서 개시를 촉진한다. 캡과 개시부위 사이에 매우 안정된 줄기-고리구조는 리보솜의 검색 과정뿐만 아니라 결과적으로 개시 과정도 방해한다.

진핵세포의 개시인자들은 다음과 같은 일반적인 기능을 갖는다. eIF1과 eIF1A는 개시코돈까지 스캐닝하는 것을 돕는다. eIF2는 Met-$tRNA_i^{Met}$를 리보솜에 결합시키는 데 관여한다. eIF2는 Met-$tRNA_i^{Met}$과 리보솜의 결합에 관여한다. eIF2B는 GDP를 GTP로 대치시켜서 eIF2를 활성화한다. eIF4F는 캡-결합단백질로서 40S 리보솜 소단위체가 eIF3를 통하여 mRNA의 5′-말단과 결합할 수 있게 한다. eIF3은 40S 리보솜 소단위체와 결합하여 60S 소단위체와 결합하는 것을 방지한다. eIF5는 43S 복합체(40S 소단위체, mRNA과 Met-$tRNA_i^{Met}$)의 구성 성분 간의 결속을 촉진한다. eIF6은 60S 소단위체와 결합하여 40S 소단위체와 재결합하는 것을 방지한다.

eIF4F는 세 가지 구성 성분으로 이루어진 캡-결합단백질이다. eIF4E는 실질적인 캡-결합 기능을 갖는다. 이는 다른 2개의 소단위체, eIF4A와 eIF4G에 의해서 안정화된다. eIF4A는 진핵세포 mRNA의 5′-선도서열에서 발견되는 머리핀 구조를 푸는 RNA 헬리케이즈 기능을 갖고 있다. 이러한 기능은 다른 인자, eIF4B와 ATP를 필요로 한다. eIF4G는 eIF4E(캡-결합단백질), eIF3(40S 리보솜 소단위체 결합단백질), 그리고 Pab1p(폴리(A) 결합단백질)와 같은 단백질과 결합할 수 있는 연결자(adaptor) 단백질이다. 이와 같은 단백질의 상호 작용에 의해 eIF4G는 40S 리보솜을 mRNA로 몰고 와서 번역개시 과정을 활성화한다.

리보솜 결합인자 eIF3은 오엽단백질(five-lobed protein)로서 eIF4G와 결합하고 동일한 지점을 통해서 바이러스 IRES의 특별한 부위와 결합하는데, 이러한 양상은 IRES가 eIF4G를 대신해서 eIF3을 불러옴으로써 40S 리보솜 소단위체를 mRNA로 불러올 수 있는 이유를 설명하고 있다. eIF3은 40S 소단위체와 결합하여 불완전한 40~60S 결합을 방지할 뿐만 아니라 이 두 가지 리보솜 소단위체 사이의 중요한 접촉 부위를 봉쇄한다. eIF4G와 eIF4E는 40S 리보솜 입자에 결합하고 있는 mRNA의 캡에 가깝게 있어서, eIF4E는 캡-결합에 대한 작업을 할 수 있는 곳에 있게 된다.

eIF1과 eIF1A는 안정된 48S 복합체의 형성을 촉진하는 데 상승 효과가 있다. 이때 개시인자, Met-$tRNA_i^{Met}$, 그리고 mRNA의 개시코돈에 결합한 40S 리보솜 소단위체도 관여한다. eIF1과 eIF1A는 40S 소단위체와 mRNA로 형성된 부적합한 복합체를 분리시켜서 개시코돈을 검색하는 데 사용되는 안정된 48S 복합체의 형성을 촉진한다.

eIF5B는 원핵세포의 IF2 인자의 상동체이다. 이는 GTP와 결합하여 두 가지 리보솜 소단위체의 결합을 촉진하는 점에서 IF2와 유사하다. 이 과정에서 eIF5B가 eIF5와 함께 관여한다. eIF5B는 GTP 가수분해를 이용하여 리보솜에서 자신을 해리시킴으로써 단백질 합성을 시작시키는 점에서 IF2와 유사하다. 그러나 eIF5B는 개시 아미노아실-tRNA와 작은 리보솜 소단위체의 결합을 촉진하지 못하는 점에서 IF2와 다르다. 이 기능은 진핵세포에서 eIF2가 담당한다.

원핵세포에서 mRNA의 생명은 매우 짧기 때문에 번역의 조절이 그리 흔치는 않다. 그러나 몇 가지 번역조절이 존재한다. mRNA의 2차구조가 번역개시를 관장하는데, MS2 파지의 레플리케이즈 유전자와 대장균 σ^{32}의 mRNA가 그 대표적인 예이다. 가열에 의해서 풀릴 수 있는 2차구조가 번역 개시를 억제한다.

소형 RNA도 단백질과 함께 작용하여 mRNA의 2차구조에 작용하여 번역 개시를 조절하는데, 리보스위치가 이러한 조절의 한 예이다. 대장균 thiM mRNA의 5′-UTR에 있는 리보스위치는 티아민과 TTP와 같은 대사물과 결합할 수 있는 앱타머를 갖고 있다. TPP가 많을 때 TPP는 이 앱타머와 결합하여 2차구조의 샤인-달가르노 염기서열(SD 서열)과 연결되어 있는 mRNA에 입체 구조적 변화를 일으킨다. 이러한 변화가 리보솜으로부터 SD 서열을 감춤으로써 mRNA의 번역을 억제한다.

진핵세포의 mRNA의 반감기는 상대적으로 매우 길어서 원핵세포의 경우에 비해서 전사를 조절할 수 있는 기회가 훨씬 더 많다. eIF2의 알파-소단위체는 전사조절을 위해서 자주 사용된다. 헴이 없는 망상적혈구에서 HCR이 활성화되어 eIF2α를 인산화시켜 개시 과정을 억제한다. 바이러스에 감염된 세포에서 DAI라는 인산화효소가 활성화되어 eIF2α를 인산화시켜 번역개시를 억제한다.

인슐린과 성장인자는 mTOR이라는 단백질 인산화효소가 관여하는 과정을 자극한다. mTOR의 표적물 중 하나는 PHAS-I(쥐) 또는 4E-BP1(인간)이라는 단백질이다. 인산화된 mTOR가 eIF4E에서 유리되면 eIF4E는 더욱 활성화된 번역개시 과정에 관여한다.

Xenopus 난자에서 마스킨은 eIF4E와 결합해서 CPEB와 결합하고 그 다음, 휴면 중인 사이클린 B mRNA와 결합한다. eIF4E가 마스킨과 결합하고 나면 eIF4G와 결합할 수 없게 되어 번역이 억제된다. 난자의 활성이 시작되면 CPEB가 인산화되어 폴리아데닌화를 촉진함으로써 마스킨이 eIF4E에서 떨어져 나오게 된다. 마스킨이 결합하지 않은 상태에서 eIF4E는 자유롭게 eIF4G와 결합하여 번역을 개시한다.

페리틴 mRNA의 번역은 철 이온에 의해서 유도된다. 유도 과정은 다음과 같이 발생한다. 한 억제자 단백질이 페리틴 mRNA의 5′-UTR의 5′-말단에 위치한 줄기-고리구조의 IRE와 결합한다. 철 이온이 아직 알려지지 않은 기작을 통해 이 억제자 단백질을 제거하면 mRNA의 번역이 전개된다.

let-7 miRNA은 인간의 세포에서 표적이 되는 mRNA의 폴리솜 프로필을 더 작은 폴리솜으로 바꾸는데, 이는 이 miRNA가 인간의 세포에서 번역개시 과정을 억제한다는 것을 말한다. IRES 또는 고정된 개시인자가 있을 때 *let-7* miRNA는 캡-독립적인 번역개시 과정에 영향을 주지 못하는데, 이는 이 miRNA가 인간세포에서 표적이 되는 mRNA의 캡에 eIF4E가 결합하는 것을 방해하는 것을 뜻한다.

복습 문제

1. 리보솜이 분리되었다가 재결합하는 것을 증명하는 실험을 기술하고 그 결과를 제시하라.
2. IF3은 리보솜 분리 과정에 어떻게 관여하는가?
3. 두 가지 메티오닐-tRNA의 명칭은 무엇이며, 이들의 기능은 무엇인가?
4. 왜 MS2 파지 레플리케이즈 시스트론의 번역은 외피 시스트론의 번역 과정에 의존하는가?
5. 번역개시 과정에서 샤인-달가르노 염기서열의 중요성을 입증할 수 있는 데이터를 제시하되(정확한 서열은 필요 없음) 가장 확실한 결과를 골라 제시하라.
6. mRNA 리보솜 결합에 관여하는 세 가지 개시인자의 효과를 보여 주는 결과를 제시하라.
7. 30S 개시 복합체 형성에서 GTP 가수분해의 역할을 보여 주는 실험과 그 결과를 제시하라.
8. 리보솜으로부터 IF2가 분리되는데 GTP 가수분해가 어떤 역할을 하는지 보여 주는 실험과 그 결과를 제시하라.
9. 리보솜과 결합한 fMet-tRNA$_i^{Met}$에 있는 세 가지 개시인자의 기능을 보여 주는 실험 결과를 제시하라.
10. 대장균의 번역개시 과정을 요약한 그림을 그려라.
11. 샤인-달가르노 염기서열과 코작 공통서열을 정의하고 이들의 기능을 비교 분석하라.
12. 진핵세포의 이상적인 번역개시 지점의 서열을 쓰라. AUG의 주변에 가장 중요한 지점은 무엇인가?
13. 번역개시에 관한 검색 모델의 그림을 그려라.
14. 검색 리보솜은 AUG를 지나 하단부 AUG에서 개시를 시작한다는 증거를 제시하라.
15. 좋은 환경에 있는 상단부 AUG가 하단부 AUG의 개시 과정에 장애가 되지 않는 문맥을 기술하고 그 증거를 제시하라.
16. mRNA 선도서열에 있는 2차구조가 탐색 과정에 미치는 영향을 보여 주는 실험과 그 결과를 제시하라.
17. 진핵세포의 번역개시 과정을 나타내는 모식도를 그리고 각 개시인자의 기능을 논하라.
18. 캡-결합단백질을 찾아낼 수 있는 실험과 그 결과를 설명하라.
19. 캡-결합단백질이 캡을 가진 mRNA의 번역을 촉진하나 캡이 없는 것은 촉진하지 않는 실험과 그 결과를 설명하라.
20. eIF4F의 소단위체의 구조를 설명하라. 분자량을 나타낼 필요는 없다.
21. eIF4A와 eIF4B가 번역에서 맡고 있는 기능을 보여 주는 실험과 결과를 기술하라.
22. 어떻게 폴리오바이러스의 유전자 물질이 전형적인 세포의 mRNA와 유사할 수 있을까?

23. eIF1과 eIF1A가 동일한 mRNA의 검색을 촉진하여 복합체 I을 복합체 II로 전환시키는 과정을 유도하지 않는다는 사실을 어떻게 확인할 수 있을까?

24. 개시인자 eIF1과 eIF5B를 비교하라. 그들의 기능에서 공통점은 무엇인가? eIF5B가 수행할 수 없는 기능을 IF2가 할 수 있는 것은 무엇인가? 진핵세포에서 이 기능을 수행하는 것은 무엇인가?

25. rpoH mRNA가 고온을 감지해서 자신의 번역을 시동할 수 있는 기작을 기술하라. 이 모델에 적합한 증거는 무엇인가?

26. 대장균 *thiM* 유전자에 존재하는 리보스위치가 번역을 조절하는 기작을 기술하라.

27. eIF2α의 인산화에 의해 억제되는 번역에 관한 모델을 제시하라.

28. 번역 효율성에 대한 4E-BP1인산화의 효과를 설명할 수 있는 예를 제시하라.

29. 페리틴 단백질 합성이 철 이온에 의해 유도되는데 페리틴 mRNA에 있는 IRE가 매우 중요하다는 것을 보여 주는 실험과 결과를 제시하라.

30. 포유동물 세포에서 페리틴 생성이 철 이온에 의해 유도된다는 가설을 제시하라. 제시한 가설은 강력한 프로모터에 의해 전사되는 페리틴 유전자를 갖고 있는 세포에서는 페리틴에 의한 유도 현상이 존재하지 않는다는 것을 설명하라.

31. 어떻게 인간의 *let-7* miRNA가 그 표적유전자의 발현을 조절한다고 생각하는가? 그 모델에 대한 증거를 요약하라.

분석 문제

1. 번역에 필요한 모든 인자를 갖고 있는 세포 추출물과 대장균의 리보솜, 그리고 가상의 mRNA로 수행하는 토프린트 분석법을 기술하라. 30S 리보솜 소단위체만으로 수행한 실험에서 당신이 예상할 수 있는 결과는 무엇인가? 50S 소단위체만으로 수행한 실험 결과는? 두 가지 소단위체와 류신을 제외한 모든 아미노산을 갖고 수행했을 때 류신이 폴리펩티드의 20번째 위치에 있을 때는?

2. 아래의 돌연변이가 파지 R17 외피유전자와 레플리케이즈 유전자의 번역에 대한 효과를 예견하라.
   a. 외피유전자의 개시코돈에서 하향 방향으로 6번째 코돈에 발생한 앰버돌연변이(미성숙 종결코돈).
   b. 외피유전자 개시코돈이 주변에 있는 줄기고리에 그 염기쌍을 약화시키는 돌연변이.
   c. 외피유전자의 개시코돈과 염기쌍을 유발하는 돌연변이가 복제효소 유전자 내부에 발생했을 때.

3. 당신이 mRNA의 두 번째 AUG에서 정상적인 번역이 시작되는 진핵세포 유전자를 연구하고 있다. 두 번째 AUG 코돈의 주변 서열은 다음과 같다.

   CGGAUGCACAGGACAUCCUAUGGAGAUGA

   2개의 AUG는 밑줄로 표시되었다. 다음과 같은 돌연변이가 이 mRNA의 번역에 미칠 효과를 예견하라.
   a. 첫 번째와 두 번째의 C를 G로 바꾸었을 때.
   b. 첫 번째와 두 번째의 C를 G로 바꾸고, 두 번째 AUG 코돈 전에 있는 UAU 코돈을 UAG로 바꾸었을 때.
   c. GAGAUGA의 끝에 있는 서열을 CAGAUGU로 바꾸었을 때.

4. 여러분이 번역의 개시 과정에서 번역의 수준을 조절하는 것으로 사료되는 진핵세포의 mRNAmf 연구한다고 가정하자. 여러분은 5′-UTR이 번역의 조절에서서 역할을 한다고 생각하고 있다. 5′-UTR의 기능을 분명하게 증명하기 위하여 반드시 수행해야하는 실험을 상헤하게 기술하시오. 어떤 단백질이 5′-UTR에 결합하여 전사를 방해하는지를 실험적으로 결정할 수 점과 5′-UTR의 돌연변이가 RNA 수준의 유전자 발현에 미치는 효과를 포함시켜라.

추천 문헌

General References and Reviews

Cech, T.R. 2004. RNA finds a simpler way. Nature 428:263–64. Gottesman, S. 2004. The small RNA regulators of Escherichia coli: Roles and mechanisms. *Annual Review of Microbiology* 58:303–28.

Hentze, M.W. 1997. eIF4G: A multipurpose ribosome adapter? *Science* 275:500–1.

Jackson, R.J. 1998. Cinderella factors have a ball. *Nature* 394:829–31.

Kozak, M. 1989. The scanning model for translation: An update. *Journal of Cell Biology* 108:229–41.

Kozak, M. 1991. Structural features in eukaryotic mRNAs that modulate the initiation of translation. *Journal of Biological Chemistry* 266:19867–70.

Lawrence, J.C. and Abraham, R.T. 1997. PHAS/4E-BPs as regulators of mRNA translation and cell proliferation. *Trends in Biochemical Sciences*. 22:345–49.

Proud, C.G. 1994. Turned on by insulin. *Nature* 371:747–48.

Rhoads, R.E. 1993. Regulation of eukaryotic protein synthesis by initiation factors. *Journal of Biological Chemistry* 268:3017–20.

Richter, J.D. and W.E. Theurkauf. 2001. The message is in the translation. *Science* 293:60–62.

Roll-Mecak, A., B.-S. Shin, T.E. Dever, and S.K. Burley. 2001. Engaging the ribosome: Universal IFs of translation. *Trends in Biochemical Sciences* 26:705–9.

Sachs, A.B. 1997. Starting at the beginning, middle, and end: Translation initiation in eukaryotes. *Cell* 89:831–38.

Thach, R.E. 1992. Cap recap: The involvement of eIF4F in regulating gene expression. *Cell* 68:177–80.

Research Articles

Aziz, N. and H.N. Munro. 1987. Iron regulates ferritin mRNA translation through a segment of its 5-untranslated region. *Proceedings of the National Academy of Sciences USA* 84:8478–82.

Brown, L. and T. Elliott. 1997. Mutations that increase expression of the rpoS gene and decrease its dependence on hfq function in Salmonella typhimurium. *Journal of Bacteriology* 179:656–62.

Cigan, A.M., L. Feng, and T.F. Donahue. 1988. tRNAfMet functions in directing the scanning ribosome to the start site of translation. *Science* 242:93–96.

Dubnoff, J.S., A.H. Lockwood, and U. Maitra. 1972. Studies on the role of guanosine triphosphate in polypeptide chain initiation in Escherichia coli. *Journal of Biological Chemistry* 247:2884–94.

Edery, I., M. Hümbelin, A. Darveau, K.A.W. Lee, S. Milburn, J.W.B. Hershey, H. Trachsel, and N. Sonenberg. 1983. Involvement of eukaryotic initiation factor 4A in the cap recognition process. *Journal of Biological Chemistry* 258:11398–403.

Fakunding, J.L. and J.W.B. Hershey. 1973. The interaction of radioactive initiation factor IF2 with ribosomes during initiation of protein synthesis. *Journal of Biological Chemistry* 248:4206–12.

Guthrie, C. and M. Nomura. 1968. Initiation of protein synthesis: A critical test of the 30S subunit model. *Nature* 219:232–35.

Hui, A. and H.A. De Boer. 1987. Specialized ribosome system: Preferential translation of a single mRNA species by a subpopulation of mutated ribosomes in Escherichia coli. *Proceedings of the National Academy of Sciences USA* 84:4762–66

Kaempfer, R.O.R., M. Meselson, and H.J. Raskas. 1968. Cyclic dissociation into stable subunits and reformation of ribosomes during bacterial growth. *Journal ofmolecular Biology* 31:277–89.

Kozak, M. 1986. Point mutations define a sequence flanking the AUG initiator codon that modulates translation by eukaryotic ribosomes. *Cell* 44:283–92.

Kozak, M. 1989. Circumstances and mechanisms of inhibition of translation by secondary structure in eucaryotic mRNAs. *Molecular and Cellular Biology* 9:5134–42.

Lin, T.-A. 1994. PHAS-I as a link between mitogen-activated protein kinase and translation initiation. *Science* 266:653–56.

Min Jou, W., G. Haegeman, M. Ysebaert, and W. Fiers. 1972. Nucleotide sequence of the gene coding for the bacteriophage MS2 coat protein. *Nature* 237:82–88.

Morita, M.T., Y. Tanaka, T.S. Kodama, Y. Kyogoku, K. Yanagi, and T. Yura. 1999. Translational induction of heat shock transcription factor 32. Evidence for a built-in RNA thermosensor. *Genes and Development* 13:655–65.

Noll, M. and H. Noll. 1972. Mechanism and control of initiation in the translation of R17 RNA. *Nature New Biology* 238:225–28.

Pause, A., G.J. Belsham, A.-C. Gingras, O. Donzè, T.-A. Lin, J.C. Lawrence, and N. Sonenberg. 1994. Insulin-dependent stimulation of protein synthesis by phosphorylation of a regulator of 5-cap function. *Nature* 371:762–67.

Pause, A. and N. Sonenberg. 1992. Mutational analysis of a DEAD box RNA helicase: The mammalian translation initiation factor eIF4A. *EMBO Journal* 11:2643–54.

Pestova, T.V., S.I. Borukhov, and C.V.T. Hellen. 1998. Eukaryotic ribosomes require initiation factors 1 and 1A to locate initiation codons. *Nature* 394:854–59.

Pestova, T.V., I.B. Lomakin, J.H. Lee, S.K. Choi, T.E. Dever, and C.U.T. Hellen. 2000. The joining of ribosomal subunits in eukaryotes requires eIF5B. *Nature* 403:332–35.

Pillai, R.S., S.N. Bhattacharyya, C.G. Artus, T. Zoller, N. Cougot, E. Basyuk, E. Bertrand, and W. Filipowicz. 2005. Inhibition of translational initiation by Let-7 microRNA in human cells. *Science* 309:1573–76.

Sabol, S. and S. Ochoa. 1971. Ribosomal binding of labeled initiation factor F3. *Nature New Biology* 234:233–36.

Sabol, S., M.A.G. Sillero, K. Iwasaki, and S. Ochoa. 1970. Purification and properties of initiation factor F3. *Nature* 228:1269–75.

Siridechadilok, B., C.S. Fraser, R.J. Hall, J.A. Doudna, and E. Nogales. 2005. Structural roles for human translation factor eIF3 in initiation of protein synthesis. *Science* 310:1513–15.

Sonenberg, N., M.A. Morgan, W.C. Merrick, and A.J. Shatkin. 1978. A polypeptide in eukaryotic initiation factors that crosslinks specifically to the 5-terminal cap in mRNA. *Proceedings of the National Academy of Sciences USA* 75:4843–47.

Sonenberg, N., H. Trachsel, S. Hecht, and A.J. Shatkin. 1980. Differential stimulation of capped mRNA translation in vitro by cap binding protein. *Nature* 285:331–33.

Steitz, J.A. and K. Jakes. 1975. How ribosomes select initiator regions in mRNA: Base pair formation between the 3-terminus of 16S rRNA and the mRNA during initiation of protein synthesis in Escherichia coli. *Proceedings of the National Academy of Sciences USA* 72:4734–38.

Wahba, A.J., K. Iwasaki, M. J. Miller, S. Sabol, M.A.G. Sillero, and C. Vasquez. 1969. Initiation of protein synthesis in Escherichia coli, II. Role of the initiation factors in polypeptide synthesis. *Cold Spring Harbor Symposia* 34:291–99.

Winkler, W., A. Nahvi, and R.R. Breaker. 2002. Thiamine derivatives bind messenger RNAs directly to regulate bacterial gene expression. *Nature* 419:952–56.

CHAPTER 18

번역기작 II: 신장과 종결

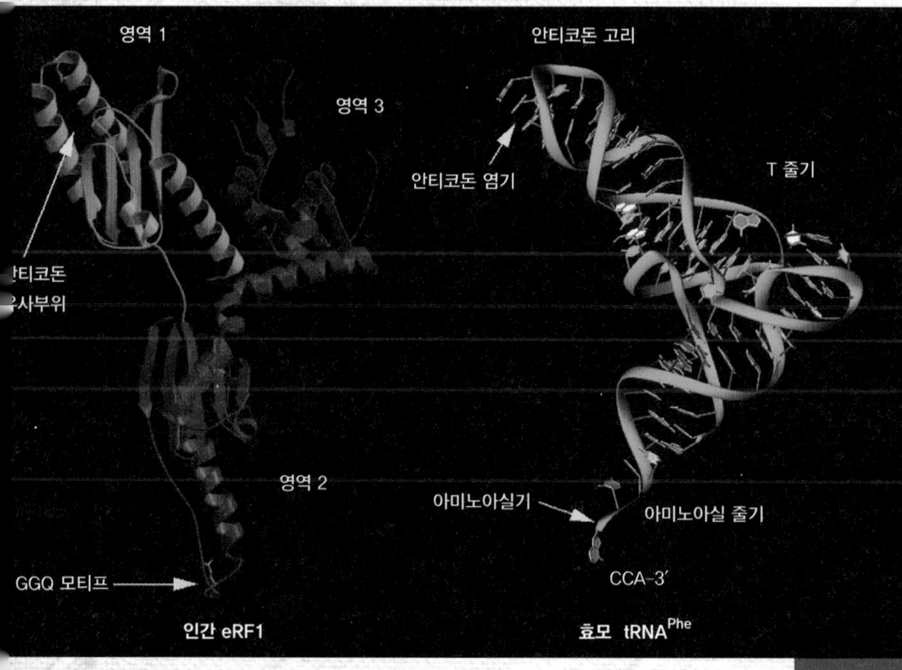

인간 eRF1과 효모 $tRNA^{phe}$의 결정구조 비교.

진핵생물과 원핵생물에서 번역의 신장 과정은 매우 유사하다. 따라서 먼저 원핵생물의 기작을 설명하고, 그 뒤 진핵생물에서의 차이점을 살펴봄으로써 두 과정을 함께 논의하도록 한다.

이미 17장에서 배웠듯이 박테리아의 경우 개시 과정은 mRNA와 개시 아미노아실-tRNA인 fMet-$tRNA_f^{Met}$가 리보솜 복합체를 형성해야만 폴리펩티드의 신장이 시작된다. 이러한 신장 과정을 논의하기에 앞서 신장기작의 몇 가지 근본적인 의문점들을 생각해 보자. ① 폴리펩티드는 어떤 방향으로 합성되는가? ② 리보솜은 어떤 방향으로 mRNA를 읽어 나가는가? ③ mRNA의 정보에 따라 아미노산이 단백질 사슬에 삽입되는 유전암호의 본질은 무엇인가?

18.1. 폴리펩티드 합성과 mRNA 번역의 방향

단백질 사슬에는 한 번에 1개의 아미노산이 첨가된다. 그렇다면 단백질 합성은 어디서부터 시작되는가? 단백질 사슬은 아미노 말단에서 카르복실 말단으로 신장되는가, 아니면 역방향으로 진행되는가? 달리 말하면 신장되는 폴리펩티드에서 아미노 말단의 아미노산이 먼저 삽입되는가, 아니면 카르복실 말단의 아미노산이 먼저 삽입되는가? 1961년 하워드 딘티즈(Howard Dintzis)는 토끼의 미성숙 적혈구인 망상세포에서 α-글로빈과 β-글로빈을 이용한 연구를 통해 단백질 합성이 아미노 말단에서 카르복실 말단으로 합성된다는 결정적 증거를 보여 주었다. 그는 신장되고 있는 글로빈 사슬을 다양한 시간 동안 [^{3}H] 류신과 [^{14}C] 류신으로 표지한 후 α-글로빈과 β-글로빈으로 분리하고, 이들에 트립신을 처리하여 여러 크기의 펩티드로 분리하였다. 그 후 펩티드에 삽입된 [^{3}H] 류신의 상대적 양과 아미노 말단에서부터 카르복실 말단 방향으로의 펩티드의 위치를 그래프로 표시하였다. [^{14}C] 류신으로 장시간 표지한 경우 모든 펩티드가 동일하게 표지되므로 분리 과정에서 생길 수 있는 펩티드의 손실과 여러 펩티드 간의 류신 양의 차이에 대한 대조군으로 사용되었다.

그림 18.1은 이러한 실험을 통해 해독의 방향성을 알아내는 방법을 보여 준다. 생각해야 할 중요한 점은 여러 합성 단계에 있는 단백질 사슬에 ^{3}H로 표지된 아미노산이 삽입된다는 것이다. 따라서 어떤 경우는 이제 막 번역이 시작되었고, 다른 경우는 부분적으로 진행되었으며, 또 다른 경우는 거의 종료가 다 되는 시점에 있게 된다. 다시 말하면 표지를 첨가했을 때 막 합성이 시작된 단백질은 첫 번째 펩티드에 표지가 될 것이다. 표지가 더해지기 전에

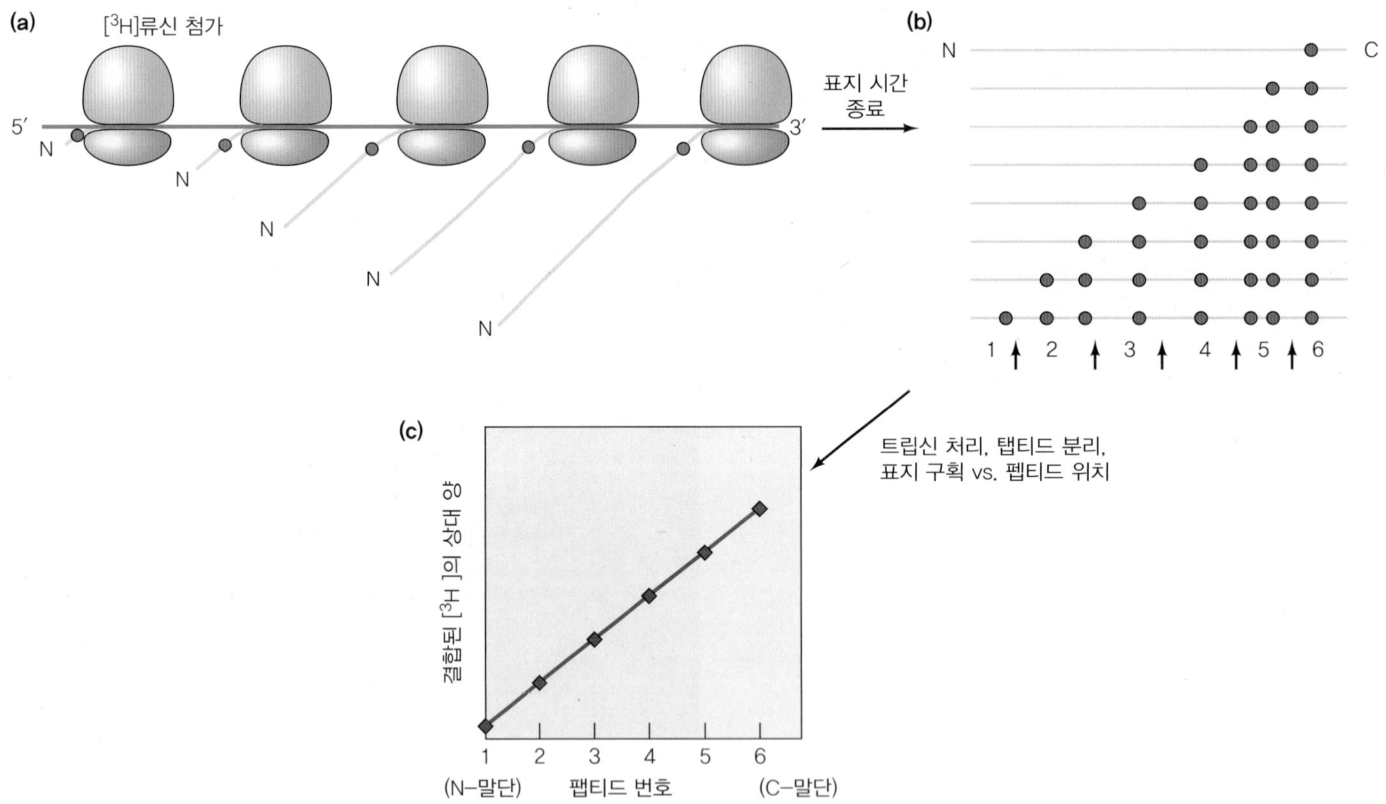

그림 18.1 번역의 방향을 결정하기 위한 실험 전략. **(a)** 단백질 표지. mRNA가 5′→3′으로 번역되고 단백질이 아미노 말단에서 카르복실 말단으로 합성된다는 가정하에서 그림과 같이 몇몇 리보솜(분홍색과 파란색)에 의해 mRNA가 번역되고 있다고 생각해 보자. 표지된 [^{3}H]류신이 반응에 첨가되어 성장하고 있는 단백질 사슬(파란색)에 삽입되고 있다. [^{3}H]류신은 단백질 합성이 시작된 왼편에서는 아미노 말단에 삽입되고, 오른쪽의 단백질 합성이 거의 끝난 폴리펩티드에서는 카르복실 말단에만 삽입된다. **(b)** 적당한 표지 시간 뒤 완성된 단백질 내에 삽입된 [^{3}H]류신의 분포. 그림 맨 위쪽의 단백질은 합성이 거의 다 된 시점에 표지된 경우로서 (a)의 오른쪽에 해당한다. 그림 아래쪽의 단백질은 합성 초기부터 표지된 경우로서 (a)의 왼쪽에 해당한다. 이것은 거의 단백질 사슬 전체에 표지될 수 있는 시간이 주어진 경우이다. 단백질 내부의 트립신 절단 위치는 아래쪽에 화살표로 표시되어 있으며, 잘리는 펩티드가 그 위치에 따라 번호가 매겨져 있다. **(c)** 실험 결과. 각 펩티드 내의 [^{3}H]류신의 상대적인 양을 그린 결과 카르복실 말단의 펩티드가 가장 많이 표지된 것을 알 수 있다. 이 결과는 번역이 아미노 말단에서 시작된다는 것을 의미한다. 만약 카르복실 말단에서 시작된다면 아미노 말단 쪽의 펩티드가 가장 많이 표지될 것이다.

이미 합성이 시작된 단백질들은 첫 번째 펩티드에는 표지되지 않고 더 아래쪽이 표지될 것이다. 반면 단백질 합성이 끝나는 단백질의 말단부위는 짧은 시간 동안 표지한 경우, 비교적 많은 정도로 표지가 될 것이다. 또한 중간 정도에 위치하는 펩티드는 중간 정도의 표지량을 나타낼 것이다. 따라서 번역이 아미노 말단에서 시작된다면 카르복실 말단 쪽의 펩티드에 가장 많은 표지 물질이 삽입될 것이다. 그림 18.2에 실험 결과가 나타나 있다. α-글로빈과 β-글로빈의 펩티드를 표지할 경우 공통적으로 아미노 말단에서 카르복실 말단으로 갈수록 표지량이 증가하며, 이러한 불균형적 표지는 표지 시간이 짧을수록 두드러지게 나타난다. 그러므로 단백질 합성은 아미노 말단에서 시작한다.

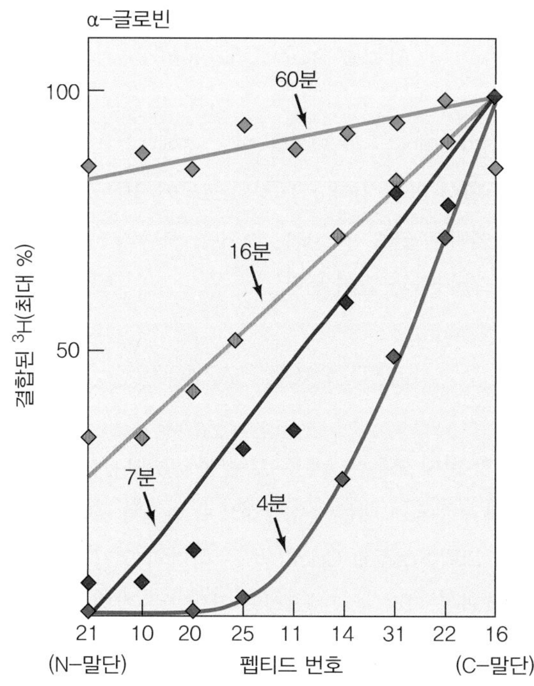

그림 18.2 번역의 방향 결정. 딘티즈는 토끼의 망상세포를 이용하여 α-글로빈과 β-글로빈 단백질 번역에 관한 연구를 다음과 같이 수행했다. 먼저 [^{3}H]류신으로 세포를 표지하고, α-글로빈과 β-글로빈 단백질을 분리하였다. 그리고 단백질에 트립신을 처리하여 여러 크기의 펩티드로 변형시켜 이들의 표지 물질의 양을 조사했다. 그는 각 펩티드와 ^{3}H의 상대적인 양을 그래프로 표시하였다. 위의 그림에서 왼쪽의 펩티드는 아미노 말단의 펩티드를 의미하며, 오른쪽의 펩티드는 카르복실 말단의 펩티드를 의미한다. α-글로빈과 β-글로빈의 경우 모두 카르복실 말단의 펩티드가 가장 많이 표지되었다(여기에서는 α-글로빈만 나타냄). 특히 표지 시간이 짧을수록 이러한 효과는 더욱 두드러졌다. 이는 번역이 단백질의 아미노 말단부터 시작된다는 가정에서 기대되는 결과이다. 그림에서 펩티드의 번호는 그림 18.1의 경우와 마찬가지로 단백질 내의 위치와 무관하다. (출처: Adapted from Dintzis, H.M., Assembly of the peptide chains of hemoglobin. *Proceedings of the National Academy of Sciences USA* 47:255, 1961.)

mRNA는 5′→3′ 방향으로 읽혀지는가 아니면 그 반대인가? 단백질이 아미노 말단에서 카르복실 말단으로 합성된다는 점을 고려할 때 mRNA는 5′→3′ 방향으로 읽혀진다는 것을 쉽게 예상할 수 있다. 1960년대 분자생물학자들이 최초로 인공 mRNA를 사용하여 단백질 합성을 시도한 데서 이러한 해답을 쉽게 찾을 수 있었다. 예를 들면 오초아(Ochoa) 등이 mRNA: 5′-AUGUUU$_n$-3′을 가지고 단백질을 합성했을 때 아미노 말단이 fMet인 fMet-Phe$_n$ 산물을 얻을 수 있었다. 따라서 AUG가 fMet을, 그리고 UUU가 페닐알라닌(Phe)을 암호화함을 알 수 있다. 즉, 페닐알라닌이 붙기 전에 단백질의 아미노 말단 쪽에 fMet이 먼저 첨가된다는 것을 알 수 있다.

그러므로 mRNA는 fMet 코돈이 존재하는 5′-말단 방향에서부터 읽혀져야만 한다.

18.2. 유전암호

유전암호(genetic code)는 단백질에 존재하는 20개의 아미노산을 나타내는 mRNA상의 3개의 염기로 이루어진 **암호**(코돈, codon)를 지칭한다. 다른 암호와 마찬가지로 코돈이 나타내는 바를 알기 위해서는 유전암호를 해독하는 법을 알아야만 했다. 실제로 1960년대 이전에는 의문이 풀리지 않는 다음과 같은 많은 질문들이 있었다. 코돈이 겹쳐지는가? 코돈 사이에 간극이나 쉼표에 해당되는 부위가 존재하는가? 몇 개의 염기가 코돈을 이루는가? 이러한 의문들은 1960년대에 행해진 일련의 실험에 의해 해결되었다.

1) 겹쳐지지 않는 코돈

유전암호가 겹쳐지지 않을 경우 각 염기는 반드시 한 코돈의 일부가 된다. 그러나 겹쳐지는 경우에는 한 염기가 2개 또는 3개 코돈의 일부가 될 수 있다. 다음의 짧은 메시지, 유전암호를 생각해 보자.

AUGUUC

한 코돈이 3개의 염기로 이루어지고 A부터 읽혀진다고 생각하면 부호가 겹쳐지지 않는 경우 코돈은 AUG, UUC가 될 것이다. 그러나 만일 코돈이 겹쳐지는 경우라면 AUG, UGU, GUU, UUC와 같은 4개의 코돈이 존재하는 셈이 된다. 1957년 시드니 브레너(Sydney Brenner)는 이러한 중복이 일어나는 것은 불가능하다는 것을 밝혔다.

그러나 1957년까지 축적된 자료에 따르면 부분적으로 겹쳐져서 번역이 일어날 수도 있다는 가능성을 배제할 수는 없었다. 그러나 스기타(A. Tsugita)와 H. 프랭클-콘라트(Frankel-Conrat)는 다음과 같은 점에서 그러한 가능성을 배제할 수 있음을 주장했다. 만약 암호가 중복되지 않는다면 mRNA상의 한 염기의 변화인 **착오 돌연변이**(missense mutation)는 단백질에서 단 하나의 아미노산의 변화로 이어질 것이다. 예를 들어 다음의 염기서열을 살펴보자.

AUGCUA

한 코돈이 3개의 염기로 이루어지고 A부터 읽혀진다고 생각하면, 암호가 중복되지 않는다면 위 염기서열은 AUG와 CUA의 코돈으로 이루어진다. 만약 암호가 겹쳐지지 않는다면 네 번째 염기(C)의 변화는 CUA 코돈의 변화를 초래하여 단지 하나의 아미노산의 변화를 초래할 것이다. 반면에 암호가 겹쳐져서 읽힌다면 C 염기는 UGC, GCU, 그리고 CUA 등 세 코돈의 변화를 초래하여 세 아미노산의 변화를 가져오게 된다. 그러나 그들이 담배 모자이크 바이러스(TMV)의 mRNA상에서 한 염기를 변경시켰을 때 단 하나의 아미노산만이 바뀌는 결과를 얻어 유전암호가 중복되지 않는다는 것을 입증하였다.

2) 유전암호 내에는 쉼표가 없다

만약 암호 내에 번역되지 않는 간극(쉼표)이 존재한다면 1개의 염기가 더해지거나 빠지는 돌연변이는 소수의 코돈을 변경시킬 것이다. 달리 말하면, 이러한 돌연변이는 때때로 치사를 유발할 수도 있으나 대부분의 경우 간극 바로 전의 하나에서만 일어나 별다른 영향을 주지 않을 수도 있다. 만약 간극이 존재하지 않는다면 mRNA의 맨 마지막 부분에서 돌연변이가 일어나는 경우를 제외하고는 이러한 돌연변이는 치명적일 수 있다.

이러한 돌연변이는 실제로 일어나며, 이를 **틀이동 돌연변이**(frameshift mutation)라 부른다. 다음과 같은 mRNA의 경우를 보자:

AUGCAGCCAACG

만약 mRNA의 처음부터 번역이 일어난다면 코돈은 AUG, CAG, CCA, ACG가 된다. 만일 U 다음에 다른 염기 X를 삽입한다면 다음과 같은 서열이 된다:

AUXGCAGCCAACG

이 mRNA는 처음부터 AUX, GCA, GCC, AAC로 번역될 것이다. 그 결과 AUX뿐만 아니라 이 지점에서부터 모든 코돈이 바뀐다. **해독틀**(reading frame)이 왼쪽에서부터 한 염기씩 변화된 셈이다. 그전에는 C가 두 번째 코돈의 첫 번째 염기였으나 이제는 G가 그 자리에 왔다.

다른 한편으로는 쉼표에 대한 암호가 존재한다는 것은 다음의 mRNA에서처럼 Z로 표시된 하나 또는 그 이상의 번역되지 않는 염기에 의해 코돈이 둘러싸여 있는 상황으로 생각할 수 있다. 쉼표는 리보솜이 코돈을 인지할 수 있도록 각각의 코돈을 구분짓는 역할을 할 것이다.

AUGZCAGZCCAZACGZ

이러한 염기배열에는 한 염기를 어느 곳에 넣거나 빼버려도 단 하나의 코돈만이 바뀔 것이다. 변경된 코돈에 있는 Z 염기는 리보솜을 다시 올바른 틀로 이동시킬 것이다. 하나의 염기를 첫 번째 코돈에 넣으면 다음과 같이 된다.

AUXGZCAGZCCAZACGZ

이 경우 첫 번째 코돈은 AUXG로 잘못되었으나, 다른 코돈은 Z 염기에 의해 구분되기 때문에 정상적으로 번역될 것이다.

프란시스 크릭(Francis Crick) 등은 하나의 염기를 삽입하거나 제거하는 효과를 나타내는 아크리딘 염색약을 박테리아에 처리했을 때 심각한 결과를 일으킨다는 것을 알았다. 즉, 그 돌연변이가 일어난 유전자로는 기능을 나타내는 단백질이 만들어지지 않았다. 이러한 결과는 유전암호의 중간에 '쉼표가 없다'는 것을 시사한다. 다시 말하면, 염기가 더해지거나 제거되면 mRNA상에서 해독틀이 변형되어 mRNA의 끝까지 영향을 미치는 것이다.

더군다나 크릭은 한 염기가 더해지는 것은 한 염기가 제거되었을 때의 효과를 상쇄하며, 반대의 경우도 일어난다는 것을 알아냈다. 이러한 현상은 그림 18.3에 설명되어 있다. 인위적으로 CAT가 반복적으로 존재하는 염기서열에서 세 번째 자리에 G 염기를 더하면 해독틀이 뒤로 밀려 TCA가 반복되는 서열로 바뀐다. 한편 다섯 번째 염기인 A를 제거하면 해독틀이 바뀌어 ATC가 반복되는 서열로 변하게 된다. 이들 두 돌연변이를 교차시키면 어떤 경우에는 그림 18.3의 4번과 같은 '거짓 야생형(pseudo-wild type)'의 유전자가 생성되기도 한다. 즉, 첫 번째와 두 번째 코돈은 CAG와 TCT로 변했지만 그 이후의 코돈은 원래의 것으로 복원된 셈이다. 결과적으로 삽입과 제거의 결과가 상쇄되어 CAT로 읽히게 된 것이다.

3) 삼중암호

크릭과 레슬리 바넷(Leslie Barnett)은 3개의 염기를 삽입하거나 제거했을 때 원래의 유전자와 비슷한 유전자가 보존됨을 발견하였다(그림 18.3의 5번). 이러한 결과가 나오기 위해서는 암호가 3개의 염기로 이루어져야만 한다. 크릭은 이 결과를 보고 바넷에게 '유전암호가 삼중코돈이라는 것은 우리 둘만이 알고 있습니다!'라고 말했다고 한다. 사실 크릭과 바넷은 그들이 변형시킨 유전자가 3개의 염기가 삽입되거나 제거되었다고 확신했지만, 그 당시로는 이러한 사실을 증명할 수 있는 유전자 염기서열 결정 방법이 없었기 때문에 더 많은 실험이 필요했다.

1961년 마셜 니렌버그(Marshall Nirenberg)와 요한 하인리히 마태이(Johann Heinrich Matthaei)는 유전암호가 3개의 염기로 이루어져 있음을 확인하고 유전암호를 해독하는 중요한 실험을 수행하였다. 그 실험은 매우 간단한 것으로 인공적으로 합성된 RNA가 시험관 내에서 번역될 수 있음을 밝힌 것이다. 특히 인공합성 폴리(U)를 번역했을 때 그들은 폴리 페닐알라닌이 만들어진다는 것을 알았다. 물론 이러한 결과는 자연계에 U만을 포함한 페닐알라닌에 대한 코돈이 존재함을 의미한다. 이 발견은 그 자체로도 매우 중요한 것이지만 더 긴 안목으로는 인위적으로 RNA를 합성하여 그로부터 만들어지는 단백질 산물을 분석함으로써 자연의 신비로운 유전암호를 풀어낼 수 있다는 것을 시사하는 매우 중요한 발견이었다. 고빈드 코라나(Gobind Khorana) 등은 이러한 전략으로 연구를 수행하였다.

코라나는 코돈이 3개의 염기로 이루어진다는 것을 합성 mRNA 실험으로 밝혔다. 먼저 코돈이 홀수의 염기를 가진다면 U와 C가 반복적으로 존재하는 폴리(UC)는 어디서 번역이 시작되어도 UCU, CUC 코돈을 가질 것이다. 결과적으로 이로부터 합성되는 단백질 산물은 두 아미노산이 반복적으로 존재하는 단백질이 될 것이다. 만약 코돈이 짝수의 염기를 가진다면 한 가지의 코돈—예를 들면 UCUC—만 계속적으로 반복될 것이다. 물론 두 번째 염기에서 시작한다면 CUCU 코돈만 존재할 것이다. 어쨌든 이 mRNA의 산물은 한 가지의 아미노산으로 이루어진 펩티드가 될 것이다. 결과적으로 코라나는 폴리(UC)가 세린과 류신이 반복된 단백질을 합성한다는 점을 발견하여 코돈이 홀수의 염기로 이루어진다는 점을 확인하였다(그림 18.4a).

3개의 염기가 반복되는 경우에는 한 가지 아미노산으로 구성된 폴리펩티드가 만들어졌는데, 이는 한 코돈이 3개 또는 3의 배수로 이루어진 염기로 구성되었을 때 예측할 수 있는 결과이다. 예

1. 야생형:	CAT ¦CAT ¦CAT¦CAT¦CAT
2. 염기 삽입:	CAG¦TCA ¦TCA¦TCA¦TCA
3. 염기 제거:	CAT ¦CTC ¦ATC¦ATC¦ATC
4. #2, #3 교차:	CAG¦TCT ¦CAT¦CAT¦CAT
5. 3개 염기 삽입:	CAG¦GGT¦CAT¦CAT¦CAT

그림 18.3 틀이동 돌연변이. 1: CAT가 반복되는 가상의 유전자. 수직선은 해독틀을 의미하며 첫 번째 염기에서 시작된다. 2: G(분홍) 염기를 세 번째 염기자리에 첨가하여 첫 번째 코돈을 CAG로 바꾸고 해독틀을 왼쪽으로 한 염기씩 이동시켜 모든 코돈이 TCA로 바뀐다. 3: 야생형 유전자의 다섯 번째 염기인 A를 제거(세모 표시)하면 두 번째 코돈이 CTC로 바뀌고, 해독틀이 오른쪽으로 한 염기씩 이동하여 모든 코돈이 ATC로 바뀐다. 4: 2와 3의 돌연변이를 교차하여 삽입과 제거의 경우를 모두 가진 '거짓 야생형'의 경우 앞부분의 두 코돈이 변경되었으나 나머지 코돈은 원래 야생형과 일치한다. 5: GGG(분홍) 세 염기를 세 번째 염기 자리에 삽입했을 경우, 앞부분의 두 코돈은 변경되었으나 나머지 해독틀은 그대로 유지된다. 세 염기를 제거했을 경우에도 같은 결과를 얻을 수 있다.

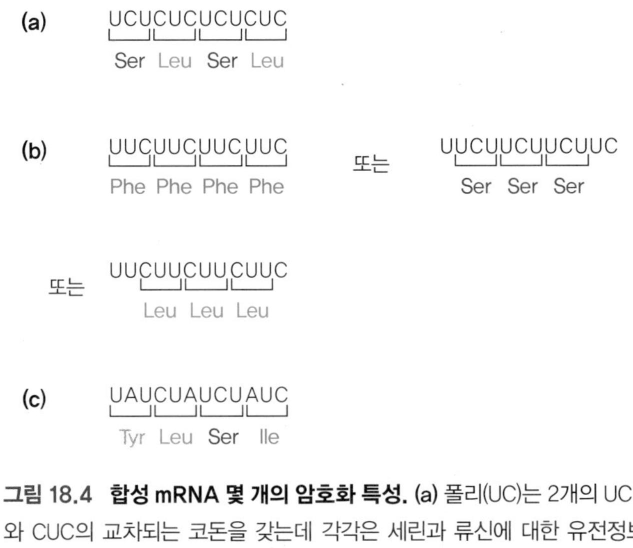

(a) UCUCUCUCUCUC
Ser Leu Ser Leu

(b) UUCUUCUUCUUC
Phe Phe Phe Phe
또는 UUCUUCUUCUUC
Ser Ser Ser
또는 UUCUUCUUCUUC
Leu Leu Leu

(c) UAUCUAUCUAUC
Tyr Leu Ser Ile

그림 18.4 합성 mRNA 몇 개의 암호화 특성. **(a)** 폴리(UC)는 2개의 UCU와 CUC의 교차되는 코돈을 갖는데 각각은 세린과 류신에 대한 유전정보이다. 그러므로 산물은 폴리(세린-류신)이다. **(b)** 폴리(UUC)는 UUC, UCU, CUU의 3개의 코돈을 갖는다. 이들은 각각 페닐알라닌, 세린, 류신에 대한 유전정보이다. 그러므로 산물은 리보솜이 어떠한 해독틀을 사용하는가에 따라 각기 폴리(페닐알라닌), 폴리(세린), 폴리(류신)이다. **(c)** 폴리(UAUC)는 UAU, CUA, UCU, 그리고 AUC의 반복되는 4개의 코돈을 갖는데, 각각은 티로신, 류신, 세린, 이소류신에 대한 유전암호이다. 그러므로 산물은 폴리(티로신-류신-세린-이소류신)이다.

를 들어 폴리(UUC)는 폴리페닐알라닌, 폴리세린, 그리고 폴리류신으로 번역된다(그림 18.4b). 이렇듯 세 가지의 산물이 나오는 이유는 번역의 출발점이 다르기 때문이다. 따라서 폴리(UUC)는 출발점에 따라서 UUC, UCU, CUU로 읽힐 수 있다. 이 모든 경우에 있어 번역이 일단 시작되면 한 코돈의 염기 수가 3의 배수인 오직 1개의 코돈만이 읽히게 된다.

4개의 염기가 반복적으로 존재하는 mRNA는 4개의 아미노산이 반복되는 폴리펩티드로 번역된다. 예를 들어 폴리(UAUC)는 폴리(티로신–류신–세린–이소류신)로 번역된다(그림 18.4c). 여러분이 그러한 mRNA의 서열을 써보면 3개 그리고 9개의 염기를 가진 코돈(그러나 6개는 아닌)만이 이러한 점을 충족한다는 것을 확인할 수 있다. (실제로 6은 홀수가 아니기 때문에 코돈을 구성하는 염기의 개수로 적절하지 않다.) 코돈이 9개의 염기로 구성된다는 것은 너무나 비효율적이기 때문에 3개로 이루어지는 것이 가장 적절할 것이다. 이제 문제를 다른 식으로 생각해 보자. 3이라는 수는 모든 20개의 아미노산을 암호화하는 데 충분한 최소한의 숫자이다. (4개의 염기로부터 3개의 염기를 순서에 관계없이 중복 순열로 취할 수 있는 경우의 수는 4^3, 즉 64이다.) 2개의 염기로 코돈이 이루어질 경우에 취할 수 있는 수는 4^2, 즉 16으로 이는 충분하지 않은 숫자이다. 그러나 코돈이 9개의 염기로 이루어질 경우 적어도 200,000개(4^9=262,144)가 넘는 종류의 코돈이 존재하게 된다. 일반적으로 자연은 효율적인 것을 선호한다는 점을 고려하면 이는 너무 많은 숫자이다.

4) 유전암호의 해독

코라나의 합성 mRNA 실험은 코돈에 대한 많은 정보를 제공하였다. 예를 들어 폴리(UC)는 폴리(세린–류신)를 만드는데, 이러한 사실에서 우리는 UCU나 CUC 코돈 중 하나가 세린의 유전암호이고, 다른 하나는 류신의 유전암호라는 것을 알 수 있다. 남아 있는 의문점은 어느 코돈이 어느 아미노산의 유전암호인가라는 것이다. 니렌버그(Nirenberg)는 이러한 의문을 해결할 수 있는 획기적인 방법을 고안해 냈다. 그는 3개의 뉴클레오티드가 mRNA처럼 작용하여 특이적인 아미노아실–tRNA를 리보솜에 결합시킬 수 있다는 것을 알아냈다. 예를 들어 UUU는 페닐알라닐–tRNA를 결합시킬 수 있고, 라이실–tRNA나 다른 아미노아실–tRNA는 결합시킬 수 없다는 것을 발견하였다. 그러므로 UUU는 페닐알라닌에 대한 코돈이다. 이러한 방법은 몇 개의 코돈이 아미노아실–tRNA를 결합할 수 없었기 때문에 완전하지는 않았지만 Khorana의 방법을 훌륭하게 보완할 수 있었다.

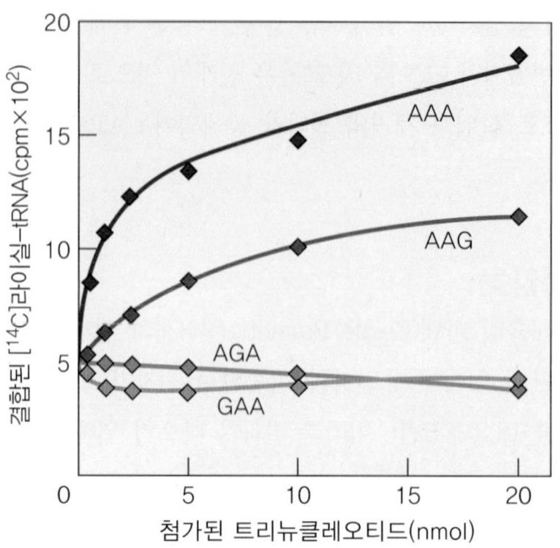

그림 18.5 다양한 코돈에 대한 라이실–tRNA가 리보솜에 결합하는 양상. 라이실–tRNA를 ^{14}C로 표지한 후 각각 AAA, AAG, AGA, GAA가 있는 상태에서 대장균의 리보솜과 혼합한다. 라이실–tRNA와 리보솜의 복합체 생성 여부는 니트로셀룰로오스 여과지에 결합시켜 확인했다. (복합체를 형성하지 않은 라이실–tRNA는 이 여과지에 결합하지 않지만 라이실–tRNA와 리보솜 복합체는 결합한다.) AAA는 라이신의 유전암호로 알려져 있고, 그러므로 이 뉴클레오티드를 이용했을 때의 결합을 예상할 수 있다. (출처: Adapted from Khorana, H.G., Synthesis in the study of nucleic acids, *Biochemical Journal* 109:715, 1968.)

여기서 어떻게 이러한 두 가지 방법을 함께 이용할 수 있는지 살펴보기로 하자. 폴리뉴클레오티드인 폴리(AAG)는 번역 과정에 의해 폴리라이신과 폴리글루타메이트 그리고 폴리아르기닌을 만들게 된다. 합성된 mRNA는 AAG, AGA, GAA의 3개의 다른 코돈을 갖는다. 그렇다면 어느 것이 라이신에 대한 코돈인가? 니렌버그의 실험 결과 그림 18.5와 같은 결론을 얻을 수 있었다. AGA와 GAA는 [^{14}C]라이실–tRNA를 리보솜에 결합시키지는 않지만 AAG를 결합시킬 수는 있다. 그러므로 AAG는 폴리(AAG)에서 라이신에 대한 코돈이다. 이 실험에서 알 수 있는 또 다른 사실은 AAA도 라이실–tRNA를 결합한다는 것이다. 그러므로 AAA는 라이신의 또 다른 코돈이다. 이러한 사실은 코돈의 일반적인 특징을 나타낸다. 대부분의 경우 하나의 아미노산에 대해 여러 개의 삼중암호가 존재한다. 다른 말로 하면 유전암호는 **융통성**(degenerate)이 있다는 것이다.

그림 18.6은 모든 유전암호를 나타낸다. 예상한 대로 64개의 서로 다른 코돈이 존재하지만 단지 20개의 서로 다른 아미노산이 있으며 코돈은 전부 사용된다. 3개는 mRNA의 끝 부분에 존재하는 '종료' 코돈이고 그 외 나머지는 특이적인 아미노산을 지정하는데, 이러한 사실은 유전암호가 융통성이 있다는 것을 의미한다. 류신

두 번째 위치

첫 번째 위치(5'-말단)	U	C	A	G	세 번째 위치(3'-말단)
U	UUU } Phe	UCU } Ser	UAU } Tyr	UGU } Cys	U
	UUC	UCC	UAC	UGC	C
	UUA } Leu	UCA	UAA } STOP	UGA STOP	A
	UUG	UCG	UAG	UGG Trp	G
C	CUU } Leu	CCU } Pro	CAU } His	CGU } Arg	U
	CUC	CCC	CAC	CGC	C
	CUA	CCA	CAA } Gln	CGA	A
	CUG	CCG	CAG	CGG	G
A	AUU } Ile	ACU } Thr	AAU } Asn	AGU } Ser	U
	AUC	ACC	AAC	AGC	C
	AUA	ACA	AAA } Lys	AGA } Arg	A
	AUG Met	ACG	AAG	AGG	G
G	GUU } Val	GCU } Ala	GAU } Asp	GGU } Gly	U
	GUC	GCC	GAC	GGC	C
	GUA	GCA	GAA } Glu	GGA	A
	GUG	GCG	GAG	GGG	G

그림 18.6 유전암호. 각 유전암호에 대한 아미노산에 따라 64개의 코돈을 정리하였다. 예를 들어 ACU 코돈을 찾기 위해서는 왼쪽에 있는 칸에서 첫 번째 코돈인 A를 찾은 후, 위쪽의 두 번째 코돈인 C를 찾으면 AC로 시작하는 4개의 코돈을 갖는 칸을 찾을 수 있다. 그 후 이 4개 중에서 우리가 원하는 코돈인 ACU를 찾는 일은 쉬운 일이다. 같은 칸에 있는 ACC, ACA, ACG와 마찬가지로 우리가 찾는 ACU도 트레오닌(Thr)에 대한 유전암호이다. 이것은 유전암호의 융통성의 한 예가 된다. 분홍색으로 표시된 3개의 코돈은 아미노산에 대한 유전암호가 아니라 종결신호임을 주의해야 한다.

과 세린 그리고 아르기닌은 6개의 다른 코돈을 갖는 반면, 프롤린과 트레오닌 그리고 알라닌은 4개의 코돈을 갖고 이소류신은 3개 그리고 다른 아미노산은 2개의 코돈을 갖는다. 메티오닌과 트립토판만이 하나의 코돈을 갖는다.

5) 코돈과 안티코돈 사이의 비정상적인 염기쌍 형성

생명체는 같은 아미노산에 대해 여러 코돈이 존재하는 상황을 어떻게 해결할 수 있을까? 한 가지 방법은 같은 아미노산에 대해 각각 다른 코돈에 상응하는 여러 개의 tRNA(**동종인수**, isoaccepting species)가 존재하는 것이다. 다만 이것은 한 가지 가능한 해결책이며, 어느 주어진 생물체는 약 60개의 다른 tRNA를 가진다고 볼 수 있다. 그러나 실제로 앞의 단순한 가설에서 예상되는 것보다 상당히 적은 수의 tRNA만 가지고도 생존할 수 있

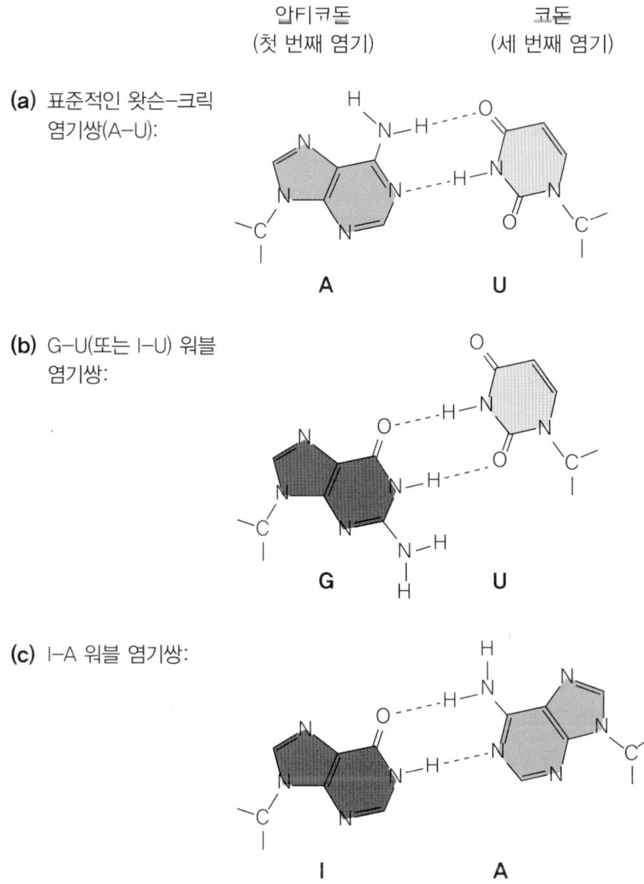

그림 18.7 워블 염기쌍 형성. (a) 전형적인 A-U의 염기쌍 형성의 상대적인 위치. 이 그림 왼쪽의 염기와 워블 염기쌍 형성(b와 c)의 왼쪽의 염기는 안티코돈의 첫 번째 염기이다. 오른쪽의 염기는 코돈의 세 번째 염기이다. (b) G-U(또는 I-U)의 워블 염기쌍 형성의 염기 간의 상호 위치. U가 G(또는 I)와 결합하기 위해 위쪽으로 비틀어져 있음에 주목하라. (c) I-A 워블 염기쌍 형성의 염기 간의 상호위치. 이러한 염기쌍 형성을 이루기 위해서는 A도 위쪽으로 비틀어져야 한다.

다. 이에 대해 크릭은 통찰력 있는 이론을 제안하였다. 이 가설에서 크릭은 코돈의 처음 2개의 염기는 왓슨-크릭의 염기쌍 형성 규칙(그림 18.7a)에 따라 정확하게 결합하지만, 코돈의 세 번째 염기는 안티코돈의 첫 번째 염기와 덜 엄격하게 결합하는 '**워블**(wobble)' 염기쌍을 이룬다고 생각했다. 이러한 가설을 **워블 가설**(wobble hypothesis)이라 한다. 크릭은 안티코돈의 G가 코돈의 세 번째 위치(**워블 위치**, wobble position)의 C와 결합할 뿐만 아니라 U와도 결합할 것이라고 생각했다. 그림 18.7b는 **워블 염기쌍**(wobble base pair)을 보여 준다. U가 이러한 염기쌍의 형성을 위해 정상적인 위치에서 어떻게 이동했고 벗어나 있는지를 주목해야 한다.

더구나 크릭은 tRNA에 구아노신과 비슷한 구조를 갖는 **이노신**

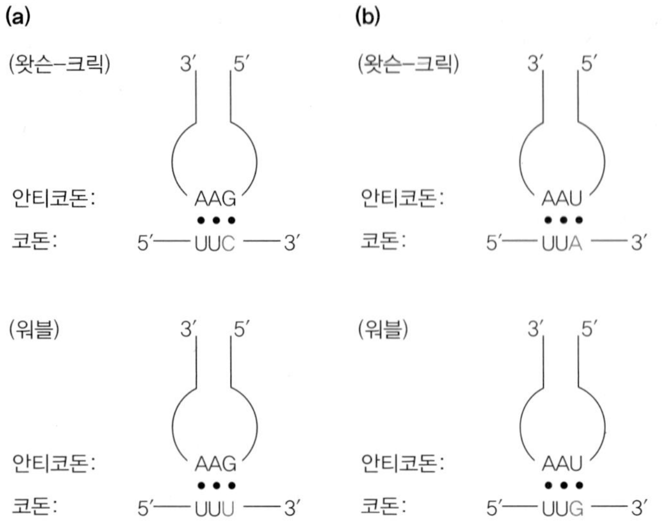

(a)

(왓슨-크릭) 3′ 5′

안티코돈: AAG

코돈: 5′— UUC — 3′

(워블) 3′ 5′

안티코돈: AAG

코돈: 5′— UUU — 3′

(b)

(왓슨-크릭) 3′ 5′

안티코돈: AAU

코돈: 5′— UUA — 3′

(워블) 3′ 5′

안티코돈: AAU

코돈: 5′— UUG — 3′

그림 18.8 워블 위치. **(a)** 안티코돈 3′-AAG-5′을 갖는 tRNA가 2개의 다른 페닐알라닌에 대한 코돈인 UUC와 UUU에 결합하는 방식을 나타낸 모식도. 코돈의 세 번째 염기인 워블 위치는 빨간색으로 표시되어 있다. 위쪽 그림의 UUC 코돈은 3개의 염기가 모두 왓슨-크릭 염기쌍 형성을 이루지만, 아래 그림에서 UUU 코돈의 앞쪽 두 염기는 왓슨-크릭 염기쌍 형성을 이루고, 워블 위치의 염기는 워블 염기쌍 형성을 이룬다. **(b)** AAU 안티코돈을 갖는 tRNA가 류신에 대한 2개의 다른 코돈인 UUA와 UUG와 염기쌍 형성을 이룰 때도 비슷한 양상이 나타난다. UUG 코돈과의 염기쌍 형성을 위해서는 워블 위치의 G-U 워블 염기쌍 형성이 이루어져야 한다.

(inosine, I)이라는 색다른 뉴클레오티드가 있음을 알아냈다. 이 뉴클레오티드는 G와 동일하게 염기쌍 형성을 하는데 여기서 우리는 이노신이 코돈의 세 번째 위치(워블 자리)에 존재하는 C와 결합하거나(왓슨-크릭의 염기쌍 형성) 또는 U(워블 염기쌍 형성)와 결합한다는 사실을 예상할 수 있다. 그러나 Crick은 그림 18.7c와 같이 코돈의 세 번째 위치의 A도 이노신과 워블 염기쌍 형성을 할 수 있다는 것을 제안하였다. 이러한 사실은 첫 번째 위치에 이노신을 가지고 있는 안티코돈은 C, U 또는 A를 세 번째 위치에 갖는 3개의 다른 코돈과 결합할 수 있다는 것을 의미한다.

이러한 워블 현상은 유전암호를 번역하기 위해 요구되는 tRNA의 수를 줄일 수 있다. 예를 들어 그림 18.6의 왼쪽 위에 있는 페닐알라닌에 대한 2개의 코돈을 생각해 보자. 워블 법칙에 따르면 이 둘은 모두 3′-AAG-5′을 인지할 수 있는 안티코돈에 의해 인식될 수 있다(그림 18.8a). 안티코돈의 5′-위치에 존재하는 G는 UUC의 C와 왓슨-크릭 G-C 염기쌍 형성을 할 수 있고 또는 UUU의 U와 워블 염기쌍 형성을 할 수 있다. 유사하게 같은 칸에 있는 류신 코돈인 UUA와 UUG는 안티코돈 3′-AAU-5′에 의해 인지될 수 있다(그림 18.8b). U는 UUA의 A와는 왓슨-크릭 결합을 이룰 수 있으며 UUG의 G와는 워블 염기쌍 형성을 할 수 있다.

워블 가설에 따르면, 정지 코돈인 UAA와 UAG를 읽는 데 tRNA가 필요하지 않다는 가정하에, 세포가 64개의 모든 코돈을 읽어내기 위해서는 31개의 tRNA가 존재해야 한다. 그러나 인간의 미토콘드리아나 식물의 플라스티드에는 31개보다 더 적은 수의 tRNA가 존재하기 때문에 워블과 더불어 어떤 것이 함께 작용하는 것으로 보인다. 이로 인해 적어도 어떤 환경에서 워블 자리(안티코돈의 첫 번째 염기)에 U가 있는 하나의 tRNA는 코돈의 세 번째 위치에 4개의 염기 중 어떤 것이 오더라도 인지할 수 있다는 **슈퍼워블**(superwobble) 가설이 제시되게 되었다.

랄프 보크(Ralph Bock) 등은 2008년에 슈퍼워블 가설을 실험하기 위해 담배의 플라스티드에 있는 $tRNA^{Gly}$ 유전자 2쌍을 모두 녹아웃시킨 후, $tRNA^{Gly}$(UCC)만을 넣어 주고 이것으로 4개의 모든 글라이신 코돈을 슈퍼워블을 이용해 번역할 수 있는지를 알아보았다. 결과는 비록 번역 효율은 감소하긴 했지만, 담배 세포는 살아남을 수 있었다. 따라서, 완벽하지는 않지만 슈퍼워블이 작동하는 것으로 보이며, 이는 아마도 이 수퍼워블이 진화상에서 왜 자주 쓰이지 않는지를 설명할 수 있을 것이다.

6) 보편적인 유전암호

유전암호가 해독된 몇 년 후 박테리아에서 사람에 이르기까지 모든 생명체를 조사한 결과 모두 같은 유전암호를 가지고 있음을 알 수 있었다. 그러므로 유전암호는 예외 없이 보편적이라고 생각하였다. (그러나 사실은 그렇지 않다는 것을 알게 될 것이다.) 이러한 보편성은 지구상에 현존하는 생명체는 모두 하나의 기원을 가지고 있다는 생각을 가능하게 한다.

이러한 추론이 가능한 이유는 다음과 같다. 각각의 특이 코돈이 우리가 알고 있는 각 아미노산을 할당받는 것 그 자체로서 어떤 장점을 가지고 있지는 않다. 예를 들어 UUC가 왜 페닐알라닌을 위한 코돈이고, 왜 AAG가 라이신에 대한 코돈인지에 대해서는 특별한 이유가 없다. 유전암호는 단지 '우연히' 정해진 것이고 이러한 방향으로 진화되어 왔다. 그러나 이러한 코돈이 한 번 정해진 후에 변화하지 않는 데는 확실한 이유가 있다. 이러한 기본적인 부분이 바뀐다면 대부분의 경우 치명적인 결과를 초래할 것이기 때문이다.

예를 들어 시스테인에 대한 tRNA는 UGU 코돈을 인식한다. 이러한 상호 간의 관계를 바꾸기 위해서는 시스티딜-tRNA가 UCU와 같은 다른 코돈을 인식해야 하는데 이 코돈은 세린에 대한 코돈이다. 생체 내의 유전체상에 존재하는 세린을 위한 모든 UCU

표 10.1 보편적인 유전암호의 예외

출처	코돈	보편적 의미	새로운 의미
초파리 미토콘드리아	UGA	정지	트립토판
	AGA & AGG	아르기닌	세린
	AUA	이소류신	메티오닌
포유동물 미토콘드리아	AGA & AGG	아르기닌	정지
	AUA	이소류신	메티오닌
	UGA	정지	트립토판
효모 미토콘드리아	CUN*	류신	트레오닌
	AUA	이소류신	메티오닌
	UGA	정지	트립토판
고등식물 미토콘드리아	UGA	정지	트립토판
	CGG	아르기닌	트립토판
칸디다 알비칸스 핵	CTG	류신	세린
원생동물 핵	UAA & UAG	정지	글루타민
마이코플라스마	UGA	정지	트립토판

* N=임의의 염기

코돈은 시스테인 코돈으로 인식되지 않도록 동시에 모두 바뀌어야 한다. 이러한 모든 변화가 동시에 일어난다는 것은 설사 오랜 진화 과정 중에 일어난다 해도 거의 불가능한 것이다. 이러한 이유로 유전암호는 한번 정해진 후에는 계속 유지된다. 그래서 이러한 보편적인 유전암호는 생명체가 하나의 기원에서부터 시작되었다는 결정적인 증거가 된다. 만약 생명체가 각각 다른 두 장소에서 진화했다면 우연히 동일한 유전암호를 갖게 된다는 것은 거의 불가능한 일이다.

그러나 유전암호가 완전히 보편적이지는 않고 약간의 예외가 있다. 이러한 예외가 미토콘드리아에서 처음 발견되었다. 초파리(*D. melanogaster*)의 미토콘드리아에서는 UGA가 종결코돈이 아니고 트립토판에 대한 코돈이다. 더욱 주목할 사실은 AGA는 원래 아르기닌에 대한 유전암호지만 이 미토콘드리아에서는 세린에 대한 유전암호라는 것이다. 포유동물의 미토콘드리아도 약간의 예외를 보여 준다. AGA와 AGG는 보편적으로는 아르기닌에 대한 유전암호이지만 사람과 소의 미토콘드리아에서는 종결코돈이다. 더구나 AUA는 보통 이소류신에 대한 코돈이지만 미토콘드리아에서는 메티오닌에 대한 코돈이다.

이러한 예외는 핵의 유전체에 비해 매우 작은 유전체를 갖고 있어서 적은 수의 단백질만을 암호화하고 변화하기 쉬운 미토콘드리아에서와 같은 경우에 허용될 수도 있다. 그러나 또한 핵의 유전체와 원핵생물의 유전체에서도 예외는 존재한다. 짚신벌레(*Paramecium*)를 포함하는 최소 세 가지의 섬모 원생동물에서는 보통 종결코돈으로 이용되는 UAA와 UAG가 글루타민에 대한 유전암호이다. 원핵생물인 마이코플라스마(*Mycoplasma capricolum*)에서는 보통 종결코돈인 UGA가 트립토판에 대한 유전암호이다. 효모의 일종인 캔디다 알비칸스(*Candida albicans*)에서는 류신 코돈인 CTG는 세린에 대한 코돈으로 바뀐다. 보편적인 유전암호의 예외는 표 18.1에 나와 있다.

이상과 같이 소위 보편적인 유전암호는 절대적이지는 않다. 그렇다면 이러한 예외들이 현재 지구상에 존재하는 생명체들이 하나 이상의 기원에서 유래되었다는 증거일까? 만약 이러한 예외적인 유전암호가 근본적으로 표준 유전암호와 다르다면 이것은 매우 흥미로운 일이 되겠지만 실제로 그렇지는 않다. 많은 경우 종결코돈이 글루타민이나 트립토판에 대한 코돈으로 변형된다. 이러한 현상은 우리가 이 장의 뒤쪽에서 보겠지만 아주 잘 확립된 기작에 의한 것이다. 코돈이 하나의 아미노산에서 다른 아미노산에 대한 코돈으로 바뀌는 경우는 미토콘드리아에서 단 하나 존재한다. 미토콘드리아 유전체는 앞에서 언급했듯이 핵 내의 유전체에 비해, 심지어는 원핵생물보다 작기 때문에 별 문제 없이 코돈을 바꿀 수 있는 것으로 생각된다. 요약하면 절대적으로 보편적인 유전암호는 없지만 진화 과정 중 약간 변형되기도 하는 표준적인 유전암호는 존재한다. 그러므로 이러한 사실은 생명체가 하나의 기원에서 시작되었다는 사실을 매우 강력히 지지한다.

그렇다면 이렇게 유전암호가 우연히 생겼다면 현존하는 코돈에는 어떠한 장점도 없는가? 사실 돌연변이의 측면에서 유전암호의 효율성을 고려할 때, 이러한 유전암호는 가장 이상적이라고 할 수 있다. 첫째로, 유전암호의 1개의 염기가 변환되었을 경우 화학적으로 비슷한 아미노산으로 바뀌는 경우가 대부분이다. 예를 들어 류신, 이소류신, 그리고 발린은 매우 유사한 소수성 곁가지를 가지는 아미노산이다. 그리고 그들의 코돈은 매우 비슷하고 첫 번째 염기만이 다르다. 그래서 가장 이상적인 예를 들어보면 다음과 같다. 이소류신 코돈 AUA의 첫 번째 염기가 돌연변이를 일으켜 UUA, CUA 또는 GUA가 되더라도 처음 2개는 류신에 대한 코돈이 되고 뒤의 하나는 발린에 대한 코돈이 된다. 그러므로 이러한 돌연변이들은 해당 아미노산에 큰 변화를 초래하지 않게 되고 돌연변이 된 유전자에서 유래한 단백질의 심각한 변화를 최소화하게 된다.

다른 두 가지 요인을 고려해 볼 때도 유전암호는 상당히 이상적이다. 첫째로, **전이**(transition: 퓨린이 다른 퓨린으로 바뀌거나 피리미딘이 다른 피리미딘으로 바뀌는 경우)가 **교차형 염기전이**(transversion: 퓨린이 피리미딘으로 바뀌거나 그 반대인 경우)보

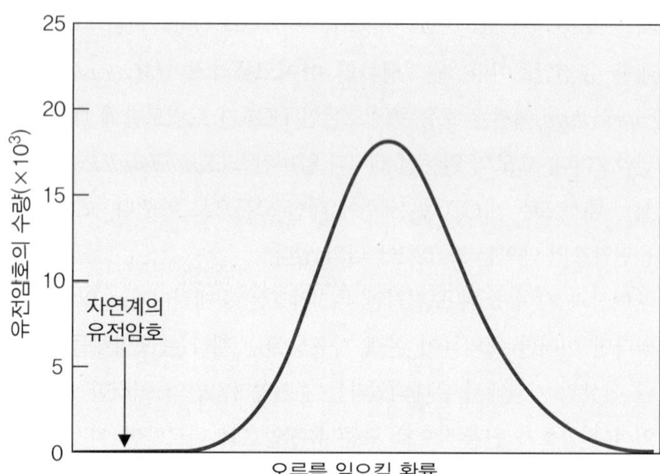

그림 18.9 유전암호가 오류를 일으킬 확률. 4개의 염기에 의해 이루어질 수 있는 모든 가능한 삼중 유전암호가 오류를 일으킬 확률을 나타낸 그래프이다. 자연계에 현존하는 유전암호는 매우 낮은 오류 확률을 가지고 평균 분포의 바깥쪽에 위치한다. 사실 더 낮은 오류를 갖는 유전암호는 100만 개 중 하나밖에 없다. (출처: Adapted from Vogel, G. Tracking the history of the genetic code. *Science* 281 (17 Jul 1998) 329–331.)

다 많이 일어나는 돌연변이 현상이라는 사실과 둘째로, 리보솜은 유전암호의 가운데 염기보다 첫 번째나 세 번째 염기를 잘못 인식하는 경향이 많다는 것이다. 이러한 사실을 고려해 볼 때 우리는 모든 가능한 세 쌍의 염기배열 중에서 하나의 염기가 변화를 일으켰을 때 아미노산에 변화를 주지 않거나 최소화하는 확률을 계산할 수 있다. 그러면 우리는 자연계의 유전암호가 다른 것들과 비교되는 위치에 놓여 있음을 알게 될 것이다. 그림 18.9는 이러한 수학적 분석의 결과를 보여 주는데, 유전암호는 말 그대로 100만 분의 일의 확률로 나타날 수 있는 위치에 존재한다. 100만 개 중 하나의 다른 가능한 유전암호만이 현존하는 유전암호보다 더 효과적으로 돌연변이의 효과를 최소화할 수 있다. 이러한 결과를 생각해 볼 때 유전암호는 단순히 우연하게 생겨난 결과물이 아니라 진화에 의한 끊임없는 변화의 결과이다.

18.3. 신장주기

폴리펩티드의 신장은 계속적으로 반복되는 세 단계로 이루어진 주기(**신장주기**: elongation cycle)에 의하여 이루어진다. 이 절에서는 이러한 단계를 대략적으로 살펴본 후 다시 좀 더 자세하게 실험적인 증거들을 보며 설명하고자 한다.

1) 신장의 개요

그림 18.10은 대장균에서 일어나는 신장 주기를 두 번의 신장 과정을 통해 모식적으로 나타낸 것이다. 이러한 과정을 통해 폴리펩티드 사슬에 2개의 아미노산이 신장중인 폴리펩티드에 첨가된다. 처음 단계는 리보솜에 결합된 mRNA에 fMet-$tRNA_f^{Met}$가 결합하며 시작된다. 리보솜에는 아미노아실-tRNA가 결합할 수 있는 부위가 최소 2개가 있는데, 각각을 **P 부위**(P site, peptidyl site), **A 부위**(A site, aminoacyl site)라고 부른다. 위의 모식도에서 P 부위는 왼쪽에 위치하고, A 부위는 오른쪽에 나타내었다. fMet-$tRNA_f^{Met}$는 P 부위에 결합한다. **E 부위**(E site, exit site)로 불리는 탈아실화된 tRNA가 결합하는 자리는 번역과정이 막 시작되는 단계이기 때문에 비워 놓았다. E 부위는 이 장의 후반부에 설명할 것이다. 아래 설명은 그림 18.10에 나타낸 신장 과정을 자세히 설명한 것이다.

a. 신장이 시작되기 위해서는 첫 번째 아미노산과 결합하기 위한 두 번째 아미노산이 필요하다. 이러한 두 번째 아미노산은 tRNA에 결합된 상태로 참여하게 되고 아미노아실-tRNA의 종류는 mRNA의 두 번째 코돈에 의해 결정된다. 두 번째 코돈은 A 부위에 있고 이 자리는 비어 있는데 두 번째 아미노아실-tRNA는 이 부위에 결합한다. 이러한 결합은 **EF-Tu**(EF는 elongation factor의 약어)라고 알려진 **신장인자**(elongation factor)와 GTP를 필요로 한다.
b. 다음으로 첫 번째 펩티드 결합이 이루어진다. 큰 리보솜 소단위체의 구성요소인 **펩티드 전달효소**(peptidyl transferase)가 P 부위의 tRNA로부터 A 부위의 아미노아실-tRNA로 fMet를 전달한다. 이로써 A 부위의 tRNA에 결합된 디펩티드라는 2개의 아미노산 단위체가 만들어진다. A 부위에 있는 모든 복합체를 디펩티드-tRNA라고 한다. P 부위에 남아 있는 것은 아미노산을 갖지 않은 t-RNA인 탈아실화된 tRNA이다.
   박테리아에서의 첫 번째 펩티드 결합의 형성은 필수 인자로 알려진 **EF-P**의 도움을 받아 일어난다. EF-P의 역할은 fMet-$tRNA_f^{Met}$가 펩티드 결합의 형성을 위해 제자리를 잡도록 하는 것이다. 박테리아 EF-P의 진핵생물에서의 상동 인자는 **eIF5A**이고, 아마도 진핵세포 내에서 같은 역할을 수행할 것이다.
c. **전좌**(translocation)라 불리는 다음 단계에서 A 부위에 펩티드-tRNA를 붙이고 있는 mRNA가 한 코돈의 길이만큼 왼쪽으로 이동한다. 이로써 다음과 같은 결과가 초래된다. ① P 부위에 있던 탈아실화된 tRNA(펩티드 전달효소의 작용으로 펩

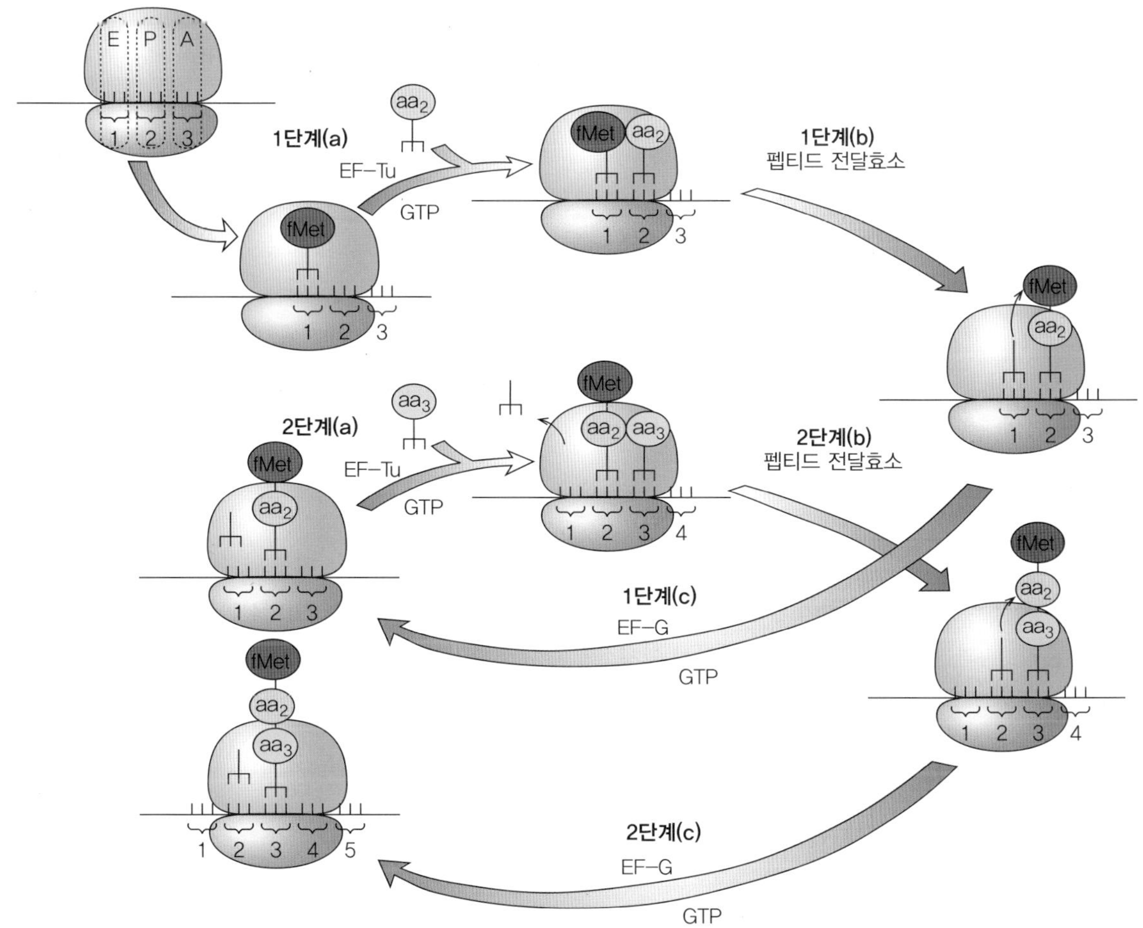

그림 18.10 번역의 신장 과정. 이 그림은 단백질 합성 과정을 아주 간단하게 모식적으로 나타낸 것이다. tRNA는 실제 이용되는 양쪽 끝부분만을 나타낸 포크와 같은 모양으로 표시하였다. 위의 왼쪽 그림: mRNA와 결합되어 있는 리보솜의 E, P, 그리고 A 부위를 점선으로 나타냈다. 1단계: **(a)** EF-Tu가 리보솜의 A 부위에 두 번째 아미노아실-tRNA(노란색)를 위치시킨다. P 부위에는 이미 fMet-tRNA(빨간색)가 채워져 있다. **(b)** 펩티드 전달효소가 fMet와 두 번째 아미노아실-tRNA 사이의 펩티드 결합을 형성한다. **(c)** 전좌 단계에서는 EF-G가 mRNA와 tRNA를 왼쪽으로 한 코돈의 간격만큼 이동시킨다. 이러한 이동은 P 부위에 있던 탈아실화된 tRNA를 E 부위로 이동시키고, 디펩티딜-tRNA를 P 부위로 이동시켜 새로운 아미노아실-tRNA가 들어올 수 있도록 A 부위를 개방한 것이다. 2단계: 이 과정은 합성되는 폴리펩티드에 새로운 아미노산(초록색)이 첨가될 수 있도록 반복되는 과정이다. 이 때에는 탈아실화된 tRNA가 E 부위에 존재한다. EF-Tu가 세 번째 아미노아실-tRNA를 가져올 때, 결합하고 있던 GTP가 가수분해 되면서 E 부위에 있는 tRNA가 방출된다. 이로 인해 E 부위가 다음 전좌 단계를 위해 열리게 된다.

티드 결합이 형성되어 자신의 아미노산을 잃은 tRNA)가 E 부위로 이동한다. ② A 부위에 있던 디펩티딜-tRNA가 자신의 해당 코돈을 따라 P 부위로 이동한다. ③ 오른편에서 기다리고 있던 코돈은 아미노아실-tRNA와 반응할 준비가 되어 A 부위에 위치하게 된다. 전좌에는 GTP와 함께 **EF-G**라 불리는 신장 인자가 필요하다.

이 과정이 되풀이되면서 다른 아미노산이 차례로 첨가된다. (a) GTP와 결합한 상태의 EF-Tu는 A 부위의 새 코돈에 맞는 적절한 아미노아실-tRNA를 가져온다. EF-Tu에 의한 GTP의 가수분해가 일어나면서, 탈아실화된 tRNA가 두 번째 신장 단계의 마지막에서 다른 탈아실화된 tRNA가 들어올 공간을 만들기 위해 E 부위에서 빠져나오게 된다. (b) 펩티드 전달효소는 P 부위로부터 디펩티드를 이끌고 와서 A 부위의 아미노아실-tRNA와 연결시켜 트리펩티딜-tRNA를 만든다. (c) EF-G는 mRNA 코돈과 함께 트리펩티딜-tRNA를 P 부위로 이동시킨다. 그와 동시에 P 부위에 있는 탈아실화된 tRNA가 E 부위로 이동한다.

이제 두 번의 펩티드 사슬 신장이 완료되었다. P 부위의 하나의 아미노아실-tRNA(fMet-$tRNA_f^{Met}$)로 시작해서 2개의 아미노산을 덧붙여 트리펩티딜-tRNA로 늘어났다. 이 과정은 리보솜이 메시지의 마지막 코돈에 도달할 때까지 반복된다. 이제 폴리펩티드는 완성되고 사슬종결이 이루어진다. 여기에 소개된 신장과정은 매우 단순화된 것이다. 이 장의 뒷부분에서 조금 더 자세히 살펴볼 것이고, 19장에서는 매우 자세히 다룰 것이다.

2) 리보솜의 세 부위 모델

바로 앞 부분에서 리보솜에 있는 세 가지 부위의 개념에 대해서 소개하였다. 그렇다면 이러한 세 가지 부위에 대한 증거는 무엇일까? 우리는 먼저 A와 P 부위의 증거에 대해 논의한 뒤 E 부위의 증거를 검토할 것이다. A와 P 부위의 존재는 항생제 **퓨로마이신**(puromycin, 그림 18.11)을 이용한 실험에 근거하고 있다. 이 항생제는 아데노신 유도체와 결합된 아미노산 형태이다. 그래서 아미노아실-tRNA의 끝부분에 있는 아미노아실-아데노신과 흡사하다. 사실 이 항생제는 아미노아실-tRNA와 매우 비슷해서 리보솜의 A 부위에 결합한다. 그다음으로 P 부위의 펩티드와 펩티드 결합을 형성할 수 있어서 펩티딜-퓨로마이신이 만들어진다. 이때 펩티딜-퓨로마이신은 리보솜과 단단히 결합해 있지 않아서 쉽게 분리되므로 전사가 이른 시기에 중지된다. 이렇게 해서 퓨로마이신이 박테리아와 다른 세포들을 죽이는 것이다.

퓨로마이신과 두 자리 모델 사이의 연관성은 다음과 같다. 전좌가 일어나기 전에 A 부위에는 펩티딜-tRNA가 자리를 차지하고 있어서 퓨로마이신이 결합하여 펩티드를 떼어놓을 수 없다. 전좌가 일어나면 펩티딜-tRNA는 P 부위로 이동하므로 A 부위는 비어 있게 된다. 이때 퓨로마이신이 결합하여 펩티드를 떼어놓을 수 있다. 따라서 퓨로마이신에 반응성이 있는 상태와 그렇지 않은 상태로 리보솜의 두 가지 상태를 가정할 수 있다. 이들 두 가지 상태는 리보솜상에 적어도 2개의 펩티딜-tRNA가 결합하는 부위를 필요로 한다.

퓨로마이신은 아미노아실-tRNA가 A 부위에 있는지 P 부위에 있는지를 판별하는 데 쓰일 수 있다. 만약 P 부위에 있다면 아미노아실-tRNA는 퓨로마이신과 펩티드 결합을 형성하여 분리될 수 있다. 그러나 만약 A 부위에 있다면 퓨로마이신이 리보솜과 결

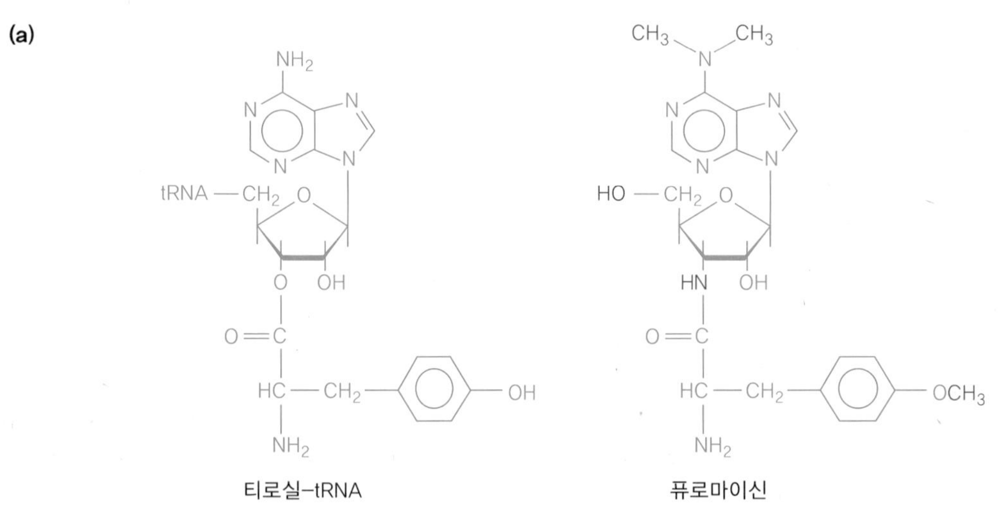

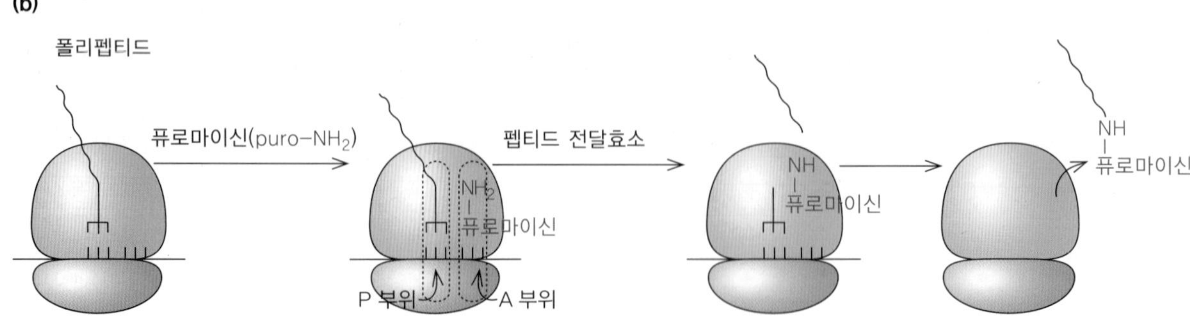

그림 18.11 퓨로마이신의 구조와 활성. **(a)** 티로실-tRNA와 퓨로마이신의 구조 비교. 아미노아실-tRNA에서는 5′-탄소에 tRNA가 붙어 있는 데 비해 퓨로마이신에서는 히드록시기만 있는 것에 주의해야 한다. 퓨로마이신과 티로실-tRNA의 차이는 자홍색으로 강조되었다. **(b)** 퓨로마이신의 작용 방식. 먼저 퓨로마이신(puro-NH_2)이 비어 있는 리보솜의 A 부위에 결합한다. (퓨로마이신이 결합하기 위해서는 A 부위가 비어 있어야 한다.) 다음으로 펩티드 전달효소가 P 부위의 펩티드를 A 부위에 있는 퓨로마이신의 아미노기와 연결한다. 마지막으로 펩티딜-퓨로마이신이 리보솜에서 떨어져 나와 번역이 불완전하게 종료된다.

합하는 것을 막아 분리되지 않는다.

동일한 방법으로 fMet-tRNA가 70S 개시 복합체의 P 부위로 가는지를 알아볼 수 있다. 17장의 번역개시에 대한 논의에서 fMet-$tRNA_f^{Met}$가 P 부위로 간다고 가정했다. 두 번째 아미노아실-tRNA를 위해 A 부위가 비어 있기 때문에 이는 확실히 타당한 가정이다. 브레쳐(M. S. Bretscher)와 마르커가 1966년 퓨로마이신 분석을 통해 이 사실을 입증하였다. 그들은 [^{35}S]fMet-$tRNA_f^{Met}$를 리보솜, 트리뉴클레오티드 AUG, 퓨로마이신과 혼합하였다. 만약 AUG가 fMet-$tRNA_f^{Met}$를 P 부위로 이끈다면 표지된 fMet는 퓨로마이신과 반응하여 fMet-퓨로마이신 상태로 분리될 수 있어야 한다. 반면에 fMet-$tRNA_f^{Met}$가 A 부위로 간다면 퓨로마이신은 결합할 수 없어서 표지된 아미노산의 분리가 일어나지 않아야 한다. 그림 18.12에서 $tRNA_f^{Met}$에 결합된 fMet는 퓨로마이신에 의해 분리되지만 $tRNA_m^{Met}$에 결합된 메티오닌은 그렇지 않다는 것을 보여 준다. 따라서 fMet-$tRNA_f^{Met}$는 P 부위로 가고 메티오닐-$tRNA_m^{Met}$는 A 부위로 간다. 이 실험에서의 차이가 $tRNA_f^{Met}$에 의한 것이 아니라 fMet에 의한 것이라고 반론할 수 있다. 그러한 가능성을 배제하기 위해 브레쳐와 마르커는 Met-$tRNA_f^{Met}$로 같은 실험을 수행하였는데, 그 결과 메티오닌도 퓨로마이신에 의해 분리되었다(그림 18.12c). 따라서 메티오닌의 포름기가 아닌 tRNA가 아미노아실-tRNA를 P 부위로 보내는 것이다.

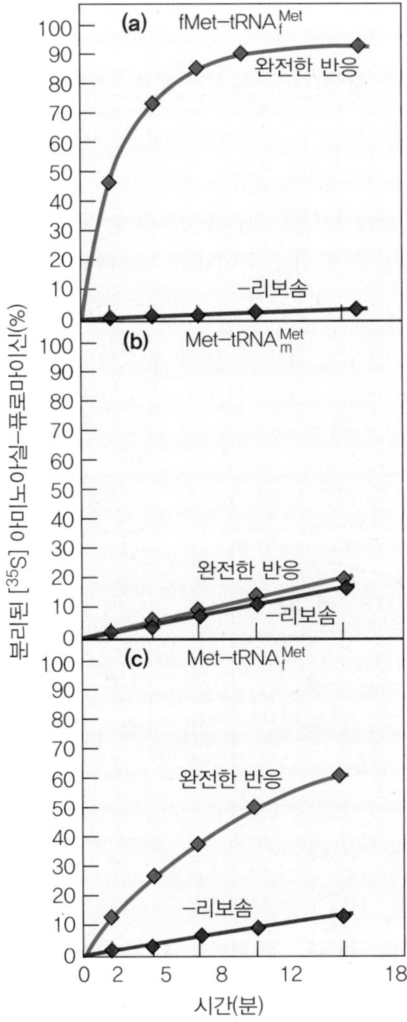

그림 18.12 fMet-$tRNA_f^{Met}$는 리보솜의 P 부위에 자리잡는다. 브레쳐와 마르커는 퓨로마이신-분리 분석으로 리보솜상의 fMet-$tRNA_f^{Met}$의 위치를 결정했다. 그들은 35S로 표지된 fMet-$tRNA_f^{Met}$ **(a)**와 Met-$tRNA_f^{Met}$ **(b)** 또는 Met-$tRNA_f^{Met}$ **(c)**를 리보솜, AUG, 퓨로마이신과 혼합한 뒤 tRNA와 단백질을 과염소산으로 침전시켰을 때 표지된 fMet-퓨로마이신 또는 Met-퓨로마이신이 분리되는지를 조사했다. 리보솜에서 분리된 아미노아실-퓨로마이신은 산에 잘 녹는 반면, 리보솜에 결합된 아미노아실-tRNA는 산에 잘 녹지 않는다. 완전한 반응은 모든 성분을 다 포함하고 있지만 대조군 반응은 각 곡선 옆에 표시된 한 가지 성분이 빠져 있다. $tRNA_m^{Met}$에 붙어 있던 Met 또는 fMet는 P 부위로 가서 방출된다. $tRNA_f^{Met}$에 붙어 있던 Met는 A 부위에 머물러 있어서 퓨로마이신에 의해 방출되지 않는다. (출처: Adapted from Bretscher, M.S. and K.A. Marcker, Peptidyl-sRibonucleic acid and aminoacyl-sRibonucleic acid binding sites on ribosomes. *Nature* 211:382–83, 1966.)

실제로, 2009년에 진행된 X-선 결정학 연구에서 보면 fMet-$tRNA_f^{Met}$가 자동적으로 P 부위로 이동하는 것이 아니라는 것을 보여 주었다. fMet-$tRNA_f^{Met}$는 스스로 **P/I 상태**(P/I state, peptide/initiator state)라고 불리는 혼성의 상태로 진입하는데, 이 P/I 상태에서는 tRNA의 안티코돈은 30S 소단위체의 P 부위에 있지만, fMet과 tRNA의 수용체 줄기들은 펩티드 전달효소를 둘러싸고 있는 50S 소단위체의 P 부위에 위치하고 있지 않다. 그 대신에 fMet과 수용체 줄기는 전형적인 리보솜의 형태(그림 18.10 참조)에서 P 부위의 왼쪽(E 부위 방향)에 있는 '개시' 부위에 위치하게 된다. 이러한 현상은 EF-P라 불리는 단백질 인자가 fMet-

표 18.2 tRNA와 아미노아실-tRNA의 대장균 리보솜의 결합

	tRNA	결합부위	
mRNA	종류	수량	위치
폴리(U)	아세틸-Phe-$tRNA^{Phe}$	1	P 또는 A
폴리(U)	Phe-$tRNA^{Phe}$	2	P와 A
폴리(U)	$tRNA^{Phe}$	3	P, E와 A
없음	$tRNA^{Phe}$	1	P
없음	Phe-$tRNA^{Phe}$	0	–
없음	아세틸-Phe-$tRNA^{Phe}$	1	P

출처: Rheinberger, H.-J., H. Sternbach, and K.H. Nierhaus, Three tRNA binding sites on *Escherichia coli ribosomes*, *Proceedings of the National Academy of Sciences USA* 78(9):5310–14, September 1981. Reprinted with permission.

$tRNA_f^{Met}$의 왼쪽에 결합하면서 일어나게 되고, fMet과 수용체 줄기는 오른쪽에 있는 펩티드 전달효소의 중앙으로 위치하게 된다. 이 과정으로 인해 fMet-$tRNA_f^{Met}$가 P 부위로 완전히 들어가게 된다.

1981년 크누드 니어하우스(Knud Nierhaus) 등이 E 부위라 불리는 세 번째 리보솜 부위의 증거를 제시하였다. 그들의 실험 전략은 방사능을 띤 탈아실화된 $tRNA^{Phe}$(페닐알라닌이 없는 $tRNA^{Phe}$)나 Phe-$tRNA^{Phe}$, 아세틸-Phe-$tRNA^{Phe}$을 대장균의 리보솜에 결합시켜서 70S 리보솜 하나당 결합된 분자수를 측정하는 것이었다. 폴리(U) mRNA가 있거나 없는 상태에서 수행된 결합 실험의 결과가 표 18.2에 나와 있다. 아세틸-Phe-$tRNA^{Phe}$은 오직 1개의 분자만 일정한 시간에 리보솜과 결합할 수 있었고, 그 결합부위는 A나 P 부위 중 하나일 수 있다. 반면에 Phe-$tRNA^{Phe}$는 두 분자가 A 부위와 P 부위에 각각 하나씩 결합할 수 있다. 마지막으로 탈아실화된 $tRNA^{Phe}$는 세 분자가 결합할 수 있다. 이러한 결과는 탈아실화된 $tRNA^{Phe}$가 리보솜을 떠나는 과정 중 결합할지도 모르는 세 번째 자리를 가정함으로써 가장 쉽게 설명될 수 있다. 그래서 E는 출구를 의미한다. mRNA가 없으면 오직 1개의 tRNA만 결합할 수 있다. 이것은 탈아실화된 $tRNA^{Phe}$나 아세틸-Phe-$tRNA^{Phe}$ 중 하나일 수 있다. 니어하우스 등은 그 결합부위를 P 부위라고 가정했으며 이 가정을 확인하기 위해 그 이후의 실험들을 수행하였다.

19장에서 E 부위에 대해 더 자세히 다룰 것이다. 그러나 이 시점에서 E 부위는 리보솜에서 탈아실화된 tRNA가 빠져나가는 단 하나의 방법은 아니라는 것을 짚고 넘어가야 한다. 이것은 mRNA의 해독틀을 유지하는 데 중요한 역할을 한다. 일반적으로 해독틀 이동은 30,000코돈에서 한 번 정도 밖에 일어나지 않는다. 이 이동은 일반적으로 의미 없는 단백질을 만들어 내기 때문에 좋다고 여겨진다. 그러나 어떤 mRNA의 적합한 번역은 실제적으로 해독틀 이동에 의존한다.

대장균 *prfB* 유전자를 예로 들면, 이것은 RF2, 즉 이 장에서 나중에 공부할 방출인자를 암호화한다. 올바르게 *prfB* mRNA를 번역되기 위해서는 +1 해독틀의 틀 이동이 mRNA 안에서 일어나야만 한다. 그러므로 CUUUGAC는 보통 이렇게 읽힌다. CUU UGA(Leu, Stop). 그러나 +1 틀 이동이 일어나면 이것은 CUU*U*GAC(Leu, Asp)로 읽힌다. 이탤릭체로 한 U는 넘어가고 그 다음 코돈이 밑줄 친 아스파르트산으로 암호화되는 GAC가 된다.

2004년에 니어하우스 등은 시험관에서 *prfB* mRNA의 번역을 실험했고, E 부위에서 아실기가 없는 tRNA의 존재가 이 해독틀을 방해하는 것을 찾아냈다. 그들이 E 부위에서 아실기가 없는 tRNA를 제거했을 때 틀 이동은 아주 높게 발생했다. 그러므로 그들은 E 부위에서 아실기가 없는 tRNA는 보통 적합한 해독틀이 유지되기 위한 생체 목적을 위해 필요하다고 결론 내렸다. 틀 이동이 특정 mRNA의 적합한 번역을 위하여 필요할 때 세포는 E 부위로부터 아실기가 없는 tRNA는 제거해야만 한다.

3) 신장 1단계: 아미노아실-tRNA가 리보솜 A 부위에 결합

1965년 야스토미 니시즈카(Yasutomi Nishizuka)와 프리츠 리프만(Fritz Lipmann)이 음이온 교환 크로마토그래피로 대장균에서 펩티드 결합 형성에 필요한 2개의 단백질 인자를 분리하면서 신장 단계에 대한 자세한 이해가 시작되었다. 그중 하나는 아미노아실-tRNA를 리보솜에 전달하므로 T(transfer)라고 명명되었다. 두 번째 인자는 GTP 분해효소 활성을 가져서 G라고 명명되

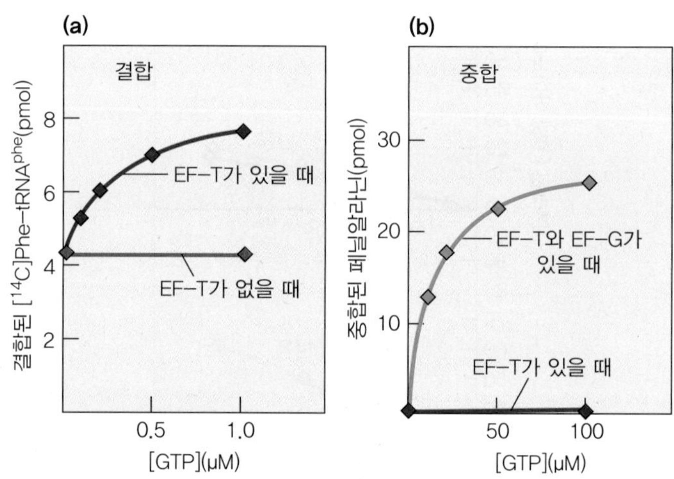

그림 18.13 Phe-$tRNA^{Phe}$의 리보솜 결합과 폴리-Phe 합성에 미치는 EF-T와 GTP의 영향. **(a)** Phe-$tRNA^{Phe}$의 리보솜 결합. 라벨은 14C-Phe-$tRNA^{Phe}$를 EF-T가 있거나 없는 조건에서 씻어낸 리보솜, 그리고 여러 농도의 GTP와 혼합하였다. 그녀는 혼합물을 여과지로 걸러내어 여과지상의 리보솜에 결합한 표지된 페닐알라닌을 조사함으로써 Phe-$tRNA^{Phe}$의 리보솜 결합을 측정하였다. EF-T와 GTP가 없을 때 상당한 정도의 비효소적 결합이 관찰되었으나 EF-T 의존적 결합에서는 GTP가 요구되었다. **(b)** 페닐알라닌의 중합. Ravel은 표지된 Phe-$tRNA^{Phe}$를 EF-G가 있거나 없는 조건에서 리보솜과 EF-T, 그리고 다양한 농도의 GTP와 혼합하였다. 다음과 같은 산 침전법으로 페닐알라닌의 중합을 측정하였다. 폴리(페닐알라닌)를 삼염소아세트산(TCA)으로 침전시키고 Phe-$tRNA^{Phe}$를 가수분해시키기 위해 삼염소아세트산 존재하에 가열한 뒤 침전된 폴리(페닐알라닌)를 여과지로 걸러내었다. 중합에는 EF-T, EF-G 모두와 고농도의 GTP가 필요하였다. (출처: Adapted from Ravel, J.M., Demonstration of a guanosine triphosphate-dependent enzymatic binding of aminoacyl-ribonucleic acid to Escherichia coli ribosomes, *Proceedings of the National Academy of Sciences USA* 57:1815, 1967.)

표 18.3 아미노아실-tRNA와 리보솜의 결합, 그리고 이와 펩티드 결합 형성에 미치는 GTP와 GDPCP의 영향

첨가	결합된 N-아세틸-Phe-$tRNA^{Phe}$(^{14}C) (pmol)	형성된 N-아세틸-diPhe-tRNA(^{14}C 또는 ^{3}H) (pmol)	결합된 Phe-tRNA(^{3}H) (pmol)
없음	7.6	0.4	0.1
EF-T+GTP	3.0	4.5	2.8
EF-T+GDPCP	7.0	0.5	4.8

출처: Haenni, A.L. and J. Lucas-Lenard, Stepwise synthesis of a tripeptide, *Proceedings of the National Academy of Sciences USA* 61:1365, 1968. Reprinted by permission.

었다. (나중에 언급하겠지만 T도 역시 GTP 분해효소 활성을 지니고 있다.) 이후에 진 루카스-레너드(Jean Lucas-Lenard)와 리프만(Lipmann)은 T가 실제로는 2개의 다른 단백질로 구성되어 있다는 것을 보였는데, 각각을 '불안정(unstable)하다'는 의미의 u를 붙인 Tu와 '안정(stable)하다'는 의미의 s를 붙인 Ts로 명명하였다. 현재는 **EF-Tu**(또는 EF1A), **EF-Ts**(또는 EF1B), 그리고 **EF-G**(또는 EF2)로 불리는 이들 세 인자는 신장의 첫 번째와 세 번째 단계에 관여한다. 진핵세포에서 EF-Tu와 EF-Ts의 역할은 **EF1**으로 알려진 3개의 소단위체 단백질에 의해 이루어진다. EF1의 α 소단위체는 EF-Tu의 역할을 수행하고, β와 γ 소단위체는 EF-Ts의 역할을 수행한다. EF-G의 역할은 진핵생물의 **EF2**에 의해 이루어진다. EF-Tu와 EF-Ts가 첫 번째 신장 단계에 연관되어 있으므로 먼저 이들의 활성을 살펴보도록 하자.

1967년 조앤 라벨(Joanne Ravel)은 분리되지 않은 EF-T(Tu와 Ts)가 GTP 분해효소 활성을 지닌다는 것을 밝혔다. 또한 EF-T가 아미노아실-tRNA를 리보솜에 결합시키기 위해서는 GTP가 필요했다. 이 현상을 설명하기 위해 그녀는 [^{14}C]Phe-$tRNA^{Phe}$를 제조하여 씻어낸 리보솜과 EF-T, 그리고 다양한 농도의 GTP와 혼합한 뒤 니트로셀룰로오스로 리보솜을 걸러내었다. 리보솜에 결합한 표지된 Phe-$tRNA^{Phe}$는 여과지에 달라붙었으나 결합하지 않은 Phe-$tRNA^{Phe}$는 통과해서 씻겨나갔다. 그림 18.13a는 그 결과를 보여 준다. EF-T와 GTP가 없을 때 Phe-$tRNA^{Phe}$와 리보솜의 비효소적인 결합의 배경 효과가 좀 더 높게 나타나지만 이는 생리적으로 중요하지 않다. 이러한 배경 효과를 무시하면 EF-T에 의존적인 Phe-$tRNA^{Phe}$의 리보솜 결합에 GTP가 필수적이라는 사실을 알 수 있다.

라벨이 폴리(U)와 표지된 Phe-$tRNA^{Phe}$이 있는 상태에서 씻어낸 리보솜에 EF-T와 EF-G를 첨가했을 때 표지된 폴리페닐알라닌이 만들어진다는 것을 발견하였다. 그리고 이러한 아미노산의 중합에는 아미노아실-tRNA의 결합반응에서보다 훨씬 높은 농도의 GTP를 필요로 하였다.

표 18.4 이미 결합된 N-아세틸-[^{14}C]Phe-tRNA를 운반하고 있는 리보솜에 [^{3}H]Phe-tRNA를 결합시키기 위한 요구 조건

첨가	결합된 [^{3}H]Phe-tRNA(pmol)
없음	2.8
EF-Ts+GTP	2.8
EF-Tu+GTP	5.2
EF-Ts+EF-Tu+GTP	11.6

출처: Naenni, A.L., and J. Lucas-Lenard, Stepwise synthesis of a tripeptide, *Proceedings of the National Academy of Sciences USA* 61:1365, 1968. Reprinted with permission.

번역의 개시부분을 고찰할 때 IF-2가 매개하는 fMet-$tRNA_f^{Met}$의 리보솜 결합에도 GTP가 필요하나 GTP의 가수분해는 필요하지 않다는 것을 배웠다. 이와 같은 현상이 EF-T와 일반적인 아미노아실-tRNA의 리보솜결합에도 일어날 수 있을까? 1968년에 안네-리세 헤니(Anne-Lise Haenni)와 루카스-레너드(Lucas-Lenard)가 실제로 그렇다는 것을 밝혔다. 그들은 N-아세틸-Phe-tRNA를 ^{14}C로, Phe-tRNA를 ^{3}H로 표지했다. 그런 다음 이렇게 표지된 아미노아실-tRNA와 EF-T를 GTP 또는 가수분해되지 않는 유사체인 GDPCP에 혼합하였다. 이 실험의 비생리적인 조건하에서 N-아세틸-Phe-$tRNA^{Phe}$는 P 부위에 결합하였다. 이들은 그림 18.13에서 기술된 것처럼 여과지 결합 실험으로 아미노아실-tRNA의 리보솜결합을 측정하였다. 그들은 또한 디펩티드를 추출하여 종이 전기영동을 통해 동정하는 방법으로 P 부위의 N-아세틸-페닐알라닌과 A 부위의 Phe-$tRNA^{Phe}$ 사이의 펩티드 결합 형성을 측정하였다. 표 18.3에서 N-아세틸-Phe-$tRNA^{Phe}$는 P 부위에 결합할 수 있고, Phe-$tRNA^{Phe}$는 EF-T와 GTP 또는 GDPCP의 도움으로 A 부위에 결합할 수 있다는 것을 보여 준다. (사실 N-아세틸-Phe-$tRNA^{Phe}$이 P 부위에 결합하는 데에는 EF-T조차도 필요하지 않다.) 따라서 GTP 가수분해는 EF-T가 아미노아실-tRNA를 리보솜의 A 부위로 결합시키는 데 필요하지 않다. 이것은 개시가 일어날 때의 상황과 유사한데, 이때

IF-2는 GTP 가수분해 없이도 fMet-tRNA^{Phe}를 P 부위에 결합시킬 수 있으나 그다음 과정은 GTP가 분해되어야 비로소 일어나게 된다.

이 연구자들은 Phe-tRNA^{Phe}를 리보솜에 결합시키는 데에 EF-Tu와 EF-Ts 둘 모두 필요하다는 사실도 밝혀냈다. 분석 방법은 GDPCP가 쓰이지 않은 점과 EF-Tu와 EF-Ts가 서로 분리되어(EF-Tu 부분에 분리되지 않고 약간 남아 있는 EF-Ts는 제외하고) 각각 첨가되었다는 점만 제외하면 분석 방법은 표 18.3에서와 같다. 표 18.4를 통해 Phe-tRNA^{Phe}와 리보솜의 결합에 EF-Tu와 EF-Ts가 모두 필요하다는 사실을 알 수 있다. EF-Tu만의 결과에서 나타나는 약간의 결합은 EF-Ts가 약간 오염되어 일어난 것이다.

그림 18.14는 EF-Tu와 EF-Ts가 함께 작용하여 아미노아실-tRNA들을 리보솜으로 전달하는 자세한 기작의 모델을 제시한 것이다. 먼저, EF-Tu와 GTP는 2량체를 형성한다. 그 후 아미노아실-tRNA가 복합체에 끼어들어 EF-Tu와 GTP, 아미노아실-tRNA로 이루어진 3량체를 구성한다. 이 3량체는 아미노아실-tRNA를 리보솜의 A 부위로 운반한다. EF-Tu와 GTP는 리보솜에 결합된 채로 남는다. 다음으로 GTP가 가수분해되고 EF-Tu와 GDP 복합체는 리보솜으로부터 분리된다. 마지막으로 EF-Ts가 복합체의 GDP를 GTP로 교환하여 EF-Tu와 GTP의 복합체를 만들어 낸다.

이러한 모델의 증거는 무엇인가? 1967년 허버트 바이스바흐(Herbert Weissbach) 등은 추출한 EF-T와 GTP가 니트로셀룰로오스 여과지에 흡착되는 복합체를 형성한다는 것을 발견했다. 그들은 GTP를 표지하고 EF-T와 혼합함으로써 표지된 뉴클레오티드가 여과지에 흡착된다는 것을 알아냈다. 이 사실은 GTP가 EF-T' 추출물 속의 어떤 단백질(아마도 EF-T 자신)에 결합하여 복합체를 형성한다는 것을 의미한다. 그 뒤 줄리안 고든(Julian Gordon)은 아미노아실-tRNA를 EF-Tu-GTP 복합체에 첨가하면 그 복합체가 여과지로부터 빠져나온다는 것을 발견하였다. 이러한 현상에 대한 한 가지 가능한 설명은 아미노아실-tRNA가 EF-Tu-GTP 복합체에 참여하여 3량체를 형성함으로써 더 이상 여과지에 결합하지 못한다는 것이다.

라벨 등은 다음 실험을 통해 3량체의 형성을 뒷받침하는 증거를 제시하였다. ^{3}H로 표지된 GTP, ^{14}C로 표지된 페닐알라닌-tRNA^{Phe}을 EF-T와 함께 혼합한 뒤 그 혼합물을 세파덱스 G100 겔 여과(gel filtration, 5장 참조) 장치에 넣어 여과시켰다. 이 겔 여과 레진은 EF-T와 같이 비교적 큰 단백질은 그냥 통과시키는 특성을 갖고 있기 때문에 큰 단백질들은 빠르게 통과하여 무효분획(void volume)에 모이게 된다. 반대로 GTP나 페닐알라닌-tRNA^{Phe}와 같이 상대적으로 작은 물질들은 레진의 구멍으

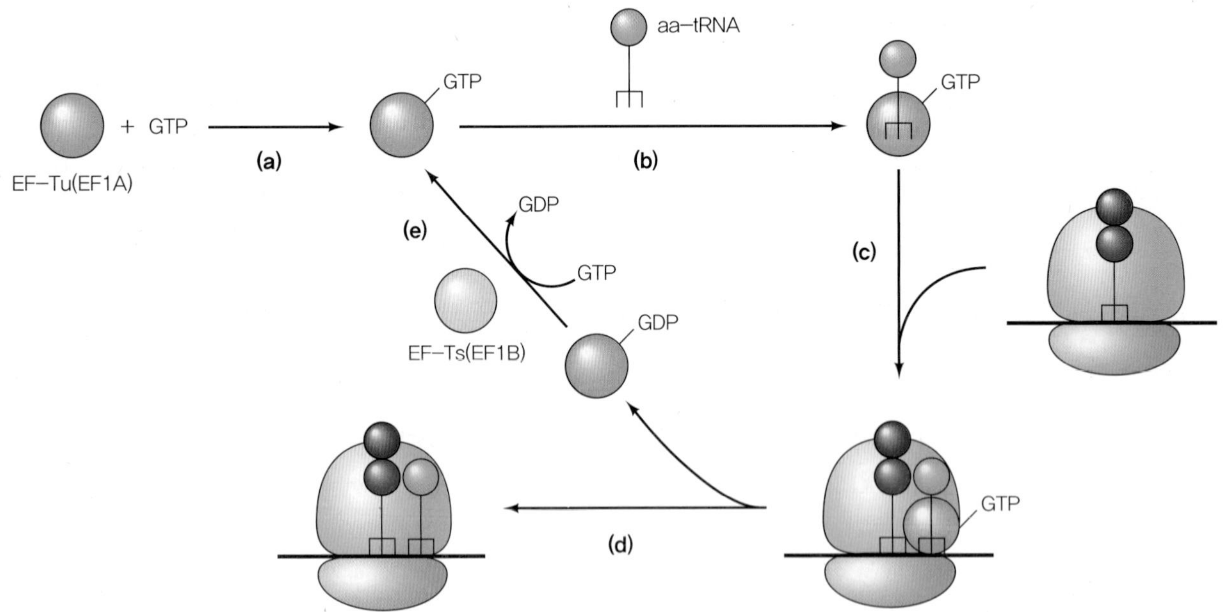

그림 18.14 아미노아실-tRNA가 리보솜 A 부위에 결합하는 모식도. (a) EF-Tu는 GTP와 결합하여 2량체를 형성한다. (b) 이 복합체와 아미노아실-tRNA가 결합하여 3량체를 형성한다. (c) 펩티딜-tRNA가 P 부위에 결합된 리보솜의 비어 있는 A 부위에 3량체가 결합한다. (d) GTP는 가수분해되고 그 결과 생긴 EF-Tu-GDP 복합체는 리보솜으로부터 분리된다. (e) EF-Ts는 EF-Tu에 붙어 있는 GDP를 GTP로 교환하여 줌으로써 EF-Tu-GTP 복합체가 다시 생성되고 다음 과정에 이용된다.

로 들어가기 때문에 통과가 지연된다. 따라서 작은 물질들은 무효 분획이 여과 장치를 빠져 나온 후에 여과 장치 밖으로 나온다. 실제로 작은 분자일수록 여과 장치를 통과하는 시간이 길다. 그림 18.15는 이러한 겔 여과 실험의 결과이다. 표지된 물질인 GTP와 페닐알라닌-$tRNA^{Phe}$는 비교적 늦게 나타나고, 이들 분획은 유리 GTP와 페닐알라닌-$tRNA^{Phe}$으로 이루어진다. 그러나 이 두 물질을 포함한 분획이 예상보다 빨리 20번 분획 주위에서 분리되었는데, 이러한 결과는 이 표지 물질들이 어떤 큰 물질과 결합되어 있음을 증명해 준다. 이 실험에서 현저히 큰 물질은 EF-T이고, 이미 초기 실험에서 EF-T가 복합체 형성에 관여할 것이라고 논의한 바 있다. 따라서 3량체는 페닐알라닌-$tRNA^{Phe}$, GTP 그리고 EF-T로 이루어질 것이라고 짐작된다.

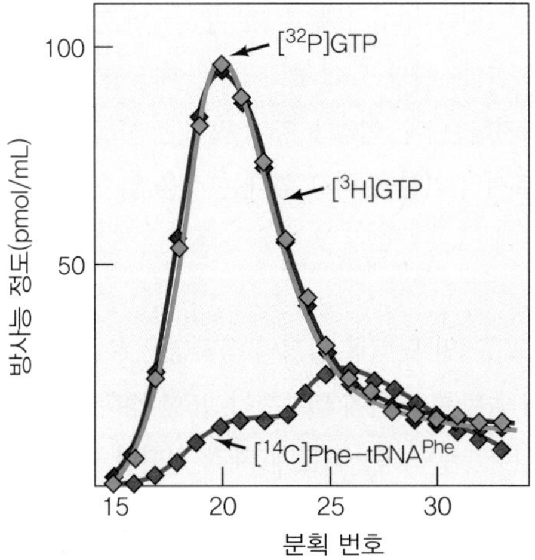

그림 18.15 EF-T, 아미노아실-tRNA, 그리고 GTP로 이루어진 3량체의 형성. 라벨 등은 ^{14}C-페닐알라닌-$tRNA^{Phe}$을 GTP(구아닌 부분이 ^{3}H로, γ-인산기는 ^{32}P로 표지된) 그리고 EF-T와 혼합하였다. 그 혼합물을 세파덱스 G100 겔 여과 장치를 통과시켜 EF-T와 같은 큰 물질을 GTP와 페닐알라닌-$tRNA^{Phe}$ 같은 상대적으로 작은 물질로부터 분리하였다. 그들은 세 가지 방사성 동위원소를 이용해 각 분획에서 GTP와 페닐알라닌-$tRNA^{Phe}$을 조사하였다. 두 물질은 적어도 부분적으로 거대 분자 분획(분획 20 주위)에서 발견되었는데, 이 결과는 두 물질이 복합체 내의 EF-T와 결합한다는 것을 의미한다. (출처: Adapted from Ravel, J.M., R.L. Shorey, and W. Shive, The composition of the active intermediate in the transfer of aminoacyl-RNA to ribosomes. *Biochemical and Biophysical Research Communications* 32:12, 1968.)

지금까지의 실험에서는 EF-Ts와 EF-Tu를 구분하지 않았다. 바이스바흐 등은 이 두 단백질을 분리하여 각각에 대해 실험하였다. 그들은 2량체에서 GTP와 결합하는 단백질이 EF-Tu라는 것을 발견하였다. 그렇다면 EF-Ts의 역할은 무엇일까? 이들 연구자들은 이 인자가 EF-Tu-GDP 복합체를 EF-Tu-GTP 복합체로 전환시키는 데 중요하다는 것을 밝혔다. 그러나 EF-Ts만으로는 EF-Tu-GDP를 EF-Tu-GTP로 거의 전환하지 못하고, 만일 관여한다 하더라도 이미 형성된 EF-Tu-GTP 복합체나 EF-Tu와 함께 존재해야만 한다(그림 18.16). 따라서 EF-Ts는 EF-Tu, GTP와 직접적으로 복합체를 형성하는 것은 아닌 것처럼 보인다. 대신 EF-Ts는 구아닌 뉴클레오티드를 치환하여 EF-Tu-GDP를 EF-Tu-GTP로 전환시킨다.

EF-Ts가 어떻게 이러한 전환을 수행할 수 있는가? 데이비드

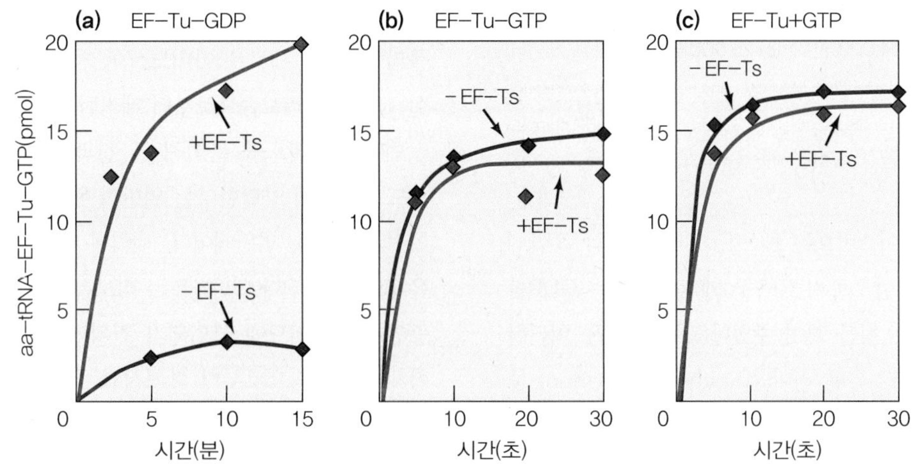

그림 18.16 3량체 형성에 대한 EF-Ts의 영향. 바이스바흐 등은 위에 열거한 [^{14}C]페닐알라닌-tRNA, [^{3}H]GTP, 그리고 EF-Tu가 3량체를 형성할 때의 EF-Ts 영향을 조사하였다. EF-Ts가 있을 경우(빨간색), 없을 경우(파란색)를 각각의 색으로 표시하였다. 3량체의 형성은 니트로셀룰로오스 여과 후 방사능의 감소 정도를 이용하여 측정하였다. 3량체 형성을 측정해 본 결과 EF-Ts는 EF-Tu-GDP가 기질일 때만 복합체 형성을 촉진하고(a), EF-Tu-GTP(b) 또는 EF-Tu+GTP(c)는 EF-Ts의 도움 없이도 자발적으로 복합체를 형성하였다(aa-tRNA=아미노아실-tRNA). (출처: Adapted from Weiss-bach, H., D.L. Miller, and J. Hachmann, Studies on the role of factor Ts in polypeptide synthesis. *Archives of Biochemistry and Biophysics* 137:267, 1970.)

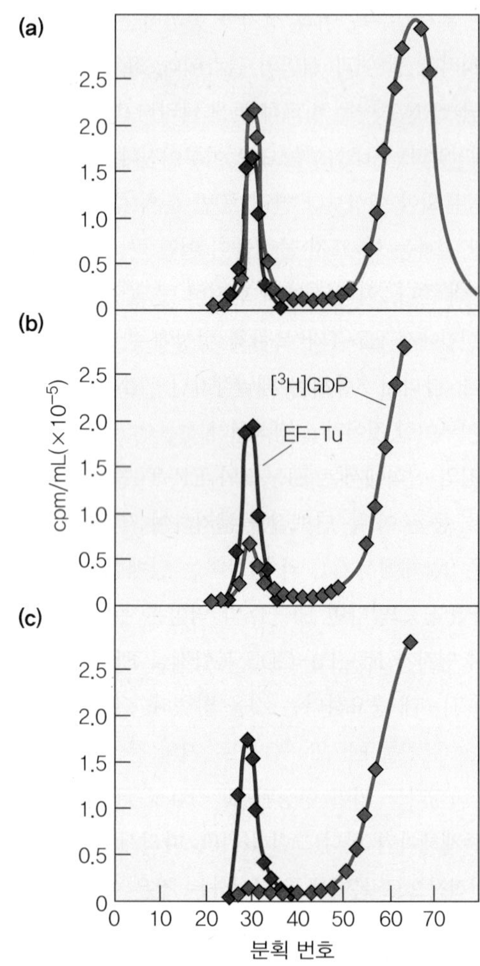

그림 18.17 EF−Ts에 의한 EF−Tu−GDP 복합체로부터 GDP의 교체. Miller와 Weissbach는 세 가지 다른 양의 EF−Ts를 EF−Tu−[^{3}H]GDP 복합체에 넣어 준 뒤, 세파덱스 G−25 겔 여과 장치를 통과시킨 후에 복합체 내에 남아 있는 GDP의 양을 측정하였다. 세 경우에서 사용된 EF−Ts의 양은 다음과 같다. (a) 500 단위. (b) 14,000 단위. (c) 25,000 단위. 빨간색 선, [^{3}H] GDP. 파란색, EF−Tu. (출처: Adapted from Miller, D.L. and H. Weissbach, Interactions between the elongation factors: The displacement of GDP from the Tu−GDP complex by factor Ts. *Biochemical and Biophysical Research Communications* 38:1019, 1970.)

밀러(David Miller)와 바이스바흐는 EF−Ts가 EF−Tu와 복합체(EF−Ts−EF−Tu)를 형성함으로써 EF−Tu에 붙어 있는 GDP를 GTP로 치환할 수 있다는 것을 보여 주었다(그림 18.17). 이러한 치환은 어떻게 일어나는가? 루벤 리버만(Reuben Leberman) 등은 EF−Tu−EF−Ts 복합체를 X−선 결정분석하여 EF−Ts가 EF−Tu−GDP에 결합하여 EF−Tu의 Mg^{2+} 결합 위치를 변화시킨다는 것을 밝혀냈다. EF−Tu와 Mg^{2+}가 약하게 결합함으로써 GDP가 분리되고 GTP가 EF−Tu에 결합한다.

왜 EF−Tu는 아미노아실 tRNA를 리보솜으로 이동시키는 데 필요할까? 아미노산과 해당 tRNA 사이의 에스테르결합은 쉽게 끊어지는데 EF−Tu 단백질이 아미노아실−tRNA를 보호하여 이러한 가수분해를 저해한다. 그러나 세포 내의 아미노아실−tRNA의 농도는 매우 높은 편이다. 이것을 보호할 충분한 EF−Tu가 존재할까? 답은 '그렇다'이다. 실제로 EF−Tu는 세포 내에서 양이 많은 단백질에 속한다. 예를 들어 EF−Tu는 대장균 세포의 총 단백질 중 5%를 차지하는 데, 이렇게 양이 많다는 사실은 EF−Tu가 중요한 보호제로서의 역할을 하고 있다는 것을 입증한다.

(1) 교정

19장에서 보겠지만 단백질 합성의 정확성은 부분적으로 아미노산과 tRNA의 올바른 연결에 의존한다. 또한 정확성은 신장 1단계에서도 결정된다. 리보솜은 코돈에 따라 적합한 아미노아실−tRNA와 A 부위에서 결합한다. 그러나 만일 이 첫 인식 단계에서 잘못되면 중합펩티드로 아미노산이 첨가되기 전에 올바르게 바꿀 수 있는 기회가 있는데, 이러한 과정을 **교정**(proofreading)이라고 한다.

이러한 교정은 신장 1단계 과정 내에서 두 단계에 걸쳐서 일어난다. 첫 단계에서는 형성된 3량체가 리보솜으로부터 해리될 수 있는데, 이 과정은 삼형 복합체가 잘못된 아미노아실−tRNA와 결합했을 때 더 쉽게 일어난다. 두 번째 단계에서는 아미노아실−tRNA(삼형 복합체로부터 파생된)가 리보솜으로부터 해리된다. 이러한 분리도 역시 잘못된 아미노아실−tRNA일 경우는 적합한 아미노아실−tRNA일 경우에 비해 매우 빠르게 일어난다. 적합한 아미노아실 tRNA가 아닐 경우, 불완전한 코돈−안티코돈 염기쌍 결합으로 인해 빠르게 분리된다. 일반적으로 이러한 반응은 옆의 폴리펩티드에 새로운 아미노산이 첨가되기 전에 잘못된 아미노아실−tRNA가 리보솜으로부터 제거될 만큼 빠른 속도로 진행된다.

번역의 정확도를 분석해 본 결과 높은 수준의 정확도와 빠른 속도의 번역이 양립한다는 일반적 원리를 알 수 있었다. 사실상 정확성과 속도는 역관계이다. 번역이 빠르게 진행될수록 그 정확성은 점차 낮아진다. 그 이유는 리보솜에서 잘못된 아미노산이 신장 중인 폴리펩티드에 삽입되기 전에 잘못된 아미노아실−tRNA 복합체를 리보솜으로부터 제거시킬 수 있는 충분한 시간이 있어야 하기 때문이다. 번역이 빠르게 진행될수록 잘못된 아미노산이 더 많이 첨가될 것이다. 반대로 번역이 너무 천천히 진행되면 정확도는 높아지겠지만 생명 유지에 필요한 속도로 단백질이 만들어지지 못할 것이다. 즉, 번역의 속도와 정확도 사이에는 정교한 균형 관계가 존재한다.

이러한 균형 관계에서 가장 중요한 요소 중의 하나가 EF−Tu

에 의한 GTP이 가수분해 속도이다. 만약 이 속도가 빠르다면 처음 교정 단계를 위한 시간이 부족하게 된다. 즉, EF-Tu가 GTP를 너무 빨리 GDP로 가수분해함으로써 부적절한 아미노아실-tRNA를 포함하는 3량체 구조가 리보솜에서 분리될 충분한 시간을 갖지 못하게 된다. 반대로 만약 속도가 너무 느리면 교정을 위한 시간은 충분하겠지만 번역기작이 너무 느리게 일어나게 될 것이다. 그렇다면 적합한 속도는 얼마인가? 대장균에서 3량체가 결합하고 GTP가 가수분해될 때까지의 시간 간격은 수 밀리 초(millisecond, 10^{-3}초) 단위이다. 그러므로 EF-Tu-GDP가 리보솜에서 분리되기 위해서는 수 밀리 초가 걸린다. 교정은 이러한 시간 내에 이루어져야 하고, 만약 두 가지 중 하나라도 짧아진다면 번역의 정확도는 깨진다.

세포는 번역 단계에서 얼마만큼의 오류에도 견뎌낼 수 있을까? 만약 1% 정도의 오류가 일어난다면? 약 99%의 정확도는 매우 훌륭한 것처럼 보인다. 그러나 대부분의 단백질이 약 100개 이상의 아미노산으로 이루어져 있다는 사실을 생각해 보면 그렇지 않다는 것을 알게 될 것이다. 사실 단백질은 평균 300개 이상의 아미노산으로 이루어져 있고, 1,000개 이상의 아미노산으로 이루어진 경우도 있다. 아미노산당 오류가 일어날 정도를 ε라 하고 아미노산의 길이를 n이라고 하면 오류가 없는 폴리펩티드가 만들어질 확률 p는 다음과 같은 식으로 표현된다.

$$p=(1-\varepsilon)n$$

예를 들어 만약 오류의 확률이 1%라면 평균 크기의 폴리펩티드가 오류가 없이 만들어질 확률은 5% 정도밖에 안 되고, 약 1,000개의 아미노산으로 이루어진 폴리펩티드가 정상적으로 만들어질 가능성은 거의 없다. 하지만 오류의 확률이 10배 더 나은 0.1%라고 한다면, 평균 크기의 폴리펩티드가 정상적으로 만들어질 확률은 74%, 1,000개의 아미노산으로 이루어진 경우에는 약 37%의 정상적인 폴리펩티드가 만들어질 수 있다. 그러나 이러한 경우에도 커다란 폴리펩티드에는 큰 문제가 된다. 만약 오류의 확률이 0.01%라면 어떻게 될까? 이러한 확률에서 평균 크기는 97%, 1,000개의 아미노산 폴리펩티드의 경우에는 91%의 정상적인 폴리펩티드가 만들어지게 된다. 이 정도면 어느 정도 만족할 만한 오류의 확률이라 할 수 있고 실제로 최소한 대장균에서는 하나의 아미노산이 첨가될 때 관찰되는 오류 정도가 0.01%에 가깝다.

스트렙토마이신(streptomycin)이라 알려진 중요한 항생제는 리보솜이 좀 더 실수를 하도록 유도하여 교정 과정을 교란시킨다. 예를 들어 보통이 리보솜은 합성된 폴리(U)를 주형으로 이용하면 페닐알라닌을 첨가한다. 그러나 스트렙토마이신은 이러한 폴리(U) 주형에 이소류신을 첨가하도록 만들고 때로는 세린과 류신을 첨가하도록 한다.

특정한 자연 조건은 번역 속도가 정상보다 빠르거나 늦을 때 어떠한 현상이 일어나는지 볼 수 있게 해준다. 예를 들어 *ram*과 같은 리보솜의 단백질 또는 *tufAr*과 같은 EF-Tu의 단백질에 돌연변이가 일어날 경우, 펩티드사슬 형성의 속도가 2배가 된다. 이러한 돌이변이의 경우 잘못된 아미노아실-tRNA가 리보솜으로부터 해리되는 시간이 충분하지 않기 때문에 정확한 번역이 이루어질 수 없다.

반대로 *strA*와 같은 스트렙토마이신-저항 돌연변이에서 펩티드 결합 형성 속도는 일반적인 값에 비해 반밖에 되지 않는다. 이 돌연변이에는 잘못된 아미노아실-tRNA가 리보솜에서 떨어져 나오기 위한 여유 시간을 더 주어 번역은 아주 정확하게 이루어진다.

4) 신장 2단계: 펩티드결합 형성

개시인자(initiation factor)와 EF-Tu의 작용으로 리보솜의 P 부위에는 fMet-$tRNA_f^{Met}$가, A 부위에는 아미노아실-tRNA가 위치하게 된다. 다음으로 첫 번째 펩티드결합이 형성되는데, 이 과정에서 새로운 신장인자가 작용하지는 않는다. 대신 리보솜 스스로 **펩티드 전달효소**(peptidyl transferase)의 활성을 가지고 펩티드 결합을 형성한다. 더 이상의 용해성 인자는 필요하지 않다.

원핵생물에서 펩티드 전달효소의 활성은 **클로람페니콜**(chloramphenicol)이라는 중요한 항생제에 의해 저해된다. 이 약은 대부분의 진핵생물 리보솜에서는 아무런 효과가 없어서 고등생물에 침입한 박테리아를 선택적으로 제거하는데 효과적이다. 하지만 진핵생물의 미토콘드리아의 경우에 자신들만의 리보솜을 가지는데, 클로람페니콜이 이 리보솜의 펩티드 전달효소 활성을 저해하게 된다. 따라서, 클로람페니콜의 박테리아 선택성은 절대적이라 할 수는 없다.

펩티드 전달효소에 대한 고전적인 분석은 로버트 트라우트(Robert Traut)와 로버트 먼로(Robert Monro)에 의해 고안되었는데, 이 분석에서는 리보솜의 P 부위에 결합된 표지 아미노아실-tRNA, 펩티딜-tRNA와 퓨로마이신이 이용되었다. 표지 아미노아실 또는 펩티딜-퓨로마이신의 방출은 그림 18.18a에 도식화한 것처럼 P 부위의 아미노산 또는 펩티드와 A 부위의 퓨로마이신 사이에서 형성되는 펩티드 결합에 의해 결정된다. 또한 트라우트와 먼로는 이 분석 체계를 변형시켜 50S 리보솜 소단위체가

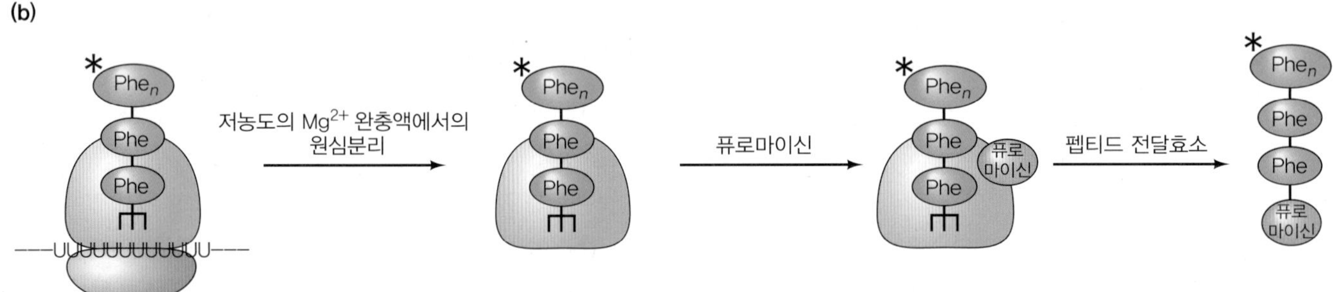

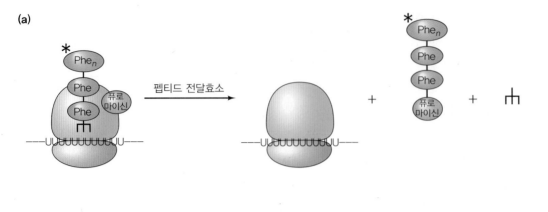

그림 18.18 펩티드 전달효소의 분석을 위한 퓨로마이신 반응. (a) 표준 퓨로마이신 반응. 폴리(U)로 mRNA를 제조하여 이용하고 P 부위에 표지된 폴리(Phe)-tRNA가 들어가게 한 뒤 퓨로마이신을 첨가하였다. 펩티드사슬이 퓨로마이신과 표지된 폴리(Phe) 사이에 형성되면 표지된 펩티딜-퓨로마이신이 방출될 것이다. (b) 50S 소단위체만 반응시킨 경우이다. 표지된 폴리(Phe)-tRNA를 리보솜의 P 부위로 넣어 준 뒤 저 농도의 Mg^{2+} 완충액에서 배양한 후 50S-폴리(Phe)-tRNA 복합체를 30S 소단위체와 mRNA에서 분리할 수 있도록 원심분리를 하였다. 여기서 퓨로마이신을 넣어 주고 표지된 펩티딜-퓨로마이신이 방출되는지를 조사하여 펩티드 전달효소의 기능을 측정했다. 반응의 부산물(50S 소단위체와 tRNA)은 그려져 있지 않다. 별표는 표지된 폴리(Phe)를 나타낸다.

30S 소단위체나 용해된 인자의 도움없이 펩티드 전달효소 반응을 수행할 수 있다는 것을 보여 주었다(그림 18.18b). 우선, 그들은 mRNA로 폴리(U)를 이용해 리보솜이 폴리(Phe)를 합성하도록 하여 P 부위에 표지된 폴리(Phe)-tRNA가 위치하게 하였다. 다음 단계로 Mg^{2+} 농도가 낮은 완충액에서 반응시킨 뒤, 초고속 원심분리를 통해 30S 소단위체를 제거하였다. 그 후 남아 있는 개시 또는 신장인자를 염 용액으로 씻어 내어 폴리(Phe)-tRNA가 결합된 50S 소단위체만 남긴다. 보통 이러한 초기의 50S 소단위체는 퓨로마이신에 반응을 보이지 않으나 33% 메탄올에서는 퓨로마이신 반응성이 증가하였다(에탄올도 같은 반응). 2개의 분석에서 여전히 리보솜에 결합되어 있는 펩티딜-tRNA와 방출된 펩티딜-tRNA를 구별해야만 한다. 트라우트와 먼로는 그림 18.19에서 보듯이 자당 농도구배 원심분리를 이용하여 처음으로 두 펩티드를 구분했다. 나중에 더 편리한 필터 결합분석이 개발되었다. 그림 18.19a는 퓨로마이신이 없는 음성 대조군인데, 기대했던 것처럼 폴리(Phe)는 50S 소단위체에 결합되어 있었다. 그림 18.19b는 양성 대조군으로 요소와 RNA 가수분해효소에 의해 리보솜이 파괴되어 방출된 폴리(Phe)이다. 그림 18.19c와 18.19d는 각각 퓨로마이신과 GTP를 넣었을 때와 넣지 않았을 때의 실험 결과이다. 퓨로마이신을 넣었을 때 폴리(Phe)를 방출하는 것으로 보아 펩티드 전달효소는 활성을 나타내는 것으로 보인다. 이러한 반응은 심지어 GTP가 없을 때도 펩티드 전달효소에 의해 일어난다.

50S 소단위체와 퓨로마이신의 반응 결과는 50S 소단위체가 펩티드 전달효소의 활성을 가지고 있다는 것을 뒷받침하는 것으로 보이나 다소 비생리적인 조건(33% 메탄올, 퓨로마이신)에서는 변형이 일어나지 않을까? 퓨로마이신과 펩티드의 반응이 정상적인 펩티드 합성 기작을 따르는 것처럼 보이는 것은 위와 같은 생각을 지지해 준다. 또한 고테스만(Gottesmann)은 폴리(U)를 폴리(A)로 대체했을 때 폴리(Phe)가 폴리(Lys)로 바뀌고, 퓨로마이신을 라이실(lysyl)-tRNA로 대체했을 때 동일한 종류의 반응이 일어난다는 것을 보여 주었다. 이 결과는 퓨로마이신 반응이 펩티드 결합 형성을 설명하는 데 적절한 모델이라는 것을 증명하였다. 더욱이 이들 반응은 정상적인 펩티드 전달효소 반응을 저해하는 클로람페니콜과 다른 항생제에 의해 완전히 억제되었는데, 이러한 결과로 볼 때 이 모델 반응이 정상 반응과 동일한 경로로 이루어진다고 보인다.

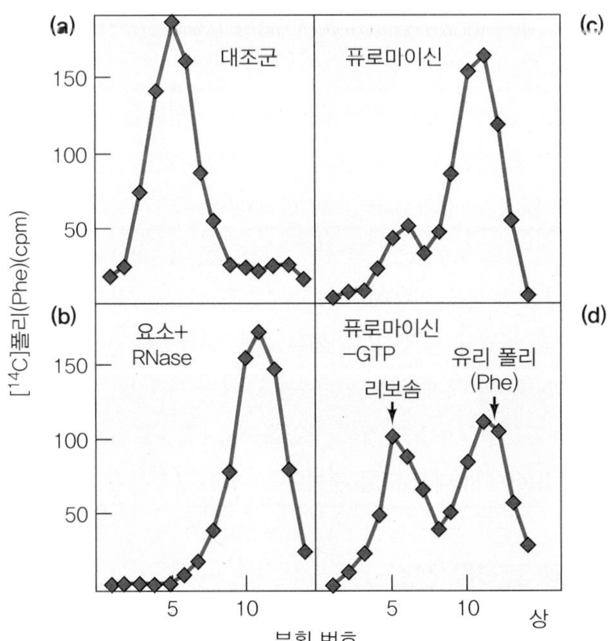

그림 18.19 **펩티드결합 형성을 조사하기 위한 퓨로마이신 분석.** 트라우트와 먼로는 [14C]폴리 페닐알라닌을 리보솜에 넣어 준 뒤 퓨로마이신이 있는 상태와 없는 상태에서 배양하였다. 그 생성물을 자당 농도구배 원심분리하여 리보솜에 결합된 폴리(Phe)로부터 리보솜에서 방출된 유리폴리(Phe)를 분리했다. 리보솜의 폴리(Phe)에 다음과 같은 처리를 하였다. **(a)** 처리하지 않음. **(b)** 요소와 RNA 가수분해효소 처리. **(c)** 퓨로마이신 처리. **(d)** GTP 없이 퓨로마이신 처리. (출처: Adapted from Traut, R.R. and R.E. Monro, The puromycin reaction and its relation to protein synthesis. *Journal of Molecular Biology* 10:63–72, 1964.)

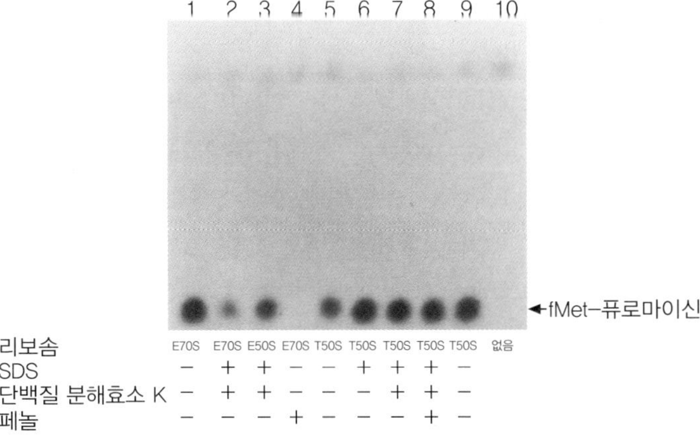

그림 18.20 **단백질 제거제가 대장균과 *Thermus aquaticus*의 리보솜에 있는 펩티드 전달효소의 활성에 미치는 영향.** 놀러 등은 그림 아래에 제시한 바와 같이 리보솜에 SDS, 단백질 분해효소 K(PK), 페놀을 각기 독립적으로 처리하거나 이들을 조합하여 함께 처리한 후, 리보솜에서 펩티드 전달효소 활성을 CAACCA-f[^{35}S]메티오닌을 이용한 조각반응을 통해 측정하였다. 즉, 고전압 종이 전기영동을 사용해 f[^{35}S]메티오닌-퓨로마이신을 분리해낸 다음 자가방사법을 이용해 그 존재를 확인했다. 리보솜의 출처는, E70S, E50S는 각각 대장균의 70S, 50S 리보솜 소단위체, 그리고 T50S는 *Thermus aquaticus*의 리보솜 소단위체이다. 메티오닌-퓨로마이신의 위치는 오른쪽에 표시하였다. (출처: Adapted from Noller, H.F., V. Hoffarth, and L. Zimniak, Unusual resistance of peptidyl transferase to protein extraction procedures. *Science* 256 (1992) p. 1417, f. 2.)

수십 년 동안 어느 누구도 50S 소단위체의 한 부분이 펩티드 전달효소 활성을 가지고 있다고 생각하지 못했다. 그러나 토마스 체크(Thomas Cech)가 1980년대 초에 어떤 RNA는 촉매 활성을 가지고 있다는 것을 증명하자마자 분자생물학자들은 23S rRNA가 실제로 펩티드 전달효소 반응을 촉매하는 것이 아닌지를 의심하기 시작했다. 1992년 해리 놀러(Harry Noller) 등은 이에 대한 강력한 증거를 제시하였다. 그들은 펩티드 전달효소에 대한 분석을 위해 **조각반응**(fragment reaction)이라고 하는 변형된 퓨로마이신 반응을 이용했다. 이 방법은 1960년대에 Monro에 의해 처음 고안된 것으로 P 부위의 표지된 시작 메티오닌-$tRNA_f^{Met}$ 조각과 A 부위의 퓨로마이신을 이용하는 것이다. 조각으로는 CCA-시작 메티오닌 또는 CAACCA-시작 메티오닌을 이용할 수 있는데, 둘 모두 P 부위에 결합하기 충분할 만큼 시작 메티오닌-$tRNA_f^{Met}$ 전체와 유사하다. 표지된 시작 메티오닌은 퓨로마이신과 결합한 뒤 표지된 시작 메티오닌-퓨로마이신으로 방출된다.

놀러 등이 직면한 문제는 50S 미립자로부터 rRNA 외의 모든 단백질을 제거한 뒤 이 rRNA가 조각반응을 수행하는지를 보여 주는 것이다. rRNA로부터 단백질을 제거하기 위해 50S 소단위체에 변성 또는 분해하는 능력이 강한 것으로 알려져 있는 페놀, SDS, 그리고 단백질 분해효소 K를 처리하였다. 그림 18.20의 1~4에서 볼 수 있는 것처럼 대장균 50S 소단위체의 펩티드 전달효소 활성은 SDS와 단백질 분해효소 K에서는 변하지 않았으나 페놀을 처리할 경우에는 그 활성이 사라졌다. SDS와 단백질 분해효소 K(PK)를 처리했을 경우 효소활성이 남아 있다는 결과는 매우 흥미로웠으나 왜 페놀을 처리할 경우 효소 활성이 없어지는지는 의문으로 남았다.

놀러 등은 펩티드 전달효소의 활성에 필수적인 RNA의 어떤 고차원적 구조가 페놀에 의해 붕괴될 것이라 추론했다. 만약 그렇다면 보다 견고한 내열성 박테리아의 rRNA는 페놀 추출 후에도 그 본래의 구조를 유지할 것이라 가정하게 되었고, 이를 입증하기 위해 그들은 다음과 같은 시도를 하였다. 즉, 끓어오르는 온천에 서식하는 내열성 박테리아의 일종인 *Thermus aquaticus*에서 얻은 50S 소단위체를 대상으로 이전과 동일한 실험을 수행한 것이다. 그림 18.20(5~9번)에서 나타나는 결과는 *T. aquaticus* 50S 소단위체의 펩티드 전달효소 활성이 세 가지 시약 처리 이후에도 여전히 유지되고 있음을 보여 준다.

만약 그 조각 생성이 실제로 펩티드 전달효소 반응을 나타낸 것이라면 이 반응은 클로람페니콜이나 카보마이신(carbomycin) 같은 펩티드 전달효소 억제제에 의해 봉쇄되어야 한다. 더욱이 rRNA가 펩티드 전달효소 활성에 주요한 요인이라면 조각반응은 RNA 가수분해효소에 의해 억제되어야 한다. 즉, 그들이 예상한 것처럼 *T. aquaticus*의 완전한 또는 처리된 50S 소단위체에 의해 유발된 조각반응이 클로람페니콜, 카보마이신, 그리고 RNA 가수분해효소에 의해 모두 억제된 것이다.

그렇다면 이러한 실험이 rRNA가 펩티드 전달효소의 유일한 구성 요소임을 증명하였는가? Noller 등은 이러한 결론에 도달하지는 못했는데, 이는 실험 과정 중 어떠한 단백질 제거 시약의 처리로도 모든 단백질을 제거하지는 못했기 때문이다. 사실 알렉산더 맨킨(Alexander Mankin)과 협력한 실험에서 이러한 시약들의 처리 후에 8개의 리보솜 단백질이 rRNA와 결합해 있다는 사실을 알아냈다.

맨킨과 놀러 등은 놀러가 처음 실험에서 사용한 것과 동일한 단백질 변성 시약을 *T. aquaticus*의 50S 리보솜에 이용했다. 그 후 그들은 나머지 물질들을 자당 농도 구배 원심분리법을 이용하여 분리해내고 펩티드 전달효소의 활성을 갖는 물질이 50S와 80S의 침강 위치에 존재함을 알았고 이들을 각각 KSP50과 KSP80으로 명명하였다. K, S와 P는 각각 단백질 분해효소 <u>K</u>, <u>S</u>DS, 그리고 <u>P</u>henol을 의미한다. 그 후 그들은 KSP50과 KSP80뿐 아니라 50S 미립자가 어떤 RNA와 단백질로 이루어져 있는지 규명하고자 하였다. 그들은 겔 전기영동을 이용해 23S와 5S rRNA를 분리해냈다. 이러한 미립자를 이루는 단백질을 분리, 규명하기 위해 그들은 2차 전기영동을 이용했다(5장 참조). 놀랍게도 8개의 단백질은 거의 대부분 남아 있었는데, 그중 4개(L2, L3, L13, L22)는 양적으로 거의 화학양론적 혼합비를 가졌지만 다른 4개(L15, L17, L18, L21)는 양이 적었다. 맨킨과 놀러 등은 각 펩티드의 아미노 말단 서열 분석을 통하여 이들 8개의 단백질을 규명하였다. 2개의 미립자 모두에서 동일한 단백질과 RNA가 존재했으므로 KSP80 미립자는 단순히 KSP50의 이합체라는 것을 알았다.

순수분리된 인자들을 이용한 이전의 펩티드 전달효소 재구성 실험에서 23S rRNA와 단백질 L2, L3, L4만이 존재하는 재구성 조건에서 펩티드 전달효소가 활성을 나타냄을 알 수 있었다. KSP 미립자에는 이들 중 L4만이 빠진 것이다. 그러므로 KSP 미립자 결과와 재구성 실험 결과를 비교해 볼 때 펩티드 전달효소의 활성을 위한 최소 구성성분은 23S rRNA와 L2, L3 단백질이라는 것을 알 수 있다.

23S rRNA는 펩티드 전달효소에서 무슨 역할을 하는 것일까? 이들이 촉매 역할을 할 것이라는 것이 가장 이상적인 이론이지만 이제까지의 실험 결과로부터 그러한 결론을 이끌어낸다는 것은 무리이다. 그러나 2000년에 토마스 스타이츠(Thomas Steitz) 등은 X-선 결정 분석을 이용해 50S 리보솜을 관찰한 결과 펩티드 전달 활성을 나타내는 중심부위에는 다른 단백질은 존재하지 않고 23S rRNA만이 존재함을 발견하였다. 그러므로 23S rRNA는 실제로 펩티드 전달효소의 촉매 역할을 하는 것으로 보인다. 이러한 주제는 19장에서 다시 다룰 것이다.

5) 신장 3단계: 전좌

일단 펩티드 전달효소가 자신의 일을 수행한 후에는 펩티딜-tRNA가 A 부위에, 그리고 탈아실화된 tRNA가 P 부위에 있게 된다. 그다음 단계인 전좌는 mRNA와 펩티딜-tRNA를 한 코돈의 길이만큼 리보솜을 통해 이동시키는 것이다. 이 기작의 결과 펩티딜-tRNA는 P 부위에 놓이게 되며 탈아실화된 tRNA는 E 부위로 이동한다. 이와 같은 전좌기작은 전좌 완료 후 GTP를 가수분해하는 신장인자인 EF-G를 필요로 하는데, 이 절에서는 전좌기작에 관해 자세히 살펴보기로 한다.

(1) 전좌 과정 중 mRNA의 3개 뉴클레오티드의 이동

전좌는 mRNA상의 3개의 뉴클레오티드 길이 만큼(하나의 코돈에 해당) 정확하게 리보솜을 통해 이동해야 한다. 만약 이동하는 뉴클레오티드의 길이에 차이가 나면 리보솜은 다른 해독틀에 위치하게 되어 결과적으로 비정상적인 단백질 생성을 초래하게 된다. 그렇다면 이러한 사실은 어떻게 알게 된 것일까? 피터 렌겔(Peter Lengyel) 등은 1971년 3개의 뉴클레오티드 가설을 뒷받침하는 연구 결과를 제시하였다. 그들은 박테리오파지 mRNA, 리보솜, 그리고 아미노아실-tRNA를 이용하여 전-전좌복합체(pretranslocation complex) 실험군을 설정하였다. 이때 전좌가 개시되는 것을 막기 위해 EF-G와 GTP는 배제하였다. 한편, 전-전좌복합체에 EF-G와 GTP를 첨가하여 후-전좌복합체(posttranslocation complex) 실험군을 따로 설정하고 반응시킨 다음 각각의 복합체에 RNA 가수분해효소를 처리하여 리보솜에 의해 보호되는 부분을 제외한 다른 모든 mRNA가 잘리도록 하였다. 그런 다음 보호되어 잘리지 않은 RNA 단편을 분리하여 이들의 염기서열을 확인했다. 그 결과 전-전좌복합체 실험군에

시 얻은 단편의 3′ 말단의 염기서열은 UUU, 그리고 후-전좌복합체 실험군에서 얻은 염기서열은 UUUACU이었다. 이러한 사실은 전좌가 mRNA를 따라 3개의 뉴클레오티드를 왼쪽으로 이동시키는 방식으로 일어나며, 그 결과 3개의 새로운 뉴클레오티드(ACU)가 리보솜 내로 들어가 보호되었음을 보여 준다. 연구진은 보호된 RNA의 3′-말단 염기서열을 확인하는 것 이외에도 부가적으로 이들 서열의 번역을 수행하였다. 그 결과 전-전좌복합체에 의해 보호된 RNA 단편에서는 UUU에 의해 암호화된 페닐알라닌이 생성되었음에 반해, 후-전좌복합체에서는 ACU에 의해 암호화된 트레오닌이 생성됨을 확인할 수 있었다. 결과들을 종합하면, 전좌는 mRNA 하나의 코돈에 해당하는 정확히 3개의 뉴클레오티드가 리보솜을 통해 움직이는 과정이라 할 수 있다.

(2) GTP와 EF-G의 역할

대장균에서의 전좌는 이 장의 초반에서 이미 설명한 것처럼 GTP와 EF-G라 불리는 GTP 결합단백질에 의존한다. 진핵생물에서도 EF-2라 불리는 유사단백질이 이와 동일한 역할을 수행한다. 이러한 사실은 요시토 카지로(Yoshito Kaziro) 등이 1970년 GTP와 EF-G에 대한 전좌 기작의 의존성을 제기하고, 1974년 GTP가 전좌 과정 중 필수적이란 사실을 입증함으로써 받아들여졌다. 그들은 먼저 그림 18.21에서 묘사한 것처럼 리보솜의 A 부위에는 ^{14}C로 표지된 N-아세틸-디페닐-tRNA를 그리고 P 부위에는 탈아실화된 tRNA를 지닌 전좌 기질을 만들고 이 기질이 전좌 과정을 거치도록 한 뒤 두 가지 방법으로 전좌 정도를 측정했다. 그 첫 번째 방법은 리보솜의 P 부위로부터 탈아실화된 tRNA의 분리를 측정하는 것이다. 이 방법은 생리적인 반응과는 거리가 있는데, 생체

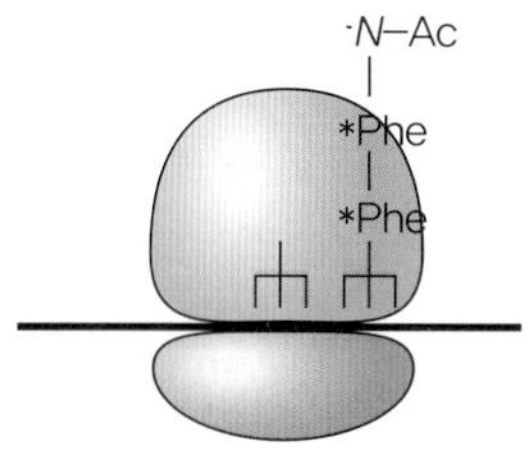

그림 18.21 EF-G와 GTP의 전좌의 의존도를 측정하는 데 사용하는 전좌 기질. 카지로 등은 A 부위에 *N*-아세틸-di-Phe-tRNA를 가지고 있고 P 부위에 디아실레이트 tRNA를 가지고 있는 리보솜을 전좌 기질로 만들었다. 첫째 그들은 P 부위에 갔을 때 리보솜과 *N*-아세틸-Phe-tRNA와 함께 폴리 U RNA를 섞었다. 그 다음에 그들은 A 부위에 갔을 때 보통의 Phe-tRNA를 추가하였다. 펩티드 전달효소는 A 부위에 *N*-아세틸-di-Phe-tRNA와 P 부위에 디아실레이트 tRNA를 만들어 펩티드 결합을 이루었다.

내에서는 탈아실화된 tRNA는 바로 E 부위로 이동하기 때문이다. 전좌를 확인하기 위한 두 번째 방법으로는 퓨로마이신에 대한 반응성을 이용할 수 있다. 즉, 전좌가 일어나자마자 표지된 2개의 펩티드가 P 부위에서 퓨로마이신과 결합하고 분리되는 정도를 확인하는 것이다. 표 18.5는 다음과 같은 사실을 시사한다. 즉, GTP 또는 EF-G 중 하나라도 첨가되지 않았을 경우에는 전좌가 거의 일어나지 않았음에 반해, GTP와 EF-G가 모두 존재할 때에는 전좌가 향상된다는 것을 분리된 탈아실화된 tRNA의 증가를 통해 확인할 수 있었다.

그러면 전좌의 어떠한 시점에서 GTP가 가수분해될까? 두 가지 가능성이 있는데, 그 첫 번째 모델은 GTP 가수분해가 전좌 이전 또는 전좌와 거의 동시에 일어날 가능성으로 추정된 것이고, 두 번째 모델은 전좌 이후에 GTP 가수분해가 일어날 가능성을 생각한 것이다. 뜻밖에도 이 중 비교적 가능성이 적다고 여겨진 두 번째 모델이 연구 결과 사실로 판명되었다.

카지로 등은 가수분해되지 않는 GTP 유사체인 GDPCP를 이용해 GTP의 가수분해 시점을 설명했다. 만약 GTP 가수분해가 전좌가 일어나기까지 불필요하다면 천연 GTP가 하는 것 만큼 GTP 유사체도 충분히 전좌를 향상시킬 수 있을 것이다. 표 18.5는 GDPCP가 비록 GTP에 의한 전좌 향상 정도에는 못 미칠지라도

표 18.5 전좌기작에서 EF-G와 GTP의 역할

첨가물	분리된 tRNA	
	(pmol)	Δ
실험 1		
없음	0.8	
GTP	1.8	1.0
EF-G	2.4	1.6
EF-G, GTP	12.6	11.8
EF-G, GDPCP	7.5	6.7
실험 2		
없음	1.6	
EF-G	1.5	0
EF-G, GTP	5.1	3.5
EF-G, GTP, 푸시딕산	6.7	5.1
EF-G, GDPCP	4.3	2.7
EF-G, GDPCP, 푸시딕산	4.7	3.1

출처: Inove-Yokosawa, N., C. Ishikawa, and Y. Kaziro, The role of guanosine triphosphate in translocation reaction catalyzed by elongation factor G. *Journal of Biological Chemistry* 249:4322, 1974. Copyright © 1974. The American Society for Biochemistry & Molecular Biology, Bethesda, MD. Reprinted by permission.

상당한 정도의 전좌 향상을 유발했음을 보여 준다. 하지만 곧 연구진들은 GDPCP 사용 시 리보솜과 동일한 양적 수준의 EF-G를 사용해야 한다는 사실을 깨닫게 되었다. 일반적으로 전좌 과정에는 EF-G가 반복적 순환을 통해 재사용되기 때문에 단지 촉매작용을 유발할 정도의 양이면 충분하다. 그러나 GDPCP처럼 GTP 가수분해가 일어나지 않는 조건하에서는 EF-G의 재순환이 불가능하기 때문에 리보솜과 동일한 수준의 EF-G를 사용해야만 하는 것이다. 이러한 사실은 GTP 가수분해가 지니는 기능적 의미를 제시해 준다. 즉, GTP 가수분해를 통해 EF-G가 리보솜에서 분리되고 EF-G와 리보솜 모두 신장의 또 다른 순환에 참여할 수 있게 되는 것이다.

표 18.5의 실험 2는 항생제인 **푸시딕산**(fusidic acid)의 효과를 나타낸 것이다. 푸시딕산은 GTP 가수분해 후 EF-G가 리보솜으로부터 분리되는 것을 억제하는 특성을 갖고 있다. 푸시딕산의 처리는 일반적으로 전좌를 상당히 억제할 것으로 예상되었다. 왜냐하면 푸시딕산이 리보솜으로부터 EF-G의 분리를 억제하기 때문에 전좌가 한 번 순환된 후에는 과정이 정지될 것으로 추정되기 때문이다. 하지만 실험 결과는 전좌의 한 번 순환으로도 어떤 과정이 일어나 푸시딕산의 처리는 전혀 효과가 없는 것으로 나타났다. 카지로 등이 전좌 측정 시 이용하던 퓨로마이신 반응도 조사를 이용하여 이와 같은 실험을 반복했을 때도 동일한 결과를 얻었다. 또한 GTP 대신 GDP를 이용할 경우에는 전혀 전좌를 유발할 수 없다는 사실도 알게 되었다.

카지로 등은 GTP 가수분해가 전좌를 위해(도움을 줄 수는 있을지 몰라도) 꼭 필요한 것은 아니라고 결론지었다. 그들은 GTP의 가수분해는 전좌 이후에 일어나야 한다고 생각했다. 그러나 그들의 실험은 약 몇 분이 걸렸고 이것은 실제로 번역 반응이 일어나는 밀리초(millisecond) 단위보다 무척 긴 시간이었다. 그래서 그들은 GTP의 가수분해와 전좌 중 정말로 어느 것이 먼저 일어나는지를 알지 못했다. 이러한 문제에 정확하게 답하기 위해서는 1밀리초 사이로 일어나는 일을 측정할 수 있는 **운동실험**(kinetic experiment)이 필요하다. 1997년에 볼프강 윈터마이어(Wolfgang Wintermeyer) 등은 이러한 운동실험을 수행하고, 결과적으로 GTP 가수분해가 매우 빠르게 전좌 이전에 일어난다는 결론을 내렸다.

이들 실험의 중요한 부분은 시험관 내에서 형광 펩티딜-tRNA를 전-전좌 단계의 리보솜 A 부위에, 그리고 탈아실화된 tRNA를 P 부위에 놓는 것이다. 그 후 EF-G-GTP를 첨가하고 바로 이 복합체의 형광을 측정한다. 이러한 밀리초 단위의 실험은 2개 또는 그 이상의 용액을 동시에 혼합 용기에 넣어 주고 다시 분석하기 위해 곧바로 다른 용기에 넣어 줄 수 있는 **정지-유동 장치**(stopped-flow apparatus)를 사용함으로써 가능해졌다. 이 실험에서 혼합 시간은 단지 2밀리초 밖에 걸리지 않았다. 반응 시작 후 그림 18.22a 적선 흔적에서 보는 것처럼 형광은 현저히 증가하였다. 이러한 형광의 증가는 전좌와 연관이 있는데, 전좌를 저해하는 항생제인 비오마이신(viomysin)과 티오스트렙톤(thiostrepton)을 처리하면 이러한 과정이 저해되는 것을 알 수 있다(그림 18.22a, 파란색과 초록색 흔적). 전좌는 가수분해되지 않는 GTP 유사체(그림 18.22b, 파란색 흔적)나 GDP(그림 18.22b, 초록색 흔적)가 존재할 때보다 GTP가 존재하는 경우(그

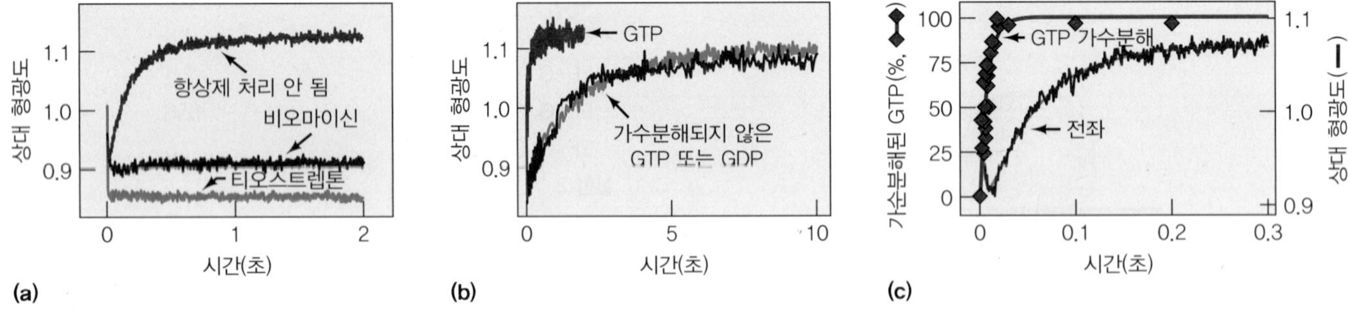

그림 18.22 전좌의 반응 속도론. 윈터마이어 등은 전좌를 측정하기 위하여 정지-유동 장치를 이용하였다. 그들은 A 부위에 결합한 fMet-Phe-$tRNA^{Phe}$의 형광 유도체의 상대적 형광도와 초 단위의 시간과의 함수를 그래프로 나타내었다. 형광의 증가는 전좌의 정도와 비례한다. **(a)** 전좌를 저해하는 항생제의 효과: 빨간색, 항생제 처리 안 함. 파란색, 비오마이신. 초록색, 티오스트렙톤. **(b)** GTP 유사체의 효과. 다음과 같은 GTP 유사체를 반응에 첨가하였다. 빨간색, GTP. 파란색, 가수분해되지 않는 GTP. 초록색, GDP. **(c)** GTP 가수분해와 전좌의 시간 관계. Wintermeyer 등은 (a)와 (b)에서와 마찬가지로 전좌를 측정하고 [^{32}P]GTP로부터 ^{32}Pi가 유리되는 정도를 측정하여 GTP의 가수분해 정도를 측정했다. GTP 가수분해가 전좌보다 약 5배 빠른 시간에 먼저 일어난다. (출처: Adapted from (a) Rodnina, M.V., A. Savelsbergh, V.I. Katunin, and W. Wintermeyer, Hydrolysis of GTP by elongation factor G drives tRNA movement on the ribosome. *Nature* 385 (2 Jan 1997) f. 1, p. 37. (b) f. 1, p. 37. (c) f. 2, p. 38.)

림 18.22b, 빨간색 흔적)에 더욱 잘 일어난다.

다음으로 윈터마이어 등은 GTP의 가수분해와 전좌 사이의 시간과 속도를 비교하였다. 그들은 GTP의 가수분해를 [γ-^{32}P]GTP를 이용하여 측정했다. 이번에는 방사능 표지된 GTP를 다른 구성성분들과 빠르게 혼합한 후, 밀리초 내에 반응을 중지시키는 퍼콜레이트 용액이 들어 있는 곳으로 밀어 넣어 혼합하였다. 그 후 가수분해되어 나온 ^{32}Pi를 액체섬광계수기를 이용하여 측정했다. 다시 그들은 형광의 증가로 전좌 정도를 측정했다. 그림 18.22c는 GTP 가수분해가 전좌보다 약 5배 정도 빠르게 일어난다는 것을 보여 주고 있다. 그래서 윈터마이어 등은 GTP 가수분해가 먼저 일어나고 전좌를 유도한다고 결론지었다.

EF-G가 GTP로부터 얻은 에너지를 사용하여 전좌 과정을 촉매한다는 것은 분명하다. 이 말은 EF-G가 없을 때는 전좌가 일어나지 않는다는 뜻인가? 실제로는 EF-G가 없는 상태에서도 어떤 전좌는 가능하다는 것이 시험관 내 조건에서 발견되었다. 2003년에 커트 프레데릭(Kurt Fredrick)과 놀러는 이 주제를 관한 가장 믿을 만한 연구를 실행하였고, 항생제인 스파소마이신이 EF-G와 GTP가 없을 때 전좌를 촉진할 수 있다는 것을 보여 주었다. 이 결과는 EF-G의 도움이 없이도 리보솜 스스로 전좌를 촉진하는 능력이 있으며, 전좌를 위한 에너지는 각각의 펩티드 결합이 형성되고 나서 리보솜, tRNA와 mRNA 복합체에 저장된다는 것을 뜻한다.

6) G 단백질과 번역

이제까지 번역의 신장 단계에서 GTP를 가수분해하며 중요한 역할을 하는 두 단백질, EF-Tu와 EF-G에 관해 살펴보았다. 17장에서 IF2가 개시 단계에서 비슷한 역할을 수행한다고 하던 것을 기억해 보자. 마지막으로 이 장의 끝 부분에서 RF3라는 다른 인자가 번역의 종결 단계에서 비슷한 역할을 한다는 것을 배우게 될 것이다.

이러한 과정에 필요한 인자들의 공통점은 무엇인가? 번역을 위해서 필요한 분자를 이동시키는 데 모두 GTP를 에너지로 이용한다는 것이다. IF2와 EF-Tu는 모두 아미노아실-tRNA를 리보솜으로 운반한다. [IF-2는 개시 아미노아실-tRNA(fMet-$tRNA_f^{Met}$)를 리보솜의 P 부위로 이동시키고, EF-Tu는 새로 들어오는 아미노아실-tRNA를 리보솜의 A 부위로 이동시킨다.] EF-G는 mRNA와 펩티딜-tRNA를 리보솜의 A 부위에서 P 부위로 이동시켜줌으로써 전좌를 돕는다. 그리고 RF3은 폴리펩티드와 tRNA 간의 결합을 절단함으로써 폴리펩티드가 리보솜을 떠나도록 하는 종결 과정을 촉매한다.

이러한 인자들은 모두 세포 내의 다양한 기능에 관여하는 **G 단백질**(G protein)로 불리는 커다란 단백질 부류에 속한다. 대부분의 G 단백질은 그림 18.23에서 보여 주는 것과 같은 공통의 특징을 갖는다.

1. 이들은 GDP 또는 GTP와 결합하는 단백질이다. 사실 'G 단백질'의 'G'는 '구아닌 뉴클레오티드'에서 유래된 것이다.
2. 이들은 GDP 또는 GTP와 결합하는가 아니면 어떠한 뉴클레오티드도 결합하지 않는가에 의해 세 가지 구조적 상태를 갖는다. 이러한 구조적 상태는 그들의 활성을 결정한다.
3. 이러한 인자들에 GTP가 결합하면 그들은 활성화되어 기능을 수행한다.
4. 이들은 기본적으로 GTP 가수분해효소의 활성을 갖는다.
5. 이들 효소의 활성은 **GTP 가수분해효소 활성화 단백질**(GTPase activator protein, GAP)이라 불리는 다른 인자에 의해 촉진된다.
6. GAP가 GTP 가수분해효소의 활성을 촉진시키면 G 단백질

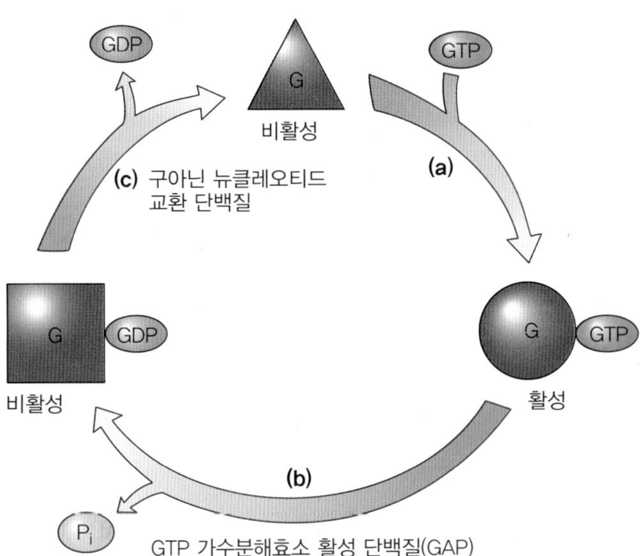

그림 18.23 일반화한 G 단백질 주기. 위의 G 단백질(빨간색 삼각형)은 GDP와 GTP가 모두 결합하지 않은 상태이다. 이러한 상태는 일반적으로 매우 짧다. (a) GTP가 결합된 상태. 구조가 변하고(삼각형이 원으로 변하는 것으로 상징화) 활성화된다. (b) GTP 가수분해효소 활성화 단백질(GAP)은 G 단백질의 내부 GTP 가수분해효소의 활성을 촉진하여 GTP를 GDP로 가수분해되도록 한다. 이 결과로 또 다른 구조적 변화가 일어나게 되고(사각형으로 형상화) G 단백질은 비활성화된다. (c) 구아닌 뉴클레오티드 전환 단백질이 G 단백질로부터 GDP를 분리시키고, 이로 인해 처음의 아무것도 결합하지 않은 상태로 바뀌어 새로운 GTP를 받아들일 수 있는 상태가 된다.

은 결합되어 있는 GTP를 GDP로 분해하여 자신을 불활성화 시킨다.

7. 이들은 **구아닌 뉴클레오티드 교환 단백질**(guanine nucleotide exchange protein)이라 불리는 단백질에 의해 다시 활성화된다. 이 인자는 불활성화된 G 단백질로부터 GDP를 제거하고 다른 GTP가 결합하도록 돕는다. 구아닌 뉴클레오티드 교환 단백질의 한 예로 EF-Ts가 떠오를 것이다. EF-Ts는 EF-Tu의 GDP를 GTP로 바꾸어 준다.

번역 단계에 관여하는 모든 G 단백질들이 리보솜에 의해 활성화됨을 기억하라. 그러므로 우리는 이러한 G 단백질에 대한 GAP가 리보솜의 어떠한 위치에 존재하는 단백질(들)이라는 것을 짐작할 수 있다. 사실 총칭하여 **GTP 가수분해효소-연관부위**(GTPase-associated site) 또는 **GTP 가수분해효소 활성 중심부위**(GTPase center)라 불리는 리보솜 단백질과 rRNA들이 리보솜에서 발견되었다. 리보솜 단백질 L11과 리보솜 단백질 L10, L12, 23S rRNA로 이루어진 복합체가 이러한 두 자리를 이룬다. GTP 가수분해효소 활성 중심부위는 단지 G 단백질과 연관된 GTP 가수분해효소의 활성을 자극할 뿐이고, 자체적인 GTP 가수분해효소로서의 활성은 가지고 있지 않다.

GTP 가수분해효소 활성 중심부위는 일반적으로 리보솜의 우측에 보이는 50S 소단위체의 줄기에 위치하고 있고, 이들은 **L7-L12 줄기**(L7-L12 stalk) 또는 **L10-L12 줄기**(L10-L12 stalk)로 불린다. L7과 L12는 50S 리보솜 단백질로 동일한 아미노산 서열을 가지고 있지만 L7은 아미노 말단의 아미노기만 아세틸화 되어 있다. L7과 L12는 각각 하나의 분자를 형성하여 이합체를 이루는데, 이는 50S 입자의 나머지 부분에 L10 단백질을 통해 결합한다. *E. coli*의 리보솜은 L7-L12의 이합체를 2개 가지고 있다. *Thermus thermophilus*를 포함한 다른 호열성 박테리아의 리보솜은 L12의 이합체를 3개 가지고 있기도 하다. 이러한 박테리아에서 L12 분자들은 아세틸화되어 있지는 않지만 어떤 종에서는 인산화되어 있다.

7) EF-Tu와 EF-G의 구조

만약 EF-Tu와 EF-G가 동일한 리보솜의 GTP 가수분해효소 활성 중심부위에 결합한다면, 같은 자물쇠에 들어맞는 2개의 열쇠가 비슷한 구조이듯이 이 두 인자는 비슷한 구조를 가져야 할 것이다. 두 단백질의 구조에 대한 X-선 결정분석 연구는 이것이 부분적으로 사실이라는 것을 보여 준다. EF-Tu-tRNA-GTP 3개

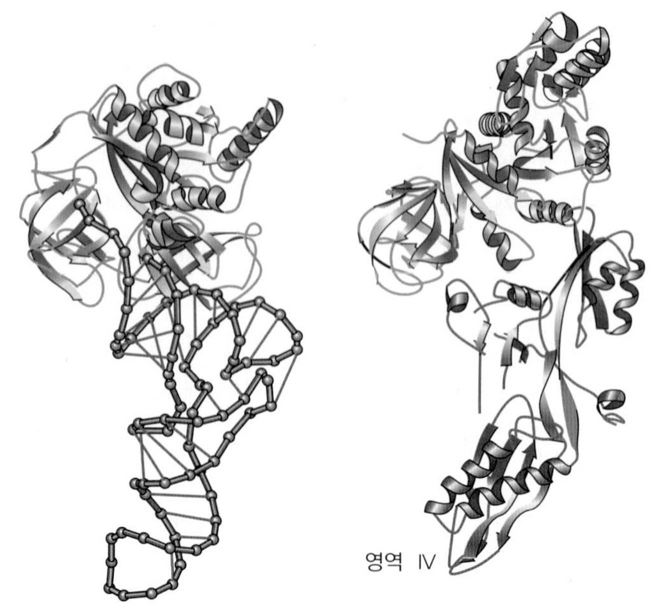

그림 18.24 EF-Tu-tRNA-GDPNP 3량체(왼쪽)와 EF-G-GDP 2량체(오른쪽)의 3차원적 구조의 비교. 3량체상의 tRNA 부위와 이에 상응하는 2량체 부위가 빨간색으로 표시되어 있다.

의 복합체의 3차원 구조는 2량체인 EF-G-GTP와 모양이 아주 비슷하다. 따라서 EF-Tu는 tRNA, GTP와 함께 3량체의 형태로 리보솜과 결합하는 한편 EF-G는 GTP와만 결합한 2량체의 형태로 리보솜과 결합하게 된다. GTP 가수분해를 피하기 위해서 이 실험에서는 가수분해되지 않는 GTP 유사체를 사용하였는데 EF-G의 경우에는 GDP를, EF-Tu-tRNA의 경우에는 GDPNP를 사용하였다.

그림 18.24는 두 복합체의 3차원 구조를 보여 주고 있다. 그림에서 보듯이 EF-G 단백질(**영역 IV**, domain IV)의 아래쪽 부분은 EF-Tu 삼분체 복합체의 tRNA(빨간색, 왼쪽) 안티코돈 줄기 고리 부분의 모양과 유사하다는 것을 알 수 있다. 이것은 두 종류의 복합체가 리보솜의 같은 부분이나 근접한 부위에 결합한다는 것을 시사한다.

또 다른 2개의 다른 단백질 합성인자도 리보솜 의존성 GTP 가수분해효소 활성을 가지고 있다. 원핵세포의 개시인자 IF2(17장 참조)와 방출인자 RF3(이 장의 후반에 나옴)가 그들이다. 이들은 리보솜에 있는 같은 GTP 가수분해 활성 중심부위에 의존하는 것처럼 보이기 때문에 그 구조가 적어도 그림 18.24에서 그린 2개의 복합체의 구조와 부분적으로 비슷하다는 것을 쉽게 예상할 수 있다. 이 장의 후반부에서, 우리는 대장균의 RF3-GDP의 구조가 실제로 EF-Tu-GTP와 매우 비슷하다는 것을 배우게 될 것이다.

더욱이 만약 EF-G와 IF2가 리보솜의 같은 GTP 가수분해 활성

중심부위에 결합한다면 이 둘이 같은 부위에 결합하기 위해 경쟁할 것이라 예상할 수 있을 것이다. 실제로 Albert Dahlberg 등은 2002년에 IF2가 리보솜과 결합하기 위해서 EF-G와 경쟁한다는 것을 증명하였다. 더욱이 그들은 GTP 가수분해 활성 중심부위에 결합한다고 알려진 항생제인 트리오스트렙토와 마이크로코신들이 EF-G와 IF2가 그 중심부위에 결합하는 것을 방해함을 보여 주였다. 따라서 IF2, EF-G, EF-Tu 및 RF3까지도 모두 적어도 리보솜의 GTP 가수분해 활성 중심부위 부근에 결합한다고 생각된다.

18.4. 종결

신장주기(elongation cycle)는 지속적으로 반복 진행되며, 아미노산을 한 번에 하나씩 폴리펩티드에 첨가한다. 최종적으로 리보솜이 번역의 마지막 단계임을 알리는 신호인 정지코돈을 만나게 되면 번역이 종료된다.

1) 종결코돈

첫 번째 종결코돈(Termination codon)인 **앰버코돈**(amber codon)은 1962년 세이모어 벤저(Seymour Benzer)와 스웰 챔프(Sewell Champe)에 의한 T4 파지의 조건 돌연변이 연구를 통해 발견되었다. 앰버 돌연변이는 다음과 같은 점에서 일종의 조건 돌연변이라 할 수 있다. 즉, 특정 앰버 돌연변이형 파지의 경우 야생형 대장균 균주에서는 복제될 수 없으나 **억제**(suppressor) 균주와 같은 돌연변이형 균주에서는 복제될 수 있다는 점이다. 한편 대장균의 염기성 인산가수분해효소 유전자의 특정한 돌연변이가 위와 동일한 억제 균주 내에서는 사라지는 현상을 발견했는데, 이것 역시 **앰버 돌연변이**(amber mutation)인 것으로 간주될 수 있다. 종합하면 앰버 돌연변이는 종결코돈을 비정상적으로 생성하여 mRNA 중간에서 번역이 종결되게 함으로써 불완전한 단백질이 만들어지는 현상이라 할 수 있다. 그렇다면 이러한 제안을 뒷받침해 주는 증거는 무엇일까?

무엇보다도 앰버 돌연변이는 확연히 구분되는 효과를 보인다. 일반적으로 착오 돌연변이(missense mutation)는 단백질상의 단 하나의 아미노산을 변화시키기 때문에 단백질 기능에는 영향을 적게 미치며, 비록 단백질이 불활성화되더라도 구조적으로 항체에 의해서 쉽게 검출될 수 있다. 그러나 염기성 인산가수분해효소 유전자에 앰버 돌연변이를 지닌 대장균의 경우는 이 효소의 활성뿐 아니라 단백질의 존재조차도 거의 찾아볼 수 없다. 이런 사실은 앰버 돌연변이가 염기성 인산가수분해효소 번역의 조기 종결을 야기함으로써 완전한 단백질이 생성되지 않았을 것이라는 가설을 가능하게 해준다.

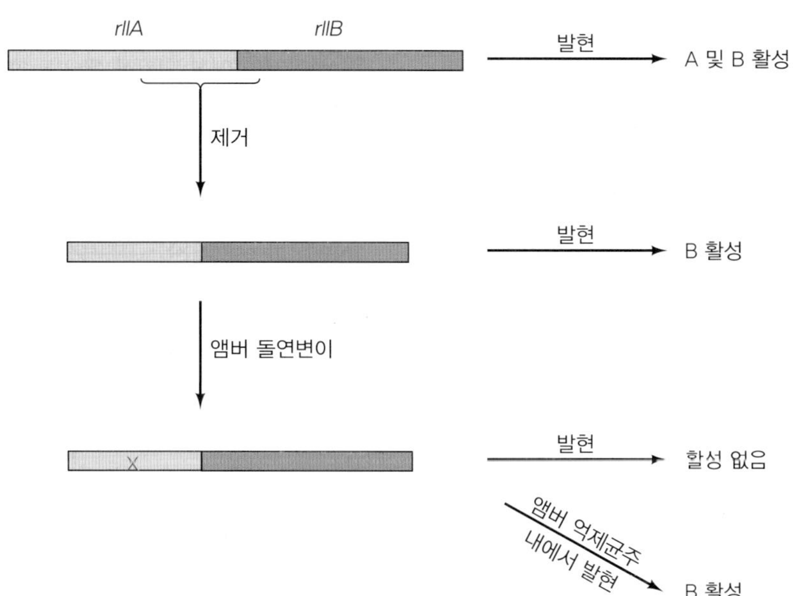

그림 18.25 융합유전자에서 앰버 돌연변이의 영향. 벤저와 샹프는 그림에 표시된 부위의 DNA를 제거한 후 *rIIA*와 *B* 시스트론을 융합하여 이를 발현시켰다. 그 결과 융합유전자의 생성물은 *B* 활성만을 나타냈다. *A* 시스트론에 앰버 돌연변이를 도입한 뒤 단백질로 발현시켰을 경우에는 *B* 활성이 소실되었으며, 소실된 *B* 활성은 앰버 억제 균주(대장균 CR63) 내에서 단백질이 발현되었을 경우에만 다시 회복되었다. 이 결과는 앰버 돌연변이가 *A* 시스트론상에서 일찍 번역종결을 일으켰기 때문에 나타난 현상이며, 억제 균주 내에서는 조기 번역종결이 일어나지 않아 *B* 부위의 융합단백질이 생성될 수 있었다.

벤저와 챔프에 의한 유전적 실험은 이러한 가설을 훨씬 강력히 뒷받침해 주었다. 그들은 그림 18.25에서 보는 것처럼 우선 T4 파지상의 인접한 *rIIA*와 *rIIB* 유전자의 일부분을 제거한 뒤 두 유전자를 다시 융합하여 융합 유전자를 만들었다. 이 융합유전자는 B 활성만을 가지는 융합단백질을 생성했는데, 여기에 다시 유전자의 *A* 시스트론 부위에 앰버 돌연변이를 도입해 보았다. 이렇게 변이된 융합유전자는 발현 시 아무런 활성을 나타내지 못했으며, 이를 억제 균주 내에서 발현시켰을 경우에만 사라진 B 활성이 다시 회복되는 현상을 확인할 수 있었다. 어떻게 융합유전자의 *A* 시스트론에 도입한 돌연변이에 의해 그 하단부에 위치하는 *B* 시스트론의 발현이 억제될 수 있었을까? 이에 대한 설명으로 앰버 돌연변이에 의한 조기 번역종결을 생각할 수 있다. 즉, 번역이 *A* 시스트론에 도입된 앰버코돈에서 멈추어 버렸다면, 결코 *B* 시스트론까지 번역되지 못했을 것이다. 이런 논리로 억제 균주 내에서는 앰버 돌연변이에 의한 조기 번역종결이 극복될 수 있었기 때문에 번역이 *B* 시스트론까지 이어질 수 있었다.

번역을 조기 종결시키는 앰버 돌연변이에 관한 보다 직접적인 증거는 브레너 등에 의해 제시되었는데, 바로 T4 파지의 머리 단백질 유전자를 대상으로 한 연구이다. 파지가 숙주인 대장균 B 균주에 침투했을 때 머리 단백질은 감염 말기에 생성된 단백질의 50% 이상을 차지하기 때문에 쉽게 분리할 수 있다. 이러한 특징을 이용하여 연구진들은 앰버 돌연변이를 머리 단백질 유전자에 도입한 뒤 단백질 분리를 시도해 보았다. 그 결과 완전한 상태의 단백질은 분리되지 못하고, 이 단백질의 단편만을 분리할 수 있었다. 분리된 단백질 단편에 트립신을 처리하고 얻어진 펩티드 단편들을 분석한 결과, 바로 머리 단백질의 아미노 말단 부위의 펩티드 단편임이 판명되었다. 따라서 다음과 같은 사실을 알 수 있었다. 즉, 생성된 단백질 단편들은 도입된 앰버 돌연변이에 의한 번역의 조기 종결 결과에서 초래된 아미노 말단 부위의 단편들이라는 것이다. 이는 번역이 단백질의 아미노 말단 부위에서부터 시작되기 때문에 도입된 앰버 돌연변이가 번역의 조기 종결을 유발하여 카르복실 말단에 도달할 기회를 없애버린 것이다.

앰버 돌연변이는 일반적으로 하나의 번역 정지코돈(stop codon)으로 정의된다. 연구 결과 번역종결을 유발하는 또 다른 두 돌연변이가 존재함을 발견하게 되었는데, **오커**(ochre)와 **오팔**(opal) 돌연변이가 그것이다. 오커 돌연변이는 원래 **앰버 억제자**(amber suppressor)에 의해서는 그 돌연변이형이 전혀 억제되지 않기 때문에 앰버 돌연변이와 구분된다. 대신에 오커 돌연변이는 **오커 억제자**(ochre suppressor)에 의해서만, 그리고 오팔 돌연변이는 **오팔 억제자**(opal suppressor)에 의해서만 변이가 억제되는 특성이 있다.

앰버 돌연변이는 어떻게 이런 이름을 얻었을까? 이것은 해리스 번스타인(Harris Bernstein)이라는 대학원생의 어머니를 기념하기 위해 지어진 것으로, 같이 일하던 2명의 동료 학생들과 그들이 만들고 있던 돌연변이에 대해서 내기를 하면서 시작되었다. 그는 정확하게 돌연변이의 성질들을 예측했고, 결국 그의 어머니(또는 그)의 이름을 영어로 번역해서 사용하기로 하였다(독일어로 *bernstein*은 영어로 amber). 다른 2개의 종결코돈들을 만들어 낸 돌연변이들도 같은 식의 특색 있는 방식으로 지어졌다.

앰버 돌연변이는 착오 돌연변이를 유발하는 돌연변이 유발원에 의해 흔히 생겨나기 때문에 다음과 같은 추정을 해 볼 수 있다. 즉, 앰버 돌연변이의 생성은 하나의 염기서열 변화로 인하여 정상 코돈이 정지코돈으로 전환된 결과에서 비롯된다. 아미노산을 지정하지 않는 난센스 코돈(nonsense codon)으로 UAG, UAA, 그리고 UGA 유전자 코드가 이미 알려져 있다. 간단히 이 3개의 코돈을 정지코돈이라 간주한다면, 각각 이중 하나는 **앰버코돈**(amber codon), 다른 하나는 **오커코돈**(ochre codon), 그리고 나머지는 **오팔코돈**(opal codon)에 해당될 것이다. 어느 부호가 어느 코돈에 해당되는 것일까?

1965년 마틴 바이게르트(Martin Weigert)와 알란 가렌(Alan Garen)은 이 문제를 DNA나 RNA가 아닌 단백질 서열을 분석한 결과로 설명했다. 그들은 대장균의 염기성 인산가수분해효소 유전자의 특정한 곳에 위치한 앰버 돌연변이를 연구 대상으로 정했다. 야생형 대장균에서 이 위치의 아미노산은 UGG로 번역 시 트립토판을 생성한다. 앰버 돌연변이는 염기 하나의 변화로 유발된 것이므로 앰버코돈은 UGG의 한 염기가 치환되어 생성되었을 것이란 추측이 가능하다. 어느 염기가 변화했는가를 알아보기 위해 바이

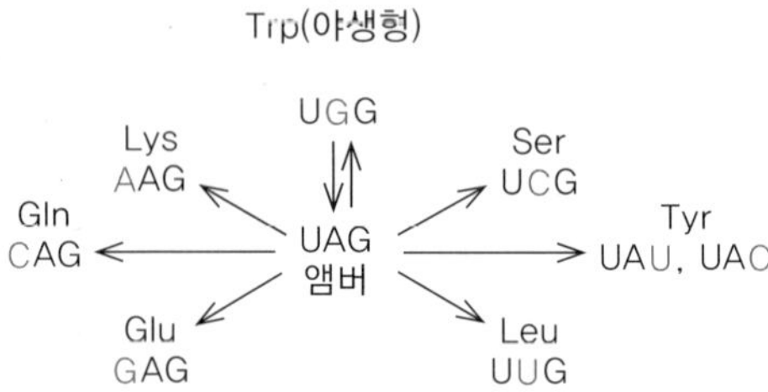

그림 18.26 앰버코돈은 UAG이다. 앰버코돈(중앙)은 트립토판 코돈인 UGG에 1개의 염기가 치환되어 생기며, 염기치환 결과 트립토판 대신 세린, 티로신, 류신, 글루타민, 글루타메이트, 라이신 등의 다른 아미노산으로 대체되어 기능을 수행하기도 한다. 분홍색은 트립토판을 암호화하고 있는 정상적인 복귀형을 포함하여 모든 복귀형에서 바뀌는 하나의 염기를 나타낸다.

세트트와 가렌은 몇몇 서로 다른 복귀 돌연변이체(revertant)를 역으로 제조하여 돌연변이 위치에서 아미노산이 재생성되게 하였다. 그 결과 이들 복귀 돌연변이체 중 몇몇은 그 위치에서 트립토판을 생성했으나 나머지 대부분은 다른 아미노산, 즉 세린, 티로신, 류신, 글루타민산, 글루타민, 그리고 라이신 등을 생성하였다. 생성된 다른 아미노산들은 원래 단백질인 염기성 인산가수분해효소의 활성을 어느 정도 복귀시키는 것으로 보아 기능적으로 트립토판을 대치할 수 있음을 보여 주었다. 여기서 중요한 문제는 역으로 변화된 염기에 의해 형성된 코돈이 각기 트립토판을 포함해 어떤 아미노산을 생성하였는지를 짜 맞추는 것이다. 그림 18.26은 이 문제에 대한 해답, 즉 UAG가 앰버코돈임을 설명해 준다.

위의 논리로 볼 때 앰버 돌연변이상의 한 염기를 변화시켜 오커 돌연변이로 전환시킬 수도 있다는 가능성을 생각할 수 있다. 결국 브레너 등에 의해 UAA가 오커코돈으로 밝혀진 뒤 세베로 오초아(Severo Ochoa) 등에 의해 UAA가 정지신호로서의 오커코돈임이 입증되었다. 그들은 인위적으로 합성한 $AUGUUUUAAA_n$ 신호를 이용해 이를 직접 번역한 결과를 근거로 제시하였다. 즉, $AUGUUUUAAA_n$의 번역 결과 fMet-Phe 디펩티드가 생성되어 방출되었는데, 이것으로 볼 때 AUG는 fMet, UUU는 Phe, 그리고 UAA는 정지코돈에 해당한다. 종합하면, UAG는 앰버코돈이고 UAA는 오커코돈이므로 UGA는 오팔코돈에 해당한다. 현재는 수많은 유전자들의 염기서열이 분석됨에 따라 이 세 가지 코돈이 정지신호로 작용함이 확증된 상태이다. 때때로 두 종의 정지코돈이 연이어(예를 들어, UAAUAG) 존재하는 현상을 볼 수 있는데, 이는 어느 한 정지코돈이 억제되었을 때 번역종결이 일어나지 않음을 방지하기 위한 신호적 장치(fail-safe stop signal)인 것으로 추정된다.

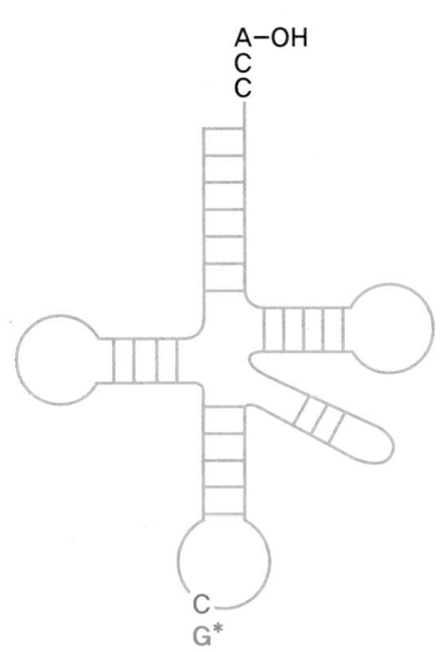

그림 18.27 야생형 대장균 tRNA^{Tyr}과 대장균 앰버 억제 tRNA의 염기서열 비교. tRNA^{Tyr}의 G*(초록색)가 억제 tRNA에서 C(빨간색)로 치환되었다. (출처: Adapted from Goodman, H.M., J. Abelson, A. Landy, S. Brenner, and J.D. Smith, Amber suppression: A nucleotide change in the anticodon of a tyrosine transfer RNA. *Nature* 217:1021, 1968.)

2) 종결코돈의 억제

억제유전자는 어떻게 미성숙 종결신호의 치명적인 효과를 극복할까? 마리오 카페키(Mario Capecchi)와 게리 거신(Gary Gussin)은 1965년 대장균의 억제 균주로부터 얻은 tRNA가 파지 R17 mRNA의 외피 시스트론의 앰버 돌연변이를 억제할 수 있음을 보

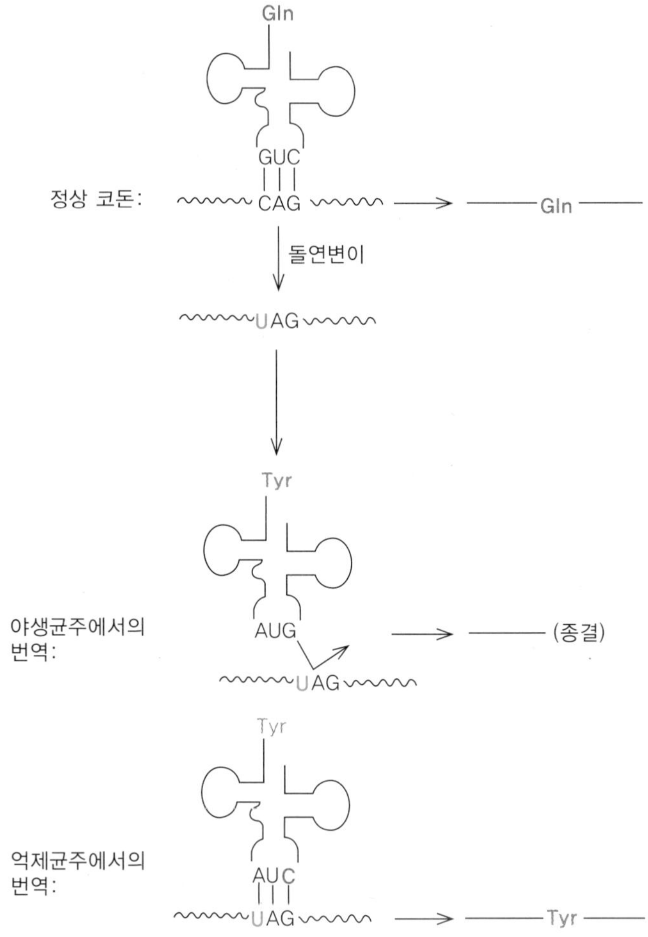

Gln
GUC
정상 코돈: CAG → Gln
돌연변이
UAG
Tyr
야생균주에서의 번역: AUG UAG → (종결)
Tyr
억제균주에서의 번역: AUC UAG → Tyr

그림 18.28 억제기작. 위: 야생종 대장균의 정상적인 코돈은 글루타민 tRNA에 의해 인식되는 CAG이다. 이 코돈이 정상적인 대장균에서 종결코돈으로 인식되는 UAG로 돌연변이 되었다. 안티코돈이 AUG인 티로신 tRNA가 앰버코돈을 번역하지 못함을 주목하라. 아래: 억제 균주는 AUG 대신 AUC를 안티코돈으로 가지고 있는 돌연변이 티로신 tRNA를 가지고 있다. 이 변형된 안티코돈은 앰버코돈을 인식하여 종결 대신 티로신(회색)을 끼워 넣는다.

여 주었다. 그렇다면 억제분자로서 이러한 tRNA는 어떻게 작용하는 것일까? 브레너 등은 억제 tRNA(suppressor tRNA)의 유전자 서열을 밝혀 그 답을 얻을 수 있었다. 그들은 φ80 파지에 억제 tRNA의 유전자를 집어넣어 재조합 파지를 만든 후, *lacZ* 유전자에 앰버 돌연변이를 가지고 있는 대장균에 감염시켰다. 억제 tRNA의 유전자를 갖고 있는 재조합 파지에 감염된 대장균 세포에서는 도입된 억제 tRNA의 작용으로 종결 대신 티로신이 삽입되었고, 그 결과 앰버 돌연변이가 억제되었다. 브레너 등은 이러한 억제 tRNA의 염기서열을 밝혔는데, 그 염기서열은 정상적인 $tRNA^{Tyr}$의 염기서열과 단지 한 염기에서 차이가 있었다. 즉, 그림 18.27에서 보는 것처럼 안티코돈의 첫 번째 염기가 C에서 G로 바뀌어져 있었다.

그림 18.28은 변형된 tRNA가 앰버코돈을 억제하는 기작을 보여 주고 있다. 먼저 글루타민을 암호화하는 CAG 코돈을 예로 이 기작을 살펴보면 다음과 같다. CAG 코돈은 $tRNA^{Gln}$의 안티코돈 3′-GUC-5′와 상보적인 결합을 한다. 이 CAG 코돈이 UAG로 돌연변이되었을 경우, 이 코돈은 더 이상 $tRNA^{Gln}$과 상보적인 결합을 하지 못하며 대신 번역을 종결시키기 위해 종결 기구를 끌어들일 것이다. 다음으로 $tRNA^{Tyr}$의 안티코돈에 두 번째 돌연변이가 일어나 AUG가 AUC로 바뀌게 될 경우, 변화된 tRNA는 바로 앰버코돈 UAG와 상보적인 안티코돈을 갖게 되므로 억제 tRNA로 작용한다. 즉, 이 tRNA는 UAG 정지코돈과 상보적인 결합을 한 뒤, 폴리펩티드에 정지코돈 대신 티로신을 끼워 넣어 리보솜이 정지코돈을 지나 계속 번역을 진행하도록 한다.

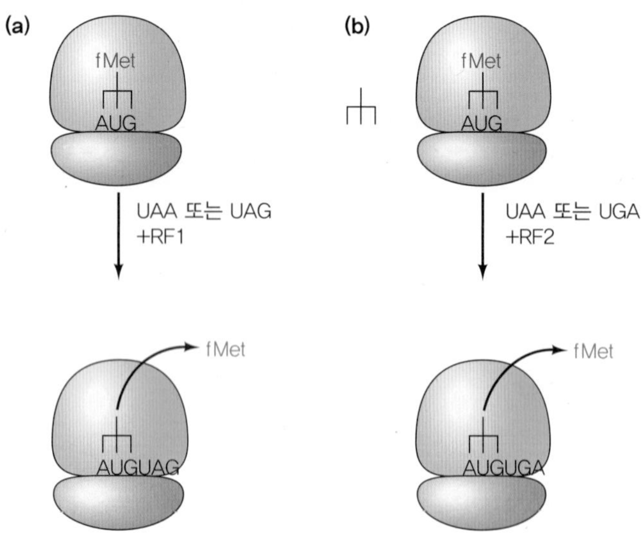

그림 18.29 방출인자를 밝히기 위한 니렌버그의 분석 방법. 니렌버그는 개시코돈인 AUG와 $[^3H]fMet-tRNA_f^{Met}$을 리보솜의 P 부위에 위치하게 하였다. 그다음 그는 방출인자와 종결코돈 중 하나를 첨가하여 표지된 fMet을 방출시켰다. **(a)** RF1은 UAA 또는 UAG와 작용한다. **(b)** RF2는 UAA나 UGA와 작용한다.

3) 방출인자

정지코돈도 보통의 코돈과 마찬가지로 3개의 염기서열로 이루어져 있으며 역시 tRNA에 의해 해독된다. 그러나 1967년 Capecchi는 tRNA가 정상적으로는 정지코돈을 인식하지 못한다는 것을 보여 주었다. 대신 **방출인자**(release factor, RF)라는 단백질이 그 기능을 수행한다. Capecchi는 방출인자를 밝히기 위해 다음과 같은 실험 방법을 고안하였다. 그는 대장균의 리보솜과 외피 시스트론의 7번째 코돈이 UAG(앰버)로 돌연변이 된 R17 mRNA를 이용하였다. 이 앰버코돈의 앞에 있는 코돈은 ACC로 트레오닌을 암호화하는 코돈이다. 그는 R17 mRNA를 트레오닌이 부족한 상태에서 리보솜과 배양시켜서 5개의 아미노산으로 구성된 펩티드를 만든 뒤 트레오닌 코돈에서 번역이 정지되도록 하였다. 다음 단계로 이 5개의 펩티드(pentapeptide)가 결합되어 있는 리보솜을 분리한 뒤, 이들을 단지 EF-Tu, EF-G 신장인자와 $[^{14}C]$트레오닐-tRNA만 존재하는 반응액에 넣어 주었다. 리보솜은 표지된 트레오닌을 펩티드에 포함시킴으로 P 부위에서 6개의 아미노산으로 구성된 표지된 펩티드를 만든 뒤 방출될 준비를 갖추었다. 방출인자를 찾기 위해 Capecchi는 표지된 펩티드를 방출할 때까지 리보솜 상층 분획을 첨가하였고 그 결과 방출인자라 명명한 인자를 찾을 수 있었는데, 이 인자는 tRNA가 아니라 단백질이었다.

니렌버그 등은 코돈을 확인하는 간단한 기술을 고안하였다(그림 18.29). 그들은 리보솜, AUG, 그리고 $[^3H]fMet-tRNA_f^{Met}$으

표 18.6 RF1과 RF2의 종결코돈과의 반응

첨가물		방출된 $[^3H]$fMet(poml)	
방출요소	정지코돈	0.012M Mg^{2+}	0.030M Mg^{2+}
RF1	없음	0.12	0.15
RF1	UAA	0.47	0.86
RF1	UAG	0.53	1.20
RF1	UGA	0.08	0.10
RF2	없음	0.02	0.14
RF2	UAA	0.22	0.77
RF2	UAG	0.02	0.14
RF2	UGA	0.33	1.08

출처: From "Release Factors Differing in Specificity for Terminator codons," by W. Scolnick, R. Tompkins, T. Caskey, and M. Nirenberg, *Proceedings of the National Academy of Sciences, USA*, 61:772, 1968. Reprinted with permission of the authors.

로 구성된 3량체를 만들었다. 시작코돈과 아미노아실 tRNA는 이 복합체의 P 부위에 위치하며 표지된 아미노산은 방출에 적합하게 위치한다. 이 복합체를 방출인자와 함께 배양하면 3개의 종결코돈(UAG, UAA, UGA) 중 하나가 표지된 시작 메티오닌(fMet)의 방출을 유도한다. 3개의 종결 뉴클레오티드는 A 부위로 이동하며 적절한 방출인자가 존재하면 방출을 지시한다. 표 18.6에서는 한 인자(**RF1**)가 정지코돈인 UAA, UAG와 함께 작용하여 시작 메티오닌(fMet)의 방출을 유도하는 반면, 또 다른 인자(**RF2**)는 UAA, UGA와 작용한다는 것을 보여 준다. 연속적인 연구 결과들은 UAA나 UAG는 정제된 RF1이 리보솜에 결합하도록 하는 반면, UAA나 UGA는 RF2가 리보솜에 결합하도록 한다는 것을 입증해 주었다. 이러한 결과들은 RF가 특이한 해독 종료신호를 인지할 수 있음을 강력하게 뒷받침해 주었다. 세 번째 방출인자(**RF3**)는 리보솜 의존적 GTP 분해효소로, GTP에 결합하고 나면, 리보솜과 결합하게 되고 커다란 구조적인 변화를 유도하게 된다. 이로 인해 리보솜 내부에서는 자기 역할을 마친 RF1 또는 RF2의 방출이 촉진된다. tRNA에 결합된 EF-Tu 모양의 EF-G의 모방체를 근거로 RF3은 EF-Tu-tRNA-GTP 복합체의 단백질 부분과 유사한 구조를 가지고 있으며, RF1과 RF2의 구조는 tRNA의 구조와 유사할 것이라고 추정되었다. 사실 대장균의 RF3-GDP의 결정구조는 EF-Tu-GTP와 매우 비슷하다. 더 나아가 RF1과 RF2는 tRNA의 구조를 모방하고 있을 것이라 예측된다. RF1과 RF2가 tRNA와 경쟁적으로 리보솜에 결합하여 tRNA와 유사하게 코돈을 인식하며, 이들이 tRNA와 유사한 크기를 가진다는 사실은 이 가설과 일치한다. 실제로 2008년에 놀러 등은 70S 리보솜, RF1, 그리고 tRNA를 포함하는 복합체의 결정구조를 결정지었다(19장 참조). 그들은 RF1의 일부분들이 실제로 아미노아실-tRNA가 작용하듯이 A 부위의 같은 위치에서 필수적으로 자리를 차지하고 있다는 것을 보여 주었다.

진핵세포의 방출인자는 무엇인가? 최초의 인자(eRF)는 1971년 니렌버그가 사용한 방법과 유사한 방법에 의해 밝혀졌다. 1994년 레브 키셀레프(Lev Kisselev) 등은 니렌버그의 분석방법을 이용하여 마침내 eRF 단백질을 분리했고, 계속해서 eRF 유전자를 클로닝하여 염기서열을 밝혔다. 그들이 사용한 클로닝과 염기서열 결정방법은 널리 사용되는 방법이다. 즉, 이들은 eRF를 분리하기 위해 니렌버그의 방법과 유사한 시작 메티오닌 방출분석(fMet-release assay)을 이용하여 SDS-PAGE에서 하나의 주요 밴드로 나타나는 eRF 작용을 갖는 단백질을 분리해 냈다. 그 후 2차원적 전기영동을 이용해 이 단백질을 다른 단백질로부터 완전히 분리할 수 있었다. SDS PAGE로부터 cRF 부분을 분리하고, 이 부분을 트립신으로 잘라내어 4개의 조각으로 만든 뒤 아미노산 서열을 분석했다. 분석된 아미노산 서열은 사람, 손톱개구리, 효모와 애기장대의 단백질들에서 얻은 결과와 매우 유사했다. 그들은 이미 클론되어 있던 개구리 유전자(C11)를 탐침으로 사용하여 사람의 cDNA 라이브러리로부터 사람의 상동유전자를 찾아냈다. 클론된 손톱개구리와 사람 유전자(각기 C11과 TB3-1)에 암호화된 단백질이 eRF의 작용을 나타내는지 확인하기 위해 키셀레프 등은 이 유전자를 박테리아나 효모에 발현시킨 뒤, 이 단백질을 정지코돈도 일부 포함된 테트라뉴클레오티드를 이용하여 시작 메티오닌 방출분석을 수행했다. 이 두 단백질은 모두 정지코돈이 존재할 때에만 시작 메티오닌(fMet)을 리보솜으로부터 방출시킬 수 있다. 실험에서 사용한 손톱개구리 단백질은 올리고 히스티딘으로 표지되어 발현되기 때문에 키셀레프 등은 음성 대조군으로 히스티딘이 부착된 단백질을 실험에 포함시켰다. 그들은 또한 C11에 대한 항체가 방출인자의 작용을 억제하며 부관한 항체(anti-Eg5)에는 작용하지 않았다.

더욱이, eRF는 오직 2개만 인식할 수 있는 원핵세포의 방출인자와는 달리 3개의 정지코돈 모두를 인식할 수 있다. 그렇다면 eRF도 원핵세포의 RF1과 RF2처럼 G 단백질을 이용하는 것일까? Michel Philippe 등은 1995년에 개구리 세포에서 현재 **eRF3**라 불리는 단백질인 인자를 발견한 후 그것이 사실이라는 것을 밝혔다. eRF3에 속하는 다른 효모 단백질인 Sup35는 구아닌 뉴클레오티드 결합 영역을 가지고 있었으며 효모의 성장에 필수적이었다. eRF3의 발견과 함께 eRF는 **eRF1**으로 재명명되었다. 흥미롭게도 eRF3의 기능은 박테리아의 RF3의 기능과 많은 차이가 있다. eRF3는 eRF1과 함께 3개의 정지 코돈 인식과 리보솜으로부터 합성이 끝난 폴리펩티드의 방출에 기여한다.

4) 비정상적 단백질 합성 종료의 문제

두 종류의 비정상적 mRNA는 비정상적인 단백질 합성 종료를 야기시킨다. 첫째, 앞에서도 보았듯이 '난센스' 돌연변이는 미성숙 단백질 합성 종료를 유도한다. 둘째, 어떤 종류의 mRNA(**논스톱 mRNA**, non-stop mRNA)는 때때로 종결코돈의 앞쪽에서 mRNA의 합성이 중지됨으로 인해서 종결코돈이 존재하지 않는다. 리보솜은 이러한 논스톱 mRNA를 주형으로 단백질 합성을 진행하다가 멈추게 된다. 이 두 가지의 현상은 세포에 문제를 일으킨다. 미성숙 단백질 합성 종료나 정지된 리보솜이 만들어 낸 불완전 단백질은 세포의 정상적 활동에 악영향을 끼칠 것이다. 정지된 리보솜은 단백질 합성의 중단과 더불어 더 이상의 단백질 합성에도 참여할 수 없는 등 세포에 여러 문제들을 야기한다. 먼저 세포가 논스톱 mRNA의 문제를 어떻게 다루는지에 대해 알아보고, 그 다음으로 미성숙 단백질을 분해하는 기작에 대하여 살펴볼 것이다.

(1) 논스톱 mRNA

세포는 논스톱 mRNA 문제에 대처하기 위하여 비정상 단백질 생성물을 분해해야 하고, 리보솜들이 미성숙으로 영원히 묶여 있는 대신에 생산적 번역에 참여할 수 있도록 묶인 리보솜 소단위체를 해방시킬 수 있는 기작이 필요하다. 이러한 과정은 박테리아와 진핵세포 경우 그 기작이 서로 다르다. 박테리아는 정지된 리보솜을 구조해 내고, 논스톱 mRNA가 파괴되도록 지정하기 위하여, 소위 **전달–전령 RNA**(transfer–messenger RNA, tmRNA)라고 불리는 중간 생성물을 이용하는데, 이 과정을 **tmRNA–중재 리보솜 구조**(tmRNA–mediated ribosome rescue)라 칭한다. tmRNAs의 길이는 약 300nt 정도이고 그들의 5′과 3′–말단은 **tRNA 유사 영역**(tRNA–like domain, TLD)을 형성하게 되는데(그림 18.30), 그 구조가 tRNA의 구조와 유사하다. 실제로 tmRNA는 강력한 구조상의 유사성으로 인하여 알라닌과 결합할 수 있다. 이렇게 채워진 알라닐–tmRNA는 리보솜의 A 부위에 결합할 수 있고, 리보솜의 펩티드 전달효소를 이용하여 고립된 폴리펩티드에 알라닌을 제공할 수 있게 된다.

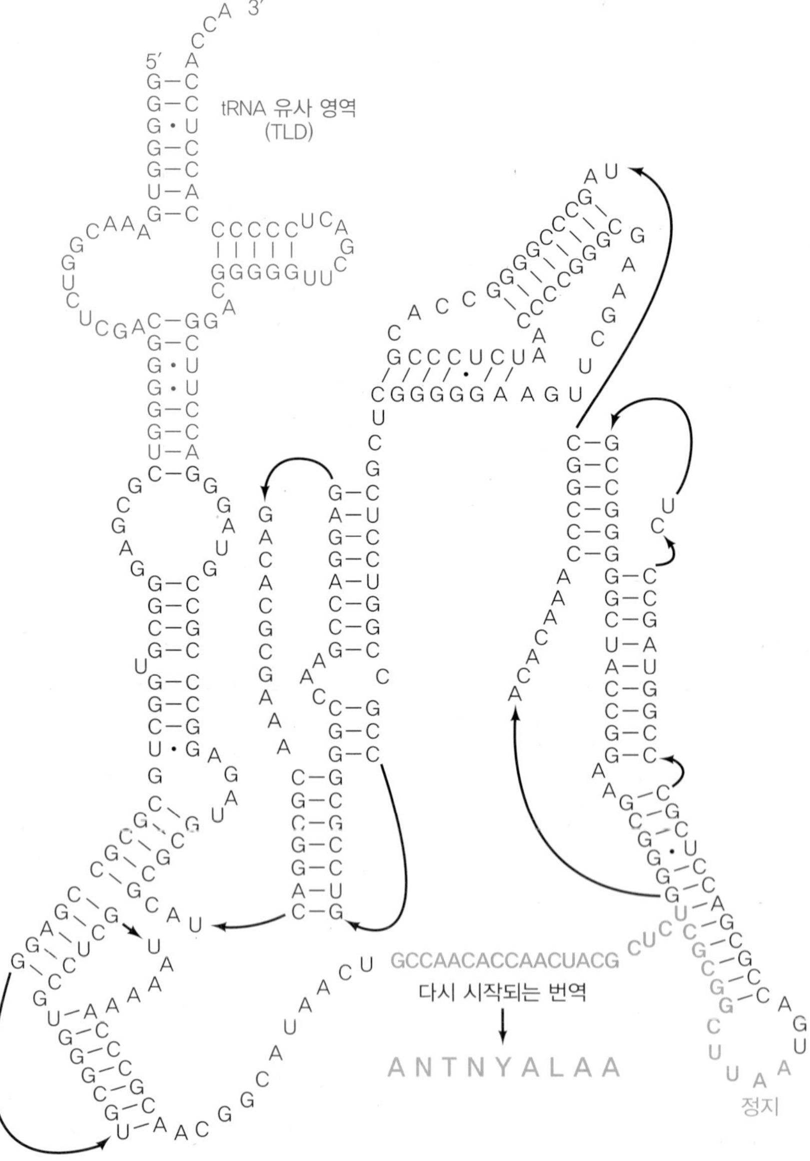

그림 18.30 ***Thermus thermophilus*** **tmRNA의 구조.** TLD는 왼쪽 위의 분홍색에 해당하고 ORF는 아래쪽에 위치한 파란색 부분이다. 이 ORF에 의해 합성되는 펩티드는 주황색이다. (출처: Adapted from Valle et al., Visualizing tmRNA entry into a stalled ribosome, *Science* 300:128, fig.1, 2003.)

이 펩티드 전달효소 반응 후에는 tmRNA의 중심부위가 중요한 역할을 하게 된다(그림 18.31). tmRNA의 이 중심부위는 A 부위에 위치하게 되는 짧은 번역틀을 가지고 있어서 리보솜은 논스톱 mRNA의 번역에서 tmRNA의 번역으로 전환하게 되며, 이 과정을 **트랜스-번역**(*trans*-translation)이라 부른다. tmRNA의 번역틀은 짧은 소수성 펩티드를 암호화하고 있는데, 이들은 고립된 폴리펩티드의 카르복실 말단에 첨가되게 된다. 이 카르복실 말단의 소수성 펩티드는 전체 폴리펩티드를 파괴하여 세포에 끼치는 해를 최소화하게 된다.

명백하게 tmRNA는 tRNA와는 다르다. 우선 안티코돈이 없으므로 코돈-안티코돈 결합을 할 수 없다. 앞에서도 보았듯이 이 코돈-안티코돈의 결합은 교정과정(proofreading) 동안 아미노아실 tRNA가 분리되는 것을 막는 데 필수적이다. 두 번째로 tmRNA와 일반 tRNA 사이의 차이점은 tmRNA는 표준 D 루프를 가지고 있지 않다는 것이다. 그러나 tmRNA 시스템은 **SmpB**로 알려진 단백질을 사용하여서 이 문제를 극복한다. 2003년 요아킴 프랭크(Joachim Frank)와 라마크리슈난(V. Ramakrishnan)은 EF-Tu와 tmRNA 그리고 *Thermus thermoghilus*의 리보솜에 결합한 SmpB 단백질의 복합체에 관한 냉동 전자현미경 사진을 얻어내었다. 이 연구에 따르면 SmpB 단백질이 tmRNA 및 EF-Tu에 결합하여 리보솜과 접촉을 하고 있는데, 그 접촉부위는 일반적으로 tRNA의 D 루프가 리보솜과 접촉하고 있는 부위임을 알 수 있었다. 그러므로 비록 tmRNA가 리보솜과 단단히 결합하는 데 필요한 요소가 일부 부족하더라도 SmpB 단백질이 tmRNA

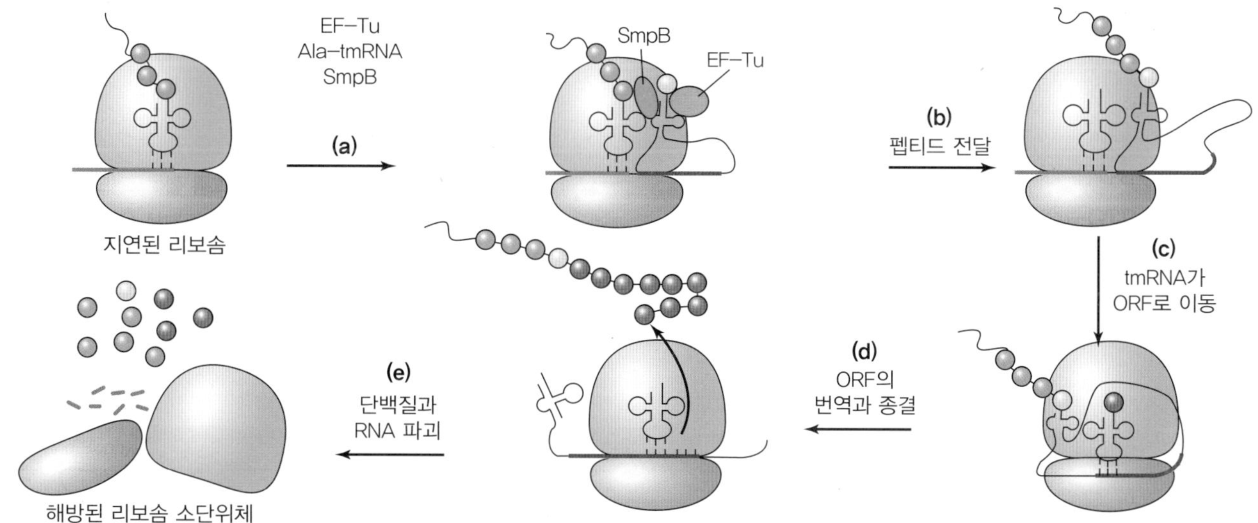

그림 18.31 tmRNA 의존성 논스톱 mRNA와 폴리펩티드 방출의 기작. **(a)** EF-Tu, 알라닐-tRNA 및 SmpB(청록색)는 논스톱 mRNA(갈색)상에 정지되어 있는 리보솜의 A 부위와 결합한다. SmpB는 tmRNA의 tRNA 유사 도메인이 리보솜에 결합하는 것을 돕는다. **(b)** 리보솜의 펩티드 전달효소는 tmRNA의 알라닌(노란색)을 고립된 폴리펩티드(초록색)에 붙여 준다. **(c)** 리보솜은 번역틀을 tmRNA의 ORF(자주색)로 옮겨 번역하게 된다. **(d)** 리보솜은 tmRNA의 ORF의 번역을 완료하여 9개의 아미노산(빨간색)을 중단된 폴리펩티드에 첨가하고 방출하게 된다. **(e)** 이 첨가된 아미노산은 전체 폴리펩티드를 파괴하게 만든다. 동시에 논스톱 mRNA도 파괴되는데, 아마도 tmRNA와 결합하고 있는 RNase R에 의해서일 것이다. (출처: Adapted from Moore, S.D., K.E. McGinness, and R.T. Sauer, A glimpse into tmRNA-mediated ribosome rescue. *Science* 300 (2003) p. 73, f. 1.)

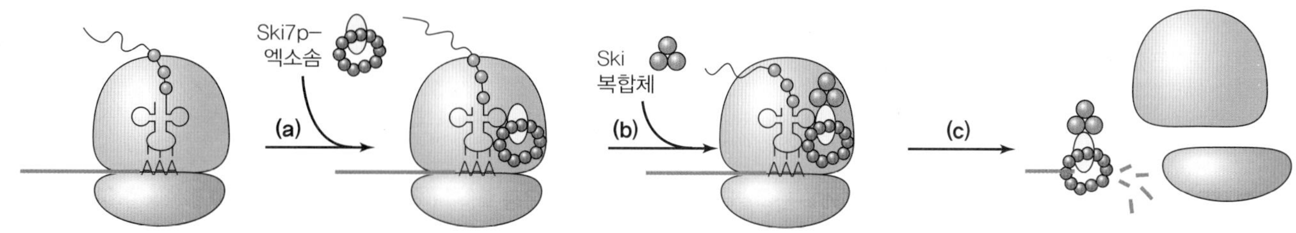

그림 18.32 진핵세포 논스톱 mRNA의 분해와 관련된 엑소솜 의존성 분해 모델. **(a)** 논스톱 mRNA(갈색) 끝에 고립된 리보솜의 A 부위는 mRNA의 폴리(A) 꼬리에 0~3개의 A 뉴클레오티드(초록색)를 가지고 있다. 이 리보솜의 상태는 Ski7p-엑소솜 복합체(노란색과 빨간색)를 유인하여 비어 있는 A 부위에 결합하게 한다. **(b)** 다음으로 Ski 복합체(보라색)가 A 부위에 결합하게 되고, **(c)** 이에 따라 논스톱 mRNA의 분해와 리보솜 소단위체의 방출이 이루어진다.

가 리보솜과 결합하는 것을 돕고 있다고 보인다.

tmRNA에 의해 리보솜이 일단 분리되고 나면 주형으로 사용되었던 논스톱 mRNA에는 무슨 일이 일어날까? 아직까지 정확한 답을 알 수는 없지만 흥미로운 점은 tmRNA가 항상 **RNase R**이라고 알려진 3′→5′ 핵산말단가수분해효소와 함께 분리된다는 점이다. 따라서 논스톱 mRNA가 다시 리보솜과 결합하기 전에 RNase R이 이를 분해시킨다는 가설은 매력적이라 할 수 있다.

tmRNA를 가지고 있지 않은 것으로 알려진 진핵세포들은 어떻게 논스톱 mRNA 문제를 해결할까? 그림 18.32는 이에 관한 최근의 가설을 보여 주고 있다. 논스톱 mRNA의 끝 쪽에 고정된 리보솜의 A 부위에는 말단의 폴리(A) 서열 중 0~3개까지 뉴클레오티드가 위치하게 된다. 이러한 구조는 **Ski7p**라고 불리는 단백질의 카르복실 말단 도메인에 의해서 인지된다. 이 단백질 도메인은 각각 연장인자와 종료인자인 EF1A와 eRF3에서 발견되는 GTP 분해효소 도메인과 유사한 구조를 하고 있다. 이 도메인은 보통 리보솜의 A 부위와 결합하는 것으로 알려져 있는데 Ski7p의 경우에도 마찬가지이다. 게다가 Ski7p는 **엑소솜**(exosome)이라는 단백질과 강하게 결합하게 된다. 엑소솜은 9~11개의 단백질이 모여 형성된 복합체로, RNA를 분해시키는 3′→5′ 핵산말단가수분해효소를 포함하고 있다. Ski7p-엑소솜 복합체가 형성되면 이는 다시 논스톱 mRNA의 끝부분에 위치하고 있는 리보솜 A 부위에 **Ski 복합체**(Ski complex)를 불러들이게 된다. 마지막으로 엑소솜은 논스톱 mRNA을 분해시키게 된다. [이 과정은 **논스톱 분해**(non-stop decay, NSD)라 알려져 있다].

(2) 미성숙 종결

미성숙 종결코돈(난센스 코돈)을 가지고 있는 mRNA도 세포에 해로운 영향을 끼칠 가능성이 있는 비정상적이고 잘라진 단백질 산물을 만들게 된다. 진핵세포들은 이 문제를 해결하기 위하여 두 가지 방법을 진화시켰다고 보인다(그림 18.33). **미성숙 종결코돈**

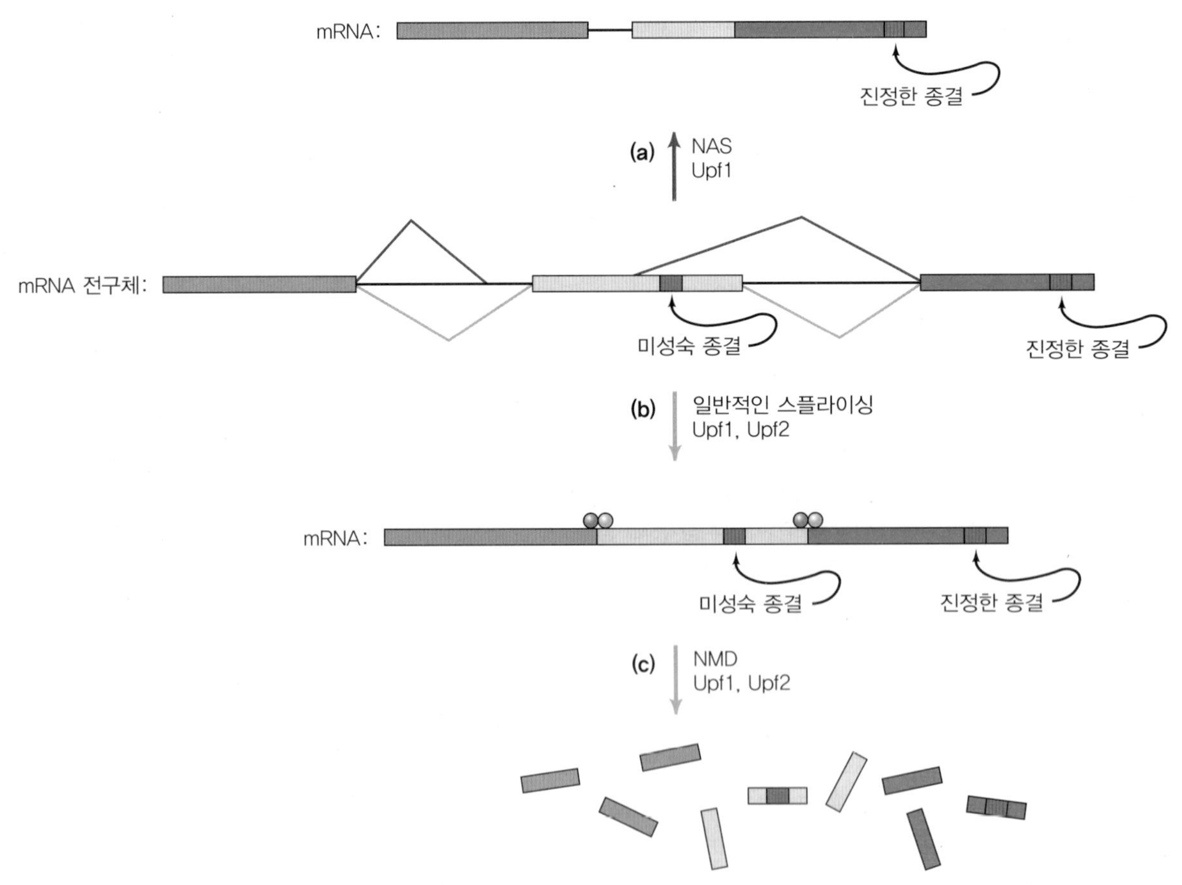

그림 18.33 NAS와 NMD 모델. **(a)** NAS. Upf1은 아마도 다른 단백질들과 함께 앞으로 만들어질 mRNA이 해독틀에 존재하는 미성숙 정지코돈을 인지하게 되고, 새로운 스플라이싱 패턴(보라색)을 유도하여 미성숙 정지코돈이 존재하지 않는 성숙한 mRNA를 생산한다 (위쪽). **(b)** 일반적인 스프라이싱(주황색)은 미성숙 정지코돈이 포함된 mRNA를 생성하게 되고, 이에 따라 Upf1과 Upf2가 엑손/엑손 경계에 결합하게 된다. **(c)** NMD. Upf1과 Upf2(갈색과 회색)은 아마도 다른 단백질과 함께 두 번째 엑손/엑손 경계에 너무 가깝게 위치한 미성숙 정지코돈을 인지하게 되고 이 mRNA의 분해를 유도한다.

의존성 mRNA 분해(nonsense mediated mRNA decay, NMD)와 **미성숙 종결코돈 관련 변형 스플라이싱**(nonsense-associated altered splicing, NAS)이 그것이다.

NMD는 정지코돈을 미성숙이라고 판정하는 것으로부터 시작된다[**미성숙 종결코돈**(premature termination codon, PTC)]. 분명히 모든 mRNA의 말단에는 진정한 정지코돈이 있으므로 세포들은 어떻게든 진정한 정지코돈과 미성숙 정지코돈을 식별할 수 있어야 한다. 포유동물 세포에서는 번역과정의 탐색과정 중 정지 코돈과 **엑손 접합부 복합체**(exon junction complex, EJC) 사이의 거리를 측정함으로 이를 판정한다. EJC는 스플라이싱 과정에서 나타나며 엑손-엑손 결합에서 약 20~25 뉴클레오티드 정도 상위에 단백질들이 모여 형성된다. 만약 정지코돈과 EJC 사이의 거리가 짧으면(55뉴클레오티드 미만), 정지코돈은 진짜이겠지만, 그보다 더 길면 정지 코돈은 아직 미성숙 단계에 있을 가능성이 높다.

EJC 단백질로 두 가지를 든다면 포유동물 T 세포에서 잘 알려진 **Upf1**과 **Upf2**를 들 수 있을 것이다. 만약 RNAi 방법으로 두 단백질 중 어느 하나를 세포로부터 제거하게 되면(16장 참조) NMD는 억제된다. 이 단백질들이 mRNA상의 정지코돈으로부터 충분히 먼 거리에 있는 하단부에 결합되었을 경우, 그들은 정지코돈을 미성숙으로 인지하고 NMD 과정을 활성화시키게 된다. 반면에, 이 단백질들이 정지코돈에 비교적 가깝다면 그들은 탐색과정 중에 번역중인 리보솜에 의해 간단히 제거될 것이다.

린 맥쾃(Lynne Macquat) 등은 2008년에 인간의 NMD에서의 Upf1의 역할에 대해서 규명한 데이터를 발표했다. 그들은 PTC에서 미성숙하게 남아 있는 채로 번역이 종결될 때, Upf1이 하위에 있는 EJC에 결합하고 인산화 된다는 것을 발견했다. 그리고 인산화된 Upf1은 eIF3와 결합하고, eIF3에 의존적인 48S 개시 복합체가 80S 개시 복합체로의 전환하여 번역의 시작을 유도하는 것을 방해한다. 따라서, 번역은 억제되고 PTC를 가진 mRNA는 아마도 P 바디에서 분해되어진다(16장 참조). 만약 이 모델이 eIF3와 치명적인 연관성이 있다면 eIF3에 비의존적인 번역에서는 NMD가 나타나지 않아야 한다. 실제로, 맥쾃 등은 cricket paralysis 바이러스(CrPV) mRNA의 eIF3-비의존적 번역에서는 NMD가 일어나지 않음을 보여 주었다.

앞의 가설과는 대조적으로 2003년도에 발표된 엘리사 이줄루드(Elisa Izaurralde) 등의 연구에서는 EJC의 구성요소가 초파리 세포의 NMD에 필요하지 않는다는 것을 보여줌으로써 생명체의 종류에 따라 NMD의 기작이 다를 가능성을 보여 주었다. 게다가 2004년, 알란 제이콥슨(Allan Jacobson) 등은 이스트의 NMD에 관한 연구에서 미성숙 종결기작 자체가 다양하다고 주장하였다.

특히 제이콥슨 등은 토프린트 분석법(17장 참조)을 이용하여 미성숙 종결로 끝난 리보솜이 mRNA로부터 분리되는 것이 아니라 상단의 시작코돈(AUG)으로 이동한다는 것을 보여 주었다. 이러한 리보솜의 움직임은 이스트의 Upf1 단백질을 제거하거나 정상적인 3′-UTR 서열을 정지코돈 부근에 옮겨놓았을 때 방해를 받는다는 것을 보여 주었다. 더욱이 미성숙 정지코돈을 가지는 mRNA도 폴리(A)-결합단백질(Pab1p)을 붙여줌으로써 안정화시킬 수 있었다. 이러한 여러 자료는 리보솜이 주변에 3′-UTR이나 폴리(A)가 가까이 있어야 정상적인 정지코돈을 인지하고 단백질 합성을 종결한다는 모델을 뒷받침한다. 비교해 보면, 리보솜은 이러한 정상적인 요소들과 멀리 떨어진 위치에 있는 정지코돈은 비정상이라 판단하여 상부의 AUG쪽으로 되돌아감으로써 비정상적인 종결이 이루어지게 된다. 원칙적으로 어떠한 진핵세포든 간에 이러한 비정상적 종결을 인지하고 결합된 mRNA를 분해할 수 있어야 하지만, 이러한 NMD 기작이 진핵세포에서 얼마나 일반적으로 적용될 수 있는지는 명확하지 않다.

NAS는 NMD보다도 더 불확실하게 보여진다. NAS 기구가 해독틀에 이상이 없는(in-frame) 미성숙 정지코돈을 발견했을 때 스플라이싱 기구들로 하여금 성숙된 mRNA에서 미성숙 정지코돈이 제거될 수 있게끔 다른 방법으로 pre-mRNA를 스플라이싱하도록 유도한다는 것이다. 그러나 이러한 일련의 가설은 많은 흥미로운 질문을 생기게 한다. 어떻게 NAS 기구가 pre-mRNA가 스플라이싱되기도 전에 미래의 해독틀을 찾을 수 있는가?

아직까지 우리는 그 질문에 대한 답을 가지고 있지는 못하지만 NAS에서 필수적인 역할을 하는 것 중 하나가 NMD에서도 또한 중요한 역할을 하는 것 중 하나라는 것을 알고 있다. Upf1이다. 해리 디이츠(Harry Dietz) 등은 RNAi 방법을 사용하여 Upf2가 아니라 Upf1이 NAS에서 요구된다는 것을 보여 주었다. 또한 그들은 Upf1의 같은 부위가 NMD와 NAS 모두에서 필요로 하는지에 대한 답을 얻기 위해 그들의 기술을 개량하였다. 이를 위해 그들은 **대립인자-특이적 RNAi**(allele-specific RNAi) 방법을 사용하였는데 그 내용은 다음과 같다. 우선 세포 내에서 발현되는 유전자 발현을 막는 일반적인 이중가닥의 RNA를 사용하는 RNAi 기법이 작용되지 못하도록 변형된 *Upf1* 유전자를 만들었다. 다음으로 이 변형된 유전자를 플라스미드에 실어 세포에 도입함으로써 세포가 갖는 *Upf1* 유전자가 RNAi의 목표가 되도록 조작하였다. 이 변형된 유전자는 모세포의 *Upf1* 유전자 발현이 억제됨으로 인해 관찰되지 않았던 NAS와 NMD 모두를 원래로 되돌릴 수 있었다.

다음으로, 디이츠 등은 변형된 *Upf1* 유전자의 보존된 지역에 돌연변이를 도입하였다. 이러한 돌연변이 중의 하나는 NMD를 구제할 수 있는 변형된 유전자의 능력을 잃게 되었지만 NAS를 구제할 수 있는 능력에는 영향이 없었다. 따라서 NMD와 NAS가 모두 Upf1에 의존한다 하더라도 그것들은 명백히 단백질의 서로 다른 기능에 의존한다는 것을 보여 주었다.

(3) 나아가지 않는 분해

2006년, 미나크쉬 도마(Meenakshi Doma)와 로이 파커(Roy Parker)는 다른 종류의 mRNA 분해를 발견하고 '**나아가지 않는 분해**(no-go decay, NGD)'라고 불렀다. 그들은 리보솜이 가로질러 갈 수 없는 매우 안정한 줄기-고리 구조를 가지고 있는 mRNA를 만들어 냄으로써 리보솜의 기능을 인공적으로 지연시키도록 하였다. 효모 세포는 줄기-고리 구조가 없는 정상균주의 mRNA보다 이 mRNA를 더 빨리 분해하였다.

도마와 파커는 효모에서 일어나는 이 가속화된 mRNA의 분해는 5′ 쪽의 캡을 자르는(5′→3′) 핵산말단가수분해효소나 3′→5′ 핵산말단가수분해효소가 없기 때문이라는 것을 발견했다. 두 가지 핵산말단가수분해효소는 일반적인 5′→3′과 3′→5′ 분해에서 각각의 핵심요소이다. 그리고 그들은 *Upf1* 유전자에 돌연변이로 인해 NMD가 결함이 생겨 분해과정이 가속화된다는 사실 또한 발견해 내었다.

만약 분해가 일반적인 경로를 거치지 않고 일어난다면 어떻게 마무리가 될까? 도마와 파커는 나아가지 않는 mRNA가 리보솜을 붙잡고 있는 안정된 줄기-고리 부위 가까이에서 핵산내가수분해효소(endonuclease)에 의해 잘린다는 것을 보여 주었다. 잘린 mRNA에는 새로운 3′-과 5′-말단이 생성되고, 이로 인해 일반적인 3′-과 5′-핵산내가수분해효소에 의해 분해될 수 있다.

자연 상태의 mRNA는 리보솜의 기능을 멈추게 하는 안정적인 줄기-고리를 포함하고 있지 않는다. 따라서 나아가지 않는 분해는 결함이 있는 mRNA나 결함이 있는 리보솜 같이 자연적으로 발생되는 이유 때문에 기능이 멈추는 리보솜에서 일어난다. 또한 mRNA를 선택적으로 분해시킴으로써, 또 다른 번역 후 조절의 잠재적인 수단을 제공한다.

5) 희귀성 아미노산의 삽입을 위한 종결코돈의 사용

대부분의 단백질은 그림 3.2에서 보여주는 20개의 아미노산만으로 구성된다. 그러나 몇몇 단백질에서는 색다른 아미노산을 필요로 한다. 처음으로 발견된 히드록시프롤린 같은 색다른 아미노산은 정상적인 20개의 아미노산으로 만들어진 단백질에 번역 후 변형 과정으로부터 온 것임이 알려졌다. 더 최근에는 셀레노시스테인이나 피롤라이신과 같은 다른 색다른 아미노산들이 폴리펩티드가 성장할 때 직접 삽입된다는 것이 알려졌다. 이러한 경우들에서 암호화부위의 내부에 존재하는 정지코돈을 사용하는 기작이 알려지게 되었다. 세포는 이러한 정지코돈을 종결신호가 아니라 색다른 아미노산의 코돈으로 해석한 것이다.

처음으로 단백질에서 발견된 색다른 아미노산(21번째 아미노산)은 황 원자 대신에 셀레늄을 가지는 것을 제외하고는 시스테인과 구조가 같은 **셀레노시스테인**(selenocysteine)이다. 글루타치온 과산화효소나 포름산염 탈수소효소 같은 일부의 효소는 셀레노시스테인이 없으면 작용하지 않는다. 이들은 활성부위에 하나의 셀레노시스테인 잔기를 필요로 한다. 그러나 어떻게 이 색다른 아미노산이 단백질로 들어갈 수 있는가? 이러한 효소를 암호화하는 유전자가 만들어 내는 mRNA는 셀레노시스테인을 필요로 하는 위치에 UGA 정지코돈을 가지고 있다. 게다가 셀레늄이 없을 시 번역은 이러한 정지코돈에서 미성숙 종료가 일어나게 된다. 이러한 사항은 세포가 어떻게든 이러한 UGA 코돈을 셀레노시스테인 코돈으로 해석한다는 것을 뒷받침해 준다. 그런데 어떻게 이러한 해석이 이루어질 수 있을까?

UGA 정지코돈을 인지하는 안티코돈을 가지는 특정 tRNA는 정상 세릴-tRNA 합성효소에 의해 세린으로 채워지게 된다. 그런 다음 이 특정 세릴-tRNA에 결합된 세린이 셀레노시스테인으로 바뀌게 되는 것이다. 특정 EF-Tu가 암호화부위의 끝에 있는 UGA 코돈이 아니라 mRNA의 가운데 있는 UGA 코돈에 반응하여 이 변형된 아미노아실-tRNA를 리보솜으로 전달하게 된다. 만약 암호화부위의 끝에 있는 UGA 코돈에 전달이 된다면 셀레노시스테인은 진정한 정지코돈에 반응하여 번역종결을 방해하게 될 것이다.

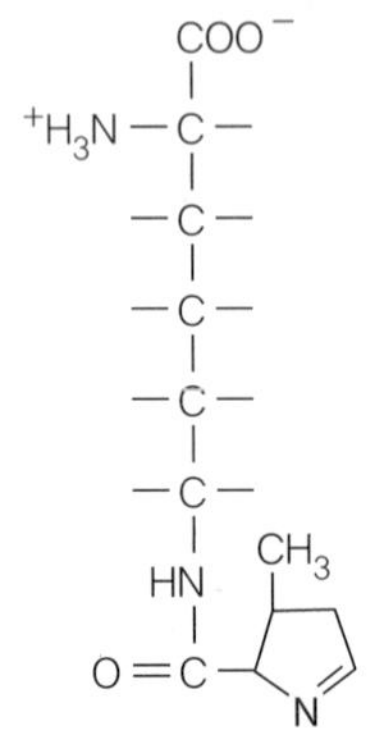

그림 18.34 피롤라이신.

따라서 mRNA의 중간에 위치한 UGA 코돈은 셀레노시스테닐-tRNA를 불러들이는 신호의 단지 일부일 뿐이다. mRNA의 다른 부분 또한 역할을 해야 한다. 포름산염 탈수소효소 mRNA의 경우에 이것은 중간에 있는 UGA에서 약 40nt 아래쪽 부위이고, 다른 mRNA의 경우에는 약 1,000nt 아래쪽에 위치한 3′-UTR 부위에 존재한다. UGA 코돈이 셀레노시스테인(Sec) 코돈으로 인지되어야만 하는 mRNA 부위를 **Sec 삽입 서열**(Sec insertion sequence, SECIS)이라고 부른다. SECIS는 mRNA상에서 3개의 보존된 짧은 서열을 포함하는 줄기-고리 구조를 이루고 있다. 이 보존된 서열은 돌연변이가 발생되어도 셀레노시스테인이 혼용되는 것을 막기 때문에 매우 중요하다.

22번째 아미노산은 그림 18.34에서 보여 주는 구조를 가진 **피롤라이신**(pyrrolysine)이다. 많이 존재하는 셀레노시스테인과는 다르게 피롤라이신은 특정한 메타노제닉(메탄을 생산하는) 원시 생물에서만 찾을 수 있다. 또한 세릴-tRNA에서 정상적인 아미노산으로부터 만들어지는 셀레노시스테인과는 달리 피롤라이신은 먼저 합성되고 피롤라이실-tRNA 합성 효소에 의해 특정한 tRNA에 더해진다. 이것은 지금까지 발견된 것으로는 21번째 아미노아실-tRNA 합성효소가 되게 된다. 즉, 일반적인 20개의 아미노산을 tRNA에 붙여주는 20종류의 합성효소보다 하나 더 발견된 것이다.

대장균 세포는 일반적으로 그들의 단백질에 피롤라이신을 집어넣을 수가 없다. 그러나 2004년도에 조셉 크레스키(Joseph Krzycki) 등은 대장균 세포에 세 가지, 즉 특이한 tRNA 유전자, 피롤라이실-tRNA 합성효소 유전자, 피롤라이신이 있다면 피롤라이신이 함유된 단백질을 합성할 수 있는 능력을 가진 대장균 세포를 만들 수 있다는 것을 보여 주었다. 게다가 그들은 이 tRNA가 시험관 내에서 미리 합성된 피롤라이신과 결합할 수 있다는 것을 보여 주었는데, 이것은 이러한 기작이 생체 안에서도 적용될 수 있음을 강하게 시사하고 있다.

셀레노시스테인의 경우와 마찬가지로 피롤라이신도 정지코돈에 반응하여 성장하는 폴리펩티드로 결합되게 된다. 그러나 이 경우에는 UGA 코돈 대신 UAG 코돈을 사용한다. 이는 특정 tRNA의 안티코돈이 5′-CUA-3′인 것을 암시하는데 이것은 사실인 것으로 밝혀졌다.

18.5. 번역후 과정

단백질 번역의 제 양상은 합성의 종결 과정만으로 끝나지는 않는다. 단백질은 적절히 접힘이 일어나야 되고 리보솜은 다음의 번역 과정에 이용될 수 있도록 mRNA로부터 떨어져 나오는 것이 필요하다. 엄격히 말해서 단백질의 접힘 현상은 번역 후에 일어나지 않는다. 오히려 새로 합성된 폴리펩티드가 만들어질 때 일어나는 동시-번역 과정이다. 그러나 우리가 논의하고 있는 개시, 신장, 종결 과정과 직접적 관계가 없으므로 그것을 분리해서 다루는 것이 편리하다. 단백질 접힘부터 살펴보고 리보솜 방출 문제에 대해서 논의하기로 한다.

1) 새로 합성된 단백질의 접힘

번역 과정을 거친 단백질은 소수성(그리스어로 hydrophobic는 '물을 두려워 함'을 뜻함) 부위들이 세포 내의 수용성 환경에서 멀어지기 위하여 단백질의 안쪽으로 묻히는 방향으로 접히게 된다. 그러나 대부분의 단백질의 경우 스스로 적절한 형태로 접히지는 않는다. 그들은 열 충격에 의해 접힘이 풀어져 버린 단백질들의 경우처럼(8장 참조) 분자 샤페론의 도움을 필요로 한다. 문제는 처음 만들어진 폴리펩티드의 노출된 소수성 부위는 주위를 둘러싼 물을 피하기 위하여 다른 노출된 소수성 부위와 상호 작용을 시도한다는 것이다. 그러나 가장 가까운 소수성 부위는 잘못된 파트너이기 쉽고, 따라서 이러한 상호 작용은 잘못된 접힘을 초래하여 불활성 단백질이 만들어지게 된다. 사실 어떤 종류의 잘못 접힌 단백질, 예를 들어 광우병(Bovine Spongiform Encephalopathy, BSE)과 관련된 단백질 같은 것은 세포에 독성을 나타내 죽게 할 수도 있다.

단백질 접힘의 중요성을 설명해 줄 또 다른 예를 살펴보자. **잠재성 돌연변이**(silent mutation)는 아미노산을 지칭하는 코돈이 다른 코돈이지만 동일한 아미노산을 가져오는 코돈으로 바뀌었을 때를 뜻한다. 일반적으로 이런 돌연변이는 아무런 영향이 없기 때문에 조용한 돌연변이라 불린다. 하지만 때때로 '조용한' 돌연변이가 문제를 일으키기도 한다. 이것은 몇가지 방법들에 의해서 발생된다고 알려져 왔다. 하나의 코돈이 동일한 아미노산을 합성하는 다른 코돈으로 변할 경우 아무런 해가 없을 것 같이 들린다. 하지만 만약 새로운 코돈이 그 생명체 내에서 매우 희귀할 경우에는 [이러한 현상은 **코돈 치우침**(codon bias)이라 알려져 있다] tRNA 또한 희귀하게 존재하므로, 리보솜이 그 코돈을 읽고 아미노아실-tRNA가 나타나기를 기다리는 동안 단백질 합성이 지연되게 된다. 어떤 단백질은 합성되는 속도에 따라 다르게 접혀지기도 하는데, 이렇게 되면 미량의 아미노아실-tRNA를 기다리며 느리게 번역되는 동안 이미 합성된 단백질들이 잘못 접혀져 활성을 잃어버리게 된다. 마이클 고테스만(Michael Gottesman) 등은 2007년에 인간의 다중약물내성(*multidrug resistant*1, MDR1) 유전자에 도입된 조용한 돌연변이가 심각한 표현형으로 나타나는 것을 보여 주었다. 이 조용한 돌연변이는 희귀한 코돈을 만들어 냄으로써 매우 비효율적이고, 활성이 약한 단백질을 만들어 냈는데, 아마도 단백질이 잘못 접혀져서 이런 결과가 나올 것이라 판단되었다.

반면에 코돈 치우침에 의한 리보솜의 지연(ribosome pausing)이 단백질의 영역들(독립적으로 접혀진 부분들) 사이에서 유리하게 작용할 수도 있다. 왜냐하면 이로 인해 영역들이 관련 없는 단백질의 다른 부분들의 방해 없이 접혀질 수 있기 때문이다. 따라서 이에 흥미를 느낀 조셉 와츠(Joseph Watts), 케빈 윅스(Kevin Weeks) 등은 2009년에 유전체와 mRNA로의 역할을 모두 하는 인간면역결핍 바이러스(human immunodeficiency virus, HIV) RNA가 단백질 영역들 사이에 고리를 암호화하는 mRNA의 지역에 가장 높은 수준의 2차구조를 가지고 있다는 것을 밝혀냈다. 또한 이 2차구조(분자 내의 염기-쌍)의 mRNA는 리보솜의 합성 진행을 방해하고 최근에 완성된 단백질 영역이 다음 영역의 합성이 시작되기 전에 접혀지도록 할 것이라고 하였다.

HIV RNA의 2차구조를 증명하기 위해서 와츠와 윅스 등은 **프라이머 확장에 의한 선택적 2′-히드록시기 아실화 분석**(seletive 2′-hydroxyl acylation analyzed by primer extension, SHAPE)이라는 기술을 이용했다. 이 방법은 1-메틸-7-니트로이사토익 무수물(1-methyl-7-nitroisatoic anhydride, 1M7)과 같은 특정한 시약을 사용하여 형태가 변하기 쉬운 RNA 뉴클레오티드의 2′-히드록실기를 선택적으로 아실화시킨다. 여기서 염기쌍을 이룬 뉴클레오티드들은 단단하기 때문에 상대적으로 아실화가 덜 이루어진다. RNA와 1M7의 반응이 끝나면 여기에 역전사효소(reverse transcriptase)와 형광 프라이머를 처리해 프라이머를 확장시킨다(5장 참조). 그 후에 그들은 프라이머 확장이 멈춘 부위인 결합된 염기쌍의 부위를 파악하기 위해 확장된 프라이머의 길이를 분석하였다.

컴퓨터를 이용한 2차구조의 분석과 직접적인 2차구조의 분석의 병합은 와츠와 윅스 등이 2차구조를 포함하는 HIV의 전체 RNA의 저해상도 모델을 확립하는 데 도움을 주었다. HIV RNA는 15개의 성숙한 단백질을 암호화하고 있다. 이것의 9개 열린 해석틀(open reading frame) 중 3개는 다중단백질(polyprotein)을 암호화하고 있다. 이 다중단백질이 성숙한 단백질이 되기 위해선 단백질 분해효소에 의해 쪼개져야 한다. 예를 들면, Gag-Pol 다중단백질은 단백질 분해효소, 역전사 효소, 그리고 인테그레이즈를 모두 포함하고 있다. 23장에서 HIV와 다른 레트로바이러스들에 대해서 좀 더 자세히 다룰 것이다. 2차구조 모델은 유사 2차구조와 고리를 만들기 위한 암호영역(coding region)이 정확히 일치하는 것을 보여 주었다. 이 고리는 단백질 영역들 사이와 다중단백질에서 성숙한 단백질 서열 사이를 이어주기 위한 고리이다. 따라서 RNA는 그 염기서열상에 리보솜을 RNA 2차구조와 접하게 하고 단백질 영역의 암호화부위(coding region) 사이에서 멈추게 하는 조절 암호를 지니고 있는 것처럼 보여 진다. 그리고 이 리보솜의 지연 현상은 번역과정 도중에 단백질 접힘을 도와준다.

조슈아 플롯킨(Joshua Plotkin) 등은 2009년에 초록색형광단백질(green fluorescent protein, GFP)을 암호화하는 154개의 서로 다른 유전자를 만들어냄으로써 이 분야의 해석에 엄청난 반향을 일으켰다. 이들 유전자에는 암호화 하는 단백질이 달라지지 않은 조용한 돌연변이를 모두 포함하고 있다. 하지만 이런 유전자들이 대장균에서 발현되었을 때, 단백질 발현 수준이 약 250배가량 달라지는 것을 발견하였다. 여기에서는 코돈 치우침 현상은 약간 작용하거나 아무런 역할을 하지 않는 것으로 보여지며, 그 대신에 mRNA 접힘의 안정성, 특히 샤인-달가르노 서열(Shine-Dalgarno sequence) 부근에서의 안정성이 가장 중요한 인자로 작용한 것으로 분석되었다.

단백질이 잘못 접히는 현상을 최소화하기 위해서 세포는 옳은 파트너가 만들어질 때까지 새로 합성된 폴리펩티드의 소수성 부위를 숨겨 두는 기작을 필요로 한다. 보통의 분자 샤페론은 그들 자신의 소수성 주머니에 노출된 소수성 단백질 부위를 감싸주어 다른 노출된 소수성 부위와 부적절한 결합을 막아줌으로써 이러한 역할을 한다. 그러나 대장균의 경우에는 큰 리보솜 소단위체와 결합되어 있고, 물로부터 보호하기 위해 새로 합성된 소수성 부위를 소수성 바구니에 담아 두는 역할을 하는 **유도인자**(trigger factor)라 불리는 특별한 샤페론을 가지고 있다.

유도인자가 어떻게 작용하는지 알기 위해서는 리보솜과 결합되어 있는 샤페론의 3차원 구조를 밝히는 것이 이상적이다. 하지만 이것은 쉽지 않은 일이다. 리보솜의 큰 소단위체가 결정화된 것은 원시생물인 *Haloarcula marismortui*로부터 나온 것이 유일하지만(19장 참조), 원시생물에는 유도인자가 존재하지 않는다. 이러한 문제를 해결하기 위하여 Nenad Ban 등은 우선 그 구조를 보기

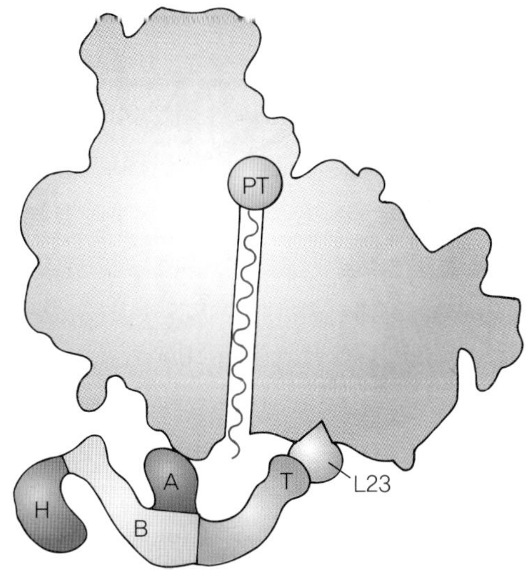

그림 18.35 **리보솜에 결합되어 있는 유도인자 모델.** 샤페론 단백질인 유도인자가 터널을 감싸듯이 리보솜의 아래쪽에 용이 거꾸로 웅크린 듯 붙어 있다. 이러한 자세로 유도인자의 소수성 도메인[보라색 팔(A)과 파란색 꼬리(T)]이 터널을 통과하여 빠져나오는 새로 합성된 폴리펩티드의 소수성 부분을 잡을 수 있다. 이렇게 하여 새로 합성되는 폴리펩티드의 또 다른 소수성 부분과 결합할 수 있을 때까지 소수성 환경을 유지시킴으로써 적절한 단백질의 접힘을 유도한다. 유도인자의 또 다른 영역으로 머리 부분(H, 빨간색)과 등 부분(B, 노란색)이 있다. L23(초록색)은 리보솜 큰 소단위체의 단백질 중 하나로써 유도인자와 결합하는 중요한 부분이다. PT(주황색)는 터널의 시작 부위에 위치하는 펩티드 전달효소 부위이다. (출처: Adapted from Ferbitz, L., T. Maier, H. Patzelt, B. Bukau, E. Deverling, and N. Ban, Trigger factor in complex with the ribosome forms a molecular cradle for nascent proteins, *Nature* 431:593, 2004.)

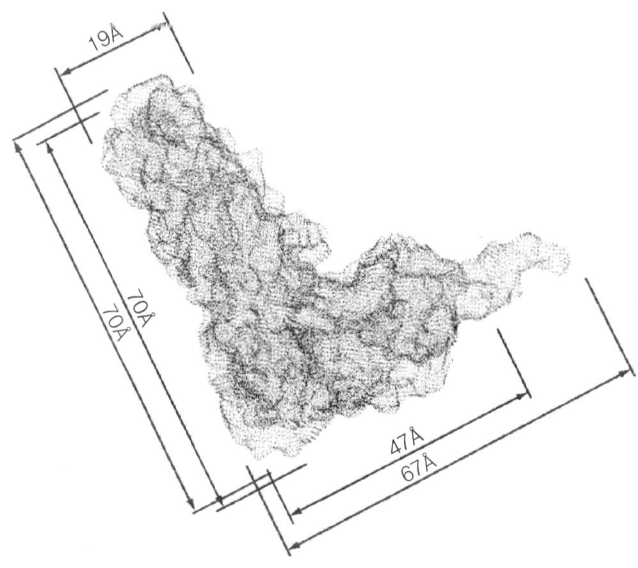

그림 18.36 **RRF와 tRNA의 구조적 유사성.** *Thermotoga maritima* RRF(파란색)의 표면과 효모의 $tRNA^{Phe}$(빨간색)이 매우 비슷한 구조로 겹쳐진다. (출처: From Selmer M., Al-Karadaghi S., Hirokawa G., Kaji A., and Liljas A. 1999. Crystal structure of Thermotoga maritima ribosome recycling factor: A tRNA mimic. *Science* 286:2349. © 1999 AAAS.)

위하여 전체 대장균 유도인자를 결정화하였다. 그런 다음 리보솜 결합부위가 원시생물과 박테리아 사이에 충분히 잘 보존되어 서로 복합체를 형성하리라는 가정하에 원시생물의 리보솜 큰 소단위체를 대장균 유도인자의 리보솜 결합부위와 함께 결정화하였다.

이러한 전략은 성공하였다! 유도인자가 리보솜에 결합하는 부위(리보솜 단백질 L23)는 박테리아와 원시생물 사이에서 잘 보존되어 있어서 원시생물의 리보솜 소단위체는 박테리아 유도인자와 결합할 수 있었다. 반(Ban) 등은 유도인자의 결정구조를 그림 18.35에서 설명하는 것처럼 머리, 등, 팔, 꼬리를 가진 '웅크린 용'으로 제안하였다. 유도인자의 꼬리 도메인과 50S 리보솜 소단위체의 결합 결정구조에 근거하여 Ban 등은 그림 18.35와 같이 '웅크린 용'이 거꾸로 매달려 리보솜과 결합하고 있다고 설명하였다. 이러한 배치는 유도인자의 꼬리와 팔 도메인에 있는 소수성 표면이 리보솜의 출구 터널을 통해서 나오는 새로 합성된 폴리펩티드를 완벽하게 잡을 수 있는 위치에 놓이도록 하고 있다. 이것은 리보솜에서 빠져나오는 새로 합성된 폴리펩티드의 어떠한 노출된 소수성 부분이라도 적절한 소수성 부분을 가진 파트너와 결합할 때까지 효과적으로 감출 수 있게 해준다.

박테리아는 DnaK라고 불리는 샤페론을 대체 시스템으로 가지고 있기 때문에 유도인자가 대장균 생존에 필수적이지는 않다. DnaK는 유도인자와 같이 리보솜에 결합하는 단백질이 아니라 독자적으로 기능을 수행하는 단백질이다. 새로 합성된 단백질을 잡을 수 있는 바구니 대신 DnaK는 새로 합성된 단백질이 정확히 접힐 때까지 새로 합성된 단백질의 노출된 소수성 부분을 보호할 수 있는 소수성 아치를 가진다. 원시생물과 진핵생물은 유도인자와 같은 종류의 단백질이 완전하게 결핍되어 있기 때문에 적절한 새로 합성된 단백질의 접힘을 오로지 독자적으로 기능을 수행하는 샤페론에 전적으로 의지한다.

2) mRNA로부터 리보솜의 방출

단백질 합성의 종결에 관한 초기 연구는 mRNA의 유사체로서 단지 AUG나 UAG를 포함하는 모델 시스템을 사용하였고 이들 연구에 사용된 모델 mRNA의 일부는 리보솜으로부터 자동적으로 분리되었기 때문에 리보솜의 방출에 관한 연구의 필요성을 느끼지 못했다.

그러다가 카지(A. Kaji) 등은 **종결후 복합체**(post-termination

complexes, post-TCs)에 있는 일반적인 mRNA에서 리보솜을 해방시키는 단백질인자를 발견하였다. 그리고 그것을 **리보솜 재활용 인자**(ribosomal recycling factor, RRF)라고 명명하였다. 1994년에 Kaji 등은 리보솜 재활용 인자가 박테리아의 생존에 필수적이라는 것을 보여 주게 되었다. **온도 민감성 돌연변이**(temperature sensitive mutation)가 리보솜 재활용 인자의 유전자에 도입된 박테리아는 유전자가 기능을 할 수 없는 온도에서 키우게 되면 **적응기**(lag phase)의 박테리아는 죽게 되고, 대수증식기에 있는 박테리아의 성장은 정지된다. 따라서 번역 과정의 종결 이후에 mRNA로부터 리보솜의 방출은 필수적이다.

카지 등은 박테리아 *Thermotoga maritima*로부터 리보솜 재활용 인자를 정제하였는데, 그 방법은 다음과 같다. 우선 박테리아 폴리솜에 퓨로마이신을 처리하여 합성된 단백질이 방출되도록 하였다. 이렇게 하면 각 리보솜에는 P 부위와 E 부위에 아미노산이 제거된 tRNA가 하나씩 남아 있게 된다. 따라서 이들 폴리솜의 리보솜 각각은 A 부위에 종결코돈이 없는 것을 제외하고는 단백질 합성이 종결된 리보솜과 같은 양상을 띠게 된다. 이들 퓨로마이신이 처리된 폴리솜에 리보솜 재활용 인자를 추가하게 되면 폴리솜은 모노솜으로 변환하게 된다. 카지 등은 리보솜 재활용 인자를 정제한 후 앤더스 릴자스(Anders Liljas) 등과의 공동 연구를 통해 리보솜 재활용 인자의 3차원 구조를 결정하였다.

그 결정구조는 거의 완벽하게 tRNA를 닮아 있었다. 그림 18.36은 *T. maritima*의 리보솜 재활용 인자의 구조를 tRNA의 구조 위에 겹쳐 놓은 것을 보여 주고 있다. 보는 바와 같이 구조가 거의 완벽하게 일치하는 것을 알 수 있다. 단지 리보솜 재활용 인자에서 일치하지 않는 부분은 일반적으로 tRNA 말단의 CCA에 결합하는 아미노산이 들어갈 공간과 안티코돈의 작은 부위이다. 이 구조와 또 다른 정보에 근거하여 카지 등은 리보솜 재활용 인자가 아미노아실 tRNA와 마찬가지로 A 부위에 결합하고 나면 EF-G의 존재하에 전좌가 일어나게 되며, 이후 아직은 잘 알려지지 않은 기작에 의해 mRNA로부터 리보솜이 떨어지게 된다고 제안하였다.

2002년 놀러 등과의 공동 연구를 통해 카지 등은 **히드록시기 라디칼 탐침**(hydroxyl radical probing)을 사용하여 리보솜 재활용 인자와 리보솜 복합체의 구조 연구를 수행하였다. 그들은 다음과 같은 방법을 사용하였다. 우선 그들은 특정부위 돌연변이 유발(site-directed mutagenesis)을 사용하여 리보솜 재활용 인자 분자 안에 존재하는 하나의 시스테인을 세린으로 바꾸었다. 그 다음 돌연변이 도입을 통하여 아직도 활성을 가지고 있는 이 시스

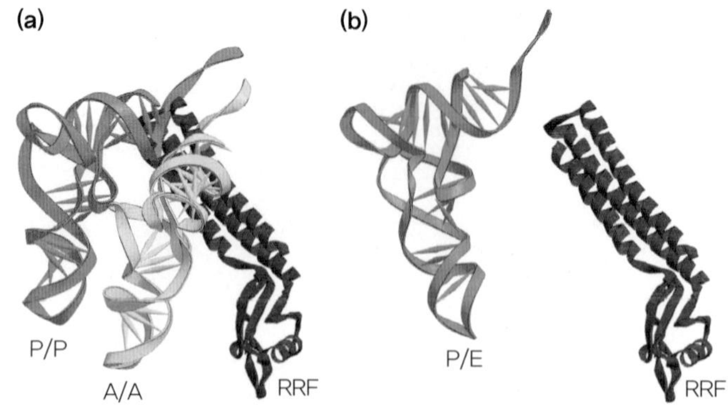

그림 18.37 리보솜상의 RRF 위치에 관한 모델. (a) 리보솜상의 공식적인 A 부위(A/A, 노란색)와 P 부위(P/P, 주황색)에 부착되어 있는 tRNA의 구조와 상대적인 RRF(빨간색)의 결합 위치. (b) 중간 P/E 부위에 결합한 tRNA의 구조(주황색)와 상대적인 RRF(빨간색)의 위치. (출처: Reprinted from Cell v. III, Lancaster et al., p. 444 © 2002, with permission from Elsevier Science.)

테인이 없는 리보솜 재활용 인자 전체에 걸쳐서 10개의 각기 다른 위치에 시스테인을 도입하였다. 이들 하나의 시스테인을 가진 리보솜 재활용 인자 각각은 철 이온을 지니고 있는 분자와 결합할 수 있고, 이 리보솜 재활용 인자-철 이온은 리보솜에 결합할 수 있다. 그 철 이온은 가까운 위치에 있는 rRNA 조각을 분해하는 히드록시기 라디칼을 만드는데 이 rRNA상의 분해된 위치는 프라이머 확장(primer extension, 5장 참조)에 의해서 탐지될 수 있다. 우리는 정확하게 16S 와 23S rRNA의 각 부분이 리보솜의 어디에 위치하는지 알기 때문에(19장 참조) 리보솜 재활용 인자의 각기 다른 부위(시스테인이 위치한 자리)들은 리보솜상의 특정한 위치와 연계하여 나타낼 수 있다.

이 실험 결과는 tRNA와의 거의 완벽한 구조적 유사성에도 불구하고 리보솜 재활용 인자는 리보솜과의 결합에 있어 tRNA와 똑같이 행동하지는 않는다는 것을 보여 주었다. 리보솜 재활용 인자는 리보솜의 A 부위에 결합하는 데 있어 A 부위의 tRNA와는 매우 다른 방향성을 띠고 있었다(그림 18.37a). 이러한 결과는 카지 등이 제시한 간단한 모델에 의심을 품게 하였다. 실제로 리보솜 재활용 인자의 말단이 P 부위에 결합하고 있는 아미노산이 제거된 tRNA의 수용체 줄기와 겹치는 것으로 나타났기 때문에 리보솜 재활용 인자가 리보솜에 결합하는 방법에 대하여 의문을 일으키게 되었다. 그러나 카지와 놀러 등은 퓨로마이신 또는 아마도 RF1 또는 RF2에 의해 펩티드가 떨어져 나간 tRNA가 P 부위에 결합한 상태로는 존재하지 않는다는 사실에 주목하게 되었다. 놀러 등은 이 tRNA와 리보솜의 결합이 수용체 줄기의 끝부분은 E 부위 안에 안티코돈은 P 부위에 위치하는 잡종 P/E 형태를 하고

있음을 보여 주었다. 이 위치에서는 tRNA는 그림 18.37ㄴ에서 보여 주는 것과 같이 리보솜 재활용 인자의 결합을 방해하지 않는 것처럼 보인다.

A 부위에 리보솜 재활용 인자가 결합한 뒤에는 어떤 일이 일어날까? 비록 우리는 이 리보솜 재활용 인자가 EF-G와 함께 작용하여 리보솜을 mRNA로부터 방출시킨다는 사항은 알고 있으나 세부사항에 대해서는 아직까지 거의 모르고 있다고 생각된다. 리보솜 재활용 인자는 단지 50S 소단위체만 방출시키고, 30S 소단위체는 아마도 IF3가 결합하는 것 같은 다른 과정에 의해서 방출될 수도 있다.

진핵생물은 RRF를 암호화하고 있지 않다. 그렇다면 진핵생물은 어떻게 이들을 종결후 복합체에서 분리시킬까? 타티아나 페스토바(Tatyana Pestova) 등은 2007년에 eIF3가 진핵생물의 리보솜 해리에 가장 중요한 역할을 한다고 밝혀내었다. 이러한 해리 작용에는 eIF1, eIF1A, 그리고 eIF3의 약하게 붙어 있는 소단위체인 eIF3j가 함께 작용하는 것으로 보인다.

요약

mRNA는 5′→3′ 방향으로 읽혀지며 이는 합성될 때와 같은 방향이다. 단백질은 아미노 쪽에서 카르복실 방향으로 합성되는데, 이는 아미노 말단의 아미노산이 최초로 첨가되는 아미노산임을 의미한다.

유전정보는 mRNA 내에 3개의 염기로 된 암호, 즉 코돈으로 이루어져 있으며, 리보솜은 코돈을 근거로 특정 아미노산을 첨가하여 폴리펩티드를 만든다. 이 암호는 중복되지 않는다. 즉, mRNA의 암호화부위에 있는 각 염기는 오직 한 코돈의 일부가 된다. 유전암호는 총 64개의 코돈으로 구성된다. 이 중 3개가 정지신호이며, 나머지는 아미노산에 대한 암호이다. 이는 암호가 상당한 융통성을 가지고 있음을 의미한다.

유전암호의 융통성은 같은 아미노산에 결합하나 다른 코돈을 인식하는 tRNA 종류에 의해 가능하다. 나머지는 워블 가설에 의해 설명되는데, 이는 코돈의 세 번째 염기가 안티코돈과 색다른 염기쌍을 형성하기 위해 정상적인 위치로부터 약간 이동할 수 있음을 의미한다. 이는 같은 아미노아실-tRNA가 1개 이상의 코돈과 염기쌍을 이룰 수 있도록 한다. 워블 염기쌍은 G-U(또는 I-U)와 I-A이다.

엄밀하게 말하면, 유전암호는 엄밀하게 보편적이지는 않다. 특정 진핵세포의 핵이나 미토콘드리아와 적어도 한 박테리아에서 일반적으로는 종결을 유발하는 코돈이 트립토판이나 글루타민과 같은 아미노산을 암호화하기도 한다. 몇몇 미토콘드리아 유전체의 경우 하나의 코돈이 다른 아미노산을 암호화하기도 한다. 이러한 색다른 암호들은 정상적인 암호로부터 진화 과정 중 변화된 것이다.

신장 과정은 3단계로 진행된다. ① EF-Tu-GTP 결합체는 리보솜의 A 부위에서 아미노아실-tRNA와 결합한다. ② 펩티드 전달효소에 의해 P 부위에서 펩티드 결합이 이루어지며, A 부위에는 새 아미노아실-tRNA가 들어온다. 이와 같은 기작으로 1개의 아미노산이 덧붙어 길어진 펩티드는 A 부위로 이동한다. ③ GTP-EF-G 결합체는 펩티딜-tRNA와 mRNA 코돈을 함께 P 부위로 이동시키고 P 부위에 있던 탈아실화된 tRNA를 E 부위로 이동시킨다.

퓨로마이신은 아미노아실-tRNA와 유사하여 A 부위에 결합할 수 있고 P 부위에서 펩티드와 함께 짝을 이루며 펩티딜 퓨로마이신을 방출한다. 반면 펩티딜-tRNA가 A 부위에 있으면 퓨로마이신은 리보솜에 결합하지 않고 펩티드도 방출되지 않는다. 이는 리보솜에 2개의 자리가 있음을 명확히 해준다. 즉, 펩티딜-tRNA의 펩티드가 퓨로마이신 활성을 보이는 P 부위와 펩티딜-tRNA의 펩티드가 퓨로마이신 활성을 보이지 않는 A 부위가 있다. 시작 메티오닌-tRNAf Met는 70S 개시복합체에서 퓨로마이신 활성을 보이므로 P 부위에 존재한다. 결합 연구는 탈아실화된 tRNA를 위한 세 번째 결합부위(E 부위)가 존재함을 밝혀주었다. 이 tRNA는 리보솜을 빠져나갈 때 아마도 E 부위에 결합하고 있을 것이고, 이 결합은 mRNA의 해독틀이 유지되는 데에 도움을 줄 것이다.

EF-Tu, 아미노아실-tRNA, GTP로 구성된 3량체는 아미노아실-tRNA를 GTP 가수분해 없이 리보솜의 A 부위로 이동시킨다. 다음 단계로 GTP는 EF-Tu의 리보솜 의존적인 GTP 활성인자의 작용에 의해 가수분해되고, EF-Tu-GDP 복합체는 리보솜으로부터 분리된다. EF-Ts는 EF-Tu에 결합되어 있는 GDP를 GTP로 교환시켜 EF-Tu-GTP를 활성화시킨다. 여기에 다시 아미노아실-tRNA가 첨가되고 새로운 해독 신장 과정을 위한 3량체가 구성된다.

단백질 합성 기구는 신장 과정 중 두 단계 과정을 통해 정확히 일어난다. 첫째, GTP 가수분해가 일어나기 전에 잘못된 아미노아실-tRNA를 갖고 있는 3량체는 제거된다. 만일 이러한 검색 과정이 실패할 경우, 생장 중인 단백질 사슬로 잘못된 아미노산이 들어가기 전 교정 과정에서 이 잘못된 아미노아실-tRNA가 제거된다. 이러한 두 가지 검색 과정은 잘못된 코돈과 안티코돈 사이의 염기결합이 약하여 이들이 분리되는 과정이 GTP 가수분해 과정이나 펩티드 결합 형성보다 빨리 일어나게 하기 때문으로 추정된다. 번역 과정의 속도와 정확도 사이에는 섬세한 균형이 유지된다. 만일 펩티드 결합 형성이 너무 빨리 일어나 부정확한 아미노아실-tRNA가 리보솜으로부터 분리될 충분한 시간이 없다면, 잘못된 아미노산이 단백질을 구성하게 될 것이다. 그러나 만일 번역 작용이 너무나 늦게 일어난다면 단백질 합성이 생물체가 잘 성장할 정도로 충분히 빠르게 일어나지 못할 것이다.

펩티드결합은 펩티드 전달효소라 불리는 리보솜 효소에 의해 형성된다. 이러한 작용은 50S 소단위체에 존재한다. 23S rRNA는 아마도 펩티드 전달효소의 촉매 중앙부위를 포함할 것이다.

번역 작용 중 전좌는 mRNA를 따라 3개의 뉴클레오티드, 즉 1개의 코돈을 단위로 리보솜에 의해 이루어진다. GTP와 EF-G는 전좌에 필수적이며, GTP는 전좌가 완료되어도 가수분해되지 않는다. GTP가 가수분해되면 EF-G가 리보솜으로부터 방출되며 새로운 신장 과정이 가능해진다. EF-Tu-tRNA-GDPNP 3량체와 EF-G-GDP 2량체의 3차원적 구조는 X-선 결정분석에 의해 밝혀졌다. 예상한 것처럼 이들은 매우 유사한 구조를 가진다.

앰버, 오커, 오팔 돌연변이는 번역되는 중간에서 종결(UAG, UAA,

UGA)을 일으키는데, 그 결과 번역 작용의 조기종결이 일어난다. 이 3개의 코돈은 mRNA의 암호화부위 끝에 있는 정상적인 정지신호이기도 하다. 대부분의 억제 tRNA들은 정지코돈을 인식한 뒤 아미노산을 삽입시켜 리보솜이 다음 코돈으로 이동할 수 있도록 하는 변형된 안티코돈을 가지고 있다.

원핵세포에서 번역 과정의 종결은 세 가지 인자, RF1, RF2, RF3에 의해 수행된다. RF1은 UAA와 UAG 종결코돈을 인식하며, RF2는 UAA와 UGA를 인식한다. RF3은 GTP 결합단백질로 RF1과 RF2의 리보솜으로부터의 방출을 용이하게 한다. 진핵세포는 2개의 방출인자를 가지는데 eRF1은 3개의 종결코돈을 모두 인지하고, eRF3는 리보솜–의존적 GTP 가수분해효소로서 eRF1이 종결코돈을 인식하고, 합성이 끝난 폴리펩티드의 방출을 유도하는 것을 도와 주는 역할을 한다.

원핵생물은 tmRNA가 매개하는 리보솜 구출 방법으로 논스톱 mRNA에 대처한다. 알라닐 tRNA와 구조적으로 유사한 알라닐 tmRNA는 논스톱 mRNA에 멈춰 있는 리보솜의 비어 있는 A 부위에 결합하고 자신의 알라닌을 멈춰 있는 폴리펩티드에 제공한다. 그다음 리보솜은 tmRNA의 ORF를 번역하기 위해 이동하고 폴리펩티드에 다른 9개의 아미노산을 추가한 다음 합성을 종료하게 된다. 이렇게 추가된 아미노산은 전체 폴리펩티드를 분해하는 신호로 사용되고, 핵산분해효소가 논스톱 mRNA를 파괴한다. 논스톱 mRNA의 폴리(A) 꼬리의 끝에 위치한 진핵세포의 리보솜은 Ski7p–엑소솜 복합체를 비어 있는 A 부위에 불러들인다. 먼저 Ski 복합체가 A 부위에 위치하게 되고, 논스톱 mRNA의 끝에 위치한 엑소솜이 그 RNA를 분해한다. 아마도 비정상인 폴리펩티드 역시 파괴될 것이다.

진핵세포는 미성숙 종결코돈을 NMD와 NAS 두 가지 방법으로 처리한다. 포유동물 세포에서 NMD는 하부 불안정화 요소와 관련되어 있는데, 여기에는 mRNA상의 엑손–엑손 접합부위에 결합하여 정지코돈까지의 거리를 측정하는 Upf1과 Upf2 등이 작용한다. 만약 정지코돈이 너무 가까운 거리에 있으면 그것은 미성숙 정지코돈으로 인식되어 mRNA를 분해하는 하위 불안정화 요소를 활성화시키게 된다. 효모에서는 정지코돈 근처에 정상적인 3′–UTR이 없거나 폴리(A) 꼬리가 없으면 그것을 비정상인 것으로 인지한다. NAS 기구는 해독틀의 가운데에 위치한 종결코돈을 인지하게 되면 스플라이싱 방법을 바꾸어 미성숙 정지코돈이 성숙한 mRNA에서 스플라이싱하여 없어지게 만든다. NMD와 같이 이 과정 또한 Upf1을 필요로 한다.

색다른 아미노산인 셀레노시스테인과 피롤라이신은 각각 종결코돈 UGA와 UAG에 반응하여 성장하는 폴리펩티드에 결합되어지는데 그 방법은 다음과 같다. ① 셀레노시스테인: UGA 코돈을 인지하는 안티코돈을 가진 특정 tRNA가 세린과 결합하게 된 후 세린이 셀레노시스테인으로 변형된다. 셀레노시스테일–tRNA는 특정한 EF–Tu에 의하여 리보솜으로 이동하게 된다. ② 피롤라이신: 특정 피롤라이실–tRNA 합성효소가 UAG 코돈을 인지하는 안티코돈을 가지는 tRNA에 미리 형성된 피롤라이신을 결합시켜 준다.

대부분의 새로 만들어진 폴리펩티드들은 스스로는 정확하게 접힐 수가 없고 분자 샤페론의 도움을 필요로 한다. 대장균 세포는 유도인자라고 불리는 단백질을 가지고 있는데, 이들은 리보솜과의 상호 작용을 통하여 리보솜의 출구 터널을 통해 빠져나오는 새로 합성된 폴리펩티드와 결합하게 된다. 따라서 새로 합성된 폴리펩티드의 소수성 부분은 적합한 파트너와 만날 때까지 비적합한 결합으로부터 보호된다. 원시생물과 진핵세포들은 유도인자가 없기 때문에 독자적으로 활동하는 샤페론을 사용해야만 한다.

리보솜은 단백질 합성 종결 후에 자발적으로 mRNA로부터 떨어져 나올 수가 없다. 그들은 리보솜 재활용 인자(RRF)와 EFG의 도움을 필요로 한다. 리보솜 재활용 인자는 tRNA와 매우 유사하고 리보솜의 A 부위에 결합할 수 있지만, 그 결합 위치는 tRNA가 정상적으로 결합하는 위치와는 차이가 있다. 그 기작이 잘 알려져 있지는 않으나 RRF는 EFG와 협동작용을 통하여 50S 리보솜 소단위체 또는 리보솜 전체를 방출시키게 된다.

복습 문제

1. 번역 작용이 단백질의 아미노 말단에서 시작됨을 보여 주는 실험 결과를 기술하라.

2. mRNA가 5′→3′ 방향으로 읽혀진다는 사실을 어떻게 아는가?

3. 유전암호가 (a) 겹치지 않고, (b) 쉼표가 없으며, (c) 3개씩 구성되며, (d) 융통성이 있다는 사실을 어떻게 아는가?

4. 하나의 아미노산을 위한 코돈이 2개 이상 존재한다는 사실을 밝힌 실험 과정과 그 결과를 설명하라.

5. 워블 염기쌍 형성을 그려라. 모든 분자의 위치를 나타낼 필요는 없으며, 염기결합의 형태만 표시하라. 이 염기쌍이 왓슨–크릭의 염기쌍 형성과 어떻게 다른가? 번역 과정 중 워블의 중요성은 무엇인가?

6. 원핵세포의 번역 작용의 신장 과정을 그려라.

7. 퓨로마이신의 작용 기작을 설명하라.

8. fMet–tRNA$_f^{Met}$가 리보솜의 P 부위에 존재함을 보여 주는 실험 결과를 설명하라.

9. EF–Ts가 EF–Tu로부터 GDP가 방출되는 것을 보여 주는 실험을 기술하라.

10. 번역 작용 중 클로람페니콜이 억제하는 과정은 어느 단계인가?

11. 번역 작용 중 EF–Tu와 EF–Ts의 작용을 도식화하여 설명하라.

12. EF–Tu와 GTP, 아미노아실–tRNA 사이의 3량체 형성의 증거를 보여라.

13. 리보솜의 RNA가 펩티드 전달효소의 활성인자일 가능성을 보이는 실험결과를 기술하라.

14. 단백질 합성 과정에서 개시인식과 교정 과정은 무엇인가?

15. 번역 작용 중 mRNA가 3개의 뉴클레오티드를 단위로 이동함을 보여 주는 실험 결과를 기술하라.

16. EF-G와 GTP가 모두 이동 과정에 필수적임을 보여 주는 실험 결과를 기술하라. (a) GDPCP를 GTP 대신 치환했을 때 나타나는 결과는 무엇이며, (b) 이러한 단일 전좌 과정에 푸시딕산을 첨가했을 때 나타나는 결과는 무엇인가?

17. 전좌 이전에 GTP의 가수분해가 일어난다는 것을 증명한 실험 방법을 기술하라.

18. 앰버코돈이 번역 종료자라는 직접적인 증거를 말하라.

19. 앰버코돈이 UAG인 증거를 말하라.

20. 어떻게 앰버 억제자가 기능한지 설명하라.

21. 앰버 억제자가 tRNA라는 증거를 말하라.

22. 방출인자를 분석하는 방법을 설명하라.

23. RF1, RF2, RF3의 기능은 무엇인가?

24. RF1, RF2가 인지하는 종결코돈은 어떤 것인가? 또한 그것을 어떻게 알 수 있는가?

25. eRF1, eRF3의 기능은 무엇인가?

26. 원핵생물이 논스톱 mRNA를 처리하는 기작을 그려라.

27. tmRNA와 tRNA의 무슨 차이가 리보솜에 강하게 결합하는 tmRNA의 능력을 제한하는가? 어떻게 세포는 이 부족한 점을 처리하는가?

28. 포유동물 세포에서 논스톱 mRNA를 처리하는 기작을 그려라.

29. 진핵생물 세포가 미성숙 종결코돈을 처리하는 두 가지 기작을 그려라.

30. 셀레노시스테인과 피롤라이신이 단백질에서 결합하는 기작을 설명하라.

31. 어떻게 유도인자의 세포 내부에서의 위치가 샤페론 기능을 돕는지 설명하라.

분석 문제

1. 다음 상황에서 G 단백질의 활성은 어떠한 영향을 받는가?
   a. GAP가 억제되었을 때
   b. 구아닌 뉴클레오티드 교환 단백질이 억제되었을 때

2. 당신은 온도가 42℃에서 안티코돈 3′-UUC-5′에 아스파라긴을 담는 아미노아실-tRNA 합성효소의 대장균 돌연변이를 분리했다. 42℃에서 이 세포는 어떤 단백질을 만들 것으로 예상하는가? 그 이유는 무엇인가? 그 후 당신이 첫 번째 돌연변이를 막을 수 있는 다른 돌연변이를 분리했을 때 tRNA 유전자에 두 번째 돌연변이를 찾아보았다. 무슨 tRNA가 두 번째 돌연변이에 의해서 바뀌었고 어디가 바뀌었을까? 이 변화의 종류를 예측하라.

3. 짧은 mRNA를 고려하라.

   5′-AUGGCAGUGCCA-3′

   코드가 최대한 겹칠 때와 겹치지 않을 때를 추정하여 다음 질문에 답하라.
   a. 이 작은 핵산에는 얼마나 많은 코돈이 존재하는가?
   b. 만약 두 번째 G가 C로 바뀌었을 때 얼마나 많은 코돈이 바뀌는가?

4. 만약 다음과 같은 상황이 일어나면 해독틀과 유전자의 기능에 무슨 영향을 받을까?
   a. mRNA의 가운데 2개의 염기가 들어갈 때
   b. mRNA의 가운데 3개의 염기가 들어갈 때
   c. 1개의 코돈에 하나의 염기가 들어가고 다음 코돈에 염기 하나가 빠질 때

5. 만약 코돈이 6개의 염기 길이라면 폴리(UUGG) 같은 반복되는 4개 핵산은 몇 종류의 생산물을 만들 것으로 예상하는가?

6. 4개 염기 길이의 코돈을 가진 유전자 코드에서 몇 개의 코돈이 존재하는가?

7. 일정한 오커 억제자는 오커코돈에 반응하여 글루타민을 삽입한다. 이것에 억제자 계통을 만들 때 $tRNA^{Gln}$의 안티코돈에서 가장 가능한 변화는 무엇인가?

8. 생명체가 그 단백질에 피롤라이신을 결합하는 기능을 얻을 때 일어나는 진화적 변화를 설명하라. 또 당신이 생각하기에 이러한 변화가 일어나는 규칙은 무엇이라고 생각하는가?

9. 20개의 각 아미노산은 일반적인 단백질에서 다른 아미노산의 곁에 나란히 붙어서 나타난다. 이것이 어떻게 유전코드가 겹쳐지지 않는다는 것을 증명할 수 있는가?

추천 문헌

General References and Reviews

Horwich, A. 2004. Sight at the end of the tunnel. *Nature* 431:520–22.

Kaji, A., M.C. Kiel, G. Hirokawa, A.R. Muto, Y. Inokuchi, and H. Kaji. 2001. The fourth step of protein synthesis: Disassembly of the posttermination complex is catalyzed by elongation factor G and ribosome recycling factor, a nearperfect mimic of tRNA. *Cold Spring Harbor Symposia on Quantitative Biology* 66:515–29.

Kaziro, Y. 1978. The role of guanosine 5–triphosphate in polypeptide chain elongation. *Biochimica et Biophysica Acta* 505:95–127.

Khorana, H.G. 1968. Synthesis in the study of nucleic acids. *Biochemistry Journal* 109:709–25.

Maquat, L.E. 2002. Skiing toward nonstop mRNA decay. *Science* 295:2221–22.

Moore, M.J. 2002. No end to nonsense. *Science* 298:370–71

Moore, S.D., K.E. McGinness, and R.T. Sauer. 2003. A glimpse into tmRNA–mediated ribosome rescue. *Science* 300:72–73.

Nakamura, Y., K. Ito, and M. Ehrenberg. 2000. Mimicry grasps reality in translation termination. *Cell* 101:349–52.

Nakamura, Y., K. Ito, and L.A. Isaksson. 1996. Emerging understanding of translation termination. *Cell* 87:147–50.

Nierhaus, K.H. 1996. An elongation factor turn–on. *Nature* 379:491–92.

Ramakrishnan, V. 2002. Ribosome structure and the mechanism of translation. *Cell* 108:557–72.

Schimmel, P. and K. Beebe. 2004. Genetic code seizes pyrrolysine. *Nature* 431:257–58.

Schmeing, T.M. and V. Ramakrishnan. 2009. What recent ribosome structures have revealed about the mechanism of translation. *Nature* 461:1234–42

Thompson, R.C. 1988. EFTu provides an internal kinetic standard for translational accuracy. *Trends in Biochemical Sciences* 13:91–93.

Tuite, M.F. and I. Stansfield. 1994. Knowing when to stop. *Nature* 372:614–15.

Research Articles

Benzer, S. and S.P. Champe. 1962. A change from nonsense to sense in the genetic code. *Proceedings of the National Academy of Sciences USA* 48:1114–21.

Brenner, S., A.O.W. Stretton, and S. Kaplan. 1965. Genetic code: The "nonsense" triplets for chain termination and their suppression. *Nature* 206:994–98.

Bretscher, M.S., and K.A. Marcker. 1966. Peptidyl–sRibonucleic acid and amino–acyl–sRibonucleic acid binding sites on ribosomes. *Nature* 211:380–84.

Crick, F.H.C., L. Barnett, S. Brenner, and R.J. Watts–Tobin. 1961. General nature of the genetic code for proteins. *Nature* 192:1227–32

Dintzis, H.M. 1961. Assembly of the peptide chains of hemoglobin. *Proceedings of the National Academy of Sciences USA* 47:247–61.

Ferbitz, L., T. Maier, H. Patzelt, B. Bukau, E. Deuerling, and N. Ban. 2004. Trigger factor in complex with the ribosome forms a molecular cradle for nascent proteins. *Nature* 431:590–96.

Fredrick, K. and H.F. Noller. 2003. Catalysis of ribosomal translocation by sparsomycin. *Science* 300:1159–62.

Goodman, H.M., J. Abelson, A. Landy, S. Brenner, and J.D. Smith. 1968. Amber suppression: A nucleotide change in the anticodon of a tyrosine transfer RNA. *Nature* 217:1019–24.

Haenni, A.–L. and J. Lucas–Lenard. 1968. Stepwise synthesis of a tripeptide. *Proceedings of the National Academy of Sciences USA* 61:1363–69.

Inoue–Yokosawa, N., C. Ishikawa, and Y. Kaziro. 1974. The role of guanosine triphosphate in translocation reaction catalyzed by elongation factor G. *Journal of Biological Chemistry* 249:4321–23.

Ito, K., M. Uno, and Y. Nakamura. 2000. A tripeptide "anticodon" deciphers stop codons in messenger RNA. *Nature* 403:680–84.

Khaitovich, P., A.S. Mankin, R. Green, L. Lancaster, and H.F. Noller. 1999. Characterization of functionally active subribosomal particles from Thermus aquaticus. *Proceedings of the National Academy of Sciences USA* 96:85–90.

Lancaster, L., M.C. Kiel, A. Kaji, and H.F. Noller. 2002. Orientation of ribosome recycling factor in the robosome from directed hydroxyl radical probing. *Cell* 111:129–40.

Last, J.A., W.M. Stanley, Jr., M. Salas, M.B. Hille, A.J. Wahba, and S. Ochoa. 1967. Translation of the genetic message, IV. UAA as a chain termination codon. *Proceedings of the National Academy of Sciences USA* 57:1062–67.

Miller, D.L. and H. Weissbach. 1970. Interactions between the elongation factors: The displacement of GDP from the Tu–GDP complex by factor Ts. *Biochemical and Biophysical Research Communications* 38:1016–22.

Nirenberg, M. and P. Leder. 1964. RNA codewords and protein synthesis: The effect of trinucleotides upon binding of sRNA to ribosomes. *Science* 145:1399–1407.

Nissen, P., M. Kjeldgaard, S. Thirup, G. Polekhina, L. Reshetnikova, B.F.C. Clark, and J. Nyborg. 1995. Crystal structure of the ternary complex of Phe–tRNAPhe, EF–Tu, and a GTP analog. *Science* 270:1464–71.

Noller, H.F., V. Hoffarth, and L. Zimniak. 1992. Unusual resistance of peptidyl transferase to protein extraction procedures. *Science* 256:1416–19.

Ravel, J.M. 1967. Demonstration of a guanine triphosphatedependent enzymatic binding of aminoacyl–ribonucleic acid to Escherichia coli ribosomes. *Proceedings of the National Academy of Sciences USA* 57:1811–16.

Ravel, J.M., R.L. Shorey, and W. Shire. 1968. The composition of the active intermediate in the transfer of aminoacyl–RNA to ribosomes. *Biochemical and Biophysical Research Communications* 32:9–14.

Rheinberger, H.-J., H. Sternbach, and K.H. Nierhaus. 1981. Three tRNA binding sites on Escherichia coli ribosomes. *Proceedings of the National Academy of Sciences USA* 78:5310–14.

Rodnina, M.V., A. Savelsbergh, V.I. Katunin, and W. Wintermeyer. 1997. Hydrolysis of GTP by elongation factor G drives tRNA movement on the ribosome. *Nature* 385:37–41.

Sarabhai, A.S., A.O.W. Stretton, S. Brenner, and A. Bolle. 1964. Co-linearity of the gene with the polypeptide chain. *Nature* 201:13–17.

Scolnick, E., R. Tompkins, T. Caskey, and M. Nirenberg. 1968. Release factors differing in specificity for terminator codons. *Proceedings of the National Academy of Sciences USA* 61:768–74.

Thach, S.S. and R.E. Thach. 1971. Translocation of messenger RNA and "accommodation" of fMet-tRNA. *Proceedings of the National Academy of Sciences USA* 68:1791–95.

Traut, R.R. and R.E. Monro. 1964. The puromycin reaction and its relation to protein synthesis. *Journal of Molecular Biology* 10:63–72.

Valle, M., R. Gillet, S. Kaur, A. Henne, V. Ramakrishnan, and J. Frank. 2003 Visualizing tmRNA entry into a stalled ribosome. *Science* 300:127–30.

Weigert, M.G. and A. Garen. 1965. Base composition of nonsense codons in E. coli. *Nature* 206:992–94.

Weissbach, H., D.L. Miller, and J. Hachmann. 1970. Studies on the role of factor Ts in polypeptide synthesis. *Archives of Biochemistry and Biophysics* 137:262–69.

Zhouravleva, G., L. Frolova, X. Le Goff, R. Le Guellec, S. Inge-Vechtomov, L. Kisselev, and M. Philippe. 1995. Termination of translation in eukaryotes is governed by two interacting polypeptide chain release factors, eRF1 and eRF3. *EMBO Journal* 14:4065–72.

CHAPTER 19

리보솜과 전달 RNA

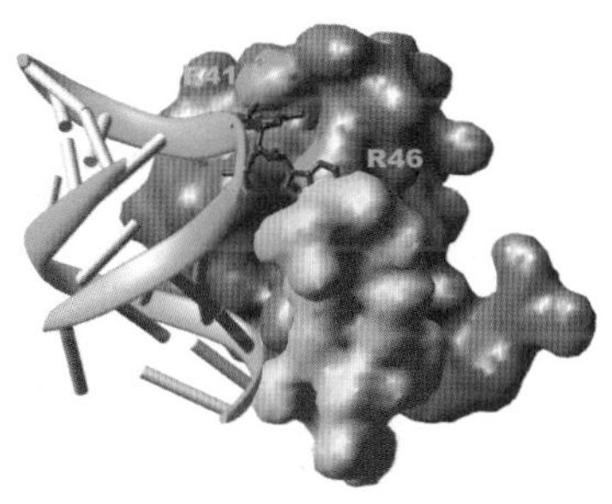

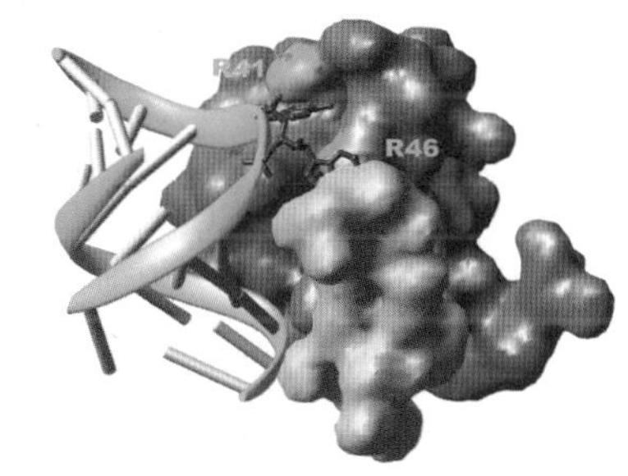

16S rRNA의 염기 A1492, A1493(빨간색 막대 구조)와 IF1(보라색), S12(노란색)에 의해 형성된 포켓 사이에 밀접한 결합이 있음을 보여 주는 입체 그림. (Carter et al., *Science* 291 : p. 500. © 2001 AAAS.)

3장에서 번역 과정의 몇 가지 측면에 대해 알아보았다. 그리고 리보솜이 세포에서 단백질 합성 공장이라는 것과 tRNA가 한쪽 끝에는 아미노산, 또 다른 쪽 끝에는 mRNA 코돈과 결합함으로써 둘을 연결시켜 주는 중요한 역할을 한다는 사실을 배웠다. 17, 18장에서는 번역의 개시와 신장, 그리고 종결의 기작에 대해 광범위하게 논의하였으나 리보솜과 tRNA에 대해서는 깊이 다루지 않았다. 이제 이 두 가지 필수적인 물질에 대해 자세히 살펴보면서 번역에 대한 논의를 계속하도록 한다.

19.1. 리보솜

3장에서는 70S의 침강계수를 갖는 두 부분으로 구성된 대장균 리보솜의 구조를 소개하였다. 이 구조의 두 소단위체는 **30S**와 **50S**의 리보솜 입자들이다. 또 3장에서 작은 소단위체가 mRNA의 암호를 풀며 큰 소단위체는 아미노산들을 펩티드결합을 통해 서로 연결한다는 사실을 배웠다. 이 절에서는 박테리아의 리보솜과 그 전체 구조, 구성성분, 조립 및 기능에 초점을 맞추어 살펴보도록 한다.

1) 70S 리보솜의 미세구조

X-선 결정분석은 구조에 대해 가장 좋은 정보를 제공하지만 리보솜처럼 크고 비대칭적인 대상에 대해서는 적용하기가 매우 어렵다. 이 같은 어려움에도 불구하고 해리 놀러(Harry Noller) 등은 *Thermus thermophilus*라는 박테리아로부터 X-선 결정분석에 사용하기 적합한 리보솜의 결정을 얻는 데 성공하고, 이를 이용하여 1999년에는 이들의 결정구조를 밝혀냈다. 이 연구에 따라 7.8Å 수준의 해상도를 갖는 그 당시로서는 가장 자세한 전체 리보솜의 구조를 알게 되었다.

그 후 2001년에 놀러 등은 *T. thermophilus* 70S 리보솜에 mRNA 유사체 및 리보솜의 P 부위와 A 부위에 결합되어 있는 tRNA가 더해진 복합체의 결정을 얻었다. 이 결정들은 5.5Å 수준의 해상도에서 구조를 보여 주는 것으로서 이전의 구조에 비해 크게 개선된 것이었다. 또한 이들은 동일한 복합체들을 A 부위에 tRNA가 결합되거나 또는 결합되지 않은 상태에서 결정화시켜서 7Å 해상도의 차이로 A 부위에 있는 tRNA의 구조를 얻었다.

그림 19.1은 70S 리보솜의 결정구조를 보여 준다. (a)~(d)는 4개의 다른 방향, 즉 전면, 우편, 뒷면, 그리고 좌편에서의 리보솜을 보여 준다. 30S 소단위체의 16S rRNA는 청록색으로 그리고 30S의 단백질들은 파란색으로 표시된다. 50S 소단위체의 23S rRNA는 회색으로, 5S rRNA은 짙은 파란색으로, 50S 단백질들은 자주색으로 표시된다. A, P, E 부위에 있는 tRNA들은 이들이 두 리보솜 소단위체 사이의 틈에 있어서 (a)~(d)에서는 잘 보이지 않지만 각각 금색, 주황색, 빨간색으로 표시된다. 대부분의 리보솜 단백질들이 확인된다. L9 단백질이 리보솜의 주 몸체 옆에 멀리(a에서 왼쪽으로) 끼워져 있는 것에 주목하라. 그림 19.1e는 리보솜을 위에서 본 것으로 여기에서 3개의 tRNA가 분명히 보인다. 세 tRNA의 모든 안티코돈 줄기-고리가 바닥에 있는 30S 소단위체 쪽으로 밑으로 향하고 있음에 주목하라.

(f)와 (g)는 tRNA의 위치를 드러내기 위해 분리되어 있는 2개의 소단위체를 보여 준다. 30S의 소단위체는 수직축을 중심으로 180° 회전되어서 3개의 tRNA를 볼 수 있다. tRNA가 결합하는 장소인 틈이 두 소단위체 모두에서 대부분 rRNA와 정렬하고 있다. 단백질들은 이 같은 조망도에서는 대부분 주변에 위치한다. 이 같은 발견은 30S 소단위체에서 암호해독을 하고 또 50S 소단위체에서 펩티드결합을 하기 위해 tRNA와 상호 작용을 하는 데 단백질이 아닌 rRNA가 결정적 역할을 한다는 것을 시사한다. 더욱이 리보솜은 이들 세 tRNA 모두에서 보존된 부분과 상호 작용하여 리보솜이 모든 tRNA와 동일한 방식으로 결합이 가능하게 된다.

(g)에서 안티코돈 줄기-고리가 30S 소단위체 쪽의 밑으로 향하고 있음을 다시 한번 주목하라. A 부위와 P 부위에 있는 tRNA의 안티코돈들은 10Å 내에서 서로 접근하고 있는데, 이 거리는 이들 안티코돈들이 인접해 있는 코돈에 결합하도록 하기에는 그다지 가깝게 보이지 않는다. 리보솜은 이러한 문제점을 A 부위와 P 부위에 있는 코돈들 사이에서 mRNA를 45° 꺾음으로 해결한다(그림 19.2). 이렇게 함으로써 2개의 코돈이 tRNA에 의해 암호가 풀리도록 적절한 위치에 놓이게 된다. 그림 19.1f는 A 부위와 P 부위에 있는 tRNA들 역시 50S 소단위체에서 서로 밀접하게 접근하고 있음을 보여 준다. 비록 이 조망도에서는 보기가 힘들지만 이들 두 tRNA의 인수체 줄기들이 50S 소단위체의 펩티드 전달효소 구멍에 삽입되며 서로 간에 5Å 내에서 접근하고 있다. 이렇게 밀접히 접근하는 것은 펩티드결합이 형성되는 동안 이들 두 tRNA에 결합되어 있는 아미노산과 펩티드가 연결되어야 하기 때문에 반드시 필요하다.

70S 리보솜의 결정구조는 두 소단위체 사이에 12개의 접촉점(소단위체 간의 교량)이 있다(그림 19.3). 이들 교량의 대부분은 단백질이 아니라 RNA로 구성되어 있다. 실제로 tRNA가 결합하는 자리에 가까운 모든 교량은 RNA로만 되어 있다. 교량 B2a, B3, B5, B6은 모두 30S 소단위체 내 16S rRNA의 단일나선 영역에(나선 44) 포함되어 있다(그림 19.2). 두 소단위체 사이에 접촉이 일어나는 것은 주로 이 나선에 의한 것으로 이 단원의 뒤에서 보게 될 것이지만 이 나선은 코돈-안티코돈의 인식에도 중요한 역할을 한다. tRNA가 A 부위에서 P 부위로 또 E 부위로 위치를 옮기기 위해서는 20~50Å 이동해야 하기 때문에 적어도 소단위체 사이의 교량 중 몇 개는 역동적이어서 위치 이동이 일어나도록 교량이 깨지고 다시 형성될 가능성이 매우 높다.

그림 19.4는 리보솜의 좀 더 개략적인 그림으로 세 가지 중요한 점을 강조하고 있다. 첫째, 2개의 리보솜 소단위체 사이에는 3개의

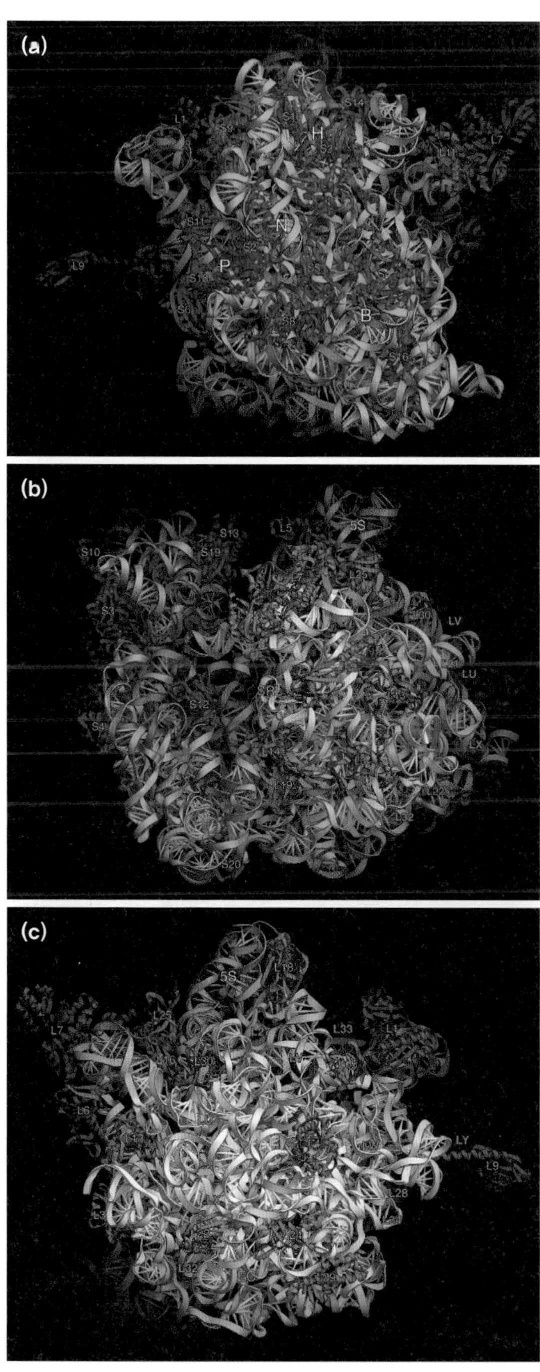

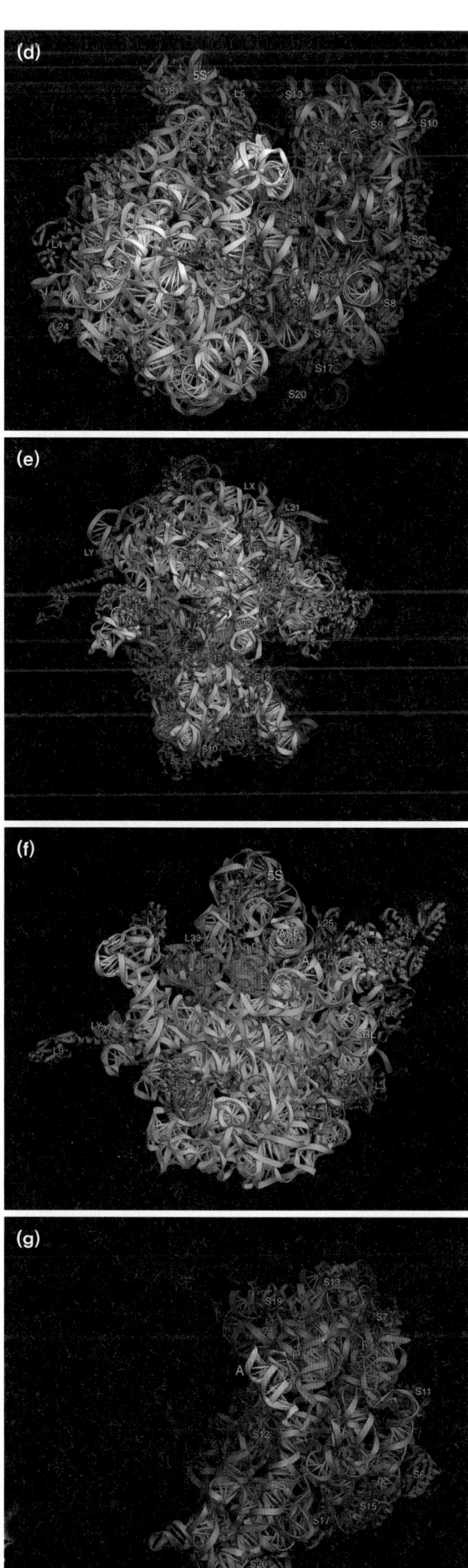

그림 19.1 *T. thermophilus* 70S 리보솜의 결정구조. **(a~d)** 각각에 대해 수직축을 중심으로 90° 회전하며 본 구조의 그림. (a)에서 30S 소단위체는 50S 소단위체의 전면에 있다. 색깔: 16S rRNA, 청록색. 30S 리보솜 단백질, 파란색. 23S rRNA, 회색. 5S rRNA, 짙은 파란색. 50S 리보솜 단백질, 자주색. A, P, E 부위에 있는 tRNA, 각각 금색, 주황색, 빨간색. 리보솜 단백질들은 숫자로 확인된다. **(e)** 50S 소단위체는 상단에, 30S 소단위체는 하단에, 그리고 3개의 tRNA는 중간에 있도록 위에서 본 그림. **(f)**와 **(g)** 각각 50S, 30S 소단위체의 접촉면에 대한 그림으로 접촉면에 있는 tRNA를 보이기 위해 30S 소단위체가 180° 회전하고 있다. (출처: From Yusupov et al., *Science* 292: p. 885. © 2001 by the AAAS.)

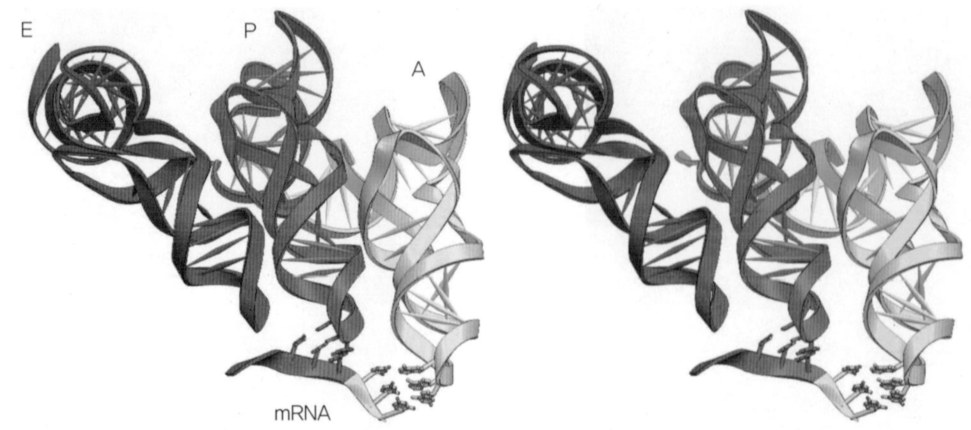

그림 19.2 A, P 부위에서 염기쌍을 하고 있는 코돈-안티코돈에 대한 입체 그림. 3개의 tRNA가 모두 그림 19.1처럼 색깔로 표시되어 그려져 있다(A, 금색. P, 주황색. E, 빨간색). 코돈과 안티코돈의 염기가 바닥에 선으로 그려져 있다. 코돈 사이에서 mRNA가 45° 꺾여 있다. E 부위에 있는 tRNA의 안티코돈은 mRNA와 염기쌍을 하지 않기 때문에 표시하지 않았다. (출처: From Yusupov et al., *Science* 292: p. 893. © 2001 by the AAAS.)

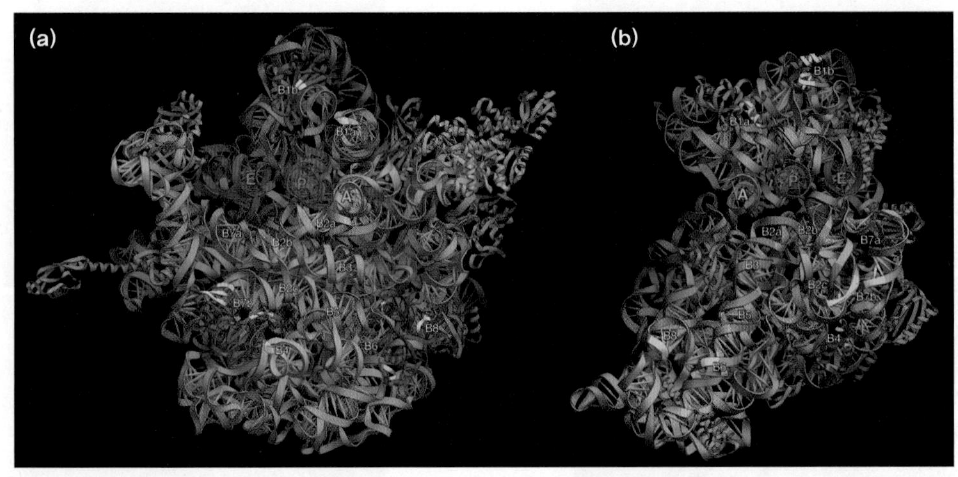

그림 19.3 소단위체 사이의 교량을 보여 주는 접촉면의 그림. (a)와 (b) 각각 50S, 30S 소단위체이다. 두 소단위체에서 모두 큰 rRNA는 회색으로, 5S rRNA는 50S 입자의 상단에 짙은 파란색으로, 단백질들은 밝은 파란색으로 표시되어 있다. tRNA는 그림 19.1처럼 금색, 주황색, 빨간색으로 표시되어 있다. 소단위체 사이의 RNA-RNA 교량은 분홍색으로 단백질-단백질 사이의 교량은 노란색으로 표시되어 있다. 모든 교량은 B1a, B1b, B2a 등과 같이 숫자를 붙여 놓았다. (출처: From Yusupov et al., Science 292: p. 890. © 2001 by the AAAS.)

tRNA를 수용할 수 있는 큰 공간이 존재한다. 둘째, tRNA는 자기의 안티코돈 말단을 통해 30S 소단위체와 상호 작용하는데, 이 말단은 30S 소단위체에 결합되어 있는 mRNA와 결합한다. 셋째, tRNA는 인수체 줄기를 통해 50S 소단위체와 상호 작용한다. 50S 소단위체에서 일어나는 펩티드 전달효소 반응 동안 인수체 줄기들이 함께 있어야 하기 때문에 이는 타당해 보인다. 이 반응 동안 P 부위에 있는 펩티딜-tRNA의 인수체 줄기에 연결되어 있는 펩티드는 A 부위에 있는 아미노아실-tRNA의 인수체 줄기에 연결되어 있는 아미노산과 합쳐진다.

2005년 제이미 도나 케이트(Jamie Doudna Cate) 등은 커다란 성공을 거두었다. 즉, 그들은 3.5Å 해상도 수준에서 대장균 70S 리보솜의 결정구조를 얻었다. 이는 어떠한 70S 리보솜을 대상으로 하여도 이제까지 얻어진 가장 좋은 해상도일 뿐만 아니라 수십 년간 축적된 생화학적, 유전학적 데이터로 보완될 수 있는 오랫동안 추구되어 온 대장균 리보솜의 구조이기도 하였다. 이 구조가 이용 가능하기 전까지 과학자들은 대장균 리보솜에 대한 생화학적, 유전학적 데이터들을 *T. termophilus*와 같은 다른 박테리아의 리보솜 구조에 맞추려고 노력해야만 했었다. 이는 대부분의 경우 유효한 접근 방식이기는 하지만, 특히 두 박테리아가 자라는 환경이 각기 포유동물의 창자와 끓는 온천물이라는 매우 다른 조건

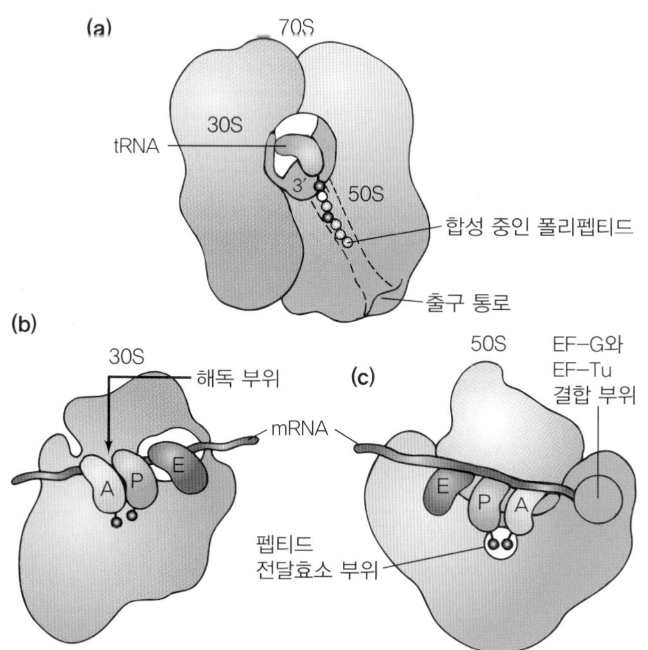

그림 19.4 리보솜의 개략적인 모식도. (a) 한 번에 세 tRNA를 수용할 수 있는 소단위체 사이의 큰 동굴을 보여 주고 있는 70S 리보솜. P 부위에 펩티딜-tRNA가 있으며 이와 함께 50S 소단위체에 있는 출구를 통해 새로 형성된 폴리펩티드가 나가고 있음을 볼 수 있다. tRNA와 30S 소단위체 사이의 상호 작용은 tRNA의 안티코돈을 통해 이루어지지만 tRNA와 50S 소단위체 사이의 상호 작용은 tRNA의 인수체 줄기를 통해 이어진다. (b) mRNA와 세 tRNA가 모두 결합된 30S 소단위체. (c) mRNA와 세 tRNA가 모두 결합된 50S 소단위체. (출처: Adapted from Liljas, A., Function is structure. *Science* 285:2078, 1999.)

이기 때문에 그 결론에 대해 항상 신뢰할 수 있는 것은 아니다.

가장 최신의 구조에는 방대한 양의 데이터가 포함되어 있지만 이들 데이터는 아직 완전히 분석되어 있지 않다. 그럼에도 불구하고 여러 가지 흥미 있는 발견이 나타나고 있다. 가장 뚜렷한 것은 결정의 각 단위체에 '리보솜 I'과 '리보솜 II'라고 불리는 2개의 다른 리보솜 구조물이 포함되어 있다는 사실이다. 두 구조물 사이의 주된 차이는 리보솜 영역의 견고한 몸체가 움직이기 때문에 나타난다. 이 같은 움직임에서 가장 현저한 것은 리보솜 I에서 리보솜 II로 가며 30S 입자의 머리가 E 부위를 향해 6° 회전하는 것이다. 이 회전은 *T. thermophilus* 구조가 대장균의 리보솜 II와 비교되었을 때 훨씬 뚜렷하다. (E 부위를 향해 12° 회전된다.)

머리의 이 같은 회전은 리보솜을 통해 mRNA와 tRNA가 자리 이동하는 것과 연관되어 있음이 거의 확실하다. 실제로 2000년에 요아킴 프랭크(Joachim Frank)와 라젠드라 쿠마 아그라왈(Rajendra Kumar Agrawal)은 전좌중인 리보솜에 대한 냉동-전자현미경 연구를 수행하여 2개의 소단위체들이 서로에게 상대적으로 움직이고 있음을 주목하였다. 더욱이 mRNA 채널은 그 과정 동안 회전이 일어나도록 넓어지며 전좌 후에 다시 닫혀졌다. 따라서 리보솜은 전좌 동안 톱니바퀴처럼 행동하는 것처럼 보이며 30S 입자 머리의 회전은 이 같은 톱니바퀴 움직임의 일부인 것으로 보인다.

진핵세포의 세포질에 있는 리보솜은 원핵세포보다 훨씬 복잡하다. 포유동물에서 전체 리보솜은 80S의 침강계수를 가지며 40S와 60S의 소단위체로 구성되어 있다. 40S 소단위체에는 한개의 rRNA(18S)가, 또 60S 소단위체에는 3개의 rRNA(28S, 5.8S, 5S)가 들어있다. 55개의 단백질이 있는 대장균 리보솜과 대조적으로 배아 효모의 리보솜에는 79개의 리보솜 단백질이 들어있다. 진핵세포의 세포소기관 역시 자체 리보솜을 가지고 있지만 이들은 그다지 복잡하지 않다. 실제로 이들은 박테리아의 리보솜보다 더 간단하다.

2) 리보솜의 구성

대장균 30S 리보솜 소단위체는 1개의 16S rRNA 분자와 21개의 리보솜 단백질로 구성되어 있으며, 50S 입자에는 2개의 rRNA(5S와 23S)와 34개의 리보솜 단백질이 들어 있음을 3장에서 살펴보았다. 리보솜을 페놀로 추출하면 단백질이 제거되고 용액에 rRNA만 남기 때문에 비교적 쉽게 rRNA를 순수분리할 수 있다. 그다음 rRNA의 크기는 초원심분리에 의해 측정할 수 있다.

반면 리보솜 단백질들은 훨씬 복잡한 혼합물이기 때문에 더 정교한 방법에 의해 분리되어야 한다. 30S 리보솜 단백질들은 1차원 SDS-PAGE에 의해 그 질량이 60kD에서 8kD에 이르는 수많은 밴드로 나타나지만 여전히 몇몇 단백질들은 이 방법에 의해 완전히 분리되지 않는다. 1970년 칼드슈미트(E. Kaldschmidt)와 위트먼(H. G. Wittman)은 2차원 겔 전기영동을 사용하여 두 소단위체로부터 리보솜 단백질을 거의 완전하게 분리하였다. 이들 기법에서의 두 단계는 2개의 서로 다른 pH 값과 아크릴아미드 농도에서 SDS가 없는 상태로 단순히 PAGE를 행하는 것이었다.

그림 19.5는 대장균 30S와 50S 단백질에 대한 2차원 전기영동의 결과이다. 각각의 점은 하나의 단백질을 나타내는데 이들은 30S 단백질에 대해서는 S1~S21로, 50S 단백질에 대해서는 L1~L33으로 표시되어 있다. (L34는 보이지 않는다.) 여기서 S와 L은 작은 리보솜 소단위체와 큰 리보솜 소단위체를 의미하며, 각 숫자는 가장 큰 단백질로 시작하여 가장 작은 단백질로 끝난다. 따라서 S1은 약 60kD이며 S21은 8kD이다. 여기서 거의 대부분의 단백질을 볼 수 있으며 이들 대부분은 이웃한 단백질과 충분히

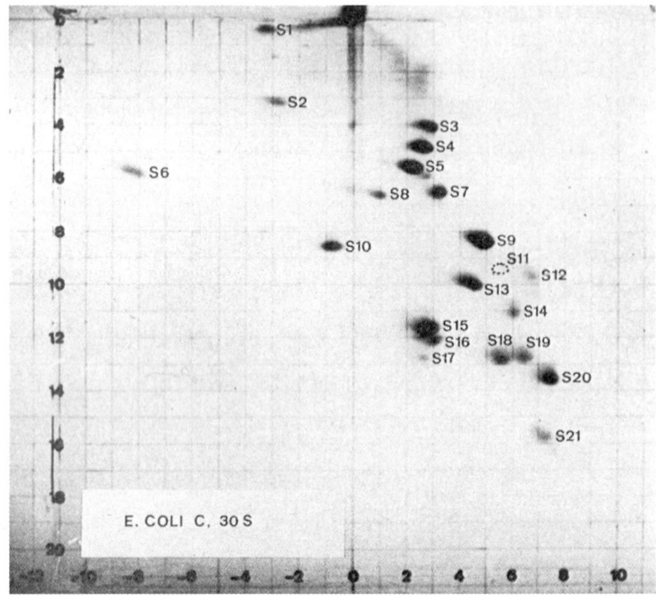

(a)

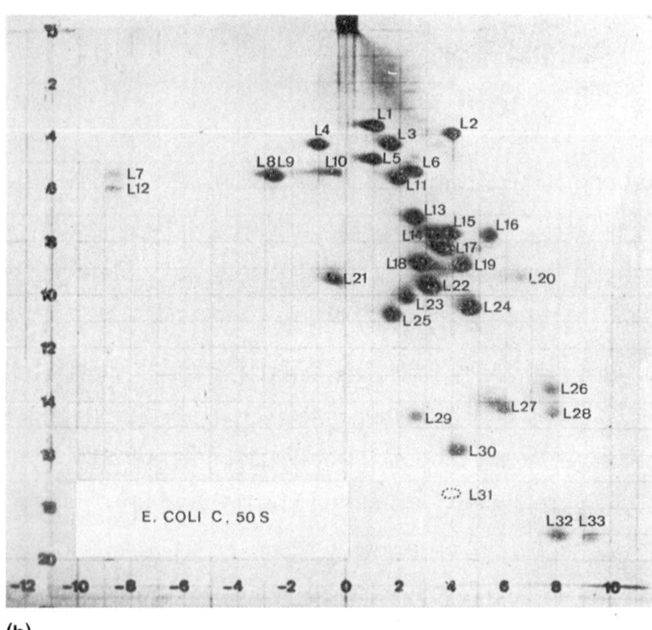

(b)

그림 19.5 대장균 (a) 30S 소단위체와 (b) 50S 소단위체 단백질의 2차원 겔 전기영동 사진. 단백질을 숫자로 구분하며, S는 작은 소단위체를, L은 큰 소단위체를 나타낸다. 1차 전기영동(수평 방향)은 pH 8.6과 8% 아크릴아미드에서 수행했고, 2차 전기영동(수직 방향)은 pH 4.6과 18% 아크릴아미드에서 수행했다. 단백질 S11과 L31은 이 겔에서는 볼 수 없다. 그러나 다른 실험에서 얻은 그들의 위치를 점선 동그라미로 표시하였다. (출처: Kaltschmidt, E. and H.G. Wittmann, Ribosomal proteins XII: Number of proteins in small and large ribosomal subunits of Escherichia coli as determined by two-dimensional gel electrophoresis. *Proceedings of the National Academy of Sciences USA* 67 (1970) f. 1–2, pp. 1277–78.)

분리되어 있다.

진핵세포의 리보솜은 더욱 복잡하다. 포유동물의 40S 소단위체에는 18S rRNA와 약 30개의 단백질이 들어 있으며, 60S 소단위체에는 5S, 5.8S, 28S와 같은 3개의 rRNA와 약 40개의 단백질이 있다. 10, 16장에서 배웠듯이 5.8S, 18S, 28S rRNA는 RNA 중합효소 I에 의해 전사된 동일한 전사체에서 기원하는 반면, 5S rRNA는 RNA 중합효소 III에 의해 별도의 전사체로 만들어진다. 진핵세포의 세포 내 소기관 rRNA는 원핵세포의 것보다 더 작다. 예를 들어 포유동물 세포의 미토콘드리아 내에 있는 작은 리보솜 소단위체는 침강계수가 단지 12S인 rRNA를 갖고 있다.

3) 30S 소단위체의 미세구조

대장균 rRNA의 염기서열이 알려지자 분자생물학자들은 2차구조에 대한 모델을 제시하기 시작했다. 기본 아이디어는 가장 안정된 분자, 즉 가장 많은 분자 내 염기쌍을 갖는 분자를 찾는 것이었다. 그림 19.6은 16S rRNA의 대표적인 2차구조를 보여 주고 있는데, 이는 30S 소단위체의 X-선 결정분석에 의해 증명된 바 있다. 이 분자에 대해 제시된 염기쌍이 얼마나 많은지 주목한다. 또 이 분자가 서로 다른 색깔로 칠해져 있는 3개의 거의 독립적으로 접혀 있는 영역으로(그중 하나는 2개의 영역을 갖고 있음) 나누어져 있다는 것에도 주목한다.

16S rRNA의 3차원적 배열이 온전한 리보솜 소단위체에서 리보솜 단백질들의 위치와 어떻게 연관되는가? 이 같은 정보를 얻는 가장 좋은 방법은 X-선 결정분석을 수행하는 것이지만 이를 리보솜 소단위체와 같이 크고 비대칭적인 물체에 적용하기는 어렵다. 이 같은 어려움에도 불구하고 라마크리슈난(V. Ramakrishnan) 등은 2000년 *T. thermophilus*의 30S 소단위체의 결정구조를 3.0 Å의 해상도로 풀어내는 데 성공하였다. 거의 같은 시기에 프란시스 프란체스키(François Franceschi) 등이 같은 구조를 3.3Å의 해상도로 결정하였다. 라마크리슈난 등이 결정한 구조에는 16S rRNA(RNA 분자의 99% 이상에 해당)와 20개 리보솜 단백질들(단백질의 95%에 해당)이 질서 정연하게 배열된 모든 지역이 포함되어 있었으며 질서 없이 나열된 말단에 해당된 단백질 부분만이 이 구조에서 빠져 있었다.

그림 19.7a는 16S rRNA 자체만의 입체도인데, 이 RNA는 머리, 좌대, 몸체 등을 포함하여 리보솜의 모든 중요한 부위의 윤곽을 분명히 나타내고 있다. 그 외에 머리와 몸통을 연결하는 목, 머리로부터 왼쪽으로 돌출한 부리(때로 코라고 부름), 몸통의 왼쪽 하단부에 있는 돌출부 등을 볼 수 있다. 16S rRNA의 2차구조를 이

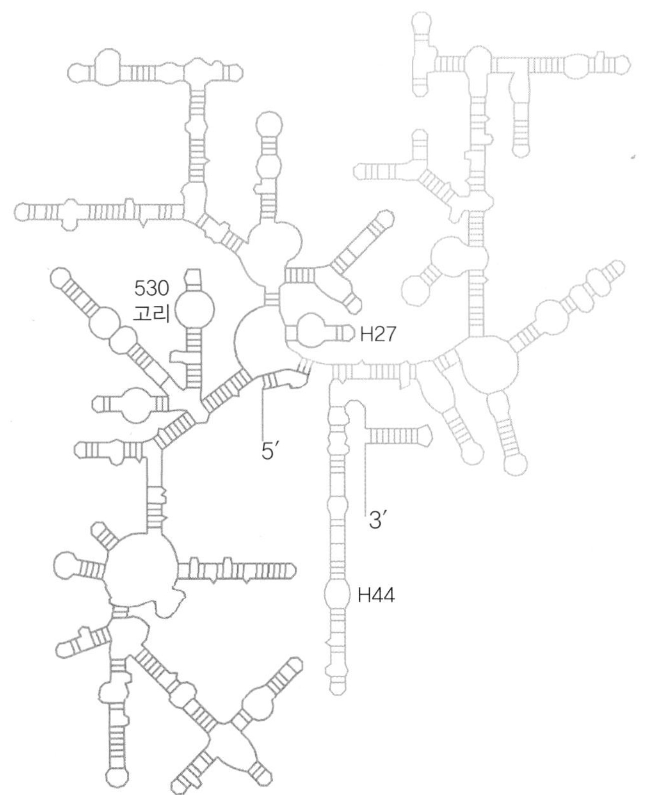

그림 19.6 16S rRNA의 2차구조. 이 구조는 최적화된 염기쌍과 *T. thermophilus* 30S 리보솜 소단위체의 X-선 결정분석 결과에 근거한 것이다. 이 장의 뒤에 토의되는 2개의 나선(H27과 H44), 그리고 530 고리가 표시되어 있다. 빨간색, 5′-영역. 초록색, 중심 영역. 노란색, 3′-주영역. 하늘색, 3′-부영역. (출처: Adapted from Wimberly, B.T., D.E. Brodersen, W.M. Clemons Jr., R.J. Morgan-Warren, A.P. Carter, C. Vonrhein, T. Hartsch, and V. Ramakrishnan. Structure of the 30S ribosomal subunit. *Nature* 407 (21 Sep 2000) f. 2a, p. 329.)

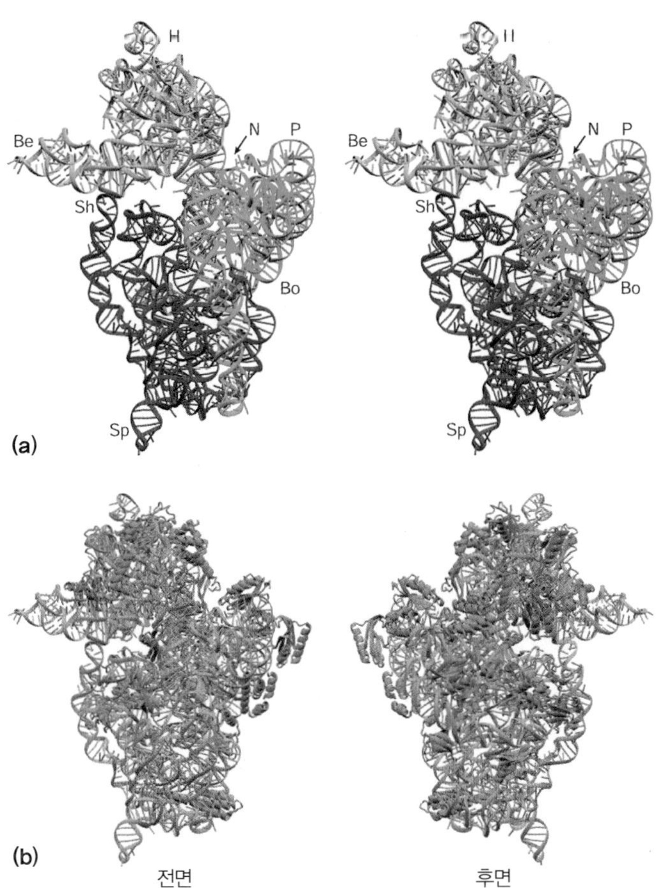

그림 19.7 30S 리보솜 소단위체의 결정구조. **(a)** *T. thermophilus* 30S 소단위체의 16S rRNA 부분에 대한 입체도. 다음과 같이 주요 특징이 확인된다. H, 머리. Be, 부리. Sh, 어깨. N, 목. P, 좌대. Bo, 몸통. Sp, 돌출부. 색깔은 그림 19.6에서와 같은 의미를 갖는다. **(b)** RNA(회색)에 단백질(자주색)이 첨가된 상태의 30S 소단위체의 전면과 후면 그림. 전면은 30S 소단위체에서 관례적으로 50S 소단위체와 상호 작용하는 방향이라고 인정되고 있다. 이들은 리보솜을 바라보는 두 가지 다른 관점이지 입체도가 아님을 유의하라. (출처: Wimberly, B.T., D.E. Brodersen, W.M. Clemons Jr., R.J. Morgan-Warren, A.P. Carter, C. Vonrhein, T. Hartsch, and V. Ramakrishnan, Structure of the 30S ribosomal subunit. *Nature* 407 (21 Sep 2000) f. 2b, p. 329. Copyright © Macmillan Magazines Ltd.)

루는 각 부분이 독립적인 3차 구조 부분에 해당된다는 사실을 강조하기 위해 그림의 색깔 표시는 그림 19.6과 같이 표시하였다. 그림 19.7b는 RNA에 단백질이 첨가된 상태의 30S 소단위체의 전면 및 후면을 보여 주고 있다. 단백질은 소단위체의 전체 모습에 큰 변화를 일으키지 않는다. 달리 말하면, 단백질은 그 자체만으로는 소단위체의 어느 부위의 구조에도 영향을 미치지 않는다. 그러나 이 말은 16S rRNA가 단백질이 존재하지 않을 때 여기서 보인 형태를 취한다는 것은 아니고, 다만 rRNA가 30S 소단위체에서 매우 중요한 부분이어서 온전한 리보솜에서는 그 모습이 소단위체의 골격을 닮는다는 것이다. 대부분 단백질들의 위치는 이전에 다른 방법에 의해 결정된 위치와 잘 일치한다.

(1) 항생제와 30S 소단위체의 상호 작용

라마크리슈난 등은 또한 번역 과정의 전좌를 저해하는 스펙티노마이신, 번역 과정에서 실수를 야기시키는 스트렙토마이신, 또 다른 기작으로 실수율을 증가시키는 파로모마이신과 같이 서로 다른 3개의 항생제에 결합된 30S 소단위체의 결정구조도 얻었다. 30S 소단위체 자체의 구조와 함께 이 같은 자료는 번역 과정의 기작을 좀 더 깊이 이해하는 데 도움이 된다.

첫째, 라마크리슈난 등은 자신들이 얻은 30S 소단위체의 구조 위에 70S 전체 리보솜의 구조에 있는(그림 19.1 참조) 3개 아미노아실-tRNA의 위치를 얹어 보았다. 그림 19.8a, 19.8b는 30S 소단위체의 A, P, E 부위에 결합된 아미노아실-tRNA의 안티코돈

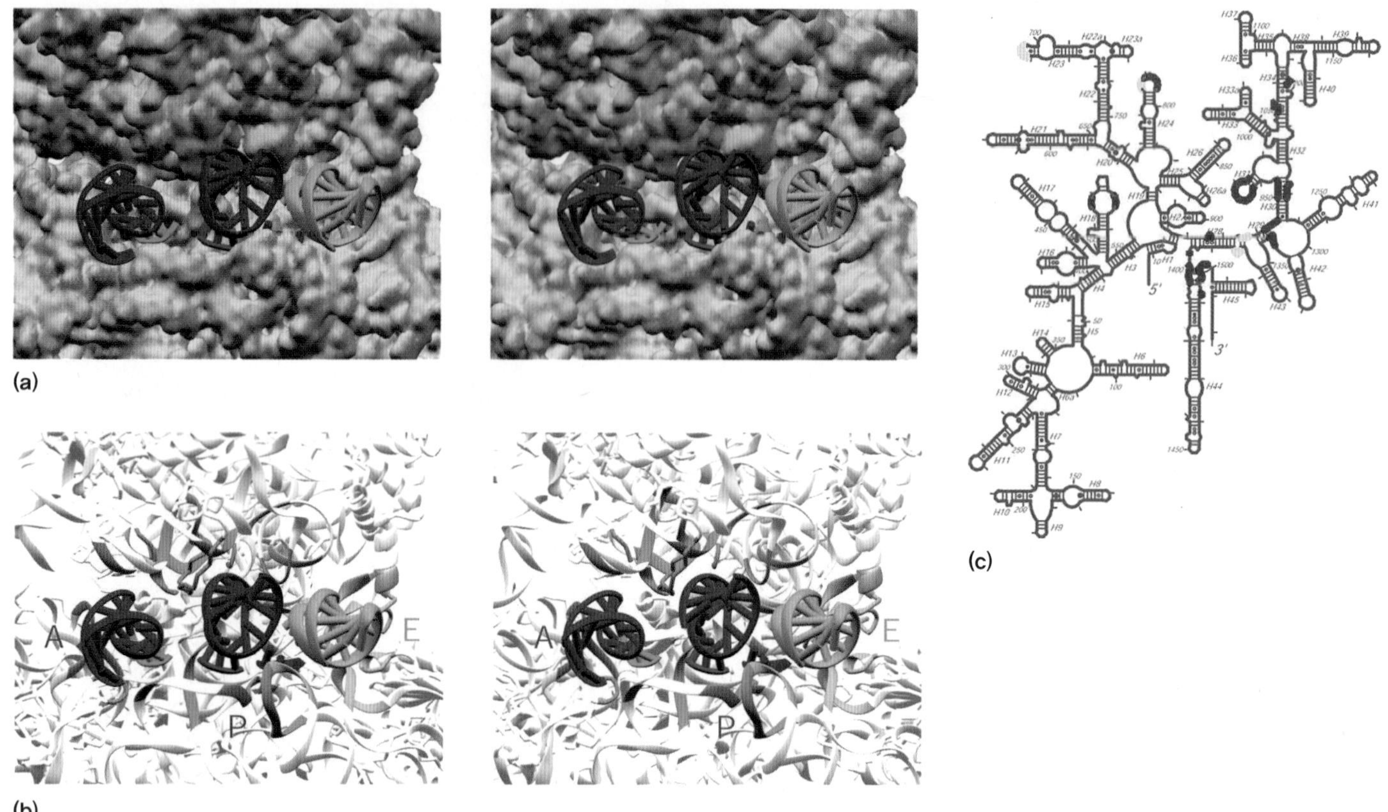

그림 19.8 30S 리보솜 소단위체에서 A, P, E 부위의 위치. **(a)**와 **(b)** 30S 리보솜 소단위체에서 안티코돈 줄기-고리와 mRNA 코돈이 있을 것으로 추측되는 위치에 대한 2개의 다른 입체도. 안티코돈 줄기-고리는 자홍색(A 부위), 빨간색(P 부위), 금색(E 부위)으로 칠해져 있다. mRNA 코돈은 초록색(A 부위), 파란색(P 부위), 점선의 자홍색(E 부위)으로 칠해져 있다. **(c)** 세 부위 각각에 관여된 지역을 보여 주는 16S rRNA의 2차구조로서 (a)와 (b)의 안티코돈 줄기-고리와 같이 색깔로 구별된다. 자홍색, A 부위; 빨간색, P 부위; 금색, E 부위. (출처: Carter, A.P., W.M. Clemons Jr., D.E. Brodersen, R.J. Morgan-Warren, B.T. Wimberly, and V. Ramakrishnan, Functional insights from the structure of the 30S ribosomal subunit and its interactions with antibiotics. *Nature* 407 (21 Sep 2000) f. 1, p. 341. Copyright © MacMillan Magazines Ltd.)

줄기 고리와 가상의 mRNA의 코돈의 위치에 대한 2개의 다른 그림을 보여 주고 있다. 여기에서 A와 P 부위에 있는 코돈과 안티코돈이 단백질이 거의 없는 30S 소단위체의 목 주위 지역에 있다는 것이 인상적이다. 따라서 코돈-안티코돈 인식은 단백질이 거의 없는 16S rRNA 조각에 의해 둘러싸인 환경에서 일어난다. 그림 19.8c는 16S rRNA의 어느 부분이 각각의 3자리에 관여하는지를 보여 준다.

3개의 항생제가 30S 소단위체의 어디에 위치하는지에 대한 정보는 30S 소단위체의 두 가지 활성, 즉 전좌와 **암호해독**(decoding, 코돈-안티코돈의 인식)을 이해하는 데 도움이 된다. 30S 소단위체의 기하학적 구조에 따르면 전좌 과정에는 몸통에 비해 상대적으로 머리의 이동이 반드시 이루어져야 한다. **스펙티노마이신**(spectinomycin)은 전좌를 저해하는 3개 환으로 이루어진 단단한 분자이다. 이것이 30S 소단위체에 결합하는 자리는 머리가 아마도 전좌 과정 동안 회전하는 지점 주위에 놓여 있을 것이다. 따라서 전좌에 필요한 머리의 회전을 막는 위치에 있는 것이다.

스트렙토마이신(streptomycin)은 초기 코돈-안티코돈 인식과 교정을 방해함으로써 번역 과정의 실수율을 증가시킨다. 스트렙토마이신이 30S 소단위체 어디에 자리하는가를 알면 이 항생제가 어떻게 작용하는가에 대한 실마리를 얻게 된다(그림 19.9). 스트렙토마이신은 해독이 일어나는 A 부위에 매우 가깝게 위치한다. 특히 이 마이신은 16S rRNA의 H27 나선에 있는 A913과 밀접히 접촉한다.

번역 과정 동안 H27 나선이 염기쌍을 형성하는 2개의 패턴 중 하나를 택한다고 생각되며 또 이들 패턴이 정확도에 영향을 미치기 때문에 스트렙토마이신이 이와 같은 곳에 위치한다는 것은 의미가 있다. 첫 패턴은 ***ram***(<u>r</u>ibosome <u>am</u>biguity) 상태라고 부른다. 그 이름이 의미하는 바와 같이 H27의 이 같은 염기쌍 구성은 코돈과 안티코돈, 심지어 해당되지 않는 안티코돈 사이의 상호 작용을 안정화시킨다. 따라서 *ram* 상태에서는 정확도가 낮다. (라마

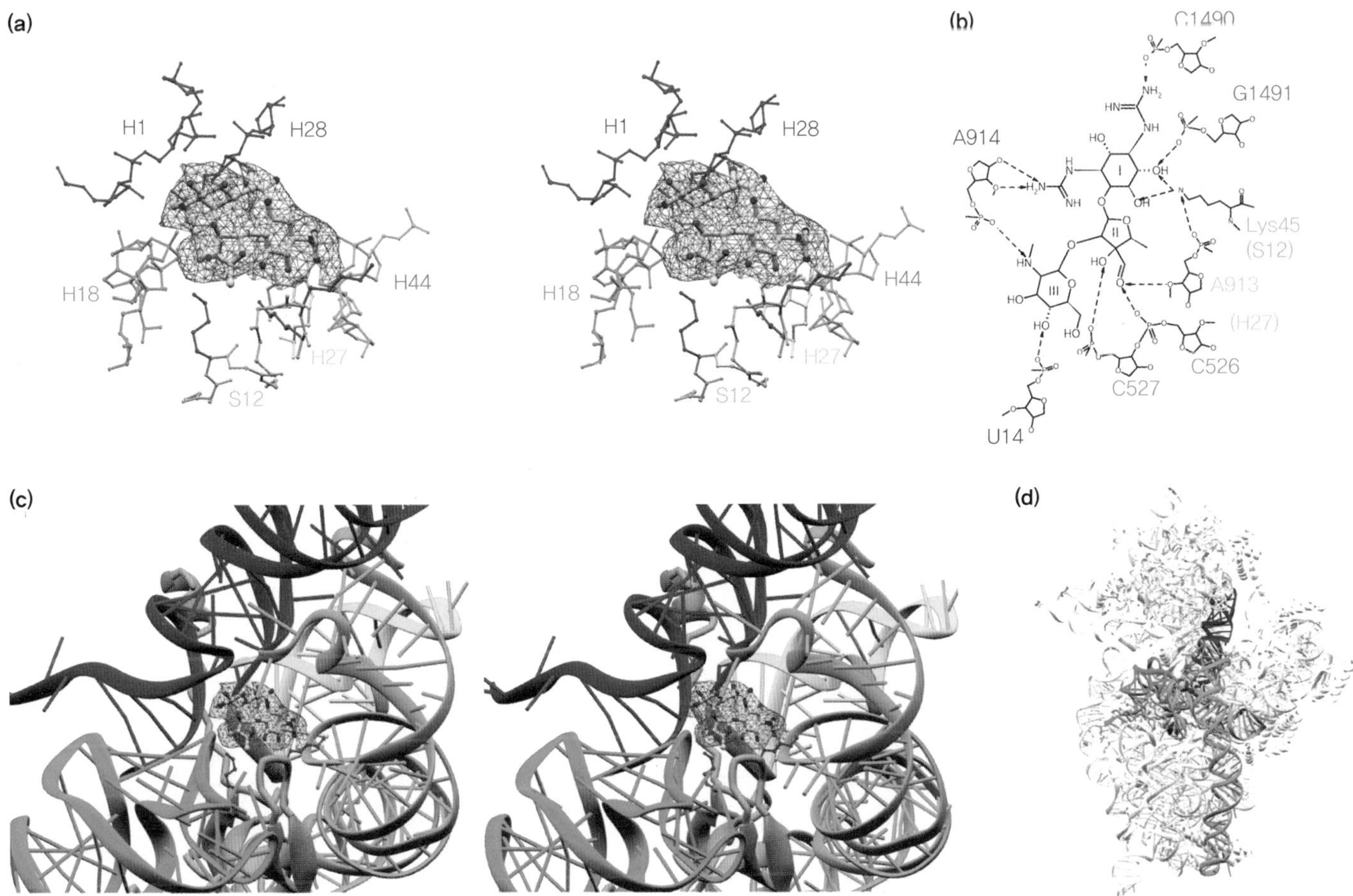

그림 19.9 30S 리보솜 소단위체와 스트렙토마이신의 상호 작용. **(a)** 30S 소단위체에서 스트렙토마이신과 이에 가장 가까이 위치하고 있는 것들에 대한 입체도. 스트렙토마이신 분자는 전자밀도의 새장 내에서(실제로 항생제와 결합하고 있거나 결합하지 않은 30S 소단위체 사이의 밀도 차이) 공-막대 모델로 보이고 있다. 16S rRNA의 가까운 나선들이 보인다. 특히 이 항생제의 활성에 결정적인 H27 나선(노란색)을 보라. 또한 A 부위(빨간색) 근처의 유일한 단백질 S12(황갈색)의 위치를 주목하라. 이것 역시 스트렙토마이신의 활성에 중요하다. 스트렙토마이신에 저항성을 보이는 세포에서 변형된 S12의 아미노산들이 빨간색으로 보이고 있다. **(b)** 스트렙토마이신의 특별한 작용기(I, II, III으로 번호가 붙여진 환을 포함하여)와 30S 소단위체의 근처 원자들과의 상호 작용. H27의 A913과 S12의 Lys45와의 상호 작용을 주목하라. **(c)** 스트렙토마이신과 이것과 가장 가까이 위치한 것들에 대한 또 다른 입체도. 색깔은 (a)에서와 같다. H27(노란색)과 S12(황갈색)를 다시 한번 주목하라. **(d)** 전체 30S 소단위체에서 스트렙토마이신이 결합하는 부위의 위치. 스트렙토마이신은 색을 띤 모든 16S rRNA 나선이 모이는 점에서 하나의 작은 빨간색 공간 채움 모델로 보이고 있다. (출처: Carter, A.P., W.M. Clemons Jr., D.E. Brodersen, R.J. Morgan-Warren, B.T. Wimberly, and V. Ramakrishnan, Functional insights from the structure of the 30S ribosomal subunit and its interactions with antibiotics. *Nature* 407 (21 Sep 2000) f. 5, p. 345. Copyright © Macmillan Magazines Ltd.)

크리슈난 등이 얻은 결정구조는 *ram* 상태의 H27 나선을 포함하고 있다.) 다른 하나의 염기쌍 패턴은 제한적이어서 코돈과 안티코돈 사이에 정확한 염기쌍을 요구한다. 만약 리보솜이 *ram* 상태에 고착되면 이 리보솜은 해당되지 않는 아미노아실-tRNA를 너무 쉽게 받아들이고 교정에 필요한 제한적 상태(restrictive state)로 변할 수 없다. 그 결과 번역이 부정확해진다. 반면에 리보솜이 제한적 상태에 고착되면 이 리보솜은 지나치게 정확해진다. 즉, 거의 실수를 하지 않는다. 그러나 아미노아실-tRNA가 A 부위에 결합하기가 어려워지며 따라서 번역이 비효율적이 된다.

스트렙토마이신과 30S 소단위체 사이의 상호 작용은 이 항생제가 *ram* 상태를 안정화시킨다는 것을 가리키며 이는 두 가지 방법으로 정확도를 감소시킬 것이다. 첫째, 암호해독 과정 동안 *ram* 상태를 선호하여 코돈과 이에 맞지 않는 아미노아실-tRNA 사이의 쌍을 부추길 수가 있다. 둘째, 교정에 필요한 제한적 상태로의 변화를 저해할 수 있다.

리보솜 단백질 S12에 돌연변이가 일어나면 스트렙토마이신에 저항성이 생기거나 심지어 스트렙토마이신 의존성이 생길 수 있다. 거의 모든 이들 S12 돌연변이는 H27의 908~915 부분과 H18

의 524~527 부분을 안정화시키는 지역에 존재한다. 이들은 또한 *ram* 상태를 안정화시키는 16S rRNA 부분이기도 하다. 이 같은 사실을 고려하여 라마크리슈난 등은 다음과 같은 2단계 가설을 제안하였다. 첫째, 스트렙토마이신 저항성을 야기시키는 S12 돌연변이는 항생제에 의해 만들어진 *ram* 상태 안정화를 깨뜨릴 만큼 충분히 *ram* 상태를 불안정화시킨다. 그 결과 리보솜은 스트렙토마이신이 존재할 때조차 적절히 작동한다. 둘째, 스트렙토마이신 의존성을 야기시키는 S12 돌연변이는 ram 상태를 크게 불안정화시켜서 *ram* 상태에 정상적인 안정성을 부여하기 위해 돌연변이 리보솜은 항생제가 필요하게 된다. 그 결과 리보솜은 스트렙토마이신이 없이는 정상적으로 번역을 수행할 수 없게 된다.

다른 말로 표현하자면, 정확하고 효율적으로 번역하기 위해서는 리보솜의 *ram* 상태와 제한적인 상태 사이에 균형이 맞아야 한다는 것이다. 스트렙토마이신은 *ram* 상태를 선호함으로써 부정확하지만 효율적인 방향으로 균형을 깨며 S12에 돌연변이가 일어나면 제한적 상태를 선호하게 되어 정확하지만 비효율적인 방향으로 균형이 기울게 된다.

파로모마이신(paromomycin) 역시 A 부위에 결합함으로써 번역 과정의 정확도를 감소시킨다. 2000년 라마크리슈난 등은 이 항생제가 H44 나선의 큰 홈에 결합하여 **A1492**와 **A1493** 염기를 밖으로 내몰고 있음을 보여 주었다. 즉, 이 항생제가 이들 염기를 강제로 큰 홈 밖으로부터 나오게 하여 이들이 A 부위의 코돈과 안티코돈 사이에서 작은 홈과 상호 작용하도록 위치를 잡게 한다. A1492, A1493 염기는 일반적으로 보존되어 있으며 번역 활성에 절대적으로 요구된다. 이들 중 하나라도 돌연변이가 일어나면 치명적이다.

이 같은 사실들에 의해 다음과 같은 가설이 제안되었다. 정상적인 암호해독 과정 동안 A1492, A1493 염기는 밖으로 빠져나와 A 부위에서 코돈과 안티코돈의 염기쌍에 의해 형성된 짧은 이중나선의 작은 홈에 있는 당의 2′-OH기와 수소결합을 한다. 이는 코돈과 안티코돈 사이의 상호 작용을 안정화시키는 데 도움이 된다. 이 같은 사실이 왜 중요한가 하면 이러한 상호 작용이 없다면 3개의 염기쌍만으로는 안정성이 제공될 수 없기 때문이다. 이들 두 염기들을 밖으로 몰아내는 데에는 보통 에너지가 요구되지만 파로모마이신은 이들 염기들을 강제로 밀어냄으로써 이 같은 에너지가 필요 없게 된다. 이 같은 방법으로 파로모마이신은 아미노아실-tRNA가 A 부위에 결합하는 것을 안정화시킴으로써 실수율을 증가시킨다.

파로모마이신 존재하의 30S 소단위체의 결정구조에는 코돈과 안티코돈이 미리 결정되어 있지 않으며 따라서 한쪽으로는 A1492, A1493 염기와 또 다른 한쪽으로는 코돈-안티코돈 이중

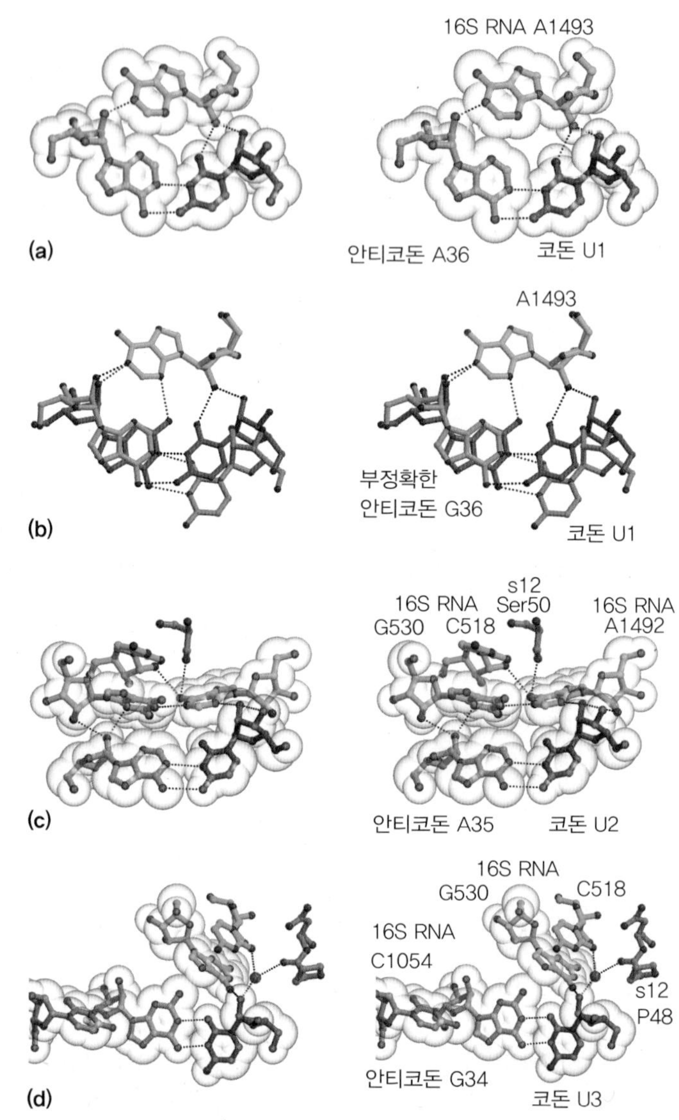

그림 19.10 코돈-안티코돈 염기쌍과 30S 리보솜 소단위체 성분 사이의 상호 작용에 대한 입체 그림. **(a)** U1-A36 염기쌍의 부홈에 나선 H44의 A1493이 결합한다. **(b)** (a)에서와 같지만 이외에도 안티코돈에 있는 A36을 G로 대치한 결과를 보여 준다. 이에 따라 G36과 U1 사이에 동요된 G-U 염기쌍이 형성된다. 이제 G36(빨간색)과 U1(엷은 자주색)의 위치가 A36(금색)과 U1(자주색)의 정상적인 위치와 대조될 수 있다. U1이 대체되어 A1493과의 정상적인 상호 작용을(검은색 점선으로 표시되어 있음) 잃어버렸다. 이에 의해 상호 작용이 불안정화되고 리보솜이 서로 맞는 A-U 안티코돈-코돈 염기쌍과 맞지 않는 G-U 안티코돈-코돈 염기쌍을 (코돈 내에 있는 첫 염기를 포함하고 있는) 구별할 수 있게 된다. **(c)** U2-A35 염기쌍의 작은 홈에 A1492와 G530이 결합한다. **(d)** 동요된 U3-G34 염기쌍은 U3을 통해 G530과, 그리고 Mg^{2+} 이온(자홍색 구)을 통해 C518과 단백질 S12의 프롤린과 상호 작용한다. 16S rRNA의 염기 C1054는 G34 옆에 쌓여 있다. (출처: From Ogle et al., *Science* 292: p. 900 © 2001 by the AAAS.)

가다이 작은 홈 사이에 이같이 제안된 상호 작용이 있다는 직접적인 증거가 없다.

2001년에 라마크리슈난 등은 그들의 가설에 대한 직접적인 증거를 제시하였다. 그들은 *T. thermophilus* 30S 리보솜 소단위체 결정을 $tRNA^{Phe}$의 안티코돈 줄기-고리에 해당되는 17nt의 올리고뉴클레오티드와 2개의 페닐알라닌을 암호화하는 U_6 올리고뉴클레오티드를 포함하는 용액에 담갔다. 이들 분자들은 각각 아미노아실-tRNA와 mRNA의 코돈, 안티코돈을 모방한 것으로 모두 크기가 충분히 작아서 30S 소단위체상의 적당한 위치에 삽입이 되었다.

그림 19.10은 이 복합체의 결정구조에서 선택된 일부의 입체도를 보여 준다. (a)는 나선 H44의 A1493이 첫 코돈-안티코돈 염기쌍(U1-A36)의 작은 홈에 있는 두 뉴클레오티드 당의 2′-OH기와 접촉하고 있음을 분명히 보여 주고 있다. (b)는 안티코돈의 A36이 G로 대체되면 A1493과 그다지 잘 상호 작용하지 않을 것임을 보여 준다. (c)에서 나선 H44의 A1492와 16S rRNA 530고리의 G530가 두 번째 코돈-안티코돈 염기쌍(U2-A35)에 있는 두 뉴클레오티드 당의 2′-OH기와 접촉하고 있다. 이들은 암호해독에 있어 가장 중요한 2개의 염기쌍들이며 이 둘은 몇몇 리보솜 성분 외에도 밖으로 빠져 있는 염기 A1492와 A1493에 의해 안정화되어 있다.

세 번째 코돈-안티코돈 염기쌍(워블쌍 U30-G34, d) 역시 리보솜 단백질 S12의 P48과 16S rRNA의 G530을 포함하는 리보솜 성분에 의해 안정화되지만 A1492와 A1493은 관여하지 않는다.

그림 19.11은 암호해독에 있어 A1492, A1493, 파로모마이신의 역할에 대해 이 같은 결정구조가 우리에게 무엇을 이야기하고 있는지를 요약하고 있다. (a)와 (b)를 비교하면 파로모마이신이 나선 H44의 내부에 결합하여 A1492와 A1493을 나선 밖으로 내보내 A 부위의 **암호해독 센터**(decoding center)로 내몰고 있음을 볼 수 있다. (c)는 파로모마이신이 없을 때의 암호해독을 나타내고 있다. 여기에서 A1492와 A1493이 파로모마이신이 있을 때와 똑같은 장소를 차지하고 있으며 또 이들 두 rRNA 염기가 코돈-안티코돈 이중나선의 작은 홈에 있는 리보오스 당의 위치를 느낌으로써 첫째, 둘째 염기쌍에 있는 염기가 잘 맞는지를 감지할 완벽한 위치에 있음을 알 수 있다. 정말로 A1492와 A1493은 G530과 함께 리보솜의 암호해독 센터의 중요한 성분이다. (d)는 파로모마이신이 있을 때의 구조를 보여 주는데 여기에서도 항생제가 없을 때의 구조와 변화가 거의 없음을 알 수 있다.

이와 같은 발견들은 모두 암호해독 센터에서 코돈과 안티코돈 사이가 맞도록 유도하는 데 드는 에너지 비용의 일부를 파로모마이신이 나선 H44 밖으로 A1492와 A1493을 움직임으로써 지불하고 있다는 가설과 일치한다. 이렇게 함으로써 이 항생제는 맞지 않는 코돈과 안티코돈 사이의 염기쌍이 쉽게 이루어지도록 하여 mRNA를 잘못 읽을 빈도를 높인다.

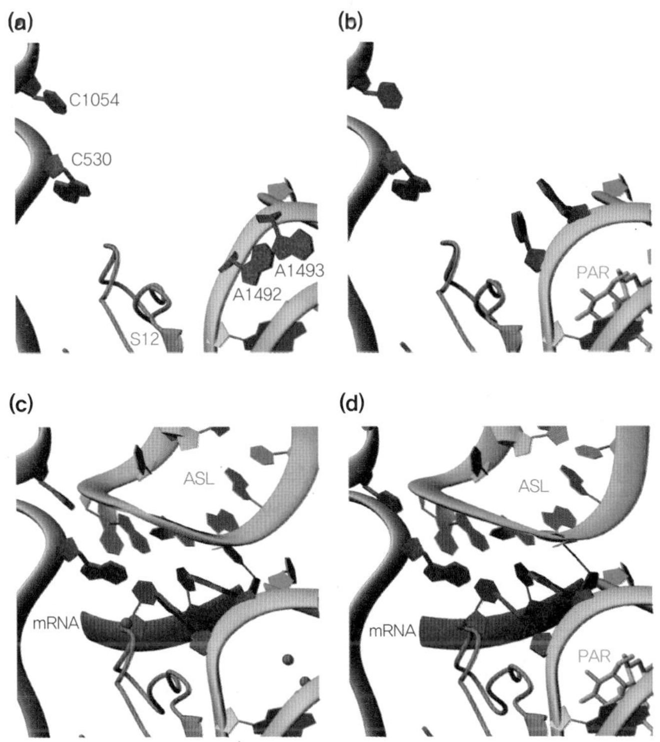

그림 19.11 tRNA, mRNA, 파로모마이신의 존재 유무에 따른 암호해독 센터의 구조. (a) 암호해독 센터 그 자체. H44 나선에 있는 A1492와 A1493의 위치를 주목하라. 이들 염기의 위치는 매우 유연하다. (b) 파로모마이신 존재하의 암호해독 센터. 항생제가 나선 H44에 결합하면 A1492와 A1493을 강제로 나선 밖으로 밀어 암호해독 센터에 위치하게 한다. (c) mRNA와 암호해독 센터 tRNA의 안티코돈 줄기-고리(ASL) 존재하의 암호해독 센터. A1492와 A1493은 A 부위에서 파로모마이신만 존재할 때와 똑같은 위치를 차지한다. (d) 파모로마이신이 존재한다는 것만 제외하면 (c)와 같다. 이 항생제는 A1492와 A1493이 이미 암호해독 센터에서 이미 상호 작용하고 있기 때문에 별 차이를 만들지 않는다. (출처: From Ogle et al., *Science* 292: p. 900. © 2001 by the AAAS.)

(2) 30S 소단위체와 개시요소의 상호 작용

17장에서 우리는 IF1이 다른 개시요소들이 하는 일을 돕는다는 것을 보았다. IF1에 대해 제안된 또 다른 역할은 개시 과정이 완료될 때까지 아미노아실-tRNA가 리보솜 A 부위에 결합하는 것을 막는 일이다. 이렇게 A 부위를 막는 것은 아마도 두 가지 역할을 할 것이다. 첫째, 50S 입자가 개시 복합체와 결합할 때까지

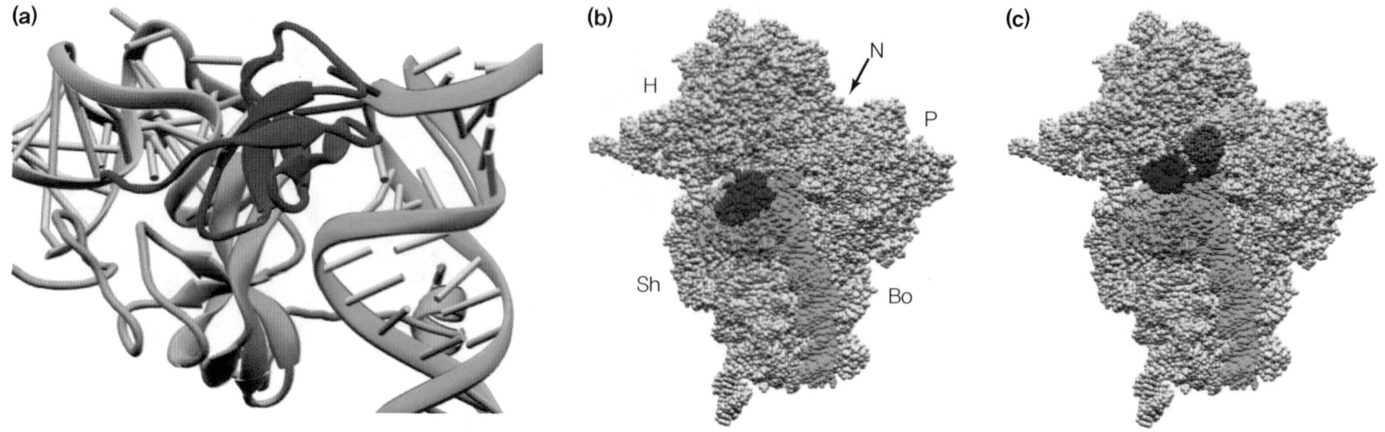

그림 19.12 IF1-30S 리보솜 소단위체의 복합체에 대한 결정구조. **(a)** 자홍색의 IF1, 16S rRNA의 하늘색 나선 H44(A1492와 A1493을 빨간색 막대기로 표시), 16S rRNA의 초록색 530 고리, 주황색의 S12 단백질을 보여 주는 근접 그림. **(b)** 이 복합체의 전체적인 그림으로 (a)에서와 같은 색깔을 사용하였다. 30S 소단위체의 나머지는 회색으로 표시하였다. **(c)** IF1이 빠진 전체 그림으로 A 부위(자주색), P 부위(그슬린 주황색), E 부위(녹황색)에 있는 tRNA의 위치를 보여 주고 있다. 다른 색깔은 (a)에서와 같다. A 부위에 있는 tRNA와 (a)에 있는 IF1의 위치가 겹쳐 있음을 주목하라. (출처: From Carter et al., *Science* 291: p. 500. © 2001 by the AAAS.)

A 부위에서 EF-Tu에 의한 아미노아실-tRNA의 점검은 일어날 수 없다. 따라서 A 부위를 막는 것은 이 같은 부정확한 아미노아실-tRNA의 결합을 방지하고 그럼으로써 번역의 정확도를 증진시킨다. 둘째, 이는 개시 아미노아실-tRNA가 A 부위가 아니고 P 부위에 확실히 결합하게 한다.

라마크리슈난 등은 *T. thermophilus* 30S 리보솜 소단위체에 결합된 IF1의 결정구조를 측정하였다. 그림 19.12b, 19.12c에 제시된 구조는 IF1이 30S 소단위체의 A 부위에 결합하여 이를 막고 있음을 분명히 보여 준다. IF1은 tRNA가 A 부위에서 결합할 지점의 대부분을 차지하고 있다.

이 연구에서 사용된 결정에는 IF2가 포함되어 있지 않지만, 17장에서 IF1이 IF2를 도와 fMet-tRNA를 P 부위에 결합시킨다는 것을 이미 살펴보았다. 또한 IF1과 IF2가 서로 상호 작용한다는 것도 알려져 있다. 따라서 IF1이 A 부위에 결합하면 IF1이 IF2가 30S 소단위체에 결합하는 것을 돕고 이에 따라 fMet-tRNA가 P 부위에 결합하는 것이 촉진된다는 것도 충분히 가능한 이야기이다.

1970년대 초에 수행된 실험들에 의하면 IF1은 리보솜 2개 소단위체들의 분리를 촉진하는 것 처럼 보였다. 그러나 IF1은 실제로 두 소단위체의 재결합도 도와서 둘 사이의 평형을 바꾸지는 않는다. IF1이 리보솜 분리의 요인인 것처럼 보이는 것은 재결합을 막는 IF3의 도움이 있을 때뿐이다. 그림 19.12에 있는 구조는 모두 IF1과 30S 소단위체 16S rRNA의 나선 H44 사이의 밀접한 접촉을 보여 주고 있다. 또한 나선 H44는 50S 리보솜 소단위체와 광범위한 접촉을 하고 있음이 알려져 있다. 라마크리슈난 등은 IF1과 나선 H44 사이의 접촉이 나선 H44의 구조를 교란하여 리보솜 소단위체들의 결합과 분리 사이의 전환 상태의 구조를 모방한다고 추측하였다. 이는 IF1이 어떻게 리보솜의 결합과 분리를 모두 가속하는지를 설명해줄 수 있을 것이다.

4) 50S 소단위체의 미세구조

2000년 피터 무어(Peter Moore)와 토마스 스타이츠(Thomas Steitz) 등은 50S 리보솜 소단위체의 결정구조를 2.4Å의 해상도로 밝힘으로써 리보솜 구조에 대한 연구와 X-선 결정분석에서 기념비적인 업적을 남겼다. 그들은 *Haloarcula marismortui*라는 원시세균으로부터 얻은 50S 소단위체에 대해 연구를 수행했는데 이는 X-선 회절에 적합한 50S 소단위체의 결정이 이 생명체로부터 얻어질 수 있었기 때문이었다. 그림 19.13의 구조에는 소단위체에 있는 rRNA의 3,045개 뉴클레오티드 중 2,833개(5S rRNA의 모든 122개 뉴클레오티드를 포함)와 소단위체 단백질 중 27개가 들어 있다. 나머지 단백질들은 순서가 잘 정해져 있지 않았으며 정확하게 그 위치를 잡을 수 없었다.

두 소단위체 사이에 한 가지 뚜렷한 차이점은 각 rRNA의 3차 구조에 있다. 30S 소단위체의 16S rRNA가 3개의 영역을 갖는 구조를 취하는 반면 50S 소단위체의 23S rRNA는 영역 사이에 뚜렷한 경계선이 없는 단일체의 구조를 하고 있다. 무어, 스타이츠 등이 추측하기로 이 같은 차이점이 존재하는 이유는 30S 소단위체의 구조적 영역이 서로서로에 대해 움직여야 하는 반면 50S 소단위체에 있는 대부분의 구조적 영역은 그렇지 않다는 것이다.

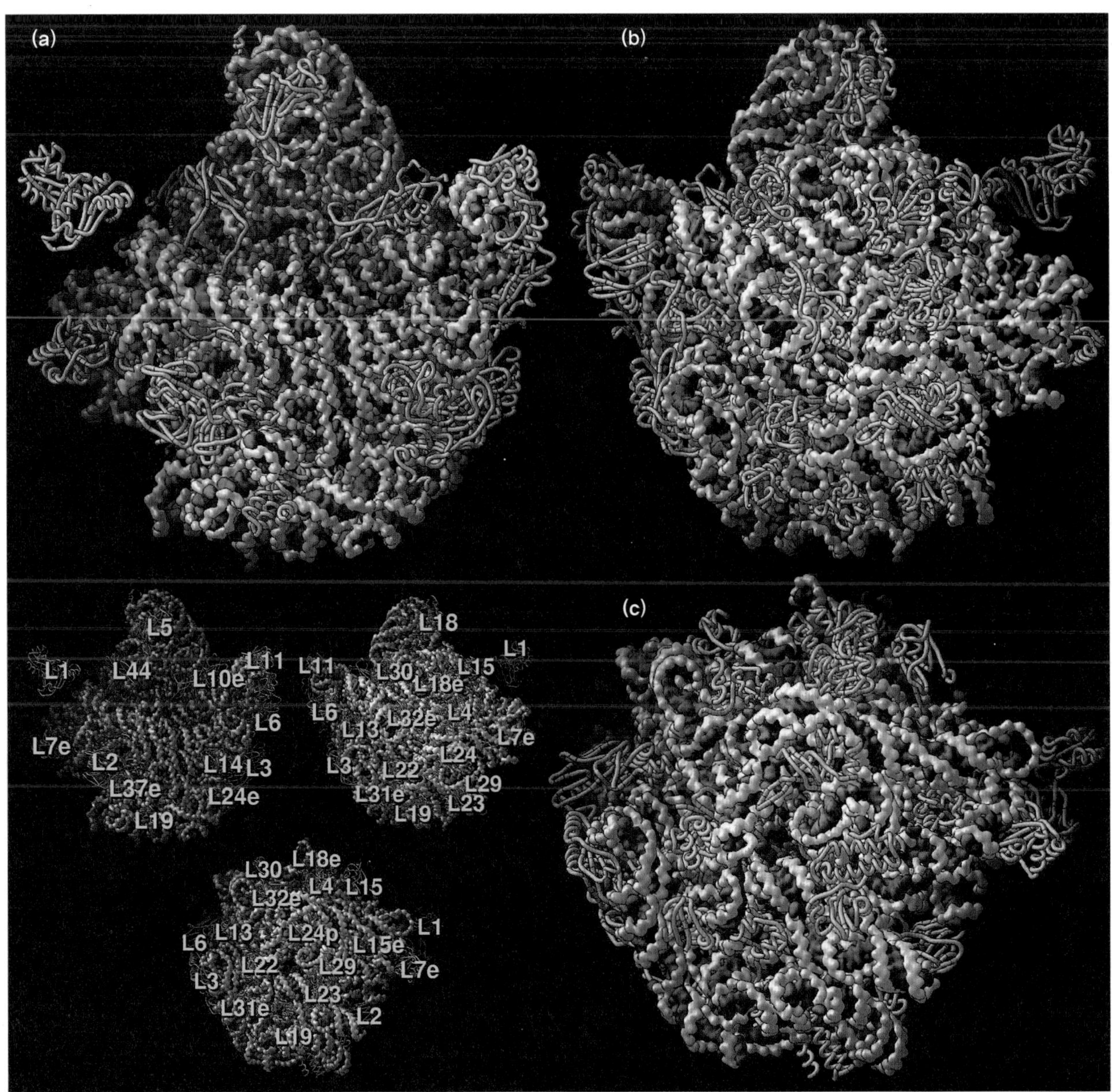

그림 19.13 50S 리보솜 소단위체의 결정구조. 3개의 큰 구조는 3개의 다른 방향에서 본 소단위체를 나타낸다. **(a)** 전면도 또는 왕관도(왕관과 닮았기 때문에 붙여진 이름). **(b)** 후면도(왕관도가 180° 회전된 모습). **(c)** 중심에서 폴리펩티드가 빠져나가는 출구 터널을 보여 주고 있는 밑그림. RNA는 회색이고 단백질은 금색이다. 아래 왼쪽에 있는 3개의 작은 구조는 단백질이 확인된 3개의 동일한 방향의 그림이다. 몇몇 숫자들 뒤의 'e'는 진핵세포에서만 유사체를 갖는(박테리아에는 없는) 원시세균의 단백질을 나타낸다. (출처: Ban, N., P. Nissen, J. Hansen, P.B. Moore, and T.A. Steitz, The complete atomic structure of the large ribosomal subunit at 2.4Å resolution. *Science* 289 (11 Aug 2000) f. 7, p. 917. Copyright © AAAS.)

그림 19.13의 조그만 구조들은 50S 소단위체에 있는 단백질의 위치를 보여 준다. 30S 소단위체의 경우와 마찬가지로 50S 소단위체에 있는 단백질들은 두 소단위체 사이의 경계면에서 특히 펩티드전달효소의 활성부위가 있다고 생각되는 그 중심에서 일반적으로 상실되어 있다. 이는 사람의 약을 올리는 발견이라고 할 수 있다. 왜냐하면 펩티드 전달효소 활성이 50S의 RNA에 있는지 또는 단백질에 있는지에 대해 여전히 논란이 있기 때문이다.

펩티드 전달효소의 활성부위에 단백질이 존재하는지를 결정하기 위해서는 결정구조에서의 활성부위를 확인할 필요가 있다. 이 같은 목적을 달성하기 위해 무어, 스타이츠 등은 50S 소단위체의 결정을 두 가지 다른 펩티드 전달효소 기질 유사체에 담갔다가 X-선 결정분석을 수행하고 전자 차이 지도를 계산했다. 이는 기질 유사체에 해당하며 따라서 활성부위에 해당되는 전자밀도의 위치를 파악하게 해준다. 그중 한 유사체(CCdAp-puromycin)는 펩티

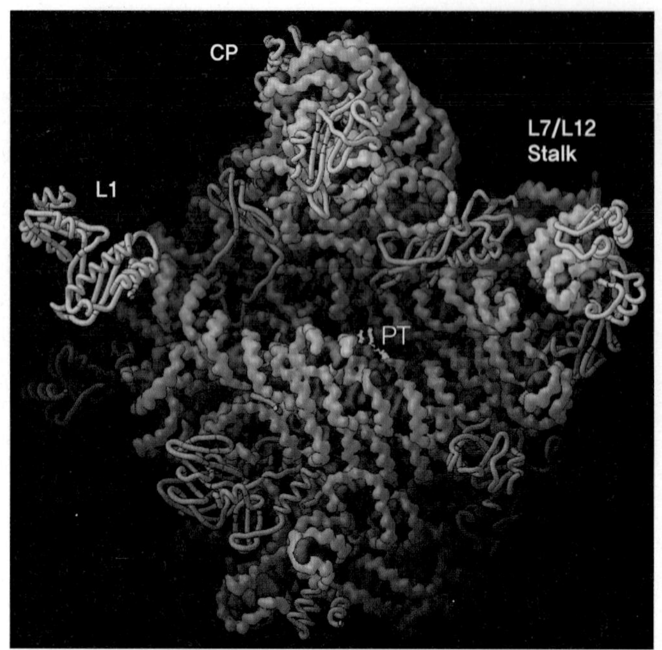

그림 19.14 펩티드 전달효소 활성부위의 위치. 이것은 그림 19.13에서와 같은 50S 소단위체의 왕관 그림으로 펩티드 전달효소(PT) 활성부위에 존재해야만 하는 야러스 유사체의 위치가 초록색으로 표시되어 있다. 활성부위 근처에 단백질(금색)이 없음을 주목하라. (출처: Ban, N., P. Nissen, J. Hansen, P.B. Moore, and T.A. Steitz, The complete atomic structure of the large ribosomal subunit at 2.4Å resolution. *Science* 289 (11 Aug 2000) f. 2, p. 907. Copyright © AAAS.)

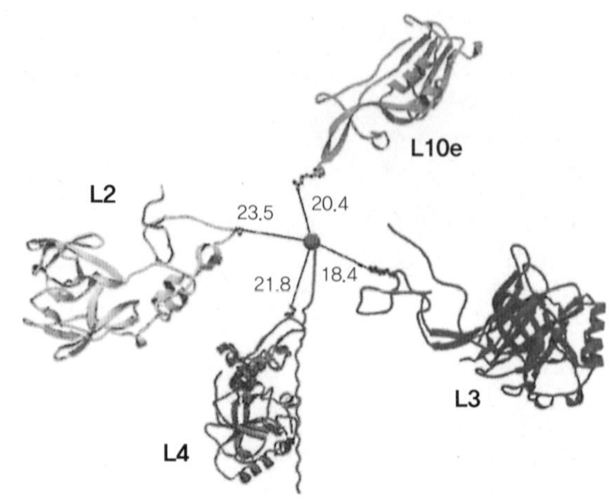

그림 19.15 모든 RNA가 제거된 펩티드 전달효소의 활성부위. 활성부위의 중심에서 야러스 유사체의 인(짙은 분홍색)은 성장중인 폴리펩티드를 표시하는 긴 자홍색 꼬리를 갖는다. 활성부위에 가장 가까운 4개의 단백질들이 활성부위에 가장 가깝게 접근한(Å 단위) 측정치와 함께 그려져 있다. (출처: Nissen, P., J. Hansen, N. Ban, P.B. Moore, and T.A. Steitz, The structural basis of ribosome activity in peptide bond synthesis. *Science* 289 (11 Aug 2000) f. 6b, p. 924. Copyright © AAAS.)

드 전달효소 반응 동안 전이 상태 또는 중간 매개체를 닮도록 마이클 야러스(Michael Yarus)에 의해 디자인되었으며 따라서 이를 '야러스 유사체'라고 불렀다.

그림 19.14는 야러스 유사체가 활성부위라고 예측되는 바로 그 곳인 50S 소단위체 면의 틈에 놓여 있음을 보여 준다. 그리고 그 곳 주위에는 단백질이라고는 없고 RNA만 존재한다. 다른 유사체에 대해서도 같은 양상이 관찰되었다. 그림 19.15는 모든 RNA가 제거된 활성부위의 모델로 여기서 활성부위의 전이 상태 바로 중심에 있는 사면체의 탄소 원자에 해당하는 야러스 유사체의 인으로부터 단백질이 얼마나 멀리 떨어져있는지를 볼 수 있다. 가장 가까운 단백질은 L3으로 활성 부위에서 18Å 이상 떨어져 있는데, 이는 촉매 작용에서 직접적인 역할을 하기에 너무 멀리 떨어져 있는 것이다.

만약 단백질이 활성부위에 없다면 RNA가 효소활성을 갖고 있어야 한다. 결정구조는 대장균에 있는 아데닌 2451(A2451)에 해당되는 아데닌 2486(A2486)이 활성중심에 있는 사면체 탄소에 가장 근접해 있음을 보여 준다. 이 염기는 지구상에 있는 모든 생명계에 속한 모든 종의 리보솜에 보존되어 있는데 이는 이것이 아주 중요한 역할을 하고 있음을 시사한다. 더욱이 펩티드 전달효소를 저해하는 클로람페니콜과 카르보마이신은 대장균의 A2451에 또는 그 근처에 결합한다. 그리고 A2451에 돌연변이를 갖고 있는 대장균은 클로람페니콜에 저항성을 가지는데 이로써 이 염기가 이 반응에 관여하고 있음을 다시금 보여 준다.

만약 이 모델이 맞다면 A2486에 돌연변이가 일어나면 펩티드 전달효소의 활성이 10여 배 감소할 것으로 기대된다. 2001년 알렉산더 맨킨(Alexander Mankin) 등은 *H. marismortui*의 A2486에 해당되는 염기인 A2451에 3개의 가능한 모든 돌연변이를 갖고 있는 23S rRNA와 분리한 리보솜 단백질로 *T. aquaticus*의 50S 소단위체를 재조합하고 이 재조합된 50S 소단위체가 펩티드 전달효소 활성이 있는지 18장에서 서술한 조각반응을 포함한 네 가지 다른 분석방법으로 조사함으로써 이 같은 예측을 점검하였다. 어떤 돌연변이도 활성에서 극적인 감소를 야기하지 않았다. 각각의 돌연변이가 유발된 23S rRNA는 한 분석 방법에서 적어도 야생종 활성의 44%를 유지할 수 있었다.

만약 A2486의 아데닌이 펩티드 전달효소 반응에서 주된 촉매 역할을 하지 않는다면 무엇이 그 역할을 할 것인가? 2004년 스콧 스트로벨(Scott Strobel) 등은 P 부위에 있는 펩티딜-tRNA의 마지막 아데노신에 있는 2′-히드록시기가 관련이 있을 것이라는 증거를 제시하였다. 그림 19.16은 A 부위에 있는 아미노산

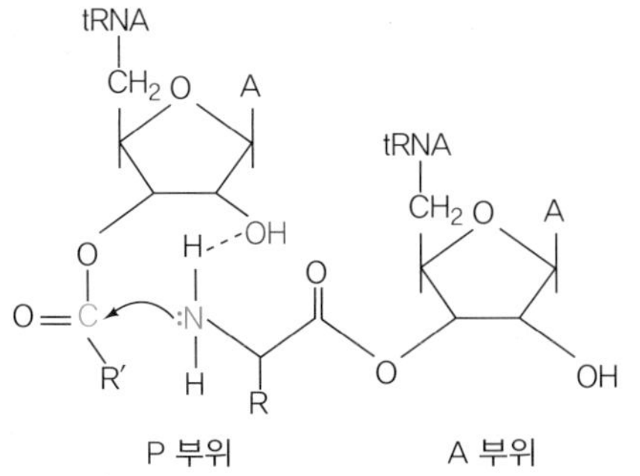

그림 19.16 펩티드 전달효소 반응 동안 A, P 부위에 있는 tRNA의 위치. P 부위 tRNA의 2′-히드록시기는 빨간색이다. A 부위에 있는 아미노아실-tRNA의 아미노 질소는 초록색이며 P 부위에 있는 펩티딜-tRNA의 카르보닐 탄소는 파란색이다. P 부위 tRNA의 2′-히드록시기가 이를 공격하는 A 부위 아미노 질소와 근접해 있음을 주목하라.

에 대한 이 2′-히드록시기의 상대적 위치를 보여 주고 있는데 이는 펩티드를 P 부위에 있는 tRNA와 연결시키는 카르보닐 탄소에 대해 친핵성 공격을 하고 있다. 이 공격에 의해 P 부위에 있는 펩티드가 A 부위에 있는 아미노아실-tRNA에 연결될 것인데 이것이 펩티드 전달효소에 의해 촉매되는 반응인 펩티드 전달(transpeptidation)이다. 분명히 2′-히드록시기는 아미노기에 있는 양자와 수소결합을 형성하여 아미노 질소가 더 나은 친핵성이 되게 함으로써 이 반응에서 역할을 하도록 매우 잘 위치를 잡고 있다.

만약 이 가정이 맞다면 펩티딜-tRNA의 마지막 아데노신 A76의 2′-위치에서 산소를 제거할 때 펩티드 전달효소의 활성에 손상이 올 것이다. Strobel 등은 두 가지 방법으로 이 아이디어를 조사하였다. 2′-히드록시기를 수소 원자(2′-deoxyadenosine, dA)로 대치하거나 또는 불소 원자(2′-deoxy, 2′-fluoroadeonsine, fA)로 대치하였다. P 부위에 있는 tRNA의 마지막 아데닌에 이 같은 변화를 일으켰을 때 펩티드 전달효소의 활성이 심하게 저해되었다.

이 같은 분석을 하기 위해 Strobel 등은 P 부위에 [^{35}S]fMet-tRNA를, 그리고 A 부위에 Lys-tRNA에 넣었다. 이 Lys-tRNA는 마지막 아데노신에 관해 세 가지 다른 형태로, 즉 정상, dA, fA 형태로 각 실험에서 첨가되었다. 그 후 그들은 펩티드 전달효소를 한 번 자리 이동시켜 P 부위에 [35S]fMet-Lys-tRNA가 놓이게 하였다. 이것이 이제 퓨로마이신을 첨가하여 리보솜으로부터 표지된 펩티딜-퓨로마이신이 방출되는 속도를 관찰할 단계가 된 것이다. 퓨로마이신은 A 부위에 매우 빨리 결합하기 때문에 펩티드 전달효소가 펩티딜-퓨로마이신 방출의 속도를 결정한다. 따라서 방출 속도는 펩티드 전달효소의 속도에 대한 측정치로 여겨질 수 있다. Strobel 등은 박막 전기영동을 이용하여 다른 표지 물질로부터 방출된 표지 펩티딜-퓨로마이신을 분리하여 인영상화 장치로 그 산물에 있는 방사능을 측정하였다.

그림 19.17은 그 결과를 보여 준다. 정상 tRNA 기질을 사용한

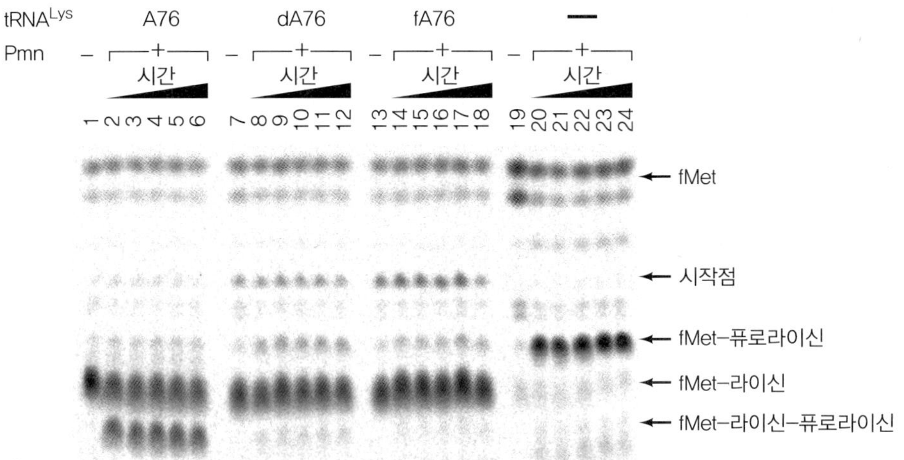

그림 19.17 변형된 tRNA에 대한 펩티드 전달효소의 활성. 스트로벨 등은 두 펩티드가 표지되어 부착되어 있는 tRNA가 P 부위에, 퓨로마이신이 A 부위에 있는 상태에서 펩티드 전달효소 반응을 수행하였다. P 부위에 있는 tRNA는 그림의 위에 표시된 바와 같이 정상적인 A76이나 dA76 또는 fA76을 포함하고 있거나 또는 단순히 변화되지 않은 fMet-tRNA이다. 이것들은 그림 위에 표시된 바와 같이 퓨로마이신이 있거나 없는 상태에서 여러 시간대별로(10초, 1분, 6분, 1시간, 24시간) 반응을 수행하였다. 그들은 다른 반응물과 생성물로부터 박막 전기영동을 이용하여 표지되어 있는 두 펩티드-퓨로마이신(fMet-Lys-puro)을 분리하여 인영상화기에 적용하였다. P 부위 tRNA에 있는 A76만이 펩티드 전달효소의 활성을 측정할 수 있게 하였다. (출처: Reprinted from *Nature Structural & Molecular Biology*, vol 11, Joshua S. Weinger, K. Mark Parnell, Silke Dorner, Rachel Green & Scott A. Strobel, "Substrate-assisted catalysis of peptide bond formation by the ribosome," Fig. 3a, p. 1103, Copyright 2004, reprinted by permission from Macmillan Publishers Ltd.)

펩티드 전달효소 반응은 첫 시간대에(10초) 완료되었다. 그러나 변화된 다른 기질을 가지고는 24시간 후에도 본질적으로 아무 반응이 일어나지 않았다. 따라서 P 부위에 있는 tRNA의 2′-히드록시기를 수소 원자나 불소 원자로 대체하면 펩티드 전달효소 반응을 완전히 막게 되는데 이는 2′-히드록시기가 이 반응에 필요하다는 것을 강하게 시사해준다. 퓨로마이신 대신 A 부위에 들어간 정상 Phe-tRNA와 이 세 가지 기질에 대해서도 동일한 양상이 관찰되었으며 이로써 다시 한번 2′-히드록시기의 중요성이 지지되었다.

이 연구는 23S rRNA에서 높게 보존되어 있는 A2451(대장균의 수치 계산을 이용한 경우)의 역할에 대해 여전히 의문점을 남긴다. 이 같은 의문점을 해결하기 위해 노버트 폴라섹(Norbert Polacek) 등은 A2451 염기의 성질뿐만 아니라 이 염기에 있는 당의 성질을 변화시키는 방법을 고안하였다. 이들이 A2451로부터 아데닌 염기를 제거하여 염기가 없는 자리를 만들었을 때, 이미 언급한 fMet-퓨로마이신 방출분석 방법으로 측정해 보면 펩티드 전달효소의 활성에는 거의 변화가 일어나지 않았다. 그러나 이들이 A2451의 2′-히드록시기를 제거하였을 때 거의 10배의 활성이 감소하였다. 더욱이 이들이 2′-히드록시기뿐만 아니라 염기를 제거하였을 때는 그 활성이 거의 없어졌다. 이에 비해 인근의 뉴클레오시드인 A2450에 동일한 변화를 유도하게 되면 활성에 단지 미미한 효과만 나타났다. 이로써 A2451이 특별히 중요하다는 것이 다시 한번 강조되었다.

23S rRNA의 2451 위치에 2′-히드록시기가 없는 리보솜에서 활성이 상실되는 것은 P 부위에서 tRNA에 대한 친화성이 낮아졌기 때문일 수 있다. 만약 그렇다면 fMet-tRNA의 농도를 올리면 활성이 증진되어야 하는데 실제로는 그렇지 못했다. 그렇다면 이 히드록시기의 역할은 무엇인가? P 부위에 있는 tRNA의 2′-히드록시기가 펩티드 전달 화학반응에 참여한다는 것에 대해 우리가 방금 조사한 증거는 매우 강력하다. 그러나 A2451의 2′-히드록시기 역시 같은 방식으로 참여한다는 것도 여전히 가능하다. 또는 이들 히드록시기 중 하나 또는 둘 모두가 반응물질을 활성부위에 적절히 위치하도록 도와줌으로써 촉매에 관여할 수도 있을 것이다. *Haloarcula* 리보솜과 대조적으로 대장균 리보솜의 단백질(L27의 아미노 말단)은 펩티딜 전달효소 중심에 충분히 가까워 P 부위 tRNA의 3′-말단과 교차연관된다. 그러나 한 박테리아에서 RNA가 촉매 요인으로 작용한다는 강력한 증거를 고려한다면 다른 박테리아에서 RNA가 이같은 역할을 하지 않을 것이라고 생각하기는 어렵다. 아마도 L27의 아미노 말단이 대장균 리보솜 내 P 부위에 있는 펩티딜 tRNA의 안정화를 도와 줄 것으로 생각된다.

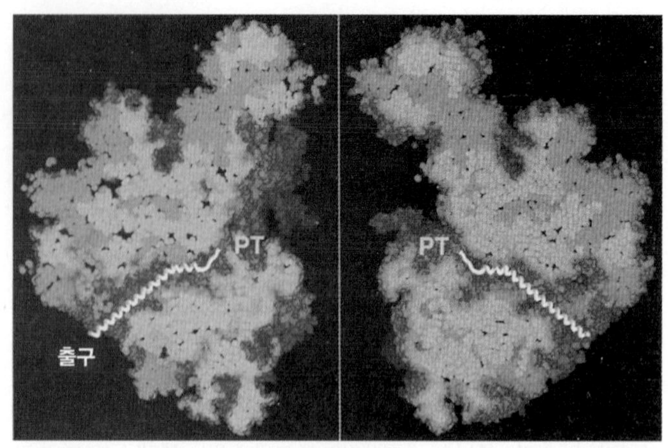

그림 19.18 폴리펩티드 출구 터널. 50S 소단위체가 마치 과일을 중간에서 잘라 열어 놓은 것처럼 그려져 있다. 이 그림은 펩티드 전달효소 부위(PT)로부터 멀어져 가는 출구 터널을 보여 주고 있다. 밖으로 나가는 폴리펩티드를 표시하기 위해 흰색의 α 나선이 채널 안에 놓여 있다. (출처: Ban, N., P. Nissen, J. Hansen, P.B. Moore, and T.A. Steitz, The structural basis of ribosome activity in peptide bond synthesis. *Science* 289 (11 Aug 2000) f. 11a, p. 927. Copyright © AAAS.)

폴리펩티드 산물은 점점 자라남에 따라 50S 소단위체에 있는 터널을 통해 리보솜을 빠져나간다고 생각된다. 무어, 스타이츠 등의 연구 역시 이러한 논제에 상당한 영향을 미쳤다. 그림 19.18은 빠져나가는 터널을 나타내기 위해 50S 소단위체의 중심 돌출부를 가로질러 반으로 갈라놓은 모델을 보여 준다. 펩티드 전달효소 중심부가 표시되어 있으며 모형으로 1개의 폴리펩티드가 터널 안에 자리잡고 있다. 터널은 평균 15Å의 지름을 갖고 있고 두 군데에서 단백질 α 나선을 수용하기에 꼭 적당한 크기인 10Å의 크기로 좁혀져 있기 때문에 새로 만들어진 폴리펩티드가 더 이상 접힐 가능성은 없다. 대부분의 터널 벽은 친수성 RNA로 만들어져 있어 새로 만들어진 폴리펩티드에서 노출되어 있는 소수성 잔기가 터널 벽에서 결합할 곳을 찾아 밖으로 빠져나가는 과정을 늦추게 할 가능성은 별로 없다.

5) 리보솜 구조와 번역의 기작

18장에서 시사한 바와 같이, 리보솜의 세 부위(A, P, E 부위) 모델과 같은 번역 기작은 너무 단순화된 바 있다. 우리는 이미 아미노아실-tRNA가 세 부위 모델에 따르지 않는 중간 상태로 존재할 수 있다는 것을 보았다. 우리가 18장에서 보았던 예로서 EF-P로부터 도움 없이 fMet-$tRNA_f^{Met}$가 취하는 P/I 상태를 들 수 있다. 그러나 다른 중간 상태 역시 존재한다. 이 절에서 우리는 번역 기작을 좀 더 분명하게 알게 해 준 구조적 연구를 알아 보고자 한다.

(1) 아미노아실-tRNA를 A 부위에 결합시키기

1997년 단일 입자 냉동-전자현미경 연구에 의해 리보솜에 들어오는 아미노아실-tRNA가 맨 먼저 **A/T 상태**(A/T state)로 구부러지며 이 상태에서 안티코돈이 A 부위에 있는 코돈과 상호 작용하지만 아미노산과 인수체 줄기는 50S 소단위체의 A 부위라기 보다 아직도 EF-Tu-GTP와 상호 작용하고 있음이 밝혀졌다. GTP가 가수분해 되어야만 아미노아실-tRNA는 곧게 펴져 리보솜의 A 부위에 완전히 들어간다-이는 **수용**(accomodation)이라고 알려진 과정이다.

2009년 라마크리슈난과 그 동료들은 고해상도의 X-선 결정학 방법을 사용하여 EF-Tu가 새로운 아미노아실-tRNA를 A 부위에 가져가는 세세한 과정을 명확하게 하였다. 이들은 mRNA, P와 E 부위의 $tRNA^{Phe}$, 그리고 EF-Tu-Thr-$tRNA^{Thr}$-GDP의 3차 복합체와 함께 어울려 있는 *T. thermophilus* 리보솜의 결정을 만들었다. 또 이들은 여기에 GTP 가수분해 후에 EF-Tu의 재배열을 방해하는 항생제 키로마이신을 포함시켰는데, 그 의도는 아미노아실-tRNA를 A/T 상태로 묶어두기 위한 것이었다. 마지막으로 이들은 파로모마이신을 포함시켰는데 이는 우리가 이미 알고 있듯이 코돈과 안티코돈 사이의 결합을 안정화시키기 위한 것이었다.

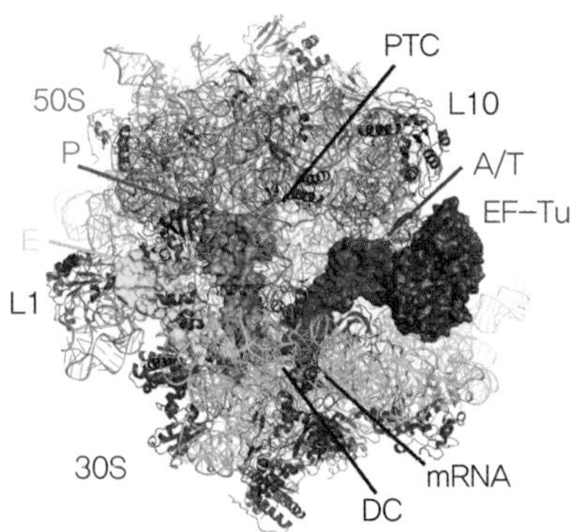

그림 19.19 P, E 부위에 아미노산이 붙지 않은 tRNA가 있고 아미노아실-tRNA가 A/T 상태에 있는 리보솜의 결정 구조. EF-Tu와 tRNA는 표면으로, rRNA와 단백질은 만화로 표시되어 있다. 30S 입자는 청록색(RNA)과 자주색(단백질)으로 또 50S 입자는 주황색(RNA)와 갈색(단백질)으로 그려져 있다. E 부위에 있는 tRNA는 노란색으로, P 부위에 있는 tRNA는 초록색으로, A/T 상태에 있는 아미노아실-tRNA는 자홍색으로, EF-Tu에 결합된 아미노아실-tRNA는 빨간색으로 표시되어 있다. DC, 암호해독 센터. PTC, 펩티드 전달효소 센터. L1, L1 리보솜 단백질을 포함하고 있는 50S 입자의 L1 줄기. 50S 입자의 A 부위가 비어있음에 주목하라. GTP가 분해됨에 따라 아미노아실-tRNA의 아미노산과 인수체 줄기가 이곳으로 이동한다. (출처: Reprinted with permission of *Science*, 30 October 2009, Vol. 326, no. 5953, pp. 688-694, Schmeing et al, The Crystal Structure of the Ribosomal Bound to EF-Tu and Aminoacyl-tRNA. © 2009 AAAS)

기대한 바와 같이 아미노아실-tRNA는 그림 19.19에서 처럼 A/T 상태에 있었다. 아미노아실-tRNA(자홍색)의 +안티코돈 끝이 30S 리보솜의 암호해독 센터 내에서 mRNA 다음에 있지만 아미노아실-tRNA는 오른쪽으로 약 30°가량 구부러져서 그 인수체 줄기가 펩티드 전달효소 중심(PTC) 다음에 있는 A 부위에 들어가기 보다 오히려 EF-Tu와 접촉하는 것을 볼 수 있다. 더 자세히 살펴보면 이같은 구부러짐이 부드러우며 tRNA가 꼬인 것이 아니라는 것을 알 수 있다.

이같이 tRNA가 구부러지는 잇점은 무엇인가? 이는 에너지를 요구하며 이 에너지는 코돈과 그에 상응하는 안티코돈이 올바로 상호 작용하므로써 제공된다. 그러나 맞지 않는 tRNA와 결합하면 그만큼의 에너지가 방출되지 않으며 따라서 A/T 상태를 이루기 위해 요구되는 tRNA의 구부러짐은 쉽게 일어나지 않는다. 따라서 tRNA가 구부러져야 하는 이유는 맞지 않는 아미노아실-tRNA를 선택하지 않으므로써 번역의 정확성을 확보하기 위한 목적이 있는 것이다. A/T 상태에 필요한 구부러짐을 촉진시키는 여러 tRNA 돌연변이가 존재한다는 사실이 이같은 가설을 지지해 준다. 이 돌연변이들에 의해 맞지 않는 아미노아실-tRNA가 쉽게 수용되기 때문에 번역의 정확도가 떨어지게 된다.

구부러진 아미노아실-tRNA는 A 부위에 들어가기 위해 펴져야 하는데, 이는 아미노아실-tRNA가 암호해독 센터, 그리고 EF-Tu와 대부분 접촉하며 이들 사이에 있는 리보솜과는 몇개의 접촉만을 하기 때문에 비교적 쉽게 이루어진다. 구부러진 tRNA에 저장된 에너지는 이들 몇개 접촉면을 깨어 아미노아실-tRNA가 A 부위에 완전히 들어가게 하기에 충분하다.

3차 복합체 내의 GTP를 자르기 위해 리보솜은 어떻게 EF-Tu의 GTP 가수분해효소와 협력하는가? 또 왜 올바른 아미노아실-tRNA가 암호해독 센터에 있을 때에만 그렇게 하는 것인가? EF-Tu의 GTP 가수분해효소 센터는 P 고리, 스위치 I, 스위치 II라고 불리는 요소를 포함하고 있는 것으로 생각된다. 스위치 II에는 촉매작용을 하리라 추정되는 Gly 83, His 84 잔기가 들어있다. GTP는 3차 복합체 자체에 의해서는 가수분해될 수 없는데 이는 리보솜이 없으면 스위치 I의 Ile 60과 P 고리의 Val 20으로 구성된 혐수성 문에 의해 Gly 83과 His 84가 GTP 가수분해효소의 활성 센터로부터 밖으로 내몰리기 때문이다. 이 문이 열릴 때 이들 촉매기능을 하는 잔기들이 촉매 센터에 도달하여 물 분자를 활성화시키고 따라서 GTP를 가수분해할 수 있다.

GTP가 가수분해되고 난 후의 상태에 대한 구조에서는 촉매기

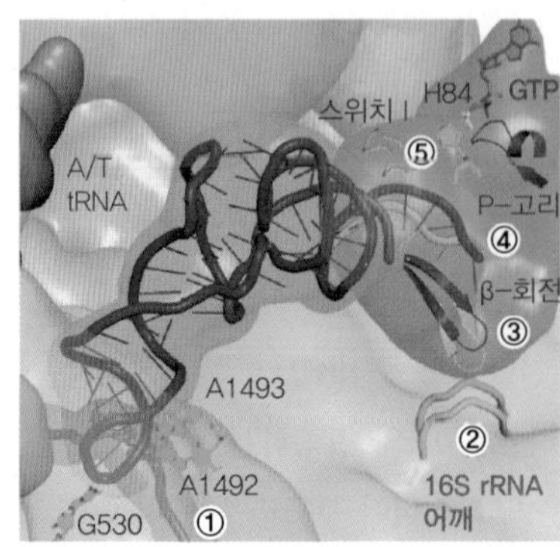

그림 19.20 코돈 인식과 GTP 분해효소의 활성화. 안티코돈이 암호해독 센터에 있고 인수체 줄기가 EF-Tu에 결합된 A/T상태의 아미노아실-tRNA(자홍색)를 보여 준다. EF-Tu의 관련 부분들[β-회전(또는 고리), P-고리, 스위치 I, 그리고 히스티딘 84(H84)]만이 보인다. 검은색 원 안의 숫자로 표시된 단계는 본문에 서술되어 있다. (출처: Reprinted with permission of *Science*, 30 Octorber 2009, Vol. 326, no. 5953, pp. 688-694, Schmeing et al, The Crystal Structure of the Ribosome Bound to EF-Tu and Aminoacyl-tRNA. © 2009 AAAS)

능을 하는 His 84가 GDP로부터 멀리 떨어져 있으리라 기대되며 또 실제로도 그렇다. 또 P 고리와 스위치 II 요소들은 잘 정돈되어 있지만 Ile 60 문을 포함하고 있는 스위치 I 지역은 그렇지 않다. 이는 스위치 I의 이 부분이 결정구조에서 움직일 수 있다는 것을 의미하며 이로부터 이 문이 활짝 열려야 촉매작용을 하는 잔기가 GTP에 접근하게 된다는 가설이 도출된다.

그런데 무엇이 문을 열게 하는가? 그림 19.20은 라마크리슈난과 그 동료들의 가설을 나타낸 것으로 다음 일들이 벌어지는 순서를 까만 원에 숫자로 표시한 것이다. ① 이 과정은 암호해독 센터(16S rRNA의 A1492, A1493, G530 잔기) 내에서 코돈과 그에 맞는 안티코돈 사이의 상호 작용으로 시작한다. ② 암호해독 센터가 코돈과 안티코돈이 잘 맞는다는 것을 감지하게 되면 30S 소단위체로 하여금 영역을 닫게 하며 이에 의해 16S rRNA 어깨 지역이 변하여 EF-Tu와 접촉하게 된다. ③ 이 같은 접촉은 EF-Tu 영역의 β-회전 위치를 변하게 한다. ④ β-회전의 이 같은 변화는 아미노아실-tRNA의 인수체 줄기 입체구조에 변화를 주어 tRNA가 A/T 상태로 구부러지도록 도와준다. ⑤ tRNA 인수체 줄기 입체구조의 변화에 의해 스위치 I과의 접촉이 끊어지게 되는데 이에 의해 스위치 I이 움직여서 문이 열리고 이에 따라 His 84가 GTP 가수분해효소의 촉매 센터에 들어가게 되어 GTP를 가수분해한다. 이 연구에 의해 밝혀지지 않은 특징 중 하나는 EF-Tu의 GTP 가수분해효소 활성을 자극한다고 알려져 있는 50S 입자의 L10-L12 줄기의 역할이다. 이 결정 구조에서 L10-L12 줄기는 무질서하게 흐트러져 있어서 보이지 않았다.

이 절에서 서술한 바와 같이 아미노아실-tRNA가 A/T 상태로 구부러지기, EF-Tu의 GTP 가수분해효소의 활성화, 아미노아실-tRNA가 펴지기 같은 분자적 상호 작용은 www.sciencemag.org/cgi/content/full/1179700/DC1에서 동영상(movie s1)으로 볼 수 있다. 움직이지 않는 2차원의 그림보다 동영상의 3차원적 효과를 통해 이 같은 일들이 어떻게 진행되는지 훨씬 뚜렷이 볼 수 있다. 추가로 동영상을 통해 GTP 가수분해 후에 어떤 일이 벌어지는지를 볼 수 있다. EF-Tu-GDP는 A 부위를 떠나고 이에 의해 아미노아실-tRNA가 완전한 A/A 상태로 펴지게 된다. A 부위에 의해 아미노아실-tRNA가 수용되면 30S와 50S 리보솜 소단위체 모두 입체구조가 달라지게 된다. 특히 50S 입자의 운동성 L1 줄기가 움직여 E 부위를 열어서 아미노산이 떨어져 나간 tRNA가 리보솜을 떠나게 한다. 이미 이전에 다른 연구에 의해 E 부위에 있는 tRNA가 방출되는데 L1 줄기가 관여하고 있음이 밝혀진 바 있다.

(2) 전좌

다네쉬 모아지드(Danesh Moazed)와 해리 놀러(Harry Noller)는 1989년 화학적 풋프린팅 연구를 통해 펩티드가 전달된 후 그러나 아직 전좌가 이루어지기 전에 A 부위와 P 부위에 있는 tRNA들이 자발적으로 그들의 인수체 줄기를 각각 50S 소단위체에 있는 P 부위와 E 부위로 이동시킨다는 것을 보여 주었다. 이러한 이동은 EF-G가 리보솜에 결합하기 전에 조차 일어나며 30S와 50S 소단위체가 서로에 대해 6° 기울어져 있는 톱니바퀴 운동에 의해 일어난다. 그러나 안티코돈들은 30S 소단위체의 A부위와 P 부위에서 각각 코돈과 여전히 쌍을 맺은 채로 있다. 따라서 이들 tRNA는 A/P와 P/E의 혼합 상태를 취하고 있었다. EF-G가 결합하고 EF-G에 의존적으로 GTP가 가수분해되고 나서야 비로서 안티코돈의 줄기-고리가 30S 소단위체 내에서 mRNA를 따라 이동하여 tRNA가 P 부위와 E 부위에 완벽히 들어가게 된다. 그림 19.21에서 이같은 일들이 그려져 있으며 또 www.mrc-lmb.cam.ac.uk/ribo/homepage/movies/translation_bacterial.mov에서 동영상으로 볼 수 있다. 3차원적 효과와 시간에 따라 변화를 점진적으로 보여 줄 수 있기 때문에 동영상이 훨씬 선명하게 일어나는 일들을 보여 준다. 더욱이 동영상은 번역의 모든 단계 즉 개시, 신장, 종결의 구조적 근거에 대해 우리가 알고 있는 것을 잘 요약하고 있다.

2009년 라마크리슈난과 동료들은 mRNA, EFG-GDP 그리고 전좌와 GTP 가수분해는 허용하지만 EFG-GDP가 리보솜으로부터 방출되는 것을 막는 항생제 퓨시딕산과 복합체를 이

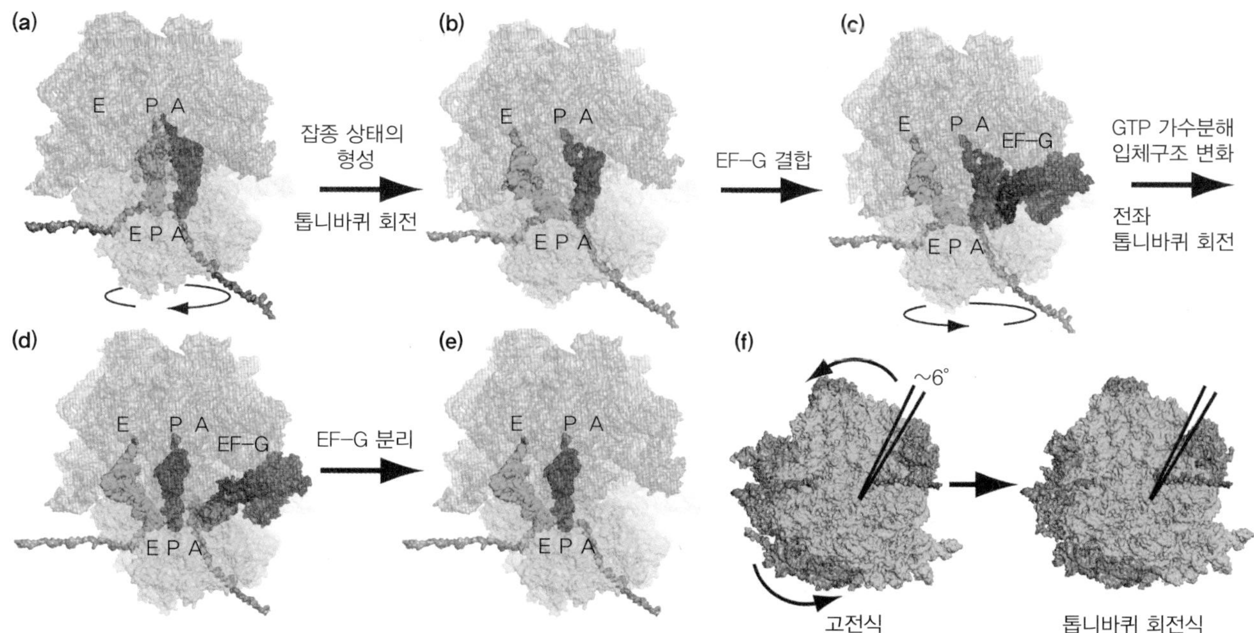

그림 19.21 전좌 과정의 구조적 근거. **(a)** tRNA가 고전적인 A 부위와 P 부위에 있는 전좌 이전 상태. P 부위의 tRNA는 탈아미노산화 되어 있다. **(b)** 리보솜의 두 소단위체가 스스로 톱니바퀴처럼 한쪽 방향으로 돌아가게 되면 두 개의 tRNA가 A/P와 P/E의 잡종 상태가 된다. **(c)** EF-G-GTP가 자기의 IV 영역을 A 부위에 가장 가깝게 한 상태로 리보솜과 결합한다. **(d)** GTP가 가수분해되며 이에 따라 mRNA와 tRNA의 안티코돈 끝이 30S 입자 위에서 전좌를 한다. 이로써 두 tRNA가 고전적 P, A 부위에 들어가게 되며 또한 톱니바퀴의 회전이 전좌 전의 초기 상태로 돌아간다. **(e)** EF-G-GTP가 리보솜으로부터 분리된다. **(f)** 톱니바퀴의 회전. 30S 입자(청록색)가 50S 입자(갈색)에 대하여 시계 반대방향으로 약 6° 회전하여 고전적 상태(왼쪽)에서 톱니바퀴처럼 돌아간 상태(오른쪽)으로 간다. (출처: Reprinted by permission from Macmillan Publishers Ltd: *Nature* 461, 1234–1242 (29 October 2009) Schmeing & Ramakrishnan, What recent ribosome structures have revealed about the mechanism of translation. © 2009.)

룬 *T. thermophilus* 리보솜의 결정구조를 밝혀내었다. 이 구조는 tRNA가 전좌 전인 A/P, P/E의 잡종 상태라기 보다 고전적인 P, E 상태의 전좌 후의 상태일 것으로 예견되었으며 실제로 이들이 발견한 것도 마찬가지 였다. 또한 예측한 바와 같이 EF-G는 EF-Tu-아미노아실-tRNA-GTP 복합체와 거의 같은 방식으로 EF-G의 IV 영역을 통해 리보솜과 상호 작용한다.

이 결정 구조의 새로운 특징은 운동성을 갖는 50S 입자의 L10-L12 줄기가 결정구조에서 안정화되어 관찰이 가능하였다는 것이다. 현재의 관점에서 L10-L12 줄기의 형태와 위치는 이들이 EF-G에 의해 촉매되는 GTP 가수분해효소 반응에 참여한다고 알려져 있기 때문에 특히 중요하다. 실제로 이 구조는 L12의 카르복시 말단 영역이 EF-G의 G′ 영역과 접촉하고 있음을 보여 준다. 그러나 라마크리슈난과 동료들은 이 접촉을 파괴하는 돌연변이들이 GTP 가수분해효소 반응의 부산물인 무기인산염의 방출 만을 저해할 뿐 반응 자체를 억제하지 않는다는 것에 주목하였다. 이로부터 그들은 L12와 EF-G의 공간적 관계가 GTP가 가수분해될 때 약간 다르며 그 다음 그들이 관찰한 바와 같이 인산염의 방출에 중요한 구조로 변환된다고 추측하게 되었다. L12가 EF-Tu의 GTP 가수분해효소 센터에 대하여 동일한 방식으로 작동하는 것 또한 가능하다.

(3) RF1, RF2와 70S 리보솜의 상호 작용

여러 구조 연구에 의해 원핵세포와 진핵세포 모두 방출인자가 tRNA를 닮았으며 방출인자 분자의 한쪽 끝에 있는 특정 아미노산들이 정지코돈과 상호 작용함에 있어 안티코돈처럼 작용할지도 모른다는 것이 알려졌다. 특히 RF1에 있는 일련의 세 아미노산(PXT, P는 프롤린, T는 트레오닌, X는 아무 아미노산도 가능)이 두 정지코돈 UAA와 UAG를 인식한다고 예측되었다. 2008년 해리 놀러(Harry Noller)와 동료들은 *T. thermophilus* 70S 리보솜, RF1, tRNA 그리고 UAA 정지코돈을 포함하는 mRNA의 복합체에 대한 X-선 결정구조를 제시하므로써 이와 관련된 쟁점들을 보다 분명히 해결하였다.

그림 19.22a와 19.22b는 리보솜의 A 부위에서 RF1과 아미노아실-tRNA의 위치를 비교하고 있다. 세밀히 보이는 패널 c와 d 뿐만 아니라 이 패널들에서도 A 부위에서 아미노아실-tRNA가 정상적으로 채울 위치를 2, 3 영역을 포함한 RF1 부분이 차지하고

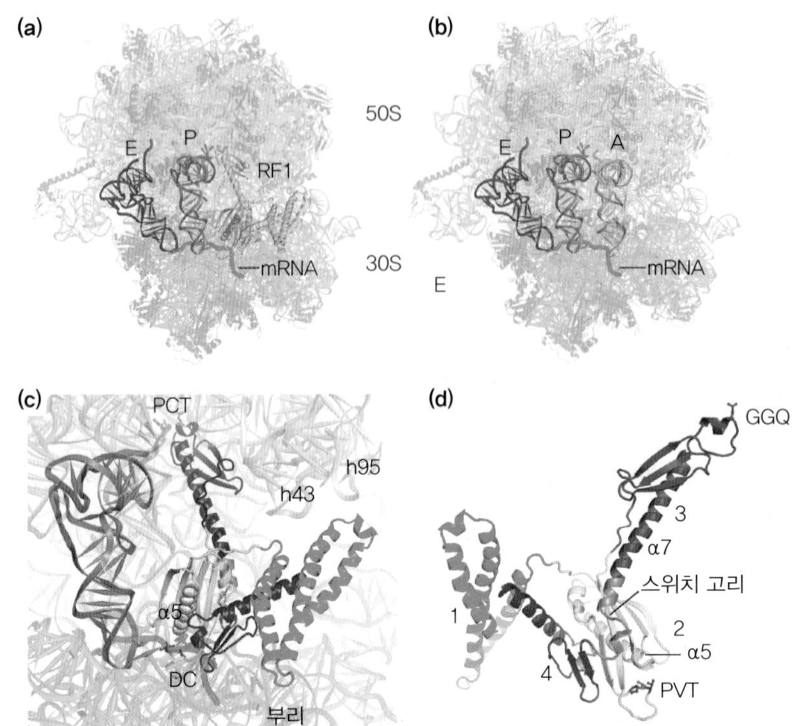

그림 19.22 RF1-리보솜 복합체의 구조. **(a)** RF1, P 부위의 tRNA, E 부위의 tRNA, 그리고 mRNA의 70S 리보솜 내 위치. **(b)** A 부위의 tRNA, P 부위의 tRNA, E 부위의 tRNA, 그리고 mRNA의 70S 리보솜 내 위치. **(c)** RF1과 P 부위의 tRNA(주황색)의 리보솜 내 상세한 위치. PTC, 펩티드 전달효소 센터. DC, 암호해독 센터. h43과 h95, 23S rRNA의 나선들. **(d)** 패널 (c)에 비해 상대적으로 180° 돌아간 RF1. RF1의 영역들은 패널 (c)에서와 같은 색으로 표시되어 있다. 1 영역, 초록색. 2 영역, 노란색. 3 영역, 자주색. 4 영역, 자홍색. PVT와 GGQ 모티프, 빨간색. 스위치 고리, 주황색. (출처: Reprinted by permission from Macmillan Publishers Ltd: *Nature* 454, 852–857, 14 August 2008. Laurberg et al, Structural basis for translation on the 70S ribosome. © 2008.)

있음이 명백하다. 특히 패널 c와 d는 PXT 모티프(이 경우 PVT, 빨간색)를 포함하는 2 영역의 일부(노란색)가 일종의 판독 헤드로 작용하여 mRNA에서 정지코돈에 가까이 접근하며 정지코돈을 읽기 위한 특이적 접촉을 할 가능성을 갖고 있음을 시사한다. 또 패널 c와 d는 A 부위에 있는 RF1의 다른 끝, 즉 일반적으로 보존되어 있는 GGQ 모티프(빨간색)을 포함하는 3영역의 끝(자주색)이 펩티드 전달효소 센터(PTC)에 가까이 접근하며 따라서 펩티드 전달효소 활성을 폴리펩티드를 tRNA로부터 떼어내어 번역을 종결시키는 에스테르 가수분해효소 활성으로 전환시키는데 참여할 위치에 있음을 보여 준다. 아래에서는 RF1의 코돈을 인식하는 끝부위(판독 헤드)에 대해 좀더 자세히 알아보고자 한다.

그림 19.23은 이 복합체의 코돈 인식부위를 그림으로 보여 주고 있는데 이전에 제시된 바와 같이 UAA가 PXT 모티프에 의해 그냥 인식된다는 것이 너무 단순화된 것이라는 것을 입증하고 있다. 물론 PXT 모티프가 실제로 중요한 역할을 하기는 한다. 그러나 PXT 모티프는 이전에 제안된 것처럼 마지막 두 염기가 아닌 첫 두 염기를 식별하며 또 보존되어 있는 RF1의 다른 부분 및 16S rRNA의 도움을 받는다. 특별히 그림 19.23b는 PXT 모티프의 T186이 UAA의 U1, A2 양 염기와 수소결합을 형성함으로써 이 둘을 인식하도록 도와주고 있음을 보여 준다. 그외에 단백질 중 추가 되는 글라이신 116과 글루탐산 119가 UAA 코돈의 U1과 두 개의 수소결합을 한다. 또 정지코돈의 A2가 정지코돈 A1과 RF1의 히스티딘 193 사이에 쌓여 있다. 마지막으로 U1과 A2의 리보오스에 있는 2′-히드록시기가 (대장균에서 사용되는 번호체계를 사용하였을 때) 16S rRNA의 A1493의 인산염과 A1492의 리보오스와 각기 수소결합을 한다. 이와 같은 모든 상호 작용은 정지코돈의 첫 두 위치에 있는 U, A와 가장 잘 일어난다. A1492와 A1493이 보통 코돈과 (이 장의 초반부 참조) 또 정지코돈과도 결합하는데 참여한다는 것이 흥미롭기는 하지는 이들이 이 두가지 유형의 코돈에서 하는 역할은 매우 다르다.

아미노산을 암호화하는 코돈은 세 개의 염기가 모두 같이 겹쳐 있어서 이에 맞는 안티코돈의 세 개의 겹쳐 있는 염기와 염기쌍을 맺을 수 있다. 그러나 그림 19.23a, 19.23c의 결정구조는 정지코돈 UAA의 세 번째 염기(A3)가 다른 염기와 멀리 떨어져 있음을

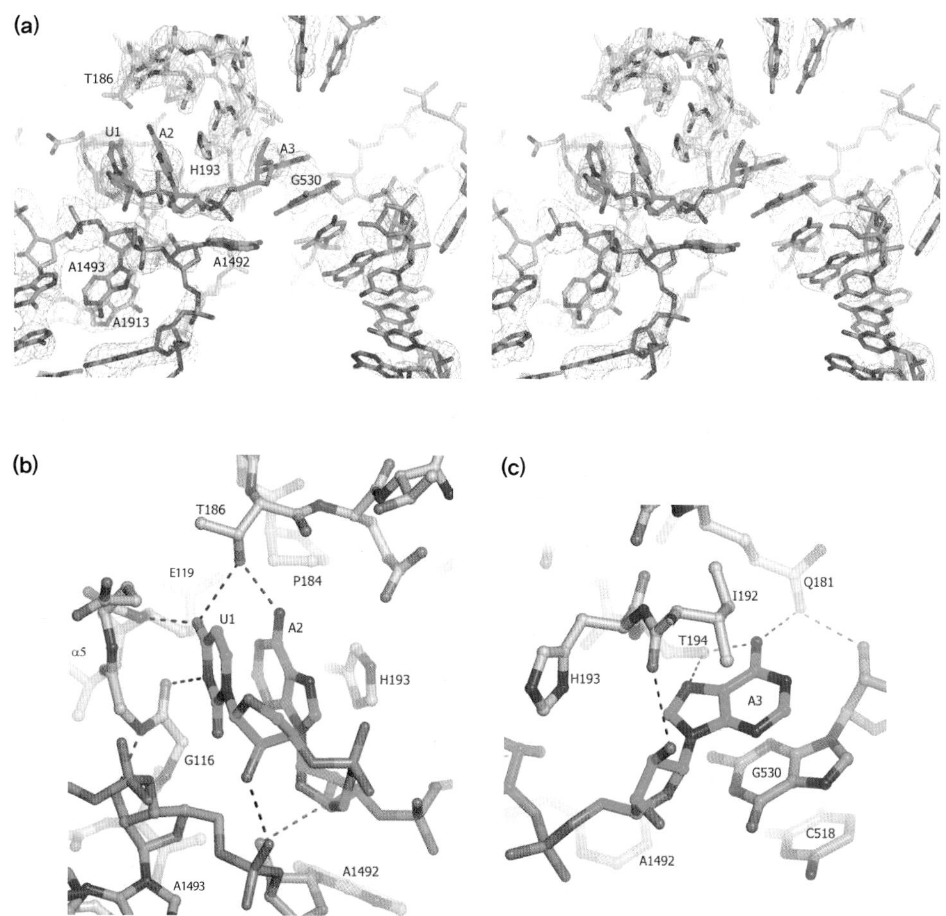

그림 19.23 UAA 정지코돈과 암호해독 센터 사이의 세부 상호 작용. **(a)** 정지코돈(초록색), RF1의 판독 헤드(노란색), 16S rRNA(청록색), 그리고 23S rRNA의 염기 하나(A1913, 회색). RF1의 주요 아미노산이나 16S rRNA의 주요 염기와 마찬가지로 정지코돈의 U1, A2, A3가 표시되어 있다. **(b와 c)** 정지코돈의 첫 두 염기(b)나 마지막 염기(c)와 암호해독 센터 사이의 세부 상호 작용. RF1 단백질의 주요 부분과 16S rRNA 사이의 수소결합이 점선으로 보여진다. (출처: Reprinted by permission from Macmillan Publishers Ltd: *Nature* 454, 852–857, 14 August 2008, Laurberg et al, Structural basis for translation on the 70S ribosome. © 2008.)

보여 준다. 여러 요인에 의해 이같이 떨어지게 되는데, 그 중 하나로 RF1의 히스티딘 193이 보통 코돈의 세 번째 염기가 있을 곳 근처에 끼어들어 A2와 겹친다. 이렇게 되면 A3가 A2로부터 멀리 떨어지게 되고 (그림 19.20a에서 오른쪽으로) 그곳에서 A3가 IF1의 다음 잔기 즉, 트레오닌 194, 글루타민 181 그리고 이소류신 192의 카르보닐 뼈대와 상호 작용할 수 있다. 그 외에 16S rRNA의 G530이 A3와 겹쳐 있음으로 해서 A2와 떨어져 있는 것이 안정화된다.

이후 2008년에 라마크리슈난과 동료들은 RF2에 특이적인 UGA 정지코돈이 들어 있는 *T. thermophilus* 리보솜에 RF2를 결합시켜 그 결정구조를 발표하였다. RF2에서 RF1의 PXT에 해당되는 안티코돈과 유사한 세 개 펩티드 SPF(세린-프롤린-페닐알라닌)이 암호해독 센터에 가깝게 접근하므로써 RF1의 PXT와 같이 작용하며 그곳에서 정지코돈의 인식을 돕는다는 것이 이 구조에 의해 확인되었다. 그 외에 RF1의 PXT 모티프가 FR1과 16S rRNA에 있는 다른 잔기로부터 도움을 받는 것과 마찬가지로 RF2의 SPF 모티프도 중요하지만 이것이 결코 단독으로 UGA 정지코돈을 인식하지는 않는다.

또한 라마크리슈난과 동료들은 RF1의 GGQ 모티프와 마찬가지로 RF2에서도 똑같은 GGQ 모티프가 펩티드 전달효소 센터에 매우 가깝게 위치하며 그곳에서 아마도 이 모티프가 tRNA로부터 폴리펩티드를 방출하는데 참여할 것이라는 것을 보여 주었다. 그들의 구조는 이 모티프에 있는 두 개의 글라이신이 다른 아미노산에서는 불가능한 입체구조를 취한다는 것을 보였 주었는데 이로써 왜 이 두 아미노산이 일반적으로 보존되어 있는지 설명이 가능하다. GGQ의 입체구조에서 Q는 폴리펩티드를 tRNA에 연결하는 에스테르 결합의 가수분해에 참여하는 위치에 놓여지게 된다. 또한 이것이 아마도 RF1이 작용하는 방식일 것이며 이로써 왜 모티프에 있는 글루타민이 일반적으로 보존되어 있는지 설명이 된다.

6) 폴리솜

앞장에서 한 번에 하나 이상의 여러 RNA 중합효소가 하나의 유전자를 전사할 수 있음을 보았다. 이것은 리보솜과 mRNA에 대해서도 마찬가지이다. 실제로 어떤 주어진 시간에 여러 리보솜이 같은 mRNA를 나란히 가로지르는 것은 흔한 일이다. 그 결과가 그림 19.24와 같은 폴리리보솜 또는 **폴리솜**(polysome)이다. 이 폴리솜에는 74개의 리보솜이 mRNA를 동시에 번역하고 있음을 셀 수 있다. 또 새로 합성된 폴리펩티드 사슬을 관찰함으로써 폴리솜의 어느 쪽이 끝인지도 알 수 있다. 새로 만들어지는 폴리펩티드 사슬은 5′-말단에서(번역이 시작하는 곳) 3′-말단으로(번역이 끝나는 곳) 갈수록 길어진다. 그러므로 5′-말단은 왼쪽 아래에 있고 3′-말단은 오른쪽 아래에 있다.

진핵세포에서 폴리솜이 형성되는 과정을 생각해 보자. mRNA에 달라붙는 첫 리보솜은 단백질 번역을 처음 시작함에 있어 가장 어려운 임무에 직면하게 된다. mRNA는 단백질이 붙은 상태로 핵에서 나온다. 이들 단백질 중 어떤 것은 스플라이싱이나 아데닐산중합반응(polyadenylation) 과정에서 남아 있는 것이다. mRNA에 결합하고 있는 또 다른 단백질은 mRNA가 핵으로부터 나가도록 안내하기도 하고 mRNA가 파괴되지 않도록 보호하기도 한다. 그러나 두 리보솜 소단위체 사이에는 mRNA 자체만으로도 거의 여유가 없을 정도로 공간이 많지 않다. 따라서 첫 리보솜 사이로 mRNA가 꿰어질 때 이들 단백질들이 벗겨져야 하며 또 이들 단백질들은 번역 과정에서 요구되는 단백질들로 곧 대체된다.

그림 19.24는 진핵세포(모기)의 폴리솜이다. 진핵세포에서는 전사와 번역이 세포 내 서로 다른 구획에서 일어나기 때문에 폴리솜

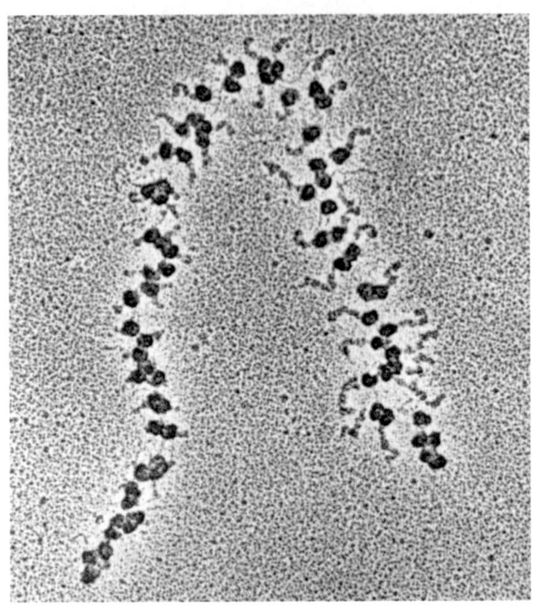

그림 19.24 작은 곤충과에 속하는 *Chironomus*의 폴리솜 전자현미경 사진. mRNA의 5′-말단은 왼쪽 아래에 있으며, 이 mRNA는 위로 구부러져 올라간 다음 다시 오른쪽 아래에 있는 3′-말단으로 내려간다. mRNA에 붙어 있는 검은색 점들이 리보솜이다. 리보솜이 많이 있기(약 74개) 때문에 폴리솜이라고 불린다. 새로 합성되는 폴리펩티드들은 각각의 리보솜으로부터 밖으로 뻗어 나와 리보솜이 mRNA 끝에 도달함에 따라 길어진다. 새로 합성되는 폴리펩티드상의 희미한 점들은 아미노산이 1개가 아니라 여러 아미노산을 포함하고 있는 영역이다. (출처: Francke et al., Electron microscopic visualization of a discreet class of giant translation units in salivary glands of *Chironomus* tetans. *EMBO Journal* 1 1982, pp. 59–62. European Molecular Biology Organization.)

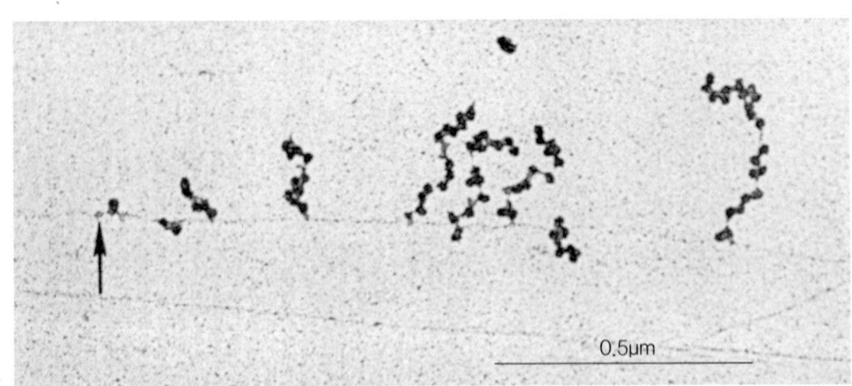

그림 19.25 대장균에서 동시에 일어나는 전사와 번역. 두 DNA 단편들이 수평으로 늘어져 있다. 위 단편은 왼쪽에서 오른쪽으로 전사되고 있다. mRNA가 자라남에 따라 보다 많은 리보솜이 결합하고 번역이 이루어진다. 이에 따라 폴리솜이 만들어지는데, 이 폴리솜은 DNA에 다소간 수직으로 배열되어 있다. 초기의 폴리펩티드는 이 사진에서는 볼 수 없다. 왼쪽 화살표가 가리키는 희미한 점은 이제 막 유전자 전사를 시작하는 RNA 중합효소일 것이다. RNA 중합효소를 나타내는 다른 희미한 점들이 몇몇 폴리솜의 기저에 나타나 있는데 이곳에서 mRNA와 DNA가 만난다. (출처: O.L. Miller, B.A. Hamkalo, and C.A. Thomas Jr., Visualization of bacterial genes in action. *Science* 169 (July 1970) p. 394. Copyright © AAAS.)

은 유전자와 관계없이 언제나 세포질에서 관찰된다. 원핵세포 역시 폴리솜을 갖고 있지만 이들 생명체에서는 어떤 한 유전자의 전사와 그 mRNA의 번역이 동시에 같은 장소에서 일어나기 때문에 그 상황이 복잡하다. 따라서 우리는 mRNA가 새로 합성되면서 동시에 리보솜에 의해 번역되는 것을 볼 수 있다. 그림 19.25는 대장균에서 일어나는 바로 그와 같은 경우를 보여 준다. 박테리아 염색체의 두 조각이 왼쪽에서 오른쪽으로 평행으로 지나가고 있는 것을 볼 수 있는데, 여기서는 위의 조각만이 전사된다. 이 그림에서 폴리솜은 왼쪽에서 오른쪽으로 갈수록 좀 더 길어지고 있기 때문에 전사가 이 방향으로 진행되고 있음을 알 수 있다. 즉, 길어지면 길어질수록 리보솜이 결합할 여지가 많아지게 된다. 그러나 그림 19.24와 그림 19.25 사이의 배율 차이에 유의해야 한다. 즉, 나중 그림에서 리보솜은 작게 보이며 새로 만들어진 단백질은 보이지 않는다. 그림 19.25를 가로지르는 가닥이 DNA이고, 그림 19.24의 가닥은 mRNA이다. mRNA는 그림 19.25에서 수직으로 위치하고 있다.

19.2. 전달 RNA

1958년 프란시스 크릭(Francis Crick)은 DNA(실제로는 mRNA)에 있는 일련의 뉴클레오티드 배열과 그에 해당하는 단백질의 아미노산 배열 사이에 중개자로 작용할 수 있는 RNA로 생각되는 연결자(adaptor)의 존재를 가정하였다. 크릭은 연결자가 코돈의 뉴클레오티드와 쌍을 맺을 수 있는 2개 또는 3개의 뉴클레오티드가 있을 것이라는 아이디어를 갖고 있었다. 그러나 그 당시에는 아무도 코돈의 성질이나 심지어 mRNA의 존재에 대해서도 알지 못했다. tRNA는 폴 자멕닉(Paul Zamecnik) 등에 의해 1년 전에 이미 발견되었지만 그들은 이것이 연결자의 역할을 할 것이라고는 인식하지 못했다.

1) tRNA의 발견

1957년 자멕닉 등은 흰쥐의 무세포(cell-free) 단백질합성 시스템에 대해 연구하였다. 그 시스템의 구성성분 중 하나는 소위 pH 5 효소분획으로, 여기에는 리보솜과 함께 첨가된 mRNA의 번역을 유도하는 가용성 인자가 포함되어 있었다. pH 5 효소분획에 있는 대부분의 구성성분은 단백질이지만 자멕닉 등은 이 혼합물에 적은 양의 RNA가 포함되어 있음을 발견하였다. 더욱 흥미 있는 것은 이 RNA가 아미노산과 연결될 수 있다는 발견이었다. 이를 증

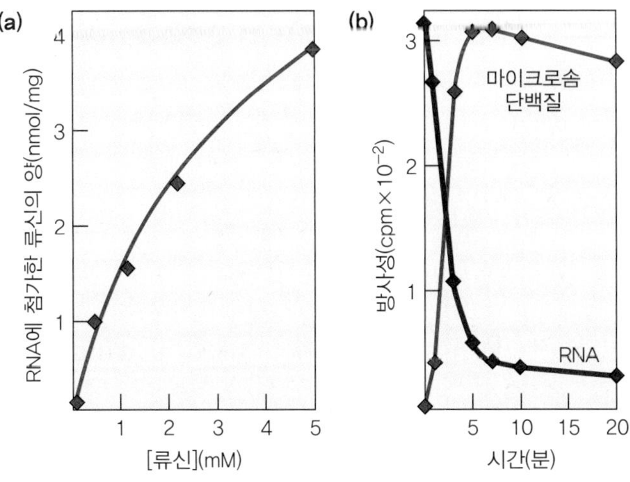

그림 19.26 tRNA의 발견. (a) tRNA에 류신이 부착될 수 있다. 자멕닉 등은 tRNA을 포함하고 있는 분획에 표지된 류신을 첨가한 후 류신이 RNA에 결합하는 정도를 함수로 표에 그렸다. (b) 아미노아실- tRNA는 그 아미노산을 새로 합성되는 단백질에 제공할 수 있다. 자멕닉 등은 리보솜을 포함하고 있는 마이크로솜 내에서 RNA(파란색)에서 잃어버린 방사능(cpm)과 새로 합성된 단백질(빨간색)에 의해 얻어진 방사능을 추적하였다. 두 곡선 사이의 상반되는 관계는 RNA가 자기의 아미노산을 성장중인 단백질에 제공한다는 것을 시사한다. (출처: Adapted from Hoagland, M. B., et al., *Journal of Biological Chemistry* 231:244 & 252, 1958.)

명하기 위해 그들은 RNA를 pH 5 효소, ATP, [14C]류신과 혼합하였다. 그림 19.26a는 혼합물에 표지된 류신을 첨가하면 할수록 RNA에 더 많이 부착된다는 것을 보여 준다. 더욱이 ATP를 빼면 반응이 일어나지 않았다. 지금 우리는 이 반응이 tRNA에 아미노산을 부착시키는 과정임을 알고 있다.

자멕닉 등은 조그만 RNA에 아미노산이 붙는 것을 보여 주었을 뿐만 아니라 이 RNA가 아미노산을 성장중인 단백질에 전달할 수 있음을 증명하였다. 그들은 이 실험을 [^{14}C]류신이 부착된 pH 5 RNA와 소포체(리보솜을 포함하는 소포체의 일부)를 혼합하여 수행했다. 그림 19.26b는 pH 5 RNA로부터 방사성 류신이 상실되는 양과 소포체 내 단백질에 의해 류신이 얻어지는 양이 완전히 일치한다는 것을 보여 준다. 이것은 류신이 류신-tRNA로부터 리보솜에서 새로 만들어지는 단백질로 편입되는 것을 나타낸다.

2) tRNA의 구조

tRNA가 어떻게 그 기능을 수행하는지 이해하기 위해 우리는 이 분자구조를 알 필요가 있다. tRNA는 그 작은 크기에 비해 놀라울 정도로 복잡한 구조를 갖고 있다. 단백질이 1차, 2차, 3차 구조를 갖고 있는 것처럼 tRNA도 마찬가지 구조를 갖는다. RNA의 1차 구조는 염기의 서열 순서이며, 2차구조는 tRNA의 각 지역이

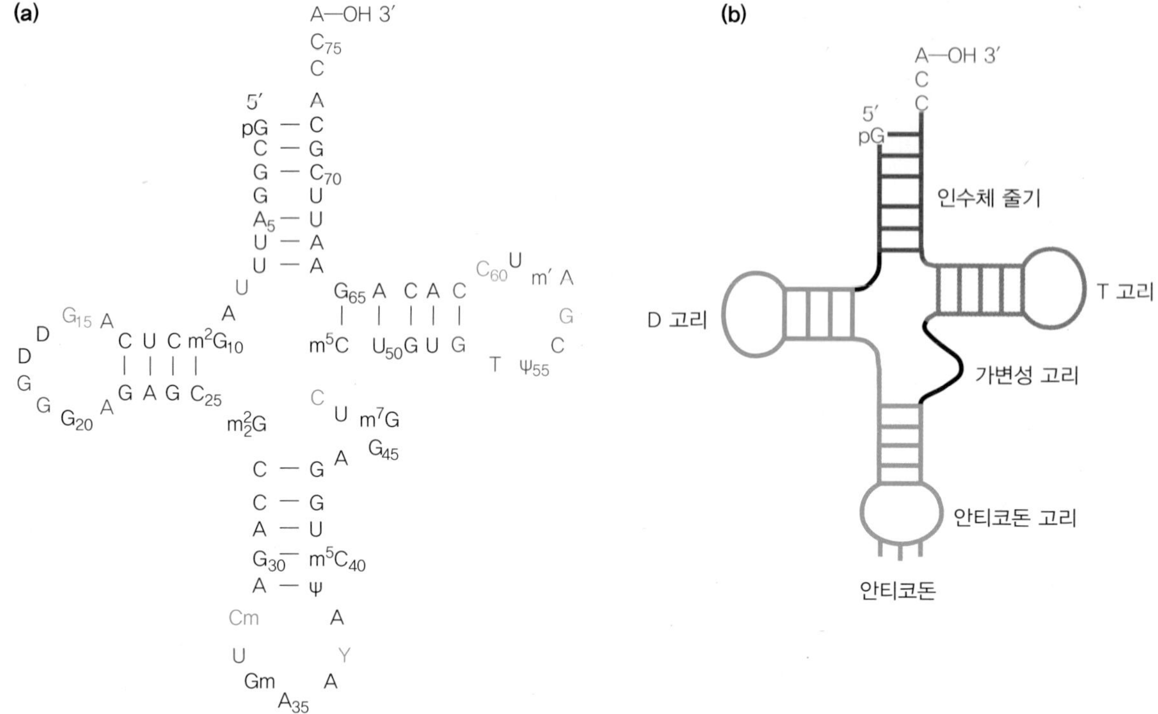

그림 19.27 tRNA의 클로버 잎 구조에 대한 두 가지 그림. **(a)** 클로버 잎 형태로 보이는 효모 $tRNA^{Phe}$의 염기서열. 불변인 뉴클레오티드는 빨간색으로 표시되어 있다. 항상 퓨린이거나 피리미딘인 염기는 파란색으로 표시되어 있다. **(b)** 효모 $tRNA^{Phe}$의 클로버 잎 구조. 상단에 인수체 줄기가 있는데(빨간색), 이곳에서 아미노산이 3′-말단 아데노신에 결합한다. 왼쪽에 디히드로 U 고리(D 고리, 파란색)가 있으며 여기에는 적어도 하나의 디히드로우라실 염기가 포함되어 있다. 하단에는 안티코돈을 포함하고 있는 안티코돈 고리(초록색)가 있다. T 고리(오른쪽, 회색)에는 거의 불변인 TψC 서열이 포함되어 있다. 각 고리는 같은 색의 염기쌍 줄기에 의해 명백히 구별된다. (출처: (a) Adapted from Kim, S.H., F.L. Suddath, G.J. Quigley, A. McPherson, J.L. Sussman, A.H.J. Wang, N.C. Seeman, and A. Rich, Three-dimensional tertiary structure of yeast phenylalanine transfer RNA, *Science* 185:435, 1974.)

서로 염기쌍을 맺어 줄기-고리를 형성하는 방식을 말하며, 3차 구조는 전체적인 3차원적 형태를 말한다. 이 절에서는 tRNA의 구조와 기능과의 관계에 대해 알아보고자 한다.

1965년 로버트 홀리(Robert Holley) 등은 효모에서 얻은 알라닌 tRNA에 대한 전체 염기서열을 처음으로 결정했다. 이 1차 서열에 따르면 적어도 3개의 매력적인 2차구조가 가능하였는데, 여기에는 클로버 잎 형태의 구조도 포함되어 있다. 1969년에 이르러서는 14개의 tRNA 서열이 결정되었으며 이로부터 1차 구조에 상당한 차이가 있음에도 불구하고 그림 19.27a에 그려진 것같이 이들 모두가 클로버 잎과 같은 근본적으로 동일한 2차구조를 취할 수 있음이 분명해졌다. 그러나 이 구조를 언급할 때 우리는 tRNA의 진짜 3차 구조가 전혀 클로버 잎 형태를 하고 있지 않음을 명심해야 한다. 즉, 클로버 잎은 단지 분자 내에서의 염기쌍 패턴을 서술한 것뿐이다.

클로버 잎에는 염기쌍을 맺고 있는 4개의 줄기가 있으며 이에 따라 tRNA 분자에서 4개의 주요 지역이 규정된다(그림 19.27b). 개요도의 위에 있는 첫 번째는 인수체 줄기(acceptor stem)로 여기에는 tRNA의 양쪽 끝이 포함되어 있으며 이들은 서로 염기쌍을 형성하고 있다. 항상 CCA 서열을 갖고 있는 3′-말단이 5′-말단 밖으로 돌출되어 있다. 왼쪽에는 이 지역에 항상 포함되어 있는 변형된 우라실 염기에 의해 이름 지어진 **디히드로우라실 고리**(dihydrouracil loop, D loop)가 있다. 밑에는 **안티코돈 고리**(anticodon loop)가 있는데, 이는 그 끝에 존재하는 가장 중요한 안티코돈에 의해 이름 지어진 것이다. 3장에서 배운 것처럼 안티코돈은 mRNA 코돈과 염기쌍을 형성하며 따라서 mRNA의 암호를 해독하도록 한다. 오른쪽에는 이곳에 거의 언제나 존재하는 3개의 염기 TψC를 따라 이름 지어진 T 고리가 있다. ψ는 tRNA에 존재하는 변형된 뉴클레오시드인 **위우리딘**(pseudouridine)을 의미한다. 이것은 염기가 첫 번째 질소 대신 5번째 탄소를 통해 리보오스와 연결된 점을 제외하면 정상 우리딘과 같다. 그림 19.27에서 안티코돈 고리와 T 고리 사이에 존재하는 지역은 **가변성 고리**(variable loop)라고 불리는데 이는 이 지역이 tRNA 종류에 따라 4~13nt로 그 길이가 다양하기 때문이다. 가변성 고리 중 그 길이가 긴 몇몇에는 염기쌍을 이룬 줄기가 포함되어 있기도 하다.

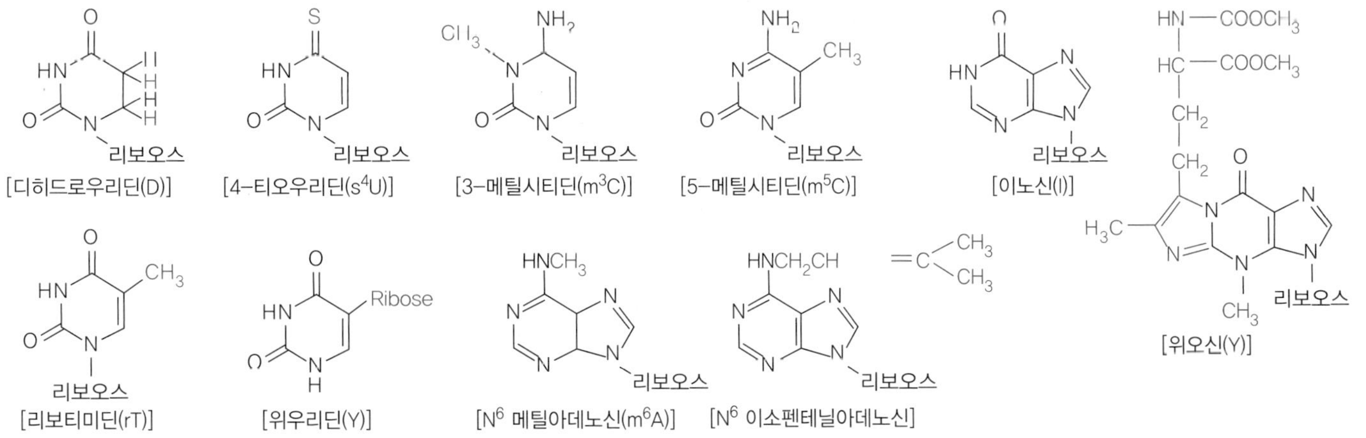

[디히드로우리딘(D)] [4-티오우리딘(s^4U)] [3-메틸시티딘(m^3C)] [5-메틸시티딘(m^5C)] [이노신(I)] [위오신(Y)]

[리보티미딘(rT)] [위우리딘(Y)] [N^6 메틸아데노신(m^6A)] [N^6 이소펜테닐아데노신]

그림 19.28 tRNA에 존재하는 몇몇 변형된 뉴클레오시드. 빨간색은 네 가지 정상 RNA 뉴클레오시드에서 변형된 것을 표시한다. 이노신은 특별한 경우이다. 이노신은 아데노신과 구아노신 둘 모두에 대한 정상 전구체이다.

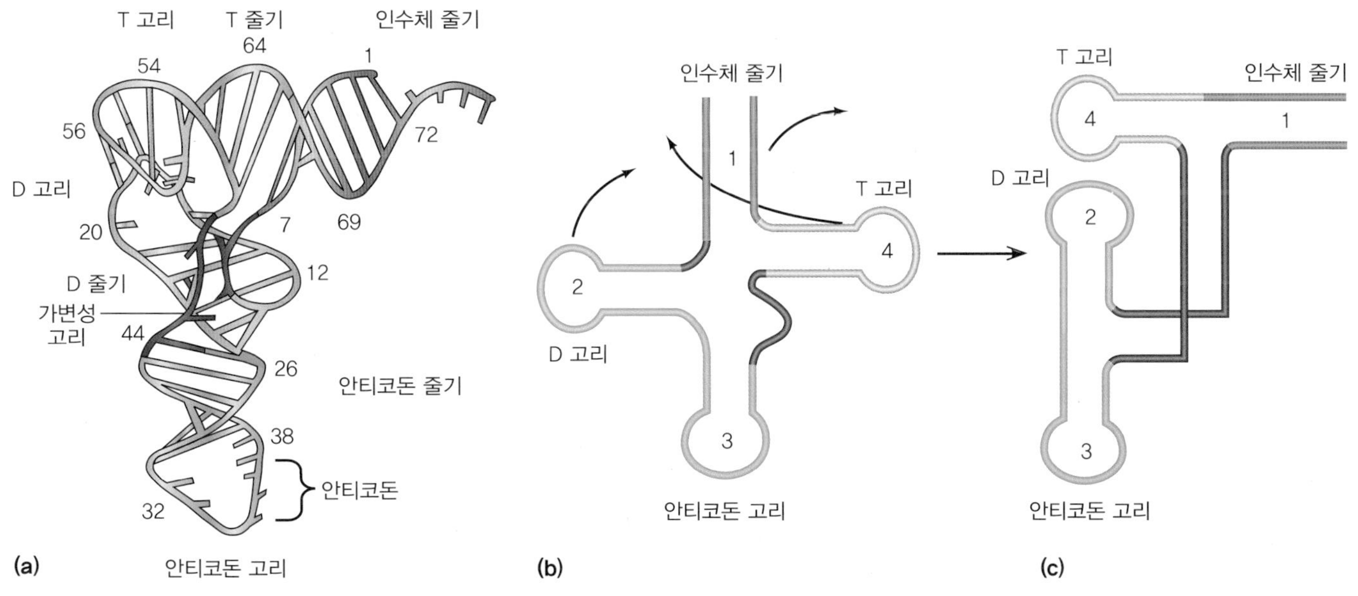

그림 19.29 tRNA의 3차원적 구조. **(a)** 효모 $tRNA^{Phe}$의 3차원적 구조에 대한 평면 투영도. 분자의 여러 부분을 (b)와 (c)에 상응하도록 색으로 구별하였다. **(b)** (a)에서와 같은 색으로 칠한 tRNA의 클로버 잎 구조. 화살표는 **(c)**에서 보는 바와 같이 실제 tRNA의 대략적인 형태를 이루기 위해 이 클로버 잎에서 일어나는 뒤틀림을 나타낸다. (출처: Adapted from Quigley, G.J. and A. Rich, Structural domains of transfer RNA molecules, *Science* 194:197 Fig. 1b, 1976.)

tRNA에는 디히드로우리딘이나 슈도우리딘 이외에도 변형된 뉴클레오시드가 많다. 변형된 형태 중 어떤 것은 단순히 메틸화된 것이지만 다른 어떤 종류 중에는 구아노신이 위오신(wyosine)이라 불리는 뉴클레오시드로 변형된 것같이 좀 더 복잡한 것도 있다. 위오신은 Y 염기라 불리는 복잡한 3개 환구조를 가지고 있다(그림 19.28). tRNA가 변형된 것 중 어떤 것은 일반적인 것이다. 예를 들어 거의 대부분의 tRNA는 T 고리의 동일한 위치에 슈도우리딘을 갖고 있으며 많은 tRNA에서 안티코돈 다음에는 위오신과 같이 과도하게 변형된 뉴클레오시드가 존재한다. 그러나 그 외 다른 변형들은 특정 tRNA에만 나타난다. 그림 19.28는 tRNA에서 흔히 보이는 변형 뉴클레오시드를 보여 주고 있다.

tRNA의 변형에 대해 다음과 같은 의문점이 생긴다. tRNA는 변형된 염기로 만들어지는가 또는 전사후에 변형되는가? 그 대답은 tRNA 역시 다른 RNA가 만들어지는 방식과 마찬가지로 4개의 정상 염기로 만들어진다는 것이다. 일단 전사가 완료되면 다양한 효소계가 염기를 변형시킨다. 이 같은 변형은 tRNA의 기능에 어떤 영향을 미칠 것인가? 적어도 2개의 tRNA가 시험관에서 4개의 변형되지 않은 정상적인 염기로 만들어졌는데 이들은 아미노산과 결합할 수 없었다. 따라서 적어도 이 경우 전체적으로 전혀 변형되지 않은 tRNA는 기능을 하지 못했다. 이 같은 연구에 따르면 비록 각각의 변형이 축적되어 전체적으로는 결정적인 역할을 하지만 아마도 염기의 각각의 변형이 tRNA에 아미노산을 부착시키거나 tRNA를 사용하는 효율에 미치는 효과는 미미할 것으로 생각된다.

1970년대 알렉산더 리치(Alexander Rich) 등은 X-선 회절 기술을 사용하여 tRNA의 3차 구조를 규명하였다. 모든 tRNA는 클로버 잎 모델로 대표되는 동일한 2차구조를 갖고 있기 때문에 모든 tRNA가 근본적으로 똑같은 3차 구조를 갖고 있다는 사실은 그다지 놀라운 일이 아니다. 그림 19.29는 효모 $tRNA^{Phe}$에 대한 L자 형의 구조를 보여 준다. 아마 이 구조의 가장 중요한 점은 염기쌍을 이루는 줄기가 2개씩 짝을 지어 쌓이고 이에 따라 비교적 길게 연장된 지역이 형성됨으로써 줄기의 길이가 최대화된다는 것이다. 이들 지역 중 하나는 분자의 위쪽에 수평으로 놓여 인수체 줄기와 T 줄기를 둘러싼다. 다른 지역은 분자의 수직축을 형성하며 D 줄기와 안티코돈 줄기가 여기에 포함된다. 각 줄기의 두 부분이 완전히 일치하지는 않으며 따라서 줄기들이 약간씩 구부러진다. 하지만 이 같은 배열에 의해 염기쌍을 맺어 각각의 위에 쌓이게 되어 안정성을 갖게 된다. 이 분자의 염기쌍을 형성하는 줄기는 RNA-RNA 이중나선이다. 이미 2장에서 배운 것처럼 이 같은 RNA 나선은 한 바퀴 돌 때마다 11bp가 소요되는 A-나선 형태를 취할 것이며 X-선 회절 연구는 이와 같은 예측을 입증하였다.

그림 19.30은 효모 $tRNA^{Phe}$ 분자의 입체 개요도이다. 염기쌍을 이루는 지역들은 3차원상에서 특히 보기가 용이하지만 T-인수체 줄기 지역에서는 이들이 페이지 면에 수직으로 그려져 있고 따라서 거의 평행선으로 보이기 때문에 2차원에서도 볼 수 있다.

tRNA는 원래 염기쌍을 이루는 지역의 2차 상호 작용을 통해 안정화되지만 지역 간의 여러 3차 상호 작용에 의해서도 안정화된다. 여기에는 염기-염기, 염기-뼈대, 뼈대-뼈대 간의 상호 작용이 포함된다. 수소결합을 포함하는 염기-염기 간 3차 상호 작용의 대부분은 불변 또는 반불변 염기(염기는 항상 퓨린이거나 항상 피리미딘임) 사이에서 나타난다. tRNA는 이 같은 상호 작용에 의해 적절한 형태로 접혀지기 때문에 여기에 관련된 염기가 변하지 않는 경향이 있음은 당연하다. 즉, 염기가 변하면 tRNA가 적절히 접혀지지 못하게 되어 적절한 기능을 수행할 수 없을 것이다. 유일하게 염기-염기 간 상호 작용을 하는 것은 G19-C56 사이의 정상적인 왓슨-크릭 염기쌍이다. 그 외 다른 것은 모두 비정상적이다. 예를 들어 D 고리를 가변성 고리에 연결시키는 G15-C48 염기쌍은 왓슨-크릭 염기쌍일 수가 없는데 왜냐하면 두 가닥이 역평행이 아니라 같은 방향으로 평행하기 때문이다. 이것을 트랜스-쌍(trans-pair)이라고 부른다. 또한 한 염기가 2개의 다른 염기와 상호 작용하는 여러 예가 있다. 이 같은 예 중의 하나가 U8, A14, A21이다. 여기서는 3차원적 상호 작용을 강조하고 있기 때문에 그림 19.29a를 살펴봄으로써 이 상호 작용을 좀 더 실제적인 형태로 볼 수 있다. 예를 들어 염기 18과 55 사이, 그리고 염기 19와 56 사이의 상호 작용을 주목해서 보라. 얼핏 보면 이들이 T 고리 내에서 염기쌍을 구성하는 것처럼 보이나 좀 더 자세히 들여다보면 이들이 T 고리와 D 고리를 연결하고 있음을 볼 수 있을 것이다.

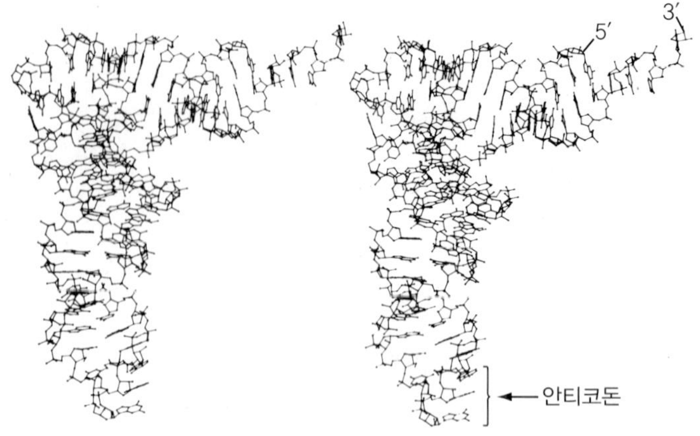

그림 19.30 tRNA의 입체 그림. 분자를 3차원적 구조로 관찰하기 위해 입체 안경을 이용하라. 또 다른 방법으로 멀리 있는 어떤 지점에 초점을 맞추어 눈이 풀리게 하거나(매직아이 기술) 또는 눈을 약간 교차시켜서 강제로 두 이미지가 겹쳐지게 해보라. 3차원적으로 보는 효과를 발달시키는 데는 시간이 어느 정도 걸릴 것이다. (출처: Adapted from Quigley, G.J and A. Rich, Structural domains of transfer RNA molecules. *Science* 194 (19 Nov 1976) f. 2, p. 798.)

tRNA 3차 구조의 또 다른 인상적인 점은 안티코돈의 구조이다. 그림 19.30은 안티코돈 염기들이 서로 쌓여 있지만 이 염기들이 tRNA의 기본 골격에서 오른쪽으로 돌출된 상태로 쌓여 있음을 보여 준다. 또한 이로 인해 안티코돈 염기가 mRNA의 코돈염기와 상호 작용할 수 있는 위치에 놓이게 된다. 실제로 안티코돈의 기본 뼈대는 일부 나선 형태로 이미 꼬여 있는데 이로써 해당 코돈과의 염기쌍 형성이 촉진될 것이다(그림 19.2).

3) 아미노아실-tRNA 합성효소에 의한 tRNA의 인식 : 2차 유전암호

1962년 프리츠 리프만(Fritz Lipmann), 시모어 벤저(Seymour Benzer), 건 본 에렌슈타인(Günter von Ehrenstein) 등은 아미노아실-tRNA에서 리보솜이 인식하는 것이 아미노산이 아닌 tRNA

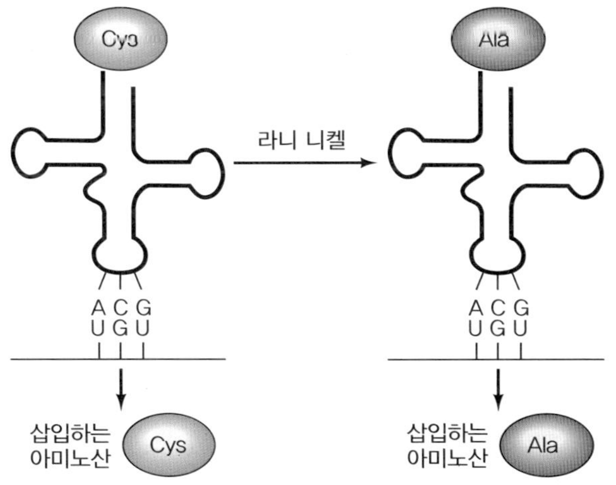

그림 19.31 리보솜은 아미노아실-tRNA의 아미노산이 아니라 tRNA에 반응한다. 리프만, 에렌슈타인, 벤저 등은 왼쪽 그림에서와 같이 시스테인(Cys, 파란색)을 단백질 사슬로 삽입시키는 시스테이닐-tRNA^{Cys}를 가지고 시작했다. 그들은 이 아미노아실-tRNA를 라니 니켈로 처리했는데, 이 과정은 시스테인을 알라닌(Ala, 빨간색)으로 환원시켰지만 tRNA에는 효과를 미치지 않았다. 이 알라닐-tRNA^{Cys}는 오른쪽에 그려진 것 같이 단백질 사슬에서 정상적으로는 시스테인이 차지하는 위치에 알라닌을 삽입시켰다. 따라서 tRNA에 부착되어 있는 아미노산의 성질은 중요한 것이 아니다. 중요한 것은 tRNA의 성질이다. 이는 tRNA의 안티코돈이 mRNA의 코돈과 맞아야 하기 때문이다.

임을 증명하였다. 이는 그림 19.31과 같이 시스테이닐-tRNA^{Cys}를 형성한 후 라니(Raney) 니켈로 시스테인을 환원시켜 알라닐-tRNA^{Cys}를 만듦으로써 가능했다. [여기에서 사용된 명칭에 주의하라. 시스테이닐-tRNA^{Cys}(Cys-tRNA^{Cys})에서 첫 Cys는 어떤 아미노산이 실제로 tRNA에 부착되어 있는지를 말한다. 두 번째 Cys(윗첨자 형태)는 이 tRNA에 어떤 아미노산이 부착되어야 하는지를 말한다. 따라서 알라닐-tRNA^{Cys}는 시스테인이 부착되어야 하지만 이 경우에는 알라닌이 부착된 tRNA이다.] 그다음 리프만과 동료들은 이렇게 변형된 아미노아실-tRNA를 U와 G가 5:1의 비율로 섞여 임의로 만들어진 합성 mRNA와 함께 시험관 단백질 합성계에 첨가하였다. 이 mRNA는 시스테인에 대한 암호를 갖는 UGU 코돈을 많이 가지고 있어서 일반적으로 단백질에 시스테인이 끼어들게 한다. 알라닌에 대한 코돈은 GCN(N은 어떤 염기도 상관없음을 뜻함)이며 또 U와 G로 이루어진 중합체에는 C가 없기 때문에 이 mRNA에 의한 단백질에는 알라닌이 포함되지 않아야 한다. 그러나 이 경우에 알라닌이 tRNA^{Cys}에 부착되어 있었기 때문에 알라닌이 단백질에 포함되었다. 이는 리보솜이 tRNA에 부착된 아미노산을 구별하지 않는다는 것을 보여 준다. 즉, 리보솜은 아미노아실-tRNA의 tRNA 부분만을 인식하는 것이다.

이 실험은 아미노아실-tRNA 합성효소 단계에서 정확도의 중요성을 강조하였다. 리보솜이 아미노아실-tRNA의 tRNA 부분만을 인식한다는 사실은 합성효소가 실수하여 잘못된 아미노산을 tRNA에 부착시키면 이 아미노산이 잘못된 위치에서 단백질에 끼어들게 됨을 의미한다. 잘못된 아미노산 서열을 갖는 단백질은 제대로 기능을 발휘할 수 없기 때문에 이러한 현상은 단백질에 큰 손상을 줄 수 있다. 따라서 아미노아실-tRNA 합성효소가 그들이 결합시키는 tRNA와 아미노산에 대해 매우 특이적임은 놀라운 일이 아니다. 이는 또 tRNA의 구조에 대한 큰 의문점을 낳는다. 모든 tRNA의 2차 및 3차 구조가 근본적으로 같다면 합성효소는 20개가 넘는 tRNA 종류 중에서 특정 tRNA를 선택할 때 tRNA의 어떤 염기서열들을 인식하는가? 이들 염기서열 세트는 그 중요성을 강조하기 위해 2차 유전암호라고 명명되기도 하였다. 동일한 합성효소에 의해 동일한 아미노산이 부착될 수 있는 **동종인수**(isoaccepting species) tRNA가 존재하지만 그들은 염기서열이 다르고 심지어 안티코돈조차 다르다는 사실 때문에 이 의문 사항은 복잡하게 되었다.

만약 우리에게 아미노아실-tRNA 합성효소가 tRNA의 어느 부위를 인식하는가를 맞춰보라고 한다면 아마도 두 부위가 떠오를 것이다. 첫째, 논리적으로는 인수체 줄기가 선택되어야 할 것이다. 이는 이곳이 tRNA상에서 아미노산을 받아들이는 자리이며 따라서 아미노산이 부착될 때 이 효소의 바로 활성부위 또는 그 근처에 자리잡을 가능성이 높기 때문이다. 효소가 인수체 줄기와 아마도 밀접히 접촉하기 때문에 인수체 줄기에 다른 염기서열을 갖고 있는 tRNA들을 구별할 수 있을 것이다. 물론 모든 tRNA에서 마지막 세 염기는 CCA로 모두 동일하기 때문에 이 세 염기들은 이 같은 목적과는 관계가 없다. 둘째, 안티코돈 역시 합리적인 선택이다. 이는 안티코돈이 tRNA마다 다르고 tRNA에 부착되는 아미노산과 직접적인 관계가 있기 때문이다. 우리는 이제 이 두 가지 예측이 적어도 몇몇 경우에 모두 맞다는 것과 또 어떤 tRNA에서는 아미노아실-tRNA 합성효소가 또 다른 부위를 인식한다는 것을 보게 될 것이다.

(1) 인수체 줄기

1972년 디터 쇨(Dieter Söll) 등은 대부분의 tRNA가 73번 위치에 있는 3′-말단으로부터 네 번째 염기의 성질에 어떤 특성을 갖고 있음을 알게 되었다. 즉, 특정 아미노산에 대한 tRNA에서 이 염기는 동일한 경향이 있었다. 예를 들어 거의 모든 소수성 아미노산은 그 tRNA가 발견된 종에 관계없이 73번 위치에 A를 갖는

tRNA에 연결되어 있었다. 그러나 염기 하나로는 20가지 다른 종류의 tRNA에 각기 맞는 아미노산을 부착시킬 만큼의 변이성을 줄 수 없기 때문에 이것만으로는 충분한 설명이 되지 않는다. 기껏해야 대략적으로 구별하는 역할을 할 뿐이다.

브루스 로(Bruce Roe)와 버나드 듀독(Bernard Dudock)은 다른 접근 방법을 사용하였다. 그들은 여러 종에서 한 합성효소에 의해 아미노산이 부착되는 모든 tRNA의 염기서열을 조사하였다. 여기에는 이형 오작동(heterologous mischarging)이라 불리는 과정을 통해 만들어진 틀린 아미노아실-tRNA들도 포함되었다. 이 이형 오작동이라는 용어는 한 종의 합성효소가 다른 종의 그 효소에 맞지 않는 tRNA에 아미노산을 부착시키는 능력을 말하는데 이 같은 과정은 정상보다 항상 느리게 일어나며 또 훨씬 높은 농도의 효소를 요구한다. 예를 들어 효모 페닐알라닐-tRNA 합성효소(PheRS)는 대장균, 효모, 밀배아의 $tRNA^{Phe}$에 올바른 아미노산을 부착시킬 수 있고 또한 대장균 $tRNA^{Val}$에 페닐알라닌을 부착시킬 수도 있다.

이들 모든 tRNA는 동일한 합성효소에 의해 아미노산이 부착될 수 있기 때문에 이들에게는 합성효소로 하여금 어느 tRNA에 아미노산을 부착시킬 것인가를 말해주는 부위가 있어야만 한다. 따라서 로와 듀독은 이들 모든 tRNA의 염기서열을 비교하여 이들이 공통으로 갖고 있지만 모든 tRNA에서는 공통이 아닌 것을 찾아보았다. 두 가지 특징이 눈에 띄었다. 73번 염기와 D 줄기에 있는 9개 뉴클레오티드였다.

1973년 스미스(J. D. Smith)와 훌리오 셀리스(Julio Celis)는 티로신 대신 글루탐산을 끼워 넣는 돌연변이 억제 tRNA를 연구하였다. 다시 말해서, 야생형 억제 tRNA는 GluRS에 의해 아미노산이 부착되었지만 그 서열에서 어떤 변화가 일어나면 그 대신 TyrRS에 의해 아미노산이 부착된다. 돌연변이 tRNA와 야생형 tRNA 사이의 유일한 차이는 73번 염기가 G에서 A로 바뀐 것이다.

1988년 야밍 후(Ya-Ming Hou)와 폴 쉼멜(Paul Schimmel)은 유전적 방법을 사용하여 아미노산을 부착하는 특이성에 있어 인수체 줄기에 있는 염기쌍 하나가 중요하다는 것을 증명하였다. 그들은 안티코돈이 5′-CUA-3′으로 돌연변이된 $tRNA^{Ala}$를 가지고 시작하여 이 tRNA가 앰버코돈 UAG에 반응하여 알라닌을 삽입할 수 있는 앰버 억제자가 되게 하였다. 그다음 그들은 tRNA에서 아미노산을 부착하는 특이성을 변화시키는 돌연변이를 찾아보았다. 그들의 분석 방법은 생체 내에서 시행할 수 있는 아주 편리한 방법이었다. 그들은 10번 코돈에 앰버 돌연변이를 갖고 있는 *trpA* 유전자를 만들었다. 이 돌연변이는 앰버코돈에 반응하여 알라닌(또는 글라이신)을 삽입할 수 있는 tRNA에 의해서만 억제될 수 있었다. 10번 위치에 그 외 다른 아미노산이 삽입되면 활성을 잃어버린 단백질이 만들어졌다. 마지막으로 그들은 이 돌연변이체들을 트립토판이 없는 상태에서 길러 이들의 능력을 시험하였다. 만약 이 돌연변이체가 *trpA* 유전자에 있는 앰버 돌연변이를 억제할 수 있다면 이 돌연변이체는 아마도 알라닌이 부착될 수 있는 억제 tRNA를 가지고 있을 것이다. 그렇지 않다면 이 억제 tRNA에는 아마도 또 다른 아미노산이 부착되었을 것이다. 그들이 발견한 바는 트립토판이 없는 상태에서 자란 세포는 억제 tRNA의 3번 위치에 G를, 그리고 70번 위치에 U를 가지고 있어서 G3-U70 간 불안정한 염기쌍이 인수체 줄기에서, 특히 줄기 끝으로부터 염기 3개가 떨어진 곳에 형성될 수 있다는 것이다.

이 실험은 G3-U70 염기쌍이 AlaRS에 의해 아미노산이 부착되는 단계에서 가장 중요한 결정인자임을 시사한다. 만약 그렇다면 다른 아미노산을 삽입하는 또 다른 억제 tRNA를 취해서 3번과 70번 위치의 염기를 각각 G와 U로 변화시킬 때, 그 억제 tRNA에 부착되는 아미노산의 특이성을 알라닌으로 변화시킬 수도 있다고 후와 쉼멜은 추론하였다. 이들은 하나가 아닌 2개의 다른 억제 tRNA인 $tRNA^{Cys/CUA}$와 $tRNA^{Phe/CUA}$를 가지고 이를 검증하였는데 여기서 CUA는 UAG 앰버코돈을 인식하는 안티코돈을 나타낸다. 두 tRNA는 모두 그들의 인수체 줄기에서 C3-G70 염기쌍을 하고 있었다. 그러나 이 염기쌍 하나를 G3-U70으로 변하게 했을 때는 tRNA가 $tRNA^{Ala/CUA}$로 변했으며 이는 *trpA* 유전자의 10번 코돈에 있는 앰버 돌연변이를 억제할 수 있는 능력에 의한 것이었다.

이렇게 변형된 앰버 억제 tRNA가 정말로 TrpA 단백질에 알라닌을 삽입하였는가? 아미노산 서열결정법에 따르면 이것이 사실임이 밝혀졌다. 더욱이 이렇게 변형된 tRNA들은 시험관 내에서 알라닌이 부착될 수 있었다. 따라서 이 두 tRNA가 정상 $tRNA^{Ala/CUA}$와 각기 38, 31번 염기에서 차이가 나지만 C-G에서 G-U로 염기쌍을 하나 바꿈에 따라 아미노산을 부착하는 특이성이 시스테인 또는 페닐알라닌에서 알라닌으로 바뀌었다.

1989년 크리스토퍼 프랭클린(Christopher Francklyn)과 쉼멜은 인수체 줄기 그중에서 특히 G3-U70 염기쌍이 AlaRS의 아미노산 특이성에 관여한다는 또 다른 증거를 제시하였다. 이들은 뒤집어진 L자 형태의 $tRNA^{Ala}$의 윗부분을(여기에는 인수체 줄기와 TΨC 고리가 포함되어 있음) 닮은 35nt 크기의 미니나선을 합성하여 이것에 알라닌이 효과적으로 부착될 수 있음을 보였다. 실제로 G3-U70 염기쌍이 존재하는 한, 다른 많은 염기가 변하였을 때에도 알라닌이 부착되었다.

Ala-미니나선이 리보솜의 P 부위에 결합하여 성상 Ala-$tRNA^{Ala}$와 마찬가지로 펩티드 전달효소의 퓨로마이신과의 반응에 잘 참여한다는 것 또한 흥미롭다. 이러한 관찰들은 리보솜이 진화하기 전인 RNA 세상에서 tRNA 분자의 윗부분이 먼저 진화하였고 이것이 23S rRNA의 조상과 함께 원시의 조잡한 단백질 합성 체계에 참여하였을 것이라는 추측을 가능하게 한다.

(2) 안티코돈

1973년 레돈 슐만(LaDonne Schulman)은 $tRNA_f^{Met}$를 산성아황산염(bisulfite)으로 처리하여 시토신을 우라실로 변환시키는 기술을 새로 개발하였다. 그녀와 동료들은 이 같은 염기의 변형이 대부분 효과가 없었지만 어떤 것은 tRNA에 메티오닌이 부착되지 못하게 한다는 것을 발견했다. 그 같은 변화 중 하나는 73번 염기에서 C→U로 변화하였으며 그 외 안티코돈에서 C→U로의 변화도 있었다. 그 후 슐만 등은 아미노산이 부착되는 특이성에서 안티코돈의 중요성을 보여 주는 많은 증거를 축적하였다.

1983년 슐만과 하이케 펠카(Heike Pelka)는 개시 tRNA인 $tRNA_f^{Met}$의 안티코돈에 있는 염기를 한 번에 하나 또는 그 이상 특이하게 바꿀 수 있는 방법을 개발하였다. 첫째 그들은 췌장 리보핵산분해효소를 제한적으로 처리하여 야생 tRNA의 두 곳을 잘랐다. 이렇게 하면 tRNA 5′-조각으로부터 안티코돈이 제거되며 또한 3′-조각 CCA 말단의 마지막 두 뉴클레오티드가 잘려나간다. 그다음 T4 RNA 연결효소를 사용하여 5′-조각에 조그만 올리고뉴클레오티드를 부착시킴으로써 잃어버린 안티코돈을 하나 또는 그 이상의 염기가 바뀐 상태로 만든 후 두 조각을 다시 붙였으며, 이어 tRNA 뉴클레오티드전달효소를 사용하여 잃어버린 말단 CA를 다시 첨가하였다. 마지막으로 변형된 안티코돈을 갖고 있는 tRNA에 아미노산이 부착되는지를 시험관 내에서 조사하였다. 표 19.1은 $tRNA_f^{Met}$ 안티코돈의 염기 하나를 바꾸는 것만으로도 Met가 부착되는 비율이 적어도 10^5만큼 낮아지기에 충분함을 보여 준다. 안티코돈에서의 첫 염기(불안정한 위치)가 가장 민감했다. 이 염기를 하나 바꾸는 것이 가장 극적인 효과를 나타냈다. 따라서 시험관 내에서 이 tRNA에 아미노산을 부착시키는 데는 안티코돈이 요구되는 것처럼 보인다.

1991년 슐만과 레오 팔랑크(Leo Pallanck)는 초기 시험관 내 연구에 이어 안티코돈을 바꾼 효과에 대한 생체 내 연구를 계속하였다. 다시 한번 그들은 $tRNA_f^{Met}$의 안티코돈을 바꾸었는데, 이번에는 변화된 tRNA에 새 안티코돈에 해당되는 아미노산이 잘못

표 19.1 $tRNA_f^{Met}$ 유도체의 아미노아실화의 초기 속도

tRNA*	Met-tRNA 합성효소 몰수에 대한 Met-tRNA 몰수/분	상대 속도, CAU/다른 유도체
$tRNA_f^{Met}$	28.45	0.8
$tRNA_f^{Met}$ (겔)†	22.80	1
CAU	22.15	1
CAUA	1.59	14
CCU	4.0×10^{-1}	55
CUU	2.6×10^{-2}	850
CUA	2.0×10^{-2}	1,100
CAG	1.7×10^{-2}	1,300
CAC	1.2×10^{-3}	18,500
CA	0.5×10^{-3}	44,000
C	$<10^{-4}$	$>10^5$
ACU	$<10^{-4}$	$>10^5$
UAU	$<10^{-4}$	$>10^5$
AAU	$<10^{-4}$	$>10^5$
GAU	$<10^{-4}$	$>10^5$

* 합성된 $tRNA_f^{Met}$ 유도체의 안티코돈 고리에 삽입된 올리고뉴클레오티드가 표시되어 있다.

† 합성된 $tRNA_f^{Met}$ 유도체들과 같은 방법으로 변성시킨 폴리아크릴아미드 겔로부터 분리한 표준 샘플이다.

출처: L.H. Schulman and H. Pelka, "Anticodon Loop Size and Sequence Requirements forRecognition of Formylmehionine tRNA by Methionyl-tRNA Synthetase," *Proceedings of the National Academy of Sciences*, November 1983. Reprinted with permission of the author.

부착되는지를 조사하였다. 그들은 순수분리하기 쉬운 디히드로폴산 환원효소(DHFR)에 대한 유전자를 표지유전자로 삼아 아미노산이 잘못 부착되었는지를 조사하였다. 여기에 이 분석 방법이 어떻게 작용하는지에 대한 예가 있다. 그들은 $tRNA_f^{Met}$에 대한 유전자를 변형시켜 안티코돈이 CAU에서 이소류신(Ile) 안티코돈인 GAU로 바뀌도록 하였다. 그다음 이 돌연변이 유전자를 개시코돈으로 AUC를 갖고 있는 돌연변이 DHFR 유전자와 함께 대장균 세포에 집어넣었다.

정상적으로는 AUC는 개시코돈으로 잘 작용하지 않을 것이지만, 상보적 안티코돈을 갖고 있는 $tRNA_f^{Met}$의 존재하에서는 개시코돈으로 작용하였다. 그 결과 만들어진 DHFR 단백질의 아미노산 서열을 결정한 결과 첫 번째 위치의 아미노산이 1차적으로 이소류신임이 증명되었다. 첫 번째 위치에 가끔 메티오닌이 나타났는데 이는 내부에 존재하는 야생 $tRNA_f^{Met}$가 어느 정도 AUC 개시코돈을 인식할 수 있었음을 보여 주는 것이다.

팔랑크와 슐만은 같은 방법을 사용하여 $tRNA_f^{Met}$ 안티코돈을 GUC(발린) 또는 UUC(페닐알라닌)로 변화시켰다. 각각의 경

우에서 그들은 변형된 $tRNA_f^{Met}$ 안티코돈에 상보적이 되도록 DHFR 개시코돈을 바꾸었다. 두 경우 모두 DHFR 유전자는 상보적 $tRNA_f^{Met}$가 없을 때보다 있을 때가 훨씬 기능을 잘 하였다. 더욱 중요한 것은 첫 시작 아미노산의 성질이 tRNA 안티코돈의 변화에 따라 변할 수 있음을 이 실험이 보여 주었다는 점이다. 실제로 발린 안티코돈을 갖는 $tRNA_f^{Met}$을 사용했을 때 DHFR 단백질의 아미노 말단에서 발견된 유일한 아미노산은 발린이었다. 이는 $tRNA_f^{Met}$ 안티코돈이 CAU에서 GAC로 바뀌면 tRNA에 아미노산이 부착되는 특이성은 메티오닌에서 발린으로 변한다는 것을 의미한다. 따라서 이 경우 tRNA에 어느 아미노산을 부착시키는가를 결정하는 것은 안티코돈인 것으로 보인다.

한편 $tRNA_f^{Met}$의 안티코돈을 바꾸면 항상 그 효율이 감소하였다. 실제로 이같이 $tRNA_f^{Met}$에 변화가 유도되면 그 결과 대부분 효율이 너무 낮아 심지어는 상보적 개시코돈이 존재하더라도 더 이상 분석할 수 없을 정도의 $tRNA_f^{Met}$가 만들어진다. 따라서 어떤 아미노아실-tRNA 합성효소는 변형된 안티코돈을 갖는 다른 종류의 tRNA에 아미노산을 부착시킬 수 있지만 다른 합성효소는 그렇지 못한 경우도 있다. 후자에 속하는 효소는 분명히 안티코돈 외에 그 이상의 신호를 필요로 한다.

(3) 합성효소-tRNA 복합체의 구조

tRNA와 해당 아미노아실-tRNA 합성효소 사이에 형성된 복합체에 대한 X-선 결정분석 연구는 인수체 줄기와 안티코돈이 모두 합성효소에 대한 결합자리를 갖고 있음을 보여 주었다. 따라서 이들의 발견은 합성효소를 인식함에 있어 인수체 줄기와 안티코돈의 중요성을 강조한다. 1989년 쉘과 스타이츠 등은 X-선 결정분석을 사용하여 아미노아실-tRNA 합성효소(대장균 GlnRS)가 해당 tRNA에 결합된 상태에 대한 3차원적 구조를 처음으로 결정하였다. 그림 19.32는 이 구조를 소개하고 있다. 상단 근처에서 우리는 73번 염기와 3~70의 염기쌍을 포함하여 인수체 줄기를 둘러싸고 있는 깊이 갈라진 틈을 효소에서 볼 수 있다. 왼쪽 하단에는 tRNA의 안티코돈이 돌출하여 들어간 이보다 더 작은 틈이 효소에서 관찰된다. 이에 따라 합성효소가 안티코돈을 특이하게 인식하게 될 것이다. 그 외에 효소의 왼쪽 대부분이 tRNA의 L자 안쪽(D 고리 쪽과 인수체 줄기의 작은 홈을 포함)과 밀접히 접촉하고 있음을 볼 수 있다.

GlnRS를 포함하여 합성효소의 약 절반은 **I급**(class I)이라 불리는 그룹에 속한다. 이들은 모두 구조적으로 비슷하며 처음에 tRNA 말단 아데노신의 2′-히드록시기에 아미노산을 부착시킨다.

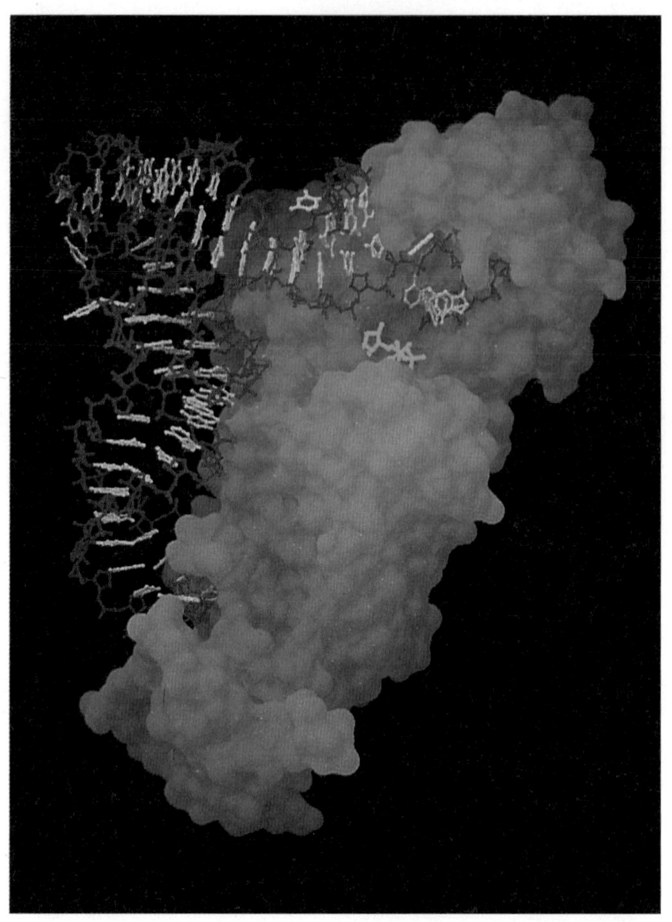

그림 19.32 tRNA, ATP와 복합체를 이룬 글루타미닐-tRNA 합성효소의 3차원 구조. 합성효소는 파란색으로, tRNA는 빨간색과 노란색으로, ATP는 초록색으로 나타난다. 효소와 tRNA가 접하고 있는 다음의 세 지역을 주목하라. ① tRNA의 인수체 줄기와 ATP를 잡고 있는 상단의 깊은 틈. ② tRNA의 안티코돈이 들어가는 왼쪽 하단의 작은 주머니. ③ 이들 두 틈 사이의 지역, 이 지역은 tRNA의 L자의 안쪽 대부분을 접하고 있다. (출처: Courtesy T.A. Steitz; from Rould, Perona, Vogt, and Steitz, *Science* 246 (1 Dec 1989) cover. Copyright © AAAS.)

다른 절반의 합성효소들은 **II급**(class II)에 속한다. 이들은 그룹 내의 멤버들끼리는 구조적으로 비슷하지만 I급의 멤버들과는 판이하며 1차적으로 해당 tRNA의 3′-히드록시기에 아미노산을 부착시킨다. 1991년 모라스(D. Moras) 등은 이 그룹 멤버 중 하나인 효모 AspRS과 tRNAAsp 복합체에 대한 X-선 결정구조를 얻었다. 그림 19.33은 I급, II급 합성효소-tRNA 복합체들의 구조를 비교한 것이다. 여러 차이점이 눈에 띈다. 첫째, 합성효소가 여전히 L자의 내부를 접촉하지만 접촉면은 가변성 고리와 인수체 줄기의 큰 홈을 포함하고 있는 tRNA의 반대편에 위치한다. 또한 말단 CCA를 포함하고 있는 인수체 줄기는 규칙적인 나선 형태를 취하고 있다. 이것은 첫 염기쌍이 깨져 있고 분자의 3′-말단이 머리핀

(a)

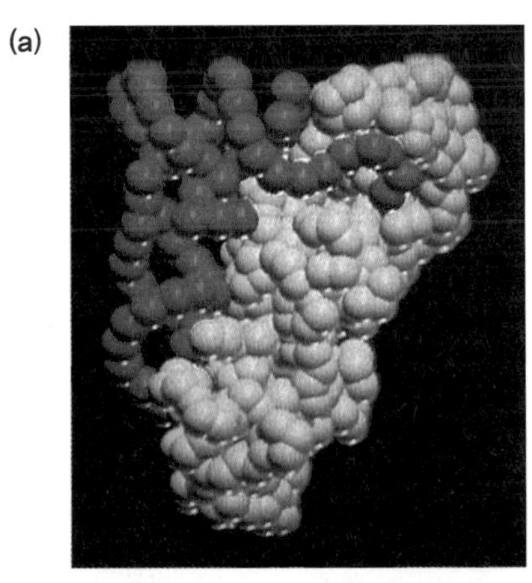

(b)

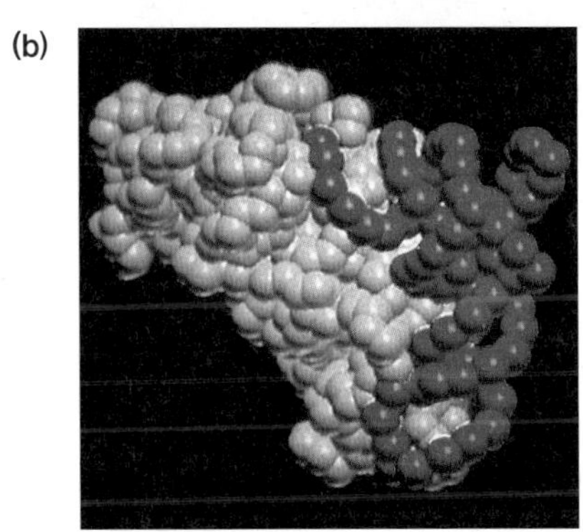

그림 19.33 (a) I급 복합체: 대장균 GlnRS−tRNA^{Gln} 그리고 (b) II급 복합체: 효모 AspRS−tRNA^{Asp}의 모델. 단순화하기 위해 tRNA의 인산 골격(빨간색)과 합성효소의 α−탄소 골격만(파란색)을 나타냈다. 2개의 합성효소가 각각의 동종 tRNA의 반대 방향에 접근하고 있음을 주목하라. (출처: Ruff, M., S. Krishnaswamy, M. Boeglin, A. Poterszman, A. Mitschler, A. Podjarny, B. Rees, J.C. Thierry, and D. Moras, Class II aminoacyl transfer RNA synthetases: Crystal structure of yeast aspartyl−tRNA synthetase complexed with tRNAAsp. *Science* 252 (21 June 1991) f. 3, p. 1686. Copyright © AAAS.)

같이 구부러져 있는 I급 구조와 대조가 된다. 따라서 X−선 결정분석은 합성효소−tRNA 상호 작용에 대한 생화학적, 유전학적 연구의 주된 결론을 확립하였다. 안티코돈과 인수체 줄기는 모두 효소와 아주 밀접히 접촉하고 있으며 따라서 효소−tRNA 상호 작용의 특이성을 결정하는 위치에 있다.

4) 아미노아실−tRNA 합성효소에 의한 교정과 편집

아미노아실−tRNA 합성효소는 자기와 짝이 맞는 tRNA를 훌륭히 인식하지만 자기와 맞는 아미노산을 인식하기 위해서는 좀 더 힘이 든다. 그 이유는 뚜렷하다. tRNA는 크고 복잡한 분자로서 염기서열과 염기의 변화가 서로 다양하지만 아미노산은 간단한 분자로 서로 어느 정도(때로는 매우) 닮아 있다. 예를 들어 이소류신과 발린을 생각해 보자. 2개의 아미노산은 이소류신에 추가로 존재

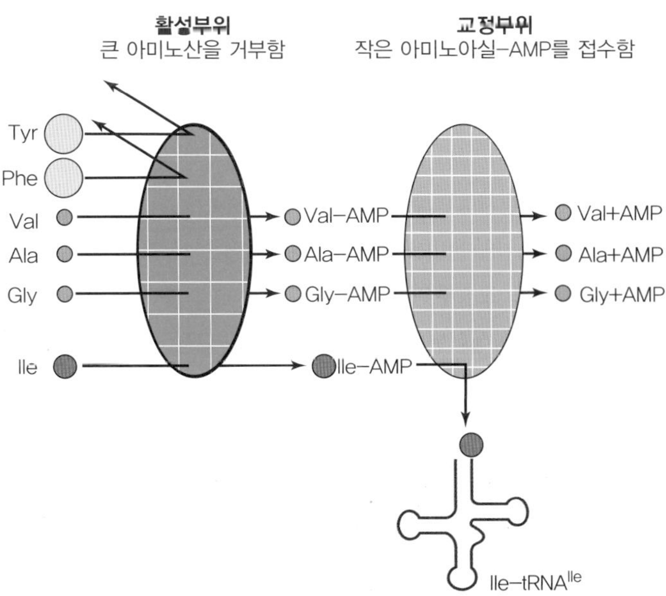

그림 19.34 이소류신−tRNA 합성효소의 이중 체. 활성부위는 Tyr이나 Phe과 같이 큰 아미노산이 맞지 않기 때문에 배제되는 굵은 체이다. 교정(가수분해)부위는 미세한 체로 Val−AMP, Ala−AMP, Gly−AMP와 같이 Ile−AMP보다 작은 활성화된 아미노산을 받아들이지만 Ile−AMP는 너무 크기 때문에 거절한다. 그 결과 활성화된 작은 아미노산들은 AMP와 아미노산으로 가수분해되는 반면 Ile−AMP는 Ile−tRNA^{Ile}로 변화된다. (출처: Adapted from Fersht, A.R., Sieves in sequence. *Science* 280:541, 1998.)

하는 메틸기를 제외하면 동일하다. 1958년 라이너스 폴링(Linus Pauling)은 열역학적인 면을 고려하여 이소류실−tRNA 합성효소(IleRS)가 올바른 Ile−tRNA^{Ile}의 거의 1/5에 해당하는 틀린 Val−tRNA^{Ile}을 만든다는 것을 계산해냈다. 실제로 IleRS에 의해 활성화되는 150개의 아미노산 중 하나만이 발린이며 이 효소에 의해 만들어지는 3,000개의 아미노아실−tRNA 중 하나만이 Val−tRNA^{Ile}이다. 그러면 어떻게 이소류실−tRNA 합성효소는 Val−tRNA^{Ile}의 형성을 방해하는가?

1977년 알란 퍼시트(Alan Fersht)에 의해 처음 제안된 바와 같이 이 효소는 이중 체(double−sieve) 기작을 사용하여 틀린 아미노아실−tRNA가 만들어지는 것을 막는다. 그림 19.34는 이 개념을 보여 준다. 첫째는 효소의 활성부위(activation site)에 의해 이루어지는데, 이에 따라 너무 큰 기질이 거부된다. 그러나 발린같이 너무 작은 기질은 활성부위에 들어갈 수 있어서 아미노아실 아데닐레이트 형태로 활성화되고 때로는 최종적으로 아미노아실−tRNA 형태로까지 가기도 한다. 여기서 두 번째 체(sieve)가 작용하게 된다. 활성화된 아미노산 또는 그리 흔치는 않으나 아미노아실−tRNA가 너무 작을 경우 효소의 다른 부위, 즉 **교정부위**(editing site)에 의해 가수분해된다.

예를 들어 IleRS는 첫 번째 체를 사용하여 너무 크거나 또는 전혀 틀린 형태를 가진 아미노산을 배제한다. 따라서 이 효소는, 페닐알라닌은 너무 크기 때문에 또 류신은 그 형태가 다르기 때문에 배제한다. (류신의 말단 메틸기 중 하나는 활성부위에 맞을 수 없다.) 그러나 발린처럼 작은 아미노산에 대해서는 어떠한가? 실제로 작은 아미노산들은 IleRS의 활성부위에 맞아서 활성화가 된다. 그러나 그 다음 교정부위로 옮겨지고 그곳에서 틀린 아미노산으로 인식되어 불활성화된다. 이 두 번째 체를 **교정**(proofreading) 또는 **편집**(editing)이라고 부른다.

(a)

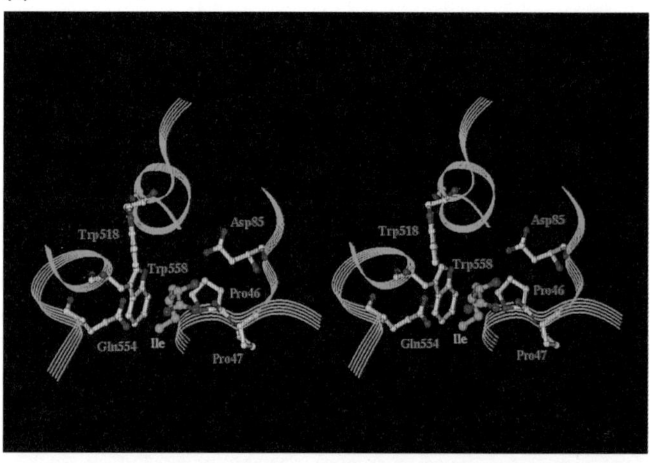

(b)

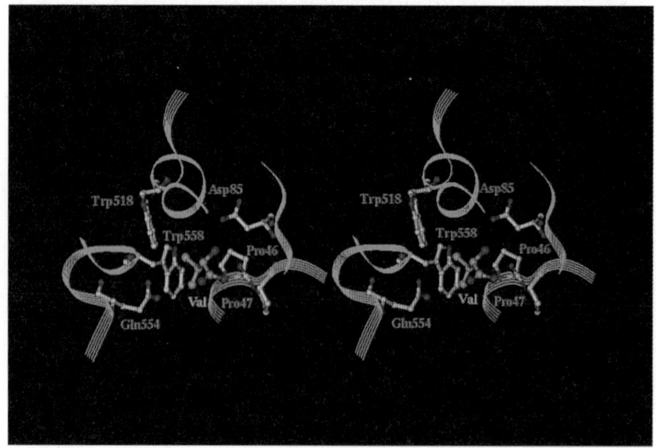

그림 19.35 IleRS의 활성부위에 있는 이소류신과 발린의 입체도. 효소의 골격은 옥색의 리본으로 표시되어 있으며 아미노산 곁가지의 탄소는 노란색으로 표시되어 있다. 기질의 탄소들[이소류신(a), 발린(b)]은 초록색으로 되어 있다. 모든 아미노산의 산소들은 빨간색이며 질소들은 파란색이다. 이소류신과 발린이 모두 활성부위에 맞는다는 것을 주목하라. (출처: Nureki, O., D.G. Vassylyev, M. Tateno, A. Shimada, T. Nakama, S. Fukai, M. Konno, T.L. Henrickson, P. Schimmel, and S. Yokoyama, Enzyme structure with two catalytic sites for double-sieve selection of substrate. *Science* 280 (24 Apr 1998) f. 2, p. 579. Copyright © AAAS.)

시게유키 요코야마(Shigeyuki Yokoyama) 등은 *T. thermophilus* 박테리아 IleRS 자체의 결정구조와 올바른 아미노산인 이소류신과 결합되었거나 또는 틀린 아미노산인 발린과 결합된 상태의 IleRS의 결정구조를 얻었다. 이들 구조는 퍼시트가 제시한 가설을 충분히 입증하였다. 그림 19.35는 (a) 이소류신, 또는 (b) 발린이 결합된 활성부위의 구조를 보여 준다. 비록 발린이 활성부위를 둘러싸고 있는 2개의 소수성 아미노산 Pro46과 Trp558의 곁사슬과 약간 약하게 접촉하고 있기는 하지만, 여기에서 2개의 아미노산이 모두 활성부위에 잘 맞아 들어간다는 것을 볼 수 있다. 반면에 이 부위는 너무 작아서 페닐알라닌과 같이 큰 아미노산을 허용할 수 없다는 것이 분명하며 심지어 류신조차 자신이 갖고 있는 2개의 말단 메틸기 중 하나에 의해 결합이 입체적으로 방해될 것이다. 이 그림은 이중 체 가설의 굵은 체 부분과 전적으로 일치한다.

이 효소는 두 번째 깊은 틈을 가지고 있는데, 이는 활성부위의 갈라진 틈과 크기는 비슷하지만 34Å 정도 떨어져 있다. 이 두 번째 틈은 이를 포함하고 있는 효소 조각이 여전히 교정활성을 갖고 있다는 사실에 일부 근거하여 교정부위로 생각되고 있다. 결정구조가 이 같은 가설을 확인해 준다. Yokoyama 등이 발린과 결합된 IleRS의 결정을 준비했을 때 이들은 발린 분자가 이 깊은 틈의 바닥에 있음을 발견했다. 그러나 이소류신과 결합된 결정을 준비했을 때는 그 틈에서 아미노산이 발견되지 않았다. 따라서 그 틈이 발린에 특이적인 것으로 여겨지기 때문에 교정부위인 것으로 생각된다. 더욱이 발린이 발견된 주머니를 조사해보면 Trp232와 Tyr386의 곁가지 사이의 공간이 발린을 수용하기에 충분할 만큼 크지만, 이소류신을 허용하기에는 너무 작다는 것을 알 수 있다.

만약 이것이 진짜 교정부위라면 이를 제거할 경우 교정이 없어지게 될 것이다. 실제로 요코야마 등이 이 지역으로부터 Trp232를 포함하여 47개의 아미노산을 제거했을 때 활성화 기능은 완전히 가지고 있으면서 교정 기능을 없앨 수 있었다. 따라서 이 두 번째 틈이 정말로 교정부위인 것으로 보인다. 여러 아미노산의 곁가지들이 틈에 있는 발린에 특히 가까이 있으며 Thr230과 Asn237이 적당히 위치를 잡음으로써 실제 교정 과정이라고 할 수 있는 가수분해 반응에 참여한다. 이 가설을 검증하기 위해 요코야마 등은 *T. thermophilus* 효소의 Thr230과 Asn237에 해당하는 대장균 IleRS의 아미노산 Thr243과 Asn250을 변화시켰다. 확실히 이들 2개의 아미노산이 알라닌으로 바뀌었을 때 효소는 교정 기능을 상실했지만 활성화시키는 기능은 여전히 유지하였다. 이러한 모든 결과는 두 번째 틈이 교정부위이며 Val-AMP와 같은 틀린 아미노아실-AMP의 가수분해가 여기에서 일어난다는 가설과 일치한다.

요약

tRNA가 있거나 또는 없는 상태의 박테리아 리보솜에 대한 X-선 결정분석 연구는 tRNA가 두 소단위체 사이의 갈라진 틈을 차지하고 있음을 보여 준다. tRNA는 안티코돈 끝을 통해 30S 소단위체와 수용체 줄기를 통해 50S 소단위체와 상호 작용하고 있다. tRNA에 대한 결합부위는 주로 rRNA로 구성되어 있다. mRNA가 2개의 코돈 사이에서 45°로 비틀린다면 A와 P 부위에 있는 tRNA의 안티코돈은 서로에게 가깝게 접근하여 30S 소단위체에 결합되어 있는 mRNA의 인접 코돈과 충분히 염기쌍을 맺을 수 있다. A와 P 부위에 있는 tRNA의 인수체 줄기 역시 50S 소단위체의 펩티드 전달효소 포켓 내에서 서로에게 충분히 가깝게(5Å 내에서) 근접한다. 두 소단위체 사이에는 12개의 접촉점이 보인다.

대장균 리보솜의 결정구조에는 서로에 대해 리보솜의 영역들의 몸체가 경직되어 움직임에 따라 달리 나타나는 2개의 구조물이 포함된다. 특히 30S 입자의 머리는 *T. thermophilus*에 비해 각각 6°와 12° 회전되어 있다. 이 같은 회전은 아마도 전좌 동안에 발생하는 리보솜의 톱니바퀴 작용의 일부일 것이다.

대장균 30S 소단위체는 16S rRNA와 21개의 단백질(S1~S21)로 구성되어 있다. 50S 소단위체에는 5S rRNA, 23S rRNA, 그리고 34개의 단백질이(L1~L34) 포함된다. 진핵생물 세포질에 있는 리보솜에는 원핵생물보다 훨씬 크고 많은 RNA와 단백질이 들어 있다.

16S rRNA의 서열 연구로 이 분자의 2차구조(분자 내 염기쌍 형성)가 제안되었다. X-선 결정분석 연구는 이 같은 연구의 결론을 대부분 확인했으며 더 많은 결론을 끌어냈다. X-선 결정분석 연구는 염기쌍을 대규모로 하고 있는 16S rRNA에 의한 30S 소단위체를 보여 주고 있는데 여기서 16S rRNA의 형태가 기본적으로 30S 소단위체 전체 입자의 윤곽을 이루고 있다. 이 연구는 또한 30S 리보솜 단백질 대부분의 위치를 확인시켜 주었다.

30S 리보솜 소단위체는 두 가지 역할을 한다. 코돈과 아미노아실-tRNA 안티코돈 사이에서 적절히 암호해독을 촉진(교정도 포함하여)하며 또 전좌에도 참여한다. 이 두 가지 역할을 저해하는 항생제와 결합된 30S 소단위체의 결정구조는 전좌와 암호해독을 분명하게 해준다. 스펙티노마이신은 30S 소단위체의 목 근처에 결합하여 그곳에서 전좌에 필요한 머리의 이동을 방해한다. 스트렙토마이신은 30S 소단위체의 A 부위 근처에 결합하여 리보솜의 *ram* 상태를 안정화시킨다. 이는 틀린 아미노아실-tRNA가 A 부위에 비교적 쉽게 결합하도록 하고 또 교정에 필요한 제한 상태로의 변화를 저해함으로써 번역의 정확성을 감소시킨다. 파로모마이신은 A 부위 근처에서 16S rRNA H44 나선의 작은 홈 안에 결합한다. 이는 염기 A1492와 A1493을 밖으로 밀어내어서 이들이 코돈과 안티코돈(틀린 아미노아실-tRNA의 안티코돈을 포함하여) 사이의 염기쌍을 안정화시키며 따라서 정확도가 감소한다.

30S 리보솜 소단위체에 결합된 IF1의 X-선 결정구조는 IF1이 A 부위에 결합되어 있음을 보여 준다. 이 위치에서 IF1은 fMet-tRNA가 A 부위에 결합하는 것을 분명히 막으며 또한 아마도 IF1과 IF2 사이의 상호 작용을 통해 fMet-tRNA가 P 부위에 결합하는 것을 활발히 촉진할 것이다. IF1 역시 30S 소단위체의 나선 H44와 밀접히 상호 작용하며 이로써 IF1이 어떻게 리보솜 소단위체들의 결합과 분리를 모두 가속화하는지 설명될 수 있을 것이다.

50S 리보솜 소단위체의 결정구조가 2.4Å의 해상도로 결정되었다. 이 구조는 리보솜 소단위체 사이의 접촉면에 단백질이 불과 몇 개만이 존재하며 전이 상태 유사체를 붙인 펩티드 전달효소 활성중심의 18Å 안에는 단백질이 전혀 존재하지 않음을 보여 준다. P 부위에 있는 tRNA의 2′-히드록시기는 A 부위에 있는 아미노아실-tRNA의 아미노기와 수소결합을 형성하여 펩티드 전달효소 반응의 촉매를 도와줄 수 있도록 잘 위치하고 있다. 이러한 가설과 일치되게 이 히드록시기를 제거하면 거의 모든 펩티드 전달효소 활성이 없어진다. 비슷하게 23S rRNA A2451의 2′-히드록시기를 제거하면 펩티드 전달효소의 활성이 강하게 저해된다. 또한 이 히드록시기는 수소결합에 의한 촉매에 참여하거나 또는 촉매를 위해 반응물질이 적절히 위치하도록 도와줄 수도 있다. 50S 소단위체로부터 나가는 출구 터널은 단백질 α 나선이 통과할 만큼 충분히 넓다. 그 벽은 RNA로 이루어져 있는데 그 친수성에 의해 새로 만들어져 노출되어 있는 폴리펩티드의 소수성 곁가지가 쉽게 미끄러져 지나갈 수 있을 것이다. UAA 정지코돈을 인식함에 있어서 RF1의 2 영역과 3 영역은 각각 리보솜 A 부위의 코돈 인식자리와 펩티드 전달효소 자리를 채운다. RF1 2 영역의 판독 헤드 부분에는 보존되어 있는 PXT 모티프가 포함되어 있는데, 이것이 A 부위 내에서 암호해독 센터를 차지하고 있으며 16S rRNA의 A1493, A1492와 협력하여 정지코돈을 인식한다. RF1의 3 영역 끝에서 일반적으로 보존되어 있는 GGQ 모티프는 펩티드 전달효소 센터에 가까이 접근해서 완성된 폴리펩티드를 tRNA에 연결시키는 에스테르 결합을 끊는 데 참여한다. RF2는 리보솜에 결합한 후 UGA 정지코돈에 반응하여 매우 비슷한 방식으로 작동한다.

대부분의 mRNA는 한 번에 하나 이상의 리보솜에 의해 번역된다. 많은 리보솜이 일렬로 나열하여 mRNA를 번역한 결과 나타난 구조를 폴리솜이라 부른다. 진핵생물에서 폴리솜은 세포질에서 발견된다. 원핵생물에서 유전자의 전사와 그 결과 생긴 mRNA의 번역은 동시에 진행된다. 그러므로 폴리솜은 활성화된 유전자와 연결되어 많이 발견된다.

tRNA는 아미노산이 부착될 수 있고 또 이들을 성장 중인 폴리펩티드에 전달할 수 있는 리보솜과 무관한 작은 RNA 종으로 발견되었다. 모든 tRNA는 클로버 잎으로 대표되는 2차구조를 공통적으로 갖고 있다. 이들은 4개의 염기쌍을 이룬 줄기들을 갖고 있는데 이들은 3개의 줄기-고리(D 고리, 안티코돈 고리, T 고리)와 아미노산이 부착되는 인수체 줄기로 나뉜다. tRNA는 또한 영문자 L이 뒤집힌 것과 같은 3차원적 형태를 공통적으로 갖고 있다. 이 같은 형태는 D 고리에 있는 염기쌍을 안티코돈에 있는 염기쌍과 일치시키고 또 T 줄기에 있는 염기쌍을 인수체 줄기에 있는 염기쌍과 일치시킴으로써 안정성을 최대화한다. tRNA의 안티코돈은 안티코돈 고리 옆으로부터 돌출하여 mRNA에 있는 해당 코돈과 쉽게 염기쌍을 맺을 수 있는 형태로 비틀려 있다.

인수체 줄기와 안티코돈은 동종의 아미노산-tRNA 합성효소에 의해 해당 tRNA가 인식되는 중요한 신호가 된다. 어떤 경우에서는 이들 두 요인이 각각 부착되는 아미노산에 대한 특이성을 결정하는 데 절대적 요인이 될 수 있다. X-선 결정분석 연구는 합성효소-tRNA 간의 상호 작용이 두 종류의 아미노아실-tRNA 합성효소에서 다르다는 것을 보여 주었다. I급 합성효소는 해당 tRNA의 인수체 줄기와 안티코돈에 대한 주머니를 가지고 있으며 D 고리와 인수체 줄기의 작은 홈 쪽으로부터 tRNA에 접근한다. II급 합성효소 역시 인수체 줄기와 안티코돈에 대한 주머니를 갖고 있으나 가변성 팔과 인수체 줄기의 큰 홈을 포함하는 반대쪽으로부터 해당 tRNA에 접근한다.

적어도 몇 가지 아미노아실-tRNA 합성효소가 아미노산을 선택하는 것은 이중 체 기작에 의해서 조절된다. 첫 번째 체는 너무 큰 아미노산을 걸러내는 굵은 체이다. 이 효소는 맞는 아미노산을 수용하기에는 충분히 크지만 이보다 큰 아미노산은 수용할 수 없는 아미노산 활성부위를 가지고 이 같은 일을 달성한다. 두 번째 체는 너무 작은 아미노아실-AMP를 분해하는 미세한 체이다. 이 효소는 작은 아미노아실-AMP를 받아들여 이를 가수분해하는 두 번째 활성부위(교정부위)를 통해 이 같은 임무를 수행한다. 맞는 아미노아실-AMP는 너무 커서 교정부위에 들어갈 수 없으며 따라서 가수분해로부터 피할 수 있다.

복습 문제

1. 대장균 30S와 50S 리보솜 소단위체의 그림을 대략적으로, 그리고 이들이 어떻게 서로 어울려 70S 리보솜을 이루는지를 보여라.

2. 50S와 30S 리보솜 소단위체의 접촉면을 대략 그려라. A, P, E 부위에서 tRNA가 차지하는 위치를 대략 표시하라.

3. tRNA의 어느 부분이 30S 소단위체와 상호 작용하는가? 50S 소단위체에 대해서는 어떤 부분이 상호 작용하는가?

4. A 부위와 P 부위에 있는 tRNA의 안티코돈들이 서로에게 매우 가깝게 접근하는 것이 왜 중요한가?

5. A 부위와 P 부위에 있는 tRNA들의 인수체 줄기가 서로에게 매우 가깝게 접근하는 것이 왜 중요한가?

6. 이 단원에서 설명한 2차원 겔 전기영동의 과정을 서술하라. 1차원 전기영동과 비교해서 2차원 겔 전기영동은 어떤 점에서 우수한가?

7. 다음 항생제가 어떻게 번역을 저해하는지 설명할 수 있는 가능한 가설을 제시하라. 각 가설에 대한 증거를 제시하라.
   a. 스트렙토마이신
   b. 파로모마이신

8. X-선 회절 데이터가 어떻게 펩티드 전달효소의 활성부위로서 리보솜 단백질을 배제할 수 있는가?

9. P 부위에 있는 펩티딜-tRNA의 말단 아데노신의 2′-히드록시기가 펩티드 전달에 중요하다는 증거를 약술하라. 이 히드록시기가 어떻게 펩티드 전달에 참여할 것 같은가?

10. 23S rRNA의 A2451의 2′-히드록시기가 펩티드 전달에 중요하다는 증거를 약술하라. 이 히드록시기가 어떻게 펩티드 전달에 참여할 것 같은가?

11. A2451(*H. marismortui*의 A2486) 염기가 펩티드 전달에 중요하지 않다는 것을 어떻게 알게 되었는가?

12. RF1의 어떤 부분이 UAA 정지코돈을 인식하는가? 어떤 리보솜 요소가 이런 인식에 참여하는가? RF1의 어떤 부분이 tRNA와 펩티드 사이의 결합을 깨는 데 참여하는가?

13. 아미노아실-tRNA가 처음 A 부위에 (실제로는 A/T 부위에) 결합하며 tRNA가 구부러지는 것과 또 A 부위에 수용되는 동안 tRNA가 펴지는 것이 어떻게 번역의 정확도에 기여하는가를 설명하라.

14. tRNA를 발견하게 된 실험에 대해 서술하라.

15. 클로버 잎 모양의 tRNA 2차구조는 어떻게 발견되었는가?

16. 클로버 잎 모양의 tRNA 구조를 그리고 중요한 구조적 요소를 표시하라.

17. 리보솜이 아미노아실-tRNA의 아미노산 부분이 아닌 tRNA 부분과 반응한다는 것을 보여 주는 실험을 기술하고 그 결과를 제시하라.

18. tRNA 인수체 줄기에 있는 G30-U70 염기쌍이 tRNA에 알라닌을 부착시키는 과정에서 아미노산을 결정하는 중요 요소임을 나타내는 실험을 기술하고 그 결과를 제시하라.

19. 아미노아실-tRNA 합성효소에 의한 tRNA의 인식에서 안티코돈이 중요함을 지지해 주는 증거를 제시하라.

20. X-선 결정분석 연구에 근거할 때 tRNA의 어떤 부분이 동종 아미노아실-tRNA 합성효소와 접하고 있는가?

21. 아미노아실-tRNA 합성효소에서 올바른 아미노산이 선택되도록 하는 이중 체 기작을 그림을 그려 설명하라.

22. 이소류신-tRNA 합성효소가 이소류신보다 크거나 작은 아미노산을 배제토록 하는 이중 체에 대한 증거를 간단히 기술하라.

분석 문제

1. 새로 만들어진 단백질 체인이 보이는 가상의 진핵세포 폴리솜의 개요도를 그려라. mRNA의 5′-말단과 3′-말단을 구별하고 리보솜이 mRNA를 따라 움직이는 방향을 화살표를 사용하여 표시하라. N과 C를 사용하여 새로 만들어져 커져가는 폴리펩티드의 아미노 말단과 카르복실 말단을 표시하라.

2. 전사되어 동시에 번역이 일어나는 가상의 원핵세포 유전자의 개요도를 그려라. 새로 만들어서 리보솜이 부착된 mRNA를 그리되 새로 만들어진 단백질은 포함시키지 말라. 화살표를 사용하여 전사가 일어나는 방향을 표시하라.

3. D 줄기에 있는 C11-G24 염기쌍에 의해 아미노산이 부착되는 특이성이 영향을 받는 것으로 보이는 $tRNA^{Phe}$을 조사한다고 가정하자. 이 염기쌍을 바꾸는 것이 이 tRNA의 염기 특이성을 변화시킨다는 것을 보일 수 있는 실험 두 가지를 디자인하라. 첫 실험은 시험관 반응을 이용한 생화학적 실험이어야 하며, 두 번째 실험은 생체에서 수행하는 유전학적 실험이어야 한다.

4. X-선 결정학에 의해 밝혀진 바와 같이 A 부위에 새로운 아미노아실-tRNA를 가져가는 과정을 고려하여, 다음의 각 돌연변이들이 번역의 속도와 정확성에 미칠 것 같은 효과를 서술하라.
   a. 30S 소단위체에서 영역이 닫히는 것을 촉진하는 16S rRNA에서의 돌연변이.
   b. 정상적으로 입체구조의 변화에 의해 tRNA가 A/T 상태로 구부러지는데 이같은 변화를 저해하는 tRNA 인수체 줄기의 돌연변이.
   c. EF-Tu가 tRNA의 인수체 줄기에 결합하는 것을 강화시키는 EF-Tu의 스위치 I에서의 돌연변이.
   d. EF-Tu의 히스티딘 84를 알라닌으로 바뀐 돌연변이.

추천 문헌

General References and Reviews

Cech, T.R. 2000. The ribosome is a ribozyme. *Science* 289:878–79.

Dahlberg, A.E. 2001. The ribosome in action. *Science* 292:868–69.

Fersht, A.R. 1998. Sieves in sequence. *Science* 280:541.

Liljas, A. 2009. Leaps in translation elongation. *Science* 326:677–78.

Moore, P.B. 2005. A ribosomal coup: E. coli at last! *Science* 310:793–95.

Noller, H.F. 1990. Structure of rRNA and its functional interactions in translation. In Hill, W.E., et al., eds. *The Ribosome: Structure, Function and Evolution*. Washington, D.C.: American Society for Microbiology, chapter 3, pp. 73–92.

Pennisi, E. 2001. Ribosome's inner workings come into sharper view. *Science* 291:2526–27.

Saks, M.E., J.R. Sampson, and J.N. Abelson. 1994. The transfer RNA identity problem: A search for rules. *Science* 263:191–97.

Waldrop, M.M. 1990. The structure of the "second genetic code." *Science* 246:1122.

Research Articles

Ban, N., P. Nissen, J. Hansen, P.B. Moore, and T.A. Steitz. 2000. The complete atomic structure of the large ribosomal subunit at 2.4Å resolution. *Science* 289:905–20.

Carter, A.P., W.M. Clemons, Jr., D.E. Brodersen, R.J. Morgan-Warren, T. Hartsch, B.T. Wimberly, and V. Ramakrishnan. 2000. Crystal structure of an initiation factor bound to the 30S ribosomal subunit. *Science* 291:498–501.

Carter, A.P., W.M. Clemons, Jr., D.E. Brodersen, R.J. Morgan-Warren, T. Hartsch, B.T. Wimberly, and V. Ramakrishnan. 2000. Functional insights from the structure of the 30S ribosomal subunit and its interactions with antibiotics. *Nature* 407:340–48.

Gao, Y.-G., M. Selmer, C.M. Dunham, A. Weixlbaumer, A.C. Kelley, and V. Ramakrishnan. 2009. The structure of the ribosome with elongation factor G trapped in the posttranslocation state. *Science* 326:694–99.

Hoagland, M.B., M.L. Stephenson, J.F. Scott, L.I. Hecht, and P.C. Zamecnik. 1958. A soluble ribonucleic acid intermediate in protein synthesis. *Journal of Biological Chemistry* 231:241–57.

Holley, R.W., J. Apgar, G.A. Everett, J.T. Madison, M. Marquisee, S.H. Merrill, J.R. Penswick, and A. Zamir. 1965. Structure of a ribonucleic acid. *Science* 147:1462–65.

Kaltschmidt, E. and H.G. Wittmann. 1970. Ribosomal proteins XII: Number of proteins in small and large ribosomal subunits of Escherichia coli as determined by twodimensional gel electrophoresis. Proceedings of the *National Academy of Sciences USA* 67:1276–82.

Kim, S.H., F.L. Suddath, G.J. Quigley, A. McPherson, J.L. Sussman, A.H.J. Wang, N. C. Seeman, and A. Rich. 1974. Three-dimensional tertiary structure of yeast phenylalanine transfer RNA. *Science* 185:435–40.

Lake, J.A. 1976. Ribosome structure determined by electron microscopy of *Escherichia* coli small subunits, large subunits and monomeric ribosomes. *Journal of Molecular Biology* 105:131–59.

Laurberg, M., H. Asahara, A. Korostelev, J. Zhu, S. Trakhanov, and H.F. Noller. 2008. Structural basis for translation termination on the 70S ribosome. *Nature* 454:852–57.

Miller, O., B.A. Hamkalo, and C.A. Thomas, Jr. 1970. Visualization of bacterial genes in action. *Science* 169:392–95.

Mizushima, S. and M. Nomura. 1970. Assembly mapping of 30S ribosomal proteins from E. coli. *Nature* 226:1214–18.

Muth, G.W., L. Ortoleva-Donnelly, and S.A. Strobel. 2000. A single adenosine with a neutral pKa in the ribosomal peptidyl transferase center. Science 289:947–50.

Nissen, P., J. Hansen, N. Ban, P.B. Moore, and T.A. Steitz. 2000. The structural basis of ribosome activity in peptide bond synthesis. *Science* 289:920–30.

Nureki, O., D.G. Vassylyev, M. Tateno, A. Shimada, T. Nakama, S. Fukai, M. Konno, T.L. Henrickson, P. Schimmel, and S. Yokoyama. 1998. Enzyme structure with two catalytic sites for double-sieve selection of substrates. *Science* 280:578–82.

Ogle, J.M., D.E Brodersen, W.M.Clemons Jr., M.J. Tarry, A.P. Carter, and V. Ramakrishnan. 2001. Recognition of cognate transfer RNA by the 30S ribosomal subunit. *Science* 292:897–902.

Polacek, N., M. Gaynor, A. Yassin, and A.S Mankin. 2001. Ribosomal peptidyl transferase can withstand mutations at the putative catalytic nucleotide. *Nature* 411:498–501.

Quigley, G.J. and A. Rich. 1976. Structural domains of transfer RNA molecules. *Science* 194:796–806.

Rould, M.A., J.J. Perona, D. Söll, and T.A. Steitz. 1989. Structure of E. coli glutaminyl-tRNA synthetase complexed with tRNAGln and ATP at 2.8Å resolution. *Science* 246:1135–42.

Ruff, M., S. Krishnaswamy, M. Boeglin, A. Poterszman, A. Mitschler, A. Podjarny, B. Rees, J.C. Thierry, and D. Moras. 1991. Class II aminoacyl transfer RNA synthetases: Crystal structure of yeast aspartyl-tRNA synthetase complexed with $tRNA^{Asp}$. *Science* 252:1682–89.

Schluenzen, F., A. Tocilj, R. Zarivach, J. Harms, M. Gluehmann, D. Janell, A. Bashan, H. Bartels, I. Agmon, F. Franceschi, and A. Yonath. 2000. Structure of functionally activated small ribosomal subunit at 3.3Å resolution. *Cell* 102:615–23.

Schmeing, T.M., R.M. Voorhees, A.C. Kelley, Y.-G. Gao, F.V. Murphy IV, J.R. Weir, and V. Ramakrishnan. 2009. The crystal structure of the ribosome bound to EF-Tu and aminoacyl-tRNA. *Science* 326:688–94.

Schulman, L.H. and H. Pelka. 1983. Anticodon loop size and sequence requirements for recognition of formylmethionine tRNA by methionyl-tRNA synthetase. *Proceedings of the National Academy of Sciences USA* 80:6755–59.

Schuwirth, B.S., M.A. Borovinskaya, C.W. Hau, W. Zhang, A. Vila-Sanjurjo, J.M. Holton, and J.H. Doundna Cate. 2005. Structures of the bacterial ribosome at 3.5Å resolution. *Science* 310:827–34.

Stern, S., B. Weiser, and H.F. Noller. 1988. Model for the three-dimensional folding of 16S ribosomal RNA. *Journal of Molecular Biology* 204:447–81.

Weinger, J.S., K.M. Parnell, S. Dorner, R. Green, and S.A. Strobel. 2004. Substrate-assisted catalysis of peptide bond formation by the ribosome. *Nature Structural and Molecular Biology* 11:1101–06.

Wimberly, B.T., D.E. Brodersen, W.M. Clemons Jr., R.J. Morgan-Warren, A.P. Carter, C. Vonrhein, T. Hartsch, and V. Ramakrishnan. 2000. Structure of the 30S ribosomal subunit. *Nature* 407:327–39.

Yusupov, M.M., G. Zh. Yusupova, A. Baucom, K. Lieberman, T.N. Earnest, J.H.D. Cate, and H.F Noller. 2001. Crystal structure of the ribosome at 5.5Å resolution. *Science* 292:883–96.

CHAPTER 20

DNA 복제, 상해와 회복

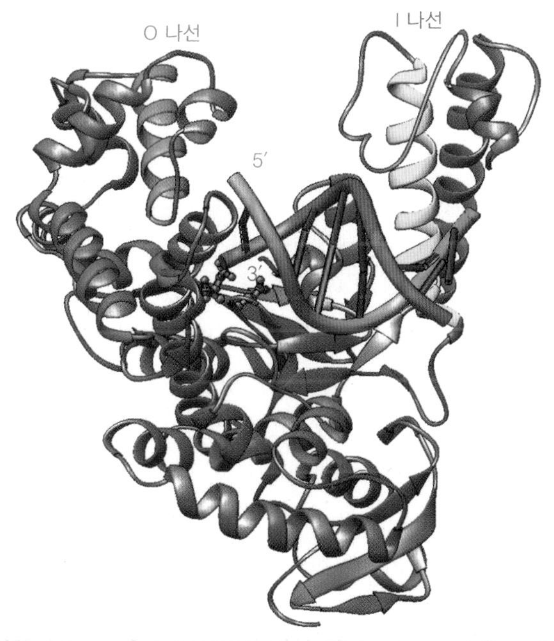

이중나선 DNA 주형(오렌지색)에 결합한 *Taq* DNA 중합효소의 결정구조. (From Eom, S.H., Wang, J., and Steitz, T.A. Structure of Taq polymerase with DNA at the polymerase active site. *Nature* 382 (18 July 1996) f. 2a, p. 280. Copyright © Macmillan Magazines, Ltd.)

3장에서 유전자는 세 가지 주요한 역할을 한다는 것을 배웠다. 그중 하나는 정보를 전달하는 것인데, 세포가 어떻게 전사와 번역 과정을 통해 이 정보를 해독하는지에 대해서는 이미 여러 장에 걸쳐 논의한 바 있다. 유전자의 또 다른 활동 중 하나는 복제에 참여하는 것이다. 다음 두 장에서는 이 과정을 자세히 살펴보도록 한다. 이 장에서는 또한 DNA 상해와 회복도 살펴보게 될 것이다.

20.1. DNA 복제의 일반적인 특징

먼저 DNA 복제의 일반적인 특징에 대해 생각해 보자. DNA의 이중나선 모델은 두 가닥이 상보적이라는 개념을 포함하고 있다. 따라서 각 가닥은 원칙적으로 자신의 짝을 만들기 위한 주형으로서의 역할을 할 수 있다. 앞으로 살펴보겠지만, 이러한 반보존적인 DNA 복제가 DNA 복제의 실제 모델임이 밝혀졌다. 복제의 절반은 불연속적으로 일어나며(작은 조각들로 만들어진 후에 하나로 합쳐짐) 복제 시에는 RNA 프라이머를 필요로 할 뿐 아니라 대부분 양방향으로 진행된다는 DNA 복제에 관한 흥미로운 일반적 특징들이 밝혀졌다. 이제 차례로 복제의 이러한 특징들을 살펴보기로 하자.

1) 반보존적 복제

DNA 복제에 대한 왓슨-크릭 모델(2장 참조)은 새로운 DNA 가닥이 만들어질 때 A-T, G-C라는 염기쌍 결합법칙에 따라 복제가 이루어진다는 것을 가정하고 있다. 이 모델은 2개의 모가닥이 서로 분리되고, 각 모가닥이 새로 합성될 딸가닥에 대한 주형으로 작용한다는 것이다. 이를 **반보존적 복제**(semiconservative replication)라 하는데, 이는 새로 생성된 각 이중나선이 하나의 부모가닥과 하나의 새로운 딸가닥을 가지기 때문이다(그림 20.1a). 다시 말해 부모가닥 중 하나만이 새로 생긴 각 이중나선에서 '보존'된다. 그러나 이것이 가능한 유일한 복제기작은 아니다. 반보존적 복제 이외의 다른 가능한 기작으로는 **보존적 복제**(conservative replication)가 있다(그림 20.1b). 2개의 부모가닥이 그대로 남아 있으면서 2개의 새로운 상보적인 가닥들이 만들어지는 경우이다. 또 다른 가능성으로는 **분산적 복제**(dispersive replication)가 있다. 이는 DNA가 절편화되어 복제 후에 새로운 DNA와 이전의 DNA가 동일한 가닥에 함께 존재하는 것이다(그림 20.1c). 이것은 DNA 이중나선의 분리라는 매우 어려운 문제를 피할 수 있는 방법이다.

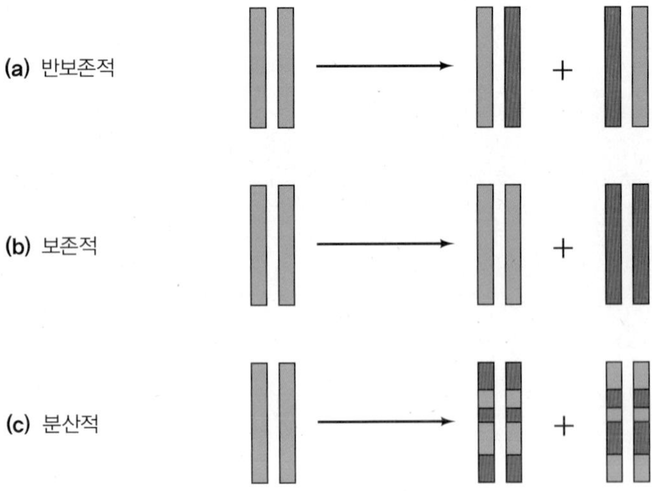

그림 20.1 DNA 복제에 대한 세 가지 가설. (a) 반보존적 복제는 2개의 딸 이중나선 DNA를 만드는데, 그 각각은 하나의 부모가닥(파란색)과 하나의 새로운 가닥(빨간색)을 포함한다. (b) 보존적 복제 결과 2개의 딸 이중나선 중 하나는 2개의 부모가닥만을 가지고, 다른 하나는 2개의 새로운 가닥만을 가지게 된다. (c) 분산적 복제에서는 딸 이중나선의 각 가닥들이 모두 부모가닥과 새로운 가닥이 혼합되어 있다.

1958년 매튜 메셀슨(Matthew Meselson)과 프랭클린 스탈(Franklin Stahl)은 이들 세 가지 가능성 중 어느 것이 옳은지 규명하기 위해 다음과 같은 매우 정교한 실험을 수행했다. 대장균을 무거운 질소 동위원소(^{15}N)가 있는 배지에서 배양하여 대장균 DNA가 이 동위원소로 표지되게 하였다. 그 결과 이 DNA는 정상 DNA에 비해 밀도가 더 커지게 된다. 다음에 그들은 대장균을 ^{14}N이 있는 배지에 옮겨서 시간별로 배양하였다. 그다음 CsCl 농도구배 초원심분리법을 이용해 DNA의 밀도를 결정하였다. 그림 20.2는 ^{15}N-DNA와 ^{14}N-DNA가 이 방법에 의해 명확하게 분리될 수 있음을 보여 주는 대조군 실험의 결과이다.

세 가지 서로 다른 복제기작에 따르면, 한 번의 복제가 일어난 후 각각 어떤 결과를 기대할 수 있는가? 만약 복제가 보존적이라면 2개의 무거운 부모가닥은 함께 붙어 있을 것이고, 새로운 DNA 이중나선이 만들어질 것이다. 이 새로운 DNA 이중나선은 가벼운

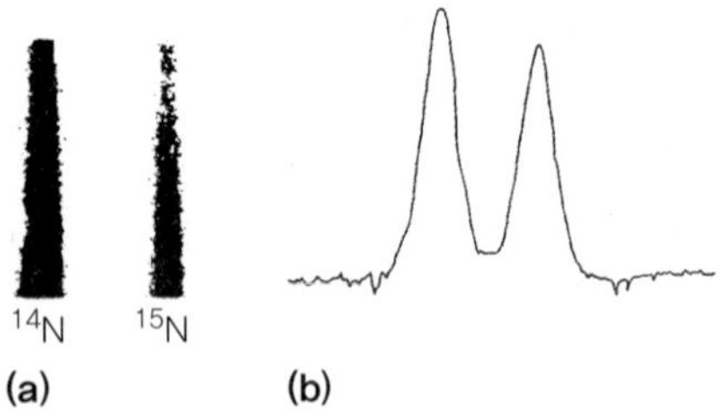

그림 20.2 염화세슘(CsCl) 농도구배 원심분리법을 이용한 DNA의 분리. 일반 동위원소인 ^{14}N을 가진 DNA와 무거운 방사성 동위원소인 ^{15}N을 가진 DNA를 섞은 후 CsCl 농도구배 원심분리를 수행했다. 2개의 밴드는 서로 다른 밀도를 가지고 있어서 명확히 분리된다. (a) 자외선 조명하의 회전튜브 사진. 이 사진은 회전하는 시료를 회전자의 창을 통해 촬영한 사진이다. 초원심분리 회전자는 실험자가 원심분리를 멈추지 않고 내용물을 확인할 수 있도록 설계되어 있다. 2개의 어두운 밴드가 자외선을 흡수하는 두 종류의 DNA에 해당한다. (b) 각 밴드의 어두운 정도를 나타내는 그래프. 이는 두 종류 DNA의 상대적인 양에 대한 정보를 제공해 준다. (출처: Adapted from Meselson, M. and F. Stahl, The replication of DNA *in Escherichia coli*. *Proceedings of the National Academy of Sciences USA* 44 (1958) p. 673, f. 2.)

질소를 가지고 있기 때문에 두 가닥 모두 낮은 밀도를 가지게 된다. 무거운/무거운(H/H) 본래의 이중나선과 가벼운/가벼운(L/L) 새로 합성된 이중나선은 CsCl 농도구배에서 쉽게 분리될 것이다(그림 20.3a). 그러나 복제가 반보존적이라면 2개의 무거운 부모가닥들은 분리되어 각각 새로 합성된 가벼운 밀도의 짝을 가지게 된다. 이러한 H/L 잡종 이중나선은 H/H와 L/L인 DNA의 중간 밀도를 가지게 될 것이다(그림 20.3b). 그림 20.4는 실제 어떤 결과가 얻어졌는지를 보여 준 것이다. 첫 번째 DNA 복제 후 하나의 밴드가 H/H DNA와 L/L DNA 사이에서 나타났다. 이 결과로 보존적 복제 가설은 배제시키게 되었지만 여전히 반보존적 복제인지 분산 복제인지는 알 수가 없다.

그러나 DNA 복제가 한 번 더 진행된 후의 결과는 분산 가설이 틀리다는 것을 보여 주고 있다. 분산 복제 가설에 따르면, ^{14}N 배지에서 두 번 복제가 일어나면 1/4의 ^{15}N과 3/4의 ^{14}N을 가진 산

(a) 보존적

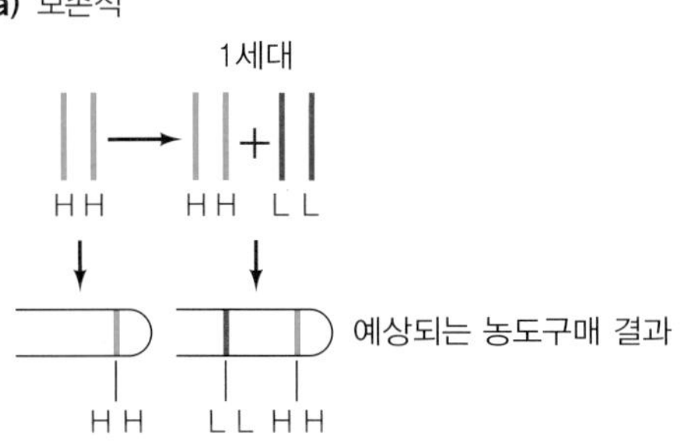

(b) 반보존적

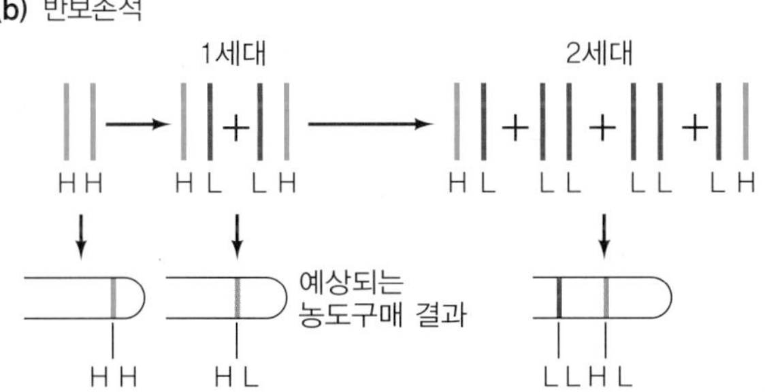

(c) 무작위 분산적

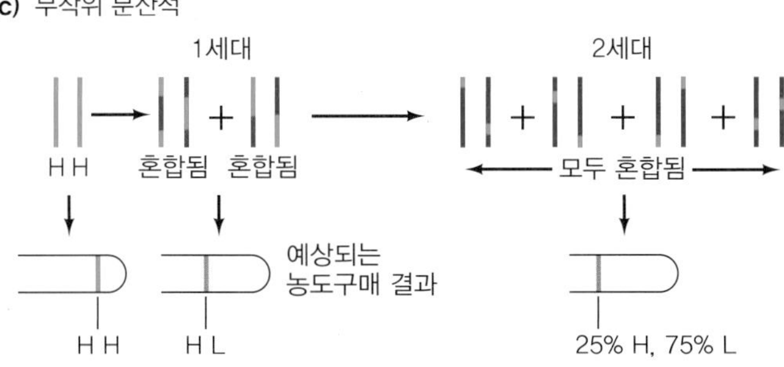

그림 20.3 세 가지 복제가설. 보존적 모델(a)은 한 세대 후 동일한 양의 두 종류 이중나선을 만들 것이다(무거운/무거운[H/H]과 가벼운/가벼운[L/L]). 반보존적 모델(b)과 분산적 모델(c)은 H/H와 L/L의 절반쯤 밀도를 가진 위치에 하나의 밴드가 생길 것이다. 메셀슨과 스탈의 결과는 후자를 지지하는 것이었다. 그래서 보존적 복제가설은 배제되었다. 무작위적 분산 모델에 따르면, 2세대 후의 DNA는 25%의 H와 75%의 L을 포함하는 분자와 동일한 단일 밀도를 가질 것으로 예측된다. 이는 L/L과 H/L의 절반쯤에 위치하는 하나의 밴드를 만들어낼 것이다. 반보존적 모델에서는 두 번째 복제 후 동일한 양의 두 가지 서로 다른 DNA(L/L과 H/L)가 생성될 것이라 예측된다. 실험 결과는 다시 한번 후자의 예측과 맞아 떨어졌고, 이는 반보존적 모델을 지지하는 것이었다.

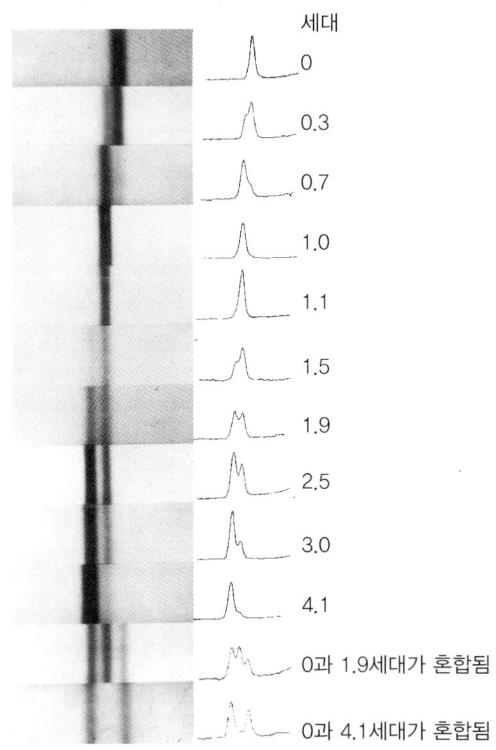

그림 20.4 반보존적 DNA 복제를 증명하는 CsCl 농도구배 초원심분리의 결과. 메셀슨과 스탈은 ^{15}N으로 표지된 대장균을 ^{14}N을 포함한 배지로 옮겨 오른쪽에 표시된 수만큼의 세대로 배양하였다. 그리고 그 대장균의 DNA를 CsCl 농도구배 초원심분리법으로 분석했다. **(a)** 자외선 조명하의 회전 튜브의 사진. 오른쪽에 위치한 밴드들은 무거운 DNA에 해당하고 왼쪽에 위치한 밴드들은 가벼운 DNA에 해당한다. 이 두 밴드 사이에 중간 정도의 밀도를 가진 새로운 밴드가 관찰되는데, 밴드는 1.0과 1.1세대에서 보이는 유일한 밴드이다. 이 밴드는 반보존적 복제 모델에서 예측된 바와 같이 한 가닥은 ^{14}N을 포함하고 다른 가닥은 ^{15}N을 포함하는 이중나선에 해당한다. 1.9세대가 지난 후 메셀슨과 스탈은 동일한 양의 중간 밴드(H/L)와 L/L 밴드를 관찰했는데, 또 다시 반보존적 복제 모델이 예측한 바와 같았다. 3~4세대가 지난 후 그들은 H/L 밴드가 서서히 줄어드는 것을 보았고 이에 일치되게 L/L 밴드가 증가하는 것을 관찰하였다. 이 역시 복제가 반보존적일 때 일어날 수 있는 상황이다. **(b)** 밀도 측정기를 이용해 (a)에 나타난 밴드들을 측정하였다. 이는 각 밴드에 존재하는 DNA의 양을 정량하는 데 사용된다. (출처: Meselson, M. and F.W. Stahl, The replication of DNA in Escherichia coli, *Proceedings of the National Academy of Sciences USA* 44:675, 1958.)

물이 생겨야 한다. 반면 반보존적 복제가 일어난다면 산물들의 절반은 H/L이고 나머지 절반은 L/L인 결과를 얻게 될 것이다(그림 20.3b). 다시 말하면 첫 번째 복제의 산물이었던 잡종 H/L이 다시 각각 분리되어 새로운 가벼운 짝을 공급받아 H/L과 L/L의 비가 1:1이 되는 것이다. 실제의 결과는 후자와 같았다(그림 20.4). 중간 밀도의 정점이 실제로 무거운 DNA와 가벼운 DNA의 1:1 혼합물인지 확인하기 위해 메셀슨과 스탈은 ^{15}N으로만 표지된 DNA를 ^{14}N 배지에서 1.9세대를 배양한 세포의 DNA와 혼합한 후 밴드들 간의 거리를 측정하였다. 가운데 위치한 밴드는 거의 정확하게 다른 두 밴드의 중간에 위치하였다(두 밴드 간 거리의 50±2% 되는 위치). 따라서 이 결과는 반보존적 복제기작을 강력히 지지하는 것이다.

2) 반불연속적인 복제

만약 우리가 DNA 복제 기계를 설계하도록 주문받았다면 그림 20.5a에 있는 것과 같은 시스템을 생각할 수 있을 것이다. 이 시스템에서는 DNA가 풀려서 하나의 분기점을 형성하고 2개의 새로운 DNA 가닥들이 분기점이 움직이는 방향으로 연속적으로 합성된다. 그러나 이 계획에는 치명적인 오류가 있다. 이렇게 되려면 복제 장치가 DNA를 5′→3′ 방향은 물론 3′→5′ 방향으로도 합성할 수 있어야 한다. DNA의 두 가닥은 역평행이기 때문에 만약 한 가닥에서 복제 장치가 왼쪽에서 오른쪽 방향(5′→3′)으로 진행된다면 다른 가닥에서는 왼쪽에서 오른쪽(3′→5′)으로 진행되어야만 한다. 그러나 자연계에 존재하는 DNA 복제 기계인 **DNA 중합효소**(DNA polymerase)는 5′→3′ 방향으로만 DNA를 만들 수 있다. 즉, 5′-말단 뉴클레오티드를 처음에 삽입하고 성장하는 사슬의 3′-말단에 새로운 뉴클레오티드를 첨가함으로써 사슬을 3′-말단 방향으로 연장시킨다.

이러한 추론에 입각하여 레이지 오카자키(Reiji Okazaki)는 두 가닥이 동시에 연속적으로 복제될 수 없다고 결론지었다. DNA 중합효소는 이론적으로 하나의 가닥, 즉 **선도가닥**(leading strand)은 5′→3′으로 연속적으로 만들 수 있다. 그러나 다른 가닥인 **지연가닥**(lagging strand)은 그림 20.5b와 20.5c에서 보듯이 불연속적으로 만들어져야만 한다. 이러한 지연가닥 합성 시의 불연속성은 합성 방향이 복제분기점의 이동 방향과 반대 방향이기 때문에 야기된다. 그러므로 분기점이 열리고 복제해야 될 새로운 DNA의 부분이 노출되면 지연가닥은 잘못된 방향, 즉 분기점에서 멀어지는 방향으로 성장한다. 따라서 새로 노출된 부분을 복제할 수 있는 유일한 방법은 이미 만들어진 DNA 조각 뒤의 분기점에서부터 DNA 합성을 새로 시작하는 것이다. 이러한 DNA 합성의 시작과 재시작은 반복적으로 일어난다. 그러므로 생성된 짧은 DNA 조각들은 DNA 복제의 최종 산물인 연속적인 가닥을 만들기 위해 어떤 방법으로든지 서로 연결되어야만 한다.

반불연속적인 복제(semidiscontinuous replication) 모델은 두 가지 예측을 가능하게 했으며, 레이지 오카자키(Reiji Okazaki)의 연구팀은 이를 다음과 같이 실험적으로 검증하고자 했다. 첫째, 최소한 새로 합성된 DNA의 절반은 짧은 조각들로 나타날 것이므로 방사성 DNA 전구물질로 매우 짧은 기간(펄스) 표지하면 이 조각들이 서로 연결되기 전에 분리될 수 있을 것이다. 둘째, 만약 짧은 DNA 조각들을 연결하는 효소(**DNA 라이게이즈**, DNA ligase)가 제거되면 상대적으로 긴 시간 동안 표지하여도 이 짧은 조각들을 관찰할 수 있을 것이다.

오카자키는 이러한 연구의 모델 시스템으로 T4 파지 DNA의 복제를 선택하였다. 이 시스템은 단순하면서도 T4 라이게이즈의 돌연변이체를 얻을 수 있는 이점이 있다. 첫 번째 예측을 검증하기

(a) 연속적:

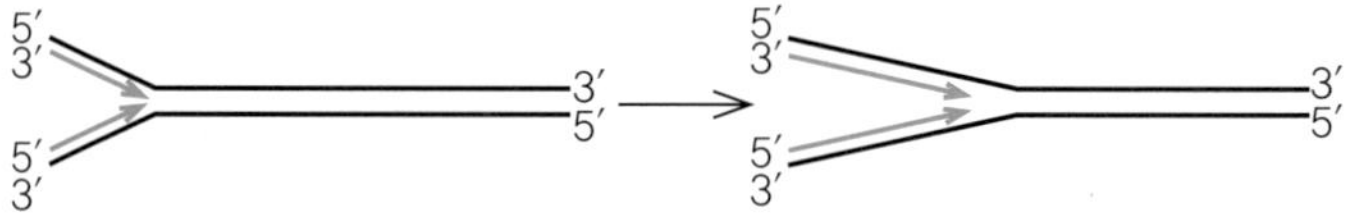

(b) 반불연속적:

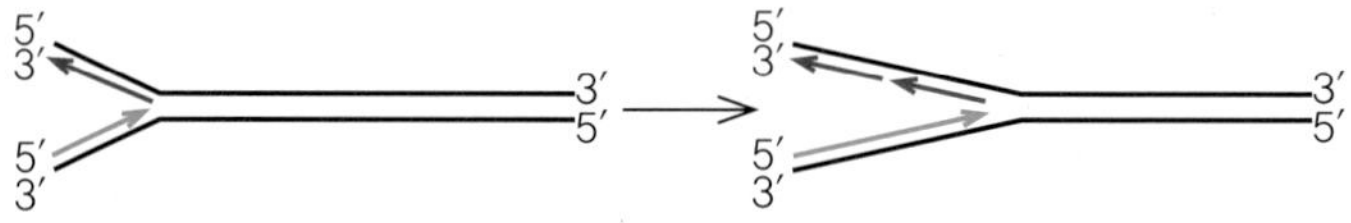

(c) 불연속적:

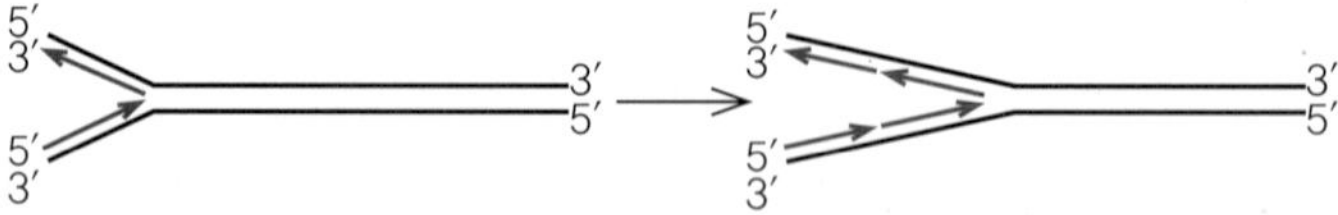

그림 20.5 DNA 복제의 연속적, 반불연속적, 불연속적 모델. (a) 연속적 모델. 복제분기점이 오른쪽으로 이동하면서 양쪽 가닥이 같은 방향으로(왼쪽에서 오른쪽) 연속적으로 복제된다(파란색 화살표). 위쪽 가닥은 3′→5′ 방향으로 연장되고, 아래쪽 가닥은 5′→3′ 방향으로 연장된다. (b) 반불연속적 모델. 새로운 두 가닥 중 하나는(아래쪽 선도가닥) (a)에서와 같이 연속적이다(파란색 화살표). 다른 가닥은(위쪽 지연가닥) 불연속적이고(빨간색) DNA는 짧은 조각들로 만들어진다. 양쪽 가닥 모두는 5′→3′ 방향으로 연장된다. (c) 불연속적 모델. 선도가닥과 지연가닥 모두 짧은 조각들로 만들어진다(불연속적으로, 빨간색 화살표). 양쪽 가닥 모두 5′→3′ 방향으로 신장된다. 실제로 DNA 복제는 (b) 모델과 같이 반불연속적으로 일어난다.

위해 오카자키 등은 T4 DNA를 복제하고 있는 대장균에 ^{3}H로 표지된 티미딘(thymidine)으로 매우 짧은 시간 동안 펄스 표지를 하였다. 짧은 DNA 조각들이 서로 연결되기 전에 이들을 확인하기 위해 심지어 2초 정도의 짧은 펄스를 주기도 했다. 그다음 새로 합성된 DNA의 대략적인 크기를 초원심분리로 측정하였다.

그림 20.6a는 그 결과를 보여 준다. 2초 표지한 경우에도 이미 표지된 DNA를 밀도구배에서 관찰할 수 있었는데, 초원심분리 결과 표지된 DNA는 거의 원심분리관의 위쪽에 위치하는 1,000~2,000nt 길이의 매우 작은 DNA 조각들이었다. 펄스 시간의 증가에 따라 표지된 DNA 밴드가 원심분리관의 바닥 쪽에서 검출되었다. 이것은 새로 형성된 작은 DNA 조각들이 표지 전에 이미 합성된 훨씬 큰 DNA 조각들과 연결된 결과이다. 이 큰 조각들은 실험이 시작되기 전에는 표지되지 않았기 때문에 DNA 라이게이즈가 표지된 작은 절편이 이들에 연결되기 전에는 검출되지 않는다. 이 과정은 단 수 초 내에 일어났다. 초기 복제 산물인 작은 DNA 조각들은 **오카자키 절편**(Okazaki fragment)으로 불리게 되었다.

오카자키 절편의 발견은 적어도 부분적으로나마 T4 DNA의 불연속적 복제 양상에 대한 증거를 제공한 것이다. 가장 결정적인 증거는 DNA 라이게이즈가 작동하지 않을 때 작은 DNA 조각들이 축적된다는 것이다. 오카자키 등은 DNA 라이게이즈가 결핍된 T4 돌연변이체로 이 실험을 수행하였다. 그림 20.6b는 이 돌연변이체에서 오카자키 절편이 가장 많이 발견됨을 보여 준다. 심지어 1분 동안 표지시켜도 오카자키 절편이 표지된 DNA의 대부분을 차지하는 것으로 보아 오카자키 절편이 단순히 표지 시간이 짧기 때문에 생겨나는 부산물이 아님을 알 수 있다.

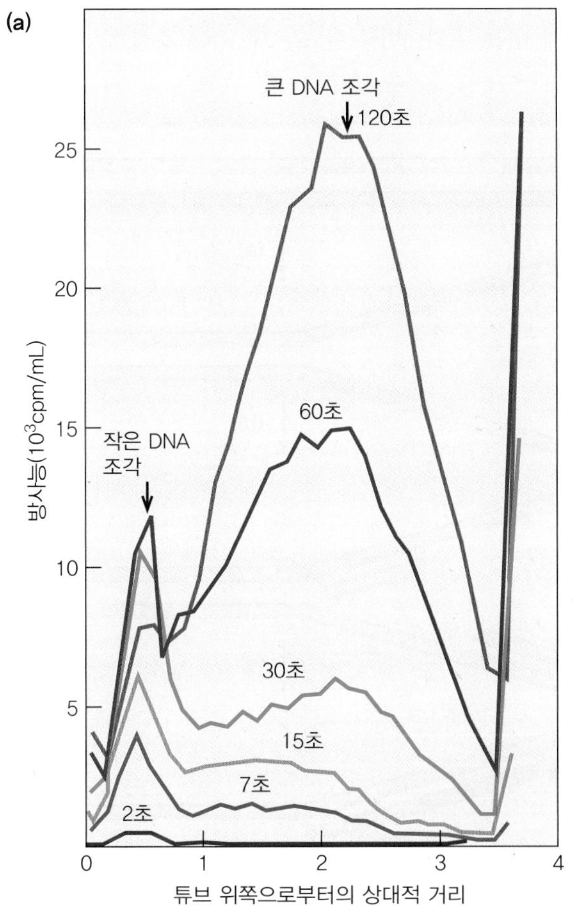

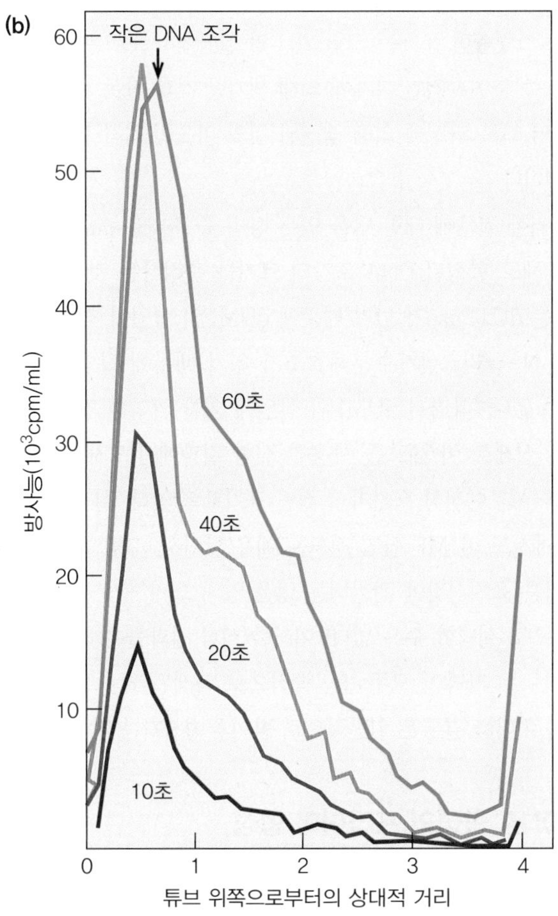

그림 20.6 반불연속적 DNA 복제의 실험적 증명. **(a)** 오카자키 등은 복제하고 있는 T4 파지의 DNA를 방사성 DNA 전구물질로 매우 짧은 시간 동안 표지하고 나서 DNA 생성물을 초원심분리로 크기에 따라 분리하였다. 표지 시간이 가장 짧을 때는 불연속적 모델에서 예측된 바와 같이 방사성 표지의 대부분이 짧은 DNA 조각에서 검출되었다(튜브 위쪽 근처). **(b)** 이들이 DNA 라이게이즈가 결핍된 돌연변이 파지를 사용했을 때는 상대적으로 긴 시간 동안 표지하여도 짧은 DNA 조각들이 축적되었다(이 결과에 따르면 1분 정도). (출처: Adapted from R. Okazaki et al., In vivo mechanism of DNA chain growth, *Cold Spring Harbor Symposia on Quantitative Biology,* 33:129–143, 1968.)

이와 같이 표지된 DNA의 대부분이 작은 조각으로 축적되는 것은 그림 20.5c에서처럼 복제가 두 가닥 모두에서 불연속적으로 이루어진다고도 해석될 수 있다. 실제로 이것이 오카자키 연구팀의 해석이었다. 그러나 이에 대한 더 쉬운 또 다른 설명은 DNA에 삽입된 dUMP 잔기를 제거하는 DNA 회복 시스템 때문에 작은 DNA 조각이 더 많이 생성된다는 것이다. UTP는 RNA의 필수 전구물질이지만 세포는 dUTP도 합성할 수 있어서 dTMP 대신 dUMP가 우연히 DNA에 삽입될 수 있다. 두 가지 효소가 이러한 일을 막아주는 역할을 한다. 하나는 **dUTP 가수분해효소**(dUTPase, *dut* 유전자의 산물)인데 dUTP를 분해한다. 다른 하나는 **우라실 N-글리코실가수분해효소**(uracil N-glycosylase, *ung* 유전자의 산물)로 DNA의 우라실 잔기를 제거하여 탈염기부위(abasic site)를 생성한다. 이러한 부위는 회복 과정이 진행되면서 쉽게 절단되며, 따라서 DNA가 연속적으로 만들어지든 불연속적으로 만들어지든지에 관계없이 짧은 DNA 조각이 만들어진다. 그렇다면 문제는 그림 20.6의 실험에서 보이는 오카자키 절편들 중 불연속적인 복제에 의해 생겨난 것과 잘못 끼워진 dUMP 잔기의 회복 과정에 의해 생성된 것의 비율이 각각 어느 정도이냐는 것이다.

이러한 질문에 대한 답을 얻는 방법 중 하나는 dut^+ ung^- 세포에서 새로 합성된 DNA 조각의 크기를 측정하는 것이다. 이 세포에서는 dUTPase가 있기 때문에 dUMP의 삽입이 최소화되며, 우라실 N-글리코실가수분해효소가 없기 때문에 탈염기부위를 만들 수 없다. 따라서 dUMP의 삽입에 의한 가닥의 절단이 최소화된다. 실제로 이 세포를 사용한 실험 결과에서도 새로 합성된 표지 DNA는 여전히 오카자키 절편 크기로 작았다. 실제로는 야생형 세포에서도 dUMP 삽입 정도는 매우 낮아서, 그림 20.6에서와 같이 짧은 표지시간에 관찰되는 많은 양의 오카자키 절편을 dUMP 삽입으로 설명할 수는 없다. 이러한 실험 결과들은 적어도 대장균에서는 두 가닥이 모두 불연속적으로 복제된다는 결론을 제시하는데, 이러한 결론은 일반적으로 받아들여지지는 않고 있다.

3) DNA 합성의 프라이머 형성

앞에서 RNA 중합효소가 첫 번째 뉴클레오티드를 정위치시킨 뒤 두 번째 것을 연결시키는 방법으로 새로운 RNA 사슬을 합성하는 전사개시에 대해 살펴본 바 있다. 그러나 DNA 중합효소는 RNA 중합효소와 같이 합성을 시작할 수 없다. 만약 우리가 DNA 중합효소에 DNA 합성에 필요한 모든 뉴클레오티드와 작은 분자들 그리고 절단되지 않은 단일나선 또는 이중나선의 DNA를 첨가한다해도 중합효소는 새로운 DNA를 만들지 못한다. 무엇이 빠진 것일까?

우리는 그 누락된 요소가 **프라이머**(primer)라는 것을 알고 있다. 프라이머는 중합효소가 '움켜잡고' 그 3′-말단에 새로운 뉴클레오티드를 첨가하여 사슬을 연장하도록 만들어 주는 짧은 핵산 조각이다. 프라이머는 DNA가 아니라 짧은 RNA 조각이다. 그림 20.7에서 보듯이 먼저 복제분기점이 열린 다음 짧은 RNA 프라이머가 만들어진다. 그다음에 DNA 중합효소가 데옥시리보뉴클레오티드들을 이들 프라이머에 첨가하여 화살표로 나타낸 것과 같이 DNA를 합성하게 된다.

RNA 프라이머 형성을 지지하는 첫 번째 증거는 대장균 추출액에 의한 M13 파지 DNA의 복제가 리팜피신이라는 항생제에 의해 억제된다는 발견이었다. 리팜피신이 억제하는 대상이 대장균의 DNA 중합효소가 아니라 RNA 중합효소이기 때문에 이것은 매우 놀라운 사실이었다. 이 결과는 M13이 DNA 합성에 필요한 대장균의 RNA 프라이머를 만드는 데 RNA 중합효소를 사용한다

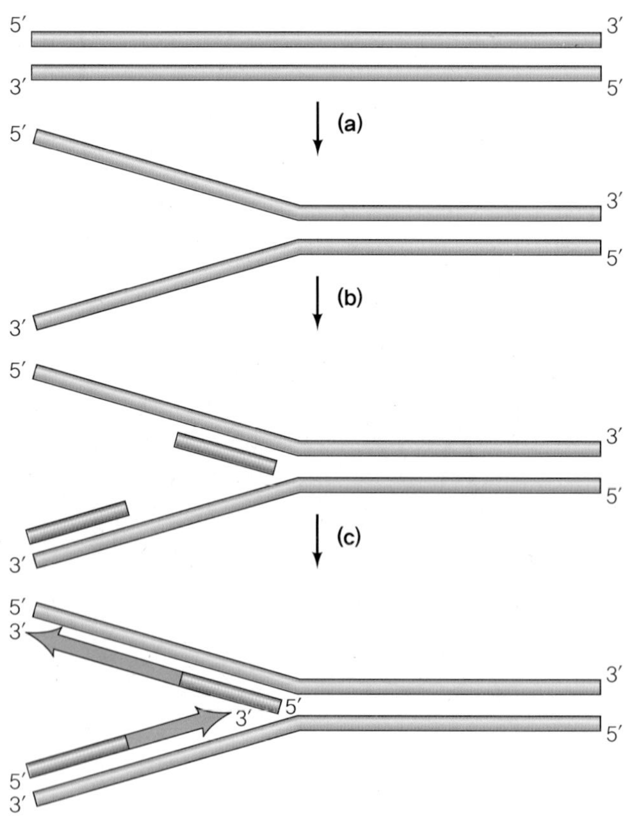

그림 20.7 DNA 합성에서 프라이머 형성. (a) 2개의 부모가닥(파란색)이 분리된다. (b) 짧은 RNA 프라이머(빨간색)가 만들어진다. (c) DNA 중합효소는 프라이머를 자손 DNA 가닥(초록색 화살표)을 합성하는 시발점으로 사용한다.

는 것을 의미한다. 그러나 이것은 일반적인 현상은 아니다. 심지어 대장균조차도 프라이머 형성을 위해 그 자신의 RNA 중합효소를 사용하지는 않으며 프라이머를 만드는 특별한 효소 체계를 가지고 있다.

아마도 RNA가 프라이머로 이용된다는 가장 좋은 증거는 DNA 가수분해효소(DNase)가 오카자키 절편을 완전히 분해하지 못하고 약 10~12염기 정도의 작은 조각들이 남는다는 것이다. 이 연구의 대부분은 오카자키의 부인인 투네코 오카자키와 그녀의 동료들에 의해 수행되었다. 그들은 처음엔 프라이머의 크기를 1~3nt 정도로 너무 작게 추정했는 데 두 가지 문제점이 이러한 오류를 낳게 했다. 하나는 그들이 순수분리한 시간에는 이미 핵산분해효소의 작용으로 프라이머의 크기가 감소했을 가능성과,

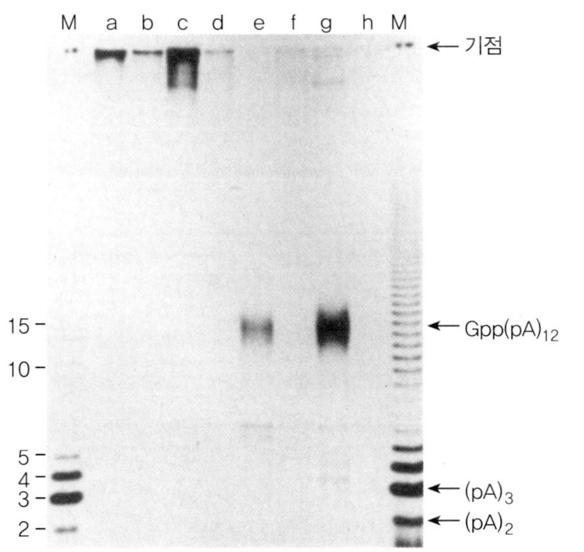

그림 20.8 RNA 프라이머의 확인과 크기 측정. 투네코 오카자키 등은 RNA 프라이머를 분해하는 핵산가수분해효소가 결핍된 돌연변이 균주와 야생 균주에서 오카자키 절편을 분리하였다. 그런 다음 오카자키 절편에 있는 온전한 프라이머를 [^{32}P]GTP와 캡 형성 효소로 표지하였다. 절편에 있는 DNA를 DNA 가수분해효소로 분해하여 표지된 프라이머만을 남게 하였다. 이들 프라이머들을 전기영동하여 자기방사법으로 프라이머의 위치를 측정하였다. M은 길이를 아는 표지자 DNA이다. a~d는 DNA 가수분해효소 처리 전이고 e~h는 처리 후이다. a, e는 RNase H가 결핍된 대장균, b와 f는 DNA 중합효소 I의 핵산가수분해 활성이 결핍된 대장균, c와 g는 RNase H와 DNA 중합효소 I의 활성이 둘 다 결핍된 대장균이다. 프라이머의 수율이 가장 높은 경우는 두 종류의 핵산가수분해효소가 둘 다 결핍되었을 때였으며(g), 모든 경우에서 프라이머의 길이는 11±1nt였다. 13mer Gpp(pA)$_{12}$ 크기의 위치가 오른쪽에 표시되어 있다. (출처: Kitani, T., K.-Y. Yoda, T. Ogawa, and T. Okazaki, Evidence that discontinuous DNA replication in Escherichia coli is primed by approximately 10 to 12 residues of RNA starting with a purine. *Journal of Molecular Biology* 184 (1985) p. 49, f. 2, by permission of Academic Press.)

다른 하나는 연구자들이 온전한 프라이머와 분해된 프라이머를 구분할 수 있는 방법이 없었다는 점이다. 1985년에 끝난 두 번째 실험에서 이들은 두 가지 문제를 모두 해결하고 프라이머의 원래 길이가 10~12nt라는 것을 알아냈다.

핵산분해효소의 활성을 줄이기 위해 이 연구자들은 RNA 가수분해효소 H(RNaseH)나 DNA 중합효소 I의 핵산분해 활성 중 하나 또는 둘 다가 결핍된 돌연변이주를 사용했다. 이것은 완전한 프라이머의 수율을 엄청나게 증가시켰다. 완전한 프라이머만을 표지하기 위해 캡 형성 효소인 구아닐기 전달효소, 그리고 [α-^{32}P]로 표지된 GTP를 사용해 RNA의 5′-말단을 표지했다. 15장에서 배운 것과 같이 구아닐기 전달효소는 GMP를 5′-말단에 인산기를 가진 RNA에 첨가한다. 만약 프라이머의 5′-말단이 분해되었다면 인산기가 없어지게 되어 표지되지 않을 것이다.

이런 방법으로 프라이머를 표지한 후 이들은 오카자키 절편의 DNA 부분을 DNase로 제거하고, 남아 있는 표지된 프라이머들을 겔 전기영동으로 분석했다. 그림 20.8에서 보듯이 모든 돌연변이체로부터 생성된 프라이머들은 11±1nt 길이의 RNA에 해당되는 밴드를 형성했다. 야생형 박테리아들은 눈에 띨 만한 밴드를 만들지 않았는데, 이는 핵산가수분해효소들이 대부분의 온전한 프라이머들을 분해했기 때문이다. 이후의 실험 결과 그림 20.8에 보이는 넓은 밴드가 10, 11, 12nt 길이의 세 밴드임이 확인되었다.

4) 양방향 복제

1960년대 존 케언스(John Cairns)는 복제하는 대장균의 DNA를 방사성 전구물질로 표지하고 자기방사법으로 표지된 DNA를 관찰했다. 그림 20.9a는 그의 실험 결과와 해석을 보여 준다. 그림 20.9a의 구조는 모양이 그리스 문자 세타를 닮았기 때문에 보통 θ(세타) 구조라고 한다. 그림 20.9a에 나타난 DNA가 언뜻 보아서는 세타처럼 보이지 않기 때문에 그림 20.9b에 두 번째 복제 과정에서 나타나는 모양을 알기 쉽게 그려 놓았다. 이 그림은 부모가닥이 분리되고 딸기닥이 합성되는 곳에서 방울 모양의 구조가 생기면서 복제가 시작되는 것을 보여 준다. 비누방울이 커지면서 복제하는 DNA는 세타 모양을 하기 시작한다. 이제 우리는 자기방사법으로 확인한 구조가 그림 20.9b의 중앙에 나타나 있는 구조, 즉 세타의 횡단선이 길게 펼쳐져 있는 구조임을 알 수 있다.

θ 구조는 그림 20.9에서 X와 Y로 표시되어 있는 2개의 **복제분기점**(replicating fork)을 가지고 있다. 이로부터 2개의 분기점이 모두 복제가 일어나는 곳인지에 대한 의문점이 제기되었다. 즉, DNA 복제의 진행이 2개의 분기점 중 어느 한 방향

(unidirectional)에서만 일어나서 하나의 분기점은 복제기점 부위에 고정되어 있고 다른 하나만 이동하는지, 아니면 양방향(bidirectional) 모두에서 복제가 진행되어 2개의 분기점이 모두 복제분기점에서 멀어지느냐 하는 것이다. 케언스의 자기방사 사진으로는 이 질문에 답할 수 없었다. 그러나 이후 엘리자베스 귀라시(Elizabeth Gyurasits)와 웨이크(R. B Wake)에 의해 수행된 고

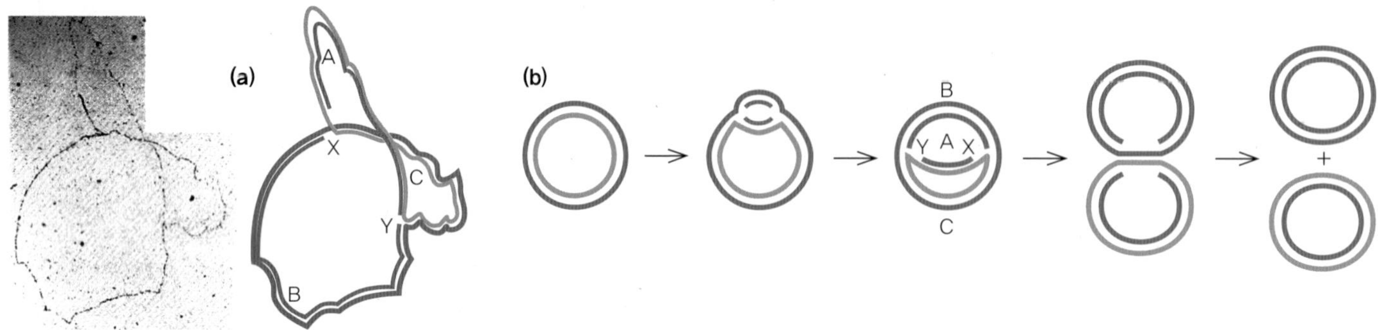

그림 20.9 대장균에서 세타(θ) 형태의 DNA 복제. **(a)** 복제 중인 대장균 DNA의 자기방사법 실험 결과와 모식도. 방사성 뉴클레오티드의 존재하에서 첫 번째 복제 과정이 끝나고 두 번째 복제가 진행중인 상태의 DNA이다. 오른쪽의 모식도에서 빨간색은 표지된 DNA를 나타내며, 파란색은 표지되지 않은 부모 가닥을 나타낸다. **(b)** 세타 모드의 DNA 복제에 대한 자세한 묘사. 색은 (a)와 동일한 의미로 사용되었다. (출처: (a) Cairns, J., The chromosome of Escherichia coli. *Cold Spring Harbor Symposia on Quantitative Biology* 28 (1963) p. 44.)

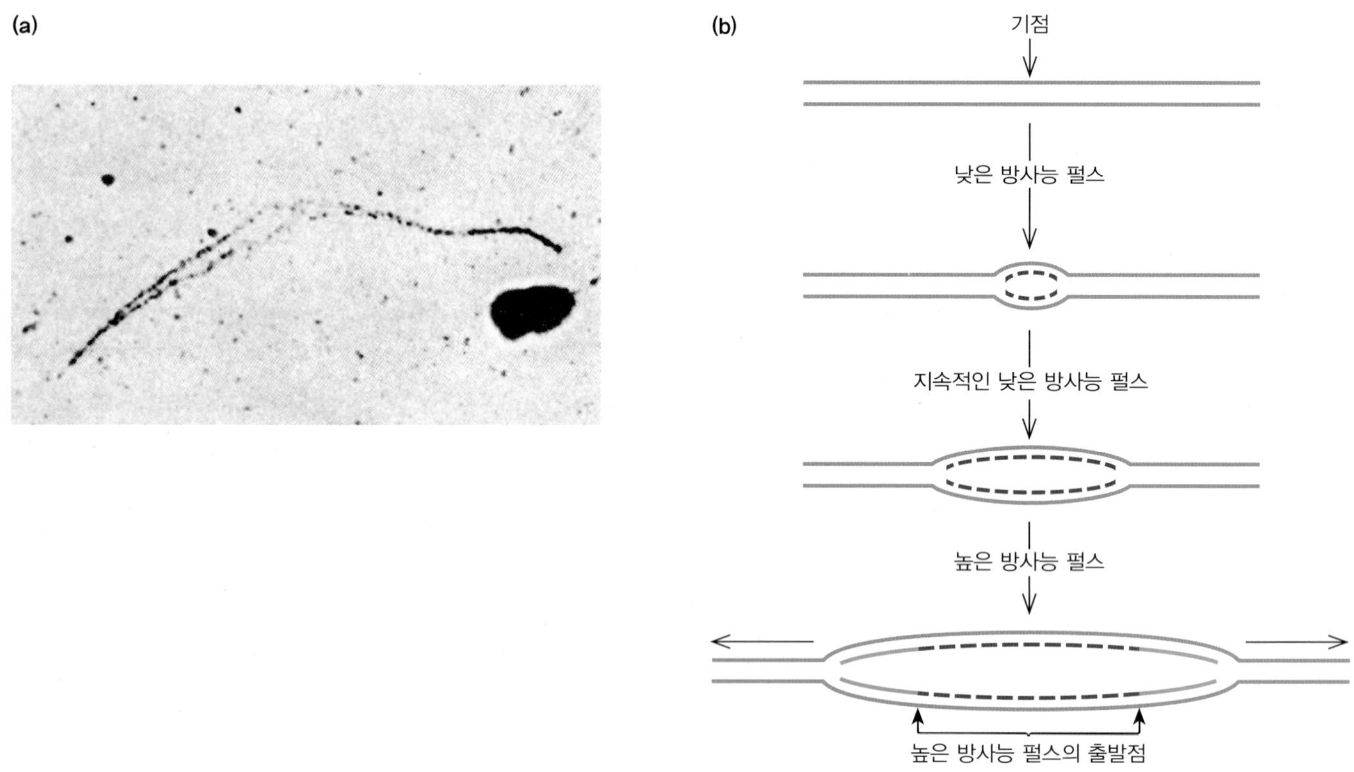

그림 20.10 양방향성 DNA 복제에 대한 실험적 증명. **(a)** 복제 중인 고초균 DNA의 자기방사 사진. 휴면기의 포자들이 낮은 방사성 DNA 전구물질의 존재하에 발아하고 있다. 그리하여 새로이 형성된 복제 방울이 즉시 약하게 표지된다. 방울이 어느 정도 커진 후 높은 방사성 DNA 전구물질을 첨가하여 짧은 시간 DNA를 표지한다. **(b)** 자기방사 사진의 해석. 보라색은 낮은 방사성 펄스 동안 생성되는 연하게 표지된 DNA 가닥을 나타낸다. 주황색은 이후의 높은 방사성 펄스 동안 생성된 진하게 표지된 DNA 가닥을 나타낸다. 양쪽 분기점 모두 높은 방사성 표지를 나타내기 때문에 높은 방사성 펄스 동안 양쪽 모두가 복제 기능이 있음을 나타낸다. 그러므로 고초균에서 DNA 복제는 양방향성이다. (출처: (a) Gyurasits, E.B. and R.J. Wake, Bidirectional chromosome replication in Bacillus subtilis. *Journal of Molecular Biology* 73 (1973) p. 58, by permission of Academic Press.)

초균(*Bacillus subtilis*)의 복제에 관한 실험을 통해 박테리아의 DNA 복제가 양방향으로 진행된다는 것이 명백해졌다.

이들은 고초균을 약한 방사능을 가진 DNA 전구물질 존재 하에 잠시 배양한 뒤 더 강한 방사성 전구물질로 짧은 시간 다시 표지하는 전략을 사용했다. 여기서 사용된 표지 전구물질은 모두 [^{3}H]티미딘이었다. 삼중 수소는 이런 종류의 자기방사법에 특히 유용한데, 왜냐하면 방사능 방출이 아주 약해서 멀리 퍼져나가지 않아 원래 위치 아주 가까이에만 사진 필름에 은빛 알갱이 점(silver grain)을 만들기 때문이다. 따라서 자기방사능 사진에 있는 점들의 패턴이 방사능 표지 DNA의 모양을 거의 그대로 재현한다. 이 실험에서는 표지 시간이 짧아서 복제하고 있는 방울만 보이는데(그림 20.10a), 이것을 그림 20.9에 있는 것과 같은 박테리아의 전체 염색체와 혼동하지 않도록 주의해야 한다.

그림 20.10a를 자세히 보면 점들의 양상이 일정하지 않고 2개의 복제분기점 근처에 밀집되어 있음을 알 수 있다. 이같이 진하게 표지된 부위는 강한 방사능으로 짧게 표지한 기간 동안 복제된 DNA를 나타낸다. 두 분기점이 모두 진하게 표지된 것은 이 기간 동안 두 분기점 모두에서 DNA 복제가 일어나고 있음을 의미한다. 이것은 고초균의 DNA 복제가 양방향으로 진행함을 의미한다. 즉, 두 분기점이 고정된 시작점인 **복제기점**(origin of replication)에서

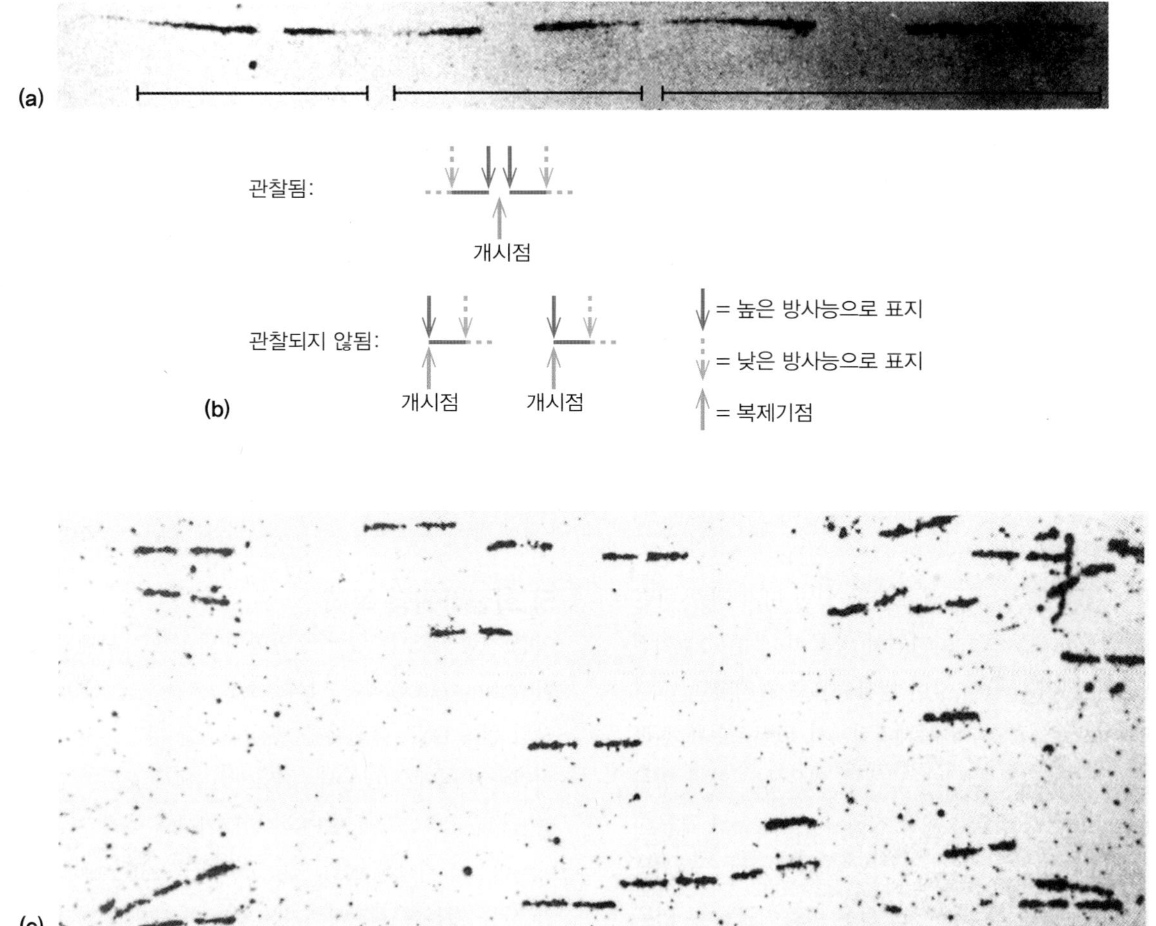

그림 20.11 진핵생물에서 DNA의 양방향성 복제. (a) 복제 중인 초파리 DNA의 자기방사 사진. 처음엔 높은 방사성을 가진 DNA 전구물질로 짧게 표지하고, 그 뒤 낮은 방사성 DNA 전구물질로 표지하였다. 가운데에서 멀어지면서 점점 약해지는 일련의 줄무늬 쌍(괄호로 표시함)을 주목하라. 이것은 가운데에 복제기점이 있고 2개의 복제분기점으로 구성되는 하나의 복제단위의 표지 양상을 반영한다. (b) 높은 방사성 DNA 전구물질로 표지한 다음 낮은 방사성 DNA 전구물질로 표지했을 때 (a)에서 관찰되었던 형태의 이상적인 모식도. 아래쪽 모식도는 줄무늬 쌍이 2개의 독립적인 단일방향의 복제단위(복제분기점이 같은 방향으로 움직임)를 가지고 있을 때 기대되는 방사능 표지 양상이다. 그러나 이 양상은 나타나지 않았다. (c) 복제하고 있는 배아 상태의 *Triturus vulgaris* DNA의 자기방사 사진. 모든 복제 단위들이 동시에 복제를 시작했음을 암시하는 일정한 크기와 모양의 줄무늬 쌍들을 주목하라. (출처: (a) Huberman, J.A. and A. Tsai, Direction of DNA replication in mammalian cells. *Journal of Molecular Biology* 75 (1973) p. 8, by permission of Academic Press. (c) Callan, H.G., DNA replication in the chromosomes of eukaryotes. *Cold Spring Harbor Symposia on Quantitative Biology* 38 (1973) f. 4c, p. 195.)

출발하여 원을 따라 반대 방향으로 맞은편에서 만날 때까지 이동한다는 것이다. 이후 이와 유사한 방법과 그 외의 다른 실험 결과들로부터 대장균의 DNA 복제도 양방향으로 일어난다는 것이 밝혀졌다.

휴버만(J. Huberman)과 타이(A. Tsai)는 진핵생물인 초파리에서 이와 유사한 자기방사법을 이용한 실험을 수행했다. 이 실험에서는 먼저 강한 방사능의 DNA 전구물질로 펄스를 준 다음 약한 방사능의 전구체로 펄스를 주었다. 또한 이와 반대로 펄스 표지 순서를 바꾸는 실험도 수행했다. 그런 다음 표지된 초파리 DNA의 자기방사 사진을 찍었는데, 이 실험에서는 DNA 시료를 고르게 펼쳐 놓는 과정에서 복제 방울이 열린 상태로 유지되지 않아 단순한 줄무늬 형태로 보인다.

줄무늬의 한쪽 끝은 표지가 시작된 곳이고 다른 부분은 표지가 끝난 곳이다. 그러나 이 실험에서 주목할 점은 줄무늬가 항상 짝으로 나타난다는 것이다(그림 20.11a). 한 쌍의 줄무늬는 같은 지점에서 출발하여 나누어진 2개의 복제분기점을 나타낸다. 왜 방사능 표지가 고초균에서처럼 중간, 즉 복제기점에서 시작되지 않았을까? 고초균의 실험에서 연구자들은 세포를 모두 포자로부터 배양함으로써 세포들의 성장 상태를 통일시킬 수 있었다. 따라서 세포들이 DNA를 합성하기도 전에(즉, 포자의 발아 전에) 표지할 수 있었다. 초파리 실험에서는 동시화를 유도하는 것이 훨씬 어렵기 때문에 이러한 시도를 하지 않았다. 따라서 복제는 대부분 표지 전에 이미 시작되기 때문에 복제는 되지만 표지가 되지 않는 빈 부위가 중간에 나타나게 된다.

그림 20.11a에 있는 줄무늬 쌍의 모양을 보면 마치 왁스 바른 콧수염처럼 중앙에서 바깥쪽으로 가면서 양끝이 점점 가늘어진다. 이것은 바로 DNA가 처음엔 강한 방사능으로 표지되고, 그다음에 약한 방사능으로 표지되어 복제기점에서 멀어질수록 점점 약한 방사능을 보이게 되는 것이다. 반대로 처음에는 약한 방사능으로, 나중에는 강한 것으로 표지한 실험에서는 뾰족한 부분이 안쪽을 향하는 뒤집어진 콧수염을 보여 준다. 물론 가까이 위치한 독립된 복제기점들이 이와 같은 줄무늬 쌍을 만들어낼 수도 있을 것이다. 그러나 그런 복제기점이 항상 반대 방향으로 복제되지는 않을 것이다. 분명히 어떤 것은 같은 방향으로 복제를 시작해서 그림 20.11b에서 보듯이 비대칭의 자기방사 사진을 만들 수도 있을 것이다. 그러나 이런 현상은 관찰되지 않았다. 따라서 이 자기방사법 실험 결과는 우리가 관찰한 각각의 줄무늬 쌍이 2개의 근접한 복제기점이 아니라 정말로 하나의 복제기점에서 출발한 것임을 입증해준다. 그러므로 초파리 DNA 복제도 양방향성인 것이다.

이러한 실험들은 모두 배양한 성체초파리 세포를 이용해 이루어졌다. 칼란(H. G. Callan) 등은 발생 초기의 양서류 세포를 강한 방사능으로 표지하여 이와 비슷한 종류의 실험을 수행했다. 도롱뇽의 배아세포를 이용한 실험에서는 그림 20.11c에서처럼 예상하지 못한 결과를 얻었다. 성체의 곤충 세포와는 대조적으로 여기서의 줄무늬는 모두 같았다. 그들은 거의 비슷한 길이를 가지며 중간에 거의 같은 크기의 공백을 가지고 있다. 이것은 복제가 모든 복제기점에서 동시에 시작되었다는 것을 보여 준다. 왜냐하면 방사능 표지가 각 복제기점으로부터 같은 거리에 있는 위치에 삽입되었기 때문이다. 이런 현상은 아마도 도롱뇽 배아세포가 어떻게 그렇게 빨리 DNA 복제를 끝마치는지(약 1시간 정도, 성체 세포의 경우는 40시간)를 설명하는 데 도움이 될 것이다. 복제는 시차를 두고 일어나는 것이 아니라 모든 복제기점에서 동시에 시작된다.

이러한 복제기점에 관한 논의를 통해 **복제단위**(replicon)라는 중요한 용어를 정의할 수 있게 된다. 복제단위는 한 복제기점의 통제 아래에 있는 DNA를 말한다. 대장균의 염색체는 하나의 복제기점으로부터 복제되기 때문에 하나의 복제단위라고 할 수 있다. 진핵세포의 염색체는 많은 복제단위를 가지고 있다. 그렇지 않으면 모든 염색체를 다 복제하는 데 너무 많은 시간이 걸릴 것이다.

모든 DNA가 양방향으로 복제되는 것은 아니다. 마이클 로벳(Michael Lovett)은 전자현미경을 통해 대장균에서 ColE1 플라스미드의 복제가 하나의 복제분기점을 사용해서 한 방향으로 진행된다는 것을 보여 주었다.

5) 회전바퀴형 복제

어떤 원형 DNA는 앞에서 말한 θ 방식으로 복제되지 않고 **회전바퀴**(rolling circle)라는 방식으로 복제된다. ΦX174와 같은 단일가닥의 원형 DNA 유전체를 가진 대장균 파지는 상대적으로 단순한 회전바퀴 복제를 하는데 그림 20.12에서 보듯이 이중나선의 **복제형**(replicative form, RFI)이 단일가닥의 여러 자손 DNA 분자를 만든다. 이 기작은 그림 20.12의 과정 (b)와 (c)에서 나타나는 중간 산물 덕분에 회전바퀴라는 이름이 붙게 되었다. 그 이유는 화장실용 두루마리 휴지가 마루바닥으로 구르며 풀리는 것처럼 복제되는 DNA의 이중나선이 시계 반대 방향으로 회전하면서 단일가닥의 자손 DNA를 만들기 때문이다. 이 중간 산물은 어떻게 보면 그리스 문자 시그마(σ)가 뒤집힌 것을 닮았기 때문에 이 방식을 θ 방식과 구분하기 위해 σ 복제 방식이라고도 한다.

회전바퀴 기작은 단일가닥 DNA의 생성에 국한된 것은 아니다. λ 파지 등은 이 기작을 사용해 이중나선 DNA를 복제한다. λ

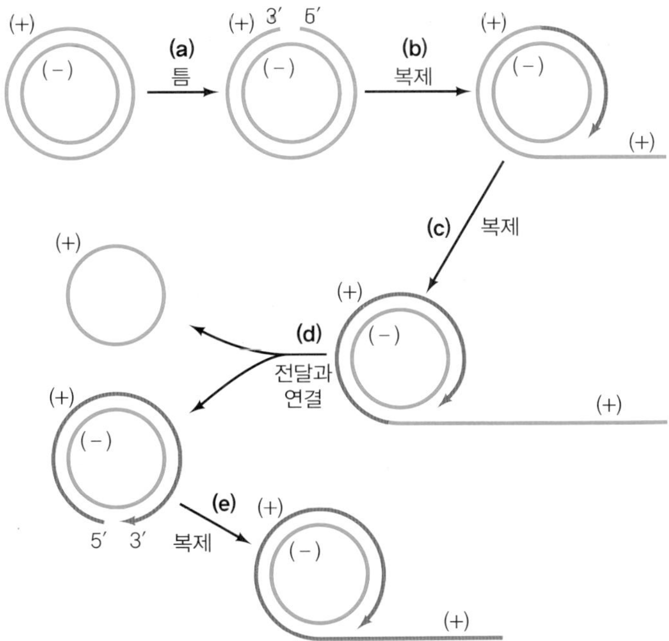

그림 20.12 단일가닥의 원형 DNA를 생성하는 회전바퀴 복제의 모식도. (a) 핵산가수분해효소가 이중나선인 복제형 DNA의 양성가닥에 틈을 만든다. (b) 내부 틈에 의해 생성된 3′-말단이 양성가닥의 신장에 필요한 프라이머로 작용한다. 신장이 일어날 때 양성가닥의 반대쪽 말단은 새로운 가닥으로 대체된다. 음성가닥은 주형으로 작용한다. 빨간색은 새로 합성된 DNA를 나타낸다. (c) 복제가 더 진행되어 양성가닥이 2배의 길이로 늘어나며, 이때 원형은 시계 반대 방향으로 구르는 것으로 보인다. (d) 이탈된 양성가닥 중 단위 길이만큼의 DNA가 핵산내부가수분해효소에 의해 잘려나가서 원형화된다. (e) 음성가닥을 주형으로 사용하면서 또 다른 새로운 양성가닥을 생성하며 복제가 진행된다. 이러한 과정이 계속 반복되어 많은 수의 원형 양성가닥들을 생성한다.

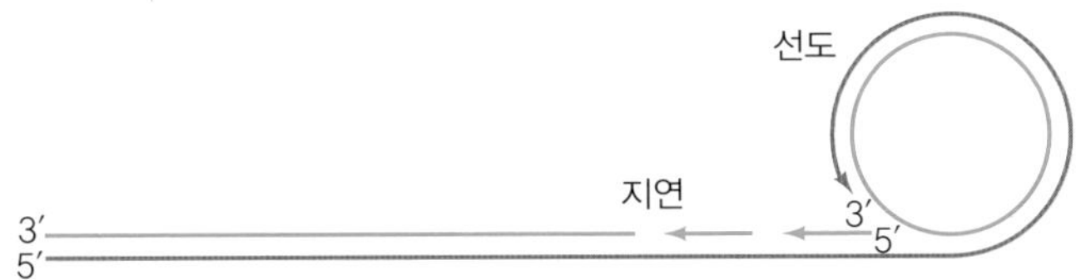

그림 20.13 λ 파지 DNA의 회전바퀴 복제 모델. 바퀴가 오른쪽으로 굴러가면서 선도가닥(빨간색)이 연속적으로 신장된다. 지연가닥(파란색)은 원형이 아닌 선도가닥을 주형으로 사용하면서 불연속적으로 신장된다. 그러므로 생성된 이중가닥의 자손 DNA는 여러 유전체 길이로(콘카타머) 신장되며, 하나의 유전체 크기로 절단되어 파지의 머리에 조립된다.

DNA 복제 초기에 이 파지들은 θ 방식으로 복제되어 여러 개의 원형 DNA를 생성한다. 이러한 원형 DNA들은 파지 입자에 포장되지 않고 포장될 선형 λ 분자의 회전바퀴 합성을 위한 주형으로 쓰인다. 그림 20.13은 이러한 회전바퀴가 어떻게 작용하는지를 보여준다. 여기서 복제분기점은 대장균 DNA 복제의 분기점과 매우 유사한 것으로 보인다. 즉, 선도가닥(원을 돌고 있는 것)은 연속적으로, 그리고 지연가닥은 불연속적으로 DNA 합성을 한다. λ의 경우 자손 DNA는 그것이 포장되기 전에 여러 개의 유전체 길이에 해당하는 크기로 만들어 진다. 이 여러 배 길이의 DNA를 **콘카타머**(concatemer)라고 부른다. DNA 포장기작은 각각의 파지 머릿속으로 오직 하나의 유전체 길이에 해당하는 선형 DNA만 들어가도록 디자인되어 있어서(head-full model), 콘카타머는 반드시 포장 과정 중에 효소에 의해 절단되어야 한다.

20.2. DNA 복제효소

30개 이상의 폴리펩티드들이 대장균의 DNA를 복제하는 과정에서 서로 협력한다. 이들 단백질 중 일부와 다른 개체에서 발견되는 이들의 유사단백질 활성을 DNA 중합효소부터 살펴보겠다.

1) 대장균의 세 종류 DNA 중합효소

1958년 아서 콘버그(Arthur Kornberg)는 대장균에서 DNA 중합효소를 처음으로 발견했다. 이것은 현재 알려진 3개의 DNA 중합효소 중 하나로써 **DNA 중합효소 I**(DNA polymerase I, pol I)이라 불려진다. 다른 DNA 중합효소가 존재한다는 증거가 없었으므로 많은 학자들은 이 pol I이 박테리아 유전자를 복제하는 효소일 것으로 추측하였다. 지금은 이 추측이 사실이 아니라는 것이 밝혀졌지만 DNA 중합효소에 대한 논의는 pol I부터 시작하고자 한다. 그 이유는 이 효소가 비교적 간단하고 잘 알려져 있으면서도 DNA 합성효소에서 발견되는 여러 가지 필수적인 특징들을 잘 보여 주기 때문이다.

(1) pol I

pol I은 102kD 크기의 폴리펩티드 사슬 하나로 구성되어 있음에도 불구하고 다양한 기능을 가지고 있다. 이 효소는 세 가지의 특이한 촉매반응을 수행하는데, 그 하나는 DNA 중합효소 활성이고, 나머지 두 가지는 핵산말단가수분해효소(exonuclease) 활성이다. 3′→5′과 5′→3′ 방향의 두 가지 핵산말단가수분해효소 활성이 있는데, DNA 중합효소가 핵산말단가수분해효소 활성을 가지고 있는 이유는 무엇일까? 3′→5′ 활성은 새로 합성된 DNA의 **교정**(proofreading)에 중요하다(그림 20.14). 만약 pol I이 합성하고 있는 DNA 사슬에 잘못된 뉴클레오티드를 넣었다면 이 뉴클레오티드는 주형가닥의 뉴클레오티드와 적절한 염기쌍을 이루지 못하

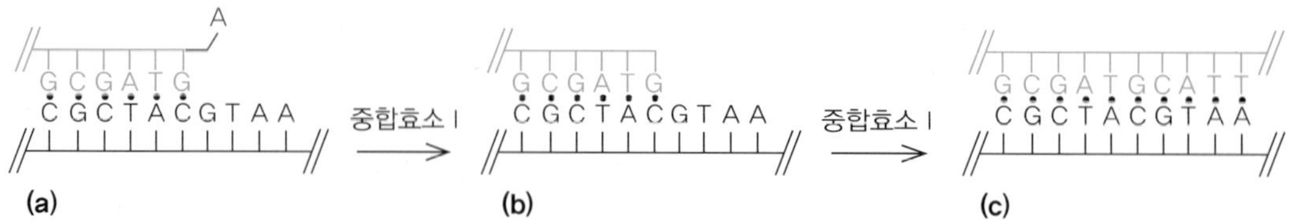

A
G C G A T G
C G C T A C G T A A
중합효소 I
(a)
G C G A T G
C G C T A C G T A A
중합효소 I
(b)
G C G A T G C A T T
C G C T A C G T A A
(c)

그림 20.14 DNA 합성에서의 교정 작용. (a) 아데닌 뉴클레오티드(빨간색)가 구아닌에 대해 잘못 짝지어졌다. 이것은 프라이머 3′-말단에서 필요한 완전한 염기쌍 형성을 방해함으로써 복제 기구가 멈추게 된다. (b) 그러면 중합효소 I은 3′→5′ 핵산말단가수분해효소 역할을 해서 잘못 짝지어진 뉴클레오티드를 제거한다. (c) 적절한 염기쌍이 만들어지면 중합효소 I은 다시 DNA 합성을 계속한다.

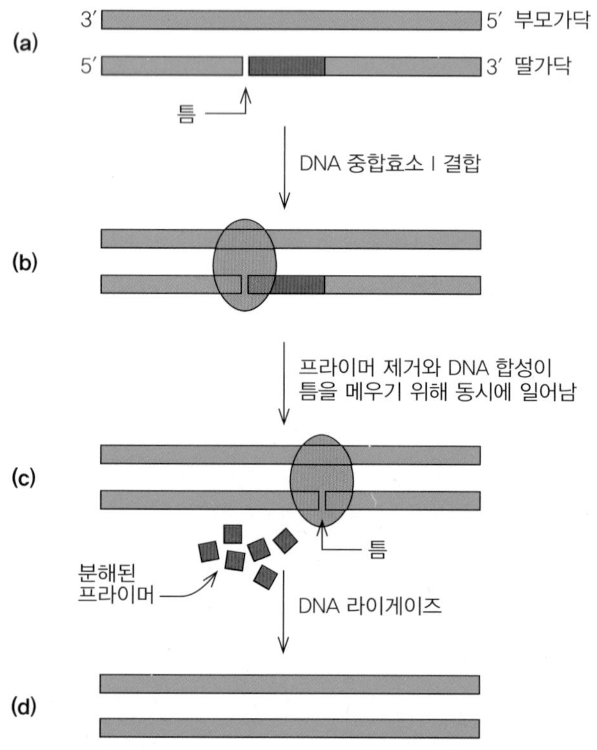

그림 20.15 프라이머의 제거와 새로 생긴 DNA 조각의 연결. (a) 서로 이웃하는 2개의 조각 중 오른쪽 조각이 5′-말단에 RNA 프라이머(빨간색)를 가진 자손 DNA 가닥이다. 2개의 DNA 조각은 틈이라 불리는 단일가닥 DNA의 단절에 의해 분리되어 있다. (b) DNA 중합효소 I이 틈이 있는 곳에서 두 가닥에 모두 결합한다. (c) DNA 중합효소는 I의 5′→3′ 핵산말단가수분해효소 활성과 중합효소 활성이 동시에 작용하여 프라이머를 제거하고 왼쪽 조각을 오른쪽 방향으로 연장하여 간격을 채운다. 분해된 프라이머가 흔적으로 남는다. (d) DNA 라이게이즈가 자손 DNA의 왼쪽 조각과 오른쪽 조각 사이에 인산디에스테르결합을 형성하여 나머지 틈을 연결한다.

므로 제거되어야 한다. pol I은 반응을 중단하고 3′→5′ 핵산말단가수분해효소가 잘못된 뉴클레오티드를 제거해야만 복제가 재개된다. 이런 작용을 통해서 DNA 합성의 충실도 또는 정확성이 증가한다.

5′→3′ 핵산말단가수분해효소 활성은 중합반응을 진행하고 있는 효소가 만나는 앞쪽의 DNA 가닥을 분해할 수 있도록 한다. 따라서 적어도 시험관 반응에서는 pol I은 한 번 지나가면서 한 가닥의 DNA를 모두 제거하고 새로운 것으로 대체할 수 있다. 이 pol I은 주로 손상되거나 염기쌍이 잘못 맺어진 DNA의 회복이나 RNA 프라이머의 제거와 대체 등의 반응에 관여하기 때문에 이런 DNA 분해 기능은 매우 유용한 것이다. 그림 20.15는 프라이머의 제거와 대체 과정을 잘 보여 준다.

pol I의 또 다른 중요한 특징은 단백질분해효소를 약하게 처리하면 2개의 폴리펩티드로 절단된다는 것인데, 그 중 큰 조각인 **클레노우 절편**(Klenow fragment)은 중합과 교정 활성(3′→5′ 핵산말단가수분해효소)을 가지고 있고, 작은 조각은 5′→3′ 핵산말단가수분해효소의 활성을 가지고 있다. 클레노우 절편은 DNA 합성이 필요한 분자생물학 실험에 자주 사용되지만 모 DNA 가닥이나 프라이머를 분해할 때는 쓸 수 없다. 예를 들어 DNA 말단부위를 채워 넣거나(5장 참조), DNA 염기서열을 결정할 때 클레노우 절편을 사용한다. 한편 탐침을 표지하기 위해 틈 번역(nick translation, 4장 참조)을 할 때는 완전한 pol I을 사용하는데, 그 이유는 틈 번역을 위해서는 움직이는 분기점 전방의 5′→3′ 방향으로 DNA 분해가 일어나야 하기 때문이다.

1987년 토마스 스타이츠(Thomas Steiz) 등이 클레노우 절편의 결정구조를 알아냄으로써 DNA 합성기구의 실체를 알게 되었다. 그 구조에서 가장 두드러진 특징은 두 α 나선구조 사이에 큰 틈이 있다는 것인데, 이곳은 복제될 DNA가 결합하는 장소로 생각된다. 사실 T7 RNA 중합효소를 포함하여 알려진 모든 중합효소의 구조들은 매우 유사한데, 이들의 모양은 손과 비슷하다. 클레노우 절편에서는 하나의 α 나선구조가 '손가락' 영역의 일부이며, 다른 α 나선구조는 '엄지손가락' 영역의 일부로, 그 둘 사이의 β-판은 '손바닥' 영역의 일부로 볼 수 있다. 손바닥 영역에는 촉매작용에 필수적인 3개의 아스파르트산 잔기가 있는데, 이들은 중합효소 작용을 촉매하는 마그네슘 이온과 상호 작용하고 있는 것으로 여겨진다.

중합효소의 구조에서 보이는 이 틈이 실제로 DNA의 결합부위일까? 이를 알아보기 위해 다른 DNA 중합효소를 연구하기 시작

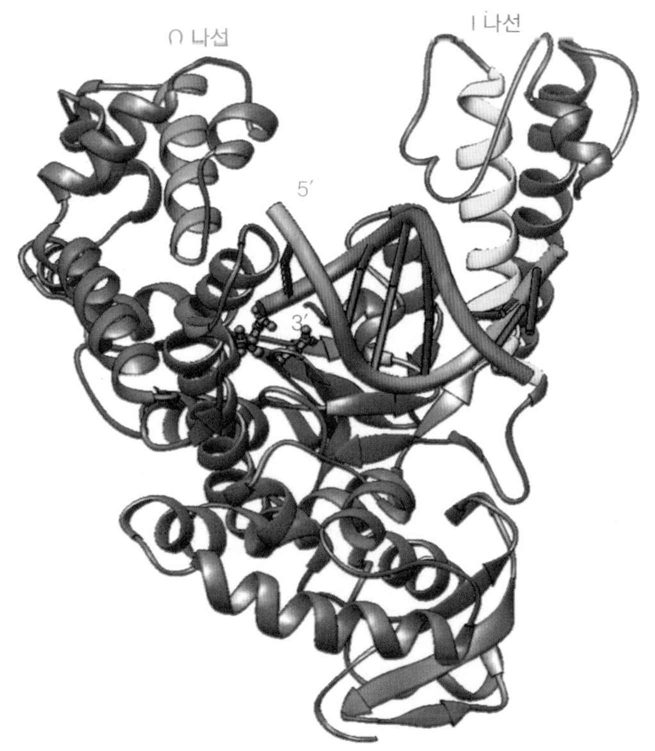

그림 20.16 *Taq* DNA 중합효소와 이중나선 모형 DNA 주형이 결합한 공동 결정의 구조. 중합효소 손의 손가락과 엄지에 있는 I 나선과 O 나선은 각각 노란색과 초록색으로 표시되어 있다. 모델 DNA의 주형과 프라이머 가닥은 각각 주황색과 빨간색이다. '손바닥'의 중요한 3개의 아스파르트산 곁가지는 프라이머 가닥의 3′-말단 근처에 작은 빨간색 공으로 나타나 있다. (출처: Eom, S.H., J. Wang and T.A. Steitz, Structure of Taq polymerase with DNA at the polymerase active site. *Nature* 382 (18 July 1996) f. 2a, p. 280. Copyright © Macmillan Magazines, Ltd.)

했다. 이들은 비주형(프라이머)가닥의 3′-말단이 무딘 말단(blunt end)인 8개 염기쌍 길이의 이중나선 DNA와 *Taq* 중합효소를 함께 결정화시켰다. *Taq* 중합효소는 PCR 수행 시 널리 사용되는 호열성 박테리아인 *Thermus aquaticus*로부터 분리한 DNA 중합효소이다. 이 효소의 중합효소 영역은 클레노우 절편의 중합효소 부위와 매우 유사하다. 따라서 이 부위를 클레노우 절편의 이름을 따라 KF 부위라고 부른다. 그림 20.16은 *Taq* 중합효소-DNA 복합체의 X-선 결정분석의 결과이다. 프라이머 가닥(빨간색)의 3′-말단은 손바닥 부위의 필수적인 3개의 아스파르트산과 가까이에 위치해 있으나 아스파르트산의 카르복실기와 프라이머 가닥의 3′-히드록시기 사이를 마그네슘 이온이 연결할 수 있을 만큼 가깝지는 않다. 따라서 이러한 구조는 촉매반응에서 완전한 활성을 지닌 구조와 정확히 일치하지는 않는다. 아마도 마그네슘 이온이 빠져 있기 때문에 그럴 것이다.

1969년 폴라 데루시아(Paula DeLucia)와 존 케언스(John Cairns)는 pol I을 암호화하는 *polA* 유전자에 결함이 있는 돌연변이를 분리하였다. 이 돌연변이(*polA1*)는 pol I 활성이 결여되어도 생존할 수 있는 것으로 보아 pol I이 DNA 복제에 필수적인 효소는 아닌 것으로 판단된다. 대신 pol I은 DNA 회복 시 중요한 역할을 하는 것으로 여겨진다. 곧 DNA 손상부위가 제거된 후 남겨진 틈을 메우는 역할을 한다. pol I이 DNA 복제에 필수적이지 않다는 사실이 밝혀진 후 진정한 DNA 복제효소를 찾으려는 연구가 활발히 진행되어 1971년 토마스 콘버그(Thomas Kornberg)와 말콤 제프터(Malcolm Gefter)에 의해 새로운 중합효소인 **DNA 중합효소 II**(DNA polymerase II, pol II)와 **DNA 중합효소 III**(DNA polymerase III, pol III)가 발견되었다. 이제 곧 pol III가 진정한 복제효소라는 사실을 알게 될 것이다.

(2) Pol II와 Pol III

Pol II는 인산셀룰로오스 크로마토그래피를 이용하여 pol I으로부터 분리할 수 있었지만 pol III는 pol I과 겹쳐져 드러나지 않았다. 제프터와 콘버그 등은 DNA 복제에 필요한 중합효소를 찾기 위해 유전학적 방법을 사용했는데, 이들은 DNA 복제현상에 있어 온도 민감성을 보이는 15가지 대장균의 균주에서 pol II와 pol III의 활성을 조사했다. 실험에 사용한 균주들은 대부분 *polA1*$^-$이었으며, 인산셀룰로오스 크로마토그래피를 한 후에 pol I의 활성이 없기 때문에 pol III의 활성을 측정하는 것이 보다 용이해졌다. 제프터 등은 pol I의 활성이 있는 경우에는 pol III의 활성을 억제하는 N-에틸말레이미드를 사용하여, 이 억제제 유무에 따른 활성의 차이를 계산함으로써 pol III의 활성을 측정했다.

가장 놀라운 발견은 *dnaE* 유전자에 돌연변이가 생긴 균주가 5개나 있다는 것이다. 이 중 4개는 pol III 활성의 온도 민감성이 강한 반면, 5번째는 온도 민감성이 약하게 관찰되었다. 반면에 이들 중 pol II에 영향을 미치는 돌연변이 균주는 하나도 없었다. 이러한 결과로부터 다음과 같은 세 가지 결론을 내릴 수 있다. 첫째, *dnaE* 유전자는 pol III를 암호화한다. 둘째, *dnaE* 유전자는 pol II를 암호화하지 않으므로 pol II와 pol III는 독립적인 활성을 갖는다. 셋째, pol III를 암호화하는 유전자에 결함이 있으면 DNA 복제가 일어나지 않는 것으로 보아 pol III는 DNA 복제에 필수적이다. pol II가 DNA 복제에 관여하지 않는다는 결론을 내릴 수 있다면 좋겠지만, 이것은 확실하지 않다. 왜냐하면 당시 pol II를 암호화하는 유전자에 돌연변이가 일어난 균주에 대한 연구가 진행된 것이 없었기 때문이다. 그러나 다른 연구를 통해 이들은 비활성 pol II를 가진 돌연변이를 동정하였고, 이러한 돌연변이 균주가 생존 가능하다는 사실을 확인하였으며, 이를 통해 pol II가 DNA 복제에 필수적이지 않다는 것을 보여 주었다. 즉, pol III가 대장균 DNA를 복제하는 효소인 것이다.

(3) 중합효소 III 완전효소

프라이머를 연장시켜 DNA의 선도가닥과 지연가닥을 만드는 효소를 **DNA 중합효소 III 완전효소**(DNA polymerase III holoenzyme, pol III holoenzyme)라고 한다. 완전효소는 여러 개의 소단위체로 구성된 효소를 말한다. 표 20.1에서 알 수 있듯이 완전효소는 서로 다른 10개의 폴리펩티드로 구성되어 있다. 농도가 낮아지면 이 완전효소는 표 20.1에 나타낸 것처럼 몇 가지 서로 다른 부분 복합체로 나누어진다. 각각의 pol III 부분 복합체들은 DNA 중합반응을 수행할 수는 있지만 매우 느리다. 생체 내 DNA 복제 속도는 매우 빠를 것이므로 이러한 느린 합성 속도로부터 이 부분 복합체에 중요한 인자가 결핍되었을 것이라는 사실을 추정할 수 있다. 대장균의 복제분기점은 초당 1,000nt라는 놀라운 속도로 움직인다. (1,000개의 nt를 풀고, 부모가닥에 있는 각각의 짝에 맞게 정렬시키고 1,000개의 인산디에스테르결합을 매초마다 정확히 생성하는 과정을 생각해 보라.) 시험관 반응에서 완전효소는 초당 약 700nt로 거의 생체 내 수준의 속도로 움직이며, 이는 이 효소가 생체 내에서 DNA의 복제를 담당하는 것임을 시사해 준다. 세포 내의 다른 두 종류 DNA 중합효소인 pol I과 pol II는 일반적으로 완전효소의 형태로 발견되지는 않으며 pol III보다 훨씬 느린 속도로 DNA를 복제한다.

찰스 맥헨리(Charles McHenry)와 웰던 크로우(Weldon Crow)는 DNA 중합효소 III를 거의 순수하게 분리하여 pol III의 핵심 복합체(core)가 각각 130, 27.5, 10kD의 분자량을 갖는 α, ε, θ 세 종류의 폴리펩티드로 구성되어 있음을 알아냈다. 완선효소의 나머지 소단위체들은 분리 과정중 해리되지만 핵심 복합체는 단단히 결합된 채로 남아 있다. 이 절에서는 pol III 핵심 복합체에 대해 좀 더 깊이 살펴볼 것이다. 그리고 pol III를 구성하는 나머지 폴리펩티드에 대해서는 21장에서 설명할 것인데, 그들은 DNA 합성의 개시와 신장 과정에서 중요한 역할을 담당한다.

pol III 핵심 복합체의 α 소단위체는 DNA 합성효소 활성을 가지고 있다. 그러나 α 소단위체를 순수하게 분리하기가 너무 어렵기 때문에 이 활성을 측정하기는 쉬운 일이 아니었다. 히사지 마키(Hisaji Maki)와 아서 콘버그(Arthur Kornberg)가 α 소단위체 유전자를 클로닝하고 과다 발현시킴으로써 중합효소 활성을 순수 분리 할 수 있는 길이 열렸다. 그들이 정제한 α 소단위체에 DNA 중합효소 활성이 있는지 검증해보았을 때 핵심 복합체와 비슷한 정도의 활성을 발견할 수 있었다. 그러므로 핵심 복합체의 DNA 중합효소 활성은 α 소단위체에 기인한다고 결론내릴 수 있었다.

pol III 핵심 복합체는 잘못 짝지어진 염기가 도입되는 순간 그것을 제거하는 3′→5′ 핵산말단가수분해효소 활성을 가지고 있는데, 이는 중합효소가 교정 작업을 할 수 있게 해준다. 이것은 pol I 클레노우 절편의 3′→5′ 핵산말단가수분해효소 활성과 유사하다. 리차드 슈에르만(Richard Scheuermann)과 해리슨 에콜(Harrison Echols)은 핵심 복합체의 ε 소단위체가 이 핵산말단가수분해효소 활성을 가지고 있다는 것을 과다 발현 실험을 통해 증명하였다. 그들은 ε 소단위체(*dnaQ* 유전자 산물)를 과다 발현시키

표 20.1 대장균 DNA 중합효소 III 완전효소의 소단위체 조성

소단위체	분자량(kD)	기능	소단위 조합			
α	129.9	중합효소	핵심 복합체	Pol III′	Pol III*	Pol III 완전효소
ε	27.5	3′→5′ 핵산말단가수분해효소				
θ	8.6	ε 핵산말단가수효소 촉진				
τ	71.1	핵심을 이량화 γ 복합체에 결합				
γ	47.5	ATP에 결합	γ 복합체(DNA-의존성 ATP 가수분해효소)			
δ	38.7	β에 결합				
δ′	36.9	γ와 δ에 결합				
χ	16.6	SSB에 결합				
ψ	15.2	χ와 γ에 결합				
β	40.6	활주 꺽쇠				

* Pol III 완전효소에서 β 소단위체를 제외한 것.

출처: Reprinted from Herendee, D.R. and T.T. Kelly, DNA Polymerase III: Running rings around the fork *Cell* 84:6, 1996. Copyright © 1996, with permission from Elsevier.

고 여러 가지 단계를 거쳐 정제하였다. 마지막 단계인 DEAE-세파셀 크로마토그래피를 지난 후 ε 소단위체는 아주 순수하게 정제된다. 슈에르만과 에콜은 이 정제된 ε 소단위체와 pol III 핵심 복합체의 핵산말단가수분해효소 활성을 측정해 보았다. 그림 20.17은 핵심 복합체와 ε 소단위체 둘 다 핵산말단가수분해효소 활성을 가지고 있음을 보여 준다. 그리고 이 활성은 모두 잘못 짝지어진 DNA 기질에 대해 특이성을 보였으며, 정상적인 염기쌍의 DNA 기질에 대해서는 활성이 나타나지 않았다. 이것은 우리가 교정 활성에 대해 예상했던 바이다. 이 활성은 또한 왜 *dnaQ* 돌연변이 균주가 과도한 돌연변이 현상을 일으키는지 잘 설명해 준다. (야생형에 비해 10^3~10^5배 정도 더 높다.) 적절한 교정이 없다면 훨씬 더 많은 수의 잘못 짝지어진 염기들이 제거되지 않고 돌연변이로 남아 있을 것이다. 그래서 우리는 *dnaQ* 돌연변이 균주를 **돌연변이 유발 돌연변이체**(mutator mutant)라 부른다. 그리고 이러한 표현형 때문에 이 유전자를 *mutD*라고 불러 왔다.

상대적으로 핵심 복합체의 θ 소단위체에 대한 연구는 미진한 상태여서 ε 핵산말단가수분해효소 활성을 촉진한다는 것 이외에는 그 기능이 아직 알려져 있지 않다. 그러나 pol III 핵심 복합체에서 α 소단위체와 ε 소단위체가 협동하여 서로의 활성을 촉진하고 있다는 사실은 명확하다. α 소단위체의 중합효소 활성은 핵심 복합체로 존재할 때 단독인 경우보다 약 두 배 정도 더 증가하고, ε 소단위체의 활성은 핵심 복합체에 결합되었을 때 약 10~80배 정도 증가한다.

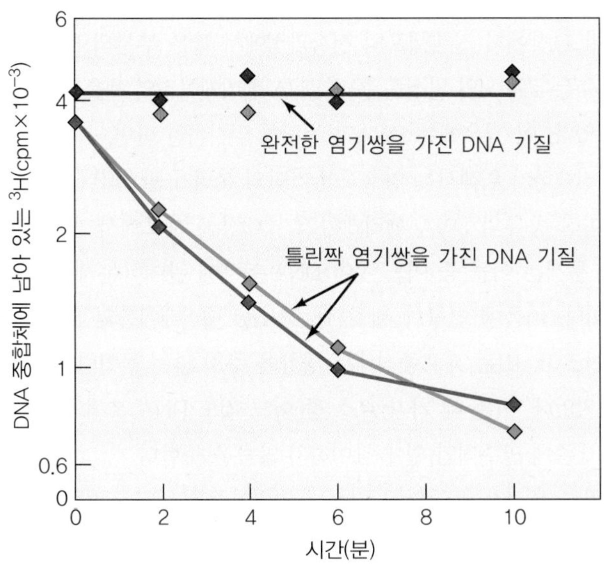

그림 20.17 완전 염기쌍과 틀린짝 염기쌍을 가진 기질에 대한 ε 소단위체와 중합효소 III 핵심 복합체의 핵산말단가수분해효소 활성. 슈에르만과 에콜은 정제된 ε 소단위체와 삼중수소로 표지된 합성 DNA를 혼합한 후 시간 경과에 따라 DNA에 남아 있는 방사능을 측정하였다. 파란색과 초록색, 중합효소 III 핵심 복합체. 주황색과 빨간색은 ε 소단위체. (출처: Adapted from Scheuermann, R.H. and H. Echols, A separate editing exonuclease for DNA replication: The ε subunit of Escherichia coli DNA polymerase III holoenzyme. *Proceedings of the National Academy of Sciences USA* 81:7747–51, December 1984.)

2) 복제의 정확성

pol III와 pol I의 교정기작은 DNA 복제의 정확성을 크게 증가시켜 준다. pol III 핵심 복합체는 시험관 내에서 10만 번에 한 번 꼴로 염기쌍 결합에 오류를 범하는데, 이것은 대장균 유전체가 약 300만 개의 염기쌍을 가지고 있는 것을 감안할 때 그리 썩 좋은 기록은 아니다. 이러한 비율에서는 매세대가 지날 때마다 유전자의 복제로 인해 상당한 양의 오류가 생기게 된다. 다행스럽게도 교정 기능에 의해 중합효소가 염기결합을 제대로 할 수 있게 된다. 이 두 번째 단계의 오류 확률은 첫 번째와 비슷하게 약 10^{-5} 정도이다. 따라서 교정 기능이 있을 경우 실제 오류 확률은 $10^{-5}\times10^{-5}=10^{-10}$이 되는데, 이것은 세포 내에서 pol III 완전효소의 오류 확률인 10^{-10}~10^{-11}과 유사한 수치이다. (정확도가 조금 더 증가하는 것은 이 장의 후반부에서 언급할 틀린짝 회복 때문이다.) 이 정도의 정확도라면 참아낼 만한 정도이다. 실제로는 이 정도의 정확도가 100% 정확도보다 오히려 도움이 될 수도 있다. 그것은 이러한 부정확도가 돌연변이를 제공해줌으로써 생명체가 달라진 환경에 적응하도록 도와줄 수 있기 때문이다.

새로 합성되는 DNA 3′-말단에서의 잘못된 뉴클레오티드를 제거해주는 교정기작을 생각해 보라(그림 20.14 참조). DNA 중합효소는 염기쌍을 이루는 뉴클레오티드 없이는 작동을 할 수 없는데 이것은 이미 존재하고 있는 프라이머 없이는 새로운 DNA 가닥의 합성을 시작할 수 없다는 것을 의미한다. 이런 이유 때문에 프라이머가 필요한 것이다. 그렇다면 왜 프라이머는 RNA로 구성되어 있을까? 그 이유는 다음과 같이 설명될 수 있다. 프라이머의 합성은 교정 기능에 영향을 받지 않기 때문에 많은 오류를 포함하고 있다. 프라이머를 RNA로 만들면 이웃하는 오카자키 절편이 신장됨에 따라 인식되어 제거된 후 DNA로 교체되는 작업이 일어나지 않을 수가 없다. 물론 다음 과정은 교정 기능을 가진 pol I에 의해 촉매되므로 상대적으로 실수가 적다.

3) 진핵세포의 여러 DNA 중합효소

진핵세포의 DNA 복제에 관여하는 단백질에 대해서는 알려진 것이 많지 않다. 그러나 이 과정에 여러 개의 DNA 중합효소가 관여한다는 사실과 그 효소들의 역할에 대해서는 잘 알고 있다. 표

표 20.2 진핵생물 DNA 중합효소의 가능한 기능

효소	가능한 기능
DNA 중합효소 α	양쪽 가닥에 프라이머를 붙임
DNA 중합효소 δ	지연가닥의 신장
DNA 중합효소 ε	선도가닥의 신장
DNA 중합효소 β	DNA 회복
DNA 중합효소 γ	미토콘드리아 DNA의 복제

20.2는 포유동물의 주요 DNA 중합효소와 그 기능에 대해 열거한 것이다.

중합효소 α는 진행성이 낮기 때문에 지연가닥을 합성하는 기능을 담당한다고 여겨 왔다. **진행성**(processitivity)이란 중합효소가 일단 합성을 시작한 후 떨어져 나오지 않고 계속 복제를 진행해 나가는 것을 말한다. 대장균의 중합효소 III 완전효소는 진행성이 매우 높아 일단 DNA 가닥에서 복제를 시작하면 주형에 결합된 채로 머무르며 오랫동안 DNA를 만들어 낸다. DNA 주형에서 거의 떨어지지 않기 때문에 새 중합효소가 붙어 합성을 시작하기 위해 필요한 지연이 없으며, 전체 대장균의 복제 속도는 매우 빠르다. 중합효소 δ는 α보다 진행성이 훨씬 크기 때문에 진행성이 낮은 중합효소 α가 상대적으로 짧은 DNA 조각을 만들어야 하는 지연가닥을 만든다고 생각되었다. 그렇지만 최근에 중합효소 α만이 진핵생물의 DNA 중합효소 중에서 유일하게 프라이메이즈(primase, 프라이머합성효소) 기능을 가지고 있으며 양쪽 사슬 모두에서 프라이머를 만든다는 것이 밝혀졌다. 그 다음에 DNA 중합효소 ε이 선도가닥을 연장하고, 중합효소 δ가 지연가닥을 연장한다.

실제로 중합효소 δ와 ε의 진행성은 대부분 중합효소 자체의 성질에 기인하는 것이 아니라 **증식세포핵항원**(proliferating cell nuclear antigen, PCNA)라는 부속단백질에 기인한다. 이 단백질은 DNA 복제가 활발히 일어나는 증식세포에서 높게 발현되어 중합효소 δ의 진행성을 40배 정도 증가시킨다. 즉, PCNA는 중합효소 δ가 주형에서 떨어지지 않고 DNA 가닥을 연장시키면서 약 40배 정도 더 멀리 이동하게 만들어준다. PCNA는 중합효소 δ를 물리적으로 주형에 고정시켜주는 역할을 한다. 21장에서 대장균의 복제기작에 대해 상세히 설명하면서 이 고정 현상(clamping phenomenon)에 대해 자세히 살펴볼 것이다.

이와 대조적으로 중합효소 β는 전혀 진행성이 없다. 그것은 성장하는 DNA 가닥에 단지 하나의 뉴클레오티드만을 첨가하고 주형에서 떨어져 버리는데, 다음 번 뉴클레오티드를 첨가하기 위해서는 새로운 중합효소가 다시 결합해야만 한다. 이것은 프라이머나 틀린짝 염기들이 제거될 때 생기는 틈 봉합 등에 필요한 짧은 DNA 절편을 만드는 회복 중합효소로 추정된다. 더구나 세포 내 중합효소 β의 수준은 세포의 분열 속도에 영향을 받지 않는데, 이것은 이 효소가 DNA의 복제에 참여하지 않는다는 것을 암시해준다. 만약 복제에 참여한다면 중합효소 α, δ가 그러하듯 빠르게 분열하고 있는 세포에 더 많이 존재할 것이다.

중합효소 γ는 핵이 아니라 미토콘드리아에 존재한다. 그러므로 이 효소는 미토콘드리아 DNA의 복제를 담당한다고 여겨진다.

4) 가닥의 분리

DNA 복제의 일반적인 특징에 대한 논의에서 2개의 DNA 가닥이 분기점에서 풀린다고 가정해 왔다. 이것은 DNA 중합효소가 DNA를 합성할 때 저절로 일어나는 현상은 아니다. 2개의 부모가닥은 서로 강하게 결합하고 있기 때문에 이 두 가닥을 분리하기 위해서는 에너지와 효소가 필요한 것이다.

(1) 헬리케이즈

ATP의 화학적 에너지를 이용하여 복제분기점에서 두 개의 DNA 이중나선 가닥을 분리하는 효소를 **헬리케이즈**(helicase)라 한다. 이미 11장에서 진핵세포의 전사과정에서 짧은 부분의 DNA를 풀어 주는 TFIIH의 활성을 통해 DNA 헬리케이즈의 예를 살펴본 적이 있다. 이 경우에는 DNA의 풀림이 일시적인 반면, 복제 분기점이 진행하기 위해서는 영구적인 가닥의 분리가 필요하다.

여러 종류의 DNA 헬리케이즈가 대장균 세포에서 발견되었는데, 문제는 이들 중 어느 것이 DNA 복제에 관여하는지를 밝히는 일이다. 처음에 연구한 세 가지, 즉 *rep* 헬리케이즈와 DNA 헬리케이즈 II, III는 세포증식에는 영향을 주지 않는 돌연변이를 만들 수 있었다. 이는 세 가지 효소 중 어느 것도 DNA 복제와 같은 세포 생존에 필수적인 일에 참여하지 않음을 뜻한다.

필수 유전자에 결함이 있는 돌연변이주를 만드는 방법은 보통 온도 민감성인 조건적 돌연변이를 만드는 것이다. 돌연변이 형질이 나타나지 않는 낮은 온도(허용온도)에서는 돌연변이주가 자랄 수 있지만 온도를 높이면 돌연변이 표현형을 관찰할 수 있다. 1968년 초 프란시스 제이콥(François Jacob) 등은 대장균에서 두 종류의 DNA 복제 관련 온도 민감성 돌연변이체를 발견하였다. 1형 돌연변이주는 온도를 30℃에서 40℃로 올리면 급속하게 DNA 합성을 중단하는 반면, 2형 돌연변이주는 높은 온도에서 DNA 합성 속도가 점차 감소하는 특징을 보인다.

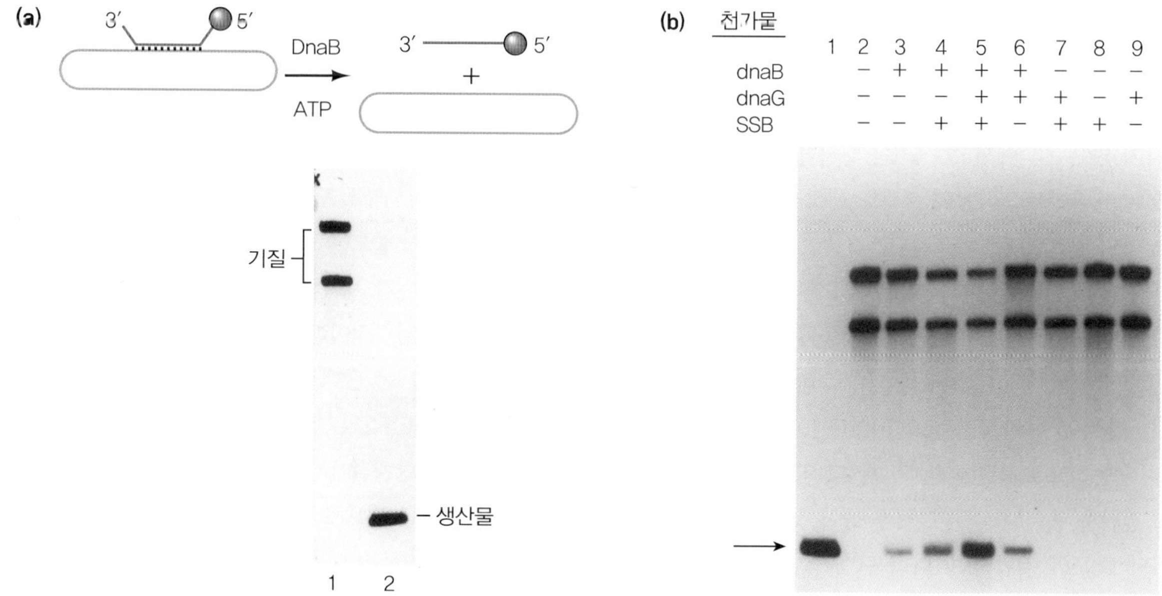

그림 20.18 DNA 헬리케이즈 활성도 측정. (a) 활성도 측정의 원리. 르보위치와 맥매켄은 1.06kb 크기의 단일가닥 DNA 조각(빨간색)에 있는 5′–말단을 ^{32}P로 표지하고(위쪽), 그 조각을 상보적인 1.06kb 부위를 가진 표지되지 않은 단일가닥의 재조합 M13 DNA에 결합시켜 헬리케이즈의 기질을 만들었다. DnaB 단백질(또는 아무 DNA 헬리케이즈)은 기질의 이중나선 부분을 풀 수 있고 표지된 짧은 DNA 조각을 긴 원형의 짝으로부터 해리시킨다. 아래쪽: 기질을 전기영동하면 두 종류의 밴드가 나타나는데(1번 레인) 아마도 표지된 짧은 DNA에 결합된 선형 또는 원형의 긴 DNA에 해당할 것이다. 짧은 DNA만을 전기영동하면(2번 레인) 이것이 기질보다 훨씬 더 빠르게 이동함을 알 수 있다. (b) 헬리케이즈 활성도 측정 결과. (a)에서 설명된 방법으로 맨 위에 표시된 것처럼 단백질을 첨가하면서(DnaB, DnaG, SSB) 활성도를 측정했다. 아래쪽은 전기영동 결과를 나타낸다. 1번 레인은 대조군으로서 결합되지 않은 표지된 짧은 DNA로서 그 전기영동 양상을 보여 준다(화살표). 3번 레인은 DnaB 단백질이 그 자체만으로 헬리케이즈 활성을 가지고 있음을 보여 준다. 한편 4, 5번 레인은 다른 단백질들이 이 활성을 촉진시키고 있음을 보여 준다. 이와는 대조적으로 7~9번 레인까지는 다른 두 단백질들이 DnaB 단백질 없이는 헬리케이즈 활성을 가지지 않음을 보여 준다. (출처: LeBowitz, J.H. and R. McMacken, The *Escherichia coli* dnaB replication protein is a DNA helicase. *Journal of Biological Chemistry* 261 (5 April 1986) figs. 2, 3, pp. 4740–41. American Society for Biochemistry and Molecular Biology.)

1형 돌연변이체 중 하나는 *dnaB* 돌연변이주인데 온도를 제한 수준으로 올리면 이 대장균의 DNA 합성은 곧 정지된다. *dnaB*가 복제에 필요한 DNA 헬리케이즈를 암호화하고 있다면 이러한 결과가 나타날 것이다. 활성을 지닌 헬리케이즈가 없으면 복제분기점은 움직일 수 없고, 따라서 DNA 합성은 곧바로 멈추게 될 것이다. 더욱이 *dnaB* 산물(DnaB)은 ATP 분해효소로 알려져 있으며, 이것 또한 DNA 헬리케이즈라면 꼭 가지고 있어야 하는 성질이다. *dnaB* 단백질은 DNA 복제에 필요한 프라이머를 만드는 프라이메이즈(primase)와도 결합한다고 알려졌다.

이러한 발견들은 모두 DnaB가 대장균의 DNA 복제 시 DNA 이중나선을 풀어 주는 DNA 헬리케이즈라는 것을 시사한다. 이제 남은 일은 DnaB가 DNA 헬리케이즈 활성을 가지고 있다는 것을 보여 주는 일이었다. 1986년 조나단 르보위치(Jonathan LeBowitz)와 로저 맥매켄(Roger McMacken)에 의해 이 같은 사실이 증명되었다. 그들은 그림 20.18a에서 보는 바와 같은 헬리케이즈 기질을 사용했는데, 이것은 5′–말단이 표지된 작은 선형 DNA를 원형 M13 파지 DNA에 결합시킨 것이다. 그림 20.18a는 또한 헬리케이즈 활성을 어떻게 측정하는지를 잘 보여 준다. 르보위치와 맥매켄은 표지된 기질을 DnaB나 다른 단백질들과 함께 반응시킨 뒤 반응산물을 전기영동으로 분석했다. 만약 단백질이 헬리케이즈 활성을 가진다면 이중나선 DNA를 풀어서 두 가닥으로 분리했을 것이다. 그렇다면 표지된 짧은 DNA는 표지되지 않은 큰 DNA와는 독립적으로 훨씬 더 빨리 움직일 것이다.

그림 20.18b에서 보듯이 DnaB만으로도 헬리케이즈 활성을 보여 주며, 그 활성은 DnaG(21장에서 살펴보게 될 프라이메이즈)와 단일가닥 DNA 결합단백질인 SSB에 의해 촉진된다. DnaG나 SSB는 어느 것도 헬리케이즈 활성을 가지지 않으므로 DnaB 단백질이 복제분기점에서 DNA를 풀어 주는 헬리케이즈인 것이다.

5) 단일가닥 DNA 결합단백질

단일가닥 DNA 결합단백질(single-strand DNA-binding protein, SSB) 역시 복제 동안에 DNA 가닥 분리에 참여한다. 이 단백질은

헬리케이즈와는 달리 가닥의 분리를 촉매하지는 않는다. 그 대신 단일가닥 DNA가 생기면 곧 선택적으로 결합하여 이중나선으로 되돌아가지 못하도록 덮어씌운다. 단일가닥 DNA는 자연적인 '호흡'(특히 A-T가 많은 지역에서 잘 생기는 일시적이고 부분적인 분리)에 의해서나 헬리케이즈 작용의 결과로 생성될 수 있으며 SSB가 결합하여 단일가닥 형태를 유지한다.

연구가 가장 많이 된 것은 박테리아의 SSB인데, 대장균의 단백질은 SSB라 불리며 이는 *ssb* 유전자의 산물이다. T4 파지의 경우는 파지 32번 유전자의 산물이라는 의미로 **gp32**, M13 파지의 경우는 파지 5번 유전자 산물인 **gp5**가 SSB에 해당된다. 이 단백질들은 모두 협동적으로 작용하는데, 한 단백질의 결합이 그다음 단백질의 결합을 용이하게 한다. 예를 들어 첫 번째 gp32 단백질이 단일가닥 DNA에 결합하면, 다음 단백질의 DNA에 대한 친화성은 1,000배 정도 증가한다. 그러므로 gp32의 첫 번째 단백질이 결합하면 두 번째 단백질은 더 쉽게 결합하고, 그다음 차례의 SSB의 결합도 용이하게 이루어진다. 이 과정을 거쳐 gp32 단백질 사슬이 단일가닥 DNA 부분을 덮게 된다. 이러한 결합은 심지어 이중나선을 가지는 머리핀 구조까지도 퍼져나가 그 구조를 없애기도 하는데, 이 현상은 머리핀 구조의 형성에 필요한 자유에너지보다 gp32의 결합 시 방출되는 자유에너지가 더 높게 유지되는 한 계속된다. 실제로는 불완전한 염기쌍을 가진 작은 머리핀 구조는 풀리지만, 완전한 염기쌍을 가진 긴 머리핀 구조는 온전하게 유지된다. gp32 단백질은 단량체로 DNA에 결합하고, gp5는 2량체로, 그리고 대장균의 SSB는 4량체의 사슬로 결합한다. SSB 4량체 하나 주위로 약 65nt의 단일가닥 DNA가 풀리게 된다.

이제 우리는 단일가닥 DNA 결합단백질이라는 이름이 정확한 것이 아니라는 것을 알고 있다. 이 단백질이 실제로 단일가닥 DNA에 결합하기는 하지만 RNA 중합효소처럼 앞 단원에서 배웠던 여러 단백질도 단일가닥 DNA에 결합한다. SSB는 단일가닥 결합 이외에도 그 이상의 여러 가지 기능을 가지고 있다. SSB는 이미 살펴본 바와 같이 단일가닥 DNA를 유지하는 역할을 할 뿐만 아니라 DNA 중합효소의 활성을 선택적으로 촉진하는 역할도 한다. 예를 들어 gp32는 T4 DNA 중합효소의 활성은 촉진하지만 T7 파지 중합효소나 대장균의 DNA 중합효소 I은 활성화시키지 못한다.

실제로 SSB의 활성도는 세포의 생존에 필수적이다. *ssb* 유전자의 온도 민감성 돌연변이 대장균은 제한 온도에서는 살 수 없다. 온도 민감성 gp32를 가진 T4 파지의 tsP7 돌연변이체에 감염된 대장균 세포의 경우 파지 DNA의 복제는 제한 온도로 옮겨진 후 2분 이내에 정지되며(그림 20.19) 그 파지 DNA는 분해되기 시작한다. 이러한 현상으로부터 gp32가 DNA 복제 과정 중에 생기는 단일가닥 DNA가 분해되는 것을 막아주는 기능도 가지고 있다는 것을 추정하게 되었다.

원핵세포에서 SSB 단백질의 중요성을 근거로 볼 때, 진핵세포에서 이와 같이 중요한 SSB가 발견되지 않았다는 것은 놀라운 일이다. 그러나 인간 세포의 SSB 단백질이 사람 세포 안에서 SV40 DNA 복제에 필수적이란 사실은 밝혀졌다. **RF-A** 또는 인간 SSB라고도 불리는 이 단백질은 단일가닥 DNA에 선택적으로 결합하고, SV40 바이러스의 거대 T 항원의 헬리케이즈 활성을 촉진한다. SSB는 인간 단백질이기 때문에 감염되지 않은 사람 세포에서도 어떤 역할을 할 것으로 추정되지만, 아직 그 기능은 명확히 알려진 바 없다. 또한 바이러스의 SSB도 아데노바이러스나 헤르페스바이러스와 같은 진핵세포성 바이러스 DNA의 복제에 중요한 역할을 담당할 것으로 생각된다.

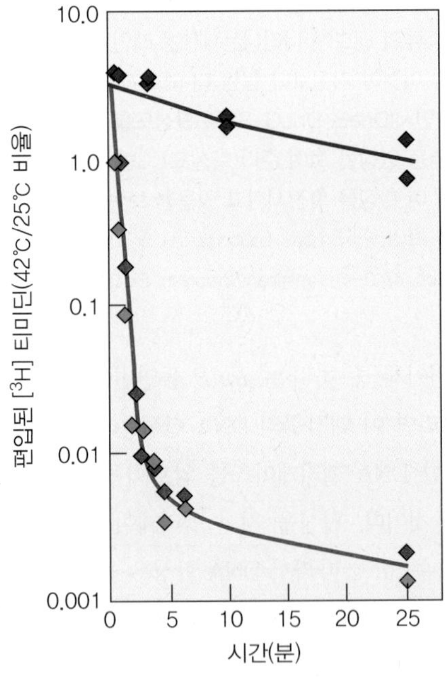

그림 20.19 SSB(gp32) 유전자에 온도 민감성 돌연변이를 지닌 T4 파지에 감염된 대장균 세포에서 DNA 합성의 온도 민감성. 커티스와 알버트는 다음과 같은 T4 파지 돌연변이체에 감염된 대장균을 42℃와 25℃에서 1분 동안 짧게 표지하였을 때 [^{3}H]티미딘의 상대적인 삽입 양을 측정하였다. 유전자 23, 파란색. 유전자 32와 유전자 23, 빨간색. 유전자 32와 유전자 49, 초록색. 유전자 23과 49에 있는 앰버 돌연변이는 DNA 합성에 아무런 영향을 주지 않았지만 T4 DNA가 파지의 머리에 조립되는 과정을 억제하였다. 그러므로 관찰된 DNA 합성의 감소는 유전자 32의 온도 민감성 돌연변이에 의해 일어난 것이다. (출처: Adapted from Curtis, M.J. and B. Alberts, Studies on the structure of intracellular bacteriophage T4 DNA, *Journal of Molecular Biology*, 102: 793–816, 1976.)

6) 위상이성질화효소

DNA 이중나선의 분리는 때때로 지퍼를 푸는 것처럼 언급되기도 한다. 그러나 이 용어를 사용할 때 DNA가 직선으로 평행 상태인 지퍼가 아니란 점을 잊지 말아야 한다. DNA는 이중나선이다. 따라서 두 가닥이 분리될 때는 DNA가 회전하게 된다. DNA가 직선형이고 비정상적으로 짧은 경우에는 헬리케이즈 혼자서 이 임무를 수행할 수 있지만, 대장균 DNA처럼 원형 DNA라면 특별한 문제가 발생할 수 있다. 복제분기점에서 DNA가 점차 풀림에 따라 이에 상응하는 감김이 원형 DNA의 어디에선가 발생하게 된다. 만약 이것이 어떤 방식으로든 해소되지 않는다면 비틀린 이중나선 상엔 견딜 수 없는 긴장이 조성될 것이다. 1963년 케언스는 대장균에서 원형 DNA를 발견했을 때 이 문제를 인식하고, 이 긴장을 해소하기 위해서는 DNA의 한 가닥이 다른 가닥을 중심으로 회전해야 한다는 선회(swivel) 가설을 제안하였다(그림 20.20). 현재는 DNA 자이레이즈란 효소가 이 기능을 담당한다고 알려져 있다. **DNA 자이레이즈**(DNA gyrase)는 일시적으로 단일가닥 또는 두 가닥의 DNA를 끊어서 DNA의 형태, 즉 위상을 바꾸는 역할을 하는 **위상이성질화효소**(topoisomerase)의 한 종류이다.

위상이성질화효소의 작용기작을 이해하기 위해서는 2, 6장에 언급한 DNA 초나선(supercoiled, superhelical) 현상에 대해 좀 더 자세히 알아볼 필요가 있다. 자연 상태로 존재하는 폐쇄 원형 이중나선 DNA는 초나선의 형태로 존재한다. 폐쇄 원형 DNA는 가닥에 절단된 부위가 없다. 세포가 초나선 DNA를 만들 때는 이중나선이 약간 풀리게 되며, 따라서 DNA는 덜 꼬인(underwound) 상태로 있게 된다. DNA의 두 가닥이 온전하게 유지되는 한 각 가닥을 축으로 한 자유회전이 있을 수 없고, 그래서 초나선의 도입으로 덜 꼬인 상태의 긴장을 완화시키게 된다. 덜 꼬인 상태에 의해 도입되는 초나선을 관습적으로 음성(negative)이라 부른다. 이것이 대부분의 생명체에서 발견되는 초나선 형태에 해당한다. 양성 초나선(positive supercoil)은 극한 호열성 세균에서만 발견되는데, 이들 세균이 가지고 있는 역 DNA 자이레이즈가 양성 초나선을 만들어서 이 생명체가 살아가는 고온에서도 DNA를 안정화시킨다.

초나선이 생기는 과정은 다음과 같이 알아볼 수 있다. 중간 크기의 고무밴드를 이용해 한 손으로 맨 위쪽을 잡고 다른 손으로는 고무밴드를 한 바퀴 돌린다. 그러면 고무밴드에 긴장이 도입되면서 비틀림에 대해 저항을 갖는다는 것을 느끼게 되며, 초나선을 도입하면 긴장이 해소된다. 비틀면 비틀수록 더 많은 초나선이 관찰될 것이다. 즉, 한 번 꼬아줄 때마다 1개의 초나선 구조가 생긴다. 반대로 꼬아주면 초나선은 반대 방향으로 생기게 된다.

고무밴드의 한쪽 끝을 놓게 되면 물론 초나선 구조는 풀린다. DNA에서는 초나선 구조가 풀리기 위해서 한쪽 가닥만 끊어도 충분한데 그 이유는 다른 쪽 가닥은 자유롭게 회전할 수 있기 때문이다.

복제분기점에서 DNA가 풀릴 때 긴장을 해소할 방법이 없다면 음성 초나선이 아닌 양성 초나선이 생겼을 것이다. 그것은 DNA 복제가 사슬을 끊지 않고 계속해서 DNA를 풀기 때문에 나머지 부분의 DNA가 그 만큼 더 꼬여야 되는 것을 의미한다. 따라서 양성 초나선이 생기게 된다. 그림 20.20의 복제분기점 앞에 있는 둥근 화살표는 이 과정을 그림으로 나타낸 것이다. 화살표 방향으로 DNA가 회전하면 어떻게 화살표 뒤쪽의 DNA 사슬은 풀어지고, 앞쪽의 DNA 사슬은 더 꼬이는지에 주목하라. 손가락을 복제분기점 바로 뒤의 DNA에 넣고 분기점이 움직이는 방향으로 움직여 DNA 가닥을 벌린다고 상상해 보면, 이로 인해 DNA가 원형 화살표 방향으로 더 회전하게 되어 DNA 이중나선은 더 꼬이게 될 것이다. 그리고 이렇게 DNA에 생긴 과도한 긴장 때문에 손가락을 움직이기가 더욱 힘들게 될 것이다. 이렇듯 복제분기점에서 DNA가 풀리는 현상은 양성 초나선 긴장을 유도하게 되는데 DNA 복제

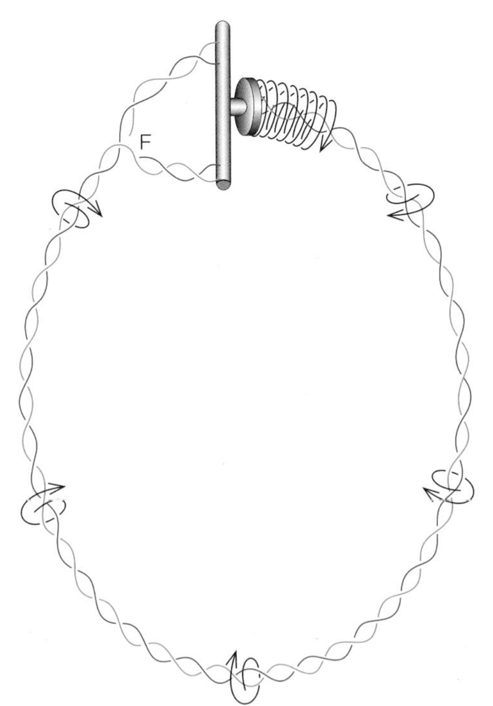

그림 20.20 케언스의 선회 개념. 폐쇄 원형의 DNA가 복제하기 위해서는 두 가닥이 복제분기점(F)에서 분리되어야 한다. 이 풀림에 의한 긴장은 선회기작에 의해 해소될 수 있다. 케언스는 실제로 선회를 능동적으로 회전하여 복제분기점에서 DNA의 풀림을 유도하는 기구처럼 상상했다.

가 지연되지 않기 위해서는 지속적으로 긴장을 완화시켜야만 한다. 고무줄이 세게 감겨 있을수록 꼬는 것이 더 힘들어지는 것을 생각하면 잘 이해할 수 있을 것이다. 이론적으로 이러한 긴장을 풀어 주는 효소는 어떤 것이라도 선회 작용을 할 수 있다. 그러나 실제로는 대장균의 DNA 위상이성질화효소 중 DNA 자이레이즈만이 DNA 복제 과정 중에 이런 기능을 담당하는 것으로 보인다.

위상이성질화효소는 작용할 때 DNA를 절단하는 방식에 따라 분류된다. 첫 번째 종류[**I형 위상이성질화효소**(type I topoisomerase), 예: 대장균의 위상이성질화효소 I]는 일시적으로 단일가닥을 자르며, 두 번째 종류[**II형 위상이성질화효소**(type II topoisomerase), 예: 대장균의 DNA 자이레이즈]는 DNA의 두 가닥을 모두 절단하고 다시 연결할 수 있다. 대장균의 위상이성질화효소 I은 왜 DNA 복제에 필요한 회전을 일으키는 기능을 하지 못할까? 이 효소는 음성 초나선은 풀 수 있어도 DNA 복제 시에 분기점 앞에 생기는 양성 초나선은 풀어줄 수 없기 때문이다. 이 계열의 효소에 의해 생긴 DNA의 절단 부위는 어느 방향으로나 자유롭게 회전하지는 못한다. 반면에 DNA 자이레이즈는 폐쇄 원형 DNA에 음성 초나선을 만들어 결국 양성 초나선이 형성되는 경향을 줄일 수 있다. 그러므로 이것은 선회 작용을 할 수 있다.

모든 위상이성질화효소 I이 양성 초나선 DNA를 풀 수 없는 것은 아니다. 진핵생물과 고생물의 위상이성질화효소 I(진핵세포의 위상이성질화효소 I과 유사한 것)은 원핵세포 생물의 위상이성질화효소 I과는 다른 기작을 사용하여 양성 초나선과 음성 초나선을 모두 풀 수 있다.

DNA 자이레이즈가 DNA 복제에 결정적인 역할을 한다는 것은 여러 증거를 통해 알 수 있다. 첫째는 DNA 자이레이즈의 두 폴리펩티드를 만드는 유전자에 돌연변이가 생기면 세포가 살지 못하며 DNA 복제도 불가능하다는 것이다. 둘째는 노보바이오신(novobiocin), 카우머마이신(coumermycin), 날리딕신산(nalidixic acid) 같은 항생제는 DNA 자이레이즈의 기능을 저해함으로써 복제 역시 억제한다는 사실이다.

(1) II형 위상이성질화효소의 활성기작

마틴 겔럿(Martin Gellert) 등은 1976년 처음으로 DNA 자이레이즈를 정제하였다. 정제 동안 효소활성을 검출해 내기 위해 그들은 풀려 있는 원형의 DNA(이 장의 초반에 논의하였던 colEI 플라스미드)에 초나선 꼬임을 만들어 내는 능력을 측정했다. 그들은 ATP와 함께 다양한 양의 DNA 자이레이즈를 첨가하였다. 1시간 후에 DNA를 전기영동하여 자외선에서 형광을 내도록 브롬화에티듐으로 염색했다.

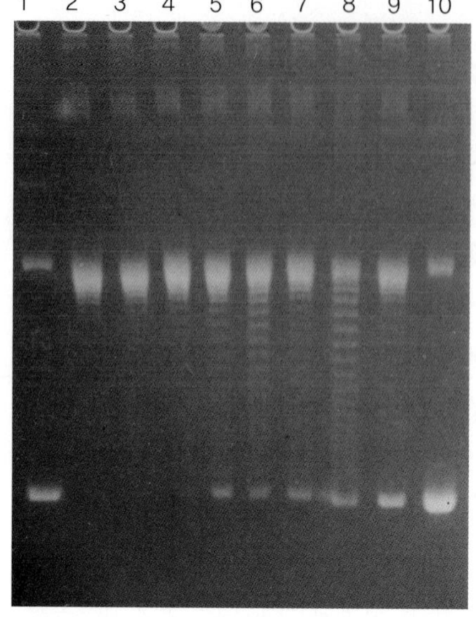

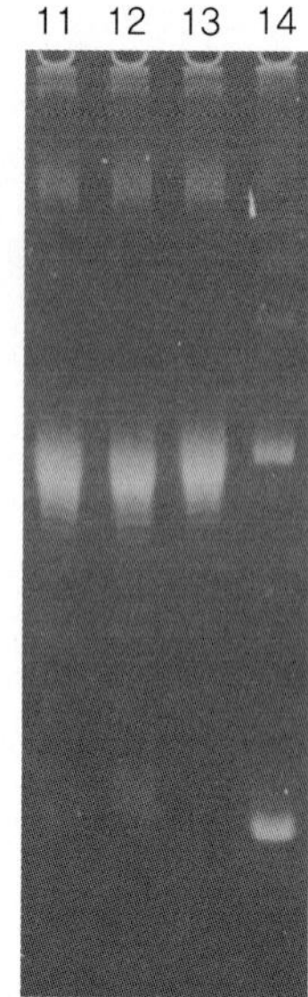

그림 20.21 DNA 위성이성질화효소의 활성도 측정. 겔럿 등은 풀려진 원형의 ColE1 DNA를 양을 달리한 DNA 자이레이즈와 섞고 여기에 ATP와 스퍼미딘(spermidine), 그리고 염화마그네슘을 첨가하여 반응시켰다. 1번 레인, 세포에서 분리한 초나선의 ColE1 플라스미드. 2번 레인, DNA 자이레이즈가 없다. 3~10번 레인, DNA 자이레이즈가 각각 24ng, 48ng, 72ng, 96ng, 120ng, 120ng, 240ng, 360ng이 첨가되었다. 11번 레인, ATP를 빼고 반응시킴. 12 레인, 스퍼미딘을 빼고 반응시킴. 13번 레인, 염화마그네슘을 빼고 반응시킴. 14번 레인, 초나선형의 ColE1 DNA를 ATP가 없는 상태에서 240ng의 자이레이즈와 반응시킴. (출처: Gellert, M., K. Mizuuchi, M.H. O'Dea, and H.A. Nash, DNA gyrase: An enzyme that introduces superhelical turns into DNA. *Proceedings of the National Academy of Sciences USA* 73 (1976) fig. 1, p. 3873.)

그림 20.21은 이런 정량법의 결과물 하나를 예시한 것이다. 자이레이즈가 없거나(2번 레인) ATP가 없는 상황(11번 레인)에서는 이동도가 낮은 풀려진 형태의 플라스미드 만을 볼 수 있다. 반면 DNA 자이레이즈를 점점 더 첨가할수록(3~10번 레인) 더 많은 초나선 꼬임을 가진 플라스미드들을 관찰할 수 있다. DNA 자이레이즈의 양이 중간 정도일 때 중간 형태의 플라스미드들이 띄엄띄엄 나타나는데, 각 띠들은 서로 다른 정수배의 초나선 꼬임수를 가진 플라스미드들이다.

이 실험은 DNA 자이레이즈가 활성을 가지는 데 ATP가 필요함을 증명해 주고 있으며, 실제로 효소는 모든 인산디에스테르결합을 끊고 새로 만드는 데 소모될 것이라고 추정되는 양보다 훨씬 적은 양의 ATP를 사용한다. 이렇게 적은 양의 에너지를 필요로 하는 이유는 물 분자가 아니라 자이레이즈 자체가 DNA 결합을 끊는 매개자 역할을 담당하여 공유결합의 효소-DNA 중간체를 형

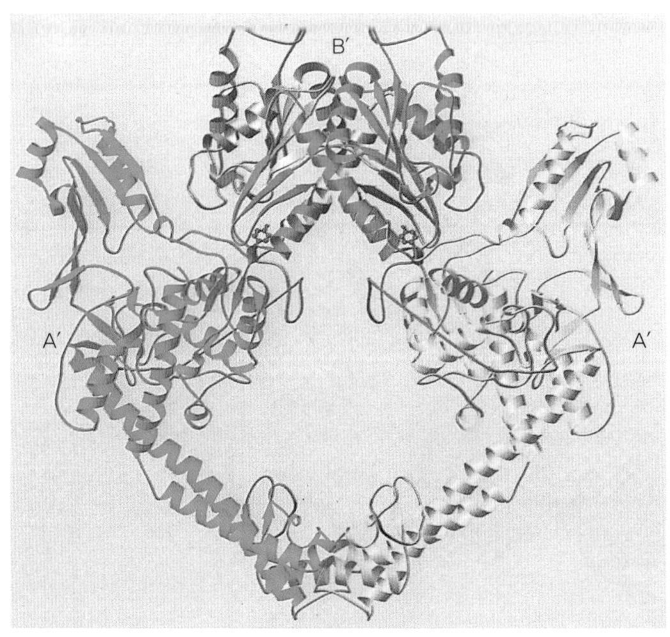

2량체 계면

그림 20.22 효모의 위성이성질화효소 II의 결정구조. 왼쪽에 있는 단량체는 초록색과 주황색으로 표시되었고, 오른쪽에 있는 단량체는 노란색과 파란색으로 표시되었다. 각 단량체에서 원핵세포 효소의 A 소단위체에 해당하는 영역은 초록색과 노란색으로(A′으로 표시), B 소단위체에 해당하는 영역은 주황색와 파란색으로(B′으로 표시) 나타내었다. B′영역은 ATP 분해효소의 활성을 가지고 있고 효소의 위쪽 턱을 구성한다. 그리고 A′ 영역은 아래쪽 턱을 구성하고 있다. 턱들은 이 그림에서는 닫혀 있다. 활성화부위의 티로신 잔기는 반응이 진행되는 동안 DNA에 연결되고 A′ 영역과 B′ 영역 사이의 공간 근처에 위치한 분홍색 6각형으로 표시되어 있다. 2량체끼리의 주된 접촉부위는 아래쪽에 표시되어 있다. (출처: Adapted from Berger, J.M., S.J. Gamblin, S.C. Harrison, and J.C. Wang, Structure and mechanism of DNA topoisomerase II. *Nature* 379:231, 1996.)

성하기 때문이다. 이 중간체는 DNA 인산디에스테르결합에 있는 에너지를 보존하고, 이 에너지는 DNA 끝이 다시 결합하고 효소가 떨어질 때 재사용된다.

효소-DNA 결합의 존재에 대한 증거는 무엇인가? 제임스 왕(James Wang) 등은 절단과 재결합의 주기가 이루어지고 있는 중간에 효소를 변성시킴으로써 DNA-자이레이즈 복합체를 고정하였는데 이때 DNA는 양쪽 가닥에 틈이 있었고, 4개의 염기쌍이 엇갈리게 배치되어 있었으며, 자이레이즈는 각각의 돌출된 DNA의 말단에 공유결합으로 연결되어 있었다. 1980년에 왕 등은 DNA와 자이레이즈 사이의 공유결합이 효소에 있는 티로신 잔기를 통해 이루어진다는 것을 밝혀냈다. 그들은 [^{32}P]DNA와 DNA 자이레이즈를 반응시켰고 앞에서와 같이 변성기법을 이용해 DNA-자이레이즈 복합체를 고정하여 그 복합체를 분리하였다. 그들은 복합체에 있는 DNA를 핵산분해효소를 이용해 완전히 분해하였고 그 결과 [^{32}P] 표지된 효소를 분리해낼 수 있었는데 A 소단위체에 방사선 표지가 되었음을 알 수 있었다. (DNA 자이레이즈는 다른 모든 원핵세포성 DNA 위성이성질화효소 II와 같이 2개의 서로 다른 소단위체들의 4량체이다. 즉, A_2B_2 형태이다.)

효소의 A 소단위체에 ^{32}P가 표지되었다는 현상은 이 소단위체에 있는 아미노산 중 하나를 이용해 이 소단위체가 [^{32}P]DNA에 연결되었다는 것을 말하고 있다. 효소에 있는 어떤 아미노산이 DNA에 연결되었을까? 왕 등은 표지된 A 소단위체를 끓는 염산에서 완전히 절단시켜 구성 아미노산으로 완전히 분해하여 표지된 아미노산을 순수분리했는데, 그 결과 인산화된 티로신이 분리되었다. 따라서 효소는 각 A 소단위체에 있는 티로신 잔기를 통해 공유결합으로 DNA에 연결된다.

DNA 자이레이즈와 다른 DNA 위성이성질화효소 II가 어떻게 음성 초나선 꼬임을 DNA에 도입하는 일을 수행하는가? 가장 간단한 설명은 이들이 이중나선의 한 부분이 다른 부분을 관통하도록 만든다는 것이다. 그림 20.22는 X-선 결정분석을 통해 얻은 효모의 위성이성질화효소 II 구조를 나타낸 것이다. 모든 진핵세포 생물의 위성이성질화효소 II와 같이 이 효소도 동일한 소단위체의 2량체이고 각 단량체는 박테리아 위성이성질화효소 II의 A, B 소단위체에 해당하는 영역을 가지고 있다. 효모의 위성이성질화효소 II는 하트 모양의 단백질로 2개의 초승달 모양의 단량체로 구성되어 있다. 단백질은 이중 턱 구조를 가진 것으로 볼 수 있으며 하나의 턱은 위쪽에, 나머지 턱은 아래쪽에 위치해 있다.

그림 20.23은 2개의 턱이 DNA 조각을 통과시키는 데 어떻게 협동적으로 작용하는지를 보여 주고 있다. 위쪽의 턱은 **G-분절**(G-segment)이라 불리는 하나의 DNA 분절에 붙는데, G-분절은 다른 분절이 통과하는 문을 가지고 있다. 그다음 ATP에 의한 활성화에 의해 위쪽 턱이 **T-분절**(T-segment)이라 불리는 다른 DNA 조각에 결합하는데, 이것은 G-분절을 관통하여 이동하기 때문에 T-분절이라 불린다. 2개의 분절은 서로 수직으로 위치하며, 효소는 G-분절을 절단하여 문을 만들고 T-분절이 아래쪽 문으로 통과하여 빠져나온다.

20.3. DNA 손상과 회복

DNA는 여러 가지 요인에 의해 손상될 수 있는데, 이 손상이 치료되지 않으면 DNA 염기서열의 변화인 돌연변이로 이어질 수 있

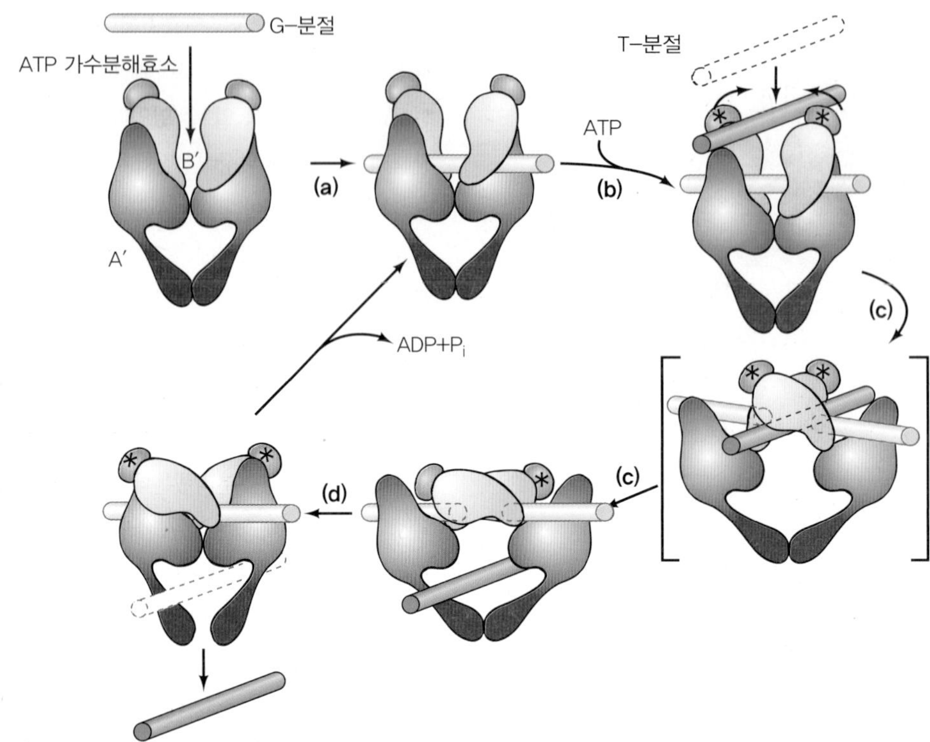

그림 20.23 위성이성질화효소 II 반응에서 분절–통과 단계의 모델. 효소의 결정구조와 다른 증거들에 기초하여 왕 등은 다음과 같은 모델을 제안하였다. **(a)** 효소의 위쪽 턱이 열리고 DNA의 G–분절에 결합한다. G–분절은 끊어져서 문을 만들고 다른 DNA 분절이 그 문을 통과할 수 있게 된다. 이 결합은 효소에 구조적 변화를 유발하여 B′ 영역의 활성화부위에 있는 티로신 잔기가 DNA를 공격할 수 있는 위치로 옮겨지게 된다. **(b)** 각 위쪽 턱에 있는 ATP 분해효소 영역은 ATP와(별표로 표시되어 있음) 결합한다. 그리고 위쪽 턱은 DNA T–분절과 결합한다. T–분절은 G–분절을 관통하여 이동될 것이다. **(c)** 이론적인 중간체(괄호 안에 있는)를 포함한 일련의 구조적 변화를 통하여 활성화부위는 DNA G–분절을 끊고 T–분절이 통과하여 아래쪽 턱으로 이동하도록 만든다. 단계 (c)에서 앞에 있는 B′ 영역은 색을 없애서 뒤에 있는 DNA가 보이도록 하였다. **(d)** 아래쪽 턱이 열려서 T–분절을 방출하고 G–분절은 다시 연결된다. (e) 효소는 결합한 ATP를 가수분해하고 효소를 다시 다른 T–분절을 받아들일 수 있는 상태로 되돌려 분절–통과 과정을 반복할 수 있도록 한다. (출처: Adapted from Berger, J.M., S.J. Gamblin, S.C. Harrison, and J.C. Wang, Structure and mechanism of DNA topoisomerase II. *Nature* 379:231, 1996.)

다. DNA 손상은 돌연변이를 유도하기는 하지만 돌연변이와 같은 것은 아니다. DNA 손상은 DNA의 단순한 화학적 변화이나 돌연변이는 염기쌍의 변화이다. 예를 들어 G–C쌍이 에틸–G–C쌍으로 바뀐 것은 DNA 손상이지만 다른 일반적인 염기쌍(A–T, T–A, C–G)으로 바뀐 것은 돌연변이이다. 만일 특정한 종류의 DNA 손상이 돌연변이를 일으키는 경향이 있다면 이것을 **유전독성**(genotoxic)이 있다고 한다. 실제로 아래에서 에틸–G는 DNA 복제 과정 중 C가 아니라 T와 잘못 짝지어지는 경향이 있기 때문에 유전독성이 있음을 보게 될 것이다. 이런 일이 일어나고 한 번 더 복제가 진행되면 잘못 삽입된 T 반대편에 A가 삽입되어 G–C 염기쌍이 A–T 염기쌍으로 바뀌게 되는 진짜 돌연변이가 생기게 된다. 이러한 예는 DNA 손상이 돌연변이로 바뀌는 과정에서 DNA 복제가 중요하다는 것을 보여 준다.

이제 DNA 손상의 일반적인 두 가지 예인 알킬화제에 의한 염기의 변형과 자외선에 의한 피리미딘 2량체(pyrimidine dimer)를 보도록 하자. 그 다음에 박테리아와 진핵생물들이 이러한 손상에 대처하는 기작을 알아볼 것이다. 이런 기작의 대부분에는 DNA 복제과정이 포함되어 있다.

1) 염기의 알킬화에 의한 DNA 손상

우리 주변의 어떤 물질(자연물이든 합성물이든)들은 전자친화적(electrophilic), 즉 전자(또는 음전하)를 좋아하는 성질을 가졌다. 그래서 **전자친화물**(electrophile)들은 다른 분자의 음전하가 모여 있는 곳을 찾아 결합하려고 한다. 또한 다른 여러 종류의 물질들은 몸속에서 대사를 거쳐 전자친화적 화합물이 된다. 생물에서 가장 분명하게 음전하를 많이 띠고 있는 물질은 DNA이다. 모든 뉴클레오티드는 인산디에스테르결합에 완전한 하나의 음전하를, 그리고 염기 부분에 부분적인 음전하를 가지고 있다. 전자친화물들이 이러한 음전하를 만나면 그들을 공격하여, 대개 알킬기라 불리는 탄소를 포함한 잔기를 결합시킨다. 그래서 이 과정을 **알킬화**

(alkylation)라 부른다.

그림 20.24는 DNA의 음전하 부위들을 보여 주고 있다. 인산디에스테르결합을 제외하고 알킬화제들에 가장 공격받기 쉬운 부위는 구아닌의 N7과 아데닌의 N3이지만 다른 여러 부위에도 가능하며 알킬화제에 따라 선호하는 표적이 다르다.

이들 DNA 부위에 대한 알킬화의 결과는 무엇일까? 두 가지 주요 표적인 구아닌 N7과 아데닌 N3을 생각해 보자. 구아닌 N7의 알킬화는 표적 염기들의 염기쌍 성질을 변화시키지는 않아 대체로 무해하다. 그러나 아데닌 N3의 알킬화는 다른 어떤 염기와도 쌍을 이룰 수 없는, 즉 **비암호화 염기**(noncoding base)인 3-메틸 아데닌(3-methyl adenine, 3mA)을 만들어 내기 때문에 매우 심각한 결과를 초래한다. DNA 중합효소는 3mA을 포함하는 어떤 염기쌍도 옳다고 인식할 수 없기 때문에 3mA 지점에서 멈추어 DNA 복제가 중단된다. 이런 DNA 복제의 중단은 세포를 죽일 수 있기 때문에 이것을 **세포독성**(cytotoxic)이 있다고 부른다. 반면에 이 장의 뒷부분에서 다루겠지만 이렇게 중단된 복제는 손상의 수선 없이도 재개될 수 있다. 그러나 이러한 재개는 실수가 생기기 쉽고 따라서 돌연변이로 연결될 수 있다.

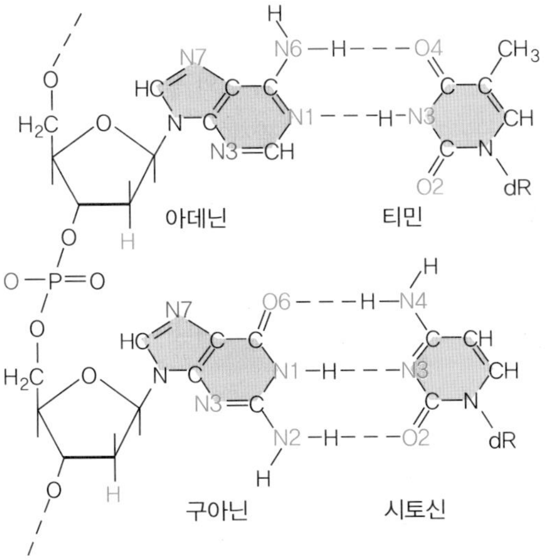

더욱이 염기쌍에 관여하는 모든 질소와 산소 원자들(그림 20.24)은 알킬화되어 직접적으로 염기쌍 형성을 파괴하여 돌연변이를 일으킬 수 있다. 가장 많이 돌연변이를 유도하는 알킬화의 표적은 구아닌 O6 부위이다. 이곳은 알킬화제들에 의해 공격받는 빈도는 낮지만, 일단 알킬화된 산물은 시토신보다 티민과 염기쌍을 형성하기 때문에 돌연변이로 이어질 확률이 매우 높다. 에틸기(CH_3CH_2)를 DNA에 붙이는 돌연변이 유발원으로 실험실에서 일반적으로 사용하는 에틸메탄 술포네이트(ethylmethane sulfonate, EMS)에 의한 구아닌 O6의 알킬화를 예로 들어보자(그림 20.25). 구아닌 O6의 알킬화는 구아닌의 토토머형(tautomeric form, 이중결합 패턴)을 변화시켜 티민과 염기쌍을 이루도록 하는데 이것은 G-C 염기쌍을 A-T쌍으로 바꾸어 버린다.

많은 **발암원**(carcinogen), 즉 암 유발물질은 DNA를 공격하여 알킬화시키는 전자친화족(electrophile)이다. 방금 살펴보았듯이 이들은 돌연변이를 유발할 수 있다. 세포분열을 조절하거나 또는 영향을 미칠 수 있는 유전자에 돌연변이가 생기면 세포의 복제에 대한 조절을 잃게 하여 암세포로 변화시킬 수 있다.

그림 20.24 DNA에서 전자가 많은 부분. 전자친화물에 의해 가장 많이 공격받는 표적들은 인산, 구아닌의 N7, 아데닌의 N3이다(빨간색). 다른 표적은 파란색으로 표시되었다.

2) 자외선에 의한 DNA 손상

자외선[Ultraviolet(UV) radiation]은 같은 DNA 가닥에서 연속된 피리미딘들을 연결시켜 **피리미딘 2량체**(pyrimidine dimer)를 만든다. 피리미딘 2량체의 80~90%는 소위 **사이클로부탄 피**

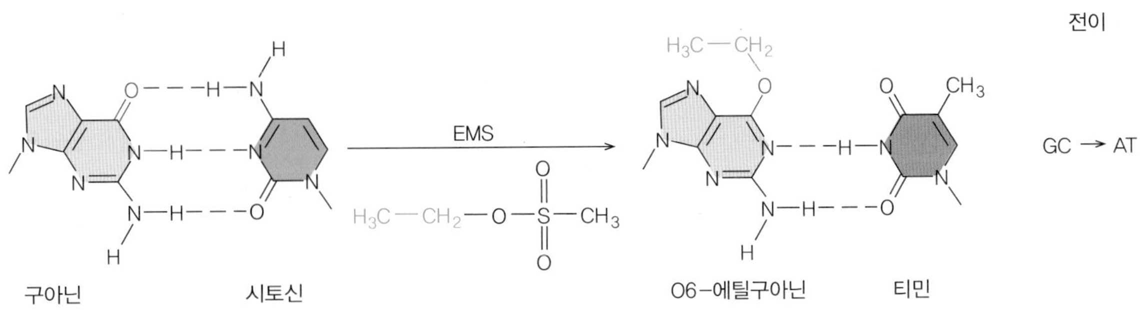

그림 20.25 EMS에 의한 구아닌의 알킬화. 왼쪽은 정상적인 구아닌-시토신 염기쌍이다. 구아닌의 자유스런 O6 산소를 주목하라(빨간색). EMS는 에틸기(파란색)를 O6 산소에 주어 O6-에틸구아닌(오른쪽)을 만드는데, 이것은 시토신 대신 티민과 염기쌍을 이룬다. 다시 한 번 복제되면 G-C쌍 대신에 A-T쌍이 만들어진다.

리미딘 2량체(cyclobutane pyrimidine dimer, CPD)라고 불리는데, 그 이유는 두 염기 사이에 사이클로부탄 고리가 형성되기 때문이다(그림 20.26). 나머지 10~20%는 **(6–4) 광화합물**[(6–4) photoproduct]이며, 한 피리미딘의 6번 탄소가 이웃한 피리미딘의 4번 탄소와 연결된다. 이 두 산물 모두 유전정보를 유지하지 못하며, 따라서 복제의 진행을 방해한다. 앞으로 보게 되겠지만 어떤 경우에는 복제기 그럼에도 불구하고 진행되어, 염기삽입의 정확도를 보장해주는 염기쌍 형성 없이 염기들이 들어가는 경우도 있다. 만일 이렇게 삽입된 염기가 틀린 것이라면 돌연변이가 생긴다.

자외선이 가지는 생물학적 중요성은 매우 크다. 그 이유는 자외선이 태양광선에 포함되어 있어 모든 종류의 생명체가 자외선에 일정 부분 노출되기 때문이다. 돌연변이를 일으킬 수 있는 자외선의 성질이 태양광선이 피부암을 일으키는 이유가 된다. 태양광선의 자외선은 피부세포 속의 DNA에 손상을 주는데, 이것이 돌연변이를 유발하여 어떤 경우에는 그 세포들이 조절 받지 않고 분열하게 만든다.

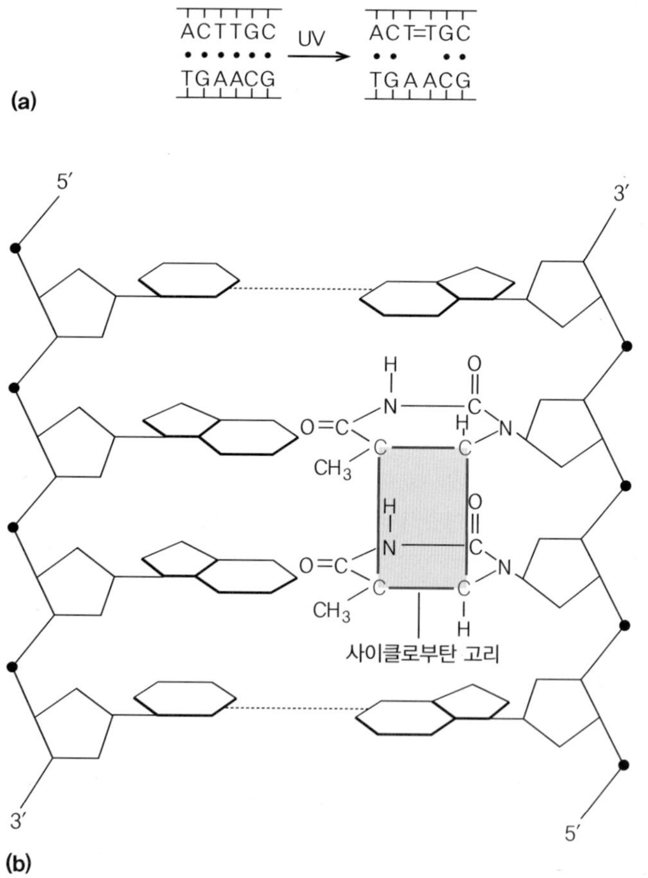

자외선의 위험성을 생각해 볼 때 대기 상층부의 오존층이 대부분의 자외선을 흡수한다는 사실은 우리에게 매우 다행한 일이다. 하지만 과학자들은 이 보호막에 구멍이 뚫리고 있음을 경고하고 있는데 이것은 남극 상공에서 가장 뚜렷하다. 이러한 오존 구멍의 원인은 아직 명확하지 않지만, 아마도 에어컨이나 플라스틱에서 전통적으로 사용되고 있는 화합물이 대기 중으로 방출되기 때문인 것으로 추정된다. 이 오존층의 파괴를 중단시키지 못하는 한, 우리는 피부암을 비롯한 자외선의 피해에 고통당할 수밖에 없을 것이다.

그림 20.26 피리미딘 2량체. (a) 자외선은 위 가닥에 있는 두 피리미딘 염기들(이 경우엔 티민)을 이어 준다. 이것이 DNA를 비틀어 이 두 염기들은 더 이상 그들의 아데닌 짝과 결합하지 못한다. (b) 두 피리미딘들을 연결하는 두 결합이 4개로 구성된 사이클로부탄 고리(cyclobutane ring)를 만든다(분홍색).

3) 감마선과 X–선에 의한 DNA 손상

훨씬 에너지가 큰 **감마선**(gamma ray)이나 **X–선**(X–ray)도 자외선과 마찬가지로 DNA 분자와 직접 상호 작용할 수 있다. 그러나 이들은 주로 분자들, 특히 DNA 주위의 물 분자들을 이온화시켜 DNA에 손상을 가한다. 이것은 짝지어지지 않은 전자를 가진 화학물질인 **자유라디칼**(free radical)을 만들어 낸다. 이 자유라디칼들, 특히 산소를 포함하고 있는 것들은 엄청나게 활동적이어서 즉시 주위의 분자들을 공격한다. 자유라디칼들이 DNA를 공격하면 한 염기가 바뀔 수도 있지만 단일가닥이나 이중가닥 절단을 만들어낼 수 있다.

DNA 염기는 적어도 20종류의 산화적 손상을 받을 수 있는데, 이러한 손상은 이온화 방사선(ionizing radiation)에 의해 유도되는 활성산소종(reactive oxygen species) 또는 일반적인 산화 대사물들에 의해 유발될 수 있다. 산화적 손상을 받은 DNA의 염기로 가장 잘 알려진 것은 **8–산화구아닌**(8–oxoguanine, oxoG)으로, **8–히드록시구아닌**(8–hydroxyguanine)으로도 불린다(그림 20.27). 박테리아와 진핵생물의 DNA 중합효소는 oxoG를 티민으로 잘못 인식하여 시토신 대신에 아데닌을 삽입시켜 oxoG–A 결합이 형성된다. 이 염기쌍의 두 염기들은 제거되지 않으면 다음 복제 시에 또 다시 돌연변이를 유발할 수 있어 둘 다 유전독성이 있다.

단일가닥 절단은 손상된 가닥의 끝을 다시 붙임으로써 쉽게 회

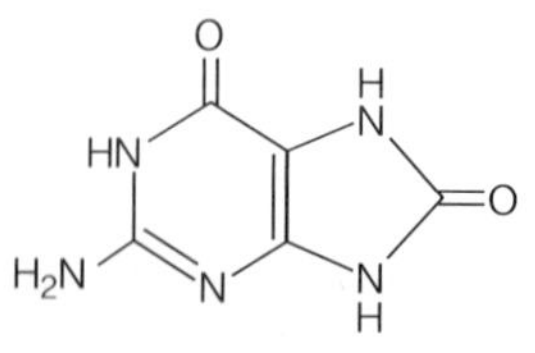

그림 20.27 8–산화구아닌(8–히드록시구아닌).

복되기 때문에 그다지 문제가 심각하지 않지만, 이중가닥 절단은 제때에 수선하기가 매우 어렵기 때문에 대개의 경우 계속 남아 있게 되는 돌연변이를 일으킨다. 이온화 방사선은 염색체의 절단을 일으킬 수 있기 때문에 단지 돌연변이를 일으키는 물질로뿐만 아니라 절단자를 의미하는 **클라스토젠**(clastogen)으로도 불린다.

4) 직접적인 DNA 손상 되돌리기

DNA 손상에 대응하는 한 가지 방법은 수선하거나 손상되지 않은 원래 상태로 되돌리는 것이다. 이것을 하기 위해서 두 가지 기본적인 방법이 있다. ① 직접적으로 손상을 복구하거나, ② 손상된 부위를 제거하고 새 DNA 조각으로 채우는 것이다. 일단 대장균 세포가 직접 DNA 손상을 되돌리는 두 가지 방법부터 살펴보자.

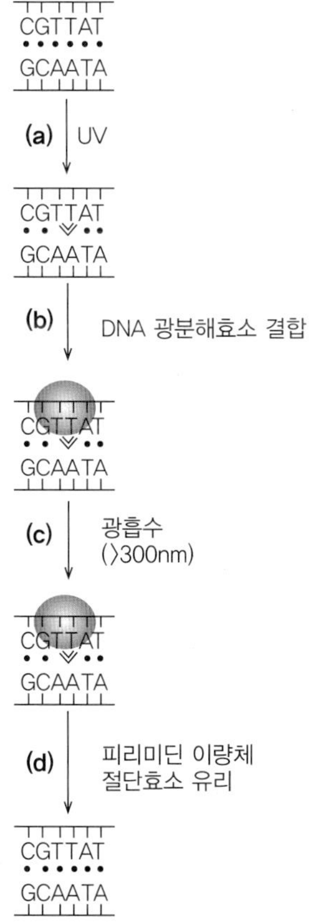

그림 20.28 광재활성의 모델. (a) 자외선 조사는 피리미딘 2량체의 생성을 일으킨다. (b) DNA 광분해효소(빨간색)가 DNA의 손상부위에 결합한다. (c) 효소가 가시광선에서 근자외선 사이의 빛을 흡수한다. (d) 효소가 2량체를 절단하고 수선된 DNA로부터 떨어져 나온다.

1940년대 후반 알버트 켈너(Albert Kelner)는 *Streptomyces*에서 자외선에 의한 DNA 손상의 회복에 있어 온도의 영향을 알아보려 노력하고 있었다. 그러나 그는 같은 온도에 보관된 어떤 박테리아 포자에서는 손상이 훨씬 더 빨리 회복됨을 감지했다. 분명히 온도 외에 다른 요인이 작용하고 있는 것이었다. 마침내 켈너는 손상이 가장 빨리 고쳐진 포자는 실험실 창문에서 직접적으로 빛에 노출된 채 보관된 것이라는 것을 발견했다. 대조군으로 포자들을 어두운 곳에 보관했을 때는 수선이 일어나지 않은 것을 알았다. 레나토 둘베코(Renato Dulbecco)는 자외선에 손상된 파지에 감염된 박테리아에서도 같은 현상을 관찰했다. 대부분의 생명체에서는 **광재활성**(photoreactivation) 또는 **광 회복**(light repair)이라 불리는 중요한 DNA 수선기작을 공유하고 있는 듯이 보인다. 하지만 인간을 포함한 태반 포유류는 이 경로를 가지고 있지 않다.

광재활성이 **광재활효소**(photoreactivating enzyme) 또는 **광분해효소**(photolyase)라 불리는 효소에 의해 일어난다는 사실이 1950년대 후반에 밝혀졌다. 실제로는 **CPD 광분해효소**(CPD photolyase)와 **(6-4) 광분해효소**[(6-4) photolyase]라고 불리는 두 종류의 다른 효소가 각각 CPD와 (6-4) 광생성물의 수선을 촉매한다. CPD 광분해효소의 작용 기작이 그림 20.28에 나타나 있다. 첫째로, 효소가 DNA 손상부위(피리미딘 2량체)를 인지하고 결합한다. 그리고 효소가 UV-A에서 파란색까지의 스펙트럼에 해당하는 빛을 흡수하여 피리미딘 2량체를 이루고 있는 결합을 끊는다. 이는 각 피리미딘을 원래의 염기로 되돌린다. 마지막으로, 효소가 DNA로부터 떨어지며 손상이 치유된다.

대장균에서 사람에 이르는 생물체는 또 다른 종류의 손상(구아닌 O6의 알킬화)을 직접 회복시킨다. DNA가 메틸화나 에틸화되면 **O6-메틸구아닌 메틸전달효소**(O6-methylguanine methyl transferase)라는 효소가 그 손상을 회복시킨다. 이는 그림 20.29처럼 직접 메틸기나 에틸기를 받아들임으로써 일어난다.

알킬기와 결합하는 효소의 부위는 시스테인 잔기의 황 원자이다. 엄밀히 말하면, 메틸전달효소는 효소의 정의 중 한 가지, 즉 반

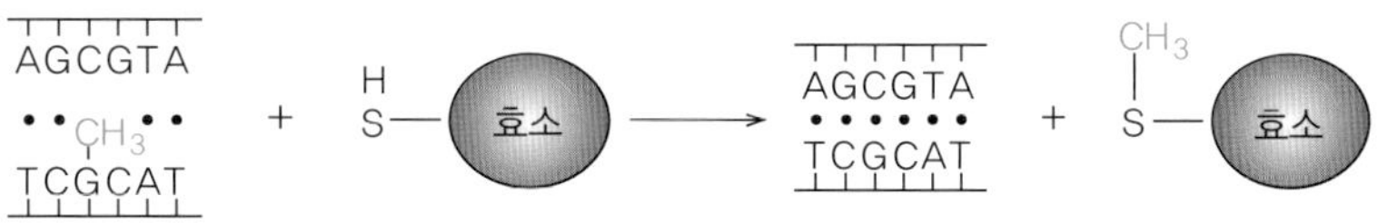

그림 20.29 O6-메틸구아닌 메틸전달효소의 기작. 효소의 황 잔기가 DNA의 구아닌으로부터 메틸기(파란색)를 받아들여 효소가 불활성화된다.

응 이후에 변화 없이 복원된다는 것을 만족시키지 못한다. 그 대신에 이 단백질은 비가역적으로 불활성화되며, 따라서 그 기능을 잃는다는 점에서 이를 자살 효소라고 부른다. 이 회복 과정은 각 회복 사건마다 단백질 1개가 필요하므로 매우 비용이 많이 든다.

O6-메틸구아닌 메틸전달효소의 또 다른 성질은 주목할 만하다. 이 효소는 적어도 대장균에서는 DNA 알킬화에 의해 발현이 유도된다. 이는 알킬화 인자에 이미 노출된 박테리아는 그러한 인자에 처음으로 노출된 세포보다 DNA 손상에 대한 저항성이 크다는 것을 의미한다.

5) 절제회복

직접적인 회복에 의해 다루어지는 DNA 손상의 비율은 매우 적다. 대부분의 손상은 피리미딘 2량체나 O6 알킬구아닌을 포함하지 않으므로 다른 기작에 의해 수선되어야 한다. 이들은 대부분 **절제회복**(excision repair)이라는 기작에 의해 제거된다. 먼저 손상된 DNA가 제거되고 그다음에 새로운 DNA로 대체되는데, 이때 염기 절제회복과 뉴클레오티드 절제회복이라는 두 가지 기작 중 하나의 방법이 사용된다. 염기 절제회복이 보다 일반적이며, 주로 세포 내 요인에 의해 유발되는 화학적 변형 등과 같은 DNA 염기의 작은 변화들에 작용한다. 뉴클레오티드 절제회복은 보통 DNA 이중나선의 구조를 변화시키는 염기의 심각한 변화에 대해 작용한다. 이러한 변화들은 대개 세포 바깥으로부터 유입되는 돌연변이 인자에 의해 나타나는 경향이 있다. 이러한 손상의 좋은 예는 자외선에 의해 일어나는 피리미딘 2량체이다.

(1) 염기 절제회복

염기 절제회복(base excision repair, BER)에서 손상된 염기는 **DNA 글리코실가수분해효소**(DNA glycosylase)라는 효소에 의해 인지된다. 이 효소는 손상된 염기의 염기쌍 형성을 끊어내어 손상된 염기가 바깥쪽으로 향하도록 DNA를 뒤틀어주며, 손상된 염기와 그 당 사이의 **글리코시드 결합**(glycosidic bond)을 끊어 준다(그림 20.30). 그 결과 퓨린이나 피리미딘 염기가 없는 당 부위인 **탈퓨린 부위**(apurinic site) 또는 **탈피리미딘 부위**(apyrimidinic site)를 만드는데, 이 두 부위를 합쳐 **AP 부위**(AP site)라고 한다. AP 부위가 생기면 **AP 핵산내부가수분해효소**(AP endonuclease, APE1)가 이를 인지하여 AP 부위의 5′-부분을 자르거나 **틈**(nick)을 만든다. (endonuclease의 'endo'는 효소가 DNA 가닥의 끝 부분이 아니라 안쪽 부분을 자른다는 것을 의미한다. 그리스어의 *endo*는 '안쪽'을 의미한다.) 대장균에서는 DNA 인산디에스테르가수분해효소가 AP 부위의 당-인산을 제거하고 DNA 중합효소 I이 5′→3′ 방향으로 DNA를 분해하며 회복 합성을 진행하여 새로운 DNA를 채워 넣는다. DNA 중합효소는 틈을 연결할 수 없으므로 마지막에는 DNA 라이게이즈가 남아 있는 틈을 메우면서 회복 과정을 마무리한다. 많은 종류의 DNA 글리코실가수분해효소가 여러 가지 손상 염기를 인지하기 위해 진화되어 왔다. 사람은 적어도 8종류의 글리코실가수분해효소를 가지고 있다. 염기의 미세한 변형은 많은 경우 DNA 복제가 가능하지만 잘못된 염기쌍 형성을 유발하므로 BER은 돌연변이를 막는 데 매우 중요하다.

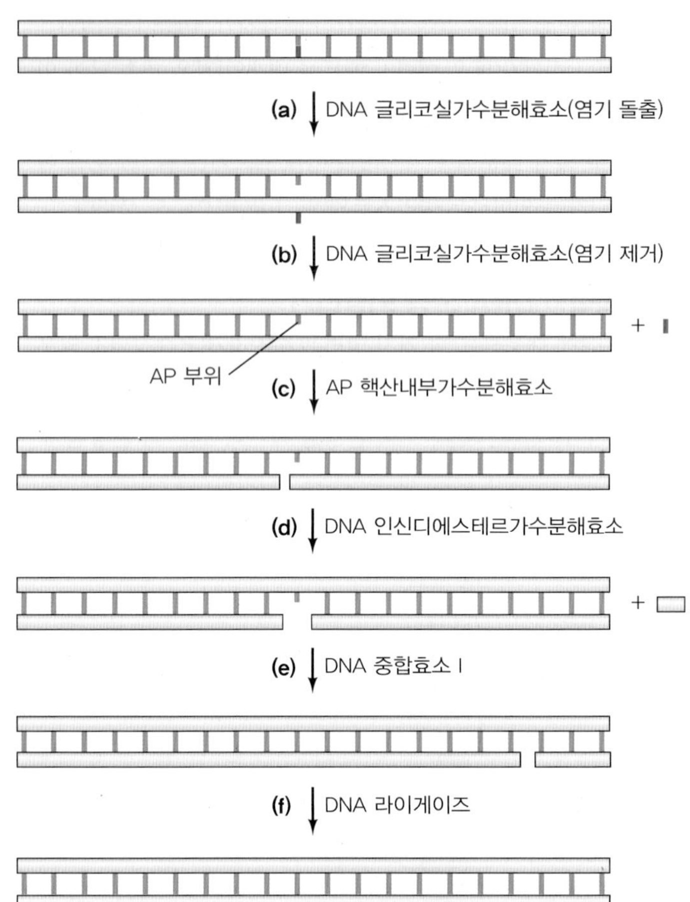

그림 20.30 대장균의 염기 절제회복. (a) DNA 글리코실가수분해효소가 손상된 염기(빨간색)를 바깥으로 돌출시킨다. (b) DNA 글리코실가수분해효소가 돌출된 염기를 제거하고, 아래쪽 DNA 가닥에 탈퓨린 또는 탈피리미딘 부위를 남겨 둔다. (c) AP 핵산내부가수분해효소가 AP 부위의 5′-에 해당하는 DNA를 잘라낸다. (d) DNA 인산디에스테르가수분해효소가 DNA 글리코실가수분해효소에 의해 떨어진 AP-디옥시리보오스-인산(오른쪽 노란색 블록)을 제거한다. (e) DNA 중합효소 I이 빈곳을 채우고 DNA를 분해시키는 동시에 대체하면서 이후의 몇 개의 뉴클레오티드를 더 합성한다. (f) DNA 라이게이즈가 DNA 중합효소에 의해 남아 있는 틈을 메운다.

진핵생물에서도 대부분의 BER은 박테리아의 BER과 비슷한

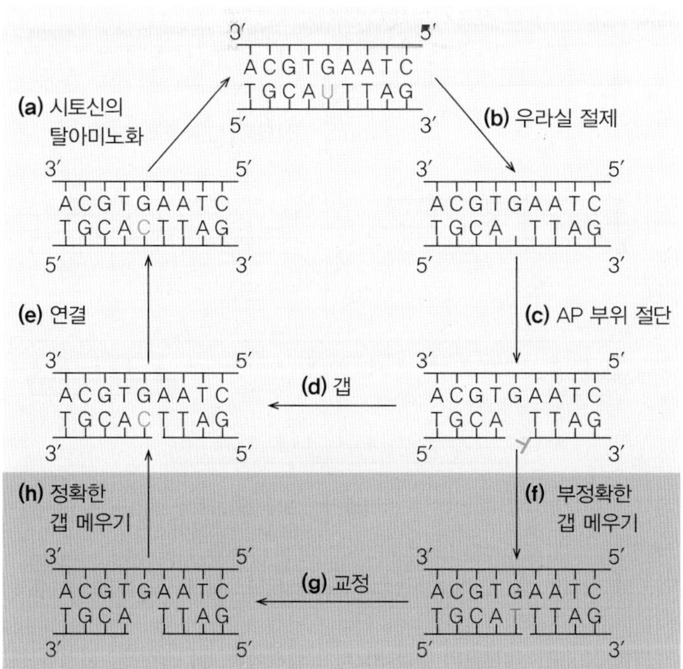

그림 20.31 인간의 BER 경로. (a) 자연적인 시토신의 탈아미노화가 아래쪽 가닥의 C(파란색)를 U(주황색)로 바꾼다. (b) 글리코실가수분해효소가 우라실을 제거한다. (c) APE1은 탈피리미딘 부위의 5′-말단을 절단한다. (d) DNA 중합효소 β는 빈 갭을 C(파란색)로 채우고 동시에 남아 있는 당-인산 꼬리(초록색)를 제거한다. (e) DNA 라이게이즈 I이 틈을 연결하여 DNA는 정상으로 돌아간다. (f) 때로는 DNA 중합효소가 실수를 하기도 한다. 이 경우에는 C 대신에 T(빨간색)가 잘못 삽입되어 틈 왼쪽의 3′-말단에 짝이 형성되지 않는다. (g) APE1이 3′-핵산내부가수분해효소 활성을 사용해서 잘못 짝지어진 T를 제거하고 빈 갭을 남긴다. (h) DNA 중합효소 β가 G 반대편에 정확히 C(파란색)를 채워 넣는다. 이제 틀린짝은 수선되었고 DNA 라이게이즈에 의해 연결되면 정상으로 돌아간다. (출처: Adapted from Jiricny, J., An APE that proofreads. *Nature* 415 [2002] p. 593, f. 1.)

과정을 거쳐 진행되지만(그림 20.31a~e), DNA 인산디에스테르가수분해효소가 사용되지 않는다는 차이가 있다. 그 대신에 DNA 중합효소 β가 AP 부위 절단 후 생겨난 틈을 메우며 동시에 남아 있는 당-인산 조각(파란색)을 제거한다. 그러나 이러한 방법은 근본적인 문제점을 지니고 있는데, 그것은 박테리아의 DNA 중합효소 I은 자체가 교정 기능을 가지고 있지만 DNA 중합효소 β는 그렇지 않다는 것이다. 이 효소는 잘못된 염기를 4,000nt당 하나 정도 만들어 내며, 이것은 교정될 방법이 없다. 이것은 그다지 나쁘게 들리지 않을지 모르나 매일 우리 유전체에 약 20,000~80,000개 정도의 손상된 염기가 만들어진다는 것을 고려하면 앞의 오류 확률은 BER이 우리 유전체에 5~20개의 돌연변이를 매일 만들어 낸다는 것을 의미한다.

다행히도 진핵세포는 이러한 문제에 대한 해결책을 가지고 있다. 2002년에 카이밍 초우(Kai-Ming Chou)와 영치 쳉(Yung Chi Cheng)은 인간의 **AP 핵산내부가수분해효소**(APE1)가 DNA 중합효소 β의 잘못을 수선하기 위해 중합효소와 함께 작용한다는 것을 보여 주었다. APE1이 원래의 핵산내부가수분해효소 활성 이외에도 3′→5′ 핵산말단가수분해효소 활성을 가지고 있다는 것이 오래 전부터 알려져 있었으나 이 활성은 의미 있는 역할을 한다고 보기에는 활성이 너무 낮았다. 초우와 쳉은 이 3′→5′ 핵산말단가수분해효소 활성이 적절히 염기쌍을 형성한 경우에는 매우 낮지만 DNA 중합효소 β에 의해 잘못 삽입된 경우 만들어지는 DNA처럼 말단 부위에 염기쌍을 형성하지 못하는 경우에는 50~150배가량 증가한다는 것을 보여 주었다(그림 20.31f).

DNA 라이게이즈 I은 그림 20.31f와 같이 말단에 잘못 짝지어진 염기쌍이 있는 경우 연결이 비효율적으로 일어난다. 실제로 그러한 기질을 연결하는 효율은 약 10% 미만이다. 만일 APE1이 실제로 DNA 중합효소 β에 의해 잘못 짝지어진 염기쌍의 수선에 참여한다면 아마도 이것이 DNA 라이게이즈와 함께 작용할 것이며, 또한 라이게이즈의 효율을 증가시킬 것이라고 예측할 수 있을 것이다. 초우와 쳉은 정제된 DNA 라이게이즈 I, DNA 중합효소 β와 APE1을 이용하여 APE1이 연결의 효율을 농도 의존적으로 10~95% 정도 증가시켜 준다는 것을 입증하였다. 그러므로 APE1은 실제로 DNA 중합효소 β 에 의해 도입된 잘못된 염기를 수선해 주는 효소인 것으로 보인다.

특별한 종류의 BER이 8-산화구아닌(oxoG)을 수선하는 데 사용되며, oxoG는 이 장의 앞에서 DNA의 산화 손상 결과 생겨난다는 것을 이미 살펴보았다. oxoG는 A와 결합하여 oxoG-A 염기쌍을 형성하며, 이 두 염기 모두 다음 복제 시에 잘못된 짝과 염기쌍을 형성하여 돌연변이를 유발할 수 있기 때문에 유전 독성을 가진다. 사람의 경우 이러한 돌연변이는 암을 유발하게 된다. 그렇지만 유기 호흡을 하는 생물들은 이 두 염기를 처리할 수 있는 기작이 진화되어 왔다.

그레고리 버딘(Cregory Verdine) 등은 2004년에 잘못 짝지어진 A를 처리하는 기작을 밝혀냈다. 이를 담당하는 효소는 박테리아의 경우에는 MutY, 사람의 경우에는 hMYH라는 **아데닌 DNA 글리코실가수분해효소**(adenine DNA glycosylase)이다. 이 효소는 oxoG와 잘못 짝을 이루고 있는 A는 제거하지만 C는 그대로 놓아두며, 또한 T와 정확히 짝을 이루고 있는 A는 제거하지 않는다. 어떻게 이들을 구별할까? MutY와 oxoG를 가지고 있는 DNA 복합체의 X-선 결정구조를 분석할 수 있다면 이러한 문제를 해결할 수 있을 것이나 이 복합체는 결정을 얻을 수 있을 정도로 안정하지가 않았다. 그래서 버딘 등은 oxoG를 가지고 있는 올리고 뉴클레오티드와 MutY 사이에 공유 이황화결합을 만들어서 복합체를 안정하게 만들었으며, 그 결과 결정을 얻을 수 있었다.

결정구조는 oxoG–A 염기쌍과 효소 사이에 밀접하고 특이적인 접촉이 있음을 보여 주었다. 또한 아데닌 염기가 튀어나와 있어서 oxoG와 접촉하지 못하고 효소의 활성부위로 들어가 있음을 보여준다. 여기에서 아데닌과 디옥시리보오스당 사이를 연결하는 글리코시딕 결합이 끊어지고 아데닌은 DNA로부터 제거된다. 반면에 일반적인 T–A 염기쌍은 이러한 밀접하고 특이적인 접촉을 하지 못하며 따라서 염기쌍은 그대로 남아 있게 된다. 또한 oxoG–C 염기쌍은 효소와 oxoG 염기 사이가 oxoG–A 쌍과 마찬가지의 접촉을 하게 되지만 시토신 염기는 바깥쪽으로 튀어나오지 않아서 효소의 활성부위로 들어가지 못하며, 따라서 제거되지 못한다.

oxoG는 어떻게 제거될까? 이 BER 과정은 **oxoG 수선 효소**(oxoG repair enzyme)라는 다른 DNA 글리코실가수분해효소에 의해 시작되는데, 이것은 oxoG와 디옥시리보오스 사이의 글리코시딕 결합을 끊어준다. 인간에서 이 효소는 hOGG1이라 불리며, oxoG–C 염기쌍을 정상적인 G–C 염기쌍과 구별해서 oxoG를 C에서 떨어뜨려 잘라낸다.

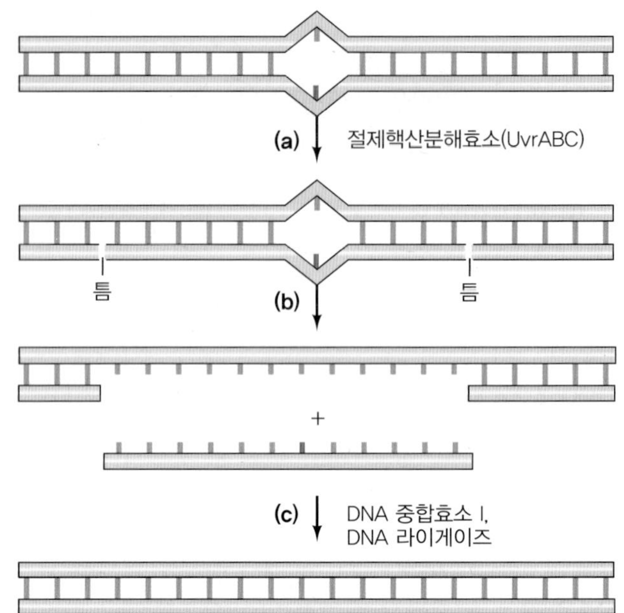

그림 20.32 대장균의 뉴클레오티드 절제회복. (a) UvrABC 절제핵산분해효소가 크게 손상된 염기(빨간색)의 양쪽을 자른다. (b) 이는 12nt 크기의 올리고뉴클레오티드를 제거한다. 만약 손상이 피리미딘 2량체이면 올리고뉴클레오티드의 크기는 12개 대신에 13개가 된다. (c) DNA 중합효소 I이 위쪽 가닥을 원형으로 하여 없어진 뉴클레오티드를 합성하고, DNA 라이게이즈가 염기 절제회복의 경우처럼 틈을 메운다.

(2) 뉴클레오티드 절제회복

피리미민 2량체를 포함하는 큰 염기 손상은 DNA 글리코실가수분해효소의 도움 없이 직접적으로 제거될 수 있다. **뉴클레오티드 절제회복**(nucleotide excision repair, NER)에서는(그림 20.32) 절제효소계가 큰 손상부위를 인식하여 손상된 부위의 양쪽을 절단함으로써 손상을 포함하는 올리고뉴클레오티드 조각을 제거한다. 대장균이 이 과정에서 이용하는 중요 효소는 uvrABC 핵산내부가수분해효소인데, 이는 각각 *uvrA*, *uvrB*, *uvrC* 유전자 산물인 3종의 폴리펩티드로 구성되어 있다. 이 효소는 손상이 하나의 염기에만 영향을 미치느냐(알킬화) 또는 2개의 염기(피리미민 2량체)를 손상시키느냐에 따라 손상된 DNA를 절단하여 12~13개의 염기 길이의 올리고뉴클레오티드를 만들어 낸다. 뉴클레오티드 절제회복을 담당하는 절제효소계의 일반적인 명칭은 **절제핵산분해효소**(excision nuclease, excinuclease)이다. 우리가 뒷부분에서 다루게 될 진핵생물의 절제핵산분해효소는 12~13개가 아닌 24~32개 길이로 올리고뉴클레오티드를 제거한다. 그 다음에 DNA 중합효소가 올리고뉴클레오티드가 제거되어 남아 있는 빈 공간을 채우고 DNA 라이게이즈가 마지막 틈을 채우게 된다.

인간의 회복기작에 관한 대부분의 정보는 DNA 회복의 선천적 장애에 대한 연구에서 얻어졌다. 이러한 회복 이상은 코케인 증후군(Cockayne syndrome)과 **색소건피증**(xeroderma pigmentosum, XP) 등의 인간 질병을 유발한다. 대부분의 XP 환자들은 햇빛에 노출되었을 때 보통 사람보다 피부암에 걸릴 확률이 수천 배 가량 높다. 실제로 이들의 피부는 피부암으로 가득 찰 수 있다. 그러나 XP 환자를 햇빛에 노출시키지 않으면 보통 사람과 거의 같은 확률로 피부암이 나타난다. XP 환자를 햇빛에 노출시키더라도 햇빛으로부터 차단된 부위의 피부는 암에 걸리지 않는다. 이 발견은 햇빛이 돌연변이 유발원임을 잘 보여 준다.

XP 환자는 왜 특히 햇빛에 민감할까? XP 세포는 NER에 결함이 있으므로 피리미딘 2량체 등과 같이 나선을 뒤트는 DNA 손상을 효과적으로 회복할 수 없다. 따라서 손상은 지속되어 돌연변이가 유발되고 궁극적으로는 암이 생기게 된다. 또한 NER은 DNA 나선의 뒤틀림을 일으키는 화학적으로 유발된 DNA 손상도 회복하는 역할도 하기 때문에 XP 환자는 화학적 돌연변이 유발물질에 대한 발암 확률도 보통 사람보다 높을 것으로 생각되는데, 실제로는 이러한 XP 환자들의 발암 확률은 정상인에 비해 아주 조금 높을 뿐이다. 이는 대부분의 DNA 손상이 나선을 뒤트는 것은 아니며 이러한 낮은 수준의 DNA 손상을 수정하기 위한 또 다른 회복

기작, 즉 BER(염기 절제회복)을 가지고 있다는 것을 의미한다. 그러나 사람에겐 광재활성계가 없기 때문에 자외선 손상을 수선하기 위한 다른 회복기작은 존재하지 않는다.

뉴클레오티드 절제회복은 진핵생물에서 두 가지 형태로 나타난다. 유전체의 모든 부분에 나타나는 손상을 수선하는 형태인 **전체 유전체 NER**(global genome NER, GG-NER)과 유전체 중 유전적으로 활성화된 부분의 전사되는 가닥에 한정된 형태인 **전사연관 NER**(transcription-coupled NER, TC-NER)이 그것이다. 이 두 가지 형태의 NER 기작은 많은 부분에서 공통점을 가지고 있지만 앞으로 살펴보게 될 것처럼 손상을 인식하는 방법에서 차이가 난다. 인간에게서 나타나는 두 가지 기작에 대해 알아보자.

(3) 전체 유전체의 뉴클레오티드 절제회복

XP 세포에서는 DNA 수선의 어떤 단계가 불완전한 것일까? 이 질문에는 적어도 8개의 답이 존재한다. 이 문제는 서로 다른 XP 환자들의 세포를 융합시켜 융합된 세포가 여전히 결함을 나타내는지 확인하는 방법으로 연구되었다. 대부분 융합된 세포는 결함을 나타내지 않으며, 두 다른 환자의 유전자들은 서로를 상호보완하였다. 이것은 각각의 환자가 서로 다른 유전자에 결함이 있다는 것을 의미한다. 지금까지 절제회복에 관련된 7개의 상보 그룹(complementation group)이 이런 방식으로 알려졌다. 거기에 더해 어떤 환자들은 변형된 형태의 XP(**XP-V**)를 가지는데, 이들은 절제회복은 정상이고 환자들의 세포는 정상세포에 비해 자외선에 약간 더 민감성을 나타낸다. 우리는 이 장의 뒷부분에서 XP-V와 연관된 유전자를 알아볼 것이다. 이러한 연구를 종합해보면 회복의 결함이 적어도 8개의 다른 유전자에서 나타날 수 있다는 것을 알 수 있다. 이들 중 7개는 절제회복에 관련되어 있으며, 이를 ***XPA–XPG***라 부른다. 대부분은 절제회복의 첫 번째 단계인 DNA 가닥의 절제 단계에 결함이 나타난다.

인간 전체 유전체 NER의 첫 번째 과정은 DNA 손상에 의해 일어난 이중나선의 뒤틀림을 인식하는 것이다(그림 20.33). 이 단계에 첫 번째로 XP 단백질(**XPC**)이 작용한다. XPC는 hHR23B라는 다른 단백질과 함께 DNA의 손상을 인지하고 결합하여 손상이 일어난 부분에 작은 DNA의 풀림을 유도한다. 이러한 DNA 풀림 과정에서의 역할은 풀려진 DNA의 작은 '방울' 내에 또는 '방울' 가까이에 손상을 지닌 주형을 사용하여 1997년에 수행된 시험관 내 연구에 의해 뒷받침되고 있다. 이러한 주형은 XPC를 필요로 하지 않으며, 이는 이 단백질의 역할이 DNA를 벌림으로 인해 이미 수

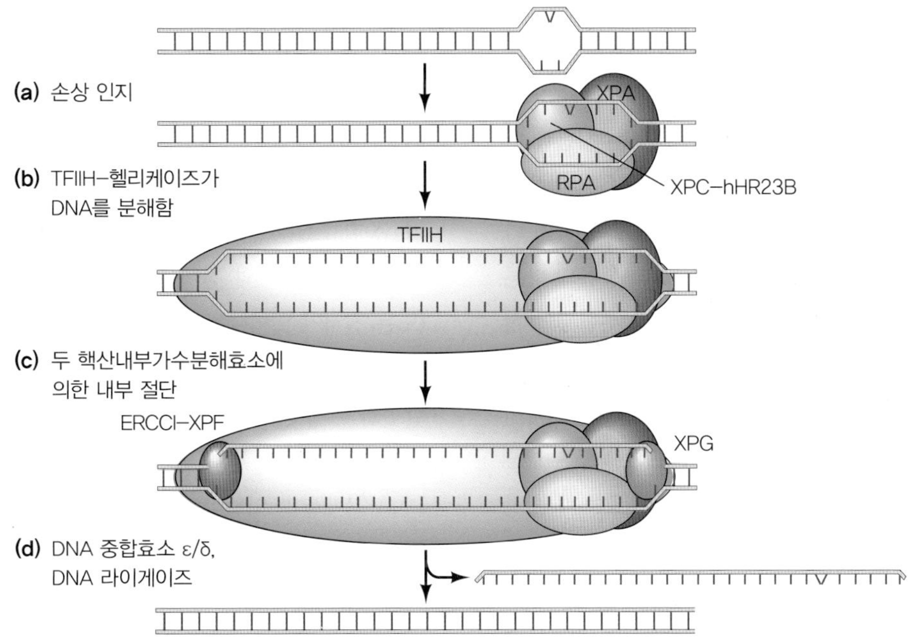

그림 20.33 인간 전체 유전체의 뉴클레오티드 절제회복. **(a)** 손상인지 단계. XPC–hHR23B 복합체는 손상(이 경우에는 피리미딘 2량체)을 인지하여 거기에 결합하고 부분적으로 DNA를 푼다. XPA가 이 과정을 돕는다. RPA는 손상된 곳의 반대편에 있는 손상되지 않은 DNA 가닥에 결합한다. **(b)** TFIIH의 DNA 헬리케이즈 활성으로 DNA가 더 많이 풀린다. **(c)** RPA는 두 핵산내부가수분해효소인 ERCC1–XPF 복합체와 XPG를 손상된 곳의 양쪽에 위치시키고 이들 핵산내부가수분해효소는 DNA를 자른다. **(d)** 24~32nt 길이의 손상된 DNA 조각이 제거되면서 DNA 중합효소가 정상적인 DNA로 공백을 채우고 DNA 라이게이즈가 마지막 틈을 잇는다.

행되었다는 것을 의미한다. 또한 얀 호에이마커(Jan Hoeijmakers) 등은 1998년 DNase 풋프린팅(DNase footprinting)을 이용하여 XPC가 DNA 나선이 변형된 곳에 직접 결합하며, DNA의 입체구조 변화(가닥의 분리로 추정됨)를 유발한다는 것을 보여 주었다.

손상된 DNA에 친화력이 있는 **XPA**도 손상을 인지하는 초기 단계에 관여한다. XPC와 XPA 둘 모두 손상된 DNA에 결합할 수 있는데, 왜 XPC가 첫 번째 작용하는 인자라고 여겨질까? 호에이마커 등에 의해 서로 다른 크기의 여러 가지 주형을 가지고 수행된 경쟁실험 결과는 이러한 가설을 뒷받침한다. 이들은 먼저 XPC를 한 종류의 손상된 주형과 같이 반응시키고, XPC를 제외한 다른 모든 인자들은 다른 크기의 손상된 주형과 반응시킨 다음, 이 둘을 함께 섞었다. 그 결과 손상의 회복은 XPC와 같이 있던 주형에서 먼저 시작했는데, 이는 XPC가 손상된 DNA에 가장 먼저 결합한다는 것을 의미한다. 그렇다면 XPA의 역할은 무엇일까? XPA는 NER에 관계하는 다른 여러 인자들에 결합할 수 있어서 아마도 XPC나 다른 방법에 의해 이미 변성된 DNA 상의 손상 부위를 확인하고, 다른 NER 인자들을 유인하는 것을 도와줄 것이다.

다른 두 XP 유전자인 ***XPB***와 ***XPD***가 보편전사인자인 TFIIH의 두 소단위체를 암호화한다는 사실이 처음 밝혀졌을 때에는, 이것이 보편전사인자가 NER에도 관여한다는 것을 의미하기 때문에 매우 놀라운 일로 여겨졌다. 그러나 이제는 이 두 폴리펩티드가 TFIIH에 고유한 DNA 헬리케이즈의 활성(11장 참조)을 가지고 있음을 잘 알고 있다. 따라서 TFIIH의 역할 중 하나는 손상된 곳 부근의 DNA를 넓게 풀어 주는 것이다. 그러나 TFIIH는 시험관 반응에서 주변이 넓게 풀어진 상태의 손상된 DNA를 사용한 경우에도 필요하기 때문에 이 단백질은 DNA 헬리케이즈 역할 이외의 다른 기능도 가지고 있는 것이 분명하다. TFIIH가 여러 종류의 다른 NER 인자들과 상호 작용한다는 것은 그것이 NER 복합체의 형성체 역할을 한다는 것을 암시한다.

TFIIH에 의해 DNA가 풀리면, 핵산가수분해효소가 끌려와서 손상된 가닥의 양쪽에 틈을 내어 손상 부분을 포함한 24~32nt의 올리고뉴클레오티드를 잘라낸다. 두 절제핵산분해효소가 손상된 DNA의 양쪽을 잘라낸다. 하나는 손상된 곳의 3′-말단을 잘라내는 ***XPG***의 산물이며, 다른 하나는 *ERCC1*이라 불리는 단백질과 ***XPF*** 산물의 복합체인데, 이는 5′-말단을 자른다. 이들 핵산분해효소들은 그들의 역할에 이상적으로 적합하도록 만들어져 있다. 그들은 손상을 입은 곳 주위에서 TFIIH에 의해 만들어지는 단일가닥 DNA와 이중가닥 DNA의 연결부분을 특이적으로 절단한다. RPA라 알려진 다른 단백질이 이 두 절제핵산분해효소가 적절한 위치에 오도록 도와주어 절단을 도와준다. RPA는 단일가닥 DNA 결합단백질로 손상부위 맞은편의 손상되지 않은 가닥에 우선적으로 결합한다. 이 DNA 가닥의 3′-말단을 향해 있는 RPA 쪽에 ERCC1-XPF 복합체가 결합하고, 그 반대쪽에는 XPG가 결합한다. 이렇게 되면 자동적으로 두 절제핵산분해효소가 상해에 대해 올바른 방향으로 결합된다.

일단 손상된 DNA가 제거되면 DNA 중합효소 ε와 δ가 공백을 채우고 DNA 라이게이즈가 남아 있는 틈을 연결한다. **XPE**의 역할은 아직 명확하지 않다. 이것은 NER에는 참여하지 않으나 손상된 DNA에는 결합하므로, DNA 회복과 관계가 있을 것으로 여겨진다.

(4) 전사연계 뉴클레오티드 절제회복

전사연계(transcription-coupled) NER은 XPC를 제외한 전체 유전체 NER에서 이용하는 나머지 인자를 모두 똑같이 사용한다. XPC는 GG-NER에서 최초의 손상 인식과 제한된 DNA 풀림을 담당하는 것으로 보이는데, TC-NER에서는 어떤 인자가 이 역할을 하는 것일까? 답은 RNA 중합효소이다. RNA 중합효소가 DNA 손상에 의해 이중나선이 뒤틀린 곳과 마주치게 되면 그곳에 멈추게 된다. 이것이 중합효소에 의해 풀린 DNA 방울을 손상 부위에 위치시킨다. 이때 XPA는 분리된 DNA의 손상을 인지하고 다른 인자들을 끌어들인다. 그때부터 이 인자들은 GG-NER에서처럼 풀린 부위의 범위를 늘리고, DNA의 두 곳을 자르며, 손상부위의 DNA 조각을 제거한다.

DNA 손상 감지자로서 RNA 중합효소의 유용성을 생각해 보라. 중합효소는 전사를 하면서 항상 유전체를 검색하며, DNA의 손상은 중합효소의 진행을 차단한다. 전사되지 않는 DNA 부분(또는 전사가 일어나는 부분에서도 전사되지 않는 가닥)의 손상은 이 방법으로 감지될 수는 없으나, 이러한 부위의 손상은 유전자 발현을 막지 않으므로 회복이 늦게 일어나도 된다. 따라서 피리미딘 2량체나 3mA 같이 염기쌍을 형성하지 못하는 DNA의 손상이 DNA 복제뿐만 아니라 전사도 억제하는 것은 이러한 손상부위에 전사중인 중합효소를 멈춰 세워 회복 기구들을 불러들이므로 세포에 도움이 된다.

6) 진핵생물에서 DNA 이중가닥 절단의 회복

진핵생물에서 DNA 이중가닥의 절단은 아마도 DNA 손상 중 가장 위험한 것일 것이다. 이러한 절단은 염색체를 단절시키는데 만약 회복되지 않으면 세포의 죽음이나 암을 유발할 수 있다. 진핵세포는 DNA의 **이중가닥 절단**(double-strand break, DSB)을 두 가지 방법으로 처리한다. 첫째는 절단되지 않은 자매 염색분체를 재조합 짝으로 사용하는 상동재조합을 이용하는 것이다. 이러한 기작은 이 장의 뒷부분에서 다루어질 박테리아에서의 재조합 회복과 두 사슬이 모두 재조합에 참여한다는 것만 제외하고는 유사하다. 둘째, 진핵세포는 **비상동 말단연결**(nonhomologous end-joining, NHEJ)을 사용할 수도 있다. S기와 G2기의 세포에서는 하나의 DNA가 잘려도 다른 DNA가 절단을 적절히 배열하는 데 사용될 수 있기 때문에 상동재조합이 주로 사용된다. 자주 분열하는 효모세포는 이중가닥 절단을 수선하는 데 주로 상동재조합을 사용한다. 반면에 G1기에 있는 포유동물 세포는 주로 비상동 말단연결을 사용하는데, 그 이유는 아직 DNA는 복제되지 않아서 수선에 주형으로 사용할 다른 상동 염색체가 존재하지 않기 때문이다. 이 절에서는 후자에 대해 살펴볼 것이다.

(1) 비상동 말단연결

필립스(J. Philips)와 모간(W. Morgan)은 1994년에 중국 햄스터 난소 세포에 제한효소를 도입해 비상동 말단연결을 조사하였다. 이 효소는 세포의 DNA에 하나만 있는 아데닌 인산리보오스전달효소(adenine phosphoribosyltransferase, *APRT*) 유전자 내의 한 부위를 포함해 염색체에 여러 개의 이중가닥 절단을 일으킨다. 그 다음 이들은 *APRT* 유전자에 돌연변이를 가진 살아있는 세포를 찾아내어 연결 과정에 무슨 일이 일어났는지를 염기서열 분석을 통해 조사하였다. 대부분의 경우 절단 부위 옆의 DNA에 짧은 삽입이나 결실이 발견되었으며, 또한 이러한 삽입이나 결실은 아주 작은 유사성이 있는 부위(1~6bp)에 의해 유도되는 것처럼 보인다. 그림 20.34는 이러한 결과들을 설명해 주는 비상동 말단연결의 모델이다.

첫째, DNA 말단에는 Ku70(M_r=69kD)와 Ku80(M_r=83kD) 단백질의 2량체인 **Ku**가 결합한다. 이 단백질의 중요한 기능 중 하나는 DNA 말단을 말단연결이 끝날 때까지 분해되지 않도록 보호하는 것이다. Ku는 DNA 의존적 ATPase 활성을 가지며, **DNA 단백질 인산화효소**(DNA protein kinase, DNA-PK)의 조절 단위체이다. DNA 단백질 인산화효소의 활성 단위체는 **DNA-PK$_{cs}$**이다. X-선 결정분석을 통해 Ku는 DNA 말단에 손가락에 반지를 끼듯 결합한다는 것이 알려졌다. 2개의 소단위체가 염기성 아미노산으로 연결된 고리를 형성하는데, 이 부위가 산성의 DNA에 결합하도록 돕는다.

Ku가 DNA 말단에 결합한 다음에는 DNA-PK$_{cs}$와 기타 단백질을 끌어올 수 있어 DNA-PK 복합체가 완성된다. 각 DNA 말단의 단백질 복합체는 그 DNA 말단뿐만 아니라 이웃한 이중가닥 절단 DNA에도 결합한다. 따라서 DNA-PK 복합체는 다른 DNA

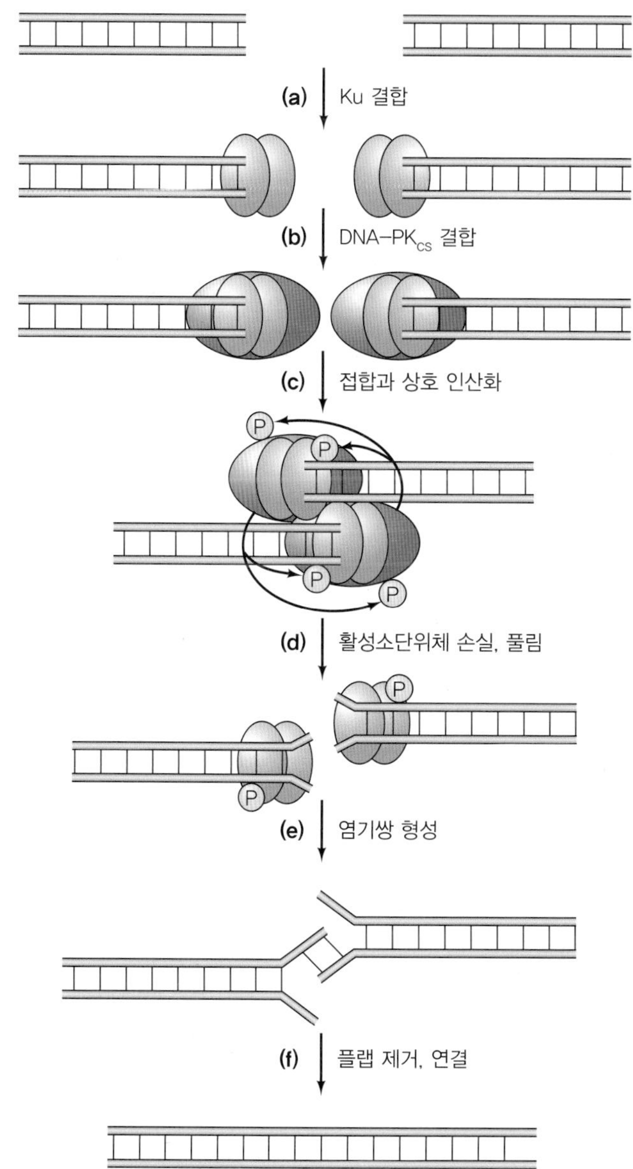

그림 20.34 비상동 말단연결의 모델. **(a)** 자유로운 DNA 말단에 Ku(파란색)가 결합하여 분해되지 않도록 보호한다. **(b)** Ku가 DNA-PK$_{cs}$(빨간색)를 유인하여 완전한 DNA-PK 복합체를 형성한다. **(c)** DNA-PK 복합체가 DNA 말단 사이의 미세 상동부위 사이의 연결을 촉진한다. **(d)** 두 DNA-PK 복합체가 서로를 인산화하여 조절단위체(Ku)와 활성단위체 모두 인산화되며, 인산화된 활성소단위체가 복합체에서 떨어져 나온다. Ku의 인산화는 DNA 헬리케이즈 활성을 활성화하여 DNA의 두 말단을 풀어 준다. **(e)** 두 말단의 미세 상동부위가 염기쌍을 형성하여 연결된다. **(f)** DNA에 남아 있는 여분의 플랩이 제거되고 공간이 채워진다. 마지막으로 DNA 라이게이즈가 DNA 사슬의 말단을 영구히 연결한다. (출처: Adapted from Chu, G., Double strand break repair. *Journal of Biological Chemistry* 272 [1997] p. 24099, f. 4.)

조각에 결합함으로써 작은 유사성이 있는 부위 사이의 접합부를 형성할 수 있다.

두 DNA-PK 복합체는 또한 서로를 인산화 시키는데, 이는 다음과 같은 두 가지 역할을 한다. 첫째, DNA-PK_{CS}의 인산화는 역할을 마친 활성 소단위체의 분리를 유도한다. 둘째, Ku의 인산화는 DNA 헬리케이즈 활성을 증진하여 DNA 말단의 풀림을 유도할 수 있다. 이 풀림이 작은 유사성이 있는 부위의 염기쌍 형성을 가능하게 하며, 염기쌍을 형성하지 않는 가닥들의 말단인 플랩(flap)을 남긴다. 마지막으로, 플랩은 핵산가수분해효소에 의해 제거되며 간격이 채워지고 DNA 가닥이 서로 연결된다.

플랩이 제거될 때 DNA에서 몇 개의 뉴클레오티드가 소실되는데, 이 과정은 매우 부정확해서 몇 개의 뉴클레오티드가 첨가되기도 한다. 23장에서 항체 유전자의 재조합을 다룰 때 비상동성 말단연결에 대해 다시 보게 될 것이다. 이 과정에서는 일부러 DNA에 이중가닥 절단을 만든 다음 Ku를 필요로 하는 과정을 통해 선택적으로 자유 DNA 말단을 연결하여 DNA 조각을 재구성한다.

(2) DNA 이중가닥 절단 회복에서 염색질 리모델링의 역할

13장에서 뉴클레오솜이 전사인자가 유전자 조절부위에 결합하는 것을 막을 수 있으며, 진핵세포의 유전자가 활성화되기 위해서는 염색질 리모델링이 필요하다는 것을 배웠다. 이와 마찬가지로 뉴클레오솜도 손상된 DNA에 회복인자가 결합하는 것을 막을 수 있으며, DNA 회복을 위해서 염색질 리모델링이 필요하다. 실제로 2004년 수잔 가세르(Susan Gasser) 등과 세이통 쉔(Xuetong Shen) 등은 효모에서 주로 상동재조합에 의해 일어나는 염색체의 이중가닥 절단회복에 염색질 리모델링 복합체인 **INO80**이 필요하다는 것을 보여 주었다.

INO80은 SWI/SNF 계열의 염색질 리모델링 복합체로서(13장 참조), *ino80* 유전자 산물인 **Ino80**을 포함해 12개의 폴리펩티드로 구성되어 있다. Ino80은 염색질 리모델링 단백질에 특징적인 ATPase/translocase 영역을 가지고 있다. *ino80* 유전자의 돌연변이체에서는 전사와 DSB 회복이 모두 억제되는데, 이 두 경우 모두 염색질 리모델링의 결함 때문일 것이다.

두 그룹의 연구진들은 모두 효모에서 *MAT* 유전자 자리의 정해진 위치에 고유한 이중가닥 절단을 만들어 낸 후 염색질 면역침강(chromatin immunoprecipitation, ChIP, 13장 참조)을 이용하여 절단부위로 유인되는 단백질을 조사하였다. INO80은 절단 후 30~60분 사이에 절단부위에서 확인되었는데 이로 보아 DSB 회복에 관여하는 것으로 여겨진다. 다음 의문점은 INO80가 결합하는 데 어떤 다른 단백질이 필요한가이다. 이 답에 대한 실마리는 Mec1과 Tel1이라는 2개의 효모 단백질 인산화효소가 DSB 근처 뉴클레오솜에 있는 히스톤 H2A의 129번 세린 아미노산을 인산화하며, 이 세린을 알라닌으로 바꾸어주면 DNA를 손상시키는 방사선 조사나 화학물질에 대해 민감성을 나타낸다는 것이 이미 알려져 있다는 것이다. 알라닌은 세린과 달리 인산화가 되지 못하기 때문에 이러한 발견은 히스톤 H2A의 129번 인산화가 DSB 회복을 촉진한다는 것을 의미한다.

또한 Mec1이나 Tel1 유전자의 돌연변이나 129번 세린의 알라닌으로의 치환은 INO80이 DSB 부위에 결합하는 것을 억제한다. 이러한 발견은 인산화된 H2A와 INO80 사이에 직접적인 상호 작용이 있음을 시사해 준다. 실제로 쉔 등은 INO80이 인산화된 H2A와 다른 히스톤 단백질들과는 같이 분리되지만 인산화 되지 않는 H2A와는 같이 분리되지 않는다는 것을 보여 주었다.

INO80은 DSB 회복에서 어떠한 역할을 할까? 가세르 등은 INO80의 구성 소단위체나 히스톤 H2A의 129번 세린이 변화된 돌연변이를 가진 효모 세포주에서는 염색체의 DSB가 생긴 말단에 3'-단일가닥이 돌출되어 있지 않다는 것을 보여 주었다. 그러므로 필수적인 역할을 하는 단일가닥의 돌출을 만드는 것이 INO80의 기능 중 하나인 것으로 여겨지며, INO80은 뉴클레오솜이 절단된 말단에서 미끄러져 이동하게 함으로써 이러한 과정을 도와줄 수 있다.

INO80이 어떻게 이러한 리모델링을 일으킬까에 대한 가설은 대장균에서 재조합과 DSB 회복에 관여하는 RuvB 단백질과 유사한 Rvb1과 Rvb2라는 2개의 ATPase를 INO80이 가진다는 발견에서부터 비롯되었다. RuvB는 동일한 단위체로 구성된 2개의 고리형 6량체로 구성되어 있으며(22장 참조), DNA 헬리케이즈 활성을 이용하여 2개의 재조합되는 DNA를 연결하는 가지를 미끄러지듯 이동시키는 가지이동(branch migration)을 일으킨다. 이와 비슷하게 Rvb1/Rvb2도 DNA 헬리케이즈 활성을 가지고 있으며, 인간의 유사체(homolog)는 이중 6량체로 구성되어 있다고 제안되었으나, 효모의 단백질은 단일 6량체인 것으로 여겨진다. DNA 헬리케이즈는 DNA를 풀면서 DNA 가닥을 따라갈 수 있기 때문에, INO80이 DNA 헬리케이즈 활성을 이용하여 DNA를 따라 나가며 뉴클레오솜을 밀쳐서 DSB 부위에서 뉴클레오솜을 밀어내는 모습을 상상할 수 있을 것이다.

다른 염색질 리모델링 인자인 **SWR1**도 DSB 부위에 결합한다. INO80과 마찬가지로 SWR1도 Rvb1/Rvb2을 가지고 있지만, 그와는 달리 히스톤 H2A를 H2A 변형체인 Htz1로 대체하는 흥미로운 활성을 가지고 있다. 따라서 SWR1은 인산화된 H2A를 인산화 될 수 없는 Htz1으로 대체함으로써 적어도 DSB 회복이 시작된 이후에는 DSB 근처에 있는 뉴클레오솜의 히스톤 인산화를 손상되기 이전의 상태로 되돌려줄 수 있다. 이를 증명하기 위하여 제리 워크만(Jerry Workman) 등은 초파리의 SWR1 상동유전자인 Domino/p400이 시험관 반응에서 인산화된 H2A를 인산화되지 않은 H2A로 바꾸어준다는 것을 보여 주었다.

이중가닥 절단부위나 다른 DNA 손상 부위에 끌려오는 다른 염색실 리모델링 복합체로 ALC1(amplified in liver cancer)이 있다. 이 단백질은 DNA 손상부위에서 **폴리(ADP–리보오스) 중합효소**[poly(ADP–ribose) polymerase, PARP]에 의해 만들어지는 폴리(ADP–리보오스)에 특이적으로 결합하는 **마크로 영역**(macro domain)을 가지고 있다. 폴리(ADP–리보오스) 결합은 또한 ALC1의 리모델링 활성을 촉진하기도 한다. macroH2A1.1이라고 알려진 히스톤 H2A의 변형체 또한 마크로 영역을 가지며, DNA 손상부위의 폴리(ADP–리보오스)에 모이게 된다. H2A가 macroH2A1.1으로 대체되면 ALC1이나 다른 리모델링 복합체에 의한 리모델링이 촉진되는 것으로 여겨진다. 이러한 리모델링이 DNA 수선을 도와준다고 가정할 때 PARP–1은 DNA 수선에 역할을 하는 것으로 보인다. PARP–1의 저해제가 상동재조합 수선에 결함이 있는 세포에 매우 독성이 크다는 것은 이러한 가설을 뒷받침하며, DNA 손상이 큰 세포에서 PARP–1의 활성이 높다는 것도 마찬가지이다.

이 두 발견은 매우 큰 임상적 의미를 가진다. 암세포, 특히 BRCA1과 BRCA2의 결함으로 인해 상동재조합 수선에 이상이 있는 유방암 세포는 PARP–1 저해제를 처리하면 바로 죽일 수 있다. 또한 심장과 뇌 세포는 심장마비나 뇌졸중으로 혈액 공급이 잘 안 되면 산화성 스트레스에 의해 DNA가 손상될 수 있다. 갑자기 산소가 많은 혈액이 다시 공급되기 시작하면 이들 세포에서는 PARP–1의 활성이 지나치게 높아질 수 있다. 이것은 DNA를 수선하는 데는 좋지만, 지나치게 많은 폴리(ADP–리보오스)를 만들어 내어 세포 내에 저장된 ATP가 고갈되고, 이것이 세포를 빠르게 죽일 수 있다. PARP–1 저해제는 그러한 세포를 보호할 수 있다.

7) 틀린짝 회복

지금까지는 돌연변이 유발물질에 의한 DNA 손상에 대해 설명하였다. 단순히 염기가 잘못 끼어 들어가거나 교정 작업의 실수로 인해 짝이 잘못 들어간 경우는 어떨까? 첫째로, 그러한 실수를 회복하는 데 어려움이 있을 것으로 여겨진다. 그 이유는 어떤 가닥이 실수가 있는 새로 합성된 가닥이고 어떤 것이 남겨져야 하는 본래 가닥인지를 결정하는 데 어려움이 있기 때문이다. 최소한 대장균에서는 본래 가닥이 새로운 가닥과 구분될 수 있는 표지를 가지고 있기 때문에 별 문제가 없다. 이러한 표지는 GATC 서열을 인지하여 A에 메틸기를 붙이는 메틸화효소에 의해 만들어지는 메틸아데닌이다. 이 4개의 염기서열은 대략 250bp마다 나타나기 때문에 새로 만들어진 틀린짝과 그리 멀리 떨어져 있지 않은 곳에 위치하게 된다.

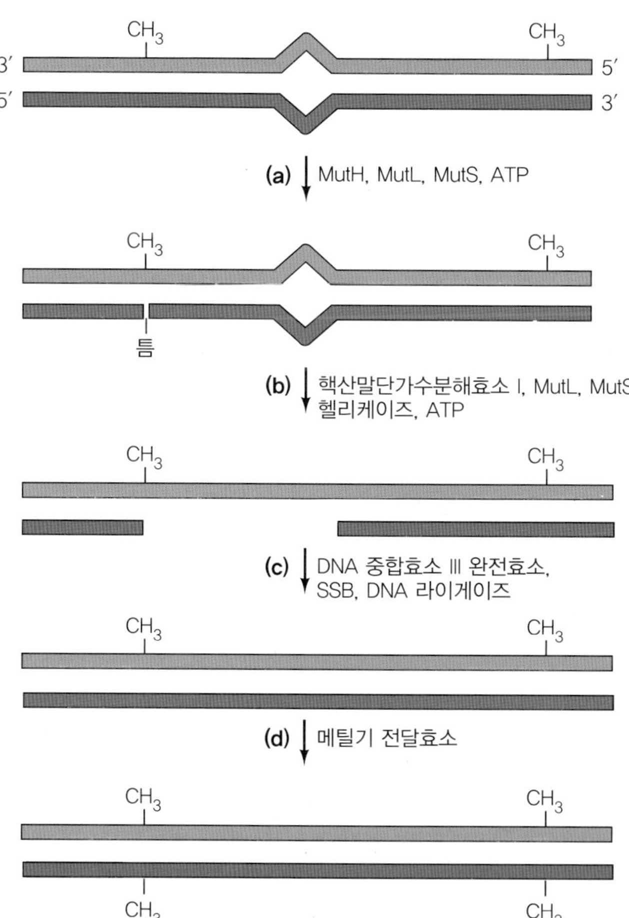

그림 20.35 대장균에서의 틀린짝 회복. (a) *mutH*, *mutL*과 *mutS* 유전자 산물은 ATP와 함께 틀린 염기(가운데)를 인지하고, GATC에서 메틸기가 없는 것으로 새로 만들어진 가닥을 구별해서 메틸화된 GATC의 맞은 편 가닥에 있는 잘못된 염기의 위쪽을 절단한다. (b) 핵산말단분해효소 I은 MutL, MutS, DNA 헬리케이즈, ATP와 함께 잘못된 뉴클레오티드를 포함한 틈의 아래쪽 부분을 제거한다. (c) DNA 중합효소 III 완전효소는 단일가닥 결합단백질(SSB)의 도움을 받아 핵산말단분해효소에 의해 남겨진 공백을 채우고, DNA 라이게이즈는 남은 틈을 잇는다. (d) 메틸기 전달효소는 부모가닥 GATC의 맞은편에 있는 딸가닥의 GATC를 메틸화시킨다. 이것이 한 번 일어나면 부모가닥과 딸가닥의 구분은 불가능해지기 때문에 틀린짝 회복은 일어날 수가 없다.

더욱이 GATC는 회문(palindrome)이기 때문에 반대쪽 가닥도 5'→3' 방향으로 GATC로 읽히게 된다. 따라서 메틸화된 GATC의 맞은편에 있는 새로 만들어지는 가닥도 메틸화되지만 메틸화가 일어나려면 약간의 시간이 지나야만 한다. **틀린짝 회복**(mismatch repair) 체계는 이 지연을 이용한다(그림 20.35). 그것은 주형가닥에 있는 메틸기를 남겨둔 가닥의 신호로 삼고, 새로 만들어져 메틸화되어 있지 않은 가닥에 있는 틀린짝을 고지게 된다. 이 과정은 틀린짝이 생기자마자 곧 일어나야만 하며, 그렇지 않으면 양쪽 가닥이 모두 메틸화되어 둘 사이를 구분지을 수 없게 된다. 진핵생물의 틀린짝 회복은 대장균에서처럼 잘 알려져 있지는 않다. 틀린짝을 인지하고 제거하는 효소(MutS와 MutL)의 유전자들은 잘 보존되어 있으며, 따라서 이러한 효소들에 의존하는 기작은 진핵생물과 원핵생물에서 비슷할 것이다. 그러나 수선해야 할 가닥을 인지하는 단백질인 MutH는 진핵생물에서 발견되지 않기 때문에 진핵생물에서는 메틸기를 인지하는 방법을 사용하지 않는 것으로 보인다. 진핵생물에서 어떻게 틀린짝이 있을 때 원래의 가닥과 새로 생긴 가닥을 구분하는지는 아직 명확하지 않다.

8) 인간에서 틀린짝 회복의 결함

인간에서 틀린짝 회복의 결함은 암을 포함한 심각한 결과를 초래한다. 유전적인 암의 가장 흔한 형태는 **유전성 비용종성 대장암**(hereditary nonpolyposis colon cancer, HNPCC)이다. 대략 미국인 200명 중 1명이 이 병의 영향을 받으며, 모든 결장암의 15%에 해당한다. HNPCC 환자의 특징 중 하나는 **미세부수체**(microsatellite)의 불안정성인데, 이는 1~4bp 길이의 서열이 반복적으로 이어져 있는 DNA 미세부수체의 크기(반복의 횟수)가 환자의 일생동안 변하는 것이다. 이는 흔하지 않은 경우인데, 특정한 미세부수체의 길이는 사람마다 다르지만 한 개인의 경우에는 모든 조직에서 동일해야 하고, 일생 동안 일정해야 한다. 불안정한 미세부수체와 틀린짝 회복 체계의 관련성은 틀린짝 회복 체계가 DNA 복제 과정에서의 미끄러짐에 의해 너무 많거나 너무 적은 짧은 반복이 삽입되면서 생긴 방울(bubble)을 인지하고 고치는 것을 담당한다는 것이다. 이 체계가 고장 나면 미끄러짐이 고쳐지지 않아 세포분열을 준비하면서 DNA 복제가 일어날 때 많은 유전자에 돌연변이가 생긴다. 이러한 종류의 유전적 불안정은 세포분열을 조절하는 유전자들(암 유전자나 암 억제유전자)에 돌연변이를 일으켜 암을 유도하는 것으로 추정된다.

9) 회복 없이 DNA 손상을 극복하기

지금까지 설명한 직접적인 손상회복과 절제회복 기작들은 모두 다 진정한 회복 과정으로 결함이 있는 DNA를 완전히 제거한다. 그러나 세포는 손상을 제거하지 않고 간단히 그 주변으로 돌아감으로써 손상에 대처하는 다른 수단도 가지고 있다. 이러한 수단들은 진정한 의미의 회복기작은 아니지만 이들도 때로는 회복기작으로 불린다. 이에 대한 이름으로는 손상우회 기작(damage bypass mechanism)이 더 적절할 것이다. 이러한 기작들은 한 세포가 손상에 대한 진정한 회복을 수행하지 않고 DNA를 복제하거나, 아니면 손상을 회복하기 전에 복제도 하고 분열도 할 때 작용하게 된다. DNA 복제와 세포분열과 같은 단계에서는 세포가 DNA 손상을 처리하기 위한 좋은 선택을 할 수가 없기에 점점 더 위험한 상태에 직면하게 된다.

(1) 재조합 회복

재조합 회복(recombination repair)은 이러한 기작 중에서 가장 중요한 것이다. 이것은 **후복제 회복**(postreplication repair)이라고도 불리는데, 그 이유는 피리미딘 2량체를 지나서 복제가 진행되면 2량체의 반대편에 후에 회복되야 하는 간격을 남길 수 있기 때문이다. 이 경우에는 2량체의 반대편에 더 이상 손상을 가진 DNA가 없기 때문에 절제회복이 작용할 수 없다. 따라서 재조합 회복이 남아 있는 몇 가지 안 되는 대안 중의 하나이다. 그림 20.36은 재조합 회복이 어떻게 진행되는지를 보여 준다. 첫째, DNA가 복제되는데, 피리미딘 2량체가 복제 기구를 정지시키기 때문에 피리미딘 2량체가 있는 DNA를 복제하는 데 문제가 생긴다. 그럼에도 불구하고 잠시 정지한 후에 복제가 계속되어 2량체 반대편에 간격(**딸가닥 간격**, daughter strand gap)이 남게 된다. 이때 DNA 합성을 새로 시작하는 데에는 새로운 프라이머가 필요한 것으로 보인다. 그다음 틈이 있는 가닥과 다른 쪽의 합성된 딸가닥의 동일한 부위 사이에서 재조합이 일어난다. 이 재조합은 상동 DNA 가닥을 서로 바꾸는 *recA* 유전자 산물에 의해 이루어진다. 8장에서 SOS 반응 동안에 λ 프로파아지의 유도에 대해 논의할 때 *recA*를 살펴보았으며, 22장에서 재조합에 대해 살펴볼 때 더 자세히 공부하게 될 것이다. 이 재조합의 실제적인 효과는 피리미딘 2량체 반대쪽에 있는 틈을 채우고, 다른 DNA 이중가닥 안에 새로운 틈을 만드는 것이다. 그러나 다른 쪽 이중가닥은 피리미딘 2량체를 가지고 있지 않기 때문에 DNA 중합효소와 라이게이즈에 의해 틈은 쉽게 채워질 수 있다. 따라서 DNA 손상은 여전히 남아 있지만 세포는 적어도 그 DNA를 복제할 수 있다는 것

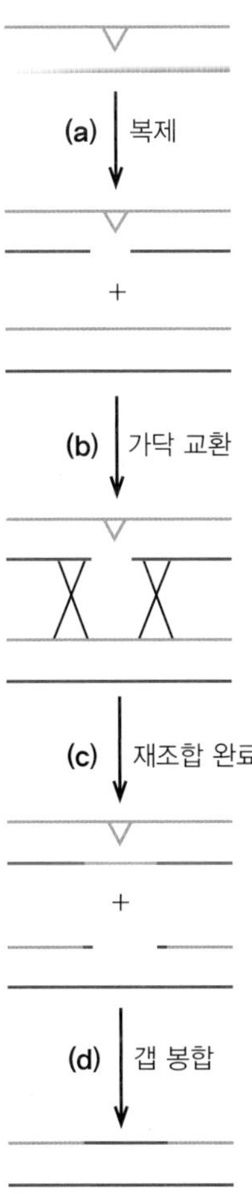

그림 20.36 재조합 회복. DNA의 피리미딘 2량체 부분이 V자 형태로 표시되어 있다. (a) 복제되는 동안 복제 기구들이 2량체가 있는 부위를 뛰어넘어 갭이 남는다. 상보가닥은 정상적으로 복제가 된다. 새로 합성된 두 가닥은 빨간색으로 나타냈다. (b) 상보가닥들 사이에서 가닥교환이 일어난다. (c) 재조합이 완성되면 피리미딘 2량체의 반대쪽에 있는 갭이 채워지지만, 다른 딸 2량체에는 여전히 공백이 남게 된다. 피리미딘 2량체를 가진 DNA는 회복되지는 않지만 성공적으로 복제를 마치게 되며, 다음 세대에 적절히 회복될 수 있다. (d) 남겨진 공백은 정상적인 상보가닥을 주형으로 사용하여 쉽게 채워진다.

에 주목하라. 그런 다음 진정한 의미의 DNA 회복 과정이 일어날 수 있다.

(2) 착오경향 우회

소위 **착오경향 우회**(error-prone bypass)는 DNA 손상을 직접 회복하지 않고 손상에 대처하는 또 다른 방법이다. 대장균에서는 이러한 과정이 자외선에 의한 손상을 포함한 DNA 손상에 의해 유도되며, recA 유전자 산물 의존적으로 일어난다. 이 과정은 다음과 같이 진행된다(그림 20.37). 자외선이나 다른 돌연변이 유발물질에 의해 RecA의 공동 단백질분해효소(coprotease)의 활성

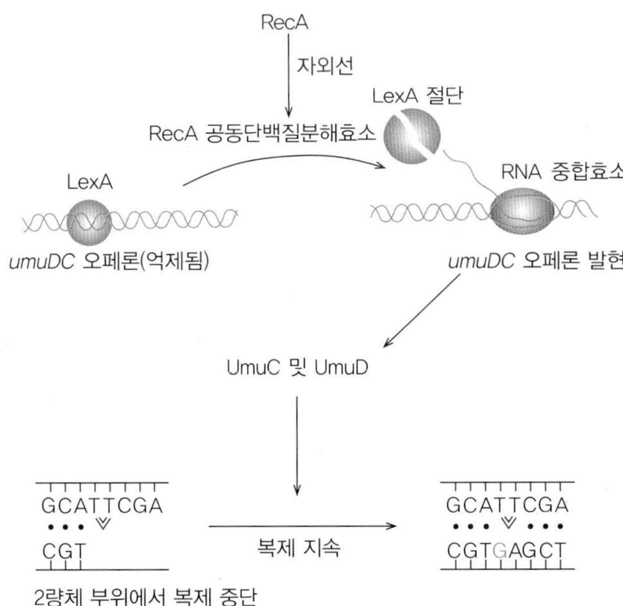

그림 20.37 착오경향(SOS) 우회. 자외선이 RecA 공동단백질분해효소를 활성화시키면 RecA 공동단백질분해효소가 LexA 단백질(보라색)이 스스로 잘리도록 자극하여 LexA가 *umuDC* 오페론에서 떨어져 나온다. UmuC와 UmuD 단백질이 합성되면 실수(파란색)가 빈번히 생기더라도 이들이 피리미딘 2량체의 반대쪽 DNA의 합성을 담당한다.

이 활성화된다. 이 공동 단백질분해효소는 여러 표적을 가지고 있다. 이미 앞에서 공부한 λ 억제자도 이들 중 하나로서 주요 표적은 lexA 유전자 산물이다. **LexA**는 회복 유전자들을 포함한 여러 유전자의 억제자로서 RecA 공동 단백질분해효소에 의해 자극되어 스스로 잘려질 때 이 모든 유전자들의 발현이 유도된다.

새로 유도되는 유전자들 중에 ***umuC***와 ***umuD***가 있는데, 이들은 하나의 오페론(***umuDC***)을 구성하고 있다. *umuD* 유전자 산물(***UmuD***)은 단백질분해효소에 의해 잘려서 ***UmuD′***을 만들고, 이것이 *unuC* 유전자 산물인 **UmuC**와 결합하여 **UmuD′$_2$C** 복합체를 구성한다. 이 복합체는 DNA 중합효소의 활성을 가지므로 이것을 **DNA pol V**라고도 한다. Pol V는 시험관 반응에서 그 자체가 피리미딘 2량체의 착오경향 우회를 일으킬 수 있으나, 이 과정은 RecA-ATP에 의해 활성화된다. RecA-ATP는 착오경향우회가 일어나는 부위에서 떨어져 있는 부분에 조립되는 RecA와 DNA의 핵단백질 섬유의 3′-말단으로부터 오는 것이다. 이러한 우회(bypass)는 결함이 있는 가닥의 올바른 해독(reading)이 불가능할지라도 피리미딘 2량체 반대쪽의 DNA를 복제하는 과정을 포함하고 있다. 이러한 복제는 갭을 남기지 않지만, 높은 빈도로 잘못된 염기를 새로운 DNA 가닥에 삽입시킨다. (그래서 그 이름이 착오경향이다.) DNA 복제가 다시 일어나더라도 이러한 착오는 계속

남게 된다. 이러한 착오경향우회와 그 외의 또 다른 착오가 없는 우회기작들을 통틀어 **손상통과합성**(translesion synthesis, TLS)이라고 부른다.

DNA 중합효소 V는 가장 흔한 세 가지 종류의 DNA 상해, 즉 피리미딘 2량체, 자외선 상해에 의한 [6-4] 광화합물, 비염기부위(AP 부위)를 모두 효과적으로 통과할 수 있다. 그러나 이 효소가 통과 합성을 할 때의 정확도는 서로 다르다. 2000년 마이런 굿맨(Myron Goodman) 등은 티민 2량체의 두 T와 [6-4] 광화합물, 그리고 AP 부위 건너편에 A 또는 G가 삽입되는 정도를 측정하였다. 피리미딘 2량체의 반대편에는 DNA 중합효소 V가 두 위치 모두에 A를 넣는 경향이 있었는데, 이것은 티민 2량체의 경우에는 좋지만 2량체가 시토신을 가지고 있는 경우에는 좋지 않다. 티민 사이의 [6-4] 광화합물의 경우에는 첫째 위치에는 G, 그리고 다음 위치에는 A가 첨가되는 경향이 있었는데, 이것은 확실히 복제가 정확히 진행되는 것은 아니다. AP 부위의 반대편에는 DNA 중합효소 V가 2/3는 A를, 1/3은 G를 삽입해 넣는다. 이러한 삽입 비율과 피리미딘이 삽입되지는 않는다는 사실은 생체 내의 결과와도 일치하며, 따라서 이 결과는 실제로 DNA 중합효소 V가 생체 내에서 손상통과합성을 담당하는 효소라는 것을 시사해 준다.

umu 유전자가 정말로 착오경향 우회를 책임진다면 우리는 이들 유전자 중 하나에 돌연변이를 일으켜서 돌연변이가 잘 일어나지 않는 대장균을 만들 수 있을 것이다. 이러한 돌연변이 세포들에서는 DNA 손상은 동일하게 생겨나겠지만, 그 손상이 손쉽게 돌연변이로 전환되지는 않을 것이다. 1981년 그라함 워커(Graham Walker) 등은 *umuC* 유전자의 **영 대립유전자**(null allele, 활성을 가지지 않는 변형유전자)를 만들고, 이런 유전자를 가지는 세균이 돌연변이가 일어나지 않음을 보여줌으로써 이를 증명했다. 사실 'umu'는 'unmutable(돌연변이가 되지 않는 것)'을 의미한다.

이들은 또한 *umuC* 돌연변이와 자외선에 의해 다시 정상으로 돌아올 수 있는 *his*⁻ 돌연변이를 동시에 가지는 대장균 균주를 만들었다. 그런 뒤 그들은 이 균주에 자외선을 조사하여 *his*⁺ 돌연변이 복귀체(revertant)의 수를 조사하였다. 돌연변이 복귀체의 형성은 반대 방향으로 일어나는 돌연변이에 의해 생기기 때문에 돌연변이 복귀체가 많을수록 돌연변이는 더 많이 일어난다고 할 수 있다. 그림 20.38은 그 결과를 보여 준다. 정상 세포에서는 적절한 수의 돌연변이 복귀체가 만들어지는(가장 높은 UV 조사량에서 약 200개) 반면에, 이와는 대조적으로 *umuC*⁻ 세포에서는 복귀체가 나오지 않는다. 더욱이 이 세포에 *umuC*⁻ 돌연변이 표현형을 억제할 수 있는 *muc* 유전자를 가지는 플라스미드를 넣어

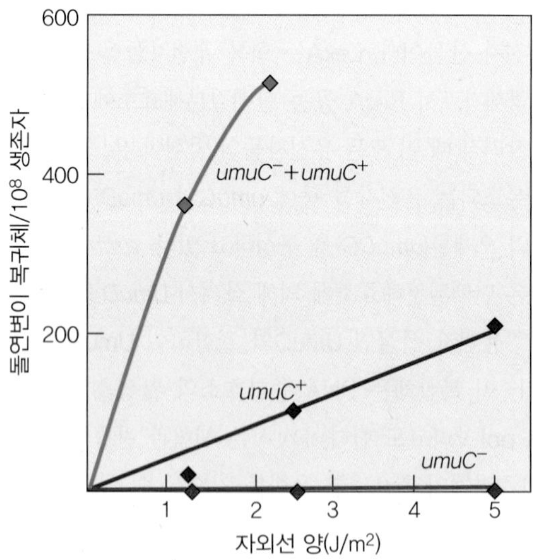

그림 20.38 대장균의 *umuC* 균주에서는 돌연변이가 일어나지 않는다. 워커 등은 자외선 조사 후 *his*⁺ 돌연변이 복귀체를 만드는 능력에 대해 알아보기 위해 세균의 세 가지 *his*⁻주를 대상으로 실험하였다. 그 세균주들은 각각 *umuC*(파란색) 야생형과 *umuC*⁻(빨간색), *muc* 유전자가 있는 플라스미드로 보완해 준 *umuC*⁻(초록색)이다. (출처: Adapted from Bagg, A., C.J. Kenyon, and G.C. Walker, Inducibility of a gene product required for UV and chemical mutagenesis in Escherichia. coli. *Proceedings of the National Academy of Sciences USA* 78:5750, 1981.)

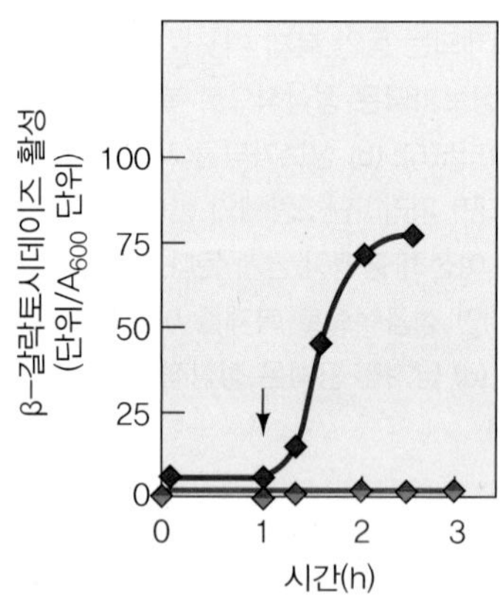

그림 20.39 *umuDC* 프로모터는 자외선에 의해 유도된다. 워커 등은 *umuDC* 프로모터의 조절을 받는 *lac* 유전자를 가지는 세포에 10J/m²의 자외선을 조사하였다. 화살표로 표시된 1시간 때에 자외선을 조사하였다. 그런 다음 OD_{600} 단위(탁도: 세포 밀도를 나타냄) 당 β-갈락토시데이즈 활성(파란색 곡선)을 측정하였다. *lexA* 돌연변이체(초록색)와 *recA*⁻ 세포(빨간색)에서도 이와 같은 실험을 수행했다. *lexA* 돌연변이체는 잘리지 않아서 *umuDC* 작동자에서 제거될 수 없는 유도되지 않는 LexA 단백질을 가지고 있다. (출처: Adapted from Bagg, A., C.J. Kenyon, and G.C. Walker, Inducibility of a gene product required for UV and chemical mutagenesis in Escherichia coli. *Proceedings of the National Academy of Sciences USA* 78:5751, 1981.)

주면 돌연변이 복귀체 수가 급격히 증가한다(비교적 낮은 UV 조사량에서 약 500개).

이 실험에서 결손형질은 *lac* 프로모터가 없는 *lac* 구조유전자를 *umuC* 유전자 안에 삽입하고, lac^+ 세포를 골라낸 후 얻어진다. 이 경우에 이 세포는 근본적으로는 lac^-이기 때문에 lac^+ 세포의 출현은 *lac* 유전자가 *umuDC* 프로모터의 아래쪽 부분에 삽입되었음을 나타낸다. *lac* 유전자가 *umuDC* 프로모터의 조절 하에 놓여 졌다는 사실을 바탕으로 워커 등은 β-갈락토시데이즈 활성을 측정하는 간단한 실험을 통해 자외선 조사에 의한 이 프로모터의 유도 정도를 조사해볼 수 있게 되었다. 그림 20.39는 이 프로모터가 실제로 10 J/m^2(파란색 곡선) 정도의 자외선을 조사함으로써 유도된다는 사실을 보여 준다. 그러나 이 프로모터는 *lexA* 돌연변이체나 $recA^-$ 세포(초록색과 빨간색 곡선)에서는 유도되지 않는다. 이 실험에서 사용되었던 *lexA* 돌연변이 세포는 잘리지 않아서 *umuDC* 오페론에서 떨어져 나오지 않는 *LexA* 단백질을 가지고 있는 것이다.

야생형의 대장균 세포는 활발한 회복기작을 가지고 있기 때문에 유전체 안에 50개 정도의 피리미딘 2량체가 생기더라도 크게 잘못되는 일 없이 살아갈 수 있다. *uvr* 유전자들 중 하나를 가지지 않는 세균은 절제 회복기작을 수행할 수 없어서 자외선 손상에 대한 민감성이 더욱 커진다. 그러나 그들은 여전히 DNA 손상에 대해 약간의 저항력을 가지고 있다. 반면에 *uvr*과 *recA*의 이중 돌연변이체는 절제 회복기작뿐 아니라 재조합 회복기작 또한 수행할 수 없다. 따라서 자외선 손상에 매우 민감한데, 이것은 그들이 착오경향 회복기작에만 의존하기 때문일 것이다. 이런 상태에서는 유전체당 피리미딘 2량체 1~2개만으로도 치명적인 분량이 된다.

만약 박테리아 세포가 착오경향 우회 없이 진화되었다면 분명히 돌연변이의 수는 적어 졌을 것이다. 그렇다면 왜 돌연변이를 유발하는 기작이 계속 유지되어 왔을까? 아마도 착오경향 우회 시스템은 생물체가 자신의 손상된 유전체를 돌연변이의 위기를 감수하고라도 복제를 진행시켜 그들을 해롭게 하기보다 훨씬 더 유리하게 만들기 때문일 것이다. 세포가 자신의 손상된 DNA를 복제하여 손상된 부분을 회복하지 않은 채로 분열하는 경우와 같이, 복제가 잘못되었을 때의 대가가 죽음이라는 것을 고려하면 이것은 더욱더 분명해진다. 이렇게 복제되고 분열된 세포는 손상된 DNA 반대편에 갭을 가지는 딸세포를 생산할 것이며, 이때에는 절제 회복기작과 재조합 회복기작조차도 도움이 되지 않는다. 따라서 세포의 죽음을 피하는 최후의 방법은 착오경향 우회이다.

어느 정도의 돌연변이는 한 생물 집단의 유전체를 다양하게 해서 특정 질병이나 전염에 대해 동일한 감수성을 가지지 않게 한다는 측면에서는 종에게 유리하기도 하다. 이런 방법에 의해, 새로운 도전이 일어날 때 개체군의 일부는 저항력을 가질 수 있도록 진화하고 생존해서 그 종을 존속시키게 된다.

(3) 인간에서 착오경향 우회 및 착오 없는 우회

DNA 회복 과정은 모든 생물계에 아주 잘 보존되어 있다. 이는 DNA 손상이 생명체가 처음 탄생하였을 때부터 있어 왔으며, 따라서 DNA 회복도 3개의 생물계가 나눠지기 이전의 생명 초기 단계부터 진화되었기 때문일 것이다. 착오경향 우회도 예외가 아니어서 인간세포에도 원핵생물과 유사하게 피리미딘 2량체와 같은 손상을 다루는 기작을 가지고 있다. 이러한 우회기작은 **DNA 중합효소 ζ**(제타), **η**(에타), **θ**(세타), **ι**(아이오타), **κ**(카파)와 같은 특수한 중합효소에 의해 일어난다. 중합효소 δ와 ε는 각각 지연가닥과 선도가닥을 각각 복제하지만, 피리미딘 2량체와 같은 손상부위에서는 복제를 멈추고 복제 임무를 이들에게 넘겨주게 된다.

이들 중 일부 효소는 손상부위를 지나가기 위해 임의로 염기를 삽입하기도 하는데, 이것은 명백히 착오를 유발하는 전략이다. 그러나 이들 중 일부는 잘못된 삽입을 줄이기 위해 특수화되어 있어 비교적 착오를 일으키지 않는다. 예를 들어 중합효소 η는 피리미딘 2량체 반대편에 항상 아데닌 뉴클레오티드를 삽입하게 된다. 따라서 비록 2량체의 염기를 읽지 못하더라도 이 2량체의 두 염기가 모두 티민이라면 올바른 선택을 하게 되며, 실제로도 그런 경우가 많다. DNA 중합효소 η는 또한 이웃한 구아닌들이 항암제인 시스플라틴의 플라티늄을 통해 교차연결(Pt-GGs)된 부위를 우회할 수 있다. 이것은 3′-dG의 복제에는 주로 dC를 반대편 가닥에 삽입하여 매우 적합하지만, 5′-dG의 반대편에는 dC와 dA를 무작위적으로 삽입시킨다.

1999년 후미오 하나오카(Fumio Hanaoka) 등은 변형된 형태의 XP(XP-V)를 갖는 환자에서 결함이 있는 유전자가 DNA 중합효소 η를 암호화하는 유전자임을 발견했다. 따라서 이러한 환자의 경우, 피리미딘 2량체에 대해 DNA 중합효소 η에 의한 비교적 착오 없는 우회를 사용하지 못하여 다른 손상통과 중합효소인 DNA 중합효소 ζ 등에 의한 착오경향 우회에 의존하게 된다. 이러한 착오경향의 체계는 피리미딘 2량체가 절제회복에 의해 제거되지 않은 경우, 이 부분에 DNA 복제가 이루어지는 동안 돌연변이를 생성한다. 그러나 이러한 환자들은 정상적인 절제 회복기작을 갖기 때문에 실제로 그러한 착오경향 체계가 작동해야 하는 2량체는 거의 남지 않게 된다. 이러한 주장은 XP-V 세포가 자외선 조사

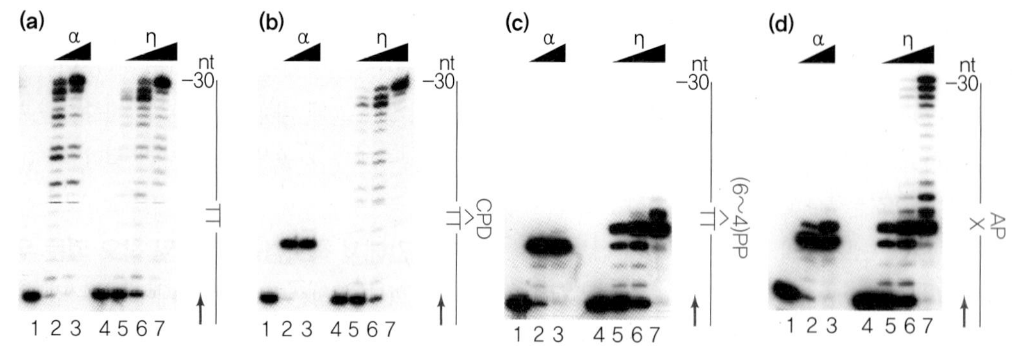

그림 20.40 상해를 가진 주형과 상해가 없는 주형에서 DNA 중합효소 α와 η의 활성. 하나오카 등은 주형가닥에 **(a)** 손상 없음, **(b)** 고리형 피리미딘 2량체(CPD), **(c)** [6−4] 광화합물, **(d)** AP 부위를 각각 가지는 이중가닥 DNA를 제조하였다. 비주형가닥으로 ^{32}P로 표지한 프라이머를 사용하여 주형가닥의 손상부위를 통해 신장될 수 있게 만들었다. 그림으로 사용한 DNA 종류를 각 패널의 옆에 나타내었다. 이들은 DNA 중합효소 α나 η를 증가시키며 뉴클레오티드와 함께 넣어주어 반응시킨 후 폴리아크릴아미도 겔에 전기영동하였다. 만일 손상통과합성이 성공적이면 프라이머는 완전한 주형가닥 길이인 30nt로 신장될 것이다. 그렇지 않다면 합성은 손상부위에서 멈출 것이다. (출처: From Masutani et al., *Cold spring Harbor Symposia* p. 76. © 2000.)

에 비교적 적은 감수성을 나타내는 것을 설명해줄 수 있다.

중합효소 η는 그 자체만으로는 착오 없는 우회를 할 수 없다. 이 중합효소가 2개의 A를 피리미딘 2량체 반대편에 삽입한 후에도 새로 합성된 가닥의 3′-말단은 피리미딘 2량체에 있는 주형가닥의 T와 염기쌍을 형성할 수 없다. 염기쌍을 형성할 수 있는 뉴클레오티드가 삽입되기 전까지는 복제 중합효소들(δ와 ε)이 DNA 합성을 재개할 수 없다. 따라서 다른 중합효소인 중합효소 ζ가 작용해야만 한다.

왜 단순히 중합효소 η가 복제 중합효소가 다시 복제를 시작할 때까지 계속 합성하지 못할까? 답은 그 경우 더 많은 착오가 유발될 수 있기 때문이다. 비록 DNA 중합효소 η에 대해 '착오 없는'이라는 말을 티민 2량체를 처리하는 경우에 대해서 사용했지만, 실제로 이 효소는 정상적인 DNA를 복제할 때는 매우 착오를 많이 일으키는 효소이다. 하나오카와 그의 동료인 토마스 쿤켈(Thomas Kunkel)이 시험관 반응에서 갭이 있는 이중가닥 DNA를 이용해 이 효소의 정확성을 측정해본 결과, DNA 중합효소 η는 이전까지 연구된 어떤 주형 의존적인 DNA 중합효소에 비해서도 낮은 정확성을 가짐을 알 수 있으며, 18~380nt를 합성할 때마다 하나의 착오가 발생했다. 반면에 중합효소 ζ는 이보다 20배가량 정확도가 높다. 따라서 세포가 일반적으로 뉴클레오티드 절제회복 체계를 갖는 것은 유익한 일이다. 그것이 없다면 전형적인 XP 환자들이 보여 주는 바와 같이 DNA 중합효소 η는 티민 2량체를 제외한 DNA 손상에 대해서 매우 허술한 방어 기작에 불과하다.

DNA 중합효소 η는 특정한 종류의 DNA 손상에 특이적인 손상통과 합성효소이다. 이 효소는 피리미딘 2량체의 TLS는 가능하지만 [6−4] 광화합물에 대해서는 작용하지 못하며, AP 부위는 우회할 수 있다. 하나오카 등은 시험관 반응으로 중합효소 α와 중합효소 η에 대해 이러한 여러 종류의 DNA 손상에 대한 TLS 활성을 조사하였다. 이들은 DNA 손상을 지닌 DNA 가닥에 ^{32}P로 표지된 프라이머의 3′-말단이 상해부위의 상단 쪽 바로 옆에 위치하도록 제작한 주형을 사용하였으며, 뉴클레오티드를 첨가하여 TLS가 일어나도록 한 후 그 산물을 전기영동하였다.

그림 20.40이 그 결과이다. (a)는 중합효소 α와 η가 모두 상해가 없는 주형에서 프라이머 말단을 신장시킬 수 있음을 보여 주는데, 중합효소 α의 경우에는 DNA 손상의 종류에 상관없이 손상이 있는 주형에서는 신장이 잘 일어나지 않음을 알 수 있다. 이러한 결과는 중합효소 α가 프라이머를 만들기 위해 정확히 정상적인 DNA를 복제하도록 만들어진 것이지 정보를 제대로 보존하지 못한 손상된 DNA를 복제하게 만들어진 것이 아니기 때문에 놀라운 일이 아니다. (b~d)는 중합효소 η가 고리형의 피리미딘 2량체(CPD)와 AP 부위를 지나 프라이머를 신장시킬 수 있지만 [6−4] 광화합물 부위에는 작용하지 못한다는 것을 보여 준다.

요약

DNA 복제는 몇 가지 원리가 적용된다. ① 이중나선 DNA는 반보존적으로 복제된다. 부모가닥이 분리될 때 각각은 새로운 상보적인 가닥을 만드는 주형으로 작용한다. ② 대장균(과 다른 생물도)의 DNA 복제는 반불연속적이다. 한 가닥은 복제분기점의 이동 방향으로 복제된다. 이 가닥은 일반적으로 연속적으로 복제된다고 여겨지지만, 이 가닥이 불연속적으로 복제된다는 증거도 있다. 다른 가닥은 반대 방향으로 1~2kb의 오카자키 절편을 만들면서 불연속적으로 복제된다. 이렇게 해서 두 가닥이 모두 5′→3′ 방향으로 복제된다. ③ DNA 복제의 시작은 프라이머를 필요로 한다. 대장균의 오카자키 절편은 10~12nt 크기의 RNA 프라이머에 의해 시작된다. ④ 대부분의 진핵생물과 원핵생물의 DNA는 양방향으로 복제된다. ColE1은 한 방향으로 복제되는 DNA의 예이다.

원형 DNA는 회전바퀴 기작에 의해 복제된다. 이중나선 DNA의 한쪽 사슬에 틈이 생기고 3′-말단이 온전한 DNA 사슬을 주형으로 신장시킨다. 이에 따라 5′-말단은 분리된다. λ 파지에서는 분리된 가닥이 불연속적인 지연사슬 합성을 위한 주형으로 쓰인다.

Pol I은 세 가지 특징적인 활성, 즉 DNA 중합효소, 3′→5′ 핵산말단가수분해효소, 5′→3′ 핵산말단가수분해효소 활성을 가지고 있다. 앞의 두 가지 활성은 효소의 큰 영역에 위치하고 있으며, 세 번째 활성은 작은 영역에 위치하고 있다. 큰 영역(클레노우 절편)은 단백질분해효소를 낮은 농도로 처리하여 작은 영역에서 분리될 수 있으며, 그 결과 세 가지의 활성을 온전히 가지고 있는 2개의 단백질 절편이 생긴다. 클레노우 절편에는 DNA에 결합하는 데 필요한 넓은 틈이 있다. 이 중합효소 활성부위는 클레노우 절편 상에서 3′→5′ 핵산말단가수분해효소 활성부위와는 떨어져 있다.

대장균 내의 세 종류 DNA 중합효소인 pol I, pol II, 그리고 pol III 중 오직 pol III만이 DNA 복제에 필요하다. 그러므로 이 중합효소가 세균 DNA를 복제하는 효소이다. Pol III 핵심 복합체는 α, ε, θ의 세 가지 소단위체로 구성되어 있다. α 소단위체는 DNA 중합효소의 활성을 가지고 있다. ε 소단위체는 3′→5′ 핵산말단가수분해효소의 활성을 가지고 있으며 교정 작업을 수행한다.

정확한 DNA 복제는 생명체에 필수적이다. 이러한 정확성을 부여하기 위해 대장균의 DNA 복제기구는 프라이머 형성을 필요로 하는 교정기작을 갖추게 되었다. 염기쌍을 이룬 뉴클레오티드만이 pol III 완전효소의 프라이머가 될 수 있다. 따라서 우연히 잘못된 뉴클레오티드가 삽입되면 pol III 완전효소의 3′→5′ 핵산말단가수분해효소가 그것을 제거할 때까지 복제는 중단된다. 프라이머가 RNA로 만들어져 있다는 사실은 RNA 프라이머가 분해될 운명임을 표시하는 데 도움을 준다.

포유동물 세포는 서로 다른 5개의 DNA 중합효소를 갖고 있다. 중합효소 δ와 α는 2개의 DNA 가닥을 복제하는 데 모두 참여한다. 중합효소 α가 양쪽 사슬에 프라이머를 만들고, 중합효소 ε는 선도가닥을, δ는 지연가닥을 신장시킨다. 중합효소 β는 DNA 회복에 관여하며, 중합효소 γ는 미토콘드리아 DNA를 복제하는 것으로 보인다.

복제분기점에서 두 가닥의 DNA를 풀어 주는 헬리케이즈는 대장균의 *dnaB* 유전자에 의해 암호화된다. 박테리아의 단일가닥 DNA 결합단백질은 이중가닥보다는 단일가닥에 훨씬 강하게 결합한다. 이 단백질은 새로 합성된 단일가닥 DNA에 강하게 협조적으로 결합하여 이중가닥으로 되돌아가는 것을 저해함으로써 헬리케이즈의 활성을 돕는다. 단일가닥 DNA를 덮어씌움으로써 SSB는 DNA가 분해되지 않도록 보호해주기도 하며, 또한 DNA 중합효소의 활성을 촉진시킨다. 이러한 활성으로 인해 SSB는 박테리아의 DNA 복제에 필수적이다.

헬리케이즈가 폐쇄 원형 DNA의 두 가닥을 분리할 때 양성 초나선 긴장이 DNA에 주어진다. 이 긴장력을 극복해야만 복제분기점의 진행이 지속될 수 있다. 이와 같은 긴장력 완화기작은 선회(swivel) 가설로 설명되는데, 대장균의 위상이성질화효소인 DNA 자이레이즈가 이런 역할을 담당할 것으로 추측되는 가장 유력한 단백질이다.

에틸메탄 설포네이트(ethylmethane sulfonate)와 같은 알킬화제는 부피가 큰 알킬기를 염기에 첨가해서 직접적으로 염기쌍을 붕괴시키거나 염기의 손실을 초래하여 불완전한 DNA 복제 또는 회복을 야기할 수 있다.

다른 종류의 방사능은 다른 종류의 손상을 입힌다. 자외선은 비교적 낮은 에너지를 갖고 있어서 중간 정도의 손상인 피리미딘 2량체를 만들어 낸다. 감마선과 X-선은 훨씬 많은 에너지를 가지고 있다. 그들은 DNA 주변의 분자들을 이온화시켜 DNA를 공격할 수 있는 매우 반응성이 높은 자유라디칼들을 형성하며, 이것이 염기에 변화를 주거나 DNA 사슬을 부순다.

DNA에 대한 자외선 손상(피리미딘 2량체)은 DNA 광분해효소가 가시광선으로부터 나오는 에너지를 이용해서 2개의 피리미딘을 붙잡고 있는 결합을 파괴함으로써 직접 회복될 수 있다. 구아닌 잔기상의 O6 알킬화는 자살효소인 O6-메틸구아닌 메틸전달효소가 직접 뒤집을 수 있다. 이 효소는 알킬기를 자신의 아미노산 중 하나에 받는다.

염기 절제회복(BER)은 주로 작은 염기의 손상에 대해 작용한다. 이 과정은 DNA 글리코실가수분해효소에 의해 시작되는데, 이 효소가 손상된 염기쌍 부위의 염기를 들어내어 제거하면 생겨난 탈퓨린 또는 탈피리미딘 부위에 회복효소가 결합하여 남아 있던 당과 염기를 제거하고 정상적인 뉴클레오티드로 대체한다. 박테리아의 경우에는 DNA 중합효소 I이 BER에서 없어진 뉴클레오티드를 채워 넣는 효소이며, 진핵세포에서는 DNA 중합효소 β가 이 역할을 한다. 그러나 이 효소는 잘못을 저지르기도 하고, 자체로는 교정 작용을 하지 못하므로 APE1이 필요한 교정 작용을 하게 된다. DNA 상에 있는 8-산화구아닌의 수선은 특별한 종류의 BER인데, 두 가지 방법으로 일어날 수 있다. oxoG는 A와 잘못 짝을 이루기 때문에 A는 DNA 복제 후 특수한 아데닌 DNA 글리코실가수분해효소에 의해 제거될 수 있다. 그러나 DNA 복제가 아직 진행되지 않았다 하더라도 oxoG는 여전히 C와 짝을 이룰 수 있으며, oxoG는 oxoG 회복효소라는 또 다른 DNA 글리코실가수분해효소에 의해 제거될 수 있다.

뉴클레오티드 절제회복(NER)은 주로 DNA 이중나선 구조를 변형시키는 큰 손상을 수선한다. 박테리아에서 NER은 손상된 DNA가 손상부위의 양 옆이 핵산내부가수분해효소에 의해 절단되어 손상된 DNA를 포함하는 올리고뉴클레오티드가 떨어져 나온다. DNA 중합효소 I이 그 간격을 메우고 DNA 라이게이즈가 남은 틈을 메운다.

진핵생물의 NER은 두 경로로 일어난다. 유전체 전체 수준의 NER(GG-NER)은 XPC와 hHR23B의 복합체가 유전체의 어떤 부위에 있는 상해라도 결합하여 부분적으로 DNA를 풀며 시작된다. 이 단백질이 XPA와 RPA를 끌어오며, 다음에 TFIIH가 결합하여 2개의 소단위체(XPB와 XPD)가 가진 DNA 헬리케이즈 활성을 이용해 풀어진 부위를 넓혀준다. RPA는 2개의 절제핵산분해효소(XPF와 XPG)와 결합하여 이들이 상해부위 양 옆의 DNA 사슬을 절단하는 위치에 자리잡도록 해준다. 그 결과 상해를 포함한 24~32nt 길이의 조각이 떨어져 나온다. 전사연계 NER(TC-NER)은 GG-NER과 매우 유사하지만 RNA 중합효소가 손상을 인식하고 초기의 풀림을 유도하는 XPC의 역할을 한다는 점에서 다르다. 두 종류 NER 모두 DNA 중합효소 ε과 δ가 손상된 조각이 제거된 간격을 채우고 DNA 라이게이즈가 그 틈을 메운다.

이중가닥 DNA 절단은 상동재조합이나 비상동 말단연결을 통해 수선될 수 있다. 후자를 위해서는 Ku와 DNA-PK_{cs}가 필요한데, 이들은 DNA 말단에 결합하여 각 말단의 작은 상동부위를 찾을 수 있도록 해주는 DNA-PK 복합체를 형성한다. 작은 상동부위가 연결되면 두 DNA-PK 복합체는 서로를 인산화 한다. 인산화는 활성 소단위체(DNA-PK_{cs})를 활성화시켜 떨어져 나오게 하며, Ku의 DNA 헬리케이즈 활성을 활성화시켜 DNA 말단을 풀어줌으로써 미세 상동부위 사이의 염기쌍 형성을 가능하게 해준다. 마지막으로 여분의 플랩이 제거되고 간격이 채워지며 DNA 말단은 영구히 서로 연결된다.

염색질의 리모델링은 비상동성 말단연결과 상동재조합 모두에 필요하다. 효모에서 Mec1과 Tel1의 두 단백질인산화효소는 DSB 부위에 결합하여 근처에 있는 뉴클레오솜의 히스톤 H2A의 129번 세린을 인산화 시킨다. 이 인산화에 의해 염색질 리모델링 인자인 INO80이 DSB 부위에 결합하며, DNA 헬리케이즈 활성을 이용해서 뉴클레오솜을 DSB 말단에서 밀어내어 비상동 말단연결에 필요한 3′-DNA 말단의 돌출(3′-DNA overhang)을 가능하게 해준다. 또 다른 염색질 리모델링 인자인 SWR1은 INO80과 여러 구성요소를 공유하고 있으며, DSB에 결합하여 인산화된 H2A를 인산화 될 수 없는 H2A 변형체인 Htz1로 바꾸어 준다. 이것이 DSB 근처의 뉴클레오솜에 있는 H2A의 인산화된 상태를 정상적인 상태로 바꾸어 준다.

DNA 복제에서 일어나는 실수는 발견되고 회복될 수 있는 틀린짝(mismatch)을 남긴다. 대장균의 틀린짝 회복 체계는 부모가닥을 GATC 서열 내에 있는 메틸화된 아데닌을 이용해서 인지한 다음, 상보적인(자손) 사슬에 있는 틀린짝을 수정한다. 인간에서 틀린짝 회복의 결함은 미세부수체의 불안정성을 증가시키고 궁극적으로는 암을 일으킨다.

세포는 비회복 방법을 사용해서 DNA 손상을 극복할 수도 있다. 이 중 한 가지 방법은 재조합 회복인데, 이것은 DNA 복제 후 손상 부위 건너편의 빈 간격을 다른 딸 DNA 가닥의 정상 가닥과 재조합하는 것이다. 이 회복은 갭 문제를 해결하지만 원래의 상해는 회복하지 않은 채 남아 있게 된다. 적어도 대장균에 있어서 DNA 손상을 다루는 또 다른 작용기작으로는 SOS 반응을 유도하는 방법이 있는데, 이것은 DNA 손상 부분이 정확히 읽힐 수 없더라도 복제가 진행될 수 있도록 해준다. 그 결과 새로 만들어진 DNA에 잘못된 염기가 들어가게 된다. 이 과정을 착오경향 우회라고 한다.

인간에는 피리미딘 2량체 건너편에 dAMP를 삽입함으로써 티민 2량체(시토신을 포함하는 2량체가 아닌)를 정확하게 복제하는 상대적으로 착오가 없는 우회 시스템을 가지고 있다. 이 기작에는 DNA 중합효소 η와 상해부위를 지나서 몇 개의 염기를 더 합성하는 다른 복제효소가 사용된다. DNA 중합효소 η에 결함이 생기면 DNA 중합효소 ζ나 다른 중합효소가 작용하게 된다. 그러나 이들 중합효소들은 피리미딘 2량체 너머에 임의로 뉴클레오티드를 첨가하며 따라서 착오를 많이 만들어 낸다. 이러한 DNA 손상에 대한 수정 과정의 착오가 XP-V라고 알려진 변형된 형태의 XP를 만들어 낸다.

복습 문제

1. DNA 복제의 보존적, 반보존적, 분산적 기작들을 비교하고 그 차이를 설명하라.

2. DNA 복제가 반보존적임을 증명하는 실험과 그 결과에 대해 설명하라. 단 분산적 기작에 대한 가능성을 배제하는 데 유의하라.

3. DNA 복제의 연속적, 불연속적, 반불연속적 모델들을 비교, 대조하여 설명하라.

4. DNA 복제가 반불연속적임을 증명하는 실험과 그 결과에 대해 설명하라.

5. 대장균에서 DNA의 복제가 완전히 불연속적임을 보여 주는 증거는 무엇인가?

6. 오카자키 절편상의 프라이머 크기를 측정할 수 있는 실험을 설명하고 그 결과를 제시하라.

7. colE1 플라스미드의 복제는 한 방향으로 이루어지지만 고초균의 염색체 복제는 양방향으로 이루어진다는 전자현미경적 증거를 제시하라.

8. λ 파지가 사용하는 회전바퀴 복제의 작용기작을 모식도로 설명하라.

9. 대장균의 DNA 중합효소가 사용하는 교정 과정을 도식화하라.

10. 대장균의 DNA 중합효소 I은 어떤 활성을 가지고 있는가? DNA 복제에 있어서 각각의 활성은 어떤 역할을 하는가?

11. 클레노우 절편은 완전한 대장균 중합효소 I과 어떻게 다른가? 틈 번역(nick translation) 과정과 DNA 말단 채우기(DNA end filling) 반응을 하려면 각각 어떤 효소를 사용해야 하며 그 이유는 무엇인가?

12. 대장균에 있는 세 DNA 중합효소 중에서 DNA 복제에 있어서 필수적인 것은 무엇인가? 그 증거를 제시하라.

13. pol III의 핵심 소단위체 중 어느 것이 DNA 중합효소의 활성을 가지고 있는가? 이를 어떻게 알게 되었나?

14. pol III의 핵심 소단위체 중 어느 것이 교정을 담당하는가? 이를 어떻게 알게 되었나?

15. DNA 복제에는 프라이머 형성 과정이 사용된다. 교정 작업의 필요성으로 어떻게 이 과정이 존재하는 당위성을 설명할 수 있을까?

16. 진핵생물에 존재하는 DNA 중합효소들을 나열하고 그들의 역할을 설

명하라. 그들의 기능에 대한 증거들을 대략적으로 설명하라.

17. 복제 과정의 역할을 중심으로 헬리케이즈와 위상이성질화효소의 활성을 비교하라.

18. DNA 복제 과정에서 SSB의 역할을 나열해 보라.

19. 초나선형의 DNA에서 한쪽 가닥에 틈을 만들면 초나선이 풀리는 이유를 설명하라.

20. DNA 자이레이즈가 효소의 티로신과 DNA 사이에 공유결합을 형성하는 것을 어떻게 알 수 있을까? 이렇게 공유결합을 형성할 때의 이점은 무엇인가?

21. 효모의 DNA 위상이성질화효소 II의 구조를 기반으로 해서 DNA 분절-통과 단계에 대한 모델을 제시하라.

22. 자외선과 X-선 또는 감마선에 의한 DNA 손상을 비교하여 설명하라.

23. DNA 손상을 직접적으로 뒤집을 수 있는 효소 두 가지는 무엇인가? 그 두 효소가 사용하는 작용기작을 모식도로 나타내라.

24. 염기 절제회복과 뉴클레오티드 절제회복을 비교하여 설명하라. 두 과정을 모식도로 나타내라. 각각은 어떤 종류의 손상에 대해 우선적으로 작용하는가?

25. 인간의 염기 절제회복에서 교정을 담당하는 효소는 무엇인가? 그 답을 입증하는 증거를 개략적으로 제시하라.

26. 인간의 oxoG 회복효소(hOGG1)와 oxoG-C 염기쌍, 또는 정상적인 G-C 염기쌍 복합체의 결정구조를 설명하라. 이 구조로 oxoG는 제거되는데 정상적인 G는 제거되지 않는지 어떻게 알 수 있나?

27. 전사연계 NER은 전체 유전체 NER과 어떻게 다른가?

28. 포유동물에서 이중가닥 절단을 수선하는 비상동 말단연결 기작을 개략적으로 설명하라. 이 과정에 의해 어떻게 회복부위에 염기 결실을 일으키는지 나타내라.

29. 대부분의 색소건피증(XP) 경우에 어떤 DNA 회복 체계가 없는가? 왜 그 점이 XP 환자가 자외선에 민감하게 만드는가? 이러한 환자에게 가장 주요한 대체 시스템은 무엇인가?

30. XP-V 환자에는 어떤 DNA 회복 체계가 없는가? 왜 이러한 환자는 전형적인 다른 XP 환자에 비해 피부암 발생율이 낮은가? XP-V 환자에게 있어 NER 체계에 의해 제거되지 않은 손상에 대한 대체 체계는 무엇인가?

31. 진핵생물에서 이중가닥 절단회복에 왜 염색질 리모델링이 필요한가?

32. 대장균의 틀린짝 회복 작용기작을 모식도로 나타내라.

33. 대장균의 재조합 회복 작용기작을 모식도로 나타내라.

34. 대장균의 착오경향 우회 시스템을 모식도로 나타내라.

35. 재조합 회복과 착오경향 우회가 진정한 회복 체계가 아닌 이유를 설명하라.

36. DNA 중합효소 η가 티민 2량체와 AP 부위는 우회할 수 있지만 [6-4] 광화합물은 우회하지 못하며, DNA 중합효소 α는 이 중 어떤 상해도 우회할 수 없다는 것을 보여 주는 증거를 제시하라.

분석 문제

1. 자연에서 두 가닥 모두 연속적인 DNA 복제를 관찰하는 것이 왜 불가능한가?

2. 여러분이 DNA 헬리케이즈라고 생각하는 단백질을 연구한다고 하자. 이 단백질의 활성을 어떻게 측정할지 설명하고 그 예상되는 긍정적인 결과를 나타내라.

3. DNA 위상이성질화효소라고 생각하는 단백질을 연구한다고 할 때, 어떻게 이 단백질의 활성을 조사할지 설명하고 그 예상 결과를 나타내라.

4. DNA 상해와 돌연변이의 차이를 설명하라. 대장균에서 DNA 중합효소 V의 돌연변이가 이러한 차이를 어떻게 설명해줄 수 있는가?

5. 최근에 한 연구실에서 박사 후 연구원으로 일하고 있는 당신이 단지 세 가지 회복기작 만이 가능한 새로운 단세포 생물을 만들어 냈다. 이 연구를 분자생물학 학회에서 발표하려고 한다. 왜 이 세 가지 회복체계를 선택했는지를 설명하고, 선택한 이 세 가지 기작 사이에 중복은 없는지, 혹은 틈은 없는지 논의하라. 또한 당신이 만든 세포가 극복해야 하는 돌연변이 종류와 당신이 새로 만들어 낸 생명체를 죽일 수 있는 종류의 손상은 무엇인지 설명하라. 당신의 생명체가 이미 상동재조합 기작은 가지고 있다고 가정하여도 좋다.

추천 문헌

General References and Reviews

Cairns, B.R. 2004. Around the world of DNA damage INO80 days. *Cell* 119:733–34.

Chu, G. 1997. Double strand break repair. *Journal of Biological Chemistry.* 272:24097–100.

Citterio, E., W. Vermeulen, and J.H.J. Hoeijmakers. 2000. Transcriptional healing. *Cell* 101:447–50.

David, S.S. 2005. DNA search and rescue. *Nature* 434:569–70.

de Latt, W.L., N.G.J. Jaspers, and J.H.J. Hoeijmakers. 1999. Molecular mechanism of nucleotide excision repair. *Genes and Development* 13:768–85.

Friedberg, E.C., R. Wagner, and M. Radman. 2002. Specialized DNA polymerases, cellular survival, and the genesis of mutations. *Science* 296:1627–30.

Herendeen, D.R. and T.J. Kelly. 1996. DNA polymerase III: Running rings around the fork. *Cell* 84:5–8.

Jiricny, J. 2002. An APE that proofreads. *Nature* 415:593–94.

Joyce, C.M. and T.A. Steitz. 1987. DNA polymerase I: From crystal structure to function via genetics. *Trends in Biochemical Sciences* 12:288–92.

Kornberg, A. and T. Baker. 1992. *DNA Replication*. New York: W.H. Freeman and Company.

Lindahl, T. 2004. Molecular biology: Ensuring error-free DNA repair. *Nature* 427:598.

Lindahl, T. and R.D. Wood. 1999. Quality control by DNA repair. *Science* 286:1897–1905.

Maxwell, A. 1996. Protein gates in DNA topo Isomerase II. *Nature Structural Biology.* 3:109–12.

Sharma, A. and A. Mondragón. 1995. DNA topo Isomerases. *Current Opinion in Structural Biology* 5:39–47.

Wood, R.D. 1997. Nucleotide excision repair in mammalian cells. *Journal of Biological Chemistry* 272:23465–68.

Wood, R.D. 1999. Variants on a theme. *Nature* 399:639–70.

Research Articles

Bagg, A., C.J. Kenyon, and G.C. Walker. 1981. Inducibility of a gene product required for UV and chemical mutagenesis in Escherichia coli. *Proceedings of the National Academy of Sciences USA* 78:5749–53.

Banerjee, A., W. Yang, M. Karplus, and G.L. Verdine. 2005. Structure of a repair enzyme interrogating undamaged DNA elucidates recognition of damaged DNA. *Nature* 434:612–18.

Berger, J.M., S.J. Gamblin, S.C. Harrison, and J.C. Wang. 1996. Structure and mechanism of DNA topo Isomerase II. *Nature* 379:225–32.

Cairns, J. 1963. The chromosome of Escherichia coli. Cold Spring *Harbor Symposia on Quantitative Biology* 28:43–46.

Chou, K.-M. and Y.-C. Cheng. 2002. An exonucleolytic activity of human apurinic/apyrimidinic endonuclease on 3 mispaired DNA. *Nature* 415:655–59.

Curtis, M.J. and B. Alberts. 1976. Studies on the structure of intracellular bacteriophage T4 DNA. *Journal of Molecular Biology* 102:793–816.

Drapkin, R., J.T. Reardon, A. Ansari, J.-C. Huang, L. Zawel, K. Ahn, A. Sancar, and D. Reinberg. 1994. Dual role of TFIIH in DNA excision repair and in transcription by RNA polymerase II. *Nature* 368:769–72.

Eom, S.H., T. Wang, and T.A. Steitz. 1996. Structure of Taq polymerase with DNA at the active site. *Nature* 382:278–281.

Gefter, M.L., Y. Hirota, T. Kornberg, J.A. Wechster, and C. Barnoux. 1971. Analysis of DNA polymerases II and III in mutants of Escherichia coli thermosensitive for DNA synthesis. *Proceedings of the National Academy of Sciences USA* 68:3150–53.

Gellert, M., K. Mizuuchi, M.H. O'Dea, and H.A. Nash. 1976. DNA gyrase: An enzyme that introduces superhelical turns into DNA. *Proceedings of the National Academy of Sciences USA* 73:3872–76.

Gyurasits, E.B. and R.J. Wake. 1973. Bidirectional chromosome replication in Bacillus subtilis. *Journal of Molecular Biology* 73:55–63.

Hirota, G.H., A. Ryter, and F. Jacob. 1968. Thermosensitive mutants in E. coli affected in the processes of DNA synthesis and cellular division. *Cold Spring Harbor Symposia on Quantitative Biology* 33:677–93.

Huberman, J.A., A. Kornberg, and B.M. Alberts. 1971. Stimulation of T4 bacteriophage DNA polymerase by the protein product of T4 gene 32. *Journal of Molecular Biology* 62:39–52.

Kitani, T., K.-Y. Yoda, T. Ogawa, and T. Okazaki. 1985. Evidence that discontinuous DNA replication in Escherichia coli is primed by approximately 10 to 12 residues of RNA starting with a purine. *Journal of Molecular Biology* 184:45–52.

LeBowitz, J.H. and R. McMacken. 1986. The Escherichia coli dnaB replication protein is a DNA helicase. *Journal of Biological Chemistry* 261:4738–48.

Maki, H. and A. Kornberg. 1985. The polymerase subunit of DNA polymerase III of Escherichia coli. *Journal of Biological Chemistry* 260:12987–92.

Masutani, C., R. Kusumoto, A. Yamada, M. Yuasa, M. Araki, T. Nogimori, M. Yokoi, T. Eki, S. Iwai, and F. Hanaoka. 2000. Xeroderma pigmentosum variant: From a human genetic disorder to a novel DNA polymerase. *Cold Spring Harbor Symposia on Quantitative Biology.* 65:71–80.

Masutani, C., R. Kusumoto, A. Yamada, N. Dohmae, M. Yokoi, M. Yuasa, M. Araki, S. Iwai, K. Takio, and F. Hanaoka. 1999. The XPV (xeroderma pigmentosum variant) gene encodes human DNA polymerase η. *Nature* 399: 700–04.

Matsuda, T., K. Bebenek, C. Masutani, F. Hanaoka, and T.A. Kunkel. 2000. Low fidelity DNA synthesis by human DNA polymerase-. *Nature* 404:1011–13.

Meselson, M. and F. Stahl. 1958. The replication of DNA in Escherichia coli. *Proceedings of the National Academy of Sciences USA* 44:671–82.

Okazaki, R., T. Okazaki, K. Sakabe, K. Sugimoto, R. Kainuma, A. Sugino, and N. Iwatsuki. 1968. In vivo mechanism of DNA chain growth. *Cold Spring Harbor Symposia on Quantitative Biology* 3:129–43.

Scheuermann, R.H. and H. Echols. 1984. A separate editing exonuclease for DNA replication: The ε subunit of Escherichia coli DNA polymerase III holoenzyme. *Proceedings of the National Academy of Sciences USA* 81:7747–57.

Sugasawa, K., J.M.Y. Ng, C. Masutani, S. Iwai, P.J. van der Spek, A.P.M. Eker, F. Hanaoka, D. Bootsma, and J.H.J. Hoeijmakers 1998 Xeroderma pigmentosum group C protein complex is the initiator of global genome nucleotide excision repair. *Molecular Cell* 2:223–32.

Tse, Y.-C., K. Kirkegaard, and J.C. Wang. 1980. Covalent bonds between protein and DNA. *Journal of Biological Chemistry* 255:5560–65.

Wakasugi, M. and A. Sancar. 1999. Order of assembly of human DNA repair excision nuclease. *Journal of Biological Chemistry* 274:18759–68.

CHAPTER 21

DNA 복제 II: 세부 기작

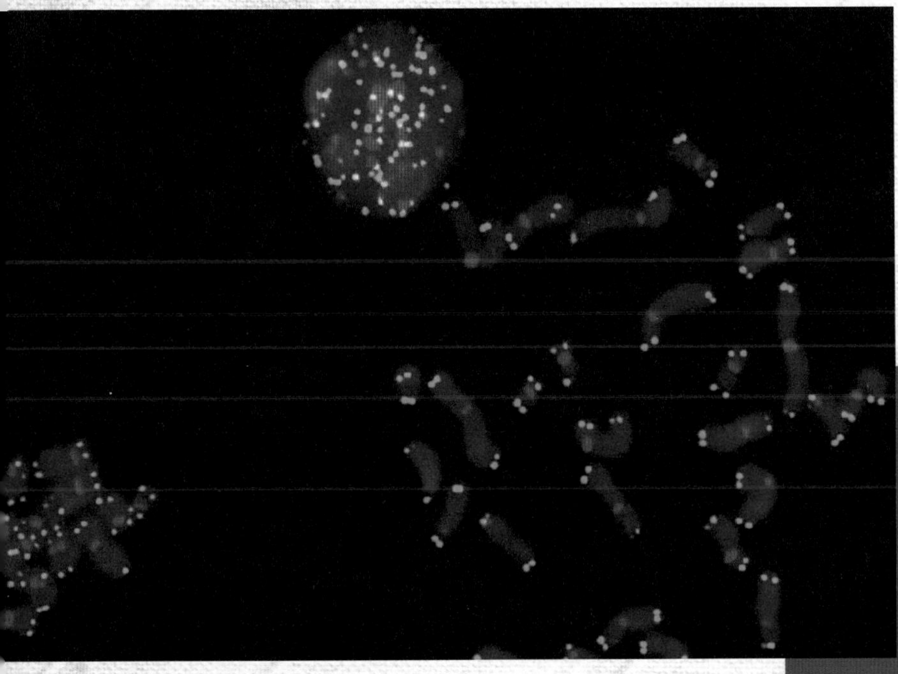

사람 염색체상의 말단소립. 말단소립을 초록색으로 염색하였으며 동원체는 분홍색으로 염색하였다. (Cal Harley/Geron Corporation & Peter Rabinovitch, Univ. of Washington.)

20장에서 DNA 복제는 반불연속적이며, DNA 합성 전에 프라이머 합성이 일어나야 함을 배웠다. 대장균의 경우 DNA 복제에 관여하는 주요 단백질에 대해서도 배워 DNA 복제는 복잡한 과정이며, DNA 중합효소 이외의 많은 요소가 관여함을 알았다. 이 장에서는 대장균과 진핵세포에서의 DNA 복제기작에 대해 면밀히 검토하고자 한다. 여기서는 복제의 3단계, 즉 개시, 신장, 종결에 대해 살펴보도록 한다.

21.1. 복제개시

DNA 복제개시는 프라이머 합성을 의미한다. 생물체는 프라이머를 만들 때 저마다 각기 다른 기작을 사용하며, 대장균에 감염하는 파지조차도 각기 다른 프라이머 합성 방법을 사용한다. 대장균 파지는 대장균의 DNA 복제를 연구하는 데 편리한 도구이다. 왜냐하면 파지는 아주 단순해서 자신의 DNA를 복제하기 위해서는 숙주단백질에 의존해야 하기 때문이다.

1) 대장균에서의 프라이머 합성

20장에서 언급한 바와 같이 대장균 파지의 프라이머 합성에 관한 최초의 관찰은 M13 파지에서 우연히 이루어졌다. 그 당시 이 파지가 **프라이메이즈**(primase, 프라이머 중합효소)로서 숙주 RNA 중합효소를 사용한다는 사실이 밝혀졌다. 그러나 대장균과 그 외 다른 파지들은 프라이메이즈로 숙주 RNA 중합효소를 사용하지 않는다. 대신 대장균 *dnaG* 유전자 산물인 **DnaG**를 프라이메이즈로 사용한다. 아서 콘버그(Arthur Kornberg)는 대장균과 파지의 대부분이 지연사슬에서 프라이머를 형성하기 위해 적어도 하나 이상의 단백질(**DnaB**, 20장에 설명한 DNA 헬리케이즈)을 필요로 한다고 적고 있다.

콘버그 등은 ΦX174 파지의 DNA(단일가닥 결합단백질 없이)를 이중가닥 형태로 전환시키는 실험에서 DnaB가 중요함을 발견하였다. 파지 DNA의 두 번째 가닥 합성은 프라이머 합성과 DNA 복제가 필요하다. DNA 복제에는 pol III 완전효소가 사용되었으므로 다른 필요한 단백질들은 프라이머 합성에 필요한 것들이다. 콘버그 등은 세 가지 단백질을 발견하였다. DnaG(프라이메이즈), DnaB 그리고 pol III 완전효소 등 세 단백질이 이 분석 시험에 요구됨을 발견하였다. 따라서 DnaG와 DnaB는 분명히 프라이머 합성에 필요하였다. 콘버그는 DNA가 복제되는 동안 프라이머를 만드는 데 필요한 단백질들을 설명하기 위해 **프리모솜**(primosome)이라는 단어를 만들었다. 보통은 단지 두 단백질, 즉 DnaG와 DnaB만 필요하나 다른 단백질들도 프리모솜을 만드는 데 필요할 수 있다.

대장균의 프리모솜은 운동성이 커서 원형의 ΦX174 파지 DNA 주위를 따라 이동하면서 반복적으로 프라이머를 합성할 수 있다. 이는 대장균 DNA의 지연가닥에 있는 오카자키 절편들을 합성하는 데 필요한 프라이머 합성의 반복적인 작업에 안성맞춤이다. 이것은 한 지점, 즉 복제기점에서만 DNA 합성을 개시하는 RNA 중합효소나 프라이메이즈의 활성과는 대조적이다.

대장균 복제 체계의 중요한 구성물을 동정하기 위해 ΦX174와 G4 파지 DNA를 기질로 하여 두 가지 다른 방법을 사용했다. 첫 번째 접근은 유전학과 생화학을 접목한 것으로 파지 DNA 복제에 결함이 생긴 돌연변이체를 분리하여 이를 보완할 수 있는 야생형 단백질을 찾아내는 것이 있다. 돌연변이 추출물은 만약 정상적인 야생형 단백질을 첨가하지 않는다면 시험관에서 파지 DNA를 복제할 수 없다. 이런 실험을 통해 DNA 복제에 필요한 단백질을 고도로 정제하고 그 특징을 규명할 수 있다. 두 번째 접근은 고전적인 생화학적 방법으로서, 구성성분 모두를 정제한 후 시험관에서 복제 체계를 재구성하기 위해 구성성분 모두를 첨가했다.

(1) 대장균에서의 복제기점

프라이머 합성을 논의하기 전에 대장균의 경우 DNA 복제가 시작되는 유일한 부분인 대장균: *oriC*(***E. coil*: *oriC***)에 대해 생각해 보기로 한다. 복제기점은 DNA 복제가 시작되며 복제가 적절하게 일어나는 데 필수적인 DNA 부위이다. 몇 가지 방법을 통해 복제가 시작되는 위치는 알 수 있지만, 개시부위 주변에 얼마만큼의 DNA가 복제개시에 필수적인지는 어떻게 알 수 있을까? 한 가지 방법은 자신의 복제기점은 없으나 항생제 내성 유전자를 가지고 있는 플라스미드에 개시부위를 포함하고 있는 DNA 조각을 클로닝하는 것이다. 그런 다음 항생제를 사용하여 자율적으로 복제하는 플라스미드를 선별한다. 항생제가 있는 곳에서 복제하는 세포는 복제개시 기능을 가진 플라스미드를 가지고 있을 것이다. 일단 이러한 *oriC* 플라스미드를 얻기만 하면 *oriC*가 포함된 DNA 절편을 다듬고 변형시킴으로써 최소한의 크기를 가지면서 기능을 유지하는 DNA 서열을 찾을 수 있다. 대장균에서 가장 작은 복제기점은 245bp이다. 이 복제기점의 특징 중 일부는 박테리아에서 잘 보존되어 있고, 이들 기점 간의 간격 또한 박테리아에 잘 보존되어 있다.

그림 21.1은 *oriC*에서 시작되는 복제개시의 단계를 설명하고 있다. 개시점에는 9mer의 공통서열인 TTATCCACA 4개가 포함되어 있다. 이들은 2개씩 서로 반대 방향으로 배열되어 있다. DNase 풋프린팅을 통해 이들 9mer가 **dnaA 단백질**(**DnaA**)이 결합하는 부위라는 것을 알아냈다. 이로 인해 이 9mer를 ***dnaA* 상자**(*dnaA* box)라고 부른다. 이 DnaA는 DnaB 단백질이 기점으로 결합하는 것을 촉진시킨다.

DnaA는 *oriC* 왼쪽에 있는 3개의 13mer를 단일사슬로 분리시켜 **개방형 복합체**(open complex)를 형성하게 하여 DnaB가 여기에 결합하는 것을 돕는다. 이것은 6장에서 살펴본 개방형 프로모

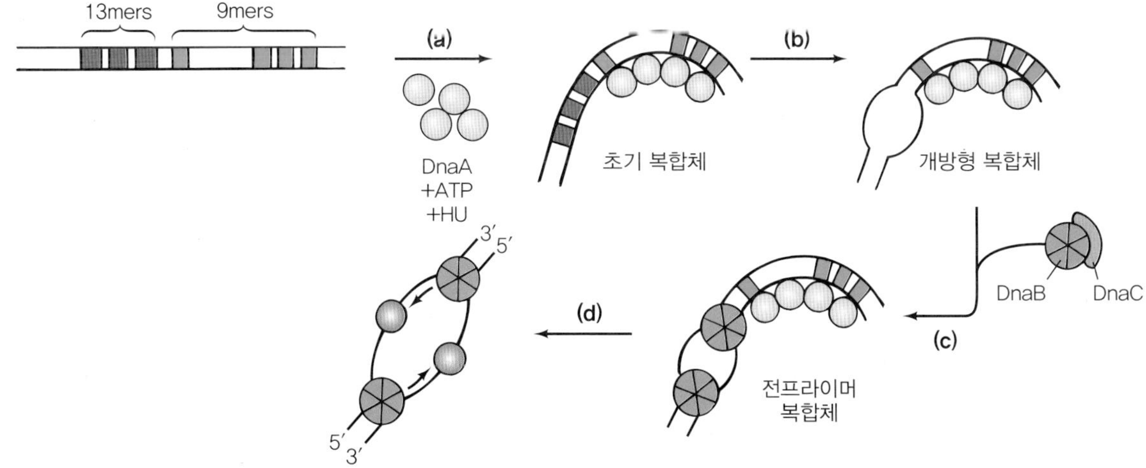

그림 21.1 *oriC*에서의 프라이머 합성. **(a)** 초기 복합체의 형성. 첫 번째로, DnaA(노란색)가 ATP와 결합하여 다량체를 형성한다. HU 단백질과 함께 DnaA/ATP 복합체가 9mer 4개 부위에 걸쳐 DNA에 결합한다. 이 복합체는 약 200bp에 걸쳐 형성된다. HU 단백질은 그림에서 보는 바와 같이 DNA를 구부러지게 만든다. **(b)** 개방 복합체의 형성. HU 단백질에 의해 구부러진 구조에 DnaA가 결합하면 옆에 위치한 13mer 반복서열이 불안정해져서 부분적인 DNA 사슬이 풀리게 된다. 이렇게 되면 DnaB 단백질이 분리된 부위에 결합하게 된다. **(c)** 전프라이머 복합체의 형성. DnaC 단백질이 DnaB 단백질에 결합하여 DNA에 전달해준다. **(d)** 프라이머 합성. 마지막으로 프라이메이즈(보라색)가 전프라이머 복합체에 결합하여 프리모솜을 형성시킨다. 이 프리모솜은 프라이머가 DNA 복제를 시작하도록 해준다. 프라이머는 화살표로 표시하였다. (출처: Adapted from *DNA Replication*, 2/e, (plate 15) by Arthur Kornberg and Tania Baker.)

터 복합체와 유사하다. DnaB는 해리된 DNA 영역과 결합한다. 또 다른 단백질인 DnaC는 DnaB에 결합하여 DnaB를 기점으로 인도한다.

이런 사실은 DnaA가 DnaB의 결합을 직접 도와주고 있음을 강력히 시사한다. 여기에 일련의 증거가 있다. *dnaA* 상자는 R6K라 불리는 플라스미드에 있는 머리핀의 줄기–고리 구조에서 줄기 부분에 존재한다. 여기에 DnaA가 결합할 수 있으며, 그 후에 DnaB(DnaC 단백질의 도움을 받아)도 결합할 수 있다. 여기서는 DNA의 분리가 일어나지 않기 때문에 DnaA가 DNA와 DnaB 사이의 결합에 직접 영향을 미친다고 결론지었다.

적어도 두 가지 요소가 *oriC*에서 개방 복합체 형성에 관여한다. 첫 번째 요소는 RNA 중합효소이다. 이 효소는 M13 파지 복제에서처럼 프라이메이즈로는 사용되지 않지만 중요한 기능을 한다. 리팜피신이 프리모솜의 형성을 저해하는 것으로 보아 RNA 중합효소의 활성이 필요하다는 것을 알고 있다. RNA 중합효소의 역할은 R 고리를 형성하는 작은 RNA 조각을 합성하는 것으로 추측된다(14장 참조). 이 R 고리는 *oriC* 내부가 아니라 *oriC*에 인접해 있다. 두 번째 인자는 **HU 단백질**(HU protein)이다. 이것은 이중가닥 DNA를 구부릴 수 있는 작은 DNA 결합단백질이다. R 고리와 더불어 이 구부러짐이 아마도 DNA 이중나선을 불안정하게 만들어줌으로써 DNA가 분리되어 개방 복합체를 형성하도록 해준다고 생각된다.

마지막으로 DnaB는 프라이메이즈(DnaG)의 결합을 촉진시켜 프리모솜을 완성시킨다. 이제야 프라이머 합성이 일어날 수 있으며 DNA 복제도 시작될 수 있다. 프리모솜은 복제신장 시 **레플리솜**(replisome)이라고 하는 복제 기구에 남아 있으면서 최소 두 가지의 기능을 수행한다. 첫째 지연가닥을 만들기 위해 오카자키 절편의 합성에 필요한 프라이머를 제공한다. 둘째, DnaB는 선도가닥과 지연가닥이 합성될 수 있는 DNA 주형을 제공하기 위해 DNA를 풀어주는 헬리케이즈의 역할을 수행한다. 이런 역할을 수행하기 위해서 DnaB는 지연가닥의 5′→3′ 방향으로 이동한다. 이 방향은 복제분기점이 진행하는 방향과 같다. 이것은 지연가닥의 주형에 프리모솜을 고정시켜 주며, 오카자키 절편의 합성이 일어나는 데 꼭 필요하다.

2) 진핵세포에서의 프라이머 합성

진핵세포의 복제는 원핵세포보다 대단히 복잡하다. 진핵세포 유전체의 크기가 원핵세포보다 크고, 진핵세포의 복제분기점의 이동속도가 더 느리다는 것을 함께 고려할 때 진핵세포의 염색체에는 여러 개의 복제기점이 있어야 한다. 그렇지 않으면 몇 분이 채 안 될 수도 있는 세포주기상의 S기 내에 복제가 끝나지 않을 수도 있기 때문이다. 이러한 다수 복제기점이나 다른 요소들로 인해 진핵세포 복제기점의 동정은 원핵세포에 비해 상당히 더디게 진행되어 왔다. 그러나 복잡한 문제에 직면할 때마다 분자생물학자들은 복잡한 숙주세포에 관한 해결책을 얻기 위해 바이러스와 같은 단순한 모델을 사용했다. 과학자들은 이미 1972년 이러한 전략을 사용하여 단순한 원숭이 바이러스인 SV40의 복제기점을 동정하였다. 일단 SV40에서 진핵세포의 복제기점을 살펴본 다음, 효모의 복제기점에 대해 논하기로 하자.

(1) SV40에서의 복제기점

1972년 노먼 잘츠만(Norman Salzman)과 다니엘 네이선스(Daniel Nathans)를 중심으로 하는 두 연구 그룹은 SV40 복제기점을 동정하고 DNA 복제가 복제기점을 중심으로 양방향으로 진행한다는 것을 발표하였다. 잘츠만의 전략은 복제 중인 SV40 DNA 분자의 특정 위치를 절단하는 *Eco*RI을 사용하는 것이었다. (이 효소는 최근에야 발견되어 그 특성이 규명되었지만, 잘츠만은 SV40 DNA에는 *Eco*RI 절단부위가 단지 하나밖에 없다는 것을 알고 있었다.) 복제 중인 SV40 DNA를 *Eco*RI으로 자른 후 전자현미경으로 그 분자를 관찰하였다. 그들은 복제 중인 방울을 하나 발견했는데, 이는 복제기점이 하나라는 것을 의미한다. 게다가 이 방울이 DNA의 양쪽 끝을 향해 커지는 것을 관찰하였다. 이것은 하나의 기점에서부터 양방향으로 DNA가 복제하는 것을 보여준다. 이러한 분석을 통해 *Eco*RI 위치로부터 전체 유전체의 33% 위치에 복제기점이 존재하고 있음도 밝혀졌다. 그러나 *Eco*RI 위치에서 어느 쪽인지는 몰랐다. SV40 DNA는 원형이기 때문에 이 그림에서는 하나의 *Eco*RI 위치 외에는 다른 표시가 없기 때문이다. 그러나 네이선스는 다른 제한효소인 *Hin*dII를 사용하며, 앞의 결과와 조합해 봄으로써 SV40의 조절부위와 겹치는 위치에 복제기점이 존재한다는 것을 알아냈다. SV40 조절부위는 GC 상자와 반복된 72bp를 가진 인핸서와 접해 있는데, 이에 대해서는 이미 10, 12장에서 논의한 바 있다(그림 21.2).

최소한의 *ori* 서열(*ori* 핵심)은 64bp로 몇 가지 필수부위로 구성되어 있다. 즉, ① 4개의 5량체(5′-GAGGC-3′)는 바이러스의 초기 발현부위 산물인 **T 대항원**(large T antigen)이 결합하는 부위이고, ② 15bp의 회문서열은 DNA가 복제될 때 맨 처음 분리되는 지점이며, ③ A-T 염기쌍만을 포함하는 17bp 부분은 회문서열 인접부위의 분리를 수월하게 해주는 부위이다.

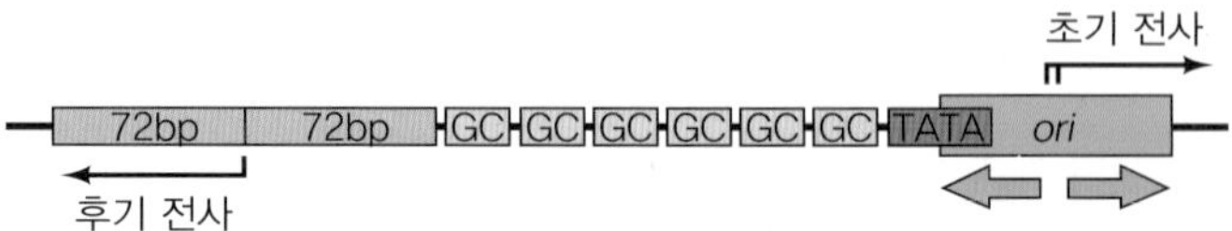

그림 21.2 전사조절 부위 내의 SV40 *ori*의 위치. 핵심 *ori* 서열(초록색)은 초기 조절부위상의 TATA 상자 일부와 초기 부위 및 초기 전사개시 부위의 집합체와 겹쳐 있다. 분홍색 화살표는 복제개시점으로부터 양방향으로 복제가 된다는 것을 나타낸다. 검은색 화살표는 전사개시부위를 나타낸다.

ori 핵심 주변의 다른 부위들도 개시과정에 관여한다. 이들은 2개의 또 다른 T 대항원 결합부위를 가지고 있는데, *ori* 핵심의 왼쪽에 있는 GC 상자가 그것이다. GC 상자는 복제개시를 10배 정도 촉진시킨다. GC 상자의 수가 감소되거나 *ori*로부터 단지 180bp 정도만 멀리 이동시키면 이러한 촉진 능력이 감소하거나 사라진다. 이러한 성질은 대장균의 경우 RNA 중합효소가 *oriC*에서의 개시과정에서 보여 주는 역할과 유사하다. 하나의 차이점은 SV40 *ori*의 경우 전사가 일어날 필요가 없어 GC 상자에 전사인자인 Sp1이 결합하는 것만으로도 복제개시를 충분히 촉진시킬 수 있다는 것이다.

T 대항원이 SV40 *ori*에 결합하면 그것의 DNA 헬리케이즈 활성으로 인해 DNA가 풀리면서 프라이머 합성이 일어나도록 한다. 진핵세포의 프라이메이즈는 DNA 중합효소 α와 결합하며 SV40 복제에 필요한 프라이메이즈로도 작용한다.

(2) 효모에서의 복제기점

지금까지 진핵세포 복제기점에 대한 정보의 대부분은 효모에서 얻었다. 이는 그리 놀랄 일은 아니다. 왜냐하면 효모는 가장 단순한 진핵세포의 하나이며, 유전자 분석에 곧잘 사용되어 왔기 때문이다. 그 결과 효모 유전학이 잘 알려지게 되었다. 1979년 샤오(C. L. Hsiao)와 카본(J. Carbon)은 효모의 염색체와는 별도로 독립적으로 복제할 수 있는 DNA 서열을 발견하였는데, 이는 그 염기서열에 복제기점이 포함되어 있다는 것을 의미한다. 이 DNA 절편은 효모의 *ARG4*$^+$ 유전자를 가지고 있었다. 플라스미드에 클로닝해 본 결과, 아르기닌 결핍 배지에서의 세포성장 확인 실험을 통해 이 플라스미드는 *arg4*$^-$ 효모세포를 *ARG4*$^+$로 형질전환시키는 것이 확인되었다. 이 배지에서 성장하는 효모세포는 반드시 플라스미드에 *ARG4*$^+$ 유전자를 가지고 있어야 하며 어떻게든 그 유전자를 증식시켜야 한다. 그 유전자를 증식시키는 한 가지 방법은 재조합에 의해 숙주 염색체로 *ARG4*$^+$가 들어가는 것이지만, 이러한 방법은 10^{-6}~10^{-7}의 낮은 빈도로 나타나는 것으로 알려져 있다. 샤오와 카본은 훨씬 높은 빈도인 약 10^{-4}로 *ARG4*$^+$를 얻었다. 더구나 효모의 유전체와 재조합시킬 때 일어나는 플라스미드 구조상의 변화가 플라스미드를 대장균과 효모 사이를 오가도록 해도 일어나지 않았다. 따라서 이들은 플라스미드에 클로닝한 DNA 절편이 복제기점을 갖고 있다고 결론지었다. 같은 해인 1979년 데이비스

(R. W. Davis) 등은 *trp*⁻ 효모세포를 *TRP*⁺로 바꾸어 주는 DNA 절편을 가진 플라스미드를 가지고 유사한 연구를 수행하였다. 그들은 850bp 길이의 효모 절편을 **자동복제서열 1**(autonomously replicating sequence 1) 또는 **ARS1**이라 명명했다.

초기의 이들 연구는 시사하는 바가 많았지만 DNA 복제가 ARS 서열에서 실제로 시작되는지를 확인하는 데는 실패했다. ARS1이 정말 복제기점의 특성을 가지고 있는지 확인하기 위해 보니타 브루어(Bonita Brewer)와 월튼 팽맨(Walton Fangman)은 ARS1을 가지고 있는 플라스미드를 2차원 전기영동하였다. 이러한 기술은 일반적으로 높은 전압이나 고농도의 아가로오스에서는 선형의 DNA보다 원형이나 가지를 가진 DNA가 더 천천히 이동한다는 점에 착안한 것이다. 브루어와 팽맨은 ARS1을 유일한 복제기점으로 가진 효모 플라스미드를 사용했다. 그들은 동시화시킨 효모세포에서 플라스미드가 복제되도록 한 다음, 복제 중간 산물(replication intermediate, RI)을 분리하였다. 제한효소로 이 RI를 선형화한 후, DNA를 크기별로 분리하는 조건에서(낮은 전압과 낮은 농도의 아가로오스) 1차 전기영동을 하였다. 그런 다음 가지가 있는 분자와 원형의 분자의 경우, 이동이 지연될 수 있는 높은 전압과 높은 아가로오스 농도를 이용해 두 번째 전기영동을 수행했다. 마지막으로 필터에 겔의 DNA를 서던블롯팅한 뒤 플라스미드에 특이적인 DNA를 표지하여 탐침시켰다.

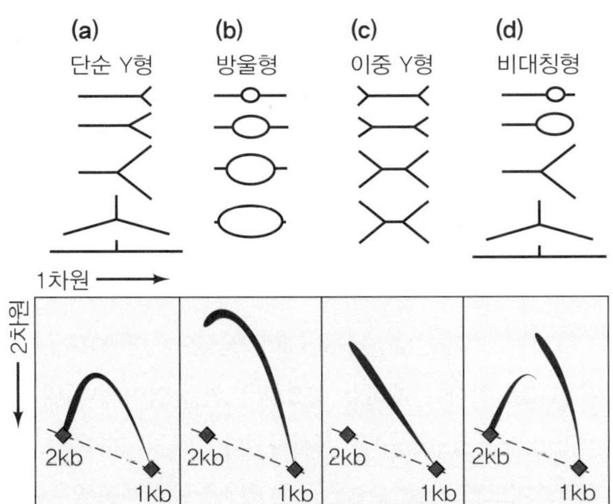

그림 21.3 2차원 겔 전기영동상에 나타나는 다양한 유형의 복제 중간산물에 관한 이론적 형태. (a~d)의 상단은 성장하는 단순 Y형, 방울형, 이중 Y형 및 복제가 진행되면서 단순 Y형으로 변하는 비대칭의 모식도이다. 하단은 선형의 DNA가 1~2kb로 점진적으로 성장할 때(점선)와 비교하여 같은 크기의 상단의 RI가 성장할 때 예상되는 이동성을 묘사한 그림이다. (출처: Adapted from Brewer, B.J. and W.L. Fangman, The localization of replication origins on ARS plasmids in S. cerevisiae. *Cell* 51:464, 1987.)

그림 21.3은 가지가 있을 때와 원형일 때의 1kb 절편인 RI의 다양한 행동을 보여 준다. 단순 Y형(그림 21.3a)은 오른쪽 끝에 조그만 Y를 가진 선형의 1kb 절편과 같게 행동한다. 분기점이 오른쪽에서 왼쪽으로 이동하면 Y는 점점 커져서 두 번째 전기영동 시 이동이 늦어지게 된다. Y가 더욱 커지면 마치 Y에 작은 가지가 달린 2kb 크기의 선형 DNA처럼 보인다. 이것은 (a)에서처럼 수평선에 작은 수직선이 있는 것 같다. 이러한 모양은 분기점이 이동하면 할수록 점점 선형에 가까워지며, 분기점이 DNA의 끝에 도달할 때까지 이동성은 계속 증가한다. 마지막에는 2kb의 선형 DNA와 거의 같은 형태와 이동성을 갖게 된다. 이러한 행동은 활 모양의 양상을 보이는데, 활의 정점은 복제가 절반 정도 일어났을 때의 Y와 일치한다.

그림 21.3b는 방울형의 DNA 조각의 경우이다. 역시 1kb의 선형 절편으로 시작하지만, 이것은 중간에 작은 방울을 가지고 있다. 방울이 커짐에 따라 절편의 이동성은 점점 느려져서 아래쪽 패널에 있는 활 모양을 나타내게 된다. 그림 21.3c는 2개의 분기점이 절편 중앙으로 다가옴에 따라 RI가 더 큰 가지를 갖게 되는 2개의 Y가 있는 경우를 보여 준다. RI의 이동성은 거의 1차원적으로 감소한다. 마지막으로 그림 21.3d는 방울이 절편에 비대칭적으로 놓여 있는 것을 보여 준다. 처음에는 방울로 시작하지만, 한쪽 분기점이 절편의 끝에 도달하면 Y 형태로 변한다. RI의 이동성을 관찰해 보면 이러한 불연속성을 볼 수 있다. 즉, 곡선은 방울이 있을 때처럼 시작하다가 한쪽 분기점이 절편의 끝에 도달하여 Y 형태로 변함과 동시에 Y 형태 DNA의 이동성을 보인다.

이러한 형태는 복제기점의 위치를 찾는 데 매우 중요하다. (d)를 예로 들어보면, 불연속성이 곡선의 중간에서 나타나는데 이때의 운동성은 1.5kb DNA의 경우와 같다. 이것은 Y의 팔 부분 크기가 각각 500bp 길이를 갖고 있음을 뜻한다. 2개의 분기점이 같은 속도로 이동한다고 가정하면 복제기점이 DNA 절편 오른쪽 끝에서 250bp되는 부분에 존재한다고 결론지을 수 있다.

지금부터 이것이 실제로는 어떻게 적용되는지 알아보자. 브루어와 팽맨은 ARS1을 가진 플라스미드를 한 번만 자르는 제한효소를 선택했는데, 그 절단 위치는 복제기점이 ARS1 안에 있다면 아주 유용한 정보를 제공할 수 있는 위치가다. 그림 21.4의 위에는 2개의 제한효소가 절단하는 위치를 나타내고, 아래쪽에는 실험 결과를 나타냈다. 자기방사선 사진에서 우선 관찰할 수 있는 점은 이 방법이 간단하면서도 그림 21.3에서 본 양식과 일치한다는 것이다. 이는 복제기점이 하나밖에 없다는 것을 의미하며, 만약 그렇지 않았다면 여러 RI가 혼합되어 훨씬 복잡한 결과를 보였을 것이다.

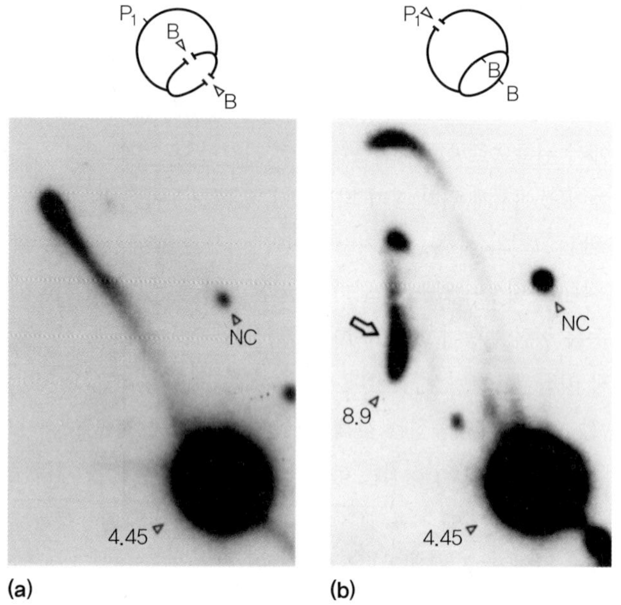

그림 21.4 ARS1의 복제기점 위치 결정. (a) *BglII*로 2μm 플라스미드를 절단했을 때의 결과. 상단: RI를 *BglII*로 절단했을 때 예상되는 형태를 그린 모식도. 이때 복제기점이 ARS1 내의 *BglII* 절단부위 부근에 존재한다고 가정했다. 방울은 이미 복제된 DNA를 포함하고 있으므로 2개의 *BglII* 절단부위가 있으며(B로 표기한 쐐기), 두 부위 모두 절단되면 이중 Y형의 중간 산물이 생성된다. 하단: 이중 Y형의 중간산물일 때 예상되는 직선을 보여 주는 실험 결과. (b) *PvuI*로 플라스미드를 절단했을 때의 결과. 상단: RI를 *PvuI*으로 절단했을 때 예상되는 형태를 그린 모식도. 이때 복제기점이 ARS1에서 *PvuI* 절단부위의 반대편에 존재한다고 가정했다. 하단: 끝 부분이 끊어진 불연속적인 원호를 보여 주는 실험 결과. 이는 비대칭 방울형을 갖는 RI의 한쪽 복제분기점이 *PvuI* 절단부위를 통과해 거의 선형의 Y 형태로 변할 때 예상되는 결과이다. 이상의 두 가지 결과는 ARS1 내의 복제기점에 대한 예측과 일치한다. NC는 틈이 있는 원형을 의미한다. 큰 화살표는 큰 Y 또는 복제분기점이 *PvuI* 위치를 지날 때 보이는 비대칭적인 이중 Y를 지칭하고 있다. 숫자는 kb의 크기를 말한다. (출처: Brewer, B.J. and W.L. Fangman, The localization of replication origins on ARS plasmids in S. cerevisiae. *Cell* 51 (6 Nov 1987) f. 8, p. 469. Reprinted by permission of Elsevier Science.)

ARS1 안에 존재하는 예상 기점은 *BglII* 위치에서 인접한 곳에 있다(B, 그림 21.4a). 따라서 RI를 이 제한효소로 절단하면 2개의 Y를 가진 RI가 된다. 실제로 (a)의 아래 부분에서 볼 수 있듯이 자기방사성 사진은 Y를 2개 가질 경우 예상되는 것과 마찬가지로 거의 선형이나. (b)는 *PvuI* 위치(P)가 기점이 있을 것으로 예상되는 위치로부터 플라스미드를 따라 거의 반 바퀴 돈 지점에 위치하고 있다. 그러므로 *PvuI*로 절단하면 (b)의 위쪽에 보이는 방울 형태의 RI을 만들게 된다. (b) 아래쪽의 자기방사선 사진을 보면 방울 형태 RI의 경우에 나타나는 불연속성을 관찰할 수 있다. 한쪽 분기점이 *PvuI* 위치에 도달하면 끝에서 매우 큰 Y로 바뀐다. 분기점이 그 위치를 지나면 비대칭적인 이중 Y로 된다. 이상의 결과를 종합해 보면 복제기점은 BglII 위치 가까이 존재하는데, 그 위치는 ARS1이 기점을 포함하고 있다고 생각할 때 예상했던 바로 그 곳이다.

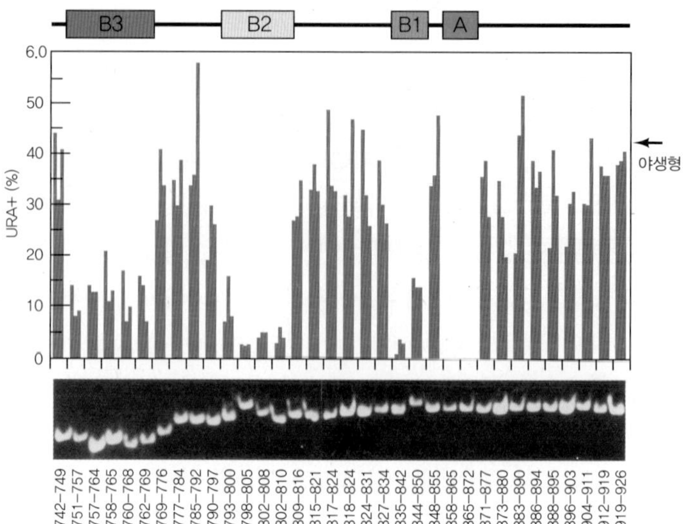

그림 21.5 ARS1의 연결자 검색 분석. 마라렌스와 스틸맨은 효모의 동원체와 *URA3* 선별 표지를 가진 플라스미드의 ARS1을 서열 전부에 걸쳐 연결자로 대치시켰다. 돌연변이체의 복제 효율성을 알아보기 위해 돌연변이체를 비선택 배지에서 14세대 기른 뒤, 선택(우라실이 없는) 배지에서 키웠다. 세로 막대는 각 돌연변이체 플라스미드를 가지고 세 번의 독립적인 실험을 통해 얻은 결과를 나타낸다. 결과는 플라스미드를 가진 효모세포의 백분율로 나타내었다. 정상 플라스미드도 비선택 배지 내에서는 43%의 효율성을 가지고 있음을 유의하라(오른쪽의 화살표). 4개의 중요한 부위(A, B1, B2, B3)를 알아낼 수 있었다. 돌연변이가 된 부위는 최하단에 염기 번호로 구별하였다. 하단의 염색된 겔은 각 돌연변이 플라스미드의 전기영동상의 이동성을 보여 준다. B3 돌연변이 플라스미드의 변화된 운동성을 주목하라. 이는 플라스미드의 구부러짐의 변화에 기인한 것으로 보인다. (출처: Marahrens, Y. and B. Stillman, A yeast chromosomal origin of DNA replication defined by multiple functional elements. *Science* 255 (14 Feb 1992) f. 2, p. 819. Copyright © AAAS.)

요크 마라렌스(York Marahrens)와 부르스 스틸맨(Bruce Stillman)은 ARS1 안에 존재하는 중요한 부위를 알아내기 위해 연결자 검색(linker scanning)을 실시하였다. 그들은 다음의 것들을 가진 플라스미드를 만들었는데, ① ARS1을 포함하고 있는 185bp DNA, ② 효모의 동원체, ③ *ura3-52* 효모가 우라실이 없는 배지에서도 자라게 해주는 *URA3* 선별 마커 등이 그것이다. 그런 다음 8bp의 *XhoI* 연결자를 ARS1 부위 전체에 걸쳐서 원래의 DNA로 대체시키는 연결자 검색(10장 참조)을 수행하였다. 이렇게 만든 각각의 연결자 검색 돌연변이를 가진 효모를 우라실이 없는 배지에서 선별하였다. 돌연변이체 ARS1 서열을 가진 일부 형질전환

세포는 정상 ARS1 서열을 가진 세포보다 느리게 성장하였다. 각 플라스미드에 있는 동원체로 플라스미드를 적절하게 분리시켜 주었기 때문에 성장이 느린 것은 ARS1의 돌연변이로 인해 복제가 부실했기 때문이라 설명할 수 있다.

이런 가정을 확인하기 위해 마라렌스와 스틸맨은 14세대 동안 우라실이 있는 비선택 배지에서 모든 형질전환체를 키운 후, 어느 세포가 플라스미드를 잘 유지하지 않았는지를 보기 위해 우라실이 없는 배지에서 다시 키웠다. 불안정한 플라스미드에 존재하는 돌연변이는 ARS1의 기능을 방해했을 것으로 추측할 수 있다. 그림 21.5의 결과에 따르면 ARS1 내의 네 부분이 매우 중요한 것으로 나타났다. 이들은 플라스미드의 안정성을 감소시키는 순서대로 A, B1, B2, B3으로 명명되었다. A 요소는 15bp 길이로 11bp의 ARS 공통서열(아래)을 포함하고 있다.

$$5'\text{-}{}^{T}_{A}TTTA^{TA}_{CG}TTT^{T}_{A}\text{-}3'$$

이 부위에 돌연변이가 일어나면 모든 ARS1의 활성은 사라진다. 다른 부위의 돌연변이는 선택 배지에서 약간 덜 영향을 나타낸다. 그러나 B3 부위의 돌연변이는 전기영동에 의해 분석된 것처럼 플라스미드가 구부러지는 데 영향을 준다. 막대그래프 밑에 있는 염색된 겔 사진은 B3 부위에 돌연변이를 가진 플라스미드의 전기영동상 이동성이 증가되었음을 보여 준다. 마라렌스와 스틸맨은 이 것을 복제기구 존재하에 ARS1이 구부러지는 것으로 해석하였다.

ARS1 내의 4개의 중요한 부위가 존재한다는 것이 알려지면서 이들만 있으면 ARS1의 기능이 충분히 발휘되는지에 대한 의문을 갖게 되었다. 그 의문을 풀기 위해 마라렌스와 스틸맨은 네 부위의 염기를 정상의 ARS1과 같도록 합성하고 그 간격도 정상 ARS1과 동일하게 배치하였다. 다만 부위 사이의 염기는 무작위적인 염기서열을 갖도록 합성하였다. 이런 합성 ARS1을 가진 플라스미드는 비선택 조건에서 정상 ARS1을 가진 플라스미드와 비교했을 때 비슷한 안정성을 보였다. 따라서 연결자 검색으로 찾아낸 4개의 DNA 요소는 ARS1이 활성을 갖는 데 충분하였다. 마지막으로, 이들은 정상적인 15bp의 A 부위를 11bp의 ARS 공통서열로 바꾸어 보았다. 이때 플라스미드의 안정성이 급격히 감소하였는데, 이는 A부위에 있는 4bp도 ARS 활성에 매우 중요한 것임을 시사하는 것이다.

21.2. 복제신장

프라이머가 제자리에 위치하게 되면 실질적인 DNA 합성(신장)이 시작된다. 대장균에서 신장을 수행하는 효소는 pol III 완전효소이며 DNA 중합효소 δ는 진핵세포에서 지연가닥과 선도가닥을 신장시킨다는 것을 이미 배웠다. 대장균의 경우 연구가 특히 잘 되어있다. pol III 완전효소가 주형에 붙어 복제가 잘 일어나도록 지연가닥과 선도가닥의 합성을 조절하기 때문에 복제는 매우 빠르게 진행된다. 여기서는 신장 속도에 대해 알아보는 것을 시작으로 해서 대장균의 신장기작에 대해 알아보기로 한다.

1) 복제의 속도

민센 목(Minsen Mok)과 케네스 마리안스(Kenneth Marians)는 pol III 완전효소에 의해 복제분기점이 이동하는 속도를 시험관 내에서 측정했다. 그들은 그림 21.6과 같이 회전바퀴 복제를 위해 합성 원형 주형을 제작하였다. 이 주형은 ^{32}P로 표지되고 꼬리가 있으며 프라이머 합성을 위한 3′-히드록시기를 가지고 있다. 목과 마리안스는 이 주형에 완전효소, 프리모솜 전구체 단백질(preprimosomal protein), 단일가닥 DNA 결합단백질(SSB)을 혼합하거나 완전효소에 헬리케이즈만을 섞은 뒤 반응시켰다. 10초 간격으로 표지된 DNA를 꺼내 전기영동으로 그 길이를 측정하였다. 그림 21.7a와 21.7b는 위의 두 가지 주형을 사용했을 때의 결과를 나타낸 것이고, 그림 21.7c는 이 두 경우의 분기점 이동속도

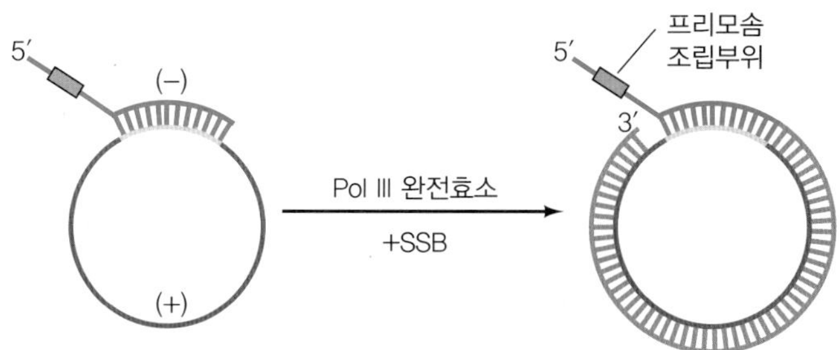

그림 21.6 시험관 내에서 복제분기점의 진행속도를 측정하는 데 사용되는 주형의 합성. 목과 마리안스는 우선 f1 파지로부터 6,702nt 양성가닥(빨간색)을 만들고 282nt 영역(노란색)에 결합하는 프라이머(초록색)를 붙였다. 이 프라이머에는 프리모솜 조립부위(주황색)가 포함되어 있다. 음성가닥(파란색)을 만들기 위해 pol III 완전효소와 SSB를 가지고 프라이머를 신장시켰다. 만들어진 생성물은 회전바퀴 복제가 여러 차례 일어날 수 있는 이중가닥 주형이 되며, 프라이머의 역할을 하는 3′-말단이 존재하게 된다. (출처: Adapted from Mok, M. and K.J. Marians, The Escherichia coli preprimosome and DNA B helicase can form replication forks that move at the same rate. *Journal of Biological Chemistry* 262:16645, 1987.)

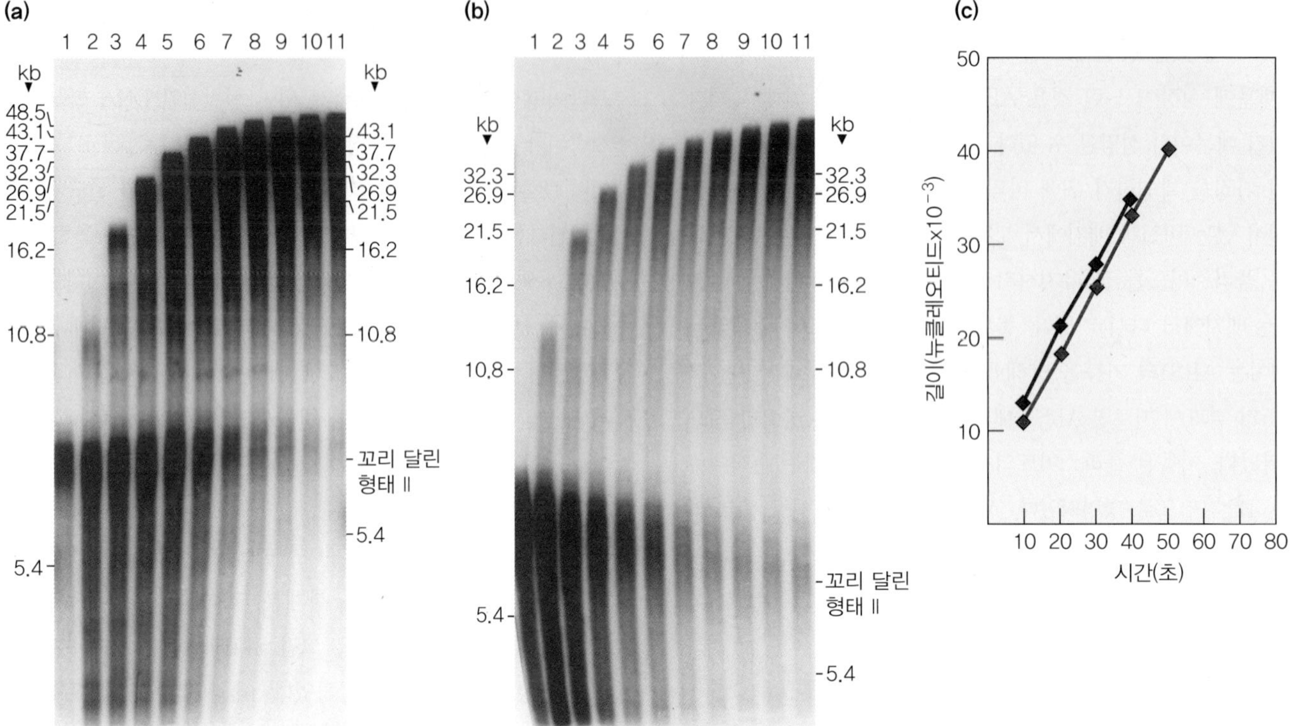

그림 21.7 시험관 내에서 복제분기점의 이동률 측정. 목와 마리안스는 그림 21.1에서 꼬리가 달린 주형의 음성가닥을 표지하였다. 그리고 그것을 시험관 내에서 pol III 완전효소와 **(a)** 프리모솜 전구체 단백질(DnaG 단백질을 뺀 프리모솜 단백질)을 첨가하거나, **(b)** DnaB 단백질만을 첨가하여 반응시켰다. 그런 후 10초 간격으로 반응 시료를 채취하여(1번 레인을 0초로 시작하며 2번 레인은 10초 후가 됨), 전기영동 후 자기방사선 사진을 찍었다. (c) (a)의 처음 5개의 결과(빨간색)와 (b)의 처음 4개의 결과(파란색)를 점으로 도식화한 것이다. (출처: Mok M. and K.J. Marians, The Escherichia coli preprimosome and DNA B helicase can form replication forks that move at the same rate. *Journal of Biological Chemistry* 262 no. 34 (5 Dec 1987) f. 6a–b, p. 16650. Copyright © American Society for Biochemistry and Molecular Biology.)

를 그래프로 정리한 것이다. 두 경우 모두 시험관 내에서의 속도와 유사한 730nt/sec의 속도를 보였다.

더구나 이 반응에서 완전효소에 의한 신장은 고도의 진행성을 보였다. 이미 언급한 바와 같이 효소가 장시간 떨어지거나 재개시하는 일이 없이 계속해서 일할 수 있는 능력을 일컫는다. 이런 성질은 필수적인데 왜냐하면 재개시에 많은 시간이 소비되며, DNA 복제 시 시간이 허비되지 않기 때문이다. 목과 마리안스는 그림 21.7에서와 같은 신장분석을 수행하여 진행성을 측정하였다. 그러나 완전효소가 주형에서 떨어졌을 때 재개시가 일어나는 것을 막기 위해 다음 두 가지 기질 중 하나를 첨가하였다. 이 기질은 경쟁 DNA인 폴리(dA)와 완전효소의 β 소단위체를 인식하는 항체였다. 이러한 경쟁물질이 존재하면 신장 속도는 아무것도 첨가하지 않았을 때와 같이 빠르게 나타나는데, 이는 DNA가 프라이머로부터 최소 30kb 정도의 DNA가 만들어지는 동안에는 주형으로부터 완전효소가 떨어지지 않는다는 것을 의미한다. 따라서 완전효소는 세포 내에서와 같이 시험관 내에서도 매우 좋은 활성을 가진다는 것을 보여 준다.

2) Pol III 완전효소와 복제의 진행성

pol III의 핵심부위 그 자체로는 중합효소의 기능이 별로 없다. 이 핵심부위는 약 10nt를 신장시킨 후 주형에서 떨어져나간다. 그리고는 다시 주형 DNA와 새로 합성된 DNA와 결합하는 데 약 1분가량 걸린다. 이는 세포 내의 상황과는 전혀 맞지 않는다. 왜냐하면 복제분기점은 거의 1,000nt/sec의 속도로 이동하고 있기 때문이다. 따라서 중요한 무엇이 빠져 있다고 보아야 한다.

그 '무엇'은 완전효소의 진행성을 도와주는 것으로 완전효소로 하여금 적어도 50,000nt를 중합시킨 후 합성을 멈출 때까지 주형에 계속 붙어 있도록 해준다. 핵심 효소만으로는 단지 10nt만 합성되는 것과는 아주 대조적이다. 왜 이런 차이가 일어날까? 완전효소의 진행성은 '**미끄럼 집게**(sliding clamp)'에 의존하고 있는데, 이 집게는 완전효소가 주형에 오랫동안 붙어 있게 한다. 완전효소의 β 소단위체가 이 활주 집게의 역할을 담당하고 있으나 스스로 개시 전 복합체(핵심부위와 주형 DNA)와 결합하지는 못한다. 이 소단위체가 복합체에 결합하기 위해서는 **집게 장전기**(clamp loader)의 도움을 필요로 하는데, **γ 복합체**(γ complex)라 부르는 소단위체 집단이 이를 담당한다. γ 복합체는 γ-, δ-, δ′-, χ-, ψ-소단위체로 구성되어 있다. 이 단원에서는 β 집게와 집게 장전기의 활성을 살펴보고자 한다.

(1) β 집게

pol III 핵심부위가 높은 진행성을 가지려면 β 소단위체가 핵심 복합체 및 DNA에 모두 결합해야 한다고 추측할 수 있다. 이렇게 하면 핵심부위를 DNA에 붙들어 둘 수 있는데, 이 때문에 **β 집게**(β clamp)라는 용어를 사용하는 것이다. 이를 입증하는 과정에서 마이크 오도넬(Mike O'Donnell) 등은 β와 α 소단위체 사이에 직접적인 상호 작용이 있음을 밝혔다. 이들은 소단위체를 다양한 조합으로 섞은 뒤 겔 여과 방법을 통해 소단위체 복합체를 분리하였다. 그런 다음 겔 전기영동을 통해 소단위체를 확인한 뒤, 빠져 있는 소단위체들을 첨가하여 DNA 합성을 측정함으로써 활성도를 조사하였다. 그림 21.8은 그 결과이다. α와 ε은 핵심부위 모두 존재하므로 예상했던 대로 서로 결합하는 결과를 보인다. 또한 α, ε, β는 복합체를 형성한다. 그러나 α 또는 ε 중 어떤 소단위체가 β 소단위체와 결합하는가? (d)와 (e)에 그 해답이 있다. 즉, β는 α에는 결합하지만(두 단위체의 피크는 60~64 분획에서 나타남) ε과는 결합하지 못한다. (β의 피크는 68~70분획에서 나타나는 반면 ε 피크는 76~78 분획에서 나타난다.) 이는 α가 β와 결합하는 핵심 소단위체임을 의미하고 있다.

이러한 구도에서는 α와 ε이 함께 DNA를 복제하는 동안 β는 DNA를 따라 활주할 수 있어야만 한다. 이때 집게는 원형의 DNA에 계속 붙어 있을 수 있으나 선형의 DNA에서는 그 말단을 지나면 떨어져 나가게 된다는 것을 예상할 수 있다. 이러한 가능성을 확인하기 위해 오도넬 등은 그림 21.9의 실험을 실시하였다. 이 실험의 기본 전략은 삼중수소로 표지시킨 β 2량체를 원형의 이중가닥 파지 DNA에 γ 복합체의 도움을 받아 결합시킨 뒤, DNA를 여러 가지 방법으로 처리하면서 β 2량체가 DNA로부터 분리되는지를 보았다. DNA에 β 2량체가 결합하는지는 겔 여과 방법으로 측정하였다. 독립된 β 2량체는 DNA에 결합했을 때 나타났던 것보다 훨씬 늦게 겔 여과 칼럼에서 나타난다.

(a)에서, *Sma*I로 DNA를 선형으로 만든 다음, β 집게가 활주하다가 떨어져 나가는지를 관찰하였다. β 집게는 DNA가 원형일 때는 붙어 있지만 선형의 DNA에서는 마치 미끄러지듯 떨어져 나갔

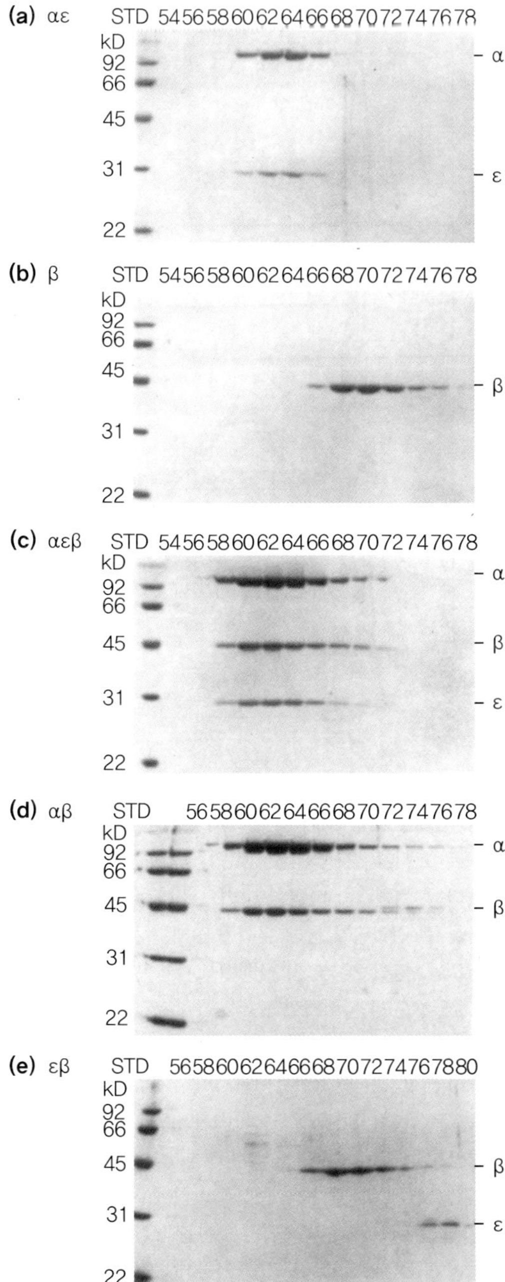

그림 21.8 Pol III 소단위체인 α와 β는 서로 결합한다. 오도넬 등은 pol III 소단위체를 다음과 같은 다양한 조합으로 혼합하였다. **(a)** α+ε. **(b)** β. **(c)** α+ε+β. **(d)** α+β. **(e)** ε+β. 소단위체에서 복합체를 분리하기 위해 겔 여과법을 실시하고 이를 확인하기 위해 겔 여과에서 얻은 분획을 전기영동하였다. 복합체가 형성되면 복합체 내의 소단위체는 같은 분획 내에서 나타나는데 (a)에서 보면 α와 ε 분획이 이렇게 나타난다. (출처: Stukenberg, P.T., P.S. Studwell-Vaughn, and M. O'onnell, Mechanism of the sliding β-clamp of DNA polymerase III holoenzyme. *Journal of Biological Chemistry* 266 no. 17(15 June 1991) figs. 2a-e, 3, pp. 11330-31. American Society for Biochemistry and Molecular Biology.)

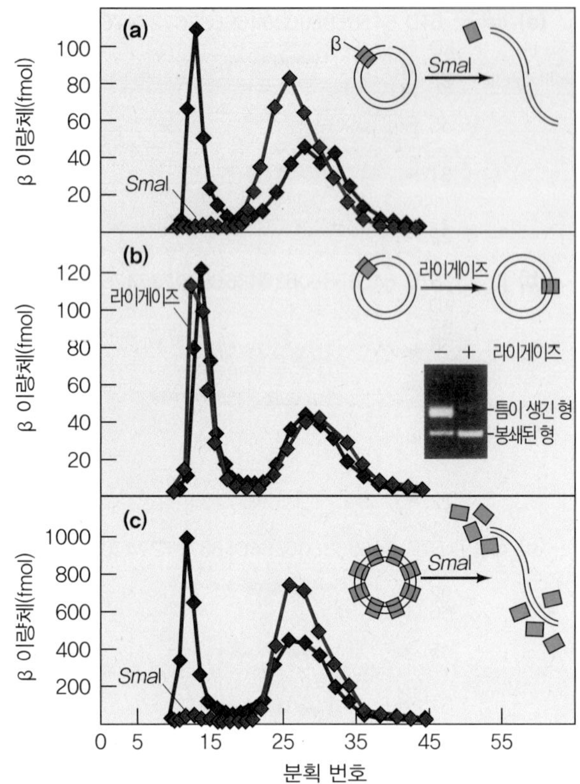

그림 21.9 β 집게는 선형 DNA의 끝에서 미끄러져 떨어져 나간다. 오도넬 등은 ^{3}H으로 표지한 β 2량체를 γ 복합체의 도움을 받아 다양한 DNA에 부착시킨 다음, 그림처럼 다양한 방법으로 혼합물을 처리하였다. 그런 후 그 혼합물을 겔 여과법을 통해 유리된 단백질로부터(비교적 크기가 작아 나중에 분리됨, 분획 28 부근) 단백질–DNA 복합체(크기가 커서 먼저 분리됨, 분획 15 부근)를 분리하였다. **(a)** *SmaI*으로 DNA를 선형화시킨 효과. DNA는 *SmaI*에 의해 한 군데에서 절단된다(빨간색). 잘리지 않는 DNA도 함께 분석하였다(파란색). **(b)** 주형에서 틈을 제거할 때의 효과. 주형에 존재하는 틈은 분석하기 이전에 DNA 라이게이즈를 사용하여 제거(빨간색)하거나 제거하지 않았다(파란색). 삽입된 그림은 라이게이즈로 반응시키기 전후에 전기영동시킨 DNA를 보여 준다. **(c)** 많은 β 2량체가 DNA에 부착될 수 있고, 이들은 DNA가 선형화되면 소실된다. DNA 주형에 부착되는 β 2량체의 비율은 β 소단위체의 농도가 증가하거나 DNA 농도가 감소함에 따라 증가한다. 다음 실험은 DNA를 분석하기 전에 SmaI로 절단하거나(빨간색) 절단하지 않은(파란색) 경우이다. (출처: Stukenberg, P.T., P.S. Studwell-Vaughn, and M. O'onnell, Mechanism of the sliding β-clamp of DNA polymerase III holoenzyme. *Journal of Biological Chemistry* 266 no. 17 (15 June 1991) fig. 3, p. 11331. American Society for Biochemistry and Molecular Biology.)

다. (b)는 원형 DNA에 있는 틈 때문에 β 2량체가 붙어 있는 것이 아니라는 것을 보여 준다. 왜냐하면 DNA 라이게이즈를 사용하여 틈을 제거해도 β 2량체는 여전히 DNA에 붙어 있기 때문이다. 삽입된 전기영동 사진을 보면 틈을 가진 DNA가 사라지고 연결된 원형 DNA가 증가하는데, 이것은 라이게이즈가 틈을 제거했음을 의미한다. (c)는 반응 시 더 많은 β 소단위체를 첨가하면 원형 DNA

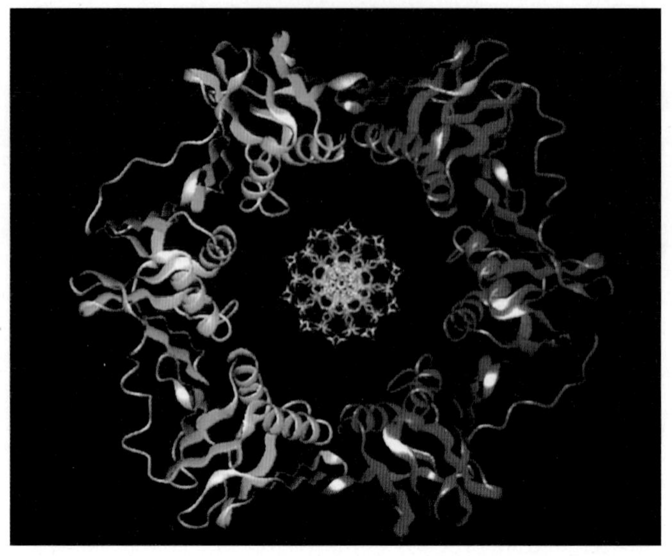

그림 21.10 β 2량체/DNA 복합체의 모형. β 2량체를 리본 형식으로 나타냈는데, α 나선은 꼬인 모양으로 β 병풍 구조는 평평한 리본 모양으로 묘사되었다. β 단량체 하나는 노란색으로, 다른 하나는 빨간색으로 나타냈다. 횡으로 절단된 DNA 모델은 β 2량체에 의해 형성된 고리의 중앙에 놓인다. (출처: Kong, X.-P., R. Onrust, M. O'onnell, and J. Kuriyan, Three-dimensional structure of the beta subunit of E. coli DNA polymerase III holoenzyme: A sliding DNA clamp. *Cell* 69 (1 May 1992) f. 1, p. 426. Reprinted by permission of Elsevier Science.)

에 결합하는 β 2량체의 수가 증가하고 있음을 보여 준다. 사실 20개 분자 이상의 β 소단위체가 하나의 원형 DNA에 결합할 수 있다. 이 때문에 여러 개의 완전효소가 동시에 DNA를 복제할 수 있지 않을까 예상하는 것이다.

β 2량체가 선형 DNA로부터 말단에서 미끄러져 떨어져 나간다면 DNA 말단에 다른 단백질을 결합시켜 β 2량체가 소실되는 것을 막을 수 있어야 한다. 오도넬 등은 여기에 보이지는 않았지만 이런 종류의 실험을 행했다. 이들이 두 가지 단백질을 DNA 양 말단에 결합시키면 β 2량체가 더 이상 떨어져 나가지 않았다. 사실 DNA 끝에 있는 단일가닥은 단백질과 결합하지 않아도 β 2량체가 미끄러져 떨어져 나가는 것을 방해한다.

오도넬과 존 쿠리얀(John Kuriyan)은 β 집게의 구조를 연구하기 위해 X-선 결정분석을 사용했다. 그들이 얻은 사진은 집게가 선형 DNA가 아닌 원형 DNA에만 결합하는 이유를 완벽하게 설명했다. 즉, β 2량체는 DNA를 둘러싸기 알맞은 원형고리 모양을 하고 있다. 줄 위에 원형고리가 있을 때처럼 줄이 선형일 때는 잘 떨어져나가지만 원형일 때는 그렇지 않다. 그림 21.10은 오도넬과 쿠리얀이 제시한 모델 중 하나이다. 이 그림을 보면 원형고리 모양의 β 2량체 중심부위에 같은 비율로 나타낸 B형의 DNA가 있음을 알 수 있다.

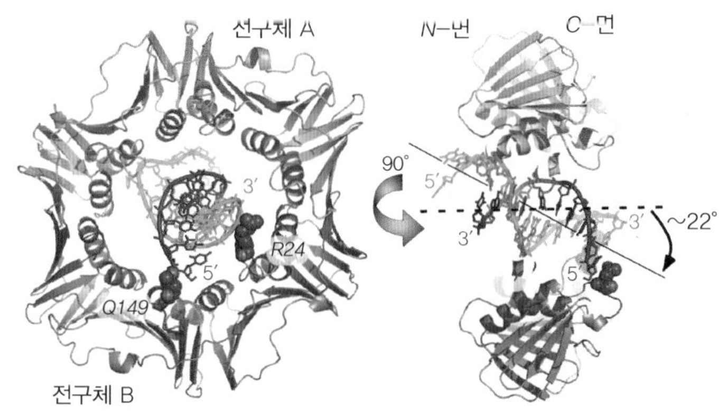

그림 21.11 β 2량체의 동시결정 구조와 개시된 DNA 주형. 2개의 β 단량체(A와 B)를 금색과 파란색으로 표시하였으며, 개신된 DNA 주형은 초록과 빨간색으로 표시하였다. 자홍색과 파란색으로 표시한 공간 모델은 아르기닌 24(R24)와 글루타민 149(Q149)로 나타냈다. 왼쪽에 있는 구조는 앞에서 본 것이고, 오른쪽은 옆에서 본 것인데, 22° 기울어진 DNA를 강조한 것이다. (출처: Georgescu et al., Structure of sliding clamp on DNA. *Cell* 132 (11 January 2008) f. 3a, p. 48. Reprinted by permission of Elsevier Science.)

2008년에 오도넬 등은 준비된 DNA에 결합된 β 2량체의 결정구조를 얻었다. 그림 21.11이 이 결정구조를 보여 주고 있는데, 그림 21.10에서 예상한 모델처럼 β 집게가 DNA를 완전히 둘러싸고 있음을 보인다. 하지만 이 새로운 구조는 β 집게 내 DNA의 실제 기하학적 구조를 보여 주는데, 약간의 뜻밖의 것을 의미하고 있다. 즉, 반지를 통과하는 손가락처럼 β 집게를 관통하는 대신, DNA는 집게를 통과하는 수평선에 대해 약 22° 기울어져 있다. 더우기, DNA는 β 집게의 C-말단 쪽 24번 아르기닌과 149번 글루타민 두 가지 아미노산의 곁사슬과 접촉하고 있다. 이러한 단백질-DNA 접촉현상이 아마도 β 집게에 대한 DNA의 기울어짐에 영향을 주는 듯하다.

20장에서 언급했듯이 진핵세포는 PCNA라 불리는 진행성 인자를 가지고 있는데, 이것은 박테리아의 β 집게와 같은 기능을 한다. PCNA와 β 집게는 1차 구조상 유사하지 않으며, 전자가 후자의 약 2/3 정도의 크기만을 갖는다. 그러나 쿠리얀 등에 의해 제시된 X-선 결정구조를 보면 효모의 PCNA는 β 집게 2량체와 비슷한 구조를 가진 3량체를 형성하고 있다. 즉, 그림 21.12에서 보듯이 DNA를 둘러쌀 수 있는 원형 고리모양을 하고 있다.

(2) 집게 장전기

오도넬 등이 그림 21.13과 같은 실험을 이용해 집게 장전기(clamp loader)의 기능을 증명하였다. 이들은 θ 소단위체가 시험관 내 실험에서는 꼭 필요하지 않기 때문에 핵심부위 전부를 사용하지 않

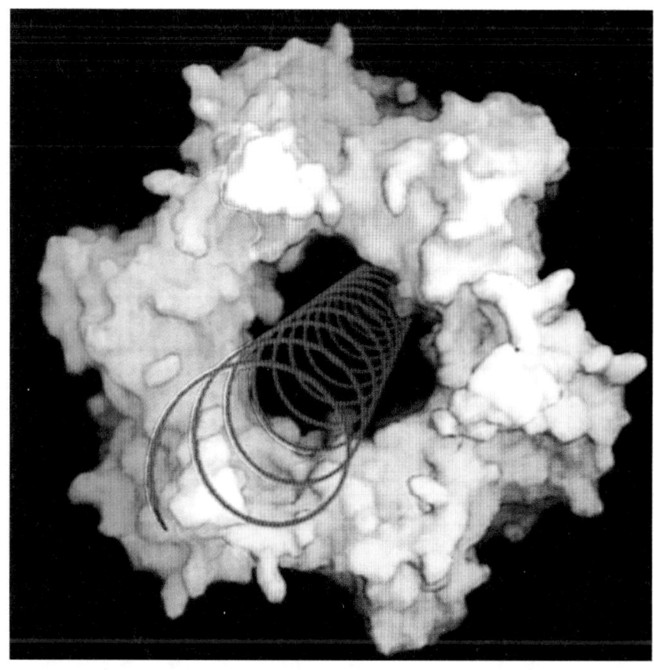

그림 21.12 PCNA-DNA 복합체의 모형. PCNA 3량체의 각 단위체들은 다른 색깔로 나타내었다. 3량체의 모양은 X-선 결정분석에 따랐다. 빨간색 나선은 PCNA 3량체가 결합한 DNA의 당인산 골격이 있음직한 위치를 나타낸다. (출처: Krishna, T.S.R., X.-P. Kong, S. Gary, P.M. Burgers, and J. Kuriyan, Crystal structure of the eukaryotic DNA polymerase processivity factor PCNA. *Cell* 79 (30 Dec 1994) f. 3b, p. 1236. Reprinted by permission of Elsevier Science.)

고 α와 ε 소단위체만을 이용하였다. 이들은 프라이머가 붙은 단일가닥의 M13 파지 DNA를 주형으로 사용했다. 높은 진행성을 가진 완전효소는 약 15초만에 이 DNA를 복제하지만, αε 핵심부위는 이 시간에 감지할 수 있을 정도의 DNA를 복제하지 못하는 것을 알고 있었다. 따라서 20초 동안만 복제하도록 해주면 진행성을 갖는 중합효소는 복제를 완전하게 한 번 완성할 수 있기 때문에 복제된 원형 DNA의 수는 진행성을 가진 중합효소의 숫자와 같다고 본 것이다. 그림 21.13a를 보면 1fmol(10^{-15} mol)의 γ 복합체는 αε 핵심부위와 β 소단위체 존재하에서 10fmol의 원형 DNA를 복제한다. 이것은 γ복합체가 촉매로 작용하는 것을 의미한다. 즉, γ 복합체 하나가 여러 분자의 중합효소에 진행성을 부여할 수 있는 것이다. 그림에 곁들여진 사진은 복제된 산물을 겔 전기영동한 것이다. 복제가 원활히 일어났다고 예상할 수 있는 이유는 이 복제 산물이 모두 완전한 길이를 가진 원형이기 때문이다.

이 실험을 통해 알 수 있는 것은 γ 복합체 자신은 진행성을 부여하는 물질이 아니라는 것이다. 그 대신 핵심 중합효소에 다른 어떤 물질을 첨가시켜 그 효소가 진행성을 갖도록 해준다. β는 이 실험에 관여된 유일한 다른 중합효소 소단위체이기 때문에 이것이

진행 결정인자일 가능성이 매우 높다. 이를 확인하기 위해 오도넬 등은 DNA 주형에 ^{3}H로 표지시킨 β 소단위체와 표지시키지 않은 γ 복합체를 혼합하여 개시 전 복합체를 만들었다. 그 후 겔 여과법으로 이 복합체를 유리단백질로부터 분리하였다. 그 다음, 각 분획에 α를 첨가한 뒤 표지된 이중가닥 원형 DNA(RFII, 초록색)가 형성되는지를 분석함으로써 개시 전 복합체를 탐지하였다. 그림 21.13b는 γ 복합체(파란색)의 극소수만이 DNA와 결합하는 반면, 표지된 β 소단위체(빨간색) 대부분은 DNA와 결합하고 있었다. (표지 안 된 γ 복합체는 γ를 인식하는 항체를 사용한 웨스턴블롯팅으로 탐지했는데, 그림 하단에 표시하였다.) γ 복합체가 DNA와 결합하여 남아 있지 않더라고 β 단위체를 DNA에 장전하여 과정의 진행에 매우 중요한 역할을 하고 있다는 것이 중요하다.

이 실험을 통해 오도넬은 개시 전 복합체에 있는 β 소단위체의 입체구조도 측정할 수 있었다. 즉, β의 양(fmol)과 복합체의 양(fmol)을 비교했다. 생성된 이중가닥 원형 DNA의 양(fmol)을 측정함으로써 이 분석을 통해 복합체당 약 2.8개의 β 소단위체가 관여한다는 수치가 나왔는데, 이는 복합체당 하나의 β 2량체가 관여한다는 것으로 볼 수 있으며, 이는 β가 2량체로서 활동한다는 다

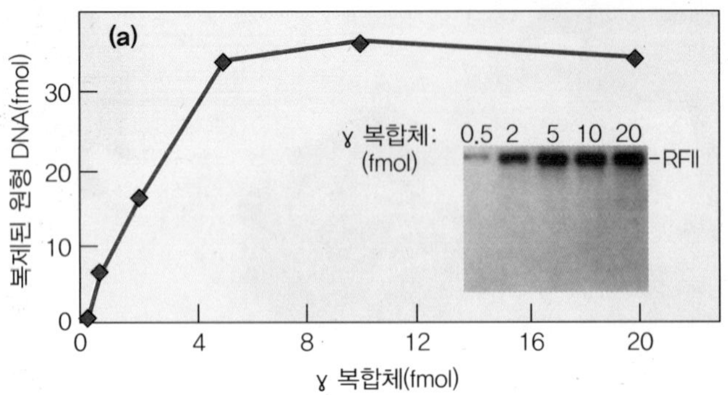

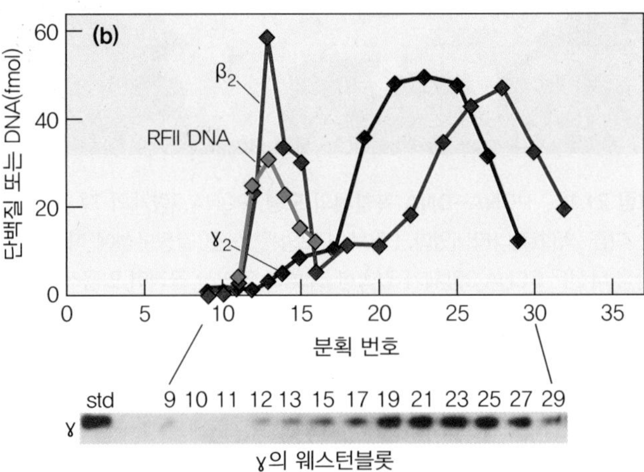

그림 21.13 복제 진행 과정에서 β와 γ 복합체의 참여. (a) γ 복합체는 진행성이 있는 중합효소가 형성되는 것을 촉진시킨다. 오도넬 등은 αε 핵심부위와 함께 SSB와 pol III 완전효소의 β 소단위체 등으로 덮여 있는 프라이머가 있는 M13 파지 DNA 주형에 γ 복합체의 양을 증가시키면서 첨가하였다(x 축에 표시). 그런 다음 [α–^{32}P]ATP가 있는 상태에서 20초 동안 DNA를 합성시켜 DNA 생성물을 표지시켰다. 각 반응물의 일부에 존재에는 방사능을 측정한 다음, 이것을 복제된 원형 DNA의 fmol로 환산하였다. 원형 DNA의 완전한 복제를 확인하기 위해 반응물의 다른 일부를 따서 겔 전기영동하였다. 삽입된 그림이 그 결과를 보여 준다. 각 산물의 대부분이 완전한 원형 크기이다(RFII). (b) γ 복합체가 아닌 β 소단위체가 개시 전 복합체에서 DNA와 결합되어 있다. 오도넬 등은 개시 전 복합체를 만들기 위해 SSB로 덮여 있는 프라이머를 가진 DNA에 ^{3}H으로 표지된 β 소단위체와 표지되지 않은 γ 복합체를 ATP와 함께 첨가하였다. 그런 다음 개시 전 복합체를 분리하기 위해 겔 여과를 시켰다. 방사능으로 각 분획 내의 β 소단위체를 측정하였고, 탐침으로 항–γ 항체를 사용한 웨스턴블롯팅으로 γ 복합체를 측정하였다(아래). 이 도표는 개시 전 복합체에서 β 소단위체(2량체로서)가 DNA와 결합하고 있음을 보여 준다. 그러나 γ 복합체는 그렇지 않다. (출처: Stukenbery, P.T., P.S. Studwell–Vaughn, and M. O'onnell, Mechanism of the sliding [beta]–clamp of DNA polymerase III holoenzyme. *Journal of Biological Chemistry* 266 (15 June 1991) f. 1a&c, p. 11329. American Society for Biochemistry and Molecular Biology.)

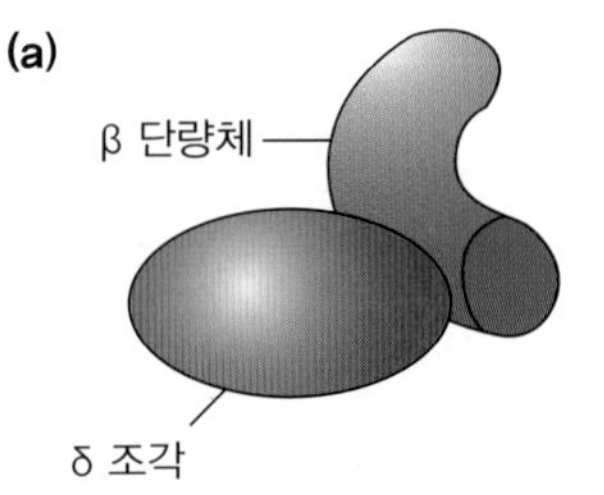

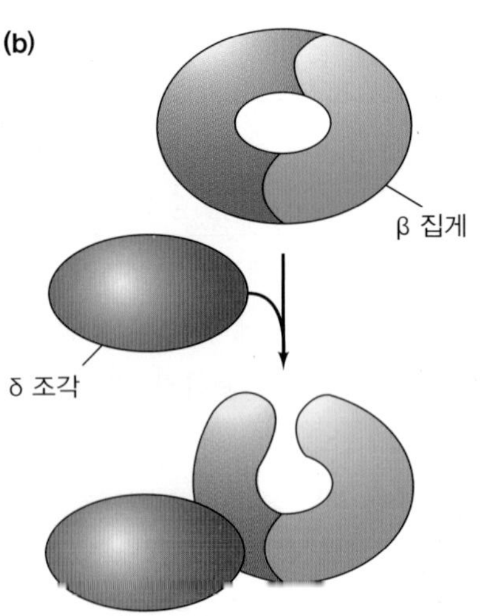

그림 21.14 β 2량체에 δ 결합이 미치는 영향에 관한 모델. (a) δ와 β_{mt} 단량체 사이의 복합체 모양. (b) β 집게에 δ 결합이 미치는 효과. δ 요소는 β 2량체 윗부분을 약하게 하여 왼쪽 β 단량체의 굴곡을 변하게 하여 더 이상 다른 단량체와 원형을 이루지 못하도록 한다. 그 결과 집게가 열리게 된다. (출처: Adapted from Ellison, V. and B. Stillman, Opening of the clamp: An intimate view of an ATP–driven biological machine. *Cell* 106 [2001] p. 657, f. 3.)

른 연구와 일치하고 있다.

지금까지의 설명을 보면 β 집게를 주형 DNA에 장전시키기 위해서는 ATP가 필요할 것이라 짐작된다. 피터 버거스(Peter Burgers)와 콘버그는 복제 시 dATP를 필요로 하지 않는 경우 분석을 통해 ATP(또는 dATP)의 필요성을 제시하였다. 이 경우 주형으로 사용된 것은 올리고(dT) 프라이머가 붙은 폴리(dA)였다. 이런 결과는 dTMP로 함께, 올리고(dT) 프라이머가 활발히 신장되는데 ATP나 dATP가 필요하다는 것을 보여 준다.

어떻게 집게 장전기가 β 2량체로 하여금 DNA를 붙들도록 해줄 수 있을까? 오도넬, 쿠리얀 등은 집게 장전기가 작동하는 법에 강력한 힌트를 주는 두 가지 복합체의 결정구조를 측정하였다. 하나는 집게 장전기(γδδ′ 복합체)의 활성부위 구조이다. 다른 하나는 변형된 β–δ 복합체의 구조인데, 이 복합체는 돌연변이 형태로 β($β_{mt}$) 2량체를 형성하지 못하는 단량체와 β와 상호 작용할 수 있는 δ의 한 조각으로 구성되어 있다.

이 변형된 β–δ 복합체의 결정구조는 δ와 β 단량체 간 상호 작용이 두 가지 경로로 2개의 β 단량체 사이에 결합을 약화시키고 있는 것일 수 있음을 보여 주고 있다. 첫 번째는, δ는 β 2량체 사이에 구조 변화를 일으키게 하여 더 이상 2량체로 있지 못하게 하는 분자 렌치 역할을 해준다. 두 번째는 δ가 β 소단위체의 곡면을 변화시켜 다른 소단위체와 환을 만들지 못하게 해준다. 그림 21.14는 이런 개념을 보여 주고 있다. β 집게에 있는 β 단량체 중 하나에만 δ가 붙어 있는 것을 볼 수 있는데(pol III 전효소에 β 2량체당 단지 하나의 δ가 있음), 이는 2량체 하나의 면을 약화시켜 환을 열리게 해준다. 만일 δ가 β 단량체 모두에 결합하면 2개의 단량체가 완전히 떨어져 나가게 될 것이다.

이 장의 뒤에서 일부 언급할 구조 연구와 초기의 생화학적 연구는 δ가 β 단량체에 쉽게 결합함을 보여 준다. 하지만 집게 장전기 복합체에 들어 있는 δ는 ATP가 없으면 절대로 β 집게에 결합하지 못한다. 따라서 ATP의 역할은 집게 장전기의 형태를 변화시켜 δ 소단위체가 노출되도록 해줌으로써 이것이 β 소단위체 중 하나에 결합할 수 있는 것으로 보인다.

(3) 지연가닥의 합성

pol III*(β 집게가 없는 완전효소)의 구조에 대한 연구를 통해 2개의 핵심 중합효소가 τ 소단위체의 2량체를 매개로 집게 장전기에 연결되어 있음이 밝혀졌다(그림 21.15). τ 소단위체가 핵심효소를 2량체가 되도록 역할을 한다는 이유를 아래에 열거하였다. 즉, α 소단위체는 자연 상태에서 단량체이지만 τ는 2량체이다. 나아가 τ는 α에 직접 결합하므로 α는 2개의 τ 소단위체와의 결합을 통해 자동으로 2량체를 형성하게 된다. 차례로 ε은 2개의 α 소단위체에 결합해서 2량체가 되며, θ는 2개의 ε 소단위체와 결합하여 2량체가 된다. 두 개의 τ 소단위체는 γ 소단위체를 만드는 같은 유전자로부터 만들어진다. 하지만 γ 소단위체는 단백질이 만들어지는 과정에서 번역틀이동 돌연변이에 의해 τ 소단위체 C–말단에서 24kDa 부위($τ_C$)가 결여되어 만들어진 것이다.

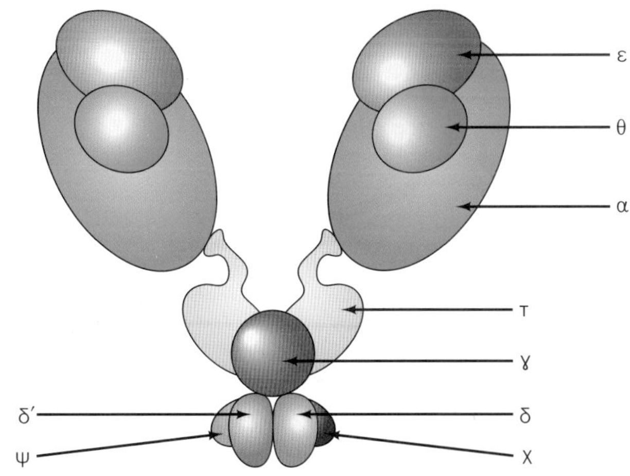

그림 21.15 βpol III* 조립 모형. 2개의 핵심부위와 2개의 τ 소단위체가 있는 데 반해 γ 복합체(γ, δ, δ′, χ, ψ)는 단지 하나임을 주목하라. τ 소단위체는 유동적인 C–말단부위에 의해 핵심부위에 연결되어 있다.

완전효소가 2개의 핵심 중합효소를 가지고 있다는 사실은 복제가 되는 DNA가 두 가닥이라는 사실과 매우 잘 맞아떨어진다. 이는 완전효소가 움직이는 복제분기점을 따라 이동하면서 각각의 핵심 중합효소가 한 가닥씩 복제하는 모델을 직접적으로 시사한다. 이것은 복제가 복제분기점의 진행방향과 같은 방향으로 진행될 때, 핵심 중합효소가 선행가닥을 복제하는 것을 잘 설명해 준다. 그러나 핵심 중합효소가 지연가닥을 복제할 때는 좀 복잡하다. 왜냐하면 복제가 복제분기점 이동방향과 반대방향으로 일어나기 때문이다. 아는 지연가닥이 그림 21.16처럼 고리를 형성해야 함을 의미하고 있다. 이 고리는 오카자키 절편이 커짐에 따라 같이 확장하여 새로운 오카자키 절편 합성이 시작되도록 유도해야 하기 때문에, 이 고리는 트럼본 악기의 슬라이드를 닮았다. 이러한 모델을 때로는 '트럼본 모델'이라 부르기도 한다.

지연가닥의 불연속적인 합성이 일어나는 동안 핵심 중합효소가 주형에 붙었다 떨어졌다를 반복해야 한다는 모델로부터 두 가지 중요한 의문점이 발생한다. 첫째, 지연가닥이 불연속적으로 합성되면서 어떻게 연속적으로 합성되는 선도가닥과 보조를 맞출 수 있는가? 만약 pol III 핵심부위가 지연가닥의 오카자키 절편을

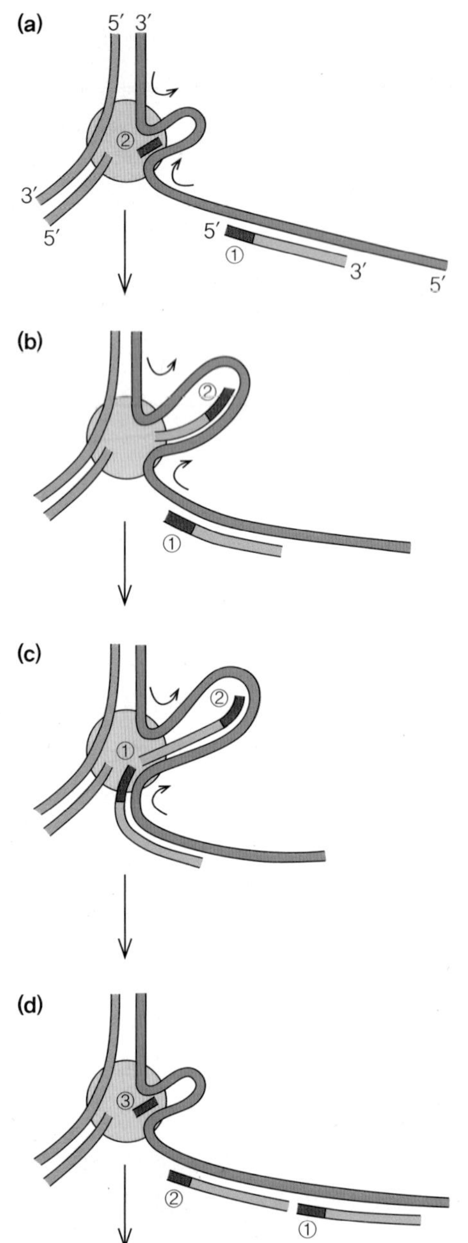

그림 21.16 DNA 두 가닥이 동시에 합성되는 모형. **(a)** 지연주형가닥(파란색)은 레플리솜(노란색)을 통해 고리를 형성하고, ②로 표시된(빨간색) 새로운 프라이머는 프라이메이즈에 의해 형성된다. 먼저 합성된 오카자키 절편(①로 표시된 빨간색 프라이머, 초록색)도 보인다. 선도주형가닥과 그 딸가닥은 왼쪽에(회색) 보인다. 그러나 선도가닥의 신장은 여기서 고려하지 않았다. **(b)** 지연주형가닥은 레플리솜을 통해 위와 아래에서 잡아당김으로써 보다 큰 고리를 형성하는데, 이를 화살표로 표시하였다. 고리의 아래쪽 부분의 운동(아래 화살표)은 두 번째 오카자키 절편이 성장하도록 해준다. **(c)** 두 번째 오카자키 절편이 계속 신장하면 그 말단이 첫 번째 오카자키 절편의 프라이머 가까이 다가오게 된다. **(d)** 레플리솜이 고리를 놓아주면 프라이메이즈가 새로운 프라이머를 만들게 된다(③으로 표시). 다시 새로운 과정이 시작되는 것이다.

합성한 다음 주형에서 정말 떨어져 나간다면, 다시 주형에 결합하는 데는 오랜 시간이 걸려 선도가닥보다 뒤쳐지게 될 것이다. 둘째, 위와 관련된 문제로 pol III 핵심부위가 주형에 반복해서 붙었다 떨어지면서도 어떻게 DNA 중합효소의 진행성과 양립할 수 있을까? 어찌되었건 β 집게는 복제의 진행성에 필수적이다. 그런데 일단 DNA에 장전된 후 핵심 중합효소가 하나의 오카자키 절편의 합성이 완성되는 매 1~2kb마다 떨어졌다가 앞부분으로 건너뛰어 다음 부분의 신장을 수행할 수 있는 기제는 무엇일까?

첫 번째 문제에 대한 답은 지연가닥을 만드는 pol III 핵심부위는 실제로는 주형으로부터 완전히 이탈되지 않는다는 것이다. 선도가닥을 만드는 핵심부위와 연결되어 있기 때문에 주형에 계속해서 매달려 있는 것이다. 그리하여 DNA로부터 멀리 떨어지지 않고도 주형가닥을 단단히 잡고 있던 것을 약간 느슨하게 하여 다음 프라이머를 찾았을 때 1초보다 훨씬 짧은 시간 안에 주형과 즉시 결합할 수 있게 된다. 이에 반해 핵심부위가 주형으로부터 완전히 분리되었다면 재결합하는 데 수 초가 걸리게 된다.

두 번째 문제를 풀기 위해서는 β 집게가 집게 장전기 및 핵심 중합효소와 상호 작용하는 방식을 주의 깊게 관찰할 필요가 있다. 이 두 가지 단백질은 β 집게의 동일한 부위에 결합하기 위해 경쟁하고 있으며, 이 단백질들의 집게에 대한 상대적 친화력은 핵심부위가 DNA에 붙고 떨어질 수 있도록 계속 변화한다. 또한 집게 장전기는 이러한 반복적인 과정을 도울 수 있도록 집게 장전을 풀기도 한다.

이론적으로 보면 지연가닥을 합성하는 pol III*는 하나의 오카자키 절편을 만든 뒤에는 β 집게에서 떨어져야 하며, 다음의 오카자키 절편을 만들 때 또 다른 β 집게와 붙어야 한다. 하지만 pol III*가 실제로 β 집게로부터 분리되는가? 그것을 알아내기 위해 오도넬 등은 프라이머를 가진 M13 파지 주형(M13mp18)에 각각 한 분자의 β 집게와 pol III*를 결합시켰다. 그런 다음 β 집게를 결합시킨 M13Gori와 β 집게가 없는 ΦX174 두 가지의 파지 DNA 주형을 첨가하였다. 그리고는 원래의 주형 DNA와 두 번째의 주형 DNA 모두 복제될 수 있는 충분한 시간 동안 반응시켰다. 물론 M13mp18 DNA는 복제가 일어나리라 예상할 수 있지만, 두 번째 주형 중 어느 것—β 집게가 장전된 것과 아닌 것—의 복제가 일어날지 흥미로운 질문을 던질 수 있다. 그림 21.17(1~4번 레인)을 보면 복제는 β 집게에 장전된 M13Gori 주형에서 우선적으로 일어나고 있음을 알 수 있다. β 집게를 다른 주형 DNA와 결합시키면 어떻게 될까? 5~8번 레인은 이 경우를 보여 주는데, 다른 주형(ΦX174)이 우선적으로 복제된다. 만약 pol III*가 자신의 β 집게를 가지고 있다면 이 효소는 β 집게가 미리 장전된 경우에 상관없이 두 번째 주형 모두를 복제시킬 수 있을 것이다. 그러나 이 실험을 통해 pol III*가 주형 DNA와 β 집게로부터 이탈되는 것이 실제로 일어나며, 그 효소는 또 다른 β 집게가 장전된 다른 주형 DNA(또는 같은 주형 DNA 내의 다른 부분)에 결합할 수 있다는 사실을 알 수 있다.

이 결론을 확인하기 위해 β 집게를 [γ–^{32}P]ATP로 인산화시켜 ^{32}P로 표지시킨 뒤 θ나 τ 소단위체 또는 γ 복합체에 ^{3}H을 가해 pol III*를 표지시켰다. 그런 후 표지시킨 복합체로 하여금 dGTP와 dCTP만 공급해서 틈이 있는 주형에서 멈추어 있게 하거나, 네 가지의 dNTP 모두를 넣어주어 모든 틈을 메우게 해서 복제가 완료되도록 했다. 그리고는 반응 혼합물을 겔 여과하여 표지시킨 두 가지가 분리되었는지 확인하였다. 중합효소가 멈춘 경우, 표지된 β 집게와 pol III*는 DNA 주형에서 함께 머물게 된다. 그러나 반응이 완료되면 pol III*는 β 집게를 DNA에 남겨둔 채 분리된다. 오

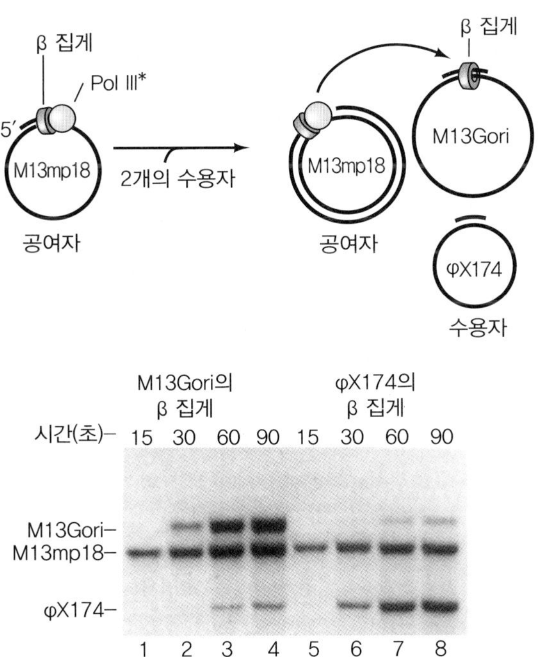

그림 21.17 순환 모형의 시험. 한 분자의 β 집게 및 프라이머가 결합된 한 분자의 주형을 하나의 pol III* 복합체와 결합하도록 한 후(상단의 좌측), 프라이머가 결합된 두 가지 수용자 주형–β 집게를 가진 것(M13Gori)과 그렇지 않은 것(ΦX174)–과 혼합하여 복제가 일어나도록 하면, 원래의 주형을 먼저 복제한 후 집게가 장전된 주형(이 경우 M13Gori)을 선택적으로 복제한다. 오도넬 등은 공여자 및 수용체 주형 모두를 복제할 수 있도록 충분한 시간을 주어 실험하였다. 또한 표지된 뉴클레오티드를 함께 넣어주어 복제된 DNA가 표지되도록 하였다. 그런 다음, DNA를 전기영동하여 표지된 DNA를 확인하였다. 복제된 DNA 산물의 전기영동(하단)을 통해 두 가지 수용자 중 β 집게가 장전된 수용자의 복제가 일어났음을 볼 수 있다. 즉, β 집게가 M13Gori 수용자 주형에 장전된 경우 이 주형의 복제가 우선적으로 일어난 반면, β 집게가 ΦX174 수용자 주형에 장전된 경우 이 주형의 복제가 우선적으로 일어난 것을 확인할 수 있다. 복제된 주형의 위치는 왼쪽에 표시하였다. (출처: Stukenberg, P.T., J. Turner, and M. O'onnell, An explanation for lagging strand replication: Polymerase hopping among DNA sliding clamps. *Cell* 78 (9 Sept 1994) f. 2, p. 878. Reprinted by permission of Elsevier Science.)

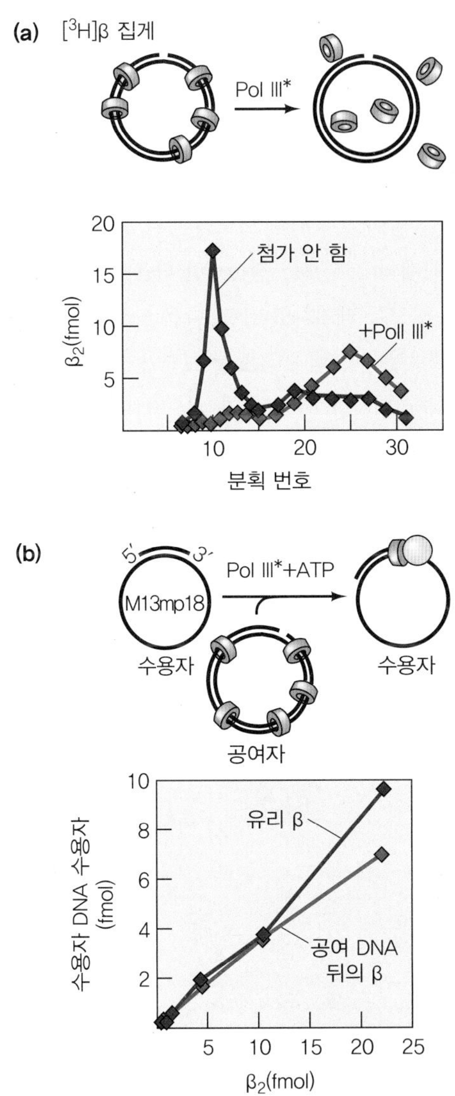

그림 21.18 pol III*는 집게 분리자 활성을 가지고 있다. (a) 집게 분리자. 오도넬 등은 갭을 가진 원형의 주형 위에 β 집게(파란색, 위)를 결합시키기 위해 γ 복합체를 사용하였고, 겔 여과를 통해 γ 복합체를 제거하였다. 그런 다음 pol III*를 첨가하고 겔 여과를 다시 하였다. 결과의 그래프(아래)를 보면, pol III*로 처리한 β 집게(빨간색 선)가 주형에서 떨어져 나가는 것을 보여 준다. 반면 pol III*로 처리하지 않은(파란색 선) β 집게는 주형과 결합되어 남아 있다. (b) β 집게의 재활용. pol III*(빨간색 선)를 처리한 β 집게–주형 복합체에서 분리된 β 집게는 용액 상태의 β 집게만큼(파란색 선) 수용체 주형에 잘 결합한다. (출처: Adapted from Stukenberg, P.T., J. Turner, and M. O'Donnell, An explanation for lagging strand rcplication: Polymerase hopping among DNA sliding clamps. *Cell* 78:883, 1994.)

도넬 등은 pol III*의 소단위체 중 어떤 것을 표지하더라도 같은 결과가 나오는 사실로부터 복제가 완료되면 핵심효소만이 아닌 전체 복합체가 β 집게와 DNA 주형에서 분리된다고 주장했다.

대장균의 유전체는 길이가 4.6Mb이며, 지연가닥은 단지 1~2kb 길이의 오카자키 절편만 복제된다. 이것은 각각의 주형 DNA에 2,000번 이상의 프라이머 합성이 필요하다는 것을 뜻하며, 따라서 최소한 2,000개의 β 집게가 필요하다는 사실을 의미한다. 대장균은 세포 당 약 300개의 β 2량체만 가지므로 재활용되지 않는 한 β 집게는 금방 소진될 것이다. 따라서 재활용되려면 β 집게는 DNA 주형에서 분리되어야 하나 실제로 그런 일이 일어날까? 이 사실을 알아보기 위해 오도넬 등은 틈을 가지고 있는 주형 DNA에 여러 개의 β 집게를 장전시킨 다음, 겔 여과을 사용하여 다른 단백질을 모두 제거하였다. 그 다음 pol III*를 첨가하고 다시 겔 여과를 해보았다. 그림 21.18a를 보면 β 집게는 pol III*가 있는 상태에서는 분리되지만 이 효소가 없으면 분리되지 않는다. 그림 21.18b는 이렇게 떨어져 나온 β 집게가 이를 수용체 주형에 다시 결합할 수 있음을 보여 준다.

현재까지 배운 것을 보면 β 집게는 핵심 중합효소와 γ 복합체(집게 장전기)와 모두 상호 작용할 수 있다는 것이 명확하다. β 집게는 DNA가 합성되는 동안 중합효소가 주형 DNA에서 떨어지지 않도록 핵심부위와 붙어 있어야 한다. 그런 다음, 주형에서 분리되어 다른 DNA 부위로 이동한 후 또 다른 핵심부위와의 상호 작용을 통해 새로운 오카자키 절편을 합성한다. 물론 β 집게가 새로운 DNA 부위로 이동한 후에도 집게 장전기와 상호 작용할 수 있어야만 한다. 이때 의문이 남게 된다. β 집게가 핵심부위 또는 집게 장전기와 상호 작용하는 것을 세포가 어떻게 정교하게 조절하느냐는 것이다.

이 질문에 대한 대답을 하기 전에 어떻게 그리고 언제 핵심부위와 집게 장전기가 β 집게와 상호 작용하는지를 보여 주는 것이 도움이 될 것이다. 오도넬 등은 먼저 '어떻게'라는 질문에 대한 대답을 했는데, 핵심부위의 α 소단위체가 β와 결합하고 집게 장전기의 δ 소단위체도 β와 결합하고 있음을 보여 주었다. 이런 상호 작용을 확인하기 위해 이들이 사용한 방법은 **단백질 풋프린팅**(protein footprinting)이었다. 이 방법은 DNase 풋프린팅과 같은 원리이지만, 초기 물질이 DNA가 아니라 표지된 단백질이며 DNA 가수분해효소 대신에 단백질 분해효소가 사용되는 것이 다르다. 오도넬

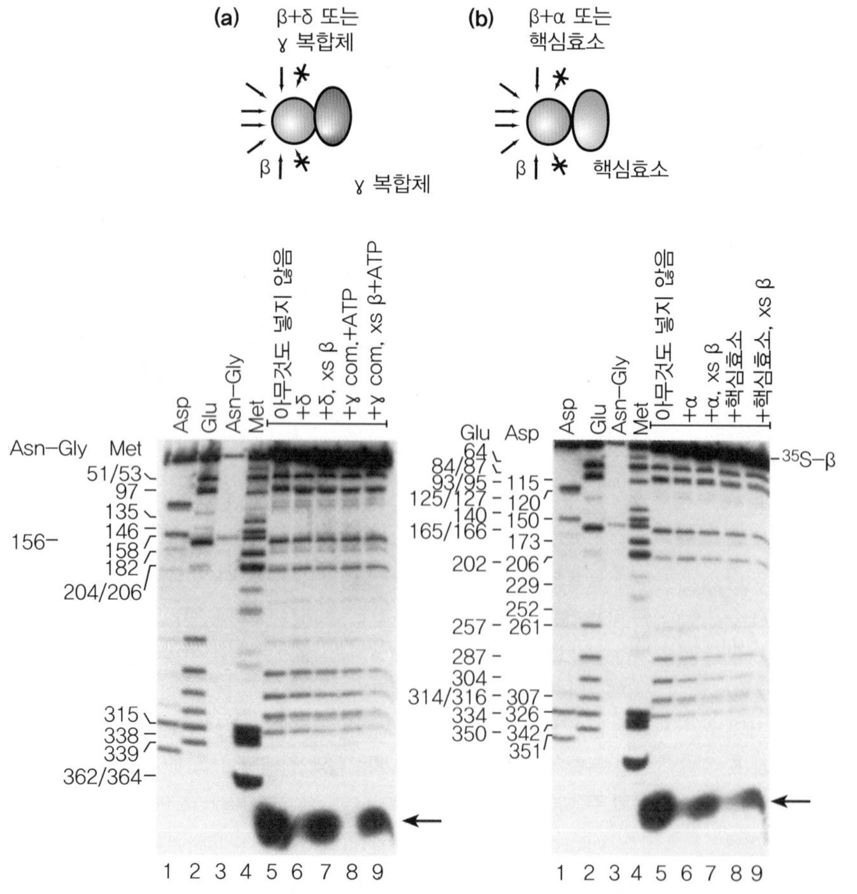

그림 21.19 복합체와 핵심 중합효소에 의한 β의 단백질 풋프린팅. 오도넬 등은 β^{PK}의 C-말단을 [^{35}S]ATP와 단백질 인산화효소로 인산화하여 표지시켰다. 다음 표지시킨 β를 δ나 γ 복합체 전체**(a)** 또는 α나 핵심부위 전체와**(b)** 혼합하였다. 그다음, 이 단백질 복합체를 프로나제 E와 V8 프로테아제로 절단하여 말단이 표지된 일련의 분해 산물을 만들었다. 마지막으로 이 생성물을 전기영동한 후 자기방사법으로 확인했다. 각 패널의 처음 4개의 레인은 지표로 사용한 분해 산물이다. 각각의 경우 아미노산 특이성을 위에 나타내었다. 즉, 1번 레인은 아스파르트산의 뒤를 절단하는 단백질 분해효소로 단백질을 처리한 경우이다. 양쪽 패널에서 5번 레인은 다른 단백질이 없는 상태에서 분해시킨 β^{PK}의 산물을 보여 준다. 양쪽 패널의 6~9번 레인은 각 레인의 위에 표시한 단백질이 있는 상태에서 분해한 β^{PK}의 산물을 보여 준다. δ와 α 소단위체, γ와 핵심 복합체들은 모두 같은 부위를 보호한다. 따라서 이것들은 사진 아래에 화살표로 표시된 절편의 양을 줄이고 있다. 위에 보이는 그림은 β 집게와 γ 복합체(a) 또는 핵심부위(b) 사이의 결합을 나타낸 것으로 둘 모두 각 β 단량체 C-말단 근처의 동일한 부위와 접촉하여 그곳이 절단되는 것을 방해하고(X를 가진 화살표) 있음을 강조하고 있다. (출처: Naktinis, V., J. Turner, and M. O'Donnell, A molecular switch in a replicating machine defined by an internal competition for protein rings. *Cell* 84 (12 June 1996) f. 3ab bottoms, p. 138. Reprinted by permission of Elsevier Science.)

등은 유전자를 조작하여 β 소단위체의 C-말단 부위에 단백질 인산화효소가 인식하는 6개의 아미노산 서열을 붙여 이렇게 변형된 단백질을 β^{PK}라 명명하였다. 그런 다음 단백질 인산화효소와 표지된 ATP를 사용해 시험관 내에서 이 단백질을 인산화시켰다. 이렇게 하면 단백질의 C-말단이 표지된다. (이것은 DNase 풋프린팅 시 DNA의 한 쪽 말단을 표지하는 것과 유사하다.) 우선 이들은 집게 장전기의 δ 소단위체와 핵심부위의 α 소단위체가 β^{PK}의 인산화를 막아 주는 것을 보여 주었는데, 이는 이들 두 단백질 모두가 β^{PK}와 접촉하고 있음을 나타낸다.

단백질 풋프린팅은 이런 결론을 재확인시켜 주었다. 오도넬 등은 표지시킨 β^{PK}를 여러 단백질과 혼합한 뒤, 프로나제(pronase) E와 V8 프로테아제(protease) 등의 두 가지 단백질 분해효소로 혼합물을 분해하였다. 그림 21.19는 이 결과이다. 처음 네 레인은 알려진 위치를 절단하는 네 가지 서로 다른 시약으로 표지된 β 소단위체를 절단하여 지표로 삼은 것이다. 양쪽 패널의 5번 레인은 다른 단백질을 섞지 않고 표지된 β만을 절단했을 때 나타나는 표지된 펩티드를 보여 준다. 말단이 표지된 산물들이 전형적인 사다리 형태를 보인다. (a)의 6번 레인은 δ가 존재할 때 어떻게 되는지 보여 준다. 이 경우 가장 작은 단편(화살표)이 없거나 양적으로 크게 줄어든 형태를 보이는 것을 제외하곤 5번 레인과 같은 모양을 보인다. 이것은 δ 소단위체가 β의 C-말단 근처에 결합하여 그 부위의 절단을 방해하고 있음을 의미한다. 만약 δ-β 결합이 특이적이라면 표지시키지 않은 β를 과도하게 첨가하여 δ와 결합시키면 표지된 β^{PK}에 δ가 결합하는 것을 막아줌으로써 표지된 β^{PK}가 다시 절단되도록 할 수 있을 것이다. 7번 레인은 이러한 현상을 보여 준다. (a)의 8, 9번 레인은 정제한 δ 대신 전체의 γ 복합체를 사용한 것을 제외하곤 6, 7번 레인과 같다. 마찬가지로 γ 복합체도 β^{PK}의 C-말단 근처에 붙어 단백질 분해효소에 의한 절단을 방해하며 표지하지 않은 β를 과량으로 첨가하면 그러한 현상이 역전된다.

그림 21.19b는 표지된 β^{PK}의 풋프린팅 때 δ 소단위체와 전체 γ 복합체를 사용하는 대신, α 소단위체와 전체 핵심부위를 사용한 것을 제외하고는 (a)와 같다. 이때 완전히 같은 결과를 얻었다. 즉, α 소단위체와 전체 핵심부위는 δ 소단위체와 전체 γ 복합체가 보여 준 것과 같은 부위를 보호하고 있었다. 이러한 결과는 핵심부위와 집게 장전기가 β 소단위체의 같은 위치에 접촉하고 있으며, α 소단위체와 δ 소단위체가 이러한 접촉을 매개하고 있다는 것을 의미한다. 계속되는 실험에서 연구자들은 pol III*를 사용하여 β^{PK} 풋프린팅을 수행하였다. pol III*는 핵심부위와 집게 장전기를 포함하고 있기 때문에 각각 실험할 때 보다는 더 큰 풋프린트가 형성될 것으로 예상했다. 그러나 결과는 그렇지 않았다. 이는 pol III*가 핵심부위나 집게 장전기를 통해 β와 접촉하지만 이들과 동시에 접촉하지는 않는다는 가설과 일치한다.

만약 핵심부위나 집게 장전기에 β 집게가 동시는 아니라도 결합한다면 어느 쪽을 선호할까? 오도넬 등은 겔 여과법을 사용하여 용액 상태에서는 β가 핵심 중합효소보다는 집게 장전기에 더 잘 결합한다는 것을 보여 주었다. 이것은 유리된 β가 핵심 중합효소와 결합하기 전에 γ 복합체에 의해 DNA에 장전되어야 한다는 가

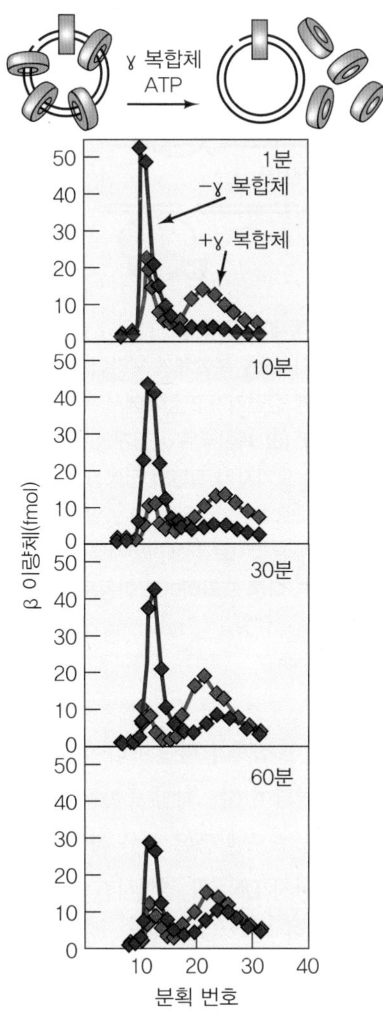

그림 21.20 γ 복합체의 집게 분리 능력. 오도넬 등은 β 집게를 틈이 있는 원형 DNA 주형에 결합시킨 다음(상단), 이 복합체를 γ 복합체와 ATP가 있거나(빨간색) 없는 상태(파란색)에서 주어진 시간 동안 배양하였다. 그런 다음, 이 혼합물을 겔 여과를 통해 얼마나 많은 β 집게가 DNA와 결합되고 떨어지는지를 측정하였다. 위의 그림이 그 결과를 보여 주는데 γ 복합체와 ATP가 β 집게로 하여금 틈이 있는 DNA에 분리되는 방법을 촉진하고 있다. (출처: Adapted from Naktinis, V., J. Turner, and M. O'Donnell, A molecular switch in a replication machine defined by an internal competition for protein rings. *Cell* 84:141, 1996.)

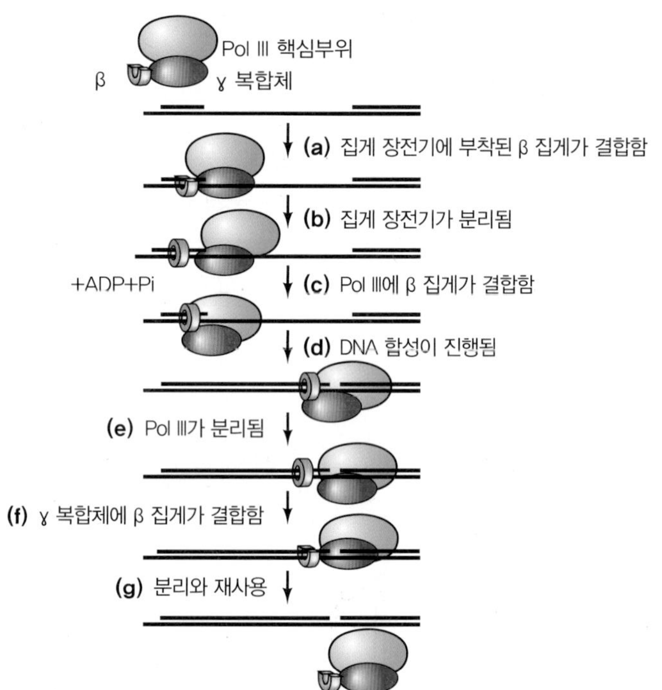
Pol III 핵심부위
β
γ 복합체
(a) 집게 장전기에 부착된 β 집게가 결합함
(b) 집게 장전기가 분리됨
+ADP+Pi
(c) Pol III에 β 집게가 결합함
(d) DNA 합성이 진행됨
(e) Pol III가 분리됨
(f) γ 복합체에 β 집게가 결합함
(g) 분리와 재사용

그림 21.21 지연가닥 복제의 요약. pol III*의 γ 복합체(빨간색)와 결합된 β 집게를 가지고 시작한다. **(a)** γ 복합체가 프라이머가 있는 DNA 주형에 β 집게를 장전한다. **(b)** 집게 장전기가 β 집게에서 분리된다. **(c)** 핵심부위(초록색)가 집게와 결합한다. **(d)** 핵심부위와 집게의 협동 작업으로 마지막에 하나의 틈이 남을 때까지 오카자키 절편의 진행성 합성이 일어난다. **(e)** 중합효소의 핵심 부위가 집게에서 분리된다. **(f)** γ 복합체가 β 집게와 재결합한다. **(g)** γ 복합체가 집게 분리자로 작용하면서 β 집게를 주형에서 분리시킨다. 이후 주형에 있는 또 다른 프라이머로 이동하는 과정이 반복된다. (출처: Adapted from Herendeen, D.R. and T.J. Kelly, DNA polymerase III: Running rings around the fork. *Cell* 84:7, 1996.)

정에 부합된다. 그러나 β 집게가 일단 프라이머를 가진 DNA 주형에 장전되면 상황이 변하여 β는 핵심 중합효소와 결합하여 DNA를 합성하기 시작한다. 오도넬 등은 이를 확인하기 위해 ^{35}S로 표지된 β 집게를 M13 파지 DNA와 결합시킨 다음, ^{3}H로 표지시킨 집게 장전기(γ 복합체)와 표지시키지 않은 핵심부위 또는 ^{3}H로 표지시킨 핵심부위와 표지시키지 않은 γ 복합체를 첨가하였다. 그다음, 이 혼합물을 겔 여과하여 DNA–단백질 복합체와 유리된 단백질을 분리하였다. 그 결과 DNA와 결합된 β 집게는 핵심 중합효소를 선호하는 것이 명백했으며, 이때한 γ 복합체도 β 집게–DNA 복합체에 거의 결합하지 않았다.

일단 오카자키 절편을 완성하면 완전효소는 β 집게에서 분리된 다음 새로운 곳으로 이동해야 한다. 그런 다음 원래의 β 집게도 또 다른 오카자키 절편을 합성하기 위해 주형에서 분리되어야 한다. 앞서 pol III*가 집게를 푸는 활성을 가지고 있다는 것을 확인하였으나, pol III*의 어느 부위가 이런 활성을 가지고 있는지는 살펴보지 않았다. 오도넬 등은 겔 여과법으로 γ 복합체가 집게를 분리하는 활성이 있음을 확인했다. 그림 21.20이 이 실험을 보여 준다. 오도넬 등은 β 집게를 틈이 있는 DNA에 장전한 다음 다른 모든 단백질들을 제거하였다. 그런 다음, 이 DNA–단백질 복합체를 γ 복합체가 있거나 없는 상태에서 반응시켰다. 이때 β 집게는 γ 복합체와 ATP가 없는 경우보다 있는 경우에 틈을 가진 DNA로부터 쉽게 분리된다.

이 결과는 γ 복합체가 집게 장전기와 분리자의 역할을 모두 하고 있음을 의미한다. 그러나 γ 복합체로 하여금 집게를 붙이고 떼도록 하는 시기를 결정하는 것은 무엇일까? 그림 21.21을 보면 DNA의 상태가 이 스위치의 역할을 하는 것 같다. β 집게가 용액에 유리되어 있고 그곳에 프라이머가 붙은 주형 DNA가 존재하면 집게는 γ 복합체(β 집게를 DNA에 결합시키는 집게 장전기의 역할을 함)와 우선적으로 결합한다. 일단 DNA와 결합한 집게는 핵심 중합효소와 결합하여 오카자키 절편의 합성을 지원하게 된다. 절편이 합성되고 하나의 틈만 남게 되면 핵심부위는 β 집게에 대한 친화성을 상실한다. 이때 집게는 집게 분리자의 역할을 하는 γ 복합체와 재결합하여 집게를 주형 DNA에서 분리하고 다음 프라이머로 이동시켜 새로운 합성이 일어나도록 한다.

21.3. 복제종결

복제종결은 선형의 기다란 고리체를 만드는 λ나 다른 파지의 경우에는 비교적 간단하다. 고리체는 계속해서 만들어지는데, 이 과정 동안에 유전체 크기만큼씩 잘려나가 파지의 머리부분으로 들어간다. 하지만 정확하게 복제가 개시되고 종결되는 부분이 있는 대장균에 비해 진핵세포에서의 종결기작은 좀 더 복잡하고 흥미롭다. 대장균의 DNA 복제 시에는 2개의 복제분기점이 각각 종결부위로 접근하는데, 이 부위에는 특정 단백질이 결합하는 22bp 크기의 여러 개의 종결부위가 위치한다. 대장균의 경우는 종결부위를 *TerA–TerF*라고 부르며 그림 21.22에서 보는 바와 같다. 그 *Ter* 위치에는 **Tus**(terminus utilization substance)라는 단백질이 결합한다. 복제분기점이 종결부위로 들어오면 복제 과정이 미처 완료되기 전에 멈추게 된다. 이때 서로 엉킨 2개의 딸 중합체가 떨어져 나간다. 이것은 세포분열이 일어나기 전에 풀려야 하는데, 그렇지 않으면 2개의 딸세포로 분리되지 못한다. 따라서 세포의 중앙에 남게 되어 세포분열이 일어나지 않게 되고 세포는 결국 죽고

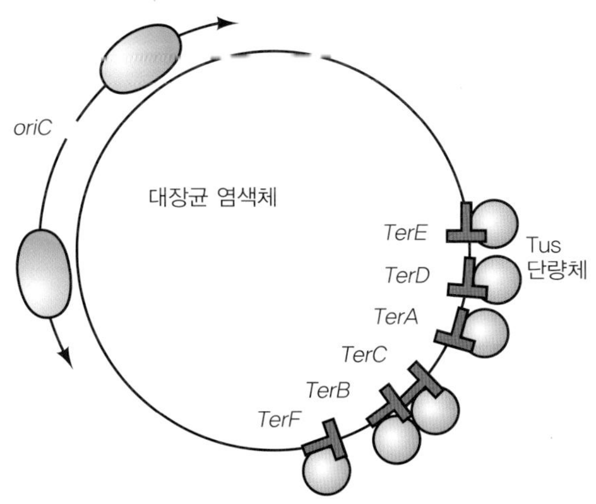

그림 21.22 대장균 유전체의 종결부위. 레플리솜(초록색)을 가진 두 복제분기점은 *oriC*로부터 서로 멀어지면서 원형 대장균 염색체의 반대 방향에 있는 종결부위를 향하여 이동한다. 3개의 종결위치가 각 분기점에 작용하는데, *TerE*, *TerD*, *TerA*는 시계 방향 복제를 종결시키고 *TerF*, *TerB*, *TerC*는 시계 반대 방향 복제를 종결시킨다. Tus 단백질은 종결 위치에 결합하여 분기점의 이동을 차단하는 데 도움을 준다. (출처: Adapted from Baker, T.A., Replication arrest. *Cell* 80:521, 1995.)

말 것이다. 여기서 의문이 생길 수 있다. 어떻게 딸 중합체가 풀리는가? 진핵세포의 경우 선형 염색체의 5′-말단에 위치한 프라이머를 제거할 때 생기는 틈을 어떻게 메우는지를 알고 싶다. 이런 문제에 대해 살펴보자.

1) 고리체의 분리: 딸 DNA의 풀림

박테리아의 경우 DNA 복제 끝 무렵에 문제에 봉착하게 된다. DNA가 원형이기 때문에 두 딸 중합체는 **고리체**(catenane) 형태로 서로 엉켜 있게 된다. 이 엉켜 있는 DNA가 딸세포로 되기 위해서는 서로 **분리**(decatenated)되어야 한다. 만약 분리가 회복 합성 전에 일어난다면 단일절단에 의해 DNA가 풀어지고, 이때 I형 위상이성질화효소가 분리 작업을 할 수 있다. 그러나 회복합성이 먼저 일어나면 이중가닥을 절단하여 DNA를 통과시키는 II형 위상이성질화효소가 필요하다. 살모넬라균(*Salmonella typhimurium*)과 대장균은 4개의 위상이성질화효소(topo I~IV)를 가지고 있다. topo I과 topo III는 I형 효소이며, topo II와 IV는 II형에 속한다. 어떤 위상이성질화효소가 고리체의 분리에 관여할까?

DNA 자이레이즈(DNA gyrase, topo II)가 DNA 복제 시 회전고리로 작용하기 때문에 많은 분자생물학자들은 이것이 딸 중합체를 분리시킬 것이라고 추측하였다. 그러나 니콜라스 코짜렐리(Nicholas Cozzarelli) 등은 **topo IV**가 분리에 관여하는 효소라는 것을 밝혀냈다. 이들은 대장균과 가까운 살모넬라균의 온도 민감성 돌연변이체를 사용하여 생체 내에서 플라스미드 pBR322의 2량체 고리를 분리시키는 능력을 조사하였다. topo IV의 소단위체를 만드는 유전자에 돌연변이가 일어난 박테리아의 경우 노르플록사신(norfloxacin)이 없는 상태에서 비허용온도(44℃)로 올리면 고리체 분리가 일어나지 않는다는 것을 보여 주었다. 이는 topo IV가 고리체 분리에 매우 중요하다는 것을 의미한다. DNA 자이레이즈의 활성을 막는 노르플록사신은 DNA 복제를 멈추게 하고 이어서 적은 양의 잔여 topo IV나 또 다른 위상이성질화효소에 의해 탈고리화를 일어나게 하는 듯하다. 반면에, DNA 자이레이즈 돌연변이체는 노르플록사신이 있건 없건 비허용온도에서는 고리가 만들어지지 않는 것으로 보아, 이 효소는 탈고리화에는 관여하지 않는 듯하다. 코짜렐리 등은 온도민감성 대장균 돌연변이체를 사용해서도 유사한 현상을 관찰한 바, topo I는 대장균에서도 탈고리화에 관여하는 것으로 보인다.

진핵세포의 염색체는 원형이 아니며 여러 복제단위를 가진다. 그러므로 인접한 복제단위의 복제분기점은 서로를 향해 접근하는데, 이는 마치 박테리아 염색체의 2개 분기점이 복제기점의 반대편에 존재하는 종결점을 향해 진행하는 것처럼 보인다. 이로 인해 DNA 복제가 완성되는 것이 방해를 받게 되므로 진핵세포 염색체도 반드시 풀려야 고리체를 형성한다. 진핵세포의 topo II는 DNA 자이레이즈 기능 외에도 박테리아의 topo IV와 비슷한데, 이는 topo II가 강력한 고리체 분리효소 후보자임을 의미한다.

2) 진핵세포의 복제종결

원핵세포와는 달리 진핵세포에서 DNA 복제의 마지막 부분은 어려움에 봉착한다. 즉, RNA 프라이머가 제거된 뒤에 남게 되는 틈을 메우는 과정이 있다 박테리아에 있는 원형 DNA는 틈을 메우는 데 문제가 없다. 왜냐하면 프라이머로 작용하는 3′-말단이 상단부의 다른 DNA에서 제공되기 때문이다(그림 21.23a). 그러나 진핵세포는 염색체가 선형이므로 문제가 생긴다. 양쪽가닥에 존재하는 첫 번째 프라이머가 제거되면(그림 21.23b) 틈을 메울 방법이 없다. 왜냐하면 DNA는 3′→5′으로 신장할 수는 없는데, 필요한 3′-말단은 상단부에 존재하지 않기 때문이다. 만약 이러한 경우가 실제 일어난다면 DNA 가닥은 복제가 일어날 때마다 짧아지게 될 것이다. 이것이 DNA 가닥의 말단 형성에 관한 종결에 대한 문제인데, 그렇다면 세포는 이 문제를 어떻게 해결될 수 있을까?

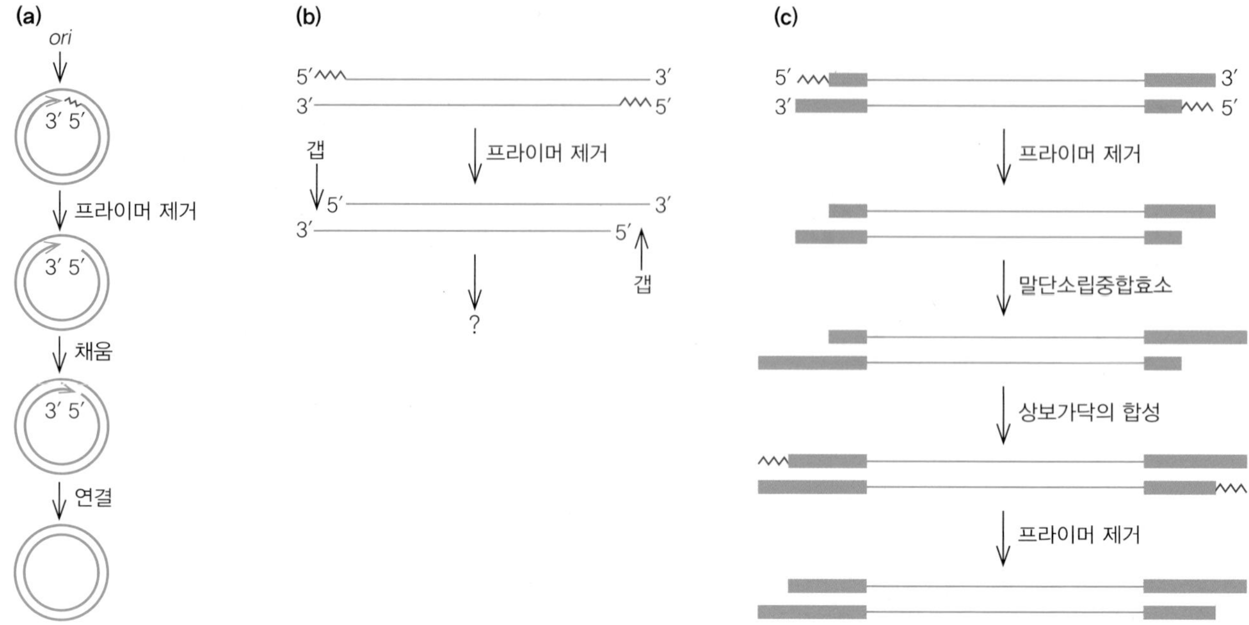

그림 21.23 프라이머 제거로 생긴 틈의 복사체 형성. **(a)** 박테리아에서는 원형 DNA 가닥의 3′-말단이 첫 번째 프라이머(빨간색)로 인해 생긴 틈을 채우기 위한 DNA 합성을 시작한다. 단순화시키기 위해 단지 복제하는 한 가닥만을 나타냈다. **(b)** 말단소립 중합효소의 반응이 없을 때 선형 DNA의 5′-말단에서 프라이머가 제거되기만 하면 어떤 문제가 일어날 것인지를 보여 주는 가상모델. 염색체 말단에 있는 틈은 복제가 매번 될 때마다 점점 커질 것이다. **(c)** 말단소립 중합효소가 어떻게 이 문제를 해결할까? 첫 번째 단계로 딸가닥의 5′-말단으로부터 프라이머(빨간색)가 제거됨에 따라 틈이 생긴다. 두 번째로는 다른 딸가닥의 3′-말단에 별도의 말단소립 DNA(초록색 상자)를 말단소립 중합효소가 첨가시킨다. 세 번째 단계에서는 새로 만들어진 말단소립 DNA를 주형으로 DNA 합성을 한다. 네 번째 단계에서는 세 번째 단계에서 사용된 프라이머를 제거한다. 이때 틈이 남게 되지만 말단소립 중합효소 작용으로 인해 DNA의 손실은 없다. 여기에 표시한 말단소립은 프라이머의 크기와 축적을 달리했다. 실제로는 사람의 말단소립은 수천 뉴클레오티드 길이를 가지고 있다. (출처: (c) Adapted from Greider, C.W. and E.H. Blackburn, Identification of a specific telomere terminal transferase activity in tetramere extracts. *Cell* 43 (Dec Pt1 1985) f. 1A, p. 406.)

(1) 말단소립 유지

엘리자베스 블랙번(Elizabeth Blackburn) 등이 해답을 내놓았는데, 이를 그림 21.23c에 요약하였다. **말단소립**(telomere) 또는 진핵세포 염색체의 말단은 GC-풍부 염기서열이 반복되어 있다. 말단소립의 G가 많은 가닥은 DNA의 3′-말단에 첨가되는데, 반보존적 복제에 의해 되는 것이 아니라 **말단소립중합효소**(telomerase)에 의해 일어난다. 말단소립에 존재하는 반복단위의 정확한 염기서열은 종에 따라 특이하다. 테트라하이메나(*Tetrahymena*)의 말단 염기서열은 TTGGGG/AACCCC이고, 사람을 포함한 척추동물은 TTAGGG/AATCCC의 말단서열을 갖는다. 블랙번은 이런 특이성이 말단소립중합효소 때문이며, 말단소립 합성 시 주형으로 사용하는 효소 내의 작은 RNA 때문이라는 것을 보여 주었다. 이렇게 하면 문제가 풀리는데, 말단소립중합효소가 염색체 3′-말단에 특정 염기서열을 갖는 반복서열을 여러 개 첨가한다. 프라이머 합성은 말단소립 안에서 C가 많은 가닥을 주형으로 하여 시작할 수 있다. 이때는 말단 프라이머가 제거되고 대치되지 않아도 문제는 생기지 않는다. 왜냐하면 단지 말단소립의 염기서열이 소실되기 때문에 이는 말단소립 중합효소나 다른 말단소립 복제 과정을 통해 항상 대체되기 때문이다.

블랙번은 말단소립중합효소 활성을 연구할 때 연구 대상을 현명하게 선택했다. 그가 선택한 것은 섬모를 가진 원생동물인 테트라하이메나였다. 테트라하이메나는 두 종류의 핵을 갖는다. ① 소핵은 5쌍의 염색체에 전체 유전체를 지니며 다음 세대로 유전자를 전달하며, ② 대핵에서는 5쌍의 염색체가 유전자 발현에 사용될 수 있도록 200개 이상의 조각으로 잘려진다. 작은 염색체는 끝부분에 각각 말단소립을 갖고 있기 때문에 테트라하이메나의 세포는 사람의 세포보다 훨씬 많은 수의 말단소립을 갖게 된다. 이 세포에서는 대핵이 발달하거나 새로 만들어진 작은 염색체가 말단소립을 공급받아야 하는 시기에 말단소립 중합효소가 만들어진다. 그렇기 때문에 테트라하이메나에서 말단소립 중합효소를 분리하는 것은 비교적 쉽다.

1985년에 캐럴 그라이더(Carol Greider)와 블랙번은 대핵을 만들고 있는 동시화시킨 테트라하이메나 세포 추출물에서 말단소립 중합효소 활성을 동정하는 데 성공하였다. 그들은 TTGGGG 말

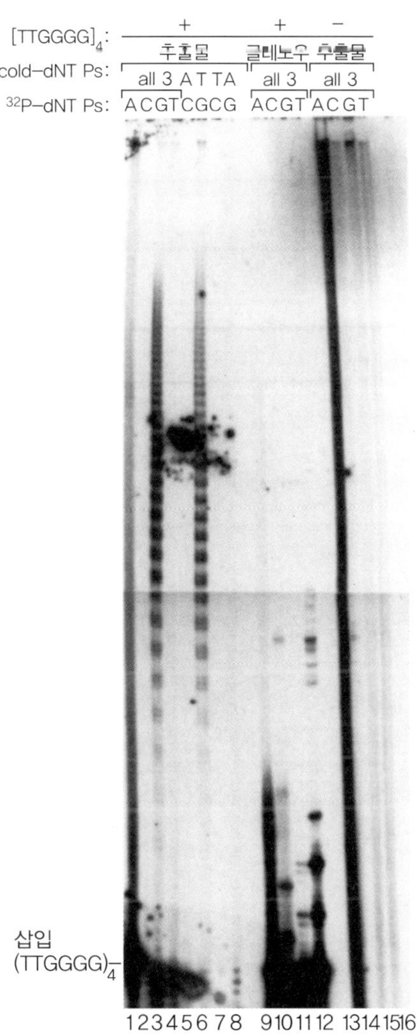

그림 21.24 말단소립중합효소 활성의 확인. 그라이더와 블랙번은 테트라하이메나 세포의 교배를 동시화하여 딸세포가 대핵 발생 단계에 있도록 하였다. 세포추출물을 준비한 다음 말단소립 반복서열인 TTGGGG가 네 번 반복되어 있는 합성 올리고에다 표지된 염기와 표지되지 않은 염기(위에 표시했음)와 함께 90분간 반응시켰다. 반응 후 생성물을 전기영동하고 자기방사법으로 확인하였다. 9~12번 레인은 테트라하이메나 추출물 대신 대장균 DNA 중합효소 I의 클레노우 절편을 포함하고 있다. 13~16번 레인은 추출물을 사용하였지만 프라이머는 넣어주지 않았다. 말단소립중합효소 활성은 dGTP와 dTTP가 모두 존재할 때만 나타난다. (출처: Greider, C.W., and E.H. Blackburn, Identification of a specific telomere terminal transferase activity in tetramere extracts. *Cell* 43 (Dec Pt1 1985) f. 1A, p. 406. Reprinted by permission of Elsevier Science.)

단소립 염기서열이 네 번 반복된 합성 프라이머와 방사성 동위원소로 표지된 뉴클레오티드를 가진 말단소립과 유사한 DNA를 이용하여 시험관 내에서 말단소립 중합효소의 활성을 측정하였다. 그림 21.24는 그 결과를 보여 준다. 1~4번 레인은 각각 다른 뉴클레오티드를 표지시킨 것(순서대로 dATP, dCTP, dGTP, dTTP)과 표지시키지 않은 나머지 3개의 염기를 넣어준 경우이다. 1번 레인은 dATP가 표지된 것인데 단지 끌린 모습만 보이며, 2와 4번 레인은 말단의 합성이 진행되지 않은 것을 보여 준다. 그러나 표지 dGTP를 사용한 3번 레인은 말단소립이 주기적으로 신장하고 있음을 보여 준다. 각각의 띠는 TTGGGG 서열이 하나 이상씩 추가된 것을 나타내는데(반응이 완성되는 정도에 따라 변이가 생김), 이것은 띠가 하나가 아니라 여러 개라는 사실을 설명한다. 물론 dGTP 경우만이 아니라 표지된 dTTP를 사용한 경우에도 말단소립의 신장을 관찰하였다. 계속된 연구를 통해 이 실험에서는 dTTP의 농도가 너무 낮았으며, dTTP도 높은 농도에서는 말단소립으로 삽입될 수 있음을 알게 되었다. 5~8번 레인에서는 표지된 한 가지 뉴클레오티드와 표지되지 않은 한 가지 뉴클레오티드를 사용한 실험 결과를 보여 준다. 이 실험을 통해 dGTP가 말단소립으로 삽입될 수 있지만, 반드시 그때는 표지되지 않은 dTTP가 같이 존재해야 한다는 것을 알 수 있었다. 이것은 예상한 결과인데, 왜냐하면 말단소립 가닥은 단지 G와 T만을 포함하고 있기 때문이다. 대조군인 9~12번 레인은 일반적인 DNA 중합효소인 클레노우 절편은 말단소립을 신장시키지 못한다. 또한 대조군인 13~16번 레인은 말단소립 중합효소의 활성이 말단소립 유사한 프라이머에 의존하고 있음을 보여 주고 있다.

말단소립 중합효소는 상보적인 DNA 가닥을 읽지도 않으면서 어떻게 정확한 염기서열을 말단소립 끝에 첨가할까? 이것은 자신의 RNA를 주형으로 이용하기 때문이다. (이것은 주형이지 프라이머가 아니다.) 그라이더와 블랙번은 1987년에 말단소립 중합효소는 RNA와 단백질 소단위체로 구성된 리보핵산단백질이라고 주장하였다. 그리고는 1989년에 CAACCCCAA 염기서열을 가진 159nt RNA 소단위체를 만드는 유전자를 클로닝하고 그 염기서열을 밝혔다. 이 염기서열이 테트라하이메나의 말단소립 끝에 TTGGGG 염기서열을 반복 첨가시키는 주형으로 사용된다(그림 21.25).

블랙번 등은 말단소립 중합효소 RNA가 실제로 말단소립 합성에 주형으로 사용되는 것을 증명하기 위해 유전학적 접근 방법을 사용했다. 돌연변이가 있는 말단소립 중합효소 RNA를 사용하면 이에 상응하는 변이가 말단소립에 생기는 것을 보여 주었다. 특히, 테트라하이메나의 말단소립 중합효소 RNA를 만드는 유전자의 염기서열인 5′-CAACCCCAA-3′를 아래와 같이 변화시켰다.

야생형: 5′-CAACCCCAA-3′

1: 5′-CAA<u>C</u>CCCCAA-3′

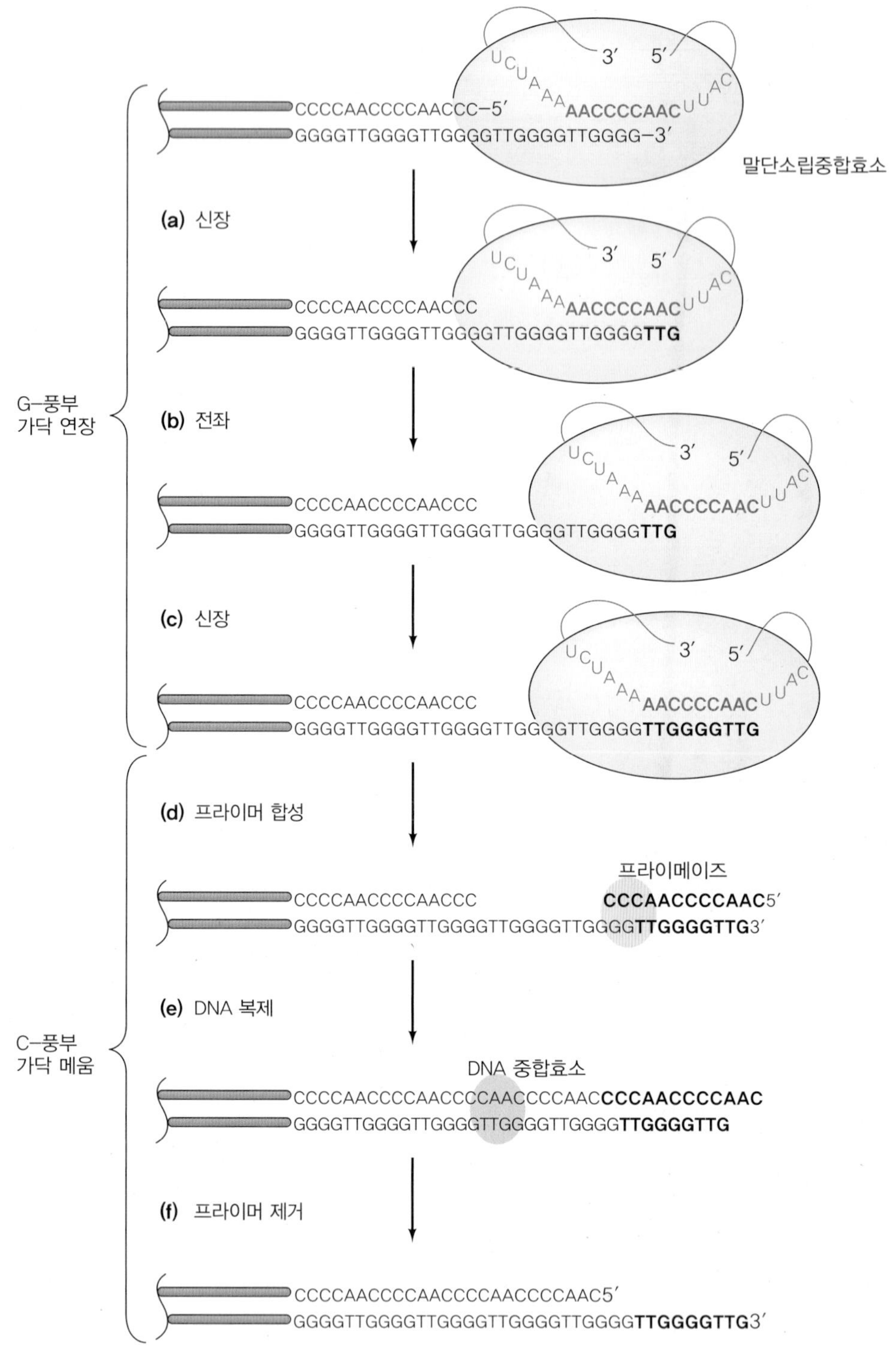

그림 21.25 테트라하이메나에서의 말단소립 형성. **(a)** 말단소립중합효소(노란색)는 G가 풍부한 말단소립 가닥의 3′−말단과 말단소립중합효소의 주형 RNA(빨간색)의 잡종화를 촉진한다. 말단소립중합효소는 말단소립 3′−말단에 3개의 염기(TTG, 굵은 활자)를 첨가할 때 자신의 RNA에 있는 3개의 염기(AAC)를 주형으로 사용한다. **(b)** 말단소립중합효소는 말단소립의 새로운 3′−말단으로 이동하여 자신의 주형 RNA에 있는 왼쪽의 AAC 염기서열이 말단소립에 새롭게 첨가된 TTG 염기서열과 쌍을 이루도록 한다. **(c)** 말단소립 중합효소는 말단소립의 3′−말단에 6개의 염기(GGGTTG, 진한 활자)를 첨가하는 데 주형 RNA를 사용한다. (a)에서 (c)까지의 과정은 말단소립의 G−풍부 가닥을 늘리기 위해 무한히 반복할 수 있다. **(d)** G−풍부 가닥이 충분히 길 때(여기에 보여 주는 것보다 길다) 프라이머중합효소(주황색)는 G−풍부 말단소립 가닥의 3′−말단에 상보적인 RNA 프라이머(굵은 활자)를 만들 수 있다. **(e)** DNA 중합효소(초록색)는 새로 만들어진 프라이머를 사용하여 DNA 합성을 시작함으로써 C−풍부 말단소립 가닥에 있는 틈을 메운다. **(f)** G−풍부 가닥에 12~16nt가 돌출된 상태로 남겨 둔 채 프라이머를 제거한다.

말단소립, 헤이플릭 한계, 그리고 암

대부분의 사람들은 생물체는 인간을 포함해서 모두 죽는다고 알고 있다. 그러나 생물학자들은 사람으로부터 배양한 세포들은 죽지 않는다고 추정해 왔다. 그런데 사실은 각각의 세포는 결국 죽더라도 세포주는 무한적으로 분열을 계속한다. 1960년대에 레너드 헤이플릭(Leonard Hayflick)은 보통 사람들의 세포는 죽지 않는(영원한) 것이 아니라는 사실을 발견했다. 그 세포들은 한정 기간—약 50세대—동안 배양에서 성장할 수 있다. 이후 세포들은 노쇠기에 들어가고 결국 모두 죽게 된다. 보통 세포의 수명 한계를 헤이플릭 한계라 한다. 그러나 암세포는 이러한 제한(한계)에 복종하지 않는다. 암세포들은 한 세대에서 다음 세대로 무한적으로 계속해서 분열한다.

연구자들은 보통 세포들은 죽으나 암세포들은 죽지 않는 이유를 설명할 수 있는 두 세포 사이의 중요한 차이점을 발견했다. 인간의 암세포는 말단소립중합효소를 가지고 있는 반면, 보통 체세포는 이 효소가 결여되어 있다. (물론 생식세포는 다음 세대에 전달되는 염색체 말단을 보호하기 위해 말단소립중합효소를 보유해야 한다.) 그러기에 암세포는 매 세포분열 후에 그들의 말단소립을 회복할 수 있으나 보통세포는 그렇지 않은 것이다. 또한 암세포는 그들의 염색체가 닳지 않고 계속 분열하는 반면, 보통 세포의 염색체는 각 세포분열마다 짧아진다. 유전 물질의 손실이 일어나고 보통 세포의 복제를 멈추게 되어 결국 세포들은 죽는다. 그러나 이러한 일은 암세포에서 일어나지 않는다. 말단소립중합효소는 이러한 운명으로부터 그 세포들을 보호해주는 것이다.

암을 발생시키는 세포에서 일어나는 중요한 변화들 중의 하나는 말단소립중합효소 유전자의 재활성이다. 이것은 암세포의 특징인 불멸(immortality)에 필요하다. 또한 암에 대한 잠재적 치료를 제안해 준다. 암세포에서 말단소립중합효소 유전자를 불활성시키거나 더 간단히 말해서 말단소립중합효소를 억제하는 약을 복용하는 것이다. 이러한 약은 보통 세포들이 우선 말단소립중합효소를 가지고 있지 않기 때문에 대부분의 일반 세포들에게는 해롭지 않다. 암 연구가들은 이런 전략을 위해 열심히 일하고 있다. 그러나 배양한 인간 피부세포가 매우 적은 양의 *hTERT*만을 발현하고 말단소립중합효소의 활성이 적다는 2003년의 발견은 이런 생각에 의문을 제기하게 된다. 더우기 *hTERT*의 비활성 형태가 발현된다는 사실이나 RNA에 의해 정상 *hTERT* 발현이 저해되면 인간 피부세포가 성숙되기 전에 죽게 된다. 따라서 기술적으로는 환자의 정상 세포가 일찍 죽기 전에 암세포를 죽일 수 있게 되어야 한다.

몇몇 증거들은 단순히 말단소립중합효소를 억제하는 것만으로는 암세포가 죽지 않을 것이라고 추측하게 한다. 우선 말단소립중합효소의 활성이 전혀 없는 녹아웃생쥐(knockout mice)들은 점차 말단소립이 소실되어 결국에는 불임이 되나, 적어도 6세대 동안 생존과 번식을 할 수 있다. 그러나 말단소립중합효소 녹아웃생쥐로부터 채취한 세포를 불멸화(immortalize)시킬 수 있고, 종양 바이러스로 형질전환시킬 수 있으며, 이 세포를 면역결핍 생쥐에 이식하면 종양이 생성된다. 그러므로 말단소립중합효소의 존재가 암세포가 발생하도록 하는 것은 필수적이지 않음을 알 수 있다. 말단소립중합효소 없이도 생쥐 세포들이 말단소립을 보존하는 방법이 존재할 수도 있다. 인간 세포는 어떻게 행동하는지 연구해야 할 것이다.

마지막으로 배양 상태의 인간세포를 불멸화하는 시도는 인간 생명을 불멸화시키는 생각으로 연장할 수 있다. 인간 체세포의 말단소립 중합효소를 재활성화함으로써 인간의 수명을 늘릴 수 있을 것인가? 역으로 이러한 시도는 암에 더 잘 걸리는 결과를 초래할 것인가? 리히슈타이너(S. Lichtsteiner), 우드링 라이트(Woodring Wright) 등은 인간의 말단소립 역전사효소의 유전자를 배양중인 인간의 체세포에 이식하여 말단소립중합효소의 활성을 발현하도록 했다. 그 결과 매우 놀라운 일이 일어났다. 이 세포들의 말단소립이 길어졌으며 세포들은 정상적인 일생보다 훨씬 오랫동안 분열을 계속했고, 외견상으로나 염색체의 함유량 모두 젊음을 유지했으며, 전혀 암이 되는 징후도 보이지 않았다. 이러한 발견은 매우 고무적이기는 하나 젊음의 샘을 찾았다는 것을 의미하는 것은 아니다. 이는 아직도 공상과학소설의 영역으로 남아 있다.

2: 5′-CAACC<u>T</u>CAA-3′

3: 5′-C<u>G</u>ACCCCAA-3′

세 가지 돌연변이체(1, 2, 3)에서 밑줄 친 염기는 변화된 것을 의미한다(1에서는 첨가). 삽입된 유전자가 과발현되도록 해주는 플라스미드에 정상 및 돌연변이 된 유전자를 실어서 테트라하이메나 세포에 넣어주었다. 이때 정상 유전자가 세포 내에 존재하지만 과발현된 이식 유전자가 내부의 정상 유전자를 압도하게 된다. 돌연변이체 1과 3으로 형질전환된 세포의 말단소립 DNA를 서던블롯팅한 결과 예상대로 각각의 탐침(돌연변이체 1의 경우 TTGGGGG, 돌연변이체 3의 경우 GGGGTC)과 결합했다. 반면 돌연변이체 2의 경우에는 그렇지 못했는데, GAGGTT를 서열을 가진 탐침과 결합하는 말단소립 DNA를 관찰할 수 없었다.

이 결과는 돌연변이 말단소립 중합효소 RNA 1, 3(2는 제외)은 말단소립이 신장될 때 주형으로 쓰일 수 있음을 시사한다. 블랙번(Blackburn) 등은 이를 확인하기 위해 돌연변이 말단소립 중합효소 RNA 3을 넣어준 세포에 존재하는 말단소립 단편의 염기서열을 조사하여 아래와 같은 염기서열을 발견했다.

5′-CTTTTACTCAATGTCAAAGAAATTATTAAATT(GGGGTT)$_{30}$
(GGGGT$\underline{\text{C}}$)$_{2}$GGGGTT(GGGGT$\underline{\text{C}}$)$_{8}$GGGGTTGGGGT$\underline{\text{C}}$(GGGGTT)$_{N}$-3′

여기에서 밑줄 친 염기는 돌연변이 말단소립 중합효소 RNA에 의해 만들어진 것이 분명하다. 놀랍게도 이러한 불규칙한 서열은 정상적인 테트라히메나 종의 매우 규칙적인 염기서열과는 분명히 다르다. 앞부분의 30개의 반복서열은 형질도입되기 이전에 정상적인 말단소립중합효소 RNA로부터 합성된 것이다. 이어서 2개의 정상 반복서열이 온 다음 11개의 돌연변이체 반복이 나타나며, 그 뒤는 모두 정상 반복서열이 온다. 마지막 정상 염기서열이 존재하는 것은 정상적인 말단소립과 재조합되거나 또는 돌연변이체 말단소립중합효소 RNA 유전자가 세포에서 상실되었기 때문일 것이다. 그럼에도 불구하고 일정 수의 돌연변이 반복서열이 존재하는 것은 돌연변이 말단소립중합효소 RNA에 의해서 말단소립이 암호화되기 때문이라는 것은 분명하다. 따라서 그림 21.25처럼 말단소립 중합효소 RNA가 말단소립 합성에 주형으로 사용된다고 결론지을 수 있다.

말단소립중합효소가 DNA를 만들기 위해 RNA 주형을 사용한다는 사실은 말단소립중합효소가 역전사효소처럼 작용한다는 것을 의미한다. 따라서 블랙번 등은 이것이 사실임을 증명하기 위해 효소 분리를 시도하였다. 10년에 걸친 노력 끝에 요아킴 링그너(Joachim Lingner)와 토마스 체크(Thomas Cech)는 드디어 1996년에 섬모충류인 *Euplotes*에서 분리에 성공하였다. 말단소립중합효소는 2개의 단백질, p43과 p123로 구성되어 있으며, 여기에 말단소립을 연장하는 주형으로 RNA 소단위가 추가로 존재하고 있었다. p123 단백질은 역전사효소의 대표적 서열을 가지고 있는 것으로 밝혀졌는데, 이는 이것이 효소의 촉매작용을 제공하는 것을 의미하고 있다. 현재는 이 단백질을 **말단소립중합효소 역전사효소**(telomerase reverse transcriptase, TERT)로 명명하고 있다. 이 시기에는 인간 유전체 프로젝트도 아울러 진행되는 시기였기 때문에 사람의 유전체에서 인간 TERT 유전자(*hTERT*)도 아울러 1997년에 찾을 수 있었다.

구조를 분석해 보면, TERT의 C-말단에 역전사효소의 활성이 존재하고, N-말단은 RNA와 결합하는 것으로 나타난다. 사실 수백 개 염기 길이의 RNA가 추후 공급되기 위해 단백질에 매달려 있는 것처럼 보인다. 이는 성장하는 말단소립에 뉴클레오티드가 첨가될 때 효소의 활성부위로 이동하여 주형으로서의 역할을 하게 된다.

2003년에 와서야 생식세포에서는 말단소립 중합효소의 활성이 존재하고, 체세포에서는 그 활성이 없다는 것이 밝혀지게 되었다. 윌리엄 한(William Hahn) 등이 배양 정상 인간세포에서도 약간의 말단소립 중합효소의 활성이 있다는 것을 보여 주긴 했지만 DNA가 복제되는 일시적으로 S 단계에서일 뿐이었다. 반면 암세포에서는 매우 높은 말단소립중합효소의 활성이 나타나고 있으며, 이는 일시적인 것이 아니다. 이러한 발견은 암세포의 아주 중요한 의미를 부여하게 된다(중점 설명 21.1).

(2) 말단소립 구조

말단소립은 분해로부터 염색체의 끝을 보호하는 외에 다른 중요한 역할도 수행한다. 이들은 염색체가 절단되거나 서로 붙었을 때 염색체 말단을 인식하는 DNA 회복 기구를 방해한다. 염색체들의 적절치 않은 결합은 세포에 잠재적으로 손상을 입힐 것이다. 더욱이 DNA 손상 확인하는 확인점을 세포가 가지고 있으면 세포분열은 손상이 수리될 때까지 멈추게 된다. 말단소립이 없는 염색체 말단은 망가진 것처럼 보이므로 세포분열은 중지되고 결국 세포는 죽게 된다. 말단소립을 도식화하면 그림 21.23과 21.25와 같다. 이것은 실제 염색체가 절단된 경우와 구별하기 어렵게 된다. 사실 인간의 말단소립 길이는 6bp 서열의 12.8 반복서열이다. 한계점이하에서는 인간의 염색체는 융합하기 시작한다. 말단소립이 어떻게 세포로 하여금 진짜 염색체의 끝과 부서진 염색체의 끝의 차이점을 구별하게 할까?

수년 동안 분자생물학자들은 이 질문에 고민해 왔다. 말단소립과 결합하는 단백질이 발견되었고, 이 단백질들이 염색체 말단에 결합하는 것을 이론화하고, 이 같은 방법으로 그 말단을 확인하였다. 실제로 효모로부터 인간에 이르기까지 진핵세포는 말단소립 분해를 막아 주는 말단소립-결합단백질을 가지고 있으며, 말단소립의 끝을 숨기고 있다. 이는 DNA 손상요인으로부터 지켜 주게 된다. 앞으로 세 가지 그룹 진핵세포의 말단소립-결합단백질에 내해 논의하고 어떻게 말단소립 방어문제를 해결하는지에 대해 논의할 것이다.

(3) 포유동물의 말단소립-결합단백질: 쉘터린

포유동물의 경우, 말단소립-결합단백질은 대략 쉘터린(shelterin)으로 부르는데, 말단소립을 보호(shelter)하기 때문이다. 포유동물의 쉘터인 단백질로는 6가지가 알려지고 있는데, **TRF1**, **TRF2**, **TIN2**, **POT1**, **TPP1**, **RAP1**이다. TRF1은 이들 중에서 제일 먼저 발견된 것으로, TTAGGG 반복 염기서열을 가진 이중사슬의 말단소립 DNA와 결합하고 있어, **TTAGGG repeat-binding factor-1**(TRF1)이라 명명되었다. TRF2는 TRF1 유전자의 상동유전자 산물로서, 이 또한 말단소립의 이중사슬 부위에 결합한다. **POT1**(protection of telomeres-1)은 다른 사슬 5′-말단으로부터 2nt 떨어진 위치에서 시작되는 말단소립 3′-꼬리 부위 단일사슬에 결합한다. 이런 배열을 함으로써 단일사슬 말단소립 DNA가 핵산내부가수분해효소(endonuclease)에 의해 분해되는 것을 막아 주며, 아울러 이중사슬 말단소립 DNA 내의 5′-말단이 5′-핵산내부가수분해효소에 의해 분해되는 것을 막아 준다. TPP1은 TOP1-결합 단백질이다. 실제로 이형2량체(heterodimer) 형태로 POT1와 함께 나타난다. **TIN2**(TRF1-interacting factor-2)는 쉘터린 내에서 조직화하는 역할을 수행한다. TRF1과 TRF2을 연결하고, TPP1/POT1 2량체를 TRF1과 TRF2에 연결시킨다. 마지막으로 RAP1(repressor activator protein-1)은 TRF2와 상호 작용하여 말단소립에 결합한다.

다른 단백질들도 말단소립에 결합하긴 하지만, 쉘터린 단백질은 세 가지 면에서 다른 단백질들과 구별된다. ① 쉘터린은 오직 말단소립에서만 발견된다. ② 세포주기 전 과정에서 말단소립과 연결되어 있다. ③ 세포 내 다른 곳에서 기능이 발견되지 않는다. 다른 단백질들은 이중 하나는 충족시키지만 둘 이상은 충족시키지 못한다.

쉘터린은 세 가지 방법으로 말단소립의 구조에 영향을 주고 있다. 첫째로, **t-고리**(t-loop, telomere-loop)라 부르는 고리 형태로 말단소립을 바꾼다. 1999년 잭 그리피스(Jack Griffith)와 티티아 드란지(Titia de Lange) 등은 말단소립이 선형이 아니고 t-고리라고 불리는 DNA 고리를 형성한다는 사실을 발견하였다. 이 고리들은 매우 독특하여 염색체의 말단을 절단이 일어난 경우와 쉽게 구별할 수 있도록 한다. 절단은 염색체의 중간에 생겨 선형의 말단이 생성되기 때문이다.

t-고리는 어떤 증거인가? 그리피스, 드란지 등은 약 2kb의 반복적인 TTAGGG 서열을 갖는 DNA를 제작하였다. 그리고 끝에 150~200nt 단일가닥 3′-돌출(overhang)을 만들었다. 그들은 말단소립 결합단백질의 하나인 TRF2를 첨가하고, 그 복합체를 전자현미경으로 관찰하였다. 그림 21.26a는 실제로 고리가 형성되었으며, 고리-꼬리의 교차부위에 TRF2 단백질이 결합하는 것을 보여준다. 그런 구조는 20% 정도 나타났다. 대조적으로 연구자들이 단일가닥 3′-돌출을 잘라 내거나 또는 TRF2를 제거했을 때 고리 형성이 급격히 줄어드는 것을 알아내었다.

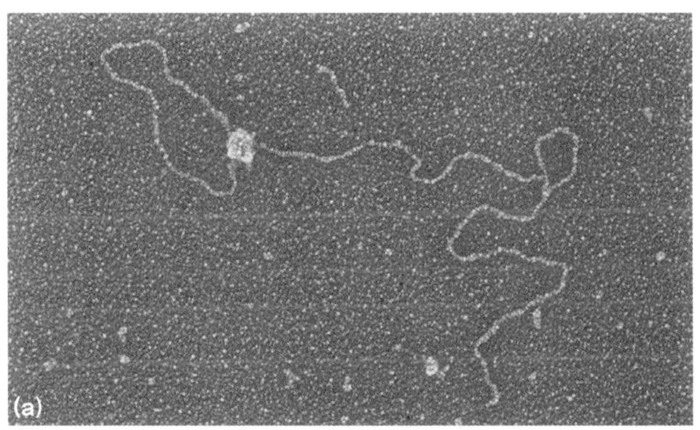

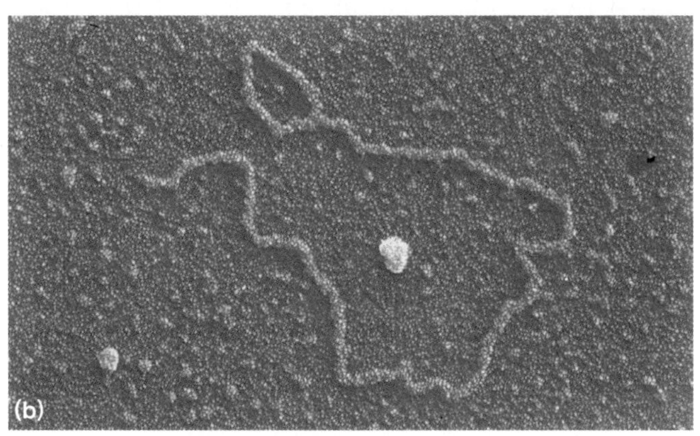

그림 21.26 시험관 내 t-고리 형성. **(a)** 고리의 직접적인 관찰. 그리피스 등은 말단소립과 유사한 구조를 가진 모델 DNA에 TRF2를 혼합한 후, DNA와 단백질을 전자현미경 격자에 올려놓고 텅스텐으로 음영을 주어 전자현미경으로 관찰했다. 이때 선명한 고리가 보였으며, 꼬리와 고리의 교차부위에 TRF2의 덩어리가 관찰된다. **(b)** 교차결합을 통한 고리의 안정화. 그리피스 등은 (a)에서처럼 t-고리를 만들어 이중가닥 DNA를 소랄렌과 자외선으로 교차결합시킨 후, 단백질을 제거하고 교차결합된 DNA를 전자현미경 격자에 올려놓고 백금과 팔라듐으로 음영을 주어 전자현미경으로 관찰하였다. 마찬가지로 선명한 고리가 관찰되었다. 막대는 1kb를 나타낸다. (출처: Griffith, J.D., L. Comeau, S. Rosenfield, R.M Stansel, A. Bianchi, H. Moss, and T. de Lange, Mammalian telomeres end in a large duplex loop. *Cell* 97 (14 May 1999) f. 1, p. 504. Reprinted by permission of Elsevier Science.)

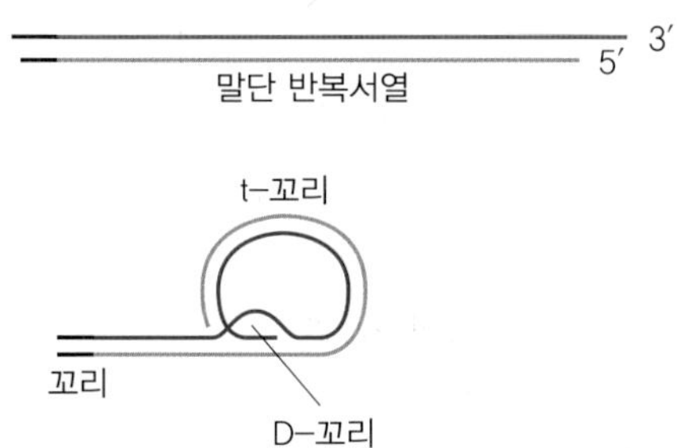

그림 21.27 포유류 t-고리의 모형. G-풍부 가닥의 단일가닥 3′-말단(빨간색)이 상단부의 이중가닥 말단소립 DNA를 침입하여 고리와 꼬리의 교차부위 사이에 75~200nt의 치환고리와 큰 t-고리를 형성한다. 말단소립(빨간색과 파란색)에 인접한 짧은 부말단소립 부위(subtelomeric region)는 검은색으로 표현하였다. (출처: Adapted from Griffith, D., L. Comeau, S. Rosenfield, R.M. Stansel, A. Bianchi, H. Moss, and T. de Lange, Mammalian telomeres end in a large duplex loop. *Cell*, 97:511, 1999).

말단소립이 고리를 형성하는 한 가지 방법은 그림 21.27에서처럼 단일가닥 3′-돌출이 상단부의 말단소립 이중 DNA에 침입하는 것이다. 만일 이 가설이 옳다면 소랄렌(psoralen)이나 자외선으로 처리하여 고리의 구조를 안정화시킬 수 있을 것이다. 왜냐하면 소랄렌이나 자외선은 이중가닥의 DNA에서 상대가닥의 티민끼리 교차결합시키기 때문이다. 침입하는 가닥은 침입당한 DNA의 한 가닥과 염기쌍을 이루므로, 그 결과 형성된 이중가닥 DNA는 교차결합을 통해 안정화될 수 있다. 그림 21.26b는 그리피스, 드란지 등이 수행한 실험 결과를 보여 준다. 이들은 모델 DNA를 소랄렌과 자외선으로 교차결합시킨 후, 단백질을 완전히 제거하여 전자현미경 사진을 찍었다. 그림에서 여전히 고리를 선명하게 볼 수 있는데, 이는 TRF2가 제거된 경우에도 DNA 자체가 교차결합을 통해 t-고리를 안정화시킬 수 있음을 의미한다.

이어 이들은 몇 가지 인간 세포주와 생쥐 세포로부터 자연 상태의 말단소립을 분리하여 소랄렌과 자외선으로 처리한 후 전자현미경으로 관찰했다. 그 결과 그림 21.26b와 동일한 형태의 t-고리가 생체 내에서 합성됨을 증명했다. 나아가 이들이 확인한 t-고리의 길이가 이미 알려진 인간과 생쥐 세포의 말단소립의 길이와 일치하는 것을 보임으로써 실제로 이 고리들이 말단소립이라는 가정을 한층 더 강화했다.

이들이 관찰한 고리가 말단소립을 포함하고 있다는 의견을 더 시험하기 위해 그리피스, 드란지 등은 그들의 고리 DNA(말단소립의 이중가닥 DNA에 특이적으로 결합하는 것으로 이미 알려진)에 TRF1을 첨가하여 관찰했다. 그림 21.28a에서 보듯이 TRF1으로 둘러싸인 고리를 관찰할 수 있었다.

그림 21.27에 그려진 가닥 침입(strand invasion) 가설이 유효

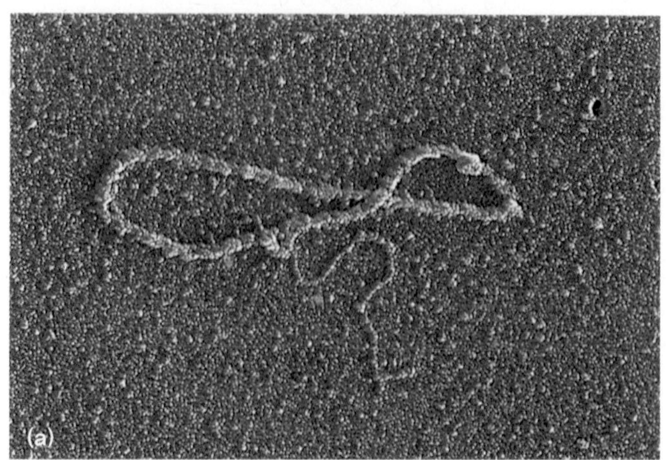

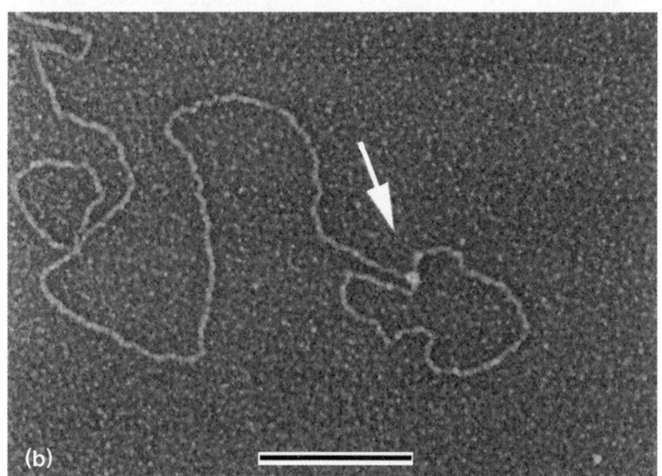

그림 21.28 t-고리에 결합한 TRF1과 SSB. **(a)** TRF1. 그리피스, 드란지 등은 자연 상태의 HeLa 세포의 t-고리를 분리하여 소랄렌과 자외선으로 교차결합시킨 후, 말단소립 DNA의 이중가닥에 특이적으로 결합하는 TRF1을 첨가하였다. 그런 다음 고리를 백금과 팔라듐으로 음영을 주어 전자현미경으로 관찰하였다. t-고리가 균일하게 TRF1으로 뒤덮인 것을 관찰할 수 있다. 그러나 TRF1은 꼬리에 결합하지는 않았다. **(b)** SSB. 이들은 (a)와 동일한 과정을 수행하였으나 TRF1 대신 대장균의 SSB를 사용했다. SSB는 단일가닥 DNA에만 붙는데, 단일가닥의 치환고리가 있을 것으로 예상되는 고리-꼬리 교차부위(화살표)에서 관찰된다. 막대는 1kb를 나타낸다. (출처: Griffith, J.D., L. Comeau, S. Rosenfield, R.M. Stansel, A. Bianchi, H. Moss, and T. de Lange, Mammalian telomeres end in a large duplex loop. *Cell* 97 (14 May 1999) f. 5, p. 510. Reprinted by permission of Elsevier Science.)

하다면, 침입하는(invading) DNA(displacement loop, D loop)에 의해 치환된(displaced) 단일가닥의 DNA는 그 길이가 충분히 길기만 하다면 대장균의 단일가닥-결합단백질(SSB, 20장 참조)과 결합할 수 있을 것이다. 그림 21.28b는 실제로 SSB가 꼬리-고리의 교차부위에서 관찰됨을 보여 준다. 그곳이 바로 가설에 따라 치환된 DNA를 찾을 수 있는 부위와 일치한다.

쉘터린은 t-고리 형성에 매우 중요하다. 특히 TRF2는 가상

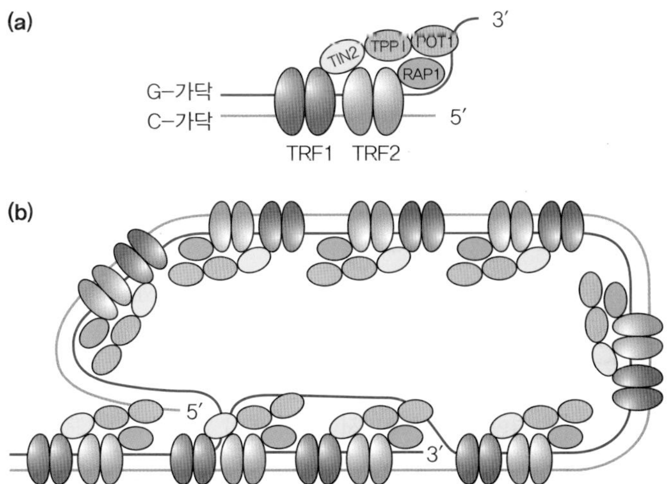

그림 21.29 쉘터린-말단소립 복합체. (a) 쉘터린 단백질과 말단소립 간의 상호 작용. TRF1와 TRF2가 말단소립의 이중가닥 부위에 2량체로 상호 작용하고 있음을 볼 수 있다. 이때 POT1은 단일가닥 부위와 상호 작용한다. 쉘터린 단백질 간의 알려진 상호 작용 또한 나타내고 있다. (b) 쉘터린 복합체와 t-고리와의 상호 작용 모델. 각각의 색은 (a)의 경우와 같다. POT1(노란색)가 D-고리에서 단일가닥 말단소립 DNA의 결합하는 것을 주시하고, TRF1과 TRF2는 t-고리에서 말단소립의 이중가닥 DNA와 결합하고 있음을 주시하라.

DNA에서 t-고리를 형성할 수 있다. 하지만 이런 가상 모델 반응의 강도는 다른 쉘터린 소단위체가 없으면 매우 약하다. 또 다른 말단소립 반복체-결합 단백질인 TRF1은 구부러지고, 고리를 형성하고, 말단소립 반복쌍을 만드는 데 매우 도움이 된다. 이런 반응이 ATP 없이도 시험관 내에서 일어난다는 것은 매우 특이하다. 쉘터린 단백질에 대한 지식을 바탕으로, 드란지는 그림 21.29에 나타낸 t-고리 형성 모델을 제시하였다. 그림 21.29a는 고리화가 안된 말단소립에 결합한 쉘터린 복합체의 구성성분을 보여 주고 있다. 그림 21.29b는 쉘터린과 t-고리 간의 상호 작용 모델을 보여 준다.

그림 21.29b는 또한 POT1이 단일사슬 말단소립-결합 단백질이라는 역설에 대한 설명을 하고 있으며, 아직은 단일사슬 말단소립 DNA가 t-고리 내에 감춰져 있다. 하지만 t-고리의 형성이 D-고리를 만들게 됨을 보여 주고 있으며, 노출된 단일사슬 부위가 강력한 POT1 결합부위임을 보여 주고 있다. 여기에는 모든 포유동물 말단소립이 t-고리를 형성하지는 않는다는 가능성을 보여 주고 있다. 고리가 아닌 형태로 남아있는 어떠한 말단소립도 POT1의 결합부위가 될 것이다.

쉘터린이 말단소립 구조에 영향을 주는 두 번째 방법은 말단소립 끝의 구조를 결정함으로써 이루어진다. 이는 두 가지 방법으로 수행되는데, 3′-말단의 신장을 촉진하고, 5′-말단과 3′-말단이 부서지지 않도록 보호하는 것이 그것이다. 마지막으로, 말단소립 구조에 대한 쉘터린의 세 번째 효과는 말단소립의 길이를 유지하는 것이다. 말단소립이 너무 길게되면 쉘터린은 말단소립의 활성을 저해하여 말단소립의 성장을 제한한다. POT1이 이과정에서 중요한 역할을 한다. 즉, POT1의 활동이 사라지면 포유동물 말단소립이 비정상적인 길이로 성장하게 된다.

3) 하등 진핵세포에서의 말단소립 구조와 말단소립-결합 단백질

효도 또한 말단소립-결합 단백질을 가지고 있지만, 이들은 t-고리를 형성하지 못한다. 그렇기 때문에 단백질들은 그 자체로 말단소립 끝을 보호해야 한다. 이는 D-고리 안에 단일사슬 말단을 감출 수 있는 이점이 없다는 것이다. 분열효모인 *Schizosaccharomyces pombe*는 포유동물의 쉘터린 단백질과 유사한 말단소립-결합 단백질을 가지고 있다. Taz1이라 불리는 단백질이 포유동물의 TRF의 역할인 이중사슬 말단소립 결합의 역할을 하는데, Rap1과 Poz1과 결합하는 것을 비롯해서 Tpz1-Pot1 2량체와도 결합한다. 이는 포유동물의 경우 Tpp1-POT1 2량체와 유사한데, 구조뿐만 아니라 단일사슬 말단소립 DNA에 결합하는 능력까지 닮았다. 이들 단백질은 직선형태 말단소립에 결합할 수 있으며, 이중사슬 말단소립에 결합한 단백질과 단일사슬 꼬리에 결합한 단백질 간의 단백질-단백질 상호 작용을 통해 180° 정도로 말단소립을 구부린다. 이런 구부림은 하지만 t-고리를 형성하지는 못한다.

출아 효모인 *Saccharomyces cerevisiae*는 말단소립-결합 단백질을 가지고 있으나, 포유동물 쉘터린 단백질과의 진화학적 연관관계는 Rap1이라는 하나의 단백질에 한정된다. 포유동물의 RP1 단백질과 같지는 않지만 효모의 Rap1 단백질은 포유동물의 TRF 단백질처럼 이중사슬 DNA에 직접 결합한다. RAP1은 두 가지 파트너가 있는데, Rif1과 Rif2가 그들이다. 또한 두 번째 단백질복합체가 있는데, 이는 Cdc13, S수1, Ten1으로 구성되어 있으며, 단일사슬 말단소립 꼬리에 결합한다.

말단소립-결합 단백질들은 섬모류 원생동물인 *Oxytricha*에서 처음 발견되었다. 이 생물에는 TEBPα와 TEBPβ 두 가지 단백질이 있는데, 포유동물의 POT1과 TPP1과 진화학적으로 연관되어 있다. 이들은 말단소립의 단일사슬 3′-말단에 결합하여 분해를 막아 준다. 말단소립의 끝은 감싸줌으로써 말단소립이 부서진 염색체처럼 보이는 것을 막아 준다.

(1) Pot1의 말단소립 보호역할

*S. pombe*의 Pot1은 말단소립의 성장을 제한하는 대신 포유동물의 POT1처럼 유지에 중요한 역할을 하고 있다. Pot1이 없으면 말단소립이 사라지게 된다.

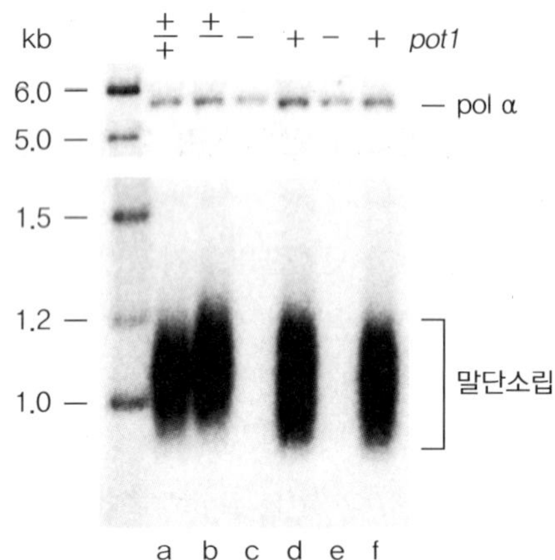

그림 21.30 *pot1*에 결함이 있는 분열효모는 말단소립을 소실한다. 바우만과 코치는 그림 위에 나타낸 대로 *S. pombe*의 *pot1*⁻와 *pot1*⁺의 동형 이배체 및 이형 이배체와 각각의 반수체를 만들었으며, 이 세포주에서 DNA를 추출하여 *Eco*RI으로 절단한 다음 전기영동 후 말단소립 특이 탐침으로 서던블롯팅을 시행하였다. 일정한 결과임을 보여 주기 위해 대조군으로 DNA 중합효소 α를 사용하였다. (출처: From Baumann and Cech, *Science* 292: p. 1172. © 2001 by the AAAS.)

2001년, 페터 바우만(Peter Baumann)과 토마스 체크(Thomas Cech)는 분열효모인 *S. pombe*에서 말단소립 단일가닥 부위에 결합하는 단백질을 발견하였다고 보고하였다. 그들은 그 유전자를 *pot1*(protection of telemeres)이라 명명하였으며, 그 산물 단백질이 현재 Pot1이다.

*pot1*이 말단소립을 보호하는 역할을 하는 단백질을 만드는지 확인하기 위하여 바우민과 체크는 $pot1^+/pot1^-$ 이배체를 만들어 포자를 형성하였다. $pot1^-$ 포자는 $pot1^+$에 비해 아주 작은 콜로니를 형성하였다. 그리고 $pot1^-$ 세포는 길어지는 경향을 보이면서 염색체 분리에 결함을 보여 주면서 세포분열이 멈추었다. 이 모는 현상은 말단소립 기능과 일치하는 것이었다.

말단소립에 미치는 *pot1* 유전자의 효과를 직접 확인하기 위하여 바우만과 체크는 $pot1^-$ 세포에서 DNA를 얻어 말단소립 특이 탐침자를 사용하여 서던블롯팅을 수행함으로써 $pot1^-$ 세포에 말단소립이 존재하는지를 조사하였다. 그림 21.30이 그 결과를 보여 주고 있다. $pot1^+$ 세포주 및 최소한 하나의 $pot1^+$ 대립유전자를 가진 이배체에서 분리한 DNA는 강하게 말단소립 탐침자와 강하게 반응하는데, 이는 말단소립이 존재하고 있음을 의미한다. 하지만 $pot1^-$ 세포주에서 분리한 DNA는 탐침자와 반응하지 못하는 것으로 보아 이 세포에는 말단소립이 사라졌음을 의미한다. 따라서 *pot1* 유전자 산물인 Pot1p(또는 Pot1)이 진정으로 말단소립을

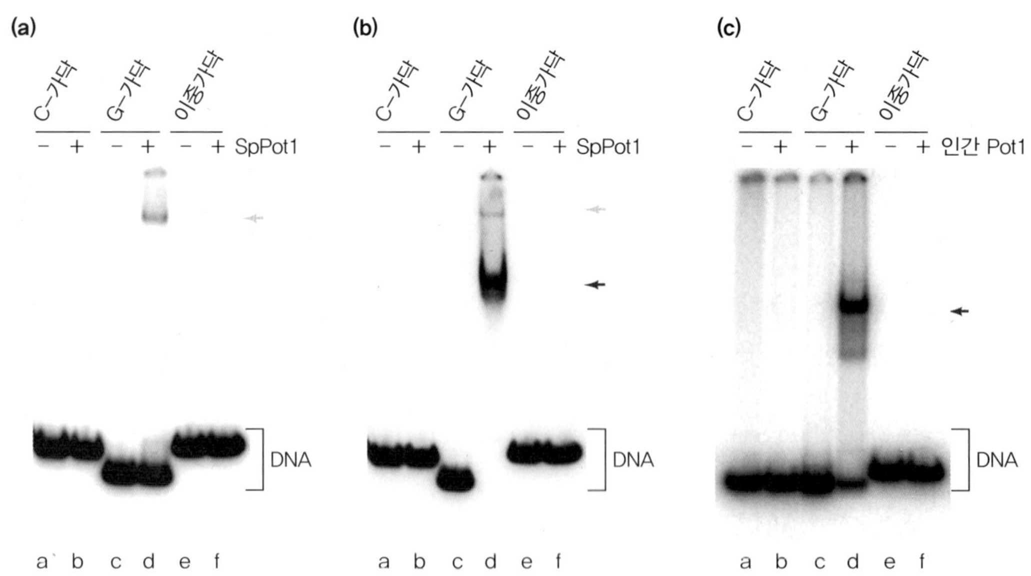

그림 21.31 말단소립 DNA와 Pot1p의 결합. 바우만과 코치는 표지시킨 *S. pombe*의 말단소립 DNA와 S. *pombe* Pot1p(**a**와 **b**), 인간의 hPot1p와 표지시킨 인간의 말단소립 DNA(c)를 가지고 겔 이동 변화 분석을 수행하였다. 말단소립 DNA는 C-풍부, G-풍부 또는 이중 DNA 등을 사용하였다. **(a)**는 전체 길이의 Pot1p를 가진 경우이고, **(b)**는 약간의 온전한 Pot1p가 섞인 N-말단 대부분을 가진 Pot1p의 조각을 사용한 경우이다. **(c)**는 hPot1p의 N-말단을 가진 경우이다. 화살표는 전체 길이의 Pot1p를 가지고 이동한 밴드를 표시하거나(노란색 화살표), N-말단의 Pot1p 또는 hPot1p의 경우를 보여 준다(파란색 화살표) (출처: From Baumann and Cech, *Science* 292: p. 1172. © 2001 by the AAAS.)

보호하고 있다고 보는 것이다.

만일 Pot1이 진정으로 말단소립을 보호한다면 말단소립에 결합할 수 있다고 기대할 수 있다. 이 가정을 확인하기 위하여 바우만과 체크는 대장균 벡터에 *pot1* 유전자를 클로닝하여 6개의 히스티딘 표지(4장 참조)를 가진 융합단백질을 발현시켰다. 분리한 융합단백질을 이용하여 겔 이동성 변화 분석(5장 참조)을 수행하여 이 단백질이 말단소립의 C-풍부 또는 G-풍부 가닥 및 이중가닥의 말단소립 DNA와 결합하는지를 확인하였다. 그림 21.31a는 Pot1p 단백질이 G-풍부 가닥과는 결합하지만, C-풍부 가닥 및 이중가닥의 DNA와는 결합하지 않음을 보여 주고 있다. 게다가 Pot1p 단백질의 N-말단은 말단소립의 G-풍부 가닥에 훨씬 잘 붙는 것을 보여 준다(그림 21.31b).

pot1⁻ 세포주의 표현형은 처음에는 매우 이상할지라도 75세대가 지나면 정상으로 돌아온다는 것은 매우 흥미롭다. 말단소립중합효소가 결여된 세포주에서도 같은 효과가 관찰되어 왔다. 이런 현상은 말단소립이 없는 효모 염색체가 원형화를 통해 말단을 보호해줄 수 있다면 설명이 가능하다. 이런 가정을 확인하기 위해 바우만과 체크는 *pot1⁻* 세포주에서 뽑은 DNA를 *Not*I(4장 참조)으로 절단한 후, DNA 절편을 펄스장 전기영동을 수행하였다. 만일 염색체가 진정으로 환형이 된다면 염색체 끝에 있는 *Not*I 절편은 사라져야 하고 융합된 말단 절편으로 구성된 새로운 절편이 나타나야 한다. 그림 21.32는 염색체 I과 II의 두 가지 염색체에서 일어나는 것을 보여 주고 있다. 염색체 I의 끝의 2개의 절편(I와 L)은 사라지고, *pot1⁺* 에서는 보이지 않는 새로운 밴드(I+L)가 나타나고 있다. 이와 비슷하게 염색체 II의 끝에서 보이는 2개의 절편(C와 M)은 사라지고, 새로운 밴드(C+M)가 나타난다. 따라서 *pot1⁻* 세포주의 염색체들은 말단소립이 소실되면 환형으로 변한다는 것이다.

(2) 부적절한 수리의 억제 및 세포주기 중단 과정에서의 쉘터린의 역할

이제까지 말단소립이 세포가 염색체 말단을 염색체 절단부위로 인식하여 세포 또는 개체의 생명에 위협을 야기시킬 수 있는 두 가지 과정이 일어나지 않도록 막아 주는 것을 보았다. 이러한 과정에는 **HDR**(homology-directed repair)와 NHEJ(nonhomologous end-joining, 20장 참조)이 있다. HDR은 다른 염색체에 있는 말단소립 간, 또는 다른 염색체와 말단소립 간의 상동성 재조합을 촉진하여 말단소립의 길이가 짧아지거나 길어지게 할 수 있다. 짧아지게 하는 것은 매우 위험한데, 그 이유는 전체 말단소립이 사라질 수 있기 때문이다. NHEJ는 염색체 융합을 일으켜, 세포분열 시 염색체의 분리가 적절치 못해 세포가 죽을 수 있다. 만일 세포가 죽지 않으면 개체에게는 더 않좋은 결과가 나타날 수 있는데, 그 이유는 암세포로 발전할 수 있기 때문이다.

HR과 NHEJ 이외에도 절단된 염색체는 손상이 회복될 때까지 세포주기가 멈추는 점검지점을 활성화시킨다. 만일 회복이 일어나지 않으면, 세포는 돌아오지 않는 노쇠단계로 들어가 결국은 죽게 되거나 **세포사멸**(apoptosis) 또는 예정된 세포죽음이라 부르는 과정으로 들어가 급작스럽게 죽게 된다. 만일 정상 염색체의 말단이 이러한 현상을 유발시킨다면 세포는 성장할 수도 없고 생물체는 죽고 말 것이다. 이는 말단소립이 정상 염색체의 정상 말단이 절단부위로 인식되지 않도록 막아 주어야 하는 또 다른 이유인 것이다.

염색체 절단은 그 자체로는 세포주기를 멈추게 하지 않는다. 대

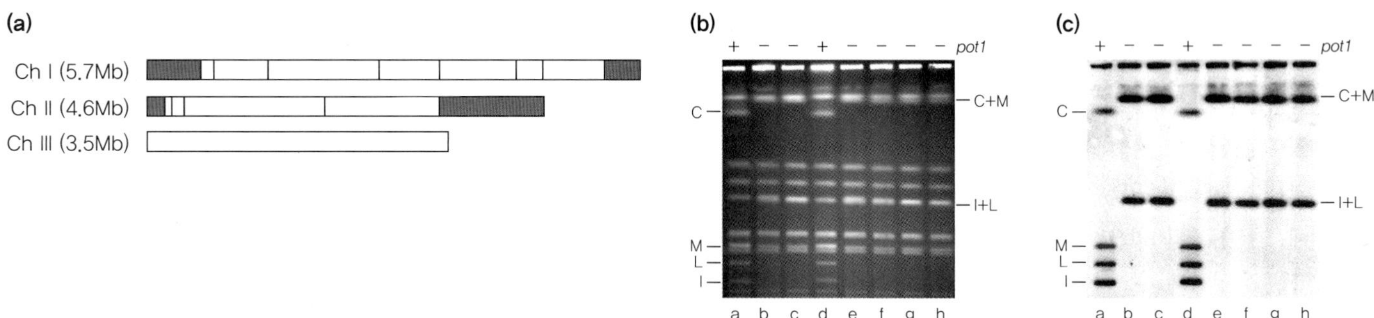

그림 21.32 생존한 *Pot1⁻* 세포주는 원형의 염색체를 가지고 있다. (a) *Not*I 제한효소 위치를 보여 주는 *S. pombe* 세 가지 염색체 지도(수직선으로 표시). 염색체 I과 II상의 *Not*I 절편의 끝을 빨간색으로 표시하였다. 염색체 III는 *Not*I으로 절단되지 않는다. (b) *pot1⁺*와 *pot1⁻* 세포에서 얻은 *Not*I 절편의 펄스 자기장 전기영동사진. 염색체 I과 II의 말단 절편(C, M, L, I)의 위치를 왼쪽에 표시하였고, 융합된 C+M과 I+L 절편은 오른쪽에 표시하였다. (c) 바우만과 체크는 (b)에서 얻은 겔을 서던블롯팅을 하였는데, 탐침자로는 염색체 I과 II의 끝을 표시하는 C, M, L, I를 표지시켜 사용하였다. (출처: From Baumann and Cech. *Science* 292: p. 1172. © 2001 by the AAAS.)

신 두 가지 단백질 인산화효소(이들은 자기 자신을 인산화한다)에 의해 인식되는데, 신호전달체계를 활성화시켜 세포주기를 범추게 한다. 이 중 하나는 **ATM 인산화효소**(ataxia telangiectasia mutated kinase)라고 하는 것으로, 노출된 DNA 말단에 직접 반응한다. Ataxis telangiectasia는 ATM kinase 유전자에 돌연변이가 생김으로서 유발되는 유전질환이다. 이것은 공막(눈의 흰자위)에 있는 중요한 혈관의 부조화로 인해 나타나고, 다른 증상 중에서도 암에 가장 민감성을 가진다.

염색체 절단을 인식하는 두 번째 인산화효소는 **ATR 인산화효소**(ataxia telangiectasia and Rad3 연관 인산화효소)인데, 염색체 절단부위의 한쪽 DNA 가닥이 핵산분해효소에 의해 분해되기 시작할 때 나타나는 단일가닥 DNA 말단에 반응한다. 포유동물의 말단소립은 ATM 인산화효소를 활성화시킬 수 있는 DNA 말단과 ATR 인산화효소를 활성화시킬 수 있는 단일가닥 DNA 말단을 가지고 있어서, 이 두 가지 효소 모두가 말단소립에 존재해야 한다. 어떻게 이를 수행할까?

정상 염색체 말단에서 ATM과 ATR 인산화효소를 억제하는 것은 쉘터린의 역할이다. 쉘터린의 한 요소인 TRF2는 ATM 인산화효소 경로를 억제한다. TRF2 활성이 사라지면 ATM 인산화효소의 활성이 부적적하게 일어난다. 이로 인해 세포주기가 멈추게 된다. 또 다른 쉘터린 요소인 POT1은 ATR 인산화효소 경로를 억제시킨다. POT1이 불활성화되면 ATM 경로는 억제된 상태이지만 ATR 경로가 활성화된다.

t-고리의 형성을 가지고 ATM 경로 억제를 설명할 수 있는데, t-고리가 DNA 말단을 감추고 있기 때문이다. 하지만 t-고리는 단일가닥 DNA에 직접 결합하는 복제단백질 A(RPA)에 의해 유발되는 ATR 경로의 억제를 설명하지는 못한다. POT1은 RPA가 이 단일가닥 DNA에 결합하는 것을 막아 주는 것으로 본다. POT1은 RPA보다 유리한 점이 있다.

쉘터린 또한 말단소립을 위협하는 두 가지 DNA 회복과정인 NHEJ와 HDR을 막고 있다. TRF2는 G_1 시기 동안 말단소립에서 NHEJ를 억제하고 있는 반면, POT1과 TRF2은 G_2 시기의 말단소립에서 NHEJ을 억제한다. POT1과 TRF2는 또한 말단소립에서 HDR을 억제하고 있다. Ku(20장 참조) 또한 말단소립에서 HDR을 억제할 수 있다. 이는 아주 흥미 있는 사실인데, Ku의 다른 역할이 염색체가 절단되었을 때 NHEJ를 촉진시키는 역할이기 때문이다.

요약

대장균에서 프라이머의 합성은 DnaB와 프라이메이즈인 DnaG 등으로 이루어진 프리모솜을 필요로 한다. DNA 복제개시점인 *oriC*에서의 프리모솜의 조립은 다음과 같이 일어난다. DnaA가 *dnaA* 상자라고 불리는 *oriC*의 위치에 결합한 후, RNA 중합효소, HU 단백질과 함께 dnaA 상자의 가장 왼쪽 부분의 바로 옆부분의 DNA 이중가닥을 풀어낸다. 그러면 DnaB가 개방 복합체에 결합하여 프라이메이즈의 결합을 유도함으로써 프리모솜을 완성하게 된다. 프리모솜은 레플리솜과 함께 남아 지연가닥에서 오카자키 절편의 합성을 위한 계속적으로 프라이머를 합성한다. DnaB 또한 레플리솜이 진행함에 따라 DNA를 풀어주는 헬리케이즈 활성을 지닌다.

SV40의 복제기점은 바이러스의 전사조절 부위와 인접해 있다. 복제개시는 바이러스의 T 대항원에 의존하는데, 이 T 항원은 64bp의 최소 *ori* 지역에 결합하는 것으로 두 군데의 인접부위에서 최소 *ori* 지역 안에 부푼 공간을 형성시키는 헬리케이즈 활성을 보인다. 개시는 DNA 중합효소 α와 상호결합하는 프라이메이즈에 의해 수행된다.

효모의 복제기점은 4개의 중요한 지역(A, B1, B2, B3)으로 구성된 자가복제서열(ARS) 안에 들어있다. A지역은 15bp 길이이며 ARS 간에 잘 보존된 11bp의 염기서열을 가지고 있다. B3 지역은 ARS1 내에서 DNA 꺾임을 담당하는 것 같다.

pol III 완전효소는 세포 내에서 관찰되는 약 1,000nt/sec의 속도보다는 약간 느린 730nt/sec의 속도로 시험관 내에서 DNA를 합성한다. 이 효소는 시험관 내와 세포 내 모두에서 높은 활성을 보인다.

pol III의 핵심 복합체(αε 또는 αεθ)는 그 자체로는 진행성이 없다. 그래서 주형에서 떨어지기 전에 단지 작은 DNA만을 복제할 수 있다. 그러나 핵심 복합체에 β 소단위체가 같이 있으면 초당 1,000nt에 근접하는 속도로 DNA를 활발하게 복제할 수 있다. β 소단위체는 고리 모양의 2량체를 형성한다. 이 고리 모양은 DNA를 감싸 중합효소 전부와 주형을 함께 묶기 위해 핵심 복합체의 α 소단위체와 상호 작용한다. 이것이 완전효소가 주형과 그렇게 오랫동안 머무르면서 진행성을 갖게 하는 까닭이다. 진핵세포의 진행 요소인 PCNA는 DNA를 감싸 DNA 중합효소를 주형에 붙들어 둘 수 있는 비슷한 링 구조를 가진 3량체를 형성한다.

β 소단위체는 복합체에 붙기 위해서 γ 복합체(γ, δ, δ′, χ, ψ)의 도움을 필요로 한다. γ 복합체는 진행성을 가진 αεβ 복합체를 형성하는 데 촉매 역할을 한다. 그래서 복제가 진행되는 동안에는 복합체와 결합한 상태로 존재하지 않는다. 집게의 장전은 ATP에 의존해서 진행된다.

pol III 완전효소는 머리가 2개인데, 2개의 핵심 중합효소가 2개의 τ 소단위체를 통해 γ 복합체와 붙어 있다. 핵심 복합체 하나는 선도가닥의 연속적인 합성에 관여하며, 다른 하나는 지연가닥의 불연속적인 합성을 수행한다. γ 복합체는 β 집게를 결합시키는 집게 장전기의 역할을 담당한다. β 집게는 일단 장전되면 γ 복합체에 대한 친화력을 상실하고, 오카자키 절편의 계속적인 합성을 돕기 위해 핵심 중합효소와 결합한다. 일단 절편이 완성되면 β 집게는 핵심 중합효소에 대한 친화력을 상실하고 다시 γ 복합체와 결합하는데, γ 복합체는 집게를 DNA에서 분리시키는 집게 분리자의 역할을 한다. 그런 후 다음의 프라이머로 이동하여 이 과정을 반복한다.

복제의 마지막 단계에서 원형 박테리아 염색체는 두 딸세포 분리를 위해 탈고리가 일어나야만 하는 고리체를 형성한다. 대장균 등에서는 위성 이성질화효소 IV가 이러한 탈고리화를 수행한다. 선형의 진핵세포 염색체도 DNA 복제 과정 동안 고리체의 분리가 필요하다.

진핵세포 염색체는 끝부분에 말단소립으로 알려진 특별한 구조를 가지고 있다. 말단소립의 한 가닥은 G가 많고 짧은 반복된 서열이 줄지어 존재하는데, 이 염기서열은 종에 따라 다양하다. G-풍부 말단소립은 말단소립중합효소에 의해 생성된다. 이 효소는 말단소립 합성 시 주형으로 작용하는 짧은 RNA를 포함하고 있다. G-풍부 말단소립 가닥은 정상적인 RNA 프라이머에 의해 합성되는데, 이는 DNA 복제 시의 지연가닥과 유사하다. 이러한 과정은 염색체 말단을 다시 만들어 매 복제 시 염색체가 짧아지는 것을 방지한다.

포유동물의 경우, 말단소립은 쉘터린으로 알려진 6가지 단백질에 의해 보호되고 있다. 쉘터린 단백질 중 2가지는 TRF1과 TRF2로서 말단소립에 있는 이중가닥의 반복서열에 결합한다. 세 번째인 POT1은 말단소립 3′-말단 단일가닥에 결합한다. 4번째인 TIN2 단백질은 TRF1과 TRF2 간의 상호 작용을 촉진시키고, POT1을 TPP를 통해 TRF2에 묶어 놓음으로써 쉘터린을 구성시킨다. 쉘터린은 세 가지 방법으로 말단소립 구조에 영향을 미치고 있는데, 첫 번째 쉘터린은 말단소립을 재조립하여 t-고리로 만드는데, t-고리는 단일가닥 3′-꼬리가 이중가닥 말단소립 DNA 안으로 들어가 D-고리를 형성하는 장소이다. 이러한 방법에 의해 3′-꼬리가 보호된다. 둘째는, 말단소립 끝부분의 구조를 결정하는데, 3′-말단부위의 신장을 촉진시키고, 3′-말단과 5′-말단소립 끝 부위가 부서지지 않도록 보호하는 구조이다. 세 번째는 말단소립의 길이를 허용오차 내로 유지하는 것이다.

효모와 섬모류 원생동물은 t-고리를 형성하지 않지만, 이들의 말단소립도 보호 역할을 하는 단백질에 연결되어 있다. 분열효모는 쉘터린-유사 말단소립 결합단백질들을 가지고 있다. 하지만 출아효모는 말단소립의 이중가닥 부위에 결합하는 단 하나의 쉘터린 유사 단백질인 Rap1과 두 가지의 Rap1-결합단백질 및 말단소립의 단일가닥 3′-말단부위를 보호하는 세 가지의 단백질을 가지고 있다. 섬모류 원생동물인 *Oxytricha*는 말단소립의 단일가닥 3′-말단부위에 결합하는 2개의 말단소립-결합단백질을 가지고 있다.

보호받지 못하는 염색체의 끝은 절단된 염색체처럼 보여, HDR과 NHEJ의 두 가지 위험한 DNA 회복 활성을 야기시킨다. 이들은 두 가지 위험한 경로인 ATM 인산화효소와 ATR 인산화효소 경로를 자극하여 세포주기를 멈추게 한다. 쉘터린의 두 소단위체인 TRF2와 POT1은 HDR과 NHEJ를 저해한다. 이 두 가지 쉘터린 소단위체는 또한 세포주기 정체 경로를 억제한다. TRF2는 ATM 인산화효소 경로를 억제하고, POT1은 ATR 인산화효소 경로를 억제한다.

복습 문제

1. 복제기점의 위치와 최소 길이를 확인하는 방법을 설명하라.

2. 대장균의 프리모솜 구성요소를 열거하고 프라이머 합성 시 이들의 역할을 설명하라.

3. SV40의 복제기점의 위치를 결정하는 방법에 대해 설명하라.

4. 효모의 자가복제서열(ARS1)을 확인하는 방법에 대해 설명하라.

5. 효모에서 DNA 복제가 ARS1에서 시작된다는 것을 보여 주는 방법에 대해 설명하라.

6. 시험관 내에서 DNA 가닥의 신장률을 보여 주는 실험을 기술하고 그 결과를 제시하라.

7. 시험관 내에서 DNA 합성의 진행성을 확인하는 과정을 설명하라.

8. pol III 완전효소의 어떤 소단위체가 진행성을 제공하는가? 어느 단백질이 이 소단위체(집게)를 DNA에 결합시키는가? 이 집게는 핵심 소단위체의 어느 부분에 결합하는지 설명하라.

9. 원형 및 선형 DNA에서 β 집게가 다른 행동을 보여 주는 실험에 대해 기술하라. 이런 행동이 집게와 DNA 사이의 어떤 상호 작용이 있다는 의미인가?

10. X-선 회절분석 연구는 β 집게와 DNA 사이에 어떤 상호 작용이 있음을 보여 주었는가?

11. X-선 회절분석 연구는 PCNA와 DNA 사이에 어떤 상호 작용이 있음을 보여 주었는가?

12. 집게 장전기가 촉매의 역할을 하고 있다는 실험을 설명하라. 집게 분리자를 구성하는 것은 무엇인가?

13. 집게 장전기가 DNA를 받아들이기 위해 β 집게를 여는데 어떻게 ATP 에너지를 사용하는지를 설명하는 가설에 대해 설명하라.

14. 불연속적으로 합성되는 지연가닥은 어떻게 연속적으로 합성되는 선도가닥과 보조를 맞추어 진행되는가?

15. pol III*가 β 집게로부터 분리될 수 있는 것을 보여 주는 실험을 설명하라.

16. 단백질 풋프린팅 실험 방법에 대해 설명하라. pol III 핵심부위와 집게 장전기가 β 집게의 같은 부위와 상호 작용하고 있는 것을 이 실험 방법이 어떻게 증명하였는지 설명하라.

17. γ 복합체가 집게를 분리시키는 활성을 가진다는 실험을 설명하라.

18. 불연속적 DNA 합성 시 pol III 핵심과 집게 분리자에 β 집게가 어떻게

교대로 결합하는지 설명하라.

19. 원형 DNA 복제 후에 고리 분리가 왜 필요한지 설명하라.

20. 살모넬라균과 대장균에서 플라스미드의 고리 분리에 위상이성질화효소 IV가 필요하다는 실험을 설명하라.

21. 진핵세포는 말단소립을 필요로 하는 데 반해 원핵세포는 왜 필요로 하지 않는가?

22. 말단소립 합성 과정을 도식화하라.

23. 말단소립중합효소를 연구함에 있어 테트라하이메나는 왜 좋은 선택인가?

24. 말단소립중합효소 활성을 분석하는 방법을 기술하라.

25. 말단소립중합효소가 말단소립 합성에 주형으로 사용되고 있음을 보여 주는 실험을 설명하라.

26. 말단소립의 구조를 t-고리 모델로 도식화하라.

27. 어떤 증거가 t-고리의 존재를 뒷받침하는가?

28. t-고리 형성의 가닥 침입 가설을 뒷받침하는 증거는 무엇인가?

29. 각 소단위체를 사용하여 포유동물 쉘터린의 구조 모델을 제시하고, t-고리 형성에 어떻게 관여하는지를 제시하라.

30. 포유동물 쉘터린은 HDR과 NHEJ로부터 염색체 말단을 어떻게 보호하는가, 그리고 세포주기 멈춤이 일어나는 두 가지 경로를 어떻게 차단하는가? 그리고 이 두 가지 경로를 차단하는 것이 실패하면 어떤 결과가 초래되는가?

분석 문제

1. 인간 *hpot1* 유전자의 염기서열(또는 hPot1의 아미노산서열)로부터 유전체 염기서열이 확인된, 예를 들어 *C. elegans* 같은 다른 생물체의 유사유전자(또는 단백질) 연구를 어떻게 하는지 기술하라. 이때 단백질을 얻는 방법과 Pot1의 활성을 테스트하는 방법을 같이 기술하라.

2. 새로 발견된 원생동물의 pot1 유전자를 연구하고 있다고 하자. 결함이 있는 pot1 유전자를 가진 세포가 50세대 후에 정상으로 돌아간 것을 알게 되었다. 정상 세포의 경우 아래와 같은 *Zap*I에 대한 제한효소 지도를 지닌 단지 2개의 염색체만을 가지고 있다고 한다.

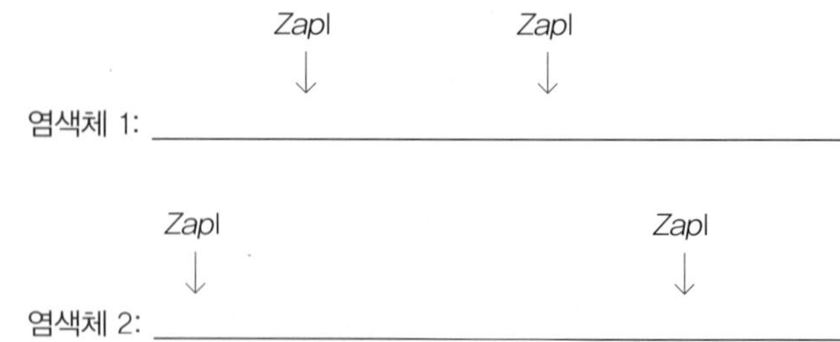

돌연변이세포가 어떻게 정상으로 돌아갔는지에 대한 가정을 세워 보고, 이를 테스트할 수 있는 실험을 제안하라. 만일 가정이 맞을면 이때 얻게 될 결과도 나타내라.

3. 130kb의 이중나선 DNA를 유전체로 가진 진핵세포 바이러스를 연구하고 있다고 하자. 복제기점이 하나 이상 있는지 궁금하다. 이를 확인하고 모든 복제기점을 찾을 수 있는 실험을 제시하라.

4. 새로운 박테리아의 DNA 복제를 연구하고 있다고 하자. 이 생물체가 β 집게 외 pol III*를 가지고 있음을 발견하였고, 대장균에서의 그들과 매우 유사함을 알게 되었다. 이 β 집게와 pol III*가 가상 주형에서 종결 후에 분리되는지를 알고 싶다. 이 질문에 답을 줄 수 있는 실험을 구상하라.

5. 호열성균인 *Rapidus royi*의 DNA 복제 시 신장 속도를 조사한다고 하자. 시험관 내에서 신장된 DNA에 대한 전기영동 결과가 있다(오른쪽 도표). 신장 속도는 얼마인가? 새로운 세계 기록으로 볼 수 있는가?

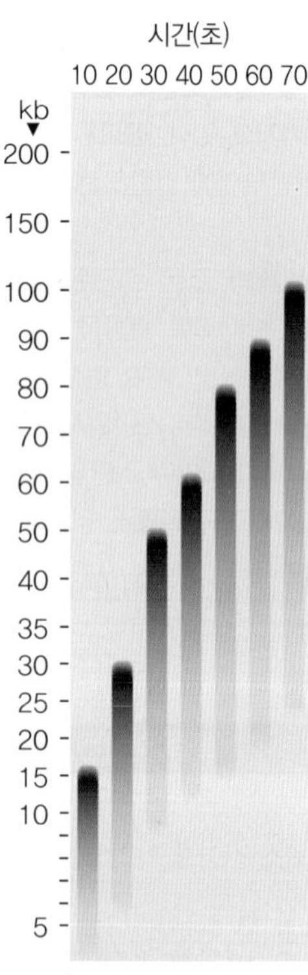

6. 진핵세포에서 만들어질 수 있다고 가정한다면, RNA가 아닌 DNA로 구성된 프라이머의 장점과 단점은 무엇인가? 이러한 프라이머는 말단소립을 필요로 하지 않는가?

추천 문헌

General References and Reviews

Baker, T.A. 1995. Replication arrest. *Cell* 80:521–24.

Blackburn, E.H. 1990. Telomeres: Structure and synthesis. *Journal of Biological Chemistry* 265:5919–21.

Blackburn, E.H. 1994. Telomeres: No end in sight. *Cell* 77:621–23.

Cech, T. R. 2004. Beginning to understand the end of the chromosome. *Cell* 116:273–79.

de Lange, T. 2001. Telomere capping—one strand fits all. *Science* 292:1075–76.

de Lange, T. 2005. Shelterin, the protein complex that shapes and safeguards human telomeres. *Genes and Development* 19:2100–10

de Lange, T. 2009. How telomeres solve the end-protection problem. *Science* 326:948–52.

Ellison, V. and B. Stillman. 2001. Opening of the clamp: An intimate view of an ATP-driven biological machine. *Cell* 106:655–60.

Greider, C.W. 1999. Telomeres do D-loop-T-loop. *Cell* 97:419–22.

Herendeen, D.R. and T.J. Kelly. 1996. DNA polymerase III: Running rings around the fork. *Cell* 84:5–8.

Kornberg, A. and T.A. Baker. 1992. DNA *Replication*, 2nd ed. New York: W.H. Freeman.

Marx, J. 1994. DNA repair comes into its own. *Science* 266:728–30.

Marx, J. 1995. How DNA replication originates. *Science* 270:1585–86.

Marx, J. 2002. Chromosome end game draws a crowd. *Science* 295:2348–51.

Newlon, C.S. 1993. Two jobs for the origin replication complex. *Science* 262:1830–31.

Stillman, B. 1994. Smart machines at the DNA replication fork. *Cell* 78:725–28.

Wang, J.C. 1991. DNA topoisomerases: Why so many? *Journal of Biological Chemistry* 266:6659–62.

West, S.C. 1996. DNA helicases: New breeds of translocating motors and molecular pumps. *Cell* 86:177–80.

Zakian, V.A. 1995. Telomeres: Beginning to understand the end. *Science* 270:1601–6.

Research Articles

Arai, K. and A. Kornberg. 1979. A general priming system employing only dnaB protein and primase for DNA replication. *Proceedings of the National Academy of Sciences USA* 76:4309–13.

Arai, K., R. Low, J. Kobori, J. Shlomai, and A. Kornberg. 1981. Mechanism of dnaB protein action V. Association of dnaB protein, protein n′, and other prepriming proteins in the primosome of DNA replication. *Journal of Biological Chemistry* 256:5273–80.

Baumann, P. and T. Cech. 2001. Pot 1, the putative telomere end-binding protein in fission yeast and humans. *Science* 292:1171–75.

Blackburn, E.H. 1990. Functional evidence for an RNA template in telomerase. *Science* 247:546–52.

Blackburn, E.H. 2001. Switching and signaling at the telomere. *Cell* 106:661–73.

BouchIJ, J.-P., L. Rowen, and A. Kornberg. 1978. The RNA primer synthesized by primase to initiate phage G4 DNA replication. *Journal of Biological Chemistry* 253:765–69.

Brewer, B.J. and W.L. Fangman. 1987. The localization of replication origins on ARS plasmids in S. cerevisiae. *Cell* 51:463–71.

Georgescu, R.R., S.-S. Kim, O. Yuryieva, J. Kuriyan, X.-P. Kong, and M. O'Donnell. 2008. Structure of a sliding clamp on DNA. *Cell* 132:43–54.

Greider, C.W. and E.H. Blackburn. 1985. Identification of a specific telomere terminal transferase activity in Tetrahymena extracts. *Cell* 43:405–13.

Greider, C.W. and E.H. Blackburn. 1989. A telomeric sequence in the RNA of Tetrahymena telomerase required for telomere repeat synthesis. *Nature* 337:331–37.

Griffith, J.D., L. Comeau, S. Rosenfield, R.M. Stansel, A. Bianchi, H. Moss, and T. de Lange. 1999. Mammalian telomeres end in a large duplex loop. *Cell* 97:503–19.

Jeruzalmi, D., M. O'Donnell, and J. Kuriyan. 2001. Crystal structure of the processivity clamp loader gamma (γ) complex of E. coli DNA polymerase III. *Cell* 106:429–41.

Jeruzalmi, D., O. Yurieva, Y. Zhao, M. Young, J. Stewart, M. Hingorani, M. O'Donnell, and J. Kuriyan. 2001. Mechanism of processivity clamp opening by the delta subunit wrench of the clamp loader complex of E. coli DNA polymerase III. *Cell* 106:417–28.

Kong, X.-P., R. Onrust, M. O'Donnell, and J. Kuriyan. 1992. Three-dimensional structure of the β subunit of E. coli DNA polymerase III holoenzyme: A sliding DNA clamp. *Cell* 69:425–37.

Krishna, T.S.R., X.-P. Kong, S. Gary, P.M. Burgers, and J. Kuriyan. 1994. Crystal structure of the eukaryotic DNA polymerase processivity factor PCNA. *Cell* 79:1233–43.

Marahrens, Y. and B. Stillman. 1992. A yeast chromosomal origin of DNA replication defined by multiple functional elements. *Science* 255:817–23.

Mok, M. and K.J. Marians. 1987. The Escherichia coli preprimosome and DNA B helicase can form replication forks that move at the same rate. *Journal of Biological Chemistry* 262:16644–54.

Naktinis, V., J. Turner, and M. O'Donnell. 1996. A molecular switch in a replication machine defined by an internal competition for protein rings. *Cell* 84:137–45.

Stukenberg, P.T., P.S. Studwell-Vaughan, and M. O'Donnell. 1991. Mechanism of the sliding β-clamp of DNA polymerase III holoenzyme. *Journal of Biological Chemistry* 266:11328–34.

CHAPTER 22

상동재조합

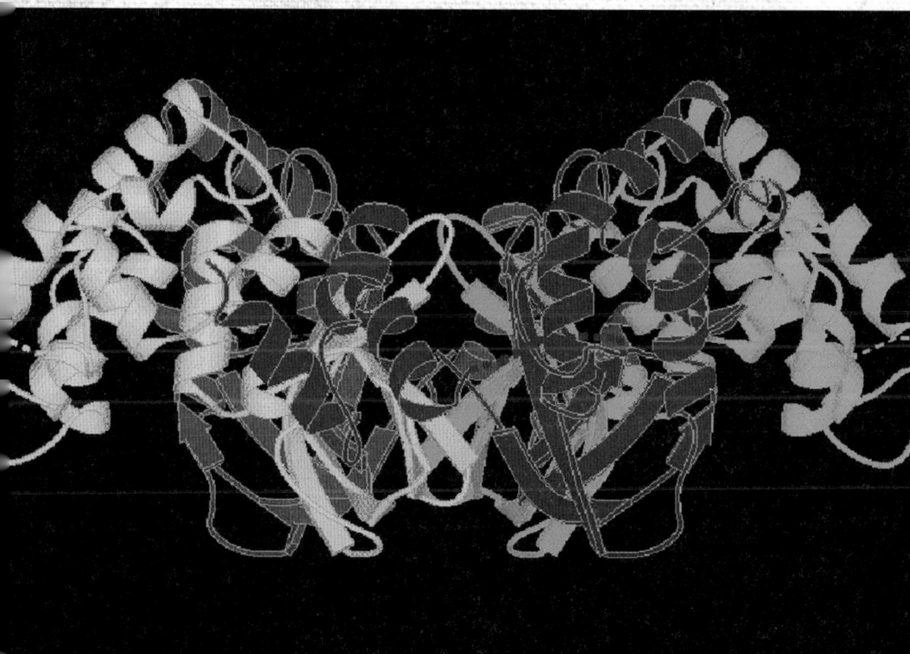

RuvA 4량체의 결정구조. 각 단량체는 다른 색으로 표시되어 있다. RuvA는 홀리데이 접합(Holliday junction)과 결합하여 대장균의 재조합 과정 동안 가지점 이동을 촉진시킨다. (Rafferty, J.B., S.E. Sedelnikova, D. argreaves, P.J. Artymink, P.J. Baker, G.J. Sharples, A.A. Mahdi, R.G. Lloyd, and D.W. Rice, Crystal structure of DNA recombination protein RuvA and a model for its binding to the Holliday junction. *Science* 274 (18 Oct 1996) f. 2e, p. 417. Copyright © AAAS.)

오랜 세월 동안 유전학자들은 유성생식이 부모와는 다른 유전적 구성을 자손에게 제공한다고 믿어 왔다. 이런 변이의 일부는 부모 염색체의 독립적인 차별성 덕분에 가능하며 나머지 대부분은 감수분열 동안 상동염색체 간에 일어나는 재조합의 결과인 것이다. 이 과정은 모계와 부계 염색체의 유전자를 잘 섞어줌으로써 부모와 구별되는 새로운 조합이 자손에게 나타나게 한다. 이런 새로운 조합이 때로는 자손이 부모보다 높은 생존 확률을 가질 수 있는 이점이 있다. 더구나 감수분열 재조합은 상동염색체 간의 물리적 연결을 통해 감수분열 전기 동안 염색체가 적절히 배열되도록 도와줌으로써 감수분열 중기에 염색체가 제대로 분리되도록 한다. 이 연결은 생존에 필수적이다. 인간 수정란의 10~30%는 염색체 수가 비정상적인 이수체(aneuploid)로 추정되는데, 이런 수정란은 생존하지 못하며, 감수분열 동안 횟수가 부족하거나 제대로 배치되지 못한 재조합이 이수체가 생성되는 주요 원인 중의 하나로 알려져 있다. 또한 20장에서 보았듯이 상동재조합은 재조합 회복 과정을 통해 세포가 DNA 상해에 대처할 수 있도록 기여한다.

그림 22.1은 재조합의 다양한 유형을 보여 준다. 이들 모두는 이전에 분리된 DNA 절편들이 연결되는 교차(crossover)로 특징지어진 것이다. 이는 두 분절들이 분리된 DNA 분자에서만 재조합이 시작된다는 의미는 아니다. 재조합은 동일한 DNA 분자 내에서도 일어날 수 있는데, 이 경우 동일 염색체의 두 부위 사이의 교차에 의해 DNA 분절이 제거되거나 역위된다. 이에 반해 두 분자 간 재조합은 2개의 독립적인 DNA 분자 사이의 교차를 포함한다. 대개 재조합은 상호적이어서 참여하는 두 분자가 DNA 분절을 주고받는다. DNA 분자들은 한 번, 두 번 또는 그 이상 교차를 할 수 있는데 이 교차의 횟수가 최종 산물의 성질에 크게 영향을 미친다.

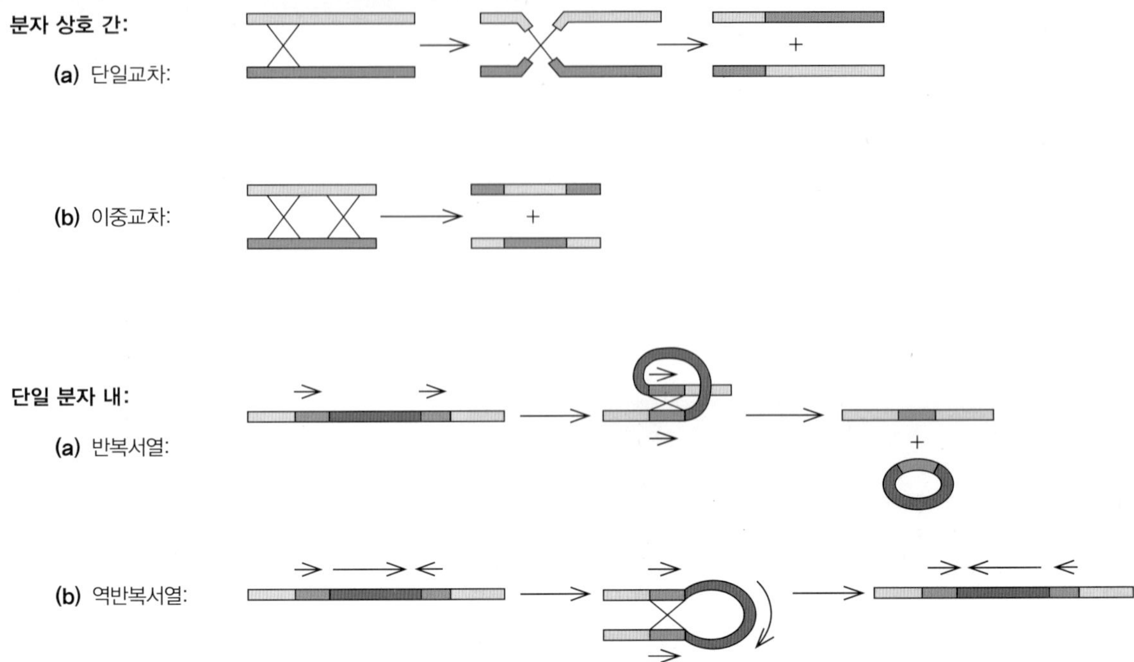

그림 22.1 재조합의 예. × 표시는 두 염색체 사이 또는 같은 염색체의 부분들 사이에서 일어나는 교차를 나타낸다. 어떻게 이 표시들이 적용되는지를 알기 위해서는 제일 위쪽 줄의 상호 재조합의 중간체를 보라. DNA가 절단되고 ×로 표시한 것처럼 새로운 가닥 간의 결합이 생기는 것을 생각하라. 같은 원리가 여기서 보인 모든 예들에 적용된다.

22.1. 상동재조합을 위한 RecBCD 경로

상동재조합의 원리를 설명하기 위해 대장균의 상동재조합 경로 중 하나인 **RecBCD 경로**(RecBCD pathway)를 살펴볼 것이다.

이 재조합 과정(그림 22.2)은 재조합이 일어날 DNA 중 하나에 이중가닥 절단(double-stranded break)이 유도됨으로써 개시된다. *recB*, *recC* 및 *recD* 유전자들의 산물인 **RecBCD 단백질**(RecBCD protein)은 이중가닥 절단된 DNA에 결합한 후 자신의 DNA 헬리케이즈 활성을 이용해 5′-GCTGGTGG-3′의 서열을 갖는 이른바 **카이 부위**(Chi site 또는 χ, Chi=crossover hotspot instigator)를 향해 DNA 이중나선을 풀어 준다. 카이 부위는 대장균의 유전체상에서 평균 5,000bp에 한 번꼴로 존재한다. RecBCD 단백질은 이중가닥 및 단일가닥 핵산말단가수분해효소(exonuclease)와 단일가닥 핵산내부가수분해효소(endonuclease) 활성도 가진다. 이러한 활성을 이용해 DNA의 단일가닥 말단을 생산하면, 여기에 **RecA 단백질**[RecA protein, ***recA* 유전자**(*recA* gene)의 산물]이 결합하여 피복(coat)한다. RecBCD 단백질은 또한 RecA가 DNA의 3′-말단에 결합하는 것도 도와준다.

RecA는 DNA의 말단이 이중가닥 DNA의 듀플렉스(duplex)에 침투하여 상동부위를 찾도록 도와준다. 이 과정에서 DNA 가닥이 밀려나가면서 분리되는 구조가 생기는데 이를 **D-고리**(D-loop, displacement loop)라 부른다. DNA 말단이 상동부위를 찾아내면 D-고리 내의 DNA에 틈(nick)이 만들어지는데, 이는 RecBCD의 도움으로 생성되는 것으로 보인다. 이 틈을 통해 RecA와 SSB가 새로운 말단을 생성하여 다른 DNA의 갭(gap)과 쌍을 이루게 된다. DNA 라이게이즈(ligase)가 두 틈을 모두 봉합하면 **홀리데이 접합**(Holliday junction)을 생성하는데, 이 구조명은 1964년에 이를 처음 제안한 로빈 홀리데이(Robin Holliday)의 이름에서 따온 것이다. 홀리데이 접합은 반절 키아즈마(half chiasma) 또는 카이 구조(Chi structure)로도 불린다. 홀리데이 접합에서의 가지점은 이전의 염기쌍을 파괴한 후 새로운 염기쌍을 형성함으로써 양 방향으로 이동할 수 있는데, 이러한 과정을 **가지점 이동**(branch migration)이라 부른다.

가지점 이동은 자발적으로는 일어나지 않는다. DNA 복제에서처럼 DNA가 풀려야 되는데 이 과정은 헬리케이즈 활성과 ATP로부터의 에너지가 필요하다. 두 단백질(**RuvA**와 **RuvB**)이 이 과정에 참여하는데, 이들은 헬리케이즈 활성을 가지며 RuvB는 ATP 분해효소로서 가지점 이동 과정에 요구되는 에너지를 ATP로부터 얻는다. 최종적으로 두 DNA 가닥은 틈(nick)을 만들어 홀리데이 접합이 이형듀플렉스(heteroduplex)나 재조합 산물이 되도록 한

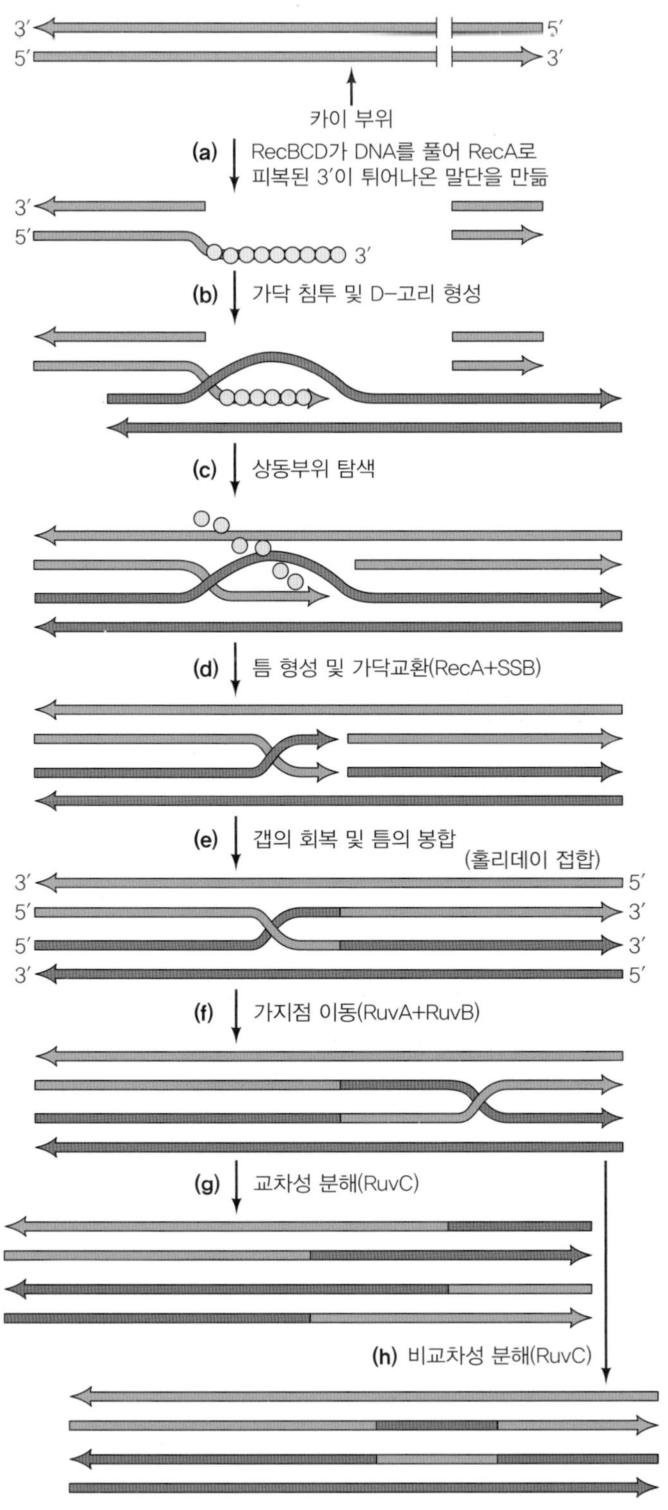

그림 22.2 상동재조합의 RecBCD 경로. **(a)** RecBCD 단백질(명확한 설명을 위해 그림에서는 생략)이 이중가닥 DNA 절단 부위에 결합한 후 RecBCD의 DNA 헬리케이즈 활성으로 카이 부위 방향으로 DNA를 풀어서 궁극적으로 RecA(노란색 구형으로 표시)로 피복된 단일가닥의 3′-말단을 생성한다. **(b)** RecA는 다른 이중나선 DNA에 대한 침투를 촉진하여 D-고리를 형성한다. **(c)** RecA는 침투하는 가닥이 수용체 DNA 이중나선에서 상동부위를 찾도록 돕는다. 여기서 침투하는 가닥은 상동부위에서 염기쌍을 형성하고 RecA는 방출된다. **(d)** 상동부위가 발견되면 RecBCD에 의해 고리로 돌출된 DNA에 틈이 생긴다. 그 결과 새로 틈이 만들어진 DNA의 꼬리는 다른 DNA의 단일가닥부위와 염기쌍을 형성하는데 이 과정은 RecA가 돕는 것으로 보인다. **(e)** 남은 갭은 채워지고 틈은 DNA 라이게이즈에 의해 봉합되어 홀리데이 접합을 가진 네 가닥의 복합체를 만든다. **(f)** RuvA와 RuvB의 도움으로 가지점 이동이 일어난다. 가지가 우측으로 이동했음에 주목하라. **(g**와 **h)** RuvC에 의해 만들어진 틈으로 그 구조가 교차성 재조합 산물 또는 이질이중나선의 두 분자로 분해된다.

다. 이때 **RuvC** 단백질이 이 기능을 수행하며, RuvC가 어느 가닥에 틈을 만드는지에 따라 두 가지 중 한 가지 산물이 생성된다. 홀리데이 접합의 내부 가닥에 틈이 만들어지면(그림 22.3a), 이 구조는 패치 재조합체(patch recombinant), 이형뉴플렉스로도 불리는 **비교차성 재조합체**(noncrossover recombinant)로 분해된다.

반면, 홀리데이 접합의 외부 가닥에 틈이 만들어지면(그림 22.3b), 이 구조는 스플라이스 재조합체(splice recombinant)라고도 불리는 **교차성 재조합체**(crossover recombinant)로 분해되어 DNA 듀플렉스의 한쪽 말단이 이전 유전자형(genotype; 파란색으로 표시)에서 다른 유전자형(빨간색으로 표시)으로 변한다.

22.2. RecBCD 경로의 실험적 증거

지금까지 원핵세포에서의 중요한 재조합 기작인 RecBCD 경로를 개괄적으로 살펴보았다. 이제 그 실험적 증거를 살펴보도록 하자.

1) RecA

8장의 λ 파지 유도 과정에서 RecA를 공부했다. 이 단백질은 여러 가지 기능을 갖는데 이것이 처음 발견된 것은 재조합의 맥락에서였다. 1965년 앨빈 클락(Alvin Clark)과 앤 디 마굴리스(Ann Dee Margulies)는 F 플라스미드를 받아들일 수는 있으나 재조합에 의해 그들의 DNA에 영구히 삽입될 수는 없는 두 대장균 돌연변이주를 분리하였다. 이 돌연변이주는 자외선에 극히 민감하였는데 이는 자외선 상해의 재조합 회복(20장 참조)이 결여되었기 때문일 것으로 추측되었다. 이 돌연변이주의 분석을 통해 RecBCD 경로의 주요 단백질인 RecA와 RecBCD를 발견하게 되었다.

recA 유전자는 클로닝되어 과발현에 의해 많은 양의 RecA 단백질을 얻을 수 있다. 이 단백질은 38kD의 크기를 가지며 시험관 내에서 다양한 DNA 가닥교환 반응을 촉진할 수 있다. 이러한 시험관 내 분석법을 이용하여 찰스 래딩(Charles Radding) 등은

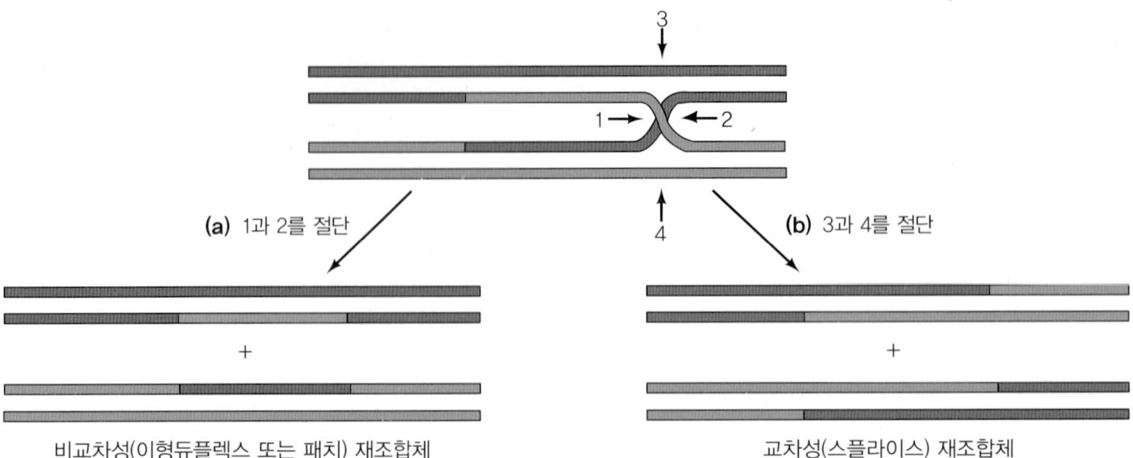

그림 22.3 홀리데이 접합의 분해. 상단에 그려진 홀리데이 접합은 번호가 붙여진 화살표에 따라 두 가지 다른 방식으로 분해될 수 있다. **(a)** 1번과 2번 위치에서의 절단으로 이형듀플렉스의 패치를 가진 2개의 듀플렉스 DNA로 분해된다. 패치의 길이는 분해 이전의 가지점 이동 거리와 동일하다. **(b)** 3번과 4번 위치에서의 절단으로 두 부분이 엇갈린 스플라이스(staggered splice)로 연결(join)된 교차성 재조합체 분자로 분해된다.

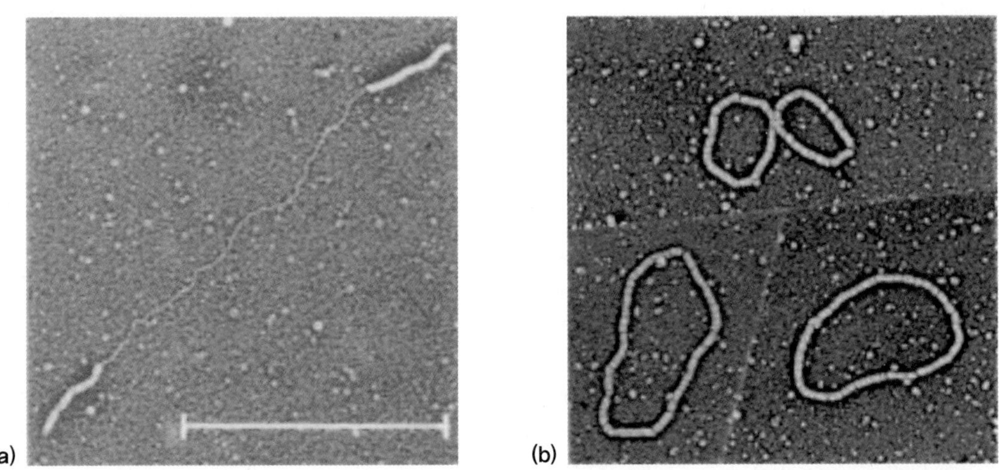

그림 22.4 단일가닥 DNA에 RecA의 결합. 래딩 등은 단일가닥 말단을 갖는 이중가닥의 선형 DNA**(a)**와 단일가닥의 원형 파지 DNA**(b)**를 준비하였다. 여기에 RecA를 첨가하여 복합체가 형성될 수 있도록 충분한 시간 동안 처리한 후 이를 피복된 전자현미경 그리드에 뿌려 사진을 찍었다. (a)의 막대는 두 그림 모두에서 500nm를 나타낸다. (출처: Radding, C.M., J. Flory, A. Wu, R. Kahn, C. DasGupta, D. Gonda, M. Bianchi, and S.S. Tsang, Three phases in homologous pairing: Polymerization of recA protein on single-stranded DNA, synapsis, and polar strand exchange. *Cold Spring Harbor Symposia of Quantitative Biology* 47 (1982) f. 3 f&j, p. 823.)

RecA가 가닥교환에 참여하는 세 가지 단계를 구분하였다.

① **전시냅시스** **전시냅시스**(presynapsis)는 RecA가 단일가닥 DNA를 피복하는 과정이다.

② **시냅시스** **시냅시스**(synapsis)는 가닥교환(strand exchange) 과정에 참여할 단일가닥 DNA와 이중가닥 DNA 간의 상보적인 서열들이 정렬하는 과정이다.

③ **후시냅시스** **후시냅시스**(postsynapsis) 또는 **가닥교환**(strand exchange)은 단일가닥 DNA가 이중가닥 DNA의 양성(+)가닥을 대체하여 새로운 이중나선을 형성하는 과정이다. 이 과정의 중간체로 가닥교환이 시작된 후 두 DNA가 서로 꼬인 연결 분자(joint molecule)가 있다.

(1) 전시냅시스

RecA와 단일가닥 DNA 간의 회합(association)에 대한 가장 확실한 증거는 그 상태를 직접 보여 주는 것이다. 래딩 등은 단일가닥의 꼬리를 갖는 선형의 이중가닥 파지 DNA를 만들고 이를 RecA와 혼합한 후 전자현미경 사진을 찍었다. 그림 22.4a는 RecA가 단일가닥 DNA의 말단에 우선적으로 붙어 단백질로 피복된 DNA 섬유를 형성하나 중간 부분의 이중가닥 DNA에는 붙어 있지 않은 상태를 보여 준다. 이들은 단일가닥의 원형 M13 파지 DNA와 RecA의 경우에 대해서도 조사했다. 그림 22.4b는 펼쳐진 원형의 DNA에 RecA가 균일하게 피복된 상태를 보여 준다. (a)와 (b)는 같은 배율이므로 (b)의 원형섬유와 (a)의 맨(naked) DNA나 RecA-DNA 복합체의 굵기를 비교하면 원형 DNA가 RecA로 피복되어 있음을 명확히 알 수 있다. 단일가닥 DNA 결합단백질(single-strand DNA-binding protein, SSB) 역시 전시냅시스 과정에서 피복된 DNA 섬유를 형성하는 데 일조한다. 래딩 등은 단일가닥의 M13 파지 DNA를 SSB와 단독으로 혼합했을 때와 SSB 및 RecA와 함께 혼합했을 때 생기는 DNA-단백질 복합체들의 형태가 확연히 다르며, SSB와 RecA를 모두 포함한 DNA-단백질 복합체가 그림 22.4의 RecA와의 복합체와 유사함을 관찰하였다. 더욱이 SSB는 DNA 피복의 형성을 가속화시켰다. SSB와 RecA가 함께 있을 때는 이러한 형태의 펼쳐진 원형 섬유가 10분 내에 만들어졌지만, SSB가 없을 경우에는 이 과정이 10분 이후에 겨우 시작될 수 있었다.

RecA는 그 자체만으로도 단일가닥 DNA를 피복할 수 있다. 그렇다면 SSB의 역할은 무엇일까? 이는 RecA가 잘 피복되도록 단일가닥 DNA의 2차구조(머리핀 구조)를 제거하는 데 필요한 것으로 보인다. 이런 가정에 대한 증거는 여러 자료에서 나왔다. 래딩 등은 저농도와 고농도의 $MgCl_2$ 조건에서 RecA와 단일가닥 DNA를 배양했을 때 생기는 가닥교환을 분석했다. 저농도의 $MgCl_2$는 DNA 2차구조의 불안정화를 유도하는 반면에 고농도의 $MgCl_2$는 이를 안정화시킨다. 이 실험에서 SSB는 고농도의 $MgCl_2$ 조건에서는 요구되나 저농도에서는 요구되지 않았다. 이로써 SSB가 DNA 2차구조를 이완시키는 데 필요한 것으로 추측할 수 있다.

이 절의 뒷부분에서 가닥교환에 ATP 가수분해가 요구됨을 보게 되는데, 리만(I. R. Lehman) 등은 가수분해되지 않는 ATP의 유사체인 ATPγS가 SSB 존재 시 가닥교환을 어느 정도 수행할 수 있음을 보였다. ATPγS는 RecA를 단일가닥 및 이중가닥 DNA에 비가역적으로 결합하게 하므로 래딩 등은 ATPγS가 RecA로 하여금 가닥교환에 불리한 2차구조의 DNA를 붙잡도록 한다는 가설을 세웠다. 이 가설이 옳다면 SSB는 RecA 전에 DNA에 첨가될 경우 2차구조를 제거함으로써 이 문제를 극복할 것이다. 예상대로 SSB는 RecA 이전에 첨가될 경우 가닥교환을 실제로 가속화시켰다. 이 실험의 결과로 SSB는 재조합에 참여하는 단일가닥 DNA의 2차구조를 풀어 준다는 모델이 더욱 설득력을 가지게 되었다.

(2) 시냅시스: 상보적인 서열들의 정렬

이 단원의 후반부에서 RecA가 가닥교환을 촉진한다는 것을 배우게 되는데, 이 과정은 한 DNA 단일가닥이 다른 DNA 듀플렉스를 침투하는 것이다. 이 과정에서 침투하는 가닥은 다른 듀플렉스의 한 가닥과 새로운 이중나선을 형성한다. 그러나 가닥교환에 앞서 일어나는 과정인 시냅시스는 단순히 상보적인 서열들이 정렬되는 과정으로 서로 꼬인 이중나선이 형성되지 않는 단계이다. 이 과정은 덜 안정된 산물을 형성하므로 가닥교환보다 검출하기가 어렵다. 그럼에도 불구하고 래딩 등은 1980년에 시냅시스가 일어난다는 실험적인 증거를 제시하였다.

전시냅시스 실험과 같이 최초의 시냅시스를 증명한 실험에서 전자현미경이 주된 분석 방법으로 이용되었다. 래딩 등은 이 실험에 한 쌍의 기질인 단일가닥의 원형 파지 DNA와 이중가닥의 선형 DNA를 이용하였다. 그러나 이 실험에서 단일가닥의 원형 DNA는 G4 파지 DNA이었고, 이중가닥의 선형 DNA는 그 중간 부분에 274bp의 G4 파지 DNA가 삽입된 M13 파지 DNA이었다. 이 선형 DNA에는 단일가닥 G4 파지 DNA의 표적이 되는 서열이 양쪽 말단으로부터 수천 염기쌍이나 떨어져 있으며 그 DNA상에 틈이 거의 없기 때문에 진정한 의미의 가닥교환이 일어날 것으로는 생각되지 않았다. 대신 그림 22.5에 제시한 것처럼 상보적인 서열들의 단순한 시냅시스는 일어날 수 있다.

두 DNA 사이의 시냅시스를 측정하기 위해 래딩 등은 그 DNA들을 RecA가 있거나 없는 조건에서 섞은 후 이 혼합물을 전자현미경으로 관찰하였다. 이들은 그림 22.6에 나타난 것처럼 RecA

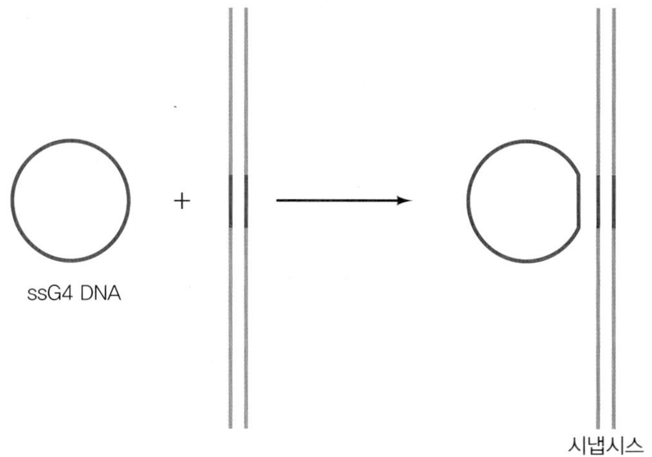

그림 22.5 시냅시스. 단일가닥의 원형 G4 파지 DNA(빨간색)와 이중가닥의 선형 M13(G4) DNA[G4 파지 DNA의 274bp(빨간색)가 삽입된 M13 파지 DNA(파란색)] 사이의 시냅시스. 시냅시스에서 선형과 원형 DNA 사이의 꼬임은 전혀 없다.

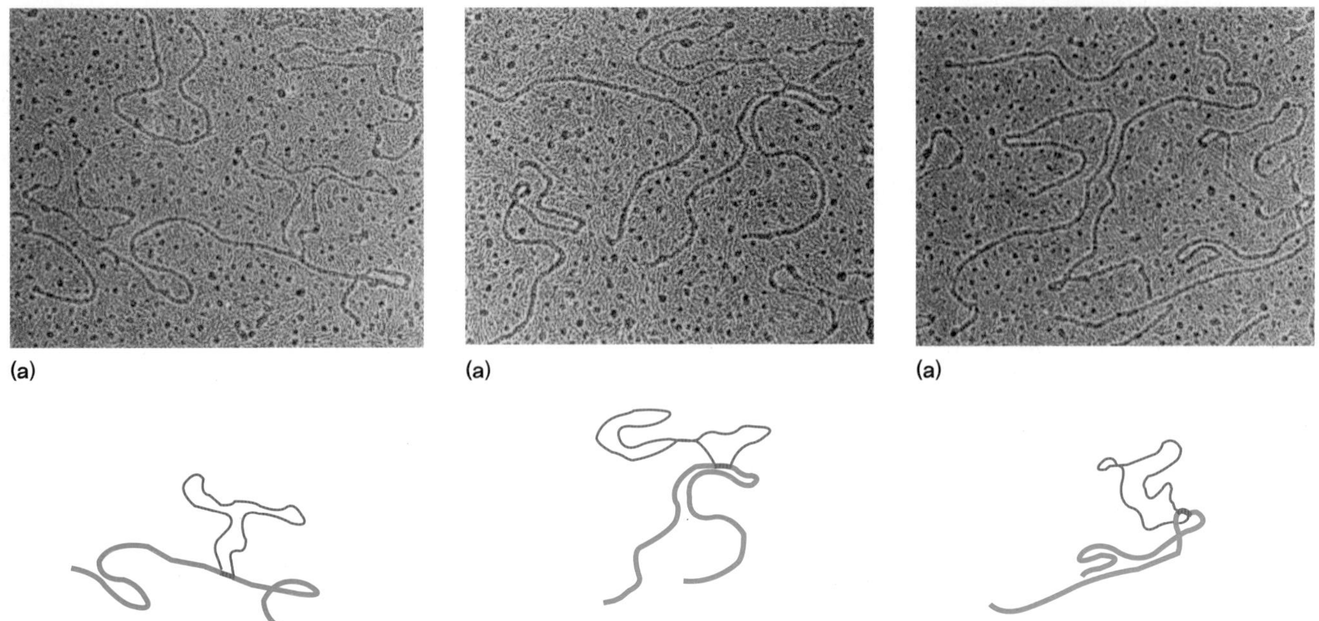

그림 22.6 시험관 내에서 RecA-의존적 시냅시스의 증명. 래딩 등은 그림 22.5에 기술한 것과 같은 단일가닥의 원형 DNA와 이중가닥의 선형 DNA를 RecA와 혼합한 후 그 산물을 전자현미경으로 분석하였다. **(a~c)**는 배열된 DNA 분자들의 세 가지 서로 다른 예를 보여 준다. 각 전자현미경 사진의 하단에는 이를 해석한 그림으로 이중가닥의 선형 DNA는 파란색, 단일가닥의 원형 DNA는 빨간색으로 표시했으며, 굵은 빨간색 선들은 두 DNA들 사이의 시냅시스 지역을 나타낸다. (출처: DasGupta C., T. Shibata, R.P. Cunningham, and C.M. Radding, The topology of homologous pairing promoted by recA protein. *Cell* 22 (Nov 1980 Pt2) f. 9 d-f, p. 443. Reprinted by permission of Elsevier Science.)

존재 시 상당 부분의 DNA 분자들이 시냅시스 과정에 있음을 발견하였다. 시냅시스에 의해 정렬된 대부분의 분자에서 정렬된 부위의 길이는 서로 비슷하였으며 정렬부위의 선형 DNA 내에서의 위치도 정확했다. 그러나 상동부위를 갖지 않는 두 DNA 사이의 시냅시스는 20~40배로 감소되었으며, RecA가 없는 경우에도 시냅시스는 일어나지 않았다.

이 실험에서 사용된 이중가닥의 선형 DNA에 틈이 있을 확률은 매우 낮았으나 극소수의 틈으로부터 선형 DNA에 자유 말단을 생성되어 서로 꼬인 진정한 **플렉토네믹 이중나선**(plectonemic double helix)이 만들어질 가능성을 완전히 배제할 수는 없었다. 이 경우 두 DNA 사이의 연관(linkage)은 DNA의 녹는점에 이르는 온도 직전까지 안정할 것으로 예측할 수 있다. DNA의 녹는점보다 20℃가 낮은 온도에서 5분간 배양한 후의 결과는 그림 22.6에서의 정렬 형태가 피괴된 양상으로 나타났다. 그러므로 관찰된 시냅시스는 염기쌍을 형성한 왓슨-크릭 이중나선의 형성을 포함하지 않으며, 대신 배열된 두 DNA 가닥이 나란히 있으나 꼬이지는 않는 구조인 **파라네믹 이중나선**(paranemic double helix)을 포함하는 것으로 추측할 수 있었다. 또한 이중가닥의 선형 DNA 대신 초나선 DNA(supercoiled DNA, 정의상 틈이 없는 DNA)를 사용한 실험에서도 동일한 결과를 얻은 것을 통해 틈이 없더라도 시냅시스가 형성될 수 있다는 모델은 더욱 확고해졌다.

시냅시스가 일어나기 위해서는 어느 정도의 상동성이 필요할까? 데이비드 곤다(David Gonda)와 래딩은 실험을 통해 151bp의 상동부위가 274bp의 상동부위와 비슷한 정도의 시냅시스를 유발하나 30bp의 상동부위로는 DNA 분자를 거의 정렬하지 못함을 밝혔다. 따라서 유효한 시냅시스를 위한 상동성의 최소 정도는 30~151bp 사이에 있는 것으로 판단되었다.

(2) 후시냅시스: 가닥교환

우리는 RecA가 가닥교환의 처음 두 단계인 전시냅시스와 시냅시스에 필요함을 배웠다. 이제는 이 RecA가 마지막 단계인 후시냅시스 또는 가닥교환 자체에도 요구됨을 살펴보고자 한다. 리만 등은 이중가닥과 단일가닥 파지 DNA 사이의 가닥교환을 계측하기 위해 다음과 같은 D-고리 형성을 측정하는 필터 결합분석법을 사용하였다. ^{3}H로 표지된 이중가닥의 P22 파지 DNA와 표지되지 않은 단일가닥의 P22 DNA를 RecA가 있거나 없는 조건에서 배양하였다. 이 반응은 가지점 이동을 제한하는 고농도의 염과 저온 조건에서 수행하였는데, 가지점 이동이 일어날 경우 단일가닥 DNA

표 22.1 D-고리 형성 시 요구되는 사항

듀플렉스 DNA	반응 구성물	D-고리 형성률(%)
P22 파지	완전한 반응 구성물	100
	−RecA	〈1
	−ATP	〈1
	−ATP+GTP	〈1
	−ATP+UTP	〈1
	−ATP+ATPγS	〈1
M13 파지	완전한 반응 구성물	100
	−RecA	1
	−ATP	1
	−ATP+GTP	2

가 완전히 동화되어 D-고리가 제거되기 때문이다. 그 후 DNA에 결합된 단백질을 계면활성제(사르코실 또는 SDS)로 제거하고, 그 혼합물을 니트로셀룰로오스 필터에 여과시켰다. 듀플렉스 DNA에 D-고리가 형성되었다면 단일가닥의 D-고리로 인해 복합체가 필터에 결합하여 방사능 표지된 DNA는 필터에 남게 된다. 그러나 D-고리가 전혀 생성되지 않았다면 표지되지 않은 단일가닥의 DNA는 필터에 남게 되나 표지된 듀플렉스 DNA는 필터를 통과하게 된다. DNA가 단순히 RecA와 결합하여 필터에 붙어 있게 되는 문제는 계면활성제를 처리함으로써 해결하였다. 리만 등은 초나선의 이중가닥 M13 파지 DNA와 선형의 M13 DNA도 이용하여 이 분석을 수행했다. 두 경우 모두 RecA 존재 시 DNA 듀플렉스의 약 50%는 D-고리를 형성했으나, RecA가 없는 경우 D-고리 DNA가 필터에 남는 빈도는 1% 이하였으며, 상동성이 없는 단일가닥 DNA를 이용할 경우 그 빈도는 2%에 불과하였다.

D-고리가 실제로 형성됨을 증명하기 위해 이들은 복합체에 S1 핵산분해효소를 처리하여 단일가닥 DNA를 제거한 후 필터에 여과시켰다. 그 결과 필터에 남은 표지된 DNA의 양은 크게 감소하였는데 이는 D-고리가 실제 형성되었음을 추측하게 한다. 이를 확인하기 위해 그들은 전자현미경으로 D-고리를 직접 보여 주었는데 D-고리가 선형 및 초나선 DNA 모두에서 명확히 관찰되었다. 이 실험으로부터 초나선형 DNA가 아니더라도 가닥교환이 일어날 수 있음을 부가적으로 알 수 있었다.

표 22.1은 위에서 설명한 니트로셀룰로오스 필터 결합분석법으로 밝힌 D-고리 형성 과정에서의 다양한 뉴클레오티드의 효과를 정리한 것이다. D-고리 형성 과정에 ATP가 요구되며 GTP, UTP 또는 ATPγS에 의해서는 그 과정이 수행되지 못함을 알 수 있다. ATPγS가 ATP를 대체할 수 없다는 것은 D-고리 형성에 ATP의 가수분해가 필요하다는 것을 의미한다. ATP 가수분해는 RecA가 DNA로부터 분리되도록 하여 가닥교환에 필수적인 새로운 염기쌍이 형성할 수 있도록 하는 것으로 보인다.

따라서 이 실험으로부터 ATP 가수분해가 D-고리의 형성에 필수적임이 증명되었다. 놀라울 정도로 다재다능한 단백질인 RecA는 ATP 가수분해효소의 활성을 갖는데, D-고리가 형성되도록 하기 위해 RecA가 DNA로부터 떨어져나갈 때 ATP를 분해한다.

2) RecBCD

RecA에 대한 논의에서 단일가닥과 듀플렉스 DNA가 포함되는 모델 반응을 살펴보았다. 그 이유는 RecA가 가닥교환을 개시하려면 단일가닥 DNA가 필요하기 때문이다. 그러나 세포 내에서 일어나는 재조합 반응은 대개의 경우 이중가닥 DNA 사이에 일어나므로 RecA가 필요로 하는 단일가닥 DNA는 어떻게 만들어질까? 그 해답이 RecBCD에 의한 단일가닥 DNA의 제공이라는 것을 이미 앞에서 배웠다. 이 과정에는 두 가지 요소, 즉 DNA상의 카이 부위와 RecBCD의 헬리케이즈 활성이 매우 밀접하게 관여하는데, 이에 대한 증거를 살펴보도록 하자.

카이 부위는 λ 파지의 유전학적 실험에서 발견되었다. λ *red gam* 파지는 카이 부위가 결손되어 있으나 이들의 효율적인 복제에는 RecBCD 경로에 의한 재조합이 요구된다. 앞으로 보게 되겠지만 RecBCD 경로는 카이 부위에 의존적이므로 이 돌연변이주들은 작은 플라크(plaque)를 만들게 된다. 프랭클린 스탈(Franklin Stahl) 등은 보다 큰 플라크를 만드는 λ *red gam* 변이체도 발견하였는데, 이는 이 변이체가 보다 활발한 RecBCD 재조합을 보이기 때문이라고 해석하였다. 이어 이들은 돌연변이 지점 주위에서 재조합이 증가함을 발견하고 이 돌연변이 부위를 '고빈도 교차 자극점(crossover hotspot instigator)'의 약자인 카이(Chi)로 명명하였다. 돌연변이가 재조합을 촉진한다는 사실은 이 돌연변이가 암호화 부위에서 일어나 유전자 산물의 구조를 바꾸는 보통의 유전자 돌연변이처럼 행동하지 않는 대신, 그 주위의 재조합을 촉진하는 새로운 카이 부위를 만든다는 것을 시사한다.

카이 부위가 RecBCD 경로를 촉진하나 λ Red(상동재조합) 경로나 λ Int(부위 특이적 재조합) 경로 또는 대장균의 RecE와 RecF(둘 다 상동) 경로는 촉진하지 않음을 이미 배웠다. 이 점은 카이 부위에서 RecBCD 단백질이 관여한다는 것을 강하게 시사하는데, 이는 RecBCD 단백질이 다른 경로에서는 발견되지 않는 RecBCD 경로의 유일한 성분이기 때문이다. 실제로 RecBCD가 핵산가수분해효소 활성을 가지기 때문에 얻을 수 있는 하나의 매

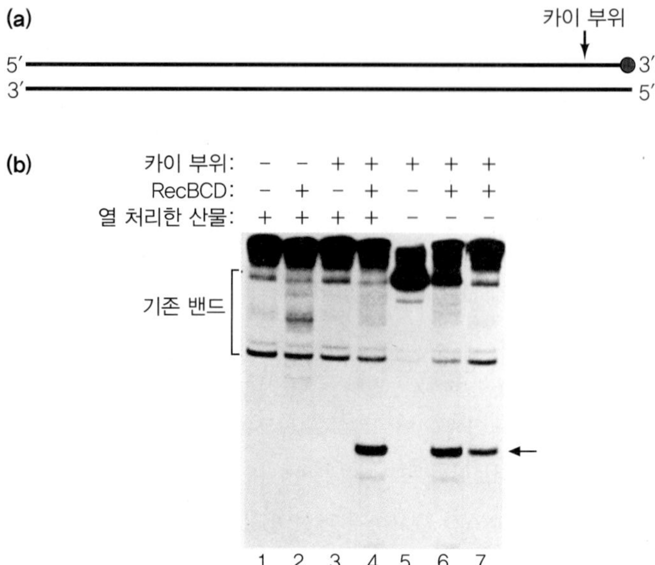

그림 22.7 RecBCD에 의한 카이-특이적 DNA 틈 생성. **(a)** 틈 분석을 위한 기질. 스미스 등은 *Dde*I 말단으로부터 80bp 떨어진 카이 부위를 포함하는 1.58kb의 *Eco*RI–*Dde*I 제한 절편을 준비하였다. 그들은 *Dde*I 절편의 3′-말단을 [^{32}P]뉴클레오티드를 이용하여 말단 채움으로 표지했다(빨간색). **(b)** 틈 분석. 스미스 등은 (a)에서 말단 표지한 DNA 절편(제일 윗줄에 '+'로 표시) 또는 비슷하나 카이 부위가 없는 절편(제일 윗줄에 '−'로 표시)들을 RecBCD와 함께(중간 줄의 '+') 또는 RecBCD 없이(중간 줄의 '−') 30초 동안 배양하였다. 반응 종료 후 반응 산물을 전기영동하였다. 일부 반응 산물은 그림 위에 표시한 대로 3분간 끓였다. 오른쪽 화살표는 카이 부위를 절단하여 방출된 80nt의 표지 절편을 나타낸다. 이 산물의 생성은 RecBCD와 카이 부위에 의존적이나 가열 여부와 무관하였다. (출처: (b) Ponticelli, A.S., D.W. Schultz, A.F. Taylor, and G.R. Smith, Chi-dependent DNA strand cleavage by recBC enzyme. *Cell* 41 (May 1985) f. 2, p. 146. Reprinted by permission of Elsevier Science.)

력적인 가정은 이것이 카이 부위 주위에 틈을 만들어 재조합을 시작하게 할 수 있다는 것이다.

제랄드 스미스(Gerald Smith) 등은 이 가정에 대한 증거를 제시하였다. 그들은 3′-말단이 표지되고 말단 근처에 카이 부위가 있는 pBR322 플라스미드의 이중가닥 절편을 만들었다. 그림 22.7a에서 보듯 카이 부위로부터 약 80bp 떨어져 표지된 3′-말단이 위치하였다. 그 후 그들은 순수 분리된 RecBCD 단백질을 첨가하였다. 이 반응 중 일부에 포함된 DNA를 가열하여 변성시킨 후 그 DNA 산물을 전기영동하여 카이 부위의 틈 생성에 의해 생기는 80nt 절편을 찾아보았다. (비특이적인 RecBCD의 핵산분해효소 활성으로 인한 일반적인 DNA의 분해를 피하고자 실험자들은 반응 시간을 매우 짧게 조정했다.) 그림 22.7b는 80bp 산물이 실제로 RecBCD 단백질이 존재할 때만 관찰됨을 보여 준다. 이

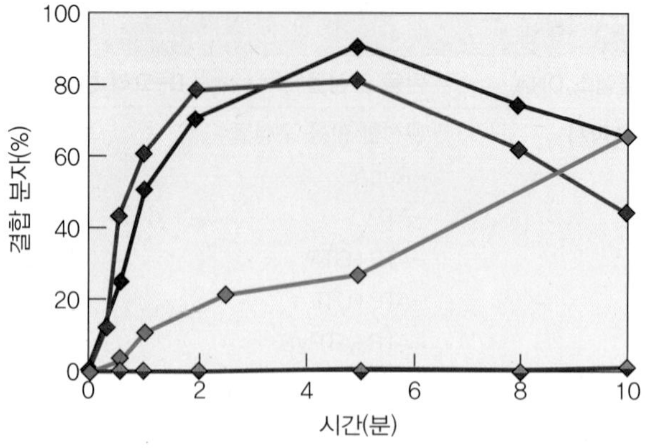

그림 22.8 두 듀플렉스 DNA 사이의 가닥교환에 있어 RecBCD의 의존성. 코왈치카우스키 등은 두 듀플렉스 DNA를 RecA, RecBCD, 그리고 SSB와 배양하고(빨간색) 가닥교환의 결과인 결합분자를 필터결합 또는 전기영동으로 분석하였다. (결합 분자들은 재조합하지 않은 DNA보다 낮은 전기영동 이동성을 갖는다.) 그들은 RecA나 RecBCD가 없는 경우(주황색과 자주색)의 결합분자 생성도 분석하였다. 파란색 선은 RecBCD가 없으나 두 DNA 중 하나를 열 변성시켰을 경우의 결과이다. 초록색 선은 RecA를 제외한 모든 성분들을 먼저 배양한 후 반응시작 시점에 RecA를 첨가한 결과이다. 다른 반응에서는 RecBCD를 제일 나중에 첨가하였다. (출처: Adapted from Roman, L.J., D.A. Dixon, and S.C. Kowalczykowski, "RecBCD-dependent joint molecule formation promoted by the Escherichia coli RecA and SSB proteins," *Proceedings of the National Academy of Sciences USA* 88:3367–71, April 1991.)

80nt DNA를 얻기 위해 DNA를 가열하여 변성시킬 필요는 없었는데, 이는 RecBCD 단백질이 틈을 만들 뿐 아니라 그 틈 이후의 DNA도 풀어낼 수 있기 때문이다. 스미스 등은 정확한 절단부위의 위치를 알 수 있었는데, 방사성 동위원소로 표지한 약 80nt의 산물과 염기서열을 결정하기 위해 동일 산물을 기질로 하여 화학적 절단을 수행한 반응물을 나란히 전기영동함으로써 알아냈다. 그들은 한 뉴클레오티드 차이가 나는 2개의 밴드를 얻었는데, 이로부터 다음 서열에서 별표로 표시된 두 장소에서 RecBCD가 이 기질을 절단함을 알 수 있었다.

5′-GCTGGTGGGTT*G*CCT-3′

따라서 RecBCD는 이 기질의 경우 위에서 밑줄로 표시된 카이 부위의 3′-말단으로부터 3과 4nt 떨어진 부위를 잘랐으나 다른 기질은 카이 부위의 3′-말단으로부터 4, 5, 6nt 떨어진 세 곳에 틈을 만든 것으로 보아 정확한 틈 부위는 기질에 따라 다르다는 것을 알 수 있었다.

이 발견은 RecBCD가 카이 부위 부근의 DNA에 틈을 만들며, 틈을 기점으로 하여 DNA를 풀어줌을 시사한다. DNA를 푸

는 RecBCD의 역할에 대한 구체적인 증거는 스티븐 코왈치카우스키(Stephen Kowalczykowski) 등에 의해 밝혀졌다. 그림 22.8에서 그들이 수행한 여러 실험 중 한 가지를 볼 수 있는데, 이 실험으로부터 다음과 같은 사실을 알아냈다. ① RecA의 단독처리 또는 RecA와 SSB의 혼합처리는 두 상동 이중가닥 DNA 사이의 염기결합을 촉진하지 못했다. ② 그러나 RecA와 SSB에 RecBCD를 첨가하여 처리하면 두 가닥의 DNA가 상보적인 경우, DNA 풀림에 의존하는 가닥교환은 급속히 일어났다. ③ 두 분자의 DNA 중 하나를 미리 열 변성시키면 RecBCD 없이도 가닥교환이 일어났다. 이 마지막 발견은 RecBCD의 기능 중 하나가 DNA 중 하나를 풀어서 자유 DNA 말단을 제공함으로써, 곧이어 RecA와 SSB가 생성된 자유 DNA 말단을 피복하여 이 말단이 가닥 침투를 개시하도록 함을 의미한다.

스튜어트 린 등은 풀어진 T7 파지 DNA 산물을 전자현미경으로 보여줌으로써 RecBCD가 DNA 헬리케이즈 활성을 가짐을 직접적으로 증명하였다. SSB와 RecBCD를 함께 처리할 경우 두 단일 가닥과 연결된, 가지를 친 듀플렉스 DNA가 관찰되었다. 이는 RecBCD가 듀플렉스의 말단에서 풀기 시작하고 이때 생긴 두 단일가닥 DNA를 SSB가 붙잡는다는 것을 의미한다. 예상대로 이 분지(fork)들은 시간 경과에 따라 길어졌다.

3) RuvA와 RuvB

RuvA와 RuvB는 홀리데이 접합의 가지점 이동을 촉진하는 DNA 헬리케이즈를 형성한다. 홀리데이 접합이 시험관 내에서 생성될 수 있음을 이미 보았다. 실제로 홀리데이 접합은 가닥교환에서 RecA의 효과를 측정하는 실험 과정에서 얻은 부산물이었다. RuvA와 RuvB에 대한 초기 연구는 RecA 산물을 RuvA 및 RuvB와 상호 작용할 수 있는 홀리데이 접합으로 이용하였다. 이후 스티븐 웨스트(Stephen West) 등은 그림 22.9에 제시한 것처럼 홀리데이 접합을 형성하도록 염기쌍 결합을 할 수 있는 4개의 합성된 올리고뉴클레오티드를 고안하였다.

캐롤 파슨스(Carol Parsons)와 웨스트(West)는 이렇게 합성된 홀리데이 접합을 말단표지하고 홀리데이 접합에 RuvA와 RuvB가 결합하는 것을 측정하기 위해 겔 이동성 변화분석을 수행했다. 가지점 이동이 일어나려면 ATP가 필요하다는 사실은 이미 알려져 있었으므로 그들은 가수분해되지 않는 ATP 유사체인 ATPγS를 사용했다. 이론상 이 유사체는 RuvA와 RuvB가 DNA상에서 조립되도록 허용하나 홀리데이 접합을 분리하는 가지점 이동은 방해할 것으로 예측할 수 있다. 이들은 RuvA와 홀리데이 접합 사이의 복합체가 형성됨을 볼 수 있었으나, RuvA–RuvB–홀리데이 접합 복합체가 생성될 경우 나타날 RuvB에 의한 겔 이동성 변화를 관찰하지 못했다. 이는 이 삼중 복합체가 이 실험 조건에서 매우 불

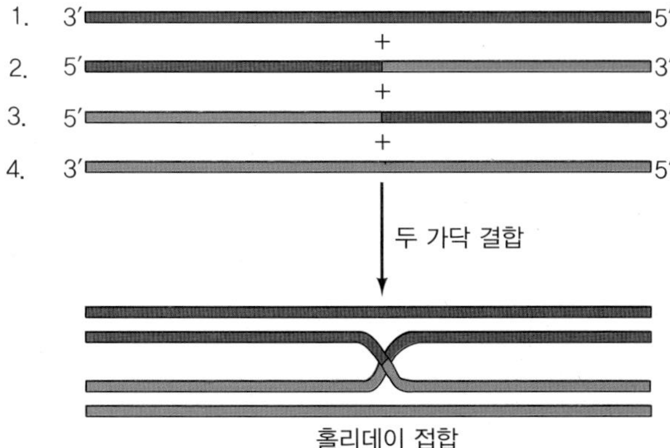

그림 22.9 합성 홀리데이 접합의 형성. 상보적인 부분들이 염기쌍 형성을 할 수 있는 조건에서 1~4번 올리고뉴클레오티드를 혼합한다. 2번 올리고의 5′–말단(빨간색)은 1번 올리고의 3′–말단(빨간색)과 상보적이어서 이 두 분자의 절반은 염기쌍을 형성하나, 2번 올리고의 3′–말단(파란색)은 4번 올리고의 5′–말단(파란색)에 상보적이어서 그들의 절반 또한 염기쌍을 형성한다. 이와 유사하게 3번 올리고의 두 말단은 1번과 4번 올리고의 말단에 상보적이어서 3번 올리고는 2번 올리고와 상보적인 방식으로 염기쌍을 형성하여 교차구조를 보인다. 그 결과 합성 홀리데이 접합이 생성된다.

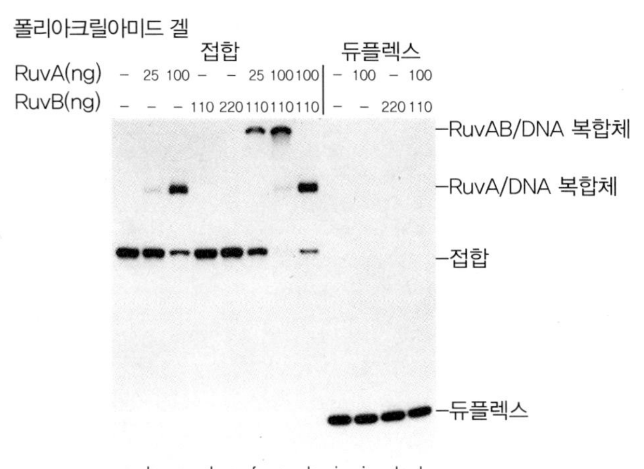

그림 22.10 RuvA–RuvB–홀리데이 접합 복합체의 검출. 파슨스와 웨스트는 표지된 합성 홀리데이 접합을 만들어서 그림 상단에 표시한 대로 다양한 양의 RuvA 및 RuvB와 혼합하였다. h 레인을 제외한 모든 배양에는 ATPγS를 첨가하였다. 그 후 이 혼합물에 글루타르알데히드를 처리하여 복합체를 교차결합시켜 분리되지 않도록 하였다. 이 복합체를 폴리아크릴아미드 겔 전기영동한 후 표지된 복합체를 검출하기 위해 자기방사법을 수행하였다. (출처: Parsons, C.A. and S.C. West, Formation of a RuvAB–Holliday junction complex in vitro. *Journal of Molecular Biology* 232 (1993) f. 2, p. 400, by permission of Academic Press.)

안정함을 의미하므로 이 복합체를 안정화시키기 위해 글루타르알데히드를 첨가함으로써 복합체의 단백질을 교차결합시키고 전기영동 과정 중 이들이 분해되지 않도록 하였다.

그림 22.10은 RuvA와 RuvB 사이의 협동적 결합(cooperative binding)을 보여 준다. RuvA의 농도가 낮은 경우(b 레인) 홀리데이 접합과의 결합이 거의 일어나지 않는 반면, RuvA의 농도가 높은 농도에서는 많은 결합이 생겼다. 더욱이 RuvB 단독(e 레인)으로는 높은 농도에서도 홀리데이 접합에 결합할 수 없었으나, RuvA와 RuvB를 함께 넣어주면(f와 g 레인) 단독으로는 결합하지 않았던 낮은 농도의 RuvA의 존재 하에서도 잘 결합하였다. ATPγS 없이도(h 레인) RuvA는 홀리데이 접합에 결합할 수 있으나 RuvA-RuvB-홀리데이 접합 복합체는 형성되지 않았다. 마지막으로 RuvA나 RuvB는 단독으로 또는 공동으로 홀리데이 접합과 같은 길이의 정상 듀플렉스 DNA(j~l 레인)에는 결합할 수 없는 것으로 보아 이들은 홀리데이 접합에만 결합할 수 있음을 알 수 있었다.

RuvB가 충분히 높은 농도로 존재할 경우 그 자체로 가지점 이

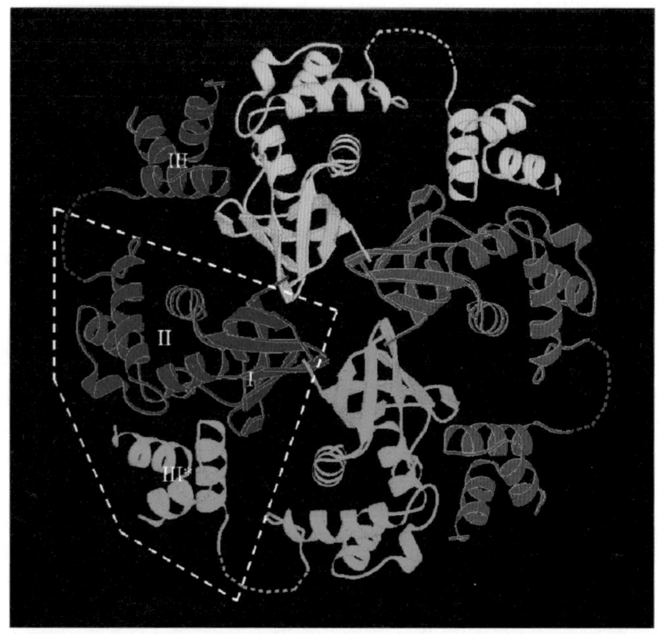

(a)

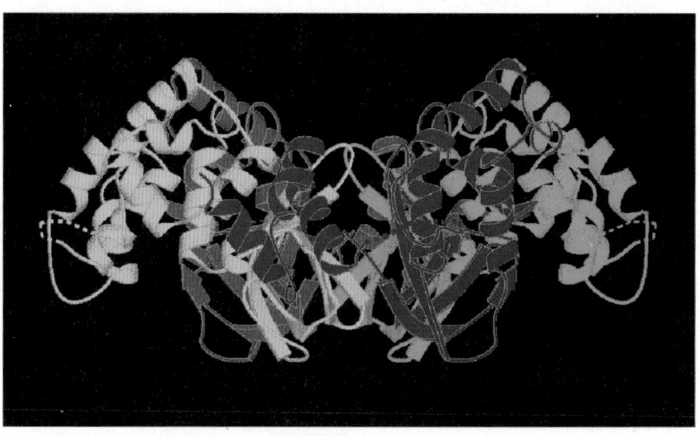

(b)

그림 22.11 X-선 결정구조 분석에 의한 RuvA 4량체의 구조. **(a)** 평면도. 4개의 단량체는 서로 다른 색의 리본으로 표시했고, 정방형의 평면 구조의 네 엽 중 하나를 흰색 점선으로 표시하였다. 파란색으로 표시된 단량체의 세 영역과 초록색 단량체의 세 번째 영역(L의 '발')을 숫자로 표시하였다. **(b)** 측면도. (a)와 같은 색의 리본으로 표시한 동일 구조를 측면에서 보았다. 위가 오목하고 아래가 볼록한 표면이 분명하게 보인다. (출처: Rafferty J.B., S.E. Sedelnikova, D. Hargreaves, P.J. Artymiuk, P.J. Baker, G.J. Sharples, A.A. Mahdi, R.G. Lloyd, and D.W. Rice, Crystal structure of DNA recombination protein RuvA and a model for its binding to the Holliday junction. *Science* 274 (18 Oct 1996) f. 2 d–e, p. 417. Copyright © AAAS.)

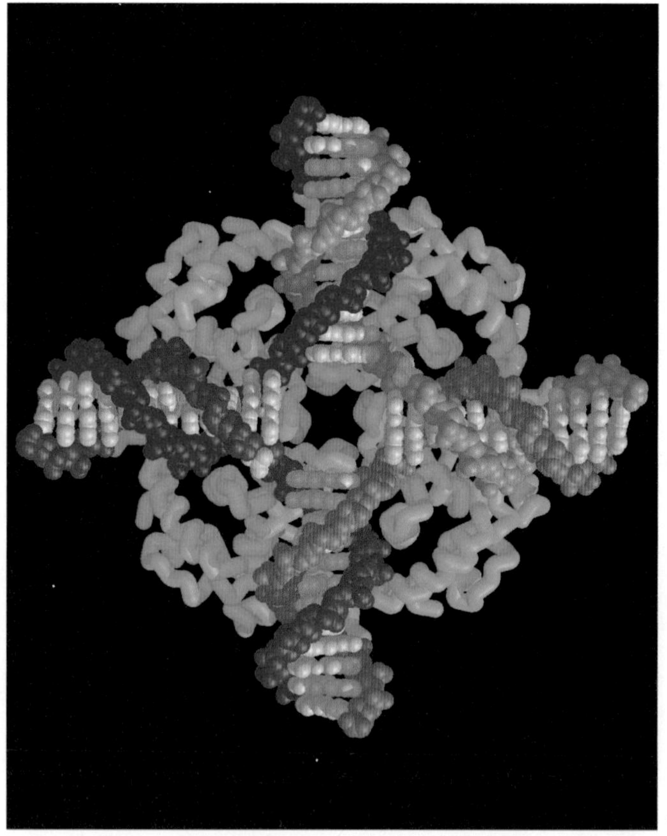

그림 22.12 RuvA와 홀리데이 접합 사이의 상호 작용에 대한 모델. RuvA 단량체는 그 폴리펩티드의 α-탄소 골격을 따라 초록색 관으로 표시하였다. 홀리데이 접합의 DNA는 공간 채움 모델로 표시하였는데, 진하고 연한 분홍색과 파란색은 골격을, 은색은 염기쌍을 나타낸다. 노란색 구슬은 홀리데이 접합을 분해하기 위해 RuvC가 절단할 수 있는 부위의 두 쌍 중 한 쌍의 인산기를 나타낸다. (출처: Rafferty, J.B., S.E. Sede-lnikova, D. Hargreaves, P.J. Artymiuk, P.J. Baker, G.J. Sharples, A.A. Mahdi, R.G. Lloyd, and D.W. Rice, Crystal structure of DNA recombination protein RuvA and a model for its binding to the Holliday junction. *Science* 274 (18 Oct 1996) f. 3d, p. 418. Copyright © AAAS.)

동을 추진할 수 있으므로 이 단백질은 DNA 헬리케이즈와 ATP 가수분해 활성을 갖는다는 것을 시사한다. 그렇다면 RuvA의 역할은 무엇일까? RuvA는 홀리데이 접합의 중심에 결합하여 RuvB의 결합을 촉진함으로써 훨씬 낮은 농도의 RuvB 존재 하에서도 가지점 이동이 일어나도록 한다. 더욱이 우리가 곧 알게 되겠지만 RuvA는 신속한 가지점 이동을 위해 선호되는 형태인 정방형의 평면 구조(square planar conformation)로 홀리데이 접합을 잡고 있는 것으로 보인다.

홀리데이 접합과 RuvA 사이의 결합은 어떠할까? 데이비드 라이스(David Rice) 등은 X-선 결정구조 분석 결과 RuvA 4량체의 형태가 정방형임을 증명함으로써 RuvA-홀리데이 접합 복합체가 정방형의 평면 구조를 가진다는 가정을 한층 강화하였다. 그림 22.11a에서 각 단량체가 대략 L 모양을 하고 있으며, 색깔 있는 점선으로 표시한 부정형의 유연한 고리에 의해 다리와 발이 연결된 모양을 볼 수 있다. 한 단량체의 발 부위는 인접한 단량체의 다리부위와 상호 작용하여 엽(lobe)을 형성하는데, 네 엽 중 하나를 그림에서 흰 점선으로 표시하였다. 이 엽들은 사중대칭으로 배열되며 각 엽 사이에는 자연적인 홈이 패여 있는데, 그림의 흰 점선은 이 홈들 중에 2개의 홈 안에 놓여 있다. 그림 22.11b는 4량체의 측면도로 위에는 오목한 표면이, 밑에는 볼록한 표면이 있음을 볼 수 있다.

분자 모델링에 의해 이 RuvA 4량체는 그림 22.12에서 보는 것처럼 홀리데이 접합과 정방형의 평면 구조를 이루면서 결합할 수 있음을 알게 되었다. DNA와 단백질의 오목한 면 사이가 아주 잘 맞음을 주목하라. 홀리데이 접합의 네 분지는 단백질의 표면에 있는 홈에 잘 맞는다. 각 단량체 당 1개씩 있는 총 4개의 β 사슬은 홀리데이 접합의 중심을 관통하여 돌출한 움푹 파인(hollow-looking) 형태의 핀을 형성한다. 이 정방형의 모양은 신속한 가지점 이동을 허용할 수 있다. 이 모양의 약간의 변형만으로도 가지점 이동을 늦출 수 있으므로 이는 RuvA의 정방형 모양이 매우 중요함을 강조하는 것이다. 그렇다면 이러한 정방형의 홀리데이 접합과 우리가 익히 친숙한 가지 친 홀리데이 접합 간의 관계는 무엇일까? 곧 살펴보겠지만 이 둘은 실제로 같은 구조의 두 가지 다른 표현에 불과하다.

웨스트와 에드워드 이겔만(Edward Egelman)은 시옹 유(Xiong Yu)와 함께 RuvAB-홀리데이 접합 복합체의 전자현미경적 연구를 더욱 진행하였다. 그들은 복합체의 현미경 사진 100개를 만들고 이를 분석하여 평균 이미지를 구하였다. 그림 22.13a는 이러한 이미지에 기초한 모델로서 각 DNA 가닥을 다른 색으로 표시하였다. 예상대로 RuvA 4량체가 접합의 중심에 있고, 두 RuvB 6량체 고리가 RuvA의 양 옆에 놓여 있다. (b)는 복합체의 두 팔[(a)에서의 빨간색과 초록색 DNA로 구성된 한 팔과 그 맞은편의 노란색과 파란색으로 구성된 다른 팔]을 굽히면 어떻게 되는지를 보여주며, (c)는 아래의 DNA 이중나선을 지면 밖으로 180° 회전시켰을 때의 결과이다. [이해를 돕기 위해 (b)와 (c)에서는 RuvA 4량체를 그리지 않았다.] 이런 친숙한 형태의 홀리데이 접합에 고리처럼 걸린 RuvB는 화살표 방향으로 움직이면서 가지점 이동을 촉매한다. 그림으로 떠올리기에는 조금 어렵지만 (a)에서 보인 DNA의 형태로도 RuvB는 같은 일을 수행할 수 있다.

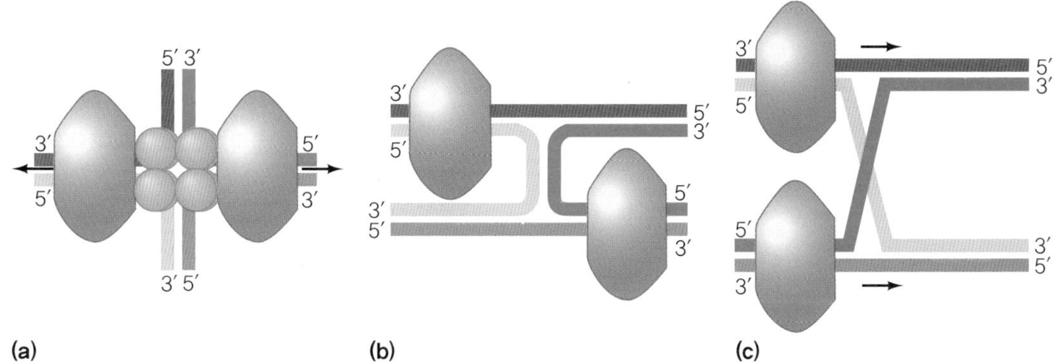

그림 22.13 복합체의 전자현미경 사진에 기초한 RuvAB-홀리데이 접합 복합체의 모델. (a) 서로에 대해 수직인 가지를 지닌 복합체. DNA는 화살표로 표시된 방향으로 복합체를 통과하여 이동한다. (b) (a)의 파란색-노란색 가지와 빨간색-초록색 가지를 지면을 따라 시계 방향으로 90° 돌리고, 접합의 중심을 관찰할 수 있도록 RuvA 4량체를 제거한다. (c) (b)의 하단의 분지를 지면에 대해 180° 돌려 파란색-초록색 가지와 파란색-노란색 가지가 서로 엇갈리도록 한다. 그 결과 RuvB 6량체 고리가 화살표 방향으로 이동하면서 가지점 이동을 촉매할 수 있는 위치에 놓인 친숙한 형태의 홀리데이 접합이 만들어진다. (출처: Adapted from Yu, X., S.C. West, and E.H. Egelman, Structure and subunit composition of the RuvAB-Holliday junction complex. *Journal of Molecular Biology* 266:217-222, 1997.)

4) RuvC

홀리데이 접합을 분해하기 위한 절단을 담당한 핵산가수분해효소는 무엇일까? 1991년 웨스트 등은 이것이 RuvC임을 밝혔다. 그들은 그림 22.14a에 보인 것처럼 ^{32}P로 표지된 합성 홀리데이 접합을 만들었는데, 접합부위에만 짧은(12bp) 상동부위(J)를 가지고 나머지 구조는 비상동부위로 구성하였다. 다음에 그들은 RuvC가 홀리데이 접합 또는 선형의 듀플렉스 DNA에 결합하는 능력을 분석하기 위해 겔 이동성 변화분석을 이용하였다. 그림 22.14b는 그 결과이다. 홀리데이 접합에 RuvC를 첨가할수록 더 많은 양의 DNA-단백질 복합체가 만들어졌는데, 이는 RuvC-홀리데이 접합 결합이 생성되었음을 나타낸다. 그러나 1번 가닥과 그의 상보체로 만든 선형의 듀플렉스 DNA와 RuvC는 동일 실험에서 결합물을 생성하지 않았다.

이로써 RuvC는 홀리데이 접합에 특이적으로 결합함을 증명하였으나 실제로 RuvC가 접합을 분해할 수 있을까? 그림 22.14c는 그럴 수 있음을 보여 준다. 웨스트 등은 표지된 홀리데이 접합 또는 선형의 듀플렉스 DNA에 RuvC의 농도를 점차 증가시키면서 반응을 진행하였다. 접합의 분해로 만들어질 듀플렉스 DNA는 그 길이가 표지된 듀플렉스 DNA와 동일할 것으로 예상할 수 있는데, 실제 실험 결과에서도 동일한 이동성을 가진 이중나선 DNA가 생성되는 것을 관찰함으로써 RuvC가 홀리데이 접합을 분해할 수 있음을 확인하였다. 패치 분해나 스플라이스 분해를 구별할 수 있는 보다 복잡한 실험을 수행하여, 적어도 시험관 내에서는 스플라이스 산물이 더 우세하게 만들어짐을 보였다.

코스케 모리카와(Kosuke Morikawa) 등에 의해 수행된 X-선 결정분석 연구에 의해 RuvC의 3차원 구조를 알게 되었다. RuvC는 2량체로서 두 활성부위가 30Å 떨어져 있는데, 이는 정방형의 홀리데이 접합을 두 군데에서 자르기에 매우 적합한 구조이다(그림 22.15a). 그림 22.15b는 RuvC-홀리데이 접합 복합체를 보다 세부적으로 나타낸 것이다.

RuvC는 이 모델에서 보는 것처럼 단독으로 작용할까, 아니면 RuvB 또는 RuvA 및 RuvB와 함께 이미 결합된 홀리데이 접합에 작용할까? 실험적 증거는 후자의 모델을 강력하게 지지한다. 웨스트 등은 중간 산물체를 재조합의 말기로 진행시키는 과정을 시험관 내에서 재구성하여 RuvA, B, C에 대한 단일 클론 항체로 각각 처리한 결과, 홀리데이 접합의 분해가 모두 저해됨을 관찰하였다.

이것을 설명할 수 있는 한 가지 방법은 RuvA, B, C가 함께 일을 수행한다는 것인데, 이것이 사실이라면 그 단백질들은 아마도 자연적으로 서로 결합한 상태로 존재할 가능성이 높으므로 실험적인 교차결합으로 한 묶음으로 전환시킬 수 있을 것이다. 따라서

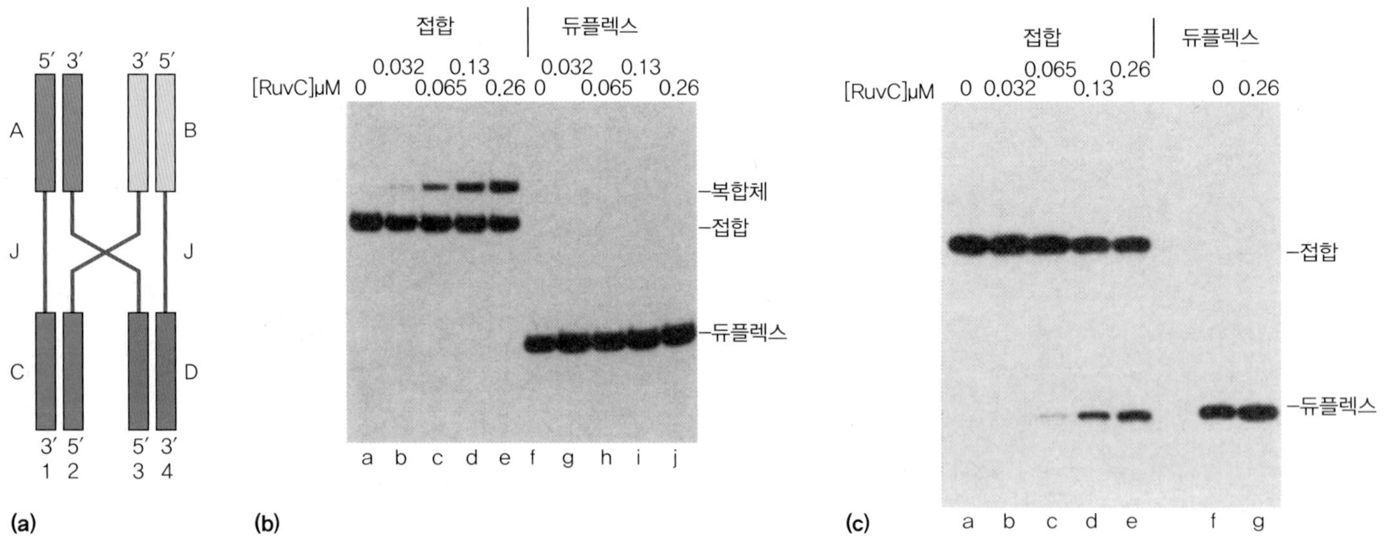

그림 22.14 RuvC에 의한 합성 홀리데이 접합의 분해. **(a)** 합성 홀리데이 접합의 구조. 12bp의 중심부위(J, 빨간색)만이 상동 DNA로부터 만들어졌다. 홀리데이 접합의 나머지 부분(A, B, C 및 D)은 서로 다른 색으로 표시한 것처럼 비상동적이다. **(b)** 합성 홀리데이 접합에 대한 RuvC의 결합. 웨스트 등은 홀리데이 접합(그리고 선형의 듀플렉스 DNA)을 말단 표지하고 비절단 조건(낮은 온도와 $MgCl_2$가 없는 조건)에서 RuvC의 양을 증가시켜가며 반응시켰다. 전기영동 결과 RuvC는 홀리데이 접합에 결합하나 보통의 듀플렉스 DNA에는 결합하지 않았다. **(c)** RuvC에 대한 홀리데이 접합의 분해. 웨스트 등은 표지된 홀리데이 접합(또는 선형의 듀플렉스 DNA)을 절단 조건(37℃와 5 mM $MgCl_2$)에서 RuvC의 양을 증가시켜가며 반응시켰다. 전기영동 결과 RuvC는 홀리데이 접합의 일부를 선형의 듀플렉스 형태로 분해하였다. (출처: Dunderdale, H.J., F.E. Benson, C A. Parsons, G.J. Sharples, R.G. Lloyd, and S.C. West, Formation resolution of recombination intermediates by E. coli recA and RuvC proteins. *Nature* 354 (19–26 Dec 1991) f. 5b–c, p. 509. Copyright © Macmillan Magazines Ltd.)

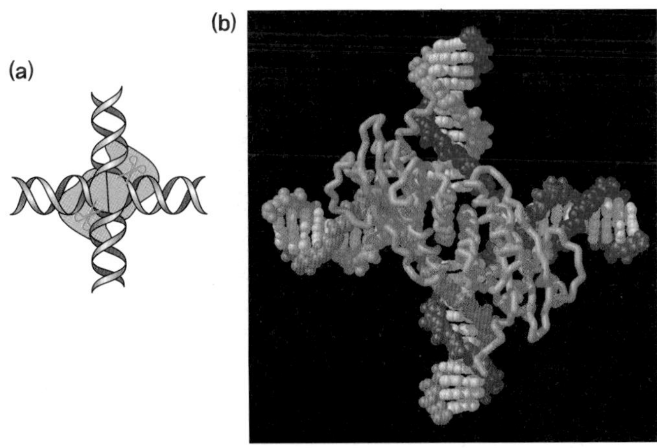

그림 22.15 RuvC와 홀리데이 접합 사이의 상호 작용에 대한 모델. (a) 정방형 평면의 홀리데이 접합에 결합된 RuvC 2량체(회색)를 보여 주는 도식적인 모델. 가위(초록색)는 두 RuvC 단량체의 활성부위를 나타낸다. 이 활성부위의 위치가 복합체 분해 시 절단될 DNA 가닥의 위치와 잘 맞음을 주목하라. (b) 세부적인 모델. 회색 관은 RuvC 2량체의 탄소골격을 나타낸다. 홀리데이 접합은 그림 22.12에 나타낸 것과 같이 파란색, 분홍색의 골격과 은색의 염기쌍으로 나타내었다. (출처: Rafferty, J.B., S.E. Sedelnikova, D. Hargreaves, P.J. Artymiuk, P.J. Baker, G.J. Sharples, A.A. Mahdi, R.G. Lloyd, and D.W. Rice, Crystal structure of DNA recombination protein RuvA and a model for its binding to the Holliday junction. *Science* 274 (18 Oct 1996) f. 3e, p. 418. Copyright © AAAS.)

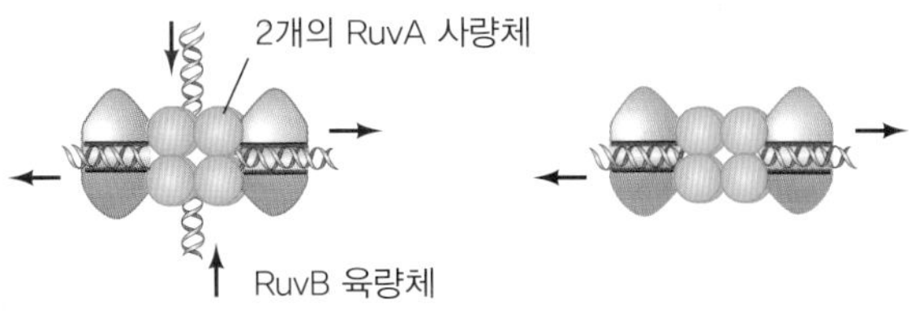

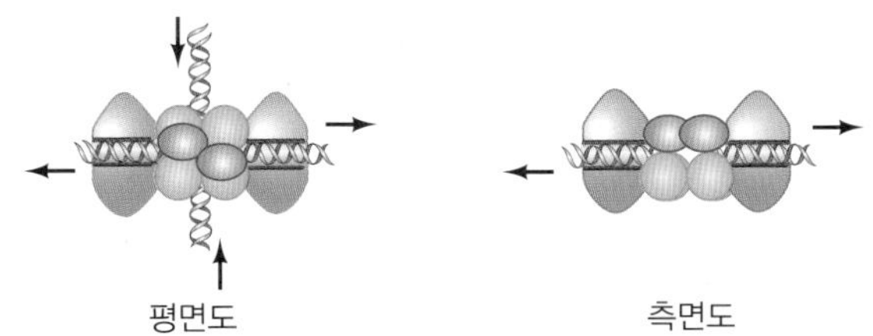

그림 22.16 Ruv 단백질-접합 복합체의 모델. (a) 펄(Pearl) 등에 의해 발견된 RuvAB-접합 복합체. 다른 연구자들이 설명한 RuvA 4량체와의 복합체와는 달리, 이것은 홀리데이 접합에 RuvA 8량체를 가진다. 이것은 가지점 이동이 왕성한 시기의 복합체 형태일 가능성이 높다. (b) RuvABC-접합 복합체에 대한 웨스트의 모델(RuvC는 자주색으로 표시). 이것은 분해 과정 동안의 복합체 형태일 가능성이 높다. 좌측 그림들은 평면도, 우측 그림들은 측면도이다. (출처: Adapted from West, S.C., RuvA gets x-rayed on Holliday. *Cell* 94:700, 1998.)

웨스트 등은 두 종류의 단백질로 구성된 여러 조합의 혼합물을 준비하여 글루타르알데히드를 첨가한 후 전기영동을 통해 교차결합을 조사하였다. 예상대로 교차결합은 RuvA와 RuvB 그리고 RuvB와 RuvC 사이에는 일어났지만 RuvA와 RuvC 간에는 발견되지 않았다. 그리하여 RuvB는 RuvA와 RuvC 모두와 결합할 수 있으며, 이것은 세 가지 단백질 모두 홀리데이 접합에 함께 결합한다는 것을 시사한다.

RuvA, B, C가 합동으로 작용한다는 이 가설은 접합의 분해가 일어나는 동안 RuvC가 적당한 절단부위를 찾을 수 있도록 도와주기 위해 가지점 이동이 필요하다는 견해와 일치한다. 또한 이 가설은 우리가 이미 살펴본 바와 같이 RuvA가 4량체의 형태로 홀리데이 접합과 결합하거나 DNA의 다른 한쪽에도 4량체로 결합한 8량체 형태로 홀리데이 접합과 결합한다는 X-선 결정분석 결과와도 잘 부합한다. 웨스트는 RuvA 8량체가 포함된 복합체(그림 22.16a)가 효율적인 가지점 이동에만 필요하며, 이후 RuvC가 RuvA 4량체 중의 하나를 교체하여 홀리데이 접합의 분해에 특이적인 RuvABC-홀리데이 접합 복합체 또는 분해효소 복합체(resolvasome, 그림 22.16b)를 형성한다는 가설을 세웠다.

ruvA, *ruvB*, 그리고 *ruvC* 유전자의 돌연변이는 모두 같은 표현형, 즉 재조합 회복의 결함에 따른 자외선, 전리방사선, 그리고 항생제인 마이토마이신 C에 대한 과다한 민감성을 보인다. RuvA와 RuvB는 가지점 이동을 촉진함에 반해 RuvC는 홀리데이 접합의 분해를 촉진하는데, 이 세 가지 단백질에 결함이 생길 경우 왜 동일한 결과가 나타나는 것일까? 접합의 분해가 가지점 이동에 의존함을 보이면 이 질문에 대한 한 가지 해답이 될 것이다. 이 경우 결함이 있는 RuvA 또는 RuvB는 가지점 이동을 방해하여 간접적으로 분해를 방지하기 때문이다.

웨스트 등은 이를 직접적으로 증명하지는 못했으나 RuvC에 의한 접합의 분해가 잘 일어나는 핫스팟(hotspot)이 존재함을 밝혔는데, 이는 이 핫스팟에 이르기 위해 가지점 이동이 필요함을 시사한다. RuvC가 자르는 부위의 염기서열을 결정하기 위해 웨스트 등은 RuvC 산물에 대한 프라이머 신장분석을 수행했다. 이때 이용한 프라이머는 실험에 사용한 DNA의 염기서열을 결정하기 위해 이용하는 프라이머와 동일하였다. 그 결과 총 19개의 절단부위를 확인하였으며 공통서열(consensus sequence)인 5′-(A/T)TT↓(G/C)-3′도 밝혔다. RuvA와 RuvB는 이러한 서열에 도달하기 위해 생체 내에서 가지점 이동을 촉매하는 데 필요할 것으로 생각된다. 또한 이 가설은 패치 또는 스플라이스 산물로 분해되는 것은 두 DNA 가닥에 있는 RuvC 분해서열의 빈도에 의존함을 시사하는데, 전체적으로 이는 50/50으로 혼합되어 있을 것이다.

22.3. 감수분열 재조합

이 장의 초반부에서 언급했듯이 대부분의 진핵생물의 감수분열은 재조합 과정을 동반한다. 이 과정은 세균의 상동재조합과 많은 공통점을 가진다. 이 절에서는 효모에서의 감수분열 재조합의 기작에 대해 살펴볼 것이다.

1) 감수분열 재조합의 기작: 개요

그림 22.17은 가장 많은 연구가 진행된 효모(*Saccharomyces cerevisiae*)의 감수분열 재조합에 대한 가설을 보여 준다. 이 과정은 이중가닥 절단(double-stranded break, DSB)과 같은 염색체 상해부위에서 시작된다. 핵산말단가수분해효소가 이 절단부위를 인식하여 각 가닥의 5′-말단부위를 분해함으로써 3′-말단이 튀어나온 단일가닥(3′-single-stranded overhang)을 형성한다. 이 단일가닥 말단 중 하나는 다른 듀플렉스 DNA에 침투하여 D-고리를 형성하는데, 이는 세균의 상동재조합에 관찰된 것과 유사한 현상이다. 이후 DNA 회복 합성(repair synthesis)이 위의 이중나선의 갭을 채우고, 이 과정에서 D-고리가 확장된다. 그런 다음 가지점 이동은 양방향으로 진행되어 2개의 홀리데이 접합이 만들어진다. 마지막으로 홀리데이 접합은 2개의 이형듀플렉스를 가진 비교차성 재조합체를 만들거나 가장자리(flanking) DNA 부위를 서로 맞교환한 교차성 재조합체로 분해될 수 있다.

대부분의 과정은 실험적으로 잘 증명할 수 있었으나, 가설의 일부는 실험 결과와 모순되기도 한다. 특히, 이 모델은 잡종 DNA는 이중가닥 절단이 발생한 지점을 중심으로 양쪽 부위 모두에서 생성된다고 예상하지만, 유전적인 실험 결과 보통 절단부위의 한쪽에서만 잡종 DNA가 발견되었다. 간혹 양쪽에서 잡종 DNA가 발견되기도 하였으나 이 경우는 모두 동일한 염색분체(chromatid) 내에서였고, 모델에서 예상했던 두 염색분체 모두에서는 발견되지 않았다. 따라서 이런 모순점을 해결하고 나아가 가설의 개선을 위해 더 많은 실험 결과가 필요하다.

생물체의 종류에 따라 재조합 방식이 달라질 수 있음에 유의할 필요가 있다. 감수분열 재조합에 대한 고전적인 연구는 이중(double) 홀리데이 접합이 두드러진 출아형 효모에서 수행되었다. 그러나 2006년 제랄드 스미스(Gerald Smith) 등은 분열형 효모인 *Schizosaccharomyces pombe*에서는 그림 22.2와 22.3과 같

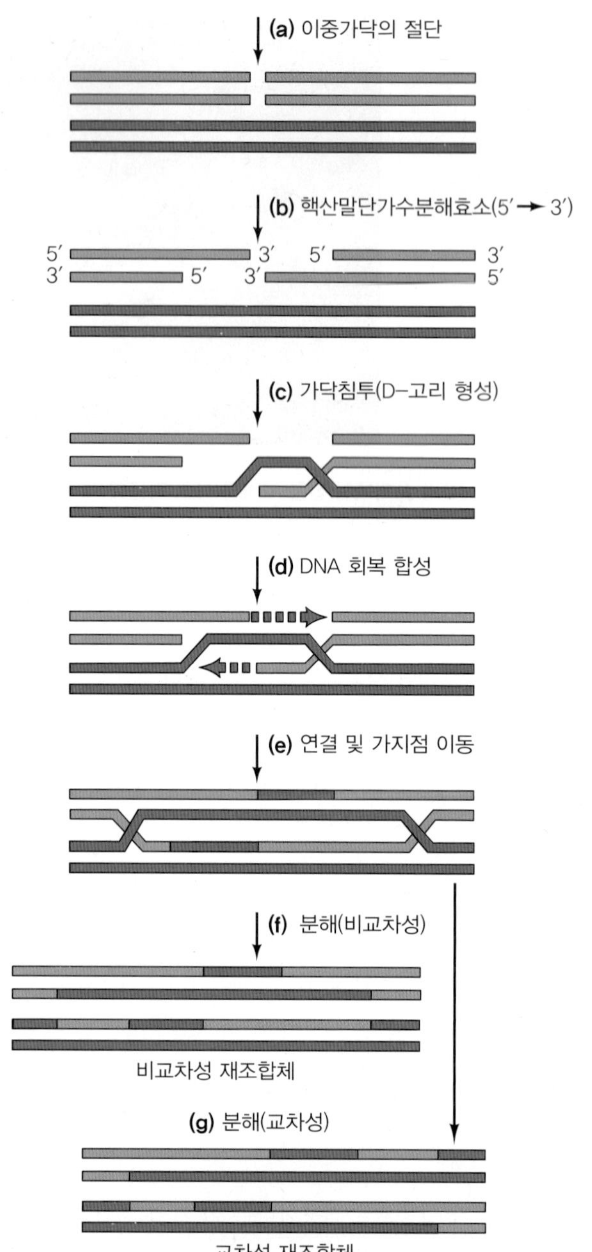

그림 22.17 효모의 감수분열 재조합 모델. (a) 한 듀플렉스 DNA(빨간색)와 짝을 이룬 다른 듀플렉스 DNA(파란색)에 이중가닥 절단이 발생한다. (b) 핵산말단가수분해효소가 신생 절단 DNA의 5′-말단을 분해한다. (c) 상단의 듀플렉스 DNA의 단일가닥 3′-말단이 하단의 듀플렉스를 침투하여 D-고리를 형성한다. (d) DNA 회복 합성으로 3′-자유말단이 확장되어 D-고리가 더 커진다. (e) 가지점 이동이 양쪽으로 일어나 2개의 홀리데이 접합이 생긴다. (f) 홀리데이 접합은 양쪽 홀리데이 접합에 있는 내부가닥을 절단함으로써 분해되고 이형듀플렉스 패치를 가진 비교차성 재조합 DNA 산물을 만들지만 홀리데이 접합 이후의 DNA 팔은 교환되지 않는다. (g) 왼쪽 홀리데이 접합의 내부가닥과 오른쪽 접합의 외부가닥이 절단됨으로써 홀리데이 접합이 분해된다. 이로 인해 오른쪽 홀리데이 접합의 오른쪽까지 DNA 팔의 교환이 일어난 교차성 재조합 DNA 산물이 만들어진다.

은 단일(single) 홀리데이 접합 중간 산물(intermediate)을 거쳐 감수분열 재조합이 일어난다고 보고 하였다. 나아가 스미스 등은 이 생물체에서의 감수분열 재조합이 이중가닥 절단 보다는 단일가닥 틈(nick)을 만들어 개시될 것으로 제안하였다.

최초의 모델과 다른 또 다른 결과로, 2001년 토어스텐 알러스(Thorsten Allers)와 마이클 릭턴(Michael Licten)은 출아형 효모에서 홀리데이 접합과 동시에 비교차성 재조합체도 존재하며, 교차성 재조합체는 홀리데이 접합이 분해된 이후에만 나타난다고 보고하였다. 이들의 결과는, 출아형 효모에서는 비교차성 재조합체는 홀리데이 접합의 분해로 생성되기보다는, 홀리데이 접합을 포함하지 않는 별도의 기작으로부터 생성됨을 시사한다.

2) 이중가닥 DNA 절단

효모의 재조합이 **이중가닥 DNA 절단**(double-strand DNA break, DSB)으로 시작된다는 사실을 어떻게 알게 되었을까? 1989년 잭 조스탁(Jack Szostak) 등은 효모 *Saccharomyces cerevisiae*의 *ARG4* 유전자에서 재조합 개시부위에 대한 지도를 작성함으로써 이 질문에 대한 답을 찾을 수 있는 토대를 마련하였다. 그들은 재조합 자체를 관찰한 것이 아니라 효모의 감수분열 재조합에 의존적인 감수분열 유전자 변환(gene conversion)을 살펴보았다. 유전자 변환이나 재조합 모두 동일부위에서 시작되는 까닭에 연구자들은 재조합의 대용(surrogate)으로 유전자 변환을 이용할 수 있었다. 유전자 변환의 기작에 대해서는 이 장의 후반부에서 다루게 될 것이다.

조스탁 등은 *ARG4* 유전자 자리에서의 감수분열 유전자 변환이 극성(polar)을 띤다는 기존의 연구 결과를 재입증하였다. 즉, 그 현상이 유전자의 5′-말단에서는 비교적 흔하게 일어났지만(전체 감수분열의 약 9%), 유전자의 3′-말단에서는 상대적으로 드물게 일어났다(전체 감수분열의 약 0.4%). 이런 현상은 재조합 개시부위가 그 유전자의 5′-말단 근처에 있다는 점을 시사하였다. 그래서 Szostak 등은 5′-말단부위의 절단을 통해 개시부위가 제거되었을 때 유전자 변환이 억제되는지를 살펴보았다. 그들은 −316에서 +1부위 안에서 3′-말단을 가지는 절단은 모두 유전자 변환율이 크게 감소한 것을 발견하였다. 이것은 재조합을 위한 개시부위가 *ARG4* 유전자의 프로모터 부위에 위치하고 있음을 말해주는 것이다.

그들은 이 정보를 통해 그 효모 유전체상의 매우 제한된 부위에서의(단일가닥 또는 이중가닥) DNA 절단을 조사할 수 있게 되었다. 따라서 그들은 *ARG4* 유전자를 포함하는 15kb 크기의

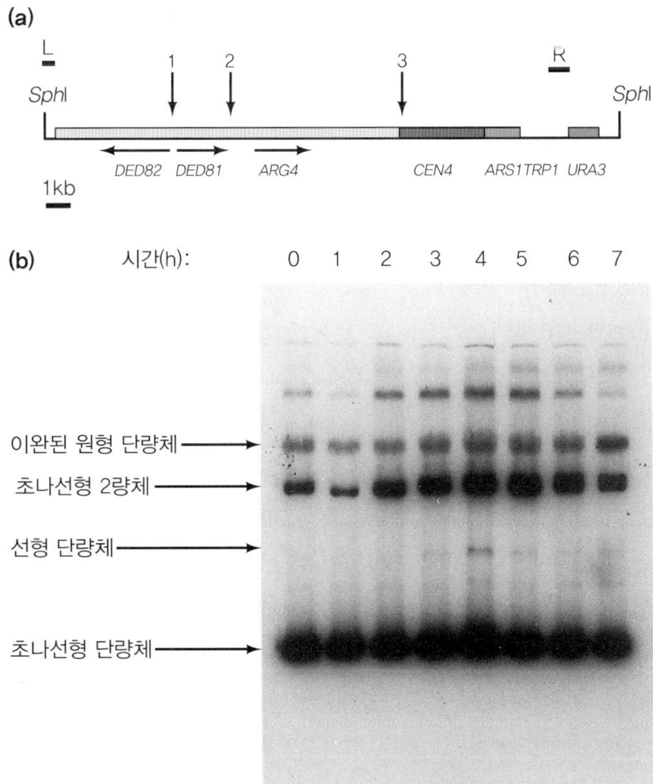

그림 22.18 재조합 개시부위를 포함하는 플라스미드에서의 이중가닥 DNA 절단의 확인. (a) DSB 확인에 사용된 플라스미드 지도. 노란색 막대는 재조합 개시부위가 포함되는 15kb 크기의 효모 DNA를 나타낸다. 다른 색의 막대들은 벡터 내부의 유전자 자리를 나타내며 동원체에 해당하는 *CEN4* 등을 포함한다. 유전자의 위치는 막대 밑에 표시하였으며, L과 R은 블롯과의 잡종화에 사용된 탐침의 위치를 표시한 것이다. 1, 2, 3번으로 표시된 화살표는 이 실험에서 확인된 DSB의 위치가다. **(b)** 전기영동 결과. 조스탁 등은 (a)에 표시된 플라스미드로 효모세포를 형질전환시킨 다음 출아를 유도하고 시간별로 수획한 플라스미드 시료를 전기영동으로 분리하였다. 마지막으로 서던블롯으로 왼쪽에 표시된 것과 같은 밴드를 확인하였다. DSB를 나타내는 선형의 단량체가 4시경에 출현함에 주목하라. (출처: Sun, H., D. Treco, N.P. Schultes, and J.W. Szostak, Doublestrand breaks at an initiation site for meiotic gene conversion. *Nature* 338 (2 Mar 1989) f. 1, p. 88. Copyright © Macmillan Magazines Ltd.)

DNA 절편을 효모 플라스미드에 옮겨 실은 후 포자 형성 배지에서 배양하면 즉시 감수분열 동시화가 진행되는 균주에 도입하였다. 포자 형성 과정을 유도한 후 시간별로 플라스미드 DNA를 추출하여 전기영동으로 분석하였다.

전기영동 결과를 그림 22.18에서 볼 수 있는데, 0시간에서는 대부분이 초나선형 단량체였으며 약간의 초나선형 2량체, 이완된 선형 단량체 그리고 겔 이동성이 느린, 종류를 알 수 없는 2량체 밴드 등이 함께 관찰되었다. 이와 동일한 밴드들은 포자 형성 유도

후 전체 시간 경과 동안 계속해서 관찰된 반면, 한 가지 주목할 만한 사실은 3시간째 나타나서 4시간에서 최대치에 도달한 후 점차 감소하는 상대적으로 희미한 선형의 단량체 밴드가 관찰된 것이다. 이 선형 DNA는 플라스미드의 이중가닥 절단으로 인해 생긴 산물임에 틀림없었다. 이 DSB의 시간대는 이 세포의 감수분열 재조합 시간대(2.5~5시간) 및 재조합 산물이 발견되는 시간(4시간)과 잘 맞아떨어졌다. 이 발견들은 바로 감수분열 재조합과정의 첫 단계가 DSB 형성일 것이라는 가설과 모두 일치한다.

조스탁 등은 제한효소 지도법(restriction mapping)을 이용하여 DSB가 플라스미드 내의 세 가지 장소에서 발생했음을 밝혔다(그림 22.18a의 화살표). 이 중 2번 부위는 *ARG4* 유전자의 바로 5′-방향의 조절부위에 위치하는 216bp 크기의 제한효소절편 안에 위치하였다. 또한 그들은 바로 이 부위에서의 142bp 결실(deletion)로 *ARG4*의 감수분열 유전자 변환의 감소가 초래되었음을 이미 보고한 바가 있었으므로 동일한 결실이 DSB에 대해 어떤 효과를 보이는지 시험하였다. 이 결실로 인해 2번 부위에서의 DSB가 제거되었지만, 1번 부위와 3번 부위에서의 DSB에 대해서는 효과가 없었다. 따라서 2번 부위에서 DSB를 형성할 수 있는 역량은 바로 아래쪽인 *ARG4* 유전자에서 감수분열 유전자 변환이 일어나는 효율과 상관관계가 있는 것으로 나타났다.

DSB가 감수분열 재조합 과정에서 개시 단계에 해당된다면 그것은 플라스미드가 아닌 효모 염색체 안에서도 발생해야 한다. 그러므로 조스탁 등은 이와 동일한 DSB를 찾기 위해 플라스미드가 없는 세포의 제한효소 지도를 작성하였다. 그들은 1번과 2번 부위의 DSB 역시 효모 염색체 DNA 안에서 발생하며 이들의 출현 시간도 플라스미드에서와 동일하다는 것을 발견하였다.

낸시 클렉크너(Nancy Kleckner) 등은 감수분열 재조합을 위한 핫스팟을 유도하기 위해 *HIS4* 유전자 바로 옆에 *LEU2* 유전자를 삽입한 효모 염색체에서도 유사한 이중가닥 절단이 발생함을 보고하였다. 실제로 아주 근접한 2개의 DSB가 이 핫스팟에서 발생했다. 또한 그들은 RAD50 유전자의 비결손 돌연변이(nonnull mutation, 유전자를 완전히 불활성화시키지 못하는 돌연변이)인 *rad50S* 균주에서 DSB에 의해 생성된 절편들이 축적된다는 사실을 발견하였다. 이 돌연변이는 DSB 형성 과정의 하위 단계를 저해함으로써 DSB가 축적될 수 있도록 한 것이었다.

1995년 스코트 키니(Scott Keeney)와 클렉크너는 *rad50S* 돌연변이 균주에서 DSB에 의해 생성된 5′-말단이 미확인된 단백질에 공유결합 상태로 결합되어 있음을 발견하였다. 이런 현상은 다음과 같이 설명될 수 있다. 즉, DSB를 생성하는 촉매단백질은 정상적인 경우 DNA와 즉각 해리되지만 돌연변이 균주에서는 촉매작용으로 생성된 DNA 말단에 결합된 채로 남겨진다는 것이다. 이 설명이 옳다면 DSB 말단에 결합된 단백질의 규명을 통해 DSB를 생성하는 핵산내부가수분해효소의 정체를 알게 될 것이다.

따라서 클렉크너 등은 이 DSB에 공유결합된 단백질을 찾는 작업을 시작했다. 그들은 감수분열 중인 *rad50S* 세포로부터 핵을 분리하는 것에서 시작했는데, 그것은 이 균주가 단백질-DSB 복합체의 축적 덕분에 DSB 결합단백질의 좋은 원료 공급원이 될 수 있었기 때문이다. 이 단백질을 정제하기 위해 클렉크너 등은 2단계의 선별 과정을 이용했다. 먼저 핵을 분리한 후 구아니딘과 계면활성제로 단백질을 변성시킨 다음 $CsCl_2$ 농도구배 원심분리법으로 DNA와 DNA-단백질 복합체를 정제하였다. 이런 변성 조건에서도 DNA에 결합된 단백질은 공유결합으로 연결되어 있으므로 이 혼합물을 유리섬유 여과지를 통과시키면 순수한 DNA는 투과하나 DNA-단백질 복합체는 걸러진다. 이 여과지에 걸러진 성분은 공유결합 상태의 DNA-단백질 복합체가 농축된 것이므로 클렉크너 등은 핵산분해효소로 DNA를 절단하여 해방된 단백질로 SDS-PAGE를 수행하였다. 그들이 관찰한 여러 밴드 중 2개는 *rad50S* 균주에서 보였지만 DSB 형성이 억제된 *spo11Δ* 돌연변이 균주에서는 발견되지 않은 것이었다. 이와 동일한 두 밴드는 예비 실험에서뿐만 아니라 본 실험에서도 발견되었고, 더욱이 이들은 핵산분해효소로 DNA-단백질 복합체를 처리했을 때만 관찰되는 특성을 가졌다.

다음으로는 클렉크너 등은 본 실험을 통해 34kD과 45kD 크기의 2개 후보 밴드를 얻어 트립신으로 절단한 후 일부 펩티드의 아미노산 서열을 결정하였다. 짧은 단백질 서열로부터 해당 DNA 염기서열을 알 수 있었는데, 45kD 단백질은 *spo11* 유전자의 산물인 Spo11 단백질(**Spo11**)이었고 34kD 단백질은 2개의 리보솜 단백질이 포함된 5개의 서로 다른 단백질의 혼합물이었다.

Spo11은 감수분열에 필요한 단백질로 이미 알려졌으므로 DSB 결합단백질일 가능성 또한 매우 높아 보였다. 이러한 가설을 강화하기 위해 클렉크너 등은 Spo11이 DSB에 특이적으로 결합하는 단백질임을 보이고자 노력하였다. 먼저 항원결정부표지(epitope tagging) 방법을 이용해 *Spo11* 유전자를 헤마글루티닌(hemagglutinin)의 항원결정부에 해당하는 암호화부위에 융합시켜 만들었다. 이후 항-헤마글루티닌 항체로 면역침전을 수행하면 유전자의 산물인 Spo11-HA 단백질뿐만 아니라 그 단백질에 부착된 DNA까지도 함께 면역침전시킬 수 있다.

이전 연구에서 사용했던 *H1S4LEU2* 재조합 핫스팟을 포함하는 감수분열중인 *rad50S* 세포로 예비 실험을 수행하여 감수분열 중인 DNA(이것과 여기에 공유결합으로 부착된 단백질)를 분리하였다. 분리된 DNA를 *Pst*I 제한효소로 절단한 뒤 전기영동을 거쳐 여과지에 옮겨 붙인 후 핫스팟 부위를 감지할 수 있는 DNA 탐침으로 블롯을 수행했다. 그림 22.19a는 핫스팟 부위의 지도를 나타낸 것인데, 감수분열 재조합 동안 DSB가 발생하는 두 부위, DSB의 가장자리에 있는 2개의 *Pst*I 부위, 그리고 탐침과 잡종화를 형성하는 *H1S4LEU2*의 하단 부위의 위치 등을 볼 수 있다. 따라서 DSB가 일어나지 않은 경우에는 *Pst*I 절편(부모형)만이 관찰되겠지만, DSB가 일어난 경우에는 새로운 2개의 작은 절편(I 부위와 II 부위)도 함께 관찰되어야만 한다. 그림 22.19b에서 보듯이 이 작은 절편들은 야생형 세포(SPO11+)와 SPO11-HA 세포 모두에서 발견되었다.

다음으로 클렉크너 등은 Spo11-HA가 DSB에 의해 생긴 이런

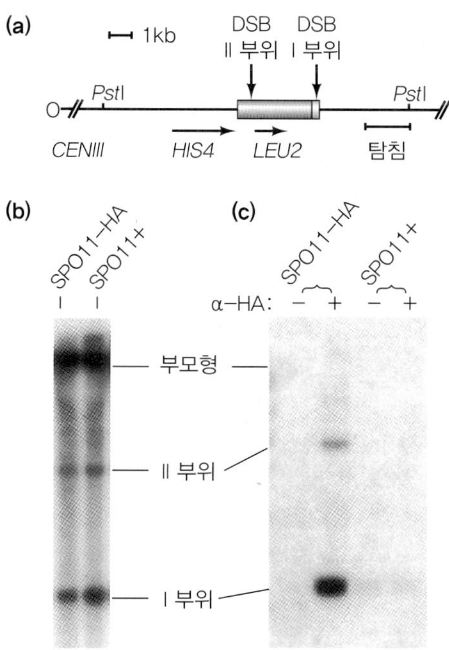

그림 22.19 Spo11과 DSB 절편과의 상호결합. **(a)** 핫스팟 부위의 지도. *LEU2* 유전자(빨간색)를 가진 DNA 절편(빨간색과 파란색)이 효모의 3번 염색체의 *HIS4* 유전자 옆에 삽입되었다. 양쪽 가장자리에 위치한 2개의 *Pst*I 부위와 함께 동원체(*CENIII*), 두 DSB 부위(I, II 부위) 및 서던블롯의 탐침이 잡종화하는 부위가 표시되어 있다. **(b)** *Pst*I으로 절단된 전체 DNA에 대한 서던블롯 결과. 부모형 절편과 함께 DSB에 의해 생성된 절편들이 보인다. **(c)** *Pst*I로 절단된 후 항-HA 항체로 면역침전 과정을 통해 얻어진 DNA를 (b)의 탐침으로 수행한 서던블롯 결과. 부모형 절편에 비해 DSB에 의해 생긴 절편들이 상대적으로 훨씬 농축되어 있다. (출처: Keeney, S., C. Giroux, and N. Kleckner, Meiosis-specific DNA doublestrand breaks are catalyzed by Spo11, a member of a widely conserved protein family. *Cell* 88 (Feb 1997) f. 3, p. 378. Reprinted by permission of Elsevier Science.)

절편에 특이적으로 결합하는지를 살펴보았다. 그들은 바로 앞에서 언급한 실험을 반복 수행하면서 이번에는 *Pst*I으로 DNA를 절단한 후 Spo11-HA-DNA 복합체를 면역침전시켰다. 그림 22.19c에서 보듯이 DSB에 의해 생긴 2개의 DNA 절편은 부모형 절편보다 매우 적은 양이지만 Spo11-HA와 함께 면역침전되었다. 그러나 그들은 항-HA(α-HA) 항체를 첨가하지 않고 면역침전을 수행하거나 HA-표지가 없는 야생형 *SPO11* 유전자를 가진 세포로 면역침전을 수행한 경우에는 면역침전이 되지 않았다. 이후 진행된 분석을 통해 이 절편들은 DSB가 축적되지 않는 야생 *RAD50* 균주나 DSB를 아예 만들지 못하는 돌연변이 균주에서는 면역침전이 되지 않는다는 사실도 알게 되었다.

Spo11-HA가 단순히 아무 DNA에 비특이적으로 결합한다면, DSB에 의해 생긴 2개의 작은 절편뿐만 아니라 부모형 DNA 절편에도 결합했을 것이다. 그러나 면역침전 결과 작은 절편이 부모형 DNA보다 약 600배 이상 농축되어 있는 것으로 밝혀졌기 때문에 Spo11은 DSB에 특이적으로 결합하는 것으로 판단하였으며, DSB를 생성하는데 관여하는 촉매효소의 일부분일 것으로 추정하였다. 더구나 Spo11은 당시 발견된 원시세균(archaeon), 분열형 효모, 그리고 선형동물 등을 포함하는 다른 생물체의 단백질과도 유사한(homologous) 것으로 밝혀졌다. 서로 다른 네 종류의 생물체에서 발견된 각 단백질 모두에서 보존된 티로신 잔기 1개가 발견되었으며, 이것이 아마도 DSB와 공유결합을 이루는 촉매성 아미노산일 것으로 추정하였다. 이것은 21장에 나오는 DNA 위상이성질화효소(topoisomerase)의 티로신 활성부위와도 닮았다. Spo11의 보존된 티로신은 135번째 아미노산인데 예상대로 활성에 필수적이었으며, 따라서 그림 22.20에서처럼 두 분자의 Spo11이 약간 어긋난 위치에서 각 DNA 가닥에 결합하는 모델을 제시할 수 있었다. 이 과정으로 DSB가 생성되며, Spo11 한 분자가 자신의 활성부위에 위치한 티로신과 각 가닥에 새로 생긴 5′-인산기가 공유결합으로 연결된 일시적인 중간 산물이 만들어진다. 그러므로 DSB의 생성은 간단한 가수분해에 의해 일어나는 것이 아니라 **에스테르교환반응**(transesterification)에 의해 일어나며 반응을 개시하는 공격기(attacking group)는 물 분자가 아닌 효소의 티로신 잔기가 된다.

Spo11과 DSB 말단 사이의 공유결합은 매우 짧은 기간 동안에만 일어나는 현상이어서 Spo11 두 분자는 어떤 방법으로든 DNA로부터 제거되어야 한다. 이 과정은 단백질-DNA 결합이 직접 가수분해되면서 일어날 수도 있고, 핵산내부가수분해효소의 작용으로 양 말단의 DNA를 다소 잃더라도 DNA로부터 단백질을 제거할

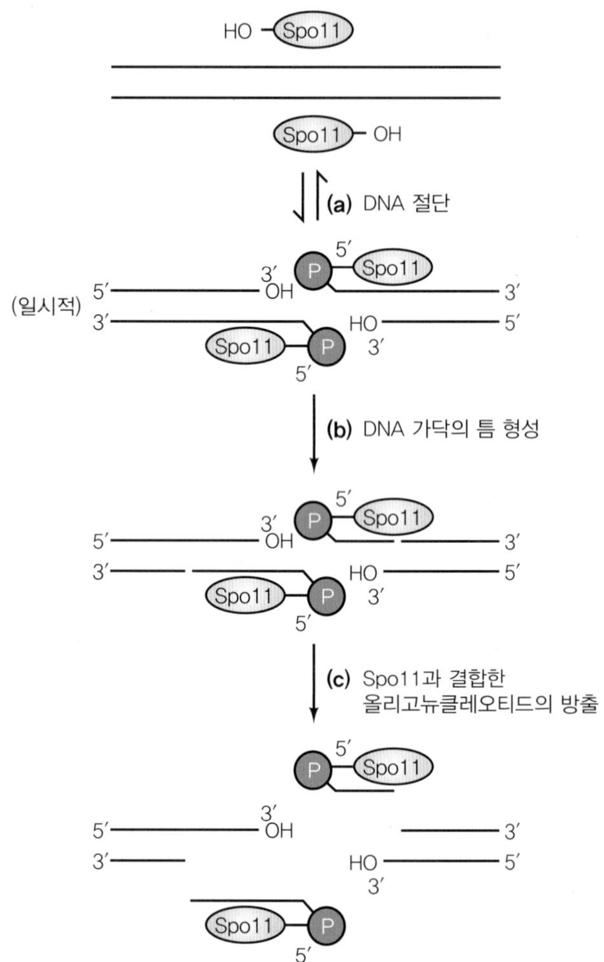

그림 22.20 DSB 형성에 있어 Spo11의 작용기작 모델. **(a)** DNA 절단. 히드록시기(–OH)로 표시된 티로신 활성부위를 가진 2분자의 Spo11은 약간 비스듬한 각도에서 2개의 DNA 가닥을 공격한다. 에스테르교환반응으로 DNA 가닥 내부의 인산디에스테르결합이 끊어지고 새로운 DNA 5′–말단과 Spo11의 티로신 간의 새로운 인산디에스테르결합이 만들어진다. **(b)** DNA 가닥의 틈 형성. 틈이 비대칭적으로 생성되어 두 가지 크기의 Spo11과 결합한 올리고뉴클레오티드가 만들어진다. **(c)** Spo11과 결합한 올리고뉴클레오티드의 방출. 그림에서 보는 것과 같이 DNA 말단의 재절단 이전에 방출될 수도 있으나 더 늦게 방출된다는 증거도 존재한다.

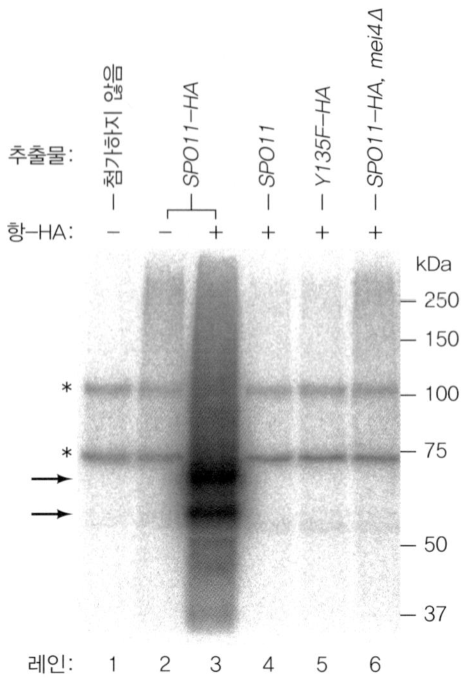

그림 22.21 Spo11과 결합한 올리고뉴클레오티드의 증거. 키니 등은 세포 추출물에서 효모의 단백질을 상단에 표시한 대로 항체 없이(1, 2번 레인) 또는 항–HA 항체로 면역침전하였다. 추출물을 만든 세포의 유전자형 역시 상단에 표시했는데 다음과 같다. 2, 3번 레인은 HA 항원 결정부의 암호화부위와 융합된 *SPO11*, 4번 레인은 야생형의 *SPO11*, 5번 레인은 HA 항원 결정부의 암호화부위와 융합된, 활성부위의 티로신(Y)이 페닐알라닌(F)로 변이된 *SPO11* 돌연변이(*Y135F*), 6번 레인은 HA 항원 결정부의 암호화부위와 융합된, DSB를 생성하지 못하는 감수분열 돌연변이인 *mei4Δ*. Keeney 등은 면역침전된 올리고뉴클레오티드를 TdT와 [α–^{32}P]코르디세핀삼인산을 이용해 말단 표지한 후 단백질을 SDS–PAGE로 분리하여 표지된 단백질을 자기방사법으로 확인하였다. 별표(*)는 세포추출물이나 항체가 없는 조건에서도 보이므로 비특이적으로 표지된 밴드를 가리키며, 화살표는 DSB가 생성된 경우에만 *Spo11*에 대해 특이적으로 보이는 밴드를 가리킨다. (출처: Reprinted by permission from Macmillan Publisher Ltd: *Nature* 436, 1053–1057, Thomas Schalch, Sylwia Duda, David F. Sargent and Timothy J. Richmond, "Endonucleolytic processing of covalent protein–linked DNA double–strand breaks," fig. 16, p. 1054 copyright 2005.)

수도 있다.

2005년 키니 등은 후자의 기작(그림 22.20)이 옳다는 것을 밝혔다. 클렉크너 등과 유사하게 키니 등은 효모 균주를 조작하여 Spo11–HA를 발현하도록 한 후, 감수분열중인 세포로 항–HA 면역침전을 수행하여 Spo11을 면역침전시켰다. Spo11이 결합한 올리고뉴클레오티드를 탐지하기 위해 면역침전물을 말단데옥시리보핵산 전달효소(terminal deoxynucleotidyl transferase, TdT)와 ^{32}P로 표지된 코르디세핀삼인산(cordycepin triphosphate)으로 처리하였다. TdT는 DNA의 3′–말단에 비특이적으로 뉴클레오티드를 첨가하며, 코르디세핀삼인산(3′–데옥시아데노신삼인산과 동일)은 3′–히드록시기를 가지지 않으므로 다음 뉴클레오티드가 연결될 수 없어 중합반응이 종결되도록 한다.

그림 22.21에서 그 결과를 볼 수 있는데, 별표(*)로 표시된 두 밴드는 세포추출물과 항체가 전혀 쓰이지 않은 1번 레인의 조건에서도 보이므로 DSB나 Spo11과 전혀 상관이 없는 비특이적인 밴드이다. 화살표가 가리키는 두 밴드(3번 레인)가 Spo11에 대해 특이적이라 할 수 있는데, 이는 HA 항체를 사용하지 않거나(2번 레인) HA 항원결정부로 표지되지 않은 Spo11을 사용하여(4번 레

인) 면역침전을 수행한 조건에서는 보이지 않았기 때문이다. 또한 Spo11의 중요한 티로신을 페닐알라닌으로 바꾸거나(5번 레인) *mei4* 돌연변이로 DSB를 방해한 경우(6번 레인)의 결과로부터 이 밴드들은 DSB의 형성에 의존적이라는 것도 볼 수 있었다.

올리고뉴클레오티드로 표지된 Spo11-HA가 2개 밴드의 형태로 보였다는 사실은 Spo11이 두 가지 크기의 올리고뉴클레오티드와 결합했음을 시사한다고 볼 수 있다. 이에 키니 등은 각 밴드에 포함된 단백질을 단백질분해효소(protease)로 분해한 다음 남은 올리고뉴클레오티드를 전기영동시켜 그 크기를 결정하는 실험을 수행하였다. 상위 밴드는 중간 값이 24~40nt 길이인 번진(smeared) 올리고뉴클레오티드의 밴드로 보인 반면, 하위 밴드는 10~15nt의 길이를 중간 값으로 하는 번진 밴드로 보였다. 이 결과로부터 두 가지 길이의 올리고뉴클레오티드가 Spo11에 결합한다는 것을 확증할 수 있었으며, 밴드가 번진 이유로 올리고뉴클레오티드의 다양한 길이나 단백질분해효소에 의한 Spo11 분해반응의 이종성(heterogeneity)이 제시되었다. 올리고뉴클레오티드에 평균 3개의 아미노산만이 남아 있으며 10nt 이하의 짧은 올리고뉴클레오티드는 겔에 잘 남아 있지 않다는 사실로부터 키니 등은 두 뉴클레오티드의 길이를 21~37nt와≤12nt로 추정하였다. 이들은 생쥐의 DSB 과정에 대한 연구를 통해 비슷한 결과를 얻었으나, 생쥐의 Spo11 유사체와 결합한 두 종류의 올리고뉴클레오티드의 길이가 효모의 것과는 약간 다르다는 점을 발견하였다.

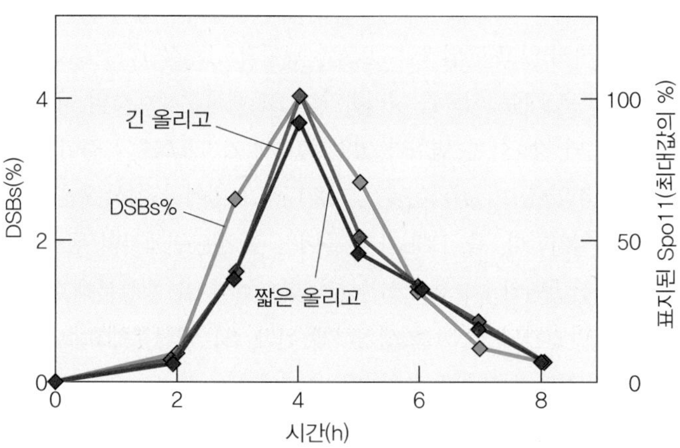

그림 22.22 시간 경과에 따른 DSB와 Spo11-올리고뉴클레오티드 복합체의 생성과 소멸. 효모의 *HIS4LEU2* 재조합 핫스팟에서의 DSB를 전체 DNA에 대한 백분율(초록색)로 표시하였다. Spo11 단백질에 결합한 길거나(빨간색) 짧은(파란색) 올리고뉴클레오티드를 긴 것의 최대치에 대한 백분율로 표시하였다. (출처: Adapted from Neale, M. J., et al., Endonucleolytic processing of covalent protein-linked DNA double strand breaks. *Nature* 436: 1054, fig. 1f, 2005.)

그림 22.22는 Spo11-올리고뉴클레오티드 구조가 출현하는 시점과 Spo11이 결합하지 않은 재절단된(Spo11-free resected) DSB가 출현하는 시점이 정확히 일치했음을 보여 준다. 나아가 큰 밴드와 작은 밴드가 동일 과정에 의해 동시에 생성되기 때문에 항상 정확한 1:1의 비율로 보인다는 것도 알아냈다. 이러한 발견으로부터 몇 가지 흥미롭지만 아직 완전하지 않은(tentative) 결론이 도출되었다.

첫째, Spo11-올리고뉴클레오티드 구조의 축적과 소멸은 Spo11이 결합하지 않은 재절단된 DSB의 축적과 소멸을 밀접하게 반영한다. 이미 지적한 바와 같이 두 구조의 출현 시점이 일치하는 것은 쉽게 예상할 수 있으나, Spo11-올리고뉴클레오티드와 Spo11이 결합하지 않은 DSB가 동시에 소멸할 것으로 예측하기는 어려웠다. 대신 Spo11(올리고뉴클레오티드와의 결합 여부에 상관없이)이 재절단(resection) 이전에 DSB로부터 분리되어(그림 22.20c) 홀리데이 접합의 형성으로 DSB가 소멸되기 전에 일어난다는 가장 간단한 모델을 제시할 수 있다. 이 모델에 따라 Spo11-올리고뉴클레오티드의 소멸이 Spo11이 결합하지 않은 DSB의 소멸에 선행하다고 예측할 수 있는데, 두 가지 현상이 동시에 일어난다는 사실은 다음의 두 가지 방법으로 설명할 수 있다. 첫째, 우연히 Spo11-올리고뉴클레오티드의 소멸 과정이 충분히 느려서 그 기간 동안 재절단된 DSB가 홀리데이 접합을 형성할 수 있다. 그러나 더 흥미로운 가능성은 Spo11-올리고뉴클레오티드의 소멸이, 그 구조가 해리되는 재접합 과정이 일어나기 이전까지 개시되지 않는다는 것이다. 이러한 개념을 그림 22.23에 설명하였다.

둘째, Spo11에 결합된 두 가지 크기의 올리고뉴클레오티드가 동량으로 생성된다는 점이다. 이는 긴 올리고뉴클레오티드가 하나의 DSB 말단에서 유래하고, 짧은 올리고뉴클레오티드가 다른 하나의 DSB 말단에서 유래한다는 것을 시사한다. DSB에 내재된 비대칭성으로 말미암아 어느 DNA 이중나선의 자유 3′-말단이 다른 DNA 이중나선을 침투하여 홀리데이 접합의 생성을 개시할 지 이미 정해져 있을 가능성도 제시한다. 키니 등은 그림 22.23과 유사한 모델을 제시하였는데, 두 가닥을 절단할 때의 비대칭성으로 인해 재절단 후 Spo11에 결합한 올리고뉴클레오티드와 염기쌍을 이룬 자유 3′-말단의 길이의 비대칭성이 초래된다. 그림 오른쪽의 Spo11에 결합한 올리고뉴클레오티드가 이루는 염기쌍의 수가 왼쪽에 비해 더 적기 때문에 여기에 두 재조합효소(recombinase, Rad51 또는 Dmc1) 중 하나가 결합하고, 왼쪽의 것에 나머지 재조합효소가 결합하게 된다. 이 비대칭성으로 말미암아 어느 자유 말단이 동형듀플렉스(homologous duplex)에 침투하여 홀리데이 접

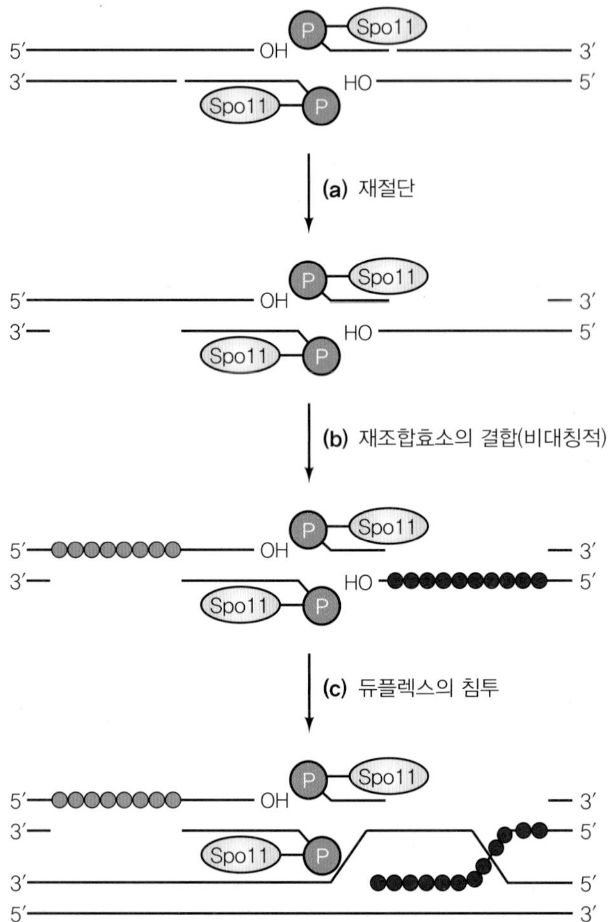

그림 22.23 Spo11-올리고뉴클레오티드 복합체의 방출 이전에 일어나는 DSB 말단의 재절단에 대한 모델. (a) 이전의 단계(그림 22.20)에서 생성된 틈을 이용해 양가닥에 재절단이 일어난다. (b) 두 재조합효소(Rad51과 Dmc1)가 신생 단일가닥 부위에 비대칭적으로 결합하는데, 한 단백질(파란색)이 한 가닥을, 다른 단백질이 나머지(주황색) 가닥을 피복한다. 이 시점에서 어느 단백질이 듀플렉스 침투를 촉진하는지 모르기 때문에 색은 임의로 지정했다. (c) 단백질 중 하나(파란색)가 피복된 자유 3′-말단을 표지하여 동형듀플렉스에 침투하도록 함으로써 홀리데이 복합체의 형성을 개시한다. 이 시점에서 Spo11에 결합한 올리고뉴클레오티드는 분리되어 분해된다.

합의 형성을 개시할 지 결정되며, 그림의 경우 오른쪽의 것이 이에 해당된다.

다음 절에서 Rad50과 Mre11을 포함한 복합체가 DSB 말단의 재절단에 관여한다는 것을 살펴볼 텐데, 다음의 증거들은 DSB 부근에서 DNA를 잘라 Spo11-올리고뉴클레오티드의 분리를 초래하는 핵산내부가수분해효소의 활성 역시 이 복합체가 가지고 있음을 시사한다. 첫째, Mre11은 이에 필요한 핵산내부가수분해효소의 활성을 가지고 있음을 우리는 이미 알고 있다. 둘째, *RAD50*와 *MRE11* 두 유전자에 모두 돌연변이가 있는 경우, DSB 말단에서 Spo11이 제거되는 과정이 저해된다. 셋째, Spo11에 결합한 올리고뉴클레오티드는 3′-히드록시기를 가지고 있는데, 이는 Mre11 핵산내부가수분해효소가 사용하는 기작과 일치한다.

현재 우리는 *Spo11* 유전자가 효모, 식물, 동물을 포함한 전 진핵세포계에서 매우 잘 보존되어 있음을 알아냈다. 그러므로 재조합의 개시하는 이중가닥 절단의 모델 역시 보존되었을 가능성이 매우 높다. 이 결론을 지지하는 한 연구에서 킴 멕킴(Kim McKim)과 아키 하야시-하기하라(Aki Hayashi-Hagihara)는 유전자 변환(gene conversion)을 저해하는 초파리의 돌연변이를 찾기 위해 클렉크너 등이 행했던 것과 유사한 실험을 수행했다. 1998년에 이들은 *mei-W68* 돌연변이가 동일한 표현형을 보이며 *mei-W68* 유전자가 효모의 *Spo11* 유전자에 대한 초파리의 유사체(homolog)임을 보고하였다. 흥미롭게도 *mei-W68* 돌연변이는 감수분열 세포뿐만 아니라 체세포의 유전자 변환에도 영향을 끼쳤다. 그러므로 *Spo11*이 감수분열 재조합에만 필요한 효모와 달리, *mei-W68*은 감수분열 및 체세포 재조합에 모두 필요하다. 그러므로 *mei-W68*이 유도할 것으로 예상되는 이중가닥 절단 역시 초파리의 감수분열 및 체세포 재조합에 모두 필요할 것으로 보인다.

3) DSB에서 단일가닥 말단의 생성

Spo11이 일단 DSB를 생성하면 새로운 5′-말단은 분해되어 다른 이중나선 DNA에 침투할 수 있는 자유 3′-말단을 만든다. 1989년 조스탁 등은 DSB에 의해 생긴 DNA 말단 구조를 관찰하는 과정에서 단일가닥 말단을 최초로 발견했다. 그들은 이중가닥 DNA에는 작용하지 않고 단일가닥 DNA만 특이적으로 절단하는 S1 핵산분해효소로 DNA 시료를 처리하였다. S1 핵산분해효소의 처리 결과, 밴드의 강도에는 변화가 없었지만 세 가지 DNA의 길이가 모두 감소되었다. 이 결과는 그림 22.17의 모델에서 예상했던 것과 정확히 일치한다. 즉, DSB가 만들어진 후 절단면에서의 두 5′-말단을 핵산말단가수분해효소가 분해함으로써 S1 핵산분해효소에 취약한 단일가닥 DNA를 생성하게 된다. S1 핵산분해효소 처리 후 DNA 절편의 길이가 감소하게 된 것이다.

클렉크너 등도 DSB 한쪽 가닥이 분해, 곧 재절단된다는 것을 입증하는 증거를 찾았다. 야생형 세포에서 축적된 DNA 절편들은 조금씩 베어져 나간 것처럼 전기영동 실험에서 퍼진 밴드를 형성한 반면, *rad50S* 돌연변이 균주에서는 DSB 말단의 재절단이 일어나지 않아 명확한 밴드의 형태로 관찰되었다.

RAD50, *MRE11* 및 *COM1/SAE2* 유전자의 돌연변이는 DSB의 재절단을 저해한다. 실제로 *RAD50*과 *MRE11*의 결손 대립인

자(null alleles)는 DSB 생성을 완전히 저해하였으며, 일부 비결손 대립인자(nonnull alleles)만 DSB가 생성되나 재절단은 저해하였다. 따라서 이 두 유전자의 산물 모두 DSB의 형성과 재절단에 필요한 것으로 판단된다. 이들의 역할에 대한 증거는 대장균과의 비교로부터 얻어졌는데, 대장균 단백질인 SbcC와 SbcD는 각각 효모의 Rad50과 Mre11과 유사한 구조를 가진다. 나아가 두 박테리아 단백질은 SbcC/SbcD 2량체로 기능하며 이중가닥 DNA에 대한 핵산말단가수분해효소 활성을 지닌다. 이 발견은 효모의 Rad50과 Mre11 역시 DSB의 5′-말단을 재절단하기 위해 함께 일할 가능성을 시사한다.

22.4. 유전자 변환

붉은빵곰팡이(*Neurospora crassa*)와 같은 곰팡이가 포자를 형성할 때 두 반수체 핵은 융합하여 이배체 핵이 되고 이것이 감수분열하여 4개의 반수체 핵을 만든다. 이후 핵들은 체세포 분열을 거쳐 8개의 반수체 핵을 만들어 분리된 포자에 하나씩 포함된다. 원칙적으로 최초의 두 반수체 핵 중 하나의 유전자 자리(locus)에 1개의 대립 유전자(A)를 가지고 있고, 다른 핵의 동일 유전자 자리에 다른 대립 유전자(a)를 갖고 있다면, 포자에서의 대립 유전자들은 4개의 A와 4개의 a로 동수이어야만 한다. 5개의 A와 3개의 a와 같은 비율과 같은 동수 이외의 결과는 상상하기 어려운데, 이런 결과는 한 *a*가 *A*로 변환되어야 나타날 수 있기 때문이다. 그런데 실제로 곰팡이 종에 따라 0.1%의 비율로 이러한 비정상적인 결과가 관찰되기도 하는데, 이 현상을 **유전자 변환**(gene conversion)이라 한다. 이 주제를 재조합에 관해 설명한 장에서 논의하는 것은 두 현상이 서로 관련되어 있기 때문이다.

이 장에서 논하고 그림 22.17에 정리한 감수분열 재조합의 기작으로부터 감수분열 동안 일어나는 유전자 변환의 기작을 유추할 수 있다. 그림 22.24는 *N. crassa*에서의 이 가설을 보여 준다. 먼저 DNA 복제가 이미 일어나서 4개의 염색분체를 갖는 핵부터 생각해 보자. 원칙적으로는 *A* 대립인자를 갖는 두 염색체와 *a* 대립인자를 갖는 두 염색체가 기대된다. 그러나 그림 22.24에서는 가닥교환과 가지점 이동이 일어난 후 분해되어 이형듀플렉스의 패치를 가진 두 염색체가 생성된다. 이러한 이형듀플렉스 부위는 *A*와 *a* 대립인자에서 한 염기만 다른 부위에 위치하여, 각 염색체는 한 대립 유전자를 갖는 한 가닥과 다른 대립 유전자를 갖는 다른 가닥을 포함하게 된다. DNA 복제가 즉시 일어나면 이 상황은 단순히 *A* 듀플렉스 2개와 *a* 듀플렉스 2개가 만들어지는 간단한 결과로 종료되겠지만, DNA 복제 이전에 1개 또는 2개의 이형듀플렉스가 염기의 틀린짝(mismatch)을 회복하는 효소를 유인할 가능성도 있다. 이 예에서는 상단의 이형듀플렉스만 회복되어 *a*가 *A*로 변환됨으로써 *A* 대립인자를 갖는 가닥 3개와 *a* 대립인자를 갖는 가닥 1개가 만들어진다. DNA 복제로 *A* 듀플렉스 3개와 *a* 듀플렉스 1개가 생성되며, 이형듀플렉스를 형성하지 않은 하단의 2개 염색체로부터 만들어진 *A* 듀플렉스 2개와 *a* 듀플렉스 2개까지 합치면 최종 비율은 *A* 5개와 *a* 3개가 된다.

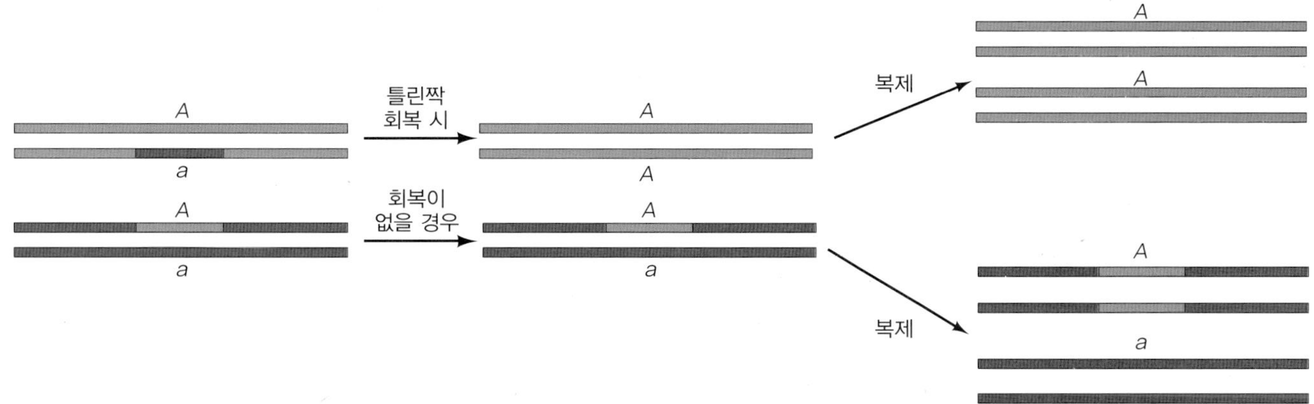

그림 22.24 포자 형성 중인 붉은빵곰팡이의 유전자 변환의 모델. 포자 형성 중 *A*(파란색)와 *a*(빨간색) 대립인자 사이에 한 염기가 차이 나는 부위에서 가지점 이동과 가닥교환에 의해 이형듀플렉스의 패치를 갖는 두 듀플렉스 DNA로 분해된다. 다른 두 딸 염색체들은 동질듀플렉스로서 각각은 순수한 *A*와 *a*이다(그림에는 표시하지 않음). 상단의 이형듀플렉스는 틀린짝 회복을 거쳐 *a*가닥이 *A*로 변환된다. 하단의 이형듀플렉스는 회복되지 않은 경우이다. 복제를 거치면 회복된 DNA는 *A* 듀플렉스 2개가 되지만, 회복되지 않은 DNA는 *A* 1개와 *a* 1개가 된다. 따라서 오른쪽의 딸 듀플렉스를 합하면 *A* 3개와 *a* 1개가 만들어진다. 그림에 보여 주지 않은 두 DNA의 복제로 *A* 2개와 *a* 2개가 생성되므로, 딸 듀플렉스를 모두 합하면 정상적인 *A* 4개와 *a* 4개가 아닌 *A* 5개와 *a* 3개가 된다.

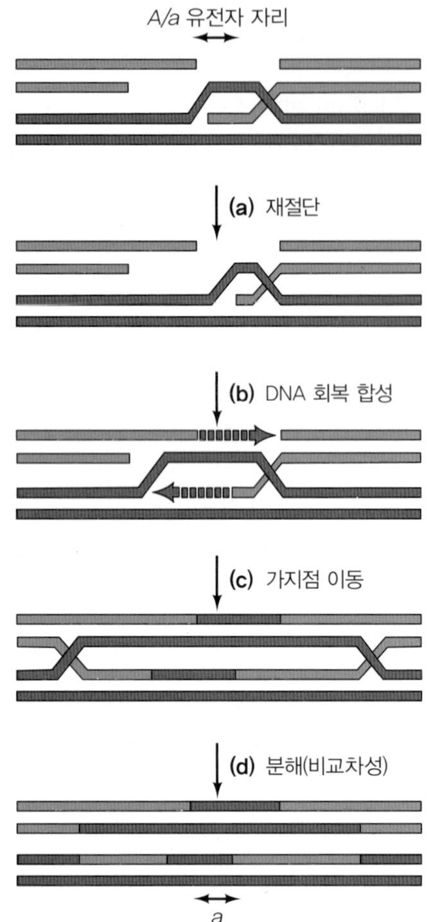

그림 22.25 틀린짝 회복이 관여하지 않는 유전자 변환 모델. 이 그림은 DSB 재조합 기작의 중간 단계인 그림 22.17의 가닥침투 직후부터 시작한다. **(a)** 침투가닥은 부분적으로 재절단되어 D-고리의 부분 함몰(collapse)을 초래한다. **(b)** DNA 회복 합성은 재절단 덕분에 더욱 확장되어 4개의 DNA 가닥 모두 *a* 대립인자(빨간색)를 갖는 부위를 만든다(상단과 하단에 모두 존재). **(c)**, **(d)** 4개 DNA 가닥 모두 *a* 대립인자를 가지므로 가지점 이동과 분해 과정으로 *A*와 *a* 대립인자가 다른 이 부위의 네 가닥의 성질은 변화하지 않는다. 따라서 이 과정으로 A였던 듀플렉스 DNA가 *a* 대립인자로 변환되었다.

그림 22.25는 틀린짝 회복 없이 유전자 변환이 일어날 수 있는 경로를 보여 준다. 가닥침투와 D-고리 형성 직후의 단계인 그림 22.17c에서부터 시작하고, 대립인자인 *A*와 *a*가 상이한 부위는 상단에 표시했으며 *A*는 파란색, *a*는 빨간색으로 구분했다. 이 모식도는 침투하는 가닥이 부분적으로만 재절단되어 회복 합성이 개시되기 이전에 D-고리의 크기가 줄어든다는 점에서 그림 22.17과 다르다. 이러한 재절단으로 보다 긴 스트레치의 회복 합성이 가능하므로 더 많은 침투가닥이 *A*에서 *a*로 변환될 수 있다. 이 변환은 *A*와 *a*가 서로 다른 정확한 부위에서 일어난다. 2개의 *A*와 2개의 *a*로부터 시작했으나 가지점 교환과 분해(교차성 또는 비교차성 분해에 상관없이)가 일어난 후 상당한 부위에 *a* 대립인자를 가진 총 4개의 DNA를 얻게 되었다. 유전자 변환이 일어난 것이다.

유전자 변환은 감수분열에만 한정되지 않는다. 출아형 효모인 *Saccharomyces cerevisiae*의 교배형 전환기작에서도 볼 수 있는데, 이 유전자 변환은 두 가지 형의 *MAT* 유전자 자리가 일시적으로 상호 작용한 후 한 유전자의 염기서열을 다른 것으로 변환시키는 과정을 포함한다.

요약

상동재조합은 생명체에 필수적이다. 진핵생물의 감수분열 과정에서 상동재조합은 상동염색체를 함께 묶어두었다가 적절하게 분리되도록 한다. 또한 자손에서 부모의 유전자들을 혼합하는 역할도 한다. 모든 생물체에서 상동재조합은 DNA 상해에 대처할 수 있도록 도와준다.

대장균의 RecBCD 경로에 의한 상동재조합은 이중가닥 절단을 경험한 듀플렉스 DNA의 단일가닥 DNA가 다른 듀플렉스를 침투하면서 개시된다. 자유 말단부위는 RecBCD의 핵산가수분해효소 활성과 헬리케이즈 활성에 의해 생성되는데, RecBCD는 카이 부위로 불리는 특정 염기서열에서 틈을 생성하는 것을 선호한다. 침투하는 가닥은 RecA와 SSB에 의해 피복된다. RecA는 침투하는 가닥이 상동 DNA의 상보가닥과 짝짓도록 도와줌으로써 D-고리를 형성한다. SSB는 재조합 과정을 가속시키는데, SSB가 2차구조를 해소하고, 재조합 과정의 후기 과정인 가닥교환을 방해할 수도 있는 2차구조를 RecA가 만들지 못하도록 방지하는 역할을 하기 때문인 것으로 보인다. 그 후 RecBCD에 의해 D-고리 가닥에 틈이 생기면 홀리데이 접합이라 불리는 가지 친 중간체 구조가 형성된다. RuvA-RuvB 헬리케이즈에 의해 촉매되는 가지점 이동은 홀리데이 접합의 교차를 분해하기 용이한 부위로 안내한다. 최종적으로 홀리데이 접합은 그 가닥들 중 2개를 절단하는 RuvC에 의해 분해된다. 그 결과 이질이중나선의 패치를 갖는 DNA(비교차성 재조합체) 두 분자나 교차성 재조합 DNA 두 분자가 생성된다.

효모의 감수분열 재조합은 이중가닥 절단(DSB)으로 시작된다. 두 분자의 Spo11은 공조를 통해 근접한 부위에서 양가닥을 절단함으로써 DSB를 만든다. 이 절단은 두 분자의 Spo11 활성부위에 위치한 티로신이 관여된 에스테르교환반응을 통해 이루어지며, 신생 DSB와 두 분자의 Spo11 간에 공유결합이 형성되도록 한다. 이후 Spo11은 12~37nt 길이의 올리고뉴클레오티드와 복합체를 이루어 DSB로부터 분리된다. Spo11-올리고뉴클레오티드는 DSB의 재절단이 일어난 후에도 분리될 수 있다. 감수분열 재조합에서 DSB가 형성된 이후, 절단의 5′-말단이 5′→3′ 핵산말단가수분해효소에 의해 분해된다. Rad50과 Mre11의 협업으로 이 재절단 과정이 일어나는 것으로 추정된다. 다음으로 새로 형성된 3′-말단은 다른 이중나선 DNA를 침투하여 D-고리를 형성한다. DNA 회복합성과 가지점 이동으로 2개의 홀리데이 접합이 만들어지며, 분해되어 비교차성 또는 교차성 재조합산물을 생성한다.

2개의 유사하나 동일하지는 않은 DNA 서열이 상호 작용하면 유전자 변환(한 DNA 서열이 다른 DNA 서열로 변환)이 일어날 수 있다. 유전자 변환에 참여하는 염기서열은 감수분열에서처럼 대립 유전자일 수도 있고, 효모의 교배형을 결정하는 *MAT* 유전자처럼 비대립 유전자일 수도 있다.

복습 문제

1. 상동재조합에서 RecA가 참여하는 세 가지 단계를 열거하고 각각에 대해 간단히 설명하라.

2. RecA가 단일가닥 DNA를 피복한다(coat)는 증거를 무엇인가? RecA와 단일가닥 DNA 사이의 상호 작용에서 SSB의 역할은 무엇인가?

3. 재조합의 초기에 RecA가 시냅시스에 필요하다는 것을 증명하는 실험 과정과 그 결과를 설명하라.

4. 전자현미경에서 관찰된 시냅시스처럼 보이는 구조가 염기쌍이 아니라 진짜 시냅시스임을 어떻게 증명할 것인가?

5. RecBCD가 카이 부위에 인접한 DNA에 틈을 만드는 것을 보인 실험과 그 결과를 설명하라. 오염된 물질이 아니라 RecBCD에 의해 이 절단이 유발된다는 것을 어떻게 증명할 수 있는가?

6. 겔 이동성 변화분석을 이용해 RuvA를 높은 농도로 처리할 경우 그 자체가 홀리데이 접합에 결합하고 RuvB는 그 자체로는 결합할 수 없으나 RuvA와 함께 처리하면 낮은 농도에서도 협동적으로 결합할 수 있음을 어떻게 증명할 수 있을까? 이 실험에서 글루타르알데히드의 기능은 무엇인가?

7. 홀리데이 접합이 가지점 이동이 쉽게 일어날 수 있는 십자가 모양으로 되어 있는 형태로 RuvAB-홀리데이 접합 복합체를 그림으로 설명하라. RuvA 4량체는 제외하고 RuvB 고리들만 포함시켜라.

8. RuvC가 홀리데이 접합을 분해할 수 있음을 보이는 실험과 그 결과를 설명하라.

9. 홀리데이 접합과 RuvA, B, C가 모두 함께 복합체로 존재한다는 것을 시사하는 증거는 무엇인가?

10. 효모의 감수분열 재조합에 대한 모델을 제시하라.

11. 효모의 감수분열 재조합 과정 중에 DSB가 형성됨을 보여 주는 실험 결과를 제시하고 설명하라.

12. 효모의 감수분열 재조합 동안 Spo11이 DSB에 공유결합 상태로 부착되어 있음을 보여 주는 실험 결과를 제시하고 설명하라.

13. Spo11에 부착된 올리고뉴클레오티드가 길이가 다른 두 군으로 생성되는 과정을 보여 준 실험과 그 결과를 설명하라.

14. Spo11에 부착된 올리고뉴클레오티드가 길이가 다른 두 군으로 생성되고, 그것의 출현 및 소멸 시점이 효모의 상동재조합의 기작에 대해 시사하는 바를 그림으로 설명하라.

15. 감수분열성 유전자 변환에 대한 모델을 제시하라.

분석 문제

1. 홀리데이 접합의 모식도를 그리고, 이를 바탕으로 다음을 설명하라.
   a. 가지점 이동이 우측으로 진행하여 분해 시 짧은 이형듀플렉스나 교차성 재조합 DNA를 형성하는 과정
   b. 가지점 이동이 좌측으로 진행하여 분해 시 짧은 이형듀플렉스나 교차성 재조합 DNA를 형성하는 과정

2. 대장균에서 RecBCD 경로의 재조합이 일어날 때 다음 유전자의 돌연변이로 생성된 산물을 설명하거나 그려라.
   a. *recB* b. *recA*
   c. *ruvA* d. *ruvB*
   e. *ruvC*

3. DNase 풋프린팅법을 이용해 RuvA가 홀리데이 접합의 중심에 결합하는 것과 RuvB가 가지점 이동 방향 대비 상단부에 결합한다는 것을 어떻게 증명할 수 있는지 설명하라.

4. 그림 22.24의 이형듀플렉스가 틀린짝 회복에 의해 모두 *A*/*A*로 변환되었다면 유전자 변환에 의해 최종적으로 얻을 수 있는 대립인자의 조합은 어떻게 되는가? 하나의 이형듀플렉스가 *A*/*A*로 변환되고 나머지가 *a*/*a*로 변환되었을 때는 어떨까?

5. 가닥교환 과정에 필수적이며 서로 밀접하게 관련된 두 가지 요소 중 하나는 DNA에 위치한 카이 부위이다. 카이 부위는 RecBCD 경로를 촉진하는 것으로 알려져 있으나, 기타 상동 경로(λ 파지의 Red, 대장균의 RecE와 RecF)에는 관여하지 않는다고 알려져 있다. 이 가설을 검정할 수 있는 실험을 서술하라.

추천 문헌

General References and Reviews

Amundsen, S.K. and G.R. Smith. 2003. Interchangeable parts of the Escherichia coli recombination machinery. *Cell* 112:741–44.

Fincham, J.R.S. and P. Oliver. 1989. Initiation of recombination. *Nature* 338:14–15.

McEntee, K. 1992. RecA: From locus to lattice. *Nature* 355:302–3.

Meselson, M. and C.M. Radding. 1975. A general model for genetic recombination. *Proceedings of the National Academy of Sciences USA* 72:358–61.

Roeder, G.S. 1997. Meiotic chromosomes: It takes two to tango. *Genes and Development* 11:2600–21.

Smith, G.R. 1991. Conjugational recombination in E. coli: Myths and mechanisms. *Cell* 64:19–27.

West, S.C. 1998. RuvA gets x-rayed on Holliday. *Cell* 94:699–701.

Research Articles

Cao, L., E. Alani, and N. Kleckner. 1990. A pathway for generation and processing of double-strand breaks during meiotic recombination in S. cerevisiae. *Cell* 61:1089–1101.

DasGupta, C., T. Shibata, R.P. Cunningham, and C.M. Radding. 1980. The topology of homologous pairing promoted by RecA protein. *Cell* 22:437–46.

Dunderdale, H.J., F.E. Benson, C.A. Parsons, G.J. Sharples, R.G. Lloyd, and S.C. West. 1991. Formation and resolution of recombination intermediates by E. coli RecA and RuvC proteins. *Nature* 354:506–10.

Eggleston, A.K., A.H. Mitchell, and S.C. West. 1997. In vitro reconstitution of the late steps of genetic recombination in E. coli. *Cell* 89:607–17.

Honigberg, S.M., D.K. Gonda, J. Flory, and C.M. Radding. 1985. The pairing activity of stable nucleoprotein filaments made from RecA protein, single-stranded DNA, and adenosine 5′-(γ-thio) triphosphate. *Journal of Biological Chemistry* 260:11845–51.

Keeney, S, C.N. Giroux, and N. Kleckner. 1997. Meiosis-specific DNA double-strand breaks are catalyzed by Spo11, a member of a widely conserved protein family. *Cell* 88:375–84.

Neale, M.J., J. Pan, and S. Keeney. 2005. Endonucleolytic processing of covalent protein-linked DNA double-strand breaks. *Nature* 436:1053–57.

Parsons, C.A. and S.C. West. 1993. Formation of a RuvAB-Holliday junction complex in vitro. *Journal of Molecular Biology* 232:397–405.

Ponticelli, A.S., D.W. Schultz, A.F. Taylor, and G.R. Smith. 1985. Chi-dependent DNA strand cleavage by RecBC enzyme. *Cell* 41:145–51.

Radding, C.M. 1991. Helical interactions in homologous pairing and strand exchange driven by RecA protein. *Journal of Biological Chemistry* 266:5355–58.

Radding, C.M., J. Flory, A. Wu, R. Kahn, C. DasGupta, D. Gonda, M. Bianchi, and S.S. Tsang. 1982. Three phases in homologous pairing: Polymerization of recA protein on single-stranded DNA, synapsis, and polar strand exchange. *Cold Spring Harbor Symposia on Quantitative Biology* 47:821–28.

Rafferty, J.B., S.E. Sedelnikova, D. Hargreaves, P.J. Artymiuk, P.J. Baker, G.J. Sharples, A.A. Mahdi, R.G. Lloyd, and D.W. Rice. 1996. Crystal structure of DNA recombination protein RuvA and a model for its binding to the Holliday junction. *Science* 274:415–21.

Roman, L. J., D.A. Dixon, and S.C. Kowalczykowski. 1991. RecBCD-dependent joint molecule formation promoted by the Escherichia coli RecA and SSB proteins. *Proceedings of the National Academy of Sciences USA* 88:3367–71.

Shah, R., R.J. Bennett, and S.C. West. 1994. Genetic recombination in E. coli: RuvC protein cleaves Holliday junctions at resolution hotspots in vitro. *Cell* 79:853–64.

Sun, H., D. Treco, N.P. Schultes, and J.W. Szostak. 1989. Double-strand breaks at an initiation site for meiotic gene conversion. *Nature* 338:87–90.

Yu, X., S.C. West, and E.H. Egelman. 1997. Structure and subunit composition of the RuvAB-Holliday junction complex. *Journal of Molecular Biology* 266:217–22.

CHAPTER 23

전이

세 자루의 옥수수. (© Creatas/PunchStock.)

우리는 이미 어느 한 개체의 DNA가 그 개체의 생명이 시작될 때부터 끝날 때까지 변하지 않고 완전히 유지되지 않는다는 것을 배웠다. 20장에서 DNA가 손상되고 다시 회복되며, 심지어 회복될 수 없을 정도의 돌연변이가 일어나기도 한다는 것을 배웠다. 그리고 22장에서는 DNA들이 상동재조합에 의해 새로운 유전자들의 조합으로 합쳐질 수 있다는 것을 배웠다. DNA들 사이에는 상동재조합의 경우보다 염기서열의 상동성이 훨씬 덜 요구되는 부위-특이적 재조합이 일어날 수도 있다. 이런 종류의 재조합은 거의 항상 일정한 DNA 염기서열을 필요로 하기에 '부위-특이적'이라 불린다. 이러한 재조합의 좋은 예로는 λ 파지 DNA가 숙주인 대장균 DNA에 삽입되거나 다시 절제되어 나오는 현상이 있다. 한편 전이는 재조합하는 DNA들 사이에 염기서열의 상동성을 거의 요구하지 않기 때문에 부위-특이적이지 않다. 이 장에서는 전이에 대해 논의하고자 한다.

23.1. 박테리아의 트랜스포존

전이성 인자(transposable element)로 불리는 **트랜스포존**(transposon)은 전이 과정에서 DNA의 한 위치에서 다른 위치로 움직인다. 바버라 매클린톡(Barbara McClintock)은 1940년대에 옥수수의 유전에 관해 연구하던 중 트랜스포존을 발견하였다. 이후 트랜스포존은 박테리아에서 인간에 이르기까지 모든 종류의 생명체에서 발견되고 있다. 우선 박테리아의 트랜스포존부터 살펴보기로 하자.

1) 박테리아 트랜스포존의 발견

1960년대 후반 제임스 샤피로(James Shapiro) 등은 정상적으로 행동하지 않는 파지의 돌연변이들을 발견하고 박테리아의 트랜스포존의 발견의 토대를 마련하였다. 예를 들어 이들 돌연변이들은 점 돌연변이처럼 쉽게 야생형으로 복귀되지 않았으며 돌연변이 유전자들은 긴 가닥의 외부 DNA를 포함하고 있었다. 샤피로는 이런 현상을 λ 파지가 대장균 세포를 용균 감염할 때 가끔 숙주 DNA의 일부를 취하여 이 '승객' DNA를 자신의 유전체에 삽입한다는 사실을 이용하여 설명하였다. 그는 λ 파지가 야생형 대장균의 갈락토오스 이용 유전자(*gal*$^+$)나 이것의 변이주 유전자(*gal*$^-$)를 취하게 한 후, λ DNA와 숙주 DNA를 포함하는 재조합 DNA들의 크기를 측정하였다. 그는 염화세슘 농도구배 원심분리를 이용하여 두 유형의 파지의 밀도를 측정함으로써 DNA의 크기를 조사하였다(20장 참조). 파지의 외피는 단백질로 구성되어 있고 항상 같은 부피를 가지며 DNA는 단백질보다 훨씬 밀도가 높으므로 더 많은 DNA를 가질수록 파지의 밀도는 높아진다. 실험 결과 *gal*$^-$ 유전자를 가진 파지가 야생형 유전자를 가진 것보다 밀도가 더 높고, 따라서 더 많은 DNA를 갖고 있음이 밝혀졌다. 이 결과에 대한 가장 간단한 설명은 외부 DNA가 *gal* 유전자에 삽입되어 이 유전자를 불활성화시켰다는 것이다. 실제로 이후의 실험 결과 돌연변이 *gal* 유전자에는

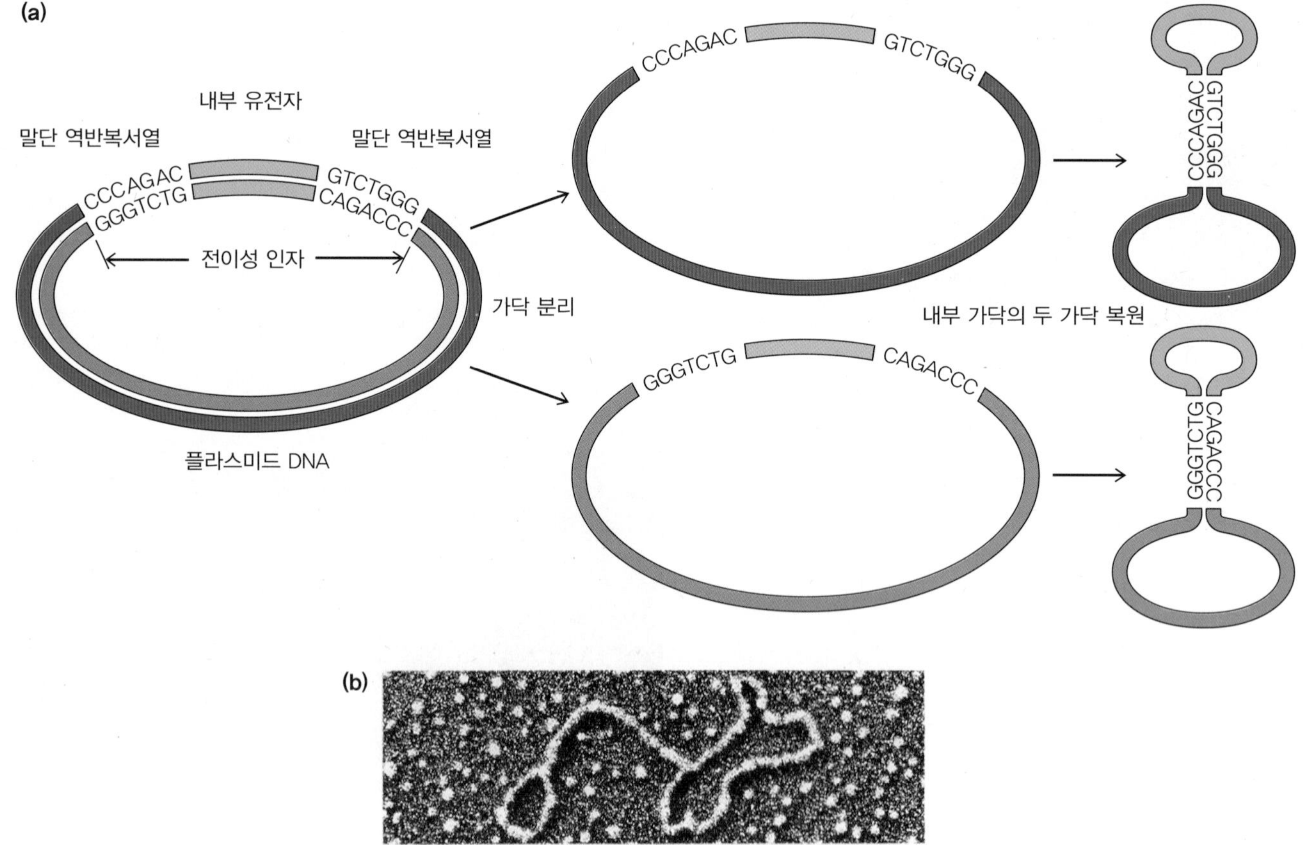

그림 23.1 트랜스포존은 말단 역반복서열을 갖는다. (a) 실험의 모식도. 트랜스포존을 포함하는 플라스미드의 두 가닥을 서로 분리한 후 그들 자신끼리 두 가닥을 이루도록 복원시켰다. 말단 역반복서열들은 트랜스포존의 내부 유전자(작은 고리, 초록색)와 숙주 플라스미드(큰 고리, 보라색 및 분홍색)에 해당하는 두 단일가닥 고리들 사이에서 염기쌍을 형성하여 줄기구조를 만들 것이다. (b) 실험 결과. DNA를 중금속으로 피복한 후 전자현미경으로 관찰했다. 고리–줄기–고리 구조가 분명하게 보인다. 줄기 구조는 수백 염기쌍 길이로 이 트랜스포존상의 말단 역반복서열은 (a)에서 편의상 7bp로 나타낸 것보다 훨씬 길다. (출처: (b) Courtesy Stanley N. Cohen, Stanford University.)

야생형에서는 보이지 않는 800~1,400bp가 삽입되어 있음이 관찰되었다. 이러한 돌연변이가 드물게 야생형으로 복귀되는 경우에는 외부 DNA가 소실되었다. 이렇게 한 유전자에 삽입됨으로써 그 유전자를 불활성화시키는 외부 DNA는 박테리아에서 발견된 첫 트랜스포존으로 **삽입서열**(insertion sequence, IS)이라 불린다.

2) 삽입서열: 가장 간단한 박테리아의 트랜스포존

박테리아의 삽입서열은 전이에 필요한 인자만을 포함한다. 이 인자들 중 첫 번째는 트랜스포존의 양 말단에 있는 한 세트의 염기서열로 이 중 한 말단의 염기서열은 다른 쪽에 있는 것의 역반복서열(inverted repeat)이다. 두 번째 인자는 전이를 촉매하는 효소들을 암호화하는 유전자 집합이다.

삽입서열의 말단은 역반복이므로 삽입서열의 한쪽 끝이 5′-ACCGTAG라면 그 가닥의 다른 끝은 역으로 상보적인 CTACGGT-3′이 된다. 여기서 이해를 돕기 위해 예를 든 뉴클레오티드의 역반복서열은 가상적인 것이다. 실제의 전형적인 삽입서열은 좀 더 긴 역반복서열로 그 길이는 15~25bp 정도이다. 예를 들어 IS1은 23bp의 역반복서열을 가지며, 더 긴 트랜스포존은 수백 염기쌍의 역반복서열을 가질 수도 있다.

스탠리 코헨(Stanley Cohen)은 그림 23.1에 제시한 실험으로 트랜스포존의 말단에 역반복서열이 있음을 증명하였다. 그는 그림 23.1a의 왼쪽에 보이는 트랜스포존을 포함하는 플라스미드를 이용하였다. 원래의 플라스미드는 역반복서열을 갖는 트랜스포존의 끝에 연결되어 있었다. 코헨은 실제로 트랜스포존이 양 말단에 역반복서열을 갖는다면, 두 가닥으로 분리된 재조합 플라스미드의 한쪽 가닥에 존재하는 역반복서열들은 서로 염기쌍을 형성하

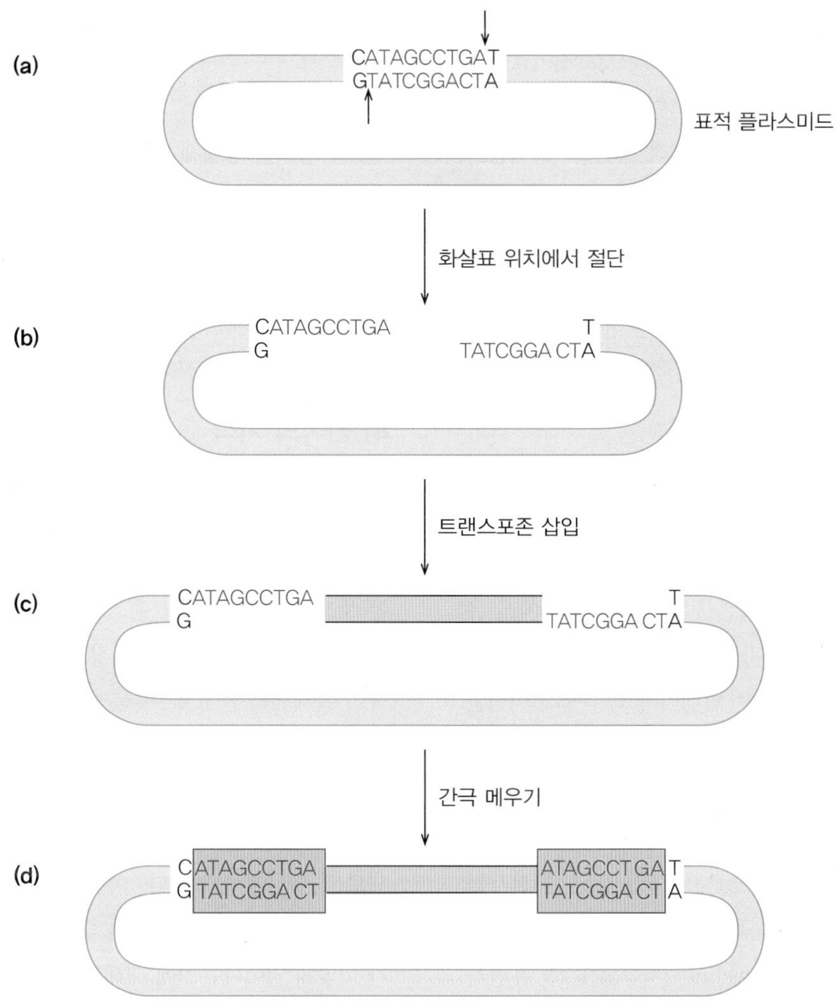

그림 23.2 트랜스포존의 양쪽 말단에 있는 숙주 DNA에서 직반복서열의 생성. **(a)** 화살표는 9bp가 떨어진 거리에서 숙주 DNA의 두 가닥이 엇갈린 방식으로 잘라지는 부위를 나타낸다. **(b)** 절단 후. **(c)** 트랜스포존(노란색)이 각 말단에서 숙주 DNA의 한 가닥에 연결되면 9bp의 간극이 남는다. **(d)** 간극이 메워진 후 트랜스포존의 양쪽 말단에서는 숙주 DNA의 9bp 반복서열(분홍색 상자)이 생긴다.

여 그림 23.1a의 오른쪽에 보이는 것과 같이 줄기-고리 구조를 만들 것이라 추론하였다. 줄기 부분은 두 역반복서열로 구성된 이중가닥 DNA일 것이고, 고리 부분인 DNA의 나머지 부분은 단일가닥 형태일 것이다. 그림 23.1b의 전자현미경 사진은 예상한 것과 같은 줄기-고리 구조를 보여 준다.

삽입서열의 주요 부분은 전이를 촉매하는 적어도 2개의 단백질을 암호화한다. 이 단백질은 통칭하여 **전이효소**(transposase)로 알려져 있다. 우리는 이 장의 후반부에서 이 효소의 작용기작을 논의하게 될 것이다. 삽입서열의 주요 부분에 돌연변이가 생기면 트랜스포존이 이동할 수 없다는 사실로부터 이 단백질들이 전이에 필요함을 알 수 있다.

삽입서열과 이보다 더 복잡한 트랜스포존들에서 공통적으로 나타나는 또 다른 특징은 트랜스포존 자체의 바로 바깥 부위에서 발견된다. 이는 트랜스포존을 직접 둘러싸는 한 쌍의 짧은 직반복서열(direct repeat)이다. 이 반복서열들은 트랜스포존이 삽입되기 전에는 없었고, 삽입 과정 자체로부터 생긴 것으로 전이효소가 표적 DNA를 엇갈리게 절단한다는 것을 알 수 있다. 그림 23.2는 표적 DNA의 두 가닥이 삽입 부위에서 엇갈려 절단될 때 직반복서열이 자동으로 생김을 보여 준다. 이 직반복서열의 길이는 표적 DNA 가닥의 두 절단 부위 사이의 거리에 의존하며, 그 거리는 삽입서열의 성질에 의해 결정된다. IS1의 전이효소는 9bp를 엇갈리게 자르고, 따라서 9bp 길이인 직반복서열을 만든다.

3) 보다 복잡한 트랜스포존

삽입서열과 다른 트랜스포존들은 간혹 '이기적 DNA(selfish DNA)'라고 불린다. 이는 그들이 박테리아 숙주를 희생하여 복제하는 대가로 숙주에게 주는 유용한 것이 아무것도 없다는 뜻으로 불리는 말이다. 그러나 어떤 트랜스포존들은 그들의 숙주에게 유용한 유전자를 운반하기도 하는데 가장 잘 알려진 것으로 항생제 저항성 유전자들이 있다. 이 유전자는 박테리아 숙주에게 이점을 제공할 뿐 아니라 트랜스포존을 추적하기 쉽게 한다는 측면에서 유전학자에게도 도움을 준다.

예를 들어 그림 23.3에서처럼 카나마이신(kanamycin) 저항성(Kan^r) 유전자와 암피실린(ampicillin) 저항성(Amp^r) 유전자를 포함하는 트랜스포존(**Tn3**)을 갖는 공여자 플라스미드를 생각해 보자. 덧붙여서 테트라사이클린(tetracycline) 저항성(Tet^r) 유전자를 갖는 표적 플라스미드를 생각해 보자. 전이 후 Tn3가 복제되고 한 복사체가 표적 플라스미드에 이동하였다. 이 경우 표적 플라스미드는 테트라사이클린과 암피실린에 대한 저항성 모두를 갖게 되

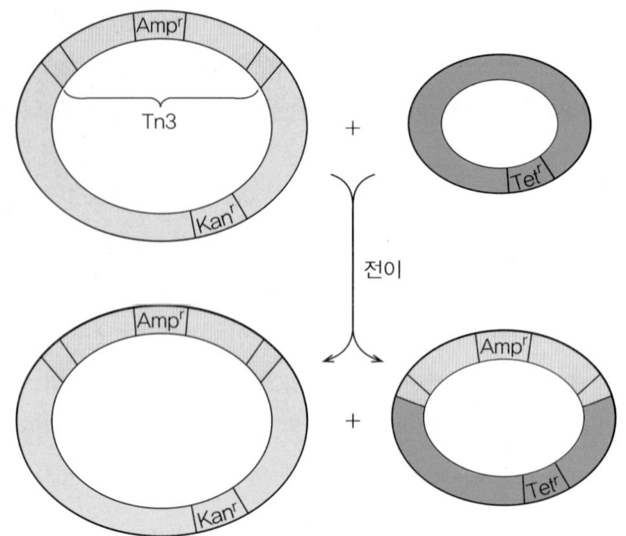

그림 23.3 항생제 저항성 유전자를 통한 전이 추적. 큰 플라스미드(파란색)는 카나마이신 저항성(Kan^r)을 암호화하고 암피실린 저항성(Amp^r)을 암호화하는 Tn3 트랜스포존(노란색)을 포함한다. 작은 플라스미드(초록색)는 테트라사이클린 저항성(Tet^r)을 암호화한다. 전이 후 작은 플라스미드는 Tet^r와 Amp^r 유전자를 동시에 갖게 된다.

며, 이 성질은 항생제 민감성 박테리아를 표적 플라스미드로 형질전환한 후 두 가지 항생제를 함유한 배지에서 자라는지를 관찰하여 쉽게 알 수 있다. 만일 박테리아가 생존한다면 이들은 두 가지 항생제 저항성 유전자를 얻었다는 것이고, 이는 Tn3가 표적 플라스미드에 전이되었다는 것을 의미한다.

4) 전이의 기작

트랜스포존은 한곳에서 다른 곳으로 이동할 수 있다는 점 때문에 종종 '도약 유전자(jumping gene)'라고 불린다. 그러나 이 용어는 트랜스포존이 한 장소를 꼭 떠나야만 다른 곳으로 도약할 수 있다는 뜻으로 잘못 해석될 수 있다. 물론 이런 방식의 전이도 실제로 일어나며 한 장소에서 다른 장소로 이동할 때 원래의 DNA 두 가닥이 복제되지 않고 같이 움직이기 때문에 이 경우를 **비복제적 전이**(nonreplicative transposition) 또는 '오려 붙이기'라고 한다. 그러나 전이과정에는 자주 DNA 복제가 일어나기도 하는데, 이 경우 트랜스포존의 한 복사체는 원래 장소에 남아 있고 다른 복사체가 새로운 부위에 삽입된다. 이러한 경우는 **복제적 전이**(replicative transposition) 또는 '복사해 붙이기'라고 한다. 이 두 유형의 전이가 어떻게 일어나는지에 대해 살펴보도록 하자.

(1) Tn3의 복제적 전이

그림 23.4는 전이기작에 대해 잘 연구된 Tn3의 구조를 보여 준다.

Tn3는 암피실린을 불활성화하는 β-락타메이즈(β-lactamase)를 암호화하는 *bla* 유전자 외에 전이에 관여하는 두 유전자를 포함한다. Tn3의 전이는 두 단계를 거치는데 각 단계마다 하나의 Tn3 유전자 산물을 요구한다. 그림 23.5는 전이의 순서를 간단히 나타낸 것이다. 먼저 Tn3가 포함된 공여자 플라스미드와 표적 플라스미드를 생각해 보자. 첫 번째 단계에서 Tn3의 복제와 더불어 두 플라스미드가 융합하면 Tn3 복사체 한 쌍에 의해 연결된 **동시통합체**(cointegrate)가 형성된다. 이 단계에서는 두 플라스미드 사이의 재조합이 일어나는데 이 과정은 Tn3 전이효소인 *tnpA* 유전자 산물에 의해 촉매된다. 그림 23.6은 전이에 참여하는 네 종류의

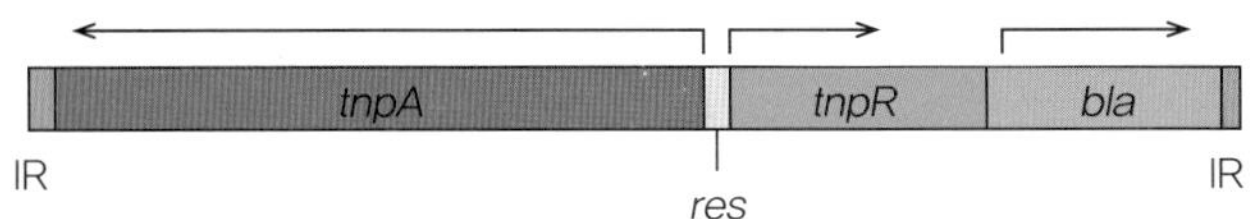

그림 23.4 Tn3의 구조. 전이는 *tnpA*와 *tnpR* 유전자들을 필요로 한다. *res*는 전이의 분해 단계 중에 나타나는 재조합 부위이다. *bla* 유전자는 β-락타메이즈로 암피실린으로부터 박테리아를 보호한다. 이 유전자는 Amp^{r}로도 불린다. 역반복서열(IR)이 양 말단에서 발견된다. 화살표는 각 유전자의 전사 방향을 나타낸다.

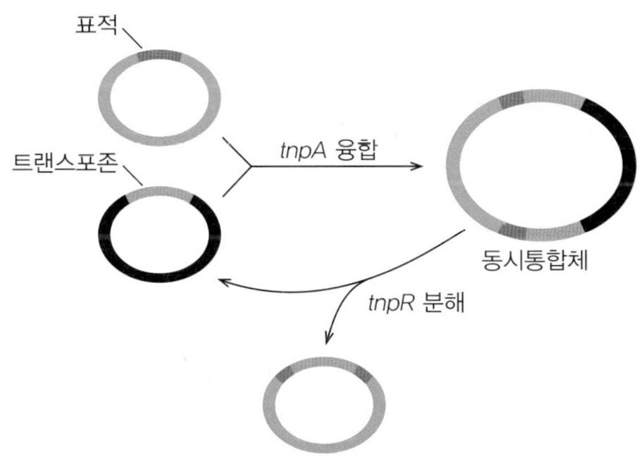

그림 23.5 2단계 Tn3 전이의 간략한 모식도. 첫 번째 단계는 *tnpA* 유전자 산물에 의해 촉매되는데 트랜스포존(파란색)을 포함하는 플라스미드(검은색)는 표적 플라스미드(초록색, 표적은 빨간색)와 융합하여 동시통합체를 형성한다. 동시통합체가 형성되는 동안 트랜스포존이 복제된다. 두 번째 단계는 *tnpR* 유전자 산물에 의해 촉매되며 동시통합체가 분해되어 트랜스포존이 삽입된 표적 플라스미드와 원래의 트랜스포존을 함유하는 플라스미드의 두 가지로 나뉜다.

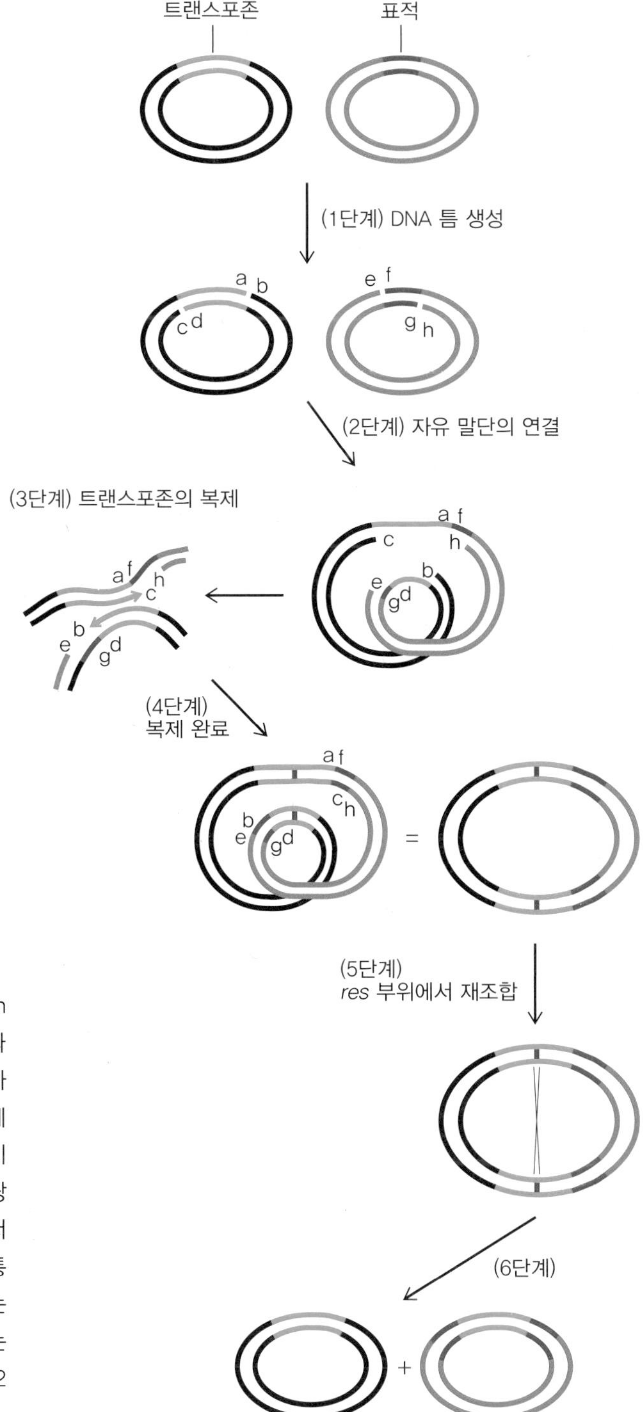

그림 23.6 Tn3 전이의 구체적 모식도. 1단계: 두 플라스미드에 틈이 생겨 a~h로 표시된 자유 말단이 생성된다. 2단계: a와 f 말단 및 g와 d 말단이 결합된다. 따라서 b, c, e, h는 자유롭다. 3단계: 복제 부위를 확대하여 나타낸 것같이, 남은 자유 말단 중 2개(b와 c)가 DNA 복제의 프라이머로 사용된다. 4단계: b 말단이 e에 닿고, c 말단은 h에 도달될 때까지 복제가 계속된다. 이들 말단들은 연결되어 동시통합체가 완성된다. 전체 트랜스포존(파란색)이 복제되었음을 주목하라. 여기서 쌍을 이룬 *res* 부위(자주색)를 처음 나타내었지만 하나의 *res* 부위는 이전 단계에서도 이미 존재한다. 이전 단계의 그림에서 유도되는 것이 분명하게 보이도록 동시통합체를 고리 모양으로 나타내었지만, 이를 펼치면 그림 23.5에 나타낸 것(여기서는 오른쪽 형태)과 같이 보인다. 5단계 및 6단계: 트랜스포존의 두 복사체에 존재하는 두 *res* 자리 간에 교차가 일어나면 각각 1개씩의 트랜스포존 복사체를 포함하는 2개의 독립된 플라스미드가 만들어진다.

DNA 가닥들이 동시통합체를 형성하기 위해 어떻게 상호작용하는지를 상세히 보여 준다. 그림 23.5와 23.6에서는 두 플라스미드 사이에서의 전이를 보여 주지만 공여자 DNA와 표적 DNA는 파지 DNA나 박테리아 염색체의 경우처럼 플라스미드가 아닌 다른 종류의 DNA가 될 수도 있다.

Tn3 전이의 두 번째 단계는 동시통합체의 **분해**(resolution)로서 이 과정에 의해 동시통합체는 각각 하나의 Tn3 복사체를 갖는 2개의 독립된 플라스미드로 나누어진다. 이 단계에서는 *tnpR* 유전자 산물인 **레솔베이즈**(resolvase)에 의해 ***res* 부위**(*res* site)라 불리는 Tn3 자체의 상동 서열간 재조합이 일어난다. Tn3 전이가 두 단계의 과정을 거친다는 증거는 다음과 같다. 첫째, *tnpR* 유전자의 돌연변이주는 동시통합체를 분해할 수 없고 전이의 최종 산물로서 동시통합체가 남는다. 이는 동시통합체가 전이 과정의 중간체임을 뜻한다. 둘째, *tnpR*이 결손되더라도 기능적인 *tnpR* 유전자가 숙주 염색체나 다른 플라스미드 등에 의해 제공된다면 동시통합체는 분해된다.

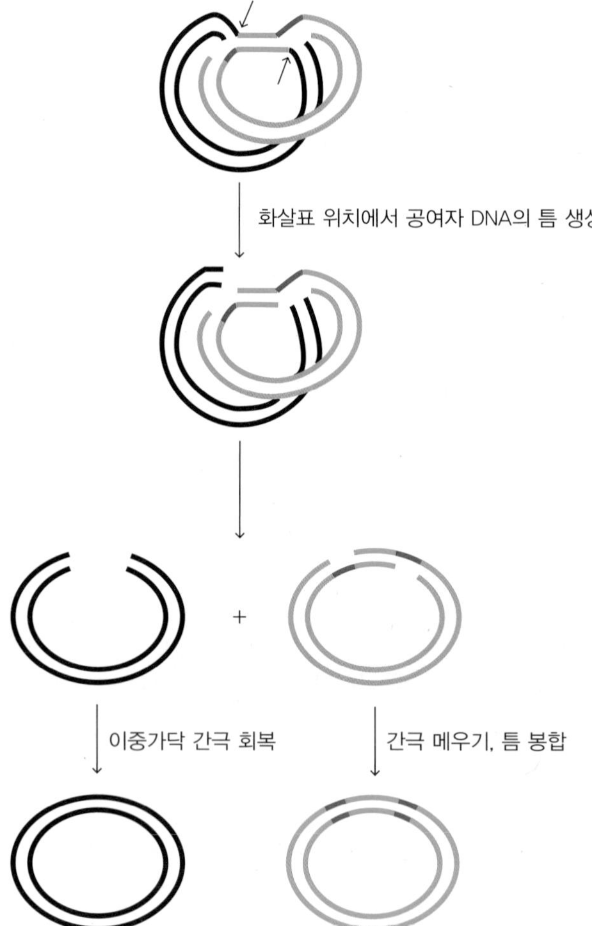

그림 23.7 비복제적 전이. 처음 두 단계는 복제적 전이와 똑같고 상단에 제시한 구조는 그림 23.6의 2단계 및 3단계 사이의 구조와 같다. 그러나 다음 단계에서 화살표로 표시한 위치에서 새로운 틈이 생긴다. 이에 따라 트랜스포존은 공여자 플라스미드에서 떨어지지만 표적 DNA에는 붙어 있다. 간극을 메우고 틈 부위를 봉합하면 새로운 트랜스포존을 갖는 표적 플라스미드가 생긴다. 공여자 플라스미드의 자유 말단은 결합될 수도 있고 안 될 수도 있는데 어떤 경우든 트랜스포존을 잃어버리게 된다.

(2) 비복제적 전이

그림 23.5와 23.6은 복제적 전이를 나타내지만 전이가 항상 이런 방식으로만 일어나는 것은 아니다. Tn10과 같은 트랜스포존은 복제 과정이 없이 공여자 DNA를 떠나 표적 DNA로 이동한다. 어떻게 이런 일이 일어날까? 비복제적 전이는 복제적 전이에서처럼 절단된 후 공여자와 표적 DNA가 연결되는 방식은 같으나 그 이후에 다른 과정을 겪는다(그림 23.7). 트랜스포존을 통한 복제 대신 트랜스포존의 양 옆에 있는 공여자 DNA에 새로운 절단이 나타나는 것이다. 그 결과 틈이 생긴 공여자 DNA는 방출되지만 트랜스포존은 표적 DNA에 붙어 있는 채로 남게 된다. 표적 DNA의 절단된 부위가 다시 봉합되면 트랜스포존이 표적 DNA에 통합된 재조합 DNA를 얻게 된다. 공여자 DNA는 이중가닥으로 된 틈을 가지므

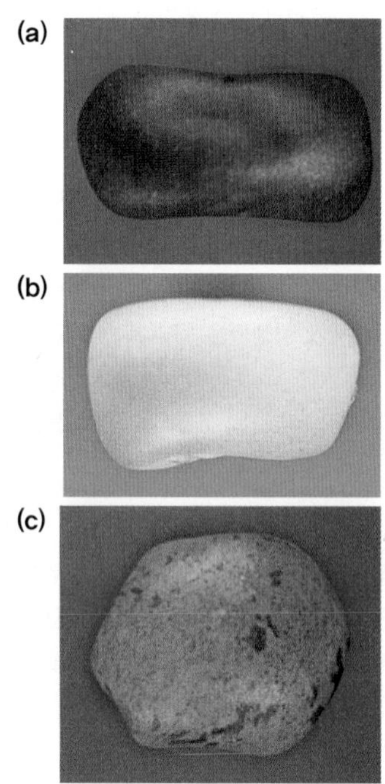

그림 23.8 옥수수 알갱이 색에 대한 돌연변이와 복귀돌연변이의 영향. (a) 야생형 알갱이는 자주색 색소의 합성을 지시하는 활성 *C* 유전자 자리를 가진다. (b) *C* 유전자 자리에 돌연변이가 일어나면 색소합성이 방지되어 알갱이는 색이 없어진다. (c) 점들은 *C*에 복귀돌연변이가 일어나 세포들이 색소를 합성한 결과로 나타난 것이다. (출처: F.W. Goro, from Fedoroff, N., Transposable genetic elements in maize. *Scientific American* 86(June 1984).)

로 손실되거나 또는 그림 23.7에서와 같이 틈이 회복될 수 있다.

23.2. 진핵세포의 트랜스포존

전이성 인자들의 강력한 선택력을 고려할 때 박테리아에만 이들이 존재한다고는 생각되지 않는다. 첫째, 많은 트랜스포존은 그들의 숙주에 유리한 유전자들을 갖고 있다. 따라서 그들의 숙주들은 경쟁 상대인 다른 생물체보다 훨씬 잘 번식할 수 있도록 자신의 DNA와 함께 트랜스포존을 늘릴 수 있다. 둘째, 트랜스포존이 자신의 숙주에 이롭지 않더라도 이들은 '이기적' 방법으로 숙주세포 안에서 자신을 복제할 수 있다. 실제로 전이성 인자들은 진핵생물에도 존재하며, 사실 진핵생물에서 최초로 발견되었다.

1) 전이성 인자의 첫 번째 예: 옥수수의 *Ds*와 *Ac*

매클린톡은 1940년대 후반에 옥수수를 연구하던 중 처음으로 전이성 인자를 발견하였다. 인디안 옥수수의 알갱이에서 관찰되는 색의 다양성은 한동안 불안정 돌연변이에 의해 생긴다고 알려져 왔다. 예를 들어 그림 23.8a에서 색이 있는 알갱이를 볼 수 있다. 이 색은 옥수수 *C* 유전자 자리에서 암호화되는 인자 때문에 생긴다. 그림 23.8b는 *C* 유전자에 돌연변이가 일어날 때 어떤 일이 생기는지를 나타내는데 자주색 색소가 생기지 않아 알갱이가 흰색을 띠게 된다. 그림 23.8c의 점박이 알갱이는 알갱이 세포들 중 일부에 복귀 돌연변이가 일어난 결과이다. 돌연변이가 어디서 복귀되든지 복귀된 세포와 그 후손 세포들은 색소를 만들 수 있고 따라서 알갱이에 짙은 점을 나타낼 것이다. 그런데 이 알갱이에 너무도 많은 점들이 나타난다는 것은 놀랍다. 이는 이 돌연변이가 매우 불안정하여 정상적인 돌연변이에서 기대되는 것보다 훨씬 높은 빈도로 복귀됨을 나타낸다.

이 경우에 대해 매클린톡은 본래 이 돌연변이가 '분리(dissociation)'를 뜻하는 ***Ds***라는 전이성 인자가 *C* 유전자에 삽입되어 나타난 결과임을 발견하였다(그림 23.9a와 23.9b). '활성인자(activator)'를 뜻하는 ***Ac***라는 다른 전이인자는 *Ds*에 비복제적 전이를 유도하여 *C*로부터 빠져나와 복귀시킨다(그림 23.9c). 즉, *Ds*는 오직 *Ac*의 도움에 의해서만 전이되지만 *Ac*는 자율적으로 행동하는 트랜스포존이다. *Ac*는 자체적으로 전이하며 다른 인자의 도움 없이 다른 유전자들을 불활성화시킬 수 있다.

매클린톡이 유전적 인자들을 발견한지 수십 년이 지난 현재는 분자생물학적 방법의 발달로 이들을 분리하고 그 특성을 규명할 수 있게 되었다. 니나 페더로프(Nina Fedoroff) 등은 *Ac*와 세 가지 다른 형태의 *Ds* 구조를 규명하였다. *Ac*는 우리가 이전에 공부했던(그림 23.10) 박테리아 트랜스포존들을 닮았다. 이는 4,500bp 정도의 길이로 전이효소 유전자를 포함하고 있으며, 짧고 불완전한 양말단의 역반복서열 및 전이효소에 결합하는 주변의 부말단 반복 부위에 의해 둘러싸여 있다. *Ds*의 다양한 형태는 *Ac*가 결실되어 생긴다. *Ds–a*는 전이효소 유전자의 한 조각이 결실되었다는 점을 제외하고는 Ac와 매우 유사하다. 이러한 이유로 *Ds* 자체만으로는 전이가 일어나지 않는다. *Ds–b*는 보다 심하게 짧아져서 전

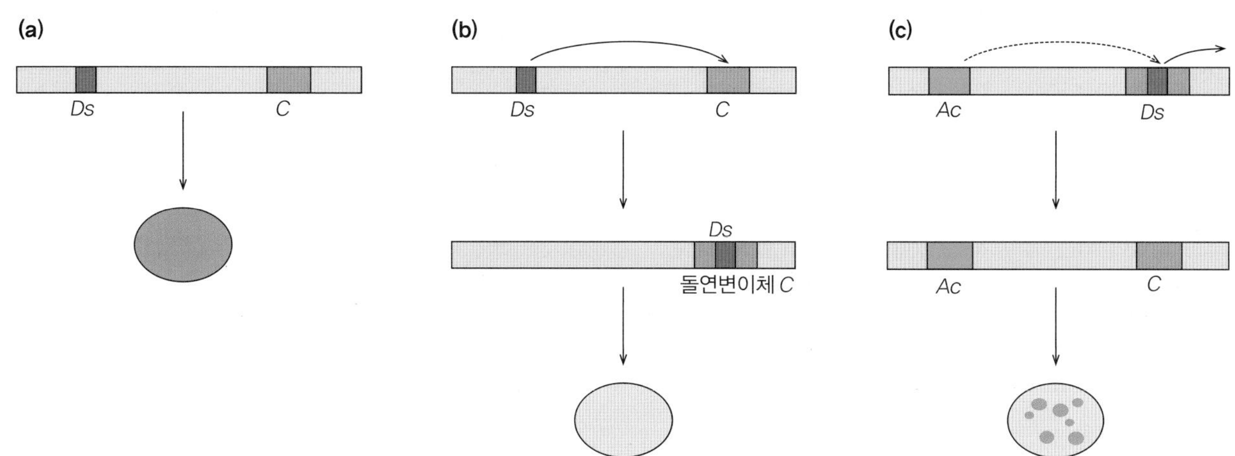

그림 23.9 전이성 인자가 옥수수에서 돌연변이와 복귀돌연변이를 유발한다. **(a)** 야생형 옥수수 알갱이는 손상되지 않은 활성 *C* 유전자 자리(파란색)를 가지며 자주색 색소가 합성된다. **(b)** *Ds* 인자(빨간색)가 *C*에 삽입되면 *C*는 불활성화되고 색소합성이 억제된다. 따라서 알갱이는 색이 없어진다. **(c)** *Ac*(초록색)가 *Ds*와 같이 존재한다. 이때 많은 세포에서 *Ds*가 *C*로부터 빠져나오게 되며 일련의 세포들은 색소를 만들게 된다. 이러한 색소로 침착된 세포집단이 옥수수 알갱이의 사주색 점에 해당된다. 물론 *Ds*는 결함이 생기기 전에 먼저 *C*에 전이되어 있어야 하며 그렇지 않으면 *Ac* 인자의 도움을 받지 못한다.

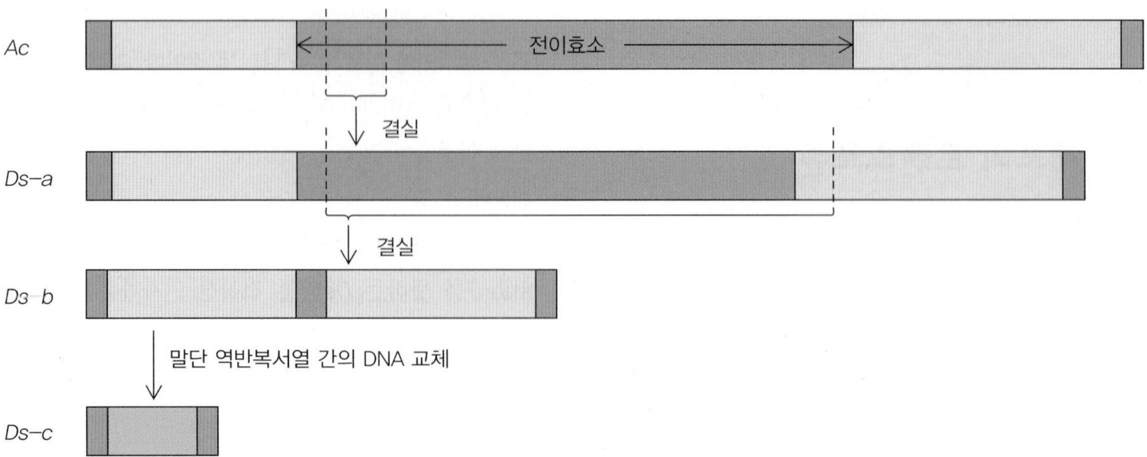

그림 23.10 *Ac* 및 *Ds*의 구조. *Ac*는 전이효소 유전자(자주색)와 부말단 반복 부위를 갖는 2개의 불완전한 말단 역반복서열(파란색)을 포함한다. *Ds–a*는 전이효소 유전자의 194bp 부위가 결실된 것(점선)을 제외하면 *Ac*와 거의 같다. *Ds–b*는 *Ac*의 훨씬 더 많은 부분이 결실되었으며, *Ds–c*는 말단 역반복서열과 부말단 반복 부위 외에는 *Ac*와 유사점이 없다.

이효소 유전자의 짧은 단편만이 남아 있으며, *Ds–c*는 역반복서열과 전이효소와 결합하는 부말단 반복 부위만을 갖고 있다. 이 역반복서열과 전이효소–결합서열은 *Ac*에 의해 추진되는 전이의 표적이 된다.

흥미롭게도 멘델이 기술한 첫 번째 완두콩 유전자인 *R* 또는 *r*은 완두콩이 둥글거나 주름진 것을 결정하는데 이 유전자에도 전이성 인자가 관여하는 것으로 보인다. 우리는 현재 *R* 유전자 자리가 전분대사에 참여하는 전분가지화효소를 암호화한다고 알고 있다. 주름진 표현형은 이 유전자가 제대로 기능하지 않을 때 생기는데 이 돌연변이는 *Ac/Ds* 가족의 하나인 것으로 보이는 800bp DNA 단편의 삽입에 의해 유발된다.

2) P 인자

잡종발육부전(hybrid dysgenesis)이라는 현상은 진핵세포 트랜스포존에 의한 돌연변이 증대의 다른 좋은 예이다. 이 경우 초파리의 한 계통을 다른 계통과 교배하여 염색체 상해가 과다하여 발육부전 또는 불임이 되는 잡종 자손이 나온다. 잡종 발육부전은 양친의 기여를 요구한다. 예를 들어 P–M 계의 경우 부친은 P 계통이고, 모친은 M 계통이어야 한다. 반대로 M 부친과 P 모친 사이의 교배는 계통 내(P×P 또는 M×M) 교배의 경우에서처럼 정상적인 자손을 만든다.

이 현상에 트랜스포존이 관여할 것이라 생각되는 이유는 무엇일까? 첫째로 모든 P 수컷 염색체는 M 암컷과의 교배에서 발육부전을 유발할 수 있다. 더욱이 일부는 P 수컷에서, 그리고 일부는 M 수컷에서 유래한 재조합 수컷 염색체들도 대부분 발육부전을 유발할 수 있는 데, 이는 P 형질이 염색체의 여러 곳에 실려 있음을 나타낸다.

이러한 방식에 대한 한 가지 가능한 설명은 P 형질이 전이성 인자에 의해 지배되며 그 때문에 염색체상의 많은 다른 위치에서 발견된다는 것으로 실제로 이것은 참인 것으로 판명되었다. P 형질을 담당하는 트랜스포존은 **P 인자**(P element)로 불리며, 야생형 초파리에서만 발견되고 생물학자들이 인위적으로 삽입하지 않는 한 실험종에서는 나타나지 않는다. 마가렛 키드웰(Margaret Kidwell) 등은 발육부전 초파리의 *white* 유전자 자리에 삽입된 P 인자를 연구하였다. 그들은 이 인자들이 염기서열은 매우 유사하나 그 크기가 상당히 다르다는 것(500~2,900bp)을 발견하였다. 더구나 P 인자들은 직말단 반복서열을 가지며 숙주 DNA의 짧은 직반복서열들 사이에 있었는데 이 두 가지는 바로 트랜스포존의 특징이다. 마지막으로, *white* 돌연변이는 전체 P 인자를 상실함으로써 높은 빈도로 복귀되었는데 이 또한 트랜스포존의 특징이다.

만일 P 인자가 트랜스포존처럼 행동한다면 이들은 왜 잡종에서만 전이하여 발육부전을 유발하는가? 그 답은 P 인자가 전이효소 외에 전이 억제자(suppressor)도 암호화하고 있으며, 이는 발생 중의 생식세포의 세포질에 축적된다는 것에 있다. 따라서 P 또는 M 수컷이 P 암컷과 교배 시, 암컷의 세포질에 있는 억제자는 P 인자에 결합하여 전이를 억제한다. 그러나 P 수컷과 M 암컷의 교배 시에는 P 인자는 발생 중의 생식세포에서만 활성화되므로 초기 배아는 억제자를 갖고 있지 않으며 처음엔 아무것도 만들어지지 않는다. P 인자가 마침내 활성화되면 전이효소와 억제자가 모두 만들어지지만 전이효소 혼자만 핵 안으로 들어가 자유롭게 전이를 촉진한다.

2009년 그레고리 하논(Gregory Hannon) 등은 억제자 후보로서 항-P 인자인 piRNA들을 발견하였다. 16장에서 언급한 것처럼 piRNA들은 생식세포의 트랜스포존들을 표적으로 하여 그들의 전이를 억제한다. 하논 등은 P 암컷들이 그들의 생식세포에 다량의 P 인자-특이 piRNA를 갖고 있는 반면, M 암컷은 그렇지 않다는 것을 발견하였다. 동일한 원리를 I 인자에 적용할 수 있다. 즉, I 인자를 가진 촉진자(Inducer, I) 숫컷과 I 억제자가 없는 활성(reactive, R) 암컷을 교배하면 불임의 자손을 얻을 수 있는 반면, 억제자를 갖고 있는 I 암컷과 교배하면 가임의 자손을 얻는다. 하논 등은 가설에 따라 I 암컷은 I 인자를 표적으로 하는 piRNA를 갖고 있는 반면, R 암컷은 그렇지 않다는 것을 보였다.

잡종발육부전은 서로 교배할 수 없는 새로운 종의 형성, 즉 종의 분화에 중요한 결과를 초래할 수 있다. P와 M의 경우처럼 같은 종 내의 다른 두 계통이 높은 빈도로 불임의 자손을 가진다면 그들의 유전자들은 서로 섞이지 않고 유전적으로 고립되어 결국에는 너무 달라져 교배가 전혀 불가능해질 것이다. 이러한 일이 발생하면 그들은 독립된 종이 될 것이다.

P 인자는 현재 초파리의 유전학적 실험에서 돌연변이원으로 상용되고 있다. 이 연구 방법의 장점 중 하나는 돌연변이들의 위치를 쉽게 찾을 수 있다는 것이다. 즉, P 인자를 찾기만 하면 바로 손상된 유전자를 알아낼 수 있다. 분자생물학자들은 조작된 유전자를 포함하는 형질전환 초파리를 만드는 데도 이 P 인자를 이용한다.

23.3. 면역글로불린 유전자의 재배열

항체(antibody), 즉 **면역글로불린**(immunoglobulin)을 만드는 B 세포나 **T 세포 수용체**(T-cell receptor)를 생산하는 T 세포에서 일어나는 포유동물 유전자의 재배열 과정은 전이와 아주 유사하다. 심지어 항체와 T-세포수용체 유전자의 재배열에 관여하는 재조합 효소들은 전이효소를 닮았다. 이러한 유사성 때문에 면역세포 유전자의 재배열을 여기서 다루고자 한다.

3장에서 언급한 것처럼 항체는 2개의 중사슬과 2개의 경사슬이 결합한 4개의 폴리펩티드로 구성되어 있다. (유사하게 T-세포수용체는 1개의 큰 β-사슬과 또 1개의 작은 α-사슬을 포함한다.) 그림 23.11은 항체를 도식적으로 나타낸 것으로 침입하는 항원과 결합하는 부위를 보여 준다. 이 부위는 **가변 부위**(variable region)로 불리는데 항체마다 달라서 각각의 항체에 특이성을 부여한다. 항체 분자의 나머지 부분은 **고정 부위**(constant region)로 비록 항체 유형(class) 간의 변이는 조금씩 있지만 한 유형 내에서는 일정한 구조를 나타낸다. 하나의 면역세포는 오직 한 종류의 항원에 특이성을 보이는 항체를 만들 수 있다. 놀랍게도 인간은 우리가 만날 수 있는 어떤 외부 물질들과도 반응할 수 있는 항체를 만드는 세포들을 가지고 있다. 이는 우리가 수백 만 종류 이상의 항체를 만들 수 있음을 의미한다.

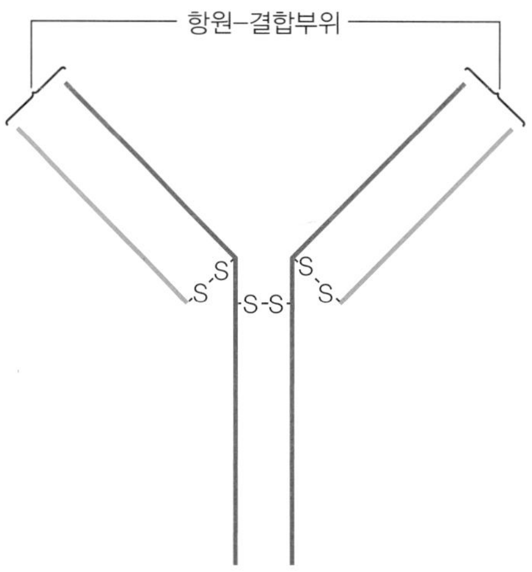

그림 23.11 항체의 구조. 항체는 이황화결합으로 연결된 2개의 경사슬(파란색)과 2개의 중사슬(분홍색)로 구성되며, 중사슬끼리도 이 결합에 의해 연결된다. 항원-결합 부위는 가변 부위가 있는 단백질 사슬의 아미노 말단이다.

그렇다면 우리는 수백 만 개의 항체 유전자를 갖고 있는 것일까? 이러한 가설은 불가능하다. 그 정도로 많은 유전자를 가지는 것은 우리의 유전체에 감당하기 어려운 무거운 짐을 지우는 결과를 초래할 것이다. 그렇다면 항체의 다양성 문제를 어떻게 해결할 것인가? 항체를 만드는 성숙 과정 중의 B 세포는 항체 유전자의 분리된 부분들을 가져다 모아 유전체를 재배열한다. 그 기작은 이질적 집단으로부터 무작위적으로 몇 개의 부분을 골라내 모으는 것으로, 이는 마치 중국 음식점의 다양한 메뉴의 A 섹션에서 한 가지를 고르고 B 섹션에서 한 가지를 골라 음식을 주문하는 것과 유사하다. 이 배열에 의해 유전자의 다양성이 크게 증가된다. 예를 들어 A 섹션에서 41가지의 가능성이 있고, B 섹션에서는 5가지의 가능성이 있다면 그 조합의 총 가짓수는 41×5, 즉 205가지가 될 것이다. 따라서 우리는 46개의 유전자 절편으로부터 205개의 유전자를 조립할 수 있다. 이 방식이 항체 폴리펩티드 한 종류에 대해 적용되는 방식이다. 따라서 위의 조합이 다른 폴리펩티드에 대해서도 이루어진다면 항체의 총 수는 경사슬, 중사슬 두 폴리펩티드의 수의 곱이 될 것이다. 이러한 계산은 이론적으로는 맞

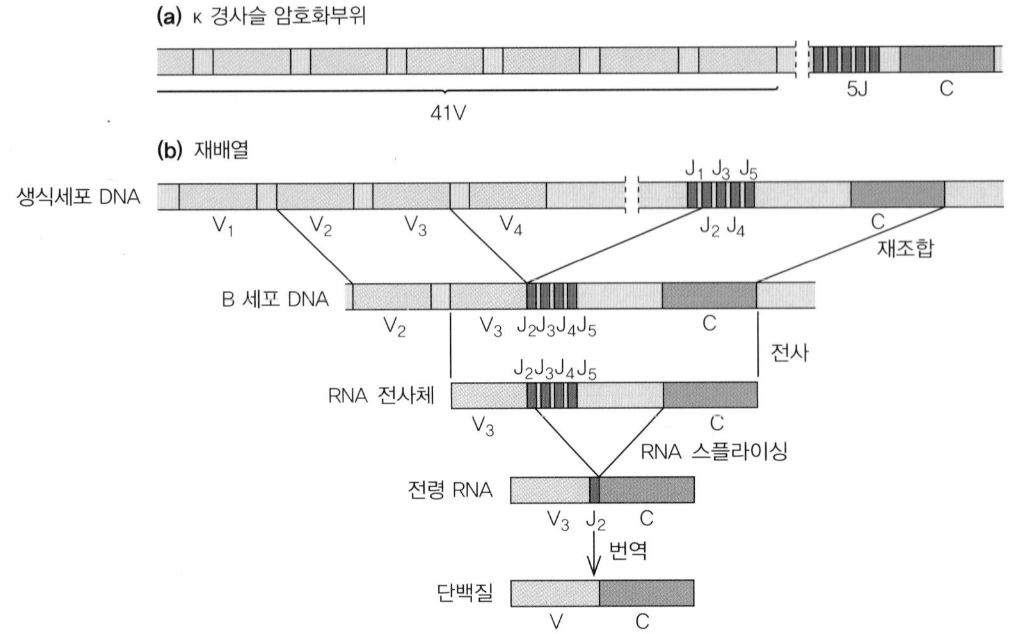

그림 23.12 항체 경사슬 유전자의 재배열. (a) 인간의 κ-항체 경사슬은 41개의 가변 부위 유전자 분절(V, 연초록색), 5개의 연결 분절(J, 빨간색), 그리고 하나의 고정 부위 분절(C, 파란색)로 암호화되어 있다. (b) 항체 생성 세포의 성숙 과정 동안 DNA 분절이 결실되어 어느 한 V 분절(여기서는 V_3)과 한 J 분절(여기서는 J_2)이 결합한다. 이 유전자는 여분의 J 분절과 개재서열을 갖는 mRNA 전구체로 전사된다. 그 후 J_2와 C 사이의 부분이 스플라이싱되어 제거되면 성숙한 mRNA가 만들어지고, 이것은 항체단백질로 번역된다. mRNA의 J 분절은 항체의 가변 부위의 한 부분으로 번역된다.

지만 실제 항체 유전자가 놓인 상황에 대해 과도하게 단순화시킨 것이다. 나중에 살펴보겠지만 항체 유전자는 다양성을 창출하기 위한 보다 복잡한 기작을 가지며, 그렇기 때문에 보다 다양한 항체를 생산할 수 있게 된다.

포유동물의 항체에 대한 연구에서 항체의 경사슬에는 카파(κ)와 람다(λ)의 두 종류가 있음을 알게 되었다. 그림 23.12는 κ 경사슬 유전자의 배열을 보여 준다. 이 메뉴의 A 섹션에는 41개의 가변 부위(V)가 있고, B 섹션에는 5개의 **연결부위**(joining region, J)가 있다. J 분절은 가변 부위의 마지막 12개의 아미노산을 암호화하고 있으나, V 부위의 다른 부분과는 멀리 떨어진 고정 부위 근처에 존재한다. 이러한 현상은 생식세포에서 발견되며, 항체 형성 세포가 분화하기 전 단계에서 연관되지 않은 두 부위 간의 재배열이 일어나기 전의 상황이다. 재배열과 유전자 발현의 구체적인 모습은 그림 23.12에 나타내었다.

우선, 재조합에 의해 V 부위 중 하나와 J 부위 중 하나가 결합된다. 이 경우에는 V_3와 J_2가 서로 융합하는 것으로 보여 주고 있으나 V_1과 J_4의 조립 등과 같이 그 선택은 무작위적이다. 유전자의 두 부분이 조립된 후 일어나는 전사는 V_3에서 시작하여 C의 말단까지 진행된다. 다음에 스플라이싱 기구가 전사체의 J_2 부위를 C에 연결하여 J의 잉여 부위(extra region)와 J와 C 사이의 개재서열(intervening sequence)을 제거한다. 여기서 재배열 단계는 DNA 수준에서 일어나지만 스플라이싱은 14장에서 배운 것 과같이 RNA 수준에서 일어남을 기억하자. 이렇게 조립된 전령 RNA는 세포질로 이동하여 V와 J에 의해 암호화된 가변 부위와 C에 의해 암호화된 고정 부위를 갖는 항체의 경사슬로 번역된다.

왜 전사의 개시는 그 상단 부위가 아닌 V_3의 시작 부위에서 일어나게 될까? 그 대답은 아마도 J 부위와 C 부위 사이의 인트론에 존재하는 인핸서가 자신과 가장 가까이 위치한 프로모터를 활성화하기 때문으로, 여기서는 V_3 프로모터가 이에 해당된다. 이러한 방식은 재배열 후 유전자가 활성화되는 수월한 방법을 제공하는데, 인핸서가 프로모터를 작동시키기에 충분히 가까운 위치에 놓이려면 먼저 재배열이 일어나야 한다.

중사슬 유전자의 재배열은 보다 복잡하다. 왜냐하면 V와 J 사이에 여분의 유전자 부분들이 더 존재하기 때문이다. 이 유전자 절편들은 다양성(diversity)이라는 뜻의 D로 불리며 이는 중식 메뉴의 세 번째 섹션을 구성한다. 그림 23.13은 중사슬이 48개의 V 부위와 23개의 D 부위, 그리고 6개의 J 부위로부터 구성됨을 나타낸다. 이러한 조합만으로 48×23×6, 즉 6,624가지의 서로 다른 종류의 중사슬 유전자를 만들 수 있다. 더욱이 6,624가지의 중사슬이 205가지의 κ 경사슬 및 170가지의 λ 경사슬과 조합하면 거

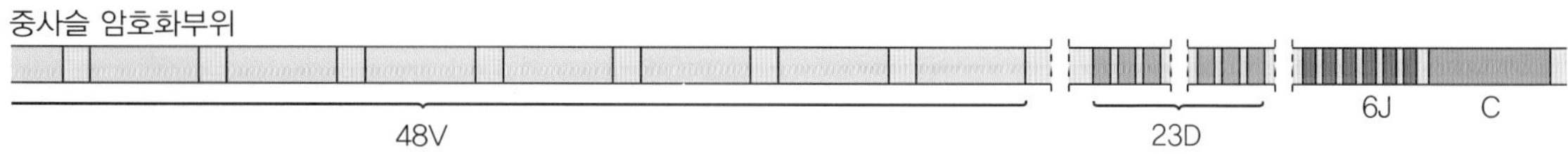

그림 23.13 항체 중사슬 암호화 부위의 구조. 인간의 항체 중사슬은 48개의 가변 분절(V, 연초록색), 23개의 다양성 분절(D, 보라색), 6개의 연결 분절(J, 빨간색)과 1개의 고정 부위 분절(C, 파란색)로 암호화되어 있다.

의 250만 개의 항체, 좀 더 정확히 말하면 250만 개의 가변 부위의 조합을 얻을 수 있다.

하지만 다양성을 제공하는 요인은 아직 더 존재한다. 첫째는 V, D, J 분절을 연결하는 이른바 **V(D)J 연결**[V(D)J joining]로 그 기작은 정확하지 않다. 이 과정 중 각각의 연결 부위에서 몇 개의 염기가 첨가되거나 결실될 수 있다. 그 결과 항체의 아미노산 서열에 추가적인 차이가 생긴다.

항체 다양성의 다른 요인은 높은 빈도의 체세포 돌연변이, 즉 개체의 생식세포가 아닌 체세포에서의 급격한 돌연변이다. 이 경우에는 항체 형성 B 세포의 한 클론이 침입자의 공격에 대항하여 증식할 때 항체 유전자에서 돌연변이가 생긴다.

유전학 및 생화학적 분석 결과 체세포에서의 돌연변이는 두 단계로 일어나는 것으로 밝혀졌다. 첫째, B 세포 활성에 의해 증가되는 시티딘 탈아민효소(cytidine deaminase)가 DNA 복제 과정에서 시토신의 아민을 떼어내 우라실(uracil)로 만든다. 다음으로 우라실은 틀린짝 회복이나 우라실 염기를 제거해서 탈염기 부위를 만드는 우라실-N-글리코실가수분해효소(uracil-N-glycosylase)의 작용을 유도한다. 어떤 경우든 단일-가닥 절단이 일어나고, 세포는 손상우회(20장 참조)에 사용하는 부속 DNA 중합효소 제타(ξ), 에타(η), 세타(θ) 및 이오타(ι)를 이용하여 이 절단을 회복한다. 이들 DNA 중합효소들은 착오경향 우회의 회복 방법을 사용하므로, 결국 많은 돌연변이가 유발된다.

이렇게 부정확한 유전자 분절의 연결과 체세포에서의 높은 빈도의 돌연변이는 가능한 종류의 항체의 수를 크게 증가시킨다. 실제로 한 사람이 일생 동안 만들 수 있는 다양한 항체의 가짓수는 1000억 개 이상이다. 이는 어떤 종류의 침입자에도 작용할 수 있을 만큼 매우 큰 수이다.

1) 재조합 신호

어떻게 재조합 기구는 면역글로불린 유전자의 여러 부분을 모아 하나로 연결하는 과정에서 어느 부위를 잘라 붙일 것인가를 결정할까? 스스무 토네가와(Susumu Tonegawa)는 κ 및 λ 경사슬과 중사슬을 암호화하는 생쥐 면역글로불린 유전자의 많은 염기서열

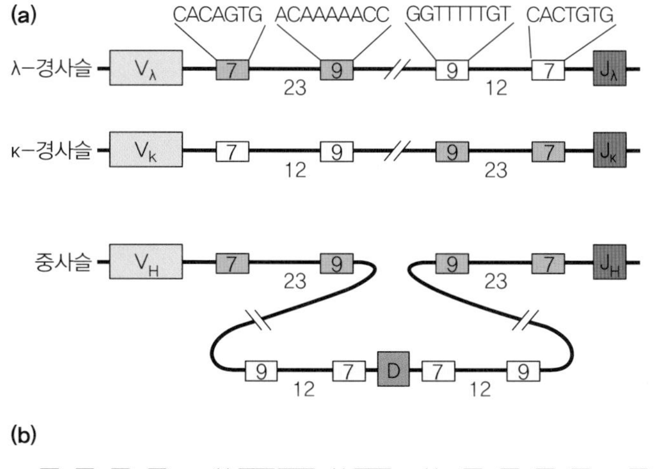

그림 23.14 V(D)J 결합의 신호서열. **(a)** 면역글로불린 κ 및 λ 경사슬 유전자와 중사슬 유전자의 암호화 부위 주위에서 신호서열의 배열. '7' 또는 '9'로 표시된 상자는 각각 보존된 7량체와 9량체이다. 이들의 공통서열은 상단에 표시하였다. 12량체와 23량체 스페이스 바들도 표시되었다. 12 신호와 23 신호는 그중 하나가 다른 것에 결합되면 자연스럽게 완전한 유전자로 조립될 수 있도록 배열되어 있음을 주목하라. **(b)** 면역글로불린 중사슬 유전자에서 12 및 23 신호의 배열. 노란색 삼각형은 12 신호를, 주황색 삼각형은 23 신호를 나타낸다. 역시 어떻게 12/23법칙이 재배열된 유전자에 각각의 암호화 부위(V, D 및 J)를 하나씩 포함하도록 보장하고 있는지 주목하라. (출처: (a) Adapted from Tonegawa, S., Somatic generation of antibody diversity. *Nature* 302:577, 1983.)

을 조사하여 일정한 패턴을 발견하였다(그림 23.14a). 각 암호화 부위에 인접하여 보존된 회문서열의 7량체가 존재하며 그 공통서열은 5′-CACAGTG-3′이다. 이 7량체는 보존된 9량체를 동반하며 그 공통서열은 5′-ACAAAAACC-3′이다. 7량체와 9량체는 12bp(**12 신호**, 12 signal) 또는 23(±1)bp(**23 신호**, 23 signal)을 포함하는 보존되지 않은 스페이스 바에 의해 분리되어 있다. 이들 **재조합 신호서열**(recombination signal sequence, RSS, 그림 23.14b)의 배열은 항상 12 신호가 23 신호에 연결되도록 재조합된다. 이러한 **12/23 법칙**(12/23 rule)은 12 신호들과 23 신호들 각각은 서로 간에 결합하지 않으며, 각각의 암호화 부위에서 오직 하나씩만이 성숙한 면역글로불린 유전자에 편입된다는 것이다.

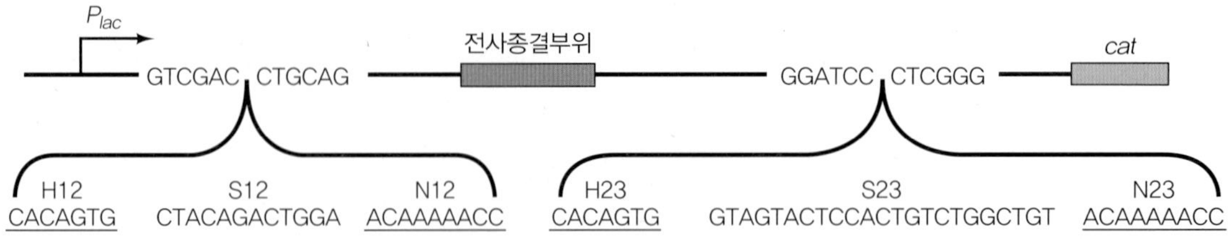

그림 23.15 RSS의 돌연변이가 재조합 효율에 미치는 영향을 측정하기 위해 사용한 리포터의 구조. 겔러트 등은 *lac* 프로모터와 *cat* 유전자, 그리고 이들을 분리하는 12 신호와 23 신호에 의해 둘러싸인 전사종결 신호의 삽입서열을 포함하는 재조합 리포터 플라스미드를 만들었다. 두 RSS 사이에서 재조합에 의해 종결 신호는 역위되거나 결실되며, 이에 따라 *cat* 유전자가 발현된다. 박테리아를 재배열된 플라스미드로 형질전환하면 클로람페니콜에 저항성을 보이는 CAT-생성 군집들이 많이 나타난다. 반면 재배열되지 않은 플라스미드로 형질전환하면 클로람페니콜에 저항성을 보이는 군집들은 거의 나타나지 않는다.
(출처: Adapted from Hesse, J., M. R. Lieber, K. Mizuuchi, and M. Gellert, V(D)J recombination: a functional definition of the joining signals, *Genes and Development* 3:1053–61, 1989.)

공통서열을 갖는 RSS의 중요성은 무엇일까? 마틴 겔러트(Martin Gellert) 등은 7량체와 9량체의 염기서열에 대해 염기치환을 하거나 스페이스 바 부위의 염기들을 첨가하거나 결실시키는 체계적인 돌연변이를 유발하고, 이러한 변형이 재조합에 미치는 영향을 조사하였다. 그들은 다음의 방법으로 재조합 효율을 측정하였다. 그들은 그림 23.15와 같은 재조합 플라스미드를 구축하였다. 그 첫째 구성요소는 *lac* 프로모터이고, 다음으로 12 신호, 원핵세포의 전사종결 신호, 23 신호, 마지막으로는 *cat* 리포터 유전자가 차례로 배열되었다. 그들은 이 RSS에 돌연변이를 유발하고 B 전구세포에 도입하였다. 마지막으로, B 전구세포로부터 플라스미드를 분리하여 클로람페니콜(chloramphenicol) 민감성 대장균 세포에 도입한 후 클로람페니콜 저항성을 분석하였다. 만일 재조합이 일어나지 않았다면 전사종결 신호가 *cat*의 발현을 막을 것이므로 클로람페니콜에 대한 저항성을 가진 대장균은 존재하지 않을 것이다. 하지만 12 신호와 23 신호 사이에 재조합이 일어났다면 종결 신호는 역위되거나 결실되어 불활성화될 것이다. 이 경우엔 *lac* 프로모터의 조절하에 *cat* 발현이 일어나 많은 클로람페니콜 저항성 군집들이 형성될 것이다. 이 실험은 7량체나 9량체의 염기서열에 많은 변형이 일어나면 재조합의 효율이 기저 수준으로 감소된다는 것을 보여 주었다. 스페이스 바 부위에 대한 염기의 삽입이나 결실도 마찬가지의 결과를 나타냈다. 따라서 RSS를 이루는 모든 요소들은 V(D)J 재조합에 중요하다.

2) 재조합효소

데이비드 발티모어(David Baltimore) 등은 V(D)J 재조합효소(recombinase)를 암호화하는 유전자를 찾기 위해 우리가 바로 앞에서 논의하였던 것과 유사한, 그러나 마이코페놀산(mycophenolic acid)에 대한 저항성을 부여함으로써 진핵세포에서 작동되도록 한 재조합 리포터 플라스미드를 이용하였다. 이 플라스미드를 생쥐 유전자 DNA의 절편들과 함께 V(D)J 재조합활성이 결여된 NIH 3T3 세포에 도입하고 마이코페놀 저항성 3T3 세포를 분석하여 재조합을 조사하였다. 이 실험에 의해 생체 내에서 V(D)J 결합활성을 촉진하는 재조합-활성 유전자(recombination-activating gene, *RAG-1*)가 발견되었다.

그러나 *RAG-1*의 대부분을 포함하는 유전체 클론에 의한 자극의 정도는 전체 유전체 DNA에 의해 생긴 자극의 정도에 비해 높지 않았다. 더욱이 전체 *RAG-1* 서열을 포함하는 cDNA 클론들도 이와 유사한 결과를 나타내었으므로 무엇인가가 빠진 것으로 생각되었다. 그들은 *RAG-1* 서열의 대부분을 포함하는 전체 유전체 절편의 염기서열을 결정하여 이와 밀접히 연관된 다른 유전자를 발견하였다. 발견된 이 유전자가 V(D)J 결합과 관련되어 있는지를 알기 위해 이 절편과 *RAG-1* cDNA를 혼합하여 형질도입 실험에 사용하였다. 같은 세포에 두 유전자를 함께 도입한 결과, 보다 많은 마이코페놀 저항성 세포들을 관찰하게 되었다. 이러한 방법으로 그들은 V(D)J 재조합에 관여하는 2개의 유전자를 발견하게 되었고, 두 번째 유전자를 *RAG-2*로 명명하였다.

*RAG-1*과 *RAG-2*는 오직 B 전구세포와 T 전구세포에서만 발현되는데, 이들 세포에서는 각각 면역글로불린 유전자와 T-세포수용체 유전자 분절의 V(D)J 결합이 일어난다. T-세포수용체는 막-결합형 항원결합 단백질로 면역글로불린의 구조와 유사한 체제를 갖추고 있다. T-세포수용체를 암호화하는 유전자들은 12 신호와 23 신호를 포함하는 RSS를 갖추고 면역글로불린 유전자에 적용되는 것과 같은 법칙에 따라 재배열한다. 따라서 *RAG-1*과 *RAG-2*는 확실히 면역글로불린과 T-세포수용체 유전자의 V(D)J 결합 모두에 참여한다.

3) V(D)J 재조합의 기작

V(D)J 결합은 부정확하며 이 과정에서 나온 산물에 다양성을 제

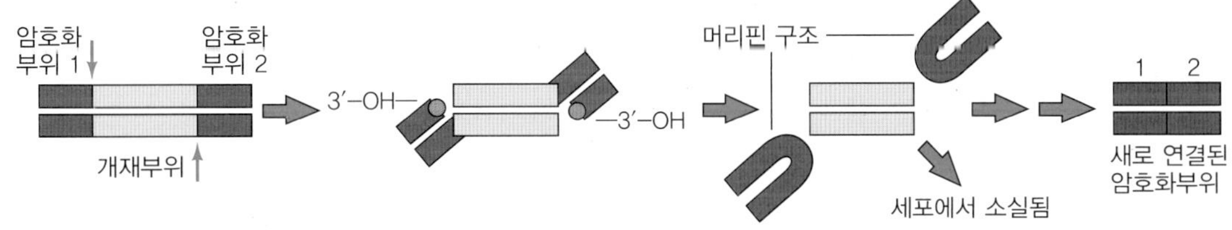

그림 23.16 RSS에서의 절단 기작. 반대편 가닥의 틈 형성(수직 화살표)이 암호화 부위(빨간색)와 개재 부위(노란색) 사이의 접합 부위에 있는 RSS에서 일어난다. 새로운 3′-히드록시기(연한 파란색)는 반대편 가닥을 공격하여 절단하고 머리핀 구조를 만들면서 개재분절을 방출하며, 방출된 개재분절은 소실된다. 최종적으로 머리핀 구조가 펼쳐지고 두 암호화 부위는 부정확한 기작으로 서로 연결된다. (출처: Adapted from Craig, N.L., V(D)J recombination and transposition: closer than expected. *Science* 271:1512, 1996.)

공한다. 연결 부위에서 염기의 결실과 첨가가 종종 관찰된다. 이러한 현상은 제한된 유전자 분절들로부터 만들어질 수 있는 단백질의 다양성에 보탬이 되므로 면역글로불린과 T-세포수용체 생성에 긍정적이다.

이러한 부정확성을 어떻게 설명할 수 있을까? 그림 23.16은 두 암호화분절 사이의 개재분절(intervening segment)에 접해 있는 RSS에서 일어나는 절단기작을 보여 준다. 먼저 *RAG-1*과 *RAG-2* 유전자 산물인 **Rag-1**과 **Rag-2**는 결합 부위에서 DNA를 절단한다. 그 후 새로운 3′-히드록시기가 상보가닥의 인산디에스테르 결합을 공격하여 개재분절을 방출하고 암호화분절의 말단에서 머리핀 구조를 형성한다. 이 머리핀 구조는 결합의 부정확성에 대한 열쇠를 제공한다. 즉, 머리핀 정점의 어느 한 쪽을 펼칠 수 있고 여기에 염기를 첨가하거나 제거하여 DNA가 결합할 수 있도록 평활말단으로 만든다. Rag-1과 Rag-2 단백질은 복합체를 이루어 양쪽의 머리핀이 서로 공유결합할 수 있도록 붙잡아 준다.

어떻게 머리핀 구조가 만들어지는 것을 알 수 있을까? 이 구조들은 처음 생체 내에서 발견되었지만 매우 낮은 농도로 존재한다. 겔러트 등은 이 구조들을 쉽게 관찰할 수 있는 시험관 내 분석계를 개발하였다. 그림 23.17a는 이들이 사용한 표지 기질들 중 하나로 한쪽의 5′-말단에 ^{32}P로 표지된 50량체를 나타낸다. 이 기질은 노란색 심벌로 나타낸 12 신호와 그 왼쪽에 인접한 16bp의 분절을 포함한다. 따라서 이 기질의 오른쪽 말단은 12 신호를 포함하는 34bp의 분절로 되어 있다. 이와 유사한 기질로 같은 인접 분절을 가지나 12 신호 대신 23 신호를 포함하여 전체가 61bp인 기질을 사용하기도 한다.

겔러트 등은 생쥐의 Rag-1 및 Rag-2에 대한 인간의 상동물인 RAG1 및 RAG2 단백질을 이 기질들과 반응시킨 후, DNA 절단이 생겼는지를 알아보기 위해 반응물을 비변성 조건에서 전기영동하였다(그림 23.17b). 그 결과 DNA에 이중가닥 절단이 생겼음을 나타내는 16량체를 발견하였다. 그러나 비변성 전기영동으로는 진짜 이중가닥 16량체와 머리핀 구조의 말단을 갖는 16량체를 구분하지 못한다. 따라서 이들은 같은 반응 산물에 대해 보다 높은 온도에서 요소를 첨가한 변성 전기영동을 수행하였다(그림 23.17c). 이 조건에서 이중가닥 16량체는 2개의 단일가닥 16량체로 나뉠 것이다. 그러나 말단에 머리핀 구조를 갖는 16량체는 단일가닥 32량체로 변할 것이다. 겔러트 등은 DNA가 12 신호나 23 신호를 포함하고 RAG1과 RAG2가 동시에 존재할 때에는 언제나 이러한 32량체 산물을 관찰하였다. 12 신호나 23 신호가 없는 DNA는 아무런 산물을 만들지 못했고, RAG1이나 RAG2 중 어느 하나라도 없을 경우에도 아무런 반응 산물을 얻지 못하였다(그림 23.17d). 따라서 RAG1과 RAG2는 12 신호와 23 신호 모두를 인지하고, 신호에 인접한 DNA 부위를 절단하여 암호화 분절의 말단에서 머리핀 구조를 형성하도록 한다.

더욱이 비변성 겔 조건에서 보인 16량체 산물은 변성 조건에서는 오직 머리핀 구조의 산물만 생성했는데, 이는 단순한 이중가닥 16량체는 형성되지 않음을 나타낸다. 그러나 비변성 겔에서 기질과 함께 이동하는 표지 DNA는 변성 겔에서 적은 양의 16량체를 생성하였다. 이것은 비변성 조건에서 기질과 같이 남아 있으므로 이중가닥 절단에 의해 만들어졌을 리는 없다. 따라서 이것은 표지 가닥에 생긴 틈으로부터 유래되었을 수밖에 없다. 틈이 생긴 16량체는 비변성 전기영동 동안에는 그 상보적 DNA와 염기쌍 결합을 유지한 채로 남아 있지만 변성 전기영동 중에는 독립적으로 이동했을 것이다. 따라서 단일가닥의 틈 형성은 RAG1 및 RAG2 단백질의 작용기작 중 한 부분으로 생각된다.

틈 형성과 머리핀 구조 형성의 연관관계를 연구하기 위해 겔러트 등은 기질을 RAG1 및 RAG2 단백질과 다양한 시간 동안 반응시킨 후 그 산물들을 변성 전기영동하였다. 그 결과 틈 산물이 처음에 나타나고 그 후 머리핀 구조의 산물들이 나타남을 알았다.

이는 틈 산물이 머리핀형 산물의 전구체가 됨을 시사한다. 이 가설을 시험하기 위해 그들은 틈 중간체를 만들어 RAG1 및 RAG2와 반응시켰다. 확실히 RAG1과 RAG2는 틈이 생긴 DNA를 머리핀 구조로 변화시켰다. 지속적인 연구 결과를 통해 겔러트 등은 다음과 같은 순서를 제시하였다. RAG1과 RAG2가 12 신호 또는 23 신호 주위의 한 DNA 가닥에 틈을 만든다. 그 후 새로 형성된 히드록시기가 그림 23.16에 보인 것처럼 에스테르전이반응을 통해 다른 가닥을 공격하여 머리핀 구조를 형성한다.

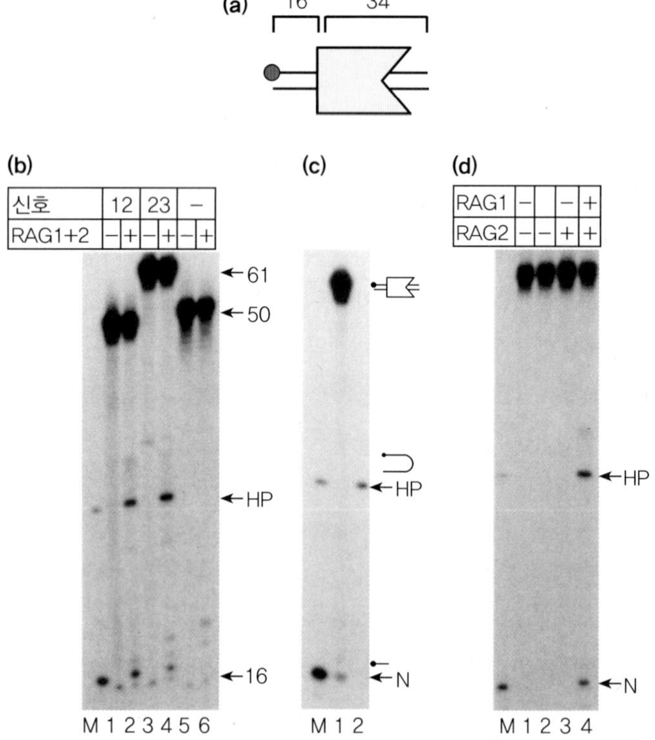

그림 23.17 절단 산물의 확인. (a) 절단 기질. 겔러트 등은 표지된 50량체를 만들었는데, 왼쪽은 16bp의 DNA로 오른쪽은 12 신호(노란색)를 포함하는 34bp 분절로 되어있다. 한쪽의 5′-말단 표지가 빨간색 점으로 표시되었다. 이들은 23 신호가 포함된 유사한 구조의 61량체도 만들었다. (b) 머리핀 구조 산물의 확인. 겔러트 등은 상단에 표시한 것처럼 RAG1 및 RAG2 단백질을 표지된 12 신호 또는 23 신호 기질과 배양하고, 비변성 전기영동 후 자기방사법으로 표지된 산물들을 검출했다. 61량체와 50량체, 머리핀 구조(HP) 및 16량체의 위치가 오른쪽에 표시되었다. (c) 비변성 겔로부터 산물의 확인. 겔러트 등은 비변성 겔에서 밴드에 표지된 산물들(외관상 절단되지 않은 50량체 및 16량체 단편)을 회수하고, 각각의 DNA를 변성 겔에서 다시 전기영동하였다(1번 및 2번 레인). 이때 절단되지 않은 기질, 16bp 머리핀 구조(HP)와 틈이 생긴 기질의 변성으로 생긴 단일가닥 16량체를 표지자(마커)와 같이 전기영동하고 오른쪽에 그림으로 나타내었다. (d) RAG1 및 RAG2의 요구. 이 실험은 RAG1과 RAG2의 존재 여부를 제외하면 (b)와 매우 유사하게 수행되었다. 'N'은 틈이 생긴 산물로부터 방출된 16량체의 위치를 나타낸다. (출처: McBlane, J.F., D.C. Van Gent, D.A. Ramsden, C. Romeo, C.A. Cuomo, M. Gellert, and M.A. Oettinger, Cleavage at a V(D)J recombination signal requires only RAG1 and RAG2 proteins and occurs in two steps. *Cell* 83 (3 Nov 1995) f. 4 a–c, p. 390. Reprinted by permission of Elsevier Science.)

어떤 효소가 RAG1과 RAG2가 만든 머리핀 구조를 펼치는가? 마이클 리버(Michael Lieber) 등은 2002년에 아르테미스(Artemis)라 불리는 효소가 이러한 기능을 한다고 소개하였다. 자체적으로 아르테미스는 핵산말단가수분해효소(exonuclease)의 활성을 가지고 있으나, DNA-단백질 인산화효소의 활성소단위체(DNA-PK_{cs})와 결합하면 머리핀 구조를 절단하는 핵산내부가수분해효소(endonuclease)의 활성을 획득한다. 여러분은 20장의 이중가닥 DNA 절단의 회복을 위한 비상동 DNA 말단-결합(NHEJ)에 대한 논의에서 DNA-PK_{cs}를 기억하고 있을 것이다. 사실 펼쳐진 머리핀 구조의 결합은 NHEJ와 유사하며 NHEJ 기구를 이용한다.

아르테미스는 면역글로불린 유전자의 재배열과 매우 유사한 T 세포 수용체 유전자의 재배열 동안 생성되는 머리핀 구조의 절단에도 필요하다. 항체가 없는 B 세포가 쓸모가 없듯이, T 세포 수용체가 없는 T 세포 역시 무용지물이다. 결국 아르테미스 기능의 상실은 B 세포나 T 세포의 기능 상실을 의미한다. 실제로 아르테미스 유전자에 결함이 있는 인간들은 **중증 합병 면역결핍증**(severe

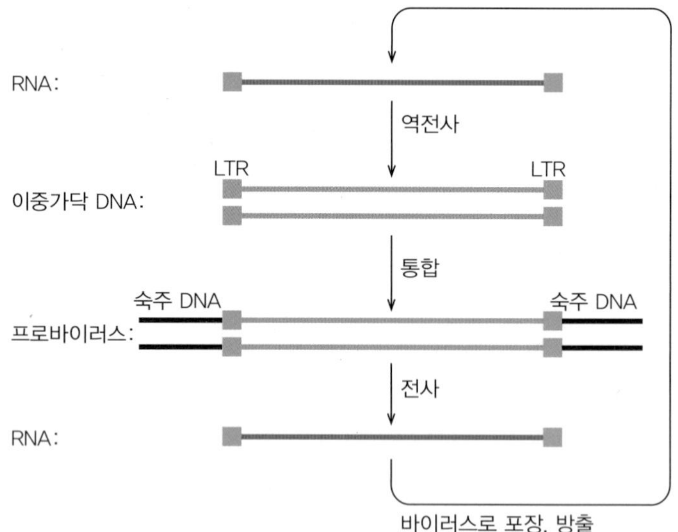

그림 23.18 레트로바이러스의 복제 주기. 바이러스 유전체는 양 말단에 긴 말단 반복서열(LTR, 초록색)을 갖는 RNA이다. 역전사 효소가 RNA에 대한 선형 이중가닥 DNA 복사체를 만들고, 이것은 숙주 DNA(검은색)에 삽입되어 프로바이러스가 된다. 숙주세포의 RNA 중합효소 II는 프로바이러스를 전사하여 유전체 RNA를 만든다. 바이러스 RNA는 바이러스 입자에 포장되고 이 입자는 세포 밖으로 나와 다른 세포를 감염하는 주기를 다시 시작한다.

combined immunodeficiency, SCID, 일명 '버블보이' 증후군)이라 불리는 매우 심각한 상태에 놓이나 병원체에 대해 면역반응이 일어나지 않는다. 그들은 생존하기 위해서 세상과 격리되어야 한다.

23.4. 레트로트랜스포존

매클린톡이 옥수수에서 발견한 트랜스포존은 소위 오려 붙이는 또는 복사해 붙이는 트랜스포존으로 앞에서 논의한 박테리아의 트랜스포존과 유사하다. 만일 DNA 복제가 포함된다면 그것은 직접적인 복제이다. 인간의 경우도 이러한 유형의 트랜스포존을 가지고 있는데, 이들 인자를 모두 합치면 인간 유전체의 약 1.6%를 차지한다. 가장 유명한 예는 **마리너**(mariner)로 불리는 것이지만 지금까지 연구된 모든 마리너 인자들은 실제로는 전이를 못하는 것으로 알려져 있다. 진핵세포들은 다른 종류의 매우 많은 트랜스포존들을 갖고 있는데, RNA 중간체를 통하여 복제하는 **레트로트랜스포존**(retrotransposon)이 그것이다. 이러한 측면에서 레트로트랜스포존은 척추동물에 암을 일으키거나 AIDS를 유발(인간 면역결핍 바이러스, HIV)하는 **레트로바이러스**(retrovirus)와 유사하다. 레트로트랜스포존의 복제 방식을 알아보기 위해 레트로바이러스의 복제에 대해 살펴보자.

1) 레트로바이러스

레트로바이러스의 가장 뚜렷한 특징은 RNA 유전체에 대한 DNA

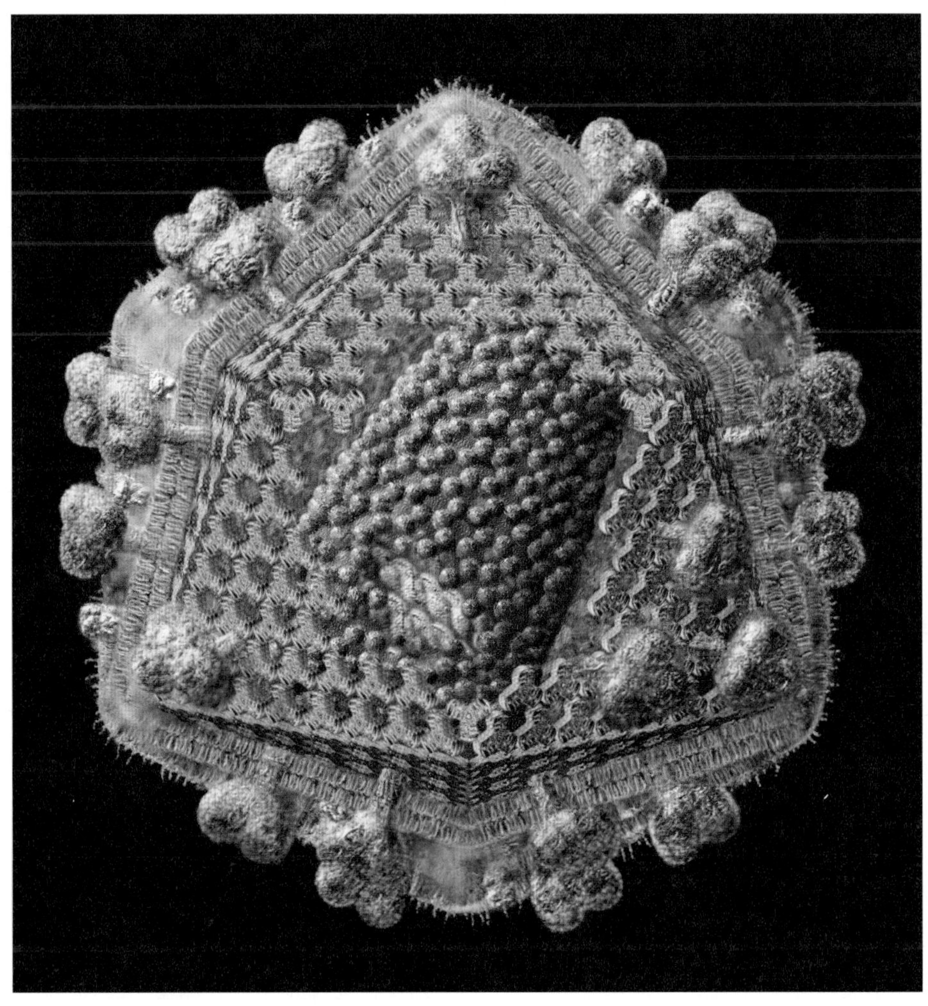

그림 23.19 에이즈 비리온(virion)의 내부구조. 에이즈(후천성 면역 결핍증, acquired immune deficiency syndrome, AIDS)는 인간 면역 결핍 바이러스(HIV)에 의해 일어난다. RNA 가닥(리보핵산, 노란색)을 포함하는 캡슐(분홍색)은 이 바이러스 입자의 핵심을 이룬다. 핵심의 주변은 매트릭스 단백질(연한 파란색)의 정20면체 껍질로 덮여있다. 그 위로 바이러스 입자를 만드는 숙주세포의 원형질막에서 유래된 외피(노란색 이중층)가 둘러싸여 있다. 껍질에 부착되어 있는 바이러스의 돌기들(노란색)은 바이러스 입자가 세포에 부착할 수 있도록 한다. 에이즈는 면역시스템을 손상시켜 치명적인 이차 감염을 일으키곤 한다. (출처: Russell Kightley/Photo Researchers, Inc.)

복사체를 만들 수 있는 능력으로 실제로 그 특성 때문에 이 계열의 바이러스에 이러한 이름을 부여하였다. RNA에서 DNA를 만드는 반응은 전사반응의 역과정이므로 통상 **역전사**(reverse transcription)라 불린다. 1970년 하워드 테민(Howard Temin)과 발티모어는 당시에 회의적이었던 과학자들에게 이 반응이 실제로 일어남을 확신시켜 주었다. 이들은 이 바이러스 입자에 역전사반응을 촉매하는 효소가 포함되어 있음을 증명하였던 것이다. 이 효소에는 당연히 **역전사효소**(reverse transcriptase)란 이름을 붙이게 되었는데, 보다 정확한 이름은 **RNA-의존성 DNA 중합효소**(RNA-dependent DNA polymerase)이다.

그림 23.18은 레트로바이러스의 복제 주기를 나타낸 것이다. 세포를 감염하는 바이러스로부터 시작해 보자. 바이러스는 RNA 유전체의 두 복사체를 가지는데 이들은 5′-말단에서 염기쌍을 형성함으로써 서로 연결되어 있다. (여기서는 간단하게 한 복사체만 나타내었다.) 바이러스가 세포에 들어가면 바이러스의 ***pol*** 유전자 산물인 역전사 효소는 바이러스 RNA에 대해 양 말단에 **긴 말단 반복서열**(long terminal repeat, LTR)을 가지는 이중가닥 DNA 복사체를 만든다. 이 DNA는 숙주 유전체와 재조합하여 통합된 바이러스 유전체를 만드는데 이를 **프로바이러스**(provirus)라고 한다. 숙주의 RNA 중합효소 II는 프로바이러스를 전사하여 바이러스 mRNA를 만들고 이는 바이러스 단백질로 번역된다. 복제주기를 완성하기 위해 RNA 중합효소 II는 프로바이러스의 RNA 복사체를 만드는데 이들은 새로운 바이러스 유전체가 된다. 이 유전체 RNA들은 바이러스 입자로 포장된 후(그림 23.19) 감염한 세포에서 나와 다른 세포를 계속 감염시킨다.

(1) 역전사 효소에 대한 증거

사람들은 아무도 역전사 반응을 관찰한 적이 없고, 그것이 왓슨-크릭이 제안한 '분자생물학의 중심원리', 즉 유전 정보의 흐름이 DNA에서 RNA를 거쳐 단백질로 이어지며 그 역은 일어나지 않는다는 것을 위반하기 때문에 역전사 반응이 실제로 일어날 것인가에 대해 회의적이었다. 크릭은 그 후 DNA→RNA의 화살표의 방향이 양쪽으로 될 수 있음을 언급했으나 당시에는 이 개념이 대중화되지 못했다. 발티모어와 테민은 이러한 의구심을 떨쳐내기 위해 어떠한 증거를 제시하였을까?

그림 23.20은 발티모어의 실험들 중 하나의 결과이다. 그는 레트로바이러스의 일종인 Raucher 생쥐의 백혈병 바이러스(R-MLV) 입자를 순수분리한 후, [^{3}H] dTTP가 포함된 네 종류의 dNTP와 배양한 후, 산에 의해 침전될 수 있는 DNA 중합체에 방사능으로

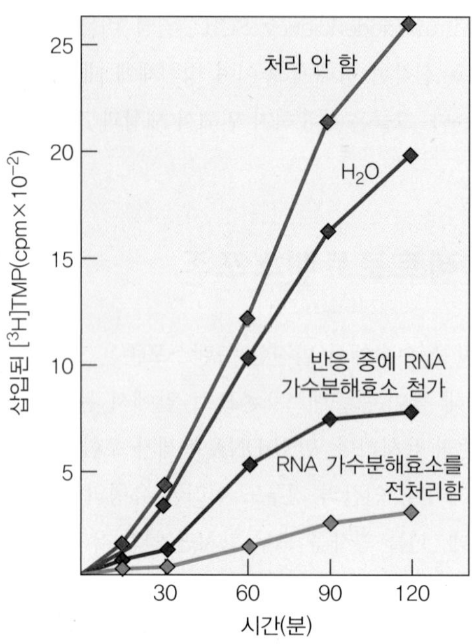

그림 23.20 역전사 효소 활성에 대한 RNA 가수분해효소의 영향. 발티모어는 R-MLV 입자를 다양한 조건에서 [^{3}H]dTTP를 포함하는 네 종류의 dNTP와 배양한 후, 산물들을 산처리에 의해 침전시키고 그 산물들의 방사능을 액체섬광 측정법에 의해 측정하였다. 처리 여부: 빨간색, 처리 안함. 보라색, 물을 넣고 20분간 전처리함. 파란색, 반응중에 RNA 가수분해효소를 첨가함. 초록색, RNA 가수분해효소로 전처리함. (출처: Adapted from Baltimore, D., Viral RNAdependent DNA polymerase. *Nature* 226:1210, 1970.)

표지된 TTP가 삽입되는 정도를 측정했다. 그는 뚜렷했던 삽입 정도(빨간색 선)가 반응 중에 첨가된 RNA 가수분해효소에 의해 저해되었으며(파란색 선), RNA 가수분해효소를 미리 처리할 경우에는 더욱 저해되는 것(초록색 선)에 주목하였다. 이러한 RNA 가수분해효소에 대한 민감성은 RNA가 역전사 반응에서 주형으로 작용할 것이라는 가설과 부합되었다.

발티모어는 나아가 이 반응의 산물이 RNA 가수분해효소나 염기 가수분해에 둔감하지만 DNA 가수분해효소에는 민감하다는 것을 보여 주었다. 더욱이 비리온(virion)에는 오직 dNTP만 삽입되었고 ATP 같은 리보뉴클레오티드는 삽입되지 않았다. 따라서 반응 산물은 DNA처럼 행동하였고 이에 관여하는 효소는 RNA-의존성 DNA 중합효소, 즉 역전사 효소처럼 행동하였다. 발티모어와 테민은 라우스 육종(Rous sarcoma) 바이러스 입자들에 대해서도 유사한 실험을 하여 비슷한 결과를 얻었다. 따라서 모든 RNA 종양 바이러스들은 아마도 역전사 효소를 포함하고 그림 23.18에 나타낸 것같이 프로바이러스 가설에 따라 행동하는 것처럼 보였으며 이 생각이 옳음이 곧 입증되었다.

(2) tRNA 프라이머에 대한 증거

분자생물학자들이 역전사 과정의 분자생물학적 특성을 연구함에 따라 이제까지 알려진 모든 다른 DNA 중합효소와 같이 바이러스의 역전사 효소가 프라이머를 필요로 한다는 것을 발견하였다. 1971년 발티모어 등은 다음과 같은 전략에 따라 새로 합성되는 역전사 산물의 5′-말단에 RNA 프라이머가 붙는 것을 발견하였다. 그들은 발티모어와 테민이 사용했던 방법에 따라 조류골수아구증 바이러스(AMV)의 입자와 방사성 dNTP를 배양하여 새로 합성되는 역전사 산물을 표지하였다. 이 산물들은 염화세슘(Cs_2SO_4) 구배 원심분리를 통해 밀도차(RNA는 DNA보다 더 밀도가 높음)에 따라 DNA로부터 RNA를 분리시켰다.

첫 번째 실험에서 발티모어 등은 바이러스 입자들로부터 핵산을 분리하여 바로 초원심분리하였다. 그림 23.21a는 그 결과로서 RNA의 밀도를 갖는 방사성 DNA의 최고치를 볼 수 있다. 이 결과는 새로 합성되는 DNA가 보다 더 큰 RNA 주형과 염기쌍을 이루어 전체 복합체는 RNA처럼 행동한다는 가설과 부합되었다. 만일 이 가설이 옳다면 RNA-DNA 혼성 분자는 가열에 의해 변성되어 DNA 산물이 독립적인 분자로 방출될 것이다. 발티모어 등은 그림 23.21b에 나타낸 것과 같이 새로 합성된 DNA 산물의 밀도는 DNA의 밀도와 훨씬 더 가까우나 아직 RNA의 일부가 붙어 있는 것 같이 약간 높은 것을 발견하였다.

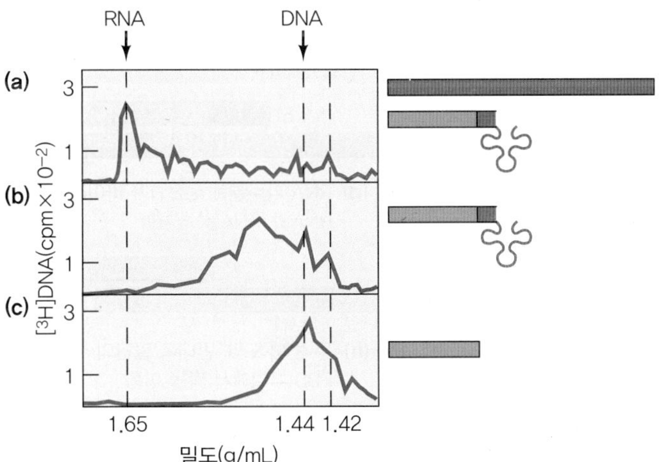

그림 23.21 역전사 전사체는 RNA 프라이머를 포함한다. 발티모어 등은 AMV 입자 내의 역전사 산물들을 [^{3}H]dTTP로 표지하고 이어 다음과 같이 처리한 후 염화세슘구배 원심분리를 수행하였다. **(a)** 아무런 처리하지 않음. **(b)** 이중가닥 DNA를 변성시키기 위해 가열함. **(c)** 역전사 산물에 붙어 있는 모든 프라이머를 제거하기 위해 가열 후 RNA 가수분해효소를 처리함. 오른쪽의 해석도는 결과들에 대한 설명이다. (a) 처리하지 않은 산물은 역전사 산물이 짧고 훨씬 더 긴 바이러스 RNA 주형에 염기쌍을 형성하므로 RNA처럼 높은 밀도를 갖는다. (b) 가열한 산물은 RNA 주형이 제거되었으므로 DNA의 밀도와 거의 비슷하나 RNA 프라이머가 공유결합해 있기 때문에 순수한 DNA보다는 아직 밀도가 높다. (c) 가열 및 RNA 가수분해효소를 처리한 산물은 RNA 가수분해효소가 RNA 프라이머를 제거했으므로 순수 DNA의 밀도와 같다. 순수한 RNA와 DNA의 대략적인 밀도는 상단에 표시되어 있다. (출처: Adapted from Verma, I.M., N.L. Menth, E. Bromfeld, K.F. Manly, and D. Baltimore, Covalently linked RNA-DNA molecules as initial product of RNA tumor virus DNA polymerase. *Nature New Biology* 233:133, 1971.)

이러한 행동은 만일 새로 합성되는 DNA가 공유결합으로 결합된 RNA 프라이머를 갖는다면 설명될 수 있을 것이다. 이러한 가능성을 조사하기 위해 발티모어 등은 새로 합성되는 DNA를 RNA 가수분해효소로 처리한 후 초원심분리하였다. 이번에는 합성 산물의 밀도가 순수한 DNA의 밀도와 정확히 일치하였다(그림 23.21c). 따라서 새로 합성된 역전사 산물은 RNA에 의해 프라이밍된 것으로 보인다. 그러면 어떤 RNA일까?

분자생물학자들은 레트로바이러스 입자 안에 존재하는 모든 분자들의 목록을 만드는 과정에서 숙주세포의 $tRNA^{Trp}$를 포함하는 어떤 tRNA들이 바이러스의 RNA와 부분적으로 염기쌍 결합을 하는 것처럼 보인다는 것을 발견하였다. 이것이 프라이머일까? 만일 그렇다면 그것은 역전사 효소에 결합해야 할 것이다. 이러한 결합이 가능한지를 알기 위해 발티모어, 제임스 달버그(James Dahlberg) 등은 숙주세포나 바이러스 입자의 $tRNA^{Trp}$를 ^{32}P로 표지하고 이들을 AMV 역전사 효소와 혼합하였다. 이 혼합물들은 세파덱스(Sephadex) G-100에 겔 여과하였다(5장 참조). $tRNA^{Trp}$ 그 자체로는 겔에 포함되어 유출될 때 25번 분획을 중심으로 최고치를 형성하였다. 그러나 숙주세포나 비리온 tRNA를 역전사 효소와 혼합했을 경우는 20번 분획을 중심으로 최고치를 형성하였다. 결국 역전사 효소는 $tRNA^{Trp}$에 결합하였다. 이 결과는 우리가 앞에서 논의한 자료와 함께 $tRNA^{Trp}$가 이 역전사 효소의 프라이머로 작용함을 강하게 시사한다. 바이러스는 tRNA를 암호화하지 않기 때문에 프라이머는 숙주세포로부터 획득된 것이 확실하다.

(3) 레트로바이러스 복제의 기작

시험관 내 역전사 반응의 초기 산물은 **강력-정지 DNA**(strong-stop DNA)라고 불리는 짧은 DNA 조각이다. 왜 강력-정지인가는 tRNA 프라이머가 잡종화하는 바이러스 RNA의 한 부위인 **프라이머-결합부위**(primer-binding site, PBS)를 고려하면 분명해진다. 이 부위는 레트로바이러스에 따라 다르지만, 바이러스 RNA의 5′-말단으로부터 150nt 정도 밖에 떨어져 있지 않다. 이것은 역전사 효소가 RNA 주형의 말단에 도착할 때까지 150nt 정도 길이의

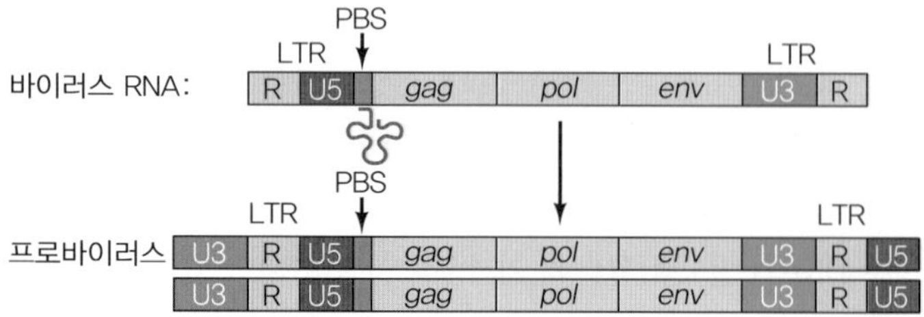

그림 23.22 레트로바이러스 RNA와 프로바이러스 DNA의 구조. 이것은 복제에 필요한 모든 유전자들, 즉 코트단백질(*gag*), 역전사 효소(*pol*) 및 외피단백질(*env*)을 포함하는 비결손 레트로바이러스 RNA이다. 더불어 양 말단에는 긴 말단 반복서열(LTR)을 가지고 있으나 이들 반복서열들이 동일하지는 않다. 왼쪽 LTR은 R과 여기서는 tRNA와 결합한 형태로 보이는 프라이머-결합 부위(PBS)를 포함하는 U5 지역을 가지나 오른쪽 LTR은 U3과 R 부위를 포함한다. 반면 바이러스 RNA를 주형으로 하는 프로바이러스 RNA는 양 말단에 완전한 LTR(U3, R 및 U5)을 포함한다.

DNA를 합성하고 멈추게 되는 것을 의미한다. 여기서 흥미로운 의문이 생긴다. 그렇다면 그 다음에 일어나는 일은 무엇일까?

이 의문은 그림 23.22에서 나타낸 것처럼 레트로바이러스 복제의 또 다른 역설과 관련되어 있다. 즉, 프로바이러스는 바이러스 RNA보다 더 길지만 바이러스 RNA가 프로바이러스를 만들기 위한 주형으로 작용한다는 것이다. 특히 바이러스 RNA의 긴 말단 반복서열(LTR)들은 불완전하다. 왼쪽 LTR은 별로 쓸모없는 부위(redundant region, R)와 5′-말단의 비번역 지역(**U5**)을 포함하고, 오른쪽 LTR은 R 부위와 3′-말단의 비번역 지역(**U3**)을 포함한다. 어떻게 프로바이러스는 완전한 LTR들을 각 말단에 가지고 있는 반면 그 주형은 왼쪽 말단에는 U3 부위가 없고, 오른쪽 말단에는 U5 부위가 없을 수 있을까? 헤럴드 바머스(Harold Varmus)는 역전사 효소가 또 다른 활성, 즉 RNA 가수분해효소의 활성을 갖는다는 중요한 사실에 근거하여 해답을 제시하였다. 역전사 효소에 내재되어 있는 **RNA 가수분해효소 H**(RNase H)는 RNA-DNA 잡종의 RNA 부분을 특이적으로 분해한다.

바머스의 가설을 그림 23.23에 나타내었다. 먼저, (a) 역전사 효소는 강력-정지 DNA의 합성을 준비하기 위해 tRNA를 이용한다. 처음에 이것은 선의 말단에 있는 것처럼 보인다. 하지만 이후에 (b) RNA 가수분해효소 H가 강력-정지 DNA와 RNA 주형 사이에 형성된 RNA 잡종 부분을 인지하여 RNA의 R과 U5 부분을 분해한다. 이 부위의 RNA가 제거되면 DNA 꼬리(파란색)가 남게 되며 이 부위는 그 RNA 주형의 다른 쪽 말단이나 다른 RNA 주형과 R 부위를 통해 잡종화할 수 있게 된다(c). 이처럼 다른 R 부위와 잡종화하는 것을 '첫 번째 도약'이라고 부른다. 원칙적으로 DNA는 같은 RNA의 다른 쪽 말단으로 도약할 수 있는데, 이 과

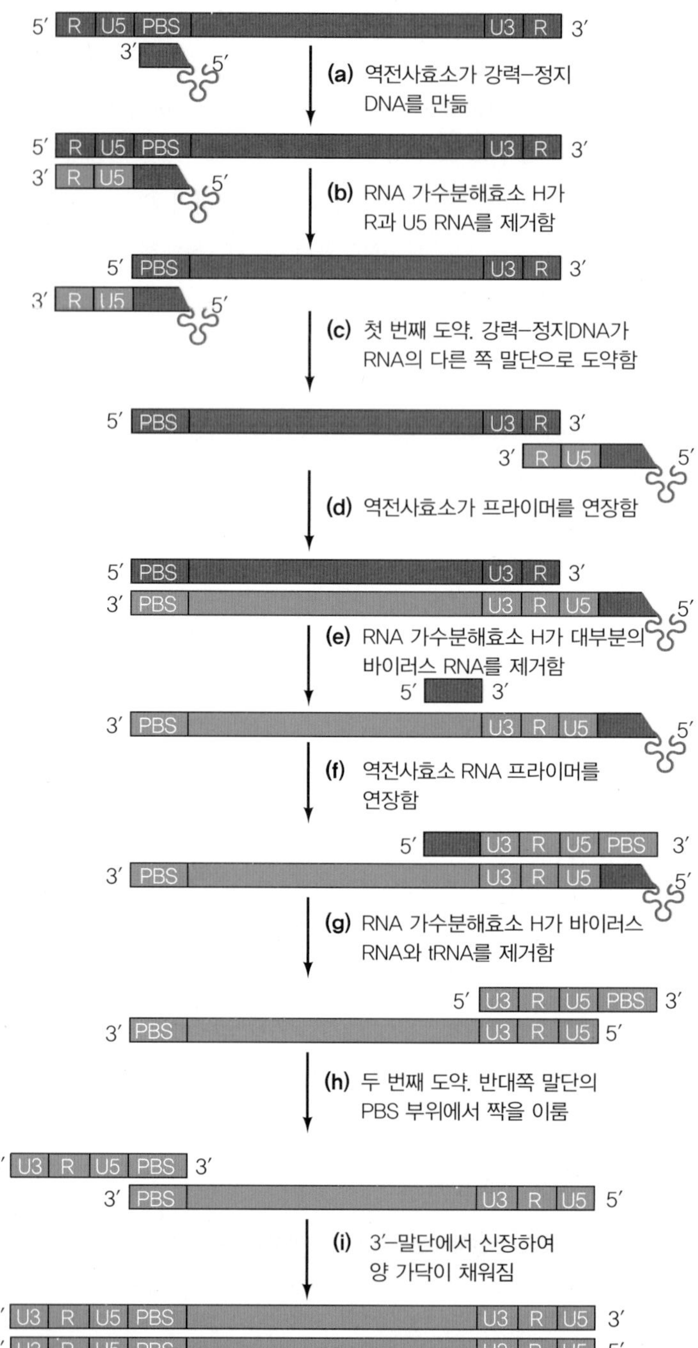

그림 23.23 레트로바이러스 RNA 주형으로부터 프로바이러스 DNA의 합성에 대한 모델. RNA는 빨간색으로, DNA는 파란색으로 표시되었다. tRNA 프라이머는 바이러스 RNA 내의 프라이머 결합 부위(PBS)에 염기쌍 결합하는 3′-꼬리표를 갖는 클로버 잎으로 나타냈다. 각 단계들은 본문에 구체적으로 기술되어 있다.

정은 주변의 RNA가 고리 형태로 구부러짐으로써 촉진되며 이때 강력-정지 DNA는 RNA의 오른쪽 말단과 짝을 이루기 위해 왼쪽 말단을 떠날 필요가 없게 된다. 하지만 DNA는 다른 바이러스 RNA로도 도약할 수 있으며 이것은 각각의 바이러스 입자가 2개

의 RNA 유전체 복사체를 가지고 있기 때문일 것이라고 생각된다.

첫 번째 도약 이후 강력-정지 DNA는 주형의 오른쪽에 위치하여 바이러스 RNA의 나머지 부분을 복사하기 위한 역전사 효소의 프라이머로 사용될 수 있다(d). 첫 번째 도약에 의해 오른쪽 LTR이 완성될 수 있음을 주목하라. U5와 R 부위는 바이러스 RNA의 왼쪽 LTR로부터 복사되고, U3 부위는 오른쪽 LTR로부터 복사된다. (e) 그리고 RNA 가수분해효소 H가 바이러스 RNA의 대부분을 제거하지만 오른쪽 LTR에 인접한 RNA의 작은 단편이 남겨져서 이것이 두 번째 가닥의 합성을 위한 프라이머로서 사용된다(f). 역전사 효소가 이 프라이머를 연장하여 PBS 부위를 포함하는 말단까지 늘리게 되면 RNA 가수분해효소 H는 남겨진 RNA, 즉 DNA에 결합되어 있던 두 번째 가닥의 프라이머와 tRNA를 제거한다(g). 이 과정에 의해 두 번째 도약, 즉 오른쪽의 PBS 부위가 왼쪽의 PBS 부위와 결합하는 일이 일어난다(h). 첫 번째 도약과 마찬가지로 두 번째 도약도 다른 분자 또는 같은 분자의 다른 말단으로 일어날 수 있다. 같은 분자 내의 도약일 경우 두 PBS 부위가 염기쌍 결합을 할 수 있도록 DNA가 고리 모양으로 휘어질 수 있다. 두 번째 도약 이후 무대는 DNA를 주형으로 이용할 수 있는 역전사 효소나 다른 DNA 중합효소에게 넘겨지며 이들은 주형의 각 말단에서 기다랗게 뻗은 단일가닥을 이용하여 두 가닥을 완성한다(i).

일단 프로바이러스가 합성되면 그것은 **통합효소**(integrase)에 의해 숙주 유전체 내로 삽입될 수 있다. 이 효소는 역전사 효소와 RNA 가수분해효소 H를 암호화하는 것으로 알려진 *pol* 유전자로부터 유래된 **다중단백질**(polyprotein)의 한 부분이다. 통합효소는 **단백질분해효소**(protease)에 의해 다중단백질로부터 잘려져서 만들어지는데, 이 단백질분해효소 또한 같은 다중단백질에서 잘려져 나온다. 즉, 단백질분해효소는 스스로를 다중단백질로부터 잘라내는 것이다. (이 관점에서 AIDS에 대항하기 위한 가장 유망한 치료제 중 하나로 HIV의 단백질분해효소에 대한 저해제가 부각되고 있다.) 프로바이러스가 숙주의 유전체에 통합되면 숙주세포의 RNA 중합효소 II에 의해 전사되어 바이러스 RNA가 만들어진다.

2) 레트로트랜스포존

모든 진핵생물은 역전사 효소에 의존하여 RNA 중간체를 통해 복제하는 트랜스포존을 갖고 있는 것으로 보인다. 이 **레트로트랜스포존**(retrotransposon)들은 복제 방식에 따라 두 그룹으로 나뉜다. 첫 번째 그룹은 LTR을 갖는 레트로트랜스포존들로 바이러스 입자의 형태로 한 세포에서 다른 세포로 전달되지 않는 것을 빼고는 레트로바이러스와 매우 유사하게 복제된다. 따라서 이들이 **LTR-포함 레트로트랜스포존**(LTR-containing retrotransposon)들로 불리는 것은 놀랄 일이 아니다. 두 번째 그룹은 LTR이 없는 **무-TLR 레트로트랜스포존**(non-LTR retrotransposon)들이다.

(1) LTR-포함 레트로트랜스포존

레트로트랜스포존의 첫 번째 예는 노랑초파리(*Drosophila melanogaster*)와 출아형 효모(*Saccharomyces cerevisiae*)에서 발견되었다. 원형 노랑초파리의 전이인자는 유전체 내에 풍부한(copious) 양으로 존재하기 때문에 **코피아**(*copia*)라 불린다. 실제로 코피아 트랜스포존과 코피아-유사인자라 불리는 연관된 트랜스포존을 합하면 초파리 전체 유전체의 1%에 이른다. 이와 유사한 효모의 전이인자는 'transposon yeast'의 줄임말인 **Ty**라고 한다. 이들은 레트로바이러스의 LTR과 매우 유사한 LTR을 가지고 있으며 이는 이들의 전이가 레트로바이러스의 복제와 유사할 것임을 시사한다. 실제로 이 생각이 옳음을 증명하는 증거들이 있다. Ty1 인자들이 레트로바이러스처럼 RNA 중간체를 거쳐 복제한다는 증거를 요약하면 다음과 같다.

1. Ty1은 역전사 효소를 암호화한다. Ty 내의 *tyb* 유전자는 레트로바이러스의 *pol* 유전자에 의해 암호화되는 역전사 효소의 아미노산 서열과 매우 유사한 단백질을 암호화한다. 만일 Ty1 인자가 역전사 효소를 암호화한다면 Ty1의 전이가 유도될 때 이 효소가 나타나야 하며, *tyb* 유전자의 돌연변이는 역전사 효소의 출현을 억제해야 할 것이다. 제랄드 핑크(Gerald Fink) 등은 이 예측들을 충족시키는 실험을 수행하였다.
2. 완전한 길이의 Ty1 RNA와 역전사 효소의 활성은 둘 다 레트로바이러스 입자와 매우 닮은 입자와 연관되어 있다. 이 입자들은 Ty1 전이가 유도된 효모 세포에서만 나타난다.
3. 최종적으로 핑크 등은 Ty1 인자에 인트론을 삽입하고 전이 후 다시 이 인자를 분석하였다. 그 결과 인트론이 없어진 것을 알았다. 이 발견은 전이된 DNA가 그 부모의 것과 똑같이 보이는 원핵세포에서 일어나는 전이와는 부합되지 않는다. 하지만 다음 기작과는 조화를 이룬다(그림 23.24). Ty 인자는 처음에 인트론과 다른 부위를 다 포함하여 전사된다. 그 후 RNA는 스플라이싱에 의해 인트론을 제거한다. 마지막으로 RNA는 바이러스와 유사한 입자 안에서 역전사되고 그 산물인 DNA는 새로운 위치에서 효모의 유전체에 다시 삽입된다.

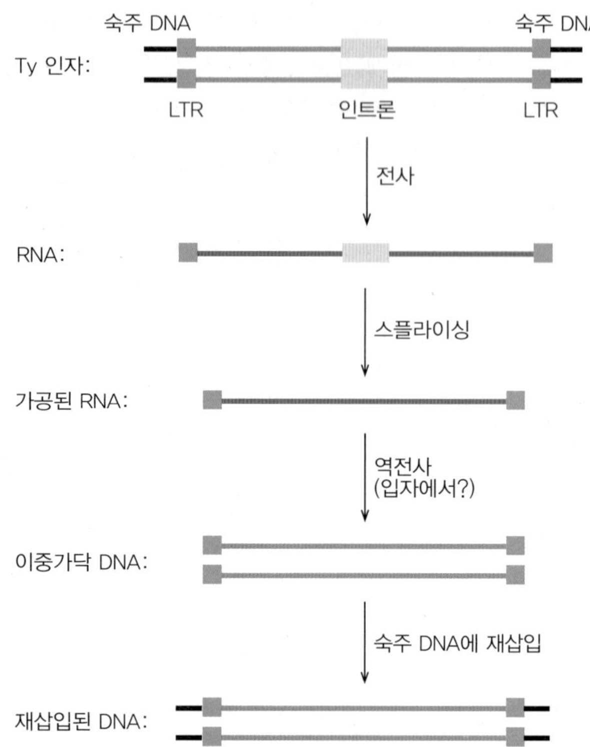

그림 23.24 Ty 전이의 모델. Ty 인자에 실험적으로 인트론(노란색)을 넣었다. Ty 인자가 전사되면 인트론을 포함한 RNA 복사체가 생긴다. 이 전사체는 스플라이싱되고 가공된 RNA는 역전사된다. 그 결과물인 이중가닥 DNA는 효모 유전체에 다시 삽입된다. LTR=긴 말단 반복서열.

4. 제프 부케(Jef Boeke) 등은 숙주세포의 $tRNA_i^{Met}$가 Ty1 역전사 효소의 프라이머로 작용함을 증명하였다. 먼저, 그들은 숙주 $tRNA_i^{Met}$에 상보적인 Ty1 인자의 PBS 부위의 10nt 중 5개를 돌연변이시켰다. 이 변화에 의해 전이가 억제되었는데 아마도 tRNA 프라이머가 PBS에 결합하지 못하게 되었기 때문으로 보인다. 그 후 Boeke 등은 돌연변이된 PBS에 대한 결합을 회복할 수 있도록 숙주 $tRNA_i^{Met}$ 유전자의 한 복사체에 5개의 보완적인 돌연변이를 유발시켰다. 이 돌연변이는 변화된 Ty1 인자의 전이 능력을 회복시켰다. 우리가 이 책에서 많이 보아온 것처럼 이런 종류의 돌연변이 억제는 두 분자, 여기서는 $tRNA_i^{Met}$ 프라이머와 Ty1 인자 내의 결합 부위 사이의 상호작용의 중요성에 대한 강력한 증거가 된다.

코피아와 이의 유사체들은 Ty에 대해 기술한 여러 가지 특징들을 공유하고 있으며 또한 Ty와 같은 방식으로 전이하는 것이 분명하다. 인간도 LTR을 함유하는 레트로트랜스포존들을 가지고 있으나 이들은 기능을 갖는 *env* 유전자가 없다. 가장 대표적인 예로 전체 유전체의 1~2%를 차지하는 **인간 내재성 레트로바이러스**

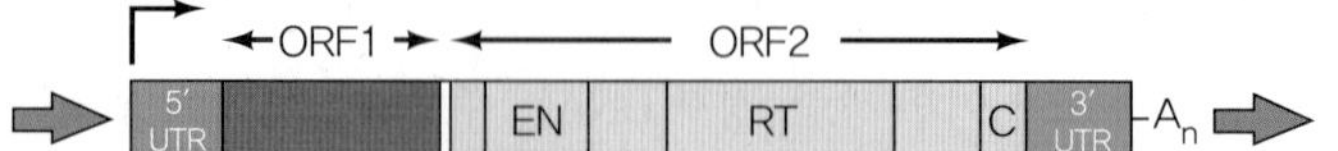

그림 23.25 L1 인자의 지도. ORF2(노란색) 내의 EN(핵산내부분해효소), RT(역전사효소) 및 C(시스테인-풍부) 부분이 표시되었다. 각 말단의 보라색 화살표는 숙주 DNA의 직반복서열을, 오른쪽의 A_n은 폴리(A)를 나타낸다.

(human endogenous retrovirus, HERV)를 들 수 있다. 현재까지 전이 능력이 있는 HERV는 알려지지 않았으므로 HERV는 이전에 있었던 레트로전이의 흔적인 것으로 생각된다.

(2) 무-LTR 레트로트랜스포존

적어도 포유류에서는 LTR이 결여된 레트로트랜스포존이 LTR을 포함하는 것보다 훨씬 더 많다. 그중에 가장 많은 것은 **긴 분산인자**(long interspersed element, LINE)로 그중 하나(L1)는 적어도 100,000개의 복사체를 가지며 인간 유전체의 17%를 차지한다. 하지만 이들 중 전체의 97%는 5′-말단의 일부가 결실되어 있고, 대부분(약 60~100개의 복사체를 제외한 전부)이 그들의 전이를 방해하는 돌연변이를 갖고 있다. '쓰레기 DNA(junk DNA)'라 불리는 이 L1 인자의 빈도는 인간 세포의 모든 엑손들을 합한 것보다 5배나 높다. 그림 23.25는 L1 인자의 지도로서 2개의 ORF를 보여 준다. ORF1은 RNA-결합단백질(p40)을, ORF2는 핵산내부가수분해효소 활성과 역전사 효소 활성을 동시에 갖는 단백질을 암호화한다. 이런 유형의 레트로트랜스포존들이 모두 그렇듯이 L1은 폴리(A) 형성이 되어 있다.

앞서 LTR을 갖는 대부분의 레트로트랜스포존의 복제에 LTR이 중요하다는 것을 살펴보았는데 그러면 무-LTR 레트로트랜스포존은 어떠한 방식으로 복제를 할까? 특히 이들은 프라이머로 무엇을 사용할까? 이에 대한 답은 핵산내부가수분해효소가 표적 DNA에 틈 생성을 유발하고 그 결과 생긴 DNA의 3′-말단을 이 단백질에 내재된 역전사 효소가 프라이머로 이용한다는 것이다. 이 기작에 대한 가장 좋은 정보는 토마스 에이크부시(Thomas Eickbush) 등이 수행한 양잠누에(*Bombyx mori*)의 LINE-유사 인자인 **R2Bm**에 대한 연구를 통해 얻을 수 있다. 이 인자는 역전사 효소를 암호화하지만 RNA 가수부해효소 H나 단백질부해효소 또는 통합효소를 암호화하지 않는다는 것과 LTR이 결여되어 있다는 점에서 포유동물의 LINE과 유사하다. 하지만 숙주세포의 28S rRNA 유전자에 특이적 표적 부위를 가진다는 점에서는 LINE과 다르다. 이러한 특성은 삽입의 기작을 쉽게 연구할 수 있게 해주었다.

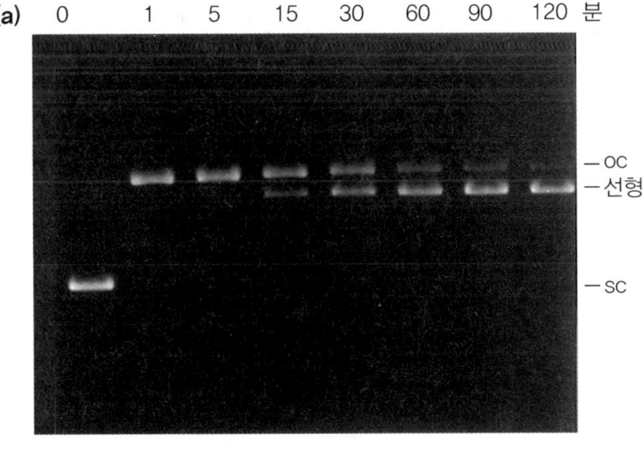

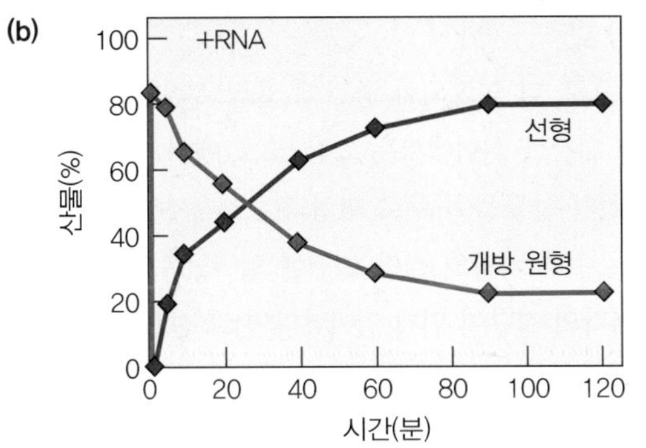

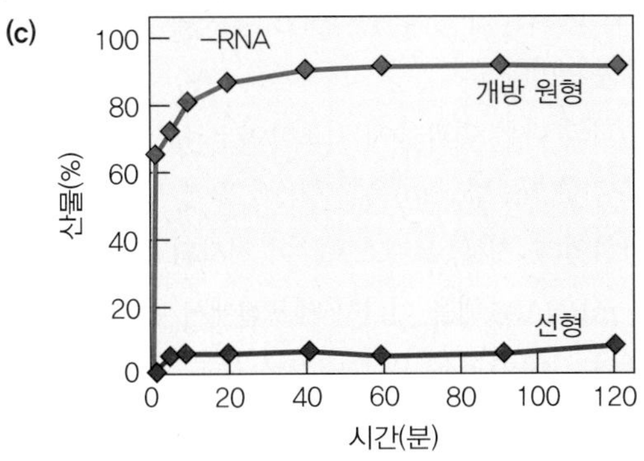

그림 23.26 R2Bm 핵산내부가수분해효소의 DNA 틈 생성 및 절단 활성. 에이크부시 등은 R2Bm 레트로트랜스포존의 표적 부위를 갖는 초나선 플라스미드와 순수분리된 R2Bm 핵산내부가수분해효소를 RNA 보조인자 존재 또는 부재하에서 혼합한 후 플라스미드에 틈이 생성되어 개방 원형으로 이완되는지 또는 두 가닥이 절단되어 선형 DNA로 되는지를 알기 위해 전기영동하였다. **(a)** 에티듐 브로마이드로 염색된 전기영동 겔. 오른쪽에 초나선 플라스미드(sc), 개방원형 플라스미드(oc), 그리고 선형 플라스미드의 위치를 표시하였다. **(b)** (a) 결과의 도식이다. **(c)** RNA 보조인자 부재 시에 나타나는 유사한 실험의 결과이다. (출처: Adapted from Luan, D.D., M.H. Korman, J.L. Jakubczak, and T.H. Eickbush, Reverse transcription of R2Bm RNA is primed by a nick at the chromosomal target sige: a mechanism for non-LTR retrotransposition. *Cell* 72 (Feb 1993) f. 2, p. 597. Reprinted by permission of Elsevier Science.)

에이크부시 등은 R2Bm의 한 ORF가 28S rDNA 표적 부위를 특이적으로 절단하는 핵산내부가수분해효소를 암호화함을 증명하였다. 이후 그들은 이 효소와 효소활성을 위해 요구되는 RNA 보조인자를 순수 분리하여 표적 부위를 포함하는 초나선 플라스미드에 첨가하였다. 플라스미드의 단일가닥에 틈이 생성되면 초나선 플라스미드는 이완된 원형 DNA로 변환된다. 만일 두 가닥이 절단되면 선형 DNA가 나타나게 된다. 그림 23.26에서 (a)와 (b)는 이완된 원형 DNA가 빠르게 출현하고 그 후 선형 DNA가 천천히 나타남을 보여 준다. 따라서 R2Bm 핵산내부가수분해효소는 표적 부위의 어느 한 가닥을 신속히 절단한 후 다른 가닥을 천천히 절단하는 것이다. 플라스미드에서 표적 부위가 결여되면 한 쪽 가닥도 절단하지 못하는 것으로 보아 이 효소의 절단은 특이적으로 작용함을 알 수 있다.

이후 연구자들은 RNA 보조인자를 제거할 경우 효소는 신속한 단일가닥 절단 능력은 유지하지만 다른 가닥까지 자르는 이중가닥 절단의 활성은 거의 없어짐을 규명하였다(그림 23.26c). 또한 그들은 5′-인산기를 필요로 하는 T4 DNA 연결효소에 의해 선형 DNA가 다시 원형 DNA로 변환됨을 밝혔다. 따라서 R2Bm 핵산내부가수분해 효소가 작용하면 5′-인산기와 3′-히드록시기를 남기는 것을 알 수 있다. 다음으로 그들은 핵산내부가수분해효소를 처리하여 단일가닥에 틈을 만들고 프라이머 연장 분석을 통해 전사가 일어난 가닥에서 틈이 생성되었다는 것을 규명하였다. (프라이머 연장 실험에서 전사되는 가닥에 생긴 틈은 DNA 중합효소를 정지하게 하나 다른 가닥은 틈에 의해 방해받지 않고 프라이머 연장이 진행되었다). 양쪽 가닥을 절단한 DNA상에서 보다 정교한 프라이머 연장 실험을 수행하여 정확한 절단 부위를 조사한 결과 두 가닥은 서로 2bp 떨어진 곳에서 절단이 일어났음을 밝혔다.

틈이 생성된 표적 DNA 가닥이 실제로 프라이머로서 작용하는지를 알기 위해 에이크부시 등은 미리 틈을 만든 표적 DNA의 단편을 프라이머로 하고 R2Bm RNA를 주형으로 하여 R2Bm 역전사 효소와 [^{32}P]dATP를 포함한 네 종류의 dNTP가 존재하는 조건에서 시험관 내 반응을 수행하였다. 그들은 이 반응 산물이 정확한 크기를 가지고 있는지를 알기 위해 전기영동한 다음 자기방사법으로 분석했다. 그림 23.27에서 (a)는 분자 수준에서 어떠한 일이 일어나야 할 것인지에 대해 나타낸 것이고 (b)는 그 실험 결과를 나타낸 것이다. 비특이적 RNA를 주형으로 첨가했을 경우 반응 산물은 만들어지지 않았으나(1번 레인), R2Bm RNA를 첨가했을 경우 1.9kb의 강한 밴드가 나타났다. 이 밴드가 우리가 기대했던 것일까? 우리는 역전사 효소가 얼마나 멀리 이동했는지 정

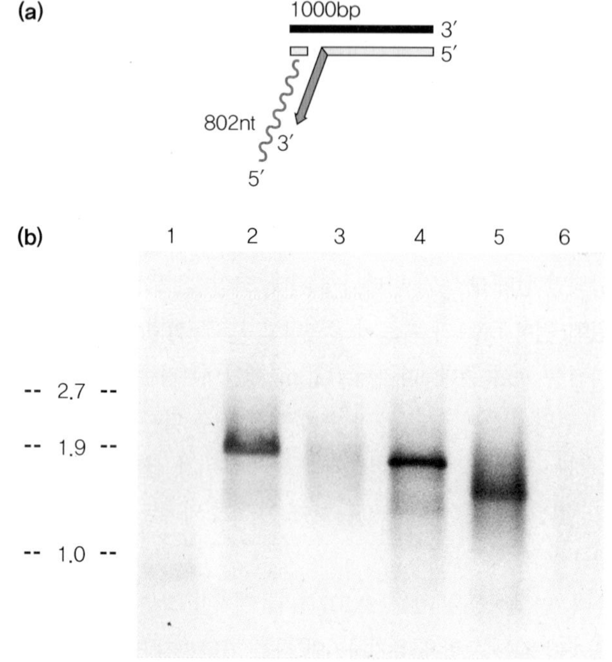

그림 23.27 R2Bm의 역전사에서 표적 프라이밍에 대한 증거. (a) 핵산내부가수분해효소가 1kb의 표적 DNA의 왼쪽 말단 근처에서 틈을 만들고 새로운 3′-말단을 이용하여 802nt 길이의 트랜스포존 RNA의 역전사를 개시할 경우 기대되는 산물의 모델. 역전사 산물(파란색)은 프라이머(노란색)에 공유결합된다. 아래쪽 DNA 가닥의 나머지 부분도 왼쪽에 노란색으로 나타내었다. 반대편 DNA 가닥은 검게 표시되었다. (b) 실험 결과. 에이크부시 등은 왼쪽 말단 가까이에 표적 부위를 갖는 1kb의 표적 DNA를 가지고 시작하였다. 그들은 R2Bm RNA 및 ORF2의 산물과 형성되는 역전사 산물을 표지하기 위한 [^{32}P]dATP를 포함하는 dNTP를 첨가하였다. 그 후 산물들을 전기영동하고 자기방사법을 수행하였다. 1번 레인, R2Bm RNA 대신 비특이적 RNA를 사용한다. 2~6번 레인, R2Bm RNA를 사용한다. 3번 레인, 디데옥시-CTP가 역전사 반응에 포함된다. 4번 레인, 전기영동 전 산물을 RNA 가수분해효소 A로 처리한다. 5번 레인, 전기영동 전 산물을 RNA 가수분해효소 H로 처리한다. 6번 레인, 비특이 표적 DNA를 사용한다. (출처: Luan, D.D., M.H. Korman, J.L. Jakubczak, and T.H. Eickbush, Reverse transcription of R2Bm RNA is primed by a nick at the chromosomal target site: a mechanism for non-LTR retrotransposition *Cell* 72 (Feb 1993) f. 4, p. 599. Reprinted by permission of Elsevier Science.)

확히 알 수 없고 약하게 가지 친 폴리뉴클레오티드를 가지고 실험을 수행했기 때문에 위의 질문에 대한 해답을 제시하기는 어렵다. 하지만 프라이머의 길이가 1kb이고 주형의 길이는 802nt이기 때문에 이에 근접한다고 볼 수 있다. 이 반응 산물의 특징을 더 규명하기 위해 Eickbush 등은 반응 중에 디데옥시-CTP를 첨가했다(3번 레인). 그 결과 기대한 대로 많은 부위에서 역전사 과정이 일찍 끝나게 되어 전기영동상 희미한 밴드가 나타나게 되었다. 다른 반응에서는 전기영동 전에 RNA 가수분해효소 A를 처리하여 주형 중에 역전사 반응 산물과 염기쌍을 형성하지 않은 부분들을 제거하였다. 4번 레인은 이 과정에 의해 반응 산물이 1.8kb 밴드로 짧아진 것을 보여 주는데 이는 RNA 주형의 5′-말단으로부터 약 100nt가 제거된 것으로 대부분의 경우에서 역전사 효소가 그 작업을 완료하지 못하였음을 시사한다. 이 연구자들은 또한 전기영동 전에 RNA 가수분해효소 H를 반응 산물에 처리한 결과(5번 레인) 약 1.5kb의 퍼진 밴드를 얻었다. 위의 과정은 반응 산물과 잡종체를 형성하고 있는 RNA 주형을 제거할 것이다. 밴드의 크기가 아직도 1kb보다 크다는 것은 DNA 가닥이 연장되었음을 의미한다. 6번 레인은 표적 DNA 대신 비특이적인 DNA가 사용된 다른 음성 대조군이다.

왼쪽으로 더 연장되어 중간에 표적 부위를 갖는 표적 DNA를 이용한 유사한 실험에서는 그림 23.27에서 예상되는 것처럼 커다란 Y-형의 산물들이 주로 형성되는 것을 보여 주는데, 이는 역전사가 두 번째 가닥의 절단 이전에 일어났음을 시사한다. 만약 두 번째 가닥의 절단이 먼저 일어났다면 그 산물들은 선형이며 더 작았을 것이다. 표적 DNA가 프라이머로 이용됨을 확인하기 위해 에이크부시 등은 표적 DNA 및 역전사 산물과 잡종화할 수 있는 프라이머로 PCR을 수행하여 기대한 크기와 염기서열을 갖는 PCR 산물들을 얻었다.

이 결과와 다른 결과들에 기초하여 카자지앙(H. H. Kazazian)과 존 모란(John Moran)은 그림 23.28에 제시한 L1 전이의 모델을 제안하였다. 첫째, 트랜스포존이 전사되고 전사물이 가공된다. 가공된 mRNA는 핵을 떠나서 세포질에서 번역된다. mRNA는 자신의 번역 산물인 p40 및 ORF2 산물과 조립된 후 다시 핵으로 이동한다. 핵에서 ORF2 산물의 핵산내부가수분해효소 활성이 표적 DNA에 틈을 생성한다. L1의 경우 표적은 DNA의 어떤 부위든 될 수 있다. 그 후 ORF2 산물의 역전사 효소 활성은 핵산내부가수분해효소에 의해 형성된 표적 DNA의 3′-말단을 L1 RNA를 복사하기 위한 프라이머로 사용한다. 따라서 이러한 기작을 **표적을 프라이머로 하는 레트로전이**(target-primed retrotransposition)라고 한다. 최종적으로, 아직 잘 이해되지 않은 기작에 의해 L1의 두 번째 가닥이 만들어지고, 표적의 두 번째 가닥이 절단된 후 L1 인자가 새로운 부위에 연결된다.

이 단락의 도입부에서 L1 인자는 인간 유전체의 17%를 차지한다는 것을 배웠다. 또한 앞으로 살펴볼 것과 같이 이들 인자들은 전이할 때 유전체 DNA의 조각을 함께 운반한다. 따라서 L1 인자는 직접 또는 간접적으로 인간 유전체의 약 30%에 새겨져 있을 것으로 추정된다. 더구나 L1-유사인자들이 식물과 동물 모두에

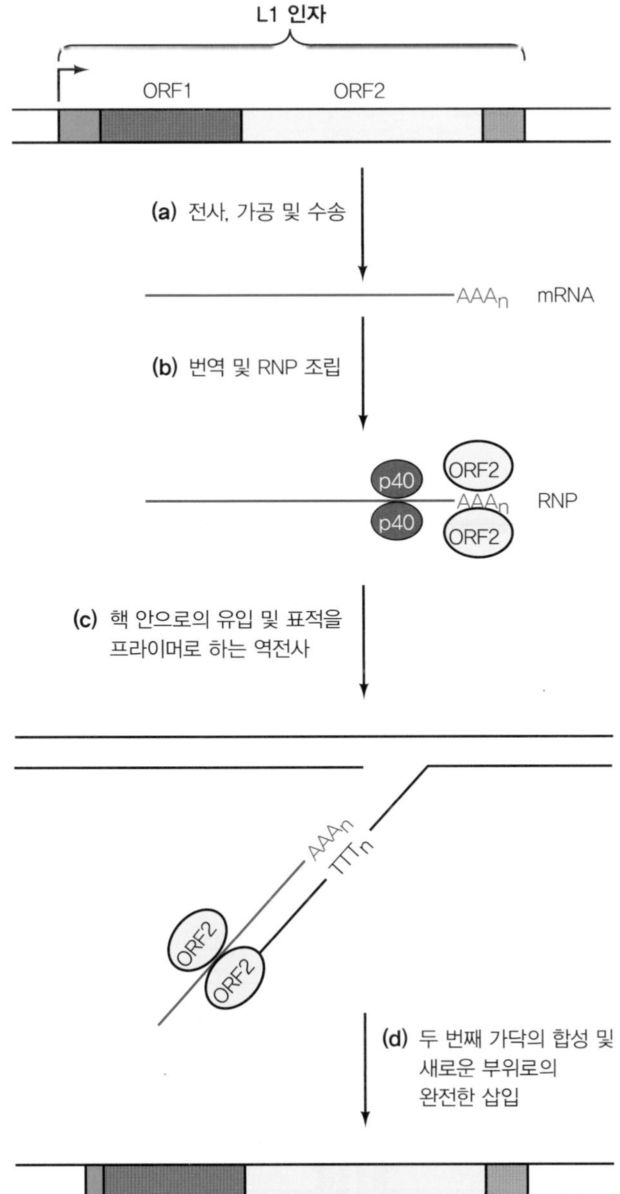

그림 23.28 L1 전이에 대한 모델. **(a)** L1 인자가 전사되고 가공된 후 핵으로부터 세포질로 수송된다. **(b)** mRNA가 번역되어 ORF1 산물(p40)과 핵산내부가수분해효소 및 역전사 활성을 갖는 ORF2 산물이 생성된다. 이 단백질들은 mRNA와 결합되어 리보핵단백질(RNP)을 형성한다. **(c)** RNP가 핵으로 다시 들어간다. 핵산내부가수분해효소가 표적 DNA(유전체의 어떤 부위에 존재하든)에 틈을 생성하고 역전사 효소가 새로 생긴 DNA 3′-말단을 프라이머로 사용해 역전사체를 합성한다. **(d)** 아직 밝혀지지 않은 단계들을 거쳐 두 번째 L1 가닥이 만들어지는데, 대부분의 경우 5′-말단이 결손된 형태이다. 이후 L1 인자는 표적 DNA 내에 연결된다.

서 발견되므로, 이 인자들은 최소 6억 년 이상 오래된 조상을 가질 것이다. 또한 2억 년의 진화를 거치면서 동일했던 DNA 염기서열이 서로 간의 모든 유사성을 잃게 되었을 것이므로 실제 L1 인자가 인간의 유전체에 미친 영향은 약 50%가 된다.

L1과 같이 인간 유전체에 풍부하게 존재하는 것들은 간혹 부정적인 결과를 조래할 가능성을 의심하게 하는데, 실제로 인간의 질병을 유발하는 L1-매개성 돌연변이들이 발견되었다. 특히 L1의 복사체가 발견된 혈액 응고인자 VIII 유전자는 혈우병을 일으키고, *DMD* 유전자의 경우엔 뒤셴형 근위축증(Duchenne muscular dystrophy)을, *APC* 유전자의 경우에는 결장암의 일종인 선종형 폴립증(Adenomatous polyposis coli)을 유발하였다. 마지막의 예에서 환자의 암세포는 *APC* 유전자에 L1 인자를 가졌으나 정상세포는 그렇지 않았다. 따라서 이 전이는 환자의 일생 중에 체세포 돌연변이로 일어난 것이다.

보다 놀라운 일은 L1 인자가 좋은 결과를 초래할 수도 있다는 것이다. 예를 들어 L1의 역전사 효소와 인간의 말단소립중합효소(telomerase) 사이에는 상당한 상동성이 존재하는데 이는 L1이 우리 염색체의 말단 부위를 유지하는 효소의 기원일 수 있음을 시사한다. (물론 반대의 경우일 수도 있다.) 그러나 L1의 가장 유익한 측면은 이것이 유전자들 사이에서 엑손들의 교환을 수행하는 엑손 섞기(exon shuffling)를 촉진한다는 것이다. 이러한 현상은 L1의 폴리(A) 형성 신호가 약해서 폴리(A) 형성 기구가 종종 이 신호를 지나쳐 하단부의 숙주 부분에 해당하는 전사체의 폴리(A) 형성 신호까지 도달하기 때문에 일어난다. 이렇게 폴리(A)가 형성된 RNA들은 L1 RNA에 붙어 있는 인간 RNA의 조각을 포함하게 될 것이고, 이후 L1 인자가 이동하는 어느 위치에서든 이 인간 RNA는 역전사물로 삽입될 것이다. 이는 간혹 위험한 결과를 초래할 수도 있지만, 기존 유전자들의 일부를 이용해 새로운 유전자를 창조함으로써 새롭고 유용한 단백질을 만들 수 있는 이점을 제공한다.

L1 인자의 폴리(A) 형성 신호는 왜 약할까? 모란은 다음과 같이 설명한다. 만일 폴리(A) 형성 신호가 강하다면 인간 유전자의 인트론에 삽입된 L1 인자는 전사체의 미성숙한 폴리(A) 형성을 유도하여 하단부에 있는 엑손을 잃게 될 것이다. 이 결과 유전자를 불활성화시켜 숙주의 죽음을 초래할 수도 있다. 한 개인에서 다른 개인으로 옮겨갈 수 있는 레트로바이러스와는 달리 L1 인자는 그들의 숙주와 생사를 같이 한다. 반면 약한 폴리(A) 형성 신호는 대부분의 유전자들이 전사체를 만드는 것을 방해하지 않으면서 L1 인자가 인간 유전자에 삽입될 수 있도록 허용한다. 따라서 인트론에 할당된 DNA가 엑손 부위보다 훨씬 많은 것을 감안하면 L1 인자는 인간 유전체의 상당한 부분에서 상대적으로 안전하게 존재할 수 있다.

(3) 비자율적 레트로트랜스포존

무-LTR 레트로트랜스포존의 다른 그룹에 속하는 인자들인 **비자율적 레트로트랜스포존**(nonautonomous retrotransposon)은 단백질을 암호화하지 않으므로, 전이 능력을 갖춘 LINE처럼 자율적이지 못하다. 대신 이들은 전이에 필요한 역전사 효소를 포함하는 단백질을 공급해 줄 다른 인자들에 의존하는데, 이 인자는 양적으로 풍부하므로 LINE으로 추정된다. 비자율적 레트로트랜스포존 중 가장 잘 연구된 것은 **Alu 인자**(Alu element)인데, 제한효소인 *Alu*I에 의해 인식되는 AGCT 서열을 포함하고 있기 때문에 그렇게 불린다. 이 인자의 길이는 약 300bp이며 인간 유전체에 100만 개 정도의 복사체가 존재한다. 따라서 그들은 LINE보다 훨씬 성공적이었다. 이러한 성공의 한 이유는 Alu 인자의 전사체가 리보솜을 소포체에 부착시키도록 돕는 신호인식 입자의 한 부분인 7SL RNA를 닮은 영역을 포함하고 있기 때문이다. 2개의 신호인식 입자단백질은 Alu 인자 RNA에 견고하게 결합하여 LINE RNA가 번역되고 있는 리보솜으로 운반한다. 이 과정은 Alu 인자 RNA를 자신이 역전사되고 새로운 위치에 삽입되기 위해 필요로 하는 단백질들을 도울 수 있는 위치로 인도한다. Alu 인자 및 이와 유사한 인자들은 작은 길이 때문에 **짧은 분산인자**(short interspersed element, SINE)라 불린다.

LINE은 **가공위유전자**(processed pseudogene)의 생성을 촉진하여 인간 유전체를 이루게 하는 역할도 수행하는 것으로 보인다. 보통의 **위유전자**(pseudogene)는 정상 유전자와 유사한 DNA 염기서열을 가지고 있으나 어떤 이유에 의해 그 기능을 할 수 없는 유전자이다. 어떤 유전자는 내부에 번역 종결 신호를 갖고 있고 스플라이싱 신호가 불활성 또는 결실되었거나 불활성 프로모터를 갖고 있는 경우도 있으며, 대개는 이러한 문제들이 복합적으로 작용하여 유전자의 발현을 억제한다. 이들은 유전자의 중복 복제 이후 돌연변이의 축적에 의해 생기는 것으로 보인다. 이 과정은 원래 유전자가 기능을 유지하므로 숙주에 위험한 결과를 초래하지는 않는다.

가공위유전자도 유전자 중복 복제에 의해서 생기지만, 이 경우에는 역전사를 통해 일어나는 것으로 보인다. 가공위유전자의 형성에는 RNA가 중간체로 작용할 것으로 추측된다. 그 이유는 ① 이들 위유전자는 종종 짧은 폴리(dA) 꼬리를 갖는데 이들은 mRNA의 폴리(A) 꼬리로부터 유래된 것으로 보이고, ② 가공위유전자들은 그들의 후손 유전자들이 갖는 인트론이 결여되어 있기 때문이다. mRNA로부터 유래되지 않는 Alu 인자들의 경우처럼 LINE이 mRNA가 역전사되고 숙주의 유전체에 삽입될 수 있는 분자 기구를 제공할 수 있다.

(4) II 그룹 인트론

14장에서 박테리아, 미토콘드리아, 그리고 엽록체 유전체에 존재하는 II 그룹 인트론은 자가-스플라이싱 인트론으로 올가미 모양의 중간체를 형성한다는 것을 배웠다. 1998년에 마를렌 벨포트

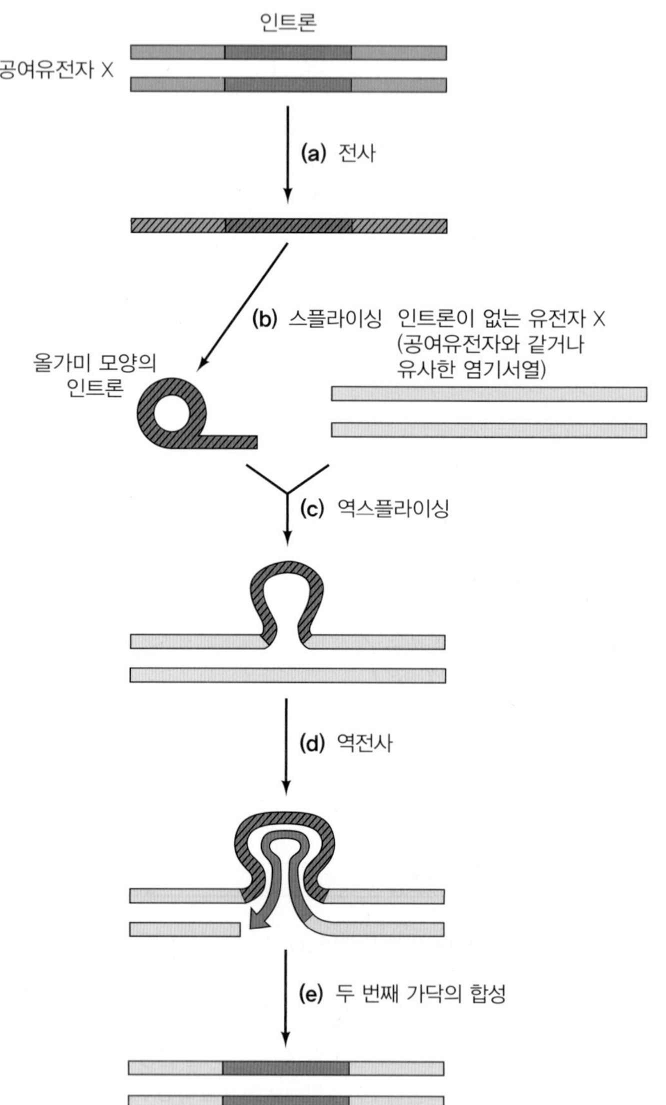

그림 23.29 레트로홈잉. (a) II 그룹 인트론(빨간색)을 갖는 공여유전자 X(파란색)가 전사된다. RNA는 어둡게 나타내었다. (b) 전사체가 스플라이싱되어 올가미 모양의 인트론을 만든다. (c) 인트론이 없는 점을 제외하면 공여자와 같거나 유사한 유전자 X의 다른 복사체(노란색)로 인트론이 스스로 역스플라이싱된다. (d) 인트론에 암호화된 역전사 효소가 아래 DNA 가닥의 틈을 프라이머로 이용하여 인트론의 DNA 복사체를 만든다. 화살촉은 생성되는 역전사체의 3′-말단을 가리킨다. (e) 인트론의 두 번째 가닥(DNA)이 만들어져 꼭대기 가닥에 있는 RNA 인트론을 대체한다. 이 과정에 의해 레트로홈잉 과정이 완결된다.

(Marlene Belfort) 등은 특정 유전자의 II 그룹 인트론이 유전체의 다른 부위에 존재하는 인트론이 없는 같은 유전자에 삽입될 수 있음을 발견하였다. **레트로홈잉**(retrohoming)이라 불리는 이 과정은 그림 23.29에 제시한 기작에 의해 일어나는 것으로 보인다. 인트론을 포함한 유전자가 먼저 전사되고 그 후 인트론이 스플라이싱되어 올가미 모양으로 방출된다. 이 인트론은 인트론이 없는 같은 유전자를 인지할 수 있으며 역스플라이싱 과정을 통해 침투한다. 역전사에 의해 인트론의 cDNA가 생성되고 두 번째 가닥의 합성을 통해 RNA 인트론을 DNA로 대체한다.

1991년 필립 샤프(Phillip Sharp)는 II 그룹 인트론이 현대의 스플라이세오솜형 인트론의 조상일 것이라 제안하였는데 그 이유 중 하나는 이들의 스플라이싱 기작이 매우 유사하다는 것이다. 2002년에 벨포트 등은 박테리아 II 그룹 인트론이 레트로홈잉뿐 아니라 진짜 레트로전이를 하는 것을 관찰하였다. 따라서 인트론은 자신의 원래 유전자의 인트론이 없는 복사체로만이 아니라 다양한 새로운 부위로 이동했던 것이다.

이러한 레트로전이를 검출하기 위해 벨포트 등은 자가-스플라이싱하는 I 그룹 인트론에 의해 방해받고 있는 카나마이신(Kanamycin) 저항성 유전자가 역방향으로 존재하는 유산구균(*Lactococcus lactis*)의 L1.LtrB II 그룹 인트론의 변형된 형태를 포함하는 플라스미드를 만들었다. 카나마이신 저항성 유전자가 발현되기 위해서는 먼저 II 그룹 인트론이 전사되어 방해하고 있는 I 그룹 인트론을 제거해야 한다. 이 후 전사체는 역전사되어 DNA를 만들고 숙주 DNA에 정방향으로 전사될 수 있도록 삽입된다. II 그룹 인트론이 RNA의 형태로 남아 있는 동안에는 카나마이신 저항성 유전자가 발현될 수 없는데, 이 유전자는 역방향으로 전사되어 안티센스 RNA를 만들기 때문이다.

벨포트 등이 카나마이신 저항성 세포들을 선별하였을 때 상대적으로 낮았으나 측정 가능할 정도의 빈도로 전이가 일어났음을 발견하였다. 이러한 전이의 흥미로운 특징은 대부분이 DNA 복제의 지연가닥 내에서 일어났다는 것이다. 이러한 발견은 전이가 복제 과정에서 일어나며, 그림 23.28의 L1 전이에서 살펴본 표적을 프라이머로 하는 역전사에서와 같이 지연가닥에서 생성되는 짧은 DNA 절편(20장 참조)이 프라이머로 사용된다는 것을 의미한다. 복제되는 지연가닥에서의 틈 생성은 유전체상의 어떠한 위치에서도 일어나므로 이 기작은 트랜스포존과 표적 DNA 사이에 아무런 상동성도 필요로 하지 않는다.

II 그룹 인트론은 레트로전이가 일어난 후에도 스스로 스플라이싱되어 빠져나오는 능력을 유지하므로 표적유전자는 기능을 계속 발휘할 수 있게 된다. 따라서 전구체부터 현대의 진핵세포에까지 II 그룹 인트론의 증식은 쉽고 상대적으로 안전하게 일어난다. 궁극적으로 진핵세포는 스플라이싱 과정을 보다 효과적으로 수행하기 위해 스플라이세오솜을 개발한 것으로 보인다.

요약

전이성 인자 또는 트랜스포존은 한 곳에서 다른 곳으로 움직일 수 있는 DNA 조각이다. 어떤 전이성 인자들은 복제하여 원래 위치에 한 복사체를 남기고 새로운 위치에 다른 복사체가 놓이게 한다. 다른 종류는 복제를 하지 않고 전이하는데 원래의 위치를 완전히 떠나는 경우이다. 박테리아 트랜스포존에는 다음의 유형이 있다. ① IS1과 같은 삽입서열은 전이를 위해 필요한 유전자만을 포함하며 양 말단에 역말단 반복서열을 갖는다. ② Tn3과 같은 트랜스포존은 삽입서열과 같지만 적어도 하나 이상 여분의 유전자를 갖는데, 이 유전자는 대개 항생제 내성을 부여한다.

진핵세포의 트랜스포존은 다양한 복제 전략을 사용한다. 옥수수의 *Ds* 및 *Ac* 인자나 초파리의 P 인자와 같은 DNA 전이인자들은 Tn3 같은 박테리아의 DNA 전이인자와 비슷하게 행동한다.

포유동물의 면역글로불린 유전자들은 전이와 유사한 기작으로 재배열된다. 척추동물의 면역계는 엄청나게 다양한 종류의 면역글로불린을 만든다. 이러한 다양성의 근본적 원천은 이질적인 성분들로 구성된 각각의 집단에서 임의로 하나씩 선택된 2~3개의 구성성분을 사용해 유전자를 조립하는 데 있다. 이러한 유전자 분절의 조립은 V(D)J 재조합으로 알려져 있다. V(D)J 재조합에서 재조합 신호서열(RSS)은 7량체 및 9량체, 그리고 이들을 분리하고 있는 12bp 또는 23bp 스페이스 바들로 구성된다. 재조합은 12 신호와 23 신호 사이에서만 일어나므로 각각의 암호화 부위 종류에서 오직 하나씩만이 재배열되는 유전자에 삽입된다. RAG1과 RAG2는 V(D)J 재조합에서 주요 역할을 수행한다. 그들은 12 신호 또는 23 신호와 인접한 부위의 DNA 단일가닥에 틈을 만든다. 이는 새로 생성된 3′-히드록시기가 반대편 가닥을 공격하여 절단하는 에스테르전이반응을 유도하고, 암호화 부위의 말단에 머리핀 구조를 형성한다. 이 머리핀 구조는 절단된 후 부정확한 방법으로 연결되는데, 몇 개의 염기가 결실되거나 첨가되면서 암호화 부위가 연결되도록 한다.

레트로트랜스포존에는 두 가지 유형이 있다. LTR-포함 레트로트랜스포존은 RNA 중간체를 통해 복제하는 레트로바이러스처럼 복제하며, 그 방식은 다음과 같다. 레트로바이러스가 세포를 감염할 때 바이러스에 의해 암호화된 역전사 효소를 이용하여 RNA→DNA 반응을 수행하여 자신의 DNA 복사체를 만들고, RNA 가수분해효소 H가 복제 과정 중 형성된 RNA-DNA 잡종체를 분해한다. 숙주의 tRNA는 역전사 효소의 프라이머로 이용된다. 바이러스 RNA의 이중가닥 DNA 복사체가 완성되면 이는 숙주 유전체에 삽입되어 숙주의 중합효소 II에 의해 전사될 수 있다. 효모의 Ty나 초파리의 코피아(*copia*) 같은 레트로트랜스포존도 같은 방식으로 복제된다. 이들은 숙주 유전체 내의 DNA에서 시작하여 RNA 복사체를 만들고 이것이 아마도 바이러스와 유사한 입자 안에서 역전사되어 DNA로 되며 이 DNA는 새로운 위치에 삽입된다.

진핵세포 레트로트랜스포존의 다른 유형은 무-LTR 레트로트랜스포존으로 이들은 다른 역전사 프라이밍 방법을 이용한다. 예를 들어 LINE 및 LINE-유사 인자들은 핵산내부가수분해효소를 암호화하며, 이것은 표적 DNA에 틈을 만든다. 이후 새로 생긴 DNA 3′-말단을 이용하여 인자 RNA의 역전사를 프라이밍한다. 두 번째 가닥이 합성되고 나면 이 인자는 표적 자리에 복제된다. LINE이 전사되면 새로운 전이가 시작된다. LINE의 폴리(A) 형성 신호는 약하므로 LINE의 전사는 종종 숙주 DNA의 하단부에 위치하는 하나 또는 그 이상의 엑손까지 포함하여 일어나며, 이러한 과정은 숙주 엑손들이 유전체상의 새로운 위치로 수송될 수 있도록 한다.

비자율적인 무-LTR 레트로트랜스포존은 매우 풍부한 인간의 Alu 인자와 다른 척추동물에서 발견되는 Alu와 유사한 인자들을 포함한다. 이들은 어떤 단백질도 암호화하지 않으므로 스스로 전이할 수 없다. 대신 그들은 LINE 같은 다른 인자들의 레트로트랜스포존 기구를 이용한다. 가공위유전자들 또한 같은 방식으로 생기는 것으로 보이며, mRNA는 LINE 기구에 의해 역전사 된 후 유전체에 삽입되는 것으로 보인다.

II군 인트론은 무-LTR 레트로트랜스포존의 다른 유형으로 박테리아와 진핵세포 모두에서 발견된다. 이들은 유전자에 RNA 인트론을 삽입한 후 역전사와 두 번째 가닥의 합성을 통해 같은 유전자이지만 인트론이 없는 복사체에 레트로홈잉할 수 있다. 한편, II군 인트론은 자신과 관련 없는 유전자에 RNA 인트론을 삽입하는 레트로전이를 일으킬수 있는데, 이는 아마도 지연가닥 DNA 절편을 프라이머로 이용하여 표적을 프라이머로 하는 역전사를 통해 일어난다. 이러한 II군 인트론의 레트로전이는 현존하는 진핵세포에서 발견되는 스플라이세오솜형 인트론들의 조상으로 여겨지며, 이들이 고등 진핵생물들에서 광범위하게 나타나는 것을 설명해 준다.

복습 문제

1. 박테리아 트랜스포존이 역말단 반복서열을 포함하고 있는지를 보이는 실험을 기술하고 그 결과를 제시하라.
2. 박테리아 트랜스포존 IS1, Tn3, 그리고 진핵세포 트랜스포존 *Ac*의 유전자 지도에서 나타나는 유사점과 차이점을 비교하라.
3. Tn3 전이의 기작을 먼저 개략적으로 나타낸 후 상세한 그림으로 설명하라.
4. 비복제적 전이에 대한 기작을 그림으로 설명하라.
5. 어떻게 전이가 점박이 옥수수 알갱이를 만드는지 설명하라.
6. 경사슬과 중사슬을 포함하는 항체단백질을 그림으로 나타내어라.
7. 어떻게 수천 개의 면역글로불린 유전자가 수백만 개의 항체단백질을 생성할 수 있는지 설명하라.
8. B 림프구의 성숙 과정 동안 일어나는 면역글로불린 경사슬과 중사슬 유전자의 재배열을 그림으로 설명하라.
9. 어떻게 V(D)J 결합 신호들이 면역글로불린 유전자의 각 부위들이 성숙한 재배열된 유전자에 포함되도록 하는지 또, 오직 한 부위만 포함되게 하는지 설명하라.
10. 재조합 신호서열에서 7량체, 9량체 및 스페이스 바의 중요성을 분석하기 위한 리포터 플라스미드를 그림으로 표시하고, 이 플라스미드가 어떻게 재조합을 검출할 수 있는지를 설명하라.
11. 면역글로불린 유전자의 재조합 신호서열에서 DNA 가닥의 절단 및 재결합 모델을 제시하라. 이러한 기작은 어떻게 항체의 다양성에 기여하는가?
12. 면역글로불린 재조합 신호서열에서의 절단이 어떻게 머리핀 구조를 형성하도록 유도하는지를 보이는 시험관 내 실험 방법을 기술하고 그 결과를 제시하라.
13. 레트로바이러스 입자에서 역전사효소 활성의 증거를 제시하고 이 활성에 대한 RNA 가수분해효소의 영향을 설명하라.
14. 레트로바이러스의 강력-정지 역전사물이 RNA 유전체와 염기쌍을 형성하고 RNA 프라이머에 공유적으로 결합해 있음을 증명하는 실험을 기술하고 그 결과를 제시하라.
15. 레트로바이러스의 유전체 RNA와 프로바이러스에 존재하는 LTR의 구조들 사이에서 보이는 차이점을 그림으로 나타내라.
16. 레트로바이러스 RNA가 프로바이러스로 변환되는 과정을 그림으로 나타내라. 이것이 앞의 질문에 나타난 차이점을 어떻게 설명하고 있는지 보여라.
17. 레트로바이러스의 복제와 레트로트랜스포존의 전이의 기작의 공통점과 차이점을 비교하라.
18. 레트로트랜스포존이 RNA 중간체를 통해 전이한다는 증거를 요약하라.
19. LINE-유사 인자의 핵산내부가수분해효소가 인자의 표적 DNA의 한 가닥에 특이적인 틈을 만들 수 있음을 설명하는 실험을 기술하고 그 결과를 제시하라.
20. LINE-유사 인자가 표적 DNA의 틈이 생성된 가닥을 이 인자의 역전사를 위한 프라이머로 사용할 수 있음을 설명하는 실험을 기술하고 그 결과를 제시하라.

21. LINE-유사 인자의 레트로전이에 대한 모델을 제시하라.

분석 문제

1. 어느 트랜스포존의 전이효소는 숙주 DNA를 5bp 엇갈리게 절단한다. 삽입된 트랜스포존을 둘러싼 숙주 DNA에는 그다음 어떤 일이 일어날까? 엇갈린 절단이 숙주 DNA에 어떠한 영향을 미치는지에 대해 그림을 그려 설명하라.

2. 2개의 항생제 저항성 유전자를 포함하는 플라스미드로부터 클로람페니콜 저항성 유전자를 포함하는 다른 플라스미드로, *Stealth*라는 가상적 트랜스포존이 이동되는 비율을 측정하려고 한다. (*Stealth*는 암피실린 저항성 유전자를 포함하고 있다.) 이러한 전이를 측정하기 위하여 수행할 실험 방법을 기술하라.

3. Tn3 트랜스포존에 의해 일어나는 전이에서 다음 유전자에 돌연변이가 생겼을 때 나타나는 비진행성 전이의 최종 산물을 규명하라.
a. 전이효소
b. 레솔바제

4. A 플라스미드의 TnT 트랜스포존이 B 플라스미드로 전이한다. 동시통합체에는 얼마나 많은 TnT 복사체가 존재하는가? 동시통합체에서 두 플라스미드는 어디에 있는가?

5. 만약 옥수수의 전이성 인자인 *Ds*가 Tn3와 같은 기작으로 전이한다면 우리는 점박이 알갱이를 지금과 같이 높은 빈도로 볼 수 있을까? 그렇거나 그렇지 않은 이유를 설명하라.

6. Tn3 및 Ty의 전이를 위해 필요한 모든 효소를 갖춘 2개의 무세포 전이계(cell-free transposition system)를 가정해 보자. 다음에 제시된 억제자들이 이 두 전이계에 어떠한 영향을 미치며, 왜 그런지 설명하라.
a. 이중가닥 DNA 복제 억제자
b. 전사 억제자
c. 역전사 억제자
d. 번역 억제자

7. 당신은 Rover라 부르는 새로운 트랜스포존을 발견하였다. 이 Rover의 전이가 레트로트랜스포존의 기작을 따르는지, 아니면 Tn3가 사용하는 표준적인 복제 전이 방식을 따르는지 결정하려고 한다. 이 질문에 대한 해답을 제시할 수 있는 실험 방법을 기술하고, 각각의 경우에서 어떤 결과가 나올지 말하라.

8. 당신은 V(D)J 재조합의 매혹적인 과정에 대해 공부하는 것에 관심이 있는 분자생물학자이다. 당신은 아래와 같은 가능한 유도체를 만들 수 있는 능력이 있다고 가정하고, 당신의 실험실에서 다음과 같은 것이 만들어진다면 (분자적 과정 또는 생리 및 면역학적 관점에서)어떤 효과를 관측할 것이라 기대하는지 설명하라.
a. 항체의 중사슬을 암호화하는 유전체 부위에서 모든 D 유전자 분절을 제거함
b. T-세포수용체의 β-사슬을 암호화하는 유전체 부위에서 모든 D 유전자 분절을 제거함
c. D 유전자 분절 주변 RSS의 12 신호를 23 신호로 유전적 변형함
d. RAG 유전자 산물의 발현을 제거함

추천 문헌

General References and Reviews

Baltimore, D. 1985. Retroviruses and retrotransposons: The role of reverse transcription in shaping the eukaryotic genome. *Cell* 40:481–82.

Cohen, S.N. and J.A. Shapiro. 1980. Transposable genetic elements. *Scientific American* 242 (February):40–49.

Craig, N.L. 1996 V(D)J recombination and transposition: Closer than expected. *Science* 271:1512.

Doerling, H.-P. and P. Starlinger. 1984. Barbara McClintock's controlling elements: Now at the DNA level. *Cell* 39:253–59.

Eickbush, T.H. 2000. Introns gain ground. *Nature* 404:940–41.

Engels, W.R. 1983. The P family of transposable elements in Drosophila. *Annual Review of Genetics* 17:315–44.

Federoff, N.V. 1984. Transposable genetic elements in maize. *Scientific American* 250(June):84–99.

Grindley, N.G.F. and A.E. Leschziner. 1995. DNA transposition: From a black box to a color monitor. *Cell* 83:1063–66.

Kazazian, H.H., Jr. and J.V. Moran. 1998. The impact of L1 retrotransposons on the human genome. *Nature Genetics* 19:19–24.

Lambowitz, A.M. and S. Zimmerly. 2004. Mobile group II introns. *Annual Review of Genetics* 38:1–35.

Levin, K.L. 1997. It's prime time for reverse transcriptase. *Cell* 88:5–8.

Lewis, S.M. 1994. The mechanism of V(D)J joining: Lessons from molecular, immunological, and comparative analyses. *Advances in Immunology* 56:27–50.

Tonegawa, S. 1983. Somatic generation of antibody diversity. *Nature* 302:575–81.

Voytas, D.F. 1996. Retroelements in genome organization. *Science* 274:737–38.

Research Articles

Baltimore, D. 1970. Viral RNA-dependent DNA polymerase. *Nature* 226:1209–11.

Boland, S. and N. Kleckner. 1996. The three chemical steps of Tn10/

IS10 transposition involve repeated utilization of a single active site. *Cell* 84:223–33.

Chapman, K.B., A.S. Byström, and J.D. Boeke. 1992. Initiator methionine tRNA is essential for Ty1 transcription. *Proceedings of the National Academy of Sciences USA* 89:3236–40.

Cousineau, B., S. Lawrence, D. Smith, and M. Belfort. 2000. Retrotransposition of a bacterial group II intron. *Nature* 404:1018–21.

Davies, D.R., I.Y. Goryshin, W.S. Reznikoff, and I. Rayment. 2000. Three-dimensional structure of the Tn5 synaptic complex transposition intermediate. *Science* 289:77–85.

Difilippantonio, M.J., C.J. McMahan, Q.M. Eastman, E. Spanopoulou, and D.G. Schatz. 1996. RAG1 mediates signal sequence recognition and recruitment of RAG2 in V(D)J recombination. *Cell* 87:253–62.

Garfinkel, D.J., J.F. Boeke, and G.R. Fink. 1985. Ty element transposition: Reverse transcription and virus-like particles. *Cell* 42:507–17.

Hesse, J.E., M.R. Lieber, K. Mizuuchi, and M. Gellert. 1989. V(D)J recombination: A functional definition of the joining signals. *Genes and Development* 3:1053–61.

Luan, D.D., M.H. Korman, J.L. Jakubczak, and T.H. Eickbush. 1993. Reverse transcription of R2Bm RNA is primed by a nick at the chromosomal target site: A mechanism for non-LTR retrotransposition. *Cell* 72:595–605.

Oettinger, M.A., D.G. Schatz, C. Gorka, and D. Baltimore. 1990. RAG-1 and RAG-2, adjacent genes that synergistically activate V(D)J recombination. *Science* 248:1517–22.

Panet, A., W.A. Haseltine, D. Baltimore, G. Peters, F. Harada, and J. E. Dahlberg. 1975. Specific binding of tryptophan transfer RNA to avian myeloblastosis virus RNA-dependent DNA polymerase (reverse transcriptase). *Proceedings of the National Academy of Sciences USA* 72:2535–39.

Temin, H.M. and Mizutani, S. 1970. RNA-dependent DNA polymerase in virions of Rous sarcoma virus. *Nature* 226:1211–13.

Wessler, S.R. 1988. Phenotypic diversity mediated by the maize transposable elements Ac and Spm. *Science* 242:399–405.

CHAPTER 24

유전체학 개요 : 유전체 전체를 대상으로 한 DNA 서열분석

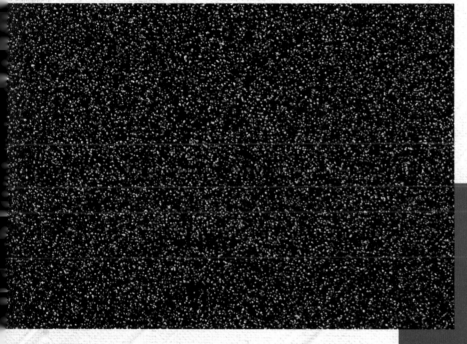

차세대 DNA 서열분석 결과가 보여 주는 사람 DNA 서열들의 복잡한 이미지. 이 그림은 서로 다른 염기들을 각각 다른 색깔(G: 파란색, T: 초록색, C:빨간색, A: 노란색)로 표시한 4장의 이미지를 겹쳐서 인공적으로 합성한 이미지이다. (© 2010 Illumina, Inc. All Rights Reserved.)

지금까지 이 책 전체를 통해 우리는 한 유전자를 대상으로 유전자들의 기능을 공부해 왔다. 그러나 신속하고 저렴한 염기서열 결정법의 출현으로 이제 분자생물학자들은 전체 유전체의 염기서열을 얻을 수 있게 되었고 이로 인해 그 유전체의 구조와 기능을 연구하는 새로운 분야의 학문인 유전체학(genomics)이 태동하게 되었다. 어떤 형질을 나타내는 유전자를 찾아내는 기법인 위치 클로닝에 대한 논의로 이 장을 시작할 텐데 해당 개체의 유전체 서열을 이미 알고 있다면 이 작업이 얼마나 수월해지는지를 보게 될 것이다. 그리고 과학자들이 대규모 염기서열 결정에 사용하는 기술들에 대해서도 알아볼 것이다. 또한 유전체 염기서열들을 통해 알게 된 사실들, 특히 서로 다른 종들의 유전체 서열 비교를 통해 얻게 된 진화적 혜안에 대해서도 논의할 것이다.

24.1. 위치 클로닝: 유전체학 소개

유전체학 연구 방법들에 대해 알아보기 전에 유전적 정보의 활용이라는 면에 대해 먼저 고려해 보자. **위치 클로닝**(positional cloning)은 특정 유전형질과 관련된 유전자를 발견하는 데 사용되는 방법 중 하나이다. 사람의 경우 유전질환과 연관된 유전자를 밝히는 데 주로 이용된다. 현대의 유전체학 시대 이전에 수행되었던 위치 클로닝의 한 예(고장나는 경우 헌팅턴병을 유발하는 유전자)를 먼저 살펴보는 것으로 설명을 시작하겠다. 이 과정에서 질병의 원인 유전자를 발견하기 위해 의심스러운 부위를 점차 좁혀 가는데 얼마나 많은 노력이 들어갔는지 알 수 있을 것이다. 이러한 노력이 필요했던 한 이유는 거대한 조각의 염기서열을 결정해야 하는 부담을 피해 가기 위해서였다. 지금은 이미 염기서열이 다 결정되어 있기 때문에 오늘날 이런 점은 전혀 문제가 되지 않는다. 말할 것도 없이 몇 가지 이유에서 이 경우는 유전체학을 소개하는 좋은 사례이다. 왜냐하면 이 경우는 오늘날에도 여전히 유전 정보의 가장 큰 수요인 위치 클로닝의 원리를 잘 보여줄 뿐더러 또 유전 정보가 없을 경우 위치 클로닝이 얼마나 어려운 작업인지를 잘 보여 준다. 한 가지 덧붙이자면 이 사례는 여전히 사람들의 흥미를 끄는 역사적 이야기이기도 하다.

1) 위치 클로닝의 고전적인 방법

유전학자들이 어떤 유전적 질환에 대한 원인 유전자를 찾고자 할 때 늘 어려움에 처한다. 즉, 결함이 있는 단백질의 정체를 전혀 모르고 따라서 기능을 모른 채 유전자를 찾아야 하기 때문이다. 그래서 이들은 인간 유전자 지도에서 원인 유전자의 위치를 확인함으로써 그 유전자의 기능을 조사하고자 했기 때문에 이러한 과정을 위치 클로닝(positional cloning)이라고 부르게 되었다.

위치 클로닝을 위해서는 우선 질병에 관련된 환자의 가족들을 조사하여 돌연변이가 일어나는 경우 해당 질병을 일으키는 원인 유전자와 가급적 가까이 연관되어 있는 지표들을 찾는 것이 매우 중요하다. 대개 이런 지표들은 유전자 자체가 아니라 제한효소나 다른 물리적 방법으로 절단하였을 때 개인에 따라 그 절단 패턴이 서로 다르게 나타나는 DNA상의 어떤 부위이다.

이 경우 지표의 위치는 이미 알려져 있으므로 이와 연관된 유전자의 위치는 전체 유전체 중 비교적 좁은 부위로 국한된다. 비록 비교적 좁은 부위라고는 하지만 이 역시 약 100만 염기쌍 정도는 되는 부위이므로 일이 그렇게 간단하지만은 않다. 다음 단계에서 수행해야 할 일은 이 비교적 좁은 부위라 일컬어지는 약 100만 염기쌍 안에서 질병의 원인이 될만한 유전자를 찾아내는 것이다. 여러 가지 방법들이 전통적으로 사용되었지만 여기서는 두 가지 방법에 대해서 언급하고자 한다. ① 엑손 포획으로 엑손을 찾는 방법, ② 찾고자 하는 유전자와 관련되어 있을 가능성이 있는 CpG 섬의 위치를 파악하는 방법이 그것이다. 이런 방법들이 어떻게 사용되어 왔는지 다음 절에서 몇 가지 사례를 통해 알아보자. 먼저 한 유전자를 유전체의 아주 작은 부위에 지도화하는 데 가장 널리 사용되는 방법에 대해 먼저 알아보자.

(1) 제한효소 절편길이 다형현상

20세기 후반에 이를 때까지도 우리는 인간 유전체상의 매우 제한된 유전자 위치만을 알고 있었다. 따라서 우리가 지도를 작성하고자 하는 새로운 유전자 주위에 기존에 알려진 유전자가 존재할 확률은 매우 낮았다. 기존에 알려진 유전자와의 연관 관계에 의존하지 않는 방법이 요구되었고 이를 위해 불특정(anonymous) DNA 조각(이 경우 DNA 조각은 아무 유전자도 포함하지 않을 수도 있다)과의 연관 관계를 수립하는 방법이 제안되었다. 이 DNA 조각은 제한효소로 절단했을 때의 절단 패턴에 따라 구분이 가능하다.

각 개인은 유전적으로 모두 조금씩의 차이를 가지고 있으므로 각각의 DNA 염기서열도 조금씩 다를 것이고 제한효소 절단 패턴도 다를 수 있다. 염기서열 AAGCTT를 인식하는 *Hin*dIII를 가정해 보자. 어떤 사람의 염색체상 특정 부위에 이 효소에 의해 절단되는 3개의 위치가 있고 그 각각은 4kb와 2kb의 거리를 가진다고 하자(그림 24.1). 그리고 다른 사람의 경우 3개 중 가운데 위치가 결여되어 있고 나머지 양쪽 2개의 위치가 보존되어 있다면 2개의 위치는 6kb의 길이를 가질 것이다. 즉, 첫 번째 사람의 DNA를 *Hin*dIII로 자른다면 2kb와 4kb의 조각을 얻을 수 있을 것이고, 두 번째 사람의 경우 6kb 조각 하나를 얻을 수 있을 것이다. 다시 말해 결국 우리가 이야기하고 있는 것은 같은 제한효소로 잘랐을 때 개인마다 다르게 나타나는 **제한효소 절편길이 다형현상**(restriction fragment length polymorphism, RFLP)이다. 다형현상이란 하나의 유전자 자리가 개인에 따라 다른 형태 또는 대립유전자(allele)로 구성되어 있음을 말하는 것으로 별로 깔끔한 용어는 아니지만 이 용어가 의미하는 바는 두 사람의 DNA를 같은 제한효소로 잘랐을 때 서로 다른 길이의 절단조각이 만들어질 수도 있다는 뜻으로 이해할 수 있다. RFLP는 '리플립(rifflip)'으로 발음한다.

그럼 어떤 식으로 RFLP를 조사할 것인가? 우리가 전체 인간 유전체에 대한 RFLP를 한번에 분석할 수 없다는 것은 자명한 사

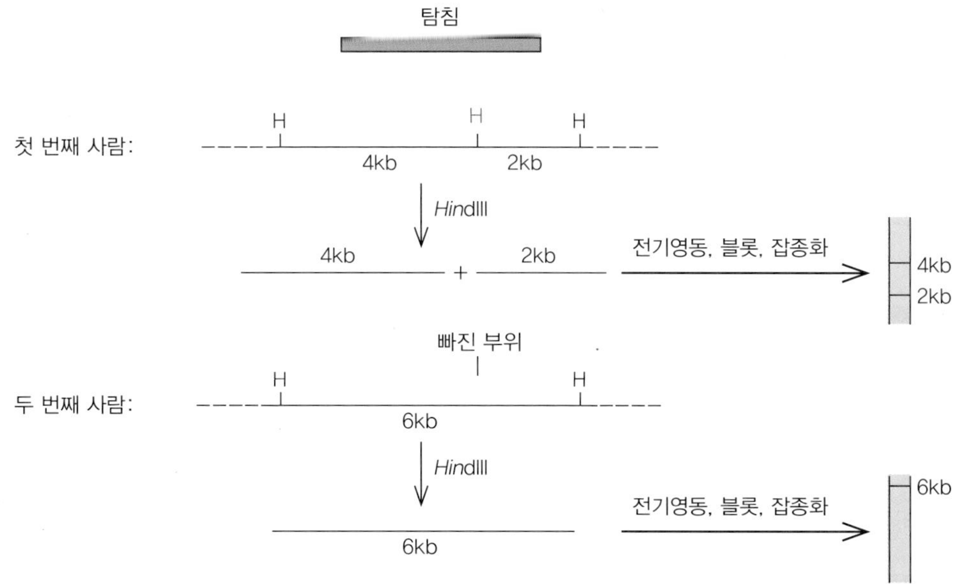

그림 24.1 RFLP의 검색. 두 사람이 *Hind*III 제한위치(빨간색)에 대해 이형현상을 보인다. 첫 번째 사람은 이 위치에 *Hind*III 제한위치를 가지기 때문에 위에 표시된 탐침으로 2kb와 4kb의 두 조각이 검출된다. 그러나 두 번째 사람은 이 부위에 *Hind*III 절단위치가 없고 결국 탐침과 결합하는 부위는 6kb의 한 조각만을 만들게 된다. 절단된 DNA를 전기영동하고 방사능 표지된 탐침으로 잡종화시켜 자기방사능 사진으로 조사한 결과가 오른쪽에 표시되어 있다. 양쪽 끝의 점선으로 표시된 부위의 DNA는 탐침과 결합하지 못하므로 서던블롯의 결과에는 나타나지 않는다.

실이다. 왜냐하면 전체 유전체 속에는 일반적인 제한효소 하나에 의해 절단되는 위치가 약 1백만 개나 존재하기 때문에 제한효소로 절단할 때마다 약 1백만 개의 조각들을 만들어 낼 것이고 어느 누구도 그 각각의 조각들의 길이를 비교하고 미세한 차이를 분석하는 작업을 수행할 수는 없기 때문이다.

다행스럽게도 이런 복잡한 작업을 보다 손쉽게 하는 방법이 있는데 서던블롯(Southern blot, 5장 참조)이 바로 그것이다. 이 방법을 이용할 경우 다양한 탐침을 사용해 전체 유전체 중 매우 제한된 부위만을 강조해서 볼 수 있으므로 개인 간의 차이도 쉽게 확인할 수 있다. 그러나 여기에도 역시 한 가지 문제점이 있다. 우리가 사용하는 표지된 하나의 탐침은 전체 유전체 중 매우 제한된 부분과만 결합하기 때문에 이 탐침과 결합하는 유전자 부위가 RFLP를 나타낼 확률은 무척이나 낮을 수밖에 없다. RFLP를 보이는 부위 하나를 찾기 위해서는 아마도 수천 개의 서로 다른 탐침들을 사용해보아야 할는지도 모른다. 비록 비효율적이기는 하나 이 방법은 하나의 시작점을 제공하였고 실제로 몇 개의 유전병에 연관된 유전자들이 이 방법에 의해 발견되었다.

(2) 엑손포획

일단 한 유전자를 포함하는 수백 kb에 걸친 부위를 찾았다면, 어떻게 그 속에 포함된 유전자들을 의미 없는 다른 염기서열들 사이에서 골라낼 수 있을까? 만약 이 부위의 염기서열이 결정되어 있지 않다면 이를 서열분석하여 **열린 해독틀**(Open Reading Frame, ORF)들을 찾아낼 수 있다. 열린 해독틀은 하나의 해독틀을 따라 서열을 읽었을 때 상당히 긴 거리에 걸쳐 정지코돈이 나타나지 않는 염기서열 부위이다. 그러나 ORF를 찾는 것은 매우 소모적인 작업이다. 그래서 더 효율적인 몇 가지 방법이 사용되는데 Alan Buckler가 고안한 **엑손포획**(exon trapping 또는 exon amplification)도 그중 하나이다. 그림 24.2는 엑손포획의 원리를 보여 준다. 이 방법은 pSPL1(Buckler가 이 방법을 위해 고안한 벡터)과 같은 플라스미드 벡터를 사용하는데 이 벡터에는 SV40 초기 프로모터에 의해 조절되는 하나의 잡종유전자(chimera gene)가 있다. 이 유전자는 토끼의 β-글로빈 유전자에서 두 번째 인트론을 제거하고 여기에 대신 고유의 5′-스플라이싱 부위와 3′-스플라이싱 부위를 가지는 사람의 HIV 유전자의 인트론을 넣어 만든 것이다. 이 플라스미드 안에 있는 HIV 인트론 내의 클로닝 부위에 인간 유전체 DNA의 조각들을 클로닝한 뒤 이 재조합 벡터를 SV40 프로모터에 의한 전사가 가능한 원숭이 세포인 COS-7 세포에 형질도입시킨다. 만일 인트론 내에 삽입한 gDNA 조각이 고유의 5′-스플라이싱 부위와 3′-스플라이싱 부위를 가지는 온전한 엑손이라면 이 엑손은 전사후 성숙 과정에서 스플라이싱에 의해 제거되지 않고 성숙한 mRNA의 일부로 남게 된다. 이 COS 세

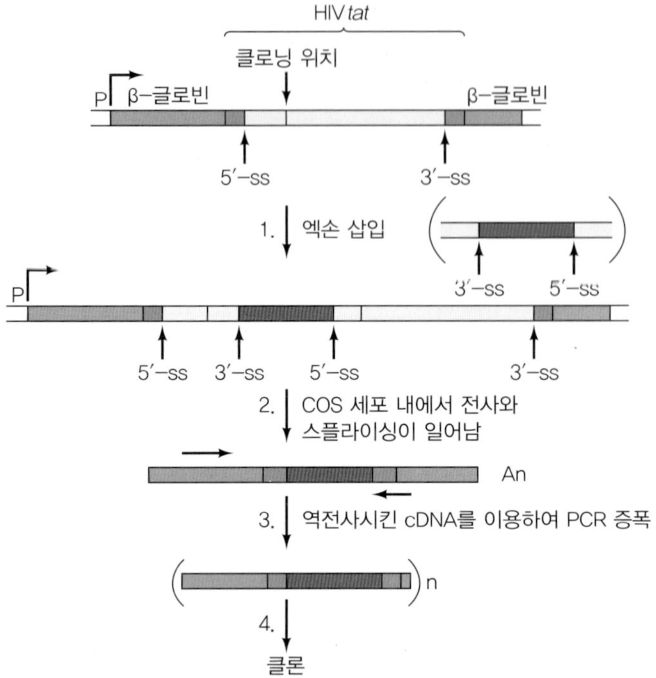

그림 24.2 엑손 포획. 여기서는 좀 단순하게 그려졌지만 pSPL1과 같은 클로닝 벡터를 예를 들어 설명한다. 이 벡터는 SV40 프로모터(P)가 있는데, 이 프로모터는 토끼 β-글로빈 유전자(주황색) 중간에 양쪽 엑손 조각(파란색) 사이에 하나의 인트론(노란색)이 존재하는 형태의 HIV *tat* 유전자 조각이 끼어 들어간 잡종 유전자를 발현시킨다. 엑손과 인트론의 연접부위는 5′-스플라이싱 위치와 3′-스플라이싱 위치(ss)를 포함하고 있다. *tat* 인트론 중간에는 무작위로 외부 DNA가 끼여 들어갈 수 있는 클로닝 위치가 하나 있다. 첫 번째 단계로, 양쪽에 자신의 인트론 일부와 역시 자신의 5′-과 3′-스플라이싱 위치를 가지는 외부 엑손(빨간색)이 벡터 내의 클로닝 위치에 삽입된다. 두 번째로, 이 DNA를 COS 세포에 도입한다. COS 세포 내에서는 이 DNA의 전사와 스플라이싱이 일어날 수 있다. 이때 외부에서 도입된 엑손(빨간색)은 자신의 스플라이싱 신호를 가지기 때문에 성숙한 전사체 내에 머물러 있을 수 있다. 마지막으로 3, 4번째 단계에서 이 전사체를 역전사시키고 화살표로 표시된 프라이머를 이용해 PCR해서 증폭시킨다. 그러면 이 외부 엑손을 포함한 DNA 조각이 증폭될 것이고 이를 클로닝하여 조사한다. 엑손이 아닌 DNA가 끼여 들어가는 경우는 자신의 스플라이싱 위치를 가지고 있지 않기 때문에 HIV 인트론과 함께 전사체로부터 제거될 것이다. 따라서 3번 단계에서 PCR에 의한 증폭이 일어나지 않기 때문에 연구자들이 이런 조각들까지 조사하느라고 시간을 허비하지 않아도 된다.

포로부터 mRNA를 분리하여 역전사시켜 cDNA를 만들고 삽입 부위 바깥쪽 부위에 결합하는 프라이머를 이용해 PCR로 증폭시킨다. 따라서 프라이머 결합 위치 사이에 삽입된 엑손 해당 부위는 종류 여부에 관계없이 증폭될 것이다. 그리고 이 PCR 산물을 클로닝하면 엑손만을 가진 클론들을 얻을 수 있다. 만약 삽입된 DNA가 엑손이 아니라면 스플라이싱 신호를 가지고 있지 않으므로 비록 클로닝되고 전사는 될 수 있지만 RNA 성숙 과정에서 주변에 있는 HIV 인트론에 둘러싸여 스플라이싱으로 제거되어 버릴 것이다.

(3) CpG 섬

또 다른 유전자 발견 기술은 인간 유전자 중에서 활성을 가지는 유전자의 조절부위는 메틸화되지 않은 CpG 서열을 가지는 경향이 있는 데 반해, 활성을 띠지 않는 부위의 CpG 서열은 언제나 메틸화되어 있는 성질을 이용하는 방법이다. 더군다나 진화의 과정에서 메틸화된 CpG 서열의 상당수가 **CpG 억제**(CpG suppression)라는 현상에 의해 소실되었다. 즉, 메틸CpG 서열의 메틸데옥시시티딘(메틸C)은 자연적으로 아민기가 제거되어 T와 동일한 메틸U로 치환될 수 있다. 따라서 일단 메틸C에서 아민이 제거되면 T가 된다. 만약 이런 변이가 즉시 수리되지 않으면 T는 다음 DNA 복제 때 A와 결합할 것이고 이런 돌연변이는 고정된다. 반면에 보통의 메틸화되지 않은 CpG 서열은 아민기가 제거되면 U가 되는데 우라실-N-글리코실가수분해효소(uracil-N-glycosylase, 20장 참조)에 의해 즉시 발견되어 정상적인 C로 대체가 된다. 따라서 메틸화되지 않은 CpG 서열은 오랜 세월에 걸쳐서 유전체상에 더 잘 유지되는 경향이 있다.

더군다나 제한효소 *Hpa*II는 CCGG라는 서열을 절단하는데 이때 두 번째 C가 메틸화되어 있지 않은 경우에만 절단한다. 즉, 다시 말해 이 효소는 CCGG 서열 안에 존재하는 CpG가 메틸화되어 있지 않은 활성 유전자 부위만 절단하고 비활성 서열(메틸화된 CCGG)은 절단하지 않으므로 유전학자들은 이를 이용하며 '바다'와 같은 많은 DNA 서열 중에서 활성을 가지는 '섬'과 같은 CpG 부위를 골라낼 수 있다. 이를 **CpG 섬**(CpG island) 또는 **HTF 섬**(*H*paII tiny fragments island)이라 한다.

2) 사람 질병의 원인이 되는 돌연변이 유전자의 발견

위치 클로닝의 고전적인 예(헌팅턴병의 원인 유전자 발견)를 통해 돌연변이 유전자 발견 과정을 알아보자.

헌팅턴병(Huntington disease, HD)은 진행성 신경 질환인데 거의 감지할 수 없을 정도로 미약한 안면 경련과 감각이 둔해지는 증상으로 시작된다. 시간이 지남에 따라 이러한 증상들이 배가되고 정신혼란을 수반한다. HD 연구자의 한 사람인 낸시 웩슬러(Nancy Wexler)는 이 병의 진행된 모습을 다음과 같이 설명한다. "온몸이 경련을 일으키며 몸통은 꼬이고 얼굴은 비틀린다. 증상이 악화된 환자는 차마 볼 수가 없다." 10~20년이 지나면 결국 환자는 죽는다.

HD는 우성 유전자 하나에 의해 조절된다. 즉, HD 환자의 아이

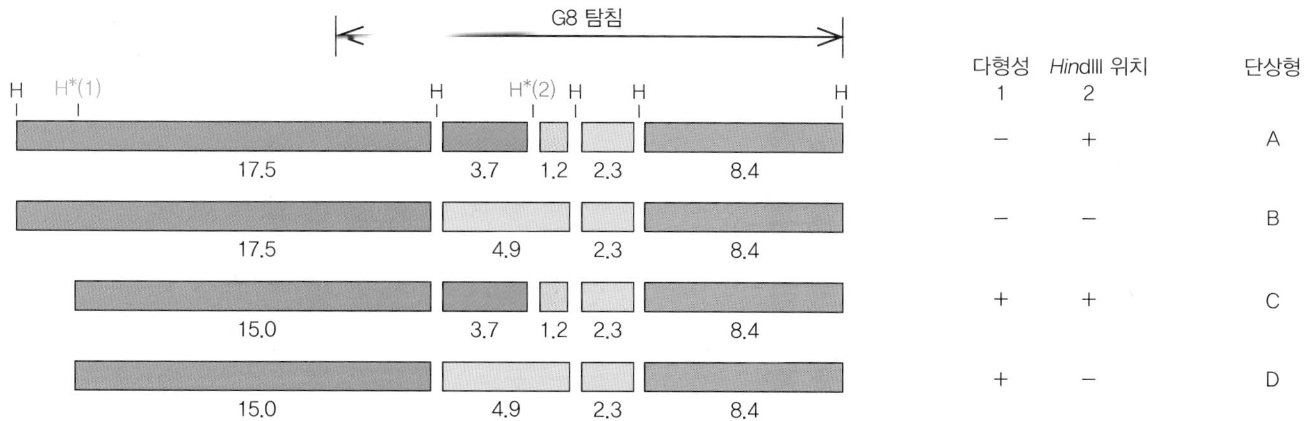

그림 24.3 헌팅턴병 유전자와 연관되어 있는 RFLP. 그림에서는 G8 탐침으로 검색이 가능한 부분만 표시했다. 연구 대상인 가계에서는 별표된 1번(파란색)과 2번(빨간색) 두 부위에서 다형성을 보인다. 1번 부위가 있으면 15kb 조각과 함께 2.5kb 조각도 생기지만 이 조각은 G8 탐침과 잡종화되는 부분의 바깥쪽에 있으므로 검출되지는 않는다. 1번 부위가 없으면 17.5kb 하나만 생긴다. 2번 부위가 있으면 3.7kb, 1.2kb 두 조각이 생기고, 이 부위가 없으면 4.9kb 한 조각만 생긴다. 이 두 부위의 유무에 따라 오른쪽에 표시된 바와 같이 단상형 네 가지(*A*~*D*)로 네 종류의 조합이 나올 수 있다. 각 단상형에서 다형현상을 보이는 *Hin*dIII의 위치를 표시한 리스트가 가운데 있고 역시 각 단상형에서 G8 탐침으로 검색되는 *Hin*dIII 조각들의 모식도가 맨 왼쪽에 표시되어 있다. 예를 들어 1번 부위는 없고 2번 부위만 있는 단상형 A의 경우, 17.5kb, 3.7kb, 1.2kb 3개의 조각이 생긴다. 2.3kb, 8.4kb 조각도 탐침에 의해 검색되지만 이는 4개의 단상형 모두에 공통된 것이므로 여기서는 무시하기로 한다.

는 병에 걸릴 확률이 50:50이다. 이 병에 걸린 사람들은 아이를 가지지 않으면 병을 전파하지 않을 수 있다. 그러나 불행히도 HD의 증상은 대부분의 환자의 경우 아이를 가질 나이가 지난 뒤에야 처음 나타난다.

유전학자들은 HD 유전자(*HD*)의 산물이 무엇인지 잘 몰랐기 때문에 그 유전자를 직접 찾을 수는 없었다. 차선책으로 *HD*와 가깝게 연관되어 있는 다른 유전자나 지표를 찾는 방법이 있었다. 마이클 코넬리(Michael Conneally) 등은 연관된 유전자를 찾기 위해 십수 년의 시간을 허비했지만 성과는 없었다.

*HD*와 연관된 지표를 찾기 위해 웩슬러, 코넬리, 그리고 제임스 구젤라(James Gusella)는 RFLP 쪽으로 방향을 전환했다. 운 좋게도 그들은 연구 대상으로 대가족을 만날 수 있었다. 베네수엘라의 마라카이보 호수 근처에 사는 이 가족은 19세기 초반부터 HD를 앓아 오고 있었다. 첫 연구 대상은 유럽 계통 아버지로부터 결함 있는 유전자를 물려받은 여자였다. 그래서 이 가족의 가계도는 7세대에 걸쳐 그려질 수 있었다. 게다가 특이하게도 한 가정당 15~18명 되는 많은 아이들이 있어 그 수도 상당히 많았다.

구젤라(Gusella) 등은 *HD*와 연관된 RFLP 하나를 찾기 위해 수백 가지의 탐침을 조사해야 할 수도 있다는 사실을 알고 있었지만 그들은 너무나도 운이 좋았다. 처음 실험한 12개의 탐침 중에 이 베네수엘라 출신 가족들의 HD 유전자와 가깝게 연관된 RFLP와 결합하는 탐침(G8이라 불린다)이 있었던 것이다. 그림 24.3에서 이 탐침에 결합하는 DNA 부위의 *Hin*dIII 위치들을 볼 수 있다. 전부 7개의 위치가 있지만 이 중 5개의 위치만 모든 가족 구성원에 공통으로 존재하고, 별표된 1번과 2번은 가족 구성원에 따라 있는 경우도 있고 없는 경우도 있었다. 이 두 부위는 다형성을 가지거나 또는 변이를 보인다고 할 수 있다.

이 2개의 제한효소 위치 유무에 의해 어떻게 RFLP가 생길 수 있는지 알아보자. 만일 1번 부위가 없다면 17.5kb 길이의 단일 조각이 생길 것이다. 그러나 1번 부위가 있다면 17.5kb 조각은 15kb, 2.5kb 2개의 조각으로 나누어지겠지만 15kb 조각만 자기방사선 사진으로 보일 것이다. 왜냐하면 2.5kb 조각은 G8과 결합하는 부분 바깥쪽에 있기 때문이다. 그리고 만약 2번 위치가 존재하지 않을 경우 4.9kb 조각이 생기겠지만 2번 위치가 존재한다면 4.9kb 조각은 3.7kb와 1.2kb로 다시 나뉠 것이다.

이 두 가지 다형적 *Hin*dIII 위치에 대해 네 가지 **단상형**(haplotype, 1개 염색체상에 있는 대립유전자들의 집합)이 가능한데 이들은 *A*~*D*로 번호를 붙였다.

단상형	부위 1	부위 2	조각 크기
A	없음	있음	17.5; 3.7; 1.2
B	없음	없음	17.5; 4.9
C	있음	있음	15.0; 3.7; 1.2
D	있음	없음	15.0; 4.9

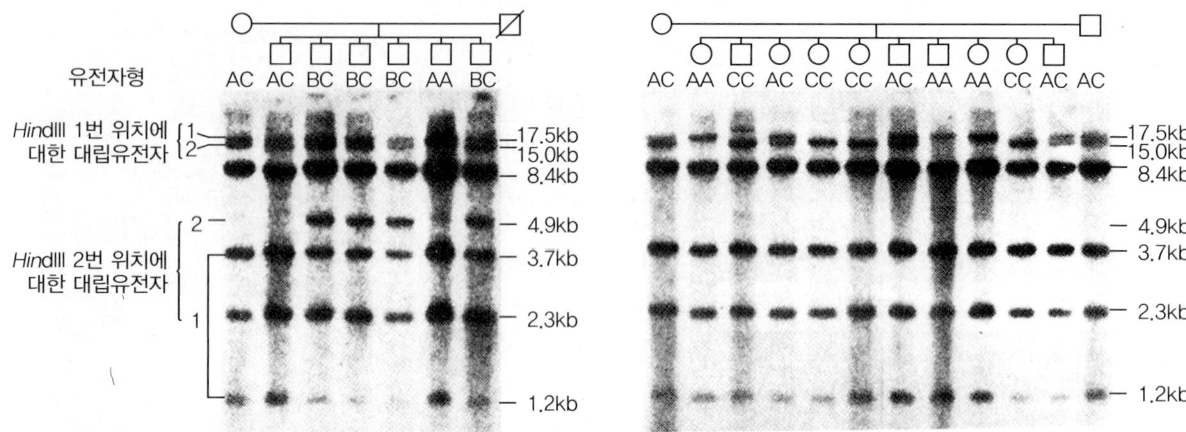

그림 24.4 두 헌팅턴병 가족 구성원들의 *Hind*III 조각을 G8 탐침으로 검색한 서던블롯. 자기방사성 자동 사진의 밴드는 DNA 조각들이고 그 크기는 오른쪽의 수치와 같다. 아이들과 부모들의 유전자형은 위쪽에 표기되어 있다. 부모들 중 1명은 조사 이전에 죽었으므로 그 유전자형을 판별할 수 없었다. (출처: Gusella, J.F., N.S. Wexler, P.M. Conneally, S.L. Naylor, M.A. Anderson, R.E. Tauzi, et al., A polymorphic DNA marker genetically linked to Huntington's disease. *Nature* 306:236. Copyright © 1983 Macmillan Magazines Limited.)

단상형이라는 것은 반수체 유전자형(haploid genotype)의 준말이다. 가족 개개인들은 부모 양쪽에서 각각 하나의 단상형을 물려받아 2개의 단상형을 가진다. 예를 들어 부모에게서 각각 *A*형과 *D*형을 물려받은 사람은 *AD* 유전자형을 가진다. 때때로 다른 유전자형(한쌍의 단상형)과 구별하기 어려울 수도 있다. 이를 테면 *AD* 유전자형인 사람과 *BC* 유전자형 사람의 RFLP 유형은 같다. 왜냐하면 5조각 모두 두 유전자형에 존재하기 때문이다. 그러나 부모의 유전자형을 조사하면 이들 사이의 진짜 유전자형을 알 수 있다. 그림 24.4는 방사성 표지된 G8 탐침을 이용한 두 가족의 서던법 자기방사성 사진이다. *AC* 유전자형에서 보듯이 17.5kb와 15kb는 이동 속도가 비슷하기 때문에 둘 모두 있으면 구별하기 어렵다. 그러나 17.5kb 하나만 가지는 *AA* 유전자형과 15kb만 가지는 *CC* 유전자형은 상대적으로 구별이 용이하다. 또한 *B* 단상형은 4.9kb 조각을 가지므로 명확히 구별할 수 있다.

그럼 이 가족에서 어느 단상형이 헌팅턴병(HD)과 관련이 있는가? 그림 24.5는 그것이 *C*임을 보여 준다. *C*를 가진 거의 모든 사람들이 이 병을 앓고 있고 비록 지금 증상이 없는 사람일지라도 나중에 발병하게 될 것이다. 또한 *C*가 없는 사람들은 어느 누구도 이 병에 걸리지 않았다. 따라서 이 방법을 통해 이 가족 구성원들이 *HD* 유전자를 가지는지 여부를 정확히 판단할 수가 있었다. 비슷한 연구가 미국인 가족을 대상으로도 이루어졌는데, 이 경우 A 단상형이 이 병과 연관이 있다고 밝혀졌다. 즉, 가계에 따라 *HD* 유전자와 연관된 단상형이 다를 수 있지만 가족 내에서는 이러한 RFLP 부위와 *HD* 유전자가 아주 가까이 있으므로 이 사이에 재조합은 거의 일어나지 않는다. 이상의 사례를 통해 우리는 이러한 RFLP가 마치 유전자처럼 지도작성을 위한 유전적 표식으로 이용될 수 있음을 보았다.

*HD*와 G8 탐침과 결합하는 DNA 부위의 연관 관계를 밝힘으로써 구젤라 등은 *HD*가 4번 염색체상에 있다는 사실도 밝혀냈다. 이를 위해 그들은 사람의 염색체를 일부 포함한 쥐와 사람 간의 잡종세포주(hybrid cell line)를 만들고 각각의 세포주들로부터 DNA를 뽑아 방사능 표지된 G8 탐침과 잡종화 반응을 시켰다. 다른 염색체들의 유무와 상관없이 4번 염색체를 가진 세포주들만 결합을 형성하였다. 즉, *HD*는 사람의 4번 염색체상에 존재하는 것이다.

그러나 여기서 순조롭게 진행되던 연구가 장벽에 부딪히게 된다. 연구 결과 이 유전자가 4번 염색체의 말단부위에 있다고 생각되었기 때문이다. 염색체 말단부위는 반복되는 서열이 너무 많고 유전자는 거의 없는 부분으로 유전학적으로 불모지나 다름없는 부위이다. 몇 년의 시간을 그 자신 유전적 쓰레기 하치장이라고 불렀던 곳에서 허비한 끝에 구젤라 등은 좀 더 가능성 있는 부분으로 방향을 전환했다. 일련의 지도작성 실험에서 *HD*가 염색체 말단부위가 아닌 말단에서 수 Mb 떨어진 곳의 2.2Mb 지역에 존재할지도 모른다는 결과가 나왔기 때문이다. DNA 서열을 모르는 상황에서 하나의 유전자를 찾기에는 2Mb 정도의 지역에 포함된 DNA 양이 너무나 방대했기 때문에 구젤라는 같은 조상을 가진 *HD* 환자들 중 1/3 정도에서 매우 잘 보존되어 있던 약 500kb 부분을 중점적으로 조사하기로 결정했다.

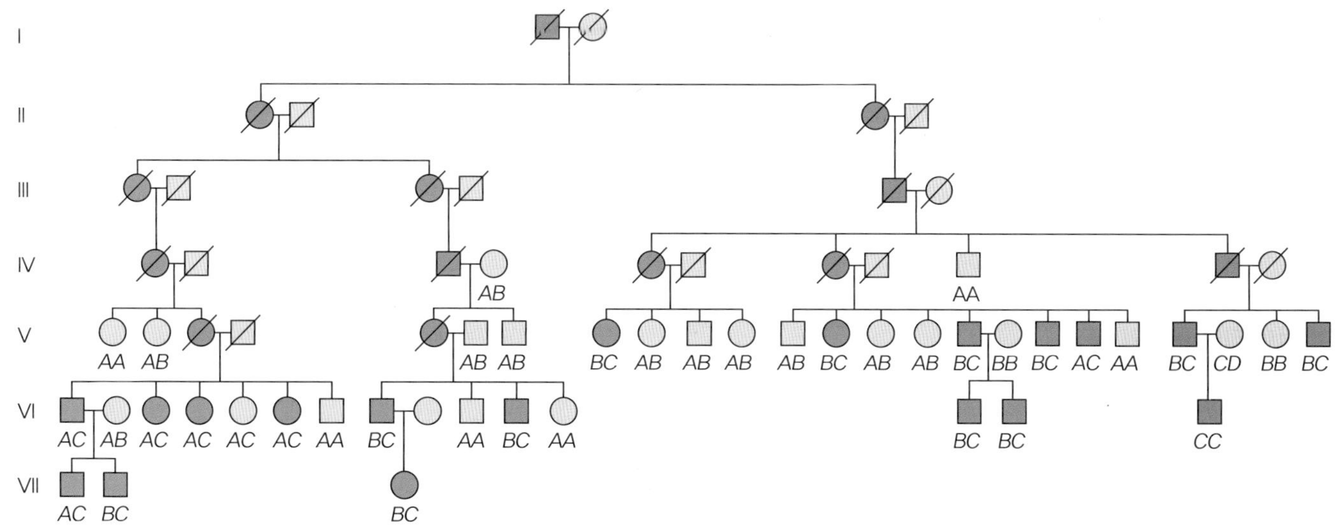

그림 24.5 헌팅턴병을 앓고 있는 베네수엘라인 대가족의 가계도. 발병이 확인된 가족 구성원들은 자주색으로 표시되어 있다. *C* 단상형을 가진 사람들은 대부분 병을 앓고 있고, *C* 단상형이 없는 사람들 중 어느 누구도 병에 걸리지 않았음을 주목하라. 즉, *C* 단상형은 이 병과 밀접한 관련이 있고 이러한 결과에 해당하는 RFLP는 헌팅턴병 유전자와 가깝게 연관되어 있다.

인간 유전체상에서 500kb의 길이라면 평균적으로 약 5개 정도의 유전자를 포함하고 있다. 이 500kb 부위에서 유전자를 찾기 위해 이들은 엑손 포획법을 사용해 몇 개의 엑손 클론들을 찾아냈다. 그리고 이 엑손들을 탐침으로 사용하여 이 500kb 지역에서 발현되는 mRNA에 해당하는 DNA를 cDNA 라이브러리에서 검색했다. 엑손 클론들 중 하나인 IT15(interesting transcript 15)는 3,414개의 아미노산으로 이루어진 헌팅틴(huntingtin)이라고 하는 단백질을 암호화하는 전사체(10,366nt)의 cDNA와 결합했다. 이 단백질은 이미 알려진 여타 단백질 어느 것과도 유사성이 없는 새로운 단백질이었기 때문에 이것이 진짜 HD의 산물이란 증거를 제시해주지는 못했다. 그러나 흥미롭게도 이 유전자는 CAG 염기서열이 23회나 반복되어 있어(그중 하나는 CAA) 연속되는 23개의 글루타민을 만들 수 있는 부분이 포함되어 있었다.

이것이 진짜 *HD* 유전자인가에 대한 답을 얻기 위해 구젤라 등은 *HD*를 가진 75가계에서 이 병을 가진 사람과 아닌 사람의 유전자를 비교하여 이것이 진짜 *HD* 유전자임을 밝혀냈다. 병에 걸리지 않은 사람들은 모두 CAG 반복횟수가 11회에서 34회 사이였고 이들 중 98%는 CAG 반복이 24회 이내에 불과했다. 반면에 병에 걸린 사람들은 모두 적어도 CAG 반복이 42회 이상이었고 높으면 100회 반복도 있었다. 그러므로 우리는 CAG 반복횟수로 이 병에 걸릴 가능성을 점칠 수 있다.

더구나 CAG 반복횟수는 병의 정도와 발병 시기와도 적잖게 관련이 있다. 이 서열의 반복횟수가 낮은(발병하는 범위에서 낮은 횟수, 36~40회) 사람들은 어른이 된 이후에 증상이 나타나지만 반복횟수가 높은 사람들은 유년기부터 증상을 보인다. 극단적인 한 예로, 이 서열의 반복횟수가 100회 정도로 아주 높은 한 어린이의 경우 2살 정도부터 증상을 나타냈다.

마지막으로, 부모 중 어느 누구도 병에 걸리지 않았지만 자식 세대에서 이 병에 걸린 경우가 두 차례 발견되었는데 두 경우 모두 부모와는 달리 CAG 반복서열이 확장되어 있었다. 이러한 사실은 비록 드물긴 하지만 CAG 반복횟수를 높이는 새로운 돌연변이가 발생해서 *HD*를 일으킬 수 있음을 보여 준다.

이 유전자가 *HD*임을 증명하는 또 다른 방법은 이 유전자를 의도적으로 돌연변이시켜서 이것이 신경계통에 영향을 미치는가 하는 것을 보여 주는 것이다. 물론 이런 실험을 사람을 대상으로 할 수는 없지만 *HD*에 해당하는 유전자를 알고 있다면 생쥐에서는 가능한 일이다. 다행히 *HD*는 생쥐를 포함한 많은 종에서 보존되어 있고 생쥐의 *HD*를 *Hdh*라 한다. 1995년 마이클 헤이든(Michael Hayden) 등은 *Hdh*의 5번 엑손이 파괴된 녹아웃 생쥐(5장 참조)를 만들었다. 이 돌연변이가 동형접합체일 경우 태어나기 전에 죽었고, 이형접합체일 경우 생존하긴 하나 뉴런이 결실되는 이상을 보였고 따라서 지능이 저하되는 것을 볼 수 있었다. 이는 *Hdh*, 즉 *HD*가 뇌에서 중요한 역할을 한다는 사실을 재확인시켜주는 것으로 이 유전자가 *HD* 원인 유전자임을 알 수 있다.

그러면 이러한 결과를 어떻게 현실에 적용시킬 수 있을까? 확실한 방법 한 가지는 유전자 조사를 통해 병에 걸릴 수 있는 사람들을 사전에 미리 판별하는 것이다. 사실 CAG 반복횟수를 조사함으로써 발병 시기까지 예측이 가능할지도 모른다. 그러나 이러한 종류의 정보들이 유발할 수 있는 심리적 공황 상태를 예상해보면 이런 작업이 꼭 필요한지는 의문이다. 우리에게 정말 필요한 것은 물론 두말할 나위 없이 이 병의 치료 방법이지만 아직 그것은 요원해 보인다.

(1) 유전체 정보 이용의 장점

지금까지 알아보았던 위치 클로닝이 진행되는 과정은 몇 년의 시간이 걸렸고 그 과정에서 많은 시간이 의심 가는 부위의 염기서열을 결정하고 그 서열 안의 어떤 유전자가 진짜 원인 유전자일지를 추정하는 데 소모되었다. 그러나 인간 유전체 사업의 완성으로 인해 이러한 작업은 예전에 비해 무척 수월해졌다. 이 작업이 얼마나 수월해졌는지는 오랫동안 생쥐에서 위치 클로닝 연구를 수행했었던 생쥐 유전학 연구자인 닐 코플랜드(Neal Copeland)의 말을 통해 알 수 있다. 그는 "염기서열이 없던 시절 10개 정도의 가능성 있는 암유전자를 찾아내는데 15년이 걸렸지만 염기서열을 확보한 이후에는 130개의 유전자를 단 몇 달 만에 찾았습니다"라고 이야기하는데 여기서 그가 말하는 염기서열은 물론 생쥐의 유전체 염기서열이지만 똑같은 원리가 사람에게도 적용이 될뿐더러 생쥐에서의 위치 클로닝을 통해 찾아낸 유전자가 사람에서도 동일한 문제를 일으키는 유전자인 경우가 흔하다. 따라서 유전체 염기서열의 확보를 통해 우리가 기대할 수 있는 가장 큰 보상은 인간 질병 관련유전자의 발견 속도가 과거에 비해 훨씬 빨라진다는 점일 것이다. 그렇다고 해서 위치 클로닝이 이제 구시대의 유물이 되었다고 성급한 결론을 내리기는 아직 이르다. 어떤 개체이든 그들이 가진 형질의 원인이 되는 유전자 발굴에 우리가 관심을 가지는 동안은 이 기술이 여전히 유용하며 결정된 유전체 염기서열은 단지 위치 클로닝을 훨씬 쉽게 만들어 줄 뿐이다.

24.2. 유전체 염기서열 분석 기술

맨 처음 염기서열이 해독된 유전체는 누구나 예상할 수 있듯이 매우 단순한 생명체로 대장균에 기생하는 ΦX174 파지였다. 디데옥시 가닥 종료 방법의 DNA 염기서열 분석법을 개발한 프레데릭 생어(Frederick Sanger)는 1977년 5,375nt의 유전체 염기서열을 밝혀냈다.

이 염기서열에서 우리가 얻을 수 있는 정보는 무엇일까? 첫째, 모든 유전자의 암호화부위를 정확히 파악할 수 있었다는 점이다. 이를 통해 한 유전체 속에 포함된 각 유전자 사이의 공간적 배열과 그들 사이의 정확한 거리를 염기서열 수준에서 결정할 수 있다. 그러면 유전자를 암호화하고 있는 부위는 어떻게 확인할 수가 있을까? 이 부위는 하나의 열린 해독틀(open reading frame, ORF)을 포함하는데, ORF는 하나의 파지단백질을 암호화할 수 있는 충분히 긴 염기서열을 포함한다. ORF는 반드시 ATG(또는 가끔씩 GTG)라는 세 염기로 시작되어 여기에 상응하는 RNA 서열인 AUG(또는 GUG)의 번역 개시코돈을 형성해야만 하고, 하나의 정지코돈(UAG, UAA 또는 UGA)에 해당하는 염기서열로 끝나야 한다. 다시 말해 박테리아나 파지의 ORF 하나는 한 유전자의 암호화부위와 동일한 것이다.

다음으로 파지 DNA의 염기서열을 통해 파지단백질의 아미노산 서열을 유추할 수 있다. 각각의 ORF에 해당하는 DNA 염기서열을 유전암호를 이용하여 해당 아미노산 서열로 바꿔주면 되는데 꽤 지겨운 작업이 될 것 같지만 오늘날 이러한 작업은 개인용 컴퓨터로도 눈 깜짝할 사이에 간단히 해결할 수가 있게 되었다.

생어는 ΦX174 DNA의 해독틀 분석을 통해 예상치 않았던 재미있는 사실을 밝혔는데, 그것은 일부 파지유전자들이 중첩되어 있다는 사실이다. 그림 24.6a는 유전자 *B*의 암호화부위가 유전자 *A*의 암호화부위 안에 위치해 있고 유전자 *E*의 암호화부위가 유전자 *D*의 암호화부위 안에 존재하는 것을 보여 주고 있다. 더구나 유전자 *D*와 *J*는 겨우 한 염기쌍만 중첩되어 있다. 어떻게 두 유전자가 유전체상의 동일한 영역을 차지하고 서로 다른 단백질을 만들 수 있을까? 그것은 2개의 유전자 산물이 서로 다른 틀(frame)에서 번역되어 나오므로 가능하다(그림 24.6b). 틀이 다를 경우 번역 과정에서 완전히 다른 종류의 유전암호들이 나타날 것이고 그 산물인 단백질도 완전히 다른 종류가 될 것이다.

이러한 사실은 무척이나 흥미로운 현상으로 자연계에서 얼마나 일반적으로 일어날까 하는 의문을 갖게 한다. 이러한 중첩 현상은 현재까지 조사된 바로는 바이러스 유전체에서만 발견되는데, 바이러스의 유전체 크기가 극히 작고 이들을 어떤 식으로든 주어진 유전체 내에서 효율적으로 사용해야만 한다는 당위성에 비춰볼 때 그렇게 놀라운 사실만은 아니다. 더구나 바이러스의 놀라운 증식 능력을 고려하면 진화 과정에서 바이러스는 엄청난 세대를 겪어 왔을 것이며, 그 과정에서 이러한 성질이 유전체 속에 내재되었을 것이다.

자동 염기서열 분석의 개발로 과학자들은 훨씬 손쉽게 염기서열 분석 작업을 수행할 수 있고 그 덕분에 많은 생물들의 유전체 염기서열이 밝혀지게 되었다. 1988년 맥거흐(D. J. McGeoch) 등

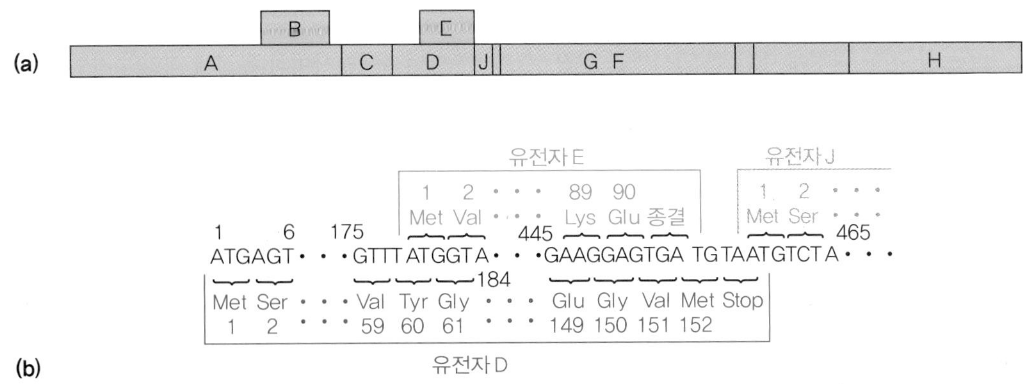

그림 24.6 ΦX174의 유전자 지도. (a) 각 글자는 파지유전자를 표시한다. (b) ΦX174의 서로 겹치는 해독틀들. 유전자 D(빨간색)는 이 그림의 염기번호 1번부터 시작되어 459번까지 계속되는데 아미노산 1~152번과 정지코돈인 TAA가 여기에 해당된다. 점으로 표시된 부분은 그림에서 생략된 염기나 아미노산을 표시한다. 파란색으로 표시된 유전자 E는 염기번호 179번에서 시작하여 454번까지 계속되면서 1~90까지의 아미노산과 정지코돈인 TGA를 가지고 있다. 이 유전자는 유전자 D가 사용하는 해독틀에 비해 오른쪽으로 한 염기 옮겨간 위치의 해독틀을 사용하고 있다. 회색으로 표시된 유전자 J(회색)는 염기번호 459번에서 시작하는데, 유전자 D의 해독틀에 비해 왼쪽으로 한 염기 옮겨간 위치의 해독틀을 사용하고 있다.

은 중요한 인간 바이러스의 한 종류인 헤르페스 바이러스 I형(herpes simplex virus I)의 152,260bp의 꽤 긴 염기서열을 결정하였다. 1995년 크레이그 벤더(Craig Venter), 해밀턴 스미스(Hamilton Smith) 등은 *Haemophilus influenzae*와 *Mycoplasma genitalium*이라는 두 종류의 박테리아 염기서열을 완전히 결정하였다. *H. influenzae*(strain Rd)는 바이러스류를 제외하고는 완전히 염기서열이 밝혀진 최초의 독립 생명체가 되었고 이 유전체는 1,830,137bp로 구성되어 있다. *M. genitalium*은 알려진 독립 생명체 중 가장 작은 유전체를 가지고 있으며 그 속에는 오직 470개의 유전자밖에 없다.

1996년 4월 세계 각 국의 여러 실험실들로 구성된 국제적인 컨소시엄에서 또 하나의 이정표가 되는 중대한 발표를 하게 된다. 그것은 무려 1200만 bp로 구성된 제빵용 효모인 *Saccharomyces cerevisiae*의 유전체 서열이 완전히 밝혀졌다는 것이다. 이것은 진핵생물 유전체로서는 최초로 완전한 염기서열이 결정된 사건이었다. 그 해 후반부에 세 번째 생물 영역에 속하는 고세균류(archaea)로는 최초로 *Methanococcus jannaschii*의 유전체가 완전히 결정되었다.

이어 1997년에는 오랫동안 기다려 왔던 460만 bp의 대장균 유전체 염기서열이 보고되었다. 이것은 비록 효모 유전체의 1/3 크기에 불과하지만 유전학적 도구로서의 대장균의 중요성에 비춰볼 때 역시 기념비적인 사건이라 할 수 있다.

그리고 1998년에 동물로서는 최초로 예쁜꼬마선충(*Caenorhabditis elegans*)의 유전체 염기서열이 보고된다. 이어 최초의 식물 유전체로 겨자속에 속하는 *Arabidopsis thaliana*의 유전체 분석 작업이 2000년에 완료되었다. *C. elegance*와 *A. thaliana*는 **모델 개체**(model organism)로 연구가 되었는데 이유는 이들이 작은 유전체 크기를 지녔고, 짧은 발생 기간을 가지며, 유전학 실험을 위한 조작이 간단하기 때문이다. 게다가 *C. elegance*는 몸 전체를 구성하는 세포의 숫자가 1,000개가 되지 않고 또 투명하여 각 세포의 발생 상황을 시각적으로 쉽게 관찰할 수 있는 장점까지 추가로 가지고 있다. 또 다른 두 가지 유명한 모델 개체로 초파리(*Drosophila melanogaster*)와 생쥐(*Mus musculus*)를 들 수 있는데, 이들의 유전체 염기서열도 각각 2000년과 2002년 밝혀졌다. 2000년에는 그 동안 고대해 왔던 인간 유전체 서열에 대한 대강의 초안이 발표되고, 2001년에 이르러 드디어 인간 유전체에 대한 실무 초안이 발표되었다.

2002년에는 몇 가지 중요한 유전체들이 적어도 초안의 형태로는 보고가 되었는데, 여기에는 말라리아를 일으키는 단세포 기생생물인 *Plasmodium falciparum*과 이 원충의 주 숙주인 모기(*Anopheles gambiae*)가 포함된다. 이 유전정보들은 의심할 여지없이 말라리아라는 참혹한 질병과의 전투를 위한 좀 더 나은 방법을 발견하는 데 큰 도움을 줄 것이다. 2002년에는 또 벼(*Oryza sativa*의 두 가지 일반적 품종에 대한 염기서열 초안이 보고되었다. 이것은 곡식류 식물에 대한 최초의 염기서열 분석으로 대부분의 사람들이 곡식, 특히 그중에서도 쌀을 주식으로 이용하는 사실을 감안하면 인간 영양 공급에 대단히 중요한 영향을 끼칠 가능성이 높다.

2002년에는 척추동물의 유전체 서열이 두 건 더 발표되었는데, 그중 하나는 호랑이복어(*Fugu rubripes*)이고 또 하나는 생쥐

(*Mus musculus*)이다. 이들의 염기서열을 사람의 유전체 서열과 비교함으로써 벌써 척추동물 진화 과정에 대한 큰 단서들을 발견할 수 있게 되었다. 진화 과정에 대한 연구에 추가적인 도움이 멍게(우렁쉥이, *Ciona intestinalis*)의 유전체 서열로부터 제공되었다. 이 종의 성체는 바위나 부듯가 말뚝 등에 고착생활을 하는 해양생물이다. 척추동물과는 닮은 점이 전혀 없어 보이지만 유생 시기의 이 종은 올챙이와 닮은 모양으로 연골로 만들어진 척추와 유사한 등쪽 홈(dorsal column)이 형성된다. 따라서 멍게는 척추동물과 같은 문에 속하는 척색동물이다. 이 종의 유전체 서열을 다른 척추동물, 그리고 선충이나 초파리와 같은 무척추동물과 비교한다면 척추동물 진화 과정에 대한 추가적인 통찰력을 제공해 줄 것으로 기대된다.

대부분의 분자진화학 연구는 서로 다른 종에서의 유전체 서열 중 일부를 상호 비교하는 방법에 의존한다. 이런 연구의 큰 원칙은 어떤 두 종 사이의 유전체 서열의 차이 정도는 이 두 종 사이의 진화적 차이를 반영하고 있다는 믿음이다. 따라서 상대적으로 최근에 분지된 종들, 예를 들면 생쥐와 사람의 유전체는 훨씬 이전에 분지된 종들, 예를 들어 멍게와 사람 사이보다는 훨씬 많은 유사성을 지니고 있어야 한다. 이런 설명이 일반적으로 옳다는 점이 밝혀졌지만 가끔씩 예상치 못한 결과들이 나오기도 한다. 예를 들어 사람 유전체상의 진화의 속도가 부위에 따라 고르지 못하다는 점이다. 우리 유전체상에는 긴 시간에 걸쳐 상대적으로 빨리 변화를 겪는 부위가 있는 반면 변화의 속도가 느린 부위도 존재한다. 이런 차이의 이유를 밝혀낼 수 있다면 아주 흥미로울 것이다.

지금까지 결정된 유전체 염기서열을 통해 알게 된 또 다른 사실 하나는 유전체의 크기가 그 종의 복잡성과 비례적인 관계를 가

표 24.1 유전체 염기서열 결정의 역사적 중요 이정표

유전체(중요도)	크기	연도
파지 ΦX174(최초의 유전체)	5,375	1977
파지 λ(대형 DNA 파지)	48,513	1983
Herpes simplex virus I(진핵세포에 감염되는 대형 DNA 바이러스)	152,260	1988
Hemophilus influenzae(박테리아, 최초의 독립 개체)	1,830,000	1995
Mycoplasma genitalium(박테리아, 가장 작은 유전체)	580,000	1995
Saccharomyces cerevisiae(효모, 최초의 진핵생물)	12,068,000	1996
Methanococcus jannaschii(최초의 고세균)	1,666,000	1996
Escherichia coli(대장균, 가장 잘 밝혀진 박테리아)	4,639,221	1997
Caenorhabditis elegans(최초의 동물, 예쁜꼬마선충)	97,000,000	1998
인간 염색체 22번(최초의 인간 염색체)	53,000,000	1999
Arabidopsis thaliana(최초의 식물, 겨자과)	120,000,000	2000
Drosophila melanogaster(가장 흔히 사용되는 유전학 모델 동물)	180,000,000	2000
인간(모든 유전체 연구의 궁극적 목표, 실무 초안)	3,200,000,000	2001
Plasmodium falciparum(말라리아 원충)	23,000,000	2002
Anopheles gambiae(가장 중요한 말라리아 숙주 모기)	278,000,000	2002
Fugu rubripes(호랑이 복어)	365,000,000	2002
Mus musculus(생쥐)	2,500,000,000	2002
Ciona intestinalis(우렁쉥이, 원시적 척색동물)	117,000,000	2002
Canis lupus familiaris(개, 실무 초안)	~2,400,000,000	2003
Gallus gallus(닭, 최초의 가축)	1,050,000,000	2004
인간(완성본)	3,200,000,000	2004
Oryza sativa(쌀, 최초의 곡식)	489,000,000	2005
Pan troglodytes(침팬지, 인간과 가장 가까운 종, 실무 초안)	~3,000,000,000	2005
3종의 트리파노조마 원충들(Trypanosoma cruzi, T. brucei, 질병유발 기생 원충인 Leishmania major)	25–55,000,000	2005
Populus trichocarpa(북아메리카산 사시나무의 일종, 최초의 나무)	~485,000,000	2006
최초의 개인(코카시안 2명, 아프리카인 1명, 한족 중국인 1명)	3,200,000,000	2007과 2008
네안데르탈인(현생인류와 진화적으로 가장 가까운 존재, 실무 초안)	~3,000,000,000	2010

진다는 점이다. (반면에 2장에서 C-값 역설에 대해 논할 때 이 일반적인 규칙에는 많은 예외가 존재한다는 점도 발견했다.) 이 규칙에 따르면 원핵생물의 유전체 크기는 진핵생물의 그것에 비해 훨씬 작을 것이다. 그렇지만 흥미롭게도 원핵생물과 진핵생물 유전체 크기에는 일종의 중첩 현상이 발견된다. 지금까지 서열이 결정이 된 가장 작은 진핵생물은 사람이나 다른 동물의 세포 내에 기생하는 *Encephalitozoon cuniculi*인데 이 종의 유전체는 겨우 2.9Mb이고 단백질을 발현할 가능성이 있는 ORF도 1,997만 존재할 뿐이다. (물론 기생 생활은 숙주로부터 필요한 것들을 제공받을 수 있기에 적은 수의 유전자로도 생존이 가능하다.) 반면에 2008년까지 알려진 가장 큰 유전체를 가진 박테리아는 사회적 박테리아인 *Sorangium cellulosum*인데 약 13Mb로 구성되어 있어 심지어는 출아형 효모의 유전체보다 더 크다.

2003년 4월 14일 국제 인간 유전체 컨소시엄은 원래 계획보다 2년 앞서 인간 유전체 서열결정을 완료했다고 발표했다. 이는 2003년까지의 기술로 가능한 염기서열의 99%를 결정한 것인데 서열이 틀릴 확률은 10만 개당 하나 이하이며 모든 서열이 순서대로 연결된 상태였다. 이런 결과는 이보다 2년 전 발표되었던 대강의 초안에 비해 엄청나게 향상된 결과이며 비록 수백 개의 메워지지 않은 빈틈이 남아 있기는 하지만 이런 부위는 대부분 서열 결정이 무척이나 어려운 반복부위와 동원체 부위의 일부 조각들이다.

NCBI 웹사이트(www.ncbi.nlm.nih.gov/genome)에 따르면, 2010년 12월 6일까지 1,440개 이상의 완전한 유전체가 서열 결정되었고 그중 1,372개는 미생물의 유전체이다. 표 24.1은 유전체 염기서열 분석 작업 중 역사적으로 중요한 전기가 되었던 업적들의 완성 시기를 보여 준다. 이러한 유전체 염기서열 분석을 통해 우리가 얻을 수 있었던 중요한 사실들을 다음 절에서 살펴보기로 한다.

1) 인간 유전체 프로젝트

1990년 미국의 유전학자들은 인간의 유전체 염기서열을 완전히 분석하고 각 유전자들의 위치를 결정하려는 야심찬 도전의 대장정을 시작한다. 이러한 도전은 곧 세계적인 관심을 끌게 되고 마침내 국제적인 프로젝트로 확대되었다. 그러나 이 프로젝트의 초기에는 인간 염색체의 모든 염기서열을 밝힌다는 최종적인 목표에 도달하기 위해 소요되는 막대한 자금과 노력에 대한 각 나라 간의 이견으로 그리 순조로운 출발을 보이지는 못했다. 이러한 작업에 천문학적 자금이 소요되는 이유는 기본적으로 인간의 유전체가 무려 30억 bp 이상의 거대한 크기를 가지고 있기 때문이었다. 이해를 돕기 위해 간단히 비교한다면, 30억 bp를 종이에 쓸 경우 *Nature*지의 판형으로 약 50만 페이지에 인쇄를 해야 인간 유전체 전체 염기서열을 겨우 한 번 쓸 수 있을 정도이다. 이것을 한 번 읽어보는 데는 얼마의 시간이 걸릴까? 초당 5글자를 읽는 속도로 하루도 빠짐없이 매일같이 하루 8시간씩 읽는다면 아마 60년 정도 걸릴 것이다. 만약 당신이 그 지루함을 견딜 만큼 참을성이 있다면 말이다. 1990년 당시 염기 한 베이스를 밝히는 데 약 1달러의 비용이 필요했으므로 이 프로젝트를 끝내는 데 무려 30억 달러라는 천문학적 비용이 예상되었다. 보통 생물학적 과제로는 상상하기 힘든 액수였다. 그러나 다행스럽게도 좀 더 효과적인 염기결정 방법들이 개발되면서 이 프로젝트는 예상보다 훨씬 신속하게 그리고 적은 비용을 들이고 완성되었다.

인간 유전체 프로젝트를 완성시키기 위한 최초의 계획은 체계적이지만 보수적인 방법이었다. 우선 유전학자들이 유전체의 유전자 지도와 물리 지도를 먼저 작성하고 거기에 포함된 지표(marker)나 특이한 염기서열 등을 이용해 나중에 결정될 모든 염기서열을 순서대로 끼워 맞추려는 것이었다. 이 경우 지도작성 작업이 끝나고 지도상의 각 부위에 해당하는 DNA 조각들을 모두 클로닝하고 체계적으로 분류하여 세계 각 곳의 실험실 냉동고에 보관한 다음에야 각 클론들의 염기서열 결정 작업을 대규모로 시작할 수 있었다. 이러한 방법으로 염기서열 결정을 완성하는 목표 시기는 2005년이었다.

그러던 중 인간을 포함한 다른 생물들의 유전체 분석을 위해 셀레라(Celera)라는 회사를 설립한 크레이그 벤터(Craig Venter)는 1998년 5월 인간 유전체에 대한 대강의 초안을 2000년 말까지는 완성할 것이라고 발표함으로써 학계에 큰 충격을 주었다. 이런 대담한 예측도 사람들을 어리둥절하게 했지만 그가 제안한 염기결정 방법은 더욱 충격적이었다. 기존의 방법이 유전자 지도의 순서에 따라 잘 배열된 클론들을 확보하고 이들의 염기서열을 순서대로 끼워 맞추는 방법을 사용했다면, 벤터는 **산탄 염기서열 결정법**(shotgun sequencing)이라는 방법을 제안하였다. 이 방법은 인간 유전체를 무작위로 작게 자르고 이를 클로닝한 다음 순서에 관계없이 또는 반복되더라도 상관없이 서열을 결정하고, 결정된 각 DNA 조각의 염기서열을 강력한 컴퓨터로 비교하여 순서를 맞춘다는 것이었다. 그러자 공식적인 국제 유전체 프로젝트의 책임자였던 프란시스 콜린스(Francis Collins)도 지도 작성에 이은 염기서열 결정 방법으로도 2000년 말까지 대강의 초안을 작성할 것이며 2003년까지는 완성본을 작성할 것이라고 발표하였다.

이러한 경쟁은 결국 무승부로 끝났다. 벤터와 콜린스는 함께 2000년 6월 26일 백악관 동관에서 클린턴 대통령과 귀빈들이 참석한 가운데 인간 유전체 분석 작업의 대강의 초안이 완성되었음을 전 세계에 공표한다. 우리는 거대 유전체의 염기서열 결정을 위해 사용되었던 두 가지 방법(지도작성 후 각 클론의 염기서열 결정법과 산탄 염기서열 결정법)을 비교해 볼 것이다. 그것에 앞서 인간 유전체 프로젝트와 같은 대규모 프로젝트를 위해 개발되었던 클로닝 벡터에 대해 먼저 알아보자.

2) 대규모 유전체 프로젝트를 위한 벡터

염기서열 결정법이 어찌되었던 이를 수행하기 위해서는 먼저 유전체의 조각들이 클로닝되어 있어야만 하고 이때 클론된 조각들의 크기가 크다면 무척 유리할 것이다. 가장 흔히 사용된 두 가지 방법을 여기서 설명한다. 효모 인공염색체와 박테리아 인공염색체가 그것인데 초기 유전체 지도작성에 주로 사용되었던 효모 인공염색체에 대해 먼저 알아보자.

(1) 효모 인공염색체

4장에서 설명한 클로닝 도구들의 큰 문제점은 이들이 인간 유전체 프로젝트를 위한 물리 지도작성에 필요한 정도의 큰 DNA 조각은 운반할 수가 없다는 점이다. 비록 코스미드(cosmid)가 약 50kb 정도의 DNA 조각을 받아들일 수 있지만 이것조차도 1,000kb 이상 떨어진 부위들 사이의 지도작성에는 어림없는 크기이다.

효모 인공염색체(yeast artificial chromosome, YAC) 벡터들은 수십만 kb 이상의 거대한 DNA 조각을 운반할 수 있기 때문에 인간 유전체의 유전자 지도작성에 매우 유용하게 이용되었다. 100만 bp 이상의 DNA 조각을 가지고 있는 YAC들을 'megaYAC'이라고 부른다. YAC은 염색체 말단을 보호하는 효모 염색체의 좌우 말단소립(telomere, 21장 참조)을 포함하고 있어서 정확히 염색체 복제가 일어날 수 있도록 하고, 또 효모 염색체의 동원체(centromere)를 포함하고 있어서 딸 염색체들이 세포분열할 때 정확히 2개의 세포로 나뉘어 갈 수 있도록 한다. 동원체는 왼쪽 말단소체 인접부위에 위치하고 운반하고자 하는 거대 DNA 조각은 동원체와 오른쪽 말단소체 사이에 삽입된다(그림 24.7). 여기에 삽입되는 거대 DNA 조각은 인간 DNA를 제한효소로 불완전하게 절단하여 얻는다. 거대 DNA 조각을 지닌 YAC들은 이제 효모 세포 내로 도입되는데 이 안에서 이들은 마치 진짜 염색체인 것처럼 복제가 된다.

YAC을 이용해 유전학자들은 인간 유전체 프로젝트 중 유전자 지도 작성 작업에 큰 진전을 보게 되었다. 이 과정에서 전체 인간

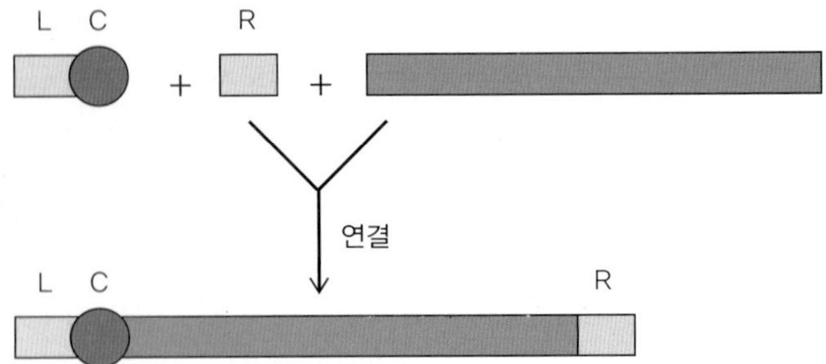

그림 24.7 효모 인공염색체로의 클로닝. 우선 효모염색체의 양쪽 말단에 있는 조그마한 DNA 조각 중 하나인 왼쪽 팔은 왼쪽 말단소립(노란색, L로 표시)와 동원체(빨간색, C로 표시)를 가지고 있다. 다른 하나인 오른쪽 팔은 오른쪽 말단소립(노란색, R로 표시)를 가지고 있다. 이 2개의 팔을 거대한 외부 DNA(파란색)와 결합시켜 YAC을 형성하고 이 YAC은 효모 세포 내에서 진짜 염색체와 함께 복제된다.

유전체에 대한 유전자 지도가 평균 0.7cM의 분석 간격으로 작성되었는데, **1cM**(centimorgan, cM)은 염색체상의 2개 지표 사이에 재조합이 일어날 확률이 1%가 되는 길이로 사람의 경우 그 크기가 약 1Mb 정도이다. 연구진은 또한 염색체 중 크기가 가장 작은 21번과 Y 염색체에 대해서는 매우 상세한 지도를 작성했다. 이 지도는 여러 개의 YAC 안에 클로닝되어 있던 서로 겹치는 DNA 조각들이 순서대로 나란히 배열된 형태를 가지고 있으므로 매우 유용하게 사용될 수 있었다. 비록 유전체의 염기서열이 모두 밝혀지지 않은 상태에서 염색체 21번이나 Y 염색체에 위치하는 어떤 질병 관련 유전자에 대해 관심을 가지고 연구하더라도 간단히 지도상에서 그 유전자 양쪽 주위에 있는 지표를 확인하고 어떤 YAC이 그 지표를 포함하는 DNA 조각을 가지고 있는지를 알아볼 수 있기 때문에 그 YAC을 구해서 원하는 유전자에 대한 연구를 신속히 수행할 수가 있었다.

(2) 박테리아 인공염색체

YAC을 이용한 인간 유전체의 지도 작성이 상당한 성과를 거두었음에도 불구하고 YAC에는 몇 가지 큰 결점들이 있었다. 우선 효율이 떨어졌는데 DNA를 대량 사용해도 얻을 수 있는 YAC 클론의 숫자가 많지 않았다. 그리고 효모세포에서 분리하는 것이 또한 쉬운 일이 아니었다. YAC은 안정성이 부족하고 하나의 클론 안에 여러 개의 DNA 조각이 끼어 들어가 실제 DNA 조각들의 순서가 헝클어져 버리는 현상이 나타났다. **박테리아 인공염색체**(bacterial artificial chromosomes, BAC)는 이러한 문제점 모두를 일거에 해소해 버렸고, 그래서 인간 유전체 프로젝트 후반부의 염기서열 결정 작업에서는 가장 중요한 벡터로 사용되었다.

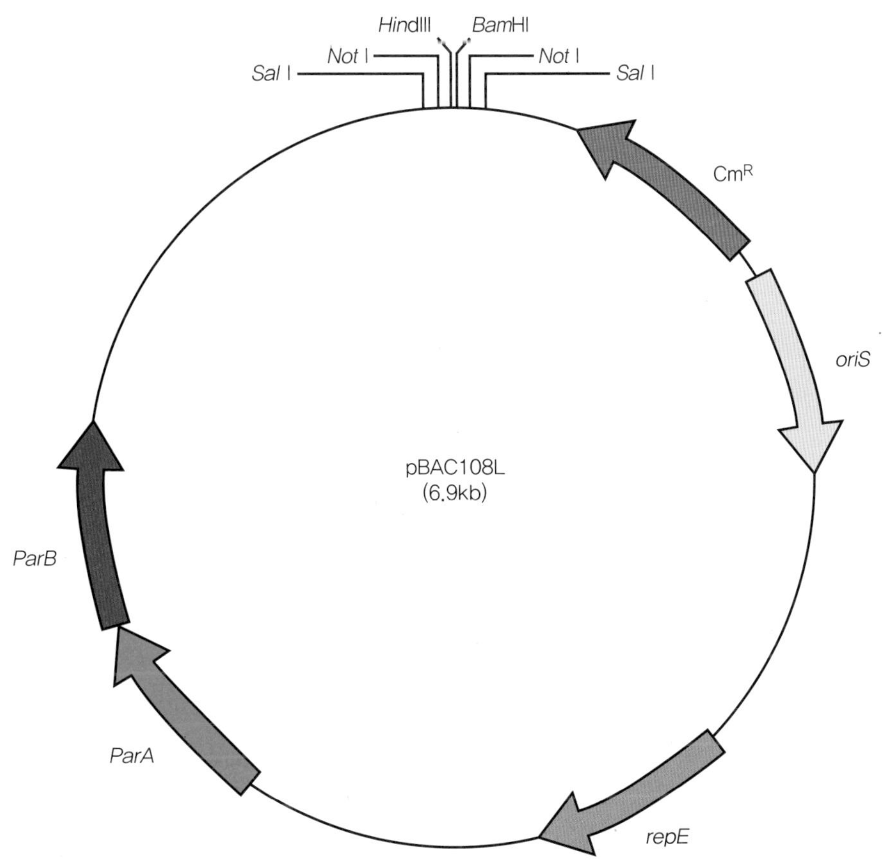

그림 24.8 BAC 벡터, pBAC108L의 지도. 중요한 요소로 클로닝을 위한 *Hind*III와 *Bam*HI 자리가 지도 위쪽으로 보이고 클론 선택을 위해 사용되는 클로람페니콜 저항성 유전자(Cm^R), 복제기점(*oriS*), 그리고 딸세포로의 플라스미드 분배에 관련하는 유전자들(*ParA*와 *ParB*)이 보인다.

BAC들은 대장균 세포 내에 자연 상태에서 존재하는 플라스미드인 **F 플라스미드**(F plasmid)에 기반을 둔 것이다. F 플라스미드는 박테리아 세포 사이의 접합을 허용하는데 어떤 경우 F 플라스미드 자체가 **F^+ 세포**(F^+ cell)에서 **F^- 세포**(F^- cell)로 이동하여 후자를 F^+ 세포로 바꾸어 버린다. 이때 숙주인 박테리아의 DNA 중 작은 조각들이 F 플라스미드에 끼어서 같이 넘어가는 경우가 있다. [외부 DNA 조각을 포함하고 있는 F 플라스미드를 **F′ 플라스미드**(F′ plasmid)라고 한다.] 또 F 플라스미드가 숙주인 대장균 염색체에 끼어 들어가는 경우도 있는데 이 경우 접합을 통해 F 플라스미드가 다른 대장균 세포로 넘어가는 과정에서 자신이 끼어들어가 있던 대장균 염색체 전체를 다 끌고 가는 경우도 있다. 대장균의 염색체는 약 400만 bp로 구성되어 있으므로 F 플라스미드는 이 정도 크기의 거대 DNA 조각을 운반할 능력이 있는 것이다. 현실적으로 BAC은 300,000bp 이하의 DNA 조각(평균 150,000bp)을 운반하는데 이 플라스미드는 인체 내에서나 시험관 내에서 높은 안정성을 보여 준다. 더구나 YAC은 직선 형태의 염색체여서 DNA 조작 과정에서 물리적 힘에 의해 파괴될 확률이 높은 반면 BAC은 초나선 원형(supercoiled circular) DNA의 형태를 가지고 있으므로 물리적인 충격에도 매우 안정하다.

그림 24.8은 멜빈 시몬(Melvin Simon) 등에 의해 1992년에 개발된 최초의 BAC 중 하나를 보여 준다. 이 벡터는 복제기점을 가지고 있고 클로닝될 DNA 조각이 끼어 들어갈 수 있도록 2개의 세한효소 자리(*Bam*HI과 *Hind*III)를 가지고 있으며 Par 유전자들을 가지고 있어서 세포분열 시 각 딸세포에서 플라스미드의 숫자가 2개 정도로 유지되는데 이는 플라스미드의 안정성 유지에 기여하고 또 이 벡터는 클로람페니콜-저항성 유전자를 가지고 있어서 이 플라스미드를 가지고 있는 세포들을 골라낼 수 있도록 만든다.

3) 순차적 접근법

이 방법은 계통적 접근법을 취하고 있기 때문에 많은 사람들이 지지하였다. 우선 전체 유전체를 대상으로 각 염색체마다 일정하게 분포하는 특정 지표들을 발견하여 유전체의 지도를 작성하는 것이다. 이 지도를 작성하는 과정에서 부수적으로 각 지표를 지니는 개별 클론들을 미리 확보할 수 있다는 장점도 있었다. 지도작성 작업을 통해 각 클론들의 순서를 이미 알고 있으므로 개별 클론의 염기서열을 결정함과 동시에 이 서열들을 전체 유전체상의 적절한 위치에 배열만 시키면 되는 것이다. 따라서 이 방법을 보통 **순차적 염기서열 결정법**(clone-by-clone sequencing strategy)이라고 부른다. 클로닝 과정에서의 유용성뿐만 아니라 유전자 지도와 물리 지도는 또 다른 중요한 장점을 지니고 있다. 그것은 우리가 질병과 연관된 유전자를 찾고자 할 때 마치 도로상의 간판과 같은 안내자의 구실을 할 수 있다는 것이다. 다음 절에서 우리는 염기서열 결정에 앞서 거대 유전체의 지도작성에 사용된 강력한 방법들에 대해 알아볼 것이다. 한 가지 꼭 잊지 말아야 할 점은 이런 기술들에서 위치 결정을 위해 사용되는 지표들은 꼭 유전자일 필요는 없으며 다만 개인 간에 차이가 나는 단순한 DNA 조각이면 충분하다는 사실이다. 이런 지표들의 한 예로 우리는 제한효소 절편 길이 다형성(RFLP)을 이미 공부했다.

(1) 가변 연쇄반복

주어진 위치에 RFLP의 다형현상 정도가 심할수록 더 유용한 지표로 사용될 수 있다. 만약 100명 중 1명만이 RFLP를 보이고(위 예의 6kb 조각) 나머지 99명이 다른 형태(4kb와 2kb 조각)를 보인다면 이 1명의 흔치 않은 변이를 발견하기 위해 우리는 수많은 개인들을 검색해야 할 것이다. 결국 지도작성 작업이 너무나 힘든 일이 되고 말 것이다. 그러나 **가변 연쇄반복**(variable number tandem repeat, VNTR)이라 불리는 어떤 RFLP들은 훨씬 유용하게 사용될 수 있는데 이들은 **미소부수체**(minisatellite, 5장 참조)라고 하는 짧고 특정한 중심 염기서열이 나란히(꼬리에 꼬리를 문 형태) 그리고 무수히 반복된 부위에서 발견된다. VNTR의 중심 염기서열이 반복되는 횟수는 개인마다 다른 경향을 보이기 때문에 VNTR들은 매우 심한 다형현상을 보여 상대적으로 지도작성이 용이하다. 그러나 역시 이 VNTR도 유전자 지표로서의 장점만을 가지고 있는 것은 아니다. 이들은 주로 염색체의 끝 쪽에 몰려 있는 경향을 보이므로 상대적으로 염색체 가운데 부분에 존재하는 지표들을 발견하기가 쉽지 않은 단점이 있다.

(2) 서열꼬리표 부위

또 다른 비특이 유전자 지표로서 매우 유용하게 사용되는 것으로 **서열꼬리표 부위**(sequence-tagged-site, STS)라는 것이 있다. STS는 PCR로 확인이 가능한 약 60~1,000bp 길이의 짧은 부위이다. 그림 24.9는 STS 하나를 검색하기 위해 어떻게 PCR을 이용할 수 있는지를 보여 주고 있다. 지도작성을 위해서는 우선 지도작성 부위의 염기서열을 충분히 알고 있어서 그 부위에 수백 염기쌍 간격으로 결합하여 특정한 길이의 예상된 PCR 산물을 만들어 낼 수 있는 짧은 프라이머를 합성해야 한다. 그다음 조사하고자 하는 DNA를 대상으로 이 두 프라이머를 이용해 PCR을 수행해 만약 예상한 크기의 PCR 산물이 형성된다면 대상 DNA 내에는 표적으로 삼았던 STS 염기서열이 존재함을 알 수 있다. 물론 PCR 산물이 형성되었다는 것만으로 충분하지 않으며 이 경우 PCR 산물의 크기 또한 예상한 크기로 만들어져야만 한다. 이를 통해 프라이머 결합이 특이적으로 일어났음을 확인할 수 있기 때문이다. 지도작성 도구로 STS의 큰 장점 중 하나는 DNA가 미리 클로닝되고 분류되어 있어야 할 필요가 없다는 사실이다. 대신 STS를 만들기 위해 사용된 프라이머의 염기서열들이 이미 공개되어 있으므로 이 세상의 어느 누구든 같은 염기서열의 프라이머를 만들어서 몇 시간 안에 같은 STS를 발견할 수 있는 것이다. 또 다른 큰 장점은 PCR을 수행하기 위해서는 서던블롯에 비해 훨씬 적은 양의 DNA만 필요하다는 점이다.

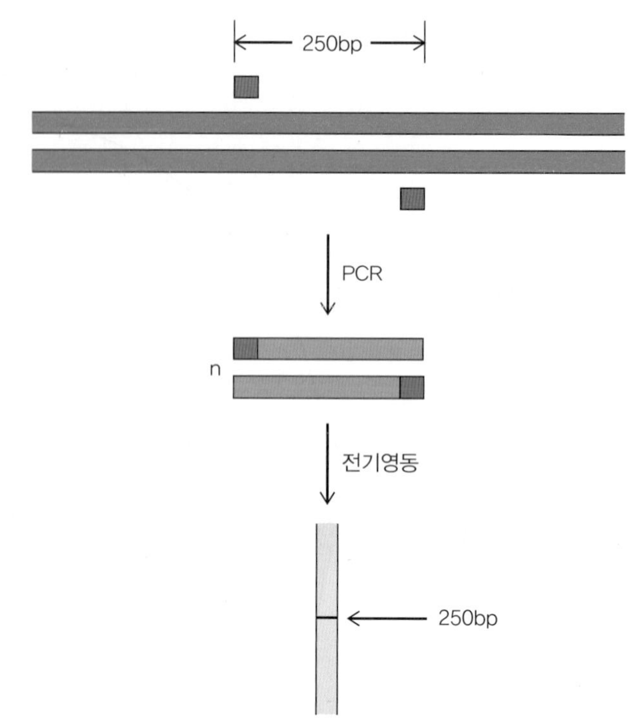

그림 24.9 서열꼬리표 부위. 먼저 거대한 DNA의 클론이 있다고 하자. 이 중 아주 작은 부위의 염기서열을 알고 있다면, 여기에 해당하는 PCR 프라이머를 합성할 수 있을 것이고, 그 PCR 산물의 크기도 예상할 수 있을 것이다. 이 그림에서는 빨간색으로 표시된 2개의 PCR 프라이머들이 250bp 떨어져 있고 PCR 결과 250bp의 DNA가 만들어질 것이다. 전기영동을 통해 이 반응 산물의 정확한 크기를 측정할 수 있어 이것이 제대로 된 반응 산물임을 확인할 수 있다.

(3) 미세부수체

STS가 물리 시노삭성이나 특정 염기서열의 유전체상 위치 결정에 매우 유용하게 사용되지만 만약 이들이 다형현상을 보여 주지 않는다면 전통적인 유전자 지도작성에는 크게 쓸모가 없다. 이 경우 우리는 이 STS를 단지 유전자들 사이의 연관 관계를 조사하는 데 사용할 수 있을 뿐이다. 그러나 다행스럽게도 유전학자들은 **미세부수체**(microsatellite)라고 하는 높은 다형현상을 보여 주는 일군의 STS들을 발견했다. 미세부수체는 중심 염기서열(core sequence)이 수없이 반복되어 있다는 점에서는 미소부수체(minisatellite)와 유사하지만 미소부수체의 경우는 중심 염기서열이 약 12bp 또는 그 이상의 크기로 되었으나 미세부수체의 경우 보통 2~4bp 정도의 무척 짧은 염기서열로 구성되어 있다는 차이가 있다. 1992년 장 바이센바크(Jean Weisenbach) 등은 C A 이중 반복 염기를 가진 814개의 미세부수체를 이용해 전체 인간 유전체에 대한 연관 지도(linkage map)를 작성했다. 이들은 우선 특정 미세부수체들을 포함하는 DNA 클론들을 분리하고 이 클론들의 염기서열을 결정하여 각 유전자 자리에서 이들 미세부수체의 양쪽 바깥 부위에 해당하는 프라이머들을 합성하였다. 주어진 프라이머 짝들은 각 유전자 자리에서 각 개인의 미세부수체마다 서로 다른 C-A 반복횟수에 따라 서로 다른 길이의 PCR 산물들을 만들어 냈다. 다행스럽게도 각 개인마다 반복되는 횟수가 무척이나 달랐다. 이러한 길이 다형현상 외에도 미세부수체는 인간 유전체상에 광범위하게 분포할 뿐만 아니라 상당히 골고루 분포하고 있기 때문에 이들은 염색체의 연관(유전자) 지도작성과 물리 지도

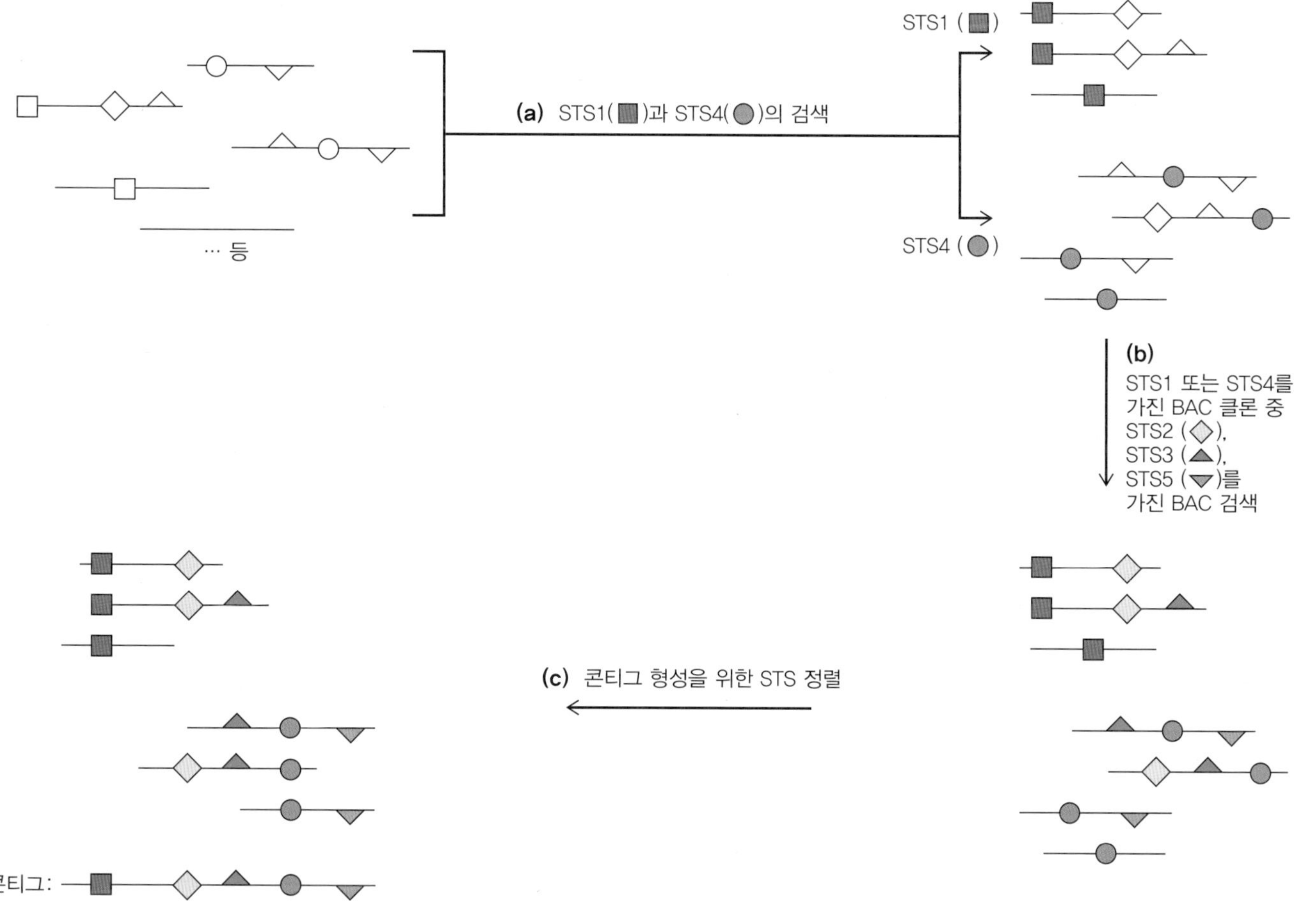

그림 24.10 STS를 이용한 지도 작성. 그림의 왼쪽 위에 보이는 것들은 BAC 클론들인데, 일정한 간격을 두고 서로 다른 STS(각기 다른 심벌로 표시된)들이 포함되어 있다. 지도작성 단계를 살펴보면 단계 **(a)**에서 우선 2개 또는 그 이상의 상당히 멀리 떨어진 STS를 가지는 클론들을 검색하는데, 그림의 경우 STS1과 STS4가 그것이다. 따라서 STS1이나 STS4를 가진 모든 클론들이 검색되어 나올 것이고 그림 오른쪽 위에 보인다(STS1-빨간색, STS4-보라색). **(b)** 각각의 선발된 클론들을 대상으로 STS2, 3, 5 등을 포함하는지를 조사한다. 오른쪽 아래 그림에서는 각각의 BAC 클론에서 발견된 STS들을 색깔로 구분해 두었다. **(c)** 각각의 BAC 클론이 가지고 있는 STS를 정렬시켜서 콘티그를 만든다. 각각의 BAC 클론들의 크기를 파도장 겔 전기영동(pulsed-field gel electrophoresis)으로 측정하면 각 클론들 사이의 상대적 위치를 결정하는 데 큰 도움이 된다.

작성에 모두 이상적인 지표로 사용될 수 있었다.

1장에서 이미 설명한 초파리의 전통적 유전자 지도작성 방법이 미세부수체를 이용한 유전자 지도작성에도 사용되었다. 즉, 날개의 모양과 눈의 색깔 사이의 재조합률(recombination frequency)을 결정하는 대신 2개의 알려진 미세부수체 사이에서 일어나는 재조합률을 결정할 수 있다. 예를 들어 한 남자의 한 유전자 자리에 78bp의 미세부수체가, 또 그 근처 다른 유전자 자리에 42bp의 미세부수체가 있고 그의 부인은 각각 102bp, 36bp의 미세부수체를 갖는다고 하자. 그들의 자식들이 부모와는 다른 조합을 가지는(예를 들어 자식이 78bp 그리고 36bp의 미세부수체를 갖는 경우) 비율이 높을수록 두 지표(미세부수체) 사이에 재조합률이 높았음을 의미하며 이것은 두 지표의 기준점이 염색체상에서 상대적으로 멀리 떨어져 있음을 의미한다.

물리 지도를 작성하고 유전체의 특정 지역의 염기서열을 결정하고자 하는 유전학자들은 **콘티그**(contig)라 불리는 클론들의 집합을 만들고자 할 것이다. 콘티그는 긴 길이로 이어지는(실제로는 조금씩 겹치면서 이어지는 contiguous) DNA들의 집합이다. 이것은 그림 맞추기와 유사하여 조각이 크면 클수록 더욱 쉬워지고, 커다란 DNA 조각들을 넣을 수 있는 BAC, YAC과 같은 벡터를 사용하는 것이 중요하다. 비록 인간 유전체 BAC 라이브러리(library)를 만들었다 하더라도 그 속에 우리가 위치를 결정하고자 하는 부위를 포함한 클론들을 골라낼 수 있는 방법이 있어야만 한다. 물론 찾고자 하는 부위에 해당하는 DNA 탐침을 BAC DNA와 잡종화시킬 수 있지만 이 방법은 비특이적 잡종화가 가능하므로 확실한 방법은 아니다. 더욱 신뢰할 수 있는 방법으로 BAC의 STS를 찾는 방법이 있다. 몇백 kb 이상에 걸친 지역에서 적어도 2개 이상의 STS들을 검색하는 것이 필요하므로 우선 상당히 멀리 떨어진 BAC들을 선택한다.

검색을 통해 같은 BAC들을 지닌 클론들을 찾아내면 이제 이들을 그림 24.10에서 보이는 것처럼 동일한 STS에서 서로 겹치도록 나란히 배열할 수 있다. 이렇게 겹쳐지는 BAC들을 모두 하나의 콘티그라고 한다. 이 결과를 바탕으로 좀 더 정밀한 지도작성과 콘티그의 염기서열 결정을 손쉽게 수행할 수 있다.

(4) 방사선 잡종지도법

위에서 설명한 BAC을 이용한 지도작성 절차는 쉬운 일 같아 보이지만 사실상 어려움이 있다. 전체 인간 유전체 염색체에 비해 하나의 BAC 클론이 포함할 수 있는 DNA의 크기는 상대적으로 무척 작기 때문에 전체 유전체에 대한 콘티그를 만드는 일은 엄청난 노동력을 필요로 한다. 따라서 하나의 BAC 안에 위치하는 STS들 사이가 아니라 훨씬 멀리 떨어진 STS들 사이의 연관 관계를 결정할 수 있는 방법이 필요하다. 이러한 방법으로 **방사선 잡종지도법**(Radiation hybrid mapping)이 사용된다. 인간 염색체를 조각낼 수 있는 치명적인 양의 X-선 또는 감마선 등의 방사선을 인간 세포에 조사한 후 햄스터 세포와 융합시켜 인간 염색체 조각 일부를 포함한 잡종화된 다양한 종류의 햄스터 세포들을 만들고 각각의 세포(클론)를 배양하여 수많은 서로 다른 클론들을 확보한다. 잡종세포의 개별 클론들을 조사해서 같은 세포 내에 함께 존재하는 인간의 STS들을 찾을 수 있다. 잡종세포에서 함께 발견되는 경향이 높은 STS들은 원래 인간 염색체에서도 가까운 거리 내에 존재했을 가능성이 높을 것이다.

1996년 슐러(G. D. Schuler) 등을 포함한 국제 유전학자 컨소시엄은 이러한 기술에 의해 발견된 STS들을 기초로 인간의 유전자 지도를 발표했다. 여기에는 16,000개 이상의 STS 지표들뿐만 아니라 고전적 염색체 연관 지도작성 방법(가족력 조사 방법 등)을 통해 밝혀졌던 1,000여 개의 지표들까지 포함되어 있어서 인간 유전자 지도의 전체적인 큰 틀을 제시했다. 이러한 연구에서 사용된 STS 지표들은 **발현서열 꼬리표**(expressed sequence tag, EST)라 불리는 특별한 종류였다. 이런 종류의 STS들은 mRNA를 역전사효소를 이용해 cDNA로 만듦으로써 가능했으며 이러한 cDNA들은 PCR을 통해 증폭되고 클로닝되었다. 마지막으로 이 cDNA의 양쪽 말단부를 염기서열 결정하면 보통 길이가 500bp 이내인 2개의 '서열결정된 꼬리표'가 확보된다. 그렇기 때문에 EST는 mRNA가 유래한 세포에서 실제로 발현되는 유전자라 할 수 있다. 이 STS(또는 EST) 방법은 유전자의 아주 작은 부분만을 증폭하기 때문에 하나의 유전자에서 다수의 서로 다른 EST가 만들어질 수 있다. 이러한 중복을 최소화하기 위해 컨소시엄은 지도작성을 위한 EST는 각 유전자의 3′-말단에 있는 비번역지역(untranslated region)으로 제한하였다. 이러한 전략은 3،-UTR 지역에는 잘 존재하지 않는 대부분의 인트론을 제외할 수 있는 장점도 있다. 1998년 국제 컨소시엄[델루카스(P. Deloukas) 등]은 30,000개 이상의 유전자가 포함된 더욱 정밀해진 개정된 지도를 발표했다.

4) 산탄 염기서열 결정법

크레이그 벤터(Craig Venter), 해밀턴 스미스(Hamilton Smith), 그리고 르로이 후드(Leroy Hood)에 의해 1996년 처음 제시된 산탄 염기서열 결정법(shotgun sequencing, 그림 24.11)은 지도작성 없이 바로 염기서열 결정 작업에 들어가도록 고안되었다. 우선 평균 150kb 정도의 매우 큰 DNA 삽입체 조각(insert)을 지닌 BAC 클론들부터 시작하여 이들이 가진 DNA의 양쪽 말단을 자동 염기서열 결정기를 이용하여 양쪽 말단을 각각 약 500bp 정도 읽는다. 이 방법으로 약 300,000개의 인간 DNA 클론을 읽는다고 가정하면 이로부터 약 3억 bp(2개의 말단×500bp×300,000 클론) 정도의 염기서열을 결정할 수 있다. 이것은 전체 인간 유전체의 약 10% 정도에 해당하는 길이다. 따라서 염기서열이 결정된 500bp 정도의 각각의 부위는 유전체상에서 약 5kb마다 하나 정도 나타날 것이다. 이 500bp 크기의 염기서열은 각각의 BAC 클론들을 구분할 수 있는 지표로 작용할 수 있는데 이를 **서열꼬리표 연결자**(sequence-tagged connector, STC)라고 한다. 클론의 평균 사이즈를 150kb라고 생각하고 5kb마다 하나씩의 STC가 존재한다고 가정하면 하나의 주어진 STC를 공유하는 클론들의 숫자는 약 30개가 될 것이다(150kb/5kb=30). 각각의 클론들은 약 30개의 다른 클론들과 STC를 통해 서로 연결될 수 있고 이런 이유로 연결자(connector)라는 용어가 사용되었다.

다음은 제한효소로 각각의 클론들을 **핑거프린팅**(finger-printing)하는 단계이다. 이것은 두 가지의 중요한 목적을 갖는다. 첫째 삽입된 DNA의 크기(제한효소에 의해 만들어진 모든 조각들의 크기를 합친 것)를 추측할 수 있으며, 두 번째 조각의 패턴 분석을 통해 중첩되는 클론으로서의 패턴을 보여 주지 않는 불필요한 클론들을 제외시킬 수 있다. 이 핑거프린팅이 지도작성과는 다르다는 사실에 주의하기 바란다. 이것은 단지 염기서열 결정에 앞서 필요한 확인 과정일 뿐이다.

다음은 기준이 되는 **종자 BAC**(seed BAC) 클론의 전체 염기서열을 얻는 단계이다. 이를 위해 BAC를 평균 2kb의 더욱 작은 조각으로 만들고 pUC 계열의 벡터에 삽입하여 염기서열 결정에 이용한다. 이제 종자 BAC의 전체 염기서열을 결정했으므로 이것과 서로 겹치는 30개 또는 그 이상의 다른 BAC들을 골라낼 수 있다. 다시 말해 종자 BAC의 염기서열과 동일한 STC를 가지고 있는 BAC 클론들을 골라내는 것이다.

다음으로 처음 것과 최소한으로 겹치는(다시 말해 겹치는 것 중 가장 멀리 떨어진) 다른 BAC을 골라 이것을 종자 BAC으로 삼고 염기서열 결정을 하며 이러한 과정이 계속해서 또다시 최소한으로 겹치는 다른 BAC으로 이어진다. **BAC 워킹**(BAC walking)이라 불리는 이러한 방법을 통해 충분한 시간만 주어진다면 이론상 한 연구실에서 인간 유전자 전체의 염기서열을 결정할 수 있을 것이다.

그러나 이렇게 순차적으로 염기서열을 결정하기에는 너무나 많은 시간이 소요되었으므로 벤터 등이 약 350억 bp의 염기서열을 얻을 때까지 무작위로 BAC 클론들의 염기서열을 결정했다. 이론상으로 350억 bp의 염기서열은 인간 유전체의 약 10배에 해당하는 엄청난 양이므로 이 정도라면 인간 유전체 전체를 충분히 다 포함하게 될 것이다. 그 후 그들은 모든 서열을 컴퓨터에 입력하고 강력한 프로그램을 통해 겹치는 부분들을 찾아 연결하여 전체 유전체의 서열을 결정했다.

앞서 언급한 것처럼 대부분의 염기서열 결정은 약 2kb 정도의 상대적으로 작은 DNA 조각을 삽입시킨 pUC 벡터를 이용해 이루어졌다. 만약 염기서열 결정 작업이 전적으로 pUC 시스템에 의존했었다면 이 조그마한 조각들은 그 크기 때문에 각 클론들의 중첩되는 부분을 서로 연결시키기 위해 필요한 부분, 즉 중첩서열을 충분히 제공해 주지 못할 수도 있다. 특히 이런 단점은 반복되는 염기서열이 나타나는 부위에서 더욱 심각하다. 예를 들어 10kb의 단순 반복되는 DNA를 가진 부위에서 유래한 2kb 조각의 염기서열을 통해서는 이 2kb 조각이 10kb 중 어느 부위에 위치하는지를 좀처럼 알아내기가 힘들 것이다. 이런 이유 때문에 BAC 클론이 더욱 중요하게 이용되었는데 BAC은 하나의 반복되는 지역을 모두 포함할 수 있을 만큼 충분히 크고, 각각의 클론들 사이에 분석에 필요한 충분한 중첩 부위를 제공한다. 따라서 작은 DNA 조각을 통해 얻은 염기서열을 순서대로 배열하는 데 큰 기여를 했다. 결정된 염기서열을 유전체상의 실제 순서대로 재배열하는 작업은 이미 발표된 물리 지도(physical map) 특히 STS 지도의 도움을 받았다. 따라서 산탄 방법으로 인간 유전체의 염기서열을 결정했지만 실제로는 앞서 설명한 지도작성 후 염기서열 결정(map-then-sequencing) 방법과 융합된 방법이라고 할 수 있다.

30억 bp의 염기서열 결정을 위해서는 방법이 무엇이든 간에 매우 신속하고 비용이 저렴한 방법이 요구되었다. 현재는 전통적인 수작업 대신 자동화 기계를 이용해 기계당 하루에 1,000개 정도의 샘플을 다룰 수 있게 되었으며 사람이 기계에 주의를 요하는 시간도 15분 정도에 불과하다. 벤터의 회사 중 유전체 연구소(The Institute for Genome Research, TIGR)라는 회사는 그러한 기계를 230대나 가지고 있으며 많은 사람을 고용하지 않고도 매일 100Mb의 DNA 염기서열을 얻을 수 있다.

5) 염기서열 결정의 표준

유전체의 대강의 초안(rough draft), 실무 초안(working draft), 최종본(final draft)의 의미는 사람마다 다를 수 있다. 대부분의 연구자들은 실무 초안이 약 90% 완성도, 최내 1% 정도의 오차율을 가질 수도 있다는 것에 동의한다. 비록 최종본의 기준에 대해서는 논란이 있지만 대체적으로 오차율이 0.01% 이하이며 염기서열의 빈틈이 가능한 한 없어야 될 것이라는 데 많은 사람들이 동의한다. 어떤 분자생물학자들은 마지막 갭이 모두 채워지지 않는 한 유전체의 서열화가 완성되지 않았다고 주장한다. 그러나 인간 유전체의 모든 갭을 채우는 것은 매우 어려울 것이다. 또 어떤 부위의 DNA는 이유는 알 수 없으나 클로닝하기가 무척 힘들다. 이런 지역을 클로닝하는 것은 많은 비용을 요구할 것이므로 어느 누구도 하지 않을지 모른다. 다음 절에서 보겠지만 인간 염색체 22번의 염기서열을 결정한 컨소시엄은 비록 그들의 염기서열에 상당한 갭이 존재한다 해도 현재 가능한 모든 방법을 총동원하여 얻어진 이러한 염기서열들은 '기능적으로 완전'하다고 결론 내렸다.

24.3. 유전체 서열의 비교 연구

일단 유전체 서열을 손에 쥐게 되면 과학자들은 그 속에 내포된 엄청난 정보들을 해석해 낼 수 있다. 다른 유전체들의 서열과 비교하는 방식으로 종의 진화에 대해서도 실마리를 얻을 수 있다. 이 절에서는 우리는 먼저 인간 유전체 자체에 대해 알아보고 이어 이것을 우리와 진화적으로 가까운 종, 그리고 좀 더 거리가 있는 종들의 유전체와 비교해 볼 것이다.

1) 인간 유전체

1999년 말 인간 유전체 프로젝트의 첫 번째 결실인 염색체 22번의 최종본을 얻었다. 2001년 2월에는, 벤터 등과 국제 컨소시엄은 각각 독립적으로 전체 인간 유전체의 실무 초안을 발표하였다. 마침내 2004년 국제 컨소시엄은 인간 유전체의 진정 염색질 부분의 완성된 유전체 서열을 발표하였다.

이 절에서 우리는 완전하게 염기서열이 결정된 22번 염색체(최초로 서열 결정된 인간 염색체)와 전체 유전체의 실무 초안 및 완성된 서열을 통해 얻은 사실들을 살펴볼 것이다. 시작하기에 앞서 한 가지 언급해 둘 사실은 완전한 염기서열은 서열관계를 좀 더 잘 파악할 수 있는 순차적 염기서열 결정(clone-by-clone)법을 통해 얻어졌다는 것이다. 이 방법은 개개의 염색체에 대한 염기서열이 결정되기 무섭게 전체 염색체의 최종본을 얻을 수 있다는 장점이 있다. 반면에 산탄 염기서열 결정법을 통해 만들어진 초기 염기서열 데이터는 모든 염기서열 결정 작업이 끝난 뒤 컴퓨터가 이 데이터를 분석하여 중첩되는 부분을 찾아내어 콘티그를 만들 때까지는 서로 연결되지 못하고 단편적인 염기서열로서만 보관된다. 따라서 산탄 방법으로 염기서열을 결정하는 경우 전체 유전체에 대한 염기서열 작업이 완전히 끝나기 전에는 어느 하나의 개별 염색체에 대한 염기서열의 최종본도 작성하지 못할 수도 있다.

(1) 염색체 22번

비록 22번 염색체의 최종본이 발표되었지만 어떤 의미에서는 완전한 염기서열이 결정되었다고 말할 수 없다. 22번 염색체의 경우 이질염색체로 구성된 짧은 팔(22p)은 유전자가 없다고 생각되었으므로 사실상 염색체의 긴 팔(22q)에 해당하는 염기서열만이 결정되었다. 또한 염기서열 중 11개의 갭이 남아 있다. 그중 10개의 갭은 콘티그와 콘티그 사이에 존재하는데 이 부위에 대한 클론 자체가 만들어지지 못했기 때문이다. 이 부위는 아마도 클로닝이 잘 되지 않는 DNA를 포함하고 있을 것으로 생각된다. 다른 하나의 갭은 비록 클로닝은 되었으나 무슨 이유인지 염기서열 결정이 잘되지 않는 약 1.5kb 정도의 지역이다. 클로닝이 쉽게 되지 않는 부위를 독약 지역(poison region)이라고 하기도 하는데 이렇게 클로닝이 어려운 이유는 명확하지는 않지만 아마도 이 부위의 DNA가 특이한 2차구조를 형성하거나 또는 반복 DNA 서열 중 박테리아 세포로부터 옮겨지는 동안 쉽게 상실되는 부분을 포함하고 있기 때문일 것으로 알려져 있다. 이것이 아마도 이질염색질(13장 참조) 부위가 심지어는 완성본의 인간 유전체 서열에서도 잘 나타나지 않는 이유 중 하나일 것이다. 이질염색질은 염색체의 동원체 부근과 말단부에서 주로 나타나며 반복서열이 많이 존재한다. 유전체상의 이질 염색질 부위의 염기서열이 결정되지 않았다고 해서 크게 문제가 될 것 같지는 않은 이유는 이 부위에는 유전자가 별로 없을 것으로 추정되기 때문이다. 하지만 이 부위의 미결정 서열 내에 다른 어떤 흥미로운 점이 있을 가능성을 배제할 수는 없다.

그럼 최초로 완전한 서열이 결정된 염색체 22번을 통해 무엇을 알게 되었을까? 몇 가지 흥미로운 사실들이 발견되었는데, 첫째 22번 염색체의 서열에 갭들이 존재하며, 이것은 염색체 염기서열이 처음 가시화되었을 때만큼 많지는 않아도 아마도 영원히 다 채워지지 않을지도 모른다는 사실이다. 2000년 여름 벌써 그중 한 갭이 채워졌고 2010년 12월에 이르러서는 염색체의 짧은 팔은 제외하고 난시 4개의 갭만 남았지만 다른 염색체의 염기서열을 결정하고 있는 연구자들도 아마 염색체 22번에서 겪은 것과 유사한 문제들과 마주칠 것이다. 표 24.2는 1999년시점에서의 염색체 22번에 존재하는 콘티그와 그 사이에 존재하는 갭들을 보여 주고 있다. 콘티그들은 총 33,464kb의 길이로 염색체 긴팔의 97%를 차지한다. 그리고 50,000염기마다 한 번 이하의 오차를 가지는 매우

표 24.2 22번 염색체상의 콘티그들

콘티그	갭	크기(kb)	
1		234	
	1		1.9
2		406	
	2		~150
3		1,394	
	3		~150
4		1,790	
	4		~100
5		23,006	
	5		~50
6		767	
	6		~50-100
7		1,528	
	7		~150
8		2,485	
	8		~50
9		190	
	9		~100
10		993	
	10		~100
11		291	
	11		~100
12		380	
전체 서열 길이		33,464	
22q의 전체 길이		34,491	

출처: Adapted from Dunham, I., N. Shimizu, B.A. Roe, S. Chissoe, A.R. Hunt, J.E. ollins, et al., The DNA sequence of human chromosome 22. *Nature* 402:491, 1999.

높은 정확도로 염기서열이 결정되었다. 모든 갭들이 염색체의 동원체와 말단소체에 존재한다는 것도 흥미롭다. 갭 4와 갭 5 사이에 염색체 22q의 2/3 이상, 즉 23,006kb를 차지하는 거대한 콘티그가 존재한다. 2010년 12월까지 염색체 22q의 34,894,566 염기가 결정되었다.

두 번째 중요한 발견은 염색체 22번이 679개의 **주석 유전자**(annotated gene, 최소한 부분적으로 밝혀진 유전자 또는 유전자와 비슷한 염기서열)를 포함하는 것으로 예상된다는 점이다. 이 유전자들의 특징을 구분하면 다음과 같다. **알려진 유전자**(known gene)는 염기서열이 알려진 인간 유전자 또는 단백질로부터 기인한 서열과 일치할 때, **연관 유전자**(related gene)는 염기서열이 인간 또는 다른 종에서 알려진 유전자와 동질성이 있거나(homologous) 또는 유사 지역(regions of similarity)을 포함할 때, **예상유전자**(predicted gene)는 EST와 동질성을 갖는 염기서열을 포함하므로 우리는 이러한 DNA가 유전자로서 기능하며 발

표 24.3 인간 염색체 22번상에서 볼 수 있는 반복적인 염기서열들

종류	횟수	총 염기쌍 (bp)	염색체 전체에 대한 비율(%)
Alu	20,188	5,621,998	16.80
HERV	255	160,697	0.48
LINE 1	8,043	3,256,913	9.73
LINE 2	6,381	1,273,571	3.81
LTR	848	256,412	0.77
MER	3,757	763,390	2.28
MIR	8,426	1,063,419	3.18
MLT	2,483	605,813	1.81
THE	304	93,159	0.28
기타	2,313	625,562	1.87
디뉴클레오티드	1,775	133,765	0.40
삼뉴클레오티드	166	18,410	0.06
사뉴클레오티드	404	47,691	0.14
오뉴클레오티드	16	1,612	0.0048
기타 종열	305	102,245	0.31
합계	55,664	14,024,657	41.91

출처: Adapted from Dunham, I., N. Shimizu, B.A. Roe, S. Chissoe, A.R. Hunt, J.E. Collins, et al., The DNA sequence of human chromosome 22. *Nature* 402:491, 1999.

현된다는 것을 확신할 수 있다. **위유전자**(pseudogene)는 알려진 유전자와 동질성을 갖지만 적절한 발현이 불가능한 염기서열을 포함할 때를 말한다. 247개의 알려진 유전자, 150개의 관련 유전자, 148개의 예상유전자, 그리고 134개의 위유전자가 염색체 22q에 존재한다. 따라서 위유전자를 제외하고도 545개의 유전자가 존재하는 것이다. 염색체 전체의 염기서열을 컴퓨터로 분석한 결과 또 다른 325개의 유전자가 예견되었다. 그러나 분석에 사용된 알고리즘(algorithms)이 엑손을 발견하는 데 초점을 두고 있으나 많은 경우 인간 유전자의 긴 인트론 사이에 엑손이 묻혀 발견되지 않을 가능성이 있기 때문에 정확한 분석이라 말하기는 어렵다. 2010년 12까지 염색체 22q에서 위유전자를 포함하여 855개의 유전자가 발견되었다.

세 번째의 주된 발견은 전체 유전자의 암호화부위가 염색체에서 아주 작은 부분만을 차지한다는 것이다. 인트론을 포함해서 계산한다고 해도 22q 전체 길이의 단지 39%만이 주석이 붙은 유전자들이며 그중 엑손은 단지 3%에 불과하다. 대조적으로 22q의 41%는 Alu 서열, 그리고 LINES(23장 참조) 등의 반복서열들이다. 표 24.3은 염색체 22번의 반복되는 부분과 그들의 빈도를 보여 준다.

네 번째 중요한 발견은 염색체 전체를 통털어 재조합률이 높은 부위와 그렇지 않은 부위들이 있다는 사실이다. 전체적으로 대부분의 지역에서는 재조합률이 상대적으로 낮게 유지되지만 도처에 상대적인 재조합률이 높은 짧은 부위들이 산재한다(그림 24.11). 앞에서 언급한 것처럼 유전학자들은 미세부수체에 기초하여 염색체 22번을 포함한 인간 유전체 유전자 지도를 이미 과거에 만들었다. 이 지도는 미세부수체 사이의 재조합률에 근거를 두었으므로 그 거리 단위도 센티모르간(cM)으로 환산되어 있었다. 염색체 22번의 염기서열을 결정한 연구팀은 그들의 염기서열로부터 이러한 미세부수체들을 발견할 수 있었으며, 미세부수체 사이의 실질적인 물리적 거리를 측정할 수 있었다. 그림 24.11은 각 지표들 사이의 유전적 거리와 물리적 거리가 서로 다를 수 있음을 보여 준다. 그림의 숫자로 표시된 부분들은 재조합이 높게 일어나는 다시 말해 유전적 길이가 긴 부위로 비교적 재조합률이 낮고 물리적으로는 긴 부위들에 의해 분리되어 있은 것을 알 수 있다. 이 염색체에서 유전적 거리와 물리적 거리의 평균 비율은 1.87cM/Mb이다. 물론 y축은 누적된 유전적 거리, 즉 가까이 존재하는 지표들 사이의 거리의 합임을 기억해야 한다. 또 멀리 떨어진 두 지표 사이의 실제 유전적 거리는 다른 여러 개의 지표들 사이의 유전적 거리를 합친 것과는 동일하지 않다는 사실도 인지하고 있어야 한다. 왜냐하면 복합적인(multiple) 재조합은 거리가 먼 지표들 사이에서 일어나기 쉽기 때문에 이들 사이의 거리가 실제 거리보다 더 가까이 존재하는 것처럼 보이게 하기 때문이다(1장 참조). (역자 주: 두 지표 사이에 중복 재조합이 일어나는 경우 마치 재조합이 일어나지 않은 것으로 간주될 수 있으므로 이들 지표 사이의 길이가 실제보다 짧게 계산된다. 센티모르간은 실제 길이가 아니라 재조합이 일어나는 빈도를 거리로 나타낸 것임을 기억하라).

다섯 번째 중요한 발견으로 염색체 22q는 지역적으로 그리고 긴 범위 내에서 중복되는 부분을 갖는다. 면역글로불린 λ 유전자 자리가 대표적인데 이 유전자 자리에는 λ 가변부(V-λ 유전자 조각)를 만들 수 있는 36개의 유전자 조각, 56개의 V-λ 위유전자, 그리고 레릭스(relics)라 알려진 27개의 부분적인 V-λ 위유전자들이 가까이 몰려서 존재한다. 그리고 서로 먼 거리로 떨어져 존재하는 중복부위도 있다. 놀라운 예로, 거의 12Mb 이상 떨어져 존재하는 90% 이상 동일한 60kb 길이의 중복 지역이 있다. Alu 서열, LINES 등과 같은 반복서열들에 비해 이러한 중복부

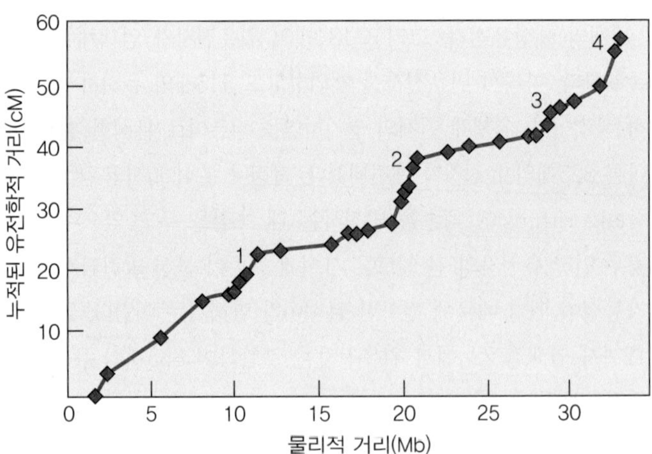

그림 24.11 염색체 22q의 물리적 거리와 유전학적 거리의 비교. 지표 사이의 누적적인 유전학적 거리(cM)와 같은 지표 사이의 물리적인 거리(Mb)가 도식화되었다. 그래프상의 숫자는 상대적으로 재조합율이 높은(기울기가 급격히 증가하는) 네 곳의 지역을 보여 준다. (출처: Adapted from Dunham, I., N. Shimizu, B.A. Roe, S. Chissoe, A.R. Hunt, J.E. Collins, et al. (The Chromosome 22 Sequencing Consortium), The DNA sequence of human chromosome 22. *Nature* 402:492, 1999.)

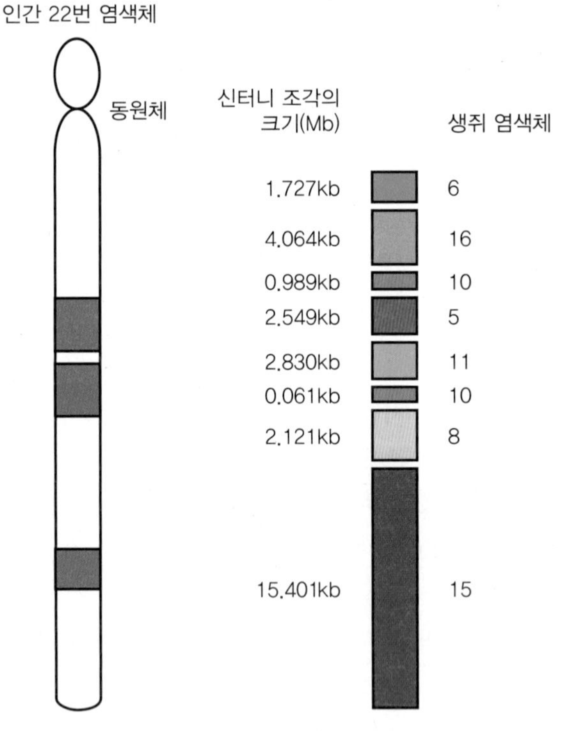

그림 24.12 인간과 생쥐 염색체 사이에 보존된 지역들. 왼쪽에 표시된 인간 염색체 22번의 동원체는 위쪽 끝에 가까이 있고 밴드 패턴이 흰색과 갈색으로 표시되어 있다. 22번 염색체에 존재하는 유전자의 오소로그를 동일한 순서로 가지고 있는 생쥐의 염색체 부위가 7개의 염색체에 나뉘어 있고 오른쪽에 표시되어 있다. 각기 다른 색깔로 표시된 블록들은 맨 오른쪽에 번호가 표시된 생쥐의 각 염색체에 오소로그를 포함하는 지역이 어느 정도 크기로 보존되어 있는지를 보여 준다. (출처: Adapted from Dunham, I., N. Shimizu, B.A. Roe, S. Chissoe, A.R. Hunt, J.E. Collins, et al. (The Chromosome 22 Consortium), The DNA sequence of human chromosome 22. *Nature* 402:494, 1999.)

위는 적은 수로 존재한다. 따라서 이들을 **낮은 복사체 반복**(low-copy repeat, LCR)이라 한다. 22q의 동원체의 끝에 존재하는 8개의 LCR22 중 7개에 대한 염기서열이 이미 결정되었다. 마지막 LCR22-1은 아마도 동원체에서 가장 가까운 염기서열상의 갭 부분에 존재할 것으로 생각된다.

여섯 번째 중요한 발견은 인간 염색체 22q의 커다란 부분들이 생쥐의 여러 염색체에 흩어져서 존재한다는 것이다. 연구팀은 22번 염색체에 존재하는 유전자 중 113개는 이에 대응하는 생쥐의 **오소로그**(ortholog)가 이미 생쥐 염색체에 지도화되어 있음을 발견했다. [오소로그는 다른 종에 존재하는 공통된 조상으로부터 기인한 동질성을 갖는 유전자인 반면 **파라로그**(paralog)는 같은 종 안에서 동질성을 갖는 유전자가 중복적으로 존재할 때를 말한다. **상동유전자**(homolog)는 오소로그와 파라로그 둘 모두를 포함한다.] 그림 24.12에서 보이는 것처럼 113개의 인간 유전자에 대응하는 생쥐 오소로그들은 7개의 서로 다른 염색체상의 8개 지역에 분포하고 있었다. 인간 염색체 22q와 대응되는 부분을 갖는 생쥐 염색체는 5, 6, 8, 10, 11, 15, 16번이며 염색체 10번은 인간 염색체 22q의 두 지역을 가지고 있다. 두 종이 분화할 때 그들의 염색체가 재배열되었지만 많은 지표들은 서로 함께 움직이며 **신터니 조각**[syntenic block, 서로 다른 종 사이에서 유전자들의 순서가 보존된 현상을 **신터니**(synteny)라고 함]으로 보존되어 그 거리를 유지하고 있는 것이다. 분명한 사실은 인간 유전체의 염기서열에 관한 지식이 생쥐 유전체의 염기서열을 결정하는 일을 훨씬 수월하게 만들었다는 점이다.

(2) 인간 유전체의 실무 초안

2001년 2월 벤터 등과 국제 컨소시엄은 각각 독립적으로 전체 인간 유전체의 실무 초안을 발표했다. 두 팀의 실무 초안은 완성된 것이 아니고 아직도 서열이 결정되지 않은 많은 갭과 일부 부정확한 부분을 지니기는 했으나 수년간에 걸쳐 과학자들이 분석해야 할 엄청난 양의 정보를 지니고 있었다. 더구나 적어도 국제 컨소시엄측 초안은 각각의 연구팀들이 갭을 메우고 착오를 수정하는 작업을 계속하고 있으므로 앞으로 지금보다 훨씬 더 정확한 정보를 제공할 것이다. 앞으로 2, 3년 안에 전체 유전체의 정확성과 완성도는 현재의 염색체 21번과 22번의 수준과 비슷하게 향상될 것이다. 그럼 여기서 지금까지 우리가 발견한 가장 중요한 사실들을 정리해 보자.

두 팀의 연구 결과 중 가장 놀라운 사실은 인간 유전체가 지니고 있는 유전자의 숫자가 예상보다 훨씬 적었다는 것이다. 벤터 등은 26,588개의 잠정적 유전자와 약 12,000개의 유전자로 추정되는 부위(potential genes)를 발견했다. 이 중 잠정적 유전자로 추정되는 부위들은 순전히 컴퓨터를 통해 찾아낸 것으로 실험적인 증거들은 전무하며 벤터 등도 이 부위들이 아마도 대부분 가짜 유전자들일 것으로 추정하고 있다. 국제 컨소시엄도 인간 유전체가 약 30,000~40,000개의 유전자로 구성되어 있을 것으로 추정하고 있다. 이 절 뒤에서 다시 언급하겠지만, 유전체 최종본을 통해 추정한 유전자의 숫자는 이보다도 더 적어서 23,000개 이하로 추정된다.

과거에 예상되었던 것과는 달리 인간의 유전자는 하등인 회충이나 초파리 등의 겨우 두 배 정도에 불과하다는 것이 밝혀진 것이다. 이로부터 명백해진 사실은 개체의 복잡성이 그 개체가 지닌 유전자의 숫자에 반드시 비례하는 것은 아니라는 사실이다. 그렇다면 어떻게 인간의 복잡성을 설명할 수 있을까? 점차 설득력을 얻고 있는 한 가지 설명은 인간 유전자의 발현 패턴이 하등생물에 비해 훨씬 복잡할 것이라는 말이다. 예를 들어 적어도 40% 이상의 인간 유전자들이 대체 스플라이싱(alternative splicing, 14장 참조)을 겪는 것으로 예상된다. 따라서 특정 영역과 모티프를 만드는 상대적으로 적은 숫자의 유전자 부위가 여러 가지 형태로 섞여서 서로 다른 기능을 하는 매우 다양한 단백질들을 만들 수 있는 것이다. 더구나 인간 단백질의 번역 후 수정 과정이 하등생물체보다 복잡하며 이로 인해 단백질 기능이 훨씬 더 다양해질 수 있다.

또 다른 중요한 발견은 인간 유전체의 절반 정도가 스스로 복제되고 또 인간 DNA를 염색체 이곳저곳으로 끌고 다닐 수 있는 전이인자(transposable elements)들에 의해 생성되었다는 사실이다(23장 참조). 하지만 이런 전이인자들은 비록 유전체 크기에 큰 기여를 했지만 지금은 대부분 불활성 상태이다. 사실상 모든 비레트로전이인자(non-retotransposon)들이 불활성이며 LTR을 포함하는 레트로전이인자(retrotransposon)들도 그런 것으로 생각된다. 반면에 23장에서 배운 것처럼 일부의 L1 전이인자들은 인간 유전체상에서 여전히 활동하며 질병에도 관련되어 있다.

그 외에도 수십 개의 인간 유전자들이 박테리아로부터 수평 전달을 통해 온 것으로 생각되고 또 인간세포로 도입된 새로운 전이인자에 의해서도 유전자들이 묻어 들어온 것으로 추정된다. 따라서 인간 유전체는 온전히 내부의 돌연변이와 재배열 등에 의해서만 형성된 것이 아니라 외부로부터 도입된 유전자들을 통해 오늘날의 형태로 발전한 것이다.

유전체 프로젝트를 통해 밝혀진 인간 유전체의 전체 크기는 그 전부터 추정되던 약 30억 염기쌍(3Gb)에 근사한 수치를 보여 주는데, 벤터 등은 약 29억 염기쌍의 염기서열을 결정했고 국제 컨소시엄은 인간 유전체의 전체 크기를 약 32억 bp(3.2Gb)로 예상하고 있다.

이 장 초반에 언급한 것처럼 국제 컨소시엄은 2003년 봄에 최초 계획보다 2년 앞서 최종본의 완성을 공식화했고 2004년에 논문으로 발표했다. 대강의 초안에 비해 이 완성본이 가지는 중요한 이점은 다음과 같다.

1. 얻을 수 있는 서열의 99%[2,851,330,913염기쌍 또는 2.85**기가염기쌍**(gigabase pair, Gb)]에 해당하는 더 완벽한 서열이라는 점
2. 틀릴 확률이 0.001% 정도밖에 되지 않고 모든 서열이 적절한 순서대로 배열된 훨씬 정확한 서열이 결정되었다는 점

그럼에도 불구하고 여기에는 여전히 341개의 갭이 존재한다. 물론 이 갭 중 33개는 유전체상의 이질염색질 부위여서 유전체 사업의 목표를 벗어난 범위이기는 하지만 말이다. 생물학자들은 인정하고 싶지는 않지만 어쩌면 영원히 이 갭을 메우지 못할는지도 모른다는 생각을 하고 있다. 게다가 비록 완성본의 염기서열을 다듬고는 있지만 각 유전자의 기능에 대한 주석을 붙이는 작업은 여전히 쉽지 않다. 따라서 우리는 여전히 인간 유전체에 포함된 유전자의 실제 숫자를 정확히 알지 못하고 있다. 국제 컨소시엄은 22,287개의 단백질 암호화 유전자(19,438개는 알려진 유전자이며 2,188개는 예상유전자)를 발견했는데 이 숫자는 두 사업단의 대강의 초안들에서 예상되었던 숫자에 비해서는 상당히 적은 숫자이다. 이런 차이는 대부분 동일한 유전자를 초안에서는 몇 차례 반복해서 포함시켰던 것이 원인이었다.

최소한 단백질을 암호화하는 유전자만 포함하면서, 시간이 지날수록 인간 유전자의 추정 숫자는 감소하였다. 2007년 미셸 클램프(Michele Clamp)는 인간 유전자로 겨우 20,488개를 추정하였고 약 100개 정도는 미발견 상태일 것으로 보고하였다. 이 연구에서 클램프는 오직 컴퓨터만을 이용한 생물정보학적 관점에서 접근하였다. 예를 들어 그는 앙상블(Ensembl)이라고 하는 인간 유전자의 데이터베이스를 활용하여 개와 생쥐 유전체의 대응하는 유전자들과 비교하였다. 추정 인간 유전자들을 이런 방식으로 검사하였더니 19,209개는 실제로 단백질을 암호화하는 유전자인 반면 3,009개가 실수로 유전자 리스트에 포함이 되었다는 것을 알았다. 또 다른 1,177개의 잠재적인 유전자들에 대해서는 확신할 수 없었기 때문에 클램프는 진짜 유전자들이 보여 주는 GC 함량처럼 '유전자다움'의 특징을 찾기 위해 이들을 무작위적인 DNA 서열과 비교하는 방식으로 분석하였다. 이 중 겨우 10개를 제외하고는 모두 이 테스트를 통과하지 못했기 때문에 결과적으로 19,219개의 추정유전자를 얻을 수 있었다. 이 결과를 두 종류의 다른 데이터베이스에 대한 분석 결과와 합쳐서 최종적으로 20,488개의 추정유전자를 얻었다.

최종본을 통해 얻은 소득 중 몇 가지를 더 알아보면, 추정된 22,289개의 유전자를 통해 34,214개의 전사체가 만들어졌는데 이는 유전자 하나당 약 1.5개꼴이다. 또 이 유전자들은 231,667개의 엑손을 가지고 있어서 유전자 하나당 약 10.4개의 엑손을 가졌다고 볼 수 있다. 그런데 이 모든 엑손에 포함된 유전자의 전체 크기는 겨우 34Mb여서 인간 유전체의 진정염색질 부분의 1.2%에 불과하다. 이와 같이 인간 유전체의 대부분은 단백질을 암호화하는 유전자를 포함하고 있지 않다는 점은 실상 이전부터 알고 있었던 사실이다. 이런 지역에서도 rRNA, tRNA, snRNA, miRNA처럼 단백질을 암호화하지는 않는다. 물론 유용한 기능을 가지는 RNA를 암호화하고 있는 경우도 있지만 여전히 거의 대부분의 지역은 아무것도 전사하지 않는 지역이어서 그 기능은 의문에 싸여 있다.

완성본은 인간 진화의 역사를 밝히는 데도 엄청난 도움을 준다. 첫째, 서열분석을 통해 최근에 만들어진 중복 부위들을 발견할 수 있는데 이런 부위는 새로운 기능을 가지는 새로운 유전자가 되기 위한 원료로서의 기능을 할 수 있다. 즉, 2개의 중복 유전자 중 하나가 원래의 기능을 유지하는 동안 다른 하나는 돌연변이를 축적해서 어쩌면 생존에 필수적일 수도 있는 원래의 기능에 손상이 없이도 새로운 기능을 추가해 나갈 수 있는 것이다.

둘째, 최종본을 통해 최근에 불활성화된 위유전자를 발견할 수 있다. 이런 작업을 위해서는 우선 사람, 생쥐, 집쥐의 유전체를 비교해서 세 종에서 공통으로 존재하는 연속적인 유전자군을 발견하고 이 유전자군 속에서 설치류에는 존재하지만 사람에게는 존재하지 않는 유전자들을 찾아낸다. 그다음 사라진 유전자가 존재했을 것으로 예상되는 인간 유전체의 해당 지역을 주의 깊게 조사한다. 이를 통해 비록 불활성화되기는 했지만 지금도 유전자로서의 형태를 명확히 알아볼 수 있는 37개의 위유전자 후보를 발굴했다. 이런 위유전자들에는 평균적으로 0.8개의 비정상적인 종료코돈이 끼어들어가 있고 1.6번의 해독틀 이동이 발생되어 있다. 이 중 어떤 돌연변이가 일어나든 해당 유전자는 불활성화된다. 이런 유전자들은 사람, 생쥐, 집쥐의 공통 조상이나 오늘날의 설치류에게는 생존에 필수적일는지 모르겠지만 오늘날의 사람들에게는 필요하지 않다는 점은 명확한 사실이다.

이런 위유전자들이 정말 서열상에 나타난 것과 같은 위유전자

인지를 재확인하기 위해 과학자들은 그중 34개를 정밀하게 다시 서열분석하였다. 그중 33개에서는 불활성화된 서열이 재확인되었지만 하나는 원래의 염기서열 결정 과정에서 생긴 실수로 인해 위유전자처럼 보였던 것이었다. 다음으로 이 33개의 진정한 위유전자 중 19개에서는 2개 이상의 불활성 돌연변이가 발견되었고 침팬지의 해당 유전자 서열과 비교를 해보았을 때 침팬지에서도 모두 위유전자였다. 나머지 14개는 단지 하나씩의 불활성 돌연변이만이 관찰되었고 흥미롭게도 그중 8개는 침팬지에서도 위유전자였지만 5개는 침팬지에서 활성유전자로 기능하고 있었고 하나는 다형현상을 보이는 유전자(일부 사람에서는 기능을 가지고 있고 다른 사람들에서는 위유전자로 존재)였다. 이러한 사실들을 통해 우리는 설치류와 인간이 분지된 시점, 그리고 침팬지와 인간이 분지된 시점과 같은 진화적 연대기를 따라 변해 왔던 유전자 불활성화의 흔적들을 파악할 수 있게 되었다.

2) 개인 유전체

2007년에 이미 두 그룹에서 전통적인 서열분석 방법으로 인간 유전체 프로젝트의 리더였던 두 사람인 제임스 왓슨(James Watson)과 크레이그 벤터(Craig Venter)의 유전체 서열을 결정하였다. 2008년에는 독립적인 두 그룹에서 두 명의 비코카시안계(나이지리아계 한 명과 한족 중국인 한 명) 유전체 서열을 대량처리 서열분석 방법으로 결정하였다. 이미 서열이 결정된 유럽 인종 두 사람의 유전체와 더불어 이 두 사람의 유전체를 추가함으로써 점증하는 인간 유전체 풀에 다양성이 추가된 것이다. 이 네 사람의 유전체 사이에서 우리는 수백만 개의 SNP들과 수십만 개의 결실 및 삽입, 그리고 수천 개의 구조적 변이체들을 발견할 수 있을 것이다. 2010년까지 한 명의 프랑스인, 한 명의 남아프리카인, 그리고 파푸아뉴기니인 한 명을 포함한 몇몇 개인들의 유전체 서열이 추가로 결정되었다.

DNA 서열결정의 속도와 경제성이 향상되면서 누구든지 비용을 지불할 의사가 있는 사람의 유전체 서열을 결정할 수 있는 시대의 도래가 예상된다. 한 사람의 전체 유전체를 1,000달러에 결정하는 목표(상당액의 현상금을 내건)가 설정되었는데, 아직까지는 아무도 이 상금을 신청하지 않았지만(역자 주: 이 책의 번역 작업 중 이미 1,000달러에 서비스를 제공하겠다는 회사가 나타남) 대량처리 염기서열분석 기술(5장 참조)은 언젠가는 수백만 명의 개인들이 자신의 전체 유전체 서열을 플래쉬 드라이브나 다른 데이터 저장 장치에 보관하고 있는 세상을 가능하게 만들 것이다. 정보의 양이 가치로 나타나겠지만 한편으로는 윤리적인 문제를 만들어 낼 것이다.

3) 다른 척추동물 유전체

생쥐와 복어의 한 종(*Fugu rubripes*)의 완전한 서열이 발표되었다. 이 정보들을 통해서 알아낸 중요한 사실들은 다음과 같다.

Fugu 유전체는 척추동물이면서도 사람의 유전체보다 훨씬 작은(1/9 크기) 유전체이기 때문에 서열결정에 포함되었다. 그러나 이런 크기의 차이에도 불구하고 두 유전체는 거의 비슷한 숫자의 유전자(*Fugu*에는 31,059개의 유전자 있을 것으로 예상)를 가진다. 이런 차이는 유전자를 포함하는 부위 때문이 아니라 인트론의 크기와 반복서열 DNA의 차이 때문이다. *Fugu* 유전체는 사람에 비해 훨씬 작은 인트론들을 가지고 있고 반복서열 DNA도 훨씬 적다. *Fugu* 유전체와의 비교를 통해 연구자들은 1,000개의 인간 유전자를 발견하였다.

인간 질병을 야기하는 유전적 돌연변이는 대부분 유전자의 중요한 부위에 일어나고 이런 중요한 부위들은 진화적으로 거리가 먼 척추동물 사이에서도 잘 보존되어 있는 경우가 많기 때문에 두 종의 유전체 비교는 이런 중요한 부위를 발굴하는 데 큰 도움이 된다. 생쥐 유전체는 이런 목적에는 크게 도움이 되지 않는데 왜냐하면 인간 유전체와 너무 유사하기 때문이다. 즉, 인간과 생쥐가 분지된 지 오랜 시간이 지나지 않았기 때문에 두 종 사이에는 기능적으로 중요한 부위는 물론 그 외에도 너무 많은 부위들이 보존되어 있기 때문이다.

생쥐 유전체는 사람보다 조금 작은 2.5Gb의 크기를 가지고 있지만 유전자의 숫자는 거의 비슷하고 이 유전자들은 두 종에서 거의 대부분이 동일한 유전자들이다. 즉, 99%의 생쥐 유전자들이 사람에서도 발견된다. 이 1%의 차이가 사람과 생쥐의 생물학적 차이를 설명하기에는 너무나 작은 차이여서 단순히 유전체상의 염기서열 그 이상의 무엇인가가 작동하고 있을 것이다. 초기 연구 결과는 이런 차이가 단순히 유전자 자체의 차이가 아니라 유전자 발현의 조절이 사람과 생쥐를 구분하는 데 가장 큰 역할을 하고 있을 것으로 추정한다. 사람과 생쥐의 유전체 구조의 놀라운 유사성을 인식한 과학자들은 사람에서는 수행이 불가능한 여러 가지 실험들을 수행할 수 있는 인간 대용으로서의 생쥐의 역할에 주목한다. 예를 들어 생쥐의 특정 유전자를 제거(녹아웃)시킨 뒤 그 결과를 관찰할 수 있다. 그 결과는 사람의 상동유전자가 어떤 기능을 수행하고 있는지에 대한 단서를 제공한다. 분자생물학자들 또한 생쥐 유전자의 발현 패턴을 분석함으로써 발생 과정 또는 성체에서 이 유전자가 언제 어디서 발현되는지에 대한 정보를 얻을 수 있다. 다시 한번 상동유전자가 사람에서 발현되는 패턴에 대한 추정이 가능해진다.

2003년 초반까지 이런 연구는 사람 21번과 생쥐 16번을 포함하는 당시까지 염기서열이 결정되었던 염색체들을 중심으로 진행되었다. 그 연구 결과들을 일부 알아보자.

사람 21번 염색체와 생쥐의 해당 DNA 비교를 통해 3,000개의 보존된 서열을 발견하였다. 놀랍게도 이 중 겨우 절반 정도만이 유전자를 포함하고 있었다. 그렇지만 나머지 서열 또한 너무나 완벽하게 보전되어 있었기 때문에 이들이 기능적으로 중요하리란 사실은 쉽게 유추할 수 있었고 그렇다면 도대체 왜 그런지를 알아야 할 필요가 있다. 어쩌면 이런 부위는 유전자의 발현에 중요한 역할을 할지 모른다. 사람은 234개의 '유전자 사막'이라고 부르는 유전자가 거의 분포하지 않는 지역을 가지고 있다. 다시 한번 놀랍게도 이 중 178개의 사막이 생쥐에도 보전되어 있다. 전혀 쓸모없을 것으로 여겨지는 부위에서 이런 정도의 놀라운 유사성이 보전되어 있다는 것은 어떤 식으로든 설명을 할 필요가 있다. 따라서 유전학자들은 생쥐의 유전자 사막들 중 일부를 제거했을 때 어떤 일이 일어나는지를 알아보기 위해 생쥐 유전자 사막들을 녹아웃시키고 있다.

2002년에 벤터 등은 생쥐 16번 염색체와 사람 유전체와의 비교 결과를 발표했다. 이 연구에서 신터니가 보전된 많은 지역들을 발굴했는데 그림 24.13은 단백질 수준에서 분석된 신터니 지역을 보여 주고 있다. 전체적으로 생쥐 16번 염색체는 6개의 인간 염색체에 상동부위(다른 색깔로 표시)가 존재하고 사람 3번 염색체에는 점선으로 표시해 둔 2개의 신터니 조각이 발견되었다. 따라서 생쥐 16번 염색체의 유전자는 사람 유전체에서 7개의 신터니 조각에 나눠져 있다.

두 종에서 각 신터니 조각 사이의 유사성은 놀라울 정도이다. 생쥐 염색체상에서 확실히 존재할 것으로 생각되는 731개의 유전자 중 717개(98%)가 사람 유전체상에도 존재한다. 이 정도라면 생쥐 16번 염색체가 6개의 서로 다른 사람 염색체에 7개의 신터니 조각으로 나눠져 있다는 사실에 비해서도 훨씬 더 놀라운 유사성이다. 진화의 과정에서 염색체들은 때때로 유전자 발현, 대규모의 신터니 조각 내에서의 유전자들의 배열 순서 등에 큰 변화가 없이 서로 뒤섞이는 일이 생긴다. 이런 일은 염색체 절단과 전좌에 의해 발생할 수 있다. 한 예로 매우 유연관계가 가까운 두 종류의 먼잭사슴은 두 종이 분지된 이후 엄청난 염색체 절단(또는 결합, 또는 둘 다)을 경험해서 한 종은 3쌍의 염색체를 다른 한 종은 무려 23쌍의 염색체를 가지고 있다. 그럼에도 불구하고 두 종은 서로 교배가 가능하고 비록 수정 능력이 없기는 하지만 건강한 잡종을 생산할 수 있을 정도이다.

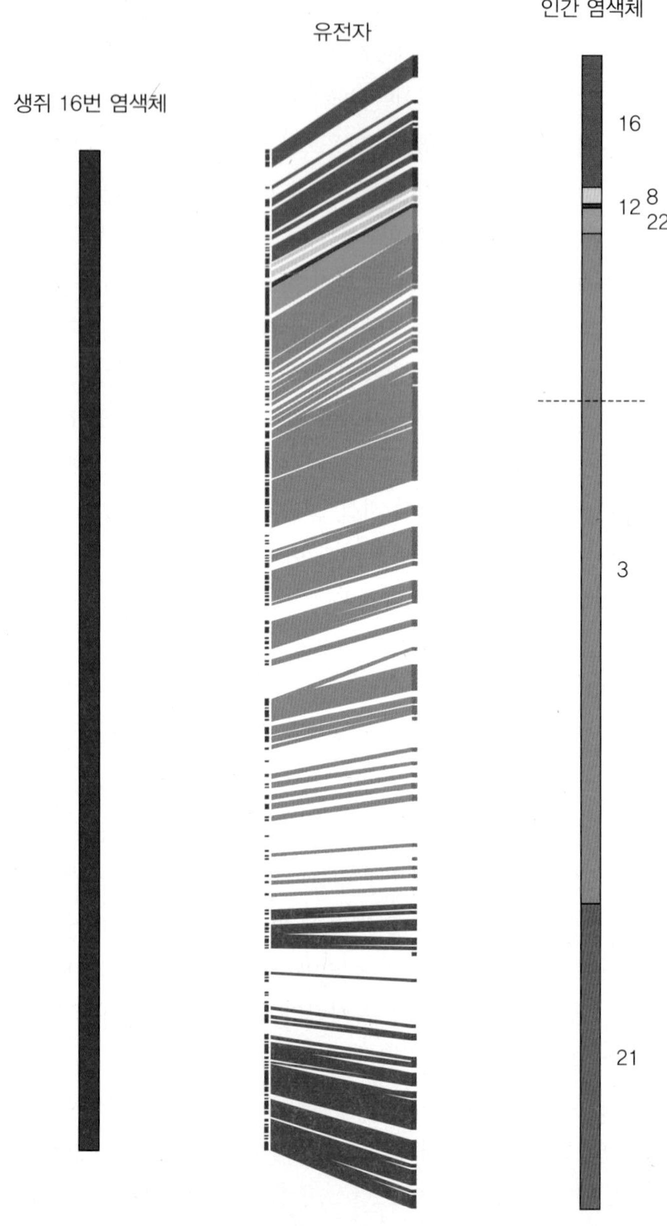

그림 24.13 생쥐 16번 염색체와 인간 염색체들 사이의 보존된 신터니 지역들. 이 그림에 표시된 상동유전자들은 단백질 수준의 분석을 통해 확인된 것들이다. 생쥐 16번 염색체는 왼쪽에 표시되어 있고 6개의 인간 염색체상에 신터니 지역이 표시되어 있다. 서로 다른 색깔은 각각 다른 염색체 부분임을 나타낸다. 생쥐와 인간의 오소로그 유전자들은 가운데 색깔 있는 선으로 서로 연결하였다(생쥐는 보라색, 인간은 여러 가지 색깔). 인간 3번 염색체에 존재하는 생쥐의 상동유전자들은 2개의 구분되는 신터니 조각에서 발견되는데, 그 각각은 그림에서 점선으로 구분되어 있다. 점선 위쪽은 인간 염색체 3q27~29 지역이고 점선 아래는 3q11.1~13.3 지역이다. (출처: Adapted from Mural et al., *Science* 296 (2002) Fig. 3, p. 1666.)

사람과 생쥐의 유전자 수준에서의 유사성은 명백히 두 종의 외양이나 행동 양식의 유사성을 비정상적으로 뛰어 넘는 수준이다. 이런 불일치를 도대체 어떻게 설명해야 하나? 유전자 자체에서 해답을 얻을 수 없다면 이것은 분명히 이 유전자들이 발현되는 방식의 차이 때문일 것이다. 벌써 일부 해답들이 밝혀졌다. 우리는 인간 유전자에서 대체 스플라이싱이 매우 활발히 일어남을 알고 있다. 사실 약 75%의 인간 유전자들이 체내에서 적어도 두 가지 이상의 서로 다른 방법으로 스플라이싱되는 것으로 추정된다(14장 참조). 이런 이유로 인간의 단백질체(모든 인간 단백질의 총합)는 유전체가 보여 주는 것보다 훨씬 더 복잡하다. 우리는 이미 인간 유전자들의 발현 패턴이 우리와 가장 가까운 종인 침팬지의 동일한 유전자들과도 무척 다르고 생쥐의 그것들과는 더더욱 다르다는 증거들을 가지고 있다. 어쩌면 이런 차이는 마이크로 RNA에 의해 조절될는지도 모르겠는데 이 RNA들은 단백질을 암호화하는 유전자들과는 달리 사람과 생쥐에서 매우 큰 차이를 보인다.

가까운 두 종 사이의 유전자 발현 차이의 또 다른 근원은 전사 조절인자들과 DNA상의 그들의 결합 위치들 사이의 상호 작용 때문일 수 있다. 이미 배웠다시피 진핵생물 유전자에는 프로모터나 인핸서와 같은 *cis*-조절요소들이 있고 이들은 많은 전사 인자들의 표적이다. 매우 잘 보존된 유전자 세트를 가지는 가까운 종들 사이에는 *cis*-조절요소들도 잘 보존되어 있을 것으로 예상할 수 있지만, 그것이 반드시 사실은 아닌 듯하다. 예를 들어 2007년 마이클 슈나이더(Michael Snyder) 등은 3종의 가깝게 연관된 효모의 전사인자 두 종류의 DNA 표적을 대상으로 DNA 마이크로칩 분석과 결합한 ChIP 분석법을 적용한 결과 이 전사인자들이 자신들이 조절하는 유전자들에 대해 겨우 20%의 경우에만 3종에서 모두 결합한다는 것을 보고하였다(이런 종류의 실험을 ChIP-chip 분석이라고 하며 25장에서 좀 더 자세히 설명하고 있음).

이 세 효모 종에서 관찰된 전사인자 결합의 엄청난 차이는 하나 혹은 두 유전체에서는 결실되어 있는 요소들에 일부 기인하지만 어떤 경우에는 이런 요소들이 여전히 존재하지만 여기에 전사인자의 결합이 실패하였기 때문이기도 하다. 비슷한 현상이 사람과 생쥐 유전체에 대한 전사인자 결합의 비교에서도 관찰되었다.

이와 같은 *cis*-조절요소들의 급격한 진화를 개체들 간 표현형의 변화와 어떻게 관련시킬 수 있을까? 개별 요소들이 특정 유전자의 발현에 어느 정도 기여하는지가 불확실하므로 이 단계에서는 매우 어렵다. 특히 여러 *cis*-조절요소들에 내재되는 중복성 때문에 슈나이더 등이 관찰하였던 차이들의 대부분은 3종 사이의 표현형 차이에는 어떤 역할도 하지 않았을 가능성이 있다. 반면에 이런 차이들의 일부는 실제로 표현형에 중요한 것 같다.

2005년 과학자들은 침팬지 유전체의 실무 초안을 발표했다. 침팬지가 살아있는 종들 중엔 우리와 가장 가깝기 때문에 이 서열은 진화 연구에 있어 특별한 중요성을 가진다. 모든 사람들이 무엇이 우리를 침팬지와 다른 존재로 만드는지를 알고 싶어한다. 어떤 유전자들이 도시를 건설하고 교향곡을 작곡할 수 있는 지능을 주는지, 결국 무엇이 우리를 인간으로 만드는가? 그러나 침팬지와 인간 유전체의 비교를 통해 우리는 거의 대부분의 단백질 암호화 유전자를 공유하고 있고 우리의 유전체가 뉴클레오티드 수준에서는 겨우 1.23%의 차이밖에는 없다는 사실을 알게 되었다. 이런 데이터를 설명하기 위해 세 가지 가설이 제기되었다. ① 중요한 차이점들은 단백질 암호화 유전자에서의 변화이다 ② '적은 것이 많은 것' 가설에서는 사람에서 어떤 유전자들의 불활성화가 종 간 차이를 설명할 수 있다고 믿는다. ③ 차이는 유전자 조절 부위에서의 변화에서 발견된다.

각 가설들을 지지하는 일부 데이터들이 있다. 침팬지와 사람 사이에서 단백질-암호화 유전자들 사이의 차이가 거의 없음에도 불구하고 유전학자들은 큰 차이를 만들 수 있는 일부의 차이들에 주목하였다. 예를 들면 *FOXP2* 유전자는 매우 잘 보존되어 있다. 이 유전자는 사람과 생쥐의 분지점과 사람과 침팬지의 분지점 사이에 걸린 약 1억 3천만 년 동안 겨우 1개의 아미노산만 변화만 경험하였다. 그러나 사람과 침팬지가 갈린 이후 약 5백만 년 사이에 아미노산이 2개나 변했다. *FOXP2*가 중요한 이유가 무얼까? 이 유전자는 forkhead 계열의 전사조절인자를 암호화하는데, 사람에서 이 유전자의 돌연변이는 심각한 언어장애를 유발한다. 말할 것도 없이 언어는 사람과 침팬지를 구분 짓는 결정적인 형질 중 하나이다.

'적은 것이 많은 것' 가설도 역시 지지 증거가 있다. 예를 들어 사람에게 털이 적은 이유는 털과 관련 있는 한 유전자의 결실 혹은 불활성화 때문이다. 사람과 침팬지 유전체 비교를 통해 사람 유전자 중 삽입이나 결실(indels)로 인해 파괴된 53개의 예가 발견되었다. 이 유전자들은 침팬지에서는 기능을 하지만 사람에서는 불활성화되어 있다.

세 번째 가설—유전자 조절의 차이—에 대한 실험적 증거는 직접적이지는 못한데, 이는 관련된 유전적 요소들을 확인하는 데 어려움이 있기 때문이다. 그러나 2종 사이에서 보이는 단백질-암호화 부위의 엄청난 유사성로 인해 어딘가 다른 곳을 찾아볼 필요가 있는데, 유전적 조절은 이런 탐색에 딱 어울리는 곳이다. 실제 앞으로 보겠지만 사람과 침팬지 유전체를 구분짓는 가장 빨리 변화하는 DNA 서열은 명백히 비암호화 DNA 부위에 존재한다. 이런 발견들이 실제적인 의미를 가지도록 하는 가장 손쉬운 방법은 이런 DNA 부위가 단백질-암호화 유전자들의 조절에 관련되어 있음을 보여 주는 것이다.

데이비드 하우슬러(David Haussler) 연구진은 사람과 침팬지 유전체 사이에서 중요한 차이—암호화 혹은 비암호화—를 발견하기 위해 다음 접근법을 사용하였다. 그들은 먼저 컴퓨터 기술을 이용하여 척추동물들 사이에서 강하게 보존되어 있는 유전체 부위들을 찾았다. 그리고 이 부위들 안에서 사람과 침팬지의 분지 이후 급격한 변화를 겪은 DNA 부위를 찾았다. 49개의 이런 부위를 찾아서 HAR1~HAR49(HAR=human accelerated regions)라고 명명하였다. 그중 118bp의 DNA 부위인 HAR1이 가장 눈에 띄었는데, 닭과 침팬지의 분지 이후 3억 1천만 년 동안 겨우 2개의 변화가 발생하였지만, 사람과 침팬지가 분지된 이후 5백만 년 동안 총 18개의 변화가 발생하였다. 다음으로 하우슬러 등은 뇌 조각에서 in situ 잡종화법을 사용하여 사람과 다른 영장류의 발생 중인 대뇌 신피질에서 발현되는 HAR1 부위를 포함하는 2개의 RNA(HAR1F) 중 하나를 발견하였다. 신피질은 고도의 인지 기능—아마도 침팬지와 사람 사이의 가장 현저한 차이—에 중심적인 부위로 여겨진다.

따라서 우리는 HAR1이 두 개의 RNA로 발현되는 것을 알았지만, 이 2개의 RNA는 단백질을 암호화하지는 않는다. 그러나 HAR1F의 염기서열을 통해 이 RNA가 안정적인 2차구조(분자 간 염기결합)를 형성한다는 것을 예측할 수 있었다. 그리고 침팬지와 인간 HAR1F 사이의 서열 차이들은 염기 간 결합의 강도를 포함한 2차구조상의 큰 차이를 만들어 내는 것으로 예측되었다. 우리는 아직 HAR1F와 HAR1R이 어떤 기능을 하는지 모르지만 한 가지 그럴듯한 가설은 이 중 하나 혹은 둘 다 발달 중인 사람 뇌에서 단백질을 암호화하는 유전자들의 발현에 영향을 미쳐 인지 기능에 영향을 미친다는 것이다.

이 분야의 다른 연구자들뿐만 아니라 하우슬러 등의 연구에서 발견할 수 있는 한 가지 놀라운 점은 사람과 침팬지의 유전체에서 가장 빠르게 변하는 부위가 단백질을 암호화하는 유전자들이 아니라 유전체 중 비암호화 부위들이라는 점이다.

비록 침팬지가 살아있는 우리와 가장 가까운 종이지만 진화적으로 우리와 가장 가까운 친척은 약 3만 년 전 멸종한 네안데르탈인(*Homo neanderthalensis*)이다. 2010년 시안테 파보(Svante Pääbo)가 이끄는 한 연구팀이 많은 사람들이 불가능할 것으로 여겼던 과제, 즉 네안데르탈인의 유전체 서열에 대한 초안을 보고하였다. 화석 개체의 유전체를 서열 결정할 때의 문제점은 DNA에 손상이 무척 심하다는 점인데, 이런 점 때문에 연구팀은 서열 결정을 시작하기 위해서는 의도적으로 조각을 내야만 하는 차세대 서열결정법을 사용한다면 이미 조각이 난 DNA가 그리 큰 문제가 아닐 것으로 판단하였다. 또 다른 장애물은 네안데르탈인 뼈에서 DNA를 채취할 때 이미 박테리아 DNA가 상당하게 오염이 되어 있었다는 점이다. 그러나 Pääbo 연구진은 CG서열이 포함된 인식부위(포유동물에서는 드물지만 미생물에는 흔함)를 가지는 제한효소로 DNA를 절단하는 방법으로 이 문제를 피해갔다. 즉, 제한효소 처리로 인해 대부분의 미생물 DNA들이 서열결정을 방해하지 않을 정도의 사이즈로 분해되었던 것이다.

차세대 서열결정법의 한 가지 한계점은 DNA 조각이 너무 짧아서 조각들 사이의 명백한 중복을 발견하기 어려운 경우가 흔하고, 따라서 완전한 유전체로 조각 맞춤이 불가능할 수 있다는 점이다. 그러나 이런 경우에도 유연관계가 가까운 종의 유전체 서열이 이미 결정되어 있다면 이들과 비교하여 적절한 순서로 배열하는 것이 어렵지 않다. 인간 유전체 서열이 이미 밝혀져 있었기 때문에 파보 연구진은 인간 유전체를 잘 보존된 화석 유해로부터 추출한 네안데르탈인 DNA 서열과 비교하는 뼈대로 사용할 수 있었다.

네안데르탈인의 서열을 확보하였다는 것은 여러 이유에서 매우 흥분되는 사실이다. 예를 들면 현생 인류와 네안데르탈인들이 서로 교잡하였는지에 대한 질문에 이제 답을 할 수 있게 된 것이다. 두 종은 유럽과 아시아에서 적어도 1만 년 이상 공존하였기 때문에 네안데르탈인들이 사라지기 전까지는 교잡의 가능성이 충분하였다. 만약 교잡하였고 그 후손이 생식능력을 지녔다면 현대인에서 네안데르탈인 유전체의 흔적을 찾을 수 있어야 할 것이다. 실제로 파보 연구진은 네안데르탈인 유전체와 현대 유럽인(프랑스인), 현대 동아시아인(한족 중국인), 그리고 현대 파푸아뉴기니인 유전체들 사이의 유사성을 발견하였다. 그러나 이러한 유사성이 사하라 이남 아프리카인(남아프리카의 San족과 서아프리카의 Yoruba족)에서는 발견되지 않았다. 따라서 네안데르탈인과 분명히 현대 유라시아인 선조들과 교잡하였지만 이는 유라시아인과 아프리카인들 사이의 분지 이후의 사건이다. 또한 같은 이유로 네안데르탈인의 유전체가 파푸아뉴기니인, 중국인 그리고 유럽인 유전체와 비슷한 정도로 유사하다는 점에서 네안데르탈인과의 교잡은 현대인 내에서 각 인종의 분지가 일어나기 전 사건임을 알 수 있다.

파보 연구팀은 2008년 네안데르탈인의 미토콘드리아 DNA 전체서열을 발표하였는데, 실수를 제거하고 서열결정에서 오염의 효과를 제거하기 위해 한 염기에 대해 적어도 35번 이상 독립적인 해독을 할 정도로 철저히 검사하였다. 빈틈과 애매한 서열들은 전통적인 서열결정법으로 확인하였다. 그 결과 현대인과 네안데르탈인 미토콘드리아는 평균 206 염기 차이를 보였다. 현대인 미토콘드리아 서열들 사이의 차이가 2~118 염기 정도인 것과는 차이가 많이 났다. 이런 결과들을 통해 파보 연구팀은 현대인과 네안데르탈인들이 약 66만 년 전에 분지하였을 것으로 추정하였다.

4) 최소 유전체

2002년 초반까지 50종 이상의 박테리아 유전체가 서열결정되었다. 이 유전체들 중 가장 작은 것은 마이코플라즈마, 리케챠(이 중 일부는 록키산홍반열의 원인균), 라임병을 일으키는 *Borrelia burgdorferi*와 같은 기생 나선균과 같은 세포 내 기생균들이다. 지금까지 밝혀진 가장 작은 유전체를 지닌 박테리아는 *Mycoplasma genitalium*으로 겨우 530kb에 불과하다. 이런 분석은 유전학자들로 하여금 생명체로서 기능할 수 있는 가장 작은 유전체는 어떤 것일까 하는 의문을 갖게 만들었다.

이런 질문에 대한 대답을 얻는 방법 중 하나는 박테리아들의 유전체를 비교해서 최소의 공통분모(모든 종에서 공통적으로 존재하는 유전자들)를 찾는 것이다. 놀랍게도 학자들은 겨우 80개 정도의 유전자들만을 발견하였는데 이는 생명을 유지하기에는 명백히 너무 적은 숫자이다. 따라서 서로 다른 박테리아들은 각자의 유전체를 최적화시키기 위해 서로 다른 경로를 밟아 왔음이 분명하며, 결과적으로 각각의 박테리아가 거쳐 온 서로 다른 경로들이 겹쳐지는 공통부분을 발견하는 것이 사실 크게 의미가 없다는 점을 말해 준다.

1999년 크레이그 벤터Craig venter) 등은 최소 유전체를 찾기 위한 새로운 접근법에 대해 보고했다. 그들은 *Mycoplasm genitalium*과 또 비슷한 종인 *M. pneumoniae*를 대상으로 전이인자를 유전자 사이에 끼워 넣는 방법으로 체계적인 돌연변이를 유발시켰다. 그리고 어떤 유전자가 생존에 필수적이며 어떤 것들이 버려질 수 있는지 조사하였다. 그 결과 이 종이 가지고 있는 480개의 단백질 암호화 유전자 중 265~350개가 필수적임을 알 수 있었다. 놀랍게도 그중 111개 유전자의 기능에 대해서는 알려진 것이 없었다. 이런 사실은 생명을 유지하는 데 무엇이 필요한지를 연구해야 할 점이 아직도 너무나 많다는 것을 여실히 보여 준다.

이 실험을 통해 **필수유전자 세트**(essential gene set), 즉 다시 말해 결실되면 생명 유지가 불가능한 유전자들의 집합이 발견되었는데 그렇다고 해서 이것이 실제 생명체에서 생명 유지를 위해 필요한 유전자들의 집합인 **최소 유전체**(minimal genome)와 동일한 것은 아니다. 이런 차이는 한 개체가 유전자 하나씩을 잃어버리는 경우는 견딜 수 있지만 2개 또는 그 이상의 유전자를 동시에 잃어버리는 경우는 생명 유지가 불가능한 경우들이 있기 때문에 생긴다. 따라서 이런 유전자들은 필수유전자 세트에는 포함되지 않겠지만 최소 유전체에는 포함된다.

다음 작업은 그럼 어떤 유전자들이 최소 유전체를 구성하기 위해 필수유전자 세트에 더해져야 하는지를 발견하는 것이다. 벤터 등은 이 과제를 놀라울 정도로 야심 찬 방법으로 수행할 것을 제안했다. 그들은 완전히 무에서 시작해서 여러 개의 유전자들을 포함하는 DNA 카세트를 합성할 계획을 세웠다. 그런 다음 이 카세트를 자체적인 유전자들은 모두 불활성화시켜 혼돈의 가능성을 없애버린 *Mycoplasma* 세포에 도입한다. 이런 방식으로 서로 다른 유전자들의 카세트들을 조합하여 생명을 유지하게 만들 수 있는 최소한의 유전자들의 조합을 발견할 때까지 실험을 수행할 수 있다.

그러나 이런 계획의 실행을 위해서는 새로운 세포에 집어넣은 유전자들이 자신의 유전자가 하나도 없는 상태에서 정상적으로 기능하도록 만들어야 하는 큰 장벽을 극복해야만 한다. 정상적인 박테리아에 하나 또는 그 이상의 유전자를 집어넣고 이들이 잘 발현되도록 하는 것은 어려운 일이 아니다. 그렇지만 완전히 새로운 유전자 세트라면 얘기가 달라진다. 유전자들이 발현되기 보다는 아마 그냥 세포 안에 남아 있기만 할 가능성이 매우 높다. 버나드 팔슨(Bernhard Palsson)은 이 문제를 이렇게 얘기하고 있다. "어떻게 새 유전체에 발동을 걸 수 있나?"

그러나 2007년 벤터 그룹은 이러한 유전체의 발동이 실제로 가능하다는 점을 보고하였다. 연구진은 *Mycoplasma mycoides*의 유전체를 또 다른 박테리아인 *Mycoplasma capricolum*에 심었는데, 이 세포는 새로운 유전체를 가지고도 잘 자랐다. 그러나 연구팀은 이런 이식이 작동하도록 하기 위해 몇 가지 기발한 조작을 가해야만 했는데, 첫째 그들은 항생제 내성 유전자를 공여 박테리아(*M. mycoides*)에 먼저 추가하고 이 세포들을 아가로오스 겔에 심었다. 이후 세포를 깨서 열고 단백질 분해효소로 세포의 단백질들을 제거하였다. (*Mycoplasma* 세포들은 세포벽이 없기 때문에 분해하기가 쉽다.) 유출된 환형 유전체에 가해질 수 있는 물리적 스트레스를 아가로오스가 보호해 주는 상황에서 수여 박테리아(*M. capricolum*)을 막 융합시약인 폴리에틸렌 글리콜(polyethylene glycol)과 함께 처리해 주었다. 당연히 이들 수여 박테리아 중 일부는 세포막이 열리면서 노출된 공여 유전체 둘러싸고 융합한다.

수여세포의 유전체를 파괴하는 대신 벤터 연구팀은 공여세포

유전체가 자신들이 심어두었던 항생제 내성유전자와 관련된 기발한 조작을 가하였다. 융합이 일어나면 수여세포에는 자신의 유전체와 공여세포의 유전체로 된 두 벌의 유전체가 존재하게 된다. 두 벌의 유전체를 가지면서 세포는 분열할 준비를 갖추게 되고 실제로 분열한다. 딸세포 하나는 수여세포의 유전체를 가지고 다른 하나는 공여세포의 유전체를 가지는데, 공여세포 유전체를 가지는 세포만 항생제 내성 유전자를 지니므로 항생제 배지에서 키워 수여세포 유전체를 가진 세포들을 자동적으로 제거하였다. 결과적으로 실험 초기에 형성된 세포들은 모두 *M. mycoides* 유전체를 지닌 *M. capricolum* 세포들이었다.

2010년에는 벤터 등은 비슷한 방법으로 *M. capricolum* 세포에 온전히 합성으로만 만든 *M. mycoides* 유전체를 도입하였다. 이 실험의 성공은 합성생물학의 새로운 시대를 열었다. 물론 조작된 개체가 완전히 합성된 것은 아니지만—실제로는 그들의 유전체만 합성된—새로운 시대의 이정표임에는 틀림없다. 그러나 여전히 또 다른 잠재적으로 윤리적인 문제가 남을 수 있다. 무생물인 재료를 이용하여 생명을 창조하는 것이 윤리적인가? 이런 점을 인식하였기 때문에 벤터 등은 자신들의 계획을 윤리학자들에게 자문하였고 1999년 그들은 이 계획에 심각한 윤리적 문제가 없다고 결정하였다. 하지만 여기에는 안전성의 문제가 발생할 수 있으므로 정부 기관은 벤터 등이 만들지도 모르는 인공 생명체가 심각한 환경 재해를 일으키거나 또는 그 자체를 변형하여 생물 테러나 생물무기로 사용할 가능성이 있는지에 대해 조사할 것을 요청하였다.

안전성 문제를 대한 적어도 일부라도 불식하기 위해 벤터 연구팀은 조작된 생명체들을 확인할 수 있도록 자신들의 합성 유전체에 구분을 위한 표식(자연에서는 발견되지 않는 DNA 서열)을 심었다. 이런 생명체를 테러리스트들이 사용할 가능성은 매우 낮은데, 우선 이런 생명체를 만드는 것 자체가 엄청나게 정교한 작업을 요하는 데다가, 이런 생명체들이 기존에 이미 사용할 수 있는 자연적인 고독성 개체들보다 더 위험할 것이라는 증거도 없기 때문이다. 그러나 윤리적인 문제가 해결된 것은 아니므로 오바마 대통령은 이런 윤리적인 문제들을 연구하고 2010년 말까지 보고서를 내도록 윤리위원회를 소집하였다.

왜 최소 유전체를 가진 생명체를 창조하려고 하는가? 순수하게 과학적인 견지에서 단지 최소 유전체라는 것이 존재한다는 사실과 왜 이런 특정 유전자들이 필요한지를 조사하는 것이 중요할 것이다. 하지만 실질적인 응용도 가능하다. 실제로 벤터 등은 최소 유전체를 가진 박테리아에 수소와 같은 연료를 생산할 수 있게 하는 유전자들, CO_2를 포함하여 산업 폐기물들을 소화시키는 데 필요한 유전자들을 보완시킬 계획을 하고 있다.

물론, 이런 점이 미래에 미생물을 이용한 산업에서 그 동안 이용되었던 미생물들이 최소 유전체를 가진 미생물로 다 대체된다는 것을 의미하지는 않는다. 프레데릭 브래트너(Frederick Blattner) 등은 대장균에서 기존의 유전체를 조금씩 잘라내서 새로운 유전자를 받아들이기 쉽도록 조작한 새로운 생명체를 만들고 있다. 그들의 전략은 서로 다른 균주들에서 차이가 나는 유전자들, 즉 없애버려도 괜찮을 만한 유전자들을 발굴하는 것이다. 다행스럽게도 이런 유전자들은 잘라내기 편하게 특정 '섬'과 같은 부위에 모여 있는데 2005년 후반까지 그들은 벌써 43개의 유전자를 제거하였는데, 이것은 전체 유전체 크기의 10%에 이르는 정도이다. 이 정도 상태에서 벌써 변형된 박테리아는 전통적인 실험실 균주에 비해 새로운 유전자를 받아들이는 효율이 10배 정도 더 향상되었다. 2007년 후반까지 브래트너 연구팀은 세포의 성장과 외부 유전자 발현 능력에 손상을 주지 않으면서도 14%의 대장균 유전체를 제거하였고, 추가적인 제거 작업이 진행 중이다.

마지막으로 *M. genitalium*과 같은 세포 내 기생균들은 기생생활의 특성으로 인해 이렇게 작은 유전체를 가지고도 살아갈 수 있다는 점을 강조할 필요가 있다. 이들은 숙주세포로부터 많은 영양을 제공받기 때문에 이런 영양분을 만드는 데 필요한 유전자들을 안심하고 탈락시킬 수 있다. 어쩌면 *M. genitalium*은 이미 인간 숙주에서의 생활에 필요한 최소한으로 자신의 유전체를 최소화시켰을는지도 모른다. 하지만 과학자들은 이 상태에서 유전체를 더 조작하여 최적화된 실험실 환경에서만 생존할 수 있는 최소한의 형태로 만들어 낼 수 있을 것이다.

5) 생명의 바코드

분류학자들은 생명체를 분류하고 그들 사이의 차이와 유연 관계를 연구한다. 전통적으로 이들은 다른 종들을 구분하기 위해 단순한 외양, 형태적 특징 등에 의존했었다. 그러나 유전체 시대에 접어들어 이들은 이전과는 다른 새로운 분석 도구를 손에 쥐게 되었다. 왜냐하면 서로 다른 종들은 외양이 서로 다를 뿐만 아니라 서로 다른 DNA 서열을 가지고 있기 때문이다. 더구나 두 종 사이의 DNA 서열의 차이의 정도는 진화적 거리, 또는 일정한 속도로 돌연변이가 축적된다고 가정한다면 두 종이 분지된 시간까지도 추정할 수 있는 좋은 지표가 된다.

그러나 연구해야 할 수백만 종들을 고려하면 오늘날의 기술로 이 모든 종들의 상당한 정도에서 전체 유전체 서열을 결정한다는 것은 전혀 희망이 없는 일이다. 반면에 분류학자들은 연구하는 종들 사이에서 상당한 정도의 변이를 보여 주는 유전체상의 작은 부위에 주목을 한다. 생명의 바코드 컨소시엄(Consortium for the Barcode of Life, CBOL)이라고 하는 과학자 단체는 상대적으로 짧은 염기서열 또는 바코드(barcode)를 지구상의 모든 종의 유전체로부터 확보할 것을 제안하고 있다. 원리상으로 이런 작업은 생물 무기로 사용될 수 있는 종들을 포함하여 이미 알려진 종들을 신속히 확인할 수 있는 방법이 될 것이며 새로운 종들을 계통수의 적절한 가지에 위치시킬 수 있도록 도와줄 것이다. 이 작업은 기존에 이미 알려진 170만 동물 및 식물 종으로부터 시작해서 나머지 1000만 이상의 알려지지 않은 종(미생물은 제외하고도)들로 진행되어 나갈 것이다.

CBOL 과학자들은 동물의 경우 미토콘드리아 사이토크롬 c 산화효소 단위체 I(COI) 유전자의 648bp 부위를 조사하기로 결정하였는데 이 유전자는 모든 유기체에 존재하며 적어도 동물의 경우 같은 종 내에서는 차이가 거의 없지만 유연 관계가 가까운 종들 사이에서도 상당한 차이를 보인다. 예를 들어 서로 다른 사람들 사이에서 648bp 중 1~2개 bp 정도 차이를 보인다면 우리와 가장 가까운 살아 있는 종인 침팬지와는 60bp 정도 차이가 난다. 더구나 648bp는 전통적인 자동염기서열 결정 기계에서 한 번의 작동으로 얻기에 쉽고 비용도 얼마 들지 않는 크기이며 또 염색체 DNA가 하나의 세포에 오직 두 벌만 들어 있는 것에 비해 미토콘드리아 DNA는 100~10,000개나 들어 있기 때문에 분리하기도 무척 쉬운 장점이 있다.

COI 바코드의 단점은 식물 미토콘드리아 DNA는 동물의 미토콘드리아 DNA에 비해 변이의 정도가 훨씬 작다는 점이다. 따라서 COI 바코드는 식물의 경우에는 별로 효율적이지 못하다. 대신 COBOL의 식물분과 실무 그룹인 식물 계통학자들의 컨소시움에서는 2개의 엽록체 유전자(*matK*와 *rbcL*)을 식물 바코드로 사용하자는 제안을 하였다. 이 바코드는 일부 식물들에서는 잘 적용되는 반면 잘 맞지 않는 식물들도 있기 때문에 완전한 해결책은 아니지만, 그래도 이 바코드가 지금까지 모든 식물 종들의 72%를 정확히 분류하였고 식물들을 적절한 속(gunus)으로 구분하는 데는 완벽하게 작동하였다.

리차드 프레스톤(Richard Preston)의 소설 『코브라 사건(The Cobra event)』에는 한 미친 남자가 위험한 바이러스를 만들어서 뉴욕시에 뿌리는 장면이 나온다. 그러나 소설 속의 과학자들은 이런 물질을 쉽게 확인할 수 있는 휴대용 기기로 순식간에 미생물들을 검증할 수 있는 수단을 가지고 있다. 우리는 아직까지 그 수준에 도달하지 못한 것은 분명하지만, 그러나 언젠가는 바코드를 통해 미지의 생물을 신속하게 확인할 수 있는 휴대용 기기 형태로 DNA 서열분석 기계를 소형화할 수 있는 시기가 올지도 모른다.

요약

서열이 결정되지 않은 거대한 DNA로부터 유전자를 찾아내는 몇 가지 방법들이 개발되었다. 그중 하나가 엑손포획인데 이 방법은 엑손만을 클로닝할 수 있는 특수한 벡터를 이용한다. 또 다른 방법은 CpG 섬(메틸화되지 않은 CpG 서열을 가진 부위)을 찾기 위해 메틸화에 민감하게 반응하는 제한효소를 이용하는 방법이다. 유전체 시대 이전에 유전학자들은 헌팅턴병 유전자(HD)의 위치를 4번 염색체 말단 부근으로 파악하였다. 이후 엑손포획 방법을 이용하여 그 유전자 자체를 찾아냈다.

빠르고 자동화된 DNA 서열결정법의 도움으로 분자생물학자들은 바이러스나 간단한 파지에서부터 박테리아, 효모, 하등동물, 식물에 이르는 여러 생명들의 염기서열을 얻을 수 있었다. 인간 유전체 프로젝트를 수행하는 과정에서 대부분의 지도작성 작업은 하나의 효모 복제기점, 하나의 동원체, 2개의 말단소체를 가지고 있는 효모 인공염색체(YAC)를 이용해 이루어졌다. 이 벡터에는 1백만 염기쌍 이상의 외부 DNA가 동원체와 한쪽 말단소체 사이에 끼어 들어갈 수 있다. 삽입된 DNA는 YAC이 복제될 때 함께 복제된다. 한편 월등한 안정성과 사용상의 편리함 때문에 인간 유전체 프로젝트를 위한 대부분의 염기서열 결정 작업은 박테리아 인공염색체(BAC)를 이용해 이루어졌다. BAC은 대장균의 F 플라스미드를 기반으로 한 것인데 약 300kb까지의 외부 DNA를 받아들일 수 있지만 일반적인 크기는 약 150kb 정도이다.

인간의 유전체나 다른 대형 유전체의 지도작성을 위해서는 유전자들의 상대적인 위치를 지정해줄 수 있는 기준 점들(지표)이 필요하다. 유전자 자체도 지도작성을 위한 지표로 쓰일 수 있지만 지표들은 대부분 RFLP, VNTR, STS(EST를 포함하는), 그리고 미세부수체 등과 같은 익명의 DNA 가닥들인 경우가 많다. RFLP는 두 사람 또는 그 이상의 사람 DNA를 같은 제한효소로 절단했을 때 절단된 조각들의 크기가 사람에 따라 다르게 나타나는 현상을 말한다. RFLP는 특정 위치에서 그 제한효소 자리가 있거나 없거나에 따라 나타날 수도 있고 두 제한효소 자리 사이에 VTNR이 위치함으로써 생길 수도 있다. STS는 한쌍의 특정 프라이머로 PCR을 수행했을 때 예측되는 크기의 산물을 만들 수 있는 DNA상의 한 지역을 말한다. EST는 cDNA에서 만들어지는 STS의 일종으로 이들은 직접 발현되는 유전자를 표시한다. 미세부수체는 겨우 몇 뉴클레오티드(보통 2~4nt)가 순차 반복된 부분 바깥쪽에 위치하는 프라이머 쌍을 이용해 만들어내는 STS의 일종이다.

방사선 잡종 지도법은 지표들이 너무 멀리 떨어져 있어 하나의 BAC 안에 도저히 들어갈 수 없을 때 사용할 수 있는 기술이다. 이 방법을 위해 인간 세포에 방사선을 조사하여 염색체를 파괴하고 죽어가는 세포들을 햄스터 세포와 융합시킨다. 이 잡종세포에는 인간 염색체의 조각들이 무작위로 존재하게 된다. 두 지표가 가까이 존재하면 할수록 이들이 같은 잡종 세포주에서 발견될 확률이 높아질 것이다.

대형 염기서열 결정 프로젝트들은 다음의 두 가지 형태로 진행될 수 있다. 지도작성 후 염기서열을 결정하는 순차적 클론(clone-by-clone) 방법 또는 산탄(shotgun) 방법이 그것이다. 실제로 인간 유전체 프로젝트는 이 두 가지 방법이 혼용되어 쓰였다. 순차적 클론 방법을 위해서는 STS를 포함하는 유전체 전체의 물리지도작성이 요구되었고 지도작성에 사용된 중첩되는 클론(대부분 BAC)들의 염기서열을 결정했다. 그 결과 만들어진 염기서열들을 차례차례 배열하여 하나로 만들게 된다. 산탄 방법에서는 다양한 크기의 삽입된 DNA를 가지는 클론들의 라이브러리를 구축하고 각 삽입된 DNA들을 무작위로 염기서열을 결정한다. 그다음 컴퓨터 프로그램에 의존하여 서로 겹치는 부분을 찾고 그것들을 재배열하여 하나의 연속된 염기서열로 만드는 것이다.

인간 염색체 22q의 염기서열 결정으로 밝혀진 사실들은 다음과 같다. ① 갭이 존재하지만 현재의 기술로는 메워질 수가 없다. ② 2, 855개의 주석된 유전자가 존재한다. ③ 염색체의 대부분(약 97%)이 유전자를 구성하지 않는 비암호화 부분이다. ④ 염색체의 약 40%가 도처에 흩어져 있는 Alu 서열이나 LINE와 같은 반복서열들이다. ⑤ 재조합률이 낮은 대부분의 지역들 사이에 재조합률이 높은 짧은 지역들이 흩어져 있는 형태로 염색체상의 위치에 따라 서로 다른 재조합률을 보인다. ⑥ 근거리 또는 원거리에서 중복 현상이 일어난 증거들을 발견했다. ⑦ 인간 염색체 22번에 존재하는 유전자들의 상동유전자들이 인간 유전자들 사이의 연관을 그대로 유지한 채 7개의 생쥐 염색체에 나뉘어져 보전되어 있었다.

두 그룹에 의해 발표된 인간 유전체 실무 초안을 통해 인간 유전체가 처음 기대했던 것보다 적은 숫자의 유전자를 가진다는 것을 추정할 수 있었다. 우리 유전체 규모의 약 절반 정도가 전이인자의 활동에 의해 만들어졌고 이 전이인자들 자신들도 유전체상의 수십 개의 유전자를 만드는 데 기여했다. 덧붙여 박테리아들도 최소 수십 개 이상의 인간 유전자 형성에 기여한 것으로 보인다. 인간 유전체 최종본은 실무 초안보다 훨씬 정밀하고 완성도가 높지만 여전히 일부 갭이 남아 있다. 최종본을 기준으로 유전학자들은 인간 유전체에 20,000~25,000개의 유전자가 있을 것으로 추정한다. 최종본은 또한 인간 진화의 역사에 대해서도 귀중한 정보들을 제공하고 있다.

인간 유전체 서열을 다른 포유동물 유전체 서열과 비교함으로써 우리는 이미 유전체들 사이의 유사성과 차이에 대해 많은 정보를 얻었다. 이런 비교를 통해 새로운 많은 숫자의 사람 유전자를 발굴해 낼 수도 있었다. 미래에는 이런 비교를 통해 인간 유전병의 원인이 되는 결함 유전자들을 발굴해 낼 수 있을 것이다. 또 생쥐처럼 사람과 가까운 종들을 이용하여 언제 어디서 유전자들이 발현되는지 조사할 수 있고 따라서 상응하는 사람 유전자가 언제 어디서 발현되는지에 대한 추정을 할 수 있다. 생쥐와 사람 유전체의 정밀 비교를 통해 두 종 사이에 고도의 신터니가 존재한다는 것도 밝혀졌다.

간단한 생명체에서는 각각의 유전자를 돌연변이 시켜 어떤 유전자가 생명 유지에 필수적인지 조사함으로써 필수 유전자 세트를 규정할 수 있다. 또한 생명유지를 위해 필요한 최소한의 유전자 세트인 최소 유전체를 규정하는 것도 가능하다. 이 최소 유전체는 아마도 필수 유전자 세트보다는 클 것이다. 원리상으로는 이 최소 유전체를 그 자체의 유전자가 없는 세포에 도입하여 실험실 조건에서 생존할 수 있는 새로운 생명체를 창조하는 것도 가능하다. 주의 깊게 선발한 유전자들을 추가한다면 이런 생명체를 여러 가지 유용한 작업을 수행할 수 있도록 조작하는 것도 가능할 것이다.

지구상에 존재하는 어떤 종이든 구분할 수 있는 바코드를 만들려는 노력이 이미 시작되었다. 최초의 '생명의 바코드'는 각 종들의 미토콘드리아 COI 유전자에 있는 648bp 서열로 구성될 것이다. 이 서열은 거의 대부분의 동물을 혼돈 없이 구분하기에 충분하다. 식물들을 위한 서열, 즉 바코드들도 연구되고 있다.

복습 문제

1. CpG 섬이란 무엇인가? 어쩌서 CpG 염기서열이 사람 유전체에서 사라지는 경향을 보이는가?

2. a. 어떤 종류의 돌연변이에 의해 헌팅턴병이 일어나는가?
   b. 헌팅턴병 원인 유전자로 밝혀진 *HD* 유전자가 진짜 헌팅턴병을 일으키는 유전자인지에 대한 증거는 무엇인가?

3. 열린 해독틀(ORF)이란 무엇인가? 짧은 ORF를 포함하는 DNA 염기서열을 써라.

4. YAC 벡터의 필수 요소들은 무엇인가?

5. BAC 벡터의 기초가 되는 플라스미드는 무엇이며, 그들의 필수 요소들은 무엇인가?

6. 유전체에서 하나의 STS를 찾기 위한 과정을 설명하라.

7. 미세부수체와 미소부수체를 설명하라. 왜 미소부수체보다 연관 지도작성에 미세부수체가 더 좋은 방법인지를 설명하라.

8. BAC 클론들을 이용해 콘티그(contig)를 형성하기 위해 STS를 어떻게 이용할 수 있는지 설명하라. 교과서에서 보여 준 그림과는 다른 그림으로 나타내라.

9. STS를 지도화하기 위해 방사선 잡종 지도법이 어떻게 이용될 수 있는지 설명하라.

10. EST가 보통의 STS와는 어떤 차이가 있는가?

11. 순차적 클론법과 산탄 염기서열 작성법을 비교하고 그 차이점을 기술하라.

12. 22번 인간 염색체 염기서열을 통해 얻을 수 있는 주된 결론은 무엇인가?

13. 위유전자(pseudogene)이란 무엇인가?

14. 오소로그(ortholog)와 파라로그(paralog)의 차이점은 무엇인가?

15. 과학자들은 사람과 같이 복잡한 진핵생물의 유전자 숫자를 어떻게 추정하는가?

16. 호랑이복어(*Fugu rubripes*)의 유전체는 사람 유전체에 비해 1/9 크기이지만 유전자의 숫자는 비슷하다. 어떻게 이런 일이 가능한가?

17. 생쥐와 사람 유전체에서 신터니부위(syntenic region)의 의미는 무엇인가?

18. 인간은 회충과 비슷한 숫자의 단백질 암호화 유전자들을 가지는 것으로 밝혀졌다. 이 두 개체 사이의 복잡성의 차이와 유전자 숫자들의 차이에 관련성이 없다는 사실을 당신은 어떻게 설명할 수 있는가?

19. 한 개체의 필수 유전자 세트(essential gene set)와 최소 유전체(minimal genome)의 차이는 무엇인가?

분석 문제

1. 다음 DNA들이 엑손포획에 의해 탐지되는지 여부를 밝히고 그 근거를 설명하라.

a. 인트론

b. 엑손 일부분

c. 양쪽에 인트론 일부분을 가진 하나의 완전한 엑손

d. 한쪽에 인트론 일부분을 가진 하나의 완전한 엑손

2. 다음은 RFLP로 지도를 작성하고자 하는 부분의 물리 지도이다.

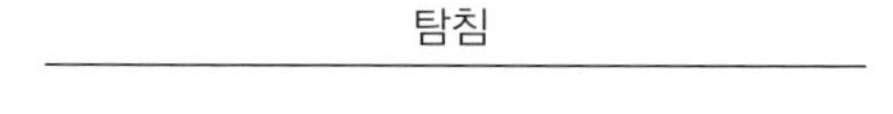

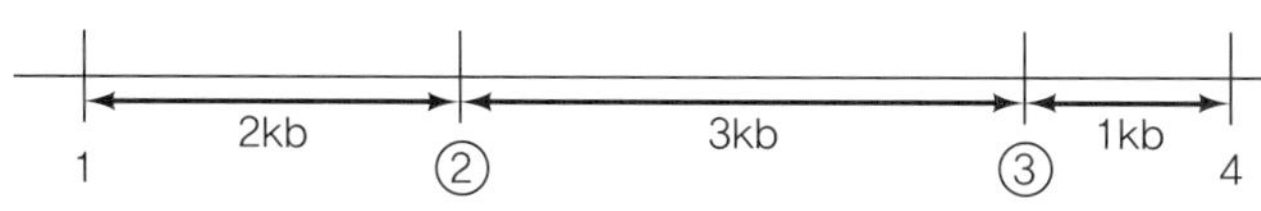

번호가 매겨진 수직선은 *SmaI*에 의해 인식되는 제한 위치가다. 둥근 원 속에 표시된(2, 3) 지역은 다형성을 갖고 나머지는 그렇지 않다. DNA를 SmaI으로 자르고 전기영동하여 막에 흡착시켜 위에 표시된 탐침 DNA로 잡종화시킨다. 2, 3 지역에 대한 단상형이 다음과 같은 동형접합자인 사람들에서 발견할 수 있는 밴드의 크기를 나타내라.

단상형	위치 ②	위치 ③	절편크기
A	있다	있다	
B	있다	없다	
C	없다	있다	
D	없다	없다	

3. 인간의 유전병에 관련된 원인 유전자를 찾고자 한다. 이 유전자가 X-210이라는 탐침으로 검색되는 RFLP와 연관되어 있음을 알고 X-21 DNA를 탐침으로 사용해 생쥐와 인간의 잡종 세포주들로부터 뽑은 DNA와 잡종화시켰다. 다음 표는 각 잡종 세포에 존재하는 인간 염색체와 그 세포의 DNA에 탐침 X-210이 잡종화되는지 여부를 보여 준다. 어떤 인간 염색체가 질병 유전자를 지니고 있는가?

세포주	인간 염색체 구성	X-21로 잡종화
A	1, 5, 21	+
B	6, 7	−
C	1, 22, Y	−
D	4, 5, 18, 21	+
E	8, 21, Y	−
F	2, 5, 6	+

4. 유전적 연구가 활발히 진행되고 있는 어떤 한 개체의 유전체 서열을 막 확보하였다고 하자. 당신이라면 어떻게 재조합이 활발히 일어난 유전체 부위를 확인할 것인지 설명하라. 당신의 접근법의 배경이 되는 이유도 함께 설명하라.

추천 문헌

General References and Reviews

Ball, P. 2007. Designs for life. *Nature* 448:32–33.

Collins, F.S., M.S. Guyer, and A. Chakravarti. 1997. Variations on a theme: Cataloging human DNA sequence variation. *Science* 278:1580–81.

Fields, S. 2007. Site-seeing by sequencing. *Science* 316:1441–42.

Goffeau, A. 1995. Life with 482 genes. *Science* 270:445–46.

Goffeau, A., B.G. Barrell, H. Bussey, R.W. Davis, B. Dujon, H. Feldmann, et al. 1996. Life with 6000 genes. *Science* 274:546–67.

Levy, S., and R.L. Strausberg. 2008. Individual genomes diversify. *Nature* 456:49–51.

Morell, V. 1996. Life's last domain. *Science* 273:1043–45.

Murray, T.H. 1991. Ethical issues in human genome research. *FASEB Journal* 5:55–60.

Ponting, C.P. and G. Lunter. 2006. Human brain gene wins genome race. *Nature* 443:149–50.

Reeves, R.H. 2000. Recounting a genetic story. *Nature* 405:283–34.

Venter, J.C., H.O. Smith, and L. Hood. 1996. A new strategy for genome sequencing. *Nature* 381:364–66.

Zimmer, C. 2003. Tinker, tailor: Can Venter stitch together a genome from scratch? *Science* 299:1006–07.

Research Articles

Bentley, D.R. et al. 2008. Accurate whole human genome sequencing using reversible terminator chemistry. *Nature* 456:53–59.

Blattner, F.R., G. Plunkett 3rd, C.A. Bloch, N.T. Perna, V. Burland, M. Riley, et al. 1997. The complete genomic sequence of Escherichia coli K12. *Science* 277:1453–62.

Bult, C.J., O. White, G.J. Olsen, L. Zhou, R.D. Fleischmann, G.G. Sutton, et al. 1996. Complete genome sequence of the methanogenic archaeon, Methanococcus jannaschii. *Science* 273:1058–73.

C. elegans Sequencing Consortium. 1998. Genome sequence of the nematode C. elegans: A platform for investigating biology. *Science* 282:2013–18.

Deloukas, P., G.D. Schuler, G. Gyapay, E.M. Beasley, C. Soderlund, P. Rodriguez–Tome, et al. 1998. A physical map of 30,000 human genes. *Science* 282:744–46.

Dunham, I., N. Shimizu, B.A. Roe, S. Chissoe, A.R. Hunt, J.E. Collins, (The Chromosome 22 Sequencing Consortium). 1999. The DNA sequence of human chromosome 22. *Nature* 402:489–95.

Grimson, A., M. Srivastava, B. Fahey, B.J. Woodcroft, H.R. Chiang, N. King, B.M. Degnan, D.S. Rokhsar, and D.P. Bartel. 2008. Early origins and evolution of microRNAs and Piwi–interacting RNAs in animals. *Nature* 455:1193–97.

Gusella, J.F., N.S. Wexler, P.M. Conneally, S.L. Naylor, M.A. Anderson, R.E. Tauzi, et al. 1983. A polymorphic DNA marker genetically linked to Huntington's disease. *Nature* 306:234–38.

Hudson, T.J., L.D. Stein, S.S. Gerety, J. Ma, A.B. Castle, J. Silva, et al. 1995. An STS–based map of the human genome. *Science* 270:1945–54.

Hutchinson, C.A. III, S.N. Peterson, S.R. Gill, R.T. Cline, O. White, C.M. Fraser, H.O. Smith, and J.C. Venter. 1999. Global transposon mutagenesis and a minimal mycoplasma genome. *Science* 286: 2165–69.

International HapMap Consortium. 2005. A haplotype map of the human genome. *Nature* 437:1299–1320.

International Human Genome Sequencing Consortium. 2001. Initial sequencing and analysis of the human genome. *Nature* 409:860–921.

Mural, R.J., M.D. Adams, E.W. Myers, H.O. Smith, G.L. Miklos, R. Wides, et al. 2002. A comparison of whole–genome shotgun–derived mouse chromosome 16 and the human genome. *Science* 296:1661–71.

Paabo, S. and many other authors. 2008. A complete Neandertal mitochondrial genome sequence determined by highthroughput sequencing. *Cell* 134:416–26.

Paabo, S. and many other authors. 2010. A draft sequence of the Neandertal genome. *Science* 328:710–22.

Schuler, G.D., M.S. Boguski, E.A. Stewart, L.D. Stein, G. Gyapay, K. Rice, et al. 1996. A gene map of the human genome. *Science* 274:540–46.

Shizuya, H., B. Birren, U.–J. Kim, V. Mancino, T. Slepak, Y. Tachiiri, and M. Simon. 1992. Cloning and stable maintenance of 300–kilobase–pair fragments of human DNA in Escherichia coli using an F–factor–based vector. *Proceedings of the National Academy of Sciences USA* 89:8794–97.

Venter, J.C., M.D. Adams, E.W. Myers, P.W. Li, R.J. Mural, G.G. Sutton, et al. 2001. The sequence of the human genome. *Science* 291:1304–51.

CHAPTER 25

유전체학 II
: 기능유전체학, 단백질체학, 생물정보학

수천 개의 유전자 발현을 한 번에 측정할 수 있는 DNA 미세배열. 작은 원: 한 연구자가 특정 유전자들의 발현 양상을 컴퓨터를 이용하여 분석하고 있다. (Copyright © IncyteGenomics.)

24장에서 우리는 유전체의 서열들을 발견하는 과정들과 단순히 이런 서열들을 살펴보고 다른 유전체 서열들과 비교하는 과정에서 알 수 있었던 지식들을 주로 다루었다. 그 외에도 많은 다른 응용 과정들이 있는데, 이들 모두가 이미 밝혀진 유전체 정보에 의존적이라는 점에서 모두 '후기유전체학(postgenomics)'라고 할 만하다. 한 가지 중요한 응용 분야가 유전체의 기능 혹은 발현을 다루는 **기능유전체학**(functional genomics)이다.

이 장에서 먼저 기능유전체학의 검사법 한 가지를 소개할 것이다. 이어 심지어는 유전체학보다 더 복합한 **단백질체학**(proteomics)에 대해 알아볼 것이다. 단백질체학은 한 개체가 일생 동안 만드는 모든 단백질들의 성질과 활성을 의미하는 **단백질체**(proteome)에 관한 연구이다. 마지막으로 **생물정보학**(bioinformatics)에 대해 소개할 텐데, 이는 유전체학, 단백질체학, 그리고 기타 대규모 생물학적 연구들을 통해 밝혀진 방대한 양의 정보들을 관리하고 사용하는 데 관련된 학문 분야이다.

25.1. 기능유전체학 : 유전체 규모에서의 유전자 발현

무엇보다도 유전체의 발현을 RNA 수준에 초점을 맞춰 분석할 수 있다. 한 개체의 모든 유전자를 유전체(genome)라 부르는 것처럼 한 개체에서 특정 순간에 발현하는 모든 전사체를 **트랜스크립톰**(transcriptome)이라 부른다. 또한 주어진 시간에 여러 유전자들에 의해 발현되는 RNA의 수준을 측정하는 기능유전체학적 접근방법을 **전사체학**(transcriptomics)이라고 한다. 둘째, 유전체 정보를 한 개체의 일생 중 모든 단계에서 모든 유전자들의 발현 패턴을 분석하는 데 사용할 수 있다. 이런 종류의 분석을 **유전체 기능분석**(genomic functional profiling)이라고 한다.

셋째, 여러 개인들의 유전체 정보를 비교해서 중요한 차이들을 발견하는 것이다. 예를 들어 단일염기에 차이가 나는 것을 **단일염기 다형현상**(single-nucleotide polymorphism, SNP)이라고 부른다. 가끔씩 이런 SNP가 유전 질병과 연관되어 있기도 하며 또 개인 간 약물 감수성에 차이가 나는 원인이 되기도 한다. 하지만 이런 SNP가 인간 유전체에서 발견되는 일반적인 개인차의 전부는 아니다. 좀 더 자세히 비교를 할수록 역전, 중복, 결실과 같은 염색체 구조상의 중요한 변이들을 더 많이 발견할 수 있게 된다. 더구나 이런 변이의 일부는 매우 중요한 결과를 낳게 되는데 한 예로 아시아나 아프리카인에서는 잘 보이지 않지만 유럽인에서 자주 발견되는 하나의 긴 역전 부위를 가진 여성은 이 부위를 갖지 않은 여성에 비해 많은 수의 자녀를 낳는다. 따라서 이 역전 부위는 진화적인 이점을 제공한다.

마지막으로 유전체의 단백질 산물들의 구조와 기능을 연구할 수 있다. 단백질 구조에만 초점을 맞춘다면 **구조유전체학**(structural genomics)이라고도 하지만 이런 모든 노력을 통틀어서 **단백질체학**(proteomics)이라고 하며 이 장 후반부의 주요한 테마로 다뤄질 것이다. 이 절에서는 전사체학, 유전체 기능분석, 그리고 SNP에 대해서 주로 설명한다.

1) 전사체학

특정 조직에서 오랜 기간에 걸친 한 유전자의 발현 패턴을 알아보기 위해서는 5장에서 언급한 **점블롯**(dot blot) 분석방법을 이용할 수 있다. 즉, 알고자 하는 유전자의 단일가닥 DNA를 필터에 수 mm 크기로 찍고 조사하고자 하는 조직에서 각 시간대 별로 만들어진 RNA에 표지를 한 뒤, 이 점들과 잡종화 반응을 시키는 것이다. 그러나 만약 각 시간대에 걸쳐 이 조직의 모든 유전자들의 발현 패턴을 알고자 할 땐 어떻게 해야 할 것인가? 이론적으로는 한 세포의 모든 mRNA에 부합하는 10만 개 이상의 단일가닥 DNA가 찍힌 거대한 점블롯을 만들 수 있을 것이다. 그리고 여기에 표지된 RNA를 결합시키는 것이다. 그러나 이런 엄청난 크기의 블롯을 실제로 실험에 적용하기에는 기술적으로 어려움이 따른다. 다행히 분자생물학자들은 이런 블롯의 크기를 줄일 수 있는 방법들과 전체 유전체의 발현을 분석하는 중요한 방법들을 고안하였다. 이제 DNA 배열과 유전자 미세칩, 그리고 그 외 다른 몇 가지 특이한 방법들에 대해 알아보자.

(1) DNA 미세배열과 미세칩

크기의 문제를 해결하기 위해 분자생물학자들은 극소량의 DNA를 칩에 점찍기 위해 잉크젯 프린트의 기술을 채용하였다. 이 점들은 매우 작아 많은 종류의 DNA를 하나의 칩 위에 찍을 수 있는데 이를 **DNA 미세배열**(DNA microarray)이라 한다. Vivian Cheung 등은 0.25~1.0nL(10^{-9}L) 정도 소량의 DNA 용액을 찍을 수 있는 펜이 평행하게 12개가 있는 로봇을 개발했다. 이 DNA 점들은 지름이 100~150μm 정도로 엄청나게 작고 점들의 중심 간의 거리는 200~250μm밖에 안 된다. 그 결과는 그림 25.1의 모식도처럼 보인다. 그러나 실제는 이 모식도보다 훨씬 더 조밀하다. 왜냐하면 모식도에는 일반 현미경 슬라이드에 DNA 점이 겨우 7,500개밖에는 안 찍혀 있기 때문이다. 점을 찍고 나면 이 DNA 점을 공기 중에 말린 후 자외선을 쬐어 슬라이드 글라스 위 부분에 있는 얇은 실레인(silane) 층에 공유결합시킨다.

블롯의 크기를 줄이는 또 다른 방법은 칩 표면에 많은 올리고뉴클레오티드를 동시에 합성하는 것이다. 1991년 스티븐 포터

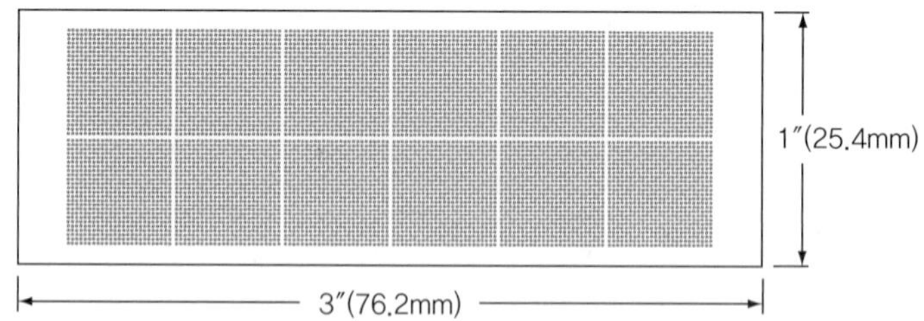

그림 25.1 DNA 미세배열의 모식도. 이 그림은 1″×3″ 크기의 표준 현미경 유리 슬라이드에 7,500개의 작은 DNA 점들이 배열되어 있는 것을 보여 준다. 각 점들의 지름은 200μm이고 중심 간의 거리는 400μm이다. 지금 그림의 예는 현재 우리가 얻을 수 있는 최고 수준의 밀도에 비하면 훨씬 덜 조밀하게 만들어진 것이다. 실제로 이 크기의 슬라이드에 50,000개 이상의 DNA 점들을 배열하는 것이 가능하다. (출처: Adapted from Cheung, V.G., M. Morley, F. Aguilar, A. Massimi, R. Kucherlapati, and G. Childs, Making and reading microarrays. *Nature Genetics Supplement* Vol. 21 (1999) f. 2, p. 17.)

Steven Fodor) 등은 컴퓨터 칩을 만드는 사진 석판 기술을 그대로 사용해 작은 미세 유리칩에 작고 짧은 DNA(또는 올리고뉴클레오티드) 점을 촘촘히 찍는 기술을 개발했다. 1999년도의 기술(그림 25.2)에서 이 연구진은 합성 연결자(linker)로 코팅된 작은 유리 슬라이드를 이용했다. 이 합성 연결자는 광반응기로 억제되어 있는데, 이는 빛에 의해 제거 가능한 것이다. 이 연구진은 슬라이드의 일부만 덮어 가린 후 빛을 쪼여 빛에 노출된 부분의 광반응기를 제거하고 여기에 뉴클레오티드(역시 광반응기로 억제된 것)를 첨가하여 슬라이드 전체에 반응시켰다. 그 결과 뉴클레오티드는 칩에 있는 일부의 점(빛에 노출된)에 하나씩 붙었다. 다음으로 전과는 다른 부분을 가린 후 빛을 쪼여 광반응기를 제거하고 다른 뉴클레오티드를 붙였다. 위 두 과정에서 모두 노출된 부분은 이중 뉴클레오티드가 형성된다. 이 방법을 반복하여 그들은 각각의 점에 서로 다른 올리고뉴클레오티드를 붙였다.

그 결과로 생긴 칩을 **DNA 미세칩**(DNA microchip) 또는 **올리고뉴클레오티드 배열**(oligonucleotide array)이라 한다. 이 기술은 1.28×1.28cm 크기(약 0.5평방인치)의 칩에 30만 개의 서로 다른 올리고뉴클레오티드를 붙이는 것이 가능할 정도로 소형화되었다. 또 4^n개의 서로 다른 올리고뉴클레오티드를 만들려면 $4 \times n$번의 반응만 시키면 될 정도로 효율적이다. 그래서 만약 가능한 모든 9량체(9mer, 4^9, 약 250,000개의 서로 다른 올리고뉴클레오티드)를 만들고자 한다면 $4 \times 9 = 36$번의 반응만 시키면 되는 것이다. 하나의 올리고뉴클레오티드가 다른 모든 유전자에는 존재하지 않고 오직 한 유전자에만 존재하는 특이한 염기서열이 되기 위해서는 어느 정도의 길이를 가져야 할까? 사람의 유전체 염기서열을 알고 있으므로 우리는 상당히 정확하게 이 질문에 대답할 수 있지만 이런 정보가 없더라도 최소한의 근사치를 얻을 수 있는 계산을 쉽게 할 수 있다. n개로 구성된 염기서열은 DNA상에서 4^n개의 염기마다 한 번씩 나올 것이다. 즉, 특정 DNA 서열이 전체 DNA 가닥에서 4^n 염기쌍당 1회 존재하려면 n개의 염기로 이루어져야 한다. 그러므로 우리는 3.5×10^9인 사람의 전체 유전체에서 하나만 있는 올리고뉴클레오티드의 최소 염기수를 알기 위해서는 다음과 같은 식을 통해 n을 구할 수 있다.

$$4^n = 3.5 \times 10^9$$

$n=16$이면 $4^n > 3.5 \times 10^9$이므로 적어도 염기수가 16개인 올리고뉴클레오티드가 필요하고 이를 하나의 올리고뉴클레오티드 배열에 합성하기 위해서는 $4 \times 16 = 64$회의 반응이 필요하다. 그러나 이 값은 최소 예상 값이므로 사람의 유전체에서 하나밖에 없는 서열, 즉 단일서열이 되려면 이보다 긴 올리고뉴클레오티드를 만드는 것이 현명할 것이다.

사람의 염색체 서열에 대한 발표가 있기 전에도 애피메트릭스(Affymetrix)사의 연구자들은 이미 단일 유전자들을 인식하는

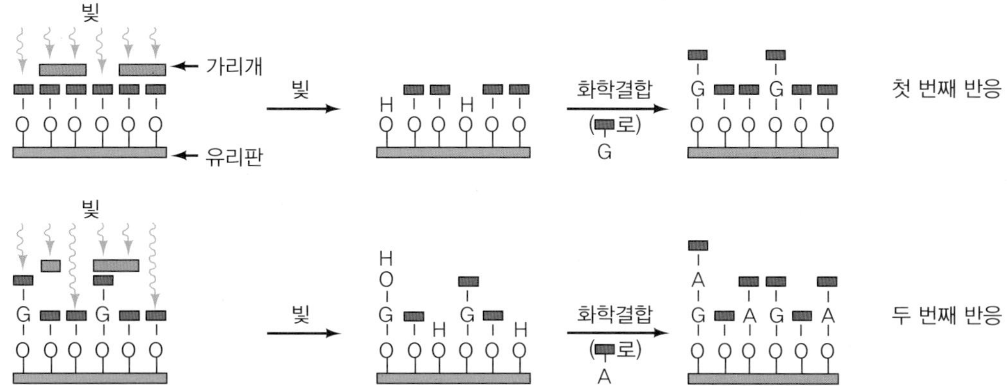

그림 25.2 유리판에 올리고뉴클레오티드 합성하기. 이 유리는 반응기로 코팅되어 있는데, 이 반응기는 광 민감성 반응 억제물질(빨간색)에 의해 억제되어 있다. 이 광 민감성 반응 억제물질은 빛에 의해 제거되는데, 그림처럼 유리판의 일부를 가리고(파란색) 빛을 쪼이면 가려진 부분의 광 민감성 반응 억제물질이 제거되지 않는다. 첫 번째 반응에서 그림에서 보는 것처럼 6개 점 중 4개를 가리고 2개만 빛에 노출시키면 이 두 점의 광 민감성 반응 억제물질이 제거된다. 그리고 광 민감성 반응 억제물질과 결합된 구아노신 뉴클레오티드를 반응 억제물질이 제거된 두 점에 화학반응을 이용해 결합시킨다. 두 번째 반응에서는 3개의 점을 가리고 다른 3개의 점에 빛을 쪼여 준다. 그러면 이미 첫 번째 반응에서 G와 결합한 점을 포함해 이 3개의 점에서 억제물질이 사라진다. 여기에 이번엔 역시 반응 억제물질과 결합되어 있는 아데노신 뉴클레오티드를 첨가하여 화학반응을 시켜주면 노출된 3개의 점들에 붙게 되는데, 첫 번째 점은 G–A 이중뉴클레오티드를, 세 번째, 여섯 번째 점은 A 단일뉴클레오티드, 네 번째 점은 G 단일뉴클레오티드를 가지게 된다. 두 번째, 다섯 번째 점은 계속 가려져 있었으므로 여기에 결합한 뉴클레오티드가 없다. 가리는 부위를 달리하고 또 다른 종류의 뉴클레오티드를 사용하면서 반응을 반복하면 각각의 점에 서로 다른 염기서열의 올리고뉴클레오디드를 만들 수 있다.

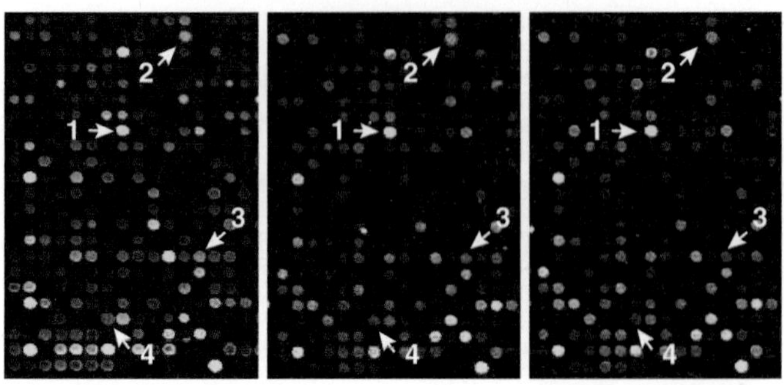

그림 25.3 DNA 칩의 이용. 브라운 등은 혈청이 있거나 없는 조건에서 배양한 사람 세포에서 추출한 RNA를 이용해 cDNA를 만들었다. 혈청 없이 배양된 세포에서 추출한 RNA에 해당하는 cDNA는 초록색 형광 뉴클레오티드로 표지하고, 다른 RNA군에 해당하는 cDNA는 빨간색 형광 뉴클레오티드로 표지했다. 그다음에 이 형광 표지된 cDNA들을 섞어 8,600개 이상의 사람 유전자가 있는 DNA 칩에 결합시켰다. 그림은 3번의 서로 다른 결합반응 결과로서 DNA 칩의 같은 부위, 즉 같은 유전자군을 보여 준다. 빨간색 점(예: 2, 4번)은 혈청이 있을 때 활성을 나타내는 유전자이고, 초록색 점(예: 3번)은 혈청이 없을 때 더 활성을 띠는 유전자를 나타낸다. 노란색 점(예: 1번)은 혈청의 유무에 관계없이 활성도가 같은 유전자를 나타낸다. (출처: Lyer, V.R., M.B. Eisen, D.T. Ross, G. Schuler, T. Moore, J.C. Lee, et al., The transcriptional program in the response of human fibroblasts to serum. *Science* 283 (1 Jan 1999) f. 1, p. 83. Copyright © AAAS.)

25량체들이 있는 미세칩을 생산하고 있었다. 그들은 데이터베이스에 있었던 많은 EST 서열을 비롯하여 이용 가능한 많은 서열들을 사용해 칩을 만들었다. 이 칩의 신뢰도를 높이기 위해 그들은 하나의 전사체에 결합하는 몇 가지 서로 다른 올리고뉴클레오티드들을 포함시켰기 때문에 각각의 올리고뉴클레오티드에서 얻어진 결과들을 상호 비교하여 실험의 정확성 여부를 판별할 수 있게 했다.

미세칩에 있는 올리고뉴클레오티드나 미세배열의 cDNA는 세포에서 추출한 표지된 RNA(또는 해당 cDNA)에 결합할 수 있고 이로써 우리는 세포의 어떤 유전자가 전사되는지 알 수 있다. 패트릭 브라운(Patrick Brown) 등의 연구를 예로 들어보자. 이들은 DNA 미세배열 기술을 이용해 혈청이 사람 세포에서 만들어지는 RNA에 미치는 영향을 조사했다. 우선 혈청이 있는 상태와 없는 상태에서 각각 세포를 배양하고 이 세포들에서 RNA를 각각 추출하여 이 두 가지 RNA군을 형광 염료로 표지된 뉴클레오티드를 넣어 역전사시켰다. 혈청의 영향이 없는 cDNA는 초록색으로, 혈청의 영향을 받은 cDNA는 빨간색으로 표지하고, 이 두 가지 cDNA를 섞은 후 8,613가지의 사람의 유전자가 있는 DNA 미세배열에 결합시켜 형광을 판별했다. 그림 25.3은 세 번의 독립적인 실험에서 사용한 미세배열의 같은 부위를 보여 주고 있다. 빨간색 점은 혈청에 의해 발현된 유전자에 해당하고 초록색 점은 혈청이 없어도 발현되는 유전자에 해당하며 노란색 점은 한 점에 두 탐침 모두가 결합한 것이다. (초록색과 빨간색이 섞이면 노란색이 된다.) 그러므로 노란색 점은 혈청의 유무에 상관없이 발현되는 유전자이다.

미세배열을 이용하여 우리는 방금 설명한 것보다 훨씬 복잡한 시스템에서의 유전자 발현 변화를 조사할 수 있다. 예를 들어 완전한 효모 유전체의 서열의 완성을 통해 분자생물학자들이 다양한 조건에서 모든 효모 유전자 발현을 단 한 번에 조사할 수 있는 DNA 칩을 사용하는 것이 가능해졌다.

또 다른 한 예로, 2002년 캐빈 화이트(Kevin White) 등은 DNA 칩을 이용하여 초파리의 일생에 걸쳐 66개의 시기 동안 4,028개의 유전자 각각의 발현을 조사할 수 있었다. 그림 25.4a는 유전자 발현을 조사하기 위해 RNA가 분리되었던 66단계의 시기를 보여 주고 있다. 이러한 분석 시기 중 약 절반(30)에 해당하는 시기가 유전자 발현 양상이 급격히 변화하는 배아 시기임에 주목하라. 사실 유전자 발현이 가장 활발히 변화하는 초기 배아 시기 동안에는 매 30분마다 RNA가 분리되었다. 이 분석을 통해 몇 가지 결론에 도달할 수 있었는데 살펴보면 다음과 같다.

1. 대규모의 유전자들(3,219개)이 파리의 일생 중 상당한 수준의 발현차(4배 이상)를 보였다. 그림 25.4b는 발생 과정에서 조절되는 유전자들 전체를 최초로 발현이 증가하는 시기 순서대로 정리한 것이다. 즉, 그림에서 가장 위에 있는 유전자는 일생 중 가장 먼저 발현이 증가되는 유전자이다. 그리고 가장 아래쪽 유전자는 후반부에 발현이 증가하는 유전자이다.
2. 발생 과정에서 조절되는 유전자의 88% 이상이 배아 시기가 끝나기 전인 발생 기간 최초 20시간 이내에서 활발히 발현되었다(그림 25.4c).
3. 발생 과정에서 조절되는 유전자의 33%에 해당하는 RNA는 발생 초기에 이미 존재하고 있었다(그림 25.4c). 이런 유전자들은 모체 내 난자 성숙 과정에서 이미 발현되는 **모체 유전자**(maternal gene) 혹은 **모계영향유전자**(materanl effect genes)들이다. 따라서 성숙중인 난자는 이미 이런 유전자들을 전사해 두거나 주변을 둘러싼 영양세포로부터 받아 난자 내에 이미 가지고 있어서 수정이 일어나자마자 번역에 이용할 수 있도록 준비한다.
4. 그림 25.4d에 나타난 것처럼 어떤 유전자는 일생 동안 발현이 유지되는 반면 어떤 유전자들은 특정 시기에 발현이 정점에 이르고 이후 감소한다. 특히 그림 25.4e에 더욱 자세히 나타나 있는 것처럼, 초기 배아 시기에 발현이 정점에 이르는 유전자들

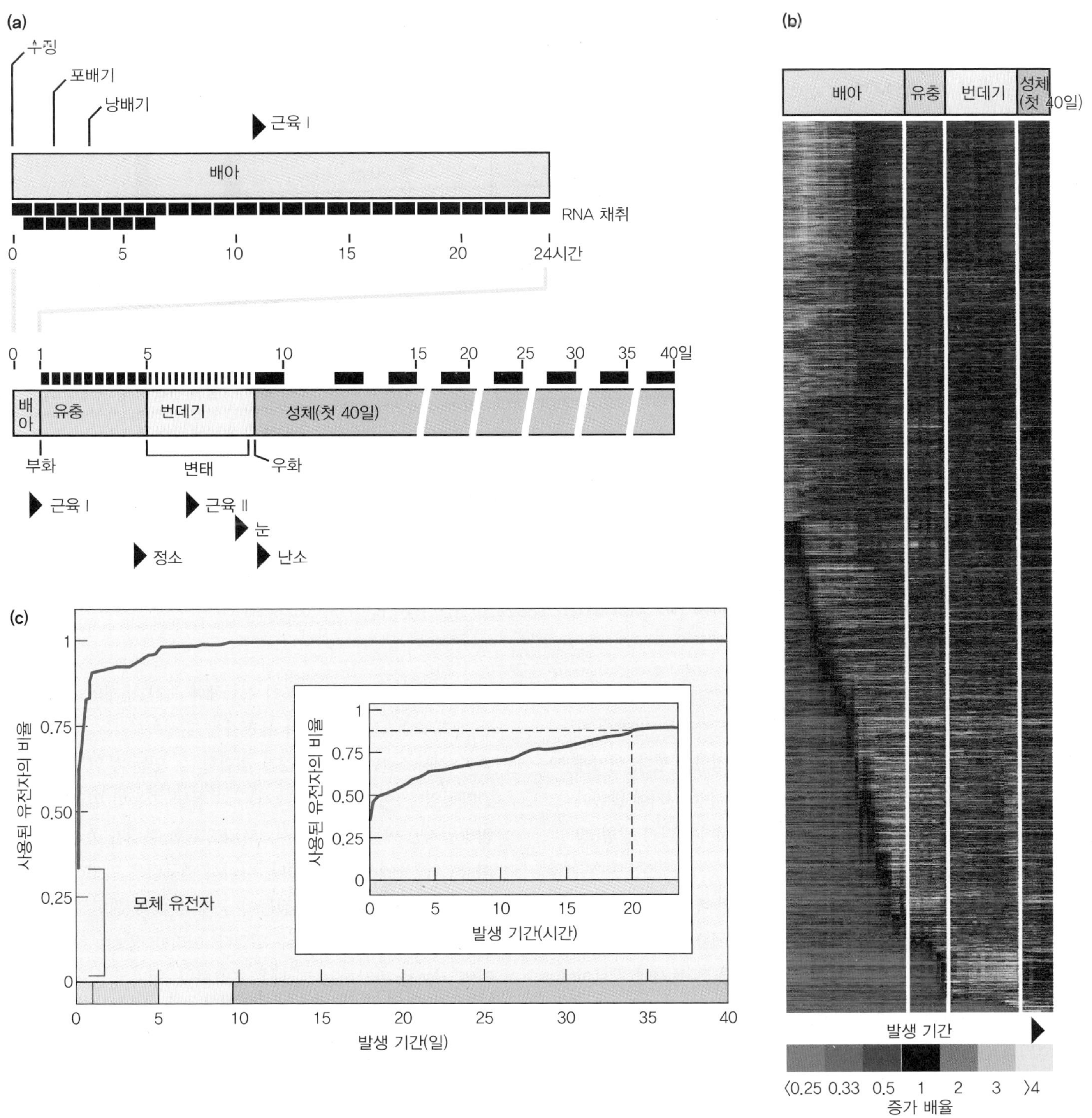

그림 25.4 발생 과정 중 초파리 유전자 발현 패턴. **(a)** RNA 추출 시기. 화이트 등은 초파리 발생 과정 중 그림에 표시된 시기(E, 배아 시기. L, 유충 시기. P, 번데기 시기. A, 성체 시기의 첫 40일 이내)에 동물의 몸 전체에서 RNA를 추출하였다. RNA 추출 단계를 다 표시하기 위해 그림에서 배아 시기는 확대해 두었다. Poly(A)$^+$ RNA를 올리고(dT)–셀룰로스 크로마토그래피로 분리하고 이 RNA를 형광 뉴클레오티드가 있는 상태에서 역전사하여 형광 cDNA를 만들었다. 다음으로 연구팀은 각 시기의 형광 cDNA를 탐침으로 사용하여 미세배열에 대한 잡종화 정도를 조사하였다. 모든 잡종화 반응은 배경 잡음을 제거하기 위해 모든 발생 시기에서 추출한 RNA를 혼합한 것으로부터 만든 표준 cDNA에 잡종화되는 정도로 보정을 하였다. **(b)** 유전자 발현 분석도. 파리 전 생애에 걸쳐 발현 수준이 4배 이상 변하는 3,219개 유전자의 프로파일들을 최초로 발현 증가가 나타나는 시기별로, 그리고 전사체의 양이 많은 순서대로 나타냈다. **(c)** 강력하게 발현이 증가하는 유전자들의 누적 비율. 상당수(약 33%)의 유전자들이 가장 초기 단계에서 이미 대량의 RNA를 가지고 있음에 주목하라. 이런 유전자들은 모체로부터 유래한 것들이다. 작은 그림은 배발생 초기 20시간을 확대한 것인데, 역시 발생 초기 가장 이른 시간에 상당수의 전사체들이 이미 존재하고 있음을 보여 준다. (계속)

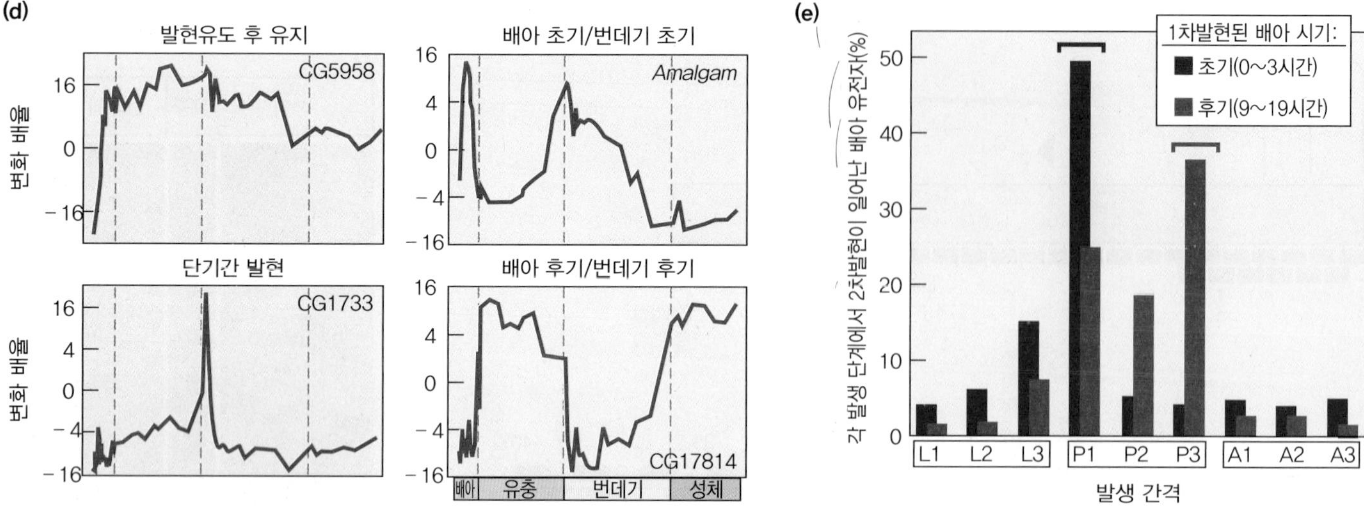

그림 25.4 (계속) **(d)** 개별 유전자들의 발현 패턴 사례. 왼쪽 위는 CG5958 유전자인데 배발생 초기 단계에서 발현이 급증하여 일생 동안 높은 수준을 유지한다. 오른쪽 위는 *Amalgam* 유전자인데 배발생 초기에 발현이 증가하고 유충 시기에 감소한 뒤 유충과 번데기 시기의 경계선에서 다시 발현 증가 양상을 보인다. 왼쪽 아래는 CG1733 유전자이며 유충–번데기 경계선에서 특징적인 발현을 보여 준다. 오른쪽 아래는 CG17814 유전자이고 배발생 후기에 급격한 발현 증가를 보이고 유충 시기 동안 유지되고 번데기 시기 후기에 다시 발현 증가한다. **(e)** 재발현 패턴. 배발생 초기(파란색) 또는 후기(빨간색)에 발현되었다가 후기 발생 단계(표에 나타난 시기별)에 다시 발현이 증가하는 유전자들의 백분율이다. 배발생 단계의 초기에 발현되었던 유전자들은 번데기 시기 초기(P1, 파란색 막대 위에 괄호 표시)에 재발현 되는 경향을 보이며 배발생 단계 후기에 발현되었던 유전자들은 번데기 시기 후기(P3, 빨간색 막대 위에 괄호 표시)에 재발현되는 경향을 보이는 사실에 주목하라. (출처: Adapted from Arbeitman et al., *Science* 297, 2002, Fig. 1, p. 2271 © 2002 by the AAAs.)

은 초기 번데기 시기에 다시 한 번 발현 정점을 맞는 경향이 있고 배발생 후기에 발현 정점에 이르는 유전자들은 번데기 시기 후반에 다시 한 번 발현 정점에 이르는 경향이 있다. 여기에 표시는 되어 있지 않지만 관련된 현상으로 유충 시기에 발현이 증가하는 유전자들은 성체가 된 후 어떤 시기에 다시 발현 정점에 이르는 현상이 나타난다.

5. 하나의 초분자 복합체를 구성하는 성분들을 암호화하는 유전자들은 동시에 발현이 되는 경향이 있다. 예를 들어 리보솜을 구성하는 단백질들을 암호화하는 유전자들은 동시에 발현이 조절되는 경향을 보인다. 마찬가지로 미토콘드리아에 필요한 단백질들도 발현이 동일한 패턴으로 조절된다.
6. 연관된 기능을 수행하는 단백질들의 유전자는 비록 그 단백질이 복합체를 구성하지는 않더라도 동시에 발현되는 경향이 있다. 따라서 전사조절인자들을 암호화하는 유전자들이나 세포주기에 관련된 단백질을 암호화하는 유전자들은 각각 동시에 발현되는 경향을 보인다.
7. 일부 유전자들의 동시적 발현은 특정 조직에 특이적으로 일어나기도 한다. 예를 들어 동시에 발현이 조절되는 23개의 유전자 집합 부위를 발견하였을 때 거기에 존재하는 8개의 유전자가 근육세포에서 발현된다는 사실을 이미 알고 있었다. 좀 더 자세히 조사를 해보았더니 이 집합체에 속한 15개의 유전자에는 분화중인 근육세포에서 유전자를 활성화시키는 것으로 알려진 전사조절인자 dMEF2가 결합할 수 있는 부위가 쌍으로 존재하였다. 이 집합체 중 7개는 그 동안 기능이 알려져 있지 않았었지만 이들 중 6개에서 dMEF2 결합 부위가 존재했고 분화중인 근육에서 발현되었다. 따라서 연구팀은 이 6개의 기능이 알려지지 않았던 단백질들이 근육 분화와 관련된 기능을 수행할 것이라는 것을 알 수 있었다. 이러한 정보는 해당 유전자의 기능을 파악하는 데 매우 중요하다. 왜냐하면 어떤 유전자의 염기서열만을 통해서 그 유전자의 기능을 유추하는 것은 무척 어렵기 때문이다. 따라서 그들의 발현 시기나 발현 위치와 같은 부수적인 정보들은 매우 유용한 정보이다. 실제로 이런 정보를 이용하여 연구진은 자신들이 분석했던 유전자들의 무려 53%에 대해 기능을 파악할 수 있었다.

(2) 유전자 발현의 순차적 분석

1995년 케네스 킨즐러(Kenneth Kinzler) 등과 함께 일했던 빅터 벨쿠레스쿠(Victor Velculescu)는 주어진 세포에서 발현되는 유전자의 범주를 분석하는 새로운 방법을 개발했다. 이를 **유전자 발현의 순차적 분석법**(serial analysis of gene expression, SAGE)

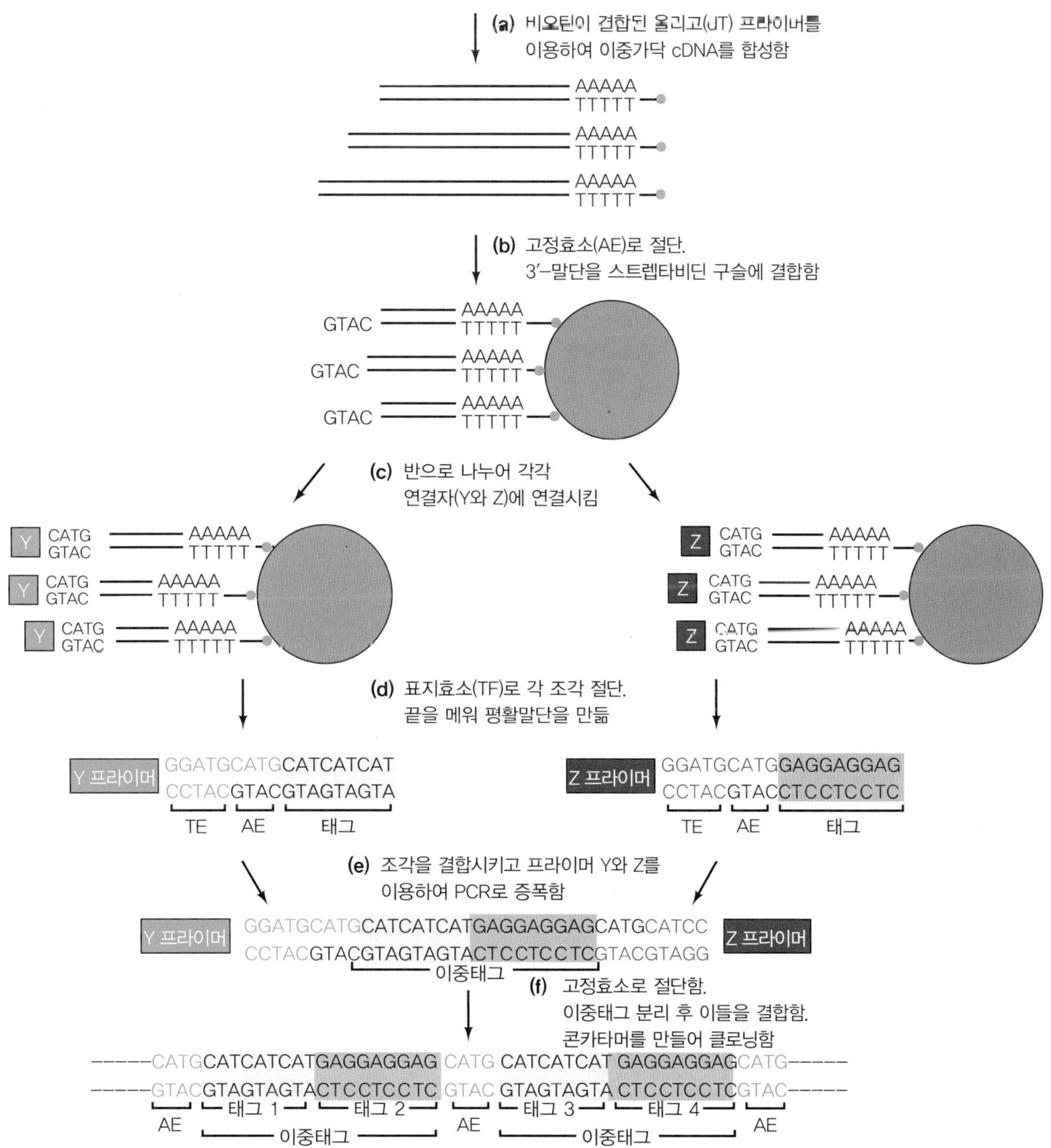

그림 25.5 유전자 발현의 순차적 분석(SAGE). **(a)** 비오틴이 붙은 올리고 (dT) 프라이머를 이용해 분석 대상인 세포에서 뽑은 mRNA로부터 이중가닥 cDNA를 합성한다. 그림의 주황색 원은 비오틴을 나타낸다. **(b)** 비오틴이 결합된 이 cDNA를 고정효소(이 그림의 경우 제한효소 *Nla*III)로 자르고 비오틴이 포함된 3′-말단 부위 조각을 스트렙타비딘 구슬(파란색)에 결합시킨다. **(c)** 구슬에 붙은 조각들을 두 집단으로 나누어 한 집단은 연결자 Y(파란색)에, 나머지 집단을 연결자 Z(빨간색)에 연결시킨다. **(d)** 표지 효소(TE)를 이용해서 각 조각들을 자르고 필요하다면 끝을 메워 평활 말단을 만든다. 그림에서는 표지효소로 *Fok*I을 이용했는데 이 효소는 연결자에 뒤이어지는 9bp 태그를 형성시킨다. 연결자 Y에 결합된 태그인 임의의 서열 CATCATCAT와 이에 상보적인 서열이 노란색으로 강조되어 있고 연결자 Z에 결합된 태그인 임의의 서열 GAGGAGGAG와 상보적인 서열은 밝은 보라색으로 강조하였다. **(e)** 태그가 포함된 조각들을 평활말단 결합으로 연결하고 연결자 Y와 Z에 결합할 수 있는 프라이머를 이용해 PCR 증폭시키면 태그가 꼬리끼리 결합된(이중태그) 조각들만 증폭될 것이다. **(f)** 이중태그를 포함하는 PCR 반응 산물을 고정효소(AE)로 자르면 양쪽에 점착성 말단을 갖는 이중태그를 얻을 수 있다. 이 이중태그를 분리하여 결합시키면 콘카타머(concatomer)들이 형성될 것이고, 이것들을 클로닝한다. 그림에서는 이중태그들의 콘카타머 일부분만을 표시했다. 4개의 염기로 구성된 고정효소의 인식부위가 초록색으로 표시되어 있다. 이 4bp짜리 염기서열이 각각의 이중태그를 구분하고 있기 때문에 어디까지가 태그에서 유래된 염기서열인지를 쉽게 구분할 수 있음을 주목하라. 각 클론들의 염기서열을 결정하여 어떤 태그가 얼마의 빈도로 존재하는지 분석하면 어떤 유전자가 얼마나 활발하게 발현되는지를 알 수 있다. (출처: Adapted from Velculescu, V.E., L. Zhang, B. Vogelstein, and K.W. Kinsler, Serial analysis of gene expression, *Science* 270:484, 1995.)

이라 한다. 이 방법의 기본은 세포의 모든 mRNA에 대한 길이가 짧은 cDNA나 **태그**(tag)를 합성하여 이 태그들을 서로 연결시켜 하나의 플라스미드 클론 안에 집어넣는다. 이때 사용되는 클론은 태그서열 분석이 가능해 태그의 성질을 알 수 있게 하는 것으로 분석해낸 태그의 성질을 이용해 이 세포에서 태그가 유래된 유전자의 성질과 발현 정도를 알 수 있다.

그림 25.5는 벨쿠레스쿠 등이 이 방법을 어떻게 수행했는지 보여 준다. 첫째, 비오틴이 붙은 올리고(dT) 프라이머를 이용해 사람의 췌장 조직에 있는 mRNA를 역전사하여 이중가닥 cDNA를 합성한다. 이 실험의 목표는 cDNA의 크기를 줄여 짧은 태그가 되게 하고 이 태그들이 서로 연결되어 손쉽게 염기서열을 결정하고자 하는 것이었다. 태그가 짧기 때문에(그림 25.5의 보기에서는 9개 염기쌍으로 이루어진 태그를 사용했음) 하나의 단일 cDNA를 판별하는 확률을 높이려면 cDNA의 일부분으로 태그를 제한하는 것이 중요하다. 태그의 위치를 cDNA의 3′-말단에 제한하고 그 길이를 짧게 만들기 위해 벨쿠레스쿠는 고정효소(anchoring enzyme, AE)로 작용하는 제한효소를 이용하여 cDNA를 잘랐다. 이 실험에서는 *Nla*III라는 제한효소를 사용했는데 이 효소는 특정 염기 4개를 인식하므로 약 250bp마다 한 번씩 나타날 것이고 그 결과 250bp 정도의 조각을 형성한다. 수많은 조각들 중 3′-말단의 조각은 비오틴이 붙은 올리고(dT) 프라이머가 있기 때문에 비오틴과 결합하는 스트렙타비딘 구슬(streptavidin bead)로 골라낼 수 있다.

다음으로 그들은 구슬과 붙은 3′-말단의 cDNA 조각들을 두 그룹으로 나누어 한 그룹은 연결자 Y와 접합시키고 다른 하나는 연결자 Z와 접합시켰다. 이 두 가지 연결자들은 각각 표지효소(tagging enzyme, TE)로 사용되는 IIS형의 제한효소 인지부위를 포함하고 있어 인지부위 아래쪽 20bp 위치가 절단된다. 이 실험에서 사용된 표지효소인 제한효소 *Fok*I로 cDNA를 자르고 나면 많은 짧은 조각들이 생기는데 이들은 모두 연결자(Y 또는 Z)와 그 뒤에 4bp의 고정효소 부위, 그리고 이어지는 9bp의 cDNA에서 유래한 염기서열을 포함하고 있다. cDNA에서 유래한 9bp 부분을 태그라고 하는데, 만일 표지효소가 태그부위를 점착성 말단으로 자르면 끝 부분을 채워서 평활말단(blunt end)으로 만들 수 있다.

다음은 이 태그들을 염기서열을 알고 있는 DNA가 중간 중간에 끼어들게 하면서 서로 접합하는 것이다. 그러면 어디서 한 태그가 끝나고 다른 태그가 시작되는지 알 수 있다. 이를 위해 연구진은 태그가 붙은 조각들을 평활말단으로 만들어 태그 부분이 가운데로 오고(이중태그, ditag 형성) 연결자가 양끝 부분에 오도록 연결시켰다. 이 연결자에 상보적인 프라이머를 이용하여 PCR로 이 조각 전체를 증폭시킬 수 있다. PCR로 증폭한 후에는 고정효소로 그 산물을 자르고 이중태그에 해당하는 조각들만 분리한 다음, 이 조각들 여러 개를 함께 접합하고 그것을 클로닝하였다. 이렇게 되면 이중태그는 고정효소 인지부위 4bp를 양쪽에 가지므로 쉽게 구별된다. 물론 이 이중태그는 서로 다른 두 가지 태그로 이루어진 것이다. 적어도 10개의 태그를 가진 클론들(일부는 50개 이상 가지기도 함)이 PCR 분석법으로 판별될 수 있고 서열분석이 가능하다. 충분한 숫자의 클론들을 서열분석하면 우리는 발현된 유전자의 범주를 알 수 있고 반복횟수가 높게 나타나는 태그가 있다면 그 유전자의 발현도가 아주 높다는 사실을 판단할 수 있다.

벨쿠레스쿠 등이 SAGE를 이용해 사람의 췌장에서 분석한 유전자 발현은 예상할 수 있었고, 그래서 아주 고무적인 결과였다. 그들의 분석에서 가장 흔히 발견된 태그(GAGCACACC와 TTCTGTGTG)는 프로카르복시펩티데이즈 A1(procarboxypeptidase A1) 유전자와 췌장의 트립시노겐 2(trypsinogen 2) 유전자에 해당한다. 이들은 췌장에서 많이 발현되는 전효소들인데, 절단 과정을 거치면 활성을 띠는 효소로 전환되어 소장에서 단백질을 소화하는 데 작용한다. 많은 다른 췌장의 유전자들도 태그에 의해 판별되었다. 그러나 다수의 태그들이 데이터베이스에 있는 어떤 유전자 서열과도 일치하지 않아 이들이 어떤 유전자의 발현을 표시하는지는 아직 알 수 없다. 그러나 데이터베이스가 모든 사람 유전자를 포함할 정도로 확장된다면, 비록 그 유전자의 기능을 모른다 하더라도 적어도 태그들이 어떤 유전자에 해당하는지는 알 수 있을 것이다.

(3) 유전자 발현의 캡 분석

SAGE는 유전자 발현의 총체적 분석에 매우 유용한 도구이지만 이 방법은 전사체의 3′-말단에 주목한다. 어떤 경우에는 전사체의 5′-말단을 밝힐 필요가 있는데, 가령 유전체 규모에서 프로모터들을 발굴하고자 할 때와 같은 경우이다. 이 경우 연관성이 깊은 방법인 **CAGE**(Cap Analysis of Gene Expression, 그림 25.6) 방법을 이용할 수 있다.

CAGE 방법은 SAGE와 마찬가지로 역전사(RT)부터 시작하지만 mRNA를 5′-말단까지 끝까지 복사한 최대 길이 cDNA를 확보하기 위한 두 가지 중요한 차이점이 있다. 첫째, RT 반응 때 트레할로오스(trehalose)라고 하는 이당류를 첨가한다는 점이다. 이 물질은 고온에서도 역전사효소를 안정화시켜 주기 때문에 RT 반응을 60℃에서도 수행할 수 있게 만들어 준다. 이렇게 상승한 온도는 RT 반응이 mRNA의 5′-말단까지 가지 못하고 멈추는 데 기여하는 mRNA의 2차구조를 완화시켜 준다. 둘째, **cap 올무**(cap trapper) 방법을 사용하는데, mRNA-cDNA 결합체에 존재하는 mRNA의 cap에 바이오틴 꼬리를 달아 준다. 다음에 설명되겠지만 이 꼬리는 최대 길이의 cDNA 결합체를 불완전한 길이의 cDNA 결합체들과 분리할 수 있도록 해준다.

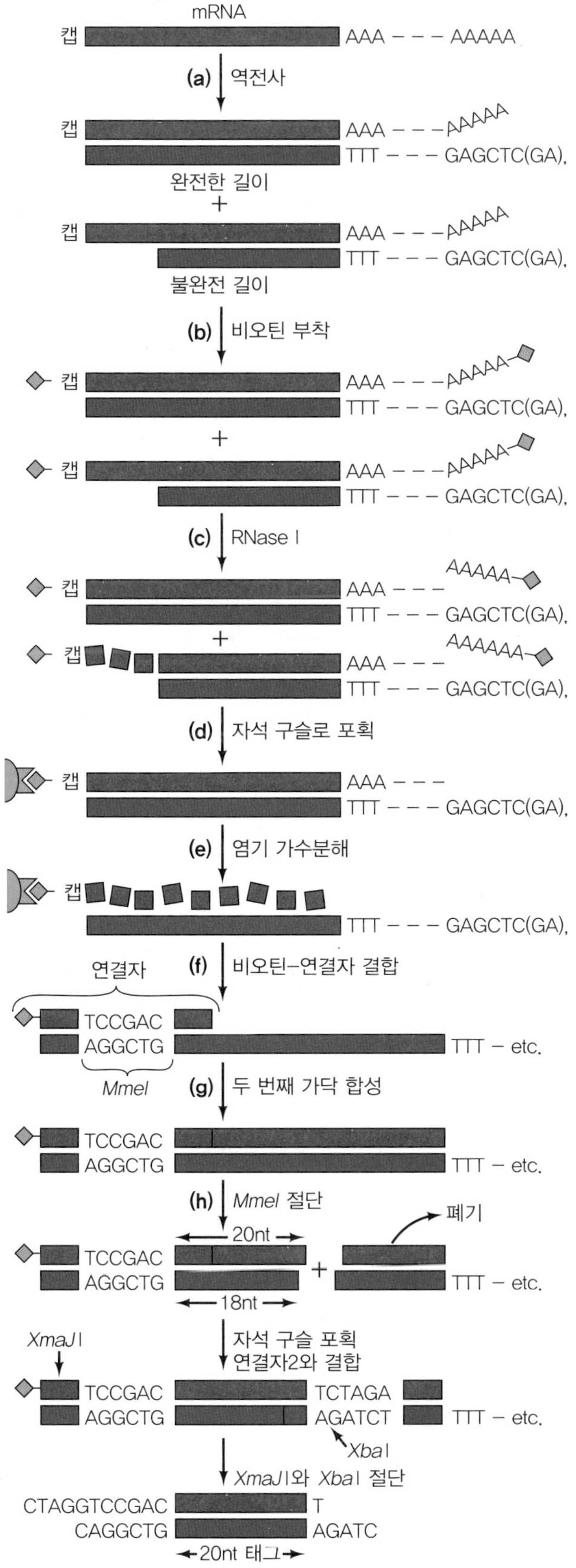

그림 25.6은 이 꼬리가 어떻게 기능하는지를 보여 준다. 첫째, RT 프라이머를 붙일 때 통상의 올리고(dT)를 사용하는 것이 아니라 앞에 폴리(A)와는 결합할 수 없는 무작위적인 염기서열이 먼저 나오는 올리고(dT)를 사용한다. 이렇게 하는 이유는 조금 뒤에 명확해질 것이다. 첫 번째 가닥의 cDNA를 합성하고 난 뒤 diol과 결합하는 바이오틴-포함 시약을 RNA-DNA결합체와 반응시켜 mRNA의 양쪽 말단에 바이오틴 꼬리를 단다. 캡이 달린 mRNA에는 오직 2개의 diol(인접한 히드록시기)만 존재하는데, 하나는 캡 자체에 있는 노출된 2′과 3′-히드록시기이고, 다른 하나는 3′-말단의 뉴클레오티드에 있다.

물론 캡에만 꼬리를 붙이고 싶겠지만 같은 반응 중에 3′-말단의 뉴클레오티드에 꼬리가 붙는 것을 막을 방법이 없다. 하지만 이 문제도 RNase I을 처리하는 다음 단계에서 해결된다. RNase는 cDNA와 결합하고 있지 않는 단일사슬 RNA는 무조건 잘라 버리기 때문에 불완전 cDNA와 결합하고 있는 결합체로부터 바이오틴 꼬리를 제거할 뿐만 아니라 프라이머의 앞쪽에 있는 무작위적인 서열들과 잡종화될 수 없는 모든 mRNA의 폴리(A) 꼬리 말단의 3′-히드록시기에 붙은 바이오틴 꼬리들도 제거한다. RNase 처리 후 바이오틴 꼬리가 붙은 유일한 결합체는 최대 길이 cDNA를 포함하는 것들이므로 이들을 바이오틴 결합 단백질인 스트렙타비딘(streptavidin)으로 코팅된 자석구슬을 이용하여 분리한다. 결합체를 분리한 후 바이오틴 꼬리가 달린 캡을 포함하여 mRNA 부위를 염기 가수분해로 제거하면 단지 단일사슬 cDNA만 남게 된다.

다음으로 최대 길이의 단일사슬 cDNA를 제한효소 *MmeI*이 인식하는 서열을 가진 바이오틴-꼬리화 연결자(연결자1)와 결합시킨다. *MmeI*은 인식부위로부터 20과 18nt 떨어진 곳을 절단한다. 따라서 두 번째 사슬의 cDNA를 합성하고 나서 꼬리가 붙은 cDNA를 *MmeI*으로 절단하면 20nt짜리 꼬리가 떨어져 나오고 이것들을 다시 바이오틴 부위를 이용하여 분리할 수 있고 여기에 2nt 돌출부위를 이용하여 두 번째 연결자(연결자2)를 결합시킨다. 연결자1에는 *XmaJ1*에 의한 인식부위도 포함시켜 두었고 연결자

그림 25.6 mRNA의 5′-말단을 대표하는 20nt 꼬리표를 제작하는 데 활용되는 CAGE. 방법은 본문에 자세히 설명되어 있다. 여기에 나타난 것과 같이 꼬리표들이 만들어지면 동일한 점착성 말단을 통해 서로 부착하여 콘카타머가 되고 이를 클로닝하여 서열분석할 수 있다.

2에는 *Xba*I의 인식부위가 포함되어 있으므로 이 꼬리들을 두 제한효소로 절단한 뒤 다시 결합시켜 SAGE에서와 같이 콘카타머(concatemer) 형태로 클로닝하고 서열분석한다.

20nt 꼬리는 매 4^{20} 혹은 약 1.1×10^{12} 염기쌍에 하나 정도 발견될 것으로 예상할 수 있다. 따라서 인간 유전체가 겨우 3×10^9bp 정도인 점을 감안하면 이미 알려진 유전체 서열들과 비교하면 대부분의 20nt 꼬리들은 거대한 인간 유전체에서도 하나의 특이한 서열로 구분될 수 있다. 이 서열들은 반드시 전사개시위치로부터 시작되는 서열이어야 하며, 따라서 프로모터는 이 서열들의 바로 인접부위에 존재해야만 한다. 피에로 카르니치(Piero Carninci) 연구팀이 생쥐의 뇌 전체와 뇌의 특정 3개 부위에서 추출한 mRNA에 대해 CAGE 분석을 한 결과 기존에 위치 파악이 되었던 개시위치 근처에서 많은 CAGE 꼬리들을 발견할 수 있었다. 그러나 기존에 알려지지 않았던 위치들도 많이 발견되었다. 따라서 이 방법은 새로운 프로모터들이나 대체 개시 위치들을 발굴하는 데 도움이 될 수 있을 것이다.

(4) 염색체 전사 지도작성

전사체 연구는 각 전사체의 발현이 전체 염색체의 어떤 부분에서 이루어지는지를 무척 정확하게 파악할 수 있을 정도로 정교한 수준에 도달하였다. 이런 식의 연구를 **전사 지도작성**(transcriptional mapping)이라고 하는데 이 장의 초반에 언급했던 역설(사람의 단백질 암호화 유전자의 숫자가 하등 기생충의 그것에 비해 크게 차이가 없다는 점)을 해결하는 열쇠를 제공할 수 있을 것으로 기대된다. 유전자 숫자와 인간의 엄청난 복잡성을 도대체 어떻게 연결해야만 할까? 새롭게 대두하는 의견은 단백질을 암호화하는 유전자에 의해 만들어지는 전사체는 전체 인간 전사체의 극히 일부분에 지나지 않는다는 것이다. 실상 이 부분을 좀 더 자세히 들여다볼수록 인간 전사체가 훨씬 더 복잡하다는 것을 알 수 있다.

만약 단백질 암호화 유전자의 엑손만을 가정한다면 전체 인간 유전체의 단지 1~2%만이 세포질에서 발견되는 RNA로 전사가 될 것이다. 그러나 2002년도에 이미 토마스 깅거라스(Thomas Gingeras) 등은 미세배열을 이용한 사람 21번과 22번 염색체의 발현 연구에서 사람세포의 세포질에 존재하는 폴리(A)–RNA가 단백질 암호화 유전자의 숫자로부터 기대되는 것보다 적어도 10배 이상 종류가 많다는 사실을 발견하였다. 이런 예상치 못했던 과량의 전사체들을 단순히 **기능 미확인 전사체**(transcripts of unknown function, TUF)라고 명명을 하였다. 미세배열을 통해 발견된 모든 전사가 된 부분들(엑손과 TUF 모두)을 **전사 조각**(transcribed fragment 또는 transfrag)이라고 부른다.

더구나 사람과 햄스터에서 전사체의 약 2/3는 폴리(A)가 붙어 있지 않은 [폴리(A)$^-$] RNA들인데 따라서 이런 폴리(A)$^-$ 전사체는 인간 유전체의 엑손이 아닌 또 다른 부위를 대표한다고 볼 수 있는데 그 규모가 얼마나 되는지는 정확히 모르지만 대단히 큰 부위를 차지하고 있음은 충분히 예상할 수 있다. 이런 사실들을 종합해보면 단백질을 암호화하는 엑손은 세포질 내 RNA로 발현되는 전체 유전체 서열 중 작은 부분만을 차지하는 것으로 추정할 수 있다.

이런 흥미로운 결론을 더욱 자세히 알아보기 위해 깅거라스 등은 겨우 5bp 정도의 거리차가 있는 25량체짜리 올리고뉴클레오티드(그래서 각 올리고머 사이는 평균 20bp 정도 겹치는)의 고밀도 미세배열을 이용해 보기로 하였다. 왜 이런 고밀도가 필요할까? 한 가지 이유는 이 경우 통상에 비해 훨씬 짧은 엑손도 검출해낼 가능성이 있고 또 다른 이유는 중복되는 뉴클레오티드에 잡종화 반응이 일어난다면 그 부위에서 진짜 전사가 일어나고 있다는 사실에 확신을 가질 수 있기 때문이다. 미세배열에 사용된 뉴클레오티드는 10개의 사람 염색체(6, 7, 13, 14, 19, 20, 21, 22, X, Y)상에 존재하는 서열들로부터 추출하였고 전체 인간 유전체 서열의 약 30%를 포함하는 방대한 양이었다. 이 미세배열에 깅거라스 등은 8종류의 사람 조직에서 분리한 폴리(A)$^+$ RNA 또는 한 종류의 세포주(HepG2)의 세포질과 핵에서 추출한 폴리(A)$^+$와 폴리(A)$^-$인 RNA를 잡종화시켰다. 두 그룹 모두 중복된 위유전자나 반복 DNA 부위의 전사 조각은 고려 대상에서 제외하였다.

세포주 하나당 양쪽 가닥을 포함하는 7,400만 개 이상의 탐침 쌍의 약 9% 정도가 폴리(A)$^+$ RNA로부터 만든 cDNA와 결합하였다. 탐침 쌍이 8개 세포주 중 어느 것의 cDNA와 결합해도 괜찮다면(8개 중 1 규칙이라고 하자) 양성 반응을 보이는 탐침은 비율은 16.5%로 증가한다. 이것을 '1/8 지도'라고 할 수 있을 것이다. 각 세포주에서 10개의 염색체 염기서열 중 평균 약 4.9% 정도가 세포질 내 RNA로 발현된다. 1/8 지도 규칙을 적용하면 이 비율은 10.1%로 증가한다. 이러한 결과는 10개의 사람 염색체의 10.1%에 해당하는 염기서열이 적어도 8개 중 하나의 세포에서는 폴리(A) RNA로 발현된다는 뜻이다. 여기서 4.9%와 10.1%의 차이는 상당한 정도의 세포주 특이적인 전사가 일어나고 있음을 보여 준다.

그림 25.7은 10개의 염색체 각각에서 어떤 종류의 세포질 폴리(A) 전사체가 만들어지는지 그 비율을 보여 주고 있다. 이 중 유전자 사이 지역이나 인트론 지역은 이론상 주석이 붙지 않은 부분

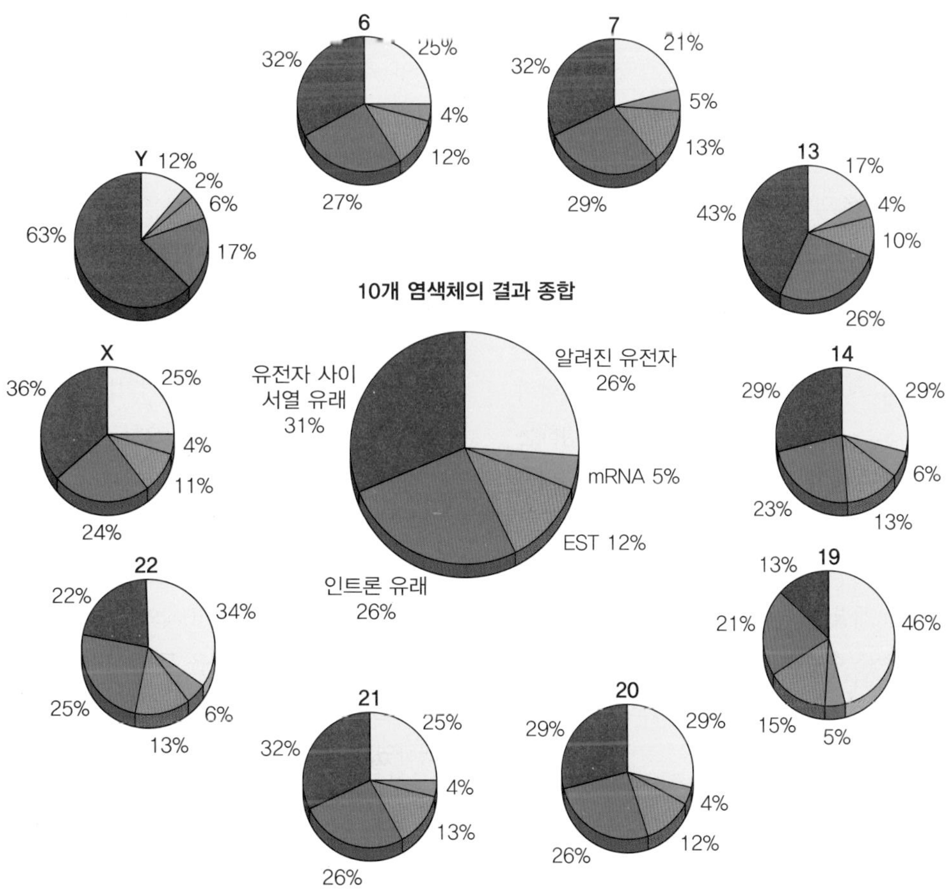

그림 25.7 인간 염색체 10개에 대한 전사지도. 1/8 지도의 세포질 내 폴리(A) 전사체들에서 발견되는 서열을 서로 다른 범주로 묶었을 때 각각의 백분율을 파이 그래프의 각 조각으로 표시하였다. 개별 염색체는 각각의 작은 파이 그래프로 표시하였고(각 그래프 위 숫자는 염색체 번호를 의미), 염색체 10개의 결과를 모두 합친 것이 가운데 큰 파이 그래프이다. 서열들의 종류는 종합 파이 그래프에 표시해 두었고 개별 파이 그래프에서도 동일한 색깔로 구분할 수 있다. 주석이 없는 서열들은 유전자 사이 서열 또는 인트론 서열들이다. 주석이 달린 서열들은 엑손, mRNA, 그리고 EST들이다. (출처: Cheng, J., T.R. Gingeras, et al. 2005. Transcriptional maps of 10 human chromosomes at 5-nucleotide resolution. *Science* 308:1149–54.)

이다. 그럼에도 불구하고 이런 부위는 10개 염색체 전체적으로 전사가 일어나는 지역 중 가장 큰 부위(57%, 가운데 파이차트)를 차지하고 있다. 주석이 달린 전사체는 다음 세 종류의 주석 중 어느 하나와 겹친다. 알려진 유전자, 이것은 두 종류의 엑손 데이터베이스의 조합이다. mRNA, 이것은 알려진 엑손과는 겹치지 않는 세 번째 데이터베이스에서 온 mRNA들을 포함하고 있다. 그리고 EST, 이것은 알려진 것들이나 mRNA 데이터베이스 어느 것과도 겹치지 않은 공개된 모든 EST를 포함하고 있다.

그렇다면 폴리(A)$^-$ 전사체는 어떤가? 이를 분석하기 위해 깅거라스 등은 하나의 세포주인 HepG2에 집중하였다. 이들은 이 세포의 핵과 세포질에서 폴리(A)$^+$, 폴리(A)$^-$, 그리고 이중 형태 전사체[처음에는 폴리(A)를 가졌지만 폴리(A) 꼬리를 상실한 전사체]를 조사하였다. 이 분석에서 10개의 염색체 서열 중 15.4%가 이런 전사체로 표현되었고 그중 거의 절반 정도는 폴리(A)$^-$ 전사체였다. 따라서 엑손 하나만을 놓고 예상했을 때보다 약 10배 정도의 유전체 서열이 안정적인 전사체로 발현이 되고 있다. 물론 대부분의 사람 유전자의 태반이 인트론이므로 이러한 결론이 언뜻 놀랍지 않아 보일 수도 있다. 그러나 스플라이싱으로 잘려져 나온 인트론들이 특별한 기능을 가지지 않는다면 당연히 신속히 분해가 될 것이고 안정적인 핵 내 RNA로부터 만든 cDNA 내에서 그렇게 큰 부분을 차지하지는 못할 것이다.

이 연구의 또 다른 결론은 전체 인간 전사체 중 약 절반 정도가 서로 겹친다는 점이다. 여기에는 두 종류의 중첩이 있는데 하나는 같은 사슬이고 다른 하나는 반대편 사슬이다. 물론 반대편 사슬에서 겹치는 전사체는 센스/안티센스 쌍을 말하는 것이고 이런 것이 생긴다면 RNAi 반응을 일으키게 될 것이다. 따라서 이런 중첩은 일종의 유전자발현 조절기작을 보여 주는 것일 수 있다.

엑손 이외의 부위에서 유래한 대량의 세포질 내 폴리(A)$^+$와 폴리(A)⁻ 전사체를 보여 주는 이와 같은 연구는 생물종들 사이의 차이를 설명하는 데 큰 도움을 줄 수 있다. 비록 사람과 침팬지의 엑손이 고도의 유사성을 보이지만 비엑손 부위는 상당한 정도로 분화를 거쳤다. 그리고 이들 부위에서의 전사활동이 오늘날 우리가 두 종 사이에서 발견하는 차이점의 상당 부분에 책임이 있을는지 모른다.

2) 유전체 기능분석

유전체 기능분석(genomic functional profiling)의 궁극적 목적은 한 개체의 일생을 통해 모든 유전자들의 발현 패턴을 결정하는 것이다. 이것은 가장 단순한 형태의 진핵생물을 대상으로 하더라도 기가 질리는 작업임에 분명하다. 복잡한 다세포 생명체라면 그 어려움은 훨씬 더 심할 것이다. 지금까지의 연구에서 각 생명체에 대한 정보는 이를 연구하는 개별 연구팀들이 제공하는 조각조각의 정보들을 함께 꿰어 맞추는 수준이었다. 그럼 이제 이 문제를 해결하기 위한 몇 가지 일반적인 기법들에 대해 알아보자.

(1) 결실 분석

일단 유전체상의 모든 유전자를 다 확인하고 나면 이제 그들 각각을 하나씩 제거했을 때 어떤 일이 일어나는지를 연구할 수 있다. 이런 식의 연구는 물론 사람을 대상으로 할 수 있는 연구는 아니다. 그러나 유전체를 완전히 분석한 다른 척추동물을 대상으로는 적어도 이론상으로는 가능한 일이다. 분석 규모의 방대함으로 인해 척추동물과 같이 거대한 유전체를 지닌 개체에서 이런 식의 연구는 아직 진행되기 어렵지만 효모 유전체는 이 방법을 통해 이미 기능분석이 진행되었다.

2002년 로날드 데이비스(Ronald Davis)가 주도하는 대규모 연구 컨소시엄은 효모의 모든 유전자 각각을 항생제 내성 유전자로 대체한 대량의 돌연변이체들을 제작했다고 발표했다. 이 항생제 내성 유전자 양쪽에는 모든 유전자마다 서로 다른 염기서열을 가진 20량체의 서열이 달려 있기 때문에 각각의 유전자 교체 균주는 분자 바코드(molecular barcode)를 가지고 있는 셈이었다. 따라서 혼란 없이 각각을 구분할 수 있었다. 결론적으로 이 연구진은 효모 *Saccharomyces cerevisiae*의 주석이 붙은 ORF의 96% 이상을 교체하였다. 다음으로 이들은 6가지 서로 다른 배양 조건에서 이들 돌연변이체들의 성장 능력을 조사하였다. 배양 조건은 각각 염, 솔비톨, 갈락토오스가 고농도로 첨가된 배지, pH 8.0, 최소 배지, 그리고 항생제 니스타틴(nystatin) 첨가배시의 조건이었다. 연구진은 RNA와 미세배열의 잡종화 방법을 통해 이 각각의 조건에서의 유전자 발현 조사하였다.

이 유전체 기능분석(genomic functional profile)을 수행하기 위해 Davis 등은 각 조건에서 5,916 돌연변이체를 혼합하여 배양하고 여러 시간대에서 세포를 수거하여 앞서 언급한 바코드에 상보적인 올리고뉴클레오티드를 심어 놓은 미세배열과 잡종화시켜 어떤 바코드가 존재하는지를 조사하였다. 만약 어떤 유전자가 주어진 조건에서의 성장에 필수적이라면 이 유전자가 결실된 돌연변이체는 그 조건의 배양액에서 자라지 못할 것이다. 따라서 특정 돌연변이체가 배양액에서 제거되는 정도는 그 배양 조건을 극복하기 위해서 해당 유전자가 필요한 정도에 비례하게 될 것이다.

연구팀은 갈락토오스 배양액에서 키운 세포들의 분석을 통해 효모의 갈락토오스 대사에 관여하는 것으로 이미 잘 알려져 있었던 유전자들을 발견하였다. 한편 갈락토오스 대사와 관련한 기능을 전혀 모르고 있었던 10개의 새로운 유전자를 발굴하는 수확을 얻었다. 다음으로, 분석을 통해 갈락토오스 대사에 중요할 것으로 판단된 돌연변이체 중 11개와 야생형 효모에 대해 개별 분석을 수행하였고 그 결과가 그림 25.8이다. 예상했던 것처럼 11개의 돌연

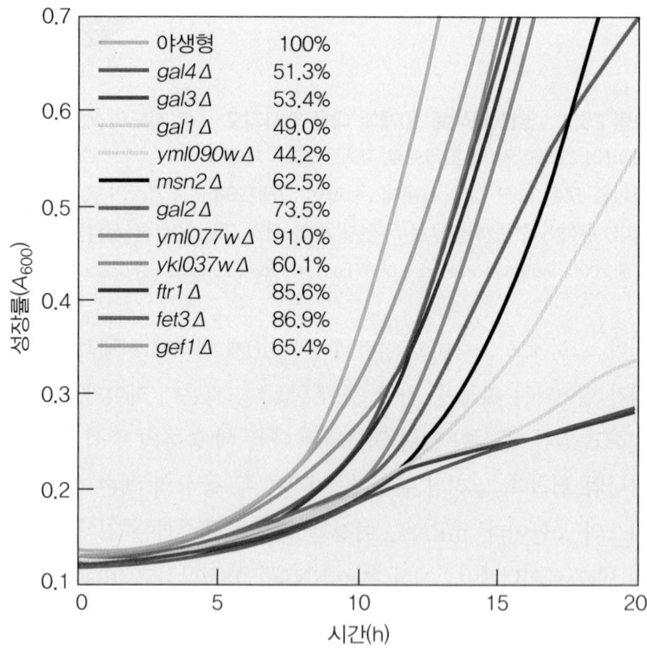

그림 25.8 갈락토오스 존재 배지에서 선택 불능 프로파일을 통해 발견된 돌연변이들의 성장 곡선. 데이비스 등은 야생형 효모와 11개의 결실돌연변이 균주를 개별적으로 갈락토오스 배지에서 배양하였다. 이 실험에 사용된 모든 돌연변이들은 혼합 균주들 중 갈락토오스 존재하에서 성장 결함을 보이는 것들만 골라낸 것들이다. A_{600}(600nm 빛에 대한 흡광도)은 혼탁도를 측정하는 것인데 이것은 효모의 증식을 보여 준다. (출처: Adapted from Giaever, G., A.M. Chu, L. Ni, C. Connelly, L. Riles, S. Veronneau, et al., Functional profiling of the Saccharomyces cerevisiae genome. *Nature* 418, 2002, p. 388, f. 2.)

변이체 모두 갈락토오스 배지에서 야생형 효모에 비해 44~91% 정도로 성장 속도가 둔화되었다.

(2) RNAi 분석

돌연변이를 통한 녹아웃(knocking out)은 무척 노동력이 많이 필요한 작업이며 전 유전체를 다 포함하는 수준으로는 지금까지 오직 효모를 대상으로만 수행되었다. 그러나 이보다 복잡한 생명체는 좀 더 간편한 대체 방법으로 수행이 가능하다. RNA 간섭을 통해 유전자 발현억제(knocking down)가 가능한 것이다. 선충(*C. elegans*)은 특히 RNAi가 잘 작동되어서 심지어는 처리된 동물의 후대에까지 그 효과가 나타난다. 이 종은 처녀생식(부모 중 한쪽만으로 생식)에 의해서도 생식이 가능하며 몸 전체가 1,000개 이하의 세포로 구성되고 유전체 서열이 완전히 분석되었다. 따라서 이 종은 RNAi를 통한 유전체 기능분석의 매우 좋은 대상이다.

비르테 소닌크센(Birte Sonnichsen) 등은 이 기술을 이용하여 이 벌레의 전체 유전자의 98%가 넘는 19,075개의 유전자를 불활성화시키고 조기 배발생 시기(수정 후 최초의 2세포 분열) 동안의 효과를 관찰하였다. 연구진은 25bp의 이중나선 RNA를 벌레에 주사하고 이 벌레의 알에서 최초의 2세포 분열이 일어나는 과정을 저속 촬영 현미경으로 관찰하였다. 이들은 또한 2세포 시기를 넘어 생존율과 유충과 성체 시기에 표현형의 차이 등도 분석하였다.

전체적으로 1,668개의 RNAi를 통해 유전자를 불활성화시킨 경우에서 표현형의 결함을 확인하였다. 이 1,668개 중 661개의 유전자 불활성화에서 최초 2세포 분열 시기에 반복적인 결함을 보여 주었고 나머지는 발생 후기에 결함을 보여 주었다(그림 25.9). 초기 배발생에 결함을 보인 661개 유전자의 불활성화 모두가 배아에 치사 효과를 보였는데 충분히 예상할 수 있는 일이었다.

RNAi의 한 가지 문제점은 이 방법이 가끔은 유전자의 불활성화에 실패(거짓 음성반응)한다는 점이다. 따라서 음성반응은 설명하기 어려운 경우가 많다. 자신들의 결과를 재확인하기 위해 소닌크센 등은 돌연변이체 연구를 통해 최초의 세포분열에 관련되어 있음을 그전부터 알고 있었던 65개의 유전자를 분석하였다. 이 중 62개(95%)는 RNAi 연구에서도 발견되었다. 처음 분석에서 발견되지 않았던 3개의 유전자를 RNAi로 다시 분석한 결과 그중 2개가 두 번째 분석에서 발견되어 결과적으로 성공률을 98%로 끌어올렸다.

또 돌연변이는 명백한 표현형의 차이를 보이는 경우에만 검출되는 경우가 많기 때문에 돌연변이 유발 방법 자체도 거짓 음성 반응의 원인일 수 있다. 따라서 자신들의 연구 방법에 대한 재검증으로 연구진은 자신들의 연구 결과를 초기 배발생을 표적으로 한 다른 연구진들의 결과들과 비교하였는데 그 결과 다른 사람들이 발견하였던 유전자들의 75%가 그들의 분석에서도 검출되었다. 이런 결과를 종합하여 소닌크센 등은 자신들의 RNAi 분석법이 초기 배발생에 관련된 유전자들의 75~90%를 검출해 낼 수 있었다는 보수적인 결론을 내렸다.

다음으로 연구진은 661개의 유전자를 각각의 표현형에 따라 그룹을 지었다. 이 유전자들 중 약 절반(326개)은 불활성화되는 경우 그 자체가 배발생에 결함을 야기하였고 나머지(335개)는 배아가 2세포로 분열할 때가지 생존하는 데 필요한 일반적인 세포 대사과정에 결함을 야기하는 것들이었다. 개별 결함을 주의 깊게 분석한 결과 연구진은 앞의 326개 유전자를 방추사형성(9개 유전자), 자매염색체 분리(64개 유전자) 등과 같이 배발생 단계의 23가지 기능적 단계로 구분할 수 있었다.

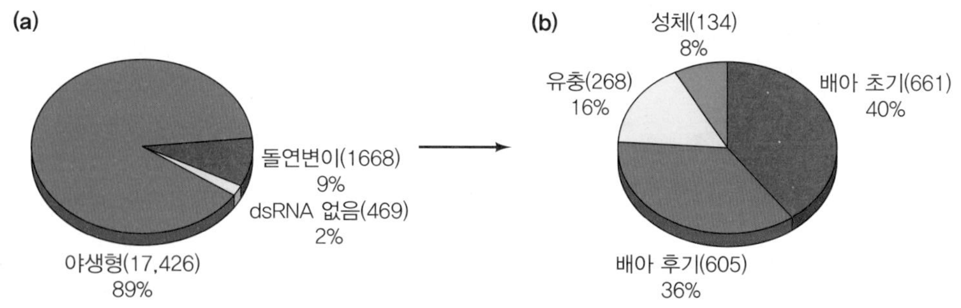

그림 25.9 RNAi를 이용한 *C. elegans* 유전체 기능분석의 표현형 분포. (a) 초기 검색. 소닌크센 등은 dsRNA로 19,075 유전자를 불활성화시켰다. 이 중 17,426개(야생형, 파란색)는 연구팀이 사용한 검색에서 표현형의 차이를 보이지 않았고 1,668개(돌연변이, 빨간색)은 표현형 변화를 보였다. 469개의 유전자(dsRNA 없음, 노란색)는 이 연구의 표적에서 제외되었다. (b) 돌연변이 표현형의 분포. 불활성화시키면 돌연변이 표현형을 보이는 1,668개의 유전자를 결함이 발견되는 발생 시기별로 구분하였다. 예를 들어 이중 661개(빨간색)는 배발생 초기(최초 2세포 분열)에 결함을 보였다. (출처: Adapted from Sönichsen, et. al., Full-genome RNAi profiling of early embryogenesis in Caenor habditis elegans. *Nature*. Vol. 434 (2005) f. 2, p. 465.)

(3) 조직 특이성 기능분석

유전체 기능분석의 또 다른 접근법은 돌연변이나 다른 수단으로 불활성화시킨 유전자들의 조직 특이성을 관찰하는 것이다. 이임(Lee Lim) 등이 수행한 한 주목할 만한 연구는 배양 사람세포(HeLa)에서 2개의 miRNA를 이용하여 유전자를 발현억제시킨 뒤 그 영향으로 발현이 심각하게 저해된 유전자들의 윤곽을 분석한 것이다. 놀랍게도 뇌에서 발현되는 miRNA의 하나인 miR-124는 뇌에서 소량으로 발현되는 유전자들의 발현을 저해하였고 근육에서 발현되는 miRNA인 miR-1은 근육에서 소량으로 발현되는 유전자들의 발현을 억제하였다. 달리 말하면 이 2개의 miRNA는 HeLa 세포의 유전자 발현을 각각의 miRNA가 대량으로 발현되는 조직의 유전자 발현과 흡사한 모습으로 전환시켰던 것이다. 이 2개의 miRNA가 생체 내에서도 동일한 유전자들의 발현 저해에 중요한 역할을 할 것인지 여부가 궁금하지 않을 수 없다.

이 연구의 더 놀라운 점은 miRNA가 mRNA의 농도를 감소시켰다는 점이다. (16장에서 배운 것처럼 동물의 miRNA는 mRNA 농도에 영향을 미치는 것이 아니라 일반적으로 mRNA의 번역에 영향을 미친다는 점을 기억하라.) 따라서 임 등은 이중나선 miRNA를 도입한 세포에서 추출한 mRNA의 수준을 측정하기 위해 미세배열을 이용하였고 그 결과는 각 miRNA당 100개 또는 그 이상의 mRNA의 농도가 명백히 감소했다는 사실이었다.

miR-124를 연구팀이 어떻게 분석을 했는지 알아보자. 연구팀은 기존의 유전체 차원의 조사 결과를 이용하여 10,000개의 사람 유전자의 발현 수준을 46개의 조직 각각에 대해 표시하였다. 그림 25.10a의 막대그래프는 대뇌피질에서의 유전자 발현 결과를 보여주고 있다. 각각의 막대는 대뇌피질에서 특정 수준으로 발현되는 유전자들의 숫자를 보여 준다. 가장 왼쪽의 막대는 대뇌피질에서 다른 어떤 조직보다 발현이 활발한(1등) 유전자들의 숫자를 보여주며 가장 오른쪽의 막대는 다른 어떤 조직에서보다 대뇌피질에서의 발현이 약한(46등) 유전자들의 숫자를 보여 준다. 다른 막대들은 대뇌피질에서의 발현이 고발현과 저발현의 중간 단계인 유전자들의 숫자를 나타낸다. 이 그래프에는 10,000개의 유전자가 모두 포함되어 있으므로 무작위로 골라낸 유전자들도 이와 비슷한 형태를 보일 것이고 우리는 그것을 일종의 바탕으로 간주할 수 있을 것이다.

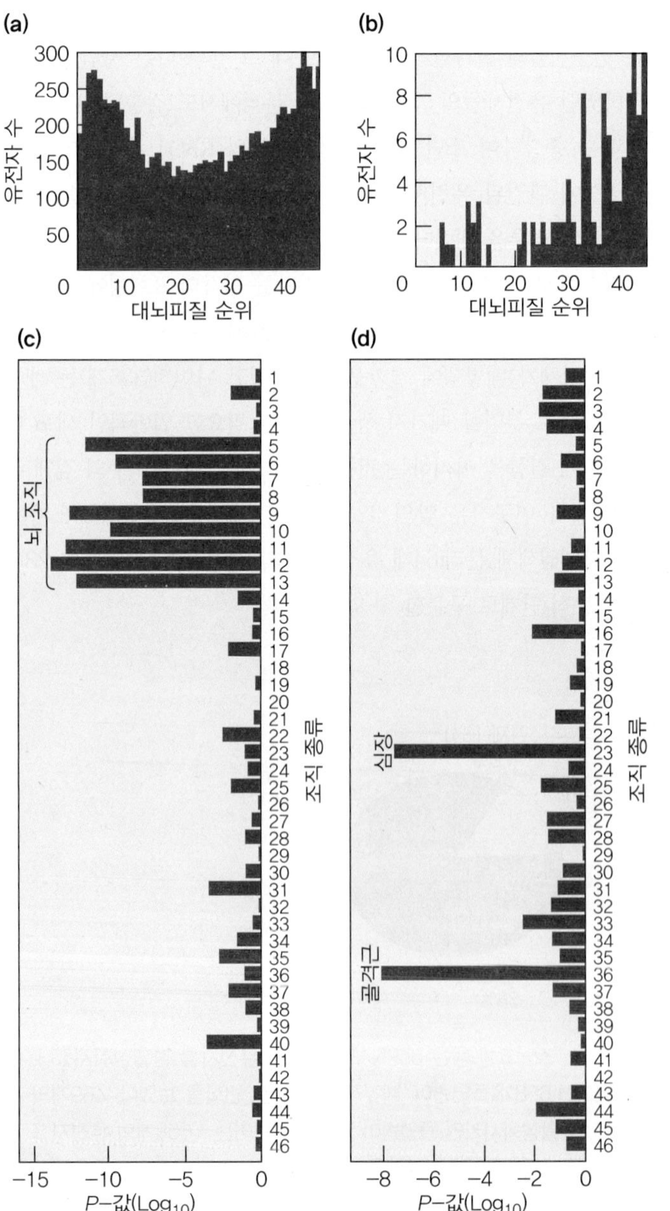

그림 25.10 miRNA를 이용한 조직특이적 발현 감소. **(a)** 대뇌피질에서의 유전자 발현의 순위. 46개 조직의 10,000개 유전자 모두의 발현 순위를 아래와 같이 그래프화하였다. 가장 왼쪽 막대(1등)는 다른 어떤 조직보다 대뇌피질에서 발현이 높은 유전자들을 나타낸다. 다음 막대(2등)는 단 한 조직을 제외하고는 모든 다른 조직보다 대뇌피질에서의 발현이 높은 유전자들을 나타내며 마지막 막대(46등)는 다른 모든 조직들보다 대뇌피질에서 발현이 낮게 유지되는 유전자들을 나타낸다. **(b)** miR-124에 의해 발현이 상당히 감소하는 유전자들의 순위. 바탕에 해당하는 (a)와 비교하였을 때 대뇌피질에서 잘 발현이 되지 않는 유전자들에 집중적으로 발현 감소가 일어나는(유의도 *P*-값이 10^{-12}에 이름) 경향성에 주목하라. **(c)** 46개 모든 조직에서 (b)와 같은 분석을 통해 얻어낸 *P*-값들. 유의도 *P*-값이 0.001보다 작은 유일한 조직이 뇌조직이다. 5. 뇌 전체. 6. 편도핵. 7. 미상핵. 8. 소뇌. 9. 대뇌피질. 10. 태아 뇌. 11. 해마. 12. 대뇌이랑. 13. 시상. **(d)** miR-1을 이용한 분석으로 (c)와 동일한 실험. (출처: Adapted from Lim et al., Microarray analysis shows that some microRNAs downregulate large numbers of target mRNAs. *Nature*. Vol. 433 (2005) f. 1, p. 770.)

그림 그림 25.10b의 막대그래프는 miR-124에 의해 HeLa 세포에서 발현이 심각하게 저해되었던 유전자들의 대뇌피질에서의 발현 순위를 보여 주고 있다. (a)의 배경잡음 막대그래프와는 달리 이 그래프에서는 대뇌피질에서 원래 잘 발현되지 않던 유전자로 명백하게 치우친 패턴을 발견할 수 있다. 그래프의 오른쪽으로 각각의 유의도 *P*-값이 0.001보다 작은(실제로 10^{-12} 수준) 막대들이 몰려 있는 것을 쉽게 볼 수 있다.

다음으로 연구진은 자신들의 분석을 miR-124가 46개의 조직 각각에 미치는 영향으로 확대하였고 *P*-값을 로그로 표시한 그래프를 만들었다(그림 25.10c). 유의도 *P*-값이 0.001보다 작은 값을 유의미한 값으로 판단하였을 때 뇌조직(막대 5~13)만이 유의도가 바탕과 유의하게 다른 조직이었다. miR-1의 효과에 대한 비슷한 분석(그림 25.10d)에서도 *P*-값이 배경잡음과 유의하게 차이가 나는 유일한 조직이 근육조직임을 알 수 있었다. 따라서 miR-124에 의한 HeLa 세포의 유전자 발현 저해 경향은 오직 뇌세포에서 낮은 발현 수준을 보이는 유전자의 발현 경향과 유사하였고 마찬가지로 miR-1에 의한 HeLa 세포에서의 유전자 발현 억제는 오직 근육세포에서 낮은 유전자 발현 수준을 보이는 경향과 유사했다.

이런 연구들이 mRNA 수준을 측정할 수 있는 미세배열을 사용하고 있다는 점을 다시 한 번 주목하기 바란다. 따라서 miRNA는 일상적인 상황에서 특정 mRNA들의 발현에 (아마도 RNA를 불안정화시키는 방법으로) 영향을 미치고 있을 가능성이 높다. 만약 이것이 사실이라면 miRNA와 이것에 의해 불안정화되는 mRNA 사이의 염기서열상 상보성을 볼 수 있을 것이고 위치는 아마도 이런 상보성이 흔히 나타나는 3′-UTR 부위일 것으로 예상해 볼 수 있다.

당연히 임 등은 miRNA의 서열과 이것에 의해 심각하게 발현이 저해되는 유전자들의 3′-UTR 지역 서열을 비교하였다. 이때 연구진은 유사서열을 발견하기 위해 MEME라고 특정요소 발굴 프로그램을 사용하였으며 놀라운 결과를 발견하였다. miR-1에 의해 발현 저해된 유전자의 88%가 CAUUCC의 보존된 서열을 포함하는 최소 6염기 이상의 서열을 포함하고 있었는데 이것은 miR-1에 포함된 서열과 상보적인 것이었다. 또 miR-124에 의해 발현 저해되는 유전자의 76%가 GUGCCU 보존서열을 포함하는 최소 6염기 이상의 서열을 갖고 있었고 마찬가지로 이는 miR-124의 서열과 상보적이었다. 이것은 miRNA가 표적 mRNA의 3′-UTR과 결합하여 mRNA를 불안정화시킨다는 사실의 강력한 증거이다.

이런 연구들을 통해 도출된 한 가지 매력적인 가설은 mRNA가 일군의 유전자들 혹은 기능적으로 연관된 효과 유전자들의 발현을 저해함으로써 세포분화에 중요한 역할을 한다는 주장이다. 예를 들어 miR124는 인간 세포가 미분화상태를 유지하는 데 도움을 주는 수백 개의 비신경조직 유전자들의 발현을 저해한다. 아마도 이런 비신경조직 유전자들의 저해가 신경세포로의 분화에 결정적인 역할을 할 것이다.

가일 멘델(Gail Mandel) 연구팀도 이 가설에 힘을 보탰는데, 그들이 발굴한 REST(RE1 silencing transcription factor)라고 하는 단백질 인자는 miR-124와 다른 miRNA들을 포함하는 뉴런-특이적인 유전자군의 발현을 저해한다. 그러나 신경세포로 분화되는 중에 REST는 miR-124 유전자와 떨어져서 이 유전자의 발현을 허용하였다. 이렇게 새로 만들어진 miR-124는 비뉴런성 유전자들의 발현을 억제함으로써 세포가 신경세포로 분화되도록 돕는다. 실제로 miR-124의 표적이 되는 한 mRNA는 REST를 구성하는 한 단백질을 암호화한다. 따라서 miR-124와 REST는 서로 다른 발생 운명을 이끄는 두 인자들 사이의 관계에서 충분히 예상할 수 있듯이 서로가 서로의 발현을 저해하고 있다.

(4) 전사 조절인자의 표적 위치 발굴

12장에서 배운 것처럼 유전자는 인핸서에 결합하는 활성인자들에 의해 자극된다. 많은 활성인자들이 유전체상의 여러 인핸서 표적들과 결합하고 결과적으로 많은 유전자들을 자극한다. 이와 같이 동시에 조절되는 경향이 있는 유전자들을 한 묶음으로 때때로 **레귤론**(regulon)이라고 부르기도 한다. 어떤 활성인자의 효과를 완전히 이해하기 위해서는 이 활성인자에 반응하는 모든 유전자들을 다 발굴하는 것이 중요하며 이를 위해 몇 가지 방법들이 개발되었다.

가장 직접적인 방법은 해당 활성인자의 유전자가 발현되지 않거나 약하게 발현되거나, 또는 과다 발현되는 개체로부터 분리한 각각의 RNA가 미세배열에 잡종화되는 패턴을 비교하는 것이다. 이 분석법은 해당 활성인자의 과발현에 의해 발현이 일어나는 유전자들을 보여줄 수 있고 지금까지 유용하게 사용되어 왔다. 그러나 두 가지 문제점이 이러한 실험의 유용성에 제한을 가하고 있다. 첫째, 발현이 일어나는 유전자가 그 활성인자의 직접적인 표적이 아니라 이 활성인자에 의해 발현이 유도된 제2의 활성인자에 의해 조절되는 표적일 수도 있다는 점이다. 둘째, 연구중인 활성인자의 과발현에 의해 발현이 일어나는 유전자는 해당 활성인자가 생리적인 수준에서 발현되는 생체 내에서는 어쩌면 발현 스위치가 켜지지 않을 수도 있다는 점이다. 그럼에도 불구하고 활성인자와 특정 유전자의 조절부위 사이의 작용 여부를 직접 조사함으로써 이런

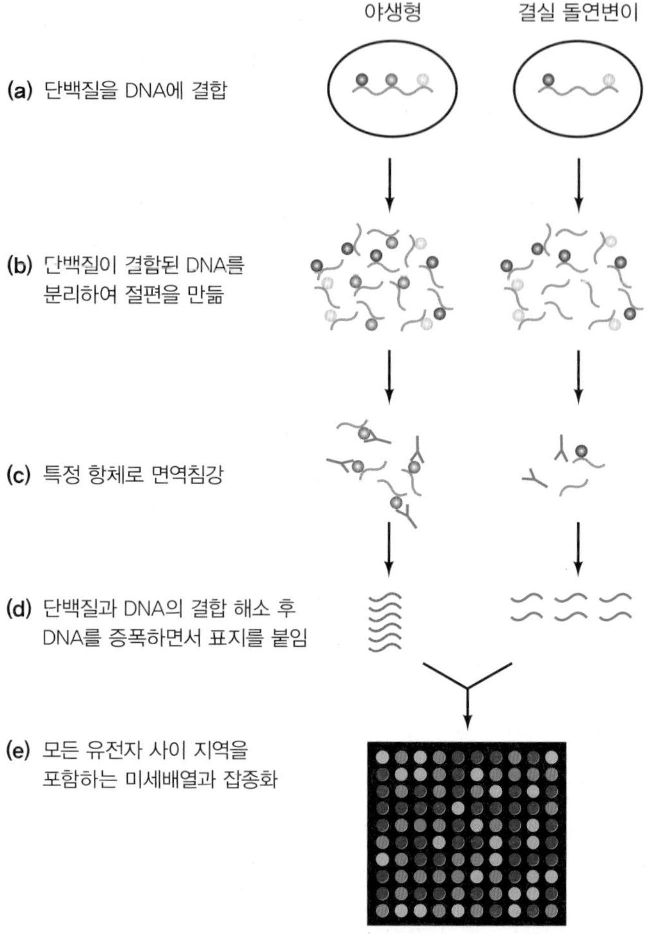

그림 25.11 효모의 DNA-단백질 상호 작용 검출을 위한 유전체 수준의 검색. **(a)** 첫째, 연구팀은 염색질에 결합된 단백질을 분리될 수 없도록 화학적으로 결합시켰다. 이 작업은 야생형 세포와 연구 대상 단백질의 유전자(빨간색)가 제거된 균주에서 동시에 시행되었다. **(b)** 단백질-DNA 복합체(결합염색질)를 세포에서 분리하고 초음파로 잘랐다. **(c)** 잘려진 효모 염색질을 연구 대상 단백질에 결합하는 항체를 이용하여 면역침강시켰다. **(d)** 그다음 DNA와 단백질의 화학적 결합을 해소하고 PCR을 이용하여 이 DNA에 형광염료를 붙였다. 야생형 세포에서 침강시킨 DNA에는 빨간색 형광으로 연구 대상 유전자가 결여된 세포에서 만든 DNA에는 초록색형광을 표지하였다. **(e)** 두 종류의 세포에서 만든 표지된 DNA를 섞어서 효모 유전체 전체의 모든 유전자 사이 서열을 포함하는 미세배열과 잡종화시켰다. 만약 미세배열의 DNA 점이 연구 대상 단백질과 결합하는 DNA와 더 강하게 잡종화된다면 그 점은 빨간색이 될 것이고, 다른 단백질에 더 잘 붙는 DNA와 잡종화된다면 초록색 점이 될 것이다. 두 종류의 DNA에 비슷하게 결합한다면 노란색 점이 될 것이다. 두 종류의 DNA 탐침에 대한 상대적인 결합 강도를 주의 깊게 보정하면 각 점에서의 빨간색과 초록색 형광의 강도를 결정할 수 있고 그 차이의 정도는 해당 DNA 지역이 연구 대상 단백질과 결합하는지 여부를 보여 주게 된다. (출처: Adapted from *Nature* 409: from Lyer et. al., 2001, Fig. 1, p. 534).

문제를 우회할 수 있는 방법들도 있다.

리차드 영(Richard Young) 등이 사용했던 한 방법[렌(Ren) 등의 2000년 논문]은 두 가지 서로 다른 기법을 혼용한 것이었는데 염색질 면역침강법(Chromatin Immunoprecipitation, ChIP, 13장 참조)과 DNA미세배열 혹은 칩상에서의 DNA 미세배열 잡종화법이 그것이다. 따라서 이 기술을 **ChIP-chip** 혹은 **chip상에서의 ChIP**(ChIP on chip)이라고 한다. 그림 25.11은 연구진이 효모 유전체 전체에 걸쳐 활성인자 GAL4가 결합하는 위치들을 찾아내기 위해 사용했던 방법의 대강을 보여 준다. 첫째, 연구팀은 염색질에 결합된 단백질을 분리될 수 없도록 화학적으로 결합시켜 버렸다. 그다음 세포를 깨고 염색질을 작은 조각으로 잘라버렸다. 그다음 분해된 효모 염색질을 GAL4에 결합하는 항체를 이용하여 면역침강시켰다. 그다음 DNA와 단백질의 화학적 결합을 해소하고 PCR을 이용하여 이 DNA에 빨간색 형광염료(Cy5)를 붙였다. 이런 작업과 동시에 항GAL4 항체로 침강되지 않은 DNA에는 초록색 형광염료(Cy3)를 붙였다. 이제 이 두 가지 DNA를 이용하여 효모 유전체 전체의 모든 유전자사이 서열(유전자 서열이 아닌)을 포함하는 미세배열과 잡종화시켰다. 그림 25.12는 이 미세배열의 한 부분을 보여 주고 있다. 화살표로 표시된 한 점은 붉은 형광을 확연히 보여 주고 있는데, 이는 GAL4가 결합했던 DNA와 선택적으로 잡종화가 되었음을 말해준다. 이 기술을 이용하여 연구팀은 10개의 유전자와 연관된 DNA 서열을 밝혀냈는데 이 유전자들은 모두 GAL4에 의해 활성화된다는 것이 알려진 유전자들이었다. 따라서 이 방법이 이 경우에 매우 잘 작동한 것을 알 수 있다.

이 방법은 효모에 잘 맞는 방법인데, 왜냐하면 효모 유전체의 크기가 제한적이고 서열이 완전히 결정되어 있기 때문이다. 그렇다면 사람의 유전체에 대해서도 비슷한 실험이 가능할까? 여기에는 심각한 문제점이 있는데 사람 유전체의 경우 유전자사이 서열이 유전체 전체 크기와 거의 같은 크기이기 때문이다. 따라서 이 부위의 전체 서열을 포함하는 미세배열은 너무나 복잡해서 만들기가 쉽지 않다. 그럼에도 불구하고 이 실험이 실제로 가능할 수 있도록 DNA 서열의 범위를 축소할 수 있는 방법들이 있다. 동일한 활성인자인 사람 E2F4를 이용한 방법이 2002년에 보고되었다.

범위를 축소하기 위한 방법으로 페기 파넘(Peggy Farnham) 등은 오직 CpG 섬(7,776개)만을 포함하는 미세배열을 이용하였다. 24장에서 공부했던 것처럼 CpG 섬은 유전자 조절부위와 결합되어 있고 따라서 이 기술에서 찾고자 하는 활성인자 결합부위에 높은 빈도로 존재해야만 한다. 이 전략을 이용하여 파넘 등은 자신들이 연구하던 활성인자의 68개 표적 위치를 발굴하였다. CpG

섬 대신에 데이비드 딘라크(David Dynlacht) 등이 선택한 것은 세포가 세포주기에 신입할 때(E2F4가 활성화되는 시점)에 활성화되는 것으로 알려진 1,200개 유전자의 조절부위였다. 연구팀은 이 미세배열을 통해 사람 섬유아세포에서 127개의 유전자 조절부위가 E2F4에 결합한다는 것을 발견하였다. 따라서 한 활성인자의 발현 시기나 특이성 등에 대한 기존의 알려진 지식들은 더 많은 표적유전자를 발굴하기 위한 미세배열을 설계할 때 매우 유용한 정보를 제공한다.

전사조절인자의 결합위치를 발견하기 위한 ChIP-chip 기술의 사용에 따른 한 가지 문제점은 이 기술을 통해 찾을 수 있는 서열이 chip상에 심어둔 서열에 국한된다는 점이다. 인간 유전체의 진정염색질 부위에 존재하는 모든 가능한 서열들을 다 포함하기 위해서는 칩상에 수십억 개 이상의 점을 찍어 두어야 하는데, 현재의 기술로는 구현하기 어렵다. 심지어 단지 몇 개의 뉴클레오티드를 분석 대상으로 **경사배열**(tilting array, 중첩되는 서열의 DNA 사용)을 사용하는 경우에도 상당한 비용이 발생한다. 또 다른 문제점은 칩상의 개별 점들에 대한 잡종화 반응 효율이 DNA에 따라 제각각이라는 점이다. 따라서 어떤 점들은 단지 잡종화 반응의 조건이 맞지 않아서 검출이 되지 않을 수도 있다. 또한 잡종화 반응이 완벽하게 특이적이지 않은 점도 비록 생명의 한 특징이긴 하지만 이 기술의 구현에는 방해가 된다. 어떤 경우 DNA 2차구조 때문에 특정 DNA가 한 점 이상의 점들과 반응하거나 또는 꼭 반응해야 할 점들과 반응하는데 실패할 수 있기 때문이다. 마지막으로 ChIP-Chip상에 유전체 전체를 거의 완벽하게 구현하는 것은 가까운 장래에는 인간 오직 유전체에서만 가능할 것이고 다른 유전체들의 연구에는 적용되기 어려울 것이다.

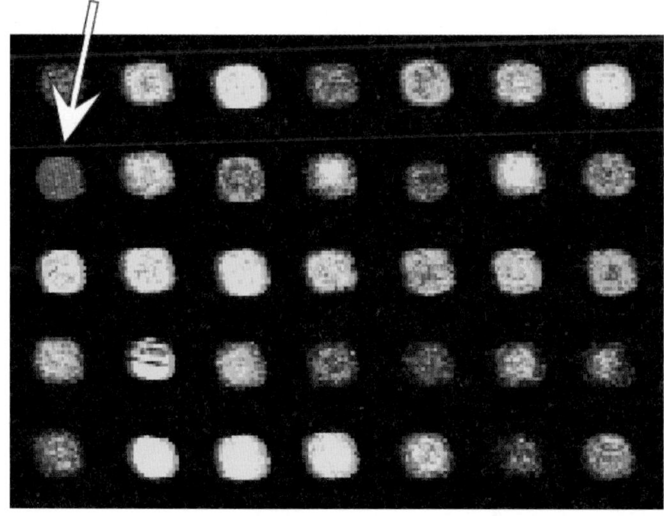

그림 25.12 GAL4에 결합하는 DNA 서열의 확인. 영(Young) 등은 항 GAL4 항체로 면역침강시킨 DNA를 주형으로 PCR을 이용하여 빨간색 형광을 붙인 탐침 DNA를 제작하였다. 그리고 항체에 의해 침강이 되지 않은 DNA를 주형으로 동일한 방법으로 초록색 형광이 붙은 탐침 DNA를 만들었다. 이 두 탐침 DNA를 섞어서 효모의 모든 유전자사이 서열을 다 포함하는 미세배열과 잡종화시켰다. 이 그림은 그 미세배열의 일부분만을 보여 주고 있는데, 화살표로 표시된 하나의 빨간색 점은 잠재적인 GAL4 결합 DNA이고 초록색 점들은 GAL4와 결합하지 않는 DNA를 보여 준다. 노란색 점들은 두 가지 탐침 DNA에 다 결합하는 서열들인데 GAL4와의 결합 선호도를 보여 주지는 못한다. (출처: Adapted from Ren et al., *Science* 290 (2000) Fig. 1A, p. 2306.)

이런 문제점들을 해결하기 위한 하나의 대안으로 **꼬리 서열분석**(tag sequencing)을 들 수 있는데, 이 기술에서는 ChIP 방법을 통해 침전된 DNA의 증폭된 조각들을 chip상에 직접 잡종화시키는 것이 아니라 5장에서 설명한 고효율 차세대 염기서열법을 사용하여 반복해서 서열결정을 한다. 2007년도 시점에서 구현된 기술을 통해 이미 기계 한 대가 한 번에 200nt짜리 40만 개 혹은 25nt짜리 400만 개의 서열을 결정할 수 있다. 2007년 바바라 울드(Babara Wold)와 연구팀은 자신들이 ChipSeq(일반적으로는 **ChIP-seq**)라고 명명한 이 기술을 테스트하였는데, 연구팀은 비뉴런성 세포나 뉴런 전구세포에서 신경세포 특이 유전자들의 발현을 억제하는 NRSF(neuron-restrictive silencing factor)에 특이적인 항체로 ChIP을 수행하였고 이를 통해 얻어진 DNA를 대상으로 25nt짜리 서열 수백만 개를 결정하였다. 이후 컴퓨터 프로그램을 이용하여 얻어진 25nt 서열들을 인간 유전체상에 지도화하였다. 그 결과 서열들이 13개 혹은 그 이상 집중적으로 모여 있는 클러스터의 숫자가 항체 없이 ChIP을 수행한 대조군에 비해서 최소 5배 이상 많았다. 그림 25.13은 가상의 단백질에 대한 결합위치를 규정하는 클러스터 한 곳을 보여 주고 있다.

NRSF 결합 위치는 매우 흥미로운 주제였는데, 이유는 이 위치가 다른 기술들을 이용하여 이미 조사가 되었고 전형적인 결합 서열도 밝혀져 있었기 때문이다. ChIPSeq 방법을 통해서도 전형적 결합위치 대부분이 파악되었을 뿐만 아니라 새로운 결합 위치들도 발견되었다. 이 중 일부는 전형적인 위치가 중간에 삽입된 비전형적인 서열에 의해 분리되어있는 절반의 위치들이었고, 일부는 아예 절반의 위치 한쪽만 가지고 있었다. 결과적으로 이 방법이 결합위치들을 광범위하게 발견할 수 있는 기술임이 밝혀졌다.

마티유 블란체(Mathieu Blanchette), 프란시스 로버트(Francois Robert) 연구팀은 인간 유전체상에서 전자조절인자의 결합위치

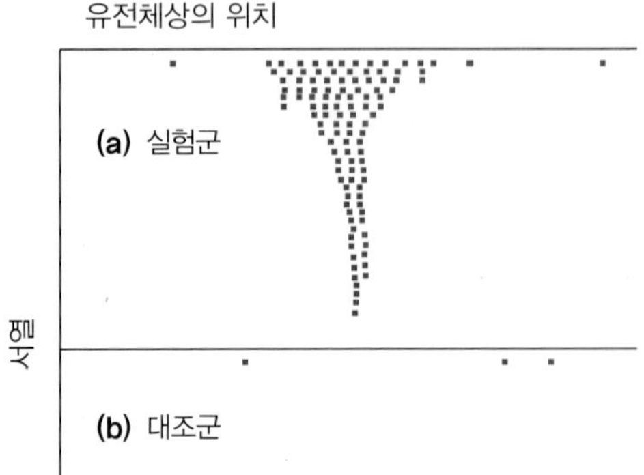

그림 25.13 ChIPSeq를 이용한 전사인자 결합 위치들의 지도화. (a) 하나의 전사조절인자에 특이적인 항체를 이용한 ChIP에서 침전된 DNA들의 짧은(25nt) 인식서열들을 유전체 중 특정 장소에서 유전체 위치에 대응하여 표시하였다. 각각의 붉은 점들은 하나의 인식서열들을 표시한다. 피크인 지역은 전사인자가 결합하는 위치를 나타낸다. (b) ChIP를 항체 없이 수행한 대조군의 결과에서는 배경잡음 정도의 결합만이 보인다.

를 찾기 위한 새로운 접근법을 취하였는데, 한 단백질의 결합 위치들을 찾는 대신 연구팀은 이런 결합위치의 집단[*cis* **regulatory module**(CRM), 12장 참조]을 파악하였다. 개별 전사인자들의 결합 위치 서열은 서로 상이하기 때문에 놓치기 쉬운 반면 이런 위치들의 클러스터는 파악하기가 상대적으로 수월하다.

연구팀은 229개의 서로 다른 전사인자들의 결합위치 서열에 대한 정보를 모아둔 Transfac 데이터베이스를 활용하였다. 또한 연구팀은 CRM이 주변 DNA 서열에 비해 잘 보존되어 있다는 사실을 알 수 있었다. 따라서 연구팀은 사람, 생쥐, 시궁쥐 유전체에 공통적으로 보존된 비반복적, 비암호화 DNA 부위에 집중하여 Transfac 데이터베이스로부터 이 부위에 존재하는 전사인자 결합 위치들을 파악하였다.

생쥐와 시궁쥐 유전체 모두에 정렬될 수 있는 인간 유전체의 약 34%에 이르는 부위에 대한 검색을 통해 118,402개의 예상 CRM(pCRM)들이 분석되었다. 이 숫자에는 물론 위양성도 포함되었겠지만, 어쨌든 인간 유전체의 겨우 1/3 정도에 대한 분석결과이다. 비록 이 부위가 CRM들이 풍부하게 존재하는 부위이겠지만 인간 유전체 전체를 감안한다면 적어도 20만 개 이상의 CRM들이 존재할 것으로 생각할 수 있다. 일견 놀랄 정도로 많아 보이지만 연구팀은 자신들의 결과를 여러 가지 방법으로 검증하였다. 예를 들면, 연구팀이 발견한 pCRM들이 기존에 알려진 프로모터 부위(전사 개시 위치로부터 1kb 상위지역 내), 그중에서도 특히 CpG 섬 안에 집중되어 있다는 점을 보여 주었고, 또 pCRM과 DNase 민감부위가 잘 일치하고 있다는 점을 보여 주었다. 13장에서도 배웠지만 DNase 민감 부위는 유전자 조절요소들을 포함하는 경향이 있다.

오히려 이 연구 결과 중 놀라운 사실 하나는 많은 숫자의 pCRM들이 유전자가 없을 것으로 예상되는 부위에 존재한다는 점이다. 이 발견을 몇가지 방법으로 설명할 수 있는데, ① 어쩌면 우리가 아직 인간 유전체의 모든 유전자들을 파악하고 있지 못할 가능성이 있거나 ② 일부 유전자들은 전형적인 개시 위치보다 훨씬 상류 지점에 특이한 전사개시위치를 가질 가능성이 있거나 ③ pCRM들이 비암호화 RNA의 생산을 조절하거나 ④ pCRM들이 상당히 멀리 떨어진 유전자들의 전사를 조절할 가능성이 있다.

그림 25.14는 알려준 유전자의 내부와 주변에서 pCRM이 나타나는 빈도를 보여 주고 있다. 예상과 마찬가지로 pCRM은 일반적으로 인핸서들이 발견되는 유전자의 5'-말단 최인접부위에 집중적으로 나타난다. 그러나 예상치 않았던 부위인 전사개시위치의 바로 아래쪽에서도 강하게 나타났다. 이는 하류 쪽에 대체 전사개시위치가 존재함을 말해 주거나 어쩌면 유전자 내부에도 조절요소들이 광범위하게 존재할 수 있다는 첫 번째 시사일 수도 있다. 그림 25.14에서 볼 수 있는 두 번째 놀라운 사실은 전사종료위치 주변에 pCRM이 상당히 많이 존재한다는 점이다. 이는 다시 한 번 적어도 두 가지 설명이 가능한데, 유전자의 하류 지역에 대량의 인핸서들이 존재하거나 혹은 해당 유전자의 발현을 음성조절하는 안티센서 전사체에 해당하는 부위를 나타내는 것일 수 있다. 유전자의 10~50kb 상류와 10~30kb 하류 지역과 인트론들의 말단(첫째와 마지막 인트론의 경우는 예외)에서는 pCRM이 거의 발견되지 않는다. 이는 일부의 경우에서만 사실일 수도 있는데, 예를 들어 이 부위들에는 이번 연구에서 미처 인식하지 못한 매우 제한된 종류의 pCRM들만 선택적으로 존재할 수도 있다.

(5) 미확인 단백질과 결합하는 인핸서의 위치파악

지금까지 우리가 공부하였던 유전자 중심적인 전략은 기존에 알려진 단백질들과 결합하는 인핸서들에만 적용 가능하다. 하지만 아직 단백질 파트너가 누구인지 모르는 인핸서들도 많다. 이런 인핸서를 분석하기 위해 렌 페나치오(Len Pennacchio)의 연구팀은 유전체적인 관점에서의 접근이 필요하다고 생각하였고 2006년 매우 효과적인 방법을 발표하였다. 연구팀은 우선 척추동물 인핸서에 대한 분석을 시작하였는데, 매우 잘 보존된 비암호화 DNA 부위를 탐색하였다. 연구팀이 규정한 '매우 잘 보존된'이라는 정의에 부합하는 부위는 다음 두 가지 점 중 하나를 만족하여야 하는데, 첫째 유연관계가 먼 종들(예를 들어 사람과 복어) 사이에서도 보존되어 있거나 혹은 좀 더 유연관계가 가까운 종들(예를 들어 사람

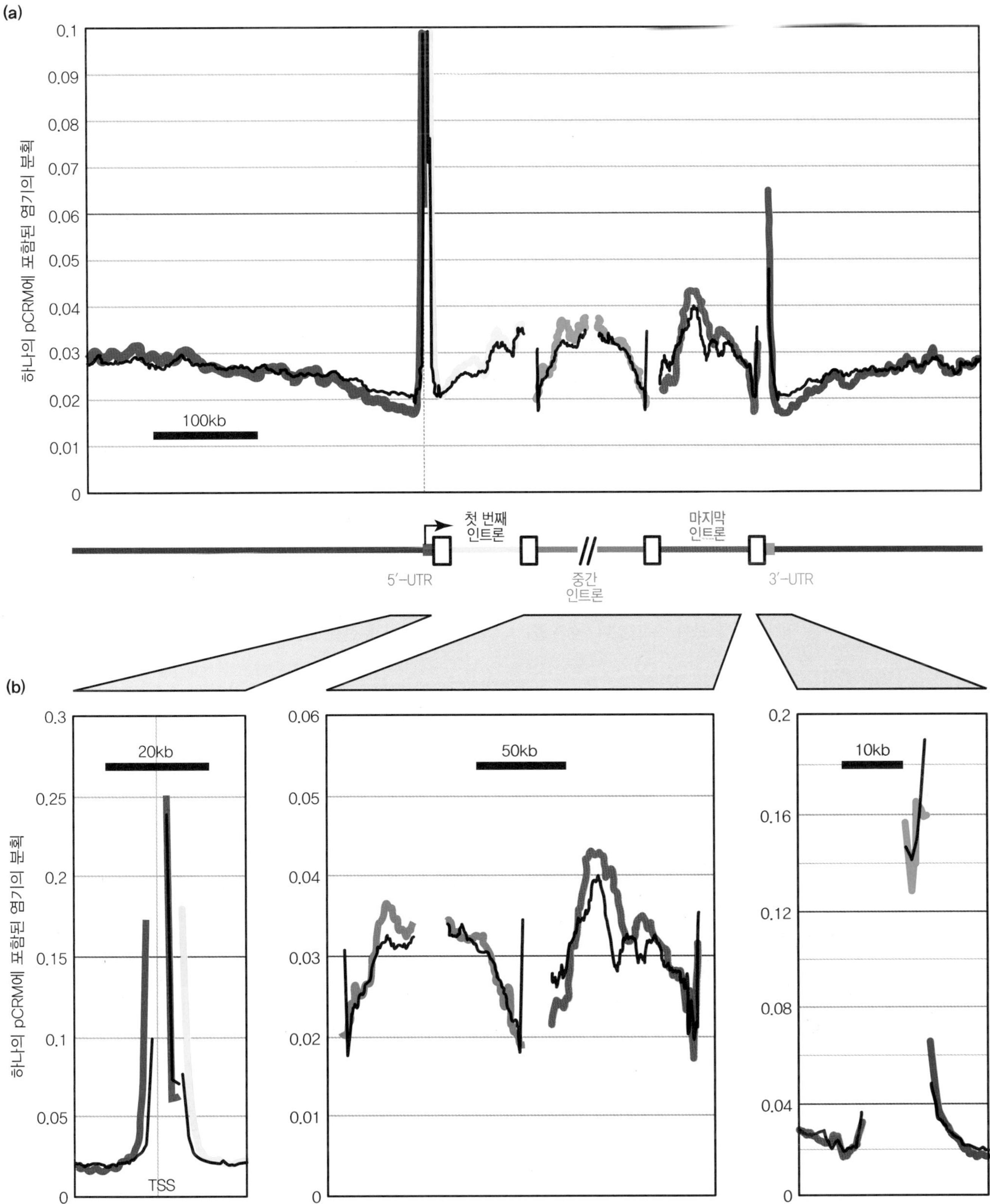

그림 25.14 유전자 내부와 주변에서의 pCRM의 분포. **(a)** 하나의 pCRM에 포함되는 염기 분획들이 하나의 유전자 내 외부 위치에 걸쳐 표시되었다. 그래프나 아래쪽 유전 다이어그램에 표시된 색깔들은 다음을 나타낸다. 짙은 파란색, 상류 및 하류 쪽 측면 부위들. 빨간색, 5′-UTR. 노란색, 첫 번째 인트론. 옅은 파란색, 가운데 인트론들. 갈색, 마지막 인트론. 하늘색, 3′-UTR(염기 분획 그래프에서 3′-UTR에서 pCRM의 규모가 너무 작아 실제로 하늘색 라인이 보이지는 않는다.) **(b)** 개별 부위들이 좀 더 명확하게 나타나도록 가로 축을 확장시켜 둔 그림으로 (a)와 내용은 동일하다.

과 생쥐)사이에서는 적어도 200 염기쌍에 걸쳐 100% 보존되어 있는 부위들이다.

페나치오 연구팀은 167의 인핸서 후보들을 발견하였다. 이 DNA 서열들이 인핸서 활성을 가지는지를 보기위해 생쥐 최소 프로모터의 조절을 받는 *lacZ* 리포터 유전자에 도입한 뒤 생쥐 접합자에 집어넣어 형질전환 생쥐들을 만들었다. 형질전환 배아들이 배아시기 11.5일까지 자라도록 한 다음 배아 전체를 X-gal로 염색하여 β-갈락토시데이즈 활성을 측정하였다. X-gal로 인한 강한 파란색 염색은 활발한 β-갈락토시데이즈 활성을 의미하며 따라서 인핸서에 결합하는 단백질들이 강한 전사를 자극하였음을 의미한다. 연구팀이 11.5일 배아를 선택한 데는 몇 가지 이유가 있는데, 첫째 배아 전체를 염색하고 시각적으로 관찰할 수 있다는 장점이 있다. 그리고 이 시기에는 주요 장기들을 직접 볼 수가 있다. 마지막으로 매우잘 보존된 인핸서들은 배아 시기에 발현되는 유전자들 주위에 집적되어 있다는 사실이 알려져 있었기 때문이다.

이런 방식으로 확인한 167개의 인핸서 후보들 중 75개(45%)가 형질전환 생쥐 인핸서 검사에서 양성 반응을 보여 주었다. 그림 25.15는 서로 다른 조직 각각에서 작동하는 인핸서들의 숫자와 각 조직 특이성을 보여 주는 염색패턴을 보여 주고 있다. 숫자를 다 더하면 75개가 넘는데, 이는 많은 인핸서들이 한 개 이상의 조직에서 활성을 보이기 때문이다. 이 실험에서 신경조직은 다른 조직에 비해 놀라울 정도로 인핸서 활성이 월등히 높은 조직으로 보이는데, 달리 생각해 보면 상당한 비율의 척추동물 유전자들이 신경조직에서 발현되는 점이나 신경시스템의 발달이 매우 복잡하고 많은 유전자들의 기능을 요한다는 점에서는 그리 놀랄 만한 일이 아니다.

이런 점에서 이 전략은 배아 발생의 단지 한 시기만 조사한 경우에도 45%라는 놀라운 성공률을 보여 주고 있다. 이 실험에서 음성의 결과를 보인 서열들 중 일부는 만약 다른 시기의 배아에 적용하였다면 양성 결과를 보일 수 있을 것이라는 점을 충분히 예상할 수 있다. 게다가 일부 음성 서열들이 실은 침묵요소로 작용한다는 점이 이미 알려져 있기 때문에 이들 또한 흥미로운 유전자 조절 요소들이다. 페나치오 연구진은 사람과 복어 사이에서 약 5,500개 이상의 보존된 비암호화 서열이 존재하고 이들이 기존에 밝혀지지 않은 새로운 인핸서의 후보들이 될 수 있다고 보고하였다. 그런 점에서 이 전략은 인간뿐만 아니라 다른 유전체들에서 인핸서의 위치를 밝히는 데 매우 유용함을 보여 주었다.

이 방법이 유전자 조절 부위의 위치를 밝히는 데 매우 성공적인

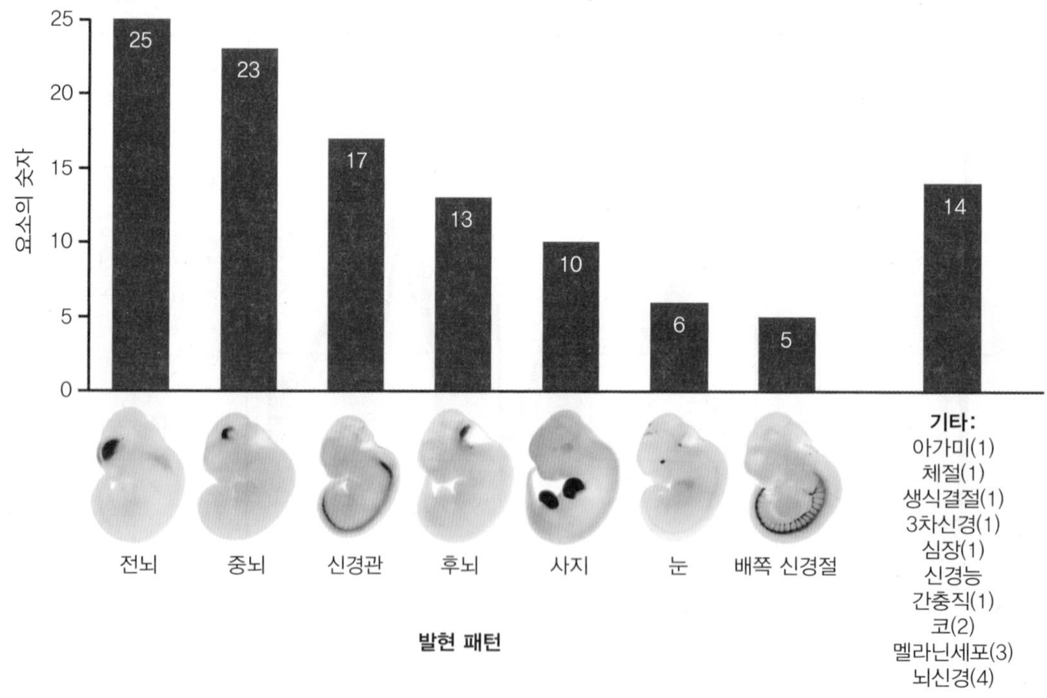

그림 25.15 형질전환 생쥐 인핸서 검사를 통해 밝혀진 인핸서에 의해 추동되는 발현 패턴. 막대 그래프 아래쪽, 11.5일 생쥐 배아 전체에 걸친 전형적인 X-gal 염색이 발현 패턴을 보여 주고 있다. 해당 발현 패턴을 보여 주는 DNA 요소들의 숫자를 표시하였다. 일부 인핸서들은 하나 이상의 발현 패턴을 보여 주는데 이는 발현 패턴 상의 인핸서 숫자의 합이 어째서 검사에 사용한 인핸서 전체의 숫자(75개)보다 많은지를 설명해 준다. (출처: Reprinted by permission from Macmilllan Publishers Ltd: *Nature*, 444, 499–502, 23 November 2006. Pennacchio et al, In vivo enhancer anylysis of human conserved non-coding sequences. © 2006.)

만큼 이 방법은 매우 잘 보존된 서열들만 골라낼 수 있다는 단점이 있다. 게다가 중요한 유전자 조절부위들이라고 해서 모두 다 잘 보존되어 있어야만 할 이유도 없다. 이 장 초반에 효모의 다른 두 종에서 조절부위들이 잘 보존되어 있지 않은 예를 이미 공부하였고 이런 현상은 척추동물에서도 역시 발견할 수 있다. 2008년 던컨 오덤(Duncan Odom) 연구진은 인간 염색체 21번을 가지고 있는 생쥐 세포의 유전자 발현에 관한 연구 결과를 발표하였다. 이 연구에서 생쥐세포에 있는 인간 21번 염색체의 전사 수준은 생쥐세포의 생쥐 상동유전자들의 전사보다는 사람세포에서의 전사 수준과 더 근접한 형태를 보여 주었다. 이는 생쥐의 전사조절인자들이 사람 조절부위와 생쥐의 상동유전자 조절부위를 서로 다른 방식으로 인식함을 의미한다. 실제로 오덤 연구진은 ChIP 분석을 이용하여 생쥐 전사조절인자들이 인간 염색체 21번에 생쥐보다는 사람에서와 같은 패턴으로 결합한다는 것을 보여 주었다. 이런 차이의 가장 큰 원인은 아마도 사람과 생쥐 유전자 조절부위의 서열 차이에 기인한 것으로 보인다. 따라서 우리가 만약 가까운 종들 사이라 할지라도 잘 보존된 서열들에만 집중하다 보면 중요한 조절 부위들을 놓칠 수도 있다.

(6) 프로모터의 위치 결정

II형 프로모터들이 유전자의 전사개시 위치에 매우 가깝게 있고 전사개시위치는 대체로 파악이 되어 있으므로 이들의 위치를 결

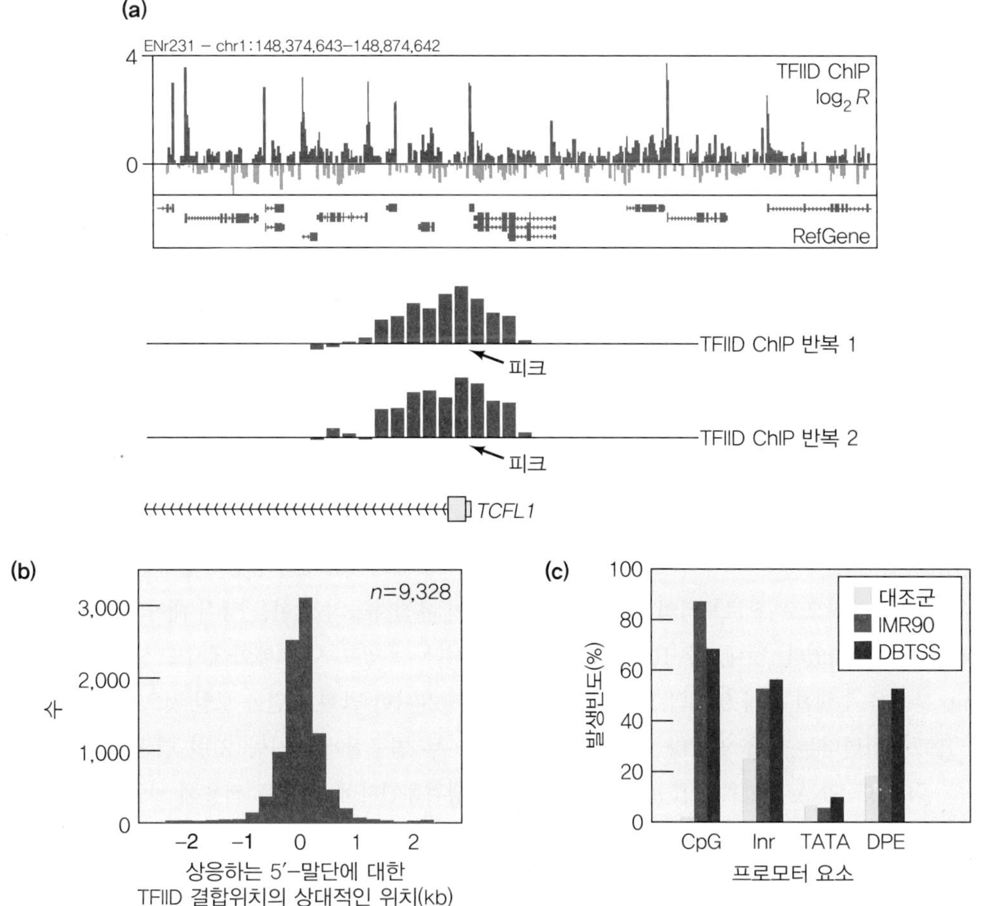

그림 25.16 프로모터 검색. 렌과 연구팀은 사람 섬유세포에서 TFIID 결합위치를 발굴하기 위해 항-TAF-1 항체를 이용한 ChIP-chip 분석을 수행하였다. (a) 사람 1번 염색체상의 상대적으로 좁은 지역에서의 결과. 가장 위쪽 패널은 대조군 DNA에 비해 TAF-1-ChIP로 침전된 DNA에 의한 잡종화 강도를 로그비율($\log_2 R$)로 표시하였다. 피크들은 잠재적인 TFIID 결합위치들을 보여 준다. 가운데 패널은 이 DNA 지역에 대한 RefSeq 데이터베이스의 유전자 주석들을 보여 주고 있다. 위쪽 패널에서 피크에 해당하는 부위들이 대체로 주석이 붙은 유전자들의 5′-말단과 일치하는 점에 주목하라. 아래쪽 패널은 *TCFL1* 유전자의 2회 반복 분석 결과를 확대해서 나타낸 것이다. 화살표는 피크 발견 알고리즘으로 찾아낸 잡종화의 피크 위치이며 유전자의 위치는 그 아래쪽에 5′-말단이 오른쪽에 오도록 표시하였다. (b) TFIID 결합위치들과 유전자의 5′-말단들의 비교배열. 대부분(83%)의 결합위치들이 유전자 5′-말단에서 500bp 이내에 위치한다. (c) 프로모터 내의 CpG 섬과 세 종류의 핵심적인 프로모터 요소들의 분포 양상. 빨간색, 이 연구에서 밝혀진 TFIID-결합위치들. 파란색, DBTSS에 근거한 프로모터들. 노란색, 대조군 DNA.

정하는 것은 인핸서들에 비해 이론상 무척 쉬워야만 할 것이다. Bing Ren 연구팀은 유전체 수준에서 인간 프로모터 검색을 진행하다가 한 가지 놀라운 사실을 발견하였는데, 그것은 많은 유전자들에서 기본 프로모터에 더하여 수백 염기쌍 떨어진 곳에 또 다른 프로모터들이 존재한다는 것이었다. Ren 연구팀은 사람 섬유아세포를 대상으로 ChIP-chip 방법을 사용하였는데, 이 장 초반에서도 언급한 바와 같이 ChIP-chip 기술은 유전체 수준에서 특정 단백질이 결합하는 부위를 결정한다.

렌과 연구팀은 TFIID를 구성하는 TAF1 단위체에 대한 단클론 항체로 ChIP을 수행하였는데, 그 이유는 프로모터에서 형성되는 개시 전 복합체에는 핵심적인 일반전사인자인 이 단백질이 반드시 포함되어 있을 것이라고 생각했기 때문이다. 이후 ChIP으로 침전된 DNA들을 증폭하여 인간 유전체 중 비반복 DNA 전체를 포함하는 50개짜리 서열 약 1450만 개를 포함하는 DNA 미세배열에 대한 탐침으로 사용하였다. 그림 25.16은 연구방법의 요약과 이들이 얻은 결과 중 일부를 보여 주고 있다.

연구팀은 12,150개의 TFIID 결합위치들을 발견하였는데, 그중 10,553개(87%)는 알려진 전사개시위치로부터 2.5kb 이내에 위치하고 있었다. 2.5kb에 이르는 넓은 범위를 사용한 이유는 전사체의 5′-말단 위치에 불확실성이 있을 가능성과 미세배열 데이터의 잡음 때문에 TFIID 결합위치에 대한 ChIP-chip 위치파악의 불확실성 등을 감안하였기 때문이다. 일부 TFIID 결합위치들은 동일한 전사체의 5′-말단으로 파악되었기 때문에 이런 중복성을 제거하고 서로 다른 전사체들에 대응하는 9,328개의 결합위치를 파악하였다.

이 9,328개의 결합위치들을 대상으로 프로모터의 특성을 보여 주는지 네 가지 테스트를 수행하였다. 첫째, 항-RNA 중합효소 II 항체로 ChIP-chip 분석을 수행한 결과 97%의 TFIID 결합위치에 RNA 중합효소 II도 결합한다는 것을 알았다. 둘째, 무작위적으로 28개의 위치를 골라 항-RNA 중합효소 II 항체로 표준 ChIP 분석을 수행하여 RNA 중합효소 II의 결합여부를 확인한 결과 하나를 제외하고 모두 이 검사를 통과하였다. 셋째, 9,328개의 TFIID 결합위치들에서 CpG 섬, Inr, DPE, 그리고 TATA 박스와 같은 핵심 프로모터 요소들을 조사하였는데(그림 25.16c) 앞의 3개는 흔히 발견되었으나 TATA 박스는 잘 발견되지 않았다. 넷째, 유전자 활성과 관련된 히스톤 변형(히스톤 H3의 아세틸화와 히스톤 H3의 라이신 4에서의 탈메틸화)을 보기 위해 ChIP-chip 분석을 수행하였는데, 여기서도 97%의 TFIID 결합위치들에서 이러한 변형과 연관되어 있음을 보였다. 이를 종합하면 ChIP-chip 방법은 프로모터들을 매우 정확하게 찾아내며 이런 프로모터들에는 TATA 박스가 잘 보이지 않는데, 이는 효모나 초파리에서도 TATA 박스가 거의 없다는 다른 연구 결과들과도 부합한다.

렌과 연구팀은 그들의 분석대상 중 1,600개 이상의 유전자들에서 복수의 프로모터가 존재함을 발견하였는데, 대부분의 경우 이런 프로모터들은 5′-UTR의 길이가 다르거나 첫 번째 엑손에 차이가 나는 정도였고 해당 유전자의 단백질 산물 자체에는 영향을 미치지 않았다. 다른 경우는 전사체의 스플라이싱, 폴리(A) 결합 혹은 번역이 다르게 일어나는 경우들인데 이런 경우는 세포가 어떤 특정 시기에 어느 프로모터를 사용하는지에 따라 유전자의 발현에 새로운 조절 기작을 제공할 수가 있다.

(7) In Situ 발현 분석

다음 예를 생각해 보자. 잘 알려진 바와 같이 인간 염색체 21번은 다운증후군과 관련이 있다. 이 염색체상의 어떤 유전자(들)가 이 질병의 원인이 되는지를 발견하기 위해서는 이 염색체상의 모든 유전자들이 배아 발생기 동안에 어떻게 발현되는지 그 패턴을 아는 것이 매우 중요하다.

이런 연구는 하등생물에서는 배아 조직에 cDNA 탐침을 in situ 잡종화(5장 참조)시키는 방법을 통해 일반적으로 행해지고 있다. 하지만 여기에는 심각한 문제점이 있는데 사람 배아를 대상으로 수행할 경우 윤리적으로 문제가 될 것이다. 다행히 생쥐의 유전체 서열이 밝혀졌기 때문에 이 문제를 우회할 수 있는 방법이 있다. 생쥐 유전체에는 사람 21번 염색체상의 확인된 178개 유전자에 대한 161개의 공통유전자(ortholog)를 가지고 있다. 따라서 이 유전자들의 발현을 생쥐 배아의 발생 기간 동안 공간적으로 추적할 수 있고 사람 배아에서도 상동유전자(homologous gene)들이 유사한 발현 패턴을 보일 것으로 추정할 수 있다.

두 연구팀에서 사람 21번 염색체상의 유전자와 공통유전자인 생쥐유전자에 전략을 적용해 보았다. 그레고르 아이힐레(Gregor Eichele), 스테리아노스 안토나라카스(Stylianos Antonarakis), 안드레 발라비오(Andrea Ballabio) 등은 생쥐 공통유전자 158개에 임신 기간 동안 세 차례에 걸쳐 in situ 잡종법으로 발현 패턴을 분석하였다. 이들은 161개의 모든 공통유전자에 대해 성체에서의 발현 패턴도 RT-PCR(5장 참조)로 분석했다. 그 결과 여러 개의 유전자들에서 경향성 발현(특정 시간대에 특정 위치에서 발현)을 발견하였다. 더구나 이 경향성 발현은 다운증후군의 병리적 특성과 부합하는 조직들(중추신경계, 심장, 소화기관계, 사지)에서 발견되었다.

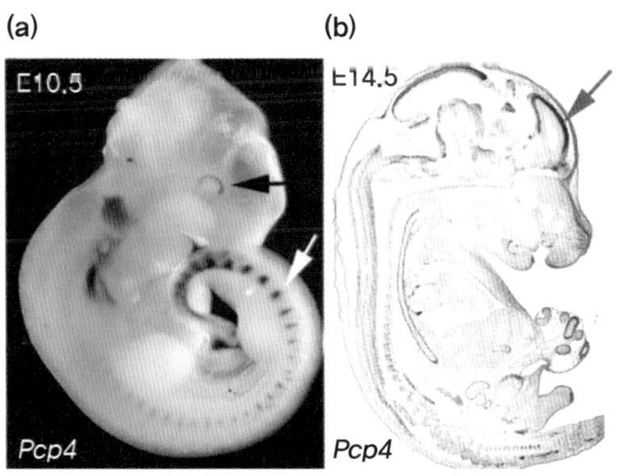

그림 25.17 생쥐 배아 유전자 발현의 확인. 생쥐 배아 전체(a) 또는 배아 절편(b)을 대상으로 in situ 잡종법(5장 참조)을 이용하여 유전자 발현을 조사하였다. **(a)** 10.5일 배아 전체에서 *Pcp4* 유전자의 발현. 검은색 화살표는 눈을 표시하고 흰색 화살표는 등쪽 신경절을 보여 준다. **(b)** 14.5일 배아 절편에서의 *Pcp4* 유전자의 발현. 빨간색 화살표는 뇌 피질을 표시한다. 어둡게 염색된 지역이 유전자가 발현되는 부위이다. (출처: Adapted from *Nature* 420: from Reymond et al., fig. 2, p. 583, 2002.)

예를 들어 그림 25.17은 10.5일(몸 전체에 대한 in situ 잡종화 반응)과 14.5일 배아(배아 절단면에 대한 in situ 잡종화 반응) 생쥐 배아에서 *Pcp4* 유전자의 발현을 보여 준다. 10.5일 때 이 유전자는 눈(검은 화살표), 뇌, 등쪽 신경절(흰 화살표) 등에서 발현되고 14.5일이 되면 뇌의 피질판(붉은 화살표), 중뇌, 대뇌, 척추, 소장, 심장, 등쪽 신경절 등을 포함하는 다양한 조직에서 발현된다. 이런 조직은 모두 다운증후군에서 결함을 보이는 조직들이므로 Pcp4 유전자는 이 질병과 관련된 유전자들의 한 후보라고 할 수 있다.

또 다른 예는 아이힐레 등과 아리엘 루이즈 이 알바타(Ariel Ruiz i Altaba), 버나드 허먼(Bernhard Herrmann), 마리-로르 야스포(Marie-Laure Yaspo)가 이끄는 연구진의 연구 내용을 종합한 것으로 임신 9.5, 10.5, 그리고 14.5일에서의 *SH3BGR* 유전자의 발현에 관한 것이다. 이들의 연구에서 이 유전자는 세 시기 모두에서 심장에서 활발히 발현되었다. 심장이 다운증후군에서 큰 결함을 보이는 조직이기 때문에 *SH3BGR* 유전자도 이 질환과 관련된 또 다른 후보 유전자로 간주된다.

3) 단일염기서열 다형성: 약리유전체학

현재 우리는 인간 유전체 염기서열의 완성본을 손에 쥐었다. 이를 통해 개인별 염기서열의 차이점을 찾을 수 있다. 이런 개인 간 차이는 대부분이 하나의 뉴클레오티드 차이여서 이런 차이가 만약 인구의 1% 이상에서 발견된다면 이것을 **단일 염기서열 다형성**(single-nucleotide polymorphism) 또는 **SNP**[스닙(snip)이라고 발음]라고 분류한다. 인간 유전체에는 적어도 1000만 개의 이러한 SNP가 존재하고 연관성이 없는 두 사람 사이에는 평균적으로 수백만 개의 SNP에 차이가 있다. 만약 우리가 이러한 SNP과 단일 유전자 결함에 의해 발생하는 인간 질병들 사이의 연관성을 발견한다면 단순히 SNP만 검사하더라도 해당 질병에 대한 각 개인들의 발병 경향성을 알 수 있을 것이다. 또 심혈관계 질환, 암과 같이 다인자 형질이 관련된 질병과 연관된 SNP의 세트를 찾을 수 있을 것이고, 그렇게 되면 이러한 형질을 규정하는 유전자들을 규명할 수도 있을 것이다.

또한 어떤 약물에 대해 개인들이 보이는 반응성의 차이와 관련된 SNP을 규명할 수도 있다. 이러한 정보를 기초로 의사들은 환자의 중요한 SNP을 검색한 다음 여러 가지 약물들에 대해 이 환자가 어떤 반응을 보일지를 사전에 예상하여 각각의 환자에게 가장 적합한 약물 투여 방법을 디자인할 수 있을 것이다. 이러한 분야의 연구를 **약리유전체학**(pharmacogenomics)이라 한다.

그러나 이러한 일이 쉬운 일만은 아니나. 유전학자들은 거의 대부분의 SNP이 유전자상에 있는 것이 아니라 유전자와 유전자 사이의 DNA에 존재함을 발견하고 있다. 이들의 대부분은 유전자 기능에 영향을 미치지 않으며 일부의 경우 만약 SNP이 유전자 조절 부위에 있다면 유전자 기능에 영향을 미칠 수 있다. 비록 유전자 안에 SNP이 있는 경우라 하더라도 대부분 잠재성 돌연변이(silent mutation)이기 때문에 단백질 산물의 구조에 변화를 주거나 질병에 이를 정도로 단백질 기능을 저해하는 경우는 많지 않다(예외적인 경우의 하나로 18장을 참고하라). 잠재성 돌연변이가 주로 나타나는 이유는 간단하다. 유전자 산물을 변화시킬 정도의 돌연변이에 의한 다형성은 일반적으로 치명적이어서 자연 선택 과정에서 제외되는 경향이 있기 때문이다. 즉, 위험한 돌연변이를 가진 개인은 일반적으로 생식 시기 이전에 사망하므로 치명적인 돌연변이가 생기더라도 당대에서 제거된다. 마지막으로 유전학 연구의 역사를 살펴보더라도 어떤 SNP이 특정 질병과 관련이 있는지를 알아내는 것 자체만으로는 치료에 큰 도움이 되지 못할 가능성이 높다. 이러한 정보를 어떻게 이용할 수 있을지를 파악하는 데도 많은 시간이 걸릴 것이기 때문이다.

개인의 질병 또는 특정 형질과 관련 있는 SNP들을 유전자 분석기술을 이용하여 찾아낼 수 있다. 이 중 한 가지 방법은 해당 SNP 주변의 서열에 해당하는 프라이머에 형광 뉴클레오티드를 삽입시키는 프라이머 연장(primer extension)을 수행하면서 해당 SNP 위치에 어떤 뉴클레오티드가 삽입되는지를 관찰하는 것이다. 또 다른 방법으로는 DNA 미세배열상에 정상적인 올리고뉴클레오티드와 돌연변이 염기서열을 가진 올리고뉴클레오티드를 각각 심고 조사 대상인 사람의 DNA로 잡종화시키는 방법을 사용한다. 염기서열 결정도 여전히 한 대안이 될 수 있다. 산탄염기서열 결정을 하든, PCR을 이용하여 해당 SNP 주변을 증폭한 뒤 그 조각의 염기서열을 결정할 수 있다. 이러한 정보는 질병을 예방하거나 치료하는 데 도움이 될 수 있다.

그럼 SNP과 RFLP의 차이는 무엇일까? 24장에서 헌팅턴병 환자의 RFLP가 *Hin*dIII 위치의 유무에 따라 결정된 경우에서 본 것처럼 두 사람 사이의 한 염기 차이가 마침 RFLP 분석에 사용된 제한효소 위치에 있다면 RFLP와 SNP은 동일한 의미를 가질 것이다. 이 경우 한 염기의 차이(SNP)가 제한효소 절단 형식의 차이(RFLP)를 만들기 때문이다. 그러나 RFLP는 제한효소 위치 사이에 엉뚱한 DNA 조각이 어떤 사람에서는 끼어들어 가고 또 다른 사람에게는 끼어들지 않더라도 생길 수 있다(예: VNTR). 이 경우 그렇지 않은 사람과 비교해 상당히 많은 염기서열의 차이를 가지게 되므로 SNP의 정의에는 맞지 않게 된다.

일반적인 질병들의 원인을 파악하는 데 SNP의 잠재적 유용성에 주목하는 사람들에게 2005년은 기념비적인 한 해였다. 그 해 국제 HapMap 컨소시엄은 네 인종(나이지리아, 미국 유타주, 중국, 일본)에 속하는 269명의 DNA 시료로부터 발견한 100만 개 이상의 SNP을 포함하는 단상형 지도를 발행하였다. **단상형 지도**(haplotype map)는 단상형(유전될 때 해당 조각 내에서는 재조합이 일어나는 비율이 무척 낮아서 분리되지 않고 함께 움직이는 경향을 보이는 DNA 조각)들의 위치를 나타내고 있다. 우리는 이미 인간 유전체에 대해 이야기할 때 재조합의 빈도가 유전체 위치마다 서로 다르고 재조합 빈도가 높은 지역과 그렇지 않은 지역들이 교차하고 있다는 점을 확인했다. 재조합이 잘 일어나지 않는 지역에는 함께 전달되는 유전적 표지들이 여러 개 존재할 것이고 하나의 단상형을 형성할 것이다.

이런 SNP 중 사려 깊게 선택한 SNP[표지 SNP(tag SNP)]들에 집중함으로써 국제 HapMap 컨소시엄은 같은 지역에 존재하는 다른 SNP들을 확인할 수 있었고 따라서 유전자 분석을 수행해야 할 범위를 대폭 축소할 수 있었다. 이들은 유전자 분석을 주로 이러한 표지 SNP을 구분할 수 있도록 설계된 DNA 미세배열에 형광 표지된 사람 DNA 조각을 잡종화시키는 방법으로 수행하였다. 이 과정은 고도로 자동화되어서 한 사람의 연구자가 전체 유전체에 걸친 50만 개의 SNP을 검색하는 데 겨우 이틀 정도가 소요된다.

이 과제의 수행을 통해 당장 얻은 수확은 수백만 개의 새로운 SNP들이 발굴되었다는 점이다. (과제 시작 당시에는 겨우 170만 개의 SNP만이 알려져 있었다.) 또 다른 수확은 재조합과 인간 진화 과정에서의 자연 선택에 대한 통찰력을 얻을 수 있었다는 점이다.

그러나 가장 큰 주목을 받은 수확은 역시 인간 질병에 관련된 유전자들의 발굴일 것이다. 이런 분석은 특히 HD나 단일 유전자 돌연변이로 일어나는 다른 질병들의 분석에는 직접적인 해답을 줄 수 있는데 그 이유는 이런 특정 돌연변이를 가진 사람들은 거의 예외 없이 발병하기 때문이다. 하지만 여러 유전자의 영향을 받는 질병이라면 각각의 돌연변이가 질병에 조금씩 기여를 할 것이고 그 각각의 위치를 파악하는 것이 쉽지 않기 때문에 전자의 경우에 비해 훨씬 분석하기 어려울 것이다. 불행하게도 대부분이 사람들을 사망 혹은 불구에 이르게 하는 질병들(암, 심장질환, 치매)은 후자에 속하는 경우들이다. 원리상으로는 HapMap이 이런 작업들을 훨씬 수월하게 만들어야 할 것이다.

실제로 2005년에 조세핀 호(Josephine Hoh), 마가렛 페리칵-반스(Margaret Pericak-Vance)와 알버트 에드워드(Albert Edwards) 연구팀은 노인들의 실명을 유발하는 흔한 원인인 노인성황반변성(age-related macular degeneration, AMD)을 대상으로 한 자신들의 연구 결과를 발표하였는데, 이 연구에서 AMD와의 연관성을 찾기 위해 116,204개의 인간 SNP들을 검색하였고, 이 중 강한 상관성을 가진 한 SNP를 발견하였다. 즉, 하나의 대립유전자가 정상인에 비해 AMD 환자들에서 매우 높은 빈도로 발견되었던 것이다. 연구진은 이 SNP를 추적하여 보체인자 H를 암호화하는 *CFH*라는 유전자에 위치함을 파악하였다. 이 단백질은 염증반응을 관장하는 보체 연쇄반응을 조절한다. 더구나 2005년 후반기에는 그레고리 헤이지먼(Gregory Hageman), 란도 알릿멧(Rando Alikmets), 버트 갓(Bert God), 마이클 딘(Michael Dean) 등이 이끄는 연구팀이 이 유전자의 고위험도 변종과 일부의 저항성 변종들을 발견함으로써 *CHF*와 AMD 사이의 연관을 확인하였다.

나아가 헤이지먼, 알릿멧, 갓, 딘 연구팀은 다른 보체인자들도 이 질병에 연관성이 있는지를 확인하였다. 예상했던 바와 같이 연구팀은 인자 B 유전자도 고위험 및 저항성 변종이 존재하며 AMD와 강하게 연관되어 있음을 발견하였다. 이런 발견들은 염증이 AMD의 발병 과정에 결정적인 역할을 할 것이라는 헤이지먼의 초기 가설을 입증하는 것으로서 염증을 조절한다면 이 질병을 방지하거나 조절할 수 있을 가능성을 보여 준다. 그러나 보체연쇄반응에 관련된 유전자들만 AMD와 연관된 것은 아니다. 다른 연구팀에서 아직 기능을 모르는 한 유전자(*LOC387715*)가 AMD와 연관되어 있음을 보여 주었고 그 외에도 아직 밝혀지지 않은 연관 유전자들이 더 있음이 확실하다.

또 다른 연구진은 사람들 사이의 유전체를 비교하는데 SNP 그 이상을 조사하였고 놀라운 사실을 발견하였다. 정상이라고 생각되는 사람들의 유전체에서 SNP 정도가 아니라 대단히 큰 조각의 DNA들이 결실, 삽입, 역전, 그리고 재조합되어 있는 부위들을 발견한 것이다. 유전학자들은 유전체상의 이러한 차이를 **구조적 변이**(structural variation)이라고 부른다. 마이클 위글러(Michael Wigler) 등은 20명의 건강한 사람들의 유전체를 조사했는데 이 사람들 사이에 서로 다른 횟수의 반복을 보이는 특정 DNA 조각을 221곳에서 발견하였다. 이런 반복횟수의 차이가 이 사람들의 건강에 눈에 띄는 영향을 미치지는 않는 것처럼 보이지만 어떤 특정 환경적 요인과 결합한다면 질병에 영향을 미칠 가능성을 배제할 수는 없다.

반면에 어떤 구조적 변이는 유리한 방향으로 작용하기도 한다. 수닐 아후자(Sunil Ahuja) 등은 한 특정 면역계 유전자의 추가적인 반복이 AIDS로부터 사람들을 보호할 수 있다는 것을 발견하였다. 또 아이슬란드의 과학자들은 유럽인 약 20% 정도가 보유하고 있는 대규모의 역전된 부위를 발견하였다. 놀랍게도 이 역전부위를 가지고 있는 여성들은 그렇지 않은 사람들에 비해 다수의 자녀를 가지는데, 이는 아마도 이런 역전부위가 생식적 이익을 제공할 가능성이 있기 때문이고 그렇다면 아마도 앞으로 더 많은 사람에게 퍼져 나갈 것이다.

하등생물체의 유전체 서열을 완전히 분석하는 것 또한 인간의 질병을 이해하고 치료하는 데 중요할 수 있다. 예를 들어 효모 유전체 서열이 완전히 해독되자마자 분자생물학자들은 무려 6,000개나 되는 효모 유전자들을 하나씩 다 돌연변이시키고 이 돌연변이가 미치는 영향에 대한 조사에 착수했다. 또한 그들은 효모 이중잡종(two hybrid) 검사(5장 참조)을 사용해 1800만 개 이상의 가능한 단백질–단백질 상호 작용에 대한 체계적인 연구도 시작했다. 이러한 실험 결과는 지금까지 조사되지 않았던 유전자 산물들의 활성에 대해 많은 정보를 제공해줄 것이다. 한 개체의 모든 단백질의 활성과 또 단백질들 사이의 상호 작용을 파악하면 약물의 대사작용과 같은 생화학적 경로들과 유전자 발현을 조절하는 신호전달 경로들에 대한 우리의 이해는 더욱 깊어질 것이다. 다시 말해 이런 이해는 인간에게서는 이들 경로들이 어떻게 작용하는지에 대한 중요한 단서를 제공할 것이다. 또한 알려진 인간질병 유전자의 효모 공통유전자들을 제거하여 이 유전자들이 결여된 효과를 조사할 수 있기 때문에 효모세포는 인간대체 실험의 대상으로 이용될 수도 있다.

25.2. 단백질체학

이 장의 초반에서 한 개체의 **단백질체**(proteome)에 대한 연구, 즉 한 개체가 일생에 걸쳐 만들어 내는 모든 단백질들의 성질과 활성을 연구하는 분야를 **단백질체학**(proteomics)이라는 점을 배웠다. 한 개체의 유전체를 분석하는 일이나 또는 트랜스크립톰(transcriptome)을 분석하는 일이 비교적 직접적인 결과들을 내는 반면, 한 개체의 프로테옴을 분석하는 일은 간단하지가 않다. 가장 큰 이유는 핵산에 비해 단백질이 여러 면에서 더욱 복잡하기 때문이다. 실제로 현재의 기술로는 복잡한 생명체에서의 단백질체 연구는 전체 단백질체의 겨우 일부분만을 분석할 수 있을 뿐이다.

전사체의 수준을 측정함으로써 엄청난 숫자의 유전자 발현을 분석할 수 있는 전사체학이 성립된 이 시기에 어째서 과학자들은 그 엄청난 어려움에도 불구하고 단백질체학에 관심을 가질까? 그 대답의 일부는 사람의 경우 엄청난 양의 어쩌면 50%가 넘을 시도 보르는 폴리(A) RNA가 실제로는 단백질을 암호화하지 않는다는 사실이다. 이런 RNA를 **비암호화 RNA**(noncoding RNA, ncRNA)라고 하는데, 이미 우리가 배운 바와 같이 기능이 알려지지 않은 전사체(TUF)라고도 한다. 이런 RNA는 그 자체로서 흥미로운 대상일 수는 있지만 이들의 발현 수준이 단백질의 발현에 대해서는 아무런 정보도 줄 수 없다.

또 다른 이유는 어떤 유전자의 전사 수준이 사실은 그 유전자의 발현 수준에 대한 대강의 추정 값밖에는 제공하지 못한다는 사실이다. 예를 들어 어떤 mRNA가 대량으로 만들어지고 또 신속하게 분해되거나 또는 비효율적으로 번역된다면 최종적으로 만들어지는 단백질의 양은 미미할 것이다. 또 많은 종류의 단백질들이 단백질 기능에 큰 영향을 미치는 번역후 변형 과정(posttranslational modification)을 거친다. 예를 들어 어떤 단백질들은 인산화되기 전까지는 전혀 활성을 보이지 않는다. 따라서 어떤 세포가 특정 순간에 이 단백질을 인산화시키지 않는다면 이 단백질에 해당하는 RNA를 대량으로 생산하는 것이 해당 유전자의 진정한 발현 수준에 대한 오해를 하게 만들 것이다. 더구나 많은 전사체들이 선택적 스플라이싱이나 선택적 번역후 변형 과정을 통해 하나 이상의 단백질로 발현된다. 따라서 유전자의 전사 수준을 측정하는 것이 반드시 어떤 단백질 산물이 만들어질 것인지를 말해 주지는 않는다는 것이다. 마지막으로 많은 종류의 폴리펩티드들이 다른 종류의 폴리펩티드들과 복합체를 이루는 경우들이 많기 때문에 각 폴리펩티드의 진정한 기능적 발현은 오직 복합체라는 형태로만 측정이 가능하다.

따라서 진정한 유전자 발현을 측정하고자 한다면 단백질 수준에서 봐야만 한다. 한 개체에서 모든 단백질을 분석하기 위해서는 두 가지가 필요하다. 첫째, 모든 단백질이 서로서로 분리가 가능해야 한다. 둘째, 각 단백질들의 정체가 무엇인지 밝히고 그 활성을 측정하는 분석 작업을 해야만 한다. 이런 분석을 위해 분자생물학자들이 사용하는 방법들의 일부에 대해 다음 절에서 알아보자.

1) 단백질 분리

현재 가장 좋은 단백질 분리 방법 중 하나는 1970년대에 개발된 2차원 전기영동(two-dimensional gel electrophoresis, 5장 참조)이다. 비록 강력한 방법이기는 하지만 인간의 단백질체처럼 수만 개의 단백질들을 분석하기는 어렵다. 통상적으로 2D 겔의 단백질 분리 능력은 약 2,000개 정도이고 아무리 좋은 실력과 좋은 겔을 사용하더라도 11,000개 이상의 단백질을 한꺼번에 분리하기는 어렵다. 문제를 더 어렵게 만드는 것은 2D 전기영동의 결과가 때때로 일관성 없는 패턴을 보여 주기 때문에 과학이라기보다 예술이라는 표현이 더 어울릴 때도 많다는 사실이다. 또 다른 문제점은 막 단백질 중 상당수가 매우 강한 소수성을 띠기 때문에 2D 전기영동에 사용하는 완충액에는 아예 녹지 않고 따라서 전혀 분리가 되지 않는다는 점이다. 마지막으로 많은 단백질들의 세포 내 존재량이 2D 전기영동으로는 분리되지 않을 만큼 미량이라는 점을 들 수 있다.

이런 문제들 대부분은 현재 해결하기가 어렵지만 과학자들은 세포 내 소기관들을 따로 따로 분석함으로써 2D 전기영동의 분석능력 한계를 극복하고 있다. 예를 들어 처음 분석하는 시료로 핵만을 따로 분리하여 사용하거나 심지어는 핵 내 미세기관인 인(nucleolus) 또는 핵공 복합체와 같은 단백질 복합체만을 시작 재료로 사용하기도 하는 것이다. 분리하고자 하는 단백질의 숫자가 적다면 분리 능력은 사실 큰 문제가 되지 않을 것이기 때문이다.

2) 단백질 분석

단백질들을 분리하고 정량하고 나면 다음 단계의 분석 작업은 어떻게 하는 것일까? 우선 각 단백질들의 정체가 무엇인지 알아야 할 것이다. 현재 사용되는 방법 중 가장 효과적인 방법이 무엇이고 그 원리가 어떤 것인지 알아보자. 우선 겔상에서 분리된 각 단백질의 점을 잘라내고 그 속에 포함된 단백질을 단백질분해효소를 이용해 펩티드로 절단한다. 그리고 각각의 펩티드를 **질량 분석기**(mass spectrometry)를 이용해 분석한다. 그림 25.18은 MALDI-TOF(matrix-assisted laser desorption-ionization time-of-flight) 질량 분석기의 원리를 설명하고 있다. 우선 분석하고자 하는 펩티드를 기판 가운데 올려놓으면 결정이 형성된다. 이제 이 기판 위의 펩티드를 레이저빔으로 이온화시키고(이때 기판의 존재는 펩티드의 이온화를 도움) 동시에 기판의 전압을 증가시키면 이온화된 펩티드가 검출기를 향해 발사된다. 모든 이온들이 하나의 전하를 띤다고 가정하면(실제로 그러함) 이온이 검출기까지 날아가는 데 걸리는 시간은 질량에 비례할 것이다. 질량이 클수록 이온의 비행 시간도 길어지는 것이다. MALDI-TOF 질량 분석기의 경우 정전기를 이용한 반사경을 사용해 날아오는 이온을 반사시킬 수도 있고 또 이온빔의 초점을 검출기로 집중시킬 수도 있다. 반사경에 의해 반사된 이온이 두 번째 검출기에 도달하

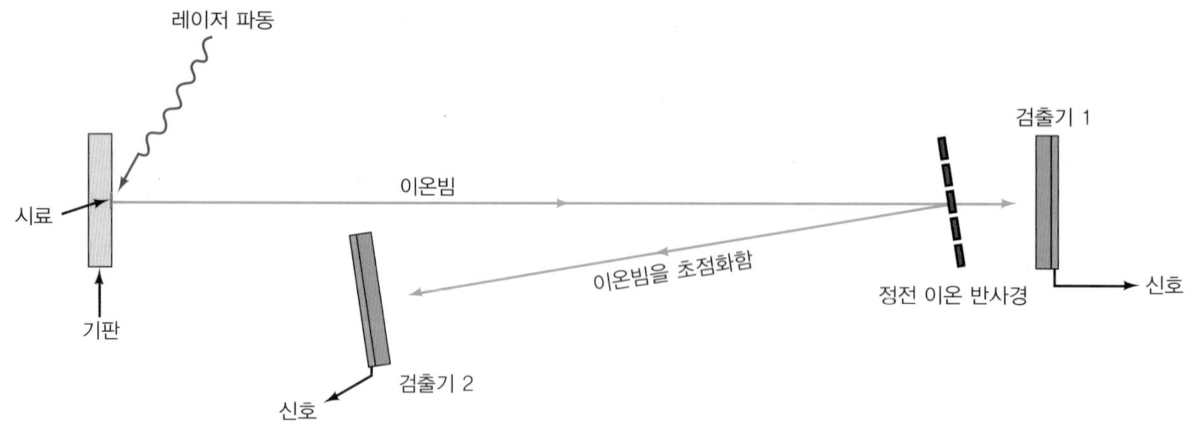

그림 25.18 MALDI-TOF 질량분석기의 작동 원리. 시료(이 경우 펩티드)를 왼쪽에 있는 기판 위에 올려놓고 레이저를 이용해 이온화시킨다. 기판과 시료 사이의 전위차에 의해 이온화된 시료가 1번 검출기 쪽으로 날아가게 된다. 1번 검출기까지 시료가 날아가는 시간은 질량에 비례하기 때문에 이 비행시간을 측정함으로써 시료의 질량을 분석할 수 있다. 또는 1번 검출기 앞에 설치된 정전 이온 반사경을 가동시켜 날아오던 이온을 2번 검출기로 반사시킬 수도 있다. 2번 검출기가 측정한 비행 시간은 훨씬 더 정확한 질량 계산을 가능하게 한다.

는 시간을 측정하여 더욱 정밀하게 질량을 계산할 수 있으며, 이 질량은 대상 펩티드의 정확한 화학적 조성을 나타낸다.

이제 이 이온들은 **충돌유발 해리**(collision-induced dissociation, CID)라는 방법으로 펩티드결합 자리에서 분해된다. 이를 위해 연구자들은 이온을 가속해서 중성가스에 충돌시키는데, 대부분의 경우 펩티드결합부위가 끊어진다. 이렇게 만들어진 새로운 펩티드 이온들을 다른 분석기로 날려보내 그들의 분자 조성을 결정한다. 이 방법은 두 번의 연속적인 질량분석 단계를 거치므로 **MS/MS**라고 부른다. 단지 한 아미노산 정도 차이가 나는 이온들의 질량을 비교함으로써 떨어져나간 아미노산을 하나씩 결정할 수 있고 결과적으로 그림 25.19에서 보이는 것처럼 아미노산 서열을 결정할 수 있다.

만약 모든 유전체의 염기서열을 다 알고 있다면 이 펩티드가 어떤 단백질에서 유래가 된 것인지를 알 수 있을 것이다. 그리고 질량분석기의 결과를 컴퓨터를 이용해 데이터베이스와 비교하여 2D 겔상의 모든 점들을 각각의 해당하는 유전자들과 대응시키면 결국 모든 단백질들의 아미노산 서열을 밝힐 수가 있는 것이다. 예를 들어 그림 25.19에서 결정된 서열 정보는 이 펩티드가 글리세

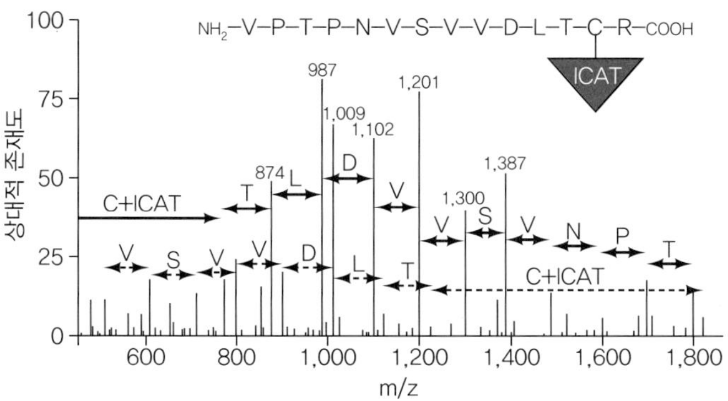

그림 25.19 질량분석법(MS/MS)를 이용한 펩티드 서열분석. 위쪽에 표시한 분자 이온은 시스틴 잔기(C)에 ICAT이라는 표식자가 결합된 이온화된 펩티드이다. ICAT의 특성은 지금은 중요하지 않으므로 다음 절에서 다룬다. 분자이온은 CID에 의해 절편화되고 조각난 이온들은 두 번째 MS에 투입되어 서열 아래쪽에 보이는 것과 같은 스펙트럼을 만들어 낸다. 각 이온의 상대적인 출현도를 각자의 질량/전하 비율(m/z)에 대해 표시하였다. 이 실험에서 각 이온의 전하는 +1 정도로 추정하였다. 오른쪽부터 시작하여 두드러진 이온들 사이의 정확한 질량 차이를 측정함으로써 바로 왼쪽의 이온을 만들어 내기 위해 사라진 아미노산이 무엇인지 추정할 수 있다. 예를 들어오른쪽 마지막 두 이온 사이의 질량차는 쓰레오닌(T)가 상실되었음을 말해 준다. 이런 식으로 계속하여 위쪽의 실선 화살표를 따라가면 TPNVSVVDLTC-ICAT 이라는 서열을 읽을 수 있다. 이온들은 반대편 말단에서도 절편화되는데, 그에 따른 서열은 아래쪽에 주요 이온들 사이에 점선 화살표와 함께 표시하였다.

르알데히드-3 인산 탈수소효소에서 유래되었음을 밝히는 데 충분하다. 그러나 어떤 단백질인지를 밝혔다고 해서 그 단백질의 기능을 바로 알 수는 없으며 따라서 수많은 단백질들의 기능을 밝히기 위한 연구가 계속되어야만 한다.

기능 유전체학에서 DNA칩을 이용해 수천, 수만의 RNA를 한 번에 분석해 내는 것처럼 수많은 단백질들을 한 번에 확인할 수 있는 마이크로칩을 만들 수 있다면 무척이나 편리할 것이다. 그렇게만 된다면 단백질들을 분리하기 위한 전기영동 등의 거추장스러운 단계들을 모두 무시해 버릴 수 있을 것이다. 단지 단백질들의 혼합물을 이 칩과 반응시켜 어떤 단백질이 거기에 결합하는지를 보면 될 것이다. 하나의 가능한 방법으로 특정 단백질에 선택적으로 그리고 양에 비례해서 결합할 수 있는 항체들을 만들어서 이것들을 마이크로칩상에 심어 두는 것이다. 하지만 이 꿈을 실현시키는 데는 여러 가지 문제점이 따른다. 우선 항체를 만들어야 하는데, 항체는 올리고뉴클레오티드에 비해 훨씬 비쌀 뿐만 아니라 생산하기 위해서는 많은 시간이 걸린다. 사실 현재의 기술로 모든 인간 단백질에 대한 항체를 만든다는 것은 상상하기 힘들 정도로 방대한 작업이다. 게다가 2D 전기영동으로도 구분되지 않을 만큼 소량으로 존재하는 단백질들의 경우 마이크로칩 기술을 적용한다 하더라도 구분하기가 쉽지 않을 것이다. 다른 한편으로 1980년대 중반 유전체 프로젝트가 처음 제안될 당시에는 이 거대한 프로젝트를 적절한 시기 안에 끝낼 수 있는 기술이 없는 상태였지만 프로젝트 착수 이후 관련 기술들이 속속 개발되었던 전례를 감안한다면 대규모의 인간 단백질체 프로젝트가 개시될 때 유전체 프로젝트에서 보았던 것처럼 필요한 신기술의 개발이 이루어질 수 있을 것이다.

3) 양적 단백질체학

질량분석기술은 이제 모세관 크로마토그래피와 같은 고성능 분리과정을 빠져나오는 단백질들을 확인할 수 있으며, 심지어는 분리되지 않은 혼합물 상태에서도 확인이 가능하다. 그러나 질량분석법은 양적인 측정을 하는 방법이 아니기 때문에 이 방법을 이용하여 단백질의 발현 수준을 측정하기는 어려웠다. 그러나 1990년대 후반부터 분석화학자들은 어떤 특정 조건하의 세포에서 다른 조건하의 세포들과 비교하여 특정 단백질이 어느 정도 존재하는지를 측정하는 방법들을 개발하였다. 예를 들어 어떤 유도물질을 이용하여 특정 단백질 유전자의 발현을 켰을 때 증가하는 단백질의 양을 측정할 수 있다.

그중 한 방법인 **동위원소표지 친화도꼬리법**(isotope coded

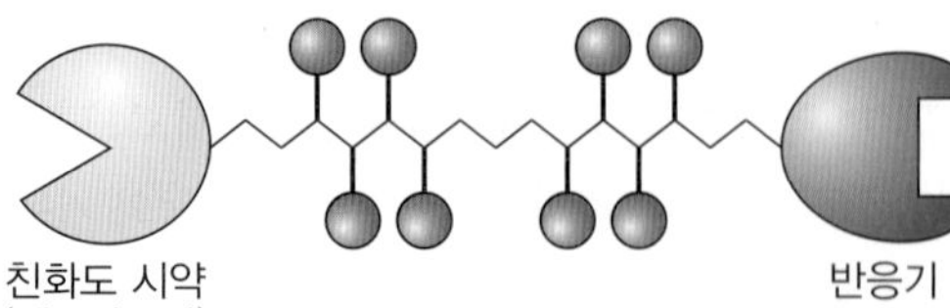

그림 25.20 일반적인 ICAT 꼬리표. 한쪽 끝(파란색)은 메르캅토기–반응 군을 가지고 있어서 시스테인 곁사슬에 결합한다. 가운데 부분(빨간색)은 모두 가벼운 동위원소(예: 수소)이거나 모두 무거운 동위원소(예: 중수소) 여러 개로 구성되어 있다. 왼쪽 말단(노란색)은 바이오틴과 같은 친화도 시약을 포함하고 있어서 꼬리표가 붙은 단백질이나 펩티드를 쉽게 분리할 수 있도록 만들어 준다.

affinity tag, ICAT)에 대해 알아보자. 연구자들은 단백질의 시스테인 곁사슬에 존재하는 메르캅토기(sulfhydryl group)를 통해 단백질에 친화도꼬리를 붙일 수 있다. 이 친화도꼬리는 일반적으로 그림 25.20에 나타난 것처럼 3부분으로 이루어져 있다. 한쪽 끝에는 sulfhydryl에 반응성을 보여 단백질의 시스테인 곁사슬과 결합할 수 있는 부위가 있고 가운데 연결자 부위에는 몇 개의 정상적인 동위원소(예: 수소이온) 혹은 무거운 동위원소(예: 중수소)를 포함하고 있고 다른 한쪽에는 바이오틴과 같은 친화도 물질이 달려 있어서 이 꼬리를 지닌 단백질이나 펩티드를 쉽게 분리할 수 있게 만드는 부위들이다. 그림 25.20의 보기에서 무거운 꼬리표는 중수소 8개의 존재로 인해 가벼운 꼬리표에 비해 8Da만큼 무겁다. 따라서 꼬리표가 붙은 펩티드와 꼬리표가 붙지 않은 펩티드는 질량 스펙트럼에서 정확히 8Da 떨어진 위치에 한쌍으로 검출되므로 쉽게 확인이 가능하다.

그렇다면 이것이 어떻게 정량분석에 활용될 수 있을까? 두 가지 다른 조건, 예를 들어 각각 혈청이 있는 배지와 없는 배지에서 자란 세포를 가정해 보자. 여기서 질문은 세포가 자라고 있는 배지에 혈청을 추가하면 단백질들의 농도에 어느 정도의 변화를 생기는가이다. 그림 25.21은 이 질문에 대한 하나의 접근법을 보여주고 있다. 이 경우 연구자들은 가벼운 ICAT들을 혈청없이 배양한 세포(조건 1)에서 분리한 단백질에 첨가하고 무거운 ICAT들은 혈청 존재하에서 배양한(조건 2) 세포의 단백질에 추가한다. 이어서 두 단백질들을 섞어준 뒤 트립신과 같은 단백질로 가수분해하고 친화도 시약을 이용하여 친화도 분리를 한 다음 **액체 크로마토그래피–질량분석**(liquid chromatography–mass spectrometry, LC–MS)를 수행하면 액체 크로마토그래피에 정밀한 미세관 안에서 펩티드들이 분리될 것이고, 이것들을 질량분석기에 투입하면 각각의 펩티드들은 사용한 ICAT들에 의해 규정된 분자량의 차이만큼 떨어진 한쌍의 피크로 검출된다(예: 8Da).

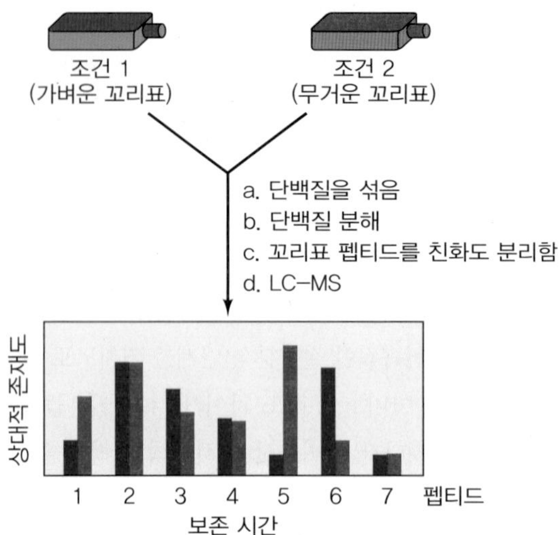

그림 25.21 ICAT를 이용하여 배양조건의 변화에 따른 단백질 농도의 변화를 측정할 수 있다. 세포를 두 가지 다른 조건[예: 혈청이 없거나(조건 1) 있는(조건 2) 상태]에서 배양한다. 두 조건에서 배양한 세포로부터 단백질을 추출한 뒤 한쪽은 가벼운 ICAT(조건 1, 파란색)으로 다른 한쪽은 무거운 ICAT(조건 2, 빨간색)으로 꼬리표를 붙인다. 표식이 된 단백질들을 합친 뒤 단백질 분해하고 LC–MS에 투입한다. MS에서 조건 1과 조건 2에서 유래한 단백질들이 이들 사이의 미세한 질량 차이(그림 25.20의 예에서는 8Da)에 의해 구분된다. 따라서 각 펩티드들은 하나의 피크가 쌍으로 나타나며 이 피크들의 상대적인 면적은 각 펩티드가 유래한 단백질들의 농도 변화를 보여 준다. 해당 단백질은 흔히 MS/MS 방법으로 펩티드 서열을 분석하는 방법으로 찾아 낼 수 있다.

각 쌍의 피크들 중 무거운 피크들은 혈청 존재하에서 자란 세포들에서 유래되었고 가벼운 피크는 혈청없이 자란 세포에서 유래된 것이다. 스펙트럼을 넓게 펼치면 각 피크가 단순한 선이 아니라 실제 피크의 모양이 나타나므로 그 상대적인 면적을 통해 배지에 혈청이 들어가는 경우 각 펩티드들의 양이 어떻게 변하는지를 분석할 수 있다. 혈청이 첨가된 경우, 굳이 스펙트럼을 펼칠 필요도 없이 우리는 1번 펩티드의 농도가 2배 정도이고 2번 펩티드는 차이가 없고, 3번 펩티드는 25% 정도 농도가 감소한다는 것을 추정할 수 있다. 물론, 이런 펩티드는 단백질을 대표하고 이런 단백질 다수는 이 장의 초반에서 설명한 MS/MS 방법으로 펩티드 서열을 분석하여 확인할 수 있다. 이 방법을 통해 수많은 단백질의 농도 변화를 상대적으로 신속하고 손쉽게 정량할 수 있다.

ICAT 표지법의 등장 이후 다른 방법들도 속속 개발되었다. 예를 들어 단백질들을 배양액에 포함된 동위원소표지된 아미노산으로 생체 내에서 표지할 수 있다. 이 방법을 **배양액 아미노산을 이용한 안정된 동위원소표지법**(stable isotope labeling by amino acids in cell culture, SILAC)이라고 하며 시스테인을 포함하는 펩티드뿐만 아니라 훨씬 넓은 범위의 단백질들을 표지할 수 있는 장점을 가진다. 이 방법은 또한 두 세포를 합친 뒤 단백질 분리를 시작할 수 있기 때문에 샘플 준비과정에서 발생할 수 있는 모든 변수들을 제거할 수 있다.

이 기법의 강력한 분석력은 위르겐 콕스(Jürgen Cox)와 마티아스 만(Matthias Mann)으로 하여금 '단백질체학은 새로운 유전체학인가?'라는 질문을 하게 만들었다. 달리 말해 DNA 마이크로칩이 우리로 하여금 엄청난 숫자의 RNA들을 분석할 수 있도록 만들었던 것과 같은 방식으로 엄청난 숫자의 단백질들을 한번에 분석할 수 있겠는가라고 물어본 것이다. 단백질체학의 접근법들이 유전체학의 그것들에 비해 훨씬 시간이 많이 걸리고 MS/MS 기법의 시간제한 때문에 기껏해야 한 번에 몇 종류의 단백질들만 분석할 수 있었던 것이 명백한 사실이다. 그러나 여러분들도 쉽게 상상할 수 있는 개선책들의 도입으로 이런 단백질체 기술들이 앞으로 점점 더 강력해질 것이다.

여기 소개된 방법들이 단백질들의 농도변화를 측정하는 것이지 해당 단백질의 절대적인 양을 측정하는 것이 아닌 점을 잊지 말라. 물론 농도의 변화가 더 유용한 정보로 사용되는 경우가 많다는 점은 다행이다. 그러나 만약 특정 단백질의 세포 내 절대 농도를 알고 싶다면 가벼운 꼬리표를 붙인 단백질 혼합물을 이미 농도를 알고 있는 해당 단백질에 무거운 꼬리표를 붙인 것과 섞어 주면 된다. 꼬리표 붙은 단백질로부터 유래한 펩티드들을 질량분석하면 알려진 농도의 무거운 피크와 측정하고자 하는 가벼운 피크의 비율을 알 수 있고 이를 통해 단백질의 절대 농도를 분석할 수 있다.

(1) 비교 단백질체학

무엇이 벌레를 벌레로 만들고 파리를 파리로 만드는가? 3장에 설명한 것처럼 그것은 이 개체들에서 만들어지는 단백질들이고 이것이 이 종들을 구분된 존재로 만드는 것이다. 그리고 아마도 단순히 생산되는 단백질들의 총합이 아니라 언제 어디서 이들이 만들어 지느냐가 중요할 것이다. 앞 단원에서 기술한 것과 같은 비교 단백질체학의 기법들은 이런 질문에 서광을 비추고 있다.

예를 들어 2009년 마이클 헨가트너(Michael Hengartner)와 연구팀은 *C. elegans*(선충) 단백질체를 이 기법으로 조사하여 2007년에 발표되었던 *D. melanogaster* 단백질체와 비교하였다. 연구팀은 여러 발생단계의 알과 벌레들에서 단백질을 분석하였고 *C. elegans* 유전체에서 예상되는 19,735개 유전자의 약 54%에 해당되는 10,631개의 서로 다른 유전자들로부터 만들어지는 10,977개의 다른 단백질들을 확인하였다. 이렇게 발견한 단백질들과 유전체상에서 예상되는 단백질들을 비교한 결과 어떤 종류의 단백질들이 나타나지 않는 것을 발견하였다. 이런 사라진 단백질들은 짧고(400 아미노산 이하) 높은 소수성(아마도 많은 지질성 막관통 영역을 가진 막단백질들)을 가지는 경향이 있었다.

헨가트너 연구진은 질량분석 및 ICAT 데이터를 이용하여 *C. elegans*에서 단백질의 농도를 추청하고 이를 과거 초파리 연구에

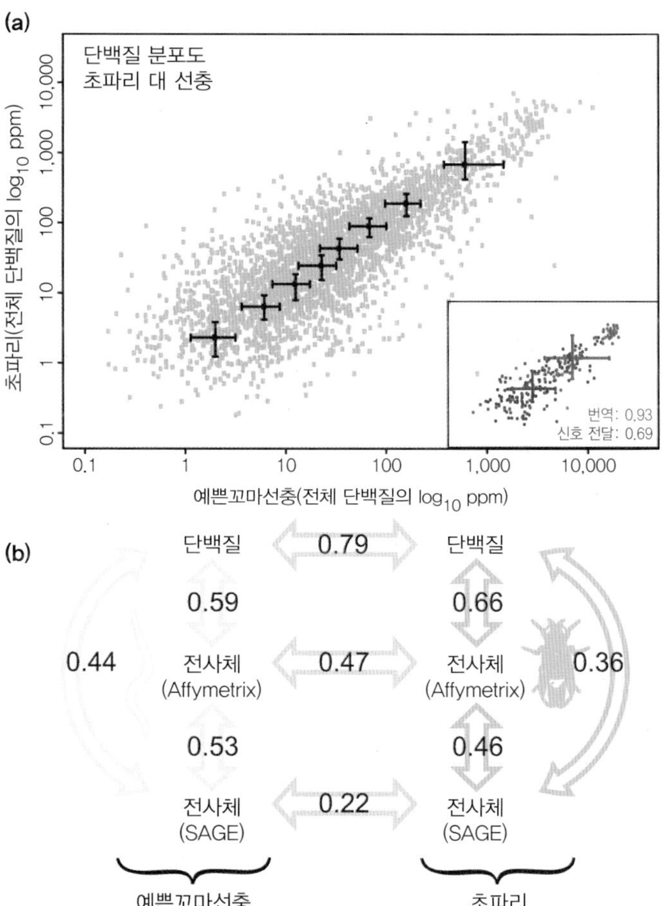

그림 25.22 *C. elegans*와 *D. melanogaster*에서 상동단백질의 수준과 전사체의 수준 사이의 상관성. (a) 질량분석을 통해 결정한 두 개체에서의 상동단백질들의 분포도(ppm)를 서로서로에 대해 표시하였다. 각각의 점들은 하나의 상동단백질 쌍을 나타낸다. 교차선은 각 값에 대한 사분위 간격(equal sized bins)의 중앙값을 나타낸다. 각 교차선의 끝에 있는 털과 같은 선은 값의 25~75% 범위를 나타내는데 여기서 중간에 해당하는 값은 당연히 50%이다. 작은 사각형 안에는 신호전달(파란색)과 번역(빨간색)에 관여하는 일부의 단백질들만을 대상으로 유사한 분석을 한 결과를 나타냈다. **(b)** [(Affymetrix)사의 미세배열 이나 SAGE 방법으로 측정한] 두 종 사이에서의 단백질과 전사체 사이, 그리고 해당 두 종 각각에서의 단백질과 전사체 사이의 상관계수(RS). (출처: Figure 5 from, Schrimpf SP, Weiss M, Reiter L, Ahrens CH, Jovanovic M, et al. (2009). Comparative Functional Analysis of the *Caenorhabditis elegans* and *Drosophila melanogaster* Proteomes. PLoS Biol 7(3): e1000048. doi:10.1371/journal.pbio.100048. © 2009 Schrimpf et al.)

서 얻어진 유사한 단백질들의 농도 데이터들과 비교하였다. 연구팀은 우선 두 개체에서 미세배열과 SAGE 실험 등을 통해 전사체 농도에 대한 정보가 존재하는 2695쌍의 상동유전자들에 주목하였다. 이전의 전사체 농도 데이터는 *C. elegans* mRNA와 초파리 상동유전자 mRNA의 농도 사이에 그다지 대단하지 않은 정도의 상관성을 보여 주었다. 그러나 벌레와 파리에서 상동유전자의 단백질 농도는 훨씬 높은 상관성을 보여 주었다. 실제로 이 두 종에서 상동유전자 단백질 농도 사이의 상관성은 한 개체 내에서 mRNA와 그의 단백질이 보여 주는 농도 상관성보다 높았다. 당연히 상동단백질들은 두 종에서 비슷한 농도로 필요하였다. 즉, 두 종 사이에 보이는 mRNA 농도차이는 단백질 농도에 영향을 미치는 메카니즘에 의해 보상이 되었던 것이다. 비교를 위해 헨가트너와 연구진은 **스페어만 등위상관계수**(Spearman's rank correlation)이라는 방법을 사용하였다. 이 통계 기법에서 두 데이터 세트는 등위별로 배열된다. 이 경우 2,695개의 벌레 단백질들의 농도는 가장 높은 농도에서 낮은 농도 순서로 배열되고 파리의 상동 당백질도 동일한 방법으로 배열된다. 이어 두 순위들 사이의 상관성이 스페어만등위상관계수인 R_S로 표현된다. 완전한 상관성을 보이는 경우 R_S값이 1이고 완전히 관련성이 없는 경우 R_S값 0이 배정되는데, 대규모의 데이터 세트를 사용하는 경우 무작위적인 유사성 때문에 아무 연관성이 없는 경우라도 실제로는 이 값이 0보다는 크게 나온다.

그림 25.22는 통계 데이터를 보여 주는데, 그림 25.22a는 단백질 데이터를 시각화한 것이다. 만약 두 데이터 세트가 완전 연관되어 있다면 두 개체의 한 가지 상동단백질의 풍부함 정도를 비교한 개별점들 모두가 기울기 1.0의 경사면에 나타날 것이다. 보기의 실험에서는 데이터 점들에서 상당한 산재 현상이 보이지만 그래도 기울기 1.0의 선 주변에 집중된 것을 볼 수 있다. 실제로 그림 25.22b에 나타난 것처럼 단백질 데이터 R_S값은 0.79로 높게 나오는데, 이는 두 개체의 오소로그 단백질의 단백질 농도 사이에 명백한 연관성이 있음을 보여 준다.

반면, 두 개체의 오소로그 mRNA 농도는 미세배열로 측정한 R_S값이 0.47이었고, SAGE로 측정한 경우에는 0.22에 불과했다. 따라서 단백질 농도가 상응하는 mRNA 농도에 비해 훨씬 더 잘 보존되어 있다. 실제로 두 개체 사이의 단백질 농도 연관성이 한 개체에서의 단백질과 mRNA 농도 사이의 연관성보다 더 높게 나온다. 선충의 단백질-mRNA 연관성의 R_S값은 미세배열을 이용한 경우 0.59, SAGE로 측정한 경우에는 0.44로 나타났다. 초파리의 경우에는 각각 0.66과 0.36으로 나타났다.

4) 단백질 상호 작용

대부분의 단백질은 혼자서는 기능하지 않고 생화학적 또는 발생과정상의 경로들에 참여하는 방식으로 다른 단백질들과 협동작용을 한다. 신호전달 경로(12장 참조)는 좋은 보기이다. 다른 많은 단백질들은 리보솜(단백질 합성)이나 프로테아솜(단백질 분해)처럼 특정한 기능을 수행하는 거대한 단백질 복합체를 구성한다. 따라서 단백질체학의 목표 중 한 가지는 단백실들 상호 간의 작용을 파악하는 것이다. 이를 통해 종종 새로 발견된 단백질들의 기능을 유추할 수 있는 중요한 정보들을 얻을 수 있다.

전통적으로 단백질 사이의 상호 작용은 효모 이중잡종 검사(5장 참조)를 이용하여 연구되었고 단백질체 전체를 포함하는 단백질 간 상호 작용 연구의 일부도 이 방법을 이용해 수행되고 있다. 그러나 이중잡종 검사는 하나의 잡종 전사활성인자의 두 부분 사이의 작용을 보기 위해 리포터 유전자 활성을 측정하는 간접적인 방식인데 거짓 음성반응 양성과 거짓 음성반응이 많아 문제가 되기도 한다. 그러나 다른 방법들에 의한 재확인 과정을 포함한다면 효모 이중잡종 검사는 여전히 강력한 연구 방법이 될 수 있다. 2005년 에리히 완커(Erich Wanker) 등은 효모 이중잡종 검색법과 함께 다른 재검증 방법을 병행하여 사람 단백질 사이의 3,000개 이상의 상호 작용을 검출했는데 이것은 사람 **상호 작용체**(interactome, 모든 인간 단백질들 사이의 상호 작용 전체)를 밝히기 위한 험난한 여정의 첫걸음이었다.

연구자들은 단백질 상호 작용 검출을 더 정밀하게 수행하기 위해 초고감도 단백질 질량분석기를 사용하고 있다. 이러한 노력의 일환으로 2002년 다니엘 피게이(Daniel Figeys) 등은 효모에서 단백질-단백질 상호 작용을 검색하기 위해 다음과 같은 방법(그림 25.23)을 도입하였다. 우선 연구팀은 낚시 대상인 물고기가 될 단백질과 결합할 것으로 예상되는 725개의 미끼단백질을 선정하였다. 미끼단백질은 단백질 인산화효소, 단백질 탈인산화효소, DNA 상해에 반응하는 단백질 등 그 성격이 다른 몇 가지 그룹을 대표하는 단백질들로 구성이 되었다. 연구팀은 미끼단백질 각각의 유전자를 조작하여 단백질로 발현되었을 때 표지(flag) 항원결정기의 암호화 부위를 포함하도록 만들었고 각각의 잡종 유전자를 효모세포에 넣어서 발현시켰다. 여기서 표지(flag, 깃발)란 말 그대로 도입해 준 항원결정기에 의해 항체가 단백질을 쉽게 인식할 수 있도록 만들어주는 역할을 하기 때문에 진짜 깃발과 같은 역할을 한다.

이후 연구팀은 항-표지 항체를 이용하여 면역친화성 크로마토그래피 방법으로 세포분획으로부터 미끼단백질을 포함하는 단백질 복합체를 분리하였다. 복합체를 구성하는 단백질 각각을 SDS-

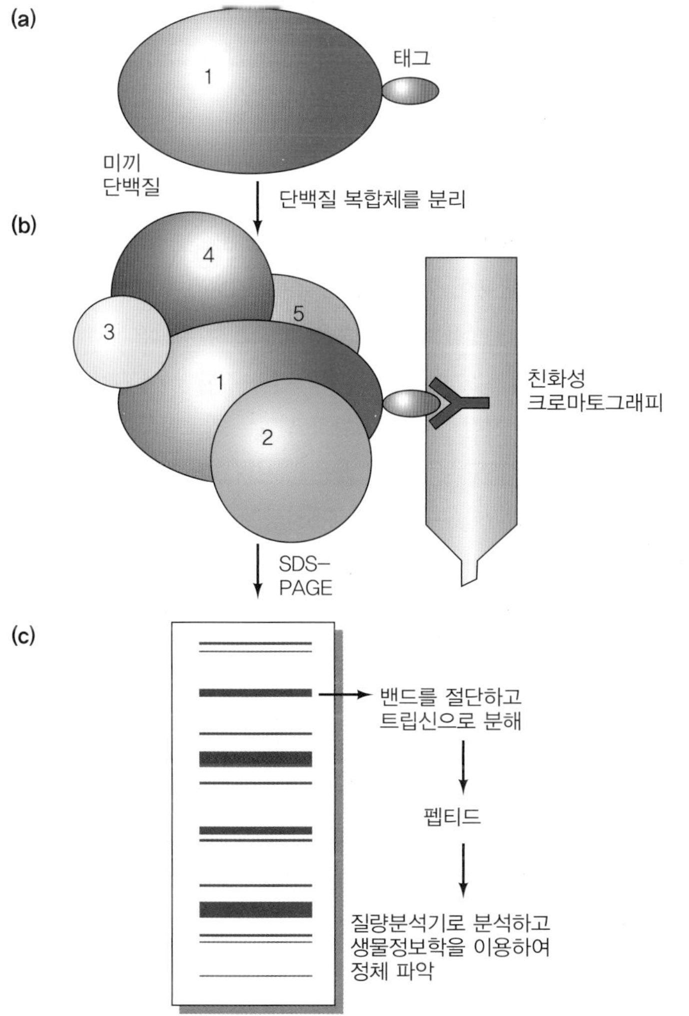

그림 25.23 질량분석기를 이용한 단백질-단백질 상호 작용의 검색. (a) 태그가 결합된 미끼단백질 제작. 미끼단백질을 암호화하는 효모 유전자에 표지 항원결정기와 같은 태그를 암호화하는 부위가 삽입되도록 조작을 하고 다시 효모에서 발현시켜 태그가 결합된 단백질을 만든다. (b) 미끼단백질과 복합체를 형성하는 단백질 분리. 미끼단백질의 태그를 인식하는 항체가 결합되어 있는 수지를 이용하여 면역친화성 크로마토그래피를 수행한다. 여기서 낚이는 것은 단순히 미끼단백질뿐만 아니라 이 단백질에 결합하는 어떤 다른 단백질이라도 함께 낚여 나온다. 그림의 경우는 2번에서 5번까지 네 가지 단백질이 함께 걸려나온다. (c) 단백질의 분리와 정체 파악. SDS-PAGE를 통해 복합체의 단백질을 분리, 정제한다. 겔상의 단백질을 잘라내고 트립신으로 분해하고 각 펩티드들을 질량분석기로 분석한다. 트립신 분해 펩티드들의 질량을 컴퓨터를 통해 분석하고 효모 유전체에서 발현되는 모든 단백질들과 비교하여 그 정체를 파악한다. (출처: Adapted from Kumar, A. and M. Snyder, Protein complexes take the bait. *Nature* 415, 2002, p. 123, f. 1.)

PAGE로 분리하고 겔상의 각 밴드를 잘라낸 뒤, 트립신으로 분해하고 그 결과 만들어진 펩티드들을 질량분석기로 분석하였다. 이미 효모의 전체 유전체 서열이 밝혀져 있으므로 컴퓨터는 유전체상에서 암호화될 수 있는 모든 단백질의 서열을 예상할 수 있다.

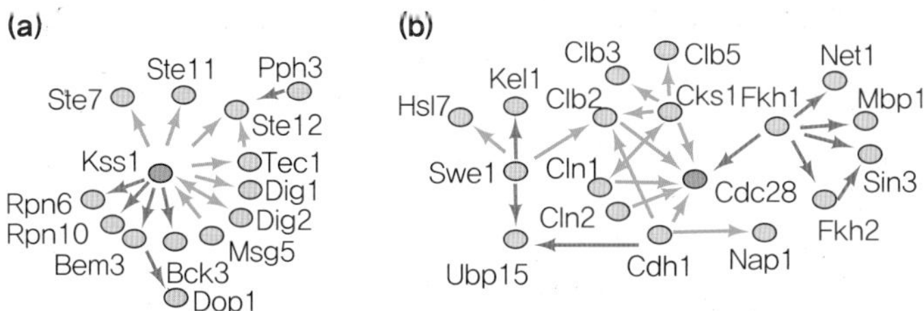

그림 25.24 피게이 등에 의해 발견된 단백질-단백질 상호 작용의 한 예. (a) Kss1을 미끼로 사용하여 발견한 상호 작용. (b) Cdc28을 미끼로 사용하여 발견한 상호 작용. 두 경우 모두 빨간색 화살표는 이미 알려진 상호 작용을 의미하며 초록색 화살표는 이 연구에서 새롭게 발견된 상호 작용을 나타낸다. (출처: Adapted from Ho, Y., A. Grahler, A. Heilbut, G.D. Bader, L. Moore, S.L. Adams, et al., Systematic identification of protein complexes in *Saccharomyces carevisiae* by mass spectrometry. *Nature* 415, 2002, p. 180, f. 1.)

따라서 트립신으로 잘려진 펩티드의 질량을 분석하면 어떤 단백질에 포함된 서열인지 알 수가 있다. 따라서 이와 같은 생물정보학적 분석은 질량분석기를 통해 나온 데이터를 이용하여 펩티드의 정체를 파악할 수 있고 결과적으로 그 단백질도 파악할 수 있다.

약 10% 정도의 예상 가능한 효모 단백질을 미끼로 이용하여 연구팀은 3,617개의 상호 작용하는 단백질을 잡아냈고 정체를 파악하였다. 이 정도의 숫자는 효모 단백질체에서 예상되는 단백질의 약 25%에 해당하는 양이다. 이것은 이 방법이 단순한 효모 이중잡종법에 비해 약 3배 정도 성공률이 높은 방법임을 보여 준다. 그림 25.24는 단백질 인산화효소인 Kss1과 Cdc28을 미끼단백질로 사용하여 얻은 결과를 보여 주는데 기존에 이미 알고 있던 상호 작용(붉은 화살표)도 재발견되었지만 그 동안 알지 못했던 상호 작용들(초록색 화살표)도 새롭게 밝혀졌다.

이와 유사한 연구 방법을 이용하여 앤-클라우드 가빈(Ann-Claude Gavin) 등은 232개의 서로 다른 단백질 복합체에 속해 있는 589개의 효모 단백질을 발견하였다. 무엇보다 흥미로운 사실은 이런 복합체 구성 단백질들의 조합을 알게 되면서 344개 단백질의 새로운 기능을 예측할 수 있었다는 점이며 이 중 231개의 단백질은 그 이전에는 기능을 전혀 알 수 없었던 단백질들이었다. 이와 같은 '결합이 있으면 기능도 있다'는 식의 기법은 지금까지 기능을 모르던 단백질들의 기능을 유추하는 데 강력한 도구로 사용될 수 있다.

마이클 스나이더(Michael Snyder) 등은 같은 문제를 다른 각도에서 접근하였다. 이들은 효모 단백질체 거의 대부분을 포함하는 단백질 미세배열을 이용하여 어떤 효모 단백질(또는 지질)들이 배열상의 각각의 단백질과 결합하는지를 조사하였다. 배열상의 각

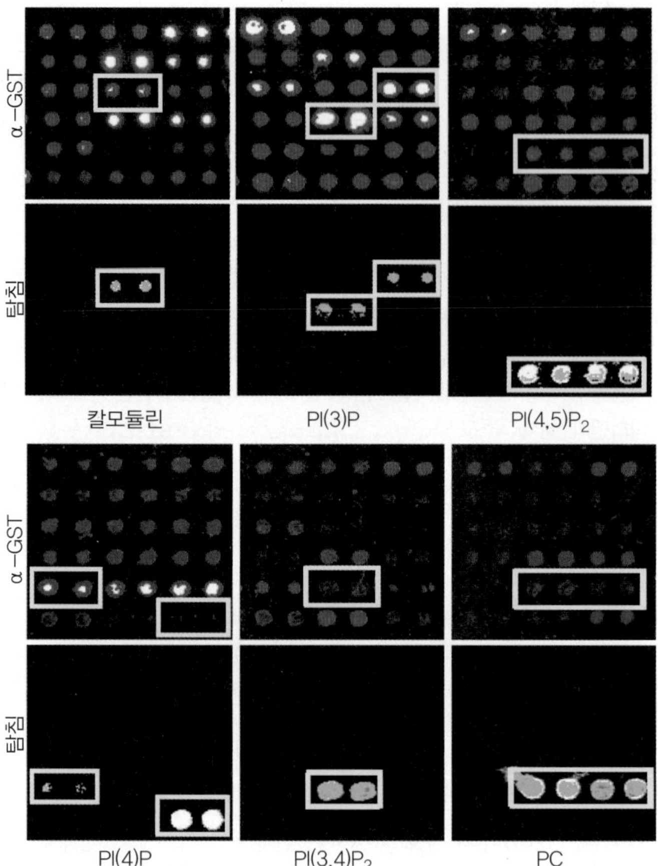

그림 25.25 단백질 미세칩을 이용한 단백질-단백질, 단백질-지질 상호작용의 검색. 스나이더 등은 동일한 단백질이 2개씩 나란히 점이 찍혀 있는 단백질 미세배열을 만들고 먼저 항GST 항체로 검색(첫 번째 줄과 세 번째 줄)하거나 그림 아래 이름이 표시된 탐침(두 번째 줄과 네 번째 줄)으로 검색했다. 항GST 항체는 다시 빨간색 형광의 탐침으로 검출되었기 때문에 빨간색 형광의 강도는 각 점에서의 단백질의 양을 나타낸다. 두 번째 열과 네 번째 열의 탐침들은 비오틴과 결합되어 있었기 때문에 그 각각은 다시 초록색 형광이 달린 스트랩타비딘으로 검출이 가능했다. 탐침: 칼모듈린, 여러 가지 칼슘 요구 과정에 관련됨. 나머지 탐침들은 다음의 지질 분자를 포함한 리포솜. 포스파티딜이노시톨(3)-인산 [PI(3)P]. 포스파티딜이노시톨(4,5)이인산 [$PI(4,5)P_2$]. 포스파티딜이노시톤(4)인산 [PI(4)P]. 포스파티딜이노시톨(3,4)이인산 [$PI(3,4)P_2$]. 포스파티딜콜린 [PC]. 각 쌍의 초록색 점은 미세배열 상에 이중으로 점찍은 한 가지 단백질에 해당한다. 두 번째와 네 번째 열의 양성반응(초록색)에 대응하는 곳의 빨간색 점에 네모 상자를 표시해 두었다. (출처: Adapted from Zhu et al., *Science* 293 (2001) Fig. 2A, p. 2102.)

각의 미세한 점들은 한 종류씩의 효모 단백질을 가지고 있는데 이 단백질들에는 모두 글루타치온-S-전이효소(GST)와 올리고히스티딘 표지가 연결되어 있다. 사실 이 단백질들은 니켈이 코팅된 칩 표면에 올리고히스티딘 표지를 통해 부착되어 있다. 이 방법을 이용한 한 연구(그림 25.25)에서 스나이더 등은 비오틴이 결합된 단백질이나 지질을 탐침으로 사용하여 미세배열을 잡종화하고 여기에 다시 형광표지가 달린 스트렙타비딘 분자를 결합시켰다. 스트렙타비딘은 비오틴에 강하게 결합하는 분자이기 때문에 여기에 달린 초록색 형광은 탐침이 미세배열상의 단백질과 결합했음을 나타낸다. 미세배열의 각각의 단백질은 이중으로 점 찍혀 있기 때문에 진짜 상호 작용이 일어난다면 초록색 점이 쌍으로 나타날 것이다. 그림 25.25는 각각의 탐침에 대해 적어도 하나 이상의 제대로 된 상호 작용이 있음을 보여 준다. 칼모듈린은 칼슘과 결합하는 단백질로 활성을 위해 칼슘을 필요로 하는 많은 단백질들과 결합한다. 나머지 5개의 탐침은 비오틴과 결합한 세포 내 신호전달에 관여하는 지질 분자를 포함하고 있는 리포솜들이다. 동시에 미세배열은 항GST 항체로도 반응을 시키고 빨간색 2차 항체로 다시 반응을 시켰다. 이것은 미세배열상에 단백질들이 제대로 점 찍혀 있는지를 알아보기 위한 대조군 실험이다. 모든 단백질들이 GST와 결합되어 있으므로 당연히 항GST 항체로 검증했을 때 빨간색 점이 나타나야 할 것이다.

일부 단백질들은 다른 단백질의 특정 서열에 결합하는 부위를 가지고 있다. 예를 들어 SH3와 WW 영역은 프롤린이 다수 포함된 펩티드에 결합하고 SH2 영역은 인산화된 티로신을 포함하는 펩티드에 결합한다. 이런 지식을 기반으로 Stanley Fields 등(Tong et al., 2002)은 펩티드결합 영역을 가진 단백질의 상대가 되는 특정 단백질들을 실험과 컴퓨터를 이용하여 찾아내는 방법을 개발하였다.

이 방법은 다음의 네 가지 주요 단계를 포함하고 있다. 첫째, 연구팀은 특정 펩티드결합 영역에 의해 인식되는 보전된 서열을 발견하기 위해 **파지 전시**(phage display) 방법을 사용하였다. 파지 전시 방법에서는 단백질 또는 펩티드를 암호화하는 유전자 또는 유전자 조각을 파지 표면단백질과 융합단백질 형태로 발현할 수 있는 파지 벡터에 클로닝한다. 따라서 대상 단백질이나 펩티드 조각은 재조합 파지의 표면에 노출된다. 두 번째 단백질과 상호 작용하는 단백질이나 펩티드를 전시하는 파지는 수지구슬에 연결시킨 두 번째 단백질로 잡아낼 수 있다. 양성의 파지 클론들을 분석하여 이들이 어떤 단백질이나 펩티드를 전시하는지 분석할 수 있고 이들은 두 번째 단백질의 잠재적인 표적들이다.

이 연구에서 통(Tong) 등은 SH3 영역을 가지고 있는 발암단백질인 Src를 대상으로 ψ-BLAST 분석을 해서 효모에서 24개의 서로 다른 SH3 영역을 발굴하였다. 이 중 20개는 대장균에서 GST와 융합단백질 형태로 발현시킬 수 있었고 연구팀은 이 융합단백질을 수지구슬에 결합시켜 무작위적 서열의 9개 아미노산으로 구성된 펩티드(nonapeptide, 노나펩티드)가 파지 표면에 전시

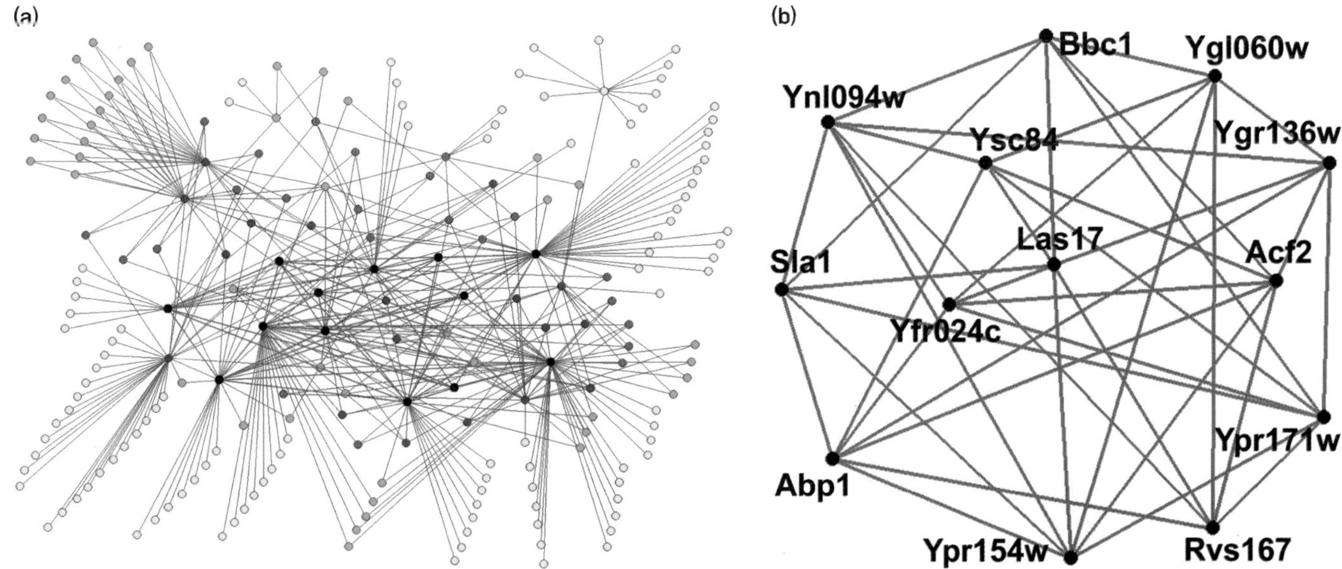

그림 25.26 효모 SH3 영역과 표적 사이의 상호 작용 예측도. **(a)** 파지 전시와 효모 단백질체 조사를 통해 예측된 모든 단백질과 그들 사이의 상호 작용. 각각의 단백질은 몇 종류의 다른 단백질과 상호 작용하는지에 따라 k-중심으로 구분된다. 예를 들어 3-중심은 세 가지 상호 작용에 관련된 단백질들을 포함한다. 각 단백질은 k-중심 값에 따라 다음과 같이 색깔로 구분된다. 6-중심, 검은색. 5-중심, 청록색. 4-중심, 파란색. 3-중심, 빨간색. 2-중심, 초록색. 1-중심, 노란색. **(b)** 구체적으로 어떤 단백질들과 상호 작용하는지 보여 주기 위해 6-중심 단백질들만의 네트워크를 확대한 그림. (출처: Adapted from Tong et al., *Science* 295 (2002) Fig. 2, p. 322.)

된 라이브러리를 검색하였다. 각각의 SH3 영역들은 특정 종류의 노나펩티드 세트에 결합하였고 이를 통해 각 SH3 도메인의 펩티드 표적들이 가진 공통분모의 서열을 파악할 수 있었다.

두 번째, 통(Tong) 등은 컴퓨터를 이용하여 효모 단백질체 전체를 통해 공통 표적 서열을 가진 단백질들을 확인하였다. 이 작업을 통해 그림 25.26a와 같은 단백질 네트워크를 만들 수 있었다. 이것이 네트워크가 될 수밖에 없는 이유는 특정 SH3에 결합하는 표적단백질 중 그 자신도 SH3 영역을 가지고 있어서 또 다른 표적에 결합할 수 있는 것들이 많이 있기 때문이다. 단백질들은 '*k*-중심(*k*-core)'으로 묶여졌는데 여기서 각 단백질은 다른 단백질들과 *k* 횟수의 상호 작용을 한다. 예를 들어 6-중심은 적어도 6가지 이상의 다른 단백질들과 상호 작용할 수 있는 단백질들의 그룹을 의미한다. 그림 그림 25.26a에서 6-중심 단백질들은 붉은 선으로 연결된 검은색 점으로 나타나 있고 이들만을 뽑아서 확대한 것이 그림 25.26b이다.

세 번째, 통(Tong) 등은 SH3 영역과 표적단백질 사이의 결합을 효모 이중잡종 검사와 같은 다른 방법으로 검증하였다. 마지막 네 번째 단계에서 연구팀은 두 가지 방법에서 발견된 상호 작용을 비교하여 공통적인 것들을 골라냈다. 모든 상호 작용 중에서 두 가지 방법 모두에서 검색된 것이 59개였는데 이것들은 두 가지 완전히 다른 방법에 의해 검색된 것들이기 때문에 거의 대부분은 진정한 단백질 상호 작용을 보여 주는 결과들일 것이다. 최종적인 검증을 위해 통 등은 5개의 프롤린-풍부 영역을 가지고 있는 단백질 하나(Las17)를 선택하였는데 이 단백질은 9개의 서로 다른 SH3-포함 단백질들과 결합할 것으로 예상되는 것이었다. 연구팀은 시험관 내 실험을 통해 이 모든 가능한 상호결합을 직접 조사하였다. 그 결과 파지 전시 실험을 통해 Las17상의 5가지 프롤린-풍부 영역 중 어떤 것이 아홉 가지 단백질 각각의 최적 표적인지를 예측할 수 있었고 시험관 내 검증을 통해 하나의 예외적인 경우를 제외하고는 모두 이 예측이 옳았다는 것을 증명할 수 있었다.

단백질 상호 작용을 측정하기 위한 각각의 기술들이 모두 유용하게 사용되지만 이런 기술들 모두 일부의 문제점들을 내포하고 있다. 모든 기술에서 위음성반응(제대로 된 반응을 발견하지 못하는 것)이나 위양성반응(생체 내에서는 일어나지 않는 상호 작용을 검출해 내는 것)이 나타날 수 있으므로 서로 다른 방법들을 복합적으로 사용하는 것이 가장 정확한 결과를 얻는 방법이 될 것이다.

25.3. 생물정보학

사람을 비롯한 많은 생물들의 유전체로부터 수십억 염기쌍의 정보들이 쏟아져 나오고 셀 수 없을 정도의 단백질 구조와 단백질 상호 간의 작용에 관한 정보들로 우리의 데이터베이스가 확장될수록 이런 정보에 접근하여 쓸모 있는 형태로 가공하는 것이 무척이나 중요한 문제가 될 것이다. 이런 수요에 따라 **생물정보학**(bioinformatics)이라는 새로운 전공이 출현했다. 생물정보학을 담당하는 사람들은 생물학과 컴퓨터 정보처리 모두를 이해해야만 한다. 그래야만 유전체학이나 단백질체학 연구 동안 데이터를 수집하고 또 과학자들이 데이터에 대한 접근할 수 있는 프로그램들을 제공할 수 있다. 예를 들어 **BLAST**는 조사하고자 하는 DNA나 단백질과 유사한 서열을 가진 것들을 데이터베이스에서 찾아서 서열 비교를 해주는 프로그램이며 **GRAIL**은 데이터베이스에서 유전자들을 발굴해 주는 프로그램이다.

두 가지 종류의 데이터베이스가 이미 운영되고 있는데, 첫 번째는 모든 생물체의 DNA와 단백질 서열을 포함하는 일반적인 데이터베이스들이다. DNA 서열을 위한 일반적 데이터 베이스로는 GenBank(http://www.ncbi.nlm.nih.gov/)와 EMBL(http://www. ebi.ac.uk//embl/)을 들 수 있다. Swissprot(http://www.ebi.ac.uk/swissprot/)는 단백질 서열을 위한 일반적 데이터베이스이다. 두 번째는 특정한 생물체를 다루는 특수한 데이터베이스들이다. 예를 들어 FlyBase는 초파리의 유전체 데이터베이스이다. 온라인 주소(http://flybase.bio.indiana.edu:82)를 통해 여기에 접근할 수 있고 유전 지도, 유전자, DNA 염기서열, 그리고 다른 정보들을 찾을 수 있다. 비슷한 사이트들인 WormBase는 선충 *C. elegans*에 대한 동일한 종류의 데이터들을 제공하고 있다.

여기서 한 가지 문제가 되는 것은 윌리엄 겔바트(William Gelbart)가 지적한 바와 같이 유전체의 서열을 이해하는 데 우리가 무지하다는 사실이다. 언어학의 용어를 사용한 그의 표현을 빌면, 우리는 몇몇 '명사', 즉 유전체상의 폴리펩티드를 암호화하는 지역을 안다. 하지만 '동사', '형용사', '부사'와 같이 각각의 유전자가 언제, 얼마나 많이 발현되는지를 말해 주는 부분을 모르고 있다. 그리고 생화학적 촉매 기작과 같이 어떻게 폴리펩티드들이 그들의 임무를 수행하기 위해 복합계를 형성하는지를 말해 주는 '문법'을 모른다. 생물정보학은 이러한 유전적 문법을 완전히 이해하는 데 필요한 데이터베이스와 동사, 형용사, 부사와 같은 설명들을 제공할 것이다.

1) 포유동물 유전체에서 조절부위의 발견

오직 컴퓨터만을 이용하여 포유동물 유전체에서 조절모티프를 발견하는 과학자들도 있다. 이들의 발견 과정에서는 시험관도(시험관 내 실험에 해당), 세포나 동물 자체(생체 내 실험에 해당)도 전혀 이용되지 않았다. 따라서 이런 식의 연구를 실리콘으로 만들어진 컴퓨터칩에서 용어를 따와서 **인실리코**(in silico) 연구라고 부른다.

이 장 초반부에 이미 알려진 전사 조절인자의 표적 위치를 확인하는 연구의 접근법에 대해 알아보았다. 그렇다면 지금까지 전혀 알려지지 않은 단백질과 결합하는 조절모티프들은 어떻게 찾아낼 수 있을까? 2005년 에릭 랜더(Eric Lander)와 마놀리스 켈리스(Manolis Kellis) 등은 이 질문에 대한 생물정보학적 연구 결과를 발표하였다. 연구팀은 조절모티프(6~10bp 길이)는 전사 조절인자가 결합할 가능성이 높은 유전자들의 상부 조절 지역과 miRNA나 다른 조절 분자들이 결합하여 mRNA의 안정성과 번역 속도에 영향을 미치는 3′-비번역 지역(UTR)들에 존재할 것으로 판단하였다. 또 연구팀은 조절모티프는 연관된 종들 사이에서는 보존적인 서열을 가질 것이라고 예상하였다. 그래서 그들은 유전자들의 5′-비번역 지역과 3′-비번역 지역에 보전되어 있는 서열들을 검색하기 위해 사람과 생쥐, 시궁쥐, 그리고 개의 유전체를 비교하였다.

연구팀은 유전자들에 주석이 잘 달린 네 종에서 17,000개의 유전자들을 골랐기 때문에 이 유전자들이 진짜 유전자인지 아닌지에 대해서는 의문의 여지가 없었다. 이 비교를 위해 연구팀은 프로모터 부위를 각 mRNA의 전사개시 부위로부터 4kb 이내의 비암호화 서열로 한정하였고 3′-UTR은 번역 종료코돈과 폴리(A) 형성 신호 사이의 서열로 한정하였다. 대조군으로 연구팀은 여러 유전자들의 인트론 중 끝에서 2개에 해당하는 123Mb의 서열을 사용하였다. 말단부 인터론들은 조절모티프들이 거의 존재하지 않는 것으로 알려져 있기 때문에 음성 대조군으로서 적절한 선택이었다.

연구팀은 '보존적'이라는 것을 다음과 같이 규정하였다. '보존적으로 출현'이란 네 가지 종 모두에서 반드시 존재하는 모티프여야 한다. '보존율'은 하나의 모티프가 인간 유전체 중 연구하고자 하는 부위(예를 들어 프로모터 부위)에서 나타나는 빈도 중 보존적 출현의 빈도를 나타내는 비율을 의미한다. 마지막으로 '모티프 보존 점수(motif conservation score, MCS)'는 동일한 크기의 무작위적으로 설정한 모티프들이 보여 주는 보존율을 넘어서는 모티프들의 표준편차를 나타내는 숫자를 의미한다.

이를 보여 주기 위해 연구팀은 Err-α 전사 조절인자의 결합 위치인 8량체의 TGACCTTG를 선택하였다. 이 모티프는 사람 프로모터 지역에서 434번 나타났고, 그중 162번은 보존적 출현이었다. 따라서 보존율은 162/434 또는 37%이다. 반면에 프로모터 지역에서의 무작위적 8량체가 보여 준 보존율은 6.8%에 지나지 않았다. 더구나 분석한 TGACCTTG 8량체는 프로모터 지역에 특이적으로 나타났는데, 인트론에서 이 서열의 보존율은 겨우 6.2%였다.

이 결과들과 다른 결과들을 종합하여 통계적 분석을 수행하여 보존 점수를 확인했다. Err-α 모티프의 MCS는 25.2가 나왔고 이 숫자는 6.8%의 배경 비율에 비해서 프로모터 지역에서 37%의 보존율을 발견할 매우 작은 가능성을 반영하는 것이다.

조절 모티프의 보존에 대한 좀 더 일반적인 개념을 잡기 위해 TRANSFAC 데이터베이스로부터 기존에 잘 알려진 전사 조절인자들의 결합 위치들의 대한 MCS들을 계산해보았다. 그 결과 63%의 모티프들이 3보다 큰 MCS를 보였으며 약 50%는 MCS가 6보다 작았다. 따라서 연구진은 '고도로 보존된 모티프는 MCS가 6보다 크다'라고 규정을 하였다. 연구팀은 어쩌서 기존에 알려진 많은 모티프들이 MCS 값 3을 넘기지 못했는지에 대한 세 가지 이유를 기술하였는데 그것은 아마도 잘못 알려졌거나, 연구에 사용된 네 종에 공통적으로 보존되어 있지 않거나, 일반적으로 흔히 나타나는 모티프가 아닐 것 등이다.

연구팀은 프로모터 지역에서 174개의 고도로 보존된 모티프를 발견하였는데, 그중 59는 TRANSFAC 내의 기존에 알려진 조절 모티프들과 거의 같은 것이었고 10개는 어느 정도 유사성을 가진 것이었으며 나머지 105개는 아마도 지금껏 알려지지 않았던 조절 인자인 것으로 판단된다. 만약 이 새 조절 모티프가 진정한 조절 인자들이라면 이를 모티프를 가지고 있는 유전자들은 일정한 수준의 조직 특이적인 발현 양상을 보여줄 가능성이 높다. 왜냐하면 동일한 인자에 의해 조절되는 유전자들은 일반적으로 동일한 조직에서 활성을 보이기 때문이다. 연구팀은 데이터베이스로부터 75 조직의 유전자 발현 결과를 비교하였고 86%의 알려진 모티프들과 50%의 새로 발굴된 모티프들이 하나 또는 몇 개의 조직에서 특징적으로 활성이 높은 유전자들과 연관되어 있음을 발견하였다.

진짜임을 확인하는 또 다른 방법은 이 요소들이 전사개시 위치를 기준으로 위치상의 변동성을 보이는지 여부를 조사하는 것이다. 사실 고도로 보존된 요소들은 개시 위치로부터 100bp 이내에 위치하는 경향성이 무척 높았으나 무작위적으로 고른 요소들은 4kb 지역에 골고루 퍼져 있었다. 이런 사실들을 종합하면 발굴된 모티프들은 대부분 진정한 조절인자들의 한 부분임을 알 수 있다.

연구팀은 또한 106개의 고도로 보존된 모티프를 3′-UTR에서 발견하였지만 3′-UTR 인자들의 경우 TRANSFAC와 같은 데이터베이스가 존재하지 않으므로 이들의 진짜 여부를 판별하기 위해 다른 수단을 강구해야만 했다. 다행히 두 가지 두드러진 특징이 드러났는데 첫째, 3′-UTR 모티프들은 프로모터 지역의 모티프들과는 달리 강한 방향성을 보여서 한쪽 사슬에만 나타나고 반대편 사슬에서는 잘 발견되지 않았다. 이런 사실은 3′-UTR 모티프들이 mRNA에 존재해서 여기에 miRNA나 다른 분자들이 결합하여 mRNA 안정성이나 번역 과정을 조절할 것이라는 가설과 잘 부합한다. 즉, 다시 말해 이 모티프들은 반드시 올바른 사슬에 존재해서 mRNA가 전사될 때 그 속으로 포함되어야 함을 말해준다. 반면에 프로모터 지역의 모티프들은 DNA 수준에서 작용한다. 일반적으로 양쪽 방향으로 다 작용이 가능한 활성인자들과 결합하므로 어느 특정 사슬에 대한 선호도가 없는 것이다.

3′-UTR에 고도로 보존된 모티프의 두 번째 특징은 길이가 8bp인 경우가 많고 마지막 서열이 A로 끝나는 경향이 강하다는 점이다. 프로모터 지역의 모티프들에서는 이런 경향을 발견할 수 없다. 이런 특징은 miRNA가 T로 시작되고 이어지는 7염기와 함께 조절해야 할 mRNA의 서열에 상보적이기 때문에 8bp의 보존 모티프에 miRNA가 결합할 것이라는 가설과 잘 맞아떨어진다.

이제 연구팀은 고도로 보존된 8량체의 서열이 진짜 miRNA와 관련이 있는지를 직접적으로 확인하기 위해 지금까지 등록된 miRNA (207개의 서로 다른 사람 miRNA)가 8량체 서열과 대응하는지 조사하였다. 무려 43.5%의 알려진 사람 miRNA가 고도로 보존된 8량체 중 어느 하나와 완벽하게 대응하였고 반면에 같은 숫자의 대조군 8량체에 대해서는 2%만이 대응하였다. 알려진 miRNA와 대응하지 않는 8량체들은 대응하는 8량체들에 비해 더 빠른 속도로 진화를 하였고 따라서 유전자 발현의 조절에 중요한 역할을 하는 miRNA와 결합하는 정도에 일정한 손상이 가해져 있을 것으로 추정된다.

마지막으로 연구팀은 보존된 8량체 모티프를 이용하여 새로운 miRNA 유전자를 발굴하고자 하였다. 고도로 보존된 8량체 모티프의 서열과 상보적이면서 네 가지 종에서 공통적으로 존재하는 서열을 유전체 전체를 통해 검색하였고 이를 통해 발견된 보존된 서열들의 주변 서열을 분석하여 miRNA의 특징인 안정적인 줄기-고리 구조를 형성할 수 있는 서열을 가진 것들을 찾았다. 연구팀은 242개의 miRNA를 만들기에 적당한 안정적 줄기-고리 구조를 발견하였는데, 그중 113개는 기존에 알려진 miRNA를 만드는 유전자들이었고 129개는 미지의 miRNA를 만들 가능성이 있는 것들이었다. 연구팀은 이 중 12개를 무작위적으로 선택하여 여러 종류의 성인세포를 섞은 배양세포들에서 발현 여부를 확인하였다(이 연구의 전 과정에서 유일하게 실제 실험이 수행된 부분). 그중 6개가 실제로 발현되는 것을 확인하였다. 이는 129개의 예상되는 miRNA 유전자들 중 상당수가 진짜로 miRNA를 암호화할 것이라는 점을 강력히 시사한다. 이런 연구 결과가 시사하는 바는 아직도 발견되지 않은 miRNA 유전자가 더 많이 존재하며 지금까지 우리가 생각했던 것보다 더 광범위하게 miRNA에 의한 유전자 발현의 조절이 이루어지고 있다는 것이다.

2) 데이터베이스 활용

매우 유용한 데이터베이스들이 미국국립생물정보센터(NCBI)에 저장되어 있다. 여기서는 몇 가지 간단한 보기를 통해 이런 데이터베이스에 어떻게 접근하고 활용할 수 있는지를 알아본다. 검색을 시작하기 전에 스스로를 사마귀가 생긴 환자를 치료하는 의사라고 가정을 해보자. 바이러스에 의해 생겼을 것이라고 생각하고 있으며 의심이 가는 후보 바이러스(유두종 바이러스)도 있는 상황이라면 당신은 사마귀를 잘라내고 바이러스 입자를 깨서 열 수 있는 용제가 들어 있는 완충액에 갈아서 DNA를 추출한 뒤 후보 바이러스에 특이적으로 결합하는 프라이머를 이용하여 PCR을 수행할 것이다. 하나의 밴드를 확인하고 이는 의심했던 바이러스의 DNA가 사마귀 안에 존재한다는 것을 말해준다. 이 바이러스의 정확한 종류를 알기 위해 당신이 PCR로 증폭하였던 DNA의 일부를 서열분석하고 그림 5.19와 같은 그림을 얻게 된다.

만약 겔상의 서열을 읽는 연습을 하고 싶다면 아래 서열은 무시하고 그림의 겔 가장 아래쪽 C부터 시작하여 처음 21염기만 기록해보라. 이 단계가 귀찮다면 여기 소문자로 나타낸 그 서열이 있다. 대문자의 경우 **C**와 **G**가 잘 구분이 되지 않으므로 통상 염기서열은 소문자 **c**와 **g**로 나타낸다.

caaaaaacggaccgggtgtac

검색을 시작하기 전에 NCBI 홈페이지로 가서 BLAST를 누르거나 바로 NCBI BLAST 홈페이지(http://www.ncbi.nlm.nih.gov/BLAST/)로 가라. 염기서열 데이터베이스를 찾으려면 Nucleotide라는 타이틀 아래 있는 Nucleotide-nucleotide BLAST(blastin)을 누른다. 맨 위쪽 부근의 큰 박스에 질문 서열(데이터베이스와 비교하고 싶은 당신의 서열)을 직접 입력하거나 다른 문서에 있는 서열을 잘라붙이기 하면 된다.

당신의 서열을 다 입력했다면 Quary subrange 박스를 이용하여 입력된 서열 중 단지 일부분에 대해서만 검색을 할 수도 있다. 예를 들어 당신 서열 중 10~21잔기에 대해서만 검색을 하고 싶다면 'From' 창에 10을 입력하고 'To' 창에 21을 입력하라. (그러나 이 책에서는 21염기 전체에 대해서 검색을 수행할 것이다.) 당신은 또 위쪽의 Choose Search Set 박스를 통해 비교하고 싶은 데이터베이스를 선택할 수 있다. 우리의 경우 이 서열이 바이러스 서열이라고 생각하기 때문에 사람과 생쥐의 데이터베이스는 무시하고 Others를 선택한다. Others 아래의 기본 데이터베이스는 Nucleotide collection(nr/nt)인데 여기서 nr은 '겹치는 서열들을 제거한(nonredundent)' 데이터베이스를 의미한다. 이 데이터베이스는 여러 종류의 서로 다른 데이터베이스에 있는 서열들을 다 포함하고 있기 때문에 가장 방대한 데이터베이스이기도 하다. 검색을 시작하기 위해 페이지의 아래쪽에 있는 'BLAST' 단추를 누르라. 곧 요청 ID(RID) 번호를 포함한 검색진행 상태 메시지가 뜰 것이다.

결과가 즉시 나온다면 계속해서 분석을 진행할 수 있다. 그러나 꽤 기다려야 할 경우도 있다. 이런 경우는 RID 숫자를 기억했다가 나중에 NCBI 웹사이트에 로그인해서 해당 ID의 결과를 받을 수도 있다.

결과는 몇 가지 형태로 제공된다. 첫째, 색칠이 된 막대그래프이다. 이것은 당신의 질문서열과 데이터베이스의 여러 서열들과 대응하는 지역을 대강 표시한 것들이다. 이 경우, 파란색은 가장 유사성이 높은 부분을 나타낸다. 마우스의 포인터를 각각의 막대 위에 올려놓으면 해당 DNA 서열이 어떤 것인지 정보가 나타난다. 만약 막대그래프 위를 클릭한다면 검색된 서열에 대한 좀더 자세한 정보가 나타날 것이다. 막대그래프 아래로 보이는 서열은 질문서열과 특정 수준 이상으로 대응하는 서열들로서 이제 그들에 대해 알아볼 것이다. 각각의 대응서열들이 이름과 함께 유사성 정도가 큰 서열부터 낮은 순서로 보여진다.

각 서열들에는 2개의 점수가 지정되어 있는데 첫째는 **비트 점수**(bit score, *S*)이다. 이것은 질문 서열과 데이터베이스의 대응서열 사이에 대응하는 정도와 관련이 있다. 비트 숫자가 클수록 대응 정도가 크다는 의미이다. 우리의 경우는 최고의 대응도는 42.1인데 이건 상당히 높은 숫자이다. 두 번째 점수는 **기댓값**(expect value, E value)이다. 이 숫자는 우연히 이 정도의 비트 점수가 나올 대응들이 몇 개나 될 것인지를 의미하는 숫자이다. 따라서 E 값이 낮을수록 대응의 정도가 높다는 것을 의미한다. 진짜 강력한 대응인 경우는 E 값이 1.0보다 훨씬 작은 값으로 나오는데 가장 좋은 값은 0.011의 경우이다.

당신의 질문 서열과 가장 잘 대응하는 데이터베이스 서열의 정체가 무엇인가? 가장 위에 있는 막대(에 마우스를 가져가면 이 서열이 인유두종 바이러스(HPV) 타입 31이라는 것이 보이고 이것은 당신 환자에게 사마귀를 발생시킨 것이 바로 HPV 타입 31이라는 것을 의미한다. 동일한 정보를 막대그래프 아래쪽에 나오는 간단한 대응서열 목록을 통해서도 확인할 수 있다. 위쪽의 검은색막대는 생쥐 유전자에 해당하는데 이것도 상당한 유사성을 보여 준다.

결과 페이지 아래쪽으로 내려가면 질문서열과 데이터베이스 서열을 나란히 배열해 둔 것을 볼 수 있다. 당신의 질문서열이 HPV 31 서열과 완벽하게 대응하지만 생쥐 유전자와는 21개 중 19개만 대응하는 것을 볼 수 있다. 그러나 이런 미세한 차이도 E 값에는 큰 차이를 낳는다. 생쥐 유전자들은 0.33의 E 값을 갖는데 이것은 0.011에 비해서는 관심도가 확연히 떨어질 수밖에 없는 수치이다.

우리가 입력한 질문서열은 겨우 21염기 길이이고 이건 통상 너무 짧은 길이이다. 질문서열의 길이가 길어지면 어떤 효과를 볼 수 있는지 알아보기 위해 겔상의 서열을 좀 더 읽거나(42염기까지) 아니면 다음 서열을 새 검색창에 넣어 보라.

caaaaaacggaccgggtgtacaacttttactatggcgtgaca.

여기서 나온 E 값은 $5e^{-14}$이고 이것은 무척 작은 숫자여서 42개 서열이 모두 완벽하게 대응한다는 것은 고도의 유의성을 가진다는 의미이다.

직접 조사해 볼 DNA 서열은 없지만 NCBI 데이터베이스를 이용하여 일반적인 정보를 얻고 싶다면 어떻게 해야할까? 예를 들어 당신이 대장암과 같이 특정 인간질병과 관련된 유전자들을 찾는 것에 관심이 있다고 하자. 검색을 위해 NCBI 웹사이트로 가서 왼쪽에 있는 메뉴에서 Gene Expression을 누르자. 그리고 위에 있는 박스에 'colon cancer'를 입력하고 데이터베이스는 기본 옵션인 'all databases'으로 그냥 남겨 두고 'Search' 단추를 누른다. 다음 페이지에서 검색에 제한을 둘 것인지 물으면 'Gene: gene-centered information'을 누른다. 다음 페이지에서 대장암과 관련된 유전자들의 리스트가 제공된다. 다섯 번째 보이는 것이(적어도 2010년 12월까지는 그랬다. 하지만 이 순서는 시간이 지나면서 바뀔 것임) *MLH1*이다.

MLH1 링크를 누르면 이 유전자에 대한 정보가 나타난다. 요약 내용을 보면 *MLH1*은 틀린짝 회복(20장 참조)에 관련되는 단백질을 암호화하고 있는 대장균의 *mutL* 유전자에 대한 사람의 호모로그임을 알 수 있다. 사람 *MLH1* 유전자도 마찬가지로 틀린짝 회복에 관련하고 *MLH1*에 돌연변이가 생기면 틀린짝들이 형성되고 따라서 돌연변이가 누적된다. 아마도 이런 현상이 암, 특히 대장암이 발생하기 쉬운 상태를 유도하는 것으로 여겨진다. 왜냐하면 암을 조절하는 유전자(tumor suppressor gene, **암 억제 유전자**)들이 돌연변이에 의해 불활성화되거나 세포성장 조절기능을 저해하는 유전자(oncogene, **암유전자**)들이 돌연변이에 의해 활성화될 수 있기 때문이다.

NCBI 사이트를 통해 단백질의 구조에 대한 정보들도 찾아볼 수 있다. 예를 들어 대부분의 인간 암에서 불활성화되는 p53 단백질(암 억제 유전자 중 하나의 산물)의 구조를 알아보고 싶다면 역시 NCBI 웹사이트로 가라. 위에 보이는 박스에 'p53 complexed with DNA'라고 입력하고 'Go' 단추를 누른다. 그러면 대장암에 대한 정보를 찾을 때 'Gene'을 선택했었던 Entrez 페이지로 이동할 것이다. 이번에는 'Structure' 단추를 누른다. 여러 목록의 리스트가 나타날 것이다. '1TUP'라는 이름이 붙은 구조까지 쭉 내려가자. 2010년 12까지는 이것의 순서가 18번이었는데 역시 시간이 지났다면 변했을 것이다. Structure 위를 클릭하라. 그러면 이 구조에 대한 정보를 보여 주는 페이지가 뜰 것이다. 이것을 3차원 구조로 보고싶다면 적절한 공짜 프로그램을 설치할 필요가 있다. 컴퓨터에 이미 Cn3D 소프트웨어가 설치되어 있으면 'Structure view in Cn3D'를 누르고 만약 없다면 'Download Cn3D'를 누른다.

CN3D를 설치하고 'Structure view in Cn3D' 단추를 누른다. 이제 DNA와 결합한 p53의 X-선 결정분석 연구에 기반한 구조를 보게 될 것이다. CN3D 소프트웨어는 마우스를 통해 원하는 방향으로 구조를 돌려볼 수 있도록 되어 있다. 구조의 왼쪽에 마우스 포인터를 가져가서 시작해 보자. 왼쪽 클릭 단추를 누르고 있는 체로 마우스를 오른쪽으로 움직여 보라. 구조가 왼쪽에서 오른쪽으로 회전할 것이다. 위아래로도 회전시킬 수 있고 수평, 수직 사이의 어떤 각도로도 회전시킬 수 있다. 아연 모듈과 DNA의 큰 홈 사이의 결합을 자세히 볼 수 있을 때까지 회전시켜 보라.

이전 장에서 우리가 공부했던 단백질들의 3D 구조를 찾아볼 수도 있을 것이다. 예를 들어 GAL4나 당질코르티코이드 수용체의 구조를 찾아보라. 두 경우 모두 구조 회전을 통해 이 책에서 본 것보다 훨씬 깨끗한 구조를 볼 수 있을 것이다.

요약

기능유전체학은 대량의 유전자들의 발현을 조사하는 학문이다. 이 연구의 한 분야인 전사체학은 특정 순간에 한 개체가 전사하는 모든 전사체들을 연구한다. 전사체학의 연구 방법 중 하나는 수천 개의 cDNA나 올리고뉴클레오티드를 가진 DNA 미세배열이나 DNA 칩을 만들고, 이것을 조사하고자 하는 세포에서 분리한 RNA 또는 그 cDNA(여기에는 형광물질 등으로 미리 표지를 한다)와 잡종화시키는 방법을 사용한다. 각 점에서의 잡종화된 정도의 세기는 해당 유전자의 발현 정도를 나타낸다. 미세배열을 이용해서 우리는 수많은 유전자들의 시간적, 공간적 발현 패턴을 동시에 파악할 수 있다.

SAGE 방법을 통해 어떤 조직에서 어떤 유전자가 발현되고 그 유전자의 발현 정도는 얼마가 되는지 결정할 수 있게 되었다. 특정 유전자의 정보를 담고 있는 짧은 태그는 cDNA로부터 만들어지고 연결자를 통해 서로 연결된다. 연결된 태그를 서열 결정하면 어떤 유전자가 얼마나 발현되는지를 분석할 수 있다.

고집적도 전체 염색체 전사지도작성 연구를 통해 사람 염색체의 비엑손 부위가 세포질 내 poly(A) RNA의 태반 이상을 만들어내는 부위임을 알 수 있었고 또 이 10개의 염색체에서 만들어지는 전사체의 약 절반 정도가 poly(A)가 없는 전사체였다. 이러한 사실을 종합해보면 안정적인 핵 및 세포질 내 전사체의 대부분이 엑손 바깥쪽에서 만들어진다는 것을 알 수 있다. 이런 사실이 사람과 침팬지처럼 엑손이 거의 동일한 종들 사이의 엄청난 차이들을 설명하는 데 도움이 될 수 있다.

유전체 기능분석은 한 번에 하나씩의 유전자를 양쪽에 각 돌연변이체를 구분할 수 있는 바코드로 작용하는 올리고머를 포함하는 항생제 내성 유전자로 대체시킨 돌연변이체들을 만들어서 수행할 수 있다. 다음으로 이 돌연변이체들을 모두 섞어서 다양한 조건에서 배양시키면서 어떤 돌연변이체가 가장 빨리 사라지는지를 분석할 수 있다. 기능분석은 또 RNAi를 이용하여 유전자들을 불활성화시키는 방법을 통해서도 수행 가능하다.

조직특이적 발현분석은 외부에서 도입한 miRNA에 의해 발현이 저해되는 모든 mRNA의 범위를 조사하고 해당 유전자의 발현 수준을 여러 다른 조직에서 분석하여 비교하는 방법을 통해 수행할 수 있다. 만약 조사하고자 하는 miRNA가 그 miRNA가 발현되는 조직에서 원래 낮은 수준으로 발현되는 유전자들의 mRNA 발현 수준을 낮춘다면 이는 적어도 이 miRNA가 해당 유전자들의 낮은 수준의 mRNA 발현을 야기하는 한 원인임을 시사한다. 이런 종류의 분석은 miR-124가 뇌 조직에서 그리고 miR-1이 근육조직에서 mRNA를 불안정화시킨다는 사실을 보여 주었다.

염색질 면역침강에 뒤이은 DNA 미세배열 분석은 활성인자나 다른 단백질들이 DNA상에 결합하는 위치들을 발굴하는 데 이용될 수 있다. 효모와 같이 비교적 작은 크기의 유전체를 가진 종에서는 모든 유전자 간 부위들이 미세배열에 포함될 수 있다. 그러나 사람 유전체처럼 크기가 너무 크면 이런 방법은 현실적이지 않다. 분석 범위를 제한하기 위해 유전자 발현조절 부위와 연관된 CpG 섬이 사용될 수 있고 또 해당 활성인자의 활성 시간이나 조건을 이미 알고 있다면 그 시간대나 그 조건에서 활성화되는 유전자들의 조절부위가 미세배열에 포함될 수 있다.

생쥐는 사람에게는 윤리적인 이유로 수행이 불가능한 대규모 발현 연구의 우회 수단으로 사용될 수 있다. 예를 들어 과학자들은 사람 21번 염색체에 존재하는 유전자들의 생쥐 공통유전자들 대부분에 대해 발현 연구를 수행했다. 이들은 여러 단계의 발생 시기에 걸쳐 이 유전자들의 발현을 추적했고 이 유전자들이 발현되는 배아 조직들을 체계적으로 분류하였다.

단일염기 다형현상은 하나의 유전자 또는 그 이상의 유전자에 의해 영향을 받는 유전적 상황을 설명해줄 수 있다. 이런 다형현상은 약물에 대한 개인의 반응을 예측케 해줄 수도 있다. 천만 개 이상의 SNP을 포함하고 있는 단상형 지도는 중요한 SNP들을 영향을 미치지 않는 SNP들과 구분하는 데 큰 도움을 줄 것이다. 놀랍게도 구조적 변이(삽입, 결실, 역전, DNA 조각의 재조합)가 개인 간 유전체 차이의 큰 원인이며, 이러한 구조적 변이의 일부는 어떤 사람들이 특정 질병에 더 잘 걸리는 원인이 될 수도 있고 또 어떤 것들은 큰 영향을 미치지 않을 수도 있다. 물론 진화적으로 유리한 효과를 주는 것들도 있다.

한 개체에 의해 만들어지는 모든 단백질을 통틀어서 단백질체라고 하며 이들 전체 또는 일부분을 연구하는 학문을 단백질체학이라고 한다. 현재의 단백질체 연구에서는 우선 그 단백질을 분리해야 할 필요가 있는데 경우에 따라서는 대규모의 분리가 필요하다. 많은 단백질을 한꺼번에 분리하기 위한 최선의 방법은 2차원 전기영동이다. 일단 분리된 뒤 단백질의 정체를 파악해야 하는데 이를 위해서는 단백질들을 하나하나씩 단백질 분해효소로 절단하고 이렇게 만들어진 펩티드들을 질량분석기로 조사하는 방법이 현재로서는 최선의 방법이다. 언젠가는 항체가 장착된 마이크로 칩을 이용하여 복잡한 혼합물로부터 단백질들을 분리할 필요 없이 분석할 수 있는 시대가 올지 모른다.

대부분의 단백질들은 기능을 수행하기 위해 다른 단백질들과의 공동으로 작용한다. 이러한 단백질 상호 작용을 찾아낼 수 있는 몇 가지 기술들이 개발되었다. 전통적으로 효모 이중잡종법이 이용되었지만 이제 다른 새로운 방법들도 개발되었다. 여기에는 단백질 미세배열, 면역 친화성 크로마토그래피에 이은 질량분석, 파지-전시와 컴퓨터를 이용한 방법의 복합적 적용 등이 포함된다. 이런 분석의 가장 유용한 결실이 새로운 단백질의 기능을 발견하는 것이다.

생물정보학은 생물학적 데이터베이스를 만들고 활용하는 학문이다. 생물정보학은 엄청난 양의 생물학적 데이터들로부터 유전자의 구조와 발현에 관한 유용한 지식들을 찾아내는 데 필수적인 도구이다.

컴퓨터를 이용한 이론생물학적 기법을 이용하여 Lander와 Kellis는 사람을 포함한 네 종의 프로모터 지역과 3′-UTR에서 고도로 보존된 서열 모티프들을 발견하였다. 프로모터 지역의 모티프들은 전사 조절인자가 결합하는 위치들일 가능성이 높으며 3′-UTR에 존재하는 모티프들 대부분은 miRNA들이 결합하는 서열들이다.

NCBI 웹사이트는 유전체와 단백질체 정보를 포함한 엄청난 양의 생물학적 정보를 보관하고 있다. 염기서열을 가지고 이 서열이 포함된 유전자를 발견할 수 있고, 이 서열을 비슷한 유전자들과 비교해 볼 수 있다. 또 연구하고자 하는 주제어를 가지고 이 주제어에 해당하는 데이터베이스에서 검색할 수 있다. 또는 관심이 있는 단백질을 찾아 그 구조를 회전시켜 봄으로써 컴퓨터 화면에서 이 단백질의 3차원 구조를 직접 볼 수 있다.

복습 문제

1. DNA 마이크로 칩(올리고뉴클레오티드 배열)을 만드는 과정을 설명하라.

2. 특정 암세포에서 전사 정도를 측정하기 위한 SAGE 실험을 설명하라. 이중태그를 어떻게 이용할 수 있는지 당신이 고안한 염기서열을 가지고 보여라.

3. CAGE 실험에서 캡-옥무가 완전한 길이의 cDNA만을 포획하는 데 어떤 기여를 하는지 설명하라.

4. CAGE 실험과정에서 *MmeI*, *XmaJI*, 그리고 *XbaI* 제한효소 자리들의 역할에 대해 설명하라.

5. 유전체 기능 프로파일링을 효모에서 어떻게 유전자 녹아웃 방법으로 수행할 수 있는지 설명하라.

6. 유전체 기능 프로파일링을 고등 진핵생물에서 어떻게 RNAi 방법으로 수행할 수 있는지 설명하라.

7. 유전자 발현에 미치는 miRNA의 효과를 보기위한 조직특이적 기능 프로파일링 방법에 대해 설명하라.

8. ChIP 분석의 원리를 설명하라. 특정 활성인자와 결합하는 DNA 부위(인핸서)를 발견하는 데 어떻게 사용될 수 있는지 설명하라.

9. ChIP-seq의 원리를 설명하라. ChIP-seq에 의해 해결된 ChIP-chip의 문제점들은 무엇인가?

10. *cis*-조절 모듈(CRMs)이란 무엇인가? 단일 인핸서보다 이들을 발견하는 것이 더 쉬운가?

11. 미지의 단백질과 결합하는 인핸서들을 찾기위한 유전체적 전략의 대강을 설명하라. 이런 방법들의 단점들을 적어도 하나는 설명하라.

12. 렌 연구팀은 사람 세포에서 프로모터를 찾기 위해 항-TAF-1 항체를 이용한 ChIP-chip 방법을 사용하였다. 그들이 발견한 프로모터에 TATA 박스는 잘 나타나지 않았다. TAF-1이 TATA 박스에 결합하는 전사조절인자 TFIID의 한 구성요소임을 감안하면 많은 프로모터들에서 TATA 박스가 존재하지 않는 현상이 어쩌서 놀라운 일이 아닌가? 이 질문에 답하기 위해서는 11장의 내용을 이용할 필요가 있을 것이다.

13. in situ 발현분석의 원리를 설명하라. 양성 결과를 보여 주는 이론적인 보기를 하나 들라.

14. SNP이란 무엇인가? 왜 이들 대부분은 별로 중요하지 않은가? 이들이 유용하게 사용될 수 있는 경우를 설명하라. 또 SNP이 악용될 수 있는 경우에 대해서도 설명하라.

15. 전사체학과 단백질체학에서 사용되는 기법들과 이를 통해 얻어내는 정보들을 비교하고 차이점을 말하라.

16. 사람 유전자 조절 모티프를 발굴하기 위한 생물정보학적 접근법에 대해 설명하라.

17. MS/MS 분석을 통해 이렇게 단백질의 서열을 읽을 수 있는지 설명하라. 가상의 단백질을 예로 들어 결과를 제시하라.

18. 동위원소표지 친화도꼬리법(ICAT)을 통해 두 가지 서로 다른 조건에서 배양한 세포에서 단백질의 농도 변화를 측정하는 방법을 설명하라.

19. 그림 25.21에서 세포를 조건 1(혈청 없음)에서 조건 2(혈청 존재)로 전환시켰을 때 펩티드4~7의 농도에 어떤 변화가 생겼는지를 추정하라.

20. 두 가지 다른 조건에서 배양한 세포에서 단백질 농도의 변화를 정량하기 위한 배양액 아미노산을 이용한 안정된 동위원소표지법(SILAC)의 활용방법을 설명하라. 하나의 예를 들어, 그 결과를 제시하라.

21. 세포 내의 특정 단백질 하나의 절대 농도를 어떻게 측정할 수 있는가?

22. mRNA 농도를 통해 단백질의 농도를 추정하는 방법의 정확성에 대해 그림 25.22의 자료가 가지는 의미는 무엇인가?

23. 만약 두 개체의 상동단백질 양 사이에 연관도가 그림 25.22에 제시된 것보다 더 낮다면 그림의 회색 자료 점들에는 어떤 일이 일어날까? 반대로 더 높다면 어떤 현상이 일어날까?

24. 어떻게 친화도 꼬리와 질량분석이 한 개체의 반응체(interactome) 조사에 이용될 수 있는지 설명하라.

25. 한 개체의 상호 작용체를 조사하는 데 단백질 미세배열이 어떻게 활용될 수 있는지 설명하라.

26. 한 개체의 상호 작용체를 연구하기 위해 파지 전시법을 활용키로 했다면 이를 수행하기 위한 실험에 대해 설명하라.

분석 문제

1. 여러 점들 중 2개에는 이중뉴클레오티드 AC와 AT를 포함하는 올리고뉴클레오티드 배열을 만들고자 한다. 이를 수행하기 위한 각 단계들을 순서대로 제시하라. 다른 점들은 무시해도 상관없다.

2. 바이러스 감염 후 2개의 다른 시기에서 DNA 미세배열을 이용하여 바이러스 유전자의 전사를 측정하고자 한다. 가상의 실험을 가정하여 설명하고 마찬가지로 가상의 결과를 제시하라.

3. 다음 염기서열(ttaagtgaaa taaagagtga atgaaaaaat aatatcctta)의 처음 20nt에 대해 BLAST 검사를 수행하라. 어떤 유전자를 발견하였는가? 당신이 얻은 최고의 E 값은 얼마인가? 이제 40nt 전부로 시도해 보라. 여전히 동일한 유전자가 잡혀 나오는가? 이번에 얻은 최고 E

값은 얼마인가? 왜 이번 분석의 E 값이 처음 것과 다른가? 해당 유전자는 어떤 염색체에 존재하는가? 이 유전자와 남성에서의 전립선암과 어떤 관계가 있나? 만약 그렇다면 그 관계는 어떤 것인가?

4. 당신은 제1형 당뇨병의 병리를 연구하는 분자생물학적 연구기법에 익숙한 MD/PhD 발생생물학자이다. 췌장 β–세포 일부를 떼어낼 수 있는 임상연구를 계획 중인데, 연구 대상에는 가족력이 있는 환자도 있고 가족력이나 당뇨 발병 위험성이 낮은 대조군도 포함되어 있나. 이 두 그룹의 대상에서 분리한 세포에서 유전자 발현의 차이를 분석하고자 한다. 이제부터 당신이 사용할 실험 방법들과 이 연구에서 어떤 결과를 얻기를 기대하는지를 설명하라.

추천 문헌

General References and Reviews

Abbott, A. 1999. A post–genomic challenge: Learning to read patterns of protein synthesis. *Nature* 402:715–20.

Cheung, V.G., M. Morley, F. Aguilar, A. Massimi, R. Kucherlapati, and G. Childs. 1999. Making and reading microarrays. *Nature Genetics Supplement* 21:15–19.

Cox, J. and M. Mann. 2007. Is proteomics the new genomics? *Cell* 130:395–98.

Hieter, P. and Boguski, M. 1997. Functional genomics: It's all how you read it. *Science* 278:601–02.

Kruglyak, L. and D.L. Stern. 2007. An embarrassment of switches. *Science* 317:758–59.

Kumar, A. and M. Snyder. 2002. Protein complexes take the bait. *Nature* 415:123–24.

Lipshutz, R.J., S.P.A. Fodor, T.R. Gingeras, and D.J. Lockhart. 1999. High density synthetic oligonucleotide arrays. *Nature Genetics Supplement* 21:20–24.

Marx, J. 2006. A clearer view of macular degeneration. *Science* 311: 1704–05.

Service, R.F. 1998. Microchip arrays put DNA on the spot. *Science* 282: 396–99.

Young, R.A. 2000. Biomedical discovery with DNA arrays. *Cell* 102:9–15.

Research Articles

Arbeitman, M.N., E.E.M. Furlong, F. Imam, E. Johnson, B.H. Null, B.S. Baker, M.A. Krasnow, M.P. Scott, R.W. Davis, and K.P. White. 2002. Gene expression during the life cycle of Drosophila melanogaster. *Science* 297:2270–75.

Blanchette, M., A.R. Bataille, X. Chen, C. Poitras, J. LaganiPre, G. Debois, V. GiguPre, V. Ferretti, D. Bergeron, B. Coulombe, and F. Robert. 2006. Genome–wide computational prediction of transcriptional regulatory modules reveals new insights into human gene expression. *Genome Research* 16:656–68.

Cheng, J., T.R. Gingeras, et al. 2005. Transcriptional maps of 10 human chromosomes at 5–nucleotide resolution. *Science* 308:1149–54.

Gavin, A.–C., M. Bosche, R. Krause, P. Grandi, M. Marzioch, A. Bauer, et al. 2002. Functional organization of the yeast proteome by systematic analysis of protein complexes. *Nature* 415:141–47.

Glaever, G., A.M. Chu, L. Ni, C. Connelly, L. Riles, S. Veronneau, et al. 2002. Functional profi ling of the Saccharomyces cerevisiae genome. *Nature* 418:387–91.

Gygi, S.P., B. Rist, S.A. Gerber, F. Turecek, M.H. Gelb, and R. Aebersoldgene. 1999. Quantitative analysis of complex protein mixtures using isotope–coded affi nity tags. *Nature Biotechnology* 17:994–99.

Ho, Y., A. Gruhler, A. Heilbut, G.D. Bader, L. Moore, S.L. Adams, D. Figeys, and many other authors. 2002. Systematic identifi cation of protein complexes in Saccharomyces cerevisiae by mass spectrometry. *Nature* 415:180–83.

Iyer, V.R., M.B. Eisen, D.T. Ross, G. Schuler, T. Moore, J. Lee, et al. 1999. The transcriptional program in the response to human fi broblasts to serum. *Science* 283:83–87.

Lim, L.P., N.C. Lau, P. Garrett–Engele, A. Grimson, J.M. Schelter, J. Castle, D.P. Bartel, P.S. Linsley, and J.M. Johnson. 2005. Microarray analysis shows that some microRNAs downregulate large numbers of target mRNAs. *Nature* 433:769–73.

Pennacchio, L.A., et al. 2006. In vivo enhancer analysis of human conserved non–coding sequences. *Nature* 444:499–502.

Ren, B., F. Robert, J.J. Wyrick, O. Aparicio, E.G. Jennings, I. Simon, et al. 2000. Genome–wide location and function of DNA binding proteins. *Science* 290:2306–09.

Sönnichsen, B., et al. 2005. Full–genome RNAi profi ling of early embryogenesis in Caenorhabditis elegans. *Nature* 434:462–69.

Stelzl, U., et al. 2005. A human protein–protein interaction network: A resource for annotating the proteome. *Cell* 122:957–68.

Tong, A.H., B. Drees, G. Nardelli, G.D. Bader, B. Brannetti, L. Castagnoli, et al. 2002. A combined experimental and computational strategy to defi ne protein interaction networks for peptide recognition modules. *Science* 295:321–4.

Velculescu, V.E., L. Zhang, B. Vogelstein, and K.W. Kinsler. 1995. Serial analysis of gene expression. *Science* 270:484–87.

Wang, D.G., J.B. Fan, C.J. Sino, A. Berno, P. Young, R. Sapolsky, et al. 1998. Large–scale identifi cation, mapping, and genotyping of single–nucleotide polymorphisms in the human genome. *Science* 280:1077–82.

Xie, X., J. Lu, E.J. Kulbokas, T.R. Golub, V. Mootha, K. Lindblad–Toh, E.S. Lander, and M. Kellis. 2005. Systematic discovery of regulatory motifs in human promoters and 39 UTRs by comparison of several mammals. *Nature* 434:338–45.

Zhu, H., M. Bilgin, R. Bangham, D. Hall, A. Casamayor, P. Bertone, et al. 2001. Global analysis of protein activities using proteome chips. *Science* 293:2101–05.

용어 풀이

A

AAUAAA 이 서열의 20nt 뒤에서 절단과 아데닐산중합반응이 일어나도록 지시하는 아데닐산중합반응 신호의 주요 서열.

A site (ribosomal) [(리보솜의) A 부위] 새로운 아미노아실-tRNA(맨 처음 것 제외)가 결합하는 리보솜 자리.

A site (RNA polymerase) [(RNA 중합효소의) A 부위] 포스포디에스테르를 형성하는 동안 들어오는 뉴클레오티드가 차지하고 있는 공간.

abortive transcript (실패 전사체) RNA 중합효소 복합체가 프로모터 부위를 벗어나기 전에 합성되는 약 6nt 길이의 RNA 전사체.

Ac 활성인자를 뜻하는 옥수수의 트랜스포존. 전이효소를 제공하여 Ds 같은 불활성 상태의 트랜스포존의 전이를 활성화시킬 수 있다.

acceptor stem (인수체 줄기) tRNA 분자 5′-, 3′-말단 사이의 염기쌍에 의해 형성되는 부분.

accomodation (수용) 아미노아실-tRNA가 A 부위에 완벽히 결합할 수 있도록 A/T 상태의 아미노아실-tRNA가 펴지는 현상.

acidic domain (산성 영역) 산성 아미노산이 풍부한 전사활성 영역.

aconitase (아코니테이즈) 이 효소는 철분이 없는 아포단백질 형태로 mRNA의 철 반응요소에 붙으며, 이 mRNA의 번역 과정과 분해를 조절한다.

activation region I(ARI) (활성화부위 I, ARI) 대장균 RNA 중합효소의 α 소단위에 있는 카르복시 말단부위에 결합할 것으로 여겨지는 CAP의 활성화부위 I.

activation region II(ARII) (활성화부위 II, ARII) 대장균 RNA 중합효소의 α 소단위에 있는 아미노 말단부위에 결합할 것으로 여겨지는 CAP의 활성화부위 II.

activation site (활성부위) 아미노산을 활성화시키는 아미노아실-tRNA 합성효소의 부위. 아미노아실 아데닐산을 형성한다.

activator (활성인자) 인핸서에 결합하는 단백질로 인접한 프로모터로부터의 전사를 활성화시킨다. 진핵세포에서는 전사개시 전 복합체의 형성을 촉진한다.

activator-binding site (활성인자-결합부위) 원핵세포의 전사 활성인자가 결합하는 DNA 부위(예: 이화억제 오페론에서 CAP-cAMP 결합자리).

activator interference (활성인자 간섭) squelching 참조.

ADAR adenosine deaminase acting on RNA(RNA에 작용하는 아데노신 탈아민화효소) 참조.

adenine (아데닌, A) DNA에서 티민과 쌍을 이루는 퓨린 염기.

adenine DNA glycosylase (아데닌 DNA 글리코실가수분해효소) 박테리아에서는 MutY로, 인간에서는 hMYH로 불린다. oxoG와 잘못 짝지어진 A를 제거할 수 있다.

adenosine deaminase acting on RNA(ADAR) (RNA에 작용하는 아데노신 탈아민화효소) 이 RNA 수정 효소는 RNA의 아데노신을 이노신으로 바꾸어 주는 탈아미노 역할을 한다.

A-DNA 낮은 상대습도에서 형성되는 DNA의 형태. 1회전에 11bp 존재. RNA-DNA 잡종 형태로 용액상에 나타나는 형태.

affinity chromatography (친화성 크로마토그래피) 레진에 결합시킨 미끼 분자에 대한 친화력을 기초하여 분자를 분리하는 크로마토그래피 방법. 미끼 분자는 항체, 효소기질 또는 분리될 분자에 대한 알려진 특이적 친화성을 가진 다른 분자들이 될 수 있다.

affinity labeling (친화표지법) 특정물질에 대한 친화력을 지닌 단백질을 표지하는 방법으로 해당물질을 반응성 화합물로 표지한 후, 물질이 단백질과 결합하는 과정에서 단백질과의 공유결합을 유도한다(예: 반응성 물질로 표지된 기질을 사용하여 기질과 효소의 활성부위와의 공유결합을 유도할 수 있다).

A1492 and A1493 (A1492와 A1493) 16S rRNA에서 일반적으로 보존되어 있는 2개의 염기로 코돈과 안티코돈 사이의 작은 홈에 끼어 들어가 상호작용을 안정화시켜 코돈-안티코돈의 인식에 중요한 역할을 한다.

Ago1 Argonaute1 참조.

Ago2 Argonaute2 참조.

Ago3 트랜스포존 mRNAs에 연결된 뒤, piRNA와 결합하여 트랜스포존 mRNA를 자르는데 관련된 Argonaute 단백질.

alarmone (알라몬) 생체에서 스트레스에 의해 생성되는 물질. 스트레스 효과를 억제시키는 역할을 한다.

alkylation (알킬화) 다른 분자에 탄소를 포함한 잔기를 결합시킨다. DNA 염기의 알킬화는 돌연변이를 유발하는 DNA 상해의 일종이다.

allele-specific RNAi (대립인자-특이적 RNAi) 내재적인 유전자를 억제할 수 있는 RNAi에 의하여 파괴되지 않는 변화된 유전자의 도입. 이것을 통하여 변화된 유전자를 조작하여 원래 내재적인 유전자가 발현되지 않는 상태에서 변화된 유전자의 효과를 조사할 수 있다.

allolactose (알로락토오스) β-1, 6-갈락토시드결합을 한 유당의 다른 형태; lac 오페론의 유도인자.

allosteric protein (다른 자리 입체성 단백질) 한 분자의 결합으로 두 번째 분자의 결합자리에 변형이 일어나는 단백질.

alternative splicing (대체 스플라이싱) 동일한 mRNA 전구체를 두세 가지 방법으로 스플라이싱하여 2개 이상의 다른 단백질 산물을 만들어내는 두 가지 이상의 다른 mRNA를 얻는 스플라이싱.

Alu element (Alu 인자) 제한효소 *AluI*에 의해 인식되는 AGCT 염기서열을 포함하는 인간의 비자율적 레트로트랜스포존. 인간 유전체에 약 100만 개의 복사체가 존재한다.

amber codon (앰버코돈) 단백질 합성 종결을 위한 암호, UAG.

amber mutation (앰버 돌연변이) nonsense mutation 참조.

amber suppressor (앰버 억제자) 앰버코돈(UAG)을 인식할 수 있는 안티코돈을 가지고 있는 tRNA로 앰버 돌연변이를 억제한다.

amino acid (아미노산) 단백질을 이루는 기본 단위.

aminoacyl-AMP (아미노아실-AMP) 고에너지 무수결합(anhydride bond)을 통해서 AMP의 인산기에 연결된 활성화된 아미노산.

aminoacyl-tRNA (아미노아실-tRNA) 에스테르화반응을 통해서 3′-히드록실기에 연결된 동족 아미노산을 갖고 있는 tRNA.

aminoacyl-tRNA synthetase (아미노아실-tRNA 합성효소) tRNA에 아미노산을 붙이는 효소.

a. I급(class I) tRNA의 2′-OH에 아미노산을 붙이는 아미노아실-tRNA 합성효소.

b. II급(class II) tRNA의 3′-OH에 아미노산을 붙이는 아미노아실-tRNA 합성효소.

amino tautomer (아미노토토머) 핵산에서 발견되는 아데닌이나 시토신의 정상적인 토토머.

amino terminus (아미노말단) 유리아미노기를 갖는 폴리펩티드의 말단. 이 말단에서 단백질 합성이 시작된다.

amplification (증폭) 유전자가 반수체 유전체에 있는 정상적인 수보다 더 많이 선택적으로 복제되는 현상.

anabolic metabolism (동화대사) 상대적으로 간단한 전구물질로부터 큰 물질을 만들어가는 과정. *trp* 오페론은 트립토판을 만드는 데 필요한 동화효소를 암호화한다.

annealing of DNA (DNA 재결합) 변성된 DNA 두 가닥이 하나의 이중나선이 되는 과정.

annotated gene (주석 유전자) 유전체 염기서열 결정에 의하여 적어도 일부가 확인된 유전자 또는 유전자-유사 염기서열.

antibody (항체) 대개 다른 단백질인 물질을 고도의 특이성으로 인식하여 결합하는 능력을 가진 단백질. 인체 면역계가 침입 물질을 인식하여 공격을 유도하는 것을 돕는다.

anticodon (안티코돈) 특정 코돈과 염기쌍을 이루는 tRNA의 3-염기서열.

anticodon loop (안티코돈 고리) 관습적으로 tRNA 분자의 바닥에 그려지며 안티코돈을 포함하고 있는 고리.

antigen (항원) 항체가 인식하고 결합하는 물질.

antiparallel (역평행) DNA 이중나선을 구성하는 두 가닥의 상대적 극성. 한 가닥이 위에서 아래 방향의 배치가 5′→3′이라면, 다른 가닥은 3′→5′으로 배치된다. 동일한 역평행성 관계가 이중가닥의 폴리뉴크레오티드나 올리고뉴크레오티드에서 성립한다. 이는 코돈-역코돈 쌍을 이루는 RNA에서도 나타난다.

antirepression (항억제) 히스톤 또는 다른 전사 억제인자에 의해 억제되는 것을 방지한다. 항억제는 보통 활성인자의 기능 중 일부이다.

antisense RNA (안티센스 RNA) mRNA에 상보적인 RNA.

antiserum (항혈청) 특정물질에 결합할 수 있는 한 가지 또는 여러 종류의 항체를 포함하고 있는 혈청.

anti-σ-factor (항-σ-인자) σ-인자에 결합하여 이의 활성을 억제시키는 단백질.

anti-anti-σ-factor (항-σ-인자의 항인자) σ-인자와 항-σ-인자 복합체에 결합하여 σ-인자를 방출시키는 단백질.

anti-anti-anti-σ-factor (항-σ-인자의 항인자의 항인자) 항-σ-인자의 항인자를 인산화 시켜 불활성화시키는 단백질.

antiterminator (항종결자) λ N 또는 Q 단백질과 같은 단백질로서 종결자를 지나쳐서 전사를 지속할 수 있게 한다.

AP-1 각각 한 분자의 Fos와 Jun으로 구성된 전사 활성인자(Jun 2량체도 AP1의 활성을 가짐). 포볼 에스테르에 반응하여 세포분열을 유도한다.

AP endonuclease (AP 핵산내부가수분해효소) AP 부위의 5′-쪽을 절단하는 효소.

APE1 (AP 핵산내부가수분해효소 1, AP endonuclease 1) 포유동물의 염기절제 회복 과정에서 중합효소 β에 의해 만들어진 잘못된 염기를 3′→5′ 핵산말단가수분해효소 활성을 이용하여 교정하는 효소.

AP site (AP 부위) DNA 가닥의 탈퓨린 또는 탈피리미딘 부위.

aporepressor (주억제인자) 보조억제인자 없이 불활성 형태인 억제인자.

aptamer (앱타머) 핵산 또는 핵산의 부분으로 일반적으로 다른 분자에 특이적으로 결합하여 RNA 효소 촉매와 다른 활성을 포함하는 기능을 가진 RNA.

apurinic site (탈퓨린 부위, AP site) DNA 가닥에서 퓨린 염기를 잃어버린 디옥시리보오스.

apyrimidinic site (탈피리미딘 부위, AP site) DNA 가닥에서 피리미딘 염기를 잃어버린 디옥시리보오스.

AraC *ara* 오페론의 음성적 조절자.

archaea (원시세균 또는 고세균) 원핵생물의 일종이지만 생화학, 분자생물학적 특성은 박테리아뿐만 아니라 진핵생물과도 유사하다. 원시세균은 특히 매우 뜨겁거나 염도가 높은 극심한 환경에서 서식한다. 일부 원시세균은 혐기성으로 메탄을 발생한다.

architectural transcription factor (구조 전사인자) 스스로 전사활성을 갖지는 않지만 DNA를 구부려줌으로써 다른 활성인자에 의한 전사를 촉진하도록 돕는 단백질.

ARE AU-rich element 참조.

Argonaute1 (Ago1) RITS 복합체에서 siRNA와 결합하는 Argonaute 단백질.

Argonaute2 (Ago2) 포유류 Argonaute 단백질로 RISC(슬라이서) 활성을 가진다.

Armitage RLC 구성요소로 추정, RLC를 RISC로 바꿔주는 데 필요하다고 알려졌다.

arrest (of transcription) [(전사의) 정지] 효소로부터 돌출되어 나온 전사체의 끝부분에 RNA 중합효소가 영구적으로 정지되어 있는 상태. 돌출되어 있는 RNA의 끝부분을 제거하지 않는 한 전사가 다시 시작되지 않는다.

Artemis (아르테미스) V(D)J 재조합 과정에서 Rag-1 및 Rag-2에 의해 생성된 DNA의 머리핀 구조를 펼쳐주는 효소.

assembly factor (조립인자) 개시 전 복합체의 형성에 있어 먼저 DNA에 결합하고, 다른 전사 인자의 복합체 조립에 도움을 주는 전사인자.

assembly map (조립 지도) 리보솜 입자가 시험관 내에서 스스로 조립되는 동안 리보솜 단백질이 첨가되는 순서를 보여 주는 개요도.

asymmetrical transcription (비대칭적 전사) 이중가닥 폴리뉴클레오티

드 부위 중 한 가닥에서만 일어나는 전사.

A/T state (A/T 상태) 아미노아실-tRNA가 박테리아 리보솜에 처음 결합한 상태. 아미노아실-tRNA의 안티코돈이 A 부위에서 코돈과 쌍을 이루고 있다. 그러나 이 tRNA는 구부러져 있기 때문에 아미노산과 인수체 줄기가 EF-Tu에 그리고 또 A 부위의 오른쪽에 있는 (50S 입자를 통상적으로 그렸을 때) 리보솜 일부에 결합된 상태로 남아 있다.

ATPase (ATP 가수분해효소) ATP를 분해하여 다른 세포의 활성에 필요한 에너지를 만들어내는 효소.

attachment site (부착부위) *att* site 참조.

attB 대장균의 유전체에서 *att* 부위.

attenuation (전사약화) 미성숙 전사종결을 조절하는 전사기작.

attenuator (전사약화부위) 하나 또는 다수의 구조유전자의 상단에 위치하며 이곳에서 미성숙 전사종결(전사약화)이 일어날 수 있는 부위.

attP λ 파지에서 att 부위.

***att* site (*att* 부위)** 재조합이 일어나서 파지 DNA를 숙주 유전체에 파지 전구체로 삽입시킨 파지와 숙주 DNA 부위.

AU-rich element (AU-풍부 요소, ARE) mRNA를 불안정하게 만드는 miRNA의 목표로서 mRNA의 3′-UTR.

Aubergine (오버진) piRNA와 결합하는 Piwi 단백질.

autonomously replicating sequence 1 (자동복제서열 1, ARS1) 효모의 복제기점.

autoradiography (자기방사법) 방사성 시료를 사진감광유제에 노출시켜 자신의 사진을 가지게 하는 기술.

autoregulation (자가조절) 유전자 자신의 산물에 의해 조절되는 유전자 조절.

B

BAC bacterial artificial chromosome 참조.

BAC walking (BAC 워킹) 최초의 종자 BAC와 중첩부위가 최소인 BAC의 염기서열을 결정하고 또 이 BAC와 최소로 겹치는 BAC의 염기서열을 순차적으로 결정하는 방법으로 하나의 콘티그를 나눠 가진 모든 BAC의 염기서열을 결정하는 작업.

back mutation (복귀 돌연변이) reversion 참조.

bacterial artificial chromosome (박테리아 인공염색체, BAC) 대장균 F 플라스미드를 기초로 만든 벡터이며 삽입체를 300,000bp(평균 삽입 크기는 150,000bp)까지 운반할 수 있다.

bacteriophage (박테리오 파지) phage 참조.

baculovirus (바큘로바이러스) 큰 원형의 DNA 유전체를 가진 막대 모양의 바이러스. 애벌레에 감염하는 이 바이러스는 진핵세포의 유전자를 발현하는 데 사용된다.

barcode (바코드) 지구상에 존재하는 모든 생명체의 유전체로부터 발굴한 짧은 DNA 서열. 원리상으로는 이 바코드만 읽으면 어떤 종이든 신속하게 동정이 가능하다.

barrier (경계) 사이런서에 대해 인슐레이터가 발휘하는 저해작용으로 응축된 염색질이 염색체의 활성화된 지역으로 침입하는 것을 막아 유전자의 발현을 유지하는 현상을 말한다.

basal level transcription (기저 수준 전사) 보편전사인자와 RNA 중합효소 II만 있을 때 일어나는 아주 낮은 수준의 부류 II의 유전자 전사.

base (염기) 고리형 구조이며 질소를 포함하는 화합물. DNA에서 디옥시리보오스에, RNA에서는 리보오스에 결합한다.

base excision repair (염기 절제회복) 손상된 염기를 DNA 글리코실가수분해효소로 제거하고 남은 AP 부위의 5′-쪽을 AP 핵산내부가수분해효소가 절단한 다음 AP 당-인산이 제거되고, 아래쪽의 염기를 제거하며 DNA 중합효소와 라이게이즈에 의해 공간이 메워지는 절제회복.

base pair (염기쌍, bp) 이중나선 DNA에서 한 가닥에 하나씩 서로 반대편에 존재하는 한 쌍의 염기(A-T 또는 G-C).

B-DNA 습도가 높거나 용액에서 나타나는 DNA 형태로 Watson-Crick 모델의 표준형.

BER base excision repair 참조.

bHLH domain (bHLH 영역) 염기성 부위를 갖고 있는 HLH 부위. 2개의 bHLH 단백질이 HLH 부위를 통해 2량체를 이루면 염기성 부위는 DNA의 특정 영역과 결합하는 부위에 일치하게 된다. bHLH 단백질은 집게처럼 DNA의 큰 홈을 갖는다.

bHLH-ZIP domain (bHLH-ZIP 영역) 2량체화 영역과 DNA 결합영역. 염기성 부위는 HLH과 류신지퍼(ZIP) 모두와 연결되어 있다.

bidirectional DNA replication (양방향성 DNA 복제) 출발 지점 또는 복제기점에서 양쪽 방향으로 진행되는 복제. 2개의 활동적인 복제분기점이 필요하다.

bioinformatics (생물정보학) 생물학적 데이터베이스를 구축하고 활용하는 연구 분야. 유전체학이라고 말할 때는 대량의 염기서열 정보를 관리하고 접근할 수 있는 방법을 제공하며 그 정보를 해석하는 활동을 말한다.

biolistic transformation (or transfection) [바이올리스틱 형질전환(또는 형질도입)] 작은 금속 입자에 DNA를 입혀 세포에 쏘아 DNA를 세포 속으로 주입하는 방법.

bit score (비트점수, S) BLAST 검색 과정에서 질문 서열과 데이터베이스의 서열 사이의 일치하는 정도를 수치화한 점수.

BLAST DNA나 단백질의 데이터베이스를 검색하고 질문 서열과 데이터베이스의 서열을 대응하여 보여 주는 컴퓨터 프로그램.

branch migration (가지점 이동) 재조합 중인 홀리데이 접합의 가지가 측면으로 움직이는 현상.

branchpoint-bridging protein (가지분기점 연결단백질, BBP) 인트론의 5′-말단에서 U1 snRNP과 3′-말단에서 Mud2p과 결합하는 스플라이싱에 필수적인 단백질.

bridge helix (다리 나선) 박테리아 RNA 중합효소의 활성 중심 근처에 있는 α-나선으로 전사 과정 중 휘어지면서 전좌를 촉진시킨다.

BRG1 ATP 가수분해 효소 기능을 가져 염색질 리모델링 활성을 가지는 촉매 소단위체.

BRG1-associated factor (BRG1-관련 인자, BAF) 9~12 폴리펩티드로 BRG1과 함께 SWI/SNF를 구성한다.

bromodomain (브로모 영역) 히스톤과 같은 다른 단백질의 아세틸화된 라이신 잔기 특이적으로 결합하는 단백질 영역.

bZIP domain (bZIP 영역) 염기성 모티프와 연계된 류신지퍼 모티프. 2개의 bZIP 단백질이 류신지퍼를 통해 2량체를 이루면, 염기성 모티프는 DNA의 특수한 영역과 결합할 수 있게 된다. bZIP 단백질은 집게처럼 DNA의 큰 홈에 결합한다.

C

C-value (C 값) 어떤 종의 반수체 유전체가 있는 DNA의 양이다. 피코그램(1조분의 1 g)으로 표시한다.

C-value paradox (C 값 모순) 어떤 종의 C 값이 그 종의 유전적 복합성과 항상 연관되지는 않는 사실을 일컫는다.

cAMP response element (cAMP 반응요소, CRE) cAMP에 반응하는 인핸서.

cAMP response element-binding protein (cAMP 반응요소-결합단백질, CREB) CRE-binding protein 참조.

cap (캡) mRNA, hnRNA 또는 snRNA의 5′-말단에 5′-5′ 삼인산결합을 통하여 결합된 메틸화된 구아노신.

cap 0 (캡 0) 2′-O-메틸화가 일어나지 않은 캡. 몇몇 바이러스에서만 발견된다.

cap 1 (캡 1) 끝에서 둘째 뉴클레오티드의 2′-OH기에 하나의 메틸기를 가지고 있는 전형적인 캡.

cap 2 (캡 2) 처음 두 뉴클레오티드의 2′- OH기에 메틸기를 가지고 있는 소수의 mRNA에서 발견되는 캡.

CAP (catabolite activator protein, 이화물질 활성화 단백질) CAP는 CRP로도 알려진 단백질로 cAMP와 함께 이화물질억제 오페론을 활성화하는 단백질.

cap analysis of gene expression (CAGE, 유전자 발현 캡 분석) SAGE와 비슷한 유전자 발현 관측 기술. 하지만 mRNA의 59-말단의 관측을 중요시한 기술.

cap-binding complex (CBC, 캡 결합 복합체) 전사 과정 중 mRNA의 캡에 결합하는 단백질 복합체로 mRNA와 세포질로 이동하여 번역 과정에서 eIF4F로 바뀌게 된다.

cap-binding protein (캡 결합단백질, CBP) eIF4F 참조.

cap trapper (캡 트랩퍼) mRNA의 캡을 포함하는 cDNA-mRNA 복합체를 확인하는 기술. 이 캡은 diol-활성 바이오틴 구성체에 선택적인 부착물을 붙여서, 아비틴 친화성 크로마토그래피를 통해 분리해 낼 수 있다.

carboxyl-terminal domain (CTD, of Rpb1) (Rpb1의 카르복시-말단 영역, CTD) RNA 중합효소 II의 가장 큰 소단위체의 카르복시-말단 부위. 세린과 트레오닌이 많은 7개 아미노산이 12회 정도 반복된다.

carboxyl terminus (카르복시말단) 유리 카르복시기를 지닌 폴리펩티드의 말단.

CARM1 coactivator-associated arginine methyltransferase 참조.

catabolic metabolism (이화물질대사) 물질을 좀 더 단순한 구성성분으로 분해하는 과정. *lac* 오페론은 유당을 갈락토오스와 포도당으로 분해하는 이화효소를 암호화한다.

catabolite activator protein CAP 참조.

catabolite repression (이화물질억제) 물질을 좀 더 단순한 구성물로 분해하는 과정. *lac* 오페론은 유당을 갈락토오스와 포도당으로 분해하는 이화효소를 암호화한다.

catalytic center (촉매 센터) 효소에서 촉매작용이 일어나는 활성화부위.

catenane (고리체, 카테난) 2개 또는 그 이상의 환이 고리로 연결된 부분.

CBC cap-binding complex 참조.

CBP CREB-binding protein 참조.

CCAAT-binding transcription factor (CTF, CCAAT-결합 전사인자) CAAT 상자에 결합하는 전사활성인자.

CCAAT box (CAAT 상자) CCAAT 서열을 가지고 있는 상단부 부위로 RNA 중합효소 II에 의해 인식되는 많은 진핵생물의 프로모터에서 발견된다.

Cdc13p 단일사슬 말단소립 끝에 붙어 Stn1p를 끌어들이는 효모 단백질로서, Ten1p를 말단소립 끝으로 끌어 모은다. 또한 이 세 가지 단백질 모두 DNA 회복효소와 분해 과정으로부터 말단소립 끝을 보호한다.

cDNA 역전사효소에 의하여 만들어진 RNA의 DNA 복사본.

cDNA library (cDNA 라이브러리) 특정 시간에 특정 세포에서 발현되는 모든 mRNA를 포함하는 클론의 총합체.

centimorgan (센티모르간, cM) 두 표지 사이에 1%의 재조합 빈도를 나타내는 유전적 거리.

centromere (동원체) 세포분열 시 방추사가 붙는 염색체상의 수축되어 있는 부위.

CF I and CF II cleavage factor I and II 참조.

chaperone protein (샤페론 단백질) chaperone 참조.

chaperone (샤페론) 완전한 구조를 취하지 않은 단백질에 결합하여 적절한 3차 구조를 가지도록 도와주는 단백질.

charging (채우기) tRNA를 동종의 아미노산으로 채우기.

Charon phage (샤론 파지) λ 파지에 기반한 클로닝 벡터의 종류.

Chi site (카이 부위) 공통서열이 5′-GCTGGTG-3′인 대장균의 DNA 부위. 상동 재조합 과정 중에 RecBCD가 카이 부위의 3′-말단을 절단한다.

Chi structure (카이 구조) Holliday junction 참조.

ChIP chromatin immunoprecipitation 참조.

ChIP-chip 침전된 DNA를 DNA 미세배열에 결합시켜 동정해 내는 염색질 면역 침전법.

ChIP-seq 침전된 DNA를 반복 서열 분석을 통해 동정해 내는 염색질 면역 침전법.

chloramphenicol (클로람페니콜) SOS 리보솜이 촉매하는 펩티딜 전달효소 작용을 억제하여 박테리아를 죽이는 항생제.

chloramphenicol acetyl transferase (클로람페니콜 아세틸 전달효소, CAT) 진핵생물의 전사와 번역 실험에서 보고유전자로 자주 사용되는 박테리아 유전자가 암호화하는 효소로 아세틸기를 항생제인 클로람페니콜에 첨가한다.

chromatid (염색분체) 세포분열에서 만들어지는 염색체의 카피.

chromatin (염색질) 염색체 구성 물질. DNA와 염색체 단백질로 구성된다.

chromatin immunoprecipitation (염색질 면역침전, ChIP) 관심이 있는 단백질에 대한 항체를 이용하여 그 단백질을 가진 염색질을 면역침전법으로 분리해내는 방법.

chromatin remodeling (염색질 리모델링) ATP를 이용하여 뉴클레오솜을 이동시키거나 다른 단백질에 의해 움직이도록 하여 뉴클레오솜의 구조를 바꾼다.

chromatography (크로마토그래피) 이동과 고정상에 대한 상대 친화력에 따라 분자를 분리하는 일련의 기술. 이온교환 크로마토그래피의 경우 고정 상은 전하를 띤 레진이며, 이동 상은 이온 세기가 점차 강한 완충액이다.

chromodomain (크로모도메인) 이질염색질을 형성하는 데 필요한 단백질에서 발견되는 보존된 부분으로 아마 메틸화된 히스톤과 결합할 것이다.

chromogenic substrate (색소생산성 기질) 효소와 반응하여 착색 생성물을 만들어내는 기질.

chromosome (염색체) 생물의 유전자를 포함하고 있는 주로 DNA와 단백질로 구성된 물리적 구조.

chromosome conformation capture (3C, 염색체 정합 캡처) 2개의 멀리 떨어진 염색체 부위가 생체내에서 고리 구조 형성을 통해 상호결합 하는지를 결정하는 방법.

chromosome puff (염색질 퍼프) 다중 염색체 염색질에서 전사의 활성화로 인해 물리적으로 거대해진 부위.

chromosome theory of inheritance (유전의 염색체설) 유전자가 염색체 안에 있다는 학설.

cI λ 억제자를 만드는 유전자.

CI *cI* 유전자의 산물. λ repressor 참조.

***cis*-acting (시스-작용)** 같은 염색체 상에 위치하며 유전자의 활성에 영향을 미치는 인핸서, 프로모터, 작동자와 같은 유전 요소를 기술하는 용어.

***cis*-dominant (시스-우성형)** 같은 DNA상에 있는 유전자에 한해서만 우성인 것. 예를 들어 부분 이배체 박테리아에서 두 *lac* 오페론 중 한 유전자에 생긴 항구성 작동자 돌연변이는 이것에 대해서만 우성이고 다른 하나의 *lac* 오페론에 대해서는 우성이 아니다. 왜냐하면 작동자는 직접 붙어 있는 오페론을 조절할 수 있으나 직접 붙어 있지 않은 오페론은 조절할 수 없기 때문이다.

cis-splicing (시스-스플라이싱) 엑손이 동일한 RNA 분자 전구체에 있는 일반적인 스플라이싱.

cistron (시스트론) 시스-트랜스 테스트에 의해 정의된 유전적 단위. 유전자의 동의어로 이론보다 실제적인 의미로 사용된다.

clamp (집게) DNA(주형 가닥의 최소부분)를 고정하여 전사과정 동안 쥐고 있는 RNA 중합체II의 구성요소.

clamp loader (집게 장전자) β 집게가 DNA에 결합하는 것을 촉진시키는 DNA pol III 전효소의 γ 복합체 부위.

clamp module (집게 모듈) DNA 주형이 들어오도록 열리고, 들어온 후에는 닫히는 RNA 중합효소의 부분.

class I, II and III promoter (I, II, III급 프로모터) RNA 중합효소I, II, III에 의해 각각 인식되는 프로모터.

clastogen (클라스토젠) DNA 가닥 절단을 일으키는 약품.

cleavage factor I and II (절단인자 I, II, CF I과 CF II) 아데닐산중합반응 자리에서 mRNA의 전구체의 절단 과정에 중요한 RNA-결합단백질.

cleavage and poly(A) specificity factor (절단과 아데닐산 중합반응 특이인자, CPSF) mRNA 전구체에서 아데닐산 중합반응 신호의 AAUAAA를 인식하는 단백질로 절단과 아데닐산 중합반응을 촉진한다.

cleavage stimulation factor (절단 촉진인자, CstF) mRNA 전구체상의 아데닐산 중합반응 신호의 GU-다빈도 부위를 인식하는 단백질로 절단을 촉진한다.

CLIM (LIM의 보조인자, cofactor of LIM) LIM-HD 활성인자의 공동활성인자로 RLIM에 의해 유비퀴틴화되어 프로테오솜에 의해 분해된다.

clone-by-clone sequencing (순차적 서열 결정) 대형 유전체를 서열 결정하기 위한 체계적 방법. 먼저 전체 유전체에 대한 지도를 작성하고 알려진 지역에 해당하는 클론을 만들어서 각각을 서열 결정한다.

clone (클론) 무성생식으로 형성된 개체로 기존 개체와 유전적으로 동일하다. 또한 유전적으로 동일한 세포의 콜로니나 바이러스의 집단을 의미한다.

closed promoter complex (닫힌 프로모터 복합체) 원핵생물에서 RNA 중합효소와 프로모터의 낮은 친화력을 지닌 복합체. DNA가 풀려서 열린 상태가 아니라는 뜻에서'닫힌'이라는 명칭을 사용한다.

coactivator-associated arginine methyltransferase (공동활성인자-결합 아르기닌 메틸기전달효소, CARM1) 진핵생물의 단백질로 프로모터 근처에 있는 단백질의 메틸화를 통해 전사를 유도한다.

coactivator (공동활성인자) 자체적으로는 전사활성 능력이 없으나 다른 단백질이 전사를 촉진하도록 도와주는 단백질.

codon (코돈) 단백질에 특정 아미노산이 삽입되게 하거나 번역을 중지시키는 mRNA의 3-염기서열.

codon bias (코돈 선택) 서로 다른 생명체에서의 동일한 코돈의 사용 차이점.

Cofactor required for Sp1 activation (SP1 활성을 위한 공동인자, CRSP) Sp1과 연합하여 전사를 활성화시키는 공동활성인자.

coiled coil (코일드 코일) 두 α-나선(코일)이 서로를 감싸고 있는 형태의 단백질 영역을 말한다. 각기 다른 단백질에 α-나선이 있으면 코일드 코일 부위가 2량체를 형성하도록 한다.

cointegrate (공동삽입체) Tn3 같은 트랜스포존이 하나의 복제단위에서 다른 곳으로 전이하는 과정에 생기는 중간체. 트랜스포존은 복제되고, 공동삽입체는 두 트랜스포존 복사체를 통해 연결된 2개의 복제 단위를 포함한다.

colE1A 특정한 대장균 균주에서 발견되는 플라스미드로서 콜리신(colicin)이라는 박테리아 독소를 암호화한다.

collision-induced dissociation (CID, 유도 충돌 분리) 폴리펩타이드 이온을 가속하여 중성 가스에 충돌시켜, 펩타이트 구조의 파편화를 통해 측정하는 질량 분석 기법. 새로이 생성된 펩타이드 이온은 두 번째 MS 공정을 통해 측정된다.

colony hybridization (콜로니 잡종화) 관심 있는 유전자를 가진 세균의 클론을 선택하는 방법. 표지한 탐침을 이용하여 여러 DNA 클론 중에서 관심 있는 유전자를 가진 클론을 동시에 분석할 수 있다.

combinatorial code (조합 코드) 여러 개의 인핸서와 인핸서에 결합하는 여러 활성인자 간의 복합적인 조절 양상을 표현한 말. 서로 다른 조합의 활성인자는 프로모터에 서로 다른 효과를 가져올 수 있는데, 이것은 여러 인핸서가 각 활성인자의 농도를 감지해서 그 신호를 조합하기 때문이다.

commitment complex (위임 복합체, CC) 최소한 핵의 mRNA 전구체와

U1 snRNA를 포함하며 U1 snRNP가 결합한 인트론으로 스플라이싱하도록 위임하는 복합체.

complementary polynucleotide strand (상보적 폴리뉴클레오티드 가닥) 서로 상보적 염기서열을 가진 DNA나 RNA의 두 가닥; 즉 한 가닥이 아데닌을 가지면 다른 가닥은 티민을 가지고 있고, 한 가닥이 구아닌을 가지면 다른 가닥은 시토신을 가지고 있다.

complex B (B 복합체) 이중가닥 siRNA와 붙는 다이서와 R2D2를 포함하는 RLC 전구체.

composite transposon (복합 트랜스포존) 전이를 위한 유전자와 하나 또는 그 이상의 항생제 내성 유전자를 포함하는 중간 부위와 IS 또는 IS-유사 인자를 포함하는 2개의 팔 부위로 이루어진 박테리아의 트랜스포존.

concatemer (콘카타머) 여러 유전체 길이의 DNA.

conditional lethal (조건적 치사) 특정한 조건에서만 나타나는 치명적인 돌연변이(예: 온도 민감성 돌연변이).

consensus sequence (공통서열) 유사한 서열들의 평균치. 예를 들어 대장균의 -10 상자의 공통서열은 TATAAT이다. 이는 유사한 서열을 조사해 보면 맨 첫 번 뉴클레오티드가 T가 나올 확률이 제일 높고, 그다음 위치에서는 A가, 그다음엔 다시 T가 나올 확률이 제일 높다는 뜻이다.

conservative replication (보존적 복제) 두 모가닥이 함께 남고, 모두 새로운 딸 이중가닥이 생성되는 DNA(또는 RNA) 복제.

conservative transposition (보존적 전위) 트랜스포존 DNA의 양가닥이 원래의 위치를 떠나 새로운 위치로 움직이는 과정에서 잘 보존된 '오려 붙이기'식 전이.

constant region (불변부위, 고정부위) 항체에 따른 구조적 차이가 거의 없는 항체의 부위.

constitutive (항구성) 항상 켜져 있는. 유전자가 항상 발현되는.

constitutive mutant (항구성 돌연변이) 일반적인 조절과 달리 항시 유전자가 발현되도록 하는 항구성 돌연변이가 있는 개체.

contig (콘티그) 연속되거나 또는 중첩된 서열을 포함하는 상당한 크기의 클로닝된 DNA 조각.

copia (코피아) 초파리 세포에서 발견되는 전이성 인자.

core element (class II) (2급 핵심요소) RNA 중합효소 II에 의해 인식되는 진핵생물 프로모터 요소. 전사 시작 위치 주변 염기들을 포함한다.

core promoter elements (bacterial) (박테리아 핵심프로모터 요소) 프로모터의 최소 요소 (예를 들어 -10, -35 상자).

core promoter elements (eukaryotic, class II) (진핵세포의 2급 핵심프로모터요소) TBE, TATA 상자, Inr, DPE, DCE, MTE를 포함한다.

core TAFs (핵심 TAF) 여러 진핵세포에서 보존되어 있는 13 종류의 TAF.

core histone (핵심 히스톤) H1을 제외한 모든 뉴클레오솜의 히스톤. 뉴클레오솜의 DNA 코일 안에 존재하는 히스톤.

core polymerase (핵심 중합효소) RNA polymerase core 참조.

corepressor (보조억제인자) 활성억제인자를 형성하기 위해 주억제인자와 결합하는 물질(예: *trp* 오페론에서 보조억제인자는 트립토판이다). 유전자 전사를 억제하는 단백질과 연합하여 작용하는 단백질. 히스톤 탈아세틸화효소는 보조억제인자로 작용한다.

core promoter (class II) (핵심프로모터, II급) 특정 프로모터의 전사개시 장소 근처에 있는 프로모터 요소들. TFIIB 인식 요소, TATA 상자, 개시자, 하단부 요소의 4개까지 구성될 수 있다.

core promoter element (핵심프로모터 요소) 프로모터의 최소 요소(예: 박테리아에서 -10, - 35상자).

cos 직선형 파지 DNA의 점착성 말단.

cosmid (코스미드) 크기가 큰 DNA를 클로닝하기 위하여 고안한 벡터. λ 파지의 cos 부위를 포함하므로 λ 파지 머리로 포장될 수 있고 복제원점을 가지고 있어 플라스미드로 복제할 수 있다.

CoTC element cotranscriptional cleavage (CoTC 요소 공동전사절단) 아데닐산중합반응 자리의 아래에서의 새로이 합성되고 있는 전사체의 절단. 전사종결 과정의 하나.

count per minute (분당계수, cpm) 액체섬광계수기에 의해 분당 탐지되는 섬광의 평균값으로 일반적으로 dpm 곱하기 계수기의 효율에 해당한다.

CPEB [Cytoplasmic polyadenylation element (CPE)-binding protein] (세포질 폴리아데닐화요소-결합단백질).

CpG island (CpG 섬) 여러 개의 메틸화되지 않은 CpG 서열을 가진 DNA상의 한 부위. 통상 활발히 발현되는 유전자와 관련이 있다.

CpG sequences (CpG 서열) 포유동물 DNA에서 메틸화(C의 5'- 위치에)의 표적이 되는 모티프.

CpG suppression (CpG 억제) 진화의 과정 동안 유전체에서 CpG 서열이 감소하는 현상으로 C에 메틸기가 붙으면 아민기가 제거되면서 T로 전환된다.

CPSF cleavage and poly(A) specificity factor 참조.

CPSF-73 아데닐중합반응 전 미성숙-mRNA를 잘라버리는 핵산내부가수분해효소 활성을 가지고 있는 CPSF 단위체.

CRE cAMP response element 참조.

CREB CRE-binding protein 참조.

CREB-binding protein (CREB-결합단백질, CBP) CRE에서 인산화된 CREB와 결합한 다음, 하나 또는 그 이상의 보편전사인자와 연계하여 개시 전 복합체의 조립을 촉진하는 공동활성인자(또는 매개자).

CRE-binding protein (CRE-결합단백질, CREB) cAMP-촉진 단백질 인산화효소 A에 의해 인산화되어 활성화되는 활성인자로 CRE에 결합하여 CBP 단백질과 함께 해당 유전자의 전사를 촉진한다.

Cro λ *cro* 유전자의 산물. O_R3에 선택적으로 결합하여 λ 억제인자 유전자 cI의 전사를 억제시키는 억제인자.

cross-linking (교차연결) 두 종(예: 단백질과 DNA) 사이의 상호 작용을 탐침하는 기술. 두 종은 복합체를 형성함에 따라 화학적으로 교차연결되며, 이때 교차연결된 종의 본질을 조사한다.

crossing over (교차) 재조합 과정에서 일어나는 DNA 사이의 물리적 교환.

cross talk (크로스 토크) 서로 다른 신호전달 경로에 참여하는 단백질 간의 상호 작용.

crown galls (근두암종) 박테리아가 감염하여 식물에 생긴 종양.

CRP cAMP 수용체 단백질. CAP 참조.

CRSP 단백질 Sp1과 공조하여 전사를 촉진시키는 공동활성인자 단백질.

cryptogene (크립토 유전자) RNA 편집이 요구되는 아직 편집되지 않은 RNA를 암호화하고 있는 유전자.

CstF cleavage stimulation factor 참조.

CTCF CCCTC-결합 인자. 척추동물의 보편적인 인슐레이터 결합 단백질.

CTD carboxyl-terminal domain 참조.

cyclic-AMP (고리형-AMP, cAMP) 3번과 5번 탄소 사이에 고리형 이인산에스테르결합을 한 아데닌 뉴클레오티드. 원핵세포와 진핵세포에서 다양한 조절기작에 관여한다.

cytidine (시티딘) 시토신을 포함하는 뉴틀레오시드.

cytidine deaminase acting on RNA (RNA에 작용하는 시티딘 탈아민화효소, CDAR) 이 RNA 수정 효소는 RNA의 시티딘을 유리딘으로 바꾸어 주는 탈아미노 역할을 한다.

cytoplasmic polyadenylation element (세포질 아데닐산 중합반응요소, CPE) 세포질 아데닐산 중합반응에 중요한 mRNA의 3′-UTR에 있는 서열(공통서열, UUUUUAU).

cytosine (시토신, C) DNA에서 구아닌과 쌍을 이루는 피리미딘 염기.

cytotoxic (세포독성) 세포를 죽이는 능력을 지님.

D

DAI double-stranded RNA-activated inhibitor of protein synthesis 참조.

***dam* methylase (dam 메틸화효소)** 대장균 세포 DNA의 GATC 중에서 A에 메틸기를 추가하는 아데노신 메틸화효소. 틀린짝 회복 시스템은 GATC의 메틸화 양상을 분석하여 메틸기가 없는 DNA가 새로 복제된 나선이라고 구분해 낸다.

daughter strand gap (딸가닥 갭) DNA 복제 기구가 피리미딘 2량체나 비암호화 염기를 뛰어 넘어 생긴 공간.

deadenylation (탈아데닐화) 세포질에 있는 폴리(A)에서 AMP기가 제거되는 것.

DEAD protein (DEAD 단백질) Asp-Glu-Ala-Asp 서열을 갖고 있는 단백질로 RNA 헬리케이즈 작용을 한다.

deamination of DNA (DNA의 탈아미노화) DNA의 시토신이나 아데닌의 아미노기(NH_2)가 제거되어 카르보닐기(C-O)로 대체되는 것. 그 결과 시토신이 우라실로, 그리고 아데닌이 하이포크산틴으로 변한다.

decatenation (디카테네이션) 카테난에서 원을 풀어 내는 과정.

decoding (암호해독) 리보솜에서 코돈과 안티코돈 사이의 상호 작용으로 올바른 아미노아실-tRNA가 결합한다.

defective virus (결함바이러스) 보조바이러스 없이 복제할 수 없는 바이러스.

degenerate code (퇴화 암호) 단일 아미노산을 지정하는 1개 이상의 유전부호.

deletion (결실) 염기쌍의 하나 또는 일부를 잃어 나타나는 돌연변이.

denaturation (DNA) [(DNA) 변성] DNA를 구성하는 두 가닥이 분리되는 현상.

denaturation (protein) [(단백질) 변성)] 모든 공유결합을 끊어 단백질의 3차원 구조를 파괴하는 것.

densitometer (밀도측정기) 투명한 필름상의 점의 진한 정도를 측정하는 기기.

deoxyribonucleic acid (디옥시리보핵산) 인산디에스테르결합에 의하여 연결된 디옥시리보뉴크레오티드로 이루어진 다량체. 대부분의 유전자가 DNA로 이루어진다.

deoxyribose (디옥시리보오스) DNA에 있는 당.

DGCR8 Pasha/DGCR8 참조.

Dicer (다이서) RNA 간섭현상 과정이 일어날 때 방아쇠 RNA를 짧게 잘라 21bp 길이로 만드는 RNAase III 계열의 하나.

dideoxyribonucleotide (2디옥시리보뉴클레오티드) DNA 서열분석에서 DNA 사슬신장을 멈추기 위해서 사용되는 2′-와 3′- 위치가 모두 디옥시기인 뉴클레오티드.

dihydrouracil loop (디히드로우라실 고리) tRNA 2차구조에서 피리미딘 유사체인 디히드로우리딘이 항상 나타나는 고리. D-loop 참조.

dimer (protein) (2량체) 두 폴리펩티드의 복합체로 동일한 폴리펩티드의 경우 동형2량체(homodimer)라 하고 서로 다른 폴리펩티드의 경우 이형2량체(heterodimer)라 한다.

dimerization domain (2량체화 영역) 2량체(또는 다량체)를 형성하기 위해 다른 단백질과 결합하는 단백질의 한 부분.

dimethyl sulfate (디메틸황산염, DMS) DNA를 메틸화하기 위하여 사용되는 시약. 메틸화 후 DNA는 메틸화된 장소에서 화학적으로 절단할 수 있다.

diploid (이배체) 사람의 접합자나 (배우자를 제외한) 다른 세포의 염색체 수. $2n$으로 표시한다.

directional cloning (방향성 클로닝) 외부 DNA를 벡터에 삽입할 때 두 가지 다른 제한효소를 이용하여 방향성을 미리 결정하는 방식으로 하는 클로닝 방법.

disintegration per minute (분당 붕괴수, dpm) 시료에 의하여 매분마다 생성되는 방사능 방출의 평균값.

dispersive replication (분산적 복제) 복제 후 동일 가닥에 새로운 DNA와 기존의 DNA가 공존하도록 DNA가 쪼개지는 가설적 복제기작.

distributive (분포의) 진행성의 반대로 기질이나 주형에 반복적으로 떨어지고 재결합하지 않고는 지속적으로 임무를 수행할 수 없는 것을 의미한다.

D-loop (D-고리) 자유 DNA 또는 RNA 말단이 이중나선을 '침투'하여 그 중 한 가닥과 염기쌍을 이루어 나머지 가닥이 '고리 모양으로 밀려나와' 형성된 고리.

DMS footprinting (DMS 풋프린팅) DNase 풋프린팅(족문감식법)과 유사한 기법으로 디메틸황산염에 의한 메틸화와 DNA 가수분해효소 대신에 화학적 DNA 절단을 이용한다.

DNA (리보핵산, deoxyribonucleic acid) 인포스포디에스테르 결합으로 연결된 디옥시리보뉴클레오티드의 중합체. 대부분의 유전자를 구성한다.

DnaA 대장균 프리모솜 형성 시 *oriC*에 결합하는 첫 번째 단백질.

***dnaA* box (*dnaA* 상자)** 대장균 프리모솜 내 DnaA가 결합하는 *oriC* 안의 9-mer.

DnaB 대장균 프리모솜의 중요 요소 중 한 가지. 또한 프라이머를 합성하기 전에 DNA 두 가닥을 푸는 DNA 헬리케이즈 기능을 가지고 있다.

DNA-binding domain (DNA-결합영역) DNA상의 목표지점과 특정한 결합을 하는 DNA 결합단백질의 영역.

DNA fingerprint (DNA 핑거프린트) 특정 개인을 확인하기 위하여 사용하는 DNA의 매우 가변적인 부위.

DnaG 대장균의 프라이메이즈.

DNA glycosylase (DNA 글리코실가수분해효소) 손상된 염기와 당 사이의 글리코시딕 결합을 절단하는 효소.

DNA gyrase (DNA 자이레이즈) 음성초나선을 DNA에 도입하는 위상이성질화효소. 대장균의 DNA 복제 동안 생기는 풀림에 의해 생겨나는 양성초나선을 풀어준다.

DNA ligase (DNA 라이게이즈, DNA 연결효소) 2개의 이중나선 DNA의 말단을 연결하는 효소.

DNA melting (DNA 녹음) denaturation (DNA) 참조.

DNA microarray (DNA 마이크로어레이) 많은 종류의 DNA나 올리고뉴클레이티드를 극소량씩 점찍어 둔 칩. 많은 유전자의 발현을 한 번에 측정하기 위한 점 블롯에 사용함.

DNA microchip (DNA 마이크로칩) DNA microarray 참조.

DNA photolyase (DNA 광분해효소) 피리미딘 2량체를 제거하는 광재활성을 촉매하는 효소.

DNA-PK (DNA 단백질 인산화효소, DNA protein kinase) 진핵세포의 이중가닥 절단 회복에서 핵심 역할을 하는 효소.

DNA-PK$_{CS}$ DNA-PK의 활성 소단위체.

DNA polymerase (DNA 중합효소) dNMP를 상보적인 주형 DNA 가닥의 뉴클레오티드 서열의 순서대로 연결하여 DNA를 합성하는 효소.

DNA polymerase η (DNA 중합효소 η) 피리미딘 2량체 반대편에 2개의 dAMP를 삽입하여 손상통과 합성을 수행하는 진핵세포의 특수한 중합효소.

DNA polymerase θ (DNA 중합효소 θ) 손상통과 합성을 담당하는 진핵세포의 특수화된 DNA 중합효소.

DNA polymerase I (DNA 중합효소 I, pol I) 대장균의 세 종류 DNA 합성효소 중의 하나. 주로 DNA 회복에 사용된다.

DNA polymerase II (DNA 중합효소 II, pol II) 대장균의 다른 DNA 중합효소.

DNA polymerase III holoenzyme (DNA 중합효소 III 완전효소) 대장균의 레플리솜 내에서 실제로 복제 시 DNA를 합성하는 효소.

DNA polymerase ζ (DNA 중합효소 ζ) 진핵세포의 손상통과 합성에서 새로 합성된 DNA 가닥을 신장시키는 특수한 DNA 중합효소.

DNA polymerase V (DNA 중합효소 V) UmuD′$_2$C 참조.

DNA protein kinase (DNA-단백질인산화효소) DNA-PK 참조.

DNA sequencing (DNA 서열결정) Sequencing 참조.

DNase (DNA 가수분해효소) DNA를 분해하는 효소.

DNase footprinting (DNase 풋프린팅) DNA상의 단백질 결합 장소를 탐지하는 방법으로 이 단백질이 DNA 가수분해효소에 의한 분해로부터 보호하는 DNA 부위를 관찰한다.

DNase-hypersensitive site (DNAase-과민부위) DNase I에 대한 민감도가 다른 염색질부위보다 100배 정도 더 높은 부위로 보통 활성 유전자의 5′-플랭킹 부위에 놓여 있다.

DNase-sensitive site (DNase-민감부위) DNA 가수분해효소 I에 대한 민감도가 다른 염색질부위보다 10배 정도 더 높은 부위로서 모든 활성화된 유전자는 DNA 가수분해에 민감한 경향이 있다.

DNA typing (DNA 타이핑) 특정 개인을 확인하기 위하여 사용되는 특별히 서던 블롯팅과 같은 분자적 기술.

dominant (우성) 열성 대립인자를 가진 이형접합체인 경우 표현형을 나타내는 형질이나 대립인자. 예를 들어 인자형이 *AA*나 *Aa*인 경우 표현형이 모두 같아 *A*가 *a*에 대하여 우성이다.

dominant-negative mutation (우성 음성적 돌연변이) 불활성인 단백질을 생산할 뿐만 아니라 같은 세포에서 생산된 정상 단백질과 결합하여 다중체를 형성하여 정상 단백질의 활성도를 없애는 돌연변이.

domain (protein) [(단백질)의 영역] 하나의 단백질에서 독립적인 구조를 형성하는 부위.

domains of life (생명체의 영역) rRNA 서열을 토대로 하여 분류하여 박테리아, 고세균, 진핵세포을 포함한 세 가지 독특한 형태의 생명체.

double helix (이중나선) 염색체에 존재하는 2개의 상보적 DNA 가닥의 형태이다.

double-stranded RNA-activated inhibitor of protein synthesis (DAI, 단백질 합성의 이중가닥 RNA-활성화 억제제) 인터페론과 이중가닥 RNA에 반응하는 단백질 인산화효소로 eIF-2α를 인산화하여 eIF-2α가 eIF-2B에 잘 결합하게 하여 번역의 개시단계를 억제한다. 이러한 현상을 통해 바이러스가 감염된 세포에서 바이러스의 단백질 합성을 억제한다.

down mutation (활성저하 돌연변이) 프로모터 부위의 돌연변이로서 유전자 발현을 저하시키는 결과를 초래하는 돌연변이.

downstream core element (DCE, 하단부 핵심요소) 2개의 핵심 프로모터 구성요소의 약 16과 133 사이에 존재하는 세 번째 부분.

downstream destabilizing element (하단부 비안정화 요소) 스플라이싱이 일어날 때 엑손-엑손이 만나는 부위에 결합하는 단백질의 집단. 세포는 이 단백질을 정지코돈이 진짜 종결코돈인지 미리 멈추게 하는 잘못된 정지코돈인지 구별하게 한다.

downstream promoter element (하단부 프로모터 요소, DPE) +30 위치에 중심이 있는 II급 핵심프로모터 요소.

Drosha (드로샤) pre-miRNA를 pri-miRNA로 바꾸는 RNase III.

Drosophila melanogaster (노랑초파리) 유전학자가 많이 사용하는 초파리의 한 종류.

Ds 옥수수에서 발견되는 결함이 있는 전이성 인자로 전이를 위해 *Ac* 인자를 필요로 한다.

DSB DNA의 이중가닥 절단. 감수분열 재조합의 시작에 필요하다.

DskA 알라몬(alarmone, ppGpp)과 같이 작용하여 기아(starvation) 상황에서 rRNA의 생성을 억제한다.

dsRNA 이중나선 RNA.

dUTPase dUTP를 분해하여 DNA에 끼어들어가지 못하게 하는 효소.

E

editing (편집) 아미노아실-tRNA 합성효소의 편집부위에서 일어나는 과정으로 합성효소에 의해 실수가 일어난 맞지 않는 아미노아실-AMP 또는 심지어 아미노아실-tRNA를 분해한다.

editing site (교정부위, 편집부위) 아미노아실 아데닐산과 때로는 아미노아실-tRNA를 조사하고 그 아미노산이 너무 적은 것을 가수분해하는 아미노아실-tRNA 합성효소의 부위.

EF-2 EF-G의 진핵세포 상동체.

EF-G 박테리아 번역 신장인자로서 GTP와 함께 번역을 촉진한다.

EF-Ts EF-Tu상에 GDP를 GTP로 교환하는 교환인자.

EF-Tu 박테리아 전사 신장인자로서 GTP와 함께 아미노아실-tRNA를 운반한다(단, fMet-$tRNA_f^{Met}$는 리보솜 A 부위로).

EGF epidermal growth factor 참조.

eIF1 진핵세포 개시인자로 적합한 개시코돈을 찾는 검색 작업을 돕는다.

eIF1A eIF1과 함께 상승작용하여 40S 리보솜 소단위체가 개시코돈을 검색하도록 만든다.

eIF2 진핵세포의 개시인자로 Met-$tRNA_i^{Met}$를 40S 리보솜 소단위체에 결합시킨다.

eIF2α eIF2의 소단위체. 인산화가 일어나면 전사개시를 억제한다.

eIF2B eIF2상에 GTP를 GDP로 교환하는 교환인자.

eIF3 진핵세포 개시인자로 40S 리보솜 소단위체와 결합하여 미성숙 상태로 60S 소단위체와 재결합하는 것을 방지한다.

eIF4 eIF4F의 소단위체; DEAD 계통의 RNA 헬리케이즈 기능을 갖는 RNA-결합단백질. eIF4B와 함께, eIF4A는 mRNA의 선도부위에 결합하여 검색형 리보솜 소단위체의 작용 전에 머리핀 구조를 제거한다.

eIF4B 번역 개시 단계에서 eIF4A가 mRNA와 결합하는 과정을 보조한다.

eIF4E eIF4F의 캡-결합 구성성분.

eIF4F 진핵세포에서 전사개시에 참여하는 캡-결합 복합체.

eIF4G eIF4F의 소단위체. 두 가지 단백질과 결합하여 연결자로 작용한다. 캡에 결합한 eIF4E와 결합한다; 40S 리보솜 입자와 결합한 eIF3와 결합한다. 이런 방식으로 40S 입자와 mRNA의 5′-말단을 함께 묶어 검색이 시작된다. poly(A)에 결합하는 PAB I과 결합한다.

eIF5 진핵세포의 개시인자로 40S 개시복합체와 60S 리보솜 소단위체 간의 연계를 촉진한다.

eIF5B 원핵세포 IF2의 진핵세포 상동체. eIF5를 보조하여 60S 리보솜 소단위체를 개시 복합체로 가져온다. 리보솜에서 방출되는 데 GTP 가수분해가 필요하다.

eIF6 진핵세포 개시인자로 eIF3와 유사한 작용을 한다.

EJC exon junction complex 참조.

ELAC2 인간 39 tRNA를 가공 처리하는 핵산내부가수분해효소 종류.

electron-density map (전자밀도 지도) 분자나 분자 복합체 전자밀도의 3차원 모형. 보통 X-선 결정분석에 의해 결정된다.

electrophile (전자친화물) 다른 분자의 음성부위를 찾아 공격하는 물질.

electrophoresis (전기영동) 전하를 띤 분자에 전압을 가하여 이들을 움직이게 만드는 과정으로 DNA 절편, RNA 및 단백질을 분리하는 데 사용한다.

electrophoretic mobility shift assay (EMSA, 전기영동 이동성 변화분석) gel mobility sift assay 참조.

electroporation (전기천공법) 강력한 전류를 이용하여 DNA를 세포에 주입하는 방법.

Elk-1 신호전달자인 세린 트레오닌 인산화효소 ERK의 표적이 되는 활성인자.

elongation factor (신장인자) 번역의 신장 단계에서 아미노아실-tRNA 결합 또는 전좌에 필요한 단백질.

embryonic stem (ES) cells (배아줄기세포) 어떠한 형태의 장기로도 분화할 수 있는 세포

encode (암호화하다, 부호화하다) RNA나 폴리펩티드를 만드는 정보를 가지고 있다. 유전자는 RNA나 폴리펩티드를 암호화할 수 있다.

end-filling (끝마무리) 디옥시뉴클레오시드 삼인산과 DNA 중합효소를 사용하여 이중가닥 DNA의 오목한 3′-말단을 채우는 기술로 DNA 사슬의 3′-말단을 표지하기 위하여 상용될 수 있다.

endonuclease (핵산내부가수분해효소) 폴리뉴클레오티드 가닥의 내부를 자르는 효소.

endoplasmic reticulum (소포체, ER) 말 그대로 '세포의 네트워크'. 세포 안에 있는 막의 네트워크로 세포 외부로 방출될 단백질의 합성이 일어난다.

endospore (내생포자) 고초균과 같이 세포 내에서 형성된 휴지 상태의 포자.

enhanceosome (인핸세오솜) 인핸서와 이에 결합된 활성인자의 복합체.

enhancer (인핸서) 하나나 그 이상의 활성인자가 결합하여 유전자나 유전자의 전사를 자극한다. 인핸서는 보통 그들이 영향 미치는 유전자의 상단부에 존재하지만 거꾸로 위치하거나 수백, 수천 염기쌍 멀리 떨어져도 작용할 수 있다.

enhancer-binding protein (인핸서-결합단백질) activator 참조.

enhancer-blocking (인핸서 차단) 인슐레이터가 인핸서의 기능을 차단하는 작용.

enzyme (효소) 생화학 반응을 촉매하거나 빨라지게 하는 분자로 보통 단백질이지만 RNA인 경우도 있다.

E1, E2, and E3 snoRNA small nucleolar RNA 참조.

epidermal growth factor (상피 성장인자, EGF) 막 수용체에 결합하여 세포분화 신호를 보내는 단백질.

epigenetic (후성유전학적) 'DNA 염기배열에 변화를 주지 않음'을 뜻하는 유전학에서 사용되는 형용사.

epitope tagging (항원결정기 부착법) 작은 아미노산 그룹을 단백질에 붙이기 위해 유전적인 방법을 사용하는 것. 부착된 항원 결정기를 인식하는 항체를 사용해 면역침점법으로 단백질을 분리할 수 있다.

ERCC1 인간의 NER 과정에서 XPF와 함께 DNA 상해부위의 5′-쪽을 절단한다.

eRF1 진핵세포 방출인자로 세 종류의 종결코돈을 모두 인식하며 완성된 폴리펩티드를 리보솜에서 방출한다.

eRF3 진핵세포 방출인자로 리보솜-의존성 GTPase 작용을 갖는다. eRF1과 협동하여 완성된 폴리펩티드를 리보솜에서 방출한다.

ERK (세포 외 신호조절 인산화효소, extracellular signal-regulated kinase) MEK에 의해 활성화되는 세린/트레오닌 단백질 인산화효소로 핵에서 Elk-1과 같은 활성인자를 활성화시킨다.

error-prone bypass (착오경향 우회) 피리미딘 2량체나 비암호화 염기

를 가진 DNA를 복제할 때 사용하는 기작. 착오경향 DNA 중합효소가 유인되어 상해부위 건너편에 뉴클레오티드를 삽입한다.

Escherichia coli (대장균, E. coli) 장에 사는 박테리아; 박테리아 분자생물학의 좋은 연구 대상이다.

E site (ribosomal) [(리보솜의) E 부위] 탈아세틸화된 tRNA가 결합하여 리보솜으로부터 빠져나오는 출구부위.

E site (RNA polymerase) [(RNA 중합효소)의 E 부위] A 부위로 회전하며 이동하기 직전, 들어오는 뉴클레오티드가 차지하는 공간.

essential gene set (필수유전자 세트) 결실되는 경우 그 개체의 생명 유지가 불가능한 유전자의 집합.

EST expressed sequence tag 참조.

euchromatin (진정염색질) RNA 중합효소가 접근하기 쉽도록 확장된 염색질로서 활성화될 수 있다. 이러한 영역은 밝게 염색이 되며 대부분의 유전자가 포함될 것이다.

eukaryote (진핵생물, 진핵세포) 세포가 핵을 가진 생물, 핵이 있는 세포.

evolutionarily conserved region (진화적 보존부위, ECR) 다양한 생물에서 발견되는 DNA 염기서열; 주로 엑손에 존재한다.

excinuclease (절제핵산분해효소) 인간의 NER에서 손상을 지닌 올리고뉴클레오티드를 잘라내는 핵산내부가수분해효소.

excision repair (절제회복) 손상을 잘라내어 정상적인 DNA로 대체하는 DNA 상해의 회복 과정.

exon (엑손) 유전자의 완성된 전사체에서 결과적으로 보이는 유전자 지역. DNA와 RNA 모두에 적용된다.

exon definition (엑손 한정) 스플라이싱 인자가 엑손의 말단을 인지하는 스플라이싱 인자.

exon junction complex (엑손 교차 복합체) 스플라이싱이 일어나는 순간에서 엑손-엑손 교차의 상단부에 단백질이 결합된 mRNA의 복합체. 이러한 단백질들이 mRNP를 핵 바깥으로 이동하도록 도와준다.

exonic splicing enhancer (ESE, 엑손 스플라이싱 인핸서) 스플라이싱을 촉진시키는 부위.

exonic splicing enhancer (엑손 스플라이싱 인핸서, ESE) 스플라이싱을 증진시키는 엑손부위.

exonic splicing silencer (엑손 스플라이싱 사일런서, ESS) 스플라이싱을 억제하는 엑손부위.

exon trapping (엑손 포획) 삽입된 DNA 조각이 완전한 엑손인 경우에만 발현이 되도록 설계된 벡터에 무작위적으로 DNA 조각을 삽입하여 엑손부위를 찾아내는 방법.

exonuclease (핵산말단가수분해효소) 폴리뉴클레오티드의 말단을 분해하는 효소.

exosome (엑소솜) RNA를 분해하는 단백질 복합체로 핵의 내부와 세포질에는 서로 다른 exosome이 존재한다.

expect value (기대값, E value) 해당 비트 점수가 우연에 의해 나타날 수 있는 개수를 말하며 E 값이 낮을수록 대응의 정도가 크다.

expressed sequence tag (발현서열 꼬리표, EST) 세포질 mRNA를 역전사 PCR로 증폭시켜서 만든 STS.

expression vector (발현벡터) 클론된 유전자를 발현시킬 수 있는 클로닝 벡터.

Extracellular-signal-regulated kinase (세포 외-신호-조절-인산화효소, ERK) MEK에 의해 활성화되는 세린/트레오닌 단백질 인산화효소로 핵 내의 Elk-1과 같은 활성인자를 활성화시킨다.

F

F plasmid (F 플라스미드) 박테리아 세포 사이의 접합을 유도하는 대장균 플라스미드.

F′ plasmid (F′플라스미드) 숙주 DNA 조각 일부를 포함하고 있는 F 플라스미드.

F_1 하나 또는 그 이상의 유전자가 다른 두 가지 양친형의 교배에 의한 자손; 부모로부터 첫 번째 세대라는 의미(first filial generation).

F_2 두 가지 F1 개체 사이의 교배에 의한 자손이나 자가수정한 F1 사이의 자손; 부모로부터 두 번째 세대라는 의미(second filial generation).

FACT (염색질 전사 촉진단백질, facilitates chromatin transcription) 시험관 내에서 뉴클레오솜을 통해 전사를 촉진하는 단백질. 히스톤 H2A와 H2B와 강하게 상호 작용하여 이 두 가지 핵심 히스톤을 제거하여 뉴클레오솜을 불안정화시킬 수 있다.

Far Western blot (파 웨스턴 블롯) 웨스턴 블롯과 유사하나 블롯상의 단백질에 결합할 것으로 예상되는 항체가 아닌 표지된 단백질을 탐침으로 이용하는 차이점이 있다.

ferritin (페리틴) 세포 내의 철분 저장단백질.

fingerprint (protein) [(단백질의) 핑거프린트] 트립신과 같은 효소로 단백질을 잘라 조각낸 다음 크로마토그래피로 분리할 때 형성되는 펩티드 점의 특정 양상.

FISH (Fluorescence in situ hybridization, 형광 in situ 잡종화) 염색체 내에서 유전자 또는 다른 DNA 서열의 위치를 결정하기 위하여 전체 염색체와 형광 탐침을 잡종화하는 수단.

flap-tip helix (플랩-팁 나선) 대장균 RNA 중합효소의 처진 부위 말단에 위치한 α-나선 부위. 전사 종결자의 전사체에 있는 멈춤 나선 고리와 상호 작용한다.

fluor (형광체) 방사선에 의하여 흥분될 때 양자를 방출하는 물질.

fluorescence resonance energy transfer (형광공명에너지 전달, FRET) 두 분자 간, 또는 같은 분자의 다른 영역 간의 거리 측정 분석법. 두 형광물질의 거리가 충분히 가까울 때 공명에너지 전달이 일어나는 원리를 이용하고 있다.

fluorescent probe (형광 탐침) 실험에서 사용하는 형광 분자.

fluorography (형광기록법) 방사성 발광을 빛으로 전환시킬 수 있는 형광체에 젤과 같은 매질을 담금으로써 약한 방사성 발광을 볼 수 있게 하는 방법.

fMet *N*-formyl methionine 참조.

Fos 활성인자인 AP-1 2량체 중 하나(다른 하나는 Jun).

fragment reaction (조각반응) 펩티드 이전효소 작용의 기질을 더 간단한 기질로 대체한다. fMet에 연결된 $tRNA_f^{Met}$의 6nt로 펩티딜-tRNA를 대체하고, 퓨로마이신은 아미노아실-tRNA를 대체한다. 그 생성물은 리보솜에서 방출된 fMet-퓨로마이신이다.

frameshift mutation (해독틀변형 돌연변이) 유전자의 암호화영역에서 하나 또는 2개의 염기의 삽입과 제거. 대응하는 mRNA의 해독틀을 바꾼다.

free radical (자유라디칼) 쌍을 이루지 못한 전자쌍을 가진 매우 반응성이 큰 화학물질, DNA를 공격하여 손상을 유발할 수 있다.

FRET 형광 공명 에너지 전달 참조.

FRET-ALEX (FRET 상대 진동수 자극) 단백질 환경의 변화로 인해 공여 형광체의 스펙트럼이 바뀜에 따라 이를 수정하는 FRET의 순응방법.

functional genomics (기능유전체학) 다양한 시간대 또는 다양한 조건에서 유전체 전체에 걸친 유전자 발현 양상을 연구하는 학문.

functional SELEX (기능체 SELEX) 기능(예: 스플라이싱 능력)에 근거하여 핵산을 농축하는 SELEX 기법.

fusidic acid (푸시딕산) GTP 가수분해 후 리보솜으로부터 EF-G의 분리를 차단하여 전좌 다음 단계의 번역 과정을 억제하는 항생제.

fusion protein (융합단백질) 2개의 열린 해독틀(ORF)이 융합된 재조합 DNA를 발현하여 생성된 단백질. 2개 ORF 중 하나나 두 가지는 불완전하다.

G

G protein (G 단백질) GTP에 결합하여 활성화되고, 자신이 가지고 있는 GTPase 활성에 의하여 결합된 GTP가 GDP로 가수분해되면 불활성화되는 단백질.

G-segment (G-의 분절) 토포아이소머레이즈 II의 작용 동안에 절단되어 T 분절이 통과하는 문을 형성하는 DNA 조각.

galactoside permease (갈락토시드 투과효소) 젖당을 세포 내로 운반하는 데 필요한 효소로서 대장균의 *lac* 오페론에 암호화되어 있다.

galactoside transacetylase (갈락토시드 아세틸기전달효소) *lac* 오페론에 암호화되어 있는 세 효소 중 하나로 유당과 같은 갈락토시드를 아세틸화할 수 있다. 그러나 *lac* 오페론에서 그 중요성은 불명확하다.

GAGA box (GAGA 상자) 초파리 인슐레이터의 요소.

GAL4 상위 조절 인자(UASG)에 결합하여 효모의 갈락토오스 이용 유전자(GAL)를 활성화시키는 전사인자.

gamete (배우자) 반수체의 성세포.

gamma ray (감마선) 세포 성분을 이온화하는 매우 강한 에너지를 가지는 방사선. 이온들은 염색체의 절단을 일으킬 수 있다.

GAP GTPase activator protein 참조.

GC box (GC 상자) 한쪽 나선에 GGGCGG 서열을 갖는 10개의 염기서열. 포유동물 구조 유전자 프로모터에서 많이 나타난다. Sp1 전사인자의 결합부위이다.

GDPCP β-와 γ-인산기 사이에 메틸렌을 갖고 있는 GTP 유사체로 가수분해되지 않는다. GMPPCP로도 불린다.

gel electrophoresis (젤 전기영동) 핵산이나 단백질을 아가로오스 또는 폴리아크릴아미드상에서 분리하는 전기영동 방법.

gel filtration (젤 여과) 물질을 크기에 따라 분리하는 기둥 크로마토그래피 방법. 작은 분자들은 젤의 구슬 안으로 들어가 속으로 들어가지 않는 큰 분자보다 천천히 기둥을 통과한다.

gel mobility shift assay (젤 이동성 변화분석) DNA와 단백질의 결합을 분석하는 방법. 짧은 DNA 절편을 표지하여 단백질과 섞은 후 전기영동한다. 만약 DNA가 단백질에 결합하면 전기영동 이동성이 매우 느려진다.

gene (유전자) 유전의 기본 단위. RNA와 단백질을 만드는 데 필요한 정보를 가지고 있다.

gene battery (유전자 모음체) 공통된 물질(miRNA)에 의해 조절되는 기능적으로 연관된 활동 유전자의 집합.

gene cloning (유전자 클로닝) 박테리아와 같은 생물에 삽입하여 많은 수의 유전자를 만들어내는 방법.

gene cluster (유전자군) 진핵세포의 염색체에 모여 있는 관련이 있는 유전자의 집단.

gene conversion (유전자 변환) 유전자의 염기서열이 다른 유전자의 염기서열로 변환되는 것.

gene expression (유전자 발현) 유전자의 산물이 만들어지는 과정.

general transcription factor (보편전사인자) RNA 중합효소 중 하나와 함께 전사개시 복합체 형성에 관여하는 진핵생물 단백질들.

genetic code (유전암호, 유전부호) 아미노산을 지정하거나 번역을 중지시키는 64개의 코돈 세트.

genetic linkage (유전적 연관성) 유전자가 동일한 염색체에 있어 물리적으로 연결되어 있는 것.

genetic mapping (유전자 지도작성) 유전자의 배열 순서와 그들 사이의 거리를 결정하는 것.

genetic marker (유전지표) 유전적 지도작성 목적을 위해 유전체상의 한 지점을 표시하는 데 이용될 수 있는 유전체상의 돌연변이 유전자나 특이한 부위.

genome (유전체) 하나의 유전 체계가 가진 완전한 한 벌의 유전적 정보. 예를 들어 박테리아가 가진 하나의 원형 염색체는 박테리아의 유전체이다.

genomic functional profiling (유전체 기능분석) 한 생명체의 일생에 걸친 모든 시기에서 발현되는 모든 유전자의 발현 패턴을 분석하는 작업.

genomic library (유전체 라이브러리) mRNA가 아니라 유전체의 DNA 조각을 가지고 있는 클론들.

genomics (유전체학) 유전체 전체의 구조와 기능에 대한 연구를 하는 학문.

genotype (유전자형) 주어진 개인에서 대립인자의 조성. 이배체에서 A 위치에 있는 유전자형은 AA, Aa, aa가 가능하다.

GG-NER global genome NER 참조.

gigabase pairs (기가염기쌍, Gb) 10억 염기쌍을 나타내는 단위.

G-less cassette (G-부재 카세트) 비주형가닥에 G가 없는 이중가닥의 조각. G-부재 카세트는 프로모터의 조절하에 놓여 GTP가 없는 조건에서 전사를 검사하는 데 사용된다. GTP가 필요하지 않으므로 G-부재 카세트의 전사체는 만들어지지만, 다른 곳에서 만들어지는 비특이적 전사체는 GTP가 없어 만들어지지 않는다.

global genome NER (전체유전체 NER, GG-NER) 유전체 어디에 있는 상해든지 제거할 수 있는 절제회복.

glucose (포도당) 여러 형태의 생명체가 에너지원으로 사용하는 6개의 탄소를 가진 당.

glutamine-rich domain (글루타민-풍부 영역) 글루타민이 많은 전사-활성화부위.

glycosidic bond (in a nucleoside) [(뉴클레오시드에서) 글리코시딕 결합] RNA나 DNA에서 염기를 당(리보오스 또는 디옥시리보오스)에 연결시키는 결합.

Golgi apparatus (골지 장치) 세포 밖으로 방출하기 위하여 새로 합성된 단백질을 포장하는 막으로 구성된 소기관.

gp5 M13 파지 유전자 5의 산물. 파지의 단일가닥 DNA 결합단백질.

gp28 SP01 파지의 28유전자의 산물. 파지의 중기 유전자-특이적 σ-인자.

gp32 T4 파지의 유전자 32 산물. 파지의 단일가닥 DNA 결합단백질.

gp33 and gp 34 (gp 33과 gp 34) 파지 SP01 유전자 33과 34의 산물. 이들은 함께 파지 후기 유전자 특이적 σ-인자를 구성한다.

gpA 파지 ΦX174 A 유전자의 산물. RF의 한 가닥에 틈을 만드는 핵산가수분해효소와 이중가닥의 양친형 DNA를 푸는 헬리케이즈로 작용하며 파지 DNA 복제과정에서 중추적인 역할을 한다.

GRAIL 데이터베이스에서 유전자를 동정하는 프로그램.

GRB2 (GRB2) 신호전달 단백질에서 인산화된 티로신을 인지하는 SH2 영역과 다른 신호전달 단백질의 프롤린 풍부 영역에 결합하는 SH3 영역을 동시에 갖고 있어서 신호를 전달할 수있는 연결자 단백질.

GreA and GreB (GreA와 GreB) 박테리아의 보조단백질로 RNA 생성과정에서 뉴클레오티드가 잘못 삽입되는 경우, RNA 중합효소에 결합한 상태에서 중합효소의 RNA 분해효소 활성을 자극하여 결함을 지닌 RNA를 제거한다.

g-RNA guide RNA (editing) 참조.

group I intron (I군 인트론) 유리 구아닌 또는 구아노신 뉴클레오티드에 의해 스플라이싱이 시작되는 자가 스플라이싱 인트론.

group II intron (II군 인트론) 올가미 모양의 중간 산물을 만들면서 스플라이싱이 시작되는 자가 스플라이싱 인트론.

GTPase activator protein (GAP, GTP 가수분해효소 활성화 단백질) G 단백질이 갖는 GTP 가수분해효소를 활성화하여 결과적으로 G 단백질을 불활성화시키는 단백질.

GTPase-associated site (GTP 가수분해효소 연관 자리) 리보솜상에 존재하는 자리로써 개시, 신장 및 종결 인자 등의 G 단백질과 상호 작용하며, 그들의 GTP 가수분해효소의 활성을 자극하는 역할을 한다.

guanine (구아닌, G) DNA에서 시토신과 쌍을 이루는 퓨린 염기이다.

guanine nucleotide exchange protein (구아닌 뉴클레오티드 교환단백질) G 단백질에서 GDP를 GTP로 대체하여 G 단백질을 활성화시키는 단백질.

guanosine (구아노신) 염기 구아닌을 포함하는 뉴클레오시드.

guide RNA (editing) [(편집상의) 안내 RNA] 소형 RNA들은 mRNA 선구체의 한 부분과 결합하며 상위 위치 지역의 편집을 위한 주형으로서의 역할을 한다.

guide sequence (splicing) [(스플라이싱의) 가이드 염기배열] 스플라이싱 과정에서 RNA의 특정부위가 다른 부위에 결합하는 위치를 정해주는 부위.

guide strand (of siRNA) (siRNA의 가이드 가닥) 유사 mRNA를 분해하기 위해 RISC에 결합하는 주형.

GW182 고등 진핵 생물에서, P-body의 완전성을 위해 필요하고, P-body의 mRNA의 사일런싱을 휘해 필요한 단백질.

H

hairpin (머리핀 구조) 머리핀과 유사한 구조로 DNA와 RNA 염기 단일가닥이 한 분자 내에서 역방향으로 반복되어 염기쌍을 이룰 수 있도록 되어 있는 구조.

half-life (반감기) 어떤 분자의 수가 반으로 줄어들 때 걸리는 시간.

haploid (반수체) 배우자의 염색체수(n).

haplotype (단상형) 하나의 염색체상에 존재하는 한 무리의 대립인자들.

haplotype map (단상형 지도) 단상형의 위치를 보여 주는 유전자 지도.

HAT histone acetyltransferase 참조.

HAT-A 핵심히스톤을 아세틸화하여 유전자 조절 역할을 하는 히스톤 아세틸전달효소.

HAT-B 뉴클레오솜이 형성되기 전에 히스톤 H3와 H4를 아세틸화시키는 히스톤 아세틸전달효소.

HCR heme-controlled repressor 참조.

HDAC1 and HDAC2 두 가지의 히스톤 탈아세틸화효소.

heat shock gene (열 충격 유전자) 열을 포함하여 환경적 상해에 반응하여 발현이 일어나는 유전자.

heat shock response (열 충격 반응) 열과 다른 환경적 상해에 대한 세포의 반응. 세포는 일부 풀어진 단백질을 적절한 구조로 원상 복구되는 것을 돕는 분자 샤페론과 원상 복구가 힘들 정도로 풀어진 단백질을 분해시키는 단백질 분해효소를 암호화하는 열 충격 유전자를 작동시킨다.

helicase (헬리케이즈, 나선효소) 이중가닥의 핵산을 풀어주는 효소.

helix-loop-helix domain (나선-고리-나선 영역, HLH 영역, HLH domain) 다른 나선-고리-나선 영역과 코일드 코일 구조를 형성하여 2량체를 형성할 수 있는 단백질의 한 영역.

helix-turn-helix (나선-선회-나선) DNA 결합단백질(특히 원핵세포의 단백질)의 구조의 하나로 이 단백질이 DNA의 홈에 특이적 결합을 할 수 있게 한다.

helper virus(or phage) [도움바이러스(또는 파지)] 결함을 가지고 있는 바이러스가 복제에 필요한 기능을 제공하는 바이러스.

heme-controlled repressor (헴-조절형 억제자, HCR) 단백질 인산화효소로 eIF-2α를 인산화하여 eIF-2B와 강하게 결합하는 것을 도와 번역의 개시를 막는다.

hemoglobin (헤모글로빈) 적혈구 세포에서 산소를 운반하는 붉은 단백질.

hereditary nonpolyposis colon cancer (유전성 비용종성 대장암, HNPCC) 인간의 가장 흔한 유전성 대장암으로 틀린짝 회복의 결함에 의해 생긴다.

heterochromatin (이질염색체) 압축되어 불활성화된 염색질.

heteroduplex (이형듀플렉스) 두 가닥이 완전히 상보적이 아닌 이중가닥 폴리뉴클레오티드.

heterogeneous nuclear RNA (이질성 핵 RNA, hnRNA) 스플라이싱되기 전의 mRNA 전구체를 포함하는 다양한 크기의 RNA 부류.

heteroschizomer (헤테로스키조머) 같은 서열을 인식하나 다른 위치를 자르는 제한효소들.

heterozygote(이형접합자) 주어진 유전자에서 두 가지 대립인자를 가진 이배체의 유전자형으로 예를 들어 A_1A_2로 표시한다.

high-throughput DNA sequencing (고속배출 DNA 서열분석) sequencing 참조.

histone acetyltransferase (히스톤 아세틸전달효소, HAT) 아세틸 CoA로부터 히스톤으로 아세틸기를 전달해주는 효소.

histone chaperone (히스톤 샤페론) 뉴클레오솜을 형성하기 위해 DNA에 히스톤을 결합시키도록 돕는 단백질.

histone code (히스톤 코드) 어떤 유전자 전사에 특정 효과를 가지는 조절 부위 근처의 뉴클레오솜에서 일어나는 히스톤 변형 세트.

histone fold (히스톤 폴드) 히스톤에서 일어나는 구조적 모티프로 2개의 루프로 연결된 3개의 나선으로 구성된다.

histone methyltransferase (히스톤 메틸기전달효소, HMTase) 핵심 히스톤으로 메틸기를 전달해주는 크로모도메인을 가진 효소.

histones (히스톤) 대부분의 진핵생물의 염색체에서 DNA와 가깝게 상호작용하는 5가지의 작은 단백질.

HLH domain (HLH 영역) helix-loop-helix domain 참조.

HMG domain (HMG 영역) HMG 단백질에서 공통으로 관찰되는 부분과 닮은 영역으로 일부 전사인자에 존재한다.

HMG protein (HMG 단백질) 전기영동 시 이동성이 매우 높은 핵단백질. 일부 HMG 단백질은 전사조절에 관여한다.

HMGA1a A-T 염기쌍이 풍부한 DNA 부위의 구부러짐을 조절하는 구조 전사인자. IFN-β 유전자의 활성에 필수적이다.

HNPCC hereditary nonpolyposis colon cancer 참조.

hnRNA heterogeneous nuclear RNA 참조.

hnRNP A1 엑손 스플라이싱 사일런서(ESS)와 결합하여 스플라이싱의 억제를 돕는 hnRNP.

hnRNP protein (hnRNP 단백질) hnRNA에 결합하는 단백질.

Holliday junction (홀리데이 접합) 재조합 과정 중 가닥교환으로 인해 분지된 DNA의 구조.

homeobox (호메오박스, HOX) 호메오 유전자와 기타 진핵생물의 발생을 조절하는 유전자에서 관찰되는 약 180 염기쌍의 염기서열과 호메오 영역을 암호화한다.

homeodomain (호메오 영역, HD) 약 60개의 아미노산으로 구성된 DNA 결합단백질의 한 영역으로 단백질이 특정 DNA 영역에 강하게 결합하도록 만드는 부위. 구조 및 DNA와 상호 작용하는 면에서 나선-선회-나선 영역과 유사하다.

homeotic gene (호메오 유전자) 호메오 유전자의 돌연변이는 몸의 한 부분을 다른 부분으로 변형시킨다.

homologous chromosomes (상동염색체) 대립인자의 차이와 유전적 조성을 제외한 크기, 모양에서 동일한 염색체.

homologous (genes or protein) [상동(유전자 또는 단백질)] 진화적 연관성 이 유사한 (유전자 또는 단백질).

homologous recombination (상동재조합) 재조합하는 두 DNA 간의 염기서열이 상당 부분이 유사해야만 일어나는 재조합.

homolog (상동유전자) 공통 조상 유전자로부터 진화된 유전자들. 오소로그와 파라로그를 포함한다.

homology-directed repair (HDR, 상동-지향 회복) recombination repair 참조.

homozygote (동형접합자) 주어진 유전자에서 대립인자가 모두 동일한 이배체의 유전자형으로 예를 들어 A_1A_1, *aa*로 표시한다.

hormone response element (호르몬 반응요소) 리간드와 결합한 핵 수용체에 반응하는 인핸서 부위.

housekeeping gene (항존유전자) 모든 종류의 세포에서 기본 과정에 필요한 단백질을 암호화하는 유전자.

HP1 히스톤 메틸기 전달효소와 관련된 크로모도메인을 가진 단백질.

HTF CpG island 참조.

human endogenous retroviruses (인간 내재성 레트로바이러스) 인간 세포에서 발견되는, 전이능력이 결핍된 LTR을 포함하는 레트로트랜스포존.

human immunodeficiency virus (인간면역결핍증바이러스, HIV) 후천성면역결핍증(AIDS)을 일으키는 레트로바이러스.

HU protein (HU 단백질) *oriC*의 구부러짐을 유도하는 소형 DNA 결합단백질로서 개방형 복합체를 형성하도록 해준다.

hybrid dysgenesis (잡종발육부전) 어느 두 계통의 잡종 초파리 자손에서 관찰되는 현상으로 과다한 염색체 상해로 인해 불임이나 발육부전이 된다.

hybridization (of polynucleotide) [(폴리뉴클레오티드의) 잡종화] 다른 종류의 두 폴리뉴클레오티드 가닥(DNA 또는 RNA) 사이에서 이중나선 구조가 형성되는 현상을 일컫는다.

hybrid polynucleotide (잡종 폴리뉴클레오티드) 폴리뉴클레오티드 잡종화의 산물.

hydrogen bond network (수소결합 네트워크) 2개 이상의 분자 사이에 생기는 다중 수소결합의 네트워크.

hydroxyl radical (수산기 라디칼) 비공유 전자를 가진 수산기로 높은 반응성과 DNA를 공격하여 절단할 수 있으므로 풋프린팅에 시약으로 사용된다.

hydroxyl radical probing (수산기 라디칼 탐침) 철 이온이 포함된 시약을 단백질의 시스테인에 결합시킨 다음, 단백질을 RNA 또는 RNA가 포함된 복합체에 결합시키는 기술. 철 이온은 수산기를 만들어 근처에 있는 RNA를 자르게 되고 이 잘라진 자리는 프라이머 확장 방법에 의해서 탐지된다. 이렇게 하여 RNA상에 단백질이 결합하는 위치를 알아내게 해준다.

hyperchromic shift (농색 전환) DNA 변성 시 260nm 빛의 흡광도가 증가하는 현상이다.

I

identity element (동정 요소) DNA-결합부위에 의하여 인식되는 염기나 다른 DNA 요소.

IF1 원핵세포 개시인자로 번역의 종료 후 리보솜의 해체를 촉진한다. 다른 두 가지 개시인자의 활성도를 증진시킨다.

IF2 원핵세포 개시인자로 fMet-$tRNA_f^{Met}$를 리보솜에 결합시킨다.

IF3 원핵세포 개시인자로 mRNA와 리보솜을 결합시키는 한편, 번역의 종류 후에 떨어져 나온 리보솜 소단위체를 계속해서 떼어 놓는다.

immune (λ phage) [(λ 파지에 대한) 면역성] 하나의 λ 파지의 용원균은 만일 두 번째의 파지에 의해서 감염이 일어날 수 없다면 다른 λ 파지에 대해 면역성이 있다.

immunity region (면역부위) λ나 λ와 같은 파지의 조절 부위로 억제인자에 의해서 인식되는 작동자뿐만 아니라 억제인자에 대한 유전자도 포함되어 있다.

immunoblot (면역블롯) Western blotting 참조.

immunoglobulin (antibody) (면역글로불린, 항체) 침입한 물질에 대해 매우 특이적으로 결합하는 단백질로 침입자를 파괴시키기 위한 체내 면역 방어기작을 유발한다.

immunoprecipitation (면역침강) 표지된 단백질을 특정항체 또는 항혈청과 반응시키고 교차연결하여 원심분리를 통하여 침강시키는 기술. 침강된 단백질은 전기영동법과 자기방사법에 의하여 탐지된다.

imprinting (각인) 배우자형성과정동안 후성유전학적 방법(메틸화)을 통해 성-특이적으로 나타나는 유전자 사일런싱(silencing) 현상.

imprinting control region (ICR, 각인 조절 부위) 포유류의 *Igf2/H19* 유전자 자리의 각인을 조절하는 부위.

in cis 두 가지 유전자가 동일한 염색체에서 위치하고 있는 상황.

in silico 컴퓨터만 이용하여 수행되는(컴퓨터의 실리콘 칩을 이용하는 것에서 유래).

in trans 두 가지 유전자가 서로 다른 염색체에서 위치하고 있는 상황.

incision (절개) 핵산내부가수분해효소에 의하여 DNA에 틈을 만드는 것.

inclusion body (봉입체) 외래 단백질이 대장균에서 과도하게 많이 발현되어 생성되는 불용성의 덩어리. 이의 단백질은 대개 불활성화 되어 있으나 가끔 변성과 재생을 통하여 재활성화될 수도 있다.

indel (인델) 개인 혹은 종이나 상대적인 다른 종의 유전체에 삽입이나 제거가 있는 것.

identity element (인식인자) DNA 결합부위에 의해 인식되는 염기나 DNA 구조.

independent assortment (독립분리) 멘델에 의하여 발견된 원리로 다른 염색체에 있는 유전자는 독립적으로 유전된다는 사실을 설명한다.

inducer (유도자) 오페론에서 음성적 조절을 일으키는 물질.

initiation factor (개시인자) 번역의 개시를 돕는 단백질.

initiator (개시지점, Inr) 일부 TATA 박스를 갖고 있지 않은 프로모터 II 부류의 전사 효율에 중요한 전사개시 지점의 주변 지점.

in-line probing (인-라인 탐색) RNA의 절단 수월성에 따라 RNA의 2차 구조를 탐지하는 방법. 비정형의 RNA는 쉽게 '인-라인' 형태를 취하므로 정형의 RNA보다 쉽게 절단된다.

INO80 SW12/SNF2와 상동적인 효모의 뉴클레오솜 리모델링 인자.

inosine (이노신, I) 하이포잔틴 염기를 포함하는 뉴클레오시드로 시토신과 염기쌍을 맺는다.

insertion sequence (삽입서열, IS) 박테리아에서 발견되는 간단한 형태의 트랜스포존으로 오직 역말단 반복서열과 전이에 필요한 유전자만을 포함한다.

insertion state (삽입상태) 개시 전 단계이후 불완전한 염기가 정확한 주형 염기에 결합하는지 검사하는 전사 신장의 이론적인 두 번째 단계.

in situ hybridization (in situ 잡종화) 유전자 또는 유전자의 전사체를 발견하기 위하여 절개된 배아 또는 도말된 염색체와 같은 생물학적 시료에 표지된 탐침을 직접적으로 잡종화하는 것.

insulator (인슐레이터) 인접한 인핸서 및 사일런서에 의한 활성과 억제로부터 유전자를 보호하는 DNA 부위.

insulator body (인슐레이터 소체) 2개 이상의 인슐레이터와 인슐레이터 결합단백질이 모여 있는 집합체 구조물.

integrase (인테그레이즈) 하나의 핵산을 다른 곳으로 삽입하는 효소. 예를 들어 레트로바이러스의 프로바이러스를 숙주 유전체로 삽입한다.

intensifying screen (강화 스크린) 방사능 물질에 의해서 생성되는 자기방사능 신호를 강화시키는 스크린으로 방사선에 의하여 흥분될 때 양자를 방출하는 형광체를 포함한다.

interactome (인터액톰, 상호 작용체) 한 개체의 단백질 전체가 보여 주는 모든 상호 작용.

intercalate (끼어들다, 개재하다) DNA에서 2개의 염기 사이에 삽입된다.

interferon (인터페론) 이중가닥 RNA에 의하여 활성화되는 항바이러스 단백질로 세포에 여러 가지 효과를 준다.

interferon-like growth factor 2 (IGF2, 인터페론-유사 성장인자 2) 포유류에서 각인되어 있는 *Igf2* 유전자가 생성하는 단백질.

intergenic suppression (유전자 간 억제) 하나의 유전자에 생긴 돌연변이가 다른 돌연변이에 의해서 억제되는 현상.

intermediate (중간 산물) 생화학적 경로에 있는 기질의 산물.

internal guide sequence (내부 길잡이 서열) 자가 스플라이싱에서처럼 RNA의 다른 부위를 촉매작용이 일어나기에 적절한 위치로 인도해주는 리보자임 내의 부위.

internal ribosome entry sequence (내부 리보솜 진입 서열, IRES) 리보솜이 5′-말단에서부터 검색 작업을 하지 않은 채 전사체의 중간에 결합하여 번역을 시작할 수 있는 서열.

intervening sequence (IVS) intron 참조.

intracistronic complementation (시스트론 내 상보작용) 동일한 유전자 내의 두 가지 돌연변이가 상보 작용하는 것. 서로 다른 결함을 가진 단량체가 협동하여 활성을 가진 올리고단백질을 만들 수 있다.

intrinsic terminator (자연전사 종결부위) rho와 같은 종결인자가 필요없는 박테리아의 전사종결부위를 지칭한다.

intron (인트론) 유전자의 부분 중 전사가 끊어지는 지역. 인트론은 전사되지만 전사체의 완성 과정에서 스플라이싱에 의해 제거된다. 이 용어는 DNA와 그 RNA 산물에서 끊어지는 서열을 가리킨다.

intron definition (인트론 한정) 스플라이싱 인자가 인트론의 말단을 인지하는 스플라이싱 인자.

intronic silencing element (인트론 사일런싱 요소) 스플라이싱을 억제하는 인트론의 부위.

inverted repeat (역반복서열) 대칭의 DNA 서열로 정방향 서열과 상보 나선의 역방향 서열이 동일하며 예를 들면 다음과 같은 서열이다.

GGATCC
CCTAGG

IRE iron response element 참조.

iron response element (철분 반응요소, IRE) mRNA의 미번역부위에 있는 줄기-고리 구조는 철분 조절단백질에 붙고, mRNA의 수명 또는 번역 능력에 영향을 준다.

iron regulatory protein (철분 조절단백질, IRP) 철분 조절단백질(IRP)에 붙는 단백질. aconitase 참조.

IRP iron regulatory protein 참조.

isoaccepting species (of tRNA) [(tRNA)의 동종인수] 동일한 아미노산이 부착될 수 있는 2개 이상의 tRNA 종.

isoelectric focusing (등전점 전기영동) 단백질 혼합물을 pH 구배를 따라 전기영동하면 등전점에 해당하는 pH에 단백질이 멈춘다. 단백질은 등전점에서 순전하를 전혀 가지지 않으므로 양극 또는 음극을 향해 더 이상 이동하지 않을 것이다.

isoelectric point (등전점) 단백질이 순전하를 전혀 가지지 않는 pH.

isoschizomer (이소스키조머) 같은 서열을 인식하여 같은 위치를 자르는 두 가지 이상의 제한효소들.

isotope-coded affinity tag (동위원소 친화 부착) 중수소를 사용, 수소를 사용하고 있는 부착지보다 상대적으로 무거운 분자량을 가진 부착지를 단백질에 부착할 수 있게 만든 것.

ISWI 염색질 리모델링을 돕는 보조활성인자 패밀리.

J

joining region (J, 결합부위) 가변부위의 마지막 13개 아미노산을 암호화하는 면역글로불린 유전자 분절. 염색체의 재배열에 의해 결합부위들 중 하나가 가변부위의 나머지 부위에 결합하여 유전자에 여분의 다양성을 제공한다.

joint molecule (연결분자) 대장균에서 일어나는 상동재조합의 후시냅시스 단계의 중간체. 가닥교환이 막 일어나고 두 DNA가 서로 꼬인 상태.

Jun 활성인자인 AP-1을 구성하는 두 소단위체 중 하나(다른 하나는 Fos).

K

keto tautomer (케토 토토머) 우라실, 티민 또는 핵산에서 발견되는 정상적인 토토머 형.

kilobase pair (kb) 1,000 염기쌍.

kinetic experiment (운동실험, 동역학실험) 반응의 속도를 측정하기 위한 실험. 화학반응을 매우 짧은 시간에 일어나므로 이러한 실험은 빠른 측정이 필요하다.

kinetoplast (키네토플라스트) 트리파노소마의 미토콘드리아. 많은 유전체는 많은 미니원형 DNA(minicircles)와 맥시원형 DNA(maxicircles)로 구성.

Klenow fragment (클레노우 절편) DNA 중합효소 I의 조각으로 단백질분해효소 처리에 의해 만들어지며, 원래의 효소에서 5′→3′ 핵산말단가수분해효소 활성이 결핍된 것이다.

knockouts (유전자 제거) 일반적으로 쥐와 같은 생명체의 배아에 가공된 세포를 집어넣어 특정 유전자를 비활성화시키는 것.

known gene (알려진 유전자) 유전체 염기서열 결정 프로젝트에 의하여 이미 특성을 알고 있는 유전자와 염기서열이 동일한 유전자.

Kozak's rule (코작의 법칙) 진핵세포의 번역개시 신호를 위한 최적의 맥락에 필요한 세트. 코작의 법칙의 가장 중요한 사항은 AUG 개시코돈에 대하여 -3 위치의 염기가 퓨린, 되도록이면 A이어야 하며, +4 위치의 염기는 G이어야 한다는 것이다.

Ku DNA-PK의 ATPase 활성을 가진 조절 소단위체. 염색체의 절단에 의해 생긴 이중가닥 DNA 말단에 결합하여 말단연결이 일어날 때까지 보호하는 역할을 한다.

L

L1 인간에 풍부한 긴 분산인자로 최소한 100,000개의 복사체가 존재하여 인간 유전체의 약 15%를 차지한다.

lacA 대장균의 갈락토시드아세틸기전달효소를 암호화하는 유전자.

lacI 대장균의 *lac* 억제인자를 암호화하는 유전자.

***lac* operon (*lac* 오페론)** 유당을 대사할 수 있는 효소를 암호화하는 오페론.

***lac* repressor (*lac* 억제인자)** 대장균의 *lacI* 유전자 산물로 4량체를 이루어 *lac* 작동자에 결합한다. 그 결과 *lac* 오페론은 억제된다.

lactose (락토오스 또는 유당) 2개의 간단한 당인 갈락토오스와 포도당으로 구성된 이당류.

lacY 대장균의 갈락토시드 투과효소를 암호화하는 유전자.

lacZ 대장균의 β-갈락토시데이즈를 암호화하는 유전자.

lagging strand (지연가닥) 반보존적 복제에서 DNA 복제가 불연속적으로 일어나는 가닥.

large T antigen (T 대항원) SV40 바이러스 초기부위의 주요 산물. 바이러스의 복제기점에 결합하는 DNA 헬리케이즈로 프라이머 합성을 준비하는 과정에서 DNA를 풀어준다. 그리고 포유동물 세포에서 악성 형질전환을 일으킨다.

lariat (올가미) 특정 종류의 스플라이싱 반응에서 만들어지는 올가미 모양의 중간 산물을 나타내는 말.

LC-MS liquid chromatography-mass spectronomy 참조.

leader (선도부) mRNA의 5′-말단에 존재하는 비번역 염기서열(5′-UTR).

leading strand (선도가닥) 반보존적 복제에서 DNA 복제가 연속적으로 일어나는 가닥.

LEF-1 임파구 인핸서 결합인자(Lymphoid enhancer-binding factor). 구조전사인자.

leucine zipper (류신 지퍼) DNA 결합단백질 부위 중에서 일정한 간격으로 배열된 몇 개의 류신을 포함하는 부위. 다른 류신 지퍼 단백질과 2량체를 형성할 수 있으며, 2량체는 DNA에 결합할 수 있다.

LexA 대장균의 *lexA* 유전자 산물. *umuDC* 오페론 등을 억제하는 억제자.
light repair (광회복) photoreactivation 참조.
LIM homeodomain (LIM-HD) activator [LIM 호메오도메인 (LIM-HD) 활성인자] CLIM 공동활성인자와 RLIM 공동억제인자와 결합하는 활성인자.
limited proteolysis (제한적 단백질 분해) 단백질 분해효소의 제한적인 처리에 의한 제한적 단백질 분해.
LINE long interspersed element 참조.
linker scanning mutagenesis (연결자 주사 돌연변이유발) 대략 10개 염기의 DNA를 합성한 이중가닥 DNA(연결자)로 치환하여 집적된 돌연변이를 만드는 방법.
liposome (리포솜) 지질로 둘러싸인 소낭. DNA를 세포에 주입하기 위하여 사용된다.
liquid chromatography-mass spectronomy (LC-MS, 액체 크로마토그래피-질량 분광기) 시료를 가는 관 안에서 액체 크로마토그래피로 분리한 뒤, LC에서 얻어지는 각각의 물질을 MS로 분석한다.
liquid scintillation counting (액체섬광계수법) 방사능 방출로 인하여 흥분될 때 광자를 방출하는 형광체를 포함한 섬광 용액으로 물질을 둘러싸 그 물질의 방사성 정도를 측정하는 기술.
locus (복수 loci, 유전자 자리) 염색체상의 유전자의 위치.
locus control region (유전자 자리 조절영역 글로빈, LCR) 유전자와 같이 염색질의 위치에 상관없이 관련된 유전자의 활성화를 조절하는 부위.
long interspersed element (긴 분산인자, LINE) 포유류에서 가장 풍부한 무-LTR 레트로트랜스포존.
long terminal repeat (긴 말단 반복서열, LTR) 레트로바이러스의 프로바이러스나 LTR-포함 레트로트랜스포존의 양 말단에서 발견되는 수백 염기쌍 길이의 DNA 부위.
looping out (고리 모양 형성) DNA 결합단백질이 DNA의 한 부분과 멀리 떨어진 부분을 동시에 상호 작용할 수 있게 DNA가 고리 모양을 형성하는 과정.
LTR long terminal repeat 참조.
L10/L12 stalk (L7/L12 줄기,대) 50S 리보솜 부분의 오른쪽에 보이는 대. 박테리아세서는 L12와 그것의 아세틸화된 반대부분인 L7을 포함한다. 단백질 L10을 통해 리보솜의 남은 부분과 결합한다. 몇몇의 호열성 박테리아에서는 L7이 존재하지 않아서, 그러한 대를 L10/L12라 지칭한다.
LTR-containing retrotransposon (LTR-포함 레트로트랜스포존) 양 말단에 LTR을 갖는 레트로트랜스포존. 전이할 수 있는 바이러스가 관여하지 않는다는 것을 제외하면 레트로바이러스와 똑같은 방법으로 복제한다.
luciferase (루시페레이즈) 루시페린을 빛을 발하고 쉽게 정량되는 화학발광물로 전환시키는 효소. 반딧불 루시퍼레이즈 유전자가 진핵생물의 전사와 번역 실험에서 보고유전자로 자주 사용된다.
luxury gene (특활 유전자) 특별한 세포 생산물을 암호화하는 유전자들.
lysis (용해) 유독성 파지에 의해서처럼 세포의 막을 파열시키는 것.
lysogen (용원균) 파지 전구체를 가지고 있는 박테리아.

M

Mad-Max 포유류의 전사 억제자.
MAPK mitogen-activated protein kinase 참조.
mariner (마리너) 과거에는 직접적인 DNA 복제를 통해 전이했으리라 생각되지만 지금은 결함이 있어 전이할 수 없는 인간의 트랜스포존.
marker (표지) 유전체에서 알려진 위치의 길잡이로 작용하는 유전자나 돌연변이.
Maskin (마스킨) CPEB와 eIF4E와 결합하여 eIF4E와 eIF4G의 결합을 방해하여 사이클린 B mRNA의 번역을 방해하는 *Xenopus laevis*의 단백질. CPEB가 인산화되어 복합체를 떠나면 마스킨은 eIF4E를 방출하여 전사개시가 일어난다.
mass spectrometry (질량분석법) 분자를 이온화시켜 표적을 향해 발사하는 원리를 이용한 고해상도 분석 방법. 분자들이 모두 동일한 전하를 띤다고 가정하면 표적까지 비행하는 시간은 이들의 질량에 비례한다. 이렇게 측정된 질량은 그 분자의 정체를 파악하는 데 중요한 정보를 제공한다.
maternal gene (모계유전자) 난자 형성 시 발현되는 유전자들.
maternal message (모계성 메시지) 수정 전에 난모세포에서 만들어진 mRNA. 많은 모계성 메시지는 수정이 이루어진 이후까지 번역이 되지 않는 상태로 머무른다.
maternal mRNA maternal message 참조.
maxicircle (맥시원형 DNA) 20~40kb 원형 DNA는 키네토플라스트에서 발견된다. 유전자[그리고 크립토유전자(cryptogene)]를 포함하며 키네토플라스트의 gRNA 한 부분을 암호화한다.
Mediator (매개자) 효모의 공동활성인자 단백질로 활성인자와 결합하여 개시 전 복합체 형성을 돕는다.
megabase pair (메가 염기쌍, Mb) 100만 염기쌍.
meiosis (감수분열) 부모세포의 염색체 수를 반만 가지고 있는 배우자를 만드는 세포분열.
MEK (MAPK/ERK 인산화효소, MAPK/ERK kinase) Raf에 의해 활성화되는 세린/트레오닌 단백질 인산화효소로 ERK를 인산화시켜 활성화시킨다.
Mendelian genetics (멘델의 유전학) transmission genetics 참조.
merodiploid (부분이배체) 일부 유전자에 한해서만 이배체인 박테리아.
message (전령) mRNA 참조.
messenger RNA (전령 RNA) mRNA 참조.
methylation interference assay (메틸화 간섭 실험법) 단백질과 상호작용하는 DNA의 주요 부위를 찾는 실험법.
micrococcal nuclease (구균 핵산분해효소, MNase) 뉴클레오솜 사이에서 DNA를 분해하여 뉴클레오솜 DNA만 남기는 핵산분해효소.
Microprocessor (마이크로프로세서) Drosha와 Pasha의 복합체 (혹은 상동체).
microRNA (마이크로 RNA, miRNA) 세포에서 자연적으로 만들어지는 짧은(18~25nt) RNA로, 특정 mRNA의 파괴나 그들의 해독을 막음으로서 세포 유전자의 발현을 조절할 수 있다.
microsatellite (미세부수체) 짧은(주로 2~4bp 이내) DNA 서열이 같은

방향으로 연속적으로 반복된다. 한 종류의 미세부수체는 진핵생물 유전체의 여러 곳에서 발견되며 다양한 길이를 가진다.

minicircle DNA (미니원형 DNA) 1~3kb 원형 DNA는 키네토플라스트에서 발견된다. 키네토플라스트의 gRNA 한 부분을 암호화한다.

minimal genome (최소 유전체) 한 개체의 생명을 유지하는 데 필요한 최소한의 유전자만의 집합.

minisatellite (미소부수체) 무작위로 반복되는 대개 12 또는 약간 많은 염기쌍의 짧은 염기서열.

minus ten box (−10 상자, −10 box) 대장균 프로모터의 전사개시 부위로부터 약 10bp 상단에 위치한 전사조절 부위.

minus thirty-five box (−35 상자, −35 box) 대장균 프로모터의 전사개시 부위로부터 약 35bp 상단에 위치한 전사조절 부위.

miRISC 유전자 발현의 조절에서 miRNA와 관련된 초파리의 RISC.

mirtron (미트론) 인트론에서 암호화되는 miRNA. 래리어트의 pre-mRNA에서 미트론을 스플라이싱한다. 이 인트론을 펴지게 한 뒤, 다이서에 의해 가공될 수 있도록 줄기-고리 형태로 다시 접혀진다.

mismatch repair (틀린짝 회복) 새로 합성된 DNA에서 교정 작용에도 불구하고 잘못 삽입된 틀린짝을 수정하는 과정.

missense mutation (과오돌연변이) 코돈이 바뀌어 아미노산의 변화를 일으키는 돌연변이.

mitogen (유사분열물질) 호르몬이나 성장인자처럼 세포분열을 촉진하는 물질.

mitogen-activated protein kinase (세포분열활성 단백질 인산화효소, MAPK) 성장인자와 같은 세포분열원에 의해 시작된 신호전달 경로의 결과로 인산화에 의해 활성화되는 단백질인산화효소.

mitosis (유사분열, 체세포분열) 양친 세포와 동일한 핵을 가지고 있는 2개의 딸세포를 만드는 세포분열.

model organism (모델 생물) 작거나 세대가 짧거나 또는 유전적 실험을 위한 조작이 간편하거나 등의 장점으로 인해 인간 대상 실험을 대신 수행하기 위해 선택된 생물.

molecular chaperone (분자 샤페론) chaperone 참조.

M1 RNA RNA 가수분해효소 P의 촉매 RNA 소단위.

motif ten element (MTE) 약 118과 127사이에 위치하는 II급 핵심 프로모터 구성요소.

mRNA (전령 RNA, messenger RNA) 1개 또는 그 이상의 단백질을 만드는 데 필요한 정보를 담고 있는 전사체.

mRNP (전령 RNP) mRNA의 복합체로 모든 단백질이 결합해 있음.

MS/MS 첫 번째 MS 단계에서 생성된 이온을 적절한 방식을 통해 조절한 뒤 두 번째 단계의 MS로 투사하는 두 단계의 질량 분석 기술.

Mud2p 3′-스플라이싱 부위와 분기점 연결단백질에 결합하여 엑손-인트론 경계에서 3′-스플라이싱 부위를 한정하는 스플라이싱 인자.

multiple cloning site (다중클로닝 부위, MCS) 여러 개의 제한효소 인식서열을 병렬로 가지고 있는 부위. 외부 DNA를 삽입할 때 사용한다.

mutagen (돌연변이 유발원) 돌연변이를 유발하는 물질.

mutant (돌연변이체) 적어도 한 가지 이상의 돌연변이로 인하여 변화가 생긴 생물.

mutation (돌연변이) DNA 염기나 염색체에 변화에 의하여 유전적 변이가 생기는 현상. 자발적인 돌연변이는 이유 없이 생기지만 유도된 돌연변이는 특정한 돌연변이 물질에 의하여 생성된다.

mutator mutant (돌연변이유발 돌연변이체) 야생형보다 더 빨리 돌연변이를 축적하는 돌연변이체.

N

N 항종결자 N을 암호화하는 λ 파지 유전자.

N N 유전자 산물로 λ 직전 초기 유전자 뒤에 전사 종결을 억제하는 항종결자.

N utilization site (*nut* 부위, *nut* site) λ 파지의 초기 유전자에 있는 부위로서 N이 항종결자로 작용하도록 허용하는 부위이다. N 사용 부위의 전사는 N에 결합하는 상응하는 부위를 가지는 전사체를 만들어낸다. 다음에 N은 RNA 중합효소에 결합하는 여러 단백질과 상호 작용할 수 있어 중합효소를 거대 분자로 전환시켜 직전 초기 유전자 말단에 나타나는 종결자를 무시하게 만든다.

NAS nonsense-mediated altered splicing 참조.

NC2 negative cofactor 2 참조.

NCoR/SMRT 핵 수용체와 함께 작용하는 포유류의 보조억제인자.

ncRNA noncoding RNA 참조.

negative cofactor 2 (부정 조인자 2, NC2) DPE-포함 프로모터로부터 전사를 활성화시키고 TATA-상자-포함 프로모터로부터의 전사를 억제하는 단백질.

negative control (음성적 조절) 유전자의 발현을 조절하는 인자(예: 억제인자)가 제거되지 않는 한 유전자가 발현되지 않는 유전자 발현 조절시스템.

neoschizomer (네오스키조머) heteroschizomer 참조.

NER nucleotide excision repair 참조.

Neurospora crassa Beadle과 Tatum이 유전 연구의 대상으로 개발한 일명 붉은빵곰팡이.

next-generation sequencing (차세대 서열분석) (고속배출 또는 차세대) 서열분석 참조.

NF-κB nuclear factor kappa B 참조.

***N*-formyl-methionine (*N*-포밀-메티오닌, fMet)** 박테리아 번역에서 개시를 담당하는 아미노산.

nick (틈, 닉) DNA상의 단일가닥 DNA 절단.

nick translation (틈 번역) DNA 중합효소가 틈 앞의 DNA를 분해하면서 동시에 뒤쪽의 DNA를 합성하는 과정. 그 결과 틈이 3′- 방향으로 이동한다.

nitrocellulose (니트로셀룰로오스) 단일가닥 DNA와 단백질을 결합할 수 있노록 화학적으로 변화된 종이의 한 유형. 표지된 탐침으로 잡종화하기 전에 DNA를 블롯팅하는 데 사용한다. 또한 항체로 탐침하기 전에 단백질을 블롯팅하는 데 사용한다.

NMD nonsense-mediated mRNA decay 참조.

no-go decay (NGD, 정지분해) 알 수 없는 이유로 리보솜이 멈추면서 mRNA가 제거되는 것.

node (마디) 카테난에서 2개의 환이 교차하는 부위.

nonautonomous retrotransposon (비자율적 레트로트랜스포존) 단백질을 암호화하지 않는 무-LTR 레트로트랜스포존으로 다른 레트로트랜스포존에 의존해 전이한다.

noncoding base (비암호화 염기) 3-메틸 아데닌과 같이 자연적인 염기와 염기쌍을 형성할 수 없는 DNA상의 염기.

noncoding RNA (비암호화 RNA, ncRNA) 단백질을 암호화하지 않는 전사체. transcript of unknown function 참조.

nonhomologous end-joining (비상동성 말단연결, NHEJ) 진핵생물에서 DNA의 이중가닥 절단(염색체 절단)을 회복하는 수단의 하나.

non-LTR retrotransposon (무-LTR 트랜스포존) LTR이 없는 레트로트랜스포존으로 LTR-포함 레트로트랜스포존과 다른 방식으로 복제한다.

nonpermissive condition (비허용조건) 조건부 돌연변이체가 작용하지 않은 조건.

nonreplicative transposition (비복제적 전이) 트랜스포존이 복제를 하지 않고 한 위치에서 다른 곳으로 이동하는 '오려 붙이기'식 전이로 원래 위치에 복사체가 남아 있지 않는다. consevative transposition 참조.

nonsense codon UAG, UAA, and UGA (정지코돈) 이 코돈은 리보솜이 단백질 합성을 멈추게 한다.

nonsense-associated altered splicing (미성숙 종결코돈 관련 변형 스플라이싱, NAS) 미성숙 종결코돈을 해결하기 위한 진핵세포의 시스템. 미성숙 종결코돈이 개시코돈과 맞아 떨어지는 프레임에서 발견되면 NAS 시스템이 작동하여 이 미성숙 종결코돈을 포함하고 있는 pre-mRNA의 부위를 다르게 스플라이싱하게 된다.

nonsense-mediated mRNA decay (미성숙 종결코돈 의존성 mRNA 분해, NMD) 미성숙 종결코돈을 가지고 있는 mRNA를 분해시키기 위한 진핵세포의 시스템. mRNA상의 하단부 불안정 유도 요소와 종결코돈 사이의 거리가 너무 길게 되면 세포는 이 종결코돈을 미성숙으로 규정하여 이 mRNA의 분해를 유도하게 된다.

nonsense mutation (정지돌연변이) 유전자의 암호화부위에 돌연변이가 일어나 미성숙한 종결코돈이 생기는 것.

non-stop mRNA (논스톱 mRNA) 종결코돈이 없어 번역이 멈추지 않는 mRNA.

nontemplate DNA strand (비주형 DNA 가닥) 주형가닥의 상보성 가닥. 때로 암호화가닥(coding strand) 또는 센스가닥(sense strand)으로 불린다.

nontranscribed spacer (비전사 간격체, NTS) 각 유전자의 집단에서 2개의 rRNA 선구체 사이에 놓여 있는 DNA 구역.

Northern blotting (노던 블롯팅) RNA 절편을 지지 매체에 전달하는 것. Southern blotting 참조.

nr BLAST 검색에서 사용자가 특별히 데이터베이스 종류를 지정하지 않는 경우 기본적으로 검색하도록 설정된 데이터베이스. (nonredundant는 데이터베이스를 의미함.)

nt nucleotide 참조.

nTAF (신경 TAF, neural TAF) TRF1과 연관된 TAF.

nuclear factor kappa B (핵 인자 카파 B, NF-κB) 포유동물의 활성화 인자로서 HMG I(Y)와 같은 인자들과 함께 인터페론-β 유전자 및 면역계와 관련된 유전자를 활성화시킨다.

nuclear localization signal (핵 위치 신호) 일반적으로 염기성 아미노산이 많은 아미노산 서열로 특정 단백질을 핵에 위치하도록 만듦.

nuclear receptor (핵 수용체) 성호르몬, 글루코코르티코이드, 갑상선호르몬, 비타민 D, 레티노산과 같은 호르몬과 상호 작용하여 인핸서에 결합하여 전사를 촉진하는 단백질. 주로 핵에 존재하나 경우에 따라 세포질에서 복합체를 이룬 후 전사를 촉진하기 위하여 핵으로 이동한다.

nucleic acid (핵산) 뉴클레오티드 연결로 구성된 사슬 구조의 분자(DNA 또는 RNA).

nucleocapsid (뉴클레오캡시드) 단백질 외피와 바이러스 유전체(DNA 또는 RNA)를 가지고 있는 구조.

nucleolus (인) 세포분열에서 일시적으로 사라지는 핵에 있는 세포소기관. rRNA 유전자를 가지고 있다.

nucleoside (뉴클레오시드) 염기가 당(리보오스 또는 디옥시리보오스)에 결합한 구조.

nucleosome (뉴클레오솜) 진핵생물의 염색체에 있는 반복되는 구조인자로 8개의 히스톤단백질이 약 200bp의 DNA에 의해 싸여 있으며 H1 히스톤단백질 한 분자는 핵심 히스톤 8량체 바깥쪽에 결합된다.

nucleosome core particle (뉴클레오솜 핵심인자) 핵산가수분해효소로 잘리고 남은 뉴클레오솜의 부분으로 뉴클레오솜 DNA의 약 146bp가 남게 된다. 이 부분은 히스톤 H1은 제외하고 핵심 히스톤 8량체만 포함한다.

nucleosome positioning (뉴클레오솜 위치선정) 유전자의 프로모터에 해당하는 뉴클레오솜의 특정 위치를 결정하는 것.

nucleotide (뉴클레오티드, nt) 당, 염기, 인으로 구성된 화합물로 DNA 또는 RNA를 이루는 단위 구조이다.

nucleotide excision repair (뉴클레오티드 절제회복, NER) 효소가 손상된 염기 양 옆의 DNA 가닥을 자르고 손상을 포함한 올리고뉴클레오티드를 제거한 후 공간이 DNA 중합효소와 DNA 라이게이즈에 의해 꿰어지는 절제회복 경로.

NuRD 핵심 히스톤 탈아세틸화 활성을 가진 뉴클레오솜 리모델링 인자.

NusA (Nus A) 전사체에 머리핀 구조의 형성을 종결자에서 촉진하여 전사의 종결을 촉진시키는 박테리아 단백질.

O

O6-methylguanine methyltransferase (O6-메틸구아닌 메틸전달효소) 알킬화된 DNA 염기에서 메틸기나 에틸기를 받아들여 DNA 손상을 회복하는 자살효소.

obligate release (강제 풀림) 프로모터 정리에 따른 s 풀림이 필요한 s 주기의 형태

ochre codon (오커코돈) 단백질 합성 종결을 위한 암호, UAA.

ochre mutation nonsense mutation 참조.

ochre suppressor (오커억제자) 오커코돈(UAA)을 인식할 수 있는 안티코돈을 가지고 있는 tRNA로서 오커 돌연변이를 억제한다.

Okazaki fragment (오카자키 절편) 지연가닥에서 불연속적인 합성 과정에 의해 생겨나는 1,000~2,000개 염기 길이의 작은 DNA 조각.

oligo(dT) colluloco affinity ohromatography [올리고(dT) 친화성 크로마토그래피)] 높은 이온 농도에서 올리고(dT)에 RNA를 결합시킨 후 물로 씻어내려 폴리(A)$^+$ RNA를 정제하는 방법.

oligomeric protein (올리고 단백질) 하나 이상의 폴리펩티드 소단위체를 가지고 있는 단백질.

oligonucleotide (올리고뉴클레오티드) RNA나 DNA의 짧은 조각.

oligonucleotide array (올리고뉴클레오티드 어레이) DNA microchip 참조.

oncogene (종양유전자) 세포를 악성 표현형으로 바꾸는 데 기여하는 유전자.

one-gene/one-polypeptide hypothesis (1-유전자/1-폴리펩티드 가설) 1개의 유전자가 1개의 폴리펩티드를 암호화한다는 가설. 이제는 일반적으로 타당한 것으로 간주된다.

oocyte 5S rRNA gene (난세포 5S rRNA 유전자) 오직 난세포에서만 발현하는 5S rRNA 유전자(손톱개구리에서 19,500 정도의 반수체 수).

opal codon (오팔코돈) 단백질 합성 종결을 위한 암호, UGA.

opal mutation nonsense mutation 참조.

opal suppressor (오팔억제자) 오팔코돈(UGA)을 인식할 수 있는 안티코돈을 가지고 있는 tRNA로 오팔 돌연변이를 억제한다.

open complex (개방복합체) *oriC* 안에 있는 3개의 13-mer가 풀리는 dnaA 단백질과 *oriC*의 복합체.

open promoter complex (개방형 프로모터 복합체) 원핵세포의 프로모터와 RNA 중합효소의 단단한 결합에 의해 형성된 복합체. '개방'의 의미는 DNA 이중나선의 적어도 10bp가 개방되거나 벌어져 있다는 의미이다.

open reading frame (열린 해독틀, ORF) 번역의 종결코돈들에 의해 중단되지 않는 해독틀.

operator (오퍼레이터, 작동자) 원핵세포의 DNA 원소로 특정 억제인자가 이곳에 단단히 결합하여 관련된 유전자 발현을 조절한다.

operator constitutive mutation (항구성 작동자 돌연변이) 작동자에 생긴 돌연변이로 억제인자가 효과적으로 결합할 수 없다. 따라서 오페론은 항상 작동된다.

operon (오페론) 작동자에 의해 함께 조절되는 유전자군.

O region (O 지역) attP와 attB 간에 유사성이 있는 지역.

ORF open reading frame 참조.

oriC 대장균의 복제기점.

origin of replication (복제기점) 복제가 시작되는 특정한 부위.

ortholog (오소로그) 서로 다른 종에 존재하지만 공통 조상 유전자로부터 진화되어온 상동유전자.

oxoG 8-oxoguanine 참조.

oxoG repair enzyme (oxoG 회복효소) oxoG와 당을 연결하는 글리코시딕 결합을 자르는 효소.

P

P_{RE} 용원성 확립 도중 억제자 유전자의 전사가 일어나는 λ 프로모터.

P_{RM} 용원성 상태의 유지 도중 억제자 유전자의 전사가 일어나는 λ 프로모터.

P site (ribosomal) [(리보솜의) P 부위] 새로운 아미노아실-tRNA가 리보솜에 들어올 때 펩티딜 tRNA가 결합하는 리보솜 자리.

PAB I poly(A)-binding protein I 참조.

PAB II poly(A)-binding protein II 참조.

palindrome (회문) inverted repeat 참조.

panediting (범편집) pre-mRNA의 집중적인 편집 과정.

paper chromatography (종이 크로마토그래피) 종이와 종이를 흘러가는 용매에 대한 상대적 친화력에 기초하여 분자를 분리하는 크로마토그래피 방법.

PAR poly(ADP-ribose) 참조.

PARG poly(ADP-ribose) glycohydrolase 참조.

PARP poly(ADP-ribose) polymerase 참조.

PARP1 연결체 히스톤이지만 핵심 뉴클레오솜에 결합하는 PARP. 활성화되면 PARP1 자체가 당화되어, 뉴클레오솜에서 분리되어 유전자 활성이 일어난다.

paralog (파라로그) 한 종 내에서 유전자의 중복에 의해 진화된 상동유전자.

paromomycin (파로모마이신) 리보솜의 A 부위에 결합하여 번역의 정확도를 감소시키는 항생제.

paranemic double helix (파라네믹 이중나선) 이중나선의 두 가닥이 서로 꼬이지 않고 단순히 나란히 배열된 상태. 두 가닥은 나선의 풀림 없이 분리될 수 있다.

Pasha/DGCR8 pri-miRNA에 결합하기 위해 Drosha와 짝을 이루는 RNA 결합단백질. 초파리와 꼬마선충에서는 Pasha, 인간에서는 DGCR8으로 불린다.

passenger strand (탑승가닥) 안내가닥이 RISC와 결합할 때 제거되는 siRNA의 가닥.

pathway (biochemical) [(생화학의) 경로] 한 반응의 산물이 다음 반응의 기질이 되는 일련의 생화학 반응.

pause site (중단 위치) 신장(elongation)이 시작되기 전 RNA 중합효소가 멈추는 DNA 위치.

PAZ 단일가닥 siRNA에 붙는 Argonaute 단백질의 도메인.

P-bodies (가공체) mRNA 분해와 번역 억제가 발생하는 별개의 세포질 구조.

PBS primer-binding site 참조.

PCNA (증식세포 핵항원, Proliferating cell nuclear antigen) DNA 복제의 선도가닥 합성 시 DNA 중합효소 δ가 진행하도록 해주는 진핵세포 단백질.

PCR polymerase chain reaction 참조.

P element (P 인자) 잡종발육부전을 담당하는 초파리의 전이성 인자. 초파리에 고의적으로 돌연변이를 유발하는 데 사용할 수 있다.

peptide bond (펩티드결합) 단백질에서 아미노산을 연결시키는 결합.

peptidyl transferase (펩티드 전달효소) 큰 리보솜 소단위체의 구성요소이며 단백질 합성 동안 펩티드결합의 형성을 촉매하는 효소.

permissive condition (허용적 조건) 조건부 돌연변이체의 유전자 산물이 기능할 수 있는 조건.

phage (파지) 박테리아에 감염하는 바이러스.

phage 434 (파지 434) 자신의 독특한 면역 부위를 가지는 λ와 같은 파지.

phage display (파지 전시) 외부유전자를 파지의 표면단백질과 융합단백질로 발현시키면 해당 단백질이 파지의 표면에 발현된다.

phagemid (파지미드) 단일가닥 파지의 복제원점을 가지고 있는 플라스미드 벡터로서 파지 감염이 되면 단일가닥형의 클론된 DNA를 만들 수 있다.

phage P1 (파지 P1) 커다란 DNA 조각을 클로닝할 때 쓰이는 대장균의 용균성 파지.

phage P22 (파지 P22) 자신의 독특한 면역부위를 가지는 λ와 같은 파지.

phage T7 (파지 T7) 파지 T3과 같은 무리의 비교적 간단한 대장균의 **DNA 파지.** 이 파지는 자신의 단일 소단위체로 구성된 RNA 중합효소를 암호화한다.

pharmacogenomics (약리유전체학) 환자의 SNP를 이용하여 각종 약물에 대해 환자의 반응을 예측하는 연구 분야로 각 개인별 맞춤 치료를 가능케 한다.

phenotype (표현형) 생물의 형태적, 생화학적, 행동학적, 또는 다른 성질. 흔히 체중과 같이 특별히 관심 있는 형질을 고려한다.

phorbol ester (포볼 에스테르) AP1의 활성화와 같은 순차적인 반응에 의해 세포분열을 유도할 수 있는 물질.

phosphodiester bond (인산디에스테르결합) 핵산에서 뉴클레오티드와 이웃 뉴클레오티드를 연결하는 당-인산 결합이다.

phosphorimager (인영상기) 인영상화법을 수행하는 기기.

phosphorimaging (인영상화법) 어떤 물질(예: 블롯상의)의 방사능 정도를 필름 없이 전기적으로 측정하는 기술.

photoreactivating enzyme (광재활효소) DNA photolyase 참조.

photoreactivation (광재활성) DNA 광분해효소에 의한 피리미딘 2량체의 직접적인 회복 과정.

physical map (물리적 지도) 유전자의 위치보다 오히려 제한효소 절단위치와 같은 DNA의 물리적 특성에 기초한 유전자 지도.

pioneer round (of translation) (선도 번역) 첫 번째 리보솜이 mRNA에 붙어 번역하는 최초의 번역.

piRNA Piwi-결합 RNA참조.

PIWI Argonaute 단백질의 도메인으로 슬라이서 활성도를 가지며 목표가 되는 mRNA를 자른다.

Piwi-interacting RNA (piRNA, Piwi-결합 RNA) 트랜스포존 RNA에 상보적인 RNA로 Piwi 단백질과 결합, 핑퐁 기작으로 트랜스포존 RNA를 분해한다.

P/I state (P/I 상태) 단백질 합성의 개시단계에서 fMet-tRNA$_i^{Met}$이 P 부위와 E 부위의 중간인 I (intermediate) 부위에 걸쳐 있는 상태.

plaque (플라크) 세포의 층에 바이러스가 숙주세포에 감염하여 세포를 죽이거나 생장속도를 줄여서 생긴 구멍.

plaque assay (플라크 분석법) 바이러스를 희석하여 생긴 플라크의 수를 분석하여 바이러스(또는 파지)의 농도를 계산하는 방법.

plaque-forming unit (플라크 형성 단위, pfu) 플라크를 형성할 수 있는 바이러스.

plaque hybridization (플라크 잡종화) 관심 있는 유전자를 포함하는 플라크 클론을 선택하는 방법. 관심 있는 유전자에 잡종화되는 탐침을 표지하고 많은 수의 파지 플라크 DNA를 동시에 검사한다.

plasmid (플라스미드) 세포의 염색체와 별개로 복제되는 원형의 DNA.

plectonemic double helix (플렉토네믹 이중나선) Watson-Crick의 이중나선처럼 두 가닥이 서로에 대해 꼬여 있어 나선의 풀림 없이는 분리할 수 없는 이중나선.

point mutation (점돌연변이) 인접한 염기서열에서 하나 또는 아주 적은 수의 변화.

poly(A) 폴리아데닐산. 진핵세포 mRNA의 말단에 붙어 있는 200여 개의 A(아데닌).

poly(A)-binding protein I [폴리(A) 결합단백질 I, PAB I, Pab1p] mRNA의 폴리(A) 꼬리에 결합하는 단백질로 mRNA의 번역을 도와준다.

poly(A)-binding protein II [폴리(A) 결합단백질 II, PAB II] mRNA 전구체의 말단에 있는 새로 합성된 폴리(A)에 결합하는 단백질로 폴리(A)의 신장을 촉진한다.

polyadenylation (아데닐산중합반응) RNA의 3′-말단에 폴리(A)를 첨가시키는 반응.

polyadenylation signal (아데닐산중합반응 신호) 전사체의 절단과 아데닐산중합반응을 통괄하는 RNA 서열로 AAUAAA 서열과 이 서열의 20~30nt 아래에 GU-풍부 부위가 나타난다. 곧바로 나타나는 U-풍부 부위는 표준 절단신호이다. 절단 이후 AAUAAA 서열은 아데닐산중합반응 신호로 작용한다.

poly(A) polymerase [폴리(A) 중합효소, PAP] mRNA 또는 그 전구체에 폴리(A)를 첨가시키는 효소.

poly(A)$^+$ RNA [폴리(A)$^+$ RNA] 3′-말단에 폴리(A)를 가지고 있는 RNA.

poly(A)$^-$ RNA [폴리(A)$^-$ RNA] 폴리(A)를 가지고 있지 않은 RNA.

poly(ADP-ribose) [PAR, 중합(ADP-당)] 중합(ADP)-당 중합효소에 의해 핵 단백질에 결합되어 있는 ADP-당 중합체. 중합체는 매 40~50 ADP당 단위마다 갈라진다.

poly(ADP-ribose) glycohydrolase [PARG, 중합(ADP-당) 가수분해 효소] 중합(ADP-당) 부위에서 당 부분의 글리코시드 결합을 끊는 효소로 중합체를 끊어낸다.

poly(ADP-ribose) polymerase [PARP, 중합(ADP-당) 중합효소] 니코틴산 아미드 디뉴클레오타이드에서 목표 단백질로 하나씩 ADP-당을 옮겨주는 핵내 효소로 단백질에 중합ADP-당을 결합시킨다.

polycistronic message (다유전자성 메시지) 두 유전자 이상의 정보를 암호화하는 mRNA.

polymerase chain reaction (중합효소연쇄반응, PCR) DNA의 일부를 그 주변을 인지하는 프라이머와 반복적인 DNA 중합반응을 통하여 증폭시키는 방법.

polynucleotide (폴리뉴클레오티드) DNA나 RNA와 같은 뉴클레오티드로 구성된 중합체.

polypeptide (폴리펩티드) 단일단백질 사슬.

polyprotein (폴리단백질, 다중단백질) 레트로바이러스의 pol 같이 기능을 가진 2개 이상의 작은 폴리펩티드로 가공되는 긴 폴리펩티드.

polyribosome (폴리리보솜) polysome 참조.

polysome (폴리솜) 여러 개의 리보솜이 달라붙어 번역을 하고 있는 하나의 mRNA.

polytene chromosome (다사염색체) 초파리 애벌레의 침샘 세포와 같은, 특정 종의 특정 세포에서 거대해진 염색체. 염색체가 세포 분열없이 반복적으로 복제되어 딸세포가 뭉쳐져 거대한 염색체를 형성하게 됨.

pore 1 (1 구멍) 뉴클레오티드가 활성 부위로 들어갈 수 있는 RNA 중합효소의 구멍.

positional cloning (위치클로닝) 염색체상에서 특정한 유전적 형질을 가진 유전자의 위치를 파악하는 방법.

positive control (양성적 조절) CAP(또는 cAMP)와 같은 양성적 조절인자에 의해 유전자가 발현되는 유전자 발현 조절시스템.

positive strand (양성가닥) 바이러스 유전체에서 mRNA와 같은 염기서열을 가진 유전체가닥.

positive strand phage (or virus) (양성가닥 파지 또는 바이러스) RNA 파지(또는 바이러스) 중에서 유전체가 mRNA로 작용하는 파지 또는 바이러스.

postsynapsis (후시냅시스) 대장균의 상동재조합 과정 중 단일가닥 DNA가 이중가닥 DNA의 한 가닥을 내체하여 새로운 이중나선을 형성하는 단계.

postreplication repair (복제 후 회복) recombination repair 참조.

posttranscriptional control (전사 후 조절) 전사 후 시기에 전사체가 스플라이싱, 클리핑, 변형 과정 등을 통해 유전자 발현을 조절하는 현상.

posttranscriptional gene silencing (전사 후 유전자 사일런싱, PTGS) RNA interference 참조.

posttranslational modification (번역 후 변형) 단백질이 합성된 후 생기는 변화.

POT1 (말단소립 보호-1) shelterin 참조.

Pot1p 말단소립 끝에 결합하는 분리효모 단백질로 DNA 회복효소에 의해 분해되는 것을 막아 준다.

ppGpp 알라몬 구아노신 3'- 인산, 5'- 이인산. 주위에 영양분이 결핍되어 있는 상황에서 RelA 등에 의해 생성되어 rRNA의 전사를 억제한다.

predicted gene (예상유전자) 유전체 염기서열 결정 프로젝트에서 EST와 상동적인 염기서열을 가지고 있는 유전자.

preinitiation complex (개시 전 복합체) 전사가 시작되기 직전 프로모터에서 RNA 중합효소와 보편전사인자의 조립이 일어난 조합체.

preinsertion state (삽입 전 상태) 삽입되어 들어오는 염기 가닥이 주형 염기와 당에 일치하는지 확인하는 가설적인 전사 신장 상태.

pre-miRNA (전 miRNA) Drosha에 의해 만들어지는 pri-miRNA에서 절단되어 생성된 머리핀 구조 전구체

presynapsis (전시냅시스) 대장균의 상동재조합 과정 중 DNA 이중나선의 침투가 일어나기 전에 RecA(그리고 SSB)가 단일가닥 DNA를 피복하는 단계.

Pribnow box minus ten box 참조.

primary structure (1차 구조) 폴리펩티드에서 아미노산 서열 또는 DNA나 RNA에서 뉴클레오티드 서열.

primary transcript (1차 전사체) 처음 만들어진 처리되지 않은 유전자의 RNA 산물.

primase (프라이메이즈) 프리모솜 안에서 프라이머를 만드는 효소.

primer (프라이머) DNA 복제가 시작되는 데 필요한 자유로운 말단을 제공하는 소형 RNA 조각.

primer-binding site (프라이머-결합부위, PBS) 레트로바이러스 RNA의 역전사 개시를 위해 tRNA 프라이머가 결합하는 위치.

primer extension (프라이머 신장) 시료에서 전사체의 양을 측정할 뿐만 아니라 전사체의 5'-말단을 알아내기 위한 방법. 표지된 DNA 프라이머를 혼합물 속의 특정 RNA와 잡종화하고 역전사효소로 전사체의 5'-말단까지 신장시킨 다음, DNA 생성물을 전기영동하여 크기와 양을 결정한다.

primosome (프라이모솜) 대장균의 DNA 복제에서 프라이머를 만드는 약 20여 개 폴리펩티드 복합체.

probe (nucleic acid) [(핵산의) 탐침] 추적자(전통적으로 방사성)로 표지된 핵산 조각으로 연구자로 하여금 미지 DNA에 대한 탐침의 잡종화를 추적할 수 있도록 한다. 예를 들어 방사성 탐침은 전기영동 후에 미지 DNA 밴드를 동정하기 위해 사용될 수 있다.

processed pseudogene (가공위유전자) 정상 유전자의 전사, 전사체의 가공, 역전사 및 유전체로 재삽입 등의 레트로트랜스포존-유사 활성에 의해 만들어진 위유전자.

processing (of RNA) [(RNA의) 공정] 스플라이싱, 5'- 또는 3'-말단의 클리핑, 큰 전구체로부터 rRNA가 잘리는 절단 과정을 포함하는 RNA 전구체 성숙 과정에 일어나는 RNA 절단 과정.

processing bodies (가공체) P-body 참조.

processivity (진행성) 활성 작용이 반복될 때 효소가 하나 이상의 기질과 결합한 채로 남아 있으려는 경향. 따라서 DNA나 RNA 중합효소가 주형에서 떨어지지 않고 산물을 길게 계속 만들수록 진행성이 더 커진다.

prokaryote (원핵생물, 원핵세포) 핵이 없는 미생물. 박테리아, 남세균, 원시세균이 포함된다.

proliferating cell nuclear antigen (증식세포 핵항원, PCNA) 진핵생물 DNA 중합효소 δ에 결합하여 진행성을 증가시켜주는 단백질.

proline-rich domain (프롤린-풍부영역) 프롤린 아미노산이 풍부한 전사활성 영역.

promoter (프로모터, 촉진자) 전사의 개시 전 RNA 중합효소가 결합하는 DNA 서열. 보통 유전자의 전사 시작 자리 바로 앞에서 발견된다.

promoter clearance (프로모터 제거) RNA 중합효소가 전사 개시 후 프로모터를 떠나 이동하는 과정.

proofreading (aminoacyl-tRNA synthetase) [(아미노아실-tRNA 합성요소의) 교정] 단백질 합성에서 아미노아실아데닐산에 의하여 또는 아미노아실-tRNA에 의하여 결합한 아미노산이 작으면 가수분해되는 현상.

proofreading (DNA) [(DNA) 교정] 세포가 DNA 복제의 정확성을 증가시키기 위해서 잘못 삽입된 염기를 정상적인 것으로 대체하는 과정.

proofreading (protein synthesis) [(단백질 합성의) 교정] 아미노아실아데닐산과 또는 아미노아실-tRNA가 그들의 아미노산이 합성효소에 비해 너무 작을 때 가수분해되는 과정.

prophage (프로파지) 숙주염색체로 통합된 파지유전체.

protease (단백질분해효소) 단백질을 절단하는 효소. 예를 들어 단백질분해효소는 레트로바이러스의 다중단백질을 기능적 부위로 자른다.

proteasome (프로테아솜) 유비퀴틴화된 단백질을 분해하는 침강계수 26S의 단백질 복합체.

protein (단백질) 아미노산으로 구성된 중합체 또는 폴리펩티드. 때때로 단백질은 하나 이상의 폴리펩티드로 이루어진 기능적 모임을 의미한다. (예를 들어 헤모글로빈 단백질은 4개의 폴리펩티드로 구성되어 있다.)

protein footprinting (단백질 풋프린팅) DNase 풋프린팅과 유사한 방법으로 단백질이 서로 접촉하는 부위를 결정해 준다. 하나의 단백질을 말단 표지시켜 다른 단백질과 결합시킨 뒤, 단백질분해효소로 적절히 분해시킨다. 만약 결합단백질이 표지시킨 단백질이 분해되는 것을 막아준다면, 전기영동상에서 분해되었을 때 나타나는 조각이 보이지 않게 된다.

protein kinase A (단백질인산화효소 A, PKA) cAMP에 의해 활성화되어 세린과 트레오닌 아미노산을 특이적으로 인산화시키는 효소.

protein sequencing (단백질 서열분석법) 단백질의 아미노산 서열을 결정하는 것.

proteolytic processing (단백질 분해과정) 단백질을 조각으로 절단하는 과정.

proteome (단백질체) 한 개체의 일생에 걸쳐서 발현되는 모든 단백질의 구조와 활성.

proteomics (단백질체학) 단백질체를 연구하는 학문.

provirus (프로바이러스) 레트로바이러스의 이중가닥 DNA 복사체로 숙주유전체에 삽입된다.

proximal sequence element (말단 서열 구성요소) II급 snRNA 프로모터의 필수 구성요소

Prp28 U5 snRNP의 Prp28 단백질 구성요소; U6가 5′-스플라이싱 부위에서 U1 snRNA로 치환되는 데 필요하다.

pseudogene (위유전자) 돌연변이가 일어나 기능을 할 수 없는 정상유전자의 비대립 복사체.

pseudouridine (슈도우리딘) 리보스당이 우라실 염기의 1번 질소 대신 5번 탄소에 연결된 tRNA에서 발견되는 뉴클레오시드.

p300 CBP와 유사한 단백질.

pUC vector (pUC 벡터) pBR322를 기본으로 한 플라스미드 벡터로 암피실린 내성유전자와 *lacZ′* 유전자를 중단하는 다중클론 부위를 가지고 있어 삽입체에 대한 청/백 스크린을 가능하게 하는 기능을 가지고 있다.

pulse-chase (펄스-체이스) 짧은 기간 또는 '펄스' 동안 방사성의 전구체를 넣어 주면 RNA는 방사성을 띄게 된다. 그리고 많은 양의 꼬리표가 붙지 않은 전구체를 넣어 주면 '체이스' 결과물에서 방사성은 없어지게 된다.

pulsed-field gel electrophoresis (펄스장 젤 전기영동, PFGE) 전기장을 반복하여 바꾸어 수백만 염기쌍이 이르는 매우 큰 DNA 조각을 분리할 수 있는 전기영동 기술.

pulse labeling (펄스 표지) 아주 짧은 기간 동안 방사선 동위원소로 표지하는 것이다. 예를 들어 방사성 동위원소로 표지된 티미딘으로 짧은 기간 동안 세포를 배양하면 DNA를 펄스 표지할 수 있다.

purine (퓨린) 구아닌과 아데닌이 속한 염기.

puromycin (퓨로마이신) 아미노아실-tRNA의 구조와 비슷하여 자라는 폴리펩티드와 펩티드결합을 형성하여 리보솜에서 불완전한 폴리펩티드를 방출하여 박테리아를 죽이는 항생제.

pyrimidine (피리미딘) 시토신, 티민, 우라실을 포함하는 본체 염기를 일컫는다.

pyrimidine dimer (피리미딘 2량체) 한 DNA 가닥의 이웃한 피리미딘 사이가 공유결합으로 연결된 것으로, 반대쪽 가닥의 퓨린 염기와 염기쌍 형성을 방해한다. 자외선에 의한 주요 DNA 상해이다.

pyrogram (파이로그램) 파이로시퀀싱 운전을 주시한 카메라의 출력물로 뉴클레오티드 삽입에 해당하는 일련의 피크로 구성된다.

pyrosequencing (파이로시퀀싱) 새로운 뉴클레오티드 삽입 후 방출되는 무기인산염을 정량할 수 있는 빛으로 변환하는 고속배출 DNA 서열분석방법.

pyrrolysine (피롤라이신) 22번째 아미노산. 특정 tRNA에 의해 몇몇 원시세균에서 합성되는 폴리펩티드에 추가된다.

Q

Q 항종결자 Q를 암호화하는 λ 파지 유전자.

Q *Q* 유전자 산물로 λ 후기 프로모터 $P_{R'}$ 파지의 짧은 거리에서 전사종결을 억제하는 항종결자.

Q utilization site (*qut* 부위, *qut site*) λ 후기 프로모터와 중첩되는 Q 결합부위. Q가 Q 사용부위에 결합했을 때 RNA 중합효소가 부근의 종결자를 무시하고 후기 유전자의 전사가 지속되도록 한다.

quaternary structure (4차 구조) 복합단백질에서 2개 또는 그 이상의 폴리펩티드가 상호 작용하는 방식.

quenching (억제과정) 변성 상태를 유지하기 위해 열에 의하여 변성된 DNA 시료를 빠르게 냉각하는 것.

R

R 레트로바이러스 LTR의 U3 및 U5 부위 주변의 중복되는 부위.

R2Bm 누에나방(*Bombyx mori*)에서 발견된 LINE-유사 인자.

RACE rapid amplification of cDNA end 참조.

Rad6 히스톤 H2B를 유비퀴틴화시키는 유비퀴틴 라이게이즈.

RAD25 DNA 헬리케이즈 활성을 가진 효모 TFIIH의 소단위체.

radiation hybrid mapping (방사선 잡종지도법) 유전지도 작성의 한 방법으로 인간 염색체를 조각낼 수 있을 정도의 X-선 또는 감마선 등의 이온화 방사선을 인간 세포에 조사한 후 햄스터 세포와 잡종시켜 다양한 크기의 인간 염색체 조각을 포함한 잡종화된 세포를 만든다. 하나의 잡종 세포에서 함께 발견되는 유전적 지표들은 원래 인간 염색체에서도 가까운 거리 내에 존재했을 가능성이 높을 것이다.

Raf 신호전달 단백질 Ras에 의해 세포막 안쪽 면으로 유인되는 세린/트레오닌 단백질 인산화효소로 세포막에서 Raf 단백질은 인산화에 의해 활성화된다.

Rag-1 사람 *RAG-1* 유전자의 산물. Rag-2와 협동적으로 미성숙 면역글로불린 또는 T 세포 수용체 유전자를 RSS에서 절단하여 다양한 유전자

분절이 서로 재결합하도록 작용한다.

Rag-2 사람 *RAG-2* 유전자의 산물. Rag-1과 협동적으로 미성숙 면역글로불린 또는 T 세포 수용체 유전자를 RSS에서 절단하여 다양한 유전자 분절이 서로 재결합하도록 작용한다.

***ram state* (ram 상태)** 대장균 리보솜 16S rRNA의 나선 H27에 의해 나타나는 리보솜의 해석 정확도가 모호한 상태. 이 상태에서 나선 H27의 염기쌍은 코돈과 안티코돈 사이의 결합이 맞지 않는 안티코돈과도 안정화시키며 따라서 해독의 정확도가 떨어진다.

RAP1 특정 말단소립 DNA 서열에 결합하는 효모의 말단소립-결합 단백질로 SIR과 같은 다른 말단소립 관련인자를 불러온다.

rapid amplification of cDNA end (cDNA 말단의 급속증폭법, RACE) 부분적인 cDNA의 5′-말단이나 3′-말단을 확장하는 방법.

rapid turnover determinant (신속한 교체 결정요소) 철의 결핍 상황이 mRNA의 안정화를 일으키지 않는 이상 mRNA를 보호하는 TfR mRNA의 3′-UTR의 구조의 집합은 짧은 수명을 가진다.

rare cutter (드문 절단기) 인식서열이 자주 나오지 않아 드물게 절단하는 제한효소.

Ras *ras* 종양 유전자의 산물. GTP 결합에 의해 활성화되면, 이는 Raf를 활성화시켜 세포분열을 촉신하는 유전자가 발현되도록 신호를 전달한다.

Ras exchanger (Ras 교체자) Ras에서 GDP를 GTP로 교체하는 단백질로 Ras를 활성화시킨다.

RdRP RNA-directed RNA polymerase 참조.

read (in DNA sequencing) (DNA 서열분석의 해독) 서열분석 도구를 통한 한번의 공정으로 얻어진 연속적인 염기서열

reading frame (해독틀) mRNA의 삼중자 코돈은 세 가지 가능한 방식 중 하나로 번역될 수 있다. 예를 들어 CAGUGCUCGAC 메시지는 번역이 어디에서 시작되느냐에 따라 세 가지의 해독틀을 갖는다. 즉, ① CAG UGC UCG. ② AGU GCU CGA. ③ GUC CUC GAC. 실제의 mRNA는 일반적으로 오직 1개의 정확한 해독틀을 갖는다.

real-time PCR (실시간 PCR) 형광성 표지를 이용하여 PCR 과정중에 DNA가 증폭되는 것을 측정하는 방법.

RecA 대장균 *recA* 유전자의 산물. SSB와 더불어 단일나선 DNA 꼬리를 덮어서 이들이 상동재조합에서 상동부위를 찾도록 DNA 이중나선을 침범하는 것을 허용한다. SOS 반응 도중에 보조단백질 분해효소로도 작용한다.

recA RecA 단백질을 암호화하는 대장균 유전자.

RecBCD pathway (RecBCD 경로) RecBCD 단백질에 의해 개시되는 대장균의 주요 상동재조합 경로.

RecBCD protein (RecBCD 단백질) 대장균의 상동재조합 과정 중에 카이부위에 인접하여 한 가닥에 틈을 만들어 단일가닥의 3′-말단을 생성하는 단백질.

recessive (열성) 이질접합자인 경우 우성에 비하여 표현성을 나타내지 않는 대립인자나 형질.

recognition helix (인식나선) DNA의 특정 염기서열을 인식하여 DNA 결합단백질이 DNA의 큰 홈에 특이적으로 결합하게 하는 결합부분 α-나선.

recombinant DNA (재조합 DNA) 2개나 그 이상의 DNA 조각을 재조합한 산물. 세포에서 자연적으로 생기기도 하고 시험관에서 분자생물학적인 방법으로 제조하기도 한다.

recombination (재조합) 유전자나 대립인자의 재분류를 통한 새로운 조합의 형성. DNA 사이의 교차에 의하여 일어난다.

recombination-activating gene (재조합-활성 유전자) RAG-1 또는 RAG-2를 암호화하는 유전자.

recombination repair (재조합 회복) 세포가 피리미딘 2량체를 가지고 있는 DNA를 복제하는 방법. 먼저 두 가닥이 복제되면 2량체 반대편에 큰 빈 공간이 생기며, 그다음 정상 DNA의 딸가닥 사이에 재조합이 일어나 공간이 메워진다.

recombination signal sequence (재조합 신호서열, RSS) 면역글로불린 또는 T 세포 수용체 유전자의 성숙 과정에서 재조합 기구에 의해 인식되는 재조합 결합부위상의 특정 염기서열.

recruitment (유인) 일반적으로 RNA 중합효소 또는 전사인자로 하여금 프로모터에 결합하도록 촉진하는 것을 의미한다.

regulon (레귤론) 함께 조절받는 유전자 세트.

related gene (연관유전자) 유전체 염기서열 결정 프로젝트에서 동일한 종이나 다른 종에서 알려진 유전자나 유전자 일부와 상동적인 유전자.

release factor (방출인자, RF) 종결코돈에서 번역을 종결시키는 단백질.

renaturation of DNA (DNA 재생) annealing of DNA 참조.

repetitive DNA (반복 DNA) 하나의 단상형 유전체에 반복적으로 나타나는 DNA 서열.

replacement vector (대체벡터) λ 파지에 기반한 클로닝 벡터의 일종으로 대부분의 파지 DNA는 제거되고 비슷한 크기의 외부 DNA 조각으로 대체되었다.

replica plating (복사판 제조) 벨벳과 같은 부드러운 천으로 싼 복사 도구를 이용하여 세균이나 세포를 한 배양접시에서 다른 배양접시로 복사하는 방법으로 특정 세포의 위치를 같은 위치에 복사할 수 있다.

replicating fork (복제분기점) 2개의 모가닥이 분리되어 복제가 시작되는 지점.

replicative form (복제형) 단일가닥 RNA나 DNA를 갖는 파지나 바이러스에서 유전체의 복제 과정에 나타나는 이중가닥 형태.

replicative transposition (복제적 전이) 트랜스포존 DNA가 복제되는 '복사해 붙이기'식 전이로 한 복사체는 원래 위치에 남고 다른 복사체는 새로운 위치로 이동한다.

replicon (복제 단위) 하나의 복제기점으로부터 합성되는 DNA 부분 전체.

replisome (레플리솜) 대장균에서 프리모솜을 포함하고 DNA를 복제하는 폴리펩티드의 복합체.

reporter gene (보고유전자, 리포터유전자) 프로모터 또는 전사개시부위에 연결된 유전자로 전사 또는 번역의 결과물인 활성을 측정하는 데 사용한다. 보고유전자는 유전자를 교체하여 정량이 용이한 대용품 역할을 한다.

repressed (억제) 오페론이 억제될 때 오페론은 작동하지 않고 활동을 멈춘다.

resolution (분해) 중간체로 공동삽입체를 매개로하는 전이의 두 번째 단계. 공동삽입체는 각각 자신의 트랜스포존 복사체를 갖는 두 복제단위로

분리된다. 또한 가닥의 두 번째 쌍이 깨어지는 재조합의 마지막 단계를 일컫는다.

resolvase (레솔베이즈) 공동삽입체의 분해를 촉매하는 효소. DNA의 두 가닥에 틈을 만들어 가지점 이동 후의 홀리데이 접합을 분해하는 핵산 내부가수분해효소이다.

***res* site (*res* 부위)** 공동 삽입체에 있는 트랜스포존의 두 복사체상의 부위로 이들 사이에서 분해를 위한 교차가 일어난다.

restriction endonuclease (제한효소) DNA의 특정 서열을 인지하여 그 부위나 근처를 자르는 효소.

restriction fragment (제한절편) 제한효소에 의하여 보다 큰 DNA로부터 잘려져 나온 DNA 조각.

restriction fragment length polymorphism (제한효소 절편길이 다형성, RFLP) 정해진 유전자 자리에서 정해진 제한효소에 의해 잘려지는 위치의 개수가 개개인마다 다르다.

restriction map (제한효소 지도) DNA의 특정부위에서 제한효소의 위치를 보여 주는 지도.

restriction-modification system (제한-변형 시스템, R-M system) 같은 서열을 인식하는 제한효소와 DNA 메틸화효소의 조합.

restriction site (인식부위) 제한효소에 의하여 인식되고 절단되는 서열.

restrictive condition nonpermissive condition 참조.

restrictive state (제한적 상태) 대장균 리보솜 16S rRNA의 나선 H27이 갖는 ram 상태와 상대적으로 다른 상태. 교정을 하기 위해 요구되는 이 상태에서 나선 H27에서의 염기쌍은 코돈과 안티코돈 사이의 정확한 결합을 필요로 하며 따라서 해독의 정확도가 증가한다.

retained intron (유지된 인트론) 대체 스플라이싱 기작을 통해 완성된 mRNA에 남아 있는 인트론.

retrohoming (레트로호밍) 어느 유전자의 II 그룹 인트론이 유전체상의 다른 위치에 존재하는 같은 유전자이지만 인트론을 포함하지 않는 유전자로 전이하는 과정.

retrotransposon (레트로트랜스포존) 레트로바이러스와 유사한 기작을 통해 전위하는 *copia*나 Ty 같은 전이성 인자.

retrovirus (레트로바이러스) 역전사에 의한 프로바이러스의 형성에 의존하여 복제하는 RNA 바이러스.

reverse transcriptase (역전사효소) RNA-의존성 DNA 중합효소. 이 효소는 역전사를 촉매하는 레트로바이러스에서 종종 발견된다.

reverse transcriptase PCR (역전사효소 PCR, RT-PCR) 역전사효소를 이용하여 mRNA 주형에서 cDNA를 합성한 후 PCR을 사용하여 cDNA를 증폭하는 방법.

reverse transcription (역전사) RNA를 주형으로 사용하는 DNA의 합성.

reversion (복귀돌연변이) 동일한 유전자에서 이미 일어난 돌연변이를 무효화시키는 돌연변이.

RF (복제 형태, replicative form) 단일가닥 DNA를 가진 ΦX174 같은 파지에서 환형으로 나타나는 이중가닥 형태를 말한다. 회전환 복제를 준비하는 형태의 DNA이다.

RF1 UAA와 UAG 종결코돈을 인식하는 원핵세포의 방출인자.

RF2 UAA와 UGA 종결코돈을 인식하는 원핵세포의 방출인자.

RF3 리보솜 의존적 GTP 가수분해효소 활성을 갖는 원핵세포의 방출인자. GTP와 함께 RF1과 RF2가 리보솜에 결합하는 것을 돕는다.

RF-A 인간의 단일사슬 결합단백질로 SV40 바이러스 DNA 복제에 필수적이다.

***RFN* element (*RFN* 요소)** *ribD* 오페론의 5′-UTR에 있는 리보스위치. FMN의 결합으로 리보스위치의 염기쌍 형성에 변화가 생겨 전사를 약화시키는 종결구조를 형성하게 된다.

RFLP restriction fragment length polymorphism 참조.

rho (ρ) 대장균과 파지 등에서 일부 유전자의 전사종결에 반드시 필요한 단백질.

rho-dependent terminator (rho-의존적 전사종료체) *rho* 활성을 필요로 하는 전사종료체.

rho-independent terminator (rho-비의존적 전사종료체) intrinsic terminator 참조.

rho loading site (rho 결합부위) 합성되고 있는 RNA상에 존재하는 rho 단백질의 결합부위. rho 결합부위에 결합한 rho 단백질은 RNA 중합효소를 따라 5′→ 3′으로 이동한다.

ribonuclease (RNase) RNA를 분해하는 효소.

ribonuclease H RNase H 참조.

ribonucleoside triphosphate (리보뉴클리오시드 삼인산) RNA를 이루는 구성단위, 즉 ATP, CTP, GTP 및 UTP.

ribose (리보오스) RNA의 구성성분인당.

riboprobe (리보탐침) 표지된 RNA 탐침으로 일반적으로 RNA 분해효소 지도 작성법에 사용된다.

ribosomal RNA (리보솜 RNA) rRNA 참조.

ribosome (리보솜) mRNA를 번역하여 단백질을 만드는 RNA-단백질 입자.

ribosome drop-off (리보솜 분리) mRNA로부터 미성숙된 리보솜이 분리되는 현상.

ribosome recycling factor (리보솜 재활용 인자, RRF) 번역종결 이후에 리보솜의 A 부위에 결합하는 단백질로 tRNA와 매우 유사한 구조를 하고 있다. EF-G와 함께 작용하여 mRNA로부터 리보솜을 방출시킨다.

riboswitch (리보스위치) RNA의 한 부위로, 이곳에 소분자가 결합하여 전사 또는 번역에 영향을 미쳐 유전자의 발현을 변화시킨다.

ribozyme (라이보자임) 촉매기능을 가진 RNA(RNA 효소).

rifampicin (리팜피신) 대장균 RNA 중합효소의 전사개시를 억제하는 항생제.

RISC loading complex (RISC 탑재복합체, RLC) 이 단백질 복합체는 (아마) 2개의 siRNA 가닥으로 나누고, RISC로 이 가닥을 넘겨준다.

RITS (RNA 유도유전자 전사사일런싱 개시자, RNA-induced initiator of transcriptional gene silencing) RdRP를 유도하고, 그 후에 siRNA를 확장하는 단백질 복합체.

RLC RISC loading complex 참조.

RLIM (RING finger LIM domain-binding protein) (RLIM 활성인자) LIM-HD의 활성을 억제하는 공동억제인자로 CLIM의 유비퀴틴화를 통해 프로테오솜에 의한 분해를 유도한다.

R-looping (R-고리화) 전자현미경에 의해 DNA와 RNA 사이의 잡종결

한을 눈으로 확인하는 기술. 전형적인 R-고리는 RNA가 DNA의 한 나선과 잡종결합할 때 형성되어 다른 나선을 대체한다. R-고리화는 단일나선의 DNA와 RNA로 이루어질 수도 있다. 이 과정에서 전형적인 R-고리는 형성되지 않지만 DNA가 RNA에서 발견되지 않는 정보를 포함할 경우에는 고리가 관찰된다.

RNA (리보핵산, ribonucleic acid) 리보뉴클레오티드가 인디에스테르 결합으로 연결된 중합체.

RNA-dependent DNA polymerase (RNA-의존성 DNA 중합효소) reverse transcriptase 참조.

RNA-directed RNA polymerase [RNA-의존적 RNA 중합효소, RdRP (RdRP)] 목표 mRNA를 주형으로 하여 siRNA 프라이머를 연장시키는 효소로 다이서에 좀 더 많은 기질을 제공하고 siRNA의 양을 늘린다.

RNA helicase (RNA 헬리케이즈, RNA 나선효소) 이중나선 DNA나 RNA의 가닥을 푸는 효소.

RNA-induced silencing complex (RNA 유도사일런싱 복합체, RISC) 이 RNA 분해효소 복합체는 RNA 간섭현상 간에 목표가 되는 mRNA를 분해한다. 다이서, Argonaute와 알려지지 않은 RNA 분해효소를 포함하는 것들이 목표 RNA를 분해한다.

RNA interference (RNA 간섭현상, RNAi) 이중가닥의 RNA를 세포 내로 넣어 특이적인 mRNA를 분해하여 유전자 발현을 조절하는 것이다.

RNA ligase (RNA 라이게이즈) 제거를 통한 두 조각의 미성숙 tRNA에서 이 효소는 2개의 조각난 RNA를 붙이는 역할을 한다.

RNA polymerase (RNA 중합효소) 전사 또는 RNA 합성을 지정하는 효소.

RNA polymerase I (RNA 중합효소 I) 큰 rRNA 전구체를 만드는 진핵세포 RNA 중합효소.

RNA polymerase II (RNA 중합효소 II) mRNA 전구체와 대부분의 snRNA를 만드는 진핵세포 RNA 중합효소.

RNA polymerase III (RNA 중합효소 III) U6 snRNA를 포함한 일부 다른 작은 RNA뿐 아니라 5S rRNA와 tRNA 전구체를 만드는 진핵세포 RNA 중합효소.

RNA polymerase IV(RNA 중합효소 IV) 식물에서 24nt의 이색염색질 siRNA를 만드는 II급형 중합효소.

RNA polymerase V(RNA 중합효소 V) 식물에서 Ago4, 이색염색질 siRNA와 함께 이색염식질을 비활성화시키는 긴 RNAs를 만드는 II급형 중합효소.

RNA polymerase core (핵심 RNA 중합효소) 박테리아에서 σ-인자를 제외한 모든 소단위체를 지닌 RNA 중합효소 복합체를 의미하며 신장 과정은 효율적으로 진행시키나 전사개시에의 특이성을 지니고 있지 않다.

RNA polymerase IIA (RNA 중합효소 IIA) 인산화되지 않은(또는 인산화가 덜 된) CTD를 가지고 있는 RNA 중합효소 II의 한 형태.

RNA polymerase II holoenzyme (RNA 중합효소 II 완전효소) 하나의 단위체로 분리될 수 있는 RNA 중합효소 II, 전사요소 및 그 외의 다른 단백질의 복합체.

RNA polymerase holenzyme (bacterial) [(박테리아) RNA 중합완전효소] 전체효소의 구성성분인 폴리펩티드의 집합체. 보통 β, β′, α_2, ω, σ 보조단위를 포함한다.

RNA polymerase IIO (RNA 중합효소 IIO) CTD가 많이 인산화된 상태의 RNA 중합효소 II 형태.

RNA processing (RNA 처리과정) 1차 전사체를 절단, 스플라이싱, 캡핑, 폴리아데닐레이션 등의 과정에 의해 완성된 형태로 바꾸는 과정.

RNA pull-down (RNA 침강법) 특정 RNA를 바이오틴이 부착된 상보적 RNA로 침강시킨 뒤, 아비딘이 부착된 자석 비드로 결합시킨다. 자력을 통해 비드를 침강시키면, 부착된 RNA를 침강시킬 수 있다. 자력이 없는 비드를 사용해도 비슷한 과정을 통한 원심분리로 침강이 가능하다.

RNase E (RNA 가수분해효소 E) 선구체 RNA로부터 대장균 5S rRNA를 제거하는 효소.

RNase H RNA-DNA 잡종의 RNA 부분에 특이적으로 작용하는 RNA 가수분해효소. 레트로바이러스의 역전사효소의 기능 중 한 가지 활성.

RNase mapping (RNase 지도작성법) S1 지도작성법의 변형으로 탐침이 RNA이며, 단일가닥 RNA 종류를 소화하기 위하여 S1 핵산분해효소 대신에 RNA 분해효소를 사용한다.

RNase P (RNA 가수분해효소 P) tRNA의 5′-말단부터 뉴클레오티드를 잘라내는 효소. 대부분 촉매 RNA 소단위로 이루어졌다.

RNase protection assay (RNase 방어분석법) RNase mapping 참조.

RNase R (RNA 가수분해효소 R) tmRNA와 연관된 리보핵산 가수분해효소로 tmRNA에서 방출된 논스톱 mRNA를 분해하리라 생각된다.

RNase III (RNA 가수분해효소 III) 이 효소는 대장균 rRNA 선구체의 공정에서 첫 번째 절단을 수행한다.

RNA splicing (RNA 스플라이싱) RNA 전구체에서 인트론을 제거하고 엑손끼리 연결하는 과정.

RNA triphosphatase (RNA 삼인산 가수분해효소) 캡이 형성되기 전에 mRNA 전구체의 5′-말단의 γ-인산기를 제거하는 효소.

rolling circle replication (회전 바퀴형 복제) 이중가닥의 원형 DNA에서 한 가닥은 그대로 있으면서 틈에서 신장되는 다른 가닥의 주형 역할을 하는 DNA 복제기작.

RPA SV40 바이러스의 DNA 복제에 필수적인 인간의 단일가닥 DNA 결합단백질.

RRF ribosome recycling factor 참조.

rRNA (리보솜 RNA, ribosomal RNA) 리보솜에 함유되어 있는 RNA 분자들.

rRNA precursor (45S) [(45S) 리보솜 RNA 선구체] 28S, 18S, 그리고 5.8S rRNA 서열을 포함하는 포유동물에서의 큰 rRNA 선구체.

rRNA (5.8S) [(5.8S) 리보솜 RNA] 45S 선구체에서 유래된 포유동물 rRNA의 가장 작은 rRNA. (60S) 큰 리보솜 소단위체로 발견되었으며 28S rRNA와 염기쌍을 이룬다.

rRNA (18S) [(18S) 리보솜 RNA] 포유동물 rRNA로 (40S) 작은 리보솜 소단위체에서 발견된다.

rRNA (28S) [(28S) 리보솜 RNA] 가장 큰 포유동물 rRNA. (60S) 큰 리보솜 소단위체로 발견되었으며 5.8S rRNA와 염기쌍을 이룬다.

***rrn* gene (*rrn* 유전자)** 박테리아의 리보솜 RNA 유전자.

Rsd (Rsd) 영양상태 대장균의 주 σ-인자인 σ^{70} (σD)을 억제하는 항-σ-인자.

rsd gene (rsd 유전자) 단백질 Rsd를 암호화하는 유전자.

RSS recombination signal sequence 참조.

R2D2 RLC의 구성요소로 추정되는 다이서-결합단백질.

run-off transcription assay (런-오프 전사분석법) 시험관 내에서 특정 유전자의 전사 정도를 정량하기 위한 방법. 유전자의 조절부위와 5′-지역을 포함하는 이중가닥 DNA를 표지된 리보뉴클레오시드 3인산 존재하에 시험관 내에서 전사시켜 생성물을 표지한다. RNA 중합효소는 절단된 유전자의 끝에서 흘러나가고 예상할 수 있는 짧은 RNA 생성물을 만든다. 이런 런-오프 생성물의 존재비가 유전자의 시험관 내 전사 정도의 측도가 된다.

run-on transcription assay (런-온 전사분석) 생체 내에서 특정 유전자의 전사 양을 측정하기 위한 방법. 다양한 RNA 사슬을 신장중인 RNA 중합효소를 가진 핵이 분리된다. 이러한 사슬은 표지된 뉴클레오티드 존재하에 시험관 내에서 신장되어 RNA를 표지한다. 표지된 RNA는 정량되어질 유전자를 상징하는 비표지 DNA 시료를 포함하는 서던 블롯 또는 점 블롯과 잡종화된다. 블롯상의 각 밴드 또는 점의 잡종화 정도가 대응 유전자로부터 신장된 RNA 사슬의 수, 즉 유전자의 전사 정도의 측도이다.

RuvA 대장균의 상동재조합 과정 중에 RuvB와 함께 DNA 헬리케이즈를 형성하여 가지점 이동을 촉진하는 단백질.

RuvB 대장균의 상동재조합 과정 중에 RuvA와 함께 DNA 헬리케이즈를 형성하여 가지점 이동을 촉진하는 단백질. 헬리케이즈에 에너지를 공급하는 ATP 분해효소를 포함한다.

RuvC 상동재조합의 RecBCD 경로의 분해효소.

S

Saccharomyces cerevisiae 빵을 만드는 데 사용하는 효모. 진핵세포이며 유전체가 작아 진핵세포 연구에 많이 사용한다.

SAGA 히스톤 아세틸기전달효소 활성을 가지는 전사 연결자 복합체.

SAGE serial analysis of gene expression 참조.

scanning (검색) 40S 리보솜 소단위체가 mRNA의 5′-말단에 결합하여 mRNA를 탐색하거나 개시에 좋은 맥락에 있는 첫 번째 개시암호를 찾을 때까지 활주한다는 진핵세포의 번역개시에 관한 모델.

scintillation (섬광) 액체 섬광계수기 내에서 형광체를 때리는 방사능 방출에 의해 야기된 폭발적인 광선.

scintillation fluid (섬광 용액) liquid-scintillation counting 참조.

screen (스크린) 원하는 생물과 원하지 않은 생물을 구별하는 유전적 분류 방법.

scrunching (스크런칭) DNA의 움직임이 없이 더 많은 DNA를 RNA 중합효소 쪽으로 쥐어짜는, 부정확한 전사체를 설명하기 위한 가설.

SC35 단독으로 어떤 mRNA 전구체 내의 특정 지역에서 스플라이싱을 위임할 수 있는 포유동물의 SR-종류 RNA-결합단백질.

SDS PAGE sodium dodecyl sulfate 참조.

secondary siRNA (2차 siRNA) 고유의 방아쇠 RNA 범위 밖에 있는 짧은 두 가닥 RNA. 방아쇠 RNA의 센스가닥에 대해 항상 상위 위치.

secondary structure (2차구조) 폴리펩티드 또는 RNA의 국부적 접힘. 후자의 경우, 2차구조는 분자 내 염기쌍 형성을 말한다.

sedimentation coefficient (침강계수) 원심력에 의해 어떤 분자나 입자가 원심분리 튜브의 바닥으로 이동하는 비율을 나타내는 계량 단위.

seed BAC (종자 BAC) 산탄 염기서열 결정법으로 대형 유전체 전체를 서열결정하는 과정에서 선발된 BAC.

selection (선택) 세포의 성장을 억제하거나 죽음을 유도하는 등의 유전학적인 방법을 이용하여 원치 않는 개체를 제거하는 방법.

selenocysteine (셀레노시스테인) 21번째 아미노산으로 일반적인 시스테인 구조에서 황의 위치에 셀레늄이 들어간 희귀성 아미노산.

SELEX(systematic evolution of ligands by exponential enrichment) (지수적 농축에 의한 리간드의 계통 진화) 앱타머 또는 기능 부위를 가진 핵산(보통 RNA)을 농축하는 방법. 기능 분자를 친화성 크로마토그래피와 같은 방법으로 선별하고, PCR을 통해 증폭된 다음 재차 선별과 증폭되는 지수적 농축 효과를 발휘한다.

semiconservative replication (반보전적 복제) 두 모가닥이 완전히 분리되어 새로운 딸가닥과 쌍을 이루는 DNA 복제. 따라서 모가닥 중 한 가닥이 각각의 딸 이중가닥에 보존된다.

semidiscontinuous replication (반불연속적 복제) 하나의 가닥은 연속적으로 다른 가닥은 불연속적으로 진행되는 복제기작.

sequenator (자동 염기서열기) 자동화된 DNA 서열분석기.

sequence-tagged connector (서열꼬리표 연결자, STC) 대형 유전체 서열결정 과정에서 BAC와 같이 하나의 큰 클론의 말단부에 존재하는 500bp 정도의 서열.

sequence-tagged site (서열꼬리표 부위, STS) 특정 프라이머를 이용하여 PCR로 증폭시켜 정체를 확인할 수 있는 짧은 길이의 DNA 부위.

sequencing (서열결정) 단백질의 아미노산 서열이나 DNA 또는 RNA의 염기서열을 결정하는 것.

serial analysis of gene expression (유전자 발현의 순차적 분석, SAGE) 많은 유전자 발현 수준을 한 번에 결정할 수 있는 방법. 많은 종류의 mRNA로부터 짧은 cDNA나 태그를 만들고 한꺼번에 연결하여 하나의 클론으로 클로닝한 다음 서열을 결정한다. 하나의 클론에서 여러 번 발견되는 서열일수록 실제 발현 수준이 높다.

severe combined immunodeficiency (중증 합병 면역결핍증, SCID) 면역계를 갖추지 못해 생기는 질환. 한 가지 원인은 아르테미스 유전자의 결함 때문이다. 이러한 질환을 '버블보이' 증후군이라고도 한다.

SH2 domain (SH2 영역) 많은 신호전달 단백질에서 발견되는 인산화된 티로신의 결합영역.

SH3 domain (SH3 영역) 단백질-단백질 상호 작용을 일으키는 프롤린이 많은 나선 결합영역.

shelterin (쉘터린) 말단소립에 결합하는 단백질로, 말단소립이 분해되거나 부적절한 염색체 말단 연결되는 것을 막아준다. 포유동물에는 6가지 쉘터린 단백질이 존재하는데, TRF1, TRF2, TIN2, POT1, TPP1, RAP1 등이다.

Shine-Dalgarno(SD) sequence [Shine-Dalgano(SD) 서열] 대장균 16S rRNA의 3′-말단서열과 상보성인 G-풍부 서열(컨센서스 서열은 AGGAGGU이다). 이 두 서열 사이의 염기쌍 형성이 리보솜의 mRNA 결합을 돕는다.

short hairpin RNA (짧은 머리핀형 RNA, shRNA) RNA는 역반복 서열

로 가공되어 있어서 생체 내에서 머리핀 형태를 이루고 RNA 간섭현상을 개시한다.

short interfering RNA siRNA 참조.

shotgun sequencing (산탄 염기서열 결정법) 유전체 염기서열 결정의 한 방법으로 유전체를 작은 조각으로 자르고 무작위적으로 클로닝하고 염기서열을 결정한다. 이 후 각 클론의 서열을 컴퓨터 프로그램으로 비교하여 중복부위를 제외한 하나의 완전한 유전체 서열로 통합한다.

shuttle vector (셔틀벡터) 두 가지 이상의 다른 숙주에서 복제될 수 있는 벡터로서 재조합 DNA를 다른 숙주 사이에 옮길 때 사용한다.

sickle cell disease (낫형세포병) 비정상적인 β-글로빈을 만드는 유전병. 1개의 아미노산 변화로 이 혈액단백질이 저산소 조건에서 엉키어 적혈구 세포를 낫 모양으로 뒤틀리게 한다.

sigma (σ) (시그마) 박테리아 RNA 중합효소의 구성성분으로 전사의 특이성을 제공한다. 즉, 프로모터 DNA의 인지에 관여한다.

signal peptide (신호펩티드) 폴리펩디드의 아미노 말단에 있는 약 20개의 아미노산으로 새로 만들어지는 폴리펩티드와 리보솜이 소포체에 부착하는 것을 돕는다. 신호펩티드를 가진 폴리펩티드는 골지장치에서 포장되어 세포 밖으로 방출된다.

signal transduction pathway (신호전달 경로) 세포 표면에 결합하는 신호(성장인자 등)와 세포 내에서 일어나는 반응(일반적으로 유전자 발현 증가나 억제)을 연결하는 경로.

silencer (사일런서) 진핵세포 유전자의 전사를 원거리에서 억제하는 DNA 서열.

silencing (사일런싱) 진핵세포 유전자 발현의 억제. 유전자가 있는 부위에서 이질염색체가 형성되거나 뉴클레오솜과 DNA의 결합이 강화되는 방식으로 일어날 수 있다.

silent mutation (잠재성 돌연변이) 반수체 생물체 또는 동형접합 조건에서 그 변화를 알 수 없는 돌연변이.

SIN3 효모의 보조억제인자.

SIN3A and SIN3B (SIN3A와 SIN3B) 포유류에서 효모의 보조억제인자인 SIN3 역할을 하는 SIN.

single-nucleotide polymorphism (단일염기다형 현상, SNP) 특정 유전적 위치에서 종의 구성원 사이에 하나의 염기가 차이가 나는 현상.

single-strand DNA-binding protein SSB 참조.

siRISC RNA 간섭현상에서 siRNA와 관련된 초파리 RISC.

SIR2, SIR3, and SIR4 효모의 이질 염색질을 만드는 데 필요한 단백질로 말단소립의 이질염색질에도 관여한다.

siRNA (짧은 간섭 RNA, short interfering RNA) RNA 간섭현상 간에 다이서에 의해서 만들어진 짧은 조각(21~28nt)의 이중가닥의 방아쇠 RNA.

site-directed mutagenesis (위치지정 돌연변이) 클론닝된 유전자에 미리 정해진 특정 변이를 도입하는 방법.

site-specific recombination (부위특이적 재조합) 항상 동일 장소에서 일어나며 재조합하는 두 DNA 간의 제한된 서열 유사성에 의존적인 재조합.

SKAR (S6K1 Aly/REF-like substrate) 핵 내 EJC로 유도되는 단백질로, S6K1을 세포질 내 mRNP로 유도한다.

Ski complex (Ski 복합체) Ski7p와 엑소솜(exosome)을 포함하는 복합체의 구성성분으로 진핵세포의 논스톱 mRNA를 파괴시키는 역할을 한다.

Ski7p 리보솜상의 A 부위에 위치하고 있는 0~3개의 폴리(A) 말단 뉴클레오티드를 인식하고, 리보핵산 분해효소를 끌어들여 이 논스톱 mRNA를 분해하는 데 관여하는 단백질.

SL1 TBP와 3개의 TAFI를 포함하고 있는 I급의 전사인자. 중합효소 I의 DNA 결합과 전사활성을 위해 UBF와 상승적(synergistically)으로 작용.

slicer (슬라이서) RISC에서 표적 mRNA를 절단하는 Argonaute2의 활성.

sliding clamp (미끄럼 집게) DNA 주형에서 효소가 떨어지도록 해주는 RNA 중합효소 II의 집게 형태 구조로 진행을 도와준다.

Slu7 3′-스플라이싱 부위에서 적절한 AG를 선택하는 데 필요한 스플라이싱 인자.

small nuclear RNA (소형 핵 RNA, snRNA) 핵 내에서 발견되는 저분자 RNA로 단백질과 반응하여 mRNA 전구체의 스플라이싱에 참여하는 핵 내 저분자 리보단백질을 형성한다.

small nucleolar RNA (소형 인 RNA, snoRNA) 수백 개의 소형 RNA들이 인에서 발견된다. snoRNA(E1, E2, E3)의 일부분은 소형 인 리보핵산단백질(snoRNP)에서 단백질과 연합되어 있으며 큰 rRNA 선구체 공정에 관여한다.

small RNA (소형 RNA, sRNA) 짧은 박테리아 RNA로 mRNA에 결합하여 번역을 조절한다.

SMCC/TRAP 인간의 매개자 유사단백질.

Sm protein (Sm 단백질) 작은 snRNP를 포함하여 모든 snRNP에서 발견되는 7개의 단백질 세트.

Sm site (Sm 부위) Sm 단백질과 상호 작용하는 snRNA 위의 서열(AAUUUGUGG).

SmpB tmRNA와 연관된 단백질로 tmRNA에 없는 D 루프의 기능을 보조함으로써 이들이 리보솜에 결합하는 것을 돕는다.

snoRNA small nucleolar RNA 참조.

snoRNP small nucleolar RNA 참조.

SNP single-nucleotide polymorphism 참조.

snRNA small nuclear RNA 참조.

snRNP small nuclear RNA 참조.

sodium dodecyl sulfate (도데실 황산나트륨, SDS) SDS-PAGE에서 단백질을 변성시키기 위해서 사용하는 강력한 음전하를 띤 세제.

somatic cell Nonsex cell 참조.

somatic 5S rRNA gene (체세포 5S rRNA 유전자) 체세포와 난세포에서 모두 발현하는 5S rRNA 유전자(아프리카 손톱개구리 반수체에서 400개 정도)로 체세포와 난모세포에서 발현된다.

somatic mutation (체세포 돌연변이) 체세포에만 영향을 주고 자손에게 전달되지 않는 돌연변이.

S1 mapping (S1 지도작성법) 특정 전사체의 말단을 위치를 알거나 특정 전사체를 정량하기 위하여 사용하는 방법. 표지된 DNA 탐침을 생체 내 또는 시험관 내에서 만든 전사체와 잡종화하고, S1 핵산분해효소 처리하여 비잡종화 된 부분을 제거한 다음 탐침에 의해 보호된 부분을 크기 표준과 함께 전기영동한다.

S1 nuclease (S1 핵산분해효소) 단일가닥 RNA와 DNA에 특이적인 핵

산분해효소로 S1 지도작성법에 사용된다.

Sos Ras 교체자 중 하나.

SOS response (SOS 반응) *recA*를 포함한 한 무리 유전자의 활성화로 대장균 세포가 화학적 돌연변이원이나 방사능과 같은 환경적 상해에 대응하는 것을 돕는다.

Southern blotting (서던 블롯팅) 젤 전기영동에 의하여 분리된 DNA 절편을 니트로셀룰로오스와 같은 적당한 지지매체에 전달한 다음, 표지된 탐침과 잡종화시킨다.

spacer DNA (사이 DNA) rRNA와 같이 반복된 유전자의 유전자 사이나 유전자 내부에서 발견되는 DNA 염기서열.

specialized gene (특화 유전자) 한 종류(또는 매우 적은) 세포에서만 활성을 띄는 유전자들. 예를 들어 췌장 β-섬 세포에서 인슐린 유전자나 적혈구에서 글로빈 유전자를 특활 유전자라 부른다.

spliced leader (스플라이스 선도체, SL) 독립적으로 합성된 35nt 선도체는 트리파노소마에서 표면 항원 mRNA 암호화부위에 트랜스-스플라이스된다.

spliceosome (스플라이세오솜) 핵의 mRNA 전구체의 스플라이싱이 일어나는 거대 RNA-단백질체.

spliceosome cycle (스플라이세오솜 주기) 스플라이세오좀의 형성 과정, 스플라이싱, 스플라이세오솜의 분리.

splicing (스플라이싱) 두 RNA 엑손 사이에 놓여 있는 인트론이 제거되면서 두 엑손이 함께 연결되는 과정.

splicing factor (스플라이싱 인자) snRNP 단백질 외에 핵의 mRNA 전구체의 스플라이싱에 필수적인 단백질.

Spo11 DSB를 생성하여 효모의 감수분열 재조합을 개시하는 핵산내부가수분해효소.

spore (포자) ① 식물이나 곰팡이에서 유성생식으로 또는 곰팡이에서 무성생식으로 형성된 특수한 반수체 세포. 반수체 세포는 배우자가 되거나 아니면 발아하여 새로운 반수체 세포를 형성한다. ② 불리한 환경에 반응하여 일부 박테리아에 의해 무성생식으로 형성된 특수한 세포. 이러한 포자는 비교적 활성이 없으며 환경적 스트레스에 저항력을 가진다.

sporulation (포자 형성) 포자의 형성.

squelching (진압) 어떤 활성인자의 농도를 높여서 다른 활성인자의 기능을 억제시키는 현상. 아마도 공통적으로 이용되는 단백질을 부족하게 만들어 억제 현상이 나타나는 것 같다.

SRB and MED-containing cofactor (SRB와 MED-함유 조인자, SMCC) SMCC/TRAP 참조.

SRC steroid receptor coactivator 참조.

SRC-1, SRC-2, and SRC-3 steroid receptor coactivator(SRC) 참조.

sRNA small RNA 참조.

SR protein (SR 단백질) 세린과 아르기닌이 풍부한 RNA 결합단백질군.

SSB (Single-strand DNA-binding protein) DNA 복제 및 재조합에 사용되는 단일가닥 DNA 결합단백질. 단일가닥 DNA에 결합하여 상보적인 가닥과 염기쌍을 형성하지 못하도록 억제한다.

STC sequence-tagged connector 참조.

steroid receptor coactivator (스테로이드 수용체 공동활성인자, SRC) 리간드와 결합한 스테로이드 수용체에 결합하는 단백질군으로 활성인자에 속하며 CBP를 유인한다.

sticky end (점착성 말단) 이중나선인 DNA의 단일가닥 말단으로 서로 상보적이며 서로 결합하여 염기쌍을 형성할 수 있다.

Stn1p Cdc13p 참조.

stop codon (정지코돈) 번역을 종결하는 세 가지 코돈(UAG, UAA, UGA) 중 한 가지.

stopped-flow apparatus (정지-유동 장치) 반응속도 측정 실험을 수행하기 위한 장치로서 이 장치 안에서는 용액이 아주 빠르게 혼합시켜 화학반응을 측정할 수 있도록 고안되었다.

strand exchange (가닥교환) postsynapsis 참조.

streptavidin (스트렙트아비딘) 스트렙토마이세스 박테리아에서 만들어지는 단백질로 비오틴에 강력하게 결합한다.

streptomycin (스트렙토마이신) 리보솜으로 하여금 mRNA를 잘못 읽게 하여 박테리아를 죽이는 항생제.

stringency (of hybridization) [(잡종화의) 충실성] 두 가지 폴리뉴클레오티드가 잡종화할 때 영향을 주는 인자(온도, 염분 농도, 유기용매 농도) 조건의 조합. 높은 충실성에서는 완전히 상보적인 가닥이 잡종화하고, 낮은 충실성에서는 약간 염기가 틀려도 잡종화할 수 있다.

strong-stop DNA (강력-정지 DNA) 레트로바이러스 RNA의 역전사 초기 산물. 프라이머-결합 부위에서 시작하여 바이러스 RNA의 5′-말단에서 150nt를 합성하고 종결한다.

structural genomics (구조유전체학) 다수 유전자의 발현을 동시에 연구하는 학문 분야의 일종으로 기능유전체학의 한 분야.

structural variation (genomic) [(유전체의) 구조적 변이] SNP와 달리 상당히 큰 크기의 DNA가 종의 구성원 사이에서 차이를 보이는 현상으로 큰 조각의 DNA가 결실, 삽입, 역전, 또는 재조합되어 나타난다.

STS sequence-tagged site 참조.

SUMO (small ubiquitin-related modifier) (스모, SUMO) 활성인자와 같은 다른 단백질에 결합하는 작은 폴리펩티드로, 스모가 결합된 단백질은 핵 내의 특정 부위로 이동하여 유전자의 전사를 촉진시킬 수 없게 된다.

sumoylation (스모화) 단백질에 SUMO 단백질이 결합하는 현상.

supercoil (초나선) superhelix 참조.

superhelix (초나선) 원형 이중나선 DNA 구조의 하나로 나선 자체가 나선 형태로 재차 형성되는 구조를 말한다.

superinfection (λ phage) [(λ 파지의) 초감염] 하나의 람다 파지의 용원균을 두 번째 파지가 감염하는 것이다.

supershift (초변화) 새로운 단백질이 단백질-DNA 복합체에 연합할 때 관찰되는 여분의 젤 이동성 변화.

superwobble hypothesis (슈퍼워블 가설) 안티코돈의 첫 번째 위치에 U 를 가지고 있는 tRNA는 코돈의 세 번째 위치에 네 가지 염기의 어느 것이 와도 인식할 수 있다는 가설.

suppression (억제) 한 돌연변이가 다른 돌연변이에 영향을 주어 정상으로 돌아오는 것.

suppressor mutation (억제돌연변이) 한 돌연변이가 동일한 유전자나 다른 유전자의 효과를 되돌리는 돌연변이.

SV40 (유인원 바이러스 40, Simian virus 40) 특정 설치동물에서 종양을 일으킬 수 있는 작은 원형 유전체를 갖는 DNA 종양 바이러스.

SWI/SNF 뉴클레오솜 핵심을 분해하도록 하여 염색질 리모델링을 돕는 보조활성인자.

synapsis (시냅시스) 단일가닥 DNA와 이중가닥 DNA의 상보적인 염기서열이 나란히 배열된 상태. 이것이 대장균의 상동재조합 과정에 참여한다.

syntenic block (신터니 조각) 서로 다른 종에서 유전자의 배열이 동일하게 보존된 DNA 조각.

synteny (신터니) 서로 다른 종 사이에 상동유전자가 하나의 염색체상에 동일한 배열을 유지하면서 존재하는 현상.

synthetic lethal screen (합성치사 검색) 하나의 유전자 내에 치명적이지 않은 돌연변이를 갖는 세포를 사용하여 상호 작용하는 유전자에 대해 본래 치명적이지 않은 돌연변이이나 치명적인 경우의 다른 유전자를 찾는 방법. 아마도 한 유전자의 결함은 치명적이지 않으나 두 유전자의 결함은 치명적인 것으로 보아 이 두 유전자의 산물이 어떤 방법으로든지 상호 작용함을 의미한다.

T

TAF TBP-associated factor 참조.

tags (in SAGE) [(SAGE에서) 태그 또는 꼬리서열] 한 세포의 mRNA에 대응하며 각각을 구분할 수 있는 짧은 cDNA 서열.

tag SNP (표지 SNP) 해당 부위를 대표하는 진단 표지로 사용되어 동일한 지역에 존재하는 다른 SNP에 대한 특성도 한꺼번에 확인할 수 있는 SNP.

T antigen (T 항원) DNA 종양 바이러스 SV40의 초기 부위의 주요 산물. DNA 헬리케이즈 활성을 띠는 DNA-결합단백질. 세포를 변형시킬 수 있는 능력을 가지고 있어서 종양을 야기한다.

Taq polymerase (Taq 중합효소) *Thermus aquatiqus*에서 추출한 열에 내성을 가진 DNA 복제효소.

target mRNA (표적 RNA) RNA 간섭현상 동안에 표적이 되어 붕괴되는 mRNA.

TATA box (TATA 상자) RNA 중합효소 II에 의해 인식되는 대부분의 진핵세포 프로모터의 전사 시작위치 약 25~30bp 상단부에서 나타나는 TATAAAA의 공통서열을 갖는 요소.

TATA-box-binding protein (TATA-상자-결합단백질, TBP) I급, II급, III급 개시 전 복합체에 있는 각각 SL1, TFIID, TFIIIB. TATA 상자를 가지고 있는 II급 프로모터의 TATA 상자에 결합한다.

t loop (t 고리) 진핵세포 염색체 말단에 위치하고 있는 말단소립 내의 고리.

T loop (T 고리) tRNA에서 TψC 서열을 가지며 그림 오른쪽에 위치하는 고리.

TBP TATA-box-binding protein 참조.

TBP-associated factor (TBP-결합 인자) SL1, TFIID, TFIIIB인 TBP와 결합하는 단백질.

TBP-free TAFII-containing complex (TBP 없는 TAFII-함유 복합체, TFTC) TBP가 존재하지 않는 다른 TFIID.

TBP-like factor (TBP 유사인자, TLF) TATA 상자를 구부리는 데 도움을 주는 삽입(intercalating) 페닐알라닌이 부재하는 TBP의 유사체(homolog). 몇몇의 TATA-부재 II급 프로모터에 결합하는 TBP의 대체물로 여겨진다.

TBP-related factor 1 (TBP-연관인자 1, TRF 1) 초파리에서 발견되는 다른 TBP로 신경 발생 동안 활성을 띤다.

TC-NER transcription-coupled NER 참조.

T-cell receptor (T 세포 수용체, TCR) T 세포의 표면에서 항원에 결합하는 단백질. 2개의 중쇄 (β) 및 2개의 경쇄 (α)로 구성되어 있다.

T-DNA Ti 플라스미드의 종양 유도부위.

TEBP telomere end-binding protein 참조.

telomerase (말단소립중합효소, 텔로머레이즈) DNA 복제 후 말단소립 끝을 연장해 주는 효소.

telomere (말단소립) 짧은 DNA 염기서열이 나란히 반복되는 반복서열을 가진 진핵세포 염색체의 말단 구조.

telomere end-binding protein (말단소립 말단-결합단백질, TEBP) 섬모 원생동물의 2량체 단백질로 말단소립 끝에 결합하여 분해 및 DNA 회복효소의 작용을 막아준다.

Telomerase reverse transcriptase (말단소립중합효소 역전사효소, TERT) 역전사효소 활성부위를 가진 말단소립 중합효소의 단위체.

telomere position effect (말단소립 위치 효과, TPE) 말단소립 주변의 유전자가 침묵되는 현상.

temperate phage (순한 파지) 파지 전구체가 형성되는 용원성 단계로 진입할 수 있는 파지.

temperature-sensitive mutation (온도 민감성 돌연변이) 산물이 (비허용적인) 높은 온도에서 작용하지 못하고 (허용적인) 낮은 온도에서 작용하는 돌연변이.

template (주형) 상보성 폴리뉴클레오티드가 만들어지도록 하는 폴리뉴클레오티드(RNA 또는 DNA). 예를 들어 통상적 전사에서 DNA 가닥이 주형으로 작용한다.

template DNA strand (주형 DNA 가닥) RNA를 만드는 데 주형으로 작용한 DNA 가닥. RNA 산물과 상보성을 갖는다. 때로 안티-암호화가닥 또는 안티-센스가닥으로 불린다.

Ten1p Cdc13p 참조.

teratogen (기형유발원) 생물체의 비정상적인 발생을 일으키는 물질.

terminal transferase (말단 전달효소) DNA의 3′-말단에 디옥시리보뉴크레오티드를 하나씩 첨가하는 효소.

terminal uridylyl transferase (말단 우리딘 전달효소, TUTase) RNA 편집 과정 동안 mRNA 전구체에 UMP기를 붙여주는 효소.

termination codon (종결코돈) 번역종결 암호로 세 가지 코돈(UAG, UAA, UGA) 중 하나.

terminator (종결자) transcription terminator 참조.

***Ter* site** 대장균 DNA 복제종결부위 안에 있는 DNA 서열. 6개의 부위가 있는데 *TerA*, *TerB*, *TerC*, *TerD*, *TerE*와 *TerF* 등이 그것이다.

TERT telomerase reverse transcriptase 참조.

tertiary structure (3차 구조) 폴리펩티드 또는 RNA의 전체적 3차원 모양.

tetramer (protein) [(단백질) 4량체] 4개의 폴리펩티드로 구성된 복합체 단백질.

TFIIA TATA 상자에 TFIID의 결합을 안정화시키는 II급 보편전사인자.

TFIIB 시험관 내에서 TFIID 다음에 프로모터에 결합하는 II급 보편전사인자.

TFIIB$_C$ TBP에 의해 구부러진 뒤 TATA 상자에 결합하는 TFIIB의 C-말단 영역.

TFIIB$_N$ RNA 중합효소의 활성부위 가까이 결합하여 TATA-박스로부터 그것이 정확한 거리에서 시작하도록 위치를 정해 주는 TFIIB의 N-말단영역.

TFIID 시험관 내에서 TATA 상자를 가지고 있는 프로모터에 제일 먼저 결합하는 II급 보편전사인자로 개시 전 복합체를 형성하는 데 중심점으로 작용한다. TBP와 TAFII를 포함하고 있다.

TFIIE 시험관 내에서 TFIIF와 RNA 중합효소 다음 TFIIH 전에 개시 전 복합체에 결합하는 II급 보편전사인자.

TFIIF 시험관 내에서 TFIIB가 결합한 다음에 RNA 중합효소 II와 함께 개시 전 복합체에 결합하는 II급 보편전사인자.

TFIIH 시험관 내에서 개시 전 복합체에 마지막으로 결합하는 II급 보편전사인자.

TFIIS 정지부위에서 RNA 중합효소 II가 정지하는 것을 막아 전사의 신장을 촉진하는 단백질.

TFIIIA TFIIIB에 결합하여 TFIIIC와 함께 진핵세포의 5S rRNA 유전자를 활성화하는 보편전사인자.

TFIIIB 유전자의 상단부에 결합하여 RNA 중합효소 III에 의해 전사되는 유전자를 활성화시키는 보편전사인자.

TFIIIC TFIIB를 고전적인 III급 유전자에 대한 결합을 활성화시키는 보편전사인자.

TfR transferrin receptor 참조.

TFTC TBP-free TAF$_{II}$-containing complex 참조.

thermal cycler (온도순환기) PCR 반응을 수행하기 위하여 자동적이고 반복적으로 프라이머 결합과 DNA 복제, DNA 변성의 세 종류 다른 온도를 순환하는 기계.

thymidine (티미딘) 티민을 포함하는 뉴클레오시드.

thymine (티민, T) DNA에서 아데닌과 쌍을 이루는 피리미딘 염기.

thymine dimer (티민 이합체) DNA 한 가닥에서 다른 가닥의 아데닌과 염기쌍을 이루어야 할 2개의 인접한 티민이 서로 공유결합으로 연결된 것.

thyroid hormone receptor (갑상선호르몬 수용체, TR) 핵 수용체. 갑상선호르몬이 존재하지 않을 경우 억제인자로 작용하고 갑상선호르몬이 존재할 경우 활성인자로 작용한다.

thyroid-hormone-receptor-associated protein (갑상선-호르몬-수용체-결합단백질, TRAP) SMCC/TRAP 참조.

thyroid hormone response element (갑상선호르몬 반응요소, TRE) 갑상선호르몬과 결합된 수용체가 작용하는 인핸서.

TIF-1B 특정 하위 진핵생물에서 인간 SL1의 유사체.

Ti plasmid (Ti 플라스미드) 아그로박테리아로부터 획득한 플라스미드로 종양을 형성한다. 외부유전자를 식물세포에 도입할 때 사용한다.

TIN2 (TRF1-상호 작용인자-2) shelterin 참조.

TLF TBP-like factor 참조.

tmRNA transfer-messenger RNA 참조.

tmRNA-mediated ribosome rescue (tmRNA-중재 리보솜 구조) tmRNA에 의한 논스톱 mRNA에 정지해 있는 리보솜의 구조.

Tn3 앰피실린-저항성 유전자를 포함하는 대장균의 트랜스포존.

toeprint assay (발가락지문 분석법) DNA 또는 RNA에 결합한 단백질의 가장자리를 파악하는 프라이머 연장 분석.

topo IV 대장균 DNA 복제 말단에서 딸 복제물을 떼어내는 효소.

topoisomerase (토포아이소머레이즈, 위상이성질화효소) DNA의 초나선 또는 위상을 변화시키는 효소.

① **type I topoisomerase (I형 위상이성질화효소)** 기질 DNA에 일시적인 단일가닥 절단을 도입하는 위상이성질화효소.

② **type II topoisomerase (II형 위상이성질화효소)** 기질 DNA에 일시적인 이중가닥 절단을 도입하는 위상이성질화효소.

torus (원환체) 도넛 형태의 구조.

TPE telomere position effect 참조.

trailer (트레일러) mRNA의 3′-말단에서 종결코돈과 폴리(A) 사이의 번역이 되지 않는 지역. 3′-UTR로도 불린다.

***trans-acting* (트랜스로 작용하는)** 억제자 유전자나 전사인자와 같이 다른 염색체에 있지만 다른 유전자에 영향을 줄 수 있는 유전적 요소를 설명하는 용어. 트랜스로 작용하는 유전자는 확산할 수 있는 물질을 만들어 거리가 떨어져 있어도 작용할 수 있다.

***transcribed fragment* (전사 절편, transfrag)** 미세배열에 의해 확인된, 전사체가 만들어지는 유전체상의 작은 부위들.

transcribed spacer (전사 간격체) 성숙 rRNA를 생산하는 과정 동안 제거되어지는 rRNA의 일부를 암호화하는 부위.

transcript (전사체) 유전자의 RNA 복사본.

transcription (전사) 유전자의 RNA 복사본을 만드는 과정.

transcription-activating domain (전사-활성영역) 전사활성인자의 전사를 촉진시키는 부분.

transcription arrest (전사정지) 재시작을 위해 외부의 작용제가 필요한, 어느 정도 영구적인 전사의 정지 상태.

transcription bubble (전사풍선) 전사 과정에서 DNA가 풀린 부위로 RNA 중합효소에 의한 RNA 합성이 일어나고 있는 부위.

transcription-coupled NER (전사연계 NER, TC-NER) RNA 중합효소가 상해를 인식하여 NER 기구를 유인하므로 전사가 일어나는 가닥에 있는 상해만 제거한다.

transcription factor (전사인자) 프로모터나 인핸서 요소에 결합하여 진핵세포의 전사를 활성화(때로는 억제하는)하는 단백질.

transcription factories (전사 공장) 여러 개의 유전자의 전사가 일어나는 핵 내의 특정 지점.

transcription pause (전사중단) 전사가 일시적으로 정지하는 것으로 중합효소가 스스로 다시 전사를 계속할 수 있다.

transcription terminator (전사종결인자) 전사를 종결시키는 신호가 되는 특정 DNA 서열.

transcription unit (전사 단위) 하나의 단위로 전사되는 프로모터와 종점 사이의 DNA 부분. 아데노바이러스의 주요 후기 전사 단위처럼 다수의

암호화부위를 포함할 수 있다

transcriptional mapping (전사 지도작성) 각 전사체의 발현이 전체 염색체의 어떤 부분에서 이루어지는지에 대한 지도작성.

transcriptome (전사체, 트랜스크립톰) 한 생명체가 일생에 걸쳐 만드는 모든 전사체 전체.

transcriptomics (전사체학) 한 생명체의 전사체 전체에 대한 종합적 연구.

transcript of unknown function (기능 미확인 전사체, TUF) 단백질을 암호화하고 있지 않으며 그 기능을 아직 파악하지 못한 전사체.

transesterification (에스테르교환반응) 하나의 에스테르 결합이 끊어지면서 동시에 다른 에스테르 결합이 만들어지는 반응. 예를 들어 핵 내의 mRNA 전구체 스플라이싱에서 올가미 중간체의 형성이 에스테르교환반응을 통하여 이루어진다.

transfection (형질도입) 진핵세포에 외부 DNA를 주입하여 형질전환하는 방법.

transferrin (트랜스페린) 트랜스페린 수용체를 통하여 세포로 철분을 수입하는 철 운반단백질.

transferrin receptor (트렌스페린 수용체, TfR) 이 세포막 단백질은 트렌스페린에 붙고, 철분이 세포 내로 들어오는 것을 허용한다.

transfer-messenger RNA (전달-전령 RNA, tmRNA) 300nt 길이의 RNA로 구조상 tRNA와 유사성을 가지며 논스톱 mRNA상에 고착된 리보솜을 구조할 수 있다.

transfer RNA tRNA 참조.

transformation (genetic) [(유전적) 형질전환] 외부 DNA를 삽입하여 유도한 세포의 유전적 구성의 변화이다.

transgene (형질전환 유전자) 특정생물체의 유전자에 이식되어 그 특정 생물체를 형질전환 시켜주는 타생물체의 유전자.

transgenic organism (형질전환 생물) 새로운 유전자가 주입된 생물.

transition (전이) 피리미딘을 피리미딘으로, 퓨린을 퓨린으로 대체하는 돌연변이.

translation (번역) 리보솜에서 mRNA에 담긴 정보가 단백질 합성에 사용되는 과정.

translesion synthesis (손상통과합성, TLS) DNA 상해부위를 우회해 복제하는 기작.

translocation (전좌) 펩티드전달효소 반응 후의 번역 신장 단계. 이 단계에서 mRNA는 리보솜을 따라 1개의 코돈 길이만큼 이동하여 리보솜의 A 부위로 새로운 코돈을 가져온다.

transmission genetics (전달유전학) 유전자가 한 세대에서 다음 세대로 전달되는 것을 연구하는 학문.

transpeptidation (펩티드 전달) 펩티드전달효소에 의해 촉매되는 반응으로 펩티드결합이 형성됨.

transposable element (전이성 인자) 유전체상의 한 위치에서 다른 곳으로 움직일 수 있는 DNA 인자.

transposase (전이효소) 트랜스포존에 의해 암호화되는 단백질들을 통칭하는 이름으로 전이를 촉매한다.

transposition (전이) DNA상의 한 곳에서 다른 곳으로 DNA 인자(트랜스포존)를 움직인다.

transposon (트랜스포존) transposable element 참조.

***trans*-splicing (트랜스-스플라이싱)** 독립된 전사 단위체로부터 전사된 2개의 RNA 단편이 합쳐지는 스플라이싱.

***trans*-translation (트랜스-번역)** tmRNA에 의하여 일어나는 리보솜 구출에서 나타나는 현상으로 논스톱 mRNA를 번역하는 것에서 tmRNA의 ORF를 번역하는 것으로 바뀌는 것이다.

transversion (교차형염기전이) 피리미딘을 퓨린으로 또는 퓨린을 피리미딘으로 대체하는 돌연변이.

***trc* promoter (trc 프로모터)** 많은 발현벡터에서 사용하는 잡종 프로모터로 *trp* 프로모터의 35 상자는 길이를 제공하고, *lac* 프로모터의 10상자는 유도성을 제공한다.

TRE thyroid hormone response element 참조.

TRF1 and TRF2 (TTAGGG 반복서열 결합요소 1, 2, TTAGGG repeat-binding factor) 말단소립 안에서 이중나선 DNA에 특이하게 결합하는 말단소립 결합단백질.

TRF1 TBP-related factor 1 참조.

trigger dsRNA (방아쇠 dsRNA) 이중가닥의 RNA가 RNA 간섭현상을 시작하는 현상.

Trl GAGA-상자 결합단백질.

tRNA (전령 RNA, transfer RNA) 하나의 말단은 아미노산 하나와 결합하고 다른 하나 말단은 mRNA 코돈을 읽는 상대적으로 작은 RNA분자로 mRNA 코돈을 아미노산으로 번역하는 '연결자'로 작용한다.

tRNA charging (tRNA 채우기) tRNA와 동종 아미노산을 연결하는 과정으로 아미노아실-tRNA 합성효소에 의해서 촉매된다.

$tRNA_f^{Met}$ 박테리아에서 단백질 합성의 개시를 담당한다.

$tRNA_i^{Met}$ 진핵세포에서 단백질 합성의 개시를 담당하며 $tRNA_f^{Met}$와 유사하다.

$tRNA_m^{Met}$ 메티오닌을 단백질의 내부에 넣는 tRNA.

tRNA A-like domain (tRNA A-유사부위) tmRNA의 5′-말단과 3′-말단이 염기쌍을 이룬 부위로 tRNA의 수용자 줄기(acceptor stem)와 유사하다.

***trp* operon (*trp* 오페론)** 트립토판을 생산하는 데 필요한 효소를 암호화하는 오페론.

***trp* repressor (*trp* 억제인자)** *trp* 오페론의 억제인자. *trp* 억제인자는 주억제인자와 보조억제인자인 트립토판으로 구성되어 있다.

trypanosomes (트리파노소마) 포유동물과 체체파리에 기생하는 원생동물. 체체파리는 포유류를 물어 질병을 퍼트린다.

T-segment (T-분절) 위상이성질화효소 II의 작용 시 G-분절 입구를 통해 지나가는 DNA 분절.

tumor suppressor gene (종양 억제유전자) 유전자 산물이 세포분열을 조절하는 유전자로 악성종양이 발생하는 것을 억제하는 기능을 가지고 있다.

Tus (*Ter* 사용기질, Ter utilization substance) *Ter* 부위에 결합하여 복제종결에 관여하는 대장균 단백질.

TUTase terminal uridylyl transferase 참조.

two-dimensional gel electrophoresis (2차원 젤 전기영동) 고분해능의 단백질 분리 기술. 먼저 단백질을 등전점 전기영동을 통해 1차원적으로 분리한 다음, SDS-폴리아크릴아미드 젤 전기영동으로 2차원으로 분리한다.

Ty 레트로바이러스와 유사한 기작으로 전이하는 효모의 트랜스포존.

U

U1 snRNP 핵 내 mRNA 전구체의 5′-스플라이싱 지역을 처음으로 인식하는 snRNP.

$U2AF^{35}$ and $U2AF^{65}$ U2AF의 두 소단위체.

U2-associated factor (U2-관여 인자, U2AF) 3′-스플라이싱 지역에서 3′-스플라이싱 신호 내의 폴리피리미딘 구역과 AG에 모두 결합하여 정확한 AG를 인식하는 것을 돕는 스플라이싱 요소.

U2 snRNP 핵 내 mRNA 전구체에서 가지분지점을 인식하는 snRNP.

U3 레트로바이러스 LTR의 3′-비번역 지역.

U4 snRNP U6 snRNP가 스플라이싱에 필요할 때까지 U6 snRNP의 RNA와 염기쌍을 이루는 RNA를 갖고 있는 snRNP.

U4atac 변종 인트론의 스플라이싱에 참여하며 U4 snRNA와 같은 역할을 수행하는 소수 snRNA.

U5 레트로바이러스 LTR의 5′-비번역 지역.

U5 snRNP snRNP의 Prp28 단백질 구성요소. U6가 59-스플라이싱 부위에서 U1 snRNA로 치환되는 데 필요하다.

U6 snRNP 스플라이세오솜에서 5′-스플라이싱 지역과 U2 snRNP 내의 RNA와 양쪽에 염기 결합하는 RNA를 지닌 snRNP.

U6atac 변종 인트론의 스플라이싱에 참여하며 U6 snRNA와 같은 역할을 수행하는 소수 snRNA.

U11 snRNA 변종인트론의 스플라이싱에 참여하며 U1 snRNA와 같은 역할을 수행하는 소수 snRNA.

U12 snRNA 변종인트론의 스플라이싱에 참여하며 U2 snRNA와 같은 역할을 수행하는 소수 snRNA.

UAF upstream activating factor 참조.

ubiquitin (유비퀴틴) 활성인자를 포함한 여러 단백질에 하나 또는 그 이상으로 결합하는 작은 폴리펩티드. 한 분자의 유비퀴틴 결합은 활성인자의 기능을 촉진시킬 수 있지만 폴리유비퀴틴화는 그 단백질이 프로테아솜에 의해 분해되도록 한다.

ubiquitylated protein (유비퀴틴화 단백질) 최소 1개의 유비퀴틴이 결합되어 있는 단백질.

UAS_G upstream activating sequence 참조.

UBF upstream-binding factor 참조.

ultraviolet (UV) radiation (자외선) 태양빛에서 발견되는 방사선. DNA에 피리미딘 2량체를 만든다.

UmuC UmuD′2C 복합체의 한 구성요소.

umuC *umuDC* 오페론의 한 유전자로 DNA 상해에 대한 SOS 반응에 의해 유도된다.

UmuD 단백질 분해효소에 의해 잘려 UmuD′을 형성하며, 이것이 UmuD′2C 복합체의 구성요소이다.

umuD *umuDC* 오페론의 유전자 중 하나. DNA 상해에 대한 SOS 반응에 의해 유도된다.

umuDC umuD와 umuC 유전자를 가지는 오페론.

$UmuD'_2C$ DNA 중합효소 V로도 알려져 있으며, 피리미딘 2량체의 착오경향 우회를 일으킬 수 있다.

undermethylated region (메틸화되지 않은 부위) 메틸화가 전혀 또는 거의 일어나지 않은 부위.

unidirectional DNA replication (한 방향성 DNA 복제) 한쪽 방향으로만 일어나는 DNA 복제. 활성을 가진 복제분기점을 단 하나만 가진다.

unit cell (단위세포) 결정에서 반복하는 작은 단위.

untranslated region (비번역 지역, UTR) 암호화부위 바깥에 위치하는 mRNA의 5′- 또는 3′-말단부위. 따라서 번역되지 않는다.

UP element (활성증진요소) 일부 강력한 박테리아 프로모터의 -35상자 상단에서 발견되는 프로모터 부위로 중합효소와 프로모터 서열의 강한 결합을 유도한다.

Upf1 and Upf2 (Upf1과 Upf2) 포유동물의 T-세포에 존재하는 하단부 불안정 유도요소의 구성성분.

up mutation (활성증진 돌연변이) 프로모터 서열의 돌연변이 중 유전자 발현을 증진시키는 결과를 초래하는 돌연변이.

UPE upstream promoter element 참조.

upstream activating sequence (상단부 활성서열, UAS) 효모에서 GAL4 활성인자가 결합하는 부위로 갈락토오스-이용 유전자의 발현을 조절하는 인핸서.

upstream activating factor (상단부 활성인자, UAF) UBF의 효모 유사체.

upstream-binding factor (상단부 결합인자, UBF) 프로모터 상단부 구성부위(UPE)에 결합하는 I급 전사인자. I급 중합효소의 결합과 전사에 SL1과 상승적으로 작용.

upstream-binding site (상단부 결합부위, UBS) 종결자에서 RNA 머리핀 구조의 상단부 반쪽에 결합하는 핵심 RNA 중합효소에 있는 부위로 머리핀 구조의 형성을 지연시켜 전사의 종결을 억제한다.

upstream promoter element (상단부 프로모터 요소, UPE) 일부 진핵생물의 I급, II급 프로모터의 핵심 프로모터 상단부에서 발견되는 프로모터 요소. I급과 II급 프로모터의 상단부 요소의 서열은 완전히 다르다.

uracil (우라실, U) RNA에서 티민을 대체하는 피리미딘 염기.

uracil N-glycosylase (우라실 N-글리코실 가수분해효소) DNA 가닥에서 우라실을 제거하여 탈염기 부위(염기가 없는 당)를 남기는 효소.

uridine (우리딘) 염기 우라실을 포함하는 뉴클레오시드.

UTR mRNA의 5′- 또는 3′-말단에 존재하는 비번역 지역.

V

variable loop (가변성 고리) tRNA에서 안티코돈과 T 줄기 사이에 놓여 있는 고리 또는 줄기.

variable number tandem repeat (가변 연쇄반복, VNTR) 제한효소 절단 위치 사이에 소부수체들이 나란히 반복되어 있는 RFLP의 일종.

variable region (가변부위) 외부 물질, 즉 항원에 특이적으로 결합하는 항체의 부위. 이름이 암시하듯이 항체마다 매우 다양한 구조를 갖는다.

V(D)J joining [V(D)J 결합] 발생 중인 세포의 유전자에서 분리되어 있는 V, J 또는 V, D, J 분절의 재조합에 의해 일어나는 활성화된 면역글로불린

또는 T-세포 수용체 유전자의 조립.

vector (벡터) 클로닝 실험에서 운반자 역할을 하는 플라스미드나 파지 DNA와 같은 DNA.

vegetative cell (영양상태 세포) 포자를 형성하거나 성을 가지고 생식하는 것이 아니라 분열에 의해서 생식을 하는 세포.

virulent phage (유독성 파지) 숙주를 용해시키는 파지.

VNTR variable number tandem repeat 참조.

void volume (공극부피) 젤 여과 실험에서 젤 구멍 속으로 들어갈 수 없는 큰 분자를 포함하는 분획.

VP16 산성 전사 활성화영역은 가지고 있지만 DNA 결합영역이 없는 허피스바이러스(herpesvirus)의 전사인자.

W

Western blotting (웨스턴 블로팅) 단백질을 전기영동하고 막에 블롯팅한 다음, 특정 항체 또는 항혈청과 반응시킨다. 항체는 표지된 2차 항체 또는 단백질 A로 탐지한다.

wobble (워블) 세 번째 코돈이 안티코돈의 첫 번째 염기와 비정상적인 Watson-Crick 염기쌍을 이루는 현상으로 tRNA가 하나 이상의 코돈을 인식할 수 있게 한다.

wobble base pair (워블 염기쌍) 워블에 의해 형성된 염기쌍(G-U 또는 A-I쌍).

wobble hypothesis (워블 가설) 하나의 안티코돈이 1개 이상의 코돈을 암호화할 수 있는 방법을 설명해주는 Francis Crick의 가설.

wobble position (워블 위치) 불안정한 염기쌍이 허용되는 코돈의 세 번째 염기.

wyosine (위오신) tRNA에서 발견되는 고도로 변형된 구아닌 뉴클레오시드.

X

xeroderma pigmentosum (색소건피증, XP) 태양 빛에 큰 민감성을 보이는 질환. 약간만 노출되어도 피부암이 유발된다. 뉴클레오티드 절제회복의 결함에 의해 생겨난다.

Xis λ *xis* 유전자의 산물. 숙주 DNA로부터 λ DNA를 절제하는 데 관여한다.

XPA XPC가 결합한 손상된 DNA를 인식해서 다른 인간의 NER 복합체 구성인자들이 결합하는 것을 도와주는 단백질.

XPA-XPG NER에 관여하는 인간 유전자들. 이들 중 어떤 유전자에 돌연변이가 생겨도 XP가 생길 수 있다.

XPB 인간 TFIIH의 두 DNA 헬리케이즈 소단위체 중 하나. NER 동안의 DNA를 푸는 데 필요하다.

XPC 다른 단백질과 함께 DNA 손상을 인지할 수 있으며 GG-NER을 시작하게 만든다.

XPD 인간 TFIIH의 두 DNA 헬리케이즈 소단위체 중 하나. NER 동안 DNA를 푸는 데 필요하다.

XPF ERCC1과 함께 인간의 NER 동안에 DNA 손상부위의 5'- 쪽을 절단한다.

XPG 인간 NER 동안에 DNA 손상의 3'- 쪽을 절단하는 핵산내부가수분해효소.

XP-V 색소건피증의 변형형으로 DNA 중합효소 η 유전자의 돌연변이에 의해 생긴다.

x-ray crystallography (X-선 결정분석) x-ray diffraction analysis 참조.

x-ray diffraction analysis (X-선 회절분석) 분자결정의 X-선 회절을 측정하여 분자의 3차원적 구조를 결정하는 방법.

x-ray (X-선) 결정에 의해 회절되는 고에너지 빛으로 이를 이용하여 분자의 구조를 결정할 수 있다. 또한 X-선은 세포의 분자를 이온화시켜 염색체 절단 등을 일으킬 수 있다.

Xrn2 전사와 동시에 일어나는 절단 이후 아래쪽 RNA를 분해시켜 전사를 종결시키는 인간의 5'→3' 핵산말단가수분해효소.

Y

YAC yeast artificial chromosome 참조.

yeast artificial chromosome (효모 인공염색체) 효모염색체의 좌우 말단소체와 하나의 동원체를 가지고 있는 대용량 클로닝 벡터. 동원체와 말단소체 사이에 삽입된 DNA는 YAC의 일부가 되고 효모 세포 내에서 정상적인 염색체처럼 복제된다.

yeast two-hybrid assay (효모 이중잡종화 검사법) 두 단백질 간의 상호 작용을 알아보는 방법. 한 단백질(미끼)은 다른 단백질에서 DNA 결합영역과 혼합하고 다른 단백질(표적 또는 미끼)은 전사 활성화영역과 혼합된다. 두 혼합된 단백질이 세포 내에서 상호 작용한다면 이 두 단백질들은 하나 또는 그 이상의 리포터 유전자를 활성화시킬 수 있는 활성자를 형성하는 것이다.

Z

Z-DNA 왼쪽으로 회전하는 형태의 이중나선 DNA이다. 골격이 지그재그의 모양이다. 번갈아 나타나는 피린과 피리미딘 염기가 이어지면서 안정성을 제공한다.

zinc finger (징크 핑거) 아연 이온을 함유한 DNA-결합 모티프로 아연 이온은 2개의 시스테인과 2개의 히스티딘 아미노산과 상호 작용한다. 주로 손가락 구조를 가지며 DNA의 큰 홈에서 단백질과 DNA 간의 특정 결합을 형성한다.

기타

12 signal (12신호) 보존되지 않은 12bp의 서열에 의해 분리된 보존된 7량체 및 9량체로 구성된 재조합 신호서열.

12/23 rule (12/23 법칙) 면역글로불린 또는 T세포 수용체 유전자의 성숙 과정에 사용되는 재조합 전략으로 12 신호는 항상 23 신호에 결합하고 같은 신호끼리는 절대로 결합하지 않는다.

14-3-3 protein (14-3-3 단백질) 신호전달 과정에서, 다른 신호전달 단백질의 인산화된 세린기에 결합하는 단백질 구성요소.

19S particle (19S 입자) 프로테아솜의 조절부위로서 특정한 유전자의 전사 신장을 촉진시킨다.

23 signal (23신호) 보존되지 않은 23bp의 서열에 의해 분리된 보존된 7량체 및 9량체로 구성된 재조합 신호서열.

2μm plasmid (2μm 플라스미드) 효소의 플라스미드로 효모의 클로닝벡터로 사용한다.

30S initiation complex (30S 개시 복합체) 30S 리보솜 입자, mRNA, fMet-$tRNA_f^{Met}$, 개시인자, GTP로 구성된 복합체. 이 복합체는 50S 리보솜 소단위체와 결합할 준비가 되어 있다.

30S ribosomal subunit (30S 리보솜 소단위체) mRNA 탈암호화(decoding)에 관여하는 박테리아의 작은 리보솜 소단위체.

3′-end (3′-말단) 인산화되거나 또는 아무것도 결합되지 않은 3′- 수산기를 지닌 폴리뉴클레오티드의 말단.

4-thioU (sU) 빛에 반응하는 뉴클레오티드로 4-thioUMP 형태로 RNA에 끼어들어가 이 부위에 결합한 어떠한 단백질과도 자외선에 의해 교차결합할 수 있다.

50S ribosomal subunit (50S 리보솜 소단위체) 펩티드결합 형성에 관여하는 박테리아의 큰 리보솜 소단위체.

5′- end (5′-말단) 폴리뉴클레오티드의 말단으로 인산화되거나 캡화 또는 아무것도 결합되지 않은 5′- 수산기를 지닌다.

7-methyl guanosine (7-메틸 구아노신, m^7G) 진핵생물의 mRNA의 첫머리에 존재하는 캡을 형성하는 뉴클레오시드.

7SL RNA 분비되는 단백질에 있는 신호펩티드를 인식하는 데 관계된 작은 RNA.

70S initiation complex (70S 개시복합체) 70S 리보솜, mRNA, fMet-$tRNA_f^{Met}$로 만들어진 복합체로 번역개시를 준비한다.

8-oxoguanine [8-옥소구아닌(8-히드록시구아닌), 8-hydroxyguanine; oxoG] 구아닌의 8번 위치에 히드록시기를 가지는 DNA의 산화산물.

α-amanitin (α-아마니틴) 아마니타(Amanita)속에 속하는 독성을 갖는 버섯에 의해 생산되는 독소. 낮은 농도에서 RNA 중합효소 II를 억제하며 높은 농도에서 RNA 중합효소 III를 억제하나 보통 RNA 중합효소 I은 억제하지 못한다.

α-complementation (α-상보성) 활성을 가진 β-갈락토시데이즈를 생성하기 위한 효소 내 α-펩티드와 ω-펩티드 사이에 생체 내 상보성. 보통 클로닝 벡터는 α-펩티드를 만들고, 숙주세포는 ω-펩티드를 만들게 한다. 이렇게 하면 벡터만 있어도 α-상보성을 나타내지만 벡터에 삽입물이 있을 때에는 상보성을 나타내지 못한다.

α-NTD RNA 중합효소 α 소단위체의 아미노 말단영역.

β clamp (β 집게) pol III 전효소 2량체로 DNA 주변을 조여서 전효소를 DNA에 속박시켜 반응을 진행시킨다.

β-galactosidase (β-갈락토시데이즈) 유당을 구성하는 두 당의 결합을 끊는 효소.

β-galactoside (β-갈락토시드) 갈락토오스의 1번 탄소가 다른 복합물(대부분 다른 당)과 β-결합으로 연결된 복합당.

β-galactosidic bond (β-갈락토시드 결합) β-갈락토시드에서처럼 갈락토오스의 1번 탄소와 다른 복합물을 잇는 결합.

β-lactamase (β-락타메이즈) 암피실린이나 유사한 항생제를 분해하는 효소로 박테리아가 이 유전자를 가지고 있으면 이러한 항생제에 내성을 갖게 된다.

α-CTD 박테리아 RNA 중합효소의 α-소단위체에 있는 카르복시 말단부위.

cyanobacteria (남세균, blue-green algae) 광합성을 하는 박테리아. 현대 남세균의 조상은 진핵세포에 침입하여 엽록체로 진화하였다고 생각된다.

γ complex (γ 복합체) pol III 전효소의 γ, δ, δ′, χ와 ψ 단위체로 이루어진 복합체. 집게 장전자의 활성을 갖는다.

λ gt11 *lacZ* 유전자로 λ 파지에 외부 DNA를 받아들일 수 있도록 조작된 삽입 클로닝 운반체.

λ phage (λ 파지, lambda phage) 대장균의 순한 파지. 용균성 또는 용원성으로 복제할 수 있다.

λ repressor (λ 억제자) 2량체를 형성하여 λ 작동자 O_R과 O_L에 결합하는 단백질로 자신의 억제유전자 이외의 다른 모든 파지유전자를 억제한다.

σ-cycle (σ-회로) σ-인자가 없고 RNA 중합체 완전효소는 존재하여 σ가 다시 핵심 중합체에 재결합하여 새 완전효소를 형성해 개시를 시작하는, 전사 과정상의 전사 개시 형태.

$σ^{43}$ 고초균(*B. subtilis*)의 주된 σ-인자.

$σ^{70}$ 대장균의 주된 σ-인자.

[6-4] photoproduct ([6-4] 광산물) UV에 의하여 일어난 DNA의 상해. 피리미딘의 6번 탄소와 인접한 피리미딘의 4번 탄소가 공유결합으로 연결된다.

찾아보기

국문

ㅈ

ㅊ

ㅋ

ㅌ

영문

A
A 부위(A site, aminoacyl site) 63, 274, 604
A/T 상태(A/T state) 657
Alu 인자(Alu element) 802
AP 부위(AP site) 702
AP 핵산내부가수분해효소(AP endonuclease, APE1) 702
ATM 인산화효소(ataxia telangiectasia mutated kinase) 750
ATR 인산화효소(ataxia telangiectasia and Rad3 연관 인산화효소) 750
AU-풍부 요소(AU-rich element, ARE) 538
A형(A form) 42

B
BAC 워킹(BAC walking) 823
bHLH-ZIP 영역(bHLH-ZIP domain) 343
BRG1-관련 인자(BRG1-associated factor, BAF) 398
bZIP와 bHLH 모티프(bZIP and bHLH motif) 336
B형(B form) 42

C
CAGE(Cap Analysis of Gene Expression) 846
cAMP 반응요소 결합단백질(cAMP response element-binding protein, CREB) 366
cAMP 반응요소(cAMP response element, CRE) 366
cAMP 수용체 단백질(cyclic AMP receptor protein, CRP) 198
cap 올무(cap trapper) 847
CCAAT 상자(CCAAT box) 282
CCAAT-결합 전사인자(CCAAT-binding transcription factor, CTF) 282
CDK9 인산화효소 312
cDNA 라이브러리(cDNA library) 80
cDNA 말단의 급속증폭법(rapid amplification of cDNA end, RACE) 82
ChIP-chip 혹은 chip상에서의 ChIP(ChIP on chip) 854
cis regulatory module(CRM) 856
CoTC 요소(CoTC element) 492
CPD 광분해효소(CPD photolyase) 701
CpG 서열(CpG sequence) 529
CpG 섬(CpG island) 810
CpG 억제(CpG suppression) 810
CREB-결합단백질(CREB-binding protein, CBP) 366
C-값 모순(C-value paradox) 47
C-값(C-value) 47
C-말단 영역(TFIIBC) 307
C-말단(C-terminus) 51

D
DEAD 단백질(DEAD protein) 575
DGCR8 543
DNA pol V 711
DNA 가수분해효소에 과민(DNase-hypersensitive) 390
DNA 가수분해효소에 민감(DNase-sensitive) 390
DNA 글리코실가수분해효소(DNA glycosylase) 702
DNA 단백질 인산화효소(DNA protein kinase, DNA-PK) 707
DNA 라이게이즈(DNA ligase) 72, 680
DNA 미세배열(DNA microarray) 840
DNA 미세칩(DNA microchip) 841
DNA 변성(DNA denaturation) 43
DNA 융해(DNA melting) 43
DNA 자이레이즈(DNA gyrase) 695
DNA 중합효소 I(DNA polymerase I, pol I) 687
DNA 중합효소 II(DNA polymerase II, pol II) 689
DNA 중합효소 III 완전효소(DNA polymerase III holoenzyme, pol III holoenzyme) 690
DNA 중합효소 III(DNA polymerase III, pol III) 689
DNA 중합효소 ζ 713
DNA 중합효소(DNA polymerase) 680
DNA 타이핑(DNA typing) 105
DNA 핑거프린트(DNA fingerprint) 105
dnaA 단백질(DnaA) 722
dnaA 상자(dnaA box) 722
DNase 풋프린팅(DNase footprinting) 127
DNA-결합 모티프(DNA-binding motif) 336
DNA-결합영역(DNA-binding domain) 336
dpm) 103
DRB 민감 유도 요소(DRB sensitivity-inducing factor, DSIF) 317
dUTP 가수분해효소(dUTPase) 682
D-고리(D-loop, displacement loop) 756

E
E 부위(E site, exit site) 63, 274, 604
EJC(exon junction complex) 586
ERK(extracellular-signal-regulated kinase) 371

F
F^- 세포(F^- cell) 819
F 플라스미드(F plasmid) 819
F′ 플라스미드(F′ plasmid) 819
F^+ 세포(F^+ cell) 819

G
G 단백질(G protein) 619
GAGA 상자(GAGA box) 360
GC 상자(GC box) 281
GTP 가수분해효소 활성 단백질, GTPase 활성인자 단백질(GTPase activator protein, GAP) 371
GTP 가수분해효소 활성 중심부위(GTPase center) 620
GTP 가수분해효소 활성화 단백질(GTPase activator protein, GAP) 619
GTP 가수분해효소-연관부위(GTPase-associated site) 620
G-부재 카세트(G-less cassette) 122
G-분절(G-segment) 697

H
HDR(homology-directed repair) 749
HMG 단백질(HMG protein) 359
HMG 영역(HMG domain) 359
hnRNP 단백질(hnRNP protein) 452
HTF 섬(HpaII tiny fragments island) 810
HU 단백질(HU protein) 723

I
Igf2/H19 유전자 자리(Igf2/H19 locus) 353
in situ 잡종화(in situ hybridization) 108
ISWI 패밀리 398

L
L10-L12 줄기(L10-L12 stalk) 620
L7-L12 줄기(L7-L12 stalk) 620
lac 억제인자(lac repressor) 188, 189
lac 오페론(lac operon) 188
lacI 유전자(lacI gene) 189
LIM 호메오 영역(LIM homeodomain, LIM-HD) 368
LTR-포함 레트로트랜스포존(LTR-containing retrotransposon) 797

M
M1 RNA 505
Mad-Max 395
MEK(MAPK/ERK kinase) 371
mRNP(messenger ribonucleoprotein) 577
MS/MS 865
mTOR 복합체1(mTOR complex1, mTORC1) 585

N
N 사용부위(N utilization site, nut site) 227
NCoR/SMRT 395
NusA 179, 228, 229
N-말단 영역(TFIIBN) 307
N-말단(N-terminus) 51
N-포르밀-메티오닌(N-formyl-methionine, fMet) 561

O
O6-메틸구아닌 메틸전달효소(O6-methylguanine methyltransferase) 701
oxoG 수선 효소(oxoG repair enzyme) 704

P

Q

R

S

T

U

V

X

Z

기타

감수

최준호

번역

김균언 김동선 김문교 김영상 김재범 김찬길 김철근 박세호 박일선 성노현 이명철 이석희
이정섭 이준규 이창중 전성호 정선주 정용근 정희경 정희용 최수영 최준호 허성오 홍승환

(가나다 순)

5판
WEAVER
분자생물학

2021년 8월 31일 5판 1쇄 펴냄 | 2024년 1월 15일 5판 2쇄 펴냄

지은이 Robert F. Weaver **옮긴이** 최준호 외
펴낸이 류원식 **펴낸곳** **교문사**
편집팀장 성혜진 **본문편집** 김남권
표지디자인 신나리

주소 (10881)경기도 파주시 문발로 116
전화 031-955-6111
팩스 031-955-0955
홈페이지 www.gyomoon.com
E-mail genie@gyomoon.com
등록 1968. 10. 28. 제406-2006-000035호
ISBN 978-89-363-2191-8 (93470)
값 49,000원